화학 I

Bible of Science

기출의

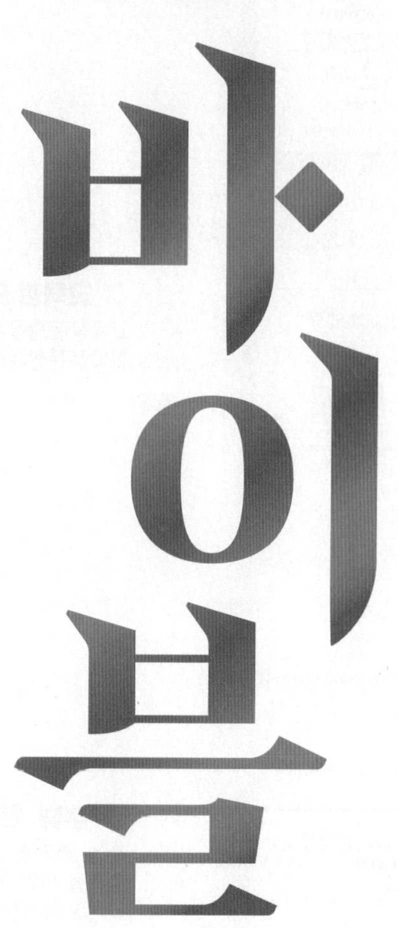

1권 문제편

구성과 특징

1권 문제편

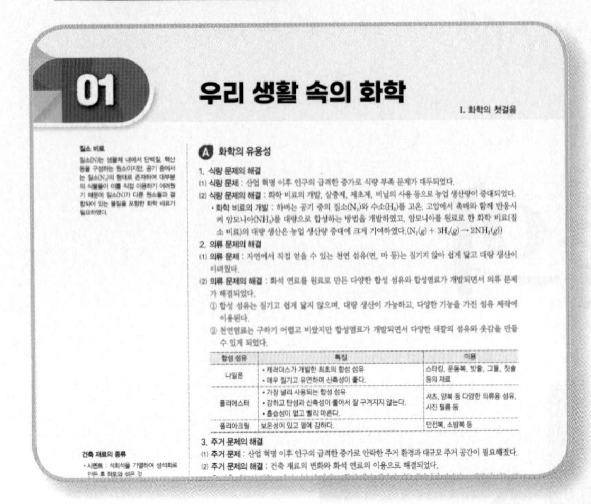

01 우리 생활 속의 화학

I. 화학의 첫걸음

질소 비료
질소(N)는 생물체 내에서 단백질, 핵산 등을 구성하는 원소이지만, 공기 중에서는 질소(N_2)의 형태로 존재하여 대부분의 식물들이 이를 직접 이용하기 어려웠기 때문에 질소(N)가 다른 원소들과 결합되어 있는 물질을 포함한 화학 비료가 필요하였다.

A 화학의 유용성

1. 식량 문제의 해결
(1) 식량 문제 : 산업 혁명 이후 인구의 급격한 증가로 식량 부족 문제가 대두되었다.
(2) 식량 문제의 해결 : 화학 비료의 개발, 살충제, 제초제, 비닐의 사용 등으로 농업 생산량이 증대되었다.
• 화학 비료의 개발 : 하버는 공기 중의 질소(N_2)와 수소(H_2)를 고온, 고압에서 촉매와 함께 반응시켜 암모니아(NH_3)를 대량으로 합성하는 방법을 개발하였고, 암모니아를 원료로 한 화학 비료(질소 비료)의 대량 생산은 농업 생산량 증대에 크게 기여하였다. ($N_2(g) + 3H_2(g) \rightarrow 2NH_3(g)$)

2. 의류 문제의 해결
(1) 의류 문제 : 자연에서 직접 얻을 수 있는 천연 섬유(면, 마 등)는 질기지 않아 쉽게 닳고 대량 생산이 어려웠다.
(2) 의류 문제의 해결 : 화석 연료를 원료로 만든 다양한 합성 섬유와 합성염료가 개발되면서 의류 문제가 해결되었다.
① 합성 섬유는 질기고 쉽게 닳지 않으며, 대량 생산이 가능하고, 다양한 기능을 가진 섬유 제작에 이용된다.
② 천연염료는 구하기 어렵고 비쌌지만 합성염료가 개발되면서 다양한 색깔의 섬유와 옷감을 만들 수 있게 되었다.

합성 섬유	특징	이용
나일론	• 캐러더스가 개발한 최초의 합성 섬유 • 매우 질기고 유연하며 신축성이 좋다.	스타킹, 운동복, 밧줄, 그물, 칫솔 등의 재료
폴리에스터	• 가장 널리 사용되는 합성 섬유 • 강하고 탄성과 신축성이 좋아서 잘 구겨지지 않는다. • 흡습성이 없고 빨리 마른다.	셔츠, 양복 등 다양한 의류용 섬유, 사진 필름 등
폴리아크릴	보온성이 있고 열에 강하다.	안전복, 소방복 등

3. 주거 문제의 해결
(1) 주거 문제 : 산업 혁명 이후 인구의 급격한 증가로 안락한 주거 환경과 대규모 주거 공간이 필요해졌다.
(2) 주거 문제의 해결 : 건축 재료의 변화와 화석 연료의 이용으로 해결되었다.

건축 재료의 종류
• 시멘트 : 석회석을 가열하여 생석회로 만든 후 점토와 섞은 것

▶ 개념 정리

수능에 자주 출제되는 개념을 체계적으로 정리하여 기본적인 개념을 확인할 수 있도록 하였습니다.

1 ★☆☆ | 2024년 10월 교육청 1번 |
다음은 과학 축제에서 진행되는 프로그램의 일부이다.

㉠ 산화 칼슘(CaO)과 물의 반응으로 달걀 삶기 ㉡ 설탕($C_{12}H_{22}O_{11}$)으로 달고나 만들기 ㉢ 암모니아(NH_3)로 분수 만들기

이에 대한 옳은 설명만을 〈보기〉에서 있는 대로 고른 것은?

〈보기〉
ㄱ. ㉠은 발열 반응이다.
ㄴ. ㉡은 탄소 화합물이다.
ㄷ. ㉢은 질소 비료의 원료이다.

① ㄱ ② ㄷ ③ ㄱ, ㄴ ④ ㄴ, ㄷ ⑤ ㄱ, ㄴ, ㄷ

3 ★☆☆ | 2024년 5월 교육청 1번 |
다음은 일상생활에서 이용되고 있는 물질에 대한 자료이다.

㉠ 아세트산(CH_3COOH)이 들어 있는 식초는 음식을 조리하는 데 이용된다.
㉡ 산화 칼슘(CaO)이 물에 녹는 과정에서 발생한 열은 전염병 확산을 막는 데 이용된다.

이에 대한 설명으로 옳은 것만을 〈보기〉에서 있는 대로 고른 것은?

〈보기〉
ㄱ. ㉠을 물에 녹이면 염기성 수용액이 된다.
ㄴ. ㉡이 물에 녹는 반응은 발열 반응이다.
ㄷ. ㉡은 탄소 화합물이다.

① ㄱ ② ㄴ ③ ㄱ, ㄷ ④ ㄴ, ㄷ ⑤ ㄱ, ㄴ, ㄷ

▶ 교육청 문항

교육청 문항을 최신 연도 순으로 배치하여 주요 개념을 교육청 문항에 적용할 수 있도록 하였습니다.

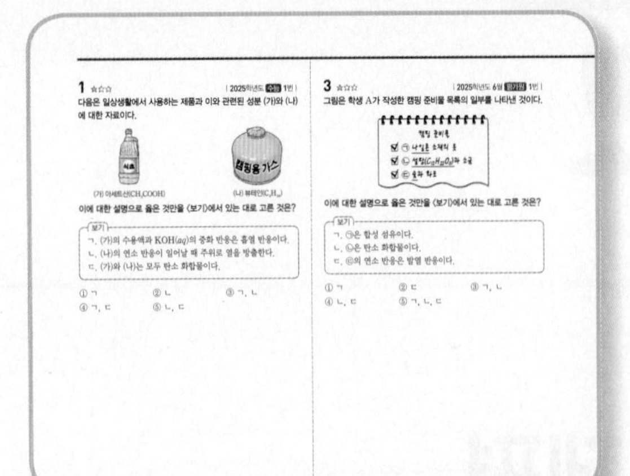

1 ★☆☆ | 2025학년도 수능 1번 |
다음은 일상생활에서 사용하는 제품과 이와 관련된 성분 (가)와 (나)에 대한 자료이다.

(가) 아세트산(CH_3COOH) (나) 뷰테인(C_4H_{10})

이에 대한 설명으로 옳은 것만을 〈보기〉에서 있는 대로 고른 것은?

〈보기〉
ㄱ. (가)의 수용액과 KOH(aq)의 중화 반응은 흡열 반응이다.
ㄴ. (나)의 연소 반응이 일어날 때 주위로 열을 방출한다.
ㄷ. (가)와 (나)는 모두 탄소 화합물이다.

① ㄱ ② ㄴ ③ ㄱ, ㄴ ④ ㄱ, ㄷ ⑤ ㄴ, ㄷ

3 ★☆☆ | 2025학년도 6월 평가원 1번 |
그림은 학생 A가 작성한 캠핑 준비물 목록의 일부를 나타낸 것이다.

이에 대한 설명으로 옳은 것만을 〈보기〉에서 있는 대로 고른 것은?

〈보기〉
ㄱ. ㉠은 합성 섬유이다.
ㄴ. ㉡은 탄소 화합물이다.
ㄷ. ㉢의 연소 반응은 발열 반응이다.

① ㄱ ② ㄷ ③ ㄱ, ㄴ ④ ㄴ, ㄷ ⑤ ㄱ, ㄴ, ㄷ

▶ 수능, 평가원 문항

수능, 평가원 문항을 최신 연도 순으로 배치하여 출제 경향을 파악하고, 수준 높은 문항들로 실전을 대비할 수 있도록 하였습니다.

2권 정답 및 해설편

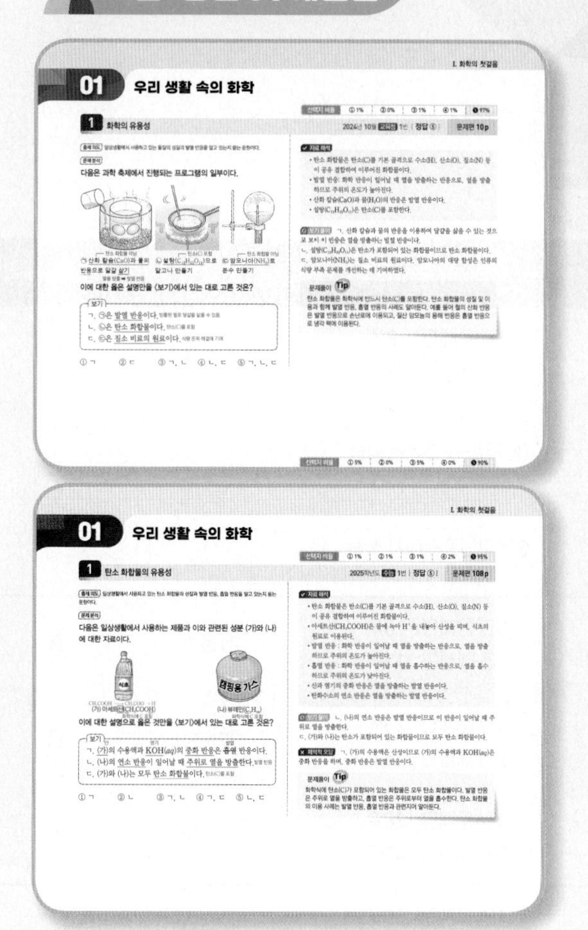

❶ **출제 의도**
문항의 출제 의도를 파악할 수 있도록 제시하였습니다.

❷ **선택지 비율**
문항의 난이도를 파악할 수 있도록 해당 문항의 정답률을 제시하였습니다.

❸ **첨삭 설명**
정답, 오답인 이유를 한 눈에 확인할 수 있도록 핵심을 첨삭으로 설명하였습니다.

❹ **자료 해석**
주어진 자료를 상세하게 분석하여 문제를 푸는 데 필요한 정보를 제공하였습니다.

❺ **보기 풀이**
보기의 선택지 내용을 상세하게 설명하였습니다.

❻ **매력적 오답**
오답이 되는 이유를 상세하게 분석하여 오답의 함정에 빠지지 않도록 하였습니다.

❼ **문제풀이 TIP**
문제를 접근하는 방식과 문제를 쉽고 빠르게 풀 수 있는 비법을 소개하였습니다.

3권 고난도편

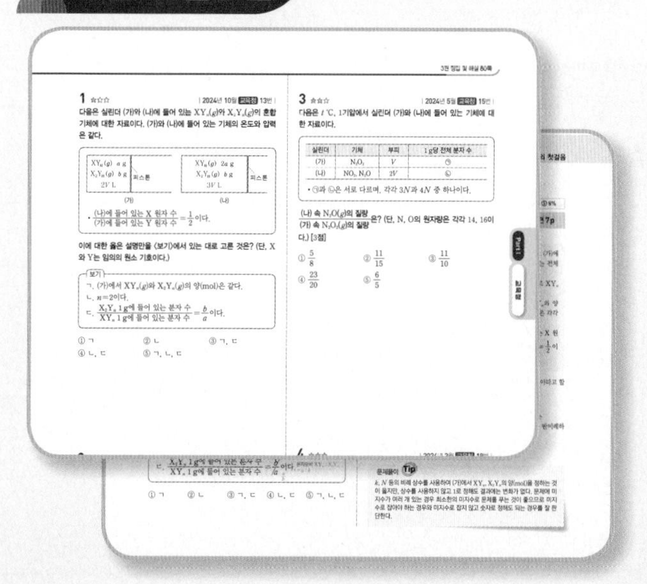

고난도 문항 및 해설
교육청, 평가원 문항 중 고난도 주제에 해당하는 문항을 선별하여 수록하였고, 고난도 문항 해설을 한눈에 확인할 수 있는 자세한 첨삭을 제공하였습니다.

목차 & 학습 계획

Part Ⅰ 교육청

Part II 수능 평가원

대단원	중단원	쪽수	문항수	학습 계획일
I 화학의 첫걸음	01. 우리 생활 속의 화학	1권 문제편 108쪽 2권 해설편 152쪽	13문항	월 일
	02. 화학식량과 몰	3권 고난도편에서 학습		
	03. 화학 반응식과 용액의 농도	3권 고난도편에서 학습		
II 원자의 세계	01. 원자의 구조	1권 문제편 112쪽 2권 해설편 159쪽	15문항	월 일
	02. 현대적 원자 모형과 전자 배치	1권 문제편 118쪽 2권 해설편 170쪽	28문항	월 일
	03. 원소의 주기적 성질	1권 문제편 126쪽 2권 해설편 187쪽	22문항	월 일
III 화학 결합과 분자의 세계	01. 화학 결합	1권 문제편 134쪽 2권 해설편 202쪽	26문항	월 일
	02. 분자의 구조와 성질	1권 문제편 142쪽 2권 해설편 217쪽	42문항	월 일
IV 역동적인 화학 반응	01. 동적 평형과 산 염기	1권 문제편 154쪽 2권 해설편 239쪽	30문항	월 일
	02. 산 염기 중화 반응	3권 고난도편에서 학습		
	03. 산화 환원 반응과 화학 반응에서의 열 출입	1권 문제편 164쪽 2권 해설편 256쪽	30문항	월 일

I

화학의 첫걸음

01

우리 생활 속의 화학

02

화학식량과 몰

3권

03

화학 반응식과 용액의 농도

3권

우리 생활 속의 화학

질소 비료

질소(N)는 생물체 내에서 단백질, 핵산 등을 구성하는 원소이지만, 공기 중에서는 질소(N_2)의 형태로 존재하여 대부분의 식물들이 이를 직접 이용하기 어려웠기 때문에 질소(N)가 다른 원소들과 결합되어 있는 물질을 포함한 화학 비료가 필요하였다.

A 화학의 유용성

1. 식량 문제의 해결

(1) **식량 문제** : 산업 혁명 이후 인구의 급격한 증가로 식량 부족 문제가 대두되었다.

(2) **식량 문제의 해결** : 화학 비료의 개발, 살충제, 제초제, 비닐의 사용 등으로 농업 생산량이 증대되었다.

- **화학 비료의 개발** : 하버는 공기 중의 질소(N_2)와 수소(H_2)를 고온, 고압에서 촉매와 함께 반응시켜 암모니아(NH_3)를 대량으로 합성하는 방법을 개발하였고, 암모니아를 원료로 한 화학 비료(질소 비료)의 대량 생산은 농업 생산량 증대에 크게 기여하였다.($N_2(g) + 3H_2(g) \rightarrow 2NH_3(g)$)

2. 의류 문제의 해결

(1) **의류 문제** : 자연에서 직접 얻을 수 있는 천연 섬유(면, 마 등)는 질기지 않아 쉽게 닳고 대량 생산이 어려웠다.

(2) **의류 문제의 해결** : 화석 연료를 원료로 만든 다양한 합성 섬유와 합성염료가 개발되면서 의류 문제가 해결되었다.

① 합성 섬유는 질기고 쉽게 닳지 않으며, 대량 생산이 가능하고, 다양한 기능을 가진 섬유 제작에 이용된다.

② 천연염료는 구하기 어렵고 비쌌지만 합성염료가 개발되면서 다양한 색깔의 섬유와 옷감을 만들 수 있게 되었다.

합성 섬유	특징	이용
나일론	• 캐러더스가 개발한 최초의 합성 섬유 • 매우 질기고 유연하며 신축성이 좋다.	스타킹, 운동복, 밧줄, 그물, 칫솔 등의 재료
폴리에스터	• 가장 널리 사용되는 합성 섬유 • 강하고 탄성과 신축성이 좋아서 잘 구겨지지 않는다. • 흡습성이 없고 빨리 마른다.	셔츠, 양복 등 다양한 의류용 섬유, 사진 필름 등
폴리아크릴	보온성이 있고 열에 강하다.	안전복, 소방복 등

3. 주거 문제의 해결

(1) **주거 문제** : 산업 혁명 이후 인구의 급격한 증가로 안락한 주거 환경과 대규모 주거 공간이 필요해졌다.

(2) **주거 문제의 해결** : 건축 재료의 변화와 화석 연료의 이용으로 해결되었다.

① **건축 재료의 변화** : 제련 기술의 개발로 철의 대량 생산이 가능해지면서 단단하고 내구성 있는 구조물을 지을 수 있게 되었다. 철광석(Fe_2O_3)을 코크스(C)와 함께 용광로에서 높은 온도로 가열하여 철(Fe)을 얻었고, 시멘트, 콘크리트, 철근 콘크리트, 알루미늄, 유리, 페인트 등의 건축 재료가 개발되었다.

② **화석 연료의 이용** : 가정에서 난방과 조리 등의 연료로 이용되었고, 합성 섬유, 플라스틱, 합성 고무 등 다양한 생활용품의 원료로 이용되면서 안락한 주거 환경이 조성되었다.

건축 재료의 종류

- **시멘트** : 석회석을 가열하여 생석회로 만든 후 점토와 섞은 것
- **콘크리트** : 시멘트에 모래, 물, 자갈 등을 섞은 것
- **철근 콘크리트** : 콘크리트 속에 철근을 넣어 콘크리트의 강도를 높인 것

화석 연료의 연소

연료가 연소할 때 생성되는 열에너지를 산업과 교통수단의 에너지원으로 사용하게 되면서 산업 혁명과 교통 혁명이 일어나게 되었다.

B 탄소 화합물의 유용성

1. **탄소 화합물** : 탄소(C) 원자에 수소(H), 산소(O), 질소(N), 황(S), 할로젠(F, Cl, Br, I) 등의 원자가 결합하여 이루어진 화합물

- **탄소 화합물의 다양성** : 탄소(C)는 원자가 전자 수가 4이므로 최대 4개의 다른 원자와 공유 결합할 수 있으며, 탄소 원자끼리 다양한 방법으로 결합하여 여러 가지 구조의 탄소 화합물을 만들 수 있다.

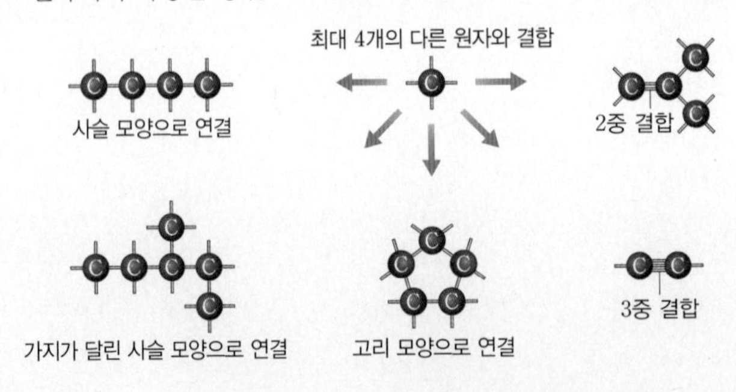

출제 tip

의식주의 문제 해결에서 화학의 유용성

합성 섬유의 특징과 이용, 화학 비료의 개발(암모니아 합성), 건축 재료의 특징과 이용, 화석 연료의 이용 등에서 문제가 출제된다.

2. 탄소 화합물의 종류

(1) **탄화수소** : 탄소(C) 원자와 수소(H) 원자로만 이루어진 탄소 화합물

탄화수소	메테인(CH_4)	프로페인(C_3H_8)	뷰테인(C_4H_{10})
분자 모형			
특징	액화 천연가스(LNG)의 주성분	액화 석유가스(LPG)의 주성분	액화 석유가스(LPG)의 주성분
	• 25 ℃, 1기압에서 기체로 존재한다. • 완전 연소시켰을 때 이산화 탄소(CO_2)와 물(H_2O)이 생성되고, 이때 열이 발생하여 연료로 주로 이용된다.		

(2) **에탄올과 아세트산**

탄소 화합물	에탄올(C_2H_5OH)	아세트산(CH_3COOH)
	C_2H_6의 H 원자 대신 $-OH$가 결합한 탄소 화합물	CH_4의 H 원자 대신 $-COOH$가 결합한 탄소 화합물
분자 모형	에탄올(C_2H_5OH)	아세트산(CH_3COOH)
특징	• 술의 주성분으로, 곡물이나 과일을 발효시켜 얻는다. • 물과 기름에 모두 잘 녹는다. • 25℃, 1기압에서 액체로 존재하고, 수용액은 중성이다. • 소독용 알코올과 약품의 원료, 용매, 연료 등으로 이용된다.	• 자연 상태에서 에탄올을 발효시켜 얻는다. • 25℃, 1기압에서 액체, 17℃ 이하에서 고체로 존재한다. • 수용액은 약한 산성이다. • 5~6 % 수용액인 식초는 음식의 조리에 이용된다. • 의약품(아스피린), 플라스틱, 염료 등의 원료로 이용된다.

(3) **그 밖의 탄소 화합물**

탄소 화합물	폼알데하이드(HCHO)	아세톤(CH_3COCH_3)
특징	• 자극적인 냄새가 나고, 물에 잘 녹는다. • 플라스틱이나 가구용 접착제의 원료로 이용된다.	• 특유한 냄새가 나고, 물에 잘 녹는다. • 여러 탄소 화합물과 잘 섞인다. • 용매, 매니큐어 제거제로 이용된다.

실전 자료 **대표적인 탄소 화합물의 구조와 특징**

그림은 탄소 화합물인 메테인, 에탄올, 아세트산의 분자 모형을 나타낸 것이다.

탄소 화합물	메테인(CH_4)	에탄올(C_2H_5OH)	아세트산(CH_3COOH)
분자 모형			

❶ 분자를 구성하는 원자 수

분자		메테인(CH_4)	에탄올(C_2H_5OH)	아세트산(CH_3COOH)
구성 원자 수	C(탄소)	1	2	2
	O(산소)	0	1	2
	H(수소)	4	6	4

❷ 물에 녹는 정도 : CH_4은 물에 잘 녹지 않고, C_2H_5OH과 CH_3COOH은 물에 잘 녹는다.

❸ 수용액의 액성 : C_2H_5OH 수용액은 중성이고, CH_3COOH 수용액은 산성이다.

메테인(CH_4)의 분자 구조

메테인은 C 원자 1개를 중심으로 H 원자 4개가 결합하고 있는 정사면체 구조이다.

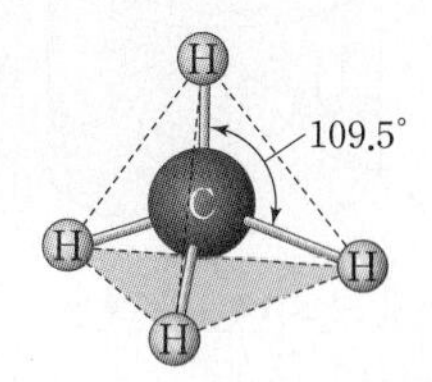

알코올(R−OH)

탄화수소의 C 원자에 하이드록시기(−OH)가 결합한 탄소 화합물

예 메탄올(CH_3OH), 에탄올(C_2H_5OH)

카복실산(R−COOH)

탄화수소의 C 원자에 카복실기(−COOH)가 결합한 탄소 화합물

예 폼산(HCOOH), 아세트산(CH_3COOH)

폼알데하이드(HCHO)의 분자 구조

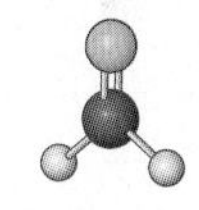

아세톤(CH_3COCH_3)의 분자 구조

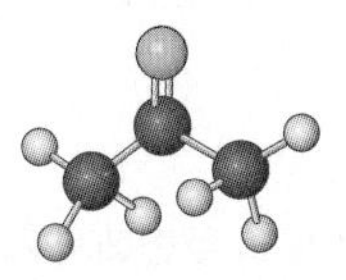

출제 tip

탄소 화합물의 구조와 특징

메테인, 에탄올, 아세트산, 폼알데하이드, 아세톤 등의 탄소 화합물의 구조를 제시하고, 특징을 묻는 문제가 자주 출제된다.

알코올 수용액의 액성

CH_3COOH은 물에 녹아 H^+을 내놓으므로 수용액이 산성이지만, C_2H_5OH은 물에 녹아도 H^+이나 OH^-을 내놓지 않으므로 C_2H_5OH 수용액은 중성이다.

1 ★☆☆

| 2024년 10월 교육청 1번 |

다음은 과학 축제에서 진행되는 프로그램의 일부이다.

㉠ 산화 칼슘(CaO)과 물의 반응으로 달걀 삶기 ㉡ 설탕($C_{12}H_{22}O_{11}$)으로 달고나 만들기 ㉢ 암모니아(NH_3)로 분수 만들기

이에 대한 옳은 설명만을 〈보기〉에서 있는 대로 고른 것은?

보기
ㄱ. ㉠은 발열 반응이다.
ㄴ. ㉡은 탄소 화합물이다.
ㄷ. ㉢은 질소 비료의 원료이다.

① ㄱ ② ㄷ ③ ㄱ, ㄴ
④ ㄴ, ㄷ ⑤ ㄱ, ㄴ, ㄷ

2 ★☆☆

| 2024년 7월 교육청 1번 |

다음은 우리 주변에서 사용되고 있는 물질에 대한 자료이다.

가정에서 ㉠ 메테인(CH_4)을 연소시켜 물을 끓인다.

㉡ 산화 칼슘(CaO)과 물의 반응을 이용하여 캠핑용 도시락을 따뜻하게 한다.

이에 대한 설명으로 옳은 것만을 〈보기〉에서 있는 대로 고른 것은?

보기
ㄱ. ㉠은 탄소 화합물이다.
ㄴ. ㉠의 연소 반응은 발열 반응이다.
ㄷ. ㉡과 물이 반응하여 열을 방출한다.

① ㄱ ② ㄷ ③ ㄱ, ㄴ
④ ㄴ, ㄷ ⑤ ㄱ, ㄴ, ㄷ

3 ★☆☆

| 2024년 5월 교육청 1번 |

다음은 일상생활에서 이용되고 있는 물질에 대한 자료이다.

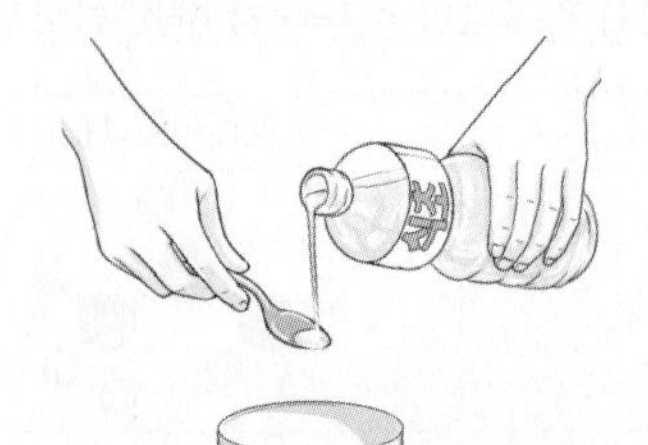

㉠ 아세트산(CH_3COOH)이 들어 있는 식초는 음식을 조리하는 데 이용된다.

㉡ 산화 칼슘(CaO)이 물에 녹는 과정에서 발생한 열은 전염병 확산을 막는 데 이용된다.

이에 대한 설명으로 옳은 것만을 〈보기〉에서 있는 대로 고른 것은?

보기
ㄱ. ㉠을 물에 녹이면 염기성 수용액이 된다.
ㄴ. ㉡이 물에 녹는 반응은 발열 반응이다.
ㄷ. ㉡은 탄소 화합물이다.

① ㄱ ② ㄴ ③ ㄱ, ㄷ
④ ㄴ, ㄷ ⑤ ㄱ, ㄴ, ㄷ

4 ★☆☆

| 2024년 3월 교육청 1번 |

다음은 화학의 유용성에 대한 자료이다.

- ㉠ 암모니아(NH_3)를 대량으로 합성하는 제조 공정의 개발은 식량 문제 해결에 기여하였다.
- ㉡ 아세트산(CH_3COOH)은 식초를 만드는 데 이용된다.
- ㉢ 산화 칼슘(CaO)과 물을 반응시켜 음식물을 데울 수 있다.

이에 대한 옳은 설명만을 〈보기〉에서 있는 대로 고른 것은?

보기
ㄱ. ㉠의 수용액은 산성이다.
ㄴ. ㉡은 탄소 화합물이다.
ㄷ. ㉢과 물의 반응은 발열 반응이다.

① ㄱ ② ㄷ ③ ㄱ, ㄴ
④ ㄴ, ㄷ ⑤ ㄱ, ㄴ, ㄷ

5 ★☆☆ | 2023년 10월 교육청 1번 |

다음은 일상생활에서 사용하는 물질에 대한 자료이다. ㉠~㉢은 각각 메테인(CH_4), 암모니아(NH_3), 에탄올(C_2H_5OH) 중 하나이다.

- ㉠은 의료용 소독제로 이용된다.
- ㉡은 질소 비료의 원료로 이용된다.
- ㉢은 액화 천연 가스(LNG)의 주성분이다.

이에 대한 옳은 설명만을 〈보기〉에서 있는 대로 고른 것은?

보기
ㄱ. ㉠은 에탄올이다.
ㄴ. ㉡은 탄소 화합물이다.
ㄷ. ㉢의 연소 반응은 발열 반응이다.

① ㄱ ② ㄴ ③ ㄷ
④ ㄱ, ㄷ ⑤ ㄴ, ㄷ

6 ★☆☆ | 2023년 7월 교육청 1번 |

다음은 우리 생활에서 에탄올을 이용하는 사례이다.

㉠ 에탄올(C_2H_5OH)이 연소할 때 발생하는 열을 이용하여 ㉡ 물(H_2O)을 가열한다.

이에 대한 설명으로 옳은 것만을 〈보기〉에서 있는 대로 고른 것은?

보기
ㄱ. ㉠은 의료용 소독제로 이용된다.
ㄴ. ㉠의 연소 반응은 발열 반응이다.
ㄷ. ㉡은 탄소 화합물이다.

① ㄱ ② ㄷ ③ ㄱ, ㄴ
④ ㄴ, ㄷ ⑤ ㄱ, ㄴ, ㄷ

7 ★☆☆ | 2023년 4월 교육청 1번 |

그림은 일상생활에서 이용되고 있는 2가지 물질에 대한 자료이다.

㉠ 메테인(CH_4)은 가정용 연료로 이용된다.

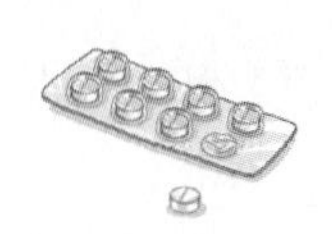

㉡ 아세트산(CH_3COOH)은 의약품 제조에 이용된다.

이에 대한 설명으로 옳은 것만을 〈보기〉에서 있는 대로 고른 것은?

보기
ㄱ. ㉠의 연소 반응은 발열 반응이다.
ㄴ. ㉡을 물에 녹이면 산성 수용액이 된다.
ㄷ. ㉠과 ㉡은 모두 탄소 화합물이다.

① ㄱ ② ㄷ ③ ㄱ, ㄴ
④ ㄴ, ㄷ ⑤ ㄱ, ㄴ, ㄷ

8 ★★☆ | 2023년 3월 교육청 1번 |

다음은 일상생활에서 이용되는 물질 ㉠~㉢에 대한 자료이다. ㉡과 ㉢은 각각 메테인(CH_4), 아세트산(CH_3COOH) 중 하나이다.

- 냉각 팩에서 ㉠ 질산 암모늄(NH_4NO_3)이 물에 용해되면 온도가 낮아진다.
- [㉡]은 천연가스의 주성분이다.
- [㉢]은 식초의 성분이다.

이에 대한 옳은 설명만을 〈보기〉에서 있는 대로 고른 것은?

보기
ㄱ. ㉠이 물에 용해되는 반응은 흡열 반응이다.
ㄴ. ㉠과 ㉡은 모두 탄소 화합물이다.
ㄷ. ㉢의 수용액은 산성이다.

① ㄱ ② ㄴ ③ ㄱ, ㄷ
④ ㄴ, ㄷ ⑤ ㄱ, ㄴ, ㄷ

Part I
교육청

9 ★☆☆ | 2022년 10월 교육청 1번 |

그림은 물질 (가)~(다)를 분자 모형으로 나타낸 것이다.

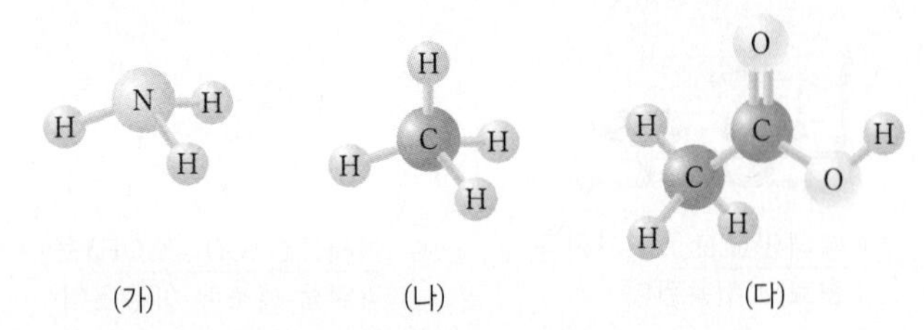

이에 대한 옳은 설명만을 〈보기〉에서 있는 대로 고른 것은?

보기
ㄱ. (가)는 질소 비료를 만드는 데 쓰인다.
ㄴ. (나)는 액화 천연가스(LNG)의 주성분이다.
ㄷ. (다)의 수용액은 산성이다.

① ㄱ　　② ㄴ　　③ ㄱ, ㄷ
④ ㄴ, ㄷ　　⑤ ㄱ, ㄴ, ㄷ

10 ★☆☆ | 2022년 7월 교육청 3번 |

다음은 탄소 화합물 X~Z에 대한 탐구 활동이다. X~Z는 각각 메테인, 에탄올, 아세트산 중 하나이다.

[탐구 과정]
• 탄소 화합물 X~Z의 이용 사례를 조사하고, 퍼즐 ㉠~㉣을 사용하여 구조식을 완성한다.

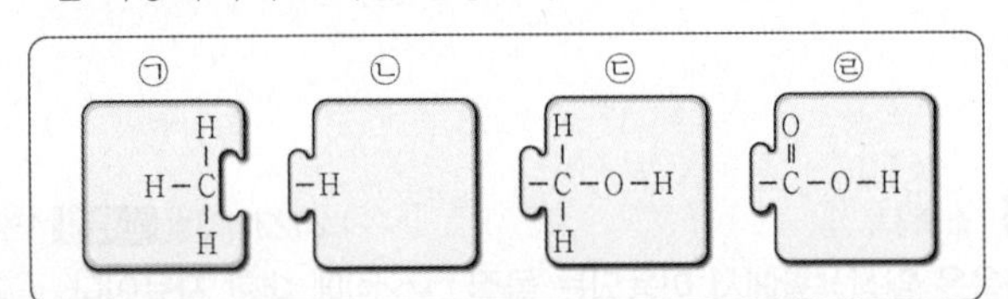

[탐구 결과]

탄소 화합물	X	Y	Z
이용 사례	식초의 성분	(가)	
사용한 퍼즐			㉠과 ㉢

이에 대한 설명으로 옳은 것만을 〈보기〉에서 있는 대로 고른 것은? [3점]

보기
ㄱ. X의 구조식을 완성하기 위해 사용한 퍼즐은 ㉠과 ㉡이다.
ㄴ. '액화 천연가스의 주성분'은 (가)로 적절하다.
ㄷ. Z는 물에 잘 녹는다.

① ㄱ　　② ㄴ　　③ ㄱ, ㄷ
④ ㄴ, ㄷ　　⑤ ㄱ, ㄴ, ㄷ

11 ★☆☆ | 2022년 4월 교육청 1번 |

그림은 식초의 식품 표시 정보의 일부를 나타낸 것이다.

식품 유형	식초
포장 재질	㉠ 플라스틱
원재료명	정제수, ㉡ 아세트산(CH_3COOH), ㉢ 이산화 황(SO_2)

이에 대한 설명으로 옳은 것만을 〈보기〉에서 있는 대로 고른 것은?

보기
ㄱ. ㉠은 대량 생산이 가능하다.
ㄴ. ㉡을 물에 녹이면 산성 수용액이 된다.
ㄷ. ㉢은 탄소 화합물이다.

① ㄱ　　② ㄷ　　③ ㄱ, ㄴ
④ ㄴ, ㄷ　　⑤ ㄱ, ㄴ, ㄷ

12 ★☆☆ | 2022년 3월 교육청 1번 |

다음은 물질 X에 대한 설명이다.

• 탄소 화합물이다.
• 구성 원소는 3가지이다.
• 수용액은 산성이다.

다음 중 X로 가장 적절한 것은?

① 메테인(CH_4)　　② 암모니아(NH_3)
③ 염화 나트륨($NaCl$)　　④ 아세트산(CH_3COOH)
⑤ 설탕($C_{12}H_{22}O_{11}$)

13 ★☆☆ | 2021년 10월 교육청 1번 |

다음은 탄소 화합물 (가)~(다)에 대한 설명이다. (가)~(다)는 각각 메테인(CH_4), 에탄올(C_2H_5OH), 아세트산(CH_3COOH) 중 하나이다.

- (가) : 천연가스의 주성분이다.
- (나) : 수용액은 산성이다.
- (다) : 손 소독제를 만드는 데 사용한다.

(가)~(다)로 옳은 것은?

	(가)	(나)	(다)
①	메테인	에탄올	아세트산
②	메테인	아세트산	에탄올
③	에탄올	메테인	아세트산
④	에탄올	아세트산	메테인
⑤	아세트산	에탄올	메테인

14 ★☆☆ | 2021년 7월 교육청 5번 |

다음은 탄소 화합물 학습 카드와 탄소 화합물 A~C의 모형을 나타낸 것이다. A~C는 각각 메테인, 에탄올, 아세트산 중 하나이다.

자극적인 냄새가 나고 접착제 원료로 사용된다.

(가)

물에 녹으면 산성을 나타낸다.

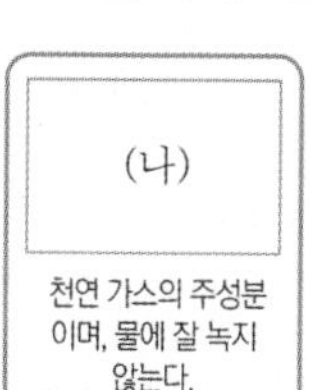

천연 가스의 주성분이며, 물에 잘 녹지 않는다.

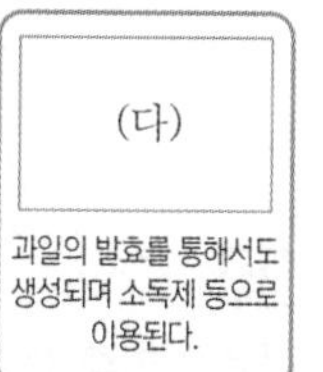

과일의 발효를 통해서도 생성되며 소독제 등으로 이용된다.

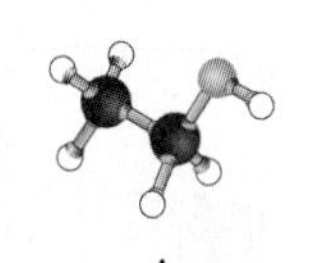

A

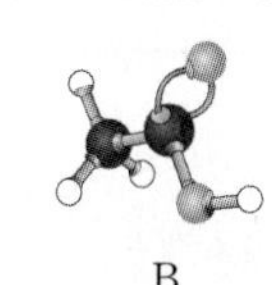

B

C

(가)~(다)에 해당하는 A~C의 모형을 옳게 고른 것은?

	(가)	(나)	(다)		(가)	(나)	(다)
①	A	B	C	②	A	C	B
③	B	A	C	④	B	C	A
⑤	C	B	A				

15 ★☆☆ | 2021년 4월 교육청 1번 |

다음은 실생활 문제 해결에 기여한 물질에 대한 설명이다.

- [㉠] : 암모니아를 원료로 만든 물질로 식량 문제 해결에 기여
- 시멘트: 석회석을 원료로 만든 물질로 [㉡] 문제 해결에 기여

다음 중 ㉠과 ㉡으로 가장 적절한 것은?

	㉠	㉡		㉠	㉡
①	유리	의류	②	질소 비료	의류
③	유리	주거	④	질소 비료	주거
⑤	석유	의류			

16 ★☆☆ | 2021년 4월 교육청 5번 |

그림은 메테인(CH_4), 에탄올(C_2H_5OH), 물(H_2O)을 주어진 기준에 따라 분류한 것이다.

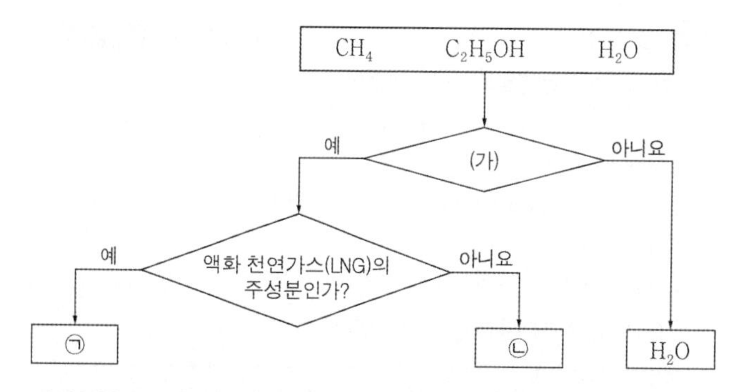

이에 대한 설명으로 옳은 것만을 〈보기〉에서 있는 대로 고른 것은?

보기

ㄱ. '탄소 화합물인가?'는 (가)로 적절하다.
ㄴ. ㉠은 CH_4이다.
ㄷ. ㉡은 손 소독제를 만드는 데 사용된다.

① ㄱ ② ㄴ ③ ㄱ, ㄷ
④ ㄴ, ㄷ ⑤ ㄱ, ㄴ, ㄷ

17 ★☆☆ | 2021년 3월 교육청 1번 |

다음은 메테인(CH_4), 에탄올(C_2H_5OH), 아세트산(CH_3COOH)에 대한 세 학생의 대화이다.

제시한 내용이 옳은 학생만을 있는 대로 고른 것은?

① A ② B ③ A, B
④ A, C ⑤ B, C

18 ★☆☆ | 2020년 10월 교육청 1번 |

다음은 화학이 실생활의 문제 해결에 기여한 사례이다.

- 하버는 공기 중의 ㉠ 기체를 수소 기체와 반응시켜 ㉡ 을 대량 합성하는 방법을 개발하여 인류의 식량 문제 해결에 기여하였다.
- 캐러더스는 최초의 합성 섬유인 ㉢ 을 개발하여 인류의 의류 문제 해결에 기여하였다.

이에 대한 옳은 설명만을 〈보기〉에서 있는 대로 고른 것은?

보기
ㄱ. ㉠은 질소이다.
ㄴ. ㉢은 천연 섬유에 비해 대량 생산이 쉽다.
ㄷ. 분자를 구성하는 원자 수는 ㉡이 ㉠의 4배이다.

① ㄱ ② ㄷ ③ ㄱ, ㄴ
④ ㄴ, ㄷ ⑤ ㄱ, ㄴ, ㄷ

19 ★★☆ | 2020년 10월 교육청 3번 |

그림은 탄소 화합물 (가)와 (나)의 분자 모형을 나타낸 것이다.

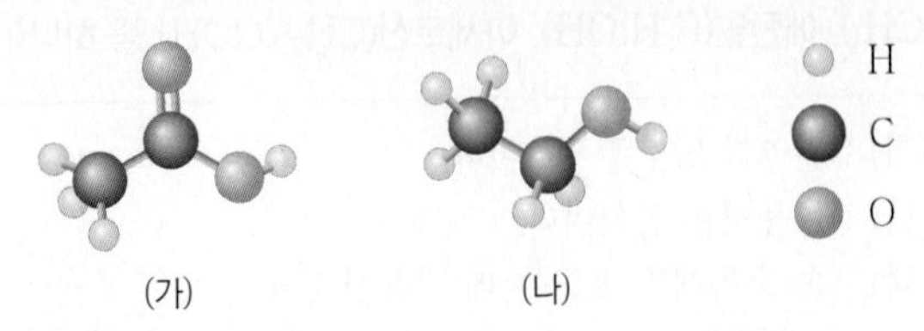

이에 대한 옳은 설명만을 〈보기〉에서 있는 대로 고른 것은?

보기
ㄱ. (가)의 수용액은 산성이다.
ㄴ. 완전 연소 생성물의 가짓수는 (나)>(가)이다.
ㄷ. $\frac{\text{H 원자 수}}{\text{O 원자 수}}$는 (나)가 (가)의 3배이다.

① ㄱ ② ㄴ ③ ㄱ, ㄷ
④ ㄴ, ㄷ ⑤ ㄱ, ㄴ, ㄷ

20 ★☆☆ | 2020년 7월 교육청 1번 |

다음은 인류 생활에 기여한 물질 (가)에 대한 설명이다.

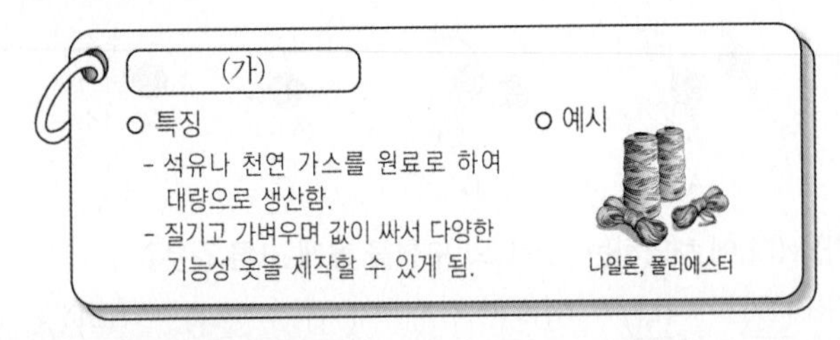

(가)로 가장 적절한 것은?

① 천연 섬유 ② 건축 자재 ③ 화학 비료
④ 합성 섬유 ⑤ 인공 염료

21 ★☆☆

| 2020년 7월 교육청 2번 |

그림은 분자 (가)와 (나)의 구조식을 나타낸 것이고, (가)와 (나)는 각각 메테인과 에탄올 중 하나이다.

```
     H               H   H
     |               |   |
 H - C - H       H - C - C - O - H
     |               |   |
     H               H   H
    (가)               (나)
```

(가)와 (나)에 대한 설명으로 옳은 것만을 〈보기〉에서 있는 대로 고른 것은?

보기
ㄱ. 액화 천연 가스의 주성분은 (가)이다.
ㄴ. 실온에서 물에 대한 용해도는 (나)>(가)이다.
ㄷ. 1 몰을 완전 연소시켰을 때 생성되는 H_2O의 분자 수 비는 (가) : (나)=2 : 3이다.

① ㄱ ② ㄷ ③ ㄱ, ㄴ
④ ㄴ, ㄷ ⑤ ㄱ, ㄴ, ㄷ

22 ★☆☆

| 2020년 4월 교육청 1번 |

다음은 물질 X에 대한 설명이다.

- 액화 천연가스(LNG)의 주성분이다.
- 구성 원소는 탄소와 수소이다.

X로 옳은 것은?

① 나일론 ② 메테인 ③ 에탄올
④ 아세트산 ⑤ 암모니아

II

원자의 세계

01

원자의 구조

02

현대적 원자 모형과 전자 배치

03

원소의 주기적 성질

01 원자의 구조

A 원자의 구성 입자

1. 원자를 구성하는 입자의 발견

(1) **전자의 발견(1897년)** : 톰슨은 음극선 실험을 통해 음극선이 (−)전하를 띠며, 질량을 가진 입자인 전자의 흐름임을 발견하였다. 이를 통해 톰슨은 원자가 (−)전하를 띠는 입자인 전자를 포함하고 있음을 확인하였고, (+)전하가 고르게 분포된 공 모양의 원자 속에 (−)전하를 띤 전자가 띄엄띄엄 박혀 있는 원자 모형을 제안하였다.

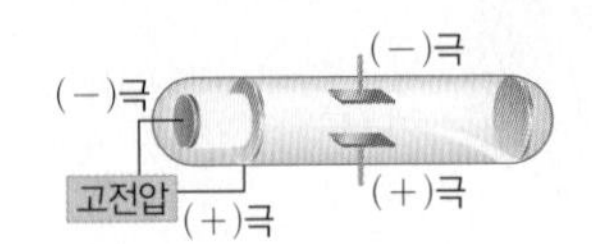

자기장과 전기장의 영향으로 음극선의 진로가 (+)극 쪽으로 휘어진다.
➡ 음극선은 (−)전하를 띤다.

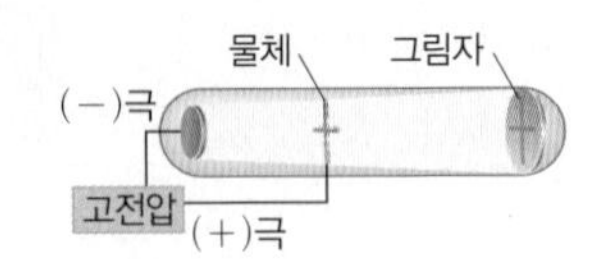

음극선 진행 방향에 물체를 놓아두면 그림자가 생긴다.
➡ 음극선은 직진한다.

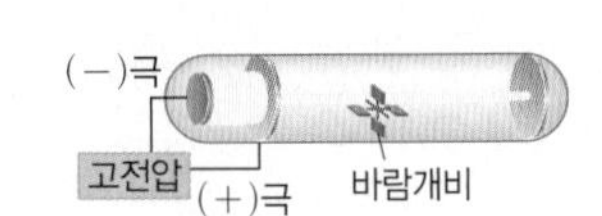

음극선 진행 방향에 바람개비를 놓아두면 바람개비가 회전한다.
➡ 음극선은 질량을 가진 입자의 흐름이다.

▲ 톰슨의 음극선 실험과 결과의 해석

(2) **원자핵의 발견(1911년)** : 러더퍼드는 금박에 (+)전하를 띤 알파(α) 입자를 충돌시키는 α 입자 산란 실험을 통해 원자 중심에 부피가 매우 작고, 질량이 매우 큰 (+)전하를 띤 입자가 있음을 발견하였다. 이를 통해 러더퍼드는 원자 중심에 작고 무거운 '원자핵'이 존재하며, 원자핵 주위를 전자가 돌고 있는 원자 모형을 제안하였다.

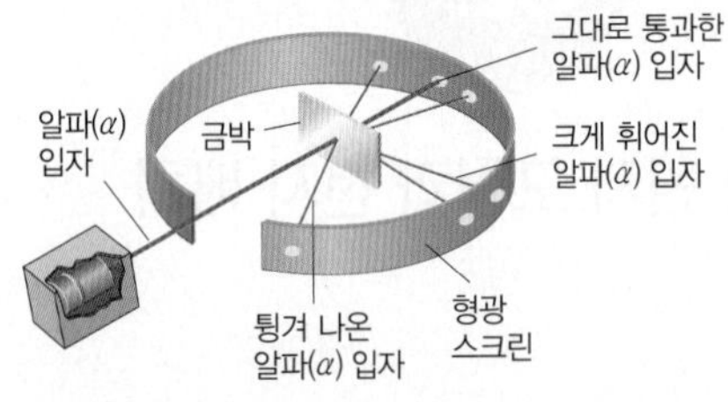

▲ 러더퍼드의 알파(α) 입자 산란 실험 장치

▲ 실험 후 펼쳐진 형광 스크린에 남은 흔적

- 얇은 금박에 α 입자를 충돌시켰을 때 대부분의 α 입자가 직진한다.
  ➡ 원자의 대부분은 빈 공간이다.
- 극히 일부의 α 입자는 경로가 크게 휘어지거나 튕겨 나오는데, 이것은 (+)전하를 띤 α 입자와의 반발력이 작용하며 질량이 큰 원자핵이 존재한다는 것을 의미한다.
  ➡ 원자 중심에 크기는 작지만 질량이 매우 크고 (+)전하를 띤 입자가 존재한다.

2. 원자를 구성하는 입자의 성질

(1) **원자의 구조** : 원자는 양성자와 중성자로 이루어진 원자핵과 원자핵 주위의 전자로 이루어져 있다.

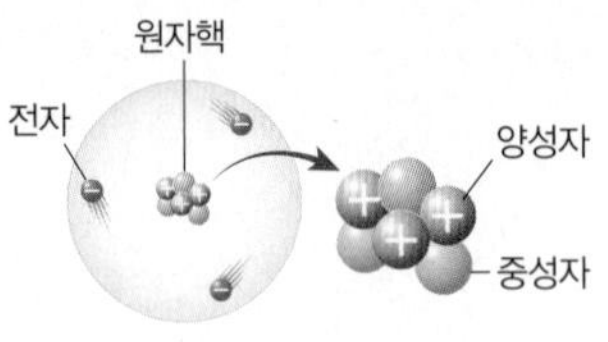

▲ 원자의 구조

(2) **원자를 구성하는 입자의 성질**

① **양성자** : 원자핵을 구성하는 입자로 (+)전하를 띤다. 같은 원소의 원자는 양성자수가 같고, 원자의 양성자수가 해당 원소의 원자 번호이다.

② **중성자** : 원자핵을 구성하는 입자로 전하를 띠지 않으며, 양성자와 질량이 거의 같다. 같은 원소라도 중성자수는 다를 수 있다.

③ **전자** : (−)전하를 띠는 입자로 양성자와 전하량의 크기는 같고 부호는 반대이며, 질량은 양성자의 $\frac{1}{1837}$배 정도이다. 원자는 양성자수와 전자 수가 같아 전기적으로 중성이다.

구성 입자		질량(g)	상대적 질량	전하량(C)	상대적 전하
원자핵	양성자	1.673×10^{-24}	1	$+1.602 \times 10^{-19}$	+1
	중성자	1.675×10^{-24}	1	0	0
전자		9.109×10^{-28}	$\frac{1}{1837}$	-1.602×10^{-19}	−1

음극선
진공관 양 끝에 전극을 설치하고, 고압의 전압을 걸었을 때 생기는 빛의 흐름

톰슨의 원자 모형

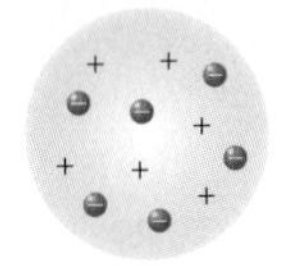

(+)전하가 고르게 분포된 원자에 (−)전하를 띤 전자가 띄엄띄엄 박혀 있다.

알파(α) 입자
헬륨 원자가 전자 2개를 모두 잃은 상태인 He^{2+}으로, 헬륨 원자핵을 의미한다.

러더퍼드의 원자 모형

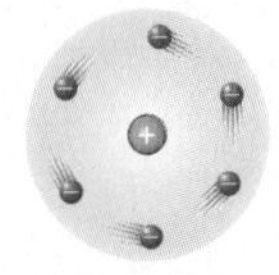

원자의 중심에 (+)전하를 띠는 원자핵이 위치하고, (−)전하를 띠는 전자가 원자핵 주위를 운동하고 있다.

양성자의 발견
1886년 골드스타인은 수소 방전관에 전압을 걸었을 때, (+)극에서 (−)극 쪽으로 향하는 입자의 흐름을 발견하여 양극선이라고 명명하였다. 이후 1919년 러더퍼드가 양극선을 이루는 입자가 수소의 원자핵(H^+)임을 밝히고, '양성자'라고 명명하였다.

중성자의 발견
1932년 채드윅은 베릴륨(Be) 원자핵에 α 입자를 충돌시켰을 때, 전하를 띠지 않는 입자가 튕겨 나오는 것을 발견하여 '중성자'라고 명명하였다.

3. 원자의 표시 방법

(1) **원자 번호** : 원자핵에 들어 있는 양성자수이며, 전기적으로 중성인 원자는 양성자수와 전자 수가 같다.

(2) **질량수** : 양성자수와 중성자수를 합한 수이며, 전자의 질량은 양성자와 중성자에 비해 무시할 수 있을 정도로 작으므로, 원자의 질량은 양성자와 중성자에 의해 결정된다고 할 수 있다.

(3) **원자의 표시 방법** : 원소 기호의 왼쪽 아래에는 원자 번호를, 왼쪽 위에는 질량수를 표시한다.

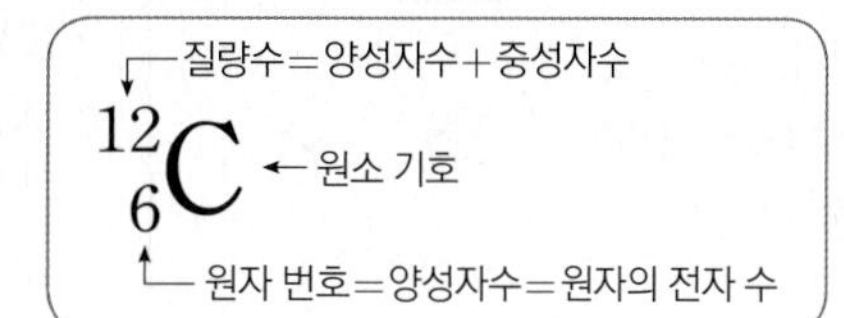

원자 번호
원자의 종류는 원자핵 속 양성자수에 따라 달라지므로 원자 번호는 양성자수로 정한다.

질량수
전자의 질량은 무시할 수 있을 정도로 작으므로 원자의 질량수에 전자 수는 포함되지 않는다.

B 동위 원소

1. **동위 원소** : 양성자수가 같아 원자 번호가 같지만 중성자수가 달라 질량수가 다른 원소이며, 양성자수가 같으므로 화학적 성질은 같으나, 질량수가 다르므로 물리적 성질은 다르다.

예 수소(H)의 동위 원소

원자 모형	전자 / 양성자	중성자	
동위 원소	$^{1}_{1}H$	$^{2}_{1}H$	$^{3}_{1}H$
양성자수	1	1	1
중성자수	0	1	2
질량수	1	2	3

수소의 동위 원소
모든 원자 중 $^{1}_{1}H$는 유일하게 중성자가 없다.

2. **평균 원자량** : 동위 원소의 존재 비율을 고려하여 계산한 원자량으로, 각 동위 원소의 원자량과 존재 비율을 곱한 값의 합으로 구한다.

예 염소(Cl)의 평균 원자량

동위 원소	양성자수	중성자수	원자량	존재 비율(%)
$^{35}_{17}Cl$	17	18	35	75.76
$^{37}_{17}Cl$	17	20	37	24.24

➡ 염소(Cl)의 평균 원자량은 $\left(35\times\frac{75.76}{100}\right)+\left(37\times\frac{24.24}{100}\right)\fallingdotseq 35.5$이다.

평균 원자량
자연계 대부분의 원소들은 동위 원소가 있고 자연 상태에서 그 존재 비율이 거의 일정하므로 원자의 원자량은 동위 원소의 존재 비율을 고려한 평균 원자량으로 나타낸다.

실전 자료 동위 원소

표는 X의 동위 원소 (가)와 (나)에 대한 자연계 존재 비율과 원자핵 모형을 나타낸 것이다. ●와 ●는 각각 양성자와 중성자 중 하나이고, 원자량은 질량수와 같다.

원자	(가)	(나)
자연계 존재 비율(%)	7.5	92.5
원자핵 모형		

- (가)와 (나)는 동위 원소이므로 양성자수가 같다. 따라서 개수가 3으로 같은 ●이 양성자, ●이 중성자이다.
- 양성자수가 3이고 원자 번호는 양성자수와 같으므로 X의 원자 번호는 3이다.
- 중성자수는 (가)가 3, (나)가 4이므로 질량수는 (가)가 6, (나)가 7이다.
- 원자를 표시하면 (가)는 $^{6}_{3}X$, (나)는 $^{7}_{3}X$이다.
- X의 평균 원자량은 $\left(6\times\frac{7.5}{100}\right)+\left(7\times\frac{92.5}{100}\right)=6.925$이다.
- X의 평균 원자량이 6.925라는 것은 자연계 존재 비율이 (나)가 (가)보다 크다는 것을 의미한다.

출제 tip
한 원소의 여러 동위 원소들의 자연계 존재 비율로부터 그 원소의 평균 원자량을 구하거나 여러 동위 원소로 이루어진 분자들의 존재 비율, 분자량을 구하는 문제가 주로 출제된다.

원자의 구성 입자

1 ★☆☆ | 2024년 5월 교육청 2번 |

그림은 $^{3}_{2}He^{+}$을 모형으로 나타낸 것이다. ◉, ○, ●는 양성자, 중성자, 전자를 순서 없이 나타낸 것이다. 다음 중 $^{3}_{1}H$의 모형으로 가장 적절한 것은?

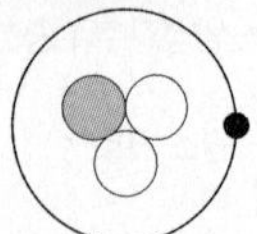

①
② 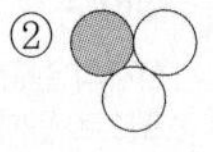
③ 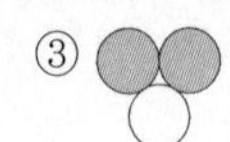
④
⑤ 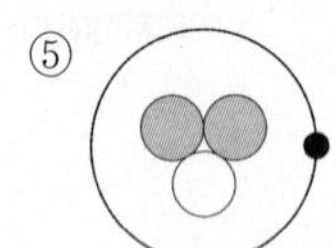

2 ★★☆ | 2023년 7월 교육청 17번 |

다음은 원소 X와 Y에 대한 자료이다.

- X, Y의 원자 번호는 각각 9, 35이다.
- 자연계에서 X는 ^{19}X로만 존재하고, Y는 ^{n}Y와 ^{n+2}Y로 존재한다.
- XY의 평균 분자량은 99이다.
- $\dfrac{^{19}X^{n+2}Y\ 1\,\text{mol에 들어 있는 전체 중성자수}}{^{19}X^{n}Y\ 1\,\text{mol에 들어 있는 전체 중성자수}} = \dfrac{28}{27}$이다.

이에 대한 설명으로 옳은 것만을 〈보기〉에서 있는 대로 고른 것은? (단, X, Y는 임의의 원소 기호이고, ^{19}X, ^{n}Y, ^{n+2}Y의 원자량은 각각 19, n, $n+2$이다.)

보기

ㄱ. Y_2의 평균 분자량은 160이다.

ㄴ. $\dfrac{1\,\text{g의 } ^{n}Y^{n+2}Y\text{에 들어 있는 전체 양성자수}}{1\,\text{g의 } ^{n+2}Y^{n+2}Y\text{에 들어 있는 전체 양성자수}} = \dfrac{81}{80}$이다.

ㄷ. 자연계에서 $\dfrac{^{n}Y\text{의 존재 비율}}{^{n+2}Y\text{의 존재 비율}} = 1$이다.

① ㄱ ② ㄴ ③ ㄱ, ㄷ
④ ㄴ, ㄷ ⑤ ㄱ, ㄴ, ㄷ

3 ★★☆ | 2022년 10월 교육청 16번 |

다음은 용기에 들어 있는 기체 XY에 대한 자료이다.

- XY를 구성하는 원자는 ^{a}X, ^{a+2}X, ^{b}Y, ^{b+2}Y이다.
- ^{a}X, ^{a+2}X, ^{b}Y, ^{b+2}Y의 원자량은 각각 a, $a+2$, b, $b+2$이다.
- 양성자수는 ^{b}Y가 ^{a}X보다 2만큼 크다.
- 중성자수는 ^{a+2}X와 ^{b}Y가 같다.
- 질량수 비는 $^{a}X : ^{b+2}Y = 2 : 3$이다.

이에 대한 옳은 설명만을 〈보기〉에서 있는 대로 고른 것은? (단, X와 Y는 임의의 원소 기호이다.) [3점]

ㄱ. $b=a+2$이다.

ㄴ. 질량수 비는 $^{a+2}X : ^{b}Y = 7 : 8$이다.

ㄷ. 분자량이 다른 XY는 4가지이다.

① ㄱ ② ㄴ ③ ㄷ
④ ㄱ, ㄴ ⑤ ㄴ, ㄷ

4 ★☆☆ | 2022년 7월 교육청 9번 |

표는 원자 또는 이온 (가)~(다)에 대한 자료이다. (가)~(다)는 각각 $^{14}_{7}N$, $^{15}_{7}N$, $^{16}_{8}O^{2-}$ 중 하나이고, ㉠~㉢은 각각 양성자수, 중성자수, 전자 수 중 하나이다.

원자 또는 이온	(가)	(나)	(다)
㉠−㉡	0		1
㉡−㉢		0	

이에 대한 설명으로 옳은 것만을 〈보기〉에서 있는 대로 고른 것은?

보기
ㄱ. ㉢은 전자 수이다.
ㄴ. ㉠은 (가)와 (다)가 같다.
ㄷ. (나)와 (다)는 동위 원소이다.

① ㄱ ② ㄷ ③ ㄱ, ㄴ
④ ㄴ, ㄷ ⑤ ㄱ, ㄴ, ㄷ

5 ★★★ | 2022년 4월 교육청 11번 |

다음은 X의 동위 원소에 대한 자료이다.

- ^{44}X, ^{a}X의 원자량은 각각 44, a이다.
- ^{44}X, ^{a}X 각 w g에 들어 있는 양성자와 중성자의 양

동위 원소	질량(g)	양성자의 양(mol)	중성자의 양(mol)
^{44}X	w	10	12
^{a}X	w		11

이에 대한 설명으로 옳은 것만을 〈보기〉에서 있는 대로 고른 것은? (단, X는 임의의 원소 기호이다.) [3점]

보기
ㄱ. X의 원자 번호는 20이다.
ㄴ. w는 20이다.
ㄷ. a는 42이다.

① ㄱ ② ㄴ ③ ㄱ, ㄷ
④ ㄴ, ㄷ ⑤ ㄱ, ㄴ, ㄷ

6 ★☆☆ | 2021년 7월 교육청 1번 |

다음은 원자의 구조와 관련된 연표이다.

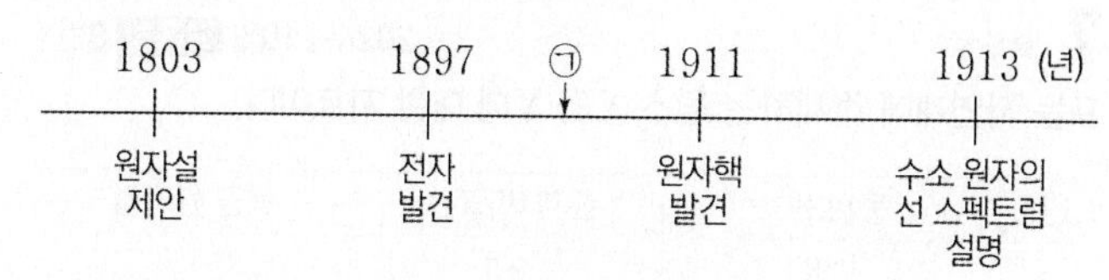

㉠ 시기의 원자 모형으로 가장 적절한 것은?

① 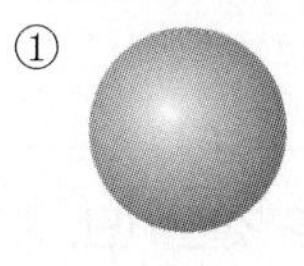
② 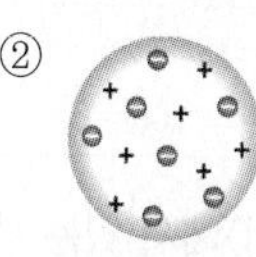
③ 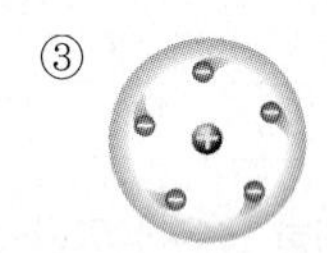
④ 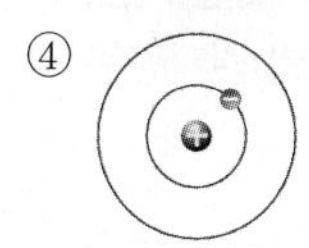
⑤ 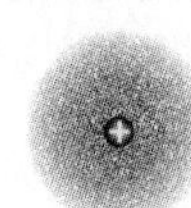

동위 원소와 평균 원자량

7 ★☆☆ | 2024년 10월 교육청 8번 |

표는 자연계에 존재하는 원소 X와 Y에 대한 자료이다.

원소	동위 원소	존재 비율(%)	평균 원자량
X	^{m}X	7.5	6.925
	^{m+1}X	92.5	
Y	^{63}Y	a	63.546
	^{65}Y	$100-a$	

이에 대한 옳은 설명만을 〈보기〉에서 있는 대로 고른 것은? (단, X와 Y는 임의의 원소 기호이고, ^{m}X, ^{m+1}X, ^{63}Y, ^{65}Y의 원자량은 각각 m, $m+1$, 63, 65이다.)

보기

ㄱ. $\frac{양성자수}{중성자수}$는 ^{m+1}X가 ^{m}X보다 크다.

ㄴ. $m=6$이다.

ㄷ. $a<50$이다.

① ㄱ ② ㄴ ③ ㄱ, ㄷ ④ ㄴ, ㄷ ⑤ ㄱ, ㄴ, ㄷ

8 ★★☆ | 2024년 7월 교육청 16번 |

다음은 원자 A～D에 대한 자료이다.

- A～D는 원소 X와 Y의 동위 원소이고, 원자 번호는 X>Y이다.
- A와 B의 중성자수는 같다.
- A～D의 (중성자수−전자 수)와 질량수

원자	A	B	C	D
중성자수−전자 수	0	1	2	3
질량수	a	b	c	d

- $b+c=73$이고, $c>d$이다.

이에 대한 설명으로 옳은 것만을 〈보기〉에서 있는 대로 고른 것은? (단, X와 Y는 임의의 원소 기호이고, A, B, C, D의 원자량은 각각 a, b, c, d이다.) [3점]

보기

ㄱ. A와 C는 X의 동위 원소이다.

ㄴ. $\frac{1\,mol의\ D에\ 들어\ 있는\ 중성자수}{1\,mol의\ A에\ 들어\ 있는\ 중성자수}=\frac{10}{9}$이다.

ㄷ. $\frac{1\,g의\ D에\ 들어\ 있는\ 양성자수}{1\,g의\ B에\ 들어\ 있는\ 양성자수}=\frac{37}{35}$이다.

① ㄱ ② ㄷ ③ ㄱ, ㄴ ④ ㄴ, ㄷ ⑤ ㄱ, ㄴ, ㄷ

9 ★☆☆ | 2024년 5월 교육청 11번 |

표는 원소 X와 Y에 대한 자료이고, $a+b+c=100$이다.

원소	동위 원소	원자량	자연계 존재 비율(%)	평균 원자량
X	^{24}X	24	a	24.3
	^{25}X	25	b	
	^{26}X	26	c	
Y	^{m}Y	m	75	㉠
	^{m+2}Y	$m+2$	25	

이에 대한 설명으로 옳은 것만을 〈보기〉에서 있는 대로 고른 것은? (단, X와 Y는 임의의 원소 기호이다.) [3점]

보기

ㄱ. ㉠$=m+\frac{1}{2}$이다.

ㄴ. $^{m+2}Y_2$와 $^{m}Y_2$의 중성자수 차는 2이다.

ㄷ. $a>b+c$이다.

① ㄱ ② ㄴ ③ ㄱ, ㄷ ④ ㄴ, ㄷ ⑤ ㄱ, ㄴ, ㄷ

10 ★★☆ | 2024년 3월 교육청 8번 |

다음은 자연계에 존재하는 $^{12}C_2{}^{1}H_3A_a$에 대한 자료이다.

- $^{12}C_2{}^{1}H_3A_a$의 분자량에 따른 존재 비율

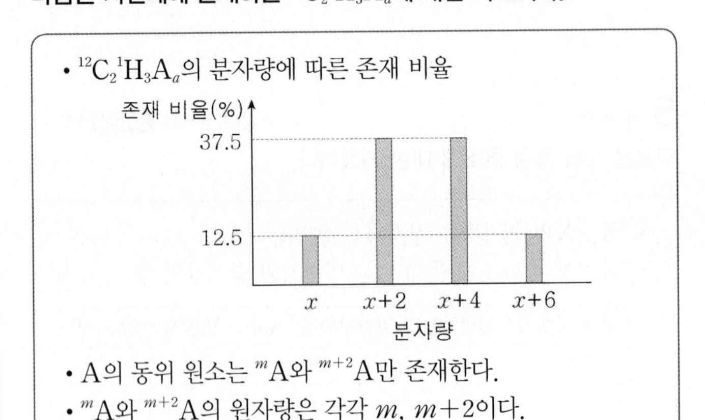

- A의 동위 원소는 ^{m}A와 ^{m+2}A만 존재한다.
- ^{m}A와 ^{m+2}A의 원자량은 각각 m, $m+2$이다.

이에 대한 옳은 설명만을 〈보기〉에서 있는 대로 고른 것은? (단, A는 임의의 원소 기호이다.)

보기

ㄱ. 중성자수는 ^{m}A가 ^{m+2}A보다 크다.

ㄴ. $a=3$이다.

ㄷ. A의 평균 원자량은 $m+1$이다.

① ㄱ ② ㄷ ③ ㄱ, ㄴ ④ ㄴ, ㄷ ⑤ ㄱ, ㄴ, ㄷ

11 ★★☆

| 2023년 10월 교육청 17번 |

다음은 원소 X와 Y의 동위 원소에 대한 자료이다. 자연계에 존재하는 X와 Y의 동위 원소는 각각 2가지이다.

• X와 Y의 동위 원소의 원자량과 자연계에 존재하는 비율

원소	동위 원소	원자량	존재 비율(%)
X	^{a}X	a	x
	^{a+b}X	$a+b$	$x-40$
Y	^{a+3b}Y	$a+3b$	60
	^{a+4b}Y	$a+4b$	40

• X와 Y의 평균 원자량의 차는 6.2이다.
• 원자 번호는 Y가 X보다 2만큼 크다.

이에 대한 옳은 설명만을 〈보기〉에서 있는 대로 고른 것은? (단, X, Y는 임의의 원소 기호이다.) [3점]

보기

ㄱ. $x=70$이다.
ㄴ. $b=1$이다.
ㄷ. ^{a}X와 ^{a+3b}Y의 중성자수의 차는 6이다.

① ㄱ ② ㄴ ③ ㄱ, ㄷ
④ ㄴ, ㄷ ⑤ ㄱ, ㄴ, ㄷ

12 ★★☆

| 2023년 4월 교육청 12번 |

다음은 원소 X와 Y에 대한 자료이다.

• X의 동위 원소와 평균 원자량에 대한 자료

동위 원소	원자량	자연계 존재 비율	X의 평균 원자량
^{a}X	a	50 %	80
^{a+2}X	$a+2$	50 %	

• 양성자수는 X가 Y보다 4만큼 크다.
• 중성자수의 비는 ^{a}X : $^{a-8}Y=11:10$이다.

X의 원자 번호는? (단, X, Y는 임의의 원소 기호이다.) [3점]

① 31 ② 32 ③ 33
④ 34 ⑤ 35

13 ★★☆

| 2023년 3월 교육청 6번 |

표는 원소 X와 Y에 대한 자료이다.

원소	원자 번호	동위 원소	자연계에 존재하는 비율(%)	평균 원자량
X	29	^{63}X	a	63.6
		^{65}X	$100-a$	
Y	35	^{79}Y	50	y
		^{81}Y	50	

이에 대한 옳은 설명만을 〈보기〉에서 있는 대로 고른 것은? (단, X, Y는 임의의 원소 기호이고, ^{63}X, ^{65}X, ^{79}Y, ^{81}Y의 원자량은 각각 63, 65, 79, 81이다.)

보기

ㄱ. $\frac{양성자수}{중성자수}$는 $^{79}Y>^{65}X$이다.
ㄴ. $a<50$이다.
ㄷ. $y=80$이다.

① ㄱ ② ㄷ ③ ㄱ, ㄴ
④ ㄴ, ㄷ ⑤ ㄱ, ㄴ, ㄷ

14 ★★☆

| 2022년 3월 교육청 9번 |

다음은 자연계에 존재하는 붕소(B)의 동위 원소와 플루오린(F)에 대한 자료이다.

• B의 동위 원소

동위 원소	$^{10}_{5}B$	$^{11}_{5}B$
원자량	10	11
존재 비율(%)	20	80

• F은 $^{19}_{9}F$만 존재한다.

이에 대한 옳은 설명만을 〈보기〉에서 있는 대로 고른 것은?

보기

ㄱ. 분자량이 다른 BF_3는 2가지이다.
ㄴ. B의 평균 원자량은 10.8이다.
ㄷ. $\frac{^{10}_{5}B\ 1g에\ 들어\ 있는\ 양성자수}{^{11}_{5}B\ 1g에\ 들어\ 있는\ 양성자수}>1$이다.

① ㄱ ② ㄷ ③ ㄱ, ㄴ
④ ㄴ, ㄷ ⑤ ㄱ, ㄴ, ㄷ

15 ★★☆ | 2021년 10월 교육청 15번 |

다음은 자연계에 존재하는 분자 XCl_3와 관련된 자료이다.

• X와 Cl의 동위 원소의 존재 비율과 원자량

동위 원소		존재 비율(%)	원자량
X의 동위 원소	^{m}X	a	m
	^{m+1}X	$100-a$	$m+1$
Cl의 동위 원소	^{35}Cl	75	35
	^{37}Cl	25	37

• $\frac{\text{분자량이 가장 큰 } XCl_3\text{의 존재 비율}}{\text{분자량이 가장 작은 } XCl_3\text{의 존재 비율}}=\frac{4}{27}$이다.

X의 평균 원자량은? (단, X는 임의의 원소 기호이다.) [3점]

① $m+\frac{1}{5}$ ② $m+\frac{1}{4}$ ③ $m+\frac{1}{3}$
④ $m+\frac{2}{3}$ ⑤ $m+\frac{4}{5}$

16 ★★☆ | 2021년 7월 교육청 8번 |

다음은 자연계에 존재하는 X와 Y에 대한 자료이다.

• X의 동위 원소는 ^{35}X, ^{37}X 2가지이다.
• X의 평균 원자량은 35.5이다.
• Y의 동위 원소는 ^{79}Y, ^{81}Y 2가지이다.
• $\frac{\text{분자량이 160인 } Y_2\text{의 존재 비율(\%)}}{\text{분자량이 162인 } Y_2\text{의 존재 비율(\%)}}=2$이다.

$\frac{^{35}X\text{의 존재 비율(\%)}}{^{81}Y\text{의 존재 비율(\%)}}$은? (단, 원자량은 질량수와 같고, X와 Y는 임의의 원소 기호이다.) [3점]

① $\frac{1}{2}$ ② $\frac{3}{4}$ ③ 1
④ $\frac{3}{2}$ ⑤ 3

17 ★★☆ | 2021년 4월 교육청 17번 |

다음은 자연계에 존재하는 원소 X에 대한 자료이다.

• X의 동위 원소의 원자량과 존재 비율

동위 원소	^{a}X	^{a+2}X
원자량	a	$a+2$
존재 비율(%)	b	$100-b$

• $\frac{\text{분자량이 } 2a+4\text{인 } X_2\text{의 존재 비율(\%)}}{\text{분자량이 } 2a\text{인 } X_2\text{의 존재 비율(\%)}}=\frac{1}{9}$이다.

이에 대한 설명으로 옳은 것만을 〈보기〉에서 있는 대로 고른 것은? (단, X는 임의의 원소 기호이다.) [3점]

보기
ㄱ. 분자량이 서로 다른 X_2는 4가지이다.
ㄴ. $b>50$이다.
ㄷ. X의 평균 원자량은 $a+\frac{1}{2}$이다.

① ㄱ ② ㄴ ③ ㄱ, ㄷ
④ ㄴ, ㄷ ⑤ ㄱ, ㄴ, ㄷ

18 ★★☆ | 2021년 3월 교육청 10번 |

다음은 자연계에 존재하는 염화 나트륨(NaCl)과 관련된 자료이다. NaCl은 화학식량이 다른 (가)와 (나)가 존재한다.

• Na은 ^{23}Na으로만, Cl는 ^{35}Cl와 ^{37}Cl로만 존재한다.
• Cl의 평균 원자량은 35.5이다.
• (가)와 (나)의 화학식량과 존재 비율

NaCl	(가)	(나)
원자량	58	x
존재 비율(%)	a	b

이에 대한 옳은 설명만을 〈보기〉에서 있는 대로 고른 것은? (단, ^{23}Na, ^{35}Cl, ^{37}Cl의 원자량은 각각 23, 35, 37이다.)

보기
ㄱ. $\frac{\text{(나) 1 mol에 들어 있는 중성자수}}{\text{(가) 1 mol에 들어 있는 중성자수}}>1$이다.
ㄴ. $x=60$이다.
ㄷ. $b>a$이다.

① ㄱ ② ㄷ ③ ㄱ, ㄴ
④ ㄴ, ㄷ ⑤ ㄱ, ㄴ, ㄷ

19 ★★☆ | 2020년 10월 교육청 8번 |

다음은 구리(Cu)에 대한 자료이다.

- 자연계에 존재하는 구리의 동위 원소는 ^{63}Cu, ^{65}Cu 2가지이다.
- ^{63}Cu, ^{65}Cu의 원자량은 각각 62.9, 64.9이다.
- Cu의 평균 원자량은 63.5이다.

이에 대한 옳은 설명만을 <보기>에서 있는 대로 고른 것은?

보기

ㄱ. 중성자수는 $^{65}Cu > ^{63}Cu$이다.

ㄴ. 자연계에 존재하는 비율은 $^{65}Cu > ^{63}Cu$이다.

ㄷ. $\frac{^{63}\text{Cu 1 g에 들어 있는 원자 수}}{^{65}\text{Cu 1 g에 들어 있는 원자 수}} > 1$이다.

① ㄱ ② ㄴ ③ ㄱ, ㄷ ④ ㄴ, ㄷ ⑤ ㄱ, ㄴ, ㄷ

20 ★★☆ | 2020년 7월 교육청 9번 |

표는 원자 (가)~(다)에 대한 자료이다. (가)~(다)는 $_4Be$ 또는 $_5B$이며, ㉠은 양성자수와 중성자수 중 하나이다.

원자	㉠	질량수	존재 비율(%)
(가)	5	10	20
(나)	5	b	100
(다)	a	11	80

이에 대한 설명으로 옳은 것만을 <보기>에서 있는 대로 고른 것은? (단, 원자량은 질량수와 같다.)

보기

ㄱ. $a+b=15$이다.

ㄴ. $_5B$의 평균 원자량은 9이다.

ㄷ. $\frac{㉠}{\text{전자 수}}$은 (다)>(나)이다.

① ㄱ ② ㄴ ③ ㄱ, ㄷ ④ ㄴ, ㄷ ⑤ ㄱ, ㄴ, ㄷ

21 ★★☆ | 2020년 4월 교육청 9번 |

표는 원자 (가)~(다)에 대한 자료이다. (가)~(다)는 각각 ^mX, ^nX, ^lY 중 하나이고, X의 평균 원자량은 63.6이며 원자량은 $^mX > ^nX$이다.

원자	(가)	(나)	(다)
원자량	63	64	65
중성자수	a	a	b

이에 대한 설명으로 옳은 것만을 <보기>에서 있는 대로 고른 것은? (단, X와 Y는 임의의 원소 기호이고, 자연계에서 X의 동위 원소는 ^mX와 ^nX만 존재한다고 가정한다.) [3점]

보기

ㄱ. (가)는 ^nX이다.

ㄴ. 전자 수는 (나)와 (다)가 같다.

ㄷ. X의 동위 원소 중 ^mX의 존재 비율은 30%이다.

① ㄱ ② ㄴ ③ ㄱ, ㄷ ④ ㄴ, ㄷ ⑤ ㄱ, ㄴ, ㄷ

현대적 원자 모형과 전자 배치

A 보어의 원자 모형

전자 전이
전자가 다른 에너지 준위를 갖는 전자 껍질로 이동하는 현상

바닥상태
전자의 에너지 준위가 가장 낮아서 안정한 상태

들뜬상태
전자가 에너지 준위가 높은 전자 껍질로 전이되어 불안정한 상태

1. 수소 원자의 선 스펙트럼 : 수소 기체를 채운 방전관에서 방출되는 빛을 프리즘에 통과시켰을 때 불연속적인 선 스펙트럼이 생긴다. ➡ 에너지를 흡수한 전자가 다시 에너지를 방출하면서 그 차이만큼 에너지를 빛의 형태로 방출하기 때문이다.

2. 보어의 원자 모형 : 전자가 특정한 에너지 준위의 궤도를 따라 원자핵 주위를 원운동하고 있다는 원자 모형

(1) **전자 껍질** : 전자가 운동하는 특정 에너지 준위의 원형 궤도
① 원자핵에 가까운 쪽부터 K(n=1), L(n=2), M(n=3), N(n=4)… 으로 기호를 사용하여 나타낸다. (n은 주 양자수)
② 원자핵에서 멀어질수록 전자 껍질의 에너지 준위가 높아진다. (K<L<M<N…)
③ 수소 원자에서 각 전자 껍질의 에너지 준위는 주 양자수(n)에 의해서만 결정된다.

(2) **수소 원자의 전자 전이와 에너지 출입**
① 전자는 같은 전자 껍질에서 원운동할 때 에너지를 흡수하거나 방출하지 않는다.
② 전자가 다른 에너지 준위를 갖는 전자 껍질로 전이할 때, 전자 껍질의 에너지 준위 차이에 해당하는 에너지를 방출하거나 흡수한다.

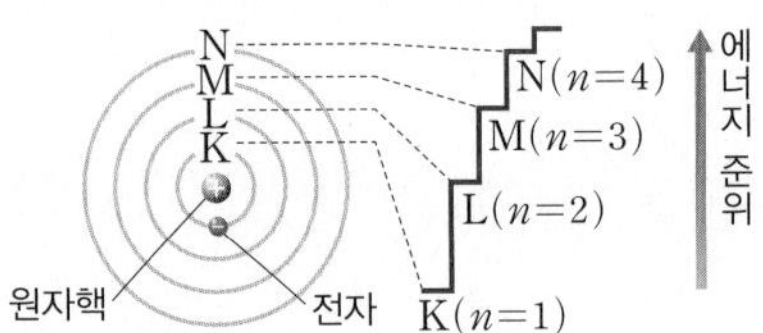

▲ 수소 원자의 전자 껍질과 에너지 준위

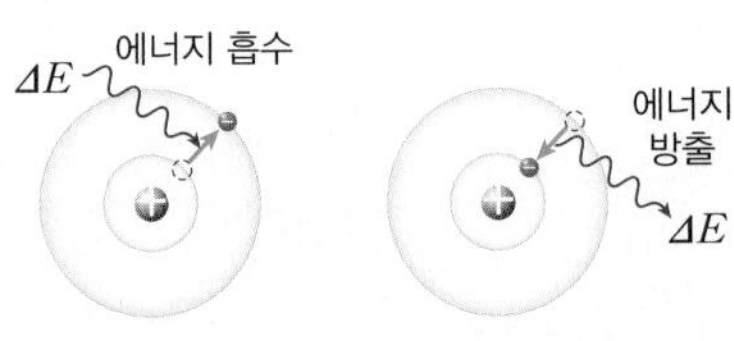

▲ 전자 전이에 따른 에너지의 흡수 또는 방출

B 현대적 원자 모형

1. 현대적 원자 모형

(1) **보어의 원자 모형의 한계** : 보어의 원자 모형은 전자가 2개 이상인 원자의 선 스펙트럼을 설명할 수 없다.

(2) **현대의 원자 모형** : 전자는 입자와 파동의 성질을 동시에 갖고 있어, 전자의 위치와 운동량을 동시에 알 수 없으므로 전자가 발견될 확률 분포를 나타내는 현대의 원자 모형이 제안되었다.

(3) **오비탈** : 일정한 에너지를 가진 전자가 원자핵 주위에서 발견될 확률을 나타내는 함수이며, 주 양자수(n)와 오비탈의 모양을 의미하는 s, p, d, f 등의 기호를 사용하여 나타낸다.
① s 오비탈 : 공 모양(구형)으로 모든 전자 껍질에 존재하며, 원자핵으로부터의 거리가 같으면 전자가 발견될 확률이 같다.
② p 오비탈 : 아령 모양으로 L 전자 껍질(n=2)부터 존재한다. 방향성이 있어서 핵으로부터의 거리와 방향에 따라 전자가 발견될 확률이 다르다.

오비탈의 경계면 그림

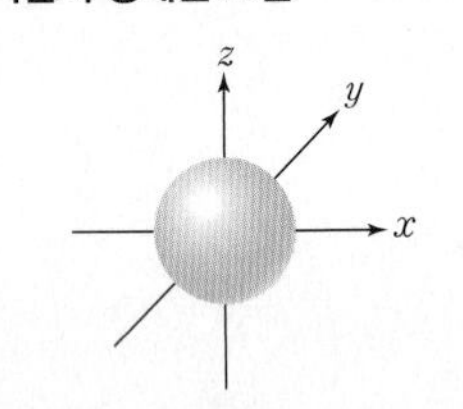

전자가 발견될 확률이 90%인 공간까지를 경계면으로 나타낸다.

s 오비탈
$1s$ 오비탈과 $2s$ 오비탈의 모양은 같지만, 같은 원자에서 $2s$ 오비탈이 $1s$ 오비탈보다 크기가 크다.

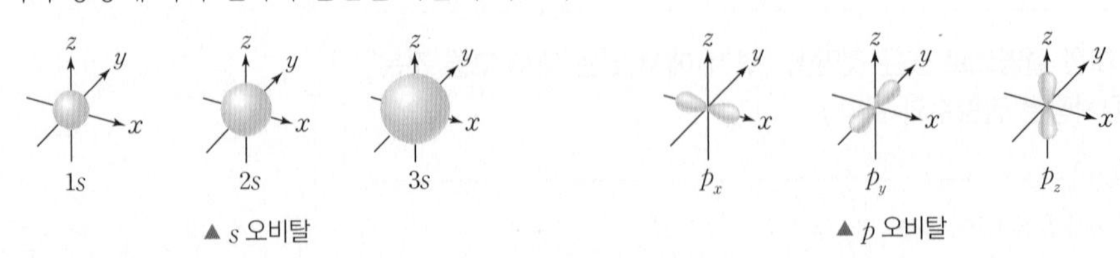

▲ s 오비탈 ▲ p 오비탈

2. 양자수

(1) **주 양자수(n)** : 오비탈의 에너지와 크기를 결정하는 양자수이며, 보어의 원자 모형에서 전자 껍질에 해당한다.

전자 껍질	K	L	M	N
주 양자수(n)	1	2	3	4

(2) **방위(부) 양자수(l)** : 오비탈의 모양을 결정하는 양자수이며, 주 양자수가 n일 때 방위(부) 양자수는 0에서 $(n-1)$까지의 정숫값을 갖는다.

주 양자수(n)	1	2		3		
방위(부) 양자수(l)	0	0	1	0	1	2
오비탈	1s	2s	2p	3s	3p	3d

(3) **자기 양자수(m_l)** : 오비탈의 공간적인 방향을 결정하는 양자수이며, 방위(부) 양자수가 l일 때 자기 양자수(m_l)는 $-l \leq m_l \leq l$의 정숫값을 갖는다.

주 양자수(n)	1	2		3		
방위(부) 양자수(l)	0	0	1	0	1	2
자기 양자수(m_l)	0	0	$-1, 0, 1$	0	$-1, 0, 1$	$-2, -1, 0, 1, 2$
오비탈의 종류	1s	2s	2p	3s	3p	3d
오비탈 수	1	1	3	1	3	5
오비탈의 총수(n^2)	1	4		9		

(4) **스핀 자기 양자수(m_s)** : 전자의 자전 방향(스핀)을 나타내는 양자수이며, 2가지 스핀 방향이 가능하고, 방향에 따라 $+\frac{1}{2}$, $-\frac{1}{2}$의 2가지가 가능하다. 스핀 자기 양자수가 다른 전자는 서로 반대 방향의 화살표(↑, ↓)를 사용하여 표시한다.

3. 전자 배치의 규칙

(1) **쌓음 원리** : 바닥상태 원자는 에너지 준위가 가장 낮은 오비탈부터 차례로 전자가 배치된다.

(2) **파울리 배타 원리** : 1개의 오비탈에 들어갈 수 있는 전자 수는 최대 2개이며, 이때 두 전자는 서로 다른 스핀 방향을 가진다. ➡ 4가지 양자수(주 양자수, 방위(부) 양자수, 자기 양자수, 스핀 자기 양자수)가 모두 같은 전자는 존재할 수 없다.

예 [↑] (○) [↑↓] (○) [↑↓↑] (×) [↑↑] (×) [↓↓] (×)

(3) **훈트 규칙** : 에너지 준위가 같은 오비탈에 전자가 배치될 때, 홀전자 수가 최대가 되도록 채워진다.

(4) **바닥상태 전자 배치와 들뜬상태 전자 배치**

① 바닥상태 : 쌓음 원리, 파울리 배타 원리, 훈트 규칙을 모두 만족하는 전자 배치이다.

② 들뜬상태 : 쌓음 원리나 훈트 규칙을 만족하지 않는 전자 배치이다.

실전 자료 양자수

표는 바닥상태 네온(Ne) 원자 1개에 들어 있는 서로 다른 전자 (가)~(다)의 양자수(n, l, m_l, m_s)를 나타낸 것이다.

전자	(가)	(나)	(다)
n	2	2	c
l	0	b	0
m_l	a	$+1$	0
m_s	$+\frac{1}{2}$	$-\frac{1}{2}$	$+\frac{1}{2}$

- n은 주 양자수로 1 이상의 정수이다.
- l은 방위(부) 양자수로 $0 \leq l \leq n-1$의 정수이다.
- m_l은 자기 양자수로 $-l \leq m_l \leq l$의 정수이고, m_s는 스핀 자기 양자수로 $+\frac{1}{2}$, $-\frac{1}{2}$ 중 하나이다.
- (가)는 $l=0$이므로 $a=0$이고 (가)는 2s의 전자이다.
- (나)는 n이 2이고 m_l이 $+1$이므로 $b=1$이고 (나)는 2p의 전자이다.
- (가)와 (다)는 서로 다른 전자이므로 $c=1$이고 (다)는 1s의 전자이다.
- 전자가 들어 있는 오비탈의 에너지 준위는 $2p > 2s > 1s$이다.

수소 원자에서 오비탈의 에너지 준위

전자가 1개인 수소 원자는 오비탈의 종류와 관계없이 주 양자수(n)에 의해서만 오비탈의 에너지 준위가 결정된다.

$1s < 2s = 2p < 3s = 3p = 3d < 4s \cdots$

다전자 원자에서 오비탈의 에너지 준위

주 양자수(n)와 오비탈의 종류에 따라 에너지 준위가 결정되고, 주 양자수(n)가 같으면 방위(부) 양자수(l)가 오비탈의 에너지 준위를 결정한다.

$1s < 2s < 2p < 3s < 3p < 4s < 3d < 4p \cdots$

전자 배치 표시 방법

- 오비탈 기호의 이용

$1s^2 2s^1$

주 양자수 / 오비탈의 종류 / 오비탈에 배치된 전자 수

- 화살표의 이용

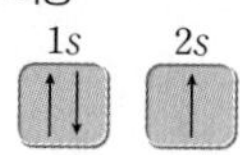

질소 원자(N)의 전자 배치

- 바닥상태 전자 배치

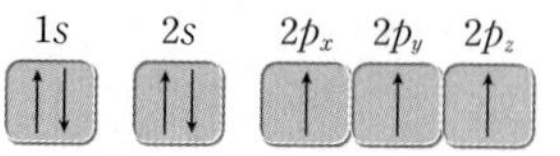

➡ 쌓음 원리, 파울리 배타 원리, 훈트 규칙을 모두 만족한다.

- 들뜬상태 전자 배치

①
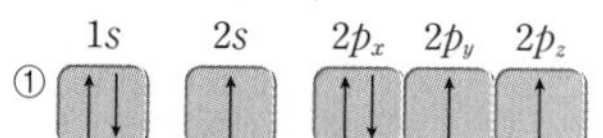

➡ 쌓음 원리를 만족하지 않는다.

②
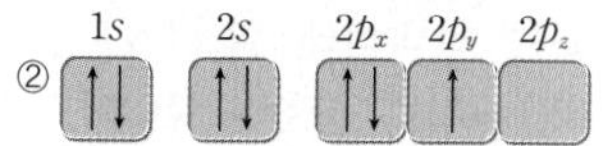

➡ 훈트 규칙을 만족하지 않는다.

출제 tip

같은 원자 또는 서로 다른 원자에서 전자가 들어 있는 오비탈의 주 양자수(n)와 방위(부) 양자수(l)의 합이나 차 등의 자료를 제시하고, 이로부터 전자 배치를 파악하여 각 원자를 알아내는 문제가 주로 출제된다.

1 ★☆☆

| 2024년 10월 교육청 7번 |

표는 원자 번호가 20 이하인 원소 A~D의 이온의 바닥상태 전자 배치에 대한 자료이다. A~D의 이온은 모두 18족 원소의 전자 배치를 갖는다.

이온	A^+	B^-	C^+	D^-
$\frac{\text{전자가 들어 있는 } p \text{ 오비탈 수}}{\text{전자가 들어 있는 } s \text{ 오비탈 수}}$	0	$\frac{3}{2}$	2	2

A~D에 대한 옳은 설명만을 〈보기〉에서 있는 대로 고른 것은? (단, A~D는 임의의 원소 기호이다.)

보기

ㄱ. C는 칼륨(K)이다.
ㄴ. 2주기 원소는 2가지이다.
ㄷ. 전기 음성도는 B>D이다.

① ㄱ ② ㄴ ③ ㄱ, ㄷ
④ ㄴ, ㄷ ⑤ ㄱ, ㄴ, ㄷ

2 ★☆☆

| 2024년 10월 교육청 10번 |

표는 바닥상태 질소(N) 원자에서 전자가 들어 있는 오비탈 (가)~(다)에 대한 자료이다. n은 주 양자수, l은 방위(부) 양자수, m_l은 자기 양자수이다.

오비탈	(가)	(나)	(다)
$n+l$	x		x
$n-l$		$x-1$	㉠
$n+m_l$	$x-2$		$x-1$

이에 대한 옳은 설명만을 〈보기〉에서 있는 대로 고른 것은?

보기

ㄱ. (가)에 들어 있는 전자 수는 2이다.
ㄴ. '$x-1$'은 ㉠으로 적절하다.
ㄷ. m_l는 (나)와 (다)가 같다.

① ㄱ ② ㄷ ③ ㄱ, ㄴ
④ ㄴ, ㄷ ⑤ ㄱ, ㄴ, ㄷ

3 ★★☆

| 2024년 7월 교육청 3번 |

다음은 2, 3주기 14~16족 바닥상태 원자 X~Z에 대한 자료이다.

- X~Z는 서로 다른 원소이다.
- $\frac{\text{홀전자 수}}{p \text{ 오비탈에 들어 있는 전자 수}}$의 비는 X : Y=2 : 3이다.
- 전자가 2개 들어 있는 오비탈 수는 Z가 Y의 2배이다.

이에 대한 설명으로 옳은 것만을 〈보기〉에서 있는 대로 고른 것은? (단, X~Z는 임의의 원소 기호이다.) [3점]

보기

ㄱ. 원자가 전자 수는 Y>X이다.
ㄴ. Y와 Z는 같은 주기 원소이다.
ㄷ. 원자가 전자가 느끼는 유효 핵전하는 X>Z이다.

① ㄱ ② ㄴ ③ ㄱ, ㄷ
④ ㄴ, ㄷ ⑤ ㄱ, ㄴ, ㄷ

4 ★★☆

| 2024년 7월 교육청 11번 |

표는 2, 3주기 바닥상태 원자 A~C에 대한 자료이다. n은 주 양자수, l은 방위(부) 양자수, m_l은 자기 양자수이다.

원자	A	B	C
$n-l=2$인 오비탈에 들어 있는 전자 수	3	x	7
$n+l=3$인 오비탈에 들어 있는 전자 수		6	

이에 대한 설명으로 옳은 것만을 〈보기〉에서 있는 대로 고른 것은? (단, A~C는 임의의 원소 기호이다.) [3점]

보기

ㄱ. $x=2$이다.
ㄴ. 전자가 들어 있는 s 오비탈 수는 A와 C가 같다.
ㄷ. B에서 전자가 들어 있는 오비탈 중 $l+m_l=2$인 오비탈이 있다.

① ㄱ ② ㄷ ③ ㄱ, ㄴ
④ ㄴ, ㄷ ⑤ ㄱ, ㄴ, ㄷ

5 ★★☆ | 2024년 5월 교육청 13번 |

표는 바닥상태 원자 X～Z에 대한 자료이다. X～Z는 각각 2, 3주기 13～15족 원자 중 하나이다.

원자	X	Y	Z
$\frac{\text{전자가 들어 있는 } p \text{ 오비탈 수}}{\text{전자가 2개 들어 있는 오비탈 수}}$ (상댓값)	4	5	6
홀전자 수	㉠		2

이에 대한 설명으로 옳은 것만을 〈보기〉에서 있는 대로 고른 것은? (단, X～Z는 임의의 원소 기호이다.) [3점]

보기
ㄱ. ㉠=1이다.
ㄴ. X～Z 중 원자 번호는 Y가 가장 크다.
ㄷ. 원자 반지름은 X>Z이다.

① ㄱ ② ㄷ ③ ㄱ, ㄴ
④ ㄴ, ㄷ ⑤ ㄱ, ㄴ, ㄷ

6 ★★☆ | 2024년 5월 교육청 16번 |

다음은 바닥상태 원자 X에 대한 자료이다. n은 주 양자수, l은 방위(부) 양자수이다.

- $n=x$인 오비탈에 들어 있는 전자 수는 3이다.
- $l=y$인 오비탈에 들어 있는 전자 수는 6이다.

$x+y$는? (단, X는 임의의 원소 기호이다.) [3점]

① 1 ② 2 ③ 3
④ 4 ⑤ 5

7 ★★☆ | 2024년 3월 교육청 7번 |

표는 2, 3주기 바닥상태 원자 X～Z에 대한 자료이다.

원자	X	Y	Z
$\frac{p \text{ 오비탈에 들어 있는 전자 수}}{s \text{ 오비탈에 들어 있는 전자 수}}$	1	$\frac{5}{4}$	$\frac{3}{2}$
홀전자 수	a	$a-1$	$a+1$

이에 대한 옳은 설명만을 〈보기〉에서 있는 대로 고른 것은? (단, X～Z는 임의의 원소 기호이다.) [3점]

보기
ㄱ. $a=2$이다.
ㄴ. 원자가 전자 수는 X>Z이다.
ㄷ. 전자가 들어 있는 오비탈 수는 Z>Y이다.

① ㄱ ② ㄴ ③ ㄱ, ㄷ
④ ㄴ, ㄷ ⑤ ㄱ, ㄴ, ㄷ

8 ★★☆ | 2024년 3월 교육청 13번 |

표는 바닥상태 질소(N) 원자의 전자 배치에서 전자가 들어 있는 오비탈 (가)~(라)에 대한 자료이다. n은 주 양자수, l은 방위(부) 양자수, m_l은 자기 양자수이다.

오비탈	(가)	(나)	(다)	(라)
$n+l$	1	3	3	x
$\frac{2l+m_l+1}{n}$	1	1	x	$\frac{1}{2}$

이에 대한 옳은 설명만을 〈보기〉에서 있는 대로 고른 것은? [3점]

보기
ㄱ. $x=2$이다.
ㄴ. m_l는 (가)와 (나)가 같다.
ㄷ. 에너지 준위는 (나)와 (라)가 같다.

① ㄱ ② ㄴ ③ ㄱ, ㄷ
④ ㄴ, ㄷ ⑤ ㄱ, ㄴ, ㄷ

Part I 교육청

9 ★☆☆ | 2023년 10월 교육청 2번 |

그림은 원자 X~Z의 전자 배치를 나타낸 것이다.

	$1s$	$2s$	$2p$		
X	↑↓	↑↓	↑		↑
Y	↑↓	↑↓	↑↓	↑	
Z	↑↓	↑	↑↓	↑	↑↓

X~Z에 대한 옳은 설명만을 〈보기〉에서 있는 대로 고른 것은? (단, X~Z는 임의의 원소 기호이다.)

〈보기〉
ㄱ. X의 전자 배치는 쌓음 원리를 만족한다.
ㄴ. Y의 전자 배치는 훈트 규칙을 만족한다.
ㄷ. 바닥상태 원자의 홀전자 수는 Z>Y이다.

① ㄱ ② ㄷ ③ ㄱ, ㄴ ④ ㄴ, ㄷ ⑤ ㄱ, ㄴ, ㄷ

10 ★★☆ | 2023년 10월 교육청 13번 |

표는 수소 원자의 오비탈 (가)~(다)에 대한 자료이다. n은 주 양자수, l은 방위(부) 양자수, m_l은 자기 양자수이다.

오비탈	$n+l$	$n+m_l$	$l+m_l$
(가)	a		0
(나)	$4-a$		2
(다)	$5-a$	2	

이에 대한 옳은 설명만을 〈보기〉에서 있는 대로 고른 것은?

〈보기〉
ㄱ. $a=2$이다.
ㄴ. (가)의 모양은 구형이다.
ㄷ. 에너지 준위는 (다)>(나)이다.

① ㄱ ② ㄷ ③ ㄱ, ㄴ ④ ㄴ, ㄷ ⑤ ㄱ, ㄴ, ㄷ

11 ★☆☆ | 2023년 10월 교육청 16번 |

그림은 바닥상태 원자 W~Z의 전자 배치에 대한 자료를 나타낸 것이다. W~Z는 각각 N, O, Na, Mg 중 하나이다.

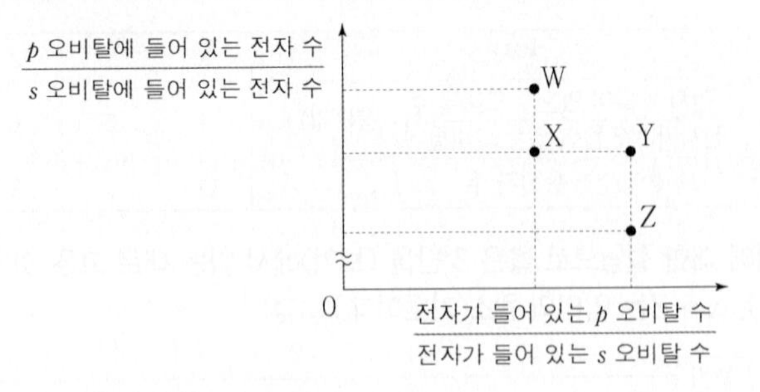

W~Z에 대한 옳은 설명만을 〈보기〉에서 있는 대로 고른 것은? [3점]

〈보기〉
ㄱ. 홀전자 수는 W>X이다.
ㄴ. 전자가 들어 있는 오비탈 수는 X>Y이다.
ㄷ. 원자가 전자가 느끼는 유효 핵전하는 Y>Z이다.

① ㄱ ② ㄷ ③ ㄱ, ㄴ ④ ㄴ, ㄷ ⑤ ㄱ, ㄴ, ㄷ

12 ★☆☆ | 2023년 7월 교육청 4번 |

다음은 수소 원자의 오비탈 (가)~(다)에 대한 자료이다. n은 주 양자수이고, l은 방위(부) 양자수이다.

- (가)~(다)의 $n+l$

오비탈	(가)	(나)	(다)
$n+l$	3	a	3

- (가)의 모양은 구형이다.
- 에너지 준위는 (가)>(다)>(나)이다.

이에 대한 설명으로 옳은 것만을 〈보기〉에서 있는 대로 고른 것은?

〈보기〉
ㄱ. (가)는 $3s$이다.
ㄴ. $a=2$이다.
ㄷ. (다)의 l는 0이다.

① ㄱ ② ㄴ ③ ㄱ, ㄷ ④ ㄴ, ㄷ ⑤ ㄱ, ㄴ, ㄷ

13 ★☆☆

| 2023년 4월 교육청 5번 |

다음은 바닥상태 원자 X와 Y에 대한 설명이다. l은 방위(부) 양자수이다.

- X와 Y는 같은 주기 원소이다.
- $l=0$인 오비탈에 들어 있는 전자 수는 X가 Y의 2배이다.

$\frac{\text{X의 양성자수}}{\text{Y의 양성자수}}$는? (단, X, Y는 임의의 원소 기호이다.) [3점]

① 1.5 ② 2 ③ 3 ④ 4 ⑤ 6

15 ★★☆

| 2023년 4월 교육청 14번 |

표는 2, 3주기 바닥상태 원자 X~Z에 대한 자료이다.

원자	X	Y	Z
s 오비탈에 들어 있는 전자 수	4	6	
$\frac{\text{홀전자 수}}{\text{전자가 들어 있는 오비탈 수}}$	$\frac{1}{2}$	$\frac{1}{3}$	$\frac{1}{4}$

이에 대한 설명으로 옳은 것만을 〈보기〉에서 있는 대로 고른 것은? (단, X~Z는 임의의 원소 기호이다.) [3점]

보기

ㄱ. X는 C이다.
ㄴ. Z는 3주기 원소이다.
ㄷ. 원자가 전자 수는 Y>Z이다.

① ㄱ ② ㄴ ③ ㄱ, ㄷ ④ ㄴ, ㄷ ⑤ ㄱ, ㄴ, ㄷ

14 ★☆☆

| 2023년 7월 교육청 8번 |

그림은 2, 3주기 원자 X~Z의 바닥상태 전자 배치에서 홀전자 수와 $\frac{\text{전자가 2개 들어 있는 오비탈 수}}{s\text{ 오비탈에 들어 있는 전자 수}}$를 나타낸 것이다.

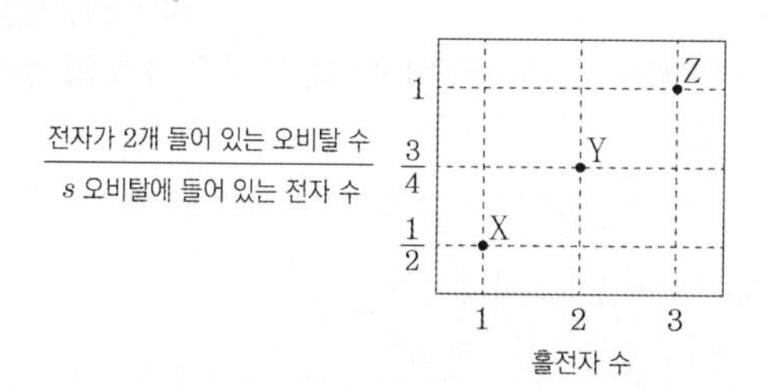

이에 대한 설명으로 옳은 것만을 〈보기〉에서 있는 대로 고른 것은? (단, X~Z는 임의의 원소 기호이다.) [3점]

보기

ㄱ. Y의 원자가 전자 수는 4이다.
ㄴ. X와 Y는 같은 주기 원소이다.
ㄷ. p 오비탈에 들어 있는 전자 수는 Z가 X의 3배이다.

① ㄱ ② ㄴ ③ ㄱ, ㄷ ④ ㄴ, ㄷ ⑤ ㄱ, ㄴ, ㄷ

16 ★★☆

| 2023년 3월 교육청 11번 |

표는 2, 3주기 바닥상태 원자 X~Z에 대한 자료이다. n은 주 양자수이고, l은 방위(부) 양자수이다.

원자	X	Y	Z
$n+l=2$인 전자 수	a		
$n+l=3$인 전자 수	b	$2b$	
$n+l=4$인 전자 수		a	b

이에 대한 옳은 설명만을 〈보기〉에서 있는 대로 고른 것은? (단, X~Z는 임의의 원소 기호이다.) [3점]

보기

ㄱ. $b=2a$이다.
ㄴ. X와 Z는 원자가 전자 수가 같다.
ㄷ. $n-l=2$인 전자 수는 Z가 Y의 $\frac{3}{2}$배이다.

① ㄱ ② ㄴ ③ ㄱ, ㄷ ④ ㄴ, ㄷ ⑤ ㄱ, ㄴ, ㄷ

17 ★★☆

| 2023년 3월 교육청 9번 |

표는 2주기 바닥상태 원자 W~Z에 대한 자료이다.

원자	W	X	Y	Z
전자가 2개 들어 있는 오비탈 수	a		$2a$	
$\frac{\text{홀전자 수}}{\text{원자가 전자 수}}$	1	$\frac{1}{2}$	$\frac{1}{3}$	$\frac{1}{3}$

이에 대한 옳은 설명만을 〈보기〉에서 있는 대로 고른 것은? (단, W~Z는 임의의 원소 기호이다.) [3점]

보기

ㄱ. $a=1$이다.

ㄴ. 전자가 들어 있는 오비탈 수는 Y>X이다.

ㄷ. p 오비탈에 들어 있는 전자 수는 Z가 X의 2배이다.

① ㄱ ② ㄴ ③ ㄱ, ㄷ
④ ㄴ, ㄷ ⑤ ㄱ, ㄴ, ㄷ

18 ★☆☆

| 2022년 10월 교육청 4번 |

다음은 수소 원자의 오비탈 (가)~(다)에 대한 자료이다. n은 주 양자수, l은 방위(부) 양자수이다.

- (가)~(다)는 각각 $2p$, $3s$, $3p$ 오비탈 중 하나이다.
- 에너지 준위는 (가)>(나)이다.
- $n+l$은 (나)와 (다)가 같다.

이에 대한 옳은 설명만을 〈보기〉에서 있는 대로 고른 것은?

보기

ㄱ. (가)의 모양은 구형이다.

ㄴ. 에너지 준위는 (가)>(다)이다.

ㄷ. l은 (나)>(다)이다.

① ㄱ ② ㄷ ③ ㄱ, ㄴ
④ ㄴ, ㄷ ⑤ ㄱ, ㄴ, ㄷ

19 ★☆☆

| 2022년 10월 교육청 9번 |

표는 2, 3주기 바닥상태 원자 X~Z에 대한 자료이다.

원자	X	Y	Z
홀전자 수	a	1	2
$\frac{\text{전자가 2개 들어 있는 오비탈 수}}{p\text{ 오비탈에 들어 있는 전자 수}}$	$\frac{7}{10}$	$\frac{5}{6}$	1

이에 대한 옳은 설명만을 〈보기〉에서 있는 대로 고른 것은? (단, X~Z는 임의의 원소 기호이다.) [3점]

보기

ㄱ. $a=3$이다.

ㄴ. X~Z 중 3주기 원소는 2가지이다.

ㄷ. s 오비탈에 들어 있는 전자 수는 Z>Y이다.

① ㄱ ② ㄴ ③ ㄱ, ㄷ
④ ㄴ, ㄷ ⑤ ㄱ, ㄴ, ㄷ

20 ★☆☆

| 2022년 7월 교육청 7번 |

표는 원자 번호가 20 이하인 바닥상태 원자 X와 Y의 전자 배치에 대한 자료이다.

원자	X	Y
전자가 들어 있는 전자 껍질 수	a	$a+1$
p 오비탈에 들어 있는 전자 수(상댓값)	1	5

이에 대한 설명으로 옳은 것만을 〈보기〉에서 있는 대로 고른 것은? (단, X, Y는 임의의 원소 기호이다.)

보기

ㄱ. 홀전자 수는 X와 Y가 같다.

ㄴ. X와 Y는 같은 족 원소이다.

ㄷ. 전자가 2개 들어 있는 오비탈 수는 Y가 X의 2배이다.

① ㄱ ② ㄴ ③ ㄱ, ㄷ
④ ㄴ, ㄷ ⑤ ㄱ, ㄴ, ㄷ

21 ★★☆

| 2022년 7월 교육청 11번 |

그림은 수소 원자의 오비탈 (가)~(라)에 대한 자료이다. n, l, m_l는 각각 주 양자수, 방위(부) 양자수, 자기 양자수이다.

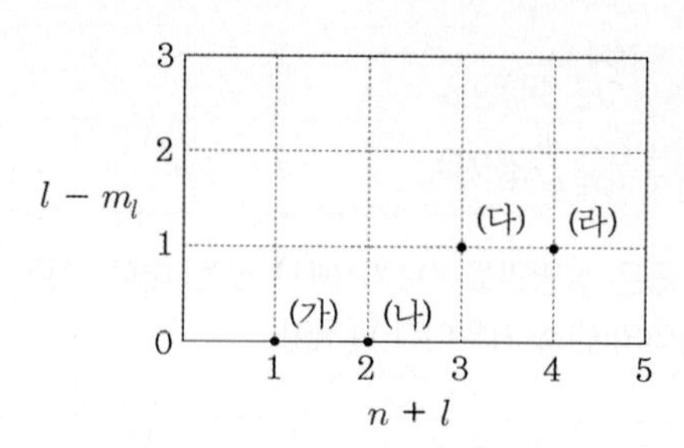

이에 대한 설명으로 옳은 것만을 〈보기〉에서 있는 대로 고른 것은? [3점]

보기
ㄱ. (가)의 모양은 구형이다.
ㄴ. 자기 양자수(m_l)는 (다)와 (라)가 다르다.
ㄷ. 에너지 준위는 (다) > (나)이다.

① ㄱ ② ㄴ ③ ㄱ, ㄷ
④ ㄴ, ㄷ ⑤ ㄱ, ㄴ, ㄷ

22 ★☆☆

| 2022년 4월 교육청 4번 |

그림은 학생들이 그린 3가지 원자의 전자 배치 (가)~(다)를 나타낸 것이다.

		$1s$	$2s$	$2p$		
(가)	$_5B$	↑↓	↑↓↑			
(나)	$_6C$	↑↓	↑	↑	↑	↑
(다)	$_8O$	↑↓	↑↓	↑	↑	↑↓

(가)~(다) 중 바닥상태 전자 배치(㉠)와 들뜬상태 전자 배치(㉡)로 옳은 것은?

	㉠	㉡		㉠	㉡
①	(가)	(나)	②	(나)	(가)
③	(나)	(다)	④	(다)	(가)
⑤	(다)	(나)			

23 ★★☆

| 2022년 4월 교육청 12번 |

다음은 바닥상태 염소($_{17}Cl$) 원자에서 전자가 들어 있는 오비탈 (가)~(다)에 대한 자료이다. n, l은 각각 주 양자수, 방위(부) 양자수이다.

- (가)~(다)의 n의 총합은 8이다.
- $n+l$은 (나) > (가) = (다)이다.
- l는 (가) = (나)이다.

이에 대한 설명으로 옳은 것만을 〈보기〉에서 있는 대로 고른 것은? [3점]

보기
ㄱ. (가)는 $3s$이다.
ㄴ. (다)의 자기 양자수(m_l)는 1이다.
ㄷ. n는 (나)와 (다)가 같다.

① ㄱ ② ㄷ ③ ㄱ, ㄴ
④ ㄴ, ㄷ ⑤ ㄱ, ㄴ, ㄷ

24 ★☆☆

| 2022년 3월 교육청 4번 |

그림은 원자 X의 전자 배치 (가)와 (나)를 나타낸 것이다.

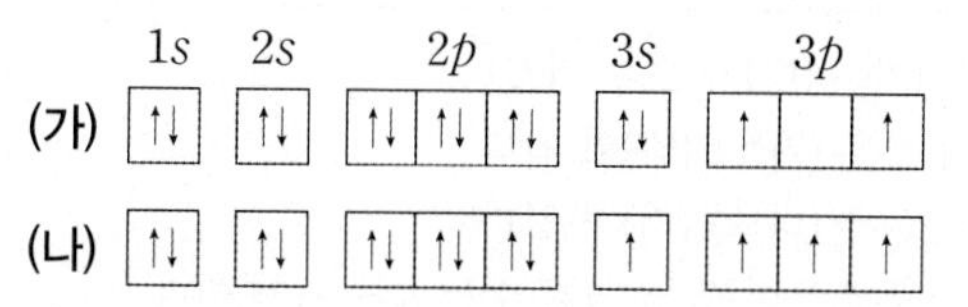

이에 대한 옳은 설명만을 〈보기〉에서 있는 대로 고른 것은? (단, n, l은 각각 주 양자수, 방위(부) 양자수이고, X는 임의의 원소 기호이다.)

보기
ㄱ. X는 14족 원소이다.
ㄴ. (가)와 (나)는 모두 들뜬상태의 전자 배치이다.
ㄷ. X는 바닥상태에서 $n+l=4$인 전자 수가 3이다.

① ㄱ ② ㄴ ③ ㄷ
④ ㄱ, ㄴ ⑤ ㄴ, ㄷ

25 ★★☆ | 2022년 3월 교육청 18번 |

다음은 2, 3주기 바닥상태 원자 X~Z의 전자 배치에 대한 자료이다.

- X~Z의 홀전자 수의 합은 6이다.
- 전자가 들어 있는 s 오비탈 수와 p 오비탈 수의 비

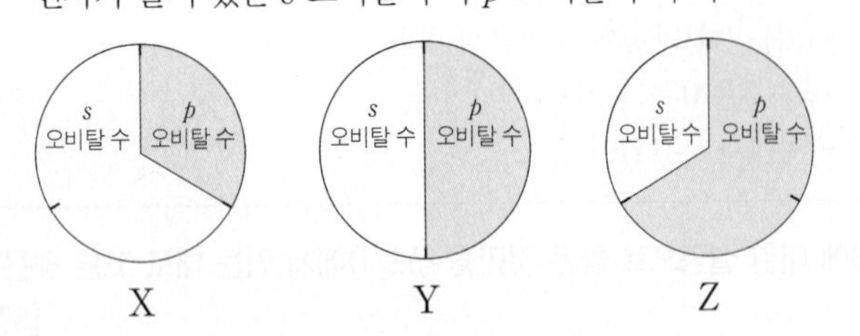

X~Z에 대한 옳은 설명만을 〈보기〉에서 있는 대로 고른 것은? (단, X~Z는 임의의 원소 기호이다.) [3점]

보기

ㄱ. 2주기 원소는 2가지이다.
ㄴ. 원자가 전자 수는 X > Y이다.
ㄷ. 홀전자 수는 Z > Y이다.

① ㄱ ② ㄴ ③ ㄱ, ㄷ
④ ㄴ, ㄷ ⑤ ㄱ, ㄴ, ㄷ

26 ★☆☆ | 2021년 10월 교육청 12번 |

다음은 3주기 바닥상태 원자 X의 전자가 들어 있는 오비탈 (가)~(다)에 대한 자료이다. n, l은 각각 주 양자수, 방위(부) 양자수이다.

- n은 (가)~(다)가 모두 다르다.
- $(n+l)$은 (가)와 (나)가 같다.
- $(n-l)$은 (나)와 (다)가 같다.
- 오비탈에 들어 있는 전자 수는 (다) > (가)이다.

이에 대한 옳은 설명만을 〈보기〉에서 있는 대로 고른 것은? (단, X는 임의의 원소 기호이다.) [3점]

보기

ㄱ. l은 (나) > (가)이다.
ㄴ. 에너지 준위는 (다) > (가)이다.
ㄷ. X의 홀전자 수는 1이다.

① ㄱ ② ㄴ ③ ㄱ, ㄷ
④ ㄴ, ㄷ ⑤ ㄱ, ㄴ, ㄷ

27 ★★☆ | 2021년 10월 교육청 13번 |

표는 2주기 바닥상태 원자 X~Z에 대한 자료이다.

원자	X	Y	Z
$\frac{\text{홀전자 수}}{\text{전자가 들어 있는 오비탈 수}}$	$\frac{1}{2}$	a	$\frac{2}{5}$
$\frac{p\text{ 오비탈의 전자 수}}{s\text{ 오비탈의 전자 수}}$(상댓값)	2	1	b

이에 대한 옳은 설명만을 〈보기〉에서 있는 대로 고른 것은? (단, X~Z는 임의의 원소 기호이다.) [3점]

보기

ㄱ. $ab=\frac{4}{3}$이다.
ㄴ. 원자 번호는 Y > X이다.
ㄷ. 전자가 2개 들어 있는 오비탈 수는 Z가 Y의 2배이다.

① ㄱ ② ㄷ ③ ㄱ, ㄴ
④ ㄴ, ㄷ ⑤ ㄱ, ㄴ, ㄷ

28 ★☆☆ | 2021년 7월 교육청 4번 |

그림은 바닥상태 원자 X~Z의 전자 배치의 일부이다. X~Z의 홀전자 수의 합은 6이다.

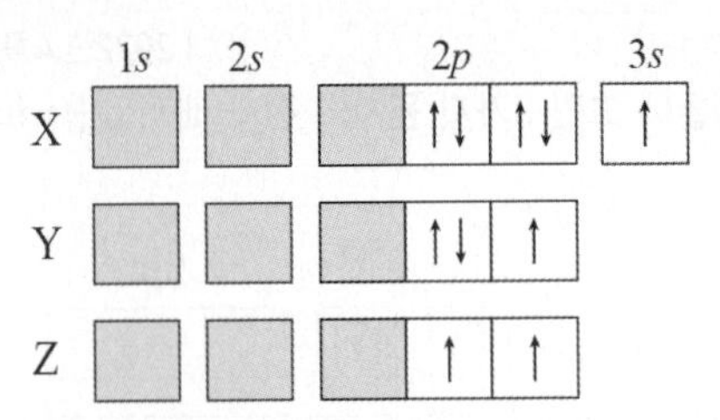

이에 대한 설명으로 옳은 것만을 〈보기〉에서 있는 대로 고른 것은? (단, X~Z는 임의의 원소 기호이다.) [3점]

보기

ㄱ. X의 원자 번호는 11이다.
ㄴ. Y는 17족 원소이다.
ㄷ. 전자가 들어 있는 오비탈 수는 Y > Z이다.

① ㄱ ② ㄷ ③ ㄱ, ㄴ
④ ㄴ, ㄷ ⑤ ㄱ, ㄴ, ㄷ

29 ★★☆ | 2021년 7월 교육청 13번 |

표는 바닥상태의 인($_{15}$P) 원자에서 전자가 들어 있는 오비탈 중 3가지 오비탈 (가)~(다)에 대한 자료이다. n, l, m_l는 각각 주 양자수, 방위(부) 양자수, 자기 양자수이다.

	$n+l$	$n+m_l$	$l+m_l$
(가)	2	a	0
(나)	3	2	b
(다)	c	4	2

$a+b+c$는?

① 4 ② 5 ③ 6 ④ 7 ⑤ 8

30 ★☆☆ | 2021년 4월 교육청 8번 |

다음은 바닥상태 원자 X에 대한 자료이다.

- 2주기 원소이다.
- $\frac{\text{전자가 들어 있는 } p \text{ 오비탈 수}}{\text{전자가 들어 있는 } s \text{ 오비탈 수}}=1$이다.

다음 중 X^-의 바닥상태 전자 배치로 적절한 것은? (단, X는 임의의 원소 기호이다.)

	1s	2s	2p		
①	↑↓	↑	↑	↑	↑
②	↑↓	↑↓	↑	↑	
③	↑↓	↑↓	↑↓		
④	↑↓	↑↓	↑	↑	↑
⑤	↑↓	↑↓	↑↓	↑	

31 ★★★ | 2021년 4월 교육청 16번 |

표는 바닥상태 알루미늄($_{13}$Al) 원자에서 전자가 들어 있는 오비탈 (가)~(다)에 대한 자료이다. ㉠은 주 양자수(n)와 방위(부) 양자수(l) 중 하나이다.

오비탈	(가)	(나)	(다)
㉠		1	
$n+l$	$a-1$	a	$a+1$

이에 대한 설명으로 옳은 것만을 〈보기〉에서 있는 대로 고른 것은? [3점]

〈보기〉
ㄱ. ㉠은 n이다.
ㄴ. (가)의 자기 양자수(m_l)는 0이다.
ㄷ. (다)에 들어 있는 전자 수는 2이다.

① ㄱ ② ㄴ ③ ㄷ ④ ㄱ, ㄴ ⑤ ㄴ, ㄷ

32 ★☆☆ | 2021년 3월 교육청 3번 |

그림은 원자 X~Z의 전자 배치를 나타낸 것이다.

	1s	2s	2p		
X	↑↓	↑	↑	↑	
Y	↑↓	↑↓	↑		↑
Z	↑↓	↑↓	↑↓	↑	

이에 대한 옳은 설명만을 〈보기〉에서 있는 대로 고른 것은? (단, X~Z는 임의의 원소 기호이다.)

〈보기〉
ㄱ. X는 들뜬상태이다.
ㄴ. Y는 훈트 규칙을 만족한다.
ㄷ. Z는 바닥상태일 때 홀전자 수가 3이다.

① ㄱ ② ㄴ ③ ㄱ, ㄷ ④ ㄴ, ㄷ ⑤ ㄱ, ㄴ, ㄷ

33 ★★★ | 2021년 3월 교육청 11번 |

표는 2, 3주기 바닥상태 원자 X~Z에 대한 자료이다.

원자	X	Y	Z
모든 전자의 주 양자수(n)의 합	a	$a+4$	$a+9$

X~Z에 대한 옳은 설명만을 〈보기〉에서 있는 대로 고른 것은? (단, X~Z는 임의의 원소 기호이다.) [3점]

〈보기〉
ㄱ. 3주기 원소는 1가지이다.
ㄴ. 전자가 들어 있는 오비탈 수는 Y>X이다.
ㄷ. 모든 전자의 방위(부) 양자수(l)의 합은 Z가 X의 2배이다.

① ㄱ ② ㄷ ③ ㄱ, ㄴ ④ ㄱ, ㄷ ⑤ ㄴ, ㄷ

34 ★☆☆ | 2020년 10월 교육청 2번 |

그림은 원자 X~Z의 전자 배치를 나타낸 것이다.

	$1s$	$2s$	$2p$		
X	↑	↑↓	↑	↑	↑
Y	↑↓	↑↓	↑	↑	↑
Z	↑↓	↑↓	↑↓		↑↓

이에 대한 옳은 설명만을 〈보기〉에서 있는 대로 고른 것은? (단, X~Z는 임의의 원소 기호이다.) [3점]

보기

ㄱ. X는 15족 원소이다.

ㄴ. Y의 전자 배치는 훈트 규칙을 만족한다.

ㄷ. 바닥상태에서 홀전자 수는 X>Z이다.

① ㄱ ② ㄴ ③ ㄱ, ㄴ
④ ㄱ, ㄷ ⑤ ㄴ, ㄷ

35 ★★☆ | 2020년 10월 교육청 17번 |

표는 2, 3주기 바닥상태 원자 A~C의 전자 배치에 대한 자료이다. n은 주 양자수, l은 방위(부) 양자수이다.

원자	A	B	C
$\frac{p \text{ 오비탈의 전자 수}}{s \text{ 오비탈의 전자 수}}$	$\frac{3}{2}$	㉠	$\frac{5}{3}$
$n+l=3$인 전자 수	㉡	6	㉢

이에 대한 옳은 설명만을 〈보기〉에서 있는 대로 고른 것은? (단, A~C는 임의의 원소 기호이다.) [3점]

보기

ㄱ. A~C 중 3주기 원소는 1가지이다.

ㄴ. ㉠$=\frac{3}{2}$이다.

ㄷ. ㉡=㉢이다.

① ㄱ ② ㄴ ③ ㄱ, ㄷ
④ ㄴ, ㄷ ⑤ ㄱ, ㄴ, ㄷ

36 ★☆☆

| 2020년 10월 교육청 10번 |

그림은 바닥상태 나트륨($_{11}Na$) 원자에서 전자가 들어 있는 오비탈 중 (가)~(다)를 모형으로 나타낸 것이다. (가)~(다) 중 에너지 준위는 (가)가 가장 높다.

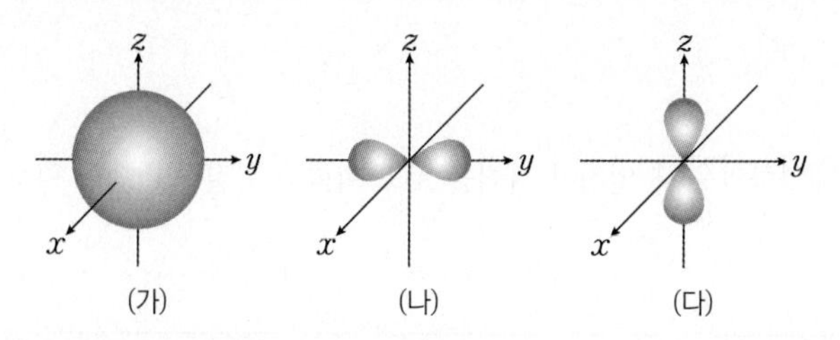

이에 대한 옳은 설명만을 〈보기〉에서 있는 대로 고른 것은? [3점]

보기
ㄱ. 주 양자수(n)는 (가) > (나)이다.
ㄴ. (나)에 들어 있는 전자 수는 1이다.
ㄷ. 에너지 준위는 (나)와 (다)가 같다.

① ㄱ ② ㄴ ③ ㄱ, ㄷ
④ ㄴ, ㄷ ⑤ ㄱ, ㄴ, ㄷ

37 ★☆☆

| 2020년 4월 교육청 7번 |

그림은 원자 X에서 전자가 들어 있는 오비탈 $1s$, $2s$, $2p_x$를 주어진 기준에 따라 분류한 것이다.

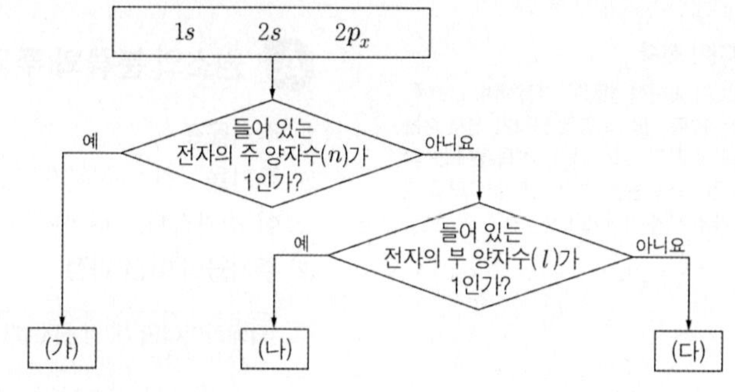

(가)~(다)로 옳은 것은?

	(가)	(나)	(다)
①	$1s$	$2s$	$2p_x$
②	$1s$	$2p_x$	$2s$
③	$2s$	$1s$	$2p_x$
④	$2s$	$2p_x$	$1s$
⑤	$2p_x$	$2s$	$1s$

03 원소의 주기적 성질

A 원소의 분류와 주기율

1. 주기율표

(1) **주기율** : 원소를 원자 번호 순서로 배열하였을 때 일정한 간격을 두고 화학적 성질이 비슷한 원소들이 주기적으로 나타나는 것

(2) **주기율의 발견 과정**

되베라이너의 세 쌍 원소설(1816년)	화학적 성질이 비슷한 원소를 3개씩 묶어 세 쌍 원소로 분류하였다.
뉴랜즈의 옥타브설(1865년)	원소를 원자량 순서대로 배열하였을 때 8번째 원소마다 화학적 성질이 비슷한 원소가 나타난다.
멘델레예프의 주기율표(1869년)	원소를 원자량 순서대로 배열하여 최초의 주기율표를 작성하였다.
모즐리의 주기율표(1913년)	원소를 원자 번호 순서대로 배열하여 현대 주기율표의 기초를 완성하였다.

(3) **주기율표** : 원자 번호 순서대로 배열하여 화학적 성질이 비슷한 원소가 같은 세로줄에 오도록 배열한 표

- **주기** : 주기율표의 가로줄(1~7주기)이며, 같은 주기 원소는 바닥상태에서 전자가 들어 있는 전자 껍질 수가 같다.
- **족** : 주기율표의 세로줄(1~18족)이며, 같은 족 원소들은 원자가 전자 수가 같아 화학적 성질이 비슷하다.

원자가 전자
원소의 화학적 성질을 결정하며, 1~2족, 13~17족 원소의 경우 원자가 전자 수는 족의 끝자리 수와 같다. 18족 원소는 다른 원소와 반응을 거의 하지 않으므로 원자가 전자 수가 0이다.

준금속 원소
주기율표에서 금속과 비금속 원소의 경계에 위치하며, 금속과 비금속의 중간 성질을 갖거나 두 성질을 모두 갖는다.

2. 원소의 분류

금속 원소	• 주기율표에서 왼쪽과 가운데에 위치한다.(단, H 제외) • 전자를 잃고 양이온이 되기 쉽다. • 상온에서 대부분 고체 상태로 존재한다.(단, Hg 제외)
비금속 원소	• 주기율표에서 오른쪽에 위치한다.(단, H 제외) • 전자를 얻고 음이온이 되기 쉽다.(단, 18족 원소 제외) • 상온에서 대부분 고체 또는 기체 상태로 존재한다.(단, Br 제외)

수소(H)
1족에 위치하고 있지만 비금속 원소로, 1족에 속해 있는 나머지 금속 원소들과는 화학적 성질이 다르다.

B 원소의 주기적 성질

1. 유효 핵전하

(1) **유효 핵전하** : 가려막기 효과를 고려하여 전자에 작용하는 실질적인 핵전하

(2) **유효 핵전하의 주기적 변화**

- 같은 주기에서는 원자 번호가 커질수록 원자가 전자가 느끼는 유효 핵전하가 증가하고, 양성자수에 의한 핵전하와 원자가 전자가 느끼는 유효 핵전하의 차이도 증가한다.
- 다음 주기로 바뀔 때에는 전자 껍질 수가 증가하여 원자가 전자가 느끼는 유효 핵전하가 크게 감소한다.

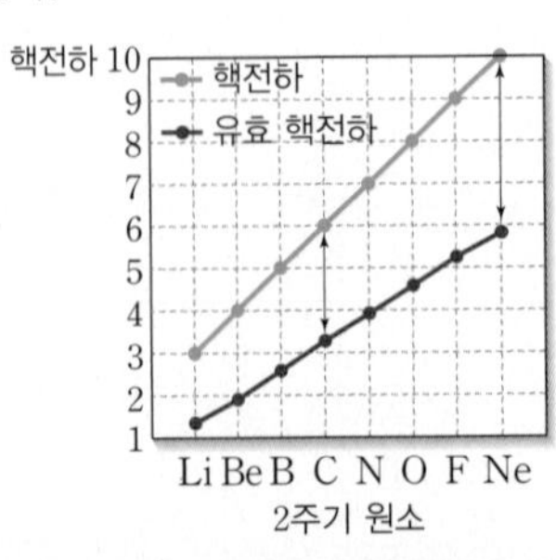

▲ 2주기 원소의 양성자수에 의한 핵전하와 원자가 전자가 느끼는 유효 핵전하

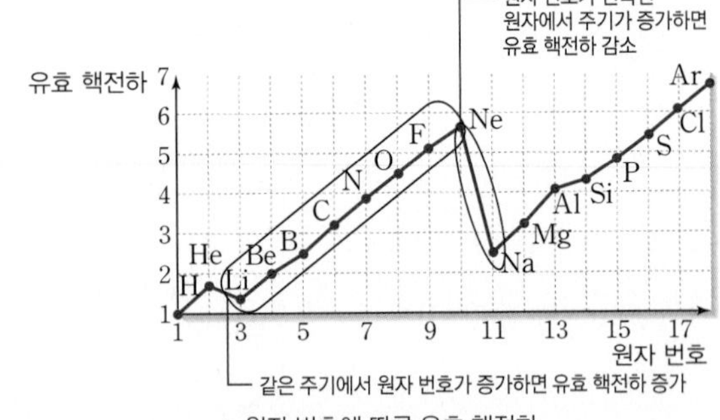

▲ 원자 번호에 따른 유효 핵전하

가려막기 효과
다전자 원자에서 다른 전자들에 의해 원자핵이 가려지므로 전자가 느끼는 유효 핵전하가 양성자수에 의한 핵전하보다 감소하는 현상이다. 같은 전자 껍질에 있는 전자들에 의한 가려막기 효과보다 안쪽 전자 껍질에 있는 전자들에 의한 가려막기 효과가 크다.

유효 핵전하
- 전자 수가 1인 H는 가려막기 효과가 없으므로 원자핵의 핵전하와 유효 핵전하가 같다.
- 다전자 원자에서는 가려막기 효과가 있으므로 원자핵의 핵전하보다 유효 핵전하가 작다.

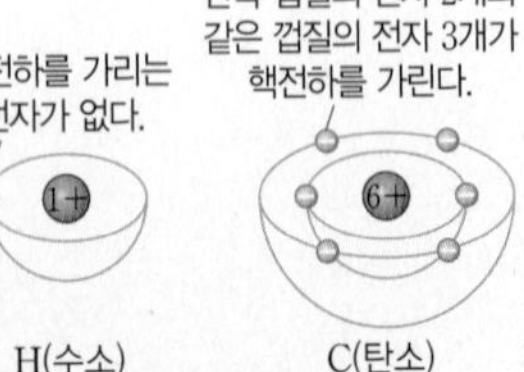

2. 원자 반지름

(1) **원자 반지름** : 같은 종류의 원자 2개가 결합했을 때 원자핵 사이의 거리의 절반으로 정의한다.

(2) **원자 반지름의 주기적 변화**

① 같은 주기 : 원자 번호가 커질수록 원자가 전자가 느끼는 유효 핵전하가 증가하므로 원자 반지름은 감소한다.

② 같은 족 : 원자 번호가 커질수록 전자 껍질 수가 증가하므로 원자 반지름은 증가한다.

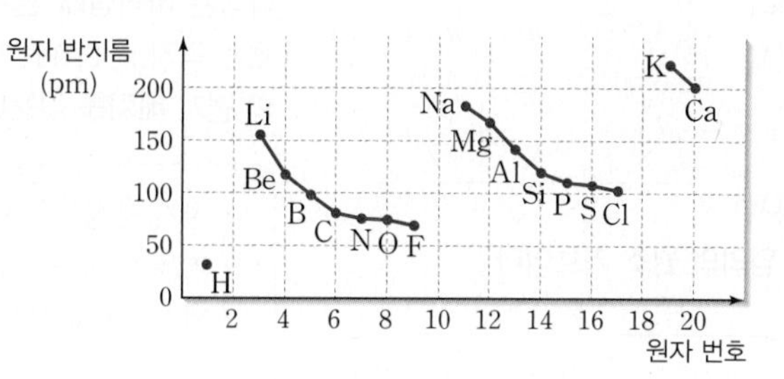

3. 이온 반지름

(1) **양이온** : 금속 원소의 원자가 가장 바깥 전자 껍질의 전자를 잃고 양이온이 되면 전자 껍질 수가 감소하여 반지름이 작아진다. ➡ 원자 반지름 > 양이온 반지름

(2) **음이온** : 비금속 원소의 원자가 전자를 얻어 음이온이 되면 전자 사이의 반발력이 증가하여 반지름이 커진다. ➡ 원자 반지름 < 음이온 반지름

(3) **전자 수가 같은 이온의 반지름** : 전자 껍질 수가 같으므로 원자 번호가 커질수록 원자가 전자가 느끼는 유효 핵전하가 증가하여 이온 반지름이 작아진다. 예 $O^{2-} > F^- > Na^+ > Mg^{2+} > Al^{3+}$

4. 이온화 에너지

(1) **이온화 에너지** : 기체 상태의 원자 1 mol에서 전자 1 mol을 떼어 내어 기체 상태의 +1가 양이온을 만드는 데 필요한 에너지

① 같은 족 : 원자 번호가 커질수록 전자 껍질 수가 증가하여 원자핵과 전자 사이의 인력이 작아지므로 이온화 에너지가 감소한다.

② 같은 주기 : 원자 번호가 커질수록 유효 핵전하가 증가하여 원자핵과 전자 사이의 인력이 커지므로 이온화 에너지는 대체로 증가한다.

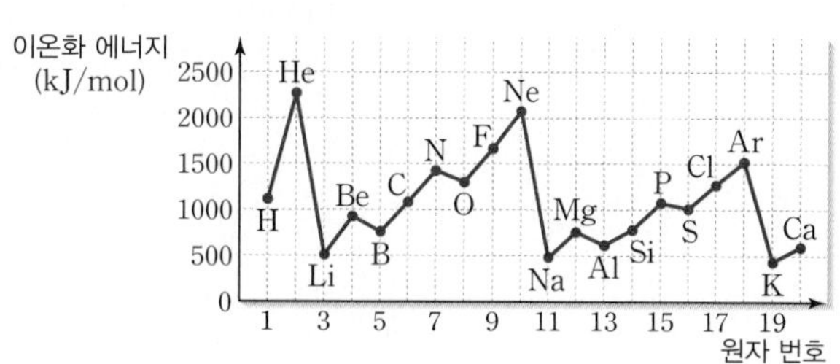

(2) **순차 이온화 에너지** : 기체 상태의 원자 1 mol에서 전자를 1 mol씩 차례대로 떼어 내는 데 필요한 단계별 에너지

$$M(g) + E_1 \longrightarrow M^+(g) + e^-(E_1 : \text{제1 이온화 에너지})$$
$$M^+(g) + E_2 \longrightarrow M^{2+}(g) + e^-(E_2 : \text{제2 이온화 에너지})$$
$$M^{2+}(g) + E_2 \longrightarrow M^{3+}(g) + e^-(E_3 : \text{제3 이온화 에너지})$$

① 같은 원소의 순차 이온화 에너지는 차수가 커질수록 증가한다.

② 제n 이온화 에너지(E_n)가 크게 증가하면 원자가 전자 수는 $(n-1)$이다. ➡ 원자가 전자를 모두 떼어 낸 후 안쪽 전자 껍질의 전자를 떼어 낼 때는 원자핵과 전자 사이의 인력이 크게 증가하여 순차 이온화 에너지가 급격히 증가한다.

실전 자료 순차 이온화 에너지

표는 3주기 원소의 순차 이온화 에너지를 나타낸 것이다.

원소	순차 이온화 에너지(E_n, kJ/mol)			
	E_1	E_2	E_3	E_4
X	496	4562	6912	9543
Y	738	1451	7733	10540
Z	578	1817	2745	11577

- X는 $E_1 \ll E_2$이므로 원자가 전자 수가 1인 1족 원소이다. 따라서 Na이다.
- Y는 $E_2 \ll E_3$이므로 원자가 전자 수가 2인 2족 원소이다. 따라서 Mg이다.
- Z는 $E_3 \ll E_4$이므로 원자가 전자 수가 3인 13족 원소이다. 따라서 Al이다.
- 순차 이온화 에너지는 차수가 커질수록 증가한다. X, Y, Z는 모두 $E_1 < E_2 < E_3 < E_4$이다.
- E_1은 X(1족) < Z(13족) < Y(2족)이고, E_2는 Y(2족) < Z(13족) < X(1족)이다.
- Z가 Z^{3+}이 되는 데 필요한 최소 에너지는 $E_1+E_2+E_3=578+1817+2745=5140$ kJ/mol이다.

이온의 전자 배치가 Ne과 같은 원소의 반지름 비교

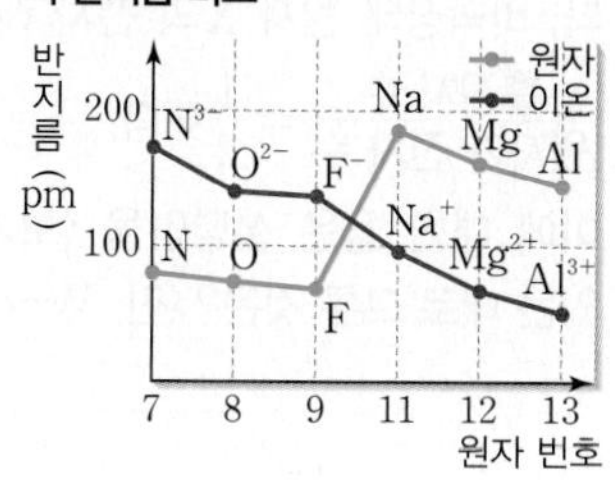

- 전자 수가 같은 이온의 반지름은 원자 번호가 커질수록 감소한다.
- 이온 반지름 < 원자 반지름 ➡ 3주기 금속 원소
- 이온 반지름 > 원자 반지름 ➡ 2주기 비금속 원소

Part I 교육청

이온 반지름의 주기적 변화

- 같은 주기에서 양이온은 음이온보다 전자 껍질 수가 1 작으므로 금속 원소의 이온 반지름은 비금속 원소의 이온 반지름보다 작다.
- 같은 족에서 원자 번호가 커질수록 전자 껍질 수가 증가하므로 이온 반지름이 커진다.

이온화 에너지의 주기적 변화의 예외성

- 2, 3주기에서 이온화 에너지는 13족 원소가 2족 원소보다 작고, 16족 원소가 15족 원소보다 작다.
- 2족 원소와 13족 원소의 전자 배치는 각각 ns^2, ns^2np^1이고, 오비탈의 에너지 준위는 $np > ns$이므로 13족의 np에서 전자를 떼어 내는 것이 2족의 ns보다 쉽다.
- 15족 원소와 16족 원소의 전자 배치는 각각 ns^2np^3, ns^2np^4이고, np에 쌍을 이루면서 채워진 전자 사이의 반발력 때문에 16족에서 전자를 떼어 내는 것이 홀전자만 있는 15족보다 쉽다.

제2 이온화 에너지

- 같은 주기에서 1족 원소가 가장 크고, 2족 원소가 가장 작다.
- 2주기 원소의 경우 13족 > 14족이고, 16족 > 17족이다.

출제 tip

몇 가지 원자들의 이온화 에너지, 원자 반지름, 이온 반지름, 전기 음성도, 유효 핵전하 등의 자료를 제시하고, 이로부터 또 다른 주기적 성질의 대소를 비교하는 문제가 주로 출제된다.

1 ★☆☆
| 2024년 10월 교육청 4번 |

다음은 주기율표의 일부를 나타낸 것이다. 바닥상태 원자 X의 전자 배치에서 $\frac{\text{홀전자 수}}{\text{원자가 전자 수}}=\frac{1}{2}$이다.

주기 \ 족	a	$a+1$
2	W	X
3	Y	Z

이에 대한 옳은 설명만을 〈보기〉에서 있는 대로 고른 것은? (단, W~Z는 임의의 원소 기호이다.)

〈보기〉
ㄱ. $a=13$이다.
ㄴ. 바닥상태 원자 Z에서 전자가 들어 있는 오비탈 수는 9이다.
ㄷ. $\frac{\text{제2 이온화 에너지}}{\text{제1 이온화 에너지}}$는 X>W이다.

① ㄱ ② ㄴ ③ ㄱ, ㄷ
④ ㄴ, ㄷ ⑤ ㄱ, ㄴ, ㄷ

2 ★☆☆
| 2024년 10월 교육청 15번 |

그림은 원소 W~Z의 원자 반지름과 이온 반지름을 나타낸 것이다. W~Z는 각각 O, F, Na, Mg 중 하나이고, W~Z의 이온은 모두 Ne의 전자 배치를 갖는다.

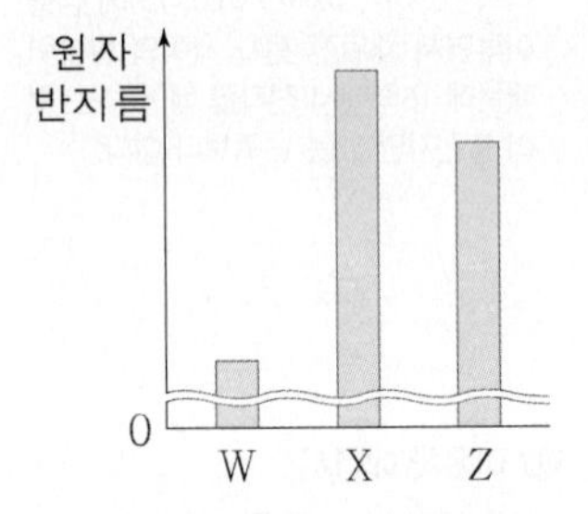

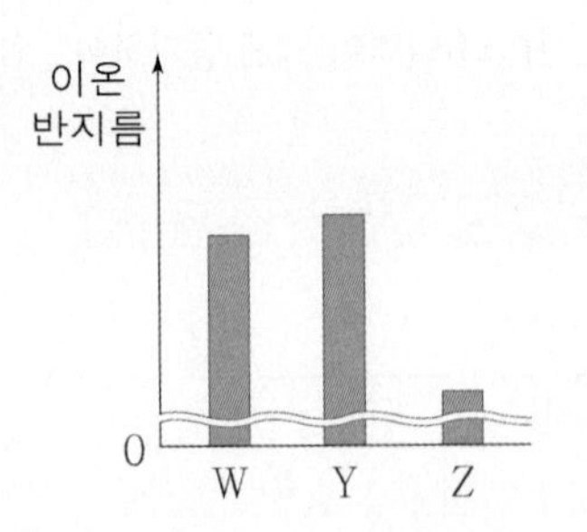

W~Z에 대한 옳은 설명만을 〈보기〉에서 있는 대로 고른 것은? [3점]

〈보기〉
ㄱ. 원자 번호는 W가 가장 작다.
ㄴ. $\frac{\text{이온 반지름}}{\text{원자 반지름}}$은 Y>X이다.
ㄷ. 원자가 전자가 느끼는 유효 핵전하는 X>Z이다.

① ㄱ ② ㄴ ③ ㄷ
④ ㄱ, ㄴ ⑤ ㄴ, ㄷ

3 ★★☆
| 2024년 7월 교육청 10번 |

다음은 바닥상태 원자 A~E에 대한 자료이다. A~E의 원자 번호는 각각 8, 9, 11, 12, 13 중 하나이고, A~E의 이온은 모두 Ne의 전자 배치를 갖는다.

- 전기 음성도는 C>D>E이다.
- 이온 반지름은 B>C>A>D이다.
- 제2 이온화 에너지는 C>A이다.

이에 대한 설명으로 옳은 것만을 〈보기〉에서 있는 대로 고른 것은? (단, A~E는 임의의 원소 기호이다.)

〈보기〉
ㄱ. D는 3주기 원소이다.
ㄴ. 원자 반지름은 C>B이다.
ㄷ. $\frac{\text{제3 이온화 에너지}}{\text{제2 이온화 에너지}}$는 E>A이다.

① ㄱ ② ㄴ ③ ㄱ, ㄷ
④ ㄴ, ㄷ ⑤ ㄱ, ㄴ, ㄷ

4 ★★☆
| 2024년 5월 교육청 4번 |

다음은 Ne을 제외한 2주기 원소에 대한 자료이다.

Li Be B C N O F

- 제시된 원소 중 원자가 전자가 느끼는 유효 핵전하가 O보다 큰 원소의 가짓수는 ㉠ 이다.
- 제시된 원소 중 제1 이온화 에너지가 B보다 크고, N보다 작은 원소의 가짓수는 ㉡ 이다.

㉠+㉡은?

① 2 ② 4 ③ 6
④ 7 ⑤ 8

5 ★★☆ | 2024년 3월 교육청 9번 |

표는 원자 X～Z의 제2 이온화 에너지에 대한 자료이다. X～Z는 각각 Cl, K, Ca 중 하나이다.

원자	X	Y	Z
제2 이온화 에너지(kJ/mol)	1140	2300	3050

X～Z에 대한 옳은 설명만을 〈보기〉에서 있는 대로 고른 것은?

보기
ㄱ. Y는 Cl이다.
ㄴ. $\frac{\text{제3 이온화 에너지}}{\text{제2 이온화 에너지}}$는 X가 가장 크다.
ㄷ. 원자가 전자가 느끼는 유효 핵전하는 Z＞X이다.

① ㄱ ② ㄷ ③ ㄱ, ㄴ
④ ㄴ, ㄷ ⑤ ㄱ, ㄴ, ㄷ

6 ★★☆ | 2024년 3월 교육청 14번 |

그림은 원자 번호가 연속인 2, 3주기 바닥상태 원자 A～E의 전자 배치에서 전자가 2개 들어 있는 오비탈 수(x)와 홀전자 수(y)의 차 ($|x-y|$)를 원자 번호에 따라 나타낸 것이다.

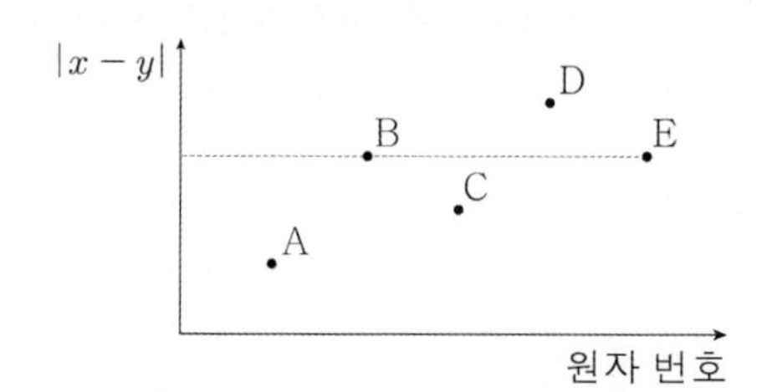

이에 대한 옳은 설명만을 〈보기〉에서 있는 대로 고른 것은? (단, A～E는 임의의 원소 기호이다.) [3점]

보기
ㄱ. B의 홀전자 수는 2이다.
ㄴ. 원자 반지름은 E＞C이다.
ㄷ. Ne의 전자 배치를 갖는 이온의 반지름은 A＞D이다.

① ㄱ ② ㄷ ③ ㄱ, ㄴ
④ ㄱ, ㄷ ⑤ ㄴ, ㄷ

7 ★★☆ | 2023년 10월 교육청 18번 |

다음은 원자 W～Z에 대한 자료이다.

• W～Z는 각각 O, F, Na, Al 중 하나이다.
• W～Z의 이온은 모두 Ne의 전자 배치를 갖는다.
• ㉠과 ㉡은 각각 $\frac{\text{이온 반지름}}{|\text{이온의 전하}|}$과 $\frac{\text{제2 이온화 에너지}}{\text{제1 이온화 에너지}}$ 중 하나이다.

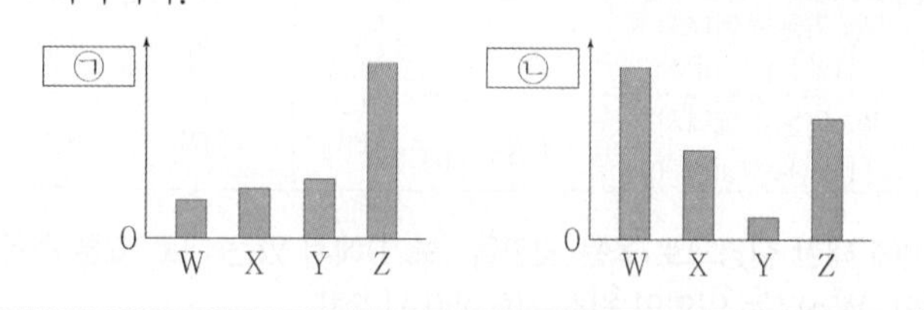

이에 대한 옳은 설명만을 〈보기〉에서 있는 대로 고른 것은? [3점]

보기
ㄱ. ㉠은 $\frac{\text{제2 이온화 에너지}}{\text{제1 이온화 에너지}}$이다.
ㄴ. W는 F이다.
ㄷ. 원자 반지름은 Y＞X이다.

① ㄱ ② ㄷ ③ ㄱ, ㄴ
④ ㄴ, ㄷ ⑤ ㄱ, ㄴ, ㄷ

8 ★★☆ | 2023년 7월 교육청 14번 |

다음은 바닥상태 원자 X～Z에 대한 자료이다. X～Z의 원자 번호는 각각 6～15 중 하나이다.

• 전기 음성도는 X～Z 중 X가 가장 크다.
• 홀전자 수는 X가 Y의 2배이다.
• 전자가 들어 있는 p 오비탈 수는 Y가 Z의 2배이다.

X～Z에 대한 설명으로 옳은 것만을 〈보기〉에서 있는 대로 고른 것은? (단, X～Z는 임의의 원소 기호이다.) [3점]

보기
ㄱ. 원자가 전자가 느끼는 유효 핵전하는 X＞Z이다.
ㄴ. 원자 반지름은 Y가 가장 크다.
ㄷ. Ne의 전자 배치를 갖는 이온의 반지름은 X＞Y이다.

① ㄱ ② ㄷ ③ ㄱ, ㄴ
④ ㄴ, ㄷ ⑤ ㄱ, ㄴ, ㄷ

9 ★★☆ | 2023년 7월 교육청 16번 |

표는 2, 3주기 원자 W~Z에 대한 자료이다. 원자 번호는 X>Z이다.

원자	W	X	Y	Z
원자가 전자 수	a	a	$a+1$	$a+2$
제3 이온화 에너지 (10^3 kJ/mol)	3.66	2.74	3.23	4.58
제4 이온화 에너지 (10^3 kJ/mol)	25.03	11.58	4.36	7.48
제5 이온화 에너지 (10^3 kJ/mol)	32.83	14.83	16.09	9.44

이에 대한 설명으로 옳은 것만을 〈보기〉에서 있는 대로 고른 것은? (단, W~Z는 임의의 원소 기호이다.) [3점]

보기
ㄱ. $a=3$이다.
ㄴ. W와 Z는 같은 주기 원소이다.
ㄷ. $\frac{\text{제2 이온화 에너지}}{\text{제1 이온화 에너지}}$는 X>Y이다.

① ㄱ ② ㄷ ③ ㄱ, ㄴ
④ ㄴ, ㄷ ⑤ ㄱ, ㄴ, ㄷ

10 ★★☆ | 2023년 4월 교육청 9번 |

다음은 바닥상태 원자 W~Z에 대한 자료이다. W~Z는 O, F, Na, Mg을 순서 없이 나타낸 것이고, 이온의 전자 배치는 모두 Ne과 같다.

- p 오비탈에 들어 있는 전자 수는 W>X>Y이다.
- $\frac{\text{이온 반지름}}{|\text{이온의 전하}|}$은 Z>Y이다.

W~Z에 대한 설명으로 옳은 것만을 〈보기〉에서 있는 대로 고른 것은?

보기
ㄱ. X는 F이다.
ㄴ. 바닥상태 원자 W의 홀전자 수는 1이다.
ㄷ. 원자 반지름은 Z가 가장 크다.

① ㄱ ② ㄴ ③ ㄱ, ㄷ
④ ㄴ, ㄷ ⑤ ㄱ, ㄴ, ㄷ

11 ★★☆ | 2023년 4월 교육청 17번 |

그림은 원자 W~Z의 제1~제3 이온화 에너지(E_1~E_3)를 나타낸 것이다. W~Z는 Mg, Al, Si, P을 순서 없이 나타낸 것이다.

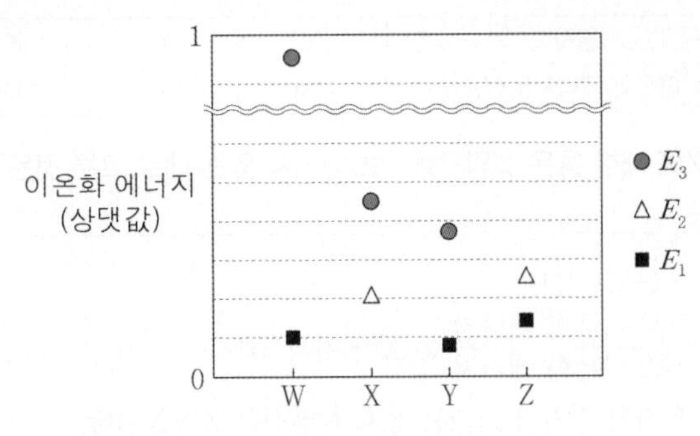

이에 대한 설명으로 옳은 것만을 〈보기〉에서 있는 대로 고른 것은? [3점]

보기
ㄱ. Z는 Si이다.
ㄴ. 원자 반지름은 W>Y이다.
ㄷ. E_1는 X>Y이다.

① ㄱ ② ㄴ ③ ㄱ, ㄷ
④ ㄴ, ㄷ ⑤ ㄱ, ㄴ, ㄷ

12 ★★☆ | 2023년 3월 교육청 12번 |

다음은 원소 W~Z에 대한 자료이다. W~Z는 각각 O, F, Na, Mg 중 하나이고, 이온은 모두 Ne의 전자 배치를 갖는다.

- 원자가 전자 수는 W>X>Y이다.
- ㉠과 ㉡은 각각 원자 반지름, 이온 반지름 중 하나이다.

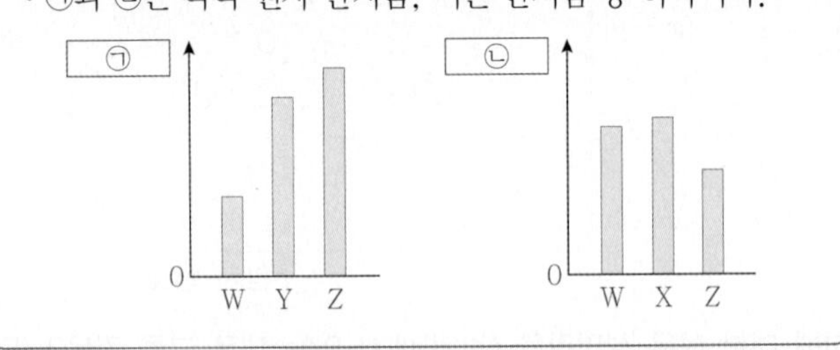

이에 대한 옳은 설명만을 〈보기〉에서 있는 대로 고른 것은? [3점]

보기
ㄱ. ㉠은 이온 반지름이다.
ㄴ. W와 X는 같은 주기 원소이다.
ㄷ. 원자가 전자가 느끼는 유효 핵전하는 Z>Y이다.

① ㄱ ② ㄴ ③ ㄱ, ㄴ
④ ㄱ, ㄷ ⑤ ㄴ, ㄷ

13 ★★☆ | 2023년 3월 교육청 8번 |

그림은 바닥상태 원자 A~E의 홀전자 수와 전기 음성도를 나타낸 것이다. A~E의 원자 번호는 각각 11~17 중 하나이다.

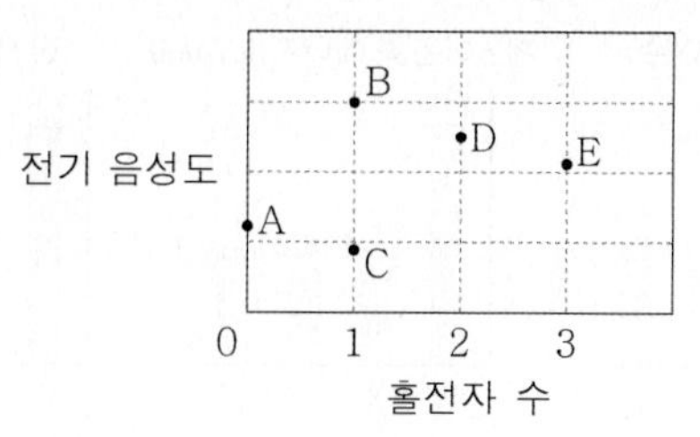

A~E에 대한 옳은 설명만을 〈보기〉에서 있는 대로 고른 것은? (단, A~E는 임의의 원소 기호이다.)

〈보기〉
ㄱ. B는 금속 원소이다.
ㄴ. $\frac{\text{제2 이온화 에너지}}{\text{제1 이온화 에너지}}$는 C가 가장 크다.
ㄷ. 원자가 전자 수는 D>E이다.

① ㄱ ② ㄷ ③ ㄱ, ㄴ ④ ㄴ, ㄷ ⑤ ㄱ, ㄴ, ㄷ

14 ★☆☆ | 2022년 10월 교육청 12번 |

다음은 원자 W~Z에 대한 자료이다. W~Z는 각각 O, F, Mg, Al 중 하나이다.

- 원자 반지름은 W>X>Y이다.
- Ne의 전자 배치를 갖는 이온의 반지름은 Y>Z>X이다.

이에 대한 옳은 설명만을 〈보기〉에서 있는 대로 고른 것은? [3점]

〈보기〉
ㄱ. Y는 O이다.
ㄴ. 제1 이온화 에너지는 W>X이다.
ㄷ. 원자가 전자가 느끼는 유효 핵전하는 Y>Z이다.

① ㄱ ② ㄷ ③ ㄱ, ㄴ ④ ㄴ, ㄷ ⑤ ㄱ, ㄴ, ㄷ

15 ★★☆ | 2022년 7월 교육청 15번 |

다음은 바닥상태 원자 W~Z에 대한 자료이다. W~Z는 각각 N, O, F, Na 중 하나이다.

- 홀전자 수는 X>Y이다.
- 원자 반지름은 Y>Z>W이다.
- $\frac{\text{제2 이온화 에너지}}{\text{제1 이온화 에너지}}$는 X>Z이다.

이에 대한 설명으로 옳은 것만을 〈보기〉에서 있는 대로 고른 것은? (단, W~Z는 임의의 원소 기호이다.) [3점]

〈보기〉
ㄱ. X는 O이다.
ㄴ. Ne의 전자 배치를 갖는 이온 반지름은 Z>Y이다.
ㄷ. 원자가 전자가 느끼는 유효 핵전하는 W>Z이다.

① ㄱ ② ㄷ ③ ㄱ, ㄴ ④ ㄴ, ㄷ ⑤ ㄱ, ㄴ, ㄷ

16 ★★☆ | 2022년 4월 교육청 17번 |

다음은 2, 3주기 원자 W~Z에 대한 자료이다.

- W~Z의 원자가 전자 수

원자	W	X	Y	Z
원자가 전자 수	a	a	$a+1$	$a+3$

- W~Z는 18족 원소가 아니다.
- 제1 이온화 에너지는 W>Y>X이다.
- 원자 반지름은 Z>Y이다.

이에 대한 설명으로 옳은 것만을 〈보기〉에서 있는 대로 고른 것은? (단, W~Z는 임의의 원소 기호이다.) [3점]

〈보기〉
ㄱ. W는 2족 원소이다.
ㄴ. Z는 3주기 원소이다.
ㄷ. 바닥상태 전자 배치에서 Y의 홀전자 수는 2이다.

① ㄱ ② ㄷ ③ ㄱ, ㄴ ④ ㄴ, ㄷ ⑤ ㄱ, ㄴ, ㄷ

17 ★★☆ | 2022년 3월 교육청 14번 |

그림은 원자 A~E의 원자 반지름을 나타낸 것이다. A~E의 원자 번호는 각각 7, 8, 9, 11, 12 중 하나이다.

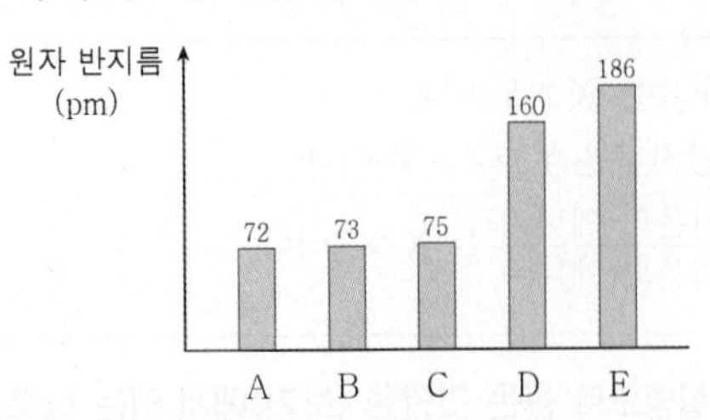

이에 대한 옳은 설명만을 〈보기〉에서 있는 대로 고른 것은? (단, A~E는 임의의 원소 기호이다.)

보기

ㄱ. 원자 번호는 B>A이다.
ㄴ. 원자가 전자가 느끼는 유효 핵전하는 D>E이다.
ㄷ. 제2 이온화 에너지는 B>C이다.

① ㄱ ② ㄴ ③ ㄱ, ㄷ ④ ㄴ, ㄷ ⑤ ㄱ, ㄴ, ㄷ

18 ★★☆ | 2021년 10월 교육청 17번 |

그림은 2, 3주기 원소 W~Z에 대한 자료를 나타낸 것이다. 원자 번호는 W>X이다.

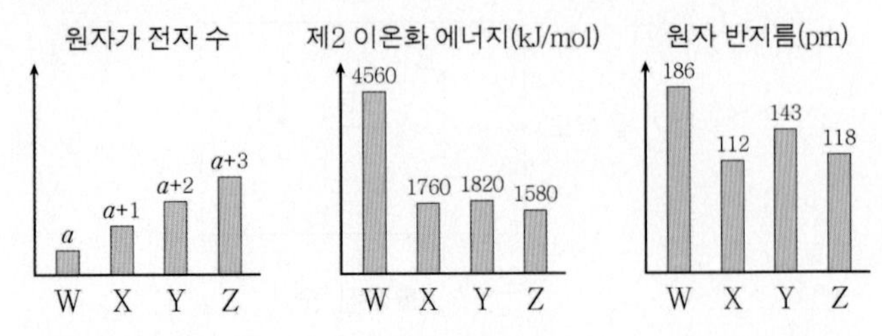

이에 대한 옳은 설명만을 〈보기〉에서 있는 대로 고른 것은? (단, W~Z는 임의의 원소 기호이다.) [3점]

보기

ㄱ. $a=1$이다.
ㄴ. W~Z 중 3주기 원소는 2가지이다.
ㄷ. 제1 이온화 에너지는 Y>Z이다.

① ㄱ ② ㄴ ③ ㄱ, ㄷ ④ ㄴ, ㄷ ⑤ ㄱ, ㄴ, ㄷ

19 ★★☆ | 2021년 4월 교육청 13번 |

그림은 원자 W~Z의 이온화 에너지를 나타낸 것이다. W~Z는 각각 C, F, Na, Mg 중 하나이다.

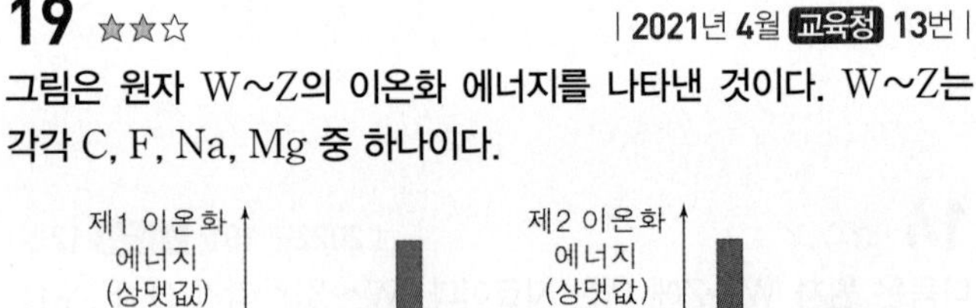

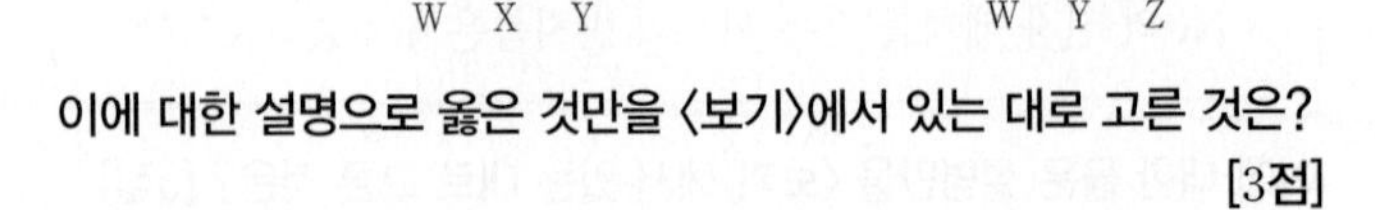

이에 대한 설명으로 옳은 것만을 〈보기〉에서 있는 대로 고른 것은? [3점]

보기

ㄱ. W는 Na이다.
ㄴ. 원자 반지름은 X>Z이다.
ㄷ. 원자가 전자가 느끼는 유효 핵전하는 Y>Z이다.

① ㄴ ② ㄷ ③ ㄱ, ㄴ ④ ㄱ, ㄷ ⑤ ㄱ, ㄴ, ㄷ

20 ★★★ | 2021년 7월 교육청 18번 |

다음은 원자 ㉠~㉥의 카드를 이용한 탐구 활동이다.

[카드 정보]

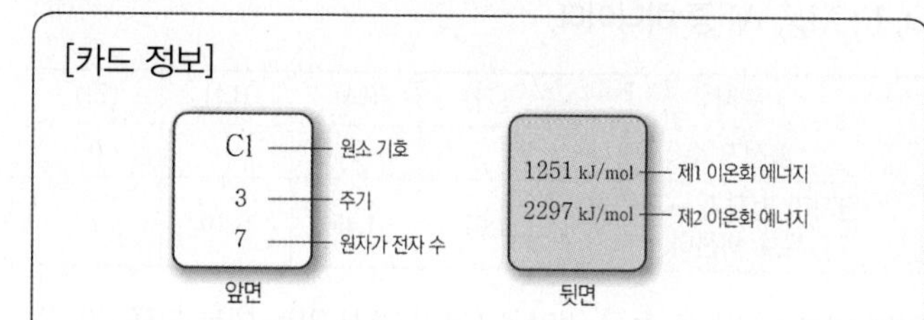

• 18족 원소에 해당하는 원자의 카드는 없다.

[탐구 활동 및 결과]

• 제1 이온화 에너지가 가장 큰 ㉠부터 순서대로 놓은 결과

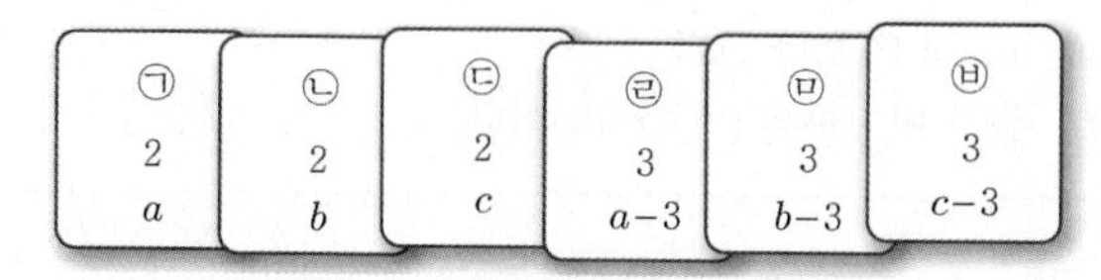

• 제2 이온화 에너지가 가장 큰 (가) 부터 순서대로 놓은 결과

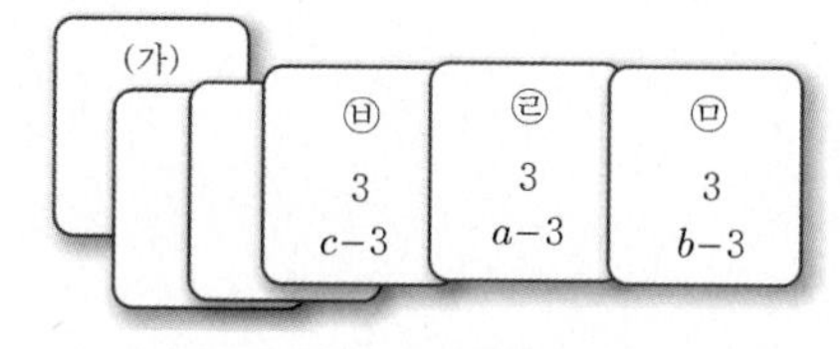

이에 대한 설명으로 옳은 것만을 〈보기〉에서 있는 대로 고른 것은? [3점]

보기

ㄱ. (가)는 ㉡이다.

ㄴ. 원자가 전자가 느끼는 유효 핵전하는 ㉠>㉢이다.

ㄷ. Ne의 전자 배치를 갖는 이온 반지름은 ㉤>㉥이다.

① ㄱ ② ㄷ ③ ㄱ, ㄴ ④ ㄴ, ㄷ ⑤ ㄱ, ㄴ, ㄷ

21 ★★☆ | 2021년 3월 교육청 9번 |

다음은 원소 A~C에 대한 자료이다.

• A~C는 각각 Cl, K, Ca 중 하나이다.

• A~C의 이온은 모두 Ar의 전자 배치를 갖는다.

• $\frac{\text{이온 반지름}}{\text{원자 반지름}}$은 B가 가장 크다.

• 바닥상태 원자에서 $\frac{p\text{ 오비탈의 전자 수}}{s\text{ 오비탈의 전자 수}}$는 A>C이다.

A~C에 대한 옳은 설명만을 〈보기〉에서 있는 대로 고른 것은? [3점]

보기

ㄱ. 원자가 전자 수는 B가 가장 크다.

ㄴ. 원자 반지름은 A가 가장 크다.

ㄷ. 원자가 전자가 느끼는 유효 핵전하는 C>A이다.

① ㄱ ② ㄴ ③ ㄱ, ㄷ ④ ㄴ, ㄷ ⑤ ㄱ, ㄴ, ㄷ

22 ★★★ | 2021년 3월 교육청 17번 |

그림은 2주기 원소 중 6가지 원소에 대한 자료이다.

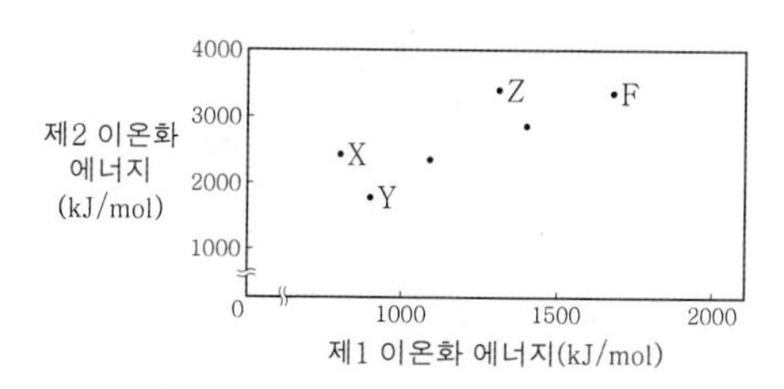

이에 대한 옳은 설명만을 〈보기〉에서 있는 대로 고른 것은? (단, X~Z는 임의의 원소 기호이다.) [3점]

보기

ㄱ. X는 Be이다.

ㄴ. Y와 Z의 원자 번호의 차는 4이다.

ㄷ. $\frac{\text{제2 이온화 에너지}}{\text{제1 이온화 에너지}}$는 X>Y이다.

① ㄱ ② ㄷ ③ ㄱ, ㄴ ④ ㄴ, ㄷ ⑤ ㄱ, ㄴ, ㄷ

23 ★☆☆

| 2020년 10월 교육청 15번 |

그림은 바닥상태 원자 A~D의 홀전자 수와 원자 반지름을 나타낸 것이다. A~D는 각각 O, Na, Mg, Al 중 하나이다.

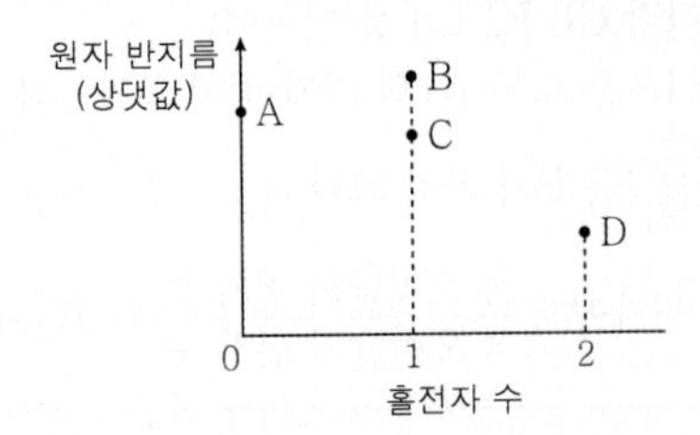

이에 대한 옳은 설명만을 〈보기〉에서 있는 대로 고른 것은?

보기

ㄱ. 원자 번호는 C>B이다.
ㄴ. 이온화 에너지는 C>A이다.
ㄷ. Ne의 전자 배치를 갖는 이온의 반지름은 B>D이다.

① ㄱ ② ㄴ ③ ㄱ, ㄷ
④ ㄴ, ㄷ ⑤ ㄱ, ㄴ, ㄷ

24 ★★☆

| 2020년 4월 교육청 11번 |

표는 바닥상태 원자 (가)~(라)에 대한 자료이다. (가)~(라)는 각각 O, F, Mg, Al 중 하나이다.

원자	(가)	(나)	(다)	(라)
홀전자 수		2		0
원자가 전자가 느끼는 유효 핵전하	4.07	4.45	5.10	x

이에 대한 설명으로 옳은 것만을 〈보기〉에서 있는 대로 고른 것은? [3점]

보기

ㄱ. (라)는 Mg이다.
ㄴ. x는 4.07보다 크다.
ㄷ. 원자 반지름은 (가)>(다)이다.

① ㄱ ② ㄷ ③ ㄱ, ㄴ
④ ㄱ, ㄷ ⑤ ㄴ, ㄷ

25 ★★★

| 2020년 7월 교육청 8번 |

다음은 원소 A~E에 대해 학생이 수행한 탐구 활동이다. A~E는 각각 $_{3}Li$, $_{4}Be$, $_{11}Na$, $_{12}Mg$, $_{13}Al$ 중 하나이다.

[탐구 자료]

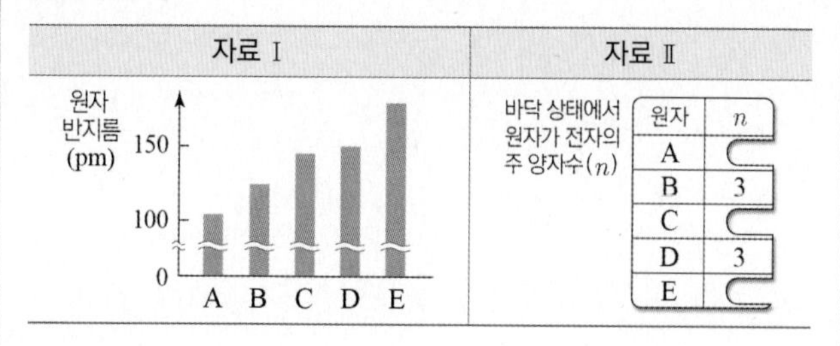

[탐구 과정]
- A~E를 같은 주기로 분류하고, 같은 주기에서 원자 반지름의 크기를 비교한다.
- 같은 주기에서 원자 번호가 증가하는 순서로 원소를 배열한다.

2주기	3주기
(가)	—

[결론]
- 같은 주기에서 원자 번호가 증가할수록 원자 반지름은 감소한다.

(가)로 옳은 것은? [3점]

① A, C　② A, E　③ C, A
④ C, E　⑤ E, C

26 ★☆☆

| 2020년 3월 교육청 5번 |

다음은 이온 반지름에 대한 세 학생의 대화이다.

제시한 내용이 옳은 학생만을 있는 대로 고른 것은?

① A　② B　③ A, B
④ A, C　⑤ B, C

화학 결합과 분자의 세계

01

화학 결합

02

분자의 구조와 성질

화학 결합

물을 전기 분해할 때 전해질을 넣는 까닭

순수한 물에는 전류가 잘 흐르지 않으므로 물을 전기 분해할 때는 물의 분해에 영향을 미치지 않지만 물에 전류가 흐르게 하는 묽은 황산(H_2SO_4), 황산 나트륨(Na_2SO_4), 수산화 나트륨($NaOH$) 등의 전해질을 넣는다.

출제 tip

전기 분해

- 여러 실험 장치를 제시하고 물 또는 염화 나트륨 용융액의 전기 분해 실험에 적합한 장치를 고르는 문제 또는 전기 분해를 통해 알 수 있는 화학 결합의 특징에 대한 문제가 출제된다.
- 물의 전기 분해 실험 장치를 제시하고, (+)극과 (−)극에서 생성되는 기체에 대하여 묻는 문제가 출제된다.

출제 tip

이온 결합 물질의 화학 결합 모형

이온 결합 물질의 화학 결합 모형을 제시하고 구성 원소의 원자가 전자 수, 구성 원소의 조합으로 생성되는 새로운 물질의 구조 등을 묻는 문제가 자주 출제된다.

A 화학 결합의 전기적 성질

1. 화학 결합의 전기적 성질 : 물질의 전기 분해를 통해 화학 결합이 형성될 때 전자가 관여함을 알 수 있다.

(1) 염화 나트륨($NaCl$) 용융액의 전기 분해

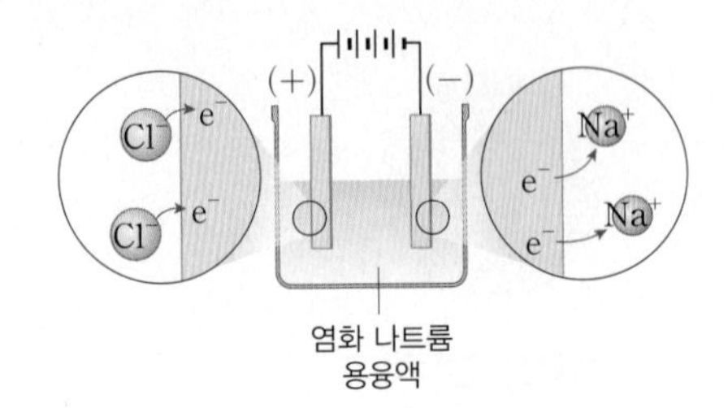

- (+)극 : 염화 이온(Cl^-)이 전자를 잃어 염소(Cl_2) 기체가 생성된다. ($2Cl^- \longrightarrow Cl_2 + 2e^-$)
- (−)극 : 나트륨 이온(Na^+)이 전자를 얻어 금속 나트륨(Na)이 생성된다. ($Na^+ + e^- \longrightarrow Na$)
- 전체 반응식 : $2NaCl \longrightarrow 2Na + Cl_2$

(2) 물(H_2O)의 전기 분해

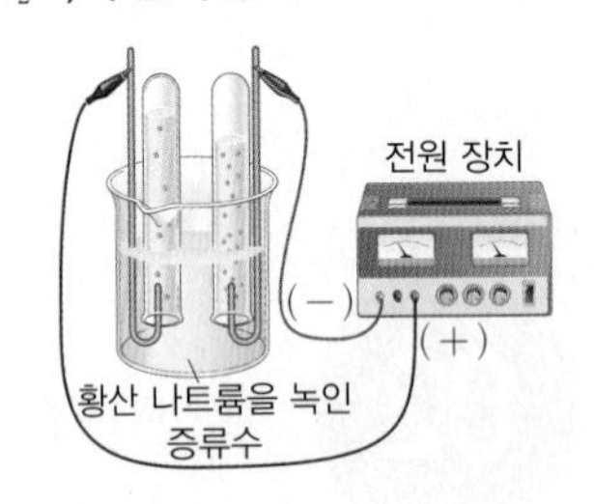

- (+)극 : 물이 전자를 잃어 산소(O_2) 기체가 생성된다. ($2H_2O \longrightarrow O_2 + 4H^+ + 4e^-$)
- (−)극 : 물이 전자를 얻어 수소(H_2) 기체가 생성된다. ($4H_2O + 4e^- \longrightarrow 2H_2 + 4OH^-$)
- 전체 반응식 : $2H_2O \longrightarrow 2H_2 + O_2$

B 이온 결합

1. 옥텟 규칙 : 18족에 속하지 않는 원소들이 18족 원소(예 네온(Ne), 아르곤(Ar))와 같이 가장 바깥 전자 껍질에 전자 8개를 채워 안정한 전자 배치를 가지려는 경향이다. (단, 수소(H) 제외)

(1) 화학 결합과 옥텟 규칙 : 18족에 속하지 않는 원소들은 전자를 잃거나 얻어 이온이 되거나, 화학 결합을 통해 전자쌍을 공유함으로써 옥텟 규칙을 만족한다.

(2) 이온의 형성

① **양이온의 형성** : 금속 원소는 전자를 잃고 18족 원소의 전자 배치를 한다.

② **음이온의 형성** : 비금속 원소는 전자를 얻어 18족 원소의 전자 배치를 한다.

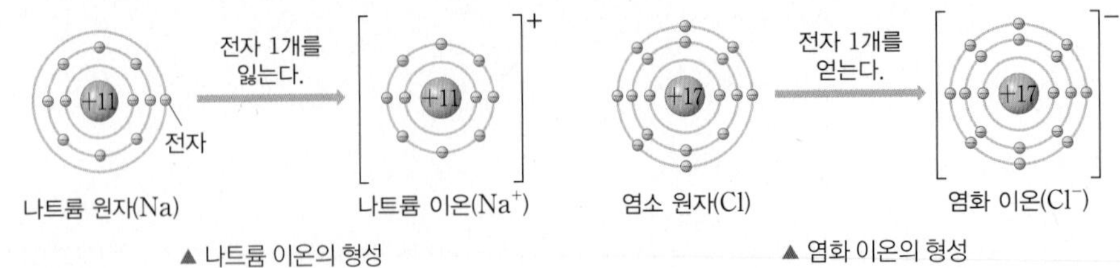

▲ 나트륨 이온의 형성 ▲ 염화 이온의 형성

2. 이온 결합

(1) 이온 결합의 형성 : 금속 원소는 양이온이 되기 쉽고, 비금속 원소는 음이온이 되기 쉬우므로 금속 원소와 비금속 원소는 서로 전자를 주고받아 이온을 형성한 후, 정전기적 인력에 의해 결합한다.

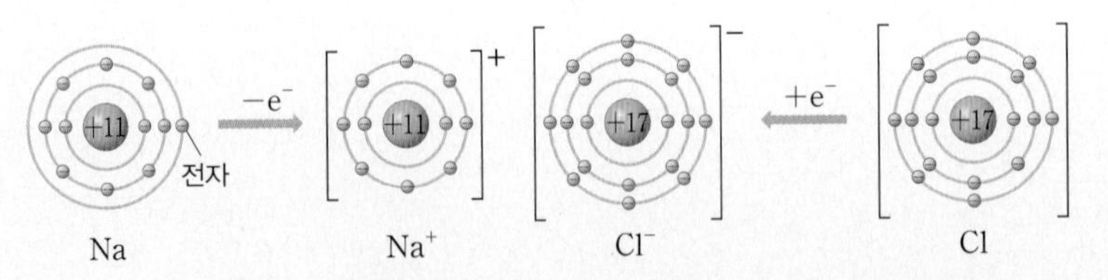

(2) **이온 결합의 형성과 에너지 변화**

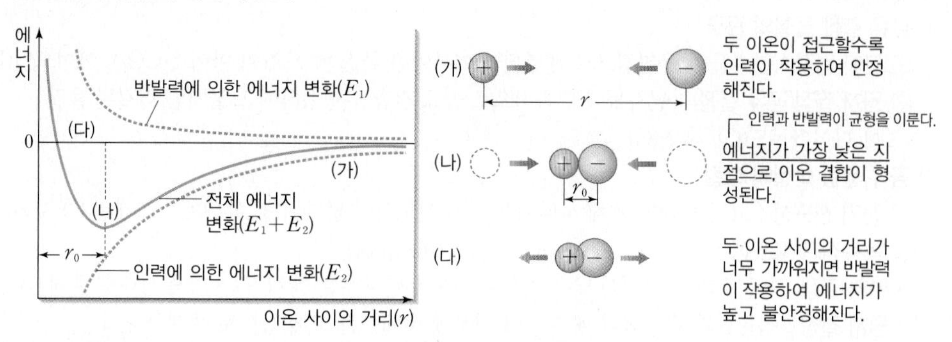

3. 이온 결합 물질

(1) **이온 결합 물질의 화학식** : 양이온의 총(+)전하량과 음이온의 총(−)전하량의 합이 0이 될 때 양이온과 음이온의 개수비를 가장 간단한 정수비로 나타낸다. (단, 1은 생략)

(양이온의 전하×양이온의 수)+(음이온의 전하×음이온의 수)=0

예 Al^{3+}과 O^{2-}이 결합하여 형성된 이온 결합 물질의 화학식은 Al_2O_3이다.

(2) **이온 결합 물질의 성질**

① **전기 전도성** : 고체 상태에서는 전류가 흐르지 않지만 액체 상태와 수용액 상태에서는 전류가 흐른다.

② **녹는점과 끓는점** : 녹는점과 끓는점이 높아 상온에서 대부분 고체 상태로 존재하며, 이온 사이의 거리가 짧을수록, 이온의 전하량이 클수록 정전기적 인력이 크므로 녹는점이 높다.

③ **결정의 쪼개짐과 부스러짐** : 외부에서 힘을 가하면 쉽게 부서진다.

출제 tip

이온 결합과 에너지

이온 사이의 거리에 따른 에너지 변화 그래프로부터 서로 다른 두 이온 결합 물질(예 NaCl과 KCl)의 이온 사이의 거리, 녹는점 등을 비교하는 문제가 출제된다.

이온 결합 물질의 화학식

양이온과 음이온의 원소 기호를 차례대로 쓴 후, 개수비를 가장 간단한 정수비로 나타낸다.

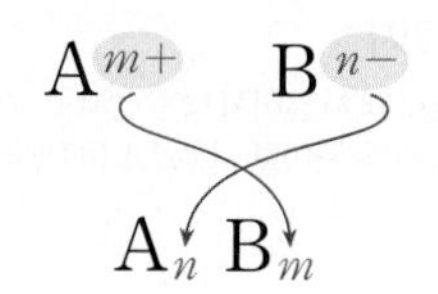

이온 결합 물질의 부서짐

이온 결합 물질에 힘을 가하면 이온층이 밀리면서 같은 전하를 띤 이온 사이에 반발력이 작용하므로 쉽게 부서진다.

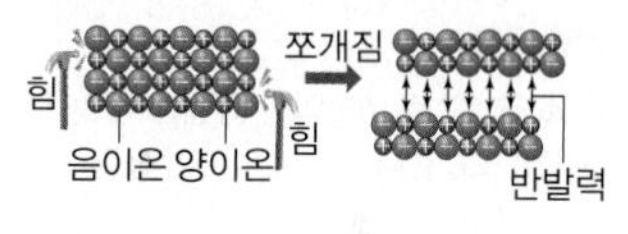

C 공유 결합

1. 공유 결합 : 비금속 원소의 원자들이 전자쌍을 서로 공유하여 형성되는 결합이다. (각 원자는 전자쌍을 공유함으로써 옥텟 규칙을 만족하는 안정한 전자 배치를 가진다.)

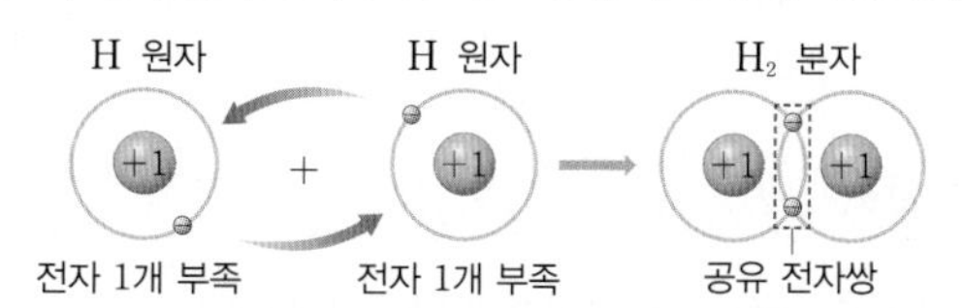

(1) **공유 결합의 종류** : 두 원자 사이에 공유하는 전자쌍 수에 따라 분류한다.

종류	단일 결합	2중 결합	3중 결합
공유 전자쌍 수	1개	2개	3개
결합 모형	+9 +9	+8 +8	+7 +7

(2) **공유 결합의 형성과 에너지 변화**

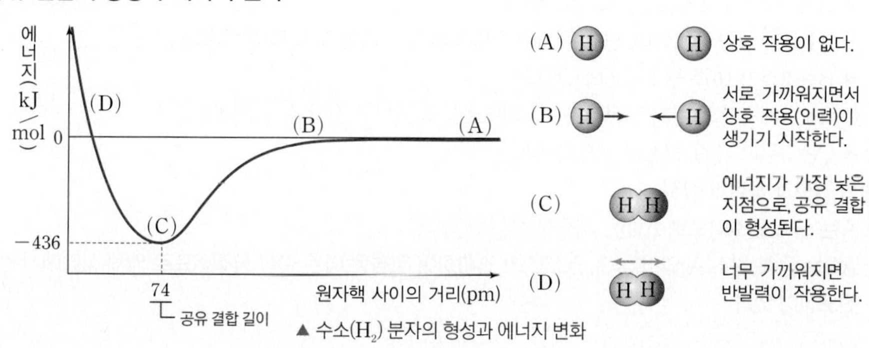

▲ 수소(H_2) 분자의 형성과 에너지 변화

공유 결합 길이와 공유 결합 반지름

- 공유 결합 길이 : 공유 결합을 하고 있는 두 원자의 원자핵 사이의 거리
- 공유 결합 반지름 $=\dfrac{\text{공유 결합 길이}}{2}$

2. 공유 결합 물질

(1) **공유 결합 물질의 종류**

① 분자 결정 : 분자들이 규칙적으로 배열되어 이루어진 물질 예 드라이 아이스(CO_2), 아이오딘(I_2)

② 원자 결정(공유 결정) : 원자들이 연속적으로 공유 결합을 형성하여 그물처럼 연결된 물질
예 다이아몬드(C), 흑연(C)

(2) **공유 결합 물질의 성질**

① 전기 전도성 : 고체 상태와 액체 상태에서 전기 전도성이 없다. (단, 흑연(C), 그래핀(C) 제외)

② 녹는점과 끓는점

- 분자 결정 : 녹는점과 끓는점이 낮은 편으로 상온에서 대부분 액체 또는 기체 상태로 존재한다. (낮은 편: 분자 사이의 인력이 약하기 때문이다.)
- 원자 결정 : 녹는점과 끓는점이 매우 높아 상온에서 대부분 고체 상태로 존재한다. (매우 높아: 원자 사이의 공유 결합을 끊어야 하기 때문이다.)

다이아몬드와 흑연

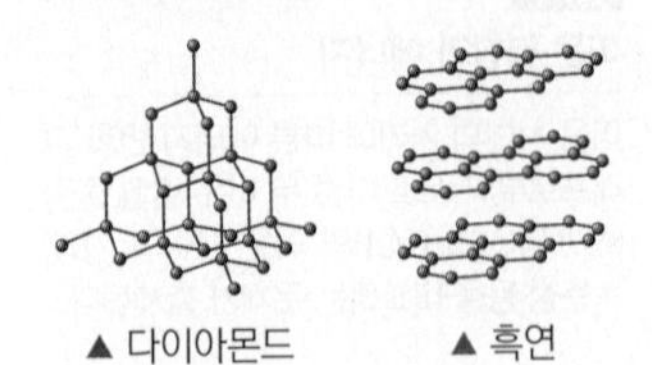

▲ 다이아몬드 ▲ 흑연

공유 결합 물질의 물에 대한 용해도

공유 결합 물질은 대부분 물에 잘 녹지 않는다. (단, 암모니아(NH_3) 제외)

D 금속 결합

1. **금속 결합** : 금속 양이온과 자유 전자 사이의 정전기적 인력에 의해 형성되는 결합이다.
2. **금속 결합 물질의 성질** : 자유 전자에 의해 금속 고유의 성질이 나타난다.

전기 전도성	펴짐성(전성)과 뽑힘성(연성)
금속에 전압을 걸어주면 자유 전자가 (+)극 쪽으로 이동하여 전류가 흐르므로 금속은 고체 상태와 액체 상태에서 전기 전도성이 있다. 자유 전자 금속 양이온 (+)극 (−)극 ▲ 전류가 흐르지 않을 때 ▲ 전류가 흐를 때	금속에 힘을 가해도 자유 전자가 금속 양이온 사이로 이동하여 금속 결합이 유지되므로 금속은 펴짐성(전성)과 뽑힘성(연성)을 갖는다. 힘 변형됨 힘

- 열 전도성 : 자유 전자가 이동하며 열을 전달하므로 금속은 열 전도성이 크다.
- 녹는점과 끓는점 : 금속 양이온과 자유 전자 사이에 강한 정전기적 인력이 작용하므로 녹는점과 끓는점이 높아 상온에서 대부분 고체 상태로 존재한다. (단, Hg(수은) 제외) (수은: 상온에서 액체 상태로 존재한다.)

자유 전자

금속 원자에서 떨어져 나온 전자로, 수많은 금속 양이온 사이를 자유롭게 움직인다.

펴짐성(전성)과 뽑힘성(연성)

- 펴짐성(전성) : 얇은 판처럼 넓게 펼칠 수 있는 성질
- 뽑힘성(연성) : 실처럼 가늘고 길게 뽑아낼 수 있는 성질

금속 결정

금속 결합으로 이루어진 물질을 금속 결정이라고도 한다.

실전 자료 화학 결합 모형

그림은 화합물 ABC와 H_2B를 화학 결합 모형으로 나타낸 것이다.

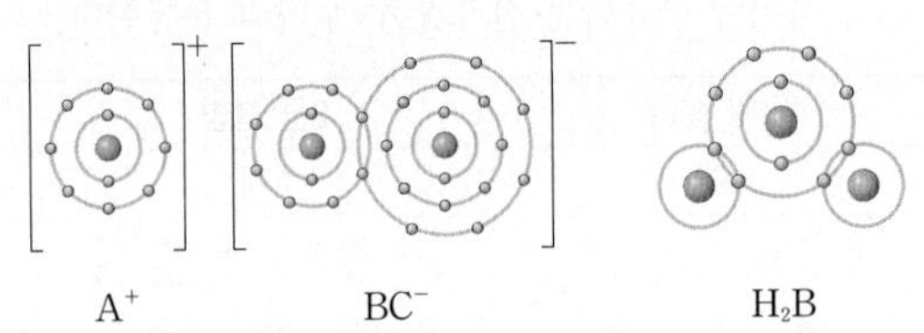

❶ 화합물을 이루는 원소의 종류

- A : A 원자는 전자 1개를 잃고 Ne의 전자 배치를 하는 양이온이 된다.
  ➡ A는 3주기 1족 원소인 나트륨(Na)이다.
- B : H_2B의 중심 원자이며, 공유 전자쌍 수와 비공유 전자쌍 수가 각각 2이다.
  ➡ B는 2주기 16족 원소인 산소(O)이다.
- C : BC^-에서 B의 원자가 전자 수가 6이므로 C의 원자가 전자 수는 7이다.
  ➡ C는 3주기 17족 원소인 염소(Cl)이다.

❷ 화학 결합과 물질의 성질

- A는 금속 원소이므로 A(s)는 펴짐성(전성)이 있다.
- AC는 금속 원소(A)와 비금속 원소(C)가 결합하여 형성된 이온 결합 물질이므로 액체 상태에서 전기 전도성이 있다.

1 ★☆☆ | 2024년 10월 교육청 11번 |

다음은 A와 (가)가 반응하여 (나)와 B_2를 생성하는 반응의 화학 반응식이다.

$$A + 2\boxed{(가)} \longrightarrow \boxed{(나)} + B_2$$

그림은 (가)와 (나)를 화학 결합 모형으로 나타낸 것이다.

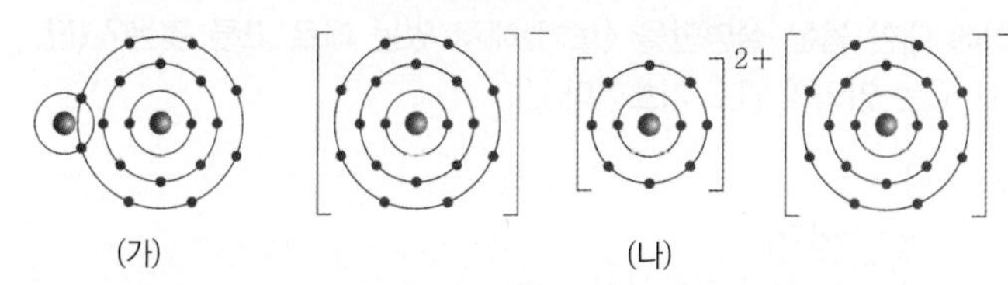

이에 대한 옳은 설명만을 〈보기〉에서 있는 대로 고른 것은? (단, A와 B는 임의의 원소 기호이다.) [3점]

보기
ㄱ. B는 염소(Cl)이다.
ㄴ. A(*s*)는 전기 전도성이 있다.
ㄷ. (나)를 구성하는 원소는 모두 3주기 원소이다.

① ㄱ ② ㄷ ③ ㄱ, ㄴ
④ ㄴ, ㄷ ⑤ ㄱ, ㄴ, ㄷ

2 ★☆☆ | 2024년 7월 교육청 2번 |

그림은 이온 X^{2-}, Y^{2+}, Z^{-}의 전자 배치를 모형으로 나타낸 것이다.

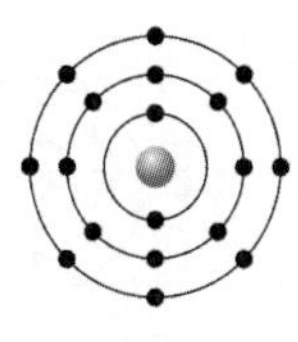
X^{2-}

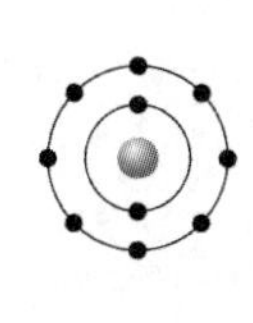
Y^{2+}

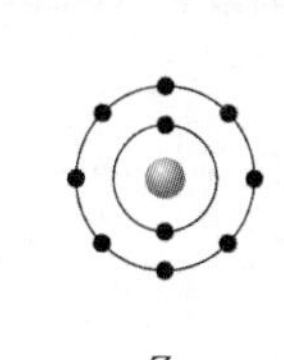
Z^{-}

이에 대한 설명으로 옳은 것만을 〈보기〉에서 있는 대로 고른 것은? (단, X~Z는 임의의 원소 기호이다.)

보기
ㄱ. X는 2족 원소이다.
ㄴ. Z는 플루오린(F)이다.
ㄷ. X와 Y는 1 : 1로 결합하여 안정한 화합물을 형성한다.

① ㄱ ② ㄴ ③ ㄱ, ㄷ
④ ㄴ, ㄷ ⑤ ㄱ, ㄴ, ㄷ

3 ★★☆ | 2024년 7월 교육청 8번 |

다음은 안정한 이온 결합 화합물 (가)와 (나)에 대한 자료이다. 원자 Z의 안정한 이온 Z^{n+}은 Ar의 전자 배치를 갖는다.

• (가)의 화학 결합 모형

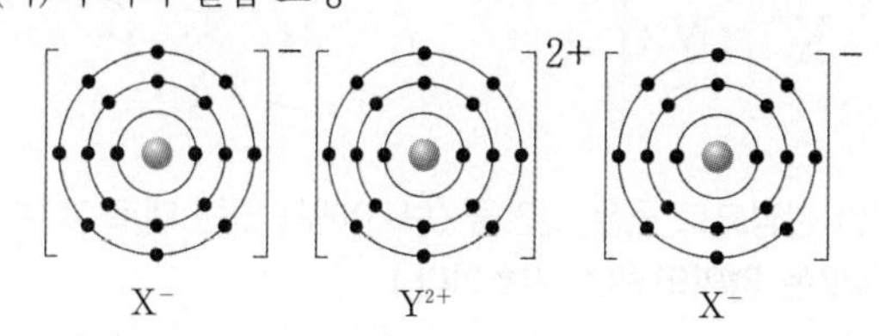

• (나)는 Z^{n+}과 X^{-}으로 이루어져 있다.

• 화합물을 구성하는 $\frac{\text{음이온 수}}{\text{양이온 수}}$는 (가)가 (나)의 2배이다.

이에 대한 설명으로 옳은 것만을 〈보기〉에서 있는 대로 고른 것은? (단, X~Z는 임의의 원소 기호이다.)

보기
ㄱ. 원자 번호는 Y>Z이다.
ㄴ. Z(*s*)는 전기 전도성이 있다.
ㄷ. $\frac{\text{(가) 1 mol에 들어 있는 } X^{-}\text{의 양(mol)}}{\text{(나) 1 mol에 들어 있는 전체 이온의 양(mol)}}=2$이다.

① ㄱ ② ㄷ ③ ㄱ, ㄴ
④ ㄴ, ㄷ ⑤ ㄱ, ㄴ, ㄷ

4 ★☆☆ | 2024년 5월 교육청 3번 |

그림은 화합물 WXY와 ZXY를 화학 결합 모형으로 나타낸 것이다.

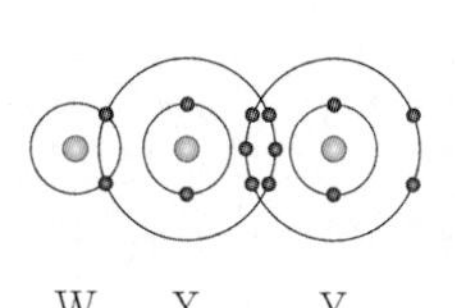
W X Y

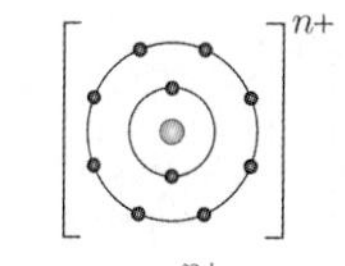
Z^{n+}

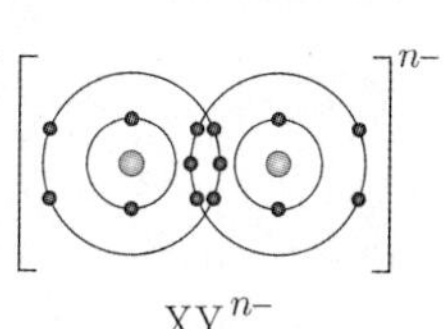
XY^{n-}

이에 대한 설명으로 옳은 것만을 〈보기〉에서 있는 대로 고른 것은? (단, W~Z는 임의의 원소 기호이다.)

보기
ㄱ. WXY는 공유 결합 물질이다.
ㄴ. $n=1$이다.
ㄷ. W~Z 중 원자가 전자 수는 X가 가장 크다.

① ㄱ ② ㄷ ③ ㄱ, ㄴ
④ ㄴ, ㄷ ⑤ ㄱ, ㄴ, ㄷ

5 ★☆☆

| 2024년 5월 교육청 10번 |

그림은 2주기 원소 X～Z로 구성된 물질 XY와 ZY_3를 루이스 전자점식으로 나타낸 것이다.

이에 대한 설명으로 옳은 것만을 〈보기〉에서 있는 대로 고른 것은? (단, X～Z는 임의의 원소 기호이다.)

> 보기
> ㄱ. Y는 F이다.
> ㄴ. Z_2에는 3중 결합이 있다.
> ㄷ. 고체 상태에서 전기 전도성은 X > XY이다.

① ㄱ ② ㄷ ③ ㄱ, ㄴ
④ ㄴ, ㄷ ⑤ ㄱ, ㄴ, ㄷ

6 ★★☆

| 2024년 3월 교육청 2번 |

그림은 화합물 AB_2와 CB_2를 화학 결합 모형으로 나타낸 것이다. 전기 음성도는 C > B이다.

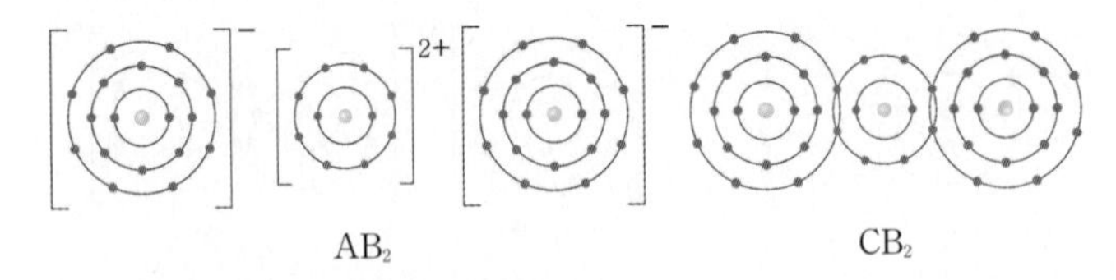

이에 대한 옳은 설명만을 〈보기〉에서 있는 대로 고른 것은? (단, A～C는 임의의 원소 기호이다.)

> 보기
> ㄱ. A와 B는 같은 주기 원소이다.
> ㄴ. AC(s)는 전기 전도성이 있다.
> ㄷ. CB_2에서 C는 부분적인 음전하(δ^-)를 띤다.

① ㄱ ② ㄴ ③ ㄱ, ㄷ
④ ㄴ, ㄷ ⑤ ㄱ, ㄴ, ㄷ

7 ★☆☆

| 2023년 10월 교육청 3번 |

그림은 화합물 AB_2와 AC를 화학 결합 모형으로 나타낸 것이다.

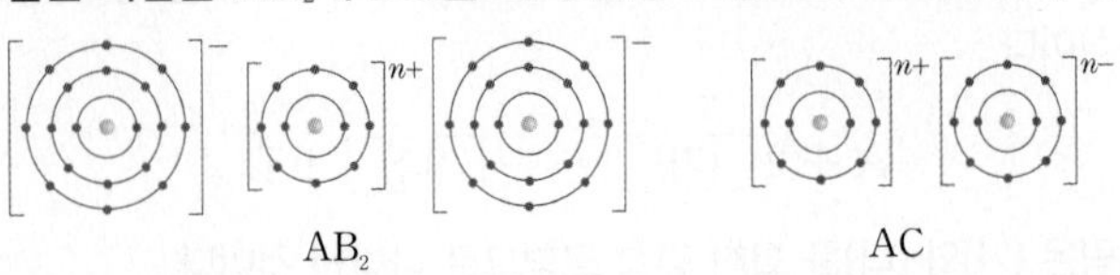

이에 대한 옳은 설명만을 〈보기〉에서 있는 대로 고른 것은? (단, A～C는 임의의 원소 기호이다.)

> 보기
> ㄱ. $n=2$이다.
> ㄴ. A(s)는 전기 전도성이 있다.
> ㄷ. B와 C로 구성된 화합물은 공유 결합 물질이다.

① ㄱ ② ㄴ ③ ㄱ, ㄷ
④ ㄴ, ㄷ ⑤ ㄱ, ㄴ, ㄷ

8 ★☆☆

| 2023년 7월 교육청 3번 |

그림은 화합물 ABC와 DC를 화학 결합 모형으로 나타낸 것이다.

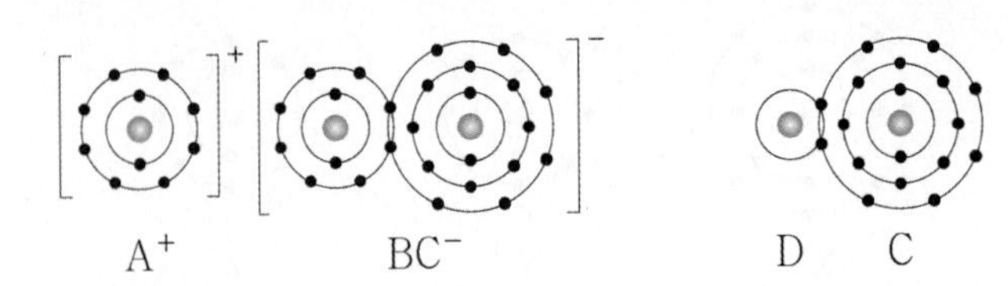

이에 대한 설명으로 옳은 것만을 〈보기〉에서 있는 대로 고른 것은? (단, A～D는 임의의 원소 기호이다.)

> 보기
> ㄱ. A(s)는 전성(펴짐성)이 있다.
> ㄴ. AC(l)는 전기 전도성이 있다.
> ㄷ. D_2B는 공유 결합 물질이다.

① ㄱ ② ㄷ ③ ㄱ, ㄴ
④ ㄴ, ㄷ ⑤ ㄱ, ㄴ, ㄷ

9 ★★☆ | 2023년 4월 교육청 3번 |

그림은 화합물 AB_2와 CAB를 화학 결합 모형으로 나타낸 것이다.

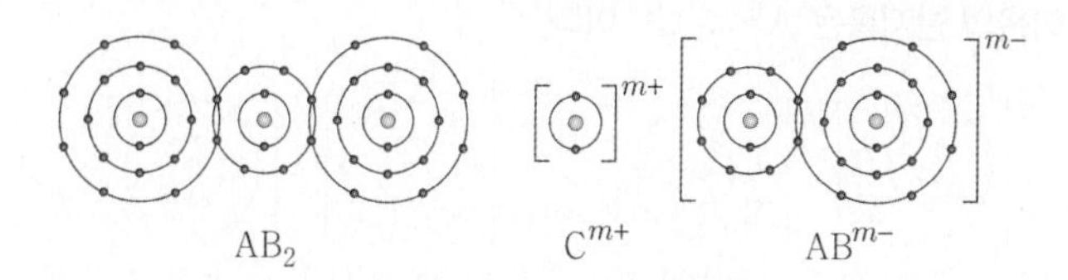

이에 대한 설명으로 옳은 것만을 〈보기〉에서 있는 대로 고른 것은? (단, A~C는 임의의 원소 기호이다.)

보기
ㄱ. 고체 상태에서 전기 전도성은 C > AB_2이다.
ㄴ. A_2의 공유 전자쌍 수는 2이다.
ㄷ. $m=1$이다.

① ㄱ ② ㄷ ③ ㄱ, ㄴ
④ ㄴ, ㄷ ⑤ ㄱ, ㄴ, ㄷ

10 ★☆☆ | 2023년 3월 교육청 2번 |

그림은 화합물 ABC와 CD를 화학 결합 모형으로 나타낸 것이다.

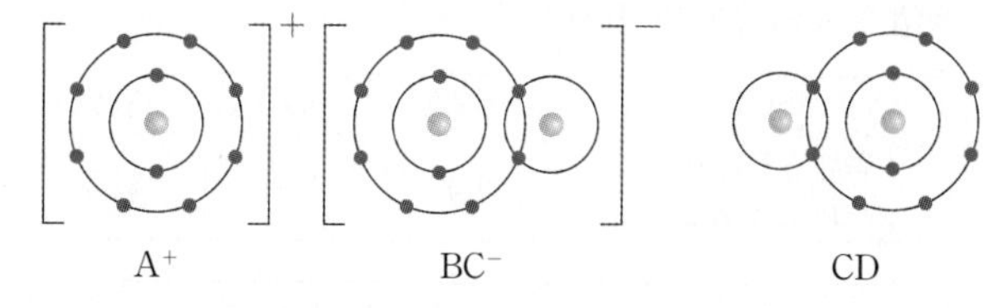

이에 대한 옳은 설명만을 〈보기〉에서 있는 대로 고른 것은? (단, A~D는 임의의 원소 기호이다.)

보기
ㄱ. A(s)는 전성(펴짐성)이 있다.
ㄴ. A~D 중 2주기 원소는 2가지이다.
ㄷ. A와 D로 구성된 안정한 화합물은 AD이다.

① ㄱ ② ㄷ ③ ㄱ, ㄴ
④ ㄴ, ㄷ ⑤ ㄱ, ㄴ, ㄷ

11 ★★☆ | 2022년 10월 교육청 3번 |

그림은 화합물 XY_4ZX를 화학 결합 모형으로 나타낸 것이다.

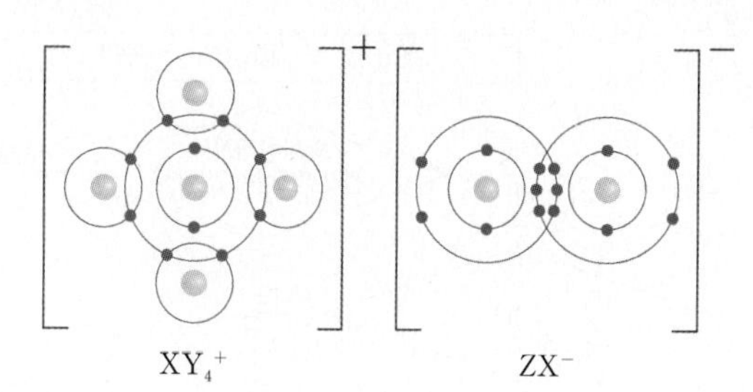

이에 대한 옳은 설명만을 〈보기〉에서 있는 대로 고른 것은? (단, X~Z는 임의의 원소 기호이다.)

보기
ㄱ. 원자가 전자 수는 X > Z이다.
ㄴ. XY_4ZX는 고체 상태에서 전기 전도성이 있다.
ㄷ. Z_2Y_2의 공유 전자쌍 수는 5이다.

① ㄱ ② ㄴ ③ ㄱ, ㄷ
④ ㄴ, ㄷ ⑤ ㄱ, ㄴ, ㄷ

12 ★☆☆ | 2022년 7월 교육청 4번 |

그림은 화합물 AB와 CBD를 화학 결합 모형으로 나타낸 것이다.

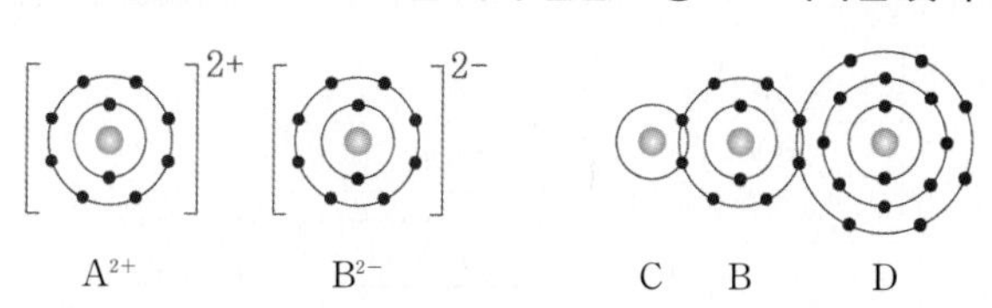

이에 대한 설명으로 옳은 것만을 〈보기〉에서 있는 대로 고른 것은? (단, A~D는 임의의 원소 기호이다.)

보기
ㄱ. CBD는 공유 결합 물질이다.
ㄴ. B와 D는 같은 족 원소이다.
ㄷ. A와 D는 1 : 2로 결합하여 안정한 화합물을 생성한다.

① ㄱ ② ㄴ ③ ㄱ, ㄷ
④ ㄴ, ㄷ ⑤ ㄱ, ㄴ, ㄷ

13 ★☆☆ | 2022년 7월 교육청 6번 |

그림은 3가지 물질을 주어진 기준에 따라 분류한 것이다.

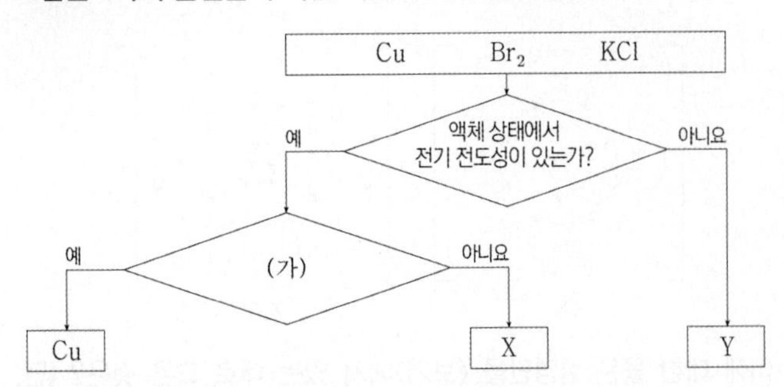

이에 대한 설명으로 옳은 것만을 <보기>에서 있는 대로 고른 것은?

보기

ㄱ. '고체 상태일 때 외부에서 힘을 가하면 넓게 펴지는가?'는 (가)로 적절하다.

ㄴ. Y는 Br_2이다.

ㄷ. X는 이온 결합 물질이다.

① ㄱ ② ㄷ ③ ㄱ, ㄴ ④ ㄴ, ㄷ ⑤ ㄱ, ㄴ, ㄷ

14 ★☆☆ | 2022년 4월 교육청 6번 |

그림은 염화 나트륨(NaCl)의 전기 분해 과정을 나타낸 것이다.

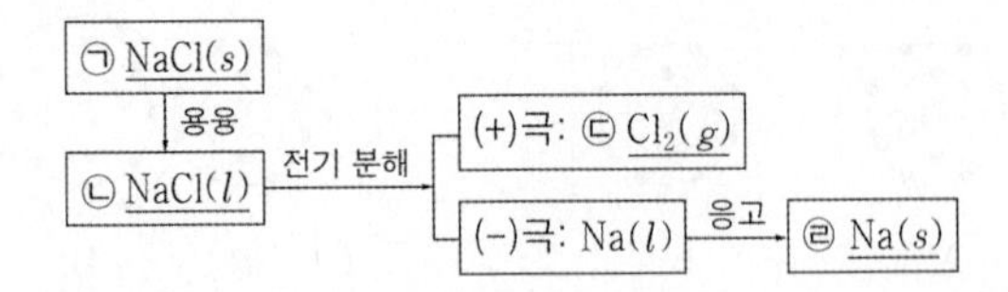

이에 대한 설명으로 옳은 것만을 <보기>에서 있는 대로 고른 것은? [3점]

보기

ㄱ. ㉢은 공유 결합 물질이다.

ㄴ. 전기 전도성은 ㉠이 ㉡보다 크다.

ㄷ. 연성(뽑힘성)은 ㉠이 ㉣보다 크다.

① ㄱ ② ㄷ ③ ㄱ, ㄴ ④ ㄱ, ㄷ ⑤ ㄱ, ㄴ, ㄷ

15 ★☆☆ | 2022년 3월 교육청 15번 |

그림은 화합물 AB와 CD를 화학 결합 모형으로 나타낸 것이다. 양이온의 반지름은 $A^{n+} > C^{2+}$이다.

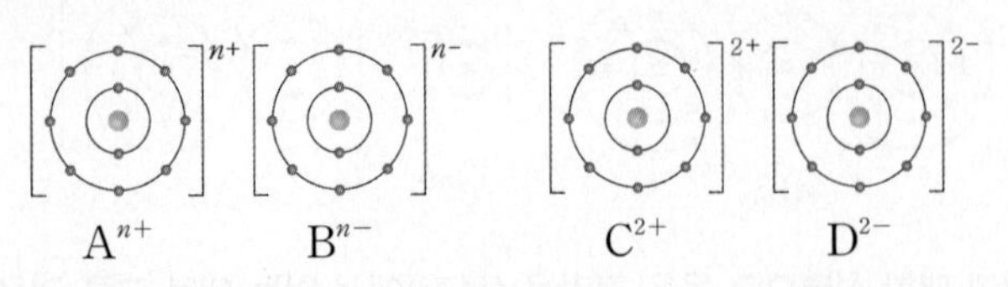

이에 대한 옳은 설명만을 <보기>에서 있는 대로 고른 것은? (단, A~D는 임의의 원소 기호이다.)

보기

ㄱ. CD(l)는 전기 전도성이 있다.

ㄴ. $n=1$이다.

ㄷ. 음이온의 반지름은 $B^{n-} > D^{2-}$이다.

① ㄱ ② ㄷ ③ ㄱ, ㄴ ④ ㄴ, ㄷ ⑤ ㄱ, ㄴ, ㄷ

16 ★★☆ | 2021년 10월 교육청 10번 |

다음은 2, 3주기 원소 X~Z로 이루어진 화합물과 관련된 자료이다. 화합물에서 X~Z는 모두 옥텟 규칙을 만족한다.

- X~Z의 이온은 모두 18족 원소의 전자 배치를 갖는다.
- 이온의 전자 수

이온	X 이온	Y 이온	Z 이온
전자 수	n	n	$n+8$

- 액체 상태에서의 전기 전도성

화합물	XY	XZ_2	YZ_2
액체 상태에서의 전기 전도성	있음	㉠	없음

이에 대한 옳은 설명만을 <보기>에서 있는 대로 고른 것은? (단, X~Z는 임의의 원소 기호이다.) [3점]

보기

ㄱ. X는 3주기 원소이다.

ㄴ. '있음'은 ㉠으로 적절하다.

ㄷ. 원자가 전자 수는 Z > Y이다.

① ㄱ ② ㄷ ③ ㄱ, ㄴ ④ ㄴ, ㄷ ⑤ ㄱ, ㄴ, ㄷ

17 ★★☆ | 2021년 7월 교육청 3번 |

표는 1, 2주기 원소 A~D의 원자 또는 이온에 대한 자료이다.

원자 또는 이온	A^+	B	C^{2-}	D
양성자수+전자 수	1	6	18	18

이에 대한 설명으로 옳은 것만을 〈보기〉에서 있는 대로 고른 것은? (단, A~D는 임의의 원소 기호이다.)

보기
ㄱ. A_2C는 이온 결합 물질이다.
ㄴ. B(*s*)는 전성(펴짐성)이 있다.
ㄷ. CD_2에서 C는 부분적인 음전하(δ^-)를 띤다.

① ㄱ ② ㄴ ③ ㄱ, ㄷ
④ ㄴ, ㄷ ⑤ ㄱ, ㄴ, ㄷ

18 ★★☆ | 2021년 7월 교육청 7번 |

그림은 화합물 WXY와 ZYW를 화학 결합 모형으로 나타낸 것이다.

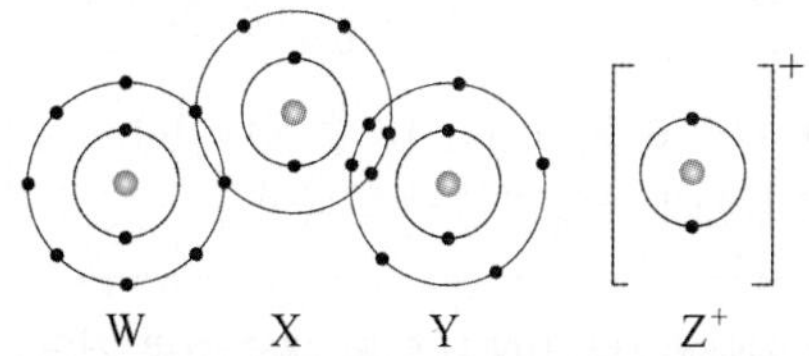
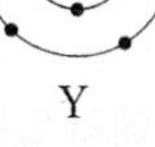
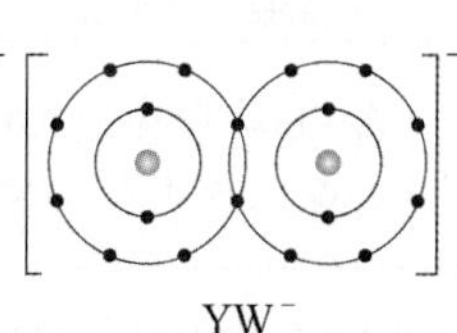

이에 대한 설명으로 옳은 것만을 〈보기〉에서 있는 대로 고른 것은? (단, W~Z는 임의의 원소 기호이다.)

보기
ㄱ. WXY에서 X의 산화수는 −3이다.
ㄴ. Y_2W_2에는 다중 결합이 있다.
ㄷ. $Z_2Y(l)$는 전기 전도성이 있다.

① ㄱ ② ㄷ ③ ㄱ, ㄴ
④ ㄴ, ㄷ ⑤ ㄱ, ㄴ, ㄷ

19 ★☆☆ | 2021년 4월 교육청 6번 |

다음은 물(H_2O)의 전기 분해 실험이다.

[실험 과정]
(가) 소량의 황산 나트륨을 녹인 물을 준비한다.
(나) (가)의 수용액을 2개의 시험관에 가득 채운 후, 전원 장치를 사용해 전류를 흘려 주어 그림과 같이 발생한 기체를 시험관에 각각 모은다.

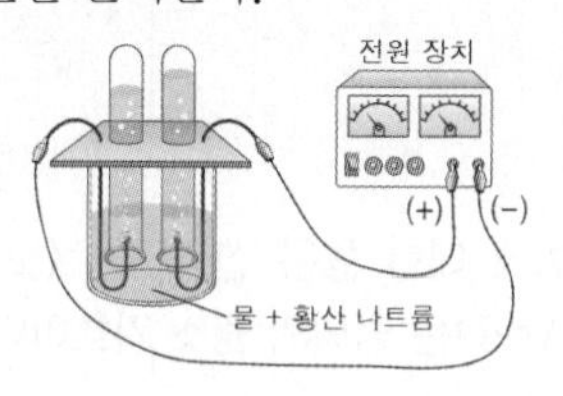

[실험 결과 및 결론]
• 각 전극에서 발생한 기체의 [㉠]비는 t℃, 1기압에서 (+)극 : (−)극=1 : 2이다.
• 물 분자를 이루는 원자 사이의 화학 결합에 [㉡]가 관여한다.

다음 중 ㉠과 ㉡으로 가장 적절한 것은?

	㉠	㉡		㉠	㉡
①	부피	전자	②	질량	전자
③	부피	중성자	④	질량	중성자
⑤	밀도	양성자			

20 ★★☆ | 2021년 3월 교육청 4번 |

표는 원소 A~D로 이루어진 3가지 화합물에 대한 자료이다. A~D는 각각 O, F, Na, Mg 중 하나이다.

화합물	AB_2	CB	DB_2
액체의 전기 전도성	있음	㉠	없음

이에 대한 옳은 설명만을 〈보기〉에서 있는 대로 고른 것은?

보기
ㄱ. ㉠은 '없음'이다.
ㄴ. A는 Na이다.
ㄷ. C_2D는 이온 결합 물질이다.

① ㄱ ② ㄷ ③ ㄱ, ㄴ
④ ㄴ, ㄷ ⑤ ㄱ, ㄴ, ㄷ

21 ★★☆ | 2021년 3월 교육청 8번 |

그림은 물질 AB와 CD를 화학 결합 모형으로 나타낸 것이다.

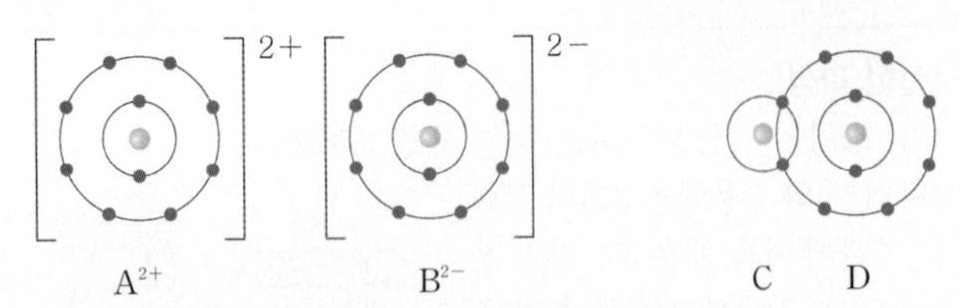

이에 대한 옳은 설명만을 〈보기〉에서 있는 대로 고른 것은? (단, A~D는 임의의 원소 기호이다.)

보기
ㄱ. A(*s*)는 전기 전도성이 있다.
ㄴ. CD에서 C는 부분적인 음전하(δ^-)를 띤다.
ㄷ. 분자당 공유 전자쌍 수는 D_2가 B_2보다 크다.

① ㄱ ② ㄷ ③ ㄱ, ㄴ
④ ㄴ, ㄷ ⑤ ㄱ, ㄴ, ㄷ

22 ★☆☆ | 2020년 7월 교육청 7번 |

다음은 어떤 학생이 작성한 보고서의 일부이다.

[실험 과정]
• 소량의 ㉠황산 나트륨(Na_2SO_4)을 녹인 물(H_2O)을 넣고 전기 분해한다.

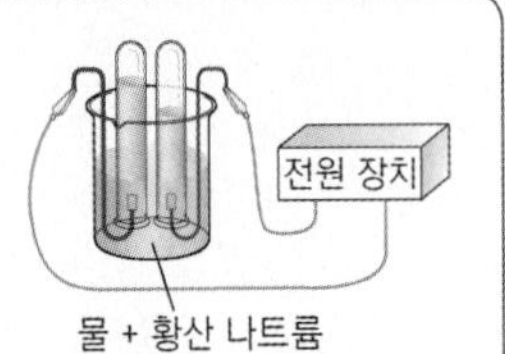

[실험 결과 및 해석]
• 각 전극에서 생성된 물질과 부피 비

생성된 물질		부피 비
(+)극	(−)극	$O_2(g) : H_2(g)$
O_2	H_2	$a : b$

• 물의 전기 분해 실험으로 물 분자를 이루는 수소와 산소 사이의 화학 결합은 [㉡]이/가 관여함을 알 수 있다.

이에 대한 설명으로 옳은 것만을 〈보기〉에서 있는 대로 고른 것은?

보기
ㄱ. ㉠은 전기 전도성이 있다.
ㄴ. $a : b = 1 : 2$이다.
ㄷ. '전자'는 ㉡으로 적절하다.

① ㄱ ② ㄴ ③ ㄱ, ㄷ
④ ㄴ, ㄷ ⑤ ㄱ, ㄴ, ㄷ

23 ★☆☆ | 2020년 4월 교육청 2번 |

그림은 나트륨의 결합 모형과 다이아몬드의 구조 모형을 나타낸 것이다.

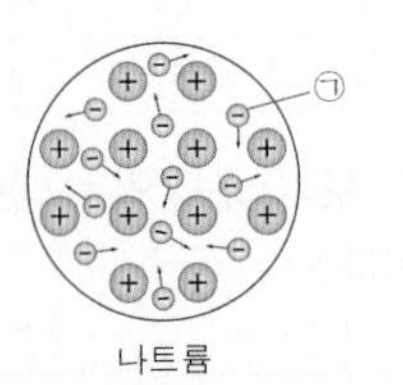

나트륨

다이아몬드

이에 대한 설명으로 옳은 것만을 〈보기〉에서 있는 대로 고른 것은?

보기
ㄱ. ㉠은 자유 전자이다.
ㄴ. 다이아몬드는 공유 결합 물질이다.
ㄷ. 고체 상태에서 전기 전도성은 나트륨이 다이아몬드보다 크다.

① ㄱ ② ㄷ ③ ㄱ, ㄴ
④ ㄴ, ㄷ ⑤ ㄱ, ㄴ, ㄷ

24 ★★☆ | 2020년 7월 교육청 11번 |

다음은 원소 A~E로 이루어진 물질에 대한 자료이다.

물질	AD_2, DE_2	B, C	BD, CE
화학 결합의 종류	공유 결합	㉠	㉡

• A~E의 원자 번호는 각각 6, 8, 9, 11, 12 중 하나이다.
• ㉠과 ㉡은 각각 이온 결합과 금속 결합 중 하나이다.

이에 대한 설명으로 옳은 것만을 〈보기〉에서 있는 대로 고른 것은? (단, A~E는 임의의 원소 기호이다.)

보기
ㄱ. 전기 음성도는 D > A이다.
ㄴ. 고체 상태의 B와 C는 전기 전도성이 있다.
ㄷ. 고체 상태의 BD와 CE는 외부에서 힘을 가하면 쉽게 부서진다.

① ㄱ ② ㄴ ③ ㄱ, ㄷ
④ ㄴ, ㄷ ⑤ ㄱ, ㄴ, ㄷ

25 ★★☆

| 2020년 4월 교육청 13번 |

그림은 $Na^{+}(g)$과 $X^{-}(g)$ 사이의 거리에 따른 에너지 변화를, 표는 $NaX(g)$와 $NaY(g)$가 가장 안정한 상태일 때 각 물질에서 양이온과 음이온 사이의 거리를 나타낸 것이다.

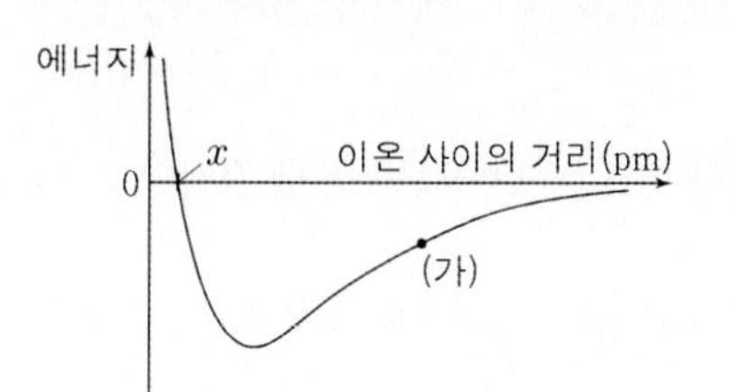

물질	이온 사이의 거리(pm)
$NaX(g)$	236
$NaY(g)$	250

이에 대한 설명으로 옳은 것만을 〈보기〉에서 있는 대로 고른 것은? (단, X와 Y는 임의의 원소 기호이다.)

〈보기〉
ㄱ. (가)에서 Na^{+}과 X^{-} 사이에 작용하는 힘은 인력이 반발력보다 우세하다.
ㄴ. x는 236이다.
ㄷ. 1기압에서 녹는점은 NaX > NaY이다.

① ㄱ ② ㄴ ③ ㄱ, ㄴ
④ ㄱ, ㄷ ⑤ ㄴ, ㄷ

26 ★★☆

| 2020년 3월 교육청 10번 |

그림은 NaCl에서 이온 사이의 거리에 따른 에너지를 나타낸 것이다.

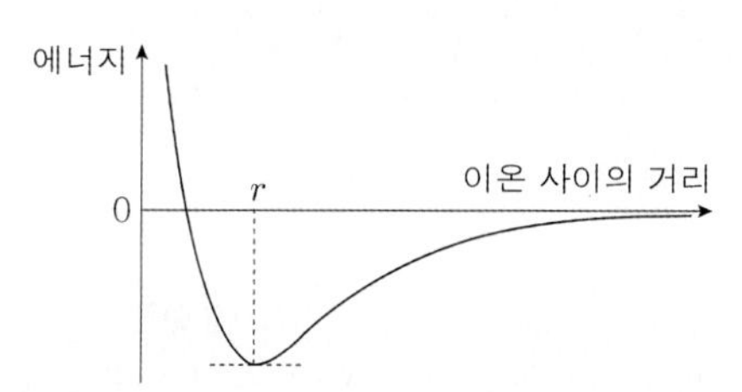

이에 대한 옳은 설명만을 〈보기〉에서 있는 대로 고른 것은? [3점]

〈보기〉
ㄱ. NaCl에서 이온 결합을 형성할 때 이온 사이의 거리는 r이다.
ㄴ. 이온 사이의 거리가 r일 때 Na^{+}과 Cl^{-} 사이에 반발력이 작용하지 않는다.
ㄷ. KCl에서 이온 결합을 형성할 때 이온 사이의 거리는 r보다 작다.

① ㄱ ② ㄴ ③ ㄱ, ㄷ
④ ㄴ, ㄷ ⑤ ㄱ, ㄴ, ㄷ

27 ★☆☆

| 2020년 3월 교육청 12번 |

표는 물질 (가)~(다)에 대한 자료이다. (가)~(다)는 각각 구리(Cu), 설탕($C_{12}H_{22}O_{11}$), 염화 칼슘($CaCl_2$) 중 하나이다.

물질	전기 전도성	
	고체 상태	액체 상태
(가)	없음	없음
(나)	없음	있음
(다)	있음	있음

이에 대한 옳은 설명만을 〈보기〉에서 있는 대로 고른 것은?

〈보기〉
ㄱ. (가)는 설탕이다.
ㄴ. (나)는 수용액 상태에서 전기 전도성이 있다.
ㄷ. (다)는 금속 결합 물질이다.

① ㄱ ② ㄴ ③ ㄱ, ㄷ
④ ㄴ, ㄷ ⑤ ㄱ, ㄴ, ㄷ

02 분자의 구조와 성질

A 전기 음성도와 결합의 극성

몇 가지 원소의 전기 음성도

원소	전기 음성도
플루오린(F)	4.0
산소(O)	3.5
질소(N)	3.0
탄소(C)	2.5
수소(H)	2.1

1. 전기 음성도 : 공유 결합을 하는 원자가 공유 전자쌍을 당기는 힘을 상대적으로 나타낸 값이다.
➡ 상대적인 값이므로 단위가 없다.

(1) 공유 전자쌍을 끌어당기는 힘이 가장 큰 플루오린(F)의 전기 음성도를 4.0으로 정하고, 이 값을 기준으로 다른 원소들의 전기 음성도를 정하였다.

(2) **전기 음성도의 주기성**

① 같은 주기 : 원자 번호가 커질수록 전기 음성도가 대체로 증가한다. (18족 원소 제외)

② 같은 족 : 원자 번호가 커질수록 전기 음성도가 대체로 감소한다.

2. 결합의 극성

(1) **극성 공유 결합** : 전기 음성도가 다른 원자 사이의 공유 결합으로, 공유 전자쌍이 전기 음성도가 더 큰 원자 쪽으로 치우친다. ➡ 전기 음성도가 큰 원자는 부분적인 음전하(δ^-)를 띠고, 전기 음성도가 작은 원자는 부분적인 양전하(δ^+)를 띤다.

(2) **무극성 공유 결합** : 같은 종류의 원자 사이의 공유 결합으로, 부분적인 전하를 띠지 않는다.
└ 공유 전자쌍이 어느 한 원자 쪽으로 치우치지 않는다.

(3) **쌍극자 모멘트**

① **쌍극자** : 극성 공유 결합으로 생성된 분자에서 크기가 같고 부호가 반대인 전하($+q$, $-q$)가 일정 거리를 두고 떨어져 존재하는 것

② **쌍극자 모멘트(μ)** : 결합의 극성 크기를 나타내는 척도로, 전하량(q)과 두 전하 사이의 거리(r)를 곱한 값이다. ($\mu = q \times r$)
└ 쌍극자 모멘트가 클수록 결합의 극성이 크다.

쌍극자 모멘트의 표시

전기 음성도가 작은 원자에서 전기 음성도가 큰 원자 쪽으로 향하는 화살표(⟶)로 나타낸다.

δ^+ δ^-
H−F
⟶

B 루이스 전자점식

출제 tip
물질의 루이스 전자점식
임의의 원소 기호를 이용하여 나타낸 원소 또는 화합물의 루이스 전자점식으로부터 원소의 원자가 전자 수를 묻는 문제가 자주 출제된다.

1. 루이스 전자점식 : 원소 기호 주위에 원자가 전자를 점으로 나타낸 식

(1) **원자의 루이스 전자점식** : 원소 기호의 오른쪽, 왼쪽, 위, 아래에 점을 1개씩 찍어 원자가 전자를 나타내며, 5번째 전자부터는 쌍을 이루도록 나타낸다.

주기 \ 족	1	2	13	14	15	16	17
2	Li·	·Be·	·Ḃ·	·Ċ·	·N̈·	:Ö·	:F̈·
3	Na·	·Mg·	·Ȧl·	·Ṡi·	·P̈·	:S̈·	:C̈l·

▲ 2, 3주기 원소의 루이스 전자점식

(2) **화합물의 루이스 전자점식**

공유 결합 물질(분자)	이온 결합 물질
분자를 이루는 각 원자의 원소 기호 사이에 공유 전자쌍을 표시하고, 원소 기호 주위에 비공유 전자쌍을 표시한다. 예 HCl의 루이스 전자점식 H· + ·C̈l: ⟶ H:C̈l: (홀전자, 공유 전자쌍, 비공유 전자쌍)	금속 이온은 이온식으로, 비금속 이온은 전자점식으로 나타낸 후 이온의 전하를 표시한다. 예 NaF의 루이스 전자점식 Na· + ·F̈: ➡ $[Na]^+[:\ddot{F}:]^-$ 나트륨 원자 / 플루오린 원자 / 플루오린화 나트륨

2. 루이스 구조식 : 공유 전자쌍은 결합선(−)으로, 비공유 전자쌍은 점으로 표시하거나 생략한 식이다.
└ '구조식'이라고도 한다.

루이스 구조식에서 결합선의 수

단일 결합은 결합선 1개로, 2중 결합은 결합선 2개로, 3중 결합은 결합선 3개로 나타낸다.

이산화 탄소(CO_2)의 루이스 전자점식과 루이스 구조식

루이스 전자점식	:Ö::C::Ö:
루이스 구조식	:Ö=C=Ö:

C 분자의 구조

1. 전자쌍 반발 이론 : 중심 원자 주위의 전자쌍들은 정전기적 반발력을 최소화하기 위해 가능한 한 멀리 떨어지려 한다는 이론 ➡ 중심 원자 주위의 전자쌍 수에 따라 전자쌍의 배열이 결정된다.
┌ 모두 음(−)전하를 띤다.

(1) **전자쌍 반발 이론에 의한 전자쌍 배치**

전자쌍 수	2개	3개	4개
전자쌍 배치	전자쌍 중심 원자 전자쌍이 서로 정반대 위치에 놓일 때 반발력이 최소이다.	전자쌍이 정삼각형의 꼭지점에 놓일 때 반발력이 최소이다.	전자쌍이 정사면체의 꼭지점에 놓일 때 반발력이 최소이다.
결합각	180°	120°	109.5°
분자 모양	직선형	평면 삼각형	정사면체형

(2) **전자쌍 사이의 반발력 크기 비교**

비공유 전자쌍－비공유 전자쌍 > 비공유 전자쌍－공유 전자쌍 > 공유 전자쌍－공유 전자쌍

2. 분자의 구조

(1) **중심 원자에 공유 전자쌍만 있는 경우**

분자식	BeF_2	BCl_3	CH_4
공유 전자쌍 수	2개	3개	4개
분자 모양	직선형	평면 삼각형	정사면체형
결합각	180°	120°	109.5°
분자 모형	F Be F 180°	Cl B Cl Cl 120°	H C H H H 109.5°

(2) **중심 원자에 비공유 전자쌍이 있는 경우**

분자식	NH_3	H_2O
공유 전자쌍 수	3개	2개
비공유 전자쌍 수	1개	2개
분자 모양	삼각뿔형	굽은 형
결합각	107°	104.5°
분자 모형	비공유 전자쌍 H N H H 107°	비공유 전자쌍 O H H 104.5°

D 분자의 극성

1. 극성 분자와 무극성 분자

(1) **극성 분자** : 분자 내에 전하가 고르게 분포하지 않아 부분적인 전하를 띠는 분자 ➡ 분자의 쌍극자 모멘트가 0이 아니다.

① 이원자 분자 : 서로 다른 종류의 원자가 극성 공유 결합하여 이루어진 분자 예 HF, HCl

② 다원자 분자 : 분자의 구조가 비대칭 구조를 이루어 결합의 쌍극자 모멘트 합이 0이 아닌 분자

분자식	HCN	CH_2O	H_2O	NH_3
분자 모형	H C N	O C H H 122° 116°	비공유 전자쌍 O H H 104.5°	비공유 전자쌍 H N H H 107°
분자 모양	직선형	평면 삼각형	굽은 형	삼각뿔형

출제 tip
분자 모양

여러 가지 분자의 분자식 또는 루이스 구조식을 제시하고 분자 모양과 결합각에 대하여 묻는 문제가 자주 출제된다.

중심 원자에 결합한 원자의 종류가 서로 다른 경우

전자쌍 사이의 반발력이 모두 같지 않으므로 결합각이 120°인 평면 삼각형이나 결합각이 109.5°인 정사면체형 구조는 될 수 없다.

예 CH_3Cl의 구조

CH_4과 비교했을 때, 중심 원자 주위의 공유 전자쌍 수는 4개로 같지만 정사면체가 아닌 사면체이다.

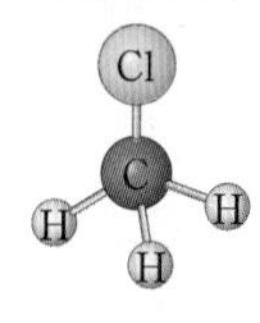

다중 결합을 포함하는 분자 모양

중심 원자에 다중 결합이 있는 경우, 다중 결합은 전자쌍 1개로 간주한다. ➡ 중심 원자에 결합한 원자 수에 의해 분자 모양이 결정된다.

예 CO_2 : 직선형 원자 2개 결합

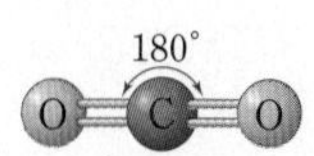

예 CH_2O : 평면 삼각형 원자 3개 결합

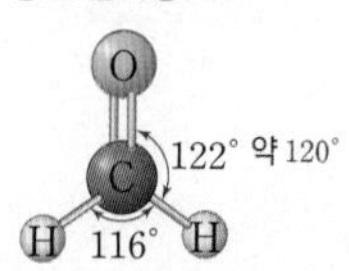

Part I 교육청

(2) **무극성 분자** : 분자 내에 전하가 고르게 분포하여 부분적인 전하를 띠지 않는 분자 ➡ 분자의 쌍극자 모멘트가 0이다.

① **이원자 분자** : 같은 종류의 원자가 무극성 공유 결합하여 이루어진 분자 예 H_2, O_2, N_2

② **다원자 분자** : 극성 공유 결합으로 이루어졌지만 분자의 구조가 대칭 구조를 이루어 결합의 쌍극자 모멘트 합이 0인 분자

분자식	CO_2	BCl_3	CH_4
분자 모형	O C O	Cl B Cl Cl	H C H H H
분자 모양	직선형	평면 삼각형	정사면체형

층을 이루는 물과 사염화 탄소

극성 용매인 물과 무극성 용매인 사염화 탄소(CCl_4)를 시험관에 함께 넣고 흔들면 물과 사염화 탄소(CCl_4)가 분리되어 층이 생기고, 이 시험관에 아이오딘(I_2)을 넣으면 아이오딘(I_2)은 사염화 탄소(CCl_4) 층에 용해된다.

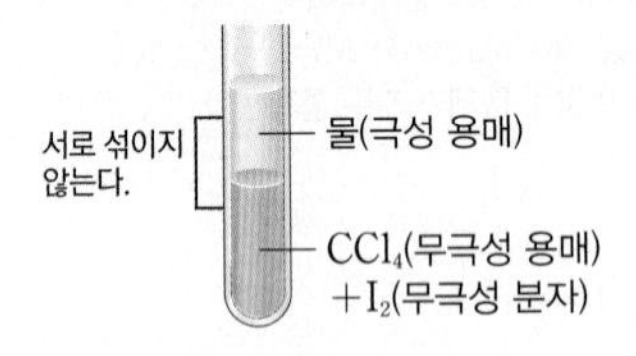

NH_3와 CH_4의 끓는점

NH_3(분자량 17)와 CH_4(분자량 16)은 분자량이 비슷하지만 끓는점은 NH_3가 -33 ℃, CH_4이 -161 ℃로 극성 분자인 NH_3가 무극성 분자인 CH_4보다 높다.

2. 극성 분자와 무극성 분자의 성질

구분	극성 분자	무극성 분자
용해도	극성 용매에 잘 녹는다.	무극성 용매에 잘 녹는다.
녹는점과 끓는점	분자량이 비슷한 경우, 극성 분자가 무극성 분자보다 녹는점과 끓는점이 높다.	
전기적 성질	액체 상태의 극성 물질에 대전체를 가까이 하면 액체 줄기가 대전체 쪽으로 휘어진다. (물, 에탄올, 대전체, 대전체)	액체 상태의 무극성 물질에 대전체를 가까이 하여도 액체 줄기가 휘어지지 않는다. (사염화 탄소, $n-$헥세인, 대전체, 대전체)
	기체 상태의 극성 분자는 전기장 속에서 규칙적으로 배열한다. ((−)극, (+)극, δ^+, δ^-)	기체 상태의 무극성 분자는 전기장 속에서 규칙적으로 배열하지 않는다. ((−)극, (+)극)

실전 자료 분자의 구조

그림은 분자 (가)~(다)의 구조식을 나타낸 것이다.

(가) H−C≡N

(나) F−B−F (B에 F 하나 더 결합)

(다) F−C−F (C에 위아래로 F 결합)

❶ 분자의 구조와 결합각

• (가)~(다)는 모두 중심 원자 주위에 비공유 전자쌍이 없으므로 분자 모양은 다음과 같다.

분자	(가)	(나)	(다)
중심 원자에 결합한 원자 수	2개	3개	4개
분자 모양	직선형	평면 삼각형	정사면체형
결합각	180°	120°	109.5°

❷ 분자의 극성

• (가) : 중심 원자에 결합한 원자의 종류가 다르므로 극성 분자이다.

• (나)와 (다) : 중심 원자에 비공유 전자쌍이 없고, 결합한 원자의 종류가 같으므로 결합의 쌍극자 모멘트 합이 0인 무극성 분자이다.

1 ★☆☆ | 2024년 10월 교육청 3번 |

다음은 4가지 분자를 주어진 기준에 따라 분류한 것이다.

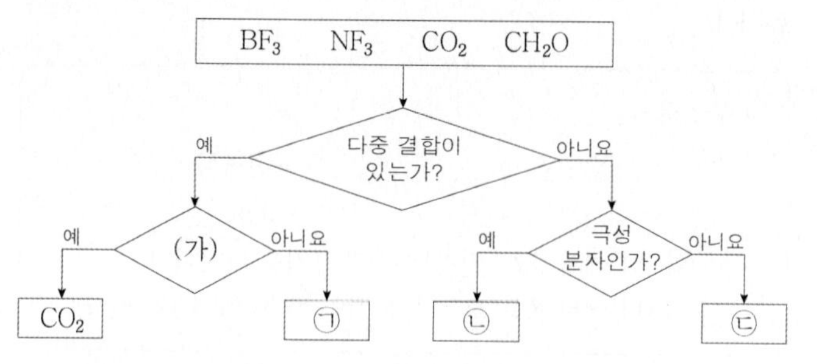

이에 대한 옳은 설명만을 〈보기〉에서 있는 대로 고른 것은?

> 보기
> ㄱ. '분자 모양이 직선형인가?'는 (가)로 적절하다.
> ㄴ. ㉠은 무극성 분자이다.
> ㄷ. 비공유 전자쌍 수는 ㉡ > ㉢이다.

① ㄱ ② ㄷ ③ ㄱ, ㄴ
④ ㄱ, ㄷ ⑤ ㄴ, ㄷ

2 ★☆☆ | 2024년 10월 교육청 6번 |

그림은 1, 2주기 원소 W~Z로 구성된 분자 W_2X_2와 Y_2Z_2의 루이스 구조식이다.

$$W-\ddot{\underset{\cdot\cdot}{X}}-\ddot{\underset{\cdot\cdot}{X}}-W \qquad :\ddot{\underset{\cdot\cdot}{Z}}-\ddot{Y}=\ddot{Y}-\ddot{\underset{\cdot\cdot}{Z}}:$$

이에 대한 옳은 설명만을 〈보기〉에서 있는 대로 고른 것은? (단, W~Z는 임의의 원소 기호이다.)

> 보기
> ㄱ. W_2X_2에는 무극성 공유 결합이 있다.
> ㄴ. Y_2Z_2의 분자 모양은 직선형이다.
> ㄷ. 결합각은 YW_3가 W_2X보다 크다.

① ㄱ ② ㄴ ③ ㄱ, ㄷ
④ ㄴ, ㄷ ⑤ ㄱ, ㄴ, ㄷ

3 ★☆☆ | 2024년 10월 교육청 14번 |

표는 2주기 원소 X~Z로 구성된 분자 (가)~(다)에 대한 자료이다. 구조식은 단일 결합과 다중 결합의 구분 없이 나타낸 것이고, (가)~(다)에서 모든 원자는 옥텟 규칙을 만족한다.

분자	(가)	(나)	(다)
구조식	Y−X−Y	Z−Y−Z	Z−X−X−Z
$\frac{\text{비공유 전자쌍 수}}{\text{공유 전자쌍 수}}$	1	4	a

이에 대한 옳은 설명만을 〈보기〉에서 있는 대로 고른 것은? (단, X~Z는 임의의 원소 기호이다.)

> 보기
> ㄱ. (가)에는 2중 결합이 있다.
> ㄴ. (나)에서 Y는 부분적인 음전하(δ^-)를 띤다.
> ㄷ. $a=\frac{6}{5}$이다.

① ㄱ ② ㄴ ③ ㄱ, ㄷ
④ ㄴ, ㄷ ⑤ ㄱ, ㄴ, ㄷ

4 ★★☆ | 2024년 7월 교육청 5번 |

다음은 학생 A가 수행한 탐구 활동이다.

> [가설]
> • 중심 원자가 1개인 분자에서 중심 원자에 비공유 전자쌍이 없는 분자는 모두 무극성 분자이다.
>
> [탐구 과정 및 결과]
> (가) 중심 원자에 비공유 전자쌍이 없는 분자를 찾아 극성 여부를 조사하였다.
> (나) (가)에서 조사한 내용을 표로 정리하였다.
>
> | 분자 | BCl_3 | ㉠ | ㉡ | … |
> |---|---|---|---|---|
> | 분자의 극성 여부 | 무극성 | 무극성 | 극성 | … |
>
> [결론]
> • 가설에 어긋나는 분자가 있으므로 가설은 옳지 않다.

학생 A의 탐구 과정 및 결과와 결론이 타당할 때, 다음 중 ㉠과 ㉡으로 적절한 것은?

	㉠	㉡
①	CH_3Cl	OF_2
②	CH_3Cl	CH_2O
③	CCl_4	CO_2
④	CCl_4	CH_2O
⑤	CCl_4	OF_2

5 ★★☆ | 2024년 7월 교육청 7번 |

그림은 수소(H)와 2주기 원소 X ~ Z로 구성된 분자 (가)~(다)의 구조식을 단일 결합과 다중 결합의 구분 없이 나타낸 것이다. (가)~(다)에서 중심 원자는 옥텟 규칙을 만족한다.

(가) H−X−Y

(나) H−Y−H (Y에 H가 하나 더 결합)

(다) H−X−Z (X에 Z가 위아래로 결합)

(가)~(다)에 대한 설명으로 옳은 것만을 〈보기〉에서 있는 대로 고른 것은? (단, X ~ Z는 임의의 원소 기호이다.) [3점]

보기
ㄱ. (가)의 분자 구조는 굽은형이다.
ㄴ. 중심 원자에 비공유 전자쌍이 있는 분자는 1가지이다.
ㄷ. (다)에서 Z는 부분적인 양전하(δ^+)를 띤다.

① ㄱ ② ㄴ ③ ㄱ, ㄷ
④ ㄴ, ㄷ ⑤ ㄱ, ㄴ, ㄷ

6 ★★☆ | 2024년 7월 교육청 12번 |

그림은 2주기 원자 X~Z의 루이스 전자점식을 나타낸 것이다.

·X· (전자 4개) ·Y: (전자 5개) ·Z: (전자 6개)

표는 X~Z로 구성된 분자 (가)~(다)에 대한 자료이다. (가)~(다)에서 모든 원자는 옥텟 규칙을 만족한다.

분자	(가)	(나)	(다)
구성 원소의 가짓수	2	2	3
분자당 원자 수	3	4	4
비공유 전자쌍 수(상댓값)	4	5	a

이에 대한 설명으로 옳은 것만을 〈보기〉에서 있는 대로 고른 것은? (단, X~Z는 임의의 원소 기호이다.) [3점]

보기
ㄱ. $a=4$이다.
ㄴ. (가)~(다)에서 다중 결합이 있는 분자는 1가지이다.
ㄷ. (나)에는 무극성 공유 결합이 있다.

① ㄱ ② ㄷ ③ ㄱ, ㄴ
④ ㄴ, ㄷ ⑤ ㄱ, ㄴ, ㄷ

7 ★★☆ | 2024년 5월 교육청 5번 |

다음은 2, 3주기 원소 X~Z로 이루어진 분자 (가)와 (나)에 대한 자료이다.

• 구조식

X−Y (가) X−Z−X (나)

• (가)와 (나)에서 모든 원자는 옥텟 규칙을 만족한다.
• (가)와 (나)에서 X는 모두 부분적인 양전하($\delta+$)를 띤다.

이에 대한 설명으로 옳은 것만을 〈보기〉에서 있는 대로 고른 것은? (단, X~Z는 임의의 원소 기호이다.)

보기
ㄱ. X는 Cl이다.
ㄴ. 전기 음성도는 Y>Z이다.
ㄷ. Z_2Y_2에는 무극성 공유 결합이 있다.

① ㄱ ② ㄷ ③ ㄱ, ㄴ
④ ㄴ, ㄷ ⑤ ㄱ, ㄴ, ㄷ

8 ★★☆ | 2024년 5월 교육청 14번 |

표는 염소(Cl)가 포함된 3가지 분자 (가)~(다)에 대한 자료이다. (가)~(다)에서 중심 원자는 각각 1개이며, 분자에서 모든 원자는 옥텟 규칙을 만족한다. X ~ Z는 C, O, F을 순서 없이 나타낸 것이다.

분자	(가)	(나)	(다)
구성 원소	X, Y, Cl	X, Z, Cl	Y, Z, Cl
중심 원자에 결합한 Cl의 수	1	2	3
공유 전자쌍 수	2	4	4

이에 대한 설명으로 옳은 것만을 〈보기〉에서 있는 대로 고른 것은? [3점]

보기
ㄱ. (가)의 분자 모양은 직선형이다.
ㄴ. X는 O이다.
ㄷ. 비공유 전자쌍 수는 (나)와 (다)가 같다.

① ㄴ ② ㄷ ③ ㄱ, ㄴ
④ ㄱ, ㄷ ⑤ ㄱ, ㄴ, ㄷ

9 ★★☆

| 2024년 3월 교육청 4번 |

다음은 수소(H)와 2주기 원소 X, Y로 구성된 분자 (가)와 (나)의 구조식을 나타낸 것이다. (가)와 (나)에서 X와 Y는 옥텟 규칙을 만족한다.

```
                        H   H
                        |   |
H—X—X—H            H—Y—Y—X—H
                        |   |
                        H   H
   (가)                  (나)
```

이에 대한 옳은 설명만을 〈보기〉에서 있는 대로 고른 것은? (단, X와 Y는 임의의 원소 기호이다.)

〈보기〉
ㄱ. (가)와 (나)에는 모두 무극성 공유 결합이 있다.
ㄴ. 비공유 전자쌍 수는 (가)가 (나)의 2배이다.
ㄷ. (가)의 분자 모양은 직선형이다.

① ㄱ ② ㄷ ③ ㄱ, ㄴ
④ ㄴ, ㄷ ⑤ ㄱ, ㄴ, ㄷ

10 ★★☆

| 2024년 3월 교육청 10번 |

표는 원소 X~Z로 구성된 분자 (가)~(라)에 대한 자료이고, 그림은 주사위의 전개도를 나타낸 것이다. X~Z는 각각 C, O, F 중 하나이고, (가)~(라)에서 모든 원자는 옥텟 규칙을 만족한다.

분자	구성 원소	구성 원자 수	중심 원자
(가)	X, Y	3	X
(나)	X, Z	3	Z
(다)	X, Y, Z	4	Z
(라)	Y, Z	5	Z

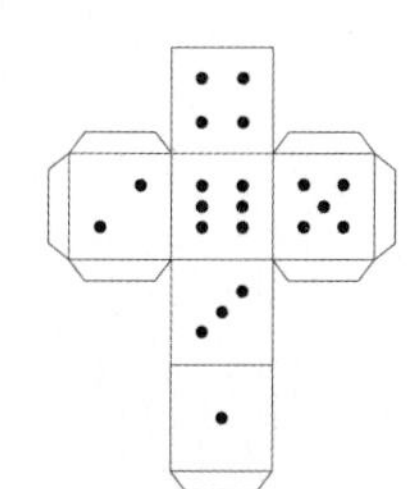

(가)~(라)를 $\frac{\text{비공유 전자쌍 수}}{\text{공유 전자쌍 수}}$와 같은 수의 눈이 그려진 주사위의 면에 대응시킬 때, 서로 마주 보는 면에 대응되는 두 분자로 옳은 것은? [3점]

① (가)와 (나) ② (가)와 (라) ③ (나)와 (다)
④ (나)와 (라) ⑤ (다)와 (라)

11 ★★☆

| 2024년 3월 교육청 16번 |

그림은 4가지 분자를 몇 가지 기준에 따라 분류한 것이다.

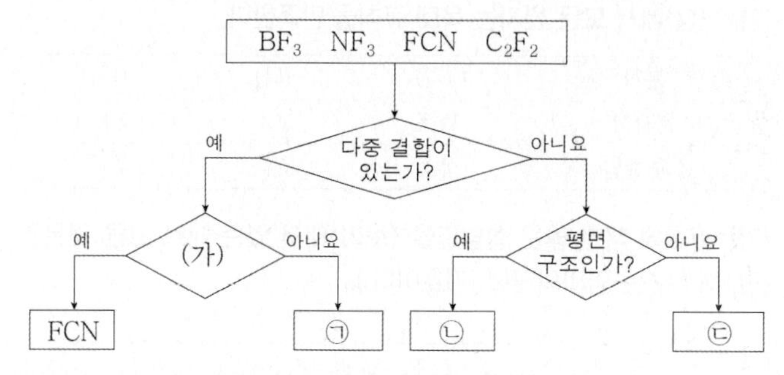

이에 대한 옳은 설명만을 〈보기〉에서 있는 대로 고른 것은?

〈보기〉
ㄱ. '극성 분자인가?'는 (가)로 적절하다.
ㄴ. ㉠에는 2중 결합이 있다.
ㄷ. 결합각은 ㉢이 ㉡보다 크다.

① ㄱ ② ㄴ ③ ㄱ, ㄷ
④ ㄴ, ㄷ ⑤ ㄱ, ㄴ, ㄷ

12 ★☆☆

| 2023년 10월 교육청 4번 |

그림은 1, 2주기 원소로 구성된 분자 W_2X와 XYZ를 루이스 전자 점식으로 나타낸 것이다.

$W:\ddot{\underset{..}{X}}:W$　　　$\underset{..}{\ddot{X}}::\ddot{Y}:\underset{..}{\ddot{Z}}:$

이에 대한 옳은 설명만을 〈보기〉에서 있는 대로 고른 것은? (단, W~Z는 임의의 원소 기호이다.)

〈보기〉
ㄱ. W와 Z의 원자가 전자 수의 합은 8이다.
ㄴ. 공유 전자쌍 수는 $X_2 > Y_2$이다.
ㄷ. YW_3의 분자 모양은 삼각뿔형이다.

① ㄱ ② ㄴ ③ ㄱ, ㄷ
④ ㄴ, ㄷ ⑤ ㄱ, ㄴ, ㄷ

13 ★☆☆ | 2023년 10월 교육청 11번 |

표는 2주기 원소 W~Z로 구성된 분자 (가)~(다)에 대한 자료이다. (가)~(다)에서 모든 원자는 옥텟 규칙을 만족한다.

분자	(가)	(나)	(다)
분자식	WX_3	YZ_2	ZX_2
2중 결합	없음	있음	없음

(가)~(다)에 대한 옳은 설명만을 〈보기〉에서 있는 대로 고른 것은? (단, W~Z는 임의의 원소 기호이다.)

보기
ㄱ. (가)에서 W는 부분적인 음전하(δ^-)를 띤다.
ㄴ. 결합각은 (나)>(다)이다.
ㄷ. 분자의 쌍극자 모멘트가 0인 것은 2가지이다.

① ㄱ ② ㄴ ③ ㄱ, ㄷ
④ ㄴ, ㄷ ⑤ ㄱ, ㄴ, ㄷ

14 ★★☆ | 2023년 10월 교육청 15번 |

표는 2주기 원소 W~Z로 구성된 분자 (가)~(다)에 대한 자료이다. (가)~(다)에서 모든 원자는 옥텟 규칙을 만족하고, 원자 번호는 Y>X이다.

분자	(가)	(나)	(다)
분자식	W_2Z_2	X_2Z_2	WYZ_2
공유 전자쌍 수×비공유 전자쌍 수	30	32	32

(가)~(다)에 대한 옳은 설명만을 〈보기〉에서 있는 대로 고른 것은? (단, W~Z는 임의의 원소 기호이다.) [3점]

보기
ㄱ. 무극성 공유 결합이 있는 것은 2가지이다.
ㄴ. (나)에는 3중 결합이 있다.
ㄷ. $\frac{\text{비공유 전자쌍 수}}{\text{공유 전자쌍 수}}$는 (가)>(다)이다.

① ㄱ ② ㄴ ③ ㄱ, ㄷ
④ ㄴ, ㄷ ⑤ ㄱ, ㄴ, ㄷ

15 ★☆☆ | 2023년 7월 교육청 2번 |

그림은 2주기 원소 X~Z로 구성된 분자 (가)와 (나)의 루이스 전자점식을 나타낸 것이다.

:X⋮⋮X:　　　:Z̤̈: :Z̤̈:Y:Z̤̈: :Z̤̈:

(가)　　　(나)

이에 대한 설명으로 옳은 것만을 〈보기〉에서 있는 대로 고른 것은? (단, X~Z는 임의의 원소 기호이다.)

보기
ㄱ. X는 15족 원소이다.
ㄴ. (나)의 분자 모양은 정사면체형이다.
ㄷ. Z_2에는 다중 결합이 있다.

① ㄱ ② ㄷ ③ ㄱ, ㄴ
④ ㄴ, ㄷ ⑤ ㄱ, ㄴ, ㄷ

16 ★☆☆

| 2023년 7월 교육청 6번 |

다음은 학생 A가 전자쌍 반발 이론을 학습한 후 수행한 탐구 활동이다.

[가설]

• 단일 결합으로만 이루어진 분자에서 중심 원자의 전자쌍 수가 같을 때 중심 원자의 비공유 전자쌍 수가 많을수록 결합각의 크기는 작아진다.

[탐구 과정]

(가) 중심 원자의 전자쌍 수가 같은 분자 X~Z에서 중심 원자의 비공유 전자쌍 수를 조사한다.

(나) X~Z의 결합각을 조사하여 비교한다.

[탐구 결과]

분자	X	Y	Z
중심 원자의 비공유 전자쌍 수	0	1	2

• 결합각의 크기 : X>Y>Z

학생 A의 가설이 옳다는 결론을 얻었을 때, 다음 중 X~Z로 가장 적절한 것은?

	X	Y	Z
①	BF_3	NF_3	H_2O
②	CH_4	NH_3	H_2O
③	CF_4	BF_3	OF_2
④	NF_3	H_2O	CF_4
⑤	OF_2	CH_4	NH_3

17 ★☆☆

| 2023년 7월 교육청 10번 |

표는 2주기 원소 W~Z로 이루어진 분자 (가)~(다)에 대한 자료이다. (가)~(다)의 분자당 구성 원자 수는 3이고, 원자 번호는 W<X이다. (가)~(다)에서 모든 원자는 옥텟 규칙을 만족한다.

분자	(가)	(나)	(다)
구성 원소	W, X, Z	W, Y	Y, Z
분자를 구성하는 원자의 원자가 전자 수 합	16	16	20

이에 대한 설명으로 옳은 것만을 〈보기〉에서 있는 대로 고른 것은? (단, W~Z는 임의의 원소 기호이다.) [3점]

보기

ㄱ. (가)에는 극성 공유 결합이 있다.
ㄴ. (나)는 극성 분자이다.
ㄷ. (다)에서 Y는 부분적인 음전하(δ^-)를 띤다.

① ㄱ ② ㄴ ③ ㄱ, ㄷ
④ ㄴ, ㄷ ⑤ ㄱ, ㄴ, ㄷ

18 ★☆☆

| 2023년 4월 교육청 4번 |

그림은 이산화 탄소(CO_2)의 구조식이다.

$$O=C=O$$

CO_2 분자에 대한 설명으로 옳은 것만을 〈보기〉에서 있는 대로 고른 것은?

보기

ㄱ. 단일 결합이 있다.
ㄴ. 극성 공유 결합이 있다.
ㄷ. 분자의 쌍극자 모멘트는 0이다.

① ㄱ ② ㄴ ③ ㄱ, ㄷ
④ ㄴ, ㄷ ⑤ ㄱ, ㄴ, ㄷ

19 ★★☆

| 2023년 4월 교육청 6번 |

그림은 분자 구조와 성질에 관한 수업 장면이다.

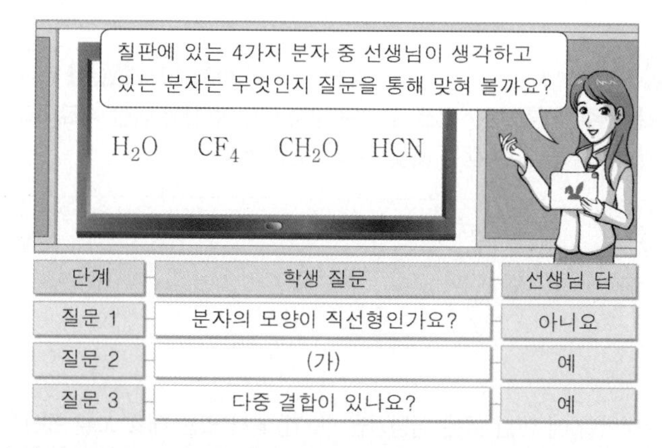

(가)로 적절한 것만을 〈보기〉에서 있는 대로 고른 것은?

보기

ㄱ. 극성 분자인가요?
ㄴ. 중심 원자에 비공유 전자쌍이 있나요?
ㄷ. 분자를 구성하는 모든 원자가 동일 평면에 존재하나요?

① ㄱ ② ㄴ ③ ㄱ, ㄷ
④ ㄴ, ㄷ ⑤ ㄱ, ㄴ, ㄷ

20 ★★☆

| 2023년 4월 교육청 7번 |

그림은 1, 2주기 원소 X~Z로 이루어진 이온 X_3Y^+과 분자 ZX_4를 루이스 전자점식으로 나타낸 것이다.

$$\left[\begin{matrix} & \ddot{} & \\ X : & Y & : X \\ & \ddot{X} & \end{matrix} \right]^+ \qquad \begin{matrix} & X & \\ & \ddot{} & \\ X : & Z & : X \\ & \ddot{X} & \end{matrix}$$

이에 대한 설명으로 옳은 것만을 〈보기〉에서 있는 대로 고른 것은? (단, X~Z는 임의의 원소 기호이다.)

보기
ㄱ. Y의 원자가 전자 수는 6이다.
ㄴ. X_3Y^+ 1 mol에 들어 있는 전자의 양은 8 mol이다.
ㄷ. ZX_4의 결합각은 90°이다.

① ㄱ ② ㄴ ③ ㄱ, ㄷ
④ ㄴ, ㄷ ⑤ ㄱ, ㄴ, ㄷ

21 ★★☆

| 2023년 3월 교육청 15번 |

표는 2주기 원소 X~Z로 구성된 분자 (가)~(다)에 대한 자료이다. (가)~(다)에서 X~Z는 옥텟 규칙을 만족한다.

분자	구성 원자	구성 원자 수	구성 원자의 원자가 전자 수의 합
(가)	X, Y, Z	3	16
(나)	X, Y	4	26
(다)	X, Z	5	32

(가)~(다)에 대한 옳은 설명만을 〈보기〉에서 있는 대로 고른 것은? (단, X~Z는 임의의 원소 기호이다.)

보기
ㄱ. (가)의 분자 모양은 직선형이다.
ㄴ. 중심 원자의 비공유 전자쌍 수는 (나) > (다)이다.
ㄷ. 모든 구성 원자가 동일 평면에 있는 분자는 1가지이다.

① ㄱ ② ㄷ ③ ㄱ, ㄴ
④ ㄴ, ㄷ ⑤ ㄱ, ㄴ, ㄷ

22 ★★★

| 2023년 3월 교육청 17번 |

표는 2주기 원소 W~Z로 구성된 분자 (가)~(라)에 대한 자료이다. (가)~(라)에서 W~Z는 옥텟 규칙을 만족한다.

분자	(가)	(나)	(다)	(라)
분자식	W_2	X_2	YW_2	X_2Z_2
$\frac{\text{공유 전자쌍 수}}{\text{비공유 전자쌍 수}}$ (상댓값)	1	3	2	1

(가)~(라)에 대한 옳은 설명만을 〈보기〉에서 있는 대로 고른 것은? (단, W~Z는 임의의 원소 기호이다.) [3점]

보기
ㄱ. (가)와 (다)는 비공유 전자쌍 수가 같다.
ㄴ. 무극성 공유 결합이 있는 분자는 2가지이다.
ㄷ. 다중 결합이 있는 분자는 3가지이다.

① ㄱ ② ㄴ ③ ㄱ, ㄷ
④ ㄴ, ㄷ ⑤ ㄱ, ㄴ, ㄷ

23 ★★☆

| 2023년 3월 교육청 7번 |

그림은 2주기 원자 W~Z의 루이스 전자점식을 나타낸 것이다.

W·　·Ẋ·(X: 점 4개)　·Y·(Y: 점 6개)　:Z·(Z: 점 7개)

이에 대한 옳은 설명만을 〈보기〉에서 있는 대로 고른 것은? (단, W~Z는 임의의 원소 기호이다.)

보기
ㄱ. $W_2Y(l)$는 전기 전도성이 있다.
ㄴ. X_2Z_4에는 2중 결합이 있다.
ㄷ. YZ_2는 극성 분자이다.

① ㄱ ② ㄷ ③ ㄱ, ㄴ
④ ㄴ, ㄷ ⑤ ㄱ, ㄴ, ㄷ

24 ★☆☆
| 2022년 10월 교육청 5번 |

표는 4가지 원자의 전기 음성도를 나타낸 것이다.

원자	H	C	O	F
전기 음성도	2.1	2.5	3.5	4.0

이에 대한 옳은 설명만을 〈보기〉에서 있는 대로 고른 것은?

보기
ㄱ. HF에서 H는 부분적인 음전하(δ^-)를 띤다.
ㄴ. H_2O_2에는 무극성 공유 결합이 있다.
ㄷ. CH_2O에서 C의 산화수는 0이다.

① ㄱ ② ㄴ ③ ㄱ, ㄷ ④ ㄴ, ㄷ ⑤ ㄱ, ㄴ, ㄷ

25 ★☆☆
| 2022년 10월 교육청 7번 |

그림은 분자 (가)~(다)의 구조식을 나타낸 것이다.

(가) CCl_4: Cl−C(−Cl)(−Cl)−Cl
(나) Cl−N(−Cl)−Cl
(다) Cl−O−Cl

(가)~(다)에 대한 옳은 설명만을 〈보기〉에서 있는 대로 고른 것은?

보기
ㄱ. 중심 원자의 비공유 전자쌍 수는 (나)가 가장 크다.
ㄴ. 극성 분자는 2가지이다.
ㄷ. 구성 원자가 모두 동일한 평면에 있는 분자는 2가지이다.

① ㄴ ② ㄷ ③ ㄱ, ㄴ ④ ㄱ, ㄷ ⑤ ㄴ, ㄷ

26 ★☆☆
| 2022년 10월 교육청 13번 |

그림은 1, 2주기 원자 A~D의 루이스 전자점식을 나타낸 것이다. AD는 이온 결합 물질이다.

A· B· :C̈· :D̈·

(A: 전자 1개, B: 전자 1개, C: 전자 4개, D: 전자 7개)

이에 대한 옳은 설명만을 〈보기〉에서 있는 대로 고른 것은? (단, A~D는 임의의 원소 기호이다.)

보기
ㄱ. 원자 번호는 A＞B이다.
ㄴ. CD_2의 분자 모양은 굽은 형이다.
ㄷ. $\frac{\text{비공유 전자쌍 수}}{\text{공유 전자쌍 수}}$는 D_2가 C_2의 3배이다.

① ㄱ ② ㄷ ③ ㄱ, ㄴ ④ ㄴ, ㄷ ⑤ ㄱ, ㄴ, ㄷ

27 ★★☆
| 2022년 10월 교육청 14번 |

표는 원소 W~Z로 구성된 분자 (가)~(다)에 대한 자료이다. W~Z는 각각 C, N, O, F 중 하나이고, (가)~(다)에서 중심 원자는 각각 1개이며, 모든 원자는 옥텟 규칙을 만족한다.

분자	(가)	(나)	(다)
구성 원소	W, X	W, X, Y	X, Y, Z
구성 원자 수	4	3	4
공유 전자쌍 수	3	4	4

이에 대한 옳은 설명만을 〈보기〉에서 있는 대로 고른 것은? [3점]

보기
ㄱ. W는 N이다.
ㄴ. (다)에는 3중 결합이 있다.
ㄷ. 결합각은 (가)＞(나)이다.

① ㄱ ② ㄷ ③ ㄱ, ㄴ
④ ㄴ, ㄷ ⑤ ㄱ, ㄴ, ㄷ

28 ★☆☆
| 2022년 7월 교육청 5번 |

그림은 분자 (가)~(다)의 구조식을 나타낸 것이다.

(가) H−C(=O)−H
(나) F−B(−F)−F
(다) H−N(−H)−H

(가)~(다)에 대한 설명으로 옳은 것만을 〈보기〉에서 있는 대로 고른 것은?

보기
ㄱ. (가)의 분자 모양은 삼각뿔형이다.
ㄴ. 결합각은 (나)＞(다)이다.
ㄷ. 극성 분자는 1가지이다.

① ㄱ ② ㄴ ③ ㄱ, ㄷ
④ ㄴ, ㄷ ⑤ ㄱ, ㄴ, ㄷ

Part I 교육청

29 ★★☆

| 2022년 7월 교육청 10번 |

표는 2주기 원소 X~Z로 이루어진 3가지 분자에 대한 자료이다.

분자	X_2	XY_3	YXZ
원자가 전자 수 합	a	26	$a+8$

이에 대한 설명으로 옳은 것만을 ⟨보기⟩에서 있는 대로 고른 것은? (단, X~Z는 임의의 원소 기호이며, 분자 내에서 모든 원자는 옥텟 규칙을 만족한다.) [3점]

보기

ㄱ. $a=12$이다.

ㄴ. XY_3에는 극성 공유 결합이 있다.

ㄷ. YXZ에서 X는 부분적인 양전하(δ^+)를 띤다.

① ㄱ ② ㄴ ③ ㄱ, ㄷ
④ ㄴ, ㄷ ⑤ ㄱ, ㄴ, ㄷ

30 ★★☆

| 2022년 7월 교육청 17번 |

다음은 C, N, O, F으로 이루어진 분자 (가)~(라)에 대한 자료이다. (가)~(라)의 모든 원자는 옥텟 규칙을 만족한다.

- (가)~(라)에서 중심 원자는 각각 1개이고, 나머지 원자들은 모두 중심 원자와 결합한다.
- X~Z는 각각 C, N, O 중 하나이다.

분자	(가)	(나)	(다)	(라)
중심 원자	X	Y	Y	Z
중심 원자와 결합한 원자 수	2	3	4	2
$\frac{\text{비공유 전자쌍 수}}{\text{공유 전자쌍 수}}$	2	2	3	4

이에 대한 설명으로 옳은 것만을 ⟨보기⟩에서 있는 대로 고른 것은? (단, X~Z는 임의의 원소 기호이다.) [3점]

보기

ㄱ. Y는 C이다.

ㄴ. 공유 전자쌍 수는 (라)>(가)이다.

ㄷ. (가)~(라) 중 다중 결합이 있는 것은 2가지이다.

① ㄱ ② ㄴ ③ ㄱ, ㄷ
④ ㄴ, ㄷ ⑤ ㄱ, ㄴ, ㄷ

31 ★★☆

| 2022년 4월 교육청 5번 |

그림은 분자 (가)~(다)를 화학 결합 모형으로 나타낸 것이다.

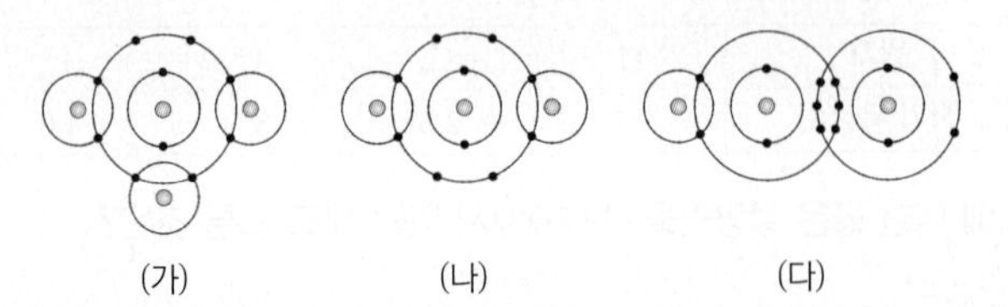

이에 대한 설명으로 옳은 것만을 ⟨보기⟩에서 있는 대로 고른 것은? [3점]

보기

ㄱ. (가)의 분자 모양은 평면 삼각형이다.

ㄴ. (나)는 극성 분자이다.

ㄷ. 결합각은 (다)가 (나)보다 크다.

① ㄱ ② ㄷ ③ ㄱ, ㄴ
④ ㄴ, ㄷ ⑤ ㄱ, ㄴ, ㄷ

32 ★☆☆

| 2022년 4월 교육청 7번 |

그림은 2, 3주기 원소 X~Z로 이루어진 화합물 XY와 이온 ZY^-의 루이스 전자점식을 나타낸 것이다. 원자 번호는 Z>X>Y이다.

$$X^{2+}\left[:\ddot{\underset{..}{Y}}:\right]^{2-} \qquad \left[:\ddot{\underset{..}{Z}}:\ddot{\underset{..}{Y}}:\right]^{-}$$

이에 대한 설명으로 옳은 것만을 ⟨보기⟩에서 있는 대로 고른 것은? (단, X~Z는 임의의 원소 기호이다.)

보기

ㄱ. X는 Mg이다.

ㄴ. Y는 비금속 원소이다.

ㄷ. Z의 원자 번호는 17이다.

① ㄱ ② ㄷ ③ ㄱ, ㄴ
④ ㄴ, ㄷ ⑤ ㄱ, ㄴ, ㄷ

33 ★★☆

| 2022년 4월 교육청 16번 |

표는 원소 W~Z로 이루어진 3가지 분자에서 W의 전기 음성도(a)와 나머지 구성 원소의 전기 음성도(b) 차($a-b$)를 나타낸 것이다.

분자	WX_2	Y_2W	Z_2W
$a-b$	-0.5	0.5	1.4

이에 대한 설명으로 옳은 것만을 <보기>에서 있는 대로 고른 것은? (단, W~Z는 임의의 원소 기호이다.) [3점]

보기

ㄱ. Y_2W에는 극성 공유 결합이 있다.
ㄴ. 전기 음성도는 Y가 X보다 크다.
ㄷ. ZX에서 Z는 부분적인 음전하(δ^-)를 띤다.

① ㄱ ② ㄴ ③ ㄱ, ㄷ
④ ㄴ, ㄷ ⑤ ㄱ, ㄴ, ㄷ

34

| 2022년 4월 교육청 18번 |

표는 2주기 원소 X~Z로 이루어진 분자 (가)~(다)에 대한 자료이다. (가)~(다)에서 모든 원자는 옥텟 규칙을 만족한다.

분자	(가)	(나)	(다)
분자식	X_2	X_2Y_2	Z_2Y_2
비공유 전자쌍 수	㉠	8	10

이에 대한 설명으로 옳은 것만을 <보기>에서 있는 대로 고른 것은? (단, X~Z는 임의의 원소 기호이다.)

보기

ㄱ. ㉠은 2이다.
ㄴ. (가)~(다)에서 다중 결합이 존재하는 분자는 2가지이다.
ㄷ. ZY_2의 $\frac{\text{비공유 전자쌍 수}}{\text{공유 전자쌍 수}}$는 4이다.

① ㄱ ② ㄷ ③ ㄱ, ㄴ
④ ㄴ, ㄷ ⑤ ㄱ, ㄴ, ㄷ

35 ★☆☆

| 2022년 3월 교육청 6번 |

그림은 2주기 원소 X~Z와 수소(H)로 구성된 분자 (가)와 (나)의 구조식을 나타낸 것이다. X~Z는 각각 C, O, F 중 하나이고, (가)와 (나)에서 X~Z는 모두 옥텟 규칙을 만족한다.

```
     H
     |
H ─ X ─ H            Y
     |               ‖
     H           H ─ X ─ Z
    (가)            (나)
```

이에 대한 옳은 설명만을 <보기>에서 있는 대로 고른 것은?

보기

ㄱ. 전기 음성도는 Z>Y>X이다.
ㄴ. 분자의 쌍극자 모멘트는 (가)>(나)이다.
ㄷ. (나)에는 무극성 공유 결합이 있다.

① ㄱ ② ㄷ ③ ㄱ, ㄴ ④ ㄴ, ㄷ ⑤ ㄱ, ㄴ, ㄷ

36 ★★☆

| 2022년 3월 교육청 8번 |

표는 분자 (가)~(다)에 대한 자료이다. (가)~(다)는 각각 HCN, NH_3, CH_2O 중 하나이다.

분자	(가)	(나)	(다)
공유 전자쌍 수	a	$a+1$	
비공유 전자쌍 수		b	$2b$

이에 대한 옳은 설명만을 <보기>에서 있는 대로 고른 것은?

보기

ㄱ. (다)는 HCN이다.
ㄴ. $a+b=4$이다.
ㄷ. 결합각은 (가)>(나)이다.

① ㄱ ② ㄴ ③ ㄱ, ㄷ ④ ㄴ, ㄷ ⑤ ㄱ, ㄴ, ㄷ

37 ★☆☆

| 2022년 3월 교육청 11번 |

그림은 2주기 원자 A~D의 루이스 전자점식을 나타낸 것이다.

A·　·B·　:C·　:D·

이에 대한 옳은 설명만을 <보기>에서 있는 대로 고른 것은? (단, A~D는 임의의 원소 기호이다.)

보기

ㄱ. A(s)는 전기 전도성이 있다.
ㄴ. BD_3에서 B는 부분적인 양전하(δ^+)를 띤다.
ㄷ. 분자당 공유 전자쌍 수는 B_2D_2>C_2D_2이다.

① ㄱ ② ㄴ ③ ㄱ, ㄷ ④ ㄴ, ㄷ ⑤ ㄱ, ㄴ, ㄷ

38 ★★☆ | 2022년 3월 교육청 12번 |

표는 2주기 원소 X~Z로 구성된 분자 (가)~(다)에 대한 자료이다. (가)~(다)에서 X~Z는 모두 옥텟 규칙을 만족한다.

분자	(가)	(나)	(다)
분자식	XY_2	ZX_2	ZXY_2
$\frac{\text{공유 전자쌍 수}}{\text{비공유 전자쌍 수}}$	$\frac{1}{4}$	1	a

이에 대한 옳은 설명만을 〈보기〉에서 있는 대로 고른 것은? (단, X~Z는 임의의 원소 기호이다.) [3점]

보기
ㄱ. (가)에는 다중 결합이 있다.
ㄴ. $a=\frac{1}{2}$이다.
ㄷ. 공유 전자쌍 수는 (가)가 (나)의 2배이다.

① ㄱ ② ㄴ ③ ㄷ
④ ㄱ, ㄷ ⑤ ㄴ, ㄷ

39 ★★☆ | 2021년 10월 교육청 5번 |

그림은 화합물 ABC와 B_2D_2의 화학 결합 모형을 나타낸 것이다.

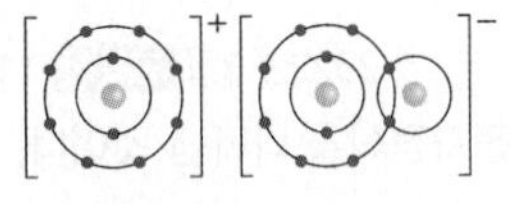
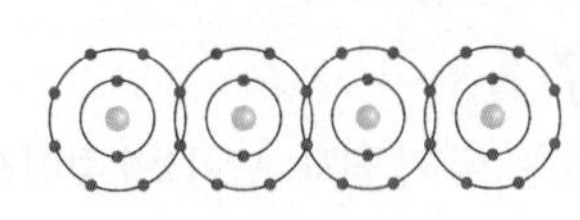

이에 대한 옳은 설명만을 〈보기〉에서 있는 대로 고른 것은? (단, A~D는 임의의 원소 기호이다.)

보기
ㄱ. A와 C는 같은 족 원소이다.
ㄴ. B_2D_2에는 무극성 공유 결합이 있다.
ㄷ. BD_2에서 B는 부분적인 음전하(δ^-)를 띤다.

① ㄱ ② ㄷ ③ ㄱ, ㄴ
④ ㄴ, ㄷ ⑤ ㄱ, ㄴ, ㄷ

40 ★☆☆ | 2021년 10월 교육청 8번 |

그림은 1, 2주기 원소 W~Z로 이루어진 분자 (가)와 이온 (나)의 루이스 전자점식을 나타낸 것이다.

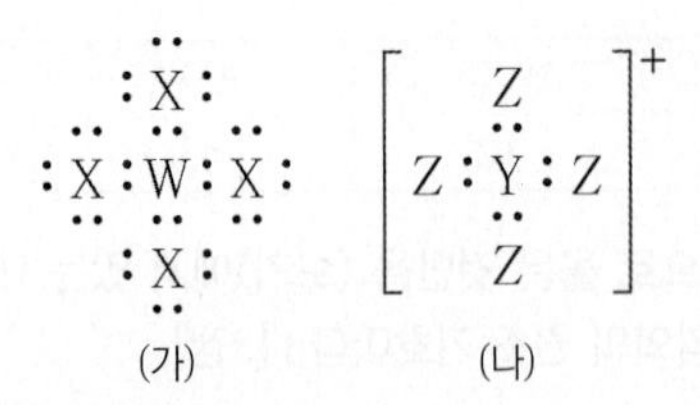

이에 대한 옳은 설명만을 〈보기〉에서 있는 대로 고른 것은? (단, W~Z는 임의의 원소 기호이다.)

보기
ㄱ. 원자가 전자 수는 X와 Z가 같다.
ㄴ. 분자의 결합각은 (가)가 YZ_3보다 크다.
ㄷ. ZWY의 분자 모양은 직선형이다.

① ㄱ ② ㄴ ③ ㄱ, ㄷ
④ ㄴ, ㄷ ⑤ ㄱ, ㄴ, ㄷ

41 ★★☆ | 2021년 10월 교육청 9번 |

표는 2주기 원소 X~Z로 이루어진 분자 (가)~(다)에 대한 자료이다. (가)~(다)에서 X~Z는 모두 옥텟 규칙을 만족한다.

분자	(가)	(나)	(다)
분자식	X_2	YX_2	Y_2Z_4
공유 전자쌍 수	a	$2a$	$2a+2$

이에 대한 옳은 설명만을 〈보기〉에서 있는 대로 고른 것은? (단, X~Z는 임의의 원소 기호이다.) [3점]

보기
ㄱ. $a=2$이다.
ㄴ. (나)는 극성 분자이다.
ㄷ. 비공유 전자쌍 수는 (다)가 (가)의 3배이다.

① ㄱ ② ㄴ ③ ㄱ, ㄷ
④ ㄴ, ㄷ ⑤ ㄱ, ㄴ, ㄷ

42 ★★☆ | 2021년 10월 교육청 14번 |

표는 3가지 분자 C_2H_2, CH_2O, CH_2Cl_2을 기준에 따라 분류한 것이다.

분류 기준	예	아니요
(가)	CH_2O	C_2H_2, CH_2Cl_2
모든 구성 원자가 동일 평면에 있는가?	㉠	㉡
극성 분자인가?	㉢	㉣

이에 대한 옳은 설명만을 〈보기〉에서 있는 대로 고른 것은?

보기

ㄱ. '다중 결합이 있는가?'는 (가)로 적절하다.
ㄴ. ㉠에 해당하는 분자는 2가지이다.
ㄷ. ㉡과 ㉢에 공통으로 해당하는 분자는 CH_2Cl_2이다.

① ㄱ ② ㄷ ③ ㄱ, ㄴ
④ ㄴ, ㄷ ⑤ ㄱ, ㄴ, ㄷ

43 ★★☆ | 2021년 7월 교육청 12번 |

다음은 6가지 분자를 규칙에 맞게 배치하는 탐구 활동이다.

• 6가지 분자 : N_2, O_2, H_2O, HCN, NH_3, CH_4

[규칙]
• 분자의 공유 전자쌍 수는 그 분자가 들어갈 위치에 연결된 선의 개수와 같다.
• 분자의 쌍극자 모멘트가 0인 분자는 같은 가로줄에 배치한다.

[분자의 배치도]

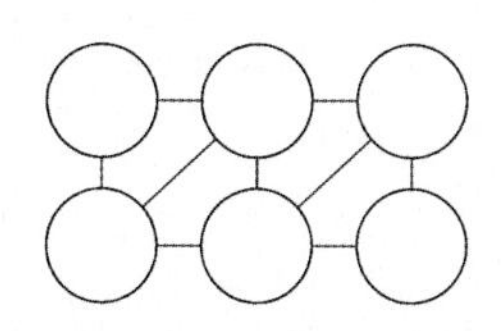

이에 대한 설명으로 옳은 것만을 〈보기〉에서 있는 대로 고른 것은?

보기

ㄱ. H_2O과 O_2는 이웃하지 않는다.
ㄴ. NH_3와 HCN는 같은 세로줄에 위치한다.
ㄷ. 입체 구조인 분자는 같은 가로줄에 위치한다.

① ㄱ ② ㄴ ③ ㄱ, ㄷ
④ ㄴ, ㄷ ⑤ ㄱ, ㄴ, ㄷ

44 ★☆☆ | 2021년 7월 교육청 6번 |

다음은 학생 A가 수행한 탐구 활동이다.

[가설]
• 중심 원자의 공유 전자쌍 수가 많을수록 분자의 결합각이 작아진다.

[탐구 과정]
• 중심 원자가 Be, B, C, N, O인 분자 (가)~(마)의 자료를 조사하고, 중심 원자의 공유 전자쌍 수에 따른 분자의 결합각 크기를 비교한다.

[자료 및 결과]

분자	(가)	(나)	(다)	(라)	(마)
분자식	BeF_2	BCl_3	CH_4	NH_3	H_2O
중심 원자의 공유 전자쌍 수	2	3	4	3	2
결합각	180°	120°	109.5°	107°	104.5°

• 중심 원자의 공유 전자쌍 수가 다른 3개의 분자에 대한 비교 결과

비교한 3개의 분자	비교 결과
(가), (나), (다)	중심 원자의 공유 전자쌍 수가 많을수록 분자의 결합각이 작아진다.
㉠	중심 원자의 공유 전자쌍 수가 많을수록 분자의 결합각이 커진다.

[결론]
• 가설에 어긋나는 비교 결과가 있으므로 가설은 옳지 않다.

다음 중 ㉠으로 가장 적절한 것은?

① (가), (나), (라) ② (가), (다), (라)
③ (나), (다), (라) ④ (나), (다), (마)
⑤ (다), (라), (마)

45 ★★☆ | 2021년 7월 교육청 16번 |

표는 2주기 원소 W~Z로 이루어진 분자 (가)~(라)에 대한 자료이다. (가)~(라)의 모든 원자는 옥텟 규칙을 만족한다.

분자	(가)	(나)	(다)	(라)
분자식	WX_2	WXZ_2	XZ_2	ZWY
비공유 전자쌍 수 (상댓값)	1	2	2	x

이에 대한 설명으로 옳은 것만을 〈보기〉에서 있는 대로 고른 것은? (단, W~Z는 임의의 원소 기호이다.) [3점]

보기
ㄱ. 전기 음성도는 X > Y이다.
ㄴ. $x=4$이다.
ㄷ. (가)~(라) 중 분자 모양이 직선형인 분자는 2가지이다.

① ㄱ ② ㄴ ③ ㄱ, ㄷ
④ ㄴ, ㄷ ⑤ ㄱ, ㄴ, ㄷ

46 ★★☆ | 2021년 4월 교육청 3번 |

그림은 2, 3주기 원소 X~Z로 이루어진 물질 XY, XZ의 루이스 전자점식을 나타낸 것이다. 1기압에서 녹는점은 XY > XZ이다.

$$X^+\left[:\ddot{\underset{..}{Y}}:\right]^- \quad X^+\left[:\ddot{\underset{..}{Z}}:\right]^-$$

이에 대한 설명으로 옳은 것만을 〈보기〉에서 있는 대로 고른 것은? (단, X~Z는 임의의 원소 기호이다.) [3점]

보기
ㄱ. 원자 번호는 Y > Z이다.
ㄴ. YZ에서 Y는 부분적인 음전하(δ^-)를 띤다.
ㄷ. 전기 전도성은 $Z_2(s) > X(s)$이다.

① ㄱ ② ㄴ ③ ㄱ, ㄷ
④ ㄴ, ㄷ ⑤ ㄱ, ㄴ, ㄷ

47 ★★☆ | 2021년 4월 교육청 15번 |

표는 분자 (가)~(다)에 대한 자료이다. (가)~(다)의 모든 원자는 옥텟 규칙을 만족하고, 분자당 구성 원자 수는 4 이하이다.

분자	(가)	(나)	(다)
구성 원소	N, F	N, F	O, F
구성 원자 수	a		
공유 전자쌍 수	a	b	b

이에 대한 설명으로 옳은 것만을 〈보기〉에서 있는 대로 고른 것은? [3점]

보기
ㄱ. $a=4$이다.
ㄴ. (나)의 분자 모양은 삼각뿔형이다.
ㄷ. (다)에는 무극성 공유 결합이 있다.

① ㄱ ② ㄷ ③ ㄱ, ㄴ
④ ㄴ, ㄷ ⑤ ㄱ, ㄴ, ㄷ

48 ★★☆ | 2021년 3월 교육청 6번 |

그림은 3가지 분자를 주어진 기준에 따라 분류한 것이다.

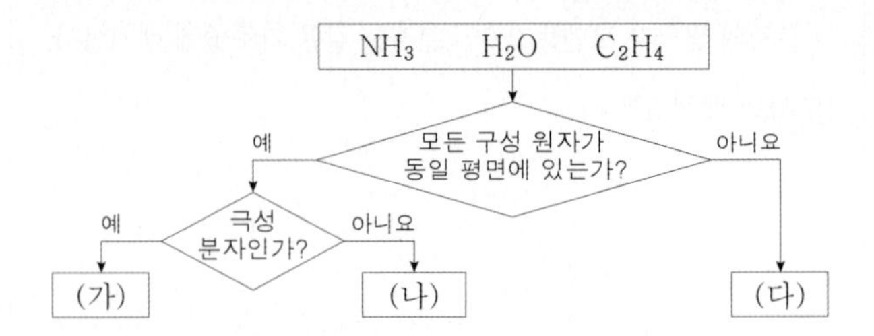

이에 대한 옳은 설명만을 〈보기〉에서 있는 대로 고른 것은?

보기
ㄱ. (가)는 $\frac{\text{비공유 전자쌍 수}}{\text{공유 전자쌍 수}} < 1$이다.
ㄴ. (나)에는 무극성 공유 결합이 있다.
ㄷ. 결합각은 (가)가 (다)보다 크다.

① ㄴ ② ㄷ ③ ㄱ, ㄴ
④ ㄱ, ㄷ ⑤ ㄱ, ㄴ, ㄷ

49 ★★☆

| 2021년 3월 교육청 12번 |

표는 2주기 원소 W~Z로 이루어진 분자 (가)~(다)에 대한 자료이다. (가)~(다)에서 모든 원자는 옥텟 규칙을 만족한다.

분자	(가)	(나)	(다)
구조식	X=W=X	Y−W≡Z	Y−Z=X

이에 대한 옳은 설명만을 〈보기〉에서 있는 대로 고른 것은? (단, W~Z는 임의의 원소 기호이다.) [3점]

보기
ㄱ. (나)의 분자 모양은 직선형이다.
ㄴ. 분자의 쌍극자 모멘트는 (다)가 (가)보다 크다.
ㄷ. (나)와 (다)에서 Z의 산화수는 같다.

① ㄱ ② ㄷ ③ ㄱ, ㄴ
④ ㄴ, ㄷ ⑤ ㄱ, ㄴ, ㄷ

50

| 2021년 3월 교육청 14번 |

표는 2주기 원소 X와 Y로 이루어진 분자 (가)~(다)에 대한 자료이다. (가)~(다)에서 모든 원자는 옥텟 규칙을 만족한다.

분자	분자식	비공유 전자쌍 수
(가)	X_aY_a	8
(나)	X_aY_{a+2}	14
(다)	X_bY_{a+1}	10

이에 대한 옳은 설명만을 〈보기〉에서 있는 대로 고른 것은? (단, X와 Y는 임의의 원소 기호이다.) [3점]

보기
ㄱ. X는 16족 원소이다.
ㄴ. $a+b=3$이다.
ㄷ. (가)~(다)에서 다중 결합이 있는 분자는 2가지이다.

① ㄱ ② ㄴ ③ ㄱ, ㄷ
④ ㄴ, ㄷ ⑤ ㄱ, ㄴ, ㄷ

51 ★☆☆

| 2020년 10월 교육청 7번 |

그림은 2주기 원자 A~D의 루이스 전자점식을 나타낸 것이다.

A·　·B·　:C·　:D·

이에 대한 옳은 설명만을 〈보기〉에서 있는 대로 고른 것은? (단, A~D는 임의의 원소 기호이다.)

보기
ㄱ. 고체 상태에서 전기 전도성은 A>AD이다.
ㄴ. BD_3 분자에서 B는 부분적인 (+)전하를 띤다.
ㄷ. CD_2 분자에서 비공유 전자쌍 수는 8이다.

① ㄱ ② ㄴ ③ ㄱ, ㄷ
④ ㄴ, ㄷ ⑤ ㄱ, ㄴ, ㄷ

52 ★☆☆

| 2020년 10월 교육청 11번 |

다음은 분자 (가)~(다)에 대한 자료이다. (가)~(다)는 각각 H_2O, CO_2, BF_3 중 하나이다.

• 구성 원자 수는 (나)>(가)이다.
• 중심 원자의 원자 번호는 (다)>(가)이다.

이에 대한 옳은 설명만을 〈보기〉에서 있는 대로 고른 것은?

보기
ㄱ. (가)는 H_2O이다.
ㄴ. 결합각은 (가)>(다)이다.
ㄷ. 분자의 쌍극자 모멘트는 (나)>(다)이다.

① ㄱ ② ㄴ ③ ㄷ
④ ㄱ, ㄴ ⑤ ㄴ, ㄷ

53 ★☆☆

| 2020년 10월 교육청 14번 |

그림은 화합물 WX와 YXZ_2를 화학 결합 모형으로 나타낸 것이다.

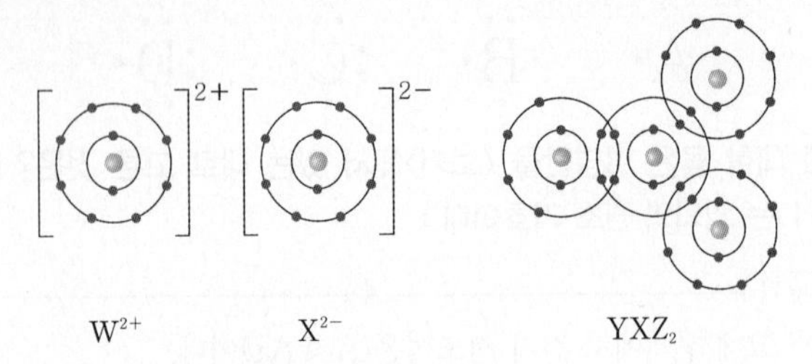

이에 대한 옳은 설명만을 〈보기〉에서 있는 대로 고른 것은? (단, W~Z는 임의의 원소 기호이다.) [3점]

〈보기〉

ㄱ. 원자가 전자 수는 X>Y이다.
ㄴ. W와 Y는 같은 주기 원소이다.
ㄷ. YXZ_2 분자에서 모든 원자는 동일 평면에 존재한다.

① ㄴ ② ㄷ ③ ㄱ, ㄴ
④ ㄱ, ㄷ ⑤ ㄴ, ㄷ

54 ★★★

| 2020년 10월 교육청 19번 |

표는 2주기 원소 X~Z로 이루어진 분자 (가)~(다)에 대한 자료이다. (가)~(다)의 모든 원자는 옥텟 규칙을 만족한다.

분자	(가)	(나)	(다)
구성 원소	X, Y, Z	X, Y	X, Z
구성 원자 수	3	4	4
$\frac{\text{비공유 전자쌍 수}}{\text{공유 전자쌍 수}}$(상댓값)	5	6	10

(가)~(다)에 대한 옳은 설명만을 〈보기〉에서 있는 대로 고른 것은? (단, X~Z는 임의의 원소 기호이다.) [3점]

〈보기〉

ㄱ. (가)의 분자 모양은 굽은형이다.
ㄴ. 무극성 공유 결합이 있는 것은 2가지이다.
ㄷ. 다중 결합이 있는 것은 2가지이다.

① ㄱ ② ㄴ ③ ㄱ, ㄴ
④ ㄱ, ㄷ ⑤ ㄴ, ㄷ

55 ★★☆

| 2020년 7월 교육청 6번 |

그림은 분자 X_2Y_2와 Z_2Y_2를 화학 결합 모형으로 나타낸 것이다.

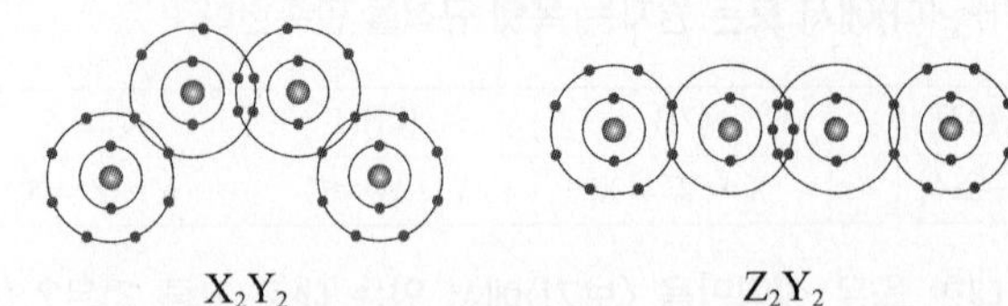

이에 대한 설명으로 옳은 것만을 〈보기〉에서 있는 대로 고른 것은? (단, X~Z는 임의의 원소 기호이다.)

〈보기〉

ㄱ. X_2Y_2와 Z_2Y_2에는 모두 무극성 공유 결합이 있다.
ㄴ. X_2에는 다중 결합이 있다.
ㄷ. YZX의 분자 구조는 굽은 형이다.

① ㄱ ② ㄷ ③ ㄱ, ㄴ
④ ㄴ, ㄷ ⑤ ㄱ, ㄴ, ㄷ

56 ★★☆

| 2020년 7월 교육청 13번 |

다음은 2, 3주기 원소 X~Z의 루이스 전자점식과 분자 (가)~(다)에 대한 자료이다. (가)~(다)를 구성하는 모든 원자는 옥텟 규칙을 만족한다.

• X~Z의 루이스 전자점식

:Ẍ· :Ÿ· ·Z̈·

• (가)~(다)에 대한 자료

분자	(가)	(나)	(다)
원소의 종류	X	X, Y	Y, Z
분자 1몰에 들어 있는 전자의 양(몰)	a	26	a

이에 대한 설명으로 옳은 것만을 〈보기〉에서 있는 대로 고른 것은? (단, X~Z는 임의의 원소 기호이다.) [3점]

〈보기〉

ㄱ. a=34이다.
ㄴ. 바닥상태에서 원자가 전자의 주 양자수(n)는 X>Z이다.
ㄷ. (나)에서 Y는 부분적인 (−)전하를 띤다.

① ㄱ ② ㄷ ③ ㄱ, ㄴ
④ ㄴ, ㄷ ⑤ ㄱ, ㄴ, ㄷ

57 ★☆☆ | 2020년 4월 교육청 3번 |

그림은 분자 AB, BC의 모형에 부분적인 양전하(δ^+)와 부분적인 음전하(δ^-)를 표시한 모습을 나타낸 것이다.

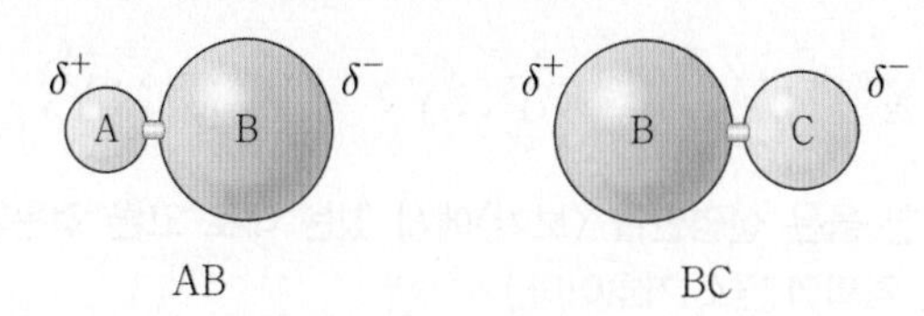

이에 대한 설명으로 옳은 것만을 〈보기〉에서 있는 대로 고른 것은? (단, A~C는 임의의 원소 기호이다.) [3점]

보기

ㄱ. AB에는 극성 공유 결합이 있다.
ㄴ. BC의 쌍극자 모멘트는 0이다.
ㄷ. 전기 음성도는 A>C이다.

① ㄱ ② ㄴ ③ ㄱ, ㄷ
④ ㄴ, ㄷ ⑤ ㄱ, ㄴ, ㄷ

58 ★★☆ | 2020년 7월 교육청 14번 |

표는 원소 X~Z로 이루어진 분자 (가)~(라)에 대한 자료이다. X~Z는 각각 C, O, F 중 하나이며, 분자당 구성 원자 수는 4 이하이다. (가)~(라)의 모든 원자는 옥텟 규칙을 만족한다.

분자	구성 원소	$\frac{\text{비공유 전자쌍 수}}{\text{공유 전자쌍 수}}$	분자의 쌍극자 모멘트
(가)	X, Y	$\frac{6}{5}$	0
(나)	X, Z	$\frac{10}{3}$	–
(다)	Y, Z	1	0
(라)	X, Y, Z	2	–

(가)~(라)에 관한 설명으로 옳은 것만을 〈보기〉에서 있는 대로 고른 것은? [3점]

보기

ㄱ. 다중 결합이 있는 분자는 2가지이다.
ㄴ. (다)와 (라)는 입체 구조이다.
ㄷ. 분자당 구성 원자 수가 같은 분자는 3가지이다.

① ㄱ ② ㄷ ③ ㄱ, ㄴ
④ ㄴ, ㄷ ⑤ ㄱ, ㄴ, ㄷ

59 ★★☆ | 2020년 4월 교육청 4번 |

그림은 BCl_3, NH_3의 결합각을 기준으로 분류한 영역 Ⅰ~Ⅲ을 나타낸 것이다. α, β는 각각 BCl_3, NH_3의 결합각 중 하나이다.

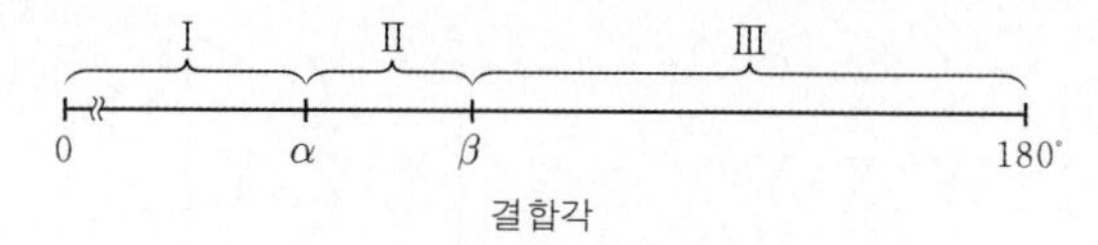

H_2O과 CH_4의 결합각이 속하는 영역으로 옳은 것은?

	H_2O의 결합각	CH_4의 결합각
①	Ⅰ	Ⅰ
②	Ⅰ	Ⅱ
③	Ⅱ	Ⅱ
④	Ⅱ	Ⅲ
⑤	Ⅲ	Ⅰ

60 ★☆☆

| 2020년 4월 교육청 6번 |

그림은 1, 2주기 원소 X~Z로 이루어진 분자 XY_4와 이온 ZY_4^+의 루이스 전자점식을 나타낸 것이다.

$$\begin{array}{ccc} & Y & \\ & \cdot\cdot & \\ Y : & X & : Y \\ & \cdot\cdot & \\ & Y & \end{array} \qquad \left[\begin{array}{ccc} & Y & \\ & \cdot\cdot & \\ Y : & Z & : Y \\ & \cdot\cdot & \\ & Y & \end{array}\right]^+$$

이에 대한 설명으로 옳은 것만을 〈보기〉에서 있는 대로 고른 것은? (단, X~Z는 임의의 원소 기호이다.) [3점]

〈보기〉

ㄱ. XY_4에서 X는 옥텟 규칙을 만족한다.

ㄴ. Z의 원자가 전자 수는 5이다.

ㄷ. 공유 전자쌍 수는 Z_2가 Y_2의 3배이다.

① ㄱ ② ㄷ ③ ㄱ, ㄴ ④ ㄴ, ㄷ ⑤ ㄱ, ㄴ, ㄷ

61 ★☆☆

| 2020년 3월 교육청 7번 |

그림은 2, 3주기 원소 X~Z로 이루어진 3가지 물질의 루이스 전자점식을 나타낸 것이다. 원자 번호는 X>Y>Z이다.

$$X^{a+}\left[:\ddot{\underset{\cdot\cdot}{Y}}:\right]^{a-} \qquad :\ddot{Y}::\ddot{Y}: \qquad :\ddot{Y}::Z::\ddot{Y}:$$

이에 대한 옳은 설명만을 〈보기〉에서 있는 대로 고른 것은? (단, X~Z는 임의의 원소 기호이다.)

〈보기〉

ㄱ. $a=2$이다.

ㄴ. X~Z 중 2주기 원소는 2가지이다.

ㄷ. 원자가 전자 수는 Z>Y이다.

① ㄱ ② ㄷ ③ ㄱ, ㄴ ④ ㄴ, ㄷ ⑤ ㄱ, ㄴ, ㄷ

62 ★★☆

| 2020년 3월 교육청 14번 |

표는 분자 (가)~(다)에 대한 자료이다. X~Z는 2주기 원소이고, (가)~(다)의 중심 원자는 옥텟 규칙을 만족한다.

분자	(가)	(나)	(다)
구성 원소	H, X, Y	H, Y	H, Z
전체 원자 수	3	4	3
H 원자 수	1	3	2

(가)~(다)에 대한 옳은 설명만을 〈보기〉에서 있는 대로 고른 것은? (단, X~Z는 임의의 원소 기호이다.) [3점]

〈보기〉

ㄱ. $\frac{\text{공유 전자쌍 수}}{\text{비공유 전자쌍 수}}>1$인 것은 2가지이다.

ㄴ. 분자를 구성하는 모든 원자가 동일 평면에 존재하는 것은 2가지이다.

ㄷ. (가)~(다)는 모두 극성 분자이다.

① ㄱ ② ㄴ ③ ㄱ, ㄷ ④ ㄴ, ㄷ ⑤ ㄱ, ㄴ, ㄷ

63 ★☆☆
| 2020년 3월 교육청 6번 |

그림은 주기율표의 일부를 나타낸 것이다.

주기 \ 족	1	2	13	14	15	16	17	18
2	A			B		C		
3							D	

이에 대한 옳은 설명만을 〈보기〉에서 있는 대로 고른 것은? (단, A~D는 임의의 원소 기호이다.)

보기
ㄱ. AD는 이온 결합 물질이다.
ㄴ. 전기 음성도는 C>B이다.
ㄷ. BD_4에는 극성 공유 결합이 있다.

① ㄴ ② ㄷ ③ ㄱ, ㄴ
④ ㄱ, ㄷ ⑤ ㄱ, ㄴ, ㄷ

64 ★☆☆
| 2019년 7월 교육청 5번 |

다음은 CO_2와 OF_2의 분자 모형을 만드는 탐구 활동이다.

[탐구 과정]
(가) 둥근 홈이 있는 나무틀에 크기가 다른 스타이로폼 공을 넣고 열선 커터기로 자른다.

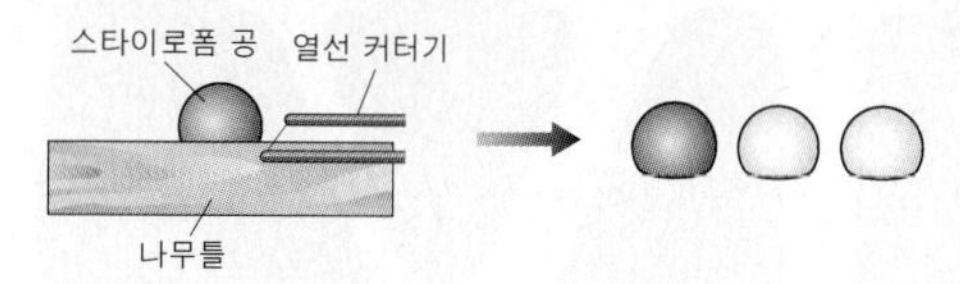

(나) 자른 큰 공의 다른 면을 자른 후 작은 공 2개를 붙여서 분자 모형 A를 완성한다.
(다) (가)와 (나)의 과정을 반복하여 분자 모형 B를 완성한다.

[탐구 결과]

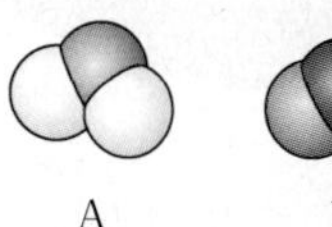

분자 모형 B에 해당하는 물질이 A에 해당하는 물질보다 더 큰 값을 갖는 것만을 〈보기〉에서 있는 대로 고른 것은?

보기
ㄱ. 결합각
ㄴ. 쌍극자 모멘트
ㄷ. 공유 전자쌍 수

① ㄱ ② ㄴ ③ ㄱ, ㄷ
④ ㄴ, ㄷ ⑤ ㄱ, ㄴ, ㄷ

IV

역동적인 화학 반응

01

동적 평형과 산 염기

02

산 염기 중화 반응

3권

03

산화 환원 반응과 화학 반응에서의 열 출입

01 동적 평형과 산 염기

정반응과 역반응

- **정반응** : 반응물이 생성물로 되는 반응으로, 반응식에서 오른쪽으로 진행되며 '⟶'로 나타낸다.
- **역반응** : 생성물이 반응물로 되는 반응으로, 반응식에서 왼쪽으로 진행되며 '⟵'로 나타낸다.

석회 동굴과 종유석의 생성

석회 동굴의 주성분인 탄산 칼슘이 물, 이산화 탄소와 반응하여 탄산 수소 칼슘이 생성되면서 동굴이 형성되고, 동굴 내부에서는 이의 역반응이 일어나 종유석, 석순 등이 생성된다.

$CaCO_3(s) + H_2O(l) + CO_2(g) \rightleftarrows Ca(HCO_3)_2(aq)$

출제 tip

동적 평형

어떤 가역 반응에서 정반응 속도와 역반응 속도를 비교한 자료로부터 동적 평형에 도달한 시점을 판단할 수 있는지 묻는 문제가 자주 출제된다.

물의 자동 이온화

물 분자에서 부분적인 음전하(δ^-)를 띠는 산소 원자와 부분적인 양전하(δ^+)를 띠는 수소 원자가 서로 접근하여 H^+의 이동이 일어나며, H_3O^+과 OH^-이 생성된다.

A 동적 평형

1. 가역 반응과 비가역 반응

(1) **가역 반응** : 반응 조건에 따라 정반응과 역반응이 모두 일어날 수 있는 반응으로, '반응물 ⇄ 생성물'로 나타낸다. 예 석회 동굴과 종유석의 생성

(2) **비가역 반응** : 정반응만 일어나거나 역반응이 정반응에 비해 무시할 수 있을 정도로 거의 일어나지 않는 반응이다. 예 연소 반응, 금속과 산의 반응, 중화 반응 등

2. 동적 평형 : 가역 반응에서 정반응과 역반응의 속도가 같아서 겉보기에 반응이 일어나지 않는 것처럼 보이는 상태이다.

(1) **상평형** : 같은 물질에서 2가지 이상의 상태가 공존할 때 각 물질의 상태 변화 속도가 같아서 겉보기에 상태 변화가 일어나지 않는 것처럼 보이는 상태이다.

예 밀폐 용기에서 물의 증발과 응축

밀폐된 용기에 물을 넣으면 초기에는 증발 속도가 응축 속도보다 빠르므로 물의 양이 조금씩 줄어들다가, 물이 증발하여 생성된 수증기가 많아지면 응축 속도가 점점 빨라져 증발 속도와 같아지는 동적 평형(상평형) 상태에 도달한다. ➡ 동적 평형 상태에서는 증기의 양과 액체의 양이 일정하게 유지되므로 수면의 변화가 없다.

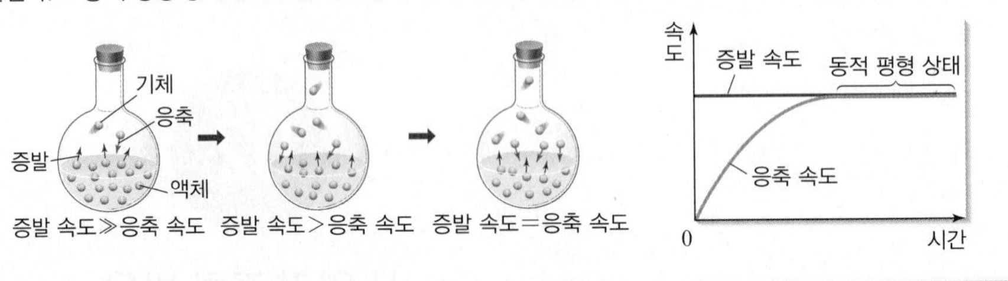

(2) **용해 평형** : 고체 용질을 액체 용매에 녹일 때, 용질이 용해되는 속도와 석출되는 속도가 같아서 겉보기에 용해와 석출이 일어나지 않는 것처럼 보이는 상태이다.

예 고체 용질을 액체 용매에 녹일 때

고체 용질을 액체 용매에 녹일 때, 초기에는 고체의 용해 속도가 석출 속도보다 빠르지만, 시간이 지나면서 석출 속도가 점점 빨라져 용해 속도와 석출 속도가 같아지는 동적 평형(용해 평형) 상태에 도달한다. ➡ 동적 평형 상태에서 용액에 녹아 있는 용질의 양이 일정하게 유지된다.

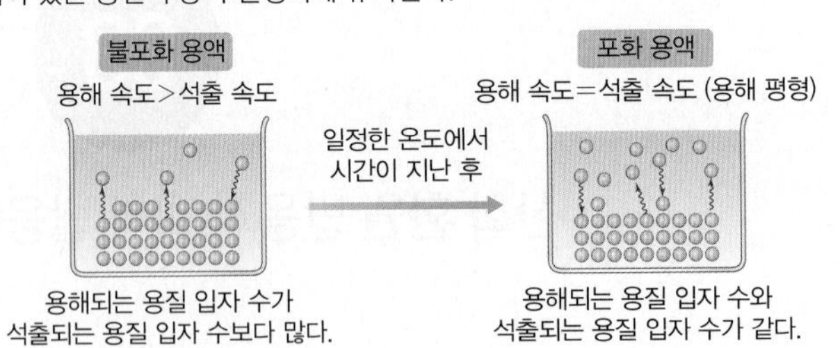

- 용해 평형을 이루고 있는 용액을 '포화 용액', 포화 용액보다 용질이 적게 녹아 있는 용액을 '불포화 용액'이라고 한다.

B 물의 자동 이온화

1. 물의 자동 이온화 : 물은 대부분 분자 상태로 존재하지만, 매우 적은 양이 하이드로늄 이온(H_3O^+)과 수산화 이온(OH^-)으로 이온화하여 동적 평형을 이룬다.

└ H_2O과 H^+이 결합하여 생성

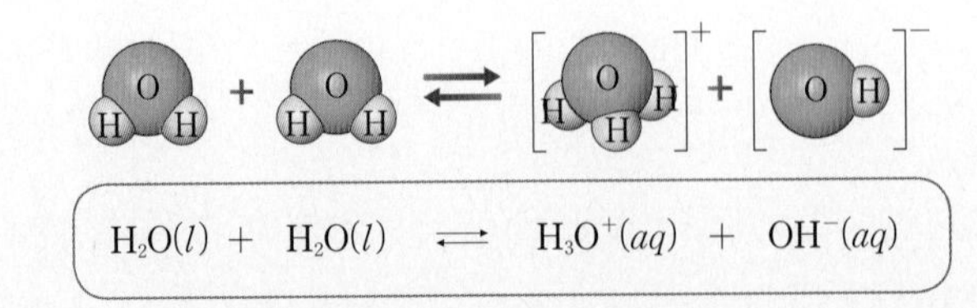

$$H_2O(l) + H_2O(l) \rightleftarrows H_3O^+(aq) + OH^-(aq)$$

2. **물의 이온화 상수(K_w)** : 물의 자동 이온화 반응이 동적 평형을 이룰 때 생성된 하이드로늄 이온(H_3O^+)과 수산화 이온(OH^-)의 몰 농도 곱이다.

$$K_w=[H_3O^+][OH^-]=1\times10^{-14}$$

➡ 25 ℃에서 $K_w=1\times10^{-14}$으로 일정하며, 순수한 물에서 $[H_3O^+]=[OH^-]=1\times10^{-7}$ M이다.

3. **수소 이온 농도 지수(pH)** : 수용액의 액성을 쉽게 나타낼 수 있도록 $[H_3O^+]$의 상용로그 값에 음(−)의 부호를 붙인 값이다.

$$pH=-\log[H_3O^+]$$

(1) **pH와 pOH의 관계** : 25 ℃에서 $[H_3O^+][OH^-]=1\times10^{-14}$이므로 pH+pOH=14이다.

(2) **pH와 수용액의 액성** : 25 ℃의 순수한 물(중성)은 $[H_3O^+]=[OH^-]=1\times10^{-7}$ M이므로 pH=7이다. ➡ 산성 수용액의 pH<7이고, 염기성 수용액의 pH>7이다.

수용액의 액성	농도(25 ℃)	pH와 pOH
산성	$[H_3O^+]>1\times10^{-7}$ M$>[OH^-]$	pH<7, pOH>7
중성	$[H_3O^+]=1\times10^{-7}$ M$=[OH^-]$	pH=7, pOH=7
염기성	$[OH^-]>1\times10^{-7}$ M$>[H_3O^+]$	pH>7, pOH<7

물의 자동 이온화 상수

K_w는 단위가 없고, 온도가 일정하면 일정한 값을 가지며, 온도가 높을수록 커진다.

pOH

$[OH^-]$의 상용로그 값에 음(−)의 부호를 붙인 값이다.

$$pOH=-\log[OH^-]$$

수용액의 액성

산성 : $[H_3O^+]>[OH^-]$
중성 : $[H_3O^+]=[OH^-]$
염기성 : $[H_3O^+]<[OH^-]$

출제 tip

수소 이온 농도 지수(pH)

pH+pOH=14를 이용하여 수용액 속 $[H_3O^+]$와 $[OH^-]$의 비, 수용액의 액성 등을 묻는 문제가 자주 출제된다.

C 산과 염기의 정의

1. **아레니우스 정의** : 수용액에서(물에 녹았을 때) 수소 이온(H^+)을 내놓는 물질을 산, 수산화 이온(OH^-)을 내놓는 물질을 염기라고 한다. 예 $HCl(aq)\longrightarrow H^+(aq)+Cl^-(aq)$, $NaOH(aq)\longrightarrow Na^+(aq)+OH^-(aq)$

2. **브뢴스테드 · 로리 정의** : H^+을 주는 물질을 산, H^+을 받는 물질을 염기라고 한다.

예 $\underset{산}{HCl}+\underset{염기}{H_2O}\longrightarrow H_3O^++Cl^-$

실전 자료 용해 평형

다음은 설탕의 용해에 대한 실험이다.

[실험 과정]

(가) 25 ℃의 물이 담긴 비커에 충분한 양의 설탕을 넣고 유리 막대로 저어준다.

(나) 시간에 따른 비커 속 고체 설탕의 양을 관찰하고 설탕 수용액의 몰 농도(M)를 측정한다.

[실험 결과]

시간	t	$4t$	$8t$
관찰 결과			
설탕 수용액의 몰 농도(M)	$\frac{2}{3}a$	a	

• $4t$일 때 설탕 수용액은 용해 평형에 도달하였다.

❶ **설탕의 용해 평형**

• 초기에는 설탕의 용해 속도가 석출 속도보다 빠르지만, 시간이 지나면서 용해된 설탕 입자 수가 증가함에 따라 설탕의 석출 속도가 점점 빨라진다.

• 충분한 시간이 지나면 설탕의 용해 속도와 석출 속도가 같아지는 동적 평형(용해 평형)에 도달한다.

❷ **시간에 따른 설탕 수용액의 몰 농도(M)**

• 초기~$4t$: 용해 평형에 도달하기 전에는 설탕의 용해 속도>석출 속도이므로 비커 속 고체 설탕의 양은 감소하고, 설탕 수용액의 몰 농도(M)는 증가한다.

• $4t$ 이후 : 시간 $4t$일 때 용해 평형에 도달하므로 용해되는 설탕의 양과 석출되는 설탕의 양이 같다.
➡ $4t$ 이후 고체 설탕의 양과 설탕 수용액의 몰 농도(M)는 일정하다.

동적 평형

1 ★☆☆ | 2024년 10월 교육청 2번 |

그림은 밀폐된 진공 용기 안에 $X(l)$를 넣은 후 시간에 따른 $\frac{\text{㉡의 양(mol)}}{\text{㉠의 양(mol)}}$을 나타낸 것이다. ㉠과 ㉡은 각각 $X(l)$와 $X(g)$ 중 하나이다.

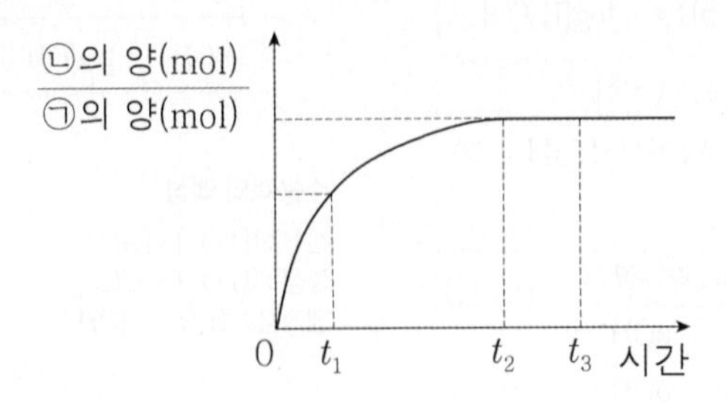

이에 대한 옳은 설명만을 〈보기〉에서 있는 대로 고른 것은? (단, 온도는 일정하다.)

〈보기〉

ㄱ. ㉡은 $X(l)$이다.

ㄴ. $X(g)$의 양(mol)은 t_2일 때가 t_1일 때보다 많다.

ㄷ. t_3일 때 $\frac{X(g)\text{의 응축 속도}}{X(l)\text{의 증발 속도}} > 1$이다.

① ㄱ ② ㄴ ③ ㄱ, ㄷ ④ ㄴ, ㄷ ⑤ ㄱ, ㄴ, ㄷ

2 ★★☆ | 2024년 7월 교육청 9번 |

표는 -70 ℃에서 밀폐된 진공 용기에 드라이아이스($CO_2(s)$)를 넣은 후 시간에 따른 $CO_2(g)$의 양(mol)에 대한 자료이다. $2t$일 때 $CO_2(s)$와 $CO_2(g)$는 동적 평형 상태에 도달하였고, $t>0$이다.

시간	t	$2t$	$3t$
$CO_2(g)$의 양(mol)	a		b

이에 대한 설명으로 옳은 것만을 〈보기〉에서 있는 대로 고른 것은? (단, 온도는 -70 ℃로 일정하다.)

〈보기〉

ㄱ. $a>b$이다.

ㄴ. $\frac{CO_2(g)\text{가 } CO_2(s)\text{로 승화되는 속도}}{CO_2(s)\text{가 } CO_2(g)\text{로 승화되는 속도}}$는 t일 때가 $2t$일 때보다 작다.

ㄷ. $3t$일 때 $CO_2(s)$가 $CO_2(g)$로 승화되는 반응은 일어나지 않는다.

① ㄱ ② ㄴ ③ ㄱ, ㄷ ④ ㄴ, ㄷ ⑤ ㄱ, ㄴ, ㄷ

3 ★★☆ | 2024년 5월 교육청 9번 |

표는 물이 담긴 비커에 n mol의 $NaCl(s)$을 넣은 후 시간에 따른 $\frac{Na^+(aq)\text{의 양(mol)}}{NaCl(s)\text{의 양(mol)}}$을 나타낸 것이다. $3t$일 때 $NaCl(aq)$은 용해 평형 상태에 도달하였다.

시간	t	$2t$	$3t$
$\frac{Na^+(aq)\text{의 양(mol)}}{NaCl(s)\text{의 양(mol)}}$	㉠	1	

이에 대한 설명으로 옳은 것만을 〈보기〉에서 있는 대로 고른 것은? (단, 온도와 압력은 일정하고, 물의 증발은 무시한다.)

〈보기〉

ㄱ. ㉠<1이다.

ㄴ. $2t$일 때 NaCl의 용해 속도와 석출 속도는 같다.

ㄷ. $3t$일 때 $NaCl(s)$의 양은 $0.5n$ mol보다 작다.

① ㄱ ② ㄴ ③ ㄷ ④ ㄱ, ㄴ ⑤ ㄱ, ㄷ

4 ★★☆ | 2024년 3월 교육청 3번 |

표는 -70 ℃에서 밀폐된 진공 용기에 드라이아이스($CO_2(s)$)를 넣은 후 시간에 따른 $CO_2(g)$의 양(mol)에 대한 자료이다. $2t$일 때 $CO_2(s)$와 $CO_2(g)$는 동적 평형 상태에 도달하였다.

시간	t	$2t$	$3t$
$CO_2(g)$의 양(mol)	a	b	b

이에 대한 옳은 설명만을 〈보기〉에서 있는 대로 고른 것은? (단, 온도는 일정하다.)

〈보기〉

ㄱ. $CO_2(s)$가 $CO_2(g)$로 되는 반응은 가역 반응이다.

ㄴ. $a>b$이다.

ㄷ. $3t$일 때 $\frac{CO_2(g)\text{가 } CO_2(s)\text{로 승화되는 속도}}{CO_2(s)\text{가 } CO_2(g)\text{로 승화되는 속도}} > 1$이다.

① ㄱ ② ㄷ ③ ㄱ, ㄴ ④ ㄴ, ㄷ ⑤ ㄱ, ㄴ, ㄷ

5 ★☆☆ | 2023년 10월 교육청 6번 |

표는 25 ℃에서 밀폐된 진공 용기에 $X(l)$를 넣은 후, $X(l)$와 $X(g)$의 질량을 시간 순서 없이 나타낸 것이다. 시간이 $2t$일 때 $X(l)$와 $X(g)$는 동적 평형 상태에 도달하였고, ㉠과 ㉡은 각각 t, $3t$ 중 하나이다.

시간	$2t$	㉠	㉡
$X(l)$의 질량(g)	a	a	b
$X(g)$의 질량(g)	c		d

이에 대한 옳은 설명만을 〈보기〉에서 있는 대로 고른 것은? (단, 온도는 25 ℃로 일정하다.)

〈보기〉

ㄱ. ㉠은 $3t$이다.

ㄴ. $d>c$이다.

ㄷ. 시간이 ㉡일 때 $\frac{X(g)\text{의 응축 속도}}{X(l)\text{의 증발 속도}}=1$이다.

① ㄱ ② ㄷ ③ ㄱ, ㄴ ④ ㄴ, ㄷ ⑤ ㄱ, ㄴ, ㄷ

6 ★☆☆ | 2023년 7월 교육청 7번 |

표는 밀폐된 진공 용기 안에 $H_2O(l)$을 넣은 후 시간에 따른 X의 양(mol)을 나타낸 것이다. X는 $H_2O(l)$ 또는 $H_2O(g)$이고, $0<t_1<t_2<t_3$이다. t_2일 때 $H_2O(l)$과 $H_2O(g)$는 동적 평형 상태에 도달하였다.

시간	t_1	t_2	t_3
X의 양(mol)	$1.5n$	$1.2n$	

이에 대한 설명으로 옳은 것만을 〈보기〉에서 있는 대로 고른 것은? (단, 온도는 일정하다.)

〈보기〉

ㄱ. X는 $H_2O(l)$이다.

ㄴ. H_2O의 $\frac{\text{증발 속도}}{\text{응축 속도}}$는 t_2일 때가 t_1일 때보다 작다.

ㄷ. t_3일 때 X의 양은 $1.2n$ mol보다 작다.

① ㄱ ② ㄷ ③ ㄱ, ㄴ ④ ㄴ, ㄷ ⑤ ㄱ, ㄴ, ㄷ

7 ★★☆ | 2023년 4월 교육청 8번 |

표는 밀폐된 진공 용기 안에 $H_2O(l)$을 넣은 후 시간에 따른 ㉠을, 그림은 시간이 t일 때 용기 안의 상태를 나타낸 것이다. $a>b$이고, $2t$에서 동적 평형 상태에 도달하였다.

시간	t	$2t$	$3t$
㉠	a	b	b

$H_2O(g)$

$H_2O(l)$

㉠으로 적절한 것만을 〈보기〉에서 있는 대로 고른 것은? (단, 온도는 일정하다.)

〈보기〉

ㄱ. $H_2O(l)$의 질량

ㄴ. $H_2O(g)$의 분자 수

ㄷ. $\frac{H_2O(g)\text{의 응축 속도}}{H_2O(l)\text{의 증발 속도}}$

① ㄱ ② ㄴ ③ ㄱ, ㄷ ④ ㄴ, ㄷ ⑤ ㄱ, ㄴ, ㄷ

8 ★★☆ | 2023년 3월 교육청 4번 |

표는 밀폐된 진공 용기에 $H_2O(l)$을 넣은 후 시간에 따른 $\frac{H_2O(g)\text{의 양(mol)}}{H_2O(l)\text{의 양(mol)}}$을 나타낸 것이다. $0<t_1<t_2<t_3$이고, t_2일 때 $H_2O(l)$과 $H_2O(g)$는 동적 평형에 도달하였다.

시간	t_1	t_2	t_3
$\frac{H_2O(g)\text{의 양(mol)}}{H_2O(l)\text{의 양(mol)}}$	a	b	c

이에 대한 옳은 설명만을 〈보기〉에서 있는 대로 고른 것은? (단, 온도는 일정하다.)

〈보기〉

ㄱ. $c>b$이다.

ㄴ. $H_2O(g)$의 양(mol)은 t_2일 때가 t_1일 때보다 많다.

ㄷ. $\frac{H_2O(g)\text{의 응축 속도}}{H_2O(l)\text{의 증발 속도}}$는 t_1일 때가 t_3일 때보다 크다.

① ㄱ ② ㄴ ③ ㄱ, ㄷ ④ ㄴ, ㄷ ⑤ ㄱ, ㄴ, ㄷ

9 ★☆☆ | 2022년 7월 교육청 13번 |

다음은 학생 A가 동적 평형을 학습한 후 수행한 탐구 활동이다.

[가설]
- 밀폐된 진공 용기 안에 $H_2O(l)$을 넣으면, 일정한 시간이 지난 후 $H_2O(l)$과 $H_2O(g)$는 동적 평형에 도달한다.

[탐구 과정]
- 밀폐된 진공 용기 안에 $H_2O(l)$을 넣은 후, 시간에 따른 $H_2O(l)$의 양(mol)을 구하고 증발 속도와 응축 속도를 비교하여 동적 평형에 도달하였는지 확인한다.

[탐구 결과]

시간	t_1	t_2	t_3
$H_2O(l)$의 양(mol)	$1.5n$	$1.2n$	

- $0<t_1<t_2<t_3$이다.
- t_2일 때 $\frac{\text{응축 속도}}{\text{증발 속도}}=1$이다.

[결론]
- 가설은 옳다.

학생 A의 결론이 타당할 때, 이에 대한 설명으로 옳은 것만을 〈보기〉에서 있는 대로 고른 것은? (단, 온도는 일정하다.)

보기

ㄱ. t_1일 때 증발 속도는 응축 속도보다 크다.
ㄴ. t_2일 때 용기 내에서 $H_2O(l)$과 $H_2O(g)$는 동적 평형을 이루고 있다.
ㄷ. t_3일 때 용기 내 $H_2O(l)$의 양은 $1.2n$ mol보다 작다.

① ㄱ ② ㄷ ③ ㄱ, ㄴ
④ ㄴ, ㄷ ⑤ ㄱ, ㄴ, ㄷ

10 ★☆☆ | 2022년 10월 교육청 6번 |

표는 부피가 다른 밀폐된 진공 용기 (가)와 (나)에 각각 같은 양(mol)의 $X(l)$를 넣은 후 시간에 따른 $\frac{X(g)\text{의 양(mol)}}{X(l)\text{의 양(mol)}}$을 나타낸 것이다. $c>b>a$이다.

시간		t	$2t$	$3t$	$4t$
$\frac{X(g)\text{의 양(mol)}}{X(l)\text{의 양(mol)}}$	(가)	a	b	b	
	(나)		b	c	c

이에 대한 옳은 설명만을 〈보기〉에서 있는 대로 고른 것은? (단, 온도는 일정하다.)

보기

ㄱ. (가)에서 $X(g)$의 양(mol)은 $2t$일 때가 t일 때보다 크다.
ㄴ. $X(l)$와 $X(g)$가 동적 평형에 도달하는 데 걸린 시간은 (나)>(가)이다.
ㄷ. (가)에서 $4t$일 때 $\frac{X(g)\text{의 응축 속도}}{X(l)\text{의 증발 속도}}>1$이다.

① ㄱ ② ㄷ ③ ㄱ, ㄴ
④ ㄴ, ㄷ ⑤ ㄱ, ㄴ, ㄷ

11 ★☆☆ | 2022년 4월 교육청 15번 |

그림은 밀폐된 진공 용기 안에 $H_2O(l)$을 넣은 모습을 나타낸 것이다. 시간이 t일 때 $H_2O(l)$과 $H_2O(g)$는 동적 평형 상태에 도달하였다.

$H_2O(l)$

다음 중 시간에 따른 용기 속 $\frac{H_2O(g)\text{의 질량}}{H_2O(l)\text{의 질량}}(\alpha)$을 나타낸 것으로 가장 적절한 것은? (단, 온도는 일정하다.)

①
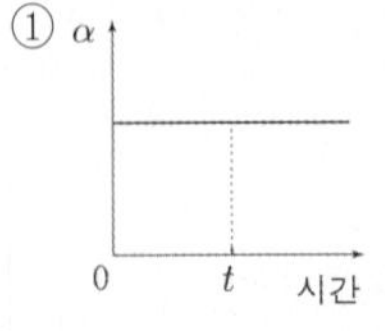

②
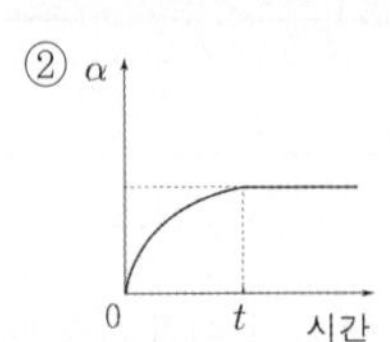

③
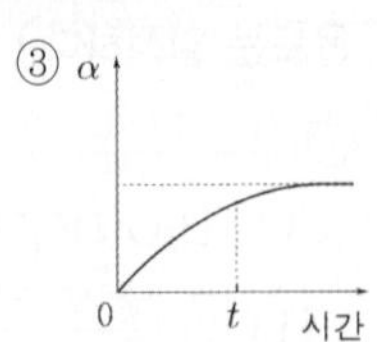

④
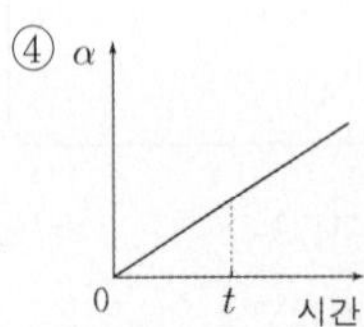

⑤
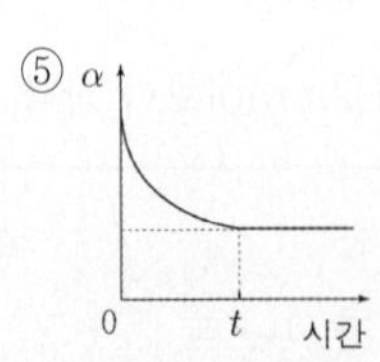

12 ★★☆ | 2022년 3월 교육청 2번 |

표는 밀폐된 진공 용기에 $C_2H_5OH(l)$을 넣은 후 시간에 따른 $C_2H_5OH(g)$의 양(mol)을 나타낸 것이다. t_2일 때 동적 평형 상태에 도달하였고, 이때 $\frac{C_2H_5OH(g)\text{의 양(mol)}}{C_2H_5OH(l)\text{의 양(mol)}}=x$이다.

시간	t_1	t_2	t_3
$C_2H_5OH(g)$의 양(mol)	a	b	b

이에 대한 옳은 설명만을 〈보기〉에서 있는 대로 고른 것은? (단, 온도는 일정하고, $0<t_1<t_2<t_3$이다.)

보기
ㄱ. $b>a$이다.
ㄴ. t_1일 때 $\frac{C_2H_5OH(g)\text{의 응축 속도}}{C_2H_5OH(l)\text{의 증발 속도}}<1$이다.
ㄷ. t_3일 때 $\frac{C_2H_5OH(g)\text{의 양(mol)}}{C_2H_5OH(l)\text{의 양(mol)}}>x$이다.

① ㄱ ② ㄷ ③ ㄱ, ㄴ
④ ㄴ, ㄷ ⑤ ㄱ, ㄴ, ㄷ

13 ★★☆ | 2021년 10월 교육청 7번 |

그림은 물에 $X(s)$ w g을 넣었을 때, 시간에 따른 용해된 X의 질량을 나타낸 것이다. $w>a$이다.

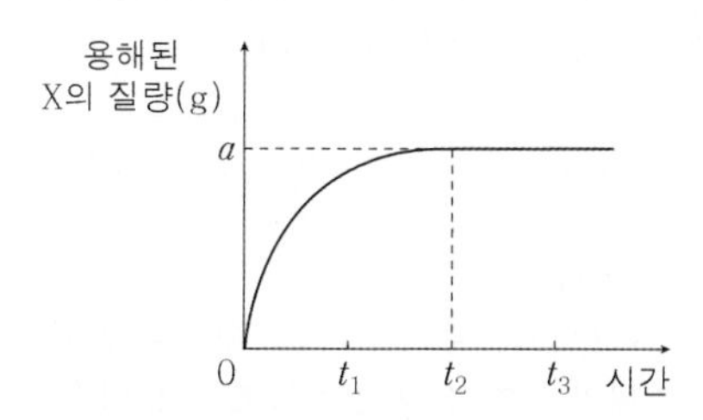

이에 대한 옳은 설명만을 〈보기〉에서 있는 대로 고른 것은? (단, 온도는 일정하고, X의 용해에 따른 수용액의 부피 변화와 물의 증발은 무시한다.)

보기
ㄱ. X의 석출 속도는 t_1일 때와 t_2일 때가 같다.
ㄴ. $X(aq)$의 몰 농도는 t_3일 때가 t_1일 때보다 크다.
ㄷ. 녹지 않고 남아 있는 $X(s)$의 질량은 t_2일 때가 t_3일 때보다 크다.

① ㄴ ② ㄷ ③ ㄱ, ㄴ
④ ㄱ, ㄷ ⑤ ㄴ, ㄷ

14 ★★☆ | 2021년 7월 교육청 9번 |

그림은 밀폐된 진공 용기 안에 $X(l)$를 넣은 후 X의 증발과 응축이 일어날 때, 시간 t_1, t_2, t_3에서의 물질의 양(mol)을 나타낸 것이다. $0<t_1<t_2<t_3$이고 t_3일 때 동적 평형 상태이다. A와 B는 각각 $X(l)$와 $X(g)$ 중 하나이다.

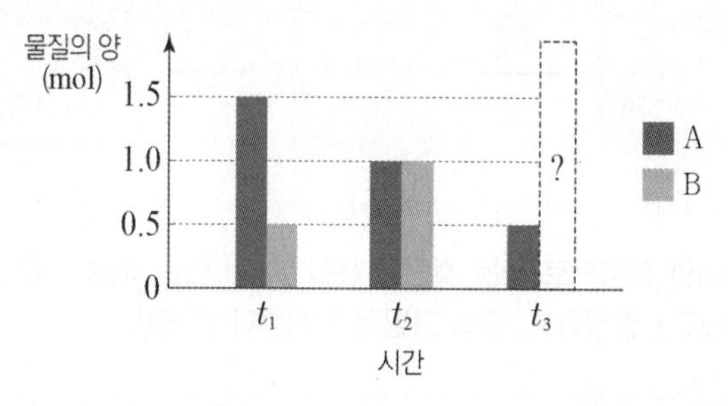

이에 대한 설명으로 옳은 것만을 〈보기〉에서 있는 대로 고른 것은? (단, 온도는 일정하다.)

보기
ㄱ. A는 $X(l)$이다.
ㄴ. t_2에서 $\frac{\text{증발 속도}}{\text{응축 속도}}=1$이다.
ㄷ. t_3에서 B의 양은 0.5 mol이다.

① ㄱ ② ㄷ ③ ㄱ, ㄴ
④ ㄴ, ㄷ ⑤ ㄱ, ㄴ, ㄷ

15 ★★☆

| 2021년 4월 교육청 11번 |

그림 (가)는 설탕 수용액이 용해 평형에 도달한 모습을, (나)는 (가)의 수용액에 설탕을 추가로 넣은 모습을, (다)는 (나)의 수용액이 충분한 시간이 흐른 후의 모습을 나타낸 것이다.

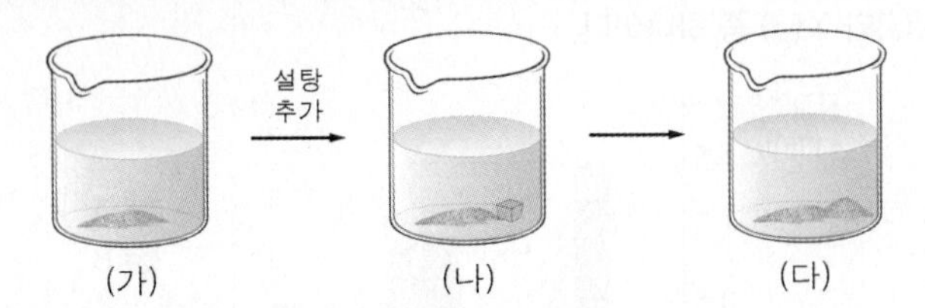

이에 대한 설명으로 옳은 것만을 〈보기〉에서 있는 대로 고른 것은? (단, 온도는 일정하고, 물의 증발은 무시한다.) [3점]

보기

ㄱ. (나)에서 설탕은 용해되지 않는다.

ㄴ. $\frac{\text{설탕의 용해 속도}}{\text{설탕의 석출 속도}}$는 (가)에서와 (다)에서가 같다.

ㄷ. 수용액에 녹아 있는 설탕의 질량은 (다)에서가 (나)에서보다 크다.

① ㄴ ② ㄷ ③ ㄱ, ㄴ
④ ㄱ, ㄷ ⑤ ㄴ, ㄷ

16 ★★☆

| 2021년 3월 교육청 5번 |

그림은 밀폐된 진공 용기에 $X(l)$를 넣은 후 $X(g)$의 응축 속도를 시간에 따라 나타낸 것이다. 온도는 일정하고, t_2에서 $X(l)$와 $X(g)$는 동적 평형을 이루고 있다.

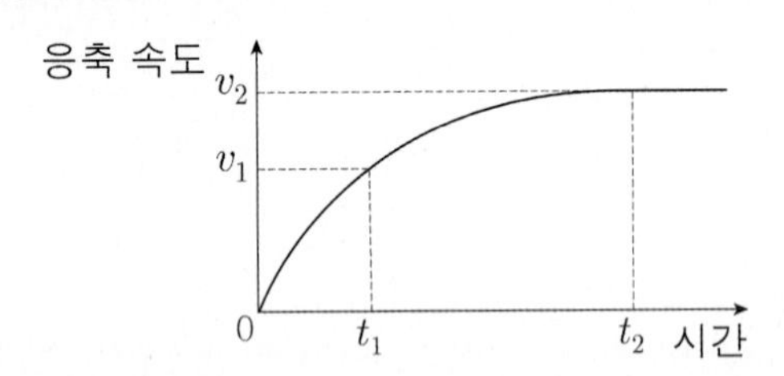

이에 대한 옳은 설명만을 〈보기〉에서 있는 대로 고른 것은?

보기

ㄱ. t_1에서 $X(l)$의 증발 속도는 v_1보다 크다.

ㄴ. t_2에서 $X(l)$의 증발이 일어나지 않는다.

ㄷ. $X(g)$의 양(mol)은 t_2에서가 t_1에서보다 크다.

① ㄱ ② ㄷ ③ ㄱ, ㄴ
④ ㄱ, ㄷ ⑤ ㄴ, ㄷ

17 ★☆☆

| 2020년 7월 교육청 5번 |

그림은 t ℃에서 $H_2O(l)$이 들어 있는 밀폐 용기에 $NaCl(s)$을 녹인 후 충분한 시간이 지난 상태를 나타낸 것이다.

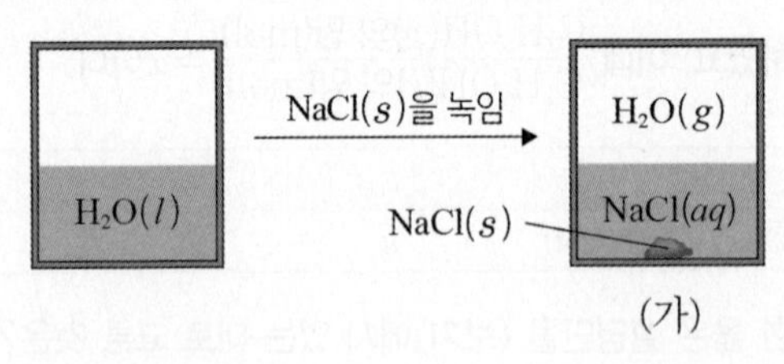

(가)에 대한 설명으로 옳은 것만을 〈보기〉에서 있는 대로 고른 것은? (단, 온도는 일정하다.) [3점]

보기

ㄱ. $H_2O(g)$ 분자 수는 일정하다.

ㄴ. NaCl의 용해 속도는 석출 속도보다 크다.

ㄷ. 동적 평형 상태이다.

① ㄱ ② ㄴ ③ ㄱ, ㄷ
④ ㄴ, ㄷ ⑤ ㄱ, ㄴ, ㄷ

18 ★☆☆

| 2020년 3월 교육청 3번 |

다음은 적갈색의 $NO_2(g)$로부터 무색의 $N_2O_4(g)$가 생성되는 반응의 화학 반응식과 이와 관련된 실험이다.

• 화학 반응식 : $2NO_2(g) \rightleftharpoons N_2O_4(g)$

[실험 과정 및 결과]

플라스크에 $NO_2(g)$를 넣고 마개로 막아 놓았더니 시간이 지남에 따라 기체의 색이 점점 옅어졌고, t초 이후에는 색이 변하지 않고 일정해졌다.

이에 대한 옳은 설명만을 〈보기〉에서 있는 대로 고른 것은? (단, 온도는 일정하다.)

보기

ㄱ. 반응 시작 후 t초까지는 전체 기체 분자 수가 증가한다.

ㄴ. t초 이후에는 $N_2O_4(g)$의 분자 수가 변하지 않는다.

ㄷ. t초 이후에는 정반응이 일어나지 않는다.

① ㄱ ② ㄴ ③ ㄱ, ㄷ
④ ㄴ, ㄷ ⑤ ㄱ, ㄴ, ㄷ

물의 자동 이온화

19 ★☆☆ | 2024년 10월 교육청 18번 |

표는 25 ℃에서 수용액 (가)~(다)에 대한 자료이다. pOH는 (가)가 (나)의 5배이다.

수용액	(가)	(나)	(다)
액성	산성	염기성	㉠
$\frac{pH}{pOH}$(상댓값)	2	30	9
부피(mL)	100	200	200

이에 대한 옳은 설명만을 <보기>에서 있는 대로 고른 것은? (단, 25 ℃에서 물의 이온화 상수(K_w)는 1×10^{-14}이다.) [3점]

보기
ㄱ. pH는 (나)가 (가)의 3배이다.
ㄴ. '염기성'은 ㉠으로 적절하다.
ㄷ. $\frac{\text{(다)에 들어 있는 } OH^- \text{의 양(mol)}}{\text{(가)에 들어 있는 } H_3O^+ \text{의 양(mol)}}=\frac{1}{5}$이다.

① ㄱ ② ㄴ ③ ㄱ, ㄷ
④ ㄴ, ㄷ ⑤ ㄱ, ㄴ, ㄷ

20 ★★★ | 2024년 7월 교육청 14번 |

표는 25 ℃에서 물질 (가)~(다)에 대한 자료이다. (가)~(다)는 $HCl(aq)$, $H_2O(l)$, $NaOH(aq)$을 순서 없이 나타낸 것이다.

물질	(가)	(나)	(다)
$\frac{pH}{pOH}$(상댓값)	3	11	1
부피(mL)		10	100

이에 대한 설명으로 옳은 것만을 <보기>에서 있는 대로 고른 것은? (단, 25 ℃에서 물의 이온화 상수(K_w)는 1×10^{-14}이다.) [3점]

보기
ㄱ. (가)는 $H_2O(l)$이다.
ㄴ. $\frac{\text{(가)의 pH}}{\text{(다)의 pOH}}>1$이다.
ㄷ. $\frac{\text{(다)에서 } H_3O^+ \text{의 양(mol)}}{\text{(나)에서 } OH^- \text{의 양(mol)}}>1$이다.

① ㄱ ② ㄴ ③ ㄱ, ㄷ
④ ㄴ, ㄷ ⑤ ㄱ, ㄴ, ㄷ

21 ★★★ | 2024년 5월 교육청 18번 |

표는 25 ℃에서 수용액 (가)와 (나)에 대한 자료이다. (가)와 (나)는 $HCl(aq)$과 $NaOH(aq)$을 순서 없이 나타낸 것이다.

수용액	몰 농도(M)	부피(mL)	OH^-의 양(mol)(상댓값)
(가)	a	100	10^5
(나)	$100a$	10	1

이에 대한 설명으로 옳은 것만을 <보기>에서 있는 대로 고른 것은? (단, 25 ℃에서 물의 이온화 상수(K_w)는 1×10^{-14}이다.) [3점]

보기
ㄱ. (가)는 $HCl(aq)$이다.
ㄴ. $a=1\times10^{-6}$이다.
ㄷ. $\frac{\text{(가)의 pH}}{\text{(나)의 pOH}}=\frac{5}{4}$이다.

① ㄴ ② ㄷ ③ ㄱ, ㄴ
④ ㄱ, ㄷ ⑤ ㄱ, ㄴ, ㄷ

22 ★★☆ | 2024년 3월 교육청 17번 |

표는 25 ℃에서 산성 또는 염기성 수용액 (가)~(다)에 대한 자료이다. (가)~(다) 중 산성 수용액은 2가지이고, pH는 (가)가 (다)의 3배이다.

수용액	(가)	(나)	(다)
$\frac{pOH}{pH}$(상댓값)	1	x	15
$\lvert pH-pOH\rvert$	$y+4$	$y-4$	y
부피(mL)	100	200	400

이에 대한 옳은 설명만을 <보기>에서 있는 대로 고른 것은? (단, 25 ℃에서 물의 이온화 상수(K_w)는 1×10^{-14}이다.) [3점]

보기
ㄱ. (나)는 산성 수용액이다.
ㄴ. $x-y=2$이다.
ㄷ. $\frac{\text{(다)에서 } H_3O^+ \text{의 양(mol)}}{\text{(가)에서 } OH^- \text{의 양(mol)}}=\frac{1}{100}$이다.

① ㄱ ② ㄷ ③ ㄱ, ㄴ
④ ㄴ, ㄷ ⑤ ㄱ, ㄴ, ㄷ

Part I
교육청

23 ★☆☆ | 2023년 10월 교육청 8번 |

다음은 25 ℃ 수용액 (가)~(다)에 대한 자료이다.

- (가)에서 pOH−pH=8.0이다.
- $\frac{\text{(가)의 } [H_3O^+]}{\text{(나)의 } [OH^-]}=10$이다.
- pOH는 (다)가 (나)의 3배이다.

이에 대한 옳은 설명만을 〈보기〉에서 있는 대로 고른 것은? (단, 25 ℃에서 물의 이온화 상수(K_w)는 1×10^{-14}이다.) [3점]

보기
ㄱ. (가)는 염기성이다.
ㄴ. (나)의 pOH는 3.0이다.
ㄷ. (다)의 $[H_3O^+]$는 1×10^{-2} M이다.

① ㄱ ② ㄷ ③ ㄱ, ㄴ
④ ㄱ, ㄷ ⑤ ㄴ, ㄷ

24 ★★☆ | 2023년 7월 교육청 15번 |

표는 25 ℃에서 수용액 (가)~(다)에 대한 자료이다.

수용액	(가)	(나)	(다)
pH	a		$3a$
pOH		b	$2b$
|pH−pOH|	10.0	6.0	x

이에 대한 설명으로 옳은 것만을 〈보기〉에서 있는 대로 고른 것은? (단, 25 ℃에서 물의 이온화 상수(K_w)는 1×10^{-14}이다.) [3점]

보기
ㄱ. $x=2.0$이다.
ㄴ. (나)의 액성은 염기성이다.
ㄷ. $\frac{\text{(다)에서 } [OH^-]}{\text{(가)에서 } [OH^-]}=1\times10^{-4}$이다.

① ㄱ ② ㄷ ③ ㄱ, ㄴ
④ ㄴ, ㄷ ⑤ ㄱ, ㄴ, ㄷ

25 ★★☆ | 2023년 4월 교육청 16번 |

표는 25 ℃에서 수용액 (가)와 (나)에 대한 자료이다. (가)와 (나)는 HCl(aq)과 NaOH(aq)을 순서 없이 나타낸 것이다.

수용액	몰 농도(M)	$\frac{[OH^-]}{[H_3O^+]}$(상댓값)	부피(mL)
(가)	10^{-5}	1	100
(나)	㉠	10^8	10

이에 대한 설명으로 옳은 것만을 〈보기〉에서 있는 대로 고른 것은? (단, 온도는 25 ℃로 일정하고, 25 ℃에서 물의 이온화 상수(K_w)는 1×10^{-14}이다.)

보기
ㄱ. (가)는 HCl(aq)이다.
ㄴ. ㉠$=10^{-5}$이다.
ㄷ. (가)와 (나)를 모두 혼합한 수용액의 pH는 7보다 크다.

① ㄱ ② ㄷ ③ ㄱ, ㄴ
④ ㄴ, ㄷ ⑤ ㄱ, ㄴ, ㄷ

26 ★★☆ | 2023년 3월 교육청 16번 |

표는 25 ℃ 수용액 (가)와 (나)에 대한 자료이다.

수용액	pOH−pH	부피(mL)	H_3O^+의 양(mol)
(가)	x	$20V$	n
(나)	$2x$	V	$50n$

이에 대한 옳은 설명만을 〈보기〉에서 있는 대로 고른 것은? (단, 25 ℃에서 물의 이온화 상수(K_w)는 1×10^{-14}이다.) [3점]

보기
ㄱ. pH는 (가)>(나)이다.
ㄴ. (가)와 (나)는 모두 산성이다.
ㄷ. $x=3$이다.

① ㄱ ② ㄷ ③ ㄱ, ㄴ
④ ㄴ, ㄷ ⑤ ㄱ, ㄴ, ㄷ

27 ★☆☆ | 2022년 10월 교육청 10번 |

표는 25 ℃ 수용액 (가)와 (나)에 대한 자료이다. (가), (나)는 각각 $HCl(aq)$, $NaOH(aq)$ 중 하나이다.

수용액	(가)	(나)
pH−pOH	−8	10
부피(mL)	100	50

이에 대한 옳은 설명만을 〈보기〉에서 있는 대로 고른 것은? (단, 25 ℃에서 물의 이온화 상수(K_w)는 1×10^{-14}이다.) [3점]

보기
ㄱ. (가)는 $HCl(aq)$이다.
ㄴ. (나)에서 $\frac{[OH^-]}{[H_3O^+]}=10^{10}$이다.
ㄷ. $\frac{\text{(나)에서 } OH^- \text{의 양(mol)}}{\text{(가)에서 } H_3O^+ \text{의 양(mol)}}=5$이다.

① ㄱ ② ㄴ ③ ㄱ, ㄷ ④ ㄴ, ㄷ ⑤ ㄱ, ㄴ, ㄷ

28 ★★★ | 2022년 7월 교육청 12번 |

다음은 25 ℃에서 수용액 (가)와 (나)에 대한 자료이다.

• (가)와 (나)는 각각 a M $HCl(aq)$, $\frac{1}{100}a$ M $NaOH(aq)$ 중 하나이다.

수용액	(가)	(나)
|pH−pOH|	8	12
부피(mL)	100 V	V

이에 대한 설명으로 옳은 것만을 〈보기〉에서 있는 대로 고른 것은? (단, 25 ℃에서 물의 이온화 상수(K_w)는 1×10^{-14}이다.) [3점]

보기
ㄱ. (가)는 $\frac{1}{100}a$ M $NaOH(aq)$이다.
ㄴ. $\frac{\text{(나)의 } [H_3O^+]}{\text{(가)의 } [OH^-]}=100$이다.
ㄷ. H_3O^+의 양(mol)은 (나)가 (가)의 10^{10}배이다.

① ㄱ ② ㄷ ③ ㄱ, ㄴ ④ ㄴ, ㄷ ⑤ ㄱ, ㄴ, ㄷ

29 ★★★ | 2022년 4월 교육청 13번 |

표는 25 ℃에서 수용액 (가), (나)에 대한 자료이다. 25 ℃에서 물의 이온화 상수(K_w)는 1×10^{-14}이다.

수용액	$\frac{[OH^-]}{[H_3O^+]}$	pH	부피(mL)
(가)	10^{-6}	x	y
(나)	y	$2x$	1000

25 ℃에서 이에 대한 설명으로 옳은 것만을 〈보기〉에서 있는 대로 고른 것은?

보기
ㄱ. x는 6이다.
ㄴ. y는 100이다.
ㄷ. H_3O^+의 양(mol)은 (가)가 (나)의 1000배이다.

① ㄱ ② ㄴ ③ ㄱ, ㄷ ④ ㄴ, ㄷ ⑤ ㄱ, ㄴ, ㄷ

30 ★★☆ | 2022년 3월 교육청 10번 |

그림 (가)와 (나)는 각각 $HCl(aq)$, $NaOH(aq)$을 나타낸 것이다.

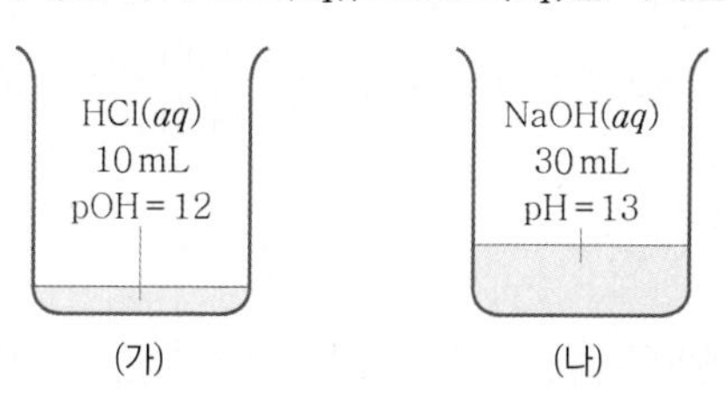

이에 대한 옳은 설명만을 〈보기〉에서 있는 대로 고른 것은? (단, 온도는 25 ℃로 일정하고, 25 ℃에서 물의 이온화 상수(K_w)는 1×10^{-14}이다.) [3점]

보기
ㄱ. (가)의 $[H_3O^+]=0.01$ M이다.
ㄴ. (나)에 들어 있는 OH^-의 양은 0.003 mol이다.
ㄷ. (가)에 물을 넣어 100 mL로 만든 $HCl(aq)$의 pH=4이다.

① ㄱ ② ㄷ ③ ㄱ, ㄴ ④ ㄴ, ㄷ ⑤ ㄱ, ㄴ, ㄷ

31 ★★★

| 2021년 10월 교육청 16번 |

표는 25 ℃에서 수용액 (가)와 (나)에 대한 자료이다. (가)와 (나)는 각각 HCl(aq), NaOH(aq) 중 하나이다.

수용액	몰 농도(M)	pOH	부피(mL)
(가)	a	x	V
(나)	$100a$	$3x$	$2V$

이에 대한 옳은 설명만을 〈보기〉에서 있는 대로 고른 것은? (단, 25 ℃에서 물의 이온화 상수(K_w)는 1×10^{-14}이다.) [3점]

보기
ㄱ. (가)는 HCl(aq)이다.
ㄴ. pH는 (가)가 (나)의 5배이다.
ㄷ. $\frac{\text{(나)에서 } OH^- \text{의 양(mol)}}{\text{(가)에서 } H_3O^+ \text{의 양(mol)}} = \frac{1}{200}$이다.

① ㄱ ② ㄴ ③ ㄱ, ㄷ
④ ㄴ, ㄷ ⑤ ㄱ, ㄴ, ㄷ

32 ★★☆

| 2021년 7월 교육청 14번 |

표는 25 ℃에서 수용액 (가)와 (나)에 대한 자료이다. (가)와 (나)의 액성은 각각 산성, 염기성 중 하나이며, $\frac{\text{(가)의 pH}}{\text{(나)의 pH}} < 1$이다.

수용액	(가)	(나)
$\lvert pH - pOH \rvert$	4	2
부피(mL)	100	500

이에 대한 설명으로 옳은 것만을 〈보기〉에서 있는 대로 고른 것은? (단, 온도는 25 ℃로 일정하고, 25 ℃에서 물의 이온화 상수(K_w)는 1×10^{-14}이다.) [3점]

보기
ㄱ. (가)는 산성이다.
ㄴ. H_3O^+의 양(mol)은 (가)가 (나)의 200배이다.
ㄷ. $[OH^-]$는 (가) : (나) = 1 : 10^2이다.

① ㄱ ② ㄷ ③ ㄱ, ㄴ
④ ㄴ, ㄷ ⑤ ㄱ, ㄴ, ㄷ

33 ★★☆

| 2021년 4월 교육청 14번 |

표는 25 ℃에서 농도가 서로 다른 HCl(aq) (가)와 (나)에 대한 자료이다. 25 ℃에서 물의 이온화 상수(K_w)는 1×10^{-14}이다.

HCl(aq)	(가)	(나)
pH	2.0	6.0
H_3O^+의 양(mol)	x	1×10^{-7}
부피(mL)	100	y

이에 대한 설명으로 옳은 것만을 〈보기〉에서 있는 대로 고른 것은? (단, 온도는 25 ℃로 일정하고, 혼합 용액의 부피는 혼합 전 각 용액의 부피의 합과 같다.)

보기
ㄱ. (가)에서 $[OH^-] = 1\times10^{-12}$ M이다.
ㄴ. $x \times y = 0.1$이다.
ㄷ. (가)와 (나)를 모두 혼합한 용액의 pH는 4.0이다.

① ㄱ ② ㄷ ③ ㄱ, ㄴ
④ ㄴ, ㄷ ⑤ ㄱ, ㄴ, ㄷ

34 ★★☆

| 2021년 3월 교육청 16번 |

표는 25 ℃ 수용액 (가)~(다)에 대한 자료이다.

수용액	(가)	(나)	(다)
pH	$x-2$	x	
pOH		$x+2$	$x-1$
부피(mL)	100	200	200

(가)~(다)에 대한 옳은 설명만을 〈보기〉에서 있는 대로 고른 것은? (단, 25 ℃에서 물의 이온화 상수(K_w)는 1×10^{-14}이다.) [3점]

보기

ㄱ. $[H_3O^+]>[OH^-]$인 수용액은 2가지이다.
ㄴ. (다)에서 $[OH^-]=1\times10^{-5}$ M이다.
ㄷ. H_3O^+의 양(mol)은 (가)가 (나)의 50배이다.

① ㄱ ② ㄴ ③ ㄱ, ㄷ
④ ㄴ, ㄷ ⑤ ㄱ, ㄴ, ㄷ

35 ★★☆

| 2020년 10월 교육청 12번 |

표는 25 ℃에서 수용액 (가)~(다)에 대한 자료이다.

수용액	(가)	(나)	(다)
pH	3	5	10
부피(mL)	50	100	200

(가)~(다)에 대한 옳은 설명만을 〈보기〉에서 있는 대로 고른 것은? (단, 25 ℃에서 물의 이온화 상수(K_w)는 1×10^{-14}이다.) [3점]

보기

ㄱ. 산성 수용액은 2가지이다.
ㄴ. (다)에서 $[OH^-]=1\times10^{-4}$ M이다.
ㄷ. H_3O^+의 양(mol)은 (가)가 (나)의 50배이다.

① ㄱ ② ㄷ ③ ㄱ, ㄴ
④ ㄴ, ㄷ ⑤ ㄱ, ㄴ, ㄷ

36 ★★☆

| 2020년 7월 교육청 12번 |

다음은 25 ℃에서 수용액의 액성에 대한 탐구 활동이다.

[탐구 활동]
(가) 수용액 X~Z의 pH 또는 pOH를 구한 뒤, 그 값을 비커에 표시한다.

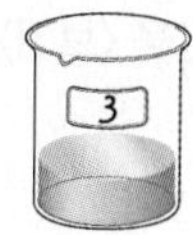

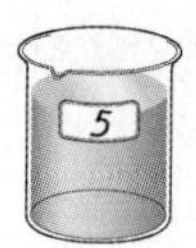

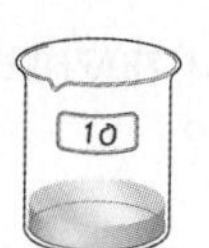

(나) 지시약으로 수용액 X~Z의 액성을 확인한다.

수용액	X	Y	Z
액성	산성	염기성	산성

이에 대한 설명으로 옳은 것만을 〈보기〉에서 있는 대로 고른 것은? (단, 25 ℃에서 물의 이온화 상수(K_w)는 1×10^{-14}이다.)

보기

ㄱ. (가)에서 pH로 표시된 수용액은 1가지이다.
ㄴ. H_3O^+의 몰 농도는 X가 Y의 100배이다.
ㄷ. H_3O^+의 양(몰)은 X가 Z의 10배이다.

① ㄱ ② ㄴ ③ ㄱ, ㄷ
④ ㄴ, ㄷ ⑤ ㄱ, ㄴ, ㄷ

37 ★★☆

| 2020년 4월 교육청 10번 |

표는 25 ℃에서 수용액 (가), (나)의 H_3O^+의 몰 농도를 나타낸 것이다.

수용액	(가)	(나)
$[H_3O^+]$	1.0×10^{-5} M	1.0×10^{-9} M

25 ℃에서 (나)가 (가)보다 큰 값을 갖는 것만을 <보기>에서 있는 대로 고른 것은?

보기

ㄱ. 물의 이온화 상수(K_w)

ㄴ. 수소 이온 농도 지수(pH)

ㄷ. OH^-의 몰 농도($[OH^-]$)

① ㄱ ② ㄴ ③ ㄱ, ㄷ
④ ㄴ, ㄷ ⑤ ㄱ, ㄴ, ㄷ

38 ★★☆

| 2020년 3월 교육청 18번 |

표는 25 ℃에서 3가지 수용액에 대한 자료이다.

수용액	(가)	(나)	(다)
pH	4	5	8
부피(mL)	100	500	500

(가)~(다)에 대한 옳은 설명만을 <보기>에서 있는 대로 고른 것은? (단, 25 ℃에서 H_2O의 이온화 상수(K_w)는 1.0×10^{-14}이다.) [3점]

보기

ㄱ. 산성 수용액은 2가지이다.

ㄴ. 수용액 속 H_3O^+의 양(mol)은 (가)가 (나)의 10배이다.

ㄷ. (다)에서 $\frac{[OH^-]}{[H_3O^+]} = 100$이다.

① ㄱ ② ㄴ ③ ㄱ, ㄷ
④ ㄴ, ㄷ ⑤ ㄱ, ㄴ, ㄷ

산과 염기의 정의

39 ★☆☆ | 2021년 10월 교육청 4번 |

다음은 산 염기 반응 (가)~(다)의 화학 반응식이다.

(가) $HCl(g) + H_2O(l) \longrightarrow Cl^-(aq) +$ [㉠](aq)
(나) $NH_3(g) + H_2O(l) \longrightarrow NH_4^+(aq) + OH^-(aq)$
(다) $NH_4^+(aq) + H_2O(l) \longrightarrow NH_3(aq) + H_3O^+(aq)$

이에 대한 옳은 설명만을 <보기>에서 있는 대로 고른 것은?

보기
ㄱ. ㉠은 H_3O^+이다.
ㄴ. $NH_3(g)$를 물에 녹인 수용액은 염기성이다.
ㄷ. (다)에서 H_2O은 브뢴스테드 · 로리 염기이다.

① ㄱ ② ㄴ ③ ㄱ, ㄷ
④ ㄴ, ㄷ ⑤ ㄱ, ㄴ, ㄷ

40 ★★☆ | 2021년 4월 교육청 12번 |

다음은 물질 AB와 CDA가 반응하여 CB와 A_2D를 생성하는 반응에서 생성물을 화학 결합 모형으로 나타낸 화학 반응식이다.

AB + CDA ⟶ $[C]^+[B]^-$ + A_2D

C^+ B^- A_2D

이에 대한 설명으로 옳은 것만을 <보기>에서 있는 대로 고른 것은? (단, A~D는 임의의 원소 기호이다.)

보기
ㄱ. AB는 브뢴스테드 · 로리 산이다.
ㄴ. DB_2의 쌍극자 모멘트는 0이다.
ㄷ. 공유 전자쌍 수는 $A_2 > D_2$이다.

① ㄱ ② ㄴ ③ ㄱ, ㄷ
④ ㄴ, ㄷ ⑤ ㄱ, ㄴ, ㄷ

Part I
교육청

03 산화 환원 반응과 화학 반응에서의 열 출입

IV. 역동적인 화학 반응

A 산화 환원 반응

1. 산화와 환원

구분	산화	환원	예
전자의 이동	물질이 전자를 잃는 반응	물질이 전자를 얻는 반응	$Mg + Cu^{2+} \longrightarrow Mg^{2+} + Cu$ (산화: Mg → Mg^{2+}, 환원: Cu^{2+} → Cu)
산소의 이동	물질이 산소를 얻는 반응	물질이 산소를 잃는 반응	$2CuO + C \longrightarrow 2Cu + CO_2$ (산화: C → CO_2, 환원: CuO → Cu)

산화 환원 반응의 예

- **연소 반응** : 연소 반응에서 연료는 산화된다.
- **철광석의 제련** : 철광석과 코크스(C)가 반응하면 철광석은 산소(O)를 잃고 환원되고, 코크스는 산소(O)를 얻어 산화된다.

2. 산화수 : 물질을 구성하는 원자가 산화되거나 환원되는 정도를 나타내기 위한 값이다.

(1) **이온 결합 물질에서의 산화수** : 각 이온의 전하와 같다.
  예 염화 칼슘($CaCl_2$)에서 Ca의 산화수는 +2, Cl의 산화수는 −1이다.

(2) **공유 결합 물질에서의 산화수** : 전기 음성도가 큰 원자가 공유 전자쌍을 모두 가진다고 가정할 때, 각 구성 원자의 전하와 같다. 예 이산화 탄소(CO_2)에서 O의 산화수는 −2, C의 산화수는 +4이다.

산화수

여러 가지 화학 반응에서 각 물질에 포함된 원자의 산화수 변화를 묻거나 산화수 변화를 이용하여 이동한 전자의 양(mol)을 계산하는 문제가 자주 출제된다.

(3) **산화수 규칙**

규칙	예
원소를 구성하는 원자의 산화수는 0이다.	Cu, H_2에서 Cu, H의 산화수는 0이다.
화합물을 구성하는 각 원자의 산화수 총합은 0이다.	H_2O에서 H의 산화수는 +1, O의 산화수는 −2이므로 $(+1)\times2+(-2)=0$이다.
일원자 이온의 산화수는 그 이온의 전하와 같다.	Cu^{2+}에서 Cu의 산화수는 +2이다.
다원자 이온에서 각 원자의 산화수 총합은 그 이온의 전하와 같다.	SO_4^{2-}에서 S의 산화수는 +6, O의 산화수는 −2이므로 $(+6)+(-2)\times4=-2$이다.
화합물에서 1족 금속 원자의 산화수는 +1, 2족 금속 원자의 산화수는 +2이다.	LiCl에서 Li의 산화수는 +1이고, $CaCl_2$에서 Ca의 산화수는 +2이다.
화합물에서 F의 산화수는 항상 −1이다.	HF, OF_2에서 F의 산화수는 모두 −1이다.
화합물에서 H의 산화수는 +1이다. (단, 금속의 수소 화합물에서는 −1이다.)	CH_4에서 H의 산화수는 +1이고, NaH에서 H의 산화수는 −1이다.
화합물에서 O의 산화수는 −2이다. (단, 과산화물에서는 −1이고, 플루오린 화합물에서는 +1 또는 +2이다.)	H_2O에서 O의 산화수는 −2이고, H_2O_2에서 O의 산화수는 −1이며, OF_2에서 O의 산화수는 +2이다.

(4) **산화수와 산화 환원** : 산화수가 증가하면 산화, 산화수가 감소하면 환원이다. ➡ 산화와 환원은 항상 동시에 일어나므로 증가한 산화수와 감소한 산화수는 같다.

$$\underset{+4}{MnO_2} + 4H\overset{-1}{Cl} \longrightarrow \underset{+2}{MnCl_2} + 2H_2O + \overset{0}{Cl_2}$$

산화(산화수 1×2 증가): Cl (−1 → 0), 환원(산화수 2 감소): Mn (+4 → +2)

산화 환원 반응의 동시성

산화된 물질이 전자를 잃고, 환원된 물질이 전자를 얻으므로 산화 환원 반응은 항상 동시에 일어난다.

3. 산화 환원 반응식

(1) **산화제와 환원제** : 다른 물질을 산화시키고 자신은 환원되는 물질을 산화제, 다른 물질을 환원시키고 자신은 산화되는 물질을 환원제라고 한다.

(2) **산화제와 환원제의 상대성** : 전자를 잃거나 얻으려는 경향은 서로 상대적이므로 같은 물질이라도 어떤 물질과 반응하느냐에 따라 산화제로 작용할 수도, 환원제로 작용할 수도 있다.

$$\underset{+4}{SO_2}(g) + 2H_2\overset{-2}{S}(g) \longrightarrow 2H_2O(l) + 3\underset{0}{S}(s)$$ ➡ SO_2이 환원된다.(산화제)

(산화: S(−2 → 0), 환원: S(+4 → 0))

$$\overset{+4}{SO_2}(g) + 2H_2O(l) + \underset{0}{Cl_2}(g) \longrightarrow H_2\overset{+6}{S}O_4(aq) + 2H\underset{-1}{Cl}(aq)$$ ➡ SO_2이 산화된다.(환원제)

(산화: S(+4 → +6), 환원: Cl(0 → −1))

산화제와 환원제

여러 가지 화학 반응식을 제시하고 각 반응에서 산화제와 환원제로 작용하는 물질을 구분하는 문제가 자주 출제된다.

(3) **산화 환원 반응식의 완성**

㉠ $Sn^{2+} + MnO_4^- + H^+ \longrightarrow Sn^{4+} + Mn^{2+} + H_2O$의 산화 환원 반응식 완성하기

[1단계] 각 원자의 산화수를 구한다.	$\underset{+2}{\underline{Sn}}^{2+} + \underset{+7\ -2}{\underline{Mn}\underline{O_4}}^- + \underset{+1}{\underline{H}}^+ \longrightarrow \underset{+4}{\underline{Sn}}^{4+} + \underset{+2}{\underline{Mn}}^{2+} + \underset{+1\ -2}{\underline{H_2O}}$
[2단계] 각 원자의 산화수 변화를 확인한다.	산화수 2 증가 / $\underset{+2}{Sn^{2+}} + \underset{+7}{MnO_4^-} + H^+ \longrightarrow \underset{+4}{Sn^{4+}} + \underset{+2}{Mn^{2+}} + H_2O$ / 산화수 5 감소
[3단계] 증가한 산화수와 감소한 산화수가 같도록 계수를 맞춘다.	산화수 2×5 증가 / $5\underset{+2}{Sn^{2+}} + 2\underset{+7}{MnO_4^-} + H^+ \longrightarrow 5\underset{+4}{Sn^{4+}} + 2\underset{+2}{Mn^{2+}} + H_2O$ / 산화수 5×2 감소
[4단계] 산화수 변화가 없는 원자들의 수가 같도록 계수를 맞춘다.	$5Sn^{2+} + 2MnO_4^- + 16H^+ \longrightarrow 5Sn^{4+} + 2Mn^{2+} + 8H_2O$

출제 tip

산화 환원 반응식의 완성

구성 원자의 산화수 변화를 이용하여 산화 환원 반응식의 계수를 구하는 문제가 자주 출제된다.

B 화학 반응에서의 열 출입

1. 발열 반응과 흡열 반응

구분	발열 반응	흡열 반응
열 출입	열을 방출하는 반응	열을 흡수하는 반응
에너지	생성물의 에너지<반응물의 에너지	생성물의 에너지>반응물의 에너지
온도 변화	열을 방출하므로 주위의 온도가 높아진다.	열을 흡수하므로 주위의 온도가 낮아진다.
㉠	연소 반응, 수증기의 액화, 손난로 속 철의 산화 반응 등	물의 기화, 광합성, 질산 암모늄의 용해 등

2. 화학 반응에서 출입하는 열의 측정

(1) **비열과 열량**

① 비열 : 물질 1 g의 온도를 1 ℃ 높이는 데 필요한 열량 (단위 : J/g·℃)

② 열량(Q) : 물질이 방출하거나 흡수하는 열에너지의 양

열량(Q)$=c$(비열)$\times m$(질량)$\times \Delta t$(온도 변화)

(2) **열량계** : 화학 반응에서 출입하는 열의 양은 열량계로 측정할 수 있다.

열용량(C)

어떤 물질의 온도를 1 ℃ 높이는 데 필요한 열량(단위 : J/℃)

➡ 열용량(C)=비열(c)×질량(m)

열량계의 종류와 열량의 측정

• 간이 열량계

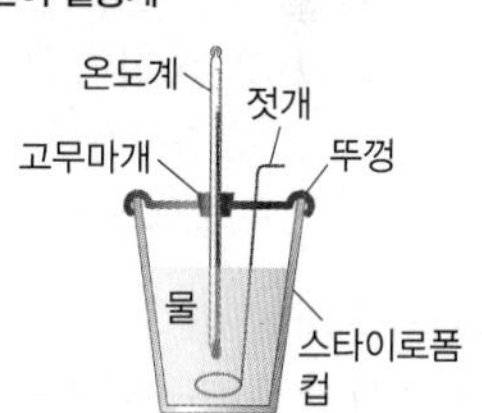

발생한 열은 열량계 속의 물이 모두 흡수한다고 가정한다.

반응에서 발생한 열량(Q)
=비열($c_{용액}$)×질량($m_{용액}$)×온도 변화(Δt)

• 통열량계

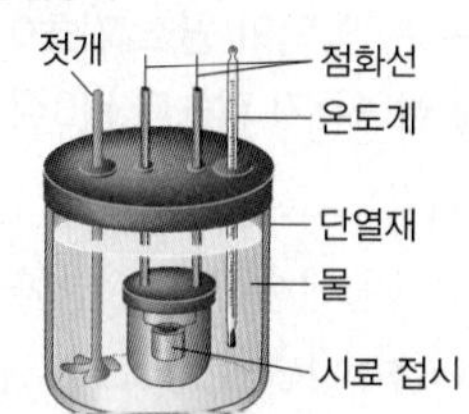

발생한 열은 모두 통열량계 속 물과 통열량계가 흡수한다고 가정한다.

반응에서 발생한 열량(Q)
$=(c_{물} \times m_{용액} \times \Delta t)+(C_{통열량계} \times \Delta t)$

실전 자료 산화 환원 반응식

다음은 산화 환원 반응 (가)~(다)의 화학 반응식이다.

(가) $Fe_2O_3 + 2Al \longrightarrow 2Fe + Al_2O_3$
(나) $Mg + 2HCl \longrightarrow MgCl_2 + H_2$
(다) $Cu + aNO_3^- + bH_3O^+ \longrightarrow Cu^{2+} + cNO_2 + dH_2O$ (a~d는 반응 계수)

❶ **(가)~(다)에서 원자의 산화수 변화와 산화제, 환원제의 구분**

• (가) : Al의 산화수는 0에서 +3으로 증가하고, Fe의 산화수는 +3에서 0으로 감소한다.
➡ Fe_2O_3은 환원되므로 산화제이고, Al은 산화되므로 환원제이다.

• (나) : Mg의 산화수는 0에서 +2로 증가하고, H의 산화수는 +1에서 0으로 감소한다.
➡ HCl은 환원되므로 산화제이고, Mg은 산화되므로 환원제이다.

• (다) : Cu의 산화수는 0에서 +2로 증가하고, N의 산화수는 +5에서 +4로 감소한다.
➡ NO_3^-은 환원되므로 산화제이고, Cu는 산화되므로 환원제이다.

❷ **(다)의 반응 계수 구하기**

• Cu의 산화수는 0에서 +2로 2만큼 증가하고, N의 산화수는 +5에서 +4로 1만큼 감소한다.
➡ Cu의 반응 계수가 1이므로 $a=c=2$이다.

• 산화수 변화가 없는 H와 O의 반응 전후 원자 수를 맞춘다.
➡ $3b=2d$, $6+b=4+d$에서 $b=4$, $d=6$이다.

산화 환원 반응

1 ★☆☆ | 2024년 10월 교육청 16번 |

다음은 $X_2O_4^{2-}$과 YO_4^-의 산화 환원 반응에 대한 자료이다. 반응물과 생성물에서 산소(O)의 산화수는 모두 -2이다.

- 화학 반응식
$$aX_2O_4^{2-} + bYO_4^- + cH^+ \longrightarrow dXO_n + eY^{2+} + fH_2O$$
(a~f는 반응 계수)
- $X_2O_4^{2-}$ 1 mol이 반응하면 Y^{2+} 0.4 mol이 생성된다.

$n \times \frac{a}{f}$는? (단, X와 Y는 임의의 원소 기호이다.) [3점]

① $\frac{5}{8}$ ② $\frac{5}{4}$ ③ $\frac{15}{8}$
④ $\frac{5}{2}$ ⑤ $\frac{7}{2}$

2 ★☆☆ | 2024년 10월 교육청 17번 |

다음은 금속 A~C의 산화 환원 반응 실험이다. B와 C의 이온은 각각 B^{m+}과 C^{n+}이고, m과 n은 3 이하의 자연수이다.

[실험 과정]
(가) A^+ $10N$ mol이 들어 있는 수용액에 B(s) x g을 넣어 반응을 완결시킨다.
(나) (가)의 수용액에 C(s) y g을 넣어 반응을 완결시킨다.

[실험 결과]
- 각 과정 후 수용액에 들어 있는 모든 양이온에 대한 자료

과정	(가)	(나)
양이온의 종류	B^{m+}	B^{m+}, C^{n+}
모든 양이온의 양(mol)	$5N$	$4N$

이에 대한 옳은 설명만을 <보기>에서 있는 대로 고른 것은? (단, A~C는 임의의 원소 기호이고 물과 반응하지 않으며, 음이온은 반응에 참여하지 않는다.) [3점]

보기
ㄱ. (가)에서 B(s)는 산화제로 작용한다.
ㄴ. $m+n=5$이다.
ㄷ. C의 원자량은 $\frac{y}{2N}$이다.

① ㄱ ② ㄴ ③ ㄱ, ㄷ
④ ㄴ, ㄷ ⑤ ㄱ, ㄴ, ㄷ

3 ★★★ | 2024년 7월 교육청 17번 |

다음은 금속 A～C의 산화 환원 반응 실험이다.

[실험 Ⅰ]
- A^{m+} $10N$ mol이 들어 있는 수용액에 C(s) w g을 넣어 반응을 완결시킨다.

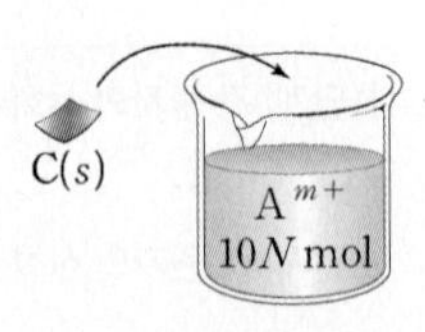

[실험 Ⅱ]
- B^+ $12N$ mol이 들어 있는 수용액에 C(s) w g을 넣어 반응을 완결시킨다.

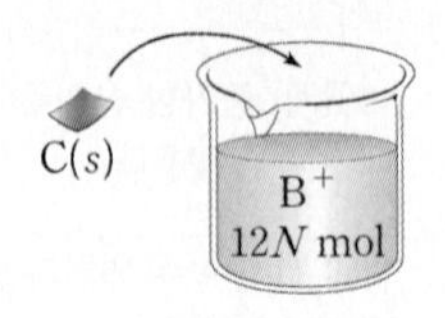

[실험 결과]
- Ⅰ과 Ⅱ에서 C(s)는 모두 C^{n+}이 되었다.
- 반응이 완결된 후 수용액에 들어 있는 양이온의 종류와 양

실험	Ⅰ	Ⅱ
양이온의 종류	A^{m+}, C^{n+}	C^{n+}
전체 양이온의 양(mol)	$8N$	$4N$

이에 대한 설명으로 옳은 것만을 <보기>에서 있는 대로 고른 것은? (단, A~C는 임의의 원소 기호이고, 물과 반응하지 않으며, 음이온은 반응에 참여하지 않는다.)

보기
ㄱ. Ⅱ에서 B의 산화수는 감소한다.
ㄴ. Ⅰ에서 반응이 완결된 후 양이온 수 비는 $A^{m+} : C^{n+} =$ 1 : 1이다.
ㄷ. $n>m$이다.

① ㄱ ② ㄷ ③ ㄱ, ㄴ
④ ㄴ, ㄷ ⑤ ㄱ, ㄴ, ㄷ

4 ★★★ | 2024년 7월 교육청 13번 |

다음은 금속 M과 관련된 산화 환원 반응에 대한 자료이다. M의 산화물에서 산소(O)의 산화수는 −2이다.

- 화학 반응식 :
  $aM(OH)_4^- + bClO^- + cOH^- \rightarrow aMO_x^{2-} + bCl^- + dH_2O$
  (a~d는 반응 계수)
- 반응물 중 산화제와 환원제는 3 : 2의 몰비로 반응한다.
- $M(OH)_4^-$ y mol이 반응할 때 생성된 H_2O의 양은 1 mol 이다.

$\frac{y}{x}$는? (단, M은 임의의 원소 기호이다.) [3점]

① $\frac{1}{10}$　② $\frac{5}{8}$　③ $\frac{8}{5}$　④ $\frac{5}{2}$　⑤ 10

5 ★★☆ | 2024년 5월 교육청 12번 |

다음은 금속 A~C의 산화 환원 반응 실험이다.

[실험 과정 및 결과]
(가) A^+ $10N$ mol이 들어 있는 수용액을 준비한다.
(나) (가)의 수용액에 $B(s)$를 넣은 후 반응을 완결시켰더니 B^{3+} $3N$ mol이 생성되었고, $A(s)$ x mol이 석출되었다.
(다) (나)의 수용액에 충분한 양의 $C(s)$를 넣은 후 반응을 완결시켰더니 C^{m+} $5N$ mol이 생성되었고, 모든 A^+과 B^{3+}은 각각 $A(s)$와 $B(s)$로 석출되었다.

이에 대한 설명으로 옳은 것만을 〈보기〉에서 있는 대로 고른 것은? (단, A~C는 임의의 원소 기호이고, A~C는 물과 반응하지 않으며, 음이온은 반응에 참여하지 않는다.)

보기
ㄱ. (나)에서 $B(s)$는 산화제로 작용한다.
ㄴ. $x=9N$이다.
ㄷ. $m=2$이다.

① ㄱ　② ㄴ　③ ㄱ, ㄷ　④ ㄴ, ㄷ　⑤ ㄱ, ㄴ, ㄷ

6 ★★☆ | 2024년 5월 교육청 17번 |

다음은 산화 환원 반응의 화학 반응식이다.

$$aCrO_2^- + bClO^- + cH_2O \longrightarrow dCrO_4^{2-} + eCl_2 + fOH^-$$
(a~f는 반응 계수)

$\frac{f}{a+b}$는?

① $\frac{1}{5}$　② $\frac{1}{4}$　③ $\frac{2}{5}$　④ $\frac{1}{2}$　⑤ $\frac{3}{4}$

7 ★★☆ | 2024년 3월 교육청 5번 |

다음은 산화 환원 반응의 화학 반응식이다.

$$MnO_2 + 2I^- + 4H^+ \longrightarrow Mn^{n+} + I_2 + 2H_2O$$

이에 대한 옳은 설명만을 〈보기〉에서 있는 대로 고른 것은?

보기
ㄱ. I의 산화수는 감소한다.
ㄴ. $n=3$이다.
ㄷ. MnO_2는 산화제이다.

① ㄱ　② ㄷ　③ ㄱ, ㄴ　④ ㄴ, ㄷ　⑤ ㄱ, ㄴ, ㄷ

8 ★★☆

| 2024년 3월 교육청 15번 |

그림은 금속 이온 A^{m+} $6N$ mol이 들어 있는 수용액에 금속 $B(s)$와 $C(s)$를 차례대로 넣는 과정을 나타낸 것이고, 표는 반응을 완결시켰을 때 수용액 (가)와 (나)에 들어 있는 양이온에 대한 자료이다. m과 n은 3 이하의 자연수이다.

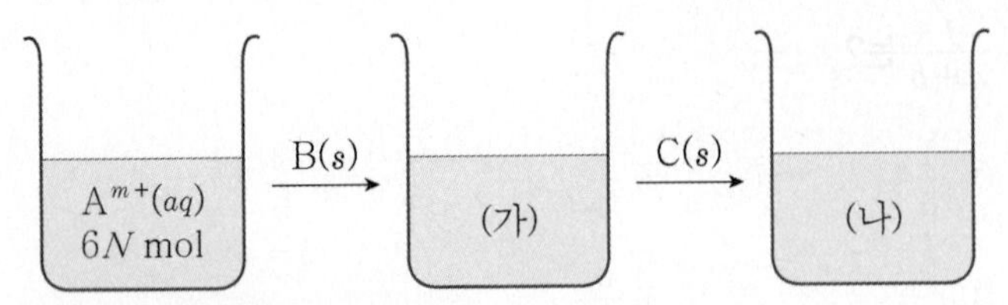

수용액	(가)	(나)
양이온의 종류	B^{n+}	B^{n+}, C^{+}
전체 양이온의 양(mol)	$9N$	$12N$

이에 대한 옳은 설명만을 〈보기〉에서 있는 대로 고른 것은? (단, A~C는 임의의 원소 기호이고 물과 반응하지 않으며, 음이온은 반응에 참여하지 않는다.) [3점]

보기

ㄱ. $A^{m+}(aq)$에 $B(s)$를 넣으면 A^{m+}이 환원된다.

ㄴ. $m+n=4$이다.

ㄷ. (나)에서 B^{n+}과 C^{+}의 양(mol)은 같다.

① ㄱ ② ㄴ ③ ㄱ, ㄷ ④ ㄴ, ㄷ ⑤ ㄱ, ㄴ, ㄷ

9 ★☆☆

| 2023년 10월 교육청 5번 |

다음은 산화 환원 반응의 화학 반응식이다. YO_4^-에서 O의 산화수는 -2이다.

$$aX^{2+} + bYO_4^- + cH^+ \longrightarrow aX^{4+} + bY^{2+} + dH_2O$$

(a~d는 반응 계수)

$\frac{b+d}{a+c}$는? (단, X, Y는 임의의 원소 기호이다.) [3점]

① $\frac{1}{3}$ ② $\frac{2}{5}$ ③ $\frac{10}{23}$ ④ $\frac{10}{21}$ ⑤ $\frac{1}{2}$

10 ★★☆

| 2023년 10월 교육청 9번 |

다음은 금속 A~C의 산화 환원 반응 실험이다.

[실험 과정]

(가) 비커에 A^{+} n mol과 B^{b+} n mol이 들어 있는 수용액을 넣는다.

(나) (가)의 비커에 $C(s)$ w g을 넣어 반응을 완결시킨다.

(다) (나)의 비커에 $C(s)$ $2w$ g을 넣어 반응을 완결시킨다.

[실험 결과]

• 각 과정 후 비커에 들어 있는 금속 양이온과 금속의 종류

과정	(나)	(다)
금속 양이온의 종류	B^{b+}, C^{2+}	C^{2+}
금속의 종류	A	A, B

이에 대한 옳은 설명만을 〈보기〉에서 있는 대로 고른 것은? (단, A~C는 임의의 원소 기호이고, A~C는 물과 반응하지 않으며, 음이온은 반응에 참여하지 않는다.)

보기

ㄱ. (나)에서 $C(s)$는 환원제로 작용한다.

ㄴ. $b=2$이다.

ㄷ. (다) 과정 후 수용액 속 C^{2+}의 양은 $\frac{3}{2}n$ mol이다.

① ㄱ ② ㄷ ③ ㄱ, ㄴ ④ ㄴ, ㄷ ⑤ ㄱ, ㄴ, ㄷ

11 ★★☆ | 2023년 7월 교육청 5번 |

다음은 금속 A~C의 산화 환원 반응 실험이다.

[실험 I]
- A^{2+} $3N$ mol이 들어 있는 수용액에 충분한 양의 B(s)를 넣어 반응을 완결시킨다.

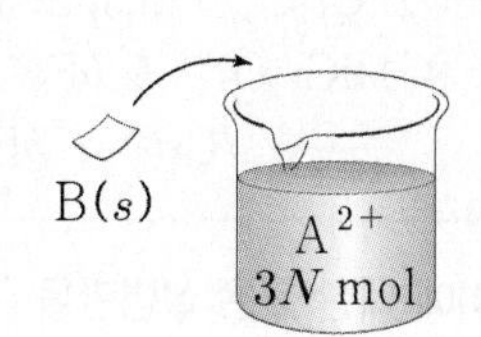

[실험 II]
- B^{m+} $3N$ mol이 들어 있는 수용액에 충분한 양의 C(s)를 넣어 반응을 완결시킨다.

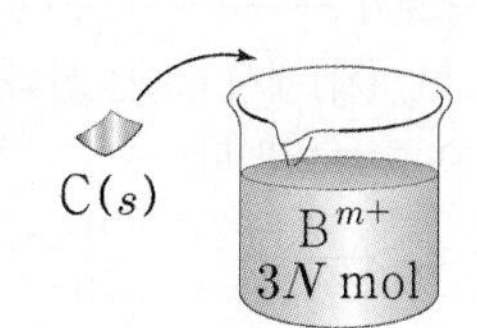

[실험 결과]
- 반응이 완결된 후 수용액에 들어 있는 양이온의 종류와 양(mol)

실험	I	II
양이온의 종류	B^{m+}	C^{+}
양이온의 양(mol)	$2N$	xN

이에 대한 설명으로 옳은 것만을 〈보기〉에서 있는 대로 고른 것은? (단, A~C는 임의의 원소 기호이고, A~C는 물과 반응하지 않으며, 음이온은 반응에 참여하지 않는다.) [3점]

〈보기〉
ㄱ. $m=3$이다.
ㄴ. $x=1$이다.
ㄷ. 실험 I에서 B(s)는 산화제로 작용한다.

① ㄱ ② ㄴ ③ ㄱ, ㄷ
④ ㄴ, ㄷ ⑤ ㄱ, ㄴ, ㄷ

12 ★★☆ | 2023년 7월 교육청 12번 |

다음은 금속 M과 관련된 산화 환원 반응에 대한 자료이다.

- 화학 반응식 :
$$aM^{2+} + BrO_n^- + bH^+ \longrightarrow aM^{n+} + Br^- + cH_2O$$
(a~c는 반응 계수)
- Br의 산화수는 6만큼 감소한다.

$\frac{a+b}{c}$는? (단, M은 임의의 원소 기호이다.)

① 1 ② 2 ③ 3
④ 4 ⑤ 5

13 ★★☆ | 2023년 4월 교육청 13번 |

그림은 금속 이온 $X^{2+}(aq)$이 들어 있는 비커에 금속 Y(s)를 넣어 반응을 완결시켰을 때, 반응 전과 후 수용액에 존재하는 금속 양이온만을 모형으로 나타낸 것이다.

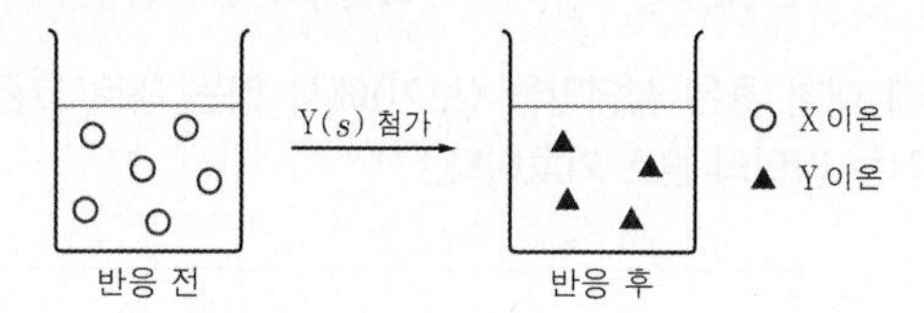

이 반응에 대한 설명으로 옳은 것만을 〈보기〉에서 있는 대로 고른 것은? (단, X, Y는 임의의 원소 기호이고, X, Y는 물과 반응하지 않으며, 음이온은 반응에 참여하지 않는다.)

〈보기〉
ㄱ. X의 산화수는 감소한다.
ㄴ. Y(s)는 산화제이다.
ㄷ. Y 이온의 산화수는 +3이다.

① ㄱ ② ㄴ ③ ㄱ, ㄷ
④ ㄴ, ㄷ ⑤ ㄱ, ㄴ, ㄷ

14 ★★★ | 2023년 4월 교육청 18번 |

다음은 금속 X, Y와 관련된 산화 환원 반응에 대한 자료이다. Y의 산화물에서 O의 산화수는 −2이다.

- 화학 반응식 :
$$aX^{m+} + bYO_n^- + cH^+ \longrightarrow aX^{(m+2)+} + bY^{m+} + dH_2O$$
(a~d는 반응 계수)
- Y의 산화수는 $(n+1)$만큼 감소한다.
- 산화제와 환원제는 $2 : (2m+1)$의 몰비로 반응한다.

$m+n$은? (단, X, Y는 임의의 원소 기호이다.) [3점]

① 3 ② 4 ③ 5
④ 6 ⑤ 7

15 ★★☆ | 2023년 3월 교육청 3번 |

다음은 $ANO_3(aq)$에 금속 $B(s)$를 넣었을 때 일어나는 반응의 화학 반응식이다. 금속 A의 원자량은 a이다.

$$2A^{+}(aq) + B(s) \longrightarrow 2A(s) + B^{m+}(aq)$$

이 반응에 대한 옳은 설명만을 〈보기〉에서 있는 대로 고른 것은? (단, A, B는 임의의 원소 기호이다.)

보기
ㄱ. $m=2$이다.
ㄴ. $B(s)$는 산화제이다.
ㄷ. $B(s)$ 1 mol이 모두 반응하였을 때 생성되는 $A(s)$의 질량은 $\frac{1}{2}a$ g이다.

① ㄱ ② ㄷ ③ ㄱ, ㄴ
④ ㄴ, ㄷ ⑤ ㄱ, ㄴ, ㄷ

16 ★★☆ | 2023년 3월 교육청 13번 |

다음은 산화 환원 반응의 화학 반응식이다.

$$a\text{Cu} + b\text{NO}_3^- + c\text{H}^+ \longrightarrow a\text{Cu}^{2+} + b\text{NO} + d\text{H}_2\text{O}$$

(a~d는 반응 계수)

$\frac{b+d}{a+c}$는?

① $\frac{6}{11}$ ② $\frac{8}{13}$ ③ $\frac{10}{7}$
④ $\frac{13}{6}$ ⑤ $\frac{9}{4}$

17 ★★☆ | 2022년 10월 교육청 15번 |

다음은 산화 환원 반응 (가)와 (나)의 화학 반응식이다.

(가) $Cr_2O_3 + 3Cl_2 + 3C \longrightarrow 2Cr^{n+} + 6Cl^- + 3CO$
(나) $aCr_2O_7^{2-} + bFe^{2+} + cH^+ \longrightarrow dCr^{n+} + bFe^{3+} + eH_2O$ (a~e는 반응 계수)

이에 대한 옳은 설명만을 〈보기〉에서 있는 대로 고른 것은? [3점]

보기
ㄱ. (가)에서 Cl_2는 산화제이다.
ㄴ. $n=3$이다.
ㄷ. $\frac{d+e}{a+b+c}=\frac{9}{20}$이다.

① ㄱ ② ㄷ ③ ㄱ, ㄴ
④ ㄴ, ㄷ ⑤ ㄱ, ㄴ, ㄷ

18 ★★☆ | 2022년 7월 교육청 16번 |

다음은 산화 환원 반응의 화학 반응식이다.

(가) $N_2 + 3H_2 \longrightarrow 2NH_3$
(나) $2H_2 + 2NO \longrightarrow 2H_2O + N_2$
(다) $aHNO_3 + bCO \longrightarrow aNO + bCO_2 + cH_2O$
(a~c는 반응 계수)

이에 대한 설명으로 옳은 것만을 〈보기〉에서 있는 대로 고른 것은?

보기
ㄱ. (가)에서 N의 산화수는 증가한다.
ㄴ. (나)에서 H_2는 환원제이다.
ㄷ. (다)에서 $\frac{b}{a+c}=1$이다.

① ㄱ ② ㄴ ③ ㄱ, ㄷ
④ ㄴ, ㄷ ⑤ ㄱ, ㄴ, ㄷ

19 ★★☆ | 2022년 4월 교육청 9번 |

다음은 어떤 산화 환원 반응에 대한 자료이다.

- 화학 반응식 :
$a\text{MnO}_4^- + b\text{Cl}^- + c\text{H}^+ \longrightarrow a\text{Mn}^{n+} + 5\text{Cl}_2 + d\text{H}_2\text{O}$
(a~d는 반응 계수)
- Mn의 산화수는 5만큼 감소한다.

이에 대한 설명으로 옳은 것만을 〈보기〉에서 있는 대로 고른 것은? [3점]

보기
ㄱ. n은 2이다.
ㄴ. Cl의 산화수는 2만큼 증가한다.
ㄷ. $a+c=b+d$이다.

① ㄱ ② ㄴ ③ ㄱ, ㄷ
④ ㄴ, ㄷ ⑤ ㄱ, ㄴ, ㄷ

20 ★★★ | 2022년 3월 교육청 7번 |

다음은 산화 환원 반응 (가)와 (나)의 화학 반응식이다.

(가) $2\text{CH}_3\text{OH} + 3\text{O}_2 \longrightarrow 2\text{CO}_2 + 4\text{H}_2\text{O}$
(나) $a\text{Sn}^{2+} + b\text{MnO}_4^- + 16\text{H}^+ \longrightarrow a\text{Sn}^{4+} + b\text{Mn}^{2+} + 8\text{H}_2\text{O}$ (a, b는 반응 계수)

이에 대한 옳은 설명만을 〈보기〉에서 있는 대로 고른 것은? [3점]

보기
ㄱ. (가)에서 O_2는 환원제이다.
ㄴ. (나)에서 Mn의 산화수는 감소한다.
ㄷ. $a+b=3$이다.

① ㄴ ② ㄷ ③ ㄱ, ㄴ
④ ㄱ, ㄷ ⑤ ㄴ, ㄷ

21 ★★☆ | 2021년 10월 교육청 11번 |

다음은 산화 환원 반응 (가)~(다)의 화학 반응식이다.

(가) $2\text{Na} + 2\text{H}_2\text{O} \longrightarrow 2\text{NaOH} + \text{H}_2$
(나) $\text{Fe}_2\text{O}_3 + 3\text{CO} \longrightarrow 2\text{Fe} + 3\text{CO}_2$
(다) $a\text{Sn}^{2+} + 2\text{MnO}_4^- + b\text{H}^+ \longrightarrow c\text{Sn}^{4+} + 2\text{Mn}^{2+} + d\text{H}_2\text{O}$
(a~d는 반응 계수)

이에 대한 옳은 설명만을 〈보기〉에서 있는 대로 고른 것은?

보기
ㄱ. (가)에서 Na의 산화수는 증가한다.
ㄴ. (나)에서 CO는 산화제이다.
ㄷ. (다)에서 $\frac{c+d}{a+b} > \frac{2}{3}$이다.

① ㄱ ② ㄴ ③ ㄱ, ㄷ
④ ㄴ, ㄷ ⑤ ㄱ, ㄴ, ㄷ

22 ★★★ | 2021년 7월 교육청 15번 |

다음은 산화 환원 반응의 화학 반응식이다.

$a\text{Cl}_2\text{O}_7(g) + b\text{H}_2\text{O}_2(aq) + c\text{OH}^-(aq) \longrightarrow c\text{ClO}_2^-(aq) + b\text{O}_2(g) + d\text{H}_2\text{O}(l)$
(a~d는 반응 계수)

이에 대한 설명으로 옳은 것만을 〈보기〉에서 있는 대로 고른 것은? [3점]

보기
ㄱ. H_2O_2는 환원제이다.
ㄴ. Cl의 산화수는 4만큼 감소한다.
ㄷ. $a+d=b+c$이다.

① ㄱ ② ㄷ ③ ㄱ, ㄴ
④ ㄴ, ㄷ ⑤ ㄱ, ㄴ, ㄷ

23 ★★☆ | 2021년 4월 교육청 18번 |

다음은 산화 환원 반응의 화학 반응식이다.

$$a\mathrm{MnO_4^-} + b\mathrm{H_2S} + c\mathrm{H^+} \longrightarrow a\mathrm{Mn^{2+}} + b\mathrm{S} + d\mathrm{H_2O}$$

(a~d는 반응 계수)

이에 대한 설명으로 옳은 것만을 〈보기〉에서 있는 대로 고른 것은?

보기

ㄱ. H_2S는 산화제이다.

ㄴ. MnO_4^- 1 mol이 반응할 때 이동한 전자의 양은 5 mol이다.

ㄷ. $\frac{c+d}{a+b}=5$이다.

① ㄱ ② ㄴ ③ ㄷ
④ ㄱ, ㄴ ⑤ ㄴ, ㄷ

24 ★★☆ | 2021년 3월 교육청 15번 |

다음은 2가지 산화 환원 반응의 화학 반응식이다.

(가) $\mathrm{Cu} + 2\mathrm{Ag^+} \longrightarrow \mathrm{Cu^{2+}} + 2\mathrm{Ag}$

(나) $a\mathrm{H_2O_2} + b\mathrm{I^-} + c\mathrm{H^+} \longrightarrow d\mathrm{I_2} + e\mathrm{H_2O}$

(a~e는 반응 계수)

이에 대한 옳은 설명만을 〈보기〉에서 있는 대로 고른 것은?

보기

ㄱ. (가)에서 Cu는 산화된다.

ㄴ. (나)에서 H_2O_2는 환원제이다.

ㄷ. (나)에서 $\frac{d+e}{a+b+c}=\frac{4}{7}$이다.

① ㄱ ② ㄷ ③ ㄱ, ㄴ
④ ㄱ, ㄷ ⑤ ㄴ, ㄷ

화학 반응에서의 열 출입

25 ★☆☆ | 2022년 10월 교육청 2번 |

다음은 반응의 열 출입을 이용하는 사례에 대한 설명이다.

- ㉠ 산화 칼슘(CaO)과 물(H_2O)의 반응을 이용하여 음식을 데울 수 있다.
- ㉡ 철(Fe)의 산화 반응을 이용하여 손난로를 만들 수 있다.
- ㉢ 질산 암모늄(NH_4NO_3)의 용해 반응을 이용하여 냉각 팩을 만들 수 있다.

㉠~㉢ 중 흡열 반응만을 있는 대로 고른 것은?

① ㉠ ② ㉢ ③ ㉠, ㉡
④ ㉠, ㉢ ⑤ ㉡, ㉢

26 ★☆☆ | 2022년 7월 교육청 1번 |

다음은 어떤 제품의 광고와 이에 대한 학생과 선생님의 대화이다.

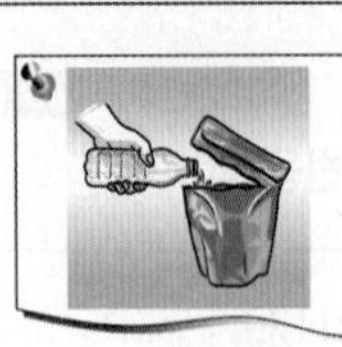
봉지를 뜯고 찬물을 부어 주세요!
어디서든 음식을 데울 수 있습니다!

학　생 : 봉지 안에 찬물을 부었는데 어떻게 음식이 데워질 수 있어요?

선생님 : 봉지 안에는 산화 칼슘(CaO)이 들어 있어요. 물(H_2O)을 부으면 산화 칼슘과 물이 반응해서 열이 발생하는데, 그 열로 음식이 데워질 수 있는 거예요.

학 생 : 산화 칼슘과 물의 반응은 주위로 열을 방출하는 반응이므로 [㉠] 반응이겠군요.

㉠으로 가장 적절한 것은?

① 발열 ② 산화 ③ 연소
④ 중화 ⑤ 흡열

27 ★☆☆

| 2022년 4월 교육청 2번 |

다음은 수산화 나트륨이 물에 녹을 때 발생하는 열량을 구하기 위해 학생 A가 수행한 실험 과정이다.

> [실험 과정]
> (가) 물 100 g을 준비하고, 물의 온도를 측정한다.
> (나) 수산화 나트륨 1 g을 (가)의 물에 모두 녹인 후 용액의 최고 온도를 측정한다.

다음 중 학생 A가 사용한 실험 장치로 가장 적절한 것은?

①
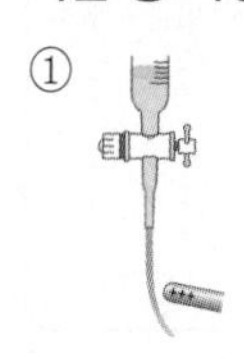

②
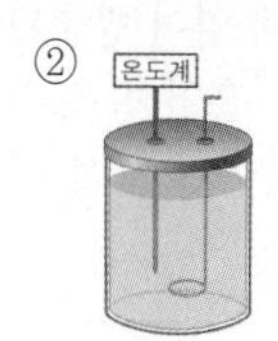

③
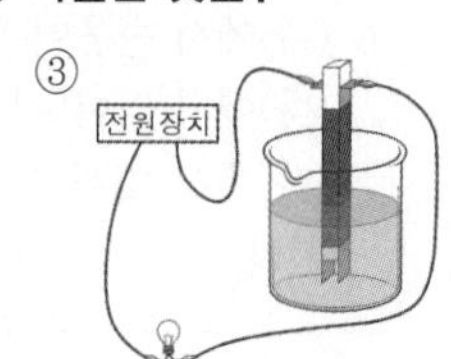

④
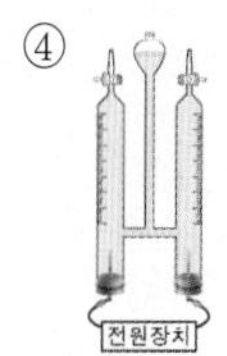

⑤
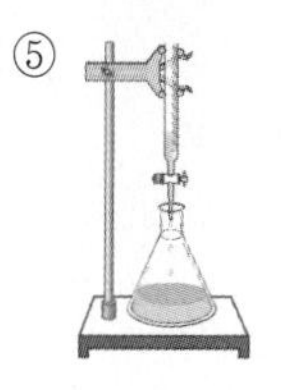

28 ★★☆

| 2022년 3월 교육청 3번 |

다음은 요소수와 관련된 설명이다.

> 경유를 연료로 사용하는 디젤 엔진에서는 대기 오염 물질인 질소 산화물이 생성된다. 디젤 엔진에 요소($(NH_2)_2CO$)와 물이 혼합된 요소수를 넣어 주면, ㉠ 연료의 연소 반응이 일어날 때 발생하는 열을 흡수하여 ㉡ 요소가 분해되면서 암모니아가 생성되는 반응이 일어난다. 이 과정에서 생성된 암모니아가 질소 산화물을 질소 기체로 변화시킨다.

이에 대한 옳은 설명만을 <보기>에서 있는 대로 고른 것은?

> 보기
> ㄱ. ㉠은 발열 반응이다.
> ㄴ. ㉡은 흡열 반응이다.
> ㄷ. 디젤 엔진에 요소수를 넣어 주면 대기 오염을 줄일 수 있다.

① ㄱ ② ㄴ ③ ㄱ, ㄷ
④ ㄴ, ㄷ ⑤ ㄱ, ㄴ, ㄷ

29 ★☆☆

| 2021년 10월 교육청 2번 |

다음은 화학 반응에서 출입하는 열을 이용하는 생활 속의 사례이다.

> (가) 휴대용 냉각 팩에 들어 있는 질산 암모늄이 물에 용해되면서 팩이 차가워진다.
> (나) 겨울철 도로에 쌓인 눈에 염화 칼슘을 뿌리면 염화 칼슘이 용해되면서 눈이 녹는다.
> (다) 아이스크림 상자에 드라이아이스를 넣으면 드라이아이스가 승화되면서 상자 안의 온도가 낮아진다.

이에 대한 옳은 설명만을 <보기>에서 있는 대로 고른 것은?

> 보기
> ㄱ. (가)에서 질산 암모늄의 용해 반응은 흡열 반응이다.
> ㄴ. (나)에서 염화 칼슘이 용해될 때 열을 방출한다.
> ㄷ. (다)에서 드라이아이스의 승화는 발열 반응이다.

① ㄱ ② ㄷ ③ ㄱ, ㄴ
④ ㄴ, ㄷ ⑤ ㄱ, ㄴ, ㄷ

30 ★☆☆

| 2021년 4월 교육청 2번 |

다음은 실험 보고서의 일부이다.

> [실험 제목]
> ㉠
>
> [실험 과정]
> (가) 그림과 같이 간이 열량계에 물 100 g을 넣고 온도를 측정한다.
> (나) 염화 칼슘 10 g을 (가)의 물에 녹이고 용액의 최고 온도를 측정한다.

다음 중 ㉠으로 가장 적절한 것은?

① 가역 반응 확인하기
② 용액의 pH 측정하기
③ 물질의 전기 전도성 확인하기
④ 중화 반응에서 양적 관계 확인하기
⑤ 화학 반응에서 열의 출입 측정하기

31 ★★☆ | 2021년 7월 교육청 10번 |

다음은 스타이로폼 컵 열량계를 이용하여 열의 출입을 측정하는 실험이다.

[실험 I]

(가) 열량계에 물 48 g을 넣고 온도(t_1)를 측정한다.

(나) (가)에 A(*s*) 2 g을 넣고 젓개로 저어 완전히 녹인 후 수용액의 최고 온도(t_2)를 측정한다.

(다) 실험에서 출입한 열량을 계산한다.

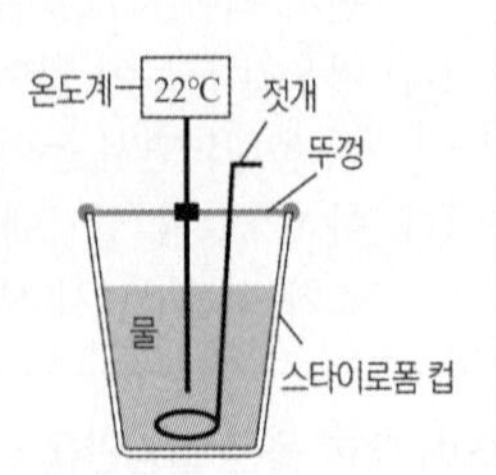

[실험 II]

• 물의 질량을 98 g으로 바꾼 후 (가)~(다)를 수행한다.

[실험 결과 및 자료]

실험	물의 질량	t_1	t_2	출입한 열량
I	48 g	22 ℃	29 ℃	a J
II	98 g	22 ℃	x ℃	a J

• 실험 I과 II에서 수용액의 비열은 같다.

이에 대한 설명으로 옳은 것만을 〈보기〉에서 있는 대로 고른 것은? (단, 용해 반응 이외의 반응은 일어나지 않으며, 반응에서 출입하는 열은 열량계 속 수용액의 온도만을 변화시킨다.)

〈보기〉

ㄱ. A(*s*)가 용해되는 반응은 흡열 반응이다.

ㄴ. $x<29$이다.

ㄷ. 실험 I에서 수용액의 비열(J/g · ℃)은 $\frac{a}{350}$이다.

① ㄱ ② ㄴ ③ ㄱ, ㄷ ④ ㄴ, ㄷ ⑤ ㄱ, ㄴ, ㄷ

32 ★☆☆ | 2021년 3월 교육청 2번 |

다음은 2가지 반응에서 열의 출입을 알아보기 위한 실험이다.

실험	실험 과정 및 결과
(가)	물이 담긴 비커에 수산화 나트륨(NaOH)을 넣고 녹였더니 수용액의 온도가 올라갔다.
(나)	물이 담긴 비커에 질산 암모늄(NH_4NO_3)을 넣고 녹였더니 수용액의 온도가 내려갔다.

이에 대한 옳은 설명만을 〈보기〉에서 있는 대로 고른 것은?

〈보기〉

ㄱ. (가)에서 반응이 일어날 때 열이 방출된다.

ㄴ. (나)에서 일어나는 반응은 흡열 반응이다.

ㄷ. (나)에서 일어나는 반응을 이용하여 냉찜질 팩을 만들 수 있다.

① ㄱ ② ㄷ ③ ㄱ, ㄴ ④ ㄴ, ㄷ ⑤ ㄱ, ㄴ, ㄷ

33 ★☆☆ | 2020년 10월 교육청 5번 |

다음은 질산 암모늄(NH_4NO_3)과 관련된 실험이다.

[실험 과정]

(가) 열량계에 20 ℃ 물 100 g을 넣는다.

(나) (가)의 열량계에 NH_4NO_3 w g을 넣고 모두 용해시킨다.

(다) 수용액의 최저 온도를 측정한다.

(라) 20 ℃ 물 200 g을 이용하여 (가)~(다)를 수행한다.

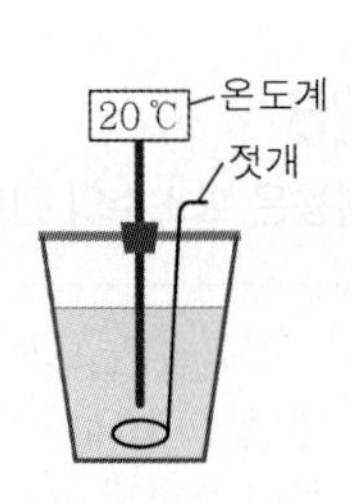

[실험 결과]

• (다)에서 측정한 수용액의 최저 온도 : 18 ℃

• (라)에서 측정한 수용액의 최저 온도 : t ℃

이에 대한 옳은 설명만을 〈보기〉에서 있는 대로 고른 것은?

〈보기〉

ㄱ. NH_4NO_3의 용해 반응은 흡열 반응이다.

ㄴ. $t>18$이다.

ㄷ. NH_4NO_3의 용해 반응은 냉각 팩에 이용될 수 있다.

① ㄱ ② ㄷ ③ ㄱ, ㄴ ④ ㄴ, ㄷ ⑤ ㄱ, ㄴ, ㄷ

I
화학의 첫걸음

01

우리 생활 속의 화학

2026학년도 수능 출제 예측

2025학년도 수능, 평가원 분석

수능과 6, 9월 평가원에서 모두 일상생활에 사용되고 있는 물질의 이용 사례가 제시되었고, 탄소 화합물의 정의와 열 출입(발열 반응, 흡열 반응)에 대해 묻는 보기가 출제되었다.

2026학년도 수능 예측

매년 한 문제씩 출제되는 단원이다. 교과서에서 다룬 주요 물질(아세트산, 에탄올, 메테인, 뷰테인)은 물론이고, 그 밖에 학습하지 않은 물질의 화학식과 이용 사례를 제시하여 물질의 성질을 파악하는 문제가 출제될 가능성이 높다.

1 ★☆☆ | 2025학년도 수능 1번 |

다음은 일상생활에서 사용하는 제품과 이와 관련된 성분 (가)와 (나)에 대한 자료이다.

(가) 아세트산(CH_3COOH)

(나) 뷰테인(C_4H_{10})

이에 대한 설명으로 옳은 것만을 〈보기〉에서 있는 대로 고른 것은?

보기
ㄱ. (가)의 수용액과 $KOH(aq)$의 중화 반응은 흡열 반응이다.
ㄴ. (나)의 연소 반응이 일어날 때 주위로 열을 방출한다.
ㄷ. (가)와 (나)는 모두 탄소 화합물이다.

① ㄱ ② ㄴ ③ ㄱ, ㄴ ④ ㄱ, ㄷ ⑤ ㄴ, ㄷ

2 ★☆☆ | 2025학년도 9월 평가원 1번 |

다음은 일상생활에서 사용되고 있는 물질에 대한 자료이다.

버스 연료로 이용되는 액화 천연 가스(LNG)는 ㉠ 메테인(CH_4)이 주성분이다.

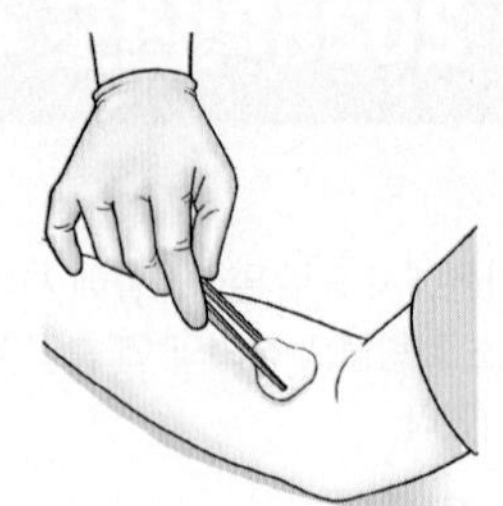
의료용 알코올 솜으로 피부를 닦으면 주성분인 ㉡ 에탄올(C_2H_5OH)이 증발하면서 피부가 시원해진다.

이에 대한 설명으로 옳은 것만을 〈보기〉에서 있는 대로 고른 것은?

보기
ㄱ. ㉠은 탄소 화합물이다.
ㄴ. ㉠의 연소 반응은 흡열 반응이다.
ㄷ. ㉡이 증발할 때 주위로부터 열을 흡수한다.

① ㄱ ② ㄷ ③ ㄱ, ㄴ ④ ㄱ, ㄷ ⑤ ㄴ, ㄷ

3 ★☆☆ | 2025학년도 6월 평가원 1번 |

그림은 학생 A가 작성한 캠핑 준비물 목록의 일부를 나타낸 것이다.

캠핑 준비물
☑ ㉠ 나일론 소재의 옷
☑ ㉡ 설탕($C_{12}H_{22}O_{11}$)과 소금
☑ ㉢ 숯과 화로

이에 대한 설명으로 옳은 것만을 〈보기〉에서 있는 대로 고른 것은?

보기
ㄱ. ㉠은 합성 섬유이다.
ㄴ. ㉡은 탄소 화합물이다.
ㄷ. ㉢의 연소 반응은 발열 반응이다.

① ㄱ ② ㄷ ③ ㄱ, ㄴ ④ ㄴ, ㄷ ⑤ ㄱ, ㄴ, ㄷ

4 ★☆☆ | 2024학년도 수능 1번 |

다음은 일상생활에서 사용되고 있는 물질에 대한 자료이다.

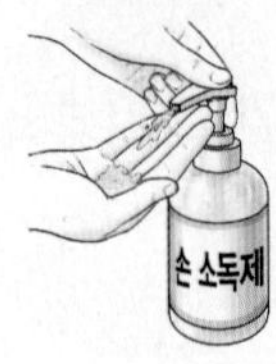

㉠ 에탄올(C_2H_5OH)이 주성분인 손 소독제를 손에 바르면, 에탄올이 증발하면서 손이 시원해진다.

손난로를 흔들면, 손난로 속에 있는 ㉡ 철가루(Fe)가 산화되면서 열을 방출한다.

이에 대한 설명으로 옳은 것만을 〈보기〉에서 있는 대로 고른 것은?

보기
ㄱ. ㉠은 탄소 화합물이다.
ㄴ. ㉠이 증발할 때 주위로 열을 방출한다.
ㄷ. ㉡이 산화되는 반응은 발열 반응이다.

① ㄱ ② ㄴ ③ ㄱ, ㄷ ④ ㄴ, ㄷ ⑤ ㄱ, ㄴ, ㄷ

5 ★☆☆

| 2024학년도 9월 평가원 1번 |

다음은 일상생활에서 이용되고 있는 물질에 대한 자료와 이에 대한 학생들의 대화이다.

- ㉠ 메테인(CH_4)을 연소시켜 난방을 하거나 음식을 익힌다.
- ㉡ 질산 암모늄(NH_4NO_3)이 물에 용해되는 반응을 이용하여 냉찜질 주머니를 차갑게 만든다.

제시한 내용이 옳은 학생만을 있는 대로 고른 것은?

① A ② B ③ A, C
④ B, C ⑤ A, B, C

6 ★☆☆

| 2024학년도 6월 평가원 1번 |

다음은 일상생활에서 사용되고 있는 물질에 대한 자료이다.

- ㉠ 에텐(C_2H_4)은 플라스틱의 원료로 사용된다.
- ㉡ 아세트산(CH_3COOH)은 의약품 제조에 이용된다.
- ㉢ 에탄올(C_2H_5OH)을 묻힌 솜으로 피부를 닦으면 에탄올이 기화되면서 피부가 시원해진다.

이에 대한 설명으로 옳은 것만을 <보기>에서 있는 대로 고른 것은?

보기

ㄱ. ㉠은 탄소 화합물이다.
ㄴ. ㉡을 물에 녹이면 염기성 수용액이 된다.
ㄷ. ㉢이 기화되는 반응은 흡열 반응이다.

① ㄱ ② ㄴ ③ ㄱ, ㄷ
④ ㄴ, ㄷ ⑤ ㄱ, ㄴ, ㄷ

7 ★☆☆

| 2023학년도 수능 1번 |

다음은 일상생활에서 이용되고 있는 3가지 물질에 대한 자료이다.

- 에탄올(C_2H_5OH)은 [㉠]
- 제설제로 이용되는 ㉡ 염화 칼슘($CaCl_2$)을 물에 용해시키면 열이 발생한다.
- ㉢ 메테인(CH_4)은 액화 천연 가스(LNG)의 주성분이다.

이에 대한 설명으로 옳은 것만을 <보기>에서 있는 대로 고른 것은?

보기

ㄱ. '의료용 소독제로 이용된다.'는 ㉠으로 적절하다.
ㄴ. ㉡이 물에 용해되는 반응은 발열 반응이다.
ㄷ. ㉡과 ㉢은 모두 탄소 화합물이다.

① ㄴ ② ㄷ ③ ㄱ, ㄴ
④ ㄱ, ㄷ ⑤ ㄱ, ㄴ, ㄷ

8 ★☆☆

| 2023학년도 9월 평가원 1번 |

다음은 일상생활에서 이용되고 있는 2가지 물질에 대한 자료이다.

- 메테인(CH_4)은 [㉠]의 주성분이다.
- ㉡ 뷰테인(C_4H_{10})을 연소시켜 물을 끓인다.

이에 대한 설명으로 옳은 것만을 <보기>에서 있는 대로 고른 것은?

보기

ㄱ. '액화 천연 가스(LNG)'는 ㉠으로 적절하다.
ㄴ. ㉡은 탄소 화합물이다.
ㄷ. ㉡의 연소 반응은 발열 반응이다.

① ㄱ ② ㄷ ③ ㄱ, ㄴ
④ ㄴ, ㄷ ⑤ ㄱ, ㄴ, ㄷ

9 ★☆☆

| 2023학년도 6월 평가원 1번 |

다음은 화학의 유용성에 대한 자료이다.

> • ㉠에탄올(C_2H_5OH)을 산화시켜 만든 ㉡아세트산(CH_3COOH)은 의약품 제조에 이용된다.
> • 질소(N_2)와 수소(H_2)를 반응시켜 만든 암모니아(NH_3)는 [㉢](으)로 이용된다.

이에 대한 설명으로 옳은 것만을 〈보기〉에서 있는 대로 고른 것은?

> 보기
> ㄱ. ㉠은 탄소 화합물이다.
> ㄴ. ㉡을 물에 녹이면 산성 수용액이 된다.
> ㄷ. '질소 비료의 원료'는 ㉢으로 적절하다.

① ㄱ ② ㄷ ③ ㄱ, ㄴ
④ ㄴ, ㄷ ⑤ ㄱ, ㄴ, ㄷ

10 ★☆☆

| 2022학년도 수능 2번 |

표는 일상생활에서 이용되고 있는 물질에 대한 자료이다.

물질	이용 사례
아세트산(CH_3COOH)	식초의 성분이다.
암모니아(NH_3)	질소 비료의 원료로 이용된다.
에탄올(C_2H_5OH)	㉠

이에 대한 설명으로 옳은 것만을 〈보기〉에서 있는 대로 고른 것은? [3점]

> 보기
> ㄱ. CH_3COOH을 물에 녹이면 산성 수용액이 된다.
> ㄴ. NH_3는 탄소 화합물이다.
> ㄷ. '의료용 소독제로 이용된다.'는 ㉠으로 적절하다.

① ㄱ ② ㄴ ③ ㄱ, ㄷ
④ ㄴ, ㄷ ⑤ ㄱ, ㄴ, ㄷ

11 ★☆☆

| 2022학년도 9월 평가원 2번 |

그림은 물질 (가)와 (나)의 구조식을 나타낸 것이다.

```
            H  O
            |  ‖
H−N−H    H−C−C−O−H
  |         |
  H         H
 (가)       (나)
```

이에 대한 설명으로 옳은 것만을 〈보기〉에서 있는 대로 고른 것은?

> 보기
> ㄱ. (가)는 질소 비료의 원료로 사용된다.
> ㄴ. (나)를 물에 녹이면 산성 수용액이 된다.
> ㄷ. (가)와 (나)는 모두 탄소 화합물이다.

① ㄱ ② ㄷ ③ ㄱ, ㄴ
④ ㄴ, ㄷ ⑤ ㄱ, ㄴ, ㄷ

12 ★☆☆

| 2022학년도 6월 평가원 1번 |

다음은 일상생활에서 사용하는 제품과 이와 관련된 성분 (가)~(다)에 대한 자료이다.

(가) 설탕($C_{12}H_{22}O_{11}$)

(나) 염화 나트륨(NaCl)

(다) 아세트산(CH_3COOH)

(가)~(다) 중 탄소 화합물만을 있는 대로 고른 것은?

① (가) ② (나) ③ (가), (다)
④ (나), (다) ⑤ (가), (나), (다)

13 ★☆☆

| 2021학년도 수능 1번 |

다음은 탄소 화합물에 대한 설명이다.

> 탄소 화합물이란 탄소(C)를 기본으로 수소(H), 산소(O), 질소(N) 등이 결합하여 만들어진 화합물이다.

다음 중 탄소 화합물은?

① 산화 칼슘(CaO) ② 염화 칼륨(KCl)
③ 암모니아(NH_3) ④ 에탄올(C_2H_5OH)
⑤ 물(H_2O)

01

원자의 구조

2026학년도 수능 출제 예측

2025학년도 수능, 평가원 분석

수능과 6월 평가원에서 기체의 중성자수를 구하는 문제가 출제되었고, 9월 평가원에서는 평균 원자량으로부터 동위 원소의 원자량과 존재 비율을 구하는 문제가 출제되었다.

2026학년도 수능 예측

매년 한 문제씩 출제되는 단원이다. 1 g당(또는 1 mol당) 들어 있는 구성 입자 수를 묻거나, (중성자수 + 양성자수) 또는 (중성자수 − 양성자수)의 자료로부터 원자의 구성 입자 수를 구하는 문제가 출제될 가능성이 높고, 동위 원소의 존재 비율과 평균 원자량의 관계를 이용한 문제가 출제될 가능성이 높다.

원자의 구성 입자

1 ★★☆ | 2025학년도 수능 12번 |

그림은 원자 A~D의 중성자수(a)와 전자 수(b)의 차($a-b$)와 질량수를 나타낸 것이다. A~D는 원소 X의 동위 원소이고, A~D의 중성자수 합은 96이다.

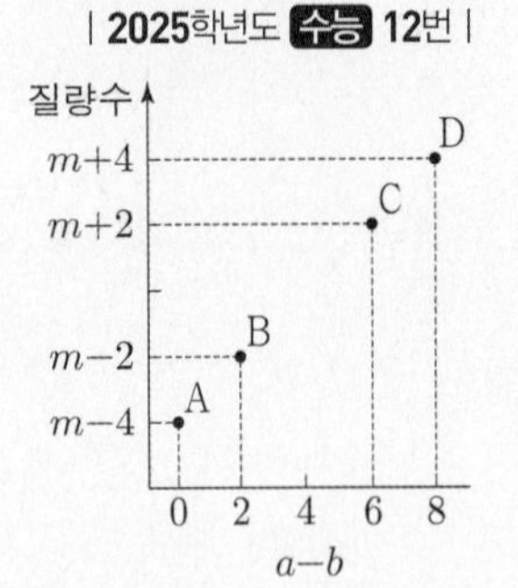

$\dfrac{1\text{ g의 A에 들어 있는 중성자수}}{1\text{ g의 D에 들어 있는 중성자수}}$는? (단, X는 임의의 원소 기호이고, A, B, C, D의 원자량은 각각 $m-4$, $m-2$, $m+2$, $m+4$이다.) [3점]

① $\dfrac{6}{7}$ ② $\dfrac{7}{8}$ ③ $\dfrac{8}{7}$
④ $\dfrac{6}{5}$ ⑤ $\dfrac{4}{3}$

2 ★★☆ | 2025학년도 6월 평가원 11번 |

그림은 실린더 (가)와 (나)에 들어 있는 t ℃, 1기압의 기체를 나타낸 것이다. (가)와 (나)에 들어 있는 전체 기체의 밀도는 같다.

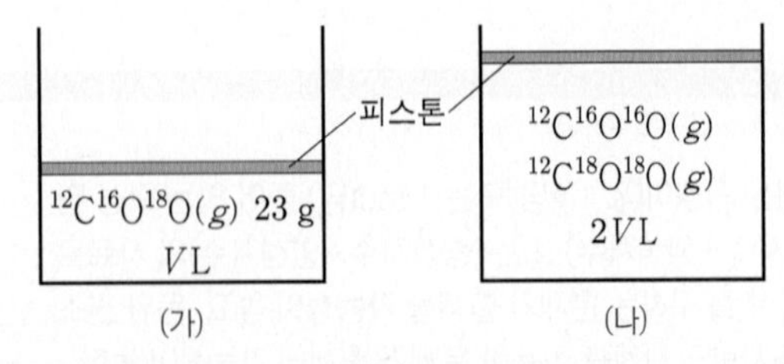

(가) (나)

(나)에 들어 있는 전체 기체의 중성자 양(mol)은? (단, C, O의 원자 번호는 각각 6, 8이고, ^{12}C, ^{16}O, ^{18}O의 원자량은 각각 12, 16, 18이다.)

① 22 ② 23 ③ 24
④ 25 ⑤ 26

3 ★★☆ | 2024학년도 수능 14번 |

표는 원자 A~D에 대한 자료이다. A~D는 원소 X와 Y의 동위 원소이고, A~D의 중성자수 합은 76이다. 원자 번호는 X > Y이다.

원자	중성자수 – 원자 번호	질량수
A	0	$m-1$
B	1	$m-2$
C	2	$m+1$
D	3	m

이에 대한 설명으로 옳은 것만을 〈보기〉에서 있는 대로 고른 것은? (단, X와 Y는 임의의 원소 기호이고, A, B, C, D의 원자량은 각각 $m-1$, $m-2$, $m+1$, m이다.) [3점]

보기

ㄱ. B와 D는 Y의 동위 원소이다.

ㄴ. $\dfrac{1\text{ g의 C에 들어 있는 중성자수}}{1\text{ g의 A에 들어 있는 중성자수}}=\dfrac{20}{19}$이다.

ㄷ. $\dfrac{1\text{ mol의 D에 들어 있는 양성자수}}{1\text{ mol의 A에 들어 있는 양성자수}}<1$이다.

① ㄱ ② ㄴ ③ ㄱ, ㄷ
④ ㄴ, ㄷ ⑤ ㄱ, ㄴ, ㄷ

4 ★★★ | 2023학년도 6월 평가원 17번 |

다음은 분자 XY에 대한 자료이다.

• XY를 구성하는 원자 X와 Y에 대한 자료

원자	^{a}X	^{b}Y	^{b+2}Y
$\dfrac{\text{전자 수}}{\text{중성자수}}$(상댓값)	5	5	4

• ^{a}X와 ^{b+2}Y의 양성자수 차는 2이다.

• $\dfrac{^{a}X^{b}Y\text{ 1 mol에 들어 있는 전체 중성자수}}{^{a}X^{b+2}Y\text{ 1 mol에 들어 있는 전체 중성자수}}=\dfrac{7}{8}$이다.

$\dfrac{^{b+2}Y\text{의 중성자수}}{^{a}X\text{의 양성자수}}$는? (단, X와 Y는 임의의 원소 기호이다.) [3점]

① $\dfrac{3}{5}$ ② $\dfrac{4}{3}$ ③ $\dfrac{3}{2}$
④ $\dfrac{5}{3}$ ⑤ $\dfrac{8}{3}$

5 ★★★ | 2022학년도 9월 평가원 17번 |

다음은 용기 속에 들어 있는 X_2Y에 대한 자료이다.

- 용기 속 X_2Y를 구성하는 원자 X와 Y에 대한 자료

원자	${}^{a}X$	${}^{b}X$	${}^{c}Y$
양성자 수	n		$n+1$
중성자 수	$n+1$	n	$n+3$
$\frac{중성자 수}{전자 수}$(상댓값)		4	5

- 용기 속에는 ${}^{a}X{}^{a}X{}^{c}Y$, ${}^{a}X{}^{b}X{}^{c}Y$, ${}^{b}X{}^{b}X{}^{c}Y$만 들어 있다.
- $\frac{\text{용기 속에 들어 있는 }{}^{a}X\text{ 원자 수}}{\text{용기 속에 들어 있는 }{}^{b}X\text{ 원자 수}}=\frac{2}{3}$이다.

용기 속 $\frac{전체 중성자 수}{전체 양성자 수}$는? (단, X와 Y는 임의의 원소 기호이다.) [3점]

① $\frac{58}{55}$　② $\frac{12}{11}$　③ $\frac{62}{55}$
④ $\frac{64}{55}$　⑤ $\frac{6}{5}$

6 ★★☆ | 2022학년도 수능 17번 |

다음은 용기 (가)와 (나)에 들어 있는 O_2와 H_2O에 대한 자료이다.

(가)	(나)
${}^{16}O{}^{18}O$　x mol	${}^{1}H{}^{1}H{}^{18}O$　0.2 mol ${}^{1}H{}^{2}H{}^{16}O$　y mol

- (가)와 (나)에 들어 있는 양성자의 양은 각각 9.6 mol, z mol이다.
- (가)와 (나)에 들어 있는 중성자의 양의 합은 20 mol이다.

이에 대한 설명으로 옳은 것만을 <보기>에서 있는 대로 고른 것은? (단, H, O의 원자 번호는 각각 1, 8이고, ${}^{1}H$, ${}^{2}H$, ${}^{16}O$, ${}^{18}O$의 원자량은 각각 1, 2, 16, 18이다.) [3점]

보기

ㄱ. $z=10$이다.
ㄴ. (나)에 들어 있는 $\frac{{}^{1}H\text{ 원자 수}}{{}^{2}H\text{ 원자 수}}=\frac{3}{2}$이다.
ㄷ. $\frac{\text{(나)에 들어 있는 }H_2O\text{의 질량}}{\text{(가)에 들어 있는 }O_2\text{의 질량}}=\frac{16}{17}$이다.

① ㄱ　② ㄷ　③ ㄱ, ㄴ
④ ㄴ, ㄷ　⑤ ㄱ, ㄴ, ㄷ

7 ★★☆ | 2022학년도 6월 평가원 17번 |

다음은 용기 (가)와 (나)에 각각 들어 있는 Cl_2에 대한 자료이다.

- (가)에는 ${}^{35}Cl_2$와 ${}^{37}Cl_2$의 혼합 기체가, (나)에는 ${}^{35}Cl{}^{37}Cl$ 기체가 들어 있다.
- (가)와 (나)에 들어 있는 기체의 총 양은 각각 1 mol이다.

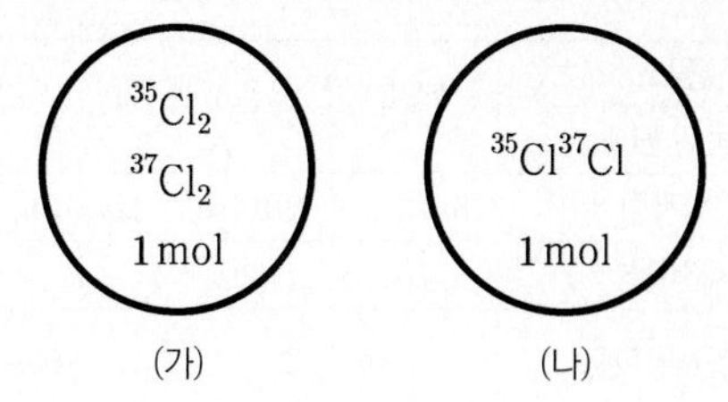

- ${}^{35}Cl$ 원자의 양(mol)은 (가)에서가 (나)에서의 $\frac{3}{2}$배이다.

이에 대한 설명으로 옳은 것만을 <보기>에서 있는 대로 고른 것은? [3점]

보기

ㄱ. (가)에서 $\frac{{}^{35}Cl_2\text{ 분자 수}}{{}^{37}Cl_2\text{ 분자 수}}=4$이다.
ㄴ. ${}^{37}Cl$ 원자 수는 (나)에서가 (가)에서의 2배이다.
ㄷ. 중성자의 양은 (나)에서가 (가)에서보다 2 mol만큼 많다.

① ㄱ　② ㄴ　③ ㄷ
④ ㄱ, ㄴ　⑤ ㄴ, ㄷ

동위 원소와 평균 원자량

8 ★★☆ | 2025학년도 9월 평가원 14번 |

다음은 자연계에 존재하는 원소 X와 Y에 대한 자료이다.

• X와 Y의 동위 원소에 대한 자료와 평균 원자량

원소	X		Y	
동위 원소	^{8m-n}X	^{8m+n}X	$^{4m+3n}Y$	$^{5m-3n}Y$
원자량	$8m-n$	$8m+n$	$4m+3n$	$5m-3n$
존재 비율(%)	70	30	a	b
평균 원자량	$8m-\frac{2}{5}$		$4m+\frac{7}{2}$	

• XY_2의 화학식량은 134.6이고, $a+b=100$이다.

$\frac{a}{m+n}$는? (단, X와 Y는 임의의 원소 기호이다.)

① $\frac{25}{3}$ ② $\frac{15}{2}$ ③ $\frac{25}{4}$
④ 5 ⑤ $\frac{25}{9}$

9 ★★☆ | 2024학년도 6월 평가원 9번 |

표는 원소 X의 동위 원소에 대한 자료이다. X의 평균 원자량은 $m+\frac{1}{2}$이고, $a+b=100$이다.

동위 원소	원자량	자연계에 존재하는 비율(%)
^{m}X	m	a
^{m+2}X	$m+2$	b

이에 대한 설명으로 옳은 것만을 〈보기〉에서 있는 대로 고른 것은? (단, X는 임의의 원소 기호이다.)

보기

ㄱ. $a>b$이다.

ㄴ. $\frac{1\,g의\ ^{m}X에\ 들어\ 있는\ 양성자수}{1\,g의\ ^{m+2}X에\ 들어\ 있는\ 양성자수}>1$이다.

ㄷ. $\frac{1\,mol의\ ^{m}X에\ 들어\ 있는\ 전자\ 수}{1\,mol의\ ^{m+2}X에\ 들어\ 있는\ 전자\ 수}>1$이다.

① ㄱ ② ㄷ ③ ㄱ, ㄴ
④ ㄴ, ㄷ ⑤ ㄱ, ㄴ, ㄷ

10 ★★☆ | 2024학년도 9월 평가원 16번 |

다음은 자연계에 존재하는 원소 X와 Y에 대한 자료이다.

• X와 Y의 동위 원소 존재 비율과 평균 원자량

원소	동위 원소	존재 비율(%)	평균 원자량
X	^{79}X	a	80
	^{81}X	b	
Y	^{m}Y	c	
	^{m+2}Y	d	

• $a+b=c+d=100$이다.

• $\frac{XY\ 중\ 분자량이\ m+81인\ XY의\ 존재\ 비율(\%)}{Y_2\ 중\ 분자량이\ 2m+4인\ Y_2의\ 존재\ 비율(\%)}=8$이다.

이에 대한 설명으로 옳은 것만을 〈보기〉에서 있는 대로 고른 것은? (단, X와 Y는 임의의 원소 기호이고, ^{79}X, ^{81}X, ^{m}Y, ^{m+2}Y의 원자량은 각각 79, 81, m, $m+2$이다.)

보기

ㄱ. 자연계에서 분자량이 서로 다른 XY는 3가지이다.

ㄴ. Y의 평균 원자량은 $m+1$이다.

ㄷ. 자연계에서 1 mol의 XY 중 $\frac{^{81}X^{m}Y의\ 전체\ 중성자수}{^{79}X^{m+2}Y의\ 전체\ 중성자수}=3$이다.

① ㄱ ② ㄴ ③ ㄱ, ㄷ
④ ㄴ, ㄷ ⑤ ㄱ, ㄴ, ㄷ

11 ★★☆ | 2023학년도 수능 15번 |

표는 원소 X와 Y에 대한 자료이고, $a+b=c+d=100$이다.

원소	원자 번호	동위 원소	자연계에 존재하는 비율(%)	평균 원자량
X	17	^{35}X	a	35.5
		^{37}X	b	
Y	31	^{69}Y	c	69.8
		^{71}Y	d	

이에 대한 설명으로 옳은 것만을 〈보기〉에서 있는 대로 고른 것은? (단, X와 Y는 임의의 원소 기호이고, ^{35}X, ^{37}X, ^{69}Y, ^{71}Y의 원자량은 각각 35.0, 37.0, 69.0, 71.0이다.)

보기

ㄱ. $\frac{d}{c}=\frac{2}{3}$이다.

ㄴ. $\frac{1\text{ g의 }^{69}\text{Y에 들어 있는 양성자수}}{1\text{ g의 }^{71}\text{Y에 들어 있는 양성자수}}>1$이다.

ㄷ. X_2 1 mol에 들어 있는 ^{35}X와 ^{37}X의 존재 비율(%)이 각각 a, b일 때, 중성자의 양은 37 mol이다.

① ㄱ ② ㄷ ③ ㄱ, ㄴ ④ ㄴ, ㄷ ⑤ ㄱ, ㄴ, ㄷ

12 ★★☆ | 2023학년도 9월 평가원 14번 |

다음은 실린더 (가)에 들어 있는 $BF_3(g)$에 대한 자료이다.

- 자연계에서 B는 ^{10}B와 ^{11}B로만 존재하고, F은 ^{19}F으로만 존재한다.
- B와 F의 각 동위 원소의 존재 비율은 자연계에서와 (가)에서가 같다.
- (가)에 들어 있는 $BF_3(g)$의 온도, 압력, 밀도는 각각 t ℃, 1기압, 3 g/L이다.
- t ℃, 1기압에서 기체 1 mol의 부피는 22.6 L이다.

피스톤
$BF_3(g)$ 11.3 L
(가)

이에 대한 설명으로 옳은 것만을 〈보기〉에서 있는 대로 고른 것은? (단, B와 F의 원자 번호는 각각 5와 9이고, ^{10}B, ^{11}B, ^{19}F의 원자량은 각각 10.0, 11.0, 19.0이다.)

보기

ㄱ. 자연계에서 $\frac{^{11}\text{B의 존재 비율}}{^{10}\text{B의 존재 비율}}=5$이다.

ㄴ. B의 평균 원자량은 10.8이다.

ㄷ. (가)에 들어 있는 중성자의 양은 35.8 mol이다.

① ㄱ ② ㄴ ③ ㄷ ④ ㄱ, ㄴ ⑤ ㄴ, ㄷ

13 ★★★ | 2021학년도 수능 18번 |

다음은 자연계에 존재하는 수소(H)와 플루오린(F)에 대한 자료이다.

- ^1_1H, ^2_1H, ^3_1H의 존재 비율(%)은 각각 a, b, c이다.
- $a+b+c=100$이고, $a>b>c$이다.
- F은 $^{19}_{9}F$으로만 존재한다.
- ^1_1H, ^2_1H, ^3_1H, $^{19}_{9}F$의 원자량은 각각 1, 2, 3, 19이다.

이에 대한 설명으로 옳은 것만을 〈보기〉에서 있는 대로 고른 것은?

보기

ㄱ. H의 평균 원자량은 $\frac{a+2b+3c}{100}$이다.

ㄴ. $\frac{\text{분자량이 5인 }H_2\text{의 존재 비율(\%)}}{\text{분자량이 6인 }H_2\text{의 존재 비율(\%)}}>2$이다.

ㄷ. $\frac{1\text{ mol의 }H_2\text{ 중 분자량이 3인 }H_2\text{의 전체 중성자의 수}}{1\text{ mol의 HF 중 분자량이 20인 HF의 전체 중성자의 수}}=\frac{b}{500}$이다.

① ㄱ ② ㄷ ③ ㄱ, ㄴ ④ ㄴ, ㄷ ⑤ ㄱ, ㄴ, ㄷ

Part II
수능 평가원

14 ★★☆ | 2021학년도 9월 평가원 16번 |

다음은 자연계에 존재하는 모든 X_2에 대한 자료이다.

- X_2는 분자량이 서로 다른 (가), (나), (다)로 존재한다.
- X_2의 분자량 : (가) > (나) > (다)
- 자연계에서 $\frac{\text{(다)의 존재 비율(\%)}}{\text{(나)의 존재 비율(\%)}} = 1.5$이다.

이에 대한 설명으로 옳은 것만을 〈보기〉에서 있는 대로 고른 것은? (단, X는 임의의 원소 기호이다.) [3점]

보기

ㄱ. X의 동위 원소는 3가지이다.
ㄴ. X의 평균 원자량은 $\frac{\text{(나)의 분자량}}{2}$보다 작다.
ㄷ. 자연계에서 $\frac{\text{(나)의 존재 비율(\%)}}{\text{(가)의 존재 비율(\%)}} = 2$이다.

① ㄱ ② ㄴ ③ ㄷ
④ ㄱ, ㄴ ⑤ ㄴ, ㄷ

15 ★★☆ | 2021학년도 6월 평가원 15번 |

다음은 원자 X의 평균 원자량을 구하기 위해 수행한 탐구 활동이다.

[탐구 과정]
(가) 자연계에 존재하는 X의 동위 원소와 각각의 원자량을 조사한다.
(나) 원자량에 따른 X의 동위 원소 존재 비율을 조사한다.
(다) X의 평균 원자량을 구한다.

[탐구 결과 및 자료]
- X의 동위 원소

동위 원소	원자량	존재 비율(%)
^{a}X	A	19.9
^{b}X	B	80.1

- $b > a$이다.
- 평균 원자량은 w이다.

이에 대한 설명으로 옳은 것만을 〈보기〉에서 있는 대로 고른 것은? (단, X는 임의의 원소 기호이다.) [3점]

보기

ㄱ. $w = (0.199 \times A) + (0.801 \times B)$이다.
ㄴ. 중성자수는 $^{a}X > ^{b}X$이다.
ㄷ. $\frac{\text{1 g의 } ^{a}X\text{에 들어 있는 전체 양성자수}}{\text{1 g의 } ^{b}X\text{에 들어 있는 전체 양성자수}} > 1$이다.

① ㄱ ② ㄴ ③ ㄷ
④ ㄱ, ㄴ ⑤ ㄱ, ㄷ

II
원자의 세계

02

현대적 원자 모형과 전자 배치

2026학년도 수능 출제 예측

2025학년도 수능, 평가원 분석

수능과 6, 9월 평가원에서 모두 바닥상태 원자의 오비탈 양자수로부터 오비탈의 종류 및 특징을 판단하는 문제가 출제되었고, 주 양자수와 방위(부) 양자수의 합($n+l$) 또는 차($n-l$) 중 가장 큰 값을 제시하여 원자의 종류를 판단하는 문제가 출제되었다.

2026학년도 수능 예측

매년 두 문제씩 출제되는 단원이다. 바닥상태 원자(Mg, N, Ne 등)의 오비탈 양자수로부터 오비탈의 종류 및 특징을 묻는 문제가 출제될 가능성이 높고, 오비탈의 $n+l$, $n-l$, $l+m_l$, $n+m_l$ 등으로부터 원자의 종류를 판단하고 전자 배치에 대해 묻는 문제가 출제될 가능성이 높다.

1 ★☆☆

| 2025학년도 수능 9번 |

표는 바닥상태 마그네슘(Mg) 원자의 전자 배치에서 전자가 들어 있는 오비탈 (가)~(라)에 대한 자료이다. n은 주 양자수, l은 방위(부) 양자수, m_l은 자기 양자수이다.

오비탈	(가)	(나)	(다)	(라)
$\frac{1}{n+m_l}$(상댓값)	2	a	a	$2a$
$n+l+m_l$	4	3	2	2

이에 대한 설명으로 옳은 것만을 〈보기〉에서 있는 대로 고른 것은?

보기

ㄱ. (가)의 l는 1이다.
ㄴ. m_l는 (나)와 (다)가 같다.
ㄷ. 에너지 준위는 (라)>(다)이다.

① ㄱ ② ㄷ ③ ㄱ, ㄴ
④ ㄴ, ㄷ ⑤ ㄱ, ㄴ, ㄷ

2 ★☆☆

| 2025학년도 수능 14번 |

다음은 ㉠과 ㉡에 대한 설명과 2, 3주기 1, 15, 16족 바닥상태 원자 W~Z에 대한 자료이다. n은 주 양자수이고, l은 방위(부) 양자수이다.

- ㉠ : 각 원자의 바닥상태 전자 배치에서 전자가 들어 있는 오비탈의 $n+l$ 중 가장 큰 값
- ㉡ : 각 원자의 바닥상태 전자 배치에서 $n+l$가 가장 큰 오비탈에 들어 있는 전체 전자 수

원자	W	X	Y	Z
㉠	2	3	3	4
㉡	1	3	7	4

이에 대한 설명으로 옳은 것만을 〈보기〉에서 있는 대로 고른 것은? (단, W~Z는 임의의 원소 기호이다.) [3점]

보기

ㄱ. W와 Y는 같은 족 원소이다.
ㄴ. 홀전자 수는 X>Z이다.
ㄷ. $\frac{p\text{ 오비탈에 들어 있는 전자 수}}{s\text{ 오비탈에 들어 있는 전자 수}}$의 비는 X : Y=5 : 8이다.

① ㄱ ② ㄷ ③ ㄱ, ㄴ
④ ㄴ, ㄷ ⑤ ㄱ, ㄴ, ㄷ

3 ★☆☆

| 2025학년도 9월 평가원 12번 |

다음은 2, 3주기 바닥상태 원자 X~Z에 대한 자료이다. (가)와 (나)는 각각 s 오비탈과 p 오비탈 중 하나이고, n은 주 양자수이며, l은 방위(부) 양자수이다.

- (가)와 (나)에 들어 있는 전자 수의 비율(%)

원자	(가)	(나)
X	50	50
Y	60	40
Z	60	40

- 각 원자에서 전자가 들어 있는 오비탈의 $n-l$ 중 가장 큰 값은 Y>X=Z이다.

이에 대한 설명으로 옳은 것만을 〈보기〉에서 있는 대로 고른 것은? (단, X~Z는 임의의 원소 기호이다.) [3점]

보기

ㄱ. X와 Z는 같은 주기 원소이다.
ㄴ. 홀전자 수는 Y>Z이다.
ㄷ. 전자가 2개 들어 있는 오비탈 수는 Y가 X의 2배이다.

① ㄱ ② ㄴ ③ ㄱ, ㄷ
④ ㄴ, ㄷ ⑤ ㄱ, ㄴ, ㄷ

4 ★☆☆

| 2025학년도 9월 평가원 7번 |

다음은 바닥상태 질소(N) 원자의 전자 배치에서 전자가 들어 있는 오비탈 (가)~(다)에 대한 자료이다. n은 주 양자수, l은 방위(부) 양자수, m_l은 자기 양자수이다.

- $n+l$는 (나)=(다)>(가)이다.
- $n-m_l$는 (다)>(나)>(가)이다.

이에 대한 설명으로 옳은 것만을 〈보기〉에서 있는 대로 고른 것은?

보기

ㄱ. (가)는 $1s$이다.
ㄴ. (나)의 m_l는 +1이다.
ㄷ. 에너지 준위는 (나)>(다)이다.

① ㄱ ② ㄴ ③ ㄷ
④ ㄱ, ㄴ ⑤ ㄱ, ㄷ

5 ★☆☆ | 2025학년도 6월 평가원 8번 |

다음은 바닥상태 네온(Ne)의 전자 배치에서 전자가 들어 있는 오비탈 (가)~(다)에 대한 자료이다. n은 주 양자수이고, m_l은 자기 양자수이다.

- n는 (가)=(나)>(다)이다.
- $n+m_l$는 (가)=(다)이다.
- (가)~(다)의 m_l 합은 0이다.

이에 대한 설명으로 옳은 것만을 〈보기〉에서 있는 대로 고른 것은?

보기

ㄱ. (나)의 m_l는 $+1$이다.
ㄴ. (다)는 $1s$이다.
ㄷ. 방위(부) 양자수(l)는 (가)>(다)이다.

① ㄱ ② ㄴ ③ ㄱ, ㄷ
④ ㄴ, ㄷ ⑤ ㄱ, ㄴ, ㄷ

6 ★☆☆ | 2025학년도 6월 평가원 14번 |

다음은 ㉠에 대한 설명과 2주기 바닥상태 원자 X~Z에 대한 자료이다. n은 주 양자수이고, l은 방위(부) 양자수이다.

- ㉠: 각 원자의 바닥상태 전자 배치에서 전자가 들어 있는 오비탈 중 $n+l$가 가장 큰 오비탈

원자	X	Y	Z
㉠에 들어 있는 전자 수	a	$2a$	5
전자가 들어 있는 오비탈 수	$2a$	b	b

$a+b$는? (단, X~Z는 임의의 원소 기호이다.) [3점]

① 4 ② 5 ③ 6
④ 7 ⑤ 8

7 ★★☆ | 2024학년도 수능 8번 |

다음은 2, 3주기 15~17족 바닥상태 원자 W~Z에 대한 자료이다.

- W와 Y는 다른 주기 원소이다.
- W와 Y의 $\frac{p \text{ 오비탈에 들어 있는 전자 수}}{\text{홀전자 수}}$는 같다.
- X~Z의 전자 배치에 대한 자료

원자	X	Y	Z
$\frac{\text{홀전자 수}}{s \text{ 오비탈에 들어 있는 전자 수}}$(상댓값)	9	4	2

W~Z에 대한 설명으로 옳은 것만을 〈보기〉에서 있는 대로 고른 것은? (단, W~Z는 임의의 원소 기호이다.)

보기

ㄱ. 3주기 원소는 2가지이다.
ㄴ. 원자가 전자 수는 W>Z이다.
ㄷ. 전자가 들어 있는 오비탈 수는 X>Y이다.

① ㄱ ② ㄴ ③ ㄱ, ㄷ
④ ㄴ, ㄷ ⑤ ㄱ, ㄴ, ㄷ

8 ★★★ | 2024학년도 수능 10번 |

다음은 바닥상태 탄소(C) 원자의 전자 배치에서 전자가 들어 있는 오비탈 (가)~(라)에 대한 자료이다. n은 주 양자수, l은 방위(부) 양자수, m_l은 자기 양자수이다.

- $n-l$는 (가)>(나)이다.
- $l-m_l$는 (다)>(나)=(라)이다.
- $\frac{n+l+m_l}{n}$는 (라)>(나)=(다)이다.

이에 대한 설명으로 옳은 것만을 〈보기〉에서 있는 대로 고른 것은? [3점]

보기

ㄱ. (나)는 $1s$이다.
ㄴ. (다)에 들어 있는 전자 수는 2이다.
ㄷ. 에너지 준위는 (라)>(가)이다.

① ㄱ ② ㄴ ③ ㄱ, ㄷ
④ ㄴ, ㄷ ⑤ ㄱ, ㄴ, ㄷ

Part II
수능 평가원

9 ★★★

| 2024학년도 9월 평가원 7번 |

다음은 바닥상태 Mg의 전자 배치에서 전자가 들어 있는 오비탈 (가)~(라)에 대한 자료이다. n은 주 양자수, l은 방위(부) 양자수, m_l은 자기 양자수이다.

- $n+l$는 (가) > (나) > (다)이다.
- m_l는 (나) = (라) > (가)이다.
- (가)~(라) 중 $l+m_l$는 (라)가 가장 크다.

이에 대한 설명으로 옳은 것만을 〈보기〉에서 있는 대로 고른 것은? [3점]

보기

ㄱ. 에너지 준위는 (가) = (나)이다.
ㄴ. (가)의 $l+m_l=0$이다.
ㄷ. (라)는 $3s$이다.

① ㄱ ② ㄴ ③ ㄱ, ㄴ
④ ㄱ, ㄷ ⑤ ㄴ, ㄷ

10 ★★☆

| 2024학년도 9월 평가원 10번 |

표는 2, 3주기 14~16족 바닥상태 원자 X~Z에 대한 자료이다.

원자	X	Y	Z
$\frac{p\text{ 오비탈에 들어 있는 전자 수}}{\text{홀전자 수}}$	2	3	4

X~Z에 대한 설명으로 옳은 것만을 〈보기〉에서 있는 대로 고른 것은? (단, X~Z는 임의의 원소 기호이다.)

보기

ㄱ. 3주기 원소는 2가지이다.
ㄴ. 홀전자 수는 X > Y이다.
ㄷ. 전자가 들어 있는 오비탈 수는 Z가 X의 2배이다.

① ㄱ ② ㄴ ③ ㄱ, ㄷ
④ ㄴ, ㄷ ⑤ ㄱ, ㄴ, ㄷ

11 ★★☆

| 2024학년도 6월 평가원 8번 |

표는 2, 3주기 바닥상태 원자 X~Z의 전자 배치에 대한 자료이다. ㉠과 ㉡은 각각 s 오비탈과 p 오비탈 중 하나이고, 원자 번호는 Y > X이다.

원자	X	Y	Z
$\frac{\text{㉠에 들어 있는 전자 수}}{\text{㉡에 들어 있는 전자 수}}$	$\frac{2}{3}$	$\frac{2}{3}$	$\frac{3}{5}$

X~Z에 대한 설명으로 옳은 것만을 〈보기〉에서 있는 대로 고른 것은? (단, X~Z는 임의의 원소 기호이다.) [3점]

보기

ㄱ. 2주기 원소는 1가지이다.
ㄴ. X에는 홀전자가 존재한다.
ㄷ. 원자가 전자 수는 Y > Z이다.

① ㄱ ② ㄴ ③ ㄱ, ㄷ
④ ㄴ, ㄷ ⑤ ㄱ, ㄴ, ㄷ

12 ★★★

| 2024학년도 6월 평가원 15번 |

다음은 수소 원자의 오비탈 (가)~(라)에 대한 자료이다. n은 주 양자수, l은 방위(부) 양자수, m_l은 자기 양자수이다.

- $n+l$는 (가)~(라)에서 각각 3 이하이고, (가) > (나)이다.
- n는 (나) > (다)이고, 에너지 준위는 (나) = (라)이다.
- m_l는 (라) > (나)이고, (가)~(라)의 m_l 합은 0이다.

이에 대한 설명으로 옳은 것만을 〈보기〉에서 있는 대로 고른 것은?

보기

ㄱ. (다)는 $1s$이다.
ㄴ. m_l는 (나) > (가)이다.
ㄷ. 에너지 준위는 (가) > (라)이다.

① ㄱ ② ㄷ ③ ㄱ, ㄴ
④ ㄴ, ㄷ ⑤ ㄱ, ㄴ, ㄷ

13 ★★☆ | 2023학년도 수능 10번 |

다음은 2, 3주기 13~15족 바닥상태 원자 W~Z에 대한 자료이다.

- W와 X는 다른 주기 원소이고, 원자가 전자 수는 X>Y이다.
- W와 X의 $\frac{\text{홀전자 수}}{\text{전자가 들어 있는 오비탈 수}}$는 같다.
- $\frac{s\text{ 오비탈에 들어 있는 전자 수}}{\text{홀전자 수}}$의 비는 X : Y : Z=1 : 1 : 3이다.

이에 대한 설명으로 옳은 것만을 〈보기〉에서 있는 대로 고른 것은? (단, W~Z는 임의의 원소 기호이다.)

보기

ㄱ. Y는 3주기 원소이다.
ㄴ. 홀전자 수는 W와 Z가 같다.
ㄷ. s 오비탈에 들어 있는 전자 수의 비는 X : Y=3 : 2이다.

① ㄱ ② ㄴ ③ ㄷ
④ ㄱ, ㄷ ⑤ ㄴ, ㄷ

14 ★★★ | 2023학년도 수능 11번 |

그림은 수소 원자의 오비탈 (가)~(라)의 $n+l$과 $\frac{n+l+m_l}{n}$을 나타낸 것이다. n은 주 양자수이고, l은 방위(부) 양자수이며, m_l은 자기 양자수이다.

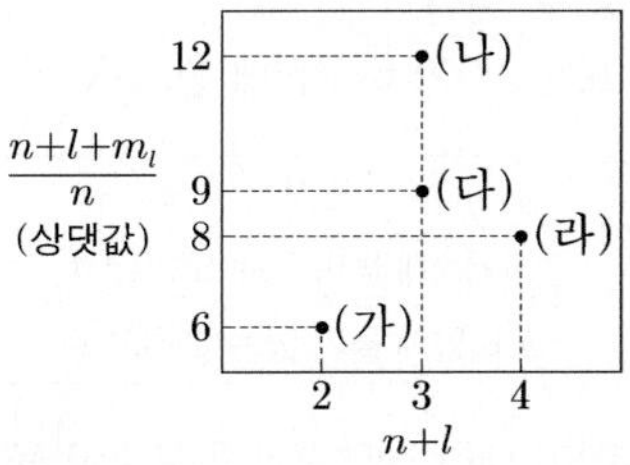

이에 대한 설명으로 옳은 것만을 〈보기〉에서 있는 대로 고른 것은? [3점]

보기

ㄱ. (나)는 $3s$이다.
ㄴ. 에너지 준위는 (가)와 (다)가 같다.
ㄷ. m_l는 (가)와 (라)가 같다.

① ㄱ ② ㄴ ③ ㄷ
④ ㄱ, ㄴ ⑤ ㄴ, ㄷ

15 ★★☆ | 2023학년도 9월 평가원 11번 |

다음은 ㉠과 ㉡에 대한 설명과 2주기 바닥상태 원자 X~Z에 대한 자료이다. n은 주 양자수이고, l은 방위(부) 양자수이다.

- ㉠ : 각 원자의 바닥상태 전자 배치에서 전자가 들어 있는 오비탈 중 n가 가장 큰 오비탈
- ㉡ : 각 원자의 바닥상태 전자 배치에서 전자가 들어 있는 오비탈 중 $n+l$가 가장 큰 오비탈

원자	X	Y	Z
㉠에 들어 있는 전자 수(상댓값)	1	2	4
㉡에 들어 있는 전자 수(상댓값)	1	1	3

이에 대한 설명으로 옳은 것만을 〈보기〉에서 있는 대로 고른 것은? (단, X~Z는 임의의 원소 기호이다.) [3점]

보기

ㄱ. Z는 18족 원소이다.
ㄴ. 홀전자 수는 X와 Z가 같다.
ㄷ. 전자가 들어 있는 오비탈 수 비는 X : Y=1 : 2이다.

① ㄱ ② ㄷ ③ ㄱ, ㄴ
④ ㄴ, ㄷ ⑤ ㄱ, ㄴ, ㄷ

16 ★★☆ | 2023학년도 9월 평가원 15번 |

표는 2, 3주기 바닥상태 원자 A~C에 대한 자료이다. n은 주 양자수이고, l은 방위(부) 양자수이며, m_l은 자기 양자수이다.

원자	A	B	C
$n-l=1$인 오비탈에 들어 있는 전자 수	6	x	8
$n-l=2$인 오비탈에 들어 있는 전자 수	x	2	$2x$

이에 대한 설명으로 옳은 것만을 〈보기〉에서 있는 대로 고른 것은? (단, A~C는 임의의 원소 기호이다.) [3점]

보기

ㄱ. $x=2$이다.
ㄴ. A에서 전자가 들어 있는 오비탈 중 $l+m_l=1$인 오비탈이 있다.
ㄷ. 원자가 전자 수는 B와 C가 같다.

① ㄱ ② ㄷ ③ ㄱ, ㄴ
④ ㄴ, ㄷ ⑤ ㄱ, ㄴ, ㄷ

17 ★★☆ | 2023학년도 6월 평가원 4번 |

표는 수소 원자의 서로 다른 오비탈 (가)~(라)에 대한 자료이다. (가)~(라)는 각각 $2s$, $2p$, $3s$, $3p$ 중 하나이며 n은 주 양자수이고, l은 방위(부) 양자수이다.

오비탈	(가)	(나)	(다)	(라)
$n+l$	a	3	3	
$2l+1$	1	1		b

이에 대한 설명으로 옳은 것만을 〈보기〉에서 있는 대로 고른 것은? [3점]

보기
ㄱ. (라)는 $2p$이다.
ㄴ. $a+b=5$이다.
ㄷ. 에너지 준위는 (나)>(다)이다.

① ㄱ ② ㄷ ③ ㄱ, ㄴ
④ ㄴ, ㄷ ⑤ ㄱ, ㄴ, ㄷ

18 ★★☆ | 2023학년도 6월 평가원 9번 |

표는 바닥상태 원자 X~Z에 대한 자료이다. X~Z의 원자 번호는 각각 8~15 중 하나이다.

원자	X	Y	Z
s 오비탈에 들어 있는 전자 수	a		a
p 오비탈에 들어 있는 전자 수		a	
$\frac{p \text{ 오비탈에 들어 있는 전자 수}}{s \text{ 오비탈에 들어 있는 전자 수}}$	1	b	b

이에 대한 설명으로 옳은 것만을 〈보기〉에서 있는 대로 고른 것은? (단, X~Z는 임의의 원소 기호이다.) [3점]

보기
ㄱ. $b=\frac{3}{2}$이다.
ㄴ. Y와 Z는 같은 주기 원소이다.
ㄷ. 전자가 들어 있는 p 오비탈 수는 Z가 X의 2배이다.

① ㄱ ② ㄴ ③ ㄱ, ㄷ
④ ㄴ, ㄷ ⑤ ㄱ, ㄴ, ㄷ

19 ★☆☆ | 2022학년도 수능 9번 |

다음은 수소 원자의 오비탈 (가)~(다)에 대한 자료이다. n은 주 양자수이고, l은 방위(부) 양자수이다.

- (가)~(다)는 각각 $2s$, $2p$, $3s$ 중 하나이다.
- 에너지 준위는 (가)>(나)이다.
- $n+l$는 (나)>(다)이다.

이에 대한 설명으로 옳은 것만을 〈보기〉에서 있는 대로 고른 것은?

보기
ㄱ. (가)의 자기 양자수(m_l)는 0이다.
ㄴ. (나)의 $n+l=2$이다.
ㄷ. (다)의 모양은 구형이다.

① ㄱ ② ㄴ ③ ㄱ, ㄷ
④ ㄴ, ㄷ ⑤ ㄱ, ㄴ, ㄷ

20 ★☆☆ | 2022학년도 수능 11번 |

표는 2주기 바닥상태 원자 X~Z의 전자 배치에 대한 자료이다.

원자	X	Y	Z
전자가 2개 들어 있는 오비탈 수	a	$a+1$	$a+2$
p 오비탈에 들어 있는 홀전자 수	a	a	b

이에 대한 설명으로 옳은 것만을 〈보기〉에서 있는 대로 고른 것은? (단, X~Z는 임의의 원소 기호이다.)

보기
ㄱ. $a+b=3$이다.
ㄴ. X의 원자가 전자 수는 2이다.
ㄷ. 전자가 들어 있는 오비탈 수는 Y와 Z가 같다.

① ㄱ ② ㄴ ③ ㄱ, ㄷ
④ ㄴ, ㄷ ⑤ ㄱ, ㄴ, ㄷ

21 ★☆☆ | 2022학년도 9월 평가원 4번 |

다음은 학생 A가 가설을 세우고 수행한 탐구 활동이다.

[가설]
- 수소 원자의 오비탈 에너지 준위는 ㉠ 가 커질수록 높아진다.

[탐구 과정]
(가) 수소 원자에서 주 양자수(n)가 1~3인 모든 오비탈 종류와 에너지 준위를 조사한다.
(나) (가)에서 조사한 오비탈 에너지 준위를 비교한다.

[탐구 결과]

주 양자수(n)	1	2	2	3	3	3
오비탈 종류	s	㉡	p	s	p	d

- 오비탈 에너지 준위 : $1s<2s=2p<3s=3p=3d$

[결론]
- 가설은 옳다.

학생 A의 결론이 타당할 때, ㉠과 ㉡으로 가장 적절한 것은? [3점]

	㉠	㉡
①	주 양자수(n)	s
②	주 양자수(n)	p
③	주 양자수(n)	d
④	방위(부) 양자수(l)	s
⑤	방위(부) 양자수(l)	p

22 ★☆☆ | 2022학년도 9월 평가원 11번 |

다음은 원자 번호가 20 이하인 바닥상태 원자 X~Z에 대한 자료이다.

- X~Z 각각의 전자 배치에서 $\frac{p\text{ 오비탈에 들어 있는 전자 수}}{s\text{ 오비탈에 들어 있는 전자 수}}=\frac{3}{2}$으로 같다.
- 원자 번호는 X>Y>Z이다.

이에 대한 설명으로 옳은 것만을 〈보기〉에서 있는 대로 고른 것은? (단, X~Z는 임의의 원소 기호이다.) [3점]

〈보기〉
ㄱ. X의 원자가 전자 수는 2이다.
ㄴ. Y의 홀전자 수는 0이다.
ㄷ. Z에서 전자가 들어 있는 오비탈 수는 5이다.

① ㄱ ② ㄴ ③ ㄱ, ㄷ ④ ㄴ, ㄷ ⑤ ㄱ, ㄴ, ㄷ

23 ★☆☆ | 2022학년도 6월 평가원 9번 |

다음은 수소 원자의 오비탈 (가)~(다)에 대한 자료이다. n은 주 양자수이고, l은 방위(부) 양자수이다.

- (가)~(다)는 각각 $2s$, $2p$, $3s$, $3p$ 중 하나이다.
- (나)의 모양은 구형이다.
- $n-l$는 (다)>(나)>(가)이다.

(가)~(다)의 에너지 준위를 비교한 것으로 옳은 것은?

① (가)=(나)>(다)
② (나)>(가)>(다)
③ (나)>(다)>(가)
④ (다)>(가)=(나)
⑤ (다)>(가)>(나)

24 ★☆☆ | 2022학년도 6월 평가원 11번 |

다음은 2주기 바닥상태 원자 X와 Y에 대한 자료이다.

- X의 홀전자 수는 0이다.
- 전자가 2개 들어 있는 오비탈 수는 Y가 X의 2배이다.

이에 대한 설명으로 옳은 것만을 〈보기〉에서 있는 대로 고른 것은? (단, X와 Y는 임의의 원소 기호이다.)

〈보기〉
ㄱ. X는 베릴륨(Be)이다.
ㄴ. Y의 원자가 전자 수는 7이다.
ㄷ. s 오비탈에 들어 있는 전자 수는 Y>X이다.

① ㄱ ② ㄷ ③ ㄱ, ㄴ ④ ㄴ, ㄷ ⑤ ㄱ, ㄴ, ㄷ

25 ★☆☆ | 2021학년도 수능 3번 |

그림 (가)~(라)는 학생들이 그린 산소(O) 원자의 전자 배치이다.

	$1s$	$2s$	$2p$			$3s$
(가)	↑↓	↑↓	↑↓	↑	↑	
(나)	↑↓	↑↓	↑	↑	↑↓	
(다)	↑↓	↑↓	↑↑	↑	↑	
(라)	↑↓	↑↓	↑	↑	↑	↑

이에 대한 설명으로 옳은 것만을 〈보기〉에서 있는 대로 고른 것은? [3점]

〈보기〉
ㄱ. (가)와 (나)는 모두 바닥상태의 전자 배치이다.
ㄴ. (다)는 파울리 배타 원리에 어긋난다.
ㄷ. (라)는 들뜬상태의 전자 배치이다.

① ㄱ ② ㄷ ③ ㄱ, ㄴ
④ ㄴ, ㄷ ⑤ ㄱ, ㄴ, ㄷ

26 ★☆☆ | 2021학년도 수능 7번 |

표는 수소 원자의 오비탈 (가)~(다)에 대한 자료이다. n, l, m_l는 각각 주 양자수, 방위(부) 양자수, 자기 양자수이다.

	$n+l$	$l+m_l$
(가)	1	0
(나)	2	0
(다)	3	1

이에 대한 설명으로 옳은 것만을 〈보기〉에서 있는 대로 고른 것은? [3점]

〈보기〉
ㄱ. 방위(부) 양자수(l)는 (가)=(나)이다.
ㄴ. 에너지 준위는 (가)>(나)이다.
ㄷ. (다)의 모양은 구형이다.

① ㄱ ② ㄴ ③ ㄱ, ㄷ
④ ㄴ, ㄷ ⑤ ㄱ, ㄴ, ㄷ

27 ★☆☆ | 2021학년도 9월 평가원 2번 |

그림은 학생들이 그린 원자 $_6C$의 전자 배치 (가)~(다)를 나타낸 것이다.

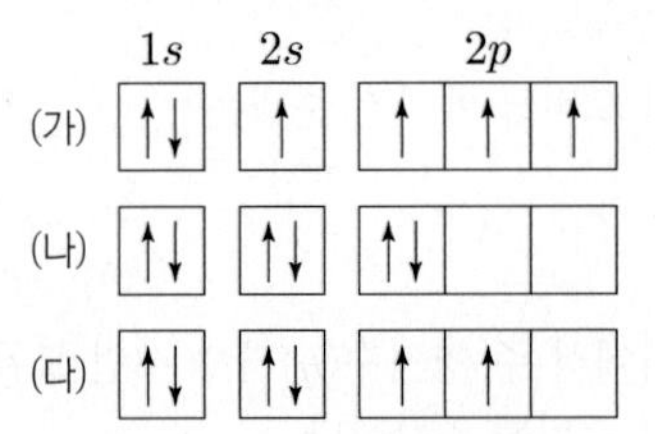

이에 대한 설명으로 옳은 것만을 〈보기〉에서 있는 대로 고른 것은?

〈보기〉
ㄱ. (가)는 쌓음 원리를 만족한다.
ㄴ. (다)는 바닥상태 전자 배치이다.
ㄷ. (가)~(다)는 모두 파울리 배타 원리를 만족한다.

① ㄱ ② ㄴ ③ ㄱ, ㄷ
④ ㄴ, ㄷ ⑤ ㄱ, ㄴ, ㄷ

28 ★☆☆ | 2021학년도 9월 평가원 10번 |

그림은 오비탈 (가), (나)를 모형으로 나타낸 것이고, 표는 오비탈 A, B에 대한 자료이다. (가), (나)는 각각 A, B 중 하나이다.

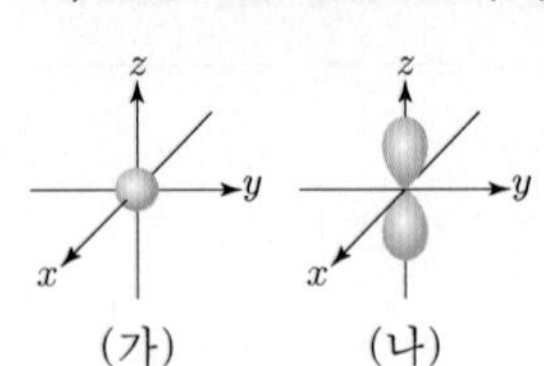

오비탈	주 양자수 (n)	방위(부) 양자수 (l)
A	1	a
B	2	b

이에 대한 설명으로 옳은 것만을 〈보기〉에서 있는 대로 고른 것은? [3점]

〈보기〉
ㄱ. (가)는 A이다.
ㄴ. $a+b=2$이다.
ㄷ. (나)의 자기 양자수(m_l)는 $+\frac{1}{2}$이다.

① ㄱ ② ㄴ ③ ㄱ, ㄷ
④ ㄴ, ㄷ ⑤ ㄱ, ㄴ, ㄷ

Ⅱ
원자의 세계

03

원소의 주기적 성질

2026학년도 수능 출제 예측

2025학년도 수능, 평가원 분석

수능과 6, 9월 평가원에서 원자 반지름, 이온 반지름, 이온화 에너지의 비를 분수꼴로 제시된 그래프를 분석해 원자의 종류를 판단하고 주기적 성질을 비교하는 문제가 출제되었고, 순차 이온화 에너지의 비에 대한 문제가 매번 출제되었다.

2026학년도 수능 예측

매년 한 문제 또는 두 문제가 출제되는 단원이다. 원자 반지름, 이온 반지름, 순차 이온화 에너지 등을 복합적으로 나타낸 그래프를 토대로 원소의 종류를 결정한 후 각 원소의 주기적 성질을 비교하는 문제가 출제될 가능성이 높고, 이때 가로축, 세로축의 자룟값이 분수로 주어질 가능성이 높다.

1 ★☆☆

| 2025학년도 수능 15번 |

그림 (가)는 원자 W~Y의 $\frac{\text{제1 이온화 에너지}}{\text{원자 반지름}}$를, (나)는 원자 X~Z의 $\frac{\text{이온 반지름}}{|\text{이온의 전하}|}$을 나타낸 것이다. W~Z는 O, F, Mg, Al을 순서 없이 나타낸 것이고, W~Z의 이온은 모두 Ne의 전자 배치를 갖는다.

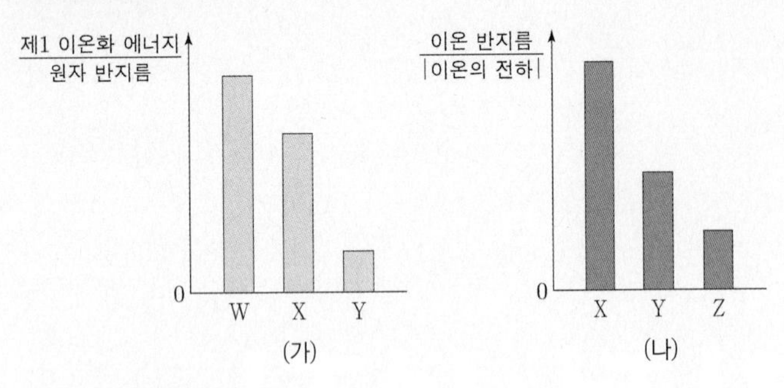

이에 대한 설명으로 옳은 것만을 〈보기〉에서 있는 대로 고른 것은?

보기

ㄱ. W는 F이다.

ㄴ. $\frac{\text{제3 이온화 에너지}}{\text{제2 이온화 에너지}}$는 X>Y이다.

ㄷ. 원자가 전자가 느끼는 유효 핵전하는 Z>Y이다.

① ㄱ ② ㄴ ③ ㄱ, ㄷ ④ ㄴ, ㄷ ⑤ ㄱ, ㄴ, ㄷ

2 ★☆☆

| 2025학년도 9월 평가원 10번 |

그림 (가)는 원자 W~Y의 ㉠을, (나)는 원자 X~Z의 $\frac{\text{제2 이온화 에너지}(E_2)}{\text{제1 이온화 에너지}(E_1)}$를 나타낸 것이다. W~Z는 F, Na, Mg, Al을 순서 없이 나타낸 것이고, W~Y의 이온은 모두 Ne의 전자 배치를 갖는다. ㉠은 $\frac{\text{원자 반지름}}{\text{이온 반지름}}$과 $\frac{\text{이온 반지름}}{\text{원자 반지름}}$ 중 하나이다.

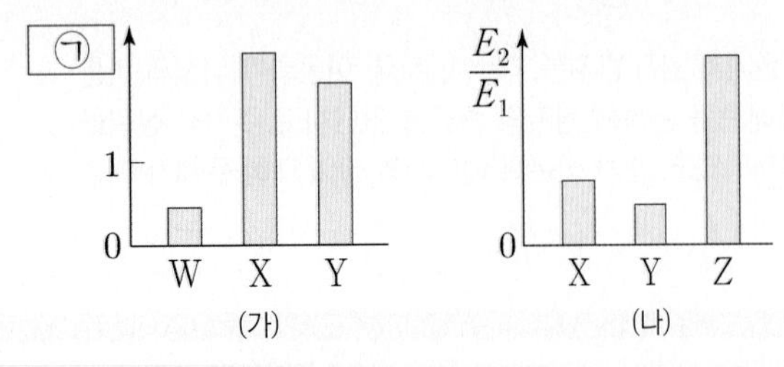

이에 대한 설명으로 옳은 것만을 〈보기〉에서 있는 대로 고른 것은? [3점]

보기

ㄱ. ㉠은 $\frac{\text{이온 반지름}}{\text{원자 반지름}}$이다.

ㄴ. 원자가 전자가 느끼는 유효 핵전하는 X>Y이다.

ㄷ. 원자가 전자 수는 Y>Z이다.

① ㄱ ② ㄷ ③ ㄱ, ㄴ ④ ㄴ, ㄷ ⑤ ㄱ, ㄴ, ㄷ

3 ★★☆

| 2025학년도 6월 평가원 10번 |

다음은 원자 X~Z에 대한 자료이다. X~Z는 각각 N, O, F, Na, Mg 중 하나이고, X~Z의 이온은 모두 Ne의 전자 배치를 갖는다.

- 바닥상태 전자 배치에서 X~Z의 홀전자 수 합은 5이다.
- 제1 이온화 에너지는 X~Z 중 Y가 가장 크다.
- (가)와 (나)는 각각 원자 반지름과 이온 반지름 중 하나이다.

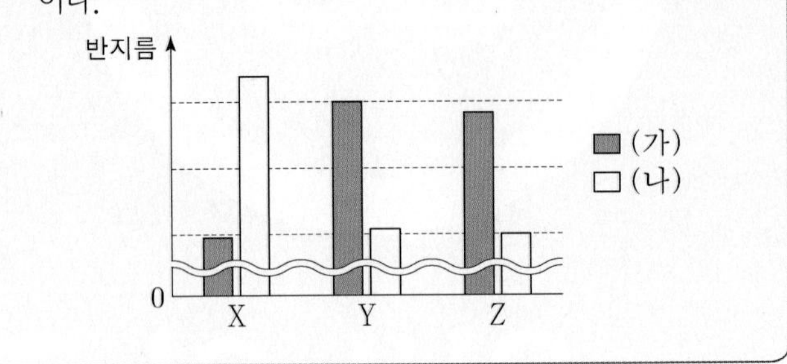

이에 대한 설명으로 옳은 것만을 〈보기〉에서 있는 대로 고른 것은? [3점]

보기

ㄱ. (가)는 이온 반지름이다.

ㄴ. X는 Na이다.

ㄷ. 전기 음성도는 Z>Y이다.

① ㄱ ② ㄴ ③ ㄱ, ㄷ
④ ㄴ, ㄷ ⑤ ㄱ, ㄴ, ㄷ

4 ★★☆ | 2025학년도 6월 평가원 16번 |

표는 원자 X~Z의 제n 이온화 에너지(E_n)에 대한 자료이다. E_a, E_b는 각각 E_2, E_3 중 하나이고, X~Z는 각각 Be, B, C 중 하나이다.

원자	X	Y	Z
$\frac{E_a}{E_1}$	2.0	2.2	3.0
$\frac{E_b}{E_1}$	16.5	4.3	4.6

X~Z에 대한 설명으로 옳은 것만을 <보기>에서 있는 대로 고른 것은?

보기
ㄱ. Y는 B이다.
ㄴ. 원자가 전자가 느끼는 유효 핵전하는 Y > X이다.
ㄷ. E_1는 Z가 가장 크다.

① ㄱ ② ㄴ ③ ㄱ, ㄷ
④ ㄴ, ㄷ ⑤ ㄱ, ㄴ, ㄷ

5 ★☆☆ | 2024학년도 수능 5번 |

그림은 이온 X^+, Y^{2-}, Z^{2-}의 전자 배치를 모형으로 나타낸 것이다.

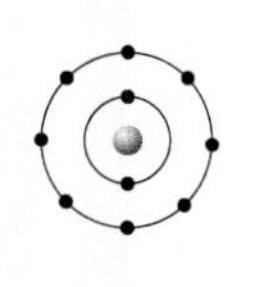

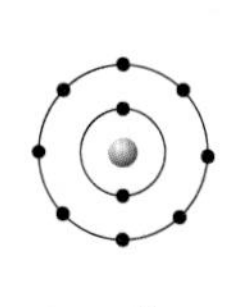

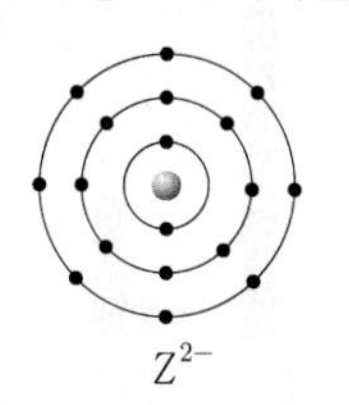

이에 대한 설명으로 옳은 것만을 <보기>에서 있는 대로 고른 것은? (단, X~Z는 임의의 원소 기호이다.) [3점]

보기
ㄱ. X와 Y는 같은 주기 원소이다.
ㄴ. 전기 음성도는 Y > Z이다.
ㄷ. 원자가 전자가 느끼는 유효 핵전하는 X > Z이다.

① ㄱ ② ㄴ ③ ㄷ
④ ㄱ, ㄴ ⑤ ㄴ, ㄷ

6 ★★☆ | 2024학년도 수능 15번 |

그림 (가)는 원자 A~D의 제2이온화 에너지(E_2)와 ㉠을, (나)는 원자 C~E의 전기 음성도를 나타낸 것이다. A~E는 O, F, Na, Mg, Al을 순서 없이 나타낸 것이고, A~E의 이온은 모두 Ne의 전자 배치를 갖는다. ㉠은 원자 반지름과 이온 반지름 중 하나이다.

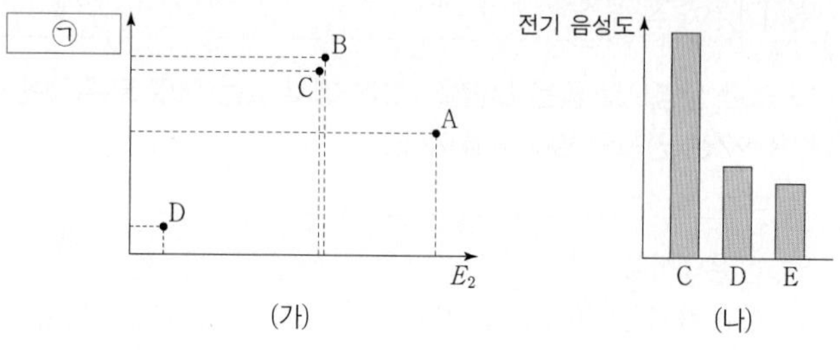

(가) (나)

이에 대한 설명으로 옳은 것만을 <보기>에서 있는 대로 고른 것은?

보기
ㄱ. B는 산소(O)이다.
ㄴ. ㉠은 원자 반지름이다.
ㄷ. $\frac{\text{제3 이온화 에너지}}{\text{제2 이온화 에너지}}$는 E > D이다.

① ㄱ ② ㄷ ③ ㄱ, ㄴ
④ ㄱ, ㄷ ⑤ ㄴ, ㄷ

7 ★☆☆ | 2024학년도 9월 평가원 11번 |

그림은 원자 W~Z의 $\frac{\text{제1 이온화 에너지}(E_1)}{\text{제2 이온화 에너지}(E_2)}$를 나타낸 것이다. W~Z는 각각 Li, Be, B, C 중 하나이고, 제1 이온화 에너지는 Y > Z이다. W~Z에 대한 설명으로 옳은 것만을 <보기>에서 있는 대로 고른 것은? [3점]

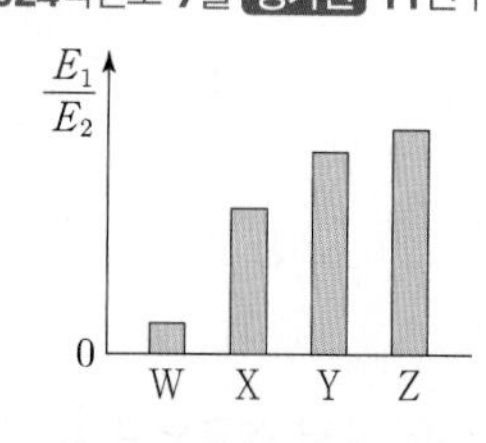

보기
ㄱ. W는 Li이다.
ㄴ. 원자가 전자가 느끼는 유효 핵전하는 Y > X이다.
ㄷ. 원자 반지름은 Z가 가장 작다.

① ㄱ ② ㄷ ③ ㄱ, ㄴ
④ ㄴ, ㄷ ⑤ ㄱ, ㄴ, ㄷ

8 ★★☆ | 2024학년도 6월 평가원 10번 |

표는 2, 3주기 바닥상태 원자 X~Z에 대한 자료이다.

원자	X	Y	Z
원자 번호	$m-3$	m	$m+3$
$\frac{\text{홀전자 수}}{\text{원자가 전자 수}}$ (상댓값)	㉠	6	3

이에 대한 설명으로 옳은 것만을 〈보기〉에서 있는 대로 고른 것은? (단, X~Z는 임의의 원소 기호이다.)

보기
ㄱ. ㉠은 1이다.
ㄴ. 홀전자 수는 X와 Z가 같다.
ㄷ. 제1 이온화 에너지는 X>Z>Y이다.

① ㄱ ② ㄴ ③ ㄷ
④ ㄱ, ㄴ ⑤ ㄴ, ㄷ

9 ★★☆ | 2024학년도 6월 평가원 13번 |

다음은 ㉠에 대한 설명과 2주기 바닥상태 원자 W~Z에 대한 자료이다. n은 주 양자수이고, l은 방위(부) 양자수이다.

- ㉠ : 바닥상태 전자 배치에서 전자가 들어 있는 오비탈 중 $n+l$가 가장 큰 오비탈
- ㉠에 들어 있는 전자 수와 원자가 전자가 느끼는 유효 핵전하(Z^*)

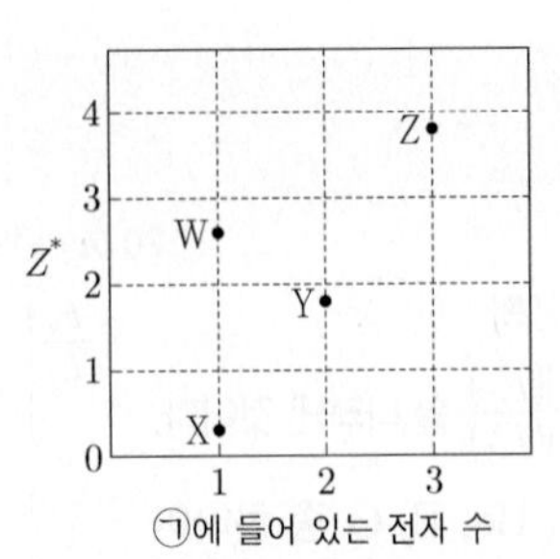

이에 대한 설명으로 옳은 것만을 〈보기〉에서 있는 대로 고른 것은? (단, W~Z는 임의의 원소 기호이다.) [3점]

보기
ㄱ. Y는 탄소(C)이다.
ㄴ. 원자 반지름은 X>Z이다.
ㄷ. 전기 음성도는 Y>W이다.

① ㄱ ② ㄴ ③ ㄷ
④ ㄱ, ㄴ ⑤ ㄴ, ㄷ

10 ★☆☆ | 2023학년도 수능 6번 |

다음은 바닥상태 원자 W~Z에 대한 자료이다. W~Z의 원자 번호는 각각 8~14 중 하나이다.

- W~Z에는 모두 홀전자가 존재한다.
- 전기 음성도는 W~Z 중 W가 가장 크고, X가 가장 작다.
- 전자가 2개 들어 있는 오비탈 수의 비는 X : Y : Z = 2 : 2 : 1이다.

이에 대한 설명으로 옳은 것만을 〈보기〉에서 있는 대로 고른 것은? (단, W~Z는 임의의 원소 기호이다.) [3점]

보기
ㄱ. Z는 2주기 원소이다.
ㄴ. Ne의 전자 배치를 갖는 이온의 반지름은 X>W이다.
ㄷ. 원자가 전자가 느끼는 유효 핵전하는 Y>X이다.

① ㄱ ② ㄷ ③ ㄱ, ㄴ
④ ㄱ, ㄷ ⑤ ㄴ, ㄷ

11 ★★☆ | 2023학년도 수능 12번 |

그림 (가)는 원자 W~Y의 제3~제5 이온화 에너지(E_3~E_5)를, (나)는 원자 X~Z의 원자 반지름을 나타낸 것이다. W~Z는 C, O, Si, P을 순서 없이 나타낸 것이다.

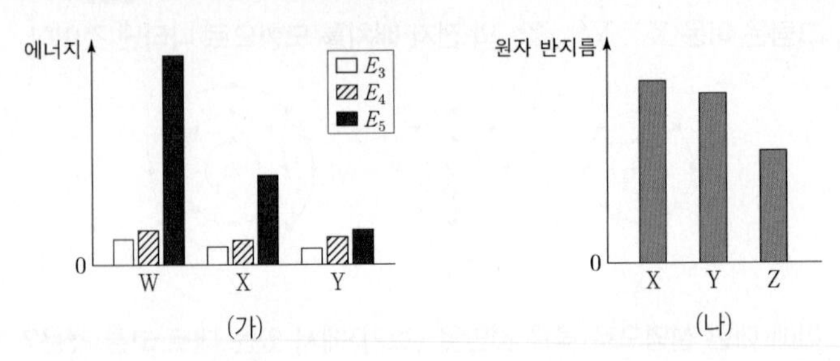

(가) (나)

이에 대한 설명으로 옳은 것만을 〈보기〉에서 있는 대로 고른 것은?

보기
ㄱ. X는 Si이다.
ㄴ. W와 Y는 같은 주기 원소이다.
ㄷ. 제2 이온화 에너지는 Z>Y이다.

① ㄱ ② ㄷ ③ ㄱ, ㄴ
④ ㄱ, ㄷ ⑤ ㄴ, ㄷ

12 ★☆☆ | 2023학년도 9월 평가원 2번 |

다음은 학생 A가 수행한 탐구 활동이다.

[가설]
- 원자 번호가 5~9인 원자들은 원자가 전자가 느끼는 유효 핵전하가 커질수록 원자 반지름이 ㉠.

[탐구 과정]
(가) 원자 번호가 5~9인 원자들의 원자 반지름과 원자가 전자가 느끼는 유효 핵전하를 조사한다.
(나) (가)에서 조사한 각 원자들의 원자 반지름을 원자가 전자가 느끼는 유효 핵전하에 따라 점으로 표시한다.

[탐구 결과]

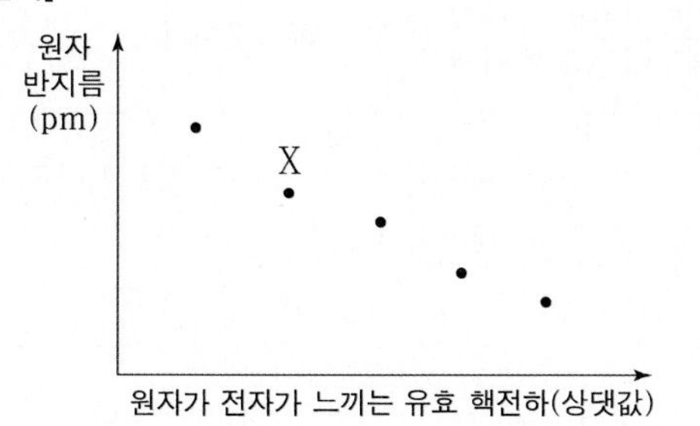

[결론]
- 가설은 옳다.

학생 A의 결론이 타당할 때, ㉠과 X의 원자 번호로 가장 적절한 것은? (단, X는 임의의 원소 기호이다.) [3점]

	㉠	X의 원자 번호		㉠	X의 원자 번호
①	작아진다	6	②	작아진다	8
③	커진다	6	④	커진다	7
⑤	커진다	8			

13 ★★☆ | 2023학년도 9월 평가원 10번 |

다음은 2, 3주기 바닥상태 원자 W~Z에 대한 자료이다.

- W~Z의 전자 배치에 대한 자료

원자	W	X	Y	Z
$\frac{\text{홀전자 수}}{s\text{ 오비탈에 들어 있는 전자 수}}$	$\frac{1}{6}$	$\frac{1}{6}$	$\frac{1}{4}$	$\frac{1}{3}$

- 전기 음성도는 W > Y > X이다.
- Y와 Z는 같은 주기 원소이다.

W~Z에 대한 설명으로 옳은 것만을 〈보기〉에서 있는 대로 고른 것은? (단, W~Z는 임의의 원소 기호이다.) [3점]

보기
ㄱ. W는 Cl이다.
ㄴ. X와 Y는 같은 족 원소이다.
ㄷ. $\frac{\text{제2 이온화 에너지}}{\text{제1 이온화 에너지}}$는 Z > Y이다.

① ㄱ ② ㄷ ③ ㄱ, ㄴ
④ ㄴ, ㄷ ⑤ ㄱ, ㄴ, ㄷ

14 ★★☆ | 2023학년도 6월 평가원 10번 |

표는 2, 3주기 원자 X~Z의 제n 이온화 에너지(E_n)에 대한 자료이다. X~Z의 원자가 전자 수는 각각 3 이하이다.

원자	E_n (10^3 kJ/mol)			
	E_1	E_2	E_3	E_4
X	0.74	1.45	7.72	10.52
Y	0.80	2.42	3.65	24.98
Z	0.90	1.75	14.82	20.97

이에 대한 설명으로 옳은 것만을 〈보기〉에서 있는 대로 고른 것은? (단, X~Z는 임의의 원소 기호이다.) [3점]

보기
ㄱ. Y는 Al이다.
ㄴ. Z는 3주기 원소이다.
ㄷ. 원자가 전자 수는 Y > X이다.

① ㄱ ② ㄴ ③ ㄷ
④ ㄱ, ㄴ ⑤ ㄱ, ㄷ

15 ★★☆ | 2023학년도 6월 평가원 14번 |

다음은 바닥상태 원자 W~Z에 대한 자료이다. W~Z의 원자 번호는 각각 7~13 중 하나이다.

• W~Z의 홀전자 수

원자	W	X	Y	Z
홀전자 수	a	a	b	$a+b$

• W는 홀전자 수와 원자가 전자 수가 같다.
• 제1 이온화 에너지는 X>Y>W이다.
• Ne의 전자 배치를 갖는 이온의 반지름은 Y>X이다.

W~Z에 대한 설명으로 옳은 것만을 〈보기〉에서 있는 대로 고른 것은? (단, W~Z는 임의의 원소 기호이다.)

보기
ㄱ. Z는 17족 원소이다.
ㄴ. 제2 이온화 에너지는 W가 가장 크다.
ㄷ. 원자 반지름은 Y>Z이다.

① ㄱ ② ㄴ ③ ㄷ
④ ㄱ, ㄴ ⑤ ㄴ, ㄷ

16 ★☆☆ | 2022학년도 수능 14번 |

다음은 바닥상태 원자 W~Z에 대한 자료이다. W~Z는 각각 O, F, P, S 중 하나이다.

• 원자가 전자 수는 W>X이다.
• 원자 반지름은 W>Y이다.
• 제1 이온화 에너지는 Z>Y>W이다.

이에 대한 설명으로 옳은 것만을 〈보기〉에서 있는 대로 고른 것은? (단, W~Z는 임의의 원소 기호이다.) [3점]

보기
ㄱ. Y는 P이다.
ㄴ. W와 X는 같은 주기 원소이다.
ㄷ. 원자가 전자가 느끼는 유효 핵전하는 Y>Z이다.

① ㄱ ② ㄴ ③ ㄱ, ㄷ
④ ㄴ, ㄷ ⑤ ㄱ, ㄴ, ㄷ

17 ★☆☆ | 2022학년도 9월 평가원 16번 |

다음은 바닥상태 원자 W~Z에 대한 자료이다. W~Z는 각각 O, F, Na, Mg 중 하나이다.

• 홀전자 수는 W>Y>X이다.
• 원자 반지름은 Y>X>Z이다.

이에 대한 설명으로 옳은 것만을 〈보기〉에서 있는 대로 고른 것은? (단, W~Z의 이온은 모두 Ne의 전자 배치를 갖는다.)

보기
ㄱ. 원자가 전자가 느끼는 유효 핵전하는 X>Y이다.
ㄴ. 이온 반지름은 X>W이다.
ㄷ. $\frac{\text{제2 이온화 에너지}}{\text{제1 이온화 에너지}}$는 Y>W>Z이다.

① ㄱ ② ㄴ ③ ㄱ, ㄷ
④ ㄴ, ㄷ ⑤ ㄱ, ㄴ, ㄷ

18 ★★☆ | 2022학년도 6월 평가원 16번 |

다음은 바닥상태 원자 W~Z에 대한 자료이다.

• W~Z의 원자 번호는 각각 7~14 중 하나이다.
• W~Z의 홀전자 수와 제2 이온화 에너지

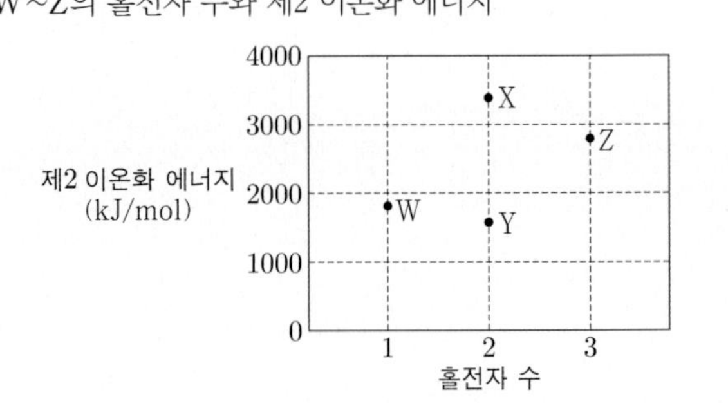

이에 대한 설명으로 옳은 것만을 〈보기〉에서 있는 대로 고른 것은? (단, W~Z는 임의의 원소 기호이다.) [3점]

보기
ㄱ. W는 13족 원소이다.
ㄴ. 원자 반지름은 X>Y이다.
ㄷ. $\frac{\text{제2 이온화 에너지}}{\text{제1 이온화 에너지}}$는 Z>X이다.

① ㄱ ② ㄴ ③ ㄱ, ㄷ
④ ㄴ, ㄷ ⑤ ㄱ, ㄴ, ㄷ

19 ★☆☆

| 2021학년도 6월 평가원 1번 |

다음은 주기율표에 대한 세 학생의 대화이다.

제시한 내용이 옳은 학생만을 있는 대로 고른 것은?

① A ② C ③ A, B ④ B, C ⑤ A, B, C

20 ★★☆

| 2021학년도 수능 14번 |

다음은 원자 A~D에 대한 자료이다. A~D의 원자 번호는 각각 7, 8, 12, 13 중 하나이고, A~D의 이온은 모두 Ne의 전자 배치를 갖는다.

- 원자 반지름은 A가 가장 크다.
- 이온 반지름은 B가 가장 작다.
- 제2 이온화 에너지는 D가 가장 크다.

A~D에 대한 설명으로 옳은 것만을 〈보기〉에서 있는 대로 고른 것은? (단, A~D는 임의의 원소 기호이다.)

보기

ㄱ. 이온 반지름은 C가 가장 크다.
ㄴ. 제2 이온화 에너지는 A>B이다.
ㄷ. 원자가 전자가 느끼는 유효 핵전하는 D>C이다.

① ㄱ ② ㄴ ③ ㄱ, ㄷ ④ ㄴ, ㄷ ⑤ ㄱ, ㄴ, ㄷ

Part II 수능 평가원

21 ★★☆ | 2021학년도 9월 평가원 19번 |

다음은 원자 W~Z에 대한 자료이다.

- W~Z는 각각 N, O, Na, Mg 중 하나이다.
- 각 원자의 이온은 모두 Ne의 전자 배치를 갖는다.
- ㉠, ㉡은 각각 이온 반지름, 제1 이온화 에너지 중 하나이다.

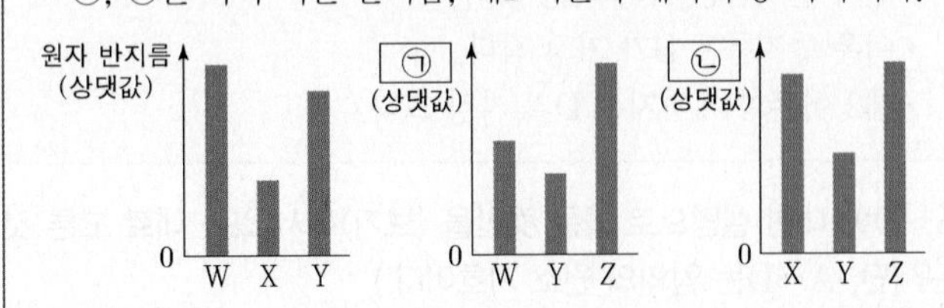

이에 대한 설명으로 옳은 것만을 〈보기〉에서 있는 대로 고른 것은? [3점]

보기

ㄱ. ㉠은 이온 반지름이다.
ㄴ. 제2 이온화 에너지는 Y > W이다.
ㄷ. 원자가 전자가 느끼는 유효 핵전하는 Z > X이다.

① ㄱ ② ㄴ ③ ㄱ, ㄷ
④ ㄴ, ㄷ ⑤ ㄱ, ㄴ, ㄷ

22 ★★☆ | 2021학년도 6월 평가원 17번 |

다음은 원자 번호가 연속인 2주기 원자 W~Z의 이온화 에너지에 대한 자료이다. 원자 번호는 W < X < Y < Z이다.

- 제n 이온화 에너지(E_n)
  제1 이온화 에너지(E_1): $M(g) + E_1 \longrightarrow M^+(g) + e^-$
  제2 이온화 에너지(E_2): $M^+(g) + E_2 \longrightarrow M^{2+}(g) + e^-$
  제3 이온화 에너지(E_3): $M^{2+}(g) + E_3 \longrightarrow M^{3+}(g) + e^-$
- W~Z의 $\frac{E_3}{E_2}$

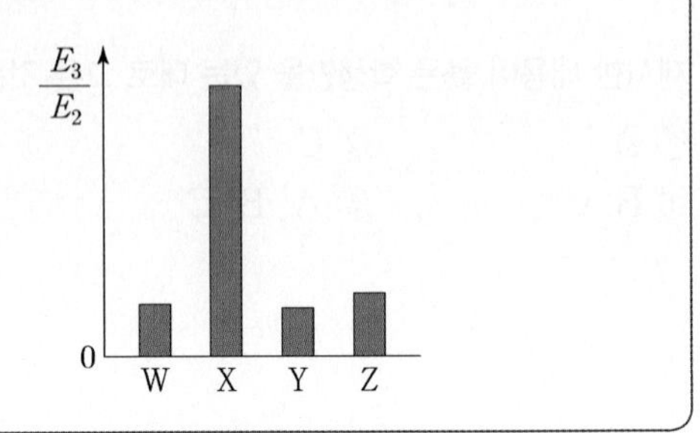

이에 대한 설명으로 옳은 것만을 〈보기〉에서 있는 대로 고른 것은? (단, W~Z는 임의의 원소 기호이다.) [3점]

보기

ㄱ. 원자 반지름은 W > X이다.
ㄴ. E_2는 Y > Z이다.
ㄷ. $\frac{E_2}{E_1}$는 Z > W이다.

① ㄱ ② ㄷ ③ ㄱ, ㄴ
④ ㄴ, ㄷ ⑤ ㄱ, ㄴ, ㄷ

III
화학 결합과
분자의 세계

01 화학 결합

2026학년도 수능 출제 예측

2025학년도 수능, 평가원 분석

수능, 6월 평가원에서 이온 결합 화합물의 전체 이온의 양, 전체 전자의 양을 토대로 이온/원자의 종류를 묻는 문제가 출제되었고, 6, 9월 평가원에서 화학 결합에 따른 물질의 전기 전도성 여부를 탐구 과정으로 제시하여 해석하는 문제가 출제되었다.

2026학년도 수능 예측

매년 한 문제 또는 두 문제가 출제되는 단원이다. 금속 결합 물질과 이온 결합 물질, 공유 결합 물질의 성질에 대하여 묻는 문항이 출제될 가능성이 높고, 이온 결합 화합물 1 mol에 들어 있는 전체 이온/전자의 양을 제시한 후 각 이온/원자의 특징을 물어볼 가능성이 높다.

1 ★☆☆ | 2025학년도 수능 2번 |

다음은 원소 X와 Y에 대한 자료이다.

- X와 Y는 3주기 원소이다.
- X(*s*)는 전성(펴짐성)이 있고, Y의 원자가 전자 수는 7이다.
- 바닥상태 원자의 전자 배치에서 홀전자 수는 Y>X이다.

다음 중 X와 Y가 결합하여 형성된 안정한 화합물의 화학 결합 모형으로 가장 적절한 것은? (단, X와 Y는 임의의 원소 기호이다.) [3점]

①
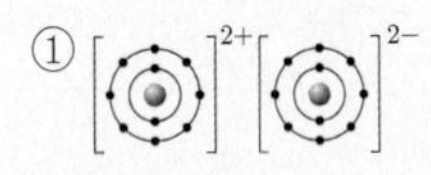
②

③
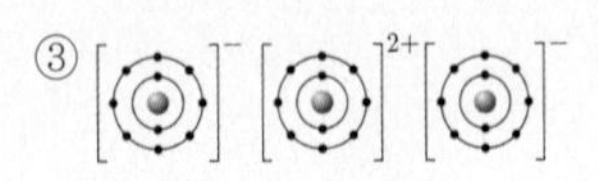
④

⑤
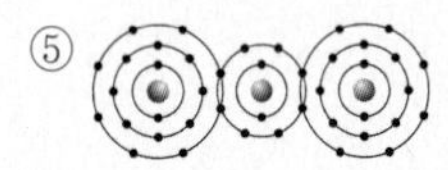

2 ★☆☆ | 2025학년도 수능 3번 |

표는 이온 결합 화합물 (가)~(다)에 대한 자료이다.

화합물	구성 이온	화합물 1 mol에 들어 있는 전체 이온의 양(mol)	화합물 1 mol에 들어 있는 전체 전자의 양(mol)
(가)	K^+, X^-	㉠	28
(나)	K^+, Y^-		36
(다)	Ca^{2+}, O^{2-}	㉡	㉢

이에 대한 설명으로 옳은 것만을 〈보기〉에서 있는 대로 고른 것은? (단, O, K, Ca의 원자 번호는 각각 8, 19, 20이고, X와 Y는 임의의 원소 기호이다.)

보기

ㄱ. Y는 3주기 원소이다.

ㄴ. ㉠>㉡이다.

ㄷ. ㉢은 28이다.

① ㄱ ② ㄴ ③ ㄱ, ㄷ

④ ㄴ, ㄷ ⑤ ㄱ, ㄴ, ㄷ

3 ★☆☆ | 2025학년도 9월 평가원 4번 |

다음은 학생 X가 수행한 탐구 활동이다. A와 B는 각각 염화 칼륨(KCl)과 포도당($C_6H_{12}O_6$) 중 하나이다.

[가설]

- KCl과 $C_6H_{12}O_6$은 [　　] 상태에서 전기 전도성 유무로 구분할 수 없지만, [㉠] 상태에서는 전기 전도성 유무로 구분할 수 있다.

[탐구 과정 및 결과]

(가) 그림과 같이 전류가 흐르면 LED 램프가 켜지는 전기 전도성 측정 장치를 준비한다.

(나) KCl(*s*)에 전극을 대어 LED 램프가 켜지는지 확인하고, 결과를 표로 정리한다.

(다) KCl(*s*) 대신 KCl(*aq*), $C_6H_{12}O_6(s)$, $C_6H_{12}O_6(aq)$을 이용하여 (나)를 반복한다.

전원 장치
LED 램프
전극

물질	A		B	
	고체 상태	수용액 상태	고체 상태	수용액 상태
LED 램프	×	○	×	×

(○ : 켜짐, × : 켜지지 않음)

[결론]

- 가설은 옳다.

학생 X의 탐구 과정 및 결과와 결론이 타당할 때, 이에 대한 설명으로 옳은 것만을 〈보기〉에서 있는 대로 고른 것은? [3점]

보기

ㄱ. '수용액'은 ㉠으로 적절하다.

ㄴ. A는 KCl이다.

ㄷ. B는 공유 결합 물질이다.

① ㄱ ② ㄷ ③ ㄱ, ㄴ

④ ㄴ, ㄷ ⑤ ㄱ, ㄴ, ㄷ

4 ★☆☆

| 2025학년도 9월 평가원 2번 |

다음은 XOH와 HY가 반응하여 XY와 H_2O을 생성하는 반응의 반응물을 화학 결합 모형으로 나타낸 화학 반응식이다.

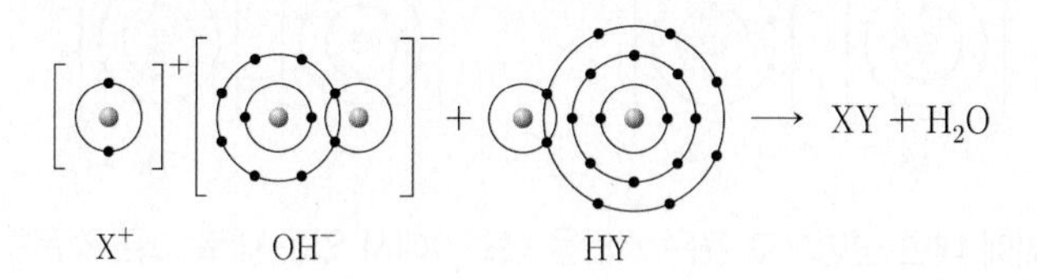

이에 대한 설명으로 옳은 것만을 〈보기〉에서 있는 대로 고른 것은? (단, X와 Y는 임의의 원소 기호이다.) [3점]

보기
ㄱ. X(*s*)는 전성(펴짐성)이 있다.
ㄴ. XY는 이온 결합 물질이다.
ㄷ. X와 O는 2 : 1로 결합하여 안정한 화합물을 형성한다.

① ㄱ ② ㄷ ③ ㄱ, ㄴ
④ ㄴ, ㄷ ⑤ ㄱ, ㄴ, ㄷ

5 ★☆☆

| 2025학년도 6월 평가원 2번 |

다음은 학생 A가 세운 가설과 탐구 과정이다.

[가설]
• 금속 결합 물질과 이온 결합 물질은 고체 상태에서의 전기 전도성 유무에 따라 구분된다.

[탐구 과정]
(가) 고체 상태의 금속 결합 물질 X와 이온 결합 물질 Y를 준비한다.
(나) 전기 전도성 측정 장치를 이용하여 고체 상태 X와 Y의 전기 전도성 유무를 각각 확인한다.

다음 중 학생 A가 세운 가설을 검증하기 위하여 탐구 과정에서 사용할 X와 Y로 가장 적절한 것은?

	X	Y
①	Cu	Mg
②	Cu	H_2O
③	Cu	LiF
④	CO_2	H_2O
⑤	H_2O	LiF

6 ★☆☆

| 2025학년도 6월 평가원 6번 |

표는 원소 X와 염소(Cl)로 구성된 이온 결합 화합물에 대한 자료이다.

구성 이온	화합물 1 mol에 들어 있는 전체 이온의 양(mol)	화합물 1 mol에 들어 있는 전체 전자의 양(mol)
X^{2+}, Cl^-	a	46

이에 대한 설명으로 옳은 것만을 〈보기〉에서 있는 대로 고른 것은? (단, Cl의 원자 번호는 17이고, X는 임의의 원소 기호이다.) [3점]

보기
ㄱ. $a=3$이다.
ㄴ. X(*s*)는 전성(펴짐성)이 있다.
ㄷ. X는 3주기 원소이다.

① ㄱ ② ㄷ ③ ㄱ, ㄴ
④ ㄴ, ㄷ ⑤ ㄱ, ㄴ, ㄷ

7 ★☆☆

| 2024학년도 수능 2번 |

그림은 원자 X, Y로부터 Ne의 전자 배치를 갖는 이온이 형성되는 과정을 모형으로 나타낸 것이다.

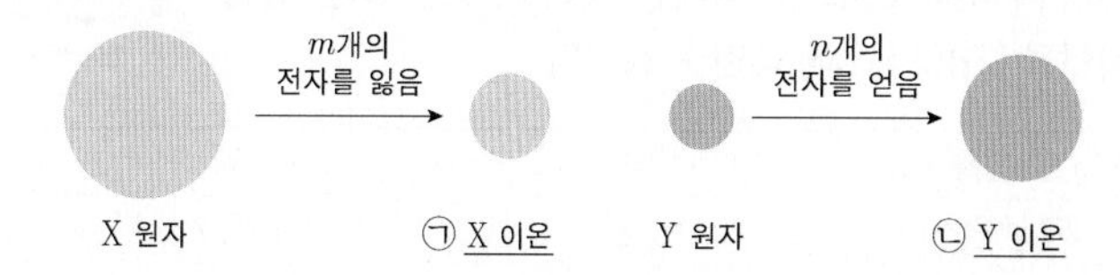

이에 대한 설명으로 옳은 것만을 〈보기〉에서 있는 대로 고른 것은? (단, X와 Y는 임의의 원소 기호이고, m과 n은 3 이하의 자연수이다.)

보기
ㄱ. X(*s*)는 전성(펴짐성)이 있다.
ㄴ. ㉡은 음이온이다.
ㄷ. ㉠과 ㉡으로부터 X_2Y가 형성될 때, $m : n=1 : 2$이다.

① ㄱ ② ㄷ ③ ㄱ, ㄴ
④ ㄴ, ㄷ ⑤ ㄱ, ㄴ, ㄷ

8 ★☆☆ | 2024학년도 9월 평가원 2번 |

그림은 2가지 물질을 결합 모형으로 나타낸 것이다.

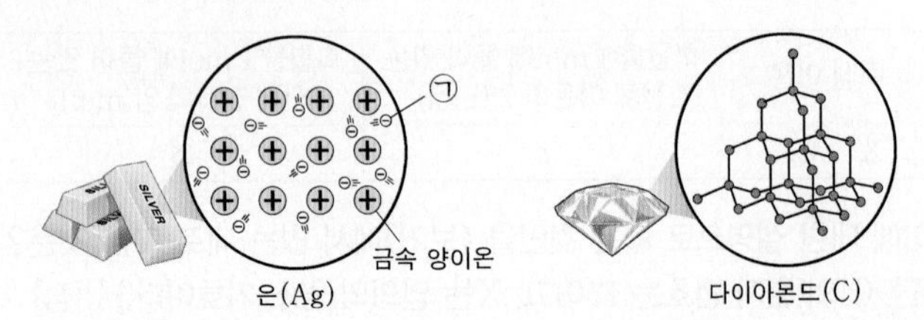

이에 대한 설명으로 옳은 것만을 〈보기〉에서 있는 대로 고른 것은? [3점]

〈보기〉
ㄱ. ㉠은 자유 전자이다.
ㄴ. Ag(*s*)은 전성(펴짐성)이 있다.
ㄷ. C(*s*, 다이아몬드)를 구성하는 원자는 공유 결합을 하고 있다.

① ㄱ ② ㄷ ③ ㄱ, ㄴ
④ ㄴ, ㄷ ⑤ ㄱ, ㄴ, ㄷ

9 ★★☆ | 2024학년도 9월 평가원 6번 |

그림은 원자 X~Z의 안정한 이온 X^{a+}, Y^{b+}, Z^{c-}의 전자 배치를 모형으로 나타낸 것이고, 표는 이온 결합 화합물 (가)와 (나)에 대한 자료이다.

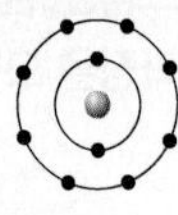

화합물	(가)	(나)
구성 원소	X, Z	Y, Z
이온 수 비	$X^{a+} : Z^{c-} = 2 : 3$	$Y^{b+} : Z^{c-} = 2 : 1$

이에 대한 설명으로 옳은 것만을 〈보기〉에서 있는 대로 고른 것은? (단, X~Z는 임의의 원소 기호이고, a~c는 3 이하의 자연수이다.)

〈보기〉
ㄱ. $a=2$이다.
ㄴ. Z는 산소(O)이다.
ㄷ. 원자가 전자 수는 X>Y이다.

① ㄱ ② ㄴ ③ ㄷ
④ ㄱ, ㄴ ⑤ ㄴ, ㄷ

10 ★☆☆ | 2024학년도 6월 평가원 2번 |

그림은 화합물 AB와 CD를 화학 결합 모형으로 나타낸 것이다.

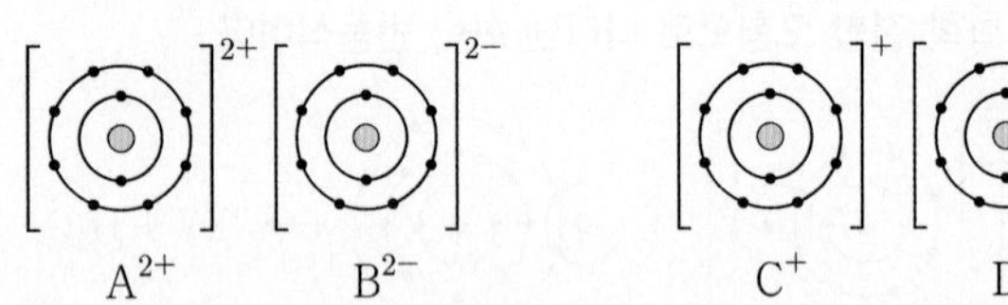

이에 대한 설명으로 옳은 것만을 〈보기〉에서 있는 대로 고른 것은? (단, A~D는 임의의 원소 기호이다.)

〈보기〉
ㄱ. A~D에서 2주기 원소는 2가지이다.
ㄴ. A는 비금속 원소이다.
ㄷ. BD_2는 이온 결합 물질이다.

① ㄱ ② ㄴ ③ ㄱ, ㄷ
④ ㄴ, ㄷ ⑤ ㄱ, ㄴ, ㄷ

11 ★★☆ | 2024학년도 6월 평가원 6번 |

표는 원소 W~Z로 구성된 3가지 분자에 대한 자료이다. W~Z는 C, N, O, F을 순서 없이 나타낸 것이고, 분자에서 모든 원자는 옥텟 규칙을 만족한다.

분자	WX_2	YZ_3	YWZ
중심 원자	W	Y	W
전체 구성 원자의 원자가 전자 수 합	㉠	26	16

이에 대한 설명으로 옳은 것만을 〈보기〉에서 있는 대로 고른 것은? [3점]

〈보기〉
ㄱ. X는 F이다.
ㄴ. YWZ의 비공유 전자쌍 수는 4이다.
ㄷ. ㉠은 16이다.

① ㄱ ② ㄷ ③ ㄱ, ㄴ
④ ㄴ, ㄷ ⑤ ㄱ, ㄴ, ㄷ

12 ★☆☆ | 2023학년도 수능 3번 |

그림은 화합물 A_2B와 CBD를 화학 결합 모형으로 나타낸 것이다.

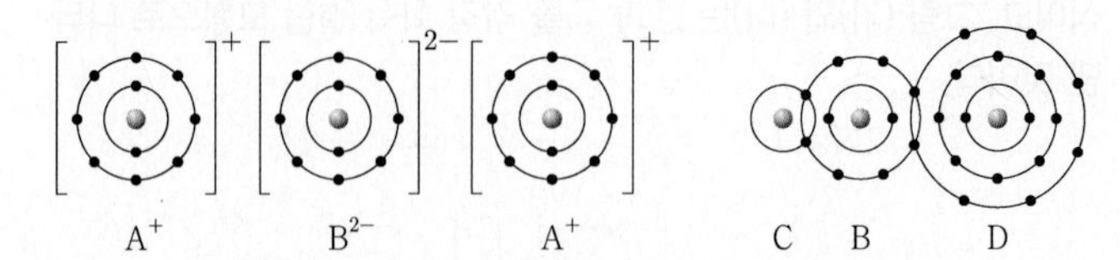

이에 대한 설명으로 옳은 것만을 〈보기〉에서 있는 대로 고른 것은? (단, A~D는 임의의 원소 기호이다.)

보기
ㄱ. A(*s*)는 전성(펴짐성)이 있다.
ㄴ. A와 D의 안정한 화합물은 AD이다.
ㄷ. C_2B는 공유 결합 물질이다.

① ㄱ ② ㄷ ③ ㄱ, ㄴ
④ ㄴ, ㄷ ⑤ ㄱ, ㄴ, ㄷ

13 ★★☆ | 2023학년도 9월 평가원 3번 |

그림은 바닥상태 원자 W~Z의 전자 배치를 모형으로 나타낸 것이다.

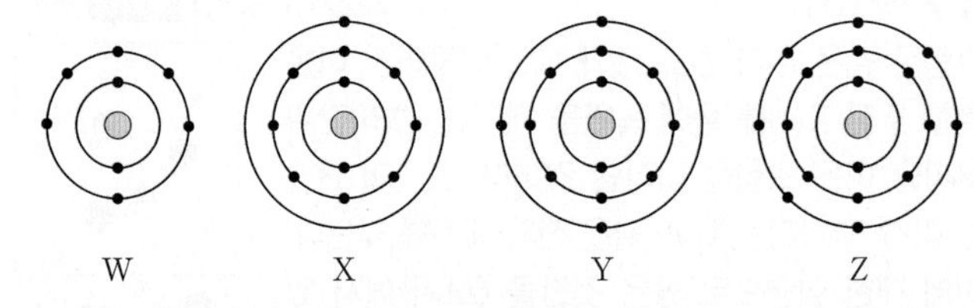

이에 대한 설명으로 옳은 것만을 〈보기〉에서 있는 대로 고른 것은? (단, W~Z는 임의의 원소 기호이다.)

보기
ㄱ. XZ(*l*)는 전기 전도성이 있다.
ㄴ. Z_2W는 이온 결합 물질이다.
ㄷ. W와 Y는 3 : 2로 결합하여 안정한 화합물을 형성한다.

① ㄱ ② ㄴ ③ ㄱ, ㄷ
④ ㄴ, ㄷ ⑤ ㄱ, ㄴ, ㄷ

14 ★☆☆ | 2023학년도 6월 평가원 3번 |

그림은 화합물 A_2B와 CD를 화학 결합 모형으로 나타낸 것이다.

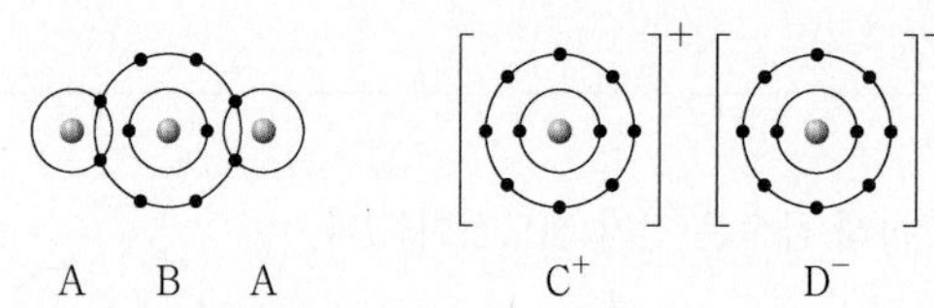

이에 대한 설명으로 옳은 것만을 〈보기〉에서 있는 대로 고른 것은? (단, A~D는 임의의 원소 기호이다.)

보기
ㄱ. A_2B는 공유 결합 물질이다.
ㄴ. C(*s*)는 연성(뽑힘성)이 있다.
ㄷ. C_2B(*l*)는 전기 전도성이 있다.

① ㄱ ② ㄷ ③ ㄱ, ㄴ
④ ㄴ, ㄷ ⑤ ㄱ, ㄴ, ㄷ

15 ★★☆ | 2023학년도 9월 평가원 6번 |

다음은 물(H_2O)의 전기 분해 실험이다.

[실험 과정]
(가) 비커에 물을 넣고, 황산 나트륨을 소량 녹인다.
(나) 그림과 같이 (가)의 수용액으로 가득 채운 시험관에 전극 A와 B를 설치하고, 전류를 흘려 생성되는 기체를 각각의 시험관에 모은다.

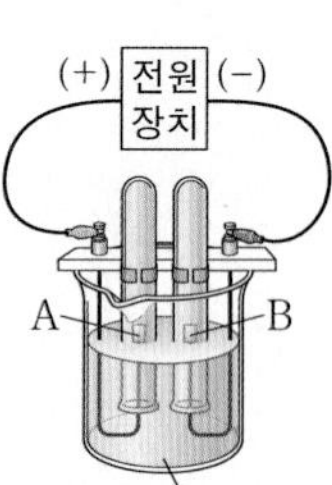

[실험 결과]
• (나)에서 생성된 기체는 수소(H_2)와 산소(O_2)였다.
• 각 전극에서 생성된 기체의 양(mol) ($0 < t_1 < t_2$)

전류를 흘려 준 시간		t_1	t_2
기체의 양 (mol)	전극 A	x	N
	전극 B	N	y

이에 대한 설명으로 옳은 것만을 〈보기〉에서 있는 대로 고른 것은?

보기
ㄱ. 전극 A에서 생성된 기체는 O_2이다.
ㄴ. H_2O을 이루고 있는 H 원자와 O 원자 사이의 화학 결합에는 전자가 관여한다.
ㄷ. $\frac{x}{y}=\frac{1}{4}$이다.

① ㄱ ② ㄷ ③ ㄱ, ㄴ
④ ㄴ, ㄷ ⑤ ㄱ, ㄴ, ㄷ

16 ★☆☆

| 2022학년도 수능 3번 |

다음은 학생 A가 금속의 성질을 알아보기 위해 수행한 탐구 활동이다.

[가설]
- 고체 상태 금속은 전기 전도성이 있다.

[탐구 과정]
- 3가지 금속 ㉠, ㉡, $Al(s)$의 전기 전도성을 조사한다.

[탐구 결과]

금속	㉠	㉡	$Al(s)$
전기 전도성	있음	있음	있음

[결론]
- 가설은 옳다.

학생 A의 결론이 타당할 때, 다음 중 ㉠과 ㉡으로 가장 적절한 것은?

	㉠	㉡
①	$CO_2(s)$	$Cu(s)$
②	$Cu(s)$	$Mg(s)$
③	$Fe(s)$	$CO_2(s)$
④	$Mg(s)$	$NaCl(s)$
⑤	$NaCl(s)$	$Fe(s)$

17 ★★☆

| 2022학년도 수능 4번 |

그림은 화합물 AB와 BC_2를 화학 결합 모형으로 나타낸 것이다.

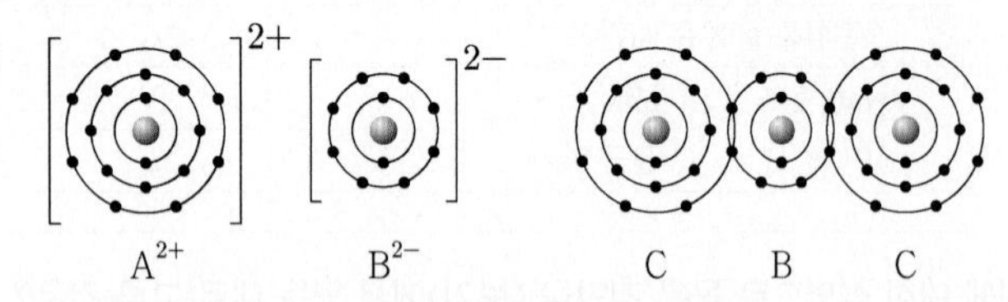

이에 대한 설명으로 옳은 것만을 <보기>에서 있는 대로 고른 것은? (단, A~C는 임의의 원소 기호이다.)

보기
ㄱ. A는 3주기 원소이다.
ㄴ. AB는 이온 결합 물질이다.
ㄷ. A와 C는 1 : 2로 결합하여 안정한 화합물을 형성한다.

① ㄱ ② ㄴ ③ ㄱ, ㄷ
④ ㄴ, ㄷ ⑤ ㄱ, ㄴ, ㄷ

18 ★☆☆

| 2022학년도 9월 평가원 7번 |

다음은 Na과 ㉠이 반응하여 ㉡과 H_2를 생성하는 반응의 화학 반응식이고, 그림 (가)와 (나)는 ㉠과 ㉡을 각각 화학 결합 모형으로 나타낸 것이다.

$$2Na + 2\,㉠ \longrightarrow 2\,㉡ + H_2$$

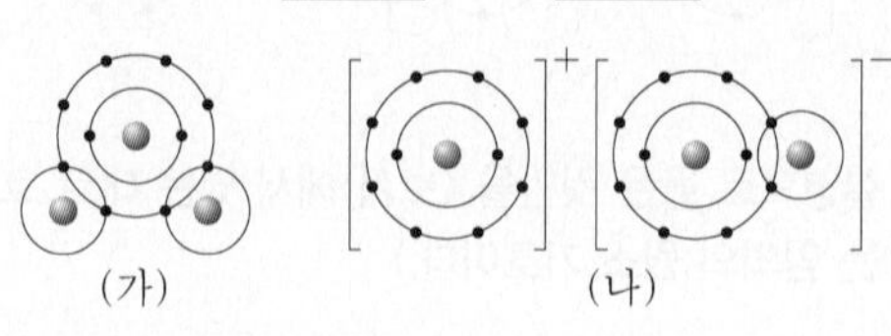

이에 대한 설명으로 옳은 것만을 <보기>에서 있는 대로 고른 것은?

보기
ㄱ. $Na(s)$은 전성(펴짐성)이 있다.
ㄴ. ㉠은 공유 결합 물질이다.
ㄷ. (나)에서 양이온의 총 전자 수와 음이온의 총 전자 수는 같다.

① ㄱ ② ㄷ ③ ㄱ, ㄴ
④ ㄴ, ㄷ ⑤ ㄱ, ㄴ, ㄷ

19 ★☆☆

| 2022학년도 9월 평가원 9번 |

그림은 같은 주기 원소 A와 B로 이루어진 이온 결합 물질 $X(s)$를 물에 녹였을 때, $X(aq)$의 단위 부피당 이온 모형을 나타낸 것이다. A^{2+}과 B^{n-}은 각각 Ne 또는 Ar과 같은 전자 배치를 갖는다. 이에 대한 설명으로 옳은 것만을 <보기>에서 있는 대로 고른 것은? (단, A와 B는 임의의 원소 기호이다.) [3점]

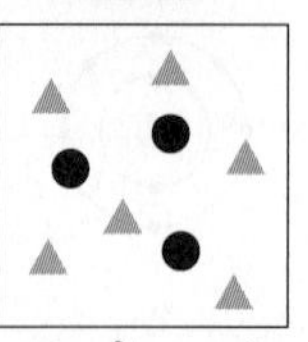

보기
ㄱ. X의 화학식은 A_2B이다.
ㄴ. B는 3주기 원소이다.
ㄷ. 원자 번호는 B > A이다.

① ㄱ ② ㄴ ③ ㄷ
④ ㄱ, ㄴ ⑤ ㄴ, ㄷ

20 ★☆☆ | 2022학년도 6월 평가원 6번 |

다음은 바닥상태 원자 A~D의 전자 배치이다.

A : $1s^2 2s^2 2p^4$
B : $1s^2 2s^2 2p^5$
C : $1s^2 2s^2 2p^6 3s^1$
D : $1s^2 2s^2 2p^6 3s^2 3p^5$

이에 대한 설명으로 옳은 것만을 〈보기〉에서 있는 대로 고른 것은? (단, A~D는 임의의 원소 기호이다.)

보기
ㄱ. AB_2는 이온 결합 물질이다.
ㄴ. C와 D는 같은 주기 원소이다.
ㄷ. B와 C는 1 : 1로 결합하여 안정한 화합물을 형성한다.

① ㄱ ② ㄴ ③ ㄱ, ㄷ
④ ㄴ, ㄷ ⑤ ㄱ, ㄴ, ㄷ

21 ★★☆ | 2022학년도 6월 평가원 8번 |

다음은 AB와 CD의 반응을 화학 반응식으로 나타낸 것이고, 그림은 AB와 CD를 결합 모형으로 나타낸 것이다.

$$2AB + CD \longrightarrow (가) + A_2D$$

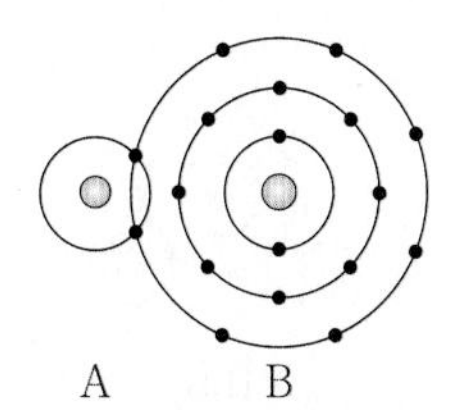

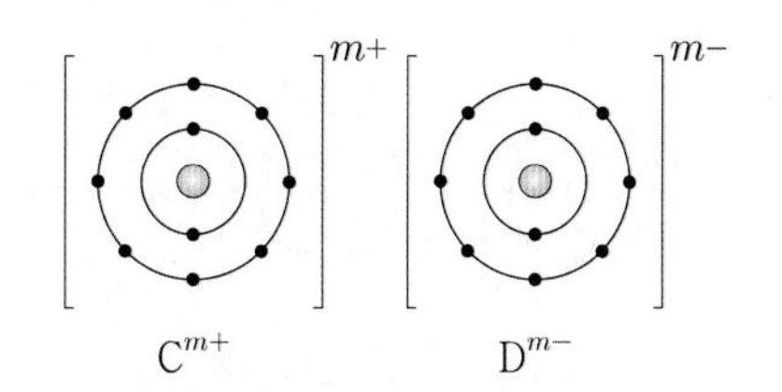

이에 대한 설명으로 옳은 것만을 〈보기〉에서 있는 대로 고른 것은? (단, A~D는 임의의 원소 기호이다.) [3점]

보기
ㄱ. $m=2$이다.
ㄴ. (가)는 공유 결합 물질이다.
ㄷ. 비공유 전자쌍 수는 $B_2 > D_2$이다.

① ㄱ ② ㄴ ③ ㄱ, ㄷ
④ ㄴ, ㄷ ⑤ ㄱ, ㄴ, ㄷ

22 ★☆☆ | 2021학년도 수능 4번 |

다음은 3가지 물질이다.

구리(Cu) 염화 나트륨(NaCl) 다이아몬드(C)

이에 대한 설명으로 옳은 것만을 〈보기〉에서 있는 대로 고른 것은? [3점]

보기
ㄱ. Cu(s)는 연성(뽑힘성)이 있다.
ㄴ. NaCl(l)은 전기 전도성이 있다.
ㄷ. C(s, 다이아몬드)를 구성하는 원자는 공유 결합을 하고 있다.

① ㄱ ② ㄷ ③ ㄱ, ㄴ
④ ㄴ, ㄷ ⑤ ㄱ, ㄴ, ㄷ

23 ★★☆ | 2021학년도 수능 12번 |

다음은 원자 W~Z에 대한 자료이다.

- W~Z는 각각 O, F, Na, Mg 중 하나이다.
- 각 원자의 이온은 모두 Ne의 전자 배치를 갖는다.
- Y와 Z는 2주기 원소이다.
- X와 Z는 2 : 1로 결합하여 안정한 화합물을 형성한다.

이에 대한 설명으로 옳은 것만을 〈보기〉에서 있는 대로 고른 것은? (단, W~Z는 임의의 원소 기호이다.)

보기
ㄱ. W는 Na이다.
ㄴ. 녹는점은 WZ가 CaO보다 높다.
ㄷ. X와 Y의 안정한 화합물은 XY_2이다.

① ㄱ ② ㄴ ③ ㄷ
④ ㄱ, ㄴ ⑤ ㄴ, ㄷ

24 ★☆☆ | 2021학년도 9월 평가원 6번 |

다음은 이온 결합 물질과 관련하여 학생 A가 세운 가설과 이를 검증하기 위해 수행한 탐구 활동이다.

[가설]
- Na과 할로젠 원소(X)로 구성된 이온 결합 물질(NaX)은 ㉠

[탐구 과정]
- 4가지 고체 NaF, NaCl, NaBr, NaI의 이온 사이의 거리와 1 atm에서의 녹는점을 조사하고 비교한다.

[탐구 결과]

이온 결합 물질	NaF	NaCl	NaBr	NaI
이온 사이의 거리(pm)	231	282	299	324
녹는점(℃)	996	802	747	661

[결론]
- 가설은 옳다.

학생 A의 결론이 타당할 때, 이에 대한 설명으로 옳은 것만을 〈보기〉에서 있는 대로 고른 것은? [3점]

보기
ㄱ. NaCl을 구성하는 양이온 수와 음이온 수는 같다.
ㄴ. '이온 사이의 거리가 가까울수록 녹는점이 높다.'는 ㉠으로 적절하다.
ㄷ. NaF, NaCl, NaBr, NaI 중 이온 사이의 정전기적 인력이 가장 큰 물질은 NaF이다.

① ㄱ ② ㄷ ③ ㄱ, ㄴ ④ ㄴ, ㄷ ⑤ ㄱ, ㄴ, ㄷ

25 ★☆☆ | 2021학년도 9월 평가원 8번 |

그림은 화합물 AB와 CD_3를 화학 결합 모형으로 나타낸 것이다.

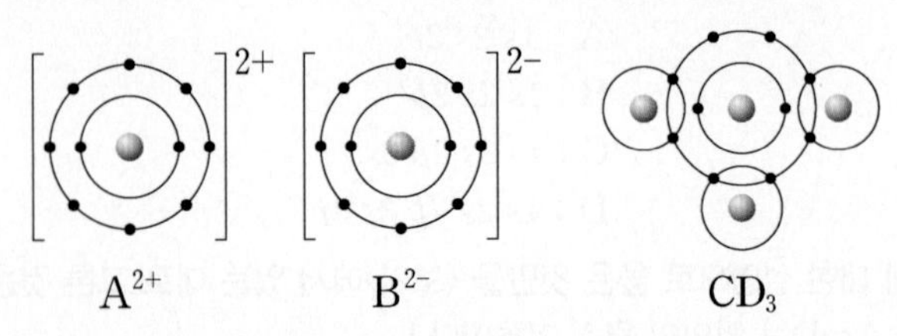

이에 대한 설명으로 옳은 것만을 〈보기〉에서 있는 대로 고른 것은? (단, A~D는 임의의 원소 기호이다.)

보기
ㄱ. AB는 이온 결합 물질이다.
ㄴ. C_2에는 2중 결합이 있다.
ㄷ. A(*s*)는 전기 전도성이 있다.

① ㄱ ② ㄴ ③ ㄱ, ㄷ ④ ㄴ, ㄷ ⑤ ㄱ, ㄴ, ㄷ

26 ★★☆ | 2021학년도 6월 평가원 9번 |

그림은 화합물 ABC와 H_2B를 화학 결합 모형으로 나타낸 것이다.

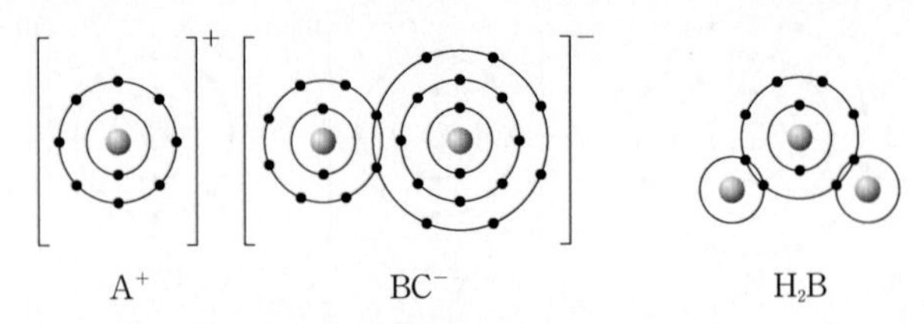

이에 대한 설명으로 옳은 것만을 〈보기〉에서 있는 대로 고른 것은? (단, A~C는 임의의 원소 기호이다.)

보기
ㄱ. A(*s*)는 외부에서 힘을 가하면 넓게 펴지는 성질이 있다.
ㄴ. B_2와 C_2에는 모두 2중 결합이 있다.
ㄷ. AC(*l*)는 전기 전도성이 있다.

① ㄱ ② ㄴ ③ ㄱ, ㄷ ④ ㄴ, ㄷ ⑤ ㄱ, ㄴ, ㄷ

III
화학 결합과
분자의 세계

02

분자의 구조와 성질

2026학년도 수능 출제 예측

2025학년도 수능, 평가원 분석

수능과 6, 9월 평가원에서 모두 단일 결합과 다중 결합의 구분이 없는 구조식으로부터 분자의 종류를 판단하는 문제가 출제되었고, 무극성/극성 공유 결합의 유무, 공유/비공유 전자쌍 수, 결합각, 부분적인 전하를 묻는 보기가 주로 제시되었다.

2026학년도 수능 예측

매년 두 문제 또는 세 문제가 출제되는 단원이다. 루이스 전자점식보다는 단일 결합과 다중 결합의 구분이 없는 구조식으로 자료를 제시할 가능성이 높고, 분자의 모양, 무극성/극성 공유 결합의 유무, 공유/비공유 전자쌍 수, 결합각, 부분적의 전하 등을 묻는 보기가 출제될 가능성이 높다.

1 ★☆☆ | 2025학년도 수능 6번 |

그림은 수소(H)와 원소 X~Z로 구성된 분자 (가)~(다)의 구조식을 단일 결합과 다중 결합의 구분 없이 나타낸 것이다. X~Z는 C, N, O를 순서 없이 나타낸 것이고, (가)~(다)에서 X~Z는 옥텟 규칙을 만족한다.

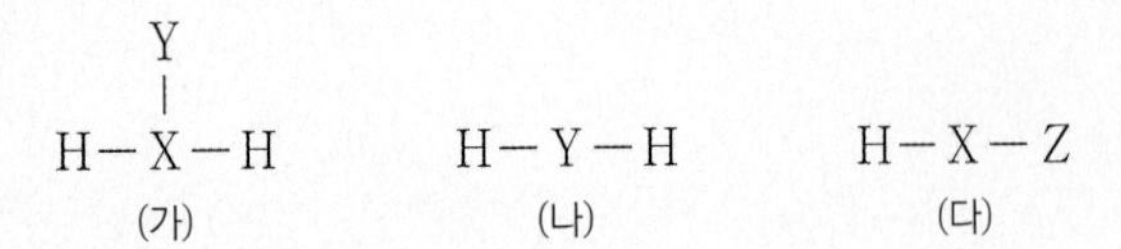

(가)~(다)에 대한 설명으로 옳은 것만을 〈보기〉에서 있는 대로 고른 것은? [3점]

보기
ㄱ. 극성 분자는 3가지이다.
ㄴ. 공유 전자쌍 수 비는 (가) : (나)=3 : 2이다.
ㄷ. 결합각은 (다)>(나)이다.

① ㄱ ② ㄴ ③ ㄱ, ㄷ
④ ㄴ, ㄷ ⑤ ㄱ, ㄴ, ㄷ

2 ★☆☆ | 2025학년도 수능 7번 |

다음은 학생 A가 수행한 탐구 활동이다.

[가설]
• 분자당 구성 원자 수가 3인 분자의 분자 모양은 모두 ㉠ 이다.

[탐구 과정 및 결과]
(가) 분자당 구성 원자 수가 3인 분자를 찾고, 각 분자의 분자 모양을 조사하였다.
(나) (가)에서 조사한 내용을 표로 정리하였다.

가설에 일치하는 분자	가설에 어긋나는 분자
BeF_2, CO_2, …	OF_2, ㉡, …

[결론]
• 가설에 어긋나는 분자가 있으므로 가설은 옳지 않다.

학생 A의 탐구 과정 및 결과와 결론이 타당할 때, 다음 중 ㉠과 ㉡으로 가장 적절한 것은?

	㉠	㉡		㉠	㉡
①	직선형	HNO	②	직선형	CF_4
③	굽은형	HOF	④	굽은형	FCN
⑤	평면 삼각형	FCN			

3 ★☆☆ | 2025학년도 수능 8번 |

그림은 수소(H)와 원소 X~Z로 구성된 분자 (가)~(라)의 공유 전자쌍 수와 구성 원소의 전기 음성도 차를 나타낸 것이다.

구성 원소의 전기 음성도 차
m (가)
n (나)
(다)(라)
0 1 2 3 4 5
공유 전자쌍 수

(가)~(라)는 각각 H_aX_a, H_bX, HY, HZ 중 하나이고, 분자에서 X~Z는 옥텟 규칙을 만족한다. X~Z는 C, F, Cl를 순서 없이 나타낸 것이고, 전기 음성도는 Y>Z>H이다.

이에 대한 설명으로 옳은 것만을 〈보기〉에서 있는 대로 고른 것은? [3점]

보기
ㄱ. $a=2$이다.
ㄴ. (라)에는 무극성 공유 결합이 있다.
ㄷ. YZ에서 구성 원소의 전기 음성도 차는 $m-n$이다.

① ㄱ ② ㄷ ③ ㄱ, ㄴ
④ ㄴ, ㄷ ⑤ ㄱ, ㄴ, ㄷ

4 ★☆☆ | 2025학년도 9월 평가원 5번 |

그림은 4가지 분자를 주어진 기준에 따라 분류한 것이다. 전기 음성도는 N>H이다.

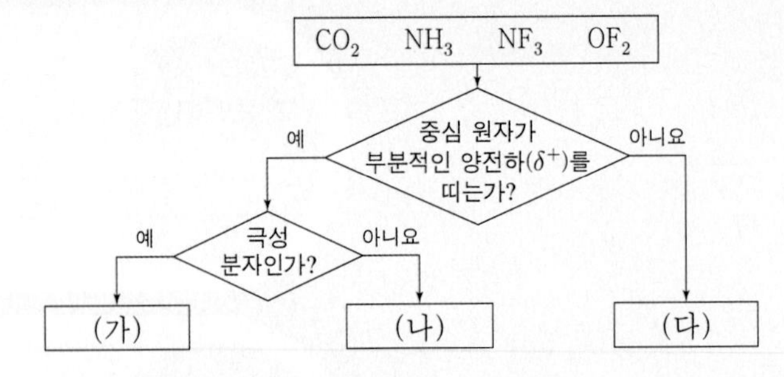

이에 대한 설명으로 옳은 것만을 〈보기〉에서 있는 대로 고른 것은?

보기
ㄱ. (가)에 해당하는 분자는 2가지이다.
ㄴ. (나)에는 무극성 공유 결합이 있는 분자가 있다.
ㄷ. (다)에는 쌍극자 모멘트가 0인 분자가 있다.

① ㄱ ② ㄴ ③ ㄷ
④ ㄱ, ㄴ ⑤ ㄱ, ㄷ

5 ★☆☆ | 2025학년도 9월 평가원 8번 |

표는 원소 W~Z로 구성된 분자 (가)~(다)에 대한 자료이다. (가)~(다)의 중심 원자는 W이고, 분자에서 모든 원자는 옥텟 규칙을 만족한다. W~Z는 C, N, O, F을 순서 없이 나타낸 것이다.

분자	(가)	(나)	(다)
구성 원소	W, X	W, X, Y	W, X, Z
분자당 구성 원자 수	5	4	3
비공유 전자쌍 수	12	8	4

이에 대한 설명으로 옳은 것만을 〈보기〉에서 있는 대로 고른 것은?

보기
ㄱ. Z는 N이다.
ㄴ. 결합각은 (가)>(다)이다.
ㄷ. (나)의 분자 모양은 평면 삼각형이다.

① ㄱ ② ㄴ ③ ㄱ, ㄷ
④ ㄴ, ㄷ ⑤ ㄱ, ㄴ, ㄷ

6 ★☆☆ | 2025학년도 9월 평가원 11번 |

그림은 수소(H)와 원소 X~Z로 구성된 분자 (가)~(다)의 구조식을 단일 결합과 다중 결합의 구분 없이 나타낸 것이다. X~Z는 C, N, O를 순서 없이 나타낸 것이고, (가)~(다)에서 X~Z는 옥텟 규칙을 만족한다. 비공유 전자쌍 수는 (가)>(나)이다.

H−X(H)−X(H)−H　　H−Y−Y−H　　H−Z−Z−H
(가)　　(나)　　(다)

이에 대한 설명으로 옳은 것만을 〈보기〉에서 있는 대로 고른 것은? [3점]

보기
ㄱ. X는 C이다.
ㄴ. 공유 전자쌍 수는 (나)>(다)이다.
ㄷ. (다)에는 다중 결합이 있다.

① ㄱ ② ㄴ ③ ㄷ
④ ㄱ, ㄴ ⑤ ㄴ, ㄷ

7 ★☆☆ | 2025학년도 6월 평가원 4번 |

그림은 원소 W~Z로 구성된 분자를 화학 결합 모형으로 나타낸 것이다.

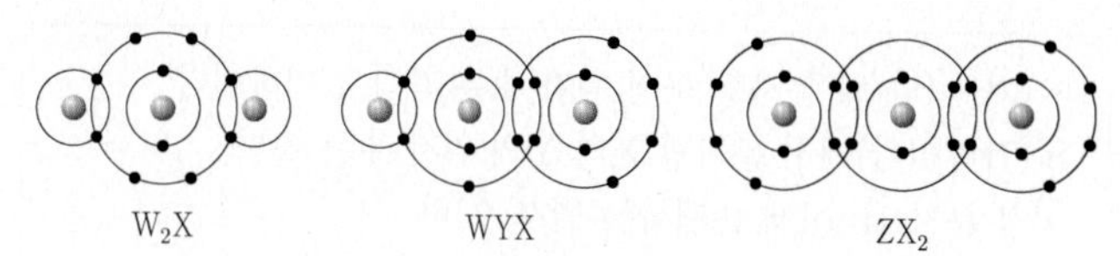

이에 대한 설명으로 옳은 것만을 〈보기〉에서 있는 대로 고른 것은? (단, W~Z는 임의의 원소 기호이다.) [3점]

보기
ㄱ. W_2X는 무극성 분자이다.
ㄴ. WYX에서 X는 부분적인 음전하(δ^-)를 띤다.
ㄷ. 결합각은 WYX가 ZX_2보다 크다.

① ㄱ ② ㄴ ③ ㄷ
④ ㄱ, ㄴ ⑤ ㄴ, ㄷ

8 ★★☆ | 2025학년도 6월 평가원 7번 |

그림은 분자 (가)~(다)의 구조식을 단일 결합과 다중 결합의 구분 없이 나타낸 것이다. (가)~(다)에서 모든 원자는 옥텟 규칙을 만족한다.

F−C−C−F　　F−O−O−F　　F−N(F)−N(F)−F
(가)　　(나)　　(다)

이에 대한 설명으로 옳은 것만을 〈보기〉에서 있는 대로 고른 것은?

보기
ㄱ. (가)에는 극성 공유 결합이 있다.
ㄴ. (나)에는 3중 결합이 있다.
ㄷ. 공유 전자쌍 수는 (다)>(가)이다.

① ㄱ ② ㄴ ③ ㄱ, ㄷ
④ ㄴ, ㄷ ⑤ ㄱ, ㄴ, ㄷ

Part II 수능 평가원

9 ★☆☆ | 2024학년도 수능 6번 |

다음은 수소(H)와 2주기 원소 X, Y로 구성된 분자 (가)~(다)에 대한 자료이다. (가)~(다)에서 X와 Y는 옥텟 규칙을 만족한다.

- (가)~(다)의 분자당 구성 원자 수는 각각 4 이하이다.
- (가)와 (나)에서 분자당 X와 Y의 원자 수는 같다.
- 각 분자 1mol에 존재하는 원자 수 비

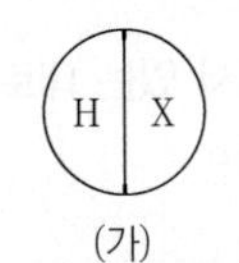

(가)

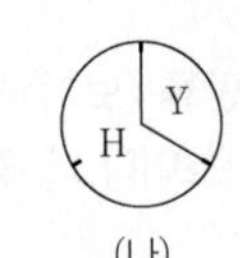

(나)

(다)

이에 대한 설명으로 옳은 것만을 〈보기〉에서 있는 대로 고른 것은? (단, X와 Y는 임의의 원소 기호이다.) [3점]

보기
ㄱ. (가)에는 2중 결합이 있다.
ㄴ. (나)에는 무극성 공유 결합이 있다.
ㄷ. (다)에서 X는 부분적인 음전하(δ^-)를 띤다.

① ㄴ ② ㄷ ③ ㄱ, ㄴ
④ ㄱ, ㄷ ⑤ ㄴ, ㄷ

10 ★★☆ | 2024학년도 수능 13번 |

표는 원소 W~Z로 구성된 분자 (가)~(라)에 대한 자료이다. (가)~(라)의 분자당 구성 원자 수는 각각 3 이하이고, 분자에서 모든 원자는 옥텟 규칙을 만족한다. W~Z는 각각 C, N, O, F 중 하나이다.

분자	구성 원소	중심 원자	$\frac{\text{비공유 전자쌍 수}}{\text{공유 전자쌍 수}}$
(가)	W		6
(나)	W, X	X	4
(다)	W, X, Y	Y	2
(라)	W, Y, Z	Z	1

이에 대한 설명으로 옳은 것만을 〈보기〉에서 있는 대로 고른 것은?

보기
ㄱ. Z는 탄소(C)이다.
ㄴ. (다)의 분자 모양은 직선형이다.
ㄷ. 결합각은 (라) > (나)이다.

① ㄱ ② ㄴ ③ ㄱ, ㄷ
④ ㄴ, ㄷ ⑤ ㄱ, ㄴ, ㄷ

11 ★★☆ | 2024학년도 수능 7번 |

그림은 탄소(C)와 2주기 원소 X, Y로 구성된 분자 (가)~(다)의 구조식을 단일 결합과 다중 결합의 구분 없이 나타낸 것이다. (가)~(다)에서 모든 원자는 옥텟 규칙을 만족한다.

X−C−X (가)

Y−C(−X)−Y (나)

Y−X−X−Y (다)

(가)~(다)에 대한 설명으로 옳은 것만을 〈보기〉에서 있는 대로 고른 것은? (단, X와 Y는 임의의 원소 기호이다.) [3점]

보기
ㄱ. 다중 결합이 있는 분자는 2가지이다.
ㄴ. (가)는 무극성 분자이다.
ㄷ. 공유 전자쌍 수는 (나)와 (다)가 같다.

① ㄱ ② ㄷ ③ ㄱ, ㄴ
④ ㄴ, ㄷ ⑤ ㄱ, ㄴ, ㄷ

12 ★★☆ | 2024학년도 9월 평가원 4번 |

다음은 학생 A가 수행한 탐구 활동이다.

[가설]
- 구조가 직선형인 분자와 평면 삼각형인 분자는 모두 무극성 분자이다.

[탐구 과정 및 결과]
(가) 구조가 직선형인 분자와 평면 삼각형인 분자를 찾고, 각 분자의 극성 여부를 조사하였다.
(나) (가)에서 조사한 분자를 구조와 극성 여부에 따라 분류하였다.

	직선형	평면 삼각형
무극성 분자	CO_2, …	BF_3, …
극성 분자	㉠, …	㉡, …

[결론]
- 가설에 어긋나는 분자가 있으므로 가설은 옳지 않다.

학생 A의 탐구 과정 및 결과와 결론이 타당할 때, 다음 중 ㉠과 ㉡으로 적절한 것은?

	㉠	㉡
①	H_2O	BCl_3
②	H_2O	HCHO
③	HCN	BCl_3
④	HCN	HCHO
⑤	HCN	NH_3

13 ★☆☆ | 2024학년도 9월 평가원 8번 |

다음은 수소(H)와 2주기 원소 X, Y로 구성된 3가지 분자의 분자식이다. 분자에서 모든 X와 Y는 옥텟 규칙을 만족하고, 전기 음성도는 X>H이다.

XH_4 YH_2 XY_2

이에 대한 설명으로 옳은 것만을 〈보기〉에서 있는 대로 고른 것은? (단, X와 Y는 임의의 원소 기호이다.) [3점]

보기
ㄱ. 전기 음성도는 Y>X이다.
ㄴ. YH_2에서 Y는 부분적인 양전하(δ^+)를 띤다.
ㄷ. 결합각은 $XY_2 > XH_4$이다.

① ㄱ ② ㄷ ③ ㄱ, ㄴ
④ ㄱ, ㄷ ⑤ ㄴ, ㄷ

14 ★☆☆ | 2024학년도 9월 평가원 12번 |

표는 탄소(C), 플루오린(F), X, Y로 구성된 분자 (가)~(다)에 대한 자료이다. X와 Y는 질소(N)와 산소(O) 중 하나이고, 분자에서 모든 원자는 옥텟 규칙을 만족한다.

분자	분자식	모든 결합의 종류	결합의 수
(가)	XF_2	F과 X 사이의 단일 결합	2
(나)	CXF_m	C와 F 사이의 단일 결합	2
		C와 X 사이의 2중 결합	1
(다)	YF_3	F과 Y 사이의 단일 결합	3

이에 대한 설명으로 옳은 것만을 〈보기〉에서 있는 대로 고른 것은? [3점]

보기
ㄱ. (가)의 분자 구조는 굽은 형이다.
ㄴ. $m=3$이다.
ㄷ. $\frac{\text{공유 전자쌍 수}}{\text{비공유 전자쌍 수}}$는 (다)>(나)이다.

① ㄱ ② ㄴ ③ ㄷ
④ ㄱ, ㄴ ⑤ ㄱ, ㄷ

15 ★☆☆ | 2024학년도 6월 평가원 4번 |

다음은 학생 A가 수행한 탐구 활동이다.

[가설]
• 극성 공유 결합이 있는 분자는 모두 극성 분자이다.

[탐구 과정 및 결과]
(가) 극성 공유 결합이 있는 분자를 찾고, 각 분자의 극성 여부를 조사하였다.
(나) (가)에서 조사한 내용을 표로 정리하였다.

분자	H_2O	NH_3	㉠	㉡	…
분자의 극성 여부	극성	극성	극성	무극성	…

[결론]
• 가설에 어긋나는 분자가 있으므로 가설은 옳지 않다.

학생 A의 탐구 과정 및 결과와 결론이 타당할 때, ㉠과 ㉡으로 적절한 것은? [3점]

	㉠	㉡		㉠	㉡
①	O_2	CF_4	②	CF_4	O_2
③	CF_4	HCl	④	HCl	O_2
⑤	HCl	CF_4			

16 ★★☆ | 2024학년도 6월 평가원 11번 |

그림은 2주기 원소 X~Z로 구성된 분자 (가)~(다)의 구조식을 나타낸 것이다. (가)~(다)에서 모든 원자는 옥텟 규칙을 만족한다.

(가) Y=X=Y
(나) Z−Y−Z
(다) Z−X(=Y)−Z

(가)~(다)에 대한 설명으로 옳은 것만을 〈보기〉에서 있는 대로 고른 것은? (단, X~Z는 임의의 원소 기호이다.)

보기
ㄱ. 극성 분자는 2가지이다.
ㄴ. 결합각은 (가)>(나)이다.
ㄷ. 중심 원자에 비공유 전자쌍이 있는 분자는 1가지이다.

① ㄱ ② ㄷ ③ ㄱ, ㄴ
④ ㄴ, ㄷ ⑤ ㄱ, ㄴ, ㄷ

17 ★☆☆ | 2023학년도 수능 2번 |

그림은 2주기 원소 X~Z로 구성된 분자 (가)와 (나)의 루이스 전자점식을 나타낸 것이다.

(가) $:\ddot{X}::Y::\ddot{X}:$

(나) X가 Y 위에 2중 결합, Z가 Y 양옆에 단일 결합: $:\ddot{Z}:Y:\ddot{Z}:$ (위에 $:X:$)

이에 대한 설명으로 옳은 것만을 〈보기〉에서 있는 대로 고른 것은? (단, X~Z는 임의의 원소 기호이다.)

〈보기〉

ㄱ. X는 산소(O)이다.
ㄴ. (나)에서 단일 결합의 수는 3이다.
ㄷ. 비공유 전자쌍 수는 (나)가 (가)의 2배이다.

① ㄱ ② ㄷ ③ ㄱ, ㄴ
④ ㄱ, ㄷ ⑤ ㄴ, ㄷ

18 ★★☆ | 2023학년도 수능 8번 |

표는 수소(H)와 2주기 원소 X~Z로 구성된 분자 (가)~(다)에 대한 자료이다. (가)~(다)의 중심 원자는 모두 옥텟 규칙을 만족한다.

분자	(가)	(나)	(다)
분자식	XH_a	YH_b	ZH_c
공유 전자쌍 수	2	3	4

(가)~(다)에 대한 설명으로 옳은 것만을 〈보기〉에서 있는 대로 고른 것은? (단, X~Z는 임의의 원소 기호이다.)

〈보기〉

ㄱ. (가)의 분자 모양은 직선형이다.
ㄴ. 결합각은 (다)>(나)이다.
ㄷ. 극성 분자는 3가지이다.

① ㄴ ② ㄷ ③ ㄱ, ㄴ
④ ㄱ, ㄷ ⑤ ㄴ, ㄷ

19 ★☆☆ | 2023학년도 수능 4번 |

다음은 학생 A가 수행한 탐구 활동이다.

[학습 내용]
- 극성 공유 결합을 형성한 두 원자는 각각 부분적인 양전하와 부분적인 음전하를 띤다.
- 부분적인 양전하는 δ^+ 부호로, 부분적인 음전하는 δ^- 부호로 나타낸다.

[가설]
- 극성 공유 결합을 형성한 어떤 원자의 부분적인 전하의 부호는 다른 분자에서 극성 공유 결합을 형성할 때도 바뀌지 않는다.

[탐구 과정]
(가) 1, 2주기 원소로 구성된 분자 중 극성 공유 결합이 있는 분자를 찾는다.
(나) (가)에서 찾은 분자 중 같은 원자를 포함하는 분자 쌍을 선택하여, 해당 원자의 부분적인 전하의 부호를 확인한다.

[탐구 결과]

가설에 일치하는 분자 쌍	가설에 어긋나는 분자 쌍
HF와 CH_4 HF와 OF_2 ⋮	OF_2와 CO_2 ㉠ ⋮

[결론]
- 가설에 어긋나는 분자 쌍이 있으므로 가설은 옳지 않다.

학생 A의 결론이 타당할 때, 다음 중 ㉠으로 적절한 것은? [3점]

① H_2O과 CH_4 ② H_2O과 CO_2
③ CO_2와 CF_4 ④ NH_3와 NF_3
⑤ NF_3와 OF_2

20 ★☆☆ | 2023학년도 9월 평가원 5번 |

표는 2주기 원자 X와 Y로 이루어진 분자 (가)~(다)의 루이스 전자 점식과 관련된 자료이다. (가)~(다)에서 모든 원자는 옥텟 규칙을 만족한다.

분자	구성 원소	분자당 구성 원자 수	비공유 전자쌍 수 −공유 전자쌍 수
(가)	X	2	2
(나)	Y	2	a
(다)	X, Y	3	6

이에 대한 설명으로 옳은 것만을 〈보기〉에서 있는 대로 고른 것은? (단, X와 Y는 임의의 원소 기호이다.) [3점]

보기
ㄱ. $a=5$이다.
ㄴ. (나)에는 다중 결합이 있다.
ㄷ. 공유 전자쌍 수는 (다)>(가)이다.

① ㄱ ② ㄴ ③ ㄱ, ㄷ
④ ㄴ, ㄷ ⑤ ㄱ, ㄴ, ㄷ

21 ★☆☆ | 2023학년도 9월 평가원 8번 |

다음은 2주기 원자 W~Z로 이루어진 3가지 분자의 분자식이다. 분자에서 모든 원자는 옥텟 규칙을 만족하고, 전기 음성도는 W>Y이다.

WX_3 XYW YZX_2

이에 대한 설명으로 옳은 것만을 〈보기〉에서 있는 대로 고른 것은? (단, W~Z는 임의의 원소 기호이다.) [3점]

보기
ㄱ. WX_3는 극성 분자이다.
ㄴ. YZX_2에서 X는 부분적인 음전하(δ^-)를 띤다.
ㄷ. 결합각은 WX_3가 XYW보다 크다.

① ㄱ ② ㄴ ③ ㄷ
④ ㄱ, ㄴ ⑤ ㄱ, ㄴ, ㄷ

22 ★☆☆ | 2023학년도 6월 평가원 2번 |

다음은 학생 A가 수행한 탐구 활동이다.

[가설]
• 18족을 제외한 2, 3주기에 속한 원자들은 같은 주기에서 원자 번호가 커질수록 (㉠)

[탐구 과정]
(가) 18족을 제외한 2, 3주기에 속한 원자의 전기 음성도를 조사한다.
(나) (가)에서 조사한 각 원자의 전기 음성도를 원자 번호에 따라 점으로 표시한 후, 표시한 점을 각 주기별로 연결한다.

[탐구 결과]

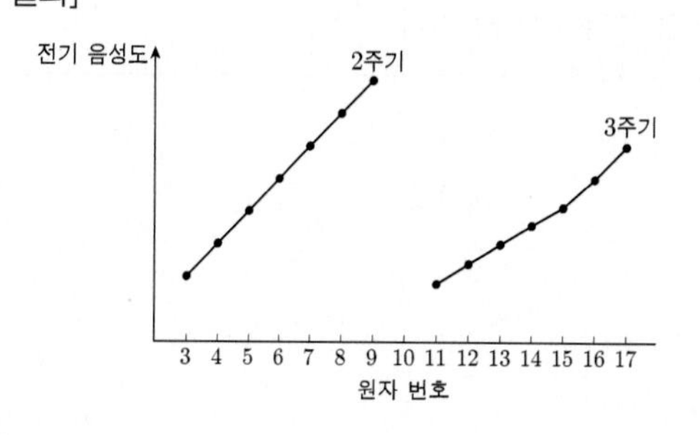

[결론]
• 가설은 옳다.

학생 A의 결론이 타당할 때, 이에 대한 설명으로 옳은 것만을 〈보기〉에서 있는 대로 고른 것은?

보기
ㄱ. '전기 음성도가 커진다.'는 ㉠으로 적절하다.
ㄴ. CO_2에서 C는 부분적인 음전하(δ^-)를 띤다.
ㄷ. PF_3에는 극성 공유 결합이 있다.

① ㄱ ② ㄴ ③ ㄱ, ㄷ
④ ㄴ, ㄷ ⑤ ㄱ, ㄴ, ㄷ

23 ★★☆ | 2023학년도 6월 평가원 5번 |

그림은 2주기 원소 W~Z로 구성된 분자 (가)~(다)의 구조식을 나타낸 것이다. (가)~(다)에서 모든 원자는 옥텟 규칙을 만족한다.

X | X−W−X	X−Y−X	X−Z≡W
(가)	(나)	(다)

(가)~(다)에 대한 설명으로 옳은 것만을 〈보기〉에서 있는 대로 고른 것은? (단, W~Z는 임의의 원소 기호이다.)

보기

ㄱ. (가)의 분자 모양은 평면 삼각형이다.
ㄴ. 결합각은 (다)>(나)이다.
ㄷ. 극성 분자는 2가지이다.

① ㄱ ② ㄴ ③ ㄷ
④ ㄱ, ㄴ ⑤ ㄴ, ㄷ

24 ★★☆ | 2023학년도 6월 평가원 7번 |

그림은 1, 2주기 원소 W~Z로 이루어진 물질 WXY와 YZX의 루이스 전자점식을 나타낸 것이다.

$$W^{+}\left[:\ddot{\underset{\cdot\cdot}{X}}:Y\right]^{-} \qquad Y:\ddot{Z}::\ddot{X}:$$

이에 대한 설명으로 옳은 것만을 〈보기〉에서 있는 대로 고른 것은? (단, W~Z는 임의의 원소 기호이다.) [3점]

보기

ㄱ. W와 Y는 같은 족 원소이다.
ㄴ. Z_2에는 3중 결합이 있다.
ㄷ. Y_2X_2의 $\frac{\text{비공유 전자쌍 수}}{\text{공유 전자쌍 수}}=1$이다.

① ㄱ ② ㄷ ③ ㄱ, ㄴ
④ ㄴ, ㄷ ⑤ ㄱ, ㄴ, ㄷ

25 ★☆☆ | 2022학년도 수능 7번 |

그림은 3가지 분자를 기준 (가)와 (나)에 따라 분류한 것이다.

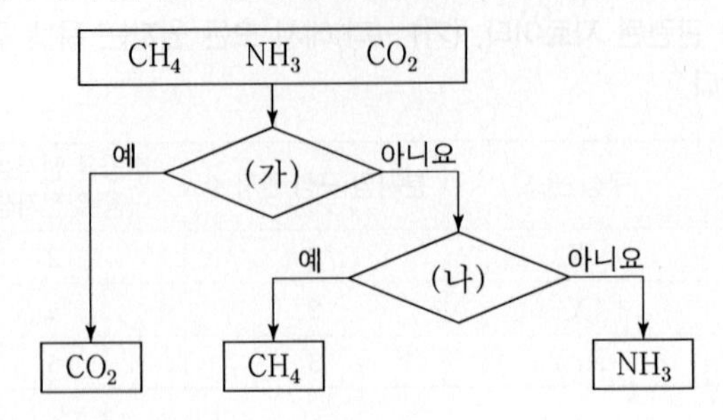

다음 중 (가)와 (나)로 가장 적절한 것은?

	(가)	(나)
①	무극성 분자인가?	공유 전자쌍 수는 3인가?
②	공유 전자쌍 수는 4인가?	무극성 분자인가?
③	분자 모양이 직선형인가?	비공유 전자쌍 수는 4인가?
④	다중 결합이 존재하는가?	분자 모양이 정사면체형인가?
⑤	비공유 전자쌍 수는 4인가?	다중 결합이 존재하는가?

26 ★☆☆ | 2022학년도 수능 10번 |

표는 원소 A~E에 대한 자료이다.

주기＼족	15	16	17
2	A	B	C
3	D		E

이에 대한 설명으로 옳은 것만을 〈보기〉에서 있는 대로 고른 것은? (단, A~E는 임의의 원소 기호이다.) [3점]

보기

ㄱ. 전기 음성도는 B>A>D이다.
ㄴ. BC_2에는 극성 공유 결합이 있다.
ㄷ. EC에서 C는 부분적인 음전하(δ^-)를 띤다.

① ㄱ ② ㄷ ③ ㄱ, ㄴ
④ ㄴ, ㄷ ⑤ ㄱ, ㄴ, ㄷ

27 ★☆☆ | 2022학년도 수능 8번 |

표는 원자 X와 Y의 원자가 전자 수를 나타낸 것이고, 그림은 원자 W~Z로 이루어진 분자 (가)와 (나)를 루이스 전자점식으로 나타낸 것이다. W~Z는 각각 C, N, O, F 중 하나이다.

원자	X	Y
원자가 전자 수	a	$a+3$

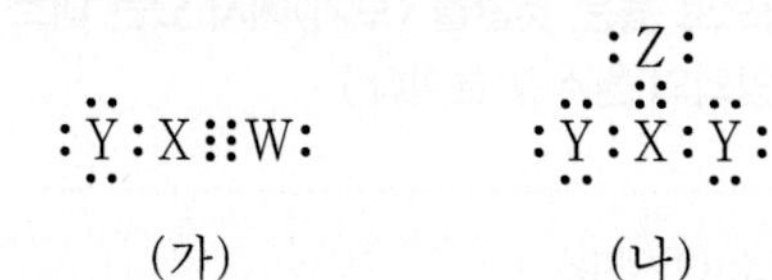

이에 대한 설명으로 옳은 것만을 〈보기〉에서 있는 대로 고른 것은? (단, W~Z는 임의의 원소 기호이다.) [3점]

보기
ㄱ. $a=4$이다.
ㄴ. Z는 N이다.
ㄷ. 비공유 전자쌍 수는 (나)가 (가)의 $\frac{8}{3}$배이다.

① ㄱ ② ㄴ ③ ㄱ, ㄷ
④ ㄴ, ㄷ ⑤ ㄱ, ㄴ, ㄷ

28 ★☆☆ | 2022학년도 9월 평가원 3번 |

그림은 3가지 분자 (가)~(다)의 구조식을 나타낸 것이다.

(가) H–C–H (위아래 H) (나) H–O–H (다) H–C≡N

(가)~(다)에 대한 설명으로 옳은 것만을 〈보기〉에서 있는 대로 고른 것은? [3점]

보기
ㄱ. (가)의 분자 모양은 정사면체형이다.
ㄴ. 결합각은 (나)와 (다)가 같다.
ㄷ. 극성 분자는 2가지이다.

① ㄱ ② ㄴ ③ ㄱ, ㄷ
④ ㄴ, ㄷ ⑤ ㄱ, ㄴ, ㄷ

29 ★☆☆ | 2022학년도 9월 평가원 12번 |

그림은 분자 (가)~(라)의 루이스 전자점식에서 공유 전자쌍 수와 비공유 전자쌍 수를 나타낸 것이다. (가)~(라)는 각각 N_2, HCl, CO_2, CH_2O 중 하나이고, C, N, O, Cl는 분자 내에서 옥텟 규칙을 만족한다.

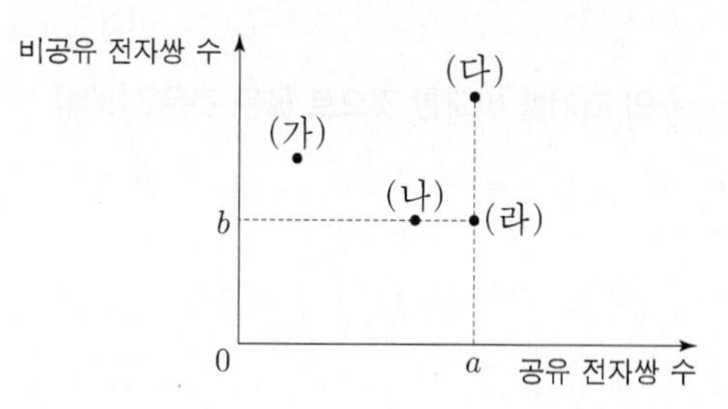

이에 대한 설명으로 옳은 것만을 〈보기〉에서 있는 대로 고른 것은?

보기
ㄱ. $a+b=4$이다.
ㄴ. (다)는 CO_2이다.
ㄷ. (가)와 (나)에는 모두 다중 결합이 있다.

① ㄱ ② ㄴ ③ ㄷ
④ ㄱ, ㄴ ⑤ ㄴ, ㄷ

30 ★☆☆ | 2022학년도 9월 평가원 14번 |

표는 4가지 각각의 분자에서 플루오린(F)의 전기 음성도(a)와 나머지 구성 원소의 전기 음성도(b) 차($a-b$)를 나타낸 것이다.

분자	CF_4	OF_2	PF_3	ClF
전기 음성도 차($a-b$)	x	0.5	1.9	1.0

이에 대한 설명으로 옳은 것만을 〈보기〉에서 있는 대로 고른 것은? [3점]

보기
ㄱ. $x<0.5$이다.
ㄴ. PF_3에는 극성 공유 결합이 있다.
ㄷ. Cl_2O에서 Cl는 부분적인 양전하(δ^+)를 띤다.

① ㄱ ② ㄴ ③ ㄱ, ㄷ
④ ㄴ, ㄷ ⑤ ㄱ, ㄴ, ㄷ

31 ★☆☆
| 2022학년도 6월 평가원 4번 |

그림은 3가지 분자의 구조식을 나타낸 것이다.

$$\text{H}-\text{N}(\text{H})-\text{H}\ (\alpha) \qquad \text{F}-\text{C}(=\text{O})-\text{F}\ (\beta) \qquad \text{Cl}-\text{C}(\text{Cl})(\text{Cl})-\text{Cl}\ (\gamma)$$

결합각 α~γ의 크기를 비교한 것으로 옳은 것은? [3점]

① $\alpha>\beta>\gamma$ ② $\alpha>\gamma>\beta$ ③ $\beta>\alpha>\gamma$
④ $\beta>\gamma>\alpha$ ⑤ $\gamma>\alpha>\beta$

32 ★★☆
| 2022학년도 6월 평가원 7번 |

표는 수소(H)가 포함된 3가지 분자 (가)~(다)에 대한 자료이다. X와 Y는 2주기 원자이고, 분자 내에서 옥텟 규칙을 만족한다.

분자	구성 원자 수			공유 전자쌍 수	비공유 전자쌍 수
	X	Y	H		
(가)	1	0	a	a	0
(나)	0	1	b	b	2
(다)	1	c	2	4	2

이에 대한 설명으로 옳은 것만을 〈보기〉에서 있는 대로 고른 것은? (단, X와 Y는 임의의 원소 기호이다.) [3점]

보기
ㄱ. $a=b+c$이다.
ㄴ. (다)에는 2중 결합이 존재한다.
ㄷ. XY_2의 공유 전자쌍 수는 4이다.

① ㄱ ② ㄴ ③ ㄷ
④ ㄱ, ㄷ ⑤ ㄴ, ㄷ

33 ★★☆
| 2022학년도 6월 평가원 14번 |

다음은 원자 W~Z에 대한 자료이다. W~Z는 각각 C, O, F, Cl 중 하나이고, 분자 내에서 옥텟 규칙을 만족한다.

- Y와 Z는 같은 족 원소이다.
- 전기 음성도는 X > Y > W이다.

이에 대한 설명으로 옳은 것만을 〈보기〉에서 있는 대로 고른 것은? (단, W~Z는 임의의 원소 기호이다.)

보기
ㄱ. W는 산소(O)이다.
ㄴ. XY_2에서 X는 부분적인 음전하(δ^-)를 띤다.
ㄷ. WZ_4에서 W와 Z의 결합은 무극성 공유 결합이다.

① ㄱ ② ㄴ ③ ㄷ
④ ㄱ, ㄴ ⑤ ㄴ, ㄷ

34 ★☆☆
| 2021학년도 수능 6번 |

그림은 분자 (가)~(다)의 구조식을 나타낸 것이다.

$$\text{O}=\text{C}=\text{O} \qquad \text{F}-\text{N}(\text{F})-\text{F} \qquad \text{F}-\text{C}(\text{F})(\text{F})-\text{F}$$

(가) (나) (다)

(가)~(다)에 대한 설명으로 옳은 것만을 〈보기〉에서 있는 대로 고른 것은?

보기
ㄱ. 극성 분자는 2가지이다.
ㄴ. 결합각은 (가)가 가장 크다.
ㄷ. 중심 원자에 비공유 전자쌍이 존재하는 분자는 2가지이다.

① ㄱ ② ㄴ ③ ㄷ
④ ㄱ, ㄴ ⑤ ㄴ, ㄷ

35 ★★☆ | 2021학년도 수능 9번 |

그림은 화합물 WX와 WYZ를 화학 결합 모형으로 나타낸 것이다.

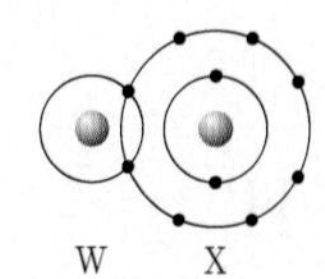

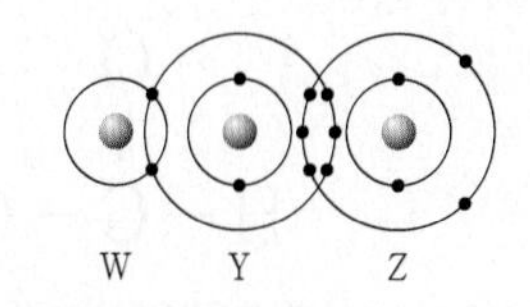

이에 대한 설명으로 옳은 것만을 <보기>에서 있는 대로 고른 것은? (단, W~Z는 임의의 원소 기호이다.) [3점]

보기

ㄱ. WX에서 W는 부분적인 양전하(δ^+)를 띤다.
ㄴ. 전기 음성도는 Z>Y이다.
ㄷ. YW_4에는 극성 공유 결합이 있다.

① ㄱ ② ㄷ ③ ㄱ, ㄴ
④ ㄴ, ㄷ ⑤ ㄱ, ㄴ, ㄷ

36 ★☆☆ | 2021학년도 수능 10번 |

다음은 루이스 전자점식과 관련하여 학생 A가 세운 가설과 이를 검증하기 위해 수행한 탐구 활동이다.

[가설]
- O_2, F_2, OF_2의 루이스 전자점식에서 각 분자의 구성 원자 수(a), 분자를 구성하는 원자들의 원자가 전자 수 합(b), 공유 전자쌍 수(c) 사이에는 관계식 (가) 가 성립한다.

[탐구 과정]
- O_2, F_2, OF_2의 a, b, c를 각각 조사한다.
- 각 분자의 a, b, c 사이에 관계식 (가) 가 성립하는지 확인한다.

[탐구 결과]

분자	구성 원자 수(a)	원자가 전자 수 합(b)	공유 전자쌍 수(c)
O_2			2
F_2		14	
OF_2	3		

[결론]
- 가설은 옳다.

학생 A의 결론이 타당할 때, 다음 중 (가)로 가장 적절한 것은?

① $8a=b-c$ ② $8a=b-2c$ ③ $8a=2b-c$
④ $8a=b+2c$ ⑤ $8a=2b+c$

37 ★★☆ | 2021학년도 9월 평가원 4번 |

그림은 분자 (가)~(다)의 구조식을 나타낸 것이다.

H−O−H	O=C=O	H−C≡N
(가)	(나)	(다)

(가)~(다)에 대한 설명으로 옳은 것만을 <보기>에서 있는 대로 고른 것은? [3점]

보기

ㄱ. 중심 원자에 비공유 전자쌍이 존재하는 분자는 2가지이다.
ㄴ. 분자 모양이 직선형인 분자는 2가지이다.
ㄷ. 극성 분자는 1가지이다.

① ㄱ ② ㄴ ③ ㄱ, ㄷ
④ ㄴ, ㄷ ⑤ ㄱ, ㄴ, ㄷ

38 ★★☆ | 2021학년도 9월 평가원 7번 |

그림은 1, 2주기 원소 A~C로 이루어진 이온 (가)와 분자 (나)의 루이스 전자점식을 나타낸 것이다.

$[:\ddot{\underset{..}{A}}:B]^-$ $B:\ddot{\underset{..}{C}}:$

(가)   (나)

이에 대한 설명으로 옳은 것만을 <보기>에서 있는 대로 고른 것은? (단, A~C는 임의의 원소 기호이다.)

보기

ㄱ. 1 mol에 들어 있는 전자 수는 (가)와 (나)가 같다.
ㄴ. A와 C는 같은 족 원소이다.
ㄷ. AC_2의 $\dfrac{\text{비공유 전자쌍 수}}{\text{공유 전자쌍 수}}=4$이다.

① ㄱ ② ㄴ ③ ㄷ
④ ㄱ, ㄴ ⑤ ㄱ, ㄷ

39 ★★☆ | 2021학년도 6월 평가원 13번 |

그림은 2, 3주기 원자 W~Z의 전기 음성도를 나타낸 것이다. W와 X는 14족, Y와 Z는 17족 원소이다.

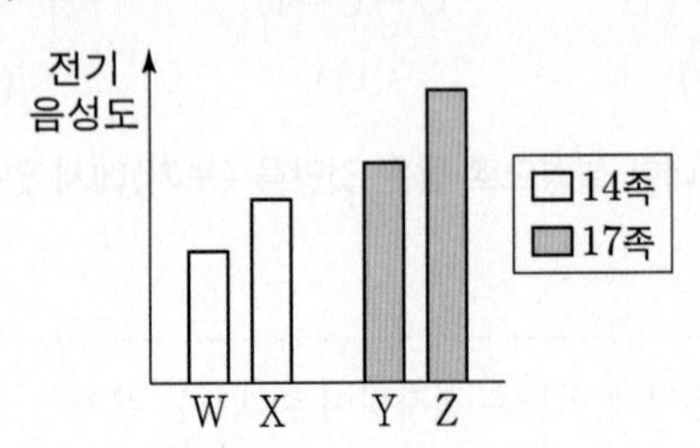

이에 대한 설명으로 옳은 것만을 〈보기〉에서 있는 대로 고른 것은? (단, W~Z는 임의의 원소 기호이다.) [3점]

보기
ㄱ. W는 3주기 원소이다.
ㄴ. XY_4에는 극성 공유 결합이 있다.
ㄷ. YZ에서 Z는 부분적인 양전하(δ^+)를 띤다.

① ㄱ ② ㄷ ③ ㄱ, ㄴ
④ ㄴ, ㄷ ⑤ ㄱ, ㄴ, ㄷ

40 ★★☆ | 2021학년도 9월 평가원 13번 |

다음은 원자 W~Z와 수소(H)로 이루어진 분자 H_aW, H_bX, H_cY, H_dZ에 대한 자료이다. W~Z는 각각 O, F, S, Cl 중 하나이고, 분자 내에서 옥텟 규칙을 만족한다. W, Y는 같은 주기 원소이다.

• H와 W~Z의 전기 음성도 차

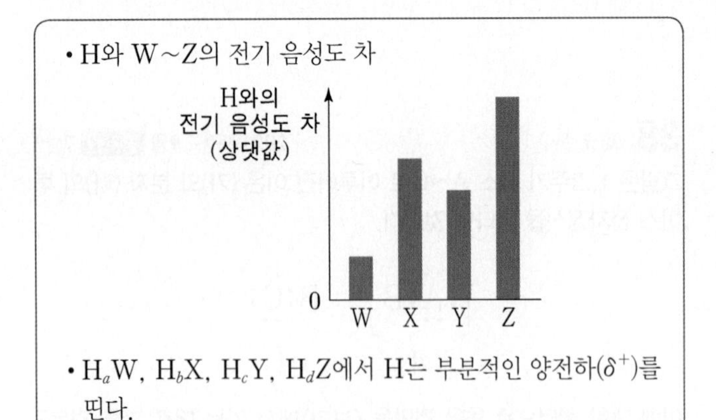

• H_aW, H_bX, H_cY, H_dZ에서 H는 부분적인 양전하(δ^+)를 띤다.

이에 대한 설명으로 옳은 것만을 〈보기〉에서 있는 대로 고른 것은?

보기
ㄱ. 전기 음성도는 X>W이다.
ㄴ. $c>a$이다.
ㄷ. YZ에서 Y는 부분적인 음전하(δ^-)를 띤다.

① ㄱ ② ㄴ ③ ㄱ, ㄷ
④ ㄴ, ㄷ ⑤ ㄱ, ㄴ, ㄷ

41 ★☆☆ | 2021학년도 6월 평가원 3번 |

그림은 폼산(HCOOH)의 구조식을 나타낸 것이다.

```
      O
      ‖
H − C − O − H
```

HCOOH에서 비공유 전자쌍 수는? [3점]

① 1 ② 2 ③ 3
④ 4 ⑤ 5

42 ★★☆ | 2021학년도 6월 평가원 6번 |

그림은 분자 (가)~(다)의 구조식을 나타낸 것이다.

```
                                F
                                |
H − C ≡ N    F − B − F    F − C − F
                 |              |
                 F              F
   (가)          (나)           (다)
```

이에 대한 설명으로 옳은 것만을 〈보기〉에서 있는 대로 고른 것은?

보기
ㄱ. (가)의 분자 모양은 굽은 형이다.
ㄴ. (나)는 무극성 분자이다.
ㄷ. 결합각은 (나)>(다)이다.

① ㄱ ② ㄴ ③ ㄷ
④ ㄱ, ㄴ ⑤ ㄴ, ㄷ

IV
역동적인
화학 반응

01

동적 평형과 산 염기

2026학년도 수능 출제 예측

2025학년도 수능, 평가원 분석

수능과 6, 9월 평가원에서 모두 동적 평형 전과 이후의 증발 속도/응축 속도의 비 또는 석출 속도/용해 속도의 비를 비교하는 보기와, 정반응 또는 역반응의 발생 여부를 묻는 보기가 제시되었다. 또한, pH/pOH의 비와 부피비 등으로부터 수용액 속 H_3O^+과 OH^-의 양(mol), pH, pOH, 액성을 판단하는 문제가 출제되었다.

2026학년도 수능 예측

매년 두 문제씩 출제되는 단원이다. 동적 평형에서는 정반응 속도, 역반응 속도의 변화와 물질의 양(mol) 등이 표, 그래프 등으로 다양하게 제시될 가능성이 높고, 각 수용액의 pH/pOH의 비, 부피비로부터 각 수용액의 액성 또는 H_3O^+/OH^-의 몰비, 액성 등을 판단하는 문제가 출제될 가능성이 높다.

동적 평형

1 ★☆☆ | 2025학년도 수능 5번 |

그림은 밀폐된 진공 용기에 $H_2O(l)$을 넣은 후 시간이 t일 때 A와 B를 나타낸 것이다. A와 B는 각각 H_2O의 증발 속도와 응축 속도 중 하나이고, $2t$일 때 $H_2O(l)$과 $H_2O(g)$는 동적 평형 상태에 도달하였다.

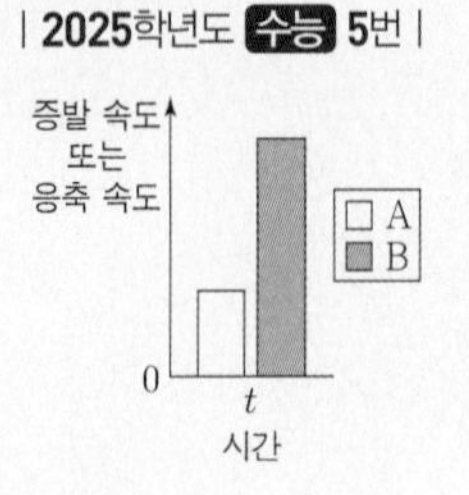

이에 대한 설명으로 옳은 것만을 〈보기〉에서 있는 대로 고른 것은? (단, 온도는 25 ℃로 일정하다.)

보기
ㄱ. A는 H_2O의 응축 속도이다.
ㄴ. t일 때 $H_2O(g)$가 $H_2O(l)$로 되는 반응은 일어나지 않는다.
ㄷ. $\frac{B}{A}$는 $2t$일 때가 t일 때보다 크다.

① ㄱ ② ㄴ ③ ㄱ, ㄴ ④ ㄱ, ㄷ ⑤ ㄴ, ㄷ

2 ★☆☆ | 2025학년도 9월 평가원 6번 |

그림 (가)는 밀폐된 진공 플라스크에 $H_2O(l)$을 넣은 후 시간에 따른 H_2O 분자의 증발과 응축을 모형으로, (나)는 (가)에서 시간에 따른 플라스크 속 ㉠ 분자 수를 나타낸 것이다. (가)에서 Ⅲ은 (나)에서 t_1일 때 모습을 나타낸 것이고, t_1일 때 $H_2O(l)$과 $H_2O(g)$는 동적 평형 상태에 도달하였다. ㉠은 $H_2O(l)$과 $H_2O(g)$ 중 하나이다.

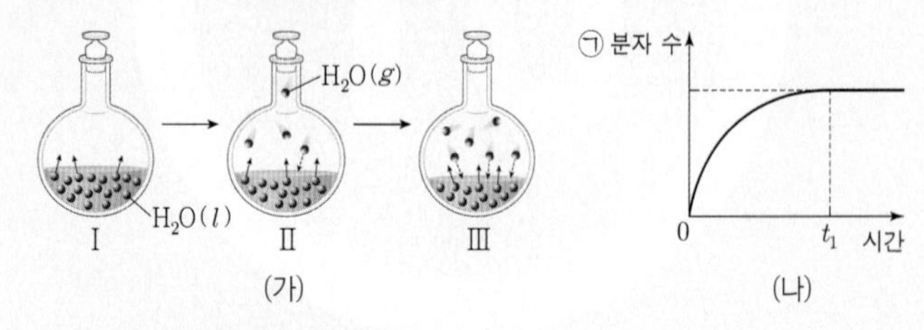

(가) (나)

이에 대한 설명으로 옳은 것만을 〈보기〉에서 있는 대로 고른 것은? (단, 온도는 일정하다.)

보기
ㄱ. ㉠은 $H_2O(g)$이다.
ㄴ. Ⅱ에서 H_2O의 $\frac{\text{증발 속도}}{\text{응축 속도}}>1$이다.
ㄷ. t_1일 때 $H_2O(l)$이 $H_2O(g)$가 되는 반응은 일어나지 않는다.

① ㄱ ② ㄴ ③ ㄷ ④ ㄱ, ㄴ ⑤ ㄱ, ㄷ

3 ★☆☆ | 2025학년도 6월 평가원 5번 |

표는 서로 다른 질량의 물이 담긴 비커 (가)와 (나)에 a g의 고체 설탕을 각각 넣은 후, 녹지 않고 남아 있는 고체 설탕의 질량을 시간에 따라 나타낸 것이다. (가)에서는 t_1일 때, (나)에서는 t_2일 때 고체 설탕과 용해된 설탕은 동적 평형 상태에 도달하였다. $0<t_1<t_2$이다.

시간		0	t_1	t_2
고체 설탕의 질량(g)	(가)	a	b	x
	(나)	a		c

이에 대한 설명으로 옳은 것만을 〈보기〉에서 있는 대로 고른 것은? (단, 온도는 일정하고, 물의 증발은 무시한다.) [3점]

보기
ㄱ. $x=b$이다.
ㄴ. t_1일 때 (나)에서 설탕이 석출되는 반응은 일어나지 않는다.
ㄷ. t_2일 때 설탕의 $\frac{\text{석출 속도}}{\text{용해 속도}}$는 (가)에서가 (나)에서보다 크다.

① ㄱ ② ㄴ ③ ㄱ, ㄴ ④ ㄱ, ㄷ ⑤ ㄴ, ㄷ

4 ★★☆ | 2024학년도 수능 4번 |

다음은 학생 A가 수행한 탐구 활동이다.

[학습 내용]
- 이산화 탄소(CO_2)의 상변화에 따른 동적 평형 :
  $CO_2(s) \rightleftarrows CO_2(g)$

[가설]
- 밀폐된 용기에서 드라이아이스 ($CO_2(s)$)와 $CO_2(g)$가 동적 평형 상태에 도달하면 [㉠]

[탐구 과정]
- -70 ℃에서 밀폐된 진공 용기에 $CO_2(s)$를 넣고, 온도를 -70 ℃로 유지하며 시간에 따른 $CO_2(s)$의 질량을 측정한다.

[탐구 결과]
- t_2일 때 동적 평형 상태에 도달하였고, 시간에 따른 $CO_2(s)$의 질량은 그림과 같았다.

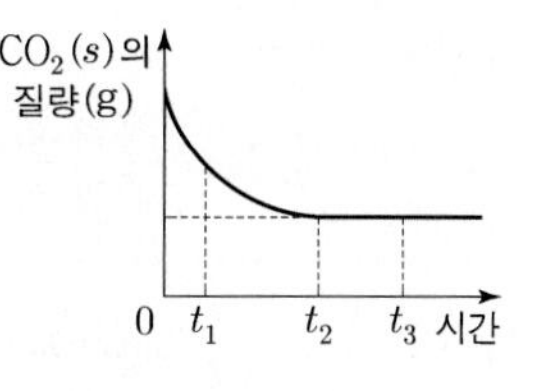

[결론]
- 가설은 옳다.

학생 A의 결론이 타당할 때, 이에 대한 설명으로 옳은 것만을 〈보기〉에서 있는 대로 고른 것은?

〈보기〉

ㄱ. '$CO_2(s)$의 질량이 변하지 않는다.'는 ㉠으로 적절하다.

ㄴ. t_1일 때 $\dfrac{CO_2(g)\text{가 } CO_2(s)\text{로 승화되는 속도}}{CO_2(s)\text{가 } CO_2(g)\text{로 승화되는 속도}} < 1$이다.

ㄷ. t_3일 때 $CO_2(s)$가 $CO_2(g)$로 승화되는 반응은 일어나지 않는다.

① ㄱ ② ㄴ ③ ㄷ
④ ㄱ, ㄴ ⑤ ㄱ, ㄷ

5 ★☆☆ | 2024학년도 9월 평가원 5번 |

그림 (가)는 -70 ℃에서 밀폐된 진공 용기에 드라이아이스($CO_2(s)$)를 넣은 후 시간에 따른 용기 속 ㉠의 양(mol)을, (나)는 t_3일 때 용기 속 상태를 나타낸 것이다. ㉠은 $CO_2(s)$와 $CO_2(g)$ 중 하나이고, t_2일 때 $CO_2(s)$와 $CO_2(g)$는 동적 평형 상태에 도달하였다.

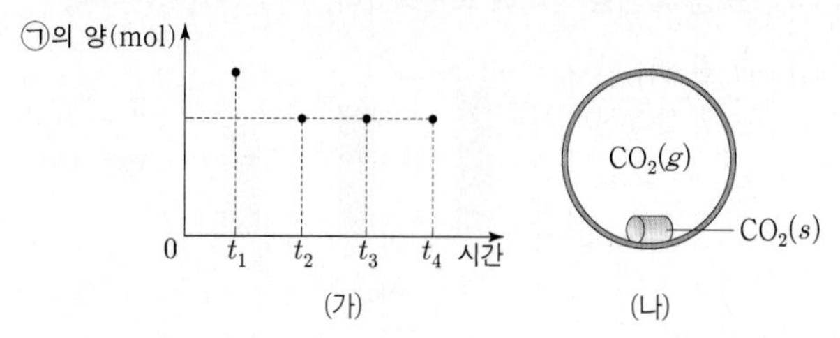

이에 대한 설명으로 옳은 것만을 〈보기〉에서 있는 대로 고른 것은? (단, 온도는 일정하다.)

〈보기〉

ㄱ. ㉠은 $CO_2(s)$이다.

ㄴ. t_1일 때 $\dfrac{CO_2(g)\text{가 } CO_2(s)\text{로 승화되는 속도}}{CO_2(s)\text{가 } CO_2(g)\text{로 승화되는 속도}} > 1$이다.

ㄷ. $CO_2(g)$의 양(mol)은 t_3일 때와 t_4일 때가 같다.

① ㄱ ② ㄴ ③ ㄱ, ㄷ
④ ㄴ, ㄷ ⑤ ㄱ, ㄴ, ㄷ

6 ★☆☆ | 2024학년도 6월 평가원 5번 |

표는 25 ℃에서 밀폐된 진공 용기에 $I_2(s)$을 넣은 후 시간에 따른 $I_2(g)$의 양(mol)에 대한 자료이다. $2t$일 때 $I_2(s)$과 $I_2(g)$은 동적 평형 상태에 도달하였고, $b > a > 0$이다. 그림은 $2t$일 때 용기 안의 상태를 나타낸 것이다.

시간	t	$2t$	$3t$
$I_2(g)$의 양(mol)	a	b	x

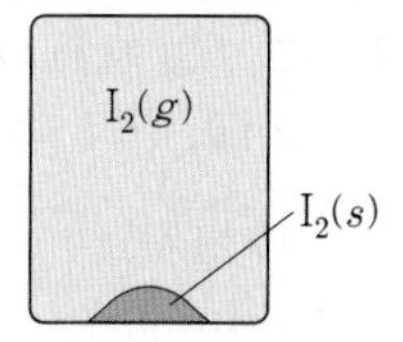

이에 대한 설명으로 옳은 것만을 〈보기〉에서 있는 대로 고른 것은? (단, 온도는 25 ℃로 일정하다.)

〈보기〉

ㄱ. $x > a$이다.

ㄴ. t일 때 $I_2(g)$이 $I_2(s)$으로 승화되는 반응은 일어나지 않는다.

ㄷ. $2t$일 때 $\dfrac{I_2(s)\text{이 } I_2(g)\text{으로 승화되는 속도}}{I_2(g)\text{이 } I_2(s)\text{으로 승화되는 속도}} = 1$이다.

① ㄱ ② ㄴ ③ ㄱ, ㄷ
④ ㄴ, ㄷ ⑤ ㄱ, ㄴ, ㄷ

7 ★★☆

| 2023학년도 수능 7번 |

그림은 온도가 다른 두 밀폐된 진공 용기 (가)와 (나)에 각각 같은 양(mol)의 $H_2O(l)$을 넣은 후 시간에 따른 $\frac{H_2O(l)\text{의 양(mol)}}{H_2O(g)\text{의 양(mol)}}$을 나타낸 것이다. (가)에서는 t_2일 때, (나)에서는 t_3일 때 $H_2O(l)$과 $H_2O(g)$는 동적 평형 상태에 도달하였다. $0<t_1<t_2<t_3$이다.

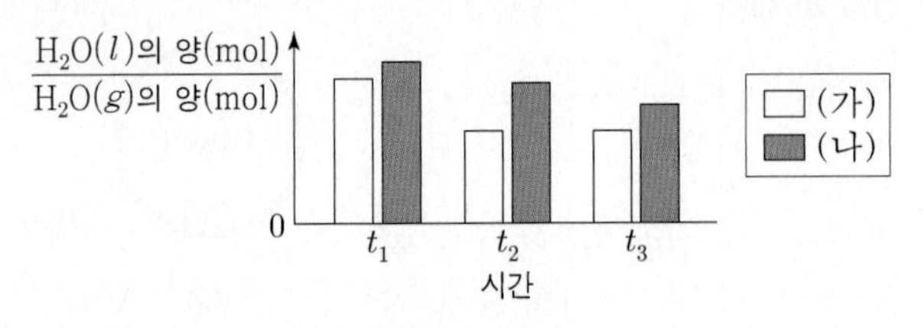

이에 대한 설명으로 옳은 것만을 〈보기〉에서 있는 대로 고른 것은? (단, 두 용기의 온도는 각각 일정하다.)

〈보기〉

ㄱ. (가)에서 $H_2O(g)$의 양(mol)은 t_2일 때가 t_1일 때보다 많다.
ㄴ. (나)에서 t_3일 때 $H_2O(g)$가 $H_2O(l)$로 되는 반응은 일어나지 않는다.
ㄷ. t_2일 때 H_2O의 $\frac{\text{증발 속도}}{\text{응축 속도}}$는 (가)에서가 (나)에서보다 크다.

① ㄱ ② ㄴ ③ ㄷ
④ ㄱ, ㄴ ⑤ ㄱ, ㄷ

8 ★☆☆

| 2023학년도 9월 평가원 7번 |

표는 밀폐된 진공 용기에 $H_2O(l)$을 넣은 후 시간에 따른 $\frac{B}{A}$를 나타낸 것이다. A와 B는 각각 H_2O의 증발 속도와 응축 속도 중 하나이고, t_2일 때 $H_2O(l)$과 $H_2O(g)$는 동적 평형 상태에 도달하였다. $x>y$이고, $0<t_1<t_2<t_3$이다.

시간	t_1	t_2	t_3
$\frac{B}{A}$	x	y	z

이에 대한 설명으로 옳은 것만을 〈보기〉에서 있는 대로 고른 것은? (단, 온도는 일정하다.)

〈보기〉

ㄱ. $x>1$이다.
ㄴ. B는 H_2O의 응축 속도이다.
ㄷ. $y=z$이다.

① ㄱ ② ㄴ ③ ㄱ, ㄷ
④ ㄴ, ㄷ ⑤ ㄱ, ㄴ, ㄷ

9 ★★☆

| 2023학년도 6월 평가원 6번 |

표는 크기가 다른 두 밀폐된 진공 용기 (가)와 (나)에 각각 $X(l)$를 넣은 후 시간에 따른 $\frac{X(l)\text{의 양(mol)}}{X(g)\text{의 양(mol)}}$을 나타낸 것이다. (가)에서는 $2t$일 때, (나)에서는 $3t$일 때 $X(l)$와 $X(g)$는 동적 평형 상태에 도달하였다.

시간		t	$2t$	$3t$	$4t$
$\frac{X(l)\text{의 양(mol)}}{X(g)\text{의 양(mol)}}$(상댓값)	(가)	a		1	
	(나)			b	c

이에 대한 설명으로 옳은 것만을 〈보기〉에서 있는 대로 고른 것은? (단, 온도는 일정하다.)

〈보기〉

ㄱ. $a>1$이다.
ㄴ. $b>c$이다.
ㄷ. $2t$일 때, X의 $\frac{\text{응축 속도}}{\text{증발 속도}}$는 (나)에서가 (가)에서보다 크다.

① ㄱ ② ㄴ ③ ㄷ
④ ㄱ, ㄷ ⑤ ㄴ, ㄷ

10 ★☆☆

| 2022학년도 수능 6번 |

표는 밀폐된 진공 용기 안에 $H_2O(l)$을 넣은 후 시간에 따른 $H_2O(g)$의 양(mol)을 나타낸 것이다. $0<t_1<t_2<t_3$이고, t_2일 때 $H_2O(l)$과 $H_2O(g)$는 동적 평형 상태에 도달하였다.

시간	t_1	t_2	t_3
$H_2O(g)$의 양(mol)	a	b	

이에 대한 설명으로 옳은 것만을 〈보기〉에서 있는 대로 고른 것은? (단, 온도는 일정하다.)

〈보기〉

ㄱ. $b>a$이다.
ㄴ. $\frac{\text{응축 속도}}{\text{증발 속도}}$는 t_2일 때가 t_1일 때보다 크다.
ㄷ. 용기 내 $H_2O(l)$의 양(mol)은 t_2일 때와 t_3일 때가 같다.

① ㄱ ② ㄷ ③ ㄱ, ㄴ
④ ㄴ, ㄷ ⑤ ㄱ, ㄴ, ㄷ

11 ★☆☆ | 2022학년도 9월 평가원 5번 |

그림은 밀폐된 진공 용기 안에 $H_2O(l)$을 넣은 후 시간에 따른 $\frac{H_2O(l)의\ 양(mol)}{H_2O(g)의\ 양(mol)}$을 나타낸 것이다. 시간이 t_2일 때 $H_2O(l)$과 $H_2O(g)$는 동적 평형 상태에 도달하였다.

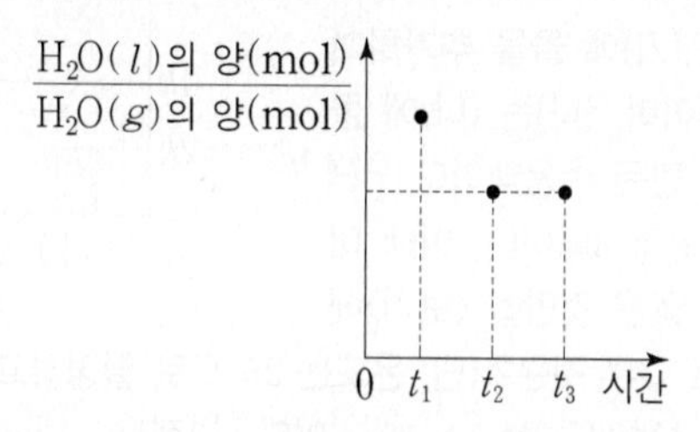

이에 대한 설명으로 옳은 것만을 〈보기〉에서 있는 대로 고른 것은? (단, 온도는 일정하다.)

보기

ㄱ. H_2O의 상변화는 가역 반응이다.
ㄴ. t_1일 때 $\frac{H_2O(l)의\ 증발\ 속도}{H_2O(g)의\ 응축\ 속도}=1$이다.
ㄷ. $\frac{t_3일\ 때\ H_2O(g)의\ 양(mol)}{t_2일\ 때\ H_2O(g)의\ 양(mol)}<1$이다.

① ㄱ ② ㄴ ③ ㄱ, ㄷ
④ ㄴ, ㄷ ⑤ ㄱ, ㄴ, ㄷ

12 ★☆☆ | 2022학년도 6월 평가원 5번 |

표는 밀폐된 진공 용기 안에 $H_2O(l)$을 넣은 후 시간에 따른 $H_2O(l)$과 $H_2O(g)$의 양에 대한 자료이다. $0<t_1<t_2<t_3$이고, t_2일 때 $H_2O(l)$과 $H_2O(g)$는 동적 평형 상태에 도달하였다.

시간	t_1	t_2	t_3
$H_2O(l)$의 양(mol)	a	b	b
$H_2O(g)$의 양(mol)	c	d	

이에 대한 설명으로 옳은 것만을 〈보기〉에서 있는 대로 고른 것은? (단, 온도는 일정하다.) [3점]

보기

ㄱ. t_1일 때 $\frac{응축\ 속도}{증발\ 속도}<1$이다.
ㄴ. t_3일 때 $H_2O(l)$이 $H_2O(g)$가 되는 반응은 일어나지 않는다.
ㄷ. $\frac{a}{c}=\frac{b}{d}$이다.

① ㄱ ② ㄴ ③ ㄱ, ㄷ
④ ㄴ, ㄷ ⑤ ㄱ, ㄴ, ㄷ

13 ★★☆ | 2021학년도 수능 8번 |

표는 밀폐된 진공 용기 안에 $X(l)$를 넣은 후 시간에 따른 X의 $\frac{응축\ 속도}{증발\ 속도}$와 $\frac{X(g)의\ 양(mol)}{X(l)의\ 양(mol)}$에 대한 자료이다. $0<t_1<t_2<t_3$이고, $c>1$이다.

시간	t_1	t_2	t_3
$\frac{응축\ 속도}{증발\ 속도}$	a	b	1
$\frac{X(g)의\ 양(mol)}{X(l)의\ 양(mol)}$		1	c

이에 대한 설명으로 옳은 것만을 〈보기〉에서 있는 대로 고른 것은? (단, 온도는 일정하다.)

보기

ㄱ. $a<1$이다.
ㄴ. $b=1$이다.
ㄷ. t_2일 때, $X(l)$와 $X(g)$는 동적 평형을 이루고 있다.

① ㄱ ② ㄴ ③ ㄱ, ㄷ
④ ㄴ, ㄷ ⑤ ㄱ, ㄴ, ㄷ

14 ★★☆ | 2021학년도 6월 평가원 16번 |

표는 밀폐된 용기 안에 $H_2O(l)$을 넣은 후 시간에 따른 H_2O의 증발 속도와 응축 속도에 대한 자료이고, $a>b>0$이다. 그림은 시간이 $2t$일 때 용기 안의 상태를 나타낸 것이다.

시간	t	$2t$	$4t$
증발 속도	a	a	a
응축 속도	b	a	x

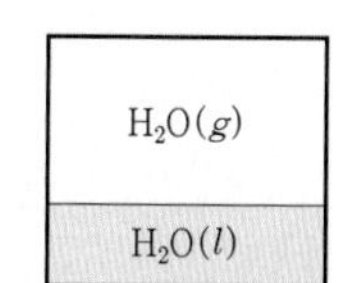

이에 대한 설명으로 옳은 것만을 〈보기〉에서 있는 대로 고른 것은? (단, 온도는 일정하다.) [3점]

보기

ㄱ. H_2O의 상변화는 가역 반응이다.
ㄴ. 용기 내 $H_2O(l)$의 양(mol)은 t에서와 $2t$에서가 같다.
ㄷ. $x=2a$이다.

① ㄱ ② ㄴ ③ ㄷ
④ ㄱ, ㄴ ⑤ ㄱ, ㄷ

물의 자동 이온화

15 ★☆☆ | 2025학년도 수능 16번 |

다음은 25 ℃에서 수용액 (가)~(다)에 대한 자료이다.

- (가), (나), (다)의 $\frac{\text{pH}}{\text{pOH}}$는 각각 $\frac{5}{2}$, $16k$, $9k$이다.
- (가), (나), (다)에서 OH^-의 양(mol)은 각각 $100x$, x, y이다.
- 수용액의 부피는 (가)와 (나)가 같고, (다)는 (나)의 10배이다.

이에 대한 설명으로 옳은 것만을 〈보기〉에서 있는 대로 고른 것은? (단, 25 ℃에서 물의 이온화 상수(K_w)는 1×10^{-14}이다.) [3점]

보기

ㄱ. $y=10x$이다.

ㄴ. $\frac{\text{(가)의 pH}}{\text{(나)의 pOH}}>1$이다.

ㄷ. $\frac{\text{(나)에서 }OH^-\text{의 양(mol)}}{\text{(다)에서 }H_3O^+\text{의 양(mol)}}=1$이다.

① ㄱ ② ㄴ ③ ㄷ
④ ㄱ, ㄴ ⑤ ㄴ, ㄷ

16 ★★☆ | 2025학년도 9월 평가원 17번 |

그림은 25 ℃에서 HCl(aq) (가)~(다)의 $\frac{\text{pH}}{\text{pOH}}$를 나타낸 것이다. (가)는 x M HCl(aq) 10 mL이고, (나)는 (가)에 물을 추가하여 만든 수용액이며, (다)는 (나)에 물을 추가하여 만든 수용액이다. pH는 (다)가 (가)의 3배이다. 이에 대한 설명으로 옳은 것만을 〈보기〉에서 있는 대로 고른 것은? (단, 온도는 25 ℃로 일정하고, 25 ℃에서 물의 이온화 상수(K_w)는 1×10^{-14}이다.) [3점]

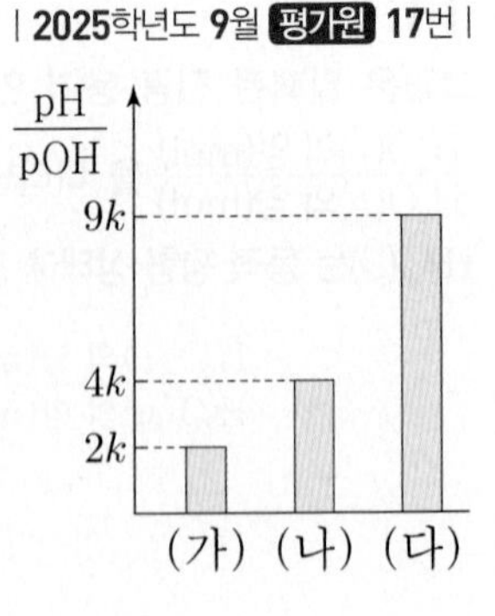

보기

ㄱ. $x=0.01$이다.

ㄴ. 수용액의 부피는 (나)가 (가)의 10배이다.

ㄷ. (다) 100 mL에서 H_3O^+의 양은 1×10^{-7} mol이다.

① ㄱ ② ㄴ ③ ㄱ, ㄷ
④ ㄴ, ㄷ ⑤ ㄱ, ㄴ, ㄷ

17 ★★☆ | 2025학년도 6월 평가원 15번 |

다음은 25 ℃에서 수용액 (가)와 (나)에 대한 자료이다.

- (가)와 (나)의 pH 합은 14.0이다.
- H_3O^+의 양(mol)은 (가)가 (나)의 10배이다.
- 수용액의 부피는 (가)가 (나)의 100배이다.

이에 대한 설명으로 옳은 것만을 〈보기〉에서 있는 대로 고른 것은? (단, 25 ℃에서 물의 이온화 상수(K_w)는 1×10^{-14}이다.) [3점]

보기

ㄱ. (가)의 액성은 염기성이다.

ㄴ. $\frac{\text{(가)의 pH}}{\text{(나)의 pH}}=\frac{4}{3}$이다.

ㄷ. $\frac{\text{(가)에서 }H_3O^+\text{의 양(mol)}}{\text{(나)에서 }OH^-\text{의 양(mol)}}=100$이다.

① ㄱ ② ㄴ ③ ㄱ, ㄴ
④ ㄱ, ㄷ ⑤ ㄴ, ㄷ

18 ★★★
| 2024학년도 수능 17번 |

다음은 25 ℃에서 수용액 (가)~(다)에 대한 자료이다.

- (가)~(다)의 액성은 모두 다르며, 각각 산성, 중성, 염기성 중 하나이다.
- |pH−pOH|은 (가)가 (나)보다 4만큼 크다.

수용액	(가)	(나)	(다)
$\frac{pH}{pOH}$	$\frac{3}{25}$	x	y
부피(L)	0.2	0.4	0.5
OH^-의 양(mol)	a	b	c

이에 대한 설명으로 옳은 것만을 <보기>에서 있는 대로 고른 것은? (단, 25 ℃에서 물의 이온화 상수(K_w)는 1×10^{-14}이다.) [3점]

보기

ㄱ. (나)의 액성은 중성이다.

ㄴ. $x+y=4$이다.

ㄷ. $\frac{b\times c}{a}=100$이다.

① ㄱ ② ㄴ ③ ㄷ
④ ㄱ, ㄴ ⑤ ㄴ, ㄷ

19 ★★☆
| 2024학년도 9월 평가원 17번 |

표는 25 ℃에서 수용액 (가)와 (나)에 대한 자료이다.

수용액	$\frac{[H_3O^+]}{[OH^-]}$	pOH−pH	부피
(가)	$100a$	$2b$	V
(나)	a	b	$10V$

이에 대한 설명으로 옳은 것만을 <보기>에서 있는 대로 고른 것은? (단, 25 ℃에서 물의 이온화 상수(K_w)는 1×10^{-14}이다.) [3점]

보기

ㄱ. $\frac{a}{b}=50$이다.

ㄴ. (가)의 pH=4이다.

ㄷ. $\frac{\text{(나)에서 } H_3O^+ \text{의 양(mol)}}{\text{(가)에서 } H_3O^+ \text{의 양(mol)}}=1$이다.

① ㄱ ② ㄷ ③ ㄱ, ㄴ
④ ㄱ, ㄷ ⑤ ㄴ, ㄷ

20 ★★★
| 2024학년도 6월 평가원 17번 |

그림은 25 ℃에서 수용액 (가)와 (나)의 부피와 OH^-의 양(mol)을 나타낸 것이다. pH는 (가) : (나)=7 : 3이다.

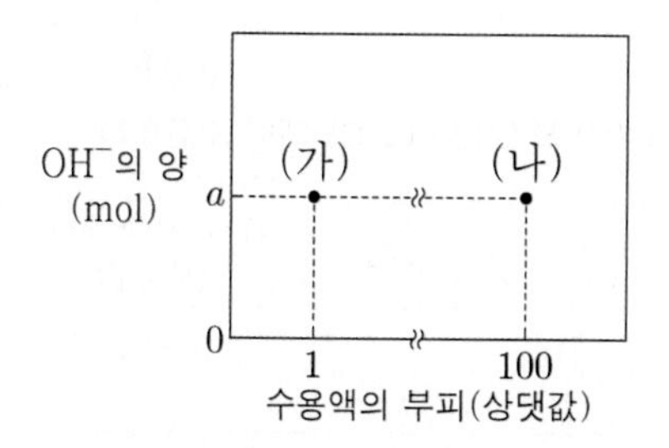

이에 대한 설명으로 옳은 것만을 <보기>에서 있는 대로 고른 것은? (단, 25 ℃에서 물의 이온화 상수(K_w)는 1×10^{-14}이다.) [3점]

보기

ㄱ. (가)의 액성은 산성이다.

ㄴ. (나)의 pOH는 11.5이다.

ㄷ. $\frac{\text{(가)에서 } H_3O^+ \text{의 양(mol)}}{\text{(나)에서 } OH^- \text{의 양(mol)}}=1\times10^{7}$이다.

① ㄱ ② ㄴ ③ ㄱ, ㄷ
④ ㄴ, ㄷ ⑤ ㄱ, ㄴ, ㄷ

21 ★★★ | 2023학년도 수능 16번 |

표는 25 ℃의 물질 (가)~(다)에 대한 자료이다. (가)~(다)는 $HCl(aq)$, $H_2O(l)$, $NaOH(aq)$을 순서 없이 나타낸 것이고, H_3O^+의 양(mol)은 (가)가 (나)의 200배이다.

물질	(가)	(나)	(다)
$\frac{[H_3O^+]}{[OH^-]}$(상댓값)	10^8	1	10^{14}
부피(mL)	10	x	

이에 대한 설명으로 옳은 것만을 〈보기〉에서 있는 대로 고른 것은? (단, 25 ℃에서 물의 이온화 상수(K_w)는 1×10^{-14}이다.) [3점]

〈보기〉
ㄱ. (가)는 $HCl(aq)$이다.
ㄴ. $x=500$이다.
ㄷ. $\frac{(나)의\ pOH}{(다)의\ pH}>1$이다.

① ㄱ ② ㄴ ③ ㄷ ④ ㄱ, ㄴ ⑤ ㄴ, ㄷ

22 ★★☆ | 2023학년도 9월 평가원 16번 |

표는 25 ℃의 수용액 (가)와 (나)에 대한 자료이다.

수용액	pH	pOH	H_3O^+의 양(mol) (상댓값)	부피(mL)
(가)	x		50	100
(나)		$2x$	1	200

이에 대한 설명으로 옳은 것만을 〈보기〉에서 있는 대로 고른 것은? (단, 25 ℃에서 물의 이온화 상수(K_w)는 1×10^{-14}이다.) [3점]

〈보기〉
ㄱ. $x=5$이다.
ㄴ. (가)와 (나)의 액성은 모두 산성이다.
ㄷ. $\frac{(가)에서\ OH^-의\ 양(mol)}{(나)에서\ H_3O^+의\ 양(mol)}<1\times10^{-5}$이다.

① ㄱ ② ㄴ ③ ㄷ ④ ㄱ, ㄴ ⑤ ㄴ, ㄷ

23 ★★☆ | 2023학년도 6월 평가원 16번 |

표는 25 ℃의 물질 (가)~(다)에 대한 자료이다. (가)~(다)는 각각 $HCl(aq)$, $H_2O(l)$, $NaOH(aq)$ 중 하나이고, $pH=-\log[H_3O^+]$, $pOH=-\log[OH^-]$이다.

물질	(가)	(나)	(다)
$\frac{pH}{pOH}$	1	$\frac{1}{6}$	$\frac{5}{2}$
부피(mL)	100	200	400

이에 대한 설명으로 옳은 것만을 〈보기〉에서 있는 대로 고른 것은? (단, 온도는 25 ℃로 일정하고, 25 ℃에서 물의 이온화 상수(K_w)는 1×10^{-14}이며, 혼합 용액의 부피는 혼합 전 물 또는 용액의 부피의 합과 같다.) [3점]

〈보기〉
ㄱ. (가)는 $HCl(aq)$이다.
ㄴ. $\frac{(나)에서\ H_3O^+의\ 양(mol)}{(다)에서\ OH^-의\ 양(mol)}=50$이다.
ㄷ. (가)와 (다)를 모두 혼합한 수용액에서 pH<10이다.

① ㄱ ② ㄴ ③ ㄷ ④ ㄱ, ㄴ ⑤ ㄴ, ㄷ

24 ★★☆ | 2022학년도 수능 12번 |

표는 수용액 (가)와 (나)에 대한 자료이다. (가)와 (나)는 각각 $NaOH(aq)$과 $HCl(aq)$ 중 하나이다.

수용액	(가)	(나)
몰 농도(M)	a	$\frac{1}{10}a$
pH	$2x$	x

이에 대한 설명으로 옳은 것만을 〈보기〉에서 있는 대로 고른 것은? (단, 온도는 25 ℃로 일정하며, 25 ℃에서 물의 이온화 상수(K_w)는 1×10^{-14}이다.) [3점]

〈보기〉
ㄱ. (나)는 $HCl(aq)$이다.
ㄴ. $x=4.0$이다.
ㄷ. $10a$ M $NaOH(aq)$에서 $\frac{[Na^+]}{[H_3O^+]}=1\times10^8$이다.

① ㄱ ② ㄴ ③ ㄷ ④ ㄱ, ㄷ ⑤ ㄴ, ㄷ

25 ★★☆

| 2022학년도 9월 평가원 13번 |

표는 25 ℃에서 수용액 (가)~(다)에 대한 자료이다.

수용액	(가)	(나)	(다)
$\frac{[H_3O^+]}{[OH^-]}$	$\frac{1}{10}$	100	1
부피		V	$100V$

이에 대한 설명으로 옳은 것만을 <보기>에서 있는 대로 고른 것은? (단, 25 ℃에서 물의 이온화 상수(K_w)는 1×10^{-14}이다.)

보기

ㄱ. (나)에서 $[OH^-]<1\times10^{-7}$ M이다.

ㄴ. $\frac{(가)에서\ [H_3O^+]}{(나)에서\ [H_3O^+]}=\frac{1}{1000}$이다.

ㄷ. $\frac{(나)에서\ H_3O^+의\ 양(mol)}{(다)에서\ H_3O^+의\ 양(mol)}=\frac{1}{10}$이다.

① ㄱ ② ㄷ ③ ㄱ, ㄴ
④ ㄱ, ㄷ ⑤ ㄴ, ㄷ

26 ★★☆

| 2022학년도 6월 평가원 13번 |

표는 25 ℃에서 수용액 (가)~(다)에 대한 자료이다.

수용액	pH	$[H_3O^+]$(M)	$[OH^-]$(M)
(가)	x	$100a$	
(나)	$3x$		a
(다)		b	b

이에 대한 설명으로 옳은 것만을 <보기>에서 있는 대로 고른 것은? (단, 온도는 25 ℃로 일정하고, 25 ℃에서 물의 이온화 상수(K_w)는 1×10^{-14}이다.) [3점]

보기

ㄱ. x는 4이다.

ㄴ. $\frac{a}{b}=100$이다.

ㄷ. pH는 (다)>(나)이다.

① ㄱ ② ㄴ ③ ㄷ
④ ㄱ, ㄴ ⑤ ㄴ, ㄷ

27 ★★☆

| 2021학년도 9월 평가원 14번 |

표는 25 ℃에서 3가지 수용액 (가)~(다)에 대한 자료이다.

수용액	(가)	(나)	(다)
$[H_3O^+]:[OH^-]$	$1:10^2$	$1:1$	$10^2:1$

이에 대한 설명으로 옳은 것만을 <보기>에서 있는 대로 고른 것은? (단, 온도는 25 ℃로 일정하고, 25 ℃에서 물의 이온화 상수(K_w)는 1×10^{-14}이다.)

보기

ㄱ. (나)는 중성이다.

ㄴ. (다)의 pH는 5.0이다.

ㄷ. $[OH^-]$는 (가) : (다)$=10^4:1$이다.

① ㄱ ② ㄴ ③ ㄱ, ㄷ
④ ㄴ, ㄷ ⑤ ㄱ, ㄴ, ㄷ

28 ★★★ | 2021학년도 수능 15번 |

그림 (가)와 (나)는 수산화 나트륨 수용액($NaOH(aq)$)과 염산($HCl(aq)$)을 각각 나타낸 것이다. (가)에서 $\frac{[OH^-]}{[H_3O^+]}=1\times10^{12}$이다.

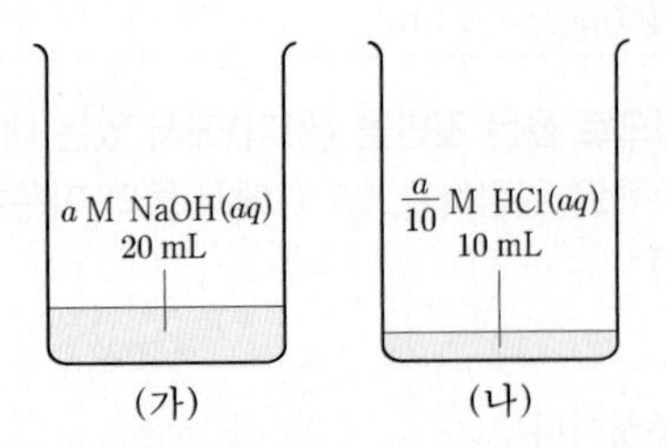

이에 대한 설명으로 옳은 것만을 〈보기〉에서 있는 대로 고른 것은? (단, 온도는 25 ℃로 일정하며, 25 ℃에서 물의 이온화 상수(K_w)는 1×10^{-14}이다.) [3점]

보기
ㄱ. $a=0.2$이다.
ㄴ. $\frac{\text{(가)의 pH}}{\text{(나)의 pH}}>6$이다.
ㄷ. (나)에 물을 넣어 100 mL로 만든 $HCl(aq)$에서 $\frac{[Cl^-]}{[OH^-]}=1\times10^{10}$이다.

① ㄱ ② ㄴ ③ ㄷ
④ ㄱ, ㄴ ⑤ ㄴ, ㄷ

29 ★☆☆ | 2021학년도 6월 평가원 14번 |

그림 (가)~(다)는 물($H_2O(l)$), 수산화 나트륨 수용액($NaOH(aq)$), 염산($HCl(aq)$)을 각각 나타낸 것이다.

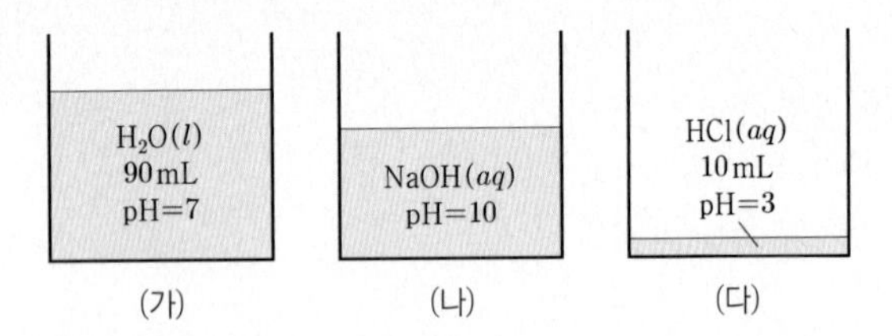

이에 대한 설명으로 옳은 것만을 〈보기〉에서 있는 대로 고른 것은? (단, 혼합 용액의 부피는 혼합 전 물 또는 용액의 부피의 합과 같고, 물과 용액의 온도는 25 ℃로 일정하며, 25 ℃에서 물의 이온화 상수(K_w)는 1×10^{-14}이다.)

보기
ㄱ. (가)에서 $[H_3O^+]=[OH^-]$이다.
ㄴ. (나)에서 $[OH^-]=1\times10^{-4}$ M이다.
ㄷ. (가)와 (다)를 모두 혼합한 수용액의 pH=5이다.

① ㄱ ② ㄷ ③ ㄱ, ㄴ
④ ㄴ, ㄷ ⑤ ㄱ, ㄴ, ㄷ

산과 염기의 정의

30 ★☆☆ | 2022학년도 6월 평가원 10번 |

다음은 산 염기 반응 (가)~(다)의 화학 반응식이다.

(가) $HCl(g) + H_2O(l) \longrightarrow Cl^-(aq) + H_3O^+(aq)$
(나) $HCO_3^-(aq) + H_2O(l) \longrightarrow H_2CO_3(aq) +$ ㉠ (aq)
(다) $HCO_3^-(aq) + HCl(aq) \longrightarrow H_2CO_3(aq) + Cl^-(aq)$

이에 대한 설명으로 옳은 것만을 〈보기〉에서 있는 대로 고른 것은?

보기
ㄱ. (가)에서 HCl는 수소 이온(H^+)을 내어놓는다.
ㄴ. ㉠은 OH^-이다.
ㄷ. (나)와 (다)에서 HCO_3^-은 모두 브뢴스테드·로리 염기이다.

① ㄱ ② ㄷ ③ ㄱ, ㄴ
④ ㄴ, ㄷ ⑤ ㄱ, ㄴ, ㄷ

산화 환원 반응과 화학 반응에서의 열 출입

2026학년도 수능 출제 예측

2025학년도 수능, 평가원 분석

수능과 6, 9월 평가원에서 금속의 산화 환원 반응 실험에 대한 문제와 반응 전후 구성 원자의 산화수 변화 및 반응 몰비를 이용하여 산화 환원 반응식을 완성하는 문제가 출제되었다.

2026학년도 수능 예측

매년 두 문제씩 출제되는 단원이다. 금속의 산화 환원 반응 실험 결과를 토대로 금속 이온의 전하량을 묻거나 산화제, 환원제를 구분하는 문제가 출제될 가능성이 높고, 반응 전후 산화수 변화 및 반응 몰비를 이용하여 산화 환원 반응식을 완성하는 문제가 출제될 가능성이 높다.

산화 환원 반응

1 ★★☆ | 2025학년도 수능 13번 |

다음은 금속 A~C의 산화 환원 반응 실험이다.

[실험 과정]
(가) 비커에 0.1 M $A^{a+}(aq)$ V mL를 넣는다.
(나) (가)의 비커에 충분한 양의 $B(s)$를 넣어 반응을 완결시킨다.
(다) (나)의 비커에 0.1 M $C^{c+}(aq)$ V mL를 넣어 반응을 완결시킨다.

[실험 결과]
• 각 과정 후 수용액에 들어 있는 모든 금속 양이온에 대한 자료

과정	(가)	(나)	(다)
양이온의 종류	A^{a+}	B^{b+}	B^{b+}
양이온의 양(mol)(상댓값)	1	2	3

이에 대한 설명으로 옳은 것만을 〈보기〉에서 있는 대로 고른 것은? (단, A~C는 임의의 원소 기호이고 물과 반응하지 않으며, 음이온은 반응에 참여하지 않는다.)

보기
ㄱ. (나)와 (다)에서 $B(s)$는 환원제로 작용한다.
ㄴ. $\frac{b}{c}=\frac{2}{3}$이다.
ㄷ. $\frac{\text{(다)에서 반응한 B(s)의 양(mol)}}{\text{(나)에서 생성된 A(s)의 양(mol)}}=1$이다.

① ㄱ ② ㄴ ③ ㄱ, ㄷ ④ ㄴ, ㄷ ⑤ ㄱ, ㄴ, ㄷ

2 ★☆☆ | 2025학년도 수능 11번 |

다음은 원소 X, Y와 관련된 산화 환원 반응 실험이다.

[자료]
• 화학 반응식 :

$$aXO_4^{2-}+bY^-+cH^+ \longrightarrow aX^{m+}+dY_2+eH_2O$$

(a~e는 반응 계수)
• X의 산화물에서 산소(O)의 산화수는 -2이다.

[실험 과정 및 결과]
• XO_4^{2-} $2N$ mol을 충분한 양의 Y^-과 H^+이 들어 있는 수용액에 넣어 모두 반응시켰더니, Y_2 $3N$ mol이 생성되었다.

$m\times\frac{a}{c}$는? (단, X와 Y는 임의의 원소 기호이고, Y_2는 물과 반응하지 않는다.)

① $\frac{1}{8}$ ② $\frac{1}{4}$ ③ $\frac{3}{8}$ ④ $\frac{1}{2}$ ⑤ $\frac{3}{4}$

3 ★☆☆ | 2025학년도 9월 평가원 9번 |

다음은 원소 X, Y와 관련된 산화 환원 반응에 대한 자료이다. X와 Y의 산화물에서 산소(O)의 산화수는 -2이다.

• 화학 반응식 :

$$aXO_4^-+bYO_3^{m-}+cH_2O \rightarrow aXO_m+bYO_4^{2-}+dOH^-$$

(a~d는 반응 계수)
• $\frac{\text{생성물에서 X의 산화수}}{\text{반응물에서 Y의 산화수}}=1$이다.

$\frac{b+c}{a+d}$는? (단, X와 Y는 임의의 원소 기호이다.)

① $\frac{5}{8}$ ② $\frac{4}{5}$ ③ 1
④ $\frac{5}{4}$ ⑤ $\frac{5}{2}$

4 ★☆☆ | 2025학년도 9월 평가원 15번 |

다음은 금속 A~C의 산화 환원 반응 실험이다. B^{b+}과 C^{c+}의 b와 c는 3 이하의 서로 다른 자연수이다.

[실험 과정]
(가) A^+이 들어 있는 수용액 V mL를 준비한다.
(나) (가)의 수용액에 $B(s)$를 넣어 반응을 완결시킨다.
(다) (나)의 수용액에 $C(s)$를 넣어 반응을 완결시킨다.

[실험 결과]
• (다)에서 B^{b+}은 C와 반응하지 않았다.
• 각 과정 후 수용액 속에 들어 있는 금속 양이온에 대한 자료

과정	(가)	(나)	(다)
양이온의 종류	A^+	A^+, B^{b+}	A^+, B^{b+}, C^{c+}
전체 양이온의 양(mol)	$16N$	$8N$	$7N$

이에 대한 설명으로 옳은 것만을 〈보기〉에서 있는 대로 고른 것은? (단, A~C는 임의의 원소 기호이고 물과 반응하지 않으며, 음이온은 반응에 참여하지 않는다.) [3점]

보기
ㄱ. (나)와 (다)에서 A^+은 산화제로 작용한다.
ㄴ. $b:c=2:3$이다.
ㄷ. (다) 과정 후 A^+의 양은 N mol이다.

① ㄱ ② ㄴ ③ ㄱ, ㄷ
④ ㄴ, ㄷ ⑤ ㄱ, ㄴ, ㄷ

5 ★☆☆ | 2025학년도 6월 평가원 9번 |

다음은 X와 관련된 산화 환원 반응의 화학 반응식이다. X의 산화물에서 산소(O)의 산화수는 -2이다.

$$aX^{2-} + bNO_3^- + cH^+ \longrightarrow aXO_4^{2-} + bNO + dH_2O$$

(a~d는 반응 계수)

$\frac{b+d}{a}$는? (단, X는 임의의 원소 기호이다.)

① 3 ② 4 ③ 5
④ 6 ⑤ 7

6 ★★☆ | 2025학년도 6월 평가원 12번 |

다음은 금속 A와 B의 산화 환원 반응 실험이다.

[실험 과정]
(가) A^+이 들어 있는 수용액 V mL를 준비한다.
(나) (가)의 수용액에 $B(s)$ w g을 넣어 반응을 완결시킨다.
(다) (나)의 수용액에 $B(s)$ $\frac{1}{2}w$ g을 넣어 반응을 완결시킨다.

[실험 결과]
• (나), (다) 과정에서 A^+은 [㉠]로 작용하였다.
• (나), (다) 과정 후 B는 모두 B^{n+}이 되었다.
• 각 과정 후 수용액에 존재하는 금속 양이온에 대한 자료

과정	(나)	(다)
금속 양이온 종류	A^+, B^{n+}	A^+, B^{n+}
금속 양이온 수 비율	$\frac{3}{4}$, $\frac{1}{4}$	$\frac{1}{2}$, $\frac{1}{2}$

다음 중 ㉠과 n으로 가장 적절한 것은? (단, A와 B는 임의의 원소 기호이고, 물과 반응하지 않으며, 음이온은 반응에 참여하지 않는다.)

	㉠	n		㉠	n
①	산화제	2	②	산화제	3
③	환원제	1	④	환원제	2
⑤	환원제	3			

7 ★★☆ | 2024학년도 수능 9번 |

다음은 금속 A~C의 산화 환원 반응 실험이다.

[실험 과정]
(가) $A^+(aq)$ $15N$ mol이 들어 있는 수용액 V mL를 준비한다.
(나) (가)의 비커에 $B(s)$를 넣어 반응시킨다.
(다) (나)의 비커에 $C(s)$를 넣어 반응시킨다.

[실험 결과 및 자료]
• (나) 과정 후 B는 모두 B^{2+}이 되었고, (다) 과정에서 B^{2+}은 C와 반응하지 않으며, (다) 과정 후 C는 C^{m+}이 되었다.
• 각 과정 후 수용액 속에 들어 있는 양이온의 종류와 수

과정	(나)	(다)
양이온의 종류	A^+, B^{2+}	B^{2+}, C^{m+}
전체 양이온 수(mol)	$12N$	$6N$

이에 대한 설명으로 옳은 것만을 〈보기〉에서 있는 대로 고른 것은? (단, A~C는 임의의 원소 기호이고 물과 반응하지 않으며, 음이온은 반응에 참여하지 않는다.)

보기
ㄱ. $m=3$이다.
ㄴ. (나)와 (다)에서 A^+은 산화제로 작용한다.
ㄷ. (다) 과정 후 양이온 수 비는 $B^{2+} : C^{m+} = 1 : 1$이다.

① ㄱ ② ㄷ ③ ㄱ, ㄴ
④ ㄴ, ㄷ ⑤ ㄱ, ㄴ, ㄷ

8 ★★☆ | 2024학년도 수능 12번 |

다음은 2가지 산화 환원 반응에 대한 자료이다. 원소 X와 Y의 산화물에서 산소(O)의 산화수는 -2이다.

• 화학 반응식
(가) $3XO_3^{3-} + BrO_3^- \longrightarrow 3XO_4^{3-} + Br^-$
(나) $aX_2O_3 + 4YO_4^- + bH^+ \longrightarrow aX_2O_m + 4Y^{n+} + cH_2O$
(a~c는 반응 계수)
• $\frac{\text{생성물에서 X의 산화수}}{\text{반응물에서 X의 산화수}}$는 (가)에서와 (나)에서가 같다.
• a는 (가)에서 각 원자의 산화수 중 가장 큰 값과 같다.

$\frac{m \times n}{b}$은? (단, X와 Y는 임의의 원소 기호이다.) [3점]

① $\frac{2}{3}$ ② $\frac{5}{6}$ ③ 1
④ 2 ⑤ $\frac{5}{2}$

Part II 수능 평가원

9 ★★☆ | 2024학년도 9월 평가원 9번 |

다음은 금속 A~C의 산화 환원 반응 실험이다.

[실험 과정 및 결과]

(가) A^{a+} $3N$ mol이 들어 있는 수용액 V mL를 비커 Ⅰ, Ⅱ에 각각 넣는다.

B(s) C(s)
$A^{a+}(aq)$ VmL Ⅰ
$A^{a+}(aq)$ VmL Ⅱ

(나) Ⅰ과 Ⅱ에 B(s)와 C(s)를 각각 조금씩 넣어 반응시킨다.

(다) (나) 과정 후 A^{a+}은 모두 A가 되었고, A^{a+}과 반응한 B와 C는 각각 B^{b+}과 C^{c+}이 되었다.

(라) (나)에서 넣어 준 금속의 양(mol)에 따른 수용액 속 전체 양이온의 양(mol)은 그림과 같았다.

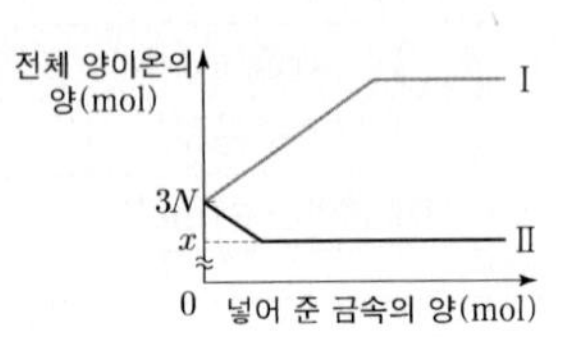

이에 대한 설명으로 옳은 것만을 〈보기〉에서 있는 대로 고른 것은? (단, A~C는 임의의 원소 기호이고 물과 반응하지 않으며, 음이온은 반응에 참여하지 않는다. a~c는 3 이하의 자연수이다.)

보기

ㄱ. (나)에서 A^{a+}은 산화제로 작용한다.

ㄴ. $x=2N$이다.

ㄷ. $c>b$이다.

① ㄱ ② ㄷ ③ ㄱ, ㄴ ④ ㄴ, ㄷ ⑤ ㄱ, ㄴ, ㄷ

10 ★★☆ | 2024학년도 9월 평가원 14번 |

다음은 금속 M과 관련된 산화 환원 반응에 대한 자료이다. M의 산화물에서 산소(O)의 산화수는 -2이다.

- 화학 반응식

  (가) $MO_2+4HCl \longrightarrow MCl_2+2H_2O+Cl_2$

  (나) $2MO_2+aI_2+bOH^- \longrightarrow 2MO_x^-+cH_2O+dI^-$

  (a~d는 반응 계수)

- $\dfrac{\text{반응물에서 M의 산화수}}{\text{생성물에서 M의 산화수}}$는 (가) : (나)=7 : 2이다.

$\dfrac{b+d}{x}$는? (단, M은 임의의 원소 기호이다.) [3점]

① 4 ② $\dfrac{7}{2}$ ③ $\dfrac{9}{4}$ ④ $\dfrac{3}{2}$ ⑤ 1

11 ★★☆ | 2024학년도 6월 평가원 7번 |

표는 금속 양이온 A^{3+} $5N$ mol이 들어 있는 수용액에 금속 B $3N$ mol을 넣고 반응을 완결시켰을 때, 석출된 금속 또는 수용액에 존재하는 양이온에 대한 자료이다. B는 모두 B^{n+}이 되었고, ㉠과 ㉡은 각각 A와 B^{n+} 중 하나이다.

금속 또는 양이온	A^{3+}	㉠	㉡
양(mol)(상댓값)	3	3	2

이에 대한 설명으로 옳은 것만을 〈보기〉에서 있는 대로 고른 것은? (단, A와 B는 임의의 원소 기호이고, A와 B는 물과 반응하지 않으며, 음이온은 반응에 참여하지 않는다.)

보기

ㄱ. A^{3+}은 환원제로 작용한다.

ㄴ. ㉠은 B^{n+}이다.

ㄷ. $n=3$이다.

① ㄱ ② ㄴ ③ ㄷ ④ ㄱ, ㄷ ⑤ ㄴ, ㄷ

12 ★★☆ | 2024학년도 6월 평가원 14번 |

다음은 금속 M과 관련된 산화 환원 반응의 화학 반응식이다. M의 산화물에서 산소(O)의 산화수는 -2이다.

$$aM^{3+}+bClO_4^-+cH_2O \longrightarrow dCl^-+eMO^{2+}+fH^+$$

(a~f는 반응 계수)

$\dfrac{d+f}{a+c}$는? (단, M은 임의의 원소 기호이다.) [3점]

① $\dfrac{5}{8}$ ② $\dfrac{3}{4}$ ③ $\dfrac{8}{9}$ ④ $\dfrac{9}{8}$ ⑤ $\dfrac{4}{3}$

13 ★★☆

| 2023학년도 수능 5번 |

다음은 금속 A~C의 산화 환원 반응 실험이다.

[실험 과정 및 결과]
(가) A^{2+} $3N$ mol이 들어 있는 수용액을 준비한다.
(나) (가)의 수용액에 충분한 양의 B(s)를 넣어 반응을 완결시켰더니 B^{m+} $2N$ mol이 생성되었다.
(다) (나)의 수용액에 충분한 양의 C(s)를 넣어 반응을 완결시켰더니 C^{2+} xN mol이 생성되었다.

이에 대한 설명으로 옳은 것만을 〈보기〉에서 있는 대로 고른 것은? (단, A~C는 임의의 원소 기호이고, A~C는 물과 반응하지 않으며, 음이온은 반응에 참여하지 않는다.) [3점]

보기
ㄱ. $m=1$이다.
ㄴ. $x=3$이다.
ㄷ. (다)에서 C(s)는 산화제이다.

① ㄱ ② ㄴ ③ ㄷ
④ ㄱ, ㄴ ⑤ ㄴ, ㄷ

14 ★★★

| 2023학년도 수능 14번 |

다음은 금속 X, Y와 관련된 산화 환원 반응에 대한 자료이다. X의 산화물에서 산소(O)의 산화수는 -2이다.

• 화학 반응식 :
$$aX_2O_m^{\ 2-} + bY^{(n-1)+} + cH^+ \longrightarrow dX^{n+} + bY^{n+} + eH_2O$$
(a~e는 반응 계수)
• $Y^{(n-1)+}$ 3 mol이 반응할 때 생성된 X^{n+}은 1 mol이다.
• 반응물에서 $\dfrac{\text{X의 산화수}}{\text{Y의 산화수}}=3$이다.

$m+n$은? (단, X와 Y는 임의의 원소 기호이다.) [3점]

① 6 ② 8 ③ 10
④ 12 ⑤ 14

15 ★★☆

| 2023학년도 9월 평가원 9번 |

그림 (가)와 (나)는 2가지 금속 이온 $X^{2+}(aq)$과 $Y^{m+}(aq)$이 각각 들어 있는 비커에 금속 Z(s)를 넣어 반응을 완결시켰을 때, 반응 전과 후 수용액에 존재하는 양이온의 종류와 양을 나타낸 것이다.

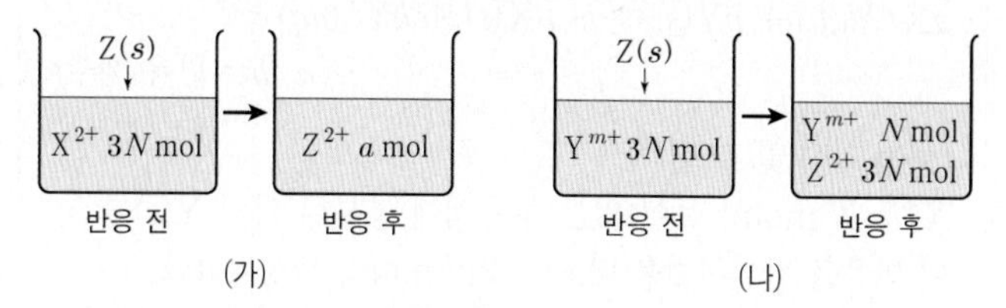

이에 대한 설명으로 옳은 것만을 〈보기〉에서 있는 대로 고른 것은? (단, X~Z는 임의의 원소 기호이고, X~Z는 물과 반응하지 않으며, 음이온은 반응에 참여하지 않는다.)

보기
ㄱ. $a=3N$이다.
ㄴ. $m=1$이다.
ㄷ. (가)와 (나)에서 모두 Z(s)는 산화제로 작용한다.

① ㄱ ② ㄴ ③ ㄱ, ㄷ
④ ㄴ, ㄷ ⑤ ㄱ, ㄴ, ㄷ

16 ★★☆

| 2023학년도 9월 평가원 13번 |

다음은 금속 M과 관련된 산화 환원 반응에 대한 자료이다.

• 화학 반응식 :
$$a\underset{㉠}{\underline{M}} + b\underset{㉡}{\underline{NO_3^-}} + c\underset{㉢}{\underline{H^+}} \longrightarrow aM^{x+} + bNO_2 + dH_2O$$
(a~d는 반응 계수)
• ㉠~㉢ 중 산화제와 환원제는 2 : 1의 몰비로 반응한다.
• NO_3^- 1 mol이 반응할 때 생성된 H_2O의 양은 y mol이다.

$x+y$는? (단, M은 임의의 원소 기호이다.) [3점]

① $\dfrac{3}{2}$ ② 2 ③ $\dfrac{5}{2}$
④ 3 ⑤ $\dfrac{7}{2}$

Part II 수능 평가원

17 ★☆☆ | 2023학년도 6월 평가원 8번 |

다음은 금속 X와 Y의 산화 환원 반응 실험이다.

[화학 반응식]

$aX^{m+}(aq) + bY(s) \longrightarrow aX(s) + bY^{+}(aq)$

(a, b는 반응 계수)

[실험 과정 및 결과]

X^{m+} N mol이 들어 있는 수용액에 충분한 양의 $Y(s)$를 넣어 반응을 완결시켰을 때, Y^{+} $2N$ mol이 생성되었다.

이에 대한 설명으로 옳은 것만을 〈보기〉에서 있는 대로 고른 것은? (단, X와 Y는 임의의 원소 기호이고, X와 Y는 물과 반응하지 않으며, 음이온은 반응에 참여하지 않는다.)

보기

ㄱ. X의 산화수는 증가한다.

ㄴ. $Y(s)$는 환원제이다.

ㄷ. $m=2$이다.

① ㄱ ② ㄴ ③ ㄱ, ㄷ
④ ㄴ, ㄷ ⑤ ㄱ, ㄴ, ㄷ

18 ★★★ | 2023학년도 6월 평가원 13번 |

다음은 금속 M과 관련된 산화 환원 반응의 화학 반응식과 이에 대한 자료이다.

• 화학 반응식 :

$2MO_4^{-} + aH_2C_2O_4 + bH^{+} \longrightarrow 2M^{n+} + cCO_2 + dH_2O$

(a~d는 반응 계수)

• MO_4^{-} 1 mol이 반응할 때 생성된 H_2O의 양은 $2n$ mol이다.

$a+b$는? (단, M은 임의의 원소 기호이다.) [3점]

① 11 ② 12 ③ 13
④ 14 ⑤ 15

19 ★☆☆ | 2022학년도 수능 16번 |

다음은 산화 환원 반응 (가)~(다)의 화학 반응식이다.

(가) $CO + 2H_2 \longrightarrow CH_3OH$

(나) $CO + H_2O \longrightarrow CO_2 + H_2$

(다) $aMnO_4^{-} + bSO_3^{2-} + H_2O \longrightarrow aMnO_2 + bSO_4^{2-} + cOH^{-}$

(a~c는 반응 계수)

이에 대한 설명으로 옳은 것만을 〈보기〉에서 있는 대로 고른 것은?

보기

ㄱ. (가)에서 CO는 환원된다.

ㄴ. (나)에서 CO는 산화제이다.

ㄷ. (다)에서 $a+b+c=4$이다.

① ㄱ ② ㄴ ③ ㄱ, ㄷ
④ ㄴ, ㄷ ⑤ ㄱ, ㄴ, ㄷ

20 ★★☆ | 2022학년도 9월 평가원 10번 |

다음은 산화 환원 반응 (가)~(다)의 화학 반응식이다.

(가) $2H_2 + O_2 \longrightarrow \underset{㉠}{\underline{2H_2O}}$

(나) $\underset{㉡}{\underline{O_2}} + F_2 \longrightarrow \underset{㉢}{\underline{O_2F_2}}$

(다) $5\underset{㉣}{\underline{H_2O_2}} + 2MnO_4^{-} + 6H^{+} \longrightarrow 2Mn^{2+} + 5O_2 + 8H_2O$

이에 대한 설명으로 옳은 것만을 〈보기〉에서 있는 대로 고른 것은?

보기

ㄱ. (가)에서 O_2는 산화제이다.

ㄴ. (다)에서 Mn의 산화수는 감소한다.

ㄷ. ㉠~㉣에서 O의 산화수 중 가장 큰 값은 +1이다.

① ㄱ ② ㄷ ③ ㄱ, ㄴ
④ ㄴ, ㄷ ⑤ ㄱ, ㄴ, ㄷ

21 ★★☆ | 2022학년도 6월 평가원 15번 |

다음은 산화 환원 반응 (가)~(다)의 화학 반응식이다.

(가) $SO_2 + 2H_2O + Cl_2 \longrightarrow H_2SO_4 + 2HCl$
(나) $2F_2 + 2H_2O \longrightarrow O_2 + 4HF$
(다) $aMnO_4^- + bH^+ + cFe^{2+} \longrightarrow Mn^{2+} + cFe^{3+} + dH_2O$
(a~d는 반응 계수)

이에 대한 설명으로 옳은 것만을 〈보기〉에서 있는 대로 고른 것은?

보기

ㄱ. (가)에서 S의 산화수는 증가한다.
ㄴ. (나)에서 H_2O은 환원제이다.
ㄷ. $\frac{b}{a+c+d}<1$이다.

① ㄱ ② ㄴ ③ ㄱ, ㄷ
④ ㄴ, ㄷ ⑤ ㄱ, ㄴ, ㄷ

22 ★★☆ | 2021학년도 수능 16번 |

다음은 산화 환원 반응 (가)와 (나)의 화학 반응식이다.

(가) $O_2 + 2F_2 \longrightarrow 2OF_2$
(나) $BrO_3^- + aI^- + bH^+ \longrightarrow Br^- + cI_2 + dH_2O$
(a~d는 반응 계수)

이에 대한 설명으로 옳은 것만을 〈보기〉에서 있는 대로 고른 것은?

보기

ㄱ. (가)에서 O의 산화수는 증가한다.
ㄴ. (나)에서 I^-은 산화제로 작용한다.
ㄷ. $a+b+c+d=12$이다.

① ㄱ ② ㄴ ③ ㄱ, ㄷ
④ ㄴ, ㄷ ⑤ ㄱ, ㄴ, ㄷ

23 ★★☆ | 2021학년도 9월 평가원 15번 |

다음은 산화 환원 반응의 화학 반응식이다.

$aCuS + bNO_3^- + cH^+ \longrightarrow 3Cu^{2+} + aSO_4^{2-} + bNO + dH_2O$
(a~d는 반응 계수)

이에 대한 설명으로 옳은 것만을 〈보기〉에서 있는 대로 고른 것은? [3점]

보기

ㄱ. CuS는 환원제이다.
ㄴ. $c+d>a+b$이다.
ㄷ. NO_3^- 2 mol이 반응하면 SO_4^{2-} 1 mol이 생성된다.

① ㄱ ② ㄷ ③ ㄱ, ㄴ
④ ㄴ, ㄷ ⑤ ㄱ, ㄴ, ㄷ

24 ★★★ | 2021학년도 6월 평가원 11번 |

다음은 산화 환원 반응 (가)~(다)의 화학 반응식이다.

(가) $Fe_2O_3 + 2Al \longrightarrow 2Fe + Al_2O_3$
(나) $Mg + 2HCl \longrightarrow MgCl_2 + H_2$
(다) $Cu + aNO_3^- + bH_3O^+ \longrightarrow Cu^{2+} + cNO_2 + dH_2O$
(a~d는 반응 계수)

이에 대한 설명으로 옳은 것만을 〈보기〉에서 있는 대로 고른 것은?

보기

ㄱ. (가)에서 Al은 산화된다.
ㄴ. (나)에서 Mg은 산화제이다.
ㄷ. (다)에서 $a+b+c+d=7$이다.

① ㄱ ② ㄴ ③ ㄷ
④ ㄱ, ㄴ ⑤ ㄱ, ㄷ

화학 반응에서의 열 출입

25 ★☆☆ | 2022학년도 수능 1번 |

다음은 열의 출입과 관련된 현상에 대한 설명이다.

> 숯이 연소될 때 열이 발생하는 것처럼, 화학 반응이 일어날 때 주위로 열을 방출하는 반응을 (가) 반응이라 한다.

(가)로 가장 적절한 것은?

① 가역　② 발열　③ 분해
④ 환원　⑤ 흡열

26 ★☆☆ | 2022학년도 9월 평가원 1번 |

다음은 열 출입 현상과 이에 대한 학생들의 대화이다.

> • 염화 암모늄을 물에 용해(㉠)시켰더니 수용액의 온도가 낮아졌다.
> • 뷰테인을 연소(㉡)시켰더니 열이 발생하였다.

제시한 내용이 옳은 학생만을 있는 대로 고른 것은?

① B　② C　③ A, B
④ A, C　⑤ B, C

27 ★☆☆ | 2022학년도 6월 평가원 3번 |

다음은 학생 A가 가설을 세우고 수행한 탐구 활동이다.

> [가설]
> • ㉠
>
> [탐구 과정 및 결과]
> • 25 ℃의 물 100 g이 담긴 열량계에 25 ℃의 수산화 나트륨($NaOH(s)$) 4 g을 넣어 녹인 후 수용액의 최고 온도를 측정하였다.
> • 수용액의 최고 온도 : 35 ℃
>
> [결론]
> • 가설은 옳다.

학생 A의 결론이 타당할 때, 다음 중 ㉠으로 가장 적절한 것은? (단, 열량계의 외부 온도는 25 ℃로 일정하다.)

① 수산화 나트륨(NaOH)이 물에 녹는 반응은 가역 반응이다.
② 수산화 나트륨(NaOH)이 물에 녹는 반응은 발열 반응이다.
③ 수산화 나트륨(NaOH)을 물에 녹인 수용액은 산성을 띤다.
④ 수산화 나트륨(NaOH)이 물에 녹는 반응은 산화 환원 반응이다.
⑤ 수산화 나트륨(NaOH)을 물에 녹인 수용액은 전기 전도성이 있다.

28 ★☆☆ | 2021학년도 수능 2번 |

다음은 화학 반응에서 열의 출입에 대한 학생들의 대화이다.

제시한 내용이 옳은 학생만을 있는 대로 고른 것은?

① A　② B　③ A, C
④ B, C　⑤ A, B, C

29 ★☆☆

| 2021학년도 6월 평가원 5번 |

다음은 반응 ㉠~㉢과 관련된 현상을 나타낸 것이다.

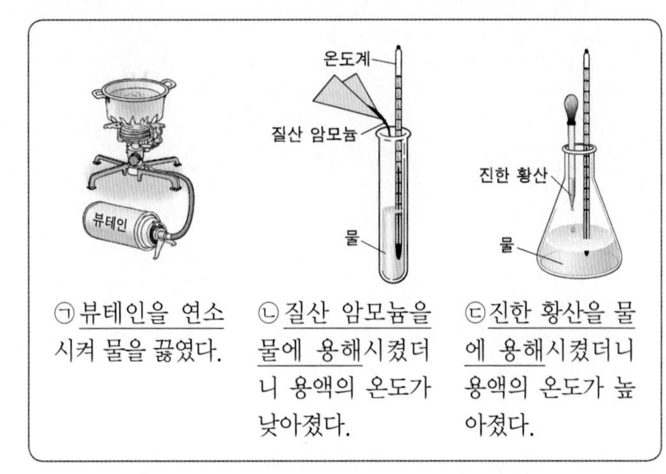

㉠ 뷰테인을 연소시켜 물을 끓였다.

㉡ 질산 암모늄을 물에 용해시켰더니 용액의 온도가 낮아졌다.

㉢ 진한 황산을 물에 용해시켰더니 용액의 온도가 높아졌다.

㉠~㉢ 중 발열 반응만을 있는 대로 고른 것은? [3점]

① ㉠ ② ㉡ ③ ㉠, ㉡
④ ㉠, ㉢ ⑤ ㉡, ㉢

30 ★☆☆

| 2021학년도 9월 평가원 3번 |

다음은 염화 칼슘($CaCl_2$)이 물에 용해되는 반응에 대한 실험과 이에 대한 세 학생의 대화이다.

[실험 과정]

(가) 그림과 같이 25 ℃의 물 100 g이 담긴 열량계를 준비한다.

(나) (가)의 열량계에 25 ℃의 $CaCl_2(s)$ w g을 넣어 녹인 후 수용액의 최고 온도를 측정한다.

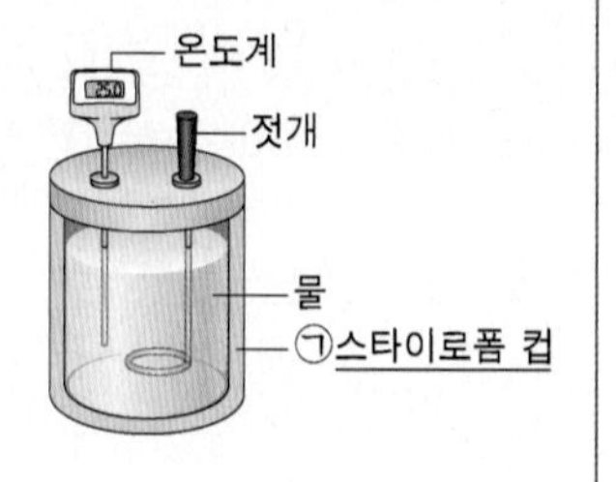

[실험 결과]

• 수용액의 최고 온도 : 30 ℃

학생 A : 열량계 내부의 온도 변화로 반응에서의 열의 출입을 알 수 있어.

학생 B : $CaCl_2(s)$이 물에 용해되는 반응은 발열 반응이야.

학생 C : ㉠은 열량계 내부와 외부 사이의 열 출입을 막기 위해 사용해.

제시한 내용이 옳은 학생만을 있는 대로 고른 것은? (단, 열량계의 외부 온도는 25 ℃로 일정하다.)

① A ② B ③ A, C
④ B, C ⑤ A, B, C

Memo

Memo

Memo

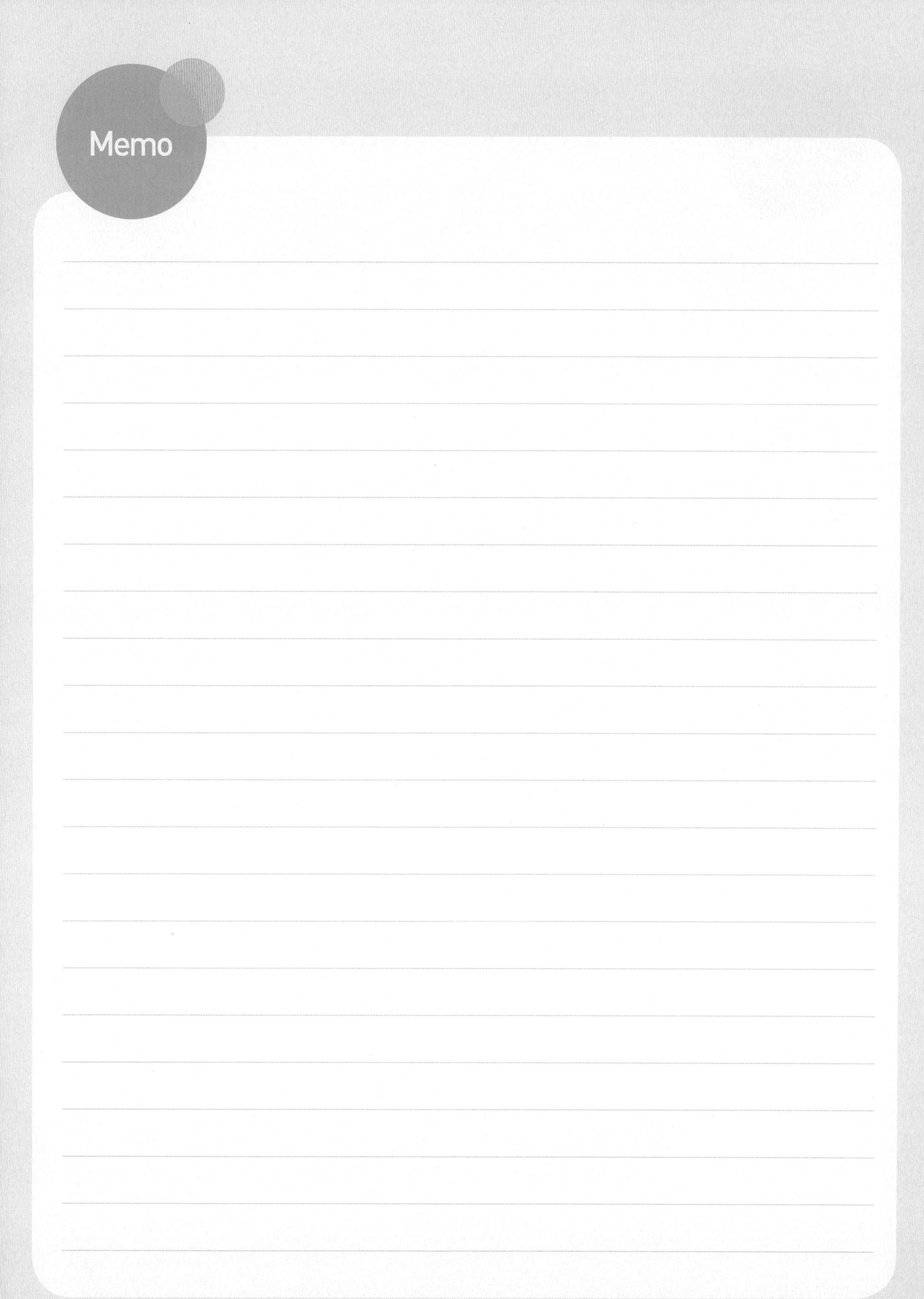
Memo

Memo

빠른 정답 찾기

수능 기출의 바이블 | 화학 I

❶권 문제편 Part Ⅰ 교육청 기출

Ⅰ. 화학의 첫걸음

01 우리 생활 속의 화학

01 ⑤ 02 ⑤ 03 ② 04 ④ 05 ④ 06 ③ 07 ⑤ 08 ③ 09 ⑤ 10 ④
11 ③ 12 ④ 13 ② 14 ④ 15 ④ 16 ⑤ 17 ③ 18 ③ 19 ③ 20 ④
21 ⑤ 22 ②

Ⅱ. 원자의 세계

01 원자의 구조

01 ⑤ 02 ⑤ 03 ② 04 ⑤ 05 ① 06 ② 07 ② 08 ③ 09 ③ 10 ④
11 ① 12 ⑤ 13 ② 14 ⑤ 15 ⑤ 16 ④ 17 ④ 18 ③ 19 ③ 20 ①
21 ③

02 현대적 원자 모형과 전자 배치

01 ⑤ 02 ② 03 ③ 04 ⑤ 05 ⑤ 06 ③ 07 ⑤ 08 ① 09 ① 10 ④
11 ⑤ 12 ① 13 ② 14 ② 15 ⑤ 16 ⑤ 17 ③ 18 ② 19 ② 20 ①
21 ① 22 ⑤ 23 ② 24 ① 25 ③ 26 ③ 27 ① 28 ① 29 ④ 30 ④
31 ② 32 ⑤ 33 ④ 34 ② 35 ④ 36 ③ 37 ②

03 원소의 주기적 성질

01 ① 02 ② 03 ① 04 ② 05 ③ 06 ② 07 ⑤ 08 ⑤ 09 ⑤ 10 ③
11 ④ 12 ② 13 ④ 14 ③ 15 ⑤ 16 ③ 17 ④ 18 ① 19 ③ 20 ④
21 ⑤ 22 ④ 23 ① 24 ④ 25 ③ 26 ①

Ⅲ. 화학 결합과 분자의 세계

01 화학 결합

01 ④ 02 ④ 03 ③ 04 ③ 05 ⑤ 06 ③ 07 ⑤ 08 ⑤ 09 ⑤ 10 ⑤
11 ③ 12 ③ 13 ⑤ 14 ① 15 ③ 16 ⑤ 17 ② 18 ② 19 ① 20 ②
21 ① 22 ⑤ 23 ⑤ 24 ⑤ 25 ④ 26 ① 27 ⑤

02 분자의 구조와 성질

01 ④ 02 ③ 03 ③ 04 ④ 05 ② 06 ⑤ 07 ⑤ 08 ① 09 ③ 10 ②
11 ① 12 ③ 13 ② 14 ① 15 ③ 16 ② 17 ① 18 ④ 19 ③ 20 ①
21 ⑤ 22 ① 23 ⑤ 24 ④ 25 ① 26 ⑤ 27 ① 28 ② 29 ④ 30 ③
31 ④ 32 ⑤ 33 ① 34 ⑤ 35 ① 36 ② 37 ⑤ 38 ② 39 ③ 40 ④
41 ③ 42 ④ 43 ① 44 ⑤ 45 ③ 46 ② 47 ⑤ 48 ① 49 ③ 50 ②
51 ⑤ 52 ② 53 ④ 54 ② 55 ③ 56 ⑤ 57 ① 58 ② 59 ② 60 ⑤
61 ③ 62 ⑤ 63 ⑤ 64 ③

Ⅳ. 역동적인 화학 반응

01 동적 평형과 산 염기

01 ② 02 ② 03 ⑤ 04 ① 05 ① 06 ③ 07 ① 08 ② 09 ③ 10 ③
11 ② 12 ③ 13 ① 14 ① 15 ① 16 ④ 17 ③ 18 ② 19 ⑤ 20 ③
21 ① 22 ③ 23 ② 24 ③ 25 ③ 26 ③ 27 ⑤ 28 ③ 29 ④ 30 ③
31 ② 32 ③ 33 ③ 34 ⑤ 35 ⑤ 36 ① 37 ④ 38 ③ 39 ⑤ 40 ①

03 산화 환원 반응과 화학 반응에서의 열 출입

01 ② 02 ④ 03 ⑤ 04 ① 05 ④ 06 ④ 07 ② 08 ③ 09 ④ 10 ⑤
11 ① 12 ④ 13 ③ 14 ④ 15 ① 16 ① 17 ③ 18 ④ 19 ③ 20 ①
21 ① 22 ⑤ 23 ② 24 ① 25 ② 26 ① 27 ② 28 ⑤ 29 ③ 30 ⑤
31 ④ 32 ⑤ 33 ⑤

❶권 문제편 Part Ⅱ 수능 평가원 기출

Ⅰ. 화학의 첫걸음

01 우리 생활 속의 화학

01 ⑤ 02 ④ 03 ⑤ 04 ③ 05 ① 06 ③ 07 ③ 08 ⑤ 09 ⑤ 10 ③
11 ③ 12 ③ 13 ④

Ⅱ. 원자의 세계

01 원자의 구조

01 ① 02 ③ 03 ⑤ 04 ④ 05 ③ 06 ⑤ 07 ② 08 ① 09 ③ 10 ③
11 ⑤ 12 ② 13 ⑤ 14 ② 15 ⑤

02 현대적 원자 모형과 전자 배치

01 ⑤ 02 ⑤ 03 ⑤ 04 ① 05 ⑤ 06 ④ 07 ① 08 ③ 09 ② 10 ①
11 ① 12 ③ 13 ⑤ 14 ⑤ 15 ⑤ 16 ③ 17 ④ 18 ③ 19 ③ 20 ③
21 ① 22 ③ 23 ④ 24 ③ 25 ⑤ 26 ① 27 ④ 28 ①

03 원소의 주기적 성질

01 ③ 02 ④ 03 ③ 04 ② 05 ② 06 ④ 07 ③ 08 ⑤ 09 ② 10 ④
11 ④ 12 ① 13 ⑤ 14 ③ 15 ② 16 ② 17 ③ 18 ① 19 ⑤ 20 ③
21 ① 22 ③

Ⅲ. 화학 결합과 분자의 세계

01 화학 결합

01 ④ 02 ③ 03 ⑤ 04 ⑤ 05 ③ 06 ⑤ 07 ⑤ 08 ⑤ 09 ⑤ 10 ①
11 ④ 12 ⑤ 13 ③ 14 ⑤ 15 ⑤ 16 ② 17 ④ 18 ⑤ 19 ⑤ 20 ④
21 ③ 22 ⑤ 23 ② 24 ⑤ 25 ③ 26 ③

02 분자의 구조와 성질

01 ③ 02 ① 03 ⑤ 04 ① 05 ③ 06 ② 07 ② 08 ① 09 ② 10 ③
11 ③ 12 ④ 13 ④ 14 ① 15 ⑤ 16 ⑤ 17 ④ 18 ① 19 ④ 20 ①
21 ④ 22 ③ 23 ② 24 ③ 25 ④ 26 ⑤ 27 ① 28 ③ 29 ② 30 ④
31 ④ 32 ⑤ 33 ② 34 ② 35 ⑤ 36 ④ 37 ② 38 ⑤ 39 ③ 40 ①
41 ④ 42 ⑤

Ⅳ. 역동적인 화학 반응

01 동적 평형과 산 염기

01 ① 02 ④ 03 ① 04 ④ 05 ③ 06 ③ 07 ① 08 ③ 09 ① 10 ⑤
11 ① 12 ① 13 ① 14 ① 15 ② 16 ③ 17 ④ 18 ⑤ 19 ④ 20 ③
21 ② 22 ② 23 ⑤ 24 ④ 25 ④ 26 ② 27 ① 28 ② 29 ③ 30 ⑤

03 산화 환원 반응과 화학 반응에서의 열 출입

01 ③ 02 ③ 03 ③ 04 ① 05 ② 06 ② 07 ⑤ 08 ② 09 ⑤ 10 ②
11 ② 12 ② 13 ② 14 ③ 15 ① 16 ④ 17 ④ 18 ① 19 ① 20 ⑤
21 ⑤ 22 ① 23 ③ 24 ① 25 ② 26 ② 27 ② 28 ③ 29 ④ 30 ⑤

기출의 바이블

화학I

1권 | 문제편

문제편

· 기본 개념 정리, 실전 자료 분석
· 교육청+평가원 문항 수록

정답 및 해설편

· 선택지 비율, 자료 해석, 보기 풀이, 매력적 오답, 문제풀이 Tip 등의 다양한 요소를 통한 완벽 해설
· 문항 해설을 한눈에 확인할 수 있는 자세한 첨삭 제공

고난도편

· 교육청+평가원 고난도 주제 및 문항만을 선별하여 수록
· 고난도 문항 해설을 한눈에 확인할 수 있는 자세한 첨삭 제공

가르치기 쉽고 빠르게 배울 수 있는 **이투스북**

www.etoosbook.com

○ **도서 내용 문의**
홈페이지 > 이투스북 고객센터 > 1:1 문의
○ **도서 정답 및 해설**
홈페이지 > 도서자료실 > 정답/해설
○ **도서 정오표**
홈페이지 > 도서자료실 > 정오표
○ **선생님을 위한 강의 지원 서비스 T폴더**
홈페이지 > 교강사 T폴더

2026
학년도

필수 문항
첨삭 해설 제공

화학 I

기출의

정답 및 해설편

이투스북

기출의

바이블

화학 I

Bible of Science

기출의 바이블

정답 및 해설편

01 우리 생활 속의 화학

선택지 비율	① 1%	② 0%	③ 1%	④ 1%	⑤ 97%

1 화학의 유용성

2024년 10월 교육청 1번 | 정답 ⑤ | 문제편 10p

출제 의도 일상생활에서 사용하고 있는 물질의 성질과 발열 반응을 알고 있는지 묻는 문항이다.

문제 분석

다음은 과학 축제에서 진행되는 프로그램의 일부이다.

탄소 화합물 아님
㉠ 산화 칼슘(CaO)과 물의 반응으로 달걀 삶기
열을 방출 ➡ 발열 반응

탄소(C) 포함
㉡ 설탕($C_{12}H_{22}O_{11}$)으로 달고나 만들기

탄소 화합물 아님
㉢ 암모니아(NH_3)로 분수 만들기

이에 대한 옳은 설명만을 〈보기〉에서 있는 대로 고른 것은?

보기
ㄱ. ㉠은 발열 반응이다. 방출된 열로 달걀을 삶을 수 있음
ㄴ. ㉡은 탄소 화합물이다. 탄소(C)를 포함
ㄷ. ㉢은 질소 비료의 원료이다. 식량 문제 해결에 기여

① ㄱ ② ㄷ ③ ㄱ, ㄴ ④ ㄴ, ㄷ ⑤ ㄱ, ㄴ, ㄷ

✓ 자료 해석

- 탄소 화합물은 탄소(C)를 기본 골격으로 수소(H), 산소(O), 질소(N) 등이 공유 결합하여 이루어진 화합물이다.
- 발열 반응 : 화학 반응이 일어날 때 열을 방출하는 반응으로, 열을 방출하므로 주위의 온도가 높아진다.
- 산화 칼슘(CaO)과 물(H_2O)의 반응은 발열 반응이다.
- 설탕($C_{12}H_{22}O_{11}$)은 탄소(C)를 포함한다.

보기 풀이 ㄱ. 산화 칼슘과 물의 반응을 이용하여 달걀을 삶을 수 있는 것으로 보아 이 반응은 열을 방출하는 발열 반응이다.
ㄴ. 설탕($C_{12}H_{22}O_{11}$)은 탄소가 포함되어 있는 화합물이므로 탄소 화합물이다.
ㄷ. 암모니아(NH_3)는 질소 비료의 원료이다. 암모니아의 대량 합성은 인류의 식량 부족 문제를 개선하는 데 기여하였다.

문제풀이 Tip
탄소 화합물은 화학식에 반드시 탄소(C)를 포함한다. 탄소 화합물의 성질 및 이용과 함께 발열 반응, 흡열 반응의 사례도 알아둔다. 예를 들어 철의 산화 반응은 발열 반응으로 손난로에 이용되고, 질산 암모늄의 용해 반응은 흡열 반응으로 냉각 팩에 이용된다.

선택지 비율	① 5%	② 0%	③ 5%	④ 0%	⑤ 90%

2 화학의 유용성

2024년 7월 교육청 1번 | 정답 ⑤ | 문제편 10p

출제 의도 탄소 화합물의 성질과 발열 반응을 이해하고 있는지 묻는 문항이다.

문제 분석

다음은 우리 주변에서 사용되고 있는 물질에 대한 자료이다.

탄소(C)를 포함한 탄소 화합물
가정에서 ㉠ 메테인(CH_4)을 연소시켜 물을 끓인다.
열을 방출 ➡ 발열 반응

탄소(C)를 포함하지 않음
㉡ 산화 칼슘(CaO)과 물의 반응을 이용하여 캠핑용 도시락을 따뜻하게 한다.
열을 방출 ➡ 발열 반응

이에 대한 설명으로 옳은 것만을 〈보기〉에서 있는 대로 고른 것은?

보기
ㄱ. ㉠은 탄소 화합물이다. 탄소(C)를 포함한 탄소 화합물
ㄴ. ㉠의 연소 반응은 발열 반응이다. 열을 방출하여 물을 끓일 수 있음
ㄷ. ㉡과 물이 반응하여 열을 방출한다. 열을 방출하여 도시락을 따뜻하게 할 수 있음

① ㄱ ② ㄷ ③ ㄱ, ㄴ ④ ㄴ, ㄷ ⑤ ㄱ, ㄴ, ㄷ

✓ 자료 해석

- 탄소 화합물은 탄소(C)를 기본 골격으로 수소(H), 산소(O), 질소(N) 등이 공유 결합하여 이루어진 화합물이다.
- 메테인(CH_4) : C 원자 1개를 중심으로 4개의 H 원자가 정사면체 모양을 이루는 탄소 화합물이고, 액화 천연 가스(LNG)의 주성분으로 가정용 연료로 이용되며, 연소될 때 열이 발생한다.
- 발열 반응 : 화학 반응이 일어날 때 열을 방출하는 반응으로, 열을 방출하므로 주위의 온도가 높아진다.

보기 풀이 ㄱ. 메테인(CH_4)은 탄소(C)를 포함하므로 탄소 화합물이다.
ㄴ. 메테인을 연소시켜 발생하는 열로 물을 끓일 수 있으므로 메테인의 연소 반응은 발열 반응이다.
ㄷ. 산화 칼슘(CaO)과 물이 반응할 때 발생하는 열로 캠핑용 도시락을 따뜻하게 할 수 있다.

문제풀이 Tip
탄소 화합물은 화학식에 탄소(C)가 있다. 탄소 화합물인 메테인(CH_4), 에탄올(C_2H_5OH), 아세트산(CH_3COOH)은 자주 출제되므로 성질을 알아둔다.

선택지 비율	① 4%	❷ 85%	③ 2%	④ 7%	⑤ 2%

3 화학의 유용성

2024년 5월 교육청 1번 | 정답 ② | 문제편 10p

출제 의도 아세트산의 성질과 발열 반응을 이해하고 있는지 묻는 문항이다.

문제 분석

다음은 일상생활에서 이용되고 있는 물질에 대한 자료이다.

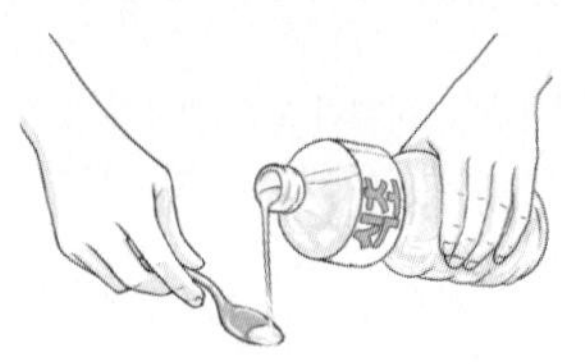

㉠ 아세트산(CH_3COOH)이 들어 있는 식초는 음식을 조리하는 데 이용된다. 산성

㉡ 산화 칼슘(CaO)이 물에 녹는 과정에서 발생한 열은 전염병 확산을 막는 데 이용된다.

이에 대한 설명으로 옳은 것만을 〈보기〉에서 있는 대로 고른 것은?

보기

ㄱ. ㉠을 물에 녹이면 ~~염기성~~(산성) 수용액이 된다. 물에 녹아 H^+을 내놓음

ㄴ. ㉡이 물에 녹는 반응은 발열 반응이다. 열을 방출

ㄷ. ㉡은 ~~탄소 화합물이다.~~ 탄소(C)를 포함하지 않음

① ㄱ ② ㄴ ③ ㄱ, ㄷ ④ ㄴ, ㄷ ⑤ ㄱ, ㄴ, ㄷ

✓ 자료 해석

- 탄소 화합물은 탄소(C)를 기본 골격으로 수소(H), 산소(O), 질소(N) 등이 공유 결합하여 이루어진 화합물이다.
- 아세트산(CH_3COOH)은 물에 녹아 약한 산성을 띠며, 식초와 의약품의 원료로 이용된다.
- 발열 반응 : 화학 반응이 일어날 때 열을 방출하는 반응으로, 열을 방출하므로 주위의 온도가 높아진다.

○ 보기풀이 ㄴ. 산화 칼슘(CaO)이 물에 녹는 과정에서 열이 발생하므로 이 반응은 발열 반응이다.

✕ 매력적 오답 ㄱ. 식초의 주성분인 아세트산(CH_3COOH)을 물에 녹이면 산성 수용액이 된다. 아세트산이 물에 녹으면 수소 이온(H^+)을 내놓는다.
ㄷ. 산화 칼슘(CaO)은 탄소(C)를 포함하지 않으므로 탄소 화합물이 아니다.

문제풀이 Tip

탄소 화합물은 화학식에 탄소(C)가 있고, 발열 반응은 주위로 열을 방출한다. 탄소 화합물의 성질 및 이용과 함께 발열 반응, 흡열 반응의 사례도 알아둔다.

선택지 비율	① 4%	② 7%	③ 4%	❹ 71%	⑤ 14%

4 화학의 유용성

2024년 3월 교육청 1번 | 정답 ④ | 문제편 10p

출제 의도 일상생활에서 사용되고 있는 물질의 성질을 묻는 문항이다.

문제 분석

다음은 화학의 유용성에 대한 자료이다.

- ㉠ 암모니아(NH_3)를 대량으로 합성하는 제조 공정의 개발은 식량 문제 해결에 기여하였다. (탄소 화합물이 아님)
- ㉡ 아세트산(CH_3COOH)은 식초를 만드는 데 이용된다. (탄소 화합물 / 물에 녹아 산성)
- ㉢ 산화 칼슘(CaO)과 물을 반응시켜 음식물을 데울 수 있다. (탄소 화합물이 아님 / 열을 방출 ➡ 발열 반응)

이에 대한 옳은 설명만을 〈보기〉에서 있는 대로 고른 것은?

보기

ㄱ. ㉠의 수용액은 ~~산성~~(염기성)이다. 물에 녹아 OH^-을 생성

ㄴ. ㉡은 탄소 화합물이다. 탄소(C)를 포함

ㄷ. ㉢과 물의 반응은 발열 반응이다. 열을 방출하여 음식을 데울 수 있음

① ㄱ ② ㄷ ③ ㄱ, ㄴ ④ ㄴ, ㄷ ⑤ ㄱ, ㄴ, ㄷ

✓ 자료 해석

- 탄소 화합물은 탄소(C)를 기본 골격으로 수소(H), 산소(O), 질소(N) 등이 공유 결합하여 이루어진 화합물이다.
- 아세트산(CH_3COOH)은 물에 녹아 약한 산성을 띠며, 암모니아(NH_3)는 물에 녹아 약한 염기성을 띤다.
- 발열 반응 : 화학 반응이 일어날 때 열을 방출하는 반응으로, 열을 방출하므로 주위의 온도가 높아진다.

○ 보기풀이 ㄴ. 아세트산(CH_3COOH)은 탄소(C)를 포함하고 있는 화합물이므로 탄소 화합물이다.
ㄷ. 산화 칼슘과 물을 반응시켜 음식물을 데울 수 있으므로 산화 칼슘과 물의 반응은 발열 반응이다.

✕ 매력적 오답 ㄱ. 암모니아는 물에서 $NH_3+H_2O \rightarrow NH_4^++OH^-$과 같이 반응해 OH^-을 생성하므로 암모니아의 수용액은 염기성이다.

문제풀이 Tip

탄소 화합물인지를 판단하는 기준은 탄소(C)의 유무이다. 탄소 화합물의 이용 사례는 발열, 흡열 반응과 연계하여 알아둔다.

선택지 비율	① 8%	② 0%	③ 0%	❹ 91%	⑤ 1%

5 화학의 유용성

2023년 10월 교육청 1번 | 정답 ④ | 문제편 11 p

출제 의도 메테인, 암모니아, 에탄올의 성질과 이용을 이해하고 있는지 묻는 문항이다.

문제 분석

다음은 일상생활에서 사용하는 물질에 대한 자료이다. ㉠~㉢은 각각 메테인(CH_4), 암모니아(NH_3), 에탄올(C_2H_5OH) 중 하나이다.

- ㉠은 의료용 소독제로 이용된다. C_2H_5OH ➡ 구성 원소 C, H, O
- ㉡은 질소 비료의 원료로 이용된다. NH_3 ➡ 구성 원소 N, H
- ㉢은 액화 천연 가스(LNG)의 주성분이다. CH_4 ➡ 구성 원소 C, H

이에 대한 옳은 설명만을 〈보기〉에서 있는 대로 고른 것은?

보기
ㄱ. ㉠은 에탄올이다.
ㄴ. ㉡은 ~~탄소 화합~~물이다. 탄소(C)를 포함하지 않음
ㄷ. ㉢의 연소 반응은 발열 반응이다. 열이 발생하므로 연료로 사용

① ㄱ ② ㄴ ③ ㄷ ④ ㄱ, ㄷ ⑤ ㄴ, ㄷ

✔ 자료 해석

- 탄소 화합물 : 탄소(C)를 기본 골격으로 수소(H), 산소(O), 질소(N) 등이 공유 결합하여 이루어진 화합물이다.
- 메테인(CH_4) : 액화 천연 가스(LNG)의 주성분으로 가정용 연료로 이용된다.
- 암모니아(NH_3) : 질소 비료의 원료로 이용된다. 하버와 보슈는 공기 중의 질소를 수소와 반응시켜 암모니아를 대량으로 합성하는 방법을 개발하여 식량 문제 해결에 기여하였다.
- 에탄올(C_2H_5OH) : 술의 주성분이며 소독제, 약품의 원료, 연료 등으로 이용된다.

○ 보기 풀이 ㄱ. 의료용 소독제로 사용되는 ㉠은 에탄올(C_2H_5OH)이다.
ㄷ. ㉢은 메테인(CH_4)이며, 연료인 액화 천연 가스(LNG)의 주성분이므로 ㉢의 연소 반응은 발열 반응이다.

✕ 매력적 오답 ㄴ. 질소 비료의 원료로 이용되는 ㉡은 암모니아(NH_3)이다. 암모니아(NH_3)에는 탄소(C)가 포함되어 있지 않으므로 탄소 화합물이 아니다.

문제풀이 Tip
메테인, 암모니아, 에탄올은 자주 출제되는 물질이므로 각 물질의 성질 및 이용 사례와 함께 발열 반응과 흡열 반응의 사례도 알아둔다.

선택지 비율	① 6%	② 1%	❸ 91%	④ 1%	⑤ 2%

6 화학의 유용성

2023년 7월 교육청 1번 | 정답 ③ | 문제편 11 p

출제 의도 탄소 화합물의 이용 사례를 알고 있는지 묻는 문항이다.

문제 분석

다음은 우리 생활에서 에탄올을 이용하는 사례이다.

㉠ 에탄올(C_2H_5OH)이 연소할 때 발생하는 열을 이용하여 ㉡ 물(H_2O)을 가열한다. (구성 원소 C, H, O / 발열 반응 / 구성 원소 H, O)

이에 대한 설명으로 옳은 것만을 〈보기〉에서 있는 대로 고른 것은?

보기
ㄱ. ㉠은 의료용 소독제로 이용된다.
ㄴ. ㉠의 연소 반응은 발열 반응이다. 열이 발생
ㄷ. ㉡은 ~~탄소 화합~~물이다. 탄소(C)를 포함하지 않음

① ㄱ ② ㄷ ③ ㄱ, ㄴ ④ ㄴ, ㄷ ⑤ ㄱ, ㄴ, ㄷ

✔ 자료 해석

- 탄소 화합물 : 탄소(C)를 기본 골격으로 수소(H), 산소(O), 질소(N) 등이 공유 결합하여 이루어진 화합물이다.
- 에탄올(C_2H_5OH) : 술의 주성분으로, 효모를 이용하여 과일이나 곡물 속에 포함된 당을 발효시켜 만들며 소독제, 약품의 원료, 연료 등으로 이용된다.

○ 보기 풀이 ㄱ. 에탄올(C_2H_5OH)은 의료용 소독제로 이용된다.
ㄴ. 에탄올(C_2H_5OH)의 연소 반응은 열이 발생하는 발열 반응이다.

✕ 매력적 오답 ㄷ. 물(H_2O)은 탄소(C)를 포함하지 않으므로 탄소 화합물이 아니다.

문제풀이 Tip
탄소 화합물이 되려면 화학식에 탄소(C)가 반드시 있어야 한다. 탄소 화합물의 이용 사례는 발열, 흡열 반응과 연계하여 알아둔다.

선택지 비율	① 3%	② 1%	③ 3%	④ 2%	❺ 92%

7 탄소 화합물의 유용성

2023년 4월 교육청 1번 | 정답 ⑤ | 문제편 11 p

출제 의도 탄소 화합물이 일상생활에서 이용되는 사례를 알고 있는지 묻는 문항이다.

문제 분석

그림은 일상생활에서 이용되고 있는 2가지 물질에 대한 자료이다.

구성 원소 C, H
㉠ 메테인(CH_4)은 가정용 연료로 이용된다. — 연소할 때 열이 발생

구성 원소 C, H, O
㉡ 아세트산(CH_3COOH)은 의약품 제조에 이용된다.

이에 대한 설명으로 옳은 것만을 〈보기〉에서 있는 대로 고른 것은?

보기
ㄱ. ㉠의 연소 반응은 발열 반응이다. 연소할 때 열이 발생
ㄴ. ㉡을 물에 녹이면 산성 수용액이 된다. 물에 녹아 H^+을 내놓음
ㄷ. ㉠과 ㉡은 모두 탄소 화합물이다. C 포함

① ㄱ ② ㄷ ③ ㄱ, ㄴ ④ ㄴ, ㄷ ⑤ ㄱ, ㄴ, ㄷ

✓ 자료 해석

- 메테인(CH_4)은 분자 모양이 정사면체형인 가장 간단한 탄화수소이며, 액화 천연가스(LNG)의 주성분으로 가정용 연료로 이용된다.
- 아세트산(CH_3COOH)은 물에 녹아 약한 산성을 띠며, 식초와 의약품의 원료로 이용된다.

○ 보기 풀이 ㄱ. 메테인(CH_4)은 가정용 연료로 이용되므로 메테인(CH_4)의 연소 반응은 발열 반응이다.
ㄴ. 아세트산(CH_3COOH)은 물에 녹아 수소 이온(H^+)을 내놓으므로 수용액은 산성이다.
ㄷ. 메테인(CH_4)과 아세트산(CH_3COOH)은 모두 탄소(C)를 포함한 탄소 화합물이다.

문제풀이 Tip
화학식에 탄소(C)가 있으면 탄소 화합물이다. 탄소 화합물의 성질 및 이용과 함께 발열 반응, 흡열 반응의 사례도 알아둔다.

선택지 비율	① 5%	② 3%	❸ 62%	④ 7%	⑤ 23%

8 화학의 유용성

2023년 3월 교육청 1번 | 정답 ③ | 문제편 11 p

출제 의도 탄소 화합물의 성질과 흡열 반응을 이해하고 있는지 묻는 문항이다.

문제 분석

다음은 일상생활에서 이용되는 물질 ㉠~㉢에 대한 자료이다. ㉡과 ㉢은 각각 메테인(CH_4), 아세트산(CH_3COOH) 중 하나이다.

- 냉각 팩에서 ㉠ 질산 암모늄(NH_4NO_3)이 물에 용해되면 온도가 낮아진다. (구성 원소 N, H, O / 열을 흡수)
- [㉡]은 천연가스의 주성분이다. (메테인(CH_4))
- [㉢]은 식초의 성분이다. (아세트산(CH_3COOH))

이에 대한 옳은 설명만을 〈보기〉에서 있는 대로 고른 것은?

보기
ㄱ. ㉠이 물에 용해되는 반응은 흡열 반응이다. 열을 흡수
ㄴ. ㉠과 ㉡은 모두 탄소 화합물이다. ㉠은 C 포함 안함
ㄷ. ㉢의 수용액은 산성이다. 물에 녹아 H^+을 내놓음

① ㄱ ② ㄴ ③ ㄱ, ㄷ ④ ㄴ, ㄷ ⑤ ㄱ, ㄴ, ㄷ

✓ 자료 해석

- 메테인(CH_4)은 탄소(C) 원자 1개를 중심으로 4개의 수소(H) 원자가 정사면체 모양을 이루는 가장 간단한 탄화수소이며, 액화 천연가스(LNG)의 주성분으로 가정용 연료로 이용된다.
- 아세트산(CH_3COOH)은 물에 녹아 약한 산성을 띠며, 약 6% 아세트산 수용액인 식초의 성분이다.
- ㉡은 천연가스의 주성분인 메테인(CH_4)이고, ㉢은 식초의 성분인 아세트산(CH_3COOH)이다.

○ 보기 풀이 ㄱ. 냉각 팩에서 질산 암모늄(NH_4NO_3)이 물에 용해되면 온도가 낮아지므로 질산 암모늄(NH_4NO_3)이 물에 용해되는 반응은 흡열 반응이다.
ㄷ. 아세트산(CH_3COOH)은 물에 녹아 수소 이온(H^+)을 내놓으므로 수용액은 산성을 띤다.

× 매력적 오답 ㄴ. 질산 암모늄(NH_4NO_3)은 탄소(C)를 포함하지 않으므로 탄소 화합물이 아니고, 메테인(CH_4)은 탄소(C)를 포함하고 있으므로 탄소 화합물이다.

문제풀이 Tip
탄소 화합물인지를 판단하는 기준은 화학식 내 탄소(C)의 유무이다. 탄소 화합물인 메테인, 아세트산, 에탄올, 폼알데하이드의 성질과 이용에 대해서도 알아둔다.

선택지 비율	① 2%	② 1%	③ 2%	④ 1%	❺ 94%

9 화학의 유용성

2022년 10월 교육청 1번 | 정답 ⑤ | 문제편 12p

출제 의도 암모니아, 메테인, 아세트산의 성질과 이용을 이해하고 있는지 묻는 문항이다.

문제 분석

그림은 물질 (가)~(다)를 분자 모형으로 나타낸 것이다.

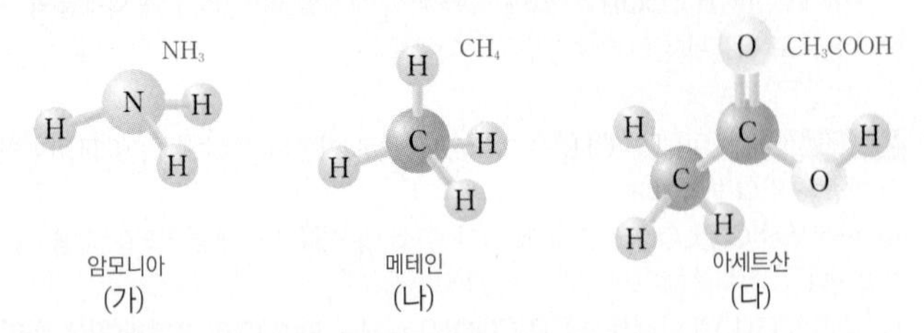

이에 대한 옳은 설명만을 〈보기〉에서 있는 대로 고른 것은?

보기
ㄱ. (가)는 질소 비료를 만드는 데 쓰인다. 질소 비료의 원료
ㄴ. (나)는 액화 천연가스(LNG)의 주성분이다. 도시가스
ㄷ. (다)의 수용액은 산성이다. 물에 녹아 H^+을 내놓음

① ㄱ ② ㄴ ③ ㄱ, ㄷ ④ ㄴ, ㄷ ⑤ ㄱ, ㄴ, ㄷ

✓ 자료 해석
- (가)는 암모니아(NH_3)이고, (나)는 메테인(CH_4)이며, (다)는 아세트산(CH_3COOH)이다.

O 보기 풀이 ㄱ. 암모니아는 질소 비료의 원료로 사용된다.
ㄴ. 메테인은 액화 천연가스(LNG)의 주성분이다.
ㄷ. 아세트산은 물에 녹아 수소 이온(H^+)을 내놓으므로 아세트산 수용액은 산성이다.

문제풀이 Tip
암모니아, 메테인, 아세트산은 자주 출제되는 물질이며, 분자 모형으로부터 물질의 종류를 파악해야 하는 형태로 종종 출제된다.

선택지 비율	① 1%	② 11%	③ 2%	❹ 83%	⑤ 3%

10 탄소 화합물

2022년 7월 교육청 3번 | 정답 ④ | 문제편 12p

출제 의도 메테인, 에탄올, 아세트산의 구조와 성질을 묻는 문항이다.

문제 분석

다음은 탄소 화합물 X~Z에 대한 탐구 활동이다. X~Z는 각각 메테인, 에탄올, 아세트산 중 하나이다.

[탐구 과정]
- 탄소 화합물 X~Z의 이용 사례를 조사하고, 퍼즐 ㉠~㉣을 사용하여 구조식을 완성한다.

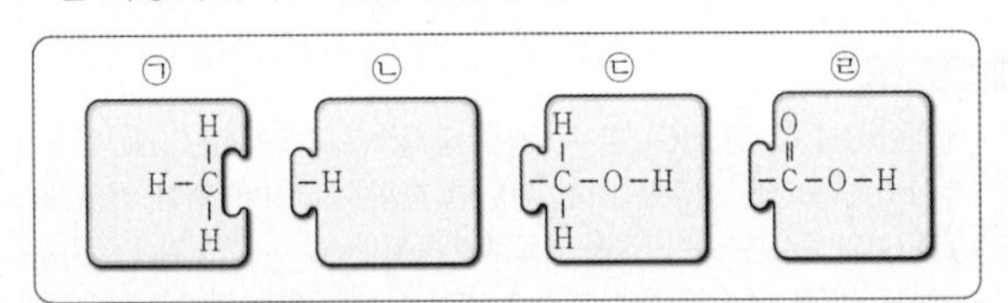

[탐구 결과]

탄소 화합물	X (CH₃COOH) 아세트산	Y (CH₄) 메테인	Z (C₂H₅OH) 에탄올
이용 사례	식초의 성분	(가)	
사용한 퍼즐	㉠과 ㉣	㉠과 ㉡	㉠과 ㉢

이에 대한 설명으로 옳은 것만을 〈보기〉에서 있는 대로 고른 것은? [3점]

보기
ㄱ. X의 구조식을 완성하기 위해 사용한 퍼즐은 ㉠과 ㉢이다. ㉣
ㄴ. '액화 천연가스의 주성분'은 (가)로 적절하다. 메테인
ㄷ. Z는 물에 잘 녹는다. 에탄올

① ㄱ ② ㄴ ③ ㄱ, ㄷ ④ ㄴ, ㄷ ⑤ ㄱ, ㄴ, ㄷ

✓ 자료 해석
- 탄소 화합물 X는 식초의 성분이므로 아세트산(CH_3COOH)이다.
- 탄소 화합물 Z는 CH_3-와 $-CH_2OH$로 구성되므로 에탄올(C_2H_5OH)이다.

O 보기 풀이 ㄴ. X와 Z는 각각 아세트산(CH_3COOH), 에탄올(C_2H_5OH)이므로 Y는 메테인(CH_4)이다. 메테인(CH_4)은 액화 천연가스(LNG)의 주성분이다.
ㄷ. Z는 에탄올(C_2H_5OH)로 물에 잘 녹는다.

× 매력적 오답 ㄱ. X는 아세트산(CH_3COOH)이므로 구조식을 완성하기 위해 사용한 퍼즐은 ㉠과 ㉣이다.

문제풀이 Tip
사용한 퍼즐을 통해 X~Z의 종류를 파악하는 것이 우선이다. Z가 에탄올인 것을 알았더라도 물에 대한 용해성을 알아야 한다. 탄소 원자가 3개 이하인 알코올(메탄올, 에탄올, 프로판올)은 물에 잘 녹는다.

선택지 비율	① 2%	② 1%	❸ 95%	④ 1%	⑤ 1%

11 화학의 유용성

2022년 4월 교육청 1번 | 정답 ③ | 문제편 12p

출제 의도 식초에 들어 있는 물질의 성질을 알고 있는지 묻는 문항이다.

문제 분석

그림은 식초의 식품 표시 정보의 일부를 나타낸 것이다.

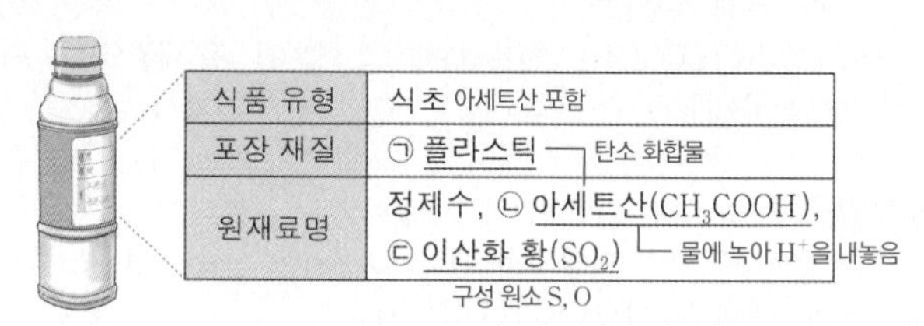

이에 대한 설명으로 옳은 것만을 〈보기〉에서 있는 대로 고른 것은?

보기

ㄱ. ㉠은 대량 생산이 가능하다.

ㄴ. ㉡을 물에 녹이면 산성 수용액이 된다. 수용액에서 H^+을 내놓음

ㄷ. ㉢은 ~~탄소 화합물~~이다. 탄소(C)를 포함하지 않음

① ㄱ ② ㄷ ③ ㄱ, ㄴ ④ ㄴ, ㄷ ⑤ ㄱ, ㄴ, ㄷ

✓ 자료 해석

- 플라스틱 : 탄소 화합물로, 주로 원유에서 분리되는 나프타를 원료로 하여 합성하며 가볍고 충격에 강하다. 또한 녹이 슬지 않고 대량 생산이 가능하여 값이 싸다.
- 아세트산(CH_3COOH) : 물에 녹아 약한 산성을 띠고, 식초, 의약품 등의 원료로 사용된다.
- 이산화 황(SO_2) : 비금속 원소인 황(S)과 산소(O)가 공유 결합한 물질이다.

○ 보기 풀이 ㄱ. 플라스틱은 공업적으로 대량 생산이 가능하다.

ㄴ. 아세트산(CH_3COOH)은 물에 녹아 수소 이온(H^+)을 내놓으므로 CH_3COOH 수용액은 산성이다.

× 매력적 오답 ㄷ. 탄소 화합물은 탄소(C)를 기본으로 수소(H), 산소(O), 질소(N) 등이 공유 결합하여 이루어진 화합물이다. SO_2에는 C가 포함되어 있지 않다.

문제풀이 Tip

탄소 화합물인지를 판단하려면 물질에 탄소(C)가 포함되어 있는지 확인하면 된다.

선택지 비율	① 2%	② 1%	③ 2%	❹ 93%	⑤ 2%

12 탄소 화합물의 유용성

2022년 3월 교육청 1번 | 정답 ④ | 문제편 12p

출제 의도 생활 속에 이용되는 탄소 화합물의 성질을 알고 있는지 묻는 문항이다.

문제 분석

다음은 물질 X에 대한 설명이다.

- 탄소 화합물이다. C 포함 ➡ ①, ④, ⑤
- 구성 원소는 3가지이다. ④, ⑤
- 수용액은 산성이다. 물에 녹아 H^+을 내놓음 ➡ ④

다음 중 X로 가장 적절한 것은?

① 메테인(CH_4) ② 암모니아(NH_3)
③ 염화 나트륨(NaCl) ④ 아세트산(CH_3COOH) 구성 원소 C, H, O
⑤ 설탕($C_{12}H_{22}O_{11}$)

✓ 자료 해석

- 탄소 화합물은 탄소(C)를 기본 골격으로 수소(H), 산소(O), 질소(N) 등이 공유 결합하여 이루어진 화합물이다.
- 아세트산(CH_3COOH) : 물에 녹아 약한 산성을 띠고, 식초, 의약품 등의 원료로 사용된다.

○ 보기 풀이 탄소 화합물은 탄소(C)를 포함해야 하므로 ①, ④, ⑤가 해당되고, 구성 원소가 3가지인 것은 ④, ⑤이며, 수용액이 산성인 것은 아세트산인 ④이다. CH_3COOH은 C, H, O로 구성된 탄소 화합물로 수용액은 산성을 띤다.

문제풀이 Tip

탄소 화합물 중 아세트산은 물에 녹아 산성을 띠는 성질이 있다는 것을 알아둔다.

선택지 비율	① 1%	❷ 96%	③ 0%	④ 0%	⑤ 0%

13 탄소 화합물의 유용성

2021년 10월 교육청 1번 | 정답 ② | 문제편 13p

(출제 의도) 3가지 탄소 화합물의 성질과 이용을 이해하고 있는지 묻는 문항이다.

(문제 분석)

다음은 탄소 화합물 (가)~(다)에 대한 설명이다. (가)~(다)는 각각 메테인(CH_4), 에탄올(C_2H_5OH), 아세트산(CH_3COOH) 중 하나이다.

- (가) : 천연가스의 주성분이다. (연료로 사용되는 물질)
- (나) : 수용액은 산성이다. 수용액에서 H^+을 내놓는 물질
- (다) : 손 소독제를 만드는 데 사용한다. (살균 작용)

(가)~(다)로 옳은 것은?

	(가) CH_4	(나) CH_3COOH	(다) C_2H_5OH
①	메테인	에탄올	아세트산
②	메테인	아세트산	에탄올
③	에탄올	메테인	아세트산
④	에탄올	아세트산	메테인
⑤	아세트산	에탄올	메테인

✓ 자료 해석

- 메테인(CH_4) : 액화 천연가스(LNG)의 주성분으로 연료로 사용된다.
- 에탄올(C_2H_5OH) : 살균 작용을 하므로 소독용 알코올이나 손 소독제를 만드는 데 사용된다.
- 아세트산(CH_3COOH) : 물에 녹아 수소 이온(H^+)을 내놓으므로 수용액은 산성이다.

○ 보기 풀이 ② (가)는 천연가스의 주성분이므로 메테인(CH_4)이고, (나) 수용액은 산성이므로 (나)는 아세트산(CH_3COOH)이다. 또한 (다)는 손 소독제를 만드는 데 사용하므로 에탄올(C_2H_5OH)이다.

문제풀이 Tip

CH_4, C_2H_5OH, CH_3COOH은 자주 출제되는 물질이므로 각 물질의 성질과 용도를 정리하여 알아두어야 한다.

선택지 비율	① 1%	② 9%	③ 1%	❹ 86%	⑤ 1%

14 탄소 화합물의 유용성

2021년 7월 교육청 5번 | 정답 ④ | 문제편 13p

(출제 의도) 탄소 화합물의 종류와 특성을 알고 있는지 묻는 문항이다.

(문제 분석)

다음은 탄소 화합물 학습 카드와 탄소 화합물 A~C의 모형을 나타낸 것이다. A~C는 각각 메테인, 에탄올, 아세트산 중 하나이다. (탄소 화합물: 반드시 C 포함)

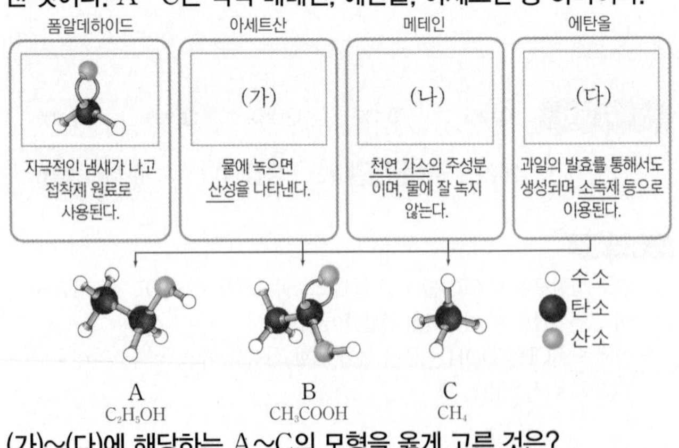

(가)~(다)에 해당하는 A~C의 모형을 옳게 고른 것은?

	(가)	(나)	(다)		(가)	(나)	(다)
①	A	B	C	②	A	C	B
③	B	A	C	④	B	C	A
⑤	C	B	A				

✓ 자료 해석

- 탄소 화합물은 탄소(C)를 기본 골격으로 수소(H), 산소(O), 질소(N) 등이 공유 결합하여 이루어진 화합물이다.
- 메테인(CH_4) : C 원자 1개를 중심으로 4개의 H 원자가 정사면체 모양을 이루는 탄소 화합물이다. 액화 천연가스(LNG)의 주성분이며, 무극성 분자이므로 물에 잘 녹지 않는다.
- 에탄올(C_2H_5OH) : 에테인(C_2H_6)에서 H 원자 1개 대신 $-OH$가 C 원자에 결합된 탄소 화합물이다. 술의 주성분으로, 효모를 이용하여 과일이나 곡물 속에 포함된 당을 발효시켜서도 만든다. 손 소독제, 연료 등으로 사용된다.
- 아세트산(CH_3COOH) : 메테인(CH_4)에서 H 원자 1개 대신 $-COOH$가 C 원자에 결합된 탄소 화합물이다. 물에 녹아 약한 산성을 띤다.
- 폼알데하이드(CH_2O) : C 원자 1개에 H 원자 2개와 O 원자 1개가 결합한 탄소 화합물이다. 25 ℃에서 무색 기체로 자극적인 냄새가 나고, 물에 잘 용해된다. 플라스틱, 가구용 접착제 등의 원료로 사용된다.
- A는 에탄올(C_2H_5OH), B는 아세트산(CH_3COOH), C는 메테인(CH_4)이다.

○ 보기 풀이 자극적인 냄새가 나고, 접착제 원료로 사용되는 것은 폼알데하이드(CH_2O)이다. (가)는 아세트산, (나)는 메테인, (다)는 에탄올이다. 따라서 (가)는 B(아세트산), (나)는 C(메테인), (다)는 A(에탄올)이다.

문제풀이 Tip

탄소 화합물인 메테인, 에탄올, 아세트산, 폼알데하이드, 아세톤 등의 화학식, 분자 모형, 성질을 알아둔다.

선택지 비율	① 1%	② 0%	③ 0%	④ 96%	⑤ 0%

15 화학의 유용성

2021년 4월 교육청 1번 | 정답 ④ | 문제편 13p

출제 의도 실생활 문제 해결에 기여한 물질을 알고 있는지 묻는 문항이다.

문제 분석

다음은 실생활 문제 해결에 기여한 물질에 대한 설명이다.

- [㉠] (질소 비료) : 암모니아를 원료로 만든 물질로 식량 문제 해결에 기여 (NH_3 ➡ N_2와 H_2의 반응으로 합성)
- 시멘트: 석회석을 원료로 만든 물질로 [㉡] (주거) 문제 해결에 기여 ($CaCO_3$)

다음 중 ㉠과 ㉡으로 가장 적절한 것은?

	㉠	㉡		㉠	㉡
①	유리	의류	②	질소 비료	의류
③	유리	주거	④	질소 비료	주거
⑤	석유	의류			

✓ 자료 해석

- 급격한 인구 증가에 따른 식량 부족으로 농업 생산량을 높이기 위해 질소 비료가 필요하였다.
- 질소(N)는 생물체 내에서 단백질, 핵산 등을 구성하는 원소이지만 대부분의 생명체는 공기 중의 질소(N_2)를 직접 이용하지 못하므로 하버와 보슈는 공기 중의 질소를 수소와 반응시켜 암모니아를 대량으로 합성하는 방법을 개발하였다. 생성된 암모니아를 질산, 황산과 반응시켜 질산 암모늄이나 황산 암모늄으로 만들어 비료로 사용한다.
- 산업 혁명 이후 인구의 급격한 증가로 인해 대규모 주거 공간이 필요해졌다. 화학의 발달로 건축 재료가 바뀌면서 주택, 건물, 도로 등의 대규모 건설이 가능하게 되었다.
- 시멘트는 석회석($CaCO_3$)을 가열하여 생석회(CaO)로 만든 후 점토와 섞은 건축 재료이다.

보기풀이 암모니아를 원료로 만든 질소 비료(㉠)는 식량 문제 해결에 기여하였다. 석회석을 원료로 만든 시멘트는 주거(㉡) 문제 해결에 기여하였다.

문제풀이 Tip

식량 문제는 질소 비료(암모니아의 합성), 의류 문제는 합성 섬유, 주거 문제는 건축 재료와 대응시켜 기억하면 쉽다. 암모니아 합성의 의의와 함께 합성 반응($N_2 + 3H_2 \longrightarrow 2NH_3$)에 대해서도 알아둔다.

선택지 비율	① 1%	② 0%	③ 1%	④ 1%	⑤ 94%

16 탄소 화합물의 유용성

2021년 4월 교육청 5번 | 정답 ⑤ | 문제편 13p

출제 의도 탄소 화합물을 구분하고 물질을 성질에 따라 분류할 수 있는지 묻는 문항이다.

문제 분석

그림은 메테인(CH_4), 에탄올(C_2H_5OH), 물(H_2O)을 주어진 기준에 따라 분류한 것이다. (탄소 포함)

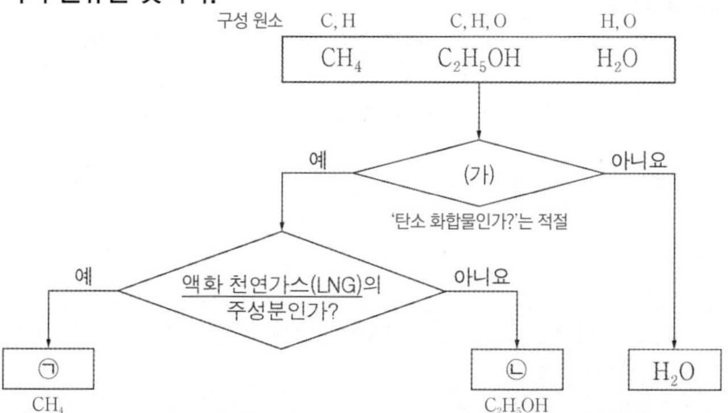

이에 대한 설명으로 옳은 것만을 <보기>에서 있는 대로 고른 것은?

보기

ㄱ. '탄소 화합물인가?'는 (가)로 적절하다. C 포함
ㄴ. ㉠은 CH_4이다. 액화 천연가스의 주성분
ㄷ. ㉡은 손 소독제를 만드는 데 사용된다. C_2H_5OH 사용

① ㄱ ② ㄴ ③ ㄱ, ㄷ ④ ㄴ, ㄷ ⑤ ㄱ, ㄴ, ㄷ

✓ 자료 해석

- 메테인(CH_4) : 탄소(C)와 수소(H)로만 이루어진 가장 간단한 탄화수소이다. 액화 천연가스(LNG)의 주성분이다.
- 에탄올(C_2H_5OH) : 탄소(C), 수소(H), 산소(O)로 이루어진 탄소 화합물이다. 손 소독제를 만드는 데 사용된다.
- 물(H_2O) : 수소(H), 산소(O)로 이루어진 화합물이다.
- ㉠은 액화 천연가스(LNG)의 주성분인 메테인(CH_4)이고, ㉡은 에탄올(C_2H_5OH)이다.

보기풀이 ㄱ. 탄소 화합물은 탄소(C)를 기본 골격으로 수소(H), 산소(O), 질소(N) 등이 공유 결합하여 이루어진 화합물이다. 메테인(CH_4), 에탄올(C_2H_5OH)은 탄소 화합물이다.
ㄴ. ㉠(CH_4)은 액화 천연가스(LNG)의 주성분이다.
ㄷ. ㉡(C_2H_5OH)은 손 소독제를 만드는 데 사용된다.

문제풀이 Tip

탄소 화합물은 반드시 탄소(C)를 포함해야 하므로 화학식에 C가 있는지 찾아보면 된다. 메테인, 에탄올, 아세트산은 문제에 자주 등장하는 탄소 화합물이다.

선택지 비율	① 4%	② 2%	❸ 91%	④ 1%	⑤ 1%

17 탄소 화합물의 유용성

2021년 3월 교육청 1번 | 정답 ③ | 문제편 14p

출제 의도 생활 속에 이용되는 탄소 화합물의 성질을 알고 있는지 묻는 문항이다.

문제 분석

다음은 메테인(CH_4), 에탄올(C_2H_5OH), 아세트산(CH_3COOH)에 대한 세 학생의 대화이다.

제시한 내용이 옳은 학생만을 있는 대로 고른 것은?

① A ② B ③ A, B ④ A, C ⑤ B, C

✓ 자료 해석

- 메테인(CH_4) : C 원자 1개를 중심으로 4개의 H 원자가 정사면체 모양을 이루는 가장 간단한 탄화수소이다. 액화 천연가스(LNG)의 주성분으로 가정용 연료 등으로 사용된다.
- 에탄올(C_2H_5OH) : 탄화수소인 에테인(C_2H_6)에서 H 원자 1개 대신 $-OH$가 C 원자에 결합되어 있다. 수용액은 중성이고, 손 소독제, 연료 등으로 사용된다.
- 아세트산(CH_3COOH) : 탄화수소인 메테인(CH_4)에서 H 원자 1개 대신 $-COOH$가 C 원자에 결합되어 있다. 물에 녹아 약한 산성을 띠고, 식초, 의약품 등의 원료로 사용된다.

O 보기 풀이 학생 A. 메테인은 액화 천연가스(LNG)의 주성분으로 가스 연료로 사용된다.
학생 B. 에탄올의 구성 원소는 C, H, O 3가지이다.

× 매력적 오답 학생 C. 아세트산은 물에 녹아 약한 산성을 띤다.

문제풀이 Tip

생활 속에 이용되는 탄소 화합물의 종류와 성질을 구분하여 알아둔다. 메테인, 에탄올, 아세트산의 분자 모형, 구조식을 제시하고 비교하는 문제가 출제되는 편이다.

선택지 비율	① 2%	② 0%	❸ 84%	④ 0%	⑤ 12%

18 화학의 유용성

2020년 10월 교육청 1번 | 정답 ③ | 문제편 14p

출제 의도 화학이 실생활의 문제 해결에 기여한 사례를 묻는 문항이다.

문제 분석

다음은 화학이 실생활의 문제 해결에 기여한 사례이다.

> - 하버는 공기 중의 [㉠] 기체를 수소 기체와 반응시켜 [㉡]을 대량 합성하는 방법을 개발하여 인류의 식량 문제 해결에 기여하였다.
> - 캐러더스는 최초의 합성 섬유인 [㉢]을 개발하여 인류의 의류 문제 해결에 기여하였다.

(필기: 암모니아, NH_3 / 질소, N_2 / H_2 / 나일론)

이에 대한 옳은 설명만을 〈보기〉에서 있는 대로 고른 것은?

> 보기
> ㄱ. ㉠은 질소이다.
> ㄴ. ㉢은 천연 섬유에 비해 대량 생산이 쉽다.
> ㄷ. 분자를 구성하는 원자 수는 ㉡이 ㉠의 4배이다.

(필기: 4 NH_3 / 2 N_2 / 2배)

① ㄱ ② ㄷ ③ ㄱ, ㄴ ④ ㄴ, ㄷ ⑤ ㄱ, ㄴ, ㄷ

✓ 자료 해석

- 하버는 공기 중의 질소(N_2)와 수소(H_2)를 고온, 고압에서 촉매와 함께 반응시켜 암모니아(NH_3)를 대량으로 합성하는 방법을 개발하였다.
- 암모니아 합성의 화학 반응식은 $N_2(g) + 3H_2(g) \longrightarrow 2NH_3(g)$이고, 반응물은 질소($N_2$)와 수소($H_2$), 생성물은 암모니아($NH_3$)이다.
- 캐러더스가 개발한 최초의 합성 섬유인 나일론은 매우 질기고 유연하며 신축성이 좋아 운동복, 밧줄, 그물 등에 이용된다.

O 보기 풀이 ㄱ. ㉠은 질소(N_2), ㉡은 암모니아(NH_3), ㉢은 나일론이다.
ㄴ. 나일론은 합성 섬유이며, 합성 섬유는 일반적으로 천연 섬유보다 강도가 강하고 대량 생산이 가능하다.

× 매력적 오답 ㄷ. 분자를 구성하는 원자 수는 ㉠이 2, ㉡이 4이므로 ㉡이 ㉠의 2배이다.

문제풀이 Tip

인류의 의식주 문제 해결에 기여한 물질과 관련된 화학 반응 및 특징을 정리해 둔다.

선택지 비율	① 6%	② 1%	❸ 77%	④ 4%	⑤ 9%

19 탄소 화합물의 유용성

2020년 10월 교육청 3번 | 정답 ③ | 문제편 14p

출제 의도 탄소 화합물인 아세트산과 에탄올의 구조와 성질을 묻는 문항이다.

문제 분석

그림은 탄소 화합물 (가)와 (나)의 분자 모형을 나타낸 것이다.

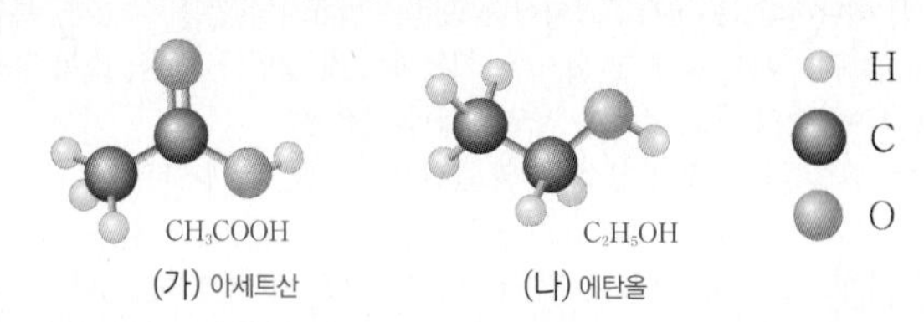

이에 대한 옳은 설명만을 〈보기〉에서 있는 대로 고른 것은?

보기

ㄱ. (가)의 수용액은 산성이다. (아세트산)

ㄴ. 완전 연소 생성물의 가짓수는 (나)>(가)이다. (= / 2 / 2 / (가)와 (나) 모두 CO_2, H_2O 생성)

ㄷ. $\frac{\text{H 원자 수}}{\text{O 원자 수}}$는 (나)가 (가)의 3배이다. ($\frac{6}{1}$ / $\frac{4}{2}$)

① ㄱ ② ㄴ ③ ㄱ, ㄷ ④ ㄴ, ㄷ ⑤ ㄱ, ㄴ, ㄷ

✓ 자료 해석

- (가)는 아세트산(CH_3COOH), (나)는 에탄올(C_2H_5OH)이다.
- 아세트산(CH_3COOH) 수용액은 산성이고, 에탄올(C_2H_5OH) 수용액은 중성이다.
- 탄소 화합물의 완전 연소 생성물은 CO_2, H_2O이며, 탄소(C)의 연소로 CO_2가 생성되고, 수소(H)의 연소로 H_2O이 생성된다.

○ 보기풀이 ㄱ. 아세트산(CH_3COOH)은 물에 녹아 수소 이온(H^+)을 내놓으므로 아세트산 수용액은 산성이다.

ㄷ. $\frac{\text{H 원자 수}}{\text{O 원자 수}}$는 (가)에서 $\frac{4}{2}=2$, (나)에서 $\frac{6}{1}=6$이므로 (나)가 (가)의 3배이다.

× 매력적 오답 ㄴ. (가)와 (나)는 모두 완전 연소 생성물이 CO_2와 H_2O로 같다.

문제풀이 Tip

탄소 화합물의 분자 모형으로부터 (가)와 (나)의 종류를 파악하고, 탄소 화합물의 특징을 이해하고 있어야 한다.

Part I

교육청

선택지 비율	① 3%	② 0%	③ 1%	❹ 93%	⑤ 1%

20 화학의 유용성

2020년 7월 교육청 1번 | 정답 ④ | 문제편 14p

출제 의도 화학이 실생활의 문제 해결에 기여한 사례를 묻는 문항이다.

문제 분석

다음은 인류 생활에 기여한 물질 (가)에 대한 설명이다.

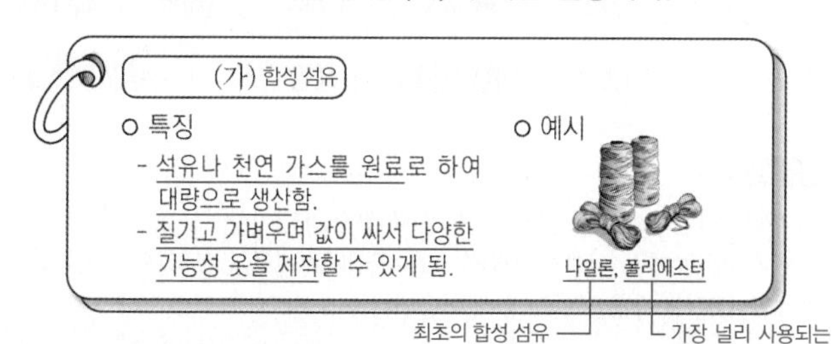

(가)로 가장 적절한 것은?

① 천연 섬유 ② 건축 자재 ③ 화학 비료
④ 합성 섬유 ⑤ 인공 염료

✓ 자료 해석

- 합성 섬유는 석유를 원료로 하여 합성된 나일론, 폴리에스터 등으로, 값이 싸서 대량 생산이 가능하여 의류 문제 해결에 크게 기여하였다.
- 합성 섬유는 일반적으로 천연 섬유보다 질기고 가벼우며 강도가 강하다.

○ 보기풀이 ④ 합성 섬유는 석유나 천연가스를 원료로 하여 대량 생산된다. 천연 섬유보다 질기고 가벼우며 값이 싸고, 최근에는 다양한 기능성 옷을 제작할 수 있게 되었다.

× 매력적 오답 ① 천연 섬유는 강도가 약하고 생산 과정에 많은 시간과 노력이 들어가므로 대량 생산에 적합하지 않았다.

② 시멘트, 콘크리트, 철근 콘크리트가 개발되어 대규모 건축물을 지을 수 있게 되었다.

③ 농업 생산성을 높이기 위해 질소 비료가 필요하였다.

⑤ 천연 염료는 구하기 어렵고 비쌌지만 합성 염료(인공 염료)가 개발되면서 다양한 색깔의 섬유와 옷감을 만들 수 있게 되었다.

문제풀이 Tip

최초의 합성 섬유는 나일론이고, 오늘날 가장 널리 사용되는 합성 섬유는 폴리에스터이다.

선택지 비율	① 2%	② 2%	③ 8%	④ 4%	⑤ 82%

21 탄소 화합물

2020년 7월 교육청 2번 | 정답 ⑤ | 문제편 15p

출제 의도 탄소 화합물인 메테인과 에탄올의 특징과 이용을 묻는 문항이다.

문제 분석

그림은 분자 (가)와 (나)의 구조식을 나타낸 것이고, (가)와 (나)는 각각 메테인과 에탄올 중 하나이다.

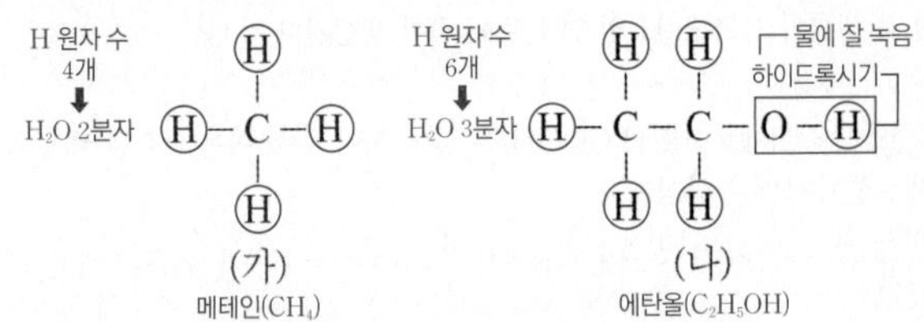

(가)와 (나)에 대한 설명으로 옳은 것만을 〈보기〉에서 있는 대로 고른 것은?

보기
ㄱ. 액화 천연 가스의 주성분은 (가)이다. (LNG)
ㄴ. 실온에서 물에 대한 용해도는 (나)>(가)이다. (에탄올이 메테인보다 물에 잘 녹음)
ㄷ. 1몰을 완전 연소시켰을 때 생성되는 H_2O의 분자 수 비는 (가) : (나)=2 : 3이다. (수소(H)의 연소로 생성 / 수소 원자 수의 비 ➡ (가) : (나)=4 : 6)

① ㄱ ② ㄷ ③ ㄱ, ㄴ ④ ㄴ, ㄷ ⑤ ㄱ, ㄴ, ㄷ

✓ 자료 해석

- (가) 메테인(CH_4) : 가장 간단한 탄화수소로 천연가스에서 주로 얻으며, 냄새와 색이 없다. 가정용 연료 등에 이용된다.
- (나) 에탄올(C_2H_5OH) : 과일이나 곡물을 발효시켜 얻을 수 있다. 특유의 냄새가 나고, 물에 잘 녹으며, 기름과도 잘 섞인다. 살균, 소독 작용을 하며, 술의 성분, 소독용 알코올 등에 이용된다.
- 탄소 화합물의 수소가 산소(O_2)와 결합하여 물을 생성한다.

○ 보기 풀이 ㄱ. 액화 천연가스(LNG)의 주성분은 메테인(CH_4)이다.
ㄴ. 물에 대한 용해도는 극성 분자인 (나)가 무극성 분자인 (가)보다 크다.
ㄷ. 탄소 화합물의 수소가 산소와 결합하여 물을 생성하므로 탄소 화합물 1 mol을 완전 연소시켰을 때 생성되는 H_2O의 분자 수는 (가)가 2 mol, (나)가 3 mol이다.
- $CH_4 + 2O_2 \longrightarrow CO_2 + 2H_2O$
- $C_2H_5OH + 3O_2 \longrightarrow 2CO_2 + 3H_2O$

문제풀이 Tip
탄소 화합물의 완전 연소 반응은 탄소 화합물과 O_2의 반응이며, 탄소 화합물의 완전 연소 생성물은 CO_2와 H_2O이므로 탄소 화합물을 완전 연소시켰을 때 생성되는 H_2O의 분자 수 비는 각 분자에 포함된 H 원자 수 비와 같다.

선택지 비율	① 2%	② 94%	③ 1%	④ 0%	⑤ 1%

22 탄소 화합물의 유용성

2020년 4월 교육청 1번 | 정답 ② | 문제편 15p

출제 의도 실생활에 활용되는 탄소 화합물의 종류를 파악하는 문항이다.

문제 분석

다음은 물질 X에 대한 설명이다.

- 액화 천연가스(LNG)의 주성분이다. (메테인(CH_4))
- 구성 원소는 탄소(C)와 수소(H)이다.

X로 옳은 것은?

① 나일론 ② 메테인 ③ 에탄올
④ 아세트산 ⑤ 암모니아

✓ 자료 해석

- 액화 천연가스(LNG)의 주성분은 메테인(CH_4)이다.
- 메테인은 가장 간단한 탄화수소로 천연가스에서 주로 얻으며, 냄새와 색이 없다. 가정용 연료 등에 이용된다.

○ 보기 풀이 ② 메테인(CH_4)은 C 원자 1개와 H 원자 4개로 이루어진 탄화수소이다.

× 매력적 오답 ① 나일론은 최초의 합성 섬유, ③ 에탄올은 술의 성분, ④ 아세트산은 식초의 성분, ⑤ 암모니아는 질소 비료의 원료이다.

문제풀이 Tip
탄소 화합물 중 탄소(C)와 수소(H)로만 구성된 물질은 탄화수소(C_xH_y)이다.

01 원자의 구조

선택지 비율	① 3%	② 3%	③ 12%	④ 2%	⑤ 80%

1 원자의 구성 입자

2024년 5월 교육청 2번 | 정답 ⑤ | 문제편 20 p

출제 의도 원자와 이온의 구성 입자 수를 구할 수 있는지 묻는 문항이다.

문제 분석 원자 번호=양성자수=2, 질량수 3, 전자 수 2−1=1

그림은 $^{3}_{2}He^{+}$을 모형으로 나타낸 것이다. ◯, ◯, ●는 양성자, 중성자, 전자를 순서 없이 나타낸 것이다. 다음 중 $^{3}_{1}H$의 모형으로 가장 적절한 것은?

양성자수=전자 수=1, 중성자수=3−1=2

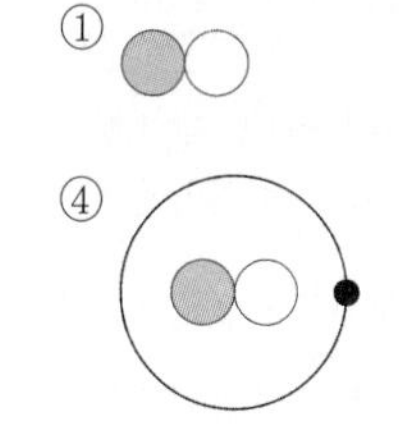

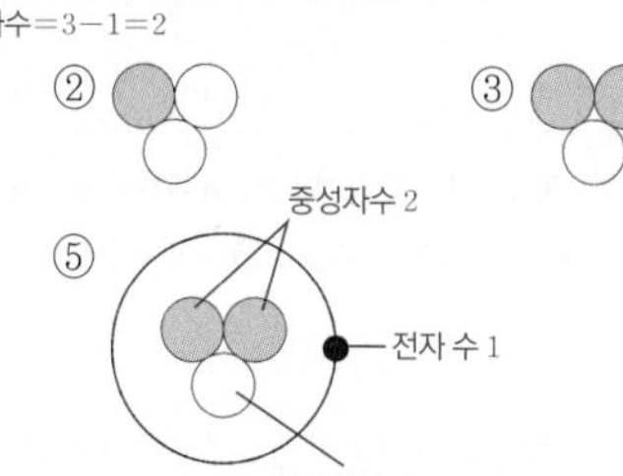

✓ 자료 해석

- 원소 기호의 왼쪽 위에는 질량수를, 왼쪽 아래에는 원자 번호(양성자수)를 표시한다.
- 원자핵을 구성하는 입자는 양성자와 중성자이므로 ◯, ◯은 각각 양성자, 중성자 중 하나이다.
- 전자는 원자핵을 구성하지 않으며, 원자핵 주위를 돌고 있으므로 ●은 전자이다.

○ 보기 풀이 $^{3}_{2}He^{+}$의 양성자수, 중성자수, 전자 수는 각각 2, 1, 1로 양성자수는 전자 수보다 크므로 ◯, ◯은 각각 양성자, 중성자이다. $^{3}_{1}H$의 양성자수, 중성자수, 전자 수는 각각 1, 2, 1이므로 ◯, ◯, ●의 수는 각각 1, 2, 1이며, 모형으로 가장 적절한 것은 ⑤이다.

문제풀이 Tip

$^{3}_{2}He^{+}$은 양이온으로 양성자수와 전자 수가 서로 다르고, 전자는 원자핵 주위에 위치하므로 ◯, ◯은 각각 양성자, 중성자이다.

선택지 비율	① 7%	② 9%	③ 18%	④ 16%	⑤ 50%

2 원자의 구성 입자

2023년 7월 교육청 17번 | 정답 ⑤ | 문제편 20 p

출제 의도 동위 원소의 존재 비율과 구성 입자 수를 구할 수 있는지 묻는 문항이다.

문제 분석

다음은 원소 X와 Y에 대한 자료이다.

- X, Y의 원자 번호(양성자수)는 각각 9, 35이다.
- 자연계에서 X는 ^{19}X로만 존재하고, Y는 ^{n}Y와 ^{n+2}Y로 존재한다. (존재 비율의 합 100 %)
- XY의 평균 분자량은 99이다. Y의 평균 원자량=99−19=80
- $\dfrac{^{19}X^{n+2}Y\ 1\,mol에\ 들어\ 있는\ 전체\ 중성자수}{^{19}X^{n}Y\ 1\,mol에\ 들어\ 있는\ 전체\ 중성자수}=\dfrac{28}{27}$이다.

$\dfrac{(19-9)+(n+2-35)}{(19-9)+(n-35)}=\dfrac{28}{27}$ ➡ $n=79$

이에 대한 설명으로 옳은 것만을 <보기>에서 있는 대로 고른 것은? (단, X, Y는 임의의 원소 기호이고, ^{19}X, ^{n}Y, ^{n+2}Y의 원자량은 각각 19, n, $n+2$이다.)

보기

ㄱ. Y_2의 평균 분자량은 160이다. (Y의 평균 원자량 80)×2

ㄴ. $\dfrac{1\,g의\ ^{n}Y^{n+2}Y에\ 들어\ 있는\ 전체\ 양성자수}{1\,g의\ ^{n+2}Y^{n+2}Y에\ 들어\ 있는\ 전체\ 양성자수}=\dfrac{81}{80}$이다. 분자량에 반비례

ㄷ. 자연계에서 $\dfrac{^{n}Y의\ 존재\ 비율}{^{n+2}Y의\ 존재\ 비율}=1$이다. 두 값이 동일 / Y의 평균 원자량이 80 ➡ 존재 비율 동일

① ㄱ ② ㄴ ③ ㄱ, ㄷ ④ ㄴ, ㄷ ⑤ ㄱ, ㄴ, ㄷ

✓ 자료 해석

- X, Y의 양성자수는 각각 9, 35이다.
- XY의 평균 분자량이 99이고 ^{19}X의 원자량은 19이므로 Y의 평균 원자량은 99−19=80이다.
- ^{19}X의 중성자수는 19−9=10이고, ^{n}Y와 ^{n+2}Y의 중성자수는 각각 $(n-35)$, $(n+2-35)$이다.
- $\dfrac{^{19}X^{n+2}Y\ 1\,mol에\ 들어\ 있는\ 전체\ 중성자수}{^{19}X^{n}Y\ 1\,mol에\ 들어\ 있는\ 전체\ 중성자수}=\dfrac{10+(n+2-35)}{10+(n-35)}$ $=\dfrac{n-23}{n-25}=\dfrac{28}{27}$이므로 $n=79$이다.
- Y는 ^{79}Y와 ^{81}Y로 존재하는데, Y의 평균 원자량은 79와 81의 중간값인 80이므로 ^{79}Y와 ^{81}Y의 존재 비율은 각각 50 %이다.

○ 보기 풀이 ㄱ. Y의 평균 원자량이 80이므로 Y_2의 평균 분자량은 80×2=160이다.

ㄴ. $^{n}Y^{n+2}Y(^{79}Y^{81}Y)$의 분자량은 79+81=160, ^{n}Y와 ^{n+2}Y의 양성자수는 각각 35이므로 1 g의 $^{n}Y^{n+2}Y$에 들어 있는 전체 양성자수는 $\dfrac{70}{160}$이다. $^{n+2}Y^{n+2}Y(^{81}Y^{81}Y)$의 분자량은 81×2=162, $^{n+2}Y(^{81}Y)$의 양성자수는 35이므로 1 g의 $^{n+2}Y^{n+2}Y$에 들어 있는 전체 양성자수는 $\dfrac{70}{162}$이다. 따라서

$\dfrac{1\,g의\ ^{n}Y^{n+2}Y에\ 들어\ 있는\ 전체\ 양성자수}{1\,g의\ ^{n+2}Y^{n+2}Y에\ 들어\ 있는\ 전체\ 양성자수}=\dfrac{\frac{70}{160}}{\frac{70}{162}}=\dfrac{81}{80}$이다.

ㄷ. 자연계에서 $^{n}Y(^{79}Y)$와 $^{n+2}Y(^{81}Y)$의 존재 비율은 각각 50 %로 같다.

문제풀이 Tip

$^{n}Y^{n+2}Y$와 $^{n+2}Y^{n+2}Y$에 들어 있는 전체 양성자수는 같으므로

$\dfrac{1\,g의\ ^{n}Y^{n+2}Y에\ 들어\ 있는\ 전체\ 양성자수}{1\,g의\ ^{n+2}Y^{n+2}Y에\ 들어\ 있는\ 전체\ 양성자수}=\dfrac{^{n+2}Y^{n+2}Y의\ 분자량}{^{n}Y^{n+2}Y의\ 분자량}=\dfrac{162}{160}$ $=\dfrac{81}{80}$이다.

선택지 비율	① 9%	② 55%	③ 10%	④ 16%	⑤ 10%

3 원자의 구성 입자

2022년 10월 교육청 16번 | 정답 ② | 문제편 20 p

출제 의도 원자에서 양성자수, 중성자수, 질량수의 관계를 확인하는 문항이다.

문제 분석

다음은 용기에 들어 있는 기체 XY에 대한 자료이다.

- XY를 구성하는 원자는 ^{a}X, ^{a+2}X, ^{b}Y, ^{b+2}Y이다.
- ^{a}X, ^{a+2}X, ^{b}Y, ^{b+2}Y의 원자량은 각각 a, $a+2$, b, $b+2$이다.
- 양성자수는 ^{b}Y가 ^{a}X보다 2만큼 크다. ($n+2$, n) 질량수−양성자수
- 중성자수는 ^{a+2}X와 ^{b}Y가 같다. $a+2-n=b-(n+2)$
- 질량수 비는 ^{a}X : $^{b+2}Y=2:3$이다. $a:(b+2)=2:3$ → $a=12$, $b=16$ 양성자수+중성자수

이에 대한 옳은 설명만을 〈보기〉에서 있는 대로 고른 것은? (단, X와 Y는 임의의 원소 기호이다.) [3점]

ㄱ. $b \neq a+2$이다. ($b=a+4$)
ㄴ. 질량수 비는 ^{a+2}X : $^{b}Y=7:8$이다. $(12+2):16=7:8$
ㄷ. 분자량이 다른 XY는 ~~4가지~~이다. 3가지

① ㄱ ② ㄴ ③ ㄷ ④ ㄱ, ㄴ ⑤ ㄴ, ㄷ

✓ 자료 해석

- 양성자수는 ^{b}Y가 ^{a}X보다 2만큼 크므로 ^{a}X의 양성자수를 n이라고 하면 ^{b}Y의 양성자수는 $n+2$이다.
- 질량수=양성자수+중성자수이다.
- ^{a}X, ^{a+2}X, ^{b}Y, ^{b+2}Y의 구성 입자

원자	^{a}X	^{a+2}X	^{b}Y	^{b+2}Y
양성자수	n	n	$n+2$	$n+2$
중성자수	$a-n$	$a+2-n$	$b-(n+2)$	$b-n$
질량수	a	$a+2$	b	$b+2$

- 중성자수는 ^{a+2}X와 ^{b}Y가 같으므로 $a+2-n=b-n-2$이고, 질량수 비는 ^{a}X : $^{b+2}Y=2:3$이므로 $a:(b+2)=2:3$이다. 두 식을 연립하여 풀면 $a=12$, $b=16$이다.

○ 보기풀이 ㄴ. 질량수는 ^{a+2}X가 14, ^{b}Y가 16이므로 질량수비는 ^{a+2}X : $^{b}Y=7:8$이다.

× 매력적 오답 ㄱ. $a=12$, $b=16$이므로 $b=a+4$이다.

ㄷ. X는 질량수가 12, 14인 2개의 동위 원소가 있고, Y는 질량수가 16, 18인 2개의 동위 원소가 있으므로 XY의 분자량은 28($^{12}X^{16}Y$), 30($^{14}X^{16}Y$, $^{12}X^{18}Y$), 32($^{14}X^{18}Y$)의 3가지이다.

문제풀이 Tip

질량수는 양성자수와 중성자수의 합이므로 ^{a}X의 양성자수를 미지수로 나타내고, 이를 이용하여 a와 b의 관계식을 세울 수 있다.

선택지 비율	① 6%	② 5%	③ 7%	④ 7%	⑤ 75%

4 원자의 구성 입자

2022년 7월 교육청 9번 | 정답 ⑤ | 문제편 21 p

출제 의도 양성자수, 중성자수, 전자 수의 관계를 알고 원자의 종류와 동위 원소를 파악할 수 있는지 묻는 문항이다.

문제 분석

표는 원자 또는 이온 (가)~(다)에 대한 자료이다. (가)~(다)는 각각 $^{14}_{7}N$, $^{15}_{7}N$, $^{16}_{8}O^{2-}$ 중 하나이고, ㉠~㉢은 각각 양성자 수, 중성자 수, 전자 수 중 하나이다.

원자 또는 이온	(가) $^{16}_{8}O^{2-}$	(나) $^{14}_{7}N$	(다) $^{15}_{7}N$
중성자수 ㉠ − ㉡ 양성자수	0		1
양성자수 ㉡ − ㉢ 전자 수		0	

이에 대한 설명으로 옳은 것만을 〈보기〉에서 있는 대로 고른 것은?

보기

ㄱ. ㉢은 전자 수이다.
ㄴ. ㉠은 (가)와 (다)가 같다. (가) : $16-8=8$, (다) : $15-7=8$
ㄷ. (나)와 (다)는 동위 원소이다. 양성자수가 같고, 중성자수가 다르다.

① ㄱ ② ㄷ ③ ㄱ, ㄴ ④ ㄴ, ㄷ ⑤ ㄱ, ㄴ, ㄷ

✓ 자료 해석

- 주어진 자료를 만족하는 경우는 ㉠이 중성자수, ㉡이 양성자수, ㉢은 전자 수이며, (가)~(다)가 각각 $^{16}_{8}O^{2-}$, $^{14}_{7}N$, $^{15}_{7}N$일 때이다.

원자 또는 이온	(가) $^{16}_{8}O^{2-}$	(나) $^{14}_{7}N$	(다) $^{15}_{7}N$
양성자수(㉡)	8	7	7
중성자수(㉠)	8	7	8
전자 수(㉢)	10	7	7

○ 보기풀이 ㄱ. ㉠−㉡은 (가)에서는 0, (다)에서는 1이므로 ㉠은 중성자수, ㉡은 양성자수이다. 따라서 ㉢은 전자 수이다.

ㄴ. ㉠은 중성자수이므로 (가)와 (다)는 모두 8로 같다.

ㄷ. (나)와 (다)는 양성자수가 같고 중성자수가 다르므로 동위 원소이다.

문제풀이 Tip

주어진 원자 또는 이온의 양성자수, 중성자수, 전자 수를 파악한 후 입자 수를 비교하면 (가)~(다)에 해당하는 원자 또는 이온의 종류를 찾을 수 있다.

선택지 비율	❶ 29%	② 5%	③ 44%	④ 11%	⑤ 11%

5 원자의 구성 입자

2022년 4월 교육청 11번 | 정답 ① | 문제편 21 p

출제 의도 동위 원소의 질량과 구성 입자의 양(mol)의 관계를 이해하는지 묻는 문항이다.

문제 분석

다음은 X의 동위 원소에 대한 자료이다.

- ^{44}X, ^{a}X의 원자량은 각각 44, a이다.
- ^{44}X, ^{a}X 각 w g에 들어 있는 양성자와 중성자의 양

동위 원소	질량(g)	양성자의 양(mol)	중성자의 양(mol)
$^{44}_{20}X$ ^{44}X	w 22	10	12 몰비 5 : 6
$^{40}_{20}X$ ^{a}X	w 22	11	11 몰비 1 : 1

이에 대한 설명으로 옳은 것만을 〈보기〉에서 있는 대로 고른 것은? (단, X는 임의의 원소 기호이다.) [3점]

보기

ㄱ. X의 원자 번호는 20이다.

ㄴ. w는 ~~20~~이다. $0.5 \times 44 = 22$

ㄷ. a는 ~~42~~이다. $a : a-20 = 22 : 11 \Rightarrow a = 40$

① ㄱ ② ㄴ ③ ㄱ, ㄷ ④ ㄴ, ㄷ ⑤ ㄱ, ㄴ, ㄷ

✓ 자료 해석

- 원자는 양성자수=전자 수이다.
- 질량수=양성자수+중성자수이다.
- 동위 원소는 양성자수(원자 번호)는 같고 중성자수가 달라 질량수가 다르다.
- ^{44}X w g에 들어 있는 양성자와 중성자의 몰비는 10 : 12=5 : 6이다. ^{44}X의 원자량은 44이므로 44 g에 들어 있는 양성자의 양은 $44 \times \frac{5}{11} = 20$ mol, 중성자의 양은 $44 \times \frac{6}{11} = 24$ mol이다.
- ^{44}X w g에 들어 있는 양성자의 양은 10 mol, 중성자의 양은 12 mol이므로 ^{44}X w g은 0.5 mol이고 $w=22$이다.

○ 보기 풀이 ㄱ. 원자 번호는 양성자수와 같다. ^{44}X를 구성하는 양성자의 양(mol)과 중성자의 양(mol)의 비는 5 : 6이고, 질량수가 44이므로 X의 원자 번호는 20이다.

× 매력적 오답 ㄴ. ^{44}X의 양성자의 양(mol)은 $\frac{w}{44} \times 20 = 10$이므로 $w=22$이다.

ㄷ. ^{a}X의 양(mol)은 $\frac{w}{a} = \frac{22}{a}$이고, ^{a}X 1개의 중성자수가 $a-20$이므로 ^{a}X w g에 들어 있는 중성자의 양(mol)은 $\frac{22}{a} \times (a-20) = 11$이다. 따라서 $a=40$이다.

문제풀이 Tip

양성자와 중성자의 몰비를 이용하여 w를 구한다. 동위 원소는 양성자수가 같아 ^{a}X 1 mol에 들어 있는 양성자의 양은 20 mol, 중성자의 양은 $(a-20)$ mol이므로 $a : a-20 = w : 11$이 성립하여 a를 구할 수 있다.

선택지 비율	① 1%	❷ 95%	③ 1%	④ 0%	⑤ 0%

6 원자의 구성 입자

2021년 7월 교육청 1번 | 정답 ② | 문제편 21 p

출제 의도 원자를 구성하는 입자의 발견과 원자 모형의 변천 과정을 이해하는지 묻는 문항이다.

문제 분석

다음은 원자의 구조와 관련된 연표이다.

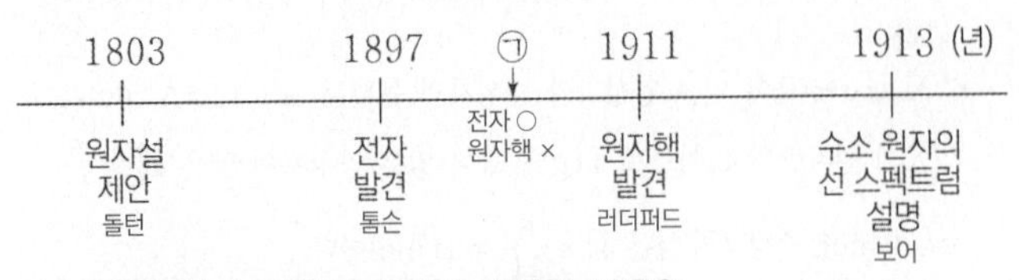

㉠ 시기의 원자 모형으로 가장 적절한 것은?

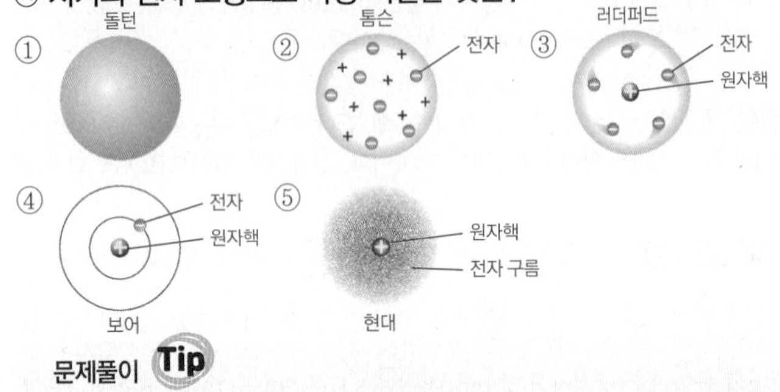

문제풀이 Tip

원자 모형의 변천 과정은 원자의 구성 입자 발견과 함께 알아두면 원자 모형의 의미와 흐름을 기억하기 쉽다.

✓ 자료 해석

- 원자 모형의 변천 과정 : 돌턴의 원자 모형(원자설 제안) → 톰슨의 원자 모형(전자 발견) → 러더퍼드의 원자 모형(원자핵 발견) → 보어의 원자 모형(수소 원자의 선 스펙트럼 설명) → 현대적 원자 모형(다전자 원자의 선 스펙트럼 설명)
- 돌턴의 원자 모형 : 돌턴은 더 이상 쪼갤 수 없는 단단한 모양의 구와 같은 형태의 원자 모형을 제안하였다.
- 톰슨의 원자 모형 : 톰슨은 음극선 실험을 통해 원자가 (−)전하를 띠는 입자인 전자를 포함하고 있음을 확인하였고, (+)전하가 고르게 분포된 공 속에 (−)전하를 띤 전자가 박혀 있는 원자 모형을 제안하였다.
- 러더퍼드의 원자 모형 : 원자핵을 발견한 러더퍼드는 (+)전하를 띠는 매우 작은 크기의 원자핵이 원자의 중심에 있고, (−)전하를 띠는 전자가 원자핵 주위를 돌고 있는 원자 모형을 제안하였다.
- 보어의 원자 모형 : 보어는 수소 원자의 선 스펙트럼을 설명하기 위하여 전자가 궤도를 따라 원운동하는 모형을 제안하였다.

○ 보기풀이 ② ㉠ 시기는 톰슨에 의해 전자는 발견되었지만 원자핵은 발견되기 전이다. 따라서 전자는 표현되고 원자핵은 표현되지 않은 톰슨의 원자 모형이 적절하다.

× 매력적 오답 ① 원자는 더 이상 쪼갤 수 없는 단단한 모양의 구로 되어 있는 돌턴의 원자 모형이다.

③ 전자와 원자핵이 표현된 러더퍼드의 원자 모형이다.

④ 수소 원자의 선 스펙트럼을 설명하기 위하여 전자가 궤도를 따라 원운동하는 보어의 원자 모형이다.

⑤ 다전자 원자의 선 스펙트럼을 설명하기 위해 전자가 발견될 확률을 파동 함수로 나타낸 현대적 원자 모형이다.

선택지 비율	① 2%	❷ 84%	③ 3%	④ 9%	⑤ 2%

7 동위 원소의 평균 원자량

2024년 10월 교육청 8번 | 정답 ② | 문제편 22 p

출제 의도 동위 원소의 존재 비율을 통해 평균 원자량을 구할 수 있는지 묻는 문항이다.

문제 분석

표는 자연계에 존재하는 원소 X와 Y에 대한 자료이다.

원소	동위 원소	존재 비율(%)	평균 원자량
X	^{m}X	7.5 (합 100 ➡ 동위 원소 2가지)	6.925 ($m\times\frac{7.5}{100}+(m+1)\times\frac{92.5}{100}=6.925$ ➡ $m=6$)
	^{m+1}X	92.5	
Y	^{63}Y	a (합 100 ➡ 동위 원소 2가지)	63.546 (존재비가 1 : 1일 때 64 ➡ 64보다 작으므로 $a>100-a$)
	^{65}Y	$100-a$	

이에 대한 옳은 설명만을 〈보기〉에서 있는 대로 고른 것은? (단, X와 Y는 임의의 원소 기호이고, ^{m}X, ^{m+1}X, ^{63}Y, ^{65}Y의 원자량은 각각 m, $m+1$, 63, 65이다.)

〈보기〉

ㄱ. $\frac{양성자수}{중성자수}$는 ^{m+1}X가 ^{m}X보다 ~~크다~~. (작음 / 양성자수 같음, 중성자수 $^{m+1}X>^{m}X$)

ㄴ. $m=6$이다.

ㄷ. $a<50$이다. (>)

① ㄱ ② ㄴ ③ ㄱ, ㄷ ④ ㄴ, ㄷ ⑤ ㄱ, ㄴ, ㄷ

✓ 자료 해석

- 질량수=양성자수+중성자수이다.
- 평균 원자량은 자연계에 존재하는 동위 원소의 존재 비율을 고려하여 평균값으로 나타낸 원자량으로, (동위 원소의 원자량×동위 원소의 존재 비율)의 합으로 계산한다.
- Y의 동위 원소 ^{63}Y, ^{65}Y의 원자량은 각각 63, 65인데, Y의 평균 원자량이 63.546으로 63과 65의 평균값인 64보다 작으므로 존재 비율은 $^{63}Y>^{65}Y$이다.

○ 보기풀이 ㄴ. X의 평균 원자량은 $m\times\frac{7.5}{100}+(m+1)\times\frac{92.5}{100}=6.925$가 성립하여 $m=6$이다.

× 매력적 오답 ㄱ. ^{m}X, ^{m+1}X는 동위 원소로 양성자수가 같고, 중성자수는 $^{m}X<^{m+1}X$이다. 따라서 $\frac{양성자수}{중성자수}$는 $^{m}X>^{m+1}X$이다.

ㄷ. Y의 동위 원소의 존재 비율은 $^{63}Y>^{65}Y$이므로 $a>50$이다.

문제풀이 Tip

평균 원자량은 동위 원소의 원자량의 중간값과 비교하여 존재 비율이 큰 원소의 원자량에 가깝다. 이 문제에선 a를 구할 필요가 없지만, a를 구하는 방법은 다음과 같다.

Y의 평균 원자량$=63\times\frac{a}{100}+65\times\frac{100-a}{100}=63.546$, $a=72.7$

선택지 비율	① 14%	② 9%	❸ 42%	④ 28%	⑤ 7%

8 동위 원소

2024년 7월 교육청 16번 | 정답 ③ | 문제편 22p

출제 의도 동위 원소의 질량수와 구성 입자 수를 구할 수 있는지 묻는 문항이다.

문제 분석

다음은 원자 A～D에 대한 자료이다.

- A～D는 원소 X와 Y의 동위 원소이고, 원자 번호는 X>Y이다. (양성자수 X>Y) (양성자수 같고, 중성자수 다름)
- A와 B의 중성자수는 같다. 동위 원소가 아님
- A～D의 (중성자수－전자 수)와 질량수 (중성자수＝양성자수)

원자	A X	B Y	C X	D Y
중성자수－전자 수 (양성자수)	0 18－18	1 18－17	2 20－18	3 20－17
질량수 (중성자수＋양성자수)	a 36	b 35	c 38	d 37

- $b+c=73$이고, $c>d$이다. $\frac{a}{2}=\frac{b+1}{2}$

이에 대한 설명으로 옳은 것만을 〈보기〉에서 있는 대로 고른 것은? (단, X와 Y는 임의의 원소 기호이고, A, B, C, D의 원자량은 각각 a, b, c, d이다.) [3점]

보기

ㄱ. A와 C는 X의 동위 원소이다. 양성자수 18로 동일

ㄴ. $\frac{1 \text{ mol의 D에 들어 있는 중성자수}}{1 \text{ mol의 A에 들어 있는 중성자수}}=\frac{10}{9}$이다. $\frac{20}{18}$

ㄷ. $\frac{1 \text{ g의 D에 들어 있는 양성자수}}{1 \text{ g의 B에 들어 있는 양성자수}}=\frac{37}{35}$이다. $\frac{b}{d}=\frac{35}{37}$ (동위 원소 ➡ 양성자수 같음)

① ㄱ ② ㄷ ③ ㄱ, ㄴ ④ ㄴ, ㄷ ⑤ ㄱ, ㄴ, ㄷ

✓ 자료 해석

- 동위 원소는 양성자수가 같고 중성자수가 달라 질량수가 다르다.
- 원자는 양성자수와 전자 수가 같고, 질량수＝양성자수＋중성자수이므로 이를 정리하면 다음과 같다.

원자	A	B	C	D
중성자수－양성자수	0	1	2	3
중성자수＋양성자수	a	b	c	d

- A～D의 중성자수와 양성자수는 다음과 같다.

원자	A	B	C	D
중성자수	$\frac{a}{2}$	$\frac{b+1}{2}$	$\frac{c+2}{2}$	$\frac{d+3}{2}$
양성자수	$\frac{a}{2}$	$\frac{b-1}{2}$	$\frac{c-2}{2}$	$\frac{d-3}{2}$

- A와 B의 중성자수가 같으므로 $a=b+1$이고, B의 양성자수는 $\frac{b-1}{2}=\frac{a-2}{2}$이다. 원자 번호가 X>Y이므로 A는 X의 동위 원소이고, B는 Y의 동위 원소이다.
- $c>d$이므로 양성자수는 C>D이고, C는 X의 동위 원소, D는 Y의 동위 원소이다. 따라서 A와 C의 양성자수는 같고, B와 D의 양성자수는 같으므로 $a=c-2$, $b-1=d-3$이 성립한다.
- $b+c=73$이므로 a～d는 각각 36, 35, 38, 37이며, A～D의 구성 입자 수는 다음과 같다.

원자	A	B	C	D
중성자수	18	18	20	20
양성자수	18	17	18	17

○ 보기풀이 ㄱ. A와 C는 X의 동위 원소이다.

ㄴ. $\frac{1 \text{ mol의 D에 들어 있는 중성자수}}{1 \text{ mol의 A에 들어 있는 중성자수}}=\frac{20}{18}=\frac{10}{9}$이다.

× 매력적 오답 ㄷ. B와 D는 Y의 동위 원소이다. B, D의 원자량은 각각 35, 37이고, 양성자수는 각각 17로 같으므로

$\frac{1 \text{ g의 D에 들어 있는 양성자수}}{1 \text{ g의 B에 들어 있는 양성자수}}=\frac{\frac{17}{37}}{\frac{17}{35}}=\frac{35}{37}$이다.

문제풀이 Tip

a～d를 사용하지 않고 문자 1개만 사용하여 구할 수도 있다. A와 B의 중성자수는 같고, A는 양성자수와 중성자수가 같으며, B는 양성자수가 중성자수보다 1만큼 작으므로 A와 B의 중성자수를 n으로 정하면 A와 B의 양성자수는 각각 n, $n-1$이다. A와 C는 X의 동위 원소이고, B와 D는 Y의 동위 원소이며, B와 C의 질량수 합이 73이므로 $n=18$이다.

선택지 비율	① 8%	② 4%	❸ 62%	④ 10%	⑤ 16%

9 동위 원소와 평균 원자량

2024년 5월 교육청 11번 | 정답 ③ | 문제편 22 p

출제 의도 동위 원소의 원자량과 존재 비율을 이용하여 평균 원자량을 계산하고, 동위 원소의 구성 입자 수를 구할 수 있는지 묻는 문항이다.

문제 분석

동위 원소는 3가지

표는 원소 X와 Y에 대한 자료이고, $a+b+c=100$이다.

원소	동위 원소	원자량	자연계 존재 비율(%)	평균 원자량
X	^{24}X	24	a (합 100 ➡ 동위 원소 3가지)	24.3 (24에 가까움 ➡ $a>b+c$)
	^{25}X	25	b	
	^{26}X	26	c	
Y	^{m}Y	m	75 (합 100 ➡ 동위 원소 2가지, 3 : 1)	㉠ $m\times\frac{75}{100}+(m+2)\times\frac{25}{100}=m+\frac{1}{2}$
	$^{m+2}$Y	$m+2$	25	

이에 대한 설명으로 옳은 것만을 〈보기〉에서 있는 대로 고른 것은? (단, X와 Y는 임의의 원소 기호이다.) [3점]

보기

ㄱ. ㉠$=m+\frac{1}{2}$이다. $m\times\frac{3}{4}+(m+2)\times\frac{1}{4}$

ㄴ. $^{m+2}Y_2$와 $^{m}Y_2$의 중성자수 차는 2(→4)이다. ($^{m+2}$Y와 ^{m}Y의 중성자수 차)×2

ㄷ. $a>b+c$이다. $a=b+c$일 때 평균 원자량은 24.5~25

① ㄱ ② ㄴ ③ ㄱ, ㄷ ④ ㄴ, ㄷ ⑤ ㄱ, ㄴ, ㄷ

✓ 자료 해석

- 질량수=양성자수+중성자수이다.
- 동위 원소는 양성자수가 같고 중성자수가 달라 질량수가 다르다.
- 평균 원자량은 자연계에 존재하는 동위 원소의 존재 비율을 고려하여 평균값으로 나타낸 원자량으로, (동위 원소의 원자량×동위 원소의 존재 비율)의 합으로 계산한다.

○ 보기 풀이 ㄱ. Y의 평균 원자량(㉠)은 $m\times\frac{75}{100}+(m+2)\times\frac{25}{100}=m+\frac{1}{2}$이다.

ㄷ. $a:(b+c)=1:1$이라고 가정하면 $c=0$일 때 X의 평균 원자량은 24.5이고, $b=0$일 때 X의 평균 원자량은 25이다. 따라서 $a:(b+c)=1:1$이라면 X의 평균 원자량은 24.5~25임을 알 수 있다. 그런데 X의 평균 원자량은 24.3으로 24.5보다 작으므로 $a>b+c$이다.

× 매력적 오답 ㄴ. $^{m+2}$Y와 ^{m}Y의 중성자수 차가 2이므로 $^{m+2}Y_2$와 $^{m}Y_2$의 중성자수 차는 4이다.

문제풀이 Tip

평균 원자량은 동위 원소의 원자량의 중간값과 비교하여 존재 비율이 큰 원소의 원자량에 가깝다. Y의 평균 원자량은 ^{m}Y와 $^{m+2}$Y의 원자량을 1 : 3으로 내분한 값이므로 $m+2\times\frac{1}{4}=m+\frac{1}{2}$이다.

선택지 비율	① 9%	② 15%	③ 14%	❹ 54%	⑤ 8%

10 동위 원소

2024년 3월 교육청 8번 | 정답 ④ | 문제편 22p

(출제 의도) 동위 원소의 구성 입자 수와 평균 원자량을 구할 수 있는지 묻는 문항이다.

(문제 분석)

다음은 자연계에 존재하는 $^{12}C_2{}^1H_3A_a$에 대한 자료이다.

C, H의 원자량은 각각 1가지

• $^{12}C_2{}^1H_3A_a$의 분자량에 따른 존재 비율

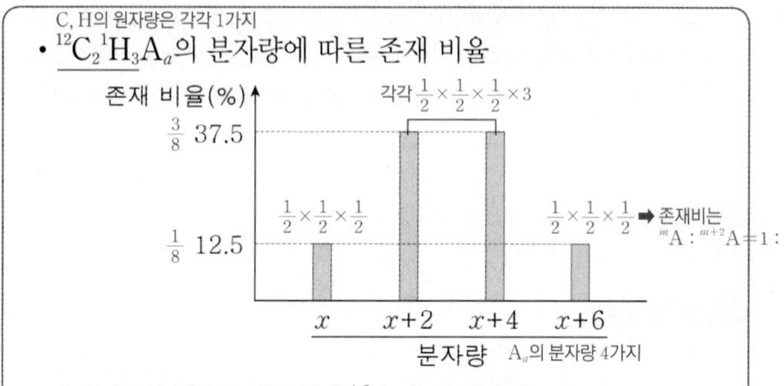

• A의 동위 원소는 ^mA와 ^{m+2}A만 존재한다.

• ^mA와 ^{m+2}A의 원자량은 각각 m, $m+2$이다.

이에 대한 옳은 설명만을 〈보기〉에서 있는 대로 고른 것은? (단, A는 임의의 원소 기호이다.)

보기

ㄱ. 중성자수는 ^mA가 ^{m+2}A보다 ~~크다.~~ 작다. 질량수는 ^mA<^{m+2}A

ㄴ. $a=3$이다. A_a의 분자량은 $3m$, $3m+2$, $3m+4$, $3m+6$으로 4가지

ㄷ. A의 평균 원자량은 $m+1$이다. 존재비는 ^mA : ^{m+2}A=1 : 1

① ㄱ ② ㄷ ③ ㄱ, ㄴ ④ ㄴ, ㄷ ⑤ ㄱ, ㄴ, ㄷ

✓ 자료 해석

• ^mA와 ^{m+2}A는 양성자수가 같고 중성자수는 ^{m+2}A가 ^mA보다 2만큼 크다.

• $^{12}C_2{}^1H_3A_a$에서 C와 H의 원자량은 각각 일정하고, A의 원자량은 m, $m+2$의 2가지인데, $^{12}C_2{}^1H_3A_a$의 분자량이 4가지이므로 A_a의 분자량은 4가지이다.

O 보기 풀이 ㄴ. A_a의 분자량은 $3m$, $3m+2$, $3m+4$, $3m+6$의 4가지이므로 $a=3$이다.

ㄷ. A_3의 분자량이 $3m$, $3m+2$, $3m+4$, $3m+6$으로 총 4가지이며, 이 중 $3m$의 분자량을 갖는 분자와 $3m+6$의 분자량을 갖는 분자의 존재 비율이 12.5 %$\left(=\frac{1}{8}=\frac{1}{2}\times\frac{1}{2}\times\frac{1}{2}\right)$로 같으므로 ^mA와 ^{m+2}A의 존재비는 1 : 1이다. 따라서 A의 평균 원자량은 $m+1$이다.

× 매력적 오답 ㄱ. 질량수는 ^mA가 ^{m+2}A보다 작으므로 중성자수는 ^mA가 ^{m+2}A보다 2만큼 작다.

문제풀이 Tip

A의 원자량은 m, $m+2$ 2가지이므로 A_2의 분자량은 $2m$, $2m+2$, $2m+4$ 3가지가 가능하고, A_3의 분자량은 $3m$, $3m+2$, $3m+4$, $3m+6$ 4가지가 가능하며, A_4의 분자량은 $4m$, $4m+2$, $4m+4$, $4m+6$, $4m+8$ 5가지가 가능하다. $^{12}C_2{}^1H_3A_a$의 분자량이 4가지이고, A_a의 분자량은 4가지가 가능하므로 $a=3$이다.

선택지 비율	❶ 52%	② 6%	③ 19%	④ 11%	⑤ 11%

11 동위 원소

2023년 10월 교육청 17번 | 정답 ① | 문제편 23p

(출제 의도) 동위 원소의 평균 원자량과 존재 비율의 관계를 알고 있는지 묻는 문항이다.

(문제 분석)

다음은 원소 X와 Y의 동위 원소에 대한 자료이다. 자연계에 존재하는 X와 Y의 동위 원소는 각각 2가지이다.

• X와 Y의 동위 원소의 원자량과 자연계에 존재하는 비율

원소	동위 원소	원자량	존재 비율(%)
X	^{a}X	a	70 x
	^{a+b}X	$a+b$	30 $x-40$ (합 100 ➡ $x=70$)
Y	^{a+3b}Y	$a+3b$	60
	^{a+4b}Y	$a+4b$	40 (합 100)

• X와 Y의 평균 원자량의 차는 6.2이다. (평균 원자량은 X: $a+0.3b$, Y: $a+3.4b$ ➡ $b=2$)

• 원자 번호는 Y가 X보다 2만큼 크다. (양성자수)

이에 대한 옳은 설명만을 〈보기〉에서 있는 대로 고른 것은? (단, X, Y는 임의의 원소 기호이다.) [3점]

〈보기〉

ㄱ. $x=70$이다.

ㄴ. $b=1$(2)이다. $a+3.4b-(a+0.3b)=6.2$

ㄷ. ^{a}X와 ^{a+3b}Y의 중성자수의 차는 6(4)이다. (질량수 차−양성자수 차$=6-2$)

① ㄱ ② ㄴ ③ ㄱ, ㄷ ④ ㄴ, ㄷ ⑤ ㄱ, ㄴ, ㄷ

✔ 자료 해석

• X의 동위 원소는 2가지이므로 ^{a}X와 ^{a+b}X의 존재 비율(%)의 합은 100이다. 따라서 $x+(x-40)=100$이므로 $x=70$이다.

• ^{a}X와 ^{a+b}X의 원자량은 각각 a, $a+b$이고, 존재 비율(%)은 각각 70, 30이므로 X의 평균 원자량은 $a\times0.7+(a+b)\times0.3=a+0.3b$이다.

• ^{a+3b}Y와 ^{a+4b}Y의 원자량은 각각 $a+3b$, $a+4b$이고, 존재 비율(%)은 각각 60, 40이므로 Y의 평균 원자량은 $(a+3b)\times0.6+(a+4b)\times0.4=a+3.4b$이다.

(O 보기 풀이) ㄱ. ^{a}X와 ^{a+b}X의 존재 비율(%)의 합이 100이므로 $x+(x-40)=100$이고 $x=70$이다.

(× 매력적 오답) ㄴ. X, Y의 평균 원자량은 각각 $a+0.3b$, $a+3.4b$이고 평균 원자량의 차는 $3.1b=6.2$이므로 $b=2$이다.

ㄷ. $b=2$이고, ^{a}X와 ^{a+3b}Y의 질량수는 각각 a, $a+6$이므로 질량수의 차는 6이다. 원자 번호는 Y가 X보다 2만큼 크므로 양성자수의 차는 2이다. 따라서 중성자수의 차는 $6-2=4$이다.

문제풀이 Tip

^{a}X와 ^{a+b}X의 원자량은 각각 a, $a+b$이고, 존재 비율(%)은 각각 70, 30이므로 X의 평균 원자량은 ^{a}X와 ^{a+b}X의 원자량을 3 : 7로 내분하는 값인 $a+0.3b$이다. ^{a+3b}Y와 ^{a+4b}Y의 원자량은 각각 $a+3b$, $a+4b$이고, 존재 비율(%)은 각각 60, 40이므로 Y의 평균 원자량은 ^{a+3b}Y와 ^{a+4b}Y의 원자량을 4 : 6으로 내분하는 값인 $(a+3b)+0.4b=a+3.4b$이다.

선택지 비율	① 14%	② 10%	③ 8%	④ 12%	❺ 56%

12 동위 원소

2023년 4월 교육청 12번 | 정답 ⑤ | 문제편 23p

(출제 의도) 동위 원소를 이해하고 존재 비율과 평균 원자량의 관계를 알고 있는지 묻는 문항이다.

(문제 분석)

다음은 원소 X와 Y에 대한 자료이다.

• X의 동위 원소와 평균 원자량에 대한 자료

동위 원소	원자량	자연계 존재 비율	X의 평균 원자량
^{a}X (^{79}X)	a (79)	50 %	80 ($\frac{a+(a+2)}{2}=80$ ➡ $a=79$)
^{a+2}X (^{81}X)	$a+2$ (81)	50 % (1 : 1)	

• 양성자수는 X(n)가 Y($n-4$)보다 4만큼 크다.

• 중성자수의 비는 ^{a}X : $^{a-8}Y=11:10$이다. ($79-n:(79-8)-(n-4)=11:10$ ➡ $n=35$)

X의 원자 번호(양성자수)는? (단, X, Y는 임의의 원소 기호이다.) [3점]

① 31 ② 32 ③ 33 ④ 34 ⑤ 35

✔ 자료 해석

• X의 평균 원자량은 $a\times\frac{50}{100}+(a+2)\times\frac{50}{100}=80$이므로 $a=79$이다.

(O 보기 풀이) 양성자수는 X가 Y보다 4만큼 크고 $a=79$이므로 X의 양성자수를 n이라고 하면, 중성자수의 비는 ^{a}X : $^{a-8}Y=79-n:(79-8)-(n-4)=11:10$이 성립하여 $n=35$이다. 양성자수는 원자 번호와 같으므로 X의 원자 번호는 35이다.

문제풀이 Tip

X의 평균 원자량은 80이고 두 동위 원소의 존재 비율이 같으므로 평균 원자량은 두 원자량(79, 81)의 중간에 해당하는 값이다.

선택지 비율	① 7%	❷ 65%	③ 8%	④ 11%	⑤ 9%

13 동위 원소

2023년 3월 교육청 6번 | 정답 ② | 문제편 23 p

(출제 의도) 동위 원소의 존재 비율과 평균 원자량의 관계를 묻는 문항이다.

(문제 분석)

표는 원소 X와 Y에 대한 자료이다.

원소	원자 번호 (양성자수)	동위 원소	자연계에 존재하는 비율(%)	평균 원자량
X	29	^{63}X	70 a (합 100)	63.6 (63과 65의 중간값인 64보다 작음 ➡ $a>50$)
		^{65}X	30 $100-a$	
Y	35	^{79}Y	50 (합 100)	y $\frac{79+81}{2}=80$
		^{81}Y	50	

X와 Y는 각각 동위 원소 2가지

이에 대한 옳은 설명만을 〈보기〉에서 있는 대로 고른 것은? (단, X, Y는 임의의 원소 기호이고, ^{63}X, ^{65}X, ^{79}Y, ^{81}Y의 원자량은 각각 63, 65, 79, 81이다.)

〈보기〉

ㄱ. $\frac{\text{양성자수}}{\text{중성자수}}$는 ^{79}Y > ^{65}X이다. (<) $\frac{35}{79-35}<\frac{29}{65-29}$

ㄴ. a < 50이다. (>) $63\times\frac{a}{100}+65\times\frac{100-a}{100}=63.6$ ➡ $a=70$

ㄷ. $y=80$이다. $\frac{79+81}{2}=80$

① ㄱ ② ㄷ ③ ㄱ, ㄴ ④ ㄴ, ㄷ ⑤ ㄱ, ㄴ, ㄷ

✓ 자료 해석

• 동위 원소의 존재 비율의 합은 100 %이므로 X와 Y는 각각 2가지의 동위 원소로 존재한다.

원소	동위 원소	양성자수 (원자 번호)	질량수	중성자수
X	^{63}X	29	63	63−29=34
	^{65}X	29	65	65−29=36
Y	^{79}Y	35	79	79−35=44
	^{81}Y	35	81	81−35=46

○ 보기 풀이 ㄷ. 존재 비율은 ^{79}Y와 ^{81}Y가 50 %로 같으므로 Y의 평균 원자량 y는 79와 81의 중간값인 80이다.

× 매력적 오답 ㄱ. $\frac{\text{양성자수}}{\text{중성자수}}$는 ^{79}Y가 $\frac{35}{44}$, ^{65}X가 $\frac{29}{36}$이므로 ^{79}Y < ^{65}X이다.

ㄴ. X의 평균 원자량은 63.6으로 ^{63}X의 원자량인 63과 ^{65}X의 원자량인 65의 중간값인 64보다 작으므로 ^{63}X의 존재 비율인 a는 50보다 크다.

문제풀이 Tip

평균 원자량은 동위 원소의 존재 비율을 고려하여 평균값으로 나타낸 것이므로, 동위 원소의 원자량의 중간값과 비교하여 각 동위 원소의 존재 비율을 가늠할 수 있다.

선택지 비율	① 4%	② 4%	③ 27%	④ 8%	⑤ 57%

14 동위 원소

2022년 3월 교육청 9번 | 정답 ⑤ | 문제편 23 p

출제 의도 동위 원소의 존재 비율과 평균 원자량을 이해하는지 묻는 문항이다.

문제 분석

다음은 자연계에 존재하는 붕소(B)의 동위 원소와 플루오린(F)에 대한 자료이다.

• B의 동위 원소

동위 원소	$^{10}_{5}B$	$^{11}_{5}B$
원자량	10	11
존재 비율(%)	20	80

합이 100 % ➡ B의 동위 원소는 2가지

• F은 $^{19}_{9}F$만 존재한다. (1가지)

이에 대한 옳은 설명만을 〈보기〉에서 있는 대로 고른 것은?

보기

ㄱ. 분자량이 다른 BF_3는 2가지이다. $^{10}B^{19}F_3$, $^{11}B^{19}F_3$

ㄴ. B의 평균 원자량은 10.8이다. $10\times0.2+11\times0.8$

ㄷ. $\dfrac{^{10}_{5}B\ 1\,g에\ 들어\ 있는\ 양성자\ 수}{^{11}_{5}B\ 1\,g에\ 들어\ 있는\ 양성자\ 수}>1$이다. 1 g에 들어 있는 양성자수는 $^{10}_{5}B>^{11}_{5}B$

① ㄱ ② ㄷ ③ ㄱ, ㄴ ④ ㄴ, ㄷ ⑤ ㄱ, ㄴ, ㄷ

✓ 자료 해석

• 질량수=양성자수+중성자수이다.

• 동위 원소는 양성자수는 같고 중성자수가 달라 질량수가 다르다.

• 평균 원자량은 자연계에 존재하는 동위 원소의 존재 비율을 고려하여 평균값으로 나타낸 원자량으로, (동위 원소의 원자량×동위 원소의 존재 비율)의 합으로 계산한다.

• 자연계의 존재 비율은 $^{10}_{5}B$가 20 %, $^{11}_{5}B$가 80 %이고 합이 100 %이므로 자연계에서 B의 동위 원소는 2가지만 존재한다.

○ 보기 풀이 ㄱ. 자연계에 존재하는 B는 $^{10}_{5}B$와 $^{11}_{5}B$ 2가지이므로 BF_3는 $^{10}B^{19}F_3$, $^{11}B^{19}F_3$로 존재한다. 따라서 분자량이 다른 BF_3는 2가지이다.

ㄴ. B의 평균 원자량은 $10\times0.2+11\times0.8=10.8$이다.

ㄷ. 원자량은 $^{11}_{5}B>^{10}_{5}B$이므로 1 g에 들어 있는 양성자수는 $^{10}_{5}B>^{11}_{5}B$이다. 따라서 $\dfrac{^{10}_{5}B\ 1\,g에\ 들어\ 있는\ 양성자수}{^{11}_{5}B\ 1\,g에\ 들어\ 있는\ 양성자수}>1$이다.

문제풀이 Tip

동위 원소는 양성자수가 같고 원자량이 다르므로 1 g에 들어 있는 양성자수는 원자량이 클수록 작다.

선택지 비율	① 8%	② 8%	③ 7%	④ 9%	⑤ 66%

15 동위 원소

2021년 10월 교육청 15번 | 정답 ⑤ | 문제편 24 p

출제 의도 분자량이 다른 XCl_3의 존재 비율로부터 X의 동위 원소의 비율을 파악하여 X의 평균 원자량을 구할 수 있는지를 묻는 문항이다.

문제 분석

다음은 자연계에 존재하는 분자 XCl_3와 관련된 자료이다.

• X와 Cl의 동위 원소의 존재 비율과 원자량

동위 원소		존재 비율(%)	원자량
X의 동위 원소	^{m}X	a =20	m
	^{m+1}X	$100-a$ =80	$m+1$
Cl의 동위 원소	^{35}Cl	75	35
	^{37}Cl	25	37

X의 평균 원자량 $=m+1-\frac{a}{100}=m+\frac{4}{5}$

• $\dfrac{분자량이\ 가장\ 큰\ XCl_3의\ 존재\ 비율}{분자량이\ 가장\ 작은\ XCl_3의\ 존재\ 비율}=\dfrac{4}{27}$이다. $=\dfrac{\frac{(100-a)}{64}}{\frac{27a}{64}}$

(분자량이 가장 큰 XCl_3: ^{m+1}X 1개+^{37}Cl 3개, 분자량이 가장 작은 XCl_3: ^{m}X 1개+^{35}Cl 3개)

X의 평균 원자량은? (단, X는 임의의 원소 기호이다.) [3점]

① $m+\frac{1}{5}$ ② $m+\frac{1}{4}$ ③ $m+\frac{1}{3}$ ④ $m+\frac{2}{3}$ ⑤ $m+\frac{4}{5}$

✓ 자료 해석

• 평균 원자량은 동위 원소의 원자량과 존재 비율의 곱을 100으로 나눈 값으로 구한다.

➡ X의 평균 원자량$=\dfrac{m\times a+(m+1)\times(100-a)}{100}=m+1-\dfrac{a}{100}$

• 분자량이 서로 다른 XCl_3의 존재 비율은 X의 동위 원소의 존재 비율과 Cl의 동위 원소의 존재 비율에 따라 다르다.

• 분자량이 가장 작은 XCl_3는 원자량이 m인 X 원자 1개와 원자량이 35인 Cl 원자 3개로 구성된다.

➡ 존재 비율(%)$=\dfrac{a}{100}\times\left(\dfrac{75}{100}\right)^3\times100=a\times\dfrac{27}{64}$

• 분자량이 가장 큰 XCl_3는 원자량이 $m+1$인 X 원자 1개와 원자량이 37인 Cl 원자 3개로 구성된다.

➡ 존재 비율(%)$=\dfrac{(100-a)}{100}\times\left(\dfrac{25}{100}\right)^3\times100=(100-a)\times\dfrac{1}{64}$

○ 보기 풀이 ⑤ $\dfrac{분자량이\ 가장\ 큰\ XCl_3의\ 존재\ 비율}{분자량이\ 가장\ 작은\ XCl_3의\ 존재\ 비율}=\dfrac{\frac{(100-a)}{64}}{\frac{27a}{64}}=\dfrac{4}{27}$이므로 $a=20$이다. 따라서 X의 평균 원자량은 $\dfrac{20m+80(m+1)}{100}=m+\dfrac{4}{5}$이다.

문제풀이 Tip

분자량이 서로 다른 분자의 존재 비율은 구성 원자의 존재 비율의 곱으로부터 구할 수 있음을 알아야 한다.

선택지 비율	① 5%	② 7%	③ 6%	❹ 71%	⑤ 8%

16 동위 원소

2021년 7월 교육청 8번 | 정답 ④ | 문제편 24p

출제 의도 동위 원소를 이해하고 존재 비율과 평균 원자량의 관계를 알고 있는지 묻는 문항이다.

문제 분석

다음은 자연계에 존재하는 X와 Y에 대한 자료이다.

- X의 동위 원소는 ^{35}X, ^{37}X 2가지이다. 존재 비율의 합은 100
- X의 평균 원자량은 35.5이다. $35 \times {}^{35}X$의 존재 비율$+37\times{}^{37}X$의 존재 비율
- Y의 동위 원소는 ^{79}Y, ^{81}Y 2가지이다. 존재 비율의 합은 100
- $\dfrac{\text{분자량이 160인 } Y_2\text{의 존재 비율}(\%)}{\text{분자량이 162인 } Y_2\text{의 존재 비율}(\%)}=2$이다. ($^{79}Y^{81}Y$, $^{81}Y_2$)

$\dfrac{^{35}X\text{의 존재 비율}(\%)}{^{81}Y\text{의 존재 비율}(\%)}$은? $\left(=\dfrac{75}{50}\right)$ (단, 원자량은 질량수와 같고, X와 Y는 임의의 원소 기호이다.) [3점]

① $\dfrac{1}{2}$ ② $\dfrac{3}{4}$ ③ 1 ④ $\dfrac{3}{2}$ ⑤ 3

✓ 자료 해석

- 질량수=양성자수+중성자수이다.
- 동위 원소는 양성자수는 같고 중성자수가 달라 질량수가 다르다.
- 평균 원자량은 자연계에 존재하는 동위 원소의 존재 비율을 고려하여 평균값으로 나타낸 원자량이다.
- 평균 원자량은 (동위 원소의 원자량×동위 원소의 존재 비율)의 합으로 계산한다.
- X의 평균 원자량이 35.5이므로 ^{35}X의 존재 비율(%)을 x라고 하면 $\dfrac{x\times35+(100-x)\times37}{100}=35.5$이고 $x=75$이다.
- 분자량이 160인 Y_2는 $^{79}Y^{81}Y$이고, 분자량이 162인 Y_2는 $^{81}Y_2$이다. $\dfrac{\text{분자량이 160인 } Y_2\text{의 존재 비율}(\%)}{\text{분자량이 162인 } Y_2\text{의 존재 비율}(\%)}=2$이므로 ^{81}Y의 존재 비율(%)을 y라고 하면 $\dfrac{2\times(100-y)\times y}{y^2}=2$이고 $y=50$이다.

○ 보기 풀이 ^{35}X의 존재 비율은 75 %, ^{81}Y의 존재 비율은 50 %이므로 $\dfrac{^{35}X\text{의 존재 비율}(\%)}{^{81}Y\text{의 존재 비율}(\%)}=\dfrac{75}{50}=\dfrac{3}{2}$이다.

문제풀이 Tip

동위 원소의 존재 비율(%)의 합은 100이다. 구하고자 하는 원소의 존재 비율을 미지수로 두고 나머지 동위 원소의 존재 비율은 100에서 그 미지수를 빼면 된다. $^{79}Y^{81}Y$의 존재 비율은 $^{81}Y_2$의 2배이다.

선택지 비율	① 3%	② 17%	③ 11%	❹ 60%	⑤ 6%

17 동위 원소

2021년 4월 교육청 17번 | 정답 ④ | 문제편 24p

출제 의도 동위 원소와 평균 원자량의 의미를 이해하는지 묻는 문항이다.

문제 분석

다음은 자연계에 존재하는 원소 X에 대한 자료이다.

- X의 동위 원소의 원자량과 존재 비율 (동위 원소는 2가지)

동위 원소	^{a}X	^{a+2}X
원자량	a	$a+2$
존재 비율(%)	(75) b	$100-b$ (25)

(합 100)

- $\dfrac{\text{분자량이 } 2a+4\text{인 } X_2\text{의 존재 비율}(\%)}{\text{분자량이 } 2a\text{인 } X_2\text{의 존재 비율}(\%)}=\dfrac{1}{9}$이다. ($^{a+2}X_2$, $^{a}X_2$) $\dfrac{^{a+2}X}{^{a}X}=\dfrac{1}{3}$

이에 대한 설명으로 옳은 것만을 〈보기〉에서 있는 대로 고른 것은? (단, X는 임의의 원소 기호이다.) [3점]

보기

ㄱ. 분자량이 서로 다른 X_2는 4가지이다. (3)

ㄴ. $b>50$이다. $^{a+2}X:{}^{a}X=1:3 \Rightarrow b=75$

ㄷ. X의 평균 원자량은 $a+\dfrac{1}{2}$이다. $a\times\frac{3}{4}+(a+2)\times\frac{1}{4}$

① ㄱ ② ㄴ ③ ㄱ, ㄷ ④ ㄴ, ㄷ ⑤ ㄱ, ㄴ, ㄷ

✓ 자료 해석

- 질량수=양성자수+중성자수이다.
- 동위 원소는 양성자수는 같고 중성자수가 달라 질량수가 다르다.
- 평균 원자량은 자연계에 존재하는 동위 원소의 존재 비율을 고려하여 평균값으로 나타낸 원자량으로, (동위 원소의 원자량×동위 원소의 존재 비율)의 합으로 계산한다.
- ^{a}X와 ^{a+2}X의 존재 비율의 합이 $b+(100-b)=100$이므로 X의 동위 원소는 ^{a}X와 ^{a+2}X 2가지이다.
- 분자량이 $2a+4$인 X_2는 $^{a+2}X_2$이고, 분자량이 $2a$인 X_2는 $^{a}X_2$이다.
- $\dfrac{\text{분자량이 } 2a+4\text{인 } X_2\text{의 존재 비율}(\%)}{\text{분자량이 } 2a\text{인 } X_2\text{의 존재 비율}(\%)}=\dfrac{1}{9}$이므로 $\dfrac{^{a+2}X\text{의 존재 비율}}{^{a}X\text{의 존재 비율}}=\dfrac{1}{3}$이다.

○ 보기 풀이 ㄴ. 분자량이 서로 다른 X_2의 존재 비율은 $^{a+2}X_2:{}^{a}X_2=1:9$이므로 X의 존재 비율은 $^{a+2}X:{}^{a}X=1:3$이다. 따라서 존재 비율은 ^{a}X가 75 %, ^{a+2}X가 25 %이므로 $b=75$이고 $b>50$이다.

ㄷ. X의 평균 원자량은 $a\times\dfrac{3}{4}+(a+2)\times\dfrac{1}{4}=a+\dfrac{1}{2}$이다.

× 매력적 오답 ㄱ. X의 동위 원소는 ^{a}X와 ^{a+2}X 2가지이므로 분자량이 서로 다른 X_2는 $^{a}X_2$, $^{a}X^{a+2}X$, $^{a+2}X_2$ 3가지이다.

문제풀이 Tip

분자의 존재 비율이 $^{a}X_2>{}^{a+2}X_2$이므로 동위 원소의 존재 비율은 $^{a}X>{}^{a+2}X$이고 계산하지 않아도 $b>50$이라는 것을 알 수 있다.

선택지 비율	① 3%	② 4%	❸ 79%	④ 5%	⑤ 7%

18 동위 원소

2021년 3월 교육청 10번 | 정답 ③ | 문제편 24p

출제 의도 동위 원소의 구성 입자 수를 비교하고 평균 원자량을 이해하는지 묻는 문항이다.

문제 분석

다음은 자연계에 존재하는 염화 나트륨(NaCl)과 관련된 자료이다. NaCl은 화학식량이 다른 (가)와 (나)가 존재한다.

- Na은 ^{23}Na으로만, Cl는 ^{35}Cl와 ^{37}Cl로만 존재한다.
- Cl의 평균 원자량은 35.5이다. 존재 비율은 $^{35}Cl > ^{37}Cl$
- (가)와 (나)의 화학식량과 존재 비율

NaCl	(가) $^{23}Na^{35}Cl$	(나) $^{23}Na^{37}Cl$
원자량	58 23+35	x 23+37=60
존재 비율(%)	a 75	b 25

이에 대한 옳은 설명만을 〈보기〉에서 있는 대로 고른 것은? (단, ^{23}Na, ^{35}Cl, ^{37}Cl의 원자량은 각각 23, 35, 37이다.)

보기

ㄱ. $\frac{(나)\ 1\ mol에\ 들어\ 있는\ 중성자수}{(가)\ 1\ mol에\ 들어\ 있는\ 중성자수} > 1$이다. ((나) $^{23}Na^{37}Cl$, (가) $^{23}Na^{35}Cl$) 중성자수는 ^{23}Na 동일, $^{37}Cl > ^{35}Cl$

ㄴ. $x=60$이다. 23+37=60

ㄷ. ~~$b>a$~~이다. 존재 비율 $^{35}Cl > ^{37}Cl$ ➡ $a>b$

① ㄱ ② ㄷ ③ ㄱ, ㄴ ④ ㄴ, ㄷ ⑤ ㄱ, ㄴ, ㄷ

✓ 자료 해석

- 질량수=양성자수+중성자수이다.
- 동위 원소는 양성자수(원자 번호)는 같고 중성자수가 달라 질량수가 다르다.
- 평균 원자량은 자연계에 존재하는 동위 원소의 존재 비율을 고려하여 평균값으로 나타내며, (동위 원소의 원자량×동위 원소의 존재 비율)의 합으로 계산한다.
- $^{23}Na^{35}Cl$과 $^{23}Na^{37}Cl$의 화학식량은 각각 23+35=58, 23+37=60이므로 (가)는 $^{23}Na^{35}Cl$, (나)는 $^{23}Na^{37}Cl$이다.
- Cl의 평균 원자량이 35.5이므로 존재 비율은 $^{35}Cl > ^{37}Cl$이다.

O 보기 풀이 ㄱ. (가)는 $^{23}Na^{35}Cl$, (나)는 $^{23}Na^{37}Cl$이다. ^{23}Na의 중성자수는 (가)와 (나)가 같고, 중성자수는 질량수가 큰 ^{37}Cl가 ^{35}Cl보다 크므로 1 mol에 들어 있는 중성자수는 (나)>(가)이다.
따라서 $\frac{(나)\ 1\ mol에\ 들어\ 있는\ 중성자수}{(가)\ 1\ mol에\ 들어\ 있는\ 중성자수} > 1$이다.
ㄴ. (나)는 $^{23}Na^{37}Cl$이므로 화학식량 $x=23+37=60$이다.

× 매력적 오답 ㄷ. Cl의 평균 원자량이 35.5이므로 존재 비율은 ^{35}Cl가 ^{37}Cl보다 크다. 따라서 존재 비율도 (가)>(나)이고 $a>b$이다.

문제풀이 Tip

동위 원소는 양성자수는 같고 중성자수가 달라 질량수가 다른 것이며, 평균 원자량은 존재 비율과 원자량의 곱한 것과 관련이 있다는 것을 알아둔다. 이 문제에서는 ^{35}Cl, ^{37}Cl의 존재 비율이나 (가)와 (나) 1 mol에 들어 있는 중성자수를 계산할 필요없이 개념만으로 비교할 수 있다.

선택지 비율	① 9%	② 2%	❸ 78%	④ 2%	⑤ 7%

19 동위 원소와 평균 원자량

2020년 10월 교육청 8번 | 정답 ③ | 문제편 25p

출제 의도 동위 원소와 평균 원자량을 이해하는지 확인하는 문항이다.

문제 분석

다음은 구리(Cu)에 대한 자료이다.

- 자연계에 존재하는 구리의 동위 원소는 ^{63}Cu, ^{65}Cu 2가지이다. (중성자수가 다름)
- ^{63}Cu, ^{65}Cu의 원자량은 각각 62.9, 64.9이다.
- Cu의 평균 원자량은 63.5이다. 63에 가까우므로 ^{63}Cu가 ^{65}Cu보다 많음

이에 대한 옳은 설명만을 〈보기〉에서 있는 대로 고른 것은?

보기

ㄱ. 중성자수는 $^{65}Cu > ^{63}Cu$이다.

ㄴ. 자연계에 존재하는 비율은 $^{65}Cu > ^{63}Cu$이다.

ㄷ. $\frac{^{63}Cu\ 1\ g에\ 들어\ 있는\ 원자\ 수}{^{65}Cu\ 1\ g에\ 들어\ 있는\ 원자\ 수} > 1$이다. ^{63}Cu 1 g에 들어 있는 원자 수 > ^{65}Cu 1 g에 들어 있는 원자 수

① ㄱ ② ㄴ ③ ㄱ, ㄷ ④ ㄴ, ㄷ ⑤ ㄱ, ㄴ, ㄷ

✓ 자료 해석

- 동위 원소는 양성자수는 같으나 중성자수가 다른 원소이다.
- 평균 원자량은 동위 원소의 존재 비율을 고려하여 평균값으로 나타낸 것이다.
- 구리의 평균 원자량=(^{63}Cu의 원자량 × $\frac{존재\ 비율(\%)}{100}$)+(^{65}Cu의 원자량 × $\frac{존재\ 비율(\%)}{100}$)로 구한다.

O 보기 풀이 ㄱ. 동위 원소는 질량수가 클수록 중성자수가 크므로 중성자수는 $^{65}Cu > ^{63}Cu$이다.
ㄷ. 같은 질량에 들어 있는 원자 수는 원자량이 작을수록 크다. ^{65}Cu의 원자량 > ^{63}Cu의 원자량이므로 ^{63}Cu 1 g에 들어 있는 원자 수 > ^{65}Cu 1 g에 들어 있는 원자 수이다. 따라서 $\frac{^{63}Cu\ 1\ g에\ 들어\ 있는\ 원자\ 수}{^{65}Cu\ 1\ g에\ 들어\ 있는\ 원자\ 수} > 1$이다.

× 매력적 오답 ㄴ. Cu의 평균 원자량이 63.5로 ^{63}Cu의 원자량에 가까우므로 자연계에 존재하는 비율은 $^{63}Cu > ^{65}Cu$이다.

문제풀이 Tip

원자량은 원자 1 mol의 질량이므로 같은 질량에 들어 있는 원자 수는 원자량이 작은 쪽이 크다.

선택지 비율	❶ 67%	② 6%	③ 14%	④ 6%	⑤ 4%

20 동위 원소와 평균 원자량

2020년 7월 교육청 9번 | 정답 ① | 문제편 25p

(출제 의도) 동위 원소에서 양성자수, 중성자수, 질량수의 관계를 확인하고 평균 원자량을 구하는 문항이다.

(문제 분석)

표는 원자 (가)~(다)에 대한 자료이다. (가)~(다)는 $_4$Be 또는 $_5$B이며, ㉠은 양성자 수와 중성자 수 중 하나이다.

원자 (양성자수)	㉠ (중성자수)	질량수 (양성자수+중성자수)	존재 비율(%)
$_5$B (가) 5	5	10	20
$_4$Be (나) 4	5	b 4+5=9	100
$_5$B (다) 5	a 11−5=6	11	80

(가), (다): 합 100 ➡ 동위 원소

이에 대한 설명으로 옳은 것만을 〈보기〉에서 있는 대로 고른 것은? (단, 원자량은 질량수와 같다.)

보기

ㄱ. $a+b=15$이다.

ㄴ. $_5$B의 평균 원자량은 9이다. (10.8)

ㄷ. $\frac{㉠}{\text{전자 수}}$은 (다)>(나)이다. (<) (다) $\frac{6}{5}$, (나) $\frac{5}{4}$

① ㄱ ② ㄴ ③ ㄱ, ㄷ ④ ㄴ, ㄷ ⑤ ㄱ, ㄴ, ㄷ

✓ 자료 해석

- 원자는 양성자수=전자 수이다.
- 질량수=양성자수+중성자수이다.
- 동위 원소는 양성자수(원자 번호)는 같고 중성자수가 달라 질량수가 다르다.
- 평균 원자량은 (동위 원소의 원자량×동위 원소의 존재 비율)의 합으로 계산한다.
- (나)의 존재 비율이 100 %이므로 (가)와 (나)는 다른 원소이고, ㉠은 중성자수이다.
- (가)의 중성자수는 5, 질량수는 10이므로 양성자수는 10−5=5이다.
- (가)와 (다)는 동위 원소이므로 양성자수가 5로 같고, (다)의 중성자수=질량수−양성자수=11−5=6이다.

○ 보기풀이 ㄱ. (나)의 질량수(b)=양성자수+중성자수=4+5=9이다. (다)의 중성자수(a)=질량수−양성자수=11−5=6이다. 따라서 $a+b=15$이다.

× 매력적 오답 ㄴ. B의 평균 원자량=(10×0.2)+(11×0.8)=10.8이다.

ㄷ. ㉠은 중성자수이고 원자는 양성자수=전자 수이므로 $\frac{\text{중성자수}}{\text{전자 수}}\left(=\frac{\text{중성자수}}{\text{양성자수}}\right)$는 (나)가 $\frac{5}{4}$, (다)가 $\frac{6}{5}$이고 (나)>(다)이다.

문제풀이 Tip

(가)와 (다)의 존재 비율의 합은 100 %이므로 (가)와 (다)는 동위 원소이다. (가)와 (나)는 동위 원소가 아니므로 ㉠은 양성자수가 아니고 중성자수이다.

선택지 비율	① 19%	② 4%	❸ 65%	④ 5%	⑤ 5%

21 동위 원소와 평균 원자량

2020년 4월 교육청 9번 | 정답 ③ | 문제편 25p

(출제 의도) 동위 원소에서 평균 원자량과 중성자수를 구하는 문항이다.

(문제 분석)

표는 원자 (가)~(다)에 대한 자료이다. (가)~(다)는 각각 ^{m}X, ^{n}X, ^{l}Y 중 하나이고, X의 평균 원자량은 63.6이며 원자량은 ^{m}X>^{n}X이다.

원자	(가) ^{n}X	(나) ^{l}Y	(다) ^{m}X
원자량	63	64	65
중성자 수	a	a	b

(가)와 (다): 동위 원소 / (가)와 (나): 동위 원소 아님

이에 대한 설명으로 옳은 것만을 〈보기〉에서 있는 대로 고른 것은? (단, X와 Y는 임의의 원소 기호이고, 자연계에서 X의 동위 원소는 ^{m}X와 ^{n}X만 존재한다고 가정한다.) [3점]

보기

ㄱ. (가)는 ^{n}X이다.

ㄴ. 전자 수는 (나)와 (다)가 같다. (나)와 (다)의 양성자수는 다름

ㄷ. X의 동위 원소 중 ^{m}X의 존재 비율은 30%이다.

① ㄱ ② ㄴ ③ ㄱ, ㄷ ④ ㄴ, ㄷ ⑤ ㄱ, ㄴ, ㄷ

✓ 자료 해석

- 원자는 양성자수=전자 수이다.
- 질량수=양성자수+중성자수이다.
- 동위 원소는 양성자수(원자 번호)는 같고 중성자수가 달라 질량수가 다르다.
- 평균 원자량은 자연계에 존재하는 동위 원소의 존재 비율을 고려하여 평균값으로 나타낸 원자량이다.
- 동위 원소는 양성자수는 같고 중성자수가 서로 다르므로 X의 동위 원소는 (가)와 (다)이거나 (나)와 (다)이다.
- X의 평균 원자량이 63.6이므로 동위 원소는 (가)와 (다)이다.
- 원자량은 ^{m}X>^{n}X이므로 (가)는 ^{n}X, (다)는 ^{m}X이다.

○ 보기풀이 ㄱ. (가)~(다)는 각각 ^{n}X, ^{l}Y, ^{m}X이다.

ㄷ. ^{n}X와 ^{m}X의 존재 비율(%)을 각각 $100-x$, x라고 할 때,

$63.6=\frac{63\times(100-x)+65\times x}{100}$이므로 $x=30$이다.

× 매력적 오답 ㄴ. 원자에서 양성자수=전자 수이고, (나)와 (다)는 동위 원소가 아니므로 양성자수가 달라 전자 수가 서로 다르다.

문제풀이 Tip

X의 평균 원자량이 63.6이므로 동위 원소는 (가)를 포함하고, 동위 원소는 중성자수가 다르다는 것이 핵심이다.

02 현대적 원자 모형과 전자 배치

선택지 비율	① 2%	② 2%	③ 8%	④ 9%	⑤ 79%

1 현대적 원자 모형과 전자 배치

2024년 10월 교육청 7번 | 정답 ⑤ | 문제편 28 p

출제 의도 전자 배치에서 전자가 들어 있는 오비탈 수를 이용하여 원자를 판단할 수 있는지 묻는 문항이다.

문제 분석

표는 원자 번호가 20 이하인 원소 A~D의 이온의 바닥상태 전자 배치에 대한 자료이다. A~D의 이온은 모두 18족 원소의 전자 배치를 갖는다.

	Li^{+}	F^{-}	K^{+}	Cl^{-}
이온	A^{+}	B^{-}	C^{+}	D^{-}
$\frac{\text{전자가 들어 있는 } p \text{ 오비탈 수}}{\text{전자가 들어 있는 } s \text{ 오비탈 수}}$	0 $\frac{0}{1}$	$\frac{3}{2}$ $\frac{3}{2}$	2 $\frac{6}{3}$	2 $\frac{6}{3}$
전자 배치가 같은 18족 원소	He	Ne	Ar	Ar

A~D에 대한 옳은 설명만을 〈보기〉에서 있는 대로 고른 것은? (단, A~D는 임의의 원소 기호이다.)

보기
ㄱ. C는 칼륨(K)이다.
ㄴ. 2주기 원소는 2가지이다. A(Li), B(F)
ㄷ. 전기 음성도는 B>D이다. B(F)>D(Cl)

① ㄱ ② ㄴ ③ ㄱ, ㄷ ④ ㄴ, ㄷ ⑤ ㄱ, ㄴ, ㄷ

자료 해석

- A~D의 이온은 모두 18족 원소의 전자 배치를 가지므로 A~D의 이온의 전자 배치는 He, Ne, Ar 중 하나와 같다.
- He, Ne, Ar의 $\frac{\text{전자가 들어 있는 } p \text{ 오비탈 수}}{\text{전자가 들어 있는 } s \text{ 오비탈 수}}$는 각각 0, $\frac{3}{2}$, 2이므로 A^{+}은 He과 전자 배치가 같고, B^{-}은 Ne과 전자 배치가 같으며, C^{+}과 D^{-}은 모두 Ar과 전자 배치가 같다.
- A의 이온은 +1가 양이온이므로 A는 Li이고, B의 이온은 −1가 음이온이므로 B는 F이며, C의 이온은 +1가 양이온이므로 C는 K이고, D의 이온은 −1가 음이온이므로 D는 Cl이다.
- A~D는 각각 Li, F, K, Cl이다.

보기 풀이 ㄱ. C는 칼륨(K)이다.
ㄴ. A~D 중 2주기 원소는 A(Li), B(F) 2가지이다.
ㄷ. 같은 족에서는 원자 번호가 클수록 전기 음성도가 작으므로 전기 음성도는 B(F)>D(Cl)이다.

문제풀이 Tip

모든 원소 중 전기 음성도가 가장 큰 원소는 F이다. B(F)의 전기 음성도가 가장 크므로 전기 음성도는 B>D이다.
각 원자가 18족 원소의 전자 배치를 갖는 이온이 될 때, 원자의 족에 따라 이온의 전하가 결정된다. 1족은 +1, 2족은 +2, 13족은 +3, 15족은 −3, 16족은 −2, 17족은 −1이다.

선택지 비율	① 2%	❷ 83%	③ 5%	④ 7%	⑤ 3%

2 현대적 원자 모형과 양자수

2024년 10월 교육청 10번 | 정답 ② | 문제편 28p

출제 의도 바닥상태 질소 원자에서 전자가 들어 있는 오비탈의 양자수를 비교하고 분석할 수 있는지 묻는 문항이다.

문제 분석

표는 바닥상태 질소(N) 원자에서 전자가 들어 있는 오비탈 (가)~(다)에 대한 자료이다. n은 주 양자수, l은 방위(부) 양자수, m_l은 자기 양자수이다.

($1s^22s^22p^3$ / $1s, 2s, 2p(m_l=-1, 0, +1)$)

오비탈	(가) $2p(m_l=-1)$	(나) $2s(m_l=0)$	(다) $2p(m_l=0)$
$n+l$	$2+1$ x 3	$2+0$	$2+1$ x 3
$n-l$	$2-1$	$2-0$ $x-1$ $3-1$	$2-1$ ㉠
$n+m_l$	$2-1$ $x-2$ $3-2$	$2+0$	$2+0$ $x-1$ $3-1$

이에 대한 옳은 설명만을 〈보기〉에서 있는 대로 고른 것은?

보기

ㄱ. (가)에 들어 있는 전자 수는 ~~2~~(1)이다. (가)는 $m_l=-1$인 $2p$

ㄴ. '~~$x-1$~~($x-2$)'은 ㉠으로 적절하다. ㉠은 $2-1=1$

ㄷ. m_l는 (나)와 (다)가 같다. (나)와 (다)의 $m_l=0$

① ㄱ ② ㄷ ③ ㄱ, ㄴ ④ ㄴ, ㄷ ⑤ ㄱ, ㄴ, ㄷ

✓ 자료 해석

- 주 양자수(n)는 1, 2, 3 등의 정숫값을 가지고, 방위(부) 양자수(l)는 $0 \le l \le n-1$의 정숫값을 가지며, 자기 양자수(m_l)는 $-l \le m_l \le +l$의 정숫값을 갖는다.
- 바닥상태 질소 원자의 전자 배치는 $1s^22s^22p^3$이다.

오비탈	$1s$	$2s$	$2p$ ($m_l=+1$)	$2p$ ($m_l=0$)	$2p$ ($m_l=-1$)
$n+l$	1	2	3	3	3
$n-l$	1	2	1	1	1
$n+m_l$	1	2	3	2	1

- (가)와 (다)의 $n+l$가 x로 같으므로 $x=3$이고, (가)와 (다)는 각각 $m_l=-1, 0, +1$인 $2p$ 오비탈 중 하나이다.
- $x=3$이므로 (나)는 $n-l=2$인 $2s$ 오비탈이고, (가)의 $n+m_l=1$이므로 (가)는 $m_l=-1$인 $2p$ 오비탈이다.
- (다)의 $n+m_l=2$이므로 (다)는 $m_l=0$인 $2p$ 오비탈이다.

○ 보기 풀이 ㄷ. (나)는 $2s$ 오비탈로 $m_l=0$이고, (다)는 $m_l=0$인 $2p$ 오비탈이므로 m_l는 (나)와 (다)가 같다.

× 매력적 오답 ㄱ. (가)는 $m_l=-1$인 $2p$ 오비탈로 질소 원자에서 (가)에 들어 있는 전자 수는 1이다.

ㄴ. (다)는 $m_l=0$인 $2p$ 오비탈로 $n-l=1$이다. $x=3$이므로 ㉠으로는 '$x-2$'가 적절하다.

문제풀이 Tip

$2p$ 오비탈에는 m_l가 $-1, 0, +1$인 3가지 오비탈이 있음에 유의한다. 양자수와 관련하여 오비탈이나 전자의 $n+l, n-l, n+m_l, l+m_l$에 대해 연습해둔다.

Part I 교육청

선택지 비율	① 15%	② 3%	❸ 69%	④ 10%	⑤ 3%

3 현대적 원자 모형과 전자 배치

2024년 7월 교육청 3번 | 정답 ③ | 문제편 28 p

출제 의도 바닥상태에서 홀전자 수, p 오비탈에 들어 있는 전자 수, 전자가 2개 들어 있는 오비탈 수를 이용하여 원자의 종류를 판단할 수 있는지 묻는 문항이다.

문제 분석

다음은 2, 3주기 14～16족 바닥상태 원자 X～Z에 대한 자료이다. (C, N, O, Si, P, S)

- X～Z는 서로 다른 원소이다.
- $\frac{\text{홀전자 수}}{p\text{ 오비탈에 들어 있는 전자 수}}$의 비는 X : Y=2 : 3이다. (P $\frac{3}{9}$, O $\frac{2}{4}$)
- 전자가 2개 들어 있는 오비탈 수는 Z가 Y의 2배이다. (Si 6, O 3)

이에 대한 설명으로 옳은 것만을 〈보기〉에서 있는 대로 고른 것은? (단, X～Z는 임의의 원소 기호이다.) [3점]

보기
ㄱ. 원자가 전자 수는 Y＞X이다. O(6)＞P(5)
ㄴ. Y와 Z는 같은 주기 원소이다. Y(O) 2주기, Z(Si) 3주기
ㄷ. 원자가 전자가 느끼는 유효 핵전하는 X＞Z이다. 원자 번호 X(P)＞Z(Si) 같은 주기에서 원자 번호가 클수록 큼

① ㄱ ② ㄴ ③ ㄱ, ㄷ ④ ㄴ, ㄷ ⑤ ㄱ, ㄴ, ㄷ

✓ 자료 해석

- 2, 3주기 14～16족 바닥상태 원자의 $\frac{\text{홀전자 수}}{p\text{ 오비탈에 들어 있는 전자 수}}$와 전자가 2개 들어 있는 오비탈 수

원자	C	N	O	Si	P	S
$\frac{\text{홀전자 수}}{p\text{ 오비탈에 들어 있는 전자 수}}$	$\frac{2}{2}$	$\frac{3}{3}$	$\frac{2}{4}$	$\frac{2}{8}$	$\frac{3}{9}$	$\frac{2}{10}$
전자가 2개 들어 있는 오비탈 수	2	2	3	6	6	7

- $\frac{\text{홀전자 수}}{p\text{ 오비탈에 들어 있는 전자 수}}$비가 X : Y=2 : 3이므로 X, Y는 각각 P, O이다.
- Y(O)의 전자가 2개 들어 있는 오비탈 수가 3이므로 Z는 전자가 2개 들어 있는 오비탈 수가 6이다. 따라서 Z는 Si이다.

○ 보기 풀이 ㄱ. X(P), Y(O)의 원자가 전자 수는 각각 5, 6으로 Y＞X이다.
ㄷ. 같은 주기에서는 원자 번호가 클수록 원자가 전자가 느끼는 유효 핵전하가 크므로 원자가 전자가 느끼는 유효 핵전하는 X(P)＞Z(Si)이다.

× 매력적 오답 ㄴ. Y(O), Z(Si)의 주기는 각각 2, 3으로 서로 다르다.

문제풀이 Tip
2, 3주기 바닥상태 원자의 홀전자 수, s와 p 오비탈에 들어 있는 전자 수, 전자가 2개 들어 있는 오비탈 수는 정리해 두면 좋다.

선택지 비율	① 12%	② 10%	③ 14%	④ 12%	❺ 52%

4 현대적 원자 모형과 전자 배치

2024년 7월 교육청 11번 | 정답 ⑤ | 문제편 28 p

출제 의도 바닥상태 원자의 전자 배치와 오비탈의 양자수를 이해하는지 묻는 문항이다.

문제 분석

표는 2, 3주기 바닥상태 원자 A～C에 대한 자료이다. n은 주 양자수, l은 방위(부) 양자수, m_l은 자기 양자수이다.

원자	A Al	B Ne	C Cl
($2s$, $3p$) $n-l=2$인 오비탈에 들어 있는 전자 수	3 (2+1)	x (2+0)	7 (2+5)
($2p$, $3s$) $n+l=3$인 오비탈에 들어 있는 전자 수	8 (6+2=8)	6 (6+0)	8 (6+2=8)

이에 대한 설명으로 옳은 것만을 〈보기〉에서 있는 대로 고른 것은? (단, A～C는 임의의 원소 기호이다.) [3점]

보기
ㄱ. $x=2$이다. $2s$에 2, $3p$에 0
ㄴ. 전자가 들어 있는 s 오비탈 수는 A와 C가 같다. Al(3), Cl(3)
ㄷ. B에서 전자가 들어 있는 오비탈 중 $l+m_l=2$인 오비탈이 있다. Ne : $1s^22s^22p^6$ ($2p(m_l=+1)$에 2개)

① ㄱ ② ㄷ ③ ㄱ, ㄴ ④ ㄴ, ㄷ ⑤ ㄱ, ㄴ, ㄷ

✓ 자료 해석

- 2, 3주기 바닥상태 원자에서 $n-l=2$인 오비탈은 $2s$, $3p$이다.
- 2, 3주기 바닥상태 원자에서 $n+l=3$인 오비탈은 $2p$, $3s$이다.
- A의 $n-l=2$인 오비탈에 들어 있는 전자 수가 3이므로 A는 $2s$ 오비탈의 전자 수가 2이고, $3p$ 오비탈의 전자 수가 1인 Al이다.
- C의 $n-l=2$인 오비탈에 들어 있는 전자 수가 7이므로 C는 $2s$ 오비탈의 전자 수가 2이고, $3p$ 오비탈의 전자 수가 5인 Cl이다.
- B의 $n+l=3$인 오비탈에 들어 있는 전자 수가 6이므로 B는 $2p$ 오비탈의 전자 수가 6인 Ne이다.

○ 보기 풀이 ㄱ. B(Ne)는 $2s$ 오비탈의 전자 수가 2이고, $3p$ 오비탈에는 전자가 들어 있지 않으므로 $n-l=2$인 오비탈에 들어 있는 전자 수(x)가 2이다.
ㄴ. A(Al), C(Cl)의 전자가 들어 있는 s 오비탈은 모두 $1s$, $2s$, $3s$ 오비탈로 같다.
Al : $1s^22s^22p^63s^23p^1$
Cl : $1s^22s^22p^63s^23p^5$
ㄷ. 2, 3주기 바닥상태 원자에서 전자가 들어 있는 오비탈 중 $l+m_l=2$인 오비탈은 $m_l=+1$인 $2p$ 오비탈과 $m_l=+1$인 $3p$ 오비탈이다. B(Ne)의 전자 배치는 $1s^22s^22p^6$이므로 $m_l=+1$인 $2p$ 오비탈에 전자가 2개 들어 있다.

문제풀이 Tip
주 양자수와 방위(부) 양자수의 합($n+l$)과 차($n-l$)는 자주 출제되므로 몇 가지 오비탈의 $n+l$, $n-l$ 등은 외워 두는 것이 좋다.

선택지 비율	① 7%	② 6%	③ 9%	④ 10%	⑤ 68%

5 현대적 원자 모형과 전자 배치

2024년 5월 교육청 13번 | 정답 ⑤ | 문제편 29 p

(출제 의도) 전자가 들어 있는 오비탈 수와 홀전자 수를 이용하여 원자의 종류를 판단할 수 있는지 묻는 문항이다.

(문제 분석)

표는 바닥상태 원자 X~Z에 대한 자료이다. X~Z는 각각 2, 3주기 13~15족 원자 중 하나이다. B, C, N, Al, Si, P

원자	X Al	Y Si	Z C
$\frac{\text{전자가 들어 있는 }p\text{ 오비탈 수}}{\text{전자가 2개 들어 있는 오비탈 수}}$ (상댓값)	4 $\frac{4}{6}$	5 $\frac{5}{6}$	6 $\frac{2}{2}$
홀전자 수	㉠ 1	2	2

14족 ➡ C, Si 중 하나

이에 대한 설명으로 옳은 것만을 〈보기〉에서 있는 대로 고른 것은? (단, X~Z는 임의의 원소 기호이다.) [3점]

보기

ㄱ. ㉠=1이다. Al : $1s^2 2s^2 2p^6 3s^2 3p^1$

ㄴ. X~Z 중 원자 번호는 Y가 가장 크다. Y(14)>X(13)>Z(6)

ㄷ. 원자 반지름은 X>Z이다. X(Al)>Z(C) 3주기 13족 2주기 14족

① ㄱ ② ㄷ ③ ㄱ, ㄴ ④ ㄴ, ㄷ ⑤ ㄱ, ㄴ, ㄷ

✓ 자료 해석

• 2, 3주기 13~15족 바닥상태 원자의 $\frac{\text{전자가 들어 있는 }p\text{ 오비탈 수}}{\text{전자가 2개 들어 있는 오비탈 수}}$와 홀전자 수

원자	B	C	N	Al	Si	P
$\frac{\text{전자가 들어 있는 }p\text{ 오비탈 수}}{\text{전자가 2개 들어 있는 오비탈 수}}$	$\frac{1}{2}$	$\frac{2}{2}$	$\frac{3}{2}$	$\frac{4}{6}$	$\frac{5}{6}$	$\frac{6}{6}$
홀전자 수	1	2	3	1	2	3

• 바닥상태 원자 Z의 홀전자 수가 2이므로 Z는 14족 원소인 C, Si 중 하나이다.

• C, Si의 $\frac{\text{전자가 들어 있는 }p\text{ 오비탈 수}}{\text{전자가 2개 들어 있는 오비탈 수}}$는 각각 1, $\frac{5}{6}$인데, 자료에서 $\frac{\text{전자가 들어 있는 }p\text{ 오비탈 수}}{\text{전자가 2개 들어 있는 오비탈 수}}$의 비는 X : Y : Z=4 : 5 : 6이므로 X는 Al, Y는 Si, Z는 C이다.

보기 풀이 ㄱ. X(Al)의 홀전자 수는 1이므로 ㉠=1이다.

ㄴ. X~Z의 원자 번호는 각각 13, 14, 6으로 Y(Si)가 가장 크다.

ㄷ. 주기율표에서 왼쪽, 아래쪽으로 갈수록 원자 반지름이 증가하므로 원자 반지름은 X(Al)>Z(C)이다.

문제풀이 Tip

$\frac{\text{전자가 들어 있는 }p\text{ 오비탈 수}}{\text{전자가 2개 들어 있는 오비탈 수}}$의 비는 B : C : N : Al : Si : P=3 : 6 : 9 : 4 : 5 : 6이다. 자료에서 $\frac{\text{전자가 들어 있는 }p\text{ 오비탈 수}}{\text{전자가 2개 들어 있는 오비탈 수}}$의 비는 X : Y : Z =4 : 5 : 6이므로 X는 Al, Y는 Si이다. Z는 C, P 중 하나인데, 홀전자 수가 2이므로 C이다.

선택지 비율	① 3%	② 10%	③ 63%	④ 20%	⑤ 4%

6 현대적 원자 모형과 전자 배치

2024년 5월 교육청 16번 | 정답 ③ | 문제편 29 p

(출제 의도) 바닥상태 원자의 전자 배치와 오비탈의 양자수를 이해하고 있는지 묻는 문항이다.

(문제 분석)

다음은 바닥상태 원자 X에 대한 자료이다. n은 주 양자수, l은 방위(부) 양자수이다. Al(3주기 13족)

• $n=x$인 오비탈에 들어 있는 전자 수는 3이다. (x=3, 3s, 3p, 13족, 2+1) $1s^2 2s^2 2p^6 3s^2 3p^1$

• $l=y$인 오비탈에 들어 있는 전자 수는 6이다. (y=0, 1s, 2s, 3s, 2+2+2)

$x+y$는? (단, X는 임의의 원소 기호이다.) [3점]

① 1 ② 2 ③ 3 ④ 4 ⑤ 5

✓ 자료 해석

• $l=0$인 오비탈은 s 오비탈이고, $l=1$인 오비탈은 p 오비탈이다.

• X는 $n=x$인 오비탈에 들어 있는 전자 수가 3이므로 13족 원소이다.

보기 풀이 X는 13족 원소이고, 13족 원소 중 B는 $l=y$인 오비탈에 들어 있는 전자 수가 6이 될 수 없다. Al은 $l=0$인 s 오비탈에 들어 있는 전자 수가 6이므로 X는 Al이다. 따라서 $x=3$이고, $y=0$이므로 $x+y=3$이다.

문제풀이 Tip

$l=0$인 s 오비탈에 들어 있는 전자 수가 6인 원자는 3주기 2, 13~18족이고, $l=1$인 p 오비탈에 들어 있는 전자 수가 6인 원자는 Ne, Na, Mg이다. X는 13족 원소이므로 3주기 13족 원소인 Al이고, $y=0$이다.

선택지 비율	① 7%	② 7%	③ 15%	④ 10%	❺ 61%

7 현대적 원자 모형과 전자 배치

2024년 3월 교육청 7번 | 정답 ⑤ | 문제편 29 p

출제 의도 바닥상태에서 s 오비탈과 p 오비탈에 들어 있는 전자 수의 비, 홀전자 수를 이용하여 원자를 판단할 수 있는지 묻는 문항이다.

문제 분석

표는 2, 3주기 바닥상태 원자 X～Z에 대한 자료이다.

원자	X O	Y F	Z P
$\frac{p \text{ 오비탈에 들어 있는 전자 수}}{s \text{ 오비탈에 들어 있는 전자 수}}$	1 $\frac{4}{4}$	$\frac{5}{4}$	$\frac{3}{2}$ $\frac{9}{6}$
홀전자 수	a 2	$a-1$ 2−1	$a+1$ 2+1

이에 대한 옳은 설명만을 〈보기〉에서 있는 대로 고른 것은? (단, X～Z는 임의의 원소 기호이다.) [3점]

보기

ㄱ. $a=2$이다. Y는 F ➡ $a-1=1$, $a=2$

ㄴ. 원자가 전자 수는 X>Z이다. O(6)>P(5)

ㄷ. 전자가 들어 있는 오비탈 수는 Z>Y이다. P(9)>F(5)

① ㄱ ② ㄴ ③ ㄱ, ㄷ ④ ㄴ, ㄷ ⑤ ㄱ, ㄴ, ㄷ

✓ 자료 해석

• 2, 3주기 바닥상태 원자의 p 오비탈과 s 오비탈에 들어 있는 전자 수

2주기	Li	Be	B	C	N	O	F	Ne
p 오비탈	0	0	1	2	3	4	5	6
s 오비탈	3	4	4	4	4	4	4	4
3주기	Na	Mg	Al	Si	P	S	Cl	Ar
p 오비탈	6	6	7	8	9	10	11	12
s 오비탈	5	6	6	6	6	6	6	6

• X는 $\frac{p \text{ 오비탈에 들어 있는 전자 수}}{s \text{ 오비탈에 들어 있는 전자 수}}=1$이므로 O, Mg 중 하나이고, Y는 $\frac{p \text{ 오비탈에 들어 있는 전자 수}}{s \text{ 오비탈에 들어 있는 전자 수}}=\frac{5}{4}$이므로 F인데 Y(F)의 홀전자 수가 1이므로 $a=2$이다.

• $a=2$이므로 X는 홀전자 수가 2인 O이다.

• Z는 $\frac{p \text{ 오비탈에 들어 있는 전자 수}}{s \text{ 오비탈에 들어 있는 전자 수}}=\frac{3}{2}$이고, 홀전자 수가 3이므로 P이다.

• X～Z는 각각 O, F, P이다.

○ 보기 풀이 ㄱ. $a=2$이다.

ㄴ. X(O), Z(P)의 원자가 전자 수는 각각 6, 5이므로 X>Z이다.

ㄷ. Y(F), Z(P)의 전자가 들어 있는 오비탈 수는 각각 5, 9이므로 Z>Y이다.

문제풀이 Tip

X는 $\frac{p \text{ 오비탈에 들어 있는 전자 수}}{s \text{ 오비탈에 들어 있는 전자 수}}=1$이므로 O, Mg 중 하나이고 a는 0 또는 2가 가능하다. $a=0$이면 Y의 홀전자 수($a-1$)가 음수가 되므로 $a=2$이다.

선택지 비율	❶ 44%	② 12%	③ 23%	④ 12%	⑤ 9%

8 현대적 원자 모형과 양자수

2024년 3월 교육청 13번 | 정답 ① | 문제편 29 p

출제 의도 양자수를 비교하고 분석할 수 있는지 묻는 문항이다.

문제 분석

표는 바닥상태 질소(N) 원자의 전자 배치에서 전자가 들어 있는 오비탈 (가)～(라)에 대한 자료이다. n은 주 양자수, l은 방위(부) 양자수, m_l은 자기 양자수이다.

($1s^2 2s^2 2p^3$ / $1s, 2s, 2p(m_l=-1, 0, +1)$)

오비탈	(가) 1s	(나) 2p($m_l=-1$)	(다) 2p($m_l=+1$)	(라) 2s
$n+l$	1 1+0	3 2+1	3 2+1	x 2+0
$\frac{2l+m_l+1}{n}$	1 $\frac{0+0+1}{1}$	1 $\frac{2+m_l+1}{2}$ ➡ $m_l=-1$	x $2=\frac{2+m_l+1}{2}$ ➡ $m_l=+1$	$\frac{1}{2}$ $\frac{0+0+1}{2}$

이에 대한 옳은 설명만을 〈보기〉에서 있는 대로 고른 것은? [3점]

보기

ㄱ. $x=2$이다. (라)는 2s

ㄴ. m_l는 (가)와 (다)가 ~~같다.~~ (가) 0, (다) +1

ㄷ. 에너지 준위는 (나)와 (라)가 ~~같다.~~ 2p>2s

① ㄱ ② ㄴ ③ ㄱ, ㄷ ④ ㄴ, ㄷ ⑤ ㄱ, ㄴ, ㄷ

✓ 자료 해석

• 바닥상태 질소(N)의 전자 배치는 $1s^2 2s^2 2p^3$이므로 전자가 들어 있는 오비탈은 1s, 2s, 2p($m_l=-1, 0, +1$)이며, 각 오비탈에 들어 있는 전자의 $n+l$는 각각 1, 2, 3이다.

• (가)는 $n+l=1$이므로 1s이다.

• (나)는 $n+l=3$이므로 2p 중 하나인데, $\frac{2l+m_l+1}{n}=1$이므로 (나)는 $m_l=-1$인 2p이다.

• (라)는 $\frac{2l+m_l+1}{n}=\frac{1}{2}$이므로 2s이며, $n+l=2$이므로 $x=2$이다.

• (다)는 2p 중 하나이고, $x=2$이므로 $\frac{2+m_l+1}{2}=2$이며, $m_l=+1$인 2p이다.

○ 보기 풀이 ㄱ. $x=2$이다.

✕ 매력적 오답 ㄴ. (가)와 (다)의 m_l는 각각 0, +1로 서로 다르다.

ㄷ. (나)와 (라)는 각각 2p, 2s이므로 에너지 준위는 (나)>(라)이다.

문제풀이 Tip

2p의 $n=2$, $l=1$이고 m_l는 −1, 0, +1 중 하나이므로 $\frac{2l+m_l+1}{n}$은 각각 1, $\frac{3}{2}$, 2 중 하나이다.

선택지 비율	❶ 71%	② 5%	③ 16%	④ 4%	⑤ 4%

9 현대적 원자 모형과 전자 배치

2023년 10월 교육청 2번 | 정답 ① | 문제편 30p

출제 의도 전자 배치의 규칙을 알고 바닥상태와 들뜬상태를 구별할 수 있는지 묻는 문항이다.

문제 분석

그림은 원자 X~Z의 전자 배치를 나타낸 것이다.

	1s	2s	2p			
C X	↑↓	↑↓	↑		↑	바닥상태
N Y	↑↓	↑↓	↑↓	↑		훈트 규칙 위배 ➡ 들뜬상태
O Z	↑↓	↑	↑↓	↑	↑↓	쌓음 원리 위배 ➡ 들뜬상태

X~Z에 대한 옳은 설명만을 〈보기〉에서 있는 대로 고른 것은? (단, X~Z는 임의의 원소 기호이다.)

보기

ㄱ. X의 전자 배치는 쌓음 원리를 만족한다. $1s<2s<2p$ 순서대로

ㄴ. Y의 전자 배치는 훈트 규칙을 ~~만족한다~~. $2p$에 홀전자 수 최대가 아님

ㄷ. 바닥상태 원자의 홀전자 수는 Z~~>~~Y이다. Z(O) 2, Y(N) 3 <

① ㄱ ② ㄷ ③ ㄱ, ㄴ ④ ㄴ, ㄷ ⑤ ㄱ, ㄴ, ㄷ

✓ 자료 해석

- 쌓음 원리 : 전자는 에너지 준위가 낮은 오비탈부터 순서대로 채워진다.
- 훈트 규칙 : 에너지 준위가 같은 오비탈이 여러 개 있을 때 쌍을 이루지 않는 전자(홀전자) 수가 최대가 되도록 전자가 채워진다.
- 파울리 배타 원리 : 1개의 오비탈에는 전자가 최대 2개까지 채워지며, 이 두 전자는 서로 다른 스핀 방향을 갖는다.
- X의 전자 배치는 쌓음 원리, 훈트 규칙, 파울리 배타 원리를 모두 만족하는 바닥상태의 전자 배치이다.
- Y의 전자 배치는 쌓음 원리와 파울리 배타 원리를 만족하지만, 훈트 규칙을 만족하지 않는다.
- Z의 전자 배치는 쌓음 원리를 만족하지 않는다.
- X~Z의 전자 수는 각각 6, 7, 8이므로 X~Z는 각각 C, N, O이다.

○ 보기 풀이 ㄱ. X는 $1s$ 오비탈과 $2s$ 오비탈에 전자를 모두 채운 상태에서 $2p$ 오비탈에 전자가 들어 있으므로 쌓음 원리를 만족한다.

× 매력적 오답 ㄴ. Y의 전자 배치는 훈트 규칙을 만족하지 않으며, 훈트 규칙을 만족하기 위해서는 $2p$ 오비탈에 들어 있는 3개의 전자가 서로 다른 $2p$ 오비탈에 들어 있어야 한다.

ㄷ. 바닥상태 원자 Y(N), Z(O)의 홀전자 수는 각각 3, 2로 Y>Z이다.

문제풀이 Tip

쌓음 원리, 훈트 규칙, 파울리 배타 원리를 알고 바닥상태와 들뜬상태를 판단할 수 있어야 한다.

선택지 비율	① 4%	② 5%	③ 10%	❹ 63%	⑤ 18%

10 현대적 원자 모형과 양자수

2023년 10월 교육청 13번 | 정답 ④ | 문제편 30p

출제 의도 양자수와 오비탈의 종류 및 특성을 이해하는지 묻는 문항이다.

문제 분석

표는 수소 원자의 오비탈 (가)~(다)에 대한 자료이다. n은 주 양자수, l은 방위(부) 양자수, m_l은 자기 양자수이다.

오비탈	$n+l$ ≥1	$n+m_l$	$l+m_l$
$1s$ (가)	$1+0$ a	$1+0=1$	0 $0+0=0$
$2p$ (나)	$2+1$ $4-a$	$2+1=3$	2 $1+1=2$
$3p$ (다)	$3+1$ $5-a$	2 $3-1=2$	$1-1=0$

$1\leq a\leq3$

이에 대한 옳은 설명만을 〈보기〉에서 있는 대로 고른 것은?

보기

ㄱ. $a=2$이다. (1)

ㄴ. (가)의 모양은 구형이다. (가)는 $1s$

ㄷ. 에너지 준위는 (다)>(나)이다. ($3p$, $2p$)

① ㄱ ② ㄷ ③ ㄱ, ㄴ ④ ㄴ, ㄷ ⑤ ㄱ, ㄴ, ㄷ

✓ 자료 해석

- 수소 원자의 오비탈에서 $n+l\geq1$인데, (나)의 $n+l$이 $4-a$이므로 a는 1, 2, 3 중 하나이다.
- a가 2 또는 3일 때 (나)의 $n+l$은 2 또는 1인데, $n+l=1$인 오비탈은 $1s$, $n+l=2$인 오비탈은 $2s$이다. s 오비탈의 $l+m_l=0$이므로 자료와 맞지 않는다. 따라서 $a=1$이다.
- $a=1$이므로 (가)~(다)의 $n+l$은 각각 1, 3, 4이다. 따라서 (가)는 $1s$, (나)는 $2p$와 $3s$ 중 하나, (다)는 $3p$와 $4s$ 중 하나이다.
- (나)의 $l+m_l=2$이고, s 오비탈의 $l+m_l=0$이므로 (나)는 $2p$이며, $m_l=1$이다.
- (다)의 $n+m_l=2$인데, (다)가 $4s$라면 $n+m_l=4$가 되므로 이는 적절하지 않다. 따라서 (다)는 $3p$이고 $m_l=-1$이다.

○ 보기 풀이 ㄴ. (가)는 $1s$ 오비탈이므로 모양은 구형이다.

ㄷ. (나), (다)는 각각 $2p$, $3p$ 오비탈이다. 수소 원자에서 오비탈의 에너지 준위는 n이 클수록 크므로 에너지 준위는 (다)>(나)이다.

× 매력적 오답 ㄱ. $a=1$이다.

문제풀이 Tip

$1\leq a\leq3$이고 s 오비탈의 $l+m_l=0$이다. a가 2 또는 3일 때 (나)는 $1s$ 또는 $2s$가 가능한데, 자료에서 (나)의 $l+m_l=2$이므로 적절하지 않다.

Part I 교육청

선택지 비율	① 9%	② 5%	③ 8%	④ 8%	⑤ 71%

11 현대적 원자 모형과 전자 배치

2023년 10월 교육청 16번 | 정답 ⑤ | 문제편 30 p

출제 의도 바닥상태의 전자 배치를 이용하여 각 원자를 판단할 수 있는지를 묻는 문항이다.

문제 분석

그림은 바닥상태 원자 W~Z의 전자 배치에 대한 자료를 나타낸 것이다. W~Z는 각각 N, O, Na, Mg 중 하나이다.

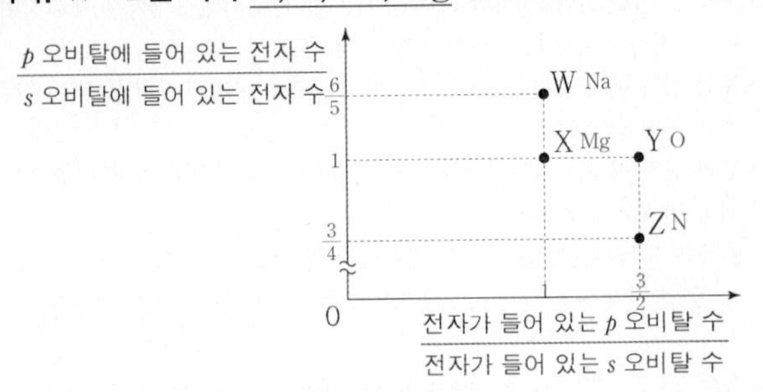

W~Z에 대한 옳은 설명만을 〈보기〉에서 있는 대로 고른 것은? [3점]

보기

ㄱ. 홀전자 수는 W>X이다. W(Na) 1, X(Mg) 0

ㄴ. 전자가 들어 있는 오비탈 수는 X>Y이다. X(Mg) 6, Y(O) 5

ㄷ. 원자가 전자가 느끼는 유효 핵전하는 Y>Z이다. (같은 주기에서 원자 번호가 클수록 큼) O N

① ㄱ ② ㄷ ③ ㄱ, ㄴ ④ ㄴ, ㄷ ⑤ ㄱ, ㄴ, ㄷ

✓ 자료 해석

• 바닥상태 원자 N, O, Na, Mg의 전자 배치에 대한 자료

원자	N	O	Na	Mg
$\frac{\text{전자가 들어 있는 } p\text{ 오비탈 수}}{\text{전자가 들어 있는 } s\text{ 오비탈 수}}$	$\frac{3}{2}$	$\frac{3}{2}$	$\frac{3}{3}$	$\frac{3}{3}$
$\frac{p\text{ 오비탈에 들어 있는 전자 수}}{s\text{ 오비탈에 들어 있는 전자 수}}$	$\frac{3}{4}$	$\frac{4}{4}$	$\frac{6}{5}$	$\frac{6}{6}$

• 바닥상태 원자 N, O, Na, Mg 중 $\frac{p\text{ 오비탈에 들어 있는 전자 수}}{s\text{ 오비탈에 들어 있는 전자 수}}$가 같은 원자는 O와 Mg으로 그 값이 각각 1이다. 따라서 X, Y는 각각 O, Mg 중 하나이다.

• O와 Mg의 $\frac{\text{전자가 들어 있는 } p\text{ 오비탈 수}}{\text{전자가 들어 있는 } s\text{ 오비탈 수}}$는 각각 $\frac{3}{2}$, $\frac{3}{3}$으로 O>Mg이므로 X, Y는 각각 Mg, O이다.

• Na과 Mg의 $\frac{\text{전자가 들어 있는 } p\text{ 오비탈 수}}{\text{전자가 들어 있는 } s\text{ 오비탈 수}}$는 같으므로 W는 Na이고, N와 O의 $\frac{\text{전자가 들어 있는 } p\text{ 오비탈 수}}{\text{전자가 들어 있는 } s\text{ 오비탈 수}}$는 같으므로 Z는 N이다.

O 보기 풀이 ㄱ. W(Na), X(Mg)의 홀전자 수는 각각 1, 0이므로 W(Na)>X(Mg)이다.

ㄴ. X(Mg), Y(O)의 전자가 들어 있는 오비탈 수는 각각 6, 5이므로 X(Mg)>Y(O)이다.

ㄷ. 같은 주기에서는 원자 번호가 클수록 원자가 전자가 느끼는 유효 핵전하가 크므로 원자가 전자가 느끼는 유효 핵전하는 Y(O)>Z(N)이다.

문제풀이 Tip

$\frac{\text{전자가 들어 있는 } p\text{ 오비탈 수}}{\text{전자가 들어 있는 } s\text{ 오비탈 수}}$는 N와 O가 같고, Na과 Mg이 같으며, O와 Mg의 $\frac{p\text{ 오비탈에 들어 있는 전자 수}}{s\text{ 오비탈에 들어 있는 전자 수}}$가 같다. $\frac{\text{전자가 들어 있는 } p\text{ 오비탈 수}}{\text{전자가 들어 있는 } s\text{ 오비탈 수}}$는 Mg<O이므로 W~Z는 각각 Na, Mg, O, N이다.

선택지 비율	❶ 80%	② 4%	③ 6%	④ 6%	⑤ 4%

12 현대적 원자 모형과 양자수

2023년 7월 교육청 4번 | 정답 ① | 문제편 30 p

출제 의도 양자수와 오비탈의 종류 및 성질을 알고 있는지 묻는 문항이다.

문제 분석

다음은 수소 원자의 오비탈 (가)~(다)에 대한 자료이다. n은 주 양자수이고, l은 방위(부) 양자수이다.

• (가)~(다)의 $n+l$

오비탈	(가) 3s	(나) 1s	(다) 2p
$n+l$	3	a 1+0	3

3s, 2p 중 하나 / 3s, 2p 중 하나

• (가)의 모양은 구형이다. s 오비탈 ➡ (가)는 3s, (다)는 2p

• 에너지 준위는 (가) > (다) > (나)이다. (3s, 2p, n=1 ➡ 1s)

이에 대한 설명으로 옳은 것만을 〈보기〉에서 있는 대로 고른 것은?

보기

ㄱ. (가)는 3s이다.

ㄴ. $a=2$이다. (1) (나)는 1s ➡ $a=1+0=1$

ㄷ. (다)의 l는 0이다. (1) (다)는 2p ➡ $l=1$

① ㄱ ② ㄴ ③ ㄱ, ㄷ ④ ㄴ, ㄷ ⑤ ㄱ, ㄴ, ㄷ

✓ 자료 해석

• (가)와 (다)는 $n+l=3$이므로 각각 3s, 2p 중 하나이다.

• (가)의 모양은 구형이므로 (가)는 3s이고, (다)는 2p이다.

• 수소 원자에서 오비탈의 에너지 준위는 주 양자수(n)가 클수록 큰데, 에너지 준위는 (가) > (다) > (나)이므로 (나)는 1s이다.

○ 보기풀이 ㄱ. (가)는 3s, (나)는 1s, (다)는 2p 오비탈이다.

× 매력적오답 ㄴ. (나)는 1s 오비탈이므로 $n+l=a=1+0=1$이다.

ㄷ. (다)는 2p 오비탈이므로 (다)의 l는 1이다.

문제풀이 Tip

주 양자수와 방위(부) 양자수의 합($n+l$)과 차($n-l$)는 자주 출제되므로 몇 가지 오비탈의 $n+l$, $n-l$ 등은 외워 두는 것이 좋다.

Part I

교육청

선택지 비율	① 3%	❷ 81%	③ 8%	④ 6%	⑤ 2%

13 현대적 원자 모형과 양자수

2023년 4월 교육청 5번 | 정답 ② | 문제편 31 p

출제 의도 방위(부) 양자수와 바닥상태 전자 배치를 이해하는지 묻는 문항이다.

문제 분석

다음은 바닥상태 원자 X와 Y에 대한 설명이다. l은 방위(부) 양자수이다.

• X(He)와 Y(H)는 같은 주기 원소이다.

• $l=0$인 오비탈(s)에 들어 있는 전자 수는 X(2)가 Y(1)의 2배이다.

1주기뿐

$\frac{X의\ 양성자수}{Y의\ 양성자수}$는? (단, X, Y는 임의의 원소 기호이다.) [3점]

① 1.5 ② 2 ③ 3 ④ 4 ⑤ 6

✓ 자료 해석

• $l=0$인 오비탈은 s 오비탈이다.

• 같은 주기이면서 s 오비탈에 들어 있는 전자 수가 2배가 되는 관계의 원소는 1주기인 H(Y)와 He(X)이다.

○ 보기풀이 X는 He, Y는 H이므로 $\frac{X의\ 양성자수}{Y의\ 양성자수}=\frac{2}{1}=2$이다.

문제풀이 Tip

s 오비탈에 들어 있는 전자 수가 2배인 조합은 (1, 2), (2, 4), (3, 6) 등인데, (2, 4)이면 (1주기, 2주기)이고 (3, 6)이면 (2주기, 3주기)로 주기가 다르다.

선택지 비율	① 5%	❷ 76%	③ 6%	④ 8%	⑤ 5%

14 현대적 원자 모형과 전자 배치

2023년 7월 교육청 8번 | 정답 ② | 문제편 31 p

출제 의도 바닥상태 전자 배치에서 홀전자 수, 오비탈에 들어 있는 전자 수를 이용하여 원자를 판단할 수 있는지 묻는 문항이다.

문제 분석

그림은 2, 3주기 원자 X~Z의 바닥상태 전자 배치에서 홀전자 수와 $\frac{\text{전자가 2개 들어 있는 오비탈 수}}{s\text{ 오비탈에 들어 있는 전자 수}}$를 나타낸 것이다.

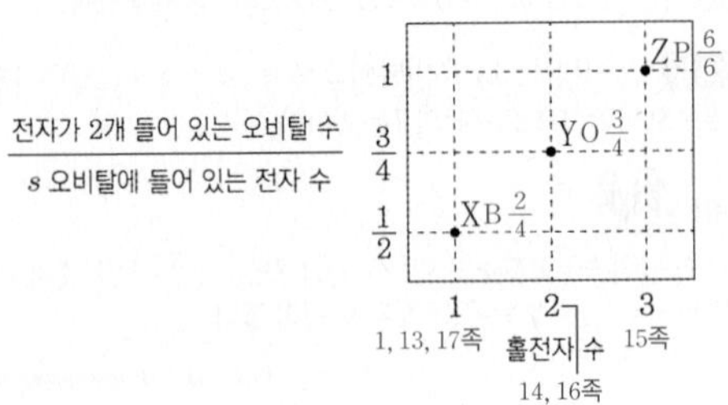

이에 대한 설명으로 옳은 것만을 〈보기〉에서 있는 대로 고른 것은? (단, X~Z는 임의의 원소 기호이다.) [3점]

〈보기〉

ㄱ. Y의 원자가 전자 수는 4이다. (6)
ㄴ. X와 Y는 같은 주기 원소이다. (2주기)
ㄷ. p 오비탈에 들어 있는 전자 수는 Z가 X의 3배이다. (9) Z(P) 9, X(B) 1

① ㄱ ② ㄴ ③ ㄱ, ㄷ ④ ㄴ, ㄷ ⑤ ㄱ, ㄴ, ㄷ

✓ 자료 해석

- 2, 3주기 바닥상태 원자에서 전자가 2개 들어 있는 오비탈 수와 s 오비탈에 들어 있는 전자 수

2주기	Li	Be	B	C	N	O	F	Ne
전자 2개	1	2	2	2	2	3	4	5
s 오비탈	3	4	4	4	4	4	4	4
3주기	Na	Mg	Al	Si	P	S	Cl	Ar
전자 2개	5	6	6	6	6	7	8	9
s 오비탈	5	6	6	6	6	6	6	6

- 홀전자 수가 1인 X는 1, 13, 17족 중 하나이고 $\frac{\text{전자가 2개 들어 있는 오비탈 수}}{s\text{ 오비탈에 들어 있는 전자 수}}=\frac{1}{2}$이므로 2주기 13족 원소인 B이다.
- 홀전자 수가 2인 Y는 14, 16족 중 하나이고 $\frac{\text{전자가 2개 들어 있는 오비탈 수}}{s\text{ 오비탈에 들어 있는 전자 수}}=\frac{3}{4}$이므로 2주기 16족 원소인 O이다.
- 홀전자 수가 3인 Z는 15족 원소이고 $\frac{\text{전자가 2개 들어 있는 오비탈 수}}{s\text{ 오비탈에 들어 있는 전자 수}}=1$이므로 3주기 15족 원소인 P이다.

○ 보기 풀이 ㄴ. X(B)와 Y(O)는 2주기 원소이다.

× 매력적 오답 ㄱ. Y(O)의 원자가 전자 수는 6이다.
ㄷ. p 오비탈에 들어 있는 전자 수는 Z(P)가 9, X(B)가 1이므로 Z가 X의 9배이다.

문제풀이 Tip

전자가 2개 들어 있는 오비탈 수, 홀전자 수, s 오비탈에 들어 있는 전자 수 등은 자주 출제되므로 전자 배치를 통해 빠르게 파악할 수 있도록 연습해 둔다.

선택지 비율	① 3%	② 6%	③ 13%	④ 9%	⑤ 69%

15 현대적 원자 모형과 전자 배치

2023년 4월 교육청 14번 | 정답 ⑤ | 문제편 31 p

출제 의도 바닥상태 전자 배치로부터 원자를 판단할 수 있는지 묻는 문항이다.

문제 분석

표는 2, 3주기 바닥상태 원자 X~Z에 대한 자료이다.

원자	X C(14족)	Y P(15족)	Z Si(14족)
s 오비탈에 들어 있는 전자 수	4 Li 제외 2주기	6 Na 제외 3주기	6
$\frac{\text{홀전자 수}}{\text{전자가 들어 있는 오비탈 수}}$	$\frac{1}{2}$ $\frac{2}{4}$	$\frac{1}{3}$ $\frac{3}{9}$	$\frac{1}{4}$ $\frac{2}{8}$

이에 대한 설명으로 옳은 것만을 〈보기〉에서 있는 대로 고른 것은? (단, X~Z는 임의의 원소 기호이다.) [3점]

보기
ㄱ. X는 C이다.
ㄴ. Z는 3주기 원소이다. Z(Si)는 3주기
ㄷ. 원자가 전자 수는 Y>Z이다. Y(P) 5, Z(Si) 4

① ㄱ ② ㄴ ③ ㄱ, ㄷ ④ ㄴ, ㄷ ⑤ ㄱ, ㄴ, ㄷ

✓ 자료 해석

• 바닥상태 원자의 족에 따른 홀전자 수

족	1	2	13	14	15	16	17	18
홀전자 수	1	0	1	2	3	2	1	0

• 2, 3주기 바닥상태 원자에서 전자가 들어 있는 오비탈 수

2주기	Li	Be	B	C	N	O	F	Ne
오비탈 수	2	2	3	4	5	5	5	5
3주기	Na	Mg	Al	Si	P	S	Cl	Ar
오비탈 수	6	6	7	8	9	9	9	9

• s 오비탈에 들어 있는 전자 수가 4인 원소는 Li을 제외한 2주기 원소이고, s 오비탈에 들어 있는 전자 수가 6인 원소는 Na을 제외한 3주기 원소이다.
• X의 $\frac{\text{홀전자 수}}{\text{전자가 들어 있는 오비탈 수}}=\frac{1}{2}=\frac{2}{4}$이므로 X는 C이다.
• Y의 $\frac{\text{홀전자 수}}{\text{전자가 들어 있는 오비탈 수}}=\frac{1}{3}=\frac{3}{9}$이므로 Y는 P이다.
• Z의 $\frac{\text{홀전자 수}}{\text{전자가 들어 있는 오비탈 수}}=\frac{1}{4}=\frac{2}{8}$이므로 Z는 Si이다.

O 보기 풀이 ㄱ. X는 C이다.
ㄴ. Z(Si)는 3주기 원소이다.
ㄷ. 원자가 전자 수는 Y(P)가 5, Z(Si)가 4이므로 Y>Z이다.

문제풀이 Tip
2, 3주기 원소의 바닥상태 전자 배치에서 전자가 들어 있는 오비탈 수, 홀전자 수, s와 p 오비탈에 들어 있는 전자 수는 암기해 두면 좋다.

선택지 비율	① 11%	② 9%	③ 21%	④ 16%	⑤ 44%

16 현대적 원자 모형과 양자수

2023년 3월 교육청 11번 | 정답 ⑤ | 문제편 31 p

출제 의도 양자수와 바닥상태 원자의 전자 배치를 이용하여 원자를 판단할 수 있는지 묻는 문항이다.

문제 분석

표는 2, 3주기 바닥상태 원자 X~Z에 대한 자료이다. n은 주 양자수이고, l은 방위(부) 양자수이다.

원자	X O	Y Si	Z S
2s $n+l=2$인 전자 수	a 2	2	2
2p, 3s $n+l=3$인 전자 수	b 4	$2b$ 6+2=8 ➡ b=4	8
3p $n+l=4$인 전자 수	0	a 2	b 4

이에 대한 옳은 설명만을 〈보기〉에서 있는 대로 고른 것은? (단, X~Z는 임의의 원소 기호이다.) [3점]

보기
ㄱ. $b=2a$이다. $a=2, b=4$
ㄴ. X와 Z는 원자가 전자 수가 같다. X(O) 6, Z(S) 6
ㄷ. $n-l=2$인 전자 수는 Z가 Y의 $\frac{3}{2}$배이다. Z(S) 6, Y(Si) 4 (2s, 3p)

① ㄱ ② ㄴ ③ ㄱ, ㄷ ④ ㄴ, ㄷ ⑤ ㄱ, ㄴ, ㄷ

✓ 자료 해석

• 2, 3주기 바닥상태 원자이므로 오비탈에는 $1s$, $2s$, $2p$, $3s$, $3p$가 있다. 이 중 $n+l=2$인 오비탈은 $2s$, $n+l=3$인 오비탈은 $2p$와 $3s$, $n+l=4$인 오비탈은 $3p$이다.
• a는 1과 2 중 하나인데, $a=1$인 경우 X에서 $b=0$이 되고, $b=0$이면 Y는 바닥상태이므로 $a=0$이 되어 모순이 된다. 따라서 $a=2$이다.
• $a=2$이므로 Y의 $3p$ 오비탈에 들어 있는 전자 수는 2이고, 전자 배치는 $1s^2 2s^2 2p^6 3s^2 3p^2$이므로 $2b=6+2=8$이 성립하여 $b=4$이다. 따라서 Y는 Si이다.
• $a=2$, $b=4$이므로 X는 전자 배치가 $1s^2 2s^2 2p^4$인 O이고, Z는 전자 배치가 $1s^2 2s^2 2p^6 3s^2 3p^4$인 S이다.

O 보기 풀이 ㄱ. $a=2$, $b=4$이므로 $b=2a$이다.
ㄴ. X(O)와 Z(S)는 원자가 전자 수가 6으로 같다.
ㄷ. $n-l=2$인 전자 수는 $2s$와 $3p$ 오비탈에 들어 있는 전자 수이므로 Z(S)가 6, Y(Si)가 4이고, Z가 Y의 $\frac{3}{2}$배이다.

문제풀이 Tip
$n+l=4$인 전자 수는 $3p$와 $4s$에 들어 있는 전자 수인데, X~Z가 2, 3주기이므로 $4s$는 제외한다.

선택지 비율	① 11%	② 7%	❸ 65%	④ 8%	⑤ 9%

17 현대적 원자 모형과 전자 배치

2023년 3월 교육청 9번 | 정답 ③ | 문제편 32p

(출제 의도) 바닥상태 원자의 전자 배치를 이용하여 원자를 판단할 수 있는지 묻는 문항이다.

(문제 분석)

표는 2주기 바닥상태 원자 W~Z에 대한 자료이다.

원자	W Li	X C	Y B	Z O
전자가 2개 들어 있는 오비탈 수	a 1	2	$2a$ 2	3
$\frac{\text{홀전자 수 } 0\sim3}{\text{원자가 전자 수 } 0\sim7}$	1 $\frac{1}{1}$	$\frac{1}{2}$ $\frac{2}{4}$	$\frac{1}{3}$ $\frac{1}{3}$	$\frac{1}{3}$ $\frac{2}{6}$
	1족	14족	13, 16족	

이에 대한 옳은 설명만을 〈보기〉에서 있는 대로 고른 것은? (단, W~Z는 임의의 원소 기호이다.) [3점]

보기

ㄱ. $a=1$이다. W(Li) : $1s^22s^1$

ㄴ. 전자가 들어 있는 오비탈 수는 Y>X이다. (<) Y(B) 3, X(C) 4

ㄷ. p 오비탈에 들어 있는 전자 수는 Z가 X의 2배이다. Z(O) 4, X(C) 2

① ㄱ ② ㄴ ③ ㄱ, ㄷ ④ ㄴ, ㄷ ⑤ ㄱ, ㄴ, ㄷ

✓ 자료 해석

• 바닥상태 원자의 족에 따른 홀전자 수와 원자가 전자 수

족	1	2	13	14	15	16	17	18
홀전자 수	1	0	1	2	3	2	1	0
원자가 전자 수	1	2	3	4	5	6	7	0

• 2주기 바닥상태 원자에서 전자가 2개 들어 있는 오비탈 수, 전자가 들어 있는 오비탈 수, p 오비탈에 들어 있는 전자 수

원자	Li	Be	B	C	N	O	F	Ne
전자 2개	1	2	2	2	2	3	4	5
전자	2	2	3	4	5	5	5	5
p 오비탈	0	0	1	2	3	4	5	6

• 2주기 바닥상태 원자의 홀전자 수는 0~3이고, 원자가 전자 수는 0~7이다.

• $\frac{\text{홀전자 수}}{\text{원자가 전자 수}}=1$, 즉 홀전자 수=원자가 전자 수인 원소는 1족이므로 W는 Li이다. 따라서 W의 전자가 2개 들어 있는 오비탈 수 $a=1$이다.

• $a=1$이므로 Y의 전자가 2개 들어 있는 오비탈 수 $2a=2$이고, Y의 $\frac{\text{홀전자 수}}{\text{원자가 전자 수}}=\frac{1}{3}$이므로 Y는 B이다.

• X는 $\frac{\text{홀전자 수}}{\text{원자가 전자 수}}=\frac{1}{2}=\frac{2}{4}$이므로 C이다.

• Z는 $\frac{\text{홀전자 수}}{\text{원자가 전자 수}}=\frac{1}{3}=\frac{2}{6}$이므로 O이다.

○ 보기 풀이 ㄱ. W(Li)의 전자 배치는 $1s^22s^1$이므로 $a=1$이다.

ㄷ. p 오비탈에 들어 있는 전자 수는 Z(O) 4, X(C) 2이므로 Z가 X의 2배이다.

× 매력적 오답 ㄴ. 전자가 들어 있는 오비탈 수는 Y(B)가 3, X(C)가 4이므로 Y<X이다.

문제풀이 Tip

바닥상태 원자 중 홀전자 수와 원자가 전자 수가 같은 것은 1족 원소이다.

선택지 비율	① 3%	❷ 78%	③ 5%	④ 12%	⑤ 2%

18 현대적 원자 모형과 양자수

2022년 10월 교육청 4번 | 정답 ② | 문제편 32p

출제 의도 양자수를 이해하고 오비탈의 양자수로부터 오비탈을 찾아낼 수 있는지 묻는 문항이다.

문제 분석

다음은 수소 원자의 오비탈 (가)~(다)에 대한 자료이다. n은 주 양자수, l은 방위(부) 양자수이다.

- (가)~(다)는 각각 $2p$, $3s$, $3p$ 오비탈 중 하나이다.
- 에너지 준위는 (가)>(나)이다. ➡ 주 양자수는 (가)>(나) (=3) (=2)
- $n+l$은 (나)와 (다)가 같다. ➡ $2p$와 $3s$

이에 대한 옳은 설명만을 〈보기〉에서 있는 대로 고른 것은?

보기

ㄱ. (가)의 모양은 구형이다. (3p, 아령형)

ㄴ. 에너지 준위는 (가)>(다)이다. ➡ 3p=3s

ㄷ. l은 (나)>(다)이다. 1(p) 0(s)

① ㄱ ② ㄷ ③ ㄱ, ㄴ ④ ㄴ, ㄷ ⑤ ㄱ, ㄴ, ㄷ

✓ 자료 해석

- 수소 원자에서 오비탈의 에너지 준위는 주 양자수(n)에 의해서만 결정되며, 주 양자수(n)가 클수록 에너지 준위가 높다.
- $2p$, $3s$, $3p$의 n, l, $n+l$

오비탈	n	l	$n+l$
$2p$	2	1	3 → (나)
$3s$	3	0	3 → (다)
$3p$	3	1	4 → (가)

- 주 양자수(n)는 (가)>(나)이고, $n+l$은 (나)=(다)이므로 (가)~(다)는 각각 $3p$, $2p$, $3s$이다.

○ 보기풀이 ㄷ. l은 (나)가 1, (다)가 0이므로 (나)>(다)이다.

× 매력적오답 ㄱ. (가)는 $3p$ 오비탈이다. p 오비탈의 모양은 아령형이다.
ㄴ. (가)와 (다)의 주 양자수(n)는 3으로 같으므로 에너지 준위는 (가)와 (다)가 같다.

문제풀이 Tip

수소 원자에서 오비탈의 에너지 준위는 오비탈의 주 양자수(n)에 의해서만 결정된다.

선택지 비율	① 2%	❷ 78%	③ 6%	④ 11%	⑤ 3%

19 현대적 원자 모형과 전자 배치

2022년 10월 교육청 9번 | 정답 ② | 문제편 32p

출제 의도 바닥상태 전자 배치에서 오비탈에 들어 있는 전자 수와 홀전자 수로부터 각 원자를 판단하는 문항이다.

문제 분석

표는 2, 3주기 바닥상태 원자 X~Z에 대한 자료이다.

원자	X S ($1s^22s^22p^63s^23p^4$)	Y Na ($1s^22s^22p^63s^1$)	Z C ($1s^22s^22p^2$)
홀전자 수	a	1	2
$\dfrac{\text{전자가 2개 들어 있는 오비탈 수}}{p\text{ 오비탈에 들어 있는 전자 수}}$	$\dfrac{7}{10}$	$\dfrac{5}{6}$	$1\left(=\dfrac{2}{2}\right)$

이에 대한 옳은 설명만을 〈보기〉에서 있는 대로 고른 것은? (단, X~Z는 임의의 원소 기호이다.) [3점]

보기

ㄱ. $a=3$이다. (2)

ㄴ. X~Z 중 3주기 원소는 2가지이다. X(S), Y(Na)

ㄷ. s 오비탈에 들어 있는 전자 수는 Z>Y이다. 4<5

① ㄱ ② ㄴ ③ ㄱ, ㄷ ④ ㄴ, ㄷ ⑤ ㄱ, ㄴ, ㄷ

✓ 자료 해석

- 2, 3주기 원자의 바닥상태 전자 배치에서 전자가 2개 들어 있는 오비탈 수의 최댓값은 9이고, p 오비탈에 들어 있는 전자 수의 최댓값은 12이다.
- X는 p 오비탈에 들어 있는 전자 수가 10이고, 전자가 2개 들어 있는 오비탈 수가 7이므로 S($1s^22s^22p^63s^23p^4$)이다.
- Y는 p 오비탈에 들어 있는 전자 수가 6이고, 전자가 2개 들어 있는 오비탈 수가 5이며, 홀전자 수가 1이므로 Na($1s^22s^22p^63s^1$)이다.
- Z는 홀전자 수가 2이므로 14족 또는 16족 원소이다. 2, 3주기 14족, 16족 원소 중 $\dfrac{\text{전자가 2개 들어 있는 오비탈 수}}{p\text{ 오비탈에 들어 있는 전자 수}}=1$인 Z는 C($1s^22s^22p^2$)이다.
- X~Z는 각각 S, Na, C이다.

○ 보기풀이 ㄴ. X~Z 중 3주기 원소는 X(S)와 Y(Na) 2가지이다.

× 매력적오답 ㄱ. X의 전자 배치는 $1s^22s^22p^63s^23p^4$이므로 홀전자 수 $a=2$이다.
ㄷ. s 오비탈에 들어 있는 전자 수는 Y(Na)가 5, Z(C)가 4이므로 Y>Z이다.

문제풀이 Tip

2, 3주기 원자에서 전자가 2개 들어 있는 오비탈 수, p 오비탈에 들어 있는 전자 수를 파악하여 원자 X~Z를 알아야 한다.

선택지 비율	❶ 79%	② 3%	③ 10%	④ 4%	⑤ 4%

20 현대적 원자 모형과 전자 배치

2022년 7월 교육청 7번 | 정답 ① | 문제편 32 p

출제 의도 바닥상태 전자 배치에서 전자가 들어 있는 전자 껍질 수, 오비탈에 들어 있는 전자 수로부터 각 원자의 종류를 판단하는 문항이다.

문제분석

(┌ p 오비탈에 들어 있는 전자 수의 최댓값=12)

표는 원자 번호가 20 이하인 바닥상태 원자 X와 Y의 전자 배치에 대한 자료이다.

원자	X ($C(1s^22s^22p^2)$)	Y ($S(1s^22s^22p^63s^23p^4)$)
전자가 들어 있는 전자 껍질 수 (=주기)	a	$a+1$ 서로 다른 주기
p 오비탈에 들어 있는 전자 수(상댓값)	1 (2)	5 (10)

이에 대한 설명으로 옳은 것만을 〈보기〉에서 있는 대로 고른 것은? (단, X, Y는 임의의 원소 기호이다.)

보기

ㄱ. 홀전자 수는 X와 Y가 같다. 2로 같다.

ㄴ. X와 Y는 ~~같은 족 원소이다.~~ X는 14족, Y는 16족

ㄷ. 전자가 2개 들어 있는 오비탈 수는 Y(7)가 X(2)의 ~~2배~~(3.5배)이다.

① ㄱ ② ㄴ ③ ㄱ, ㄷ ④ ㄴ, ㄷ ⑤ ㄱ, ㄴ, ㄷ

✓ 자료 해석

- 원자 번호 20인 칼슘(Ca)의 전자 배치는 $1s^22s^22p^63s^23p^64s^2$이므로 X와 Y에서 p 오비탈에 들어 있는 전자 수의 최댓값은 12이다.
- p 오비탈에 들어 있는 전자 수는 (X, Y)=(1, 5) 또는 (X, Y)=(2, 10)이다.
- 전자가 들어 있는 전자 껍질 수는 Y가 X보다 1만큼 크므로 X가 2, Y가 3이다.

○ 보기풀이 ㄱ. 주어진 자료를 만족하는 X와 Y의 전자 배치는 각각 $1s^22s^22p^2$, $1s^22s^22p^63s^23p^4$이다. 따라서 홀전자 수는 X와 Y가 2로 같다.

× 매력적 오답 ㄴ. X는 탄소(C)이므로 14족 원소이고, Y는 황(S)이므로 16족 원소이다.

ㄷ. 전자가 2개 들어 있는 오비탈 수는 X가 2, Y가 7이므로 Y가 X의 3.5배이다.

문제풀이 Tip

자주 출제되는 2, 3주기 원자의 전자 배치를 익혀 두고 홀전자 수, 오비탈 수 등을 비교하는 연습을 해두자.

선택지 비율	❶ 63%	② 3%	③ 19%	④ 5%	⑤ 10%

21 현대적 원자 모형과 양자수

2022년 7월 교육청 11번 | 정답 ① | 문제편 33 p

출제 의도 양자수와 오비탈의 종류 및 특성을 이해하는지 확인하는 문항이다.

문제분석

그림은 수소 원자의 오비탈 (가)~(라)에 대한 자료이다. n, l, m_l는 각각 주 양자수, 방위(부) 양자수, 자기 양자수이다.

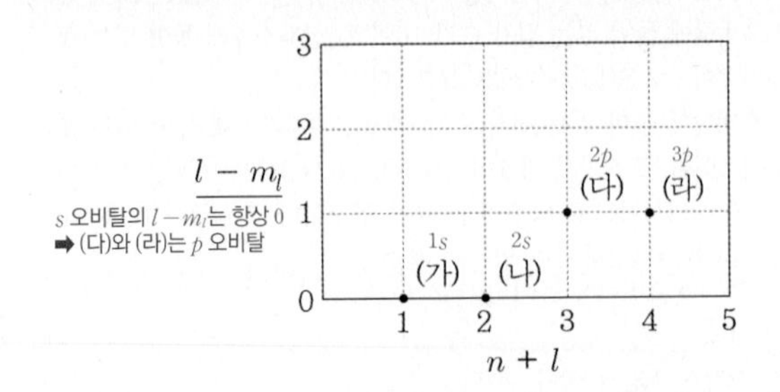

이에 대한 설명으로 옳은 것만을 〈보기〉에서 있는 대로 고른 것은? [3점]

보기

ㄱ. (가)의 모양은 구형이다.

ㄴ. 자기 양자수(m_l)는 (다)와 (라)가 ~~다르다.~~ 같다.

ㄷ. 에너지 준위는 (다)~~>~~(=)(나)이다.

① ㄱ ② ㄴ ③ ㄱ, ㄷ ④ ㄴ, ㄷ ⑤ ㄱ, ㄴ, ㄷ

✓ 자료 해석

- $n+l=1$인 오비탈은 $1s$이고, $n+l=2$인 오비탈은 $2s$이다.
- $n+l=3$인 오비탈은 $2p$와 $3s$이고, $n+l=4$인 오비탈은 $3p$와 $4s$이다.
- s 오비탈의 $l=0$, $m_l=0$이고, p 오비탈의 $l=1$, $m_l=-1, 0, +1$이므로 s 오비탈의 $l-m_l$은 항상 0이다.
- (가)~(라)의 n, l, m_l

오비탈	n	l	m_l	오비탈의 종류
(가)	1	0	0	$1s$
(나)	2	0	0	$2s$
(다)	2	1	0	$2p$
(라)	3	1	0	$3p$

○ 보기풀이 ㄱ. (가)는 $1s$ 오비탈이다. $1s$ 오비탈의 모양은 구형이다.

× 매력적 오답 ㄴ. 자기 양자수(m_l)는 (다)와 (라)가 0으로 같다.

ㄷ. 수소 원자에서 오비탈의 에너지 준위는 주 양자수(n)에 의해서만 결정되므로 에너지 준위는 (나)와 (다)가 같다.

문제풀이 Tip

$n+l$와 $l-m_l$로부터 각 오비탈의 n, l, m_l를 파악하여 오비탈의 종류를 알아내야 한다. 자주 출제되는 오비탈의 $n+l$ 값을 숙지해두는 것이 좋다.

선택지 비율	① 2%	② 2%	③ 3%	④ 5%	⑤ 88%

22 현대적 원자 모형과 전자 배치

2022년 4월 교육청 4번 | 정답 ⑤ | 문제편 33p

출제 의도 전자 배치 규칙과 바닥상태의 전자 배치를 알고 있는지 묻는 문항이다.

문제 분석

그림은 학생들이 그린 3가지 원자의 전자 배치 (가)~(다)를 나타낸 것이다.

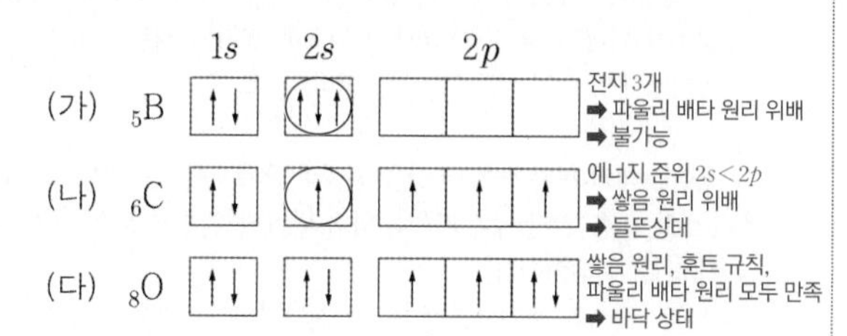

(가)~(다) 중 바닥상태 전자 배치(㉠)와 들뜬상태 전자 배치(㉡)로 옳은 것은?

	㉠	㉡		㉠	㉡
①	(가)	(나)	②	(나)	(가)
③	(나)	(다)	④	(다)	(가)
⑤	(다)	(나)			

✔ 자료 해석

- 바닥상태의 전자 배치는 쌓음 원리, 훈트 규칙, 파울리 배타 원리를 모두 만족한다.
- 들뜬상태의 전자 배치는 쌓음 원리나 훈트 규칙을 만족하지 않는다.
- (가)는 2s에 전자 3개가 들어 있으므로 1개의 오비탈에 전자가 최대 2개까지 채워져야 하는 파울리 배타 원리에 어긋난다.
- (나)는 에너지 준위가 낮은 2s에 전자를 모두 채우지 않고 2p에 채웠으므로 쌓음 원리를 만족하지 않는 들뜬상태의 전자 배치이다.
- (다)는 쌓음 원리, 훈트 규칙, 파울리 배타 원리를 모두 만족하는 바닥상태의 전자 배치이다.

○ 보기 풀이 바닥상태 전자 배치는 쌓음 원리, 파울리 배타 원리, 훈트 규칙을 모두 만족해야 한다. (다)는 바닥상태 전자 배치(㉠)이고 (나)는 들뜬상태 전자 배치(㉡)이다. (가)는 파울리 배타 원리에 어긋나므로 불가능한 전자 배치이다.

문제풀이 Tip

에너지 준위가 낮은 순서대로 채워지면 쌓음 원리, 에너지 준위가 같은 오비탈에 홀전자 수가 최대로 채워지면 훈트 규칙, 하나의 오비탈에 전자가 2개까지 들어가고 스핀 방향이 반대이면 파울리 배타 원리를 만족한다.

선택지 비율	① 5%	② 67%	③ 10%	④ 12%	⑤ 6%

23 현대적 원자 모형과 양자수

2022년 4월 교육청 12번 | 정답 ② | 문제편 33p

출제 의도 바닥상태의 전자 배치와 오비탈의 양자수를 이해하는지 묻는 문항이다.

문제 분석

다음은 바닥상태 염소($_{17}Cl$) 원자에서 전자가 들어 있는 오비탈 (가)~(다)에 대한 자료이다. n, l은 각각 주 양자수, 방위(부) 양자수이다.

(2, 3, 3) 조합 ➡ (2s, 3s, 3p)와 (2p, 3s, 3p) 중 하나

- (가)~(다)의 n의 총합은 8이다.
- $n+l$은 (나)>(가)=(다)이다. 3p>2p=3s
- l는 (가)=(나)이다. 2p=3p

이에 대한 설명으로 옳은 것만을 〈보기〉에서 있는 대로 고른 것은? [3점]

보기
ㄱ. (가)는 ~~3s~~ 2p이다.
ㄴ. (다)의 자기 양자수(m_l)는 ~~1~~ 0이다.
ㄷ. n는 (나)와 (다)가 같다. (나)는 3p, (다)는 3s ➡ $n=3$

① ㄱ ② ㄷ ③ ㄱ, ㄴ ④ ㄴ, ㄷ ⑤ ㄱ, ㄴ, ㄷ

✔ 자료 해석

- 바닥상태 $_{17}Cl$의 전자 배치에서 전자가 들어 있는 오비탈의 n의 총합이 8인 n의 조합은 (2, 3, 3)이다. 따라서 (가)~(다)는 각각 2s, 3s, 3p 중 하나이거나 각각 2p, 3s, 3p 중 하나이다.
- $n+l$은 2s가 2, 2p와 3s가 3, 3p가 4이다. $n+l$은 (나)>(가)=(다)이므로 (나)는 3p, (가)와 (다)는 각각 2p와 3s 중 하나이다.
- l는 (가)=(나)이므로 (가)는 2p이고, (다)는 3s이다.

○ 보기 풀이 ㄷ. n은 (나)와 (다)가 3으로 같다.

✕ 매력적 오답 ㄱ. (가)는 2p 오비탈이다.
ㄴ. (다)는 3s이므로 자기 양자수(m_l)는 0이다.

문제풀이 Tip

l은 n보다 항상 작고, s 오비탈의 l은 0, p 오비탈의 l은 1이다. $n+l$은 1s는 1, 2s는 2, 2p는 3, 3s는 3, 3p는 4이다.

선택지 비율	❶ 77%	② 3%	③ 4%	④ 14%	⑤ 2%

24 현대적 원자 모형과 전자 배치

2022년 3월 교육청 4번 | 정답 ① | 문제편 33 p

출제 의도 전자 배치 규칙과 양자수를 이해하는지 묻는 문항이다.

문제 분석

그림은 원자 X(Si)의 전자 배치 (가)와 (나)를 나타낸 것이다.

	$1s$	$2s$	$2p$	$3s$	$3p$	
(가)	↑↓	↑↓	↑↓ ↑↓ ↑↓	↑↓	↑ ↑	바닥상태
(나)	↑↓	↑↓	↑↓ ↑↓ ↑↓	↑	↑ ↑ ↑	에너지 준위 $3s<3p$ ➡ 들뜬상태

이에 대한 옳은 설명만을 〈보기〉에서 있는 대로 고른 것은? (단, n, l은 각각 주 양자수, 방위(부) 양자수이고, X는 임의의 원소 기호이다.)

보기

ㄱ. X는 14족 원소이다. 원자가 전자 수 4

ㄴ. (가)와 (나)는 모두 들뜬상태의 전자 배치이다. (가)는 바닥상태

ㄷ. X는 바닥상태에서 $n+l=4$(3p 오비탈)인 전자 수가 3(2)이다.

① ㄱ ② ㄴ ③ ㄷ ④ ㄱ, ㄴ ⑤ ㄴ, ㄷ

✓ 자료 해석

- 쌓음 원리 : 전자는 에너지 준위가 낮은 오비탈부터 순서대로 채워진다.
- 파울리 배타 원리 : 1개의 오비탈에는 전자가 최대 2개까지 채워지며, 이 두 전자는 서로 다른 스핀 방향을 갖는다.
- 훈트 규칙 : 에너지 준위가 같은 오비탈이 여러 개 있을 때 쌍을 이루지 않는 전자(홀전자) 수가 최대가 되도록 전자가 채워진다.
- 바닥상태의 전자 배치는 쌓음 원리, 훈트 규칙, 파울리 배타 원리를 모두 만족한다.
- 들뜬상태의 전자 배치는 쌓음 원리나 훈트 규칙을 만족하지 않는다.
- (가)는 쌓음 원리, 훈트 규칙, 파울리 배타 원리를 모두 만족하는 바닥상태의 전자 배치이다.
- (나)는 에너지 준위가 낮은 $3s$에 전자를 모두 채우지 않고 $3p$에 채웠으므로 쌓음 원리를 만족하지 않는 들뜬상태의 전자 배치이다.

O 보기 풀이 ㄱ. X의 전자 수는 14이므로 X는 3주기 14족 원소인 Si이다.

X 매력적 오답 ㄴ. (가)는 바닥상태, (나)는 들뜬상태의 전자 배치이다.

ㄷ. X는 바닥상태에서 $n+l=4$인 $3p$ 오비탈의 전자 수가 2이다.

문제풀이 Tip

쌓음 원리, 훈트 규칙, 파울리 배타 원리를 알고 바닥상태와 들뜬상태를 판단할 수 있어야 한다.

선택지 비율	① 10%	② 8%	❸ 62%	④ 12%	⑤ 8%

25 현대적 원자 모형과 전자 배치

2022년 3월 교육청 18번 | 정답 ③ | 문제편 34 p

출제 의도 바닥상태 전자 배치에서 홀전자 수와 전자가 들어 있는 오비탈 수를 이해하는지 묻는 문항이다.

문제 분석

다음은 2, 3주기 바닥상태 원자 X~Z의 전자 배치에 대한 자료이다.

- X~Z의 홀전자 수의 합은 6이다. (0, 3, 3), (1, 2, 3), (2, 2, 2) 중 하나
- 전자가 들어 있는 s 오비탈 수와 p 오비탈 수의 비

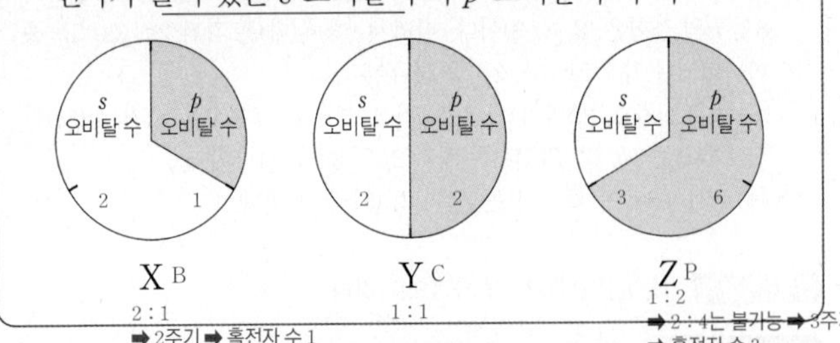

X~Z에 대한 옳은 설명만을 〈보기〉에서 있는 대로 고른 것은? (단, X~Z는 임의의 원소 기호이다.) [3점]

보기

ㄱ. 2주기 원소는 2가지이다. X, Y

ㄴ. 원자가 전자 수는 X>Y(X<Y)이다. X 3, Y 4

ㄷ. 홀전자 수는 Z>Y이다. Z 3, Y 2

① ㄱ ② ㄴ ③ ㄱ, ㄷ ④ ㄴ, ㄷ ⑤ ㄱ, ㄴ, ㄷ

✓ 자료 해석

- X~Z의 홀전자 수의 합이 6이므로 X~Z의 가능한 홀전자 수의 조합은 (0, 3, 3), (1, 2, 3), (2, 2, 2)이다.
- 전자가 들어 있는 s와 p 오비탈 수의 비는 X가 2 : 1, Y가 1 : 1, Z가 1 : 2이다. X~Z는 2, 3주기 원소이므로 전자가 들어 있는 s 오비탈 수는 2 또는 3이다. 따라서 X는 2주기 원소이고 전자 배치는 $1s^22s^22p^1$인 B(붕소)이다.
- X(B)의 홀전자 수는 1이므로 X~Z의 홀전자 수 합은 (1, 2, 3)이고 Y와 Z는 각각 홀전자 수가 2, 3 중 하나이다. 따라서 Y와 Z 중 하나는 15족 원소이고 나머지 14족과 16족 중 하나이다.
- 15족 원소인 N, P 중 N는 s와 p 오비탈 수의 비가 2 : 3이므로 Y와 Z 중 하나는 P이다.
- P은 전자가 들어 있는 s와 p 오비탈 수의 비가 1 : 2이므로 Z는 P이다.
- 전자가 들어 있는 s와 p 오비탈 수의 비가 1 : 1인 Y는 홀전자 수가 2인 C이다.
- X~Z의 바닥상태 전자 배치는 다음과 같다.
  X(B) : $1s^22s^22p^1$ Y(C) : $1s^22s^22p^2$ Z(P) : $1s^22s^22p^63s^23p^3$

O 보기 풀이 ㄱ. X와 Y는 2주기, Z는 3주기 원소이다.

ㄷ. 홀전자 수는 X가 1, Y가 2, Z가 3이다.

X 매력적 오답 ㄴ. 원자가 전자 수는 X가 3, Y가 4, Z가 5이다.

문제풀이 Tip

X~Z가 2, 3주기이므로 전자가 들어 있는 s 오비탈 수는 2 또는 3이고 p 오비탈 수는 0~6이다. 따라서 X는 2주기(2 : 1), Z는 3주기(3 : 6)로 바로 결정된다.

선택지 비율	① 2%	② 3%	❸ 79%	④ 7%	⑤ 6%

26 현대적 원자 모형과 양자수

2021년 10월 교육청 12번 | 정답 ③ | 문제편 34 p

출제 의도 양자수를 이해하고, 오비탈의 양자수로부터 오비탈을 찾아낼 수 있는지를 묻는 문항이다.

문제 분석

(가)~(다)는 각각 $1s$, $2s$, $2p$, $3s$, $3p$ 중 하나

다음은 3주기 바닥상태 원자 X의 전자가 들어 있는 오비탈 (가)~(다)에 대한 자료이다. n, l은 각각 주 양자수, 방위(부) 양자수이다.

- n은 (가)~(다)가 모두 다르다. ➡ (가)~(다)의 n은 각각 1~3 중 하나
- $(n+l)$은 (가)와 (나)가 같다. ➡ (가)와 (나)는 각각 $2p$, $3s$ 중 하나 (=3)
- $(n-l)$은 (나)와 (다)가 같다. ➡ (나)는 $2p$, (다)는 $1s$ ➡ (가)는 $3s$ (=1)
- 오비탈에 들어 있는 전자 수는 (다) > (가)이다. (2, 1) ➡ $3s$ 오비탈의 전자 수가 1이므로 X는 Na

이에 대한 옳은 설명만을 〈보기〉에서 있는 대로 고른 것은? (단, X는 임의의 원소 기호이다.) [3점]

〈보기〉

ㄱ. l은 (나) > (가)이다. (1, 0)

ㄴ. 에너지 준위는 (다) > (가)이다. (1, 3)

ㄷ. X의 홀전자 수는 1이다. $1s^2 2s^2 2p^6 3s^1$

① ㄱ ② ㄴ ③ ㄱ, ㄷ ④ ㄴ, ㄷ ⑤ ㄱ, ㄴ, ㄷ

✓ 자료 해석

- 3주기 바닥상태 원자는 $1s$, $2s$, $2p$, $3s$, $3p$ 오비탈에 전자가 들어 있으므로 (가)~(다)의 주 양자수(n)는 각각 1~3 중 하나이다.
- 전자가 들어 있는 5가지 오비탈의 양자수에 대한 자료

오비탈	$1s$	$2s$	$2p$	$3s$	$3p$
주 양자수(n)	1	2	2	3	3
방위(부) 양자수(l)	0	0	1	0	1
$n+l$	1	2	3	3	4
$n-l$	1	2	1	3	2

- $(n+l)$은 (가)와 (나)가 같으므로 (가)와 (나)는 각각 $2p$, $3s$ 중 하나이다.
- $(n-l)$은 (나)와 (다)가 같으므로 (나)는 $2p$, (다)는 $1s$이다. 따라서 (가)는 $3s$이다.
- 오비탈에 들어 있는 전자 수는 (다) > (가)이므로 (가)인 $3s$ 오비탈에 들어 있는 전자 수는 1이다.

○ 보기풀이 ㄱ. l은 (가)가 0, (나)가 1이므로 (나) > (가)이다.
ㄷ. 바닥상태인 X의 전자 배치는 $1s^2 2s^2 2p^6 3s^1$이므로 X의 홀전자 수는 1이다.

× 매력적오답 ㄴ. s 오비탈의 에너지 준위는 주 양자수(n)가 클수록 크다. 따라서 n은 (가)가 3, (다)가 1이므로 에너지 준위는 (가) > (다)이다.

문제풀이 Tip

3주기 바닥상태 원자에서 전자가 들어 있는 오비탈의 주 양자수(n)는 1~3이고, $(n+l)$의 값이 같은 오비탈은 $2p$ 오비탈과 $3s$ 오비탈임을 알고 있어야 한다.

선택지 비율	❶ 75%	② 6%	③ 7%	④ 6%	⑤ 4%

27 현대적 원자 모형과 전자 배치

2021년 10월 교육청 13번 | 정답 ① | 문제편 34 p

출제 의도 바닥상태 전자 배치에서 오비탈에 들어 있는 전자 수, 홀전자 수, 전자가 들어 있는 오비탈 수로부터 각 원자를 판단하는 문항이다.

문제 분석

표는 2주기 바닥상태 원자 X~Z에 대한 자료이다. (전자가 들어 있는 오비탈 수는 최대 5) (Z: 3개의 $2p$ 오비탈에 전자가 들어 있음)

원자	X C	Y B	Z O
$\frac{\text{홀전자 수}}{\text{전자가 들어 있는 오비탈 수}}$ (홀전자 수: 0~3 중 하나)	$\frac{1}{2}$	a $=\frac{1}{3}$	$\frac{2}{5}$
$\frac{p\text{ 오비탈의 전자 수}}{s\text{ 오비탈의 전자 수}}$(상댓값)	2	1	b $=4$

(0보다 크므로 X와 Y는 p 오비탈에 전자가 들어 있음)

이에 대한 옳은 설명만을 〈보기〉에서 있는 대로 고른 것은? (단, X~Z는 임의의 원소 기호이다.) [3점]

〈보기〉

ㄱ. $ab=\frac{4}{3}$이다. $a=\frac{1}{3}$, $b=4$

ㄴ. 원자 번호는 Y > X이다. X가 6, Y가 5

ㄷ. 전자가 2개 들어 있는 오비탈 수는 Z가 Y의 2배이다. (3, 2)

① ㄱ ② ㄷ ③ ㄱ, ㄴ ④ ㄴ, ㄷ ⑤ ㄱ, ㄴ, ㄷ

✓ 자료 해석

- Z에서 전자가 들어 있는 오비탈 수는 5이므로 Z의 바닥상태 전자 배치는 $1s^2 2s^2 2p^4$이고 Z는 O이다.
- X와 Y의 $\frac{p\text{ 오비탈의 전자 수}}{s\text{ 오비탈의 전자 수}} > 0$이므로 X와 Y는 p 오비탈에 전자가 들어 있다.
- X의 홀전자 수는 2, 전자가 들어 있는 오비탈 수는 4이므로 X의 바닥상태 전자 배치는 $1s^2 2s^2 2p^2$이고 X는 C이다.
- X~Z의 $\frac{p\text{ 오비탈의 전자 수}}{s\text{ 오비탈의 전자 수}}$는 각각 $\frac{1}{2}$, $\frac{1}{4}$, 1이므로 $b=4$이다.
- Y의 $\frac{p\text{ 오비탈의 전자 수}}{s\text{ 오비탈의 전자 수}}=\frac{1}{4}$이므로 바닥상태 전자 배치는 $1s^2 2s^2 2p^1$이고 홀전자 수는 1, 전자가 들어 있는 오비탈 수는 3이다. 따라서 Y는 B이므로 $a=\frac{1}{3}$이다.

○ 보기풀이 ㄱ. $a=\frac{1}{3}$, $b=4$이므로 $a\times b=\frac{4}{3}$이다.

× 매력적오답 ㄴ. 원자에서 원자 번호는 전자 수와 같으므로 원자 번호는 X가 6, Y가 5이다.
ㄷ. 전자가 2개 들어 있는 오비탈 수는 Y가 2, Z가 3이다.

문제풀이 Tip

2주기 바닥상태 원자에서 전자가 들어 있는 오비탈 수는 최대 5이고, 홀전자 수는 0~3 중 하나임을 이용하여 Z를 먼저 알아낸다.

선택지 비율	❶ 76%	② 1%	③ 16%	④ 1%	⑤ 3%

28 현대적 원자 모형과 전자 배치

2021년 7월 교육청 4번 | 정답 ① | 문제편 34 p

출제 의도 전자 배치의 원리와 규칙을 이해하고 바닥상태 전자 배치로 나타낼 수 있는지 묻는 문항이다.

문제 분석 — 쌓음 원리, 훈트 규칙, 파울리 배타 원리 만족

그림은 바닥상태 원자 X~Z의 전자 배치의 일부이다. X~Z의 홀전자 수의 합은 6이다.

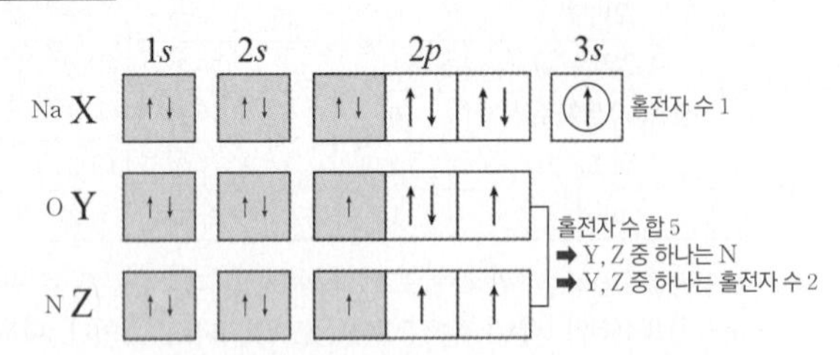

이에 대한 설명으로 옳은 것만을 〈보기〉에서 있는 대로 고른 것은? (단, X~Z는 임의의 원소 기호이다.) [3점]

〈보기〉

ㄱ. X의 원자 번호는 11이다. 원자는 양성자수(원자 번호)=전자 수

ㄴ. Y는 ~~17~~(16)족 원소이다.

ㄷ. 전자가 들어 있는 오비탈 수는 Y>Z(=)이다. Y(O)는 5, Z(N)는 5

① ㄱ ② ㄷ ③ ㄱ, ㄴ ④ ㄴ, ㄷ ⑤ ㄱ, ㄴ, ㄷ

✓ 자료 해석

- 바닥상태는 쌓음 원리, 훈트 규칙, 파울리 배타 원리를 모두 만족한다.
- 쌓음 원리 : 전자는 에너지 준위가 낮은 오비탈부터 순서대로 채워진다.
- 파울리 배타 원리 : 1개의 오비탈에는 전자가 최대 2개까지 채워지며, 이 두 전자는 서로 다른 스핀 방향을 갖는다.
- 훈트 규칙 : 에너지 준위가 같은 오비탈이 여러 개 있을 때 홀전자 수가 최대가 되도록 전자가 채워진다.
- X~Z의 홀전자 수의 합은 6이고 X의 홀전자 수는 1이므로 Y와 Z의 홀전자 수의 합은 5이며, Y와 Z 중 하나는 홀전자 수가 3이다.
- X는 3주기 1족 원소인 Na이다.
- Y와 Z는 2주기 원소이므로 홀전자 수가 3인 원자는 Z이고 Z는 N이다.
- Y는 홀전자 수가 2이므로 $2p$ 오비탈에 들어 있는 전자 수는 4이고 Y는 O이다.
- X(Na) : $1s^2 2s^2 2p_x^2 2p_y^2 2p_z^2 3s^1$
- Y(O) : $1s^2 2s^2 2p_x^2 2p_y^1 2p_z^1$
- Z(N) : $1s^2 2s^2 2p_x^1 2p_y^1 2p_z^1$

O 보기 풀이 ㄱ. X(Na)의 원자 번호는 11이다.

✗ 매력적 오답 ㄴ. Y(O)는 원자가 전자 수가 6인 16족 원소이다.

ㄷ. 전자가 들어 있는 오비탈 수는 Y(O)가 5, Z(N)가 5로 같다.

문제풀이 Tip

홀전자 수의 범위는 0~3이고 바닥상태이므로 Z는 홀전자 수가 3인 N라는 것을 알 수 있다.

선택지 비율	① 2%	② 8%	③ 13%	❹ 68%	⑤ 6%

29 현대적 원자 모형과 양자수

2021년 7월 교육청 13번 | 정답 ④ | 문제편 35 p

출제 의도 전자 배치와 오비탈의 양자수를 이해하는지 묻는 문항이다.

문제 분석 — $1s^2 2s^2 2p^6 3s^2 3p^3$

표는 바닥상태의 인($_{15}$P) 원자에서 전자가 들어 있는 오비탈 중 3가지 오비탈 (가)~(다)에 대한 자료이다. n, l, m_l는 각각 주 양자수, 방위(부) 양자수, 자기 양자수이다.

	$n+l$	$n+m_l$	$l+m_l$
$2s$ (가)	2 $2+0$	a $2+0=2$	0 $0+0$
$2p$ (나)	3 $2+1$	2 $2+0$	b $1+0=1$
$3p$ (다)	c $3+1=4$	4 $3+1$	2 $1+1$

$=2+1+4$

$a+b+c$는?

① 4 ② 5 ③ 6 ④ 7 ⑤ 8

✓ 자료 해석

- 양자수에 따른 오비탈의 종류와 수

주 양자수(n)	1	2		3		
방위(부) 양자수(l)	0	0	1	0	1	2
자기 양자수(m_l)	0	0	$-1, 0, 1$	0	$-1, 0, 1$	$-2, -1, 0, 1, 2$
오비탈의 종류	$1s$	$2s$	$2p$	$3s$	$3p$	$3d$

- $_{15}$P의 바닥상태 전자 배치는 $1s^2 2s^2 2p^6 3s^2 3p^3$이다.
- (가)~(다)는 각각 $1s$, $2s$, $2p$, $3s$, $3p$ 중 하나이다.
- (가)는 $n+l=2$이고, $l+m_l=0$이므로 $n=2$, $l=0$, $m_l=0$이다. 따라서 $a=2+0=2$이고, (가)는 $2s$이다.
- (나)는 $n+m_l=2$이고, $n+l=3$이므로 $n=2$, $l=1$, $m_l=0$이다. 따라서 $b=1+0=1$이고, (나)는 $2p$이다.
- (다)는 $n+m_l=4$, $l+m_l=2$이므로 $n=3$, $m_l=1$, $l=1$이다. 따라서 $c=3+1=4$이며, (다)는 $3p$이다.

O 보기 풀이 (가)는 $n=2$, $l=0$, $m_l=0$인 $2s$ 오비탈, (나)는 $n=2$, $l=1$, $m_l=0$인 $2p$ 오비탈, (다)는 $n=3$, $l=1$, $m_l=1$인 $3p$ 오비탈이다. 따라서 $a=2+0=2$, $b=1+0=1$, $c=3+1=4$이므로 $a+b+c=7$이다.

문제풀이 Tip

주 양자수(n)는 방위(부) 양자수(l)보다 항상 크고, 방위(부) 양자수(l)는 자기 양자수(m_l)보다 크거나 같다는 것을 알아둔다. s 오비탈의 l은 0, p 오비탈의 l은 1이다.

선택지 비율	① 3%	② 20%	③ 2%	❹ 71%	⑤ 2%

30 현대적 원자 모형과 전자 배치

2021년 4월 교육청 8번 | 정답 ④ | 문제편 35 p

출제 의도 전자 배치 규칙과 바닥상태 전자 배치를 알고 있는지 묻는 문항이다.

문제 분석

다음은 바닥상태 원자 X에 대한 자료이다.

- 2주기 원소이다.
- $\frac{\text{전자가 들어 있는 } p \text{ 오비탈 수}}{\text{전자가 들어 있는 } s \text{ 오비탈 수}}=1$이다. $\frac{2}{2}=1$ ➡ X는 C (2주기는 모두 2)

다음 중 X^-(전자 수 7)의 바닥상태 전자 배치로 적절한 것은? (단, X는 임의의 원소 기호이다.)

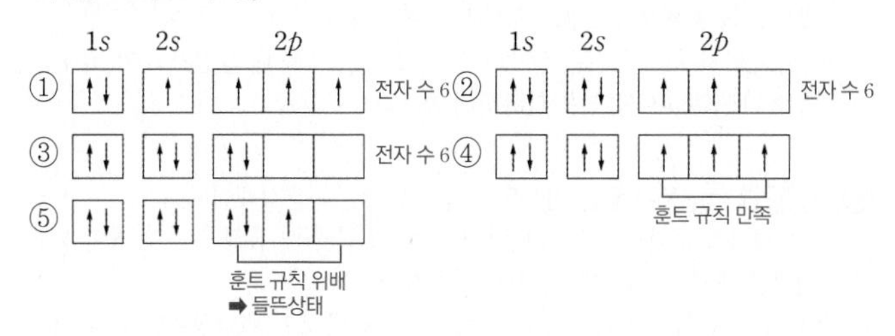

✔ 자료 해석

- 주기 : 주기율표의 가로줄로, 바닥상태에서 전자가 들어 있는 전자 껍질 수와 같다.
- 바닥상태는 쌓음 원리, 훈트 규칙, 파울리 배타 원리를 모두 만족한다.
- 들뜬상태 전자 배치는 쌓음 원리나 훈트 규칙을 만족하지 않는다.
- 바닥상태 2주기 원자는 전자가 들어 있는 s 오비탈 수가 2로 모두 같다.
- 바닥상태 2주기 원자의 전자가 들어 있는 s, p 오비탈 수

2주기	Li	Be	B	C	N	O	F	Ne
s 오비탈 수	2	2	2	2	2	2	2	2
p 오비탈 수	0	0	1	2	3	3	3	3

- X는 $\frac{\text{전자가 들어 있는 } p \text{ 오비탈 수}}{\text{전자가 들어 있는 } s \text{ 오비탈 수}}=1$이므로 C이다.

O 보기풀이 바닥상태 2주기 원자는 전자가 들어 있는 s 오비탈 수가 2이므로 $\frac{\text{전자가 들어 있는 } p \text{ 오비탈 수}}{\text{전자가 들어 있는 } s \text{ 오비탈 수}}=1$인 X는 C(탄소)이다. 따라서 X^-의 바닥상태 전자 배치는 $1s^22s^22p_x^12p_y^12p_z^1$이다.

문제풀이 Tip

전자가 들어 있는 s 오비탈 수는 주기와 같다. X^-은 X 원자가 전자 1개를 얻은 것이며 훈트 규칙에 맞게 전자를 배치해야 한다.

선택지 비율	① 6%	❷ 58%	③ 8%	④ 15%	⑤ 11%

31 현대적 원자 모형과 양자수

2021년 4월 교육청 16번 | 정답 ② | 문제편 35 p

출제 의도 바닥상태 전자 배치와 오비탈의 양자수를 이해하는지 묻는 문항이다.

문제 분석

표는 바닥상태 알루미늄($_{13}Al$, $1s^22s^22p^63s^23p^1$) 원자에서 전자가 들어 있는 오비탈 (가)~(다)에 대한 자료이다. ㉠은 주 양자수(n)와 방위(부) 양자수(l) 중 하나이다.

오비탈	(가) 2s	(나) 2p	(다) 3p
㉠ l	0	1	1
$n+l$	$a-1$ 2+0=2	a 2+1=3	$a+1$ 3+1=4

이에 대한 설명으로 옳은 것만을 〈보기〉에서 있는 대로 고른 것은? [3점]

보기
ㄱ. ㉠은 n(l)이다.
ㄴ. (가)의 자기 양자수(m_l)는 0이다. 2s 오비탈의 $m_l=0$
ㄷ. (다)에 들어 있는 전자 수는 2(1)이다.

① ㄱ ② ㄴ ③ ㄷ ④ ㄱ, ㄴ ⑤ ㄴ, ㄷ

✔ 자료 해석

- 주 양자수(n)는 오비탈의 에너지와 크기를 결정하고, n이 증가할수록 오비탈의 크기와 에너지 준위는 커진다.
- 방위(부) 양자수(l)는 오비탈의 모양을 결정하고, $0 \le l \le n-1$의 정숫값을 갖는다.
- 자기 양자수(m_l)는 오비탈이 어떤 방향으로 존재하는지에 관련된 양자수이고, $-l \le m_l \le l$의 정숫값을 갖는다.
- $_{13}Al$의 바닥상태 전자 배치는 $1s^22s^22p^63s^23p^1$이다.
- (가)~(다)는 각각 1s, 2s, 2p, 3s, 3p 중 하나이다.
- ㉠이 n일 때, (나)는 1s이므로 $a=1$이고 (가)에서 $n+l=0$인데, (가)의 $n+l$은 2 이상이므로 조건에 맞지 않는다. 따라서 ㉠은 l이다.
- ㉠은 l이므로 (나)는 2p, 3p 중 하나이다.
- (나)가 2p이면 $a=3$이고 (가)의 $n+l=2$이므로 (가)는 2s, (다)의 $n+l=4$이므로 (다)는 3p가 된다. (가)~(다)의 오비탈이 모두 다르므로 조건을 만족한다.
- (가)는 2s, (나)는 2p, (다)는 3p이다.
- (나)가 3p이면 $a=4$이고 (가)의 $n+l=3$이므로 (가)는 2p, 3s 중 하나이고 (다)의 $n+l=5$이므로 이를 만족하는 (다)는 존재하지 않는다.

O 보기풀이 ㄴ. (가)는 2s이며, 2s 오비탈의 자기 양자수(m_l)는 0이다.

× 매력적 오답 ㄱ. ㉠은 l이다.
ㄷ. (다)는 3p이므로 3p 오비탈에 들어 있는 전자 수는 1이다.

문제풀이 Tip

l은 n보다 항상 작고, s 오비탈의 l은 0, p 오비탈의 l은 1이다. $(n+l)$은 1s 오비탈이 1, 2s 오비탈이 2, 2p 오비탈이 3, 3s 오비탈이 3, 3p 오비탈이 4, 4s 오비탈이 4이다.

선택지 비율	① 4%	② 2%	③ 9%	④ 4%	⑤ 79%

32 현대적 원자 모형과 전자 배치

2021년 3월 교육청 3번 | 정답 ⑤ | 문제편 35p

출제 의도 전자 배치의 원리와 규칙을 이해하는지 묻는 문항이다.

문제 분석

그림은 원자 X~Z의 전자 배치를 나타낸 것이다.

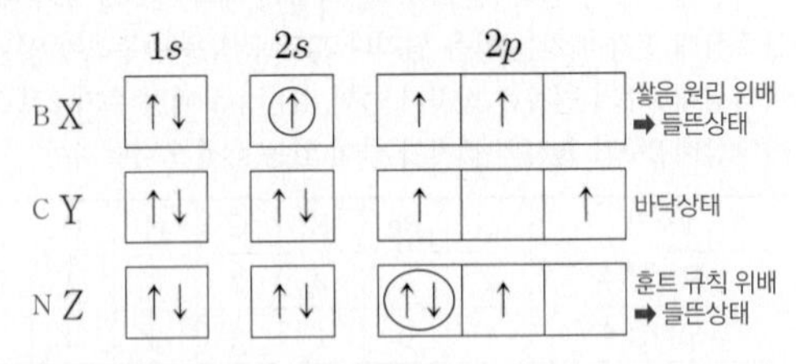

이에 대한 옳은 설명만을 〈보기〉에서 있는 대로 고른 것은? (단, X~Z는 임의의 원소 기호이다.)

보기
ㄱ. X는 들뜬상태이다. 쌓음 원리 위배
ㄴ. Y는 훈트 규칙을 만족한다. $2p$의 홀전자 수 최대
ㄷ. Z는 바닥상태일 때 홀전자 수가 3이다. $2p_x^1 2p_y^1 2p_z^1$

① ㄱ ② ㄴ ③ ㄱ, ㄷ ④ ㄴ, ㄷ ⑤ ㄱ, ㄴ, ㄷ

✓ 자료 해석

- 쌓음 원리 : 전자는 에너지 준위가 낮은 오비탈부터 순서대로 채워진다.
- 파울리 배타 원리 : 1개의 오비탈에는 전자가 최대 2개까지 채워지며, 이 두 전자는 서로 다른 스핀 방향을 갖는다.
- 훈트 규칙 : 에너지 준위가 같은 오비탈이 여러 개 있을 때 쌍을 이루지 않는 전자(홀전자) 수가 최대가 되도록 전자가 채워진다.
- 바닥상태는 쌓음 원리, 훈트 규칙, 파울리 배타 원리를 모두 만족한다.
- 들뜬상태 전자 배치는 쌓음 원리나 훈트 규칙을 만족하지 않는다.
- X는 에너지 준위가 낮은 $2s$ 오비탈에 전자를 모두 채우지 않고 $2p$ 오비탈에 채웠으므로 쌓음 원리를 만족하지 않는다.
- Y는 에너지 준위가 같은 $2p$ 오비탈에 전자를 채울 때 홀전자 수가 최대가 되도록 채웠으므로 훈트 규칙을 만족한다.
- Z는 에너지 준위가 같은 $2p$ 오비탈에 전자를 채울 때 홀전자 수가 최대가 아니므로 훈트 규칙을 만족하지 않는다.

○ 보기 풀이 ㄱ. X는 쌓음 원리를 만족하지 않는 들뜬상태이다.
ㄴ. Y는 에너지 준위가 같은 오비탈이 여러 개 있을 때 홀전자 수가 최대가 되도록 전자를 채웠으므로 훈트 규칙을 만족한다.
ㄷ. Z는 훈트 규칙을 만족하지 않는 들뜬상태이며, Z가 바닥상태일 때의 전자 배치는 $1s^2 2s^2 2p_x^1 2p_y^1 2p_z^1$이므로 홀전자 수가 3이다.

문제풀이 Tip
쌓음 원리, 훈트 규칙, 파울리 배타 원리를 정확히 이해하고, 바닥상태와 들뜬상태를 구분할 수 있어야 한다.

선택지 비율	① 12%	② 6%	③ 21%	④ 51%	⑤ 7%

33 현대적 원자 모형과 양자수

2021년 3월 교육청 11번 | 정답 ④ | 문제편 35p

출제 의도 바닥상태 전자 배치와 양자수를 이해하는지 묻는 문항이다.

문제 분석

표는 2, 3주기 바닥상태 원자 X~Z에 대한 자료이다.

원자	X $_7$N	Y $_9$F	Z $_{11}$Na
모든 전자의 주 양자수(n)의 합	a	$a+4$	$a+9$

(2주기: X, Y / 3주기: Z, 원자 번호 2 차이, 원자 번호 2 차이, 4 차이(2+2), 5 차이(2+3))

X~Z에 대한 옳은 설명만을 〈보기〉에서 있는 대로 고른 것은? (단, X~Z는 임의의 원소 기호이다.) [3점]

보기
ㄱ. 3주기 원소는 1가지이다. Z(Na)
ㄴ. 전자가 들어 있는 오비탈 수는 Y>X이다. X(N) 5, Y(F) 5
ㄷ. 모든 전자의 방위(부) 양자수(l)의 합은 Z가 X의 2배이다. =p 오비탈의 전자 수 Z(Na) 6, X(N) 3

① ㄱ ② ㄷ ③ ㄱ, ㄴ ④ ㄱ, ㄷ ⑤ ㄴ, ㄷ

✓ 자료 해석

- 주 양자수(n)는 오비탈의 에너지와 크기를 결정하고, n이 증가할수록 오비탈의 크기와 에너지 준위는 커진다.
- 방위(부) 양자수(l)는 오비탈의 모양을 결정하고, $0 \le l \le n-1$의 정숫값을 갖는다.
- 모든 전자의 주 양자수(n)의 합은 원자 번호가 1씩 증가할 때 2주기에서 2씩 증가하고, 3주기에서 3씩 증가한다.
- X와 Y는 모든 전자의 주 양자수(n)의 합의 차이가 4이므로 2주기 원소이고 원자 번호 차이는 2이다.
- Y와 Z는 모든 전자의 주 양자수(n)의 합의 차이가 5(=2+3)이고 Y가 2주기이므로 Z는 3주기 원소이며, 원자 번호 차이는 2이다.
- X~Z는 각각 N, F, Na이고, $a=12$이다.

○ 보기 풀이 ㄱ. 3주기 원소는 Z(Na) 1가지이다.
ㄷ. s 오비탈과 p 오비탈의 방위(부) 양자수(l)는 각각 0, 1이므로 모든 전자의 방위(부) 양자수(l)의 합은 p 오비탈에 들어 있는 전자 수와 같다. 모든 전자의 방위(부) 양자수(l)의 합은 Z(Na)가 6, X(N)가 3으로 Z가 X의 2배이다.

× 매력적 오답 ㄴ. 전자가 들어 있는 오비탈 수는 X(N)가 5, Y(F)가 5이므로 X와 Y가 같다.

문제풀이 Tip
주 양자수(n)는 주기와 같으므로 2주기는 원자 번호가 1 커질수록 주 양자수(n)가 2씩 커지고, 3주기는 원자 번호가 1 커질수록 주 양자수(n)가 3씩 커진다는 것이 핵심이다. 방위(부) 양자수(l)는 s 오비탈이 0, p 오비탈이 1이다.

선택지 비율	① 0%	❷ 83%	③ 5%	④ 1%	⑤ 8%

34 현대적 원자 모형과 전자 배치

2020년 10월 교육청 2번 | 정답 ② | 문제편 36 p

출제 의도 전자 배치의 원리를 이해하는지 묻는 문항이다.

문제 분석

그림은 원자 X~Z의 전자 배치를 나타낸 것이다.

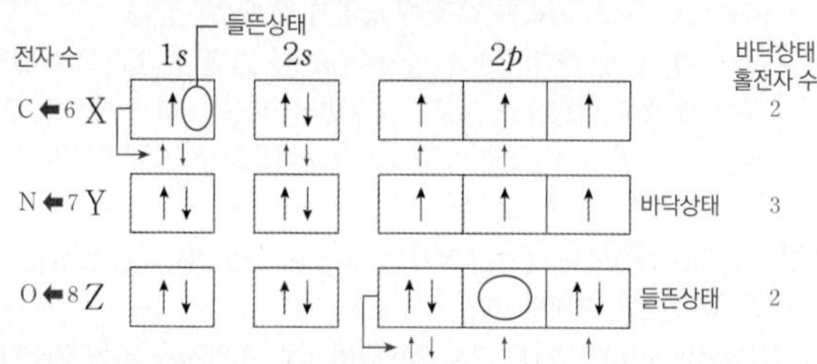

이에 대한 옳은 설명만을 〈보기〉에서 있는 대로 고른 것은? (단, X~Z는 임의의 원소 기호이다.) [3점]

보기

ㄱ. X는 ~~15족~~ 원소이다. (14족)

ㄴ. Y의 전자 배치는 훈트 규칙을 만족한다. 바닥상태

ㄷ. 바닥상태에서 홀전자 수는 X~~>~~Z이다. (=)

① ㄱ ② ㄴ ③ ㄱ, ㄴ ④ ㄱ, ㄷ ⑤ ㄴ, ㄷ

문제풀이 Tip

Y의 전자 배치에서 에너지 준위가 같은 p_x, p_y, p_z 오비탈에 홀전자 수가 가장 많도록 전자가 배치되어 있으므로 Y(C) 원자의 전자 배치는 바닥상태 전자 배치이다.

✔ 자료 해석

- 전자 배치 원리
  (1) 쌓음 원리 : 에너지 준위가 낮은 오비탈부터 에너지가 높아지는 순서대로 전자가 채워진다.
  (2) 파울리 배타 원리 : 전자는 한 오비탈에 최대 2개까지 들어갈 수 있으며, 한 오비탈에 들어간 두 전자의 스핀 방향은 서로 반대이다.
  (3) 훈트 규칙 : 같은 에너지 준위의 오비탈에 전자가 채워질 때, 전자들은 쌍을 이루지 않고 가능한 한 많은 오비탈에 채워진다.
- 바닥상태의 전자 배치는 (1)~(3)의 원리를 모두 만족하는 전자 배치이다.
- Y는 바닥상태, X와 Z는 들뜬상태의 전자 배치이다.

○ 보기풀이 ㄴ. Y의 전자 배치는 쌓음 원리, 파울리 배타 원리, 훈트 규칙을 만족하는 바닥상태의 전자 배치이다.

× 매력적 오답 ㄱ. X는 전자 수가 6인 14족 원소이다. $1s$ 오비탈에 전자가 1개 배치되어 있으므로 들뜬상태이다.

ㄷ. X와 Z의 바닥상태에서의 전자 배치는 다음과 같다.

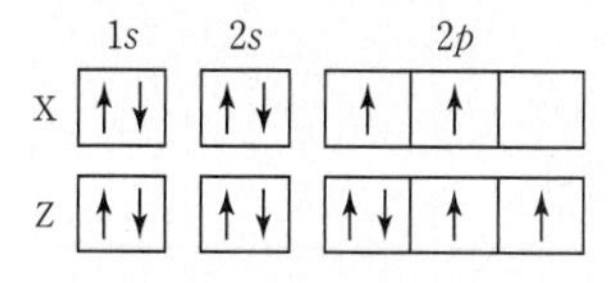

따라서 바닥상태에서 홀전자 수는 X와 Z가 2로 같다.

선택지 비율	① 5%	② 9%	③ 6%	❹ 73%	⑤ 4%

35 현대적 원자 모형과 전자 배치

2020년 10월 교육청 17번 | 정답 ④ | 문제편 36 p

출제 의도 전자 배치를 이해하여 각 오비탈에 포함된 전자 수를 찾을 수 있는지 묻는 문항이다.

문제 분석

표는 2, 3주기 바닥상태 원자 A~C의 전자 배치에 대한 자료이다. n은 주 양자수, l은 방위(부) 양자수이다.

원자	A $_{15}$P	B $_{10}$Ne	C $_{16}$S
$\frac{p \text{ 오비탈의 전자 수}}{s \text{ 오비탈의 전자 수}}$	$\frac{3}{2}$	㉠ $\frac{3}{2}$	$\frac{5}{3}$
$n+l=3$인 전자 수	㉡ 8	6	㉢ 8

$2p$ 오비탈, $3s$ 오비탈

이에 대한 옳은 설명만을 〈보기〉에서 있는 대로 고른 것은? (단, A~C는 임의의 원소 기호이다.) [3점]

보기

ㄱ. A~C 중 3주기 원소는 ~~1가지~~이다. (2가지) A는 P, C는 S

ㄴ. ㉠$=\frac{3}{2}$이다.

ㄷ. ㉡=㉢이다. $2p$ 오비탈에 6개+$3s$ 오비탈에 2개 ➡ 8

① ㄱ ② ㄴ ③ ㄱ, ㄷ ④ ㄴ, ㄷ ⑤ ㄱ, ㄴ, ㄷ

✔ 자료 해석

- A는 $\frac{p \text{ 오비탈의 전자 수}}{s \text{ 오비탈의 전자 수}}=\frac{3}{2}$이므로 s 오비탈의 전자 수가 4, p 오비탈의 전자 수가 6인 $_{10}$Ne, s 오비탈의 전자 수가 6, p 오비탈의 전자 수가 9인 $_{15}$P 중 하나이다.
- B는 $n+l=3$인 전자 수가 6이므로 $2p$ 오비탈($n=2$, $l=1$)에 들어 있는 전자 수가 6인 Ne이다. 따라서 A는 P이다.
- C는 $\frac{p \text{ 오비탈의 전자 수}}{s \text{ 오비탈의 전자 수}}=\frac{5}{3}$이므로 s 오비탈 전자 수가 6, p 오비탈의 전자 수가 10인 $_{16}$S이다.
- A($_{15}$P)의 바닥상태 전자 배치 : $1s^2 2s^2 2p^6 3s^2 3p^3$
- B($_{10}$Ne)의 바닥상태 전자 배치 :$1s^2 2s^2 2p^6$
- C($_{16}$S)의 바닥상태 전자 배치 : $1s^2 2s^2 2p^6 3s^2 3p^4$

○ 보기풀이 ㄴ. B는 $_{10}$Ne이므로 ㉠$=\frac{p \text{ 오비탈의 전자 수}}{s \text{ 오비탈의 전자 수}}=\frac{6}{4}=\frac{3}{2}$이다.

ㄷ. A는 $_{15}$P, C는 $_{16}$S이므로 $n+l=3$인 $2p$ 오비탈, $3s$ 오비탈에 들어 있는 전자 수 ㉡=㉢=6+2=8이다.

× 매력적 오답 ㄱ. B가 $_{10}$Ne이므로 A는 $_{15}$P이고, C는 $_{16}$S이다. 따라서 3주기 원소는 A와 C 2가지이다.

문제풀이 Tip

주 양자수(n)와 방위(부) 양자수(l)의 합($n+l$)이 3인 전자는 $3s$ 오비탈($n=3$, $l=0$)과 $2p$ 오비탈($n=2$, $l=1$)의 전자임을 이용하여 푸는 문제가 자주 출제되므로 $n+l=3$인 전자가 들어 있는 오비탈을 기억해두자.

선택지 비율	① 3%	② 1%	③ 86%	④ 4%	⑤ 2%

36 현대적 원자 모형과 전자 배치

2020년 10월 교육청 10번 | 정답 ③ | 문제편 37 p

출제 의도 오비탈의 모형과 에너지 준위를 이해하는지 묻는 문항이다.

문제 분석

그림은 바닥상태 나트륨($_{11}Na$) 원자에서 전자가 들어 있는 오비탈 중 (가)~(다)를 모형으로 나타낸 것이다. (가)~(다) 중 에너지 준위는 (가)가 가장 높다. ➡ 3s 오비탈 주 양자수(n) 에너지 준위] (가)>(나)=(다)

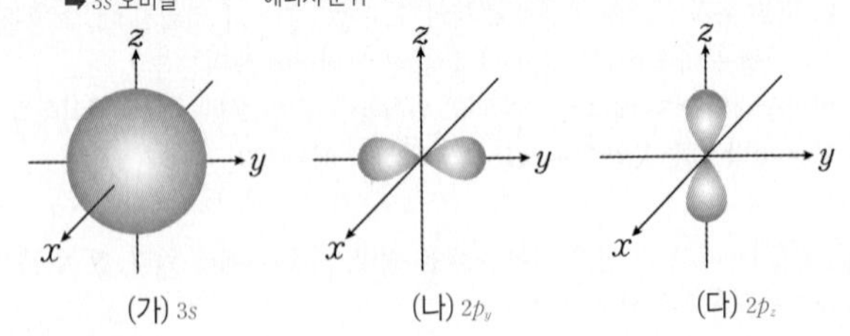

이에 대한 옳은 설명만을 〈보기〉에서 있는 대로 고른 것은? [3점]

보기
ㄱ. 주 양자수(n)는 (가)>(나)이다. (3s, 2p)
ㄴ. (나)에 들어 있는 전자 수는 1이다. (2) $1s^2 2s^2 2p_x^2 2p_y^2 2p_z^2 3s^1$
ㄷ. 에너지 준위는 (나)와 (다)가 같다.

① ㄱ ② ㄴ ③ ㄱ, ㄷ ④ ㄴ, ㄷ ⑤ ㄱ, ㄴ, ㄷ

✓ 자료 해석

- (가)는 s 오비탈, (나)는 p_y 오비탈, (다)는 p_z 오비탈의 모형이다.
- (가) s 오비탈은 구형이므로 s 오비탈 내에서 전자가 발견될 확률은 원자핵으로부터의 거리가 같을 때 방향과 관계없이 같다.
- p 오비탈은 세 가지의 자기 양자수(m_l)를 가질 수 있으므로 원자핵 주위에 세 가지 방향으로 분포할 수 있다. (나)는 y축 방향으로 분포하므로 p_y 오비탈, (다)는 z축 방향으로 분포하므로 p_z 오비탈이다.

○ 보기 풀이 (가)의 에너지 준위가 가장 높으므로 (가)는 3s 오비탈, (나)는 $2p_y$ 오비탈, (다)는 $2p_z$ 오비탈이다.
ㄱ. (가)는 3s 오비탈, (나)는 $2p_y$ 오비탈이므로 주 양자수(n)는 (가)>(나)이다.
ㄷ. (나) $2p_y$와 (다) $2p_z$는 주 양자수(n)가 같으므로 에너지 준위는 같다.

× 매력적 오답 ㄴ. $_{11}Na$ 원자의 바닥상태 전자 배치는 $1s^2 2s^2 2p_x^2 2p_y^2 2p_z^2 3s^1$이므로 (나) $2p_y$ 오비탈에 들어 있는 전자 수는 2이다.

문제풀이 Tip
주 양자수(n)가 같은 p_x, p_y, p_z 오비탈의 에너지 준위는 같다. $_{11}Na$ 원자에서 전자가 들어 있는 오비탈의 에너지 준위는 $1s<2p<3s$이므로 이로부터 (가)는 $3s$ 오비탈임을 알아내야 한다.

선택지 비율	① 16%	② 78%	③ 1%	④ 1%	⑤ 1%

37 현대적 원자 모형과 양자수

2020년 4월 교육청 7번 | 정답 ② | 문제편 37 p

출제 의도 오비탈에 들어 있는 전자의 양자수를 이해하는 문항이다.

문제 분석

그림은 원자 X에서 전자가 들어 있는 오비탈 1s, 2s, $2p_x$를 주어진 기준에 따라 분류한 것이다.

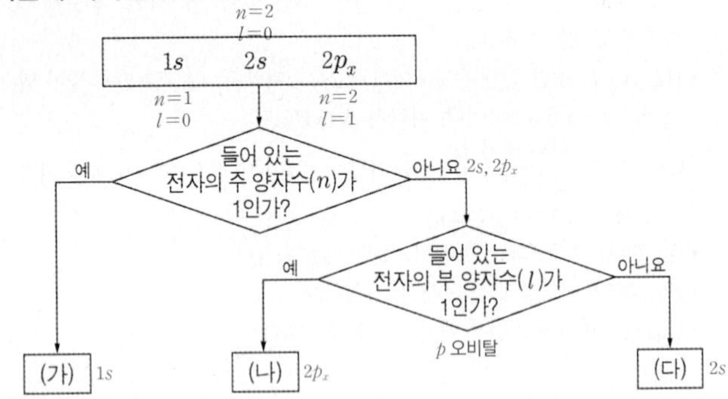

(가)~(다)로 옳은 것은?

	(가)	(나)	(다)
①	1s	2s	$2p_x$
②	1s	$2p_x$	2s
③	2s	1s	$2p_x$
④	2s	$2p_x$	1s
⑤	$2p_x$	2s	1s

✓ 자료 해석

- 오비탈(궤도 함수)은 일정한 에너지를 가진 전자가 원자핵 주위에서 발견될 확률을 나타내는 함수이다.
- s 오비탈은 공 모양(구형)으로 $n=1$부터 존재하며, 핵으로부터 거리가 같으면 방향에 관계없이 전자가 발견될 확률이 같다.
- p 오비탈은 $n=2$부터 존재하고, p_x, p_y, p_z 오비탈은 에너지 준위가 같다.
- 현대의 원자 모형은 오비탈의 에너지, 크기, 모양 등을 나타내기 위해 양자수라는 개념을 도입하였다.
- 주 양자수(n)는 오비탈의 에너지와 크기를 결정하며, $n=1, 2, 3, 4\cdots$의 정수값을 갖는다.
- 방위(부) 양자수(l)는 $0\leq l\leq n-1$의 정수값을 갖는다.
- 자기 양자수(m_l)는 $-l\leq m_l\leq l$의 정수값을 갖는다.
- 스핀 자기 양자수(m_s)는 외부에서 자기장을 걸어 주었을 때, 전자의 자기 상태가 서로 반대 방향으로 나누어지는 것과 관련된 양자수이고, $+\frac{1}{2}$, $-\frac{1}{2}$의 2가지가 가능하다.
- 1s, 2s, $2p_x$ 오비탈에 들어 있는 전자의 주 양자수는 각각 1, 2, 2이다. 따라서 (가)는 1s이다.
- 1s, 2s, $2p_x$ 오비탈에 들어 있는 전자의 방위(부) 양자수는 각각 0, 0, 1이다. 따라서 (나)는 $2p_x$, (다)는 2s이다.

○ 보기 풀이 ② (가)는 1s, (나)는 $2p_x$, (다)는 2s이다.

문제풀이 Tip
오비탈 s, p 등의 앞에 표시된 숫자는 주 양자수(n)이고, s 오비탈은 방위(부) 양자수(l)가 0, p 오비탈은 방위(부) 양자수(l)가 1이라는 것을 알아둔다.

03 원소의 주기적 성질

선택지 비율	❶ 83%	② 2%	③ 9%	④ 3%	⑤ 3%

1 원소의 주기적 성질

2024년 10월 교육청 4번 | 정답 ① | 문제편 40p

출제 의도 홀전자 수와 원자가 전자 수의 비를 이용하여 원자의 종류를 판단할 수 있는지 묻는 문항이다.

문제 분석

$\frac{2}{4}$ ➡ 14족 ➡ X는 2주기 14족 C

다음은 주기율표의 일부를 나타낸 것이다. 바닥상태 원자 X의 전자 배치에서 $\frac{\text{홀전자 수}}{\text{원자가 전자 수}}=\frac{1}{2}$이다.

주기 \ 족	a 13	$a+1$ 14
2	W B	X C
3	Y Al	Z Si

이에 대한 옳은 설명만을 <보기>에서 있는 대로 고른 것은? (단, W~Z는 임의의 원소 기호이다.)

보기

ㄱ. $a=13$이다.

ㄴ. 바닥상태 원자 Z에서 전자가 들어 있는 오비탈 수는 9(8)이다. Z(Si) : $1s^2 2s^2 2p^6 3s^2 3p^2$

ㄷ. $\frac{\text{제2 이온화 에너지}}{\text{제1 이온화 에너지}}$는 X>(<)W이다. X(C)<W(B)

① ㄱ ② ㄴ ③ ㄱ, ㄷ ④ ㄴ, ㄷ ⑤ ㄱ, ㄴ, ㄷ

✓ 자료 해석

- 원자가 전자 수는 족의 끝자리 수와 같다.
- 2, 3주기 원자의 족에 따른 홀전자 수, 원자가 전자 수

족	1	2	13	14	15	16	17
홀전자 수	1	0	1	2	3	2	1
원자가 전자 수	1	2	3	4	5	6	7

- $\frac{\text{홀전자 수}}{\text{원자가 전자 수}}=\frac{1}{2}$인 X는 14족이며, 2주기이므로 X는 C이고, $a=13$이다.
- W~Z는 각각 B, C, Al, Si이다.

○ 보기 풀이 ㄱ. $a=13$이다.

× 매력적 오답 ㄴ. 바닥상태 원자 Z(Si)의 전자 배치는 $1s^2 2s^2 2p^6 3s^2 3p^2$로 전자가 들어 있는 오비탈 수는 8이다.

ㄷ. 제1 이온화 에너지는 X(C)>W(B)이고, 제2 이온화 에너지는 W(B)>X(C)이므로 $\frac{\text{제2 이온화 에너지}}{\text{제1 이온화 에너지}}$는 W(B)>X(C)이다.

문제풀이 Tip

$\frac{\text{홀전자 수}}{\text{원자가 전자 수}}=1$인 원자는 1족 원소이고, $\frac{\text{홀전자 수}}{\text{원자가 전자 수}}=\frac{1}{3}$인 원자는 13족과 16족 원소라는 것도 함께 알아둔다.

2, 3주기 바닥상태 원자의 홀전자 수, 원자가 전자 수, 전자가 들어 있는 오비탈 수, 각 오비탈에 들어 있는 전자 수 등은 충분히 학습해 둔다.

선택지 비율	① 2%	❷ 83%	③ 4%	④ 7%	⑤ 4%

2 원소의 주기적 성질

2024년 10월 교육청 15번 | 정답 ② | 문제편 40 p

출제 의도 원자 반지름과 이온 반지름을 비교하여 원소를 판단할 수 있는지 묻는 문항이다.

문제분석

그림은 원소 W~Z의 원자 반지름과 이온 반지름을 나타낸 것이다. W~Z는 각각 O, F, Na, Mg 중 하나이고, W~Z의 이온은 모두 Ne의 전자 배치를 갖는다.

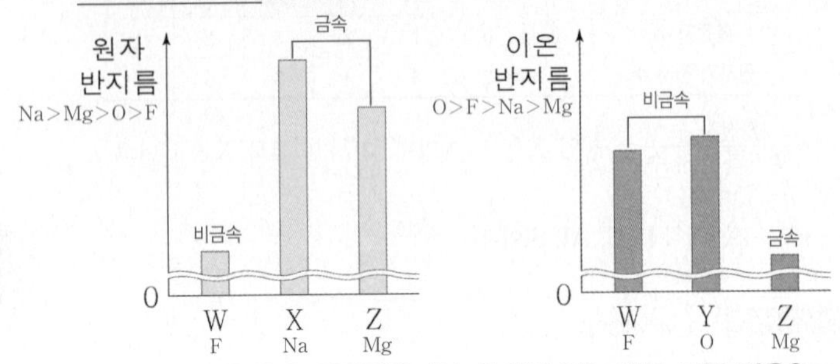

W~Z에 대한 옳은 설명만을 〈보기〉에서 있는 대로 고른 것은? [3점]

〈보기〉

ㄱ. 원자 번호는 W(Y)가 가장 작다. Z(12)>X(11)>W(9)>Y(8)

ㄴ. $\frac{\text{이온 반지름}}{\text{원자 반지름}}$은 Y>X이다. 비금속>금속 ➡ Y(O)>X(Na)

ㄷ. 원자가 전자가 느끼는 유효 핵전하는 X>(<)Z이다. X(Na)<Z(Mg)
같은 주기에서 원자 번호가 클수록 큼

① ㄱ ② ㄴ ③ ㄷ ④ ㄱ, ㄴ ⑤ ㄴ, ㄷ

✔ 자료 해석

- 원자 반지름은 Na>Mg>O>F이다.
- 이온 반지름은 O>F>Na>Mg이다.
- 원자 반지름은 X>Z>W이므로 W는 O, F 중 하나인데, 이온 반지름이 Y>W이므로 이온 반지름이 가장 큰 O는 W가 될 수 없다. 따라서 W는 F이다.
- 이온 반지름이 Y>W(F)이므로 Y는 O이다.
- 원자 반지름은 X>Z이므로 X와 Z는 각각 Na, Mg이다.
- W~Z는 각각 F, Na, O, Mg이다.

○ 보기풀이 ㄴ. 금속은 $\frac{\text{이온 반지름}}{\text{원자 반지름}}<1$이고, 비금속은 $\frac{\text{이온 반지름}}{\text{원자 반지름}}>1$이다. X(Na)는 금속이고, Y(O)는 비금속이므로 $\frac{\text{이온 반지름}}{\text{원자 반지름}}$은 Y>X이다.

× 매력적 오답 ㄱ. 원자 번호는 Y(O)가 가장 작다.

ㄷ. 같은 주기에서는 원자 번호가 클수록 원자가 전자가 느끼는 유효 핵전하가 크므로 원자가 전자가 느끼는 유효 핵전하는 Z(Mg)>X(Na)이다.

문제풀이 Tip

자료에서 X와 Z의 원자 반지름이 W보다 매우 크므로 X와 Z는 3주기 원소이고, W는 2주기 원소라고 할 수 있다. 원자 반지름이 Na>Mg이므로 X, Z는 각각 Na, Mg이고, 이온 반지름이 Y>W이므로 W, Y는 각각 F, O이다.

선택지 비율	❶ 49%	② 7%	③ 12%	④ 16%	⑤ 16%

3 원소의 주기적 성질

2024년 7월 교육청 10번 | 정답 ① | 문제편 40 p

출제 의도 전기 음성도, 이온 반지름, 제2 이온화 에너지의 주기적 성질을 알고 있는지 묻는 문항이다.

문제 분석

다음은 바닥상태 원자 A～E에 대한 자료이다. A～E의 원자 번호는 각각 8, 9, 11, 12, 13 중 하나이고, A～E의 이온은 모두 Ne의 전자 배치를 갖는다. O, F, Na, Mg, Al 원자 번호 ↑ → 이온 반지름 ↓

- 전기 음성도는 C>D>E이다. F>(O, Al, Mg)>Na
- 이온 반지름은 B>C>A>D이다. O>F>Na>Mg>Al
- 제2 이온화 에너지는 C>A이다. Na>O>F>Al>Mg

➡ A는 Mg, B는 O, C는 F, D는 Al, E는 Na

이에 대한 설명으로 옳은 것만을 〈보기〉에서 있는 대로 고른 것은? (단, A～E는 임의의 원소 기호이다.)

보기

ㄱ. D는 3주기 원소이다. D는 Al(3주기 13족)

ㄴ. 원자 반지름은 C>B이다. (<) 같은 주기 F<O

ㄷ. $\frac{제3\ 이온화\ 에너지}{제2\ 이온화\ 에너지}$는 E>A이다. (<) Na<Mg
같은 주기에서 2족이 가장 큼

① ㄱ ② ㄴ ③ ㄱ, ㄷ ④ ㄴ, ㄷ ⑤ ㄱ, ㄴ, ㄷ

✔ 자료 해석

- 제2 이온화 에너지는 Na>O>F>Al>Mg이다.
- 이온 반지름은 O>F>Na>Mg>Al인데, 이온 반지름이 B>C>A>D이므로 A～D 중 이온 반지름이 2번째로 큰 C는 F, Na 중 하나이다.
- 5가지 원소 중 전기 음성도가 가장 작은 원소는 Na이며, 전기 음성도가 C>D>E이므로 C는 Na이 될 수 없다. 따라서 C는 F이고, C(F)보다 이온 반지름이 큰 B는 O이다.
- A～D 중 이온 반지름이 세 번째로 큰 A는 Na, Mg 중 하나인데, 제2 이온화 에너지가 C(F)>A이므로 A는 Mg이고, 이온 반지름이 A(Mg)>D이므로 D는 Al이다.
- A～E는 각각 Mg, O, F, Al, Na이다.

O 보기 풀이 ㄱ. D(Al)는 3주기 원소이다.

✕ 매력적 오답 ㄴ. 같은 주기에서 원자 번호가 작을수록 원자 반지름이 크므로 원자 반지름은 B(O)>C(F)이다.

ㄷ. 2족 원소는 제3 이온화 에너지가 제2 이온화 에너지보다 매우 크므로 같은 주기 원소 중 $\frac{제3\ 이온화\ 에너지}{제2\ 이온화\ 에너지}$가 가장 크다. A(Mg)는 2족 원소로 같은 주기 원소 중 $\frac{제3\ 이온화\ 에너지}{제2\ 이온화\ 에너지}$가 가장 크므로 $\frac{제3\ 이온화\ 에너지}{제2\ 이온화\ 에너지}$는 A(Mg)>E(Na)이다.

문제풀이 Tip

이온 반지름은 B>C>A>D이므로 B는 O, F 중 하나이고, C는 F, Na 중 하나인데, 전기 음성도가 C>D>E이므로 C는 F이다. 따라서 B는 O이다. A는 C(F)보다 제2 이온화 에너지가 작으므로 Mg, Al 중 하나인데, 이온 반지름이 D보다 커서 Al이 될 수 없으므로 A는 Mg이다.

선택지 비율	① 15%	❷ 65%	③ 9%	④ 8%	⑤ 3%

4 원소의 주기적 성질

2024년 5월 교육청 4번 | 정답 ② | 문제편 40 p

출제 의도 원자가 전자가 느끼는 유효 핵전하, 제1 이온화 에너지의 주기적 성질을 알고 있는지 묻는 문항이다.

문제 분석

다음은 Ne을 제외한 2주기 원소에 대한 자료이다.

Li Be B C N O F

원자 번호가 클수록 큼

- 제시된 원소 중 원자가 전자가 느끼는 유효 핵전하가 O보다 큰 원소의 가짓수는 ㉠ 1 이다. Li<Be<B<C<N<O<F
- 제시된 원소 중 제1 이온화 에너지가 B보다 크고, N보다 작은 원소의 가짓수는 ㉡ 3 이다. Li<B<Be<C<O<N<F

㉠+㉡은?

① 2 ② 4 ③ 6 ④ 7 ⑤ 8

✔ 자료 해석

- 제1 이온화 에너지는 F>N>O>C>Be>B>Li이다.
- 원자가 전자가 느끼는 유효 핵전하는 F>O>N>C>B>Be>Li이다.

O 보기 풀이 O보다 원자가 전자가 느끼는 유효 핵전하가 큰 원소는 F 1가지이다. 제1 이온화 에너지가 B보다 크고 N보다 작은 원소는 Be, C, O 3가지이다. 따라서 ㉠, ㉡은 각각 1, 3이므로 ㉠+㉡=4이다.

문제풀이 Tip

2, 3주기에서 원자 번호가 클수록 대체로 제1 이온화 에너지는 증가하지만 2족>13족이고, 15족>16족이라는 것에 유의한다.

선택지 비율	① 6%	② 18%	❸ 47%	④ 17%	⑤ 12%

5 원소의 주기적 성질

2024년 3월 교육청 9번 | 정답 ③ | 문제편 41 p

출제 의도 제2 이온화 에너지를 비교하여 원소의 종류를 판단할 수 있는지 묻는 문항이다.

문제 분석

표는 원자 X～Z의 제2 이온화 에너지에 대한 자료이다. X～Z는 각각 Cl(3주기), K(4주기), Ca 중 하나이다.

원자	X Ca	Y Cl	Z K
제2 이온화 에너지(kJ/mol)	1140	2300	3050

같은 주기에서 1족이 가장 크고, 2족이 가장 작음, Ca<Cl<K

X～Z에 대한 옳은 설명만을 〈보기〉에서 있는 대로 고른 것은?

〈보기〉

ㄱ. Y는 Cl이다.

ㄴ. $\frac{\text{제3 이온화 에너지}}{\text{제2 이온화 에너지}}$는 X가 가장 크다. X(Ca) (같은 주기에서 2족이 가장 큼)

ㄷ. 원자가 전자가 느끼는 유효 핵전하는 Z>X이다. K<Ca (같은 주기에서 원자 번호가 클수록 큼, <)

① ㄱ ② ㄷ ③ ㄱ, ㄴ ④ ㄴ, ㄷ ⑤ ㄱ, ㄴ, ㄷ

✓ 자료 해석

- 제2 이온화 에너지는 K>Cl>Ca이므로 X～Z는 각각 Ca, Cl, K이다.

○ 보기풀이 ㄱ. Y는 Cl이다.

ㄴ. 2족 원소의 제3 이온화 에너지는 제2 이온화 에너지보다 매우 크므로 2족 원소인 X(Ca)의 $\frac{\text{제3 이온화 에너지}}{\text{제2 이온화 에너지}}$가 가장 크다.

× 매력적 오답 ㄷ. 같은 주기에서는 원자 번호가 클수록 원자가 전자가 느끼는 유효 핵전하가 크므로 원자가 전자가 느끼는 유효 핵전하는 X(Ca)>Z(K)이다.

문제풀이 Tip

원자가 전자를 모두 떼어 낸 후, 그 다음 전자를 떼어 낼 때는 안쪽 전자 껍질에서 전자가 떨어지게 되어 순차 이온화 에너지가 급격히 증가한다. 같은 주기에서 제2 이온화 에너지는 1족 원소가 가장 크고, $\frac{\text{제3 이온화 에너지}}{\text{제2 이온화 에너지}}$는 2족 원소가 가장 크다.

선택지 비율	① 10%	❷ 40%	③ 18%	④ 19%	⑤ 13%

6 원소의 주기적 성질

2024년 3월 교육청 14번 | 정답 ② | 문제편 41 p

출제 의도 전자 배치에서 전자가 2개 들어 있는 오비탈 수와 홀전자 수의 차를 이용하여 원자를 판단하고, 원소의 주기적 성질을 알 수 있는지 묻는 문항이다.

문제 분석

그림은 원자 번호가 연속인 2, 3주기 바닥상태 원자 A～E의 전자 배치에서 전자가 2개 들어 있는 오비탈 수(x)와 홀전자 수(y)의 차($|x-y|$)를 원자 번호에 따라 나타낸 것이다.

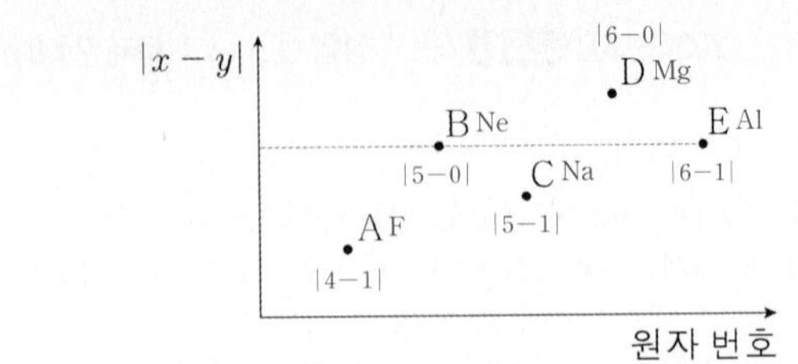

이에 대한 옳은 설명만을 〈보기〉에서 있는 대로 고른 것은? (단, A～E는 임의의 원소 기호이다.) [3점]

〈보기〉

ㄱ. B의 홀전자 수는 2(→0)이다. B는 Ne

ㄴ. 원자 반지름은 E>(<)C이다. E(Al)<C(Na)

ㄷ. Ne의 전자 배치를 갖는 이온의 반지름은 A>D이다. F>Mg (원자 번호가 클수록 작음)

① ㄱ ② ㄷ ③ ㄱ, ㄴ ④ ㄱ, ㄷ ⑤ ㄴ, ㄷ

✓ 자료 해석

- 2, 3주기 바닥상태 원자의 전자가 2개 들어 있는 오비탈 수(x), 홀전자 수(y), $|x-y|$

2주기	Li	Be	B	C	N	O	F	Ne
x	1	2	2	2	2	3	4	5
y	1	0	1	2	3	2	1	0
$\|x-y\|$	0	2	1	0	1	1	3	5

3주기	Na	Mg	Al	Si	P	S	Cl	Ar
x	5	6	6	6	6	7	8	9
y	1	0	1	2	3	2	1	0
$\|x-y\|$	4	6	5	4	3	5	7	9

- A → B → C → D → E에서 $|x-y|$가 각각 증가, 감소, 증가, 감소하므로 A～E는 각각 F, Ne, Na, Mg, Al이다.

○ 보기풀이 ㄷ. Ne의 전자 배치를 갖는 이온의 반지름은 원자 번호가 작을수록 크므로 A(F)>D(Mg)이다.

× 매력적 오답 ㄱ. B(Ne)의 홀전자 수는 0이다.

ㄴ. 같은 주기에서는 원자 번호가 작을수록 원자 반지름이 크므로 원자 반지름은 C(Na)>E(Al)이다.

문제풀이 Tip

원자 번호가 연속인 2, 3주기 원자에서 원자 번호는 3 차이가 나면서 $|x-y|$가 같은 것을 찾고, $|x-y|$가 증가, 감소, 증가, 감소하는 것을 찾는다.

선택지 비율	① 14%	② 16%	③ 9%	④ 8%	⑤ 53%

7 원소의 주기적 성질

2023년 10월 교육청 18번 | 정답 ⑤ | 문제편 41 p

출제 의도 이온 반지름과 순차 이온화 에너지의 주기성을 알고 있는지 묻는 문항이다.

문제 분석

다음은 원자 W~Z에 대한 자료이다.

- W~Z는 각각 O, F, Na, Al 중 하나이다.
- W~Z의 이온은 모두 Ne의 전자 배치를 갖는다.
- ㉠과 ㉡은 각각 $\frac{\text{이온 반지름}}{|\text{이온의 전하}|}$과 $\frac{\text{제2 이온화 에너지}}{\text{제1 이온화 에너지}}$ 중 하나이다.

  └ Al이 가장 작음 └ 1족인 Na이 가장 큼

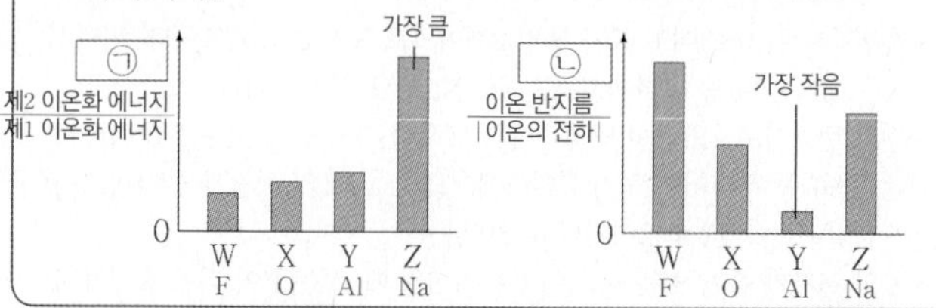

이에 대한 옳은 설명만을 〈보기〉에서 있는 대로 고른 것은? [3점]

보기

ㄱ. ㉠은 $\frac{\text{제2 이온화 에너지}}{\text{제1 이온화 에너지}}$이다.

ㄴ. W는 F이다.

ㄷ. 원자 반지름은 Y > X이다. (Y: Al, X: O)

① ㄱ ② ㄷ ③ ㄱ, ㄴ ④ ㄴ, ㄷ ⑤ ㄱ, ㄴ, ㄷ

✓ 자료 해석

- 이온 반지름은 O > F > Na > Al이고, 이온의 전하는 O가 -2, F이 -1, Na이 $+1$, Al이 $+3$이므로 $\frac{\text{이온 반지름}}{|\text{이온의 전하}|}$은 Al이 가장 작다.
- ㉠이 $\frac{\text{이온 반지름}}{|\text{이온의 전하}|}$일 때 W는 Al인데, $\frac{\text{제2 이온화 에너지}}{\text{제1 이온화 에너지}}$가 가장 큰 것은 1족 원소인 Na이므로 자료와 맞지 않는다. 따라서 ㉠은 $\frac{\text{제2 이온화 에너지}}{\text{제1 이온화 에너지}}$, ㉡은 $\frac{\text{이온 반지름}}{|\text{이온의 전하}|}$이다.
- $\frac{\text{제2 이온화 에너지}}{\text{제1 이온화 에너지}}$가 가장 큰 Z는 1족 원소인 Na이다.
- $\frac{\text{이온 반지름}}{|\text{이온의 전하}|}$은 Al이 가장 작으므로 Y는 Al이다.
- $\frac{\text{이온 반지름}}{|\text{이온의 전하}|}$은 W > Z(Na)이므로 W는 F이고, 남은 X는 O이다.

○ 보기 풀이 ㄱ. ㉠은 $\frac{\text{제2 이온화 에너지}}{\text{제1 이온화 에너지}}$이다.

ㄴ. W~Z는 각각 F, O, Al, Na이다.

ㄷ. 원자 반지름은 같은 주기에서 원자 번호가 커질수록 감소하고, 같은 족에서 원자 번호가 커질수록 증가한다. 따라서 원자 반지름은 Y(Al) > S > X(O)이므로 Y(Al) > X(O)이다.

문제풀이 Tip

Y와 Z가 각각 Al, Na으로 결정되고 나면 W, X는 각각 O, F 중 하나인데, 제1 이온화 에너지는 O < F이고, 제2 이온화 에너지는 O > F이므로 $\frac{\text{제2 이온화 에너지}}{\text{제1 이온화 에너지}}$는 O > F이다. 따라서 W는 F, X는 O이다.

Part I 교육청

선택지 비율	① 5%	② 9%	③ 12%	④ 10%	⑤ 65%

8 원소의 주기적 성질

2023년 7월 교육청 14번 | 정답 ⑤ | 문제편 41 p

출제 의도 전자 배치와 원소의 주기적 성질을 알고 있는지 묻는 문항이다.

문제 분석

다음은 바닥상태 원자 X~Z에 대한 자료이다. X~Z의 원자 번호는 각각 6~15 중 하나이다. C, N, O, F, Ne, Na, Mg, Al, Si, P

- 전기 음성도는 X~Z 중 X가 가장 크다. X는 O, Si 중 하나 ➡ X는 O
- 홀전자 수는 X가 Y의 2배이다. 홀전자 수 ➡ X 2, Y 1
- 전자가 들어 있는 p 오비탈 수는 Y가 Z의 2배이다. Y(Al) 4, Z(C) 2

X~Z에 대한 설명으로 옳은 것만을 〈보기〉에서 있는 대로 고른 것은? (단, X~Z는 임의의 원소 기호이다.) [3점]

보기

ㄱ. 원자가 전자가 느끼는 유효 핵전하는 X > Z이다. X(O) > Z(C)
ㄴ. 원자 반지름은 Y가 가장 크다. Y(Al) > Si > Z(C) > X(O)
ㄷ. Ne의 전자 배치를 갖는 이온의 반지름은 X > Y이다. $O^{2-} > Al^{3+}$

① ㄱ ② ㄷ ③ ㄱ, ㄴ ④ ㄴ, ㄷ ⑤ ㄱ, ㄴ, ㄷ

✔ 자료 해석

- 원자 번호가 6~15인 바닥상태 원자의 홀전자 수와 전자가 들어 있는 p 오비탈 수

2주기	C	N	O	F	Ne
홀전자 수	2	3	2	1	0
p 오비탈 수	2	3	3	3	3
3주기	Na	Mg	Al	Si	P
홀전자 수	1	0	1	2	3
p 오비탈 수	3	3	4	5	6

- 홀전자 수는 0~3이고 X가 Y의 2배이므로 X가 2, Y가 1이다. 따라서 X는 C, O, Si 중 하나이고 Y는 F, Na, Al 중 하나이다.
- 원자 번호가 6~15인 바닥상태 원자에서 전자가 들어 있는 p 오비탈 수는 2~6 중 하나이고 Y가 Z의 2배이므로 Y, Z의 전자가 들어 있는 p 오비탈 수는 각각 4, 2이거나 6, 3이다.
- Y의 전자가 들어 있는 p 오비탈 수가 6일 때, Y는 P이 되어 홀전자 수가 3이므로 조건에 맞지 않는다. 따라서 Y, Z의 전자가 들어 있는 p 오비탈 수는 각각 4, 2이므로 Y, Z는 각각 Al, C이고, X는 O와 Si 중 하나이다.
- X~Z 중 전기 음성도는 X가 가장 크므로 X는 O이다.

○ 보기 풀이 ㄱ. 같은 주기에서는 원자 번호가 클수록 원자가 전자가 느끼는 유효 핵전하가 크므로 X(O) > Z(C)이다.
ㄴ. 원자 반지름은 Y(Al) > Si > Z(C) > X(O)이므로 Y(Al)가 가장 크다.
ㄷ. 전자 수가 같을 때 원자 번호가 작을수록 이온 반지름이 크므로 이온 반지름은 X(O) > Y(Al)이다.

문제풀이 Tip

홀전자 수는 정수이고 X가 Y의 2배이므로 X의 홀전자 수로 0, 1, 3은 될 수 없다.

선택지 비율	① 4%	② 6%	③ 21%	④ 12%	⑤ 56%

9 원소의 주기적 성질

2023년 7월 교육청 16번 | 정답 ⑤ | 문제편 42p

출제 의도 순차 이온화 에너지를 비교하여 원자를 판단할 수 있는지 묻는 문항이다.

문제분석

표는 2, 3주기 원자 W~Z에 대한 자료이다. 원자 번호는 X>Z이다. (Al>N)

	13족	13족	14족	15족
원자	W B	X Al	Y Si	Z N
원자가 전자 수	a 3	a 3	$a+1$ 4	$a+2$ 5
제3 이온화 에너지 (10^3 kJ/mol)	2주기 3.66	3주기 2.74	3주기 3.23	2주기 4.58
제4 이온화 에너지 (10^3 kJ/mol)	25.03	11.58	4.36	7.48
제5 이온화 에너지 (10^3 kJ/mol)	32.83	14.83	16.09	9.44

이에 대한 설명으로 옳은 것만을 〈보기〉에서 있는 대로 고른 것은? (단, W~Z는 임의의 원소 기호이다.) [3점]

보기
ㄱ. a=3이다. W(B)와 X(Al)는 13족
ㄴ. W와 Z는 같은 주기 원소이다. W(B)와 Z(N)는 2주기
ㄷ. $\frac{\text{제2 이온화 에너지}}{\text{제1 이온화 에너지}}$는 X>Y이다. X(Al)>Y(Si) (분자: X(Al)>Y(Si), 분모: X(Al)<Y(Si))

① ㄱ ② ㄷ ③ ㄱ, ㄴ ④ ㄴ, ㄷ ⑤ ㄱ, ㄴ, ㄷ

✓ 자료 해석

- 제1 이온화 에너지 : 2, 3주기에서 2족>13족이고 15족>16족이다.
- W와 X는 제3 이온화 에너지≪제4 이온화 에너지이므로 원자가 전자 수가 3인 13족 원소이며, a=3이다.
- W, X는 2, 3주기 원자이므로 각각 B, Al 중 하나인데, 제3 이온화 에너지가 W>X이므로 W, X는 각각 B, Al이다.
- a=3이므로 Z의 원자가 전자 수는 5인데, 원자 번호가 X(Al)>Z이므로 Z는 N이다.
- Y는 원자가 전자 수가 4인 C, Si 중 하나이다. Y가 C일 때 Y와 Z는 같은 주기이므로 14족과 15족의 제3 이온화 에너지는 Y(C)>Z(N)인데, 이는 자료(Y<Z)와 일치하지 않는다. 따라서 Y는 3주기 14족 원소인 Si이다.

○ 보기풀이 ㄱ. a=3이다.
ㄴ. W(B)와 Z(N)는 모두 2주기 원소이다.
ㄷ. 제1 이온화 에너지는 X(Al)<Y(Si)이고, 제2 이온화 에너지는 X(Al)>Y(Si)이므로 $\frac{\text{제2 이온화 에너지}}{\text{제1 이온화 에너지}}$는 X(Al)>Y(Si)이다.

문제풀이 Tip

W와 X의 제3 이온화 에너지와 제4 이온화 에너지를 비교하여 a를 구한다. W와 X는 같은 족이므로 주기가 작은 원소의 이온화 에너지가 더 크다는 것으로 원자를 결정한다.

선택지 비율	① 13%	② 5%	③ 63%	④ 11%	④ 7%

10 원소의 주기적 성질

2023년 4월 교육청 9번 | 정답 ③ | 문제편 42p

출제 의도 원자의 전자 배치와 주기적 성질을 알고 있는지 묻는 문항이다.

문제분석

다음은 바닥상태 원자 W~Z에 대한 자료이다. W~Z는 O, F, Na, Mg을 순서 없이 나타낸 것이고, 이온의 전자 배치는 모두 Ne과 같다.

- p 오비탈에 들어 있는 전자 수는 W>X>Y이다. (W: Na, Mg 중 하나, X: F, Y: O)
- $\frac{\text{이온 반지름}}{|\text{이온의 전하}|}$은 Z>Y이다. (Z: Na, Y: O) 이온 반지름은 O>F>Na>Mg, |이온의 전하|는 O=Mg>F=Na

W~Z에 대한 설명으로 옳은 것만을 〈보기〉에서 있는 대로 고른 것은?

보기
ㄱ. X는 F이다.
ㄴ. 바닥상태 원자 W의 홀전자 수는 1이다. (0) W(Mg) 0
ㄷ. 원자 반지름은 Z가 가장 크다. Z(Na)>W(Mg)>Y(O)>X(F)

① ㄱ ② ㄴ ③ ㄱ, ㄷ ④ ㄴ, ㄷ ⑤ ㄱ, ㄴ, ㄷ

✓ 자료 해석

- 바닥상태 원자에서 p 오비탈에 들어 있는 전자 수

원자	O	F	Na	Mg
p 오비탈에 들어 있는 전자 수	4	5	6	6

- p 오비탈에 들어 있는 전자 수는 W>X>Y이므로 X는 F, Y는 O이고 W와 Z는 각각 Na과 Mg 중 하나이다.
- 이온 반지름은 O>F>Na>Mg이고, 이온의 전하는 O가 −2, F이 −1, Na이 +1, Mg이 +2이므로 $\frac{\text{이온 반지름}}{|\text{이온의 전하}|}$은 Y(O)>Mg, X(F)>Na>Mg이다.
- $\frac{\text{이온 반지름}}{|\text{이온의 전하}|}$은 Z>Y(O)이므로 Z는 Mg이 아닌 Na이다. 따라서 W는 Mg이다.

○ 보기풀이 ㄱ. X는 F이다.
ㄷ. 원자 반지름은 Na>Mg>O>F이므로 Z(Na)가 가장 크다.

× 매력적 오답 ㄴ. 바닥상태 원자 W(Mg)의 홀전자 수는 0이다.

문제풀이 Tip

Z는 Na과 Mg 중 하나인데, $\frac{\text{이온 반지름}}{|\text{이온의 전하}|}$은 O>Mg이므로 Z는 Mg이 될 수 없다.

Part I 교육청

선택지 비율	① 4%	② 17%	③ 16%	❹ 47%	⑤ 16%

11 원소의 주기적 성질

2023년 4월 교육청 17번 | 정답 ④ | 문제편 42 p

출제 의도 순차 이온화 에너지의 주기성을 알고 있는지 묻는 문항이다.

문제 분석

그림은 원자 W~Z의 제1~제3 이온화 에너지(E_1~E_3)를 나타낸 것이다. W~Z는 Mg, Al, Si, P을 순서 없이 나타낸 것이다.

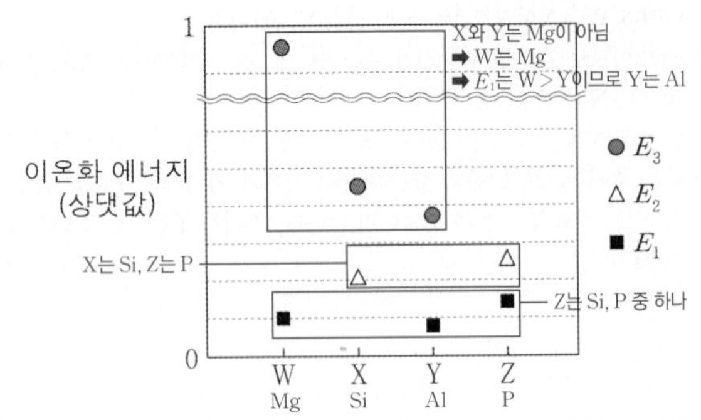

이에 대한 설명으로 옳은 것만을 〈보기〉에서 있는 대로 고른 것은? [3점]

보기

ㄱ. Z는 Si이다. P

ㄴ. 원자 반지름은 W>Y이다. W(Mg)>Y(Al)

ㄷ. E_1는 X>Y이다. X(Si)>Y(Al)

① ㄱ ② ㄴ ③ ㄱ, ㄷ ④ ㄴ, ㄷ ⑤ ㄱ, ㄴ, ㄷ

✔ 자료 해석

- 3주기 원자의 제1 이온화 에너지는 1족<13족<2족<14족<16족<15족<17족<18족이다.
- 3주기 원자의 제2 이온화 에너지는 2족<14족<13족<15족<17족<16족<18족<1족이다.
- 3주기 원자의 제3 이온화 에너지는 13족<15족<14족<16족<18족<17족<1족<2족이다.
- E_1는 Al<Mg<Si<P이므로 Z는 Si와 P 중 하나이다.
- E_3는 Al<P<Si<Mg이므로 X와 Y는 Mg이 아니다. 따라서 W는 Mg이고, 자료에서 E_1는 W>Y이므로 Y는 Al이다.
- E_2는 Mg<Si<Al<P이고 자료에서 X<Z이므로 X는 Si, Z는 P이다.

○ 보기 풀이 ㄴ. 같은 주기에서 원자 번호가 커질수록 원자 반지름은 작아지므로 원자 반지름은 W(Mg)>Y(Al)이다.

ㄷ. E_1는 P>Si>Mg>Al이므로 X(Si)>Y(Al)이다.

× 매력적 오답 ㄱ. Z는 P이다.

문제풀이 Tip

3주기 원소 중 E_3는 2족인 Mg이 가장 크며, Al, Si, P에 비해 Mg의 E_3는 매우 크므로 W가 Mg이다.

선택지 비율	① 6%	❷ 54%	③ 17%	④ 13%	⑤ 10%

12 원소의 주기적 성질

2023년 3월 교육청 12번 | 정답 ② | 문제편 42 p

출제 의도 원자 반지름, 이온 반지름의 주기성을 알고 있는지 묻는 문항이다.

문제 분석

다음은 원소 W~Z에 대한 자료이다. W~Z는 각각 O, F, Na, Mg 중 하나이고, 이온은 모두 Ne의 전자 배치를 갖는다.

- 원자가 전자 수는 W>X>Y이다. F>O>Mg>Na ➡ W는 F, O 중 하나
- ㉠과 ㉡은 각각 원자 반지름, 이온 반지름 중 하나이다.

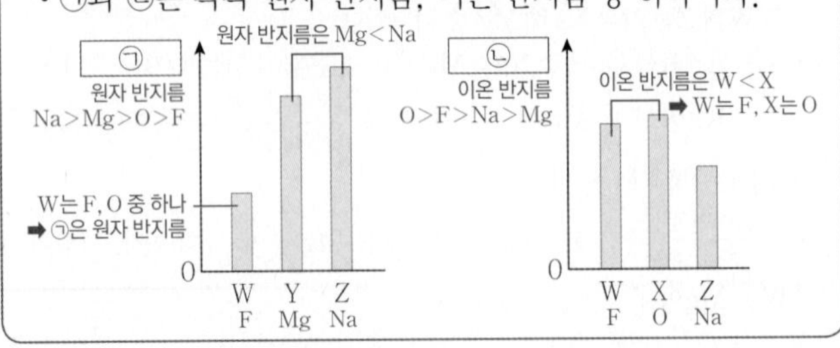

이에 대한 옳은 설명만을 〈보기〉에서 있는 대로 고른 것은? [3점]

보기

ㄱ. ㉠은 이온 반지름이다. 원자

ㄴ. W와 X는 같은 주기 원소이다. W(F)와 X(O)는 2주기

ㄷ. 원자가 전자가 느끼는 유효 핵전하는 Z>Y이다. Z(Na)<Y(Mg)

① ㄱ ② ㄴ ③ ㄱ, ㄴ ④ ㄱ, ㄷ ⑤ ㄴ, ㄷ

✔ 자료 해석

- 원자가 전자 수는 F>O>Mg>Na, 원자 반지름은 Na>Mg>O>F, 이온 반지름은 O>F>Na>Mg이다.
- 원자가 전자 수는 W>X>Y이므로 W는 F, O 중 하나인데, ㉠ 그래프에서 W는 Y, Z보다 작으므로 ㉠은 이온 반지름이 될 수 없다. 따라서 ㉠과 ㉡은 각각 원자 반지름, 이온 반지름이다.
- 원자 반지름은 Y<Z이므로 Y는 Mg, Z는 Na이다.
- 이온 반지름은 W<X이므로 W는 F, X는 O이다.

○ 보기 풀이 ㄴ. W(F)와 X(O)는 모두 2주기 원소이다.

× 매력적 오답 ㄱ. ㉠은 원자 반지름이다.

ㄷ. 같은 주기에서 원자 번호가 클수록 원자가 전자가 느끼는 유효 핵전하가 크므로 원자가 전자가 느끼는 유효 핵전하는 Z(Na)<Y(Mg)이다.

문제풀이 Tip

원자가 전자 수 조건에 의해 W는 F, O 중 하나임을 유추하였다. 이때 4가지 원소 중 이온 반지름은 O가 가장 크고 F은 2번째로 큰데, ㉠을 크기 순으로 나열하면 W가 3번째 또는 4번째이므로 ㉠은 이온 반지름일 수 없다.

선택지 비율	① 7%	② 11%	③ 17%	❹ 60%	⑤ 6%

13 원소의 주기적 성질

2023년 3월 교육청 8번 | 정답 ④ | 문제편 43p

출제 의도 바닥상태의 홀전자 수와 전기 음성도를 이용하여 원자를 판단할 수 있는지 묻는 문항이다.

문제 분석

그림은 바닥상태 원자 A~E의 홀전자 수와 전기 음성도를 나타낸 것이다. A~E의 원자 번호는 각각 11~17 중 하나이다.

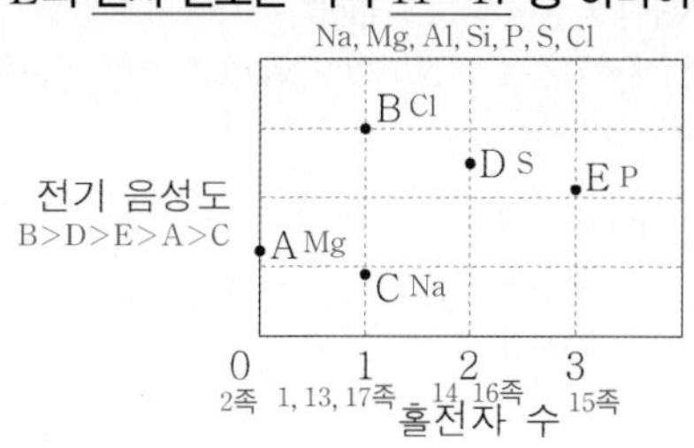

A~E에 대한 옳은 설명만을 〈보기〉에서 있는 대로 고른 것은? (단, A~E는 임의의 원소 기호이다.)

보기

ㄱ. B(Cl)는 금속(비금속) 원소이다.

ㄴ. $\frac{\text{제2 이온화 에너지}}{\text{제1 이온화 에너지}}$는 C가 가장 크다. 1족인 C(Na)가 가장 큼

ㄷ. 원자가 전자 수는 D>E이다. D(S) 6, E(P) 5

① ㄱ ② ㄷ ③ ㄱ, ㄴ ④ ㄴ, ㄷ ⑤ ㄱ, ㄴ, ㄷ

✓ 자료 해석

• 바닥상태 원자의 족에 따른 홀전자 수

족	1	2	13	14	15	16	17	18
홀전자 수	1	0	1	2	3	2	1	0

• 원자 번호가 11~17인 원소는 Na, Mg, Al, Si, P, S, Cl이다.
• 홀전자 수로부터 A는 2족인 Mg이고, B와 C는 각각 Na, Al, Cl 중 하나, D는 Si와 S 중 하나이며, E는 15족인 P이다.
• 전기 음성도는 B>D>E>A>C이고, 원자 번호가 커질수록 증가하므로 B는 Cl, C는 Na, D는 S이다.

○ 보기풀이 ㄴ. $\frac{\text{제2 이온화 에너지}}{\text{제1 이온화 에너지}}$는 같은 주기에서 1족 원소가 가장 크므로 C(Na)가 가장 크다.

ㄷ. 원자가 전자 수는 D(S)가 6, E(P)가 5이므로 D(S)>E(P)이다.

× 매력적 오답 ㄱ. B(Cl)는 비금속 원소이다.

문제풀이 Tip

바닥상태 원자의 홀전자 수는 족을 기준으로 알아두면 좋다. 홀전자 수가 3인 것은 15족뿐이다.

선택지 비율	① 10%	② 4%	❸ 74%	④ 7%	⑤ 5%

14 원소의 주기적 성질

2022년 10월 교육청 12번 | 정답 ③ | 문제편 43p

출제 의도 원자 반지름과 이온 반지름, 유효 핵전하의 주기성을 이해하는지 묻는 문항이다.

문제 분석

다음은 원자 W~Z에 대한 자료이다. W~Z는 각각 O, F, Mg, Al 중 하나이다.

X : 3주기 금속
Y : 2주기 비금속
Mg>Al>O>F

• 원자 반지름은 W>X>Y이다.
• Ne의 전자 배치를 갖는 이온의 반지름은 Y>Z>X이다.
$O^{2-}>F^->Mg^{2+}>Al^{3+}$

이에 대한 옳은 설명만을 〈보기〉에서 있는 대로 고른 것은? [3점]

보기

ㄱ. Y는 O이다.

ㄴ. 제1 이온화 에너지는 W(Mg, 2족)>X(Al, 13족)이다.

ㄷ. 원자가 전자가 느끼는 유효 핵전하는 Y>Z이다. $_8O<_9F$

① ㄱ ② ㄷ ③ ㄱ, ㄴ ④ ㄴ, ㄷ ⑤ ㄱ, ㄴ, ㄷ

✓ 자료 해석

• 원자 반지름은 Mg>Al>O>F이다.
• 등전자 이온의 반지름은 원자 번호가 클수록 작으므로 Ne의 전자 배치를 갖는 이온의 반지름은 $O^{2-}>F^->Mg^{2+}>Al^{3+}$이다.
• Ne의 전자 배치를 갖는 이온의 반지름이 Y>Z>X이므로 X는 Mg 또는 Al이다. 그런데 Mg은 원자 반지름이 가장 크므로 X가 될 수 없다. 따라서 X는 Al이고, W는 Mg이 된다.
• 이온 반지름이 Y>Z이므로 Y는 O, Z는 F이다.

○ 보기풀이 ㄱ. W~Z는 각각 Mg, Al, O, F이다.

ㄴ. 같은 주기에서 제1 이온화 에너지는 원자 번호가 커질수록 증가하지만, 예외적으로 2족>13족이다. 따라서 제1 이온화 에너지는 W(Mg)>X(Al)이다.

× 매력적 오답 ㄷ. 같은 주기에서 원자가 전자가 느끼는 유효 핵전하는 원자 번호가 클수록 증가하므로 Z(F)>Y(O)이다.

문제풀이 Tip

두 자료에 모두 X와 Y가 제시되어 있으므로 X와 Y에 해당하는 원소를 먼저 판단한다. 제1 이온화 에너지는 같은 주기에서 원자 번호가 커질수록 대체로 증가하지만, 예외적으로 2족>13족, 15족>16족인 것도 함께 알아야 한다.

선택지 비율	① 4%	② 7%	③ 11%	④ 13%	⑤ 65%

15 원소의 주기적 성질

2022년 7월 교육청 15번 | 정답 ⑤ | 문제편 43 p

출제 의도 홀전자 수, 원자 반지름, 제2 이온화 에너지를 비교하여 원자의 종류를 결정하고 이온 반지름, 유효 핵전하를 비교할 수 있는지 묻는 문항이다.

문제 분석

다음은 바닥상태 원자 W~Z에 대한 자료이다. W~Z는 각각 N, O, F, Na 중 하나이다.

- 홀전자 수는 X > Y이다. (X: O(2), Y: Na(1)) ➡ Y의 홀전자 수는 1 또는 2
- 원자 반지름은 Y > Z > W이다. (Y: Na, Z: N, W: F) ➡ Y는 Na 또는 N → Y는 Na
- $\frac{\text{제2 이온화 에너지}}{\text{제1 이온화 에너지}}$는 X > Z이다. (X: O, Z: N)

이에 대한 설명으로 옳은 것만을 〈보기〉에서 있는 대로 고른 것은? (단, W~Z는 임의의 원소 기호이다.) [3점]

〈보기〉
ㄱ. X는 O이다.
ㄴ. Ne의 전자 배치를 갖는 이온 반지름은 Z > Y이다. ($N^{3-} > Na^{+}$)
ㄷ. 원자가 전자가 느끼는 유효 핵전하는 W > Z이다. (F > N)

① ㄱ ② ㄷ ③ ㄱ, ㄴ ④ ㄴ, ㄷ ⑤ ㄱ, ㄴ, ㄷ

✓ 자료 해석

- N, O, F, Na의 홀전자 수는 각각 3, 2, 1, 1이다.
- N, O, F, Na의 원자 반지름은 Na > N > O > F이다.
- 홀전자 수는 N > O > Na = F이고, 원자 반지름은 Na > N > O > F이므로 Y는 Na이고, X는 N 또는 O이다.
- 제1 이온화 에너지는 F > N > O > Na이고, 제2 이온화 에너지는 Na > O > F > N이다.
- $\frac{\text{제2 이온화 에너지}}{\text{제1 이온화 에너지}}$가 X > Z이므로 W~Z는 각각 F, O, Na, N이다.

○ 보기 풀이 ㄱ. X는 O이다.
ㄴ. Ne의 전자 배치를 갖는 이온 반지름은 $N^{3-} > O^{2-} > F^{-} > Na^{+}$이므로 Z(N) > Y(Na)이다.
ㄷ. 원자가 전자가 느끼는 유효 핵전하는 F > O > N > Na이므로 W(F) > Z(N)이다.

문제풀이 Tip
같은 주기 원자에서 제1 이온화 에너지는 원자 번호가 커질수록 대체로 증가하지만, 예외적으로 15족 > 16족이라는 것을 알아야 한다. 제1 이온화 에너지는 N > O이지만, 제2 이온화 에너지는 O > N이다.

선택지 비율	① 7%	② 6%	③ 59%	④ 17%	⑤ 11%

16 원소의 주기적 성질

2022년 4월 교육청 17번 | 정답 ③ | 문제편 43 p

출제 의도 제1 이온화 에너지와 원자 반지름의 주기성을 이해하는지 묻는 문항이다.

문제 분석

다음은 2, 3주기 원자 W~Z에 대한 자료이다.

- W~Z의 원자가 전자 수

원자	W (2주기, Be)	X (3주기, Mg)	Y (2주기, B)	Z (3주기, P)
원자가 전자 수	a (2)	a (2)	$a+1$ (3)	$a+3$ (5)

- W~Z는 18족 원소가 아니다. ($a \neq 0$) 같은 족 ➡ E_1은 W > X ➡ W는 2주기, X는 3주기
- 제1 이온화 에너지는 W > Y > X이다. $a=5$이면 Z는 18족 ➡ $a=2$ ➡ Y는 2주기
- 원자 반지름은 Z > Y이다. Z가 2주기이면 Y > Z ➡ Z는 3주기

이에 대한 설명으로 옳은 것만을 〈보기〉에서 있는 대로 고른 것은? (단, W~Z는 임의의 원소 기호이다.) [3점]

〈보기〉
ㄱ. W는 2족 원소이다. $a=2$
ㄴ. Z는 3주기 원소이다. 3주기 15족 P
ㄷ. 바닥상태 전자 배치에서 Y의 홀전자 수는 2이다. (13족, 1)

① ㄱ ② ㄷ ③ ㄱ, ㄴ ④ ㄴ, ㄷ ⑤ ㄱ, ㄴ, ㄷ

✓ 자료 해석

- 2, 3주기에서 제1 이온화 에너지는 2족 원소가 13족 원소보다 크고, 15족 원소가 16족 원소보다 크다.
- 원자 반지름 : 같은 족에서 원자 번호가 커질수록 증가하고, 같은 주기에서 원자 번호가 커질수록 감소한다.
- W~Z는 18족 원소가 아니므로 $a \neq 0$이다.
- W, X는 원자가 전자 수가 같으므로 같은 족 원소이고, 제1 이온화 에너지는 W > X이므로 W는 2주기, X는 3주기 원소이다.
- 원자가 전자 수가 Z > Y이고 원자 반지름은 Z > Y이므로, Z는 3주기, Y는 2주기 원소이다.
- 같은 주기에서 원자가 전자 수가 1만큼 크지만 제1 이온화 에너지가 작아지는 경우는 $a=2$ 또는 $a=5$이다. $a=5$이면 Z는 18족 원소가 되므로 $a=2$이다.
- W는 2주기 2족인 Be, X는 3주기 2족인 Mg, Y는 2주기 13족인 B, Z는 3주기 15족인 P이다.

○ 보기 풀이 ㄱ. $a=2$이므로 W는 2족 원소이다.
ㄴ. Z는 3주기 15족 원소이다.

× 매력적 오답 ㄷ. Y는 원자가 전자 수가 3인 13족 원소이므로 바닥상태 전자 배치에서 홀전자 수는 1이다.

문제풀이 Tip
W~Z는 18족 원소가 아니므로 a는 1, 2, 3, 4 중 하나이고, 제1 이온화 에너지의 크기를 비교하여 $a=2$가 됨을 알아야 한다.

선택지 비율	① 5%	② 11%	③ 9%	❹ 65%	⑤ 10%

17 원소의 주기적 성질

2022년 3월 교육청 14번 | 정답 ④ | 문제편 44 p

출제 의도 원자 반지름과 유효 핵전하, 이온화 에너지의 주기성을 이해하는지 묻는 문항이다.

문제 분석

그림은 원자 A~E의 원자 반지름을 나타낸 것이다. A~E의 원자 번호는 각각 7, 8, 9, 11, 12 중 하나이다.

N, O, F, Na, Mg

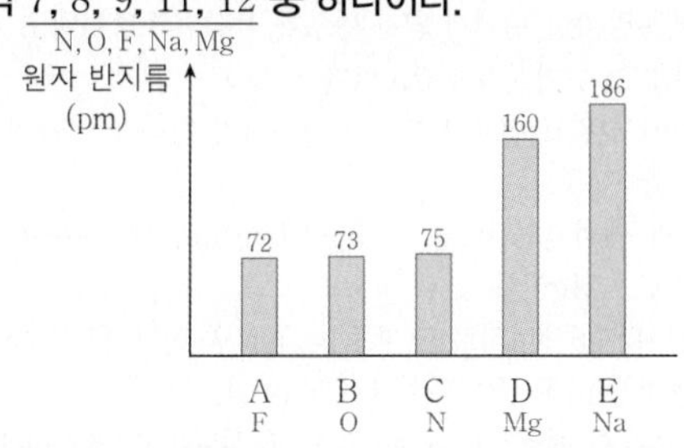

이에 대한 옳은 설명만을 〈보기〉에서 있는 대로 고른 것은? (단, A~E는 임의의 원소 기호이다.)

보기

ㄱ. 원자 번호는 B>A이다. F 9, O 8 (<)

ㄴ. 원자가 전자가 느끼는 유효 핵전하는 D>E이다. Mg>Na

ㄷ. 제2 이온화 에너지는 B>C이다. O>N

① ㄱ ② ㄴ ③ ㄱ, ㄷ ④ ㄴ, ㄷ ⑤ ㄱ, ㄴ, ㄷ

✔ 자료 해석

- 같은 족에서 원자 번호가 커질수록 원자 반지름은 증가하고, 같은 주기에서 원자 번호가 커질수록 원자 반지름은 감소한다.
- 같은 주기에서 원자 번호가 커질수록 원자가 전자가 느끼는 유효 핵전하가 커진다.
- 이온화 에너지 : 기체 상태의 원자에서 전자 1개를 떼어 내어 기체 상태의 +1가 양이온으로 만드는 데 필요한 에너지이다. 같은 주기에서 원자 번호가 커질수록 대체로 증가한다.
- A~E는 각각 N, O, F, Na, Mg 중 하나이다.
- 원자 반지름은 $_{11}Na > _{12}Mg > _{7}N > _{8}O > _{9}F$이다. 따라서 A~E는 각각 F, O, N, Mg, Na이다.

○ 보기풀이 ㄴ. 원자가 전자가 느끼는 유효 핵전하는 같은 주기에서 원자 번호가 클수록 크므로 D(Mg)>E(Na)이다.

ㄷ. 제2 이온화 에너지는 B(O)>C(N)이다.

× 매력적 오답 ㄱ. 원자 번호는 A(F)가 9, B(O)가 8이다.

문제풀이 Tip

원자 번호가 주어졌으므로 해당하는 원자를 원자 반지름 순서대로 나열하면 A~E를 판단할 수 있다.

선택지 비율	❶ 63%	② 4%	③ 10%	④ 6%	⑤ 13%

18 원소의 주기적 성질

2021년 10월 교육청 17번 | 정답 ① | 문제편 44 p

출제 의도 원소의 주기적 성질을 파악하여 원소를 알아낼 수 있는지를 묻는 문항이다.

문제 분석

①→④의 순서로 문제를 풀이한다.

그림은 2, 3주기 원소 W~Z에 대한 자료를 나타낸 것이다. 원자 번호는 W>X이다.

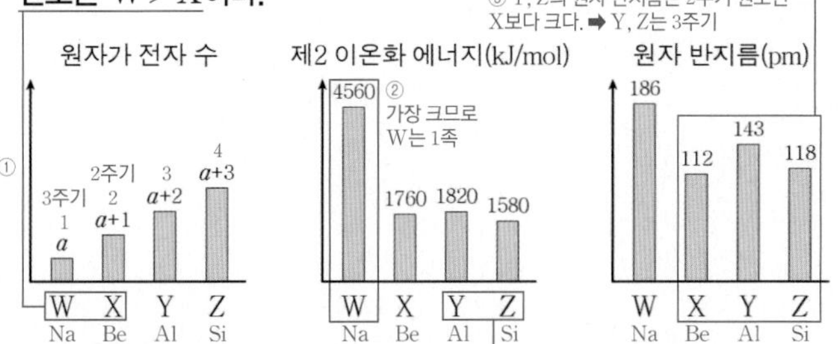

이에 대한 옳은 설명만을 〈보기〉에서 있는 대로 고른 것은? (단, W~Z는 임의의 원소 기호이다.) [3점]

④ Y는 3주기 13족
제2 이온화 에너지 : Y>Z
➡ Z는 3주기 14족

보기

ㄱ. $a=1$이다.

ㄴ. W~Z 중 3주기 원소는 2가지이다. (3)

ㄷ. 제1 이온화 에너지는 Y>Z이다. (<)

① ㄱ ② ㄴ ③ ㄱ, ㄷ ④ ㄴ, ㄷ ⑤ ㄱ, ㄴ, ㄷ

✔ 자료 해석

- 같은 주기에서 원자가 전자 수가 클수록 원자 번호가 큰데, W의 원자가 전자 수가 X보다 작고 원자 번호는 W>X이므로, W는 3주기, X는 2주기 원소이다.
- 이온화 에너지는 같은 주기에서 원자 번호가 커짐에 따라 대체로 증가한다.
- 2주기에서 제2 이온화 에너지는 2족<14족<13족<15족<17족<16족<18족<1족이다.
- 제2 이온화 에너지는 1족 원소가 가장 크다.
- 제2 이온화 에너지는 3주기 원소인 W가 가장 크므로 W는 1족 원소이다. 따라서 W의 원자가 전자 수는 1이므로 $a=1$이다.
- 같은 주기에서 원자 번호가 작을수록 원자 반지름이 크다. 그런데 원자 반지름은 Y>Z>X이므로 Y와 Z는 모두 3주기 원소이다.
- X는 2주기 2족, Y는 3주기 13족, Z는 3주기 14족 원소이다.

○ 보기풀이 ㄱ. W의 원자가 전자 수는 1이므로 $a=1$이다.

× 매력적 오답 ㄴ. W, Y, Z는 모두 3주기 원소이므로 W~Z 중 3주기 원소는 3가지이다.

ㄷ. 제1 이온화 에너지는 같은 주기에서 원자 번호가 클수록 대체로 증가한다. 따라서 3주기 원소인 Y와 Z의 제1 이온화 에너지는 Z>Y이다.

문제풀이 Tip

W는 원자 번호가 가장 작은데, 제2 이온화 에너지가 가장 크므로 W는 1족 원소이고, 원자 번호는 W>X인데, 원자가 전자 수는 X>W이므로 W는 3주기 원소임을 알 수 있다.

선택지 비율	① 4%	② 5%	❸ 63%	④ 12%	⑤ 14%

19 원소의 주기적 성질

2021년 4월 교육청 13번 | 정답 ③ | 문제편 44 p

출제 의도 제1, 제2 이온화 에너지의 주기성을 이해하고 원자 반지름, 유효 핵전하를 비교할 수 있는지 묻는 문항이다.

문제분석

그림은 원자 W~Z의 이온화 에너지를 나타낸 것이다. W~Z는 각각 C, F, Na, Mg 중 하나이다.

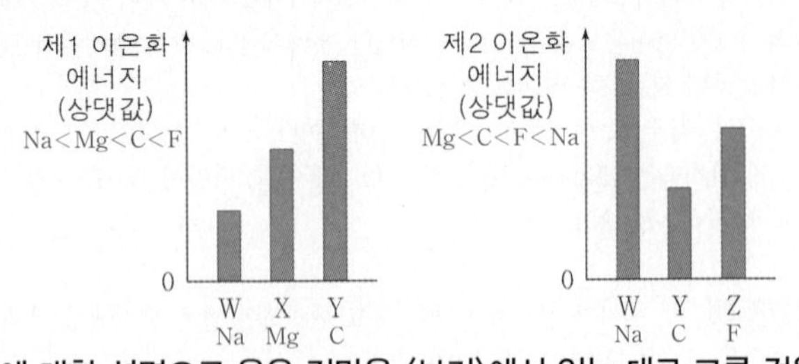

이에 대한 설명으로 옳은 것만을 〈보기〉에서 있는 대로 고른 것은? [3점]

보기

ㄱ. W는 Na이다.

ㄴ. 원자 반지름은 X>Z이다. X(Mg)>Z(F)

ㄷ. 원자가 전자가 느끼는 유효 핵전하는 Y>Z이다. Y(C)<Z(F)

① ㄴ ② ㄷ ③ ㄱ, ㄴ ④ ㄱ, ㄷ ⑤ ㄱ, ㄴ, ㄷ

✓ 자료 해석

- 이온화 에너지는 같은 주기에서 원자 번호가 커짐에 따라 대체로 증가한다.
- 이온화 에너지는 같은 족에서 원자 번호가 커질수록 감소한다.
- 원자 반지름은 같은 족에서 원자 번호가 커질수록 증가하고, 같은 주기에서 원자 번호가 커질수록 감소한다.
- 같은 주기에서 원자 번호가 커질수록 원자가 전자가 느끼는 유효 핵전하가 증가한다.
- 제1 이온화 에너지는 F>C>Mg>Na이고, 제2 이온화 에너지는 Na>F>C>Mg이다.
- W는 제1 이온화 에너지로 볼 때 Mg, Na 중 하나이고, 제2 이온화 에너지로 볼 때 Na, F 중 하나이므로 Na이다.
- Y는 제1 이온화 에너지로 볼 때 F, C 중 하나이고, 제2 이온화 에너지로 볼 때 C, Mg 중 하나이므로 C이다. 따라서 X는 Mg, Z는 F이다.

○ 보기풀이 ㄱ. W~Z는 각각 Na, Mg, C, F이다.
ㄴ. 원자 반지름은 같은 주기에서 원자 번호가 커질수록 작아지고, 같은 족에서 원자 번호가 커질수록 커지므로 X(Mg)>Z(F)이다.

× 매력적 오답 ㄷ. 같은 주기에서 원자가 전자가 느끼는 유효 핵전하는 원자 번호가 클수록 크므로 Z(F)>Y(C)이다.

문제풀이 Tip

W는 제1 이온화 에너지가 작고 제2 이온화 에너지는 크므로 Na이고, Y는 제1 이온화 에너지가 크고 제2 이온화 에너지는 작으므로 C이다.

선택지 비율	① 5%	② 11%	③ 20%	❹ 45%	⑤ 15%

20 원소의 주기적 성질

2021년 7월 교육청 18번 | 정답 ④ | 문제편 45p

출제 의도 이온화 에너지의 주기성을 이해하고 유효 핵전하와 이온 반지름을 비교할 수 있는지 묻는 문항이다.

문제 분석

다음은 원자 ㉠~㉥의 카드를 이용한 탐구 활동이다.

[카드 정보]

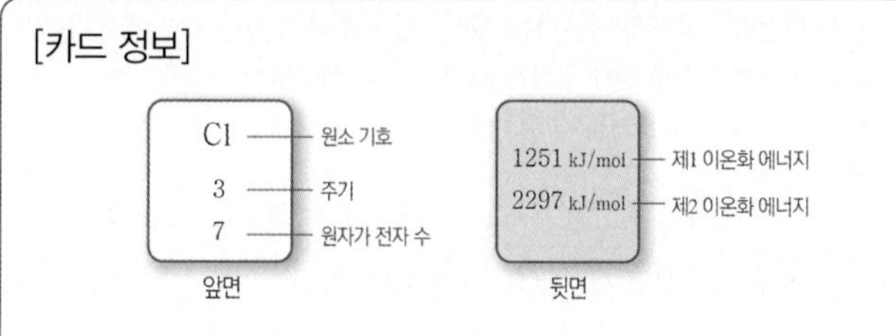

• 18족 원소에 해당하는 원자의 카드는 없다. a~c는 각각 4~7 중 하나
원자가 전자 수 0

[탐구 활동 및 결과]

• 제1 이온화 에너지가 가장 큰 ㉠부터 순서대로 놓은 결과
F

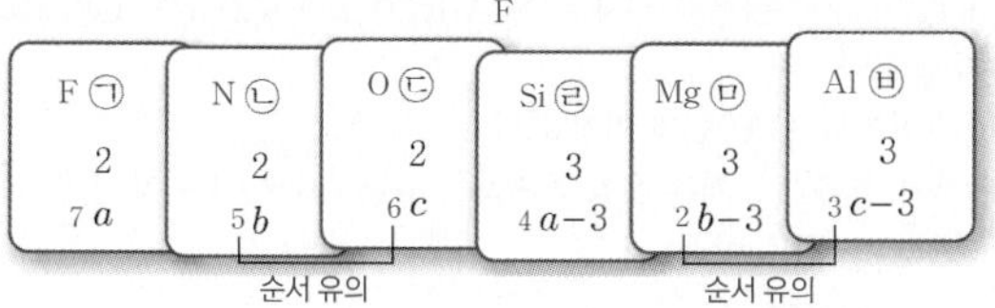

• 제2 이온화 에너지가 가장 큰 (가) 부터 순서대로 놓은 결과
㉢(O)

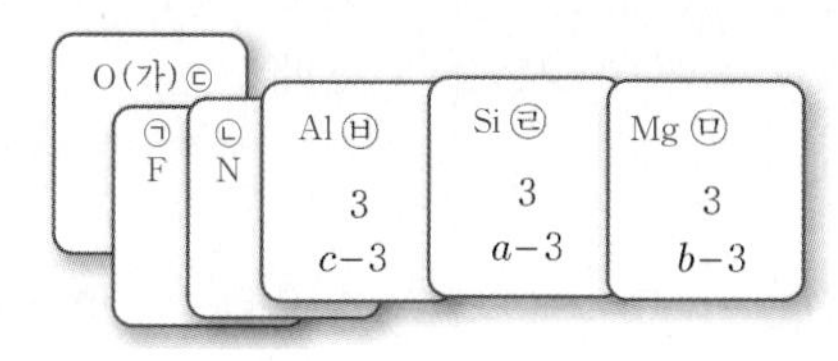

이에 대한 설명으로 옳은 것만을 〈보기〉에서 있는 대로 고른 것은? [3점]

보기

ㄱ. (가)는 ㉡이다. ㉢(O)
ㄴ. 원자가 전자가 느끼는 유효 핵전하는 ㉠>㉢이다. ㉠(F)>㉢(O)
ㄷ. Ne의 전자 배치를 갖는 이온 반지름은 ㉤>㉥이다. ㉤(Mg)>㉥(Al)

① ㄱ ② ㄷ ③ ㄱ, ㄴ ④ ㄴ, ㄷ ⑤ ㄱ, ㄴ, ㄷ

✓ 자료 해석

• 이온화 에너지는 같은 주기에서 원자 번호가 커짐에 따라 대체로 증가하고, 같은 족에서 원자 번호가 커질수록 감소한다.
• 같은 주기에서 1족 원소의 이온화 에너지가 가장 작고, 18족 원소의 이온화 에너지가 가장 크다.
• 순차 이온화 에너지 : 기체 상태의 원자 1 mol에서 전자를 1 mol씩 차례대로 떼어 내는 데 필요한 단계별 에너지이며, 차수가 커질수록 증가한다.
• 2, 3주기에서 제1 이온화 에너지는 2족 원소가 13족 원소보다 크고, 15족 원소가 16족 원소보다 크다.
• 2주기에서 제1 이온화 에너지는 1족<13족<2족<14족<16족<15족<17족<18족이다.
• 2주기에서 제2 이온화 에너지는 2족<14족<13족<15족<17족<16족<18족<1족이다.
• 18족 원소에 해당하는 원자의 카드는 없으므로 원자가 전자 수는 1 이상이고, a~c는 각각 4~7 중 하나이다.
• 1족은 제2 이온화 에너지가 가장 큰데, ㉣~㉥은 제2 이온화 에너지가 크지 않으므로 모두 1족 원소가 아니다. 따라서 a~c는 모두 4가 아니고 각각 5~7 중 하나이므로 ㉠~㉥은 각각 2족, 13~17족 원소 중 하나이다.
• ㉠은 2주기이고 제1 이온화 에너지가 가장 크므로 $a=7$이고, $b=5$, $c=6$이다.
• ㉠~㉢은 2주기, ㉣~㉥은 3주기이므로 ㉠은 F, ㉡은 N, ㉢은 O, ㉣은 Si, ㉤은 Mg, ㉥은 Al이다.
• 제2 이온화 에너지는 ㉢(O)이 가장 크다.

○ 보기 풀이 ㄴ. 원자가 전자가 느끼는 유효 핵전하는 같은 주기에서 원자 번호가 클수록 크므로 ㉠(F)>㉢(O)이다.
ㄷ. Ne의 전자 배치를 갖는 이온 반지름은 원자 번호가 클수록 작으므로 ㉤(Mg)>㉥(Al)이다.

× 매력적 오답 ㄱ. (가)는 ㉢(O)이다.

문제풀이 Tip

원자가 전자 수가 1 이상이고 ㉣~㉥이 모두 1족 원소가 아니라는 것에서 a~c의 범위를 잡고, 제1 이온화 에너지와 제2 이온화 에너지가 2족>13족, 15족>16족이라는 것에 유의한다.

선택지 비율	① 9%	② 4%	③ 9%	④ 8%	❺ 68%

21 원소의 주기적 성질

2021년 3월 교육청 9번 | 정답 ⑤ | 문제편 45p

출제 의도 원자 반지름과 이온 반지름, 유효 핵전하의 주기성을 이해하는지 묻는 문항이다.

문제 분석

다음은 원소 A~C에 대한 자료이다.

- A~C는 각각 Cl, K, Ca 중 하나이다. (비금속: Cl, 금속: K, Ca)
- A~C의 이온은 모두 Ar의 전자 배치를 갖는다. 각각 Cl^-, K^+, Ca^{2+} 중 하나
- $\dfrac{\text{이온 반지름}}{\text{원자 반지름}}$은 B가 가장 크다. 비금속은 1보다 크고, 금속은 1보다 작음 ➡ B는 Cl
- 바닥상태 원자에서 $\dfrac{p\text{ 오비탈의 전자 수}}{s\text{ 오비탈의 전자 수}}$는 A>C이다. (K, Ca: $\frac{12}{7} > \frac{12}{8}$)

A~C에 대한 옳은 설명만을 〈보기〉에서 있는 대로 고른 것은? [3점]

보기

ㄱ. 원자가 전자 수는 B가 가장 크다. A(K) 1, B(Cl) 7, C(Ca) 2

ㄴ. 원자 반지름은 A가 가장 크다. A(K)>C(Ca)>B(Cl)

ㄷ. 원자가 전자가 느끼는 유효 핵전하는 C>A이다. C(Ca)>A(K)

① ㄱ ② ㄴ ③ ㄱ, ㄷ ④ ㄴ, ㄷ ⑤ ㄱ, ㄴ, ㄷ

✔ 자료 해석

- 같은 족에서 원자 번호가 커질수록 원자 반지름은 증가하고, 같은 주기에서 원자 번호가 커질수록 원자 반지름은 감소한다.
- 전자 수가 같은 이온 반지름 : 원자 번호가 커질수록 유효 핵전하가 증가하므로 이온 반지름이 작아진다.
- 유효 핵전하 : 전자에 작용하는 실질적인 핵전하로 같은 주기에서 원자 번호가 커질수록 원자가 전자가 느끼는 유효 핵전하가 커진다.
- A~C의 이온은 모두 Ar의 전자 배치를 가지므로 각각 Cl^-, K^+, Ca^{2+} 중 하나이다.
- 원자 반지름은 K>Ca>Cl이고, 이온 반지름은 Cl>K>Ca이다.
- $\dfrac{\text{이온 반지름}}{\text{원자 반지름}}$은 B가 가장 크므로 B는 Cl이다.
- 바닥상태 원자에서 $\dfrac{p\text{ 오비탈의 전자 수}}{s\text{ 오비탈의 전자 수}}$는 K이 $\frac{12}{7}$, Ca이 $\frac{12}{8}$이므로 A는 K, C는 Ca이다.

○ 보기 풀이 ㄱ. 원자가 전자 수는 A(K)가 1, B(Cl)가 7, C(Ca)가 2이므로 B가 가장 크다.

ㄴ. 원자 반지름은 A(K)가 가장 크다.

ㄷ. 원자가 전자가 느끼는 유효 핵전하는 같은 주기에서 원자 번호가 클수록 크므로 C(Ca)>A(K)이다.

문제풀이 Tip

비금속 원소는 $\dfrac{\text{이온 반지름}}{\text{원자 반지름}}>1$이므로 B는 Cl이다. K과 Ca은 p 오비탈의 전자 수는 같고, s 오비탈의 전자 수는 Ca>K이다.

선택지 비율	① 10%	② 20%	③ 8%	❹ 49%	⑤ 10%

22 원소의 주기적 성질

2021년 3월 교육청 17번 | 정답 ④ | 문제편 45p

출제 의도 제1, 제2 이온화 에너지의 주기성을 이해하는지 묻는 문항이다.

문제 분석

그림은 2주기 원소 중 6가지 원소에 대한 자료이다.

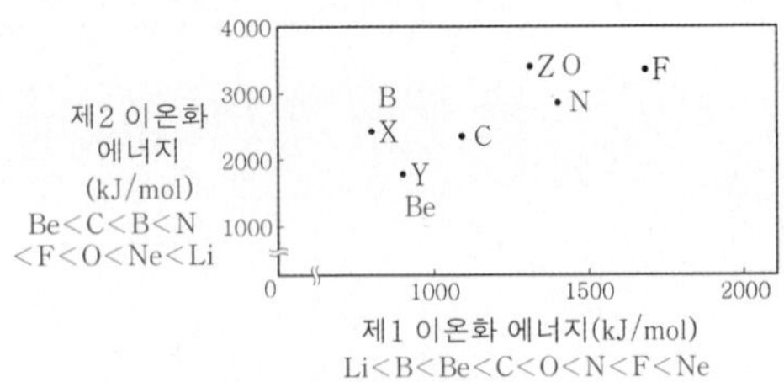

이에 대한 옳은 설명만을 〈보기〉에서 있는 대로 고른 것은? (단, X~Z는 임의의 원소 기호이다.) [3점]

보기

ㄱ. X는 ~~Be~~(B)이다.

ㄴ. Y와 Z의 원자 번호의 차는 4이다. Y(Be) 4, Z(O) 8

ㄷ. $\dfrac{\text{제2 이온화 에너지}}{\text{제1 이온화 에너지}}$는 X>Y이다. E_1는 Y>X, E_2는 X>Y

① ㄱ ② ㄷ ③ ㄱ, ㄴ ④ ㄴ, ㄷ ⑤ ㄱ, ㄴ, ㄷ

✔ 자료 해석

- 이온화 에너지는 같은 주기에서 원자 번호가 커짐에 따라 대체로 증가한다.
- 2주기에서 제1 이온화 에너지는 1족<13족<2족<14족<16족<15족<17족<18족이다.
- 2주기에서 제2 이온화 에너지는 2족<14족<13족<15족<17족<16족<18족<1족이다.
- 제2 이온화 에너지는 1족 원소가 가장 크다.
- X~Z는 제1 이온화 에너지가 F보다 작으므로 18족 원소인 Ne이 아니다.
- X, Y는 제2 이온화 에너지가 가장 크지 않으므로 1족 원소인 Li이 아니다.
- 제1 이온화 에너지는 Y>X이고, 제2 이온화 에너지는 X>Y이므로 X는 13족, Y는 2족 원소이다.
- 제2 이온화 에너지는 Z>F이므로 Z는 16족 원소이다.
- X는 B, Y는 Be, Z는 O이다.

○ 보기 풀이 ㄴ. 원자 번호는 Y(Be)가 4, Z(O)가 8이므로 원자 번호의 차는 4이다.

ㄷ. 제1 이온화 에너지는 Y(Be)>X(B)이고, 제2 이온화 에너지는 X(B)>Y(Be)이므로 $\dfrac{\text{제2 이온화 에너지}}{\text{제1 이온화 에너지}}$는 X>Y이다.

× 매력적 오답 ㄱ. X는 B(붕소)이다.

문제풀이 Tip

X~Z는 1, 17, 18족 원소가 아니므로 2, 13~16족 사이의 원소이고, 제1 이온화 에너지의 주기성(13족<2족<14족<16족<15족)만 알고 있어도 X~Z를 결정할 수 있다.

선택지 비율	❶ 83%	② 3%	③ 4%	④ 3%	⑤ 4%

23 원소의 주기적 성질

2020년 10월 교육청 15번 | 정답 ① | 문제편 46p

출제 의도 원소의 원자 반지름과 이온화 에너지의 주기적 성질을 이해하는지 묻는 문항이다.

문제 분석

그림은 바닥상태 원자 A~D의 홀전자 수와 원자 반지름을 나타낸 것이다. A~D는 각각 O, Na, Mg, Al 중 하나이다.

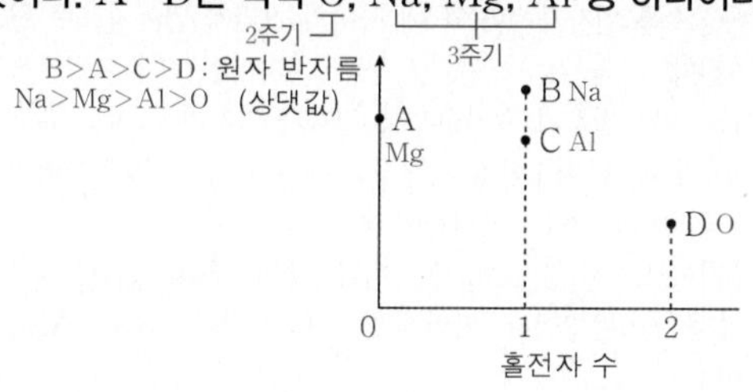

이에 대한 옳은 설명만을 〈보기〉에서 있는 대로 고른 것은?

보기

ㄱ. 원자 번호는 C>B이다. C(Al)가 13, B(Na)가 11

ㄴ. 이온화 에너지는 C>A이다. (< / 같은 주기에서 2족>13족)

ㄷ. Ne의 전자 배치를 갖는 이온의 반지름은 B>D이다. (<)

① ㄱ ② ㄴ ③ ㄱ, ㄷ ④ ㄴ, ㄷ ⑤ ㄱ, ㄴ, ㄷ

✓ 자료 해석

- 같은 주기에서는 원자 번호가 증가할수록 양성자수가 증가하면서 유효 핵전하가 커지므로 원자 반지름이 작아지고, 이온화 에너지가 대체로 증가한다.
- 같은 족에서는 원자 번호가 증가할수록 전자 껍질 수가 증가하면서 원자 반지름은 커지고, 전자와 원자핵 사이의 인력이 작아지므로 이온화 에너지가 감소한다.
- 바닥상태 원자 O, Na, Mg, Al의 홀전자 수는 각각 2, 1, 0, 1이다. 따라서 A는 Mg, D는 O이고, B와 C는 각각 Na, Al 중 하나이다.
- 원자 반지름은 B>A>C>D이므로 A는 Mg, B는 Na, C는 Al, D는 O이다.

O 보기 풀이 ㄱ. 원자 번호는 B(Na)가 11, C(Al)가 13이므로 C(Al)>B(Na)이다.

× 매력적 오답 ㄴ. 같은 주기에서 이온화 에너지는 2족 원자가 13족 원자보다 크므로 이온화 에너지는 A(Mg)>C(Al)이다.

ㄷ. 전자 수가 같은 이온의 반지름은 원자 번호가 클수록 작으므로 이온 반지름은 D(O)>B(Na)이다.

문제풀이 Tip

바닥상태에서 Mg의 전자 배치는 $1s^2 2s^2 2p^6 3s^2$, Al의 전자 배치는 $1s^2 2s^2 2p^6 3s^2 3p^1$이다. 바닥상태 전자 배치에서 Mg의 $3s^2$ 오비탈의 전자보다 Al의 $3p^1$ 오비탈의 전자를 떼어 내기 쉬우므로 Al의 이온화 에너지가 Mg의 이온화 에너지보다 작다.

선택지 비율	① 5%	② 3%	③ 17%	❹ 67%	⑤ 6%

24 원소의 주기적 성질

2020년 4월 교육청 11번 | 정답 ④ | 문제편 46p

출제 의도 전자 배치와 원소의 주기적 성질을 분석하는 문항이다.

문제 분석

표는 바닥상태 원자 (가)~(라)에 대한 자료이다. (가)~(라)는 각각 O, F, Mg, Al 중 하나이다.

원자	(가) Al (3주기)	(나) O (2주기)	(다) F (2주기)	(라) Mg (3주기)
홀전자 수	1	2	1	0
원자가 전자가 느끼는 유효 핵전하	4.07	4.45	< 5.10	x

4.07 > x

이에 대한 설명으로 옳은 것만을 〈보기〉에서 있는 대로 고른 것은? [3점]

보기

ㄱ. (라)는 Mg이다.

ㄴ. x는 4.07보다 크다. 작다

ㄷ. 원자 반지름은 (가)>(다)이다.

① ㄱ ② ㄷ ③ ㄱ, ㄴ ④ ㄱ, ㄷ ⑤ ㄴ, ㄷ

✓ 자료 해석

- 같은 주기에서는 원자 번호가 클수록 원자가 전자가 느끼는 유효 핵전하가 증가한다.
- 바닥상태 원자 O, F, Mg, Al의 홀전자 수는 각각 2, 1, 0, 1이다. 따라서 (나)는 O, (라)는 Mg이고, (가)와 (다)는 각각 Al, F 중 하나이다.
- 같은 주기에서 원자가 전자가 느끼는 유효 핵전하는 원자 번호가 클수록 크므로 O<F이고, Mg<Al이다. 따라서 (가)는 Al, (다)는 F이다.

O 보기 풀이 ㄱ. 바닥상태 원자 O, F, Mg, Al의 홀전자 수는 각각 2, 1, 0, 1이므로 (나)는 O, (라)는 Mg이다.

ㄷ. (가)는 Al, (다)는 F이다. 같은 주기에서 원자 번호가 커질수록 원자 반지름은 작아지고, 같은 족에서 원자 번호가 커질수록 원자 반지름은 커지므로 원자 반지름은 (가)>(다)이다.

× 매력적 오답 ㄴ. (가)는 Al, (라)는 Mg이다. 같은 주기에서 원자 번호가 클수록 원자가 전자가 느끼는 유효 핵전하는 증가하므로 x<4.07이다.

문제풀이 Tip

홀전자 수로 (나)와 (라)를 결정할 수 있다. O와 F은 2주기, 원소 Mg과 Al은 3주기 원소이고, 같은 주기에서 원자가 전자가 느끼는 유효 핵전하의 주기성을 알면 (가)와 (다)를 결정할 수 있다. (가)가 F이면 (나)인 O보다 유효 핵전하가 작으므로 제시된 자료에 모순이 되어 (다)가 F임을 판단할 수 있어야 한다.

선택지 비율	① 28%	② 5%	❸ 55%	④ 6%	⑤ 4%

25 원소의 주기적 성질

2020년 7월 교육청 8번 | 정답 ③ | 문제편 47 p

출제 의도 원자 반지름의 주기적 성질을 확인하는 문항이다.

문제 분석

다음은 원소 A~E(1족)에 대해 학생이 수행한 탐구 활동이다. A~E는 각각 $_3$Li, $_4$Be, $_{11}$Na, $_{12}$Mg, $_{13}$Al 중 하나이다.

(2주기: $_3$Li, $_4$Be / 3주기: $_{11}$Na, $_{12}$Mg, $_{13}$Al)

[탐구 자료]

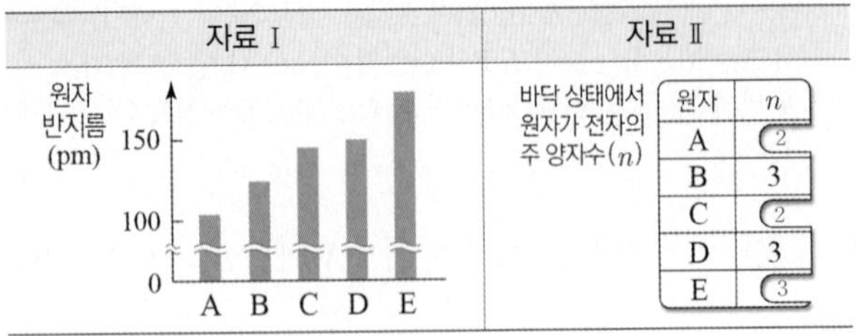

원자	n
A	2
B	3
C	2
D	3
E	3

[탐구 과정]

- A~E를 같은 주기로 분류하고, 같은 주기에서 원자 반지름의 크기를 비교한다.
- 같은 주기에서 원자 번호가 증가하는 순서로 원소를 배열한다.

2주기	3주기
(가) C, A	— E, D, B

[결론]

- 같은 주기에서 원자 번호가 증가할수록 원자 반지름은 감소한다. 유효 핵전하 감소 때문

(가)로 옳은 것은? [3점]

① A, C ② A, E ③ C, A ④ C, E ⑤ E, C

✓ 자료 해석

- 바닥상태에서 원자가 전자의 주 양자수(n)는 주기와 같다.
- 원자 번호는 원소 기호의 왼쪽 아래에 표시한다.
- 같은 족에서는 원자 번호가 증가할수록 전자 껍질 수가 증가하며, 전자 껍질 수가 많아질수록 원자가 전자와 핵 사이의 거리가 멀어지므로 원자 반지름이 커진다.
- 같은 주기에서는 원자 번호가 증가할수록 원자가 전자가 느끼는 유효 핵전하가 증가하며, 유효 핵전하가 커질수록 핵과 원자가 전자 사이의 전기적 인력이 증가하므로 원자 반지름이 작아진다.
- $_3$Li, $_4$Be은 2주기이므로 주 양자수(n)는 2이다. $_{11}$Na, $_{12}$Mg, $_{13}$Al은 3주기이므로 주 양자수(n)는 3이다. 따라서 B와 D는 각각 $_{11}$Na, $_{12}$Mg, $_{13}$Al 중 하나이다.
- 원자 반지름은 $_{11}$Na > $_{12}$Mg > $_{13}$Al이고, $_3$Li > $_4$Be이며, $_{11}$Na > $_3$Li이다. 따라서 원자 반지름이 가장 큰 것은 $_{11}$Na이고 E는 $_{11}$Na이며, A와 C는 2주기 원소이고 각각 $_3$Li, $_4$Be 중 하나이다.
- 원자 반지름은 D > B이므로 B는 $_{13}$Al, D는 $_{12}$Mg이다.
- 원자 반지름은 C > A이므로 A는 $_4$Be, C는 $_3$Li이다.

○ 보기 풀이 ③ 2주기 원소는 A($_4$Be)와 C($_3$Li)인데, (가)는 2주기 원소를 원자 번호가 증가하는 순서로 배열한 것이므로 C, A이다.

문제풀이 Tip

2, 3주기 원소를 원자 반지름 순서로 배열하는 탐구 활동이다. E가 원자 반지름이 가장 큰 Na라는 것을 알면 A와 C의 주기가 결정되고, 그림에서 A와 C를 판단할 수 있으므로 (가)를 구할 수 있다. (가)는 원자 번호가 증가하는 순서로 배열한다는 것을 놓치지 말자.

선택지 비율	❶ 84%	② 3%	③ 4%	④ 4%	⑤ 3%

26 원소의 주기적 성질

2020년 3월 교육청 5번 | 정답 ① | 문제편 47 p

출제 의도 이온 반지름의 주기성을 이해하는 문항이다.

문제 분석

다음은 이온 반지름에 대한 세 학생의 대화이다.

제시한 내용이 옳은 학생만을 있는 대로 고른 것은?

① A ② B ③ A, B ④ A, C ⑤ B, C

✓ 자료 해석

- 금속 원소의 원자가 18족 원소와 같은 전자 배치를 갖는 양이온이 되면 전자 껍질 수가 감소하므로 원자 반지름 > 이온 반지름이다.
- 비금속 원소의 원자가 18족 원소와 같은 전자 배치를 갖는 음이온이 되면 전자 수의 증가로 전자 사이의 반발력이 증가하고 가려막기 효과가 커져 유효 핵전하가 감소하므로 이온 반지름 > 원자 반지름이다.
- 전자 수가 같은 양이온과 음이온의 경우 양성자수가 다르고, 원자 번호가 커질수록 유효 핵전하가 증가하므로 이온 반지름이 작아진다.

○ 보기 풀이 학생 A. 양이온의 반지름은 원자 반지름보다 작으므로 반지름은 Na^+ < Na이다.

× 매력적 오답 학생 B. 음이온의 반지름은 원자 반지름보다 크므로 반지름은 F^- > F이다.

학생 C. 전자 수가 같은 이온의 반지름은 원자 번호(양성자수)가 클수록 작으므로 Na^+ < F^-이다.

문제풀이 Tip

전자 수가 같은 양이온과 음이온의 이온 반지름을 비교하는 문항이 자주 출제되는 편이다. 전자 수가 같은 이온의 반지름은 원자 번호가 커질수록 작아진다는 것과 전자 수가 같은 양이온과 음이온은 원소의 주기가 다르다는 것을 알아둔다.

01 화학 결합

선택지 비율	① 1%	② 2%	③ 3%	❹ 87%	⑤ 6%

1 화학 결합

2024년 10월 교육청 11번 | 정답 ④ | 문제편 53p

출제 의도 화학 결합 모형을 통해 구성 원소를 판단할 수 있는지 묻는 문항이다.

문제 분석

다음은 A와 (가)가 반응하여 (나)와 B_2를 생성하는 반응의 화학 반응식이다.

$$\overset{Mg}{A} + 2\overset{HCl}{\boxed{(가)}} \longrightarrow \overset{MgCl_2}{\boxed{(나)}} + \overset{H_2}{B_2}$$

그림은 (가)와 (나)를 화학 결합 모형으로 나타낸 것이다.

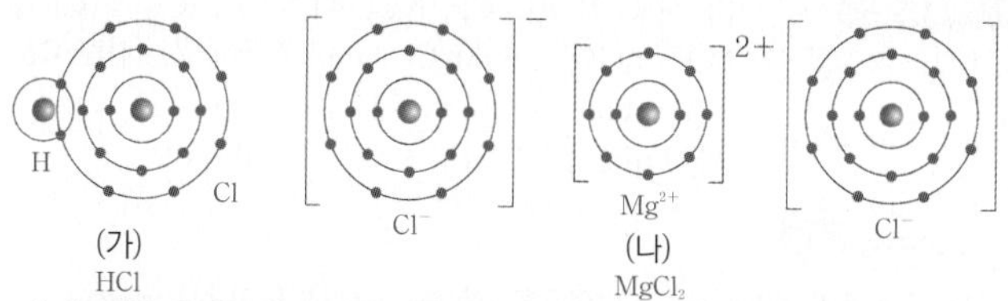

(가) HCl (나) $MgCl_2$

이에 대한 옳은 설명만을 〈보기〉에서 있는 대로 고른 것은? (단, A와 B는 임의의 원소 기호이다.) [3점]

보기

ㄱ. B는 ~~염소(Cl)~~이다. (수소(H))

ㄴ. A(s)는 전기 전도성이 있다. A는 Mg ➡ 금속은 고체 상태에서 전기 전도성 있음

ㄷ. (나)를 구성하는 원소는 모두 3주기 원소이다. (Mg, Cl)

① ㄱ ② ㄷ ③ ㄱ, ㄴ ④ ㄴ, ㄷ ⑤ ㄱ, ㄴ, ㄷ

✔ 자료 해석

- (가)는 공유 결합 물질인 HCl이고, (나)는 이온 결합 물질인 $MgCl_2$이다.
- 이 반응의 화학 반응식은 $A+2HCl \longrightarrow MgCl_2+B_2$이다.
- 화학 반응 전과 후에 각 원자 수는 일정하므로 A, B는 각각 Mg, H이다.

○ 보기풀이 ㄴ. A(Mg)는 금속 원소이므로 고체 상태에서 전기 전도성이 있다.

ㄷ. (나)($MgCl_2$)를 구성하는 원소는 Mg, Cl이다. Mg, Cl는 모두 3주기 원소이다.

✕ 매력적 오답 ㄱ. B는 수소(H)이다.

문제풀이 Tip

화학 결합 모형에서 전자 수를 통해 구성 원소를 판단할 수 있다. 공유 결합 물질인 (가)에서 공유 전자쌍을 이루는 전자 수는 $\frac{1}{2}$로 계산하므로 (가)에서 전자 껍질이 3개인 원자의 전자 수=(공유하지 않은 전자 수 16)+$\left(\text{공유 전자쌍을 이루는 전자 수 } 2\times\frac{1}{2}\right)$=17이다. 따라서 Cl이다.

선택지 비율	① 3%	② 16%	③ 3%	❹ 75%	⑤ 3%

2 이온 결합

2024년 7월 교육청 2번 | 정답 ④ | 문제편 53p

출제 의도 이온의 전자 배치 모형과 이온 결합 화합물을 분석할 수 있는지 묻는 문항이다.

문제 분석

그림은 이온 X^{2-}, Y^{2+}, Z^-의 전자 배치를 모형으로 나타낸 것이다.

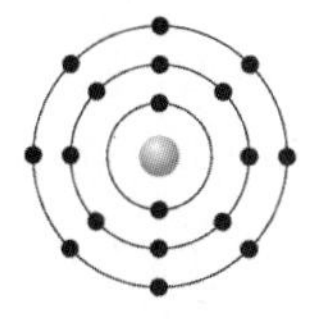

X^{2-} S^{2-}
X가 전자 2개 얻어 18개

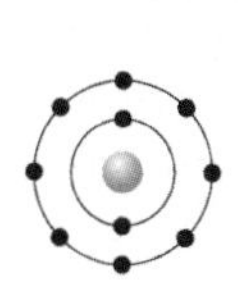

Y^{2+} Mg^{2+}
Y가 전자 2개 잃어 10개

Z^- F^-
Z가 전자 1개 얻어 10개

이에 대한 설명으로 옳은 것만을 〈보기〉에서 있는 대로 고른 것은? (단, X～Z는 임의의 원소 기호이다.)

보기

ㄱ. X는 ~~2족~~ 원소이다. (16족) X는 S

ㄴ. Z는 플루오린(F)이다.

ㄷ. X와 Y는 1 : 1로 결합하여 안정한 화합물을 형성한다. (S, Mg, MgS)

① ㄱ ② ㄴ ③ ㄱ, ㄷ ④ ㄴ, ㄷ ⑤ ㄱ, ㄴ, ㄷ

✔ 자료 해석

- X^{2-}은 전자 배치가 K(2) L(8) M(8)이므로 S^{2-}이다.
- Y^{2+}은 전자 배치가 K(2) L(8)이므로 Mg^{2+}이다.
- Z^-은 전자 배치가 K(2) L(8)이므로 F^-이다.
- X～Z는 각각 S, Mg, F이다.

○ 보기풀이 ㄴ. Z는 플루오린(F)이다.

ㄷ. X(S)의 이온은 −2가 음이온이고, Y(Mg)의 이온은 +2가 양이온이므로 X(S)와 Y(Mg)는 1 : 1로 이온 결합하여 안정한 화합물을 형성한다.

✕ 매력적 오답 ㄱ. X(S)는 16족 원소이다.

문제풀이 Tip

전자 껍질 수가 n인 양이온은 $(n+1)$주기 원소이고, 전자 껍질 수가 n인 음이온은 n주기 원소이다. 양이온의 (+)전하량과 음이온의 (−)전하량의 합이 0이 되는 개수비로 이온 결합 화합물을 형성한다.

선택지 비율	① 3%	② 5%	❸ 67%	④ 9%	⑤ 16%

3 이온 결합

2024년 7월 교육청 8번 | 정답 ③ | 문제편 53 p

출제 의도 화학 결합 모형으로부터 구성 원소를 판단하고, 이온 결합 화합물을 구성하는 양이온과 음이온의 개수비를 파악할 수 있는지 묻는 문항이다.

문제 분석

다음은 안정한 이온 결합 화합물 (가)와 (나)에 대한 자료이다. 원자 Z의 안정한 이온 Z^{n+}은 Ar의 전자 배치를 갖는다.

Z는 4주기 금속 ➡ K, Ca 중 하나

- (가)의 화학 결합 모형

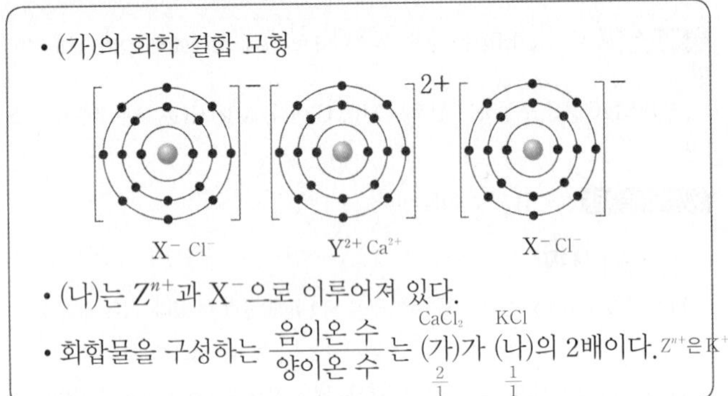

- (나)는 Z^{n+}과 X^-으로 이루어져 있다.
- 화합물을 구성하는 $\frac{음이온\ 수}{양이온\ 수}$는 (가)($CaCl_2$, $\frac{2}{1}$)가 (나)(KCl, $\frac{1}{1}$)의 2배이다. Z^{n+}은 K^+

이에 대한 설명으로 옳은 것만을 ⟨보기⟩에서 있는 대로 고른 것은? (단, X～Z는 임의의 원소 기호이다.)

보기

ㄱ. 원자 번호는 Y > Z이다. Ca(20) > K(19)

ㄴ. Z(s)는 전기 전도성이 있다. Z(K)는 금속

ㄷ. $\frac{(가)\ 1\,mol에\ 들어\ 있는\ X^-의\ 양(mol)}{(나)\ 1\,mol에\ 들어\ 있는\ 전체\ 이온의\ 양(mol)} = 2$이다. (→ 1, $\frac{2}{2}$)

① ㄱ ② ㄷ ③ ㄱ, ㄴ ④ ㄴ, ㄷ ⑤ ㄱ, ㄴ, ㄷ

✓ 자료 해석

- X와 Y는 각각 Cl, Ca이다.
- (가)($CaCl_2$)는 $\frac{음이온\ 수}{양이온\ 수} = \frac{2}{1}$이므로 (나)는 $\frac{음이온\ 수}{양이온\ 수}$가 (가)의 $\frac{1}{2}$배인 1인데, (나)의 구성 원소가 $X^-(Cl^-)$이므로 Z는 1족 금속 원소이다.
- Z^{n+}은 Ar의 전자 배치를 가지므로 Z는 K이다.

○ 보기 풀이 ㄱ. 원자 번호는 Y(Ca) > Z(K)이다.

ㄴ. Z(K)는 금속이므로 고체 상태에서 전기 전도성이 있다.

× 매력적 오답 ㄷ. (가), (나)는 각각 $CaCl_2$, KCl이다. (가)($CaCl_2$) 1 mol에 들어 있는 $X^-(Cl^-)$의 양은 2 mol이고, (나)(KCl) 1 mol에 들어 있는 전체 이온의 양은 2 mol이므로 $\frac{(가)\ 1\,mol에\ 들어\ 있는\ X^-의\ 양(mol)}{(나)\ 1\,mol에\ 들어\ 있는\ 전체\ 이온의\ 양(mol)} = 1$이다.

문제풀이 Tip

이온 결합 화합물에서 +1가 양이온은 1족 원소, +2가 양이온은 2족 원소, −1가 음이온은 17족 원소이다. 전자 껍질 수가 n인 양이온은 $(n+1)$주기 원소이고, 전자 껍질 수가 n인 음이온은 n주기 원소이다. X^-, Y^{2+}, Z^{n+}은 모두 Ar의 전자 배치를 가지므로 X는 3주기 17족 비금속, Y는 4주기 2족 금속, Z는 4주기 1족 금속 원소이다.

선택지 비율	① 10%	② 1%	❸ 85%	④ 2%	⑤ 2%

4 화학 결합

2024년 5월 교육청 3번 | 정답 ③ | 문제편 53 p

출제 의도 화학 결합 모형으로부터 구성 원소를 판단할 수 있는지 묻는 문항이다.

문제 분석

그림은 화합물 WXY(HCN, 공유 결합)와 ZXY(NaCN, 이온 결합)를 화학 결합 모형으로 나타낸 것이다.

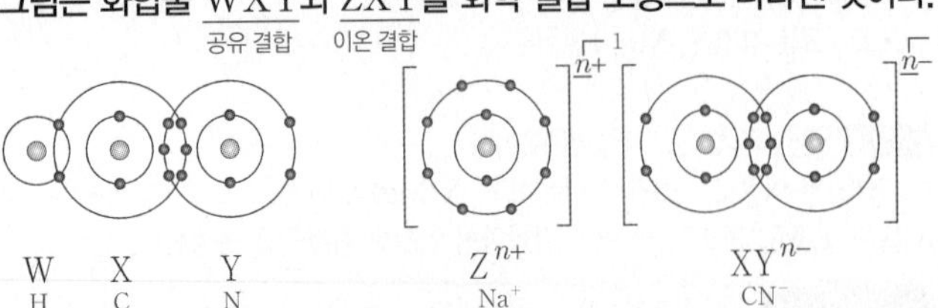

이에 대한 설명으로 옳은 것만을 ⟨보기⟩에서 있는 대로 고른 것은? (단, W～Z는 임의의 원소 기호이다.)

보기

ㄱ. WXY(HCN)는 공유 결합 물질이다. 비금속 원소만으로 구성

ㄴ. $n=1$이다.

ㄷ. W～Z 중 원자가 전자 수는 X(→Y)가 가장 크다. Y(5) > X(4) > W(1) = Z(1)

① ㄱ ② ㄷ ③ ㄱ, ㄴ ④ ㄴ, ㄷ ⑤ ㄱ, ㄴ, ㄷ

✓ 자료 해석

- WXY는 HCN이므로 W～Y는 각각 H, C, N이다.
- ZXY에서 C와 N로 이루어진 XY^{n-}은 CN^-이므로 $n=1$이다. 따라서 Z는 Na이고 ZXY는 NaCN이다.

○ 보기 풀이 ㄱ. WXY(HCN)는 비금속 원소만으로 이루어져 있으므로 공유 결합 물질이다.

ㄴ. $n=1$이다.

× 매력적 오답 ㄷ. W～Z의 원자가 전자 수는 각각 1, 4, 5, 1이므로 Y(N)가 가장 크다.

문제풀이 Tip

화학 결합 모형에서 전자 수를 통해 구성 원소를 알 수 있다. WXY에서 W와 X 사이의 공유 전자쌍 수는 1(공유 전자 수 2)이므로 W의 전자 수는 공유 전자쌍을 이루는 전자 수의 $\frac{1}{2}$배인 1이고, W는 H이다. X의 공유 전자쌍 수는 4(공유 전자 수 8)이므로 X의 전자 수는 K 전자 껍질에 들어 있는 전자 수(2)와 공유 전자쌍을 이루는 전자 수(8)의 $\frac{1}{2}$배를 합하여 2+4=6이고, X는 C이다.

선택지 비율	① 6%	② 4%	③ 14%	④ 2%	❺ 74%

5 화학 결합

2024년 5월 교육청 10번 | 정답 ⑤ | 문제편 54p

(출제 의도) 화학 결합 모형으로부터 구성 원소를 판단하고, 화학 결합에 따른 전기 전도성을 알고 있는지 묻는 문항이다.

(문제 분석)

그림은 2주기 원소 X ~ Z로 구성된 물질 XY(이온 결합, LiF)와 ZY_3(공유 결합, NF_3)를 루이스 전자점식으로 나타낸 것이다.

X^+ [:Y:]$^-$ (Li$^+$, F$^-$)   :Y:Z:Y: / :Y: (N, F)

이에 대한 설명으로 옳은 것만을 〈보기〉에서 있는 대로 고른 것은? (단, X ~ Z는 임의의 원소 기호이다.)

〈보기〉
ㄱ. Y는 F이다.
ㄴ. Z_2(N_2)에는 3중 결합이 있다. N≡N
ㄷ. 고체 상태에서 전기 전도성은 X > XY이다. Li > LiF (금속 결합 물질 > 이온 결합 물질)

① ㄱ ② ㄷ ③ ㄱ, ㄴ ④ ㄴ, ㄷ ⑤ ㄱ, ㄴ, ㄷ

✓ 자료 해석

• XY, ZY_3는 각각 LiF, NF_3이므로 X ~ Z는 각각 Li, F, N이다.

○ 보기풀이 ㄱ. Y는 F이다.
ㄴ. Z_2(N_2)의 구조식은 N≡N이므로 Z_2에는 3중 결합이 있다.
ㄷ. X(Li)는 금속 결합 물질이므로 고체 상태에서 전기 전도성이 있지만, XY(LiF)는 이온 결합 물질이므로 고체 상태에서 전기 전도성이 없다.

문제풀이 Tip

금속 결합 물질은 상태와 관계없이 전기 전도성이 있고, 이온 결합 물질은 고체 상태에서는 전기 전도성이 없지만, 액체 상태에서는 있다.

선택지 비율	① 13%	② 12%	❸ 46%	④ 8%	⑤ 21%

6 화학 결합

2024년 3월 교육청 2번 | 정답 ③ | 문제편 54p

(출제 의도) 화학 결합 모형으로부터 구성 원소를 판단하고 화학 결합의 성질을 알고 있는지 묻는 문항이다.

(문제 분석)

그림은 화합물 AB_2(이온 결합)와 CB_2(공유 결합)를 화학 결합 모형으로 나타낸 것이다. 전기 음성도는 C > B이다. (O > Cl)

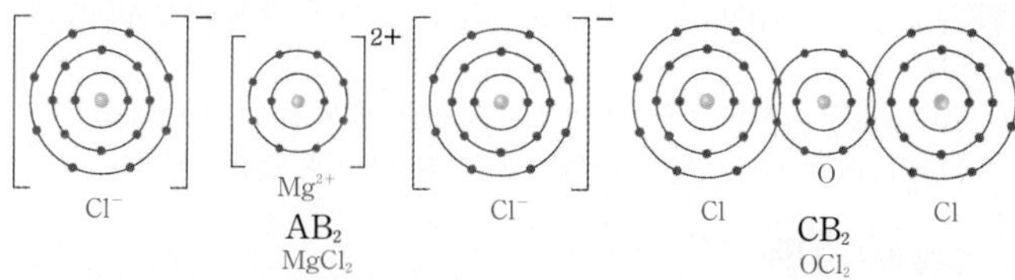

이에 대한 옳은 설명만을 〈보기〉에서 있는 대로 고른 것은? (단, A ~ C는 임의의 원소 기호이다.)

〈보기〉
ㄱ. A와 B는 같은 주기 원소이다. A는 Mg, B는 Cl이므로 같은 3주기
ㄴ. AC(s)는 전기 전도성이 있다. (없음) MgO은 이온 결합 물질
ㄷ. CB_2(OCl_2)에서 C는 부분적인 음전하(δ^-)를 띤다. (전기 음성도 C(O) > B(Cl))

① ㄱ ② ㄴ ③ ㄱ, ㄷ ④ ㄴ, ㄷ ⑤ ㄱ, ㄴ, ㄷ

✓ 자료 해석

• 화합물 AB_2는 이온 결합 물질, CB_2는 공유 결합 물질이다.
• AB_2는 $MgCl_2$이고, CB_2는 OCl_2이므로 A ~ C는 각각 Mg, Cl, O이다.

○ 보기풀이 ㄱ. A(Mg)와 B(Cl)는 모두 3주기 원소이다.
ㄷ. 전기 음성도가 C(O) > B(Cl)이므로 CB_2(OCl_2)에서 C(O)는 부분적인 음전하(δ^-)를 띤다.

× 매력적 오답 ㄴ. AC(MgO)는 이온 결합 물질이므로 고체 상태에서 전기 전도성이 없다.

문제풀이 Tip

화학 결합 모형에서 전자 수를 통해 구성 원소를 판단할 수 있다. 양이온은 전하의 크기만큼 전자 수를 더하고 음이온은 전하의 크기만큼 전자 수를 뺀다. 공유 결합에서 공유 전자쌍을 이루는 전자 수는 $\frac{1}{2}$로 계산한다.

선택지 비율	① 8%	② 0%	③ 4%	④ 4%	❺ 85%

7 화학 결합

2023년 10월 교육청 3번 | 정답 ⑤ | 문제편 54p

출제 의도 화학 결합 모형으로부터 구성 원소를 판단할 수 있는지 묻는 문항이다.

문제분석

그림은 화합물 AB_2와 AC를 화학 결합 모형으로 나타낸 것이다. (이온 결합 물질)

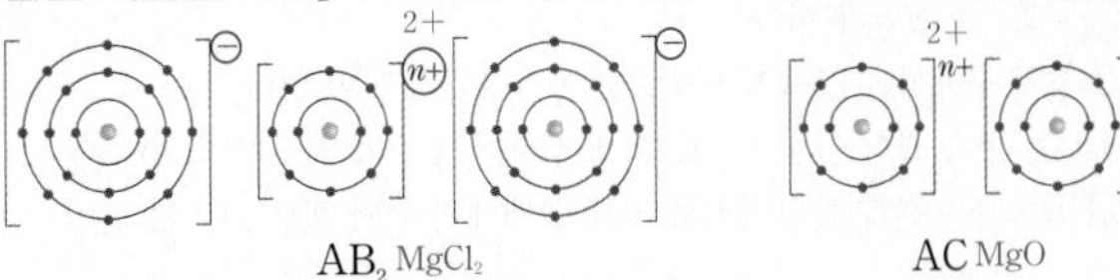

이에 대한 옳은 설명만을 〈보기〉에서 있는 대로 고른 것은? (단, A~C는 임의의 원소 기호이다.)

보기
ㄱ. n=2이다. $(+n)+2\times(-1)=0$
ㄴ. A(s)는 전기 전도성이 있다. A(Mg)는 금속
ㄷ. B와 C로 구성된 화합물은 공유 결합 물질이다. (Cl, O: 비금속)

① ㄱ ② ㄴ ③ ㄱ, ㄷ ④ ㄴ, ㄷ ⑤ ㄱ, ㄴ, ㄷ

✓ 자료 해석

• AB_2에서 −1가 음이온의 전자 수는 18이므로 B는 Cl이다. AB_2에서 −1가 음이온은 2개이고 양이온과 음이온의 전하량 합은 0이므로 A^{n+}은 A^{2+}이고, n=2이다. A^{2+}의 전자 수는 10이므로 A는 Mg이다.
• AC는 $A^{2+}(Mg^{2+})$과 C^{2-}의 이온 결합으로 구성되며, C^{2-}의 전자 수는 10이므로 C는 O이다.

○ 보기풀이 ㄱ. AB_2의 화학 결합 모형을 보면 양이온인 A^{n+}과 음이온인 B^-이 1 : 2로 이온 결합하므로 n=2이다.
ㄴ. A(Mg)는 금속 결합 물질로, 고체 상태에서 전기 전도성이 있다.
ㄷ. B(Cl)와 C(O)는 모두 비금속 원소이므로 B와 C로 구성된 화합물은 공유 결합 물질이다.

문제풀이 Tip

이온 결합 물질에서 양이온과 음이온의 전하량 합은 0이라는 것을 이용하여 n을 구하고 A~C를 판단한다.

선택지 비율	① 3%	② 3%	③ 4%	④ 9%	❺ 81%

8 화학 결합

2023년 7월 교육청 3번 | 정답 ⑤ | 문제편 54p

출제 의도 화학 결합 모형으로부터 구성 원소를 판단할 수 있는지 묻는 문항이다.

문제분석

그림은 화합물 ABC(NaOCl)와 DC(HCl)를 화학 결합 모형으로 나타낸 것이다.

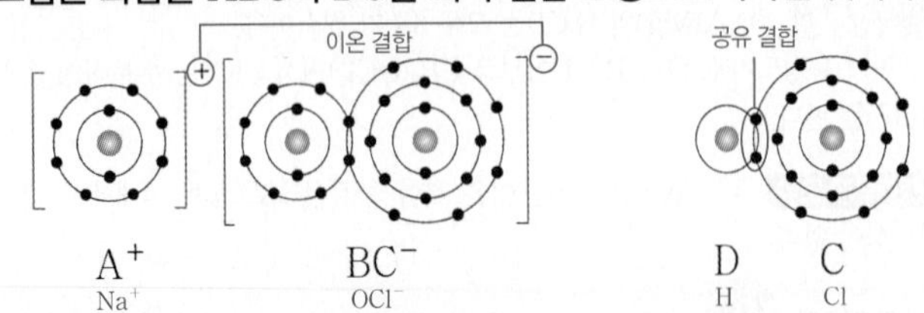

이에 대한 설명으로 옳은 것만을 〈보기〉에서 있는 대로 고른 것은? (단, A~D는 임의의 원소 기호이다.)

보기
ㄱ. A(s)는 전성(펴짐성)이 있다. Na은 금속 결합 물질
ㄴ. AC(l)는 전기 전도성이 있다. NaCl은 이온 결합 물질
ㄷ. D_2B는 공유 결합 물질이다. H_2O은 공유 결합 물질

① ㄱ ② ㄷ ③ ㄱ, ㄴ ④ ㄴ, ㄷ ⑤ ㄱ, ㄴ, ㄷ

✓ 자료 해석

• ABC는 이온 결합 물질, DC는 공유 결합 물질이다.
• A~D는 각각 Na, O, Cl, H이고, ABC는 NaOCl, DC는 HCl이다.

○ 보기풀이 ㄱ. A(Na)는 금속 결합 물질이므로 고체 상태에서 전성(펴짐성)이 있다.
ㄴ. AC(NaCl)는 이온 결합 물질이므로 액체 상태에서 전기 전도성이 있다.
ㄷ. $D_2B(H_2O)$는 비금속 원소인 H와 O로 이루어진 공유 결합 물질이다.

문제풀이 Tip

화학 결합 모형으로부터 물질을 이루는 화학 결합의 종류를 판단할 수 있어야 하며, 공유 전자쌍 수 또는 잃거나 얻은 전자 수로부터 구성 원소의 주기와 족을 파악할 수 있어야 한다.

선택지 비율	① 3%	② 5%	③ 11%	④ 15%	❺ 66%

9 화학 결합

2023년 4월 교육청 3번 | 정답 ⑤ | 문제편 55 p

출제 의도 화학 결합 모형으로부터 구성 원소를 판단할 수 있는지 묻는 문항이다.

문제분석

그림은 화합물 AB_2(OCl₂)와 CAB(LiOCl)를 화학 결합 모형으로 나타낸 것이다.

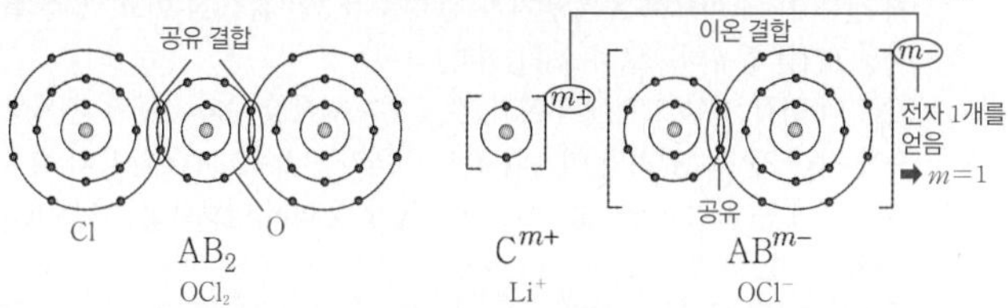

이에 대한 설명으로 옳은 것만을 〈보기〉에서 있는 대로 고른 것은? (단, A~C는 임의의 원소 기호이다.)

보기
ㄱ. 고체 상태에서 전기 전도성은 C > AB_2이다. 금속 결합>공유 결합 (Li, OCl_2)
ㄴ. A_2의 공유 전자쌍 수는 2이다. O=O
ㄷ. $m=1$이다. A는 O, B는 Cl

① ㄱ ② ㄷ ③ ㄱ, ㄴ ④ ㄴ, ㄷ ⑤ ㄱ, ㄴ, ㄷ

✔ 자료 해석

- AB_2는 공유 결합 물질, CAB는 이온 결합 물질이다.
- A는 O, B는 Cl이므로 AB^{m-}은 OCl^-이고 $m=1$, C는 Li이다. AB_2는 OCl_2, CAB는 LiOCl이다.

○ 보기풀이 ㄱ. C는 Li이다. 고체 상태에서 금속 결합 물질은 전기 전도성이 있고 공유 결합 물질은 없으므로 C(Li) > AB_2(OCl_2)이다.
ㄴ. A_2(O_2)의 공유 전자쌍 수는 2이다.
ㄷ. AB^{m-}은 OCl^-이므로 $m=1$이다.

문제풀이 Tip

원자가 전자 수는 A는 6, B는 7이므로 A는 O, B는 Cl이다. AB^{m-}의 모형을 보면 전자 1개를 얻은 것이므로 $m=1$이다.

Part I 교육청

선택지 비율	① 7%	② 7%	③ 7%	④ 8%	❺ 70%

10 화학 결합

2023년 3월 교육청 2번 | 정답 ⑤ | 문제편 55 p

출제 의도 화학 결합 모형을 통해 구성 원소를 판단할 수 있는지 묻는 문항이다.

문제분석

그림은 화합물 ABC(NaOH)와 CD(HF)를 화학 결합 모형으로 나타낸 것이다.

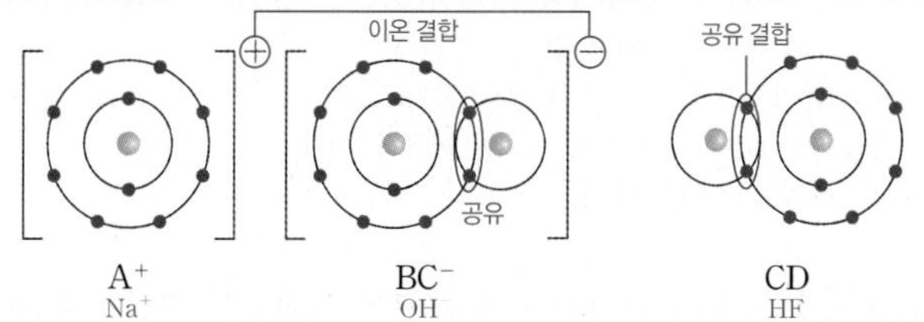

이에 대한 옳은 설명만을 〈보기〉에서 있는 대로 고른 것은? (단, A~D는 임의의 원소 기호이다.)

보기
ㄱ. A(s)는 전성(펴짐성)이 있다. Na은 금속 결합 물질
ㄴ. A~D 중 2주기 원소는 2가지이다. B(O), D(F)
ㄷ. A(Na)와 D(F)로 구성된 안정한 화합물은 AD(NaF)이다.

① ㄱ ② ㄷ ③ ㄱ, ㄴ ④ ㄴ, ㄷ ⑤ ㄱ, ㄴ, ㄷ

✔ 자료 해석

- ABC는 이온 결합 물질, CD는 공유 결합 물질이다.
- A~D는 각각 Na, O, H, F이고, ABC는 NaOH, CD는 HF이다.

○ 보기풀이 ㄱ. A(Na)은 금속 결합 물질이고, 고체 상태에서 전성(펴짐성)이 있다.
ㄴ. 2주기 원소는 B(O)와 D(F) 2가지이다.
ㄷ. A(Na)는 금속, D(F)는 비금속 원소이므로 A(Na)와 D(F)로 구성된 안정한 화합물은 이온 결합 물질인 AD(NaF)이다.

문제풀이 Tip

화학 결합 모형에서 원자가 전자 수를 통해 구성 원소를 판단할 수 있다. 원자가 전자 수를 계산할 때 양이온은 전하의 크기만큼 전자 수를 더하고 음이온은 전하의 크기만큼 전자 수를 뺀다. 공유 결합에서 공유 전자쌍을 이루는 전자 수는 $\frac{1}{2}$로 계산한다.

선택지 비율	① 17%	② 8%	❸ 64%	④ 6%	⑤ 5%

11 화학 결합 모형

2022년 10월 교육청 3번 | 정답 ③ | 문제편 55p

출제 의도 화학 결합 모형으로부터 물질을 이루는 화학 결합의 종류와 구성 원자의 원자가 전자 수를 파악할 수 있는지 묻는 문항이다.

문제 분석

그림은 화합물 XY_4ZX를 화학 결합 모형으로 나타낸 것이다.

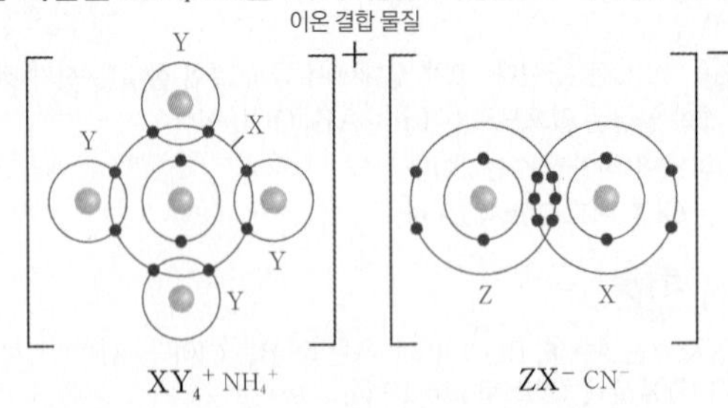

이에 대한 옳은 설명만을 〈보기〉에서 있는 대로 고른 것은? (단, X~Z는 임의의 원소 기호이다.)

〈보기〉

ㄱ. 원자가 전자 수는 X>Z이다. (5) N > (4) C

ㄴ. XY_4ZX는 고체 상태에서 전기 전도성이 ~~있다~~. 없다.

ㄷ. Z_2Y_2의 공유 전자쌍 수는 5이다. (H−C≡C−H)

① ㄱ ② ㄴ ③ ㄱ, ㄷ ④ ㄴ, ㄷ ⑤ ㄱ, ㄴ, ㄷ

✓ 자료 해석

- XY_4ZX는 이온 결합 물질이다.
- XY_4^+의 화학 결합 모형에서 X의 공유 전자쌍 수가 4이지만 이온의 전체 전하가 +1이므로 X는 원자가 전자 수가 5인 질소(N)이고, Y는 전자쌍 1개를 공유하므로 수소(H)이다.
- ZX^-의 화학 결합 모형에서 X와 Z는 공유 전자쌍 수와 비공유 전자쌍 수가 각각 3, 1로 같지만 이온의 전체 전하가 −1이므로 X와 Z의 원자가 전자 수는 각각 4와 5 중 하나이다. X가 질소(N)이므로 Z는 탄소(C)이다.
- X~Z는 각각 N, H, C이다.

○ 보기 풀이 ㄱ. 원자가 전자 수는 X(N)가 5, Z(C)가 4이므로 X>Z이다.
ㄷ. $Z_2Y_2(C_2H_2)$의 구조식은 H−C≡C−H이므로 공유 전자쌍 수는 5이다.

× 매력적 오답 ㄴ. XY_4ZX는 이온 결합 물질이므로 고체 상태에서 전기 전도성이 없다.

문제풀이 Tip

NH_4^+, CN^-과 같은 다원자 이온의 화학 결합 모형이 종종 출제되므로 이들의 화학 결합 모형을 알아야 한다.

선택지 비율	① 6%	② 1%	❸ 88%	④ 1%	⑤ 4%

12 화학 결합 모형

2022년 7월 교육청 4번 | 정답 ③ | 문제편 55p

출제 의도 화학 결합 모형으로부터 구성 원자의 전자 배치와 화학 결합의 종류를 파악할 수 있는지 묻는 문항이다.

문제 분석

그림은 화합물 AB와 CBD를 화학 결합 모형으로 나타낸 것이다.

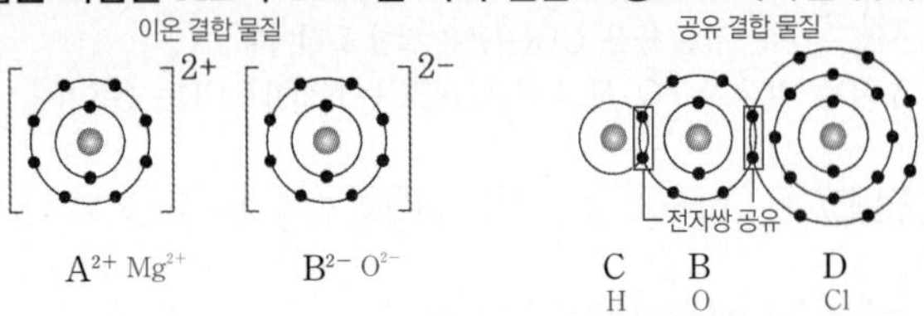

이에 대한 설명으로 옳은 것만을 〈보기〉에서 있는 대로 고른 것은? (단, A~D는 임의의 원소 기호이다.)

〈보기〉

ㄱ. CBD는 공유 결합 물질이다.

ㄴ. B와 D는 ~~같은 족~~ 원소이다. B는 16족, D는 17족

ㄷ. A(Mg)와 D(Cl)는 1 : 2로 결합하여 안정한 화합물(MgCl₂)을 생성한다.

① ㄱ ② ㄴ ③ ㄱ, ㄷ ④ ㄴ, ㄷ ⑤ ㄱ, ㄴ, ㄷ

✓ 자료 해석

- AB는 이온 결합 물질, CBD는 공유 결합 물질이다.
- A는 전자 2개를 잃고 Ne의 전자 배치를 하므로 3주기 2족 원소인 마그네슘(Mg)이고, B는 전자 2개를 얻어 Ne의 전자 배치를 하므로 2주기 16족 원소인 산소(O)이다.
- CBD에서 B 원자는 전자쌍 2개를 공유하여 Ne의 전자 배치를 하고, C 원자는 전자쌍 1개를 공유하여 He의 전자 배치를 하며, D 원자는 전자쌍 1개를 공유하여 Ar의 전자 배치를 한다.
  ➡ B는 2주기 16족 원소인 산소(O)이고, C는 1주기 1족 원소인 수소(H)이며, D는 3주기 17족 원소인 염소(Cl)이다.
- A~D는 각각 Mg, O, H, Cl이다.

○ 보기 풀이 ㄱ. CBD(HOCl)는 비금속 원소가 전자쌍을 공유하여 결합한 공유 결합 물질이다.
ㄷ. A(Mg)는 2족 금속 원소이고, D(Cl)는 17족 비금속 원소이므로 $A^{2+}(Mg^{2+})$과 $D^-(Cl^-)$이 1 : 2로 이온 결합하여 $MgCl_2$을 형성한다.

× 매력적 오답 ㄴ. B는 16족 원소이고, D는 17족 원소이다.

문제풀이 Tip

공유 결합 물질의 화학 결합 모형에서는 공유한 전자쌍 수로부터, 이온 결합 물질의 화학 결합 모형에서는 얻거나 잃은 전자 수로부터 물질을 구성하는 원소의 원자가 전자 수를 파악할 수 있다.

선택지 비율	① 3%	② 1%	③ 4%	④ 3%	⑤ 89%

13 화학 결합과 물질의 성질

2022년 7월 교육청 6번 | 정답 ⑤ | 문제편 56 p

(출제 의도) 주어진 물질을 화학 결합의 종류와 특성에 따라 분류할 수 있는지 묻는 문항이다.

(문제 분석)

그림은 3가지 물질을 주어진 기준에 따라 분류한 것이다.

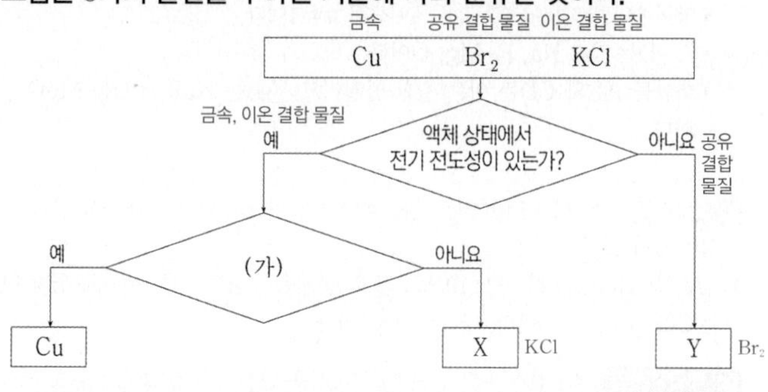

이에 대한 설명으로 옳은 것만을 〈보기〉에서 있는 대로 고른 것은?

보기

ㄱ. '고체 상태일 때 외부에서 힘을 가하면 넓게 펴지는가?'는 (가)로 적절하다. (전성 ➡ 금속의 성질)

ㄴ. Y는 Br_2이다.

ㄷ. X는 이온 결합 물질이다. (KCl)

① ㄱ ② ㄷ ③ ㄱ, ㄴ ④ ㄴ, ㄷ ⑤ ㄱ, ㄴ, ㄷ

✓ 자료 해석

- Cu는 금속이다.
- Br_2는 공유 결합 물질이다.
- KCl은 이온 결합 물질이다.
- 액체 상태에서 전기 전도성이 있는 물질은 금속과 이온 결합 물질이므로 X는 KCl이고, Y는 Br_2이다.

O 보기 풀이 ㄱ. 고체 상태일 때 외부에서 힘을 가하면 넓게 펴지는 성질(전성)은 금속의 성질이므로 '고체 상태일 때 외부에서 힘을 가하면 넓게 펴지는가?'는 분류 기준 (가)로 적절하다.

ㄴ. 액체 상태에서 전기 전도성이 없는 Y는 공유 결합 물질인 Br_2이다.

ㄷ. 액체 상태에서 전기 전도성이 있는 물질은 금속인 Cu와 이온 결합 물질인 KCl이다. 따라서 X는 이온 결합 물질인 KCl이다.

문제풀이 Tip

금속은 고체, 액체 상태에서 전기 전도성이 있고, 이온 결합 물질은 고체 상태에서는 전기 전도성이 없으나 액체 상태에서는 전기 전도성이 있다. 고체 상태일 때 외부에서 힘을 가했을 때 넓게 펴지는 성질(전성)과 가늘고 길게 늘어나는 성질(연성)은 금속의 대표적인 특징이다.

선택지 비율	① 77%	② 4%	③ 6%	④ 11%	⑤ 2%

14 화학 결합의 전기적 성질

2022년 4월 교육청 6번 | 정답 ① | 문제편 56 p

(출제 의도) 염화 나트륨의 전기 분해 과정을 통해 화학 결합의 종류와 화학 결합 물질의 성질을 알고 있는지 묻는 문항이다.

(문제 분석)

그림은 염화 나트륨(NaCl)의 전기 분해 과정을 나타낸 것이다.

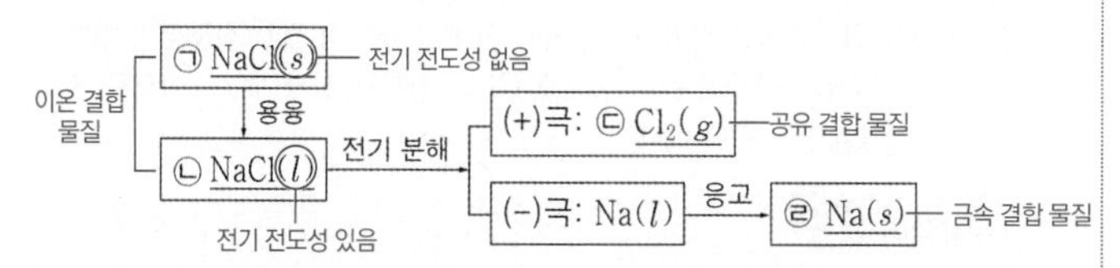

이에 대한 설명으로 옳은 것만을 〈보기〉에서 있는 대로 고른 것은? [3점]

보기

ㄱ. ㉢은 공유 결합 물질이다.

ㄴ. 전기 전도성은 ㉠이 ㉡보다 ~~크다~~. 작다

ㄷ. 연성(뽑힘성)은 ㉠이 ㉣보다 ~~크다~~. 작다

① ㄱ ② ㄷ ③ ㄱ, ㄴ ④ ㄱ, ㄷ ⑤ ㄱ, ㄴ, ㄷ

✓ 자료 해석

- NaCl(s)은 녹는점이 높아 상온에서 고체 상태로 존재하므로 가열 장치로 열을 가하여 용융액으로 만들고 전기 분해한다.
- 염화 나트륨 용융액에 전류를 흘려주면 (−)극에서는 금속 나트륨(Na), (+)극에서는 염소(Cl_2) 기체가 생성된다.
- ㉠과 ㉡은 이온 결합 물질, ㉢은 공유 결합 물질, ㉣은 금속 결합 물질이다.

O 보기 풀이 ㄱ. ㉢(Cl_2)은 비금속 원자가 서로 전자를 공유하여 만들어진 공유 결합 물질이다.

× 매력적 오답 ㄴ. NaCl은 이온 결합 물질로 액체 상태(㉡)에서가 고체 상태(㉠)에서보다 전기 전도성이 크다.

ㄷ. ㉣(Na)은 금속 결합 물질로 이온 결합 물질인 ㉠보다 연성(뽑힘성)이 크다.

문제풀이 Tip

이온 결합 물질과 공유 결합 물질의 각 상태에서의 전기 전도성을 비교할 수 있어야 한다.

선택지 비율	① 6%	② 6%	❸ 70%	④ 7%	⑤ 11%

15 이온 결합

2022년 3월 교육청 15번 | 정답 ③ | 문제편 56p

출제 의도 화학 결합 모형과 이온 반지름을 통해 구성 원소를 판단할 수 있는지 묻는 문항이다.

문제 분석

그림은 화합물 AB와 CD를 화학 결합 모형으로 나타낸 것이다. 양이온의 반지름은 $A^{n+} > C^{2+}$이다. (NaF, MgO) 전자 수 10으로 동일 ➡ 이온 반지름 1족 > 2족 ➡ $n=1$

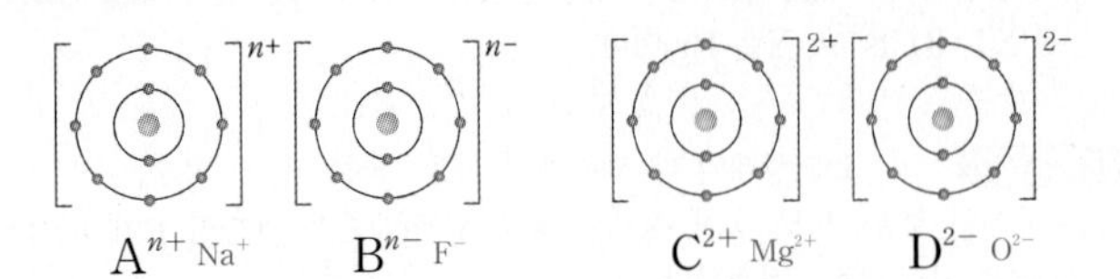

이에 대한 옳은 설명만을 〈보기〉에서 있는 대로 고른 것은? (단, A~D는 임의의 원소 기호이다.)

보기
ㄱ. $CD(l)$는 전기 전도성이 있다. 이온 결합 물질은 액체 상태에서 전기 전도성 있음
ㄴ. $n=1$이다. 원자 번호 C > A
ㄷ. 음이온의 반지름은 $B^{n-} > D^{2-}$이다. $F^- < O^{2-}$ (<)

① ㄱ ② ㄷ ③ ㄱ, ㄴ ④ ㄴ, ㄷ ⑤ ㄱ, ㄴ, ㄷ

✓ 자료 해석

- 전자 수가 같은 이온 반지름 : 원자 번호가 클수록 유효 핵전하가 증가하므로 이온 반지름이 작다.
- 양이온의 반지름이 $A^{n+} > C^{2+}$이므로 $n=1$이다.
- A~D는 각각 Na, F, Mg, O이다.
- 화합물 AB와 CD는 이온 결합 물질이고, AB는 NaF, CD는 MgO이다.

○ 보기풀이 ㄱ. CD(MgO)는 이온 결합 물질이므로 액체 상태에서 전기 전도성이 있다.
ㄴ. A^{n+}과 C^{2+}은 전자 수가 10으로 같고, 반지름이 $A^{n+} > C^{2+}$이므로 원자 번호는 C(2족) > A(1족)이다. 따라서 $n=1$이다.

× 매력적 오답 ㄷ. 전자 수가 같은 이온의 경우 원자 번호가 클수록 유효 핵전하가 증가하므로 이온 반지름이 작다. B는 F, D는 O이므로 음이온의 반지름은 $D^{2-}(O^{2-}) > B^{n-}(F^-)$이다.

문제풀이 Tip
A^{n+}, B^{n-}, C^{2+}, D^{2-}은 전자 수가 모두 10으로 같다. 전자 수가 같은 이온의 반지름은 원자 번호가 클수록 작다는 것을 알아야 한다.

선택지 비율	① 2%	② 5%	③ 12%	④ 11%	❺ 70%

16 화학 결합과 물질의 성질

2021년 10월 교육청 10번 | 정답 ⑤ | 문제편 56p

출제 의도 화합물의 액체 상태에서의 전기 전도성으로부터 물질을 이루는 결합의 종류를 파악할 수 있는지 묻는 문항이다.

문제 분석

다음은 2, 3주기 원소 X~Z로 이루어진 화합물과 관련된 자료이다. 화합물에서 X~Z는 모두 옥텟 규칙을 만족한다.

- X~Z의 이온은 모두 18족 원소의 전자 배치를 갖는다. (Ne 또는 Ar)
- 이온의 전자 수

이온	X 이온 (Mg^{2+})	Y 이온 (O^{2-})	Z 이온 (Cl^-)
전자 수	n =10	n =10	$n+8$ =18

- 액체 상태에서의 전기 전도성

화합물	XY	XZ_2	YZ_2
액체 상태에서의 전기 전도성	금속 있음 이온 결합 물질	금속 비금속 ㉠ (있음)	비금속 없음 공유 결합 물질

(Y: 비금속)

이에 대한 옳은 설명만을 〈보기〉에서 있는 대로 고른 것은? (단, X~Z는 임의의 원소 기호이다.) [3점]

보기
ㄱ. X는 3주기 원소이다. (Mg, 3주기 2족)
ㄴ. '있음'은 ㉠으로 적절하다. $XZ_2(MgCl_2)$ ➡ 이온 결합 물질
ㄷ. 원자가 전자 수는 Z > Y이다. (7, 6)

① ㄱ ② ㄷ ③ ㄱ, ㄴ ④ ㄴ, ㄷ ⑤ ㄱ, ㄴ, ㄷ

✓ 자료 해석

- X 이온과 Y 이온의 전자 수는 n이고, Z 이온의 전자 수는 $n+8$이므로 X 이온과 Y 이온은 Ne의 전자 배치를 하고, Z 이온은 Ar의 전자 배치를 한다.
- 액체 상태에서 전기 전도성이 있는 XY는 이온 결합 물질이고, 액체 상태에서 전기 전도성이 없는 YZ_2는 공유 결합 물질이므로 X는 금속 원소, Y와 Z는 비금속 원소이다.
  ➡ X는 3주기 원소이고, Y와 Z는 각각 2, 3주기 원소이다.
- XY는 MgO, YZ_2는 OCl_2가 적절하므로 X는 3주기 2족 원소인 마그네슘(Mg)이고, Y는 2주기 16족 원소인 산소(O)이며, Z는 3주기 17족 원소인 염소(Cl)이다.

○ 보기풀이 ㄱ. X는 3주기 2족 원소인 마그네슘(Mg)이다.
ㄴ. $XZ_2(MgCl_2)$는 이온 결합 물질이므로 액체 상태에서 전기 전도성이 있다.
ㄷ. Y(O)의 원자가 전자 수는 6이고, Z(Cl)의 원자가 전자 수는 7이므로 원자가 전자 수는 Z(Cl) > Y(O)이다.

문제풀이 Tip
이온 결합 물질은 금속 원소와 비금속 원소로 이루어져 있고, 공유 결합 물질은 비금속 원소로 이루어져 있으므로 XY와 YZ_2에 공통적으로 포함되어 있는 Y는 비금속 원소임을 알아낼 수 있어야 한다.

선택지 비율	① 6%	❷ 76%	③ 5%	④ 7%	⑤ 6%

17 화학 결합과 물질의 성질

2021년 7월 교육청 3번 | 정답 ② | 문제편 57p

출제 의도 원자 또는 이온을 구성하는 입자 수로부터 원자의 종류와 각 원자가 형성하는 결합의 종류를 파악할 수 있는지 묻는 문항이다.

문제 분석

표는 1, 2주기 원소 A~D의 원자(양성자수=전자 수) 또는 이온에 대한 자료이다.

원자 또는 이온	A^+ (H)	B (Li)	C^{2-} (O)	D (F)
양성자수+전자 수	1 (1, 0)	6 (3, 3)	18 (8, 10)	18 (9, 9)

이에 대한 설명으로 옳은 것만을 〈보기〉에서 있는 대로 고른 것은? (단, A~D는 임의의 원소 기호이다.)

〈보기〉
ㄱ. A_2C(H_2O)는 ~~이온~~ 공유 결합 물질이다.
ㄴ. B(s)는 전성(펴짐성)이 있다. ➡ 금속 결합 물질
ㄷ. CD_2(OF_2)에서 C는 부분적인 ~~음전하(δ^-)~~ 양전하(δ^+)를 띤다.

① ㄱ　② ㄴ　③ ㄱ, ㄷ　④ ㄴ, ㄷ　⑤ ㄱ, ㄴ, ㄷ

✓ 자료 해석

- A^+은 A가 전자 1개를 잃어 형성된 양이온이므로 양성자수 1, 전자 수 0인 H^+이다. 따라서 A는 수소(H)이다.
- C^{2-}은 C가 전자 2개를 얻어 형성된 음이온이므로 양성자수 8, 전자 수 10인 O^{2-}이다. 따라서 C는 산소(O)이다.
- 원자는 양성자수와 전자 수가 같으므로 B와 D의 양성자수는 각각 3, 9이다. 따라서 B는 리튬(Li), D는 플루오린(F)이다.

○ 보기풀이 ㄴ. B(Li)는 금속 원소이므로 고체 상태에서 전성(펴짐성)이 있다.

× 매력적 오답 ㄱ. A_2C(H_2O)는 공유 결합 물질이다.
ㄷ. 전기 음성도는 C(O)<D(F)이므로 CD_2(OF_2)에서 C(O)는 부분적인 양전하(δ^+)를 띤다.

문제풀이 Tip

1, 2주기 원자 중 이온이 되었을 때 양성자수+전자 수가 1인 것은 수소(H)뿐이다. 그리고 2주기 원자는 헬륨(He) 또는 네온(Ne)의 전자 배치를 하는 이온이 되므로 전자 수가 2 또는 10이다.

선택지 비율	① 6%	❷ 74%	③ 4%	④ 10%	⑤ 5%

18 화학 결합 모형

2021년 7월 교육청 7번 | 정답 ② | 문제편 57p

출제 의도 화학 결합 모형으로부터 구성 원자의 전자 배치와 화학 결합의 종류를 파악할 수 있는지 묻는 문항이다.

문제 분석

그림은 화합물 WXY와 ZYW를 화학 결합 모형으로 나타낸 것이다.

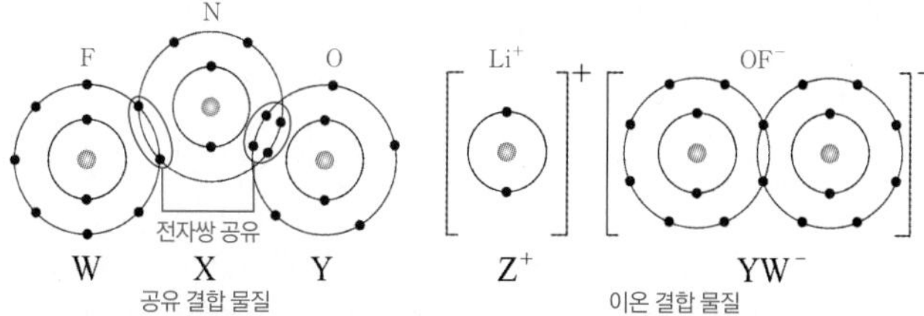

이에 대한 설명으로 옳은 것만을 〈보기〉에서 있는 대로 고른 것은? (단, W~Z는 임의의 원소 기호이다.)

〈보기〉
ㄱ. WXY에서 X의 산화수는 ~~−3~~ +3이다.
ㄴ. Y_2W_2(O_2F_2)에는 다중 결합이 ~~있다~~ 없다.
ㄷ. $Z_2Y(l)$(Li_2O ➡ 이온 결합 물질)는 전기 전도성이 있다.

① ㄱ　② ㄷ　③ ㄱ, ㄴ　④ ㄴ, ㄷ　⑤ ㄱ, ㄴ, ㄷ

✓ 자료 해석

- WXY는 공유 결합 물질, ZYW는 이온 결합 물질이다.
- WXY에서 W 원자는 전자쌍 1개를, X 원자는 전자쌍 3개를, Y 원자는 전자쌍 2개를 공유하여 Ne의 전자 배치를 한다.
  ➡ W는 2주기 17족 원소인 플루오린(F)이고, X는 2주기 15족 원소인 질소(N)이며, Y는 2주기 16족 원소인 산소(O)이다.
- Z는 전자 1개를 잃고 He의 전자 배치를 하므로 2주기 1족 원소인 리튬(Li)이다.
- W~Z는 각각 F, N, O, Li이다.

○ 보기풀이 ㄷ. Z_2Y(Li_2O)는 이온 결합 물질이므로 액체 상태에서 전기 전도성이 있다.

× 매력적 오답 ㄱ. WXY(FNO)에서 W(F)의 산화수는 −1, Y(O)의 산화수는 −2, X(N)의 산화수는 +3이다.
ㄴ. Y_2W_2(O_2F_2)는 단일 결합으로만 이루어져 있다.

$$:\ddot{F}-\ddot{O}-\ddot{O}-\ddot{F}:$$

문제풀이 Tip

화학 결합 모형에서 원소의 종류는 전자 껍질 수와 원자가 전자 수로부터 파악할 수 있다. W, X, Y는 모두 2주기 원소이며 원자가 전자 수가 7인 W는 F, 원자가 전자 수가 5인 X는 N, 원자가 전자 수가 6인 Y는 O이다.

선택지 비율	❶ 92%	② 4%	③ 2%	④ 1%	⑤ 1%

19 물의 전기 분해

2021년 4월 교육청 6번 | 정답 ① | 문제편 57p

출제 의도 물의 전기 분해 실험을 통해 물을 이루는 수소와 산소 사이의 결합에 전자가 관여한다는 사실을 유추할 수 있는지 묻는 문항이다.

문제 분석

다음은 물(H_2O)의 전기 분해 실험이다.

[실험 과정]

(가) 소량의 황산 나트륨(Na_2SO_4(전해질))을 녹인 물을 준비한다.

(나) (가)의 수용액을 2개의 시험관에 가득 채운 후, 전원 장치를 사용해 전류를 흘려 주어 그림과 같이 발생한 기체를 시험관에 각각 모은다.

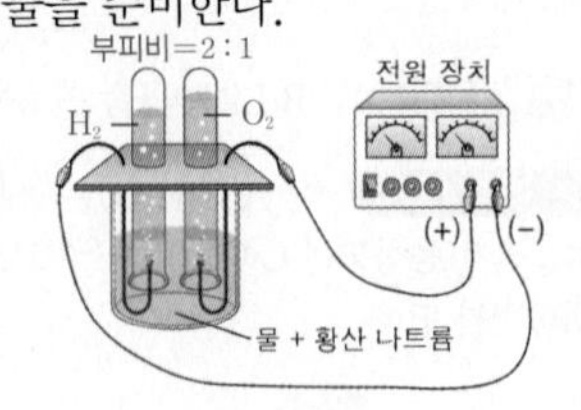

[실험 결과 및 결론]

• 각 전극에서 발생한 기체의 [㉠](부피)비는 t℃, 1기압에서 (+)극 : (−)극=1 : 2이다. (계수비=부피비)

• 물 분자를 이루는 원자(수소(H), 산소(O)) 사이의 화학 결합에 [㉡](전자)가 관여한다.

다음 중 ㉠과 ㉡으로 가장 적절한 것은?

	㉠	㉡		㉠	㉡
①	부피	전자	②	질량	전자
③	부피	중성자	④	질량	중성자
⑤	밀도	양성자			

✓ 자료 해석

• 순수한 물은 전류가 흐르지 않으므로 황산 나트륨(Na_2SO_4)과 같은 전해질을 물에 넣어 녹인 후 전기 분해한다. 황산 나트륨(Na_2SO_4)은 물에 녹아 Na^+과 SO_4^{2-}으로 이온화되므로 물에 전류가 흐르게 하며, 물의 전기 분해에는 영향을 미치지 않는다.

• 물의 전기 분해 반응식 : $2H_2O(l) \longrightarrow 2H_2(g) + O_2(g)$

➡ $H_2(g)$와 $O_2(g)$의 반응 계수비가 2 : 1이므로 생성된 기체의 부피비도 $H_2(g) : O_2(g)$=2 : 1이다.

○ 보기풀이 (−)극에서는 수소(H_2) 기체가, (+)극에서는 산소(O_2) 기체가 발생하며, 그 부피비가 $H_2(g) : O_2(g)$=2 : 1이므로 각 전극에서 발생한 기체의 ㉠(부피)비는 t℃, 1기압에서 (+)극 : (−)극=1 : 2이다. 물을 전기 분해했을 때 성분 물질로 분해되므로 물(H_2O) 분자를 이루는 수소(H)와 산소(O) 원자 사이의 화학 결합에 ㉡(전자)이 관여함을 알 수 있다.

문제풀이 Tip

물을 전기 분해하면 (−)극에서는 $H_2(g)$가, (+)극에서는 $O_2(g)$가 발생함을 기억해 두자.

선택지 비율	① 5%	❷ 79%	③ 5%	④ 8%	⑤ 3%

20 화학 결합과 물질의 성질

2021년 3월 교육청 4번 | 정답 ② | 문제편 57 p

출제 의도 화합물을 이루는 화학 결합의 종류와 물질의 성질을 파악할 수 있는지 묻는 문항이다.

문제 분석

표는 원소 A~D로 이루어진 3가지 화합물에 대한 자료이다. A~D는 각각 O, F, Na, Mg 중 하나이다.

비금속 금속

화합물	AB_2 MgF_2	CB NaF	DB_2 OF_2
액체의 전기 전도성	있음	㉠	없음
	이온 결합 물질	이온 결합 물질	공유 결합 물질

이에 대한 옳은 설명만을 〈보기〉에서 있는 대로 고른 것은?

보기

ㄱ. ㉠은 '없음'이다. (있음)

ㄴ. A는 ~~Na~~이다. Mg

ㄷ. C_2D는 이온 결합 물질이다. (Na_2O)

① ㄱ ② ㄷ ③ ㄱ, ㄴ ④ ㄴ, ㄷ ⑤ ㄱ, ㄴ, ㄷ

✓ 자료 해석

- 액체 상태에서 전기 전도성이 있는 AB_2는 이온 결합 물질이고, 액체 상태에서 전기 전도성이 없는 DB_2는 공유 결합 물질이므로 A는 금속 원소, B와 D는 비금속 원소이다.
- AB_2는 MgF_2, DB_2는 OF_2가 적절하므로 A, B, D는 각각 Mg, F, O이고, C는 Na이다.

○ 보기 풀이 ㄷ. $C_2D(Na_2O)$는 Na^+과 O^{2-}이 결합하여 형성된 이온 결합 물질이다.

× 매력적 오답 ㄱ. CB(NaF)는 이온 결합 물질이므로 액체 상태에서 전기 전도성이 있다.

ㄴ. A는 Mg이다.

문제풀이 Tip

이온 결합 물질이 액체 상태에서 전기 전도성이 있다는 것으로부터 화합물을 이루는 원소의 종류를 파악할 수 있다.

선택지 비율	❶ 77%	② 5%	③ 10%	④ 4%	⑤ 4%

21 화학 결합 모형

2021년 3월 교육청 8번 | 정답 ① | 문제편 58 p

출제 의도 화학 결합 모형으로부터 물질을 이루는 화학 결합의 종류를 파악할 수 있는지 묻는 문항이다.

문제 분석

그림은 물질 AB와 CD를 화학 결합 모형으로 나타낸 것이다.

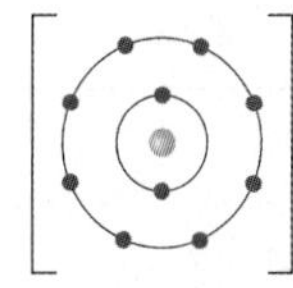

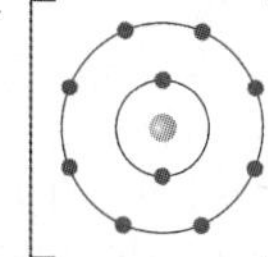

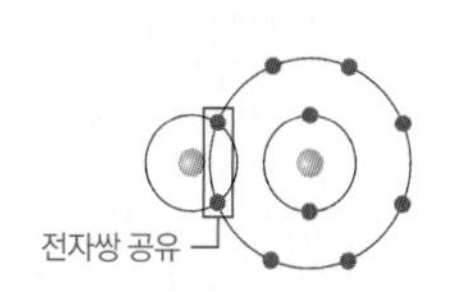

A^{2+} Mg^{2+} B^{2-} O^{2-} (이온 결합 물질) C H D F (공유 결합 물질)

이에 대한 옳은 설명만을 〈보기〉에서 있는 대로 고른 것은? (단, A~D는 임의의 원소 기호이다.)

보기

ㄱ. A(*s*)는 전기 전도성이 있다.

ㄴ. CD(HF)에서 C는 부분적인 ~~음전하(δ^-)~~ 양전하(δ^+)를 띤다.

ㄷ. 분자당 공유 전자쌍 수는 D_2(F_2(1))가 B_2(O_2(2))보다 ~~크다~~ 작다.

① ㄱ ② ㄷ ③ ㄱ, ㄴ ④ ㄴ, ㄷ ⑤ ㄱ, ㄴ, ㄷ

✓ 자료 해석

- AB에서 A는 전자 2개를 잃고 Ne의 전자 배치를 하며, B는 전자 2개를 얻어 Ne의 전자 배치를 한다.
  ➡ A는 3주기 2족 원소인 마그네슘(Mg)이고, B는 2주기 16족 원소인 산소(O)이다.
- CD에서 C 원자와 D 원자는 전자쌍 1개를 공유하여 각각 He, Ne의 전자 배치를 한다.
  ➡ C는 1주기 1족 원소인 수소(H)이고, D는 2주기 17족 원소인 플루오린(F)이다.

○ 보기 풀이 ㄱ. A(Mg)는 금속 원소이므로 고체 상태에서 전기 전도성이 있다.

× 매력적 오답 ㄴ. CD(HF)에서 C(H)는 부분적인 양전하(δ^+)를 띠고, D(F)는 부분적인 음전하(δ^-)를 띤다.

ㄷ. 분자당 공유 전자쌍 수는 $B_2(O_2)$가 2, $D_2(F_2)$가 1이다. 따라서 분자당 공유 전자쌍 수는 $B_2(O_2)$가 $D_2(F_2)$보다 크다.

문제풀이 Tip

화학 결합 모형으로부터 구성 원자의 전자 배치를 알 수 있고, 이로부터 구성 원자의 종류와 원자가 전자 수, 공유 전자쌍 수, 비공유 전자쌍 수 등을 알 수 있다.

선택지 비율	① 1%	② 2%	③ 9%	④ 3%	❺ 84%

22 물의 전기 분해

2020년 7월 교육청 7번 | 정답 ⑤ | 문제편 58 p

(출제 의도) 물의 전기 분해 실험을 통해 물을 이루는 수소와 산소 사이의 결합에 전자가 관여한다는 사실을 추론할 수 있는지 묻는 문항이다.

(문제 분석)

다음은 어떤 학생이 작성한 보고서의 일부이다.

[실험 과정]

- 소량의 ㉠황산 나트륨(Na_2SO_4) 을 녹인 물(H_2O)을 넣고 전기 분해한다. (㉠: 전해질)

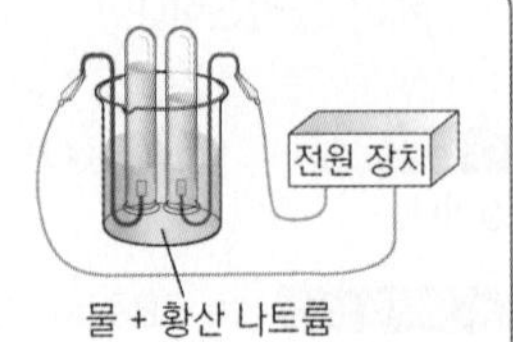

[실험 결과 및 해석]

- 각 전극에서 생성된 물질과 부피 비

생성된 물질		부피 비
(+)극	(−)극	$O_2(g) : H_2(g)$
O_2	H_2	$a : b$ =1 : 2

- 물의 전기 분해 실험으로 물 분자를 이루는 수소와 산소 사이의 화학 결합은 [㉡]이/가 관여함을 알 수 있다. (㉡: 전자)

이에 대한 설명으로 옳은 것만을 〈보기〉에서 있는 대로 고른 것은?

보기

ㄱ. ㉠은 전기 전도성이 있다.
ㄴ. $a : b = 1 : 2$이다.
ㄷ. '전자'는 ㉡으로 적절하다.

① ㄱ ② ㄴ ③ ㄱ, ㄷ ④ ㄴ, ㄷ ⑤ ㄱ, ㄴ, ㄷ

✓ 자료 해석

- 순수한 물은 전류가 흐르지 않으므로 황산 나트륨(Na_2SO_4)과 같은 전해질을 물에 넣어 녹인 후 전기 분해한다. 황산 나트륨(Na_2SO_4)은 물에 녹아 Na^+과 SO_4^{2-}으로 이온화되므로 물에 전류가 흐르게 하며, 물의 전기 분해에는 영향을 미치지 않는다.
- 물의 전기 분해 반응식 : $2H_2O(l) \longrightarrow 2H_2(g) + O_2(g)$
  ➡ $H_2(g)$와 $O_2(g)$의 반응 계수비가 2 : 1이므로 생성된 기체의 부피비도 $H_2(g) : O_2(g) = 2 : 1$이다.

○ 보기 풀이 ㄱ. 황산 나트륨(Na_2SO_4)은 물에 녹으면 Na^+과 SO_4^{2-}으로 이온화되므로 ㉠은 전기 전도성이 있다.
ㄴ. 물의 전기 분해 반응식은 $2H_2O(l) \longrightarrow 2H_2(g) + O_2(g)$이므로 생성된 $O_2(g)$와 $H_2(g)$의 부피비($a : b$)는 1 : 2이다.
ㄷ. 물을 전기 분해하면 (+)극에서는 H_2O이 전자를 잃어 $O_2(g)$가 생성되는 산화 반응이, (−)극에서는 H_2O이 전자를 얻어 $H_2(g)$가 생성되는 환원 반응이 일어난다. 이를 통해 $H_2(g)$와 $O_2(g)$가 반응하여 H_2O을 생성하는 반응에 전자가 관여함을 추론할 수 있다.

문제풀이 Tip

물질을 전기 분해하면 (+)극에서는 산화 반응이, (−)극에서는 환원 반응이 일어난다는 점과 물을 전기 분해하면 (−)극에서는 $H_2(g)$가, (+)극에서는 $O_2(g)$가 생성되며 그 부피비가 2 : 1임을 기억해 두자.

선택지 비율	① 2%	② 2%	③ 13%	④ 3%	❺ 80%

23 금속 결합과 공유 결합

2020년 4월 교육청 2번 | 정답 ⑤ | 문제편 58 p

(출제 의도) 금속 결합과 공유 결합의 특성을 이해하고 있는지 묻는 문항이다.

(문제 분석)

그림은 나트륨의 결합 모형과 다이아몬드의 구조 모형을 나타낸 것이다.

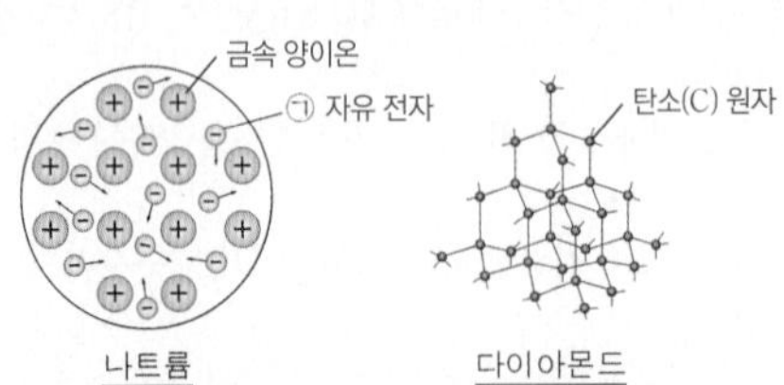

이에 대한 설명으로 옳은 것만을 〈보기〉에서 있는 대로 고른 것은?

보기

ㄱ. ㉠은 자유 전자이다.
ㄴ. 다이아몬드는 공유 결합 물질이다.
ㄷ. 고체 상태에서 전기 전도성은 나트륨이(있음) 다이아몬드보다(없음) 크다.

① ㄱ ② ㄷ ③ ㄱ, ㄴ ④ ㄴ, ㄷ ⑤ ㄱ, ㄴ, ㄷ

✓ 자료 해석

- 나트륨과 다이아몬드의 성질

물질	나트륨(Na)	다이아몬드(C)
결합의 종류	금속 결합	공유 결합
고체 상태에서의 전기 전도성	있음	없음

○ 보기 풀이 ㄱ. 나트륨은 금속 양이온과 자유 전자 사이의 정전기적 인력에 의해 형성되는 금속 결합 물질이다. 결합 모형에서 자유롭게 이동하는 ㉠은 자유 전자이다.
ㄴ. 다이아몬드는 탄소(C) 원자가 공유 결합하여 이루어진 공유 결합 물질이다.
ㄷ. 금속 결합 물질인 나트륨은 고체 상태에서 전기 전도성이 있고, 공유 결합 물질인 다이아몬드는 고체 상태에서 전기 전도성이 없다. 따라서 고체 상태에서 전기 전도성은 나트륨이 다이아몬드보다 크다.

문제풀이 Tip

다이아몬드는 비금속 원소인 탄소로 이루어져 있다는 사실과 금속 결합 및 공유 결합 물질의 전기 전도성에 대해 이해하고 있으면 쉽게 해결할 수 있는 문항이다. 탄소로만 이루어진 물질 중 흑연은 고체 상태에서 전기 전도성이 있다는 사실도 함께 기억해 두자.

선택지 비율	① 3%	② 4%	③ 6%	④ 8%	⑤ 79%

24 화학 결합의 원리

2020년 7월 교육청 11번 | 정답 ⑤ | 문제편 58p

출제 의도 원소의 종류에 따른 화학 결합의 종류에 대하여 이해하고 있는지 묻는 문항이다.

문제 분석

다음은 원소 A~E로 이루어진 물질에 대한 자료이다.

물질	AD_2, DE_2 (CO_2 OF_2)	B, C (Mg Na)	BD, CE (MgO NaF)
화학 결합의 종류	공유 결합	㉠ (금속 결합)	㉡ (이온 결합)

- A~E의 원자 번호는 각각 6, 8, 9, 11, 12 중 하나이다. (C O F Na Mg)
- ㉠과 ㉡은 각각 이온 결합과 금속 결합 중 하나이다.

이에 대한 설명으로 옳은 것만을 〈보기〉에서 있는 대로 고른 것은? (단, A~E는 임의의 원소 기호이다.)

보기

ㄱ. 전기 음성도는 D > A이다. (금속 원소)

ㄴ. 고체 상태의 B와 C는 전기 전도성이 있다.

ㄷ. 고체 상태의 BD와 CE는 외부에서 힘을 가하면 쉽게 부서진다. (이온 결합 물질)

① ㄱ ② ㄴ ③ ㄱ, ㄷ ④ ㄴ, ㄷ ⑤ ㄱ, ㄴ, ㄷ

✔ 자료 해석

- 원자 번호가 6, 8, 9, 11, 12인 원소

원자 번호	6	8	9	11	12
원소	C	O	F	Na	Mg

- AD_2, DE_2 : 공유 결합 물질이므로 A, D, E는 각각 비금속 원소인 탄소(C), 산소(O), 플루오린(F) 중 하나이고, AD_2와 DE_2는 각각 CO_2와 OF_2 중 하나이다.
  ➡ 공통적으로 포함된 D는 산소(O)이므로 A는 탄소(C)이고, E는 플루오린(F)이다.
- B, C : B와 C는 모두 금속 원소이므로 각각 나트륨(Na)과 마그네슘(Mg) 중 하나이다.
  ➡ D(O)와 1 : 1로 결합하는 B는 마그네슘(Mg)이고, E(F)와 1 : 1로 결합하는 C는 나트륨(Na)이다.
- ㉠은 금속 결합, ㉡은 이온 결합이다.

O 보기 풀이 ㄱ. A(C)와 D(O)는 모두 2주기 원소이고, 같은 주기에서 원자 번호가 클수록 전기 음성도가 크므로 전기 음성도는 D(O) > A(C)이다.

ㄴ. B(Mg)와 C(Na)는 모두 금속 원소이므로 고체 상태에서 전기 전도성이 있다.

ㄷ. BD(MgO)와 CE(NaF)는 모두 이온 결합 물질이므로 외부에서 힘을 가하면 쉽게 부서진다.

문제풀이 Tip

각 원자 번호에 해당하는 원소를 알아야 하고, AD_2와 DE_2가 공유 결합 물질이라는 조건으로부터 A, D, E는 비금속 원소임을 알아낼 수 있어야 한다.

선택지 비율	① 10%	② 3%	③ 7%	④ 74%	⑤ 6%

25 이온 사이의 거리에 따른 에너지

2020년 4월 교육청 13번 | 정답 ④ | 문제편 59p

출제 의도 이온 결합의 형성 원리에 대하여 이해하고 있는지 묻는 문항이다.

문제 분석

그림은 $Na^+(g)$과 $X^-(g)$ 사이의 거리에 따른 에너지 변화를, 표는 NaX(g)와 NaY(g)가 가장 안정한 상태일 때 각 물질에서 양이온과 음이온 사이의 거리를 나타낸 것이다.

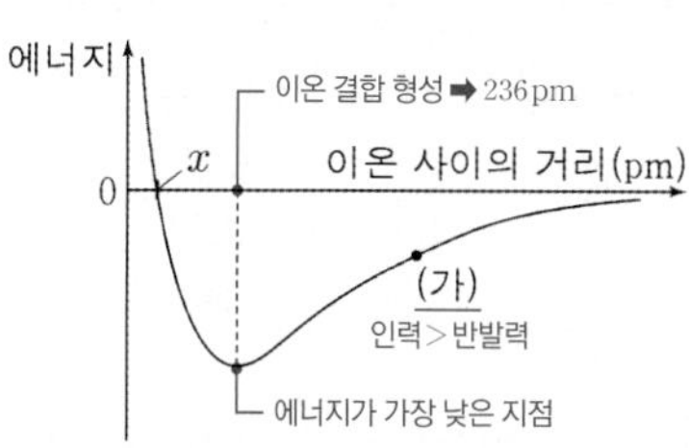

물질	이온 사이의 거리(pm)
NaX(g)	236
NaY(g)	250

이에 대한 설명으로 옳은 것만을 〈보기〉에서 있는 대로 고른 것은? (단, X와 Y는 임의의 원소 기호이다.)

보기

ㄱ. (가)에서 Na^+과 X^- 사이에 작용하는 힘은 인력이 반발력보다 우세하다.

ㄴ. ~~x는 236이다.~~ $x<236$

ㄷ. 1기압에서 녹는점은 NaX > NaY이다. (이온 사이의 거리가 짧을수록 높다.)

① ㄱ ② ㄴ ③ ㄱ, ㄴ ④ ㄱ, ㄷ ⑤ ㄴ, ㄷ

✔ 자료 해석

- 이온 사이의 거리에 따른 에너지 그래프에서 에너지가 가장 낮을 때 이온 결합이 형성된다.
  ➡ $Na^+(g)$과 $X^-(g)$ 사이의 거리가 236 pm일 때 이온 결합이 형성되므로 (가) 지점은 이온 결합이 형성되기 이전의 지점이고, x는 이온 결합이 형성될 때보다 이온 사이의 거리가 짧은 지점이다.

O 보기 풀이 ㄱ. (가)는 이온 결합이 형성되기 이전의 지점이므로 (가)에서는 두 이온 사이의 인력이 반발력보다 우세하다.

ㄷ. 이온 결합 물질의 녹는점은 이온 사이의 거리가 짧을수록, 이온의 전하량이 클수록 높다. NaX와 NaY를 이루는 이온의 전하량은 +1과 −1로 같으므로 녹는점은 이온 사이의 거리가 짧은 NaX가 NaY보다 높다.

× 매력적 오답 ㄴ. 에너지가 가장 낮은 지점에서 이온 결합이 형성되므로 x는 이온 결합이 형성될 때보다 이온 사이의 거리가 짧은 지점이다. 따라서 $x<236$이다.

문제풀이 Tip

이온 결합 물질의 녹는점은 이온 사이의 정전기적 인력이 클수록 높다. 이온 사이의 정전기적 인력은 이온의 전하량이 클수록, 이온 사이의 거리가 짧을수록 크다는 점을 기억해 두자.

선택지 비율	❶ 77%	② 4%	③ 10%	④ 4%	⑤ 5%

26 이온 사이의 거리에 따른 에너지

2020년 3월 교육청 10번 | 정답 ① | 문제편 59 p

출제 의도 이온 결합이 형성될 때 이온 사이의 거리에 따른 이온 사이의 반발력, 인력, 에너지 변화 등을 이해하고 있는지 묻는 문항이다.

문제 분석

그림은 NaCl에서 이온 사이의 거리에 따른 에너지를 나타낸 것이다.

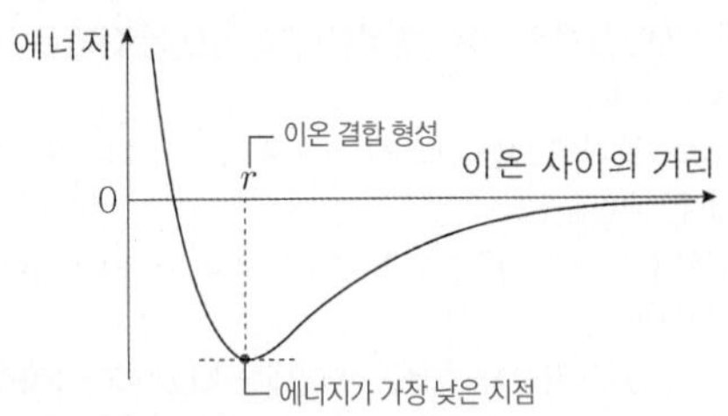

이에 대한 옳은 설명만을 〈보기〉에서 있는 대로 고른 것은? [3점]

〈보기〉

ㄱ. NaCl에서 이온 결합을 형성할 때 이온 사이의 거리는 r이다.

ㄴ. 이온 사이의 거리가 r일 때 Na^+과 Cl^- 사이에 반발력이 ~~작용하지 않는다~~. 작용한다.

ㄷ. KCl에서 이온 결합을 형성할 때 이온 사이의 거리는 r보다 ~~작다~~. 크다.(양이온 반지름 : $K^+ > Na^+$)

① ㄱ ② ㄴ ③ ㄱ, ㄷ ④ ㄴ, ㄷ ⑤ ㄱ, ㄴ, ㄷ

✓ 자료 해석

• 이온 사이의 거리에 따른 에너지 그래프에서 이온 사이에 작용하는 반발력과 인력의 크기 비교(d : 이온 사이의 거리, r : 에너지가 가장 낮을 때 이온 사이의 거리)

이온 사이의 거리(d)	반발력과 인력의 크기 비교
$d<r$	반발력>인력
$d=r$	반발력과 인력이 균형을 이룬다. ➡ 이온 결합이 형성된다.
$d>r$	반발력<인력

○ 보기 풀이 ㄱ. 이온 사이의 거리에 따른 에너지 그래프에서 에너지가 가장 낮은 지점, 즉 이온 사이의 거리가 r인 지점에서 이온 결합이 형성된다.

× 매력적 오답 ㄴ. 이온 사이의 거리가 r일 때는 이온 사이에 반발력이 작용하지 않는 것이 아니라 이온 사이에 작용하는 반발력과 인력이 균형을 이루는 것이다.

ㄷ. NaCl과 KCl은 음이온의 종류가 같고, 양이온의 반지름은 $K^+ > Na^+$이다. 따라서 KCl에서 이온 결합을 형성할 때 이온 사이의 거리는 r보다 크다.

문제풀이 Tip

이온 사이에 작용하는 반발력과 인력은 모두 이온 사이의 거리가 가까워짐에 따라 증가한다는 점과 이온 사이의 인력과 반발력이 균형을 이루는 지점에서 이온 결합이 형성됨을 기억해 두자.

선택지 비율	① 3%	② 4%	③ 4%	④ 5%	❺ 84%

27 화학 결합과 물질의 성질

2020년 3월 교육청 12번 | 정답 ⑤ | 문제편 59 p

출제 의도 물질을 이루는 화학 결합의 종류와 물질의 전기 전도성을 연관 지을 수 있는지 묻는 문항이다.

문제 분석

표는 물질 (가)~(다)에 대한 자료이다. (가)~(다)는 각각 구리(Cu), 설탕($C_{12}H_{22}O_{11}$), 염화 칼슘($CaCl_2$) 중 하나이다.

물질	전기 전도성	
	고체 상태	액체 상태
설탕 (가)	없음	없음 ➡ 공유 결합 물질
염화 칼슘 (나)	없음	있음 ➡ 이온 결합 물질
구리 (다)	있음	있음 ➡ 금속 결합 물질

이에 대한 옳은 설명만을 〈보기〉에서 있는 대로 고른 것은?

〈보기〉

ㄱ. (가)는 설탕이다.

ㄴ. (나)는 수용액 상태에서 전기 전도성이 있다.

ㄷ. (다)는 금속 결합 물질이다.

① ㄱ ② ㄴ ③ ㄱ, ㄷ ④ ㄴ, ㄷ ⑤ ㄱ, ㄴ, ㄷ

✓ 자료 해석

• 구리(Cu)는 금속 결합 물질, 설탕($C_{12}H_{22}O_{11}$)은 공유 결합 물질, 염화 칼슘($CaCl_2$)은 이온 결합 물질이다.

• 금속 결합 물질, 이온 결합 물질, 공유 결합 물질의 고체 및 액체 상태에서의 전기 전도성

구분	전기 전도성	
	고체 상태	액체 상태
금속 결합 물질	있음	있음
이온 결합 물질	없음	있음
공유 결합 물질	없음	없음

○ 보기 풀이 ㄱ. (가)는 고체 상태와 액체 상태에서 모두 전기 전도성이 없으므로 공유 결합 물질인 설탕($C_{12}H_{22}O_{11}$)이다.

ㄴ. (나)는 고체 상태에서는 전기 전도성이 없지만, 액체 상태에서는 전기 전도성이 있으므로 이온 결합 물질인 염화 칼슘($CaCl_2$)이다. 따라서 (나)는 수용액 상태에서 전기 전도성이 있다.

ㄷ. (다)는 고체 상태와 액체 상태에서 모두 전기 전도성이 있으므로 금속 결합 물질인 구리(Cu)이다.

문제풀이 Tip

물질의 화학식을 보고 물질을 이루는 화학 결합의 종류를 판단할 수 있어야 한다. 금속 결합, 이온 결합, 공유 결합으로 이루어진 물질의 상태에 따른 전기 전도성을 정리해 두자.

02 분자의 구조와 성질

선택지 비율	① 4%	② 2%	③ 3%	④ 90%	⑤ 1%

1 분자의 구조와 성질

2024년 10월 교육청 3번 | 정답 ④ | 문제편 63p

출제 의도 분자의 구조와 성질을 알고 있는지 묻는 문항이다.

문제 분석

다음은 4가지 분자를 주어진 기준에 따라 분류한 것이다.

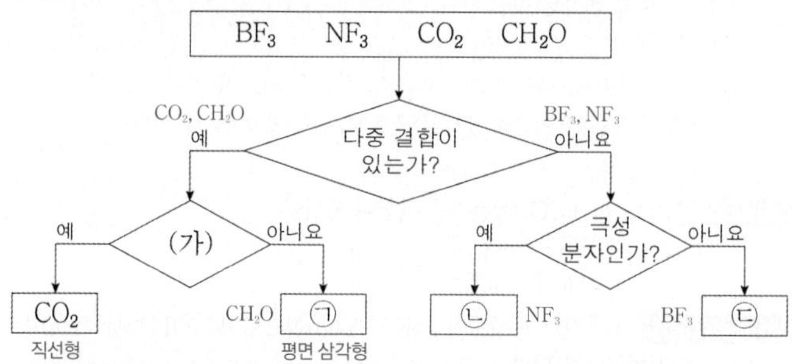

이에 대한 옳은 설명만을 〈보기〉에서 있는 대로 고른 것은?

보기

ㄱ. '분자 모양이 직선형인가?'는 (가)로 적절하다. (가)는 직선형, (나)는 평면 삼각형

ㄴ. ㉠은 무극성 분자이다. (극성) ㉠은 CH_2O

ㄷ. 비공유 전자쌍 수는 ㉡>㉢이다. $NF_3(10) > BF_3(9)$

① ㄱ ② ㄷ ③ ㄱ, ㄴ ④ ㄱ, ㄷ ⑤ ㄴ, ㄷ

✓ 자료 해석

• BF_3, NF_3, CO_2, CH_2O의 특징은 다음과 같다.

분자	BF_3	NF_3	CO_2	CH_2O
공유 결합	단일 결합 3개	단일 결합 3개	2중 결합 2개	단일 결합 2개, 2중 결합 1개
분자 모양	평면 삼각형	삼각뿔형	직선형	평면 삼각형
분자의 극성	무극성	극성	무극성	극성

• BF_3, NF_3, CO_2, CH_2O 중 다중 결합이 있는 분자는 CO_2, CH_2O 2가지이므로 ㉠은 CH_2O이다.

• 다중 결합이 없는 BF_3, NF_3 중 극성 분자는 NF_3이므로 ㉡은 NF_3이고, ㉢은 BF_3이다.

○ 보기 풀이 ㄱ. CO_2의 분자 모양은 직선형이고, CH_2O의 분자 모양은 평면 삼각형으로 직선형이 아니므로 '분자 모양이 직선형인가?'는 (가)로 적절하다.

ㄷ. ㉡(NF_3), ㉢(BF_3)의 비공유 전자쌍 수는 각각 10, 9로 ㉡>㉢이다.

× 매력적 오답 ㄴ. ㉠은 CH_2O로 분자의 쌍극자 모멘트가 0이 아니므로 극성 분자이다.

문제풀이 Tip

H와 2주기 원소로 구성된 분자는 자주 등장하므로 분자의 구조와 극성 유무를 정리하여 알아둔다. (BF_3, NH_3, NF_3, CO_2, H_2O, CH_2O, CF_2O, OF_2, HCN, NOF 등)

선택지 비율	① 9%	② 1%	③ 85%	④ 2%	⑤ 3%

2 분자의 구조와 성질

2024년 10월 교육청 6번 | 정답 ③ | 문제편 63p

출제 의도 분자의 구조식을 이용하여 구성 원소를 판단할 수 있는지 묻는 문항이다.

문제 분석

그림은 1, 2주기 원소 W~Z로 구성된 분자 W_2X_2(H_2O_2)와 Y_2Z_2(N_2F_2)의 루이스 구조식이다.

$$W-\ddot{\underset{..}{X}}-\ddot{\underset{..}{X}}-W \qquad :\ddot{\underset{..}{Z}}-\ddot{Y}=\ddot{Y}-\ddot{\underset{..}{Z}}:$$

(H O O H: H_2O_2 / F N N F: N_2F_2)

이에 대한 옳은 설명만을 〈보기〉에서 있는 대로 고른 것은? (단, W~Z는 임의의 원소 기호이다.)

보기

ㄱ. W_2X_2(H_2O_2)에는 무극성 공유 결합(같은 원자 사이의 공유 결합)이 있다.

ㄴ. Y_2Z_2의 분자 모양은 직선형이다. N에 비공유 전자쌍 있어 직선형이 아님

ㄷ. 결합각은 YW_3가 W_2X보다 크다. (NH_3 > H_2O)

① ㄱ ② ㄴ ③ ㄱ, ㄷ ④ ㄴ, ㄷ ⑤ ㄱ, ㄴ, ㄷ

✓ 자료 해석

• 옥텟 규칙을 만족하는 2주기 원자는 C, N, O, F이다.

• H는 분자에서 공유 전자쌍 수 1, 비공유 전자쌍 수 0이다.

• W_2X_2에서 W의 공유 전자쌍 수, 비공유 전자쌍 수가 각각 1, 0이므로 W는 H이고, X의 공유 전자쌍 수, 비공유 전자쌍 수가 각각 2이므로 X는 O이다.

• Y_2Z_2에서 Y의 공유 전자쌍 수, 비공유 전자쌍 수가 각각 3, 1이므로 Y는 N이고, Z의 공유 전자쌍 수, 비공유 전자쌍 수가 각각 1, 3이므로 Z는 F이다.

• W~Z는 각각 H, O, N, F이다.

○ 보기 풀이 ㄱ. W_2X_2(H_2O_2)에서 X(O)와 X(O) 사이의 결합은 무극성 공유 결합이다.

ㄷ. YW_3(NH_3)의 결합각은 107°이고, W_2X(H_2O)의 결합각은 104.5°이므로 결합각은 YW_3(NH_3) > W_2X(H_2O)이다.

× 매력적 오답 ㄴ. Y_2Z_2(N_2F_2)에서 Y(N)에는 비공유 전자쌍이 있으므로 Y_2Z_2(N_2F_2)의 분자 모양은 직선형이 아니다.

문제풀이 Tip

1, 2주기 원소가 분자를 이룰 때 원자마다 공유 전자쌍 수와 비공유 전자쌍 수가 정해져 있으므로 분자에서 각 원자가 갖고 있는 공유 전자쌍 수와 비공유 전자쌍 수를 통해 원자의 종류를 찾아낼 수 있다.

선택지 비율	① 5%	② 2%	❸ 86%	④ 3%	⑤ 4%

3 분자의 구조와 성질

2024년 10월 교육청 14번 | 정답 ③ | 문제편 63p

출제 의도 분자의 구조식과 전자쌍 수를 이용하여 분자의 종류를 판단할 수 있는지 묻는 문항이다.

문제 분석

표는 2주기 원소 X~Z로 구성된 분자 (가)~(다)에 대한 자료이다. 구조식은 단일 결합과 다중 결합의 구분 없이 나타낸 것이고, (가)~(다)에서 모든 원자는 옥텟 규칙을 만족한다.

분자	(가) CO_2	(나) OF_2	(다) C_2F_2
구조식	Y=X=Y (O C O)	Z−Y−Z (F O F)	Z−X≡X−Z (F C C F)
$\frac{\text{비공유 전자쌍 수}}{\text{공유 전자쌍 수}}$	1 $\frac{4}{4}$	4 $\frac{8}{2}$	a $\frac{6}{5}$

이에 대한 옳은 설명만을 〈보기〉에서 있는 대로 고른 것은? (단, X~Z는 임의의 원소 기호이다.)

보기

ㄱ. (가)에는 2중 결합이 있다. (가)는 O=C=O

ㄴ. (나)에서 Y(O)는 부분적인 음전하(δ^-)를 띤다. 양전하(δ^+) 전기 음성도 Z(F)>Y(O)

ㄷ. $a=\frac{6}{5}$이다. (다)는 F−C≡C−F

① ㄱ ② ㄴ ③ ㄱ, ㄷ ④ ㄴ, ㄷ ⑤ ㄱ, ㄴ, ㄷ

✔ 자료 해석

- 옥텟 규칙을 만족하는 2주기 원자는 C, N, O, F이다.
- (가)에 있는 결합이 모두 단일 결합이라면 (가)의 구조식은 F−O−F이고, 모두 2중 결합이라면 (가)의 구조식은 O=C=O이다.
- (가)의 $\frac{\text{비공유 전자쌍 수}}{\text{공유 전자쌍 수}}=1$이므로 (가)는 CO_2이고, X와 Y는 각각 C, O이다.
- (나)의 중심 원자는 O이므로 (나)의 구조식은 F−O−F이며, Z는 F이다.
- X, Z가 각각 C, F이므로 (다)의 구조식은 F−C≡C−F이다.

O 보기 풀이 ㄱ. (가)(CO_2)에는 2중 결합이 있다.

ㄷ. (다)(C_2F_2)의 $\frac{\text{비공유 전자쌍 수}}{\text{공유 전자쌍 수}}=a=\frac{6}{5}$이다.

✕ 매력적 오답 ㄴ. 전기 음성도가 Z(F)>Y(O)이므로 (나)(OF_2)에서 Y(O)는 부분적인 양전하(δ^+)를 띤다.

문제풀이 Tip

$\frac{\text{비공유 전자쌍 수}}{\text{공유 전자쌍 수}}=1$인 분자는 H_2O, CO_2, FCN 등이고, $\frac{\text{비공유 전자쌍 수}}{\text{공유 전자쌍 수}}=2$인 분자는 COF_2, NOF 등이다.

선택지 비율	① 10%	② 14%	③ 5%	❹ 61%	⑤ 10%

4 분자의 구조와 극성

2024년 7월 교육청 5번 | 정답 ④ | 문제편 63p

출제 의도 중심 원자의 비공유 전자쌍 유무와 분자의 극성과의 관계를 알고 있는지 묻는 문항이다.

문제 분석

다음은 학생 A가 수행한 탐구 활동이다.

[가설]
- 중심 원자가 1개인 분자에서 중심 원자에 비공유 전자쌍이 없는 분자는 모두 무극성 분자이다.

[탐구 과정 및 결과]

(가) 중심 원자에 비공유 전자쌍이 없는 분자를 찾아 극성 여부를 조사하였다.

(나) (가)에서 조사한 내용을 표로 정리하였다. 모두 중심 원자에 비공유 전자쌍이 없음

분자	BCl_3	㉠	㉡	…
분자의 극성 여부	무극성	무극성	극성	…

모두 무극성이 아님

[결론]
- 가설에 어긋나는 분자가 있으므로 가설은 옳지 않다.

학생 A의 탐구 과정 및 결과와 결론이 타당할 때, 다음 중 ㉠과 ㉡으로 적절한 것은? ㉠은 무극성, ㉡은 극성인 것

	㉠ 무극성	㉡ 극성		㉠ 무극성	㉡ 극성
①	~~CH_3Cl~~ 극성	~~OF_2~~	②	~~CH_3Cl~~ 극성	CH_2O
③	CCl_4	~~CO_2~~ 무극성	④	CCl_4	CH_2O
⑤	CCl_4	~~OF_2~~			

└ 중심 원자에 비공유 전자쌍 있어 제외함

✔ 자료 해석

- 중심 원자에 비공유 전자쌍이 없어도 분자 모양과 중심 원자에 결합한 원자의 종류에 따라 분자의 극성 여부는 달라진다. CO_2, HCN는 분자 모양이 모두 직선형이지만, CO_2는 무극성 분자이고 HCN는 극성 분자이다. BF_3, CH_2O는 분자 모양이 모두 평면 삼각형이지만, BF_3는 무극성 분자이고, CH_2O는 극성 분자이다. CCl_4, CH_3Cl은 분자 모양이 모두 사면체형이지만, CCl_4는 무극성 분자이고, CH_3Cl는 극성 분자이다.
- 학생 A는 중심 원자가 1개인 분자에서 중심 원자에 비공유 전자쌍이 없는 분자는 모두 무극성 분자라는 가설을 세우고, 중심 원자에 비공유 전자쌍이 없는 분자의 극성 여부를 조사하였다. 그런데 가설에 어긋나는 분자가 있어 가설은 옳지 않다는 결론을 내렸으므로, ㉠과 ㉡은 모두 중심 원자가 1개이면서 중심 원자에 비공유 전자쌍이 없어야 하고 각각 무극성과 극성인 분자여야 한다.

O 보기 풀이 CH_3Cl, CH_2O, CCl_4, CO_2는 모두 중심 원자가 1개이면서 중심 원자에 비공유 전자쌍이 없다. 그중 CCl_4와 CO_2는 무극성 분자이므로 ㉠으로 적절하고, CH_3Cl, CH_2O는 극성 분자이므로 ㉡으로 적절하다. 따라서 ㉠과 ㉡으로 가장 적절한 것은 각각 CCl_4, CH_2O이다.

문제풀이 Tip

㉠과 ㉡은 모두 중심 원자가 1개이고 비공유 전자쌍이 없으므로, 중심 원자에 비공유 전자쌍이 2개 있는 OF_2는 적절하지 않다. 또한 ㉠은 무극성 분자이므로 극성 분자인 CH_3Cl는 적절하지 않고, ㉡은 극성 분자이므로 무극성 분자인 CO_2는 적절하지 않다.

선택지 비율	① 5%	❷ 67%	③ 9%	④ 14%	⑤ 5%

5 분자의 구조와 성질

2024년 7월 교육청 7번 | 정답 ② | 문제편 64p

출제 의도 분자의 구조식을 이용하여 분자의 구성 원소를 판단할 수 있는지 묻는 문항이다.

문제 분석

그림은 수소(H)와 2주기 원소 X~Z로 구성된 분자 (가)~(다)의 구조식을 단일 결합과 다중 결합의 구분 없이 나타낸 것이다. (가)~(다)에서 중심 원자는 옥텟 규칙을 만족한다.

(가) H−X−Y (X: C, Y: N) — (가) HCN

(나) H−Y−H, Y 아래 H (Y: N) — (나) NH_3

(다) H−X−Z, X 위아래 Z (X: C, Z: F) — (다) CHF_3

(가)~(다)에 대한 설명으로 옳은 것만을 〈보기〉에서 있는 대로 고른 것은? (단, X~Z는 임의의 원소 기호이다.) [3점]

보기

ㄱ. (가)의 분자 구조는 ~~굽은형~~(직선형)이다. (가) HCN

ㄴ. 중심 원자에 비공유 전자쌍이 있는 분자는 1가지이다. (나) NH_3

ㄷ. (다)에서 Z는 부분적인 ~~양전하(δ^+)~~(음전하(δ^-))를 띤다. (다) CHF_3

① ㄱ ② ㄴ ③ ㄱ, ㄷ ④ ㄴ, ㄷ ⑤ ㄱ, ㄴ, ㄷ

✔ 자료 해석

- (가)~(다)에서 중심 원자는 옥텟 규칙을 만족하므로 X, Y는 각각 C, N, O 중 하나이다.
- (나)에서 중심 원자인 Y는 공유 전자쌍 수가 3이므로 N이다.
- (가)에서 Y(N)는 3개의 공유 전자쌍을 가지므로 (가)의 구조식은 H−X≡Y이고, X는 공유 전자쌍 수가 4이므로 C이다.
- (다)에서 Z는 공유 전자쌍 수가 1이므로 F이다.
- (가)는 HCN, (나)는 NH_3, (다)는 CHF_3이다.

O 보기 풀이 ㄴ. (가)와 (다)는 중심 원자가 X(C)이므로 비공유 전자쌍이 없으며, (나)는 중심 원자가 Y(N)이므로 비공유 전자쌍이 1개 있다. 따라서 중심 원자에 비공유 전자쌍이 있는 분자는 (나) 1가지이다.

× 매력적 오답 ㄱ. (가)의 구조식은 H−X≡Y(H−C≡N)이며, 중심 원자에 비공유 전자쌍이 없으므로 분자 구조는 직선형이다.

ㄷ. 전기 음성도는 Z(F)가 가장 크므로 (다)에서 Z는 부분적인 음전하(δ^-)를 띤다.

문제풀이 Tip

2주기 원소 중 분자에서 옥텟 규칙을 만족하는 원자는 C, N, O, F이며, 이 중 중심 원자가 될 수 있는 원자는 C, N, O이다.
단일 결합과 다중 결합의 구분 없이 구조식을 나타낸 것이므로 (가)에서 X의 공유 전자쌍 수를 2로 생각하여 X를 O로 판단하지 않도록 유의한다.

선택지 비율	① 9%	② 10%	③ 5%	④ 26%	⑤ 50%

6 루이스 전자점식

2024년 7월 교육청 12번 | 정답 ⑤ | 문제편 64p

(출제 의도) 원자의 주기와 루이스 전자점식을 이용하여 원자를 찾고, 분자를 구성하는 원자의 자료를 통해 분자를 판단할 수 있는지 묻는 문항이다.

(문제 분석)

그림은 2주기 원자 X~Z의 루이스 전자점식(원자가 전자를 점으로 표시)을 나타낸 것이다.

X: 원자가 전자 수 4, 2주기 14족 ➡ C　Y: 원자가 전자 수 6, 2주기 16족 ➡ O　Z: 원자가 전자 수 7, 2주기 17족 ➡ F

표는 X~Z로 구성된 분자 (가)~(다)에 대한 자료이다. (가)~(다)에서 모든 원자는 옥텟 규칙을 만족한다.

분자	(가) OF_2	(나) O_2F_2	(다) COF_2
구성 원소의 가짓수	2	2	3
분자당 원자 수	3	4	4
비공유 전자쌍 수(상댓값)	8 4	10 5	8 a ➡ 4

이에 대한 설명으로 옳은 것만을 〈보기〉에서 있는 대로 고른 것은? (단, X~Z는 임의의 원소 기호이다.) [3점]

보기

ㄱ. $a=4$이다. (다)(COF_2)의 비공유 전자쌍 수 8 ➡ 상댓값 4

ㄴ. (가)~(다)에서 다중 결합이 있는 분자는 1가지이다. (다)COF_2

ㄷ. (나)에는 무극성 공유 결합(같은 원자 사이의 공유 결합)이 있다. (나)는 F−O−O−F

① ㄱ　② ㄷ　③ ㄱ, ㄴ　④ ㄴ, ㄷ　⑤ ㄱ, ㄴ, ㄷ

✓ 자료 해석

- X~Z는 각각 C, O, F이다.
- (가)는 C, O, F 중 2가지 원소로 이루어진 삼원자 분자이므로 CO_2, OF_2 중 하나이다.
- (나)는 C, O, F 중 2가지 원소로 이루어진 사원자 분자이므로 C_2F_2, O_2F_2 중 하나이다.
- CO_2, OF_2, C_2F_2, O_2F_2의 비공유 전자쌍 수는 각각 4, 8, 6, 10인데, 비공유 전자쌍 수 비가 (가) : (나)=4 : 5이므로 (가), (나)는 각각 OF_2, O_2F_2이다.
- (다)는 C, O, F로 이루어진 사원자 분자이므로 COF_2이다.

O 보기 풀이 ㄱ. (다)(COF_2)의 비공유 전자쌍 수는 8이므로 $a=4$이다.
ㄴ. (가)~(다) 중 다중 결합이 있는 분자는 (다)(COF_2) 1가지이다.
ㄷ. (나)(O_2F_2)는 O 원자와 O 원자 사이에 무극성 공유 결합이 있다.

문제풀이 Tip

루이스 전자점식으로부터 원자가 전자 수를 알 수 있고 X~Z는 2주기이므로 X~Z를 판단할 수 있다. C, N, O, F으로 구성된 분자에서 구성 원소의 가짓수가 2, 3이고 분자당 원자 수가 3~5인 분자의 구조와 성질에 대해 알아둔다.

선택지 비율	① 4%	② 9%	③ 8%	④ 17%	⑤ 62%

7 분자의 구조와 성질

2024년 5월 교육청 5번 | 정답 ⑤ | 문제편 64p

(출제 의도) 분자의 구조식과 부분적인 전하를 이용하여 구성 원소를 판단할 수 있는지 묻는 문항이다.

(문제 분석)

다음은 2, 3주기 원소 X~Z로 이루어진 분자 (가)와 (나)에 대한 자료이다.

- 구조식

$\overset{\delta^+}{X}-\overset{\delta^-}{Y}$ (Cl, F)　(가) ClF

$\overset{\delta^+}{X}-\overset{\delta^-}{Z}-\overset{\delta^+}{X}$ (Cl, O, Cl)　(나) Cl_2O

- (가)와 (나)에서 모든 원자는 옥텟 규칙을 만족한다.
- (가)와 (나)에서 X는 모두 부분적인 양전하($\delta+$)를 띤다. (전기 음성도 Y>X, Z>X)

이에 대한 설명으로 옳은 것만을 〈보기〉에서 있는 대로 고른 것은? (단, X~Z는 임의의 원소 기호이다.)

보기

ㄱ. X는 Cl이다.

ㄴ. 전기 음성도는 Y>Z이다. (모든 원소 중 F이 가장 큼) Y(F)>Z(O)

ㄷ. Z_2Y_2(O_2F_2)에는 무극성 공유 결합(같은 원자 사이의 공유 결합)이 있다. F−O−O−F

① ㄱ　② ㄷ　③ ㄱ, ㄴ　④ ㄴ, ㄷ　⑤ ㄱ, ㄴ, ㄷ

✓ 자료 해석

- (가)에서 X, Y의 원자당 공유 전자쌍 수가 각각 1이므로 X, Y는 각각 17족 원소인 F, Cl 중 하나이다.
- (가)에서 X는 부분적인 양전하(δ^+)를 띠는데, 전기 음성도는 F>Cl이므로 X는 Cl이고, Y는 F이다.
- (나)에서 Z의 공유 전자쌍 수가 2이므로 Z는 16족 원소인데, (나)에서 X(Cl)가 부분적인 양전하(δ^+)를 띠므로 전기 음성도는 Z>X이다. 같은 주기에서 원자 번호가 커질수록 전기 음성도는 대체로 증가하는 경향이 있으므로 Z는 S일 수 없어 O이다.

O 보기 풀이 ㄱ. X는 Cl이다.
ㄴ. 전기 음성도는 Y(F)>Z(O)이다.
ㄷ. Z_2Y_2(O_2F_2)의 구조식은 F−O−O−F이며, Z_2Y_2는 O 원자와 O 원자 사이에 무극성 공유 결합이 있다.

문제풀이 Tip

2, 3주기 원소로 이루어진 분자에서 옥텟 규칙을 만족하는 원소의 공유 전자쌍 수는 14족이 4, 15족이 3, 16족이 2, 17족이 1이다. 따라서 공유 전자쌍 수가 1인 X, Y는 17족 원소이고, 2인 Z는 16족 원소이다.

선택지 비율	❶ 69%	② 6%	③ 15%	④ 7%	⑤ 3%

8 분자의 구조와 성질

2024년 5월 교육청 14번 | 정답 ① | 문제편 64p

(출제 의도) 분자의 구성 원자 수와 공유 전자쌍 수를 이용하여 분자의 종류를 판단할 수 있는지 묻는 문항이다.

(문제 분석)

표는 염소(Cl)가 포함된 3가지 분자 (가)~(다)에 대한 자료이다. (가)~(다)에서 중심 원자는 각각 1개이며, 분자에서 모든 원자는 옥텟 규칙을 만족한다. X~Z는 C, O, F을 순서 없이 나타낸 것이다.

분자	(가) FClO	(나) $COCl_2$	(다) $CFCl_3$
구성 원소	X, Y, Cl (O F)	X, Z, Cl (O C)	Y, Z, Cl (F C)
중심 원자에 결합한 Cl의 수	1	2	3
공유 전자쌍 수	2	4	4

이에 대한 설명으로 옳은 것만을 〈보기〉에서 있는 대로 고른 것은? [3점]

보기

ㄱ. (가)의 분자 모양은 ~~직선형~~(굽은 형)이다. F−O−Cl로 중심 원자 O에 비공유 전자쌍 2개

ㄴ. X는 O이다.

ㄷ. 비공유 전자쌍 수는 (나)와 (다)가 ~~같다~~. (나) 8, (다) 12

① ㄴ ② ㄷ ③ ㄱ, ㄴ ④ ㄱ, ㄷ ⑤ ㄱ, ㄴ, ㄷ

✔ 자료 해석

- (가)의 공유 전자쌍 수는 2이므로 중심 원자는 O이며, 중심 원자에 결합된 Cl 원자 수가 1이므로 (가)는 FClO이다. 따라서 X, Y는 각각 O, F 중 하나이며, Z는 C이다.
- (다)의 공유 전자쌍 수는 4이므로 중심 원자는 Z(C)이고, 중심 원자에 결합된 Cl 원자 수가 3이므로 (다)는 $CFCl_3$이며, Y는 F이다.
- X는 O이고, (나)는 $COCl_2$이다.

○ 보기풀이 ㄴ. X는 O이다.

× 매력적 오답 ㄱ. (가)의 구조식은 F−O−Cl로 중심 원자에 비공유 전자쌍이 있으므로 분자 모양은 굽은 형이다.

ㄷ. (나), (다)의 비공유 전자쌍 수는 각각 8, 12로 서로 다르다.

문제풀이 Tip

분자에서 옥텟 규칙을 만족하는 원자의 원자당 공유 전자쌍 수는 C(14족)가 4, O(16족)가 2, F(17족)이 1, Cl(17족)가 1이다.

선택지 비율	① 8%	② 12%	❸ 51%	④ 11%	⑤ 18%

9 분자의 구조

2024년 3월 교육청 4번 | 정답 ③ | 문제편 65p

(출제 의도) 분자의 구조식을 통해 구성 원소를 판단할 수 있는지 묻는 문항이다.

(문제 분석)

다음은 수소(H)와 2주기 원소 X, Y로 구성된 분자 (가)와 (나)의 구조식을 나타낸 것이다. (가)와 (나)에서 X와 Y는 옥텟 규칙을 만족한다.

H−X−X−H (X: O)

(가) H_2O_2

H−Y(H)(H)−Y(H)(H)−X−H (Y: C, X: O)

(나) C_2H_5OH

이에 대한 옳은 설명만을 〈보기〉에서 있는 대로 고른 것은? (단, X와 Y는 임의의 원소 기호이다.)

보기

ㄱ. (가)(H_2O_2)와 (나)(C_2H_5OH)에는 모두 무극성 공유 결합(같은 원자 사이의 공유 결합)이 있다.

ㄴ. 비공유 전자쌍 수는 (가)가 (나)의 2배이다. (가) 4, (나) 2

ㄷ. (가)의 분자 모양은 ~~직선형~~이다. (가)는 H_2O_2 → 중심 원자에 비공유 전자쌍이 있음

① ㄱ ② ㄷ ③ ㄱ, ㄴ ④ ㄴ, ㄷ ⑤ ㄱ, ㄴ, ㄷ

✔ 자료 해석

- 2주기 원소 중 분자에서 옥텟 규칙을 만족하는 C, N, O, F의 원자당 전자쌍 수

원자	C	N	O	F
공유 전자쌍 수	4	3	2	1
비공유 전자쌍 수	0	1	2	3

- (가)에서 X의 원자당 공유 전자쌍 수가 2이므로 X는 O이고, (가)는 H_2O_2이다.
- (나)에서 Y의 원자당 공유 전자쌍 수가 4이므로 Y는 C이고, (나)는 C_2H_5OH이다.

○ 보기풀이 ㄱ. (가)에서는 X(O)와 X(O) 사이에 무극성 공유 결합이 있고, (나)에서는 Y(C)와 Y(C) 사이에 무극성 공유 결합이 있다.

ㄴ. (가)와 (나)에서 O의 원자당 비공유 전자쌍 수는 2이므로 (가), (나)의 비공유 전자쌍 수는 각각 4, 2로 (가)가 (나)의 2배이다.

× 매력적 오답 ㄷ. (가)에서 X(O)에 비공유 전자쌍이 있으므로 (가)의 분자 모양은 직선형이 아니다.

문제풀이 Tip

분자에서 옥텟 규칙을 만족하는 2주기 원자는 원자당 공유 전자쌍 수가 정해져 있으므로 구조식에서 각 원자의 공유 전자쌍 수를 보면 원자의 종류를 알 수 있다. (가)에서 공유 전자쌍 수가 2인 X는 16족 원소인 O이고, (나)에서 공유 전자쌍 수가 4인 Y는 14족 원소인 C이다.

선택지 비율	① 10%	❷ 56%	③ 14%	④ 15%	⑤ 5%

10 분자의 구조

2024년 3월 교육청 10번 | 정답 ② | 문제편 65p

출제 의도 분자의 구성 원자 수를 이용하여 분자의 종류를 판단하고, 각 분자의 전자쌍 수를 비교할 수 있는지 묻는 문항이다.

문제 분석

표는 원소 X~Z로 구성된 분자 (가)~(라)에 대한 자료이고, 그림은 주사위의 전개도를 나타낸 것이다. X~Z는 각각 C, O, F 중 하나이고, (가)~(라)에서 모든 원자는 옥텟 규칙을 만족한다.

분자	구성 원소	구성 원자 수	중심 원자
OF_2 (가)	X, Y O, F	3	X O
CO_2 (나)	X, Z O, C	3	Z C
COF_2 (다)	X, Y, Z O, F, C	4	Z C
CF_4 (라)	Y, Z F, C	5	Z C

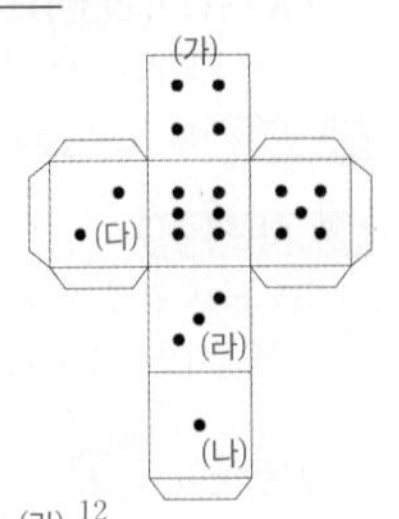

(가) $\frac{8}{2}$, (나) $\frac{4}{4}$, (다) $\frac{8}{4}$, (라) $\frac{12}{4}$

(가)~(라)를 $\frac{\text{비공유 전자쌍 수}}{\text{공유 전자쌍 수}}$와 같은 수의 눈이 그려진 주사위의 면에 대응시킬 때, 서로 마주 보는 면에 대응되는 두 분자로 옳은 것은? [3점]

① (가)와 (나) ② (가)와 (라) ③ (나)와 (다)
④ (나)와 (라) ⑤ (다)와 (라)

✓ 자료 해석

- 2주기 원소 중 분자에서 옥텟 규칙을 만족하는 C, O, F의 원자당 전자쌍 수

원자	C	O	F
공유 전자쌍 수	4	2	1
비공유 전자쌍 수	0	2	3

- (다)는 C, O, F으로 이루어진 사원자 분자이므로 COF_2이며, 중심 원자가 C이므로 Z는 C이다.
- (나)는 중심 원자가 Z(C)이고 삼원자 분자이므로 CO_2이며, X는 O이다. 따라서 (가)는 OF_2이며 Y는 F이다.
- (라)는 Y(F)와 Z(C)로 이루어진 오원자 분자이므로 CF_4이다.

○ 보기 풀이 (가)~(라)의 $\frac{\text{비공유 전자쌍 수}}{\text{공유 전자쌍 수}}$는 각각 $\frac{8}{2}$, $\frac{4}{4}$, $\frac{8}{4}$, $\frac{12}{4}$이므로 같은 수의 눈이 그려진 주사위의 면에 대응시킬 때, 서로 마주 보는 면에 대응되는 분자는 (가)와 (라)이다.

문제풀이 Tip

주사위에서 마주 보는 면에 그려진 눈의 수의 합이 7이므로 $\frac{\text{비공유 전자쌍 수}}{\text{공유 전자쌍 수}}$의 합이 7인 (가)와 (라)가 서로 마주 보는 면에 대응되는 분자이다.
C, N, O, F으로 이루어진 분자 중 중심 원자가 1개이면서 구성 원자 수가 5 이하인 분자의 종류를 모두 알아두고, 각 분자의 공유 전자쌍 수와 비공유 전자쌍 수를 학습해 두는 것이 좋다.(CO_2, CF_4, OF_2, FCN, NOF, COF_2 등)

선택지 비율	❶ 53%	② 16%	③ 16%	④ 6%	⑤ 9%

11 분자의 구조

2024년 3월 교육청 16번 | 정답 ① | 문제편 65p

출제 의도 분자의 다중 결합 유무와 평면 구조의 여부를 판단할 수 있는지 묻는 문항이다.

문제 분석

그림은 4가지 분자를 몇 가지 기준에 따라 분류한 것이다.

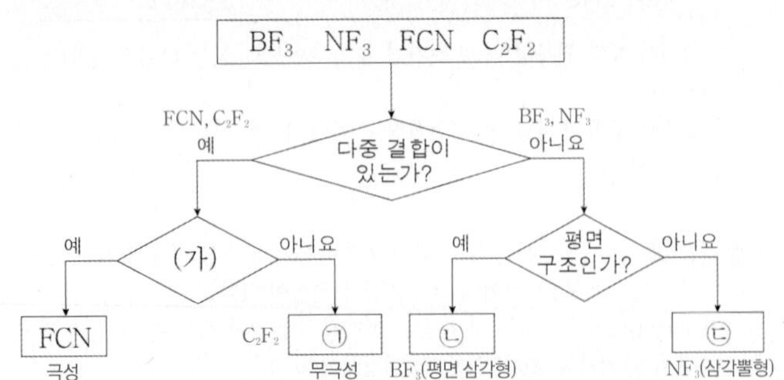

이에 대한 옳은 설명만을 〈보기〉에서 있는 대로 고른 것은?

보기

ㄱ. '극성 분자인가?'는 (가)로 적절하다. FCN은 극성, C_2F_2는 무극성
ㄴ. ㉠에는 2중 결합이 ~~있다~~ 없음. F−C≡C−F(3중 결합)
ㄷ. 결합각은 ㉢이 ㉡보다 ~~크다~~ 작음. ㉢(NF_3)<㉡(BF_3)

① ㄱ ② ㄴ ③ ㄱ, ㄷ ④ ㄴ, ㄷ ⑤ ㄱ, ㄴ, ㄷ

✓ 자료 해석

- 결합각의 크기는 일반적으로 직선형 > 평면 삼각형 > 삼각뿔형이다.
- BF_3, NF_3, FCN, C_2F_2 분자의 구조와 성질

분자	BF_3	NF_3	FCN	C_2F_2
다중 결합이 있는가?	×	×	○ (3중)	○ (3중)
극성 분자인가?	×	○	○	×
평면 구조인가?	○	×	○	○

- ㉠은 다중 결합이 있으므로 C_2F_2이고, ㉡은 평면 구조이므로 BF_3이며, ㉢은 평면 구조가 아니므로 NF_3이다.

○ 보기 풀이 ㄱ. FCN은 극성 분자이고, ㉠(C_2F_2)은 무극성 분자이므로 '극성 분자인가?'는 (가)로 적절하다.

× 매력적 오답 ㄴ. ㉠(C_2F_2)의 구조식은 F−C≡C−F이므로 2중 결합은 없다.
ㄷ. ㉡(BF_3)의 분자 모양은 평면 삼각형(결합각 120°)이고, ㉢(NF_3)의 분자 모양은 삼각뿔형(결합각 109.5°보다 작음)이므로 결합각은 ㉡>㉢이다.

문제풀이 Tip

일반적으로 결합각의 크기는 직선형 > 평면 삼각형 > 사면체형 > 삼각뿔형 > 굽은 형이다.

선택지 비율	① 8%	② 1%	❸ 78%	④ 8%	⑤ 5%

12 루이스 전자점식

2023년 10월 교육청 4번 | 정답 ③ | 문제편 65 p

출제 의도 루이스 전자점식으로부터 분자의 구성 원소를 판단할 수 있는지 묻는 문항이다.

문제 분석

그림은 1, 2주기 원소로 구성된 분자 W_2X와 XYZ를 루이스 전자점식으로 나타낸 것이다.

원자가 전자 수 1 ➡ H / 원자가 전자 수 6 ➡ O / 원자가 전자 수 5 ➡ N / 원자가 전자 수 7 ➡ F

W:X:W (H O H)　　X::Y:Z: (O N F)

이에 대한 옳은 설명만을 〈보기〉에서 있는 대로 고른 것은? (단, W~Z는 임의의 원소 기호이다.)

보기

ㄱ. W와 Z의 원자가 전자 수의 합은 8이다. W(H) 1, Z(F) 7

ㄴ. 공유 전자쌍 수는 $X_2 > Y_2$이다. (<) $X_2(O_2)$ 2, $Y_2(N_2)$ 3

ㄷ. YW_3(NH_3)의 분자 모양은 삼각뿔형이다.

① ㄱ　② ㄴ　③ ㄱ, ㄷ　④ ㄴ, ㄷ　⑤ ㄱ, ㄴ, ㄷ

✔ 자료 해석

- W_2X에서 W는 1개의 공유 전자쌍을 갖고 있으므로 H이고, X는 2개의 공유 전자쌍과 2개의 비공유 전자쌍을 갖고 있으므로 O이다.
- XYZ에서 Y는 3개의 공유 전자쌍과 1개의 비공유 전자쌍을 갖고 있으므로 N이고, Z는 1개의 공유 전자쌍과 3개의 비공유 전자쌍을 갖고 있으므로 F이다.

○ 보기풀이 ㄱ. W(H)와 Z(F)의 원자가 전자 수는 각각 1, 7이므로 두 원소의 원자가 전자 수의 합은 8이다.
ㄷ. $YW_3(NH_3)$의 분자 모양은 삼각뿔형이다.

× 매력적오답 ㄴ. $X_2(O_2)$, $Y_2(N_2)$의 공유 전자쌍 수는 각각 2, 3이므로 $X_2 < Y_2$이다.

문제풀이 Tip

루이스 전자점식에서 원소의 원자가 전자 수를 구할 때 공유 전자쌍은 $\frac{1}{2}$로 나누어 계산한다.

선택지 비율	① 8%	❷ 78%	③ 8%	④ 3%	⑤ 4%

13 분자의 구조와 극성

2023년 10월 교육청 11번 | 정답 ② | 문제편 66 p

출제 의도 분자식과 2중 결합의 유무를 이용하여 구성 원소를 판단할 수 있는지 묻는 문항이다.

문제 분석

표는 2주기 원소 W~Z로 구성된 분자 (가)~(다)에 대한 자료이다. (가)~(다)에서 모든 원자는 옥텟 규칙을 만족한다. (C, N, O, F)

분자	(가) NF_3	(나) CO_2	(다) OF_2
분자식	WX_3	YZ_2	ZX_2
2중 결합	없음	있음	없음

(가)~(다)에 대한 옳은 설명만을 〈보기〉에서 있는 대로 고른 것은? (단, W~Z는 임의의 원소 기호이다.)

보기

ㄱ. (가)(NF_3)에서 W(N)는 부분적인 음전하(δ^-)를 띤다. (양전하(δ^+)) 전기 음성도는 N<F

ㄴ. 결합각은 (나)>(다)이다. (나)는 직선형, (다)는 굽은 형

ㄷ. 분자의 쌍극자 모멘트가 0인 것은 2가지이다. (나) (무극성 분자, 1)

① ㄱ　② ㄴ　③ ㄱ, ㄷ　④ ㄴ, ㄷ　⑤ ㄱ, ㄴ, ㄷ

✔ 자료 해석

- 2주기 원소 W~Z로 이루어진 분자 (가)~(다)에서 모든 원자는 옥텟 규칙을 만족하므로 W~Z는 각각 C, N, O, F 중 하나이다.
- (가)는 분자식이 WX_3이고 2중 결합이 없으므로 NF_3이다. 따라서 W, X는 각각 N, F이다.
- (나)는 분자식이 YZ_2이고 2중 결합이 있으므로 CO_2이다. 따라서 Y, Z는 각각 C, O이다.
- (다)는 분자식이 ZX_2이고 2중 결합이 없는 OF_2이다.

○ 보기풀이 ㄴ. (나)(CO_2)는 분자 모양이 직선형이고, (다)(OF_2)는 분자 모양이 굽은 형이므로 결합각은 (나)>(다)이다.

× 매력적오답 ㄱ. (가)는 NF_3이고, 전기 음성도는 N<F이므로 중심 원자인 W(N)는 부분적인 양전하(δ^+)를 띤다.
ㄷ. (가)~(다)는 각각 극성 분자, 무극성 분자, 극성 분자이므로 분자의 쌍극자 모멘트가 0인 무극성 분자는 (나) 1가지이다.

문제풀이 Tip

2주기 원소 중 분자에서 옥텟 규칙을 만족하는 것은 C, N, O, F이다. 분자식과 2중 결합 유무를 이용해 분자를 이루는 원자의 종류를 알아내야 한다.

선택지 비율	❶ 42%	② 5%	③ 41%	④ 3%	⑤ 10%

14 분자의 구조와 극성

2023년 10월 교육청 15번 | 정답 ① | 문제편 66p

출제 의도 분자식과 전자쌍 수를 이용하여 분자의 종류를 판단할 수 있는지 묻는 문항이다.

문제 분석

표는 2주기 원소 W~Z로 구성된 분자 (가)~(다)에 대한 자료이다. (가)~(다)에서 모든 원자는 옥텟 규칙을 만족하고, 원자 번호는 Y>X이다. C, N, O, F / Y는 C가 아님

분자	(가) C_2F_2	(나) N_2F_2	(다) COF_2
분자식	W_2Z_2	X_2Z_2	WYZ_2
공유 전자쌍 수 × 비공유 전자쌍 수	30	32	32
	5×6	4×8	4×8

(가)~(다)에 대한 옳은 설명만을 <보기>에서 있는 대로 고른 것은? (단, W~Z는 임의의 원소 기호이다.) [3점]

보기
ㄱ. 무극성 공유 결합이 있는 것은 2가지이다. (가), (나) — 같은 원자 사이의 공유 결합
ㄴ. (나)에는 3중 결합이 있다. 없음 F−N=N−F
ㄷ. $\frac{\text{비공유 전자쌍 수}}{\text{공유 전자쌍 수}}$는 (가)>(다)이다. (가) $\frac{6}{5}$, (다) $\frac{8}{4}$ <

① ㄱ ② ㄴ ③ ㄱ, ㄷ ④ ㄴ, ㄷ ⑤ ㄱ, ㄴ, ㄷ

✓ 자료 해석

- 2주기 원소 W~Z로 이루어진 분자 (가)~(다)에서 모든 원자는 옥텟 규칙을 만족하므로 W~Z는 각각 C, N, O, F 중 하나이다.
- (가)와 (나)의 분자식이 W_2Z_2, X_2Z_2이므로 (가), (나)는 각각 C_2F_2, N_2F_2, O_2F_2 중 하나인데, (가)와 (나)에 Z가 공통으로 들어 있으므로 Z는 F이다.
- C_2F_2, N_2F_2, O_2F_2의 공유 전자쌍 수는 각각 5, 4, 3이고, 비공유 전자쌍 수는 각각 6, 8, 10이므로 (공유 전자쌍 수×비공유 전자쌍 수)는 각각 30, 32, 30이다. 따라서 (가)는 C_2F_2, O_2F_2 중 하나이고, (나)는 N_2F_2이므로 X는 N이다.
- W와 Y는 각각 C와 O 중 하나이고 원자 번호는 Y>X(N)이므로 W는 C, Y는 O이다.
- W~Z는 각각 C, N, O, F이므로 (가)~(다)는 각각 C_2F_2, N_2F_2, COF_2이다.

O 보기 풀이 ㄱ. (가)에는 C≡C 결합이 있고, (나)에는 N=N 결합이 있으므로 (가), (나)에는 무극성 공유 결합이 있다. 따라서 무극성 공유 결합이 있는 분자는 (가), (나) 2가지이다.

X 매력적 오답 ㄴ. (나)(N_2F_2)의 구조식은 F−N=N−F이므로 3중 결합은 존재하지 않는다.
ㄷ. $\frac{\text{비공유 전자쌍 수}}{\text{공유 전자쌍 수}}$는 (가)($C_2F_2$)가 $\frac{6}{5}$, (다)(COF_2)가 $\frac{8}{4}$이므로 (가)<(다)이다.

문제풀이 Tip

원자 번호는 C가 가장 작고 Y>X이므로 Y는 C가 아니다. 모든 원자가 옥텟 규칙을 만족하는 분자에서 분자당 비공유 전자쌍 수는 C가 0, N가 1, O가 2, F이 3이다. (가)~(다)의 분자식에 Z_2가 공통으로 있는데, 원자 2개의 비공유 전자쌍 수의 합은 C가 0, N가 2, O가 4, F이 6이고, (가)의 (공유 전자쌍 수×비공유 전자쌍 수)=30이므로 Z는 F이 적절하다.

선택지 비율	① 5%	② 4%	❸ 81%	④ 4%	⑤ 6%

15 루이스 전자점식

2023년 7월 교육청 2번 | 정답 ③ | 문제편 66p

출제 의도 루이스 전자점식으로부터 구성 원소의 종류를 판단할 수 있는지 묻는 문항이다.

문제 분석

그림은 2주기 원소 X~Z로 구성된 분자 (가)와 (나)의 루이스 전자점식을 나타낸 것이다. 원자가 전자 표시

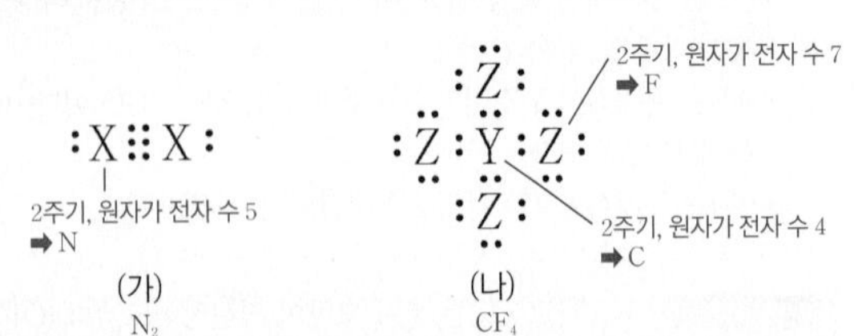

이에 대한 설명으로 옳은 것만을 <보기>에서 있는 대로 고른 것은? (단, X~Z는 임의의 원소 기호이다.)

보기
ㄱ. X는 15족 원소이다. X(N)의 원자가 전자 수 5
ㄴ. (나)의 분자 모양은 정사면체형이다. CF_4는 정사면체형
ㄷ. Z_2에는 다중 결합이 있다. F−F

① ㄱ ② ㄷ ③ ㄱ, ㄴ ④ ㄴ, ㄷ ⑤ ㄱ, ㄴ, ㄷ

✓ 자료 해석

- X~Z는 2주기 원소이고 원자가 전자 수가 각각 5, 4, 7이다.
  ➡ X~Z는 각각 N, C, F이고, (가)는 N_2, (나)는 CF_4이다.

O 보기 풀이 ㄱ. X(N)는 원자가 전자 수가 5이므로 15족 원소이다.
ㄴ. (나)(CF_4)의 분자 모양은 정사면체형이다.

X 매력적 오답 ㄷ. Z_2(F_2)에는 단일 결합만 존재한다.

문제풀이 Tip

루이스 전자점식은 원자가 전자를 점으로 표시한 것이므로 원소의 주기를 알면 구성 원소를 알 수 있다.

선택지 비율	① 14%	❷ 72%	③ 6%	④ 4%	⑤ 3%

16 분자의 구조

2023년 7월 교육청 6번 | 정답 ② | 문제편 67p

(출제 의도) 전자쌍 반발 이론에서 중심 원자의 비공유 전자쌍 수와 결합각의 관계를 분석할 수 있는지 묻는 문항이다.

(문제 분석)

다음은 학생 A가 전자쌍 반발 이론을 학습한 후 수행한 탐구 활동이다.

[가설]

- 단일 결합으로만 이루어진 분자에서 중심 원자의 전자쌍 수가 같을 때 중심 원자의 비공유 전자쌍 수가 많을수록 결합각의 크기는 작아진다.

[탐구 과정]

(가) 중심 원자의 전자쌍 수가 같은 분자 X~Z에서 중심 원자의 비공유 전자쌍 수를 조사한다.

(나) X~Z의 결합각을 조사하여 비교한다.

[탐구 결과]

분자	X	Y	Z
중심 원자의 비공유 전자쌍 수	0	1	2

- 결합각의 크기 : X>Y>Z

학생 A의 가설이 옳다는 결론을 얻었을 때, 다음 중 X~Z로 가장 적절한 것은? — 중심 원자의 전자쌍 수가 3, 제시된 나머지 분자는 4

	X	Y	Z
①	BF_3	NF_3	H_2O
②	CH_4	NH_3	H_2O
③	CF_4	BF_3	OF_2
④	NF_3	H_2O	CF_4
⑤	OF_2	CH_4	NH_3

중심 원자의 비공유 전자쌍 수 1

중심 원자의 비공유 전자쌍 수 2

중심 원자의 비공유 전자쌍 수 1

✓ 자료 해석

- 결합각의 크기는 직선형>평면 삼각형>정사면체형>삼각뿔형>굽은 형이다.
- 중심 원자의 전자쌍 수가 같은 분자에서 중심 원자의 비공유 전자쌍 수와 결합각을 조사한 결과, 중심 원자의 비공유 전자쌍 수는 X<Y<Z이고 결합각의 크기는 X>Y>Z이므로 가설이 옳다는 결론을 얻었다.
- 제시된 분자에서 중심 원자의 전자쌍 수와 비공유 전자쌍 수, 결합각은 다음과 같다.

분자	중심 원자의 전자쌍 수	중심 원자의 비공유 전자쌍 수	분자 모양
BF_3	3	0	평면 삼각형
NF_3	4	1	삼각뿔형
H_2O	4	2	굽은 형
CH_4	4	0	정사면체형
NH_3	4	1	삼각뿔형
CF_4	4	0	정사면체형
OF_2	4	2	굽은 형

○ 보기풀이 X~Z는 중심 원자의 전자쌍 수가 같고 비공유 전자쌍 수가 각각 0, 1, 2이며, 결합각의 크기는 X>Y>Z이므로 X~Z는 각각 CH_4, NH_3, H_2O이 적절하다.

문제풀이 Tip

제시된 분자 중 BF_3는 중심 원자의 전자쌍 수가 3이고 나머지 분자들은 중심 원자의 전자쌍 수가 4로 같으므로 BF_3는 X~Z로 적절하지 않다.

선택지 비율	❶ 71%	② 8%	③ 9%	④ 2%	⑤ 9%

17 분자의 구조와 극성

2023년 7월 교육청 10번 | 정답 ① | 문제편 67p

출제 의도 분자를 구성하는 원자의 원자가 전자 수 합을 이용하여 구성 원소를 판단할 수 있는지 묻는 문항이다.

문제 분석

표는 2주기 원소 W~Z로 이루어진 분자 (가)~(다)에 대한 자료이다. (가)~(다)의 분자당 구성 원자 수는 3이고, 원자 번호는 W<X이다. (가)~(다)에서 모든 원자는 옥텟 규칙을 만족한다. C, N, O, F

분자	(가) FCN	(나) CO_2	(다) OF_2
구성 원소	W, X, Z (C N F)	W, Y (C O)	Y, Z (O F)
분자를 구성하는 원자의 원자가 전자 수 합	16 (4+5+7)	16 (4+6×2)	20 (6+7×2)

이에 대한 설명으로 옳은 것만을 〈보기〉에서 있는 대로 고른 것은? (단, W~Z는 임의의 원소 기호이다.) [3점]

보기

ㄱ. (가)에는 극성 공유 결합이 있다. F−C≡N

ㄴ. (나)는 극성 분자이다. O=C=O 무극성

ㄷ. (다)에서 Y는 부분적인 ~~음전하(δ^-)~~ 양전하(δ^+)를 띤다. 전기 음성도 Y(O)<Z(F)

① ㄱ ② ㄴ ③ ㄱ, ㄷ ④ ㄴ, ㄷ ⑤ ㄱ, ㄴ, ㄷ

✓ 자료 해석

- 2주기 원소 중 분자 내에서 옥텟 규칙을 만족하는 것은 C, N, O, F이고, 각각의 원자가 전자 수는 4, 5, 6, 7이다.
- (가)는 구성 원소가 모두 다르고 분자당 구성 원자 수가 3이므로 FCN, NOF가 가능한데, 구성 원자의 원자가 전자 수 합이 16이므로 FCN이다. 따라서 W, X, Z는 각각 F, C, N 중 하나인데, 원자 번호가 W<X이므로 W는 F이 아니고, Y는 O이다.
- (나)는 구성 원소가 W, Y(O)이고 분자당 구성 원자 수가 3이며, 구성 원자의 원자가 전자 수 합이 16이므로 CO_2이다. W는 C이므로 X, Z는 각각 N, F 중 하나이다.
- (다)는 구성 원소가 Y(O), Z이고 분자당 구성 원자 수가 3이며, 구성 원자의 원자가 전자 수 합이 20이므로 OF_2이다. 따라서 Z는 F, X는 N이다.

○ 보기풀이 ㄱ. (가)(FCN)에는 극성 공유 결합(F−C, C≡N)만 있다.

× 매력적 오답 ㄴ. (나)(CO_2)는 분자의 쌍극자 모멘트가 0인 무극성 분자이다.
ㄷ. 전기 음성도는 Z(F)>Y(O)이므로 (다)(OF_2)에서 Y(O)는 부분적인 양전하(δ^+)를 띤다.

문제풀이 Tip

분자 내에서 옥텟 규칙을 만족하는 2주기 원소인 C, N, O, F의 원자가 전자 수를 떠올린 후, 분자당 구성 원자 수와 분자를 구성하는 원자의 원자가 전자 수 합을 이용하여 분자식을 파악할 수 있어야 한다.

선택지 비율	① 4%	② 9%	③ 7%	❹ 78%	⑤ 2%

18 분자의 구조와 극성

2023년 4월 교육청 4번 | 정답 ④ | 문제편 67p

출제 의도 분자의 구조식을 통해 화학 결합과 극성을 판단할 수 있는지 묻는 문항이다.

문제 분석

그림은 이산화 탄소(CO_2)의 구조식이다.

2중 결합
O=C=O
극성 공유 결합

CO_2 분자에 대한 설명으로 옳은 것만을 〈보기〉에서 있는 대로 고른 것은?

보기

ㄱ. 단일 결합이 ~~있다~~. 없음 2중 결합 2개

ㄴ. 극성 공유 결합이 있다. 다른 원자 사이의 공유 결합

ㄷ. 분자의 쌍극자 모멘트는 0이다. 분자의 쌍극자 모멘트 합이 0 무극성 분자

① ㄱ ② ㄴ ③ ㄱ, ㄷ ④ ㄴ, ㄷ ⑤ ㄱ, ㄴ, ㄷ

✓ 자료 해석

- 구조식으로부터 CO_2에는 2중 결합이 있고, 극성 공유 결합이 있으며, 분자의 쌍극자 모멘트가 0인 무극성 분자라는 것을 알 수 있다.

○ 보기풀이 ㄴ. CO_2 분자는 극성 공유 결합으로만 이루어져 있다.
ㄷ. CO_2 분자는 분자의 쌍극자 모멘트가 0인 무극성 분자이다.

× 매력적 오답 ㄱ. CO_2 분자에는 단일 결합은 없고 2중 결합이 2개 있다.

문제풀이 Tip

구조식으로부터 원자 간 공유 결합의 종류, 분자의 극성(쌍극자 모멘트), 분자 모양 등을 알 수 있다.

선택지 비율	① 17%	② 4%	❸ 69%	④ 7%	⑤ 4%

19 분자의 구조와 극성

2023년 4월 교육청 6번 | 정답 ③ | 문제편 67 p

(출제 의도) 분자의 구조와 성질을 판단할 수 있는지 묻는 문항이다.

(문제 분석)

그림은 분자 구조와 성질에 관한 수업 장면이다.

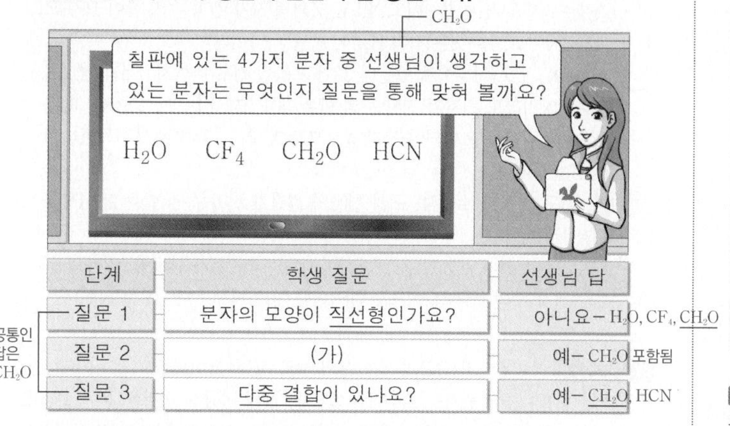

단계	학생 질문	선생님 답
질문 1	분자의 모양이 직선형인가요?	아니요 – H_2O, CF_4, CH_2O
질문 2	(가)	예 – CH_2O 포함됨
질문 3	다중 결합이 있나요?	예 – CH_2O, HCN

공통인 답은 CH_2O

(가)로 적절한 것만을 ⟨보기⟩에서 있는 대로 고른 것은? 답으로 CH_2O 포함

보기
ㄱ. 극성 분자인가요? H_2O, CH_2O, HCN
ㄴ. 중심 원자에 비공유 전자쌍이 있나요? H_2O ➡ CH_2O 포함 안됨
ㄷ. 분자를 구성하는 모든 원자가 동일 평면에 존재하나요? H_2O, CH_2O, HCN

① ㄱ ② ㄴ ③ ㄱ, ㄷ ④ ㄴ, ㄷ ⑤ ㄱ, ㄴ, ㄷ

✔ 자료 해석

• H_2O, CF_4, CH_2O, HCN에 대한 자료

분자	H_2O	CF_4	CH_2O	HCN
분자 모양	굽은 형 (평면 구조)	정사면체형 (입체 구조)	평면 삼각형 (평면 구조)	직선형 (평면 구조)
다중 결합 수	0	0	1	1
극성 여부	극성	무극성	극성	극성
중심 원자의 비공유 전자쌍 수	2	0	0	0

• 분자 모양이 직선형이 아닌 분자는 H_2O, CF_4, CH_2O이다.
• 다중 결합이 있는 분자는 CH_2O, HCN이다.
• 질문 1과 3의 답으로 공통인 분자는 CH_2O이므로 선생님이 생각한 분자는 CH_2O이다.

○ 보기풀이 ㄱ. 극성 분자는 H_2O, CH_2O, HCN이므로 '극성 분자인가요?'는 (가)로 적절하다.
ㄷ. 분자를 구성하는 모든 원자가 동일 평면에 존재하는 분자는 H_2O, CH_2O, HCN이므로 '분자를 구성하는 모든 원자가 동일 평면에 존재하나요?'는 (가)로 적절하다.

✕ 매력적 오답 ㄴ. 중심 원자에 비공유 전자쌍이 있는 분자는 H_2O뿐이므로 '중심 원자에 비공유 전자쌍이 있나요?'는 CH_2O가 포함되지 않아 (가)로 적절하지 않다.

문제풀이 Tip

선생님이 생각한 분자는 분자 모양이 직선형이 아니고 다중 결합이 있는 분자이므로 CH_2O이다. 따라서 CH_2O가 답이 될 수 있는 질문을 (가)로 고르면 된다.

선택지 비율	❶ 60%	② 10%	③ 12%	④ 5%	⑤ 12%

20 루이스 전자점식

2023년 4월 교육청 7번 | 정답 ① | 문제편 68 p

(출제 의도) 주기와 루이스 전자점식을 이용하여 구성 원소를 판단할 수 있는지 묻는 문항이다.

(문제 분석)

그림은 1, 2주기 원소 X~Z로 이루어진 이온 X_3Y^+과 분자 ZX_4를 루이스 전자점식으로 나타낸 것이다. (H_3O^+, CH_4; 원자가 전자 표시)

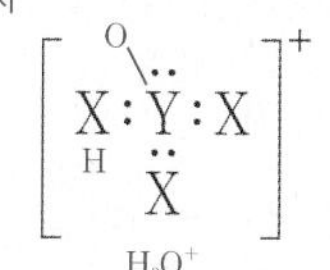

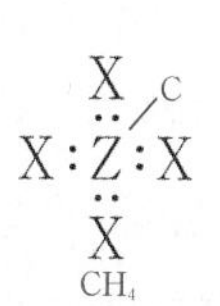

이에 대한 설명으로 옳은 것만을 ⟨보기⟩에서 있는 대로 고른 것은? (단, X~Z는 임의의 원소 기호이다.)

보기
ㄱ. Y의 원자가 전자 수는 6이다. Y는 O
ㄴ. X_3Y^+ 1 mol에 들어 있는 전자의 양은 8 mol이다. (10) $1\times3+8-1=10$
ㄷ. ZX_4의 결합각은 90°이다. (109.5°) $ZX_4(CH_4)$는 정사면체형

① ㄱ ② ㄴ ③ ㄱ, ㄷ ④ ㄴ, ㄷ ⑤ ㄱ, ㄴ, ㄷ

✔ 자료 해석

• X~Z의 원자가 전자 수는 각각 1, 6, 4이고 X~Z는 1, 2주기이므로 각각 H, O, C이다.

○ 보기풀이 ㄱ. Y(O)의 원자가 전자 수는 6이다.

✕ 매력적 오답 ㄴ. $X_3Y^+(H_3O^+)$ 1 mol에 들어 있는 전자의 양은 $1\times3+8-1=10$ mol이다.
ㄷ. $ZX_4(CH_4)$의 분자 모양은 정사면체형이므로 결합각은 109.5°이다.

문제풀이 Tip

Li은 2주기 원소이면서 원자가 전자 수가 1이지만 공유 결합을 형성하지 않으므로 X는 H이다. X_3Y^+은 전자 1개를 잃은 양이온이므로 이온에 들어 있는 전자의 양을 구할 때 구성 원자의 전자 수 합에서 1을 뺀다.

선택지 비율	① 9%	② 12%	③ 13%	④ 14%	⑤ 52%

21 분자의 구조

2023년 3월 교육청 15번 | 정답 ⑤ | 문제편 68 p

출제 의도 분자의 구성 원자 수와 구성 원자의 원자가 전자 수의 합을 이용하여 분자를 판단할 수 있는지 묻는 문항이다.

문제 분석

표는 2주기 원소 X~Z로 구성된 분자 (가)~(다)에 대한 자료이다. (가)~(다)에서 X~Z는 옥텟 규칙을 만족한다. C, N, O, F

분자	구성 원자	구성 원자 수	구성 원자의 원자가 전자 수의 합
FCN (가)	X, Y, Z F, N, C	3	16 7+5+4
NF_3 (나)	X, Y F, N	4	26 7×3+5
CF_4 (다)	X, Z F, C	5	32 7×4+4

(가)~(다)에 대한 옳은 설명만을 〈보기〉에서 있는 대로 고른 것은? (단, X~Z는 임의의 원소 기호이다.)

〈보기〉
ㄱ. (가)의 분자 모양은 직선형이다. F−C≡N
ㄴ. 중심 원자의 비공유 전자쌍 수는 (나)>(다)이다. N(1)>C(0)
ㄷ. 모든 구성 원자가 동일 평면에 있는 분자는 1가지이다. (가)는 직선형, (나)는 삼각뿔형, (다)는 정사면체형

① ㄱ ② ㄷ ③ ㄱ, ㄴ ④ ㄴ, ㄷ ⑤ ㄱ, ㄴ, ㄷ

✓ 자료 해석

- 2주기 원소 X~Z는 분자에서 옥텟 규칙을 만족하므로 각각 C, N, O, F 중 하나이고, 원자가 전자 수는 각각 4, 5, 6, 7이다.
- (가)는 구성 원자 수가 3이고 X, Y, Z의 원자가 전자 수의 합이 16이므로 FCN이고, X~Z는 각각 C, N, F 중 하나이다.
- (나)는 X, Y로 이루어져 있는데, C가 포함될 경우 나머지 3개의 원자가 모두 F일지라도 원자가 전자 수의 합은 최대 25(=4+7×3)이다. 따라서 (나)에는 C가 포함되어 있지 않으므로 X, Y는 각각 N, F 중 하나이고, Z는 C이다.
- (나)의 구성 원자 수는 4, 구성 원자의 원자가 전자 수의 합은 26이므로 (나)는 NF_3이다.
- (다)는 구성 원자로 Z(C)를 포함하며 구성 원자 수가 5, 구성 원자의 원자가 전자 수의 합이 32이므로 CF_4이다. 따라서 X는 F, Y는 N이다.

○ 보기 풀이 ㄱ. (가)(FCN)의 분자 모양은 F−C≡N이므로 직선형이다.
ㄴ. (나), (다)의 중심 원자는 각각 N, C인데, N의 비공유 전자쌍 수는 1이고, C의 비공유 전자쌍 수는 0이므로 중심 원자의 비공유 전자쌍 수는 (나)>(다)이다.
ㄷ. 모든 구성 원자가 동일 평면에 있는 분자는 (가)(FCN) 1가지이다.

문제풀이 Tip

2주기 원소 중 분자 내에서 옥텟 규칙을 만족하는 것은 C, N, O, F이고, 이 원소들로 구성된 분자 중 원소가 각각 다르고 구성 원자 수가 3인 것은 FCN, NOF이다.

선택지 비율	❶ 38%	② 14%	③ 20%	④ 18%	⑤ 11%

22 분자의 구조와 극성

2023년 3월 교육청 17번 | 정답 ① | 문제편 68 p

출제 의도 분자식과 전자쌍 수 비를 이용하여 분자를 판단할 수 있는지 묻는 문항이다.

문제 분석

표는 2주기 원소 W~Z로 구성된 분자 (가)~(라)에 대한 자료이다. (가)~(라)에서 W~Z는 옥텟 규칙을 만족한다. C, N, O, F

분자	(가) O_2	(나) N_2	(다) CO_2	(라) N_2F_2
분자식	W_2	X_2	YW_2	X_2Z_2
$\frac{\text{공유 전자쌍 수}}{\text{비공유 전자쌍 수}}$(상댓값)	1 $\frac{2}{4}$	3 $\frac{3}{2}$	2 $\frac{4}{4}$	1 $\frac{4}{8}$

(가)~(라)에 대한 옳은 설명만을 〈보기〉에서 있는 대로 고른 것은? (단, W~Z는 임의의 원소 기호이다.) [3점]

〈보기〉 같은 원자 사이의 결합
ㄱ. (가)와 (다)는 비공유 전자쌍 수가 같다. O_2 4, CO_2 4
ㄴ. 무극성 공유 결합이 있는 분자는 2가지이다. (가), (나), (라) 3
ㄷ. 다중 결합이 있는 분자는 3가지이다. (가), (나), (다), (라) 4
2중 결합 또는 3중 결합

① ㄱ ② ㄴ ③ ㄱ, ㄷ ④ ㄴ, ㄷ ⑤ ㄱ, ㄴ, ㄷ

문제풀이 Tip

W, X가 각각 F, O일 때, (다)는 W(F)를 2개 포함하면서 C, N, O, F 중 2가지 원소로 이루어진 삼원자 분자여야 하므로, OF_2가 가능하다. 하지만 OF_2는 $\frac{\text{공유 전자쌍 수}}{\text{비공유 전자쌍 수}}=\frac{2}{8}$이므로 적절하지 않다.

✓ 자료 해석

- 2주기 원소 W~Z는 분자에서 옥텟 규칙을 만족하므로 각각 C, N, O, F 중 하나이며, 이 중 분자식이 W_2와 X_2가 될 수 있는 것은 N_2, O_2, F_2이다.
- N_2, O_2, F_2의 $\frac{\text{공유 전자쌍 수}}{\text{비공유 전자쌍 수}}$는 각각 $\frac{3}{2}$, $\frac{2}{4}$, $\frac{1}{6}$인데, 그 비가 (가) : (나)=1 : 3이므로 (가), (나)는 각각 O_2, N_2이거나 F_2, O_2이다.
- (가)와 (나)가 각각 F_2, O_2라면 W, X는 각각 F, O이다. $\frac{\text{공유 전자쌍 수}}{\text{비공유 전자쌍 수}}$의 비는 (가) : (다)=1 : 2이므로 (다)의 $\frac{\text{공유 전자쌍 수}}{\text{비공유 전자쌍 수}}=\frac{1}{3}$인데, 이를 만족하면서 W(F) 원자 수가 2인 Y는 존재하지 않는다.
  ➡ (가), (나)는 각각 O_2, N_2이며, W, X는 각각 O, N이다.
- (가)와 (나)가 각각 O_2, N_2라면 $\frac{\text{공유 전자쌍 수}}{\text{비공유 전자쌍 수}}$의 비는 (가) : (다)=1 : 2이므로 (다)의 $\frac{\text{공유 전자쌍 수}}{\text{비공유 전자쌍 수}}=1$이고, $\frac{\text{공유 전자쌍 수}}{\text{비공유 전자쌍 수}}=1$을 만족하는 YW_2는 CO_2이며, Y는 C이다.
- Z는 F이므로 (라)는 N_2F_2이고 $\frac{\text{공유 전자쌍 수}}{\text{비공유 전자쌍 수}}=\frac{4}{8}$이다.

○ 보기 풀이 ㄱ. (가)와 (다)는 각각 O_2, CO_2이며, 비공유 전자쌍 수는 4로 같다.

✕ 매력적 오답 ㄴ. 무극성 공유 결합은 같은 원자끼리의 결합이므로 (가)~(라) 중 무극성 공유 결합이 있는 분자는 (가), (나), (라) 3가지이다.
ㄷ. (가)~(라)에는 각각 2중 결합, 3중 결합, 2중 결합, 2중 결합이 있으므로 다중 결합이 있는 분자는 (가)~(라) 4가지이다.

선택지 비율	① 8%	② 7%	③ 14%	④ 12%	❺ 59%

23 루이스 전자점식

2023년 3월 교육청 7번 | 정답 ⑤ | 문제편 68 p

출제 의도 주기와 루이스 전자점식을 이용하여 원자를 판단할 수 있는지 묻는 문항이다.

문제 분석

그림은 2주기 원자 W~Z의 루이스 전자점식(원자가 전자 표시)을 나타낸 것이다.

W· (Li)　·Ẋ· (C)　·Ÿ· (O)　:Z̈· (F)

이에 대한 옳은 설명만을 〈보기〉에서 있는 대로 고른 것은? (단, W~Z는 임의의 원소 기호이다.)

보기

ㄱ. $W_2Y(l)$는 전기 전도성이 있다. Li_2O은 이온 결합 물질

ㄴ. X_2Z_4에는 2중 결합이 있다. C=C

ㄷ. YZ_2는 극성 분자이다. OF_2는 굽은 형

① ㄱ　② ㄷ　③ ㄱ, ㄴ　④ ㄴ, ㄷ　⑤ ㄱ, ㄴ, ㄷ

✓ 자료 해석

- W~Z의 원자가 전자 수는 각각 1, 4, 6, 7이다.
  ➡ W는 Li, X는 C, Y는 O, Z는 F이다.

O 보기풀이 ㄱ. $W_2Y(Li_2O)$는 이온 결합 물질이므로 액체 상태에서 전기 전도성이 있다.

ㄴ. $X_2Z_4(C_2F_4)$에는 2중 결합(C=C)이 있다.

ㄷ. $YZ_2(OF_2)$는 분자 모양이 굽은 형이므로 극성 분자이다.

문제풀이 Tip

루이스 전자점식으로부터 원자가 전자 수를 알 수 있고 W~Z는 2주기이므로 W~Z를 판단할 수 있다.

선택지 비율	① 2%	② 10%	③ 3%	❹ 82%	⑤ 3%

24 전기 음성도와 결합의 극성

2022년 10월 교육청 5번 | 정답 ④ | 문제편 69 p

출제 의도 원자의 전기 음성도로부터 결합의 극성을 판단할 수 있는지 묻는 문항이다.

문제 분석

표는 4가지 원자의 전기 음성도를 나타낸 것이다.

원자	H	C	O	F
전기 음성도	2.1 <	2.5 <	3.5 <	4.0

이에 대한 옳은 설명만을 〈보기〉에서 있는 대로 고른 것은?

보기

ㄱ. HF에서 H는 부분적인 ~~음전하(δ^-)~~ 양전하(δ^+)를 띤다.

ㄴ. H_2O_2에는 무극성 공유 결합이 있다. H−O−O−H (무극성 공유 결합)

ㄷ. CH_2O에서 C의 산화수는 0이다.

① ㄱ　② ㄴ　③ ㄱ, ㄷ　④ ㄴ, ㄷ　⑤ ㄱ, ㄴ, ㄷ

✓ 자료 해석

- 전기 음성도는 H<C<O<F이다.
- 극성 공유 결합에서 전기 음성도가 큰 원자는 부분적인 음전하(δ^-)를 띠고, 전기 음성도가 작은 원자는 부분적인 양전하(δ^+)를 띤다.

O 보기풀이 ㄴ. H_2O_2의 구조는 H−O−O−H이므로 H_2O_2에는 O 원자 사이의 무극성 공유 결합이 있다.

ㄷ. CH_2O의 구조는 다음과 같다.

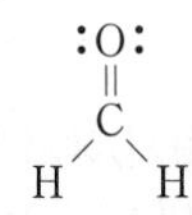

전기 음성도는 H<C<O이므로 CH_2O에서 O의 산화수는 −2이고, H의 산화수는 +1이며, C의 산화수는 0이다.

× 매력적 오답 ㄱ. 전기 음성도는 H<F이므로 HF에서 H는 부분적인 양전하(δ^+)를 띤다.

문제풀이 Tip

산화수는 전기 음성도가 큰 원자가 공유 전자쌍을 모두 가진다고 가정했을 때 각 구성 원자의 전하이다.

선택지 비율	❶ 78%	② 7%	③ 4%	④ 3%	⑤ 8%

25 분자의 구조와 성질

2022년 10월 교육청 7번 | 정답 ① | 문제편 69 p

출제 의도 전자쌍 반발 이론을 적용하여 분자의 모양과 극성을 판단할 수 있는지 묻는 문항이다.

문제 분석

그림은 분자 (가)~(다)의 구조식을 나타낸 것이다.

(가) CCl_4 무극성, 정사면체형 (나) NCl_3 극성, 삼각뿔형 (다) Cl_2O 극성, 굽은 형

(가)~(다)에 대한 옳은 설명만을 〈보기〉에서 있는 대로 고른 것은?

보기

ㄱ. 중심 원자의 비공유 전자쌍 수는 ~~(나)~~(다)가 가장 크다.

ㄴ. 극성 분자는 2가지이다. ➡ (나), (다)

ㄷ. 구성 원자가 모두 동일한 평면에 있는 분자는 ~~2~~1가지이다.

① ㄴ ② ㄷ ③ ㄱ, ㄴ ④ ㄱ, ㄷ ⑤ ㄴ, ㄷ

✓ 자료 해석

• (가)~(다)에 대한 자료

분자	(가)	(나)	(다)
중심 원자의 공유 전자쌍 수	4	3	2
중심 원자의 비공유 전자쌍 수	0	1	2
분자 모양	정사면체형 (입체 구조)	삼각뿔형 (입체 구조)	굽은 형 (평면 구조)
분자의 극성	무극성	극성	극성

○ 보기풀이 ㄴ. 극성 분자는 (나)와 (다) 2가지이다.

× 매력적 오답 ㄱ. 중심 원자의 비공유 전자쌍 수는 (가)~(다)가 각각 0, 1, 2이므로 (다)가 가장 크다.

ㄷ. 구성 원자가 모두 동일한 평면에 있는 분자(평면 구조인 분자)는 (다) 1가지이다. (가)와 (나)는 입체 구조이다.

문제풀이 Tip

중심 원자 주위의 전자쌍 수, 중심 원자에 결합한 원자의 종류로부터 분자의 구조와 극성을 결정할 수 있어야 한다.

선택지 비율	① 2%	② 2%	③ 12%	④ 11%	❺ 73%

26 루이스 전자점식

2022년 10월 교육청 13번 | 정답 ⑤ | 문제편 69 p

출제 의도 물질을 구성하는 원소의 종류에 따른 화학 결합의 원리를 이해하고 있는지 묻는 문항이다.

문제 분석

그림은 1, 2주기 원자 A~D의 루이스 전자점식을 나타낸 것이다. AD는 이온 결합 물질이다. (금속 양이온 + 비금속 음이온)

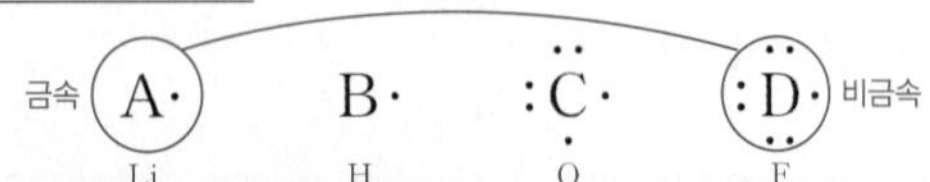

이에 대한 옳은 설명만을 〈보기〉에서 있는 대로 고른 것은? (단, A~D는 임의의 원소 기호이다.)

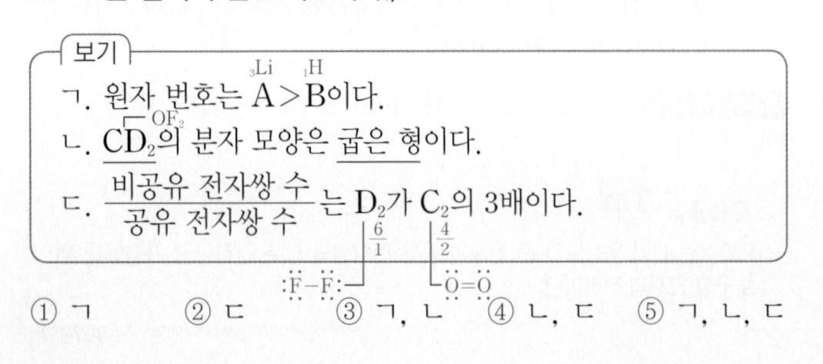

보기

ㄱ. 원자 번호는 A>B이다. ($_3Li$, $_1H$)

ㄴ. CD_2(OF_2)의 분자 모양은 굽은 형이다.

ㄷ. $\frac{\text{비공유 전자쌍 수}}{\text{공유 전자쌍 수}}$는 D_2가 C_2의 3배이다. ($\frac{6}{1}$, $\frac{4}{2}$)

① ㄱ ② ㄷ ③ ㄱ, ㄴ ④ ㄴ, ㄷ ⑤ ㄱ, ㄴ, ㄷ

✓ 자료 해석

• A와 B는 1족 원소이므로 각각 리튬(Li)과 수소(H) 중 하나이고, C는 16족 원소이므로 산소(O)이며, D는 17족 원소이므로 플루오린(F)이다.

• AD는 이온 결합 물질이므로 A는 리튬(Li)이고, B는 수소(H)이다.

○ 보기풀이 ㄱ. 원자 번호는 A(Li)가 3, B(H)가 1이므로 A>B이다.

ㄴ. $CD_2(OF_2)$의 분자 모양은 굽은 형이다.

ㄷ. $\frac{\text{비공유 전자쌍 수}}{\text{공유 전자쌍 수}}$는 $D_2(F_2)$가 $\frac{6}{1}=6$이고, $C_2(O_2)$가 $\frac{4}{2}=2$이므로 D_2가 C_2의 3배이다.

문제풀이 Tip

AD가 이온 결합 물질이고, D가 17족 비금속 원소이므로 A는 1주기 금속 원소인 리튬(Li)임을 알 수 있다.

선택지 비율	❶ 78%	② 5%	③ 7%	④ 6%	⑤ 4%

27 분자의 구조

2022년 10월 교육청 14번 | 정답 ① | 문제편 69p

출제 의도 분자를 구성하는 원자의 종류와 수, 공유 전자쌍 수로부터 분자의 구조와 극성을 파악할 수 있는지 묻는 문항이다.

문제 분석

표는 원소 W~Z로 구성된 분자 (가)~(다)에 대한 자료이다. W~Z는 각각 C, N, O, F 중 하나이고, (가)~(다)에서 중심 원자는 각각 1개이며, 모든 원자는 옥텟 규칙을 만족한다.

분자	(가) NF_3	(나) FCN	(다) COF_2
구성 원소	W, X (N F)	W, X, Y (N F C)	X, Y, Z (F C O)
구성 원자 수	4	3	4
공유 전자쌍 수 (=결합 수)	3 (단일 결합 3개)	④	④

(나), (다): 다중 결합 포함

이에 대한 옳은 설명만을 〈보기〉에서 있는 대로 고른 것은? [3점]

보기

ㄱ. W는 N이다.

ㄴ. (다)에는 3중(2) 결합이 있다.

ㄷ. 결합각은 (가)>(나)이다. (삼각뿔형 약 107° < 180° 직선형)

① ㄱ　② ㄷ　③ ㄱ, ㄴ　④ ㄴ, ㄷ　⑤ ㄱ, ㄴ, ㄷ

✓ 자료 해석

- (가)에서 중심 원자에 결합한 원자 수는 3이며, 공유 전자쌍 수도 3이므로 (가)는 단일 결합으로만 이루어져 있다. 따라서 (가)는 NF_3이다.
- (나)에서 중심 원자에 결합한 원자 수는 2이며, 공유 전자쌍 수가 4이므로 (나)는 단일 결합 1개와 3중 결합 1개로 이루어져 있다. 따라서 (나)는 FCN이다.
- (다)에서 중심 원자에 결합한 원자 수는 3이며, 공유 전자쌍 수가 4이므로 (다)는 단일 결합 2개와 2중 결합 1개로 이루어져 있다. 따라서 (다)는 COF_2이다.
- (가)~(다)의 구조식

분자	(가)	(나)	(다)
분자식	NF_3	FCN	COF_2
구조식	:F̤–N̈–F̤: (N에 :F̤: 결합)	F–C≡N	:Ö: ‖ C (:F̤: 2개 결합)

○ 보기풀이 ㄱ. W~Z는 각각 N, F, C, O이다.

✕ 매력적 오답 ㄴ. (다)에는 2중 결합 1개와 단일 결합 2개가 있다.

ㄷ. (가)는 삼각뿔형 구조이고, (나)는 직선형 구조이므로 결합각은 (나)>(가)이다.

문제풀이 Tip

구성 원자 수에 비해 공유 전자쌍 수가 같거나 많은 분자는 다중 결합을 포함하고 있는 것이다. (가)와 같이 단일 결합으로만 이루어진 분자는 구성 원자 수보다 공유 전자쌍 수가 작다.

선택지 비율	① 5%	❷ 75%	③ 5%	④ 10%	⑤ 5%

28 분자의 구조

2022년 7월 교육청 5번 | 정답 ② | 문제편 69p

출제 의도 전자쌍 반발 이론을 적용하여 분자의 구조와 극성을 파악할 수 있는지 묻는 문항이다.

문제 분석

그림은 분자 (가)~(다)의 구조식을 나타낸 것이다.

H–C(=O)–H (극성, 약 120°)　F–B(–F)–F (무극성, 120°)　H–N̈(–H)–H (극성, 107°)

(가) 평면 삼각형　(나) 평면 삼각형　(다) 삼각뿔형

(가)~(다)에 대한 설명으로 옳은 것만을 〈보기〉에서 있는 대로 고른 것은?

보기

ㄱ. (가)의 분자 모양은 삼각뿔형(평면 삼각형)이다.

ㄴ. 결합각은 (나)>(다)이다. (120° > 107°)

ㄷ. 극성 분자는 1(2)가지이다.

① ㄱ　② ㄴ　③ ㄱ, ㄷ　④ ㄴ, ㄷ　⑤ ㄱ, ㄴ, ㄷ

✓ 자료 해석

- 분자 (가)~(다)의 구조와 극성

분자	(가)	(나)	(다)
중심 원자에 결합한 원자 수	3	3	3
중심 원자의 비공유 전자쌍 수	0	0	1
분자 모양	평면 삼각형	평면 삼각형	삼각뿔형
분자의 극성	극성	무극성	극성

○ 보기풀이 ㄴ. (나)는 중심 원자에 공유 전자쌍 수가 3이므로 평면 삼각형이며, 결합각은 120°이다. (다)는 중심 원자에 공유 전자쌍 수가 3, 비공유 전자쌍 수가 1이므로 삼각뿔형이며, 결합각은 107°이다. 따라서 결합각은 (나)>(다)이다.

✕ 매력적 오답 ㄱ. 분자의 구조를 결정할 때 다중 결합(2중 결합, 3중 결합)은 단일 결합으로 간주하므로 (가)의 분자 모양은 평면 삼각형이다.

ㄷ. (가)는 분자 모양이 평면 삼각형이지만 중심 원자에 결합한 원자의 종류가 다르므로 극성 분자이고, (다)는 중심 원자에 비공유 전자쌍이 있으므로 극성 분자이다.

문제풀이 Tip

분자의 구조를 결정할 때 중심 원자에 결합한 원자 수를 먼저 비교한다. 중심 원자에 결합한 원자 수가 같더라도 결합한 원자의 종류와 중심 원자에 비공유 전자쌍이 존재하는지에 따라 분자의 구조가 달라진다.

선택지 비율	① 2%	② 11%	③ 5%	❹ 78%	⑤ 4%

29 분자의 구조와 극성

2022년 7월 교육청 10번 | 정답 ④ | 문제편 70 p

출제 의도 구성 원자의 원자가 전자 수 합으로부터 분자를 이루는 원자의 종류를 파악하고 결합의 극성을 판단할 수 있는지 묻는 문항이다.

문제 분석

(원자가 전자 수 4 5 6 7 / C, N, O, F)

표는 2주기 원소 X~Z로 이루어진 3가지 분자에 대한 자료이다.

분자	X_2 (N_2)	XY_3 (NF_3)	YXZ (FNO)
원자가 전자 수 합	a (10) (=5×2)	26 (=5+7×3)	$a+8$ (18) (=7+5+6)

이에 대한 설명으로 옳은 것만을 〈보기〉에서 있는 대로 고른 것은? (단, X~Z는 임의의 원소 기호이며, 분자 내에서 모든 원자는 옥텟 규칙을 만족한다.) [3점]

보기

ㄱ. a=~~12~~(10)이다.

ㄴ. XY_3(NF_3)에는 극성 공유 결합이 있다. ➡ N−F 극성 공유 결합

ㄷ. YXZ(FNO)에서 X(N)는 부분적인 양전하(δ^+)를 띤다. 전기 음성도 : Y(F)>Z(O)>X(N)

① ㄱ ② ㄴ ③ ㄱ, ㄷ ④ ㄴ, ㄷ ⑤ ㄱ, ㄴ, ㄷ

✓ 자료 해석

- 분자 내에서 옥텟 규칙을 만족하는 2주기 원자는 C, N, O, F이며, 이들의 원자가 전자 수는 각각 4, 5, 6, 7이다.
- X_2는 N_2, O_2, F_2 중 하나이다.
- XY_3의 원자가 전자 수의 합이 26(=5+7×3)이므로 XY_3는 NF_3이고, X는 N, Y는 F이다.
- a=10이므로 YXZ의 원자가 전자 수의 합은 18이고, Z의 원자가 전자 수는 18−(7+5)=6이다. 따라서 Z는 O이다.

O 보기 풀이 ㄴ. XY_3에서 X와 Y의 결합은 극성 공유 결합이다.

ㄷ. 전기 음성도는 Y(F)>Z(O)>X(N)이므로 YXZ(FNO)에서 X(N)는 부분적인 양전하(δ^+)를 띤다.

× 매력적 오답 ㄱ. X는 N이므로 a=5×2=10이다.

문제풀이 Tip

분자 내에서 옥텟 규칙을 만족하는 2주기 원자는 C, N, O, F이다. 이들의 원자가 전자 수를 조합하여 분자를 이루는 원자의 종류를 알아내야 한다.

선택지 비율	① 7%	② 6%	❸ 69%	④ 8%	⑤ 10%

30 분자의 구조

2022년 7월 교육청 17번 | 정답 ③ | 문제편 70 p

출제 의도 분자의 공유 전자쌍 수와 비공유 전자쌍 수로부터 분자의 종류를 판단할 수 있는지 묻는 문항이다.

문제 분석

다음은 C, N, O, F으로 이루어진 분자 (가)~(라)에 대한 자료이다. (가)~(라)의 모든 원자는 옥텟 규칙을 만족한다.

- (가)~(라)에서 중심 원자는 각각 1개이고, 나머지 원자들은 모두 중심 원자와 결합한다.
- X~Z는 각각 C, N, O 중 하나이다.

(단일 결합 4개 ➡ Y는 C)

분자	(가) NOF	(나) COF_2	(다) CF_4	(라) OF_2
중심 원자	X N	Y C	Y C	Z O
중심 원자와 결합한 원자 수	2	3	4	2
$\frac{\text{비공유 전자쌍 수}}{\text{공유 전자쌍 수}}$	2 $\frac{6}{3}$	2 $\frac{8}{4}$	3 $\frac{12}{4}$	4 $\frac{8}{2}$

이에 대한 설명으로 옳은 것만을 〈보기〉에서 있는 대로 고른 것은? (단, X~Z는 임의의 원소 기호이다.) [3점]

보기

ㄱ. Y는 C이다.

ㄴ. 공유 전자쌍 수는 (라)>(가)이다. (2 < 3)

ㄷ. (가)~(라) 중 다중 결합이 있는 것은 2가지이다. ➡ (가), (나)

① ㄱ ② ㄴ ③ ㄱ, ㄷ ④ ㄴ, ㄷ ⑤ ㄱ, ㄴ, ㄷ

✓ 자료 해석

- (가)~(라)의 중심 원자는 C, N, O 중 하나이다.
- (다)는 중심 원자와 결합한 원자 수가 4이므로 CF_4이고, $\frac{\text{비공유 전자쌍 수}}{\text{공유 전자쌍 수}}=\frac{12}{4}=3$이다.
- (나)는 중심 원자가 Y(C)이며, 중심 원자와 결합한 원자 수가 3이므로 COF_2이고, $\frac{\text{비공유 전자쌍 수}}{\text{공유 전자쌍 수}}=\frac{8}{4}=2$이다.
- X와 Z는 각각 N, O 중 하나이므로 (가)와 (라)는 각각 NOF와 OF_2 중 하나이다. NOF와 OF_2의 $\frac{\text{비공유 전자쌍 수}}{\text{공유 전자쌍 수}}$는 각각 2, 4이므로 (가)는 NOF, (라)는 OF_2이다.
- X~Z는 각각 N, C, O이다.

O 보기 풀이 분자 (가)~(라)는 다음과 같다.

분자	(가)	(나)	(다)	(라)
분자식	NOF	COF_2	CF_4	OF_2
공유 전자쌍 수	3	4	4	2
비공유 전자쌍 수	6	8	12	8

ㄱ. (다)는 CF_4이므로 Y는 C이다.

ㄷ. 다중 결합이 있는 분자는 (가)와 (나)의 2가지이다.

× 매력적 오답 ㄴ. 공유 전자쌍 수는 (가)가 3, (라)가 2이므로 (가)>(라)이다.

문제풀이 

중심 원자와 결합한 원자 수가 4인 분자 (다)로부터 Y가 C임을 먼저 파악할 수 있어야 한다.

선택지 비율	① 5%	② 11%	③ 6%	❹ 71%	⑤ 7%

31 분자의 구조와 성질

2022년 4월 교육청 5번 | 정답 ④ | 문제편 70 p

출제 의도 화학 결합 모형을 통해 분자의 구조와 성질을 파악할 수 있는지 묻는 문항이다.

문제 분석

그림은 분자 (가)~(다)를 화학 결합 모형으로 나타낸 것이다.

비공유 전자쌍 1개   비공유 전자쌍 2개

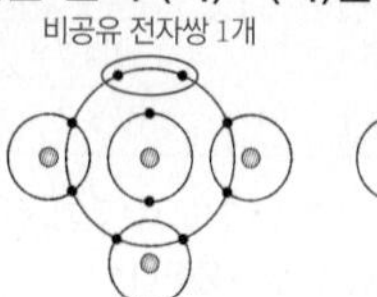
(가) NH_3

(나) H_2O

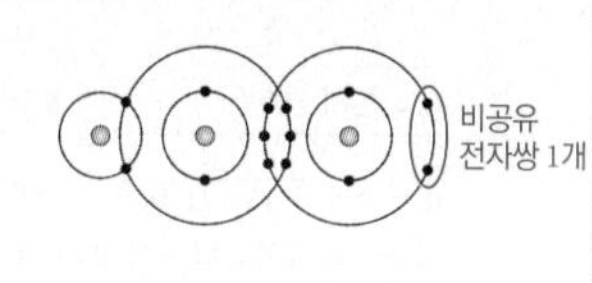

(다) HCN

이에 대한 설명으로 옳은 것만을 〈보기〉에서 있는 대로 고른 것은? [3점]

보기

ㄱ. (가)의 분자 모양은 ~~평면 삼각형~~이다. 삼각뿔형

ㄴ. (나)는 극성 분자이다.

ㄷ. 결합각은 (다)가 (나)보다 크다. (나)는 굽은 형, (다)는 직선형

① ㄱ ② ㄷ ③ ㄱ, ㄴ ④ ㄴ, ㄷ ⑤ ㄱ, ㄴ, ㄷ

✓ 자료 해석

- (가)는 NH_3, (나)는 H_2O, (다)는 HCN이다.

분자	(가)	(나)	(다)
분자식	NH_3	H_2O	HCN
분자 모양	삼각뿔형	굽은 형	직선형
분자의 극성	극성	극성	극성
결합각	107°	104.5°	180°

O 보기 풀이 ㄴ. (나)는 H_2O이므로 극성 분자이다.
ㄷ. 분자 모양은 (나)가 굽은 형, (다)가 직선형이므로 결합각은 (다) > (나)이다.

× 매력적 오답 ㄱ. (가)는 NH_3이므로 분자 모양은 삼각뿔형이다.

문제풀이 Tip

화학 결합 모형에서는 구성 원자의 공유 전자쌍 수, 비공유 전자쌍 수와 전자 수를 알 수 있으므로 해당 원자와 분자식을 판단할 수 있다. 결합각은 분자 모양과 관련지어 비교한다.

선택지 비율	① 2%	② 2%	③ 17%	④ 4%	❺ 75%

32 분자의 구조

2022년 4월 교육청 7번 | 정답 ⑤ | 문제편 70 p

출제 의도 루이스 전자점식을 이해하고 있는지 묻는 문항이다.

문제 분석

그림은 2, 3주기 원소 X~Z로 이루어진 화합물 XY(MgO)와 이온 ZY^-(ClO^-)의 루이스 전자점식을 나타낸 것이다. 원자 번호는 Z > X > Y이다.

17족 > 2족 > 16족 ➡ X, Z는 3주기, Y는 2주기

$X^{2+}\left[:\ddot{\underset{..}{Y}}:\right]^{2-}$ (X: Mg^{2+}, Y: O^{2-}) $\left[:\ddot{\underset{..}{Z}}:\ddot{\underset{..}{Y}}:\right]^{-}$ (Z: Cl, Y: O)

이에 대한 설명으로 옳은 것만을 〈보기〉에서 있는 대로 고른 것은? (단, X~Z는 임의의 원소 기호이다.)

보기

ㄱ. X는 Mg이다.

ㄴ. Y는 비금속 원소이다. Y는 O

ㄷ. Z의 원자 번호는 17이다. Z는 Cl

① ㄱ ② ㄷ ③ ㄱ, ㄴ ④ ㄴ, ㄷ ⑤ ㄱ, ㄴ, ㄷ

✓ 자료 해석

- 다원자 이온의 루이스 전자점식 : 양이온은 (+)전하 1개당 전자점을 1개 제거하고, 음이온은 (−)전하 1개당 전자점을 1개 더한다.
- 화합물 XY는 X^{2+}과 Y^{2-}으로 이루어지므로 X는 2족, Y는 16족 원소이다.
- ZY^-에서 Y는 16족 원소이므로 Z는 17족 원소이다.
- X~Z는 2, 3주기 원소이고, 원자 번호는 Z > X > Y이므로 X와 Z는 3주기, Y는 2주기 원소이다. 따라서 X~Z는 각각 Mg, O, Cl이다.

O 보기 풀이 ㄱ. X는 2족 원소로 Mg이다.
ㄴ. Y는 O이므로 비금속 원소이다.
ㄷ. Z는 Cl이므로 원자 번호는 17이다.

문제풀이 Tip

다원자 이온을 루이스 전자점식으로 나타낼 때에는 양이온은 (+)전하 1개당 전자점 1개를 없애고, 음이온은 (−)전하 1개당 전자점 1개를 더한다.

선택지 비율	❶ 65%	② 3%	③ 14%	④ 8%	⑤ 10%

33 결합의 극성과 전기 음성도

2022년 4월 교육청 16번 | 정답 ① | 문제편 71 p

출제 의도 전기 음성도를 이해하고 전기 음성도 차를 통해 전기 음성도를 비교할 수 있는지 묻는 문항이다.

문제 분석

표는 원소 W~Z로 이루어진 3가지 분자에서 W의 전기 음성도(a)와 나머지 구성 원소의 전기 음성도(b) 차($a-b$)를 나타낸 것이다.

분자	WX_2	Y_2W	Z_2W
$a-b$	-0.5	0.5	1.4
전기 음성도	X>W	W>Y	W>Z

전기 음성도 Y>Z

이에 대한 설명으로 옳은 것만을 〈보기〉에서 있는 대로 고른 것은? (단, W~Z는 임의의 원소 기호이다.) [3점]

보기

ㄱ. Y_2W에는 극성 공유 결합이 있다.

ㄴ. 전기 음성도는 Y가 X보다 ~~크다.~~ 작다.

ㄷ. ZX에서 Z는 부분적인 ~~음전하(δ^-)~~를 띤다. 양전하(δ^+)

① ㄱ ② ㄴ ③ ㄱ, ㄷ ④ ㄴ, ㄷ ⑤ ㄱ, ㄴ, ㄷ

✓ 자료 해석

- W~Z의 전기 음성도를 비교하면 다음과 같다.

분자	WX_2	Y_2W	Z_2W
$a-b$	-0.5	0.5	1.4
전기 음성도	X>W	W>Y	W>Z

- $a-b$는 Y_2W가 0.5, Z_2W가 1.4로 Z_2W의 차가 더 크므로 전기 음성도는 Y>Z이다. 따라서 전기 음성도는 X>W>Y>Z이다.

O 보기 풀이 ㄱ. 전기 음성도가 서로 다른 원자의 결합은 극성 공유 결합이다. Y_2W에는 극성 공유 결합이 있다.

✕ 매력적 오답 ㄴ. 전기 음성도는 X>W>Y>Z이다.

ㄷ. ZX에서 전기 음성도는 X>Z이므로 Z는 부분적인 양전하(δ^+)를 띤다.

문제풀이 Tip

전기 음성도 차가 제시되어 전기 음성도를 비교할 때에는 수직선을 활용하면 알아보기 쉽다. W의 전기 음성도를 기준으로 $a-b<0$이면 W보다 좌측에, $a-b>0$이면 W보다 우측에 두고, 차(절댓값)가 클수록 W에서 멀리 떨어지게 둔다.

선택지 비율	① 4%	② 6%	③ 13%	④ 15%	❺ 62%

34 분자의 구조

2022년 4월 교육청 18번 | 정답 ⑤ | 문제편 71 p

출제 의도 분자식과 비공유 전자쌍 수를 통해 분자의 구조식을 알아낼 수 있는지 묻는 문항이다.

문제 분석

표는 2주기 원소 X~Z로 이루어진 분자 (가)~(다)에 대한 자료이다. (가)~(다)에서 모든 원자는 옥텟 규칙을 만족한다. (C, N, O, F)

분자	(가)	(나)	(다)
분자식	X_2 N_2	X_2Y_2 N_2F_2	Z_2Y_2 O_2F_2
비공유 전자쌍 수	㉠ 2	8	10
다중 결합	3중 결합 1개	2중 결합 1개	없음(모두 단일 결합)

이에 대한 설명으로 옳은 것만을 〈보기〉에서 있는 대로 고른 것은? (단, X~Z는 임의의 원소 기호이다.)

보기

ㄱ. ㉠은 2이다.

ㄴ. (가)~(다)에서 다중 결합(2중, 3중)이 존재하는 분자는 2가지이다. (가), (나)

ㄷ. ZY_2(OF_2)의 $\frac{\text{비공유 전자쌍 수}}{\text{공유 전자쌍 수}}$는 4이다. $\frac{8}{2}=4$

① ㄱ ② ㄷ ③ ㄱ, ㄴ ④ ㄴ, ㄷ ⑤ ㄱ, ㄴ, ㄷ

✓ 자료 해석

- 2주기 원소 중 분자 내에서 옥텟 규칙을 만족하는 원소는 C, N, O, F이다.
- 옥텟 규칙을 만족하는 분자에서 원자 1개당 비공유 전자쌍 수는 C가 0, N가 1, O가 2, F이 3이다.
- (나)는 X_2Y_2이고 비공유 전자쌍 수는 8이므로 N_2F_2이다. 따라서 X는 N, Y는 F이고, (가)는 N_2이다.
- (다)는 Z_2Y_2이고 비공유 전자쌍 수는 10이므로 O_2F_2이다. 따라서 Z는 O이다.

O 보기 풀이 ㄱ. $X_2(N_2)$의 비공유 전자쌍 수(㉠)는 2이다.

ㄴ. (가)~(다)에서 다중 결합이 존재하는 분자는 (가), (나)이다.

ㄷ. $ZY_2(OF_2)$의 $\frac{\text{비공유 전자쌍 수}}{\text{공유 전자쌍 수}}=\frac{8}{2}=4$이다.

문제풀이 Tip

옥텟 규칙을 만족하는 분자 내에서 원자 1개가 가질 수 있는 비공유 전자쌍 수는 F이 3으로 가장 크고, C가 0, N가 1, O가 2이므로 이를 이용하여 분자식을 구한다.

선택지 비율	❶ 80%	② 4%	③ 8%	④ 3%	⑤ 5%

35 분자의 구조와 성질

2022년 3월 교육청 6번 | 정답 ① | 문제편 71 p

출제 의도 분자의 구조식을 통해 분자의 구조와 극성을 알고 있는지 묻는 문항이다.

문제 분석

그림은 2주기 원소 X～Z와 수소(H)로 구성된 분자 (가)와 (나)의 구조식을 나타낸 것이다. X～Z는 각각 C, O, F 중 하나이고, (가)와 (나)에서 X～Z는 모두 옥텟 규칙을 만족한다.

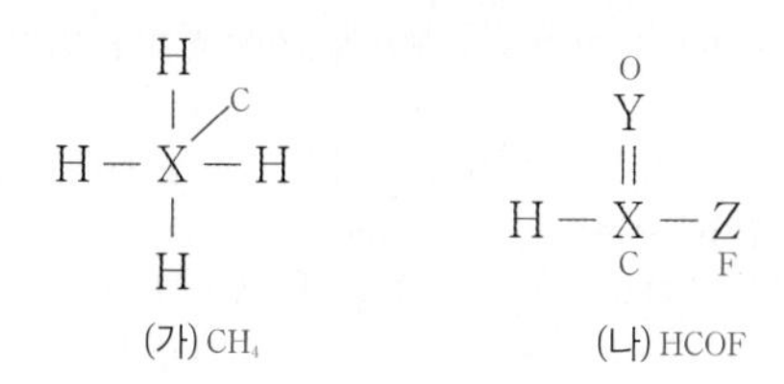

(가) CH_4 (나) HCOF

이에 대한 옳은 설명만을 〈보기〉에서 있는 대로 고른 것은?

보기

ㄱ. 전기 음성도는 Z(F)>Y(O)>X(C)이다.

ㄴ. 분자의 쌍극자 모멘트는 (가)>(나)이다. (> → <) (가)는 무극성, (나)는 극성

ㄷ. (나)에는 무극성 공유 결합이 ~~있다~~. (없다) 모두 다른 원자 사이의 결합

① ㄱ ② ㄷ ③ ㄱ, ㄴ ④ ㄴ, ㄷ ⑤ ㄱ, ㄴ, ㄷ

✓ 자료 해석

- 전기 음성도 : 공유 결합한 원자가 공유 전자쌍을 끌어당기는 능력을 상대적인 수치로 나타낸 값이다.
- 극성 공유 결합 : 전기 음성도가 다른 두 원자 사이의 공유 결합이다.
- 무극성 공유 결합 : 같은 원소의 원자 사이의 공유 결합이다.
- X는 C이고, (가)는 CH_4이다.
- Y와 Z는 각각 O, F이고 (나)는 HCOF이다.

○ 보기풀이 ㄱ. 전기 음성도는 Z(F)>Y(O)>X(C)이다.

× 매력적 오답 ㄴ. (가)는 무극성 분자, (나)는 극성 분자이므로 분자의 쌍극자 모멘트는 (나)>(가)이다.

ㄷ. (나)에서 공유 결합은 전기 음성도가 다른 두 원자 사이에서만 이루어지므로 (나)에는 극성 공유 결합만 있다.

문제풀이 Tip

옥텟 규칙을 만족하는 분자에서 C는 결합선 4개, O는 결합선 2개, F은 결합선 1개를 가진다.

선택지 비율	① 4%	❷ 70%	③ 6%	④ 15%	⑤ 5%

36 분자의 구조

2022년 3월 교육청 8번 | 정답 ② | 문제편 71 p

출제 의도 공유 전자쌍 수와 비공유 전자쌍 수로 분자를 판단하고 분자의 구조를 알고 있는지 묻는 문항이다.

문제 분석

표는 분자 (가)～(다)에 대한 자료이다. (가)～(다)는 각각 HCN, NH_3, CH_2O 중 하나이다.

분자	(가) NH_3	(나) HCN	(다) CH_2O
공유 전자쌍 수	a 3	$a+1$ 4	4
비공유 전자쌍 수	1	b 1	$2b$ 2

이에 대한 옳은 설명만을 〈보기〉에서 있는 대로 고른 것은?

보기

ㄱ. (다)는 ~~HCN~~(CH_2O)이다.

ㄴ. $a+b=4$이다. $a=3, b=1$

ㄷ. 결합각은 (가)>(나)이다. (> → <) (가)는 삼각뿔형, (나)는 직선형

① ㄱ ② ㄴ ③ ㄱ, ㄷ ④ ㄴ, ㄷ ⑤ ㄱ, ㄴ, ㄷ

✓ 자료 해석

- 공유 전자쌍 : 공유 결합에 참여하는 두 원자가 공유하고 있는 전자쌍이다.
- 비공유 전자쌍 : 원자가 전자 중 공유 결합에 참여하지 않은 전자쌍이다.
- HCN, NH_3, CH_2O의 전자쌍 수는 다음과 같다.

분자	HCN	NH_3	CH_2O
공유 전자쌍 수	4	3	4
비공유 전자쌍 수	1	1	2

- $a=3$, $b=1$이고, (가)～(다)는 각각 NH_3, HCN, CH_2O이다.

○ 보기풀이 ㄴ. $a=3$, $b=1$이므로 $a+b=4$이다.

× 매력적 오답 ㄱ. (가)～(다)는 각각 NH_3, HCN, CH_2O이다.

ㄷ. 분자 모양은 (가)가 삼각뿔형, (나)가 직선형, (다)가 평면 삼각형이다. 따라서 결합각은 (나)>(가)이다.

문제풀이 Tip

주어진 3가지 분자의 공유 전자쌍 수와 비공유 전자쌍 수를 조사하여 (가)~(다)를 판단할 수 있어야 한다.

선택지 비율	① 4%	② 5%	③ 8%	④ 8%	⑤ 75%

37 분자의 구조와 성질

2022년 3월 교육청 11번 | 정답 ⑤ | 문제편 71 p

출제 의도 루이스 전자점식과 분자의 구조와 성질을 알고 있는지 묻는 문항이다.

문제 분석

그림은 2주기 원자 A~D의 루이스 전자점식을 나타낸 것이다. (원자가 전자를 점으로 표시)

A· (Li) ·B· (N) :C· (O) :D· (F)

이에 대한 옳은 설명만을 〈보기〉에서 있는 대로 고른 것은? (단, A~D는 임의의 원소 기호이다.)

보기

ㄱ. A(*s*)는 전기 전도성이 있다. (Li) 금속 결합 물질

ㄴ. BD_3에서 B는 부분적인 양전하(δ^+)를 띤다. (NF_3) 전기 음성도 D(F)>B(N)

ㄷ. 분자당 공유 전자쌍 수는 $B_2D_2 > C_2D_2$이다. $N_2F_2(4) > O_2F_2(3)$

① ㄱ ② ㄴ ③ ㄱ, ㄷ ④ ㄴ, ㄷ ⑤ ㄱ, ㄴ, ㄷ

✓ 자료 해석

- 루이스 전자점식 : 원소 기호 주위에 원자가 전자를 점으로 표시하여 나타낸 식이다.
- A~D는 원자가 전자 수가 각각 1, 5, 6, 7이므로, A는 Li, B는 N, C는 O, D는 F이다.

○ 보기풀이 ㄱ. A는 Li이고 금속 결합 물질이므로 고체 상태에서 전기 전도성이 있다.

ㄴ. $BD_3(NF_3)$는 극성 분자이다. 전기 음성도는 D(F)>B(N)이므로 $BD_3(NF_3)$에서 B(N)는 부분적인 양전하(δ^+)를 띤다.

ㄷ. $B_2D_2(N_2F_2)$와 $C_2D_2(O_2F_2)$의 구조식은 다음과 같다.

F−N=N−F F−O−O−F

분자당 공유 전자쌍 수는 $B_2D_2(N_2F_2)$가 4, $C_2D_2(O_2F_2)$가 3이다.

문제풀이 Tip

루이스 전자점식은 원소 기호 주위에 원자가 전자를 점으로 표시한 것이므로 이로부터 원소의 족을 알 수 있고, 주기가 제시되면 해당 원자를 알 수 있다.

선택지 비율	① 5%	② 74%	③ 7%	④ 7%	⑤ 7%

38 분자의 구조

2022년 3월 교육청 12번 | 정답 ② | 문제편 72 p

출제 의도 분자식과 전자쌍 수를 이용하여 분자를 판단하고 분자의 구조를 알고 있는지 묻는 문항이다.

문제 분석

표는 2주기 원소 X~Z로 구성된 분자 (가)~(다)에 대한 자료이다. (가)~(다)에서 X~Z는 모두 옥텟 규칙을 만족한다. (C, N, O, F)

분자	(가)	(나)	(다)
분자식	XY_2 OF_2	ZX_2 CO_2	ZXY_2 COF_2
$\frac{\text{공유 전자쌍 수}}{\text{비공유 전자쌍 수}}$	$\frac{1}{4}$ $\frac{2}{8}$	1 $\frac{4}{4}$	a $\frac{4}{8}=\frac{1}{2}$

이에 대한 옳은 설명만을 〈보기〉에서 있는 대로 고른 것은? (단, X~Z는 임의의 원소 기호이다.) [3점]

보기

ㄱ. (가)에는 다중 결합이 있다. (없다) 모두 단일 결합(2개)

ㄴ. $a=\frac{1}{2}$이다. $\frac{4}{8}=\frac{1}{2}$

ㄷ. 공유 전자쌍 수는 (가)(2)가 (나)(4)의 2배이다. $\frac{1}{2}$배

① ㄱ ② ㄴ ③ ㄷ ④ ㄱ, ㄷ ⑤ ㄴ, ㄷ

✓ 자료 해석

- (가)의 분자식은 XY_2이고, (가)의 $\frac{\text{공유 전자쌍 수}}{\text{비공유 전자쌍 수}}=\frac{1}{4}=\frac{2}{8}$이므로 (가)는 OF_2이다. 따라서 X는 O, Y는 F이다.
- (나)의 분자식은 ZX_2이고, X가 O, $\frac{\text{공유 전자쌍 수}}{\text{비공유 전자쌍 수}}=1$이므로 (나)는 CO_2이다. 따라서 Z는 C이다.
- (다)의 분자식은 ZXY_2이므로 (다)는 COF_2이다.

분자	(가)	(나)	(다)
분자식	OF_2	CO_2	COF_2
$\frac{\text{공유 전자쌍 수}}{\text{비공유 전자쌍 수}}$	$\frac{2}{8}=\frac{1}{4}$	$\frac{4}{4}=1$	$a=\frac{4}{8}=\frac{1}{2}$

○ 보기풀이 ㄴ. (다)는 COF_2이므로 $a=\frac{4}{8}=\frac{1}{2}$이다.

× 매력적 오답 ㄱ. (가)는 OF_2이므로 다중 결합이 없다.

ㄷ. 공유 전자쌍 수는 (가)가 2, (나)가 4이므로 (나)가 (가)의 2배이다.

문제풀이 Tip

2주기 원소 중 분자 내에서 옥텟 규칙을 만족하는 원소는 C, N, O, F이다.

선택지 비율	① 4%	② 2%	❸ 79%	④ 6%	⑤ 9%

39 결합의 극성

2021년 10월 교육청 5번 | 정답 ③ | 문제편 72 p

(출제 의도) 화학 결합 모형으로부터 물질을 이루는 화학 결합의 종류와 구성 원자의 종류를 파악할 수 있는지 묻는 문항이다.

(문제 분석)

그림은 화합물 ABC와 B_2D_2의 화학 결합 모형을 나타낸 것이다.

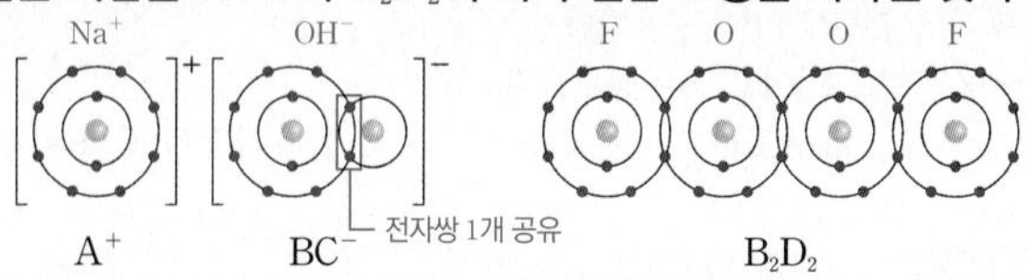

이에 대한 옳은 설명만을 〈보기〉에서 있는 대로 고른 것은? (단, A~D는 임의의 원소 기호이다.)

〈보기〉

ㄱ. A와 C는 같은 족(1족) 원소이다.

ㄴ. B_2D_2(O_2F_2)에는 무극성 공유 결합(O−O)이 있다.

ㄷ. BD_2(OF_2)에서 B는 부분적인 ~~음전하(δ^-)~~ 양전하(δ^+)를 띤다.

① ㄱ ② ㄷ ③ ㄱ, ㄴ ④ ㄴ, ㄷ ⑤ ㄱ, ㄴ, ㄷ

✔ 자료 해석

- ABC에서 A는 전자 1개를 잃고 Ne의 전자 배치를 하며, B 원자와 C 원자는 전자쌍 1개를 공유하여 각각 Ne, He의 전자 배치를 한다.
  ➡ A는 3주기 1족 원소인 나트륨(Na), B는 2주기 16족 원소인 산소(O), C는 1주기 1족 원소인 수소(H)이다.
- B_2D_2에서 D 원자는 B 원자와 전자쌍 1개를 공유하여 Ne의 전자 배치를 한다.
  ➡ D는 2주기 17족 원소인 플루오린(F)이다.
- A~D는 각각 Na, O, H, F이다.

○ 보기풀이 ㄱ. A(Na)와 C(H)는 모두 1족 원소이다.
ㄴ. B_2D_2(O_2F_2)에는 B(O) 원자 사이의 무극성 공유 결합이 있다.

× 매력적 오답 ㄷ. 전기 음성도는 B(O) < D(F)이므로 BD_2(OF_2)에서 B(O)는 부분적인 양전하(δ^+)를 띤다.

문제풀이 Tip

OH^-과 같은 다원자 이온의 화학 결합 모형이 종종 출제되므로 화학 결합 모형을 보고 바로 원소의 종류를 떠올릴 수 있도록 기억해 두자.

선택지 비율	① 2%	② 5%	③ 4%	❹ 84%	⑤ 5%

40 루이스 전자점식

2021년 10월 교육청 8번 | 정답 ④ | 문제편 72 p

(출제 의도) 루이스 전자점식으로 나타낸 물질의 구성 원소를 파악할 수 있는지 묻는 문항이다.

(문제 분석)

그림은 1, 2주기 원소(H, C, N, O, F) W~Z로 이루어진 분자 (가)와 이온 (나)의 루이스 전자점식을 나타낸 것이다.

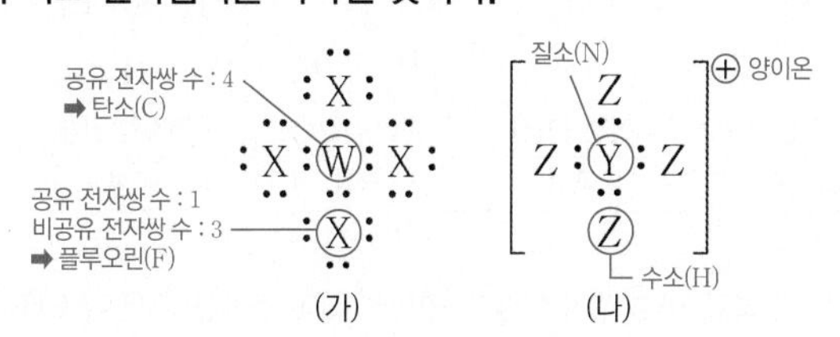

이에 대한 옳은 설명만을 〈보기〉에서 있는 대로 고른 것은? (단, W~Z는 임의의 원소 기호이다.)

〈보기〉

ㄱ. 원자가 전자 수는 X(7)와 Z(1)가 ~~같다~~. 다르다.

ㄴ. 분자의 결합각은 (가)(109.5°)가 YZ_3(NH_3(107°))보다 크다.

ㄷ. ZWY(HCN)의 분자 모양은 직선형이다.

① ㄱ ② ㄴ ③ ㄱ, ㄷ ④ ㄴ, ㄷ ⑤ ㄱ, ㄴ, ㄷ

✔ 자료 해석

- WX_4에서 중심 원자인 W의 공유 전자쌍 수가 4이므로 W는 탄소(C)이고, X는 공유 전자쌍 수가 1, 비공유 전자쌍 수가 3이므로 플루오린(F)이다.
- YZ_4^+에서 중심 원자인 Y의 공유 전자쌍 수가 4이지만 이온의 전체 전하가 +1이므로 Y는 질소(N)이고, Z는 전자쌍 1개를 공유하므로 수소(H)이다.

○ 보기풀이 ㄴ. (가)는 중심 원자에 공유 전자쌍만 4개 존재하므로 결합각이 109.5°이고, YZ_3(NH_3)는 중심 원자에 공유 전자쌍 3개와 비공유 전자쌍 1개가 존재하므로 결합각이 107°이다. 따라서 결합각은 (가)가 YZ_3(NH_3)보다 크다.
ㄷ. ZWY(HCN)의 구조식은 H−C≡N이므로 중심 원자에 비공유 전자쌍이 없고, 중심 원자에 결합한 원자 수가 2이다. 따라서 ZWY(HCN)의 분자 모양은 직선형이다.

× 매력적 오답 ㄱ. X(F)의 원자가 전자 수는 7이고, Z(H)의 원자가 전자 수는 1이다.

문제풀이 Tip

중심 원자의 공유 전자쌍 수가 4이면 분자 모양은 사면체형임을 기억해 두자.

선택지 비율	① 8%	② 3%	③ 77%	④ 4%	⑤ 8%

41 분자의 구조

2021년 10월 교육청 9번 | 정답 ③ | 문제편 72p

(출제 의도) 분자식과 공유 전자쌍 수로부터 분자의 구조와 극성을 파악할 수 있는지 묻는 문항이다.

(문제 분석)

표는 2주기 원소(C, N, O, F) X～Z로 이루어진 분자 (가)～(다)에 대한 자료이다. (가)～(다)에서 X～Z는 모두 옥텟 규칙을 만족한다.

분자	(가) O_2	(나) CO_2	(다) C_2F_4
분자식	X_2	YX_2	Y_2Z_4
공유 전자쌍 수	a =2	$2a$ =4	$2a+2$ =6

이에 대한 옳은 설명만을 〈보기〉에서 있는 대로 고른 것은? (단, X～Z는 임의의 원소 기호이다.) [3점]

〈보기〉

ㄱ. $a=2$이다.

ㄴ. (나)(CO_2)는 ~~극성~~(무극성) 분자이다.

ㄷ. 비공유 전자쌍 수는 (다)(12)가 (가)(4)의 3배이다.

① ㄱ ② ㄴ ③ ㄱ, ㄷ ④ ㄴ, ㄷ ⑤ ㄱ, ㄴ, ㄷ

✔ 자료 해석

- (나) : 중심 원자인 Y는 2개의 X 원자와 전자쌍을 공유하므로 탄소(C) 또는 산소(O)이다.
- (다) : 2개의 Y 원자는 각각 2개의 Z 원자와 전자쌍을 공유하고, Y 원자 사이에도 전자쌍을 공유한다.
  ➡ Y는 탄소(C)이고, Z는 플루오린(F)이다.
- (가)는 O_2, (나)는 CO_2, (다)는 C_2F_4이므로 X～Z는 각각 O, C, F이다.

○ 보기풀이 ㄱ. (가)는 O_2이므로 $a=2$이다.

ㄷ. (가)의 비공유 전자쌍 수는 4이고, (다)의 비공유 전자쌍 수는 12이므로 비공유 전자쌍 수는 (다)가 (가)의 3배이다.

× 매력적 오답 ㄴ. (나)(CO_2)는 극성 공유 결합(C=O)으로 이루어져 있지만 분자 모양이 직선형으로 대칭을 이루므로 무극성 분자이다.

문제풀이 Tip

2원자 분자로 존재할 수 있는 2주기 원소는 N, O, F이고, YX_2의 중심 원자인 Y의 최대 공유 전자쌍 수가 4이므로 $a=2$임을 먼저 알아낼 수 있어야 한다.

선택지 비율	① 2%	② 12%	③ 5%	④ 73%	⑤ 8%

42 분자의 구조와 극성

2021년 10월 교육청 14번 | 정답 ④ | 문제편 73p

(출제 의도) 주어진 3가지 분자의 구조와 극성을 알고 있는지 묻는 문항이다.

(문제 분석)

표는 3가지 분자 C_2H_2(무극성), CH_2O(극성), CH_2Cl_2(극성)을 기준에 따라 분류한 것이다. (C_2H_2, CH_2O: 평면 구조 / CH_2Cl_2: 입체 구조)

분류 기준	예	아니요
(가)	CH_2O	C_2H_2, CH_2Cl_2
모든 구성 원자가 동일 평면에 있는가?	㉠ C_2H_2, CH_2O	㉡ CH_2Cl_2
극성 분자인가?	㉢ CH_2O, CH_2Cl_2	㉣ C_2H_2

이에 대한 옳은 설명만을 〈보기〉에서 있는 대로 고른 것은?

〈보기〉

ㄱ. '다중 결합이 있는가?'는 (가)로 ~~적절하다~~(적절하지 않다).

ㄴ. ㉠에 해당하는 분자는 2가지이다. C_2H_2, CH_2O

ㄷ. ㉡과 ㉢에 공통으로 해당하는 분자는(입체 구조, 극성) CH_2Cl_2이다.

① ㄱ ② ㄷ ③ ㄱ, ㄴ ④ ㄴ, ㄷ ⑤ ㄱ, ㄴ, ㄷ

✔ 자료 해석

분자	C_2H_2	CH_2O	CH_2Cl_2
구조식	H−C≡C−H	:O: 가 C에 이중 결합, C에 H 2개	Cl, H−C−Cl, H
분자 모양	직선형(평면)	평면 삼각형	사면체형(입체)
분자의 극성	무극성	극성	극성

○ 보기풀이 ㄴ. 모든 구성 원자가 동일 평면에 있는 분자는 C_2H_2과 CH_2O 2가지이다.

ㄷ. ㉡과 ㉢에 공통으로 해당하는 분자, 즉 입체 구조이면서 극성인 분자는 CH_2Cl_2이다.

× 매력적 오답 ㄱ. C_2H_2에는 3중 결합이 있고, (가)에 의해 C_2H_2이 '아니요'로 분류되므로 '다중 결합이 있는가?'는 (가)로 적절하지 않다.

문제풀이 Tip

CH_2Cl_2는 분자 모양이 사면체형이지만 중심 원자인 탄소(C)에 결합한 원자의 종류가 서로 다르므로 극성 분자이다. 분자 모양이 사면체형일 때는 중심 원자에 결합한 원자의 종류가 모두 같아야 무극성 분자임을 기억해 두자.

선택지 비율	❶ 78%	② 3%	③ 11%	④ 4%	⑤ 4%

43 분자의 구조와 극성

2021년 7월 교육청 12번 | 정답 ① | 문제편 73 p

출제 의도 주어진 분자의 구조와 극성에 대하여 알고 있는지 묻는 문항이다.

문제 분석

다음은 6가지 분자를 규칙에 맞게 배치하는 탐구 활동이다.

- 6가지 분자 : N_2, O_2, H_2O, HCN, NH_3, CH_4

공유 전자쌍 수 : 3 2 2 4 3 4

[규칙]

- 분자의 공유 전자쌍 수는 그 분자가 들어갈 위치에 연결된 선의 개수와 같다.
- 분자의 쌍극자 모멘트가 0인 분자는 같은 가로줄에 배치한다.

무극성 분자 ➡ N_2, O_2, CH_4

[분자의 배치도]

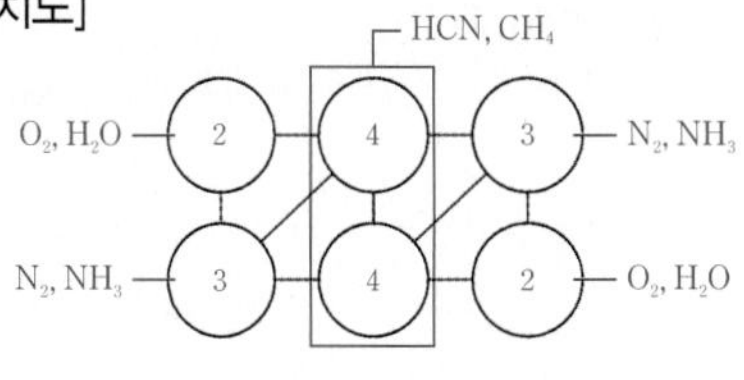

이에 대한 설명으로 옳은 것만을 〈보기〉에서 있는 대로 고른 것은?

보기

ㄱ. H_2O과 O_2는 이웃하지 않는다.

ㄴ. NH_3와 HCN는 같은 세로줄에 위치한다. 하지 않는다.

ㄷ. 입체 구조인 분자는 같은 가로줄에 위치한다. 하지 않는다.

NH_3, CH_4

① ㄱ ② ㄴ ③ ㄱ, ㄷ ④ ㄴ, ㄷ ⑤ ㄱ, ㄴ, ㄷ

✓ 자료 해석

- 6가지 분자의 공유 전자쌍 수와 극성

분자	N_2	O_2	H_2O	HCN	NH_3	CH_4
공유 전자쌍 수	3	2	2	4	3	4
분자의 극성	무극성	무극성	극성	극성	극성	무극성

○ 보기 풀이 ㄱ. 분자의 공유 전자쌍 수는 그 분자가 들어갈 위치에 연결된 선의 개수와 같으므로 각 위치에 해당하는 분자의 공유 전자쌍 수는 다음과 같다.

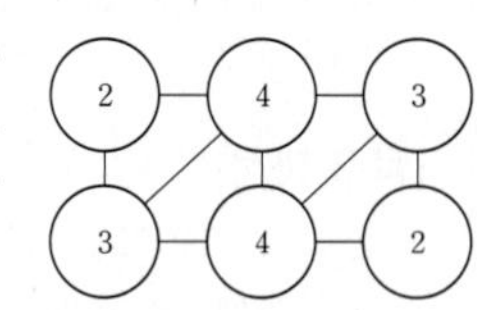

따라서 공유 전자쌍 수가 2인 H_2O과 O_2는 서로 이웃하지 않으며, 규칙에 따른 배치는 다음의 2가지가 가능하다.

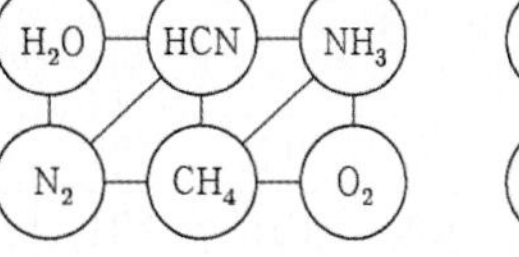

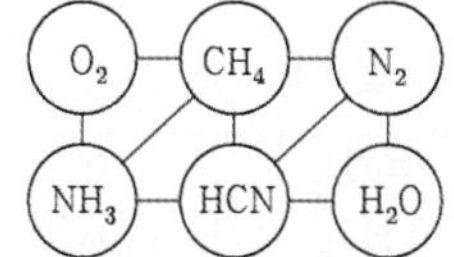

× 매력적 오답 ㄴ. NH_3는 공유 전자쌍 수가 3이고, HCN는 공유 전자쌍 수가 4이므로 같은 세로줄에 위치하지 않는다.

ㄷ. 입체 구조인 분자는 NH_3(삼각뿔형)와 CH_4(정사면체형)이다. NH_3는 쌍극자 모멘트가 0이 아닌 극성 분자이고, CH_4은 쌍극자 모멘트가 0인 무극성 분자이므로 같은 가로줄에 위치하지 않는다.

문제풀이 Tip

주어진 분자들의 공유 전자쌍을 조사하고 연결된 선의 개수에 맞도록 그림에 채워 나가면 된다. 분자의 쌍극자 모멘트가 0인 N_2, O_2, CH_4은 같은 가로줄에 배치한다.

선택지 비율	① 2%	② 4%	③ 4%	④ 3%	❺ 86%

44 분자의 구조와 전자쌍 반발 이론

2021년 7월 교육청 6번 | 정답 ⑤ | 문제편 73p

출제 의도 구성 원자 수, 전자쌍 수, 결합각 등의 조건을 활용하여 분자의 구조를 추론할 수 있는지 묻는 문항이다.

문제 분석

다음은 학생 A가 수행한 탐구 활동이다.

[가설]
- 중심 원자의 공유 전자쌍 수가 많을수록 분자의 결합각이 작아진다.

[탐구 과정]
- 중심 원자가 Be, B, C, N, O인 분자 (가)~(마)의 자료를 조사하고, 중심 원자의 공유 전자쌍 수에 따른 분자의 결합각 크기를 비교한다.

[자료 및 결과]

(가)~(다): 중심 원자에 비공유 전자쌍 × / (라), (마): 중심 원자에 비공유 전자쌍 ○

분자	(가)	(나)	(다)	(라)	(마)
분자식	BeF_2	BCl_3	CH_4	NH_3	H_2O
중심 원자의 공유 전자쌍 수	2	3	4	3	2
결합각	180°	120°	109.5°	107°	104.5°
	직선형	평면 삼각형	정사면체형	삼각뿔형	굽은 형

- 중심 원자의 공유 전자쌍 수가 다른 3개의 분자에 대한 비교 결과

비교한 3개의 분자	비교 결과
(가), (나), (다)	중심 원자의 공유 전자쌍 수가 많을수록 분자의 결합각이 작아진다. (가)>(나)>(다)
㉠	중심 원자의 공유 전자쌍 수가 많을수록 분자의 결합각이 커진다. (다)>(라)>(마)

[결론]
- 가설에 어긋나는 비교 결과가 있으므로 가설은 옳지 않다.

다음 중 ㉠으로 가장 적절한 것은?

① (가), (나), (라) ② (가), (다), (라)
③ (나), (다), (라) ④ (나), (다), (마)
⑤ (다), (라), (마)

✓ 자료 해석
- 중심 원자 주위의 전자쌍 수를 통해 분자의 구조를 예측할 수 있다.
- 중심 원자 주위의 전체 전자쌍 수가 같더라도 공유 전자쌍과 비공유 전자쌍의 수에 따라 각 전자쌍들이 이루는 각은 조금씩 달라질 수 있다.

○ 보기 풀이 ㉠은 중심 원자의 공유 전자쌍 수가 많을수록 분자의 결합각이 커지는 분자이므로 (다), (라), (마)이다. (다), (라), (마)를 비교하면 중심 원자의 공유 전자쌍 수가 많을수록 분자의 결합각이 커지므로 가설은 옳지 않다.

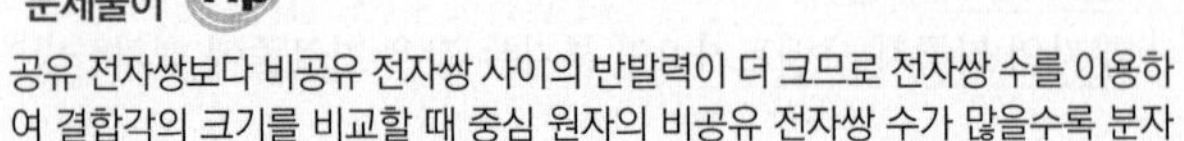

공유 전자쌍보다 비공유 전자쌍 사이의 반발력이 더 크므로 전자쌍 수를 이용하여 결합각의 크기를 비교할 때 중심 원자의 비공유 전자쌍 수가 많을수록 분자의 결합각이 작아짐을 기억해 두자.

선택지 비율	① 10%	② 5%	❸ 67%	④ 9%	⑤ 8%

45 분자의 구조

2021년 7월 교육청 16번 | 정답 ③ | 문제편 74p

출제 의도 분자의 비공유 전자쌍 수로부터 분자의 구조를 추론할 수 있는지 묻는 문항이다.

문제 분석

표는 2주기 원소 W~Z로 이루어진 분자 (가)~(라)에 대한 자료이다. (가)~(라)의 모든 원자는 옥텟 규칙을 만족한다. (C, N, O, F)

분자	(가) CO_2	(나) COF_2	(다) OF_2	(라) FCN
분자식	WX_2	WXZ_2	XZ_2	ZWY
비공유 전자쌍 수 (상댓값)	1 (4)	2 (8)	2 (8)	x (4) $=1$

이에 대한 설명으로 옳은 것만을 <보기>에서 있는 대로 고른 것은? (단, W~Z는 임의의 원소 기호이다.) [3점]

보기

ㄱ. 전기 음성도는 X > Y이다. (O>N)

ㄴ. x=4이다. (x=1)

ㄷ. (가)~(라) 중 분자 모양이 직선형인 분자는 2가지이다. (CO_2, FCN)

① ㄱ ② ㄴ ③ ㄱ, ㄷ ④ ㄴ, ㄷ ⑤ ㄱ, ㄴ, ㄷ

✓ 자료 해석

- 분자 내에서 옥텟 규칙을 만족하는 2주기 원소는 C, N, O, F이다.
- C, N, O, F 중 2가지 원소로 이루어진 3원자 분자는 CO_2와 OF_2이다.
  ➡ CO_2와 OF_2의 비공유 전자쌍 수는 각각 4, 8이므로 (가)는 CO_2이고, (다)는 OF_2이다.
- W는 탄소(C), X는 산소(O), Z는 플루오린(F)이므로 (나)는 COF_2이다.
- (라)의 중심 원자는 W(C)이고, W(C)는 Z(F) 원자와 전자쌍 1개를 공유하므로 Y 원자와는 전자쌍 3개를 공유한다. 따라서 Y는 질소(N)이고, (라)는 FCN이다.

분자	(가)	(나)	(다)	(라)
분자식	WX_2 (CO_2)	WXZ_2 (COF_2)	XZ_2 (OF_2)	ZWY (FCN)
비공유 전자쌍 수	4	8	8	4

○ 보기 풀이 ㄱ. X는 산소(O), Y는 질소(N)이므로 전기 음성도는 X(O) > Y(N)이다.

ㄷ. (가)~(라) 중 분자 모양이 직선형인 분자는 (가)와 (라) 2가지이다. (나)의 분자 모양은 평면 삼각형, (다)의 분자 모양은 굽은 형이다.

× 매력적 오답 ㄴ. (라)(FCN)의 비공유 전자쌍 수는 4이다. 따라서 x=1이다.

$:\ddot{F}-C\equiv N:$

문제풀이 Tip

C, N, O, F 중 2가지 원소로 이루어진 3원자 분자(CO_2, OF_2)의 비공유 전자쌍 수를 기억해 두자. (가)와 (다)를 빠르게 찾을 수 있다.

선택지 비율	① 12%	❷ 64%	③ 9%	④ 8%	⑤ 7%

46 루이스 전자점식

2021년 4월 교육청 3번 | 정답 ② | 문제편 74p

출제 의도 루이스 전자점식으로 나타낸 물질의 구성 원소를 파악할 수 있는지 묻는 문항이다.

문제 분석

그림은 2, 3주기 원소 X~Z로 이루어진 물질 XY, XZ의 루이스 전자점식을 나타낸 것이다. 1기압에서 녹는점은 XY > XZ이다. (이온 결합 물질)

1족 금속 원소 / 이온 사이의 거리 : XY < XZ

$X^+[:\ddot{\underset{..}{Y}}:]^-$ $X^+[:\ddot{\underset{..}{Z}}:]^-$ ➡ 이온 반지름 : $Y^- < Z^-$ (2주기) (3주기)

2주기 17족 비금속 원소 / 3주기 17족 비금속 원소

이에 대한 설명으로 옳은 것만을 <보기>에서 있는 대로 고른 것은? (단, X~Z는 임의의 원소 기호이다.) [3점]

보기

ㄱ. 원자 번호는 Y > Z이다. (<)

ㄴ. YZ에서 Y는 부분적인 음전하(δ^-)를 띤다.

ㄷ. 전기 전도성은 $Z_2(s)$ > $X(s)$이다. (<) (공유 결합 물질, 금속 결합 물질)

① ㄱ ② ㄴ ③ ㄱ, ㄷ ④ ㄴ, ㄷ ⑤ ㄱ, ㄴ, ㄷ

✓ 자료 해석

- XY, XZ는 양이온과 음이온이 결합하여 형성된 이온 결합 물질이다.
- XY, XZ에서 +1가의 양이온과 −1가의 음이온이 결합하고, X~Z는 2, 3주기 원소이므로 Y, Z는 각각 F, Cl 중 하나이다.
- 1기압에서 이온 결합 물질의 녹는점은 이온의 전하량이 클수록, 이온 사이의 거리가 짧을수록 높다. 녹는점은 XY > XZ이므로 이온 사이의 거리는 XY < XZ이다. 따라서 Y는 F, Z는 Cl이다.

○ 보기 풀이 ㄴ. 전기 음성도는 Y(F) > Z(Cl)이므로 YZ(FCl)에서 Y(F)는 부분적인 음전하(δ^-)를 띤다.

× 매력적 오답 ㄱ. 원자 번호는 Y(F) < Z(Cl)이다.

ㄷ. X^+은 금속 양이온이고, Z^-은 비금속 음이온이므로 $X(s)$는 금속 결합 물질이고 $Z_2(s)$는 공유 결합 물질이다. 금속 결합 물질은 고체 상태에서 전기 전도성이 있지만, 공유 결합 물질은 고체 상태에서 전기 전도성이 없으므로 전기 전도성은 $Z_2(s) < X(s)$이다.

문제풀이 Tip

주어진 물질이 금속 양이온과 비금속 음이온으로 구성된 이온 결합 물질임을 알고, 제시된 녹는점의 비교로부터 음이온의 종류를 파악할 수 있어야 한다.

선택지 비율	① 7%	② 6%	③ 18%	④ 10%	⑤ 59%

47 분자의 구조

2021년 4월 교육청 15번 | 정답 ⑤ | 문제편 74p

출제 의도 구성 원소와 원자 수, 공유 전자쌍 수로부터 분자의 구조를 추론할 수 있는지 묻는 문항이다.

문제 분석

표는 분자 (가)~(다)에 대한 자료이다. (가)~(다)의 모든 원자는 옥텟 규칙을 만족하고, 분자당 구성 원자 수는 4 이하이다.

분자	(가) N_2F_2	(나) NF_3	(다) O_2F_2
구성 원소	N, F	N, F	O, F
구성 원자 수	a		
공유 전자쌍 수	a	b	b

서로 같음 ➡ $a=4$ 　 서로 같음 ➡ $b=3$

이에 대한 설명으로 옳은 것만을 〈보기〉에서 있는 대로 고른 것은? [3점]

보기

ㄱ. $a=4$이다.

ㄴ. (나)(NF_3)의 분자 모양은 삼각뿔형이다.

ㄷ. (다)(O_2F_2)에는 무극성 공유 결합(O−O)이 있다.

① ㄱ ② ㄷ ③ ㄱ, ㄴ ④ ㄴ, ㄷ ⑤ ㄱ, ㄴ, ㄷ

✓ 자료 해석

- (가)와 (나)는 각각 NF_3와 N_2F_2 중 하나이고, 이 중 구성 원자 수와 공유 전자쌍 수가 같은 것은 N_2F_2이므로 (가)는 N_2F_2이고, (나)는 NF_3이다.
- (나)(NF_3)의 공유 전자쌍 수는 3이므로 (다)는 O_2F_2이다.

분자	(가)	(나)	(다)
분자식	N_2F_2	NF_3	O_2F_2
구성 원자 수	4	4	4
공유 전자쌍 수	4	3	3
구조식	:F−N=N−F:	:F−N−F: (N 아래 :F:)	:F−O−O−F:

O 보기 풀이 ㄱ. (가)는 N, F으로 이루어져 있고, 구성 원자 수와 공유 전자쌍 수가 서로 같으므로 N_2F_2이다. 따라서 $a=4$이다.

ㄴ. (나)와 (다)는 공유 전자쌍 수가 같으므로 각각 NF_3, O_2F_2이고, $b=3$이다. NF_3는 중심 원자에 비공유 전자쌍 1개가 있고 중심 원자에 결합한 원자 수가 3이므로 분자 모양은 삼각뿔형이다.

ㄷ. (다)(O_2F_2)에는 산소 원자 사이의 무극성 공유 결합(O−O)이 있다.

문제풀이 Tip

N 원자의 공유 전자쌍 수는 3, O 원자의 공유 전자쌍 수는 2임을 기억해 두자.

선택지 비율	① 71%	② 7%	③ 8%	④ 6%	⑤ 8%

48 분자의 구조와 성질

2021년 3월 교육청 6번 | 정답 ① | 문제편 74p

출제 의도 주어진 분자의 구조를 파악하고 성질에 따라 분류할 수 있는지 묻는 문항이다.

문제 분석

그림은 3가지 분자를 주어진 기준에 따라 분류한 것이다.

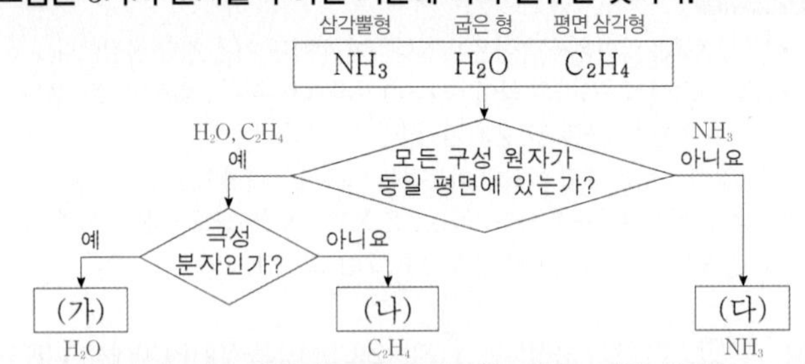

이에 대한 옳은 설명만을 〈보기〉에서 있는 대로 고른 것은?

보기

ㄱ. (가)는 $\frac{\text{비공유 전자쌍 수}}{\text{공유 전자쌍 수}}$ ~~<1이다.~~ $=\frac{2}{2}=1$이다.

ㄴ. (나)에는 무극성 공유 결합(C=C)이 있다.

ㄷ. 결합각은 (가)(104.5°)가 (다)(107°)보다 ~~크다.~~ 작다.

① ㄴ ② ㄷ ③ ㄱ, ㄴ ④ ㄱ, ㄷ ⑤ ㄱ, ㄴ, ㄷ

✓ 자료 해석

- NH_3, H_2O, C_2H_4의 구조와 극성

분자식	NH_3	H_2O	C_2H_4
구조식	H−N−H (N 위 비공유 전자쌍, 아래 H)	H−O−H (굽은 형, O에 비공유 전자쌍)	H₂C=CH₂
분자 모양	삼각뿔형	굽은 형	평면 삼각형
분자의 극성	극성	극성	무극성
결합각	107°	104.5°	120°

➡ (가)는 H_2O, (나)는 C_2H_4, (다)는 NH_3이다.

O 보기 풀이 ㄴ. (나)에는 탄소 원자 사이의 무극성 공유 결합(C=C)이 있다.

× 매력적 오답 ㄱ. (가)(H_2O)는 공유 전자쌍 수가 2, 비공유 전자쌍 수가 2이므로 $\frac{\text{비공유 전자쌍 수}}{\text{공유 전자쌍 수}}=1$이다.

ㄷ. (가)는 굽은 형 구조이므로 결합각이 104.5°이고, (다)는 삼각뿔형 구조이므로 결합각이 107°이다. 따라서 결합각은 (가)가 (다)보다 작다.

문제풀이 Tip

중심 원자 주위의 전체 전자쌍 수가 같은 경우, 비공유 전자쌍이 많을수록 결합각이 작아진다는 것을 기억해 두자.

선택지 비율	① 6%	② 6%	❸ 69%	④ 8%	⑤ 11%

49 분자의 구조와 성질

2021년 3월 교육청 12번 | 정답 ③ | 문제편 75 p

출제 의도 분자의 구조식으로부터 분자의 구조를 추론할 수 있는지 묻는 문항이다.

문제 분석

표는 2주기 원소 W~Z로 이루어진 분자 (가)~(다)에 대한 자료이다. (가)~(다)에서 모든 원자는 옥텟 규칙을 만족한다. (C, N, O, F)

분자	(가) CO_2	(나) FCN	(다) NOF
구조식	X=W=X (O=C=O)	Y−W≡Z (F−C≡N)	Y−Z=X (F−N=O)

이에 대한 옳은 설명만을 〈보기〉에서 있는 대로 고른 것은? (단, W~Z는 임의의 원소 기호이다.) [3점]

〈보기〉
ㄱ. (나)(FCN)의 분자 모양은 직선형이다.
ㄴ. 분자의 쌍극자 모멘트는 (다)(극성 분자)가 (가)(무극성 분자)보다 크다.
ㄷ. (나)(−3)와 (다)(+3)에서 Z의 산화수는 ~~같다~~. 다르다.

① ㄱ ② ㄷ ③ ㄱ, ㄴ ④ ㄴ, ㄷ ⑤ ㄱ, ㄴ, ㄷ

✓ 자료 해석
- (가) : 중심 원자인 W의 비공유 전자쌍 수는 0이고, W 원자는 2개의 X 원자와 각각 2개의 전자쌍을 공유한다. 따라서 W는 탄소(C)이고, X는 산소(O)이다. ➡ CO_2
- (나) : 중심 원자인 W가 Y 원자와 전자쌍 1개를 공유하고 Z 원자와 전자쌍 3개를 공유하므로 Y는 플루오린(F)이고, Z는 질소(N)이다. ➡ FCN
- (다) : 중심 원자인 Z가 Y 원자와 전자쌍 1개를 공유하고 X 원자와 전자쌍 2개를 공유한다. ➡ NOF

O 보기풀이 ㄱ. (나)의 구조식은 F−C≡N이고 중심 원자에 비공유 전자쌍이 없으므로 분자 모양은 직선형이다.
ㄴ. (가)는 무극성 분자이고, (다)는 극성 분자이므로 분자의 쌍극자 모멘트는 (다)가 (가)보다 크다.

× 매력적 오답 ㄷ. Z(N)의 산화수는 (나)에서 −3, (다)에서 +3이다.

문제풀이 Tip

구성 원자가 모두 옥텟 규칙을 만족하므로 중심 원자 주위의 (공유 전자쌍 수+비공유 전자쌍 수)=4이고, 분자 내에서 옥텟 규칙을 만족하는 2주기 원소는 C, N, O, F임을 기억해 두자.

선택지 비율	① 6%	❷ 55%	③ 12%	④ 16%	⑤ 11%

50 분자의 구조와 성질

2021년 3월 교육청 14번 | 정답 ② | 문제편 75 p

출제 의도 분자식과 비공유 전자쌍 수로부터 옥텟 규칙을 만족하는 분자의 구조를 파악할 수 있는지 묻는 문항이다.

문제 분석

표는 2주기 원소 X와 Y로 이루어진 분자 (가)~(다)에 대한 자료이다. (가)~(다)에서 모든 원자는 옥텟 규칙을 만족한다. (C, N, O, F / 공유 결합 물질)

분자	분자식	비공유 전자쌍 수
(가)	N_2F_2 X_aY_a	8
(나)	N_2F_4 X_aY_{a+2}	14
(다)	NF_3 X_bY_{a+1}	10

(Y 2개 ↑ / 6개 차이 ➡ Y 원자 1개당 비공유 전자쌍 3개)

이에 대한 옳은 설명만을 〈보기〉에서 있는 대로 고른 것은? (단, X와 Y는 임의의 원소 기호이다.) [3점]

〈보기〉
ㄱ. X는 ~~16족~~ 15족 원소이다.
ㄴ. $a+b=3$이다. $a=2, b=1$
ㄷ. (가)~(다)에서 다중 결합이 있는 분자는 ~~2가지이다~~. (가) 1가지이다.

① ㄱ ② ㄴ ③ ㄱ, ㄷ ④ ㄴ, ㄷ ⑤ ㄱ, ㄴ, ㄷ

✓ 자료 해석
- (가)~(다)는 2주기 원소 X와 Y로 이루어진 분자이므로 공유 결합 물질이며, X와 Y는 각각 C, N, O, F 중 하나이다.
- (가)와 (나)의 비공유 전자쌍 수 차가 6이므로 Y 원자 1개당 비공유 전자쌍 수는 3이다. 따라서 Y는 플루오린(F)이다.
- (가)는 비공유 전자쌍 수가 8이므로 N_2F_2이다. 따라서 X는 질소(N)이다.
- (나)는 N_2F_4이고, (다)는 NF_3이다.

O 보기풀이 ㄴ. (가)는 N_2F_2이고, (다)는 NF_3이므로 $a=2$, $b=1$이다. 따라서 $a+b=3$이다.

× 매력적 오답 ㄱ. X는 2주기 15족 원소인 질소(N)이다.
ㄷ. (가)~(다)의 구조식은 다음과 같다.

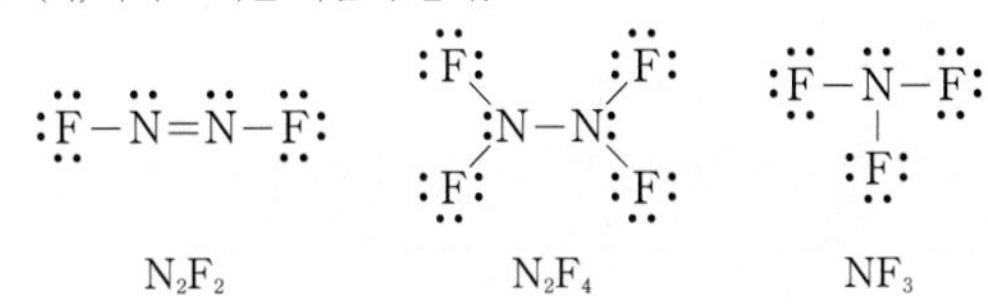

따라서 다중 결합이 있는 분자는 (가)(N_2F_2) 1가지이다.

문제풀이 Tip

C, N, O, F 중 2가지 원소가 1 : 1로 결합하여 이루어진 분자로는 C_2F_2, N_2F_2, O_2F_2가 있고, 이들의 비공유 전자쌍 수는 각각 6, 8, 10이다. 자주 출제되는 분자들의 비공유 전자쌍 수를 기억해 두자.

선택지 비율	① 2%	② 2%	③ 5%	④ 8%	❺ 83%

51 루이스 전자점식

2020년 10월 교육청 7번 | 정답 ⑤ | 문제편 75p

(출제 의도) 물질을 구성하는 원소의 종류에 따른 화학 결합의 원리를 이해하고 있는지 묻는 문항이다.

(문제 분석)

그림은 2주기 원자 A~D의 루이스 전자점식을 나타낸 것이다.

Li A· N ·B· O :C· F :D·

이에 대한 옳은 설명만을 〈보기〉에서 있는 대로 고른 것은? (단, A~D는 임의의 원소 기호이다.)

보기

ㄱ. 고체 상태에서 전기 전도성은 A > AD이다. (금속, 이온 결합 물질)

ㄴ. BD_3(NF_3) 분자에서 B는 부분적인 (+)전하를 띤다. 전기 음성도 : D > B

ㄷ. CD_2(OF_2) 분자에서 비공유 전자쌍 수는 8이다.

① ㄱ ② ㄴ ③ ㄱ, ㄷ ④ ㄴ, ㄷ ⑤ ㄱ, ㄴ, ㄷ

✓ 자료 해석

- A~D의 원자가 전자 수는 각각 1, 5, 6, 7이므로 A~D는 각각 리튬(Li), 질소(N), 산소(O), 플루오린(F)이다.
- A는 금속 원소이고, B~D는 비금속 원소이다.

O 보기 풀이 ㄱ. A는 금속 원소인 리튬(Li)이고, D는 비금속 원소인 플루오린(F)이므로 AD(LiF)는 이온 결합 물질이다. 금속은 고체 상태에서 자유 전자의 이동이 자유로우므로 전기 전도성이 있지만, 이온 결합 물질은 고체 상태에서 이온의 이동이 자유롭지 않으므로 전기 전도성이 없다. 따라서 고체 상태에서 전기 전도성은 A > AD이다.

ㄴ. 전기 음성도는 D(F) > B(N)이므로 BD_3(NF_3) 분자에서 B(N)는 부분적인 (+)전하를 띤다.

ㄷ. CD_2(OF_2) 분자는 중심 원자인 C(O)에 2개의 비공유 전자쌍이 있고, D(F) 원자 1개당 3개의 비공유 전자쌍이 있다. 따라서 CD_2(OF_2) 분자에서 비공유 전자쌍 수는 8이다.

문제풀이 Tip

루이스 전자점식으로부터 각 원자의 원자가 전자 수를 판단하고 원소의 종류를 결정할 수 있어야 하며, 분자 내에서 원자가 띠는 부분 전하를 판단하기 위해서 전기 음성도의 대소 관계를 알고 있어야 한다. 같은 주기에서는 원자 번호가 커질수록 전기 음성도가 증가한다.

선택지 비율	① 6%	❷ 77%	③ 4%	④ 3%	⑤ 9%

52 분자의 구조

2020년 10월 교육청 11번 | 정답 ② | 문제편 75p

(출제 의도) CO_2, BF_3, H_2O의 분자 구조와 극성에 대하여 알고 있는지 묻는 문항이다.

(문제 분석)

다음은 분자 (가)~(다)에 대한 자료이다. (가)~(다)는 각각 H_2O, CO_2, BF_3 중 하나이다.

- 구성 원자 수는 (나) > (가)이다. (BF_3(4), CO_2(3))
- 중심 원자의 원자 번호는 (다) > (가)이다. (H_2O(8), CO_2(6))

이에 대한 옳은 설명만을 〈보기〉에서 있는 대로 고른 것은?

보기

ㄱ. (가)는 H_2O이다. (CO_2)

ㄴ. 결합각은 (가) > (다)이다. (180°, 104.5°)

ㄷ. 분자의 쌍극자 모멘트는 (나) > (다)이다. (무극성 분자 < 극성 분자)

① ㄱ ② ㄴ ③ ㄷ ④ ㄱ, ㄴ ⑤ ㄴ, ㄷ

✓ 자료 해석

- H_2O, CO_2, BF_3의 구성 원자 수와 중심 원자

분자	H_2O	CO_2	BF_3
구성 원자 수	3	3	4
중심 원자	O(산소)	C(탄소)	B(붕소)

➡ 구성 원자 수가 가장 큰 (나)는 BF_3이고, 중심 원자의 원자 번호는 H_2O이 CO_2보다 크므로 (가)는 CO_2, (다)는 H_2O이다.

O 보기 풀이 ㄴ. (가)(CO_2)는 직선형 구조이므로 결합각이 180°이고, (다)(H_2O)는 굽은 형 구조이므로 결합각이 104.5°이다. 따라서 결합각은 (가) > (다)이다.

× 매력적 오답 ㄱ. 구성 원자 수는 BF_3가 4, CO_2와 H_2O이 3이므로 (나)는 BF_3이다. 따라서 (가)와 (다)는 각각 CO_2와 H_2O 중 하나인데, 중심 원자의 원자 번호는 CO_2가 6, H_2O이 8이므로 (가)는 CO_2이고, (다)는 H_2O이다.

ㄷ. (나)(BF_3)는 무극성 분자이므로 쌍극자 모멘트가 0이고, (다)(H_2O)는 극성 분자이므로 쌍극자 모멘트가 0보다 크다. 따라서 분자의 쌍극자 모멘트는 (다) > (나)이다.

문제풀이 Tip

몇 가지 분자의 분자식을 제시하고 분자의 구조, 극성, 결합각 등에 대하여 묻는 문항이 자주 출제된다. CO_2, BF_3, H_2O과 같이 자주 출제되는 분자는 분자의 구조, 극성, 결합각 등을 기억해 두자.

선택지 비율	① 2%	② 7%	③ 3%	❹ 86%	⑤ 2%

53 화학 결합 모형과 분자의 구조

2020년 10월 교육청 14번 | 정답 ④ | 문제편 76 p

출제 의도 이온 결합 물질과 공유 결합 물질의 화학 결합 모형을 이해하고 분자의 구조를 추론할 수 있는지 묻는 문항이다.

문제분석

그림은 화합물 WX(MgO)와 YXZ_2(COF_2)를 화학 결합 모형으로 나타낸 것이다.

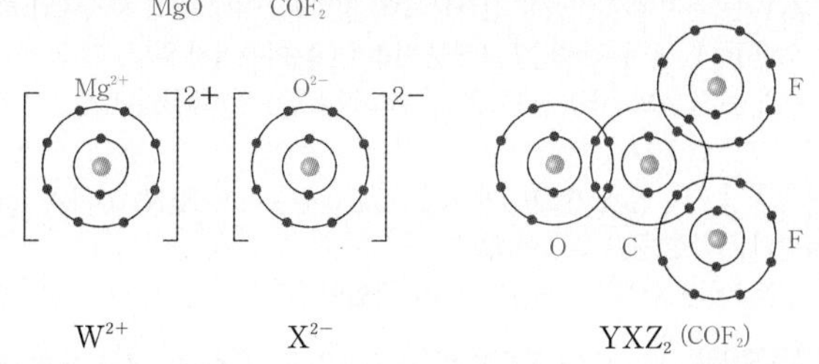

이에 대한 옳은 설명만을 〈보기〉에서 있는 대로 고른 것은? (단, W~Z는 임의의 원소 기호이다.) [3점]

보기

ㄱ. 원자가 전자 수는 X(6) > Y(4)이다.

ㄴ. W와 Y는 ~~같은 주기 원소이다~~. W는 3주기, Y는 2주기 원소이다.

ㄷ. YXZ_2 분자에서 모든 원자는 동일 평면에 존재한다. (평면 삼각형)

① ㄴ ② ㄷ ③ ㄱ, ㄴ ④ ㄱ, ㄷ ⑤ ㄴ, ㄷ

✔ 자료 해석

- W는 전자 2개를 잃고 Ne의 전자 배치를 하므로 3주기 2족 원소인 마그네슘(Mg)이고, X는 전자 2개를 얻어 Ne의 전자 배치를 하므로 2주기 16족 원소인 산소(O)이다.
- Y는 YXZ_2의 중심 원자이고, 전자쌍 4개를 공유하므로 2주기 14족 원소인 탄소(C)이다.
- Z는 YXZ_2에서 중심 원자와 단일 결합을 형성하므로 2주기 17족 원소인 플루오린(F)이다.

O 보기 풀이 ㄱ. X는 산소(O)이므로 원자가 전자 수가 6이고, Y는 탄소(C)이므로 원자가 전자 수가 4이다. 따라서 원자가 전자 수는 X > Y이다.

ㄷ. YXZ_2(COF_2)는 중심 원자에 비공유 전자쌍이 없고, 중심 원자에 결합한 원자 수가 3이다. 따라서 YXZ_2(COF_2)의 분자 구조는 평면 삼각형이므로 YXZ_2(COF_2) 분자에서 모든 원자는 동일 평면에 존재한다.

✖ 매력적 오답 ㄴ. W(Mg)는 3주기 원소이고, Y(C)는 2주기 원소이다.

문제풀이 Tip

이온 결합 물질 또는 공유 결합 물질의 화학 결합 모형을 보고 구성 원소를 결정하는 문항의 출제 빈도가 높다. 이온 결합 물질의 화학 결합 모형에서는 잃거나 얻은 전자 수를, 공유 결합 물질의 화학 결합 모형에서는 공유한 전자쌍 수를 이용하여 각 원자의 원자가 전자 수를 결정하고, 이로부터 원소의 종류를 결정해야 한다.

선택지 비율	① 6%	❷ 46%	③ 12%	④ 21%	⑤ 15%

54 화학 결합과 분자의 구조

2020년 10월 교육청 19번 | 정답 ② | 문제편 76 p

출제 의도 구성 원소의 종류와 수, 공유 전자쌍 수 등의 자료를 활용하여 분자식과 분자의 구조를 추론할 수 있는지 묻는 문항이다.

문제분석

표는 2주기 원소 X~Z로 이루어진 분자 (가)~(다)(C, N, O, F)에 대한 자료이다. (가)~(다)의 모든 원자는 옥텟 규칙을 만족한다.

분자	(가) FCN	(나) C_2F_2	(다) N_2F_2
구성 원소	X, Y, Z (F C N)	X, Y	X, Z
구성 원자 수	3	4	4
$\frac{\text{비공유 전자쌍 수}}{\text{공유 전자쌍 수}}$(상댓값)	5 (1)	6 $\left(\frac{6}{5}\right)$	10 (2)

(가)~(다)에 대한 옳은 설명만을 〈보기〉에서 있는 대로 고른 것은? (단, X~Z는 임의의 원소 기호이다.) [3점]

보기

ㄱ. (가)의 분자 모양은 ~~굽은형~~(직선형)이다.

ㄴ. 무극성 공유 결합이 있는 것은 2가지((나)와 (다))이다.

ㄷ. 다중 결합이 있는 것은 ~~2가지이다~~. 3가지이다.

① ㄱ ② ㄴ ③ ㄱ, ㄴ ④ ㄱ, ㄷ ⑤ ㄴ, ㄷ

✔ 자료 해석

- 분자 내에서 옥텟 규칙을 만족하는 2주기 원소는 C, N, O, F이다.
- C, N, O, F 중 3가지 원소로 이루어진 3원자 분자는 FCN과 NOF이다. $\frac{\text{비공유 전자쌍 수}}{\text{공유 전자쌍 수}}$는 FCN이 $\frac{4}{4}=1$, NOF(O=N−F)이 $\frac{6}{3}=2$이므로 주어진 조건을 만족하는 (가)는 FCN이다.
- (가)~(다)에 해당하는 분자

분자	(가)	(나)	(다)
구조식	F−C≡N	F−C≡C−F	F−N=N−F
$\frac{\text{비공유 전자쌍 수}}{\text{공유 전자쌍 수}}$	$\frac{4}{4}=1$	$\frac{6}{5}$	$\frac{8}{4}=2$

O 보기 풀이 ㄴ. 같은 원자 사이의 무극성 공유 결합을 포함하는 것은 (나)와 (다) 2가지이다.

✖ 매력적 오답 ㄱ. (가)(FCN)는 중심 원자에 비공유 전자쌍이 없고, 중심 원자에 결합한 원자 수가 2이므로 분자 모양이 직선형이다.

ㄷ. (가)와 (나)에는 3중 결합, (다)에는 2중 결합이 있으므로 (가)~(다)에는 모두 다중 결합이 있다.

문제풀이 Tip

C, N, O, F 중 3가지 원소로 구성된 3원자 분자는 FCN 외에 NOF도 있음에 유의하여 (가)에 해당하는 분자를 먼저 결정해야 한다. N, O, F의 비공유 전자쌍 수는 각각 1, 2, 3이므로 NOF(O=N−F)에서 $\frac{\text{비공유 전자쌍 수}}{\text{공유 전자쌍 수}}=\frac{6}{3}=2$인데, (가)가 NOF인 경우 (나)와 (다)로 가능한 분자가 없기 때문에 (가)는 FCN이다.

선택지 비율	① 5%	② 3%	❸ 73%	④ 5%	⑤ 14%

55 화학 결합 모형과 분자의 구조

2020년 7월 교육청 6번 | 정답 ③ | 문제편 76p

출제 의도 화학 결합과 분자의 구조에 대하여 묻는 문항이다.

문제 분석

그림은 분자 X_2Y_2와 Z_2Y_2를 화학 결합 모형으로 나타낸 것이다.

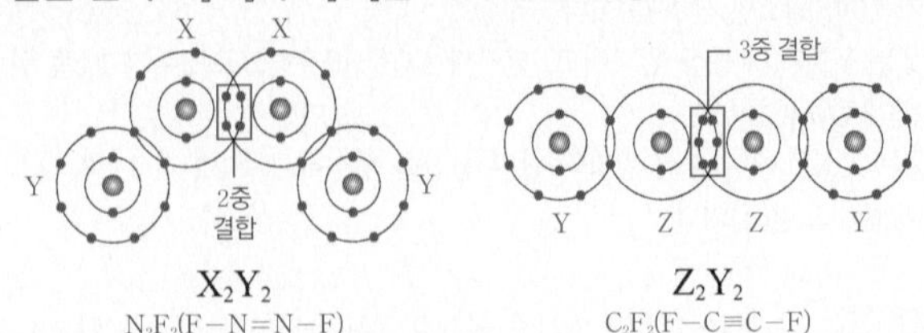

X_2Y_2 / N_2F_2(F−N=N−F) Z_2Y_2 / C_2F_2(F−C≡C−F)

이에 대한 설명으로 옳은 것만을 〈보기〉에서 있는 대로 고른 것은? (단, X~Z는 임의의 원소 기호이다.)

〈보기〉

ㄱ. X_2Y_2와 Z_2Y_2에는 모두 무극성 공유 결합이 있다.

ㄴ. X_2에는 다중 결합이 있다. ➡ 3중 결합(X≡X)

ㄷ. YZX(FCN(F−C≡N))의 분자 구조는 ~~굽은 형이다~~. 직선형이다.

① ㄱ ② ㄷ ③ ㄱ, ㄴ ④ ㄴ, ㄷ ⑤ ㄱ, ㄴ, ㄷ

✓ 자료 해석

- X_2Y_2는 분자에서 비공유 전자쌍 수가 3이고 공유 전자쌍 수가 1인 플루오린(F)과, 비공유 전자쌍 수가 1이고 공유 전자쌍 수가 3인 질소(N)로 이루어져 있다.
- Z_2Y_2는 분자에서 비공유 전자쌍 수가 3이고 공유 전자쌍 수가 1인 플루오린(F)과, 공유 전자쌍만 4개인 탄소(C)로 이루어져 있다.
  ➡ Y는 플루오린(F)이므로 X는 질소(N), Z는 탄소(C)이다.

○ 보기 풀이 ㄱ. $X_2Y_2(N_2F_2)$와 $Z_2Y_2(C_2F_2)$에는 각각 X(N) 원자와 Z(C) 원자 사이의 무극성 공유 결합이 있다.

ㄴ. $X_2(N_2)$에는 X(N) 원자 사이의 3중 결합이 있다.

× 매력적 오답 ㄷ. YZX(FCN)의 구조식은 F−C≡N이므로 중심 원자에 비공유 전자쌍이 없고, 중심 원자에 결합한 원자 수가 2이다. 따라서 YZX(FCN)의 분자 구조는 직선형이다.

문제풀이 Tip

화학 결합 모형에서 구성 원자의 공유 전자쌍 수와 비공유 전자쌍 수로부터 구성 원소의 원자가 전자 수를 결정할 수 있어야 한다.

선택지 비율	① 5%	② 8%	③ 12%	④ 13%	❺ 62%

56 루이스 전자점식과 화학 결합의 원리

2020년 7월 교육청 13번 | 정답 ⑤ | 문제편 76p

출제 의도 원자의 루이스 전자점식과 화학 결합의 원리를 이해하고 있는지 묻는 문항이다.

문제 분석

다음은 2, 3주기 원소 X~Z의 루이스 전자점식과 분자 (가)~(다)에 대한 자료이다. (가)~(다)를 구성하는 모든 원자는 옥텟 규칙을 만족한다.

- X~Z의 루이스 전자점식

:Ẍ· :Ÿ· ·Z̈·

(X, Y: 17족 ➡ F 또는 Cl / Z: 15족 ➡ N 또는 P)

- (가)~(다)에 대한 자료

분자	(가) Cl_2	(나) ClF	(다) NF_3
원소의 종류	X	X, Y	Y, Z
분자 1몰에 들어 있는 전자의 양(몰)	a	26	a

└ 원소의 원자 번호 합

이에 대한 설명으로 옳은 것만을 〈보기〉에서 있는 대로 고른 것은? (단, X~Z는 임의의 원소 기호이다.) [3점]

〈보기〉

ㄱ. a=34이다.

ㄴ. 바닥상태에서 원자가 전자의 주 양자수(n)(주기)는 X>Z(3 > 2)이다.

ㄷ. (나)에서 Y는 부분적인 (−)전하를 띤다.
전기 음성도 : Y(F)>X(Cl) ➡ $F^{\delta-}-Cl^{\delta+}$

① ㄱ ② ㄷ ③ ㄱ, ㄴ ④ ㄴ, ㄷ ⑤ ㄱ, ㄴ, ㄷ

✓ 자료 해석

- X, Y는 17족 원소이므로 각각 플루오린(F)과 염소(Cl) 중 하나이고, Z는 15족 원소이므로 질소(N) 또는 인(P)이다.
- (가)~(다)의 분자식은 각각 X_2, XY, ZY_3이다.
- 분자 1 mol에 들어 있는 전자의 양(mol)은 구성 원소의 원자 번호의 합과 같다.
  ➡ (가)가 F_2이면 a=18이므로 (다)로 가능한 분자가 없다. 따라서 (가)는 Cl_2이고 a=34이므로 (다)는 NF_3이다.
- (가)~(다)는 각각 Cl_2, ClF, NF_3이므로 X~Z는 각각 염소(Cl), 플루오린(F), 질소(N)이다.

○ 보기 풀이 ㄱ. $X_2(Cl_2)$ 1 mol에 들어 있는 전자의 양은 34 mol이므로 a=34이다.

ㄴ. 바닥상태에서 원자가 전자의 주 양자수(n)는 원소의 주기와 같다. X(Cl)는 3주기 원소이고, Z(N)는 2주기 원소이므로 원자가 전자의 주 양자수(n)는 X>Z이다.

ㄷ. 극성 공유 결합에서 전기 음성도가 더 큰 원자가 부분적인 (−)전하를 띤다. Y(F)와 Z(Cl)는 모두 17족 원소이고, 같은 족에서는 원자 번호가 작을수록 전기 음성도가 크므로 (나)(ClF)에서 Y가 부분적인 (−)전하를 띤다.

문제풀이 Tip

분자 1 mol에 들어 있는 전자의 양(mol)은 구성 원소의 원자 번호 합과 같다는 것을 알고, 이를 이용하여 분자 (가)~(다)의 분자식을 결정할 수 있어야 한다.

선택지 비율	❶ 83%	② 3%	③ 7%	④ 3%	⑤ 4%

57 극성 공유 결합과 분자의 극성

2020년 4월 교육청 3번 | 정답 ① | 문제편 77p

출제 의도 극성 공유 결합의 원리를 알고 있는지 묻는 문항이다.

문제 분석

그림은 분자 AB, BC의 모형에 부분적인 양전하(δ^+)와 부분적인 음전하(δ^-)를 표시한 모습을 나타낸 것이다. (부분적인 양전하: 전기 음성도가 작은 원자 / 부분적인 음전하: 전기 음성도가 큰 원자)

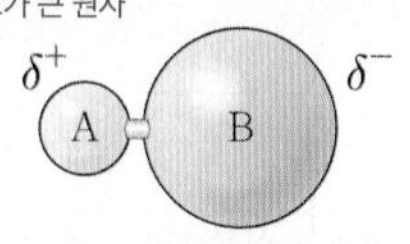

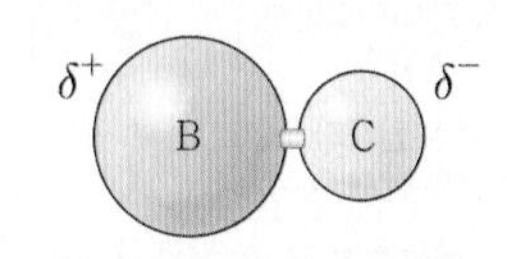

AB 전기 음성도 : B>A　　BC 전기 음성도 : C>B
C>B>A

이에 대한 설명으로 옳은 것만을 〈보기〉에서 있는 대로 고른 것은? (단, A~C는 임의의 원소 기호이다.) [3점]

보기
ㄱ. AB에는 극성 공유 결합이 있다.
ㄴ. BC의 쌍극자 모멘트는 ~~0이다.~~ 0보다 크다.
ㄷ. 전기 음성도는 ~~A>C이다.~~ C>A이다.

① ㄱ　② ㄴ　③ ㄱ, ㄷ　④ ㄴ, ㄷ　⑤ ㄱ, ㄴ, ㄷ

✔ 자료 해석

• 서로 다른 종류의 원자가 공유하는 전자쌍은 전기 음성도가 큰 원자 쪽으로 치우치므로 극성 공유 결합에서 전기 음성도가 큰 원자는 부분적인 음전하(δ^-)를 띠고, 전기 음성도가 작은 원자는 부분적인 양전하(δ^+)를 띤다.
➡ 전기 음성도는 B>A이고 C>B이므로 C>B>A이다.

○ 보기 풀이 ㄱ. AB에서 A는 부분적인 양전하(δ^+)를, B는 부분적인 음전하(δ^-)를 띠므로 A와 B 사이의 공유 결합은 극성 공유 결합이다.

✕ 매력적 오답 ㄴ. 극성 공유 결합으로 형성된 이원자 분자는 극성 분자이다. 따라서 BC의 쌍극자 모멘트는 0보다 크다.
ㄷ. 전기 음성도는 AB에서 B>A이고 BC에서 C>B이므로 C>B>A이다.

문제풀이 Tip
극성 공유 결합에서 부분적인 음전하(δ^-)를 띠는 원자의 전기 음성도가 더 크다는 점을 기억해 두자.

선택지 비율	① 15%	❷ 61%	③ 9%	④ 9%	⑤ 6%

58 공유 결합의 원리

2020년 7월 교육청 14번 | 정답 ② | 문제편 77p

출제 의도 분자의 공유 전자쌍 수와 비공유 전자쌍 수, 쌍극자 모멘트를 활용하여 (가)~(라)의 분자식을 결정할 수 있는지 묻는 문항이다.

문제 분석

표는 원소 X~Z로 이루어진 분자 (가)~(라)에 대한 자료이다. X~Z는 각각 C, O, F 중 하나이며, 분자당 구성 원자 수는 4 이하이다. (가)~(라)의 모든 원자는 옥텟 규칙을 만족한다. (C, O, F으로 이루어진 무극성 분자 : CO_2, C_2F_2, CF_4 / CF_4 제외)

분자	구성 원소	$\frac{\text{비공유 전자쌍 수}}{\text{공유 전자쌍 수}}$	분자의 쌍극자 모멘트
C_2F_2 (가)	X, Y	$\frac{6}{5}$	0 ➡ 무극성 분자
O_2F_2 (나)	X, Z	$\frac{10}{3}$	-
CO_2 (다)	Y, Z	1	0 ➡ 무극성 분자
COF_2 (라)	X, Y, Z	2	-

(가)~(라)에 관한 설명으로 옳은 것만을 〈보기〉에서 있는 대로 고른 것은? [3점]

보기
ㄱ. 다중 결합이 있는 분자는 ~~2가지이다.~~ (가), (다), (라) 3가지이다.
ㄴ. (다)(직선형)와 (라)(평면 삼각형)는 ~~입체 구조이다.~~ 평면 구조이다.
ㄷ. 분자당 구성 원자 수가 같은 분자는 3가지이다. (가), (나), (라)

① ㄱ　② ㄷ　③ ㄱ, ㄴ　④ ㄴ, ㄷ　⑤ ㄱ, ㄴ, ㄷ

✔ 자료 해석

• (가)와 (다)는 분자의 쌍극자 모멘트가 0인 무극성 분자이므로 (가)와 (다)로 가능한 것은 CO_2와 C_2F_2이다.

분자	CO_2	C_2F_2
구조식	O=C=O	F−C≡C−F
$\frac{\text{비공유 전자쌍 수}}{\text{공유 전자쌍 수}}$	$\frac{4}{4}=1$	$\frac{6}{5}$

➡ (가)는 C_2F_2이고, (다)는 CO_2이므로 X는 플루오린(F), Y는 탄소(C), Z는 산소(O)이다.
• (나)와 (라)는 각각 O_2F_2, COF_2이다.

분자	O_2F_2	COF_2
구조식	F−O−O−F	O=C(−F)−F
$\frac{\text{비공유 전자쌍 수}}{\text{공유 전자쌍 수}}$	$\frac{10}{3}$	$\frac{8}{4}=2$

○ 보기 풀이 ㄷ. (가)~(라)의 분자식은 각각 C_2F_2, O_2F_2, CO_2, COF_2이므로 분자당 구성 원자 수는 (가), (나), (라)가 4이고 (다)가 3이다.

✕ 매력적 오답 ㄱ. 다중 결합이 있는 분자는 (가), (다), (라) 3가지이다.
ㄴ. (다)(CO_2)의 분자 구조는 직선형, (라)(COF_2)의 분자 구조는 평면 삼각형이므로 (다)와 (라)는 모두 평면 구조이다.

문제풀이 Tip
(나)와 (라)는 분자의 쌍극자 모멘트가 주어지지 않았으므로 (가)와 (다)의 분자식부터 결정하자. 그리고 C, O, F 중 2가지 원소로 이루어진 무극성 분자 중 CF_4는 분자당 구성 원자 수가 4 이하라는 조건에 어긋나므로 제외시켜야 한다.

선택지 비율	① 4%	❷ 75%	③ 7%	④ 7%	⑤ 7%

59 분자의 구조와 결합각

2020년 4월 교육청 4번 | 정답 ② | 문제편 77 p

출제 의도 전자쌍 반발 이론을 적용하여 분자의 구조 및 결합각을 예측할 수 있는지 묻는 문항이다.

문제 분석

그림은 BCl_3, NH_3의 결합각을 기준으로 분류한 영역 Ⅰ~Ⅲ을 나타낸 것이다. α, β는 각각 BCl_3, NH_3의 결합각 중 하나이다.

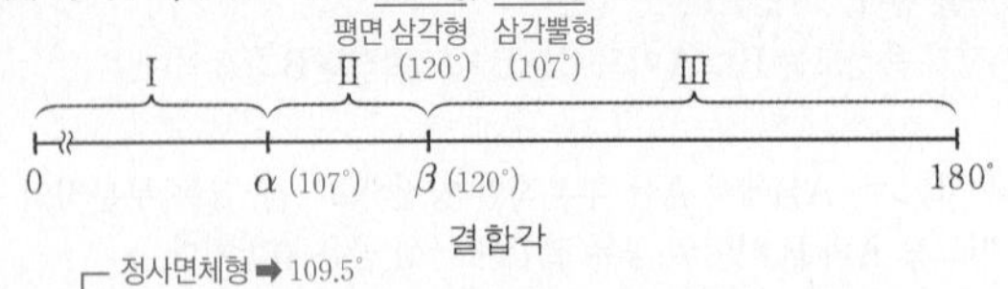

H_2O과 CH_4의 결합각이 속하는 영역으로 옳은 것은?

(굽은 형 ➡ 104.5°, 정사면체형 ➡ 109.5°)

	H_2O의 결합각	CH_4의 결합각
①	Ⅰ	Ⅰ
②	Ⅰ	Ⅱ
③	Ⅱ	Ⅱ
④	Ⅱ	Ⅲ
⑤	Ⅲ	Ⅰ

✓ 자료 해석

• 중심 원자 주위의 전자쌍 수에 따른 BCl_3, H_2O, NH_3, CH_4의 분자 구조와 결합각

분자	BCl_3	H_2O	NH_3	CH_4
중심 원자에 결합한 원자 수	3	2	3	4
중심 원자의 비공유 전자쌍 수	0	2	1	0
분자 모양	평면 삼각형	굽은 형	삼각뿔형	정사면체형
결합각	120°	104.5°	107°	109.5°

ㅇ 보기 풀이 BCl_3, NH_3의 결합각은 각각 120°, 107°이므로 $\alpha=107°$, $\beta=120°$이다. H_2O, NH_3, CH_4은 모두 중심 원자 주위의 전자쌍 수가 4로 같지만, 비공유 전자쌍 수는 H_2O, NH_3, CH_4이 각각 2, 1, 0이다. 중심 원자 주위의 전체 전자쌍 수가 같을 때는 비공유 전자쌍이 많을수록 결합각이 작아지므로 H_2O의 결합각은 영역 Ⅰ에 속한다. 한편, CH_4은 중심 원자에 공유 전자쌍만 4개 존재하므로 NH_3보다 결합각이 크지만 중심 원자에 공유 전자쌍만 3개 존재하는 BCl_3보다는 결합각이 작다. 따라서 CH_4의 결합각은 영역 Ⅱ에 속한다.

문제풀이 Tip

NH_3, H_2O, CH_4은 중심 원자 주위의 전체 전자쌍 수가 같지만 비공유 전자쌍 수가 다른 분자로, 결합각을 비교하는 문제에서 자주 출제되고 있으니 분자 모양과 결합각 등을 기억해 두자.

선택지 비율	① 7%	② 2%	③ 11%	④ 2%	❺ 78%

60 분자와 다원자 이온의 루이스 전자점식

2020년 4월 교육청 6번 | 정답 ⑤ | 문제편 78 p

출제 의도 분자와 이온의 루이스 전자점식에 대하여 묻는 문항이다.

문제 분석

그림은 1, 2주기 원소 X~Z로 이루어진 분자 XY_4와 이온 ZY_4^+의 루이스 전자점식을 나타낸 것이다.

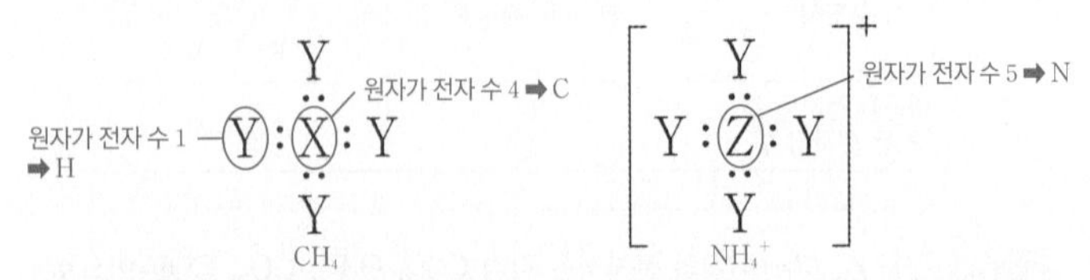

이에 대한 설명으로 옳은 것만을 〈보기〉에서 있는 대로 고른 것은? (단, X~Z는 임의의 원소 기호이다.) [3점]

〈보기〉
ㄱ. XY_4에서 X는 옥텟 규칙을 만족한다.
ㄴ. Z의 원자가 전자 수는 5이다. ➡ Z는 15족 원소이다.
ㄷ. 공유 전자쌍 수는 Z_2가 Y_2의 3배이다. (N_2(3), H_2(1))

① ㄱ ② ㄷ ③ ㄱ, ㄴ ④ ㄴ, ㄷ ⑤ ㄱ, ㄴ, ㄷ

✓ 자료 해석

• XY_4에서 X의 원자가 전자 수는 4이고, Y의 원자가 전자 수는 1이다.
➡ X는 2주기 14족 원소인 탄소(C)이고, Y는 1주기 1족 원소인 수소(H)이다.
• ZY_4 이온의 전하가 +1이므로 Z의 원자가 전자 수는 5이다.
➡ Z는 질소(N)이다.

ㅇ 보기 풀이 ㄱ. $XY_4(CH_4)$에서 X 주위의 전자쌍 수가 4이므로 X는 옥텟 규칙을 만족한다.
ㄴ. Z(N)는 15족 원소이므로 원자가 전자 수가 5이다.
ㄷ. $Z_2(N_2)$는 Z(N) 원자 사이에 3중 결합이 있으므로 공유 전자쌍 수가 3이고, $Y_2(H_2)$는 Y(H) 원자 사이에 단일 결합이 있으므로 공유 전자쌍 수가 1이다.

문제풀이 Tip

화합물의 루이스 전자점식으로부터 구성 원소의 원자가 전자 수를 구하는 문항의 출제 빈도가 높으므로 평소에 꾸준히 연습해 두어야 한다. 특히, 다원자 이온의 루이스 전자점식은 이온의 전하를 고려하여 구성 원소의 원자가 전자 수를 파악해야 한다.

선택지 비율	① 4%	② 4%	❸ 85%	④ 3%	⑤ 4%

61 루이스 전자점식

2020년 3월 교육청 7번 | 정답 ③ | 문제편 78p

출제 의도 화합물의 루이스 전자점식에 대하여 이해하고 있는지 묻는 문항이다.

문제 분석

그림은 2, 3주기 원소 X~Z로 이루어진 3가지 물질의 루이스 전자점식을 나타낸 것이다. 원자 번호는 X > Y > Z이다.

(X: 3주기 2족, Y: 2주기 16족, Z: 2주기 14족)

$X^{a+}[:\ddot{Y}:]^{a-}$ (Mg^{2+}, O^{2-})　　$:\ddot{Y}::\ddot{Y}$ (원자가 전자 수 : 6)　　$:\ddot{Y}::Z::\ddot{Y}:$ (원자가 전자 수 : 4)

이에 대한 옳은 설명만을 〈보기〉에서 있는 대로 고른 것은? (단, X~Z는 임의의 원소 기호이다.)

〈보기〉

ㄱ. $a=2$이다.

ㄴ. X~Z 중 2주기 원소는 2가지이다. (Y(O), Z(C))

ㄷ. 원자가 전자 수는 Z > Y이다. (C(4) < O(6))

① ㄱ　② ㄷ　③ ㄱ, ㄴ　④ ㄴ, ㄷ　⑤ ㄱ, ㄴ, ㄷ

✓ 자료 해석

- ZY_2에서 Y와 Z의 원자가 전자 수는 각각 6, 4이므로 Y는 16족 원소이고, Z는 14족 원소이다.
- Y는 16족 원소이므로 전자 2개를 얻어 18족 원소의 전자 배치를 한다.
  ➡ Y^{a-}에서 $a=2$이므로 X는 2족 원소이다.
- X는 2족, Y는 16족, Z는 14족 원소이고 X~Z의 원자 번호는 X > Y > Z이므로 X는 마그네슘(Mg), Y는 산소(O), Z는 탄소(C)이다.

○ 보기 풀이 ㄱ. Y는 원자가 전자 수가 6인 16족 원소이므로 전자 2개를 얻어 18족 원소의 전자 배치를 한다. 따라서 $a=2$이다.

ㄴ. X~Z 중 2주기 원소는 Y(O)와 Z(C) 2가지이다. X(Mg)는 3주기 원소이다.

× 매력적 오답 ㄷ. ZY_2에서 Y는 비공유 전자쌍을 이루는 전자가 4개, 공유 전자쌍을 이루는 전자가 2개이므로 원자가 전자 수가 6이고, Z는 공유 전자쌍을 이루는 전자만 4개이므로 원자가 전자 수가 4이다.

문제풀이 Tip

ZY_2의 루이스 전자점식으로 Y와 Z의 원자가 전자 수를 파악하고, XY에서 X 이온과 Y 이온의 전하가 같음을 이용하여 X의 원자가 전자 수를 파악한다. 그리고 X~Z의 원자 번호가 X > Y > Z인 조건을 활용하여 X~Z에 해당하는 원소를 결정한다.

선택지 비율	① 5%	② 6%	③ 10%	④ 14%	❺ 64%

62 화학 결합의 원리와 분자의 구조

2020년 3월 교육청 14번 | 정답 ⑤ | 문제편 78p

출제 의도 분자식으로부터 분자의 구조를 추론할 수 있는지 묻는 문항이다.

문제 분석

표는 분자 (가)~(다)에 대한 자료이다. X~Z는 2주기 원소이고, (가)~(다)의 중심 원자는 옥텟 규칙을 만족한다.

(중심 원자 주위의 전자쌍 수 : 4)

분자	(가) HCN	(나) NH_3	(다) H_2O
구성 원소	H, X, Y	H, Y	H, Z
전체 원자 수	3 (HXY)	4 (Y는 N)	3 (Z는 O)
H 원자 수	1	3	2

(가)~(다)에 대한 옳은 설명만을 〈보기〉에서 있는 대로 고른 것은? (단, X~Z는 임의의 원소 기호이다.) [3점]

〈보기〉

ㄱ. $\frac{\text{공유 전자쌍 수}}{\text{비공유 전자쌍 수}}>1$인 것은 2가지이다. (HCN(4), NH_3(3))

ㄴ. 분자를 구성하는 모든 원자가 동일 평면에 존재하는 것은 2가지이다. (HCN(직선형), H_2O(굽은 형))

ㄷ. (가)~(다)는 모두 극성 분자이다.

① ㄱ　② ㄴ　③ ㄱ, ㄷ　④ ㄴ, ㄷ　⑤ ㄱ, ㄴ, ㄷ

✓ 자료 해석

- (가)~(다)의 분자식

분자	(가)	(나)	(다)
분자식	HXY	YH_3	H_2Z

➡ (나)에서 중심 원자인 Y에 결합한 H 원자 수가 3이므로 Y의 비공유 전자쌍 수는 1이다. 따라서 Y는 질소(N)이다.

➡ (다)에서 중심 원자인 Z에 결합한 H 원자 수가 2이므로 Z의 비공유 전자쌍 수는 2이다. 따라서 Z는 산소(O)이다.

➡ (가)에서 중심 원자는 X이고, X는 옥텟 규칙을 만족해야 하므로 H 원자와 전자쌍 1개를, Y(N) 원자와 전자쌍 3개를 공유해야 한다. 따라서 X는 탄소(C)이다.

- (가)는 HCN, (나)는 NH_3, (다)는 H_2O이다.

○ 보기 풀이 ㄱ. (가)~(다)의 $\frac{\text{공유 전자쌍 수}}{\text{비공유 전자쌍 수}}$는 각각 4, 3, 1이다. 따라서 $\frac{\text{공유 전자쌍 수}}{\text{비공유 전자쌍 수}}>1$인 것은 (가)와 (나) 2가지이다.

ㄴ. 구성 원자가 모두 동일 평면에 존재하는 분자는 (가)와 (다) 2가지이다.

ㄷ. (가)는 중심 원자에 결합한 원자의 종류가 서로 다르므로 극성 분자이고, (나)와 (다)는 중심 원자에 비공유 전자쌍이 존재하므로 극성 분자이다.

문제풀이 Tip

H 원자는 전자쌍 1개만 공유할 수 있으므로 중심 원자일 수 없다. 따라서 (나)와 (다)에서 각각 Y, Z가 중심 원자임을 알 수 있고, 중심 원자는 옥텟 규칙을 만족하는 2주기 원소라는 조건을 활용하여 Y, Z를 결정하면 X 또한 결정할 수 있다. 화합물에서 C, N, O의 비공유 전자쌍 수가 각각 0, 1, 2임을 기억해 두자.

선택지 비율	① 4%	② 3%	③ 8%	④ 4%	❺ 81%

63 전기 음성도와 결합의 극성

2020년 3월 교육청 6번 | 정답 ⑤ | 문제편 79p

출제 의도 화학 결합의 원리와 결합의 극성에 대하여 묻는 문항이다.

문제 분석

그림은 주기율표의 일부를 나타낸 것이다.

전기 음성도 증가 →

주기 \ 족	1	2	13	14	15	16	17	18
2	A (Li) 금속			B (C)		C (O)		
3							D (Cl)	

비금속

이에 대한 옳은 설명만을 <보기>에서 있는 대로 고른 것은? (단, A~D는 임의의 원소 기호이다.)

보기

ㄱ. AD는 이온 결합 물질이다. (금속+비금속)

ㄴ. 전기 음성도는 C>B이다.

ㄷ. BD_4에는 극성 공유 결합이 있다. (B−D 극성 공유 결합)

① ㄴ ② ㄷ ③ ㄱ, ㄴ ④ ㄱ, ㄷ ⑤ ㄱ, ㄴ, ㄷ

✓ 자료 해석

- A~D에 해당하는 원소

구분	A	B	C	D
원소	리튬(Li)	탄소(C)	산소(O)	염소(Cl)

O 보기 풀이 ㄱ. A는 금속 원소이고 D는 비금속 원소이므로 AD(LiCl)는 이온 결합 물질이다.

ㄴ. 같은 주기에서는 원자 번호가 커질수록 전기 음성도가 증가한다. 따라서 전기 음성도는 C>B이다.

ㄷ. BD_4에는 B 원자와 D 원자 사이의 극성 공유 결합이 있다.

문제풀이 Tip

A~D에 해당하는 원소가 무엇인지 알면 쉽게 해결할 수 있는 문항이다. 원자 번호 1~20번에 해당하는 원소에 대하여 주기율표에서의 위치, 금속/비금속 구분, 원자가 전자 수 등을 기억해 두자.

선택지 비율	① 11%	② 5%	❸ 75%	④ 2%	⑤ 3%

64 CO_2와 OF_2의 분자 구조

2019년 7월 교육청 5번 | 정답 ③ | 문제편 79p

출제 의도 CO_2와 OF_2의 분자 구조에 대하여 묻는 문항이다.

문제 분석

다음은 CO_2와 OF_2의 분자 모형을 만드는 탐구 활동이다.

[탐구 과정]

(가) 둥근 홈이 있는 나무틀에 크기가 다른 스타이로폼 공을 넣고 열선 커터기로 자른다.

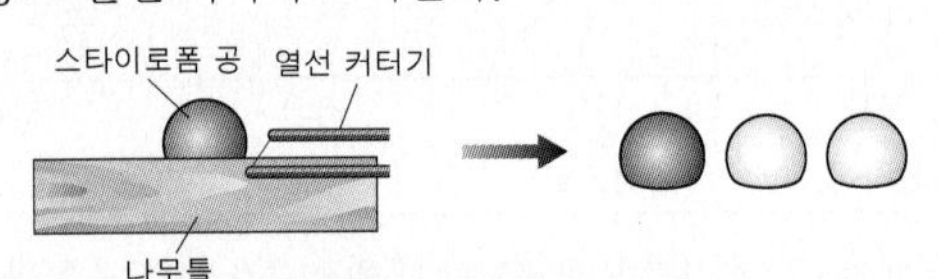

(나) 자른 큰 공의 다른 면을 자른 후 작은 공 2개를 붙여서 분자 모형 A를 완성한다.

(다) (가)와 (나)의 과정을 반복하여 분자 모형 B를 완성한다.

[탐구 결과]

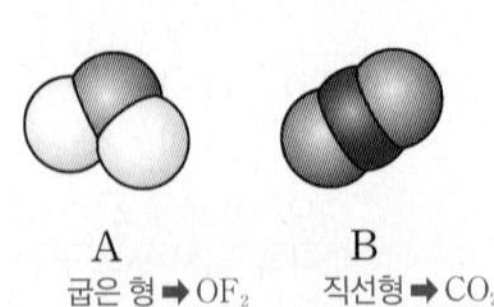

분자 모형 B에 해당하는 물질이 A에 해당하는 물질보다 더 큰 값을 갖는 것만을 <보기>에서 있는 대로 고른 것은?

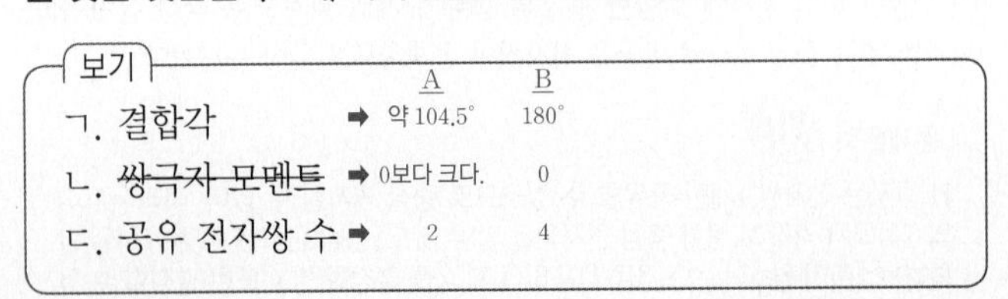
보기

	A	B
ㄱ. 결합각 ➡	약 104.5°	180°
ㄴ. ~~쌍극자 모멘트~~ ➡	0보다 크다.	0
ㄷ. 공유 전자쌍 수 ➡	2	4

① ㄱ ② ㄴ ③ ㄱ, ㄷ ④ ㄴ, ㄷ ⑤ ㄱ, ㄴ, ㄷ

✓ 자료 해석

- A는 굽은 형 구조이므로 OF_2의 모형에 해당하고, B는 직선형 구조이므로 CO_2의 모형에 해당한다.

O 보기 풀이 ㄱ. $A(OF_2)$의 분자 구조는 굽은 형이고, $B(CO_2)$의 분자 구조는 직선형이므로 결합각은 $B(CO_2)>A(OF_2)$이다.

ㄷ. 공유 전자쌍 수는 $A(OF_2)$와 $B(CO_2)$가 각각 2, 4이므로 $B(CO_2)>A(OF_2)$이다.

× 매력적 오답 ㄴ. $A(OF_2)$는 극성 분자이고, $B(CO_2)$는 무극성 분자이므로 쌍극자 모멘트는 $A(OF_2)>B(CO_2)$이다.

문제풀이 Tip

CO_2와 OF_2의 분자 구조를 알고 있으면 쉽게 해결할 수 있는 문항이다. 3원자 분자의 경우 중심 원자에 비공유 전자쌍이 없으면 직선형 구조, 비공유 전자쌍이 있으면 굽은 형 구조이다.

01 동적 평형과 산 염기

선택지 비율	① 2%	❷ 93%	③ 2%	④ 2%	⑤ 1%

1 동적 평형

2024년 10월 교육청 2번 | 정답 ② | 문제편 84p

출제 의도 액체의 증발과 응축이 동시에 일어나는 반응에서 시간에 따른 물질의 양을 분석할 수 있는지 묻는 문항이다.

문제 분석

그림은 밀폐된 진공 용기 안에 $X(l)$를 넣은 후 시간에 따른 $\frac{㉡의\ 양(mol)}{㉠의\ 양(mol)}$을 나타낸 것이다. ㉠과 ㉡은 각각 $X(l)$와 $X(g)$ 중 하나이다.

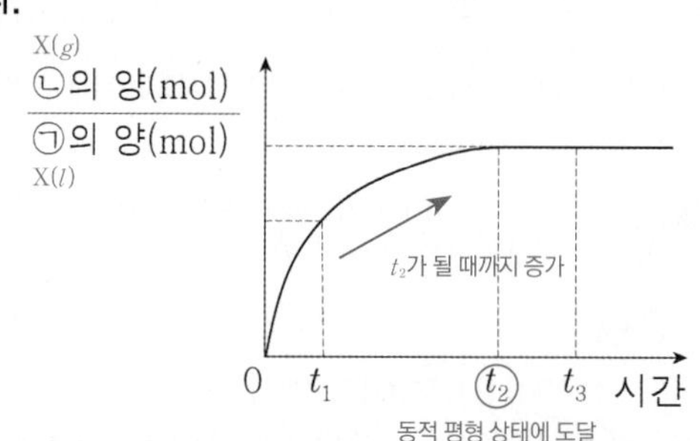

이에 대한 옳은 설명만을 〈보기〉에서 있는 대로 고른 것은? (단, 온도는 일정하다.)

보기

ㄱ. ㉡은 $X(l)$이다. ($X(g)$)

ㄴ. $X(g)$의 양(mol)은 t_2일 때가 t_1일 때보다 많다. (동적 평형 상태, $t_2>t_1$)

ㄷ. t_3일 때 $\frac{X(g)의\ 응축\ 속도}{X(l)의\ 증발\ 속도}>1$이다. (동적 평형 상태, =)

① ㄱ ② ㄴ ③ ㄱ, ㄷ ④ ㄴ, ㄷ ⑤ ㄱ, ㄴ, ㄷ

✓ 자료 해석

- t_2 이후 동적 평형 상태이다.
- 동적 평형 상태에 도달할 때까지 증발이 응축보다 우세하게 일어나므로 $X(l)$의 양은 감소하고 $X(g)$의 양은 증가하여 $\frac{X(g)의\ 양(mol)}{X(l)의\ 양(mol)}$은 증가한다.
- 동적 평형 상태에 도달할 때까지 $\frac{㉡의\ 양(mol)}{㉠의\ 양(mol)}$이 증가하므로 ㉠, ㉡은 각각 $X(l)$, $X(g)$이다.

○ 보기풀이 ㄴ. t_2일 때 동적 평형 상태에 도달하며, 동적 평형 상태에 도달할 때까지 $X(g)$의 양(mol)은 증가한다.

× 매력적 오답 ㄱ. ㉡은 $X(g)$이다.

ㄷ. t_2일 때 동적 평형 상태에 도달하므로 t_3일 때 $X(l)$의 증발 속도와 $X(g)$의 응축 속도가 같고, $\frac{X(g)의\ 응축\ 속도}{X(l)의\ 증발\ 속도}=1$이다.

문제풀이 Tip

동적 평형 상태에서는 정반응과 역반응이 같은 속도로 끊임없이 일어난다. 밀폐된 용기 안에 액체를 넣은 경우 동적 평형 상태에 도달할 때까지 액체의 양은 감소하고 기체의 양은 증가하며, 동적 평형 상태 이후부터는 액체와 기체의 양이 각각 일정하게 유지된다.

선택지 비율	① 17%	❷ 68%	③ 5%	④ 7%	⑤ 3%

2 동적 평형

2024년 7월 교육청 9번 | 정답 ② | 문제편 84p

출제 의도 동적 평형 상태의 의미를 알고 시간에 따른 물질의 양을 비교할 수 있는지 묻는 문항이다.

문제 분석

표는 -70 ℃에서 밀폐된 진공 용기에 드라이아이스($CO_2(s)$)를 넣은 후 시간에 따른 $CO_2(g)$의 양(mol)에 대한 자료이다. $2t$일 때 $CO_2(s)$와 $CO_2(g)$는 동적 평형 상태에 도달하였고, $t>0$이다. (동적 평형 상태)

시간	t	$2t$	$3t$
$CO_2(g)$의 양(mol)	a <		= b

이에 대한 설명으로 옳은 것만을 〈보기〉에서 있는 대로 고른 것은? (단, 온도는 -70 ℃로 일정하다.)

보기

ㄱ. $a>b$이다. (<)

ㄴ. $\frac{CO_2(g)가\ CO_2(s)로\ 승화되는\ 속도}{CO_2(s)가\ CO_2(g)로\ 승화되는\ 속도}$는 t일 때가 $2t$일 때보다 작다. (<1, 1)

ㄷ. $3t$일 때 $CO_2(s)$가 $CO_2(g)$로 승화되는 반응은 일어나지 않는다. ($3t$는 동적 평형 상태, 계속 일어남)

① ㄱ ② ㄴ ③ ㄱ, ㄷ ④ ㄴ, ㄷ ⑤ ㄱ, ㄴ, ㄷ

✓ 자료 해석

- 밀폐된 진공 용기 속에서 $CO_2(s)$와 $CO_2(g)$가 동적 평형 상태에 도달할 때까지 $CO_2(s)$가 $CO_2(g)$로 승화되는 속도는 일정하고, $CO_2(g)$가 $CO_2(s)$로 승화되는 속도는 증가하다가 동적 평형 상태에 도달하면 두 반응의 속도가 같아진다.
- $2t$일 때 $CO_2(s)$와 $CO_2(g)$가 동적 평형 상태에 도달하므로 $\frac{CO_2(g)가\ CO_2(s)로\ 승화되는\ 속도}{CO_2(s)가\ CO_2(g)로\ 승화되는\ 속도}=1$이다.

○ 보기풀이 ㄴ. t일 때 동적 평형 상태 전이므로 $\frac{CO_2(g)가\ CO_2(s)로\ 승화되는\ 속도}{CO_2(s)가\ CO_2(g)로\ 승화되는\ 속도}<1$이다.

× 매력적 오답 ㄱ. $2t$일 때 $CO_2(s)$와 $CO_2(g)$가 동적 평형 상태에 도달하므로 $2t$가 될 때까지는 $CO_2(g)$의 양이 증가하며, $2t$ 이후로 $CO_2(g)$의 양은 일정하다. 따라서 $b>a$이다.

ㄷ. $CO_2(s)$와 $CO_2(g)$가 동적 평형 상태에 도달한 이후에도 $CO_2(s)$가 $CO_2(g)$로 승화되는 반응과 $CO_2(g)$가 $CO_2(s)$로 승화되는 반응은 계속 일어난다.

문제풀이 Tip

밀폐된 용기에 넣은 물질의 양은 동적 평형 상태에 도달할 때까지 감소하다가 동적 평형 상태에 도달한 때부터 일정해진다. $3t$일 때는 동적 평형 상태이므로 정반응과 역반응이 같은 속도로 계속 일어난다.

선택지 비율	① 12%	② 6%	③ 8%	④ 19%	⑤ 55%

3 동적 평형

2024년 5월 교육청 9번 | 정답 ⑤ | 문제편 84p

출제 의도 동적 평형 상태의 의미를 알고 시간에 따른 물질의 양을 비교할 수 있는지 묻는 문항이다.

문제 분석

표는 물이 담긴 비커에 n mol의 NaCl(s)을 넣은 후 시간에 따른 $\frac{Na^+(aq)의\ 양(mol)}{NaCl(s)의\ 양(mol)}$을 나타낸 것이다. $3t$일 때 NaCl(aq)은 용해 평형 상태에 도달하였다.

시간	t	$2t$	$3t$ (동적 평형 상태)
$\frac{Na^+(aq)의\ 양(mol)}{NaCl(s)의\ 양(mol)}$	㉠ <	1 <	

이에 대한 설명으로 옳은 것만을 〈보기〉에서 있는 대로 고른 것은? (단, 온도와 압력은 일정하고, 물의 증발은 무시한다.)

보기

ㄱ. ㉠<1이다.

ㄴ. $2t$일 때 NaCl의 용해 속도와 석출 속도는 ~~같다~~. 용해 속도＞석출 속도

ㄷ. $3t$일 때 NaCl(s)의 양은 $0.5n$ mol(2t일 때)보다 작다. 3t에 도달할 때까지 감소

① ㄱ ② ㄴ ③ ㄷ ④ ㄱ, ㄴ ⑤ ㄱ, ㄷ

✓ 자료 해석

- 용해 평형 : 용질이 용해되는 속도와 석출되는 속도가 같아져 용질이 더 이상 녹지 않는 것처럼 보이는 동적 평형 상태이다.

○ 보기풀이 ㄱ. 용해 평형에 도달할 때까지 NaCl(s)의 양은 감소하고 Na^+(aq)의 양은 증가하므로 $\frac{Na^+(aq)의\ 양(mol)}{NaCl(s)의\ 양(mol)}$은 증가한다. 따라서 ㉠$<1$이다.

ㄷ. $2t$일 때 $\frac{Na^+(aq)의\ 양(mol)}{NaCl(s)의\ 양(mol)}=1$이므로 NaCl($s$)의 양은 $0.5n$ mol이다. 용해 평형에 도달할 때까지 NaCl(s)의 양은 감소하므로 $3t$일 때 NaCl(s)의 양은 $0.5n$ mol보다 작다.

× 매력적 오답 ㄴ. $3t$일 때 NaCl(aq)은 용해 평형 상태에 도달하므로 $2t$일 때 NaCl의 용해 속도는 석출 속도보다 빠르다.

문제풀이 Tip

NaCl(s)의 용해 반응에서 용해 평형에 도달할 때까지 증가하는 것은 Na^+(aq)의 양, $\frac{Na^+(aq)의\ 양(mol)}{NaCl(s)의\ 양(mol)}$, NaCl($s$)의 석출 속도이고, NaCl($s$)의 양은 감소한다.

선택지 비율	❶ 67%	② 10%	③ 12%	④ 7%	⑤ 4%

4 동적 평형

2024년 3월 교육청 3번 | 정답 ① | 문제편 84p

출제 의도 동적 평형 상태의 의미를 알고 시간에 따른 물질의 양을 비교할 수 있는지 묻는 문항이다.

문제 분석

표는 -70 ℃에서 밀폐된 진공 용기에 드라이아이스($CO_2(s)$)를 넣은 후 시간에 따른 $CO_2(g)$의 양(mol)에 대한 자료이다. $2t$일 때 $CO_2(s)$와 $CO_2(g)$는 동적 평형 상태에 도달하였다.

시간	t	$2t$ (동적 평형 상태)	$3t$ (동적 평형 상태)
$CO_2(g)$의 양(mol)	a <	b =	b

이에 대한 옳은 설명만을 〈보기〉에서 있는 대로 고른 것은? (단, 온도는 일정하다.)

보기

ㄱ. $CO_2(s)$가 $CO_2(g)$로 되는 반응은 가역 반응이다. $CO_2(s) \rightleftarrows CO_2(g)$

ㄴ. $a>b$(<)이다. $2t$가 될 때까지 증가

ㄷ. $3t$(동적 평형 상태)일 때 $\frac{CO_2(g)가\ CO_2(s)로\ 승화되는\ 속도}{CO_2(s)가\ CO_2(g)로\ 승화되는\ 속도}>1$(=)이다.

① ㄱ ② ㄷ ③ ㄱ, ㄴ ④ ㄴ, ㄷ ⑤ ㄱ, ㄴ, ㄷ

✓ 자료 해석

- $t \rightarrow 2t$에서 $CO_2(s)$의 양은 감소하고, $CO_2(g)$의 양은 증가하며, $\frac{CO_2(g)가\ CO_2(s)로\ 승화되는\ 속도}{CO_2(s)가\ CO_2(g)로\ 승화되는\ 속도}$는 증가한다.

○ 보기풀이 ㄱ. $2t$가 되었을 때 $CO_2(s)$와 $CO_2(g)$가 동적 평형 상태에 도달했다는 것을 통해 이 반응의 화학 반응식은 $CO_2(s) \rightleftarrows CO_2(g)$임을 알 수 있다. 따라서 $CO_2(s)$가 $CO_2(g)$로 되는 반응은 가역 반응이다.

× 매력적 오답 ㄴ. 동적 평형 상태인 $2t$가 될 때까지 $CO_2(s)$의 양은 감소하고 $CO_2(g)$의 양은 증가한다. 따라서 $a<b$이다.

ㄷ. $3t$일 때는 동적 평형 상태에 도달했으므로 $\frac{CO_2(g)가\ CO_2(s)로\ 승화되는\ 속도}{CO_2(s)가\ CO_2(g)로\ 승화되는\ 속도}=1$이다.

문제풀이 Tip

밀폐된 용기에 넣은 물질의 양은 동적 평형 상태에 도달할 때까지 감소하다가 동적 평형 상태에 도달한 때부터 일정해진다.

선택지 비율	❶ 73%	② 5%	③ 15%	④ 4%	⑤ 3%

5 동적 평형

2023년 10월 교육청 6번 | 정답 ① | 문제편 85 p

출제 의도 동적 평형 상태에서 액체와 기체의 질량 변화를 이해하고 있는지 묻는 문항이다.

문제 분석

표는 25 ℃에서 밀폐된 진공 용기에 X(l)를 넣은 후, X(l)와 X(g)의 질량을 시간 순서 없이 나타낸 것이다. 시간이 $2t$일 때 X(l)와 X(g)는 동적 평형 상태에 도달하였고, ㉠과 ㉡은 각각 t, $3t$ 중 하나이다.

동적 평형 (2t, ㉠) / 동적 평형 전 (㉡)

시간	$2t$	㉠ $3t$	㉡ t
X(l)의 질량(g)	a =	a <	b
X(g)의 질량(g)	c =	c >	d

이에 대한 옳은 설명만을 〈보기〉에서 있는 대로 고른 것은? (단, 온도는 25 ℃로 일정하다.)

보기

ㄱ. ㉠은 $3t$이다. ㉠은 동적 평형 상태

ㄴ. d>c이다. (<) $2t$가 될 때까지 X(g)의 질량은 증가

ㄷ. 시간이 ㉡일 때 $\frac{\text{X}(g)\text{의 응축 속도}}{\text{X}(l)\text{의 증발 속도}}$ ≠1이다. (<) (㉡: 동적 평형 전)

① ㄱ ② ㄷ ③ ㄱ, ㄴ ④ ㄴ, ㄷ ⑤ ㄱ, ㄴ, ㄷ

✔ 자료 해석

- 밀폐된 진공 용기에 X(l)를 넣으면 초기에는 X(l)의 증발 속도가 X(g)의 응축 속도보다 빠르지만 시간이 흐를수록 X(g)의 양이 증가하면서 응축 속도가 점점 빨라지며, X(l)의 증발 속도와 X(g)의 응축 속도가 같아지면 더 이상 반응이 일어나지 않는 것처럼 보이는 동적 평형에 도달한다.
- $2t$일 때 X(l)와 X(g)는 동적 평형 상태에 도달했고, $2t$일 때와 ㉠일 때 X(l)의 질량이 같으므로 ㉠은 $2t$ 이후의 시간이다. 따라서 ㉠은 $3t$이고, ㉡은 t이다.
- ㉡은 동적 평형 상태에 도달하기 전인 t이므로 X(l)의 질량은 $a<b$이고, X(g)의 질량은 $c>d$이다.

○ 보기풀이 ㄱ. X(l)의 질량은 ㉠일 때와 동적 평형 상태인 $2t$일 때가 같으므로 ㉠은 $3t$이다.

× 매력적 오답 ㄴ. ㉡은 동적 평형 상태에 도달하기 전인 t이고, X(g)의 질량은 동적 평형 상태인 $2t$가 될 때까지 증가하므로 $c>d$이다.

ㄷ. 시간이 ㉡(t)일 때는 동적 평형 상태에 도달하기 전이므로 $\frac{\text{X}(g)\text{의 응축 속도}}{\text{X}(l)\text{의 증발 속도}}<1$이다.

문제풀이 Tip

동적 평형 상태에 도달할 때까지 X(l)의 질량은 감소하고 X(g)의 질량은 증가한다. 동적 평형 상태에 도달하기 전에는 $\frac{\text{X}(g)\text{의 응축 속도}}{\text{X}(l)\text{의 증발 속도}}<1$이고, 동적 평형 상태 이후부터는 $\frac{\text{X}(g)\text{의 응축 속도}}{\text{X}(l)\text{의 증발 속도}}=1$이다.

선택지 비율	① 8%	② 4%	❸ 83%	④ 2%	⑤ 3%

6 동적 평형

2023년 7월 교육청 7번 | 정답 ③ | 문제편 85 p

출제 의도 $H_2O(l)$과 $H_2O(g)$의 동적 평형에 대하여 이해하고 있는지 묻는 문항이다.

문제 분석

표는 밀폐된 진공 용기 안에 $H_2O(l)$을 넣은 후 시간에 따른 X의 양(mol)을 나타낸 것이다. X는 $H_2O(l)$ 또는 $H_2O(g)$이고, $0<t_1<t_2<t_3$이다. t_2일 때 $H_2O(l)$과 $H_2O(g)$는 동적 평형 상태에 도달하였다.

동적 평형 전 (t_1) / 동적 평형 (t_2, t_3)

시간	t_1 <	t_2 <	t_3
$H_2O(l)$ X의 양(mol)	$1.5n$ >	$1.2n$ =	$1.2n$

감소 / 일정

이에 대한 설명으로 옳은 것만을 〈보기〉에서 있는 대로 고른 것은? (단, 온도는 일정하다.)

보기

ㄱ. X는 $H_2O(l)$이다. $H_2O(l)$의 양은 t_2가 될 때까지 감소

ㄴ. H_2O의 $\frac{\text{증발 속도}}{\text{응축 속도}}$는 t_2일 때가 t_1일 때보다 작다. (1, >1)

ㄷ. t_3일 때 X의 양은 $1.2n$ mol보다 작다. (t_3: 동적 평형 상태, 같음)

① ㄱ ② ㄷ ③ ㄱ, ㄴ ④ ㄴ, ㄷ ⑤ ㄱ, ㄴ, ㄷ

✔ 자료 해석

- 밀폐된 진공 용기에 X(l)를 넣으면 초기에는 X(l)의 증발 속도가 X(g)의 응축 속도보다 빠르지만 시간이 흐를수록 X(g)의 양이 증가하면서 응축 속도가 점점 빨라지며, X(l)의 증발 속도와 X(g)의 응축 속도가 같아지면 더 이상 반응이 일어나지 않는 것처럼 보이는 동적 평형에 도달한다.
- t_2일 때 $H_2O(l)$과 $H_2O(g)$는 동적 평형 상태에 도달했으므로 t_2 이후 $H_2O(l)$과 $H_2O(g)$의 양은 일정하다.

○ 보기풀이 ㄱ. t_2일 때가 t_1일 때보다 X의 양이 적으므로 X는 $H_2O(l)$이다.

ㄴ. t_2일 때 동적 평형 상태에 도달하였으므로 t_2일 때 H_2O의 $\frac{\text{증발 속도}}{\text{응축 속도}}=1$이고, t_1일 때 H_2O의 $\frac{\text{증발 속도}}{\text{응축 속도}}>1$이다.

× 매력적 오답 ㄷ. t_3일 때는 동적 평형 상태이므로 $H_2O(l)$의 양은 t_2일 때와 같은 $1.2n$ mol이다.

문제풀이 Tip

밀폐된 용기 안에 액체를 넣은 경우 동적 평형 상태에 도달할 때까지 액체의 양은 감소하고 기체의 양은 증가하며, 동적 평형 상태 이후부터는 액체와 기체의 양이 일정해진다.

선택지 비율	❶ 59%	② 8%	③ 15%	④ 11%	⑤ 7%

7 동적 평형

2023년 4월 교육청 8번 | 정답 ① | 문제편 85 p

출제 의도 동적 평형과 가역 반응을 이해하는지 묻는 문항이다.

문제 분석

표는 밀폐된 진공 용기 안에 $H_2O(l)$을 넣은 후 시간에 따른 ㉠을, 그림은 시간이 t일 때 용기 안의 상태를 나타낸 것이다. $a>b$이고, $2t$에서 동적 평형 상태에 도달하였다.

	동적 평형 전	동적 평형	
시간	t <	$2t$ <	$3t$
㉠	a >	b =	b

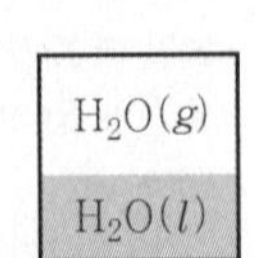

㉠으로 적절한 것만을 ⟨보기⟩에서 있는 대로 고른 것은? (단, 온도는 일정하다.)

보기

ㄱ. $H_2O(l)$의 질량 감소 ➡ $a>b$

ㄴ. $H_2O(g)$의 분자 수 증가 ➡ $a<b$

ㄷ. $\dfrac{H_2O(g)\text{의 응축 속도}}{H_2O(l)\text{의 증발 속도}}$ 증가 ➡ $a<b$

① ㄱ ② ㄴ ③ ㄱ, ㄷ ④ ㄴ, ㄷ ⑤ ㄱ, ㄴ, ㄷ

✓ 자료 해석

- 밀폐된 진공 용기에 $X(l)$를 넣으면 초기에는 $X(l)$의 증발 속도가 $X(g)$의 응축 속도보다 빠르지만 시간이 흐를수록 $X(g)$의 양이 증가하면서 응축 속도가 점점 빨라지며, $X(l)$의 증발 속도와 $X(g)$의 응축 속도가 같아지면 더 이상 반응이 일어나지 않는 것처럼 보이는 동적 평형에 도달한다.
- 동적 평형에 도달하기 전까지 $H_2O(l)$의 양(mol)은 점점 감소하고 $H_2O(g)$의 양(mol)은 점점 증가하다가, 동적 평형에 도달하면 $H_2O(l)$과 $H_2O(g)$의 양(mol)이 각각 일정하게 유지된다.

○ 보기 풀이 ㄱ. 밀폐된 진공 용기 안에 $H_2O(l)$을 넣으면 동적 평형 상태($2t$)가 될 때까지 $H_2O(l)$의 질량은 감소($a>b$)한다.

× 매력적 오답 ㄴ. $H_2O(g)$의 분자 수는 동적 평형 상태($2t$)가 될 때까지 증가($a<b$)한다.

ㄷ. 동적 평형 상태($2t$)가 될 때까지 $\dfrac{H_2O(g)\text{의 응축 속도}}{H_2O(l)\text{의 증발 속도}}$는 증가($a<b$)한다.

문제풀이 Tip

t일 때 $\dfrac{H_2O(g)\text{의 응축 속도}}{H_2O(l)\text{의 증발 속도}}$는 1보다 작고, 동적 평형 상태인 $2t$ 이후는 $\dfrac{H_2O(g)\text{의 응축 속도}}{H_2O(l)\text{의 증발 속도}}=1$이다.

선택지 비율	① 6%	❷ 69%	③ 5%	④ 12%	⑤ 6%

8 동적 평형

2023년 3월 교육청 4번 | 정답 ② | 문제편 85 p

출제 의도 $H_2O(l)$과 $H_2O(g)$의 동적 평형에 대하여 이해하는지 묻는 문항이다.

문제 분석

표는 밀폐된 진공 용기에 $H_2O(l)$을 넣은 후 시간에 따른 $\dfrac{H_2O(g)\text{의 양(mol)}}{H_2O(l)\text{의 양(mol)}}$을 나타낸 것이다. $0<t_1<t_2<t_3$이고, t_2일 때 $H_2O(l)$과 $H_2O(g)$는 동적 평형에 도달하였다.

	동적 평형 전	동적 평형	
시간	t_1 <	t_2 <	t_3
$\dfrac{H_2O(g)\text{의 양(mol)}}{H_2O(l)\text{의 양(mol)}}$	a <	b =	c

이에 대한 옳은 설명만을 ⟨보기⟩에서 있는 대로 고른 것은? (단, 온도는 일정하다.)

보기

ㄱ. $c>b$이다. ($=$) t_3는 동적 평형 상태

ㄴ. $H_2O(g)$의 양(mol)은 t_2일 때가 t_1일 때보다 많다. t_2가 될 때까지 증가

ㄷ. $\dfrac{H_2O(g)\text{의 응축 속도}}{H_2O(l)\text{의 증발 속도}}$는 t_1일 때가(<1) t_3일 때보다(1) 크다. (작음)

① ㄱ ② ㄴ ③ ㄱ, ㄷ ④ ㄴ, ㄷ ⑤ ㄱ, ㄴ, ㄷ

✓ 자료 해석

- 동적 평형에 도달하기 전까지 $H_2O(l)$의 양(mol)은 점점 감소하고 $H_2O(g)$의 양(mol)은 점점 증가하다가, 동적 평형에 도달하면 $H_2O(l)$과 $H_2O(g)$의 양(mol)이 각각 일정하게 유지된다.
- t_2일 때 동적 평형에 도달했으므로 t_2 이후 $\dfrac{H_2O(g)\text{의 양(mol)}}{H_2O(l)\text{의 양(mol)}}$은 일정하다.
- $\dfrac{H_2O(g)\text{의 응축 속도}}{H_2O(l)\text{의 증발 속도}}$는 t_2가 되기까지는 1보다 작고, t_2 이후부터는 1이다.

○ 보기 풀이 ㄴ. $H_2O(g)$의 양(mol)은 $t_1<t_2=t_3$이다.

× 매력적 오답 ㄱ. 동적 평형 상태인 t_2 이후 $\dfrac{H_2O(g)\text{의 양(mol)}}{H_2O(l)\text{의 양(mol)}}$은 일정하므로 $b=c$이다.

ㄷ. 동적 평형 상태 전인 t_1일 때는 $\dfrac{H_2O(g)\text{의 응축 속도}}{H_2O(l)\text{의 증발 속도}}<1$이고, 동적 평형 상태인 t_2 이후 $\dfrac{H_2O(g)\text{의 응축 속도}}{H_2O(l)\text{의 증발 속도}}=1$이므로 $\dfrac{H_2O(g)\text{의 응축 속도}}{H_2O(l)\text{의 증발 속도}}$는 $t_3>t_1$이다.

문제풀이 Tip

동적 평형 상태에 도달하면 $H_2O(l)$과 $H_2O(g)$의 양(mol)이 각각 일정하게 유지되므로 $\dfrac{H_2O(g)\text{의 양(mol)}}{H_2O(l)\text{의 양(mol)}}$도 일정하게 유지된다.

선택지 비율	① 2%	② 3%	❸ 87%	④ 4%	⑤ 4%

9 동적 평형

2022년 7월 교육청 13번 | 정답 ③ | 문제편 86 p

(출제 의도) $H_2O(l)$과 $H_2O(g)$의 동적 평형을 이해하는지 묻는 문항이다.

(문제 분석)

다음은 학생 A가 동적 평형을 학습한 후 수행한 탐구 활동이다.

[가설]

• 밀폐된 진공 용기 안에 $H_2O(l)$을 넣으면, 일정한 시간이 지난 후 $H_2O(l)$과 $H_2O(g)$는 동적 평형에 도달한다.

[탐구 과정]

(점점 감소하다가 동적 평형에 도달하면 일정해짐)

• 밀폐된 진공 용기 안에 $H_2O(l)$을 넣은 후, 시간에 따른 $H_2O(l)$의 양(mol)을 구하고 증발 속도와 응축 속도를 비교하여 동적 평형에 도달하였는지 확인한다.

(증발 속도=응축 속도)

[탐구 결과]

(동적 평형 전: t_1 / 동적 평형 상태: t_2, t_3)

시간	t_1	t_2	t_3
$H_2O(l)$의 양(mol)	$1.5n$	$1.2n$	(1.2n)

($1.5n$ → 감소 → $1.2n$ → 일정 → $1.2n$)

• $0 < t_1 < t_2 < t_3$이다.

• t_2일 때 $\frac{\text{응축 속도}}{\text{증발 속도}} = 1$이다. ➡ t_2일 때 동적 평형 상태

[결론]

• 가설은 옳다.

학생 A의 결론이 타당할 때, 이에 대한 설명으로 옳은 것만을 〈보기〉에서 있는 대로 고른 것은? (단, 온도는 일정하다.)

〈보기〉

ㄱ. t_1일 때 증발 속도는 응축 속도보다 크다.

ㄴ. t_2일 때 용기 내에서 $H_2O(l)$과 $H_2O(g)$는 동적 평형을 이루고 있다.

ㄷ. t_3일 때 용기 내 $H_2O(l)$의 양은 ~~1.2n mol보다 작다~~. (1.2n mol이다.)

① ㄱ ② ㄷ ③ ㄱ, ㄴ ④ ㄴ, ㄷ ⑤ ㄱ, ㄴ, ㄷ

✔ 자료 해석

• t_2일 때 H_2O의 증발 속도와 응축 속도는 같으므로 동적 평형 상태이다.

• $0 < t_1 < t_2 < t_3$이고 t_2일 때 동적 평형에 도달하므로 t_1일 때는 동적 평형에 도달하기 전이고, t_3일 때는 동적 평형 상태이다.

○ 보기풀이 ㄱ. t_1일 때는 동적 평형 상태에 도달하기 전이므로 증발 속도가 응축 속도보다 크다.

ㄴ. t_2일 때 응축 속도와 증발 속도가 같으므로 용기 내에서 $H_2O(l)$과 $H_2O(g)$는 동적 평형을 이루고 있다.

× 매력적 오답 ㄷ. t_2일 때 동적 평형 상태에 도달하므로 t_3일 때도 동적 평형 상태이다. 따라서 $H_2O(l)$의 양은 t_2일 때와 t_3일 때가 1.2n mol로 같다.

문제풀이 Tip

$H_2O(l)$의 양은 t_1일 때가 t_2일 때보다 크므로 t_1일 때는 증발 속도가 응축 속도보다 크다는 것을 알 수 있다.

선택지 비율	① 7%	② 2%	❸ 83%	④ 4%	⑤ 4%

10 동적 평형

2022년 10월 교육청 6번 | 정답 ③ | 문제편 86 p

출제 의도 동적 평형과 물질의 양 변화에 대하여 이해하고 있는지 묻는 문항이다.

문제분석

표는 부피가 다른 밀폐된 진공 용기 (가)와 (나)에 각각 같은 양(mol)의 X(l)를 넣은 후 시간에 따른 $\frac{X(g)\text{의 양(mol)}}{X(l)\text{의 양(mol)}}$을 나타낸 것이다. $c>b>a$이다.

시간		t	$2t$	$3t$	$4t$
$\frac{X(g)\text{의 양(mol)}}{X(l)\text{의 양(mol)}}$	(가)	a	b	b	
	(나)		b	c	c

(증가하다가 일정해짐 / 감소하다가 일정해짐 / 동적 평형)

이에 대한 옳은 설명만을 〈보기〉에서 있는 대로 고른 것은? (단, 온도는 일정하다.)

〈보기〉

ㄱ. (가)에서 X(g)의 양(mol)은 $2t$일 때가 t일 때보다 크다. (동적 평형에 도달할 때까지 X(g)의 양(mol) 점점 증가)

ㄴ. X(l)와 X(g)가 동적 평형에 도달하는 데 걸린 시간은 (나)($3t$)>(가)($2t$)이다.

ㄷ. (가)에서 $4t$일 때(=동적 평형 상태) $\frac{X(g)\text{의 응축 속도}}{X(l)\text{의 증발 속도}}$ >1이다. (=)

① ㄱ ② ㄷ ③ ㄱ, ㄴ ④ ㄴ, ㄷ ⑤ ㄱ, ㄴ, ㄷ

✓ 자료 해석

- 밀폐 용기에 X(l)를 넣으면 X(l)의 증발이 일어나면서 X(l)의 양(mol)은 점점 감소하고, X(g)의 양(mol)은 점점 증가한다.
- X(l)의 증발 속도와 X(g)의 응축 속도가 같아지는 동적 평형에 도달하면 X(l)의 양(mol)과 X(g)의 양(mol)은 각각 일정하게 유지된다.
- (가)에서는 $2t$일 때, (나)에서는 $3t$일 때 동적 평형에 도달한다.

○ 보기풀이 ㄱ. (가)에서 $2t$일 때 동적 평형에 도달하므로 t일 때는 동적 평형에 도달하기 전이다. 따라서 X(g)의 양(mol)은 $2t$일 때가 t일 때보다 크다.
ㄴ. X(l)와 X(g)가 동적 평형에 도달하는 데 걸린 시간은 (가)에서 $2t$, (나)에서 $3t$이므로 (나)>(가)이다.

× 매력적 오답 ㄷ. (가)에서 $2t$일 때 동적 평형에 도달하므로 $4t$일 때도 동적 평형 상태이다. 따라서 (가)에서 $4t$일 때 $\frac{X(g)\text{의 응축 속도}}{X(l)\text{의 증발 속도}}=1$이다.

문제풀이 Tip

동적 평형 상태에서는 증발 속도와 응축 속도가 같으므로 X(l)와 X(g)의 양(mol)은 각각 일정하게 유지된다는 점을 기억해 두자.

선택지 비율	① 2%	❷ 82%	③ 6%	④ 3%	⑤ 7%

11 동적 평형

2022년 4월 교육청 15번 | 정답 ② | 문제편 86 p

출제 의도 동적 평형 상태에서 액체와 기체의 질량 변화를 이해하고 있는지 묻는 문항이다.

문제분석

그림은 밀폐된 진공 용기 안에 $H_2O(l)$을 넣은 모습을 나타낸 것이다. 시간이 t일 때 $H_2O(l)$과 $H_2O(g)$는 동적 평형 상태에 도달하였다. (증발 속도=응축 속도)

$H_2O(l)$

다음 중 시간에 따른 용기 속 $\frac{H_2O(g)\text{의 질량}}{H_2O(l)\text{의 질량}}$($\alpha$)을 나타낸 것으로 가장 적절한 것은? (단, 온도는 일정하다.) (t 이전까지 증가 / t 이전까지 감소)

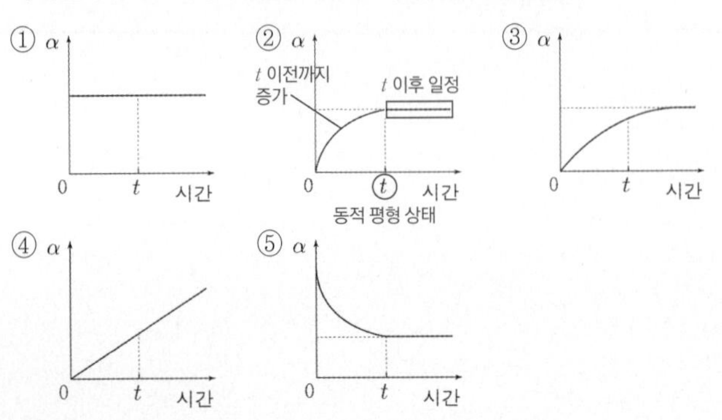

✓ 자료 해석

- 일정한 온도에서 밀폐된 용기에 $H_2O(l)$을 넣고 시간이 지나면 액체 표면에서 기체로 되는 증발 속도와 기체가 액체로 되는 응축 속도가 같아져 변화가 없는 것처럼 보이는 동적 평형 상태에 도달한다. 초기에는 증발 속도>응축 속도이지만 시간이 지나면서 응축 속도가 점점 빨라져 증발 속도와 같아지는 동적 평형 상태에 도달한다. 동적 평형 상태에서는 $H_2O(l)$의 양과 $H_2O(g)$의 양이 일정하게 유지된다.

○ 보기풀이 밀폐된 진공 용기에 $H_2O(l)$을 넣으면 초기에는 $H_2O(l)$의 질량이 감소하고 $H_2O(g)$의 질량은 증가한다. t일 때 동적 평형 상태에 도달하면 $H_2O(l)$의 질량과 $H_2O(g)$의 질량이 일정하게 유지된다. 따라서 시간에 따른 용기 속 $\frac{H_2O(g)\text{의 질량}}{H_2O(l)\text{의 질량}}$은 t 이전까지는 증가하다가 t 이후부터는 일정하게 유지된다.

문제풀이 Tip

동적 평형 상태에 도달하면 액체와 기체의 질량과 양(mol)이 일정하게 유지된다는 것을 알아야 한다.

선택지 비율	① 6%	② 3%	❸ 80%	④ 6%	⑤ 5%

12 동적 평형

2022년 3월 교육청 2번 | 정답 ③ | 문제편 87 p

출제 의도 액체와 기체 사이의 동적 평형을 이해하고 있는지 묻는 문항이다.

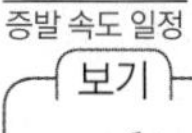

표는 밀폐된 진공 용기에 $C_2H_5OH(l)$을 넣은 후 시간에 따른 $C_2H_5OH(g)$의 양(mol)을 나타낸 것이다. t_2일 때 동적 평형 상태에 도달하였고, 이때 $\frac{C_2H_5OH(g)\text{의 양(mol)}}{C_2H_5OH(l)\text{의 양(mol)}}=x$이다. ($t_2$일 때 동적 평형 상태 → $C_2H_5OH(l)$과 $C_2H_5OH(g)$의 양(mol)이 일정)

시간	t_1 (동적 평형 전)	t_2 (동적 평형)	t_3 (동적 평형)
$C_2H_5OH(g)$의 양(mol)	a	b	b

이에 대한 옳은 설명만을 〈보기〉에서 있는 대로 고른 것은? (단, 온도는 일정하고, $0<t_1<t_2<t_3$이다.) (증발 속도 일정)

보기

ㄱ. $b>a$이다.

ㄴ. t_1일 때(동적 평형 전) $\frac{C_2H_5OH(g)\text{의 응축 속도}}{C_2H_5OH(l)\text{의 증발 속도}}<1$이다. (응축 속도: 증발 속도와 같아질 때까지(t_2 이전) 증가 / 증발 속도: 일정)

ㄷ. t_3일 때(동적 평형) $\frac{C_2H_5OH(g)\text{의 양(mol)}}{C_2H_5OH(l)\text{의 양(mol)}}>x$이다. ($>$ → $=$, t_2 이후부터는 x)

① ㄱ ② ㄷ ③ ㄱ, ㄴ ④ ㄴ, ㄷ ⑤ ㄱ, ㄴ, ㄷ

✓ 자료 해석

- 동적 평형 상태 : 일정한 온도에서 밀폐된 용기에 액체가 들어 있을 때, 액체 표면에서 액체가 기체로 되는 증발 속도와 기체가 액체로 되는 응축 속도가 같아져 변화가 없는 것처럼 보이는 상태이다.
- t_2일 때가 동적 평형 상태이므로 $C_2H_5OH(l)$의 증발 속도와 $C_2H_5OH(g)$의 응축 속도가 같다.
- t_1은 동적 평형 상태에 도달하기 전이고 t_3은 동적 평형 상태이다.

○ 보기풀이 ㄱ. t_1은 동적 평형 상태에 도달하기 전이므로 $C_2H_5OH(g)$의 양은 $b>a$이다.

ㄴ. 온도가 일정하므로 $C_2H_5OH(l)$의 증발 속도는 일정하다. t_1일 때는 동적 평형 상태 전이므로 $C_2H_5OH(l)$의 증발 속도와 같아질 때까지 $C_2H_5OH(g)$의 응축 속도는 증가한다. 따라서 t_1일 때 $\frac{C_2H_5OH(g)\text{의 응축 속도}}{C_2H_5OH(l)\text{의 증발 속도}}<1$이다.

× 매력적 오답 ㄷ. t_3일 때는 동적 평형 상태이므로 $\frac{C_2H_5OH(g)\text{의 양(mol)}}{C_2H_5OH(l)\text{의 양(mol)}}=x$이다.

문제풀이 Tip

밀폐된 진공 용기에 $C_2H_5OH(l)$을 넣으면 동적 평형 상태에 도달하기 전까지 $C_2H_5OH(l)$의 양(mol)은 감소하고 $C_2H_5OH(g)$의 양(mol)은 증가하다가 동적 평형 상태에 도달하면 $C_2H_5OH(l)$과 $C_2H_5OH(g)$의 양(mol)이 일정하게 유지된다.

선택지 비율	❶ 76%	② 3%	③ 15%	④ 2%	⑤ 4%

13 용해 평형

2021년 10월 교육청 7번 | 정답 ① | 문제편 87 p

출제 의도 용해 평형에 대하여 이해하고 있는지 묻는 문항이다.

문제 분석

그림은 물에 $X(s)$ w g을 넣었을 때, 시간에 따른 용해된 X의 질량을 나타낸 것이다. $w>a$이다. (➡ 녹지 않고 남은 $X(s)$ 존재)

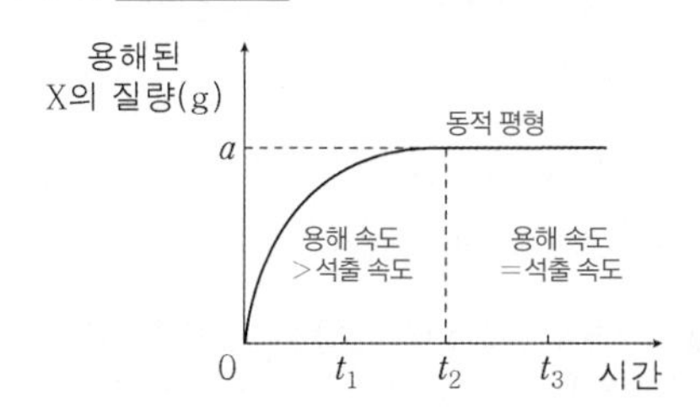

이에 대한 옳은 설명만을 〈보기〉에서 있는 대로 고른 것은? (단, 온도는 일정하고, X의 용해에 따른 수용액의 부피 변화와 물의 증발은 무시한다.)

보기

ㄱ. X의 석출 속도는 ~~t_1일 때와 t_2일 때가 같다~~. (t_2일 때가 t_1일 때보다 크다.)

ㄴ. $X(aq)$의 몰 농도는 t_3일 때가 t_1일 때보다 크다.

ㄷ. 녹지 않고 남아 있는 $X(s)$의 질량은 ~~t_2일 때가 t_3일 때보다 크다~~. (t_2일 때와 t_3일 때가 같다.)

① ㄴ ② ㄷ ③ ㄱ, ㄴ ④ ㄱ, ㄷ ⑤ ㄴ, ㄷ

✓ 자료 해석

- t_2 이후 용해된 X의 질량이 일정하므로 t_2에서 $X(aq)$이 용해 평형에 도달하였음을 알 수 있다.
- $0<t_1<t_2<t_3$이고 t_2일 때 용해 평형 상태이므로 t_1일 때는 용해 평형에 도달하기 전이고, t_3일 때는 용해 평형 상태이다.
  ➡ t_1에서 용해 속도>석출 속도이고, t_2, t_3에서 용해 속도=석출 속도이다.

○ 보기풀이 ㄴ. $X(aq)$의 몰 농도는 용해된 $X(s)$의 질량에 비례한다. 용해된 $X(s)$의 질량은 t_3일 때가 t_1일 때보다 크므로 $X(aq)$의 몰 농도는 t_3일 때가 t_1일 때보다 크다.

× 매력적 오답 ㄱ. 물에 용해된 X의 질량이 증가할수록 석출 속도는 빨라지므로 X의 석출 속도는 t_2일 때가 t_1일 때보다 크다.

ㄷ. t_2일 때 용해 평형에 도달했으므로 t_3일 때도 용해 평형 상태이며, t_2 이후 용해된 X의 질량이 일정하므로 녹지 않고 남아 있는 $X(s)$의 질량은 t_2일 때와 t_3일 때가 같다.

문제풀이 Tip

용해 평형 상태에서는 더 이상 용해가 일어나지 않는 것처럼 보이지만, 정반응(용해)과 역반응(석출)이 같은 속도로 일어나고 있다. 따라서 수용액에 녹아 있는 고체의 양은 일정하다.

선택지 비율	❶ 77%	② 3%	③ 10%	④ 3%	⑤ 7%

14 동적 평형

2021년 7월 교육청 9번 | 정답 ① | 문제편 87 p

출제 의도 동적 평형과 물질의 양 변화에 대하여 이해하고 있는지 묻는 문항이다.

문제 분석

그림은 밀폐된 진공 용기 안에 $X(l)$를 넣은 후 X의 증발($X(l) \rightarrow X(g)$)과 응축($X(g) \rightarrow X(l)$)이 일어날 때, 시간 t_1, t_2, t_3에서의 물질의 양(mol)을 나타낸 것이다. $0 < t_1 < t_2 < t_3$이고 t_3일 때 동적 평형 상태이다. A와 B는 각각 $X(l)$와 $X(g)$ 중 하나이다.

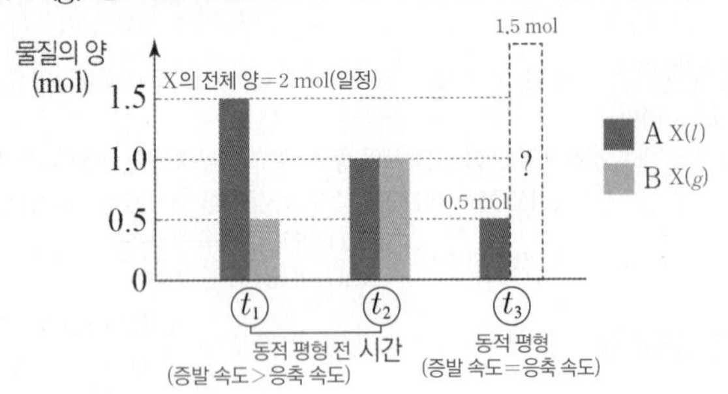

이에 대한 설명으로 옳은 것만을 <보기>에서 있는 대로 고른 것은? (단, 온도는 일정하다.)

보기

ㄱ. A는 $X(l)$이다.

ㄴ. t_2에서 $\frac{\text{증발 속도}}{\text{응축 속도}}$ ~~=1이다~~. >1이다.

ㄷ. t_3에서 B($X(g)$)의 양은 ~~0.5 mol이다~~. 1.5 mol이다.

① ㄱ ② ㄷ ③ ㄱ, ㄴ ④ ㄴ, ㄷ ⑤ ㄱ, ㄴ, ㄷ

✓ 자료 해석

- 밀폐 용기에 $X(l)$를 넣으면 $X(l)$의 증발이 일어나면서 $X(l)$의 양(mol)은 점점 감소하고, $X(g)$의 양(mol)은 점점 증가한다.
  ➡ A는 $X(l)$이고, B는 $X(g)$이다.
- X의 전체 양은 2 mol로 일정하므로 t_3에서 B의 양은 1.5 mol이다.
- $0 < t_1 < t_2 < t_3$이고 t_3일 때 동적 평형 상태이므로 t_1, t_2일 때는 동적 평형에 도달하기 전이다.
  ➡ t_1, t_2에서 증발 속도>응축 속도이고, t_3에서 증발 속도=응축 속도이다.

○ 보기 풀이 ㄱ. A는 $X(l)$이고, B는 $X(g)$이다.

× 매력적 오답 ㄴ. t_2일 때는 동적 평형에 도달하기 전이므로 증발 속도>응축 속도이다. 따라서 $\frac{\text{증발 속도}}{\text{응축 속도}} > 1$이다.

ㄷ. t_1, t_2에서 X의 전체 양은 2 mol이므로 질량 보존 법칙에 따라 t_3에서도 X의 전체 양은 2 mol이다. 따라서 B($X(g)$)의 양은 1.5 mol이다.

문제풀이 Tip

동적 평형 상태에서는 반응이 일어나지 않는 것이 아니라 정반응(증발)과 역반응(응축)이 같은 속도로 일어나고 있으므로 이때 $X(g)$와 $X(l)$의 양은 일정함을 기억해 두자.

선택지 비율	❶ 56%	② 12%	③ 13%	④ 4%	⑤ 14%

15 용해 평형

2021년 4월 교육청 11번 | 정답 ① | 문제편 88 p

출제 의도 설탕의 용해 평형에 대하여 이해하고 있는지 묻는 문항이다.

문제 분석

그림 (가)는 설탕 수용액이 용해 평형(용해 속도=석출 속도)에 도달한 모습을, (나)는 (가)의 수용액에 설탕을 추가로 넣은 모습을, (다)는 (나)의 수용액이 충분한 시간이 흐른 후의 모습을 나타낸 것이다.

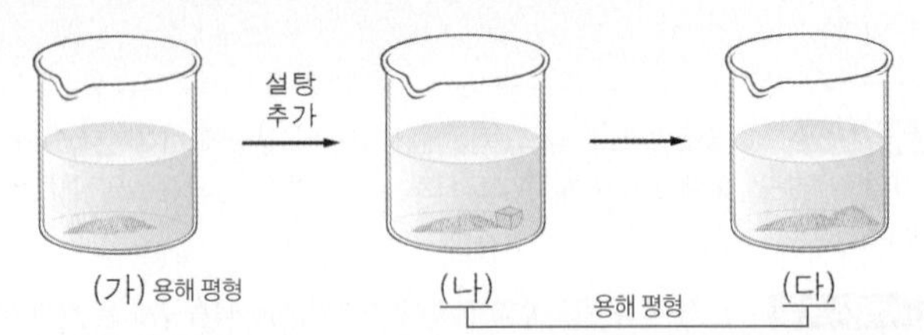

이에 대한 설명으로 옳은 것만을 <보기>에서 있는 대로 고른 것은? (단, 온도는 일정하고, 물의 증발은 무시한다.) [3점]

보기

ㄱ. (나)에서 설탕은 ~~용해되지 않는다~~. 용해되고, 용해된 만큼 석출된다.

ㄴ. $\frac{\text{설탕의 용해 속도}}{\text{설탕의 석출 속도}}$는 (가)에서와 (다)에서가 같다. (1로 같다.)

ㄷ. 수용액에 녹아 있는 설탕의 질량은 (다)에서가 (나)에서보다 ~~크다~~. 서로 같다.

① ㄴ ② ㄷ ③ ㄱ, ㄴ ④ ㄱ, ㄷ ⑤ ㄴ, ㄷ

✓ 자료 해석

- 용해 평형 상태에서는 용해 속도=석출 속도이므로 용해 평형에 도달하면 설탕 수용액에 녹아 있는 설탕의 양은 일정하다.
- (가)에서 설탕 수용액이 용해 평형에 도달했으므로 (나)에서 설탕을 추가로 넣어도 용해 평형 상태이며, 충분한 시간이 흐른 뒤인 (다)에서도 용해 평형 상태이다.

○ 보기 풀이 ㄴ. (가)~(다)의 수용액은 모두 용해 평형 상태이므로 $\frac{\text{설탕의 용해 속도}}{\text{설탕의 석출 속도}}$는 (가)에서와 (다)에서가 1로 같다.

× 매력적 오답 ㄱ. 용해 평형 상태인 (가)의 수용액에 설탕을 추가로 넣은 (나)의 수용액에서 설탕은 용해되고 용해된 만큼 다시 석출된다.

ㄷ. 온도가 일정하므로 수용액에 녹아 있는 설탕의 질량은 (나)와 (다)에서 서로 같다.

문제풀이 Tip

설탕 수용액의 용해 평형 상태에서는 더 이상 용해가 일어나지 않는 것처럼 보이지만, 정반응(용해)과 역반응(석출)이 같은 속도로 일어나고 있으므로 수용액에 녹아 있는 설탕의 양은 일정함을 기억해 두자.

선택지 비율	① 17%	② 11%	③ 4%	❹ 65%	⑤ 3%

16 동적 평형

2021년 3월 교육청 5번 | 정답 ④ | 문제편 88 p

출제 의도 시간에 따른 응축 속도의 변화로부터 동적 평형에 대하여 이해하고 있는지 묻는 문항이다.

문제 분석

그림은 밀폐된 진공 용기에 $X(l)$를 넣은 후 $X(g)$의 응축 속도를 시간에 따라 나타낸 것이다. 온도는 일정하고, t_2에서 $X(l)$와 $X(g)$는 동적 평형을 이루고 있다.

증발 속도 일정

증발 속도=응축 속도

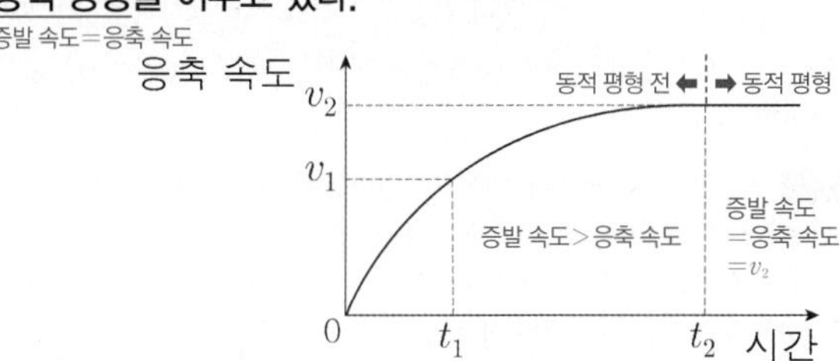

이에 대한 옳은 설명만을 〈보기〉에서 있는 대로 고른 것은?

보기
ㄱ. t_1에서 $X(l)$의 증발 속도는 v_1보다 크다.
ㄴ. t_2에서 $X(l)$의 증발이 ~~일어나지 않는다~~. 일어난다.
ㄷ. $X(g)$의 양(mol)은 t_2에서가 t_1에서보다 크다.

① ㄱ ② ㄷ ③ ㄱ, ㄴ ④ ㄱ, ㄷ ⑤ ㄴ, ㄷ

✔ 자료 해석

- 밀폐 용기에 $X(l)$를 넣으면 $X(l)$의 증발이 일어나면서 $X(g)$의 양(mol)이 점점 증가한다. 따라서 $X(g)$의 응축 속도는 점점 빨라진다.
- 동적 평형에 도달하면 $X(l)$의 증발 속도와 $X(g)$의 응축 속도가 같아져 더 이상 반응이 일어나지 않는 것처럼 보이는 상태가 된다. 따라서 t_2에서 증발 속도=응축 속도이다.
- $0<t_1<t_2$이고 t_2일 때 동적 평형 상태이므로 t_1일 때는 동적 평형에 도달하기 전이다.

○ 보기풀이 ㄱ. t_1일 때는 동적 평형에 도달하기 전이므로 $X(l)$의 증발 속도가 $X(g)$의 응축 속도(v_1)보다 빠르다.
ㄷ. 밀폐된 진공 용기에 $X(l)$를 넣으면 동적 평형에 도달할 때까지 $X(g)$의 양(mol)은 증가한다. 따라서 $X(g)$의 양(mol)은 t_2에서가 t_1에서보다 크다.

× 매력적 오답 ㄴ. t_2일 때는 $X(l)$의 증발과 $X(g)$의 응축이 같은 속도로 일어나고 있다.

문제풀이 Tip

동적 평형에 도달하기 전에는 증발 속도가 응축 속도보다 빠르고, 응축 속도가 점점 빨라져 증발 속도와 같아지면 동적 평형에 도달한다.

선택지 비율	① 3%	② 2%	❸ 87%	④ 4%	⑤ 4%

17 동적 평형

2020년 7월 교육청 5번 | 정답 ③ | 문제편 88 p

출제 의도 물에 NaCl을 녹여 도달한 동적 평형에 대하여 이해하고 있는지 묻는 문항이다.

문제 분석

그림은 t ℃에서 $H_2O(l)$이 들어 있는 밀폐 용기에 $NaCl(s)$을 녹인 후 충분한 시간이 지난 상태를 나타낸 것이다.

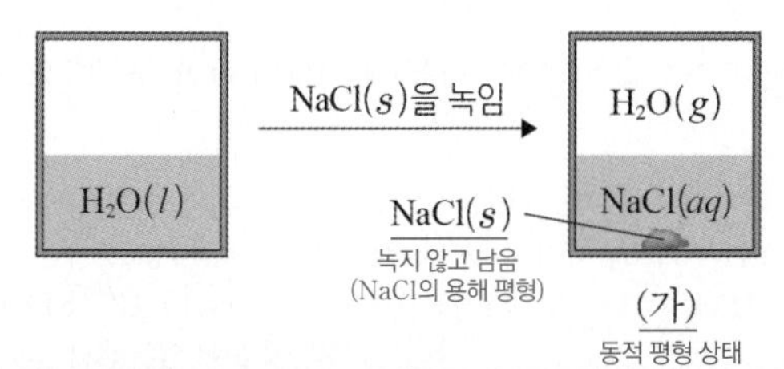

(가)에 대한 설명으로 옳은 것만을 〈보기〉에서 있는 대로 고른 것은? (단, 온도는 일정하다.) [3점]

보기
ㄱ. $H_2O(g)$ 분자 수는 일정하다.
ㄴ. NaCl의 ~~용해 속도는 석출 속도보다 크다~~. 용해 속도와 석출 속도가 같다.
ㄷ. 동적 평형 상태이다.

① ㄱ ② ㄴ ③ ㄱ, ㄷ ④ ㄴ, ㄷ ⑤ ㄱ, ㄴ, ㄷ

✔ 자료 해석

- $H_2O(l)$에 $NaCl(s)$을 녹인 후 충분한 시간이 지났을 때, 녹지 않고 남은 $NaCl(s)$이 존재하므로 (가)는 동적 평형(용해 평형)에 도달한 상태이다.

○ 보기풀이 ㄱ. (가)는 동적 평형 상태이므로 H_2O의 증발과 응축이 같은 속도로 일어나고 있다. 따라서 $H_2O(g)$ 분자 수는 일정하다.
ㄷ. $H_2O(l)$에 $NaCl(s)$을 녹인 후 충분한 시간이 지났고, $NaCl(s)$이 더 이상 녹지 않으므로 동적 평형에 도달한 것이다.

× 매력적 오답 ㄴ. (가)는 동적 평형 상태이므로 NaCl의 용해와 석출이 같은 속도로 일어나고 있다.

문제풀이 Tip

동적 평형 상태에서는 반응이 일어나지 않는 것이 아니라 정반응과 역반응이 같은 속도로 일어나고 있음을 기억해 두자.

선택지 비율	① 5%	❷ 81%	③ 4%	④ 6%	⑤ 4%

18 동적 평형

2020년 3월 교육청 3번 | 정답 ② | 문제편 88 p

출제 의도 주어진 실험 결과로부터 동적 평형에 대하여 이해하고 있는지 묻는 문항이다.

문제 분석

다음은 적갈색의 $NO_2(g)$로부터 무색의 $N_2O_4(g)$가 생성되는 반응의 화학 반응식과 이와 관련된 실험이다.

> • 화학 반응식 : $2NO_2(g) \rightleftharpoons N_2O_4(g)$ (적갈색 / 무색)
>
> [실험 과정 및 결과]
>
> 플라스크에 $NO_2(g)$를 넣고 마개로 막아 놓았더니 시간이 지남에 따라 기체의 색이 점점 옅어졌고(정반응 진행), t초 이후에는 색이 변하지 않고 일정해졌다.(동적 평형에 도달한 것이다.)

이에 대한 옳은 설명만을 〈보기〉에서 있는 대로 고른 것은? (단, 온도는 일정하다.)

> 보기
>
> ㄱ. 반응 시작 후 t초까지는 전체 기체 분자 수가 ~~증가한다~~(감소한다).
>
> ㄴ. t초 이후에는 $N_2O_4(g)$의 분자 수가 변하지 않는다.
>
> ㄷ. t초 이후에는 정반응이 ~~일어나지 않는다~~(일어난다).

① ㄱ ② ㄴ ③ ㄱ, ㄷ ④ ㄴ, ㄷ ⑤ ㄱ, ㄴ, ㄷ

✓ 자료 해석

• 적갈색의 $NO_2(g)$를 넣은 플라스크의 색이 시간이 지남에 따라 점점 옅어지므로 $N_2O_4(g)$가 생성되는 정반응이 진행되었음을 알 수 있다.

• t초 이후에 색이 변하지 않고 일정해진 까닭은 정반응과 역반응의 속도가 같아지는 동적 평형에 도달하였기 때문이다.

O 보기 풀이 ㄴ. t초 이후에는 동적 평형에 도달하므로 $N_2O_4(g)$와 $NO_2(g)$의 분자 수는 일정하다.

✕ 매력적 오답 ㄱ. 반응 시작 후 t초까지는 정반응이 더 빠르게 진행되며, 반응 계수는 반응물>생성물이므로 전체 기체 분자 수가 감소한다.

ㄷ. t초 이후에는 정반응과 역반응이 일어나는 속도가 같아서 더 이상 반응이 일어나지 않는 것처럼 보이는 동적 평형에 도달한다.

문제풀이 Tip

반응물인 $NO_2(g)$는 적갈색이고, 생성물인 $N_2O_4(g)$는 무색이므로 기체의 색 변화로부터 동적 평형에 도달한 시점을 알 수 있다.

선택지 비율	① 4%	② 3%	③ 8%	④ 8%	❺ 77%

19 pH와 물의 자동 이온화

2024년 10월 교육청 18번 | 정답 ⑤ | 문제편 89 p

출제 의도 pH와 pOH의 관계를 알고 수용액에서 H_3O^+과 OH^-의 양을 구할 수 있는지 묻는 문항이다.

문제 분석

표는 25 ℃에서 수용액 (가)~(다)에 대한 자료이다. pOH는 (가)가 (나)의 5배이다.

수용액	(가)	(나)	(다)
액성	산성	염기성	㉠ 염기성
$\frac{pH}{pOH}$(상댓값)	$\frac{4}{10}$ 2 $\frac{14-5x}{5x}$	$\frac{12}{2}$ 30 $\frac{14-x}{x}$	$\frac{9}{5}$ 9
부피(mL)	100	200	200

이에 대한 옳은 설명만을 〈보기〉에서 있는 대로 고른 것은? (단, 25 ℃에서 물의 이온화 상수(K_w)는 1×10^{-14}이다.) [3점]

> 보기
>
> ㄱ. pH는 (나)가 (가)의 3배이다. (가) 4, (나) 12
>
> ㄴ. '염기성'은 ㉠으로 적절하다. (다)의 pH=9
>
> ㄷ. $\frac{(다)에\ 들어\ 있는\ OH^-의\ 양(mol)}{(가)에\ 들어\ 있는\ H_3O^+의\ 양(mol)}=\frac{1}{5}$이다. $\frac{1\times10^{-5}\times0.2}{1\times10^{-4}\times0.1}$

① ㄱ ② ㄴ ③ ㄱ, ㄷ ④ ㄴ, ㄷ ⑤ ㄱ, ㄴ, ㄷ

✓ 자료 해석

• pOH는 (가)가 (나)의 5배이므로 (가), (나)의 pOH를 각각 $5x$, x라고 하면 모든 수용액에서 pH+pOH=14.0이므로 (가), (나)의 pH는 각각 $(14-5x)$, $(14-x)$이다.

• $\frac{pH}{pOH}$의 비는 (가) : (나)$=\frac{14-5x}{5x}:\frac{14-x}{x}=2:30$이 성립하여 $x=2$이다.

• (가)의 $\frac{pH}{pOH}=\frac{2}{5}$인데, $\frac{pH}{pOH}$의 비는 (가) : (다)=2 : 9이므로 (다)의 $\frac{pH}{pOH}=\frac{2}{5}\times\frac{9}{2}=\frac{9}{5}$이다. 따라서 (다)의 pH, pOH는 각각 9, 5이다.

O 보기 풀이 ㄱ. (가), (나)의 pH는 각각 4, 12로 (나)가 (가)의 3배이다.

ㄴ. (다)의 pH=9로 25 ℃에서 7보다 크므로 (다)는 염기성(㉠)이다.

ㄷ. (가)의 $[H_3O^+]=1\times10^{-4}$ M이고, (다)의 $[OH^-]=1\times10^{-5}$ M이다. (가)와 (다)의 부피(mL)가 각각 100, 200이므로 $\frac{(다)에\ 들어\ 있는\ OH^-의\ 양(mol)}{(가)에\ 들어\ 있는\ H_3O^+의\ 양(mol)}=\frac{1\times10^{-5}\times0.2}{1\times10^{-4}\times0.1}=\frac{1}{5}$이다.

문제풀이 Tip

$\frac{(다)에\ 들어\ 있는\ OH^-의\ 양(mol)}{(가)에\ 들어\ 있는\ H_3O^+의\ 양(mol)}$에서 (가)와 (다)의 이온의 몰비를 구하는 것이므로 용액의 부피 단위를 L로 바꾸지 않고 mL로 비교해도 된다. $\frac{(다)에\ 들어\ 있는\ OH^-의\ 양(mol)}{(가)에\ 들어\ 있는\ H_3O^+의\ 양(mol)}=\frac{1\times10^{-5}\times200}{1\times10^{-4}\times100}=\frac{1}{5}$이다.

선택지 비율	① 22%	② 10%	❸ 37%	④ 19%	⑤ 12%

20 pH와 물의 자동 이온화

2024년 7월 교육청 14번 | 정답 ③ | 문제편 89 p

출제 의도 pH와 pOH의 관계를 알고 수용액에서 H_3O^+과 OH^-의 양을 구할 수 있는지 묻는 문항이다.

문제 분석 $\frac{pH}{pOH}$는 $HCl(aq) < H_2O(l) < NaOH(aq)$

표는 25 ℃에서 물질 (가)~(다)에 대한 자료이다. (가)~(다)는 $HCl(aq)$, $H_2O(l)$, $NaOH(aq)$을 순서 없이 나타낸 것이다.

물질	(가) $H_2O(l)$	(나) $NaOH(aq)$	(다) $HCl(aq)$
$\frac{pH}{pOH}$(상댓값)	$\frac{7}{7}$ 3	$\frac{11}{3}$ 11	$\frac{3.5}{10.5}$ 1
부피(mL)		10	100

이에 대한 설명으로 옳은 것만을 <보기>에서 있는 대로 고른 것은? (단, 25 ℃에서 물의 이온화 상수(K_w)는 1×10^{-14}이다.) [3점]

보기
ㄱ. (가)는 $H_2O(l)$이다.
ㄴ. $\frac{(가)의\ pH}{(다)의\ pOH} > 1$이다. (<) $\frac{7}{10.5}$
ㄷ. $\frac{(다)에서\ H_3O^+의\ 양(mol)}{(나)에서\ OH^-의\ 양(mol)} > 1$이다. $\frac{1\times10^{-3.5}\times10^{-1}}{1\times10^{-3}\times10^{-2}}$

① ㄱ ② ㄴ ③ ㄱ, ㄷ ④ ㄴ, ㄷ ⑤ ㄱ, ㄴ, ㄷ

✓ 자료 해석

- $\frac{pH}{pOH}$는 $HCl(aq) < H_2O(l) < NaOH(aq)$인데, $\frac{pH}{pOH}$가 (나) > (가) > (다)이므로 (가)~(다)는 각각 $H_2O(l)$, $NaOH(aq)$, $HCl(aq)$이다.
- $H_2O(l)$의 $\frac{pH}{pOH}=1$이므로 (나), (다)의 $\frac{pH}{pOH}$는 각각 $\frac{11}{3}$, $\frac{1}{3}$이다.
- 수용액의 pH+pOH=14.0이므로 (가)의 pH=pOH=7이고, (나)의 pH=11, pOH=3이며, (다)의 pH=3.5, pOH=10.5이다.

○ 보기 풀이 ㄱ. (가)는 $H_2O(l)$이다.
ㄷ. (나)의 pOH=3이므로 $[OH^-]=1\times10^{-3}$ M이고, (다)의 pH=3.5이므로 $[H_3O^+]=1\times10^{-3.5}$ M이다.
따라서 $\frac{(다)에서\ H_3O^+의\ 양(mol)}{(나)에서\ OH^-의\ 양(mol)}=\frac{1\times10^{-3.5}\times10^{-1}}{1\times10^{-3}\times10^{-2}}>1$이다.

× 매력적 오답 ㄴ. $\frac{(가)의\ pH}{(다)의\ pOH}=\frac{7}{10.5}<1$이다.

문제풀이 Tip

$\frac{(다)에서\ H_3O^+의\ 양(mol)}{(나)에서\ OH^-의\ 양(mol)}$을 구할 때 이온의 양을 정확히 구하는 것이 아니라 비를 구하는 것이므로 용액의 부피 단위를 L로 바꾸지 않고 mL 그대로 비교해도 된다. 부피비는 (나) : (다) = 1 : 10이므로 $\frac{(다)에서\ H_3O^+의\ 양(mol)}{(나)에서\ OH^-의\ 양(mol)}=\frac{10^{-3.5}\times10}{10^{-3}\times1}>1$이다.

선택지 비율	❶ 39%	② 20%	③ 16%	④ 19%	⑤ 6%

21 pH와 물의 자동 이온화

2024년 5월 교육청 18번 | 정답 ① | 문제편 89 p

출제 의도 pH와 pOH의 관계를 알고 수용액에서 OH^-의 양을 구할 수 있는지 묻는 문항이다.

문제 분석

표는 25 ℃에서 수용액 (가)와 (나)에 대한 자료이다. (가)와 (나)는 $HCl(aq)$과 $NaOH(aq)$을 순서 없이 나타낸 것이다.

$[OH^-]$비 (가) : (나) = $\frac{10^5}{100}$: $\frac{1}{10}$
➡ $[OH^-]$는 (가) > (나)
➡ (가)는 $NaOH(aq)$, (나)는 $HCl(aq)$

수용액	몰 농도(M)	부피(mL)	OH^-의 양(mol)(상댓값)
$NaOH(aq)$ (가) pH 8, pOH 6	a	100 (10배)	10^5 (10^5배)
$HCl(aq)$ (나) pH 4, pOH 10	$100a$	10	1

이에 대한 설명으로 옳은 것만을 <보기>에서 있는 대로 고른 것은? (단, 25 ℃에서 물의 이온화 상수(K_w)는 1×10^{-14}이다.) [3점]

보기
ㄱ. (가)는 ~~HCl~~ NaOH(aq)이다.
ㄴ. $a=1\times10^{-6}$이다. $a : \frac{10^{-14}}{100a}=10^4 : 1$
ㄷ. $\frac{(가)의\ pH}{(나)의\ pOH}=\frac{5}{4}$이다. (~~5/4~~) $\frac{8}{10}=\frac{4}{5}$

① ㄴ ② ㄷ ③ ㄱ, ㄴ ④ ㄱ, ㄷ ⑤ ㄱ, ㄴ, ㄷ

✓ 자료 해석

- $[OH^-]$의 비는 (가) : (나) $=\frac{10^5}{100}:\frac{1}{10}=10^4:1$이므로 (가), (나)는 각각 $NaOH(aq)$, $HCl(aq)$이다.
- $NaOH(aq)$의 몰 농도(M)는 a이므로 $[OH^-]=a$ M이고, $HCl(aq)$의 몰 농도(M)는 $100a$이므로 $[OH^-]=\frac{10^{-14}}{100a}$ M이다.
- $[OH^-]$의 비는 $NaOH(aq):HCl(aq)=a:\frac{10^{-14}}{100a}=10^4:1$이므로 $a=1\times10^{-6}$이다.
- $a=1\times10^{-6}$이므로 (가)의 pOH=6, pH=8이다.
- (나)는 $HCl(aq)$으로 몰 농도가 1×10^{-4} M이므로 pH=4, pOH=10이다.

○ 보기 풀이 ㄴ. $a=1\times10^{-6}$이다.

× 매력적 오답 ㄱ. (가)는 $NaOH(aq)$이다.
ㄷ. $\frac{(가)의\ pH}{(나)의\ pOH}=\frac{8}{10}=\frac{4}{5}$이다.

문제풀이 Tip

(가)와 (나)의 $[OH^-]$를 비교하면 (가)는 $NaOH(aq)$, (나)는 $HCl(aq)$이라는 것을 알 수 있다. $HCl(aq)$의 몰 농도는 $[H_3O^+]$와 같고, $NaOH(aq)$의 몰 농도는 $[OH^-]$와 같음에 유의한다.

Part I 교육청

선택지 비율	① 11%	② 14%	❸ 45%	④ 18%	⑤ 12%

22 물의 이온화 상수

2024년 3월 교육청 17번 | 정답 ③ | 문제편 89 p

(출제 의도) pH와 pOH의 관계를 알고 수용액에서 H_3O^+과 OH^-의 양을 구할 수 있는지 묻는 문항이다.

(문제 분석)

표는 25 ℃에서 산성 또는 염기성 수용액 (가)~(다)에 대한 자료이다. (가)~(다) 중 산성 수용액은 2가지이고, pH는 (가)가 (다)의 3배이다.

1 : 15 ➡ $n=4$

수용액	염기성 (가)	산성 (나)	산성 (다)
$\frac{pOH}{pH}$ (상댓값)	$\frac{2}{12}$ 1 $\frac{14-3n}{3n}$	$\frac{8}{6}$ x 8	$\frac{10}{4}$ 15 $\frac{14-n}{n}$
$\lvert pH-pOH \rvert$	$\lvert 12-2 \rvert$ $y+4$ 6+4	$\lvert 6-8 \rvert$ $y-4$ 6−4	$\lvert 4-10 \rvert$ y 6
부피(mL)	100	200	400

이에 대한 옳은 설명만을 〈보기〉에서 있는 대로 고른 것은? (단, 25 ℃에서 물의 이온화 상수(K_w)는 1×10^{-14}이다.) [3점]

〈보기〉

ㄱ. (나)는 산성 수용액이다. (가)는 염기성, (다)는 산성

ㄴ. $x-y=2$이다. 8−6=2

ㄷ. $\frac{\text{(다)에서 } H_3O^+ \text{의 양(mol)}}{\text{(가)에서 } OH^- \text{의 양(mol)}} = \frac{1}{100}$이다. (100에 취소선) $\frac{10^{-4}\times 4}{10^{-2}\times 1}=\frac{1}{25}$

① ㄱ ② ㄷ ③ ㄱ, ㄴ ④ ㄴ, ㄷ ⑤ ㄱ, ㄴ, ㄷ

✔ 자료 해석

- pH는 (가)가 (다)의 3배이므로 (가), (다)의 pH를 각각 $3n$, n이라고 하면 pOH는 각각 $14-3n$, $14-n$이다.
- $\frac{pOH}{pH}$의 비는 (가) : (다)$=\frac{14-3n}{3n} : \frac{14-n}{n}=1:15$가 성립하므로 $n=4$이다.
- $n=4$이므로 (가), (다)의 pH는 각각 12, 4이고, 액성은 각각 염기성, 산성이다.
- (다)의 $\lvert pH-pOH \rvert = \lvert 4-10 \rvert = 6$이므로 $y=6$이다.
- (가)~(다) 중 산성 수용액은 2가지이므로 (나)의 액성은 산성이고 $\lvert pH-pOH \rvert = y-4=2$이므로 pH=6, pOH=8이다.

○ 보기 풀이 ㄱ. (나)는 산성 수용액이다.

ㄴ. $\frac{pOH}{pH}$의 비는 (가) : (나)$=\frac{2}{12}:\frac{8}{6}=1:x$이므로 $x=8$이다. $x=8$, $y=6$이므로 $x-y=2$이다.

✖ 매력적 오답 ㄷ. (가)의 $[OH^-]=1\times10^{-2}$ M이고, (다)의 $[H_3O^+]=1\times10^{-4}$ M이다. 부피비는 (가) : (다)=1 : 4이므로 $\frac{\text{(다)에서 } H_3O^+ \text{의 양(mol)}}{\text{(가)에서 } OH^- \text{의 양(mol)}}=\frac{10^{-4}\times4}{10^{-2}\times1}=\frac{1}{25}$이다.

문제풀이 Tip

$\frac{pOH}{pH}$는 (가)<(다)이므로 (다)는 산성이다. (가), (다)의 pH를 각각 $3n$, n이라고 하면 pOH는 각각 $14-3n$, $14-n$인데, (가)가 산성이면 pOH>pH이므로 $\lvert pH-pOH \rvert=14-6n$이다. (다)는 pOH>pH이므로 $\lvert pH-pOH \rvert=14-2n$이다. 자료에서 $\lvert pH-pOH \rvert$는 (가)가 (다)보다 4 크므로 $14-6n=14-2n+4$인데, $n=-1$로 모순이 되므로 (가)는 염기성이다.

선택지 비율	① 8%	❷ 75%	③ 5%	④ 10%	⑤ 3%

23 물의 이온화 상수

2023년 10월 교육청 8번 | 정답 ② | 문제편 90 p

(출제 의도) pH와 pOH의 관계를 알고 $[H_3O^+]$와 $[OH^-]$를 구할 수 있는지 묻는 문항이다.

(문제 분석)

다음은 25 ℃ 수용액 (가)~(다)에 대한 자료이다.

- (가)에서 pOH−pH=8.0이다. pH=3.0, pOH=11.0
- $\frac{\text{(가)의 } [H_3O^+]}{\text{(나)의 } [OH^-]}=10$이다. $\frac{1\times10^{-3}\text{ M}}{\text{(나)의 }[OH^-]}=10$ ➡ (나)의 $[OH^-]=1\times10^{-4}$ M ➡ (나)의 pOH=4.0
- pOH는 (다)가 (나)의 3배이다. (다)의 pOH=12.0 (나: 4.0)

이에 대한 옳은 설명만을 〈보기〉에서 있는 대로 고른 것은? (단, 25 ℃에서 물의 이온화 상수(K_w)는 1×10^{-14}이다.) [3점]

〈보기〉

ㄱ. (가)는 염기성이다. (염기성 → 산성) (가)의 pH=3.0

ㄴ. (나)의 pOH는 3.0이다. (3.0 → 4.0)

ㄷ. (다)의 $[H_3O^+]$는 1×10^{-2} M이다. (다)의 pH=2.0

① ㄱ ② ㄷ ③ ㄱ, ㄴ ④ ㄱ, ㄷ ⑤ ㄴ, ㄷ

✔ 자료 해석

- (가)의 pOH−pH=8.0이고, 25 ℃에서 수용액의 pH+pOH=14.0이므로 (가)의 pH, pOH는 각각 3.0, 11.0이다.
- (가)의 pH가 3.0이므로 $[H_3O^+]=1\times10^{-3}$ M인데, $\frac{\text{(가)의 } [H_3O^+]}{\text{(나)의 } [OH^-]}=10$이므로 (나)의 $[OH^-]=1\times10^{-4}$ M이고 pOH는 4.0이다.
- pOH는 (다)가 (나)의 3배이므로 (다)의 pOH=12.0이다.

○ 보기 풀이 ㄷ. (다)의 pOH=12.0이므로 pH=2.0이다. 따라서 (다)의 $[H_3O^+]=1\times10^{-2}$ M이다.

✖ 매력적 오답 ㄱ. (가)의 pH=3.0이므로 (가)는 산성이다.

ㄴ. (나)의 pOH=4.0이다.

문제풀이 Tip

25 ℃에서 pH+pOH=14.0이라는 것을 이용하여 (가)의 pH와 pOH를 구하고, pH=−log $[H_3O^+]$, pOH=−log $[OH^-]$를 이용하여 $[H_3O^+]$와 $[OH^-]$를 구한다.

선택지 비율	① 7%	② 8%	❸ 65%	④ 12%	⑤ 9%

24 물의 이온화 상수

2023년 7월 교육청 15번 | 정답 ③ | 문제편 90p

(출제 의도) 물의 이온화 상수와 pH, pOH의 관계를 알고 있는지 묻는 문항이다.

(문제 분석)

표는 25 ℃에서 수용액 (가)~(다)에 대한 자료이다.

수용액	(가) 산성	(나) 염기성	(다) 산성
pH	a 2.0	10.0	$3a$ 6.0
pOH	12.0	b 4.0	$2b$ 8.0 ➡ b=4.0
|pH−pOH|	10.0	6.0	x 2.0
	|2.0−12.0|	|10.0−4.0|	|6.0−8.0|

이에 대한 설명으로 옳은 것만을 〈보기〉에서 있는 대로 고른 것은? (단, 25 ℃에서 물의 이온화 상수(K_w)는 1×10^{-14}이다.) [3점]

보기

ㄱ. $x=2.0$이다. $|6.0-8.0|=2.0$

ㄴ. (나)의 액성은 염기성이다. (나)의 pH는 10.0

ㄷ. $\frac{\text{(다)에서 }[OH^-]}{\text{(가)에서 }[OH^-]}=1\times10^{-4}$이다. ($10^{4}$) $\frac{1\times10^{-8}}{1\times10^{-12}}=1\times10^{4}$

① ㄱ ② ㄷ ③ ㄱ, ㄴ ④ ㄴ, ㄷ ⑤ ㄱ, ㄴ, ㄷ

✓ 자료 해석

- 25 ℃에서 pH+pOH=14.0이다.
- (가)의 |pH−pOH|=10.0이므로 (가)의 pH, pOH는 각각 2.0, 12.0이거나 각각 12.0, 2.0인데, pH는 (다)가 (가)의 3배이므로 (가)의 pH, pOH는 각각 2.0, 12.0이고, (다)의 pH, pOH는 각각 6.0, 8.0이다. 따라서 $a=2.0$, $b=4.0$이다.
- $b=4.0$이므로 (나)의 pH, pOH는 각각 10.0, 4.0이다.

○ 보기풀이 ㄱ. (다)의 pH, pOH는 각각 6.0, 8.0이므로 |pH−pOH|=|6.0−8.0|=x=2.0이다.

ㄴ. (나)의 pH=10.0이고 pH>7.0이므로 염기성이다.

× 매력적 오답 ㄷ. pOH는 (가)가 12.0, (다)가 8.0이므로 $\frac{\text{(다)에서 }[OH^-]}{\text{(가)에서 }[OH^-]}=\frac{1\times10^{-8}}{1\times10^{-12}}=1\times10^{4}$이다.

문제풀이 Tip

pH는 (다)가 (가)의 3배이므로 (가)의 pH는 12.0이 될 수 없다. pH와 pOH의 차, $\frac{[OH^-]}{[H_3O^+]}$, $\frac{[H_3O^+]}{[OH^-]}$은 자주 출제되므로 이를 활용하는 법을 연습해 둔다.

선택지 비율	① 21%	② 12%	❸ 48%	④ 12%	⑤ 7%

25 물의 이온화 상수

2023년 4월 교육청 16번 | 정답 ③ | 문제편 90p

(출제 의도) 몰 농도와 pH를 이해하는지 묻는 문항이다.

(문제 분석)

표는 25 ℃에서 수용액 (가)와 (나)에 대한 자료이다. (가)와 (나)는 $HCl(aq)$과 $NaOH(aq)$을 순서 없이 나타낸 것이다.

수용액	몰 농도(M)	$\frac{[OH^-]}{[H_3O^+]}$(상댓값)	부피(mL)
$HCl(aq)$ (가)	10^{-5} (1 : 1)	1 $\frac{10^{-9}}{10^{-5}}=10^{-4}$	100 (10 : 1)
$NaOH(aq)$ (나)	10^{-5} ㉠	10^{8} $\frac{10^{-5}}{10^{-9}}=10^{4}$	10

이에 대한 설명으로 옳은 것만을 〈보기〉에서 있는 대로 고른 것은? (단, 온도는 25 ℃로 일정하고, 25 ℃에서 물의 이온화 상수(K_w)는 1×10^{-14}이다.)

보기

ㄱ. (가)는 $HCl(aq)$이다. $\frac{[OH^-]}{[H_3O^+]}$는 (가)<(나)

ㄴ. ㉠=10^{-5}이다. (나)의 $[OH^-]=10^{-5}$ M

ㄷ. (가)와 (나)를 모두 혼합한 수용액(산성)의 pH는 7보다 크다. 작음

① ㄱ ② ㄷ ③ ㄱ, ㄴ ④ ㄴ, ㄷ ⑤ ㄱ, ㄴ, ㄷ

✓ 자료 해석

- $\frac{[OH^-]}{[H_3O^+]}=\frac{[OH^-]^2}{K_w}$이 (가)<(나)이므로 (가)는 $HCl(aq)$, (나)는 $NaOH(aq)$이다.
- (가) $HCl(aq)$의 몰 농도가 10^{-5} M이고, 물의 이온화 상수 $K_w=[H_3O^+][OH^-]=1\times10^{-14}$이므로 (가)의 $[H_3O^+]=10^{-5}$ M, $[OH^-]=10^{-9}$ M이다.
- (가)의 $\frac{[OH^-]}{[H_3O^+]}=\frac{10^{-9}}{10^{-5}}=10^{-4}$이고, $\frac{[OH^-]}{[H_3O^+]}$의 비가 (가) : (나)=1 : 10^{8}이므로 (나)의 $\frac{[OH^-]}{[H_3O^+]}=10^{4}$이다.

➡ (나)의 $[H_3O^+]=10^{-9}$ M, $[OH^-]=10^{-5}$ M이다.

○ 보기풀이 ㄱ. (가)는 $HCl(aq)$, (나)는 $NaOH(aq)$이다.

ㄴ. (나)의 $[OH^-]=10^{-5}$ M이므로 ㉠은 10^{-5}이다.

× 매력적 오답 ㄷ. (가)와 (나)의 몰 농도는 같은데, 부피는 (가)가 (나)보다 크므로 (가)와 (나)를 혼합한 수용액은 산성이고 pH는 7보다 작다.

문제풀이 Tip

물의 이온화 상수 $K_w=[H_3O^+][OH^-]$를 $[H_3O^+]=\frac{K_w}{[OH^-]}$로 변형하면 $\frac{[OH^-]}{[H_3O^+]}=\frac{[OH^-]^2}{K_w}$으로부터 (가)와 (나)의 $[OH^-]$를 비교할 수 있어 (가)와 (나)의 종류를 알아낼 수 있다.

Part I 교육청

선택지 비율	① 10%	② 12%	❸ 49%	④ 16%	⑤ 12%

26 물의 이온화 상수

2023년 3월 교육청 16번 | 정답 ③ | 문제편 90 p

출제 의도 pH와 pOH의 관계를 알고 있는지 묻는 문항이다.

문제 분석

표는 25 ℃ 수용액 (가)와 (나)에 대한 자료이다.

수용액	pOH−pH	부피(mL)	H_3O^+의 양(mol)
산성 (가)	$10-4=6$ x (2x−x=6 ➡ x=6)	$20V$ (20 : 1)	n (1 : 50)
산성 (나)	$13-1=12$ $2x$	V	$50n$

[H_3O^+]의 비는 1 : 1000 ➡ pH는 (나)가 (가)보다 3 작음

이에 대한 옳은 설명만을 ⟨보기⟩에서 있는 대로 고른 것은? (단, 25 ℃에서 물의 이온화 상수(K_w)는 1×10^{-14}이다.) [3점]

보기

ㄱ. pH는 (가) > (나)이다. (가)는 4, (나)는 1

ㄴ. (가)와 (나)는 모두 산성이다. pH<7

ㄷ. x=~~3~~ 6이다. $2x-x=6$

① ㄱ ② ㄷ ③ ㄱ, ㄴ ④ ㄴ, ㄷ ⑤ ㄱ, ㄴ, ㄷ

✓ 자료 해석

- 25 ℃에서 pH+pOH=14.0이다.
- 부피비는 (가) : (나)=20 : 1이고, H_3O^+의 몰비는 (가) : (나)=1 : 50이므로 [H_3O^+]의 비는 (가) : (나)$=\frac{1}{20}:\frac{50}{1}$=1 : 1000이다.
- pH는 (나)가 (가)보다 3만큼 작고, pOH는 (나)가 (가)보다 3만큼 크므로 pOH−pH는 (나)가 (가)보다 6만큼 크다. 따라서 $2x-x=6$에서 $x=6$이다.

○ 보기 풀이 ㄱ. (가)의 pOH−pH=6이고 pH+pOH=14이므로 pH, pOH는 각각 4, 10이다. 마찬가지로 (나)의 pOH−pH=$2x$=12이므로 pH, pOH는 각각 1, 13이다. 따라서 pH는 (가) > (나)이다.

ㄴ. (가)와 (나)의 pH는 모두 7보다 작으므로 (가)와 (나)는 모두 산성이다.

× 매력적 오답 ㄷ. x=6이다.

문제풀이 Tip

pH+pOH=14이므로 pOH−pH=14−2pH이다. (가)의 pH를 $a+3$, (나)의 pH를 a라고 하면 $x=14-2(a+3)=8-2a$이고, $2x=14-2a$를 이용하여 $a=1$, $x=6$을 구할 수도 있다.

선택지 비율	① 4%	② 4%	③ 8%	④ 6%	❺ 78%

27 수용액의 액성과 pH

2022년 10월 교육청 10번 | 정답 ⑤ | 문제편 91 p

출제 의도 수용액의 pH와 pOH의 관계를 알고 수용액의 [H_3O^+], [OH^-]를 계산할 수 있는지 묻는 문항이다.

문제 분석

표는 25 ℃ 수용액 (가)와 (나)에 대한 자료이다. (가), (나)는 각각 HCl(aq), NaOH(aq) 중 하나이다.

수용액	(가) HCl(aq)	(나) NaOH(aq)
pH−pOH	−8 (=3−11)	10 (=12−2)
부피(mL)	100	50

이에 대한 옳은 설명만을 ⟨보기⟩에서 있는 대로 고른 것은? (단, 25 ℃에서 물의 이온화 상수(K_w)는 1×10^{-14}이다.) [3점]

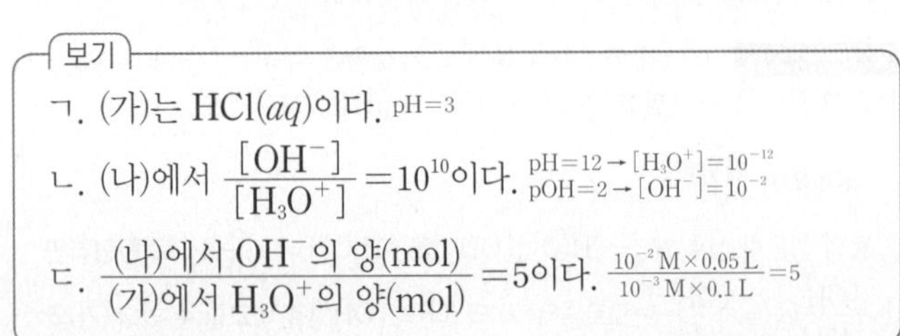

보기

ㄱ. (가)는 HCl(aq)이다. pH=3

ㄴ. (나)에서 $\frac{[OH^-]}{[H_3O^+]}=10^{10}$이다. pH=12 → [$H_3O^+$]=$10^{-12}$, pOH=2 → [$OH^-$]=$10^{-2}$

ㄷ. $\frac{\text{(나)에서 }OH^-\text{의 양(mol)}}{\text{(가)에서 }H_3O^+\text{의 양(mol)}}$=5이다. $\frac{10^{-2}\,M\times0.05\,L}{10^{-3}\,M\times0.1\,L}=5$

① ㄱ ② ㄴ ③ ㄱ, ㄷ ④ ㄴ, ㄷ ⑤ ㄱ, ㄴ, ㄷ

✓ 자료 해석

- 25 ℃에서 수용액의 pH+pOH=14이다.
- (가)와 (나)의 pH와 pOH

수용액	(가)	(나)
pH	3	12
pOH	11	2

○ 보기 풀이 ㄱ. (가)는 HCl(aq)이고, (나)는 NaOH(aq)이다.

ㄴ. (나)에서 $\frac{[OH^-]}{[H_3O^+]}=\frac{1\times10^{-2}\,M}{1\times10^{-12}\,M}=1\times10^{10}$이다.

ㄷ. $\frac{\text{(나)에서 }OH^-\text{의 양(mol)}}{\text{(가)에서 }H_3O^+\text{의 양(mol)}}=\frac{1\times10^{-2}\,M\times0.05\,L}{1\times10^{-3}\,M\times0.1\,L}$=5이다.

문제풀이 Tip

수용액의 pH와 pOH로부터 H_3O^+과 OH^-의 양(mol)을 알 수 있다. H_3O^+과 OH^-의 양(mol)은 [H_3O^+]과 [OH^-]에 각각 부피를 곱하여 구할 수 있다.

선택지 비율	① 13%	② 9%	❸ 50%	④ 11%	⑤ 17%

28 수용액의 액성과 pH

2022년 7월 교육청 12번 | 정답 ③ | 문제편 91 p

출제 의도 |pH−pOH| 값으로부터 두 수용액의 종류와 수용액에서 $[H_3O^+]$, $[OH^-]$를 계산할 수 있는지 묻는 문항이다.

문제 분석

다음은 25 ℃에서 수용액 (가)와 (나)에 대한 자료이다.

- (가)와 (나)는 각각 a M HCl(aq), $\frac{1}{100}a$ M NaOH(aq) 중 하나이다.
  (메모: a → 0.1, HCl(aq): pH=x, pOH=14−x, pH<pOH / NaOH(aq): pH=12−x, pOH=x+2, pH>pOH)

수용액	(가) $\frac{1}{100}a$ M NaOH(aq)	(나) a M HCl(aq)
|pH−pOH|	8 =10−2x	12 =14−2x
부피(mL)	100 V	V
H_3O^+의 양(mol)	1×10^{-11} M $\times10^{-1}V$ L	1×10^{-1} M $\times10^{-3}V$ L

이에 대한 설명으로 옳은 것만을 〈보기〉에서 있는 대로 고른 것은? (단, 25 ℃에서 물의 이온화 상수(K_w)는 1×10^{-14}이다.) [3점]
(메모: pH+pOH=14)

〈보기〉

ㄱ. (가)는 $\frac{1}{100}a$ M NaOH(aq)이다.

ㄴ. $\frac{\text{(나)의 }[H_3O^+]}{\text{(가)의 }[OH^-]}$=100이다. ($\frac{1\times10^{-1}\text{ M}}{1\times10^{-3}\text{ M}}=100$)

ㄷ. H_3O^+의 양(mol)은 (나)가 (가)의 ~~10~~ 10^{10}배이다. (메모: (나) $10^{-4}V$, (가) $10^{-12}V$, 10^8)

① ㄱ ② ㄷ ③ ㄱ, ㄴ ④ ㄴ, ㄷ ⑤ ㄱ, ㄴ, ㄷ

✓ 자료 해석

- a M HCl(aq)의 pH를 x라고 하면 수용액의 |pH−pOH|는 다음과 같다.

수용액	$\frac{1}{100}a$ M NaOH(aq)	a M HCl(aq)
pH	12−x	x
pOH	x+2	14−x
|pH−pOH|	10−2x	14−2x

- |pH−pOH|는 (나)가 (가)보다 4만큼 크므로 (가)는 $\frac{1}{100}a$ M NaOH(aq)이고, (나)는 a M HCl(aq)이다. 따라서 14−2x=12이고, x=1이다.

○ 보기 풀이 ㄱ. (가)는 $\frac{1}{100}a$ M NaOH(aq), (나)는 a M HCl(aq)이다.

ㄴ. (가)의 pOH=x+2=3이므로 $[OH^-]=1\times10^{-3}$ M이고, (나)의 $[H_3O^+]=1\times10^{-1}$ M이므로 (나)의 $[H_3O^+]$는 (가)의 $[OH^-]$의 100배이다.

× 매력적 오답 ㄷ. (가)에서 H_3O^+의 양은 1×10^{-11} M $\times10^{-1}V$ L $=10^{-12}V$ mol, (나)에서 H_3O^+의 양은 1×10^{-1} M $\times10^{-3}V$ L $=10^{-4}V$ mol이므로 H_3O^+의 양(mol)은 (나)가 (가)의 10^8배이다.

문제풀이 Tip

H_3O^+의 양(mol)은 용액의 몰 농도(M)에 용액의 부피(L)를 곱하여 구할 수 있다. 부피가 mL 단위로 제시되어 있으므로 L 단위로 환산하여 비교해야 한다.

선택지 비율	① 7%	② 17%	③ 9%	❹ 60%	⑤ 7%

29 물의 자동 이온화

2022년 4월 교육청 13번 | 정답 ④ | 문제편 91 p

출제 의도 물의 이온화 상수와 $[H_3O^+]$, $[OH^-]$, pH의 관계를 이해하고 있는지 묻는 문항이다.

문제 분석

표는 25 ℃에서 수용액 (가), (나)에 대한 자료이다. 25 ℃에서 물의 이온화 상수(K_w)는 1×10^{-14}이다.
(메모: 온도가 일정하면 K_w도 일정 / pH+pOH=14)

수용액	$\frac{[OH^-]}{[H_3O^+]}$	pH	부피(mL)
(가)	10^{-6} $\frac{10^{-10}}{10^{-4}}$	x 4	y 100
(나)	y $\frac{10^{-6}}{10^{-8}}$=100	2x 8	1000

25 ℃에서 이에 대한 설명으로 옳은 것만을 〈보기〉에서 있는 대로 고른 것은?

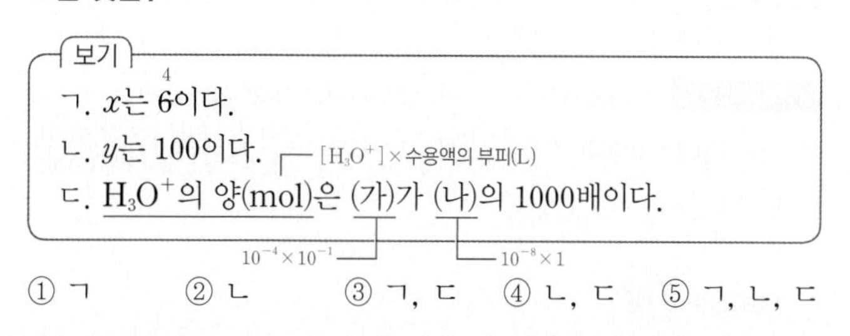

〈보기〉

ㄱ. x는 6이다. (메모: 4)

ㄴ. y는 100이다.

ㄷ. H_3O^+의 양(mol)은 (가)가 (나)의 1000배이다. (메모: $[H_3O^+]\times$수용액의 부피(L) / $10^{-4}\times10^{-1}$ / $10^{-8}\times1$)

① ㄱ ② ㄴ ③ ㄱ, ㄷ ④ ㄴ, ㄷ ⑤ ㄱ, ㄴ, ㄷ

✓ 자료 해석

- pH=−log$[H_3O^+]$, pOH=−log$[OH^-]$이고, 25 ℃에서 pH+pOH=14.0이다.
- (가)의 $\frac{[OH^-]}{[H_3O^+]}=10^{-6}$이므로 $[H_3O^+]=10^{-4}$ M, $[OH^-]=10^{-10}$ M이다. 따라서 (가)의 pH=4=x이다.
- x=4이므로 (나)의 pH=8이고, $[H_3O^+]=10^{-8}$ M, $[OH^-]=10^{-6}$ M이므로 $y=\frac{[OH^-]}{[H_3O^+]}$=100이다.

○ 보기 풀이 ㄴ. (나)의 pH=8이므로 $[H_3O^+]=10^{-8}$ M이고, $[OH^-]=10^{-6}$ M이다. 따라서 $y=\frac{[OH^-]}{[H_3O^+]}$=100이다.

ㄷ. H_3O^+의 양(mol)=$[H_3O^+]$(M)×수용액의 부피(L)이므로 (가)는 10^{-4} M $\times10^{-1}$ L $=10^{-5}$ mol이고 (나)는 10^{-8} M $\times1$ L $=10^{-8}$ mol이다. 따라서 (가)가 (나)의 1000배이다.

× 매력적 오답 ㄱ. 25 ℃에서 $K_w=[H_3O^+][OH^-]=1\times10^{-14}$이고, (가)에서 $\frac{[OH^-]}{[H_3O^+]}=\frac{10^{-14}}{([H_3O^+])^2}=10^{-6}$이므로 $[H_3O^+]=10^{-4}$ M이다. 따라서 pH=4이므로 x는 4이다.

문제풀이 Tip

H_3O^+, OH^-의 양(mol)을 구할 때는 pH, pOH를 이용하여 $[H_3O^+]$, $[OH^-]$를 구하고 수용액의 부피(L)를 곱하면 된다.

Part I 교육청

선택지 비율	① 10%	② 6%	❸ 64%	④ 10%	⑤ 10%

30 물의 자동 이온화

2022년 3월 교육청 10번 | 정답 ③ | 문제편 91 p

문제편 91 p

출제 의도 pH와 pOH의 관계를 알고 H_3O^+, OH^-의 양을 구할 수 있는지 묻는 문항이다.

문제 분석

그림 (가)와 (나)는 각각 HCl(aq), NaOH(aq)을 나타낸 것이다.

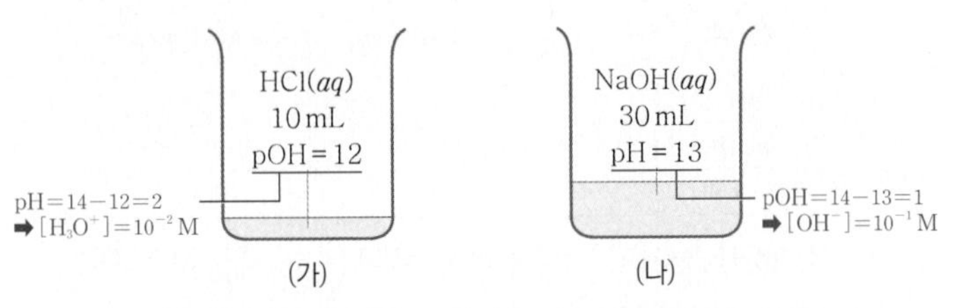

이에 대한 옳은 설명만을 <보기>에서 있는 대로 고른 것은? (단, 온도는 25 ℃로 일정하고, 25 ℃에서 물의 이온화 상수(K_w)는 1×10^{-14}이다.) [3점]

pH+pOH=14

보기

ㄱ. (가)의 $[H_3O^+]=0.01$ M이다. pH=2 ➡ $[H_3O^+]=10^{-2}$ M

ㄴ. (나)에 들어 있는 OH^-의 양은 0.003 mol이다. 0.1 M × 0.03 L (수용액의 부피 0.1 L)

ㄷ. (가)에 물을 넣어 100 mL로 만든 HCl(aq)의 pH=~~4~~ 3이다.

H_3O^+의 양$=10^{-2}\times10\times10^{-3}=10^{-4}$

① ㄱ ② ㄷ ③ ㄱ, ㄴ ④ ㄴ, ㄷ ⑤ ㄱ, ㄴ, ㄷ

✓ 자료 해석

- 25 ℃에서 $K_w=1\times10^{-14}$이고, 순수한 물에서 $[H_3O^+]=[OH^-]$이므로 $[H_3O^+]=[OH^-]=1\times10^{-7}$ M이다.
- $pH=-\log[H_3O^+]$, $pOH=-\log[OH^-]$, 25 ℃에서 pH+pOH=14.0이다.
- 25 ℃에서 pH+pOH=14이고 (가)의 pOH=12이므로 pH=2, (나)의 pH=13이므로 pOH=1이다.
- 물질의 양(mol)=용액의 몰 농도(M)×용액의 부피(L)이다.

○ 보기풀이 ㄱ. $pH=-\log[H_3O^+]$이고 (가)의 pH=2이므로 (가)의 $[H_3O^+]=1\times10^{-2}$ M이다.

ㄴ. (나)의 pOH=1이므로 $[OH^-]=0.1$ M이고 용액의 부피는 30 mL이다. 따라서 (나)에 들어 있는 OH^-의 양은 0.1 M × 0.03 L = 0.003 mol이다.

× 매력적 오답 ㄷ. (가)에서 H_3O^+의 양은 1×10^{-2} M × 0.01 L $=1\times10^{-4}$ mol이므로 (가)에 물을 넣어 100 mL로 만든 HCl(aq)의 $[H_3O^+]$는 1×10^{-3} M이고 pH=3이다.

문제풀이 Tip

25 ℃에서 pH+pOH=14를 이용하여 pH, pOH를 구할 수 있다. H_3O^+, OH^-의 양(mol)을 구할 때는 몰 농도(M)×부피(L)를 이용한다.

선택지 비율	① 8%	❷ 43%	③ 13%	④ 28%	⑤ 8%

31 수용액의 액성과 pH

2021년 10월 교육청 16번 | 정답 ② | 문제편 92 p

문제편 92 p

출제 의도 수용액의 $[H_3O^+]$, $[OH^-]$와 pH를 계산할 수 있는지 묻는 문항이다.

문제 분석

표는 25 ℃에서 수용액 (가)와 (나)에 대한 자료이다. (가)와 (나)는 각각 HCl(aq)(산), NaOH(aq)(염기) 중 하나이다.

수용액	몰 농도(M)	pOH	부피(mL)
(가) NaOH(aq)	a	x =4	V
(나) HCl(aq)	$100a$	$3x$ =12 (pH=14−3x=2)	$2V$

이에 대한 옳은 설명만을 <보기>에서 있는 대로 고른 것은? (단, 25 ℃에서 물의 이온화 상수(K_w)는 1×10^{-14}이다.) [3점]

pH+pOH=14

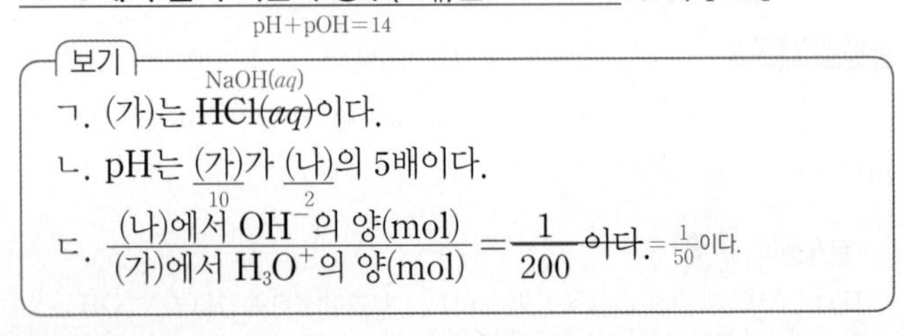

보기

ㄱ. (가)는 ~~HCl(aq)~~ NaOH(aq)이다.

ㄴ. pH는 (가)(10)가 (나)(2)의 5배이다.

ㄷ. $\dfrac{\text{(나)에서 }OH^-\text{의 양(mol)}}{\text{(가)에서 }H_3O^+\text{의 양(mol)}}=\dfrac{1}{200}$이다. $=\frac{1}{50}$이다.

① ㄱ ② ㄴ ③ ㄱ, ㄷ ④ ㄴ, ㄷ ⑤ ㄱ, ㄴ, ㄷ

✓ 자료 해석

- pOH는 산 수용액이 염기 수용액보다 크므로 (가)는 NaOH(aq), (나)는 HCl(aq)이다.
- (가)의 pOH=x이므로 $[OH^-]=1\times10^{-x}$ M이다.
- 25 ℃에서 수용액의 pH+pOH=14이므로 (나)의 pH=14−3x이고, $[H_3O^+]=1\times10^{-(14-3x)}$ M이다.
  ➡ $a:100a=1\times10^{-x}:1\times10^{-(14-3x)}$이므로 $x=4$이다.

○ 보기풀이 ㄴ. $x=4$이므로 (가)의 pH=10이고, (나)의 pH=2이다. 따라서 pH는 (가)가 (나)의 5배이다.

× 매력적 오답 ㄱ. pOH는 (나)>(가)이므로 (가)는 NaOH(aq)이다.

ㄷ. (가)의 pH=10이고, (나)의 pOH=12이므로 $\dfrac{\text{(나)에서 }OH^-\text{의 양(mol)}}{\text{(가)에서 }H_3O^+\text{의 양(mol)}}=\dfrac{1\times10^{-12}\times2V}{1\times10^{-10}\times V}=\dfrac{1}{50}$이다.

문제풀이 Tip

pH는 산<염기이고, pOH는 산>염기임을 기억해 두자.

선택지 비율	① 23%	② 6%	❸ 58%	④ 6%	⑤ 7%

32 수용액의 액성과 pH

2021년 7월 교육청 14번 | 정답 ③ | 문제편 92p

출제 의도 pH와 pOH의 관계를 알고 수용액의 $[H_3O^+]$, $[OH^-]$를 계산할 수 있는지 묻는 문항이다.

문제 분석

표는 25 ℃에서 수용액 (가)와 (나)에 대한 자료이다. (가)와 (나)의 액성은 각각 산성, 염기성 중 하나이며, $\frac{(가)의\ pH}{(나)의\ pH} < 1$이다.

(산성, 염기성 / (가)의 pH < (나)의 pH)

수용액	(가) 산성	(나) 염기성
|pH−pOH|	4 ➡ pH=5, pOH=9	2 ➡ pH=8, pOH=6
부피(mL)	100	500

이에 대한 설명으로 옳은 것만을 〈보기〉에서 있는 대로 고른 것은? (단, 온도는 25 ℃로 일정하고, 25 ℃에서 물의 이온화 상수(K_w)는 1×10^{-14}이다.) [3점] (pH+pOH=14)

보기

ㄱ. (가)는 산성이다. (pH=5)

ㄴ. H_3O^+의 양(mol)은 (가)가 (나)의 200배이다. (1×10^{-6} mol, 5×10^{-9} mol)

ㄷ. $[OH^-]$는 (가) : (나)=~~1 : 10^2~~이다. ($1:10^3$)

① ㄱ ② ㄷ ③ ㄱ, ㄴ ④ ㄴ, ㄷ ⑤ ㄱ, ㄴ, ㄷ

✔ 자료 해석

- 25 ℃에서 수용액의 pH+pOH=14이다.
- |pH−pOH|=4인 (가)의 pH는 5 또는 9이고, |pH−pOH|=2인 (나)의 pH는 6 또는 8이다.
- (가)의 pH<(나)의 pH이므로 (가)는 pH=5인 산성 용액이고, (나)는 pH=8인 염기성 용액이다.

○ 보기풀이 ㄱ. (가)의 pH=5이므로 (가)는 산성이다.
ㄴ. (가)의 pH=5, (나)의 pH=8이고, (가)와 (나)의 부피는 각각 0.1 L, 0.5 L이므로 H_3O^+의 양은 (가)가 1×10^{-5} M×0.1 L=1×10^{-6} mol, (나)가 1×10^{-8} M×0.5 L=5×10^{-9} mol이다. 따라서 (가)가 (나)의 200배이다.

× 매력적 오답 ㄷ. (가)의 pOH=9, (나)의 pOH=6이므로 $[OH^-]$는 (가) : (나)=1×10^{-9} M : 1×10^{-6} M=1 : 10^3이다.

문제풀이 Tip

수용액에서 $[H_3O^+]$는 H_3O^+의 양(mol)을 부피(L)로 나누어 구할 수 있고, pH=$-\log[H_3O^+]$이다.

선택지 비율	① 14%	② 7%	❸ 54%	④ 10%	⑤ 14%

33 물의 이온화 상수와 pH

2021년 4월 교육청 14번 | 정답 ③ | 문제편 92p

출제 의도 pH로부터 수용액의 $[H_3O^+]$, $[OH^-]$를 계산할 수 있는지 묻는 문항이다.

문제 분석

표는 25 ℃에서 농도가 서로 다른 HCl(*aq*) (가)와 (나)에 대한 자료이다. 25 ℃에서 물의 이온화 상수(K_w)는 1×10^{-14}이다. (=$[H_3O^+][OH^-]$)

HCl(*aq*)	(가)	(나)
pH	$[H_3O^+]=10^{-2}$ M 2.0	$[H_3O^+]=10^{-6}$ M 6.0
H_3O^+의 양(mol)	x $=10^{-2}\times0.1$	1×10^{-7} $=10^{-6}\times y\times10^{-3}$
부피(mL)	100	y =100

(H_3O^+의 양(mol) = $[H_3O^+]\times$부피(L))

이에 대한 설명으로 옳은 것만을 〈보기〉에서 있는 대로 고른 것은? (단, 온도는 25 ℃로 일정하고, 혼합 용액의 부피는 혼합 전 각 용액의 부피의 합과 같다.)

보기

ㄱ. (가)에서 $[OH^-]=1\times10^{-12}$ M이다. ➡ $\frac{1\times10^{-14}}{1\times10^{-2}}$ M

ㄴ. $x\times y=0.1$이다. ➡ $10^{-3}\times100=0.1$

ㄷ. (가)와 (나)를 모두 혼합한 용액의 pH는 ~~4.0이다~~. (4.0보다 작다.)

① ㄱ ② ㄷ ③ ㄱ, ㄴ ④ ㄴ, ㄷ ⑤ ㄱ, ㄴ, ㄷ

✔ 자료 해석

- pH=$-\log[H_3O^+]$이다.
- (가)에서 pH=$-\log[H_3O^+]$=2이므로 $[H_3O^+]=1\times10^{-2}$ M이다.
  ➡ 수용액의 부피가 0.1 L이므로 H_3O^+의 양은 1×10^{-2} M×0.1 L=1×10^{-3} mol이다.
- (나)에서 pH=$-\log[H_3O^+]$=6이므로 $[H_3O^+]=1\times10^{-6}$ M이고, H_3O^+의 양이 1×10^{-7} mol이므로 수용액의 부피는 0.1 L(=100 mL)이다.

○ 보기풀이 ㄱ. 25 ℃에서 $K_w=[H_3O^+][OH^-]=1\times10^{-14}$이고, (가)의 pH=2이므로 (가)에서 $[H_3O^+]=1\times10^{-2}$ M, $[OH^-]=1\times10^{-12}$ M이다.
ㄴ. (가)에서 H_3O^+의 양은 1×10^{-2} M×0.1 L=1×10^{-3} mol이므로 $x=1\times10^{-3}$이고, (나)의 부피는 100 mL이므로 y=100이다. 따라서 $x\times y=1\times10^{-3}\times100=0.1$이다.

× 매력적 오답 ㄷ. (가)와 (나)를 혼합한 용액 속 H_3O^+의 양은 {$(1\times10^{-3})+(1\times10^{-7})$} mol이고, 용액의 부피는 0.2 L이므로 $[H_3O^+]=\frac{10^{-3}+10^{-7}}{0.2}$ M이다. 따라서 pH=$-\log\left(\frac{10^{-3}+10^{-7}}{0.2}\right)<4.0$이다.

문제풀이 Tip

수용액에서 $[H_3O^+]$와 H_3O^+의 양(mol)을 비교할 때 반드시 수용액의 부피(L)를 고려해야 한다.

선택지 비율	① 8%	② 10%	③ 12%	④ 11%	⑤ 59%

34 수용액의 액성과 pH

2021년 3월 교육청 16번 | 정답 ⑤ | 문제편 93p

출제 의도 pH와 pOH의 관계를 알고 수용액의 $[H_3O^+]$, $[OH^-]$를 계산할 수 있는지 묻는 문항이다.

문제 분석

표는 25 ℃ 수용액 (가)~(다)에 대한 자료이다.

(나): $pH+pOH=2x+2=14$, $x=6$

수용액	(가)	(나)	(다)
pH	$x-2$ =4	x =6	9
pOH	10	$x+2$ =8	$x-1$ =5
부피(mL)	100	200	200
H_3O^+의 양(mol)	$10^{-4}\times0.1$	$10^{-6}\times0.2$	$10^{-9}\times0.2$

(가)~(다)에 대한 옳은 설명만을 〈보기〉에서 있는 대로 고른 것은? (단, 25 ℃에서 물의 이온화 상수(K_w)는 1×10^{-14}이다.) [3점] ($pH+pOH=14$)

〈보기〉

ㄱ. $[H_3O^+]>[OH^-]$인 수용액은 2가지이다. (산성(pH<7), (가), (나))

ㄴ. (다)에서 $[OH^-]=1\times10^{-5}$ M이다.

ㄷ. H_3O^+의 양(mol)은 (가)가 (나)의 50배이다. (10^{-5} mol, 2×10^{-7} mol)

① ㄱ ② ㄴ ③ ㄱ, ㄷ ④ ㄴ, ㄷ ⑤ ㄱ, ㄴ, ㄷ

✓ 자료 해석

- 25 ℃에서 수용액의 $pH+pOH=14$이므로 (나)에서 $pH+pOH=2x+2=14$이고, $x=6$이다. 따라서 (나)의 $pH=6$이고, $pOH=8$이다.
- (가)의 $pH=4$이므로 $pOH=10$이다.
- (다)의 $pOH=5$이므로 $pH=9$이다.

○ 보기 풀이 ㄱ. $[H_3O^+]>[OH^-]$인 수용액, 즉 pH<7인 산성 수용액은 (가)와 (나) 2가지이다.

ㄴ. (다)의 $pOH=5$이므로 $[OH^-]=1\times10^{-5}$ M이다.

ㄷ. $[H_3O^+]$는 (가)가 (나)의 100배이지만 부피는 (나)가 (가)의 2배이므로 H_3O^+의 양(mol)은 (가)가 (나)의 50배이다.

문제풀이 Tip

25 ℃에서 수용액의 $pH+pOH=14$이므로 (나)를 이용해 x값을 먼저 구해야 한다.

선택지 비율	① 4%	② 2%	③ 17%	④ 3%	⑤ 74%

35 수용액의 액성과 pH

2020년 10월 교육청 12번 | 정답 ⑤ | 문제편 93p

출제 의도 수용액의 pH와 부피로부터 $[H_3O^+]$, $[OH^-]$를 계산할 수 있는지 묻는 문항이다.

문제 분석

표는 25 ℃에서 수용액 (가)~(다)에 대한 자료이다.

수용액	(가) 산성	(나) 산성	(다) 염기성
$[H_3O^+]$	1×10^{-3} M	1×10^{-5} M	1×10^{-10} M
$-\log[H_3O^+]=$ pH	3	5	10
부피(mL)	50	100	200

(가)~(다)에 대한 옳은 설명만을 〈보기〉에서 있는 대로 고른 것은? (단, 25 ℃에서 물의 이온화 상수(K_w)는 1×10^{-14}이다.) [3점] ($[H_3O^+][OH^-]=1\times10^{-14}$)

〈보기〉

ㄱ. 산성 수용액은 2가지이다. ((가)와 (나))

ㄴ. (다)에서 $[OH^-]=1\times10^{-4}$ M이다.

ㄷ. H_3O^+의 양(mol)은 (가)가 (나)의 50배이다.

① ㄱ ② ㄷ ③ ㄱ, ㄴ ④ ㄴ, ㄷ ⑤ ㄱ, ㄴ, ㄷ

✓ 자료 해석

- 수용액의 pH<7이면 산성, pH=7이면 중성, pH>7이면 염기성이다.
  ➡ (가)와 (나)는 산성 수용액이고, (다)는 염기성 수용액이다.
- $pH=-\log[H_3O^+]$이고, 25 ℃에서 $K_w=[H_3O^+][OH^-]=1\times10^{-14}$이다.

수용액	(가)	(나)	(다)
$[H_3O^+]$(M)	1×10^{-3}	1×10^{-5}	1×10^{-10}
$[OH^-]$(M)	1×10^{-11}	1×10^{-9}	1×10^{-4}

○ 보기 풀이 ㄱ. 산성 수용액은 (가)와 (나) 2가지이다.

ㄴ. (다)에서 $[OH^-]=1\times10^{-4}$ M이다.

ㄷ. H_3O^+의 양(mol)은 (가)가 1×10^{-3} M$\times$0.05 L$=5\times10^{-5}$ mol이고, (나)가 1×10^{-5} M$\times$0.1 L$=1\times10^{-6}$ mol이므로 (가)가 (나)의 50배이다.

문제풀이 

pH는 수용액 속 H_3O^+의 몰 농도(M)와 관련된 값임을 기억해 두자.

선택지 비율	❶ 53%	② 7%	③ 29%	④ 6%	⑤ 5%

36 수용액의 액성과 pH

2020년 7월 교육청 12번 | 정답 ① | 문제편 93p

출제 의도 수용액의 pH와 pOH로부터 수용액 속 H_3O^+의 몰 농도를 계산할 수 있는지 묻는 문항이다.

문제 분석

다음은 25 ℃에서 수용액의 액성에 대한 탐구 활동이다.

[탐구 활동]

(가) 수용액 X~Z의 pH 또는 pOH를 구한 뒤, 그 값을 비커에 표시한다.

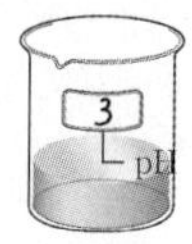

X 200 mL

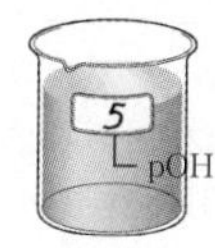

Y 500 mL

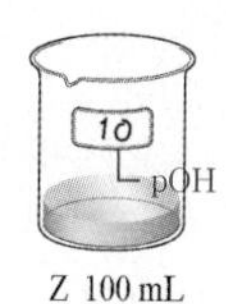

Z 100 mL

(나) 지시약으로 수용액 X~Z의 액성을 확인한다.

수용액	X	Y	Z
액성	산성	염기성	산성
	(pH<7)	(pH>7)	(pH<7)

이에 대한 설명으로 옳은 것만을 〈보기〉에서 있는 대로 고른 것은? (단, 25 ℃에서 물의 이온화 상수(K_w)는 1×10^{-14}이다.)

pH+pOH=14

보기

ㄱ. (가)에서 pH로 표시된 수용액은 1가지이다. X

ㄴ. H_3O^+의 몰 농도는 X가 Y의 ~~100배이다~~. 10^6배이다.

ㄷ. H_3O^+의 양(몰)은 X가 Z의 ~~10배이다~~. 20배이다.

① ㄱ ② ㄴ ③ ㄱ, ㄷ ④ ㄴ, ㄷ ⑤ ㄱ, ㄴ, ㄷ

✓ 자료 해석

- 산성 수용액의 pH<7이고, 중성 수용액의 pH=7이며, 염기성 수용액의 pH>7이다.
- 25 ℃에서 $K_w=[H_3O^+][OH^-]=1\times10^{-14}$이므로 pH+pOH=14이다.
➡ 수용액 X~Z의 pH와 pOH는 다음과 같다.

수용액	X	Y	Z
pH	3	9	4
pOH	11	5	10

○ 보기풀이 ㄱ. (가)에서 pH로 표시된 용액은 X 1가지이다.

× 매력적 오답 ㄴ. $pH=-\log[H_3O^+]$이므로 $[H_3O^+]$는 X가 1×10^{-3} M, Y가 1×10^{-9} M이다. 따라서 X가 Y의 10^6배이다.

ㄷ. H_3O^+의 양은 X가 $1\times10^{-3}\,M\times0.2\,L=2\times10^{-4}$ mol이고, Z가 $1\times10^{-4}\,M\times0.1\,L=1\times10^{-5}$ mol이다. 따라서 X가 Z의 20배이다.

문제풀이 Tip

수용액의 액성에 따른 pH와 pOH 값의 범위를 기억해 두고, pH 또는 pOH로부터 수용액 속 H_3O^+의 몰 농도와 양(mol)을 구하는 연습을 해 두자.

선택지 비율	① 3%	② 15%	③ 7%	❹ 71%	⑤ 4%

37 물의 이온화 상수와 pH

2020년 4월 교육청 10번 | 정답 ④ | 문제편 94p

출제 의도 수용액의 $[H_3O^+]$로부터 pH와 $[OH^-]$를 비교할 수 있는지 묻는 문항이다.

문제 분석

표는 25 ℃에서 수용액 (가), (나)의 H_3O^+의 몰 농도를 나타낸 것이다.

수용액	(가)	(나)
$[H_3O^+]$	1.0×10^{-5} M ➡ pH=5	1.0×10^{-9} M ➡ pH=9
$[OH^-]$ ➡	1.0×10^{-9} M	1.0×10^{-5} M

25 ℃에서 (나)가 (가)보다 큰 값을 갖는 것만을 〈보기〉에서 있는 대로 고른 것은?

보기

ㄱ. ~~물의 이온화 상수(K_w)~~ (가)=(나)=1×10^{-14}

ㄴ. 수소 이온 농도 지수(pH)

ㄷ. OH^-의 몰 농도($[OH^-]$)

① ㄱ ② ㄴ ③ ㄱ, ㄷ ④ ㄴ, ㄷ ⑤ ㄱ, ㄴ, ㄷ

✓ 자료 해석

- 25 ℃에서 $K_w=[H_3O^+][OH^-]=1\times10^{-14}$이므로 $[OH^-]$는 (가)에서 1×10^{-9} M이고, (나)에서 1×10^{-5} M이다.
- $pH=-\log[H_3O^+]$이므로 pH는 (가)에서 5이고, (나)에서 9이다.

○ 보기풀이 ㄴ. pH는 (가)에서 5, (나)에서 9이다. 따라서 (나)가 (가)보다 크다.

ㄷ. $[OH^-]=\frac{K_w}{[H_3O^+]}$이므로 $[OH^-]$는 (가)에서 1×10^{-9} M이고, (나)에서 1×10^{-5} M이다. 따라서 $[OH^-]$는 (나)가 (가)보다 크다.

× 매력적 오답 ㄱ. 25 ℃에서 물의 이온화 상수(K_w)는 1×10^{-14}으로 일정하다.

문제풀이 Tip

25 ℃에서 $K_w=[H_3O^+][OH^-]=1\times10^{-14}$로 일정하다는 것으로부터 수용액의 pH, $[H_3O^+]$, $[OH^-]$를 구하는 연습을 해 두자.

선택지 비율	① 10%	② 7%	❸ 58%	④ 6%	⑤ 18%

38 수용액의 액성과 pH

2020년 3월 교육청 18번 | 정답 ③ | 문제편 94p

출제 의도 수용액의 pH와 부피로부터 $[H_3O^+]$, $[OH^-]$를 계산할 수 있는지 묻는 문항이다.

문제 분석

표는 25 ℃에서 3가지 수용액에 대한 자료이다.

$[H_3O^+]$ ➡	1×10^{-4} M	1×10^{-5} M	1×10^{-8} M
수용액	(가) 산성	(나) 산성	(다) 염기성
$-\log[H_3O^+]$= pH	4	5	8
부피(mL)	100	500	500

(가)~(다)에 대한 옳은 설명만을 〈보기〉에서 있는 대로 고른 것은? (단, 25 ℃에서 H_2O의 이온화 상수(K_w)는 1.0×10^{-14}이다.) [3점]

보기

ㄱ. 산성 수용액은 2가지이다. ((가)와 (나))

ㄴ. 수용액 속 H_3O^+의 양(mol)은 (가)가 (나)의 ~~10배이다~~. (2배이다.)

ㄷ. (다)에서 $\frac{[OH^-]}{[H_3O^+]}$=100이다. (1×10^{-6} M / 1×10^{-8} M)

① ㄱ ② ㄴ ③ ㄱ, ㄷ ④ ㄴ, ㄷ ⑤ ㄱ, ㄴ, ㄷ

✓ 자료 해석

• 수용액의 pH<7이면 산성, pH=7이면 중성, pH>7이면 염기성이다.
➡ (가)와 (나)는 산성 수용액이고, (다)는 염기성 수용액이다.

• pH$=-\log[H_3O^+]$이고, 25 ℃에서 $K_w=[H_3O^+][OH^-]=1\times10^{-14}$이다.

수용액	(가)	(나)	(다)
$[H_3O^+]$(M)	1×10^{-4}	1×10^{-5}	1×10^{-8}
$[OH^-]$(M)	1×10^{-10}	1×10^{-9}	1×10^{-6}

○ 보기 풀이 ㄱ. 산성 수용액은 (가)와 (나) 2가지이다.

ㄷ. 25 ℃에서 $K_w=[H_3O^+][OH^-]=1\times10^{-14}$이고, (다)에서 $[H_3O^+]=1\times10^{-8}$ M이므로 $[OH^-]=1\times10^{-6}$ M이다. 따라서 (다)에서 $\frac{[OH^-]}{[H_3O^+]}=\frac{1\times10^{-6}\text{ M}}{1\times10^{-8}\text{ M}}$=100이다.

✕ 매력적 오답 ㄴ. 수용액 속 H_3O^+의 양은 (가)가 1×10^{-4} M×0.1 L=1×10^{-5} mol이고, (나)가 1×10^{-5} M×0.5 L=5×10^{-6} mol이므로 (가)가 (나)의 2배이다.

문제풀이 Tip

수용액의 pH로부터 $[H_3O^+]$와 $[OH^-]$를 알 수 있으므로 pH와 수용액의 부피로부터 수용액 속 H_3O^+과 OH^-의 양(mol)을 구할 수 있다.

선택지 비율	① 2%	② 1%	③ 6%	④ 1%	❺ 90%

39 산과 염기의 정의

2021년 10월 교육청 4번 | 정답 ⑤ | 문제편 95p

출제 의도 산 염기의 정의에 대하여 알고 있는지 묻는 문항이다.

문제 분석

다음은 산 염기 반응 (가)~(다)의 화학 반응식이다.

(가) $HCl(g) + H_2O(l) \longrightarrow Cl^-(aq) +$ ㉠ (aq) (H⁺; ㉠: H_3O^+)

(나) $NH_3(g) + H_2O(l) \longrightarrow NH_4^+(aq) + OH^-(aq)$ 염기성 (H⁺)

(다) $NH_4^+(aq) + H_2O(l) \longrightarrow NH_3(aq) + H_3O^+(aq)$ (H⁺)

이에 대한 옳은 설명만을 〈보기〉에서 있는 대로 고른 것은?

보기

ㄱ. ㉠은 H_3O^+이다.

ㄴ. $NH_3(g)$를 물에 녹인 수용액은 염기성이다. (OH^- 존재)

ㄷ. (다)에서 H_2O은 브뢴스테드 · 로리 염기이다. (H^+을 받음)

① ㄱ ② ㄴ ③ ㄱ, ㄷ ④ ㄴ, ㄷ ⑤ ㄱ, ㄴ, ㄷ

✓ 자료 해석

• (가)에서 HCl는 H_2O에게 H^+을 주고 Cl^-이 되므로 브뢴스테드 · 로리 산이다.

• (나)에서 NH_3는 H_2O로부터 H^+을 받아 NH_4^+이 되므로 브뢴스테드 · 로리 염기이다.

• (다)에서 NH_4^+은 H_2O에게 H^+을 주고 NH_3가 되므로 브뢴스테드 · 로리 산이다.

○ 보기 풀이 ㄱ. (가)에서 H_2O은 HCl로부터 H^+을 받아 H_3O^+이 되므로 ㉠은 H_3O^+이다.

ㄴ. $NH_3(g)$를 물에 녹이면 OH^-이 생성되므로 $NH_3(g)$를 물에 녹인 수용액은 염기성이다.

ㄷ. (다)에서 H_2O은 NH_4^+으로부터 H^+을 받으므로 브뢴스테드 · 로리 염기이다.

문제풀이 Tip

브뢴스테드·로리의 산 염기 정의를 기억해 두자. H^+을 주는 물질이 산, H^+을 받는 물질이 염기이다.

선택지 비율	❶ 73%	② 12%	③ 7%	④ 4%	⑤ 3%

40 브뢴스테드·로리 산과 염기

2021년 4월 교육청 12번 | 정답 ① | 문제편 95 p

출제 의도 브뢴스테드·로리의 산 염기 정의에 대하여 알고 있는지 묻는 문항이다.

문제 분석

다음은 물질 AB와 CDA가 반응하여 CB와 A_2D를 생성하는 반응에서 생성물을 화학 결합 모형으로 나타낸 화학 반응식이다.

AB (HF) + CDA (NaOH) ⟶ C^+ (Na^+) + B^- (F^-) + A_2D (H_2O)

이에 대한 설명으로 옳은 것만을 〈보기〉에서 있는 대로 고른 것은? (단, A~D는 임의의 원소 기호이다.)

보기
ㄱ. AB는 브뢴스테드 · 로리 산이다. (H^+을 줌)
ㄴ. DB_2(OF_2)의 쌍극자 모멘트는 ~~0이다~~. 0이 아니다.(극성)
ㄷ. 공유 전자쌍 수는 ~~$A_2 > D_2$~~이다. $H_2(1) < O_2(2)$

① ㄱ ② ㄴ ③ ㄱ, ㄷ ④ ㄴ, ㄷ ⑤ ㄱ, ㄴ, ㄷ

✓ 자료 해석

- A_2D는 H_2O이므로 A는 H, D는 O이다.
- C는 전자 1개를 잃고 Ne의 전자 배치를 하므로 Na이고, B는 전자 1개를 얻어 Ne의 전자 배치를 하므로 F이다.
- 이 반응의 화학 반응식은 HF + NaOH ⟶ NaF + H_2O이다.

○ 보기풀이 ㄱ. 브뢴스테드 · 로리 산은 H^+을 주는 물질이다. AB(HF)는 NaOH에게 H^+을 주므로 브뢴스테드 · 로리 산이다.

× 매력적 오답 ㄴ. DB_2(OF_2)는 극성 공유 결합으로 이루어져 있고, 분자 모양이 굽은 형이므로 쌍극자 모멘트는 0이 아니다.

ㄷ. 공유 전자쌍 수는 A_2(H_2)가 1, D_2(O_2)가 2이므로 $D_2(O_2) > A_2(H_2)$이다.

문제풀이 Tip

화학 결합 모형으로부터 구성 원자의 종류와 화합물을 알아내고, 화학 반응식을 완성하여 산 염기 반응임을 알 수 있어야 한다. 주어진 반응은 산과 염기가 반응하여 산의 음이온과 염기의 양이온이 결합한 염과 물이 생성되는 반응이다.

Part I 교육청

03 산화 환원 반응과 화학 반응에서의 열 출입

선택지 비율	① 6%	❷ 74%	③ 6%	④ 10%	⑤ 4%

1 산화 환원 반응식

2024년 10월 교육청 16번 | 정답 ② | 문제편 98p

출제 의도 산화수 변화를 알고 산화 환원 반응식을 완성할 수 있는지 묻는 문항이다.

문제 분석

다음은 $X_2O_4^{2-}$과 YO_4^-의 산화 환원 반응에 대한 자료이다. 반응물과 생성물에서 산소(O)의 산화수는 모두 -2이다.

- 화학 반응식

$$aX_2O_4^{2-} + bYO_4^- + cH^+ \longrightarrow dXO_n + eY^{2+} + fH_2O$$

(a~f는 반응 계수)

(① 산화수 5 감소, ② 산화수 $(2n-3)$ 증가; $a=5$, $b=2$, $c=16$, $d=10$, $e=2$, $f=8$; X: $+3$ → $+2n$, Y: $+7$ → $+2$)

- $X_2O_4^{2-}$ 1 mol이 반응하면 Y^{2+} 0.4 mol이 생성된다.

반응 몰비=반응 계수비 ➡ $a : e=1 : 0.4=5 : 2$ ➡ $a=5$일 때 $e=2$

$n \times \frac{a}{f}$는? (단, X와 Y는 임의의 원소 기호이다.) [3점]

① $\frac{5}{8}$ ② $\frac{5}{4}$ ③ $\frac{15}{8}$ ④ $\frac{5}{2}$ ⑤ $\frac{7}{2}$

$b \times ①=e \times ①=2a \times ②=d \times ②$
➡ $e \times 5=2a \times (2n-3)$
➡ $2 \times 5=2 \times 5 \times (2n-3)$
➡ $n=2$

✔ 자료 해석

- $X_2O_4^{2-}$ 1 mol이 반응하면 Y^{2+} 0.4 mol이 생성되므로 반응 몰비는 $X_2O_4^{2-} : Y^{2+}=a : e=5 : 2$이다.
- $2a=d$이고 $b=e$이므로 a, e를 각각 5, 2라고 하면, $b=2$, $d=10$이고 화학 반응식은 $5X_2O_4^{2-}+2YO_4^-+cH^+ \longrightarrow 10XO_n+2Y^{2+}+fH_2O$이다.
- 반응 전후 Y의 산화수는 $+7$에서 $+2$로 5만큼 감소하고, 감소한 Y의 전체 산화수는 $2 \times 5=10$이다.
- 반응 전후 X의 산화수는 $+3$에서 $+2n$으로 $(2n-3)$만큼 증가하고, 증가한 X의 전체 산화수는 $5 \times 2 \times (2n-3)$이다.
- 감소한 Y의 전체 산화수는 증가한 X의 전체 산화수와 같아야 하므로 $5 \times 2 \times (2n-3)=10$이 성립하여 $n=2$이다.

○ 보기 풀이 $a=5$, $b=2$, $d=10$, $e=2$라고 하고 $n=2$이므로 화학 반응식은 $5X_2O_4^{2-}+2YO_4^-+cH^+ \longrightarrow 10XO_2+2Y^{2+}+fH_2O$이다. 반응 전과 후 O 원자 수가 같으므로 $20+8=20+f$가 성립하여 $f=8$이다. 따라서 $n \times \frac{a}{f}=2 \times \frac{5}{8}=\frac{5}{4}$이다.

문제풀이 Tip

반응 전과 후 물질의 전체 전하량이 같은 것을 이용하여 c를 구할 수 있다. $5X_2O_4^{2-}+2YO_4^-+cH^+ \longrightarrow 10XO_2+2Y^{2+}+fH_2O$에서 $-10-2+c=+4$가 성립하여 $c=16$이다.

선택지 비율	① 2%	② 4%	③ 7%	❹ 80%	⑤ 7%

2 금속의 산화 환원 반응

2024년 10월 교육청 17번 | 정답 ④ | 문제편 98p

출제 의도 금속의 산화 환원 반응에서 이온의 산화수와 양적 관계를 분석할 수 있는지 묻는 문항이다.

문제 분석

다음은 금속 A~C의 산화 환원 반응 실험이다. B와 C의 이온은 각각 B^{m+}과 C^{n+}이고, m과 n은 3 이하의 자연수이다.

> [실험 과정]
> (가) A^+ $10N$ mol이 들어 있는 수용액에 B(s) x g을 넣어 반응을 완결시킨다. (전하량 $1\times10N$)
> (나) (가)의 수용액에 C(s) y g을 넣어 반응을 완결시킨다. ($2N$ mol)
> [실험 결과]
> • 각 과정 후 수용액에 들어 있는 모든 양이온에 대한 자료
>
> | 과정 | (가) | (나) |
> |---|---|---|
> | 양이온의 종류 | B^{m+} | B^{m+}, C^{n+} |
> | 모든 양이온의 양(mol) | $5N$ | $4N$ |
>
> (가): 전하량 $m\times5N=1\times10N$ ➡ $m=2$
> (나): B^{m+} k, C^{n+} $4N-k$, $m\times k+n\times(4N-k)=1\times10N$ ➡ $k=2N$
> 감소 ➡ $n=3$

이에 대한 옳은 설명만을 〈보기〉에서 있는 대로 고른 것은? (단, A~C는 임의의 원소 기호이고 물과 반응하지 않으며, 음이온은 반응에 참여하지 않는다.) [3점]

〈보기〉
ㄱ. (가)에서 B(s)는 ~~산화제~~(환원제)로 작용한다. $B\rightarrow B^{2+}$으로 산화
ㄴ. $m+n=5$이다. $2+3=5$
ㄷ. C의 원자량은 $\frac{y}{2N}$이다. C y g의 양은 $2N$ mol

① ㄱ ② ㄴ ③ ㄱ, ㄷ ④ ㄴ, ㄷ ⑤ ㄱ, ㄴ, ㄷ

✓ 자료 해석

• A^+ $10N$ mol이 들어 있는 수용액에 B x g을 넣고 반응을 완결시켰을 때 수용액에 들어 있는 양이온은 B^{m+} $5N$ mol이다. 반응 전과 후 모든 양이온의 전하량 합은 같으므로 $(+1)\times10N=(+m)\times5N$이 성립하여 $m=2$이다.
• (가) → (나)에서 모든 양이온의 양(mol)이 감소하므로 C^{n+}의 산화수는 +2보다 크다. 따라서 $n=3$이다.
• (나)에서 반응 후 B^{2+}의 양(mol)을 k라고 하면 C^{3+}의 양(mol)은 $(4N-k)$이고, 반응 전과 후 모든 양이온의 전하량 합은 같으므로 $10N=2k+3(4N-k)$가 성립하여 $k=2N$이다.
• 각 과정 후 수용액에 들어 있는 모든 양이온의 양(mol)

과정	반응 전	(가)	(나)
모든 양이온의 양(mol)	A^+ $10N$	B^{2+} $5N$	B^{2+} $2N$, C^{3+} $2N$

○ 보기풀이 ㄴ. m, n은 각각 2, 3이므로 $m+n=5$이다.
ㄷ. (나)에서 C y g을 반응시켰을 때 생성된 C^{3+}의 양(mol)이 $2N$이므로 C y g의 양은 $2N$ mol이다. 따라서 C의 원자량은 $\frac{y}{2N}$이다.

× 매력적 오답 ㄱ. (가)에서 B는 산화되어 B^{2+}이 되므로 환원제로 작용한다.

문제풀이 Tip

(가)와 (나)에서 모두 반응이 일어날 때 모든 양이온의 양이 감소하므로 실험 과정에서 사용한 금속 이온의 산화수는 점차 증가하여 금속 이온의 산화수는 $A^+ < B^{m+} < C^{n+}$이다. 그런데 B, C 이온의 산화수는 3 이하이므로 m, n은 각각 2, 3이다.
(나)에서 모든 양이온의 양(mol)은 $4N$이고, 반응 전 양이온의 총 전하량은 $10N$이므로 (나)에서 양이온의 평균 전하는 $2.5\left(=\frac{10N}{4N}\right)$라고 할 수 있다. 그런데 (나)에 들어 있는 양이온은 B^{2+}과 C^{3+}이므로 평균 전하가 2.5가 되려면 B^{2+}과 C^{3+}의 양이 같아야 한다. 따라서 (나)에서 B^{2+}, C^{3+}의 양(mol)은 각각 $2N$으로 같다.

Part I 교육청

선택지 비율	① 17%	② 5%	③ 17%	④ 24%	❺ 37%

3 금속의 산화 환원 반응

2024년 7월 교육청 17번 | 정답 ⑤ | 문제편 98 p

출제 의도 금속의 산화 환원 반응에서 이온의 산화수와 양적 관계를 분석할 수 있는지 묻는 문항이다.

문제 분석

다음은 금속 A ~ C의 산화 환원 반응 실험이다.

[실험 Ⅰ] 전하량 $m\times10N$

- A^{m+} $10N$ mol이 들어 있는 수용액에 C(s) w g을 넣어 반응을 완결시킨다. $4N$ mol

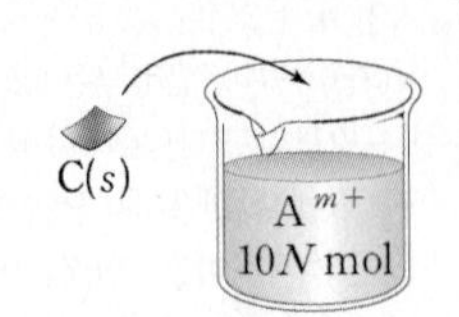

[실험 Ⅱ] 전하량 $1\times12N$

- B^+ $12N$ mol이 들어 있는 수용액에 C(s) w g을 넣어 반응을 완결시킨다. $4N$ mol

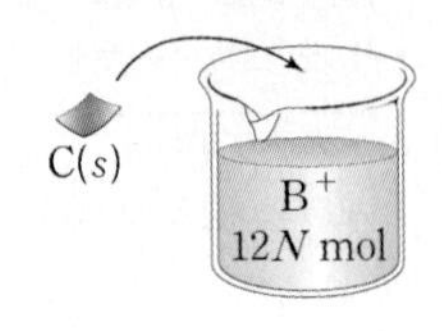

[실험 결과]

- Ⅰ과 Ⅱ에서 C(s)는 모두 C^{n+}이 되었다.
- 반응이 완결된 후 수용액에 들어 있는 양이온의 종류와 양

실험	Ⅰ	Ⅱ
양이온의 종류	A^{m+}, C^{n+} ($4N$, $4N$)	C^{n+}
전체 양이온의 양(mol)	$8N$	$4N$

전하량 $n\times4N=1\times12N$ ➡ $n=3$

$m\times4N+n\times4N=m\times10N$, $n=3$ ➡ $m=2$

이에 대한 설명으로 옳은 것만을 〈보기〉에서 있는 대로 고른 것은? (단, A~C는 임의의 원소 기호이고, 물과 반응하지 않으며, 음이온은 반응에 참여하지 않는다.)

보기

ㄱ. Ⅱ에서 B의 산화수는 감소한다. $+1\rightarrow0$

ㄴ. Ⅰ에서 반응이 완결된 후 양이온 수 비는 A^{m+} : C^{n+} = 1 : 1이다. ($4N$, $4N$)

ㄷ. $n>m$이다. $3>2$

① ㄱ ② ㄷ ③ ㄱ, ㄴ ④ ㄴ, ㄷ ⑤ ㄱ, ㄴ, ㄷ

✓ 자료 해석

- 실험 Ⅰ에서 A^{m+}은 환원되어 A가 되고, C는 산화되어 C^{n+}이 된다.
- 실험 Ⅱ에서 B^+은 환원되어 B가 되고, C는 산화되어 C^{n+}이 된다.
- 실험 Ⅱ에서 B^+ $12N$ mol이 반응할 때 C^{n+} $4N$ mol이 생성되었는데, 반응 전과 후 전체 양이온의 전하량이 일정하므로 $12N=4N\times n$이 성립하여 $n=3$이며, C w g의 양은 $4N$ mol임을 알 수 있다.
- 실험 Ⅰ에서 반응 후 C^{3+}의 양은 $4N$ mol이며 전체 양이온의 양이 $8N$ mol이므로 A^{m+}의 양은 $4N$ mol이다.
- 실험 Ⅰ에서 반응 전과 후 전체 양이온의 전하량은 같으므로 $10mN=4mN+(3\times4N)$에서 $m=2$이다.

○ 보기 풀이 ㄱ. Ⅱ에서 B의 산화수는 +1에서 0으로 감소한다.

ㄴ. Ⅰ에서 반응이 완결된 후 A^{m+}, C^{n+}의 양은 각각 $4N$ mol로 같다.

ㄷ. $m=2$, $n=3$이므로 $n>m$이다.

문제풀이 Tip

음이온은 반응에 참여하지 않으므로 수용액에서 전체 양이온의 전하량이 일정하다는 것을 이용하여 금속 이온의 산화수를 구한다.

Ⅱ에서 B^+ $12N$ mol이 반응할 때 생성된 C^{n+}이 $4N$ mol이므로 화학 반응식은 $3B^+ + C \longrightarrow 3B + C^{n+}$인데, 증가한 산화수 합과 감소한 산화수 합이 같아야 하므로 $n=3$이다.

선택지 비율	❶ 37%	② 10%	③ 22%	④ 29%	⑤ 2%

4 금속의 산화 환원 반응식

2024년 7월 교육청 13번 | 정답 ① | 문제편 99 p

출제 의도 산화 환원 반응의 화학 반응식을 완성하고, 산화제, 환원제를 판단할 수 있는지 묻는 문항이다.

문제 분석

다음은 금속 M과 관련된 산화 환원 반응에 대한 자료이다. M의 산화물에서 산소(O)의 산화수는 -2이다.

- 화학 반응식 : ① 산화수 2 감소(산화제)

$$aM(OH)_4^- + bClO^- + cOH^- \rightarrow aMO_x^{2-} + bCl^- + dH_2O$$

($a=2$, $b=3$, $a=2$, $b=3$; M: $+3$ → $+(2x-2)$, Cl: $+1$ → -1) ② 산화수 $(2x-2-3)$ 증가(환원제) ($a \sim d$는 반응 계수)

- 반응물 중 산화제(ClO^-)와 환원제($M(OH)_4^-$)는 3 : 2의 몰비로 반응한다. ($b:a=3:2$ ➡ $a=2, b=3$)
- $M(OH)_4^-$ y mol이 반응할 때 생성된 H_2O의 양은 1 mol이다. (반응 몰비 $a:d=y:1$ ➡ $2:5=y:1$ ➡ $y=\frac{2}{5}$)

$b\times① = a\times②$ ➡ $3\times2=2\times(2x-2-3)$ ➡ $x=4$

$\frac{y}{x}$는? (단, M은 임의의 원소 기호이다.) [3점]

① $\frac{1}{10}$ ② $\frac{5}{8}$ ③ $\frac{8}{5}$ ④ $\frac{5}{2}$ ⑤ 10

✓ 자료 해석

- Cl의 산화수는 $+1$에서 -1로 2만큼 감소하므로 ClO^-은 환원되면서 산화제로 작용한다.
- $M(OH)_4^-$은 환원제로 작용하므로 산화되며, M의 산화수는 $+3$에서 $+(2x-2)$로 $(2x-2-3)$만큼 증가한다.
- 산화제와 환원제는 3 : 2의 몰비로 반응하므로 반응 몰비는 $ClO^- : M(OH)_4^- = 3:2$이고, $a=2$, $b=3$이다.
- 화학 반응식은 다음과 같다.

$$2M(OH)_4^- + 3ClO^- + cOH^- \longrightarrow 2MO_x^{2-} + 3Cl^- + dH_2O$$

- 산화 환원 반응에서 증가한 산화수의 합과 감소한 산화수의 합은 같으므로 $2\times(2x-5)=3\times2$가 성립하여 $x=4$이다.
- 반응 전과 후 전체 물질의 전하량은 변하지 않으므로 $-2-3-c=-4-3$이 성립하여 $c=2$이다.
- 반응 전과 후 O 원자 수는 변하지 않으므로 $8+3+2=8+d$가 성립하여 $d=5$이다.

ㅇ 보기 풀이 화학 반응식은 $2M(OH)_4^- + 3ClO^- + 2OH^- \longrightarrow 2MO_4^{2-} + 3Cl^- + 5H_2O$이다. $M(OH)_4^-$ $\frac{2}{5}$ mol이 반응할 때, H_2O 1 mol이 생성되므로 $y=\frac{2}{5}$이고, $x=4$이므로 $\frac{y}{x}=\frac{1}{10}$이다.

문제풀이 Tip

산화제는 환원되는 물질인 ClO^-이고, 환원제는 산화되는 물질인 $M(OH)_4^-$이며, 산화제와 환원제는 3 : 2의 몰비로 반응하므로 $a=2$, $b=3$이다.

선택지 비율	① 10%	② 8%	③ 11%	❹ 59%	⑤ 12%

5 금속의 산화 환원 반응

2024년 5월 교육청 12번 | 정답 ④ | 문제편 99 p

출제 의도 금속의 산화 환원 반응에서 금속 이온의 산화수와 양적 관계를 분석할 수 있는지 묻는 문항이다.

문제 분석

다음은 금속 A~C의 산화 환원 반응 실험이다.

[실험 과정 및 결과]

(가) A^+ $10N$ mol이 들어 있는 수용액을 준비한다. 전하량 $1\times10N$

(나) (가)의 수용액에 B(s)를 넣은 후 반응을 완결시켰더니 B^{3+} $3N$ mol이 생성되었고, A(s) x mol이 석출되었다. A^+ y, B^{3+} $3N$

(다) (나)의 수용액에 충분한 양의 C(s)를 넣은 후 반응을 완결시켰더니 C^{m+} $5N$ mol이 생성되었고, 모든 A^+과 B^{3+}은 각각 A(s)와 B(s)로 석출되었다.

전하량 동일 $1\times10N=1\times y+3\times3N$ ➡ $y=N$

전하량 동일 $1\times10N=m\times5N$ ➡ $m=2$

이에 대한 설명으로 옳은 것만을 〈보기〉에서 있는 대로 고른 것은? (단, A~C는 임의의 원소 기호이고, A~C는 물과 반응하지 않으며, 음이온은 반응에 참여하지 않는다.)

보기

ㄱ. (나)에서 B(s)는 ~~산화제~~로 작용한다. (환원제) B는 B^{3+}으로 산화

ㄴ. $x=9N$이다. 반응한 A^+의 양=석출된 A의 양=$9N$

ㄷ. $m=2$이다. $1\times10N=m\times5N$

① ㄱ ② ㄴ ③ ㄱ, ㄷ ④ ㄴ, ㄷ ⑤ ㄱ, ㄴ, ㄷ

✓ 자료 해석

- (나)에서 일어나는 반응의 화학 반응식은 다음과 같다.

$$3A^+ + B \longrightarrow 3A + B^{3+}$$

- (나) 과정 후 A^+의 양(mol)을 y라고 하면 각 과정에서 수용액에 들어 있는 양이온의 양은 다음과 같다.

과정	(가)	(나)	(다)
양이온의 양(mol)	A^+ $10N$	A^+ y, B^{3+} $3N$	C^{m+} $5N$

- (가)와 (나)에서 전체 양이온의 전하량이 같으므로 $10N=(3\times3N)+y$에서 $y=N$이다.

○ 보기 풀이 ㄴ. (나)에서 반응한 A^+의 양(mol)이 $9N$이므로 석출된 A의 양(mol)도 $9N$이다. 따라서 $x=9N$이다.

ㄷ. (가)와 (다)에서 전체 양이온의 전하량이 $+10N$으로 같으므로 $1\times10N=m\times5N$이 성립하여 $m=2$이다.

× 매력적 오답 ㄱ. (나)에서 B는 B^{3+}으로 산화되었으므로 환원제로 작용한다.

문제풀이 Tip

금속의 산화 환원 반응에서 반응 전과 후 전체 양이온의 전하량이 $+10N$으로 일정하다는 것을 이용하면 (나)에서 A^+의 양(mol)은 N, $m=2$라는 것을 바로 구할 수 있다.

선택지 비율	① 14%	② 12%	③ 10%	❹ 56%	⑤ 8%

6 산화 환원 반응식

2024년 5월 교육청 17번 | 정답 ④ | 문제편 99 p

출제 의도 산화수 변화를 통해 산화 환원 반응식을 완성할 수 있는지 묻는 문항이다.

문제 분석

다음은 산화 환원 반응의 화학 반응식이다. ① 산화수 1 감소

$$aCrO_2^- + bClO^- + cH_2O \longrightarrow dCrO_4^{2-} + eCl_2 + fOH^-$$

(계수: $a=2$, $b=6$, $c=2$, $d=2$, $e=3$, $f=4$; 산화수: Cr $+3$ → $+6$, Cl $+1$ → 0) ② 산화수 3 증가

(a~f는 반응 계수)

$\dfrac{f}{a+b}$는? $a\times3=b\times1$ ➡ $b=3a$

① $\dfrac{1}{5}$ ② $\dfrac{1}{4}$ ③ $\dfrac{2}{5}$ ④ $\dfrac{1}{2}$ ⑤ $\dfrac{3}{4}$

✓ 자료 해석

- CrO_2^-에서 Cr의 산화수는 $+3$, ClO^-에서 Cl의 산화수는 $+1$, CrO_4^{2-}에서 Cr의 산화수는 $+6$, Cl_2에서 Cl의 산화수는 0이다.
- Cr의 산화수는 $+3$에서 $+6$으로 3만큼 증가하므로 CrO_2^-은 산화된다.
- Cl의 산화수는 $+1$에서 0으로 1만큼 감소하므로 ClO^-은 환원된다.
- 산화 환원 반응에서 증가한 산화수의 합과 감소한 산화수의 합은 같으므로 $a\times3=b\times1$이 성립하여 $b=3a$이다.
- 반응 전과 후 원자의 종류와 수는 변하지 않으므로 다음과 같은 식이 성립한다.

$a=d$, $b=2e$, $2a+b+c=4d+f$, $2c=f$

따라서 $a=c$이다.

○ 보기 풀이 $\dfrac{f}{a+b}=\dfrac{2a}{a+3a}=\dfrac{1}{2}$이다.

문제풀이 Tip

산화 환원 반응을 완성할 때 필요한 것 3가지를 알아둔다.

① 증가한 산화수 합과 감소한 산화수 합이 같다.

② 반응 전과 후 원자의 종류와 수는 같다.

③ 반응 전과 후 전체 물질의 전하량은 같다.

선택지 비율	① 9%	❷ 59%	③ 7%	④ 17%	⑤ 8%

7 산화 환원 반응식

2024년 3월 교육청 5번 | 정답 ② | 문제편 99 p

출제 의도 산화 환원 반응의 양적 관계와 산화제를 알고 있는지 묻는 문항이다.

문제 분석

다음은 산화 환원 반응의 화학 반응식이다.

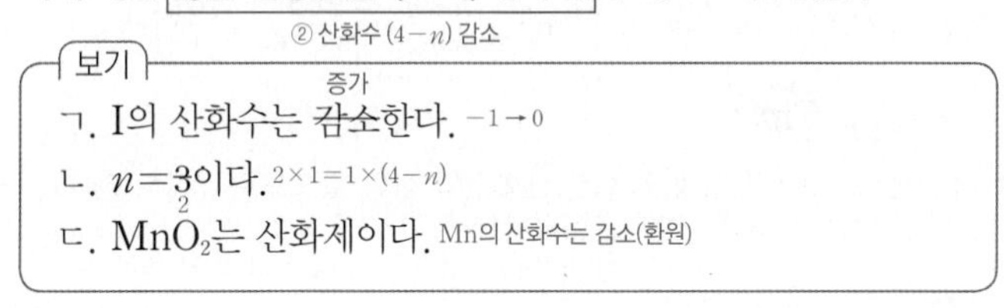

이에 대한 옳은 설명만을 〈보기〉에서 있는 대로 고른 것은?

〈보기〉
ㄱ. I의 산화수는 감소한다. (증가) $-1\rightarrow0$
ㄴ. $n=3$이다. (2) $2\times1=1\times(4-n)$
ㄷ. MnO_2는 산화제이다. Mn의 산화수는 감소(환원)

① ㄱ ② ㄷ ③ ㄱ, ㄴ ④ ㄴ, ㄷ ⑤ ㄱ, ㄴ, ㄷ

✔ 자료 해석

- I의 산화수는 -1에서 0으로 1만큼 증가하므로 I^-은 산화된다.
- MnO_2는 환원되어야 하므로 Mn의 산화수는 $+4$에서 $+n$으로 $(4-n)$만큼 감소한다.
- 산화 환원 반응에서 증가한 산화수의 합과 감소한 산화수의 합은 같으므로 $2\times1=1\times(4-n)$이 성립하여 $n=2$이다.

○ 보기풀이 ㄷ. Mn의 산화수는 감소하므로 MnO_2는 환원되며 산화제로 작용한다.

× 매력적 오답 ㄱ. I의 산화수는 -1에서 0으로 증가한다.
ㄴ. $n=2$이다.

문제풀이 Tip

산화수 변화 대신 전체 물질의 전하량을 이용하여 n을 빠르게 구할 수 있다. 반응 전과 후 전체 물질의 전하량이 같은데, 반응 전 물질의 전체 전하량은 $-2+4$이고 반응 후 물질의 전체 전하량은 n이므로 $n=2$이다.

선택지 비율	① 13%	② 10%	❸ 49%	④ 13%	⑤ 15%

8 금속의 산화 환원 반응

2024년 3월 교육청 15번 | 정답 ③ | 문제편 100 p

출제 의도 금속의 산화 환원 반응에서 이온의 산화수와 양적 관계를 분석할 수 있는지 묻는 문항이다.

문제 분석

그림은 금속 이온 A^{m+} $6N$ mol이 들어 있는 수용액에 금속 $B(s)$와 $C(s)$를 차례대로 넣는 과정을 나타낸 것이고, 표는 반응을 완결시켰을 때 수용액 (가)와 (나)에 들어 있는 양이온에 대한 자료이다. m과 n은 3 이하의 자연수이다.

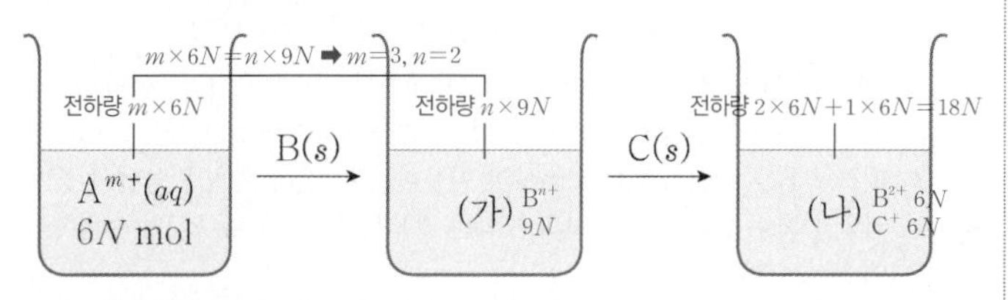

수용액	(가)	(나)
양이온의 종류	B^{n+}	B^{n+}, C^+
전체 양이온의 양(mol)	$9N$	$12N$

(메모: (가) 전하량 $n\times9N$; (나) x, $12N-x$, $2\times x+1\times(12N-x)=2\times9N \Rightarrow x=6N$)

이에 대한 옳은 설명만을 〈보기〉에서 있는 대로 고른 것은? (단, A~C는 임의의 원소 기호이고 물과 반응하지 않으며, 음이온은 반응에 참여하지 않는다.) [3점]

〈보기〉
ㄱ. $A^{m+}(aq)$에 $B(s)$를 넣으면 A^{m+}이 환원된다. $A^{m+}\rightarrow A$
ㄴ. $m+n=4$이다. (5) $3+2$
ㄷ. (나)에서 B^{n+}과 C^+의 양(mol)은 같다. ($6N$, $6N$)

① ㄱ ② ㄴ ③ ㄱ, ㄷ ④ ㄴ, ㄷ ⑤ ㄱ, ㄴ, ㄷ

✔ 자료 해석

- 금속의 산화 환원 반응에서 음이온은 반응에 참여하지 않으므로 반응 전과 후 전체 양이온의 전하량은 같다.
- 반응 전 A^{m+}의 양(mol)은 $6N$이고, (가)에서 B^{n+}의 양(mol)은 $9N$인데, 두 수용액에서 전체 양이온의 전하량이 같으므로 $6mN=9nN$이 성립하고 m과 n은 3 이하의 자연수이므로 $m=3$, $n=2$이다.
- (나)에서 B^{2+}의 양(mol)을 x라고 하면 (가)와 (나)에서 전체 양이온의 전하량은 같으므로 $2\times9N=2x+(12N-x)$가 성립하여 $x=6N$이다.

○ 보기풀이 ㄱ. A^{m+}에 B를 넣으면 A^{m+}은 환원되어 A가 된다.
ㄷ. (나)에서 $B^{n+}(B^{2+})$과 C^+의 양(mol)은 각각 $6N$으로 같다.

× 매력적 오답 ㄴ. m, n은 각각 3, 2이므로 $m+n=5$이다.

문제풀이 Tip

반응 후 전체 양이온의 양(mol)이 증가하면 넣어 준 금속의 이온의 전하(산화수)가 더 작다. A^{m+}이 들어 있는 수용액에 B를 넣었을 때 전체 양이온의 양이 증가하고, 여기에 C를 넣었을 때 전체 양이온의 양이 증가하므로 금속 이온의 전하는 $A>B>C$이다. C 이온의 전하가 $+1$이므로 A 이온, B 이온의 전하는 각각 $+3$, $+2$이다.

선택지 비율	① 5%	② 11%	③ 5%	❹ 76%	⑤ 3%

9 산화 환원 반응식

2023년 10월 교육청 5번 | 정답 ④ | 문제편 100p

출제 의도 산화 환원 반응식을 완성할 수 있는지 묻는 문항이다.

문제분석

다음은 산화 환원 반응의 화학 반응식이다. YO_4^-에서 O의 산화수는 -2이다. (Y의 산화수$=+7$)

$$\overset{5}{a}X^{2+} + \overset{2}{b}YO_4^- + \overset{16}{c}H^+ \longrightarrow \overset{5}{a}X^{4+} + \overset{2}{b}Y^{2+} + \overset{8}{d}H_2O$$

(Y의 산화수 5 감소, X의 산화수 2 증가 ➡ $a\times2=b\times5$)

(a~d는 반응 계수)

$\dfrac{b+d}{a+c}$는? (단, X, Y는 임의의 원소 기호이다.) [3점]

① $\dfrac{1}{3}$ ② $\dfrac{2}{5}$ ③ $\dfrac{10}{23}$ ④ $\dfrac{10}{21}$ ⑤ $\dfrac{1}{2}$

✔ 자료 해석

• X의 산화수는 $+2$에서 $+4$로 2만큼 증가하고, Y의 산화수는 $+7$에서 $+2$로 5만큼 감소한다.

ㅇ 보기풀이 산화 환원 반응에서 증가한 산화수 합과 감소한 산화수 합이 같으므로 $a\times2=b\times5$가 성립하여 $a=5$, $b=2$이다. 반응 전과 후 O와 H의 원자 수는 같으므로 $c=16$, $d=8$이다. 따라서 $\dfrac{b+d}{a+c}=\dfrac{2+8}{5+16}=\dfrac{10}{21}$이다.

문제풀이 Tip

증가한 산화수의 합과 감소한 산화수의 합이 같으므로 $a=5$, $b=2$이다. 반응 전과 후 전체 물질의 전하량이 같으므로 $(2\times5)+(-1)\times2+c=(4\times5)+(2\times2)$가 성립하여 $c=16$이고, 반응 전과 후 H 원자 수가 같으므로 $d=8$이다.

선택지 비율	① 11%	② 9%	③ 16%	④ 10%	❺ 53%

10 금속의 산화 환원 반응

2023년 10월 교육청 9번 | 정답 ⑤ | 문제편 100p

출제 의도 금속의 산화 환원 반응에서 금속 이온의 산화수와 양적 관계를 분석할 수 있는지 묻는 문항이다.

문제분석

다음은 금속 A~C의 산화 환원 반응 실험이다.

[실험 과정]

(가) 비커에 A^+ n mol과 B^{b+} n mol이 들어 있는 수용액을 넣는다.

(나) (가)의 비커에 $C(s)$ w g을 넣어 반응을 완결시킨다. (A^+ n mol과 모두 반응 ➡ C w g은 $\frac{n}{2}$ mol)

(다) (나)의 비커에 $C(s)$ $2w$ g을 넣어 반응을 완결시킨다. (B^{b+} n mol과 모두 반응 ➡ C $2w$ g은 n mol이므로 $b=2$)

[실험 결과]

• 각 과정 후 비커에 들어 있는 금속 양이온과 금속의 종류

과정	(나)	(다)
금속 양이온의 종류	B^{b+}, C^{2+}	C^{2+}
금속의 종류	A	A, B
	A^+ n mol과 C w g이 모두 반응	B^{b+} n mol과 C $2w$ g이 모두 반응

이에 대한 옳은 설명만을 〈보기〉에서 있는 대로 고른 것은? (단, A~C는 임의의 원소 기호이고, A~C는 물과 반응하지 않으며, 음이온은 반응에 참여하지 않는다.)

보기

ㄱ. (나)에서 $C(s)$는 환원제로 작용한다. (C는 C^{2+}으로 산화)

ㄴ. $b=2$이다. (B^{b+} n mol과 C n mol이 반응 ➡ $n\times b=n\times2$)

ㄷ. (다) 과정 후 수용액 속 C^{2+}의 양은 $\dfrac{3}{2}n$ mol이다. ((나)에서 $\frac{n}{2}$, (다)에서 n)

① ㄱ ② ㄷ ③ ㄱ, ㄴ ④ ㄴ, ㄷ ⑤ ㄱ, ㄴ, ㄷ

✔ 자료 해석

• 산화 환원 반응에서 증가한 산화수의 합과 감소한 산화수의 합은 같다.
• (다)의 비커에 C가 존재하지 않으므로 (다)에서 C $2w$ g은 모두 B^{b+}과 반응했다.
• (나)에서는 반응 완결 후 A^+이 없고, 금속은 A만 존재하므로 C w g이 A^+ n mol과 모두 반응함을 알 수 있다.
• (나)에서 A의 산화수는 $+1$에서 0으로 1만큼 감소하고, C의 산화수는 0에서 $+2$로 2만큼 증가한다. 따라서 C w g의 양(mol)을 x라고 하면, $n\times1=x\times2$가 성립하여 $x=\frac{n}{2}$이고, C w g은 $\frac{n}{2}$ mol이다.
• (다)에서 B의 산화수는 $+b$에서 0으로 b만큼 감소하고, C의 산화수는 0에서 $+2$로 2만큼 증가한다. (다)에서 반응한 C $2w$ g의 양은 n mol이므로 B^{b+} n mol과 C n mol이 반응하는데, 산화 환원 반응에서 증가한 산화수 합과 감소한 산화수 합은 같으므로 $n\times b=n\times2$가 성립하여 $b=2$이다.

ㅇ 보기풀이 ㄱ. (나)에서 C는 C^{2+}으로 산화되므로 환원제로 작용한다.

ㄴ. (다)에서 반응한 C의 질량은 $2w$ g으로 n mol이고, B^{b+} n mol과 C n mol이 반응하므로 $b=2$이다.

ㄷ. (나)에서 C w g($\frac{n}{2}$ mol)이 반응하여 C^{2+} $\frac{n}{2}$ mol이 생성되고, (다)에서 C $2w$ g(n mol)이 반응하여 C^{2+} n mol이 추가로 생성되므로 (다) 과정 후 수용액 속 C^{2+}의 양은 $\frac{n}{2}+n=\frac{3}{2}n$ mol이다.

문제풀이 Tip

(나)에서 C w g은 모두 A^+ n mol과 반응하고, (다)에서 C $2w$ g은 모두 B^{b+} n mol과 반응한다. (나)와 (다)에서 반응한 금속 양이온의 양(mol)은 같고 반응한 C의 질량은 (다)에서가 (나)에서의 2배이므로 금속 이온의 산화수는 B가 A의 2배이다.

11 금속의 산화 환원 반응

2023년 7월 교육청 5번 | 정답 ① | 문제편 101 p

출제 의도 금속의 산화 환원 반응에서 이온의 산화수와 양의 관계를 분석할 수 있는지 묻는 문항이다.

문제분석

다음은 금속 A~C의 산화 환원 반응 실험이다.

[실험 I]

• A^{2+} $3N$ mol이 들어 있는 수용액에 충분한 양의 B(s)를 넣어 반응을 완결시킨다.

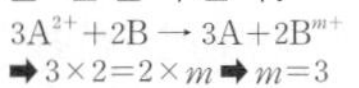

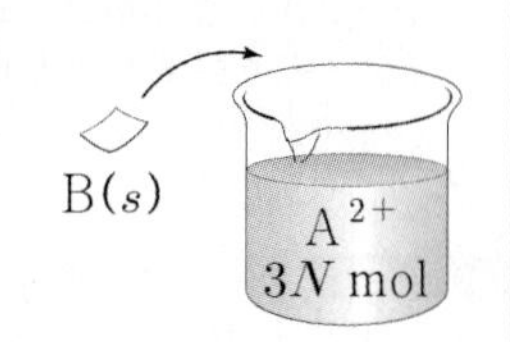

[실험 II]

• B^{m+} $3N$ mol이 들어 있는 수용액에 충분한 양의 C(s)를 넣어 반응을 완결시킨다.

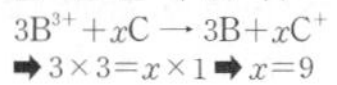

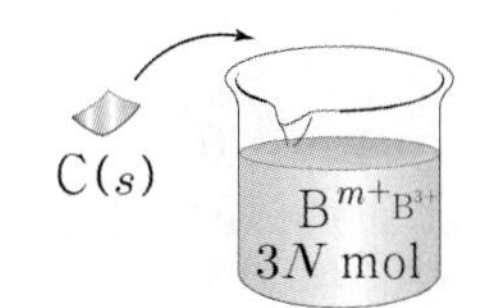

[실험 결과]

• 반응이 완결된 후 수용액에 들어 있는 양이온의 종류와 양(mol)

실험	I	II
양이온의 종류	B → B^{m+} (산화)	C → C^{+} (산화)
양이온의 양(mol)	$2N$	xN $9N$

이에 대한 설명으로 옳은 것만을 〈보기〉에서 있는 대로 고른 것은? (단, A~C는 임의의 원소 기호이고, A~C는 물과 반응하지 않으며, 음이온은 반응에 참여하지 않는다.) [3점]

보기

ㄱ. $m=3$이다.

ㄴ. $x=1$이다. (9) $3\times3=x\times1$

ㄷ. 실험 I에서 B(s)는 산화제로 작용한다. (환원제) B는 B^{m+}으로 산화

① ㄱ ② ㄴ ③ ㄱ, ㄷ ④ ㄴ, ㄷ ⑤ ㄱ, ㄴ, ㄷ

✓ 자료 해석

• 금속의 산화 환원 반응에서 수용액의 총 전하량은 일정하다.
• 실험 I에서 A^{2+} $3N$ mol이 충분한 양의 B(s)와 반응한 후 수용액에는 B^{m+} $2N$ mol이 들어 있다. 수용액의 총 전하량은 일정하므로 $(+2)\times3N=(+m)\times2N$이 성립하여 $m=3$이다.
• 실험 II에서 B^{m+} $3N$ mol이 충분한 양의 C(s)와 반응한 후 수용액에는 C^{+} xN mol이 들어 있다. 수용액의 총 전하량은 일정하므로 $(+3)\times3N=(+1)\times xN$이 성립하여 $x=9$이다.

O 보기풀이 ㄱ. I에서 A^{2+}과 B는 3 : 2의 몰비로 반응한다. 이때 A의 산화수가 2(+2 → 0)만큼 감소하고 B의 산화수가 m(0 → $+m$)만큼 증가하므로 $3\times2=2\times m$이 성립하여 $m=3$이다.

× 매력적 오답 ㄴ. II에서 B^{3+}과 C가 3 : x의 몰비로 반응한다. 이때 B의 산화수가 3(+3 → 0)만큼 감소하고 C의 산화수가 1(0 → +1)만큼 증가하므로 $3\times3=x\times1$이 성립하여 $x=9$이다.

ㄷ. 실험 I에서 B의 산화수는 증가하여 산화되므로 B(s)는 환원제로 작용한다.

문제풀이 Tip

금속 이온의 산화수를 구할 때 수용액의 총 전하량이 일정하다는 것과 산화수 변화를 이용하는 것 중 어느 쪽을 사용해도 무방하다.

선택지 비율	① 4%	② 6%	③ 15%	❹ 66%	⑤ 8%

12 산화 환원 반응식

2023년 7월 교육청 12번 | 정답 ④ | 문제편 101 p

출제 의도 산화수 변화로부터 산화 환원 반응식을 완성할 수 있는지 묻는 문항이다.

문제 분석

다음은 금속 M과 관련된 산화 환원 반응에 대한 자료이다.

• 화학 반응식 : (Br의 산화수 6 감소)

$$\overset{6}{a}M^{2+} + \overset{+5}{Br}O_n^- + \overset{6}{b}H^+ \longrightarrow \overset{6}{a}M^{n+} + Br^- + \overset{3}{c}H_2O$$

M의 산화수 $(n-2)$ 증가 ($a \sim c$는 반응 계수)

• Br의 산화수는 6만큼 감소한다. BrO_n^-에서 Br의 산화수는 +5

$\frac{a+b}{c}$는? (단, M은 임의의 원소 기호이다.)

① 1 ② 2 ③ 3 ④ 4 ⑤ 5

✓ 자료 해석

• Br의 산화수는 6만큼 감소하므로 BrO_n^-에서 Br의 산화수는 +5이다. BrO_n^-에서 O의 산화수가 −2이고, Br의 산화수가 +5이므로 $n=3$이다.

• Br의 산화수는 6만큼 감소하고 M의 산화수는 +2에서 $+n$으로 $(n-2)$만큼 증가하며, 산화 환원 반응에서 증가한 산화수의 합과 감소한 산화수의 합은 같으므로 $a \times (n-2) = 1 \times 6$이 성립한다. 따라서 $a=6$이다.

○ 보기 풀이 $n=3$, $a=6$이므로 화학 반응식은 $6M^{2+} + BrO_3^- + bH^+ \longrightarrow 6M^{3+} + Br^- + cH_2O$이다. 반응 전과 후 O와 H의 원자 수가 같으므로 $b=6$, $c=3$이다. 따라서 $\frac{a+b}{c} = \frac{6+6}{3} = 4$이다.

문제풀이 Tip

$n=3$이므로 M의 산화수는 +2에서 +3으로 1만큼 증가하는데, 증가한 산화수와 감소한 산화수가 같아야 하므로 $a=6$이다.

선택지 비율	① 4%	② 12%	❸ 62%	④ 6%	⑤ 17%

13 금속의 산화 환원 반응

2023년 4월 교육청 13번 | 정답 ③ | 문제편 101 p

출제 의도 금속의 산화 환원 반응에서 산화수 관계를 이해하는지 묻는 문항이다.

문제 분석

그림은 금속 이온 $X^{2+}(aq)$이 들어 있는 비커에 금속 $Y(s)$를 넣어 반응을 완결시켰을 때, 반응 전과 후 수용액에 존재하는 금속 양이온만을 모형으로 나타낸 것이다.

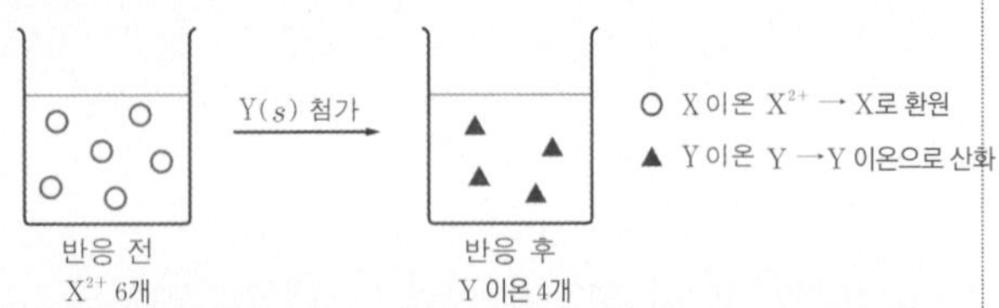

이 반응에 대한 설명으로 옳은 것만을 〈보기〉에서 있는 대로 고른 것은? (단, X, Y는 임의의 원소 기호이고, X, Y는 물과 반응하지 않으며, 음이온은 반응에 참여하지 않는다.)

반응 전과 후 양이온의 총 전하량 일정

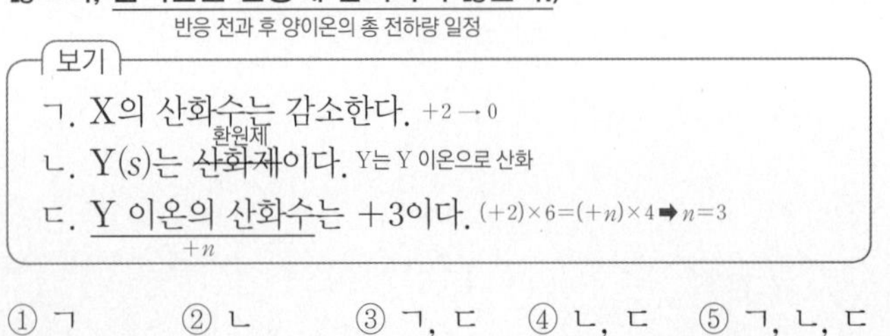
보기

ㄱ. X의 산화수는 감소한다. $+2 \rightarrow 0$

ㄴ. $Y(s)$는 ~~산화제~~이다. (환원제) Y는 Y 이온으로 산화

ㄷ. Y 이온의 산화수는 +3이다. $(+2)\times 6 = (+n) \times 4 \Rightarrow n=3$

① ㄱ ② ㄴ ③ ㄱ, ㄷ ④ ㄴ, ㄷ ⑤ ㄱ, ㄴ, ㄷ

✓ 자료 해석

• $X^{2+}(aq)$은 $X(s)$로 환원되고, $Y(s)$는 Y 이온으로 산화된다.

• 반응 전 X^{2+}은 6개이고, 반응 후 Y 이온은 4개이다. 반응 전과 후 수용액에서 양이온의 총 전하량은 일정하므로 Y 이온의 전하를 $+n$이라고 하면 $(+2)\times 6 = (+n) \times 4$가 성립하여 $n=3$이다.

○ 보기 풀이 ㄱ. X의 산화수는 +2에서 0으로 감소한다.

ㄷ. X^{2+} 6개가 반응하여 Y 이온 4개가 생성되므로 Y 이온의 산화수는 +3이다.

× 매력적 오답 ㄴ. Y는 Y^{3+}으로 산화되고 X^{2+}을 X로 환원시키는 환원제이다.

문제풀이 Tip

음이온은 반응에 참여하지 않으므로 수용액에서 양이온의 총 전하량이 일정하다는 것을 이용하여 금속 이온의 산화수를 구한다.

선택지 비율	① 10%	② 20%	③ 24%	④ 38%	⑤ 8%

14 산화 환원 반응식

2023년 4월 교육청 18번 | 정답 ④ | 문제편 101 p

출제 의도 산화 환원 반응의 양적 관계와 산화제, 환원제를 알고 있는지 묻는 문항이다.

문제 분석

다음은 금속 X, Y와 관련된 산화 환원 반응에 대한 자료이다. Y의 산화물에서 O의 산화수는 -2이다.

- 화학 반응식 : Y의 산화수 $(2n-1)-m$ 감소 ➡ $(2n-1)-m=n+1$

$$(2m+1)\ aX^{m+} + 2\ bYO_n^- + cH^+ \longrightarrow aX^{(m+2)+} + bY^{m+} + dH_2O$$

X의 산화수 2 증가 ($a \sim d$는 반응 계수)

- Y의 산화수는 $(n+1)$만큼 감소한다.
- 산화제(YO_n^-)와 환원제(X^{m+})는 $2 : (2m+1)$의 몰비로 반응한다. $(2m+1)\times 2=2\times(n+1)$

$m+n$은? (단, X, Y는 임의의 원소 기호이다.) [3점]

① 3 ② 4 ③ 5 ④ 6 ⑤ 7

✔ 자료 해석

- 산화 환원 반응에서 증가한 산화수의 합과 감소한 산화수의 합은 같다.
- X의 산화수는 $+m$에서 $+(m+2)$로 2 증가한다. 따라서 X^{m+}은 환원제이며, YO_n^-은 산화제이다.
- YO_n^-에서 O의 산화수는 -2이므로 Y의 산화수는 $+(2n-1)$이고, Y의 산화수는 $+(2n-1)$에서 $+m$으로 감소한다.
- YO_n^-이 Y^{m+}으로 환원될 때 Y의 감소한 산화수는 $(2n-1)-m=n+1$이므로 $n=m+2$이다.

○ 보기 풀이 산화제는 YO_n^-, 환원제는 X^{m+}인데, 산화제와 환원제의 반응 몰비는 $2 : (2m+1)$이고 산화 환원 반응에서 증가한 산화수의 합과 감소한 산화수의 합은 같으므로 $(2m+1)\times 2=2\times(n+1)$이 성립한다. 이 식을 $n=m+2$와 연립하면 $m=2$, $n=4$이다. 따라서 $m+n=6$이다.

문제풀이 Tip

증가한 X의 산화수가 2이며, 감소한 Y의 산화수가 $n+1$이므로 X가 포함된 물질과 Y가 포함된 물질의 반응 몰비는 $(n+1) : 2$이고, 산화제와 환원제는 $2 : (2m+1)$의 몰비로 반응하므로 X가 포함된 물질과 Y가 포함된 물질의 반응 몰비는 $(2m+1) : 2$이다. 이를 이용해 $(n+1) : 2=(2m+1) : 2$를 세울 수도 있다.

선택지 비율	❶ 59%	② 7%	③ 21%	④ 6%	⑤ 7%

15 금속의 산화 환원 반응

2023년 3월 교육청 3번 | 정답 ① | 문제편 102 p

출제 의도 산화 환원 반응의 양적 관계 이해하는지 묻는 문항이다.

문제 분석

다음은 $ANO_3(aq)$[$A^+(aq)+NO_3^-(aq)$]에 금속 $B(s)$를 넣었을 때 일어나는 반응의 화학 반응식이다. 금속 A의 원자량은 a이다.

B의 산화수 m 증가

$$2A^+(aq) + B(s) \longrightarrow 2A(s) + B^{m+}(aq)$$

A의 산화수 1 감소, $2\times1=1\times m$ ➡ $m=2$

이 반응에 대한 옳은 설명만을 〈보기〉에서 있는 대로 고른 것은? (단, A, B는 임의의 원소 기호이다.)

보기

ㄱ. $m=2$이다. $2\times1=1\times m$

ㄴ. $B(s)$는 산화제(→환원제)이다. B는 B^{m+}으로 산화

ㄷ. $B(s)$ 1 mol이 모두 반응하였을 때 생성되는 $A(s)$(2 mol)의 질량은 $\frac{1}{2}a$ g(→$2a$)이다. 반응 계수비=반응 몰비 ➡ B : A=1 : 2

① ㄱ ② ㄷ ③ ㄱ, ㄴ ④ ㄴ, ㄷ ⑤ ㄱ, ㄴ, ㄷ

✔ 자료 해석

- A^+은 A로 환원되고, B는 B^{m+}으로 산화된다.
- A의 산화수는 $+1$에서 0으로 1만큼 감소하고, B의 산화수는 0에서 $+m$으로 m만큼 증가한다.
- 산화 환원 반응에서 증가한 산화수의 합과 감소한 산화수의 합은 같으므로 $2\times1=1\times m$이 성립하여 $m=2$이다.

○ 보기 풀이 ㄱ. $m=2$이다.

× 매력적 오답 ㄴ. $B(s)$는 B^{2+}으로 산화되므로 환원제이다.

ㄷ. $B(s)$와 $A(s)$의 반응 계수비는 1 : 2이고 이는 반응 몰비와 같다. 따라서 $B(s)$ 1 mol이 모두 반응하였을 때 생성되는 $A(s)$의 양은 2 mol이고, A의 원자량은 a이므로 생성되는 A의 질량은 $2a$ g이다.

문제풀이 Tip

반응 계수비를 이용해 생성된 A의 양(mol)을 구한 후 A의 원자량과 양(mol)을 곱하여 생성된 질량을 구한다.

Part I 교육청

선택지 비율	❶ 54%	② 12%	③ 14%	④ 14%	⑤ 7%

16 산화 환원 반응식

2023년 3월 교육청 13번 | 정답 ① | 문제편 102p

출제 의도 산화수 변화를 알고 산화 환원 반응식을 완성할 수 있는지 묻는 문항이다.

문제 분석

다음은 산화 환원 반응의 화학 반응식이다. N의 산화수 3 감소

$$aCu + bNO_3^- + cH^+ \longrightarrow aCu^{2+} + bNO + dH_2O$$

$a\times2=b\times3$

(a~d는 반응 계수)

Cu의 산화수 2 증가

$\frac{b+d}{a+c}$는?

① $\frac{6}{11}$ ② $\frac{8}{13}$ ③ $\frac{10}{7}$ ④ $\frac{13}{6}$ ⑤ $\frac{9}{4}$

✓ 자료 해석

- Cu의 산화수는 0에서 +2로 2만큼 증가하고, N의 산화수는 +5에서 +2로 3만큼 감소한다. 산화 환원 반응에서 증가한 산화수의 합과 감소한 산화수의 합은 같으므로 $a\times2=b\times3$이고, $a=3$, $b=2$이다.
- 반응 전과 후 H와 O 원자 수가 같으므로 $c=8$, $d=4$이다.

○ 보기 풀이 $a=3$, $b=2$, $c=8$, $d=4$이므로 $\frac{b+d}{a+c}=\frac{2+4}{3+8}=\frac{6}{11}$이다.

문제풀이 Tip

산화 환원 반응식을 완성할 때, 일반적으로 산화수 변화 값을 먼저 맞추고 원자 수를 맞추는데, 산화수 변화 값을 먼저 맞추고 반응 전과 후 총 전하량이 같은 것을 이용한 후 원자 수를 맞추어도 된다.

선택지 비율	① 4%	② 4%	❸ 77%	④ 11%	⑤ 2%

17 산화수와 산화 환원 반응

2022년 10월 교육청 15번 | 정답 ③ | 문제편 102p

출제 의도 산화수 변화로부터 산화 환원 반응식을 완성하고, 산화제와 환원제를 구분할 수 있는지 묻는 문항이다.

문제 분석

다음은 산화 환원 반응 (가)와 (나)의 화학 반응식이다.

(가) $Cr_2O_3 + 3Cl_2 + 3C \longrightarrow 2Cr^{n+} + 6Cl^- + 3CO$

(나) $aCr_2O_7^{2-} + bFe^{2+} + cH^+ \longrightarrow dCr^{n+} + bFe^{3+} + eH_2O$ (a~e는 반응 계수)

이에 대한 옳은 설명만을 〈보기〉에서 있는 대로 고른 것은? [3점]

보기

ㄱ. (가)에서 Cl_2는 산화제이다. 산화수 감소(0 → −1)

ㄴ. $n=3$이다.

ㄷ. $\frac{d+e}{a+b+c} \neq \frac{9}{20}$이다. ($\frac{2+7}{1+6+14}=\frac{3}{7}$)

① ㄱ ② ㄷ ③ ㄱ, ㄴ ④ ㄴ, ㄷ ⑤ ㄱ, ㄴ, ㄷ

✓ 자료 해석

- (가) : O의 산화수는 −2로 일정하고, Cl의 산화수는 0에서 −1로 감소하며, C의 산화수는 0에서 +2로 증가한다. 증가한 산화수와 감소한 산화수가 6으로 같으므로 (가)에서 Cr의 산화수는 +3으로 일정하다.
- (나) : Cr의 산화수는 +6에서 +3으로 3만큼 감소하고, Fe의 산화수는 +2에서 +3으로 1만큼 증가하므로 $a=1$일 때 $d=2$이고, $b=6$이다. H와 O의 산화수는 각각 +1과 −2로 일정하므로 H와 O의 원자 수를 맞추면 $c=14$, $e=7$이다.

○ 보기 풀이 ㄱ. (가)에서 Cl의 산화수는 감소하므로 Cl_2는 자신은 환원되면서 다른 물질을 산화시키는 산화제이다.

ㄴ. Cr의 산화수가 +3으로 일정하므로 $n=3$이다.

× 매력적 오답 ㄷ. (나)의 화학 반응식을 완성하면 다음과 같다.

$$Cr_2O_7^{2-} + 6Fe^{2+} + 14H^+ \longrightarrow 2Cr^{3+} + 6Fe^{3+} + 7H_2O$$

$a=1$, $b=6$, $c=14$, $d=2$, $e=7$이므로 $\frac{d+e}{a+b+c}=\frac{2+7}{1+6+14}=\frac{3}{7}$이다.

문제풀이 Tip

산화 환원 반응에서 반응 전후 총 전하량은 일정하고, (가)에서 반응물의 총 전하량 합이 0이므로 생성물의 총 전하량도 0이어야 한다. 따라서 $n=3$이다.

선택지 비율	① 3%	② 11%	③ 6%	④ 69%	⑤ 11%

18 산화수와 산화 환원 반응

2022년 7월 교육청 16번 | 정답 ④ | 문제편 102p

출제 의도 산화수 변화로부터 산화제와 환원제를 구별하고 산화 환원 반응식을 완성할 수 있는지 묻는 문항이다.

문제 분석

다음은 산화 환원 반응의 화학 반응식이다.

(가) $\overset{0}{N_2} + 3\overset{0}{H_2} \longrightarrow 2\overset{-3+1}{NH_3}$

(나) $2\overset{0}{H_2} + 2\overset{+2-2}{NO} \longrightarrow 2\overset{+1-2}{H_2O} + \overset{0}{N_2}$

(다) $\underset{2}{a}\overset{+1+5-2}{HNO_3} + \underset{3}{b}\overset{+2-2}{CO} \longrightarrow \underset{2}{a}\overset{+2-2}{NO} + \underset{3}{b}\overset{+4-2}{CO_2} + \underset{1}{c}\overset{+1-2}{H_2O}$

(a~c는 반응 계수)

이에 대한 설명으로 옳은 것만을 〈보기〉에서 있는 대로 고른 것은?

보기

ㄱ. (가)에서 N의 산화수는 증가한다. 감소(0 → −3)

ㄴ. (나)에서 H_2는 환원제이다.

ㄷ. (다)에서 $\frac{b}{a+c}=1$이다. $\frac{3}{2+1}=1$

① ㄱ ② ㄴ ③ ㄱ, ㄷ ④ ㄴ, ㄷ ⑤ ㄱ, ㄴ, ㄷ

✓ 자료 해석

- (가) : N의 산화수는 0에서 −3으로 감소하고, H의 산화수는 0에서 +1로 증가한다.
- (나) : N의 산화수는 +2에서 0으로 감소하고, H의 산화수는 0에서 +1로 증가하며, O의 산화수는 −2로 일정하다.
- (다) : N의 산화수는 +5에서 +2로 감소하고, C의 산화수는 +2에서 +4로 증가하며, H와 O의 산화수는 각각 +1과 −2로 일정하다.

○ 보기풀이 ㄴ. (나)에서 H_2는 산화되므로, 자신은 산화되면서 다른 물질을 환원시키는 환원제이다.

ㄷ. (다)에서 N의 산화수는 3만큼 감소하고, C의 산화수는 2만큼 증가하며, 산화 환원 반응에서 증가한 산화수는 감소한 산화수와 같으므로 $a=2$, $b=3$이다. 산화수가 변하지 않는 원자의 반응 전후 원자 수가 같도록 계수를 맞추면 $2HNO_3 + 3CO \longrightarrow 2NO + 3CO_2 + H_2O$이므로 $c=1$이다. 따라서 $\frac{b}{a+c}=\frac{3}{2+1}=1$이다.

× 매력적 오답 ㄱ. (가)에서 N의 산화수는 0에서 −3으로 감소한다.

문제풀이 Tip

산화 환원 반응에서 환원제는 산화되는 물질, 즉 산화수가 증가하는 물질이다.

Part I

교육청

선택지 비율	① 25%	② 5%	③ 56%	④ 8%	⑤ 6%

19 산화 환원 반응

2022년 4월 교육청 9번 | 정답 ③ | 문제편 103p

출제 의도 산화수 변화를 알고 산화 환원 반응식을 완성할 수 있는지 묻는 문항이다.

문제 분석

다음은 어떤 산화 환원 반응에 대한 자료이다.

- 화학 반응식 : (산화수 1 증가×10)

$a\overset{+7}{Mn}O_4^- + \underline{b}\overset{-1}{Cl^-} + \underline{c}H^+ \longrightarrow a\overset{+n}{Mn^{n+}} + 5\overset{0}{Cl_2} + \underset{8}{d}H_2O$

5×2=10, 16

산화수 5 감소×a ➡ 1×10=5×a ➡ $a=2$

(a~d는 반응 계수)

- Mn의 산화수는 5만큼 감소한다. +7 → +2 ➡ $n=2$

이에 대한 설명으로 옳은 것만을 〈보기〉에서 있는 대로 고른 것은? [3점]

보기

ㄱ. n은 2이다. Mn의 산화수는 +7에서 5만큼 감소 ➡ +7 → +2 ➡ $n=2$

ㄴ. Cl의 산화수는 2만큼 증가한다. −1 → 0 (1)

ㄷ. $a+c=b+d$이다. 2+16=10+8

① ㄱ ② ㄴ ③ ㄱ, ㄷ ④ ㄴ, ㄷ ⑤ ㄱ, ㄴ, ㄷ

✓ 자료 해석

- 화학 반응에서 반응 전후 원자의 종류와 수는 변하지 않으므로 $b=10$이다.
- 이 반응에서 Mn의 산화수는 감소하므로 MnO_4^-은 환원되고, Cl의 산화수는 증가하므로 Cl^-은 산화된다.
- 증가한 산화수의 합과 감소한 산화수의 합은 같은데, Mn의 산화수는 5만큼 감소하므로 감소한 산화수의 합은 $5\times a$이다. Cl의 산화수는 1만큼 증가하므로 증가한 산화수의 합은 1×10이다.

○ 보기풀이 ㄱ. MnO_4^-에서 Mn의 산화수는 +7이고, Mn의 산화수가 5만큼 감소하므로 $n=2$이다.

ㄷ. 산화 환원 반응에서 증가한 산화수의 합과 감소한 산화수의 합은 같으므로 $5\times a=1\times10$, $a=2$이다. 따라서 $c=16$, $d=8$이고 $b=10$이므로 $a+c=b+d$이다.

× 매력적 오답 ㄴ. Cl^-의 산화수는 −1이고 Cl_2에서 Cl의 산화수는 0이다. 따라서 Cl의 산화수는 −1에서 0으로 1만큼 증가한다.

문제풀이 Tip

산화 환원 반응식을 완성하려면 산화수가 증가한 원자와 감소한 원자를 찾고, 증가한 산화수 합과 감소한 산화수 합을 같게 맞춰 준다. 이후 산화수가 변하지 않는 원자는 반응 전후의 원자 수를 같게 맞추면 된다.

선택지 비율	❶ 55%	② 7%	③ 13%	④ 10%	⑤ 14%

20 산화 환원 반응

2022년 3월 교육청 7번 | 정답 ① | 문제편 103p

출제 의도 산화제, 환원제를 알고 산화 환원 반응식을 완성할 수 있는지 묻는 문항이다.

문제 분석

다음은 산화 환원 반응 (가)와 (나)의 화학 반응식이다.

(가) $2CH_3OH + 3O_2 \longrightarrow 2CO_2 + 4H_2O$ (산화: CH_3OH, 환원: O_2)

(나) $aSn^{2+} + b\overset{+7}{Mn}O_4^- + 16H^+ \longrightarrow aSn^{4+} + b\overset{+2}{Mn}^{2+} + 8H_2O$ (a, b는 반응 계수)

산화수 2 증가 $\times a$ 산화수 5 감소 $\times b$

이에 대한 옳은 설명만을 〈보기〉에서 있는 대로 고른 것은? [3점]

보기

ㄱ. (가)에서 O_2는 ~~환원제~~이다. 산화제

ㄴ. (나)에서 Mn의 산화수는 감소한다. $+7 \rightarrow +2$

ㄷ. $a+b=$~~3~~이다. (7) $a=5, b=2$

① ㄴ ② ㄷ ③ ㄱ, ㄴ ④ ㄱ, ㄷ ⑤ ㄴ, ㄷ

✓ 자료 해석

- 산화 환원 반응에서 증가한 산화수의 합과 감소한 산화수의 합은 항상 같으므로 반응물과 생성물의 원자 수와 산화수 변화를 맞추어 화학 반응식을 완성할 수 있다.
- (가)에서 CH_3OH은 산화되고, O_2는 환원된다.
- (나)에서 Sn^{2+}은 산화되고, MnO_4^-은 환원된다.
- (나)에서 반응 전과 후 원자의 종류와 수는 변하지 않으므로 $b\times4=8$이고 $b=2$이다.

O 보기풀이 ㄴ. (나)에서 Mn의 산화수는 $+7$에서 $+2$로 감소한다.

× 매력적 오답 ㄱ. (가)에서 O_2는 환원되므로 산화제이다.

ㄷ. Sn의 산화수는 $+2$에서 $+4$로 증가하고, Mn의 산화수는 $+7$에서 $+2$로 감소한다. 산화 환원 반응에서 증가한 산화수의 합과 감소한 산화수의 합은 항상 같으므로 $2\times a=5\times b$이고 $b=2$이므로 $a=5$이다. 따라서 $a+b=7$이다.

문제풀이 Tip

산화 환원 반응식은 증가한 산화수의 합과 감소한 산화수의 합이 같다는 것을 이용하여 완성한다. 산화제는 환원되는 물질, 환원제는 산화되는 물질임을 유의한다.

선택지 비율	❶ 77%	② 3%	③ 13%	④ 3%	⑤ 4%

21 산화수와 산화 환원 반응

2021년 10월 교육청 11번 | 정답 ① | 문제편 103p

출제 의도 산화 환원 반응에서 산화수 변화로부터 산화제와 환원제를 구분할 수 있는지 묻는 문항이다.

문제 분석

다음은 산화 환원 반응 (가)~(다)의 화학 반응식이다.

(가) $2\overset{0}{Na} + 2\overset{+1}{H_2}\overset{-2}{O} \longrightarrow 2\overset{+1}{Na}\overset{-2}{O}\overset{+1}{H} + \overset{0}{H_2}$

(나) $\overset{+3}{Fe_2}\overset{-2}{O_3} + 3\overset{+2}{C}\overset{-2}{O} \longrightarrow 2\overset{0}{Fe} + 3\overset{+4}{C}\overset{-2}{O_2}$

(다) $\underset{5}{a}\overset{+2}{Sn}^{2+} + 2\overset{+7}{Mn}\overset{-2}{O_4}^- + \underset{16}{b}\overset{+1}{H}^+ \longrightarrow \underset{5}{c}\overset{+4}{Sn}^{4+} + 2\overset{+2}{Mn}^{2+} + \underset{8}{d}\overset{+1}{H_2}\overset{-2}{O}$

(a~d는 반응 계수)

이에 대한 옳은 설명만을 〈보기〉에서 있는 대로 고른 것은?

보기

ㄱ. (가)에서 Na의 산화수는 증가한다. $0 \rightarrow +1$

ㄴ. (나)에서 CO는 ~~산화제이다~~. 환원제이다.

ㄷ. (다)에서 $\dfrac{c+d}{a+b} > \dfrac{2}{3}$이다. $\dfrac{5+8}{5+16} < \dfrac{2}{3}$이다.

① ㄱ ② ㄴ ③ ㄱ, ㄷ ④ ㄴ, ㄷ ⑤ ㄱ, ㄴ, ㄷ

✓ 자료 해석

- (가) : Na의 산화수는 0에서 $+1$로 증가하고, H의 산화수는 $+1$에서 0으로 감소한다.
- (나) : Fe의 산화수는 $+3$에서 0으로 감소하고, C의 산화수는 $+2$에서 $+4$로 증가한다.
- (다) : Sn의 산화수는 $+2$에서 $+4$로 증가하고, Mn의 산화수는 $+7$에서 $+2$로 감소한다. 따라서 $a=c=5$이다. H와 O의 산화수는 각각 $+1$, -2로 일정하므로 H와 O의 원자 수를 맞추면 $b=16$, $d=8$이다.

O 보기풀이 ㄱ. Na의 산화수는 0에서 $+1$로 증가한다.

× 매력적 오답 ㄴ. (나)에서 C의 산화수는 $+2$에서 $+4$로 증가하므로 CO는 산화된다. 따라서 CO는 자신은 산화되면서 다른 물질을 환원시키는 환원제이다.

ㄷ. (다)의 화학 반응식을 완성하면 다음과 같다.

$$5Sn^{2+} + 2MnO_4^- + 16H^+ \longrightarrow 5Sn^{4+} + 2Mn^{2+} + 8H_2O$$

$a=5$, $b=16$, $c=5$, $d=8$이므로 $\dfrac{c+d}{a+b}=\dfrac{5+8}{5+16}=\dfrac{13}{21}<\dfrac{2}{3}$이다.

문제풀이 Tip

산화제는 자신은 환원되면서 다른 물질을 산화시키는 물질이므로 산화수가 감소하는 원소를 포함한 물질이 산화제임을 기억해 두자.

선택지 비율	① 7%	② 7%	③ 20%	④ 18%	❺ 47%

22 산화 환원 반응식

2021년 7월 교육청 15번 | 정답 ⑤ | 문제편 103p

출제 의도 산화수 변화로부터 산화 환원 반응식을 완성할 수 있는지 묻는 문항이다.

문제 분석

다음은 산화 환원 반응의 화학 반응식이다.

$$\underset{1}{a}\overset{+7\ -2}{Cl_2O_7}(g) + \underset{4}{b}\overset{+1\ -1}{H_2O_2}(aq) + \underset{2}{c}\overset{-2\ +1}{OH^-}(aq) \longrightarrow \underset{2}{c}\overset{+3\ -2}{ClO_2^-}(aq) + \underset{4}{b}\overset{0}{O_2}(g) + \underset{5}{d}\overset{+1\ -2}{H_2O}(l)$$

(a~d는 반응 계수)

이에 대한 설명으로 옳은 것만을 〈보기〉에서 있는 대로 고른 것은? [3점]

보기

ㄱ. H_2O_2는 환원제이다.
ㄴ. Cl의 산화수는 4만큼 감소한다. +7→+3
ㄷ. $a+d=b+c$이다. (1+5, 4+2)

① ㄱ ② ㄷ ③ ㄱ, ㄴ ④ ㄴ, ㄷ ⑤ ㄱ, ㄴ, ㄷ

✔ 자료 해석

- Cl의 산화수는 +7에서 +3으로 4만큼 감소하고, O의 산화수는 −1에서 0으로 1만큼 증가한다. 따라서 $a=1$, $b=4$이다.
- 반응 전후 Cl 원자 수를 맞추면 $c=2$이고, H의 산화수는 +1로 일정하므로 H 원자 수를 맞추면 $d=5$이다.

ㅇ 보기풀이 ㄱ. H_2O_2에서 O의 산화수는 −1이고, O_2에서 O의 산화수는 0이다. 즉, O의 산화수는 증가하므로 H_2O_2는 산화되며, H_2O_2는 자신은 산화되면서 다른 물질을 환원시키는 환원제이다.
ㄴ. Cl의 산화수는 +7에서 +3으로 4만큼 감소한다.
ㄷ. 화학 반응식을 완성하면 다음과 같다.

$$Cl_2O_7(g) + 4H_2O_2(aq) + 2OH^-(aq) \longrightarrow 2ClO_2^-(aq) + 4O_2(g) + 5H_2O(l)$$

$a=1$, $b=4$, $c=2$, $d=5$이므로 $a+d=b+c=6$이다.

문제풀이 Tip

산화 환원 반응은 동시에 일어나므로 증가한 산화수와 감소한 산화수가 같아야 한다. 그리고 전기 음성도는 O>Cl임을 기억해 두면 Cl_2O_7와 ClO_2^-에서 Cl^-의 산화수를 +7, +3으로 빠르게 결정할 수 있다.

선택지 비율	① 9%	❷ 57%	③ 11%	④ 15%	⑤ 8%

23 산화 환원 반응식

2021년 4월 교육청 18번 | 정답 ② | 문제편 104p

출제 의도 산화수 변화로부터 산화 환원 반응식을 완성할 수 있는지 묻는 문항이다.

문제 분석

다음은 산화 환원 반응의 화학 반응식이다.

$$\underset{2}{a}\overset{+7\ -2}{MnO_4^-} + \underset{5}{b}\overset{+1\ -2}{H_2S} + \underset{6}{c}\overset{+1}{H^+} \longrightarrow \underset{2}{a}\overset{+2}{Mn^{2+}} + \underset{5}{b}\overset{0}{S} + \underset{8}{d}\overset{+1\ -2}{H_2O}$$

(a~d는 반응 계수)

이에 대한 설명으로 옳은 것만을 〈보기〉에서 있는 대로 고른 것은?

보기

ㄱ. H_2S는 ~~산화제이다~~. 환원제이다.
ㄴ. MnO_4^- 1 mol이 반응할 때 이동한 전자의 양은 5 mol이다.
ㄷ. $\frac{c+d}{a+b}$=~~5이다~~. $\frac{6+8}{2+5}$=2이다.

① ㄱ ② ㄴ ③ ㄷ ④ ㄱ, ㄴ ⑤ ㄴ, ㄷ

✔ 자료 해석

- Mn의 산화수는 +7에서 +2로 5만큼 감소하고, S의 산화수는 −2에서 0으로 2만큼 증가한다. 따라서 $a=2$, $b=5$이다.
- H와 O의 산화수는 각각 +1, −2로 일정하므로 H와 O의 원자 수를 맞추면 $c=6$, $d=8$이다.

ㅇ 보기풀이 ㄴ. Mn의 산화수는 MnO_4^-에서 +7이고, Mn^{2+}에서 +2이므로 5만큼 감소한다. 따라서 MnO_4^- 1 mol이 반응할 때 이동한 전자의 양은 5 mol이다.

× 매력적 오답 ㄱ. S의 산화수는 −2에서 0으로 증가하므로 H_2S는 산화된다. 따라서 H_2S는 자신은 산화되면서 다른 물질을 환원시키는 환원제이다.
ㄷ. 화학 반응식을 완성하면 다음과 같다.

$$2MnO_4^- + 5H_2S + 6H^+ \longrightarrow 2Mn^{2+} + 5S + 8H_2O$$

$a=2$, $b=5$, $c=6$, $d=8$이므로 $\frac{c+d}{a+b}=\frac{6+8}{2+5}=2$이다.

문제풀이 Tip

산화 환원 반응식을 완성할 때는 산화수가 변하는 원자의 계수를 먼저 맞춘 후, 산화수 변화가 없는 원자의 계수를 맞춘다.

선택지 비율	❶ 63%	② 5%	③ 15%	④ 12%	⑤ 5%

24 산화수와 산화 환원 반응

2021년 3월 교육청 15번 | 정답 ① | 문제편 104p

출제 의도 산화수 변화로부터 산화 환원 반응식을 완성하고 산화제와 환원제를 구분할 수 있는지 묻는 문항이다.

문제 분석

다음은 2가지 산화 환원 반응의 화학 반응식이다.

(가) $\overset{0}{Cu} + 2\overset{+1}{Ag^+} \longrightarrow \overset{+2}{Cu^{2+}} + 2\overset{0}{Ag}$

(나) $\underset{1}{a}\overset{+1\ -1}{H_2O_2} + \underset{2}{b}\overset{-1}{I^-} + \underset{2}{c}\overset{+1}{H^+} \longrightarrow \underset{1}{d}\overset{0}{I_2} + \underset{2}{e}\overset{+1\ -2}{H_2O}$

(a~e는 반응 계수)

이에 대한 옳은 설명만을 〈보기〉에서 있는 대로 고른 것은?

보기

ㄱ. (가)에서 Cu는 산화된다. ➡ 산화수 증가

ㄴ. (나)에서 H_2O_2는 ~~환원제이다~~. 산화제이다.

ㄷ. (나)에서 $\frac{d+e}{a+b+c} \neq \frac{4}{7}$이다. $\frac{1+2}{1+2+2}=\frac{3}{5}$이다.

① ㄱ ② ㄷ ③ ㄱ, ㄴ ④ ㄱ, ㄷ ⑤ ㄴ, ㄷ

✔ 자료 해석

- (가) : Cu의 산화수는 0에서 +2로 증가하고, Ag의 산화수는 +1에서 0으로 감소한다.
- (나) : O의 산화수는 −1에서 −2로 1만큼 감소하고, I의 산화수는 −1에서 0으로 1만큼 증가한다. 따라서 $a=1$, $e=2$이고, $b=2$, $d=1$이다. H의 산화수는 +1로 일정하므로 H 원자 수를 맞추면 $c=2$이다.

○ 보기풀이 ㄱ. (가)에서 Cu의 산화수는 0에서 +2로 증가하므로 Cu는 산화된다.

✕ 매력적 오답 ㄴ. (나)에서 O의 산화수는 −1에서 −2로 감소하므로 H_2O_2는 환원된다. 따라서 H_2O_2는 자신은 환원되면서 다른 물질을 산화시키는 산화제이다.

ㄷ. (나)의 화학 반응식을 완성하면 다음과 같다.

$$H_2O_2 + 2I^- + 2H^+ \longrightarrow I_2 + 2H_2O$$

$a=1$, $b=2$, $c=2$, $d=1$, $e=2$이므로 $\frac{d+e}{a+b+c}=\frac{1+2}{1+2+2}=\frac{3}{5}$이다.

문제풀이 Tip

산소(O)의 산화수는 대부분의 화합물에서 −2이지만, 원소일 때는 0이고 과산화물에서는 −1임을 기억해 두자.

선택지 비율	① 1%	❷ 85%	③ 7%	④ 4%	⑤ 3%

25 발열 반응과 흡열 반응

2022년 10월 교육청 2번 | 정답 ② | 문제편 104p

출제 의도 발열 반응과 흡열 반응을 이해하는지 묻는 문항이다.

문제 분석

다음은 반응의 열 출입을 이용하는 사례에 대한 설명이다.

- ㉠ 산화 칼슘(CaO)과 물(H_2O)의 반응을 이용하여 음식을 데울 수 있다. — 열 발생 ➡ 발열 반응
- ㉡ 철(Fe)의 산화 반응을 이용하여 손난로를 만들 수 있다.
- ㉢ 질산 암모늄(NH_4NO_3)의 용해 반응을 이용하여 냉각 팩을 만들 수 있다. 흡열 반응

㉠~㉢ 중 흡열 반응만을 있는 대로 고른 것은?

① ㉠ ② ㉢ ③ ㉠, ㉡ ④ ㉠, ㉢ ⑤ ㉡, ㉢

✔ 자료 해석

- ㉠ : 산화 칼슘과 물이 반응하면서 주위로 열을 방출하므로 이 반응을 이용하여 음식을 데울 수 있다. 따라서 산화 칼슘과 물의 반응은 발열 반응이다.
- ㉡ : 철이 산화되면서 주위의 온도가 높아지므로 철의 산화 반응을 이용하여 손난로를 만들 수 있다. 따라서 철의 산화 반응은 발열 반응이다.
- ㉢ : 질산 암모늄이 용해되면서 주위의 온도가 낮아지므로 이 반응을 이용하여 냉각 팩을 만들 수 있다. 따라서 질산 암모늄의 용해 반응은 주위로부터 열을 흡수하는 흡열 반응이다.

○ 보기풀이 발열 반응은 반응이 일어날 때 주위로 열을 방출하므로 주위의 온도가 높아지고, 흡열 반응은 반응이 일어날 때 주위로부터 열을 흡수하므로 주위의 온도가 낮아진다. 따라서 ㉠과 ㉡은 발열 반응이고, ㉢은 흡열 반응이다.

문제풀이 Tip

손난로, 음식을 데우는 것은 발열 반응을 이용하는 것이고, 냉각팩은 흡열 반응을 이용하는 것이다.

선택지 비율	❶ 96%	② 1%	③ 1%	④ 1%	⑤ 1%

26 발열 반응과 흡열 반응

2022년 7월 교육청 1번 | 정답 ① | 문제편 104p

출제 의도 발열 반응과 흡열 반응에 대하여 이해하고 있는지 묻는 문항이다.

문제 분석

다음은 어떤 제품의 광고와 이에 대한 학생과 선생님의 대화이다.

봉지를 뜯고 찬물을 부어 주세요!
어디서든 음식을 데울 수 있습니다!
온도가 높아진다.

학 생 : 봉지 안에 찬물을 부었는데 어떻게 음식이 데워질 수 있어요?

선생님 : 봉지 안에는 산화 칼슘(CaO)이 들어 있어요. 물(H_2O)을 부으면 산화 칼슘과 물이 반응해서 열이 발생하는데, 그 열로 음식이 데워질 수 있는 거예요. 발열

학 생 : 산화 칼슘과 물의 반응은 주위로 열을 방출하는 반응이므로 [㉠] 반응이겠군요. 발열

㉠으로 가장 적절한 것은?

① 발열 ② 산화 ③ 연소 ④ 중화 ⑤ 흡열

✔ 자료 해석

- 발열 반응은 반응이 일어날 때 주위로 열을 방출하므로 주위의 온도가 높아진다.
- 산화 칼슘(CaO)을 물(H_2O)에 용해시키는 반응은 주위로 열을 방출하는 반응이므로 발열 반응이다.

○ 보기풀이 이 제품은 산화 칼슘(CaO)과 물(H_2O)이 반응할 때 발생하는 열을 이용하여 음식을 데우므로 산화 칼슘(CaO)과 물(H_2O)의 반응은 발열 반응이다.

문제풀이 Tip

봉지 안의 물질에 찬물을 부으면 음식을 데울 수 있다고 하였으므로 이 반응에서 열이 발생함을 알 수 있다.

선택지 비율	① 1%	❷ 93%	③ 2%	④ 1%	⑤ 3%

27 화학 반응에서의 열 출입

2022년 4월 교육청 2번 | 정답 ② | 문제편 105p

출제 의도 화학 반응에서 열의 출입 측정 실험에 사용되는 실험 장치를 알고 있는지 묻는 문항이다.

문제 분석

다음은 수산화 나트륨이 물에 녹을 때 발생하는 열량을 구하기 위해 학생 A가 수행한 실험 과정이다. 발열 반응

[실험 과정]
(가) 물 100 g을 준비하고, 물의 온도를 측정한다.
(나) 수산화 나트륨 1 g을 (가)의 물에 모두 녹인 후 용액의 최고 온도를 측정한다. 발열 반응

다음 중 학생 A가 사용한 실험 장치로 가장 적절한 것은?

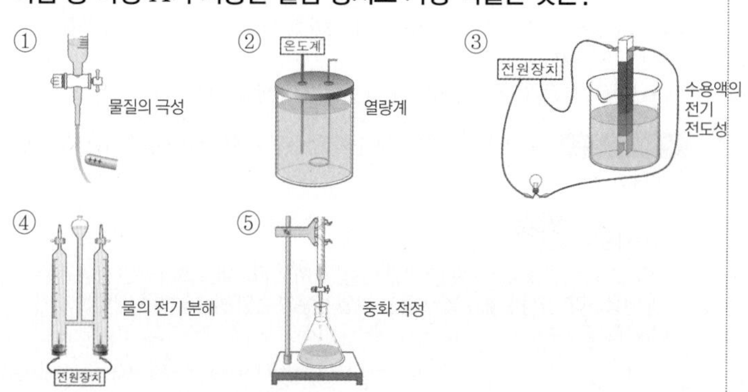

✔ 자료 해석

- 화학 반응에서 반응물과 생성물이 가지고 있는 에너지가 다르므로 화학 반응이 일어날 때는 열의 출입이 있다.
- 화학 반응에서 출입하는 열의 양은 열량계를 사용하여 측정할 수 있다.
- 수산화 나트륨이 물에 녹을 때 발생하는 열량을 구하는 실험이므로 열량계가 필요하다.

○ 보기풀이 ② 화학 반응에서 열량을 측정하는 장치는 열량계이다.

× 매력적 오답 ① 물질의 극성을 확인하는 실험에 사용할 수 있다.
③ 물질의 수용액 상태에서의 전기 전도성을 확인하는 실험에 사용할 수 있다.
④ 물의 전기 분해 실험에 사용할 수 있다.
⑤ 중화 적정 실험에 사용할 수 있다.

문제풀이 Tip

발생하는 열량을 측정하는 실험이므로 열량계를 사용한다. 열량계와 외부 사이에 열의 출입이 없다고 가정하고 화학 반응에서 발생한 열량은 열량계 속 용액이 얻은 열량과 같다는 것을 이용한다.

선택지 비율	① 3%	② 2%	③ 15%	④ 3%	⑤ 77%

28 화학 반응에서의 열 출입

2022년 3월 교육청 3번 | 정답 ⑤ | 문제편 105 p

출제 의도 발열 반응과 흡열 반응을 알고 있는지 묻는 문항이다.

문제 분석

다음은 요소수와 관련된 설명이다.

> 경유를 연료로 사용하는 디젤 엔진에서는 대기 오염 물질인 질소 산화물이 생성된다. 디젤 엔진에 요소($(NH_2)_2CO$)와 물이 혼합된 요소수를 넣어 주면, ㉠ 연료의 연소 반응이 일어날 때 발생하는 열을 흡수하여 ㉡ 요소가 분해되면서 암모니아가 생성되는 반응이 일어난다. 이 과정에서 생성된 암모니아가 질소 산화물을 질소 기체로 변화시킨다.
>
> (발열 반응 / 대기 오염 물질 / 흡열 반응)

이에 대한 옳은 설명만을 〈보기〉에서 있는 대로 고른 것은?

> 보기
>
> ㄱ. ㉠은 발열 반응이다. ㉠이 일어날 때 열이 발생
>
> ㄴ. ㉡은 흡열 반응이다. ㉡이 일어날 때 열을 흡수
>
> ㄷ. 디젤 엔진에 요소수를 넣어 주면 대기 오염을 줄일 수 있다. 질소 산화물 → 질소 기체

① ㄱ ② ㄴ ③ ㄱ, ㄷ ④ ㄴ, ㄷ ⑤ ㄱ, ㄴ, ㄷ

✓ 자료 해석

- 발열 반응 : 화학 반응이 일어날 때 열을 방출하는 반응으로, 주위의 온도가 높아진다.
- 흡열 반응 : 화학 반응이 일어날 때 열을 흡수하는 반응으로, 주위의 온도가 낮아진다.
- 연료의 연소 반응이 일어날 때 열이 발생하므로 ㉠은 발열 반응이다.
- 열을 흡수하여 요소가 분해되면서 암모니아가 생성되므로 ㉡은 흡열 반응이다.

○ 보기풀이 ㄱ. 연료의 연소 반응(㉠)은 열이 발생하므로 발열 반응이다.
ㄴ. 요소가 분해되어 암모니아가 생성되는 반응(㉡)은 열을 흡수하므로 흡열 반응이다.
ㄷ. ㉡ 과정에서 생성된 암모니아가 대기 오염 물질인 질소 산화물을 질소 기체로 변화시키므로 디젤 엔진에 요소수를 넣어 주면 대기 오염을 줄일 수 있다.

문제풀이 Tip

반응이 일어날 때 열이 발생하면 발열 반응, 열이 흡수되면 흡열 반응이다.

선택지 비율	① 3%	② 1%	③ 92%	④ 2%	⑤ 2%

29 발열 반응과 흡열 반응

2021년 10월 교육청 2번 | 정답 ③ | 문제편 105 p

출제 의도 발열 반응과 흡열 반응에 대하여 이해하고 있는지 묻는 문항이다.

문제 분석

다음은 화학 반응에서 출입하는 열을 이용하는 생활 속의 사례이다.

> (가) 휴대용 냉각 팩에 들어 있는 질산 암모늄이 물에 용해되면서 팩이 차가워진다. 주위의 온도 ↓ ➡ 흡열 반응
>
> (나) 겨울철 도로에 쌓인 눈에 염화 칼슘을 뿌리면 염화 칼슘이 용해되면서 눈이 녹는다. 주위의 온도 ↑ ➡ 발열 반응
>
> (다) 아이스크림 상자에 드라이아이스를 넣으면 드라이아이스가 승화되면서 상자 안의 온도가 낮아진다. 주위의 온도 ↓ ➡ 흡열 반응
>
> (고체 → 기체)

이에 대한 옳은 설명만을 〈보기〉에서 있는 대로 고른 것은?

> 보기
>
> ㄱ. (가)에서 질산 암모늄의 용해 반응은 흡열 반응이다.
>
> ㄴ. (나)에서 염화 칼슘이 용해될 때 열을 방출한다. 발열 반응
>
> ㄷ. (다)에서 드라이아이스의 승화는 ~~발열 반응~~이다. 흡열 반응

① ㄱ ② ㄷ ③ ㄱ, ㄴ ④ ㄴ, ㄷ ⑤ ㄱ, ㄴ, ㄷ

✓ 자료 해석

- (가) : 질산 암모늄이 용해되면서 주위의 온도가 낮아져 팩이 차가워지므로 질산 암모늄의 용해 반응은 주위로부터 열을 흡수하는 흡열 반응이다.
- (나) : 염화 칼슘이 용해되면서 주위의 온도가 높아지므로 눈이 녹는 것이다. 따라서 염화 칼슘의 용해 반응은 주위로 열을 방출하는 발열 반응이다.
- (다) : 드라이아이스가 승화되면서 주위의 온도(상자 안의 온도)가 낮아지므로 드라이아이스의 승화는 주위로부터 열을 흡수하는 흡열 반응이다.

○ 보기풀이 ㄱ. (가)에서 팩의 온도가 낮아졌으므로 질산 암모늄의 용해 반응은 흡열 반응이다.
ㄴ. (나)에서 염화 칼슘이 용해될 때 주위로 열을 방출하여 눈이 녹는다.

× 매력적 오답 ㄷ. 드라이아이스의 승화는 주위로부터 열을 흡수하는 흡열 반응이다.

문제풀이 Tip

주위로 열을 방출하는 반응은 발열 반응, 주위로부터 열을 흡수하는 반응은 흡열 반응이다. 실생활에서 볼 수 있는 발열 반응과 흡열 반응의 예를 구별하여 기억해 두자.

선택지 비율	① 3%	② 1%	③ 1%	④ 3%	⑤ 92%

30 화학 반응에서의 열 출입

2021년 4월 교육청 2번 | 정답 ⑤ | 문제편 105 p

출제 의도 화학 반응에서 출입하는 열을 측정하는 실험에 대하여 이해하고 있는지 묻는 문항이다.

문제 분석

다음은 실험 보고서의 일부이다.

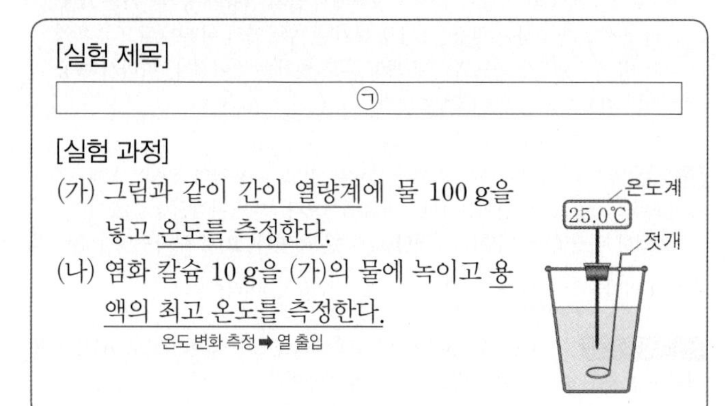

[실험 제목]

㉠

[실험 과정]

(가) 그림과 같이 간이 열량계에 물 100 g을 넣고 온도를 측정한다.

(나) 염화 칼슘 10 g을 (가)의 물에 녹이고 용액의 최고 온도를 측정한다.

다음 중 ㉠으로 가장 적절한 것은?

① 가역 반응 확인하기
② 용액의 pH 측정하기
③ 물질의 전기 전도성 확인하기
④ 중화 반응에서 양적 관계 확인하기
⑤ 화학 반응에서 열의 출입 측정하기

✓ 자료 해석

- (가) : 간이 열량계에 물을 넣고 처음 온도를 측정한다.
- (나) : 염화 칼슘을 물에 녹일 때 수용액의 온도 변화를 측정한다.
  ➡ 염화 칼슘 용해 반응에서의 열의 출입을 측정하는 실험이다.

○ 보기 풀이 ⑤ 간이 열량계는 화학 반응에서 출입하는 열량을 측정하는 장치이다. 따라서 실험 제목으로 가장 적절한 것은 '화학 반응에서 열의 출입 측정하기'이다.

× 매력적 오답 ② 수용액의 pH를 측정하려면 지시약이나 pH 미터를 사용한다.
③ 물질의 전기 전도성은 전원 장치를 연결한 후 전류계를 이용하여 측정한다.
④ 중화 반응에서의 양적 관계는 산과 염기를 반응시키는 중화 적정으로 확인한다.

문제풀이 Tip

간이 열량계를 사용하는 실험이므로 화학 반응에서 출입하는 열을 측정하는 실험이다. 화학 반응에서 출입하는 열은 주위의 온도 변화를 통해 측정할 수 있다.

선택지 비율	① 3%	② 15%	③ 7%	④ 65%	⑤ 10%

31 화학 반응에서의 열 출입

2021년 7월 교육청 10번 | 정답 ④ | 문제편 106 p

출제 의도 화학 반응에서 출입하는 열을 측정하는 실험에 대하여 이해하고 있는지 묻는 문항이다.

문제분석

다음은 스타이로폼 컵 열량계를 이용하여 열의 출입을 측정하는 실험이다.

[실험 I]

(가) 열량계에 물 48 g을 넣고 온도 (t_1)를 측정한다.

(나) (가)에 A(*s*) 2 g을 넣고 젓개로 저어 완전히 녹인 후 수용액의 최고 온도(t_2)를 측정한다. 48+2=50(g)

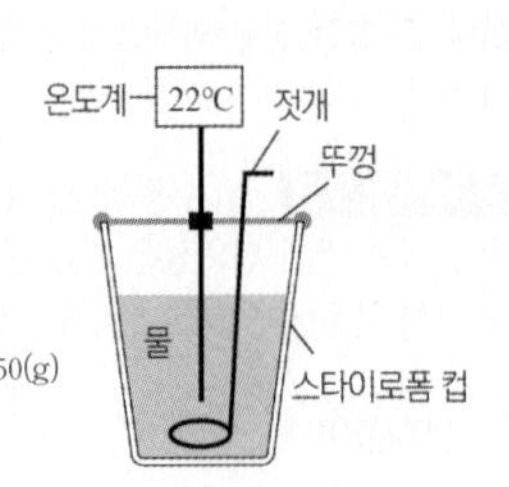

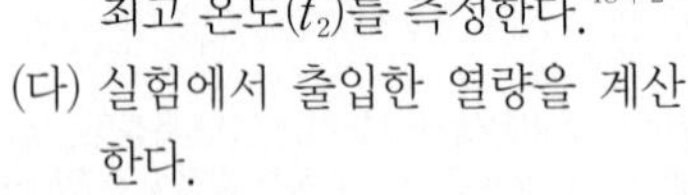

(다) 실험에서 출입한 열량을 계산한다.

[실험 II]

수용액의 질량=98+2=100(g)

• 물의 질량을 98 g으로 바꾼 후 (가)~(다)를 수행한다.

[실험 결과 및 자료]

온도 ↑ ➡ 발열 반응

실험	물의 질량	t_1	t_2	출입한 열량
I	48 g	22 ℃	29 ℃	a J
II	98 g	22 ℃	x ℃	a J

질량 증가(전체 질량 2배)

발생한 열량은 같음 ➡ 실험 II의 온도 변화 작음

• 실험 I과 II에서 수용액의 비열은 같다.

1 g의 온도를 1 ℃ 올리는 데 필요한 열량

이에 대한 설명으로 옳은 것만을 〈보기〉에서 있는 대로 고른 것은? (단, 용해 반응 이외의 반응은 일어나지 않으며, 반응에서 출입하는 열은 열량계 속 수용액의 온도만을 변화시킨다.)

보기

ㄱ. A(*s*)가 용해되는 반응은 ~~흡열 반응~~이다. 발열 반응

ㄴ. $x<29$이다.

ㄷ. 실험 I에서 수용액의 비열(J/g · ℃)은 $\frac{a}{350}$이다. ➡ $\frac{a}{50\times7}$

① ㄱ ② ㄴ ③ ㄱ, ㄷ ④ ㄴ, ㄷ ⑤ ㄱ, ㄴ, ㄷ

✓ 자료 해석

• 실험 I : A(*s*)의 용해 반응에서 수용액의 온도가 22 ℃에서 29 ℃로 높아졌다. ➡ A(*s*)의 용해 반응은 주위로 열을 방출하는 발열 반응이다.

• 실험 II : A(*s*)의 질량이 일정한 상태에서 물의 질량만 증가시키면 A(*s*)의 용해로 발생하는 열량은 a J로 같지만, 수용액의 비열이 같고 수용액의 질량은 2배가 되므로 수용액의 온도 변화는 작아진다. 따라서 수용액의 최고 온도는 29 ℃보다 낮다.

○ 보기풀이 ㄴ. I과 II에서 발생한 열량이 같고, 수용액의 질량은 II에서가 I에서보다 크므로 온도 변화는 I에서가 II에서보다 크다. 따라서 $x<29$이다.

ㄷ. 출입한 열량(Q)=비열(c)×질량(m)×온도 변화(Δt)로 구하므로 I에서 수용액의 비열 $c=\frac{Q}{m\Delta t}=\frac{a}{50\times7}=\frac{a}{350}$(J/g · ℃)이다.

× 매력적 오답 ㄱ. A(*s*)가 용해될 때 수용액의 온도가 높아지므로 A(*s*)가 용해되는 반응은 주위로 열을 방출하는 발열 반응이다.

문제풀이 Tip

비열을 구하는 공식$\left(c=\frac{Q}{m\Delta t}\right)$을 기억해 두자. 비열은 물질 1 g의 온도를 1 ℃ 올리는 데 필요한 열량(J)이다.

선택지 비율	① 2%	② 12%	③ 3%	④ 2%	⑤ 81%

32 발열 반응과 흡열 반응

2021년 3월 교육청 2번 | 정답 ⑤ | 문제편 106 p

출제 의도 발열 반응과 흡열 반응에 대하여 이해하고 있는지 묻는 문항이다.

문제 분석

다음은 2가지 반응에서 열의 출입을 알아보기 위한 실험이다.

실험	실험 과정 및 결과
(가)	물이 담긴 비커에 수산화 나트륨($NaOH$)을 넣고 녹였더니 수용액의 온도가 올라갔다. 발열 반응, 주위로 열 방출
(나)	물이 담긴 비커에 질산 암모늄(NH_4NO_3)을 넣고 녹였더니 수용액의 온도가 내려갔다. 흡열 반응, 주위로부터 열 흡수

이에 대한 옳은 설명만을 〈보기〉에서 있는 대로 고른 것은?

보기
ㄱ. (가)에서 반응이 일어날 때 열이 방출된다.
ㄴ. (나)에서 일어나는 반응은 흡열 반응이다.
ㄷ. (나)에서 일어나는 반응을 이용하여 냉찜질 팩을 만들 수 있다. 주위의 열을 흡수하여 온도를 낮춤

① ㄱ ② ㄷ ③ ㄱ, ㄴ ④ ㄴ, ㄷ ⑤ ㄱ, ㄴ, ㄷ

✓ 자료 해석

• (가) : 수용액의 온도가 높아졌으므로 수산화 나트륨의 용해는 주위로 열을 방출하는 발열 반응이다.
• (나) : 수용액의 온도가 낮아졌으므로 질산 암모늄의 용해는 주위로부터 열을 흡수하는 흡열 반응이다.

○ 보기풀이 ㄱ. (가)에서는 발열 반응이 일어난다. 발열 반응이 일어날 때는 열이 방출된다.
ㄴ. (나)에서 질산 암모늄이 물에 녹으면서 주위로부터 열을 흡수하므로 수용액의 온도가 낮아진다. 따라서 (나)에서 일어나는 반응은 흡열 반응이다.
ㄷ. (나)에서 일어나는 흡열 반응을 이용하면 주위로부터 열을 흡수하여 온도를 낮추므로 냉찜질 팩을 만들 수 있다.

문제풀이 Tip
주위로 열을 방출하여 주위의 온도가 높아지는 반응이 발열 반응, 주위로부터 열을 흡수하여 주위의 온도가 낮아지는 반응이 흡열 반응임을 기억해 두자.

선택지 비율	① 3%	② 4%	③ 3%	④ 5%	⑤ 85%

33 화학 반응에서의 열 출입

2020년 10월 교육청 5번 | 정답 ⑤ | 문제편 106 p

출제 의도 용질이 물에 용해되는 반응에서 수용액의 온도 변화를 제시한 실험 결과부터 발열 반응과 흡열 반응에 대하여 이해하고 있는지 묻는 문항이다.

문제 분석

다음은 질산 암모늄(NH_4NO_3)과 관련된 실험이다.

[실험 과정]
(가) 열량계에 20 ℃ 물 100 g을 넣는다.
(나) (가)의 열량계에 NH_4NO_3 w g을 넣고 모두 용해시킨다.
(다) 수용액의 최저 온도를 측정한다.
(라) 20 ℃ 물 200 g을 이용하여 (가)~(다)를 수행한다. 물의 질량 증가➡ 온도 변화량 감소

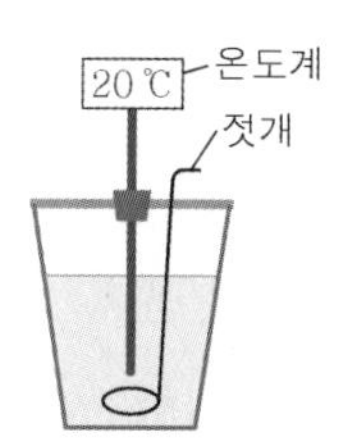

[실험 결과]
• (다)에서 측정한 수용액의 최저 온도 : 18 ℃ 온도↓➡ 흡열 반응
• (라)에서 측정한 수용액의 최저 온도 : t ℃ ➡ $t>18$

이에 대한 옳은 설명만을 〈보기〉에서 있는 대로 고른 것은?

보기
ㄱ. NH_4NO_3의 용해 반응은 흡열 반응이다.
ㄴ. $t>18$이다.
ㄷ. NH_4NO_3의 용해 반응은 냉각 팩에 이용될 수 있다. 흡열 반응을 이용한 예

① ㄱ ② ㄷ ③ ㄱ, ㄴ ④ ㄴ, ㄷ ⑤ ㄱ, ㄴ, ㄷ

✓ 자료 해석

• (나)에서 물에 질산 암모늄(NH_4NO_3)을 용해시켰을 때 수용액의 온도가 20 ℃에서 18 ℃로 낮아지므로 질산 암모늄(NH_4NO_3)의 용해 반응은 주위로부터 열을 흡수하는 흡열 반응이다.
• (나)와 (라)에서 질산 암모늄(NH_4NO_3)의 질량이 w g으로 같으므로 질산 암모늄(NH_4NO_3)의 용해로 발생하는 열량은 같다. 따라서 (라)에서 물의 질량이 증가하면 수용액의 온도 변화는 작아진다.

○ 보기풀이 ㄱ. 물에 질산 암모늄(NH_4NO_3)을 용해시켰을 때 수용액의 온도가 낮아지므로 질산 암모늄(NH_4NO_3)의 용해 반응은 주위로부터 열을 흡수하는 흡열 반응이다.
ㄴ. 질산 암모늄(NH_4NO_3)의 질량이 w g으로 같으므로 물의 질량이 100 g에서 200 g으로 증가하면 수용액의 온도 변화는 작아진다. 따라서 온도가 덜 낮아지므로 $t>18$이다.
ㄷ. 냉각 팩은 흡열 반응을 이용하여 주위의 온도를 낮춘다. 따라서 질산 암모늄(NH_4NO_3)의 용해 반응은 냉각 팩에 이용될 수 있다.

문제풀이 Tip
수용액의 온도 변화로부터 제시된 용해 반응이 발열 반응인지 흡열 반응인지를 구별하는 문항이 자주 출제된다. 용질이 물에 용해되는 반응이 흡열 반응이면 주위로부터 열을 흡수하여 수용액의 온도가 낮아지고, 발열 반응이면 주위로 열을 방출하여 수용액의 온도가 높아진다.

01 우리 생활 속의 화학

선택지 비율	① 1%	② 1%	③ 1%	④ 2%	⑤ 95%

1 탄소 화합물의 유용성

2025학년도 수능 1번 | 정답 ⑤ | 문제편 108 p

출제 의도 일상생활에서 사용되고 있는 탄소 화합물의 성질과 발열 반응, 흡열 반응을 알고 있는지 묻는 문항이다.

문제 분석

다음은 일상생활에서 사용하는 제품과 이와 관련된 성분 (가)와 (나)에 대한 자료이다.

$CH_3COOH \longrightarrow CH_3COO^- + H^+$

(가) 아세트산(CH_3COOH)
화학식에 C 포함

(나) 뷰테인(C_4H_{10})
화학식에 C 포함

이에 대한 설명으로 옳은 것만을 〈보기〉에서 있는 대로 고른 것은?

〈보기〉

ㄱ. (가)의 수용액과 KOH(aq)의 중화 반응은 흡열 반응이다. (산 / 염기 / 발열)

ㄴ. (나)의 연소 반응이 일어날 때 주위로 열을 방출한다. 발열 반응

ㄷ. (가)와 (나)는 모두 탄소 화합물이다. 탄소(C)를 포함

① ㄱ ② ㄴ ③ ㄱ, ㄴ ④ ㄱ, ㄷ ⑤ ㄴ, ㄷ

✓ 자료 해석

- 탄소 화합물은 탄소(C)를 기본 골격으로 수소(H), 산소(O), 질소(N) 등이 공유 결합하여 이루어진 화합물이다.
- 아세트산(CH_3COOH)은 물에 녹아 H^+을 내놓아 산성을 띠며, 식초의 원료로 이용된다.
- 발열 반응 : 화학 반응이 일어날 때 열을 방출하는 반응으로, 열을 방출하므로 주위의 온도가 높아진다.
- 흡열 반응 : 화학 반응이 일어날 때 열을 흡수하는 반응으로, 열을 흡수하므로 주위의 온도가 낮아진다.
- 산과 염기의 중화 반응은 열을 방출하는 발열 반응이다.
- 탄화수소의 연소 반응은 열을 방출하는 발열 반응이다.

○ 보기 풀이 ㄴ. (나)의 연소 반응은 발열 반응이므로 이 반응이 일어날 때 주위로 열을 방출한다.

ㄷ. (가)와 (나)는 탄소가 포함되어 있는 화합물이므로 모두 탄소 화합물이다.

× 매력적 오답 ㄱ. (가)의 수용액은 산성이므로 (가)의 수용액과 염기성인 KOH(aq)은 중화 반응을 하며, 중화 반응은 발열 반응이다.

문제풀이 Tip

화학식에 탄소(C)가 포함되어 있는 화합물은 모두 탄소 화합물이다. 발열 반응은 주위로 열을 방출하고, 흡열 반응은 주위로부터 열을 흡수한다. 탄소 화합물의 이용 사례는 발열 반응, 흡열 반응과 관련지어 알아둔다.

선택지 비율	① 3%	② 0%	③ 2%	❹ 95%	⑤ 0%

2 탄소 화합물의 유용성

2025학년도 9월 평가원 1번 | 정답 ④ | 문제편 108 p

출제 의도 일상생활에서 사용되고 있는 물질의 성질을 묻는 문항이다.

문제 분석

다음은 일상생활에서 사용되고 있는 물질에 대한 자료이다.

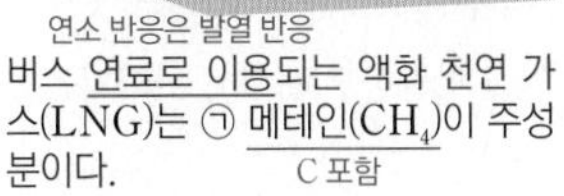

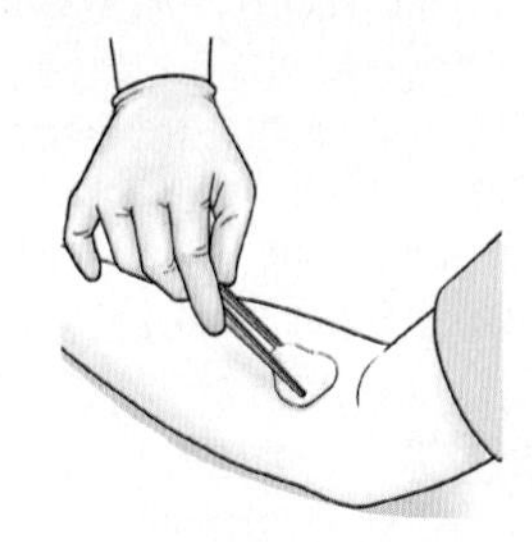

연소 반응은 발열 반응

버스 연료로 이용되는 액화 천연 가스(LNG)는 ㉠ 메테인(CH_4)이 주성분이다. (C 포함)

의료용 알코올 솜으로 피부를 닦으면 주성분인 ㉡ 에탄올(C_2H_5OH)이 증발하면서 피부가 시원해진다. (C 포함 ➡ 탄소 화합물 / 주위로부터 열 흡수 ➡ 흡열 반응)

이에 대한 설명으로 옳은 것만을 〈보기〉에서 있는 대로 고른 것은?

보기

ㄱ. ㉠은 탄소 화합물이다. (C를 포함)

ㄴ. ㉠의 연소 반응은 흡열 반응이다. (연료로 이용 ➡ 발열)

ㄷ. ㉡이 증발할 때 주위로부터 열을 흡수한다. (액체 표면에서 액체 → 기체 / 흡열 반응)

① ㄱ ② ㄷ ③ ㄱ, ㄴ ④ ㄱ, ㄷ ⑤ ㄴ, ㄷ

✓ 자료 해석

- 탄소 화합물 : 탄소(C)를 기본 골격으로 수소(H), 산소(O), 질소(N) 등이 공유 결합하여 이루어진 화합물이다.
- 메테인(CH_4) : C 원자를 포함한 탄소 화합물이며, 액화 천연 가스(LNG)의 주성분으로 연료로 이용된다.
- 발열 반응 : 화학 반응이 일어날 때 열을 방출하는 반응으로, 열을 방출하므로 주위의 온도가 높아진다. 발열 반응의 예로는 연소 반응, 일회용 손난로에서의 반응, 중화 반응 등이 있다.
- 흡열 반응 : 화학 반응이 일어날 때 열을 흡수하는 반응으로, 열을 흡수하므로 주위의 온도가 낮아진다. 흡열 반응의 예로는 냉찜질 팩에서의 반응, 용해, 증발 등이 있다.

○ 보기 풀이 ㄱ. 메테인(CH_4)은 탄소가 포함되어 있으므로 탄소 화합물이다.
ㄷ. 에탄올(C_2H_5OH)이 증발하면서 피부가 시원해지는 것을 통해 에탄올의 증발은 흡열 반응이라는 것을 알 수 있다. 따라서 에탄올이 증발(기화)할 때 주위로부터 열을 흡수한다.

× 매력적 오답 ㄴ. 메테인(CH_4)은 버스 연료로 이용되는 LNG의 주성분이므로 메테인의 연소 반응은 열이 발생하는 발열 반응이다.

문제풀이 Tip

화학식에 탄소(C)가 포함되어 있으면 탄소 화합물이다. 발열 반응은 주위로 열을 방출하고, 흡열 반응은 주위로부터 열을 흡수한다.

선택지 비율	① 2%	② 1%	③ 2%	④ 1%	❺ 94%

3 화학의 유용성

2025학년도 6월 평가원 1번 | 정답 ⑤ | 문제편 108 p

출제 의도 일상생활에서 사용되고 있는 물질의 성질과 발열 반응을 이해하고 있는지 묻는 문항이다.

문제 분석

그림은 학생 A가 작성한 캠핑 준비물 목록의 일부를 나타낸 것이다.

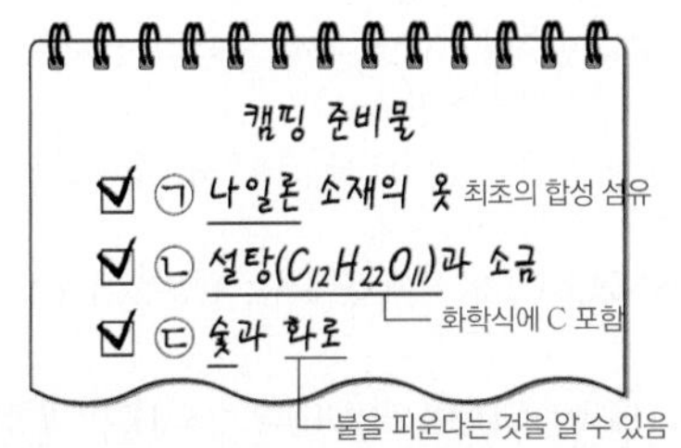

이에 대한 설명으로 옳은 것만을 〈보기〉에서 있는 대로 고른 것은?

보기

ㄱ. ㉠은 합성 섬유이다. (대량 생산이 가능하고, 질기고 쉽게 닳지 않음)

ㄴ. ㉡은 탄소 화합물이다. (탄소(C)를 포함)

ㄷ. ㉢의 연소 반응은 발열 반응이다. (열을 방출)

① ㄱ ② ㄷ ③ ㄱ, ㄴ ④ ㄴ, ㄷ ⑤ ㄱ, ㄴ, ㄷ

✓ 자료 해석

- 나일론은 최초의 합성 섬유이다.
- 탄소 화합물은 탄소(C)를 기본 골격으로 수소(H), 산소(O), 질소(N) 등이 공유 결합하여 이루어진 화합물이다.
- 발열 반응 : 화학 반응이 일어날 때 열을 방출하는 반응으로, 열을 방출하므로 주위의 온도가 높아진다.

○ 보기 풀이 ㄱ. 나일론은 최초의 합성 섬유이다.
ㄴ. 설탕($C_{12}H_{22}O_{11}$)에는 탄소(C)가 포함되어 있으므로 ㉡(설탕)은 탄소 화합물이다.
ㄷ. 숯(C)을 연소시키면 열을 방출하므로 ㉢(숯)의 연소 반응은 발열 반응이다.

문제풀이 Tip

화학식에 탄소(C)가 포함되어 있으면 탄소 화합물이며, 발열 반응은 주위로 열을 방출하고, 흡열 반응은 주위로부터 열을 흡수한다.

선택지 비율	① 2%	② 0%	❸ 88%	④ 1%	⑤ 9%

4 화학의 유용성

2024학년도 수능 1번 | 정답 ③ | 문제편 108 p

출제 의도 일상생활에서 사용되고 있는 물질의 반응과 열 출입에 대하여 알고 있는지 묻는 문항이다.

문제 분석

다음은 일상생활에서 사용되고 있는 물질에 대한 자료이다.

구성 원소 C, H, O
㉠ 에탄올(C_2H_5OH)이 주성분인 손 소독제를 손에 바르면, 에탄올이 증발하면서 손이 시원해진다.
주위로부터 열 흡수 ➡ 흡열 반응

발열 반응 이용
손난로를 흔들면, 손난로 속에 있는 ㉡ 철가루(Fe)가 산화되면서 열을 방출한다. 발열 반응

이에 대한 설명으로 옳은 것만을 〈보기〉에서 있는 대로 고른 것은?

보기
ㄱ. ㉠은 탄소 화합물이다. C 포함
ㄴ. ㉠이 증발할 때 ~~주위로 열을 방출~~한다. 주위로부터 열 흡수
ㄷ. ㉡이 산화되는 반응은 발열 반응이다. 주위로 열 방출

① ㄱ ② ㄴ ③ ㄱ, ㄷ ④ ㄴ, ㄷ ⑤ ㄱ, ㄴ, ㄷ

✓ 자료 해석

- 탄소 화합물 : 탄소(C)를 기본 골격으로 수소(H), 산소(O), 질소(N) 등이 공유 결합하여 이루어진 화합물이다.
- 에탄올(C_2H_5OH) : 구성 원소가 C, H, O인 탄소 화합물이며, 소독제, 약품의 원료, 연료 등으로 이용된다.
- 흡열 반응 : 화학 반응이 일어날 때 열을 흡수하는 반응으로, 열을 흡수하므로 주위의 온도가 낮아진다.
- 발열 반응 : 화학 반응이 일어날 때 열을 방출하는 반응으로, 열을 방출하므로 주위의 온도가 높아진다.

O 보기 풀이 ㄱ. 에탄올(C_2H_5OH)의 구성 원소는 탄소(C), 수소(H), 산소(O)이므로 ㉠은 탄소 화합물이다.
ㄷ. 손난로에서 철가루(㉡)가 산화되면서 열을 방출하므로 ㉡이 산화되는 반응은 발열 반응이다.

× 매력적 오답 ㄴ. 에탄올이 증발하면서 손이 시원해지므로 이 반응은 흡열 반응임을 알 수 있다. 에탄올이 증발하면서 손이 시원해지는 이유는 에탄올이 증발할 때 주위로부터 열을 흡수하기 때문이다.

문제풀이 Tip
화학식에 탄소(C)가 있으면 탄소 화합물이다. 철가루가 산화될 때 열을 방출하므로 손난로로 사용할 수 있다.

선택지 비율	❶ 90%	② 2%	③ 5%	④ 1%	⑤ 2%

5 화학의 유용성

2024학년도 9월 평가원 1번 | 정답 ① | 문제편 109 p

출제 의도 탄소 화합물과 발열, 흡열 반응을 알고 있는지 묻는 문항이다.

문제 분석

다음은 일상생활에서 이용되고 있는 물질에 대한 자료와 이에 대한 학생들의 대화이다.

- ㉠ 메테인(CH_4)을 연소시켜 난방을 하거나 음식을 익힌다. (구성 원소 C, H / 열 발생(발열))
- ㉡ 질산 암모늄(NH_4NO_3)이 물에 용해되는 반응을 이용하여 냉찜질 주머니를 차갑게 만든다. (열 흡수(흡열))

제시한 내용이 옳은 학생만을 있는 대로 고른 것은?

① A ② B ③ A, C ④ B, C ⑤ A, B, C

✓ 자료 해석

- 탄소 화합물 : 탄소(C)를 기본 골격으로 수소(H), 산소(O), 질소(N) 등이 공유 결합하여 이루어진 화합물이다.
- 메테인(CH_4) : C 원자 1개를 중심으로 4개의 H 원자가 정사면체 모양을 이루는 가장 간단한 탄화수소이며, 액화 천연 가스(LNG)의 주성분으로 가정용 연료로 이용된다.
- 발열 반응 : 화학 반응이 일어날 때 열을 방출하는 반응으로, 열을 방출하므로 주위의 온도가 높아진다.
- 흡열 반응 : 화학 반응이 일어날 때 열을 흡수하는 반응으로, 열을 흡수하므로 주위의 온도가 낮아진다.
- 질산 암모늄(NH_4NO_3)이 물에 용해되는 반응은 흡열 반응이다.

O 보기 풀이 A. 메테인(CH_4)은 탄소(C)와 수소(H)가 결합하여 이루어진 탄소 화합물이다.

× 매력적 오답 B. 메테인(CH_4)을 연소시키면 열이 발생되므로 발열 반응이다.
C. 질산 암모늄(NH_4NO_3)이 물에 용해되면 주위로부터 열을 흡수하므로 냉찜질 주머니를 차갑게 만든다.

문제풀이 Tip
화학식에 탄소(C)가 있으면 탄소 화합물이다. 발열 반응은 주위로 열을 방출하고, 흡열 반응은 주위로부터 열을 흡수한다.

선택지 비율	① 6%	② 1%	❸ 89%	④ 1%	⑤ 3%

6 탄소 화합물의 유용성

2024학년도 6월 평가원 1번 | 정답 ③ | 문제편 109 p

출제 의도 일상생활에서 사용되고 있는 탄소 화합물의 성질을 묻는 문항이다.

문제 분석

다음은 일상생활에서 사용되고 있는 물질에 대한 자료이다.

> • ㉠ 에텐(C_2H_4)은 플라스틱의 원료로 사용된다.
> • ㉡ 아세트산(CH_3COOH)은 의약품 제조에 이용된다.
> • ㉢ 에탄올(C_2H_5OH)을 묻힌 솜으로 피부를 닦으면 에탄올이 기화되면서 피부가 시원해진다. (주위로부터 열을 흡수)
>
> (모두 C 포함 ➡ 탄소 화합물)

이에 대한 설명으로 옳은 것만을 〈보기〉에서 있는 대로 고른 것은?

> 보기
>
> ㄱ. ㉠은 탄소 화합물이다. (C 포함, C_2H_4의 구성 원소는 C, H)
> ㄴ. ㉡을 물에 녹이면 ~~염기성~~ (산성) 수용액이 된다.
> ㄷ. ㉢이 기화되는 반응은 흡열 반응이다. (주위로부터 열을 흡수)

① ㄱ ② ㄴ ③ ㄱ, ㄷ ④ ㄴ, ㄷ ⑤ ㄱ, ㄴ, ㄷ

✓ 자료 해석

- 탄소 화합물은 탄소(C)를 기본 골격으로 수소(H), 산소(O), 질소(N) 등이 공유 결합하여 이루어진 화합물이다.
- 에텐(C_2H_4)은 탄소(C)와 수소(H)로 구성된 탄소 화합물이다.
- 아세트산(CH_3COOH)은 물에 녹아 약한 산성을 띠며, 식초와 의약품의 원료로 이용된다.
- 에탄올(C_2H_5OH)은 술, 소독용 알코올, 연료 등으로 이용된다.

O 보기풀이 ㄱ. ㉠(C_2H_4)은 탄소(C) 원자를 골격으로 하는 탄소 화합물이다.
ㄷ. ㉢(C_2H_5OH)이 기화되면서 피부가 시원해지므로 ㉢이 기화되는 반응은 주위의 열을 흡수하여 온도가 낮아지는 흡열 반응이다.

× 매력적 오답 ㄴ. ㉡(CH_3COOH)을 물에 녹이면 산성 수용액이 된다.

문제풀이 Tip

화학식에 탄소(C)가 있으면 탄소 화합물이다. 따라서 ㉠~㉢은 모두 C를 구성 원소로 하는 탄소 화합물이다.

선택지 비율	① 1%	② 1%	❸ 93%	④ 1%	⑤ 4%

7 탄소 화합물의 유용성

2023학년도 수능 1번 | 정답 ③ | 문제편 109 p

출제 의도 탄소 화합물의 이용 사례를 알고 있는지 묻는 문항이다.

문제 분석

다음은 일상생활에서 이용되고 있는 3가지 물질에 대한 자료이다.

> • 에탄올(C_2H_5OH)은 [㉠]
> • 제설제로 이용되는 ㉡ 염화 칼슘($CaCl_2$)을 물에 용해시키면 열이 발생한다. ➡ 발열 반응
> • ㉢ 메테인(CH_4)은 액화 천연 가스(LNG)의 주성분이다.

이에 대한 설명으로 옳은 것만을 〈보기〉에서 있는 대로 고른 것은?

> 보기
>
> ㄱ. '의료용 소독제로 이용된다.'는 ㉠으로 적절하다.
> ㄴ. ㉡이 물에 용해되는 반응은 발열 반응이다.
> ㄷ. ㉡과 ㉢은 ~~모두~~ 탄소 화합물이다.

① ㄴ ② ㄷ ③ ㄱ, ㄴ ④ ㄱ, ㄷ ⑤ ㄱ, ㄴ, ㄷ

✓ 자료 해석

- 탄소 화합물 : 탄소(C)를 기본 골격으로 수소(H), 산소(O), 질소(N) 등이 공유 결합하여 이루어진 화합물이다.
- 에탄올(C_2H_5OH) : 탄소(C) 원자를 중심으로 수소(H) 원자와 산소(O) 원자가 공유 결합하여 이루어진 화합물이므로 탄소 화합물이다. 소독용 알코올, 약품의 원료, 용매, 연료 등으로 사용된다.
- 메테인(CH_4) : 탄소(C)와 수소(H)로 이루어진 탄소 화합물로, 가정용 연료로 사용되는 액화 천연 가스(LNG)의 주성분이다.
- 염화 칼슘($CaCl_2$)이 물에 용해되는 반응은 주위로 열을 방출하는 발열 반응이므로 반응이 일어날 때 주위의 온도가 높아진다.

O 보기풀이 ㄱ. 에탄올(C_2H_5OH)은 살균 효과가 있으므로 의료용 소독제로 이용할 수 있다.
ㄴ. 염화 칼슘($CaCl_2$)을 물에 용해시키면 열이 발생하므로 염화 칼슘($CaCl_2$)이 물에 용해되는 반응은 발열 반응이다.

× 매력적 오답 ㄷ. ㉢(CH_4)은 탄소 화합물이지만, ㉡($CaCl_2$)은 탄소(C) 원자를 포함하지 않으므로 탄소 화합물이 아니다.

문제풀이 Tip

탄소 화합물에는 탄소(C) 원자가 반드시 포함되어 있어야 한다. 염화 칼슘($CaCl_2$)은 칼슘 이온(Ca^{2+})과 염화 이온(Cl^-)으로 이루어진 이온 결합 물질로, 탄소 화합물이 아니다.

선택지 비율	① 1%	② 1%	③ 2%	④ 3%	❺ 93%

8 탄소 화합물의 유용성

2023학년도 9월 평가원 1번 | 정답 ⑤ | 문제편 109 p

출제 의도 탄소 화합물의 성질을 알고 있는지 묻는 문항이다.

문제 분석

다음은 일상생활에서 이용되고 있는 2가지 물질에 대한 자료이다.

> 액화 천연 가스(LNG)
> • 메테인(CH_4)은 ㉠ 의 주성분이다.
> • ㉡뷰테인(C_4H_{10})을 연소시켜 물을 끓인다. ➡ 뷰테인을 연소시켰을 때 방출된 열로 물을 끓임

이에 대한 설명으로 옳은 것만을 〈보기〉에서 있는 대로 고른 것은?

> 보기
> ㄱ. '액화 천연 가스(LNG)'는 ㉠으로 적절하다.
> ㄴ. ㉡은 탄소 화합물이다.
> ㄷ. ㉡의 연소 반응은 발열 반응이다.

① ㄱ ② ㄷ ③ ㄱ, ㄴ ④ ㄴ, ㄷ ⑤ ㄱ, ㄴ, ㄷ

✓ 자료 해석

• 탄소 화합물 : 탄소(C)를 기본 골격으로 수소(H), 산소(O), 질소(N) 등이 공유 결합하여 이루어진 화합물이다.
• 메테인(CH_4)과 뷰테인(C_4H_{10})은 탄소(C)와 수소(H)로 이루어진 탄소 화합물로, 연소될 때 많은 열을 방출하므로 연료로 사용된다.
• 메테인(CH_4)과 뷰테인(C_4H_{10})의 연소 반응은 주위로 열을 방출하므로 발열 반응이다.

○ 보기 풀이 ㄱ. 메테인(CH_4)은 가정용 연료로 사용되는 액화 천연 가스(LNG)의 주성분이다. 따라서 '액화 천연 가스(LNG)'는 ㉠으로 적절하다.
ㄴ. 뷰테인(C_4H_{10})은 탄소(C)와 수소(H)로 이루어진 탄소 화합물이다.
ㄷ. 뷰테인(C_4H_{10})을 연소시켰을 때 방출된 열로 물을 끓일 수 있다. 따라서 뷰테인(C_4H_{10})의 연소 반응은 발열 반응이다.

문제풀이 Tip

메테인(CH_4)은 액화 천연 가스(LNG)의 주성분이고, 뷰테인(C_4H_{10})은 액화 석유 가스(LPG)의 주성분이다.

선택지 비율	① 2%	② 1%	③ 1%	④ 2%	❺ 94%

9 화학의 유용성

2023학년도 6월 평가원 1번 | 정답 ⑤ | 문제편 110 p

출제 의도 생활 속에 이용되는 탄소 화합물과 암모니아의 성질을 알고 있는지 묻는 문항이다.

문제 분석

다음은 화학의 유용성에 대한 자료이다.

> 탄소 포함 ➡ 탄소 화합물 / 탄소 포함, 물에 녹이면 H^+을 내놓음
> • ㉠에탄올(C_2H_5OH)을 산화시켜 만든 ㉡아세트산(CH_3COOH)은 의약품 제조에 이용된다.
> • 질소(N_2)와 수소(H_2)를 반응시켜 만든 암모니아(NH_3)는 ㉢ (으)로 이용된다. 하버와 보슈가 NH_3를 대량 합성

이에 대한 설명으로 옳은 것만을 〈보기〉에서 있는 대로 고른 것은?

> 보기
> ㄱ. ㉠은 탄소 화합물이다. 탄소(C) 포함
> ㄴ. ㉡을 물에 녹이면 산성 수용액이 된다. H^+을 내놓음
> ㄷ. '질소 비료의 원료'는 ㉢으로 적절하다. 인류의 식량 부족 문제 개선

① ㄱ ② ㄷ ③ ㄱ, ㄴ ④ ㄴ, ㄷ ⑤ ㄱ, ㄴ, ㄷ

✓ 자료 해석

• 탄소 화합물 : 탄소(C)를 기본 골격으로 수소(H), 산소(O), 질소(N) 등이 공유 결합하여 이루어진 화합물이다.
• 에탄올(C_2H_5OH) : 탄소(C) 원자를 중심으로 수소(H) 원자와 산소(O) 원자가 공유 결합하여 이루어진 화합물이므로 탄소 화합물이다. 소독용 알코올, 약품의 원료, 용매, 연료 등으로 사용된다.
• 아세트산(CH_3COOH) : 메테인(CH_4)에서 H 원자 1개 대신 −COOH가 탄소(C) 원자에 결합된 탄소 화합물이다. 물에 녹아 약한 산성을 띤다.
• 암모니아(NH_3)의 합성 : 하버와 보슈는 공기 중의 질소(N_2)를 수소(H_2)와 반응시켜 암모니아(NH_3)를 대량으로 합성하는 방법을 개발하였다. 암모니아를 원료로 하여 만든 질소 비료는 식량 문제 해결에 기여하였다.

○ 보기 풀이 ㄱ. 에탄올(C_2H_5OH)은 탄소(C)를 포함하므로 탄소 화합물이다.
ㄴ. 아세트산(CH_3COOH)은 물에 녹아 수소 이온(H^+)을 내놓으므로 아세트산 수용액은 산성이다.
ㄷ. 암모니아(NH_3)는 질소 비료의 원료로 이용되므로 '질소 비료의 원료'는 ㉢으로 적절하다.

문제풀이 Tip

탄소 화합물인지 아닌지를 판단하려면 물질에 탄소(C)가 포함되어 있는지 확인하면 된다. 탄소 화합물 중 에탄올, 아세트산의 성질은 반드시 알아둔다.

선택지 비율	① 1%	② 0%	❸ 95%	④ 0%	⑤ 1%

10 화학의 유용성

2022학년도 수능 2번 | 정답 ③ | 문제편 110p

출제 의도 아세트산, 에탄올, 암모니아의 이용 사례와 성질을 이해하고 있는지 묻는 문항이다.

문제 분석

표는 일상생활에서 이용되고 있는 물질에 대한 자료이다.

물질	이용 사례
아세트산(CH_3COOH)	식초의 성분이다. 산성
암모니아(NH_3)	질소 비료의 원료로 이용된다.
에탄올(C_2H_5OH)	㉠ 의료용 소독제

(탄소 화합물: 아세트산, 에탄올)

이에 대한 설명으로 옳은 것만을 〈보기〉에서 있는 대로 고른 것은? [3점]

보기
ㄱ. CH_3COOH을 물에 녹이면 산성 수용액이 된다.
ㄴ. NH_3는 탄소 화합물이다. C 포함 안함
ㄷ. '의료용 소독제로 이용된다.'는 ㉠으로 적절하다.

① ㄱ ② ㄴ ③ ㄱ, ㄷ ④ ㄴ, ㄷ ⑤ ㄱ, ㄴ, ㄷ

✓ 자료 해석

- 탄소 화합물 : 탄소(C)를 기본 골격으로 수소(H), 산소(O), 질소(N) 등이 공유 결합하여 이루어진 화합물이다.
- 아세트산(CH_3COOH) : 물에 녹아 수소 이온(H^+)을 내놓으므로 수용액은 산성이다.
- 암모니아(NH_3) : 공기 중 질소를 수소와 반응시켜 합성하며, 수용액은 염기성이다.
- 에탄올(C_2H_5OH) : 살균 작용을 하므로 소독용 알코올이나 손 소독제를 만드는 데 사용된다.

O 보기풀이 ㄱ. 식초는 신맛이 나는 물질이므로 산성이다. 따라서 아세트산(CH_3COOH)을 물에 녹이면 산성 수용액이 된다.
ㄷ. 에탄올(C_2H_5OH)은 살균 효과가 있으므로 의료용 소독제로 이용할 수 있다.

× 매력적 오답 ㄴ. 탄소 화합물은 탄소(C)를 포함하는 물질이다. NH_3는 C 원자를 포함하지 않으므로 탄소 화합물이 아니다.

문제풀이 Tip

탄소 화합물에는 탄소(C)가 반드시 포함되어 있어야 한다.

선택지 비율	① 3%	② 0%	❸ 85%	④ 0%	⑤ 9%

11 탄소 화합물의 유용성

2022학년도 9월 평가원 2번 | 정답 ③ | 문제편 110p

출제 의도 일상생활에서 사용되는 물질의 성질을 알고 있는지 묻는 문항이다.

문제 분석

그림은 물질 (가)와 (나)의 구조식을 나타낸 것이다.

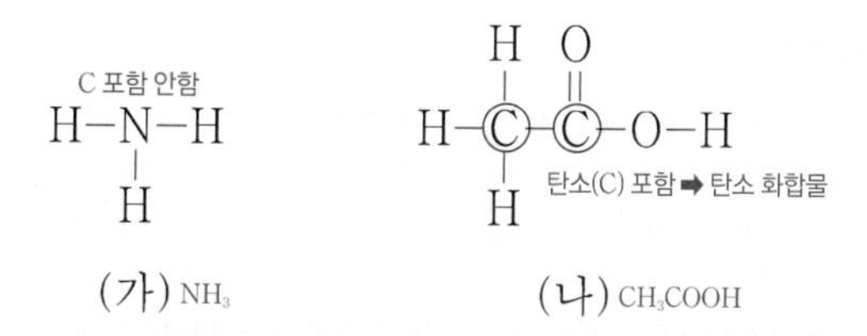

이에 대한 설명으로 옳은 것만을 〈보기〉에서 있는 대로 고른 것은?

보기
ㄱ. (가)는 질소 비료의 원료로 사용된다. 암모니아(NH_3)
ㄴ. (나)를 물에 녹이면 산성 수용액이 된다. 수용액에서 H^+을 내놓음
ㄷ. (가)와 (나)는 모두 탄소 화합물이다. (나)만 탄소 화합물

① ㄱ ② ㄷ ③ ㄱ, ㄴ ④ ㄴ, ㄷ ⑤ ㄱ, ㄴ, ㄷ

✓ 자료 해석

- 암모니아(NH_3) : N, H로 이루어진 화합물이며, 탄소(C)를 포함하지 않으므로 탄소 화합물이 아니다. 하버와 보슈는 공기 중의 질소를 수소와 반응시켜 암모니아를 대량으로 합성하는 방법을 개발하였고, 암모니아를 원료로 만든 질소 비료는 식량 문제 해결에 기여하였다.
- 아세트산(CH_3COOH) : C, H, O로 이루어진 탄소 화합물이다. 물에 녹아 약한 산성을 띤다.
- (가)는 암모니아(NH_3), (나)는 아세트산(CH_3COOH)이다.

O 보기풀이 ㄱ. (가)는 암모니아(NH_3)이고, 암모니아는 질소 비료의 원료로 사용되어 식량 문제 해결에 기여하였다.
ㄴ. (나)는 아세트산(CH_3COOH)이고, 아세트산을 물에 녹이면 수소 이온(H^+)을 내놓으므로 수용액은 산성이다.

× 매력적 오답 ㄷ. 탄소 화합물은 탄소(C)를 기본 골격으로 수소(H), 산소(O) 등이 공유 결합한 화합물이다. 따라서 (가)는 탄소 화합물이 아니다.

문제풀이 Tip

탄소 화합물인지 아닌지를 판단하려면 물질에 탄소(C)가 포함되어 있는지 확인하면 된다. 탄소 화합물 중 메테인, 에탄올, 아세트산의 구조와 성질 및 이용은 반드시 알아둔다.

선택지 비율	① 2%	② 0%	❸ 95%	④ 0%	⑤ 0%

12 탄소 화합물의 유용성

2022학년도 6월 평가원 1번 | 정답 ③ | 문제편 110p

출제 의도 탄소 화합물을 구별할 수 있는지 묻는 문항이다.

문제 분석

다음은 일상생활에서 사용하는 제품과 이와 관련된 성분 (가)~(다)에 대한 자료이다.

(가) 설탕($C_{12}H_{22}O_{11}$) 탄소(C) 포함 (나) 염화 나트륨(NaCl) C 포함 안함 (다) 아세트산(CH_3COOH) 탄소(C) 포함

(가)~(다) 중 탄소 화합물만을 있는 대로 고른 것은? 탄소(C)가 기본 골격

① (가) ② (나) ③ (가), (다)
④ (나), (다) ⑤ (가), (나), (다)

✓ 자료 해석

- 탄소 화합물 : 탄소(C)를 기본 골격으로 수소(H), 산소(O), 질소(N) 등이 공유 결합하여 이루어진 화합물이다.
- 설탕($C_{12}H_{22}O_{11}$) : C, H, O로 이루어진 탄소 화합물이며, 공유 결합 물질이다.
- 염화 나트륨(NaCl) : Na, Cl로 이루어진 이온 결합 물질이다. 탄소(C)를 포함하지 않으므로 탄소 화합물이 아니다.
- 아세트산(CH_3COOH) : 메테인(CH_4)에서 H 원자 1개 대신 $-COOH$가 탄소(C) 원자에 결합된 탄소 화합물이다.

ㅇ 보기 풀이 탄소 화합물은 반드시 탄소(C)를 포함해야 한다. (가)~(다) 중 탄소 화합물은 (가) 설탕($C_{12}H_{22}O_{11}$)과 (다) 아세트산(CH_3COOH)이다.

× 매력적 오답 (나) 염화 나트륨(NaCl)은 탄소(C)를 포함하지 않으므로 탄소 화합물이 아니다.

문제풀이 Tip

탄소 화합물은 반드시 탄소(C)를 포함해야 하므로 화학식이나 구조식, 모형 등에서 C를 찾으면 된다.

선택지 비율	① 1%	② 1%	③ 1%	❹ 96%	⑤ 1%

13 탄소 화합물의 유용성

2021학년도 수능 1번 | 정답 ④ | 문제편 110p

출제 의도 탄소 화합물의 정의를 확인하는 문항이다.

문제 분석

다음은 탄소 화합물에 대한 설명이다.

> 탄소 화합물이란 탄소(C)를 기본으로 수소(H), 산소(O), 질소(N) 등이 결합하여 만들어진 화합물이다.

다음 중 탄소 화합물은?

① 산화 칼슘(CaO) C 포함 안함 ② 염화 칼륨(KCl) C 포함 안함
③ 암모니아(NH_3) C 포함 안함 ④ 에탄올(C_2H_5OH) 탄소(C) 포함 └ C, H, O로 이루어진 탄소 화합물
⑤ 물(H_2O) C 포함 안함

✓ 자료 해석

- 탄소 화합물 : 탄소(C)를 기본 골격으로 수소(H), 산소(O), 질소(N) 등이 공유 결합하여 이루어진 화합물이다.
- 에탄올(C_2H_5OH)은 탄소(C), 수소(H), 산소(O)로 이루어진 탄소 화합물이다.
- 산화 칼슘(CaO), 염화 칼륨(KCl)은 이온 결합 화합물이다.
- 암모니아(NH_3), 물(H_2O), 에탄올(C_2H_5OH)은 공유 결합 화합물이다.
- 탄화수소 : 탄소(C)를 기본으로 수소(H)가 결합하여 만들어진 화합물

ㅇ 보기 풀이 탄소 화합물은 탄소(C)가 포함되어야 하므로 주어진 물질 중 탄소 화합물은 에탄올(C_2H_5OH)이다.

문제풀이 Tip

탄소 화합물의 설명대로 C, H, O 등이 포함된 화합물을 찾으면 된다. 추가적으로 탄소 화합물에는 탄화수소가 포함되지만, 탄화수소는 O, N, 할로젠 등을 포함하지 않으므로 탄화수소에는 탄소 화합물이 포함될 수 없다.

01 원자의 구조

선택지 비율	❶ 65%	② 11%	③ 7%	④ 13%	⑤ 4%

1 원자의 구성 입자

2025학년도 수능 12번 | 정답 ① | 문제편 112p

출제 의도 동위 원소의 구성 입자 수를 구할 수 있는지 묻는 문항이다.

문제 분석

그림은 원자 A~D의 중성자수(a)와 전자 수(b)의 차($a-b$)와 질량수를 나타낸 것이다. A~D는 원소 X의 동위 원소이고, A~D의 중성자수 합은 96이다.

b=양성자수, b 수 동일 ➡ 질량수 차=중성자수 차

└ A의 중성자수를 x라고 하면 $4x+2+6+8=96$ ➡ $x=20$

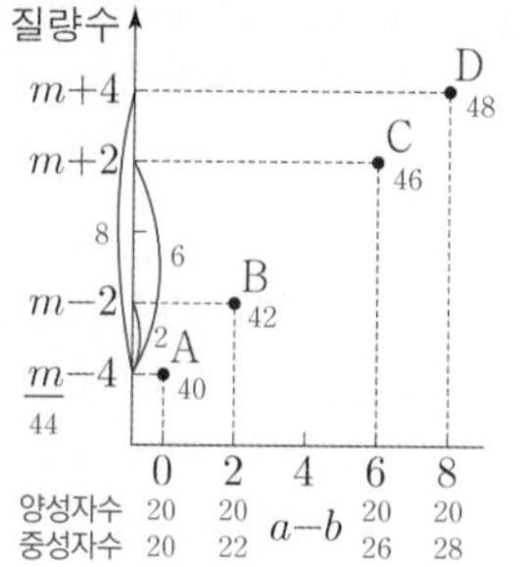

$\dfrac{1\text{ g의 A에 들어 있는 중성자수}}{1\text{ g의 D에 들어 있는 중성자수}}$는? (단, X는 임의의 원소 기호이고, A, B, C, D의 원자량은 각각 $m-4$, $m-2$, $m+2$, $m+4$이다.) [3점]

① $\frac{6}{7}$ ② $\frac{7}{8}$ ③ $\frac{8}{7}$ ④ $\frac{6}{5}$ ⑤ $\frac{4}{3}$

문제풀이 Tip

질량수=중성자수+양성자수이고, $a-b$=중성자수−양성자수이므로 질량수$+(a-b)$=중성자수×2이다. 따라서 $4m+16=2\times96$이 성립하여 $m=44$이다. A의 질량수는 40인데, A는 양성자수와 중성자수가 같으므로 A의 양성자수=중성자수=20이다. A~D는 모두 X의 동위 원소이며 양성자수가 같으므로, 질량수 차는 중성자수 차와 같아 D의 중성자수는 28이다.

✓ 자료 해석

- 원자는 양성자수=전자 수이고, 질량수=양성자수+중성자수이다.
- 동위 원소는 양성자수가 같고 중성자수가 달라 질량수가 다르다.
- A~D는 모두 X의 동위 원소이므로 양성자수가 같다. 따라서 질량수 차는 중성자수 차와 같다.
- A의 중성자수(a)−전자 수(b)=0이므로 A는 양성자수와 중성자수가 같다. A의 중성자수를 x라고 하면 A~D의 양성자수는 x로 같고, 질량수 차는 중성자수 차와 같으므로 A~D의 중성자수 합 $96=4x+2+6+8$이 성립하여 $x=20$이다.

원자	A	B	C	D
양성자수	20			
중성자수	20	20+2	20+6	20+8
질량수	40	42	46	48

- A의 질량수 $m-4=40$이므로 $m=44$이다.

○ 보기풀이 A, D의 원자량은 각각 $40(=m-4)$, $48(=m+4)$이고, 중성자수는 각각 20, 28이므로 $\dfrac{1\text{ g의 A에 들어 있는 중성자수}}{1\text{ g의 D에 들어 있는 중성자수}}=\dfrac{\frac{20}{40}}{\frac{28}{48}}=\dfrac{6}{7}$이다.

선택지 비율	① 7%	② 12%	❸ 67%	④ 9%	⑤ 5%

2 동위 원소

2025학년도 6월 평가원 11번 | 정답 ③ | 문제편 112p

출제 의도 동위 원소의 구성 입자 수를 구할 수 있는지 묻는 문항이다.

문제 분석

그림은 실린더 (가)와 (나)에 들어 있는 t ℃, 1기압의 기체를 나타낸 것이다. (가)와 (나)에 들어 있는 전체 기체의 밀도는 같다.

부피비 1 : 2 ➡ 질량비 1 : 2 ➡ (나)에서 기체의 질량 46 g

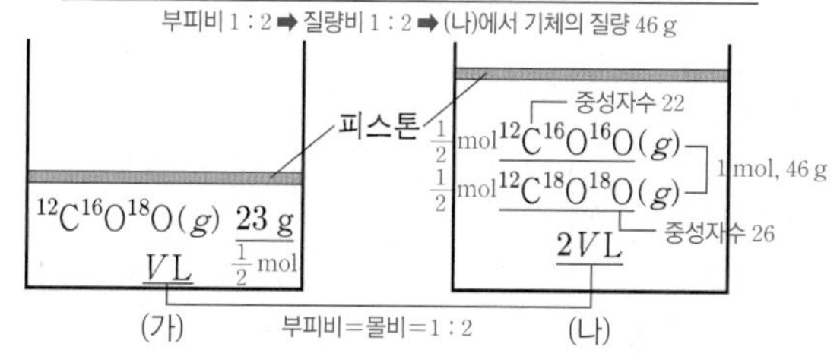

(나)에 들어 있는 전체 기체의 중성자 양(mol)은? (단, C, O의 원자 번호는 각각 6, 8이고, ^{12}C, ^{16}O, ^{18}O의 원자량은 각각 12, 16, 18이다.)

① 22 ② 23 ③ 24 ④ 25 ⑤ 26

✓ 자료 해석

- $^{12}C^{16}O^{18}O$의 분자량은 46이므로 (가)에 들어 있는 기체의 양은 $\frac{1}{2}$ mol이다.
- 전체 기체의 부피는 (나)에서가 (가)에서의 2배이므로 (나)에 들어 있는 기체의 양은 1 mol이다.
- (가)와 (나)에 들어 있는 전체 기체의 밀도가 같은데, 전체 기체의 부피는 (나)에서가 (가)에서의 2배이므로 전체 기체의 질량은 (나)에서가 (가)에서의 2배이다. 따라서 (나)에 들어 있는 전체 기체의 질량은 46 g이다.

○ 보기풀이 (나)에 들어 있는 전체 기체의 양이 1 mol이므로 $^{12}C^{16}O^{16}O$, $^{12}C^{18}O^{18}O$의 양(mol)을 각각 x, $1-x$라고 하면 $^{12}C^{16}O^{16}O$, $^{12}C^{18}O^{18}O$의 분자량이 각각 44, 48이므로 전체 기체의 질량(g)은 $44x+48(1-x)=46$이 성립하여 $x=0.5$이다. $^{12}C^{16}O^{16}O$, $^{12}C^{18}O^{18}O$의 중성자수는 각각 $22(=6+8+8)$, $26(=6+10+10)$이고, (나)에 들어 있는 $^{12}C^{16}O^{16}O$, $^{12}C^{18}O^{18}O$의 양(mol)은 각각 0.5이므로 (나)에 들어 있는 전체 기체의 중성자 양(mol)은 $11+13=24$이다.

문제풀이 Tip

기체의 밀도와 분자량은 비례한다. (가)와 (나)에 들어 있는 전체 기체의 밀도가 같으므로 (나)에 들어 있는 혼합 기체를 하나의 기체로 가정한다면 (가)와 (나)에 들어 있는 기체의 분자량은 같다. 그런데 (가)에 들어 있는 $^{12}C^{16}O^{18}O$의 분자량이 46이고, (나)에 들어 있는 $^{12}C^{16}O^{16}O$, $^{12}C^{18}O^{18}O$의 분자량이 각각 44, 48이므로 (나)에서 두 기체는 1 : 1의 몰비로 혼합되어 있다는 것을 알 수 있다.

선택지 비율	① 12%	② 7%	③ 25%	④ 15%	⑤ 42%

3 동위 원소

2024학년도 수능 14번 | 정답 ⑤ | 문제편 112p

출제 의도 동위 원소의 구성 입자 수와 질량수 관계를 알고 있는지 묻는 문항이다.

문제 분석

표는 원자 A~D에 대한 자료이다. A~D는 원소 X와 Y의 동위 원소이고, A~D의 중성자수 합은 76이다. 원자 번호는 X > Y이다.

($m-1+m+3=76$ / 양성자수 같고 중성자수 다름)

원자	중성자수 − 원자 번호(양성자수)	질량수(양성자수+중성자수)
A (X의 동위 원소)	$\frac{m-1}{2}$ 0 $\frac{m-1}{2}$	$m-1$ 36
B (Y의 동위 원소)	$\frac{m-1}{2}$ 1 $\frac{m-3}{2}$	$m-2$ 35
C (X의 동위 원소)	$\frac{m+3}{2}$ 2 $\frac{m-1}{2}$	$m+1$ 38
D (Y의 동위 원소)	$\frac{m+3}{2}$ 3 $\frac{m-3}{2}$	m 37

이에 대한 설명으로 옳은 것만을 〈보기〉에서 있는 대로 고른 것은? (단, X와 Y는 임의의 원소 기호이고, A, B, C, D의 원자량은 각각 $m-1$, $m-2$, $m+1$, m이다.) [3점]

〈보기〉

ㄱ. B와 D는 Y의 동위 원소이다.

ㄴ. $\frac{1\text{ g의 C에 들어 있는 중성자수}}{1\text{ g의 A에 들어 있는 중성자수}}=\frac{20}{19}$이다. $\frac{\frac{20}{38}}{\frac{18}{36}}$

ㄷ. $\frac{1\text{ mol의 D에 들어 있는 양성자수}}{1\text{ mol의 A에 들어 있는 양성자수}}<1$이다. 양성자수는 A>D

① ㄱ ② ㄴ ③ ㄱ, ㄷ ④ ㄴ, ㄷ ⑤ ㄱ, ㄴ, ㄷ

✓ 자료 해석

- A는 중성자수 − 양성자수 = 0이므로 양성자수 = 중성자수이고, 양성자수 + 중성자수 = $m-1$이므로, 양성자수와 중성자수는 모두 $\frac{m-1}{2}$이다.
- A~D는 X와 Y의 동위 원소인데, B가 A의 동위 원소라면 양성자수는 같으므로 질량수 차는 중성자수 차와 같아야 한다. 중성자수는 B가 A보다 1 크고, 질량수는 A가 B보다 1 크므로 B는 A의 동위 원소가 아니다.
- A와 C의 양성자수가 같을 때 C는 A보다 중성자수와 질량수가 각각 2 크므로 C는 A의 동위 원소이다.
- B와 D의 양성자수가 같을 때 D는 B보다 중성자수와 질량수가 각각 2 크므로 D는 B의 동위 원소이다.
- B는 중성자수 − 양성자수 = 1이므로 중성자수가 양성자수보다 1 큰데, 양성자수 + 중성자수 = $m-2$이므로 중성자수는 $\frac{m-1}{2}$, 양성자수는 $\frac{m-3}{2}$이다.
- A~D의 구성 입자 수와 질량수

원자	중성자수	양성자수	질량수
A	$\frac{m-1}{2}$	$\frac{m-1}{2}$	$m-1$
B	$\frac{m-1}{2}$	$\frac{m-3}{2}$	$m-2$
C	$\frac{m+3}{2}$	$\frac{m-1}{2}$	$m+1$
D	$\frac{m+3}{2}$	$\frac{m-3}{2}$	m

- 원자 번호(양성자수)는 X > Y이므로 A와 C는 X의 동위 원소이고, B와 D는 Y의 동위 원소이다.
- A~D의 중성자수 합은 $m-1+m+3=2m+2=76$이므로 $m=37$이다.

○ 보기 풀이 ㄱ. B와 D는 Y의 동위 원소이다.

ㄴ. $m=37$이므로 A와 C의 원자량은 각각 36, 38이고 A, C의 중성자수는 각각 18, 20이므로 1 g의 A에 들어 있는 중성자수를 $\frac{18}{36}$이라고 하면, 1 g의 C에 들어 있는 중성자수는 $\frac{20}{38}$이다. 따라서 $\frac{1\text{ g의 C에 들어 있는 중성자수}}{1\text{ g의 A에 들어 있는 중성자수}}=\frac{\frac{20}{38}}{\frac{18}{36}}=\frac{20}{19}$이다.

ㄷ. 양성자수는 A > D이므로 1 mol에 들어 있는 양성자수는 A > D이고, $\frac{1\text{ mol의 D에 들어 있는 양성자수}}{1\text{ mol의 A에 들어 있는 양성자수}}<1$이다.

문제풀이 Tip

A와 C는 동위 원소 관계이므로 양성자수가 $\frac{m-1}{2}$로 같고, B와 D는 동위 원소 관계이므로 양성자수가 $\frac{m-3}{2}$으로 같다.

선택지 비율	① 12%	② 19%	③ 12%	❹ 49%	⑤ 8%

4 원자의 구성 입자

2023학년도 6월 평가원 17번 | 정답 ④ | 문제편 112p

출제 의도 동위 원소를 구성하는 양성자수, 전자 수, 중성자수의 관계를 이해하는지 묻는 문항이다.

문제 분석

다음은 분자 XY에 대한 자료이다.

• XY를 구성하는 원자 X와 Y에 대한 자료 (동위 원소 ➡ 양성자수 동일)

원자	^{a}X ($^{12}_{6}C$)	^{b}Y ($^{16}_{8}O$)	^{b+2}Y ($^{18}_{8}O$)
(양성자수=) $\frac{\text{전자 수}}{\text{중성자수}}$(상댓값)	5 $\frac{6}{6}$	5 $\frac{8}{8}$	4 $\frac{8}{10}$

(중성자수는 ^{b}Y가 8, ^{b+2}Y가 10)

• ^{a}X와 ^{b+2}Y의 양성자수 차는 2이다.

• $\frac{^{a}X^{b}Y \text{ 1 mol에 들어 있는 전체 중성자수}}{^{a}X^{b+2}Y \text{ 1 mol에 들어 있는 전체 중성자수}} = \frac{7}{8}$이다.

($\frac{14}{16} = \frac{6+8}{6+10}$ ➡ ^{a}X의 중성자수 6)

$\frac{^{b+2}Y\text{의 중성자수}}{^{a}X\text{의 양성자수}}$는? (단, X와 Y는 임의의 원소 기호이다.) [3점]

① $\frac{3}{5}$ ② $\frac{4}{3}$ ③ $\frac{3}{2}$ ④ $\frac{5}{3}$ ⑤ $\frac{8}{3}$

문제풀이 Tip

^{a}X와 ^{b}Y의 $\frac{\text{전자 수}}{\text{중성자수}}$가 같으므로 $\frac{x}{6} = \frac{y}{8}$가 성립하고, ^{a}X와 ^{b}Y의 양성자수 차가 2이므로 양성자수는 ^{a}X가 6, ^{b}Y가 8이다.

✓ 자료 해석

• 원자는 양성자수=전자 수이다.
• 질량수=양성자수+중성자수이다.
• 동위 원소는 양성자수는 같고 중성자수가 다르므로 질량수가 다르다.
• ^{a}X와 ^{b}Y의 양성자수를 각각 x, y라고 하면 ^{a}X, ^{b}Y, ^{b+2}Y를 구성하는 입자 수는 다음과 같다.

원자	^{a}X	^{b}Y	^{b+2}Y
양성자수 (=전자 수)	x	y	y
중성자수	$a-x$	$b-y$	$b+2-y$

• ^{b}Y와 ^{b+2}Y는 전자 수가 같으므로 중성자수의 비는 $^{b}Y : {}^{b+2}Y = 4 : 5$이다. 따라서 $(b-y) : (b+2-y) = 4 : 5$에서 $b-y=8$이므로 ^{b}Y의 중성자수는 8, ^{b+2}Y의 중성자수는 10이다.
• $\frac{^{a}X^{b}Y \text{ 1 mol에 들어 있는 전체 중성자수}}{^{a}X^{b+2}Y \text{ 1 mol에 들어 있는 전체 중성자수}} = \frac{(a-x)+8}{(a-x)+10} = \frac{7}{8}$이므로 $a-x=6$이다. 따라서 ^{a}X의 중성자수는 6이다.

○ 보기풀이 중성자수의 비는 $^{a}X : {}^{b+2}Y = 6 : 10 = 3 : 5$이므로 전자 수(=양성자수)의 비는 $^{a}X : {}^{b+2}Y = (5\times3) : (4\times5) = 3 : 4$이고, ^{a}X와 ^{b+2}Y의 양성자수 차는 2이므로 ^{a}X의 양성자수는 6, ^{b+2}Y의 양성자수는 8이다. 따라서 $\frac{^{b+2}Y\text{의 중성자수}}{^{a}X\text{의 양성자수}} = \frac{10}{6} = \frac{5}{3}$이다.

선택지 비율	① 14%	② 17%	❸ 43%	④ 17%	⑤ 6%

5 원자의 구성 입자

2022학년도 9월 평가원 17번 | 정답 ③ | 문제편 113p

출제 의도 동위 원소의 구성 입자 수와 분자 수의 관계를 이해하는지 묻는 문항이다.

문제 분석

다음은 용기 속에 들어 있는 X_2Y에 대한 자료이다.

• 용기 속 X_2Y를 구성하는 원자 X와 Y에 대한 자료

원자	^{a}X ($^{15}_{7}N$)	^{b}X ($^{14}_{7}N$)	^{c}Y ($^{18}_{8}O$)
양성자 수 (=전자 수)	n (7)	($n=7$)	$n+1$ (8)
중성자 수	$n+1$ (8)	n (7)	$n+3$ (10)
$\frac{\text{중성자 수}}{\text{전자 수}}$(상댓값)	($\frac{8}{7}\times4=\frac{32}{7}$)	4 ($\frac{n}{n}\times4$)	5 ($\frac{n+3}{n+1}\times4=5$ ➡ $n=7$)
분자 수 비	$\frac{2}{5}\times\frac{2}{5}\times1$	$2\times\frac{2}{5}\times\frac{3}{5}\times1$	$\frac{3}{5}\times\frac{3}{5}\times1$

• 용기 속에는 $^{a}X^{a}X^{c}Y$, $^{a}X^{b}X^{c}Y$, $^{b}X^{b}X^{c}Y$만 들어 있다.

• $\frac{\text{용기 속에 들어 있는 }^{a}X\text{ 원자 수}}{\text{용기 속에 들어 있는 }^{b}X\text{ 원자 수}} = \frac{2}{3}$이다. ($^{a}X : {}^{b}X = 2 : 3$)

용기 속 $\frac{\text{전체 중성자 수}}{\text{전체 양성자 수}}$는? (단, X와 Y는 임의의 원소 기호이다.) [3점]

① $\frac{58}{55}$ ② $\frac{12}{11}$ ③ $\frac{62}{55}$ ④ $\frac{64}{55}$ ⑤ $\frac{6}{5}$

✓ 자료 해석

• 원자는 양성자수=전자 수이다.
• 동위 원소는 양성자수는 같고 중성자수가 다르므로 ^{b}X의 양성자수는 n이다.
• ^{b}X의 $\frac{\text{중성자수}}{\text{전자 수}} = \frac{n}{n} = 1$이므로 ^{c}Y의 $\frac{\text{중성자수}}{\text{전자 수}} = \frac{n+3}{n+1} = \frac{5}{4}$이다. 따라서 $n=7$이다.
• ^{a}X의 양성자수는 7, 중성자수는 8이다.
• ^{b}X의 양성자수는 7, 중성자수는 7이다.
• ^{c}Y의 양성자수는 8, 중성자수는 10이다.
• $\frac{\text{용기 속에 들어 있는 }^{a}X\text{ 원자 수}}{\text{용기 속에 들어 있는 }^{b}X\text{ 원자 수}} = \frac{2}{3}$이므로 원자 수 비는 $^{a}X : {}^{b}X = 2 : 3$이다. 따라서 분자 수 비는 $^{a}X^{a}X^{c}Y : {}^{a}X^{b}X^{c}Y : {}^{b}X^{b}X^{c}Y$ $= \left(\frac{2}{5}\times\frac{2}{5}\right) : \left(2\times\frac{2}{5}\times\frac{3}{5}\right) : \left(\frac{3}{5}\times\frac{3}{5}\right) = 4 : 12 : 9$이다.

○ 보기풀이 $^{a}X^{a}X^{c}Y$, $^{a}X^{b}X^{c}Y$, $^{b}X^{b}X^{c}Y$의 양성자수는 $7+7+8=22$로 같고, 중성자수는 각각 $8+8+10=26$, $8+7+10=25$, $7+7+10=24$이다. 따라서 용기 속 $\frac{\text{전체 중성자수}}{\text{전체 양성자수}} = \frac{\{(26\times4)+(25\times12)+(24\times9)\}N}{22\times(4+12+9)N} = \frac{62}{55}$이다.

문제풀이 Tip

$\frac{\text{중성자수}}{\text{전자 수}}$ 비를 이용하여 n을 먼저 구하고, 용기 속에 들어 있는 ^{a}X와 ^{b}X의 원자 수 비를 이용하여 $^{a}X^{a}X^{c}Y$, $^{a}X^{b}X^{c}Y$, $^{b}X^{b}X^{c}Y$의 분자 수 비를 구해야 한다.

선택지 비율	① 3%	② 7%	③ 16%	④ 14%	⑤ 57%

6 원자의 구성 입자

2022학년도 수능 17번 | 정답 ⑤ | 문제편 113p

출제 의도 동위 원소의 양성자수와 중성자수를 파악하여 각 기체에 들어 있는 양성자의 양(mol)과 중성자의 양(mol)을 구할 수 있는지 묻는 문항이다.

문제 분석

다음은 용기 (가)와 (나)에 각각 들어 있는 O_2와 H_2O에 대한 자료이다.

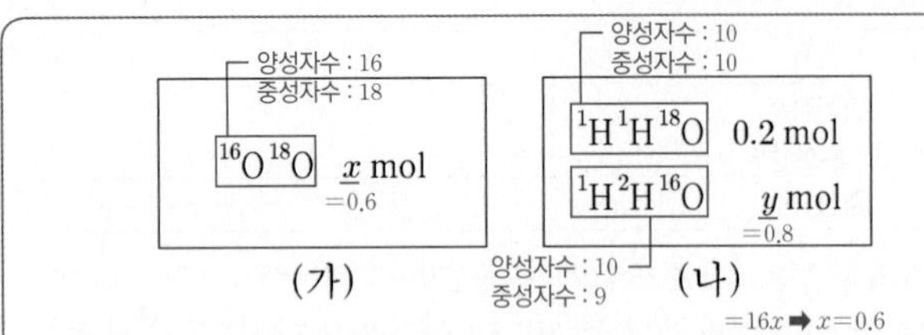

- (가)와 (나)에 들어 있는 양성자의 양은 각각 9.6 mol, z mol이다. (=16x ➡ x=0.6) (=2+10y ➡ z=10)
- (가)와 (나)에 들어 있는 중성자의 양의 합은 20 mol이다. (=18x+2+9y=20 ➡ y=0.8)

이에 대한 설명으로 옳은 것만을 〈보기〉에서 있는 대로 고른 것은? (단, H, O의 원자 번호는 각각 1, 8이고, ^{1}H, ^{2}H, ^{16}O, ^{18}O의 원자량은 각각 1, 2, 16, 18이다.) [3점]

보기

ㄱ. z=10이다.

ㄴ. (나)에 들어 있는 $\frac{^{1}H\text{ 원자 수}}{^{2}H\text{ 원자 수}}=\frac{3}{2}$이다. $\frac{1.2}{0.8}=\frac{3}{2}$

ㄷ. $\frac{\text{(나)에 들어 있는 }H_2O\text{의 질량}}{\text{(가)에 들어 있는 }O_2\text{의 질량}}=\frac{16}{17}$이다. $\frac{19.2}{20.4}=\frac{16}{17}$

① ㄱ ② ㄷ ③ ㄱ, ㄴ ④ ㄴ, ㄷ ⑤ ㄱ, ㄴ, ㄷ

✓ 자료 해석

- 동위 원소는 양성자수는 같고 중성자수가 다르므로 질량수가 다르다.
- 질량수=양성자수+중성자수이므로 중성자수=질량수−양성자수이다.
- H와 O의 동위 원소의 원자를 구성하는 입자 수

원자	^{1}H	^{2}H	^{16}O	^{18}O
양성자수	1	1	8	8
중성자수	0	1	8	10

- 분자를 구성하는 입자 수와 분자량

분자	$^{16}O^{18}O$	$^{1}H^{1}H^{18}O$	$^{1}H^{2}H^{16}O$
양성자수	16	10	10
중성자수	18	10	9
분자량	34	20	19

- (가)에 들어 있는 양성자의 양(mol)은 16x=9.6이므로 x=0.6이다.
- (가)와 (나)에 들어 있는 중성자의 양(mol)의 합은 $(18\times x)+(10\times 0.2)+(9\times y)=20$이므로 y=0.8이다.
- (나)에 들어 있는 양성자의 양(mol)은 $(10\times 0.2)+(10\times y)=z$이므로 z=10이다.

○ 보기 풀이 ㄱ. x=0.6이므로 y=0.8, z=10이다.

ㄴ. (나)에 들어 있는 ^{1}H의 양(mol)은 $(2\times 0.2)+0.8=1.2$이고, ^{2}H의 양(mol)은 0.8이다. 따라서 (나)에 들어 있는 $\frac{^{1}H\text{ 원자 수}}{^{2}H\text{ 원자 수}}=\frac{1.2}{0.8}=\frac{3}{2}$이다.

ㄷ. (가)에 들어 있는 O_2의 질량은 $34\times 0.6=20.4$ g이고, (나)에 들어 있는 H_2O의 질량은 $(20\times 0.2)+(19\times 0.8)=19.2$ g이다. 따라서 $\frac{\text{(나)에 들어 있는 }H_2O\text{의 질량}}{\text{(가)에 들어 있는 }O_2\text{의 질량}}=\frac{19.2}{20.4}=\frac{16}{17}$이다.

문제풀이 Tip

각 원자의 동위 원소의 양성자수와 중성자수를 파악하여 분자의 양성자수와 중성자수를 구할 수 있어야 한다.

선택지 비율	① 4%	❷ 56%	③ 14%	④ 12%	⑤ 11%

7 원자의 구성 입자

2022학년도 6월 평가원 17번 | 정답 ② | 문제편 113 p

출제 의도 동위 원소의 구성 입자 수를 구하고 원자와 분자의 양(mol)을 비교할 수 있는지 묻는 문항이다.

문제 분석

다음은 용기 (가)와 (나)에 각각 들어 있는 Cl_2에 대한 자료이다.

- (가)에는 $^{35}Cl_2$와 $^{37}Cl_2$의 혼합 기체가, (나)에는 $^{35}Cl^{37}Cl$ 기체가 들어 있다.
- (가)와 (나)에 들어 있는 기체의 총 양은 각각 1 mol이다.

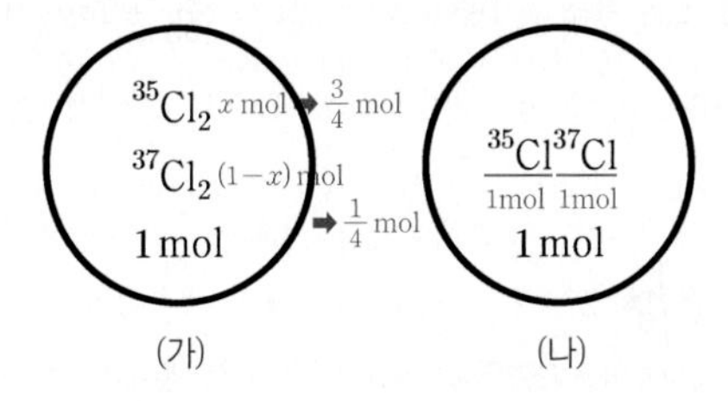

- ^{35}Cl 원자의 양(mol)은 (가)에서가 (나)에서의 $\frac{3}{2}$배이다.
  (가): $2x$, (나): 1, $2x=\frac{3}{2}$ ➡ $x=\frac{3}{4}$

이에 대한 설명으로 옳은 것만을 〈보기〉에서 있는 대로 고른 것은? [3점]

〈보기〉

ㄱ. (가)에서 $\frac{^{35}Cl_2 \text{ 분자 수}}{^{37}Cl_2 \text{ 분자 수}}$=4이다. ($\frac{\frac{3}{4}\text{mol}}{\frac{1}{4}\text{mol}}=3$)

ㄴ. ^{37}Cl 원자 수는 (나)에서가 (가)에서의 2배이다. ((가)는 $2\times\frac{1}{4}$, (나)는 1)

ㄷ. 중성자의 양은 (나)에서가 (가)에서보다 2 mol만큼 많다. (1) ((가)는 37, (나)는 38)

① ㄱ ② ㄴ ③ ㄷ ④ ㄱ, ㄴ ⑤ ㄴ, ㄷ

✓ 자료 해석

- 동위 원소는 양성자수는 같고 중성자수가 다르므로 질량수가 다르다.
- 질량수=양성자수+중성자수이므로 중성자수=질량수−양성자수이다.
- (가)에서 $^{35}Cl_2$의 양을 x mol이라고 하면 $^{37}Cl_2$의 양은 $(1-x)$ mol이다.
- ^{35}Cl 원자의 양(mol)은 (가)에서가 (나)에서의 $\frac{3}{2}$배이므로 $2x=\frac{3}{2}$이고 $x=\frac{3}{4}$이다.
- ^{35}Cl와 ^{37}Cl의 구성 입자 수 및 질량수

동위 원소	^{35}Cl	^{37}Cl
양성자수	17	17
질량수	35	37
중성자수	18	20

○ 보기 풀이 ㄴ. (가)에서 $^{37}Cl_2$ $1-\frac{3}{4}=\frac{1}{4}$(mol)이 들어 있으므로 ^{37}Cl $\frac{1}{2}$ mol이 들어 있고, (나)에서 ^{37}Cl는 1 mol이므로 ^{37}Cl 원자 수는 (나)에서가 (가)에서의 2배이다.

× 매력적 오답 ㄱ. (가)에서 $^{35}Cl_2$는 $\frac{3}{4}$ mol, $^{37}Cl_2$는 $\frac{1}{4}$ mol 들어 있으므로 $\frac{^{35}Cl_2 \text{ 분자 수}}{^{37}Cl_2 \text{ 분자 수}}=3$이다.

ㄷ. ^{35}Cl의 중성자수는 35−17=18이고, ^{37}Cl의 중성자수는 37−17=20이다. 중성자의 양(mol)은 (가)에서 $\left(\frac{3}{4}\times2\times18\right)+\left(\frac{1}{4}\times2\times20\right)=37$이고, (나)에서 18+20=38이므로 (나)에서가 (가)에서보다 1 mol만큼 많다.

문제풀이 Tip

(가)는 혼합 기체이므로 (가)에 들어 있는 $^{35}Cl_2$와 $^{37}Cl_2$의 몰비를 구해야 ^{35}Cl와 ^{37}Cl의 원자 수와 중성자의 양(mol)을 비교할 수 있다.

선택지 비율	❶ 59%	② 11%	③ 14%	④ 7%	⑤ 9%

8 동위 원소와 평균 원자량

2025학년도 9월 평가원 14번 | 정답 ① | 문제편 114p

출제 의도 동위 원소의 존재 비율과 평균 원자량의 관계를 묻는 문항이다.

문제분석

다음은 자연계에 존재하는 원소 X와 Y에 대한 자료이다.

• X와 Y의 동위 원소에 대한 자료와 평균 원자량

원소	X		Y	
동위 원소	${}^{8m-n}X$ ${}^{63}X$	${}^{8m+n}X$ ${}^{65}X$	${}^{4m+3n}Y$ ${}^{35}Y$	${}^{5m-3n}Y$ ${}^{37}Y$
원자량	$8m-n$	$8m+n$	$4m+3n$	$5m-3n$
존재 비율(%)	70	30	a 75	b 25 $100-a$
평균 원자량	$8m-\frac{2}{5}$		$4m+\frac{7}{2}$	

$=(8m-n)\times\frac{70}{100}+(8m+n)\times\frac{30}{100}$ ➡ $n=1$

$=(4m+3n)\times\frac{a}{100}+(5m-3n)\times\frac{100-a}{100}$

• XY_2의 화학식량은 134.6이고, $a+b=100$이다. ➡ $a=75$

$\left(8m-\frac{2}{5}\right)+2\times\left(4m+\frac{7}{2}\right)=134.6$ ➡ $m=8$

$\frac{a}{m+n}$는? (단, X와 Y는 임의의 원소 기호이다.)

① $\frac{25}{3}$ ② $\frac{15}{2}$ ③ $\frac{25}{4}$ ④ 5 ⑤ $\frac{25}{9}$

✓ 자료 해석

• X의 평균 원자량은 $(8m-n)\times\frac{70}{100}+(8m+n)\times\frac{30}{100}=8m-\frac{2}{5}$가 성립하여 $n=1$이다.

• X, Y의 평균 원자량이 각각 $8m-\frac{2}{5}$, $4m+\frac{7}{2}$이므로 XY_2의 화학식량은 $\left(8m-\frac{2}{5}\right)+2\times\left(4m+\frac{7}{2}\right)=134.6$이 성립하여 $m=8$이다.

○ 보기 풀이 Y의 평균 원자량은 $(4m+3n)\times\frac{a}{100}+(5m-3n)\times\frac{100-a}{100}=4m+\frac{7}{2}$이다. $n=1$, $m=8$이므로 $a=75$이다. 따라서 $\frac{a}{m+n}=\frac{75}{8+1}=\frac{25}{3}$이다.

문제풀이 Tip

X의 두 동위 원소의 원자량은 $8m-n$, $8m+n$이고 존재비가 7 : 3이므로 평균 원자량은 $8m-n$과 $8m+n$을 3 : 7로 내분하는 값이다. $8m-n$과 $8m+n$의 차이는 $2n$이므로 $2n\times\frac{3}{10}=\frac{3n}{5}$이고 내분하는 값인 평균 원자량은 $(8m-n)+\frac{3n}{5}=8m-\frac{2n}{5}=8m-\frac{2}{5}$가 성립하여 $n=1$이다.

수능은 실제 자료를 이용해 문제가 출제되므로 자주 나오는 동위 원소의 평균 원자량은 알아두는 것이 좋다. 붕소(B)의 동위 원소의 존재 비율은 ${}^{10}B$ 20 %, ${}^{11}B$ 80 %이므로 평균 원자량은 10.8이고, 염소(Cl)의 동위 원소의 존재 비율은 ${}^{35}Cl$ 75 %, ${}^{37}Cl$ 25 %이므로 평균 원자량은 35.5이다. 이 문항에서 X는 구리(Cu)로, 평균 원자량은 63.6이다.

선택지 비율	① 10%	② 3%	❸ 70%	④ 6%	⑤ 11%

9 동위 원소

2024학년도 6월 평가원 9번 | 정답 ③ | 문제편 114p

출제 의도 동위 원소의 평균 원자량과 구성 입자 수를 구할 수 있는지 묻는 문항이다.

문제 분석

표는 원소 X의 동위 원소에 대한 자료이다. X의 평균 원자량은 $m+\frac{1}{2}$이고, $a+b=100$이다.

($m\times\frac{a}{100}+(m+2)\times\frac{b}{100}$, 동위 원소는 ^{m}X와 $^{m+2}$X 2가지)

동위 원소	원자량	자연계에 존재하는 비율(%)
^{m}X	m	a (합 100)
$^{m+2}$X	$m+2$	b

이에 대한 설명으로 옳은 것만을 〈보기〉에서 있는 대로 고른 것은? (단, X는 임의의 원소 기호이다.)

보기

ㄱ. $a>b$이다. $a=75, b=25$

ㄴ. $\frac{1\text{ g의 }^{m}\text{X에 들어 있는 양성자수}}{1\text{ g의 }^{m+2}\text{X에 들어 있는 양성자수}}>1$이다. $\frac{m+2}{m}>1$

ㄷ. $\frac{1\text{ mol의 }^{m}\text{X에 들어 있는 전자 수}}{1\text{ mol의 }^{m+2}\text{X에 들어 있는 전자 수}}>1$이다. (=) 같은 원소이므로 원자 번호=양성자수=전자 수

① ㄱ ② ㄷ ③ ㄱ, ㄴ ④ ㄴ, ㄷ ⑤ ㄱ, ㄴ, ㄷ

✔ 자료 해석

- X의 평균 원자량은 $m\times\frac{a}{100}+(m+2)\times\frac{b}{100}=m+\frac{1}{2}$이며, $a+b=100$이므로 $a=75$, $b=25$이다.
- ^{m}X와 $^{m+2}$X는 양성자수는 같고 중성자수는 $^{m+2}$X가 ^{m}X보다 2 크다.

○ 보기 풀이 ㄱ. $a=75$, $b=25$이므로 $a>b$이다.

ㄴ. ^{m}X와 $^{m+2}$X는 원자 번호가 같으므로 양성자수가 같고, 1 g의 ^{m}X는 $\frac{1}{m}$ mol, 1 g의 $^{m+2}$X는 $\frac{1}{m+2}$ mol이다. 따라서 $\frac{1\text{ g의 }^{m}\text{X에 들어 있는 양성자수}}{1\text{ g의 }^{m+2}\text{X에 들어 있는 양성자수}}=\frac{m+2}{m}>1$이다.

✖ 매력적 오답 ㄷ. ^{m}X와 $^{m+2}$X는 원자 번호가 같으므로 전자 수가 같다. 따라서 $\frac{1\text{ mol의 }^{m}\text{X에 들어 있는 전자 수}}{1\text{ mol의 }^{m+2}\text{X에 들어 있는 전자 수}}=1$이다.

문제풀이 Tip

a, b를 구하지 않고 대소를 비교할 수 있다. 원자량은 ^{m}X가 m, $^{m+2}$X가 $m+2$인데 $a=b$일 때 평균 원자량은 $\frac{m+(m+2)}{2}=m+1$이다. 그런데 주어진 평균 원자량은 $m+\frac{1}{2}$이고 $m+1$보다 작으므로 $a>b$이다.

선택지 비율	① 15%	② 6%	❸ 65%	④ 7%	⑤ 7%

10 동위 원소

2024학년도 9월 평가원 16번 | 정답 ③ | 문제편 114p

출제 의도 동위 원소의 존재 비율과 평균 원자량, 구성 입자 수를 구할 수 있는지 묻는 문항이다.

문제 분석

다음은 자연계에 존재하는 원소 X와 Y에 대한 자료이다.

- X와 Y의 동위 원소 존재 비율과 평균 원자량

원소	동위 원소	존재 비율(%)	평균 원자량
X	^{79}X	50 a (합 100)	79와 81의 80 중간값 ➡ $a=b=50$
	^{81}X	50 b	
Y	^{m}Y	75 c (합 100)	
	$^{m+2}$Y	25 d	

- $a+b=c+d=100$이다.
- $\frac{\text{XY 중 분자량이 }m+81\text{인 XY의 존재 비율(\%)}}{\text{Y}_2\text{ 중 분자량이 }2m+4\text{인 Y}_2\text{의 존재 비율(\%)}}=8$이다.

(^{79}X^{m+2}Y $\frac{50}{100}\times\frac{d}{100}$, ^{81}X^{m}Y $\frac{50}{100}\times\frac{c}{100}$ / $^{m+2}$Y^{m+2}Y $\frac{d}{100}\times\frac{d}{100}$)

이에 대한 설명으로 옳은 것만을 〈보기〉에서 있는 대로 고른 것은? (단, X와 Y는 임의의 원소 기호이고, ^{79}X, ^{81}X, ^{m}Y, $^{m+2}$Y의 원자량은 각각 79, 81, m, $m+2$이다.)

보기

ㄱ. 자연계에서 분자량이 서로 다른 XY는 3가지이다. 분자량은 $m+79$, $m+81$, $m+83$

ㄴ. Y의 평균 원자량은 ~~$m+1$~~이다. $m\times\frac{3}{4}+(m+2)\times\frac{1}{4}=m+\frac{1}{2}$

ㄷ. 자연계에서 1 mol의 XY 중 $\frac{^{81}\text{X}^{m}\text{Y의 전체 중성자수}}{^{79}\text{X}^{m+2}\text{Y의 전체 중성자수}}=3$이다. $\frac{\frac{1}{2}\times\frac{3}{4}}{\frac{1}{2}\times\frac{1}{4}}$

① ㄱ ② ㄴ ③ ㄱ, ㄷ ④ ㄴ, ㄷ ⑤ ㄱ, ㄴ, ㄷ

✔ 자료 해석

- $a+b=100$이므로 X의 동위 원소는 ^{79}X와 ^{81}X 2가지이고, X의 평균 원자량이 80이므로 ^{79}X와 ^{81}X의 존재 비율은 각각 50 %이다.
- 분자량이 $m+81$인 XY에는 ^{79}X^{m+2}Y와 ^{81}X^{m}Y가 있으므로 분자량이 $m+81$인 XY의 존재 비율은 $\frac{50}{100}\times\frac{d}{100}+\frac{50}{100}\times\frac{c}{100}$이다.
- 분자량이 $2m+4$인 Y_2는 $^{m+2}$Y^{m+2}Y이므로 분자량이 $2m+4$인 Y_2의 존재 비율은 $\frac{d}{100}\times\frac{d}{100}$이다.
- $c+d=100$이고, $\frac{\text{XY 중 분자량이 }m+81\text{인 XY의 존재 비율(\%)}}{\text{Y}_2\text{ 중 분자량이 }2m+4\text{인 Y}_2\text{의 존재 비율(\%)}}=\frac{50(c+d)}{d^2}=\frac{5000}{d^2}=8$이 성립하므로 $d=25$, $c=75$이다.

○ 보기 풀이 ㄱ. 자연계에 존재하는 XY의 분자량은 $m+79$, $m+81$, $m+83$의 3가지이므로 분자량이 서로 다른 XY는 3가지이다.

ㄷ. ^{79}X^{m+2}Y와 ^{81}X^{m}Y의 분자당 중성자수는 같다. 자연계에서 1 mol의 XY 중 ^{79}X^{m+2}Y는 $(\frac{1}{2}\times\frac{1}{4})$ mol이고, ^{81}X^{m}Y는 $(\frac{1}{2}\times\frac{3}{4})$ mol이므로 자연계에서 1 mol의 XY 중 $\frac{^{81}\text{X}^{m}\text{Y의 전체 중성자수}}{^{79}\text{X}^{m+2}\text{Y의 전체 중성자수}}=\frac{\frac{1}{2}\times\frac{3}{4}}{\frac{1}{2}\times\frac{1}{4}}=3$이다.

✖ 매력적 오답 ㄴ. ^{m}Y와 $^{m+2}$Y의 존재 비율이 각각 75 %, 25 %이므로 Y의 평균 원자량은 $m\times\frac{75}{100}+(m+2)\times\frac{25}{100}=m+\frac{1}{2}$이다.

문제풀이 Tip

^{79}X와 ^{81}X의 양성자수는 같으므로 중성자수는 ^{81}X가 ^{79}X보다 2 크고, ^{m}Y와 $^{m+2}$Y의 양성자수는 같으므로 중성자수는 $^{m+2}$Y가 ^{m}Y보다 2 크다. 따라서 ^{79}X^{m+2}Y와 ^{81}X^{m}Y의 분자당 중성자수는 같다.

선택지 비율	① 7%	② 6%	③ 26%	④ 9%	⑤ 52%

11 동위 원소와 평균 원자량

2023학년도 수능 15번 | 정답 ⑤ | 문제편 115p

출제 의도 동위 원소의 존재 비율과 평균 원자량의 관계를 확인하는 문항이다.

문제분석

표는 원소 X와 Y에 대한 자료이고, $a+b=c+d=100$이다.

원소	원자 번호	동위 원소	자연계에 존재하는 비율(%)	평균 원자량
X	17	^{35}X	a 75	35.5 ($\frac{35a+37(100-a)}{100}$)
		^{37}X	$100-a=b$ 25	
Y	31	^{69}Y	c 60	69.8 ($\frac{69c+71(100-c)}{100}$)
		^{71}Y	$100-c=d$ 40	

이에 대한 설명으로 옳은 것만을 〈보기〉에서 있는 대로 고른 것은? (단, X와 Y는 임의의 원소 기호이고, ^{35}X, ^{37}X, ^{69}Y, ^{71}Y의 원자량은 각각 35.0, 37.0, 69.0, 71.0이다.)

보기

ㄱ. $\frac{d}{c}=\frac{2}{3}$이다.

ㄴ. $\frac{1\text{ g의 }^{69}\text{Y에 들어 있는 양성자수}}{1\text{ g의 }^{71}\text{Y에 들어 있는 양성자수}}>1$이다. ($\frac{1}{69}\times31$, $\frac{1}{71}\times31$)

ㄷ. X_2 1 mol에 들어 있는 ^{35}X와 ^{37}X의 존재 비율(%)이 각각 a, b일 때, 중성자의 양은 37 mol이다.

① ㄱ ② ㄷ ③ ㄱ, ㄴ ④ ㄴ, ㄷ ⑤ ㄱ, ㄴ, ㄷ

✓ 자료 해석

- 평균 원자량은 (동위 원소의 원자량×동위 원소의 존재 비율)의 합으로 계산한다.
- 질량수=양성자수+중성자수이다.
- X의 평균 원자량은 $\frac{35a+37(100-a)}{100}=35.5$이므로 $a=75$, $b=25$이고, Y의 평균 원자량은 $\frac{69c+71(100-c)}{100}=69.8$이므로 $c=60$, $d=40$이다.

○ 보기풀이 ㄱ. $\frac{d}{c}=\frac{40}{60}=\frac{2}{3}$이다.

ㄴ. ^{69}Y와 ^{71}Y는 동위 원소이므로 양성자수가 같다. 따라서 1 g의 Y에 들어 있는 양성자수는 원자량에 반비례하므로 $\frac{1\text{ g의 }^{69}\text{Y에 들어 있는 양성자수}}{1\text{ g의 }^{71}\text{Y에 들어 있는 양성자수}}>1$이다.

ㄷ. $a=75$, $b=25$이므로 X_2 1 mol에서 존재비는 $^{35}X_2 : {}^{35}X^{37}X : {}^{37}X_2=\left(\frac{75}{100}\right)^2 : \left(2\times\frac{75}{100}\times\frac{25}{100}\right) : \left(\frac{25}{100}\right)^2=9:6:1$이다. ^{35}X와 ^{37}X의 중성자수는 각각 $35-17=18$, $37-17=20$이므로 X_2 1 mol에 들어 있는 중성자의 양은 $\left(36\times\frac{9}{16}\right)+\left(38\times\frac{6}{16}\right)+\left(40\times\frac{1}{16}\right)=37$(mol)이다.

문제풀이 Tip

평균 원자량은 자연계에 존재하는 동위 원소의 비율을 고려하여 계산한 원자량이므로 평균 원자량을 알면 동위 원소의 존재 비율을 구할 수 있다.

선택지 비율	① 4%	② 57%	③ 8%	④ 13%	⑤ 18%

12 동위 원소와 평균 원자량

2023학년도 9월 평가원 14번 | 정답 ② | 문제편 115p

출제 의도 동위 원소의 존재 비율과 평균 원자량의 관계를 확인하는 문항이다.

문제분석

다음은 실린더 (가)에 들어 있는 $BF_3(g)$에 대한 자료이다.

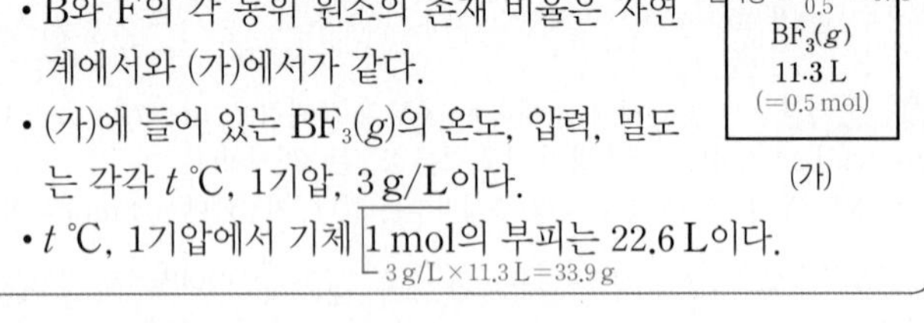

- 자연계에서 B는 ^{10}B와 ^{11}B로만 존재하고, F은 ^{19}F으로만 존재한다. (존재 비율 20 %, 80 %)
- B와 F의 각 동위 원소의 존재 비율은 자연계에서와 (가)에서가 같다.
- (가)에 들어 있는 $BF_3(g)$의 온도, 압력, 밀도는 각각 t ℃, 1기압, 3 g/L이다.
- t ℃, 1기압에서 기체 1 mol의 부피는 22.6 L이다. (3 g/L×11.3 L=33.9 g)

이에 대한 설명으로 옳은 것만을 〈보기〉에서 있는 대로 고른 것은? (단, B와 F의 원자 번호는 각각 5와 9이고, ^{10}B, ^{11}B, ^{19}F의 원자량은 각각 10.0, 11.0, 19.0이다.) (양성자수)

보기

ㄱ. 자연계에서 $\frac{^{11}\text{B의 존재 비율}}{^{10}\text{B의 존재 비율}}=5$이다. (4)

ㄴ. B의 평균 원자량은 10.8이다. $67.8-(19\times3)=10.8$

ㄷ. (가)에 들어 있는 중성자의 양은 ~~35.8~~ mol이다. (17.9)

① ㄱ ② ㄴ ③ ㄷ ④ ㄱ, ㄴ ⑤ ㄴ, ㄷ

✓ 자료 해석

- 평균 원자량은 (동위 원소의 원자량×동위 원소의 존재 비율)의 합으로 계산한다.
- 질량수=양성자수+중성자수이다.
- t ℃, 1기압에서 기체 1 mol의 부피는 22.6 L이므로 (가)에 들어 있는 $BF_3(g)$의 양은 0.5 mol이다.
- t ℃, 1기압에서 (가)에 들어 있는 $BF_3(g)$의 밀도는 3 g/L이므로 $BF_3(g)$의 질량은 3 g/L×11.3 L=33.9 g이다.
- 분자의 양(mol)$=\frac{\text{질량(g)}}{\text{(분자량) g/mol}}$이므로 BF_3의 분자량은 $\frac{33.9}{0.5}=67.8$이다.

○ 보기풀이 ㄴ. 자연계에서 F은 ^{19}F으로만 존재하므로 B의 평균 원자량은 $67.8-(19\times3)=10.8$이다.

× 매력적 오답 ㄱ. 자연계에서 ^{10}B와 ^{11}B의 존재 비율을 각각 a %, $(100-a)$ %라고 할 때 B의 평균 원자량은 $\frac{10a+11\times(100-a)}{100}=10.8$이므로 $a=20$이다. 따라서 자연계에서 $\frac{^{11}\text{B의 존재 비율}}{^{10}\text{B의 존재 비율}}=\frac{80}{20}=4$이다.

ㄷ. (가)에 들어 있는 B의 양은 0.5 mol이므로 이 중 ^{10}B의 양은 $0.5\text{ mol}\times\frac{1}{5}=0.1$ mol이고, ^{11}B의 양은 $0.5\text{ mol}\times\frac{4}{5}=0.4$ mol이다. 그리고 ^{19}F의 양은 0.5 mol×3=1.5 mol이다. ^{10}B, ^{11}B, ^{19}F의 중성자수는 각각 5, 6, 10이므로 (가)에 들어 있는 중성자의 양은 $(0.1\times5)+(0.4\times6)+(1.5\times10)=17.9$(mol)이다.

선택지 비율	① 11%	② 6%	③ 36%	④ 7%	⑤ 40%

13 동위 원소와 평균 원자량

2021학년도 수능 18번 | 정답 ⑤ | 문제편 115p

(출제 의도) 동위 원소에서 원소의 존재 비율과 분자의 존재 비율의 관계를 확인하고, 전체 중성자수를 비교하는 문항이다.

(문제 분석)

다음은 자연계에 존재하는 수소(H)와 플루오린(F)에 대한 자료이다.

- ^1_1H, ^2_1H, ^3_1H의 존재 비율(%)은 각각 a, b, c이다.
- $a+b+c=100$이고, $a>b>c$이다.
- F은 $^{19}_9F$으로만 존재한다.
- ^1_1H, ^2_1H, ^3_1H, $^{19}_9F$의 원자량은 각각 1, 2, 3, 19이다.

이에 대한 설명으로 옳은 것만을 〈보기〉에서 있는 대로 고른 것은?

보기

ㄱ. H의 평균 원자량은 $\frac{a+2b+3c}{100}$이다.

ㄴ. $\frac{\text{분자량이 5인 } H_2\text{의 존재 비율(\%)}}{\text{분자량이 6인 } H_2\text{의 존재 비율(\%)}}>2$이다. ← $\frac{2bc}{c^2}=\frac{2b}{c}$, $b>c$

ㄷ. $\frac{\text{1 mol의 } H_2 \text{ 중 분자량이 3인 } H_2\text{의 전체 중성자의 수}}{\text{1 mol의 HF 중 분자량이 20인 HF의 전체 중성자의 수}}=\frac{b}{500}$이다. 분자량이 3인 H_2의 중성자수=1 분자량이 20인 HF의 중성자수=10

① ㄱ ② ㄷ ③ ㄱ, ㄴ ④ ㄴ, ㄷ ⑤ ㄱ, ㄴ, ㄷ

✓ 자료 해석

- 평균 원자량은 (동위 원소의 원자량×동위 원소의 존재 비율)의 합으로 계산한다.
- 질량수=양성자수+중성자수이다.
- 분자량이 5인 H_2의 존재 비율은 $2\times\frac{b}{100}\times\frac{c}{100}$이다.
- 분자량이 6인 H_2의 존재 비율은 $\frac{c}{100}\times\frac{c}{100}$이다.
- 분자량이 3인 H_2는 ^1H와 ^2H가 결합한 것이고, ^1H의 중성자수는 0, ^2H의 중성자수는 1이므로 분자당 전체 중성자수는 1이다.
- 분자량이 20인 HF는 ^1H와 ^{19}F이 결합한 것이고, ^1H의 중성자수는 0, ^{19}F의 중성자수는 10이므로 분자당 전체 중성자수는 10이다.

○ 보기 풀이 ㄱ. H의 평균 원자량은 $\frac{(a\times1)+(b\times2)+(c\times3)}{100}=\frac{a+2b+3c}{100}$이다.

ㄴ. $\frac{\text{분자량이 5인 } H_2\text{의 존재 비율(\%)}}{\text{분자량이 6인 } H_2\text{의 존재 비율(\%)}}=\frac{2\times\frac{b}{100}\times\frac{c}{100}}{\frac{c}{100}\times\frac{c}{100}}=\frac{2b}{c}$이고, $b>c$이므로 $\frac{\text{분자량이 5인 } H_2\text{의 존재 비율(\%)}}{\text{분자량이 6인 } H_2\text{의 존재 비율(\%)}}=\frac{2b}{c}>2$이다.

ㄷ. 분자량이 3인 H_2의 분자당 전체 중성자수는 1이고, 존재 비율은 $2\times\frac{a}{100}\times\frac{b}{100}$이므로 1 mol의 H_2 중 분자량이 3인 H_2의 전체 중성자의 수는 $2\times\frac{a}{100}\times\frac{b}{100}$이다. 분자량이 20인 HF의 분자당 전체 중성자수는 10이고, 존재 비율은 $\frac{a}{100}\times1$이므로 1 mol의 HF 중 분자량이 20인 HF의 전체 중성자의 수는 $\frac{a}{100}\times10$이다.

따라서 $\frac{\text{1 mol의 } H_2 \text{ 중 분자량이 3인 } H_2\text{의 전체 중성자의 수}}{\text{1 mol의 HF 중 분자량이 20인 HF의 전체 중성자의 수}}$

$=\frac{2\times\frac{a}{100}\times\frac{b}{100}}{\frac{a}{100}\times10}=\frac{b}{500}$이다.

문제풀이 Tip

동위 원소에서 존재 비율과 평균 원자량은 함께 등장하는 개념이다. 또한 동위 원소는 질량수가 다르므로 동위 원소 문항에서는 중성자수를 비교하는 경우가 많다.

Part II 수능 평가원

선택지 비율	① 7%	❷ 60%	③ 9%	④ 13%	⑤ 9%

14 동위 원소와 평균 원자량

2021학년도 9월 평가원 16번 | 정답 ② | 문제편 116p

출제 의도 동위 원소와 평균 원자량을 이해하는지 확인하는 문항이다.

문제 분석

다음은 자연계에 존재하는 모든 X_2에 대한 자료이다.

- X_2는 분자량이 서로 다른 (가), (나), (다)로 존재한다.
- X_2의 분자량 : (가) > (나) > (다)　분자량이 3가지 ➡ 동위 원소는 2가지
- 자연계에서 $\frac{\text{(다)의 존재 비율(\%)}}{\text{(나)의 존재 비율(\%)}} = 1.5$이다. 원자량이 큰 원소와 작은 원소의 존재 비율의 비 ➡ 1:3

이에 대한 설명으로 옳은 것만을 <보기>에서 있는 대로 고른 것은? (단, X는 임의의 원소 기호이다.) [3점]

보기

ㄱ. X의 동위 원소는 ~~3가지~~(2가지)이다.

ㄴ. X의 평균 원자량은 $\frac{\text{(나)의 분자량}}{2}$보다 작다.

ㄷ. 자연계에서 $\frac{\text{(나)의 존재 비율(\%)}}{\text{(가)의 존재 비율(\%)}} = $ ~~2~~(6)이다.

① ㄱ　② ㄴ　③ ㄷ　④ ㄱ, ㄴ　⑤ ㄴ, ㄷ

✓ 자료 해석

- 동위 원소는 양성자수(원자 번호)는 같고 중성자수가 다르므로 질량수가 다르다.
- 평균 원자량은 (동위 원소의 원자량 × 동위 원소의 존재 비율)의 합으로 계산한다.
- X_2는 분자량이 서로 다른 3가지 분자로 존재하므로 X의 동위 원소는 2가지이다.
- X의 동위 원소를 ^{a}X(원자량 a, 존재 비율 p), ^{b}X(원자량 b, 존재 비율 q)라고 하고 원자량이 $a > b$일 때, X_2의 분자량은 (가) > (나) > (다)이므로 (가)는 $^{a}X_2$, (나)는 $^{a}X^{b}X$, (다)는 $^{b}X_2$이다.
- (가)의 분자량은 $2a$, (나)의 분자량은 $a+b$, (다)의 분자량은 $2b$이다.
- (가)~(다)의 존재 비율은 각각 p^2, $2pq$, q^2이다.
- $\frac{\text{(다)의 존재 비율(\%)}}{\text{(나)의 존재 비율(\%)}} = 1.5 = \frac{q^2}{2pq}$이고, $p+q=100$이므로 $p=25$, $q=75$이다.

○ 보기 풀이 ㄴ. X의 평균 원자량은 $a \times \frac{p}{100} + b \times \frac{q}{100} = a \times \frac{1}{4} + b \times \frac{3}{4} = \frac{1}{4}(a+3b)$이고, (나)의 분자량은 $(a+b)$이다. $a > b$이므로 $\frac{1}{4}(a+3b) < \frac{a+b}{2}$이다.

× 매력적 오답 ㄱ. X_2의 분자량이 3가지이므로 X의 동위 원소는 2가지이다.

ㄷ. $q=3p$이고, $\frac{\text{(나)의 존재 비율(\%)}}{\text{(가)의 존재 비율(\%)}} = \frac{2pq}{p^2} = \frac{2q}{p} = \frac{6p}{p} = 6$이다.

문제풀이 Tip

평균 원자량은 동위 원소의 존재 비율을 고려하여 결정한다. X_2의 분자량이 3가지이므로 X의 동위 원소가 2가지라는 것을 알고, 각 동위 원소의 존재 비율을 구한다.

선택지 비율	① 21%	② 2%	③ 4%	④ 5%	⑤ 66%

15 동위 원소와 평균 원자량

2021학년도 6월 평가원 15번 | 정답 ⑤ | 문제편 116p

출제 의도 동위 원소의 존재 비율과 평균 원자량의 관계를 확인하는 문항이다.

문제 분석

다음은 원자 X의 평균 원자량을 구하기 위해 수행한 탐구 활동이다.

[탐구 과정]

(가) 자연계에 존재하는 X의 동위 원소와 각각의 원자량을 조사한다.

(나) 원자량에 따른 X의 동위 원소 존재 비율을 조사한다.

(다) X의 평균 원자량을 구한다. $\left(\text{원자량} \times \frac{\text{존재 비율}(\%)}{100}\right)$의 합

[탐구 결과 및 자료]

• X의 동위 원소

동위 원소	원자량	존재 비율(%)
^{a}X	A	19.9
^{b}X	B	80.1

(B>A, 합 100)

• $b>a$이다. B>A

• 평균 원자량은 w이다.

이에 대한 설명으로 옳은 것만을 〈보기〉에서 있는 대로 고른 것은? (단, X는 임의의 원소 기호이다.) [3점]

보기

ㄱ. $w=(0.199\times \text{A})+(0.801\times \text{B})$이다.

ㄴ. 중성자수는 ^{a}X>^{b}X이다. (<)

ㄷ. $\frac{1\text{ g의 }^{a}\text{X에 들어 있는 전체 양성자수}}{1\text{ g의 }^{b}\text{X에 들어 있는 전체 양성자수}}>1$이다.

① ㄱ ② ㄴ ③ ㄷ ④ ㄱ, ㄴ ⑤ ㄱ, ㄷ

✓ 자료 해석

• 원자는 양성자수=전자 수이다.

• 질량수=양성자수+중성자수이다.

• 동위 원소는 양성자수는 같고 중성자수가 다르므로 질량수가 다르다.

• 평균 원자량은 (동위 원소의 원자량×동위 원소의 존재 비율)의 합으로 계산한다.

• ^{a}X와 ^{b}X는 동위 원소이므로 양성자수는 같고, $b>a$이므로 원자량은 ^{b}X>^{a}X이다.

○ 보기풀이 ㄱ. 평균 원자량은 각 동위 원소의 원자량에 존재 비율을 곱하여 구한다. 따라서 $w=(0.199\times \text{A})+(0.801\times \text{B})$이다.

ㄷ. 원자량이 B>A이므로 1 g에 들어 있는 원자 수는 ^{a}X>^{b}X이고 1 g에 들어 있는 양성자수는 ^{a}X>^{b}X이다. 따라서 $\frac{1\text{ g의 }^{a}\text{X에 들어 있는 전체 양성자수}}{1\text{ g의 }^{b}\text{X에 들어 있는 전체 양성자수}}>1$이다.

× 매력적 오답 ㄴ. ^{a}X와 ^{b}X는 동위 원소이므로 양성자수가 서로 같고, 질량수는 ^{b}X가 ^{a}X보다 크므로 중성자수는 ^{b}X>^{a}X이다.

문제풀이 Tip

동위 원소에서 존재 비율과 평균 원자량은 함께 등장하는 개념이다. 또한 동위 원소는 질량수가 다르므로 동위 원소 문항에서는 중성자수를 비교하는 경우가 많다.

02 현대적 원자 모형과 전자 배치

선택지 비율	① 5%	② 3%	③ 11%	④ 6%	⑤ 75%

1 현대적 원자 모형과 양자수

2025학년도 수능 9번 | 정답 ⑤ | 문제편 118p

출제 의도 양자수를 비교하고 분석할 수 있는지 묻는 문항이다.

문제 분석

표는 바닥상태 마그네슘(Mg) 원자의 전자 배치($1s^2 2s^2 2p^6 3s^2$)에서 전자가 들어 있는 오비탈($1s, 2s, 2p(m_l=-1, 0, +1), 3s$) (가)~(라)에 대한 자료이다. n은 주 양자수, l은 방위(부) 양자수, m_l은 자기 양자수이다.

오비탈	(가) $2p(m_l=+1)$	(나) $2p(m_l=0)$	(다) $2s$	(라) $2p(m_l=-1)$
$\frac{1}{n+m_l}$(상댓값)	2 ($\frac{1}{3}$)	a ($\frac{1}{2}$)	a ($\frac{1}{2}$)	$2a$ (1)
$n+l+m_l$	4 ($2+1+1$)	3 ($2+1+0$)	2 ($2+0+0$)	2 ($2+1-1$)

이에 대한 설명으로 옳은 것만을 〈보기〉에서 있는 대로 고른 것은?

〈보기〉
ㄱ. (가)($2p$)의 l는 1이다. (p 오비탈)
ㄴ. m_l는 (나)와 (다)가 같다. ((나)는 $m_l=0$인 $2p$, (다)는 $m_l=0$인 $2s$)
ㄷ. 에너지 준위는 (라)($2p$)>(다)($2s$)이다.

① ㄱ ② ㄷ ③ ㄱ, ㄴ ④ ㄴ, ㄷ ⑤ ㄱ, ㄴ, ㄷ

✓ 자료 해석

- 바닥상태 원자 Mg의 전자가 들어 있는 오비탈은 $1s$, $2s$, $2p(m_l=-1, 0, +1)$, $3s$이다.
- $1s$, $2s$, $2p$, $3s$의 양자수에 대한 자료

오비탈	$1s$	$2s$	$2p$			$3s$
			$m_l=-1$	$m_l=0$	$m_l=+1$	
$\frac{1}{n+m_l}$	$\frac{1}{1}$	$\frac{1}{2}$	$\frac{1}{1}$	$\frac{1}{2}$	$\frac{1}{3}$	$\frac{1}{3}$
$n+l+m_l$	1	2	2	3	4	3

- (가)의 $n+l+m_l=4$이므로 (가)는 $m_l=+1$인 $2p$이다.
- (나)의 $n+l+m_l=3$이므로 (나)는 $m_l=0$인 $2p$와 $3s$ 중 하나이다.
- (다)와 (라)의 $n+l+m_l=2$이므로 (다)와 (라)는 각각 $2s$, $m_l=-1$인 $2p$ 중 하나이다.
- $\frac{1}{n+m_l}$은 (라)가 (나)와 (다)의 2배이므로 (라)의 $\frac{1}{n+m_l}=1$이고, (나)와 (다)의 $\frac{1}{n+m_l}=\frac{1}{2}$이다. 따라서 (나)는 $m_l=0$인 $2p$, (다)는 $2s$, (라)는 $m_l=-1$인 $2p$이다.

○ 보기 풀이 ㄱ. (가)는 $m_l=+1$인 $2p$ 오비탈이므로 $l=1$이다.
ㄴ. (나)는 $m_l=0$인 $2p$ 오비탈이고, (다)는 $2s$ 오비탈이므로 $m_l=0$이다.
ㄷ. Mg과 같은 다전자 원자에서 에너지 준위는 (라)($2p$)>(다)($2s$)이다.

문제풀이 Tip

(다)와 (라)는 $n+l+m_l=2$이므로 각각 $2s$, $m_l=-1$인 $2p$ 중 하나이다. $2s$의 $\frac{1}{n+m_l}=\frac{1}{2}$이고, $m_l=-1$인 $2p$의 $\frac{1}{n+m_l}=1$이므로 (다)는 $2s$, (라)는 $m_l=-1$인 $2p$이다. (나)와 (다)의 $\frac{1}{n+m_l}=\frac{1}{2}$이므로 (나)는 $m_l=0$인 $2p$이다.

선택지 비율	① 3%	② 4%	③ 13%	④ 9%	⑤ 71%

2 현대적 원자 모형과 전자 배치

2025학년도 수능 14번 | 정답 ⑤ | 문제편 118 p

출제 의도 양자수와 전자 배치를 통해 원자를 판단할 수 있는지 묻는 문항이다.

문제 분석

다음은 ㉠과 ㉡에 대한 설명과 2, 3주기 1, 15, 16족 바닥상태 원자 W~Z에 대한 자료이다. n은 주 양자수이고, l은 방위(부) 양자수이다. (Li, N, O, Na, P, S)

- ㉠ : 각 원자의 바닥상태 전자 배치에서 전자가 들어 있는 오비탈의 $n+l$ 중 가장 큰 값
- ㉡ : 각 원자의 바닥상태 전자 배치에서 $n+l$가 가장 큰 오비탈에 들어 있는 전체 전자 수

원자	W Li	X N	Y Na	Z S
㉠	2s 2	2p 3	2p, 3s 3	3p 4
㉡	$2s^1$ 1	$2p^3$ 3	$2p^6 3s^1$ 7	$3p^4$ 4

이에 대한 설명으로 옳은 것만을 〈보기〉에서 있는 대로 고른 것은? (단, W~Z는 임의의 원소 기호이다.) [3점]

보기

ㄱ. W와 Y는 같은 족 원소이다. (Li Na 1족)

ㄴ. 홀전자 수는 X>Z이다. N(3)>S(2)

ㄷ. $\frac{p \text{ 오비탈에 들어 있는 전자 수}}{s \text{ 오비탈에 들어 있는 전자 수}}$의 비는 X : Y=5 : 8이다. ($\frac{3}{4}$, $\frac{6}{5}$)

① ㄱ ② ㄷ ③ ㄱ, ㄴ ④ ㄴ, ㄷ ⑤ ㄱ, ㄴ, ㄷ

✓ 자료 해석

- $2s$, $2p$ 오비탈의 $n=2$이고, $3s$, $3p$ 오비탈의 $n=3$이다.
- s 오비탈의 $l=0$이고, p 오비탈의 $l=1$이다.
- 2, 3주기 원자의 바닥상태 전자 배치에서 전자가 들어 있는 오비탈은 $1s$, $2s$, $2p$, $3s$, $3p$가 가능하고, 이들 오비탈의 $n+l$는 각각 1, 2, 3, 3, 4이다.
- 2, 3주기 1, 15, 16족 바닥상태 원자는 Li, N, O, Na, P, S으로, 이들의 ㉠과 ㉡은 다음과 같다.

원자	Li	N	O	Na	P	S
㉠	2(2s)	3(2p)	3(2p)	3(2p, 3s)	4(3p)	4(3p)
㉡	1	3	4	7	3	4

- W~Z는 각각 Li, N, Na, S이다.

보기 풀이 ㄱ. W(Li)와 Y(Na)는 모두 1족 원소이다.

ㄴ. X(N), Z(S)의 홀전자 수는 각각 3, 2로 X>Z이다.

ㄷ. X(N), Y(Na)의 $\frac{p \text{ 오비탈에 들어 있는 전자 수}}{s \text{ 오비탈에 들어 있는 전자 수}}$는 각각 $\frac{3}{4}$, $\frac{6}{5}$으로 X : Y=5 : 8이다.

문제풀이 Tip

원자 번호가 20 이하인 원자의 바닥상태 전자 배치에서 원자 번호에 따른 전자가 들어 있는 오비탈의 $n+l$ 중 가장 큰 값(㉠)은 다음과 같다.

원자 번호	1~2	3~4	5~12	13~20
㉠	1	2	3	4

선택지 비율	① 5%	② 5%	③ 8%	④ 5%	⑤ 77%

3 현대적 원자 모형과 전자 배치

2025학년도 9월 평가원 12번 | 정답 ⑤ | 문제편 118p

출제 의도 $\frac{p \text{ 오비탈의 전자 수}}{s \text{ 오비탈의 전자 수}}$를 이용하여 원자를 판단할 수 있는지 묻는 문항이다.

문제 분석

다음은 2, 3주기 바닥상태 원자 X~Z에 대한 자료이다. (가)와 (나)는 각각 s 오비탈과 p 오비탈 중 하나이고, n은 주 양자수이며, l은 방위(부) 양자수이다.

- (가)와 (나)에 들어 있는 전자 수의 비율(%)

	(가)	(나)
X	50	50
Y	60	40
Z	60	40

(가) p 오비탈, (나) s 오비탈

1 : 1 ➡ O, Mg
3 : 2 ➡ Ne, P

- 각 원자에서 전자가 들어 있는 오비탈의 $n-l$ 중 가장 큰 값은 Y > X = Z이다. (P O Ne) (O 2, Ne 2, Mg 3, P 3)

이에 대한 설명으로 옳은 것만을 〈보기〉에서 있는 대로 고른 것은? (단, X~Z는 임의의 원소 기호이다.) [3점]

〈보기〉

ㄱ. X와 Z는 같은 주기 원소이다. X는 O, Z는 Ne ➡ 모두 2주기

ㄴ. 홀전자 수는 Y > Z이다. Y(3)>Z(0)

ㄷ. 전자가 2개 들어 있는 오비탈 수는 Y가 X의 2배이다. X(3), Y(6)

① ㄱ ② ㄴ ③ ㄱ, ㄷ ④ ㄴ, ㄷ ⑤ ㄱ, ㄴ, ㄷ

✓ 자료 해석

- 2, 3주기 바닥상태 원자의 $\frac{p \text{ 오비탈의 전자 수}}{s \text{ 오비탈의 전자 수}}$

2주기	Li	Be	B	C	N	O	F	Ne
$\frac{p \text{ 오비탈의 전자 수}}{s \text{ 오비탈의 전자 수}}$	0	0	$\frac{1}{4}$	$\frac{2}{4}$	$\frac{3}{4}$	$\frac{4}{4}$	$\frac{5}{4}$	$\frac{6}{4}$
3주기	Na	Mg	Al	Si	P	S	Cl	Ar
$\frac{p \text{ 오비탈의 전자 수}}{s \text{ 오비탈의 전자 수}}$	$\frac{6}{5}$	$\frac{6}{6}$	$\frac{7}{6}$	$\frac{8}{6}$	$\frac{9}{6}$	$\frac{10}{6}$	$\frac{11}{6}$	$\frac{12}{6}$

- $1s$, $2s$, $2p$, $3s$, $3p$ 오비탈의 $n-l$는 각각 1, 2, 1, 3, 2이다.
- 2, 3주기 바닥상태 원자 중 $\frac{p \text{ 오비탈에 들어 있는 전자 수}}{s \text{ 오비탈에 들어 있는 전자 수}} = \frac{3}{2}$인 원자는 존재하지만, $\frac{2}{3}$인 원자는 존재하지 않는다. Y와 Z에서 $\frac{\text{(가)에 들어 있는 수}}{\text{(나)에 들어 있는 수}} = \frac{3}{2}$이므로 (가), (나)는 각각 p 오비탈, s 오비탈이고, Y와 Z는 Ne, P 중 하나이다.
- 2, 3주기 바닥상태 원자 중 $\frac{p \text{ 오비탈에 들어 있는 전자 수}}{s \text{ 오비탈에 들어 있는 전자 수}} = 1$인 원자는 O, Mg이므로 X는 O, Mg 중 하나이다.
- 바닥상태 원자 O, Ne, Mg, P에서 전자가 들어 있는 오비탈의 $n-l$ 중 가장 큰 값은 각각 2, 2, 3, 3인데, 이 값이 Y > X = Z이므로 X는 O이고, Y는 P이며, Z는 Ne이다.

보기 풀이 ㄱ. X(O)와 Z(Ne)는 모두 2주기 원소이다.

ㄴ. Y(P), Z(Ne)의 홀전자 수는 각각 3, 0으로 Y > Z이다.

ㄷ. X(O), Y(P)의 전자가 2개 들어 있는 오비탈 수는 각각 3, 6으로 Y(P)가 X(O)의 2배이다.

문제풀이 Tip

s 오비탈에 들어 있는 전자 수와 p 오비탈에 들어 있는 전자 수의 비가 6 : 4 (=3 : 2)가 되는 2, 3주기 원소는 없으므로 (가)는 p 오비탈, (나)는 s 오비탈이다.

선택지 비율	❶ 86%	② 2%	③ 4%	④ 5%	⑤ 3%

4 현대적 원자 모형과 양자수

2025학년도 9월 평가원 7번 | 정답 ① | 문제편 118 p

출제 의도 양자수를 비교하고 분석할 수 있는지 묻는 문항이다.

문제 분석

다음은 바닥상태 질소(N) 원자의 전자 배치($1s^22s^22p^3$)에서 전자가 들어 있는 오비탈($1s, 2s, 2p(m_l=-1, 0, +1)$) (가)~(다)에 대한 자료이다. n은 주 양자수, l은 방위(부) 양자수, m_l은 자기 양자수이다.

- $n+l$는 (나)=(다)($2p$)>(가)($1s, 2s$ 중 하나)이다.
- $n-m_l$는 (다)(3)>(나)(2)>(가)(1)이다. ($2p(m_l=-1)$, $2p(m_l=0)$, $1s$)

이에 대한 설명으로 옳은 것만을 〈보기〉에서 있는 대로 고른 것은?

보기

ㄱ. (가)는 $1s$이다.

ㄴ. (나)의 m_l는 $+1$(→0)이다. (나)는 $m_l=0$인 $2p$

ㄷ. 에너지 준위는 (나)>(→=)(다)이다. 모두 $2p$

① ㄱ ② ㄴ ③ ㄷ ④ ㄱ, ㄴ ⑤ ㄱ, ㄷ

✓ 자료 해석

- 바닥상태 질소($_7N$) 원자의 전자 배치는 $1s^22s^22p^3$이고, 각 오비탈에 대한 자료는 다음과 같다.

오비탈	$1s$	$2s$	$2p$ $(m_l=-1)$	$2p$ $(m_l=0)$	$2p$ $(m_l=+1)$
$n+l$	1	2	3	3	3
$n-m_l$	1	2	3	2	1

- $n+l$는 (나)=(다)>(가)이므로 (나)와 (다)는 $2p$이며, (가)는 $1s$, $2s$ 중 하나이다.
- $1s$, $2s$ 오비탈의 $n-m_l$는 각각 1, 2이고, $n-m_l$는 (다)>(나)>(가)이므로 (가)~(다)의 $n-m_l$는 각각 1, 2, 3이다.
- (가)는 $1s$, (나)는 $m_l=0$인 $2p$, (다)는 $m_l=-1$인 $2p$이다.

○ 보기풀이 ㄱ. (가)는 $1s$이다.

× 매력적 오답 ㄴ. (나)는 $m_l=0$인 $2p$이다.

ㄷ. (나)와 (다)는 모두 $2p$이므로 에너지 준위가 같다.

문제풀이 Tip

$2p$ 오비탈에는 m_l가 $-1, 0, +1$인 3가지 오비탈이 있음에 유의한다. 양자수와 관련하여 오비탈이나 전자의 $n+l, n-l, l+m_l, n+m_l, n-m_l$에 대해 연습해 둔다.

선택지 비율	① 3%	② 5%	③ 5%	④ 13%	❺ 74%

5 현대적 원자 모형과 양자수

2025학년도 6월 평가원 8번 | 정답 ⑤ | 문제편 119 p

출제 의도 양자수를 비교하고 분석할 수 있는지 묻는 문항이다.

문제 분석

다음은 바닥상태 네온(Ne)의 전자 배치($1s^22s^22p^6$)에서 전자가 들어 있는 오비탈($1s, 2s, 2p(m_l=-1, 0, +1)$) (가)~(다)에 대한 자료이다. n은 주 양자수이고, m_l은 자기 양자수이다.

- n는 (가)(2)=(나)(2)>(다)(1)이다. (가), (나)의 $n=2$, (다)는 $1s$ ($2s, 2p$)
- $n+m_l$는 (가)=(다)이다. (다)는 $1+0=1$ ➡ (가)는 $m_l=-1$인 $2p$
- (가)~(다)의 m_l 합은 0이다. m_l는 (가) -1, (다) 0 ➡ (나)는 $m_l=+1$인 $2p$

이에 대한 설명으로 옳은 것만을 〈보기〉에서 있는 대로 고른 것은?

보기

ㄱ. (나)의 m_l는 $+1$이다. (나)는 $m_l=+1$인 $2p$

ㄴ. (다)는 $1s$이다.

ㄷ. 방위(부) 양자수(l)는 (가)(1)>(다)(0)이다. (가)는 $2p$, (다)는 $1s$

① ㄱ ② ㄴ ③ ㄱ, ㄷ ④ ㄴ, ㄷ ⑤ ㄱ, ㄴ, ㄷ

✓ 자료 해석

- Ne에서 전자가 들어 있는 오비탈은 $1s$, $2s$, $2p$인데, n는 (가)=(나)>(다)이므로 (가)~(다)의 n는 각각 2, 2, 1이고, (다)는 $1s$이다.
- (다)의 $n+m_l=1+0=1$이고, (가)의 $n+m_l=2+m_l$인데 (가)와 (다)의 $n+m_l$가 같으므로 (가)의 $m_l=-1$이다. 따라서 (가)는 $m_l=-1$인 $2p$이다.
- (가), (다)의 m_l는 각각 -1, 0인데, (가)~(다)의 m_l 합이 0이므로 (나)는 $m_l=+1$인 $2p$이다.

○ 보기풀이 ㄱ. (나)는 $m_l=+1$인 $2p$이다.

ㄴ. (다)는 $1s$이다.

ㄷ. (가)($2p$)와 (다)($1s$)의 l는 각각 1, 0이므로 l는 (가)>(다)이다.

문제풀이 Tip

$2p$ 오비탈에는 m_l가 $-1, 0, +1$인 3가지 오비탈이 있음에 유의한다. 양자수와 관련하여 오비탈이나 전자의 $n+l, n-l, l+m_l, n+m_l$에 대해 연습해 둔다.

선택지 비율	① 4%	② 6%	③ 9%	❹ 78%	⑤ 3%

6 현대적 원자 모형과 전자 배치

2025학년도 6월 평가원 14번 | 정답 ④ | 문제편 119 p

출제 의도 바닥상태에서 각 오비탈에 들어 있는 전자 수와 전자가 들어 있는 오비탈 수를 이용하여 원자를 판단할 수 있는지 묻는 문항이다.

문제 분석

다음은 ㉠에 대한 설명과 2주기 바닥상태 원자 X~Z에 대한 자료이다. n은 주 양자수이고, l은 방위(부) 양자수이다.

- ㉠: 각 원자의 바닥상태 전자 배치에서 전자가 들어 있는 오비탈 중 $n+l$가 가장 큰 오비탈 (2s 또는 2p)

원자	X C	Y O	Z F
㉠에 들어 있는 전자 수	a 2	$2a$ 4	5
전자가 들어 있는 오비탈 수	$2a$ 4	b 5	b 5
	$1s^22s^22p^2$	$1s^22s^22p^4$	$1s^22s^22p^5$

$a+b$는? (단, X~Z는 임의의 원소 기호이다.) [3점]

① 4 ② 5 ③ 6 ④ 7 ⑤ 8

✓ 자료 해석

- $n+l$는 1s가 1, 2s가 2, 2p가 3이다.
- 2주기 바닥상태 원자에서 전자가 들어 있는 오비탈 중 $n+l$가 가장 큰 오비탈과, 그 오비탈에 들어 있는 전자 수

원자	Li	Be	B	C	N	O	F	Ne
$n+l$가 가장 큰 오비탈	2s	2s	2p	2p	2p	2p	2p	2p
$n+l$가 가장 큰 오비탈에 들어 있는 전자 수	1	2	1	2	3	4	5	6

- 2주기 바닥상태 원자에서 전자가 들어 있는 오비탈 수

원자	Li	Be	B	C	N	O	F	Ne
전자가 들어 있는 오비탈 수	2	2	3	4	5	5	5	5

- 2s 오비탈에 들어 있는 전자 수의 최댓값은 2이며, Z의 ㉠에 들어 있는 전자 수가 5이므로 Z의 ㉠은 2p 오비탈이고, Z는 2p 오비탈에 들어 있는 전자 수가 5인 F이다.

○ 보기 풀이 Z(F)의 전자가 들어 있는 오비탈 수가 5이므로 $b=5$이다. $b=5$이므로 Y의 전자가 들어 있는 오비탈 수는 5이고 Y는 N, O, Ne 중 하나이다. N, O, Ne 모두 ㉠이 2p 오비탈이고, 2p 오비탈에 들어 있는 전자 수는 각각 3, 4, 6인데 a는 정수이므로 $2a$는 4, 6 중 하나이다. 2주기 원자의 전자가 들어 있는 오비탈 수는 5를 넘을 수 없으므로 X의 전자가 들어 있는 오비탈 수 $2a=4$이다. 따라서 X, Y는 각각 C, O이다. a, b가 각각 2, 5이므로 $a+b=7$이다.

문제풀이 Tip

$n+l=2$인 2s 오비탈에 들어 있는 전자 수의 최댓값은 2이다. 2주기 원자에서 $n+l=3$인 2p 오비탈에 들어 있는 전자 수의 최댓값은 6이며, 2, 3주기 원자에서 $n+l=3$인 2p, 3s 오비탈에 들어 있는 전자 수의 최댓값은 8이다.

선택지 비율	❶ 78%	② 6%	③ 7%	④ 5%	⑤ 4%

7 현대적 원자 모형과 전자 배치

2024학년도 수능 8번 | 정답 ① | 문제편 119 p

출제 의도 바닥상태 원자의 전자 배치에서 오비탈의 전자 수와 홀전자 수, 전자가 들어 있는 오비탈 수를 구할 수 있는지 묻는 문항이다.

문제 분석

다음은 2, 3주기 15~17족 (N, O, F, P, S, Cl) 바닥상태 원자 W~Z에 대한 자료이다.

- W와 Y는 다른 주기 원소이다.
- W와 Y의 $\frac{p\text{ 오비탈에 들어 있는 전자 수}}{\text{홀전자 수}}$는 같다. W, Y는 각각 F, S 중 하나
- X~Z의 전자 배치에 대한 자료

원자	X (N)	Y (S)	Z (Cl)
$\frac{\text{홀전자 수}}{s\text{ 오비탈에 들어 있는 전자 수}}$(상댓값)	9	4	2

W는 F

W~Z에 대한 설명으로 옳은 것만을 〈보기〉에서 있는 대로 고른 것은? (단, W~Z는 임의의 원소 기호이다.)

보기

ㄱ. 3주기 원소는 2가지이다. Y(S), Z(Cl)

ㄴ. 원자가 전자 수는 W>Z이다. (=) W(F), Z(Cl)는 17족

ㄷ. 전자가 들어 있는 오비탈 수는 X>Y이다. (<) X(N) 5, Y(S) 9

① ㄱ ② ㄴ ③ ㄱ, ㄷ ④ ㄴ, ㄷ ⑤ ㄱ, ㄴ, ㄷ

✓ 자료 해석

- 2, 3주기 15~17족인 N, O, F, P, S, Cl의 바닥상태 원자의 $\frac{p\text{ 오비탈에 들어 있는 전자 수}}{\text{홀전자 수}}$는 각각 $1(=\frac{3}{3})$, $2(=\frac{4}{2})$, $5(=\frac{5}{1})$, $3(=\frac{9}{3})$, $5(=\frac{10}{2})$, $11(=\frac{11}{1})$이다.
- W와 Y의 $\frac{p\text{ 오비탈에 들어 있는 전자 수}}{\text{홀전자 수}}$는 같으므로 W와 Y는 각각 F, S 중 하나이다.
- 2, 3주기 15~17족인 N, O, F, P, S, Cl의 바닥상태 원자의 $\frac{\text{홀전자 수}}{s\text{ 오비탈에 들어 있는 전자 수}}$는 각각 $\frac{3}{4}$, $\frac{2}{4}$, $\frac{1}{4}$, $\frac{3}{6}$, $\frac{2}{6}$, $\frac{1}{6}$이다.
- $\frac{\text{홀전자 수}}{s\text{ 오비탈에 들어 있는 전자 수}}$(상댓값)이 9 : 4 : 2인 것은 N, S, Cl이다.

○ 보기 풀이 ㄱ. W~Z는 각각 F, N, S, Cl이다. 이 중 3주기 원소는 Y(S), Z(Cl) 2가지이다.

✕ 매력적 오답 ㄴ. W(F), Z(Cl)의 원자가 전자 수는 각각 7로 같다.

ㄷ. X(N), Y(S)의 전자가 들어 있는 오비탈 수는 각각 5, 9로 X<Y이다.

문제풀이 Tip

15~17족 원자의 s 오비탈의 전자 수는 2주기가 4이고, 3주기가 6이다. $\frac{\text{홀전자 수}}{s\text{ 오비탈에 들어 있는 전자 수}}$의 비는 Y : Z=2 : 1인데, Y가 F인 경우 이를 만족하는 Z는 없다.

선택지 비율	① 8%	② 6%	❸ 68%	④ 7%	⑤ 11%

8 현대적 원자 모형과 양자수

2024학년도 수능 10번 | 정답 ③ | 문제편 119 p

출제 의도 오비탈에서 양자수의 관계를 알고 있는지 묻는 문항이다.

문제 분석

다음은 바닥상태 탄소(C) 원자의 전자 배치($1s^22s^22p^2$)에서 전자가 들어 있는 오비탈(1s, 2s, 2p) (가)~(라)에 대한 자료이다. n은 주 양자수, l은 방위(부) 양자수, m_l은 자기 양자수이다.

- $n-l$는 (가)>(나)이다. (가)는 2s, (나)~(라)는 1s, 2p 중 하나
- $l-m_l$는 (다)>(나)=(라)이다. (다)는 $m_l=-1$, 0인 $2p$ 중 하나 / 1s, $m_l=+1$인 $2p$ 중 하나
- $\frac{n+l+m_l}{n}$는 (라)>(나)=(다)이다. (라) $2p$ ($m_l=+1$), (나) $1s$, (다) $2p$ ($m_l=-1$)

이에 대한 설명으로 옳은 것만을 〈보기〉에서 있는 대로 고른 것은? [3점]

보기

ㄱ. (나)는 1s이다.

ㄴ. (다)에 들어 있는 전자 수는 2이다. (다)는 $m_l=-1$인 $2p$

ㄷ. 에너지 준위는 (라)>(가)이다. (라) $2p$, (가) $2s$

① ㄱ ② ㄴ ③ ㄱ, ㄷ ④ ㄴ, ㄷ ⑤ ㄱ, ㄴ, ㄷ

✓ 자료 해석

- 바닥상태 C 원자의 전자 배치는 $1s^22s^22p^2$이므로 전자가 들어 있는 오비탈은 1s, 2s, 2p이다.

오비탈	1s	2s	2p		
n	1	2	2	2	2
l	0	0	1	1	1
m_l	0	0	−1	0	+1

- $n-l$는 (가)>(나)이므로 (가)는 2s이다.
- $l-m_l$는 (다)>(나)=(라)이므로 (다)는 $m_l=-1$, 0인 $2p$ 중 하나이고, (나)와 (라)는 각각 1s, $m_l=+1$인 $2p$ 중 하나이다.
- $\frac{n+l+m_l}{n}$는 (라)>(나)=(다)이므로 (나)는 1s, (다)는 $m_l=-1$인 $2p$, (라)는 $m_l=+1$인 $2p$이다.

○ 보기 풀이 ㄱ. (나)는 1s이다.

ㄷ. (가), (라)는 각각 2s, 2p이므로 에너지 준위는 (라)>(가)이다.

✕ 매력적 오답 ㄴ. (다)는 $m_l=-1$인 $2p$이므로 (다)에 들어 있는 전자 수는 2가 될 수 없다.

문제풀이 Tip

바닥상태 C 원자의 전자 배치는 $1s^22s^22p^2$이므로 $2p$ 오비탈 3개 중 2개의 오비탈에 각각 전자가 들어 있다. $2p$ 오비탈의 m_l는 3가지이므로 이를 이용하여 오비탈을 판단할 수 있도록 연습해 둔다.

Part II 수능 평가원

선택지 비율	① 3%	❷ 58%	③ 12%	④ 7%	⑤ 20%

9 현대적 원자 모형과 양자수

2024학년도 9월 평가원 7번 | 정답 ② | 문제편 120 p

출제 의도 양자수의 종류와 성질을 알고 있는지 묻는 문항이다.

문제 분석

다음은 바닥상태 Mg의 전자 배치에서 전자가 들어 있는 오비탈 (가)~(라)에 대한 자료이다. n은 주 양자수, l은 방위(부) 양자수, m_l은 자기 양자수이다.

- $n+l$는 (가)>(나)>(다)이다.
- m_l는 (나)=(라)>(가)이다.
- (가)~(라) 중 $l+m_l$는 (라)가 가장 크다.

이에 대한 설명으로 옳은 것만을 〈보기〉에서 있는 대로 고른 것은? [3점]

보기

ㄱ. 에너지 준위는 (가)≠(나)이다.

ㄴ. (가)의 $l+m_l=0$이다.

ㄷ. (라)는 3s이다.

① ㄱ ② ㄴ ③ ㄱ, ㄴ ④ ㄱ, ㄷ ⑤ ㄴ, ㄷ

✓ 자료 해석

- 바닥상태 Mg의 전자 배치는 $1s^22s^22p^63s^2$이다.
- 1s, 2s, 2p, 3s 오비탈의 n, l, m_l

오비탈	1s	2s	2p			3s
n	1	2	2			3
l	0	0	1			0
m_l	0	0	−1	0	+1	0

- $n+l$는 (가)>(나)>(다)이므로 (가)는 2p, 3s 중 하나이고 (나)는 2s, (다)는 1s이다.
- (나)의 $m_l=0$이고 m_l는 (나)=(라)>(가)이므로 (가)의 $m_l=-1$이다. 따라서 (가)는 $m_l=-1$인 2p이고, (라)의 $m_l=0$이다.
- $l+m_l$는 (라)가 가장 크므로 (라)는 $m_l=0$인 2p이다.

○ 보기풀이 ㄴ. (가)는 $m_l=-1$인 2p이므로 (가)의 $l+m_l=1-1=0$이다.

× 매력적 오답 ㄱ. 에너지 준위는 (가)(2p)>(나)(2s)이다.

ㄷ. (가)~(라)는 각각 $m_l=-1$인 2p, 2s, 1s, $m_l=0$인 2p이다.

문제풀이 Tip

2p 오비탈에는 m_l가 −1, 0, +1인 3가지 오비탈이 있음에 유의한다. 양자수와 관련하여 오비탈이나 전자의 $n+l$, $n-l$, $l+m_l$, $l-m_l$에 대해 연습해 둔다.

선택지 비율	❶ 83%	② 2%	③ 10%	④ 3%	⑤ 2%

10 현대적 원자 모형과 전자 배치

2024학년도 9월 평가원 10번 | 정답 ① | 문제편 120 p

출제 의도 전자 배치에서 홀전자 수, 오비탈의 전자 수를 이용하여 원자를 판단할 수 있는지 묻는 문항이다.

문제 분석

표는 2, 3주기 14~16족 바닥상태 원자 X~Z에 대한 자료이다.

원자	X	Y	Z
$\frac{p \text{ 오비탈에 들어 있는 전자 수}}{\text{홀전자 수}}$	2	3	4

X~Z에 대한 설명으로 옳은 것만을 〈보기〉에서 있는 대로 고른 것은? (단, X~Z는 임의의 원소 기호이다.)

보기

ㄱ. 3주기 원소는 2가지이다.

ㄴ. 홀전자 수는 X>Y이다.

ㄷ. 전자가 들어 있는 오비탈 수는 Z가 X의 2배이다.

① ㄱ ② ㄴ ③ ㄱ, ㄷ ④ ㄴ, ㄷ ⑤ ㄱ, ㄴ, ㄷ

✓ 자료 해석

- 2, 3주기 바닥상태 원자의 p 오비탈에 들어 있는 전자 수

2주기	Li	Be	B	C	N	O	F	Ne
p 오비탈	0	0	1	2	3	4	5	6
3주기	Na	Mg	Al	Si	P	S	Cl	Ar
p 오비탈	6	6	7	8	9	10	11	12

- 2, 3주기 14~16족 원소는 C, N, O, Si, P, S이다.
- 홀전자 수는 14족, 16족이 2이고 15족이 3이다.
- $\frac{p \text{ 오비탈에 들어 있는 전자 수}}{\text{홀전자 수}}$가 2, 3, 4인 X~Z는 각각 O, P, Si이다.

○ 보기풀이 ㄱ. 3주기 원소는 Y(P), Z(Si) 2가지이다.

× 매력적 오답 ㄴ. 홀전자 수는 X(O)가 2, Y(P)가 3이므로 X<Y이다.

ㄷ. 전자가 들어 있는 오비탈 수는 Z(Si)가 8, X(O)가 5이므로 Z가 X의 $\frac{8}{5}$배이다.

문제풀이 Tip

2, 3주기 14~16족 원자의 홀전자 수는 2, 3이고 p 오비탈에 들어 있는 전자 수는 2~4, 8~10이다.

선택지 비율	❶ 82%	② 3%	③ 7%	④ 4%	⑤ 4%

11 현대적 원자 모형과 전자 배치

2024학년도 6월 평가원 8번 | 정답 ① | 문제편 120 p

출제 의도 전자 배치를 통해 원자를 판단할 수 있는지 묻는 문항이다.

문제 분석

표는 2, 3주기 바닥상태 원자 X~Z의 전자 배치에 대한 자료이다. ㉠과 ㉡은 각각 s 오비탈과 p 오비탈 중 하나이고, 원자 번호는 Y>X이다.

원자	X Ne	Y P	Z S
(s 오비탈) ㉠에 들어 있는 전자 수 / (p 오비탈) ㉡에 들어 있는 전자 수	$\frac{2}{3}$ $\frac{4}{6}$	$\frac{2}{3}$ $\frac{6}{9}$	$\frac{3}{5}$ $\frac{6}{10}$

Ne, P ➡ 원자 번호 P>Ne

X~Z에 대한 설명으로 옳은 것만을 〈보기〉에서 있는 대로 고른 것은? (단, X~Z는 임의의 원소 기호이다.) [3점]

보기
ㄱ. 2주기 원소는 1가지이다. X(Ne)
ㄴ. X에는 홀전자가 ~~존재한다~~(없음). X(Ne)의 홀전자 수 0
ㄷ. 원자가 전자 수는 Y>Z(<)이다. Y(P) 5, Z(S) 6

① ㄱ ② ㄴ ③ ㄱ, ㄷ ④ ㄴ, ㄷ ⑤ ㄱ, ㄴ, ㄷ

✓ 자료 해석

- ㉠이 p 오비탈이라면, X~Z의 전자 배치는 바닥상태가 될 수 없다. 따라서 ㉠은 s 오비탈, ㉡은 p 오비탈이다.
- $\frac{s\text{ 오비탈에 들어 있는 전자 수}}{p\text{ 오비탈에 들어 있는 전자 수}}=\frac{2}{3}$ 인 원자는 Ne, P인데 원자 번호는 Y>X이므로 X는 Ne, Y는 P이다.
- Z는 $\frac{s\text{ 오비탈에 들어 있는 전자 수}}{p\text{ 오비탈에 들어 있는 전자 수}}=\frac{3}{5}=\frac{6}{10}$ 인 S이다.

○ 보기 풀이 ㄱ. 2주기 원소는 X(Ne) 1가지이다.

× 매력적 오답 ㄴ. X(Ne)의 홀전자 수는 0이다.
ㄷ. 원자가 전자 수는 Y(5)<Z(6)이다.

문제풀이 Tip

전자 수 비가 주어질 때는 n배 하여 조건에 맞는 원자를 찾는다. 바닥상태이고 에너지 준위는 $2p>2s$이므로 $2p$ 오비탈에 전자가 들어 있을 때 $2s$ 오비탈에는 전자가 모두 채워져 있다.

선택지 비율	① 12%	② 5%	❸ 38%	④ 8%	⑤ 37%

12 현대적 원자 모형과 양자수

2024학년도 6월 평가원 15번 | 정답 ③ | 문제편 120 p

출제 의도 양자수를 비교하고 분석할 수 있는지 묻는 문항이다.

문제 분석

다음은 수소 원자의 오비탈 (가)~(라)에 대한 자료이다. n은 주 양자수, l은 방위(부) 양자수, m_l은 자기 양자수이다.

- $n+l$는 (가)~(라)에서 각각 3 이하이고(1s, 2s, 2p, 3s), (가)>(나)이다.((나)는 1s, 2s 중 하나)
- n는 (나)(2s)>(다)(1s)이고, 에너지 준위는 (나)=(라)이다.($n=2$ ➡ (라)는 2p)
- m_l는 (라)($m_l=+1$인 2p)>(나)(2s)이고, (가)~(라)의 m_l 합은 0이다.(m_l는 (나) 0, (다) 0, (라) 1 ➡ (가)는 −1)

이에 대한 설명으로 옳은 것만을 〈보기〉에서 있는 대로 고른 것은?

보기
ㄱ. (다)는 1s이다.
ㄴ. m_l는 (나)>(가)이다. (가)는 −1, (나)는 0
ㄷ. 에너지 준위는 (가)>(라)(=)이다. 수소 원자에서 n이 같으면 에너지 준위가 같음 2p=2p

① ㄱ ② ㄷ ③ ㄱ, ㄴ ④ ㄴ, ㄷ ⑤ ㄱ, ㄴ, ㄷ

✓ 자료 해석

- (가)~(라)의 $n+l$가 3 이하이므로 (가)~(라)로 가능한 것은 1s, 2s, 2p, 3s이다.
- $n+l$은 (가)>(나)이므로 (나)는 1s, 2s 중 하나이다.
- n는 (나)>(다)이고, 에너지 준위는 (나)=(라)이므로 (나)와 (라)는 $n=2$인 오비탈이고, (다)는 1s이다.
- m_l는 (라)>(나)이므로 (라)는 $m_l=+1$인 2p, (나)는 2s이다.
- (가)~(라)의 m_l의 합은 0이므로 (가)는 $m_l=-1$인 2p이다.

○ 보기 풀이 ㄱ. (가)는 $m_l=-1$인 2p, (나)는 2s, (다)는 1s, (라)는 $m_l=+1$인 2p이다.
ㄴ. (가), (나)의 m_l는 각각 −1, 0이다.

× 매력적 오답 ㄷ. (가), (라)는 모두 2p 오비탈이므로 에너지 준위가 같다.

문제풀이 Tip

$n+l$가 (가)>(나)이므로 (나)는 1s와 2s 중 하나이고, n는 (나)>(다)이므로 (나)는 2s, (다)는 1s이다. 에너지 준위가 (나)=(라)이므로 (라)는 2p인데, m_l는 (라)>(나)이므로 (라)는 $m_l=+1$인 2p이고, (가)~(라)의 m_l 합이 0이므로 (가)는 $m_l=-1$인 2p이다.

선택지 비율	① 4%	② 7%	③ 14%	④ 8%	⑤ 67%

13 현대적 원자 모형과 전자 배치

2023학년도 수능 10번 | 정답 ⑤ | 문제편 121 p

출제 의도 바닥상태 전자 배치에 대한 자료로부터 원자를 판단하는 문항이다.

문제분석

다음은 2, 3주기 13~15족 바닥상태 원자 W~Z에 대한 자료이다. (B, C, N, Al, Si, P)

- W와 X는 다른 주기 원소이고, 원자가 전자 수는 X>Y이다. ➡ X는 13족이 아님
- W와 X의 $\frac{\text{홀전자 수}}{\text{전자가 들어 있는 오비탈 수}}$는 같다. (B와 P: W X)
- $\frac{s\ \text{오비탈에 들어 있는 전자 수}}{\text{홀전자 수}}$의 비는 X : Y : Z=1 : 1 : 3 (2, 2, 6 ➡ C, Al)이다.

이에 대한 설명으로 옳은 것만을 〈보기〉에서 있는 대로 고른 것은? (단, W~Z는 임의의 원소 기호이다.)

〈보기〉

ㄱ. Y는 3주기 (2주기) 원소이다.

ㄴ. 홀전자 수는 W와 Z가 같다. 모두 13족 원소

ㄷ. s 오비탈에 들어 있는 전자 수의 비는 X : Y=3 : 2이다. (6, 4)

① ㄱ ② ㄴ ③ ㄷ ④ ㄱ, ㄷ ⑤ ㄴ, ㄷ

✔ 자료 해석

- 2, 3주기 13~15족 바닥상태 원자의 홀전자 수, 전자가 들어 있는 오비탈 수, s 오비탈에 들어 있는 전자 수

원자	B	C	N	Al	Si	P
홀전자 수	1	2	3	1	2	3
전자가 들어 있는 오비탈 수	3	4	5	7	8	9
s 오비탈에 들어 있는 전자 수	4	4	4	6	6	6

- W와 X는 $\frac{\text{홀전자 수}}{\text{전자가 들어 있는 오비탈 수}}$가 같으므로 각각 B와 P 중 하나인데, 원자가 전자 수는 X>Y이므로 X는 13족 원소가 아니다. 따라서 W는 B, X는 P이다.
- $\frac{s\ \text{오비탈에 들어 있는 전자 수}}{\text{홀전자 수}}$는 X(P)가 2이므로 Y와 Z는 각각 2, 6이다. 따라서 Y는 C, Z는 Al이다.

○ 보기풀이 ㄴ. W(B)와 Z(Al)는 모두 13족 원소이므로 홀전자 수가 1로 같다.
ㄷ. s 오비탈에 들어 있는 전자 수는 X(P)가 6, Y(C)가 4이므로 X : Y=3 : 2이다.

✕ 매력적 오답 ㄱ. Y(C)는 2주기 원소이다.

문제풀이 Tip

13~15족 원소의 원자가 전자 수는 각각 3, 4, 5이고, 원자가 전자 수는 X>Y이므로 X는 14족 또는 15족 원소이다. 따라서 $\frac{\text{홀전자 수}}{\text{전자가 들어 있는 오비탈 수}}$로부터 W와 X를 파악할 때 13족 원소는 제외한다.

선택지 비율	① 4%	② 13%	③ 29%	④ 13%	⑤ 41%

14 현대적 원자 모형과 양자수

2023학년도 수능 11번 | 정답 ⑤ | 문제편 121 p

출제 의도 오비탈의 주 양자수, 방위 양자수, 자기 양자수를 알고 있는지 묻는 문항이다.

문제분석

그림은 수소 원자의 오비탈 (가)~(라)의 $n+l$과 $\frac{n+l+m_l}{n}$을 나타낸 것이다. n은 주 양자수이고, l은 방위(부) 양자수이며, m_l은 자기 양자수이다.

이에 대한 설명으로 옳은 것만을 〈보기〉에서 있는 대로 고른 것은? [3점]

〈보기〉

ㄱ. (나)는 3s (2p)이다.

ㄴ. 에너지 준위는 (가)와 (다)가 같다.

ㄷ. m_l는 (가)와 (라)가 같다. (0, 0)

① ㄱ ② ㄴ ③ ㄷ ④ ㄱ, ㄴ ⑤ ㄴ, ㄷ

✔ 자료 해석

- 방위(부) 양자수(l) : 주 양자수가 n일 때 $0 \le l \le n-1$의 정숫값을 갖는다.
- 자기 양자수(m_l) : 방위(부) 양자수가 l일 때 $-l \le m_l \le l$의 정숫값을 갖는다.
- (가)는 $n=2$, $l=0$인 $2s$이다.
- (나)와 (다)는 $n=2$, $l=1$인 $2p$ 또는 $n=3$, $l=0$인 $3s$이다.
- (라)는 $n=3$, $l=1$인 $3p$ 또는 $n=4$, $l=0$인 $4s$이다.
- s 오비탈은 $l=0$, $m_l=0$이므로 $\frac{n+l+m_l}{n}$이 항상 1이다.
- (가)의 $\frac{n+l+m_l}{n}=1$이고, (나)~(라)의 $\frac{n+l+m_l}{n}$은 각각 2, $\frac{3}{2}$, $\frac{4}{3}$이므로 (나)와 (다)는 $2p$이고, (라)는 $3p$이다.

○ 보기풀이 ㄴ. 수소 원자에서 오비탈의 에너지 준위는 주 양자수(n)에 의해서만 결정되므로 (가)와 (다)의 에너지 준위는 같다.
ㄷ. (가)는 $2s$이므로 $m_l=0$이며, (라)는 $3p$이고 $\frac{n+l+m_l}{n}=\frac{4}{3}$이므로 $n=3$, $l=1$, $m_l=0$이다. 따라서 (가)와 (라)의 m_l는 0으로 같다.

✕ 매력적 오답 ㄱ. (나)는 $n=2$, $l=1$, $m_l=+1$인 $2p$이다.

문제풀이 Tip

$n+l=2$인 오비탈은 $2s$뿐이라는 점을 알아둔다. 이로부터 (가)를 $2s$로 결정하면 $\frac{n+l+m_l}{n}$의 비를 이용하여 (나)~(라)를 판단할 수 있다.

선택지 비율	① 6%	② 11%	③ 15%	④ 12%	⑤ 56%

15 현대적 원자 모형과 전자 배치

2023학년도 9월 평가원 11번 | 정답 ⑤ | 문제편 121 p

출제 의도 바닥상태 전자 배치에 대한 자료로부터 원자를 판단하는 문항이다.

문제 분석

다음은 ㉠과 ㉡에 대한 설명과 2주기 바닥상태 원자 X~Z에 대한 자료이다. n은 주 양자수이고, l은 방위(부) 양자수이다. (전자가 들어 있는 오비탈의 종류 : $1s$, $2s$, $2p$)

- ㉠ : 각 원자의 바닥상태 전자 배치에서 전자가 들어 있는 오비탈 중 n가 가장 큰 오비탈 – $2s$ 또는 $2s$와 $2p$
- ㉡ : 각 원자의 바닥상태 전자 배치에서 전자가 들어 있는 오비탈 중 $n+l$가 가장 큰 오비탈 – $2s$ 또는 $2p$

원자	X ($1s^22s^2$)	Y ($1s^22s^22p^2$)	Z ($1s^22s^22p^6$)
㉠에 들어 있는 전자 수(상댓값)	1 (2)	2 (4)	4 (8)
㉡에 들어 있는 전자 수(상댓값)	1 (2)	1 (2)	3 (6)

이에 대한 설명으로 옳은 것만을 <보기>에서 있는 대로 고른 것은? (단, X~Z는 임의의 원소 기호이다.) [3점]

보기

ㄱ. Z($1s^22s^22p^6$)는 18족 원소이다.
ㄴ. 홀전자 수는 X와 Z가 같다. 0으로 같다.
ㄷ. 전자가 들어 있는 오비탈 수 비는 X : Y=1 : 2이다. (2) (4)

① ㄱ ② ㄷ ③ ㄱ, ㄴ ④ ㄴ, ㄷ ⑤ ㄱ, ㄴ, ㄷ

✓ 자료 해석

- X~Z는 2주기 원자이므로 전자가 들어 있는 오비탈 중 주 양자수(n)가 가장 큰 오비탈은 $2s$ 또는 $2s$와 $2p$이다.
- 2주기 원자에서 전자가 들어 있는 오비탈의 $n+l$

오비탈	$1s$	$2s$	$2p$
$n+l$	1	2	3

- Z의 바닥상태 전자 배치에서 ㉠에 들어 있는 전자 수가 4이면, $2s$와 $2p$에 전자가 2개씩 들어 있어야 하므로 ㉡($2p$)에 들어 있는 전자 수가 3이 될 수 없어 모순이다. 따라서 Z에서 ㉠에 들어 있는 전자 수는 8이다.
- X~Z의 ㉠과 ㉡에 들어 있는 전자 수와 전자 배치

원자	X	Y	Z
㉠에 들어 있는 전자 수	2	4	8
㉡에 들어 있는 전자 수	2	2	6
전자 배치	$1s^22s^2$	$1s^22s^22p^2$	$1s^22s^22p^6$

○ 보기 풀이 ㄱ. Z의 전자 배치는 $1s^22s^22p^6$이므로 Z는 18족 원소이다.
ㄴ. 홀전자 수는 X와 Z가 0으로 같다.
ㄷ. 전자가 들어 있는 오비탈 수는 X가 2, Y가 4이므로 X : Y=1 : 2이다.

문제풀이 Tip

㉠, ㉡에 들어 있는 전자 수가 상댓값으로 제시되어 있으므로 전자 수가 가장 많은 Z를 이용하여 실제값을 먼저 찾은 후, X와 Y의 전자 배치를 결정한다.

선택지 비율	① 4%	② 5%	③ 61%	④ 9%	⑤ 21%

16 현대적 원자 모형과 전자 배치

2023학년도 9월 평가원 15번 | 정답 ③ | 문제편 121 p

출제 의도 바닥상태 전자 배치에서 오비탈에 들어 있는 전자 수로부터 원자의 전자 배치를 파악할 수 있는지 묻는 문항이다.

문제 분석

표는 2, 3주기 바닥상태 원자 A~C에 대한 자료이다. n은 주 양자수이고, l은 방위(부) 양자수이며, m_l은 자기 양자수이다. (전자가 들어 있는 오비탈의 종류 : $1s$, $2s$, $2p$, $3s$, $3p$ / $-l \le m_l \le l$의 정숫값)

원자	A ($1s^22s^22p^4$)	B ($1s^22s^2$)	C ($1s^22s^22p^63s^23p^2$)
$n-l=1$인 오비탈($1s$와 $2p$)에 들어 있는 전자 수	6	x (2)	8
$n-l=2$인 오비탈($2s$와 $3p$)에 들어 있는 전자 수	x (2)	2	$2x$ (4)

이에 대한 설명으로 옳은 것만을 <보기>에서 있는 대로 고른 것은? (단, A~C는 임의의 원소 기호이다.) [3점]

보기

ㄱ. $x=2$이다.
ㄴ. A에서 전자가 들어 있는 오비탈($1s$, $2s$, $2p$) 중 $l+m_l=1$인 오비탈(p 오비탈)이 있다.
ㄷ. 원자가 전자 수는 ~~B와 C가 같다~~. B는 2, C는 4

① ㄱ ② ㄷ ③ ㄱ, ㄴ ④ ㄴ, ㄷ ⑤ ㄱ, ㄴ, ㄷ

✓ 자료 해석

- 2, 3주기 바닥상태 원자에서 전자가 들어 있는 오비탈은 $1s$, $2s$, $2p$, $3s$, $3p$이다.
- 5가지 오비탈의 n, l, $n-l$

오비탈	$1s$	$2s$	$2p$	$3s$	$3p$
n	1	2	2	3	3
l	0	0	1	0	1
$n-l$	1	2	1	3	2

- $n-l=1$인 오비탈은 $1s$와 $2p$이고, $n-l=2$인 오비탈은 $2s$와 $3p$이다.
- A의 전자 배치에서 $1s$와 $2p$ 오비탈에 들어 있는 전자 수가 6이므로 A의 전자 배치는 $1s^22s^22p^4$이다. 따라서 $n-l=2$인 $2s$ 오비탈에 들어 있는 전자 수는 2이므로 $x=2$이다.
- B와 C의 전자 배치는 각각 $1s^22s^2$, $1s^22s^22p^63s^23p^2$이다.

○ 보기 풀이 ㄱ. $x=2$이다.
ㄴ. A에서 전자가 들어 있는 오비탈은 $1s$, $2s$, $2p$이다. s 오비탈의 $l=0$, $m_l=0$이고, p 오비탈의 $l=1$, $m_l=-1$, 0, +1이므로 A에서 전자가 들어 있는 오비탈 중 $l+m_l=1$인 오비탈이 있다.

× 매력적 오답 ㄷ. 원자가 전자 수는 B가 2, C가 4이므로 C>B이다.

문제풀이 Tip

주 양자수와 방위 양자수의 합($n+l$)과 차($n-l$)는 자주 출제되므로 몇 가지 오비탈의 $n+l$, $n-l$ 등은 외워두는 것이 좋다.

선택지 비율	① 3%	② 7%	③ 9%	❹ 78%	⑤ 3%

17 현대적 원자 모형과 양자수

2023학년도 6월 평가원 4번 | 정답 ④ | 문제편 122 p

출제 의도 오비탈의 주 양자수와 방위 양자수를 알고 있는지 묻는 문항이다.

문제 분석

표는 수소 원자의 서로 다른 오비탈 (가)~(라)에 대한 자료이다. (가)~(라)는 각각 $2s$, $2p$, $3s$, $3p$ 중 하나이며 n은 주 양자수이고, l은 방위(부) 양자수이다.

오비탈	(가) $2s$	(나) $3s$	(다) $2p$	(라) $3p$
$n+l$	a $2+0=2$	3 $3+0=3$	3 $2+1=3$	$3+1=4$
$2l+1$	1 $0+1=1$	1 $0+1=1$	$2+1=3$	b $2+1=3$

$l=0$ ➡ s 오비탈　　p 오비탈이므로 $l=1$

이에 대한 설명으로 옳은 것만을 〈보기〉에서 있는 대로 고른 것은? [3점]

〈보기〉

ㄱ. (라)는 ~~$2p$~~ ($3p$)이다.

ㄴ. $a+b=5$이다. $a=2, b=3$

ㄷ. 에너지 준위는 (나)>(다)이다. (n가 클수록 높음, $3s$, $2p$)

① ㄱ　② ㄷ　③ ㄱ, ㄴ　④ ㄴ, ㄷ　⑤ ㄱ, ㄴ, ㄷ

✓ 자료 해석

- 주 양자수(n) : 오비탈의 에너지와 크기를 결정하고, n가 증가할수록 오비탈의 크기와 에너지 준위는 커진다.
- 방위(부) 양자수(l) : 오비탈의 모양을 결정하고, $0 \le l \le n-1$의 정숫값을 갖는다.
- s 오비탈의 $l=0$, p 오비탈의 $l=1$이므로 $2s$, $2p$, $3s$, $3p$ 오비탈의 $n+l$는 각각 2, 3, 3, 4이다. 따라서 (나)와 (다)는 각각 $2p$, $3s$ 중 하나이고, (가)와 (라)는 각각 $2s$, $3p$ 중 하나이다.
- (가)와 (나)의 $2l+1=1$, 즉 $l=0$이므로 (가)와 (나)는 모두 s 오비탈이다. 따라서 (가)는 $2s$, (나)는 $3s$, (다)는 $2p$, (라)는 $3p$이다.

○ 보기 풀이 ㄴ. (가)는 $2s$이므로 $n+l=2$이고, $a=2$이다. (라)는 $3p$이므로 $2l+1=3$이고, $b=3$이다. 따라서 $a+b=5$이다.

ㄷ. 수소 원자에서 주 양자수(n)가 클수록 오비탈의 에너지 준위가 높다. 따라서 에너지 준위는 (나)>(다)이다.

× 매력적 오답 ㄱ. (가)~(라)는 각각 $2s$, $3s$, $2p$, $3p$이다.

문제풀이 Tip

양자수는 n와 l의 합과 차의 형태로 연습해 둔다.

선택지 비율	① 17%	② 5%	❸ 67%	④ 6%	⑤ 5%

18 현대적 원자 모형과 전자 배치

2023학년도 6월 평가원 9번 | 정답 ③ | 문제편 122 p

출제 의도 바닥상태 전자 배치에서 s와 p 오비탈에 들어 있는 전자 수로부터 원자를 판단하는 문항이다.

문제 분석

표는 바닥상태 원자 X~Z에 대한 자료이다. X~Z의 원자 번호는 각각 8~15 중 하나이다.

O, F, Ne, Na, Mg, Al, Si, P

(3주기: X, Z / 2주기: Y)

원자	X Mg	Y Ne	Z P
s 오비탈에 들어 있는 전자 수	a 6	4	a 6
p 오비탈에 들어 있는 전자 수	6	a 6	9
$\frac{p\text{ 오비탈에 들어 있는 전자 수}}{s\text{ 오비탈에 들어 있는 전자 수}}$	1 $\frac{6}{6}$	b $\frac{6}{4}=\frac{3}{2}$	b $\frac{9}{6}=\frac{3}{2}$

이에 대한 설명으로 옳은 것만을 〈보기〉에서 있는 대로 고른 것은? (단, X~Z는 임의의 원소 기호이다.) [3점]

〈보기〉

ㄱ. $b=\frac{3}{2}$이다.

ㄴ. Y와 Z는 ~~같은~~ (다른) 주기 원소이다. Y(Ne)는 2주기, Z(P)는 3주기

ㄷ. 전자가 들어 있는 p 오비탈 수는 Z가 X의 2배이다. (6, 3)

① ㄱ　② ㄴ　③ ㄱ, ㄷ　④ ㄴ, ㄷ　⑤ ㄱ, ㄴ, ㄷ

✓ 자료 해석

- X는 $\frac{p\text{ 오비탈에 들어 있는 전자 수}}{s\text{ 오비탈에 들어 있는 전자 수}}=1$이므로 O($1s^2 2s^2 2p^4$) 또는 Mg($1s^2 2s^2 2p^6 3s^2$)이다.
- X가 O이면, $a=4$이므로 X와 Y는 같은 원소가 되어 조건에 맞지 않는다. 따라서 X는 Mg이고, $a=6$이다.
- $a=6$이므로 Y는 Ne과 Na 중 하나이다. Y가 Na이면 Na의 바닥상태 전자 배치는 $1s^2 2s^2 2p^6 3s^1$이므로 $b=\frac{6}{5}$이다. $a=6$이면서 $b=\frac{6}{5}$인 Z는 존재하지 않으므로 Y는 Ne이다.
- Y(Ne)의 바닥상태 전자 배치는 $1s^2 2s^2 2p^6$이므로 $b=\frac{6}{4}=\frac{3}{2}$이다.
- Z는 $a=6$, $b=\frac{3}{2}=\frac{9}{6}$인 P($1s^2 2s^2 2p^6 3s^2 3p^3$)이다.

○ 보기 풀이 ㄱ. Y(Ne)의 전자 배치는 $1s^2 2s^2 2p^6$이므로 $b=\frac{6}{4}=\frac{3}{2}$이다.

ㄷ. 전자가 들어 있는 p 오비탈 수는 X(Mg)가 3, Z(P)가 6이므로 Z가 X의 2배이다.

× 매력적 오답 ㄴ. Y(Ne)는 2주기 원소이고, Z(P)는 3주기 원소이다.

문제풀이 Tip

2, 3주기에서 $\frac{p\text{ 오비탈에 들어 있는 전자 수}}{s\text{ 오비탈에 들어 있는 전자 수}}=1$인 원소는 O와 Mg임을 기억해 둔다. 이로부터 a를 구한 후 b를 구한다.

선택지 비율	① 1%	② 1%	❸ 88%	④ 3%	⑤ 4%

19 현대적 원자 모형과 양자수

2022학년도 수능 9번 | 정답 ③ | 문제편 122p

출제 의도 오비탈의 양자수와 수소 원자에서 오비탈의 에너지 준위를 비교하여 오비탈을 알아낼 수 있는지 묻는 문항이다.

문제 분석

다음은 수소 원자의 오비탈 (가)~(다)에 대한 자료이다. n은 주 양자수이고, l은 방위(부) 양자수이다.

- (가)~(다)는 각각 $2s$, $2p$, $3s$ 중 하나이다.
- 에너지 준위는 (가)>(나)이다. 수소 원자 : $3s>2s=2p$ ➡ (가)는 $3s$
- $n+l$는 (나)>(다)이다.
  └ $2s$는 2, $2p$는 3 ➡ (나)는 $2p$

이에 대한 설명으로 옳은 것만을 〈보기〉에서 있는 대로 고른 것은?

보기

ㄱ. (가)[3s]의 자기 양자수(m_l)는 0이다.

ㄴ. (나)[2p]의 $n+l=2$[3]이다. $n=2, l=1$

ㄷ. (다)[2s]의 모양은 구형이다.

① ㄱ ② ㄴ ③ ㄱ, ㄷ ④ ㄴ, ㄷ ⑤ ㄱ, ㄴ, ㄷ

✓ 자료 해석

- 수소 원자(전자 1개)에서 오비탈의 에너지 준위 : 오비탈의 종류에 관계없이 주 양자수(n)에 의해서만 결정된다. 주 양자수(n)가 커질수록 원자핵에서 전자가 멀어지므로 원자핵과의 인력이 약해져 에너지 준위가 높아진다.($1s<2s=2p<3s=3p=3d<\cdots$)
- 수소 원자에서 오비탈의 에너지 준위는 $2s=2p<3s$이므로 (가)는 $3s$이다.
- 3가지 오비탈의 양자수 및 $n+l$

오비탈	$2s$	$2p$	$3s$
주 양자수(n)	2	2	3
방위(부) 양자수(l)	0	1	0
$n+l$	2	3	3

- $2s$ 오비탈의 $n+l=2$이고, $2p$ 오비탈의 $n+l=3$이므로 (나)는 $2p$이고, (다)는 $2s$이다.

○ 보기 풀이 ㄱ. (가)는 $3s$이므로 자기 양자수(m_l)는 0이다.
ㄷ. (다)는 $2s$이므로 (다)의 모양은 구형이다.

× 매력적 오답 ㄴ. (나)는 $2p$이므로 주 양자수(n)는 2, 방위(부) 양자수(l)는 1이다. 따라서 (나)의 $n+l=3$이다.

문제풀이 Tip

$2p$ 오비탈과 $3s$ 오비탈의 양자수는 자주 출제되므로 $2p$ 오비탈과 $3s$ 오비탈의 $n+l$의 값은 3으로 같다는 것을 알고 있어야 한다.

선택지 비율	① 5%	② 2%	❸ 85%	④ 3%	⑤ 3%

20 현대적 원자 모형과 전자 배치

2022학년도 수능 11번 | 정답 ③ | 문제편 122p

출제 의도 바닥상태 전자 배치에서 전자가 2개 들어 있는 오비탈 수, p 오비탈에 들어 있는 홀전자 수로부터 원자를 판단하는 문항이다.

문제 분석

표는 2주기 바닥상태 원자 X~Z의 전자 배치에 대한 자료이다.

원자	X C	Y O	Z F
전자가 2개 들어 있는 오비탈 수	a 2	$a+1$ 3	$a+2$ 4
p 오비탈에 들어 있는 홀전자 수	a 2	a 2	b 1

└ 2주기 원소 중 C에 해당 ➡ $a=2$

이에 대한 설명으로 옳은 것만을 〈보기〉에서 있는 대로 고른 것은? (단, X~Z는 임의의 원소 기호이다.)

보기

ㄱ. $a+b=3$이다. $a=2, b=1$

ㄴ. X의 원자가 전자 수는 2[4]이다.

ㄷ. 전자가 들어 있는 오비탈 수는 Y와 Z가 같다. Y 5, Z 5

① ㄱ ② ㄴ ③ ㄱ, ㄷ ④ ㄴ, ㄷ ⑤ ㄱ, ㄴ, ㄷ

✓ 자료 해석

- 2주기 원자의 전자가 2개 들어 있는 오비탈 수와 p 오비탈에 들어 있는 홀전자 수

원자	Li	Be	B	C	N	O	F	Ne
전자가 2개 들어 있는 오비탈 수	1	2	2	2	2	3	4	5
p 오비탈에 들어 있는 홀전자 수	0	0	1	2	3	2	1	0

- X는 전자가 2개 들어 있는 오비탈 수와 p 오비탈에 들어 있는 홀전자 수가 같으므로 X는 C이고, $a=2$이다.
- Y는 전자가 2개 들어 있는 오비탈 수가 $a+1=3$이고, p 오비탈에 들어 있는 홀전자 수가 $a=2$이므로 Y는 O이다.
- Z는 전자가 들어 있는 오비탈 수가 $a+2=4$이므로 Z는 F이고, $b=1$이다.

○ 보기 풀이 ㄱ. $a=2$, $b=1$이므로 $a+b=3$이다.
ㄷ. Y(O)와 Z(F)의 바닥상태 전자 배치는 각각 $1s^22s^22p^4$, $1s^22s^22p^5$이므로 전자가 들어 있는 오비탈 수가 5로 같다.

× 매력적 오답 ㄴ. X(C)의 바닥상태 전자 배치는 $1s^22s^22p^2$이므로 원자가 전자 수는 4이다.

문제풀이 Tip

X는 전자가 2개 들어 있는 오비탈 수와 p 오비탈에 들어 있는 홀전자 수가 같으므로 X에 해당하는 원자가 C(탄소)임을 먼저 찾으면 쉽게 풀이할 수 있다.

선택지 비율	❶ 95%	② 1%	③ 0%	④ 1%	⑤ 0%

21 현대적 원자 모형과 양자수

2022학년도 9월 평가원 4번 | 정답 ① | 문제편 123 p

출제 의도 양자수와 오비탈의 에너지 준위를 이해하는지 확인하는 문항이다.

문제분석

다음은 학생 A가 가설을 세우고 수행한 탐구 활동이다.

[가설]

- 수소 원자(└ 전자 수 1)의 오비탈 에너지 준위는 ㉠(주 양자수(n))가 커질수록 높아진다.

[탐구 과정]

(가) 수소 원자에서 주 양자수(n)가 1~3인 모든 오비탈 종류와 에너지 준위를 조사한다.

(나) (가)에서 조사한 오비탈 에너지 준위를 비교한다.

[탐구 결과]

주 양자수(n)	1	2	2	3	3	3
오비탈 종류	s	㉡ s	p	s	p	d
l :	0	0	1	0	1	2

- 오비탈 에너지 준위 : $1s < 2s = 2p < 3s = 3p = 3d$

n : 1, 2, 3

➡ 주 양자수(n)가 같으면 에너지 준위가 같고, n이 커질수록 에너지 준위가 높아짐

[결론]

- 가설은 옳다.

학생 A의 결론이 타당할 때, ㉠과 ㉡으로 가장 적절한 것은? [3점]

	㉠	㉡
①	주 양자수(n)	s
②	주 양자수(n)	p
③	주 양자수(n)	d
④	방위(부) 양자수(l)	s
⑤	방위(부) 양자수(l)	p

✓ 자료 해석

- 수소 원자(전자 1개)에서 오비탈의 에너지 준위 : 오비탈의 종류에 관계없이 주 양자수(n)에 의해서만 결정된다. 주 양자수(n)가 커질수록 원자핵에서 전자가 멀어지므로 원자핵과의 인력이 약해져 에너지 준위가 높아진다.($1s < 2s = 2p < 3s = 3p = 3d < \cdots$)
- 전자가 2개 이상인 다전자 원자에서 오비탈의 에너지 준위 : 주 양자수(n)뿐만 아니라 오비탈의 종류에 따라서도 에너지 준위가 달라진다. 주 양자수(n)가 같아도 s, p, d, f 순으로 에너지 준위가 높아진다. ($1s < 2s < 2p < 3s < 3p < 4s < 3d < \cdots$)
- 주 양자수(n) : 오비탈의 에너지와 크기를 결정하고, n이 증가할수록 오비탈의 크기와 에너지 준위는 커진다.
- 방위(부) 양자수(l) : 오비탈의 모양을 결정하고, $0 \leq l \leq n-1$의 정숫값을 갖는다.

ⓞ 보기풀이 탐구 결과를 보면 수소 원자에서 오비탈의 에너지 준위는 $1s < 2s = 2p < 3s = 3p = 3d$이므로 오비탈의 방위(부) 양자수($l$)와 관계없이 오비탈의 주 양자수($n$)가 커질수록 오비탈의 에너지가 높아짐을 알 수 있다. 따라서 ㉠은 주 양자수(n)이다. 주 양자수(n)가 2인 오비탈은 $2s$ 오비탈과 $2p$ 오비탈이므로 ㉡은 s이다.

문제풀이 Tip

오비탈의 에너지 준위는 전자가 1개인 수소 원자와 전자가 2개 이상인 다전자 원자에서 서로 다르다. 탐구 결과를 보면 주 양자수(n)가 같은 오비탈의 에너지 준위는 같고, 주 양자수(n)가 커질수록 에너지 준위가 높아진다.

선택지 비율	① 3%	② 3%	❸ 84%	④ 4%	⑤ 4%

22 현대적 원자 모형과 전자 배치

2022학년도 9월 평가원 11번 | 정답 ③ | 문제편 123p

출제 의도 바닥상태 전자 배치를 이해하고 오비탈에 들어 있는 전자 수를 분석할 수 있는지 묻는 문항이다.

문제 분석

다음은 원자 번호가 20 이하인 바닥상태 원자 X~Z에 대한 자료이다.

- X~Z 각각의 전자 배치에서 $\frac{p \text{ 오비탈에 들어 있는 전자 수}}{s \text{ 오비탈에 들어 있는 전자 수}} = \frac{3}{2}$으로 같다. 각각 Ne, P, Ca 중 하나
- 원자 번호는 X > Y > Z이다. (Ca P Ne)

이에 대한 설명으로 옳은 것만을 〈보기〉에서 있는 대로 고른 것은? (단, X~Z는 임의의 원소 기호이다.) [3점]

보기

ㄱ. X의 원자가 전자 수는 2이다. Ca은 2족

ㄴ. Y의 홀전자 수는 0이다. P는 15족 ➡ 홀전자 수 3

ㄷ. Z에서 전자가 들어 있는 오비탈 수는 5이다. $1s, 2s, 2p_x, 2p_y, 2p_z$

① ㄱ ② ㄴ ③ ㄱ, ㄷ ④ ㄴ, ㄷ ⑤ ㄱ, ㄴ, ㄷ

✔ 자료 해석

- 바닥상태는 쌓음 원리, 훈트 규칙, 파울리 배타 원리를 모두 만족한다.
- 쌓음 원리 : 전자는 에너지 준위가 낮은 오비탈부터 순서대로 채워진다.
- 파울리 배타 원리 : 1개의 오비탈에는 전자가 최대 2개까지 채워지며, 이 두 전자는 서로 다른 스핀 방향을 갖는다.
- 훈트 규칙 : 에너지 준위가 같은 오비탈이 여러 개 있을 때 쌍을 이루지 않는 전자(홀전자) 수가 최대가 되도록 전자가 채워진다.
- 원자 번호가 20 이하인 원자에서 $\frac{p \text{ 오비탈에 들어 있는 전자 수}}{s \text{ 오비탈에 들어 있는 전자 수}} = \frac{3}{2}$인 것은 $\frac{6}{4}$인 Ne, $\frac{9}{6}$인 P, $\frac{12}{8}$인 Ca 3가지이다.
- 원자 번호는 Ca > P > Ne이고 조건에서 X > Y > Z이므로 X는 Ca, Y는 P, Z는 Ne이다.
- X(Ca) : $1s^22s^22p^63s^23p^64s^2$
- Y(P) : $1s^22s^22p^63s^23p^3$
- Z(Ne) : $1s^22s^22p^6$

○ 보기 풀이 ㄱ. X(Ca)는 4주기 2족 원소이므로 원자가 전자 수가 2이다.
ㄷ. Z(Ne)의 전자 배치는 $1s^22s^22p^6$이므로 전자가 들어 있는 오비탈 수는 5이다.

✕ 매력적 오답 ㄴ. Y(P)는 3주기 15족 원소이고, Y의 전자 배치는 $1s^22s^22p^63s^23p^3$이므로 홀전자 수는 3이다.

문제풀이 Tip

전자가 들어 있는 오비탈 수, 홀전자 수, s 오비탈과 p 오비탈에 들어 있는 전자 수 등은 자주 등장하므로 전자 배치를 통해 연습해둔다. 2, 3주기 원소에서 오비탈에 들어 있는 전자 수 비가 $s : p = 2 : 3$인 원자는 Ne, P이고, $s : p = 1 : 1$인 원자는 O, Mg이다.

선택지 비율	① 2%	② 4%	③ 4%	❹ 77%	⑤ 11%

23 현대적 원자 모형과 양자수

2022학년도 6월 평가원 9번 | 정답 ④ | 문제편 123p

출제 의도 양자수와 오비탈의 종류 및 특성을 이해하는지 확인하는 문항이다.

문제 분석

전자 수 1 ➡ 주 양자수(n)에 의해서만 오비탈의 에너지 준위 결정

다음은 수소 원자의 오비탈 (가)~(다)에 대한 자료이다. n은 주 양자수이고, l은 방위(부) 양자수이다.

- (가)~(다)는 각각 $2s$, $2p$, $3s$, $3p$ 중 하나이다.
- (나)의 모양은 구형이다. $2s$, $3s$ 중 하나
- $n-l$는 (다) > (나) > (가)이다. ($3s$ $2s$ $2p$)

(가)~(다)의 에너지 준위를 비교한 것으로 옳은 것은?

① (가) = (나) > (다)
② (나) > (가) > (다)
③ (나) > (다) > (가)
④ (다) > (가) = (나) n이 클수록 큼 ➡ (다) > (가) = (나)
⑤ (다) > (가) > (나)

문제풀이 Tip

주 양자수와 방위 양자수의 합($n+l$)과 차($n-l$)는 자주 등장하므로 미리 연습해둔다. 수소 원자의 에너지 준위는 주 양자수(n)에 의해서만 결정된다는 것에 유의한다.

✔ 자료 해석

- 주 양자수(n) : 오비탈의 에너지와 크기를 결정하고, n이 증가할수록 오비탈의 크기와 에너지 준위는 커진다.
- 방위(부) 양자수(l) : 오비탈의 모양을 결정하고, $0 \leq l \leq n-1$의 정숫값을 갖는다.
- s 오비탈 : 공 모양(구형)으로 핵으로부터 거리가 같으면 방향에 관계없이 전자가 발견될 확률이 같다.
- p 오비탈 : 아령 모양으로 핵으로부터의 거리와 방향에 따라 전자가 발견될 확률이 다르다.
- (나)는 구형이므로 $2s$, $3s$ 중 하나이다.
- $2s$, $2p$, $3s$, $3p$ 오비탈의 양자수 및 $n-l$

오비탈	$2s$	$2p$	$3s$	$3p$
주 양자수(n)	2	2	3	3
방위(부) 양자수(l)	0	1	0	1
$n-l$	2	1	3	2

- $n-l$는 (다) > (나) > (가)이므로 (가)는 $2p$, (다)는 $3s$이고, (나)는 $2s$이다.

○ 보기 풀이 (가)는 $2p$, (나)는 $2s$, (다)는 $3s$이다. 전자가 1개인 수소 원자의 경우, 오비탈의 에너지 준위는 오비탈의 종류에 관계없이 주 양자수(n)에 의해서만 결정되므로 (가)~(다)의 에너지 준위는 (다) > (가) = (나)이다.

선택지 비율	① 14%	② 2%	❸ 77%	④ 2%	⑤ 2%

24 현대적 원자 모형과 전자 배치

2022학년도 6월 평가원 11번 | 정답 ③ | 문제편 123 p

출제 의도 전자 배치 규칙과 바닥상태 전자 배치를 이해하는지 확인하는 문항이다.

문제 분석

다음은 2주기 바닥상태 원자 X와 Y에 대한 자료이다.

- X의 홀전자 수는 0이다. 2족, 18족 ➡ Be, Ne 중 하나
- 전자가 2개 들어 있는 오비탈 수는 Y가 X의 2배이다. (Be은 2, Ne은 5 / Y: F, X: Be)

이에 대한 설명으로 옳은 것만을 〈보기〉에서 있는 대로 고른 것은? (단, X와 Y는 임의의 원소 기호이다.)

보기

ㄱ. X는 베릴륨(Be)이다. $1s^22s^2$

ㄴ. Y의 원자가 전자 수는 7이다. F은 17족

ㄷ. s 오비탈에 들어 있는 전자 수는 Y>X이다. Y(F) 4, X(Be) 4 (=)

① ㄱ ② ㄷ ③ ㄱ, ㄴ ④ ㄴ, ㄷ ⑤ ㄱ, ㄴ, ㄷ

✓ 자료 해석

- 바닥상태 원자의 족에 따른 홀전자 수

족	1	2	13	14	15	16	17	18
홀전자 수	1	0	1	2	3	2	1	0

- X는 홀전자 수가 0이므로 Be, Ne 중 하나이다.
- 전자가 2개 들어 있는 오비탈 수는 Be이 2, Ne이 5이고, 2주기에서 전자가 2개 들어 있는 오비탈 수의 최댓값은 5이므로 X는 Be이고, Y는 전자가 2개 들어 있는 오비탈 수가 4인 F이다.
- X(Be) : $1s^22s^2$
- Y(F) : $1s^22s^22p_x^22p_y^22p_z^1$

○ 보기 풀이 ㄱ. X는 Be이고, Y는 F이다.

ㄴ. Y(F)는 17족 원소이므로 원자가 전자 수는 7이다.

✕ 매력적 오답 ㄷ. s 오비탈에 들어 있는 전자 수는 X(Be)와 Y(F)가 4로 서로 같다.

문제풀이 Tip

족에 따른 홀전자 수는 자주 등장하므로 외워두는 것이 좋다. 2주기 원소는 Li을 제외하고 모두 s 오비탈에 전자가 2개 들어 있다.

선택지 비율	① 1%	② 2%	③ 2%	④ 8%	❺ 87%

25 현대적 원자 모형과 전자 배치

2021학년도 수능 3번 | 정답 ⑤ | 문제편 124 p

출제 의도 전자 배치 규칙 3가지를 구분하여 알고 제시된 전자 배치에 적용하는 문항이다.

문제 분석

그림 (가)~(라)는 학생들이 그린 산소(O) 원자의 전자 배치이다.

	$1s$	$2s$	$2p$			$3s$
바닥상태 (가)	↑↓	↑↓	↑↓	↑	↑	
바닥상태 (나)	↑↓	↑↓	↑	↑	↑↓	
(다)	↑↓	↑↓	↑↑	↑	↑	
(라)	↑↓	↑↓	↑	↑	↑	↑

(다): 파울리 배타 원리 위배 / (라): 쌓음 원리 위배

이에 대한 설명으로 옳은 것만을 〈보기〉에서 있는 대로 고른 것은? [3점]

보기

ㄱ. (가)와 (나)는 모두 바닥상태의 전자 배치이다.

ㄴ. (다)는 파울리 배타 원리에 어긋난다.

ㄷ. (라)는 들뜬상태의 전자 배치이다.

① ㄱ ② ㄷ ③ ㄱ, ㄴ ④ ㄴ, ㄷ ⑤ ㄱ, ㄴ, ㄷ

✓ 자료 해석

- 쌓음 원리 : 전자는 에너지 준위가 낮은 오비탈부터 순서대로 채워진다.
- 훈트 규칙 : 에너지 준위가 같은 오비탈이 여러 개 있을 때 홀전자 수가 최대가 되도록 전자가 채워진다.
- 파울리 배타 원리 : 1개의 오비탈에는 전자가 최대 2개까지 채워지며, 이 두 전자는 서로 다른 스핀 방향을 갖는다.
- (가)와 (나)는 쌓음 원리, 훈트 규칙, 파울리 배타 원리를 모두 만족하는 바닥상태이다.
- (다)는 $2p$ 오비탈에서 한 오비탈에 스핀 방향이 같은 전자 2개가 들어 있어 파울리 배타 원리에 어긋난다.
- (라)는 에너지 준위가 낮은 $2p$ 오비탈에 전자가 모두 채워지지 않고 $3s$ 오비탈에 전자가 배치된 들뜬상태이다.

○ 보기 풀이 ㄱ. $2p$ 오비탈의 에너지 준위는 같으므로 (가)와 (나)는 모두 바닥상태의 전자 배치이다.

ㄴ. (다)의 $2p$ 오비탈에 스핀 방향이 같은 전자 2개가 들어 있으므로 (다)는 파울리 배타 원리에 어긋난다.

ㄷ. (라)는 $2p$ 오비탈에 전자가 모두 채워지지 않은 상태에서 $3s$ 오비탈에 전자가 들어 있으므로 쌓음 원리에 위배된다. 따라서 들뜬상태의 전자 배치이다.

문제풀이 Tip

전자 배치를 그림으로 제시하는 문항에서는 바닥상태인지 들뜬상태인지를 구분하고 전자 배치 규칙 3가지의 만족 여부를 묻는 형태로 자주 출제된다.

선택지 비율	① 85%	② 3%	③ 7%	④ 3%	⑤ 2%

26 현대적 원자 모형과 양자수

2021학년도 수능 7번 | 정답 ① | 문제편 124p

출제 의도 오비탈과 양자수를 이해하는지 확인하는 문항이다.

문제 분석

표는 수소 원자의 오비탈 (가)~(다)에 대한 자료이다. n, l, m_l는 각각 주 양자수, 방위(부) 양자수, 자기 양자수이다.

	$n+l$	$l+m_l$
1s 오비탈 (가)	1	0
2s 오비탈 (나)	2	0
2p 오비탈 (다)	3	① ➡ 3s 오비탈이 될 수 없음

이에 대한 설명으로 옳은 것만을 〈보기〉에서 있는 대로 고른 것은? [3점]

보기

ㄱ. 방위(부) 양자수(l)는 (가)=(나)이다. (가)와 (나) 모두 0

ㄴ. 에너지 준위는 (가)~~>~~(나)이다. <

ㄷ. (다)의 모양은 ~~구형~~이다. 아령형

① ㄱ ② ㄴ ③ ㄱ, ㄷ ④ ㄴ, ㄷ ⑤ ㄱ, ㄴ, ㄷ

✔ 자료 해석

- 주 양자수(n)는 오비탈의 에너지와 크기를 결정하는 양자수이다.
- 방위(부) 양자수(l)는 오비탈의 모양을 결정하는 양자수이다.
- 자기 양자수(m_l)는 오비탈이 어떤 방향으로 존재하는지에 관련된 양자수이고, $-l \le m_l \le l$의 정숫값을 갖는다.
- s 오비탈은 방위(부) 양자수(l)와 자기 양자수(m_l)가 모두 0이다.
- p 오비탈의 방위(부) 양자수(l)는 1, 자기 양자수(m_l)는 +1, 0, −1이다.
- $n+l=1$인 경우는 $n=1$, $l=0$일 때이므로 (가)는 1s 오비탈이다.
- $n+l=2$인 경우는 $n=2$, $l=0$일 때이므로 (나)는 2s 오비탈이다.
- $n+l=3$인 경우는 $n=2$, $l=1$이거나 $n=3$, $l=0$일 때인데, $n=3$, $l=0$일 때 $l+m_l=0$이므로 (다)는 $n=2$, $l=1$인 2p 오비탈이다.

○ 보기 풀이 ㄱ. (가)와 (나)의 방위(부) 양자수(l)는 0으로 같다.

✕ 매력적 오답 ㄴ. (가)의 주 양자수(n)는 1, (나)의 주 양자수(n)는 2이고, 주 양자수(n)가 클수록 오비탈의 에너지 준위가 높으므로 에너지 준위는 (나)>(가)이다.

ㄷ. (다)는 2p 오비탈이므로 오비탈의 모양은 아령형이다.

문제풀이 Tip

같은 원자 또는 서로 다른 원자에서 전자가 들어 있는 오비탈의 주 양자수(n)와 방위(부) 양자수(l)의 합($n+l$)으로부터 오비탈을 파악하는 것이 핵심이다. 이때 가능한 오비탈의 경우의 수를 방위(부) 양자수(l)와 자기 양자수(m_l)의 합($l+m_l$)을 이용하여 한 가지로 추릴 수 있다.

선택지 비율	① 2%	② 9%	③ 3%	④ 82%	⑤ 2%

27 현대적 원자 모형과 전자 배치

2021학년도 9월 평가원 2번 | 정답 ④ | 문제편 124p

출제 의도 전자 배치 규칙을 이해하는지 확인하는 문항이다.

문제 분석

그림은 학생들이 그린 원자 $_6C$의 전자 배치 (가)~(다)를 나타낸 것이다.

	1s	2s	2p		
(가)	↑↓	↑	↑	↑	↑
(나)	↑↓	↑↓	↑↓		
(다)	↑↓	↑↓	↑	↑	

쌓음 원리 위배 / 훈트 규칙 위배 / 바닥상태

이에 대한 설명으로 옳은 것만을 〈보기〉에서 있는 대로 고른 것은?

보기

ㄱ. (가)는 쌓음 원리를 ~~만족한다~~. 만족하지 않는다.

ㄴ. (다)는 바닥상태 전자 배치이다.

ㄷ. (가)~(다)는 모두 파울리 배타 원리를 만족한다.

① ㄱ ② ㄴ ③ ㄱ, ㄷ ④ ㄴ, ㄷ ⑤ ㄱ, ㄴ, ㄷ

문제풀이 Tip

쌓음 원리, 훈트 규칙, 파울리 배타 원리를 구별하여 알아둔다. 바닥상태의 전자 배치는 3가지 규칙을 모두 만족해야 한다.

✔ 자료 해석

- 쌓음 원리 : 전자는 에너지 준위가 낮은 오비탈부터 순서대로 채워진다.
- 파울리 배타 원리 : 1개의 오비탈에는 전자가 최대 2개까지 채워지며, 이 두 전자는 서로 다른 스핀 방향을 갖는다.
- 훈트 규칙 : 에너지 준위가 같은 오비탈이 여러 개 있을 때 홀전자 수가 최대가 되도록 전자가 채워진다.
- 다전자 원자에서 오비탈의 에너지 준위는 2s<2p이다. (가)는 2s 오비탈에 전자 2개가 채워지지 않고 에너지 준위가 더 높은 2p 오비탈에 전자가 채워졌으므로 쌓음 원리를 만족하지 않는 들뜬상태 전자 배치이다.
- (나)는 쌓음 원리는 만족하지만, 에너지 준위가 같은 2p 오비탈에 전자가 채워질 때 홀전자 수가 최대가 아니므로 훈트 규칙에 위배되는 들뜬상태 전자 배치이다.
- (다)는 쌓음 원리, 파울리 배타 원리, 훈트 규칙을 모두 만족하는 바닥상태 전자 배치이다.

○ 보기 풀이 ㄴ. (다)는 쌓음 원리, 훈트 규칙, 파울리 배타 원리를 모두 만족하는 바닥상태 전자 배치이다.

ㄷ. (가)~(다)는 모두 한 오비탈에 들어 있는 2개의 전자의 스핀 방향이 다르므로 파울리 배타 원리를 만족한다.

✕ 매력적 오답 ㄱ. (가)는 2s 오비탈에 전자를 모두 채우지 않았으므로 쌓음 원리를 만족하지 않는다.

선택지 비율	❶ 75%	② 1%	③ 18%	④ 1%	⑤ 3%

28 현대적 원자 모형과 양자수

2021학년도 9월 평가원 10번 | 정답 ① | 문제편 124 p

출제 의도 오비탈과 양자수를 이해하는지 확인하는 문항이다.

문제 분석

그림은 오비탈 (가), (나)를 모형으로 나타낸 것이고, 표는 오비탈 A, B에 대한 자료이다. (가), (나)는 각각 A, B 중 하나이다.

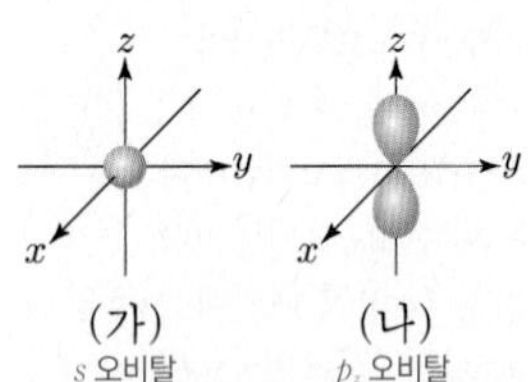

오비탈	주 양자수 (n)	방위(부) 양자수 (l)
(가) A 1s	1	a 0
(나) B 2p_z	2	b 1

이에 대한 설명으로 옳은 것만을 〈보기〉에서 있는 대로 고른 것은? [3점]

보기

ㄱ. (가)는 A이다.

ㄴ. $a+b=2$이다. (1) $a=0, b=1$

ㄷ. (나)의 자기 양자수(m_l)는 $+\frac{1}{2}$이다. $-1, 0, +1$ 중 하나

① ㄱ ② ㄴ ③ ㄱ, ㄷ ④ ㄴ, ㄷ ⑤ ㄱ, ㄴ, ㄷ

✓ 자료 해석

- s 오비탈 : 공 모양(구형)이며 $n=1$부터 존재한다.
- p 오비탈 : 아령 모양이며 $n=2$부터 존재하고, 한 전자 껍질에 에너지 준위가 같은 p_x, p_y, p_z 오비탈이 존재한다.
- 주 양자수(n) : 오비탈의 에너지와 크기를 결정한다.
- 방위(부) 양자수(l) : 오비탈의 모양을 결정하고, $0 \leq l \leq n-1$의 정숫값을 갖는다.
- 자기 양자수(m_l) : 오비탈이 어떤 방향으로 존재하는지에 관련된 양자수이고, $-l \leq m_l \leq l$의 정숫값을 갖는다.
- (가)는 s 오비탈, (나)는 p_z 오비탈이다.
- A는 $n=1$이므로 s 오비탈만 가능하여 $a=0$이고, 1s 오비탈이다.
- B는 p_z 오비탈이므로 $b=1$이고, $n=2$이므로 2p_z 오비탈이다.
- (가)는 A, (나)는 B이다.

○ 보기 풀이 ㄱ. A는 $n=1$로 p 오비탈이 될 수 없으므로 1s이고, (가)는 A이다.

× 매력적 오답 ㄴ. A는 주 양자수(n)가 1이므로 1s 오비탈이고, B는 주 양자수(n)가 2이므로 2p_z 오비탈이다. 따라서 $a=0$이고, $b=1$이므로 $a+b=1$이다.
ㄷ. (나)의 방위(부) 양자수(l)는 1이므로 자기 양자수(m_l)는 -1, 0, $+1$ 중 하나이다.

문제풀이 Tip

양자수에서 정수가 아닌 값을 가지는 것은 스핀 자기 양자수(m_s)뿐이고, $+\frac{1}{2}$, $-\frac{1}{2}$의 2가지만 가능하다.

03 원소의 주기적 성질

선택지 비율	① 4%	② 4%	❸ 77%	④ 7%	⑤ 8%

1 원소의 주기적 성질

2025학년도 수능 15번 | 정답 ③ | 문제편 126 p

출제 의도 이온화 에너지, 원자 반지름, 이온 반지름의 주기적 성질을 알고 있는지 묻는 문항이다.

문제 분석

그림 (가)는 원자 W~Y의 $\frac{\text{제1 이온화 에너지}}{\text{원자 반지름}}$를, (나)는 원자 X~Z의 $\frac{\text{이온 반지름}}{|\text{이온의 전하}|}$을 나타낸 것이다. W~Z는 O, F, Mg, Al을 순서 없이 나타낸 것이고, W~Z의 이온은 모두 Ne의 전자 배치를 갖는다.

이온 반지름은 O>F>Mg>Al

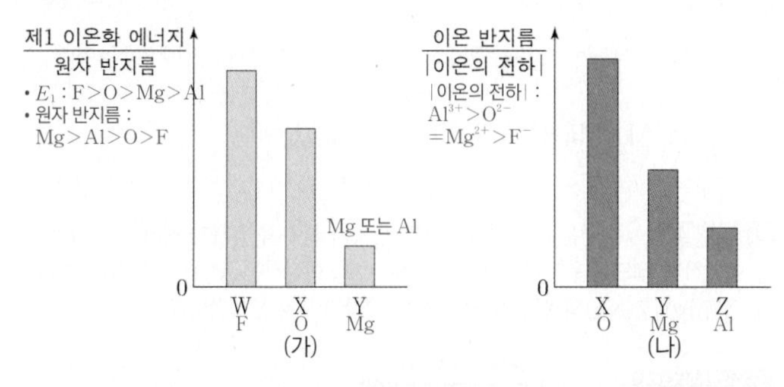

이에 대한 설명으로 옳은 것만을 〈보기〉에서 있는 대로 고른 것은?

〈보기〉

ㄱ. W는 F이다. 2족이 매우 큼

ㄴ. $\frac{\text{제3 이온화 에너지}}{\text{제2 이온화 에너지}}$는 X>Y이다. (<) X(O)<Y(Mg)

ㄷ. 원자가 전자가 느끼는 유효 핵전하는 Z>Y이다. Al>Mg (같은 주기에서 원자 번호가 클수록 큼)

① ㄱ ② ㄴ ③ ㄱ, ㄷ ④ ㄴ, ㄷ ⑤ ㄱ, ㄴ, ㄷ

✓ 자료 해석

- 원자 반지름 : 같은 족에서 원자 번호가 커질수록 증가하고, 같은 주기에서 원자 번호가 커질수록 감소한다.
- 전자 수가 같은 이온 반지름 : 원자 번호가 커질수록 유효 핵전하가 증가하므로 이온 반지름이 감소한다.
- 같은 주기에서는 원자 번호가 클수록 원자가 전자가 느끼는 유효 핵전하가 크다.
- 제1 이온화 에너지는 F>O>Mg>Al이고, 원자 반지름은 Mg>Al>O>F이므로 $\frac{\text{제1 이온화 에너지}}{\text{원자 반지름}}$는 F>O>(Mg, Al)이다.
- 이온 반지름은 O>F>Mg>Al이고, |이온의 전하|는 O가 2, F이 1, Mg이 2, Al이 3이므로 $\frac{\text{이온 반지름}}{|\text{이온의 전하}|}$은 (O, F)>Mg>Al이다.
- $\frac{\text{제1 이온화 에너지}}{\text{원자 반지름}}$는 W>X>Y이므로 Y는 Mg, Al 중 하나이다.
- $\frac{\text{이온 반지름}}{|\text{이온의 전하}|}$은 Mg>Al인데, (나)에서 $\frac{\text{이온 반지름}}{|\text{이온의 전하}|}$은 Y>Z이므로 Y, Z는 각각 Mg, Al이다.
- W, X는 각각 O, F 중 하나인데, $\frac{\text{제1 이온화 에너지}}{\text{원자 반지름}}$가 F>O이고, W>X이므로 W, X는 각각 F, O이다.
- W~Z는 각각 F, O, Mg, Al이다.

O 보기풀이 ㄱ. W는 F이다.
ㄷ. Y(Mg), Z(Al)는 모두 3주기 원소인데, 원자 번호가 Z(Al)>Y(Mg)이므로 원자가 전자가 느끼는 유효 핵전하는 Z(Al)>Y(Mg)이다.

× 매력적 오답 ㄴ. Y(Mg)는 2족 원소로 $\frac{\text{제3 이온화 에너지}}{\text{제2 이온화 에너지}}$가 다른 족 원소보다 매우 크므로 $\frac{\text{제3 이온화 에너지}}{\text{제2 이온화 에너지}}$는 X(O)<Y(Mg)이다.

문제풀이 Tip

이온 반지름은 O>F>Mg>Al이고 O, F, Mg, Al의 |이온의 전하|는 각각 2, 1, 2, 3인데, O와 F의 이온 반지름은 큰 차이가 나지 않으므로 $\frac{\text{이온 반지름}}{|\text{이온의 전하}|}$은 F>O>Mg>Al이다. (나)에서 $\frac{\text{이온 반지름}}{|\text{이온의 전하}|}$이 X>Y>Z이므로 X는 F, O 중 하나인데, X가 F일 때 (가)에서 $\frac{\text{제1 이온화 에너지}}{\text{원자 반지름}}$가 W>X(F)인 W는 존재하지 않아 적절하지 않으므로 X는 O이다.

Part II 수능 평가원

선택지 비율	① 2%	② 11%	③ 5%	❹ 75%	⑤ 7%

2 원소의 주기적 성질

2025학년도 9월 평가원 10번 | 정답 ④ | 문제편 126 p

출제 의도 제1 이온화 에너지와 제2 이온화 에너지의 관계, 원자 반지름과 이온 반지름의 관계를 통해 원소의 종류를 판단할 수 있는지 묻는 문항이다.

문제 분석

그림 (가)는 원자 W~Y의 ㉠을, (나)는 원자 X~Z의 $\frac{\text{제2 이온화 에너지}(E_2)}{\text{제1 이온화 에너지}(E_1)}$를 나타낸 것이다. W~Z는 F(비금속), Na, Mg(금속), Al을 순서 없이 나타낸 것이고, W~Y의 이온은 모두 Ne의 전자 배치를 갖는다. ㉠은 $\frac{\text{원자 반지름}}{\text{이온 반지름}}$과 $\frac{\text{이온 반지름}}{\text{원자 반지름}}$ 중 하나이다.

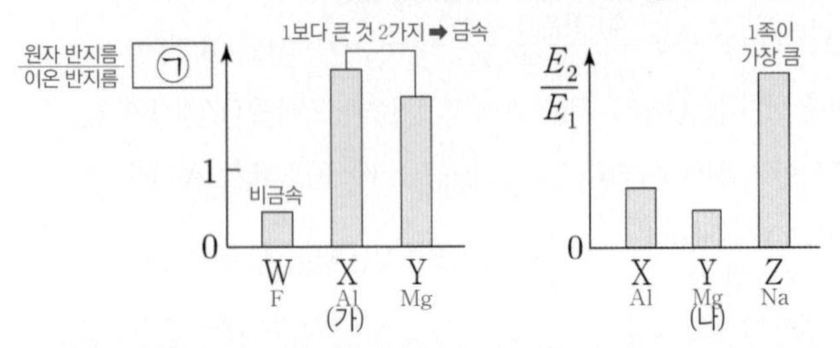

이에 대한 설명으로 옳은 것만을 〈보기〉에서 있는 대로 고른 것은? [3점]

〈보기〉

ㄱ. ㉠은 $\frac{\text{이온 반지름}}{\text{원자 반지름}}$이다. (원자/이온으로 수정)

ㄴ. 원자가 전자가 느끼는 유효 핵전하는 X>Y이다. Al>Mg (같은 주기에서 원자 번호가 클수록 큼)

ㄷ. 원자가 전자 수는 Y>Z이다. Mg(2)>Na(1)

① ㄱ　② ㄷ　③ ㄱ, ㄴ　④ ㄴ, ㄷ　⑤ ㄱ, ㄴ, ㄷ

✓ 자료 해석

- 금속은 원자 반지름>이온 반지름으로 $\frac{\text{원자 반지름}}{\text{이온 반지름}}>1$이고, 비금속은 원자 반지름<이온 반지름으로 $\frac{\text{원자 반지름}}{\text{이온 반지름}}<1$이다.
- W~Z는 F, Na, Mg, Al을 순서 없이 나타낸 것으로, 비금속은 F 1가지이다.
- (가)에서 2가지 원소 X, Y의 ㉠이 1보다 크므로 X, Y는 모두 금속이다. 금속의 ㉠이 1보다 크므로 ㉠은 $\frac{\text{원자 반지름}}{\text{이온 반지름}}$이고, W는 비금속인 F이다.
- (나)에서 Z의 $\frac{E_2}{E_1}$가 다른 원소보다 매우 크므로 Z는 1족 원소인 Na이다.
- $\frac{E_2}{E_1}$는 Al>Mg이므로 X, Y는 각각 Al, Mg이다.

○ 보기 풀이 ㄴ. 같은 주기에서는 원자 번호가 클수록 원자가 전자가 느끼는 유효 핵전하가 크므로 원자가 전자가 느끼는 유효 핵전하는 X(Al)>Y(Mg)이다.
ㄷ. Y(Mg), Z(Na)의 원자가 전자 수는 각각 2, 1로 Y>Z이다.

× 매력적 오답 ㄱ. ㉠은 $\frac{\text{원자 반지름}}{\text{이온 반지름}}$이다.

문제풀이 Tip

(나)에서 Z의 $\frac{E_2}{E_1}$가 다른 원소보다 매우 크므로 Z는 1족 원소인 Na임을 알아차릴 수 있어야 한다.

선택지 비율	① 8%	② 4%	❸ 65%	④ 6%	⑤ 17%

3 원소의 주기적 성질

2025학년도 6월 평가원 10번 | 정답 ③ | 문제편 126 p

출제 의도 제1 이온화 에너지, 원자 반지름, 이온 반지름의 주기성을 알고 있는지 묻는 문항이다.

문제 분석

다음은 원자 X~Z에 대한 자료이다. X~Z는 각각 N, O, F, Na, Mg 중 하나이고, X~Z의 이온은 모두 Ne의 전자 배치를 갖는다.

(3, 2, 0) 또는 (3 : 1 : 1) ➡ (N, O, Mg) 또는 (N, F, Na) ➡ 비금속 2가지, 금속 1가지

- 바닥상태 전자 배치에서 X~Z의 홀전자 수 합은 5이다.
- 제1 이온화 에너지는 X~Z 중 Y가 가장 크다.
- (가)와 (나)는 각각 원자 반지름과 이온 반지름 중 하나이다.

Y는 비금속 ➡ Y는 N, Z는 O

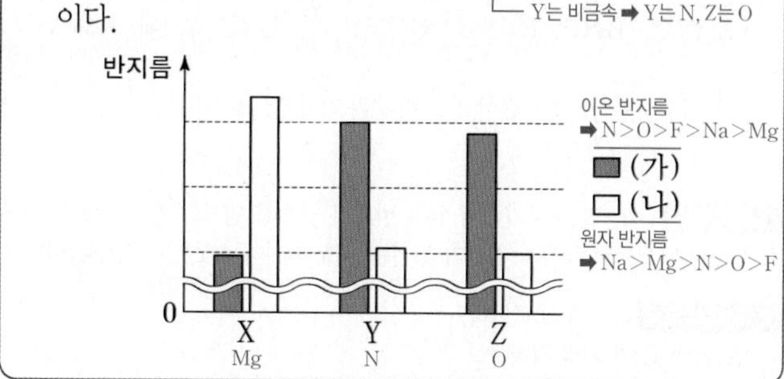

이에 대한 설명으로 옳은 것만을 〈보기〉에서 있는 대로 고른 것은? [3점]

보기

ㄱ. (가)는 이온 반지름이다.
ㄴ. X는 ~~Na~~이다. Mg
ㄷ. 전기 음성도는 Z>Y이다. O>N
같은 주기에서 원자 번호가 클수록 큼

① ㄱ ② ㄴ ③ ㄱ, ㄷ ④ ㄴ, ㄷ ⑤ ㄱ, ㄴ, ㄷ

✓ 자료 해석

- 제1 이온화 에너지는 F>N>O>Mg>Na이다.
- 금속 원소는 원자 반지름>이온 반지름이고, 비금속 원소는 원자 반지름<이온 반지름이다.
- 바닥상태 원자 N, O, F, Na, Mg의 홀전자 수는 각각 3, 2, 1, 1, 0이고, X~Z의 홀전자 수 합이 5이므로 X~Z의 홀전자 수는 각각 3, 2, 0 중 하나이거나 각각 3, 1, 1 중 하나이다. 따라서 X~Z에는 N가 포함되어 있다.
- X는 (가)<(나)이고 Y는 (가)>(나)이므로 X~Z에는 금속과 비금속 원소가 모두 포함되어 있는데, X~Z 중 제1 이온화 에너지는 Y가 가장 크므로 Y는 비금속 원소이다.
- Y에서 (가)>(나)이므로 (가), (나)는 각각 이온 반지름, 원자 반지름이다.
- Z는 (가)>(나)이므로 비금속 원소이다.
- 이온 반지름이 Y>Z이므로 원자 번호는 Y<Z인데, 제1 이온화 에너지는 Y>Z이므로 Y, Z는 각각 N, O이다.
- 바닥상태 Y(N), Z(O)의 홀전자 수는 각각 3, 2인데, X~Z의 홀전자 수의 합은 5이므로 X는 홀전자 수가 0인 Mg이다.

○ 보기풀이 ㄱ. (가)는 이온 반지름이다.
ㄷ. 같은 주기에서는 원자 번호가 클수록 전기 음성도가 크므로 전기 음성도는 Z(O)>Y(N)이다.

× 매력적 오답 ㄴ. X는 Mg이다.

문제풀이 Tip

N, O, F, Na, Mg에서 제1 이온화 에너지가 가장 큰 것은 비금속 원소인 N, O, F 중 하나이다. 제1 이온화 에너지는 Y가 가장 크므로 Y는 비금속 원소이다. Y는 (가)>(나)이므로 (가)는 이온 반지름, (나)는 원자 반지름이고, Z는 비금속 원소이다. 또한, 홀전자 수가 3인 것은 15족뿐이므로 X~Z에는 반드시 N가 포함된다.

선택지 비율	① 4%	❷ 58%	③ 11%	④ 10%	⑤ 17%

4 원소의 주기적 성질

2025학년도 6월 평가원 16번 | 정답 ② | 문제편 127p

출제 의도 순차 이온화 에너지를 비교하여 원자의 종류를 판단할 수 있는지 묻는 문항이다.

문제 분석

표는 원자 X~Z의 제n 이온화 에너지(E_n)에 대한 자료이다. E_a, E_b는 각각 E_2, E_3 중 하나이고, X~Z는 각각 Be, B, C 중 하나이다.

E_1: B<C, E_2: B>C ➡ $\frac{E_2}{E_1}$: B>C

원자	X Be	Y C	Z B
$\frac{E_2}{E_1}$ $\frac{E_a}{E_1}$	2.0	2.2	3.0
$\frac{E_3}{E_1}$ $\frac{E_b}{E_1}$	16.5	4.3	4.6

$E_a<E_b$ ➡ $a=2$, $b=3$ / $E_2 \ll E_3$ ➡ 2족

X~Z에 대한 설명으로 옳은 것만을 〈보기〉에서 있는 대로 고른 것은?

〈보기〉

ㄱ. Y는 B이다. (C)

ㄴ. 원자가 전자가 느끼는 유효 핵전하는 Y>X이다. (같은 주기에서 원자 번호가 클수록 큼, C>Be)

ㄷ. E_1는 Z가 가장 크다. (B<Be<C, Y)

① ㄱ ② ㄴ ③ ㄱ, ㄷ ④ ㄴ, ㄷ ⑤ ㄱ, ㄴ, ㄷ

✓ 자료 해석

- 제1 이온화 에너지는 C>Be>B이다.
- 제2 이온화 에너지는 B>C>Be이다.
- 제3 이온화 에너지는 Be≫C>B이다.
- X~Z에서 모두 $\frac{E_b}{E_1} > \frac{E_a}{E_1}$이므로 $E_b > E_a$이고, $E_3 > E_2$이다. 따라서 $a=2$, $b=3$이다.
- X는 $E_3 \gg E_2$이므로 2족 원소인 Be이고, Y와 Z는 각각 B, C 중 하나이다.
- E_1는 C>B이고, E_2는 B>C이므로 $\frac{E_2}{E_1}$는 B>C인데, 자료에서 $\frac{E_a}{E_1}\left(=\frac{E_2}{E_1}\right)$는 Y<Z이므로 Y, Z는 각각 C, B이다.

○ 보기풀이 ㄴ. 같은 주기에서 원자 번호가 클수록 원자가 전자가 느끼는 유효 핵전하가 크므로 원자가 전자가 느끼는 유효 핵전하는 Y(C)>X(Be)이다.

× 매력적 오답 ㄱ. Y는 C이다.

ㄷ. E_1는 Y(C)가 가장 크다.

문제풀이 Tip

2주기 1족 원소인 Li은 $\frac{E_2}{E_1}$가 다른 원소들에 비해 매우 크지만 Be, B, C는 모두 $\frac{E_2}{E_1}$가 다른 원소들에 비해 매우 큰 것은 아니다. 그런데 X의 $\frac{E_b}{E_1}$가 16.5로 매우 크므로 b는 2가 될 수 없고, 3이다. 2족 원소인 Be은 $E_3 \gg E_2$이므로 $\frac{E_3}{E_2}$와 $\frac{E_3}{E_1}$가 모두 2주기 다른 원소들에 비해 매우 크다. 따라서 X는 Be이다.

선택지 비율	① 2%	❷ 79%	③ 5%	④ 6%	⑤ 8%

5 원소의 주기적 성질

2024학년도 수능 5번 | 정답 ② | 문제편 127p

출제 의도 이온의 전자 배치 모형으로부터 해당 원소를 판단할 수 있고, 원소의 주기적 성질을 알고 있는지 묻는 문항이다.

문제 분석

그림은 이온 X^+, Y^{2-}, Z^{2-}의 전자 배치를 모형으로 나타낸 것이다.

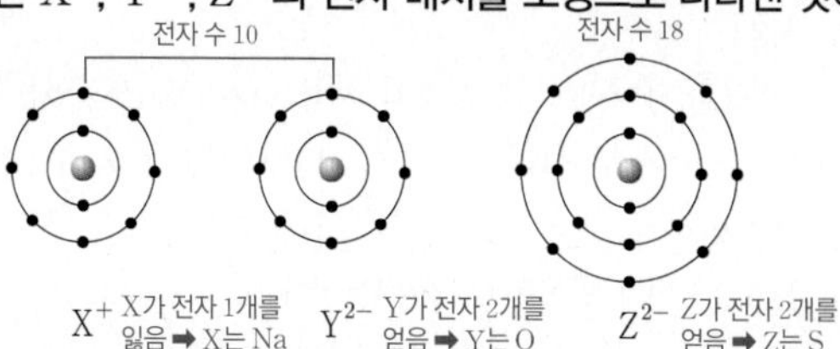

이에 대한 설명으로 옳은 것만을 〈보기〉에서 있는 대로 고른 것은? (단, X~Z는 임의의 원소 기호이다.) [3점]

보기

ㄱ. X와 Y는 같은(다른) 주기 원소이다. X(Na)는 3주기, Y(O)는 2주기

ㄴ. 전기 음성도는 Y>Z이다. Y(O)>Z(S)

ㄷ. 원자가 전자가 느끼는 유효 핵전하는 X>Z(<)이다. X(Na)<Z(S)

① ㄱ ② ㄴ ③ ㄷ ④ ㄱ, ㄴ ⑤ ㄴ, ㄷ

✔ 자료 해석

- X^+은 전자 1개를 잃고 전자 수가 10이므로 X는 전자 수가 11인 Na이다.
- Y^{2-}은 전자 2개를 얻고 전자 수가 10이므로 Y는 전자 수가 8인 O이다.
- Z^{2-}은 전자 2개를 얻고 전자 수가 18이므로 Z는 전자 수가 16인 S이다.

O 보기풀이 ㄴ. 같은 족에서는 원자 번호가 작을수록 전기 음성도가 크다. Y(O), Z(S)는 모두 16족 원소인데, 원자 번호가 Y(O)<Z(S)이므로 전기 음성도는 Y(O)>Z(S)이다.

× 매력적 오답 ㄱ. X(Na)는 3주기, Y(O)는 2주기 원소이다.
ㄷ. X(Na)와 Z(S)는 모두 3주기 원소인데, 원자 번호가 X(Na)<Z(S)이므로 원자가 전자가 느끼는 유효 핵전하는 X(Na)<Z(S)이다.

문제풀이 Tip

이온의 전자 배치 모형에서 이온의 전하와 전자 수를 통해 원소의 주기와 족을 알 수 있다. 양이온은 이온의 전자 수에 전하의 절댓값을 더하고, 음이온은 이온의 전자 수에서 전하의 절댓값을 빼면 원자일 때의 전자 수를 구할 수 있다.

선택지 비율	① 12%	② 7%	③ 8%	❹ 66%	⑤ 7%

6 원소의 주기적 성질

2024학년도 수능 15번 | 정답 ④ | 문제편 127p

출제 의도 이온화 에너지, 원자 반지름과 이온 반지름, 전기 음성도의 주기성을 알고 있는지 묻는 문항이다.

문제 분석

그림 (가)는 원자 A~D의 제2이온화 에너지(E_2)와 ㉠을, (나)는 원자 C~E의 전기 음성도를 나타낸 것이다. A~E는 O, F, Na, Mg, Al을 순서 없이 나타낸 것이고, A~E의 이온은 모두 Ne의 전자 배치를 갖는다. ㉠은 원자 반지름과 이온 반지름 중 하나이다.

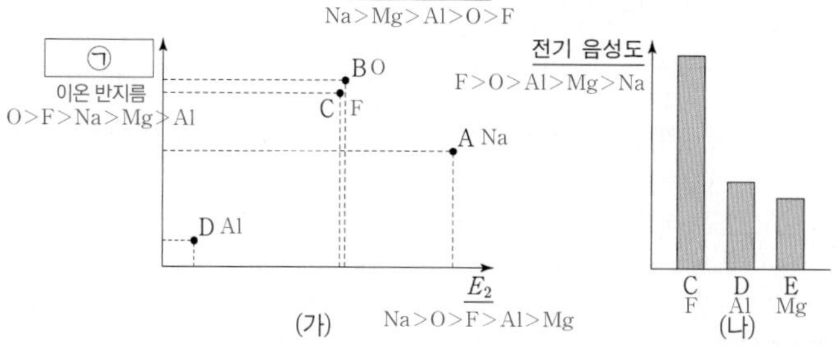

이에 대한 설명으로 옳은 것만을 〈보기〉에서 있는 대로 고른 것은?

보기

ㄱ. B는 산소(O)이다.

ㄴ. ㉠은 원자(이온) 반지름이다.

ㄷ. $\frac{\text{제3 이온화 에너지}}{\text{제2 이온화 에너지}}$는 E>D이다. E(Mg)>D(Al)
같은 주기에서 2족이 가장 큼

① ㄱ ② ㄷ ③ ㄱ, ㄴ ④ ㄱ, ㄷ ⑤ ㄴ, ㄷ

✔ 자료 해석

- 제2 이온화 에너지는 2주기에서 17족<16족이고, 3주기에서 2족<13족<1족이다.
- 원자 반지름은 Na>Mg>Al>O>F, 이온 반지름은 O>F>Na>Mg>Al, E_2는 Na>O>F>Al>Mg, 전기 음성도는 F>O>Al>Mg>Na이다.
- E_2는 Na>O>F>Al>Mg인데, 자료에서 A>B>C>D이므로 A를 Na이라고 하면 D는 Mg과 Al 중 하나이다. 그런데 전기 음성도가 D>E이므로 D는 Al이다. E_2가 A>B>C>D(Al)이므로 A~E는 각각 Na, O, F, Al, Mg이다.
- ㉠은 A~D 중 B(O)가 가장 크므로 이온 반지름이다.

O 보기풀이 ㄱ. B는 산소(O)이다.
ㄷ. E(Mg)는 2족 원소이므로 같은 주기 원소 중 $\frac{\text{제3 이온화 에너지}}{\text{제2 이온화 에너지}}$가 가장 크다. 따라서 $\frac{\text{제3 이온화 에너지}}{\text{제2 이온화 에너지}}$는 E(Mg)>D(Al)이다.

× 매력적 오답 ㄴ. ㉠은 이온 반지름이다.

문제풀이 Tip

㉠이 원자 반지름일 때 D는 O와 F 중 하나인데, O와 F의 E_2는 5가지 원소 중 각각 2, 3번째로 크므로 자료와 맞지 않는다. 따라서 ㉠은 이온 반지름이다.

선택지 비율	① 7%	② 3%	❸ 79%	④ 3%	⑤ 8%

7 원소의 주기적 성질

2024학년도 9월 평가원 11번 | 정답 ③ | 문제편 127 p

출제 의도 순차 이온화 에너지, 유효 핵전하, 원자 반지름의 주기적 성질을 알고 있는지 묻는 문항이다.

문제 분석

그림은 원자 W~Z의 $\frac{\text{제1 이온화 에너지}(E_1)}{\text{제2 이온화 에너지}(E_2)}$를 나타낸 것이다. W~Z는 각각 Li, Be, B, C 중 하나이고, 제1 이온화 에너지는 Y>Z이다.

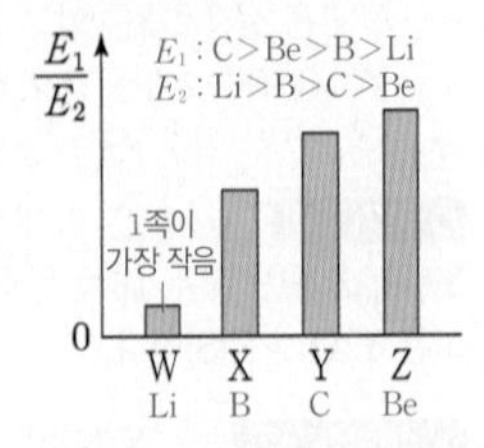

W~Z에 대한 설명으로 옳은 것만을 〈보기〉에서 있는 대로 고른 것은? [3점]

〈보기〉
ㄱ. W는 Li이다.
ㄴ. 원자가 전자가 느끼는 유효 핵전하는 Y>X이다. Y(C)>X(B)
ㄷ. 원자 반지름은 ~~Z~~(Y(C))가 가장 작다. W(Li)>Z(Be)>X(B)>Y(C)

① ㄱ ② ㄷ ③ ㄱ, ㄴ ④ ㄴ, ㄷ ⑤ ㄱ, ㄴ, ㄷ

✓ 자료 해석

- 2주기에서 제1 이온화 에너지 : 1족<13족<2족<14족<16족<15족<17족<18족
- 2주기에서 제2 이온화 에너지 : 2족<14족<13족<15족<17족<16족<18족<1족
- 제1 이온화 에너지(E_1)는 C>Be>B>Li이고, 제2 이온화 에너지(E_2)는 Li>B>C>Be이므로 $\frac{E_1}{E_2}$가 가장 작은 것은 Li이고, 두 번째로 작은 것은 B이므로 W는 Li, X는 B이다.
- E_1은 Y>Z이므로, Y는 C, Z는 Be이다.

○ 보기 풀이 ㄱ. W는 $\frac{E_1}{E_2}$가 가장 작으므로 1족인 Li이다.

ㄴ. 원자가 전자가 느끼는 유효 핵전하는 같은 주기에서 원자 번호가 클수록 크므로 Y(C)>X(B)이다

× 매력적 오답 ㄷ. 같은 주기에서 원자 번호가 클수록 원자 반지름이 작고 원자 번호는 Y(C)>X(B)>Z(Be)>W(Li)이므로, 원자 반지름은 Y(C)가 가장 작다.

문제풀이 Tip

1족은 $E_1 \ll E_2$이므로 같은 주기에서 $\frac{E_1}{E_2}$가 가장 작은 것은 1족이다. 제1 이온화 에너지는 2, 3주기에서 2족>13족이다.

선택지 비율	① 3%	② 10%	③ 13%	④ 8%	❺ 66%

8 원소의 주기적 성질

2024학년도 6월 평가원 10번 | 정답 ⑤ | 문제편 128 p

출제 의도 홀전자 수와 원자가 전자 수를 이용하여 원자를 판단할 수 있는지 묻는 문항이다.

문제 분석

표는 2, 3주기 바닥상태 원자 X~Z에 대한 자료이다.

원자	X O	Y Na	Z Si
원자 번호	$m-3$ 11−3	m 11	$m+3$ 11+3
$\frac{\text{홀전자 수}}{\text{원자가 전자 수}}$(상댓값)	㉠ $\frac{2}{6}$	6 $\frac{1}{1}$	3 $\frac{2}{4}$

이에 대한 설명으로 옳은 것만을 〈보기〉에서 있는 대로 고른 것은? (단, X~Z는 임의의 원소 기호이다.)

〈보기〉
ㄱ. ㉠은 ~~1~~(2)이다. ㉠ : 6 = $\frac{1}{3}$: 1
ㄴ. 홀전자 수는 X와 Z가 같다. 14족과 16족의 홀전자 수는 2
ㄷ. 제1 이온화 에너지는 X>Z>Y이다. O Si Na

① ㄱ ② ㄴ ③ ㄷ ④ ㄱ, ㄴ ⑤ ㄴ, ㄷ

✓ 자료 해석

- 바닥상태 원자의 홀전자 수와 원자가 전자 수

족	1	2	13	14	15	16	17	18
홀전자 수	1	0	1	2	3	2	1	0
원자가 전자 수	1	2	3	4	5	6	7	0

- 같은 족 원자의 $\frac{\text{홀전자 수}}{\text{원자가 전자 수}}$는 같다.
- $\frac{\text{홀전자 수}}{\text{원자가 전자 수}}$의 비가 2 : 1(=6 : 3)인 원자의 조합은 (1족, 14족)이다. Y는 1족, Z는 14족인데 Z는 Y보다 원자 번호가 3 크므로 Y와 Z는 같은 주기이다.
- Y가 2주기인 Li일 때 X의 원자 번호는 0이 되어 부적절하므로 Y는 3주기인 Na이고, X는 O, Z는 Si이다. 따라서 $m=11$이다.

○ 보기 풀이 ㄴ. 홀전자 수는 X(O)와 Z(Si)가 2로 같다.

ㄷ. 제1 이온화 에너지는 O>Si>Na이므로 X>Z>Y이다.

× 매력적 오답 ㄱ. X(O)의 $\frac{\text{홀전자 수}}{\text{원자가 전자 수}}=\frac{2}{6}=\frac{1}{3}$이다. Y(Na)의 $\frac{\text{홀전자 수}}{\text{원자가 전자 수}}=1$이므로 ㉠ : 6 = $\frac{1}{3}$: 1이고, ㉠은 2이다.

문제풀이 Tip

Y는 Li과 Na 중 하나인데, Y가 Li(2주기)이면 Y보다 원자 번호가 3이 작은 X는 2주기 원소가 될 수 없다.

선택지 비율	① 4%	❷ 61%	③ 6%	④ 17%	⑤ 12%

9 원소의 주기적 성질

2024학년도 6월 평가원 13번 | 정답 ② | 문제편 128 p

출제 의도 양자수와 전자 배치를 통해 원자를 판단하고 주기적 성질을 알고 있는지 묻는 문항이다.

문제 분석

다음은 ㉠에 대한 설명과 2주기 바닥상태 원자 W~Z에 대한 자료이다. n은 주 양자수이고, l은 방위(부) 양자수이다.

- ㉠ : 바닥상태 전자 배치에서 전자가 들어 있는 오비탈 중 $n+l$가 가장 큰 오비탈
- ㉠에 들어 있는 전자 수와 원자가 전자가 느끼는 유효 핵전하(Z^*)

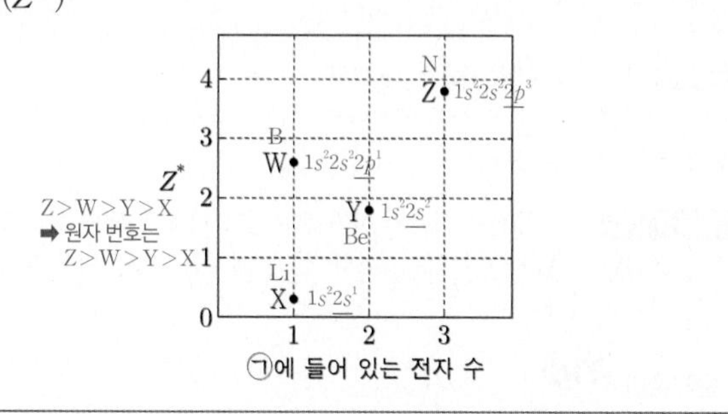

이에 대한 설명으로 옳은 것만을 〈보기〉에서 있는 대로 고른 것은? (단, W~Z는 임의의 원소 기호이다.) [3점]

보기

ㄱ. Y는 ~~탄소(C)~~이다. 베릴륨(Be)

ㄴ. 원자 반지름은 X>Z이다. X(Li)>Z(N)

ㄷ. 전기 음성도는 Y>W이다. Y(Be)<W(B)

① ㄱ ② ㄴ ③ ㄷ ④ ㄱ, ㄴ ⑤ ㄴ, ㄷ

✓ 자료 해석

- 원자 반지름 : 같은 족에서 원자 번호가 커질수록 증가하고, 같은 주기에서 원자 번호가 커질수록 감소한다.
- 전기 음성도 : 2, 3주기에서 같은 족에서는 원자 번호가 커질수록 감소하고, 같은 주기에서는 원자 번호가 커질수록 증가한다.
- 2주기 바닥상태 원자의 ㉠은 $2s$, $2p$ 중 하나이다. Li, Be의 ㉠은 $2s$, B부터 Ne까지의 ㉠은 $2p$이다.
- 같은 주기에서는 원자 번호가 클수록 원자가 전자가 느끼는 유효 핵전하가 크다.
- ㉠에 들어 있는 전자 수가 1인 W, X는 각각 Li, B 중 하나이고, ㉠에 들어 있는 전자 수가 2인 Y는 Be, C 중 하나인데, 원자가 전자가 느끼는 유효 핵전하는 X<Y<W로, 원자 번호가 X<Y<W이므로 W~Y는 각각 B, Li, Be이다.
- ㉠에 들어 있는 전자 수가 3인 Z는 N이다.

○ 보기풀이 ㄴ. 같은 주기에서 원자 번호가 클수록 원자 반지름이 작으므로 원자 반지름은 X(Li)>Z(N)이다.

× 매력적 오답 ㄱ. Y는 Be이다.

ㄷ. 같은 주기에서는 원자 번호가 클수록 전기 음성도가 크므로 전기 음성도는 Y(Be)<W(B)이다.

문제풀이 Tip

$n+l$는 $2s$가 2, $2p$가 3이다. 2주기 원자 중 Li, Be은 $2s$까지만 전자가 들어 있고, $2s$에 들어 있는 전자 수는 1 또는 2이므로 ㉠에 들어 있는 전자 수가 3인 Z는 $2p$에 전자 3개가 들어 있는 N이다.

선택지 비율	① 5%	② 4%	③ 7%	❹ 81%	⑤ 3%

10 원소의 주기적 성질

2023학년도 수능 6번 | 정답 ④ | 문제편 128 p

출제 의도 홀전자 수, 전자 배치와 전기 음성도로부터 원자의 종류를 결정하고 주기적 성질을 비교할 수 있는지 묻는 문항이다.

문제 분석

다음은 바닥상태 원자 W~Z에 대한 자료이다. W~Z의 원자 번호는 각각 8~14 중 하나이다. (O, F, Ne, Na, Mg, Al, Si)

- W~Z에는 모두 홀전자가 존재한다. ➡ Ne, Mg 제외
- 전기 음성도는 W~Z 중 W가 가장 크고, X가 가장 작다. (W: F, X: Al)
- 전자가 2개 들어 있는 오비탈 수의 비는 X : Y : Z = 2 : 2 : 1이다. (=6 : 6 : 3) ➡ X와 Y는 각각 Al과 Si 중 하나, Z는 O

이에 대한 설명으로 옳은 것만을 〈보기〉에서 있는 대로 고른 것은? (단, W~Z는 임의의 원소 기호이다.) [3점]

〈보기〉
ㄱ. Z는 2주기 원소이다.
ㄴ. Ne의 전자 배치를 갖는 이온의 반지름은 X>W이다. (X(Al)<W(F))
ㄷ. 원자가 전자가 느끼는 유효 핵전하는 Y>X이다. (Si>Al)

① ㄱ ② ㄷ ③ ㄱ, ㄴ ④ ㄱ, ㄷ ⑤ ㄴ, ㄷ

✓ 자료 해석

- 원자 번호 8~14인 원자는 O, F, Ne, Na, Mg, Al, Si인데, 이 중 2족, 18족인 Ne과 Mg은 홀전자 수가 0이므로 W~Z는 각각 O, F, Na, Al, Si 중 하나이다.
- O, F, Na, Al, Si의 전자가 2개 들어 있는 오비탈 수는 각각 3, 4, 5, 6, 6이므로 X와 Y는 각각 Al과 Si 중 하나이고, Z는 O이다.
- 전기 음성도는 같은 주기에서 원자 번호가 커질수록 대체로 증가하고, 같은 족에서 원자 번호가 커질수록 대체로 감소하며, F이 가장 크다.
- W~Z 중 전기 음성도는 W가 가장 크고, X가 가장 작으므로 W는 Na일 수 없다. 따라서 W는 F, X는 Al, Y는 Si이다.

O 보기 풀이 ㄱ. Z(O)는 2주기 원소이다.
ㄷ. 원자가 전자가 느끼는 유효 핵전하는 같은 주기에서 원자 번호가 클수록 크므로 Y(Si)>X(Al)이다.

✕ 매력적 오답 ㄴ. 등전자 이온의 반지름은 원자 번호가 작을수록 크다. 원자 번호는 X(Al)>W(F)이므로 Ne의 전자 배치를 갖는 이온의 반지름은 X(Al)<W(F)이다.

문제풀이 Tip

원자 번호 8~14인 원자의 전자가 2개 들어 있는 오비탈 수는 3~6이므로 3번째 자료로부터 Z는 O임을 가장 먼저 결정할 수 있고, W는 Z(O)보다 전기 음성도가 크므로 F만 가능하다.

선택지 비율	① 6%	② 9%	③ 9%	❹ 70%	⑤ 6%

11 원소의 주기적 성질

2023학년도 수능 12번 | 정답 ④ | 문제편 128 p

출제 의도 순차 이온화 에너지와 원자 반지름의 주기성을 알고 있는지 묻는 문항이다.

문제 분석

그림 (가)는 원자 W~Y의 제3~제5 이온화 에너지(E_3~E_5)를, (나)는 원자 X~Z의 원자 반지름을 나타낸 것이다. W~Z는 C, O, Si, P을 순서 없이 나타낸 것이다.

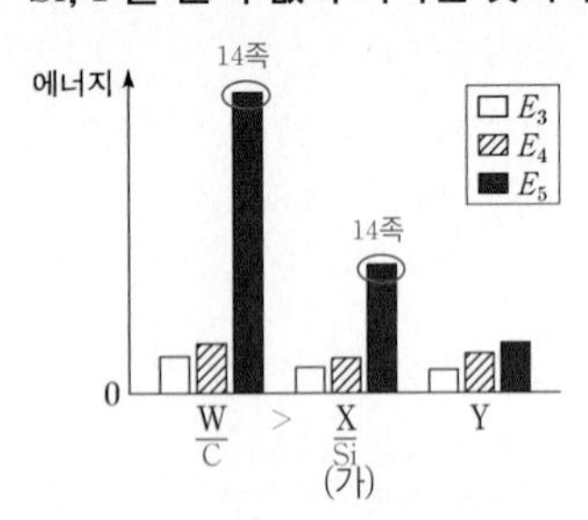

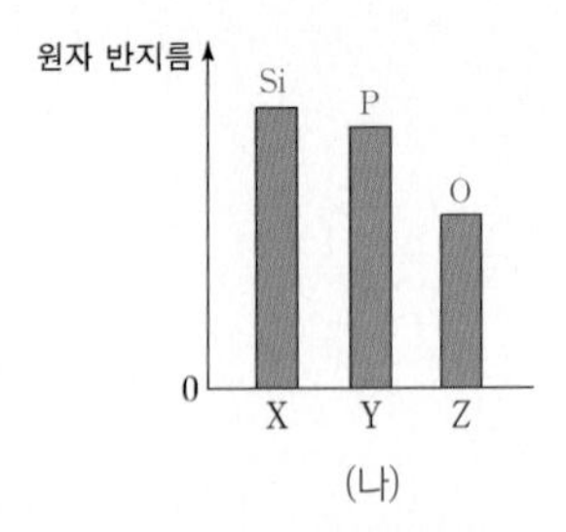

이에 대한 설명으로 옳은 것만을 〈보기〉에서 있는 대로 고른 것은?

〈보기〉
ㄱ. X는 Si이다.
ㄴ. W와 Y는 ~~같은 주기~~ 원소이다. W는 2주기, Y는 3주기
ㄷ. 제2 이온화 에너지는 Z>Y이다. ((Z)O>N>P(Y))

① ㄱ ② ㄷ ③ ㄱ, ㄴ ④ ㄱ, ㄷ ⑤ ㄴ, ㄷ

✓ 자료 해석

- 순차 이온화 에너지 : 기체 상태의 원자 1 mol에서 전자를 1 mol씩 차례대로 떼어 내는 데 필요한 단계별 에너지
- 원자가 전자를 모두 떼어 낸 후 그 다음 전자를 떼어 낼 때는 안쪽 전자 껍질에서 전자가 떨어지게 되므로 순차 이온화 에너지가 급격히 증가한다. 따라서 순차 이온화 에너지가 급격히 증가하기 직전까지 떼어 낸 전자 수는 원자가 전자 수와 같다.
- 이온화 에너지는 같은 족에서 원자 번호가 커질수록 감소한다.
- 원자 반지름은 같은 주기에서 원자 번호가 커질수록 감소하고, 같은 족에서 원자 번호가 커질수록 증가한다.
- W와 X는 $E_4 \ll E_5$이므로 원자가 전자 수가 4인 14족 원소이며, 이온화 에너지는 W>X이므로 W는 C, X는 Si이다.
- Y와 Z는 각각 O와 P 중 하나이고, 원자 반지름은 Y>Z이므로 Y는 P, Z는 O이다.

O 보기 풀이 ㄱ. W~Z는 각각 C, Si, P, O이다.
ㄷ. 제2 이온화 에너지는 같은 주기에서 16족 원소가 15족 원소보다 크고, 같은 족에서 원자 번호가 커질수록 감소한다. 따라서 Z(O)>Y(P)이다.

✕ 매력적 오답 ㄴ. W(C)는 2주기 원소, Y(P)는 3주기 원소이다.

문제풀이 Tip

순차 이온화 에너지로부터 W와 X는 14족 원소이며, 원자 번호는 X>W임을 알 수 있다. Y와 Z는 각각 O와 P 중 하나이므로 원자 반지름의 주기성을 이용하면 Y와 Z를 결정할 수 있다.

선택지 비율	❶ 83%	② 9%	③ 3%	④ 1%	⑤ 4%

12 원소의 주기적 성질

2023학년도 9월 평가원 2번 | 정답 ① | 문제편 129 p

출제 의도 원자가 전자가 느끼는 유효 핵전하와 원자 반지름의 주기성을 알고 있는지 묻는 문항이다.

문제 분석

다음은 학생 A가 수행한 탐구 활동이다.

[가설] B, C, N, O, F ➡ 모두 2주기

• 원자 번호가 5~9인 원자들은 원자가 전자가 느끼는 유효 핵전하가 커질수록 원자 반지름이 ㉠ .
(원자 번호가 커질수록 / 작아진다)

[탐구 과정]

(가) 원자 번호가 5~9인 원자들의 원자 반지름과 원자가 전자가 느끼는 유효 핵전하를 조사한다.

(나) (가)에서 조사한 각 원자들의 원자 반지름을 원자가 전자가 느끼는 유효 핵전하에 따라 점으로 표시한다.

[탐구 결과] 원자 번호가 커질수록 작아진다.

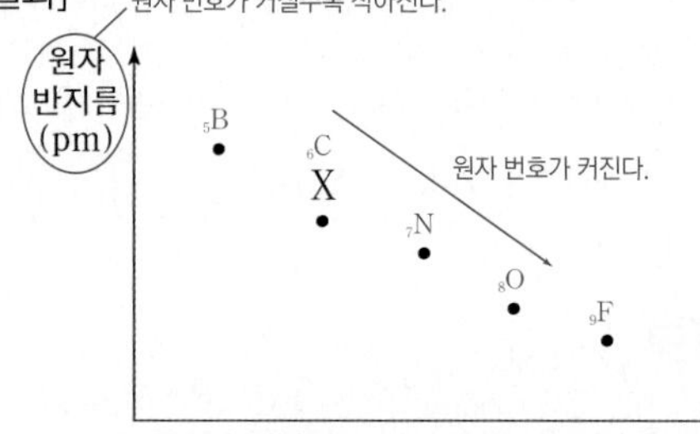

원자 번호가 커질수록 커진다.

[결론]

• 가설은 옳다.

학생 A의 결론이 타당할 때, ㉠과 X의 원자 번호로 가장 적절한 것은? (단, X는 임의의 원소 기호이다.) [3점]

	㉠	X의 원자 번호
①	작아진다	6
②	작아진다	8
③	커진다	6
④	커진다	7
⑤	커진다	8

✓ 자료 해석

• 원자 번호 5~9인 원자는 B, C, N, O, F으로 모두 2주기 원자이다.
• 같은 주기에서 원자 번호가 커질수록 원자가 전자가 느끼는 유효 핵전하는 커지고, 원자 반지름은 작아진다.
➡ 같은 주기에서 원자가 전자가 느끼는 유효 핵전하가 커질수록 원자 반지름은 작아진다.

○ 보기 풀이 탐구 결과로부터 원자가 전자가 느끼는 유효 핵전하가 커질수록 원자 반지름이 작아지는 것을 알 수 있다. 탐구 활동을 통해 가설이 옳다는 결론을 내렸으므로 ㉠으로 적절한 것은 '작아진다'이며, X는 원자 번호 6인 탄소(C)이다.

문제풀이 Tip

같은 주기에서 원자 번호가 커질수록 원자가 전자가 느끼는 유효 핵전하가 커지며, 유효 핵전하가 커질수록 핵과 원자가 전자 사이의 전기적 인력이 증가하므로 원자 반지름은 작아진다.

선택지 비율	① 6%	② 5%	③ 8%	④ 5%	⑤ 76%

13 원소의 주기적 성질

2023학년도 9월 평가원 10번 | 정답 ⑤ | 문제편 129p

출제 의도 전자 배치와 전기 음성도로부터 원자의 종류를 결정하고 이온화 에너지를 비교할 수 있는지 묻는 문항이다.

문제 분석

s 오비탈에 들어 있는 전자 수 : 3, 4, 5, 6

다음은 2, 3주기 바닥상태 원자 W~Z에 대한 자료이다.

- W~Z의 전자 배치에 대한 자료

원자	W (Cl)	X (Al)	Y (B)	Z (Li)
홀전자 수 (13족 또는 17족)	1	1	1	1
s 오비탈에 들어 있는 전자 수	⑥	⑥	④	3

(W, X: 3주기 / Y: 2주기)

- 전기 음성도는 W > Y > X이다. (원자 번호는 W > X이고, Y는 13족(17족×) → W: Cl, X: Al)
- Y와 Z는 같은 주기 원소이다. (2주기)

W~Z에 대한 설명으로 옳은 것만을 〈보기〉에서 있는 대로 고른 것은? (단, W~Z는 임의의 원소 기호이다.) [3점]

〈보기〉

ㄱ. W는 Cl이다.

ㄴ. X와 Y는 같은 족 원소이다. (13족)

ㄷ. $\frac{\text{제2 이온화 에너지}}{\text{제1 이온화 에너지}}$는 Z > Y이다. (1족) (13족)

① ㄱ ② ㄷ ③ ㄱ, ㄴ ④ ㄴ, ㄷ ⑤ ㄱ, ㄴ, ㄷ

✓ 자료 해석

- 2, 3주기 바닥상태 원자에서 s 오비탈에 들어 있는 전자 수는 3, 4, 5, 6 중 하나이다.
- W와 X는 s 오비탈의 전자 수가 6이므로 3주기 원소이고, 홀전자 수가 1이므로 13족 또는 17족 원소이다. 따라서 각각 Al과 Cl 중 하나이다.
- Y는 s 오비탈의 전자 수가 4이므로 2주기 원소이고, 홀전자 수가 1이므로 13족 또는 17족 원소이다. 따라서 B와 F 중 하나이다.
- 전기 음성도는 같은 주기에서 원자 번호가 커질수록 대체로 증가하고, 같은 족에서 원자 번호가 커질수록 대체로 감소하며, F이 가장 크다.
- 전기 음성도는 W > Y > X이므로 W는 Cl, X는 Al이며, Y는 B이다.
- Z는 2주기 원소이므로 s 오비탈의 전자 수가 3이고 홀전자 수가 1인 1족 원소 Li이다.

○ 보기 풀이 ㄱ. W와 X는 각각 Al과 Cl 중 하나이고, 전기 음성도는 W > X이므로 W는 Cl, X는 Al이다.

ㄴ. F은 전기 음성도가 가장 큰 원소이므로 Y일 수 없다. 따라서 Y는 B이다. X(Al)와 Y(B)는 모두 13족 원소이다.

ㄷ. Z는 2주기 1족 원소인 Li이다. 따라서 제1 이온화 에너지는 Z(Li) < Y(B)이고, 제2 이온화 에너지는 Z(Li) > Y(B)이므로 $\frac{\text{제2 이온화 에너지}}{\text{제1 이온화 에너지}}$는 Z(Li) > Y(B)이다.

문제풀이 Tip

제2 이온화 에너지는 전자 1 mol을 떼어 낸 후 그 다음 전자를 1 mol 떼어 내는 데 필요한 에너지이므로 원자가 전자 수가 1인 1족 원소가 가장 크다.

선택지 비율	① 3%	② 6%	③ 58%	④ 8%	⑤ 25%

14 원소의 주기적 성질

2023학년도 6월 평가원 10번 | 정답 ③ | 문제편 129p

출제 의도 순차 이온화 에너지의 크기를 비교하여 원소의 족과 주기를 판단할 수 있는지 묻는 문항이다.

문제 분석

표는 2, 3주기 원자 X~Z의 제n 이온화 에너지(E_n)에 대한 자료이다. X~Z의 원자가 전자 수는 각각 3 이하이다.

원자	E_n (10^3 kJ/mol)			
	E_1	E_2	E_3	E_4
Mg X	0.74	1.45	7.72	10.52
B Y	0.80	2.42	3.65	24.98
Be Z	0.90	1.75	14.82	20.97

(Y > X ➡ Y는 2주기 / Z > X ➡ X는 3주기, Z는 2주기 / X, Z: $E_2 \ll E_3$ → 2족 / Y: $E_3 \ll E_4$ → 13족)

이에 대한 설명으로 옳은 것만을 〈보기〉에서 있는 대로 고른 것은? (단, X~Z는 임의의 원소 기호이다.) [3점]

〈보기〉

ㄱ. Y는 ~~Al~~(B)이다.

ㄴ. Z는 ~~3~~(2)주기 원소이다.

ㄷ. 원자가 전자 수는 Y > X이다. (3) (2)

① ㄱ ② ㄴ ③ ㄷ ④ ㄱ, ㄴ ⑤ ㄱ, ㄷ

✓ 자료 해석

- 순차 이온화 에너지 : 기체 상태의 원자 1 mol에서 전자를 1 mol씩 차례대로 떼어 내는 데 필요한 단계별 에너지
- 이온화 에너지는 같은 족에서 원자 번호가 커질수록 감소하고, 같은 주기에서 원자 번호가 커질수록 대체로 증가한다.
- 2, 3주기에서 제1 이온화 에너지는 2족 원소가 13족 원소보다 크다.
- X와 Z는 $E_2 \ll E_3$이므로 2족 원소이다. 이때 E_1은 Z > X이므로 X는 3주기 원소이고, Z는 2주기 원소이다.
- Y는 $E_3 \ll E_4$이므로 13족 원소이다.
- Y가 3주기 원소이면 E_1은 X(2족) > Y(13족)여야 한다. 따라서 Y는 2주기 원소이다.
- X는 Mg, Y는 B, Z는 Be이다.

○ 보기 풀이 ㄷ. 원자가 전자 수는 X(Mg)가 2, Y(B)가 3이므로 Y(B) > X(Mg)이다.

× 매력적 오답 ㄱ. Y는 2주기 13족 원소인 B이다.

ㄴ. Z(Be)는 2주기 원소이다.

문제풀이 Tip

순차 이온화 에너지가 급격히 증가하기 직전까지 떼어 낸 전자 수는 원자가 전자 수와 같다는 것을 알아둔다. 또한, 2, 3주기에서 제1 이온화 에너지는 2족 > 13족이라는 것에 유의한다.

선택지 비율	① 5%	❷ 60%	③ 9%	④ 12%	⑤ 14%

15 원소의 주기적 성질

2023학년도 6월 평가원 14번 | 정답 ② | 문제편 130 p

출제 의도 홀전자 수, 제1 이온화 에너지, 이온 반지름의 주기성을 알고 있는지 묻는 문항이다.

문제 분석

다음은 바닥상태 원자 W~Z에 대한 자료이다. W~Z의 원자 번호는 각각 7~13 중 하나이다.

N, O, F, Ne, Na, Mg, Al

- W~Z의 홀전자 수

원자	W Na	X F	Y O	Z N
홀전자 수	a 1	a 1	b 2	$a+b$ 1+2=3

$b \neq 3$

- W는 홀전자 수와 원자가 전자 수가 같다. 1족, 18족
- 제1 이온화 에너지는 X > Y > W이다. W는 1족인 Na ➡ $a=1$ (18족이 가장 큼)
- Ne의 전자 배치를 갖는 이온의 반지름은 Y > X이다. 원자 번호가 클수록 작음 / 원자 번호 X > Y

W~Z에 대한 설명으로 옳은 것만을 <보기>에서 있는 대로 고른 것은? (단, W~Z는 임의의 원소 기호이다.)

보기

ㄱ. Z는 ~~17~~족 원소이다. 15

ㄴ. 제2 이온화 에너지는 W가 가장 크다. 1족이 가장 큼

ㄷ. 원자 반지름은 Y > Z이다. (<) 같은 주기에서 원자 번호가 클수록 작음

① ㄱ ② ㄴ ③ ㄷ ④ ㄱ, ㄴ ⑤ ㄴ, ㄷ

✓ 자료 해석

- 2, 3주기에서 제1 이온화 에너지는 1족 < 13족 < 2족 < 14족 < 16족 < 15족 < 17족 < 18족이다.
- 원자 번호 7~13인 원자의 홀전자 수와 원자가 전자 수

원자	N	O	F	Ne	Na	Mg	Al
홀전자 수	3	2	1	0	1	0	1
원자가 전자 수	5	6	7	0	1	2	3

- W는 홀전자 수와 원자가 전자 수가 같으므로 Ne과 Na 중 하나인데, 제1 이온화 에너지는 X > Y > W이므로 W는 18족 원소가 될 수 없다. 따라서 W는 Na이고, $a=1$이다.
- $a=1$이므로 X는 F과 Al 중 하나이다. X가 Al이면 제1 이온화 에너지가 X(Al) > Y > W(Na)인 Y가 존재하지 않으므로 X는 F이다.
- Ne의 전자 배치를 갖는 이온의 반지름은 Y > X(F)이므로 Y는 N와 O 중 하나이다.
- Y가 N이면 $b=3$이므로 Z의 홀전자 수가 4이다. 바닥상태에서 홀전자 수가 4인 원자는 존재하지 않으므로 Y는 O이고, $b=2$이다.
- Z의 홀전자 수는 $a+b=1+2=3$이므로 Z는 N이다.

○ 보기풀이 ㄴ. 제2 이온화 에너지는 1족 원소인 W(Na)가 가장 크다.

× 매력적 오답 ㄱ. Z(N)는 15족 원소이다.
ㄷ. 원자 반지름은 Z(N) > Y(O)이다.

문제풀이 Tip

W는 홀전자 수와 원자가 전자 수가 같으므로 1족과 18족 중 하나인데, 제1 이온화 에너지는 18족이 가장 크므로 W는 1족 원소이고 $a=1$이다. 홀전자 수는 0, 1, 2, 3 중 하나이므로 $b \neq 3$이고, Y는 N가 아니다.

선택지 비율	① 2%	❷ 78%	③ 4%	④ 10%	⑤ 3%

16 원소의 주기적 성질

2022학년도 수능 14번 | 정답 ② | 문제편 130 p

출제 의도 원자가 전자 수, 원자 반지름과 제1 이온화 에너지의 주기성을 파악하여 원소를 판단할 수 있는지 묻는 문항이다.

문제 분석

다음은 바닥상태 원자 W~Z에 대한 자료이다. W~Z는 각각 O, F, P, S 중 하나이다.

- 원자가 전자 수는 W > X이다. O : 6, F : 7, P : 5, S : 6 ➡ W는 P이 아님
- 원자 반지름은 W > Y이다. P > S > O > F ➡ Y는 S이 아님
- 제1 이온화 에너지는 Z > Y > W이다. F > O > S ➡ W는 F, O가 아님 ➡ W는 S

이에 대한 설명으로 옳은 것만을 <보기>에서 있는 대로 고른 것은? (단, W~Z는 임의의 원소 기호이다.) [3점]

보기

ㄱ. Y는 P이다. O

ㄴ. W와 X는 같은 주기 원소이다. 모두 3주기

ㄷ. 원자가 전자가 느끼는 유효 핵전하는 Y > Z이다. O<F

① ㄱ ② ㄴ ③ ㄱ, ㄷ ④ ㄴ, ㄷ ⑤ ㄱ, ㄴ, ㄷ

✓ 자료 해석

- 원자 반지름은 같은 족에서 원자 번호가 커질수록 증가하고, 같은 주기에서 원자 번호가 커질수록 감소한다.
- 2, 3주기에서 제1 이온화 에너지는 1족 < 13족 < 2족 < 14족 < 16족 < 15족 < 17족 < 18족이고, 같은 족에서 원자 번호가 커질수록 감소한다.
- O, F, P, S의 원자가 전자 수는 각각 6, 7, 5, 6이고, 원자가 전자 수는 W > X이므로 W는 P이 될 수 없다.
- 제1 이온화 에너지는 F > O > S인데, Z > Y > W이므로 W는 O, F이 될 수 없다. 따라서 W는 S이므로 X는 P이다.
- Y와 Z는 O와 F 중 하나인데, 제1 이온화 에너지는 Z > Y이므로 Y는 O, Z는 F이다.

○ 보기풀이 ㄴ. W는 S, X는 P이므로 모두 3주기 원소이다.

× 매력적 오답 ㄱ. Y는 O이다.
ㄷ. 같은 주기에서 원자가 전자가 느끼는 유효 핵전하는 원자 번호가 클수록 크므로 Z(F) > Y(O)이다.

문제풀이 Tip

W~Z를 찾기 위해 경우의 수를 따져 풀기보다는 W에 해당되지 않는 원자를 먼저 파악하면 쉽게 해결할 수 있다.

Part II 수능 평가원

선택지 비율	① 8%	② 3%	❸ 77%	④ 4%	⑤ 6%

17 원소의 주기적 성질

2022학년도 9월 평가원 16번 | 정답 ③ | 문제편 130 p

출제 의도 홀전자 수와 원자 반지름으로 원자를 알아내고 주기적 성질을 비교할 수 있는지 묻는 문항이다.

문제분석

다음은 바닥상태 원자 W~Z에 대한 자료이다. W~Z는 각각 O, F, Na, Mg 중 하나이다.

- 홀전자 수는 W>Y>X이다. (W: O, X: Mg) 홀전자 수는 O 2, F 1, Na 1, Mg 0 ➡ Y, Z는 각각 F, Na 중 하나
- 원자 반지름은 Y>X>Z이다. (Na>Mg>O>F; Y: Na, X: Mg, Z: F)

이에 대한 설명으로 옳은 것만을 〈보기〉에서 있는 대로 고른 것은? (단, W~Z의 이온은 모두 Ne의 전자 배치를 갖는다.)

보기

ㄱ. 원자가 전자가 느끼는 유효 핵전하는 X>Y이다. (원자 번호가 클수록 큼, X: Mg, Y: Na)

ㄴ. 이온 반지름은 X>W이다. (원자 번호가 클수록 작음 ➡ X(Mg)<W(O))

ㄷ. $\frac{\text{제2 이온화 에너지}}{\text{제1 이온화 에너지}}$는 Y>W>Z이다. (1족이 가장 큼; Y: Na, W: O, Z: F; 제1 이온화 에너지는 F>O, 제2 이온화 에너지는 O>F)

① ㄱ ② ㄴ ③ ㄱ, ㄷ ④ ㄴ, ㄷ ⑤ ㄱ, ㄴ, ㄷ

✓ 자료 해석

- O, F, Na, Mg의 홀전자 수는 각각 2, 1, 1, 0이다. 따라서 W는 O, X는 Mg이고, Y와 Z는 각각 F, Na 중 하나이다.
- 원자 반지름은 같은 족에서 원자 번호가 커질수록 증가하고, 같은 주기에서 원자 번호가 커질수록 감소한다.
- 원자 반지름은 Na>Mg>O>F이므로 Y는 Na, Z는 F이다.

O 보기풀이 ㄱ. 같은 주기에서 원자 번호가 커질수록 원자가 전자가 느끼는 유효 핵전하는 커진다. X(Mg)와 Y(Na)는 모두 3주기 원소이고, 원자 번호는 X(Mg)>Y(Na)이므로 원자가 전자가 느끼는 유효 핵전하는 X(Mg)>Y(Na)이다.

ㄷ. $\frac{\text{제2 이온화 에너지}}{\text{제1 이온화 에너지}}$는 1족 원소인 Y(Na)가 가장 크다. 제1 이온화 에너지는 F>O이고, 제2 이온화 에너지는 O>F이므로 $\frac{\text{제2 이온화 에너지}}{\text{제1 이온화 에너지}}$는 Y(Na)>W(O)>Z(F)이다.

× 매력적 오답 ㄴ. 전자 수가 같은 이온의 이온 반지름은 원자 번호가 클수록 작으므로 W(O)>X(Mg)이다.

문제풀이 Tip

이온 반지름은 주로 전자 수(전자 배치)가 같을 때 비교하는 편이며, 원자 번호가 클수록 이온 반지름이 작다. $\frac{\text{제2 이온화 에너지}}{\text{제1 이온화 에너지}}$가 가장 큰 것은 1족 원소이다.

선택지 비율	❶ 69%	② 6%	③ 10%	④ 7%	⑤ 5%

18 원소의 주기적 성질

2022학년도 6월 평가원 16번 | 정답 ① | 문제편 130 p

출제 의도 이온화 에너지와 원자 반지름의 주기성을 이해하는지 확인하는 문항이다.

문제분석

다음은 바닥상태 원자 W~Z에 대한 자료이다.

- W~Z의 원자 번호는 각각 7~14 중 하나이다. (N, O, F, Ne, Na, Mg, Al, Si)
- W~Z의 홀전자 수와 제2 이온화 에너지

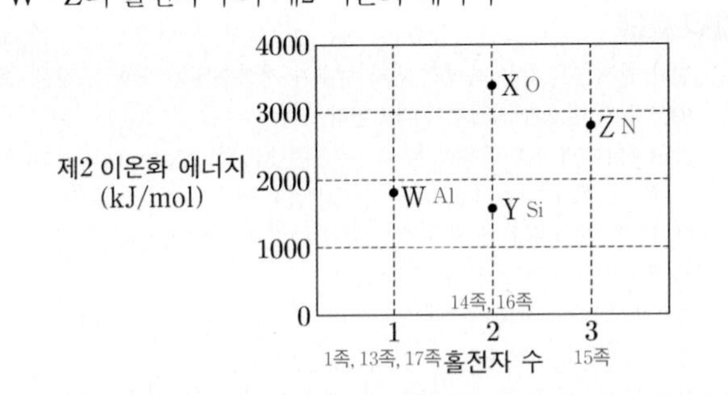

이에 대한 설명으로 옳은 것만을 〈보기〉에서 있는 대로 고른 것은? (단, W~Z는 임의의 원소 기호이다.) [3점]

보기

ㄱ. W는 13족 원소이다. (W는 3주기 13족 Al)

ㄴ. 원자 반지름은 X>Y이다. (X(O)<Y(Si))

ㄷ. $\frac{\text{제2 이온화 에너지}}{\text{제1 이온화 에너지}}$는 Z>X이다. (Z(N)<X(O); 제1 이온화 에너지는 N>O, 제2 이온화 에너지는 O>N)

① ㄱ ② ㄴ ③ ㄱ, ㄷ ④ ㄴ, ㄷ ⑤ ㄱ, ㄴ, ㄷ

✓ 자료 해석

- 2주기에서 제2 이온화 에너지는 2족<14족<13족<15족<17족<16족<18족<1족이다.
- 원자 번호 7~14에서 홀전자 수가 3인 원자는 2주기 15족인 N이다. 따라서 Z는 N이다.
- 원자 번호 7~14에서 홀전자 수가 2인 원자는 14족, 16족이므로 O, Si이고 X와 Y는 각각 O, Si 중 하나이다. 제2 이온화 에너지는 O>Si이므로 X는 O, Y는 Si이다.
- 원자 번호 7~14에서 홀전자 수가 1인 원자는 1족, 13족, 17족인데, 제2 이온화 에너지는 1족이 가장 크므로 W는 13족, 17족 중 하나이다. 제2 이온화 에너지는 Z(15족)>W>Y(14족)이므로 W는 13족 원소인 Al이다.

O 보기풀이 ㄱ. W(Al)는 3주기 13족 원소이다.

× 매력적 오답 ㄴ. 원자 반지름은 같은 족에서 원자 번호가 커질수록 증가하고, 같은 주기에서 원자 번호가 커질수록 감소하므로 Y(Si)>X(O)이다.

ㄷ. 제1 이온화 에너지는 Z(N)>X(O)이고, 제2 이온화 에너지는 X(O)>Z(N)이므로 $\frac{\text{제2 이온화 에너지}}{\text{제1 이온화 에너지}}$는 X(O)>Z(N)이다.

문제풀이 Tip

홀전자 수가 3인 것은 15족 원소뿐이므로 Z는 바로 결정된다. 원자 번호 7~14에서 홀전자 수가 1인 것은 F, Na, Al인데, 제2 이온화 에너지는 1족 원소가 가장 크고 F>N이므로 W는 Al이다.

선택지 비율	① 1%	② 1%	③ 5%	④ 7%	❺ 84%

19 원소의 분류와 주기율

2021학년도 6월 평가원 1번 | 정답 ⑤ | 문제편 131 p

출제 의도 주기율표의 발견 과정과 주기율표의 구성을 확인하는 문항이다.

문제 분석

다음은 주기율표에 대한 세 학생의 대화이다.

제시한 내용이 옳은 학생만을 있는 대로 고른 것은?

① A ② C ③ A, B ④ B, C ⑤ A, B, C

✓ 자료 해석

- 주기율 : 원소를 원자 번호 순으로 배열할 때, 성질이 비슷한 원소가 주기적으로 나타나는 것
- 주기율표 : 원소들을 원자 번호 순으로 배열하여 화학적 성질이 비슷한 원소가 같은 세로줄에 오도록 배열한 표
- 주기 : 주기율표의 가로줄로, 같은 주기 원소는 바닥상태에서 전자가 들어 있는 전자 껍질 수가 같다.
- 족 : 주기율표의 세로줄로, 같은 족 원소는 원자가 전자 수가 같아 화학적 성질이 비슷하다.
- 멘델레예프는 당시까지 발견된 63종의 원소를 화학적 성질에 기준을 두어 원자량 순서대로 배열하여 최초로 주기율표를 만들었다.
- 모즐리는 원소의 주기적 성질이 양성자수(원자 번호)와 관련이 있다는 것을 발견하였고, 원소들을 원자 번호 순서대로 배열하여 현재 사용하고 있는 것과 비슷한 주기율표를 완성하였다.
- 현대의 주기율표는 원소를 원자 번호 순서대로 배열하였다.

○ 보기 풀이 학생 A : 멘델레예프는 당시까지 알려진 60여 종의 원소를 원자량 순서대로 배열하여 주기율표를 만들었다.
학생 B : 현대 주기율표는 원소를 원자 번호 순서대로 배열하여 만들었다.
학생 C : 현대 주기율표에서는 세로줄을 족, 가로줄을 주기라고 한다.

문제풀이 Tip

멘델레예프의 주기율표는 원자량 순서로 나열하였을 때 주기성이 맞지 않는 부분이 있어 원소들을 원자 번호 순서대로 배열하여 현대 주기율표를 완성하였다.

선택지 비율	① 4%	② 7%	❸ 77%	④ 5%	⑤ 7%

20 원소의 주기적 성질

2021학년도 수능 14번 | 정답 ③ | 문제편 131 p

출제 의도 원소의 주기적 성질을 이해하는 문항이다.

문제 분석

다음은 원자 A~D에 대한 자료이다. A~D의 원자 번호는 각각 7, 8, 12, 13 중 하나이고, A~D의 이온은 모두 Ne의 전자 배치를 갖는다. (└ N, O, Mg, Al)

- 원자 반지름은 A가 가장 크다. ➡ Mg
- 이온 반지름은 B가 가장 작다. ➡ Al
- 제2 이온화 에너지는 D가 가장 크다. ➡ O

A~D에 대한 설명으로 옳은 것만을 〈보기〉에서 있는 대로 고른 것은? (단, A~D는 임의의 원소 기호이다.)

보기

ㄱ. 이온 반지름은 C(N)가 가장 크다.
ㄴ. 제2 이온화 에너지는 A>B이다. (Mg<Al)
ㄷ. 원자가 전자가 느끼는 유효 핵전하는 D>C이다. (O, N)

① ㄱ ② ㄴ ③ ㄱ, ㄷ ④ ㄴ, ㄷ ⑤ ㄱ, ㄴ, ㄷ

✓ 자료 해석

- A~D의 원자 번호가 각각 7, 8, 12, 13 중 하나이므로 A~D는 각각 N, O, Mg, Al 중 하나이다.
- 원자 반지름은 Mg>Al>N>O이다.
- 전자 수가 같은 이온의 반지름은 $N^{3-} > O^{2-} > Mg^{2+} > Al^{3+}$이다.
- 제2 이온화 에너지는 O>N>Al>Mg이다.
- A는 Mg, B는 Al, D는 O이므로 C는 N이다.

○ 보기 풀이 ㄱ. 이온 반지름은 C(N)가 가장 크다.
ㄷ. 같은 주기에서 원자가 전자가 느끼는 유효 핵전하는 원자 번호가 커질수록 증가하므로 D(O)>C(N)이다.

× 매력적 오답 ㄴ. 제2 이온화 에너지는 B(Al)>A(Mg)이다.

문제풀이 Tip

A~D 중 원자 반지름, 이온 반지름, 제2 이온화 에너지가 가장 크거나 작은 것이 제시되었으므로 A, B, D가 정해지면 남은 원소는 C로 결정된다.

선택지 비율	❶ 63%	② 7%	③ 13%	④ 7%	⑤ 7%

21 원소의 주기적 성질

2021학년도 9월 평가원 19번 | 정답 ① | 문제편 132 p

출제 의도 이온의 전자 배치가 같은 원소들의 주기적 성질을 비교하는 문항이다.

문제 분석

다음은 원자 W~Z에 대한 자료이다.

- W~Z는 각각 N, O, Na, Mg 중 하나이다.
- 각 원자의 이온은 모두 Ne의 전자 배치를 갖는다. (N^{3-}, O^{2-}, Na^{+}, Mg^{2+})
- ㉠, ㉡은 각각 이온 반지름, 제1 이온화 에너지 중 하나이다.

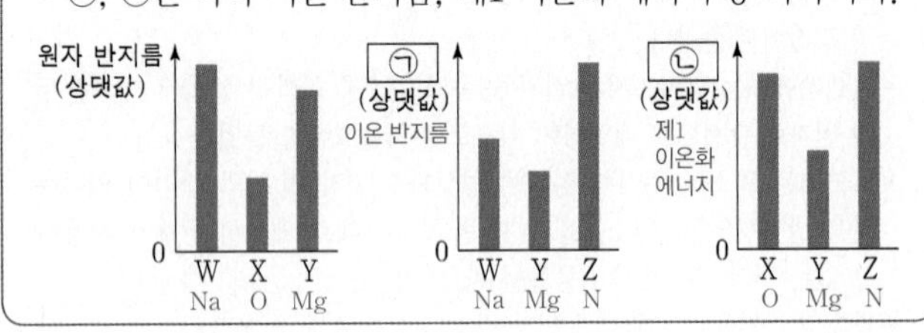

이에 대한 설명으로 옳은 것만을 〈보기〉에서 있는 대로 고른 것은? [3점]

〈보기〉
ㄱ. ㉠은 이온 반지름이다.
ㄴ. 제2 이온화 에너지는 Y>W이다.
ㄷ. 원자가 전자가 느끼는 유효 핵전하는 Z>X이다.

① ㄱ ② ㄴ ③ ㄱ, ㄷ ④ ㄴ, ㄷ ⑤ ㄱ, ㄴ, ㄷ

✓ 자료 해석

- 같은 주기에서 원자 번호가 커질수록 원자 반지름은 작아진다.
- 전자 수가 같은 이온의 반지름은 원자 번호가 클수록 작다.
- 2, 3주기에서 제1 이온화 에너지는 2족 원소가 13족 원소보다 크고, 15족 원소가 16족 원소보다 크다.
- 원자 반지름은 Na>Mg>N>O이다.
- 이온 반지름은 N>O>Na>Mg이다.
- 제1 이온화 에너지는 N>O>Mg>Na이다.
- 자료에서 원자 반지름은 W>Y>X이므로 W는 Na, Mg 중 하나인 금속 원소이고, X는 비금속 원소인 N, O 중 하나이다.
- ㉠, ㉡은 모두 Z>Y이므로 Z는 비금속 원소이고, X는 비금속 원소, W는 금속 원소이므로 Y는 금속 원소이다.
- 원자 반지름은 W>Y이므로 W는 Na, Y는 Mg이다. ㉠은 W>Y이고, 제1 이온화 에너지는 Y>W이므로 ㉠은 이온 반지름, ㉡은 제1 이온화 에너지이다.
- ㉡(제1 이온화 에너지)은 Z>X이므로 X는 O, Z는 N이다.

O 보기 풀이 ㄱ. ㉠은 이온 반지름, ㉡은 제1 이온화 에너지이다.

× 매력적 오답 ㄴ. N, O, Na, Mg 중 제2 이온화 에너지는 1족 원소인 W(Na)가 가장 크므로 제2 이온화 에너지는 W(Na)>Y(Mg)이다.
ㄷ. 원자가 전자가 느끼는 유효 핵전하는 같은 주기에서 원자 번호가 클수록 크므로 X(O)>Z(N)이다.

문제풀이 Tip

원자 반지름에서 3가지 중 W가 가장 크므로 W는 금속 원소인 Na, Mg 중 하나인데, W와 Y는 X에 비해 값이 크므로 Y는 금속 원소, X는 비금속 원소라는 것을 알 수 있다. 이것으로 W, Y가 결정되며, ㉠을 판단할 수 있다.

선택지 비율	① 14%	② 5%	❸ 66%	④ 6%	⑤ 7%

22 원소의 주기적 성질

2021학년도 6월 평가원 17번 | 정답 ③ | 문제편 132p

출제 의도 순차 이온화 에너지를 이해하는 문항이다.

문제 분석

다음은 원자 번호가 연속인 2주기 원자 W~Z의 이온화 에너지에 대한 자료이다. 원자 번호는 W<X<Y<Z이다.

• 제n 이온화 에너지(E_n)
제1 이온화 에너지(E_1): $M(g) + E_1 \longrightarrow M^+(g) + e^-$
제2 이온화 에너지(E_2): $M^+(g) + E_2 \longrightarrow M^{2+}(g) + e^-$
제3 이온화 에너지(E_3): $M^{2+}(g) + E_3 \longrightarrow M^{3+}(g) + e^-$

• W~Z의 $\frac{E_3}{E_2}$

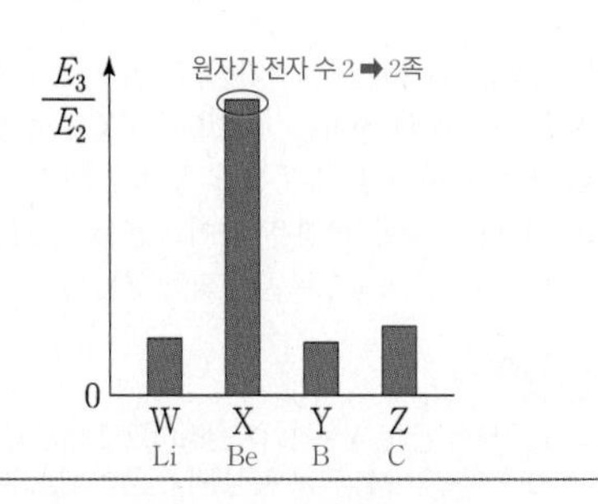

이에 대한 설명으로 옳은 것만을 〈보기〉에서 있는 대로 고른 것은? (단, W~Z는 임의의 원소 기호이다.) [3점]

보기

ㄱ. 원자 반지름은 W>X이다.
ㄴ. E_2는 Y>Z이다.
ㄷ. $\frac{E_2}{E_1}$는 Z>W이다. (<)

① ㄱ ② ㄷ ③ ㄱ, ㄴ ④ ㄴ, ㄷ ⑤ ㄱ, ㄴ, ㄷ

✓ 자료 해석

• 이온화 에너지 : 기체 상태의 원자 1 mol에서 전자 1 mol을 떼어 내어 기체 상태의 +1가 양이온으로 만드는 데 필요한 에너지
• 이온화 에너지는 같은 주기에서 원자 번호가 커짐에 따라 대체로 증가한다.
• 순차 이온화 에너지 : 기체 상태의 원자 1 mol에서 전자를 1 mol씩 차례대로 떼어 내는 데 필요한 단계별 에너지
• 전자를 떼어 낼수록 유효 핵전하가 증가하므로 순차 이온화 에너지는 차수가 커질수록 증가한다.
• 원자가 전자를 모두 떼어 낸 후 그 다음 전자를 떼어 낼 때는 안쪽 전자 껍질에서 전자가 떨어지게 되므로 순차 이온화 에너지가 급격히 증가한다.
• 순차 이온화 에너지가 급격히 증가하기 직전까지 떼어 낸 전자 수는 원자가 전자 수와 같다.
• X는 $\frac{E_3}{E_2}$가 가장 크므로 원자가 전자 수가 2인 2주기 2족 원소 Be이다.
• W~Z의 원자 번호가 연속이고 원자 번호는 W<X<Y<Z이므로 W는 2주기 1족 원소인 Li, Y는 2주기 13족 원소인 B, Z는 2주기 14족 원소인 C이다.

○ 보기 풀이 ㄱ. 같은 주기에서 원자 반지름은 원자 번호가 커질수록 감소한다. 원자 번호는 W(Li)<X(Be)이므로 원자 반지름은 W(Li)>X(Be)이다.
ㄴ. Y(B)의 E_2는 $1s^22s^2$의 전자 배치를 갖는 기체 상태의 Y^+ 1 mol에서 전자 1 mol을 떼어 낼 때 필요한 에너지이고, Z(C)의 E_2는 $1s^22s^22p^1$의 전자 배치를 갖는 기체 상태의 Z^+ 1 mol에서 전자 1 mol을 떼어 낼 때 필요한 에너지이다. 따라서 E_2는 Y(B)>Z(C)이다.

✕ 매력적 오답 ㄷ. W(Li)는 1족 원소이므로 W~Z 중 $\frac{E_2}{E_1}$가 가장 크다.

문제풀이 Tip

순차 이온화 에너지가 급격히 증가하기 직전까지 떼어 낸 전자 수는 원자가 전자 수와 같으므로 $\frac{E_{n+1}}{E_n}$이 가장 큰 원소의 원자가 전자 수는 n이다.

01 화학 결합

선택지 비율	① 1%	② 6%	③ 5%	❹ 86%	⑤ 2%

1 화학 결합 모형

2025학년도 수능 2번 | 정답 ④ | 문제편 134 p

출제 의도 이온 결합 물질의 화학 결합 모형을 알고 있는지 묻는 문항이다.

문제 분석

다음은 원소 X와 Y에 대한 자료이다.

금속 ➡ Na, Mg, Al 중 하나

- X와 Y는 3주기 원소이다.
- $X(s)$는 전성(펴짐성)이 있고, Y의 원자가 전자 수는 7이다. (17족 ➡ Cl)
- 바닥상태 원자의 전자 배치에서 홀전자 수는 Y > X이다. (1(17족) 0(2족) ➡ X는 Mg)

다음 중 X(Mg)와 Y(Cl)가 결합(이온 결합)하여 형성된 안정한 화합물의 화학 결합 모형으로 가장 적절한 것은? (단, X와 Y는 임의의 원소 기호이다.) [3점]

①
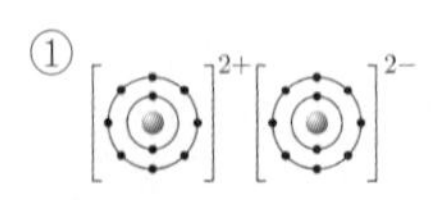

②
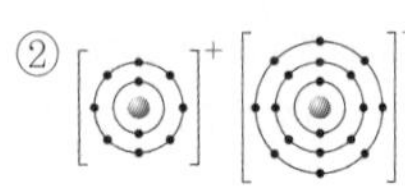

③
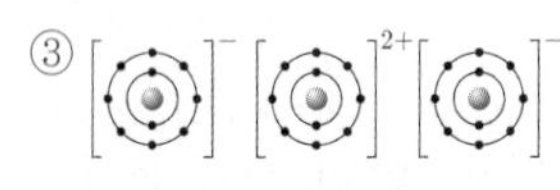

④
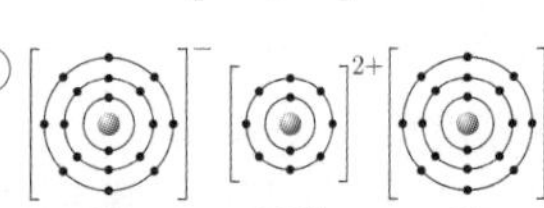
Cl^- Mg^{2+} Cl^-
개수비 $Mg^{2+} : Cl^- = 1 : 2$

⑤
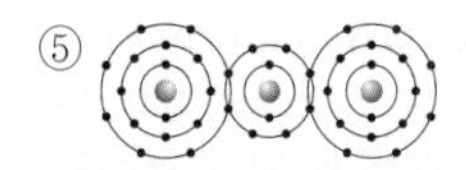

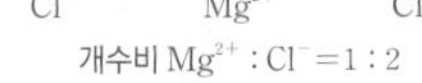

✓ 자료 해석

- 금속 결합 : 금속 양이온과 자유 전자 사이의 정전기적 인력에 의해 형성된다. 금속은 연성(뽑힘성)과 전성(펴짐성)이 있다.
- 이온 결합 : 양이온과 음이온 사이의 정전기적 인력에 의해 형성되는 결합이다. 주로 양이온이 되기 쉬운 금속 원소와 음이온이 되기 쉬운 비금속 원소 사이에 형성된다.
- 3주기 원소 X는 고체 상태에서 전성(펴짐성)이 있으므로 금속 원소이다.
- 3주기 원소 Y는 원자가 전자 수가 7이므로 17족 원소인 Cl이다.
- 바닥상태 원자 Y(Cl)의 홀전자 수는 1인데, 홀전자 수가 Y(Cl) > X이므로 X는 홀전자 수가 0인 Mg이다.

○ 보기풀이 X(Mg)와 Y(Cl)는 각각 금속 원소, 비금속 원소이므로 이온 결합을 하며, X(Mg) 이온의 전하는 +2이고, Y(Cl) 이온의 전하는 −1이므로 X(Mg)와 Y(Cl)로 이루어진 이온 결합 물질의 화학식은 $XY_2(MgCl_2)$이다. $XY_2(MgCl_2)$의 화학 결합 모형은 양이온인 $X^{2+}(Mg^{2+})$ 1개와 음이온인 $Y^-(Cl^-)$ 2개가 정전기적 인력으로 결합되어 있는 ④이다.

문제풀이 Tip

X는 전성이 있으므로 금속, Y는 17족 원소이므로 비금속 원소이고, 홀전자 수를 통해 X는 2족 원소인 Mg으로 결정된다. 금속 원소와 비금속 원소는 이온 결합을 형성하며, 화합물은 전기적으로 중성이므로 전체 양이온의 전하량과 전체 음이온의 전하량 합이 0이 되는 이온 수 비인 $X^{2+}(Mg^{2+}) : Y^-(Cl^-) = 1 : 2$로 결합하는 모형을 찾으면 된다.

선택지 비율	① 4%	② 2%	❸ 87%	④ 4%	⑤ 3%

2 이온 결합

2025학년도 수능 3번 | 정답 ③ | 문제편 134 p

출제 의도 이온 결합 화합물 1 mol에 들어 있는 전체 이온의 양과 전체 전자의 양을 구할 수 있는지 묻는 문항이다.

문제 분석

표는 이온 결합 화합물 (가)~(다)에 대한 자료이다.

화합물	구성 이온	화합물 1 mol에 들어 있는 전체 이온의 양(mol)	화합물 1 mol에 들어 있는 전체 전자의 양(mol)
KF (가)	K^+, X^- F^-	㉠ 2	28 K^+ 18, F^- 10
KCl (나)	K^+, Y^- Cl^-	2	36 K^+ 18, Cl^- 18
CaO (다)	Ca^{2+}, O^{2-}	㉡ 2	Ca^{2+} 18, O^{2-} 10 ㉢ 18+10=28

이에 대한 설명으로 옳은 것만을 〈보기〉에서 있는 대로 고른 것은? (단, O, K, Ca의 원자 번호는 각각 8, 19, 20이고, X와 Y는 임의의 원소 기호이다.)

보기

ㄱ. Y(Cl)는 3주기 원소이다.
ㄴ. ㉠ > ㉡이다. (=) ㉠=㉡=2
ㄷ. ㉢은 28이다. Ca^{2+} 18, O^{2-} 10

① ㄱ ② ㄴ ③ ㄱ, ㄷ ④ ㄴ, ㄷ ⑤ ㄱ, ㄴ, ㄷ

✓ 자료 해석

- (가)는 +1가 양이온 K^+과 −1가 음이온 X^-으로 이루어져 있으므로 KX이다.
- (나)는 +1가 양이온 K^+과 −1가 음이온 Y^-으로 이루어져 있으므로 KY이다.
- (다)는 +2가 양이온 Ca^{2+}과 −2가 음이온 O^{2-}으로 이루어져 있으므로 CaO이다.
- (가)(KX)에서 K^+의 전자 수는 18인데, KX 1 mol에 들어 있는 전자의 양은 28 mol이므로 X는 X^-의 전자 수가 10(=28−18)인 F이다.
- (나)(KY) 1 mol에 들어 있는 전자의 양은 36 mol이므로 Y는 Y^-의 전자 수가 18(=36−18)인 Cl이다.

○ 보기풀이 ㄱ. Y는 Cl로 3주기 원소이다.
ㄷ. Ca^{2+}, O^{2-}의 전자 수는 각각 18, 10이므로 CaO 1 mol에 들어 있는 전체 전자의 양은 28 mol이며, ㉢은 28이다.

✕ 매력적 오답 ㄴ. (가)(KF) 1 mol에 들어 있는 전체 이온의 양은 2 mol이므로 ㉠은 2이다. (다)(CaO) 1 mol에 들어 있는 전체 이온의 양은 2 mol이므로 ㉡은 2이고, ㉠=㉡이다.

문제풀이 Tip

KX 1 mol에 들어 있는 전자의 양은 K^+ 1 mol에 들어 있는 전자의 양과 X^- 1 mol에 들어 있는 전자의 양의 합과 같다. 그런데 KX는 K이 전자 1개를 잃고 X가 전자 1개를 얻어 형성되므로 KX 1 mol에 들어 있는 전자의 양은 K 1 mol에 들어 있는 전자의 양과 X 1 mol에 들어 있는 전자의 양의 합과 같다.

선택지 비율	① 1%	② 0%	③ 2%	④ 3%	⑤ 94%

3 화학 결합

2025학년도 9월 평가원 4번 | 정답 ⑤ | 문제편 134 p

출제 의도 이온 결합 물질과 공유 결합 물질의 상태에 따른 전기 전도성의 여부를 묻는 문항이다.

문제 분석

다음은 학생 X가 수행한 탐구 활동이다. A와 B는 각각 염화 칼륨(KCl)과 포도당($C_6H_{12}O_6$) 중 하나이다.

(염화 칼륨: 이온 결합 물질 / 포도당: 공유 결합 물질)

[가설]

- KCl과 $C_6H_{12}O_6$은 [고체] 상태에서 전기 전도성 유무로 구분할 수 없지만, [㉠] 상태에서는 전기 전도성 유무로 구분할 수 있다. (㉠: 탐구 과정에서 볼 때 수용액)

[탐구 과정 및 결과]

(가) 그림과 같이 전류가 흐르면 LED 램프가 켜지는 전기 전도성 측정 장치를 준비한다.

전원 장치 / LED 램프 / 전극

(나) $KCl(s)$(고체)에 전극을 대어 LED 램프가 켜지는지 확인하고, 결과를 표로 정리한다.

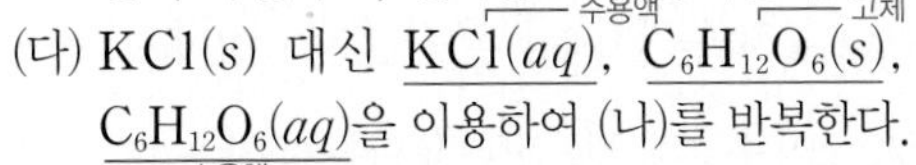

(다) $KCl(s)$ 대신 $KCl(aq)$(수용액), $C_6H_{12}O_6(s)$(고체), $C_6H_{12}O_6(aq)$(수용액)을 이용하여 (나)를 반복한다.

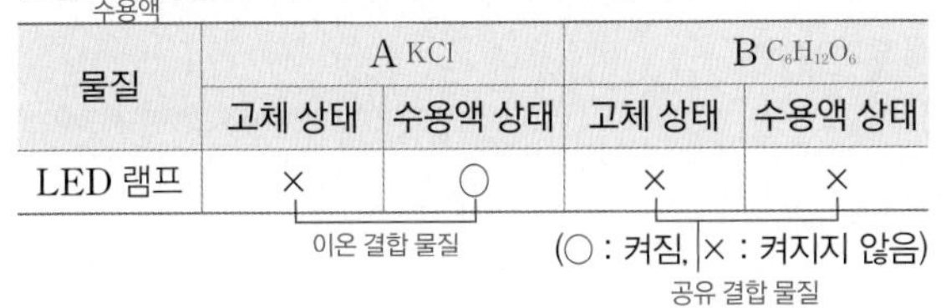

물질	A KCl		B $C_6H_{12}O_6$	
	고체 상태	수용액 상태	고체 상태	수용액 상태
LED 램프	×	○	×	×

(A: 이온 결합 물질 / B: 공유 결합 물질)

(○ : 켜짐, × : 켜지지 않음)

[결론]

- 가설은 옳다.

학생 X의 탐구 과정 및 결과와 결론이 타당할 때, 이에 대한 설명으로 옳은 것만을 〈보기〉에서 있는 대로 고른 것은? [3점]

보기

ㄱ. '수용액'은 ㉠으로 적절하다.

ㄴ. A는 KCl이다.

ㄷ. B는 공유 결합 물질이다. (B: $C_6H_{12}O_6$)

① ㄱ ② ㄷ ③ ㄱ, ㄴ ④ ㄴ, ㄷ ⑤ ㄱ, ㄴ, ㄷ

✔ 자료 해석

- 이온 결합 물질은 고체 상태에서 이온들이 자유롭게 이동할 수 없으므로 전기 전도성이 없고, 액체 상태와 수용액 상태에서 양이온과 음이온이 자유롭게 이동하여 전하를 운반할 수 있으므로 전기 전도성이 있다.
- 공유 결합 물질은 일반적으로 고체 상태와 액체 상태에서 모두 전기 전도성이 없다.
- 탐구 과정에서 KCl과 $C_6H_{12}O_6$의 고체 상태, 수용액 상태에서의 전기 전도성 유무를 확인하였으므로 ㉠으로 적절한 것은 고체, 수용액 중 하나이다.

○ 보기 풀이 ㄱ. 고체 상태에서는 KCl과 $C_6H_{12}O_6$이 모두 전기 전도성이 없고, 수용액 상태에서는 KCl만 전기 전도성이 있으므로 수용액 상태에서의 전기 전도성 유무로 두 물질을 구분할 수 있다. 따라서 '수용액'은 ㉠으로 적절하다.

ㄴ. A는 고체 상태에서 전기 전도성이 없지만 수용액 상태에서는 전기 전도성이 있으므로 이온 결합 물질인 KCl이다.

ㄷ. B는 고체 상태와 수용액 상태에서 모두 전기 전도성이 없으므로 포도당($C_6H_{12}O_6$)이다. 포도당은 비금속 원소로만 이루어져 있으므로 공유 결합 물질이다.

문제풀이 Tip

공유 결합 물질은 일반적으로 고체 상태와 액체 상태에서 전기 전도성이 없다. 이온 결합 물질은 고체 상태에서는 전기 전도성이 없지만 액체 상태에서 전기 전도성이 있다.

선택지 비율	① 1%	② 4%	③ 4%	④ 2%	⑤ 89%

4 화학 결합

2025학년도 9월 평가원 2번 | 정답 ⑤ | 문제편 135 p

출제 의도 화학 결합 모형을 통해 구성 원소를 판단하고 화학 결합의 성질을 알고 있는지 묻는 문항이다.

문제 분석

다음은 XOH(LiOH)와 HY(HCl)가 반응하여 XY(LiCl)와 H_2O을 생성하는 반응의 반응물을 화학 결합 모형으로 나타낸 화학 반응식이다.

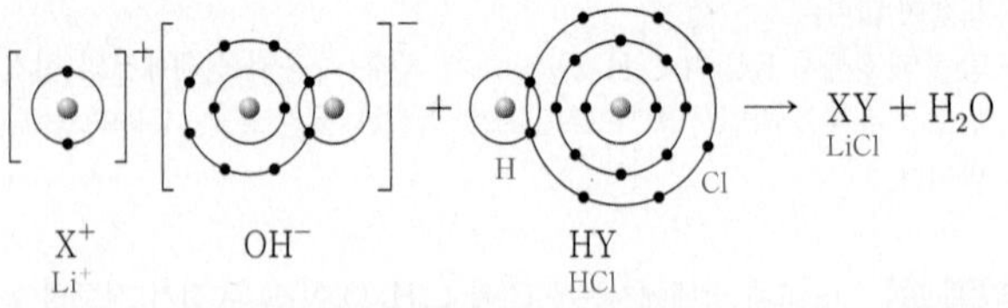

$[X]^+[OH]^- + HY \longrightarrow XY + H_2O$ (XY: LiCl)

X^+ (Li^+)　　OH^-　　HY (HCl)

이에 대한 설명으로 옳은 것만을 〈보기〉에서 있는 대로 고른 것은? (단, X와 Y는 임의의 원소 기호이다.) [3점]

보기

ㄱ. X(s)(Li)는 전성(펴짐성)(금속은 있음)이 있다.

ㄴ. XY는 이온 결합 물질이다. XY는 LiCl

ㄷ. X(Li)와 O는 2 : 1로 결합하여 안정한 화합물($X_2O(Li_2O)$)을 형성한다.

① ㄱ　② ㄷ　③ ㄱ, ㄴ　④ ㄴ, ㄷ　⑤ ㄱ, ㄴ, ㄷ

✓ 자료 해석

- 화합물 XOH는 이온 결합 물질, HY는 공유 결합 물질이다.
- X^+의 전자 수가 2이므로 X는 전자 수가 3인 Li이다.
- HY의 화학 결합 모형을 통해 Y는 전자 수가 17인 Cl임을 알 수 있다.
- X, Y가 각각 Li, Cl이므로 이 반응의 화학 반응식은 다음과 같다.

$$LiOH + HCl \longrightarrow LiCl + H_2O$$

보기 풀이 ㄱ. X(Li)는 금속이므로 고체 상태에서 전성(펴짐성)이 있다.

ㄴ. XY(LiCl)는 $X^+(Li^+)$과 $Y^-(Cl^-)$이 정전기적 인력에 의해 결합한 이온 결합 물질이다.

ㄷ. X(Li)의 이온은 +1가 양이온이고, O의 이온은 −2가 음이온이므로 X(Li)와 O는 2 : 1로 결합하여 이온 결합 화합물 $X_2O(Li_2O)$를 형성한다.

문제풀이 Tip

화학 결합 모형에서 전자 수를 통해 구성 원소를 판단할 수 있다. 양이온은 전하의 크기만큼 전자 수를 더하고 음이온은 전하의 크기만큼 전자 수를 빼면 되므로 X의 전자 수는 X^+의 화학 결합 모형에 있는 전자 수 2에 1을 더한 3이다. 공유 결합에서 공유 전자쌍을 이루는 전자 수는 $\frac{1}{2}$로 계산한다. HY에서 Y의 전자 수는 공유하지 않은 전자 수 16과, 공유 전자쌍을 이루는 전자 수 $2\times\frac{1}{2}=1$을 합한 17이다.

선택지 비율	① 2%	② 8%	❸ 87%	④ 2%	⑤ 1%

5 화학 결합

2025학년도 6월 평가원 2번 | 정답 ③ | 문제편 135 p

출제 의도 금속 결합 물질과 이온 결합 물질의 전기 전도성 여부를 알고 있는지 묻는 문항이다.

문제 분석

다음은 학생 A가 세운 가설과 탐구 과정이다.

> [가설]
> • 금속 결합 물질과 이온 결합 물질은 고체 상태에서의 전기 전도성 유무에 따라 구분된다. (금속 결합 물질 ○ 이온 결합 물질 ×)
>
> [탐구 과정]
> (가) 고체 상태의 금속 결합 물질 X와 이온 결합 물질 Y를 준비한다.
> (나) 전기 전도성 측정 장치를 이용하여 고체 상태 X와 Y의 전기 전도성 유무를 각각 확인한다.

다음 중 학생 A가 세운 가설을 검증하기 위하여 탐구 과정에서 사용할 X와 Y로 가장 적절한 것은?

	X (금속 결합 물질)	Y (이온 결합 물질)
①	Cu	Mg (금속 결합 물질)
②	Cu	H_2O (공유 결합 물질)
③	Cu	LiF
④	CO_2 (공유 결합 물질)	H_2O (공유 결합 물질)
⑤	H_2O (공유 결합 물질)	LiF

✓ 자료 해석

• 금속 결합 물질은 금속의 양이온과 자유 전자 사이의 정전기적 인력에 의해 금속 결합을 이루고 있고, 이온 결합 물질은 양이온과 음이온 사이의 정전기적 인력에 의해 이온 결합을 이루고 있다.
• 금속 결합 물질의 전기 전도성 : 자유 전자가 있어 고체 상태와 액체 상태에서 모두 전기 전도성이 있다.
• 이온 결합 물질의 전기 전도성 : 고체 상태에서는 이온들이 자유롭게 이동할 수 없으므로 전기 전도성이 없고, 액체 상태와 수용액 상태에서는 양이온과 음이온이 자유롭게 이동하여 전하를 운반할 수 있으므로 전기 전도성이 있다.

○ 보기 풀이 학생 A는 금속 결합 물질 X와 이온 결합 물질 Y를 준비하여 실험하였으므로, 금속 결합 물질인 Cu는 X로 적절하고 이온 결합 물질인 LiF은 Y로 적절하다.

× 매력적 오답 CO_2와 H_2O은 모두 공유 결합 물질이므로 X와 Y로 적절하지 않다.

문제풀이 Tip

금속 결합 물질, 이온 결합 물질, 공유 결합 물질의 상태에 따른 전기 전도성 여부를 알아둔다. 금속 결합 물질은 고체 상태에서 전기 전도성이 있고, 이온 결합 물질은 고체 상태에서 전기 전도성이 없다.

선택지 비율	① 3%	② 3%	③ 11%	④ 9%	❺ 74%

6 화학 결합

2025학년도 6월 평가원 6번 | 정답 ⑤ | 문제편 135 p

출제 의도 이온 결합 화합물에 들어 있는 이온의 양(mol)과 전체 전자의 양(mol)을 구할 수 있는지 묻는 문항이다.

문제 분석

표는 원소 X(금속)와 염소(Cl)(비금속)로 구성된 이온 결합 화합물(금속+비금속)에 대한 자료이다.

구성 이온	화합물 1 mol에 들어 있는 전체 이온의 양(mol) (XCl_2, X^{2+} 1 mol + Cl^- 2 mol)	화합물 1 mol에 들어 있는 전체 전자의 양(mol)
X^{2+}, Cl^-	a 1+2=3	46 (X^{2+} 1 mol의 전자 수 + Cl^- 2 mol의 전자 수(2×18)=46 ➡ X^{2+} 1 mol의 전자 수=10 ➡ X의 전자 수=12)

이에 대한 설명으로 옳은 것만을 〈보기〉에서 있는 대로 고른 것은? (단, Cl의 원자 번호는 17이고, X는 임의의 원소 기호이다.) [3점]

> 보기
> ㄱ. a=3이다. (X^{2+} 1 mol, Cl^- 2 mol)
> ㄴ. X(s)는 전성(펴짐성)이 있다. (X는 Mg(금속))
> ㄷ. X는 3주기 원소이다. (X(Mg)는 3주기)

① ㄱ ② ㄷ ③ ㄱ, ㄴ ④ ㄴ, ㄷ ⑤ ㄱ, ㄴ, ㄷ

✓ 자료 해석

• X와 Cl로 이루어진 이온 결합 화합물의 구성 이온이 X^{2+}, Cl^-이므로 이온 결합 화합물의 화학식은 XCl_2이다.
• XCl_2 1 mol은 X^{2+} 1 mol과 Cl^- 2 mol로 이루어져 있으므로 a=3이다. 또한 XCl_2 1 mol은 X 1 mol과 Cl 2 mol로 이루어져 있다고 볼 수 있으며 Cl의 전자 수는 17이므로 Cl 2 mol에 들어 있는 전자는 34 mol이다. 따라서 X 1 mol에 들어 있는 전자의 양은 12(=46−34) mol이므로 X는 전자 수가 12인 Mg이다.

○ 보기 풀이 ㄱ. a=3이다.
ㄴ. X(Mg)는 금속이므로 고체 상태에서 전성(펴짐성)이 있다.
ㄷ. X(Mg)는 3주기 원소이다.

문제풀이 Tip

XCl_2 1 mol은 X^{2+} 1 mol과 Cl^- 2 mol로 이루어져 있으며 Cl^-의 전자 수는 18이므로 Cl^- 2 mol에 들어 있는 전자는 36 mol이다. 따라서 X^{2+} 1 mol에 들어 있는 전자는 10(=46−36) mol이므로 X는 전자 수가 12인 Mg이다. XCl_2 1 mol에 들어 있는 전자 수를 구할 때 XCl_2의 구성 입자는 X^{2+}, Cl^-이지만 X, Cl 원자로 풀어도 결과는 같다.

선택지 비율	① 2%	② 1%	③ 7%	④ 5%	⑤ 84%

7 화학 결합

2024학년도 수능 2번 | 정답 ⑤ | 문제편 135 p

출제 의도 이온이 형성되는 과정과 화학 결합의 종류를 알고 있는지 묻는 문항이다.

문제 분석

그림은 원자 X, Y로부터 Ne의 전자 배치를 갖는 이온이 형성되는 과정을 모형으로 나타낸 것이다.

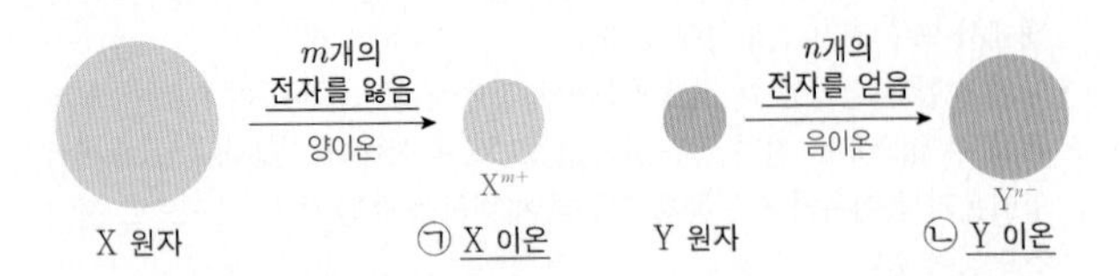

이에 대한 설명으로 옳은 것만을 〈보기〉에서 있는 대로 고른 것은? (단, X와 Y는 임의의 원소 기호이고, m과 n은 3 이하의 자연수이다.)

보기

ㄱ. $X(s)$는 전성(펴짐성)이 있다. (금속 원소 / 자유 전자 때문)

ㄴ. ㉡은 음이온이다. 전자를 얻음

ㄷ. ㉠과 ㉡으로부터 X_2Y가 형성될 때, $m : n = 1 : 2$이다.
$X^+ : Y^{2-} = 2 : 1 \Rightarrow m=1, n=2$

① ㄱ ② ㄷ ③ ㄱ, ㄴ ④ ㄴ, ㄷ ⑤ ㄱ, ㄴ, ㄷ

✓ 자료 해석

- 이온 결합 : 양이온과 음이온 사이의 정전기적 인력에 의해 형성되는 결합이다. 주로 양이온이 되기 쉬운 금속 원소와 음이온이 되기 쉬운 비금속 원소 사이에 형성된다.
- 이온 결합 물질의 화학식 : 양이온의 총 전하량과 음이온의 총 전하량의 합이 0이 되는 이온 수 비로 양이온과 음이온이 결합하여 형성된다. X^{m+}과 Y^{n-}에 의해 형성되는 화합물의 화학식은 $X_aY_b(a : b = n : m)$이다.
- X 원자는 m개의 전자를 잃어 X^{m+}이 되고, Y 원자는 n개의 전자를 얻어 Y^{n-}이 된다.
- X는 m개의 전자를 잃어 Ne의 전자 배치를 갖는 이온이 되므로 3주기 금속 원소이고, Y는 n개의 전자를 얻어 Ne의 전자 배치를 갖는 이온이 되므로 2주기 비금속 원소이다.

○ 보기풀이 ㄱ. X는 금속 원소이므로 고체 상태에서 전성(펴짐성)이 있다.

ㄴ. Y는 전자를 얻어 Y 이온이 되므로 Y 이온은 음이온이다.

ㄷ. X 이온과 Y 이온으로부터 X_2Y가 형성되므로 X 이온은 +1가 양이온(X^+)이고, Y 이온은 −2가 음이온(Y^{2-})이다. 따라서 m, n이 각각 1, 2이므로 $m : n = 1 : 2$이다.

문제풀이 Tip

화합물은 전기적으로 중성이므로 양이온의 전하량과 음이온의 전하량 합은 0이다. 따라서 X_2Y에서 $(+m)\times 2+(-n)\times 1=0$이고 $n=2m$이다.

선택지 비율	① 1%	② 1%	③ 3%	④ 1%	⑤ 94%

8 화학 결합

2024학년도 9월 평가원 2번 | 정답 ⑤ | 문제편 136 p

출제 의도 금속 결합과 공유 결합의 성질을 알고 있는지 묻는 문항이다.

문제 분석

그림은 2가지 물질을 결합 모형으로 나타낸 것이다.

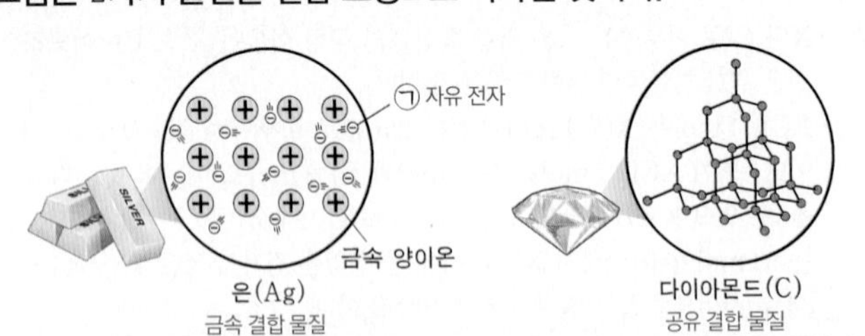

은(Ag) 금속 결합 물질 / 다이아몬드(C) 공유 결합 물질

이에 대한 설명으로 옳은 것만을 〈보기〉에서 있는 대로 고른 것은? [3점]

보기

ㄱ. ㉠은 자유 전자이다. 금속 결합은 자유 전자와 금속 양이온의 정전기적 인력에 의해 형성

ㄴ. $Ag(s)$은 전성(펴짐성)이 있다. 자유 전자로 인함

ㄷ. C(s, 다이아몬드)를 구성하는 원자는 공유 결합을 하고 있다. (C)

① ㄱ ② ㄷ ③ ㄱ, ㄴ ④ ㄴ, ㄷ ⑤ ㄱ, ㄴ, ㄷ

✓ 자료 해석

- 공유 결합 : 비금속 원소의 원자들이 전자쌍을 서로 공유하면서 형성되는 결합이다.
- 금속 결합 : 금속 양이온과 자유 전자 사이의 정전기적 인력에 의해 형성된다. 외부의 힘에 의해 금속이 변형되어도 자유 전자가 이동하여 금속 결합을 유지할 수 있으므로 금속은 연성(뽑힘성)과 전성(펴짐성)이 있다.
- 은(Ag)은 금속 양이온과 자유 전자 사이의 정전기적 인력에 의해 형성되는 금속 결합 물질이다.
- 다이아몬드(C)는 탄소 원자들이 공유 결합하여 그물처럼 연결되어 있다.

○ 보기풀이 ㄱ. 은(Ag)은 금속 양이온과 자유 전자(㉠) 사이의 정전기적 인력에 의해 형성되는 금속 결합 물질이다.

ㄴ. Ag은 금속 결합 물질이므로 고체 상태에서 전성(펴짐성)이 있다.

ㄷ. 다이아몬드(C)는 탄소 원자들이 공유 결합하여 그물처럼 연결되어 있는 공유 결합 물질이다.

문제풀이 Tip

금속 결합 물질은 자유 전자가 있어 전성과 연성이 있다. 공유 결합 물질, 이온 결합 물질, 금속 결합 물질의 상태에 따른 전기 전도성을 함께 알아 둔다.

선택지 비율	① 4%	② 8%	③ 4%	④ 4%	❺ 80%

9 이온 결합

2024학년도 9월 평가원 6번 | 정답 ⑤ | 문제편 136p

출제 의도 이온의 전자 배치 모형과 이온 결합 화합물을 분석할 수 있는지 묻는 문항이다.

문제분석

그림은 원자 X~Z의 안정한 이온 X^{a+}, Y^{b+}, Z^{c-}의 전자 배치를 모형으로 나타낸 것이고, 표는 이온 결합 화합물 (가)와 (나)에 대한 자료이다. 전자 수 10

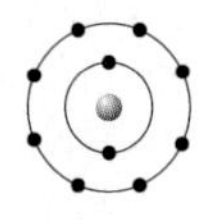

화합물	(가) Al_2O_3	(나) Na_2O
구성 원소	X, Z Al, O	Y, Z Na, O
이온 수 비	$X^{a+} : Z^{c-} = 2 : 3$	$Y^{b+} : Z^{c-} = 2 : 1$
	$2a=3c \Rightarrow a=3, c=2$	$2b=c \Rightarrow b=1$

이에 대한 설명으로 옳은 것만을 〈보기〉에서 있는 대로 고른 것은? (단, X~Z는 임의의 원소 기호이고, a~c는 3 이하의 자연수이다.)

보기

ㄱ. $a=2$이다. (3) $2a=3c$이므로 $a=3, c=2$

ㄴ. Z는 산소(O)이다. Z^{2-}의 전자 수는 10 ➡ Z의 전자 수는 8

ㄷ. 원자가 전자 수는 X>Y이다. X(Al) 3, Y(Na) 1

① ㄱ ② ㄴ ③ ㄷ ④ ㄱ, ㄴ ⑤ ㄴ, ㄷ

✔ 자료 해석

- (가)에서 이온 수 비는 $X^{a+} : Z^{c-} = 2 : 3$이므로 $2 \times (+a) + 3 \times (-c) = 0$이고 $2a=3c$이다. (나)에서 이온 수 비는 $Y^{b+} : Z^{c-} = 2 : 1$이므로 $2 \times (+b) + 1 \times (-c) = 0$이고 $2b=c$이다. $a : b : c = 3 : 1 : 2$이고 a~c는 3 이하의 자연수이므로 $a=3$, $b=1$, $c=2$이다.
- X~Z의 안정한 이온은 모두 Ne의 전자 배치를 가지므로 X^{3+}은 Al^{3+}, Y^{+}은 Na^{+}, Z^{2-}은 O^{2-}이고, X는 Al, Y는 Na, Z는 O이다.

○ 보기풀이 ㄴ. $c=2$이고 Z^{c-}의 전자 수는 10이므로 Z는 O이다.
ㄷ. 원자가 전자 수는 X(Al)가 3, Y(Na)가 1이므로 원자가 전자 수는 X>Y이다.

× 매력적 오답 ㄱ. 이온 결합 화합물은 이온의 전하량 합이 0이므로 $2a=3c$가 성립하고, a~c는 3 이하의 자연수이므로 $a=3$, $c=2$이다.

문제풀이 Tip

이온 결합 화합물에서 이온의 전하량 합이 0인 것을 이용하여 a, b, c를 구하고, 전자 배치 모형에서 전자 수가 10인 것으로부터 X~Z를 결정할 수 있다. X~Z의 안정한 이온이 Ne의 전자 배치를 가지므로 X, Y는 3주기 금속 원소이고, Z는 2주기 비금속 원소이다.

선택지 비율	❶ 87%	② 1%	③ 7%	④ 2%	⑤ 3%

10 이온 결합

2024학년도 6월 평가원 2번 | 정답 ① | 문제편 136p

출제 의도 화학 결합 모형으로부터 구성 원소를 판단할 수 있는지 묻는 문항이다.

문제분석

그림은 화합물 AB와 CD를 화학 결합 모형으로 나타낸 것이다. MgO NaF

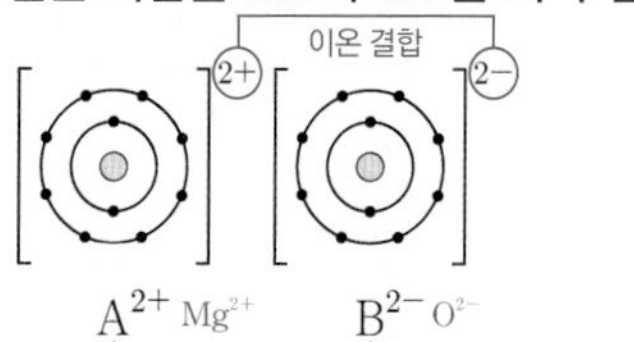

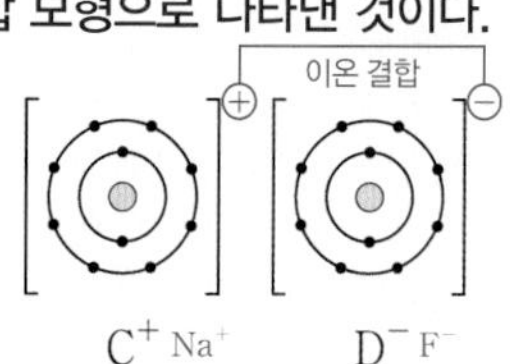

이에 대한 설명으로 옳은 것만을 〈보기〉에서 있는 대로 고른 것은? (단, A~D는 임의의 원소 기호이다.)

보기

ㄱ. A~D에서 2주기 원소는 2가지이다. B(O), D(F)

ㄴ. A는 ~~비금속~~ (금속) 원소이다. A(Mg)는 금속

ㄷ. BD_2(OF_2)는 ~~이온~~ (공유) 결합 물질이다. B(O)와 D(F)는 비금속

① ㄱ ② ㄴ ③ ㄱ, ㄷ ④ ㄴ, ㄷ ⑤ ㄱ, ㄴ, ㄷ

✔ 자료 해석

- 이온 결합 : 양이온과 음이온 사이의 정전기적 인력에 의해 형성되는 결합이다. 주로 양이온이 되기 쉬운 금속 원소와 음이온이 되기 쉬운 비금속 원소 사이에 형성된다.
- 공유 결합 : 비금속 원소의 원자들이 전자쌍을 서로 공유하면서 형성되는 결합이다.
- A^{2+}과 B^{2-}의 전자 수가 10으로 같으므로 A는 3주기 2족 원소인 Mg, B는 2주기 16족 원소인 O이고, 화합물 AB는 이온 결합 물질인 MgO이다.
- C^{+}과 D^{-}의 전자 수가 10으로 같으므로 C는 3주기 1족 원소인 Na, D는 2주기 17족 원소인 F이고, 화합물 CD는 이온 결합 물질인 NaF이다.

○ 보기풀이 ㄱ. A~D에서 2주기 원소는 B(O)와 D(F) 2가지이다.

× 매력적 오답 ㄴ. A는 Mg이므로 금속 원소이다.
ㄷ. BD_2(OF_2)는 공유 결합 물질이다.

문제풀이 Tip

화학 결합 모형에서 전자 수를 통해 구성 원소를 알 수 있다. 금속 원소와 비금속 원소로 이루어진 화합물은 이온 결합 물질이고, 비금속 원소로 이루어진 화합물은 공유 결합 물질이다.

선택지 비율	① 2%	② 7%	③ 2%	❹ 86%	⑤ 3%

11 공유 결합

2024학년도 6월 평가원 6번 | 정답 ④ | 문제편 136 p

출제 의도 구성 원자의 원자가 전자 수 합을 이용하여 분자를 판단할 수 있는지 묻는 문항이다.

문제 분석

표는 원소 W~Z로 구성된 3가지 분자에 대한 자료이다. W~Z는 C, N, O, F을 순서 없이 나타낸 것이고, 분자에서 모든 원자는 옥텟 규칙을 만족한다.

분자	WX_2 CO_2	YZ_3 NF_3	YWZ NCF
중심 원자	W C	Y N	W C
전체 구성 원자의 원자가 전자 수 합	㉠ 4+6×2=16	26 5+7×3	16 5+4+7

이에 대한 설명으로 옳은 것만을 〈보기〉에서 있는 대로 고른 것은? [3점]

보기

ㄱ. X는 F이다. (O)

ㄴ. YWZ의 비공유 전자쌍 수는 4이다. (NCF) N 1, F 3

ㄷ. ㉠은 16이다. WX_2는 CO_2 ➡ ㉠=4+6×2=16

① ㄱ ② ㄷ ③ ㄱ, ㄴ ④ ㄴ, ㄷ ⑤ ㄱ, ㄴ, ㄷ

✓ 자료 해석

- C, N, O, F의 원자가 전자 수는 각각 4, 5, 6, 7이다.
- 분자에서 모든 원자는 옥텟 규칙을 만족하므로, 전체 구성 원자의 원자가 전자 수 합이 26인 YZ_3은 NF_3이고, 중심 원자 Y는 N, Z는 F이다.
- YWZ의 구성 원자로 N, F이 있고 원자가 전자 수 합은 16이므로 W는 원자가 전자 수가 4(=16−(5+7))인 C이다. 따라서 X는 O이고, WX_2는 CO_2이다.

O 보기풀이 ㄴ. YWZ(NCF)에는 비공유 전자쌍이 Y(N)에 1개, Z(F)에 3개가 있으므로 YWZ의 비공유 전자쌍 수는 4이다.

ㄷ. WX_2(CO_2)에서 전체 구성 원자의 원자가 전자 수 합 ㉠은 4+6×2=16이다.

× 매력적 오답 ㄱ. W~Z는 각각 C, O, N, F이다.

문제풀이 Tip

분자에서 F은 중심 원자가 될 수 없다. YWZ로 NCF(중심 원자 C)과 NOF(중심 원자 N)가 가능한데, NOF일 경우 Y, Z는 각각 O 또는 F이며, YZ_3에서 중심 원자는 O와 F 둘 다 될 수 없으므로 YWZ는 NCF이다.

선택지 비율	① 1%	② 2%	③ 2%	④ 5%	❺ 90%

12 화학 결합 모형

2023학년도 수능 3번 | 정답 ⑤ | 문제편 137 p

출제 의도 화학 결합 모형으로부터 구성 원소와 화학 결합의 종류를 파악할 수 있는지 묻는 문항이다.

문제 분석

그림은 화합물 A_2B와 CBD를 화학 결합 모형으로 나타낸 것이다.

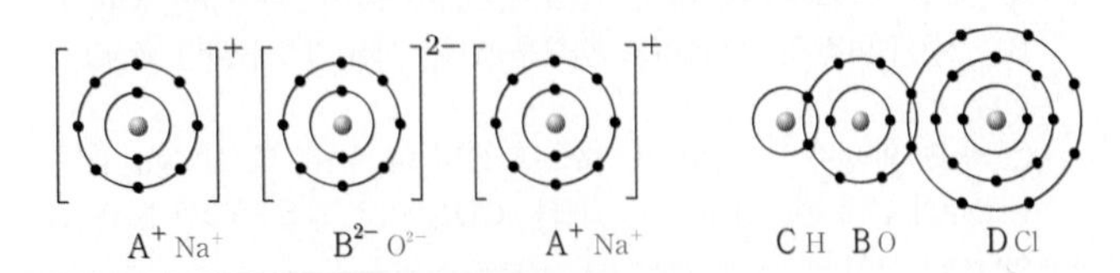

이에 대한 설명으로 옳은 것만을 〈보기〉에서 있는 대로 고른 것은? (단, A~D는 임의의 원소 기호이다.)

보기

ㄱ. A(s)는 전성(펴짐성)이 있다.

ㄴ. A와 D의 안정한 화합물은 AD이다. (NaCl)

ㄷ. C_2B는 공유 결합 물질이다. (H_2O)

① ㄱ ② ㄷ ③ ㄱ, ㄴ ④ ㄴ, ㄷ ⑤ ㄱ, ㄴ, ㄷ

✓ 자료 해석

- A_2B에서 A는 전자 1개를 잃고 Ne의 전자 배치를 하며, B는 전자 2개를 얻어 Ne의 전자 배치를 한다. 따라서 A는 3주기 1족 원소인 나트륨(Na)이고, B는 2주기 16족 원소인 산소(O)이다.
- CBD에서 C 원자는 1개의 전자쌍을 공유하므로 수소(H)이고, D 원자는 1개의 전자쌍을 공유하며 비공유 전자쌍 3개를 가지므로 3주기 17족 원소인 염소(Cl)이다.

O 보기풀이 ㄱ. A(Na)는 금속 원소이므로 A(s)는 전성(펴짐성)이 있다.

ㄴ. A(Na)는 1족 금속 원소이고, D(Cl)는 17족 비금속 원소이므로 A^+(Na^+)과 D^-(Cl^-)이 1 : 1로 결합하여 NaCl을 형성한다.

ㄷ. B(O)와 C(H)는 모두 비금속 원소이므로 C_2B(H_2O)는 공유 결합 물질이다.

문제풀이 Tip

공유 전자쌍 수가 1인 원소는 1족 또는 17족인데, 1족 원소 중 공유 결합을 형성하는 것은 수소(H)이며 이때 수소(H)에는 비공유 전자쌍이 없다.

선택지 비율	① 20%	② 2%	❸ 69%	④ 2%	⑤ 7%

13 화학 결합

2023학년도 9월 평가원 3번 | 정답 ③ | 문제편 137p

출제 의도 원자의 전자 배치 모형으로부터 각 원자가 형성하는 화학 결합의 종류를 파악할 수 있는지 묻는 문항이다.

문제 분석

그림은 바닥상태 원자 W~Z의 전자 배치를 모형으로 나타낸 것이다.

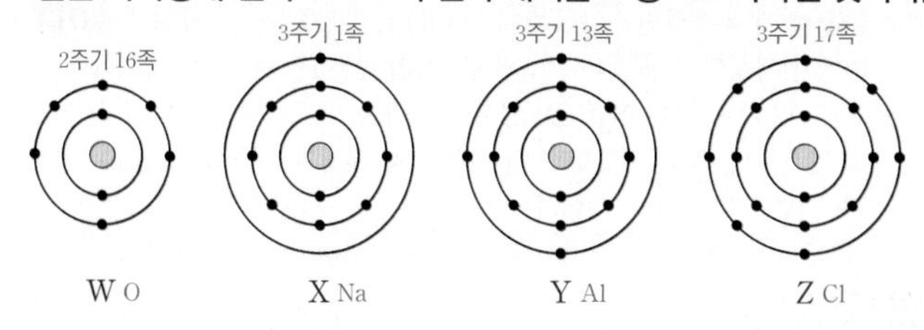

이에 대한 설명으로 옳은 것만을 〈보기〉에서 있는 대로 고른 것은? (단, W~Z는 임의의 원소 기호이다.)

〈보기〉

ㄱ. $XZ(l)$는 전기 전도성이 있다. (NaCl(이온 결합 물질))

ㄴ. Z_2W는 이온 결합 물질이다. (공유 결합)

ㄷ. W와 Y는 3 : 2로 결합하여 안정한 화합물을 형성한다. ((O) (Al) Al_2O_3)

① ㄱ ② ㄴ ③ ㄱ, ㄷ ④ ㄴ, ㄷ ⑤ ㄱ, ㄴ, ㄷ

✓ 자료 해석

- W~Z는 각각 2주기 16족, 3주기 1족, 3주기 13족, 3주기 17족 원소이다.
  ➡ W~Z는 각각 O, Na, Al, Cl이다.

○ 보기 풀이 ㄱ. XZ(NaCl)는 이온 결합 물질이므로 액체 상태에서 전기 전도성이 있다.

ㄷ. W(O)는 16족 비금속 원소이고, Y(Al)는 13족 금속 원소이므로 $W^{2-}(O^{2-})$과 $Y^{3+}(Al^{3+})$이 3 : 2로 이온 결합하여 Al_2O_3을 형성한다.

× 매력적 오답 ㄴ. W(O)와 Z(Cl)는 모두 비금속 원소이므로 $Z_2W(Cl_2O)$는 공유 결합 물질이다.

문제풀이 Tip

원자의 전자 배치 모형으로부터 전자 껍질 수와 원자가 전자 수를 파악하여 금속 원소와 비금속 원소로 구별할 수 있어야 하고, 원소의 종류에 따라 각 원자가 형성하는 화학 결합의 종류를 파악할 수 있어야 한다.

선택지 비율	① 5%	② 1%	③ 8%	④ 2%	❺ 84%

14 화학 결합 모형

2023학년도 6월 평가원 3번 | 정답 ⑤ | 문제편 137p

출제 의도 화학 결합 모형으로부터 구성 원소와 화학 결합의 종류를 파악할 수 있는지 묻는 문항이다.

문제 분석

그림은 화합물 A_2B(H_2O)와 CD(NaF)를 화학 결합 모형으로 나타낸 것이다.

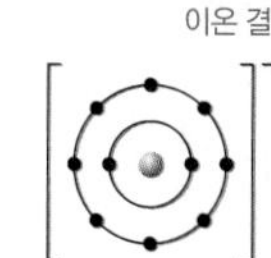

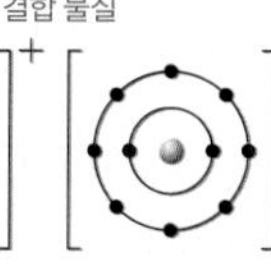

이에 대한 설명으로 옳은 것만을 〈보기〉에서 있는 대로 고른 것은? (단, A~D는 임의의 원소 기호이다.)

〈보기〉

ㄱ. A_2B(H_2O)는 공유 결합 물질이다.

ㄴ. $C(s)$(Na)는 연성(뽑힘성)이 있다.

ㄷ. $C_2B(l)$는 전기 전도성이 있다. (Na_2O ➡ 이온 결합 물질)

① ㄱ ② ㄷ ③ ㄱ, ㄴ ④ ㄴ, ㄷ ⑤ ㄱ, ㄴ, ㄷ

✓ 자료 해석

- A_2B에서 A 원자는 1개의 전자쌍을 공유하므로 수소(H)이고, B 원자는 2개의 전자쌍을 공유하며 비공유 전자쌍 2개를 가지므로 2주기 16족 원소인 산소(O)이다.
- CD에서 C는 전자 1개를 잃고 Ne의 배치를 하며, D는 전자 1개를 얻어 Ne의 전자 배치를 한다. 따라서 C는 3주기 1족 원소인 나트륨(Na)이고, D는 2주기 17족 원소인 플루오린(F)이다.

○ 보기 풀이 ㄱ. $A_2B(H_2O)$는 전자쌍을 공유하여 형성되는 공유 결합 물질이다.

ㄴ. C(Na)는 금속 원소이므로 $C(s)$는 연성(뽑힘성)이 있다.

ㄷ. $C_2B(Na_2O)$는 이온 결합 물질이므로 액체 상태에서 전기 전도성이 있다.

문제풀이 Tip

화학 결합 모형을 보고 물질을 이루는 화학 결합의 종류를 판단할 수 있어야 하며, 공유 전자쌍 수 또는 잃거나 얻은 전자 수로부터 구성 원소의 주기와 족을 파악할 수 있어야 한다.

선택지 비율	① 1%	② 2%	③ 15%	④ 4%	⑤ 78%

15 물의 전기 분해

2023학년도 9월 평가원 6번 | 정답 ⑤ | 문제편 137 p

출제 의도 물의 전기 분해 실험을 통해 물을 이루는 수소와 산소 사이의 결합에 전자가 관여함을 이해하고 있는지 묻는 문항이다.

문제분석 계수비 2 : 1 $2H_2O(l) \longrightarrow 2H_2(g) + O_2(g)$

다음은 물(H_2O)의 전기 분해 실험이다.

[실험 과정]

(가) 비커에 물을 넣고, 황산 나트륨을 소량 녹인다. 전해질

(나) 그림과 같이 (가)의 수용액으로 가득 채운 시험관에 전극 A와 B를 설치하고, 전류를 흘려 생성되는 기체를 각각의 시험관에 모은다.

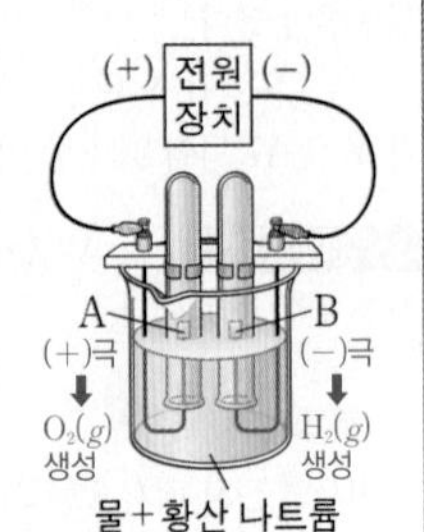

[실험 결과]

- (나)에서 생성된 기체는 수소(H_2)와 산소(O_2)였다. 몰비 ➡ (−)극 : (+)극=2 : 1
- 각 전극에서 생성된 기체의 양(mol) ($0<t_1<t_2$)

전류를 흘려 준 시간		t_1	t_2
기체의 양 (mol)	전극 A (+)극, $O_2(g)$	x $\frac{1}{2}N$	N
	전극 B (−)극, $H_2(g)$	N	y $2N$

이에 대한 설명으로 옳은 것만을 〈보기〉에서 있는 대로 고른 것은?

보기

ㄱ. 전극 A(+)극에서 생성된 기체는 O_2이다.

ㄴ. H_2O을 이루고 있는 H 원자와 O 원자 사이의 화학 결합에는 전자가 관여한다.

ㄷ. $\frac{x}{y}=\frac{1}{4}$이다. $\frac{\frac{1}{2}N}{2N}=\frac{1}{4}$

① ㄱ ② ㄷ ③ ㄱ, ㄴ ④ ㄴ, ㄷ ⑤ ㄱ, ㄴ, ㄷ

✔ 자료 해석

- 순수한 물은 전류가 흐르지 않으므로 전해질인 황산 나트륨을 녹여 전기 분해한다.
- 물의 전기 분해 반응식 : $2H_2O(l) \longrightarrow 2H_2(g) + O_2(g)$
- 물을 전기 분해하면 (+)극에서 산소(O_2) 기체가, (−)극에서 수소(H_2) 기체가 생성되며, 생성된 기체의 양(mol) 비는 $H_2 : O_2=2 : 1$이다.
- 전극 A는 (+)극에 연결되어 있고, 전극 B는 (−)극에 연결되어 있으므로 같은 시간 동안 전류를 흘려 주었을 때 생성된 기체의 양(mol) 비는 전극 A : 전극 B=1 : 2이다.

○ 보기 풀이 ㄱ. 전극 A는 (+)극에 연결되어 있으므로 전극 A에서는 산소(O_2) 기체가 생성된다.

ㄴ. $H_2O(l)$을 전기 분해했을 때 수소(H_2) 기체와 산소(O_2) 기체로 분해되므로 물 분자를 이루는 H 원자와 O 원자 사이의 화학 결합에 전자가 관여함을 알 수 있다.

ㄷ. $H_2O(l)$을 전기 분해했을 때 생성된 기체의 양(mol) 비(=반응 계수비)는 $H_2 : O_2=2 : 1$이므로 같은 시간 동안 전류를 흘려 주었을 때 각 전극에서 생성된 기체의 양(mol) 비는 (+)극 : (−)극=1 : 2이다. 따라서 $x=\frac{1}{2}N$, $y=2N$이므로 $\frac{x}{y}=\frac{1}{4}$이다.

문제풀이 Tip

물을 전기 분해할 때 각 전극에서 생성되는 기체의 종류와 몰비를 알아야 한다. 물을 전기 분해하면 (+)극에서 산소(O_2) 기체가, (−)극에서 수소(H_2) 기체가 생성되며, 생성된 기체의 몰비는 수소(H_2) : 산소(O_2)=2 : 1이다.

선택지 비율	① 1%	❷ 96%	③ 1%	④ 1%	⑤ 1%

16 금속 결합 물질의 성질

2022학년도 수능 3번 | 정답 ② | 문제편 138 p

출제 의도 금속 결합 물질의 성질을 알고 있는지 묻는 문항이다.

문제분석

다음은 학생 A가 금속의 성질을 알아보기 위해 수행한 탐구 활동이다.

[가설]
- 고체 상태 금속은 전기 전도성이 있다.

[탐구 과정]
- 3가지 금속 ㉠(금속 결합 물질), ㉡, Al(s)의 전기 전도성을 조사한다.

[탐구 결과]

금속	㉠	㉡	Al(s)
전기 전도성	있음	있음	있음

[결론]
- 가설은 옳다.

학생 A의 결론이 타당할 때, 다음 중 ㉠과 ㉡으로 가장 적절한 것은?

	㉠	㉡		㉠	㉡
①	$CO_2(s)$	$Cu(s)$	②	$Cu(s)$	$Mg(s)$
③	$Fe(s)$	$CO_2(s)$ (공유 결합 물질)	④	$Mg(s)$	$NaCl(s)$
⑤	$NaCl(s)$ (이온 결합 물질)	$Fe(s)$			

✔ 자료 해석
- 금속 결합 물질은 고체 상태와 액체 상태에서 전기 전도성이 있다.
- 이온 결합 물질은 고체 상태에서는 전기 전도성이 없지만, 액체 상태와 수용액 상태에서는 전기 전도성이 있다.
- 공유 결합 물질은 고체 상태와 액체 상태에서 전기 전도성이 없다.

○ 보기풀이 ② 가설은 '고체 상태 금속은 전기 전도성이 있다.'이고, 탐구 결과로부터 얻은 결론이 타당하므로 ㉠과 ㉡으로 금속 결합 물질을 사용해야 한다. Cu와 Mg은 모두 금속 결합 물질이다.

× 매력적 오답 ①, ③ CO_2는 공유 결합 물질이므로 고체 상태에서 전기 전도성이 없다.
④, ⑤ NaCl은 이온 결합 물질이므로 고체 상태에서 전기 전도성이 없다.

문제풀이 Tip

이온 결합 물질과 공유 결합 물질의 액체 상태에서의 전기 전도성을 비교하는 탐구 문항이 자주 출제되지만, 이 문항과 같이 금속 결합 물질의 전기 전도성과 관련된 탐구 문항도 출제될 수 있다. 제시된 물질을 금속 결합 물질, 이온 결합 물질, 공유 결합 물질로 분류할 수 있어야 한다.

선택지 비율	① 1%	② 3%	③ 2%	❹ 55%	⑤ 39%

17 화학 결합 모형

2022학년도 수능 4번 | 정답 ④ | 문제편 138 p

출제 의도 화학 결합 모형으로부터 구성 원소와 화학 결합의 종류를 파악할 수 있는지 묻는 문항이다.

문제분석

그림은 화합물 AB(CaO)와 BC_2(OCl_2)를 화학 결합 모형으로 나타낸 것이다.

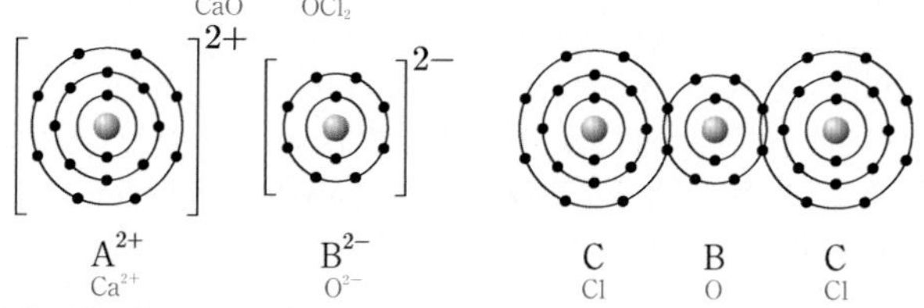

이에 대한 설명으로 옳은 것만을 〈보기〉에서 있는 대로 고른 것은? (단, A~C는 임의의 원소 기호이다.)

보기
ㄱ. A는 ~~3주기~~(4주기) 원소이다.
ㄴ. AB(CaO)는 이온 결합 물질이다.
ㄷ. A와 C는 1 : 2로(Ca^{2+}, Cl^-) 결합하여 안정한 화합물을($CaCl_2$) 형성한다.

① ㄱ ② ㄴ ③ ㄱ, ㄷ ④ ㄴ, ㄷ ⑤ ㄱ, ㄴ, ㄷ

✔ 자료 해석
- AB에서 A는 전자 2개를 잃고 Ar의 전자 배치를 하며, B는 전자 2개를 얻어 Ne의 전자 배치를 한다.
  ➡ A는 4주기 2족 원소인 칼슘(Ca)이고, B는 2주기 16족 원소인 산소(O)이다.
- BC_2에서 C 원자는 B(O) 원자와 1개의 전자쌍을 공유하며, 비공유 전자쌍 3개를 가진다.
  ➡ C는 3주기 17족 원소인 염소(Cl)이다.

○ 보기풀이 ㄴ. AB(CaO)는 A^{2+}(Ca^{2+})과 B^{2-}(O^{2-})이 결합하여 형성된 이온 결합 물질이다.
ㄷ. A(Ca)는 2족 금속 원소이고, C(Cl)는 17족 비금속 원소이므로 A^{2+}(Ca^{2+})과 C^-(Cl^-)이 1 : 2로 결합하여 $CaCl_2$을 형성한다.

× 매력적 오답 ㄱ. A는 4주기 2족 원소이다.

문제풀이 Tip

A^{2+}의 전자 껍질 수가 3이므로 A는 전자 2개를 잃고 Ar의 전자 배치를 하는 4주기 2족 원소임에 유의해야 한다.

선택지 비율	① 1%	② 1%	③ 6%	④ 4%	⑤ 87%

18 화학 결합 모형

2022학년도 9월 평가원 7번 | 정답 ⑤ | 문제편 138 p

출제 의도 화학 결합 모형으로부터 화합물을 이루는 화학 결합의 종류를 파악할 수 있는지 묻는 문항이다.

문제 분석

다음은 Na과 ㉠이 반응하여 ㉡과 H_2를 생성하는 반응의 화학 반응식이고, 그림 (가)와 (나)는 ㉠과 ㉡을 각각 화학 결합 모형으로 나타낸 것이다.

$2Na + 2$ ㉠(H_2O) $\longrightarrow 2$ ㉡($NaOH$) $+ H_2$

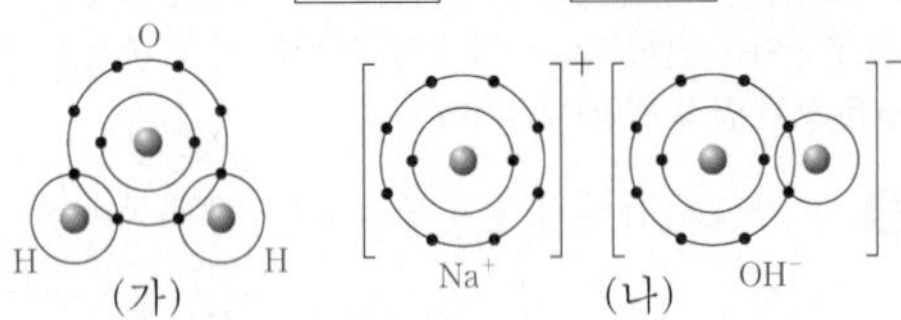

이에 대한 설명으로 옳은 것만을 <보기>에서 있는 대로 고른 것은?

보기

ㄱ. Na(s)은 전성(펴짐성)이 있다. (금속 결합 물질)

ㄴ. ㉠은 공유 결합 물질이다. (H_2O)

ㄷ. (나)에서 양이온(Na^+)의 총 전자 수(10)와 음이온(OH^-)의 총 전자 수(10)는 같다.

① ㄱ ② ㄷ ③ ㄱ, ㄴ ④ ㄴ, ㄷ ⑤ ㄱ, ㄴ, ㄷ

✓ 자료 해석

- (가)는 공유 결합 물질인 H_2O이고, (나)는 이온 결합 물질인 NaOH이다.
  ➡ ㉠은 H_2O이고, ㉡은 NaOH이다.
- 화학 반응식을 완성하면 $2Na + 2H_2O \longrightarrow 2NaOH + H_2$이다.

O 보기 풀이 ㄱ. Na(s)은 금속 결합 물질이므로 전성(펴짐성)이 있다.

ㄴ. ㉠(H_2O)은 비금속 원소로 이루어진 공유 결합 물질이다.

ㄷ. (나)에서 양이온(Na^+)의 총 전자 수와 음이온(OH^-)의 총 전자 수는 10으로 같다.

문제풀이 Tip

화학 결합 모형으로부터 화합물 ㉠, ㉡의 화학식을 알아낼 수 있지만, 화학 반응식을 통해서도 알 수 있다. 1족 금속 원소인 나트륨(Na)은 물과 격렬히 반응하여 수소(H_2) 기체를 발생시키며, 이때 용액은 염기성이 된다.

선택지 비율	① 3%	② 4%	③ 6%	④ 2%	⑤ 85%

19 이온 결합 물질

2022학년도 9월 평가원 9번 | 정답 ⑤ | 문제편 138 p

출제 의도 이온 결합 물질을 형성하는 양이온과 음이온의 결합 개수비를 통해 이온 결합 물질의 종류를 파악할 수 있는지 묻는 문항이다.

문제 분석

그림은 같은 주기 원소 A(양이온 형성 ➡ 금속)와 B(음이온 형성 ➡ 비금속)로 이루어진 이온 결합 물질 X(s)를 물에 녹였을 때, X(aq)의 단위 부피당 이온 모형을 나타낸 것이다. A^{2+}과 B^{n-}은 각각 Ne(2주기 비금속, 3주기 금속) 또는 Ar(3주기 비금속, 4주기 금속)과 같은 전자 배치를 갖는다. 이에 대한 설명으로 옳은 것만을 <보기>에서 있는 대로 고른 것은? (단, A와 B는 임의의 원소 기호이다.) [3점]

개수비 3 : 6 ➡ 전하량 비 2 : 1

● A^{2+} ▲ B^{n-} (B^-)

보기

ㄱ. X의 화학식은 A_2B이다. (AB_2)

ㄴ. B는 3주기 원소이다.

ㄷ. 원자 번호는 B(17) > A(12)이다.

① ㄱ ② ㄴ ③ ㄷ ④ ㄱ, ㄴ ⑤ ㄴ, ㄷ

✓ 자료 해석

- 단위 부피당 이온 모형으로부터 A^{2+}과 B^{n-}의 결합 개수비는 3 : 6, 즉 1 : 2임을 알 수 있다. 이온 결합 물질에서 양이온의 총(+)전하량과 음이온의 총(−)전하량은 같아야 하므로 $n=1$이다.
- X(s)는 A^{2+}과 B^-으로 이루어져 있고, A와 B는 같은 주기 원소이면서 이온이 될 때 각각 Ne 또는 Ar의 전자 배치를 가지므로 A는 전자 2개를 잃고 Ne의 전자 배치를 하는 마그네슘(Mg)이고, B는 전자 1개를 얻어 Ar의 전자 배치를 하는 염소(Cl)이다.

O 보기 풀이 ㄴ. B는 전자 1개를 얻어 Ar의 전자 배치를 하므로 3주기 17족 원소인 염소(Cl)이다.

ㄷ. 원자 번호는 A(Mg)가 12, B(Cl)가 17이므로 B > A이다.

× 매력적 오답 ㄱ. X의 화학식은 AB_2($MgCl_2$)이다.

문제풀이 Tip

A는 양이온을 형성하고, B는 음이온을 형성하므로 A는 전자를 잃고 Ne의 전자 배치를 하며 B는 전자를 얻어 Ar의 전자 배치를 한다는 점을 파악할 수 있어야 한다. A가 2주기 원소이면 A^{2+}은 He의 전자 배치를 한다.

선택지 비율	① 2%	② 3%	③ 2%	❹ 88%	⑤ 5%

20 전자 배치와 화학 결합

2022학년도 6월 평가원 6번 | 정답 ④ | 문제편 139 p

출제 의도 원자의 바닥상태 전자 배치로부터 원자의 종류와 각 원자가 형성하는 화학 결합의 종류를 파악할 수 있는지 묻는 문항이다.

문제 분석

다음은 바닥상태 원자 A~D의 전자 배치이다.

2주기
- A : $1s^2 2s^2 2p^4$ 전자 수 : 8 ➡ O
- B : $1s^2 2s^2 2p^5$ 전자 수 : 9 ➡ F

비금속

3주기
- C : $1s^2 2s^2 2p^6 3s^1$ 전자 수 : 11 ➡ Na – 금속
- D : $1s^2 2s^2 2p^6 3s^2 3p^5$ 전자 수 : 17 ➡ Cl – 비금속

이에 대한 설명으로 옳은 것만을 〈보기〉에서 있는 대로 고른 것은? (단, A~D는 임의의 원소 기호이다.)

〈보기〉
ㄱ. AB_2(OF_2)는 이온(공유) 결합 물질이다.
ㄴ. C와 D는 같은 주기 원소이다. 3주기
ㄷ. B와 C는 1 : 1로(Na^+, F^-) 결합하여 안정한 화합물(NaF)을 형성한다.

① ㄱ ② ㄴ ③ ㄱ, ㄷ ④ ㄴ, ㄷ ⑤ ㄱ, ㄴ, ㄷ

✔ 자료 해석

- 원자의 바닥상태 전자 배치로부터 원자 번호와 전자 수, 원자의 종류를 알 수 있다.
  ➡ A~D는 각각 O, F, Na, Cl이다.

○ 보기풀이 ㄴ. C(Na)와 D(Cl)는 모두 전자가 들어 있는 전자 껍질 수가 3인 3주기 원소이다.
ㄷ. B(F)는 17족 비금속 원소이고, C(Na)는 1족 금속 원소이므로 $C^+(Na^+)$과 $B^-(F^-)$이 1 : 1로 결합하여 NaF을 형성한다.

✖ 매력적 오답 ㄱ. $AB_2(OF_2)$는 비금속 원소로 이루어진 공유 결합 물질이다.

문제풀이 Tip

원자의 바닥상태 전자 배치로부터 주기와 족을 알아내어 금속 원소와 비금속 원소로 구별할 수 있어야 하고, 원소의 종류에 따라 각 원자가 형성하는 화학 결합의 종류를 파악할 수 있어야 한다.

선택지 비율	① 12%	② 2%	❸ 69%	④ 2%	⑤ 14%

21 화학 결합 모형

2022학년도 6월 평가원 8번 | 정답 ③ | 문제편 139 p

출제 의도 화학 결합 모형으로부터 구성 원소와 화학 결합의 종류를 파악할 수 있는지 묻는 문항이다.

문제 분석

다음은 AB와 CD의 반응을 화학 반응식으로 나타낸 것이고, 그림은 AB와 CD를 결합 모형으로 나타낸 것이다.

$$2AB + CD \longrightarrow (가) + A_2D$$

(HCl, MgO, $MgCl_2$, H_2O)

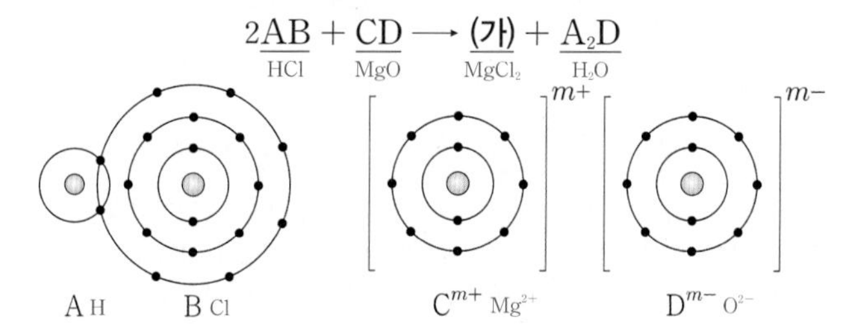

이에 대한 설명으로 옳은 것만을 〈보기〉에서 있는 대로 고른 것은? (단, A~D는 임의의 원소 기호이다.) [3점]

〈보기〉
ㄱ. m=2이다.
ㄴ. (가)는 공유(이온) 결합 물질이다.
ㄷ. 비공유 전자쌍 수는 B_2(Cl_2(6)) > D_2(O_2(4))이다.

① ㄱ ② ㄴ ③ ㄱ, ㄷ ④ ㄴ, ㄷ ⑤ ㄱ, ㄴ, ㄷ

✔ 자료 해석

- AB는 원자가 전자 수가 1인 A 원자와 원자가 전자 수가 7인 B 원자가 전자쌍 1개를 공유하여 형성되므로 A는 1주기 1족 원소인 수소(H)이고, B는 3주기 17족 원소인 염소(Cl)이다.
- CD는 C의 양이온과 D의 음이온이 결합하여 형성된 이온 결합 물질이므로 C는 금속 원소, D는 비금속 원소이다.
- D 원자 1개는 A 원자 2개와 결합하므로 D는 원자가 전자 수가 6인 16족 원소이다.
  ➡ D는 전자 2개를 얻어 Ne의 전자 배치를 하므로 2주기 16족 원소인 산소(O)이고, m=2이다.
- C는 전자 2개를 잃고 Ne의 전자 배치를 하므로 3주기 2족 원소인 마그네슘(Mg)이다.

○ 보기풀이 A~D는 각각 H, Cl, Mg, O이므로 화학 반응식을 완성하면 $2HCl + MgO \longrightarrow MgCl_2 + H_2O$이다.
ㄱ. m=2이다.
ㄷ. 비공유 전자쌍 수는 $B_2(Cl_2)$가 6, $D_2(O_2)$가 4이므로 $B_2 > D_2$이다.

✖ 매력적 오답 ㄴ. (가)는 $MgCl_2$이므로 금속 원소와 비금속 원소로 이루어진 이온 결합 물질이다.

문제풀이 Tip

A와 B는 공유 결합 물질을 형성하고 C의 양이온과 D의 음이온이 이온 결합 물질을 형성하므로 A, B, D는 비금속 원소, C는 금속 원소임을 알 수 있고, 화학 결합 모형과 화합물의 화학식으로부터 각 원자의 주기와 원자가 전자 수를 알 수 있다.

선택지 비율	① 1%	② 1%	③ 3%	④ 2%	⑤ 91%

22 화학 결합과 물질의 성질

2021학년도 수능 4번 | 정답 ⑤ | 문제편 139 p

출제 의도 물질을 이루는 화학 결합의 종류에 따른 물질의 성질을 알고 있는지 묻는 문항이다.

문제 분석

다음은 3가지 물질이다.

구리(Cu)	염화 나트륨(NaCl)	다이아몬드(C)
금속 결합 물질	이온 결합 물질	공유 결합 물질

이에 대한 설명으로 옳은 것만을 〈보기〉에서 있는 대로 고른 것은? [3점]

〈보기〉

ㄱ. Cu(s)는 연성(뽑힘성)이 있다. (금속 결합 물질의 특징)

ㄴ. NaCl(l)은 전기 전도성이 있다.

ㄷ. C(s, 다이아몬드)를 구성하는 원자는 공유 결합을 하고 있다. (원자: 탄소(C) 원자)

① ㄱ ② ㄷ ③ ㄱ, ㄴ ④ ㄴ, ㄷ ⑤ ㄱ, ㄴ, ㄷ

✔ 자료 해석

- 구리(Cu) : 금속 결합 물질이다.
- 염화 나트륨(NaCl) : 금속 원소와 비금속 원소로 이루어진 이온 결합 물질이다.
- 다이아몬드(C) : 비금속 원소인 탄소 원자의 공유 결합으로 이루어진 공유 결합 물질이다. 다이아몬드의 구조는 다음과 같다.

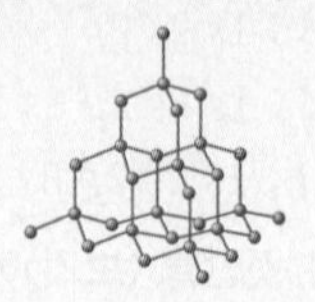

O 보기 풀이 ㄱ. Cu(s)는 금속 결합 물질이므로 연성(뽑힘성)이 있다.

ㄴ. NaCl은 Na^+과 Cl^-으로 이루어진 이온 결합 물질이므로 액체 상태에서 전기 전도성이 있다.

ㄷ. C(s, 다이아몬드)는 탄소 원자 사이의 공유 결합으로 이루어져 있다.

문제풀이 Tip

구리, 염화 나트륨, 다이아몬드는 각각 금속 결합 물질, 이온 결합 물질, 공유 결합 물질의 예로서 자주 제시되는 물질이다. 각각 금속 결합, 이온 결합, 공유 결합으로 이루어져 있다는 점을 기억해 두고 전기 전도성 여부와 외부에서 힘을 가했을 때의 성질 등 화학 결합의 종류에 따른 물질의 성질도 함께 정리해 두자.

선택지 비율	① 8%	② 78%	③ 3%	④ 6%	⑤ 3%

23 화학 결합

2021학년도 수능 12번 | 정답 ② | 문제편 139 p

출제 의도 공유 결합과 이온 결합에 대하여 이해하고 있는지 묻는 문항이다.

문제 분석

다음은 원자 W~Z에 대한 자료이다.

(Z) (Y) (X) (W): O^{2-}, F^-, Na^+, Mg^{2+}

- W~Z는 각각 O, F, Na, Mg 중 하나이다.
- 각 원자의 이온은 모두 Ne의 전자 배치를 갖는다.
- Y와 Z는 2주기 원소이다. ➡ O, F
- X와 Z는 2 : 1로 결합하여 안정한 화합물을 형성한다. (X: 금속, Z: 비금속, 2 : 1: X^+, Z^{2-}, 안정한 화합물: 이온 결합 물질)

이에 대한 설명으로 옳은 것만을 〈보기〉에서 있는 대로 고른 것은? (단, W~Z는 임의의 원소 기호이다.)

〈보기〉

ㄱ. W는 ~~Na이다~~. Mg이다.

ㄴ. 녹는점은 WZ가 CaO보다 높다.

ㄷ. X와 Y의 안정한 화합물은 ~~XY_2이다~~. XY이다.

① ㄱ ② ㄴ ③ ㄷ ④ ㄱ, ㄴ ⑤ ㄴ, ㄷ

✔ 자료 해석

- O, F, Na, Mg의 주기 및 Ne의 전자 배치를 갖는 이온

원소	O	F	Na	Mg
주기	2		3	
Ne의 전자 배치를 갖는 이온	O^{2-}	F^-	Na^+	Mg^{2+}
비고	Y, Z 중 하나에 해당		W, X 중 하나에 해당	

- 금속 원소인 X와 비금속 원소인 Z가 2 : 1의 개수비로 결합하여 안정한 화합물을 형성하므로 X 이온과 Z 이온의 전하량 비는 1 : 2이다.
  ➡ X는 Na, Z는 O이므로 W~Z는 각각 Mg, Na, F, O이다.

O 보기 풀이 ㄴ. WZ는 MgO이다. CaO과 WZ(MgO)는 이온의 전하량과 음이온의 종류가 같고 양이온의 반지름은 $Ca^{2+} > Mg^{2+}$이므로 이온 사이의 거리는 MgO이 CaO보다 짧다. 따라서 녹는점은 WZ(MgO)가 CaO보다 높다.

✖ 매력적 오답 ㄱ. W는 Mg이다.

ㄷ. X(Na)와 Y(F)의 이온은 각각 X^+(Na^+)와 Y^-(F^-)이므로 X와 Y의 안정한 화합물은 XY(NaF)이다.

문제풀이 Tip

원자 번호 1~20까지의 원소는 18족 원소의 전자 배치를 하는 이온이 되었을 때의 이온의 전하를 기억하고 있어야 한다. 그리고 이온 결합 물질에서 양이온의 총(+)전하량과 음이온의 총(−)전하량은 같아야 하므로 X^{m+}과 Y^{n-}으로 이루어진 물질의 화학식은 X_nY_m임을 알고 있어야 한다.

선택지 비율	① 1%	② 2%	③ 5%	④ 5%	⑤ 87%

24 이온 결합 물질의 녹는점

2021학년도 9월 평가원 6번 | 정답 ⑤ | 문제편 140 p

출제 의도 이온 결합 물질에서 이온 사이의 거리와 녹는점에 대한 탐구 자료를 해석할 수 있는지 묻는 문항이다.

문제 분석

다음은 이온 결합 물질과 관련하여 학생 A가 세운 가설과 이를 검증하기 위해 수행한 탐구 활동이다.

[가설]

- Na과 할로젠 원소(X)로 구성된 이온 결합 물질(NaX)은 ㉠ (할로젠 원소: 17족 원소, NaX: Na^+X^-)

[탐구 과정]

- 4가지 고체 NaF, NaCl, NaBr, NaI의 이온 사이의 거리와 1 atm에서의 녹는점을 조사하고 비교한다.

[탐구 결과]

이온 반지름 : $F^- < Cl^- < Br^- < I^-$

이온 결합 물질	NaF	NaCl	NaBr	NaI
이온 사이의 거리(pm)	231	282	299	324
녹는점(℃)	996	802	747	661

이온 사이의 거리 짧을수록 ➡ 정전기적 인력 큼 ➡ 녹는점이 높음

[결론]

- 가설은 옳다.

학생 A의 결론이 타당할 때, 이에 대한 설명으로 옳은 것만을 ⟨보기⟩에서 있는 대로 고른 것은? [3점]

보기

ㄱ. NaCl을 구성하는 양이온(Na^+) 수와 음이온(Cl^-) 수는 같다.

ㄴ. '이온 사이의 거리가 가까울수록 녹는점이 높다.'는 ㉠으로 적절하다.

ㄷ. NaF, NaCl, NaBr, NaI 중 이온 사이의 정전기적 인력이 가장 큰 물질은 NaF이다. (녹는점이 가장 높은 물질)

① ㄱ ② ㄷ ③ ㄱ, ㄴ ④ ㄴ, ㄷ ⑤ ㄱ, ㄴ, ㄷ

✔ 자료 해석

- 나트륨(Na)과 할로젠 원소(X)로 이루어진 물질(NaX)에서 양이온과 음이온은 각각 Na^+, X^-이다.
  ➡ 이온의 전하량이 +1과 −1로 같으므로 녹는점은 이온 사이의 거리의 영향을 받는다.
- 양이온이 Na^+으로 동일하므로 음이온의 반지름이 증가하면 이온 사이의 거리가 증가하여 녹는점은 낮아진다.
  ➡ 음이온의 반지름은 $I^- > Br^- > Cl^- > F^-$이다.

○ 보기풀이 ㄱ. NaCl은 Na^+과 Cl^-이 1 : 1로 결합하여 형성된 물질이다.
ㄴ. 탐구 결과로부터 이온 사이의 거리가 가까울수록 녹는점이 높은 것을 알 수 있고, 결론이 '가설은 옳다.'이므로 '이온 사이의 거리가 가까울수록 녹는점이 높다.'는 ㉠으로 적절하다.
ㄷ. 이온 결합 물질에서 양이온과 음이온 사이의 정전기적 인력이 클수록 녹는점이 높으므로 제시된 이온 결합 물질 중 이온 사이의 정전기적 인력이 가장 큰 물질은 녹는점이 가장 높은 NaF이다.

문제풀이 Tip

이온 결합 물질의 녹는점은 이온 사이의 정전기적 인력이 클수록 높다. 이온 사이의 정전기적 인력은 이온의 전하, 그리고 이온 사이의 거리의 영향을 받는다는 점을 기억해 두자.

선택지 비율	① 5%	② 1%	❸ 89%	④ 1%	⑤ 4%

25 화학 결합 모형

2021학년도 9월 평가원 8번 | 정답 ③ | 문제편 140 p

출제 의도 공유 결합 물질과 이온 결합 물질의 화학 결합 모형을 이해하고 있는지 묻는 문항이다.

문제 분석

그림은 화합물 AB와 CD_3를 화학 결합 모형으로 나타낸 것이다.

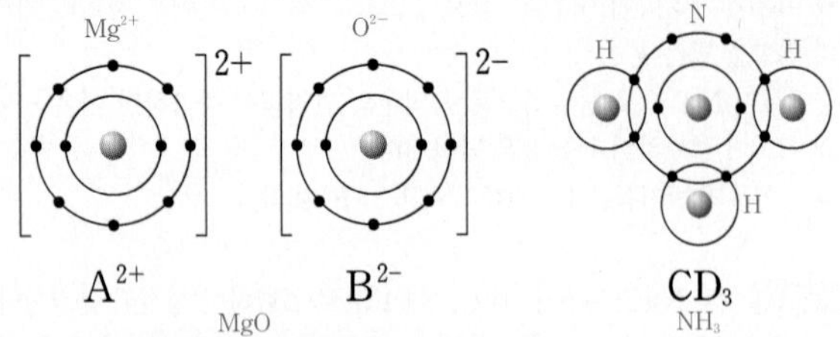

이에 대한 설명으로 옳은 것만을 〈보기〉에서 있는 대로 고른 것은? (단, A~D는 임의의 원소 기호이다.)

보기
ㄱ. AB는 이온 결합 물질이다.
ㄴ. C_2에는 ~~2중 결합이 있다~~. 3중 결합이 있다.
ㄷ. A(*s*)는 전기 전도성이 있다.
Mg ➡ 금속 결합 물질

① ㄱ ② ㄴ ③ ㄱ, ㄷ ④ ㄴ, ㄷ ⑤ ㄱ, ㄴ, ㄷ

✔ 자료 해석

- AB에서 A는 전자 2개를 잃고 Ne의 전자 배치를 하며, B는 전자 2개를 얻어 Ne의 전자 배치를 한다.
  ➡ A는 3주기 2족 원소인 마그네슘(Mg)이고, B는 2주기 16족 원소인 산소(O)이다.
- CD_3에서 중심 원자인 C는 3개의 D 원자와 각각 1개의 전자쌍을 공유하며, 비공유 전자쌍 1개를 가진다.
  ➡ C는 2주기 15족 원소인 질소(N)이고, D는 1주기 1족 원소인 수소(H)이다.

O 보기 풀이 ㄱ. AB(MgO)는 A^{2+}(Mg^{2+})과 B^{2-}(O^{2-})으로 이루어진 이온 결합 물질이다.
ㄷ. A(Mg)는 금속 결합 물질이므로 고체 상태에서 전기 전도성이 있다.

× 매력적 오답 ㄴ. C(N)는 15족 원소이므로 분자에서 공유 전자쌍 수가 3이다. 따라서 C_2(N_2)에는 C(N) 원자 사이의 3중 결합이 있다.

문제풀이 Tip

화합물에서 원소가 이온으로 존재하는지 또는 서로 전자쌍을 공유하는지를 보고 이온 결합 물질인지 공유 결합 물질인지를 판단할 수 있어야 한다.

선택지 비율	① 4%	② 3%	❸ 79%	④ 6%	⑤ 8%

26 화학 결합 모형

2021학년도 6월 평가원 9번 | 정답 ③ | 문제편 140 p

출제 의도 화학 결합 모형과 화학 결합의 원리를 이해하고 있는지 묻는 문항이다.

문제 분석

그림은 화합물 ABC와 H_2B를 화학 결합 모형으로 나타낸 것이다.

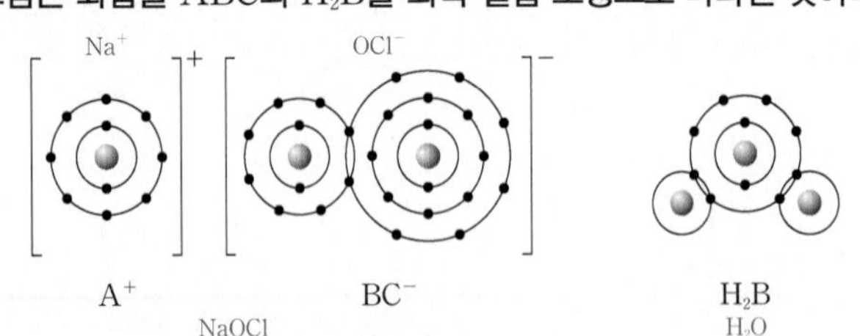

이에 대한 설명으로 옳은 것만을 〈보기〉에서 있는 대로 고른 것은? (단, A~C는 임의의 원소 기호이다.)

보기
Na ➡ 금속 결합 물질
ㄱ. A(*s*)는 외부에서 힘을 가하면 넓게 펴지는 성질이 있다.
ㄴ. B_2와 C_2에는 ~~모두 2중 결합이 있다~~. B_2에는 2중 결합이 있고, C_2에는 단일 결합이 있다.
ㄷ. AC(*l*)는 전기 전도성이 있다.
NaCl ➡ 이온 결합 물질

① ㄱ ② ㄴ ③ ㄱ, ㄷ ④ ㄴ, ㄷ ⑤ ㄱ, ㄴ, ㄷ

✔ 자료 해석

- ABC에서 A는 전자 1개를 잃고 Ne의 전자 배치를 하므로 3주기 1족 원소인 나트륨(Na)이다.
- H_2B에서 중심 원자인 B는 2개의 수소(H) 원자와 각각 1개의 전자쌍을 공유하며, 비공유 전자쌍 2개를 가지므로 2주기 16족 원소인 산소(O)이다.
- BC^-에서 C는 B(O)와 전자쌍 1개를 공유하며, 이때 이온의 전하가 −1이다. 따라서 C는 3주기 17족 원소인 염소(Cl)이다.

O 보기 풀이 ㄱ. A(Na)는 금속 원소이다. 금속 결합 물질은 외부에서 힘을 가하면 넓게 펴지는 성질이 있다.
ㄷ. AC(NaCl)는 이온 결합 물질이므로 액체 상태에서 전기 전도성이 있다.

× 매력적 오답 ㄴ. B(O)는 16족 원소이므로 분자에서 공유 전자쌍 수가 2이고, C(Cl)는 17족 원소이므로 분자에서 공유 전자쌍 수가 1이다. 따라서 B_2(O_2)에는 B(O) 원자 사이의 2중 결합이 있고, C_2(Cl_2)에는 C(Cl) 원자 사이의 단일 결합이 있다.

문제풀이 Tip

BC^-의 전하가 −1이고 B의 원자가 전자 수가 6이므로 C의 원자가 전자 수는 7임을 알 수 있다. 확실하게 알 수 있는 원소의 원자가 전자 수부터 구해야 한다.

02 분자의 구조와 성질

선택지 비율	① 2%	② 2%	❸ 90%	④ 3%	⑤ 3%

1 분자의 구조와 성질

2025학년도 수능 6번 | 정답 ③ | 문제편 142p

출제 의도 분자의 구조식을 통해 분자의 종류를 판단할 수 있는지 묻는 문항이다.

문제 분석

그림은 수소(H)와 원소 X~Z로 구성된 분자 (가)~(다)의 구조식을 단일 결합과 다중 결합의 구분 없이 나타낸 것이다. X~Z는 C, N, O를 순서 없이 나타낸 것이고, (가)~(다)에서 X~Z는 옥텟 규칙을 만족한다.

(가) H−X(−Y)−H : CH_2O, 평면 삼각형, 극성
(나) H−Y−H : H_2O, 굽은 형, 극성
(다) H−X−Z : HCN, 직선형, 극성

(가)~(다)에 대한 설명으로 옳은 것만을 〈보기〉에서 있는 대로 고른 것은? [3점]

보기
ㄱ. 극성 분자는 3가지이다. (가)~(다) 모두
ㄴ. 공유 전자쌍 수 비는 (가) : (나)=~~3 : 2~~(2 : 1)이다. (가) 4, (나) 2
ㄷ. 결합각은 (다)>(나)이다. 직선형 굽은 형

① ㄱ ② ㄴ ③ ㄱ, ㄷ ④ ㄴ, ㄷ ⑤ ㄱ, ㄴ, ㄷ

✓ 자료 해석
- (나)에서 H의 원자당 공유 전자쌍 수는 1이므로 (나)의 결합은 모두 단일 결합이다. 따라서 (나)에서 Y의 공유 전자쌍 수는 2이므로 Y는 O이다.
- Y가 O이므로 (가)에서 X와 Y(O) 사이의 결합은 2중 결합이며, X의 공유 전자쌍 수는 4이므로 X는 C이고, Z는 N이다.
- Z(N)의 원자당 공유 전자쌍 수는 3이므로 (다)의 구조식은 H−C≡N이다.

O 보기 풀이 ㄱ. (가)~(다)는 모두 분자의 쌍극자 모멘트가 0이 아닌 극성 분자이다.
ㄷ. (나)(H_2O), (다)(HCN)의 분자 모양은 각각 굽은 형, 직선형이므로 결합각은 (다)>(나)이다.

× 매력적 오답 ㄴ. (가)(CH_2O), (나)(H_2O)의 공유 전자쌍 수는 각각 4, 2이므로 공유 전자쌍 수 비는 (가) : (나)=2 : 1이다.

문제풀이 Tip

(나)의 중심 원자에는 비공유 전자쌍이 있으므로 (나)의 분자 모양은 굽은 형으로 결합각은 180°보다 작고, (다)의 중심 원자에는 비공유 전자쌍이 없으므로 (다)의 분자 모양은 직선형으로 결합각은 180°이다. 결합각이 가장 큰 분자 모양은 직선형이다.

선택지 비율	❶ 89%	② 4%	③ 3%	④ 3%	⑤ 1%

2 분자의 구조

2025학년도 수능 7번 | 정답 ① | 문제편 142p

출제 의도 가설을 통해 분자당 구성 원자 수와 분자 모양의 관계를 판단할 수 있는지 묻는 문항이다.

문제 분석

다음은 학생 A가 수행한 탐구 활동이다.

[가설]
- 분자당 구성 원자 수가 3인 분자의 분자 모양은 모두 ㉠(직선형)이다.

[탐구 과정 및 결과]
(가) 분자당 구성 원자 수가 3인 분자를 찾고, 각 분자의 분자 모양을 조사하였다.
(나) (가)에서 조사한 내용을 표로 정리하였다.

가설에 일치하는 분자	가설에 어긋나는 분자
BeF_2, CO_2, … (직선형)	OF_2, ㉡, … (OF_2: 굽은 형, ㉡: 분자당 구성 원자 수 3, 분자 모양이 직선형이 아닌 것)

[결론]
- 가설에 어긋나는 분자가 있으므로 가설은 옳지 않다.

학생 A의 탐구 과정 및 결과와 결론이 타당할 때, 다음 중 ㉠과 ㉡으로 가장 적절한 것은?

	㉠	㉡		㉠	㉡
①	직선형	HNO	②	직선형	~~CF_4~~ (분자당 구성 원자 수 5)
③	~~굽은 형~~	HOF	④	~~굽은 형~~	~~FCN~~ (분자당 구성 원자 수 3, 직선형)
⑤	~~평면 삼각형~~	~~FCN~~			

(HNO, HOF: 분자당 구성 원자 수 3, 굽은 형)

✓ 자료 해석
- 중심 원자에 비공유 전자쌍이 없는 경우의 분자 모양 : 중심 원자에 2개의 원자가 결합되면 직선형, 3개의 원자가 결합되면 평면 삼각형, 4개의 원자가 결합되면 사면체형이다.
- 중심 원자에 비공유 전자쌍이 있는 경우의 분자 모양 : 중심 원자에 결합된 원자가 3개이고 중심 원자에 비공유 전자쌍이 1개 있으면 삼각뿔형, 중심 원자에 결합된 원자가 2개이고 중심 원자에 비공유 전자쌍이 있으면 굽은 형이다.
- 학생 A는 분자당 구성 원자 수가 3인 분자의 분자 모양이 모두 ㉠이라는 가설을 세우고, 분자당 구성 원자 수가 3인 분자의 분자 모양을 조사하였을 때 가설에 어긋나는 분자가 있으므로 가설은 옳지 않다는 결론을 내렸다.

O 보기 풀이 분자당 구성 원자 수가 3인 분자를 대상으로 분자 모양을 조사하였을 때 학생 A의 가설에 일치하는 분자는 BeF_2, CO_2로 분자 모양이 모두 직선형이므로 ㉠으로 가장 적절한 것은 '직선형'이다. A의 가설에 어긋나는 분자인 ㉡으로는 분자당 구성 원자 수가 3이고 분자 모양이 직선형이 아닌 분자가 적절하므로 분자당 구성 원자 수가 3이고 분자 모양이 굽은 형인 'HNO'는 ㉡으로 적절하다.

문제풀이 Tip

분자당 구성 원자 수가 3인 분자의 분자 모양은 중심 원자의 비공유 전자쌍 유무에 따라 달라지는데, 중심 원자에 비공유 전자쌍이 없으면 직선형, 중심 원자에 비공유 전자쌍이 있으면 굽은 형이다. 분자당 구성 원자 수가 4이고 중심 원자가 1개인 분자의 분자 모양은 평면 삼각형 또는 삼각뿔형이다.

Part II 수능 평가원

선택지 비율	① 4%	② 3%	③ 5%	④ 4%	❺ 84%

3 분자의 구조와 성질

2025학년도 수능 8번 | 정답 ⑤ | 문제편 142 p

출제 의도 구성 원소의 전기 음성도 차와 분자의 공유 전자쌍 수를 통해 분자를 판단할 수 있는지 묻는 문항이다.

문제 분석

그림은 수소(H)와 원소 X~Z로 구성된 분자 (가)~(라)의 공유 전자쌍 수와 구성 원소의 전기 음성도 차를 나타낸 것이다.

구성 원소의 전기 음성도 차 / 공유 전자쌍 수
HF (가) m, F과 Cl의 전기 음성도 차, HCl (나) n, CH_4 (다), C_2H_2 (라), 0, 1, 2, 3, 4, 5

(가)~(라)는 각각 H_aX_a, H_bX, HY, HZ 중 하나이고, 각각 HF, HCl ➡ Y, Z는 각각 F, Cl
분자에서 X~Z는 옥텟 규칙을 만족한다. X~Z는 C, F, Cl를 순서 없이 나타낸 것이고, 전기 음성도는 Y > Z > H이다. F > Cl > C > H ➡ Y는 F, Z는 Cl
이에 대한 설명으로 옳은 것만을 〈보기〉에서 있는 대로 고른 것은? [3점]

보기
ㄱ. $a=2$이다. (라)는 C_2H_2
ㄴ. (라)에는 무극성 공유 결합이 있다. (같은 원자 사이의 공유 결합) C와 C 사이에 3중 결합
ㄷ. YZ(FCl)에서 구성 원소의 전기 음성도 차는 $m-n$이다.

① ㄱ ② ㄷ ③ ㄱ, ㄴ ④ ㄴ, ㄷ ⑤ ㄱ, ㄴ, ㄷ

✔ 자료 해석

- 분자에서 옥텟 규칙을 만족하는 원자 C, F, Cl의 원자당 공유 전자쌍 수는 각각 4, 1, 1이다.
- (가)~(라)에는 HY, HZ가 포함되어 있는데, C, F, Cl 중 H와 결합하여 HY, HZ를 형성할 수 있는 원자는 F, Cl이다. 따라서 Y, Z는 각각 F, Cl 중 하나이고, X는 C이다.
- 전기 음성도는 Y > Z이므로 Y는 F, Z는 Cl이다.
- (가)와 (나)의 공유 전자쌍 수는 1로 같고, 구성 원소의 전기 음성도 차는 (가) > (나)이므로 (가)는 HF, (나)는 HCl이다.
- (다)와 (라)는 각각 H_aX_a, H_bX 중 하나인데, (다)의 공유 전자쌍 수는 4이므로 (다)는 $CH_4(H_bX)$이고 $b=4$이다.
- (라)는 H_aX_a이고 공유 전자쌍 수가 5이므로 C_2H_2이며, $a=2$이다.

ⓞ 보기 풀이 ㄱ. (라)는 $H_aX_a(C_2H_2)$이므로 $a=2$이다.
ㄴ. (라)(C_2H_2)의 구조식은 $H-C\equiv C-H$이며, (라)에는 같은 원자 사이의 결합($C\equiv C$)인 무극성 공유 결합이 있다.
ㄷ. (가)는 HF로 H와 F의 전기 음성도 차가 m이고, (나)는 HCl로 H와 Cl의 전기 음성도 차가 n이다. 따라서 YZ(FCl)에서 F과 Cl의 전기 음성도 차는 $m-n$이다.

문제풀이 Tip

(가)~(라) 중 2가지는 H와 X로 구성되어 있고, H와 Y로 구성된 분자는 1가지, H와 Z로 구성된 분자는 1가지이다. 구성 원소의 전기 음성도 차는 (다)와 (라)가 같으므로 (다)와 (라)는 모두 H와 X로 이루어진 분자이다. 전기 음성도는 F > Cl > H인데, 구성 원소의 전기 음성도 차는 (가) > (나)이므로 (가)는 HF, (나)는 HCl이다. X는 C인데, (다)는 공유 전자쌍 수가 4이므로 CH_4, (라)는 공유 전자쌍 수가 5이므로 C_2H_2이다.

선택지 비율	❶ 84%	② 3%	③ 5%	④ 6%	⑤ 2%

4 분자의 구조와 극성

2025학년도 9월 평가원 5번 | 정답 ① | 문제편 142 p

출제 의도 전기 음성도의 크기를 비교하여 분자를 구성하는 원자의 부분 전하를 파악하고 분자의 극성을 판단할 수 있는지 묻는 문항이다.

문제 분석

그림은 4가지 분자를 주어진 기준에 따라 분류한 것이다. 전기 음성도는 N > H이다.

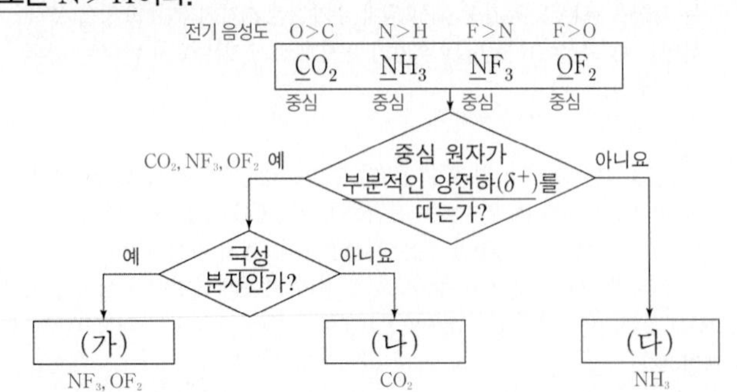

이에 대한 설명으로 옳은 것만을 〈보기〉에서 있는 대로 고른 것은?

보기
ㄱ. (가)에 해당하는 분자는 2가지이다. NF_3, OF_2
ㄴ. (나)(CO_2)에는 무극성 공유 결합(같은 원자 사이의 공유 결합)이 있는 분자가 ~~있다~~. 없음
ㄷ. (다)(NH_3)에는 쌍극자 모멘트가 0인 분자(무극성 분자)가 ~~있다~~. 없음

① ㄱ ② ㄴ ③ ㄷ ④ ㄱ, ㄴ ⑤ ㄱ, ㄷ

✔ 자료 해석

- 2주기에서는 원자 번호가 클수록 전기 음성도가 크므로 전기 음성도는 F > O > N > C이다.
- CO_2, NF_3, OF_2에서 중심 원자는 모두 부분적인 양전하(δ^+)를 띤다.
- 전기 음성도가 N > H이므로 NH_3에서 중심 원자인 N는 부분적인 음전하(δ^-)를 띤다. 따라서 (다)에 해당하는 분자는 NH_3이다.
- CO_2, NF_3, OF_2 중 극성 분자인 NF_3, OF_2는 (가)에 해당하고, CO_2는 (나)에 해당한다.

ⓞ 보기 풀이 ㄱ. (가)에 해당하는 분자는 NF_3, OF_2 2가지이다.

✖ 매력적 오답 ㄴ. 무극성 공유 결합은 같은 원자 사이의 공유 결합이다. (나)에 해당하는 분자는 CO_2이고 구조식은 $O=C=O$이므로 (나)에는 무극성 공유 결합이 있는 분자가 없다.
ㄷ. (다)에 해당하는 분자는 NH_3로 극성 분자이다. 따라서 (다)에는 쌍극자 모멘트가 0인 분자가 없다.

문제풀이 Tip

(가)는 중심 원자가 부분적인 양전하를 띠면서 극성 분자이어야 하므로 NF_3, OF_2이고, (나)는 중심 원자가 부분적인 양전하를 띠면서 무극성 분자이어야 하므로 CO_2이다. 모든 원소의 전기 음성도가 서로 다르므로 극성 공유 결합은 다른 원자끼리의 공유 결합이고, 무극성 공유 결합은 같은 원자끼리의 공유 결합이다.

선택지 비율	① 6%	② 1%	❸ 89%	④ 2%	⑤ 2%

5 분자의 구조

2025학년도 9월 평가원 8번 | 정답 ③ | 문제편 143p

출제 의도 분자의 구성 원자 수와 비공유 전자쌍 수를 이용하여 분자를 판단할 수 있는지 묻는 문항이다.

문제 분석

표는 원소 W~Z로 구성된 분자 (가)~(다)에 대한 자료이다. (가)~(다)의 중심 원자는 W이고, 분자에서 모든 원자는 옥텟 규칙을 만족한다. W~Z는 C, N, O, F을 순서 없이 나타낸 것이다.

분자	(가) CF_4	(나) COF_2	(다) FCN
구성 원소	W, X C, F	W, X, Y C, F, O	W, X, Z C, F, N
분자당 구성 원자 수	5	4	3
비공유 전자쌍 수	12	8	4

이에 대한 설명으로 옳은 것만을 〈보기〉에서 있는 대로 고른 것은?

보기

ㄱ. Z는 N이다.
ㄴ. 결합각은 (가)>(다)이다. (가)는 정사면체형, (다)는 직선형
ㄷ. (나)의 분자 모양은 평면 삼각형이다.

① ㄱ ② ㄴ ③ ㄱ, ㄷ ④ ㄴ, ㄷ ⑤ ㄱ, ㄴ, ㄷ

✓ 자료 해석

- W~Z는 분자에서 옥텟 규칙을 만족하므로 각각 C, N, O, F 중 하나인데, W와 X로 이루어진 (가), W, X, Y로 이루어진 (나), W, X, Z로 이루어진 (다)에서 모두 W가 중심 원자이므로 W는 C이다.
- (가)는 W(C)와 X로 이루어진 오원자 분자이므로 CF_4이고, X는 F이다.
- (나)는 W(C), X(F), Y로 이루어진 사원자 분자이므로 COF_2이고, Y는 O이다.
- Z는 N이므로 (다)는 W(C), X(F), Z(N)로 이루어진 삼원자 분자인 FCN이다.

O 보기 풀이 ㄱ. Z는 N이다.
ㄷ. (나)(COF_2)의 분자 모양은 평면 삼각형이다.

× 매력적 오답 ㄴ. (가)(CF_4)의 분자 모양은 정사면체형이므로 결합각이 109.5°이고, (다)(FCN)의 분자 모양은 직선형이므로 결합각이 180°이다. 따라서 결합각은 (다)>(가)이다.

문제풀이 Tip

2주기 원소만으로 구성되고 중심 원자가 1개인 분자에 C가 포함되어 있으면 C가 중심 원자이다. C가 없고 N가 존재하면 N가 중심 원자이고, C와 N가 없고 O가 있으면 O가 중심 원자이다. 예를 들어 C, N, F으로 이루어진 분자의 중심 원자는 C이고, C, O, F으로 이루어진 분자의 중심 원자는 C이다. 또한 N, O, F으로 이루어진 분자의 중심 원자는 N이고, O와 F으로 이루어진 분자의 중심 원자는 O이다.

선택지 비율	① 1%	❷ 85%	③ 8%	④ 3%	⑤ 3%

6 분자의 구조

2025학년도 9월 평가원 11번 | 정답 ② | 문제편 143p

출제 의도 분자의 구조식과 비공유 전자쌍 수의 비교를 통해 분자의 종류를 판단할 수 있는지 묻는 문항이다.

문제 분석

그림은 수소(H)와 원소 X~Z로 구성된 분자 (가)~(다)의 구조식을 단일 결합과 다중 결합의 구분 없이 나타낸 것이다. X~Z는 C, N, O를 순서 없이 나타낸 것이고, (가)~(다)에서 X~Z는 옥텟 규칙을 만족한다. 비공유 전자쌍 수는 (가)>(나)이다.

(가) H−X(H)−X(H)−H (N, N) 비공유 전자쌍 수 2, N_2H_4
(나) H−Y−Y−H (C, C) 비공유 전자쌍 수 0, C_2H_2
(다) H−Z−Z−H (O, O) 비공유 전자쌍 수 4, H_2O_2

이에 대한 설명으로 옳은 것만을 〈보기〉에서 있는 대로 고른 것은? [3점]

보기

ㄱ. X는 C이다. (N)
ㄴ. 공유 전자쌍 수는 (나)>(다)이다. (나)는 5, (다)는 3
ㄷ. (다)에는 다중 결합이 있다. 없음

① ㄱ ② ㄴ ③ ㄷ ④ ㄱ, ㄴ ⑤ ㄴ, ㄷ

✓ 자료 해석

- 옥텟 규칙을 만족하는 분자에서 C, N, O의 원자당 비공유 전자쌍 수는 각각 0, 1, 2이다.
- (가)의 각 X에는 2개의 수소가 결합되어 있으므로 X는 C, N 중 하나인데, 비공유 전자쌍 수가 (가)>(나)이므로 (가)에서 X는 C가 될 수 없다. 따라서 X는 N이고, (가)는 구조식이 H−N(H)−N(H)−H인 N_2H_4이다.
- (나)는 비공유 전자쌍 수가 (가)보다 작으므로 Y는 C이고, 구조식이 H−C≡C−H인 C_2H_2이다.
- Z는 O이므로 (다)는 구조식이 H−Ö−Ö−H인 H_2O_2이다.

O 보기 풀이 ㄴ. (나), (다)는 각각 H−C≡C−H, H−Ö−Ö−H이므로 공유 전자쌍 수는 각각 5, 3이다. 따라서 공유 전자쌍 수는 (나)>(다)이다.

× 매력적 오답 ㄱ. X는 N이다.
ㄷ. (다)는 H−Ö−Ö−H로 다중 결합이 없다.

문제풀이 Tip

옥텟 규칙을 만족하는 분자에서 각 원자당 비공유 전자쌍 수는 족에 따라 결정되며, C, N, O, F의 원자당 비공유 전자쌍 수는 각각 0, 1, 2, 3이다.

선택지 비율	① 5%	❷ 75%	③ 3%	④ 13%	⑤ 4%

7 분자의 구조와 성질

2025학년도 6월 평가원 4번 | 정답 ② | 문제편 143p

(출제 의도) 화학 결합 모형으로부터 구성 원소를 판단하고, 분자의 성질을 알고 있는지 묻는 문항이다.

(문제 분석)

그림은 원소 W~Z로 구성된 분자를 화학 결합 모형으로 나타낸 것이다.

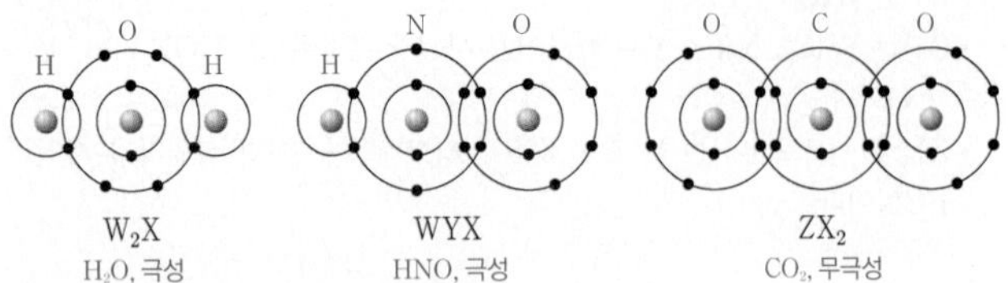

이에 대한 설명으로 옳은 것만을 〈보기〉에서 있는 대로 고른 것은? (단, W~Z는 임의의 원소 기호이다.) [3점]

〈보기〉

ㄱ. W_2X(H_2O)는 ~~무극성~~(극성) 분자이다.

ㄴ. WYX(HNO)에서 X는 부분적인 음전하(δ^-)를 띤다. 전기 음성도 Y(N)<X(O)

ㄷ. 결합각은 WYX(HNO(굽은 형))가 ZX_2(CO_2(직선형))보다 ~~크다~~(작음).

① ㄱ ② ㄴ ③ ㄷ ④ ㄱ, ㄴ ⑤ ㄴ, ㄷ

✓ 자료 해석

- 분자 모양에 따른 결합각의 크기는 직선형 > 평면 삼각형 > 정사면체형 > 굽은 형이다.
- 전기 음성도가 큰 원자일수록 공유 결합에서 공유 전자쌍을 더 세게 끌어당긴다.
- W_2X, WYX, ZX_2는 각각 H_2O, HNO, CO_2이므로 W~Z는 각각 H, O, N, C이다.

○ 보기 풀이 ㄴ. 전기 음성도는 X(O) > Y(N)로 WYX(HNO)에서 Y와 X 사이의 공유 전자쌍은 X 쪽으로 치우치므로 X(O)는 부분적인 음전하(δ^-)를 띤다.

× 매력적 오답 ㄱ. W_2X(H_2O)의 분자 모양은 굽은 형이므로 W_2X는 극성 분자이다.

ㄷ. WYX(HNO)의 중심 원자 Y(N)에는 비공유 전자쌍이 있으므로 WYX(HNO)의 분자 모양은 굽은 형이며 결합각은 180°보다 작다. ZX_2(CO_2)의 중심 원자 Z(C)에는 비공유 전자쌍이 없으므로 ZX_2(CO_2)의 분자 모양은 직선형이며 결합각은 180°이다. 따라서 결합각은 WYX가 ZX_2보다 작다.

문제풀이 Tip

극성 공유 결합이 있어도 분자의 쌍극자 모멘트가 0인 분자 모양이면 무극성 분자이다. 분자 모양이 직선형일 때 결합각이 가장 크다.

선택지 비율	❶ 63%	② 2%	③ 29%	④ 3%	⑤ 3%

8 분자의 구조와 성질

2025학년도 6월 평가원 7번 | 정답 ① | 문제편 143p

(출제 의도) 분자의 구조식을 통해 분자의 극성 공유 결합 유무, 다중 결합 유무, 공유 전자쌍 수를 판단할 수 있는지 묻는 문항이다.

(문제 분석)

그림은 분자 (가)~(다)의 구조식을 단일 결합과 다중 결합의 구분 없이 나타낸 것이다. (가)~(다)에서 모든 원자는 옥텟 규칙을 만족한다.

F−C−C−F (3중 결합) (가) C_2F_2

F−O−O−F (나) O_2F_2

F−N(−F)−N(−F)−F (다) N_2F_4

이에 대한 설명으로 옳은 것만을 〈보기〉에서 있는 대로 고른 것은?

〈보기〉

ㄱ. (가)(C_2F_2)에는 극성 공유 결합(다른 원자 사이의 공유 결합)이 있다.

ㄴ. (나)(O_2F_2)에는 3중 결합이 ~~있다~~(없음).

ㄷ. 공유 전자쌍 수는 (다) ~~>~~ (=) (가)이다. (가)는 5, (다)는 5

① ㄱ ② ㄴ ③ ㄱ, ㄷ ④ ㄴ, ㄷ ⑤ ㄱ, ㄴ, ㄷ

✓ 자료 해석

- 분자에서 옥텟 규칙을 만족하는 원자 C, N, O, F의 원자당 전자쌍 수

원자	C	N	O	F
공유 전자쌍 수	4	3	2	1
비공유 전자쌍 수	0	1	2	3

- (가)에서 C와 F 사이의 결합은 단일 결합이며 C의 원자당 공유 전자쌍 수가 4이므로 (가)의 구조식은 F−C≡C−F이고, (가)는 C_2F_2이다.
- (나)에서 O의 원자당 공유 전자쌍 수가 2이므로 (나)의 구조식은 F−O−O−F이고, (나)는 O_2F_2이다.
- (다)에서 N의 원자당 공유 전자쌍 수가 3이므로 (다)의 구조식은 F−N(−F)−N(−F)−F이고, (다)는 N_2F_4이다.

○ 보기 풀이 ㄱ. (가)(C_2F_2)에서 F과 C 사이의 결합은 서로 다른 원자 사이의 결합이므로 극성 공유 결합이다.

× 매력적 오답 ㄴ. (나)(O_2F_2)는 단일 결합만으로 이루어져 있다.

ㄷ. (가)(C_2F_2)와 (다)(N_2F_4)의 공유 전자쌍 수는 모두 5이다.

문제풀이 Tip

극성 공유 결합은 다른 원자끼리의 공유 결합이고, 무극성 공유 결합은 같은 원자끼리의 공유 결합이다. 단일 결합 1개를 구성하는 공유 전자쌍 수는 1이지만, 3중 결합 1개를 구성하는 공유 전자쌍 수는 3이다.

선택지 비율	① 8%	❷ 75%	③ 5%	④ 7%	⑤ 6%

9 분자의 구조와 극성

2024학년도 수능 6번 | 정답 ② | 문제편 144 p

출제 의도 분자를 구성하는 원자의 종류와 수를 이용하여 분자를 판단하고, 화학 결합과 결합의 극성을 알 수 있는지 묻는 문항이다.

문제 분석

다음은 수소(H)와 2주기 원소 X, Y로 구성된 분자 (가)~(다)에 대한 자료이다. (가)~(다)에서 X와 Y는 옥텟 규칙을 만족한다. C, N, O, F

- (가)~(다)의 분자당 구성 원자 수는 각각 4 이하이다.
- (가)와 (나)에서 분자당 X와 Y의 원자 수는 같다. X 원자수 = Y 원자 수 = 1
- 각 분자 1mol에 존재하는 원자 수 비

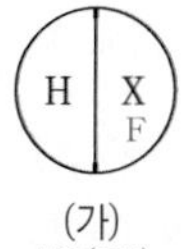

(가)
HX(HF)

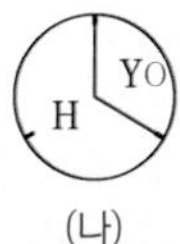

(나)
$H_2Y(H_2O)$

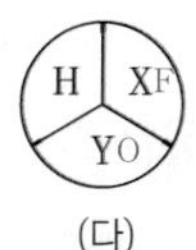

(다)
HYX(HOF)

이에 대한 설명으로 옳은 것만을 〈보기〉에서 있는 대로 고른 것은? (단, X와 Y는 임의의 원소 기호이다.) [3점]

보기

ㄱ. (가)에는 2중 결합이 ~~있다~~. 없음 H−F 단일 결합만 있음

ㄴ. (나)에는 ~~무극성~~ 극성 공유 결합이 있다.

ㄷ. (다)에서 X는 부분적인 음전하(δ^-)를 띤다. 전기 음성도 X(F) > Y(O) > H

① ㄴ ② ㄷ ③ ㄱ, ㄴ ④ ㄱ, ㄷ ⑤ ㄴ, ㄷ

✓ 자료 해석

- (나)를 구성하는 원자 수 비는 H : Y = 2 : 1인데, (나)의 분자당 구성 원자 수는 4 이하이므로 (나)는 H_2Y이다. 따라서 Y는 O이고, (나)는 H_2O이다.
- (가)와 (나)에서 분자당 X와 Y의 원자 수가 같으므로 (가)는 HX이다. 따라서 X는 F이고, (가)는 HF이다.
- (다)의 구성 원자는 H, X, Y이고 분자당 구성 원자 수는 4 이하이므로 (다)는 HOF이다.

○ 보기 풀이 ㄷ. (다)는 HOF이며, X(F)의 전기 음성도가 가장 크므로 X는 부분적인 음전하(δ^-)를 띤다.

× 매력적 오답 ㄱ. (가)는 HF이므로 단일 결합만 존재한다.

ㄴ. 무극성 공유 결합은 같은 원자 사이의 공유 결합이다. (나)는 H_2O이므로 (나)에는 무극성 공유 결합이 없고 극성 공유 결합만 있다.

문제풀이 Tip

분자당 구성 원자 수가 4 이하이고, (가)와 (나)에서 분자당 X와 Y의 원자 수가 같으므로 (가)와 (나)에서 X와 Y의 원자 수는 모두 1이다.

선택지 비율	① 5%	② 2%	❸ 74%	④ 7%	⑤ 12%

10 분자의 구조

2024학년도 수능 13번 | 정답 ③ | 문제편 144 p

출제 의도 분자를 구성하는 원소와 전자쌍 수 비를 이용하여 분자를 판단할 수 있는지 묻는 문항이다.

문제 분석

표는 원소 W~Z로 구성된 분자 (가)~(라)에 대한 자료이다. (가)~(라)의 분자당 구성 원자 수는 각각 3 이하이고, 분자에서 모든 원자는 옥텟 규칙을 만족한다. W~Z는 각각 C, N, O, F 중 하나이다.

분자	구성 원소	중심 원자	$\frac{\text{비공유 전자쌍 수}}{\text{공유 전자쌍 수}}$
F_2 (가)	W F		6 $\frac{6}{1}$
OF_2 (나)	W, X F, O	X O	4 $\frac{8}{2}$
NOF (다)	W, X, Y F, O, N	Y N	2 $\frac{6}{3}$
FCN (라)	W, Y, Z F, N, C	Z C	1 $\frac{4}{4}$

F은 중심 원자가 될 수 없음 → W는 F

이에 대한 설명으로 옳은 것만을 〈보기〉에서 있는 대로 고른 것은?

보기

ㄱ. Z는 탄소(C)이다.

ㄴ. (다)의 분자 모양은 ~~직선형~~ 굽은 형이다. (다)는 NOF

ㄷ. 결합각은 (라) > (나)이다. (나)는 굽은 형, (라)는 직선형

① ㄱ ② ㄴ ③ ㄱ, ㄷ ④ ㄴ, ㄷ ⑤ ㄱ, ㄴ, ㄷ

✓ 자료 해석

- (가)의 구성 원소는 W(F)인데, $\frac{\text{비공유 전자쌍 수}}{\text{공유 전자쌍 수}} = 6$이므로 (가)는 공유 전자쌍 수, 비공유 전자쌍 수가 각각 1, 6인 F_2이다.
- (나)는 구성 원소가 W(F), X이며, $\frac{\text{비공유 전자쌍 수}}{\text{공유 전자쌍 수}} = 4$이므로 공유 전자쌍 수, 비공유 전자쌍 수가 각각 2, 8인 OF_2이고, X는 O이다.
- (다)는 구성 원소가 W(F), X(O), Y이며, $\frac{\text{비공유 전자쌍 수}}{\text{공유 전자쌍 수}} = 2$이므로 공유 전자쌍 수, 비공유 전자쌍 수가 각각 3, 6인 NOF이고, Y는 N, Z는 C이다.
- (라)는 구성 원소가 W(F), Y(N), Z(C)이므로 공유 전자쌍 수, 비공유 전자쌍 수가 각각 4인 FCN이다.

○ 보기 풀이 ㄱ. Z는 탄소(C)이다.

ㄷ. (나)는 OF_2로 분자 모양은 굽은 형이고, (라)는 FCN으로 분자 모양은 직선형이다. 따라서 결합각은 (라) > (나)이다.

× 매력적 오답 ㄴ. (다)는 NOF으로 중심 원자인 N에 비공유 전자쌍이 있으므로 분자 모양은 굽은 형이다.

문제풀이 Tip

F은 중심 원자가 될 수 없는 것으로 W를 결정할 수 있다. C, N, O, F으로 이루어진 분자 중 구성 원자 수가 3이면서 구성 원소가 다른 것은 NOF, FCN이다.

선택지 비율	① 2%	② 3%	❸ 80%	④ 8%	⑤ 7%

11 분자의 구조와 극성

2024학년도 수능 7번 | 정답 ③ | 문제편 144p

출제 의도 옥텟 규칙을 이용하여 분자의 구조식을 파악할 수 있는지 묻는 문항이다.

문제분석

그림은 탄소(C)와 2주기 원소 X, Y로 구성된 분자 (가)~(다)의 구조식을 단일 결합과 다중 결합의 구분 없이 나타낸 것이다. (가)~(다)에서 모든 원자는 옥텟 규칙을 만족한다.

X−C−X (가) CO_2 Y−C(−X)−Y (나) COF_2 Y−X−X−Y (다) O_2F_2

(가)~(다)에 대한 설명으로 옳은 것만을 〈보기〉에서 있는 대로 고른 것은? (단, X와 Y는 임의의 원소 기호이다.) [3점]

보기
ㄱ. 다중 결합이 있는 분자는 2가지이다. (가), (나)
ㄴ. (가)는 무극성 분자이다.
ㄷ. 공유 전자쌍 수는 (나)와 (다)가 같다. (나) 4, (다) 3 (나)>(다)

① ㄱ ② ㄷ ③ ㄱ, ㄴ ④ ㄴ, ㄷ ⑤ ㄱ, ㄴ, ㄷ

✓ 자료 해석

- (가)의 구조식은 O=C=O이므로, (가)는 CO_2, X는 O이다.
- (나)에서 C와 X(O) 사이의 결합은 2중 결합이고, C와 Y 사이의 결합은 단일 결합이다. 따라서 (나)는 COF_2이며, Y는 F이다. (다)는 O_2F_2이다.

○ 보기풀이 ㄱ. (가)는 CO_2로 다중 결합(2중 결합)이 존재하고, (나)는 COF_2로 다중 결합(2중 결합)이 존재한다. (다)는 O_2F_2로 (다)에 있는 결합은 모두 단일 결합이다.
ㄴ. (가)는 CO_2로 분자의 쌍극자 모멘트가 0인 무극성 분자이다.

× 매력적오답 ㄷ. (나), (다)의 공유 전자쌍 수는 각각 4, 3으로 서로 다르다.

문제풀이 Tip
2주기 원소 중 분자에서 옥텟 규칙을 만족하는 것은 C, N, O, F이며, 분자에서 옥텟 규칙을 만족할 때 공유 전자쌍 수는 C 4, N 3, O 2, F 1이다.

선택지 비율	① 2%	② 3%	③ 9%	❹ 80%	⑤ 6%

12 분자의 구조와 극성

2024학년도 9월 평가원 4번 | 정답 ④ | 문제편 144p

출제 의도 분자 구조와 극성의 관계를 알고 있는지 묻는 문항이다.

문제분석

다음은 학생 A가 수행한 탐구 활동이다.

[가설]
- 구조가 직선형인 분자와 평면 삼각형인 분자는 모두 무극성 분자이다. 가설은 옳지 않음

[탐구 과정 및 결과]
(가) 구조가 직선형인 분자와 평면 삼각형인 분자를 찾고, 각 분자의 극성 여부를 조사하였다.
(나) (가)에서 조사한 분자를 구조와 극성 여부에 따라 분류하였다.

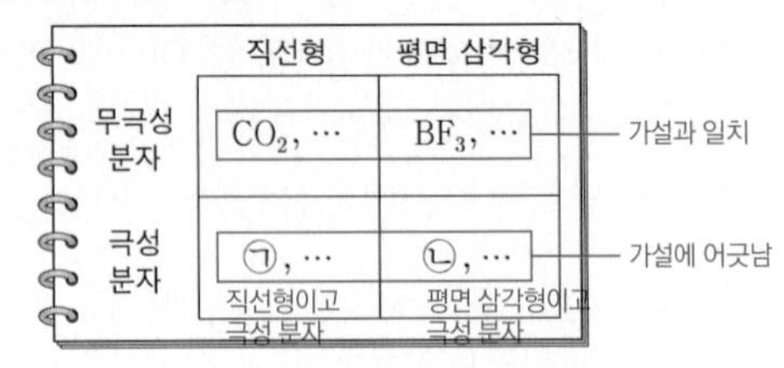

[결론]
- 가설에 어긋나는 분자가 있으므로 가설은 옳지 않다.

학생 A의 탐구 과정 및 결과와 결론이 타당할 때, 다음 중 ㉠과 ㉡으로 적절한 것은?

	㉠	㉡
①	H_2O 굽은형	BCl_3 무극성
②	H_2O	HCHO 평면 삼각형, 극성
③	HCN 직선형, 극성	BCl_3
④	HCN	HCHO
⑤	HCN	NH_3 삼각뿔형

✓ 자료 해석

- 중심 원자에 비공유 전자쌍이 없는 경우의 분자 모양 : 중심 원자에 2개의 원자가 결합되면 직선형, 3개의 원자가 결합되면 평면 삼각형, 4개의 원자가 결합되면 (정)사면체형이다.
- 중심 원자에 비공유 전자쌍이 있는 경우의 분자 모양 : 중심 원자에 결합된 원자가 3개이고 중심 원자에 비공유 전자쌍이 1개 있으면 삼각뿔형, 중심 원자에 결합된 원자가 2개이고 중심 원자에 비공유 전자쌍이 2개 있으면 굽은 형이다.
- 분자의 쌍극자 모멘트가 0이면 무극성 분자, 0이 아니면 극성 분자이다.
- 학생 A는 구조가 직선형과 평면 삼각형인 분자는 모두 무극성 분자라는 가설을 세우고, 직선형과 평면 삼각형인 분자의 극성 여부를 조사하였을 때, 가설에 어긋나는 분자가 있으므로 가설은 옳지 않다는 결론을 내렸다.
- (나)에서 ㉠은 직선형인 극성 분자이고, ㉡은 평면 삼각형인 극성 분자이다.

○ 보기풀이 제시된 분자의 구조와 극성 여부는 다음과 같다.

분자	H_2O	BCl_3	HCHO	HCN	NH_3
구조	굽은 형	평면 삼각형	평면 삼각형	직선형	삼각뿔형
극성 여부	극성	무극성	극성	극성	극성

따라서 ㉠으로 직선형이고 극성 분자인 HCN, ㉡으로 평면 삼각형이고 극성 분자인 HCHO가 적절하다.

문제풀이 Tip
제시된 분자 중 ㉠은 직선형이고 극성인 분자, ㉡은 평면 삼각형이고 극성인 분자를 찾으면 된다.

선택지 비율	① 7%	② 3%	③ 4%	❹ 84%	⑤ 2%

13 분자의 구조와 극성

2024학년도 9월 평가원 8번 | 정답 ④ | 문제편 145 p

출제 의도 전기 음성도의 주기성, 분자의 극성과 구조를 알고 있는지 묻는 문항이다.

문제 분석

다음은 수소(H)와 2주기 원소 X, Y로 구성된 3가지 분자의 분자식이다. 분자에서 모든 X와 Y는 옥텟 규칙을 만족하고, 전기 음성도는 X>H이다.

XH_4 (CH_4)　YH_2 (H_2O)　XY_2 (CO_2)

이에 대한 설명으로 옳은 것만을 〈보기〉에서 있는 대로 고른 것은? (단, X와 Y는 임의의 원소 기호이다.) [3점]

보기

ㄱ. 전기 음성도는 Y>X이다. Y(O)>X(C)>H
ㄴ. YH_2(H_2O)에서 Y(O)는 부분적인 ~~양전하(δ^+)~~ 음전하(δ^-)를 띤다. 전기 음성도 Y(O)>H
ㄷ. 결합각은 XY_2>XH_4이다. $XY_2(CO_2)$ 직선형, $XH_4(CH_4)$ 정사면체형

① ㄱ　② ㄷ　③ ㄱ, ㄴ　④ ㄱ, ㄷ　⑤ ㄴ, ㄷ

✓ 자료 해석

- 전기 음성도가 큰 원자일수록 공유 결합에서 공유 전자쌍을 더 세게 끌어당긴다.
- 결합각은 직선형>평면 삼각형>정사면체형>삼각뿔형>굽은 형이다.
- X와 Y는 분자에서 옥텟 규칙을 만족하는 2주기 원소이므로 각각 C, N, O, F 중 하나이다.
- XH_4, YH_2, XY_2는 각각 CH_4, H_2O, CO_2이고, X와 Y는 각각 C, O이다.

O 보기 풀이 ㄱ. 전기 음성도는 Y(O)>X(C)이다.
ㄷ. 결합각은 $XY_2(CO_2)$가 직선형으로 180°, $XH_4(CH_4)$가 정사면체형으로 109.5°이다. 따라서 결합각은 XY_2>XH_4이다.

X 매력적 오답 ㄴ. 전기 음성도는 Y(O)>X(C)>H이므로 $YH_2(H_2O)$에서 Y(O)는 부분적인 음전하(δ^-)를 띤다.

문제풀이 Tip

분자식 XH_4, YH_2로부터 X와 Y를 결정하면, Y와 H의 전기 음성도 크기를 비교할 수 있다.

선택지 비율	❶ 83%	② 2%	③ 4%	④ 3%	⑤ 8%

14 분자의 구조

2024학년도 9월 평가원 12번 | 정답 ① | 문제편 145 p

출제 의도 분자식과 공유 결합의 수를 이용하여 분자를 판단할 수 있는지 묻는 문항이다.

문제 분석

표는 탄소(C), 플루오린(F), X, Y로 구성된 분자 (가)~(다)에 대한 자료이다. X와 Y는 질소(N)와 산소(O) 중 하나이고, 분자에서 모든 원자는 옥텟 규칙을 만족한다.

분자	분자식	모든 결합의 종류	결합의 수
(가) OF_2	XF_2	F과 X 사이의 단일 결합	2
(나) COF_2	CXF_m	C와 F 사이의 단일 결합	2 (F 원자 수와 동일 ➡ $m=2$)
		C와 X 사이의 2중 결합	1
(다) NF_3	YF_3	F과 Y 사이의 단일 결합	3

이에 대한 설명으로 옳은 것만을 〈보기〉에서 있는 대로 고른 것은? [3점]

보기

ㄱ. (가)의 분자 구조는 굽은 형이다. (가)는 OF_2
ㄴ. m=~~3~~ 2이다. (나)는 COF_2
ㄷ. $\frac{\text{공유 전자쌍 수}}{\text{비공유 전자쌍 수}}$는 (다)~~>~~<(나)이다. (나) $\frac{4}{8}$, (다) $\frac{3}{10}$

① ㄱ　② ㄴ　③ ㄷ　④ ㄱ, ㄴ　⑤ ㄱ, ㄷ

✓ 자료 해석

- 2주기 원소 중 분자에서 옥텟 규칙을 만족하는 원자 C, N, O, F의 원자당 공유 전자쌍 수와 비공유 전자쌍 수는 다음과 같다.

원자	C	N	O	F
공유 전자쌍 수	4	3	2	1
비공유 전자쌍 수	0	1	2	3

- XF_2는 F과 X 사이의 단일 결합이 2개이므로 X는 O이고, (가)는 OF_2이다.
- COF_m은 C와 F 사이의 단일 결합이 2개이므로 $m=2$이고, (나)는 COF_2이다.
- Y는 N이므로 (다)는 NF_3이다.

O 보기 풀이 ㄱ. (가)는 OF_2로 분자 구조는 굽은 형이다.

X 매력적 오답 ㄴ. (나)는 COF_2이고, $m=2$이다.
ㄷ. (나)는 COF_2, (다)는 NF_3이다. (나), (다)의 $\frac{\text{공유 전자쌍 수}}{\text{비공유 전자쌍 수}}$는 각각 $\frac{4}{8}$, $\frac{3}{10}$으로 (나)>(다)이다.

문제풀이 Tip

F은 원자가 전자 수가 7이므로 F 원자 1개는 다른 원자와 단일 결합 1개를 이루어 F 원자와 다른 원자 사이의 단일 결합 수는 분자에 포함된 F 원자 수와 같다.

Part II 수능 평가원

선택지 비율	① 4%	② 7%	③ 4%	④ 9%	⑤ 76%

15 분자의 극성

2024학년도 6월 평가원 4번 | 정답 ⑤ | 문제편 145 p

출제 의도 결합의 극성과 분자의 극성의 관계를 알고 있는지 묻는 문항이다.

문제 분석

다음은 학생 A가 수행한 탐구 활동이다.

[가설]
- 극성 공유 결합이 있는 분자는 모두 극성 분자이다. 가설은 옳지 않음

[탐구 과정 및 결과]
(가) 극성 공유 결합이 있는 분자를 찾고, 각 분자의 극성 여부를 조사하였다.
(나) (가)에서 조사한 내용을 표로 정리하였다.

극성 공유 결합이 있음

분자	H_2O	NH_3	㉠	㉡	…
분자의 극성 여부	극성	극성	극성	무극성	…

[결론]
- 가설에 어긋나는 분자가 있으므로 가설은 옳지 않다.

학생 A의 탐구 과정 및 결과와 결론이 타당할 때, ㉠과 ㉡으로 적절한 것은? [3점]

	㉠	㉡		㉠	㉡
①	O_2 무극성 공유 결합	CF_4 무극성 분자	②	CF_4 무극성 분자	O_2
③	CF_4	HCl 극성 분자	④	HCl	O_2
⑤	HCl 극성 분자	CF_4			

✓ 자료 해석

- 분자의 쌍극자 모멘트가 0이면 무극성 분자, 0이 아니면 극성 분자이다.
- 극성 공유 결합이 있는 분자는 모두 극성 분자라는 가설은 옳지 않으므로, ㉠과 ㉡은 모두 극성 공유 결합이 있는 분자이고 ㉠은 극성, ㉡은 무극성 분자에 해당하는 것을 찾으면 된다.

O 보기 풀이 ㉠은 극성 공유 결합이 있는 극성 분자이고, ㉡은 극성 공유 결합이 있는 무극성 분자이다. HCl는 극성 공유 결합이 있는 극성 분자, CF_4는 극성 공유 결합이 있는 무극성 분자이므로 ㉠으로 HCl, ㉡으로 CF_4는 적절하다.

× 매력적 오답 O_2는 무극성 공유 결합만 있는 무극성 분자이므로 ㉠, ㉡으로 적절하지 않다.

문제풀이 Tip

극성 공유 결합이 있어도 결합의 쌍극자 모멘트의 합이 0이면 무극성 분자이다.

선택지 비율	① 2%	② 6%	③ 4%	④ 11%	⑤ 76%

16 분자의 구조와 극성

2024학년도 6월 평가원 11번 | 정답 ⑤ | 문제편 145 p

출제 의도 분자의 구조식을 이용하여 구성 원소를 판단할 수 있는지 묻는 문항이다.

문제 분석

그림은 2주기 원소 X~Z로 구성된 분자 (가)~(다)의 구조식을 나타낸 것이다. (가)~(다)에서 모든 원자는 옥텟 규칙을 만족한다.

(가) Y=X=Y (O, C) — CO_2

(나) Z−Y−Z (F) — OF_2

(다) Z−X−Z, X=Y (Y가 X에 이중 결합) — COF_2

(가)~(다)에 대한 설명으로 옳은 것만을 〈보기〉에서 있는 대로 고른 것은? (단, X~Z는 임의의 원소 기호이다.)

보기

ㄱ. 극성 분자는 2가지이다. (나), (다)
ㄴ. 결합각은 (가)>(나)이다. (가)는 직선형, (나)는 굽은 형
ㄷ. 중심 원자에 비공유 전자쌍이 있는 분자는 1가지이다. (나)의 Y(O)에 2개

① ㄱ ② ㄷ ③ ㄱ, ㄴ ④ ㄴ, ㄷ ⑤ ㄱ, ㄴ, ㄷ

✓ 자료 해석

- 분자의 쌍극자 모멘트가 0이면 무극성 분자, 0이 아니면 극성 분자이다.
- 결합각 : 중심 원자의 원자핵과 중심 원자와 결합한 두 원자의 원자핵을 선으로 연결하였을 때 생기는 내각이다.
- 비공유 전자쌍 : 원자가 전자 중 공유 결합에 참여하지 않은 전자쌍이다.
- 분자에서 옥텟 규칙을 만족하는 2주기 원자는 C, N, O, F이다.
- (가)는 CO_2, (나)는 OF_2, (다)는 COF_2이다.

O 보기 풀이 ㄱ. 극성 분자는 분자의 쌍극자 모멘트가 0이 아니다. 따라서 극성 분자는 (나)(OF_2)와 (다)(COF_2) 2가지이다.
ㄴ. 분자 모양은 (가)(CO_2)가 직선형, (나)(OF_2)가 굽은 형이므로 결합각은 (가)>(나)이다.
ㄷ. 중심 원자에 비공유 전자쌍이 있는 분자는 (나) 1가지이다.

문제풀이 Tip

CO_2는 분자의 쌍극자 모멘트가 0인 무극성 분자이다. 결합각은 분자 모양이 직선형인 분자가 180°로 가장 크다.

선택지 비율	① 3%	② 2%	③ 2%	④ 92%	⑤ 1%

17 루이스 전자점식

2023학년도 수능 2번 | 정답 ④ | 문제편 146 p

출제 의도 루이스 전자점식으로부터 구성 원소의 종류를 판단할 수 있는지 묻는 문항이다.

문제 분석

그림은 2주기 원소 X~Z로 구성된 분자 (가)와 (나)의 루이스 전자점식을 나타낸 것이다.

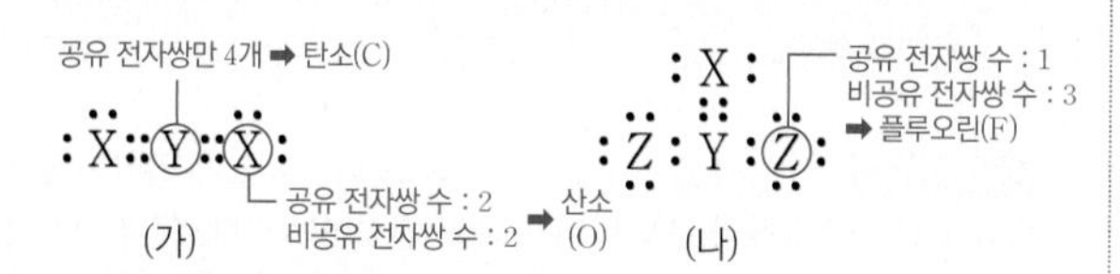

이에 대한 설명으로 옳은 것만을 〈보기〉에서 있는 대로 고른 것은? (단, X~Z는 임의의 원소 기호이다.)

보기

ㄱ. X는 산소(O)이다.
ㄴ. (나)에서 단일 결합의 수는 3이다. (2)
ㄷ. 비공유 전자쌍 수는 (나)가 (가)의 2배이다. ((나) 8, (가) 4)

① ㄱ ② ㄷ ③ ㄱ, ㄴ ④ ㄱ, ㄷ ⑤ ㄴ, ㄷ

✔ 자료 해석

- (가)에서 X는 공유 전자쌍 수가 2, 비공유 전자쌍 수가 2이므로 2주기 16족 원소인 산소(O)이며, Y는 공유 전자쌍만 4개이므로 2주기 14족 원소인 탄소(C)이다.
- (나)에서 Z는 공유 전자쌍 수가 1, 비공유 전자쌍 수가 3이므로 2주기 17족 원소인 플루오린(F)이다.

○ 보기풀이 ㄱ. X는 산소(O)이다.
ㄷ. 비공유 전자쌍 수는 (가)가 4, (나)가 8이므로 (나)가 (가)의 2배이다.

× 매력적 오답 ㄴ. (나)는 2개의 단일 결합(Y－Z)과 1개의 2중 결합(X＝Y)으로 이루어져 있다.

문제풀이 Tip

공유 결합 물질의 루이스 전자점식에서 원소 기호 주위의 전자쌍은 비공유 전자쌍이다. 2주기 원소 중 분자 내에서 옥텟 규칙을 만족하는 것은 C, N, O, F이고, C, N, O, F의 분자 내 비공유 전자쌍 수는 각각 0, 1, 2, 3이다.

선택지 비율	① 80%	② 5%	③ 6%	④ 4%	⑤ 5%

18 분자의 구조

2023학년도 수능 8번 | 정답 ① | 문제편 146 p

출제 의도 구성 원소의 종류와 공유 전자쌍 수로부터 분자식을 결정하고 분자의 구조와 성질을 파악할 수 있는지 묻는 문항이다.

문제 분석

표는 수소(H)와 2주기 원소 X~Z로 구성된 분자 (가)~(다)에 대한 자료이다. (가)~(다)의 중심 원자는 모두 옥텟 규칙을 만족한다.

분자	(가) (H_2O)	(나) (NH_3)	(다) (CH_4)
분자식	XH_a	YH_b	ZH_c
공유 전자쌍 수 (=수소 원자 수)	2	3	4

(가)~(다)에 대한 설명으로 옳은 것만을 〈보기〉에서 있는 대로 고른 것은? (단, X~Z는 임의의 원소 기호이다.)

보기

ㄱ. (가)의 분자 모양은 직선형이다. (굽은 형)
ㄴ. 결합각은 (다)>(나)이다. (다)는 정사면체형, (나)는 삼각뿔형
ㄷ. 극성 분자는 3가지이다. (2)

① ㄴ ② ㄷ ③ ㄱ, ㄴ ④ ㄱ, ㄷ ⑤ ㄴ, ㄷ

✔ 자료 해석

- 분자 내에서 옥텟 규칙을 만족하는 2주기 원소는 C, N, O, F이다.
- 분자에서 수소(H)는 원자 1개당 1개의 전자쌍을 공유할 수 있다.
- (가)~(다)는 1개의 중심 원자(X~Z)에 각각 a, b, c개의 수소(H) 원자가 결합하여 형성된 분자이다.
- (가)~(다)에서 공유 전자쌍 수=수소(H) 원자 수=중심 원자의 공유 전자쌍 수이다.
- C, N, O, F의 분자 내 공유 전자쌍 수는 각각 4, 3, 2, 1이므로 X~Z는 각각 O, N, C이고, (가)~(다)는 각각 H_2O, NH_3, CH_4이다.
- 분자 (가)~(다)의 구조와 극성

분자	(가)	(나)	(다)
중심 원자에 결합한 원자 수	2	3	4
중심 원자의 비공유 전자쌍 수	2	1	0
분자의 구조	굽은 형	삼각뿔형	정사면체형
분자의 극성	극성	극성	무극성

○ 보기풀이 ㄴ. (나)의 분자 모양은 삼각뿔형, (다)의 분자 모양은 정사면체형이므로 결합각은 (다)(109.5°)>(나)(107°)이다.

× 매력적 오답 ㄱ. (가)는 중심 원자인 O에 비공유 전자쌍이 2개 있으므로 분자 모양은 굽은 형이다.
ㄷ. 극성 분자는 (가)와 (나) 2가지이다.

문제풀이 Tip

수소(H) 원자는 분자 내에서 1개의 전자쌍만을 공유하며, 비공유 전자쌍을 가지지 않는다. 따라서 중심 원자 1개에 여러 개의 수소(H) 원자가 결합하여 형성된 분자의 공유 전자쌍 수는 수소 원자 수와 같다.

선택지 비율	① 4%	② 5%	③ 5%	❹ 82%	⑤ 4%

19 결합의 극성

2023학년도 수능 4번 | 정답 ④ | 문제편 146 p

출제 의도 전기 음성도와 결합의 극성에 대하여 알고 있는지 묻는 문항이다.

문제 분석

다음은 학생 A가 수행한 탐구 활동이다.

[학습 내용]

• 극성 공유 결합을 형성한 두 원자는 각각 부분적인 양전하와 부분적인 음전하를 띤다.

• 부분적인 양전하는 δ^{+} 부호로, 부분적인 음전하는 δ^{-} 부호로 나타낸다.

(전기 음성도가 작은 원자 / 전기 음성도가 큰 원자)

[가설]

• 극성 공유 결합을 형성한 어떤 원자의 부분적인 전하의 부호는 다른 분자에서 극성 공유 결합을 형성할 때도 바뀌지 않는다. ➡ 옳지 않다.(전기 음성도의 대소 관계에 따라 결정됨)

[탐구 과정]

(가) 1, 2주기 원소로 구성된 분자 중 극성 공유 결합이 있는 분자를 찾는다.

(나) (가)에서 찾은 분자 중 같은 원자를 포함하는 분자 쌍을 선택하여, 해당 원자의 부분적인 전하의 부호를 확인한다.

[탐구 결과]

가설에 일치하는 분자 쌍	가설에 어긋나는 분자 쌍
HF와 CH_4 (δ^{+} H, δ^{+} H) HF와 OF_2 (δ^{-} F, δ^{-} F) ⋮	OF_2와 CO_2 (δ^{+} O, δ^{-} O) ㉠ ⋮

[결론]

• 가설에 어긋나는 분자 쌍이 있으므로 가설은 옳지 않다.

학생 A의 결론이 타당할 때, 다음 중 ㉠으로 적절한 것은? [3점]

① H_2O과 CH_4 (δ^{+}, δ^{+})
② H_2O과 CO_2 (δ^{-}, δ^{-})
③ CO_2와 CF_4 (δ^{+}, δ^{+})
④ NH_3와 NF_3 (δ^{-}, δ^{+})
⑤ NF_3와 OF_2 (δ^{-}, δ^{-})

✓ 자료 해석

• 극성 공유 결합 : 전기 음성도가 서로 다른 원자 사이에 형성되는 공유 결합

• 극성 공유 결합에서 전기 음성도가 상대적으로 큰 원자는 부분적인 음전하(δ^{-})를, 전기 음성도가 상대적으로 작은 원자는 부분적인 양전하(δ^{+})를 띤다.

○ 보기 풀이 ㉠은 가설에 어긋나는 분자 쌍이므로 같은 종류의 원자가 분자에 따라 부분적인 전하의 부호가 다른 분자 쌍이어야 한다. N의 전기 음성도는 H보다 크고 F보다 작으므로 N는 NH_3에서 부분적인 음전하(δ^{-})를 띠지만, NF_3에서 부분적인 양전하(δ^{+})를 띤다.

문제풀이 Tip

극성 공유 결합으로 형성된 분자에서 원자가 띠는 부분 전하는 전기 음성도 대소 관계에 의해 결정된다. F은 전기 음성도가 가장 크므로 극성 공유 결합을 형성할 때 항상 부분적인 음전하(δ^{-})를 띤다는 점을 함께 알아둔다.

선택지 비율	❶ 82%	② 3%	③ 7%	④ 6%	⑤ 2%

20 루이스 전자점식

2023학년도 9월 평가원 5번 | 정답 ① | 문제편 147p

(출제 의도) 분자의 공유 전자쌍 수와 비공유 전자쌍 수로부터 분자의 종류를 판단할 수 있는지 묻는 문항이다.

(문제 분석)

표는 2주기 원자 X와 Y로 이루어진 분자 (가)~(다)의 루이스 전자점식과 관련된 자료이다. (가)~(다)에서 모든 원자는 옥텟 규칙을 만족한다.

C, N, O, F

X₂와 Y₂로 가능한 것은 N_2, O_2, F_2

분자	구성 원소	분자당 구성 원자 수	비공유 전자쌍 수 −공유 전자쌍 수
(가)	X (O)	2 O_2	2 4−2=2
(나)	Y (F)	2 F_2	a 6−1=5
(다)	X, Y (O, F)	3 OF_2	6 8−2=6

이에 대한 설명으로 옳은 것만을 〈보기〉에서 있는 대로 고른 것은? (단, X와 Y는 임의의 원소 기호이다.) [3점]

보기
ㄱ. a=5이다.
ㄴ. (나)에는 다중 결합이 있다. (없다.)
ㄷ. 공유 전자쌍 수는 (다)>(가)이다. (2 = 2)

① ㄱ ② ㄴ ③ ㄱ, ㄷ ④ ㄴ, ㄷ ⑤ ㄱ, ㄴ, ㄷ

✓ 자료 해석

- 분자 내에서 옥텟 규칙을 만족하는 2주기 원소는 C, N, O, F이다.
- (가)와 (나)는 각각 N_2, O_2, F_2 중 하나이다.
- N_2, O_2, F_2의 루이스 구조식과 (비공유 전자쌍 수−공유 전자쌍 수)

분자	N_2	O_2	F_2
루이스 구조식	:N≡N:	Ö=Ö	:F̤̈−F̤̈:
비공유 전자쌍 수 − 공유 전자쌍 수	−1	2	5

➡ (가)는 O_2이고, X는 O이다.
- (다)는 3원자 분자이고 (비공유 전자쌍 수−공유 전자쌍 수)가 6이므로 OF_2이다. 따라서 Y는 F이다.

○ 보기 풀이 (가)~(다)는 각각 $X_2(O_2)$, $Y_2(F_2)$, $XY_2(OF_2)$이다. (가)~(다)의 구조식은 다음과 같다.

분자	(가)	(나)	(다)
루이스 구조식	Ö=Ö	:F̤̈−F̤̈:	:F̤̈−Ö−F̤̈:

ㄱ. (나)에서 공유 전자쌍 수는 1, 비공유 전자쌍 수는 6이므로 a=5이다.

✕ 매력적 오답 ㄴ. (나)는 단일 결합으로만 이루어져 있다.
ㄷ. 공유 전자쌍 수는 (가)와 (다)가 2로 같다.

문제풀이 Tip
같은 종류의 2주기 원자로 이루어진 2원자 분자는 N_2, O_2, F_2 3가지이므로 (가)와 (나)가 각각 N_2, O_2, F_2 중 하나임을 알아야 한다. 이들의 공유 전자쌍 수와 비공유 전자쌍 수를 이용하여 (가)~(다)에 해당하는 분자를 찾을 수 있다.

선택지 비율	① 6%	② 5%	③ 3%	❹ 81%	⑤ 5%

21 분자의 구조

2023학년도 9월 평가원 8번 | 정답 ④ | 문제편 147p

(출제 의도) 분자식과 구성 원자의 전기 음성도로부터 분자의 종류를 판단할 수 있는지 묻는 문항이다.

(문제 분석)

다음은 2주기 원자 W~Z로 이루어진 3가지 분자의 분자식이다. 분자에서 모든 원자는 옥텟 규칙을 만족하고, 전기 음성도는 W>Y이다.

C, N, O, F / F>O>N>C

WX_3 (NF_3) XYW (FCN, X−Y≡W) YZX_2 (COF_2)

이에 대한 설명으로 옳은 것만을 〈보기〉에서 있는 대로 고른 것은? (단, W~Z는 임의의 원소 기호이다.) [3점]

보기
ㄱ. WX_3(NF_3)는 극성 분자이다.
ㄴ. YZX_2(COF_2)에서 X는 부분적인 음전하(δ^-)를 띤다.
ㄷ. 결합각은 WX_3(삼각뿔형)가 XYW(직선형)보다 크다. (작다.)

① ㄱ ② ㄴ ③ ㄷ ④ ㄱ, ㄴ ⑤ ㄱ, ㄴ, ㄷ

✓ 자료 해석

- 분자 내에서 옥텟 규칙을 만족하는 2주기 원소는 C, N, O, F이다.
- WX_3는 중심 원자인 W에 X 원자 3개가 결합한 분자이므로 X는 분자 내에서 전자쌍 1개를 공유하는 17족 원소 F이고, W는 분자 내에서 공유 전자쌍 3개와 비공유 전자쌍 1개를 가지는 15족 원소 N이다.
- 전기 음성도는 같은 주기에서 원자 번호가 커질수록 증가하므로 F>O>N>C이다.
- 전기 음성도는 W(N)>Y이므로 Y는 C이고, XYW는 FCN이다.
- Z는 O이므로 YZX_2는 COF_2이다.

○ 보기 풀이 ㄱ. $WX_3(NF_3)$의 중심 원자인 W(N)에 비공유 전자쌍이 있으므로 $WX_3(NF_3)$는 극성 분자이다.
ㄴ. 전기 음성도는 X(F)>Z(O)>Y(C)이므로 $YZX_2(COF_2)$에서 X(F)는 부분적인 음전하(δ^-)를 띤다.

✕ 매력적 오답 ㄷ. XYW(FCN)의 분자 모양은 직선형이고, $WX_3(NF_3)$의 분자 모양은 삼각뿔형이므로 결합각은 XYW(FCN)가 $WX_3(NF_3)$보다 크다.

문제풀이 Tip
분자 내에서 옥텟 규칙을 만족하는 2주기 원소는 C, N, O, F이다. 2주기 원자로 이루어진 분자의 구조와 성질은 자주 출제되므로 자주 출제되는 몇 가지 분자의 종류와 성질을 알아 두어야 한다.

선택지 비율	① 4%	② 1%	❸ 89%	④ 1%	⑤ 5%

22 전기 음성도와 결합의 극성

2023학년도 6월 평가원 2번 | 정답 ③ | 문제편 147 p

(출제 의도) 탐구 결과를 통해 전기 음성도의 주기성을 파악하고 화학 결합에서 결합의 극성을 판단할 수 있는지 묻는 문항이다.

(문제분석)

다음은 학생 A가 수행한 탐구 활동이다.

[가설]
- 18족을 제외한 2, 3주기에 속한 원자들은 같은 주기에서 원자 번호가 커질수록 [㉠]
  전기 음성도가 커진다.

[탐구 과정]

(가) 18족을 제외한 2, 3주기에 속한 원자의 전기 음성도를 조사한다.

(나) (가)에서 조사한 각 원자의 전기 음성도를 원자 번호에 따라 점으로 표시한 후, 표시한 점을 각 주기별로 연결한다.

[탐구 결과]

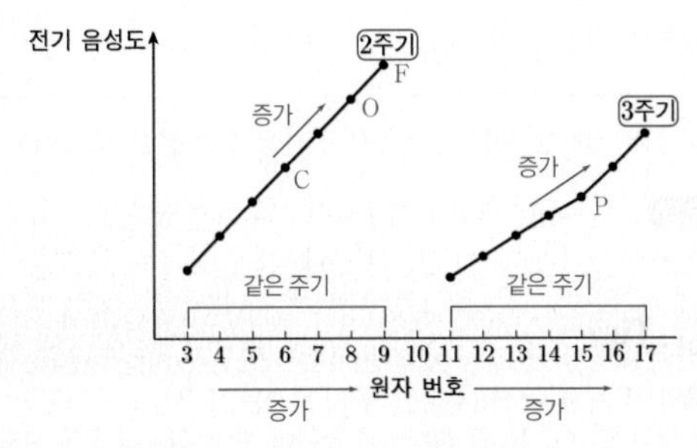

[결론]
- 가설은 옳다.

학생 A의 결론이 타당할 때, 이에 대한 설명으로 옳은 것만을 〈보기〉에서 있는 대로 고른 것은?

〈보기〉

ㄱ. '전기 음성도가 커진다.'는 ㉠으로 적절하다.

ㄴ. CO_2에서 C는 부분적인 ~~음전하(δ^-)~~를 띤다. 양전하(δ^+)

ㄷ. PF_3에는 극성 공유 결합이 있다. (P−F 결합)

① ㄱ ② ㄴ ③ ㄱ, ㄷ ④ ㄴ, ㄷ ⑤ ㄱ, ㄴ, ㄷ

✓ 자료 해석

- 전기 음성도는 공유 결합을 하는 원자가 공유 전자쌍을 당기는 힘을 상대적으로 나타낸 값이다. 같은 족에서는 원자 번호가 커질수록 대체로 감소하고, 같은 주기에서는 원자 번호가 커질수록 대체로 증가한다.
- 탐구 결과에서 같은 주기의 원자들은 원자 번호가 커질수록 전기 음성도가 커진다.

○ 보기풀이 ㄱ. 탐구 결과에서 같은 주기의 원자들은 원자 번호가 커질수록 전기 음성도가 커지므로 '전기 음성도가 커진다.'는 ㉠으로 적절하다.

ㄷ. 원자 번호 15인 P과 9인 F은 전기 음성도가 다르므로 PF_3에는 전기 음성도가 서로 다른 원자 사이의 공유 결합인 극성 공유 결합(P−F 결합)이 있다.

× 매력적 오답 ㄴ. 전기 음성도가 O>C이므로 CO_2에서 C는 부분적인 양전하(δ^+)를 띤다.

문제풀이 Tip

탐구 결과를 분석하면 가설이 옳은지를 판단할 수 있다. 전기 음성도는 결합의 극성과 관계있으므로 극성 공유 결합, 무극성 공유 결합과 함께 주기성을 알아 둔다.

선택지 비율	① 7%	❷ 65%	③ 8%	④ 5%	⑤ 15%

23 분자의 구조

2023학년도 6월 평가원 5번 | 정답 ② | 문제편 148 p

출제 의도 분자의 구조식으로부터 구성 원소의 종류를 판단하고 분자의 구조와 극성을 알아낼 수 있는지 묻는 문항이다.

문제 분석

그림은 2주기 원소 W~Z(C, N, O, F)로 구성된 분자 (가)~(다)의 구조식을 나타낸 것이다. (가)~(다)에서 모든 원자는 옥텟 규칙을 만족한다.

(가) NF_3 삼각뿔형: X−W(−X)−X (나) OF_2 굽은 형: X−Y−X (다) FCN 직선형: X−Z≡W

(가)~(다)에 대한 설명으로 옳은 것만을 〈보기〉에서 있는 대로 고른 것은? (단, W~Z는 임의의 원소 기호이다.)

〈보기〉
ㄱ. (가)(NF_3)의 분자 모양은 ~~평면 삼각형~~(삼각뿔형)이다.
ㄴ. 결합각은 (다)>(나)이다. (나)는 굽은 형, (다)는 직선형
ㄷ. 극성 분자는 ~~2~~(3)가지이다. (가)~(다) 모두 극성

① ㄱ ② ㄴ ③ ㄷ ④ ㄱ, ㄴ ⑤ ㄴ, ㄷ

문제풀이 Tip
옥텟 규칙을 만족하는 분자 내에서 원자 1개가 가질 수 있는 비공유 전자쌍 수는 C가 0, N가 1, O가 2, F이 3이고, 결합선 수(=공유 전자쌍 수)는 C가 4, N가 3, O가 2, F이 1이다.

✓ 자료 해석

- 분자 내에서 옥텟 규칙을 만족하는 2주기 원소는 C, N, O, F이고, 원자 1개당 비공유 전자쌍 수는 C가 0, N가 1, O가 2, F이 3이다.
- (가)~(다)의 중심 원자인 W, Y, Z의 비공유 전자쌍 수는 각각 1, 2, 0이므로 W~Z는 각각 N, F, O, C이고, (가)는 NF_3, (나)는 OF_2, (다)는 FCN이다.
- 분자 (가)~(다)의 구조와 극성

분자	(가)	(나)	(다)
분자식	NF_3	OF_2	FCN
중심 원자에 결합한 원자 수	3	2	2
중심 원자의 비공유 전자쌍 수	1	2	0
분자의 구조	삼각뿔형	굽은 형	직선형
분자의 극성	극성	극성	극성

○ 보기풀이 ㄴ. (나)의 중심 원자에는 비공유 전자쌍이 2개 있고, (다)의 중심 원자에는 비공유 전자쌍이 없으므로 (나)와 (다)의 구조는 각각 굽은 형, 직선형이다. 따라서 결합각은 (다)>(나)이다.

× 매력적 오답 ㄱ. (가)의 중심 원자에는 비공유 전자쌍이 있으므로 (가)의 분자 모양은 삼각뿔형이다.
ㄷ. (가)와 (나)는 각 분자에서 중심 원자에 결합한 원자의 종류가 같지만 중심 원자에 비공유 전자쌍이 있으므로 극성 분자이고, (다)는 중심 원자에 비공유 전자쌍이 없지만 중심 원자에 결합한 원자의 종류가 서로 다르므로 극성 분자이다. 따라서 (가)~(다)는 모두 극성 분자이다.

선택지 비율	① 5%	② 4%	❸ 78%	④ 7%	⑤ 6%

24 루이스 전자점식

2023학년도 6월 평가원 7번 | 정답 ③ | 문제편 148 p

출제 의도 루이스 전자점식으로부터 구성 원소의 종류를 판단할 수 있는지 묻는 문항이다.

문제 분석

그림은 1(1주기는 H), 2주기 원소 W~Z로 이루어진 물질 WXY(LiOH)와 YZX(HNO)의 루이스 전자점식을 나타낸 것이다.

$W^+[:\ddot{X}:Y]^-$ (1족 금속 ➡ Li, 1족 비금속 ➡ H; Li^+ O H)   Y:Z::X: (H N O; Z 공유 전자쌍 수 : 3, 비공유 전자쌍 수 : 1 ➡ N)

이에 대한 설명으로 옳은 것만을 〈보기〉에서 있는 대로 고른 것은? (단, W~Z는 임의의 원소 기호이다.) [3점]

〈보기〉
ㄱ. W와 Y는 같은 족(1족) 원소이다. W는 Li, Y는 H
ㄴ. Z_2(N_2)에는 3중 결합이 있다. N≡N
ㄷ. Y_2X_2(H_2O_2)의 $\frac{\text{비공유 전자쌍 수}}{\text{공유 전자쌍 수}}$ = ~~1~~($\frac{4}{3}$)이다.

① ㄱ ② ㄷ ③ ㄱ, ㄴ ④ ㄴ, ㄷ ⑤ ㄱ, ㄴ, ㄷ

✓ 자료 해석

- WXY는 W^+과 XY^-으로 이루어진 이온 결합 물질이다.
- W는 전자 1개를 잃고 양이온이 되므로 2주기 1족 금속 원소인 리튬(Li)이다.
- XY^-에서 Y는 전자쌍 1개를 공유하므로 수소(H)이고, 이때 이온의 전하가 −1이므로 X와 Y의 원자가 전자 수의 합은 8−1=7이다. 따라서 X의 원자가 전자 수는 6이므로 X는 2주기 16족 원소인 산소(O)이다.
- YZX는 공유 결합 물질이고, 중심 원자인 Z는 공유 전자쌍 수가 3, 비공유 전자쌍 수가 1이므로 2주기 15족 원소인 질소(N)이다.

○ 보기풀이 ㄱ. W(Li)와 Y(H)는 모두 1족 원소이다.
ㄴ. Z_2(N_2)에는 3중 결합(N≡N)이 있다.

× 매력적 오답 ㄷ. Y_2X_2(H_2O_2)의 루이스 전자점식은 다음과 같다.

$$Y:\ddot{\underset{..}{X}}:\ddot{\underset{..}{X}}:Y$$

따라서 Y_2X_2(H_2O_2)의 $\frac{\text{비공유 전자쌍 수}}{\text{공유 전자쌍 수}}=\frac{4}{3}$이다.

문제풀이 Tip
루이스 전자점식은 원소 기호 주위에 원자가 전자를 점으로 표시한 것이므로 원소의 족을 알 수 있고, 주기가 제시되면 해당 원자를 알 수 있다. 공유 결합 물질의 루이스 전자점식에서 원소 기호 사이의 전자쌍은 공유 전자쌍이고, 원소 기호 주위의 전자쌍은 비공유 전자쌍이다.

선택지 비율	① 1%	② 4%	③ 4%	❹ 90%	⑤ 1%

25 분자의 구조와 극성에 따른 분류

2022학년도 수능 7번 | 정답 ④ | 문제편 148 p

출제 의도 주어진 분자의 구조와 극성에 대하여 알고 있는지 묻는 문항이다.

문제 분석

그림은 3가지 분자를 기준 (가)와 (나)에 따라 분류한 것이다.

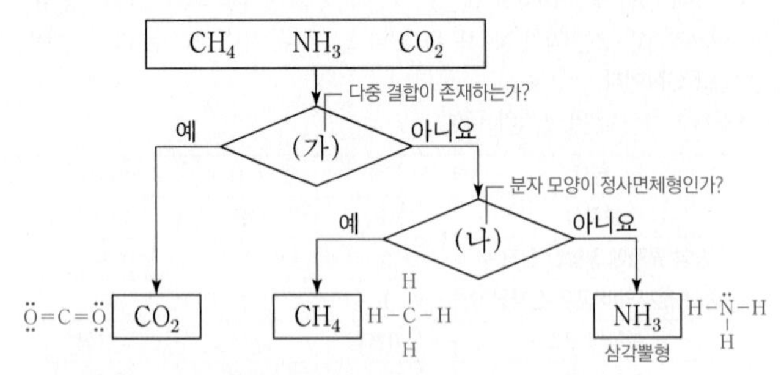

다음 중 (가)와 (나)로 가장 적절한 것은?

	(가)	(나)
①	무극성 분자인가?	공유 전자쌍 수는 3인가?
②	공유 전자쌍 수는 4인가?	무극성 분자인가?
③	분자 모양이 직선형인가?	비공유 전자쌍 수는 4인가?
④	다중 결합이 존재하는가?	분자 모양이 정사면체형인가?
⑤	비공유 전자쌍 수는 4인가?	다중 결합이 존재하는가?

✓ 자료 해석

• 주어진 3가지 분자의 구조와 극성

분자식	CH_4	NH_3	CO_2
구조식	H–C–H (위아래 H)	H–N̈–H (아래 H)	Ö=C=Ö
분자의 구조	정사면체형	삼각뿔형	직선형
분자의 극성	무극성	극성	무극성

O 보기 풀이 ④ (가) : (가)에 의해 CO_2만 '예'로 분류되므로 (가)로 적절한 것은 '분자 모양이 직선형인가?', '다중 결합이 존재하는가?', '비공유 전자쌍 수는 4인가?'이다.

(나) : (나)에 의해 CH_4이 '예', NH_3가 '아니요'로 분류되므로 (나)로 적절한 것은 '무극성 분자인가?', '분자 모양이 정사면체형인가?'이다.

X 매력적 오답 ①, ② (가)에 의해 CH_4도 '예'로 분류된다.

③ CH_4의 비공유 전자쌍 수는 0이므로 (나)에 의해 CH_4이 '예'로 분류되지 않는다.

⑤ CH_4은 단일 결합으로만 이루어져 있으므로 (나)에 의해 CH_4이 '예'로 분류되지 않는다.

문제풀이 Tip

주어진 분자의 구조와 극성 여부를 판단한 다음 보기에 제시된 분류 기준에 따라 분류해 보아야 하므로 분자식을 보고 분자의 구조, 공유 전자쌍 수, 비공유 전자쌍 수 등을 빠르게 파악할 수 있어야 한다.

선택지 비율	① 2%	② 2%	③ 6%	④ 5%	❺ 85%

26 전기 음성도와 결합의 극성

2022학년도 수능 10번 | 정답 ⑤ | 문제편 148 p

출제 의도 주어진 원소의 전기 음성도를 비교하여 결합의 극성을 판단할 수 있는지 묻는 문항이다.

문제 분석

표는 원소 A~E에 대한 자료이다.

주기 \ 족	15	16	17
2	A N	B O	C F
3	D P		E Cl

이에 대한 설명으로 옳은 것만을 〈보기〉에서 있는 대로 고른 것은? (단, A~E는 임의의 원소 기호이다.) [3점]

〈보기〉

ㄱ. 전기 음성도는 B>A>D이다. (O>N>P)

ㄴ. BC_2(OF_2)에는 극성 공유 결합(O–F)이 있다.

ㄷ. EC(ClF)에서 C는 부분적인 음전하(δ^-)를 띤다. (전기 음성도 : C(F)>E(Cl))

① ㄱ ② ㄷ ③ ㄱ, ㄴ ④ ㄴ, ㄷ ⑤ ㄱ, ㄴ, ㄷ

✓ 자료 해석

• 2, 3주기 15~17족에 해당하는 주기율표

주기 \ 족	15	16	17
2	N	O	F
3	P		Cl

➡ A~E는 각각 N, O, F, P, Cl이다.

• 전기 음성도는 같은 주기에서 원자 번호가 클수록, 같은 족에서 원자 번호가 작을수록 증가한다.

➡ 전기 음성도는 F>O>N, F>Cl, N>P이다.

O 보기 풀이 ㄱ. 전기 음성도는 B(O)>A(N)>D(P)이다.

ㄴ. BC_2(OF_2)에는 B(O) 원자와 C(F) 원자 사이의 극성 공유 결합이 있다.

ㄷ. 전기 음성도는 C(F)>E(Cl)이므로 EC(ClF)에서 C(F)는 부분적인 음전하(δ^-)를 띤다.

문제풀이 Tip

주기율표로부터 각 원소의 종류를 결정한 후 전기 음성도의 주기성을 이용하여 전기 음성도의 크기를 비교할 수 있다. 전기 음성도가 서로 다른 원자 사이에는 극성 공유 결합이 형성되며, 전기 음성도가 더 큰 원자가 부분적인 음전하(δ^-)를 띤다.

선택지 비율	❶ 92%	② 1%	③ 3%	④ 2%	⑤ 2%

27 루이스 전자점식

2022학년도 수능 8번 | 정답 ① | 문제편 149p

출제 의도 분자의 루이스 전자점식으로부터 구성 원소의 원자가 전자 수를 판단할 수 있는지 묻는 문항이다.

문제 분석

표는 원자 X와 Y의 원자가 전자 수를 나타낸 것이고, 그림은 원자 W~Z로 이루어진 분자 (가)와 (나)를 루이스 전자점식으로 나타낸 것이다. W~Z는 각각 C, N, O, F 중 하나이다.

원자	X ➡C	Y ➡F
원자가 전자 수	a =4	$a+3$ =7

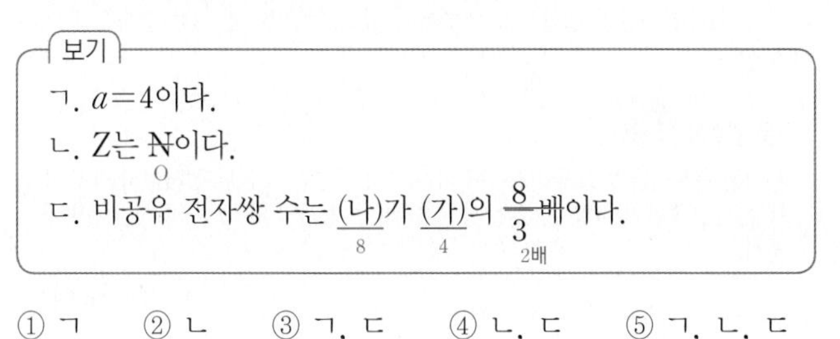

이에 대한 설명으로 옳은 것만을 〈보기〉에서 있는 대로 고른 것은? (단, W~Z는 임의의 원소 기호이다.) [3점]

보기
ㄱ. $a=4$이다.
ㄴ. Z는 ~~N~~이다. (O)
ㄷ. 비공유 전자쌍 수는 (나)(8)가 (가)(4)의 ~~$\frac{8}{3}$~~배이다. (2배)

① ㄱ ② ㄴ ③ ㄱ, ㄷ ④ ㄴ, ㄷ ⑤ ㄱ, ㄴ, ㄷ

✔ 자료 해석

• (가)에서 중심 원자인 X는 공유 전자쌍만 4개이므로 탄소(C)이고, Y는 공유 전자쌍 수가 1, 비공유 전자쌍 수가 3이므로 플루오린(F)이다. W는 공유 전자쌍 수가 3, 비공유 전자쌍 수가 1이므로 질소(N)이다.
• (나)에서 중심 원자인 X(C)는 Z 원자와 2개의 전자쌍을 공유하고, 2개의 Y(F) 원자와 각각 1개의 전자쌍을 공유한다. 따라서 Z는 산소(O)이다.

○ 보기풀이 ㄱ. 원자가 전자 수는 X(C)가 4, Y(F)가 7이므로 $a=4$이다.

× 매력적 오답 ㄴ. Z는 산소(O)이다.
ㄷ. 비공유 전자쌍 수는 (가)가 4, (나)가 8이므로 (나)가 (가)의 2배이다.

문제풀이 Tip

루이스 전자점식으로부터 구성 원자의 공유 전자쌍 수와 비공유 전자쌍 수를 파악할 수 있어야 한다. 화합물의 루이스 전자점식에서 원소 기호 사이에는 공유 전자쌍을, 원소 기호 주위에는 비공유 전자쌍을 표시한다.

선택지 비율	① 11%	② 1%	❸ 83%	④ 1%	⑤ 4%

28 분자의 구조

2022학년도 9월 평가원 3번 | 정답 ③ | 문제편 149p

출제 의도 전자쌍 반발 이론을 적용하여 분자의 구조와 극성을 파악할 수 있는지 묻는 문항이다.

문제 분석

그림은 3가지 분자 (가)~(다)의 구조식을 나타낸 것이다.

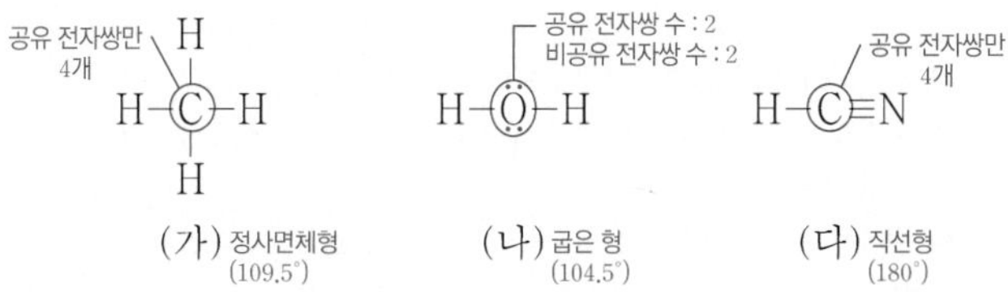

(가)~(다)에 대한 설명으로 옳은 것만을 〈보기〉에서 있는 대로 고른 것은? [3점]

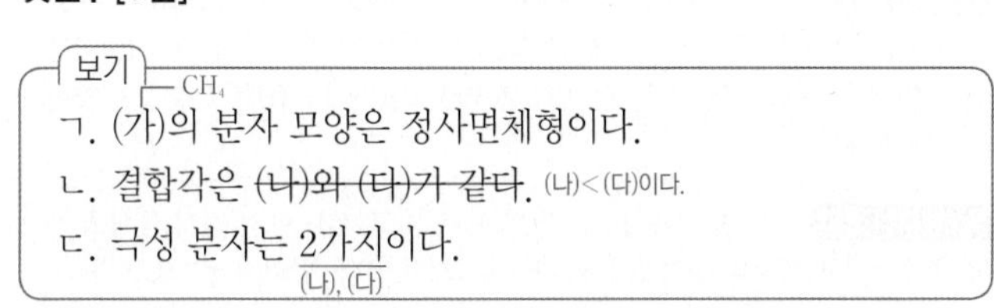

보기
ㄱ. (가)(CH_4)의 분자 모양은 정사면체형이다.
ㄴ. 결합각은 ~~(나)와 (다)가 같다~~. (나)<(다)이다.
ㄷ. 극성 분자는 2가지((나), (다))이다.

① ㄱ ② ㄴ ③ ㄱ, ㄷ ④ ㄴ, ㄷ ⑤ ㄱ, ㄴ, ㄷ

✔ 자료 해석

• 분자 (가)~(다)의 구조와 극성

분자	(가)	(나)	(다)
중심 원자에 결합한 원자 수	4	2	2
중심 원자의 비공유 전자쌍 수	0	2	0
분자의 구조	정사면체형	굽은 형	직선형
분자의 극성	무극성	극성	극성

○ 보기풀이 ㄱ. (가)는 중심 원자인 탄소(C)에 공유 전자쌍 4개가 있고, 비공유 전자쌍이 없으므로 분자 모양은 정사면체형이다.
ㄷ. (가)는 무극성 분자, (나)와 (다)는 극성 분자이므로 극성 분자는 (나)와 (다) 2가지이다.

× 매력적 오답 ㄴ. (나)는 중심 원자에 공유 전자쌍 2개와 비공유 전자쌍 2개가 있으므로 결합각이 104.5°인 굽은 형 구조이다. (다)는 중심 원자에 결합한 원자 수가 2이고, 중심 원자에 비공유 전자쌍이 없으므로 결합각이 180°인 직선형 구조이다. 따라서 결합각은 (나)<(다)이다.

문제풀이 Tip

분자의 구조를 결정할 때 다중 결합(2중 결합, 3중 결합)은 단일 결합으로 간주하면 된다. 즉, 중심 원자에 다중 결합이 있으면 중심 원자에 결합한 원자 수로 따져보면 된다.

선택지 비율	① 2%	❷ 90%	③ 3%	④ 3%	⑤ 2%

29 루이스 전자점식

2022학년도 9월 평가원 12번 | 정답 ② | 문제편 149 p

출제 의도 주어진 분자의 루이스 전자점식을 그려 공유 전자쌍 수와 비공유 전자쌍 수를 파악할 수 있는지 묻는 문항이다.

문제 분석

그림은 분자 (가)~(라)의 루이스 전자점식에서 공유 전자쌍 수와 비공유 전자쌍 수를 나타낸 것이다. (가)~(라)는 각각 N_2, HCl, CO_2, CH_2O 중 하나이고, C, N, O, Cl는 분자 내에서 옥텟 규칙을 만족한다.

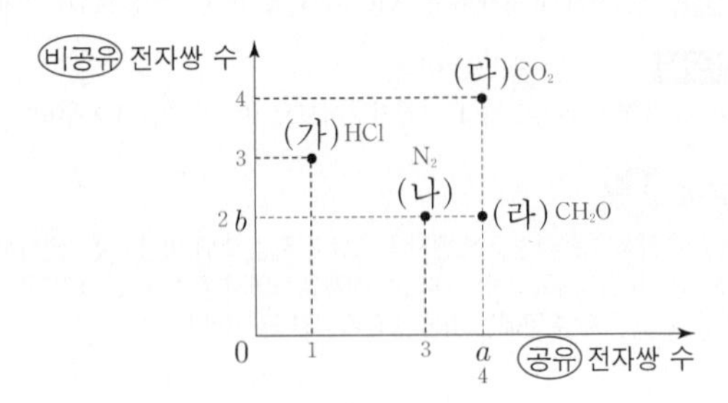

이에 대한 설명으로 옳은 것만을 〈보기〉에서 있는 대로 고른 것은?

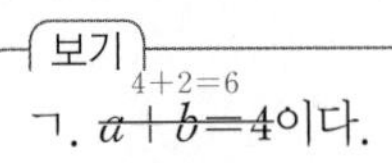

보기

ㄱ. $a+b=4$이다. (4+2=6)

ㄴ. (다)는 CO_2이다.

ㄷ. (가)와 (나)에는 모두 다중 결합이 있다. ((나)에만 있다.)
(가) HCl (단일 결합), (나) N_2 (3중 결합)

① ㄱ ② ㄴ ③ ㄷ ④ ㄱ, ㄴ ⑤ ㄴ, ㄷ

✓ 자료 해석

• N_2, HCl, CO_2, CH_2O의 구조

분자	N_2	HCl	CO_2	CH_2O
루이스 구조식	:N≡N:	H−Cl (비공유 전자쌍 3)	O=C=O (각 O에 비공유 전자쌍 2)	H₂C=O (O에 비공유 전자쌍 2)
공유 전자쌍 수	3	1	4	4
비공유 전자쌍 수	2	3	4	2

➡ (다)와 (라)는 공유 전자쌍 수가 같고, 비공유 전자쌍 수는 (다)>(라)이므로 (다)는 CO_2, (라)는 CH_2O이다. (라)와 비공유 전자쌍 수가 같은 (나)는 N_2이므로 (가)는 HCl이다.

○ 보기 풀이 ㄴ. (가)~(라)는 각각 HCl, N_2, CO_2, CH_2O이다.

× 매력적 오답 ㄱ. (라)(CH_2O)의 공유 전자쌍 수는 4, 비공유 전자쌍 수는 2이므로 $a=4$, $b=2$이고, $a+b=6$이다.

ㄷ. (가)(HCl)는 단일 결합으로 이루어져 있고, (나)(N_2)는 3중 결합으로 이루어져 있다.

문제풀이 Tip

제시된 분자식을 보고 루이스 구조식을 그려 각 분자의 공유 전자쌍 수와 비공유 전자쌍 수를 파악할 수 있다. 자주 출제되는 분자의 루이스 구조식을 기억해 두자.

선택지 비율	① 1%	② 6%	③ 3%	❹ 84%	⑤ 5%

30 결합의 극성

2022학년도 9월 평가원 14번 | 정답 ④ | 문제편 149 p

출제 의도 전기 음성도의 주기적 성질과 전기 음성도 차에 따른 결합의 극성에 대하여 이해하고 있는지 묻는 문항이다.

문제 분석

표는 4가지 각각의 분자에서 플루오린(F)의 전기 음성도(a)와 나머지 구성 원소의 전기 음성도(b) 차($a-b$)를 나타낸 것이다.

(플루오린(F): 전기 음성도가 가장 큰 원소)
(전기 음성도 : F>O>C, F>Cl>P)

분자	CF_4	OF_2	PF_3	ClF
전기 음성도 차($a-b$)	x	0.5	1.9	1.0

(x > 0.5)

이에 대한 설명으로 옳은 것만을 〈보기〉에서 있는 대로 고른 것은? [3점]

보기

ㄱ. $x<0.5$이다. ($x>0.5$)

ㄴ. PF_3에는 극성 공유 결합이 있다. (P−F)

ㄷ. Cl_2O에서 Cl는 부분적인 양전하(δ^+)를 띤다. (전기 음성도 : O>Cl)

① ㄱ ② ㄴ ③ ㄱ, ㄷ ④ ㄴ, ㄷ ⑤ ㄱ, ㄴ, ㄷ

✓ 자료 해석

• 전기 음성도는 공유 결합을 하는 원자가 공유 전자쌍을 당기는 힘을 상대적으로 나타낸 값으로, 플루오린(F)이 가장 크다.

• 전기 음성도는 같은 주기에서 원자 번호가 클수록, 같은 족에서 원자 번호가 작을수록 증가한다.

➡ 주어진 분자를 구성하는 원소의 전기 음성도는 F>O>C, F>Cl>P이다.

○ 보기 풀이 ㄴ. PF_3에는 P 원자와 F 원자 사이의 극성 공유 결합이 있다.

ㄷ. OF_2에서 전기 음성도 차는 0.5이고, ClF에서 전기 음성도 차는 1.0이므로 전기 음성도는 O>Cl임을 알 수 있다. 따라서 Cl_2O에서 Cl는 부분적인 양전하(δ^+)를 띤다.

× 매력적 오답 ㄱ. 전기 음성도는 F>O>C이고, OF_2에서 전기 음성도 차가 0.5이므로 CF_4에서의 전기 음성도 차는 0.5보다 크다. 따라서 $x>0.5$이다.

문제풀이 Tip

전기 음성도가 가장 큰 원소는 플루오린(F)이고, 4가지 분자에 모두 플루오린(F)이 포함되어 있으므로 이를 기준으로 주어진 원소의 전기 음성도를 비교할 수 있어야 한다.

선택지 비율	① 4%	② 3%	③ 13%	❹ 76%	⑤ 4%

31 분자의 구조

2022학년도 6월 평가원 4번 | 정답 ④ | 문제편 150 p

출제 의도 전자쌍 반발 이론을 적용하여 분자의 구조를 추론할 수 있는지 묻는 문항이다.

문제 분석

그림은 3가지 분자의 구조식을 나타낸 것이다.

H–N–H (H 위, α(107°)) 삼각뿔형 / O=C, F–C–F (β(120°)) 평면 삼각형 / Cl–C–Cl, Cl 위아래 (γ(109.5°)) 정사면체형

결합각 α~γ의 크기를 비교한 것으로 옳은 것은? [3점]

① $\alpha>\beta>\gamma$ ② $\alpha>\gamma>\beta$ ③ $\beta>\alpha>\gamma$
④ $\beta>\gamma>\alpha$ ⑤ $\gamma>\alpha>\beta$

✓ 자료 해석

- NH_3는 중심 원자에 결합한 원자 수가 3이며, 중심 원자에 비공유 전자쌍이 1개 있으므로 삼각뿔형 구조이다.
- COF_2는 중심 원자에 결합한 원자 수가 3이며, 중심 원자에 비공유 전자쌍이 없으므로 평면 삼각형 구조이다.
- CCl_4는 중심 원자에 결합한 원자 수가 4이며, 중심 원자에 비공유 전자쌍이 없으므로 정사면체형 구조이다.

○ 보기 풀이 NH_3의 구조는 삼각뿔형이므로 결합각(α)은 107°이고, COF_2의 구조는 평면 삼각형이므로 결합각(β)은 약 120°이며, CCl_4의 구조는 정사면체형이므로 결합각(γ)은 109.5°이다. 따라서 결합각의 크기는 $\beta>\gamma>\alpha$이다.

문제풀이 Tip

공유 전자쌍 사이의 반발력보다 공유 전자쌍 – 비공유 전자쌍 사이의 반발력이 더 크므로 중심 원자에 결합한 원자 수가 같을 때 중심 원자의 비공유 전자쌍 수가 많을수록 결합각이 작아진다.

선택지 비율	① 2%	② 4%	③ 5%	④ 6%	❺ 83%

32 분자의 구조

2022학년도 6월 평가원 7번 | 정답 ⑤ | 문제편 150 p

출제 의도 분자의 구성 원자 수와 공유 전자쌍 수, 비공유 전자쌍 수로부터 분자식을 결정하고 분자의 구조를 파악할 수 있는지 묻는 문항이다.

문제 분석

표는 수소(H)가 포함된 3가지 분자 (가)~(다)에 대한 자료이다. X와 Y는 2주기 원자이고, 분자 내에서 옥텟 규칙을 만족한다.

(수소(H): 전자쌍 1개 공유, 비공유 전자쌍 없음 / 2주기 원자: C, N, O, F)

분자	구성 원자 수			공유 전자쌍 수	비공유 전자쌍 수
	X (C)	Y (O)	H		
CH_4 (가)	1	0	a =4	a =4	0
H_2O (나)	0	1	b =2	b	2
CH_2O (다)	1	c =1	2	4	②

(X 또는 Y의 비공유 전자쌍 수 / Y 원자 수 : 1)

이에 대한 설명으로 옳은 것만을 〈보기〉에서 있는 대로 고른 것은? (단, X와 Y는 임의의 원소 기호이다.) [3점]

〈보기〉
ㄱ. $a=b+c$이다. ($a>b+c$)
ㄴ. (다)에는 2중 결합이 존재한다. (C=O)
ㄷ. XY_2의 공유 전자쌍 수는 4이다. (CO_2)

① ㄱ ② ㄴ ③ ㄷ ④ ㄱ, ㄷ ⑤ ㄴ, ㄷ

✓ 자료 해석

- 분자에서 수소(H)는 비공유 전자쌍을 가지지 않으며, 원자 1개당 1개의 전자쌍을 공유할 수 있다.
- (가)의 분자식은 XH_a이고, 중심 원자인 X에 비공유 전자쌍이 없으므로 X는 탄소(C)이다. 따라서 $a=4$이고, (가)는 CH_4이다.
- (나)의 분자식은 YH_b이고, 중심 원자인 Y에 비공유 전자쌍 2개가 있으므로 Y는 산소(O)이다. 따라서 $b=2$이고, (나)는 H_2O이다.
- (다)의 공유 전자쌍 수는 4, 비공유 전자쌍 수는 2이므로 (다)는 중심 원자인 탄소(C)에 수소(H) 원자 2개와 산소(O) 원자 1개가 결합한 CH_2O이다. 따라서 $c=1$이다.

○ 보기 풀이 ㄴ. (다)(CH_2O)에는 탄소(C) 원자와 산소(O) 원자 사이의 2중 결합이 존재한다.

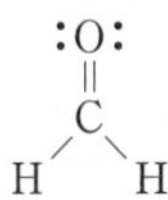

ㄷ. XY_2(CO_2)에는 2중 결합 2개가 존재하므로 공유 전자쌍 수는 4이다.

$\ddot{O}=C=\ddot{O}$

× 매력적 오답 ㄱ. $a=4$, $b=2$, $c=1$이므로 $a>b+c$이다.

문제풀이 Tip

수소(H) 원자는 분자에서 비공유 전자쌍을 가지지 않으므로 (가)~(다)의 비공유 전자쌍은 모두 2주기 원자에 존재함을 파악할 수 있어야 한다. 이로부터 X와 Y의 종류를 먼저 결정한 후, (다)의 분자식과 구조를 결정해야 한다.

선택지 비율	① 2%	❷ 72%	③ 7%	④ 6%	⑤ 12%

33 전기 음성도와 결합의 극성

2022학년도 6월 평가원 14번 | 정답 ② | 문제편 150 p

출제 의도 주어진 원소의 전기 음성도를 비교하여 결합의 극성을 판단할 수 있는지 묻는 문항이다.

문제 분석

다음은 원자 W~Z에 대한 자료이다. W~Z는 각각 C(14족), O(16족), F, Cl(17족) 중 하나이고, 분자 내에서 옥텟 규칙을 만족한다.

- Y와 Z는 같은 족 원소이다. ➡ F, Cl
- 전기 음성도는 X(O) > Y(Cl) > W(C)이다.

이에 대한 설명으로 옳은 것만을 <보기>에서 있는 대로 고른 것은? (단, W~Z는 임의의 원소 기호이다.)

보기

ㄱ. W는 ~~산소(O)~~ 탄소(C)이다.

ㄴ. XY_2(OCl_2)에서 X는 부분적인 음전하(δ^-)를 띤다. (전기 음성도 : X(O) > Y(Cl))

ㄷ. WZ_4에서 W와 Z의 결합은 ~~무극성~~ 극성 공유 결합이다.

① ㄱ ② ㄴ ③ ㄷ ④ ㄱ, ㄴ ⑤ ㄴ, ㄷ

✔ 자료 해석

- C는 14족, O는 16족, F과 Cl는 17족 원소이므로 Y와 Z는 각각 F과 Cl 중 하나이다.
- F은 전기 음성도가 가장 큰 원소이므로 Y로 적절하지 않다. 따라서 Y가 Cl, Z가 F이다.
- W와 X는 각각 C와 O 중 하나이고, 전기 음성도는 O>C이므로 W는 C, X는 O이다.

O 보기 풀이 ㄴ. 전기 음성도는 X(O) > Y(Cl)이므로 XY_2(OCl_2)에서 X(O)는 부분적인 음전하(δ^-)를, Y(Cl)는 부분적인 양전하(δ^+)를 띤다.

X 매력적 오답 ㄱ. W~Z는 각각 C, O, Cl, F이다.

ㄷ. 무극성 공유 결합은 같은 종류의 원자 사이에 전자쌍을 공유하여 형성되는 결합이므로 WZ_4(CF_4)에서 W(C)와 Z(F)의 결합은 극성 공유 결합이다.

문제풀이 Tip

전기 음성도가 가장 큰 원소는 플루오린(F)이라는 점과 산소(O)의 전기 음성도가 염소(Cl)보다 크다는 점을 기억해 두면 보다 빠르게 해결할 수 있다.

선택지 비율	① 1%	❷ 89%	③ 1%	④ 5%	⑤ 2%

34 분자의 구조

2021학년도 수능 6번 | 정답 ② | 문제편 150 p

출제 의도 분자의 구조식으로부터 분자의 구조와 결합각, 극성을 파악할 수 있는지 묻는 문항이다.

문제 분석

그림은 분자 (가)~(다)의 구조식을 나타낸 것이다.

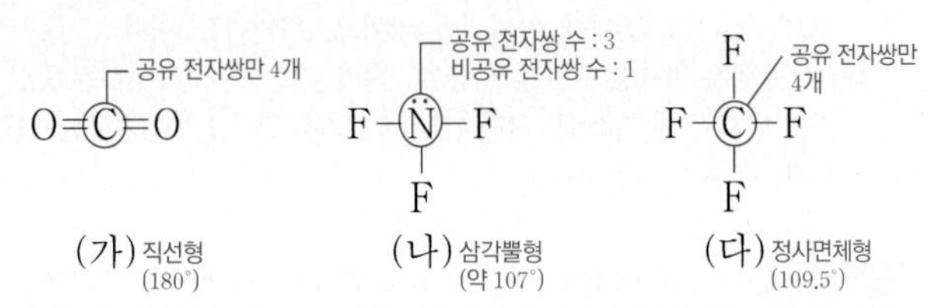

(가)~(다)에 대한 설명으로 옳은 것만을 <보기>에서 있는 대로 고른 것은?

보기

ㄱ. 극성 분자는 ~~2가지이다~~. (나) 1가지이다.

ㄴ. 결합각은 (가)가 가장 크다.

ㄷ. 중심 원자에 비공유 전자쌍이 존재하는 분자는 ~~2가지이다~~. (나) 1가지이다.

① ㄱ ② ㄴ ③ ㄷ ④ ㄱ, ㄴ ⑤ ㄴ, ㄷ

✔ 자료 해석

- 분자 (가)~(다)의 구조와 극성

분자	(가)	(나)	(다)
중심 원자에 결합한 원자 수	2	3	4
중심 원자의 비공유 전자쌍 수	0	1	0
분자의 구조	직선형	삼각뿔형	정사면체형
분자의 극성	무극성	극성	무극성

O 보기 풀이 ㄴ. (가)는 직선형 구조이므로 결합각이 180°이고, (나)는 삼각뿔형 구조이므로 결합각이 약 107°이며, (다)는 정사면체형이므로 결합각이 109.5°이다. 따라서 결합각은 (가)가 가장 크다.

X 매력적 오답 ㄱ. (가)와 (다)는 중심 원자에 비공유 전자쌍이 없고 중심 원자에 결합한 원자의 종류가 같으므로 무극성 분자이고, (나)는 중심 원자에 비공유 전자쌍이 있으므로 극성 분자이다.

ㄷ. 탄소(C) 원자는 비공유 전자쌍이 없으므로 중심 원자에 비공유 전자쌍이 있는 분자는 (나) 1가지이다.

문제풀이 Tip

분자의 구조는 중심 원자에 결합한 원자 수와 중심 원자의 비공유 전자쌍 수에 의해 결정되므로 먼저 중심 원자의 비공유 전자쌍 수를 파악해 보자. 그리고 정사면체형 분자의 결합각은 109.5°이며, 중심 원자에 비공유 전자쌍이 있는 삼각뿔형은 정사면체형 구조보다 결합각이 작아진다는 사실을 기억해 두자.

선택지 비율	① 2%	② 1%	③ 7%	④ 3%	⑤ 85%

35 결합의 극성

2021학년도 수능 9번 | 정답 ⑤ | 문제편 151 p

출제 의도 화학 결합 모형으로부터 구성 원소를 파악하고 전기 음성도에 따른 결합의 극성을 판단할 수 있는지 묻는 문항이다.

문제 분석

그림은 화합물 WX와 WYZ를 화학 결합 모형으로 나타낸 것이다.

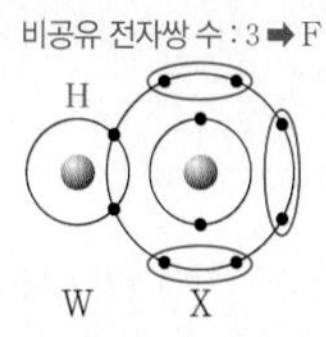

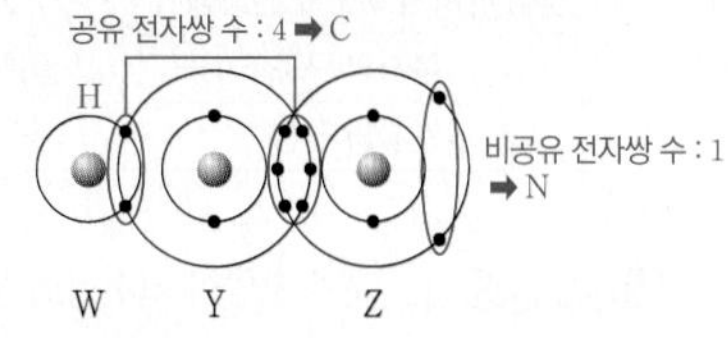

이에 대한 설명으로 옳은 것만을 〈보기〉에서 있는 대로 고른 것은? (단, W~Z는 임의의 원소 기호이다.) [3점]

보기

ㄱ. WX에서 W는 부분적인 양전하(δ^+)를 띤다. (전기 음성도 : X > W)

ㄴ. 전기 음성도는 Z > Y이다.

ㄷ. YW_4에는 극성 공유 결합이 있다. (CH_4, C−H 극성 공유 결합)

① ㄱ ② ㄷ ③ ㄱ, ㄴ ④ ㄴ, ㄷ ⑤ ㄱ, ㄴ, ㄷ

✓ 자료 해석

- WX에서 W는 전자쌍 1개만을 공유하므로 H(수소)이고, X는 공유 전자쌍 수가 1, 비공유 전자쌍 수가 3이므로 플루오린(F)이다.
- WYZ에서 중심 원자인 Y는 공유 전자쌍만 4개이므로 C(탄소)이고, Z는 공유 전자쌍 수가 3, 비공유 전자쌍 수가 1이므로 N(질소)이다.

○ 보기풀이 ㄱ. 극성 공유 결합에서 전기 음성도가 큰 원자는 부분적인 음전하(δ^-)를, 전기 음성도가 작은 원자는 부분적인 양전하(δ^+)를 띠며, 전기 음성도는 X(F) > W(H)이므로 WX(HF)에서 W(H)는 부분적인 양전하(δ^+)를 띤다.
ㄴ. 같은 주기에서는 원자 번호가 커질수록 전기 음성도가 증가하므로 전기 음성도는 Z(N) > Y(C)이다.
ㄷ. $YW_4(CH_4)$는 Y(C) 원자와 W(H) 원자 사이의 극성 공유 결합으로만 이루어져 있다.

문제풀이 Tip

화학 결합 모형에서 공유 전자쌍 수와 비공유 전자쌍 수를 보고 각 원소의 주기와 원자가 전자 수를 파악할 수 있어야 하며, 전기 음성도의 주기적 성질을 적용하여 극성 공유 결합을 형성하고 있는 두 원자 중 부분적인 양전하를 띠는 원자와 부분적인 음전하를 띠는 원자를 각각 파악할 수 있어야 한다.

선택지 비율	① 1%	② 3%	③ 2%	④ 91%	⑤ 1%

36 루이스 전자점식

2021학년도 수능 10번 | 정답 ④ | 문제편 151 p

출제 의도 원자와 분자의 루이스 전자점식에 대하여 이해하고 있는지 묻는 문항이다.

문제 분석

다음은 루이스 전자점식과 관련하여 학생 A가 세운 가설과 이를 검증하기 위해 수행한 탐구 활동이다.

[가설]
- O_2, F_2, OF_2의 루이스 전자점식에서 각 분자의 구성 원자 수(a), 분자를 구성하는 원자들의 원자가 전자 수 합(b), 공유 전자쌍 수(c) 사이에는 관계식 (가) 가 성립한다. (O는 2, F은 1 / O는 6, F은 7)

[탐구 과정]
- O_2, F_2, OF_2의 a, b, c를 각각 조사한다.
- 각 분자의 a, b, c 사이에 관계식 (가) 가 성립하는지 확인한다.

[탐구 결과]

분자	구성 원자 수(a)	원자가 전자 수 합(b)	공유 전자쌍 수(c)
O_2	2	6×2=12	2
F_2	2	14	1
OF_2	3	6+(7×2)=20	2

[결론]
- 가설은 옳다.

학생 A의 결론이 타당할 때, 다음 중 (가)로 가장 적절한 것은?

① $8a=b-c$ ② $8a=b-2c$ ③ $8a=2b-c$
④ $8a=b+2c$ ⑤ $8a=2b+c$

✓ 자료 해석

- O_2, F_2, OF_2의 루이스 구조식

분자식	O_2	F_2	OF_2
루이스 구조식	O=O	:F−F:	F−O−F

○ 보기풀이 O(산소)와 F(플루오린)의 원자가 전자 수는 각각 6, 7이므로 탐구 결과를 완성하면 다음과 같다.

분자	구성 원자 수(a)	원자가 전자 수 합(b)	공유 전자쌍 수(c)
O_2	2	12	2
F_2	2	14	1
OF_2	3	20	2

따라서 $8a=b+2c$의 관계식이 성립한다.

문제풀이 Tip

먼저 (가)~(다)의 구성 원소인 O와 F의 원자가 전자 수를 알아야 한다. O, F과 같이 분자 내에서 옥텟 규칙을 만족하는 원자는 (8−원자가 전자 수)개의 전자쌍을 공유한다는 원리를 알면 쉽게 해결할 수 있는 문항이다.

선택지 비율	① 2%	❷ 80%	③ 2%	④ 15%	⑤ 1%

37 분자의 구조

2021학년도 9월 평가원 4번 | 정답 ② | 문제편 151 p

출제 의도 비공유 전자쌍이 표시되지 않은 3원자 분자의 구조식을 보고 분자의 모양을 추론할 수 있는지 묻는 문항이다.

문제 분석

그림은 분자 (가)~(다)의 구조식을 나타낸 것이다.

H—Ö—H (가) 비공유 전자쌍 수 : 2 ➡ 굽은 형

Ö=C=Ö (나)

H—C≡N̈ (다)

비공유 전자쌍 수 : 0 ➡ 직선형

(가)~(다)에 대한 설명으로 옳은 것만을 〈보기〉에서 있는 대로 고른 것은? [3점]

보기

ㄱ. 중심 원자에 비공유 전자쌍이 존재하는 분자는 ~~2가지이다~~. (가) 1가지이다.

ㄴ. 분자 모양이 직선형인 분자는 2가지이다. (나)와 (다)

ㄷ. 극성 분자는 ~~1가지이다~~. (가)와 (다) 2가지이다.

① ㄱ ② ㄴ ③ ㄱ, ㄷ ④ ㄴ, ㄷ ⑤ ㄱ, ㄴ, ㄷ

✓ 자료 해석

• 분자 (가)~(다)의 구조와 극성

분자	(가)	(나)	(다)
중심 원자에 결합한 원자 수	2	2	2
중심 원자의 비공유 전자쌍 수	2	0	0
분자의 구조	굽은 형	직선형	직선형
분자의 극성	극성	무극성	극성

○ 보기 풀이 ㄴ. 분자 모양이 직선형인 분자는 (나)와 (다) 2가지이다.

× 매력적 오답 ㄱ. (가)는 중심 원자에 비공유 전자쌍이 2개 있고, (나)와 (다)는 중심 원자에 비공유 전자쌍이 없다.

ㄷ. (가)는 중심 원자에 비공유 전자쌍이 있으므로 극성 분자이고, (다)는 중심 원자에 결합한 원자의 종류가 다르므로 극성 분자이다. (나)는 중심 원자에 비공유 전자쌍이 없으며 중심 원자에 결합한 원자의 종류가 같으므로 무극성 분자이다.

문제풀이 Tip

중심 원자에 비공유 전자쌍이 있거나 중심 원자에 결합한 원자의 종류가 다른 분자는 쌍극자 모멘트 합이 0보다 큰 극성 분자임을 알아두자. 또한, 분자의 구조를 결정할 때 다중 결합은 단일 결합으로 간주하므로 중심 원자에 결합한 원자 수로 전자쌍 배열을 결정한다는 점에 유의하자.

선택지 비율	① 5%	② 3%	③ 10%	④ 4%	❺ 78%

38 루이스 전자점식

2021학년도 9월 평가원 7번 | 정답 ⑤ | 문제편 151 p

출제 의도 화합물의 루이스 전자점식으로부터 구성 원소의 원자가 전자 수를 판단할 수 있는지 묻는 문항이다.

문제 분석

그림은 1, 2주기 원소 A~C로 이루어진 이온 (가)와 분자 (나)의 루이스 전자점식을 나타낸 것이다.

$[:\ddot{A}:B]^-$ (가) OH^- — 원자가 전자 수 : 6

$B:\ddot{C}:$ (나) HF — B 원자가 전자 수 : 1, C 원자가 전자 수 : 7

이에 대한 설명으로 옳은 것만을 〈보기〉에서 있는 대로 고른 것은? (단, A~C는 임의의 원소 기호이다.)

보기

ㄱ. 1 mol에 들어 있는 전자 수는 (가)와 (나)가 같다. 전자 배치가 같다.

ㄴ. A(16족)와 C(17족)는 ~~같은 족~~ 다른 족 원소이다.

ㄷ. AC_2(OF_2)의 $\frac{\text{비공유 전자쌍 수}}{\text{공유 전자쌍 수}}=4$이다.

① ㄱ ② ㄴ ③ ㄷ ④ ㄱ, ㄴ ⑤ ㄱ, ㄷ

✓ 자료 해석

• A~C는 1, 2주기 비금속 원소이므로 원자가 전자 수가 1인 B는 1주기 1족 원소인 수소(H)이고, 원자가 전자 수가 7인 C는 2주기 17족 원소인 플루오린(F)이다.

• AB^-에서 B는 수소(H)이고, 이때 이온의 전하가 −1이므로 A의 원자가 전자 수가 6이다. 따라서 A는 2주기 16족 원소인 산소(O)이다.

○ 보기 풀이 ㄱ. (가) 1 mol은 A 1 mol과 B 1 mol로 이루어져 있고, (나) 1 mol은 B 1 mol과 C 1 mol로 이루어져 있다. 그리고 (가)의 A와 (나)의 C는 서로 다른 원소이지만 전자 배치가 같다. 따라서 (가)와 (나) 1 mol에 들어 있는 전자 수는 같다.

ㄷ. $AC_2(OF_2)$의 루이스 구조식은 다음과 같다.

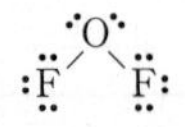

$AC_2(OF_2)$에서 공유 전자쌍 수는 2이고, 비공유 전자쌍 수는 8이다. 따라서 $AC_2(OF_2)$의 $\frac{\text{비공유 전자쌍 수}}{\text{공유 전자쌍 수}}=4$이다.

× 매력적 오답 ㄴ. A(O)는 16족 원소이고, C(F)는 17족 원소이다.

문제풀이 Tip

AB^-에서 A 또는 B가 전자 1개를 얻은 상태이므로 A의 원자가 전자 수가 6임을 알아낼 수 있어야 한다. 다원자 이온의 루이스 전자점식을 보고 구성 원소의 원자가 전자 수를 파악하는 연습을 해 두자.

선택지 비율	① 9%	② 3%	❸ 76%	④ 4%	⑤ 8%

39 전기 음성도의 주기적 성질

2021학년도 6월 평가원 13번 | 정답 ③ | 문제편 152p

출제 의도 전기 음성도의 주기적 성질과 결합의 극성에 대하여 이해하고 있는지 묻는 문항이다.

문제 분석

그림은 2, 3주기 원자 W~Z의 전기 음성도를 나타낸 것이다. W와 X는 14족, Y와 Z는 17족 원소이다. (같은 족에서 원자 번호 커질수록 감소)

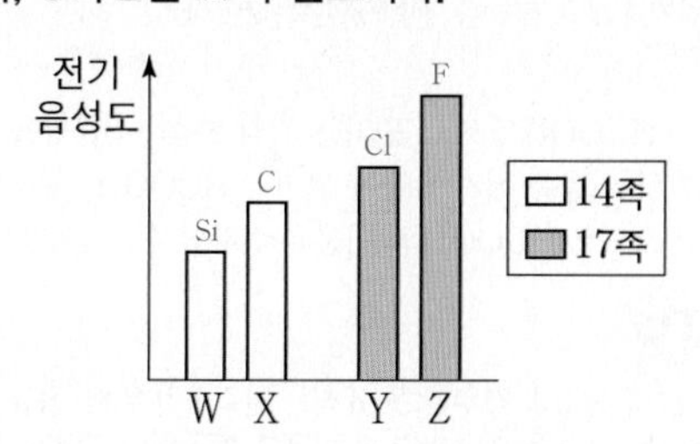

이에 대한 설명으로 옳은 것만을 〈보기〉에서 있는 대로 고른 것은? (단, W~Z는 임의의 원소 기호이다.) [3점]

보기

ㄱ. W는 3주기 원소이다.
ㄴ. XY_4에는 극성 공유 결합이 있다. C−Cl 결합 (CCl_4)
ㄷ. YZ에서 Z는 부분적인 ~~양전하(δ^+)~~를 띤다. (전기 음성도 : Z(F) > Y(Cl), 음전하(δ^-))

① ㄱ ② ㄷ ③ ㄱ, ㄴ ④ ㄴ, ㄷ ⑤ ㄱ, ㄴ, ㄷ

✓ 자료 해석

- 전기 음성도는 같은 주기에서 원자 번호가 커질수록 증가하고, 같은 족에서 원자 번호가 커질수록 감소한다.
  ➡ W와 Y는 3주기 원소, X와 Z는 2주기 원소이다. 따라서 W~Z는 각각 Si, C, Cl, F이다.

O 보기풀이 ㄱ. W(Si)는 3주기 14족 원소이다.
ㄴ. $XY_4(CCl_4)$에는 C 원자와 Cl 원자 사이의 극성 공유 결합이 있다.

× 매력적 오답 ㄷ. 극성 공유 결합에서 전기 음성도가 큰 원자는 부분적인 음전하(δ^-)를, 전기 음성도가 작은 원자는 부분적인 양전하(δ^+)를 띤다. 전기 음성도는 Z(F) > Y(Cl)이므로 YZ(ClF)에서 Z(F)는 부분적인 음전하(δ^-)를 띤다.

문제풀이 Tip

극성 공유 결합으로 형성된 분자에서 원자가 띠는 부분적인 전하를 판단하기 위해서는 몇 가지 원소의 전기 음성도 대소 관계를 알고 있어야 한다. 같은 족에서는 원자 번호가 클수록, 즉 전자 껍질 수(주기)가 더 클수록 전기 음성도가 감소한다는 점을 기억해 두자.

선택지 비율	❶ 83%	② 3%	③ 8%	④ 3%	⑤ 3%

40 전기 음성도와 결합의 극성

2021학년도 9월 평가원 13번 | 정답 ① | 문제편 152p

출제 의도 원소의 전기 음성도와 결합의 극성에 대하여 이해하고 있는지 묻는 문항이다.

문제 분석

다음은 원자 W~Z와 수소(H)로 이루어진 분자 H_aW, H_bX, H_cY, H_dZ에 대한 자료이다. W~Z는 각각 O, F, S, Cl 중 하나이고, 분자 내에서 옥텟 규칙을 만족한다. W, Y는 같은 주기 원소이다. (전기 음성도 : F > (O, Cl) > S)

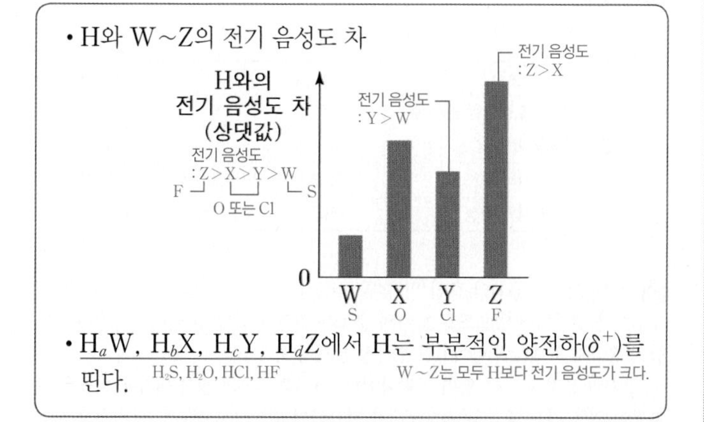

이에 대한 설명으로 옳은 것만을 〈보기〉에서 있는 대로 고른 것은?

보기

ㄱ. 전기 음성도는 X > W이다. X(O) > W(S)
ㄴ. ~~$c > a$이다.~~ $a=2$, $c=1$이므로 $a > c$이다.
ㄷ. YZ에서 Y는 부분적인 ~~음전하(δ^-)~~를 띤다. (전기 음성도 : Z(F) > Y(Cl), 양전하(δ^+))

① ㄱ ② ㄴ ③ ㄱ, ㄷ ④ ㄴ, ㄷ ⑤ ㄱ, ㄴ, ㄷ

✓ 자료 해석

- W~Z는 모두 전기 음성도가 수소(H)보다 크므로 H와의 전기 음성도 차가 클수록 전기 음성도가 큰 원소이다.
  ➡ 전기 음성도는 Z > X > Y > W이다.
- 전기 음성도는 같은 주기에서 원자 번호가 커질수록 증가하고, 같은 족에서 원자 번호가 커질수록 감소한다.
  ➡ O, F, S, Cl의 전기 음성도는 F > (O, Cl) > S이므로 Z는 F, W는 S이고, W, Y가 같은 주기 원소이므로 Y는 Cl이다. 따라서 X는 O이다.

O 보기풀이 ㄱ. H_aW, H_bX, H_cY, H_dZ에서 H는 부분적인 양전하(δ^+)를 띠므로 W~Z의 전기 음성도는 모두 수소(H)보다 크다. 따라서 각 화합물에서 H와의 전기 음성도 차가 클수록 전기 음성도가 크므로 전기 음성도는 X > W이다.

× 매력적 오답 ㄴ. W는 16족 원소인 황(S)이고, Y는 17족 원소인 염소(Cl)이므로 H_aW는 H_2S이고 H_cY는 HCl이다. 따라서 $a=2$, $c=1$이므로 $a > c$이다.
ㄷ. 전기 음성도는 Z(F) > Y(Cl)이므로 YZ(ClF)에서 Z(F)는 부분적인 음전하(δ^-)를 띠고, Y(Cl)는 부분적인 양전하(δ^+)를 띤다.

문제풀이 Tip

수소(H) 및 2, 3주기 원소의 전기 음성도를 기억하고 있으면 W~Z에 해당하는 원소를 바로 결정할 수 있다. 자주 출제되는 몇 가지 원소의 전기 음성도 대소 관계를 기억해 두자.

선택지 비율	① 2%	② 4%	③ 3%	❹ 88%	⑤ 3%

41 HCOOH의 구조식

2021학년도 6월 평가원 3번 | 정답 ④ | 문제편 152p

출제 의도 분자의 루이스 구조식에 대하여 묻는 문항이다.

문제 분석

그림은 폼산(HCOOH)의 구조식을 나타낸 것이다.

:O:
||
H − C − Ö − H

O 원자에 2개씩 ➡ 총 4개

HCOOH에서 비공유 전자쌍 수는? [3점]

① 1 ② 2 ③ 3 ④ 4 ⑤ 5

✔ 자료 해석

- 구조식에서 결합선 1개는 단일 결합을, 결합선 2개는 2중 결합을 의미한다.
- H와 C 원자에는 비공유 전자쌍이 없고, O 원자에만 비공유 전자쌍이 있다. O 원자 1개당 비공유 전자쌍 수는 2이다.

○ 보기 풀이 ④ HCOOH에서 O 원자는 각각 2개의 전자쌍을 공유하고 있으므로 O 원자 1개당 비공유 전자쌍 수는 2이다. HCOOH 1분자에는 O 원자 2개가 포함되어 있으므로 HCOOH의 비공유 전자쌍 수는 4이다.

문제풀이 Tip

2, 3주기 14~17족 원소의 경우 옥텟 규칙을 만족하기 위해 '공유 전자쌍 수+비공유 전자쌍 수=4'임을 이용하여 답을 구할 수도 있다. 그러나 산소(O) 원자 1개의 비공유 전자쌍 수는 2임을 이용하는 것이 더 빠르니 화합물에서 2, 3주기 15~17족 원소의 비공유 전자쌍 수는 각각 1, 2, 3임을 기억해 두자.

선택지 비율	① 3%	② 3%	③ 10%	④ 3%	❺ 81%

42 분자의 구조

2021학년도 6월 평가원 6번 | 정답 ⑤ | 문제편 152p

출제 의도 전자쌍 반발 이론을 적용하여 분자의 구조를 추론할 수 있는지 묻는 문항이다.

문제 분석

그림은 분자 (가)~(다)의 구조식을 나타낸 것이다.

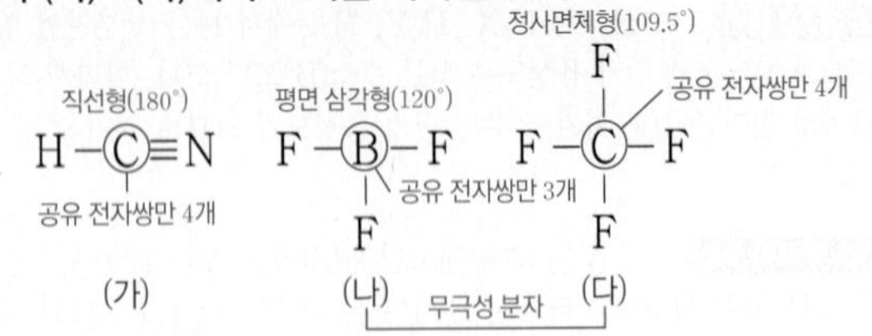

이에 대한 설명으로 옳은 것만을 〈보기〉에서 있는 대로 고른 것은?

보기

ㄱ. (가)의 분자 모양은 ~~굽은 형이다~~. 직선형이다.

ㄴ. (나)는 무극성 분자이다.

ㄷ. 결합각은 (나)>(다)이다. (120°, 109.5°)

① ㄱ ② ㄴ ③ ㄷ ④ ㄱ, ㄴ ⑤ ㄴ, ㄷ

✔ 자료 해석

- 분자 (가)~(다)의 구조와 극성

분자	(가)	(나)	(다)
중심 원자에 결합한 원자 수	2	3	4
중심 원자의 비공유 전자쌍 수	0	0	0
분자의 구조	직선형	평면 삼각형	정사면체형
분자의 극성	극성	무극성	무극성

○ 보기 풀이 ㄴ. (나)의 중심 원자에는 비공유 전자쌍이 없고, 같은 종류의 원자 3개가 결합되어 있으므로 분자의 구조는 평면 삼각형이다. 따라서 (나)는 결합의 쌍극자 모멘트의 합이 0인 무극성 분자이다.

ㄷ. (나)의 분자 구조는 평면 삼각형이다. 그리고 (다)는 중심 원자에 비공유 전자쌍이 없고 같은 종류의 원자 4개가 결합되어 있으므로 분자의 구조는 정사면체형이다. 따라서 (나)의 결합각은 120°, (다)의 결합각은 109.5°이므로 결합각은 (나)>(다)이다.

✕ 매력적 오답 ㄱ. (가)의 중심 원자에는 비공유 전자쌍이 없고, 중심 원자에 결합한 원자 수가 2이므로 (가)의 분자 모양은 직선형이다.

문제풀이 Tip

중심 원자에 비공유 전자쌍이 없는 경우, 중심 원자에 결합한 원자의 종류와 수를 이용하여 전자쌍 반발 이론을 적용하면 분자의 구조를 알 수 있다.

01 동적 평형과 산 염기

선택지 비율	❶ 91%	② 1%	③ 2%	④ 5%	⑤ 1%

1 동적 평형

2025학년도 수능 5번 | 정답 ① | 문제편 154 p

(출제 의도) 동적 평형 상태의 의미를 알고 시간에 따른 반응 속도의 차이를 이해하는지 묻는 문항이다.

(문제 분석)

그림은 밀폐된 진공 용기에 $H_2O(l)$을 넣은 후 시간이 t일 때 A와 B를 나타낸 것이다. A와 B는 각각 H_2O의 증발 속도와 응축 속도 중 하나이고, $2t$일 때 $H_2O(l)$과 $H_2O(g)$는 동적 평형 상태에 도달하였다. 이에 대한 설명으로 옳은 것만을 〈보기〉에서 있는 대로 고른 것은? (단, 온도는 25 ℃로 일정하다.)

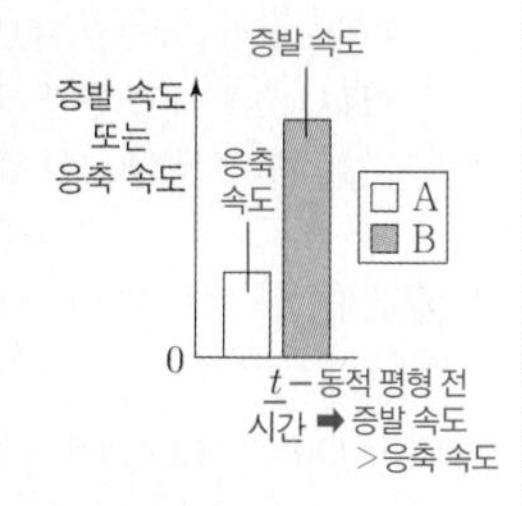

〈보기〉

ㄱ. A는 H_2O의 응축 속도이다. (t일 때 증발 속도(B) > 응축 속도(A))

ㄴ. t일 때 $H_2O(g)$가 $H_2O(l)$로 되는 반응은 ~~일어나지 않는다~~. (t: 동적 평형 전 / 가역 반응이므로 정반응과 역반응이 모두 일어난다.)

ㄷ. $\frac{B}{A}$는 $2t$일 때가 t일 때보다 ~~크다~~. 작다. ($\frac{B}{A} = \frac{\text{증발 속도}}{\text{응축 속도}}$, 동적 평형 < 동적 평형 전)

① ㄱ　② ㄴ　③ ㄱ, ㄴ　④ ㄱ, ㄷ　⑤ ㄴ, ㄷ

✓ 자료 해석

- $2t$ 이후 동적 평형 상태이다.
- $2t$일 때 $H_2O(l)$과 $H_2O(g)$는 동적 평형 상태에 도달하였으므로 t는 동적 평형 상태에 도달하기 전이다.
- 동적 평형 상태에 도달하기 전인 t일 때 H_2O의 증발 속도는 응축 속도보다 빠르므로 A, B는 각각 H_2O의 응축 속도, H_2O의 증발 속도이다.

○ 보기풀이 ㄱ. A는 H_2O의 응축 속도이다.

× 매력적 오답 ㄴ. H_2O의 증발과 응축은 가역 반응이므로 동적 평형 상태에 도달한 것과 관계없이 H_2O의 증발과 응축은 항상 일어난다.

ㄷ. t일 때 $\frac{B}{A}\left(=\frac{\text{증발 속도}}{\text{응축 속도}}\right)>1$이고, 동적 평형 상태인 $2t$일 때 H_2O의 증발 속도와 응축 속도가 같으므로 $\frac{B}{A}=1$이다. 따라서 $\frac{B}{A}$는 t일 때가 $2t$일 때보다 크다.

문제풀이 Tip

$2t$일 때는 동적 평형 상태이므로 A=B이고, t일 때는 동적 평형 전이므로 B>A이다. 밀폐된 용기에 액체를 넣은 경우 동적 평형 상태에 도달할 때까지 증발 속도는 일정하고, 응축 속도는 빨라지므로 $\frac{\text{증발 속도}}{\text{응축 속도}}$는 감소하다가 1로 일정해지고, $\frac{\text{응축 속도}}{\text{증발 속도}}$는 증가하다가 1로 일정해진다. 또한 액체의 양은 감소하고 기체의 양은 증가하며, 동적 평형 상태 이후부터는 액체와 기체의 양이 각각 일정해진다.

선택지 비율	① 5%	② 2%	③ 2%	❹ 91%	⑤ 0%

2 동적 평형

2025학년도 9월 평가원 6번 | 정답 ④ | 문제편 154 p

출제 의도 동적 평형 상태의 의미를 알고 시간에 따른 물질의 양과 반응 속도를 비교할 수 있는지 묻는 문항이다.

문제 분석

그림 (가)는 밀폐된 진공 플라스크에 $H_2O(l)$을 넣은 후 시간에 따른 H_2O 분자의 증발과 응축을 모형으로, (나)는 (가)에서 시간에 따른 플라스크 속 ㉠ 분자 수를 나타낸 것이다. (가)에서 Ⅲ은 (나)에서 t_1일 때 모습을 나타낸 것이고, t_1일 때 $H_2O(l)$과 $H_2O(g)$는 동적 평형 상태에 도달하였다. ㉠은 $H_2O(l)$과 $H_2O(g)$ 중 하나이다.

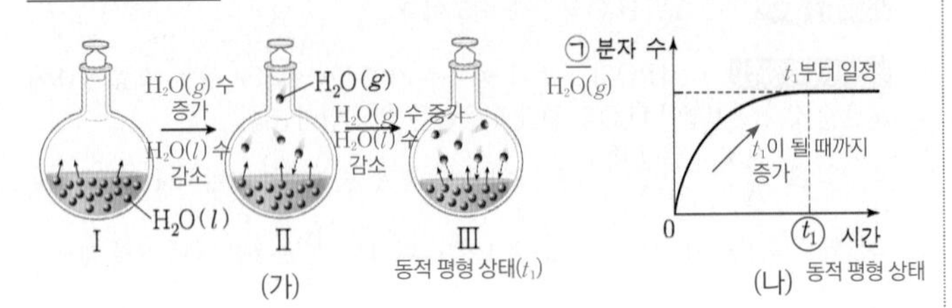

이에 대한 설명으로 옳은 것만을 <보기>에서 있는 대로 고른 것은? (단, 온도는 일정하다.)

보기

ㄱ. ㉠은 $H_2O(g)$이다. (t_1이 될 때까지 증가)

ㄴ. Ⅱ에서 H_2O의 $\frac{\text{증발 속도}}{\text{응축 속도}} > 1$이다. (동적 평형 상태 전)

ㄷ. t_1일 때 $H_2O(l)$이 $H_2O(g)$가 되는 반응은 ~~일어나지 않는다~~. (동적 평형 상태 / 일어남)

① ㄱ ② ㄴ ③ ㄷ ④ ㄱ, ㄴ ⑤ ㄱ, ㄷ

✓ 자료 해석

- 동적 평형 상태에서 $H_2O(g)$의 응축 속도와 $H_2O(l)$의 증발 속도는 같다.
- t_1 이후 동적 평형 상태이다.
- 온도가 일정하므로 $H_2O(l)$의 증발 속도는 일정하다.
- $H_2O(l)$과 $H_2O(g)$가 동적 평형 상태에 도달할 때까지 $H_2O(l)$의 양은 감소하고, $H_2O(g)$의 양은 증가하며, $H_2O(g)$의 응축 속도는 증가한다.

○ 보기 풀이 ㄱ. $H_2O(l)$과 $H_2O(g)$가 동적 평형 상태에 도달할 때까지 $H_2O(g)$의 분자 수는 증가하므로 ㉠은 $H_2O(g)$이다.

ㄴ. $H_2O(l)$과 $H_2O(g)$가 동적 평형 상태에 도달할 때까지 H_2O의 $\frac{\text{증발 속도}}{\text{응축 속도}}$는 감소하다가 동적 평형 상태에 도달할 때 1이 된다. (가)의 Ⅲ이 동적 평형 상태에 도달할 때의 모습이므로 Ⅱ는 동적 평형 상태에 도달하기 전의 모습이다. 따라서 Ⅱ에서 H_2O의 $\frac{\text{증발 속도}}{\text{응축 속도}} > 1$이다.

× 매력적 오답 ㄷ. 동적 평형 상태에서는 정반응과 역반응이 같은 속도로 일어나므로 반응이 일어나지 않는 것처럼 보이지만 실제로는 반응이 계속 일어나고 있다.

문제풀이 Tip

밀폐된 용기 안에 액체를 넣은 경우 동적 평형 상태에 도달할 때까지 액체의 양은 감소하고 기체의 양은 증가하며, 동적 평형 상태 이후부터는 액체와 기체의 양이 각각 일정해진다.

선택지 비율	❶ 79%	② 2%	③ 5%	④ 12%	⑤ 2%

3 동적 평형

2025학년도 6월 평가원 5번 | 정답 ① | 문제편 154 p

출제 의도 동적 평형에서 시간에 따른 물질의 양의 변화를 이해하는지 묻는 문항이다.

문제 분석

표는 서로 다른 질량의 물이 담긴 비커 (가)와 (나)에 a g의 고체 설탕을 각각 넣은 후, 녹지 않고 남아 있는 고체 설탕의 질량을 시간에 따라 나타낸 것이다. (가)에서는 t_1일 때, (나)에서는 t_2일 때 고체 설탕과 용해된 설탕은 동적 평형 상태에 도달하였다. $0 < t_1 < t_2$이다.

시간		0	t_1 (동적 평형 상태)	t_2
고체 설탕의 질량(g)	(가)	a >	b =	x
	(나)	a >	>	c (동적 평형 상태)

이에 대한 설명으로 옳은 것만을 <보기>에서 있는 대로 고른 것은? (단, 온도는 일정하고, 물의 증발은 무시한다.) [3점]

보기

ㄱ. $x=b$이다.

ㄴ. t_1일 때 (나)에서 설탕이 석출되는 반응은 ~~일어나지 않는다~~. (동적 평형 상태 전 / 항상 일어남)

ㄷ. t_2일 때 설탕의 $\frac{\text{석출 속도}}{\text{용해 속도}}$는 (가)에서가 (나)에서보다 ~~크다~~. ((가), (나) 둘 다 동적 평형 상태 / 1로 같음)

① ㄱ ② ㄴ ③ ㄱ, ㄴ ④ ㄱ, ㄷ ⑤ ㄴ, ㄷ

✓ 자료 해석

- 동적 평형 상태에서는 정반응과 역반응이 같은 속도로 일어나며, 반응물과 생성물의 양이 일정하게 유지된다.
- 용해 평형 : 용질의 용해되는 속도와 석출되는 속도가 같아지면 용질은 더 이상 녹지 않는 것처럼 보이는데, 이와 같은 동적 평형 상태를 용해 평형이라고 한다.

○ 보기 풀이 ㄱ. (가)에서는 t_1일 때 고체 설탕과 용해된 설탕이 동적 평형 상태에 도달하므로 t_1 이후로 녹지 않고 남아 있는 고체 설탕의 질량은 같다. 따라서 $x=b$이다.

× 매력적 오답 ㄴ. (나)에서는 t_2일 때 고체 설탕과 용해된 설탕이 동적 평형 상태에 도달한다. 설탕의 용해 반응에서 동적 평형 상태에 도달한 것과는 관계없이 설탕이 용해되는 반응과 석출되는 반응은 항상 일어난다.

ㄷ. (가)에서는 t_1일 때 동적 평형 상태에 도달하므로 t_2일 때 설탕의 $\frac{\text{석출 속도}}{\text{용해 속도}}=1$이고, (나)에서는 t_2일 때 동적 평형 상태에 도달하므로 t_2일 때 설탕의 $\frac{\text{석출 속도}}{\text{용해 속도}}=1$이다. 따라서 t_2일 때 설탕의 $\frac{\text{석출 속도}}{\text{용해 속도}}$는 (가)와 (나)에서 같다.

문제풀이 Tip

동적 평형 상태에 도달한 이후로 반응물과 생성물의 양은 각각 일정하게 유지된다. 가역 반응에서는 동적 평형 상태에 도달한 것과 별개로, 반응이 시작된 이후 정반응과 역반응은 항상 일어난다.

선택지 비율	① 7%	② 4%	③ 2%	❹ 85%	⑤ 2%

4 동적 평형

2024학년도 수능 4번 | 정답 ④ | 문제편 155 p

출제 의도 동적 평형에서 시간에 따른 물질의 질량 변화를 알고 있는지 묻는 문항이다.

문제 분석

다음은 학생 A가 수행한 탐구 활동이다.

[학습 내용]
- 이산화 탄소(CO_2)의 상변화에 따른 동적 평형 :
  $CO_2(s) \rightleftarrows CO_2(g)$ 정반응 속도=역반응 속도

[가설]
- 밀폐된 용기에서 드라이아이스 ($CO_2(s)$)와 $CO_2(g)$가 동적 평형 상태에 도달하면 ㉠

[탐구 과정]
- −70 ℃에서 밀폐된 진공 용기에 $CO_2(s)$를 넣고, 온도를 −70 ℃로 유지하며 시간에 따른 $CO_2(s)$의 질량을 측정한다.

[탐구 결과]
- t_2일 때 동적 평형 상태에 도달하였고, 시간에 따른 $CO_2(s)$의 질량은 그림과 같았다.

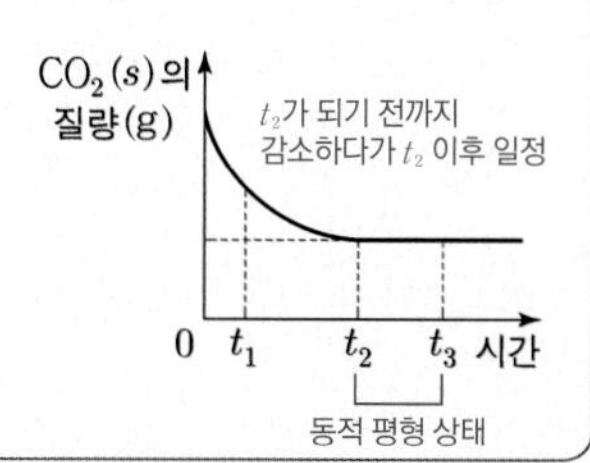

[결론]
- 가설은 옳다.

학생 A의 결론이 타당할 때, 이에 대한 설명으로 옳은 것만을 〈보기〉에서 있는 대로 고른 것은?

〈보기〉

ㄱ. '$CO_2(s)$의 질량이 변하지 않는다.'는 ㉠으로 적절하다. (t_2 이후 일정)

ㄴ. t_1일 때 $\dfrac{CO_2(g)\text{가 } CO_2(s)\text{로 승화되는 속도}}{CO_2(s)\text{가 } CO_2(g)\text{로 승화되는 속도}} < 1$이다. (동적 평형 전 / 역반응 / 정반응)

ㄷ. t_3일 때 $CO_2(s)$가 $CO_2(g)$로 승화되는 반응은 ~~일어나지 않는다~~. (동적 평형 상태 / 일어남.)

① ㄱ ② ㄴ ③ ㄷ ④ ㄱ, ㄴ ⑤ ㄱ, ㄷ

✓ 자료 해석

- 동적 평형 : 가역 반응에서 정반응 속도와 역반응 속도가 같은 상태이다.
- 상평형 : 2가지 이상의 상태가 공존할 때 서로 상태가 변하는 속도가 같아서 겉보기에 상태 변화가 일어나지 않는 것처럼 보이는 동적 평형 상태이다. 이때 반응물과 생성물의 양은 일정하게 유지된다.
- 탐구 결과를 보면 t_2일 때 동적 평형 상태에 도달하였고, t_2가 될 때까지 $CO_2(s)$의 질량은 감소하다가 t_2 이후 일정해졌다.

○ 보기풀이 ㄱ. 학생 A는 밀폐된 진공 용기에 $CO_2(s)$를 넣고 온도를 유지하면서 시간에 따른 $CO_2(s)$의 질량을 측정하여 t_2 이후로 $CO_2(s)$의 질량이 일정하다는 결과를 얻고 가설이 옳다는 결론을 내렸다. 학생 A의 결론은 타당하므로 '$CO_2(s)$의 질량이 변하지 않는다.'는 ㉠으로 적절하다.

ㄴ. t_1일 때는 동적 평형 상태에 도달하기 전이므로 $CO_2(s) \rightarrow CO_2(g)$로 승화되는 속도가 $CO_2(g) \rightarrow CO_2(s)$로 승화되는 속도보다 크고 $\dfrac{CO_2(g)\text{가 } CO_2(s)\text{로 승화되는 속도}}{CO_2(s)\text{가 } CO_2(g)\text{로 승화되는 속도}} < 1$이다.

× 매력적 오답 ㄷ. 화학 평형 상태에 도달하더라도 반응 $CO_2(s) \rightarrow CO_2(g)$와 반응 $CO_2(g) \rightarrow CO_2(s)$은 계속 일어나므로 t_3일 때 $CO_2(s)$가 $CO_2(g)$로 승화되는 반응은 일어난다.

문제풀이 Tip

탐구 결과를 통해 A의 가설은 평형 상태에 도달한 후 $CO_2(s)$의 질량에 대한 내용이라고 추측할 수 있다. t_1은 동적 평형 상태 전이고, t_3은 동적 평형 상태이다. 동적 평형 상태에서는 반응물과 생성물의 양이 각각 일정하게 유지되며, 정반응과 역반응이 끊임없이 일어난다.

선택지 비율	① 1%	② 2%	❸ 86%	④ 4%	⑤ 7%

5 동적 평형

2024학년도 9월 평가원 5번 | 정답 ③ | 문제편 155 p

출제 의도 동적 평형에서 물질의 양과 반응 속도를 이해하는지 묻는 문항이다.

문제 분석

그림 (가)는 -70 ℃에서 밀폐된 진공 용기에 드라이아이스($CO_2(s)$)를 넣은 후 시간에 따른 용기 속 ㉠의 양(mol)을, (나)는 t_3일 때 용기 속 상태를 나타낸 것이다. ㉠은 $CO_2(s)$와 $CO_2(g)$ 중 하나이고, t_2일 때 $CO_2(s)$와 $CO_2(g)$는 동적 평형 상태에 도달하였다.

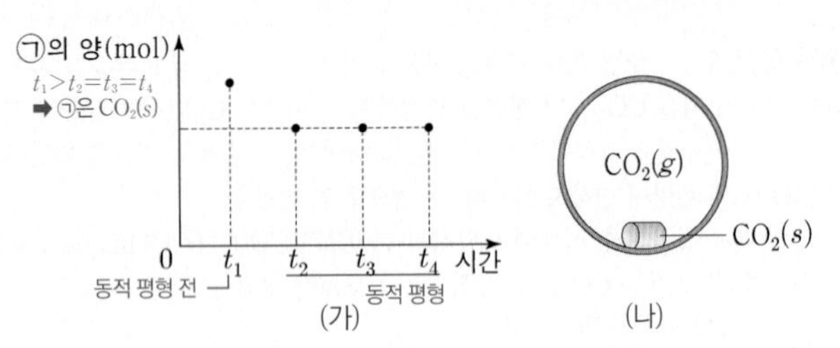

이에 대한 설명으로 옳은 것만을 〈보기〉에서 있는 대로 고른 것은? (단, 온도는 일정하다.)

보기

ㄱ. ㉠은 $CO_2(s)$이다. ㉠의 양은 $t_1>t_2$

ㄴ. t_1일 때 $\frac{CO_2(g)\text{가 } CO_2(s)\text{로 승화되는 속도}}{CO_2(s)\text{가 } CO_2(g)\text{로 승화되는 속도}}>1$이다. <

ㄷ. $CO_2(g)$의 양(mol)은 t_3일 때와 t_4일 때가 같다. 동적 평형 상태

① ㄱ ② ㄴ ③ ㄱ, ㄷ ④ ㄴ, ㄷ ⑤ ㄱ, ㄴ, ㄷ

✓ 자료 해석

- 동적 평형 상태에서는 정반응과 역반응이 같은 속도로 일어나며, 반응물과 생성물의 양이 일정하게 유지된다.
- t_2일 때 동적 평형 상태에 도달하였다. ㉠의 양(mol)은 $t_1>t_2=t_3=t_4$이므로 ㉠은 $CO_2(s)$이다.

○ 보기풀이 ㄱ. ㉠의 양(mol)은 $t_1>t_2$이고 t_2 이후 일정하므로 ㉠은 $CO_2(s)$이다.

ㄷ. t_3과 t_4일 때는 동적 평형 상태이므로 $CO_2(g)$의 양(mol)은 같다.

× 매력적 오답 ㄴ. t_1일 때는 동적 평형 상태에 도달하기 전이므로 $CO_2(g)$가 $CO_2(s)$로 승화되는 속도보다 $CO_2(s)$가 $CO_2(g)$로 승화되는 속도가 크다. 따라서 $\frac{CO_2(g)\text{가 } CO_2(s)\text{로 승화되는 속도}}{CO_2(s)\text{가 } CO_2(g)\text{로 승화되는 속도}}<1$이다.

문제풀이 Tip

밀폐된 용기에 넣은 물질의 양은 동적 평형 상태에 도달할 때까지 감소하다가 동적 평형 상태에 도달한 이후 일정해진다. 밀폐된 진공 용기 속 $CO_2(s)$가 동적 평형 상태에 도달할 때까지 $CO_2(s)$가 $CO_2(g)$로 승화되는 속도는 일정하고, $CO_2(g)$가 $CO_2(s)$로 승화되는 속도는 증가한다.

선택지 비율	① 2%	② 2%	❸ 91%	④ 3%	⑤ 2%

6 동적 평형

2024학년도 6월 평가원 5번 | 정답 ③ | 문제편 155 p

출제 의도 동적 평형 상태의 의미를 알고 시간에 따른 물질의 양을 비교할 수 있는지 묻는 문항이다.

문제 분석

표는 25 ℃에서 밀폐된 진공 용기에 $I_2(s)$을 넣은 후 시간에 따른 $I_2(g)$의 양(mol)에 대한 자료이다. $2t$일 때 $I_2(s)$과 $I_2(g)$은 동적 평형 상태에 도달하였고, $b>a>0$이다. 그림은 $2t$일 때 용기 안의 상태를 나타낸 것이다.

	동적 평형 전	동적 평형	
시간	t	$2t$	$3t$
$I_2(g)$의 양(mol)	a <	b =	x

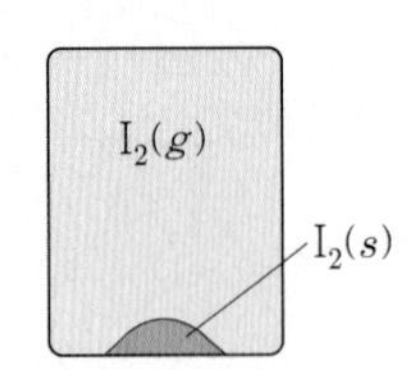

이에 대한 설명으로 옳은 것만을 〈보기〉에서 있는 대로 고른 것은? (단, 온도는 25 ℃로 일정하다.)

보기

ㄱ. $x>a$이다. $b=x>a$

ㄴ. t일 때 $I_2(g)$이 $I_2(s)$으로 승화되는 반응은 ~~일어나지 않는다.~~ 일어남 정반응과 역반응이 모두 일어남

ㄷ. $2t$일 때 $\frac{I_2(s)\text{이 } I_2(g)\text{으로 승화되는 속도}}{I_2(g)\text{이 } I_2(s)\text{으로 승화되는 속도}}=1$이다. 정반응 속도 = 역반응 속도 (동적 평형 상태)

① ㄱ ② ㄴ ③ ㄱ, ㄷ ④ ㄴ, ㄷ ⑤ ㄱ, ㄴ, ㄷ

✓ 자료 해석

- 동적 평형 : 가역 반응에서 정반응 속도와 역반응 속도가 같은 상태이다.
- 동적 평형 상태에서는 상평형을 이루는 두 물질의 양이 일정하게 유지된다.
- $2t$일 때 동적 평형 상태에 도달하였으므로 $b=x$이다.

○ 보기풀이 ㄱ. $2t$일 때 동적 평형 상태에 도달하였으므로 $x=b$이며, $b>a$이므로 $x>a$이다.

ㄷ. $2t$일 때 동적 평형 상태에 도달하였으므로 $I_2(g)$이 $I_2(s)$으로 승화되는 속도와 $I_2(s)$이 $I_2(g)$으로 승화되는 속도는 같다.

× 매력적 오답 ㄴ. 밀폐 용기에 $I_2(s)$을 넣은 후부터 $I_2(g)$이 $I_2(s)$으로 승화되는 반응은 항상 일어난다. 동적 평형이 일어나기 전인 t일 때에도 $I_2(s) \rightarrow I_2(g)$의 반응과 이 반응의 역반응인 $I_2(g) \rightarrow I_2(s)$이 모두 일어난다.

문제풀이 Tip

동적 평형 상태는 정반응과 역반응이 같은 속도로 일어나며, 반응물과 생성물의 양이 일정하게 유지된다. 동적 평형 상태인 $2t$가 될 때까지 $I_2(g)$의 양은 증가한다.

선택지 비율	❶ 76%	② 3%	③ 5%	④ 3%	⑤ 13%

7 동적 평형

2023학년도 수능 7번 | 정답 ① | 문제편 156 p

(출제 의도) $H_2O(l)$과 $H_2O(g)$의 동적 평형에 대하여 이해하고 있는지 묻는 문항이다.

(문제 분석)

그림은 온도가 다른 두 밀폐된 진공 용기 (가)와 (나)에 각각 같은 양(mol)의 $H_2O(l)$을 넣은 후 시간에 따른 $\frac{H_2O(l)\text{의 양(mol)}}{H_2O(g)\text{의 양(mol)}}$을 나타낸 것이다. (가)에서는 t_2일 때, (나)에서는 t_3일 때 $H_2O(l)$과 $H_2O(g)$는 동적 평형 상태에 도달하였다. $0<t_1<t_2<t_3$이다.

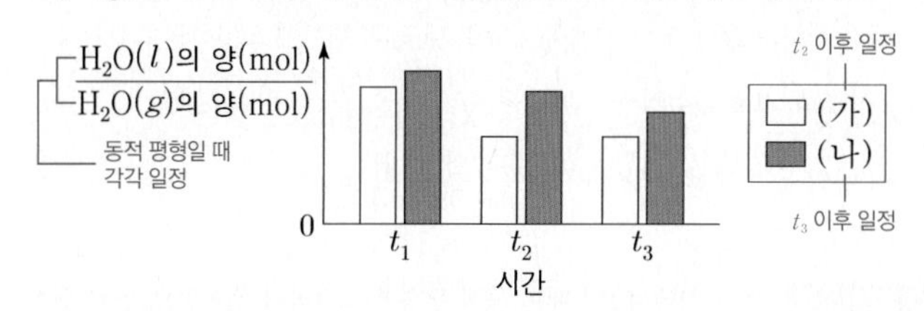

이에 대한 설명으로 옳은 것만을 〈보기〉에서 있는 대로 고른 것은? (단, 두 용기의 온도는 각각 일정하다.)

> 보기
> ㄱ. (가)에서 $H_2O(g)$의 양(mol)은 t_2일 때(동적 평형 상태)가 t_1일 때(동적 평형 전)보다 많다.
> ㄴ. (나)에서 t_3일 때 $H_2O(g)$가 $H_2O(l)$로 되는 반응은 ~~일어나지 않는다~~. 일어난다.
> ㄷ. t_2일 때 H_2O의 $\frac{\text{증발 속도}}{\text{응축 속도}}$는 (가)에서가 (나)에서보다 ~~크다~~. 작다.

① ㄱ ② ㄴ ③ ㄷ ④ ㄱ, ㄴ ⑤ ㄱ, ㄷ

✓ 자료 해석

- 밀폐된 진공 용기에 $H_2O(l)$을 넣으면 초기에는 $H_2O(l)$의 증발 속도가 $H_2O(g)$의 응축 속도보다 빠르지만 시간이 흐를수록 $H_2O(g)$의 양이 증가하면서 $H_2O(g)$의 응축 속도가 점점 빨라지며, $H_2O(l)$의 증발 속도와 $H_2O(g)$의 응축 속도가 같아지면 더 이상 반응이 진행되지 않는 것처럼 보이는 동적 평형에 도달한다.
- 동적 평형에 도달하기 전까지 $H_2O(l)$의 양(mol)은 점점 감소하고 $H_2O(g)$의 양(mol)은 점점 증가하다가, 동적 평형에 도달하면 $H_2O(l)$과 $H_2O(g)$의 양(mol)이 각각 일정하게 유지된다.

○ 보기풀이 ㄱ. (가)에서는 t_2일 때 동적 평형에 도달하므로 t_1일 때는 동적 평형에 도달하기 전이다. 따라서 $H_2O(g)$의 양(mol)은 t_2일 때가 t_1일 때보다 많다.

× 매력적 오답 ㄴ. (나)에서 t_3일 때는 동적 평형 상태이다. 동적 평형 상태에서는 $H_2O(g)$가 $H_2O(l)$로 되는 반응과 $H_2O(l)$이 $H_2O(g)$로 되는 반응이 같은 속도로 일어난다.

ㄷ. t_2일 때 (가)에서는 동적 평형 상태이고, (나)에서는 동적 평형에 도달하기 전이다. 따라서 H_2O의 $\frac{\text{증발 속도}}{\text{응축 속도}}$는 (가)에서 1이고, (나)에서 1보다 크므로 (나)에서가 (가)에서보다 크다.

문제풀이 Tip

동적 평형 상태는 $H_2O(l)$과 $H_2O(g)$의 양(mol)이 서로 같은 상태가 아니라, 정반응(증발) 속도와 역반응(응축) 속도가 같아 더 이상 반응이 일어나지 않는 것처럼 보이는 상태이다.

선택지 비율	① 2%	② 2%	❸ 83%	④ 7%	⑤ 6%

8 동적 평형

2023학년도 9월 평가원 7번 | 정답 ③ | 문제편 156 p

(출제 의도) $H_2O(l)$과 $H_2O(g)$의 동적 평형에 대하여 이해하고 있는지 묻는 문항이다.

(문제 분석)

표는 밀폐된 진공 용기에 $H_2O(l)$을 넣은 후 시간에 따른 $\frac{B}{A}$를 나타낸 것이다. A와 B는 각각 H_2O의 증발 속도와 응축 속도 중 하나이고, t_2일 때 $H_2O(l)$과 $H_2O(g)$는 동적 평형 상태에 도달하였다. $x>y$이고, $0<t_1<t_2<t_3$이다.

동적 평형 전(증발 속도 > 응축 속도) / 동적 평형(증발 속도 = 응축 속도)

시간	t_1	t_2	t_3
$\frac{B}{A}$ ($\frac{\text{증발 속도}}{\text{응축 속도}}$)	x	y =1	z =1

$x>1$, 즉 B>A ➡ B는 증발 속도

이에 대한 설명으로 옳은 것만을 〈보기〉에서 있는 대로 고른 것은? (단, 온도는 일정하다.)

> 보기
> ㄱ. $x>1$이다.
> ㄴ. B는 H_2O의 ~~응축~~(증발) 속도이다.
> ㄷ. $y=z$이다. $y=z=1$

① ㄱ ② ㄴ ③ ㄱ, ㄷ ④ ㄴ, ㄷ ⑤ ㄱ, ㄴ, ㄷ

✓ 자료 해석

- 밀폐된 진공 용기에 $H_2O(l)$을 넣으면 초기에는 $H_2O(l)$의 증발 속도가 $H_2O(g)$의 응축 속도보다 빠르지만 시간이 흐를수록 $H_2O(g)$의 양이 증가하면서 $H_2O(g)$의 응축 속도가 점점 빨라지며, $H_2O(l)$의 증발 속도와 $H_2O(g)$의 응축 속도가 같아지면 더 이상 반응이 진행되지 않는 것처럼 보이는 동적 평형에 도달한다.
- $0<t_1<t_2<t_3$이고 t_2일 때 동적 평형에 도달하므로 t_1일 때는 동적 평형에 도달하기 전이고, t_3일 때는 동적 평형 상태이다.
- t_2일 때는 동적 평형 상태이므로 H_2O의 증발 속도와 응축 속도는 같다. 따라서 $\frac{B}{A}=1$이고, $y=1$이다.
- $x>y(=1)$이고, t_1일 때는 동적 평형에 도달하기 전이므로 H_2O의 증발 속도가 H_2O의 응축 속도보다 빠르다. $\frac{B}{A}=x>1$이므로 A는 H_2O의 응축 속도이고, B는 H_2O의 증발 속도이다.

○ 보기풀이 ㄱ. $y=1$이고, $x>y$이므로 $x>1$이다.

ㄷ. t_2일 때와 t_3일 때는 모두 동적 평형 상태이다. 따라서 $y=z=1$이다.

× 매력적 오답 ㄴ. B는 H_2O의 증발 속도이다.

문제풀이 Tip

동적 평형에 도달하기 전에는 $\frac{\text{증발 속도}}{\text{응축 속도}}>1$이고, 동적 평형 상태에서는 $\frac{\text{증발 속도}}{\text{응축 속도}}=1$이다.

선택지 비율	❶ 70%	② 4%	③ 7%	④ 16%	⑤ 3%

9 동적 평형

2023학년도 6월 평가원 6번 | 정답 ① | 문제편 156 p

출제 의도 $X(l)$와 $X(g)$의 동적 평형에 대하여 이해하고 있는지 묻는 문항이다.

문제 분석

표는 크기가 다른 두 밀폐된 진공 용기 (가)와 (나)에 각각 $X(l)$를 넣은 후 시간에 따른 $\frac{X(l)\text{의 양(mol)}}{X(g)\text{의 양(mol)}}$을 나타낸 것이다. (가)에서는 $2t$일 때, (나)에서는 $3t$일 때 $X(l)$와 $X(g)$는 동적 평형 상태에 도달하였다.

시간		t	$2t$	$3t$	$4t$
$\frac{X(l)\text{의 양(mol)}}{X(g)\text{의 양(mol)}}$(상댓값)	(가)	a >	1 =	1 =	1
	(나)			b =	c

동적 평형일 때 각각 일정 / 동적 평형

이에 대한 설명으로 옳은 것만을 〈보기〉에서 있는 대로 고른 것은? (단, 온도는 일정하다.)

> 보기
>
> ㄱ. $a>1$이다. (t일 때는 동적 평형 전)
>
> ㄴ. $b>c$이다. (=)
>
> ㄷ. $2t$일 때, X의 $\frac{\text{응축 속도}}{\text{증발 속도}}$는 (나)에서가(<1) (가)에서보다(=1) 크다. (작다.)

① ㄱ ② ㄴ ③ ㄷ ④ ㄱ, ㄷ ⑤ ㄴ, ㄷ

✓ 자료 해석

- 밀폐된 진공 용기에 $X(l)$를 넣으면 초기에는 $X(l)$의 증발 속도가 $X(g)$의 응축 속도보다 빠르지만 시간이 흐를수록 $X(g)$의 양이 증가하면서 응축 속도가 점점 빨라지며, $X(l)$의 증발 속도와 $X(g)$의 응축 속도가 같아지면 더 이상 반응이 일어나지 않는 것처럼 보이는 동적 평형에 도달한다.
- 동적 평형 상태에서는 $X(l)$의 증발 속도와 $X(g)$의 응축 속도가 같으므로 $X(l)$의 양(mol)과 $X(g)$의 양(mol)이 각각 일정하게 유지된다.
- (가)에서는 $2t$일 때, (나)에서는 $3t$일 때 동적 평형에 도달하므로 (가)에서는 $2t$ 이후, (나)에서는 $3t$ 이후 $\frac{X(l)\text{의 양(mol)}}{X(g)\text{의 양(mol)}}$이 일정하다.
- (가)의 동적 평형 상태에서 $\frac{X(l)\text{의 양(mol)}}{X(g)\text{의 양(mol)}}=1$이다.

○ 보기 풀이 ㄱ. (가)에서 t일 때는 동적 평형에 도달하기 전이므로 동적 평형 상태일 때보다 $X(l)$의 양(mol)은 더 많고, $X(g)$의 양(mol)은 더 적다. 따라서 $a>1$이다.

× 매력적 오답 ㄴ. (나)에서는 $3t$ 이후 $\frac{X(l)\text{의 양(mol)}}{X(g)\text{의 양(mol)}}$이 일정하므로 $b=c$이다.

ㄷ. $2t$일 때 (가)에서는 동적 평형 상태이고, (나)에서는 동적 평형에 도달하기 전이다. 따라서 X의 $\frac{\text{응축 속도}}{\text{증발 속도}}$는 (가)에서 1이고, (나)에서 1보다 작으므로 (가)에서가 (나)에서보다 크다.

문제풀이 Tip

밀폐된 진공 용기에 $X(l)$를 넣으면 동적 평형에 도달하기 전까지 $X(l)$의 양(mol)은 점점 감소하고 $X(g)$의 양(mol)은 점점 증가하다가, 동적 평형에 도달하면 $X(l)$와 $X(g)$의 양(mol)이 각각 일정하게 유지된다.

선택지 비율	① 2%	② 1%	③ 3%	④ 5%	❺ 89%

10 동적 평형

2022학년도 수능 6번 | 정답 ⑤ | 문제편 156 p

출제 의도 $H_2O(l)$과 $H_2O(g)$의 동적 평형에 대하여 이해하고 있는지 묻는 문항이다.

문제 분석

표는 밀폐된 진공 용기 안에 $H_2O(l)$을 넣은 후 시간에 따른 $H_2O(g)$의 양(mol)을 나타낸 것이다. $0<t_1<t_2<t_3$이고, t_2일 때 $H_2O(l)$과 $H_2O(g)$는 동적 평형 상태에 도달하였다.

시간	t_1 (동적 평형 전)	t_2 (동적 평형)	t_3
$H_2O(g)$의 양(mol)	a <	b	b

증가하다가 일정해짐

이에 대한 설명으로 옳은 것만을 〈보기〉에서 있는 대로 고른 것은? (단, 온도는 일정하다.)

> 보기
>
> ㄱ. $b>a$이다.
>
> ㄴ. $\frac{\text{응축 속도}}{\text{증발 속도}}$는 t_2일 때가(=1) t_1일 때보다(<1) 크다.
>
> ㄷ. 용기 내 $H_2O(l)$의 양(mol)은(t_2 이후 일정) t_2일 때와 t_3일 때가 같다.

① ㄱ ② ㄷ ③ ㄱ, ㄴ ④ ㄴ, ㄷ ⑤ ㄱ, ㄴ, ㄷ

✓ 자료 해석

- 밀폐된 진공 용기에 $H_2O(l)$을 넣으면 초기에는 $H_2O(l)$의 증발 속도가 $H_2O(g)$의 응축 속도보다 빠르지만 시간이 흐를수록 $H_2O(g)$의 양이 증가하면서 $H_2O(g)$의 응축 속도가 점점 빨라지며, $H_2O(l)$의 증발 속도와 $H_2O(g)$의 응축 속도가 같아지면 더 이상 반응이 일어나지 않는 것처럼 보이는 동적 평형에 도달한다.
- $0<t_1<t_2<t_3$이고 t_2일 때 동적 평형에 도달하므로 t_1일 때는 동적 평형에 도달하기 전이고, t_3일 때는 동적 평형 상태이다.

○ 보기 풀이 ㄱ. 시간이 흐를수록 $H_2O(g)$의 양이 증가하면서 $H_2O(g)$의 응축 속도가 점점 빨라져 동적 평형에 도달하므로 $H_2O(g)$의 양(mol)은 t_2일 때가 t_1일 때보다 크다. 따라서 $b>a$이다.

ㄴ. t_1일 때는 동적 평형에 도달하기 전이므로 $H_2O(l)$의 증발 속도가 $H_2O(g)$의 응축 속도보다 빠르고, t_2일 때는 동적 평형 상태이므로 $H_2O(l)$의 증발 속도와 $H_2O(g)$의 응축 속도가 같다. 따라서 $\frac{\text{응축 속도}}{\text{증발 속도}}$는 t_1일 때 1보다 작고, t_2일 때 1이므로 t_2일 때가 t_1일 때보다 크다.

ㄷ. 동적 평형에 도달하면 $H_2O(l)$과 $H_2O(g)$의 양(mol)이 각각 일정하게 유지된다. 따라서 용기 내 $H_2O(l)$의 양(mol)은 t_2일 때와 t_3일 때가 같다.

문제풀이 Tip

동적 평형에서는 $H_2O(l)$의 증발 속도와 $H_2O(g)$의 응축 속도가 같으므로 $H_2O(l)$의 양(mol)과 $H_2O(g)$의 양(mol)이 각각 일정하게 유지된다.

선택지 비율	❶ 92%	② 1%	③ 3%	④ 2%	⑤ 1%

11 동적 평형

2022학년도 9월 평가원 5번 | 정답 ① | 문제편 157 p

출제 의도 $H_2O(l)$의 양과 $H_2O(g)$의 양을 비교하여 동적 평형에 도달한 시점을 찾을 수 있는지 묻는 문항이다.

문제 분석

그림은 밀폐된 진공 용기 안에 $H_2O(l)$을 넣은 후 시간에 따른 $\frac{H_2O(l)의\ 양(mol)}{H_2O(g)의\ 양(mol)}$을 나타낸 것이다. 시간이 t_2일 때 $H_2O(l)$과 $H_2O(g)$는 동적 평형 상태에 도달하였다.

($H_2O(l)$의 양 감소, $H_2O(g)$의 양 증가)

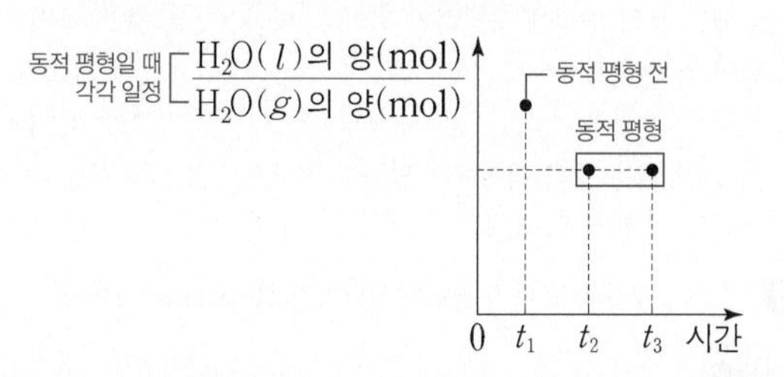

이에 대한 설명으로 옳은 것만을 〈보기〉에서 있는 대로 고른 것은? (단, 온도는 일정하다.)

보기

ㄱ. H_2O의 상변화는 가역 반응이다.

ㄴ. t_1일 때 $\frac{H_2O(l)의\ 증발\ 속도}{H_2O(g)의\ 응축\ 속도}$ ~~=1이다.~~ >1이다.

ㄷ. $\frac{t_3일\ 때\ H_2O(g)의\ 양(mol)}{t_2일\ 때\ H_2O(g)의\ 양(mol)}$ ~~<1이다.~~ =1이다.

① ㄱ ② ㄴ ③ ㄱ, ㄷ ④ ㄴ, ㄷ ⑤ ㄱ, ㄴ, ㄷ

✓ 자료 해석

- 동적 평형에 도달하면 $H_2O(l)$의 증발 속도와 $H_2O(g)$의 응축 속도가 같아지므로 $H_2O(l)$의 양(mol)과 $H_2O(g)$의 양(mol)이 각각 일정하게 유지된다.
- $0<t_1<t_2<t_3$이고 t_2일 때 동적 평형에 도달하므로 t_1일 때는 동적 평형에 도달하기 전이고, t_3일 때는 동적 평형 상태이다.

O 보기풀이 ㄱ. t_2일 때 $H_2O(l)$과 $H_2O(g)$가 동적 평형에 도달하므로 H_2O의 상변화는 가역 반응이다.

× 매력적 오답 ㄴ. t_1일 때는 동적 평형에 도달하기 전이므로 $H_2O(l)$의 증발 속도가 $H_2O(g)$의 응축 속도보다 빠르다. 따라서 $\frac{H_2O(l)의\ 증발\ 속도}{H_2O(g)의\ 응축\ 속도}>1$이다.

ㄷ. t_2일 때 동적 평형에 도달하므로 t_2 이후 $H_2O(g)$의 양(mol)은 일정하다. 따라서 $\frac{t_3일\ 때\ H_2O(g)의\ 양(mol)}{t_2일\ 때\ H_2O(g)의\ 양(mol)}=1$이다.

문제풀이 Tip

동적 평형 상태는 두 물질의 양(mol)이 서로 같은 상태가 아니라, 정반응(증발) 속도와 역반응(응축) 속도가 같아 더 이상 반응이 일어나지 않는 것처럼 보이는 상태임을 기억해 두자.

선택지 비율	❶ 88%	② 2%	③ 5%	④ 2%	⑤ 3%

12 동적 평형

2022학년도 6월 평가원 5번 | 정답 ① | 문제편 157 p

출제 의도 $H_2O(l)$과 $H_2O(g)$의 동적 평형에 대하여 이해하고 있는지 묻는 문항이다.

문제 분석

표는 밀폐된 진공 용기 안에 $H_2O(l)$을 넣은 후 시간에 따른 $H_2O(l)$과 $H_2O(g)$의 양에 대한 자료이다. $0<t_1<t_2<t_3$이고, t_2일 때 $H_2O(l)$과 $H_2O(g)$는 동적 평형 상태에 도달하였다.

(감소하다가 일정해짐 / 동적 평형 전 / 동적 평형)

시간	t_1	t_2	t_3
$H_2O(l)$의 양(mol)	a	> b	= b
$H_2O(g)$의 양(mol)	c	< d	

(증가하다가 일정해짐)

이에 대한 설명으로 옳은 것만을 〈보기〉에서 있는 대로 고른 것은? (단, 온도는 일정하다.) [3점]

보기

ㄱ. t_1일 때 $\frac{응축\ 속도}{증발\ 속도}<1$이다. 증발 속도가 더 빠름

ㄴ. t_3일 때 $H_2O(l)$이 $H_2O(g)$가 되는 반응은 ~~일어나지 않는다.~~ 일어난다.

ㄷ. ~~$\frac{a}{c}=\frac{b}{d}$이다.~~ $\frac{a}{c}>\frac{b}{d}$이다.

① ㄱ ② ㄴ ③ ㄱ, ㄷ ④ ㄴ, ㄷ ⑤ ㄱ, ㄴ, ㄷ

✓ 자료 해석

- 밀폐된 진공 용기에 $H_2O(l)$을 넣으면 초기에는 $H_2O(l)$의 증발 속도가 $H_2O(g)$의 응축 속도보다 빠르지만 시간이 흐를수록 $H_2O(g)$의 양이 증가하면서 $H_2O(g)$의 응축 속도가 점점 빨라지며, $H_2O(l)$의 증발 속도와 $H_2O(g)$의 응축 속도가 같아지면 더 이상 반응이 일어나지 않는 것처럼 보이는 동적 평형에 도달한다.
- $0<t_1<t_2<t_3$이고 t_2일 때 동적 평형에 도달하므로 t_1일 때는 동적 평형에 도달하기 전이고, t_3일 때는 동적 평형 상태이다.

O 보기풀이 ㄱ. t_1일 때는 동적 평형에 도달하기 전이므로 $H_2O(l)$의 증발 속도가 $H_2O(g)$의 응축 속도보다 빠르다. 따라서 $\frac{응축\ 속도}{증발\ 속도}<1$이다.

× 매력적 오답 ㄴ. t_3일 때는 동적 평형 상태이다. 동적 평형 상태에서는 $H_2O(l)$이 $H_2O(g)$가 되는 반응과 $H_2O(g)$가 $H_2O(l)$이 되는 반응이 같은 속도로 일어난다.

ㄷ. $H_2O(l)$의 양(mol)은 $a>b$이고, $H_2O(g)$의 양(mol)은 $c<d$이므로 $\frac{a}{c}>\frac{b}{d}$이다.

문제풀이 Tip

동적 평형 상태에서는 $H_2O(g)$의 응축 속도와 $H_2O(l)$의 증발 속도가 같지만 $H_2O(g)$의 양(mol)과 $H_2O(l)$의 양(mol)이 서로 같은 것은 아니다. 동적 평형 상태에 도달하기 전과 후 $H_2O(l)$과 $H_2O(g)$의 양(mol)을 비교하여 알아 두자.

선택지 비율	❶ 74%	② 1%	③ 4%	④ 4%	⑤ 14%

13 동적 평형

2021학년도 수능 8번 | 정답 ① | 문제편 157p

출제 의도 응축 속도와 증발 속도의 비로부터 동적 평형에 도달한 시점을 찾을 수 있는지 묻는 문항이다.

문제 분석

표는 밀폐된 진공 용기 안에 X(l)를 넣은 후 시간에 따른 X의 $\frac{\text{응축 속도}}{\text{증발 속도}}$와 $\frac{\text{X}(g)\text{의 양(mol)}}{\text{X}(l)\text{의 양(mol)}}$에 대한 자료이다. $0<t_1<t_2<t_3$이고, $c>1$이다.

t_2 이후 X(g)의 양 증가 ➡ t_2는 동적 평형 × / 동적 평형 전 / 동적 평형

시간	t_1	t_2	t_3
$\frac{\text{응축 속도}}{\text{증발 속도}}$	a	b	1
$\frac{\text{X}(g)\text{의 양(mol)}}{\text{X}(l)\text{의 양(mol)}}$		1	c

이에 대한 설명으로 옳은 것만을 〈보기〉에서 있는 대로 고른 것은? (단, 온도는 일정하다.)

보기

ㄱ. $a<1$이다.

ㄴ. ~~$b=1$이다.~~ $b<1$이다.

ㄷ. t_2일 때, X(l)와 X(g)는 ~~동적 평형을 이루고 있다~~. 동적 평형에 도달하기 전이다.

① ㄱ ② ㄴ ③ ㄱ, ㄷ ④ ㄴ, ㄷ ⑤ ㄱ, ㄴ, ㄷ

✔ 자료 해석

- $0<t_1<t_2<t_3$이므로 t_3는 t_1, t_2보다 시간이 더 흐른 시점이다.
- 동적 평형에 도달하면 X(l)의 증발 속도와 X(g)의 응축 속도가 같아 더 이상 반응이 일어나지 않는 것처럼 보이는 상태가 된다. 따라서 $\frac{\text{응축 속도}}{\text{증발 속도}}=1$인 t_3일 때는 동적 평형 상태이다.
- 동적 평형 상태인 t_3에서 $\frac{\text{X}(g)\text{의 양(mol)}}{\text{X}(l)\text{의 양(mol)}}>1$이므로 $\frac{\text{X}(g)\text{의 양(mol)}}{\text{X}(l)\text{의 양(mol)}}=1$인 t_2일 때는 동적 평형에 도달하기 전이다. 따라서 t_1일 때도 동적 평형에 도달하기 전이다.

○ 보기풀이 ㄱ. t_1일 때는 동적 평형에 도달하기 전이므로 X(l)의 증발 속도가 X(g)의 응축 속도보다 빠르다. 따라서 $a<1$이다.

× 매력적 오답 ㄴ, ㄷ. t_2일 때도 동적 평형에 도달하기 전이므로 $b<1$이다.

문제풀이 Tip

$\frac{\text{X}(g)\text{의 양(mol)}}{\text{X}(l)\text{의 양(mol)}}=1$일 때 동적 평형에 도달하는 것이 아님에 유의해야 한다. 동적 평형 상태는 두 물질의 양(mol)이 서로 같은 것이 아니라, 증발 속도와 응축 속도가 같아 더 이상 반응이 일어나지 않는 것처럼 보이는 상태이다.

선택지 비율	❶ 75%	② 4%	③ 4%	④ 11%	⑤ 6%

14 동적 평형

2021학년도 6월 평가원 16번 | 정답 ① | 문제편 157p

출제 의도 H_2O(l)의 증발 속도와 응축 속도로부터 동적 평형에 대하여 이해하고 있는지 묻는 문항이다.

문제 분석

표는 밀폐된 용기 안에 H_2O(l)을 넣은 후 시간에 따른 H_2O의 증발 속도와 응축 속도에 대한 자료이고, $a>b>0$이다. 그림은 시간이 $2t$일 때 용기 안의 상태를 나타낸 것이다.

시간	t	$2t$ (동적 평형)	$4t$ (동적 평형)
증발 속도	a	a	a
응축 속도	b	a	x ($=a$)
	$a>b$		$a=x$

$H_2O(g)$
$H_2O(l)$

이에 대한 설명으로 옳은 것만을 〈보기〉에서 있는 대로 고른 것은? (단, 온도는 일정하다.) [3점]

보기

ㄱ. H_2O의 상변화(증발, 응축)는 가역 반응이다.

ㄴ. 용기 내 H_2O(l)의 양(mol)은 ~~t에서와 $2t$에서가 같다~~. $t>2t$이다.

ㄷ. ~~$x=2a$이다~~. $x=a$이다.

① ㄱ ② ㄴ ③ ㄷ ④ ㄱ, ㄴ ⑤ ㄱ, ㄷ

✔ 자료 해석

- 밀폐 용기에 H_2O(l)을 넣으면 초기에는 증발 속도(a)가 응축 속도(b)보다 빠르지만 시간이 흐를수록 H_2O(g)의 양이 증가하면서 응축 속도가 점점 빨라지며, 증발 속도와 응축 속도가 같아지면 동적 평형에 도달한다. ➡ $2t$일 때 동적 평형에 도달한다.

○ 보기풀이 ㄱ. H_2O의 증발($H_2O(l) \longrightarrow H_2O(g)$)과 응축($H_2O(g) \longrightarrow H_2O(l)$)이 모두 일어나므로 H_2O의 상변화는 가역 반응이다.

× 매력적 오답 ㄴ. t일 때는 증발 속도(a)가 응축 속도(b)보다 빠르므로 $H_2O(l) \longrightarrow H_2O(g)$ 반응이 더 많이 일어나게 되고, $2t$일 때는 동적 평형에 도달하므로 증발 속도와 응축 속도가 같다. 따라서 증발한 H_2O 분자 수는 $2t$에서가 t에서보다 많으므로 용기 내 H_2O(l)의 양(mol)은 t에서가 $2t$에서보다 많다.
ㄷ. $2t$일 때 동적 평형에 도달하므로 $4t$일 때도 증발 속도와 응축 속도가 같다. 따라서 $x=a$이다.

문제풀이 Tip

밀폐 용기에 H_2O(l)을 넣으면 증발 속도는 일정하지만 시간이 흐르면서 H_2O(g) 분자 수가 점점 많아져 응축 속도는 점점 빨라진다. H_2O이 상평형에 도달하는 과정을 꼼꼼히 정리해 두도록 하자.

선택지 비율	① 3%	② 73%	③ 5%	④ 13%	⑤ 6%

15 pH와 물의 자동 이온화

2025학년도 수능 16번 | 정답 ② | 문제편 158 p

출제 의도 pH와 pOH의 관계를 알고 수용액에서 pH와 pOH, H_3O^+과 OH^-의 양을 구할 수 있는지 묻는 문항이다.

문제 분석

다음은 25 ℃에서 수용액 (가)~(다)에 대한 자료이다.

- (가), (나), (다)의 $\frac{pH}{pOH}$는 각각 $\frac{5}{2}$, $16k$, $9k$이다.
  ($\frac{10}{4}$ / 16 : 9 ➡ (다)의 $\frac{pH}{pOH}=\frac{8}{6}\times\frac{9}{16}=\frac{3}{4}$)
- (가), (나), (다)에서 OH^-의 양(mol)은 각각 $100x$, x, y이다.
  (가)가 (나)의 100배, 부피는 동일 ➡ pOH는 (가)가 (나)보다 2만큼 작음 ➡ (나)의 $\frac{pH}{pOH}=\frac{8}{6}$
- 수용액의 부피는 (가)와 (나)가 같고, (다)는 (나)의 10배이다.

이에 대한 설명으로 옳은 것만을 〈보기〉에서 있는 대로 고른 것은? (단, 25 ℃에서 물의 이온화 상수(K_w)는 1×10^{-14}이다.) [3점]

〈보기〉

ㄱ. $y=10x$이다. ($\frac{1}{10}x$)

ㄴ. $\frac{(가)의\ pH}{(나)의\ pOH}>1$이다. ($\frac{10}{6}$)

ㄷ. $\frac{(나)에서\ OH^-의\ 양(mol)}{(다)에서\ H_3O^+의\ 양(mol)}=1$이다. ($\frac{1}{10}$)

① ㄱ ② ㄴ ③ ㄷ ④ ㄱ, ㄴ ⑤ ㄴ, ㄷ

✓ 자료 해석

- (가)의 $\frac{pH}{pOH}=\frac{5}{2}$이고, pH+pOH=14.0이므로 pH, pOH는 각각 10, 4이다.
- (가)와 (나)의 부피는 같은데, OH^-의 양(mol)은 (가)가 (나)의 100배이므로 pOH는 (가)가 (나)보다 2만큼 작다.
- pOH는 (가)가 (나)보다 2만큼 작고, (가)의 pOH=4이므로 (나)의 pOH=6이며, pH=8이므로 $\frac{pH}{pOH}=\frac{4}{3}$이다.
- $\frac{pH}{pOH}$는 (다)가 (나)의 $\frac{9}{16}$배이므로 (다)의 $\frac{pH}{pOH}=\frac{3}{4}=\frac{6}{8}$이다.

수용액	(가)	(나)	(다)
pH	10	8	6
pOH	4	6	8
$\frac{pH}{pOH}$	$\frac{5}{2}$	$\frac{4}{3}$	$\frac{3}{4}$

○ 보기 풀이 ㄴ. $\frac{(가)의\ pH}{(나)의\ pOH}=\frac{10}{6}$으로 1보다 크다.

× 매력적 오답 ㄱ. pOH는 (다)가 (나)보다 2만큼 크므로 $[OH^-]$는 (다)가 (나)의 $\frac{1}{100}$배인데, 부피는 (다)가 (나)의 10배이므로 OH^-의 양(mol)은 (다)가 (나)의 $\frac{1}{10}$배이다. 따라서 $y=\frac{1}{10}x$이다.

ㄷ. (나)의 pOH=6이므로 $[OH^-]=1\times10^{-6}$ M이고, (다)의 pH=6이므로 $[H_3O^+]=1\times10^{-6}$ M이다. (나)와 (다)의 부피(L)를 각각 V, $10V$라고 하면, $\frac{(나)에서\ OH^-의\ 양(mol)}{(다)에서\ H_3O^+의\ 양(mol)}=\frac{1\times10^{-6}\times V}{1\times10^{-6}\times10V}=\frac{1}{10}$이다.

문제풀이 Tip

ㄷ은 수용액에 들어 있는 이온의 양을 비교하는 것이므로 이온의 양을 정확히 구하지 않아도 된다. (나)의 pOH와 (다)의 pH가 같으므로 (나)에서 $[OH^-]$와 (다)에서 $[H_3O^+]$는 같은데, (나)와 (다)의 부피가 서로 다르므로 (나)에서 OH^-의 양(mol)과 (다)에서 H_3O^+의 양(mol)은 서로 다르다.

선택지 비율	① 11%	② 8%	❸ 65%	④ 10%	⑤ 6%

16 pH와 물의 자동 이온화

2025학년도 9월 평가원 17번 | 정답 ③ | 문제편 158 p

출제 의도 $HCl(aq)$을 희석하는 과정에서 pH의 변화를 이해하고, pH와 pOH의 관계를 알고 있는지 묻는 문항이다.

문제 분석

그림은 25 ℃에서 $HCl(aq)$ (가)~(다)의 $\frac{pH}{pOH}$를 나타낸 것이다.

(가)는 x M $HCl(aq)$ 10 mL이고, (나)는 (가)에 물을 추가하여 만든 수용액이며, (다)는 (나)에 물을 추가하여 만든 수용액이다. pH는 (다)가 (가)의 3배이다. 이에 대한 설명으로 옳은 것만을 〈보기〉에서 있는 대로 고른 것은? (단, 온도는 25 ℃로 일정하고, 25 ℃에서 물의 이온화 상수(K_w)는 1×10^{-14}이다.) [3점]

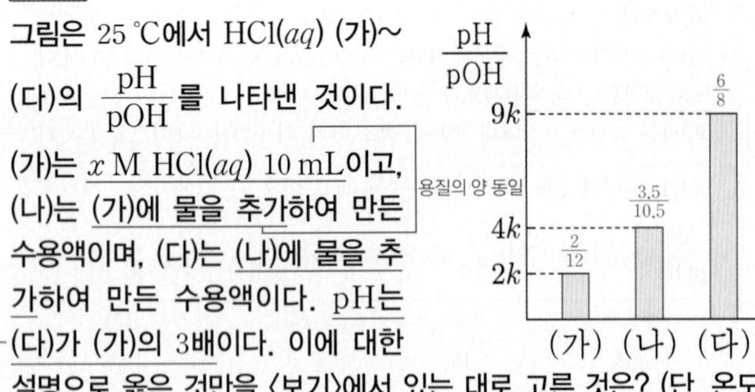

$\frac{a}{14-a} : \frac{3a}{14-3a} = 2:9 \Rightarrow a=2$

〈보기〉

ㄱ. $x=0.01$이다. (가)의 pH=2

ㄴ. 수용액의 부피는 (나)가 (가)의 ~~10~~ $10^{1.5}$배이다. 용질의 양 동일, 몰 농도는 (가)가 (나)의 $10^{1.5}$배

ㄷ. (다) 100 mL에서 H_3O^+의 양은 1×10^{-7} mol이다. $1\times10^{-6}\times0.1$

① ㄱ ② ㄴ ③ ㄱ, ㄷ ④ ㄴ, ㄷ ⑤ ㄱ, ㄴ, ㄷ

✓ 자료 해석

- $pH=-\log[H_3O^+]$, $pOH=-\log[OH^-]$, 25 ℃에서 pH+pOH=14.0이다.
- (가)의 pH를 a라고 하면 (다)의 pH는 $3a$이므로 $\frac{pH}{pOH}$의 비는 (가) : (다)$=\frac{a}{14-a} : \frac{3a}{14-3a}=2:9$가 성립하여 $a=2$이다.
- (가), (다)의 pH는 각각 2, 6이고, (가)의 $\frac{pH}{pOH}=\frac{1}{6}$인데, $\frac{pH}{pOH}$는 (나)가 (가)의 2배이므로 (나)의 $\frac{pH}{pOH}=\frac{1}{3}$이며, pH는 3.5이다.

$HCl(aq)$	(가)	(나)	(다)
pH	2	3.5	6
pOH	12	10.5	8
$\frac{pH}{pOH}$	$\frac{1}{6}$	$\frac{1}{3}$	$\frac{3}{4}$

○ 보기 풀이 ㄱ. (가)의 pH=2이므로 몰 농도는 0.01 M이다. 따라서 $x=0.01$이다.

ㄷ. (다)의 몰 농도가 1×10^{-6} M이므로 (다) 100 mL에서 H_3O^+의 양은 1×10^{-7} mol이다.

× 매력적 오답 ㄴ. (가)와 (나)의 몰 농도는 각각 1×10^{-2} M, $1\times10^{-3.5}$ M인데, (가)에 물을 추가하여 (나)가 될 때 몰 농도가 $\frac{1}{10^{1.5}}$배가 되었으므로 수용액의 부피는 (나)가 (가)의 $10^{1.5}$배이다.

문제풀이 Tip

$HCl(aq)$을 희석해서 부피를 10배로 만들면 pH는 1 증가하고 pOH는 1 감소한다. $HCl(aq)$을 희석해서 부피를 10^n배로 만들면 pH는 n 증가한다.

선택지 비율	① 12%	② 5%	③ 14%	❹ 61%	⑤ 8%

17 pH와 물의 자동 이온화

2025학년도 6월 평가원 15번 | 정답 ④ | 문제편 158 p

출제 의도 수용액의 부피와 H_3O^+의 양(mol)을 이용하여 pH를 구할 수 있는지 묻는 문항이다.

문제 분석

다음은 25 ℃에서 수용액 (가)와 (나)에 대한 자료이다.

- (가)와 (나)의 pH 합은 14.0이다.
- H_3O^+의 양(mol)은 (가)가 (나)의 10배이다.
- 수용액의 부피는 (가)가 (나)의 100배이다.

$[H_3O^+]$는 (가)가 (나)의 10배 ➡ pH는 (가)가 (나)보다 1 큼

이에 대한 설명으로 옳은 것만을 〈보기〉에서 있는 대로 고른 것은? (단, 25 ℃에서 물의 이온화 상수(K_w)는 1×10^{-14}이다.) [3점]

보기

ㄱ. (가)의 액성은 염기성이다. (가)의 pH=7.5

ㄴ. $\dfrac{(가)의\ pH}{(나)의\ pH}=\dfrac{4}{3}$이다. $\frac{7.5}{6.5}=\frac{15}{13}$

ㄷ. $\dfrac{(가)에서\ H_3O^+의\ 양(mol)}{(나)에서\ OH^-의\ 양(mol)}=100$이다. $\frac{1\times10^{-7.5}\times100}{1\times10^{-7.5}\times1}$

① ㄱ ② ㄴ ③ ㄱ, ㄴ ④ ㄱ, ㄷ ⑤ ㄴ, ㄷ

✔ 자료 해석

- $pH=-\log[H_3O^+]$, $pOH=-\log[OH^-]$, 25 ℃에서 pH+pOH=14.0이다.
- H_3O^+의 양(mol)은 (가)가 (나)의 10배이고, 수용액의 부피는 (가)가 (나)의 100배이므로 $[H_3O^+]$는 (나)가 (가)의 10배이며, pH는 (가)가 (나)보다 1만큼 크다.
- (가)와 (나)의 pH 합이 14.0이므로 (가), (나)의 pH는 각각 7.5, 6.5이다.

○ 보기풀이 ㄱ. (가)의 pH는 7.5로 25 ℃에서 7보다 크므로 액성은 염기성이다.
ㄷ. (가), (나)의 pH는 각각 7.5, 6.5이므로 (가)의 $[H_3O^+]$와 (나)의 $[OH^-]$는 각각 $1\times10^{-7.5}$ M로 같다. 그런데 부피는 (가)가 (나)의 100배이므로 $\dfrac{(가)에서\ H_3O^+의\ 양(mol)}{(나)에서\ OH^-의\ 양(mol)}=100$이다.

✖ 매력적 오답 ㄴ. $\dfrac{(가)의\ pH}{(나)의\ pH}=\dfrac{7.5}{6.5}=\dfrac{15}{13}$이다.

문제풀이 Tip

(가)와 (나)가 각각 1가 산 수용액, 1가 염기 수용액 중 하나라고 가정할 때, (가)와 (나)의 pH 합이 14.0이므로 (가)와 (나)의 몰 농도는 같다. 따라서 1가 산 수용액의 pH와 1가 염기 수용액의 pOH가 같은데, pH는 (가)가 (나)보다 1만큼 크므로 (가), (나)의 pH는 각각 7.5, 6.5이다.

선택지 비율	① 8%	② 28%	③ 12%	④ 18%	❺ 34%

18 물의 자동 이온화

2024학년도 수능 17번 | 정답 ⑤ | 문제편 159 p

출제 의도 pH와 pOH의 비를 이용하여 수용액에서 이온의 양을 구할 수 있는지 묻는 문항이다.

문제 분석

다음은 25 ℃에서 수용액 (가)~(다)에 대한 자료이다.

- (가)~(다)의 액성은 모두 다르며, 각각 산성, 중성, 염기성 중 하나이다.
- |pH−pOH|은 (가)가 (나)보다 4만큼 크다. (가) 12.5−1.5=11 ➡ (나) 7

수용액	(가) 산성	(나) 염기성	(다) 중성
$\frac{pH}{pOH}$	$\frac{3}{25}$ $\frac{1.5}{12.5}$	x $\frac{10.5}{3.5}=3$	y $\frac{7.0}{7.0}=1$
부피(L)	0.2	0.4	0.5
OH^-의 양(mol) ($[OH^-]\times$부피)	a ($10^{-12.5}\times0.2$)	b ($10^{-3.5}\times0.4$)	c ($10^{-7.0}\times0.5$)

이에 대한 설명으로 옳은 것만을 〈보기〉에서 있는 대로 고른 것은? (단, 25 ℃에서 물의 이온화 상수(K_w)는 1×10^{-14}이다.) [3점]

보기

ㄱ. (나)의 액성은 중성이다. (염기성)

ㄴ. $x+y=4$이다. $x=3, y=1$

ㄷ. $\dfrac{b\times c}{a}=100$이다. $\frac{10^{-3.5}\times0.4\times10^{-7.0}\times0.5}{10^{-12.5}\times0.2}$

① ㄱ ② ㄴ ③ ㄷ ④ ㄱ, ㄴ ⑤ ㄴ, ㄷ

✔ 자료 해석

- (가)는 pH<pOH이므로 산성이고, pH+pOH=14.0인데 $\dfrac{pH}{pOH}=\dfrac{3}{25}$이므로 pH는 1.5, pOH는 12.5이다.
- (가)의 |pH−pOH|=12.5−1.5=11인데, |pH−pOH|는 (가)가 (나)보다 4만큼 크므로 (나)의 |pH−pOH|=7이고 (가)~(다)의 액성은 각각 산성, 중성, 염기성 중 하나이므로 (나)는 염기성이다. (나)는 pH>pOH이고, pH+pOH=14.0이므로 pH는 10.5, pOH는 3.5이다.
- (다)는 중성이고, (다)의 pH=pOH=7.0이다.

○ 보기풀이 ㄴ. (나)의 pH, pOH가 각각 10.5, 3.5이므로 $\dfrac{pH}{pOH}=x=3$이다. (다)의 pH, pOH는 각각 7.0이므로 $\dfrac{pH}{pOH}=y=1$이다. 따라서 $x+y=4$이다.
ㄷ. (가)~(다)의 pOH는 각각 12.5, 3.5, 7.0이므로 $[OH^-]$(M)는 각각 $10^{-12.5}$, $10^{-3.5}$, $10^{-7.0}$이고, 부피(L)가 각각 0.2, 0.4, 0.5이므로 OH^-의 양(mol)은 $a=10^{-12.5}\times0.2$, $b=10^{-3.5}\times0.4$, $c=10^{-7.0}\times0.5$이다. 따라서 $\dfrac{b\times c}{a}=\dfrac{10^{-3.5}\times0.4\times10^{-7.0}\times0.5}{10^{-12.5}\times0.2}=100$이다.

✖ 매력적 오답 ㄱ. (나)는 pH>pOH이므로 염기성이다.

문제풀이 Tip

25 ℃에서 pH+pOH=14.0이므로 $\dfrac{pH}{pOH}=\dfrac{3}{25}=\dfrac{1.5}{12.5}$가 된다. 중성 용액은 pH=pOH이므로 |pH−pOH|=0이다. 이온의 양(mol)은 몰 농도와 부피의 곱과 같다.

선택지 비율	① 7%	② 11%	③ 13%	❹ 62%	⑤ 7%

19 물의 자동 이온화

2024학년도 9월 평가원 17번 | 정답 ④ | 문제편 159 p

(출제 의도) pOH와 pH의 관계를 알고 수용액에서 이온의 양을 구할 수 있는지 묻는 문항이다.

(문제 분석)

표는 25 ℃에서 수용액 (가)와 (나)에 대한 자료이다.

수용액	$\frac{[H_3O^+]}{[OH^-]}$	pOH−pH	부피
(가)	$100a$	$2b$	V
(나)	a	b	$10V$

(100 : 1 ➡ (가)는 (나)보다 pH 1 작고 pOH 1 큼 / 9−5 2b, 8−6 b, 2b−b=2 / 1 : 10)

이에 대한 설명으로 옳은 것만을 〈보기〉에서 있는 대로 고른 것은? (단, 25 ℃에서 물의 이온화 상수(K_w)는 1×10^{-14}이다.) [3점]

〈보기〉

ㄱ. $\frac{a}{b}=50$이다. (나)의 $\frac{[H_3O^+]}{[OH^-]}=\frac{10^{-6}}{10^{-8}}$ ➡ $a=100$

ㄴ. (가)의 pH=4(5)이다. (가)의 pOH−pH=4

ㄷ. $\frac{\text{(나)에서 }H_3O^+\text{의 양(mol)}}{\text{(가)에서 }H_3O^+\text{의 양(mol)}}=1$이다. H_3O^+의 몰비 (가) : (나)=10×1 : 1×10

① ㄱ ② ㄷ ③ ㄱ, ㄴ ④ ㄱ, ㄷ ⑤ ㄴ, ㄷ

✓ 자료 해석

- 25 ℃에서 pH+pOH=14.0이다.
- $\frac{[H_3O^+]}{[OH^-]}$는 (가)가 (나)의 100배이므로 $[H_3O^+]$는 (가)가 (나)의 10배이다. 따라서 pH는 (가)가 (나)보다 1만큼 작고, pOH는 (가)가 (나)보다 1만큼 크므로 pOH−pH는 (가)가 (나)보다 2만큼 크고, $2b-b=2$에서 $b=2$이다.
- (가)의 pOH−pH=$2b$=4이므로 (가)의 pH, pOH는 각각 5, 9이고, (나)의 pOH−pH=b=2이므로 (나)의 pH, pOH는 각각 6, 8이다.

○ 보기 풀이 ㄱ. $b=2$이고, (나)의 pH=6, pOH=8이므로 $\frac{[H_3O^+]}{[OH^-]}=100$이다. 따라서 $a=100$이므로 $\frac{a}{b}=50$이다.

ㄷ. $[H_3O^+]$는 (가)가 (나)의 10배이고, 부피는 (나)가 (가)의 10배이므로 (가)와 (나)에서 H_3O^+의 양은 같다.

$\frac{\text{(나)에서 }H_3O^+\text{의 양(mol)}}{\text{(가)에서 }H_3O^+\text{의 양(mol)}}=\frac{10^{-6}\times10V}{10^{-5}\times V}=1$이다.

× 매력적 오답 ㄴ. (가)의 pH=5, pOH=9이다.

문제풀이 Tip

$\frac{[H_3O^+]}{[OH^-]}$가 100배가 되면 $[H_3O^+]$는 10배, $[OH^-]$는 $\frac{1}{10}$배가 되므로 pH는 1 감소, pOH는 1 증가하여 pOH−pH는 2 증가한다.

선택지 비율	① 14%	② 15%	❸ 42%	④ 22%	⑤ 7%

20 물의 자동 이온화

2024학년도 6월 평가원 17번 | 정답 ③ | 문제편 159 p

(출제 의도) pH와 pOH의 관계를 알고 수용액에서 H_3O^+과 OH^-의 양을 구할 수 있는지 묻는 문항이다.

(문제 분석)

그림은 25 ℃에서 수용액 (가)와 (나)의 부피와 OH^-의 양(mol)을 나타낸 것이다. pH는 (가) : (나)=7 : 3이다.

$x : x-2=7:3$ ➡ $x=3.5$

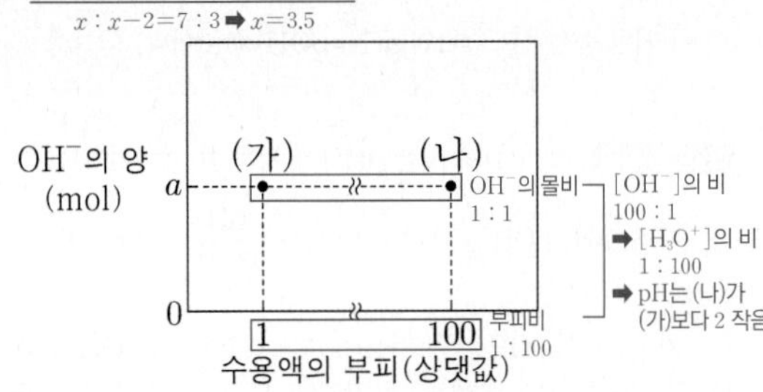

이에 대한 설명으로 옳은 것만을 〈보기〉에서 있는 대로 고른 것은? (단, 25 ℃에서 물의 이온화 상수(K_w)는 1×10^{-14}이다.) [3점]

〈보기〉

ㄱ. (가)의 액성은 산성이다. (가)의 pH=3.5<7.0

ㄴ. (나)의 pOH는 11.5(12.5)이다. (나)의 pH=1.5, pOH=14.0−1.5=12.5

ㄷ. $\frac{\text{(가)에서 }H_3O^+\text{의 양(mol)}}{\text{(나)에서 }OH^-\text{의 양(mol)}}=1\times10^7$이다. $\frac{10^{-3.5}\times1}{10^{-12.5}\times100}$

① ㄱ ② ㄴ ③ ㄱ, ㄷ ④ ㄴ, ㄷ ⑤ ㄱ, ㄴ, ㄷ

✓ 자료 해석

- 25 ℃에서 pH+pOH=14.0이다.
- 부피비는 (가) : (나)=1 : 100인데, OH^-의 몰비가 (가) : (나)=1 : 1이므로 $[OH^-]$의 비는 (가) : (나)=100 : 1이다. 따라서 $[H_3O^+]$의 비는 (가) : (나)=1 : 100이므로 pH는 (나)가 (가)보다 2만큼 작다.
- (가), (나)의 pH를 각각 x, $x-2$라고 하면 $x : x-2=7:3$에서 $x=3.5$이다.

○ 보기 풀이 ㄱ. (가)의 pH=3.5로 7.0보다 작으므로 (가)의 액성은 산성이다.

ㄷ. (가)의 $[H_3O^+]=1\times10^{-3.5}$ M이다. (나)의 pOH=12.5이므로 $[OH^-]=1\times10^{-12.5}$ M이다. 부피비는 (가) : (나)=1 : 100이므로

$\frac{\text{(가)에서 }H_3O^+\text{의 양(mol)}}{\text{(나)에서 }OH^-\text{의 양(mol)}}=\frac{1\times10^{-3.5}\times1}{1\times10^{-12.5}\times100}=1\times10^7$이다.

× 매력적 오답 ㄴ. (나)의 pH=1.5이며, 25 ℃에서 pH+pOH=14.0이므로 pOH=12.5이다.

문제풀이 Tip

수용액의 pH는 정수가 아닐 수도 있으므로 pH의 비가 (가) : (나)=7 : 3이라고 해서 (가), (나)의 pH를 각각 7, 3이라고 정해서는 안 된다.

선택지 비율	① 9%	❷ 48%	③ 12%	④ 17%	⑤ 14%

21 물의 이온화 상수

2023학년도 수능 16번 | 정답 ② | 문제편 160 p

출제 의도 수용액에서 $[H_3O^+]$와 $[OH^-]$의 비로부터 H_3O^+의 양(mol)과 수용액의 부피를 계산할 수 있는지 묻는 문항이다.

문제 분석

표는 25 ℃의 물질 (가)~(다)에 대한 자료이다. (가)~(다)는 $HCl(aq)$, $H_2O(l)$, $NaOH(aq)$을 순서 없이 나타낸 것이고, H_3O^+의 양(mol)은 (가)가 (나)의 200배이다.

물질	(가) $H_2O(l)$	(나) $NaOH(aq)$	(다) $HCl(aq)$
$\frac{[H_3O^+]}{[OH^-]}$(상댓값) 산>중>염	10^8 (1)	1 (10^{-8})	10^{14} (10^6)
부피(mL)	10	x 500	

이에 대한 설명으로 옳은 것만을 〈보기〉에서 있는 대로 고른 것은? (단, 25 ℃에서 물의 이온화 상수(K_w)는 1×10^{-14}이다.) [3점]
$=[H_3O^+][OH^-]$

〈보기〉

ㄱ. (가)는 ~~$HCl(aq)$~~이다. $H_2O(l)$

ㄴ. $x=500$이다.

ㄷ. $\frac{(나)의\ pOH}{(다)의\ pH}$ ~~>~~ < 1이다. (3/4)

① ㄱ ② ㄴ ③ ㄷ ④ ㄱ, ㄴ ⑤ ㄴ, ㄷ

✓ 자료 해석

- 25 ℃에서 물의 이온화 상수$(K_w)=[H_3O^+][OH^-]=1\times10^{-14}$이다.
- 산성 수용액에서 $[H_3O^+]>[OH^-]$이고, 중성 수용액에서 $[H_3O^+]=[OH^-]$이며, 염기성 수용액에서 $[H_3O^+]<[OH^-]$이므로 $\frac{[H_3O^+]}{[OH^-]}$는 산성 > 중성 > 염기성이다. 따라서 (가)~(다)는 각각 $H_2O(l)$, $NaOH(aq)$, $HCl(aq)$이다.
- (가)~(다)의 $[H_3O^+]$, $[OH^-]$, $\frac{[H_3O^+]}{[OH^-]}$

물질	(가)	(나)	(다)
$[H_3O^+]$(M)	1×10^{-7}	1×10^{-11}	1×10^{-4}
$[OH^-]$(M)	1×10^{-7}	1×10^{-3}	1×10^{-10}
$\frac{[H_3O^+]}{[OH^-]}$	1	10^{-8}	10^6

○ 보기 풀이 ㄴ. (가)에서 H_3O^+의 양은 1×10^{-7} M $\times$ 0.01 L $=1\times10^{-9}$ mol이고, H_3O^+의 양(mol)은 (가)가 (나)의 200배이므로 (나)에서 H_3O^+의 양은 5×10^{-12} mol이다. 따라서 1×10^{-11} M $\times(x\times10^{-3})$ L $=5\times10^{-12}$ mol이고, $x=500$이다.

× 매력적 오답 ㄱ. (가)는 $H_2O(l)$이다.

ㄷ. (나)의 pOH=3, (다)의 pH=4이므로 $\frac{(나)의\ pOH}{(다)의\ pH}=\frac{3}{4}<1$이다.

문제풀이 Tip

$\frac{[H_3O^+]}{[OH^-]}$는 산성 > 중성 > 염기성임을 이용하여 (가)~(다)의 종류를 결정할 수 있다.

선택지 비율	① 7%	❷ 57%	③ 11%	④ 15%	⑤ 10%

22 물의 이온화 상수와 pH

2023학년도 9월 평가원 16번 | 정답 ② | 문제편 160 p

출제 의도 물의 이온화 상수와 pH, pOH의 관계를 알고 수용액에서 $[H_3O^+]$를 계산할 수 있는지 묻는 문항이다.

문제 분석

표는 25 ℃의 수용액 (가)와 (나)에 대한 자료이다.

$[H_3O^+]=\frac{H_3O^+의\ 양(mol)}{부피(L)}$ ∴ (가) : (나) = 100 : 1

수용액	pH	pOH	H_3O^+의 양(mol) (상댓값)	부피(mL)
(가)	x (4)	$14-x$(10)	50	100
(나)	$14-2x$(6)	$2x$ (8)	1	200

$14-2x=x+2$, $x=4$

이에 대한 설명으로 옳은 것만을 〈보기〉에서 있는 대로 고른 것은? (단, 25 ℃에서 물의 이온화 상수(K_w)는 1×10^{-14}이다.) [3점]
pH+pOH=14

〈보기〉

ㄱ. $x=5$이다. (4)

ㄴ. (가)와 (나)의 액성은 모두 산성이다. (가)의 pH=4, (나)의 pH=6

ㄷ. $\frac{(가)에서\ OH^-의\ 양(mol)}{(나)에서\ H_3O^+의\ 양(mol)}$ ~~<~~ > 1×10^{-5}이다.

① ㄱ ② ㄴ ③ ㄷ ④ ㄱ, ㄴ ⑤ ㄴ, ㄷ

✓ 자료 해석

- 25 ℃에서 물의 이온화 상수$(K_w)=[H_3O^+][OH^-]=1\times10^{-14}$이므로 pH+pOH=14이다.
- $[H_3O^+](M)=\frac{H_3O^+의\ 양(mol)}{부피(L)}$이고, $pH=-\log[H_3O^+]$이다.
- $[H_3O^+]$의 비는 (가) : (나) $=\frac{50}{100}:\frac{1}{200}=100:1$이므로 pH는 (나)가 (가)보다 2만큼 크다.
- (가)의 pH$=x$, (나)의 pH$=14-2x$이므로 $14-2x=x+2$이고, $x=4$이다.

○ 보기 풀이 ㄴ. (가)의 pH=4이고, (나)의 pH=6이다. (가)와 (나)의 pH<7이므로 (가)와 (나)의 액성은 모두 산성이다.

× 매력적 오답 ㄱ. $x=4$이다.

ㄷ. (가)에서 $[OH^-]=1\times10^{-10}$ M이고, (나)에서 $[H_3O^+]=1\times10^{-6}$ M이며, (가)와 (나)의 부피는 각각 0.1 L, 0.2 L이므로 $\frac{(가)에서\ OH^-의\ 양(mol)}{(나)에서\ H_3O^+의\ 양(mol)}=\frac{1\times10^{-10}\times0.1}{1\times10^{-6}\times0.2}=5\times10^{-5}>1\times10^{-5}$이다.

문제풀이 Tip

$pH=-\log[H_3O^+]$이므로 $[H_3O^+]$가 10배 증가할 때 pH는 1만큼 감소한다. 따라서 pH는 (나)가 (가)보다 2만큼 크다.

선택지 비율	① 5%	② 17%	③ 15%	④ 11%	⑤ 52%

23 물의 이온화 상수와 pH

2023학년도 6월 평가원 16번 | 정답 ⑤ | 문제편 160p

출제 의도 물의 이온화 상수와 pH, pOH의 관계를 알고 수용액에서 H_3O^+, OH^-의 양(mol)을 계산할 수 있는지 묻는 문항이다.

문제 분석

표는 25 ℃의 물질 (가)~(다)에 대한 자료이다. (가)~(다)는 각각 HCl(*aq*), $H_2O(l)$, NaOH(*aq*) 중 하나이고, pH$=-\log[H_3O^+]$, pOH$=-\log[OH^-]$이다. (산성(pH<7), 중성(pH=7), 염기성(pH>7))

물질	(가) $H_2O(l)$	(나) HCl(*aq*)	(다) NaOH(*aq*)
$\frac{pH}{pOH}$	$1=\frac{7}{7}$ ➡ 중성	$\frac{1}{6}=\frac{2}{12}$ ➡ 산성	$\frac{5}{2}=\frac{10}{4}$ ➡ 염기성
부피(mL)	100	200	400

이에 대한 설명으로 옳은 것만을 〈보기〉에서 있는 대로 고른 것은? (단, 온도는 25 ℃로 일정하고, 25 ℃에서 물의 이온화 상수(K_w)는 1×10^{-14}이며, 혼합 용액의 부피는 혼합 전 물 또는 용액의 부피의 합과 같다.) [3점] (pH+pOH=14)

〈보기〉

ㄱ. (가)는 ~~HCl(*aq*)~~ ($H_2O(l)$)이다.

ㄴ. $\frac{(나)에서\ H_3O^+의\ 양(mol)}{(다)에서\ OH^-의\ 양(mol)}=50$이다. $\frac{1\times10^{-2}\times0.2}{1\times10^{-4}\times0.4}=50$

ㄷ. (가)와 (다)를 모두 혼합한 수용액에서 pH<10이다. ($H_2O(l)$ NaOH(*aq*) — OH^-의 양은 그대로, 부피는 증가 ➡ pOH↑, pH↓)

① ㄱ ② ㄴ ③ ㄷ ④ ㄱ, ㄴ ⑤ ㄴ, ㄷ

✓ 자료 해석

- 25 ℃에서 물의 이온화 상수(K_w)$=[H_3O^+][OH^-]=1\times10^{-14}$이므로 pH+pOH=14이다.
- 산성 수용액의 pH<7, 중성 수용액의 pH=7, 염기성 수용액의 pH>7이다.
- (가)는 pH=pOH=7이므로 중성인 $H_2O(l)$이다.
- (나)는 pH=2, pOH=12이므로 산성인 HCl(*aq*)이다.
- (다)는 pH=10, pOH=4이므로 염기성인 NaOH(*aq*)이다.

○ 보기 풀이 ㄴ. (나)에서 $[H_3O^+]=1\times10^{-2}$ M이고, (다)에서 $[OH^-]=1\times10^{-4}$ M이며, (나)와 (다)의 부피는 각각 0.2 L, 0.4 L이므로 $\frac{(나)에서\ H_3O^+의\ 양(mol)}{(다)에서\ OH^-의\ 양(mol)}=\frac{1\times10^{-2}\times0.2}{1\times10^{-4}\times0.4}=50$이다.

ㄷ. pOH=4인 NaOH(*aq*) 400 mL에 $H_2O(l)$ 100 mL를 혼합하면, OH^-의 양(mol)은 그대로인 상태에서 용액의 부피만 증가하므로 $[OH^-]$는 감소한다. 따라서 (가)와 (다)를 모두 혼합한 수용액의 pOH>4이고, pH<10이다.

× 매력적 오답 ㄱ. (가)는 $H_2O(l)$이다.

문제풀이 Tip

$\frac{pH}{pOH}$를 통해 (가)는 중성, (나)는 산성, (다)는 염기성임을 알 수 있다. H_3O^+, OH^-의 양(mol)을 구할 때는 pH, pOH를 이용하여 $[H_3O^+]$, $[OH^-]$를 구하고 수용액의 부피를 곱한다.

선택지 비율	① 13%	② 4%	③ 5%	④ 74%	⑤ 4%

24 물의 이온화 상수와 pH

2022학년도 수능 12번 | 정답 ④ | 문제편 160p

출제 의도 물의 이온화 상수와 pH의 관계를 알고 수용액에서 $[H_3O^+]$, $[OH^-]$와 pH를 계산할 수 있는지 묻는 문항이다.

문제 분석

표는 수용액 (가)와 (나)에 대한 자료이다. (가)와 (나)는 각각 NaOH(*aq*)과 HCl(*aq*) 중 하나이다.

수용액	(가) NaOH(*aq*)	(나) HCl(*aq*)
몰 농도(M)	$10^{2x-14}=a=[OH^-]$	$10^{-x}=\frac{1}{10}a=[H_3O^+]$
pH	$2x$	x
$[H_3O^+]$(M)	10^{-2x}	10^{-x}

이에 대한 설명으로 옳은 것만을 〈보기〉에서 있는 대로 고른 것은? (단, 온도는 25 ℃로 일정하며, 25 ℃에서 물의 이온화 상수(K_w)는 1×10^{-14}이다.) [3점] ($=[H_3O^+][OH^-]$)

〈보기〉

ㄱ. (나)는 HCl(*aq*)이다.

ㄴ. $x=$~~4.0~~ (5.0)이다.

ㄷ. $10a$ M ($=10^{-3}$ M) NaOH(*aq*)에서 $\frac{[Na^+]}{[H_3O^+]}=1\times10^8$이다. ($[Na^+]$: 1×10^{-3} M, $[H_3O^+]$: 1×10^{-11} M)

① ㄱ ② ㄴ ③ ㄷ ④ ㄱ, ㄷ ⑤ ㄴ, ㄷ

✓ 자료 해석

- 산 수용액의 pH<7이고, 염기 수용액의 pH>7이다. 따라서 pH는 염기>산이므로 (가)는 NaOH(*aq*)이고, (나)는 HCl(*aq*)이다.
- pH$=-\log[H_3O^+]$이고, 25 ℃에서 물의 이온화 상수(K_w)$=[H_3O^+][OH^-]=1\times10^{-14}$이다.
- (가)의 pH$=2x$이므로 (가)에서 $[H_3O^+]=1\times10^{-2x}$ M이고, $[OH^-]=1\times10^{2x-14}$ M이다. (가)의 $[OH^-]=a$ M이므로 $a=1\times10^{2x-14}$이다.
- (나)의 pH$=x$이므로 (나)에서 $[H_3O^+]=1\times10^{-x}$ M이고, $[OH^-]=1\times10^{x-14}$ M이다. (나)의 $[H_3O^+]=\frac{1}{10}a$ M$=1\times10^{2x-15}$ M이므로 $1\times10^{2x-15}=1\times10^{-x}$에서 $x=5$이고, $a=10^{-4}$이다.

○ 보기 풀이 ㄱ. pH는 (가)>(나)이므로 (가)는 NaOH(*aq*), (나)는 HCl(*aq*)이다.

ㄷ. $a=10^{-4}$이므로 $10a$ M NaOH(*aq*)은 10^{-3} M NaOH(*aq*)이다. $[Na^+]=[OH^-]=1\times10^{-3}$ M이고, $[H_3O^+]=1\times10^{-11}$ M이므로 $\frac{[Na^+]}{[H_3O^+]}=1\times10^8$이다.

× 매력적 오답 ㄴ. $x=5$이다.

문제풀이 Tip

용액의 pH를 비교하여 각 용액의 종류를 먼저 결정한 후 $[H_3O^+]$와 $[OH^-]$, 용액의 몰 농도를 이용하여 x와 a를 구해야 한다. 용액에서 $[H_3O^+]$가 클수록 pH가 작아지므로 pH는 산이 염기보다 작다.

선택지 비율	① 13%	② 10%	③ 9%	❹ 64%	⑤ 4%

25 물의 이온화 상수

2022학년도 9월 평가원 13번 | 정답 ④ | 문제편 161 p

출제 의도 수용액에서 $[H_3O^+]$와 $[OH^-]$의 비로부터 $[H_3O^+]$, $[OH^-]$를 계산할 수 있는지 묻는 문항이다.

문제 분석

표는 25 ℃에서 수용액 (가)~(다)에 대한 자료이다.

수용액	(가)	(나)	(다)
$\frac{[H_3O^+]}{[OH^-]}$	$\frac{1}{10}$ $=\frac{10^{-7.5}}{10^{-6.5}}$	100 $=\frac{10^{-6}}{10^{-8}}$	1 $=\frac{10^{-7}}{10^{-7}}$
부피		V	$100V$

이에 대한 설명으로 옳은 것만을 〈보기〉에서 있는 대로 고른 것은? (단, 25 ℃에서 물의 이온화 상수(K_w)는 1×10^{-14}이다.)

$=[H_3O^+][OH^-]$

〈보기〉

ㄱ. (나)에서 $[OH^-]<1\times10^{-7}$ M이다. (1×10^{-8} M)

ㄴ. $\frac{(가)에서\ [H_3O^+]}{(나)에서\ [H_3O^+]}=\frac{1}{1000}$이다. $\frac{1\times10^{-7.5}}{1\times10^{-6}}=10^{-1.5}$이다.

ㄷ. $\frac{(나)에서\ H_3O^+의\ 양(mol)}{(다)에서\ H_3O^+의\ 양(mol)}=\frac{1}{10}$이다. $\frac{1\times10^{-6}\times V}{1\times10^{-7}\times100V}=\frac{1}{10}$

① ㄱ ② ㄷ ③ ㄱ, ㄴ ④ ㄱ, ㄷ ⑤ ㄴ, ㄷ

✓ 자료 해석

- 25 ℃에서 물의 이온화 상수$(K_w)=[H_3O^+][OH^-]=1\times10^{-14}$이고, (가)에서 $[H_3O^+]=\frac{1}{10}\times[OH^-]$이므로 $[H_3O^+][OH^-]=\frac{1}{10}\times[OH^-]^2=1\times10^{-14}$이다. 따라서 $[OH^-]=1\times10^{-6.5}$ M이고, $[H_3O^+]=1\times10^{-7.5}$ M이다.
- (나)에서 $[H_3O^+]=100\times[OH^-]$이므로 $[H_3O^+][OH^-]=100\times[OH^-]^2=1\times10^{-14}$이다. 따라서 $[OH^-]=1\times10^{-8}$ M이고, $[H_3O^+]=1\times10^{-6}$ M이다.
- (다)에서 $\frac{[H_3O^+]}{[OH^-]}=1$이므로 $[H_3O^+]=[OH^-]=1\times10^{-7}$ M이다.

○ 보기 풀이 ㄱ. (나)에서 $[OH^-]=1\times10^{-8}$ M이므로 $[OH^-]<1\times10^{-7}$ M이다.

ㄷ. (나)와 (다)에서 $[H_3O^+]$는 각각 1×10^{-6} M, 1×10^{-7} M이고, (나)와 (다)의 부피는 각각 V, $100V$이므로

$\frac{(나)에서\ H_3O^+의\ 양(mol)}{(다)에서\ H_3O^+의\ 양(mol)}=\frac{1\times10^{-6}\times V}{1\times10^{-7}\times100V}=\frac{1}{10}$이다.

× 매력적 오답 ㄴ. (가)와 (나)에서 $[H_3O^+]$는 각각 $1\times10^{-7.5}$ M, 1×10^{-6} M이므로 $\frac{(가)에서\ [H_3O^+]}{(나)에서\ [H_3O^+]}=\frac{1\times10^{-7.5}}{1\times10^{-6}}=10^{-1.5}$이다.

문제풀이 Tip

(가)와 (나)에서 $[H_3O^+]$와 $[OH^-]$의 비가 제시되어 있고, 25 ℃에서 항상 $[H_3O^+][OH^-]=1\times10^{-14}$이므로 각 수용액에서 $[H_3O^+]$와 $[OH^-]$를 계산할 수 있다. 몰 농도와 부피가 주어졌으므로 양(mol)을 계산할 때는 부피를 고려해야 함을 잊지 말자.

선택지 비율	① 13%	❷ 60%	③ 9%	④ 11%	⑤ 7%

26 물의 이온화 상수와 pH

2022학년도 6월 평가원 13번 | 정답 ② | 문제편 161 p

출제 의도 물의 이온화 상수와 pH의 관계를 알고 수용액에서 $[H_3O^+]$, $[OH^-]$와 pH를 계산할 수 있는지 묻는 문항이다.

문제 분석

표는 25 ℃에서 수용액 (가)~(다)에 대한 자료이다.

수용액	pH	$[H_3O^+]$(M)	$[OH^-]$(M)
(가)	x $=3$	$100a$ $=10^{-x}$ ➡	$a=10^{-x-2}$
(나)	$3x$ $=9$	10^{-3x}	a $=10^{-x-2}$
(다) 중성	7	b =	b $=10^{-7}$

$10^{-4x-2}=10^{-14}$ ➡ $x=3$

이에 대한 설명으로 옳은 것만을 〈보기〉에서 있는 대로 고른 것은? (단, 온도는 25 ℃로 일정하고, 25 ℃에서 물의 이온화 상수(K_w)는 1×10^{-14}이다.) [3점]

$=[H_3O^+][OH^-]$

〈보기〉

ㄱ. x는 4이다. (3)

ㄴ. $\frac{a}{b}=100$이다. $\frac{10^{-5}}{10^{-7}}=100$

ㄷ. pH는 (다)>(나)이다. (7 < 9)

① ㄱ ② ㄴ ③ ㄷ ④ ㄱ, ㄴ ⑤ ㄴ, ㄷ

✓ 자료 해석

- $pH=-\log[H_3O^+]$이고, 25 ℃에서 물의 이온화 상수$(K_w)=[H_3O^+][OH^-]=1\times10^{-14}$이다.
- (가)의 $pH=x$이므로 (가)에서 $[H_3O^+]=1\times10^{-x}$ M$=100a$ M이다. 따라서 $a=10^{-x-2}$이다.
- (나)의 $pH=3x$이므로 (나)에서 $[H_3O^+]=1\times10^{-3x}$ M이고, (나)의 $[OH^-]=a=10^{-x-2}$ M이므로 $[H_3O^+][OH^-]=10^{-3x}\times10^{-x-2}=1\times10^{-14}$이다. 따라서 $x=3$이다.

○ 보기 풀이 ㄴ. $x=3$이므로 $a=10^{-x-2}=10^{-5}$이고, (다)에서 $[H_3O^+]=[OH^-]=10^{-7}$ M이므로 $b=10^{-7}$이다. 따라서 $\frac{a}{b}=\frac{10^{-5}}{10^{-7}}=100$이다.

× 매력적 오답 ㄱ. $x=3$이다.

ㄷ. (나)의 pH=9이고, (다)는 $[H_3O^+]=[OH^-]$인 중성이므로 pH=7이다. 따라서 pH는 (나)>(다)이다.

문제풀이 Tip

25 ℃에서 물의 이온화 상수(K_w)는 항상 $[H_3O^+][OH^-]=1\times10^{-14}$이므로 $[H_3O^+]$와 $[OH^-]$ 중 하나를 알면 나머지 하나도 알 수 있다.

선택지 비율	❶ 71%	② 2%	③ 13%	④ 3%	⑤ 11%

27 수용액의 액성과 pH

2021학년도 9월 평가원 14번 | 정답 ① | 문제편 161 p

출제 의도 물의 자동 이온화 상수와 용액의 pH에 따른 액성 등을 이해하고 있는지 묻는 문항이다.

문제 분석

표는 25 ℃에서 3가지 수용액 (가)~(다)에 대한 자료이다.

수용액	(가) 염기성	(나) 중성	(다) 산성
$[H_3O^+]:[OH^-]$	$1:10^2$	$1:1$	$10^2:1$
	$(1\times10^{-8}:1\times10^{-6})$	$(1\times10^{-7}:1\times10^{-7})$	$(1\times10^{-6}:1\times10^{-8})$

이에 대한 설명으로 옳은 것만을 〈보기〉에서 있는 대로 고른 것은? (단, 온도는 25 ℃로 일정하고, 25 ℃에서 물의 이온화 상수(K_w)는 1×10^{-14}이다.) $=[H_3O^+][OH^-]$

〈보기〉
ㄱ. (나)는 중성이다.
ㄴ. (다)의 pH는 ~~5.0이다~~. 6.0이다.
ㄷ. $[OH^-]$는 (가) : (다) $=$ ~~$10^4:1$이다~~. $10^2:1$이다. (1×10^{-6}, 1×10^{-8})

① ㄱ ② ㄴ ③ ㄱ, ㄷ ④ ㄴ, ㄷ ⑤ ㄱ, ㄴ, ㄷ

✓ 자료 해석

- 25 ℃에서 물의 이온화 상수(K_w)$=[H_3O^+][OH^-]=1\times10^{-14}$이다.
  ➡ 수용액 (가)~(다)에서 $[H_3O^+]$와 $[OH^-]$는 다음과 같다.

수용액	(가)	(나)	(다)
$[H_3O^+]$(M)	1×10^{-8}	1×10^{-7}	1×10^{-6}
$[OH^-]$(M)	1×10^{-6}	1×10^{-7}	1×10^{-8}

○ 보기 풀이 ㄱ. (나)에서 $[H_3O^+]=[OH^-]$이므로 (나)의 액성은 중성이다.

✕ 매력적 오답 ㄴ. (다)에서 $[H_3O^+]:[OH^-]=10^2:1$이므로 $[H_3O^+]=10^2\times[OH^-]$이고, $[H_3O^+][OH^-]=1\times10^{-14}$이다. 따라서 두 식을 연립하면 $[OH^-]=1\times10^{-8}$ M, $[H_3O^+]=1\times10^{-6}$ M이므로 pH$=6$이다.
ㄷ. $[OH^-]$는 (가)에서 1×10^{-6} M, (다)에서 1×10^{-8} M이므로 (가) : (다)$=10^2:1$이다.

문제풀이 Tip

여러 가지 수용액에서 $[H_3O^+]$와 $[OH^-]$의 비를 이용하여 pH를 구하고 용액의 액성을 판단하는 문제가 자주 출제되므로 25 ℃에서 항상 $K_w=[H_3O^+][OH^-]=1\times10^{-14}$임을 기억해 두자.

선택지 비율	① 6%	❷ 58%	③ 9%	④ 9%	⑤ 15%

28 물의 이온화 상수와 pH

2021학년도 수능 15번 | 정답 ② | 문제편 162 p

출제 의도 수용액에서 $[H_3O^+]$와 $[OH^-]$의 비로부터 pH를 계산할 수 있는지 묻는 문항이다.

문제 분석

그림 (가)와 (나)는 수산화 나트륨 수용액(NaOH(aq))과 염산(HCl(aq))을 각각 나타낸 것이다. (가)에서 $\frac{[OH^-]}{[H_3O^+]}=1\times10^{12}$이다.

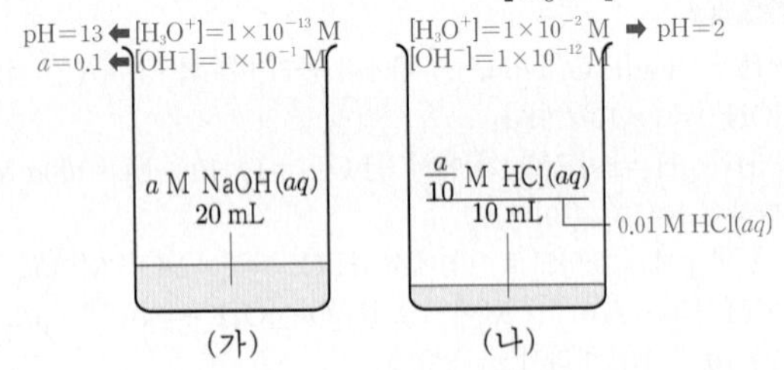

이에 대한 설명으로 옳은 것만을 〈보기〉에서 있는 대로 고른 것은? (단, 온도는 25 ℃로 일정하며, 25 ℃에서 물의 이온화 상수(K_w)는 1×10^{-14}이다.) [3점] $=[H_3O^+][OH^-]$

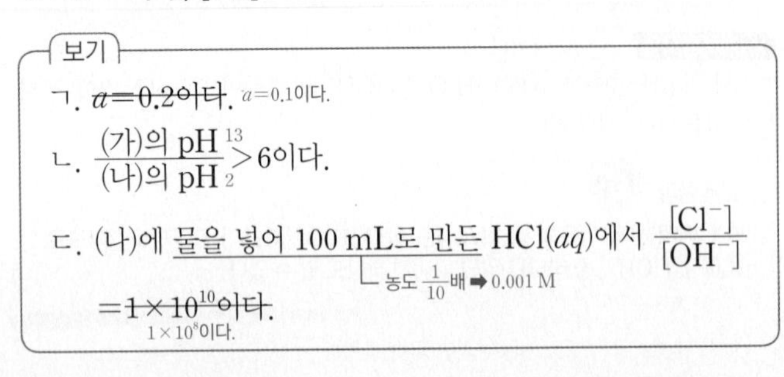

〈보기〉
ㄱ. ~~$a=0.2$이다~~. $a=0.1$이다.
ㄴ. $\frac{(가)의\ pH}{(나)의\ pH}>6$이다. (13, 2)
ㄷ. (나)에 물을 넣어 100 mL로 만든 HCl(aq)에서 $\frac{[Cl^-]}{[OH^-]}$ ~~$=1\times10^{10}$이다~~. 1×10^8이다. (농도 $\frac{1}{10}$배 ➡ 0.001 M)

① ㄱ ② ㄴ ③ ㄷ ④ ㄱ, ㄴ ⑤ ㄴ, ㄷ

✓ 자료 해석

- 25 ℃에서 항상 $[H_3O^+][OH^-]=1\times10^{-14}$이고, (가)에서 $\frac{[OH^-]}{[H_3O^+]}=1\times10^{12}$이므로 두 식을 연립하면 (가)에서 $[H_3O^+]=1\times10^{-13}$ M, $[OH^-]=1\times10^{-1}$ M이다. 따라서 (가)에서 NaOH(aq)의 농도는 0.1 M이므로 $a=0.1$이다.
- (나)에서 HCl(aq)의 농도는 0.01 M이므로 $[H_3O^+]=1\times10^{-2}$ M, $[OH^-]=1\times10^{-12}$ M이다.

○ 보기 풀이 ㄴ. pH$=-\log[H_3O^+]$이다. (가)에서 $[H_3O^+]=1\times10^{-13}$ M이므로 (가)의 pH$=13$이고, (나)에서 HCl(aq)의 몰 농도는 0.01 M이므로 $[H_3O^+]=1\times10^{-2}$ M이다. 따라서 (나)의 pH$=2$이므로 $\frac{(가)의\ pH}{(나)의\ pH}=\frac{13}{2}=6.5>6$이다.

✕ 매력적 오답 ㄱ. (가)에서 $[OH^-]=1\times10^{-1}$ M이므로 $a=0.1$이다.
ㄷ. (나)에서 수용액의 부피는 10 mL이므로 물을 넣어 100 mL로 만들면 부피가 10배로 증가한다. 따라서 HCl(aq)의 몰 농도는 $\frac{1}{10}$배가 되어 0.001 M이다. 0.001 M HCl(aq)에서 $[H_3O^+]=[Cl^-]=0.001$ M이고, $[H_3O^+][OH^-]=1\times10^{-14}$에 의해 $[OH^-]=1\times10^{-11}$ M이므로 $\frac{[Cl^-]}{[OH^-]}=\frac{1\times10^{-3}}{1\times10^{-11}}=1\times10^8$이다.

문제풀이 Tip

수용액의 $[H_3O^+]$와 $[OH^-]$의 비로부터 pH를 구하는 문항이 자주 출제되므로 25 ℃에서는 수용액의 액성에 관계없이 항상 $K_w=[H_3O^+][OH^-]=1\times10^{-14}$임을 기억해 두자.

선택지 비율	① 6%	② 3%	❸ 76%	④ 4%	⑤ 11%

29 물의 이온화 상수와 pH

2021학년도 6월 평가원 14번 | 정답 ③ | 문제편 162p

출제 의도 물의 이온화 상수와 pH, pOH의 관계를 알고 있는지 묻는 문항이다.

문제 분석

그림 (가)~(다)는 물($H_2O(l)$), 수산화 나트륨 수용액($NaOH(aq)$), 염산($HCl(aq)$)을 각각 나타낸 것이다.

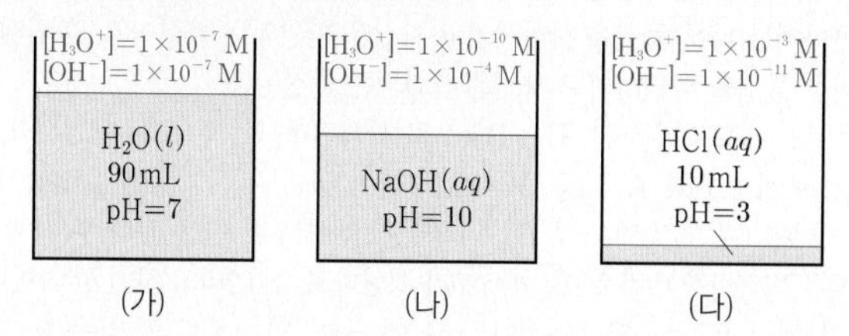

이에 대한 설명으로 옳은 것만을 〈보기〉에서 있는 대로 고른 것은? (단, 혼합 용액의 부피는 혼합 전 물 또는 용액의 부피의 합과 같고, 물과 용액의 온도는 25 ℃로 일정하며, 25 ℃에서 물의 이온화 상수(K_w)는 1×10^{-14}이다.)

보기

ㄱ. (가)에서 $[H_3O^+]=[OH^-]$이다. (1×10^{-7} M, 1×10^{-7} M)

ㄴ. (나)에서 $[OH^-]=1\times10^{-4}$ M이다.

ㄷ. (가)와 (다)를 모두 혼합한 수용액의 ~~pH=5이다~~. pH=4이다. (0.1 L의 $HCl(aq)$)

① ㄱ ② ㄷ ③ ㄱ, ㄴ ④ ㄴ, ㄷ ⑤ ㄱ, ㄴ, ㄷ

✓ 자료 해석

- $pH=-\log[H_3O^+]$이다.
  ➡ (가)의 pH=7이므로 $[H_3O^+]=1\times10^{-7}$ M이고, 마찬가지로 (나)와 (다)의 $[H_3O^+]$는 각각 1×10^{-10} M, 1×10^{-3} M이다.

○ 보기풀이 ㄱ. 25 ℃에서 물의 이온화 상수(K_w)$=[H_3O^+][OH^-]=1\times10^{-14}$이고, (가)에서 $[H_3O^+]=1\times10^{-7}$ M이므로 $[OH^-]=\frac{1\times10^{-14}}{1\times10^{-7}}=1\times10^{-7}$ M이다. 따라서 $[H_3O^+]=[OH^-]$이다.

ㄴ. (나)에서 $[H_3O^+]=1\times10^{-10}$ M이므로 $[OH^-]=\frac{1\times10^{-14}}{1\times10^{-10}}=1\times10^{-4}$ M이다.

× 매력적 오답 ㄷ. (가)와 (다)를 모두 혼합한 수용액의 부피는 100 mL이고, (다)에 들어 있는 H_3O^+의 양(mol)은 1×10^{-3} M$\times$0.01 L$=1\times10^{-5}$ mol이다. 따라서 혼합 수용액에서 $[H_3O^+]=\frac{1\times10^{-5}\text{ mol}}{0.1\text{ L}}=1\times10^{-4}$ M이므로 pH=4이다.

문제풀이 Tip

순수한 물은 중성이므로 pH=7이며 $[H_3O^+]=[OH^-]=1\times10^{-7}$ M임을 기억해 두자. 그리고 $[H_3O^+](M)=\frac{H_3O^+\text{의 양(mol)}}{\text{수용액의 부피(L)}}$임을 이용하여 새로운 혼합 용액의 pH를 구하는 문항이 자주 출제되므로 pH가 수용액 속 H_3O^+의 몰 농도(M)와 관련된 개념임을 기억해 두자.

선택지 비율	① 2%	② 2%	③ 10%	④ 3%	❺ 83%

30 산과 염기의 정의

2022학년도 6월 평가원 10번 | 정답 ⑤ | 문제편 162p

출제 의도 브뢴스테드·로리의 산 염기 정의에 따라 산과 염기를 구분할 수 있는지 묻는 문항이다.

문제 분석

다음은 산 염기 반응 (가)~(다)의 화학 반응식이다.

(가) $HCl(g)+H_2O(l)\longrightarrow Cl^-(aq)+H_3O^+(aq)$ (HCl: 산, H_2O: 염기, H^+ 이동)

(나) $HCO_3^-(aq)+H_2O(l)\longrightarrow H_2CO_3(aq)+$ ㉠ (aq) (HCO_3^-: 염기, H_2O: 산, H^+ 이동, ㉠: OH^-)

(다) $HCO_3^-(aq)+HCl(aq)\longrightarrow H_2CO_3(aq)+Cl^-(aq)$ (HCO_3^-: 염기, HCl: 산, H^+ 이동)

이에 대한 설명으로 옳은 것만을 〈보기〉에서 있는 대로 고른 것은?

보기

ㄱ. (가)에서 HCl는 수소 이온(H^+)을 내어놓는다. (산)

ㄴ. ㉠은 OH^-이다.

ㄷ. (나)와 (다)에서 HCO_3^-은 모두 브뢴스테드·로리 염기이다. (H^+을 받음)

① ㄱ ② ㄷ ③ ㄱ, ㄴ ④ ㄴ, ㄷ ⑤ ㄱ, ㄴ, ㄷ

✓ 자료 해석

- (가)에서 HCl는 H_2O에게 H^+을 주고 Cl^-이 된다.
  ➡ HCl는 브뢴스테드·로리 산이고, H_2O은 브뢴스테드·로리 염기이다.
- (나)에서 HCO_3^-은 H_2O로부터 H^+을 받아 H_2CO_3이 되므로 브뢴스테드·로리 염기이고, 이때 H_2O은 HCO_3^-에게 H^+을 주고 OH^-이 된다.
- (다)에서 HCO_3^-은 HCl로부터 H^+을 받아 H_2CO_3이 되므로 브뢴스테드·로리 염기이다.

○ 보기풀이 ㄱ. (가)에서 HCl는 H_2O과 반응하여 Cl^-이 되므로 수소 이온(H^+)을 내어놓는다.

ㄴ. (나)의 화학 반응식을 완성하면 다음과 같다.

$$HCO_3^-(aq)+H_2O(l)\longrightarrow H_2CO_3(aq)+OH^-(aq)$$

따라서 ㉠은 OH^-이다.

ㄷ. (나)와 (다)에서 HCO_3^-은 H^+을 받아 H_2CO_3이 되므로 모두 브뢴스테드·로리 염기이다.

문제풀이 Tip

브뢴스테드·로리의 산 염기 정의를 기억해 두자. H^+을 주는 것이 산, H^+을 받는 것이 염기이다.

03 산화 환원 반응과 화학 반응에서의 열 출입

선택지 비율	① 11%	② 4%	❸ 69%	④ 9%	⑤ 7%

1 금속의 산화 환원 반응

2025학년도 수능 13번 | 정답 ③ | 문제편 164p

출제 의도 금속의 산화 환원 반응에서 이온의 산화수와 양의 관계를 분석할 수 있는지 묻는 문항이다.

문제 분석

다음은 금속 A~C의 산화 환원 반응 실험이다.

[실험 과정]

(가) 비커에 0.1 M $A^{a+}(aq)$ V mL를 넣는다. (양(mol)이 같음)

(나) (가)의 비커에 충분한 양의 B(s)를 넣어 반응을 완결시킨다.

(다) (나)의 비커에 0.1 M $C^{c+}(aq)$ V mL를 넣어 반응을 완결시킨다.

[실험 결과]

• 각 과정 후 수용액에 들어 있는 모든 금속 양이온에 대한 자료

(A^{a+}은 모두 A로 환원, B는 B^{b+}으로 산화 / C^{c+}은 모두 C로 환원, B는 B^{b+}으로 산화)

과정	(가)	(나)	(다)
양이온의 종류	A^{a+}	B^{b+}	B^{b+}
양이온의 양(mol)(상댓값)	1	2	3

전체 전하량 일정 ➡ $a\times1=b\times2$　$c\times1=b\times1$

이에 대한 설명으로 옳은 것만을 〈보기〉에서 있는 대로 고른 것은? (단, A~C는 임의의 원소 기호이고 물과 반응하지 않으며, 음이온은 반응에 참여하지 않는다.)

보기

ㄱ. (나)와 (다)에서 B(s)는 환원제로 작용한다. B는 B^{b+}으로 산화

ㄴ. $\frac{b}{c}=\frac{2}{3}$이다. 1

ㄷ. $\frac{\text{(다)에서 반응한 B}(s)\text{의 양(mol)}}{\text{(나)에서 생성된 A}(s)\text{의 양(mol)}}=1$이다. (0.1 M $C^{c+}(aq)$ V mL의 양과 같음)

① ㄱ　② ㄴ　③ ㄱ, ㄷ　④ ㄴ, ㄷ　⑤ ㄱ, ㄴ, ㄷ

✓ 자료 해석

• 금속의 산화 환원 반응에서 반응 전과 후 전체 양이온의 전하량은 같다.

• 금속 이온의 산화수는 이온의 전하와 같다.

• 산화제는 다른 물질을 산화시키고 자신은 환원되는 물질이고, 환원제는 다른 물질을 환원시키고 자신은 산화되는 물질이다.

• A^{a+}은 A로 환원되고, B는 B^{b+}으로 산화되며, C^{c+}은 C로 환원된다.

• (가)에서 0.1 M $A^{a+}(aq)$ V mL에 들어 있는 A^{a+}의 양을 1 mol이라고 하면 (나)에서 반응 후 B^{b+}의 양은 2 mol이다. 반응 전과 후 전체 양이온의 전하량이 같으므로 $a=2b$가 성립하고, $a=2$라고 하면 $b=1$이다.

• (다)에서 0.1 M $C^{c+}(aq)$ V mL에 들어 있는 C^{c+}의 양은 0.1 M $A^{a+}(aq)$ V mL에 들어 있는 A^{a+}의 양과 같으므로 1 mol인데, C^{c+} 1 mol이 모두 반응할 때 (다)에서 B^{b+}의 양이 2 mol에서 3 mol로 1 mol 증가했으므로 B^{b+}과 C^{c+}의 산화수는 같다.

○ 보기 풀이 ㄱ. (나)와 (다)에서 B는 산화되어 $B^{b+}(B^+)$이 되었으므로 환원제로 작용한다.

ㄷ. (가)에서 A^{2+}의 양은 1 mol이므로 (나)에서 생성된 A의 양은 1 mol이다. (다)에서 생성된 B^+의 양은 $1(=3-2)$ mol이므로 (다)에서 반응한 B의 양은 1 mol이다. 따라서 $\frac{\text{(다)에서 반응한 B}(s)\text{의 양(mol)}}{\text{(나)에서 생성된 A}(s)\text{의 양(mol)}}=1$이다.

× 매력적 오답 ㄴ. B^{b+}과 C^{c+}의 산화수가 같으므로 $\frac{b}{c}=1$이다.

문제풀이 Tip

$a=2b$이므로 A 이온의 산화수는 B 이온의 산화수의 2배이다. 금속의 산화 환원 반응에 이용하는 금속 이온의 산화수는 일반적으로 3 이하이므로 a, b를 각각 2, 1이라고 정한 후 빠르게 풀이한다.

선택지 비율	① 2%	② 5%	❸ 81%	④ 7%	⑤ 5%

2 산화 환원 반응식

2025학년도 수능 11번 | 정답 ③ | 문제편 164p

출제 의도 반응 몰비와 산화수 변화를 이용하여 산화 환원 반응식을 완성할 수 있는지 묻는 문항이다.

문제 분석

다음은 원소 X, Y와 관련된 산화 환원 반응 실험이다.

[자료]

• 화학 반응식 :

$$aXO_4^{2-} + bY^- + cH^+ \longrightarrow aX^{m+} + dY_2 + eH_2O$$

(a~e는 반응 계수)

(산화수 1 증가 / 산화수 $(6-m)$ 감소 / 증가한 산화수 합 = 감소한 산화수 합 ➡ $b\times1=2d\times1=a\times(6-m)$ ➡ $m=3$)

• X의 산화물에서 산소(O)의 산화수는 -2이다.

[실험 과정 및 결과]

• XO_4^{2-} $2N$ mol을 충분한 양의 Y^-과 H^+이 들어 있는 수용액에 넣어 모두 반응시켰더니, Y_2 $3N$ mol이 생성되었다.

(반응 몰비=반응 계수비 ➡ $a:d=2:3$)

$m\times\frac{a}{c}$는? (단, X와 Y는 임의의 원소 기호이고, Y_2는 물과 반응하지 않는다.)

① $\frac{1}{8}$ ② $\frac{1}{4}$ ③ $\frac{3}{8}$ ④ $\frac{1}{2}$ ⑤ $\frac{3}{4}$

✓ 자료 해석

• 산화 환원 반응에서 증가한 산화수 합과 감소한 산화수 합은 같으므로 반응물과 생성물의 원자 수와 산화수 변화를 맞추어 화학 반응식을 완성할 수 있다.

• XO_4^{2-} $2N$ mol이 반응할 때 Y_2 $3N$ mol이 생성되므로 반응 몰비는 $XO_4^{2-}:Y_2=2:3$이고, 반응 몰비=반응 계수비이므로 $a:d=2:3$이다.

• $a=2$라고 하면 $d=3$이고, 반응 전과 후 원자의 종류와 수가 같으므로 $b=6$, $c=16$, $e=8$이다. 이를 정리하면 화학 반응식은 다음과 같다.

$$2XO_4^{2-}+6Y^-+16H^+ \longrightarrow 2X^{m+}+3Y_2+8H_2O$$

• Y의 산화수는 -1에서 0으로 1만큼 증가하고, X의 산화수는 $+6$에서 $+m$으로 $(6-m)$만큼 감소한다.

• 증가한 산화수 합과 감소한 산화수 합은 같으므로 $6\times1=2\times(6-m)$이 성립하여 $m=3$이다.

보기 풀이 $m\times\frac{a}{c}=3\times\frac{2}{16}=\frac{3}{8}$이다.

문제풀이 Tip

반응 전과 후 전체 물질의 전하량이 같다는 것을 이용하여 m을 구할 수도 있다. $2XO_4^{2-}+6Y^-+16H^+ \longrightarrow 2X^{m+}+3Y_2+8H_2O$에서 $-4-6+16=2m$이 성립하여 $m=3$이다.

Part II 수능 평가원

선택지 비율	① 5%	② 5%	❸ 82%	④ 6%	⑤ 2%

3 산화 환원 반응식

2025학년도 9월 평가원 9번 | 정답 ③ | 문제편 164p

출제 의도 산화수 변화를 이용하여 산화 환원 반응식을 완성할 수 있는지 묻는 문항이다.

문제 분석

다음은 원소 X, Y와 관련된 산화 환원 반응에 대한 자료이다. X와 Y의 산화물에서 산소(O)의 산화수는 -2이다.

• 화학 반응식 :

$$aXO_4^- + bYO_3^{m-} + cH_2O \longrightarrow aXO_m + bYO_4^{2-} + dOH^-$$

(a~d는 반응 계수)

(산화수 m 증가 / 산화수 $(7-2m)$ 감소)

• $\frac{\text{생성물에서 X의 산화수}}{\text{반응물에서 Y의 산화수}}=1$이다. ($\frac{2m}{6-m}=1$ ➡ $m=2$)

($a\times(7-2m)=b\times m$, $m=2$ ➡ $3a=2b$)

$\frac{b+c}{a+d}$는? (단, X와 Y는 임의의 원소 기호이다.)

① $\frac{5}{8}$ ② $\frac{4}{5}$ ③ 1 ④ $\frac{5}{4}$ ⑤ $\frac{5}{2}$

✓ 자료 해석

• 반응물인 YO_3^{m-}에서 O의 산화수가 -2이므로 Y의 산화수는 $+(6-m)$이다.

• 생성물인 XO_m에서 O의 산화수가 -2이므로 X의 산화수는 $+2m$이다.

• $\frac{\text{생성물에서 X의 산화수}}{\text{반응물에서 Y의 산화수}}=\frac{2m}{6-m}=1$이 성립하여 $m=2$이다.

보기 풀이 반응물인 XO_4^-에서 X의 산화수는 $+7$이고, 생성물인 YO_4^{2-}에서 Y의 산화수는 $+6$이므로 X의 산화수는 $+7$에서 $+4$로 3만큼 감소하고, Y의 산화수는 $+4$에서 $+6$으로 2만큼 증가하는데, 증가한 산화수 합과 감소한 산화수 합이 같으므로 a, b는 각각 2, 3이다. 따라서 화학 반응식은 $2XO_4^-+3YO_3^{2-}+cH_2O \longrightarrow 2XO_2+3YO_4^{2-}+dOH^-$인데, 반응 전과 후 전체 물질의 전하량은 같으므로 $-2-6=-6-d$가 성립하여 $d=2$이고, 반응 전과 후 H 원자 수가 같으므로 $c=1$이다. 화학 반응식을 완성하면 $2XO_4^-+3YO_3^{2-}+H_2O \longrightarrow 2XO_2+3YO_4^{2-}+2OH^-$이다. a~d는 각각 2, 3, 1, 2이므로 $\frac{b+c}{a+d}=1$이다.

문제풀이 Tip

증가한 산화수 합과 감소한 산화수 합이 같은 것을 이용하여 산화, 환원되는 물질의 계수를 구하고, 반응 전과 후 원자의 종류와 수, 전체 물질의 전하량이 같은 것을 이용하여 나머지 계수를 완성한다. 반응 전과 후 전체 전하량은 변하지 않으므로 $-a-mb=-2b-d$이고, $m=2$이므로 $a=d$이다.

선택지 비율	❶ 73%	② 3%	③ 13%	④ 4%	⑤ 7%

4 금속의 산화 환원 반응

2025학년도 9월 평가원 15번 | 정답 ① | 문제편 164p

출제 의도 금속의 산화 환원 반응에서 이온의 산화수와 양의 관계를 분석할 수 있는지 묻는 문항이다.

문제 분석

다음은 금속 A~C의 산화 환원 반응 실험이다. B^{b+}과 C^{c+}의 b와 c는 3 이하의 서로 다른 자연수이다.

[실험 과정]
(가) A^+이 들어 있는 수용액 V mL를 준비한다.
(나) (가)의 수용액에 $B(s)$를 넣어 반응을 완결시킨다.
(다) (나)의 수용액에 $C(s)$를 넣어 반응을 완결시킨다. ($4N$ → N)

[실험 결과]
- (다)에서 B^{b+}은 C와 반응하지 않았다.
- 각 과정 후 수용액 속에 들어 있는 금속 양이온에 대한 자료

(전체 양이온의 전하량 $+16N$)

과정	(가)	(나)	(다)
양이온의 종류	A^+	A^+, B^{b+} ($4N$, $4N$)	A^+, B^{b+}, C^{c+} ($2N$, $4N$, N)
전체 양이온의 양(mol)	$16N$	$8N$	$7N$

감소 ➡ b=2, 3 중 하나 ➡ b=2이면 (나)에는 B^{b+}만 존재 ➡ b=3, c=2

이에 대한 설명으로 옳은 것만을 〈보기〉에서 있는 대로 고른 것은? (단, A~C는 임의의 원소 기호이고 물과 반응하지 않으며, 음이온은 반응에 참여하지 않는다.) [3점]

보기

ㄱ. (나)와 (다)에서 A^+은 산화제로 작용한다. A^+은 A로 환원
ㄴ. $b : c = 2 : 3$이다. (3 : 2)
ㄷ. (다) 과정 후 A^+의 양은 N mol이다. ($2N$)

① ㄱ ② ㄴ ③ ㄱ, ㄷ ④ ㄴ, ㄷ ⑤ ㄱ, ㄴ, ㄷ

✓ 자료 해석

- (나)에서 A^+과 B가 반응할 때 전체 양이온의 양이 감소하므로 금속 이온의 산화수는 B>A이다. 따라서 b는 2, 3 중 하나이다.
- b=2일 때 (가)와 (나)에서 전체 양이온의 전하량이 같기 위해서는 (나)에서 수용액 속에 B^{2+} $8N$ mol만 존재해야 하지만, (나)에서 A^+, B^{b+}이 모두 존재하므로 자료와 맞지 않는다. 따라서 b=3이다.
- (나)에서 넣어 준 $B(s)$의 양(mol)을 m이라고 하면, 반응의 양적 관계는 다음과 같다.

	$3A^+$	+ B	⟶ 3A	+ B^{3+}
반응 전(mol)	$16N$	m		
반응 (mol)	$-3m$	$-m$	$+3m$	$+m$
반응 후(mol)	$16N-3m$	0	$3m$	m

- 반응 후 전체 양이온의 양(mol)이 $8N$이므로 $16N-3m+m=8N$이 성립하여 $m=4N$이다.
- b와 c는 서로 다른 자연수이므로 c=2이다. (다)에서 넣어 준 $C(s)$의 양(mol)을 n이라고 하면, 반응의 양적 관계는 다음과 같다.

	$2A^+$	+ C	⟶ 2A	+ C^{2+}
반응 전(mol)	$4N$	n		
반응 (mol)	$-2n$	$-n$	$+2n$	$+n$
반응 후(mol)	$4N-2n$	0	$2n$	n

- (나)에서 반응 후 B^{3+}의 양(mol)은 $4N$인데, (다)에서 B^{3+}은 C와 반응하지 않고 전체 양이온의 양(mol)은 $7N$이므로 $4N-n=3N$이 성립하여 $n=N$이다. 따라서 (다)에서 반응 후 A^+, B^{3+}, C^{2+}의 양(mol)은 각각 $2N$, $4N$, N이다.

○ 보기풀이 ㄱ. (나)와 (다)에서 A^+은 환원되어 A가 되므로 산화제로 작용한다.

× 매력적 오답 ㄴ. b, c는 각각 3, 2이므로 $b : c = 3 : 2$이다.
ㄷ. (다) 과정 후 A^+의 양은 $2N$ mol이다.

문제풀이 Tip

(나)에서 A^+과 B가 반응할 때 전체 양이온의 양이 감소하므로 금속 이온의 산화수는 B>A이다. 따라서 b는 2, 3 중 하나이다. b가 2일 때 (가)와 (나)에서 양이온의 총 전하량이 같기 위해서는 (나)에서 수용액 속에 B^{2+} $8N$ mol만 존재해야 하지만, (나)에서 A^+, B^{b+}이 모두 존재하므로 자료와 맞지 않는다. 따라서 b는 3이다. (가)와 (나)에서 양이온의 총 전하량이 같으므로 (나)에서 A^+의 양(mol)을 x라고 하면 $16N=x+3(8N-x)$가 성립하여 $x=4N$이다. b와 c는 서로 다른 자연수이므로 c=2이고, (다)에서 전체 양이온의 양(mol)이 N만큼 감소하므로 A^+ $2N$ mol이 반응하여 C^{2+} N mol이 생성되었다. 따라서 (다)에서 반응 후 A^+, B^{3+}, C^{2+}의 양(mol)은 각각 $2N$, $4N$, N이다.

선택지 비율	① 5%	❷ 80%	③ 8%	④ 5%	⑤ 2%

5 산화 환원 반응식

2025학년도 6월 평가원 9번 | 정답 ② | 문제편 165 p

출제 의도 산화수 변화를 이용하여 산화 환원 반응식을 완성할 수 있는지 묻는 문항이다.

문제 분석

다음은 X와 관련된 산화 환원 반응의 화학 반응식이다. X의 산화물에서 산소(O)의 산화수는 -2이다.

$$aX^{2-} + bNO_3^- + cH^+ \longrightarrow aXO_4^{2-} + bNO + dH_2O$$

(a~d는 반응 계수)

(산화수 3 감소, 산화수 8 증가; X: $-2 \rightarrow +6$, N: $+5 \rightarrow +2$; $a=3$, $b=8$, $d=4$)

$\dfrac{b+d}{a}$는? (단, X는 임의의 원소 기호이다.)

① 3 ② 4 ③ 5 ④ 6 ⑤ 7

$a \times 8 = b \times 3 \Rightarrow 8a = 3b$

문제풀이 Tip

산화 환원 반응을 완성할 때 필요한 것 3가지를 알아둔다.
① 증가한 산화수 합과 감소한 산화수 합이 같다.
② 반응 전과 후 원자의 종류와 수는 같다.
③ 반응 전과 후 전체 물질의 전하량은 같다.

✔ 자료 해석

- NO_3^-에서 N의 산화수는 $+5$이고, XO_4^{2-}에서 X의 산화수는 $+6$이며, NO에서 N의 산화수는 $+2$이다.
- X의 산화수는 -2에서 $+6$으로 8만큼 증가하고, N의 산화수는 $+5$에서 $+2$로 3만큼 감소하는데, 증가한 산화수 합과 감소한 산화수 합이 같으므로 X가 포함된 물질의 계수는 3, N가 포함된 물질의 계수는 8이라고 할 수 있고 화학 반응식은 다음과 같다.
$$3X^{2-} + 8NO_3^- + cH^+ \longrightarrow 3XO_4^{2-} + 8NO + dH_2O$$
- 화학 반응에서 반응 전과 후 전체 물질의 전하량은 같으므로 $-6-8+c=-6$이 성립하여 $c=8$이고, 반응 전과 후 H 원자 수는 같으므로 $d=4$이다. 따라서 화학 반응식을 완성하면 다음과 같다.
$$3X^{2-} + 8NO_3^- + 8H^+ \longrightarrow 3XO_4^{2-} + 8NO + 4H_2O$$

○ 보기 풀이 a, b, d가 각각 3, 8, 4이므로 $\dfrac{b+d}{a} = \dfrac{8+4}{3} = 4$이다.

선택지 비율	① 23%	❷ 50%	③ 4%	④ 14%	⑤ 9%

6 금속의 산화 환원 반응

2025학년도 6월 평가원 12번 | 정답 ② | 문제편 165 p

출제 의도 금속의 산화 환원 반응에서 이온의 산화수와 양의 관계를 분석할 수 있는지 묻는 문항이다.

문제 분석

다음은 금속 A와 B의 산화 환원 반응 실험이다.

[실험 과정]
(가) A^+이 들어 있는 수용액 V mL를 준비한다.
(나) (가)의 수용액에 B(s) w g을 넣어 반응을 완결시킨다.
(다) (나)의 수용액에 B(s) $\frac{1}{2}w$ g을 넣어 반응을 완결시킨다.

(수용액 속 B^{n+} 수 비 (나) : (다) $=2:3$)

[실험 결과]
- (나), (다) 과정에서 A^+은 [㉠]로 작용하였다. (산화제, A^+은 A로 환원)
- (나), (다) 과정 후 B는 모두 B^{n+}이 되었다. (B는 B^{n+}으로 산화 ➡ 환원제)
- 각 과정 후 수용액에 존재하는 금속 양이온에 대한 자료

과정	(나)	(다)
금속 양이온 종류	A^+, B^{n+}	A^+, B^{n+}
금속 양이온 수 비율	A^+ $\frac{3}{4}$ ($6x$), B^{n+} $\frac{1}{4}$ ($2x$)	A^+ $\frac{1}{2}$ ($3x$), B^{n+} $\frac{1}{2}$ ($3x$)
전체 양이온의 전하량	$6x+n\times 2x$	$3x+3nx$

(B^{n+} 수 증가; 일정 ➡ $n=3$)

다음 중 ㉠과 n으로 가장 적절한 것은? (단, A와 B는 임의의 원소 기호이고, 물과 반응하지 않으며, 음이온은 반응에 참여하지 않는다.)

	㉠	n		㉠	n
①	산화제	2	②	산화제	3
③	환원제	1	④	환원제	2
⑤	환원제	3			

✔ 자료 해석

- (나), (다)에서 A^+은 A로 환원되면서 산화제로 작용하고, B는 B^{n+}으로 산화되면서 환원제로 작용한다.
- (나)에서 반응 후 금속 양이온 수 비는 1 : 3이고, (다)에서 반응 후 금속 양이온 수 비가 1 : 1인데, (다)에서 B^{n+}의 수가 증가하므로 (나)에서 반응 후 양이온 수 비는 $A^+ : B^{n+} = 3:1$이다.
- (나)에서 반응한 B의 질량(g)은 w이고, (다)까지 반응한 B의 질량(g)은 $\frac{3}{2}w$이므로 각 과정 후 수용액에 들어 있는 B^{n+}의 수는 (다)에서가 (나)에서의 $\frac{3}{2}$배이다.

○ 보기 풀이 각 과정에서 A^+은 환원되므로 ㉠은 산화제가 적절하다.
(나), (다) 과정 후 수용액에 들어 있는 B^{n+}의 수를 각각 $2x$, $3x$라고 하면 (나), (다) 과정 후 수용액에 들어 있는 A^+의 수는 각각 $6x$, $3x$이다. 수용액에서 전체 양이온의 전하량은 일정하므로 $6x+2nx=3x+3nx$가 성립하여 $n=3$이다.

문제풀이 Tip

음이온은 반응에 참여하지 않으므로 반응 전과 후 수용액에서 전체 양이온의 전하량이 일정하다는 것을 이용하여 이온의 산화수를 구한다. (나) 과정 후 수용액에 들어 있는 A^+, B^{n+}의 수는 각각 $6x$, $2x$이고, (다) 과정 후 수용액에 들어 있는 A^+, B^{n+}의 수는 각각 $3x$, $3x$인데, (다)에서 A^+ $3x$개가 감소할 때 B^{n+} x개가 증가했으므로 $n=3$이다.

Part II 수능 평가원

선택지 비율	① 3%	② 5%	③ 11%	④ 12%	⑤ 69%

7 금속의 산화 환원 반응

2024학년도 수능 9번 | 정답 ⑤ | 문제편 165p

출제 의도 금속의 산화 환원 반응에서 양이온의 산화수와 양이온 수를 구할 수 있는지 묻는 문항이다.

문제 분석

다음은 금속 A~C의 산화 환원 반응 실험이다.

[실험 과정]

(가) $A^+(aq)$ $15N$ mol이 들어 있는 수용액 V mL를 준비한다. (① 전하량 $15N$)

(나) (가)의 비커에 $B(s)$를 넣어 반응시킨다.

(다) (나)의 비커에 $C(s)$를 넣어 반응시킨다.

[실험 결과 및 자료]

- (나) 과정 후 B는 모두 B^{2+}이 되었고(산화), (다) 과정에서 B^{2+}은 C와 반응하지 않으며, (다) 과정 후 C는 C^{m+}이 되었다(산화).
- 각 과정 후 수용액 속에 들어 있는 양이온의 종류와 수 ($9N=m\times3N$ ➡ $m=3$)

과정	(나)	(다)
양이온의 종류	A^+, B^{2+} ($9N$, $3N$ / x, $12N-x$)	B^{2+}, C^{m+} ($3N$, $3N$)
전체 양이온 수(mol)	$12N$	$6N$

② 전하량 $x+2(12N-x)$ ➡ ①=② 성립 ➡ $x=9N$

이에 대한 설명으로 옳은 것만을 〈보기〉에서 있는 대로 고른 것은? (단, A~C는 임의의 원소 기호이고 물과 반응하지 않으며, 음이온은 반응에 참여하지 않는다.) (전체 양이온의 전하량 일정)

〈보기〉

ㄱ. $m=3$이다.

ㄴ. (나)와 (다)에서 A^+은 산화제로 작용한다. (자신은 환원, A^+은 A로 환원)

ㄷ. (다) 과정 후 양이온 수 비는 $B^{2+}:C^{m+}=1:1$이다. ($3N$, $3N$)

① ㄱ ② ㄷ ③ ㄱ, ㄴ ④ ㄴ, ㄷ ⑤ ㄱ, ㄴ, ㄷ

✓ 자료 해석

- (가)에서 A^+의 양(mol)은 $15N$인데, (나)에서 A^+, B^{2+}의 양(mol)의 합은 $12N$이다. (가)에서 양이온의 총 전하를 $15N$이라고 하고, (나)에서 A^+, B^{2+}의 양(mol)을 각각 x, $12N-x$라고 할 때 (나)에서 양이온의 총 전하는 $x+2\times(12N-x)=24N-x$인데, (가)와 (나)에서 양이온의 총 전하량은 같으므로 $15N=24N-x$이 성립하여 $x=9N$이다. 따라서 (나)에서 A^+, B^{2+}의 양(mol)은 각각 $9N$, $3N$이다.
- (다)에서 C는 A^+과 반응하므로 B^{2+}의 양(mol)은 $3N$이며, 전체 양이온의 양(mol)이 $6N$이므로 C^{m+}의 양(mol)은 $3N$이다. A^+ $9N$ mol이 C와 모두 반응하여 C^{m+} $3N$ mol이 생성되었으므로 $m=3$이다.

○ 보기 풀이 ㄱ. (다)에서 B^{2+}의 양(mol)은 $3N$이고, 전체 양이온의 양(mol)은 $6N$이므로 C^{m+}의 양(mol)은 $3N$이다. A^+ $9N$ mol이 C와 모두 반응하여 C^{m+} $3N$ mol이 생성되고, 전체 양이온의 전하량은 일정하므로 $(+1)\times9=(+m)\times3$이 성립하여 $m=3$이다.

ㄴ. (나)에서 A^+은 B와 반응할 때 환원되면서 A가 되었고, (다)에서 A^+은 C와 반응할 때 환원되면서 A가 되었으므로 (나)와 (다)에서 A^+은 모두 산화제로 작용한다.

ㄷ. (다) 과정 후 B^{2+}, C^{3+}의 양은 모두 $3N$ mol로 같다.

문제풀이 Tip

음이온은 반응에 참여하지 않으므로 전체 양이온의 전하량은 일정하다는 것을 이용하여 금속 양이온의 산화수를 구한다. 금속 이온의 산화수는 산화 환원 반응에서 증가한 산화수 합과 감소한 산화수 합이 같다는 것을 이용하여 구해도 된다.

선택지 비율	① 7%	❷ 66%	③ 5%	④ 9%	⑤ 13%

8 산화 환원 반응식

2024학년도 수능 12번 | 정답 ② | 문제편 165 p

출제 의도 산화 환원 반응식을 완성할 수 있는지 묻는 문항이다.

문제 분석

다음은 2가지 산화 환원 반응에 대한 자료이다. 원소 X와 Y의 산화물에서 산소(O)의 산화수는 -2이다.

- 화학 반응식
  (가) $3XO_3^{3-} + BrO_3^- \longrightarrow 3XO_4^{3-} + Br^-$
  (나) $aX_2O_3 + 4YO_4^- + bH^+ \longrightarrow aX_2O_m + 4Y^{n+} + cH_2O$ (5, 12, 5, 6)
  (a~c는 반응 계수) $2\times(+5)+m\times(-2)=0$
- $\dfrac{\text{생성물에서 X의 산화수}}{\text{반응물에서 X의 산화수}}$ $\left(\dfrac{+5}{+3}\right)$는 (가)에서와 (나)에서가 같다.
- a는 (가)에서 각 원자의 산화수 중 가장 큰 값과 같다. (+5)

$\dfrac{m\times n}{b}$은? (단, X와 Y는 임의의 원소 기호이다.) [3점]

① $\dfrac{2}{3}$ ② $\dfrac{5}{6}$ ③ 1 ④ 2 ⑤ $\dfrac{5}{2}$

✔ 자료 해석

- X의 산화수는 (가)의 반응물인 XO_3^{3-}에서 $+3$, 생성물인 XO_4^{3-}에서 $+5$이고, (나)의 반응물인 X_2O_3에서 $+3$이다.
- (가)와 (나)에서 $\dfrac{\text{생성물에서 X의 산화수}}{\text{반응물에서 X의 산화수}}=\dfrac{5}{3}$이므로 (나)의 생성물인 X_2O_m에서 X의 산화수는 $+5$이다. 따라서 $m=5$이다.
- (가)에서 Br의 산화수는 BrO_3^-에서 $+5$, Br^-에서 -1이다. (가)에서 각 원자의 산화수 중 가장 큰 값은 $+5$이므로 $a=5$이다.

○ 보기풀이 (나)에서 X의 산화수는 $+3$에서 $+5$로 2만큼 증가하고 Y의 산화수는 $+7$에서 $+n$으로 $(7-n)$만큼 감소하는데, $a=5$이고 증가한 산화수 합과 감소한 산화수 합은 같으므로 $5\times2\times2=4\times(7-n)$이 성립하여 $n=2$이다. $5X_2O_3+4YO_4^-+bH^+ \longrightarrow 5X_2O_5+4Y^{2+}+cH_2O$에서 반응 전후 H와 O의 수는 같으므로 $b=12$, $c=6$이다. 따라서 $\dfrac{m\times n}{b}=\dfrac{5\times2}{12}=\dfrac{5}{6}$이다.

문제풀이 Tip

증가한 산화수 합은 20이고, 반응물인 YO_4^-의 계수가 4, Y 원자 수는 1이므로 감소한 Y의 산화수는 5가 되어야 한다. 따라서 Y^{n+}에서 $n=2$이다.

선택지 비율	① 4%	② 4%	③ 12%	④ 6%	❺ 74%

9 금속의 산화 환원 반응

2024학년도 9월 평가원 9번 | 정답 ⑤ | 문제편 166 p

출제 의도 금속의 산화 환원 반응에서 이온의 산화수와 양의 관계를 분석할 수 있는지 묻는 문항이다.

문제 분석

다음은 금속 A~C의 산화 환원 반응 실험이다.

[실험 과정 및 결과]

(가) A^{a+} $3N$ mol이 들어 있는 수용액 V mL를 비커 Ⅰ, Ⅱ에 각각 넣는다.

(나) Ⅰ과 Ⅱ에 B(s)와 C(s)를 각각 조금씩 넣어 반응시킨다.

(다) (나) 과정 후 A^{a+}은 모두 A가 되었고, A^{a+}과 반응한 B와 C는 각각 B^{b+}과 C^{c+}이 되었다.

(라) (나)에서 넣어 준 금속의 양(mol)에 따른 수용액 속 전체 양이온의 양(mol)은 그림과 같았다.

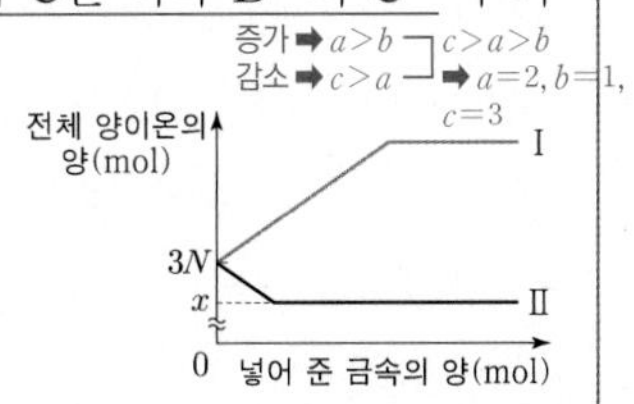

이에 대한 설명으로 옳은 것만을 〈보기〉에서 있는 대로 고른 것은? (단, A~C는 임의의 원소 기호이고 물과 반응하지 않으며, 음이온은 반응에 참여하지 않는다. a~c는 3 이하의 자연수이다.)

보기

ㄱ. (나)에서 A^{a+}은 산화제로 작용한다. A^{a+}은 A로 환원

ㄴ. $x=2N$이다. 비커 Ⅱ에서 $(+2)\times3N=(+3)\times x$

ㄷ. $c>b$이다. $b=1, c=3$

① ㄱ ② ㄷ ③ ㄱ, ㄴ ④ ㄴ, ㄷ ⑤ ㄱ, ㄴ, ㄷ

✔ 자료 해석

- 산화제 : 다른 물질을 산화시키고 자신은 환원되는 물질이다.
- 환원제 : 다른 물질을 환원시키고 자신은 산화되는 물질이다.
- 비커 Ⅰ에서는 반응 후 전체 양이온의 양(mol)이 증가하였으므로 A^{a+}의 산화수는 B^{b+}의 산화수보다 크다. 따라서 $a>b$이다.
- 비커 Ⅱ에서는 반응 후 전체 양이온의 양(mol)이 감소하였으므로 A^{a+}의 산화수는 C^{c+}의 산화수보다 작다. 따라서 $a<c$이다.
- a~c는 3 이하의 자연수이고, $c>a>b$이므로 $a=2$, $b=1$, $c=3$이다.

○ 보기풀이 ㄱ. A^{a+}은 A로 환원되므로 산화제이다.

ㄴ. $a=2$, $c=3$이고 비커 Ⅱ에서 반응 전과 후 전체 양이온의 전하량은 같으므로 $(+2)\times3N=(+3)\times x$가 성립하여 $x=2N$이다.

ㄷ. $b=1$, $c=3$이므로 $c>b$이다.

문제풀이 Tip

금속의 산화 환원 반응에서 반응 전과 후 전체 양이온의 전하량은 같다는 것을 이용하여 이온의 산화수를 구한다. 반응 후 전체 양이온의 양이 감소하면 넣어 준 금속의 이온의 산화수가 크고, 전체 양이온의 양이 증가하면 넣어 준 금속의 이온의 산화수가 작다.

선택지 비율	① 2%	❷ 76%	③ 9%	④ 11%	⑤ 2%

10 산화 환원 반응식

2024학년도 9월 평가원 14번 | 정답 ② | 문제편 166 p

출제 의도 산화 환원 반응식을 완성할 수 있는지 묻는 문항이다.

문제분석

다음은 금속 M과 관련된 산화 환원 반응에 대한 자료이다. M의 산화물에서 산소(O)의 산화수는 -2이다.

- 화학 반응식
  (가) $\overset{+4}{\underline{M}}O_2 + 4H\overset{-1}{\underline{Cl}} \longrightarrow \overset{+2}{\underline{M}}Cl_2 + 2H_2O + \overset{0}{\underline{Cl_2}}$
  (나) $2\underset{+4}{\underline{M}}O_2 + \underset{3}{a}I_2 + \underset{8}{b}OH^- \longrightarrow 2\underset{+(2x-1)=+7}{\underline{M}}O_x^- + \underset{4}{c}H_2O + \underset{6}{d}I^-$ ➡ $2\times3=2a\times1=d\times1$
  (a~d는 반응 계수)
  (가)와 (나) 동일
- $\dfrac{\text{반응물에서 M의 산화수}}{\text{생성물에서 M의 산화수}}$는 (가) : (나)$=7:2$이다. ($\frac{+4}{+2}$, $\frac{+4}{+(2x-1)}$)

$\dfrac{b+d}{x}$는? (단, M은 임의의 원소 기호이다.) [3점]

① 4 ② $\dfrac{7}{2}$ ③ $\dfrac{9}{4}$ ④ $\dfrac{3}{2}$ ⑤ 1

✓ 자료 해석

- (가)에서 반응 전과 후 M의 산화수는 각각 $+4$, $+2$이므로 MO_2는 환원된다.
- (나)에서 반응 전과 후 M의 산화수는 각각 $+4$, $+(2x-1)$이고, I의 산화수가 0에서 -1로 감소하므로 MO_2는 산화되고, I_2는 환원된다.
- $\dfrac{\text{반응물에서 M의 산화수}}{\text{생성물에서 M의 산화수}}$는 (가) : (나)$=\dfrac{4}{2}:\dfrac{4}{2x-1}=7:2$이므로 $x=4$이다.
- $x=4$이므로 (나)에서 M의 산화수는 $+4$에서 $+7$로 3만큼 증가하고, I의 산화수는 0에서 -1로 1만큼 감소하는데, 증가한 산화수 합과 감소한 산화수 합이 같으므로 $2\times3=2a\times1=d\times1$이 성립한다. 따라서 $a=3$, $d=6$이다.
- 반응 전과 후 H와 O 원자 수는 같으므로 $b=2c$, $4+b=8+c$가 성립하여 $b=8$, $c=4$이다.

보기풀이 (가)의 반응물에서 M의 산화수는 $+4$, 생성물에서 M의 산화수는 $+2$이다. (나)의 반응물에서 M의 산화수는 $+4$이고, 생성물에서 M의 산화수는 $+(2x-1)$이다. $\dfrac{\text{반응물에서 M의 산화수}}{\text{생성물에서 M의 산화수}}$는 (가) : (나)$=\dfrac{+4}{+2}:\dfrac{+4}{+(2x-1)}=7:2$이므로 $x=4$이다. 증가한 산화수 합과 감소한 산화수 합이 같고, 반응 전과 후 원자의 종류와 수는 변하지 않으므로 $a=3$, $b=8$, $c=4$, $d=6$이다. 따라서 $\dfrac{b+d}{x}=\dfrac{8+6}{4}=\dfrac{7}{2}$이다.

문제풀이 Tip

산화수 변화로 a, d를 구하고, 반응 전과 후 총 전하량이 같은 것으로 b, c를 구할 수 있다.

선택지 비율	① 5%	❷ 60%	③ 9%	④ 8%	⑤ 18%

11 금속의 산화 환원 반응

2024학년도 6월 평가원 7번 | 정답 ② | 문제편 166 p

출제 의도 금속의 산화 환원 반응에서 산화수와 물질의 양적 관계를 이해하는지 묻는 문항이다.

문제 분석

표는 금속 양이온 A^{3+} $5N$ mol이 들어 있는 수용액에 금속 B $3N$ mol을 넣고 반응을 완결시켰을 때, 석출된 금속 또는 수용액에 존재하는 양이온에 대한 자료이다. B는 모두 B^{n+}이 되었고, ㉠과 ㉡은 각각 A와 B^{n+} 중 하나이다.

B의 산화수 n 증가
A의 산화수 3 감소

금속 또는 양이온	A^{3+}	㉠ B^{n+}	㉡ A
양(mol)(상댓값)	3 $5N-2N$	3 $3N$	2 $2N$ ➡ A^{3+} $2N$ 반응

$n\times3N=3\times2N$

이에 대한 설명으로 옳은 것만을 〈보기〉에서 있는 대로 고른 것은? (단, A와 B는 임의의 원소 기호이고, A와 B는 물과 반응하지 않으며, 음이온은 반응에 참여하지 않는다.)

보기
ㄱ. A^{3+}은 ~~환원제~~(산화제)로 작용한다. A^{3+}은 A로 환원
ㄴ. ㉠은 B^{n+}이다.
ㄷ. $n=$~~3~~(2)이다. $3\times2N=n\times3N$

① ㄱ ② ㄴ ③ ㄷ ④ ㄱ, ㄷ ⑤ ㄴ, ㄷ

✔ 자료 해석

- A^{3+} $5N$ mol에 금속 B $3N$ mol을 넣고 반응을 완결시켰을 때, B는 모두 B^{n+}이 되었으므로 B^{n+} $3N$ mol이 생성되었다.
- ㉡이 B^{n+}이라면 몰비가 ㉠ : ㉡=3 : 2이므로 A^{3+}과 금속 A는 각각 $4.5N$ mol이 존재해야 한다. 따라서 A와 A^{3+}의 양의 합이 $9N$ mol이 되어야 하는데, 반응 전 A^{3+}의 양은 $5N$ mol이므로 이는 적절하지 않다. 따라서 ㉠이 B^{n+}이며, ㉡은 A이다.

○ 보기 풀이 ㄴ. ㉠이 B^{n+}, ㉡은 A이다.

✕ 매력적 오답 ㄱ. A^{3+}은 A로 환원되므로 산화제로 작용한다.
ㄷ. 반응이 완결된 후, A^{3+}은 $3N$ mol, A는 $2N$ mol 존재하고, A^{3+} $2N$ mol이 반응하여 B^{n+} $3N$ mol이 생성되었다. 산화 환원 반응에서 감소한 산화수 합과 증가한 산화수 합은 같으므로 $3\times2N=n\times3N$이고 $n=2$이다.

문제풀이 Tip

㉠이 A일 때 반응 후 A^{3+}과 A의 양이 같으므로 A^{3+}의 절반인 $2.5N$ mol이 반응한 것이며, $2.5N$은 자료에서 상댓값 3이므로 ㉡(B^{n+})의 양인 상댓값 2는 $\frac{5}{3}N$이다. A^{3+} $2.5N$ mol이 반응하여 B^{n+} $\frac{5}{3}N$ mol이 생성되므로 $3\times2.5=n\times\frac{5}{3}$가 성립하고 $n=4.5$이므로 적절하지 않다.

선택지 비율	① 10%	❷ 68%	③ 7%	④ 10%	⑤ 5%

12 산화 환원 반응식

2024학년도 6월 평가원 14번 | 정답 ② | 문제편 166 p

출제 의도 산화 환원 반응식을 완성할 수 있는지 묻는 문항이다.

문제 분석

다음은 금속 M과 관련된 산화 환원 반응의 화학 반응식이다. M의 산화물에서 산소(O)의 산화수는 -2이다.

$$\overset{+3}{a}M^{3+}+\overset{+7}{b}ClO_4^-+cH_2O\longrightarrow \overset{-1}{d}Cl^-+\overset{+4}{e}MO^{2+}+fH^+$$

(a=8, b=1, c=4, d=1, e=8, f=8) ➡ $a\times1=b\times8$

➡ M의 산화수 1 증가
Cl의 산화수 8 감소

(a~f는 반응 계수)

$\frac{d+f}{a+c}$는? (단, M은 임의의 원소 기호이다.) [3점]

① $\frac{5}{8}$ ② $\frac{3}{4}$ ③ $\frac{8}{9}$ ④ $\frac{9}{8}$ ⑤ $\frac{4}{3}$

✔ 자료 해석

- 반응 전과 후 원자의 종류와 수는 변하지 않으므로 $a=e$, $b=d$이다.
- M의 산화수는 +3에서 +4로 1만큼 증가하고, Cl의 산화수는 +7에서 −1로 8만큼 감소한다. 증가한 산화수의 합과 감소한 산화수의 합은 같으므로 $a\times1=b\times8$이 성립하여 $a=8b$이다.
- $a=8$, $b=1$이라고 하면 화학 반응식은 $8M^{3+}+ClO_4^-+cH_2O\longrightarrow Cl^-+8MO^{2+}+fH^+$이다.
- 반응 전과 후 O와 H 원자 수는 같으므로 $c=4$, $f=8$이다.
- 화학 반응식을 완성하면 $8M^{3+}+ClO_4^-+4H_2O\longrightarrow Cl^-+8MO^{2+}+8H^+$이다.

○ 보기 풀이 a~f는 각각 8, 1, 4, 1, 8, 8이므로 $\frac{d+f}{a+c}=\frac{1+8}{8+4}=\frac{3}{4}$이다.

문제풀이 Tip

반응 전과 후 총 전하량은 변하지 않으므로 $3a-b=-d+2e+f$이고, $a=e$, $b=d$이므로 $a=f$이다.

선택지 비율	① 5%	❷ 77%	③ 4%	④ 5%	⑤ 9%

13 금속의 산화 환원 반응

2023학년도 수능 5번 | 정답 ② | 문제편 167 p

출제 의도 금속의 산화 환원 반응에 대하여 이해하고 있는지 묻는 문항이다.

문제 분석

다음은 금속 A~C의 산화 환원 반응 실험이다.

[실험 과정 및 결과]

(가) A^{2+} $3N$ mol이 들어 있는 수용액을 준비한다. (A^{2+}이 모두 반응함)

(나) (가)의 수용액에 충분한 양의 B(s)를 넣어 반응을 완결시켰더니 B^{m+} $2N$ mol이 생성되었다. 반응 몰비 $A^{2+}:B^{m+}=3:2 \Rightarrow m=3$

(다) (나)의 수용액에 충분한 양의 C(s)를 넣어 반응을 완결시켰더니 C^{2+} xN mol이 생성되었다. (B^{m+}이 모두 반응함) 반응 몰비 $B^{m+}(B^{3+}):C^{2+}=2:x \Rightarrow x=3$

이에 대한 설명으로 옳은 것만을 〈보기〉에서 있는 대로 고른 것은? (단, A~C는 임의의 원소 기호이고, A~C는 물과 반응하지 않으며, 음이온은 반응에 참여하지 않는다.) [3점]

보기

ㄱ. $m=1$이다. (3)

ㄴ. $x=3$이다. $3\times2N=2\times xN$

ㄷ. (다)에서 C(s)는 산화제이다. (환원제)

① ㄱ ② ㄴ ③ ㄷ ④ ㄱ, ㄴ ⑤ ㄴ, ㄷ

✓ 자료 해석

- 어떤 물질이 전자를 잃고 산화될 때 다른 물질이 그 전자를 얻어서 환원되므로 산화 환원 반응은 항상 동시에 일어나며, 산화되는 물질이 잃은 전자 수와 환원되는 물질이 얻은 전자 수는 같다.
- (가)에서 A^{2+} $3N$ mol이 반응하여 B^{m+} $2N$ mol이 생성된다. A^{2+}은 전자 2개를 얻어 A로 환원되고, B는 전자 m개를 잃고 B^{m+}으로 산화되므로 $2\times3N=m\times2N$이고, $m=3$이다.

○ 보기풀이 ㄴ. (다)에서 B^{3+} $2N$ mol이 반응하여 C^{2+} xN mol이 생성된다. B^{3+}은 전자 3개를 얻어 B로 환원되고, C는 전자 2개를 잃고 C^{2+}으로 산화되므로 $3\times2N=2\times xN$이고, $x=3$이다.

× 매력적 오답 ㄱ. $m=3$이다.

ㄷ. (다)에서 C(s)는 전자를 잃고 C^{2+}으로 산화되므로 자신은 산화되면서 다른 물질(B^{m+})을 환원시키는 환원제이다.

문제풀이 Tip

산화된 물질이 잃은 전자 수와 환원된 물질이 얻은 전자 수가 같으므로 금속의 산화 환원 반응에서 총(+)전하량은 변하지 않는다. 따라서 A^{2+}과 B^{m+}의 반응 몰비가 3 : 2이면, 이온의 전하량 비는 2 : 3이다.

선택지 비율	① 19%	② 22%	❸ 42%	④ 10%	⑤ 7%

14 산화수와 산화 환원 반응

2023학년도 수능 14번 | 정답 ③ | 문제편 167 p

출제 의도 산화수 변화로부터 산화 환원 반응식을 완성할 수 있는지 묻는 문항이다.

문제 분석

다음은 금속 X, Y와 관련된 산화 환원 반응에 대한 자료이다. X의 산화물($X_2O_m^{2-}$)에서 산소(O)의 산화수는 -2이다. ($(x\times2)+(-2\times m)=-2$)

- 화학 반응식 :

$$aX_2O_m^{2-} + bY^{(n-1)+} + cH^+ \longrightarrow dX^{n+} + bY^{n+} + eH_2O$$

(X: $+x$, O: -2, $Y^{(n-1)+}$: $+(n-1)$ → X^{n+}: $+n$, Y^{n+}: $+n$; $d=2a$; 산화수 1 증가$\times b$; 산화수 $(x-n)$ 감소$\times 2a$) (a~e는 반응 계수)

- $Y^{(n-1)+}$ 3 mol이 반응할 때 생성된 X^{n+}은 1 mol이다. 반응 몰비는 $Y^{(n-1)+}:X^{n+}=3:1=b:d \Rightarrow b=3d$
- 반응물에서 $\dfrac{\text{X의 산화수}}{\text{Y의 산화수}}=3$이다. ($\dfrac{x}{n-1}=3$)

$m+n$은? (단, X와 Y는 임의의 원소 기호이다.) [3점]

① 6 ② 8 ③ 10 ④ 12 ⑤ 14

✓ 자료 해석

- 반응 몰비는 $Y^{(n-1)+}:X^{n+}=b:d=3:1$이므로 $b=3d$이다.
- 반응 전후 X 원자의 수는 같아야 하므로 $2a=d$이다.
- 이온의 산화수는 그 이온의 전하와 같으므로 다원자 이온에서 구성 원자의 산화수 총합은 이온의 전하와 같다.
- 반응물($X_2O_m^{2-}$)에서 X의 산화수를 x라고 하면, Y의 산화수는 $n-1$이므로 $\dfrac{x}{n-1}=3$이고, $2x+(-2m)=-2$이다.
- Y의 산화수는 $n-1$에서 n으로 1만큼 증가하므로 X의 산화수는 x에서 n으로 $x-n$만큼 감소한다. 증가한 산화수와 감소한 산화수는 같아야 하므로 $2a\times(x-n)=b$이다.

○ 보기풀이 $b=3d$이고, $2a=d$이므로 $a:b=1:6$이다. 따라서 $2a\times(x-n)=b$에서 $x-n=3$이다. 이 식을 $\dfrac{x}{n-1}=3$과 연립하면 $x=6$, $n=3$이다. 또한, $2x+(-2m)=-2$이므로 $(2\times6)-2m=-2$에서 $m=7$이다. 따라서 $m+n=10$이다.

문제풀이 Tip

반응 전 X와 Y의 산화수 비가 제시되어 있고, $X_2O_m^{2-}$에서 산소(O)의 산화수가 -2로 제시되어 있으므로 반응 전 X의 산화수를 x로 정한 후 x와 m, x와 n 사이의 관계식을 세워야 한다.

선택지 비율	❶ 62%	② 10%	③ 14%	④ 8%	⑤ 6%

15 금속의 산화 환원 반응

2023학년도 9월 평가원 9번 | 정답 ① | 문제편 167p

출제 의도 금속의 산화 환원 반응에 대하여 이해하고 있는지 묻는 문항이다.

문제 분석

그림 (가)와 (나)는 2가지 금속 이온 $X^{2+}(aq)$과 $Y^{m+}(aq)$이 각각 들어 있는 비커에 금속 $Z(s)$를 넣어 반응을 완결시켰을 때, 반응 전과 후 수용액에 존재하는 양이온의 종류와 양을 나타낸 것이다.

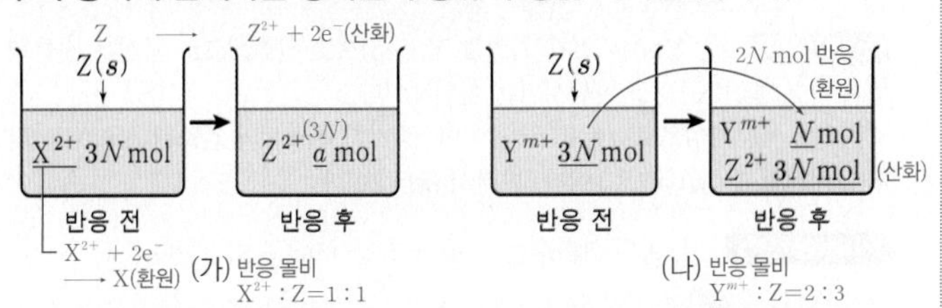

이에 대한 설명으로 옳은 것만을 〈보기〉에서 있는 대로 고른 것은? (단, X~Z는 임의의 원소 기호이고, X~Z는 물과 반응하지 않으며, 음이온은 반응에 참여하지 않는다.)

보기

ㄱ. $a=3N$이다.
ㄴ. $m=1$이다. (3)
ㄷ. (가)와 (나)에서 모두 $Z(s)$는 ~~산화제~~(환원제)로 작용한다.

① ㄱ ② ㄴ ③ ㄱ, ㄷ ④ ㄴ, ㄷ ⑤ ㄱ, ㄴ, ㄷ

✓ 자료 해석

- 어떤 물질이 전자를 잃고 산화될 때 다른 물질이 그 전자를 얻어서 환원되므로 산화 환원 반응은 항상 동시에 일어나며, 산화되는 물질이 잃은 전자 수와 환원되는 물질이 얻은 전자 수는 같다.
- (가)에서 X 이온과 Z 이온의 전하가 +2로 같으므로 X^{2+}과 Z는 1 : 1의 몰비로 반응한다.

X^{2+}의 환원 : $X^{2+} + 2e^- \longrightarrow X$
Z의 산화 : $Z \longrightarrow Z^{2+} + 2e^-$
전체 반응식 : $X^{2+} + Z \longrightarrow X + Z^{2+}$

- (나)에서 Y^{m+} $2N$ mol이 반응하여 Z^{2+} $3N$ mol이 생성된다. Y^{m+}은 전자 m개를 얻어 Y로 환원되고, Z는 전자 2개를 잃고 Z^{2+}으로 산화되므로 $m \times 2N = 2 \times 3N$이고, $m=3$이다.

○ 보기풀이 ㄱ. (가)에서 생성된 Z^{2+}의 양(mol)은 반응한 X^{2+}의 양(mol)과 같으므로 $a=3N$이다.

× 매력적 오답 ㄴ. $m=3$이다.
ㄷ. 산화 환원 반응에서 자신은 환원되면서 다른 물질을 산화시키는 물질이 산화제이다. (가)와 (나)에서 $Z(s)$가 Z^{2+}으로 산화되면서 X^{2+}은 $X(s)$로, Y^{m+}은 $Y(s)$로 환원되므로 (가)와 (나)에서 $Z(s)$는 환원제로 작용한다.

문제풀이 Tip

산화된 물질이 잃은 전자 수와 환원된 물질이 얻은 전자 수가 같으므로 금속의 산화 환원 반응에서 반응 전후 총(+)전하량은 변하지 않는다.

선택지 비율	① 6%	② 10%	③ 9%	❹ 71%	⑤ 4%

16 산화수와 산화 환원 반응

2023학년도 9월 평가원 13번 | 정답 ④ | 문제편 167p

출제 의도 산화수 변화로부터 산화 환원 반응식을 완성할 수 있는지 묻는 문항이다.

문제 분석

다음은 금속 M과 관련된 산화 환원 반응에 대한 자료이다.

- 화학 반응식 :
$$aM + bNO_3^- + cH^+ \longrightarrow aM^{x+} + bNO_2 + dH_2O$$
(M: 0, N: +5−2, H: +1 ⟶ M: +x (+2), N: +4−2, H₂O: +1 −2; a=1 ㉠, b=2 ㉡ NO_3^-, c=4 ㉢ M, b=2, d=2)
(a~d는 반응 계수)
- ㉠~㉢ 중 산화제와 환원제는 2 : 1의 몰비로 반응한다. ➡ $a : b = 1 : 2$
- NO_3^- 1 mol이 반응할 때 생성된 H_2O의 양은 y mol이다.

반응 몰비는 $NO_3^- : H_2O = b : d = 1 : y$

$x+y$는? (단, M은 임의의 원소 기호이다.) [3점] (2+1)

① $\frac{3}{2}$ ② 2 ③ $\frac{5}{2}$ ④ 3 ⑤ $\frac{7}{2}$

✓ 자료 해석

- M의 산화수는 0에서 $+x$로 증가하고, N의 산화수는 +5에서 +4로 감소하므로 M은 환원제, NO_3^-은 산화제이다.
- 산화제와 환원제는 2 : 1의 몰비로 반응하므로 $a : b = 1 : 2$이고, $b=2a$이다.
- 산화 환원 반응에서 증가한 산화수와 감소한 산화수는 같아야 하므로 $ax=b$이다.

○ 보기풀이 $ax=b$이고 $b=2a$이므로 $x=2$, $a=1$, $b=2$이며, H와 O의 산화수가 각각 +1과 −2로 일정하므로 H와 O의 원자 수를 맞추면 $c=4$, $d=2$이다. 화학 반응식을 완성하면 다음과 같다.

$$M + 2NO_3^- + 4H^+ \longrightarrow M^{2+} + 2NO_2 + 2H_2O$$

NO_3^- 1 mol이 반응할 때 생성된 H_2O의 양은 1 mol이므로 $y=1$이다. 따라서 $x+y=3$이다.

문제풀이 Tip

산화 환원 반응식을 완성하기 위해서는 증가한 산화수와 감소한 산화수가 같도록 계수를 맞춘 후, 산화수가 일정한 원자들의 반응 전후 원자 수를 맞춘다.

선택지 비율	① 2%	② 6%	③ 7%	❹ 79%	⑤ 6%

17 금속의 산화 환원 반응

2023학년도 6월 평가원 8번 | 정답 ④ | 문제편 168 p

출제 의도 금속의 산화 환원 반응에 대하여 이해하고 있는지 묻는 문항이다.

문제 분석

다음은 금속 X와 Y의 산화 환원 반응 실험이다.

[화학 반응식]

$$\overset{+m}{a}X^{m+}(aq) + b\overset{0}{Y}(s) \longrightarrow a\overset{0}{X}(s) + b\overset{+1}{Y}^{+}(aq)$$

(산화수 1 증가×2, 산화수 m 감소×1 ➡ $m=2$)

(a, b는 반응 계수)

[실험 과정 및 결과]

X^{m+} N mol이 들어 있는 수용액에 충분한 양의 $Y(s)$를 넣어 반응을 완결시켰을 때, Y^{+} $2N$ mol이 생성되었다.

(X^{m+}이 모두 반응함 / 반응 몰비 X^{m+} : Y^{+}=1 : 2 ➡ a : b=1 : 2)

이에 대한 설명으로 옳은 것만을 〈보기〉에서 있는 대로 고른 것은? (단, X와 Y는 임의의 원소 기호이고, X와 Y는 물과 반응하지 않으며, 음이온은 반응에 참여하지 않는다.)

보기

ㄱ. X의 산화수는 증가한다. (감소($+2 \rightarrow 0$))

ㄴ. $Y(s)$는 환원제이다.

ㄷ. $m=2$이다.

① ㄱ ② ㄴ ③ ㄱ, ㄷ ④ ㄴ, ㄷ ⑤ ㄱ, ㄴ, ㄷ

✓ 자료 해석

- 이온의 산화수는 그 이온의 전하와 같다.
- 반응 몰비는 X^{m+} : Y^{+} $=N$: $2N$ $=1$: 2이므로 a : b $=1$: 2이다.
- X의 산화수는 $+m$에서 0으로 감소하고, Y의 산화수는 0에서 $+1$로 증가한다.

O 보기풀이 ㄴ. $Y(s)$는 전자를 잃고 $Y^{+}(aq)$으로 산화되므로 자신은 산화되면서 다른 물질(X^{m+})을 환원시키는 환원제이다.

ㄷ. a : b $=1$: 2이므로 $a=1$, $b=2$이며, 증가한 산화수와 감소한 산화수는 같아야 하므로 $1\times m=2\times 1$이다. 따라서 $m=2$이다.

× 매력적 오답 ㄱ. X의 산화수는 $+m(+2)$에서 0으로 감소한다.

문제풀이 Tip

금속의 산화 환원 반응 또한 산화수의 변화로부터 산화, 환원을 판단하고 증가한 산화수와 감소한 산화수가 같다는 것을 이용하여 산화 환원 반응식을 완성할 수 있다.

선택지 비율	❶ 38%	② 19%	③ 14%	④ 19%	⑤ 10%

18 산화수와 산화 환원 반응

2023학년도 6월 평가원 13번 | 정답 ① | 문제편 168 p

출제 의도 산화수 변화로부터 산화 환원 반응식을 완성할 수 있는지 묻는 문항이다.

문제 분석

다음은 금속 M과 관련된 산화 환원 반응의 화학 반응식과 이에 대한 자료이다.

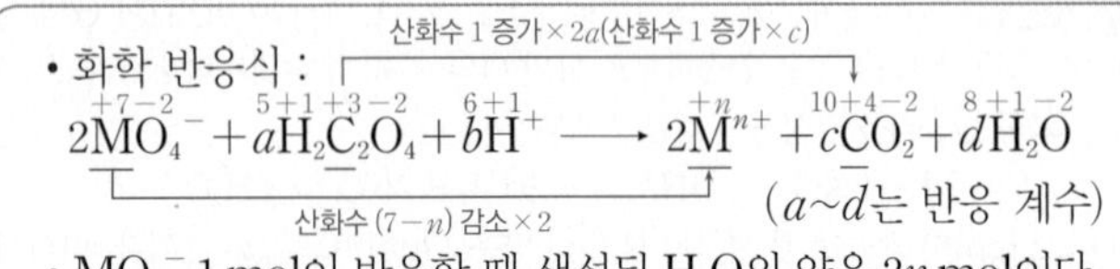

$a+b$는? (단, M은 임의의 원소 기호이다.) [3점]

① 11 ② 12 ③ 13 ④ 14 ⑤ 15

✓ 자료 해석

- 반응 몰비는 MO_4^- : H_2O=2 : d=1 : $2n$이므로 $d=4n$이다.
- H와 O의 산화수는 각각 +1과 −2로 일정하므로 산화수가 변하는 원자는 M과 C이다. C의 산화수는 +3에서 +4로 증가하므로 M의 산화수는 +7에서 $+n$으로 감소한다.

O 보기풀이 증가한 산화수와 감소한 산화수는 같아야 하므로 $2a\times1=2\times(7-n)$이 성립한다. 또한 반응 전후 원자의 종류와 수는 같아야 하므로 O 원자 수로부터 $8+4a=2c+d$, C 원자 수로부터 $2a=c$가 성립한다. 식을 연립하여 풀면 $d=8$, $n=2$가 되어 $a=5$, $b=6$, $c=10$이다. 따라서 $a+b=11$이다.

문제풀이 Tip

증가한 산화수와 감소한 산화수가 같다는 것과 반응 전과 후 원자의 종류와 수가 변하지 않는다는 것을 이용하여 산화 환원 반응식을 완성할 수 있다. b를 구하려면 a와 d 값이 필요하므로 반응 전과 후 C와 O 원자 수를 같게 한다.

선택지 비율	❶ 80%	② 3%	③ 10%	④ 3%	⑤ 4%

19 산화수와 산화 환원 반응

2022학년도 수능 16번 | 정답 ① | 문제편 168p

(출제 의도) 산화수 변화로부터 산화 환원 반응식을 완성하고 산화제와 환원제를 구분할 수 있는지 묻는 문항이다.

(문제 분석)

다음은 산화 환원 반응 (가)~(다)의 화학 반응식이다.

(가) $\overset{+2-2}{CO} + \overset{0}{2H_2} \longrightarrow \overset{-2+1-2+1}{CH_3OH}$

(나) $\overset{+2-2}{CO} + \overset{+1-2}{H_2O} \longrightarrow \overset{+4-2}{CO_2} + \overset{0}{H_2}$

(다) $\underset{2}{a}\overset{+7\ -2}{MnO_4^-} + \underset{3}{b}\overset{+4-2}{SO_3^{2-}} + \overset{+1-2}{H_2O}$

$\longrightarrow a\overset{+4\ -2}{MnO_2} + b\overset{+6-2}{SO_4^{2-}} + \underset{2}{c}\overset{-2+1}{OH^-}$

(a~c는 반응 계수)

이에 대한 설명으로 옳은 것만을 〈보기〉에서 있는 대로 고른 것은?

보기

ㄱ. (가)에서 CO는 환원된다.

ㄴ. (나)에서 CO는 ~~산화제이다~~. 환원제이다.

ㄷ. (다)에서 ~~$a+b+c=4$~~이다. $2+3+2=7$

① ㄱ ② ㄴ ③ ㄱ, ㄷ ④ ㄴ, ㄷ ⑤ ㄱ, ㄴ, ㄷ

✓ 자료 해석

- (가) : C의 산화수는 +2에서 −2로 감소하고, H의 산화수는 0에서 +1로 증가한다.
- (나) : C의 산화수는 +2에서 +4로 증가하고, H의 산화수는 +1에서 0으로 감소한다.
- (다) : Mn의 산화수는 +7에서 +4로 3만큼 감소하고, S의 산화수는 +4에서 +6으로 2만큼 증가하므로 $a=2$, $b=3$이다. H와 O의 산화수는 각각 +1과 −2로 일정하므로 H와 O의 원자 수를 맞추면 $c=2$이다.

○ 보기 풀이 ㄱ. (가)에서 C의 산화수는 +2에서 −2로 감소하므로 CO는 환원된다.

× 매력적 오답 ㄴ. (나)에서 C의 산화수는 +2에서 +4로 증가하므로 CO는 산화된다. 따라서 (나)에서 CO는 자신은 산화되면서 다른 물질을 환원시키는 환원제이다.

ㄷ. (다)의 화학 반응식을 완성하면 다음과 같다.

$$2MnO_4^- + 3SO_3^{2-} + H_2O \longrightarrow 2MnO_2 + 3SO_4^{2-} + 2OH^-$$

$a=2$, $b=3$, $c=2$이므로 $a+b+c=7$이다.

문제풀이 Tip

산화 환원 반응은 항상 동시에 일어나므로 증가한 산화수와 감소한 산화수가 같아야 한다. (다)에서 Mn의 산화수는 3만큼 감소하며, S의 산화수는 2만큼 증가하므로 $3a=2b$이고, 반응 계수는 가장 간단한 정수여야 하므로 $a=2$, $b=3$이다.

선택지 비율	① 3%	② 2%	③ 11%	④ 6%	❺ 78%

20 산화수와 산화 환원 반응

2022학년도 9월 평가원 10번 | 정답 ⑤ | 문제편 168p

(출제 의도) 산화수 변화로부터 산화제와 환원제를 구분할 수 있는지 묻는 문항이다.

(문제 분석)

다음은 산화 환원 반응 (가)~(다)의 화학 반응식이다.

(가) $\overset{0}{2H_2} + \overset{0}{O_2} \longrightarrow \underset{㉠}{\underline{\overset{+1-2}{2H_2O}}}$

(나) $\underset{㉡}{\underline{\overset{0}{O_2}}} + \overset{0}{F_2} \longrightarrow \underset{㉢}{\underline{\overset{+1-1}{O_2F_2}}}$

(다) $\underset{㉣}{\underline{\overset{+1-1}{5H_2O_2}}} + \overset{+7\ -2}{2MnO_4^-} + \overset{+1}{6H^+} \longrightarrow \overset{+2}{2Mn^{2+}} + \overset{0}{5O_2} + \overset{+1-2}{8H_2O}$

이에 대한 설명으로 옳은 것만을 〈보기〉에서 있는 대로 고른 것은?

보기

ㄱ. (가)에서 O_2는 산화제이다.

ㄴ. (다)에서 Mn의 산화수는 감소한다. +7 → +2

ㄷ. ㉠~㉣에서 O의 산화수 중 가장 큰 값은 +1이다.

① ㄱ ② ㄷ ③ ㄱ, ㄴ ④ ㄴ, ㄷ ⑤ ㄱ, ㄴ, ㄷ

✓ 자료 해석

- (가) : H의 산화수는 0에서 +1로 증가하고, O의 산화수는 0에서 −2로 감소한다.
- (나) : O의 산화수는 0에서 +1로 증가하고, F의 산화수는 0에서 −1로 감소한다.
- (다) : O의 산화수는 H_2O_2에서 −1이고, MnO_4^-에서 −2이다. 따라서 O의 산화수는 −1에서 0으로 증가하고, Mn의 산화수는 +7에서 +2로 감소한다.

○ 보기 풀이 ㄱ. (가)에서 O의 산화수는 0에서 −2로 감소하므로 O_2는 환원된다. 따라서 O_2는 자신은 환원되면서 다른 물질을 산화시키는 산화제이다.

ㄴ. (다)에서 Mn의 산화수는 +7에서 +2로 감소한다.

ㄷ. ㉠~㉣에서 O의 산화수는 각각 −2, 0, +1, −1이므로 가장 큰 값은 +1이다.

문제풀이 Tip

화합물에서 구성 원소의 산화수를 정하는 기본 규칙을 반드시 기억해 두자. O의 산화수는 대부분의 화합물에서 −2이지만 원소일 때는 0이고, 과산화물에서는 −1이며, 플루오린(F) 화합물에서는 +1 또는 +2이다.

선택지 비율	① 6%	② 4%	③ 12%	④ 8%	⑤ 70%

21 산화수와 산화 환원 반응

2022학년도 6월 평가원 15번 | 정답 ⑤ | 문제편 169p

출제 의도 산화수 변화로부터 산화 환원 반응식을 완성하고 산화제와 환원제를 구분할 수 있는지 묻는 문항이다.

문제 분석

다음은 산화 환원 반응 (가)~(다)의 화학 반응식이다.

(가) $\overset{+4\ -2}{SO_2} + \overset{+1-2}{2H_2O} + \overset{0}{Cl_2} \longrightarrow \overset{+1+6-2}{H_2SO_4} + \overset{+1-1}{2HCl}$

(나) $\overset{0}{2F_2} + \overset{+1-2}{2H_2O} \longrightarrow \overset{0}{O_2} + \overset{+1-1}{4HF}$

(다) $\underset{1}{a}\overset{+7\ -2}{MnO_4^-} + \underset{8}{b}\overset{+1}{H^+} + \underset{5}{c}\overset{+2}{Fe^{2+}} \longrightarrow \overset{+2}{Mn^{2+}} + \underset{5}{c}\overset{+3}{Fe^{3+}} + \underset{4}{d}\overset{+1\ -2}{H_2O}$

(a~d는 반응 계수)

이에 대한 설명으로 옳은 것만을 〈보기〉에서 있는 대로 고른 것은?

보기

ㄱ. (가)에서 S의 산화수는 증가한다. +4 → +6

ㄴ. (나)에서 H_2O은 환원제이다.

ㄷ. $\frac{b}{a+c+d}<1$이다. $\frac{8}{1+5+4}=\frac{4}{5}<1$

① ㄱ ② ㄴ ③ ㄱ, ㄷ ④ ㄴ, ㄷ ⑤ ㄱ, ㄴ, ㄷ

✓ 자료 해석

- (가) : S의 산화수는 +4에서 +6으로 증가하고, Cl의 산화수는 0에서 −1로 감소한다.
- (나) : F의 산화수는 0에서 −1로 감소하고, O의 산화수는 −2에서 0으로 증가한다.
- (다) : Mn의 산화수는 +7에서 +2로 감소하고, Fe의 산화수는 +2에서 +3으로 증가한다.
  ➡ 반응 전후 Mn 원자 수가 같아야 하므로 $a=1$이고, 증가한 산화수와 감소한 산화수가 같아야 하므로 $c=5$이다. H와 O의 산화수는 각각 +1과 −2로 일정하므로 H와 O의 원자 수를 맞추면 $b=8$, $d=4$이다.

○ 보기풀이 ㄱ. (가)에서 S의 산화수는 +4에서 +6으로 증가한다.

ㄴ. (나)에서 O의 산화수는 −2에서 0으로 증가하므로 H_2O은 산화된다. 따라서 H_2O은 자신은 산화되면서 다른 물질을 환원시키는 환원제이다.

ㄷ. (다)의 화학 반응식을 완성하면 다음과 같다.

$$MnO_4^- + 8H^+ + 5Fe^{2+} \longrightarrow Mn^{2+} + 5Fe^{3+} + 4H_2O$$

$a=1$, $b=8$, $c=5$, $d=4$이므로 $\frac{b}{a+c+d}=\frac{8}{1+5+4}<1$이다.

문제풀이 Tip

환원제는 자신은 산화되면서 다른 물질을 환원시키는 물질임을 기억해 두자. (나)에서 H_2O은 산화되면서 F_2을 HF로 환원시키는 환원제이다.

선택지 비율	① 72%	② 3%	③ 13%	④ 5%	⑤ 4%

22 산화수와 산화 환원 반응

2021학년도 수능 16번 | 정답 ① | 문제편 169p

출제 의도 산화수 변화로부터 산화 환원 반응식을 완성하고 산화제와 환원제를 구분할 수 있는지 묻는 문항이다.

문제 분석

다음은 산화 환원 반응 (가)와 (나)의 화학 반응식이다.

(가) $\overset{0}{O_2} + \overset{0}{2F_2} \longrightarrow \overset{+2-1}{2OF_2}$

(나) $\overset{+5\ -2}{BrO_3^-} + \underset{6}{a}\overset{-1}{I^-} + \underset{6}{b}\overset{+1}{H^+} \longrightarrow \overset{-1}{Br^-} + \underset{3}{c}\overset{0}{I_2} + \underset{3}{d}\overset{+1-2}{H_2O}$

(a~d는 반응 계수)

이에 대한 설명으로 옳은 것만을 〈보기〉에서 있는 대로 고른 것은?

보기

ㄱ. (가)에서 O의 산화수는 증가한다. 0 → +2

ㄴ. (나)에서 I^-은 ~~산화제로 작용한다~~. 환원제이다.

ㄷ. $a+b+c+d=$~~12이다~~. 18이다.

① ㄱ ② ㄴ ③ ㄱ, ㄷ ④ ㄴ, ㄷ ⑤ ㄱ, ㄴ, ㄷ

✓ 자료 해석

- (가) : 전기 음성도는 F>O이므로 (가)의 OF_2에서 O의 산화수는 +2, F의 산화수는 −1이다. 따라서 O의 산화수는 0에서 +2로 증가하고, F의 산화수는 0에서 −1로 감소한다.
- (나) : Br의 산화수는 +5에서 −1로 6만큼 감소하고, I의 산화수는 −1에서 0으로 1만큼 증가한다. Br의 반응 계수가 1이므로 $a=6$, $c=3$이고, H와 O의 산화수는 각각 +1과 −2로 일정하므로 H와 O의 원자 수를 맞추면 $b=6$, $d=3$이다.

○ 보기풀이 ㄱ. (가)에서 O의 산화수는 0에서 +2로 증가한다.

× 매력적 오답 ㄴ. (나)에서 I의 산화수는 −1에서 0으로 증가하므로 I^-은 산화된다. 따라서 I^-은 자신은 산화되면서 다른 물질을 환원시키는 환원제이다.

ㄷ. (나)의 화학 반응식을 완성하면 다음과 같다.

$$BrO_3^- + 6I^- + 6H^+ \longrightarrow Br^- + 3I_2 + 3H_2O$$

$a=6$, $b=6$, $c=3$, $d=3$이므로 $a+b+c+d=18$이다.

문제풀이 Tip

플루오린(F)은 전기 음성도가 가장 큰 원소이므로 화합물에서 산화수가 항상 −1임을 기억해 두자. 그리고 산화 환원 반응식을 완성하기 위해서는 증가한 산화수와 감소한 산화수를 판단하여 이동한 전자의 양(mol)을 계산할 수 있어야 한다.

선택지 비율	① 14%	② 5%	❸ 69%	④ 6%	⑤ 6%

23 산화 환원 반응식

2021학년도 9월 평가원 15번 | 정답 ③ | 문제편 169 p

출제 의도 구성 원자의 산화수 변화를 파악하여 산화 환원 반응식을 완성할 수 있는지 묻는 문항이다.

문제 분석

다음은 산화 환원 반응의 화학 반응식이다.

$$\overset{+2\ -2}{a\text{CuS}} + \overset{+5-2}{b\text{NO}_3^-} + \overset{+1}{c\text{H}^+} \longrightarrow 3\overset{+2}{\text{Cu}^{2+}} + \overset{+6-2}{a\text{SO}_4^{2-}} + \overset{+2-2}{b\text{NO}} + \overset{+1-2}{d\text{H}_2\text{O}}$$

(a=3, b=8, c=8, b=8, d=4)

($a\sim d$는 반응 계수)

이에 대한 설명으로 옳은 것만을 〈보기〉에서 있는 대로 고른 것은? [3점]

보기

ㄱ. CuS는 환원제이다.
ㄴ. $c+d>a+b$이다. $8+4>3+8$
ㄷ. NO_3^- 2 mol이 반응하면 SO_4^{2-} ~~1 mol~~ ($\frac{3}{4}$ mol)이 생성된다.

① ㄱ ② ㄷ ③ ㄱ, ㄴ ④ ㄴ, ㄷ ⑤ ㄱ, ㄴ, ㄷ

✔ **자료 해석**

- 반응 전후 Cu 원자 수는 같아야 하므로 $a=3$이고, S의 산화수는 -2에서 $+6$으로 8만큼 증가하므로 이동한 전자의 양은 24 mol이다.
- N의 산화수는 $+5$에서 $+2$로 3만큼 감소하므로 $b=8$이며, H와 O의 산화수는 각각 $+1$과 -2로 일정하므로 H와 O의 원자 수를 맞추면 $c=8$, $d=4$이다.

○ 보기풀이 ㄱ. S의 산화수는 -2에서 $+6$으로 증가하므로 CuS는 산화된다. 따라서 CuS는 자신은 산화되면서 다른 물질을 환원시키는 환원제이다.
ㄴ. 화학 반응식을 완성하면 다음과 같다.

$$3\text{CuS} + 8\text{NO}_3^- + 8\text{H}^+ \longrightarrow 3\text{Cu}^{2+} + 3\text{SO}_4^{2-} + 8\text{NO} + 4\text{H}_2\text{O}$$

$c=8$, $d=4$이고 $a=3$, $b=8$이므로 $c+d>a+b$이다.

× 매력적 오답 ㄷ. 반응 몰비(반응 계수비)는 NO_3^- : SO_4^{2-} = 8 : 3이므로 NO_3^- 2 mol이 반응하면 SO_4^{2-} $\frac{3}{4}$ mol이 생성된다.

문제풀이 Tip

산화 환원 반응식을 완성할 때는 산화수가 변하는 원자들의 산화수 변화를 먼저 파악한 후, 이동한 전자의 양(mol)이 같도록 계수를 맞춘다. 그 다음 산화수 변화가 없는 원자 수를 맞추어 화학 반응식을 완성한다.

선택지 비율	❶ 53%	② 3%	③ 3%	④ 7%	⑤ 34%

24 산화수와 산화 환원 반응

2021학년도 6월 평가원 11번 | 정답 ① | 문제편 169 p

출제 의도 산화수 변화로부터 산화 환원 반응식을 완성하고 산화제와 환원제를 구분할 수 있는지 묻는 문항이다.

문제 분석

다음은 산화 환원 반응 (가)~(다)의 화학 반응식이다.

(가) $\overset{+3\ -2}{\text{Fe}_2\text{O}_3} + 2\overset{0}{\text{Al}} \longrightarrow 2\overset{0}{\text{Fe}} + \overset{+3\ -2}{\text{Al}_2\text{O}_3}$

(나) $\overset{0}{\text{Mg}} + 2\overset{+1-1}{\text{HCl}} \longrightarrow \overset{+2\ -1}{\text{MgCl}_2} + \overset{0}{\text{H}_2}$

(다) $\overset{0}{\text{Cu}} + \overset{+5-2}{a\text{NO}_3^-} + \overset{+1-2}{b\text{H}_3\text{O}^+} \longrightarrow \overset{+2}{\text{Cu}^{2+}} + \overset{+4-2}{c\text{NO}_2} + \overset{+1-2}{d\text{H}_2\text{O}}$

(a=2, b=4, c=2, d=6)

($a\sim d$는 반응 계수)

이에 대한 설명으로 옳은 것만을 〈보기〉에서 있는 대로 고른 것은?

보기

ㄱ. (가)에서 Al은 산화된다.
ㄴ. (나)에서 Mg은 ~~산화제이다.~~ 환원제이다.
ㄷ. (다)에서 ~~$a+b+c+d=7$이다.~~ $2+4+2+6=14$이다.

① ㄱ ② ㄴ ③ ㄷ ④ ㄱ, ㄴ ⑤ ㄱ, ㄷ

✔ **자료 해석**

- (가) : Fe의 산화수는 $+3$에서 0으로 감소하고, Al의 산화수는 0에서 $+3$으로 증가한다.
- (나) : Mg의 산화수는 0에서 $+2$로 증가하고, H의 산화수는 $+1$에서 0으로 감소한다.
- (다) : Cu의 산화수는 0에서 $+2$로 증가하고, N의 산화수는 $+5$에서 $+4$로 감소한다. Cu의 반응 계수가 1이므로 $a=c=2$이고, H와 O의 산화수는 각각 $+1$과 -2로 일정하므로 H와 O의 원자 수를 맞추면 $b=4$, $d=6$이다.

○ 보기풀이 ㄱ. (가)에서 Al의 산화수는 0에서 $+3$으로 증가하므로 Al은 산화된다.

× 매력적 오답 ㄴ. (나)에서 Mg의 산화수는 0에서 $+2$로 증가하므로 Mg은 산화된다. 따라서 Mg은 자신은 산화되면서 다른 물질을 환원시키는 환원제이다.
ㄷ. (다)의 화학 반응식을 완성하면 다음과 같다.

$$\text{Cu} + 2\text{NO}_3^- + 4\text{H}_3\text{O}^+ \longrightarrow \text{Cu}^{2+} + 2\text{NO}_2 + 6\text{H}_2\text{O}$$

$a=c=2$이고 $b=4$, $d=6$이므로 $a+b+c+d=14$이다.

문제풀이 Tip

산화 환원 반응은 동시에 일어나므로 증가한 산화수와 감소한 산화수, 즉 이동한 전자의 양(mol)이 같아야 한다. 따라서 산화수가 변하는 원자들의 반응 계수를 결정할 때는 이동한 전자의 양(mol)을 먼저 계산해보도록 하자.

선택지 비율	① 1%	❷ 98%	③ 0%	④ 0%	⑤ 0%

25 발열 반응과 흡열 반응

2022학년도 수능 1번 | 정답 ② | 문제편 170 p

출제 의도 발열 반응과 흡열 반응에 대하여 이해하고 있는지 묻는 문항이다.

문제 분석

다음은 열의 출입과 관련된 현상에 대한 설명이다.

> 숯이 연소될 때 열이 발생하는 것처럼, 화학 반응이 일어날 때 주위로 열을 방출하는 반응을 (가) 반응이라 한다.
> (가): 발열

(가)로 가장 적절한 것은?

① 가역 ② 발열 ③ 분해 ④ 환원 ⑤ 흡열(주위로부터 열을 흡수하는 반응)

✓ 자료 해석

- 연소는 물질이 산소와 반응하여 빛과 열을 방출하는 반응으로, 대표적인 발열 반응이다.
- 발열 반응은 반응이 일어날 때 주위로 열을 방출하므로 주위의 온도가 높아진다.

○ 보기 풀이 ② 발열 반응은 반응이 일어날 때 주위로 열을 방출하는 반응이다.

× 매력적 오답 ① 가역 반응은 반응 조건에 따라 정반응과 역반응이 모두 일어나는 반응이다.

③ 분해는 한 종류의 화합물이 더 간단한 화합물 또는 원소로 나뉘어지는 반응이다.

④ 환원은 산소를 잃거나 전자를 얻는 반응이다.

⑤ 흡열 반응은 반응이 일어날 때 주위로부터 열을 흡수하는 반응이다.

문제풀이 Tip

발열 반응과 흡열 반응의 개념에 대하여 알아두고, 각 반응에 해당하는 반응의 예를 기억해 두자. 연소는 대표적인 발열 반응이다.

선택지 비율	① 1%	❷ 92%	③ 1%	④ 5%	⑤ 1%

26 발열 반응과 흡열 반응

2022학년도 9월 평가원 1번 | 정답 ② | 문제편 170 p

출제 의도 발열 반응과 흡열 반응에 대하여 이해하고 있는지 묻는 문항이다.

문제 분석

다음은 열 출입 현상과 이에 대한 학생들의 대화이다.

> - 염화 암모늄을 물에 용해(㉠)시켰더니 수용액의 온도가 낮아졌다. (흡열 반응)
> - 뷰테인을 연소(㉡)시켰더니 열이 발생하였다. (발열 반응)

제시한 내용이 옳은 학생만을 있는 대로 고른 것은?

① B ② C ③ A, B ④ A, C ⑤ B, C

✓ 자료 해석

- 염화 암모늄을 물에 용해시켰더니 수용액의 온도가 낮아졌으므로 염화 암모늄의 용해(㉠)는 주위로부터 열을 흡수하는 흡열 반응이다.
- 뷰테인을 연소시켰더니 열이 발생했으므로 뷰테인의 연소(㉡)는 주위로 열을 방출하는 발열 반응이다.

○ 보기 풀이 C : 흡열 반응은 반응이 일어날 때 주위로부터 열을 흡수하는 반응이다.

× 매력적 오답 A : 염화 암모늄을 물에 용해시켰을 때 수용액의 온도가 낮아졌으므로 ㉠은 흡열 반응이다.

B : 뷰테인의 연소 반응(㉡)은 주위로 열을 방출하는 발열 반응이다.

문제풀이 Tip

발열 반응이 일어날 때 주위로 열을 방출하여 주위의 온도가 높아지고, 흡열 반응이 일어날 때 주위로부터 열을 흡수하여 주위의 온도가 낮아진다. 연소는 물질이 산소와 반응하여 빛과 열을 방출하는 반응으로, 대표적인 발열 반응이다.

선택지 비율	① 2%	❷ 94%	③ 1%	④ 1%	⑤ 1%

27 화학 반응에서의 열 출입

2022학년도 6월 평가원 3번 | 정답 ② | 문제편 170 p

출제 의도 화학 반응에서 출입하는 열의 측정과 관련된 실험에 대하여 이해하고 있는지 묻는 문항이다.

문제 분석

다음은 학생 A가 가설을 세우고 수행한 탐구 활동이다.

[가설]
• ㉠

[탐구 과정 및 결과]
• 25 ℃의 물 100 g이 담긴 열량계에 25 ℃의 수산화 나트륨($NaOH(s)$) 4 g을 넣어 녹인 후 수용액의 최고 온도를 측정하였다. (온도 변화, 열 출입과 관련된 내용)
• 수용액의 최고 온도 : 35 ℃ 온도 ↑ ➡ 발열 반응

[결론]
• 가설은 옳다.

학생 A의 결론이 타당할 때, 다음 중 ㉠으로 가장 적절한 것은? (단, 열량계의 외부 온도는 25 ℃로 일정하다.)

① 수산화 나트륨($NaOH$)이 물에 녹는 반응은 가역 반응이다.
② 수산화 나트륨($NaOH$)이 물에 녹는 반응은 발열 반응이다.
③ 수산화 나트륨($NaOH$)을 물에 녹인 수용액은 산성을 띤다.
④ 수산화 나트륨($NaOH$)이 물에 녹는 반응은 산화 환원 반응이다.
⑤ 수산화 나트륨($NaOH$)을 물에 녹인 수용액은 전기 전도성이 있다.

✓ 자료 해석

• 물에 수산화 나트륨을 녹일 때 발생하는 열을 열량계를 이용하여 측정하는 실험이다.
• 수산화 나트륨을 물에 녹일 때 수용액의 온도가 25 ℃에서 35 ℃로 높아지므로 수산화 나트륨이 물에 녹는 반응은 주위로 열을 방출하는 발열 반응임을 알 수 있다.

○ 보기 풀이 ② 탐구 결과로부터 수산화 나트륨을 물에 녹일 때 수용액의 온도가 높아진 것을 확인하였으므로 수산화 나트륨이 물에 녹는 반응은 주위로 열을 방출하는 발열 반응이다.

× 매력적 오답 ① 가역 반응을 탐구하려면 정반응과 역반응을 추적해야 한다.
③ 수용액의 액성을 측정하려면 지시약이나 pH 미터를 사용해야 한다.
⑤ 수용액의 전기 전도성은 전원 장치를 연결한 후 전류계를 이용하여 측정해야 한다.

문제풀이 Tip

열량계를 이용하여 화학 반응에서 출입하는 열을 측정하는 실험이므로 가설도 화학 반응에서의 열 출입과 관련된 내용이어야 한다. 고체의 용해 반응은 대부분 흡열 반응이지만, 수산화 나트륨의 용해 반응은 발열 반응임을 기억해 두면 좋다.

선택지 비율	① 2%	② 1%	❸ 94%	④ 0%	⑤ 1%

28 발열 반응과 흡열 반응

2021학년도 수능 2번 | 정답 ③ | 문제편 170 p

출제 의도 발열 반응과 흡열 반응에 대하여 이해하고 있는지 묻는 문항이다.

문제 분석

다음은 화학 반응에서 열의 출입에 대한 학생들의 대화이다.

제시한 내용이 옳은 학생만을 있는 대로 고른 것은?

① A ② B ③ A, C ④ B, C ⑤ A, B, C

✓ 자료 해석

• 화학 반응이 일어날 때 주위로 열을 방출하는 반응은 발열 반응이고, 주위로부터 열을 흡수하는 반응은 흡열 반응이다.
• 화학 반응은 발열 반응과 흡열 반응으로 구별할 수 있다.
• 연소 반응은 물질이 산소와 반응하여 빛과 열을 방출하는 반응이므로 발열 반응이다.

○ 보기 풀이 A : 발열 반응은 화학 반응이 일어날 때 화학 에너지가 열에너지로 전환되면서 주위로 열을 방출하는 반응이다.
C : 연소 반응은 빛과 열을 방출하는 발열 반응이다.

× 매력적 오답 B : 화학 반응은 발열 반응과 흡열 반응으로 구별된다.

문제풀이 Tip

우리 주위에서 볼 수 있는 화학 반응은 발열 반응과 흡열 반응으로 구별할 수 있음을 알아두고, 각 반응에 해당하는 예들을 기억해 두자. 발열 반응의 대표적 예로는 연소 반응이 있고, 흡열 반응의 대표적 예로는 질산 암모늄의 용해 반응이 있다.

선택지 비율	① 3%	② 2%	③ 6%	❹ 86%	⑤ 2%

29 발열 반응과 흡열 반응

2021학년도 6월 평가원 5번 | 정답 ④ | 문제편 171 p

출제 의도 제시된 화학 반응을 발열 반응과 흡열 반응으로 구별할 수 있는지 묻는 문항이다.

문제 분석

다음은 반응 ㉠~㉢과 관련된 현상을 나타낸 것이다.

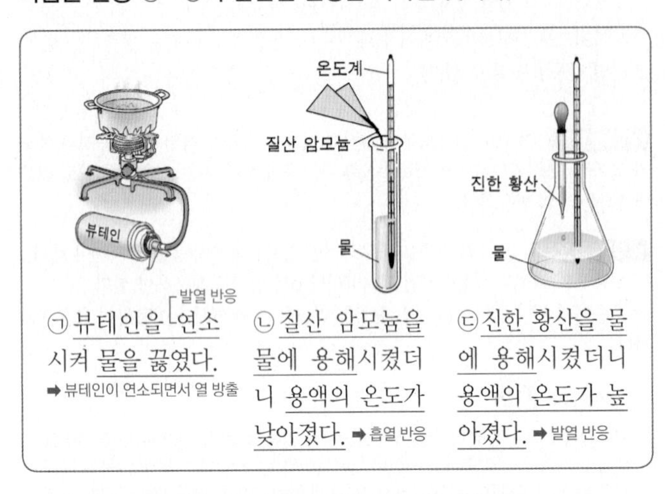

㉠ 뷰테인을 연소(발열 반응)시켜 물을 끓였다. ➡ 뷰테인이 연소되면서 열 방출

㉡ 질산 암모늄을 물에 용해시켰더니 용액의 온도가 낮아졌다. ➡ 흡열 반응

㉢ 진한 황산을 물에 용해시켰더니 용액의 온도가 높아졌다. ➡ 발열 반응

㉠~㉢ 중 발열 반응만을 있는 대로 고른 것은? [3점]

① ㉠ ② ㉡ ③ ㉠, ㉡ ④ ㉠, ㉢ ⑤ ㉡, ㉢

✔ 자료 해석

- 발열 반응은 주위로 열을 방출하는 반응으로 반응 후 주위의 온도가 높아지며, 흡열 반응은 주위로부터 열을 흡수하는 반응으로 반응 후 주위의 온도가 낮아진다.
- ㉠ : 뷰테인을 연소시켰을 때 방출되는 열로 물을 끓일 수 있다. 따라서 ㉠은 발열 반응이다.
- ㉡ : 질산 암모늄이 물에 용해되었을 때 용액의 온도가 낮아지므로 ㉡은 주위로부터 열을 흡수하는 흡열 반응이다.
- ㉢ : 진한 황산이 물에 용해되었을 때 용액의 온도가 높아지므로 ㉢은 주위로 열을 방출하는 발열 반응이다.

○ 보기 풀이 발열 반응은 주위로 열을 방출하는 반응이므로 반응 후 주위의 온도가 높아지고, 흡열 반응은 주위로부터 열을 흡수하는 반응이므로 반응 후 주위의 온도가 낮아진다. 따라서 ㉠은 발열 반응, ㉡은 흡열 반응, ㉢은 발열 반응이므로 ㉠~㉢ 중 발열 반응인 것은 ㉠과 ㉢이다.

문제풀이 Tip

우리 주위에서 볼 수 있는 여러 가지 반응을 발열 반응과 흡열 반응으로 구별하는 문항이 출제된다. 반응이 일어난 후 주위의 온도 변화는 발열 반응과 흡열 반응을 구별할 수 있는 방법 중 하나임을 알아두고, 연소 반응과 같은 대표적인 발열 반응은 기억해 두도록 하자.

선택지 비율	① 1%	② 1%	③ 5%	④ 6%	❺ 87%

30 화학 반응에서 출입하는 열의 측정

2021학년도 9월 평가원 3번 | 정답 ⑤ | 문제편 171 p

출제 의도 염화 칼슘($CaCl_2$)이 물에 용해되는 반응에서 출입하는 열을 측정하기 위한 실험에 대하여 이해하고 실험 결과를 바르게 해석할 수 있는지 묻는 문항이다.

문제 분석

다음은 염화 칼슘($CaCl_2$)이 물에 용해되는 반응에 대한 실험과 이에 대한 세 학생의 대화이다.

[실험 과정]

(가) 그림과 같이 25 ℃의 물 100 g이 담긴 열량계를 준비한다.

(나) (가)의 열량계에 25 ℃의 $CaCl_2(s)$ w g을 넣어 녹인 후 수용액의 최고 온도를 측정한다.

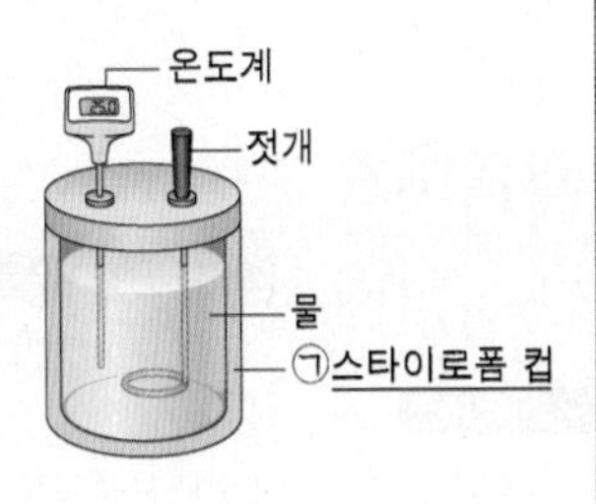

[실험 결과]

- 수용액의 최고 온도 : 30 ℃ ➡ 온도 ↑(열 흡수)

학생 A : 열량계 내부의 온도 변화로 반응에서의 열의 출입을 알 수 있어.

학생 B : $CaCl_2(s)$이 물에 용해되는 반응은 발열 반응이야. (주위로 열을 방출하여 수용액의 온도 ↑)

학생 C : ㉠은 열량계 내부와 외부 사이의 열 출입을 막기 위해 사용해.

제시한 내용이 옳은 학생만을 있는 대로 고른 것은? (단, 열량계의 외부 온도는 25 ℃로 일정하다.)

① A ② B ③ A, C ④ B, C ⑤ A, B, C

✔ 자료 해석

- 열량계에서 스타이로폼 컵은 열량계 내부와 외부 사이의 열 출입을 막아 반응에서 방출되는 열이 물의 온도를 높이는 데만 쓰이도록 한다.
- 25 ℃의 물이 들어 있는 열량계에 $CaCl_2(s)$ w g을 넣어 용해시켰더니 수용액의 최고 온도가 30 ℃가 되었으므로 $CaCl_2(s)$이 물에 용해되는 반응은 주위로 열을 방출하는 발열 반응이다.

○ 보기 풀이 학생 A : 물질의 용해 반응이 주위로 열을 방출하는 발열 반응이면 반응 후 수용액의 온도가 높아지고, 주위로부터 열을 흡수하는 흡열 반응이면 반응 후 수용액의 온도가 낮아진다. 따라서 열량계 내부의 온도 변화로 반응에서의 열의 출입을 알 수 있다.

학생 B : $CaCl_2(s)$이 물에 용해될 때 수용액의 온도가 30 ℃로 높아지므로 $CaCl_2(s)$이 물에 용해되는 반응은 발열 반응이다.

학생 C : ㉠(스타이로폼 컵)은 단열재로, 열량계 내부와 외부 사이의 열 출입을 막아주는 역할을 한다.

문제풀이 Tip

$CaCl_2$이 물에 용해되는 반응에 대한 실험의 결과를 다루는 문항이다. 화학 반응에서의 열 출입과 관련된 실험은 실험 장치(열량계)에 대한 이해와 실험 결과로부터 발열 반응과 흡열 반응을 구별하는 정도로 간단하게 출제되므로 관련 개념을 꼼꼼히 정리해 두자.

기출의 바이블

화학I

2권 | 정답 및 해설편

1권

문제편

- 기본 개념 정리, 실전 자료 분석
- 교육청+평가원 문항 수록

2권

정답 및 해설편

- 선택지 비율, 자료 해석, 보기 풀이, 매력적 오답, 문제풀이 Tip 등의 다양한 요소를 통한 완벽 해설
- 문항 해설을 한눈에 확인할 수 있는 자세한 첨삭 제공

3권

고난도편

- 교육청+평가원 고난도 주제 및 문항만을 선별하여 수록
- 고난도 문항 해설을 한눈에 확인할 수 있는 자세한 첨삭 제공

가르치기 쉽고 빠르게 배울 수 있는 **이투스북**

www.etoosbook.com

○ **도서 내용 문의**
홈페이지 > 이투스북 고객센터 > 1:1 문의

○ **도서 정답 및 해설**
홈페이지 > 도서자료실 > 정답/해설

○ **도서 정오표**
홈페이지 > 도서자료실 > 정오표

○ **선생님을 위한 강의 지원 서비스 T폴더**
홈페이지 > 교강사 T폴더

2026
학년도

교육청+평가원
고난도 주제 및
문항 수록

화학 I

3권 고난도편

이투스북

양만 많은 문제집
푸느라 부족한 시간과
수능
D-100
눈 뜨고
있어요

오?
20XX
입시 전략
매번 바뀌는 출제 경향에 생기는 혼란

험난한 수능 코스
1등급
난 늘 제자리걸음..

이렇게 된 이상
아삽에
모든 걸 건다!!!
최신 수능 경향
매년 ASAP 반영
3/6/9 모의고사
& 수능 대비
전략적 시즌제 콘텐츠
오답률 높은 문항으로
취약 유형 대비
코칭 선생님께 학습 관리 받는
느낌이 들 정도로 체계적이라
대만족이었습니다!
깔끔한 구성에 좋은 문항들이네요!

수험생 무사 입시 완봉 기원!
아삽부흥회
수능
대박
가보
자고
수능1등급
아삽
아삽
수능 실전 연습
풀 모의고사
국어 | 수학 | 영어 | 사탐 | 과탐

핵심만 뽑은
효율 甲 모의고사
아삽

화학 I

기출의 바이블

고난도편

목차 & 학습 계획

Part Ⅰ 교육청

Part II 수능 평가원

대단원	중단원	쪽수	문항수	학습 계획일
I 화학의 첫걸음	01. 우리 생활 속의 화학	1권, 2권에서 학습		
	02. 화학식량과 몰	3권 문제편 46쪽 3권 해설편 156쪽	15문항	월 일
	03. 화학 반응식과 용액의 농도	3권 문제편 52쪽 3권 해설편 168쪽	45문항	월 일
II 원자의 세계	01. 원자의 구조	1권, 2권에서 학습		
	02. 현대적 원자 모형과 전자 배치	1권, 2권에서 학습		
	03. 원소의 주기적 성질	1권, 2권에서 학습		
III 화학 결합과 분자의 세계	01. 화학 결합	1권, 2권에서 학습		
	02. 분자의 구조와 성질	1권, 2권에서 학습		
IV 역동적인 화학 반응	01. 동적 평형과 산 염기	1권, 2권에서 학습		
	02. 산 염기 중화 반응	3권 문제편 66쪽 3권 해설편 198쪽	30문항	월 일
	03. 산화 환원 반응과 화학 반응에서의 열 출입	1권, 2권에서 학습		

I

화학의 첫걸음

01

우리 생활 속의 화학

1권

02

화학식량과 몰

03

화학 반응식과 용액의 농도

02 화학식량과 몰

A 화학식량

1. 원자량 : 질량수가 12인 탄소 원자(^{12}C)의 질량을 12로 정하고 이를 기준으로 하여 다른 원자들의 질량을 상대적으로 나타낸 값으로, 단위가 없다.

(1) 원자량을 이용하여 원자 1개의 상대적 질량을 비교할 수 있다.

① 수소(H) 원자 12개의 질량은 탄소(C) 원자 1개의 질량과 같다. ➡ 수소(H)의 원자량은 1이다.

② 탄소(C) 원자 4개의 질량은 산소(O) 원자 3개의 질량과 같다. ➡ 원자량비는 C : O=3 : 4이다.

(2) **몇 가지 원소의 원자량**

원소	H	C	N	O	F	Na	Cl	K
원자량	1	12	14	16	19	23	35.5	39

2. 분자량 : 분자의 상대적인 질량을 나타낸 값으로, 분자를 구성하는 원자들의 원자량을 합한 값이다.

분자	산소(O_2)		물(H_2O)		암모니아(NH_3)	
분자 모형	O O		O H H		N H H H	
구성 원자의 종류	O		H	O	H	N
원자량	16		1	16	1	14
분자량	16×2=32		(1×2)+16=18		(1×3)+14=17	

3. 화학식량 : 어떤 물질의 화학식을 이루는 각 원자들의 원자량을 합한 값이다. 염화 나트륨(NaCl), 흑연(C), 구리(Cu) 등과 같이 분자로 존재하지 않는 물질의 화학식량은 화학식을 이루는 원자의 원자량을 모두 더하여 구한다.

B 몰

1. 몰(mol)과 입자 수

(1) **몰** : 원자, 분자, 이온 등과 같은 입자의 수를 나타낼 때 사용하는 묶음 단위

(2) **몰과 아보가드로수** : 물질의 종류와 관계없이 물질 1 mol에는 6.02×10^{23}개의 입자가 들어 있으며, 이때 6.02×10^{23}을 아보가드로수라고 한다.

2. 몰과 질량

(1) **1 mol의 질량** : 물질의 화학식량(원자량, 분자량, 이온식량)에 그램(g) 단위를 붙인 값이다.

(2) **물질의 양(mol)** : 물질의 질량을 물질 1 mol의 질량으로 나누어 구한다.

$$\text{물질의 양(mol)}=\frac{\text{물질의 질량(g)}}{\text{1 mol의 질량(g/mol)}}$$

3. 몰과 기체의 부피

(1) **아보가드로 법칙** : 같은 온도와 압력에서 모든 기체는 같은 부피 속에 같은 수의 분자를 포함한다.

(2) **기체 1 mol의 부피** : 0 ℃, 1기압에서 모든 기체는 1 mol의 부피가 22.4 L로 일정하며, 기체 22.4 L에는 6.02×10^{23}개의 기체 분자가 들어 있다. ➡ 같은 온도와 같은 압력에서 기체의 양(mol)은 기체의 부피에 비례한다.

(3) **기체 분자의 양(mol)** : 기체의 부피를 기체 1 mol의 부피로 나누어 구한다.

$$\text{기체 분자의 양(mol)}=\frac{\text{기체의 부피(L)}}{\text{기체 1 mol의 부피(L/mol)}}$$

4. 몰과 입자 수, 질량, 기체의 부피 사이의 관계

$$\text{물질의 양(mol)}=\frac{\text{물질의 질량(g)}}{\text{1 mol의 질량(g/mol)}}=\frac{\text{입자 수}}{6.02\times10^{23}\text{(/mol)}}=\frac{\text{기체의 부피(L)}}{\text{22.4(L/mol)}}\text{(0 ℃, 1기압)}$$

원자량을 사용하는 까닭

원자는 질량이 매우 작아서 실제의 값을 그대로 사용하는 것이 불편하므로 특정 원자와 비교한 상대적인 질량을 원자량으로 사용한다.

염화 나트륨(NaCl)의 화학식량

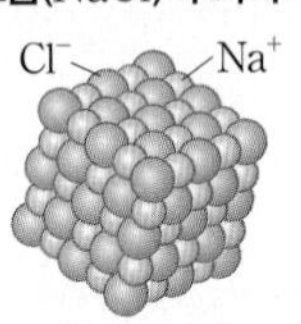

▲ 염화 나트륨(NaCl)

NaCl의 화학식량
=Na의 원자량+Cl의 원자량
=23+35.5=58.5

기체의 밀도와 분자량

밀도=$\frac{\text{질량}}{\text{부피}}$이고, 같은 온도와 압력에서 모든 기체는 같은 부피 속에 같은 수의 분자를 포함하므로 기체의 밀도는 분자량에 비례한다.

몰, 입자 수, 질량, 기체의 부피 사이의 환산

몰의 정의를 바탕으로 몰과 입자 수, 몰과 질량, 몰과 기체의 부피 사이의 관계를 이해하여 제시된 조건에서 이를 각각 환산할 수 있는지를 묻는 문제가 출제된다.

몰과 입자 수, 질량, 기체의 부피 사이의 관계

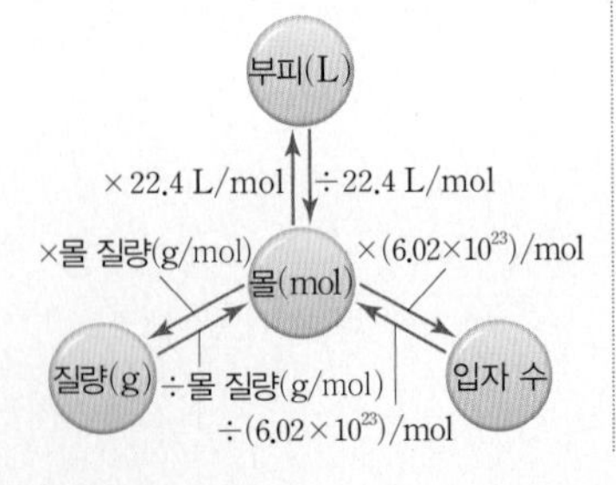

1 ★☆☆ | 2024년 10월 교육청 13번 |

다음은 실린더 (가)와 (나)에 들어 있는 $XY_n(g)$와 $X_2Y_n(g)$의 혼합 기체에 대한 자료이다. (가)와 (나)에 들어 있는 기체의 온도와 압력은 같다.

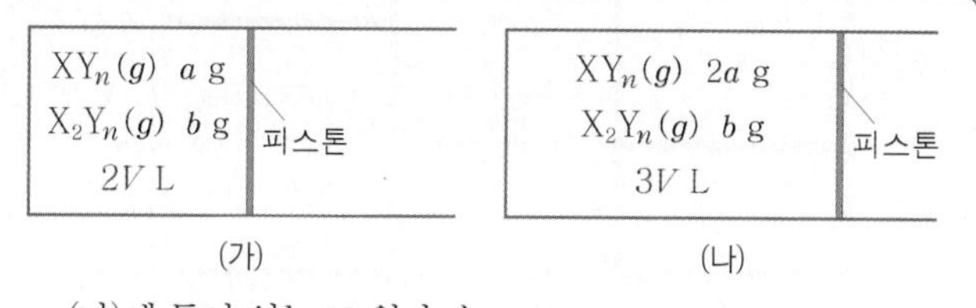

• $\dfrac{\text{(나)에 들어 있는 X 원자 수}}{\text{(가)에 들어 있는 Y 원자 수}} = \dfrac{1}{2}$이다.

이에 대한 옳은 설명만을 〈보기〉에서 있는 대로 고른 것은? (단, X와 Y는 임의의 원소 기호이다.)

보기

ㄱ. (가)에서 $XY_n(g)$와 $X_2Y_n(g)$의 양(mol)은 같다.

ㄴ. $n=2$이다.

ㄷ. $\dfrac{X_2Y_n\ 1\,g\text{에 들어 있는 분자 수}}{XY_n\ 1\,g\text{에 들어 있는 분자 수}} = \dfrac{b}{a}$이다.

① ㄱ ② ㄴ ③ ㄱ, ㄷ
④ ㄴ, ㄷ ⑤ ㄱ, ㄴ, ㄷ

2 ★★★ | 2024년 7월 교육청 18번 |

표는 t ℃, 1기압에서 실린더 (가)~(다)에 들어 있는 기체에 대한 자료이다.

실린더	기체의 종류	$\dfrac{\text{Y 원자 수}}{\text{X 원자 수}}$	Y 원자 수 (상댓값)	전체 기체의 밀도 (상댓값)
(가)	X_2Y_2	1	1	13
(나)	X_2Y_2, Y_2Z	4	2	10
(다)	XZ, Y_2Z	8	1	10

이에 대한 설명으로 옳은 것만을 〈보기〉에서 있는 대로 고른 것은? (단, X~Z는 임의의 원소 기호이고, 모든 기체는 반응하지 않는다.) [3점]

보기

ㄱ. 실린더 속 기체의 부피는 (다)가 (가)보다 크다.

ㄴ. (가)~(다) 중 전체 기체의 질량은 (나)가 가장 크다.

ㄷ. $\dfrac{\text{X의 원자량}}{\text{Z의 원자량}} = \dfrac{3}{4}$이다.

① ㄱ ② ㄷ ③ ㄱ, ㄴ
④ ㄴ, ㄷ ⑤ ㄱ, ㄴ, ㄷ

3 ★★☆ | 2024년 5월 교육청 15번 |

다음은 t ℃, 1기압에서 실린더 (가)와 (나)에 들어 있는 기체에 대한 자료이다.

실린더	기체	부피	1 g당 전체 분자 수
(가)	N_2O_2	V	㉠
(나)	NO_2, N_2O	$2V$	㉡

• ㉠과 ㉡은 서로 다르며, 각각 $3N$과 $4N$ 중 하나이다.

$\dfrac{\text{(나) 속 } N_2O(g)\text{의 질량}}{\text{(가) 속 } N_2O_2(g)\text{의 질량}}$은? (단, N, O의 원자량은 각각 14, 16이다.) [3점]

① $\dfrac{5}{8}$ ② $\dfrac{11}{15}$ ③ $\dfrac{11}{10}$
④ $\dfrac{23}{20}$ ⑤ $\dfrac{6}{5}$

4 ★★★ | 2024년 3월 교육청 18번 |

다음은 t ℃, 1기압에서 실린더 (가)와 (나)에 들어 있는 기체에 대한 자료이다.

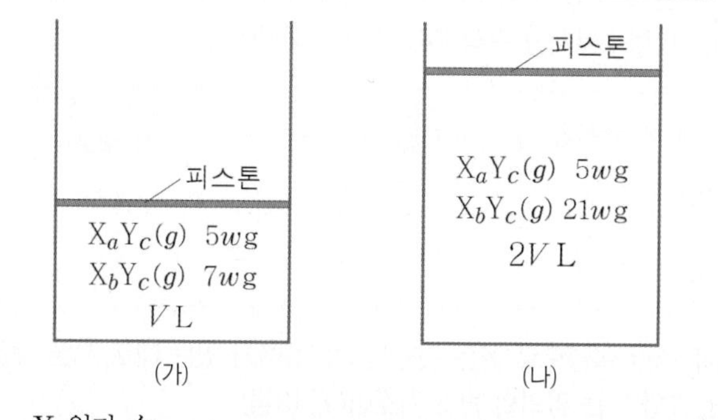

• $\dfrac{\text{X 원자 수}}{\text{Y 원자 수}}$의 비는 (가) : (나)=10 : 11이다.

• 전체 원자 수의 비는 (가) : (나)=17 : 35이다.

$\dfrac{a}{b} \times \dfrac{\text{X의 원자량}}{\text{Y의 원자량}}$은? (단, X와 Y는 임의의 원소 기호이다.) [3점]

① 1 ② 2 ③ 4
④ 6 ⑤ 8

5 ★★☆ | 2023년 10월 교육청 10번 |

표는 t ℃, 1 atm에서 $AB(g)$와 $AB_2(g)$에 대한 자료이다.

기체	부피(L)	전체 원자 수	질량(g)
AB	1	N	$14w$
AB_2	x	$\frac{3}{4}N$	$11w$

이에 대한 옳은 설명만을 〈보기〉에서 있는 대로 고른 것은? (단, A, B는 임의의 원소 기호이다.) [3점]

보기
ㄱ. $x=2$이다.
ㄴ. 원자량은 B>A이다.
ㄷ. 1 g에 들어 있는 A 원자 수는 AB>AB_2이다.

① ㄱ ② ㄷ ③ ㄱ, ㄴ
④ ㄴ, ㄷ ⑤ ㄱ, ㄴ, ㄷ

6 ★★☆ | 2023년 7월 교육청 18번 |

표는 원소 X와 Y로 이루어진 기체 (가)~(다)에 대한 자료이다. (가)~(다)의 분자당 구성 원자 수는 5 이하이다.

기체	분자량	$\frac{\text{Y의 질량}}{\text{X의 질량}}$(상댓값)	단위 질량당 전체 원자 수 (상댓값)
(가)	x	4	22
(나)	44	1	23
(다)	76	3	

이에 대한 설명으로 옳은 것만을 〈보기〉에서 있는 대로 고른 것은? (단, X와 Y는 임의의 원소 기호이다.) [3점]

보기
ㄱ. Y의 원자량은 16이다.
ㄴ. (나)의 분자식은 XY이다.
ㄷ. $x=46$이다.

① ㄱ ② ㄴ ③ ㄱ, ㄷ
④ ㄴ, ㄷ ⑤ ㄱ, ㄴ, ㄷ

7 ★★☆ | 2023년 4월 교육청 15번 |

그림 (가)는 실린더에 $C_aH_4(g)$, $C_4H_{10}(g)$의 혼합 기체 w g이 들어 있는 것을, (나)는 (가)의 실린더에 $C_2H_6(g)$ w g이 첨가된 것을 나타낸 것이다. 1 g당 C의 질량은 (가)에서와 (나)에서가 같다.

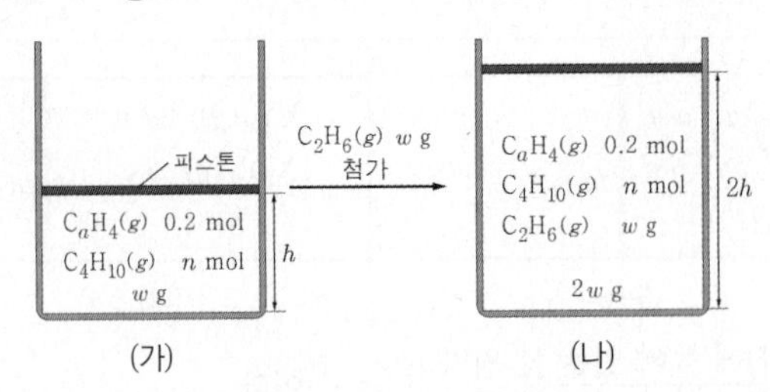

w는? (단, H, C의 원자량은 각각 1, 12이고, 실린더 속 기체의 온도와 압력은 일정하며, 모든 기체는 반응하지 않는다.) [3점]

① 8 ② 9 ③ 10
④ 12 ⑤ 15

8 ★★☆ | 2023년 3월 교육청 18번 |

그림은 $X_aY_{2a}(g)$ N mol이 들어 있는 실린더에 $X_bY_{2a}(g)$를 조금씩 넣었을 때 $X_bY_{2a}(g)$의 양(mol)에 따른 혼합 기체의 밀도를 나타낸 것이다. $\frac{X_bY_{2a}\ 1\text{ g에 들어 있는 X 원자 수}}{X_aY_{2a}\ 1\text{ g에 들어 있는 X 원자 수}}=\frac{21}{22}$이다.

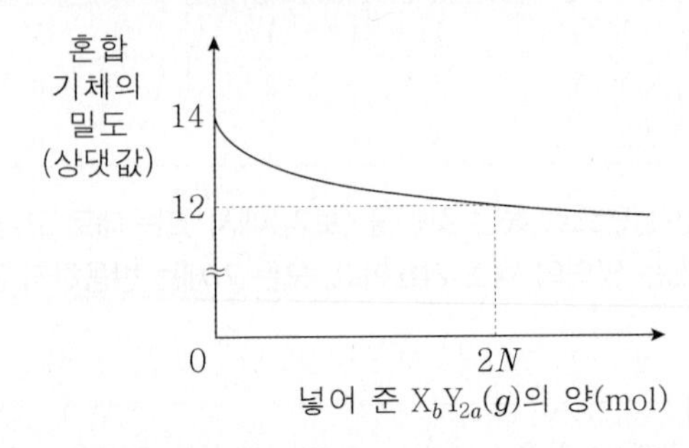

$\frac{b}{a}\times\frac{\text{X의 원자량}}{\text{Y의 원자량}}$은? (단, X, Y는 임의의 원소 기호이고, 두 기체는 반응하지 않으며, 실린더 속 기체의 온도와 압력은 일정하다.) [3점]

① $\frac{3}{4}$ ② 1 ③ $\frac{7}{6}$
④ 9 ⑤ 16

9 ★★★

| 2022년 10월 교육청 18번 |

표는 기체 (가)~(다)에 대한 자료이다. 1 g에 들어 있는 Y 원자 수 비는 (가) : (다)=5 : 4이다.

기체	(가)	(나)	(다)
분자식	XY	ZX_n	Z_2Y_n
1 g에 들어 있는 전체 원자 수(상댓값)	40	125	24
질량(g)	5	8	

이에 대한 옳은 설명만을 〈보기〉에서 있는 대로 고른 것은? (단, X~Z는 임의의 원소 기호이다.) [3점]

보기

ㄱ. $n=2$이다.

ㄴ. 기체의 양(mol)은 (나)가 (가)의 2배이다.

ㄷ. $\frac{\text{Z의 원자량}}{\text{X의 원자량} + \text{Y의 원자량}}=\frac{4}{5}$이다.

① ㄱ ② ㄴ ③ ㄷ
④ ㄱ, ㄴ ⑤ ㄴ, ㄷ

10 ★★★

| 2022년 7월 교육청 18번 |

표는 용기 (가)와 (나)에 들어 있는 기체에 대한 자료이다. 용기에 들어 있는 전체 기체 분자 수 비는 (가) : (나)=4 : 3이다.

용기	기체	기체의 질량(g)	단위 질량당 X의 원자 수(상댓값)	용기에 들어 있는 Z의 질량(g)
(가)	XY_2, XZ_4	$10w$	9	$\frac{38}{15}w$
(나)	YZ_2, XZ_4	$9w$	5	$\frac{19}{3}w$

이에 대한 설명으로 옳은 것만을 〈보기〉에서 있는 대로 고른 것은? (단, X~Z는 임의의 원소 기호이고, 모든 기체는 반응하지 않는다.) [3점]

보기

ㄱ. XZ_4의 양(mol)은 (나)에서가 (가)에서의 2배이다.

ㄴ. $\frac{YZ_2\text{의 분자량}}{XZ_4\text{의 분자량}}=\frac{1}{2}$이다.

ㄷ. (나)에서 $\frac{\text{X의 질량(g)}}{\text{Y의 질량(g)}}=4$이다.

① ㄱ ② ㄷ ③ ㄱ, ㄴ
④ ㄴ, ㄷ ⑤ ㄱ, ㄴ, ㄷ

11 ★★☆

| 2022년 4월 교육청 8번 |

표는 분자 (가), (나)에 대한 자료이다.

분자	(가)	(나)
구성 원소	A, B	A, B
분자당 구성 원자 수	3	3
1 g에 들어 있는 B 원자 수(상댓값)	23	44

이에 대한 설명으로 옳은 것만을 〈보기〉에서 있는 대로 고른 것은? (단, A와 B는 임의의 원소 기호이다.) [3점]

보기

ㄱ. (가)는 A_2B이다.

ㄴ. 같은 질량에 들어 있는 분자 수는 (가) : (나)=23 : 22이다.

ㄷ. 원자량비는 A : B=8 : 7이다.

① ㄱ ② ㄷ ③ ㄱ, ㄴ
④ ㄴ, ㄷ ⑤ ㄱ, ㄴ, ㄷ

12 ★★☆

| 2022년 3월 교육청 17번 |

표는 용기 (가)와 (나)에 들어 있는 기체에 대한 자료이다.
$\frac{\text{B의 원자량}}{\text{A의 원자량}}=\frac{8}{7}$이다.

용기	기체	기체의 질량(g)	$\frac{\text{B 원자 수}}{\text{A 원자 수}}$	AB의 양(mol)
(가)	AB, A_2B	$37w$	$\frac{2}{3}$	$5n$
(나)	AB, CB_2	$56w$	6	$4n$

이에 대한 옳은 설명만을 〈보기〉에서 있는 대로 고른 것은? (단, A~C는 임의의 원소 기호이고, 모든 기체는 반응하지 않는다.) [3점]

보기

ㄱ. (가)에서 기체 분자 수는 AB와 A_2B가 같다.

ㄴ. $\frac{\text{(가)에서 } A_2B\text{의 양(mol)}}{\text{(나)에서 } CB_2\text{의 양(mol)}}=\frac{1}{2}$이다.

ㄷ. $\frac{\text{C의 원자량}}{\text{B의 원자량}}=\frac{3}{4}$이다.

① ㄱ ② ㄷ ③ ㄱ, ㄴ
④ ㄴ, ㄷ ⑤ ㄱ, ㄴ, ㄷ

13 ★★☆

| 2021년 10월 교육청 18번 |

표는 t ℃, 1 atm에서 원소 X~Z로 이루어진 기체 (가)~(다)에 대한 자료이다. (가)~(다)는 각각 분자당 구성 원자 수가 3 이하이고, 원자량은 Y > Z > X이다.

기체	(가)	(나)	(다)
구성 원소	X, Y	X, Y	Y, Z
1 g당 전체 원자 수	$22N$	$21N$	$21N$
1 g당 부피(상댓값)	11	7	7

이에 대한 옳은 설명만을 〈보기〉에서 있는 대로 고른 것은? (단, X~Z는 임의의 원소 기호이다.) [3점]

〈보기〉

ㄱ. (가)의 분자식은 XY_2이다.
ㄴ. 원자량 비는 X : Z = 6 : 7이다.
ㄷ. 1 g당 Y 원자 수는 (나)가 (다)의 2배이다.

① ㄱ ② ㄴ ③ ㄱ, ㄷ
④ ㄴ, ㄷ ⑤ ㄱ, ㄴ, ㄷ

14 ★★★

| 2021년 7월 교육청 17번 |

그림 (가)는 실린더에 $C_xH_6(g)$이 들어 있는 것을, (나)는 (가)의 실린더에 $C_3H_4(g)$과 $C_4H_8(g)$이 첨가된 것을 나타낸 것이다. 표는 (가)와 (나)의 실린더 속 기체에 대한 자료이다. 모든 기체들은 반응하지 않는다.

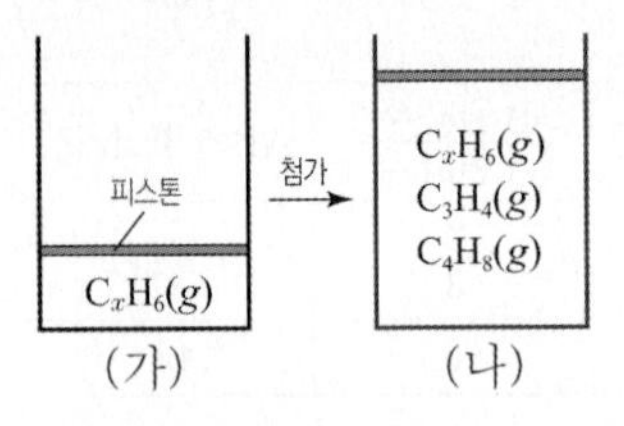

	(가)	(나)
전체 기체의 질량(g)	$5w$	$22w$
전체 기체의 부피(L)	$4V$	$13V$
H 원자 수	N	$3N$

이에 대한 설명으로 옳은 것만을 〈보기〉에서 있는 대로 고른 것은? (단, H, C의 원자량은 각각 1, 12이고, 실린더 속 기체의 온도와 압력은 일정하다.) [3점]

〈보기〉

ㄱ. 첨가된 $C_4H_8(g)$의 질량은 $7w$ g이다.
ㄴ. x=3이다.
ㄷ. (나)에서 실린더 속 전체 기체의 $\dfrac{\text{H의 질량(g)}}{\text{C의 질량(g)}} = \dfrac{1}{7}$이다.

① ㄱ ② ㄴ ③ ㄱ, ㄷ
④ ㄴ, ㄷ ⑤ ㄱ, ㄴ, ㄷ

15 ★★☆

| 2021년 4월 교육청 10번 |

표는 t ℃, 1기압에서 2가지 기체에 대한 자료이다.

기체	분자식	분자량	1 g에 들어 있는 전체 원자 수	단위 부피당 질량(상댓값)
(가)	X_mH_n	32	$\frac{3}{16}N_A$	8
(나)	$X_nY_nH_n$	a	$\frac{1}{9}N_A$	27

이에 대한 설명으로 옳은 것만을 〈보기〉에서 있는 대로 고른 것은? (단, H의 원자량은 1이고, X, Y는 임의의 원소 기호이며 N_A는 아보가드로수이다.) [3점]

〈보기〉

ㄱ. a=108이다.
ㄴ. m=2이다.
ㄷ. 원자량비는 X : Y = 7 : 6이다.

① ㄱ ② ㄷ ③ ㄱ, ㄴ
④ ㄴ, ㄷ ⑤ ㄱ, ㄴ, ㄷ

16 ★★☆

| 2021년 3월 교육청 7번 |

표는 물질 X_2와 X_2Y에 대한 자료이다.

물질	X_2	X_2Y
전체 원자 수	N_A	$6N_A$
질량(g)	14	88

이에 대한 옳은 설명만을 〈보기〉에서 있는 대로 고른 것은? (단, X와 Y는 임의의 원소 기호이고, N_A는 아보가드로수이다.)

〈보기〉

ㄱ. X_2의 양은 1 mol이다.
ㄴ. X_2Y의 분자량은 44이다.
ㄷ. 원자량은 Y > X이다.

① ㄱ ② ㄴ ③ ㄱ, ㄷ
④ ㄴ, ㄷ ⑤ ㄱ, ㄴ, ㄷ

17 ★★☆

| 2021년 3월 교육청 18번 |

그림은 $X(g)$가 들어 있는 실린더에 $Y_2(g)$, $ZY_3(g)$를 차례대로 넣은 것을 나타낸 것이다. 기체들은 서로 반응하지 않으며, 실린더 속 전체 원자 수 비는 (나) : (다)=3 : 7이다.

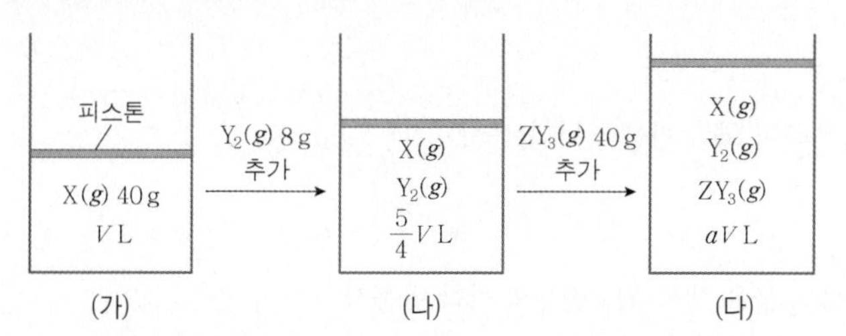

이에 대한 옳은 설명만을 〈보기〉에서 있는 대로 고른 것은? (단, X~Z는 임의의 원소 기호이며, 실린더 속 기체의 온도와 압력은 일정하다.) [3점]

보기

ㄱ. (다)에서 $a=\frac{7}{4}$이다.

ㄴ. 원자량 비는 X : Z=5 : 4이다.

ㄷ. 1 g에 들어 있는 전체 원자 수는 Y_2가 ZY_3보다 크다.

① ㄱ ② ㄴ ③ ㄱ, ㄷ
④ ㄴ, ㄷ ⑤ ㄱ, ㄴ, ㄷ

18 ★☆☆

| 2020년 10월 교육청 6번 |

그림은 원자 X~Z의 질량 관계를 나타낸 것이다.

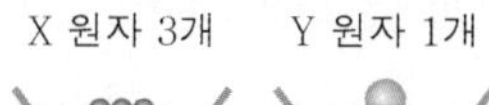

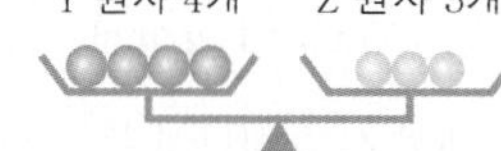

이에 대한 옳은 설명만을 〈보기〉에서 있는 대로 고른 것은? (단, X~Z는 임의의 원소 기호이다.)

보기

ㄱ. 원자 1개의 질량은 Y>X이다.

ㄴ. 원자 1 mol의 질량은 Z가 X의 3배이다.

ㄷ. YZ_2에서 구성 원소의 질량 비는 Y : Z=3 : 4이다.

① ㄱ ② ㄷ ③ ㄱ, ㄴ
④ ㄱ, ㄷ ⑤ ㄴ, ㄷ

19 ★★☆

| 2020년 7월 교육청 4번 |

다음은 t ℃, 1 기압에서 3가지 물질 A~C에 대한 자료이다. t ℃, 1 기압에서 기체 1 몰의 부피는 25 L이다.

- A의 화학식량: 64, B의 화학식량: 18
- $B(l)$의 밀도: 1 g/mL

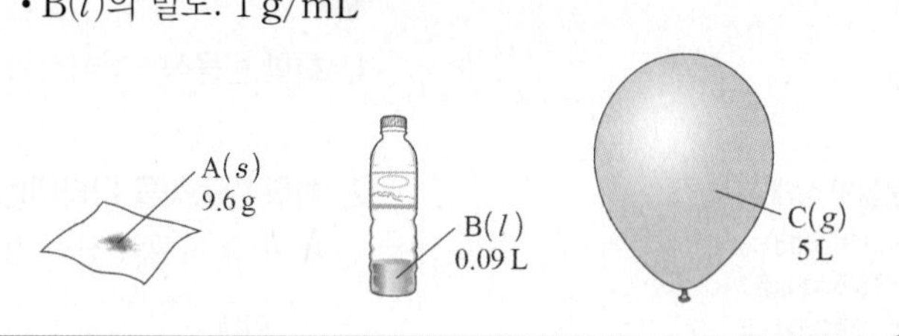

A~C의 양(몰)을 비교한 것으로 옳은 것은? (단, 풍선 내부의 압력은 1 기압이다.)

① A>B>C ② A>C>B ③ B>A>C
④ B>C>A ⑤ C>A>B

화학 반응식과 용액의 농도

A 화학 반응식

1. 화학 반응식 : 화학식과 기호를 이용하여 화학 반응을 나타낸 식

2. 화학 반응식을 나타내는 방법

예 수소 기체와 산소 기체가 반응하여 물을 생성하는 반응의 화학 반응식

단계	화학 반응식을 나타내는 방법	
1단계	반응물과 생성물을 화학식으로 나타낸다.	• 반응물 : 수소 기체(H_2), 산소 기체(O_2) • 생성물 : 물(H_2O)
2단계	반응물은 왼쪽, 생성물은 오른쪽에 쓰고, '→'를 이용하여 연결한다. 반응물이나 생성물이 2가지 이상이면 '+'로 연결한다.	• 수소 + 산소 → 물 • $H_2 + O_2 \rightarrow H_2O$
3단계	반응 전후 원자의 종류와 수가 같아지도록 계수를 맞춘다. 계수는 화학식 앞에 가장 간단한 정수로 나타내며, 1이면 생략한다.	$2H_2 + O_2 \rightarrow 2H_2O$
4단계	물질의 상태를 ( ) 안에 기호로 써서 화학식 뒤에 나타낸다.	$2H_2(g) + O_2(g) \rightarrow 2H_2O(l)$

3. 화학 반응식으로부터 알 수 있는 것

(1) 화학 반응식의 계수비는 분자 수비(몰비)와 같다.

(2) 반응물과 생성물이 기체인 경우, 일정한 온도와 압력에서 계수비는 부피비와 같다.

> 계수비=몰비=분자 수비=부피비(온도와 압력이 같은 기체의 경우)≠질량비

4. 화학 반응의 양적 관계 : 화학 반응식에서 계수비는 반응 몰비와 같음을 이용하여 반응물과 생성물의 질량이나 부피를 구한다.

(1) **질량 관계** : 화학 반응식에서 반응물과 생성물 중 하나의 질량을 알면 화학 반응식의 계수비(=몰비)를 이용하여 다른 물질의 질량을 알 수 있다.

예 탄소(C) 6 g이 완전 연소할 때 생성되는 이산화 탄소(CO_2)의 질량 구하기

화학 반응식 나타내기	$C(s) + O_2(g) \rightarrow CO_2(g)$
질량을 물질의 양(mol)으로 환산하기	C의 양(mol)$=\frac{\text{물질의 질량(g)}}{\text{1 mol의 질량(g/mol)}}=\frac{6g}{12g/mol}=0.5\ mol$
계수비를 이용하여 CO_2의 양(mol) 구하기	C와 CO_2의 계수비=1 : 1이므로 C 0.5 mol이 반응하면 CO_2 0.5 mol이 생성된다.
CO_2의 양(mol)을 질량(g)으로 환산하기	CO_2의 질량(g)=물질의 양(mol)×1 mol의 질량(g/mol) =0.5 mol×44 g/mol=22 g

(2) **부피 관계** : 기체의 반응에서 반응물과 생성물 중 하나의 부피를 알면 화학 반응식의 계수비(=기체의 부피비)를 이용하여 다른 물질의 부피를 알 수 있다.

예 0 ℃, 1기압에서 질소 기체(N_2) 5.6 L를 충분한 양의 수소 기체(H_2)와 모두 반응시켰을 때 생성되는 암모니아 기체(NH_3)의 부피 구하기

화학 반응식 나타내기	$N_2(g) + 3H_2(g) \rightarrow 2NH_3(g)$
부피를 물질의 양(mol)으로 환산하기	$N_2(g)$의 양(mol)$=\frac{\text{기체의 부피(L)}}{\text{기체 1 mol의 부피(L/mol)}}=\frac{5.6\ L}{22.4\ L/mol}=0.25\ mol$
계수비를 이용하여 NH_3의 양(mol) 구하기	N_2와 NH_3의 계수비=1 : 2이므로 N_2 0.25 mol이 반응하면 NH_3 0.5 mol이 생성된다.
NH_3의 양(mol)을 부피(L)로 환산하기(0 ℃, 1기압)	$NH_3(g)$의 부피(L)=물질의 양(mol)×1 mol의 부피(L/mol) =0.5 mol×22.4 L/mol=11.2 L

물질의 상태 표시
- 고체(solid) : s
- 액체(liquid) : l
- 기체(gas) : g
- 수용액(aqueous solution) : aq

출제 tip

화학 반응식으로 알 수 있는 것

제시된 화학 반응식에서 반응물과 생성물의 종류와 상태, 반응물과 생성물의 양(mol), 분자 수, 기체의 부피, 질량 등의 양적 관계를 파악할 수 있으므로 이를 묻는 문제가 출제된다.

계수비와 질량비

물질마다 1 mol의 질량이 다르므로 계수비는 몰비(분자 수비)와 같지만 질량비와는 다르다.

화학 반응식에서 계수비의 의미

화학 반응식의 계수비는 반응 몰비와 같고, 대부분의 화학 반응에서는 반응 몰비를 구해야 반응의 양적 관계를 확인할 수 있으므로 화학 반응식을 완성하여 계수비를 먼저 알아내야 한다.

화학 반응의 양적 관계

반응물과 생성물 중 물질의 질량 또는 부피 또는 밀도가 제시되었을 때, 이를 물질의 양(mol)으로 환산한 후 화학 반응식의 계수비(몰비)를 통해 다른 물질의 질량 또는 부피 또는 밀도를 구할 수 있는지를 묻는 문항이 출제된다.

B 용액의 농도

1. 용액의 농도 : 용액에 녹아 있는 용질의 상대적인 양

(1) **퍼센트 농도** : 용액 100 g에 녹아 있는 용질의 질량(g)으로, 퍼센트 농도(%)$=\frac{\text{용질의 질량(g)}}{\text{용액의 질량(g)}}\times$ 100(단위 : %)이다.

➡ 용액의 퍼센트 농도가 같더라도 용질의 종류에 따라 일정한 질량의 용액에 녹아 있는 용질의 입자 수는 다르다.

(2) **몰 농도** : 용액 1 L에 녹아 있는 용질의 양(mol)으로, 몰 농도(M)$=\frac{\text{용질의 양(mol)}}{\text{용액의 부피(L)}}$(단위 : M 또는 mol/L)이다.

➡ 온도에 따라 용액의 부피가 달라지므로 온도의 영향을 받는다.

➡ 일정한 온도에서 용액의 몰 농도가 같으면 용질의 종류에 관계없이 일정한 부피의 용액에 녹아 있는 용질의 입자 수가 같다.

2. 혼합 용액과 묽힌 용액의 몰 농도

(1) **혼합 용액의 몰 농도** : 같은 종류의 용질이 녹아 있는 서로 다른 몰 농도의 두 용액을 혼합할 때, 혼합 전후 용질의 양(mol)은 일정하다는 것을 이용하여 혼합 용액의 몰 농도를 구할 수 있다.

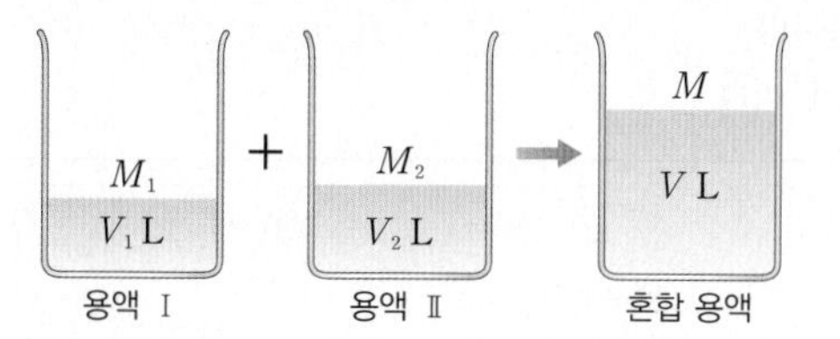

$(M_1\times V_1)+(M_2\times V_2)=M\times V$

➡ $M=\frac{M_1V_1+M_2V_2}{V}$(mol/L)

(2) **묽힌 용액의 몰 농도** : 어떤 용액에 증류수를 넣어 묽혔을 때, 용질의 양(mol)은 일정하다는 것을 이용하여 묽힌 용액의 몰 농도를 구할 수 있다.

예 0.3 M 포도당 수용액 200 mL에 증류수를 넣어 부피를 500 mL로 만든 용액의 몰 농도(M')

➡ $0.3\text{ M}\times0.2\text{ L}=M'\times0.5\text{ L}$이므로 $M'=\frac{0.06\text{ mol}}{0.5\text{ L}}=0.12\text{ M}$이다.

실전 자료 탄산 칼슘($CaCO_3$)과 묽은 염산(HCl)의 반응

그림은 탄산 칼슘($CaCO_3$)과 묽은 염산(HCl)의 반응을 나타낸 것이다.

(가) 2개의 삼각 플라스크에 묽은 염산(HCl) 70 mL를 각각 넣고 질량을 측정한다.

(나) (가)의 삼각 플라스크에 탄산 칼슘($CaCO_3$) 1.0 g, 2.0 g을 각각 넣고 반응이 완전히 끝난 후, 삼각 플라스크의 전체 질량을 측정한다.

➡ 생성된 $CO_2(g)$의 질량은 각각 0.4 g, 0.8 g이다.

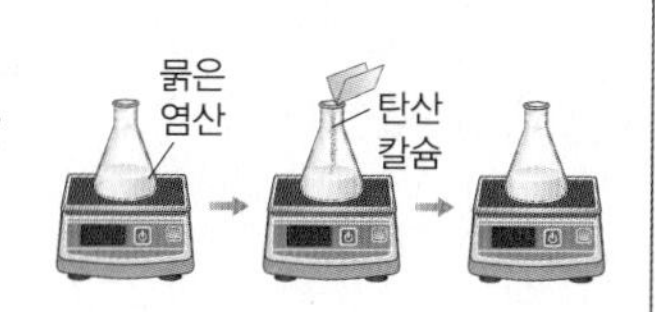

❶ **탄산 칼슘과 묽은 염산의 화학 반응식**

$CaCO_3(s)+2HCl(aq)\rightarrow CaCl_2(aq)+H_2O(l)+CO_2(g)$

❷ **생성된 $CO_2(g)$의 양(mol)**

- 탄산 칼슘($CaCO_3$)의 질량이 1.0 g일 때 : 탄산 칼슘($CaCO_3$)의 양(mol)$=\frac{1.0\text{ g}}{100\text{g/mol}}=0.01$ mol

  생성된 $CO_2(g)$의 양(mol)$=\frac{0.4\text{ g}}{44\text{ g/mol}}\fallingdotseq0.01$ mol

- 탄산 칼슘($CaCO_3$)의 질량이 2.0 g일 때 : 탄산 칼슘($CaCO_3$)의 양(mol)$=\frac{2.0\text{ g}}{100\text{ g/mol}}=0.02$ mol

  생성된 $CO_2(g)$의 양(mol)$=\frac{0.8\text{ g}}{44\text{ g/mol}}\fallingdotseq0.02$ mol

❸ **반응한 탄산 칼슘($CaCO_3$)과 생성된 이산화 탄소(CO_2)의 몰비(=계수비)는 약 1 : 1이다.**

화학 반응과 몰 농도

화학 반응의 양적 관계는 각 물질의 입자 수와 관련이 있으므로 수용액과 관련된 화학 반응의 양적 관계를 파악할 때는 질량을 기준으로 한 농도보다는 입자 수를 기준으로 한 농도를 사용하는 것이 더 유용하다. 따라서 화학에서는 용액에 포함된 입자 수가 표현된 몰 농도를 주로 사용한다.

출제 tip

몰 농도의 계산

같은 종류의 용질이 녹아 있는 서로 다른 몰 농도의 두 용액을 혼합하거나 물 또는 증류수를 넣어 묽힐 때, 혼합 전후 전체 용질의 양(mol)은 일정하므로 혼합하거나 묽히기 전 용액의 몰 농도를 구할 수 있다. 용액의 농도 단원에서는 혼합 용액 또는 묽힌 용액의 몰 농도를 구하는 문제가 주로 출제된다.

원하는 몰 농도의 용액 만들기

예 0.1 M NaOH 수용액 1 L 만들기

① NaOH 4.0 g(0.1 mol)을 비커에 담아 전자 저울로 측정한다.

② NaOH 4.0 g에 적당량의 증류수를 넣고 모두 녹인 후, 깔때기를 이용하여 1 L 부피 플라스크에 넣고, 증류수로 비커와 깔때기에 묻어 있는 용액까지 씻어 넣는다.

③ 부피 플라스크의 표시선까지 증류수를 넣어 전체 부피를 1 L로 맞춘다.

④ 부피 플라스크의 마개를 막고, NaOH 수용액을 잘 흔들어 섞는다.

화학 반응의 양적 관계

1 ★☆☆ | 2024년 10월 교육청 9번 |

표는 실린더에 $A_2(g)$와 $BC_3(g)$를 넣고 반응을 완결시켰을 때, 반응 전과 후 실린더에 들어 있는 모든 물질에 대한 자료이다. 반응물과 생성물은 모두 기체이다.

	반응 전		반응 후		
물질의 양(mol)	A_2	BC_3	BC_3	AC	B_2
	n	㉠	n	$2n$	㉡
전체 기체의 부피(L)	V		kV		

$\frac{㉡}{㉠} \times k$는? (단, A~C는 임의의 원소 기호이고, 실린더 속 기체의 온도와 압력은 일정하다.) [3점]

① $\frac{1}{4}$ ② $\frac{2}{3}$ ③ 1
④ $\frac{3}{2}$ ⑤ 2

2 ★★☆ | 2024년 10월 교육청 20번 |

다음은 A(g)와 B(g)가 반응하여 C(g)를 생성하는 반응에 대한 실험이다.

[화학 반응식]

$$aA(g) + B(g) \longrightarrow cC(g) \quad (a, c\text{는 반응 계수})$$

[실험 과정]

• B(g) $8w$ g이 들어 있는 실린더에 A(g)의 질량을 달리하여 넣고 반응을 완결시킨다.

[실험 결과]

• 넣어 준 A(g)의 질량에 따른 반응 후 전체 기체의 밀도

넣어 준 A(g)의 질량(g)	0	$7w$	$14w$	$28w$
전체 기체의 밀도(상댓값)	8	x	11	9

• A(g) $14w$ g을 넣었을 때 반응 후 실린더에는 생성물만 존재한다.

$x \times \frac{\text{B의 분자량}}{\text{A의 분자량}}$은? (단, 실린더 속 기체의 온도와 압력은 일정하다.) [3점]

① $\frac{38}{7}$ ② $\frac{40}{7}$ ③ $\frac{72}{7}$
④ $\frac{76}{7}$ ⑤ $\frac{80}{7}$

3 ★★☆ | 2024년 7월 교육청 4번 |

그림은 기체 XY와 Y_2가 반응한 후 실린더에 존재하는 기체를 모형으로 나타낸 것이고, 표는 반응 전과 후 실린더에 존재하는 기체에 대한 자료이다.

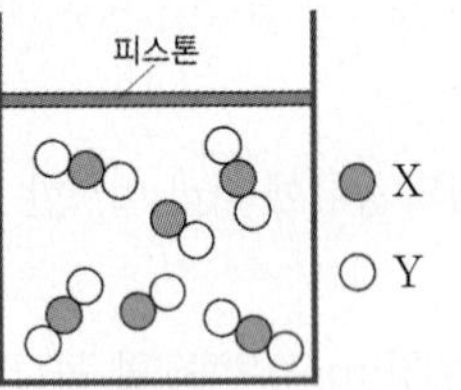

	반응 전	반응 후
기체의 종류	XY, Y_2	
전체 기체의 부피(L)	x	$12V$

이에 대한 설명으로 옳은 것만을 <보기>에서 있는 대로 고른 것은? (단, X와 Y는 임의의 원소 기호이며, 반응 전과 후 기체의 온도와 압력은 일정하다.)

보기
ㄱ. 생성물의 종류는 1가지이다.
ㄴ. 1 mol의 Y_2가 모두 반응했을 때 생성되는 XY_2의 양은 1 mol이다.
ㄷ. $x=16V$이다.

① ㄱ ② ㄴ ③ ㄱ, ㄷ
④ ㄴ, ㄷ ⑤ ㄱ, ㄴ, ㄷ

4 ★★★ | 2024년 7월 교육청 19번 |

다음은 A(g)와 B(g)가 반응하여 C(g)를 생성하는 반응의 화학 반응식이다.

$$A(g) + 2B(g) \longrightarrow 2C(g)$$

표는 실린더에 A(g)와 B(g)의 질량을 달리하여 넣고 반응을 완결시킨 실험 Ⅰ과 Ⅱ에 대한 자료이다.

실험	반응 전		반응 후
	A(g)의 질량(g)	B(g)의 질량(g)	전체 기체의 밀도(상댓값)
Ⅰ	$64w$	$56w$	25
Ⅱ	$96w$	$112w$	26

$\frac{\text{B의 분자량}+\text{C의 분자량}}{\text{A의 분자량}}$은? (단, 실린더 속 기체의 온도와 압력은 일정하다.) [3점]

① $\frac{15}{11}$ ② $\frac{9}{4}$ ③ $\frac{19}{7}$
④ $\frac{11}{4}$ ⑤ $\frac{9}{2}$

5 ★★☆ | 2024년 5월 교육청 8번 |

다음은 $C_2H_6(g)$와 $O_2(g)$가 반응하여 $CO_2(g)$와 $H_2O(l)$이 생성되는 반응의 화학 반응식이다.

$$2C_2H_6(g) + aO_2(g) \longrightarrow bCO_2(g) + 6H_2O(l)$$

(a, b는 반응 계수)

그림은 실린더에 $C_2H_6(g)$와 $O_2(g)$를 넣고 반응을 완결시켰을 때, 반응 전과 후 실린더에 존재하는 모든 물질을 나타낸 것이다. 실린더 속 기체의 부피비는 반응 전 : 반응 후$=9 : V$이다.

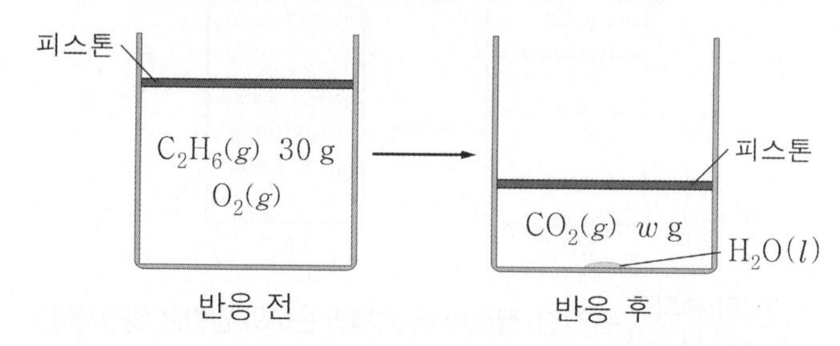

$\frac{w}{V}$는? (단, H, C, O의 원자량은 각각 1, 12, 16이고, 실린더 속 기체의 온도와 압력은 일정하다.) [3점]

① $\frac{11}{4}$ ② $\frac{11}{2}$ ③ 11 ④ 22 ⑤ 44

6 ★★☆ | 2024년 5월 교육청 19번 |

다음은 $A(g)$와 $B(g)$가 반응하여 $C(g)$와 $D(g)$를 생성하는 반응의 화학 반응식이다.

$$A(g) + 3B(g) \longrightarrow xC(g) + xD(g) \quad (x\text{는 반응 계수})$$

표는 실린더에 $A(g)$와 $B(g)$를 넣고 반응을 완결시킨 실험 Ⅰ, Ⅱ에 대한 자료이다. Ⅰ, Ⅱ에서 반응 후 생성된 $C(g)$의 질량은 $22w$ g으로 서로 같다.

실험	반응 전		반응 후
	A의 질량(g)	B의 질량(g)	$\frac{\text{남아 있는 반응물의 양(mol)}}{\text{전체 기체의 부피(L)}}$ (상댓값)
Ⅰ	$14w$	$24w$	3
Ⅱ	$7w$	$40w$	5

$x \times \frac{\text{B의 분자량}}{\text{D의 분자량}}$은? (단, 실린더 속 기체의 온도와 압력은 일정하다.) [3점]

① $\frac{12}{11}$ ② $\frac{24}{11}$ ③ $\frac{32}{9}$ ④ $\frac{16}{3}$ ⑤ $\frac{64}{9}$

7 ★★★ | 2024년 3월 교육청 20번 |

다음은 $A(g)$와 $B(g)$가 반응하여 $C(g)$를 생성하는 반응의 화학 반응식이다.

$$aA(g) + B(g) \longrightarrow 2C(g) \quad (a\text{는 반응 계수})$$

표는 실린더에 $A(g)$와 $B(g)$를 넣고 반응을 완결시킨 실험 (가)와 (나)에 대한 자료이다. (나)에서 $A(g)$가 모두 반응하였다.

실험	반응 전 기체의 질량(g)		$\frac{\text{반응 후 전체 기체의 밀도}}{\text{반응 전 전체 기체의 밀도}}$
	A(g)	B(g)	
(가)	$15w$	$24w$	$\frac{5}{4}$
(나)	$30w$	$32w$	$\frac{4}{3}$

$a \times \frac{\text{C의 분자량}}{\text{B의 분자량}}$은? (단, 실린더 속 기체의 온도와 압력은 일정하다.) [3점]

① $\frac{15}{8}$ ② $\frac{23}{8}$ ③ 5 ④ $\frac{23}{4}$ ⑤ $\frac{15}{2}$

8 ★★☆ | 2024년 3월 교육청 6번 |

다음은 반응 (가)와 (나)의 화학 반응식이다.

(가) $NaHCO_3 + HCl \longrightarrow NaCl +$ ㉠ $+ CO_2$
(나) $Mg(OH)_2 + aHCl \longrightarrow MgCl_2 + b$ ㉠
(a, b는 반응 계수)

이에 대한 옳은 설명만을 〈보기〉에서 있는 대로 고른 것은? (단, $NaHCO_3$, $Mg(OH)_2$의 화학식량은 각각 84, 58이다.)

보기

ㄱ. ㉠은 H_2O이다.
ㄴ. $a=b$이다.
ㄷ. $\frac{\text{(가)에서 HCl 1 mol과 반응하는 } NaHCO_3\text{의 질량(g)}}{\text{(나)에서 HCl 1 mol과 반응하는 } Mg(OH)_2\text{의 질량(g)}}$ >2이다.

① ㄱ ② ㄷ ③ ㄱ, ㄴ ④ ㄴ, ㄷ ⑤ ㄱ, ㄴ, ㄷ

9 ★★☆

| 2023년 10월 교육청 20번 |

다음은 $A(g)$와 $B(g)$가 반응하여 $C(g)$를 생성하는 반응의 화학 반응식이다.

$$A(g) + bB(g) \longrightarrow 2C(g) \quad (b\text{는 반응 계수})$$

그림 (가)는 실린더에 $A(g)$ $4w$ g을 넣은 것을, (나)는 (가)의 실린더에 $B(g)$ 4.8 g을 넣고 반응을 완결시킨 것을, (다)는 (나)의 실린더에 $A(g)$ w g을 넣고 반응을 완결시킨 것을 나타낸 것이다.

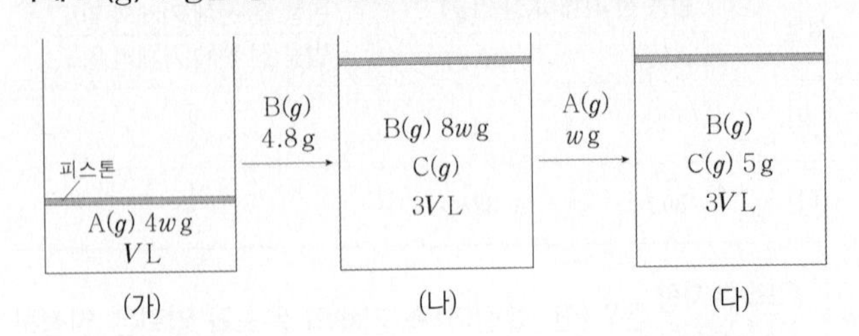

$\frac{w}{b} \times \frac{\text{B의 분자량}}{\text{A의 분자량}}$은? (단, 실린더 속 기체의 온도와 압력은 일정하다.) [3점]

① $\frac{2}{15}$　② $\frac{1}{5}$　③ $\frac{3}{10}$　④ $\frac{1}{2}$　⑤ $\frac{3}{5}$

10 ★☆☆

| 2023년 10월 교육청 14번 |

그림은 실린더에 $XY(g)$와 $ZY(g)$를 넣고 반응시켜 $X_aY_b(g)$와 $Z_2(g)$를 생성할 때, 반응 전과 후 단위 부피당 분자 모형을 나타낸 것이다. 반응 전과 후 실린더 속 기체의 온도와 압력은 일정하다.

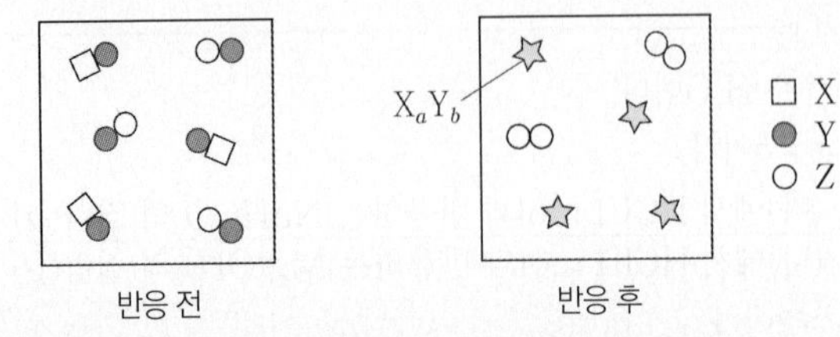

$b-a$는? (단, X～Z는 임의의 원소 기호이다.) [3점]

① -1　② 0　③ 1　④ 2　⑤ 3

11 ★★☆

| 2023년 7월 교육청 13번 |

다음은 $A(g)$와 $B(g)$가 반응하여 $C(g)$가 생성되는 반응의 화학 반응식이다.

$$aA(g) + B(g) \longrightarrow cC(g) \quad (a,\ c\text{는 반응 계수})$$

그림은 실린더에 $A(g)$와 $B(g)$를 넣고 반응시켰을 때, 반응 전과 후 실린더에 존재하는 물질과 양을 나타낸 것이다. 분자량은 A가 B의 2배이다.

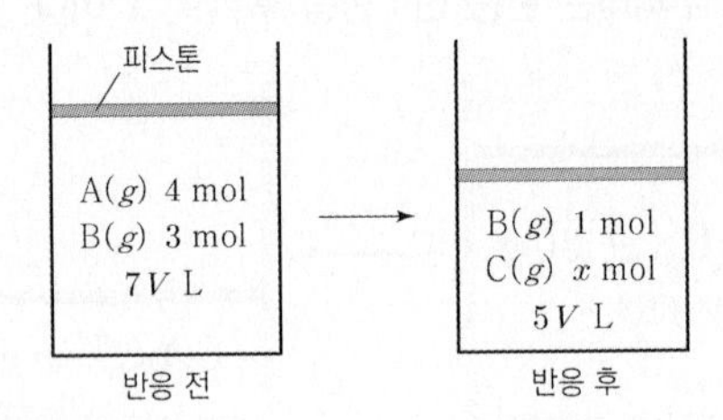

$x \times \frac{\text{C의 분자량}}{\text{A의 분자량}}$은? (단, 실린더 속 기체의 온도와 압력은 일정하다.)

① 2　② 5　③ 7　④ 8　⑤ 10

12 ★★★ | 2023년 7월 교육청 19번 |

다음은 A(g)와 B(g)가 반응하여 C(g)가 생성되는 반응의 화학 반응식이다.

$$A(g) + bB(g) \longrightarrow cC(g) \quad (b, c\text{는 반응 계수})$$

그림은 A(g) $8w$ g이 들어 있는 실린더에 B(g)를 넣어 반응을 완결시켰을 때, 넣어 준 B(g)의 질량에 따른 전체 기체의 $\frac{1}{\text{밀도}}$을 나타낸 것이다.

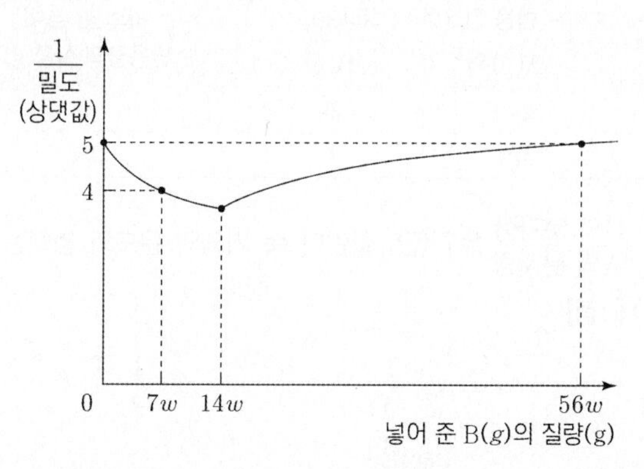

이에 대한 설명으로 옳은 것만을 〈보기〉에서 있는 대로 고른 것은? (단, 실린더 속 기체의 온도와 압력은 일정하다.) [3점]

보기

ㄱ. $c=2$이다.

ㄴ. $\frac{\text{A의 분자량}}{\text{B의 분자량}}=\frac{8}{7}$이다.

ㄷ. A(g) $24w$ g과 B(g) $21w$ g을 완전히 반응시켰을 때, 반응 후 $\frac{\text{C의 양(mol)}}{\text{전체 기체의 양(mol)}}=\frac{2}{3}$이다.

① ㄱ ② ㄴ ③ ㄱ, ㄷ
④ ㄴ, ㄷ ⑤ ㄱ, ㄴ, ㄷ

13 ★★☆ | 2023년 4월 교육청 2번 |

그림은 $A_2(g)$와 $B_2(g)$가 들어 있는 실린더에서 반응을 완결시켰을 때, 반응 후 실린더 속 기체 V mL에 들어 있는 기체 분자를 모형으로 나타낸 것이다.

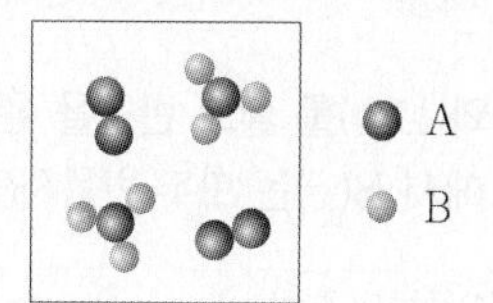

반응 전 실린더 속 기체 V mL에 들어 있는 기체 분자를 모형으로 나타낸 것으로 옳은 것은? (단, A, B는 임의의 원소 기호이고, 실린더 속 기체의 온도와 압력은 일정하다. 생성물은 기체이고, 반응 전과 후 기체는 각각 균일하게 섞여 있다.) [3점]

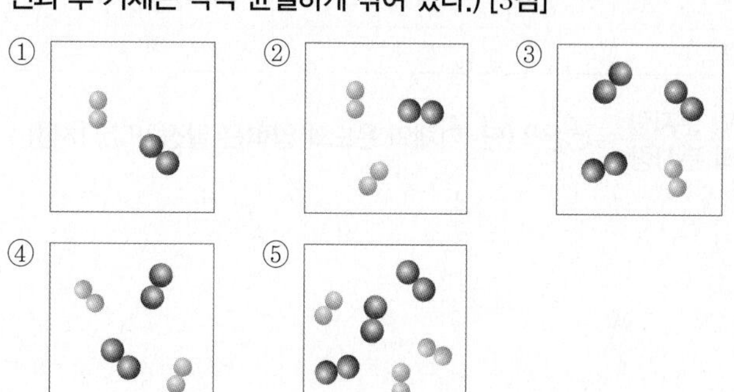

14 ★★★

| 2023년 4월 교육청 19번 |

다음은 $A(g)$와 $B(g)$가 반응하여 $C(g)$를 생성하는 반응의 화학 반응식이다.

$$2A(g) + B(g) \longrightarrow cC(g) \quad (c\text{는 반응 계수})$$

표는 실린더에 $A(g)$와 $B(g)$를 넣고 반응을 완결시킨 실험 Ⅰ~Ⅲ에 대한 자료이다. Ⅱ에서 $B(g)$는 모두 반응하였다.

실험	반응 전 반응물의 질량(g)		$\frac{\text{반응 후 전체 기체의 부피}}{\text{반응 전 전체 기체의 부피}}$
	A	B	
Ⅰ	7	1	$\frac{8}{9}$
Ⅱ	7	2	$\frac{4}{5}$
Ⅲ	7	4	㉠

$\frac{\text{A의 분자량}}{\text{B의 분자량}} \times$ ㉠은? (단, 기체의 온도와 압력은 일정하다.) [3점]

① $\frac{7}{12}$ ② $\frac{2}{3}$ ③ $\frac{6}{7}$
④ $\frac{3}{2}$ ⑤ $\frac{12}{7}$

15 ★★★

| 2023년 3월 교육청 19번 |

다음은 기체 A와 B가 반응하여 기체 C를 생성하는 반응의 화학 반응식이다.

$$A(g) + bB(g) \longrightarrow 2C(g) \quad (b\text{는 반응 계수})$$

표는 실린더에 $A(g)$와 $B(g)$를 넣고 반응을 완결시킨 실험 Ⅰ, Ⅱ에 대한 자료이다. $\frac{\text{Ⅱ에서 반응 후 전체 기체의 부피}}{\text{Ⅰ에서 반응 전 전체 기체의 부피}} = \frac{3}{11}$이다.

실험	반응 전 기체의 질량(g)		반응 후 남은 반응물의 질량(g)
	$A(g)$	$B(g)$	
Ⅰ	$2w$	20	w
Ⅱ	$4w$	6	$2w$

$\frac{w}{b} \times \frac{\text{B의 분자량}}{\text{A의 분자량}}$은? (단, 실린더 속 기체의 온도와 압력은 일정하다.) [3점]

① $\frac{1}{4}$ ② $\frac{1}{3}$ ③ $\frac{1}{2}$
④ $\frac{2}{3}$ ⑤ $\frac{3}{4}$

16 ★★☆

| 2023년 3월 교육청 5번 |

다음은 금속 M의 원자량을 구하는 실험이다.

[자료]
- 화학 반응식 :
  $M(s) + 2HCl(aq) \longrightarrow MCl_2(aq) + H_2(g)$
- t ℃, 1 atm에서 기체 1 mol의 부피는 24 L이다.

[실험 과정]
(가) $M(s)$ w g을 충분한 양의 $HCl(aq)$에 넣어 반응을 완결시킨다.
(나) 생성된 $H_2(g)$의 부피를 측정한다.

[실험 결과]
- t ℃, 1 atm에서 $H_2(g)$의 부피 : 480 mL
- M의 원자량 : a

a는? (단, M은 임의의 원소 기호이다.)

① $16w$ ② $20w$ ③ $32w$
④ $50w$ ⑤ $100w$

17 ★★☆

| 2022년 10월 교육청 17번 |

다음은 금속 A, B와 관련된 실험이다. A, B의 원자량은 각각 24, 27이고, t ℃, 1 atm에서 기체 1 mol의 부피는 25 L이다.

[화학 반응식]
- $A(s) + 2HCl(aq) \longrightarrow ACl_2(aq) + H_2(g)$
- $2B(s) + 6HCl(aq) \longrightarrow 2BCl_3(aq) + 3H_2(g)$

[실험 과정 및 결과]
- t ℃, 1 atm에서 충분한 양의 HCl(aq)에 ㉠ 금속 A와 B의 혼합물 12.6 g을 넣어 모두 반응시켰더니 15 L의 $H_2(g)$가 발생하였다.

㉠에 들어 있는 B의 양(mol)은? (단, A와 B는 임의의 원소 기호이고, 온도와 압력은 일정하다.) [3점]

① 0.05　② 0.1　③ 0.15
④ 0.2　⑤ 0.3

18 ★★★

| 2022년 10월 교육청 19번 |

다음은 A와 B가 반응하여 C를 생성하는 반응 (가)와 C와 B가 반응하여 D를 생성하는 반응 (나)에 대한 실험이다. c, d는 반응 계수이다.

[화학 반응식]
(가) $A + B \longrightarrow cC$
(나) $2C + B \longrightarrow dD$

[실험 Ⅰ]
- A $8w$ g이 들어 있는 용기 Ⅰ에 B를 조금씩 넣어가면서 반응 (가)를 완결시켰을 때, 넣어 준 B의 총 질량에 따른 $\frac{\text{C의 양(mol)}}{\text{전체 물질의 양(mol)}}$은 다음과 같았다.

넣어 준 B의 총 질량(g)	$3w$	$6w$	$16w$
$\frac{\text{C의 양(mol)}}{\text{전체 물질의 양(mol)}}$	$\frac{3}{8}$	$\frac{3}{4}$	$\frac{1}{2}$

[실험 Ⅱ]
- 용기 Ⅱ에 C $8w$ g과 B $3w$ g을 넣고 반응 (나)를 완결시켰을 때 $\frac{\text{D의 양(mol)}}{\text{전체 물질의 양(mol)}} = \frac{4}{5}$이었다.

$\frac{\text{D의 분자량}}{\text{C의 분자량}}$은? [3점]

① $\frac{5}{4}$　② $\frac{7}{5}$　③ $\frac{3}{2}$
④ $\frac{11}{7}$　⑤ $\frac{23}{14}$

19 ★☆☆

| 2022년 7월 교육청 2번 |

다음은 질산 암모늄(NH_4NO_3) 분해 반응의 화학 반응식이다.

$$aNH_4NO_3 \longrightarrow aN_2O + 2H_2O \quad (a\text{는 반응 계수})$$

이 반응에서 생성된 H_2O의 양이 1 mol일 때 반응한 NH_4NO_3의 양(mol)은?

① $\frac{1}{4}$　② $\frac{1}{2}$　③ 1
④ 2　⑤ 4

20 ★★★ | 2022년 7월 교육청 19번 |

다음은 A(g)와 B(g)의 반응에 대한 실험이다.

[화학 반응식]

$a\text{A}(g) + b\text{B}(g) \longrightarrow 2\text{C}(g) + a\text{D}(g)$ (a, b는 반응 계수)

[실험 과정]

- A(g) x mol이 들어 있는 용기에 B(g)의 질량을 달리하여 넣고 반응을 완결시킨다.

[실험 결과]

실험	Ⅰ	Ⅱ	Ⅲ	Ⅳ
넣어 준 B(g)의 질량(g)	w	$2w$	$3w$	$4w$
반응 후 $\frac{\text{C}(g)\text{의 양(mol)}}{\text{전체 기체의 양(mol)}}$	$\frac{1}{4}$	$\frac{2}{5}$		$\frac{2}{5}$

- 실험 Ⅲ에서 반응 후 용기에는 C(g)와 D(g)만 있다.

실험 Ⅰ에서 넣어 준 B(g)의 양을 y mol이라고 했을 때, $(a+b)\times\frac{y}{x}$는? [3점]

① $\frac{3}{2}$ ② $\frac{5}{2}$ ③ 3 ④ $\frac{10}{3}$ ⑤ $\frac{15}{4}$

21 ★☆☆ | 2022년 4월 교육청 3번 |

다음은 황세균의 광합성과 관련된 반응의 화학 반응식이다. a, b는 반응 계수이다.

$$a\text{H}_2\text{S} + 6\text{CO}_2 \longrightarrow b\text{C}_6\text{H}_{12}\text{O}_6 + 12\text{S} + 6\text{H}_2\text{O}$$

이 반응에서 12 mol의 H_2S가 모두 반응했을 때, 생성되는 $C_6H_{12}O_6$의 양(mol)은?

① 1 ② 2 ③ 4 ④ 6 ⑤ 12

22 ★★★ | 2022년 4월 교육청 20번 |

다음은 A(g)와 B(g)가 반응하여 C(g)와 D(g)를 생성하는 반응의 화학 반응식이다.

$4\text{A}(g) + b\text{B}(g) \longrightarrow c\text{C}(g) + 4\text{D}(g)$ (b, c는 반응 계수)

표는 실린더에 A(g)와 B(g)의 양을 달리하여 넣고 반응을 완결시킨 실험 Ⅰ, Ⅱ에 대한 자료이다. (가)는 A~D 중 하나이고, $\frac{\text{D의 분자량}}{\text{C의 분자량}}=\frac{5}{3}$이다.

실험	반응 전		반응 후		
	A의 양(mol)	B의 양(mol)	(가)의 양(mol)	기체의 질량(g)	
				C	D
Ⅰ	6	2	$11n$	$9w$	$10w$
Ⅱ	8	5	$10n$		x

$\frac{x}{b\times n}$는? (단, 온도와 압력은 일정하며, n은 0이 아니다.) [3점]

① $2w$ ② $5w$ ③ $\frac{15}{2}w$ ④ $\frac{25}{2}w$ ⑤ $15w$

23 ★☆☆ | 2022년 3월 교육청 5번 |

다음은 금속 M의 원자량을 구하기 위한 실험이다. t℃, 1 atm에서 기체 1 mol의 부피는 24 L이다.

• 화학 반응식

$M(s) + NaHCO_3(s) + H_2O(l)$
$\longrightarrow MCO_3(s) + Na^+(aq) + OH^-(aq) +$ [㉠](g)

[실험 과정]

(가) 그림과 같이 Y자관 한쪽에 $M(s)$ w g을, 다른 한쪽에 충분한 양의 $NaHCO_3(s)$과 $H_2O(l)$을 넣는다.

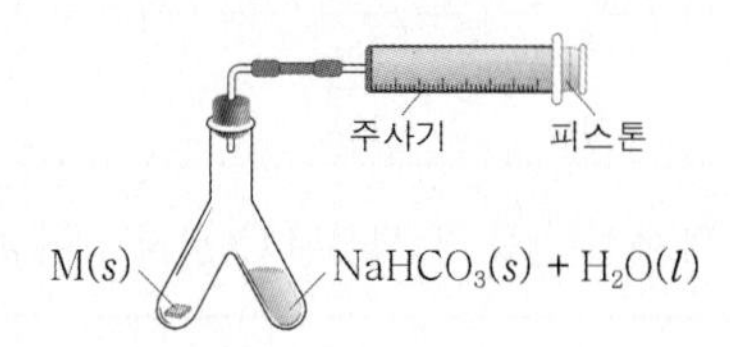

(나) Y자관을 기울여 $M(s)$을 모두 반응시킨 후, 발생한 기체 ㉠의 부피를 측정한다.

[실험 결과]

• (나)에서 발생한 기체 ㉠의 부피 : V L
• M의 원자량 : a

이에 대한 옳은 설명만을 〈보기〉에서 있는 대로 고른 것은? (단, M은 임의의 원소 기호이고, 온도와 압력은 t℃, 1 atm으로 일정하며, 피스톤의 마찰은 무시한다.) [3점]

보기

ㄱ. ㉠은 CO_2이다.
ㄴ. (나)에서 반응 후 용액은 염기성이다.
ㄷ. $a=\frac{24w}{V}$이다.

① ㄱ ② ㄴ ③ ㄷ
④ ㄴ, ㄷ ⑤ ㄱ, ㄴ, ㄷ

24 ★★★ | 2022년 3월 교육청 19번 |

다음은 $A(g)$와 $B(g)$가 반응하여 $C(g)$를 생성하는 반응의 화학 반응식이다.

$$aA(g) + B(g) \longrightarrow 2C(g) \quad (a\text{는 반응 계수})$$

표는 실린더에 $A(g)$와 $B(g)$를 질량을 달리하여 넣고 반응을 완결시킨 실험 Ⅰ과 Ⅱ에 대한 자료이다.

실험	반응 전			반응 후	
	A의 질량(g)	B의 질량(g)	전체 기체의 밀도	남은 반응물의 질량(g)	전체 기체의 밀도
Ⅰ	6	1	xd	2	$7d$
Ⅱ	8	4	yd	2	$6d$

$a\times\frac{x}{y}$는? (단, 온도와 압력은 일정하다.) [3점]

① $\frac{6}{5}$ ② $\frac{11}{6}$ ③ $\frac{13}{7}$
④ $\frac{7}{3}$ ⑤ $\frac{12}{5}$

25 ★☆☆ | 2021년 10월 교육청 3번 |

다음은 2가지 반응의 화학 반응식이다.

• $2NaHCO_3 \longrightarrow Na_2CO_3 +$ [㉠] $+ CO_2$
• $MnO_2 + aHCl \longrightarrow MnCl_2 + b$[㉠] $+ Cl_2$
(a, b는 반응 계수)

$\frac{b}{a}$는?

① $\frac{1}{3}$ ② $\frac{1}{2}$ ③ $\frac{2}{3}$
④ 1 ⑤ 2

26 ★★★ | 2021년 10월 교육청 20번 |

다음은 기체 A와 B가 반응하여 기체 C가 생성되는 반응의 화학 반응식이다.

$$A(g) + bB(g) \longrightarrow 2C(g) \quad (b\text{는 반응 계수})$$

그림 (가)는 실린더에 $A(g)$ x g과 $B(g)$ y g을 넣은 것을, (나)는 (가)의 실린더에서 반응을 완결시킨 것을, (다)는 (나)의 실린더에 ㉠ 1 L를 추가하여 반응을 완결시킨 것을 나타낸 것이다. ㉠은 $A(g)$, $B(g)$ 중 하나이고, 실린더 속 기체의 밀도 비는 (나) : (다)=1 : 2이다.

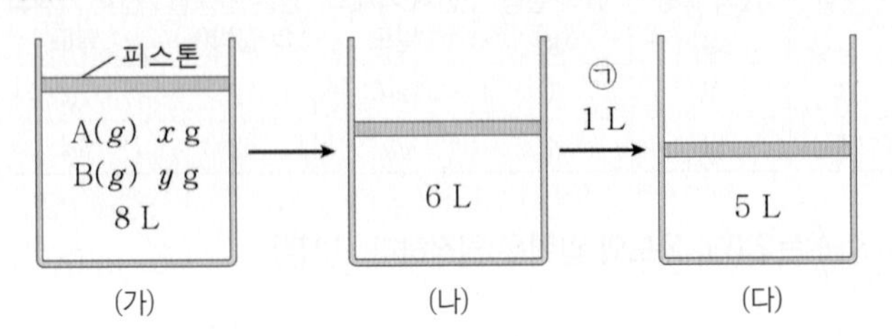

$b \times \frac{y}{x}$는? (단, 온도와 압력은 t℃, 1 atm으로 일정하고, 피스톤의 질량과 마찰은 무시한다.) [3점]

① $\frac{1}{2}$ ② $\frac{5}{4}$ ③ $\frac{3}{2}$
④ 10 ⑤ 12

27 ★☆☆ | 2021년 7월 교육청 2번 |

다음은 알루미늄(Al) 산화 반응의 화학 반응식이다.

$$4Al + 3O_2 \longrightarrow 2Al_2O_3$$

이 반응에서 1 mol의 Al_2O_3이 생성되었을 때 반응한 Al의 질량(g)은? (단, Al의 원자량은 27이다.)

① 27 ② 48 ③ 54
④ 81 ⑤ 108

28 ★★★ | 2021년 7월 교육청 19번 |

다음은 실린더에 $A(g)$와 $B(g)$의 질량을 달리하여 넣고 반응을 완결시킨 실험 Ⅰ~Ⅲ에 대한 자료이다.

- 화학 반응식

$$A(g) + bB(g) \longrightarrow C(g) + dD(g) \quad (b,\ d\text{는 반응 계수})$$

실험	넣어 준 물질의 질량(g)		전체 기체의 밀도 (상댓값)	
	$A(g)$	$B(g)$	반응 전	반응 후
Ⅰ	$2w$	$12w$	$\frac{7}{2}$	$\frac{7}{2}$
Ⅱ	$4w$	$8w$	3	
Ⅲ	$4w$	$12w$		x

- 실험 Ⅰ과 Ⅱ에서 반응 후 생성된 $C(g)$의 양이 같다.

$\frac{x}{b+d}$는? (단, 실린더 속 기체의 온도와 압력은 일정하다.) [3점]

① $\frac{3}{5}$ ② $\frac{4}{5}$ ③ 1
④ $\frac{6}{5}$ ⑤ $\frac{5}{4}$

29 ★★★ | 2021년 4월 교육청 20번 |

다음은 기체 A와 B로부터 기체 C와 D가 생성되는 반응의 화학 반응식이다. b, d는 반응 계수이며, 자연수이다.

$$A(g) + bB(g) \longrightarrow C(g) + dD(g)$$

그림은 A $3w$ g이 들어 있는 용기에 B를 넣어 반응을 완결시켰을 때, 넣어 준 B의 질량에 따른 $\frac{\text{㉠의 양(mol)}}{\text{전체 물질의 양(mol)}}$을 나타낸 것이다. ㉠은 C, D 중 하나이다.

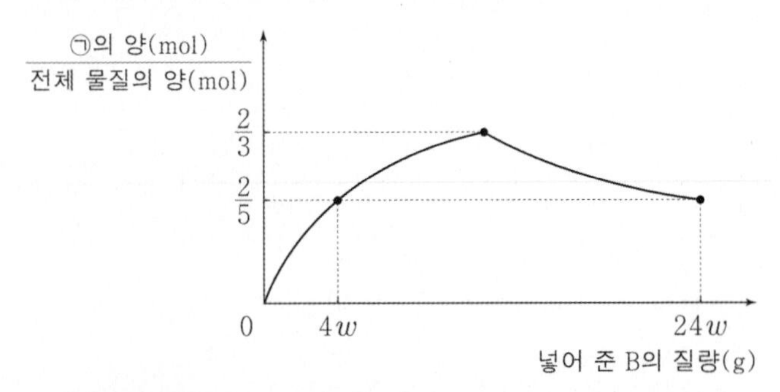

$b \times \frac{\text{B의 분자량}}{\text{A의 분자량}}$은? [3점]

① $\frac{1}{4}$ ② $\frac{1}{2}$ ③ 1
④ 2 ⑤ 4

30 ★★★ | 2021년 3월 교육청 20번 |

다음은 $A(g)$와 $B(g)$가 반응하여 $C(g)$를 생성하는 반응의 화학 반응식이다.

$$A(g) + bB(g) \longrightarrow cC(g) \quad (b,\ c\text{는 반응 계수})$$

표는 실린더에 $A(g)$와 $B(g)$의 질량을 달리하여 넣고 반응을 완결시킨 실험 Ⅰ, Ⅱ에 대한 자료이다.

실험	반응 전			반응 후	
	$A(g)$의 질량(g)	$B(g)$의 질량(g)	전체 기체의 밀도	$C(g)$의 질량(g)	전체 기체의 밀도
Ⅰ	8	28	$72d$	22	xd
Ⅱ	24	y	$75d$	33	$100d$

$\frac{x}{y}$는? (단, 실린더 속 기체의 온도와 압력은 일정하다.) [3점]

① $\frac{25}{7}$ ② 4 ③ $\frac{30}{7}$
④ $\frac{32}{7}$ ⑤ 5

용액의 농도

31 ★☆☆ | 2024년 10월 교육청 5번 |

다음은 $A(aq)$을 만드는 실험이다. A의 화학식량은 180이다.

(가) 물에 $A(s)$를 녹여 a M $A(aq)$ 100 mL를 만든다.
(나) a M $A(aq)$ 20 mL에 물을 넣어 0.06 M $A(aq)$ 100 mL를 만든다.
(다) (나)에서 만든 $A(aq)$ 50 mL에 $A(s)$ w g을 모두 녹인 후, 물을 넣어 0.04 M $A(aq)$ 200 mL를 만든다.

$\frac{w}{a}$는? (단, 수용액의 온도는 t ℃로 일정하다.) [3점]

① 1 ② 2 ③ 3
④ 4 ⑤ 5

32 ★★☆ | 2024년 7월 교육청 6번 |

표는 t ℃에서 $A(aq)$과 $B(aq)$에 대한 자료이다. A와 B의 화학식량은 각각 $2a$와 $3a$이다.

수용액	몰 농도(M)	부피(L)	용질의 질량(g)
$A(aq)$	0.2	V	x
$B(aq)$	0.05	$2V$	$3w$

x는?

① $\frac{1}{4}w$ ② $\frac{1}{2}w$ ③ $2w$
④ $4w$ ⑤ $8w$

33 ★☆☆

| 2024년 5월 교육청 6번 |

그림은 0.1 M A(aq) 100 mL에 서로 다른 부피의 a M A(aq)을 추가하여 수용액 (가)와 (나)를 만드는 과정을 나타낸 것이다.

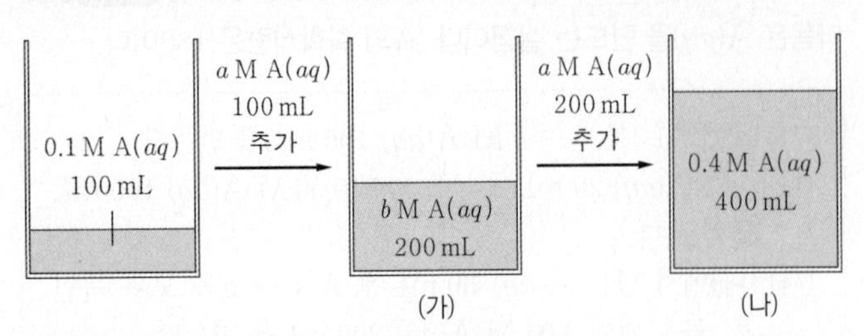

$\frac{b}{a}$는? [3점]

① $\frac{1}{3}$ ② $\frac{1}{2}$ ③ $\frac{3}{5}$
④ $\frac{2}{3}$ ⑤ $\frac{3}{4}$

34 ★★☆

| 2024년 3월 교육청 12번 |

표는 t ℃에서 수용액 (가)~(다)에 대한 자료이다.

수용액	(가)	(나)	(다)
용질	X	Y	Y
용질의 질량(g)	$\frac{1}{3}w$	w	$2w$
부피(L)	0.25	0.25	V
몰 농도(M)	a	a	0.1

$\frac{\text{Y의 분자량}}{\text{X의 분자량}} \times \frac{a}{V}$는? [3점]

① $\frac{1}{15}$ ② $\frac{2}{15}$ ③ $\frac{1}{5}$
④ $\frac{2}{5}$ ⑤ $\frac{3}{5}$

35 ★☆☆

| 2023년 10월 교육청 7번 |

표는 t ℃에서 포도당 수용액 (가)와 (나)에 대한 자료이다.

수용액	용질의 질량(g)	부피(mL)	몰 농도(M)
(가)	w	250	1
(나)	$3w$	500	a

a는?

① $\frac{1}{3}$ ② $\frac{2}{3}$ ③ $\frac{3}{2}$
④ 3 ⑤ 6

36 ★★☆

| 2023년 7월 교육청 11번 |

다음은 2가지 농도의 A(aq)을 만드는 실험이다. A의 화학식량은 100이다.

- a M A(aq) 80 mL에 A(s) $2w$ g을 넣어 모두 녹인 후 물과 혼합하여 0.8 M A(aq) 250 mL를 만든다.
- a M A(aq) 10 mL에 A(s) w g을 넣어 모두 녹인 후 물과 혼합하여 0.4 M A(aq) 100 mL를 만든다.

$\frac{w}{a}$는? (단, 온도는 일정하다.) [3점]

① $\frac{1}{5}$ ② $\frac{1}{2}$ ③ $\frac{4}{5}$
④ 1 ⑤ $\frac{5}{2}$

37 ★★☆ | 2023년 4월 교육청 11번 |

그림은 0.3 M A(aq) V mL에 물질 (가)와 (나)를 순서대로 넣었을 때, A(aq)의 전체 부피에 따른 혼합된 A(aq)의 몰 농도(M)를 나타낸 것이다. (가)와 (나)는 $H_2O(l)$과 x M A(aq)을 순서 없이 나타낸 것이다.

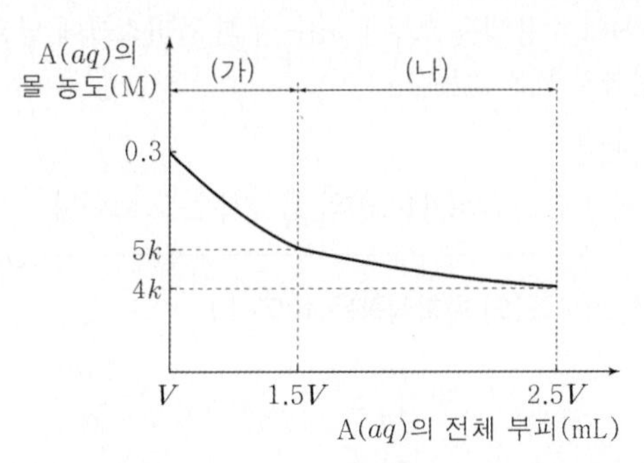

(가)와 x로 옳은 것은? (단, 온도는 일정하고, 혼합 용액의 부피는 혼합 전 물 또는 용액의 부피의 합과 같다.) [3점]

	(가)	x		(가)	x
①	$H_2O(l)$	0.1	②	x M A(aq)	0.1
③	$H_2O(l)$	0.2	④	x M A(aq)	0.2
⑤	$H_2O(l)$	0.3			

38 ★★☆ | 2023년 3월 교육청 10번 |

다음은 A(aq)을 만드는 실험이다. A의 화학식량은 40이다.

[실험 과정]
(가) A(s) w g을 모두 물에 녹여 x M A(aq) 100 mL를 만든다.
(나) x M A(aq) 20 mL를 100 mL 부피 플라스크에 넣고 표시된 눈금까지 물을 넣어 y M A(aq)을 만든다.
(다) y M A(aq) 50 mL와 0.3 M A(aq) 50 mL를 혼합하고 물을 넣어 0.1 M A(aq) 200 mL를 만든다.

w는? (단, 온도는 일정하다.) [3점]

① 2 ② 6 ③ 10 ④ 12 ⑤ 20

39 ★☆☆ | 2022년 10월 교육청 8번 |

다음은 A(aq)을 만드는 실험이다. A의 분자량은 180이다.

(가) A(s) 36 g을 모두 물에 녹여 a M A(aq) 200 mL를 만든다.
(나) (가)의 A(aq) x mL에 물을 넣어 0.2 M A(aq) 50 mL를 만든다.
(다) (가)의 A(aq) y mL에 A(s) 18 g을 모두 녹이고 물을 넣어 a M A(aq) 200 mL를 만든다.

$\frac{y}{x}$는? (단, 온도는 일정하다.)

① 0.2 ② 0.5 ③ 2 ④ 10 ⑤ 20

40 ★☆☆ | 2022년 7월 교육청 8번 |

다음은 a M NaOH(aq)을 만드는 2가지 방법을 나타낸 것이다. NaOH의 화학식량은 40이다.

• NaOH(s) 2 g을 소량의 물에 모두 녹인 후 500 mL 부피 플라스크에 모두 넣고 표선까지 물을 가하여 a M NaOH(aq)을 만든다.

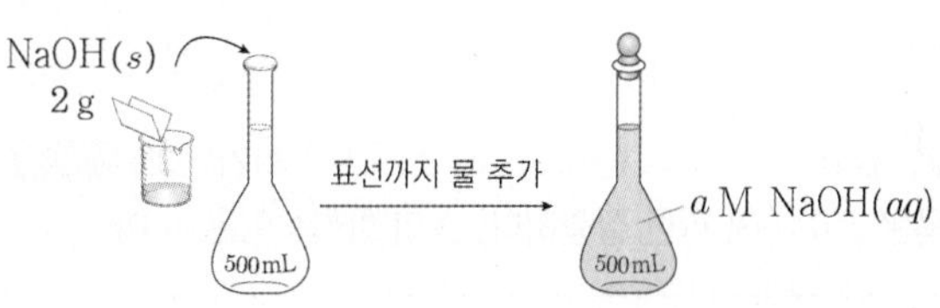

• 2 M NaOH(aq) V mL를 200 mL 부피 플라스크에 넣고 표선까지 물을 가하여 a M NaOH(aq)을 만든다.

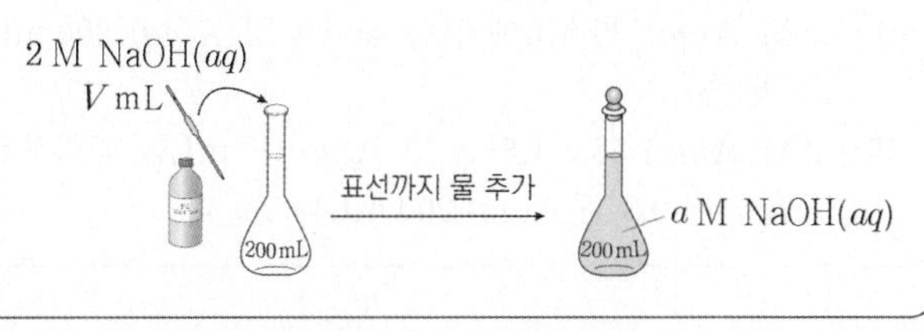

$a \times V$는? (단, 온도는 일정하다.)

① 1 ② 2 ③ 4 ④ 6 ⑤ 8

41 ★☆☆ | 2022년 4월 교육청 14번 |

그림은 a M NaOH(aq) 250 mL에 NaOH(s) 5 g을 넣어 녹인 후, 물을 추가하여 0.3 M NaOH(aq) 500 mL를 만드는 과정을 나타낸 것이다.

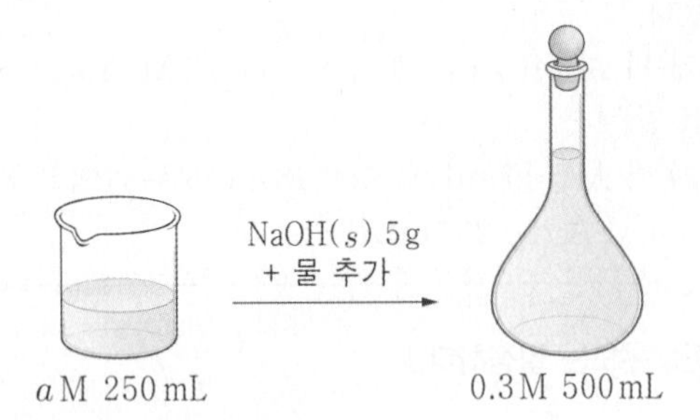

a는? (단, NaOH의 화학식량은 40이다.)

① 0.05 ② 0.1 ③ 0.15
④ 0.4 ⑤ 0.6

42 ★★☆ | 2022년 3월 교육청 13번 |

다음은 A(aq)에 관한 실험이다. A의 화학식량은 40이다.

(가) A(s) 4 g을 모두 물에 녹여 x M A(aq) 100 mL를 만든다.
(나) x M A(aq) 25 mL에 물을 넣어 y M A(aq) 200 mL를 만든다.
(다) x M A(aq) 50 mL와 y M A(aq) V mL를 혼합하고 물을 넣어 0.3 M A(aq) 200 mL를 만든다.

$\frac{y}{x} \times V$는? (단, 온도는 일정하다.) [3점]

① 10 ② 40 ③ 50
④ 80 ⑤ 100

43 ★★☆ | 2021년 10월 교육청 6번 |

다음은 수산화 나트륨(NaOH) 수용액을 만드는 실험이다.

[실험 과정]
(가) NaOH(s) w g을 물 100 mL에 모두 녹인다.
(나) (가)의 수용액을 모두 V mL 부피 플라스크에 넣고 표시선까지 물을 넣는다.

[실험 결과]
• (나)에서 만든 NaOH(aq)의 몰 농도는 a M이다.

V는? (단, NaOH의 화학식량은 40이다.)

① $\frac{w}{40a}$ ② $\frac{w}{4a}$ ③ $\frac{10w}{a}$
④ $\frac{25w}{a}$ ⑤ $\frac{40w}{a}$

44 ★★☆ | 2021년 7월 교육청 11번 |

다음은 NaOH(s) 4 g을 이용하여 2가지 농도의 NaOH(aq)을 만드는 실험이다. ㉠과 ㉡은 각각 250 mL, 500 mL 중 하나이다.

(가) 소량의 물에 NaOH(s) w g을 녹인 후 [㉠] 부피 플라스크에 넣고 표시된 눈금선까지 물을 넣고 섞어 0.3M NaOH(aq)을 만든다.
(나) 소량의 물에 (가)에서 사용하고 남은 NaOH(s)을 모두 녹인 후 [㉡] 부피 플라스크에 넣고 표시된 눈금선까지 물을 넣고 섞어 a M NaOH(aq)을 만든다.

이에 대한 설명으로 옳은 것만을 〈보기〉에서 있는 대로 고른 것은? (단, NaOH의 화학식량은 40이다.) [3점]

보기
ㄱ. $w=3$이다.
ㄴ. ㉡은 500 mL이다.
ㄷ. $a=0.05$이다.

① ㄱ ② ㄷ ③ ㄱ, ㄴ
④ ㄴ, ㄷ ⑤ ㄱ, ㄴ, ㄷ

45 ★☆☆

| 2021년 4월 교육청 4번 |

다음은 0.1 M 포도당 수용액을 만드는 과정에 대한 원격 수업 장면의 일부이다.

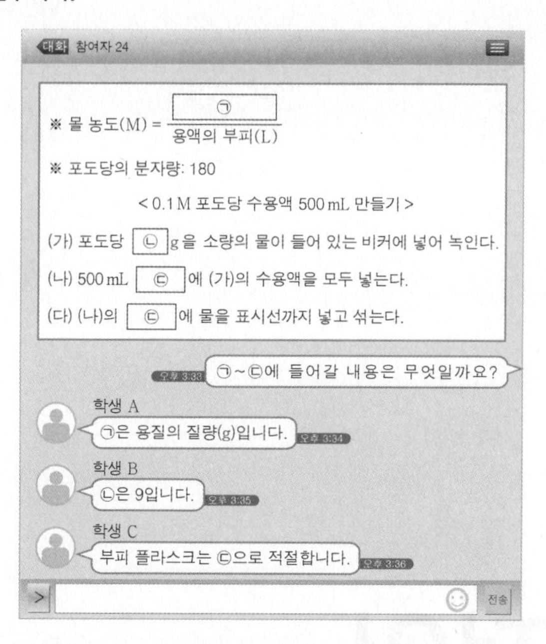

제시한 내용이 옳은 학생만을 있는 대로 고른 것은?

① A ② B ③ C
④ A, B ⑤ B, C

46 ★★☆

| 2021년 4월 교육청 7번 |

표는 A 수용액 (가), (나)에 대한 자료이다. A의 화학식량은 100이고, (가)의 밀도는 d g/mL이다.

수용액	물의 질량(g)	A의 질량(g)	농도(%)
(가)	60	a	$3b$
(나)	200	$2a$	$2b$

(가)의 몰 농도(M)는? [3점]

① $\frac{1}{600}d$ ② $\frac{1}{400}d$ ③ $\frac{5}{3}d$
④ $\frac{5}{2}d$ ⑤ $\frac{15}{2}d$

47 ★★☆

| 2021년 3월 교육청 13번 |

표는 포도당 수용액 (가)와 (나)에 대한 자료이다.

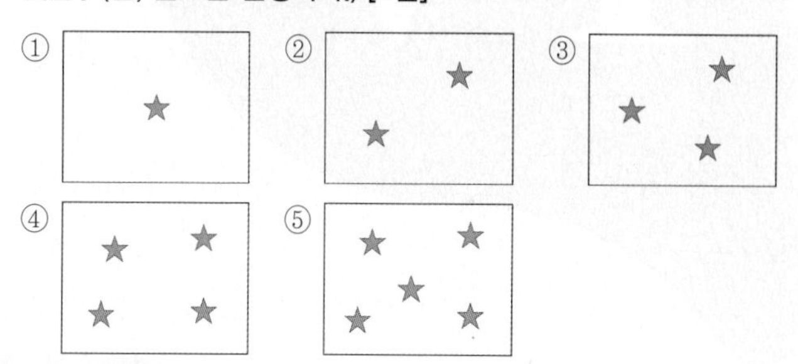

(가)와 (나)를 모두 혼합하고 물을 추가하여 용액의 부피가 100 mL가 되도록 만든 수용액의 단위 부피당 포도당 분자 모형으로 옳은 것은? (단, 온도는 일정하다.) [3점]

① ★1개 ② ★2개 ③ ★3개
④ ★4개 ⑤ ★5개

48 ★☆☆

| 2020년 10월 교육청 16번 |

그림은 용질 A를 녹인 수용액 (가)와 (나)를 혼합한 후 물을 추가하여 수용액 (다)를 만드는 과정을 나타낸 것이다. A의 화학식량은 60이다.

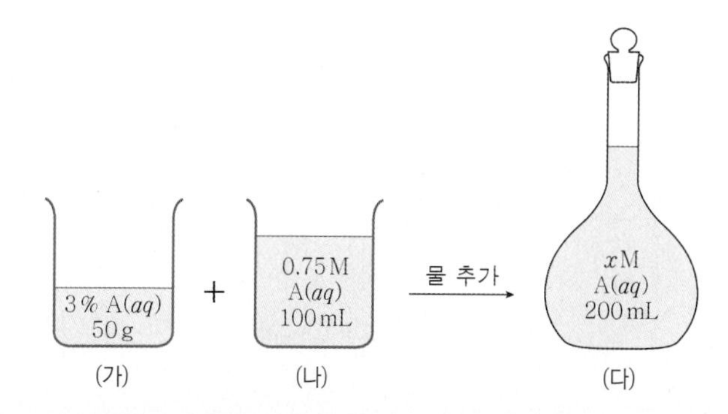

이에 대한 옳은 설명만을 <보기>에서 있는 대로 고른 것은? [3점]

보기
ㄱ. (가)에 들어 있는 A의 양은 0.025 mol이다.
ㄴ. (나)에 들어 있는 A의 질량은 4.5 g이다.
ㄷ. $x=0.5$이다.

① ㄱ ② ㄴ ③ ㄱ, ㄷ
④ ㄴ, ㄷ ⑤ ㄱ, ㄴ, ㄷ

IV

역동적인 화학 반응

01

동적 평형과 산 염기

1권

02

산 염기 중화 반응

03

산화 환원 반응과 화학 반응에서의 열 출입

1권

02 산 염기 중화 반응

A 중화 반응

산과 염기의 가수

산 또는 염기 1 mol이 최대로 내놓을 수 있는 H^+ 또는 OH^-의 양(mol)에 해당하는 수이다.

가수	산	염기
1가	HCl	$NaOH$
2가	H_2SO_4	$Ba(OH)_2$
3가	H_3PO_4	$Al(OH)_3$

1. 중화 반응 : 산 수용액의 H^+과 염기 수용액의 OH^-이 반응하여 물을 생성하는 반응

$$H^+(aq) + OH^-(aq) \longrightarrow H_2O(l)$$

2. 중화 반응의 양적 관계

(1) 산과 염기 수용액을 혼합하면 H^+과 OH^-이 1 : 1의 몰비로 반응하여 물(H_2O)을 생성한다.

(2) 반응한 산이 내놓은 H^+의 양(mol)과 반응한 염기가 내놓은 OH^-의 양(mol)은 같다.

$$nMV = n'M'V' \quad \left(\begin{array}{l} n, n' : \text{산, 염기의 가수} \\ M, M' : \text{산, 염기의 몰 농도} \\ V, V' : \text{산, 염기의 부피(L)} \end{array}\right)$$

예 0.1 M $H_2SO_4(aq)$ 100 mL와 0.1 M $NaOH(aq)$ 200 mL의 반응

➡ 0.1 M $H_2SO_4(aq)$ 100 mL가 내놓은 H^+의 양은 $2 \times 0.1\ M \times 0.1\ L = 0.02$ mol이고, 0.1 M $NaOH(aq)$ 200 mL가 내놓은 OH^-의 양은 $1 \times 0.1\ M \times 0.2\ L = 0.02$ mol이므로 0.1 M $H_2SO_4(aq)$ 100 mL와 0.1 M $NaOH(aq)$ 200 mL를 혼합하면 완전히 중화된다.

중화 반응의 양적 관계와 물의 자동 이온화

일반적으로 중화 반응의 양적 관계를 다룰 때 물의 자동 이온화는 고려하지 않는다. 산과 염기 수용액이 내놓는 H^+과 OH^-의 양(mol)에 비하면 물의 자동 이온화에 의해 생성되는 H^+과 OH^-의 양(mol)은 무시할 수 있을 정도로 매우 작기 때문이다.

(3) 산 염기 혼합 용액의 액성은 반응 후 남아 있는 이온의 종류에 따라 결정된다.

반응 전 이온의 양(mol)	반응 후 남아 있는 이온	혼합 용액의 액성
$H^+ > OH^-$	H^+	산성
$H^+ = OH^-$	완전히 중화된다.	중성
$H^+ < OH^-$	OH^-	염기성

3. 중화 반응에서의 이온 수 변화

예 $HA(aq)$에 $BOH(aq)$을 넣을 때

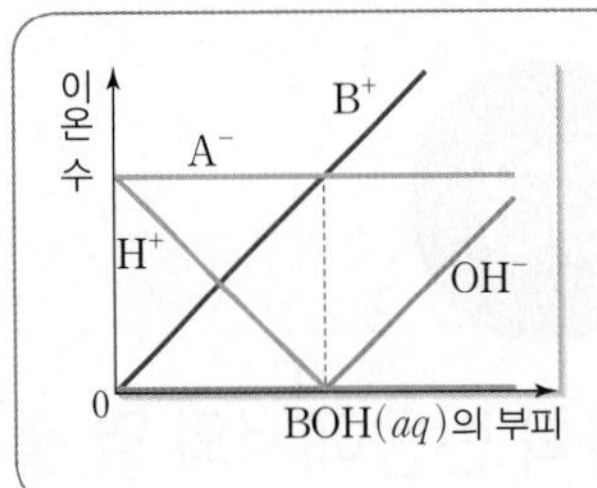

- H^+ : 중화 반응에 참여하는 이온이므로 넣어 준 OH^-과 반응하여 점점 감소하다가 중화점 이후 존재하지 않는다.
- A^- : 중화 반응에 참여하지 않는 이온이므로 이온 수가 일정하다.
- B^+ : 중화 반응에 참여하지 않는 이온이므로 넣어 준 $BOH(aq)$의 부피에 비례하여 이온 수가 점점 증가한다.
- OH^- : 중화 반응에 참여하는 이온이므로 용액 속 H^+과 반응하여 중화점까지 존재하지 않다가 중화점 이후 점점 증가한다.

혼합 용액의 전체 이온 수

1가 산과 1가 염기의 반응에서는 넣어 준 OH^- 수만큼, 즉 반응하여 감소하는 H^+ 수만큼 염기 수용액의 양이온 수가 증가한다. 따라서 혼합 용액의 전체 이온 수는 중화점까지 일정하며, 중화점 전후에는 과량인 용액의 전체 이온 수와 같다.

4. 중화 반응에서 생성된 물 분자 수 : 중화점까지는 H^+과 OH^-이 반응하여 물(H_2O)이 생성되지만, 중화점 이후에는 용액에 더 이상 H^+ 또는 OH^-이 존재하지 않으므로 물(H_2O)이 생성되지 않는다.

➡ 중화 반응에서 생성된 물 분자 수는 중화점까지 점점 증가하다가 중화점 이후 일정해지며, 혼합 전 H^+과 OH^- 중 이온 수가 더 작은 이온에 의해 결정된다.

예 $HCl(aq)$에 $NaOH(aq)$을 넣을 때

이온 모형				
수용액의 액성	산성	산성	중성(중화점)	염기성
생성된 물 분자 수	0	1	2	2

출제 tip

중화 반응의 양적 관계

중화 반응에서 혼합 용액에 존재하는 이온 수, 혼합 용액의 액성 등을 자료로 제시하고 이를 토대로 혼합 전 산과 염기의 몰 농도비 또는 이온 수 등을 구하는 문제가 자주 출제된다.

B 중화 적정

1. **중화 적정** : 농도를 모르는 산이나 염기의 농도를 중화 반응의 양적 관계($nMV=n'M'V'$)를 이용하여 알아내는 실험 방법이다.

(1) 농도를 정확히 알고 있는 표준 용액을 중화점까지 가하여 미지의 농도를 구한다.

(2) 중화 반응의 양적 관계에 따라 중화점까지 넣어 준 표준 용액에 들어 있는 H^+ 또는 OH^-의 양(mol)은 농도를 모르는 용액에 들어 있는 H^+ 또는 OH^-의 양(mol)과 같다.

예 식초 속 아세트산(CH_3COOH, 분자량 : 60)의 함량(%) 구하기

[실험]

(가) 피펫으로 식초 3 mL(밀도 : 1 g/mL)를 취하여 삼각 플라스크에 넣고, 증류수를 가하여 약 30 mL가 되게 한 후 페놀프탈레인 용액을 약 2~3 방울 떨어뜨린다.

(나) 뷰렛에 0.1 M NaOH(aq)을 넣은 후 그림과 같이 장치한다.

(다) 뷰렛의 꼭지를 열어 묽힌 식초가 들어 있는 삼각 플라스크에 0.1 M NaOH(aq)을 조금씩 넣어 준다.

(라) 삼각 플라스크 속 용액의 붉은색이 사라지지 않을 때까지 넣어 준 0.1 M NaOH(aq)의 부피를 측정하였더니 30 mL였다.

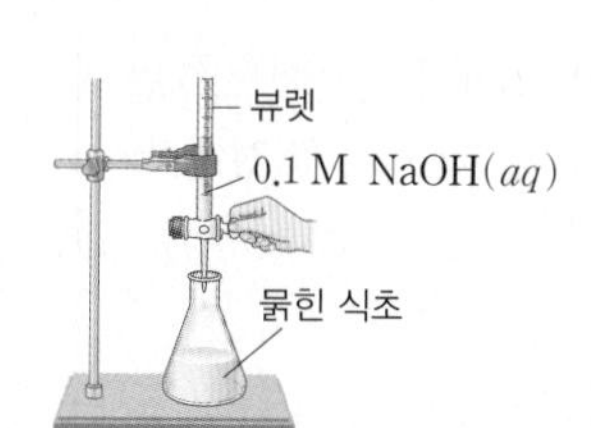

➡ 넣어 준 표준 용액 속 NaOH의 양은 $0.1\ M\times0.03\ L=0.003$ mol이므로 식초 속 아세트산 (CH_3COOH)의 양도 0.003 mol이다. 따라서 식초 3 mL 속 아세트산(CH_3COOH)의 질량은 $0.003\ mol\times60\ g/mol=0.18$ g이므로 식초 3 mL(=3 g) 속 아세트산(CH_3COOH)의 함량(%)은 $\frac{0.18}{3}\times100=6$ %이다.

중화점

중화 적정에서 산 수용액에 들어 있는 H^+의 양(mol)과 염기 수용액에 들어 있는 OH^-의 양(mol)이 같아지는 지점을 중화점이라고 한다.

중화 적정 실험 기구

- **피펫** : 농도를 구하고자 하는 용액을 정확한 부피만큼 취하여 옮길 때 사용한다.
- **뷰렛** : 적정에 사용한 표준 용액의 부피를 측정할 때 사용한다.
- **삼각 플라스크** : 농도를 구하고자 하는 용액을 담을 때 사용한다.

실전 자료 중화 반응의 양적 관계

다음은 중화 반응 실험이다.

[실험 과정]

(가) HCl(aq), NaOH(aq), KOH(aq)을 준비한다.

(나) HCl(aq) 10 mL를 비커에 넣는다.

(다) (나)의 비커에 NaOH(aq) 5 mL를 조금씩 넣는다.

(라) (다)의 비커에 KOH(aq) 10 mL를 조금씩 넣는다.

[실험 결과]

- (다)와 (라) 과정에서 첨가한 용액의 부피에 따른 혼합 용액의 단위 부피당 전체 이온 수

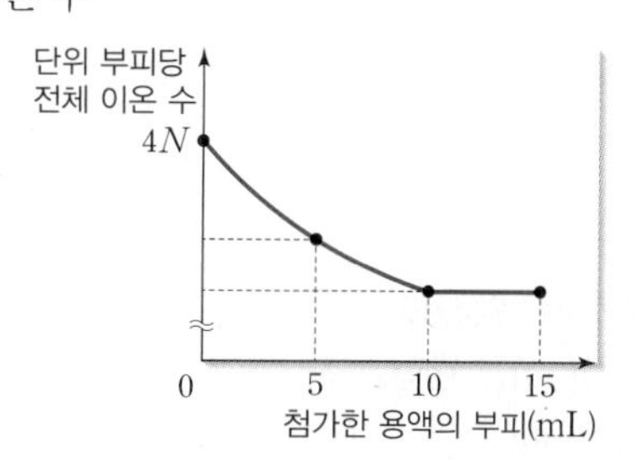

❶ 중화 반응에서의 이온 수 변화

- HCl(aq), NaOH(aq), KOH(aq)은 모두 1가 산 염기이므로 감소한 H^+ 수만큼 Na^+ 또는 K^+ 수가 증가한다.
- 단위 부피를 1 mL라고 하면, 중화점까지 혼합 용액의 전체 이온 수는 $4N\times10=40N$으로 일정하다.

❷ 각 과정에서 혼합 용액의 이온 수

- HCl(aq) 10 mL의 전체 이온 수가 $40N$이므로 이온 수는 H^+ $20N$, Cl^- $20N$이다.
- 첨가한 용액의 부피가 총 10 mL일 때 중화점이며, 이때 단위 부피당 전체 이온 수는 $\frac{40N}{20}=2N$이다.
- (라)에서 KOH(aq) 5 mL를 더 넣었을 때 혼합 용액의 전체 이온 수는 $2N\times25=50N$이므로 KOH(aq) 5 mL에 들어 있는 이온 수는 K^+ $5N$, OH^- $5N$이다.
  ➡ NaOH(aq) 5 mL에 들어 있는 이온 수는 Na^+ $15N$, OH^- $15N$이다.

1 ★☆☆ | 2024년 10월 교육청 12번 |

다음은 25 ℃에서 밀도가 d g/mL인 아세트산(CH_3COOH) 수용액 A에 들어 있는 용질의 질량을 구하기 위한 중화 적정 실험이다. CH_3COOH의 분자량은 60이다.

[실험 과정]
(가) 수용액 A 100 mL에 물을 넣어 500 mL 수용액 B를 만든다.
(나) B 20 mL를 삼각 플라스크에 넣고 페놀프탈레인 용액을 2~3방울 떨어뜨린다.
(다) (나)의 삼각 플라스크에 혼합 용액 전체가 붉은색으로 변하는 순간까지 0.1 M NaOH(aq)을 가하고, 적정에 사용된 NaOH(aq)의 부피를 측정한다.

[실험 결과]
- 적정에 사용된 NaOH(aq)의 부피 : 10 mL
- A 100 g에 들어 있는 CH_3COOH의 질량 : x g

이에 대한 옳은 설명만을 〈보기〉에서 있는 대로 고른 것은? (단, 온도는 25 ℃로 일정하다.) [3점]

보기
ㄱ. (다)에서 생성된 H_2O의 양은 0.001 mol이다.
ㄴ. A의 몰 농도는 0.5 M이다.
ㄷ. $x=\frac{3}{d}$이다.

① ㄱ ② ㄴ ③ ㄱ, ㄷ
④ ㄴ, ㄷ ⑤ ㄱ, ㄴ, ㄷ

2 ★★☆ | 2024년 10월 교육청 19번 |

표는 a M HCl(aq), b M H_2A(aq), c M KOH(aq)을 혼합한 용액 (가)~(다)에 대한 자료이다. (나)의 액성은 중성이다

혼합 용액		(가)	(나)	(다)
혼합 전 용액의 부피(mL)	a M HCl(aq)	V	V	$2V$
	b M H_2A(aq)	V	$2V$	V
	c M KOH(aq)	0	$2V$	$2V$
모든 음이온의 몰 농도(M) 합(상댓값)		15	8	㉠

㉠$\times\frac{a}{b+c}$는? (단, 수용액에서 H_2A는 H^+과 A^{2-}으로 모두 이온화되고, 혼합 용액의 부피는 혼합 전 각 용액의 부피의 합과 같으며, 물의 자동 이온화는 무시한다.) [3점]

① $\frac{5}{2}$ ② 4 ③ 5
④ $\frac{20}{3}$ ⑤ 8

3 ★★★ | 2024년 7월 교육청 15번 |

다음은 25 ℃에서 식초 1 g에 들어 있는 아세트산(CH_3COOH)의 질량을 알아보기 위한 중화 적정 실험이다.

[실험 과정]
(가) 식초 10 g을 준비한다.
(나) (가)의 식초에 물을 넣어 25 ℃에서 밀도가 d g/mL인 수용액 100 g을 만든다.
(다) (나)에서 만든 수용액 40 mL를 삼각 플라스크에 넣고 페놀프탈레인 용액을 2~3방울 떨어뜨린다.
(라) (다)의 삼각 플라스크에 0.2 M NaOH(aq)을 한 방울씩 떨어뜨리면서 삼각 플라스크를 흔들어 준다.
(마) (라)의 수용액 전체가 붉게 변하는 순간 적정을 멈추고 적정에 사용된 NaOH(aq)의 부피(V)를 측정한다.

[실험 결과]
- V : x mL
- (가)에서 식초 1 g에 들어 있는 CH_3COOH의 질량 : 0.06 g

x는? (단, CH_3COOH의 분자량은 60이고, 온도는 25 ℃로 일정하며, 중화 적정 과정에서 식초에 포함된 물질 중 CH_3COOH만 NaOH과 반응한다.)

① $10d$ ② $20d$ ③ $30d$
④ $40d$ ⑤ $50d$

4 ★★★

| 2024년 7월 교육청 20번 |

표는 a M $HX(aq)$, 0.1 M $H_2Y(aq)$, $\frac{4}{3}a$ M $Z(OH)_2(aq)$의 부피를 달리하여 혼합한 용액 (가)~(다)에 대한 자료이다. 수용액에서 HX는 H^+과 X^-으로, H_2Y는 H^+과 Y^{2-}으로, $Z(OH)_2$는 Z^{2+}과 OH^-으로 모두 이온화된다.

혼합 용액	혼합 전 수용액의 부피(mL)			모든 양이온의 몰 농도(M) 합 (상댓값)
	$HX(aq)$	$H_2Y(aq)$	$Z(OH)_2(aq)$	
(가)	20	10	30	10
(나)	20	30	50	11
(다)	b	20	20	19

$a \times b$는? (단, 혼합 용액의 부피는 혼합 전 각 용액의 부피의 합과 같고, 물의 자동 이온화는 무시하며, X^-, Y^{2-}, Z^{2+}은 반응하지 않는다.) [3점]

① $\frac{1}{2}$ ② $\frac{2}{3}$ ③ 1 ④ $\frac{3}{2}$ ⑤ 2

5 ★★★

| 2024년 5월 교육청 20번 |

다음은 a M $HA(aq)$과 b M $B(OH)_2(aq)$의 부피를 달리하여 혼합한 용액 (가)와 (나)에 대한 자료이다.

• 수용액에서 HA는 H^+과 A^-으로, $B(OH)_2$는 B^{2+}과 OH^-으로 모두 이온화된다.

혼합 용액		(가)	(나)
혼합 전 수용액의 부피(mL)	a M $HA(aq)$	40	30
	b M $B(OH)_2(aq)$	10	10
$\frac{H^+ \text{ 또는 } OH^- \text{의 양(mol)}}{\text{가장 많이 존재하는 이온의 양(mol)}}$ (상댓값)		3	2
혼합 용액의 액성		산성	염기성

$\frac{b}{a}$는? (단, 물의 자동 이온화는 무시하며, A^-과 B^{2+}은 반응하지 않는다.) [3점]

① 1 ② $\frac{3}{2}$ ③ $\frac{8}{5}$ ④ $\frac{5}{3}$ ⑤ 2

6 ★★☆

| 2024년 5월 교육청 7번 |

다음은 25 ℃에서 $CH_3COOH(aq)$의 중화 적정 실험이다.

[실험 과정]
(가) x M $CH_3COOH(aq)$ 10 mL에 물을 넣어 ㉠ 100 mL 수용액을 만든다.
(나) (가)에서 만든 수용액 40 mL를 삼각 플라스크에 넣고, 페놀프탈레인 용액을 2~3 방울 떨어뜨린다.
(다) 그림과 같이 [㉡]에 들어 있는 0.2 M $NaOH(aq)$을 (나)의 삼각 플라스크에 한 방울씩 떨어뜨리면서 삼각 플라스크를 흔들어 준다.

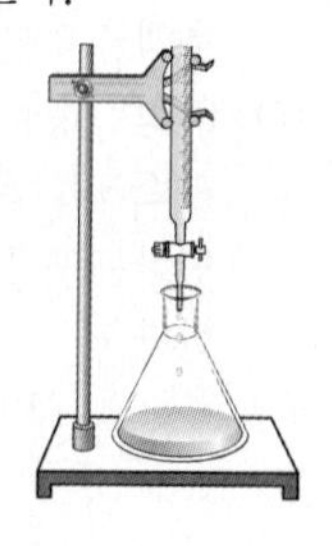

(라) (다)의 삼각 플라스크 속 수용액 전체가 붉게 변하는 순간 적정을 멈추고, 적정에 사용된 $NaOH(aq)$의 부피(V)를 측정한다.

[실험 결과]
• V : 20 mL

이에 대한 설명으로 옳은 것만을 <보기>에서 있는 대로 고른 것은? (단, 온도는 25 ℃로 일정하다.)

보기
ㄱ. '뷰렛'은 ㉡으로 적절하다.
ㄴ. $x=0.1$이다.
ㄷ. ㉠을 200 mL로 달리하여 과정 (가)~(라)를 반복하면, $V=40$ mL이다.

① ㄱ ② ㄴ ③ ㄷ ④ ㄱ, ㄴ ⑤ ㄱ, ㄷ

7 ★★☆ | 2024년 3월 교육청 11번 |

다음은 아세트산(CH_3COOH) 수용액 A 100 g에 들어 있는 CH_3COOH의 질량을 구하기 위한 중화 적정 실험이다.

[실험 과정]

(가) 수용액 A 100 g에 물을 넣어 500 mL 수용액 B를 만든다.

(나) 수용액 B 10 mL를 삼각 플라스크에 넣고 페놀프탈레인 용액을 2~3 방울 떨어뜨린다.

(다) (나)의 수용액에 0.2 M NaOH(aq)을 가하면서 삼각 플라스크를 잘 흔들어 주고, 혼합 용액 전체가 붉은색으로 변하는 순간까지 넣어 준 NaOH(aq)의 부피(V)를 측정한다.

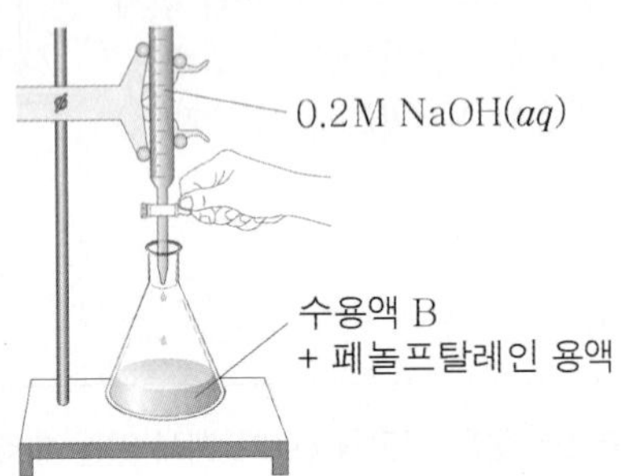

[실험 결과]

- V : 20 mL
- 수용액 A 100 g에 들어 있는 CH_3COOH의 질량 : x g

x는? (단, CH_3COOH의 분자량은 60이고, 온도는 일정하다.)

① $\frac{3}{5}$ ② $\frac{6}{5}$ ③ 6 ④ 12 ⑤ 15

8 ★★★ | 2024년 3월 교육청 19번 |

표는 a M HCl(aq), b M NaOH(aq), c M $X(OH)_2(aq)$의 부피를 달리하여 혼합한 용액 (가)~(다)에 대한 자료이다. 수용액에서 $X(OH)_2$는 X^{2+}과 OH^-으로 모두 이온화된다.

혼합 용액		(가)	(나)	(다)
혼합 전 수용액의 부피(mL)	HCl(aq)	10	20	xV
	NaOH(aq)	30	40	yV
	$X(OH)_2(aq)$	0	20	V
단위 부피당 양이온 수 모형		▲○▲○▲○	□○○□	□▲○□▲□

$\frac{b+c}{a} \times \frac{y}{x}$는? (단, 혼합 용액의 부피는 혼합 전 각 용액의 부피의 합과 같고, 물의 자동 이온화는 무시하며, Cl^-, Na^+, X^{2+}은 반응하지 않는다.) [3점]

① $\frac{1}{3}$ ② $\frac{3}{5}$ ③ $\frac{3}{4}$ ④ $\frac{3}{2}$ ⑤ $\frac{5}{2}$

9 ★☆☆ | 2023년 10월 교육청 12번 |

다음은 아세트산(CH_3COOH) 수용액의 농도를 알아보기 위한 중화 적정 실험이다.

[실험 과정]

(가) a M $CH_3COOH(aq)$ V_1 mL에 물을 넣어 100 mL 수용액을 만든다.

(나) (가)에서 만든 수용액 20 mL를 삼각 플라스크에 넣고 페놀프탈레인 용액 2~3방울을 넣는다.

(다) (나)의 삼각 플라스크 속 수용액 전체가 붉은색으로 변하는 순간까지 b M NaOH(aq)을 가하고, 적정에 사용된 NaOH(aq)의 부피를 구한다.

[실험 결과]

- 적정에 사용된 NaOH(aq)의 부피 : V_2 mL

a는? (단, 온도는 25 ℃로 일정하다.)

① $\frac{bV_2}{5V_1}$ ② $\frac{bV_2}{V_1}$ ③ $\frac{5bV_2}{V_1}$ ④ $\frac{V_1}{bV_2}$ ⑤ $\frac{5V_1}{bV_2}$

10 ★☆☆ | 2023년 7월 교육청 9번 |

다음은 중화 적정 실험이다.

[실험 과정]

(가) x M $CH_3COOH(aq)$을 준비한다.

(나) (가)의 수용액 50 mL에 물을 넣어 200 mL를 만든다.

(다) (나)에서 만든 수용액 40 mL를 삼각 플라스크에 넣고 페놀프탈레인 용액을 2~3방울 떨어뜨린다.

(라) (다)의 삼각 플라스크에 0.1 M NaOH(aq)을 한 방울씩 떨어뜨리고, 용액 전체가 붉게 변하는 순간 적정을 멈춘 후 적정에 사용된 NaOH(aq)의 부피(V)를 측정한다.

[실험 결과]

- V : 20 mL

x는? (단, 온도는 일정하다.)

① 0.05 ② 0.2 ③ 0.25 ④ 0.4 ⑤ 0.8

11 ★★★

| 2023년 10월 교육청 19번 |

표는 a M $H_2X(aq)$, b M $HCl(aq)$, $2b$ M $NaOH(aq)$의 부피를 달리하여 혼합한 수용액 (가)~(다)에 대한 자료이다. 수용액에서 H_2X는 H^+과 X^{2-}으로 모두 이온화된다.

혼합 수용액		(가)	(나)	(다)
혼합 전 수용액의 부피(mL)	a M $H_2X(aq)$	10	20	20
	b M $HCl(aq)$	20	10	20
	$2b$ M $NaOH(aq)$	10	10	40
모든 양이온의 몰 농도(M) 합(상댓값)		3	3	㉠

$\frac{a}{b}\times$㉠은? (단, 혼합 수용액의 부피는 혼합 전 각 수용액의 부피의 합과 같고, 물의 자동 이온화는 무시한다.) [3점]

① $\frac{4}{3}$ ② $\frac{3}{2}$ ③ 2 ④ $\frac{5}{2}$ ⑤ 4

12 ★★☆

| 2023년 7월 교육청 20번 |

표는 $NaOH(aq)$, $HA(aq)$, $H_2B(aq)$의 부피를 달리하여 혼합한 용액 (가)~(다)에 대한 자료이다. 수용액에서 HA는 H^+과 A^-으로, H_2B는 H^+과 B^{2-}으로 모두 이온화된다.

혼합 용액		(가)	(나)	(다)
혼합 전 수용액의 부피(mL)	$NaOH(aq)$	30	10	20
	$HA(aq)$	20	x	15
	$H_2B(aq)$	10	y	5
음이온 수의 비		3 : 2 : 2	1 : 1	5 : 3 : 2
모든 양이온의 몰 농도(M) 합(상댓값)		1	1	

$x+y$는? (단, 혼합 용액의 부피는 혼합 전 각 용액의 부피의 합과 같고, 물의 자동 이온화는 무시한다.) [3점]

① 15 ② 20 ③ 25 ④ 30 ⑤ 35

13 ★★☆

| 2023년 4월 교육청 10번 |

표는 25 ℃에서 중화 적정을 이용하여 $CH_3COOH(aq)$의 몰 농도(M)를 구하는 실험 Ⅰ, Ⅱ에 대한 자료이다. 25 ℃에서 x M $CH_3COOH(aq)$의 밀도는 d g/mL이다.

실험	중화 적정한 x M $CH_3COOH(aq)$의 양	중화점까지 넣어 준 0.1 M $NaOH(aq)$의 부피
Ⅰ	5 mL	10 mL
Ⅱ	w g	20 mL

$\frac{w}{x}$는? (단, 온도는 25 ℃로 일정하다.)

① $\frac{1}{50d}$ ② $\frac{1}{20d}$ ③ $5d$ ④ $10d$ ⑤ $50d$

14 ★★★

| 2023년 4월 교육청 20번 |

표는 $X(OH)_2(aq)$, $HY(aq)$, $H_2Z(aq)$의 부피를 달리하여 혼합한 용액 (가)와 (나)에 대한 자료이다.

혼합 용액		(가)	(나)
혼합 전 수용액의 부피(mL)	a M $X(OH)_2(aq)$	V	$2V$
	$2a$ M $HY(aq)$	15	㉠
	b M $H_2Z(aq)$	15	
모든 이온 수의 비		1 : 2 : 2	1 : 1 : 2 : 3
모든 양이온의 양(mol)		N	$2N$

$\frac{b}{a}\times$㉠은? (단, 수용액에서 $X(OH)_2$는 X^{2+}과 OH^-으로, HY는 H^+과 Y^-으로, H_2Z는 H^+과 Z^{2-}으로 모두 이온화하고, 물의 자동 이온화는 무시하며, X^{2+}, Y^-, Z^{2-}은 반응하지 않는다.) [3점]

① 5 ② 10 ③ 15 ④ 20 ⑤ 30

Part Ⅰ 교육청

15 ★★☆ | 2023년 3월 교육청 14번 |

다음은 $CH_3COOH(aq)$에 대한 중화 적정 실험이다.

[실험 과정]
(가) 밀도가 d g/mL인 $CH_3COOH(aq)$을 준비한다.
(나) (가)의 $CH_3COOH(aq)$ 20 mL를 취하여 삼각 플라스크에 넣고 페놀프탈레인 용액을 2~3방울 떨어뜨린다.
(다) (나)의 삼각 플라스크 속 용액 전체가 붉은색으로 변하는 순간까지 a M $NaOH(aq)$을 가하고, 적정에 사용된 $NaOH(aq)$의 부피를 구한다.

[실험 결과]
- 적정에 사용된 $NaOH(aq)$의 부피 : V mL

(가)의 $CH_3COOH(aq)$ 100 g에 포함된 CH_3COOH의 질량(g)은? (단, CH_3COOH의 분자량은 60이고, 온도는 일정하다.) [3점]

① $\frac{aV}{5d}$ ② $\frac{3aV}{10d}$ ③ $\frac{5aV}{3d}$
④ $\frac{5d}{3aV}$ ⑤ $\frac{60d}{aV}$

16 ★★★ | 2023년 3월 교육청 20번 |

다음은 0.1 M $HA(aq)$, a M $XOH(aq)$, $3a$ M $Y(OH)_2(aq)$을 혼합한 용액 (가)와 (나)에 대한 자료이다.

- 수용액에서 HA는 H^+과 A^-으로, XOH는 X^+과 OH^-으로, $Y(OH)_2$는 Y^{2+}과 OH^-으로 모두 이온화된다.

혼합 용액		(가)	(나)
혼합 전 수용액의 부피 (mL)	0.1 M $HA(aq)$	50	50
	㉠	20	V
	㉡	30	20
$\frac{[X^+]+[Y^{2+}]}{[A^-]}$ (상댓값)		18	7

- ㉠과 ㉡은 각각 a M $XOH(aq)$, $3a$ M $Y(OH)_2(aq)$ 중 하나이다.
- (나)는 중성이다.

$\frac{V}{a}$는? (단, 혼합 용액의 부피는 혼합 전 각 수용액의 부피의 합과 같고, X^+, Y^{2+}, A^-은 반응하지 않는다.) [3점]

① 30 ② 40 ③ 50
④ 100 ⑤ 300

17 ★★☆ | 2022년 10월 교육청 11번 |

다음은 중화 적정 실험이다. NaOH의 화학식량은 40이다.

[실험 과정]
(가) $NaOH(s)$ w g을 모두 물에 녹여 $NaOH(aq)$ 500 mL를 만든다.
(나) (가)에서 만든 $NaOH(aq)$을 뷰렛에 넣은 다음, 꼭지를 잠시 열었다 닫고 처음 눈금을 읽는다.
(다) 삼각 플라스크에 a M $CH_3COOH(aq)$ 20 mL를 넣고, 페놀프탈레인 용액을 2~3 방울 떨어뜨린다.
(라) 뷰렛의 꼭지를 열어 (다)의 삼각 플라스크에 $NaOH(aq)$을 조금씩 가하면서 삼각 플라스크를 잘 흔들어 준다.
(마) (라)의 삼각 플라스크 속 수용액 전체가 붉게 변하는 순간 뷰렛의 꼭지를 닫고 나중 눈금을 읽는다.

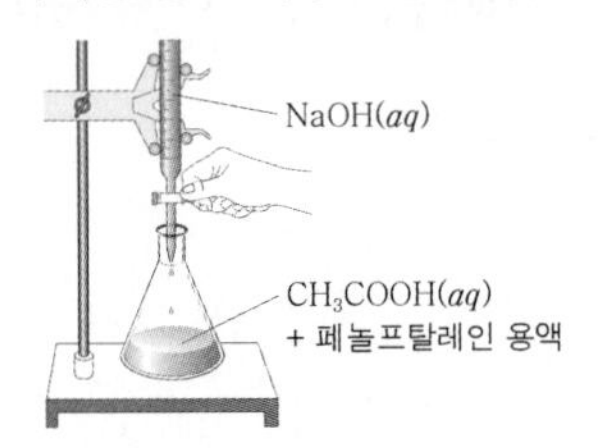

[실험 결과]
- (나)에서 뷰렛의 처음 눈금 : 2.5 mL
- (마)에서 뷰렛의 나중 눈금 : 17.5 mL

a는? (단, 온도는 일정하다.)

① $\frac{3}{80}w$ ② $\frac{1}{15}w$ ③ $\frac{3}{40}w$
④ $\frac{4}{3}w$ ⑤ $6w$

18 ★★★ | 2022년 10월 교육청 20번 |

표는 a M $X(OH)_2(aq)$, b M $HY(aq)$, c M $H_2Z(aq)$의 부피를 달리하여 혼합한 용액 Ⅰ~Ⅲ에 대한 자료이다. ㉠, ㉡은 각각 b M $HY(aq)$, c M $H_2Z(aq)$ 중 하나이고, 수용액에서 $X(OH)_2$는 X^{2+}과 OH^-으로, HY는 H^+과 Y^-으로, H_2Z는 H^+과 Z^{2-}으로 모두 이온화된다.

혼합 용액		Ⅰ	Ⅱ	Ⅲ
혼합 전 수용액의 부피(mL)	a M $X(OH)_2(aq)$	V	V	V
	㉠	10	0	10
	㉡	0	20	20
$\frac{\text{음이온의 양(mol)}}{\text{양이온의 양(mol)}}$		$\frac{5}{4}$		$\frac{7}{6}$
Y^-과 Z^{2-}의 몰 농도(M)의 합(상댓값)			5	7

$V \times \frac{b+c}{a}$는? (단, 혼합 용액의 부피는 혼합 전 각 용액의 부피의 합과 같고, 물의 자동 이온화는 무시하며, X^{2+}, Y^-, Z^{2-}은 반응하지 않는다.) [3점]

① $\frac{20}{3}$ ② 10 ③ $\frac{40}{3}$
④ 50 ⑤ 80

19 ★★☆ | 2022년 7월 교육청 14번 |

다음은 중화 적정 실험이다.

[실험 과정]
(가) a M $CH_3COOH(aq)$ 20 mL를 준비한다.
(나) (가)의 용액 x mL를 취하여 용액 Ⅰ을 준비한다.
(다) (나)에서 사용하고 남은 (가)의 용액에 물을 넣어 b M $CH_3COOH(aq)$ 25 mL 용액 Ⅱ를 만든다.
(라) 삼각 플라스크에 용액 Ⅰ을 모두 넣고 페놀프탈레인 용액을 2~3 방울 떨어뜨린다.
(마) (라)의 용액에 0.1 M $NaOH(aq)$을 한 방울씩 떨어뜨리고, 용액 전체가 붉게 변하는 순간 적정을 멈춘 후 적정에 사용된 $NaOH(aq)$의 부피(V_1)를 측정한다.
(바) Ⅰ 대신 Ⅱ를 사용해서 과정 (라)와 (마)를 반복하여 적정에 사용된 $NaOH(aq)$의 부피(V_2)를 측정한다.

[실험 결과]
- V_1 : 25 mL
- V_2 : 75 mL

$\frac{b}{a} \times x$는? (단, 온도는 25 ℃로 일정하다.) [3점]

① $\frac{1}{5}$ ② $\frac{1}{3}$ ③ 1
④ 3 ⑤ 5

20 ★★★ | 2022년 7월 교육청 20번 |

다음은 중화 반응에 대한 실험이다.

[자료]
- 수용액에서 AOH는 A^+과 OH^-으로, H_2B는 H^+과 B^{2-}으로, HC는 H^+과 C^-으로 모두 이온화된다.

[실험 과정]
(가) a M AOH(aq) 20 mL에 b M H_2B(aq) 5 mL를 첨가하여 혼합 용액 Ⅰ을 만든다.
(나) Ⅰ에 c M HC(aq) V mL를 첨가하여 혼합 용액 Ⅱ를 만든다.
(다) Ⅱ에 c M HC(aq) 10 mL를 첨가하여 혼합 용액 Ⅲ을 만든다.

[실험 결과]

혼합 용액	Ⅱ	Ⅲ
$\frac{\text{음이온의 양(mol)}}{\text{양이온의 양(mol)}}$	$\frac{2}{3}$	$\frac{4}{5}$

- 모든 음이온의 몰 농도(M)의 합은 Ⅰ과 Ⅱ가 같다.

$\frac{c}{a+b} \times V$는? (단, 혼합 용액의 부피는 혼합 전 각 용액의 부피의 합과 같고, 물의 자동 이온화는 무시하며, A^+, B^{2-}, C^-은 반응하지 않는다.) [3점]

① 3 ② 5 ③ 6
④ 12 ⑤ 15

21 ★★☆ | 2022년 4월 교육청 10번 |

다음은 중화 적정에 관한 탐구 활동지의 일부와 탐구 활동 후 선생님과 학생의 대화이다.

탐구 활동지

[탐구 주제] 중화 적정으로 CH_3COOH(aq)의 몰 농도(M) 구하기

[탐구 과정]
(가) 삼각 플라스크에 CH_3COOH(aq) 10 mL를 넣고, 페놀프탈레인 용액 2~3방울을 떨어뜨린다.
(나) (가)의 삼각 플라스크에 0.5 M NaOH(aq)을 떨어뜨리면서 수용액 전체가 붉은색으로 변하는 순간 적정을 멈추고, 적정에 사용된 NaOH(aq)의 부피(V)를 측정한다.

[탐구 결과]
V = 22 mL

선생님 : 탐구 활동으로부터 구한 CH_3COOH(aq)의 몰 농도를 말해 볼까요?
학　생 : [㉠] M입니다.
선생님 : 탐구 결과로부터 구한 값은 맞아요. 하지만 탐구 과정에서 사용한 CH_3COOH(aq)의 실제 몰 농도는 1 M입니다. 탐구 과정에서 한 가지만 잘못하여 오차가 발생했다고 가정할 때, 오차가 발생한 원인에는 무엇이 있을까요?
학　생 : 적정을 중화점 [㉡]에 멈추어서 오차가 발생한 것 같습니다.

학생의 의견이 타당할 때, ㉠과 ㉡으로 가장 적절한 것은?

	㉠	㉡
①	0.9	전
②	0.9	후
③	1.1	전
④	1.1	후
⑤	1.5	전

22 ★★★ | 2022년 4월 교육청 19번 |

다음은 $H_2X(aq)$, $Y(OH)_2(aq)$, $ZOH(aq)$의 부피를 달리하여 혼합한 용액 (가), (나)에 대한 자료이다.

- 수용액에서 H_2X는 H^+과 X^{2-}으로, $Y(OH)_2$는 Y^{2+}과 OH^-으로, ZOH는 Z^+과 OH^-으로 모두 이온화된다.

혼합 용액		(가)	(나)
혼합 전 수용액의 부피(mL)	0.5 M $H_2X(aq)$	30	30
	a M $Y(OH)_2(aq)$	10	15
	b M $ZOH(aq)$	0	15
H^+ 또는 OH^-의 몰 농도(M)		$\frac{1}{4}$	x

- (가)에서 $\frac{\text{모든 음이온의 몰 농도(M) 합}}{\text{모든 양이온의 몰 농도(M) 합}} > 1$이다.
- 모든 양이온의 양(mol)은 (가) : (나) = 4 : 9이다.

x는? (단, 혼합 용액의 부피는 혼합 전 각 용액의 부피의 합과 같고, 물의 자동 이온화는 무시하며, X^{2-}, Y^{2+}, Z^+은 반응하지 않는다.) [3점]

① $\frac{1}{4}$　② $\frac{3}{4}$　③ $\frac{5}{6}$　④ $\frac{7}{6}$　⑤ $\frac{4}{3}$

23 ★★☆ | 2022년 3월 교육청 16번 |

다음은 $CH_3COOH(aq)$의 몰 농도를 구하기 위한 실험이다.

[실험 과정]

(가) 0.1 M $NaOH(aq)$을 뷰렛에 넣은 다음, 꼭지를 잠시 열었다 닫고 처음 눈금을 읽는다.

(나) 피펫을 이용해 $CH_3COOH(aq)$ 10 mL를 삼각 플라스크에 넣고 페놀프탈레인 용액을 몇 방울 떨어뜨린다.

(다) 뷰렛의 꼭지를 열어 (나)의 삼각 플라스크에 $NaOH(aq)$을 조금씩 가하면서 삼각 플라스크를 잘 흔들어 주고, 혼합 용액 전체가 붉은색으로 변하는 순간 뷰렛의 꼭지를 닫고 나중 눈금을 읽는다.

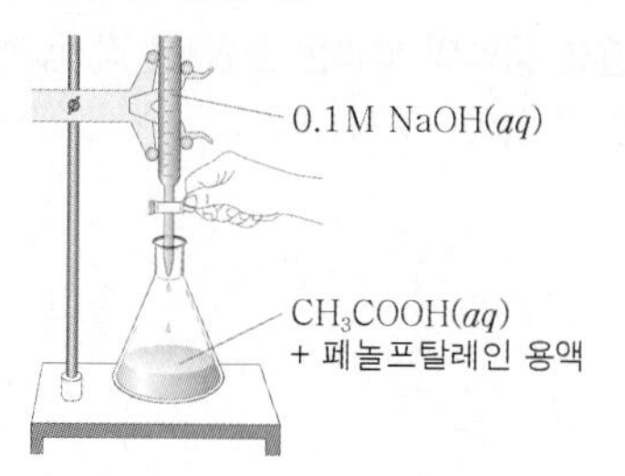

[실험 결과]

- (가)에서 뷰렛의 처음 눈금 : 8.3 mL
- (다)에서 뷰렛의 나중 눈금 : 28.3 mL
- $CH_3COOH(aq)$의 몰 농도 : a M

이에 대한 옳은 설명만을 〈보기〉에서 있는 대로 고른 것은? (단, 온도는 25 ℃로 일정하고, 물의 자동 이온화는 무시한다.) [3점]

보기

ㄱ. (다)에서 삼각 플라스크 속 용액의 pH는 증가한다.
ㄴ. a=0.05이다.
ㄷ. (다)에서 생성된 H_2O의 양은 0.002 mol이다.

① ㄱ　② ㄴ　③ ㄱ, ㄷ　④ ㄴ, ㄷ　⑤ ㄱ, ㄴ, ㄷ

24 ☆☆☆

| 2022년 3월 교육청 20번 |

표는 0.8 M $HX(aq)$, 0.1 M $YOH(aq)$, a M $Z(OH)_2(aq)$을 부피를 달리하여 혼합한 용액 Ⅰ～Ⅲ에 대한 자료이다. 수용액에서 HX는 H^+과 X^-으로, YOH는 Y^+과 OH^-으로, $Z(OH)_2$는 Z^{2+}과 OH^-으로 모두 이온화된다.

혼합 용액		Ⅰ	Ⅱ	Ⅲ
혼합 전 수용액의 부피(mL)	0.8 M $HX(aq)$	5	1	4
	0.1 M $YOH(aq)$	0	4	6
	a M $Z(OH)_2(aq)$	5	5	6
모든 음이온의 몰 농도(M) 합(상댓값)		5	3	x

$a \times x$는? (단, 혼합 용액의 부피는 혼합 전 각 용액의 부피의 합과 같고, 물의 자동 이온화는 무시하며, X^-, Y^+, Z^{2+}은 반응하지 않는다.) [3점]

① $\frac{1}{3}$ ② $\frac{1}{2}$ ③ 1 ④ $\frac{3}{2}$ ⑤ $\frac{5}{2}$

25 ☆☆☆

| 2021년 10월 교육청 19번 |

다음은 중화 반응 실험이다.

[자료]
- 수용액에서 $X(OH)_2$는 X^{2+}과 OH^-으로 모두 이온화된다.

[실험 과정]
(가) a M $X(OH)_2(aq)$ V mL와 b M $HCl(aq)$ 50 mL를 혼합하여 용액 Ⅰ을 만든다.
(나) 용액 Ⅰ에 c M $NaOH(aq)$ 20 mL를 혼합하여 용액 Ⅱ를 만든다.

[실험 결과]
- 용액 Ⅰ과 Ⅱ에 대한 자료

용액	Ⅰ	Ⅱ
음이온의 양(mol) / 양이온의 양(mol)	$\frac{5}{3}$	$\frac{3}{2}$
모든 이온의 몰 농도의 합(상댓값)	1	1

$\frac{c}{a+b}$는? (단, X는 임의의 원소 기호이고, 혼합 용액의 부피는 혼합 전 각 용액의 부피의 합과 같으며, 물의 자동 이온화는 무시한다.) [3점]

① $\frac{3}{7}$ ② $\frac{3}{5}$ ③ $\frac{2}{3}$ ④ $\frac{5}{7}$ ⑤ $\frac{4}{5}$

26 ☆☆☆

| 2021년 7월 교육청 20번 |

다음은 중화 반응에 대한 실험이다.

[자료]
- ㉠과 ㉡은 x M $HA(aq)$과 y M $H_2B(aq)$ 중 하나이다.
- 수용액에서 HA는 H^+과 A^-으로, H_2B는 H^+과 B^{2-}으로 모두 이온화된다.

[실험 과정]
(가) $NaOH(aq)$, $HA(aq)$, $H_2B(aq)$을 각각 준비한다.
(나) $NaOH(aq)$ V mL에 ㉠ 10 mL를 조금씩 첨가한다.
(다) (나)의 혼합 용액에 ㉡ 20 mL를 조금씩 첨가한다.

[실험 결과]
- 첨가한 용액의 부피(mL)에 따른 혼합 용액에 존재하는 모든 이온의 몰 농도(M)의 합

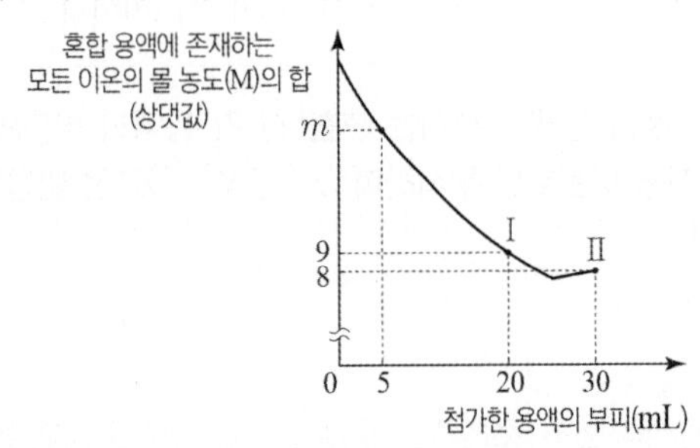

- 혼합 용액 Ⅰ과 Ⅱ에 존재하는 모든 음이온 수의 비

혼합 용액	Ⅰ	Ⅱ
음이온 수의 비	1 : 1 : 2	1 : 1

- $V < 30$이다.

이에 대한 설명으로 옳은 것만을 〈보기〉에서 있는 대로 고른 것은? (단, 혼합 용액의 부피는 혼합 전 각 용액의 부피의 합과 같으며, 물의 자동 이온화는 무시한다.) [3점]

보기
ㄱ. $V=10$이다.
ㄴ. $x : y = 2 : 1$이다.
ㄷ. $m=16$이다.

① ㄱ ② ㄴ ③ ㄱ, ㄷ ④ ㄴ, ㄷ ⑤ ㄱ, ㄴ, ㄷ

27 ★★☆

| 2021년 4월 교육청 9번 |

다음은 3가지 실험 기구 A~C와 아세트산(CH_3COOH) 수용액의 중화 적정 실험이다. ㉠은 A~C 중 하나이다.

[실험 기구]

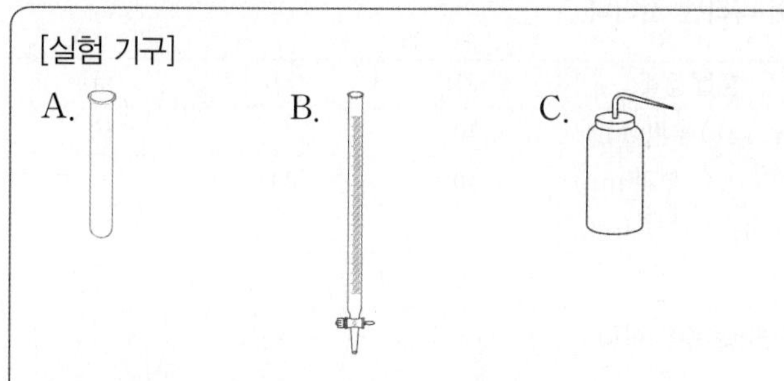

[실험 과정]

(가) 삼각 플라스크에 x M $CH_3COOH(aq)$ 20 mL를 넣고 페놀프탈레인 용액을 2~3방울 떨어뜨린다.

(나) ㉠ 에 들어 있는 0.5 M $NaOH(aq)$을 (가)의 삼각 플라스크에 한 방울씩 떨어뜨리면서 섞는다.

(다) (나)의 삼각 플라스크 속 용액 전체가 붉은색으로 변하는 순간까지 넣어 준 $NaOH(aq)$의 부피를 측정한다.

[실험 결과]

• 중화점까지 넣어 준 $NaOH(aq)$의 부피 : 40 mL

이에 대한 설명으로 옳은 것만을 〈보기〉에서 있는 대로 고른 것은? (단, 온도는 일정하다.)

보기

ㄱ. ㉠은 B이다.

ㄴ. 중화점까지 넣어 준 NaOH의 양은 0.02 mol이다.

ㄷ. $x=0.25$이다.

① ㄱ ② ㄷ ③ ㄱ, ㄴ

④ ㄴ, ㄷ ⑤ ㄱ, ㄴ, ㄷ

28 ★★★

| 2021년 4월 교육청 19번 |

표는 2 M $BOH(aq)$ 10 mL에 x M $H_2A(aq)$의 부피를 달리하여 혼합한 용액 (가)~(다)에 대한 자료이다.

혼합 용액		(가)	(나)	(다)
혼합 전 용액의 부피(mL)	2 M $BOH(aq)$	10	10	10
	x M $H_2A(aq)$	V	$3V$	$5V$
모든 이온의 수		$7n$	$9n$	
모든 이온의 몰 농도(M) 합			$\frac{9}{5}$	$\frac{15}{7}$

$\frac{x}{V}$는? (단, 혼합 용액의 부피는 혼합 전 각 용액의 부피의 합과 같고, 물의 자동 이온화는 무시한다. H_2A와 BOH는 수용액에서 완전히 이온화하고, A^{2-}, B^+은 반응에 참여하지 않는다.) [3점]

① $\frac{2}{15}$ ② $\frac{1}{5}$ ③ $\frac{1}{3}$

④ $\frac{2}{3}$ ⑤ $\frac{3}{4}$

29 ★★★

| 2021년 3월 교육청 19번 |

다음은 중화 반응과 관련된 실험이다.

[실험 과정]

(가) a M $HCl(aq)$, b M $NaOH(aq)$, c M $KOH(aq)$을 준비한다.

(나) $HCl(aq)$ 20 mL, $NaOH(aq)$ 30 mL, $KOH(aq)$ 10 mL를 혼합하여 용액 I을 만든다.

(다) 용액 I에 $KOH(aq)$ V mL를 첨가하여 용액 II를 만든다.

[실험 결과]

• 용액 I에서 H_3O^+의 몰 농도는 $\frac{1}{12}a$ M이다.

• 용액 I과 II에 들어 있는 이온의 몰비

용액	I	II
이온의 몰비	$\frac{1}{4}$, $\frac{1}{2}$, $\frac{1}{8}$, $\frac{1}{8}$	$\frac{1}{3}$, $\frac{1}{3}$, $\frac{1}{6}$, $\frac{1}{6}$

$V\times\frac{b}{c}$는? (단, 온도는 일정하고, 혼합한 용액의 부피는 혼합 전 각 용액의 부피의 합과 같으며, 물의 자동 이온화는 무시한다.) [3점]

① 10 ② 20 ③ 30

④ 40 ⑤ 60

30 ★☆☆ | 2020년 10월 교육청 4번 |

다음은 식초 속 아세트산의 함량을 구하기 위해 학생 A가 수행한 실험 과정이다.

> [실험 과정]
> (가) 표준 용액으로 0.1 M $NaOH(aq)$을 준비한다.
> (나) 식초 w g을 완전히 중화시키는 데 필요한 $NaOH(aq)$의 부피를 구한다.

학생 A가 사용한 실험 장치로 가장 적절한 것은?

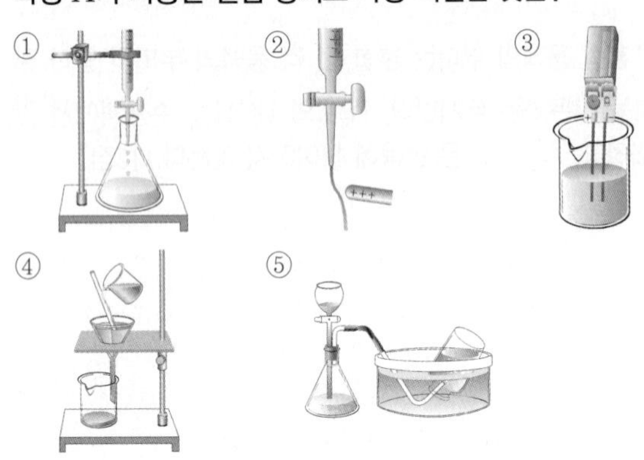

31 ★★★ | 2020년 10월 교육청 18번 |

표는 혼합 용액 (가)~(다)에 대한 자료이다.

혼합 용액		(가)	(나)	(다)
혼합 전 수용액의 부피(mL)	$HCl(aq)$	30	0	10
	$HBr(aq)$	0	15	10
	$NaOH(aq)$	20	10	x
혼합 용액의 액성		중성	산성	염기성
$[Na^+]+[H^+]$(상댓값)		3	6	5

이에 대한 옳은 설명만을 〈보기〉에서 있는 대로 고른 것은? (단, 온도는 일정하고, 혼합 용액의 부피는 혼합 전 각 용액의 부피의 합과 같으며, 물의 자동 이온화는 무시한다.) [3점]

> 보기
> ㄱ. 몰 농도 비는 $HBr(aq)$: $NaOH(aq)=4:3$이다.
> ㄴ. $x=40$이다.
> ㄷ. 생성된 물의 양(mol)은 (가)와 (다)에서 같다.

① ㄱ ② ㄷ ③ ㄱ, ㄴ ④ ㄴ, ㄷ ⑤ ㄱ, ㄴ, ㄷ

32 ★★★ | 2020년 7월 교육청 18번 |

표는 $HCl(aq)$, $H_2SO_4(aq)$, $NaOH(aq)$의 부피를 달리하여 혼합한 용액 (가)~(다)에 존재하는 음이온 수의 비율을 이온의 종류에 관계없이 나타낸 것이다.

혼합 용액	(가)	(나)	(다)
$HCl(aq)$ 부피(mL)	10	5	10
$H_2SO_4(aq)$ 부피(mL)	10	20	y
$NaOH(aq)$ 부피(mL)	10	x	20
음이온 수의 비율	$\frac{1}{5}$, $\frac{4}{5}$	$\frac{3}{7}$, $\frac{2}{7}$, $\frac{2}{7}$	$\frac{2}{5}$, $\frac{1}{5}$, $\frac{2}{5}$

이에 대한 설명으로 옳은 것만을 〈보기〉에서 있는 대로 고른 것은? (단, 온도는 일정하고, 혼합 용액의 부피는 혼합 전 각 용액의 부피의 합과 같다.) [3점]

> 보기
> ㄱ. $x:y=3:4$이다.
> ㄴ. 용액의 pH는 (나)가 (다)보다 크다.
> ㄷ. (다)를 완전히 중화시키기 위해 필요한 $HCl(aq)$의 부피는 10 mL이다.

① ㄱ ② ㄴ ③ ㄱ, ㄷ ④ ㄴ, ㄷ ⑤ ㄱ, ㄴ, ㄷ

33 ★★☆ | 2020년 3월 교육청 16번 |

다음은 $CH_3COOH(aq)$의 몰 농도를 구하기 위한 실험이다.

[실험 과정]
(가) $CH_3COOH(aq)$ 10 mL를 삼각 플라스크에 넣고 페놀프탈레인 용액을 2~3방울 떨어뜨린다.
(나) 0.1 M $NaOH(aq)$을 ㉠ 에 넣은 다음 꼭지를 열어 수용액을 약간 흘려보낸 후 꼭지를 닫고 눈금(mL)을 읽는다.
(다) ㉠ 의 꼭지를 열어 (가)의 용액에 $NaOH(aq)$을 조금씩 가하다가 플라스크를 흔들어도 혼합 용액의 붉은색이 사라지지 않으면 꼭지를 닫고 눈금(mL)을 읽는다.

[실험 결과]

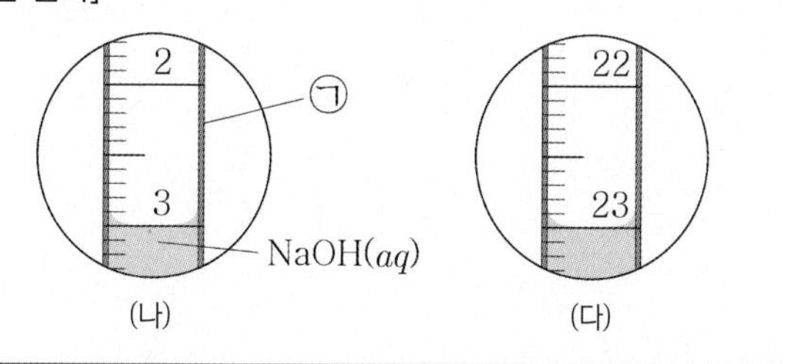

이에 대한 옳은 설명만을 <보기>에서 있는 대로 고른 것은? [3점]

보기
ㄱ. ㉠은 피펫이다.
ㄴ. $CH_3COOH(aq)$의 몰 농도는 0.2 M이다.
ㄷ. (다)에서 생성된 물의 양(mol)은 0.002몰이다.

① ㄴ ② ㄷ ③ ㄱ, ㄴ
④ ㄱ, ㄷ ⑤ ㄴ, ㄷ

34 ★★★ | 2020년 4월 교육청 20번 |

다음은 25 ℃에서 $H_nA(aq)$과 $NaOH(aq)$의 중화 반응 실험이다.

[실험 과정]
(가) 비커 Ⅰ~Ⅲ에 각각 a M $NaOH(aq)$ 20 mL를 넣는다.
(나) (가)의 Ⅰ~Ⅲ에 1 M $H_nA(aq)$을 각각 4 mL, y mL, 20 mL를 넣어 혼합 용액을 만든다.

[실험 결과]
• 혼합 용액 속 이온 X의 몰 농도와 혼합 용액의 전체 부피

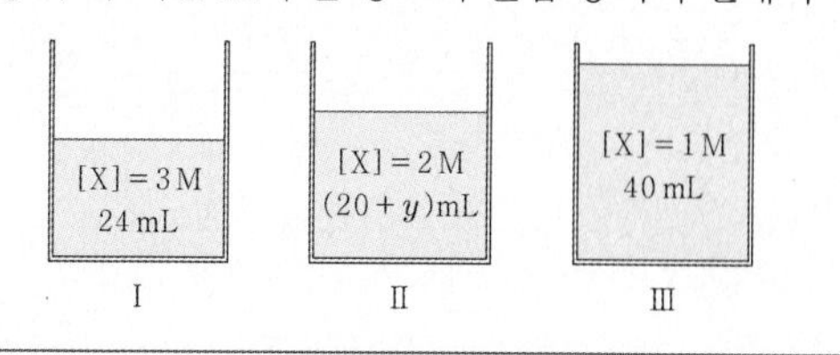

이에 대한 설명으로 옳은 것만을 <보기>에서 있는 대로 고른 것은? (단, H_nA는 수용액에서 완전히 이온화하고, Na^+과 A^{n-}은 반응에 참여하지 않으며 물의 자동 이온화는 무시한다.) [3점]

보기
ㄱ. X는 Na^+이다.
ㄴ. a는 4이다.
ㄷ. y는 10이다.

① ㄱ ② ㄴ ③ ㄷ
④ ㄱ, ㄴ ⑤ ㄴ, ㄷ

35 ★★☆ | 2020년 3월 교육청 19번 |

표는 $HCl(aq)$과 $NaOH(aq)$을 부피를 달리하여 반응시켰을 때 혼합 용액 (가)~(다)에 대한 자료이다.

혼합 용액	혼합 전 용액의 부피(mL)		용액의 액성	전체 음이온 수
	$HCl(aq)$	$NaOH(aq)$		
(가)	80	30	산성	$2N$
(나)	30	20	염기성	N
(다)	40	10	㉠	N

이에 대한 옳은 설명만을 <보기>에서 있는 대로 고른 것은? (단, 온도는 일정하고, 물의 자동 이온화는 무시한다.) [3점]

보기
ㄱ. ㉠은 중성이다.
ㄴ. 혼합 전 용액의 몰 농도(M)는 $NaOH(aq)$이 $HCl(aq)$의 2배이다.
ㄷ. 생성된 물 분자 수는 (가)가 (다)의 1.5배이다.

① ㄱ ② ㄴ ③ ㄷ
④ ㄱ, ㄷ ⑤ ㄴ, ㄷ

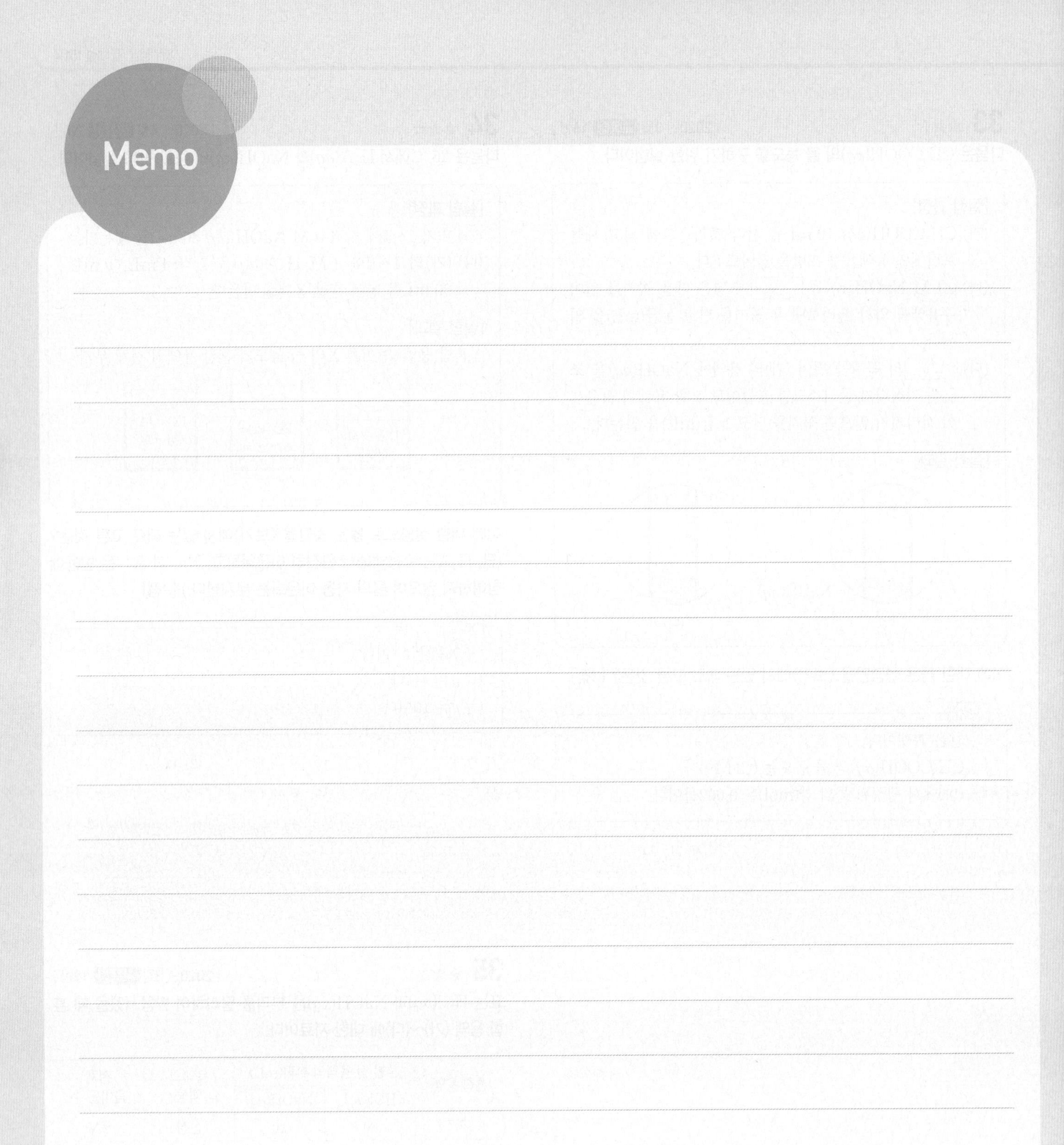
Memo

02 화학식량과 몰

2026학년도 수능 출제 예측

2025학년도 수능, 평가원 분석

수능과 6, 9월 평가원에서 모두 질량비와 부피비, 구성 원소의 원자 수 비 등으로부터 기체의 화학식을 완성하고, 기체의 몰비와 구성 원소의 원자 수, 원자량비를 구하는 문제가 출제되었다.

2026학년도 수능 예측

매년 한 문제씩 출제되는 단원이다. 단위 부피당 원자 수, 분자 수, 질량비, 부피비의 관계를 이용하여 기체의 몰비와 구성 원소의 원자 수, 원자량비를 묻는 문제가 출제될 가능성이 높다.

1 ★★★ | 2025학년도 수능 20번 |

다음은 t ℃, 1기압에서 실린더 (가)~(다)에 들어 있는 기체에 대한 자료이다.

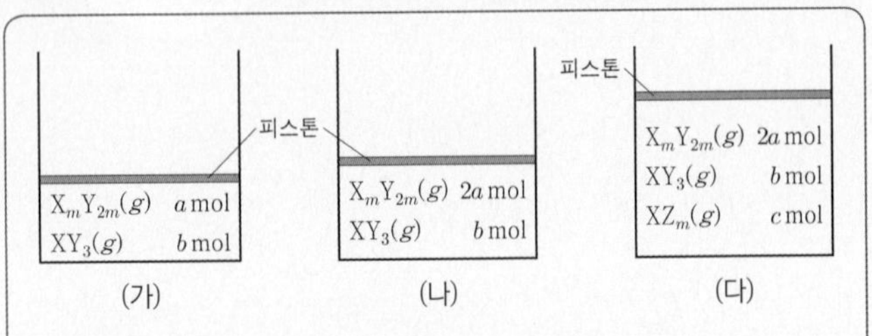

- X의 질량은 (가)에서가 (다)에서의 $\frac{1}{2}$배이다.
- 실린더 속 기체의 단위 부피당 Y 원자 수는 (나)에서가 (다)에서의 $\frac{5}{3}$배이다.
- 전체 원자 수는 (가)에서가 (다)에서의 $\frac{11}{20}$배이다.

$\frac{b}{a \times m}$는? (단, X~Z는 임의의 원소 기호이다.) [3점]

① $\frac{1}{12}$ ② $\frac{1}{8}$ ③ 1
④ $\frac{4}{3}$ ⑤ 2

2 ★★☆ | 2025학년도 9월 평가원 18번 |

다음은 t ℃, 1기압에서 실린더 (가)와 (나)에 들어 있는 기체에 대한 자료이다.

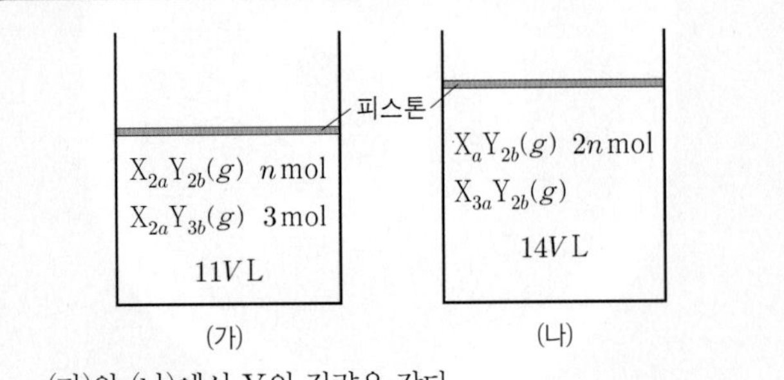

- (가)와 (나)에서 Y의 질량은 같다.
- (가)에서 $\frac{\text{X 원자 수}}{\text{전체 원자 수}} = \frac{11}{39}$이다.
- (나)에서 $X_aY_{2b}(g)$와 $X_{3a}Y_{2b}(g)$의 질량은 같다.

$\frac{\text{X의 원자량}}{\text{Y의 원자량}} \times \frac{b}{a}$는? (단, X와 Y는 임의의 원소 기호이다.)

① 28 ② 24 ③ 12
④ 7 ⑤ 6

3 ★★☆ | 2025학년도 6월 평가원 18번 |

그림 (가)는 실린더에 $A_2B_4(g)$ w g이 들어 있는 것을, (나)는 (가)의 실린더에 $A_xB_{2x}(g)$ w g이 첨가된 것을, (다)는 (나)의 실린더에 $A_yB_x(g)$ $2w$ g이 첨가된 것을 나타낸 것이다. 실린더 속 기체 1 g에 들어 있는 A 원자 수 비는 (나) : (다)=16 : 15이다.

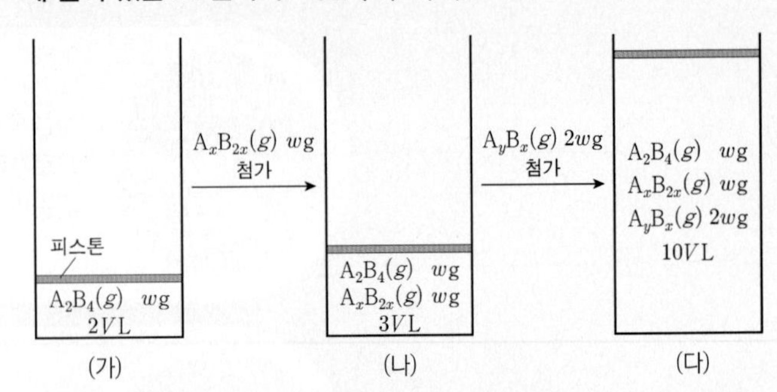

$\frac{\text{(다)의 실린더 속 기체의 단위 부피당 A 원자 수}}{\text{(가)의 실린더 속 기체의 단위 부피당 B 원자 수}}$는? (단, A와 B는 임의의 원소 기호이고, 실린더 속 기체의 온도와 압력은 일정하다.) [3점]

① $\frac{3}{16}$ ② $\frac{1}{4}$ ③ $\frac{3}{8}$
④ $\frac{5}{3}$ ⑤ $\frac{15}{8}$

4 ☆☆☆

| 2024학년도 수능 19번 |

표는 같은 온도와 압력에서 실린더 (가)~(다)에 들어 있는 기체에 대한 자료이다.

실린더		(가)	(나)	(다)
기체의 질량(g)	X_aY_b(g)	$15w$	$22.5w$	
	X_aY_c(g)	$16w$	$8w$	
Y 원자 수(상댓값)		6	5	9
전체 원자 수		$10N$	$9N$	xN
기체의 부피(L)		$4V$	$4V$	$5V$

이에 대한 설명으로 옳은 것만을 〈보기〉에서 있는 대로 고른 것은? (단, X와 Y는 임의의 원소 기호이다.)

보기

ㄱ. $a=b$이다.

ㄴ. $\frac{\text{X의 원자량}}{\text{Y의 원자량}}=\frac{7}{8}$이다.

ㄷ. $x=14$이다.

① ㄱ ② ㄴ ③ ㄱ, ㄷ
④ ㄴ, ㄷ ⑤ ㄱ, ㄴ, ㄷ

5 ☆☆☆

| 2024학년도 9월 평가원 18번 |

다음은 t ℃, 1 기압에서 실린더 (가)와 (나)에 들어 있는 기체에 대한 자료이다.

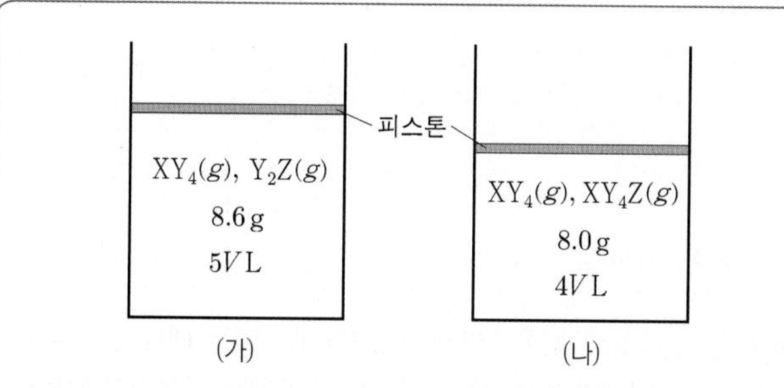

- Y 원자 수는 (가)에서가 (나)에서의 $\frac{7}{8}$배이다.
- $\frac{\text{Z 원자 수}}{\text{X 원자 수}}$는 (가)에서가 (나)에서의 6배이다.
- (가)에서 Z의 질량은 4.8 g이고, (나)에서 $XY_4(g)$의 질량은 w g이다.

$w\times\frac{\text{X의 원자량}}{\text{Z의 원자량}}$은? (단, X~Z는 임의의 원소 기호이다.) [3점]

① 1.2 ② 1.8 ③ 2.4
④ 3.0 ⑤ 3.6

6 ☆☆☆

| 2024학년도 6월 평가원 18번 |

표는 용기 (가)와 (나)에 들어 있는 화합물에 대한 자료이다.

용기		(가)	(나)
화합물의 질량(g)	X_aY_b	$38w$	$19w$
	X_aY_c	0	$23w$
원자 수 비율		$\frac{3}{5}$, $\frac{2}{5}$	$\frac{7}{11}$, $\frac{4}{11}$
$\frac{\text{Y의 전체 질량}}{\text{X의 전체 질량}}$(상댓값)		6	7
전체 원자 수		$10N$	$11N$

$\frac{c}{a}\times\frac{\text{Y의 원자량}}{\text{X의 원자량}}$은? (단, X와 Y는 임의의 원소 기호이다.)

① $\frac{4}{11}$ ② $\frac{11}{12}$ ③ $\frac{12}{11}$
④ $\frac{7}{4}$ ⑤ $\frac{16}{7}$

7 ☆☆☆

| 2023학년도 수능 20번 |

표는 t ℃, 1기압에서 실린더 (가)와 (나)에 들어 있는 기체에 대한 자료이다.

실린더	기체의 질량비	전체 기체의 밀도(상댓값)	$\frac{\text{X 원자 수}}{\text{Y 원자 수}}$
(가)	$X_aY_{2b} : X_bY_c = 1 : 2$	9	$\frac{13}{24}$
(나)	$X_aY_{2b} : X_bY_c = 3 : 1$	8	$\frac{11}{28}$

$\frac{X_bY_c\text{의 분자량}}{X_aY_{2b}\text{의 분자량}} \times \frac{c}{a}$는? (단, X와 Y는 임의의 원소 기호이다.) [3점]

① $\frac{2}{3}$ ② $\frac{4}{3}$ ③ 2 ④ $\frac{8}{3}$ ⑤ $\frac{10}{3}$

8 ☆☆☆

| 2023학년도 9월 평가원 18번 |

표는 실린더 (가)와 (나)에 들어 있는 기체에 대한 자료이다. 분자당 구성 원자 수 비는 X : Y=5 : 3이다.

실린더	기체의 질량(g)		단위 부피당 전체 원자 수(상댓값)	전체 기체의 밀도(g/L)
	X(g)	Y(g)		
(가)	$3w$	0	5	d_1
(나)	w	$4w$	4	d_2

$\frac{\text{Y의 분자량}}{\text{X의 분자량}} \times \frac{d_2}{d_1}$는? (단, 실린더 속 기체의 온도와 압력은 일정하며, X(g)와 Y(g)는 반응하지 않는다.)

① $\frac{8}{5}$ ② 2 ③ $\frac{5}{2}$ ④ 5 ⑤ 10

9 ☆☆☆

| 2023학년도 6월 평가원 18번 |

표는 기체 (가)와 (나)에 대한 자료이다. (가)의 분자당 구성 원자 수는 7이다.

기체	분자식	1 g에 들어 있는 전체 원자 수(상댓값)	분자량 (상댓값)	구성 원소의 질량비
(가)	X_mY_{2n}	21	4	X : Y=9 : 1
(나)	Z_nY_n	16	3	

$\frac{m}{n} \times \frac{\text{Z의 원자량}}{\text{X의 원자량}}$은? (단, X~Z는 임의의 원소 기호이다.)

① $\frac{7}{4}$ ② $\frac{7}{8}$ ③ $\frac{6}{7}$ ④ $\frac{7}{9}$ ⑤ $\frac{4}{7}$

10 ☆☆☆

| 2022학년도 수능 18번 |

표는 용기 (가)와 (나)에 들어 있는 기체에 대한 자료이다. (나)에서 $\frac{\text{X의 질량}}{\text{Y의 질량}} = \frac{15}{16}$이다.

용기	기체	기체의 질량(g)	$\frac{\text{X 원자 수}}{\text{Z 원자 수}}$	단위 질량당 Y 원자 수(상댓값)
(가)	XY_2, YZ_4	$55w$	$\frac{3}{16}$	23
(나)	XY_2, X_2Z_4	$23w$	$\frac{5}{8}$	11

이에 대한 설명으로 옳은 것만을 <보기>에서 있는 대로 고른 것은? (단, X~Z는 임의의 원소 기호이고, 모든 기체는 반응하지 않는다.)

보기

ㄱ. (가)에서 $\frac{\text{X의 질량}}{\text{Y의 질량}} = \frac{1}{2}$이다.

ㄴ. $\frac{\text{(나)에 들어 있는 전체 분자 수}}{\text{(가)에 들어 있는 전체 분자 수}} = \frac{3}{7}$이다.

ㄷ. $\frac{\text{X의 원자량}}{\text{Y의 원자량}+\text{Z의 원자량}} = \frac{4}{17}$이다.

① ㄱ ② ㄴ ③ ㄷ ④ ㄱ, ㄴ ⑤ ㄴ, ㄷ

11 ★★★ | 2022학년도 9월 평가원 18번 |

표는 원소 X와 Y로 이루어진 분자 (가)~(다)에서 구성 원소의 질량비를 나타낸 것이다. t ℃, 1 atm에서 기체 1 g의 부피비는 (가) : (나)=15 : 22이고, (가)~(다)의 분자당 구성 원자 수는 각각 5 이하이다. 원자량은 Y가 X보다 크다.

분자	(가)	(나)	(다)
$\frac{\text{Y의 질량}}{\text{X의 질량}}$ (상댓값)	1	2	3

이에 대한 설명으로 옳은 것만을 〈보기〉에서 있는 대로 고른 것은? (단, X와 Y는 임의의 원소 기호이다.)

보기

ㄱ. $\frac{\text{Y의 원자량}}{\text{X의 원자량}}=\frac{4}{3}$이다.

ㄴ. (나)의 분자식은 XY이다.

ㄷ. $\frac{\text{(다)의 분자량}}{\text{(가)의 분자량}}=\frac{38}{11}$이다.

① ㄱ ② ㄴ ③ ㄷ
④ ㄱ, ㄴ ⑤ ㄴ, ㄷ

12 ★★★ | 2022학년도 6월 평가원 18번 |

다음은 A(g)~C(g)에 대한 자료이다.

- A(g)~C(g)의 질량은 각각 x g이다.
- B(g) 1 g에 들어 있는 X 원자 수와 C(g) 1 g에 들어 있는 Z 원자 수는 같다.

기체	구성 원소	분자당 구성 원자 수	단위 질량당 전체 원자 수 (상댓값)	기체에 들어 있는 Y의 질량(g)
A(g)	X	2	11	
B(g)	X, Y	3	12	$2y$
C(g)	Y, Z	5	10	y

이에 대한 설명으로 옳은 것만을 〈보기〉에서 있는 대로 고른 것은? (단, X~Z는 임의의 2주기 원소 기호이다.)

보기

ㄱ. $\frac{\text{B}(g)\text{의 양(mol)}}{\text{A}(g)\text{의 양(mol)}}=\frac{8}{11}$이다.

ㄴ. C(g) 1 mol에 들어 있는 Y 원자의 양은 1 mol이다.

ㄷ. $\frac{x}{y}=\frac{11}{3}$이다.

① ㄱ ② ㄷ ③ ㄱ, ㄴ
④ ㄴ, ㄷ ⑤ ㄱ, ㄴ, ㄷ

13 ★★★ | 2021학년도 6월 평가원 18번 |

표는 t ℃, 1 기압에서 기체 (가)~(다)에 대한 자료이다.

기체	분자식	질량(g)	분자량	부피(L)	전체 원자 수 (상댓값)
(가)	XY_2	18		8	1
(나)	ZX_2	23		a	1.5
(다)	Z_2Y_4	26	104		b

이에 대한 설명으로 옳은 것만을 〈보기〉에서 있는 대로 고른 것은? (단, X~Z는 임의의 원소 기호이고, t ℃, 1기압에서 기체 1 mol의 부피는 24 L이다.)

보기

ㄱ. $a\times b=18$이다.

ㄴ. 1 g에 들어 있는 전체 원자 수는 (나)>(다)이다.

ㄷ. t ℃, 1기압에서 $X_2(g)$ 6 L의 질량은 8 g이다.

① ㄱ ② ㄷ ③ ㄱ, ㄴ
④ ㄴ, ㄷ ⑤ ㄱ, ㄴ, ㄷ

14 ★★☆

| 2021학년도 9월 평가원 17번 |

그림 (가)는 실린더에 $A_2B_4(g)$ 23 g이 들어 있는 것을, (나)는 (가)의 실린더에 $AB(g)$ 10 g이 첨가된 것을, (다)는 (나)의 실린더에 $A_2B(g)$ w g이 첨가된 것을 나타낸 것이다. (가)~(다)에서 실린더 속 기체의 부피는 V L, $\frac{7}{3}V$ L, $\frac{13}{3}V$ L이고, 모든 기체들은 반응하지 않는다.

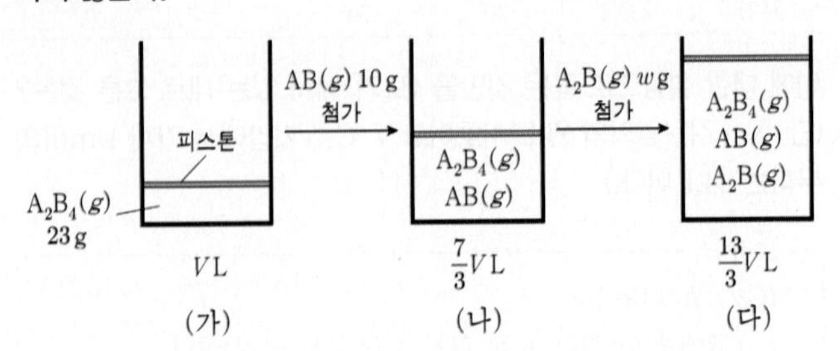

이에 대한 설명으로 옳은 것만을 〈보기〉에서 있는 대로 고른 것은? (단, A와 B는 임의의 원소 기호이며, 온도와 압력은 일정하다.) [3점]

보기

ㄱ. 원자량은 A>B이다.

ㄴ. $w=22$이다.

ㄷ. (다)에서 실린더 속 기체의 $\frac{\text{A 원자 수}}{\text{전체 원자 수}}=\frac{1}{2}$이다.

① ㄱ ② ㄴ ③ ㄱ, ㄷ
④ ㄴ, ㄷ ⑤ ㄱ, ㄴ, ㄷ

15 ★★☆

| 2021학년도 수능 17번 |

그림 (가)는 강철 용기에 메테인($CH_4(g)$) 14.4 g과 에탄올($C_2H_5OH(g)$) 23 g이 들어 있는 것을, (나)는 (가)의 용기에 메탄올($CH_3OH(g)$) x g이 첨가된 것을 나타낸 것이다. 용기 속 기체의 $\frac{\text{산소(O) 원자 수}}{\text{전체 원자 수}}$는 (나)가 (가)의 2배이다.

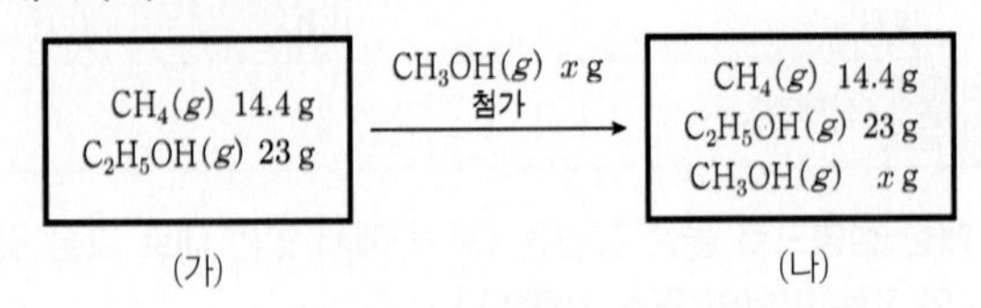

x는? (단, H, C, O의 원자량은 각각 1, 12, 16이다.) [3점]

① 16 ② 24 ③ 32
④ 48 ⑤ 64

I
화학의 첫걸음

화학 반응식과 용액의 농도

2026학년도 수능 출제 예측

2025학년도 수능, 평가원 분석

수능과 6, 9월 평가원에서 모두 반응물과 생성물의 양(mol), 질량으로부터 화학 반응식을 구하는 문제가 출제되었고, 수능과 9월 평가원에서는 여러 단계의 반응에서 반응 전과 후 기체의 질량 또는 부피로부터 화학 반응의 양적 관계를 묻는 문제가 출제되었다. 또한 6, 9월 평가원에서 용액의 밀도를 이용한 몰 농도 문제가 출제되었다.

2026학년도 수능 예측

매년 세 문제씩 출제되는 단원이다. 완성된 화학 반응식을 토대로 반응 후 남은 반응물의 양(mol)이나 질량을 구하는 문제와, 여러 단계 반응에서 반응 전후 기체의 질량과 부피 등으로부터 양적 관계를 해석하는 문제가 출제될 가능성이 높다. 몰 농도 유형에서는 용액의 밀도를 활용하여 수용액의 농도를 구하는 문제가 출제될 가능성이 높다.

화학 반응의 양적 관계

1 ★★☆ | 2025학년도 수능 19번 |

다음은 $A(g)$로부터 $B(g)$와 $C(g)$가 생성되는 반응의 화학 반응식이다.

$$2A(g) \longrightarrow 2B(g) + C(g)$$

그림 (가)는 실린더에 $B(g)$를 넣은 것을, (나)는 (가)의 실린더에 $A(g)$ $10w$ g을 첨가하여 일부가 반응한 것을, (다)는 (나)의 실린더에서 반응을 완결시킨 것을 나타낸 것이다. 실린더 속 전체 기체의 부피비는 (가) : (나)=5 : 11이고, (가)와 (다)에서 실린더 속 전체 기체의 밀도(g/L)는 각각 d와 xd이며, $\frac{\text{C의 분자량}}{\text{A의 분자량}}=\frac{2}{5}$이다.

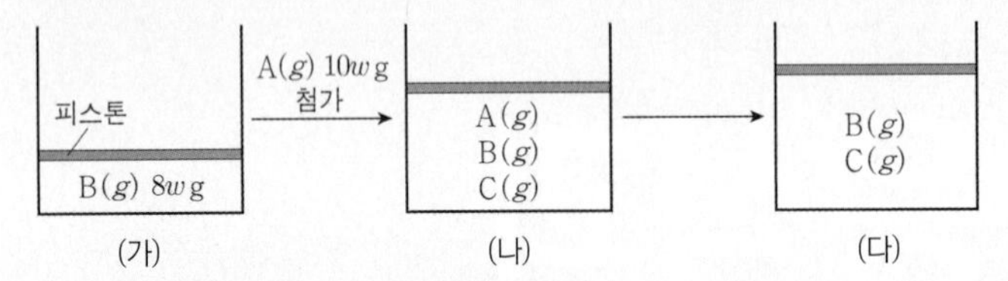

$x \times \frac{\text{(다)의 실린더 속 B}(g)\text{의 질량(g)}}{\text{(나)의 실린더 속 C}(g)\text{의 질량(g)}}$은? (단, 실린더 속 기체의 온도와 압력은 일정하다.)

① 9 ② 18 ③ 21 ④ 24 ⑤ 27

2 ★☆☆ | 2025학년도 수능 4번 |

그림은 강철 용기에 $A_2(g)$와 $B(s)$를 넣고 반응을 완결시켰을 때, 반응 전과 후 용기에 존재하는 물질을 나타낸 것이다.

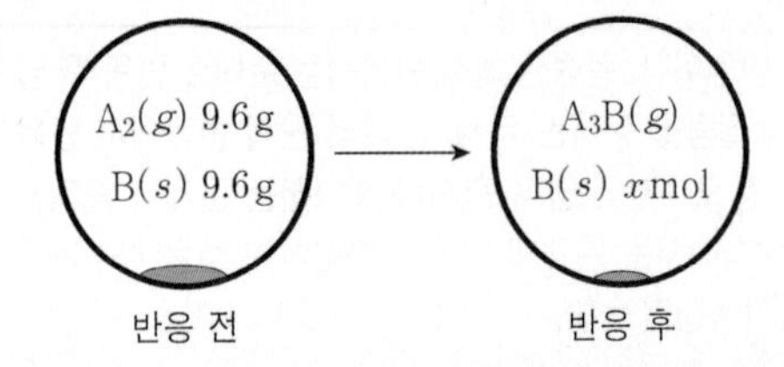

x는? (단, A와 B는 임의의 원소 기호이고, A와 B의 원자량은 각각 16, 32이다.)

① $\frac{1}{12}$ ② $\frac{1}{10}$ ③ $\frac{1}{8}$ ④ $\frac{1}{6}$ ⑤ $\frac{1}{4}$

3 ★★☆ | 2025학년도 9월 평가원 3번 |

그림은 용기에 $SiH_4(g)$와 $HBr(g)$를 넣고 반응을 완결시켰을 때, 반응 전과 후 용기에 존재하는 물질을 나타낸 것이다.

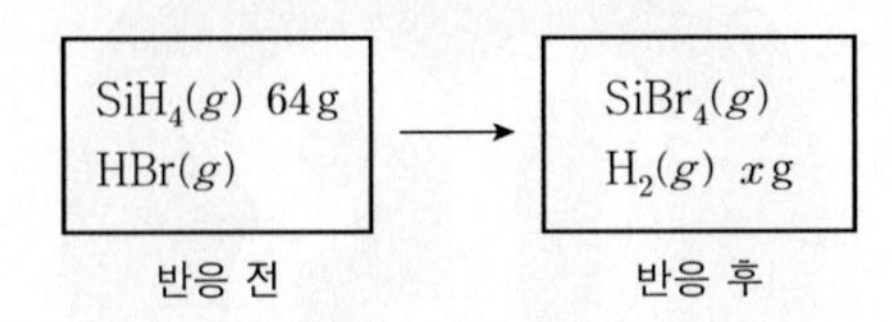

x는? (단, H, Si의 원자량은 각각 1, 28이다.)

① 12 ② 16 ③ 24
④ 28 ⑤ 32

4 ★★★ | 2025학년도 9월 평가원 20번 |

다음은 $A(g)$와 $B(g)$가 반응하여 $C(g)$를 생성하는 반응의 화학 반응식이다.

$$2A(g)+B(g) \longrightarrow 2C(g)$$

그림 (가)는 t ℃, 1기압에서 실린더에 $A(g)$와 $B(g)$를 넣은 것을, (나)는 (가)의 실린더에서 반응을 완결시킨 것을, (다)는 (나)의 실린더에 $A(g)$를 추가하여 반응을 완결시킨 것을 나타낸 것이다. (가)와 (나)에서 실린더 속 전체 기체의 밀도(g/L)는 각각 $\frac{3w}{4}$, w이다.

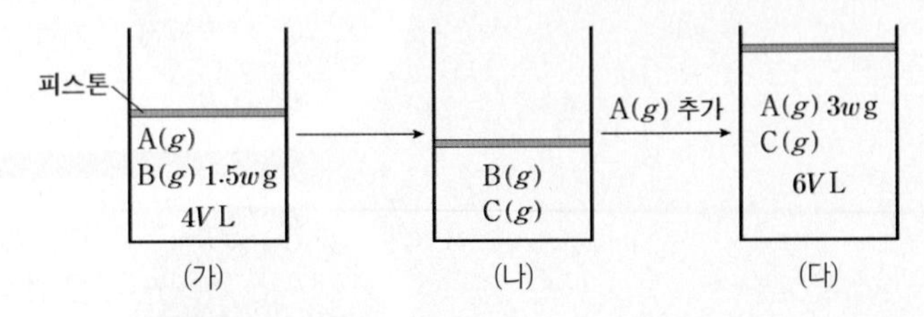

$V \times \frac{\text{A의 분자량}}{\text{C의 분자량}}$은? (단, 실린더 속 기체의 온도와 압력은 일정하다.) [3점]

① $\frac{6}{5}$ ② $\frac{8}{5}$ ③ 2
④ $\frac{12}{5}$ ⑤ 4

5 ★★☆ | 2025학년도 6월 평가원 3번 |

다음은 AB_2와 B_2가 반응하여 A_2B_5를 생성하는 반응의 화학 반응식이다.

$$a\mathrm{AB_2} + b\mathrm{B_2} \longrightarrow c\mathrm{A_2B_5} \quad (a\sim c\text{는 반응 계수})$$

이 반응에서 용기에 AB_2 4 mol과 B_2 2 mol을 넣고 반응을 완결시켰을 때, $\dfrac{\text{남은 반응물의 양(mol)}}{\text{생성된 } \mathrm{A_2B_5}\text{의 양(mol)}}$은? (단, A와 B는 임의의 원소 기호이다.)

① $\frac{1}{6}$ ② $\frac{1}{4}$ ③ $\frac{1}{3}$
④ $\frac{1}{2}$ ⑤ 1

6 ★☆☆ | 2024학년도 수능 3번 |

그림은 실린더에 Al(s)과 HF(g)를 넣고 반응을 완결시켰을 때, 반응 전과 후 실린더에 존재하는 물질을 나타낸 것이다.

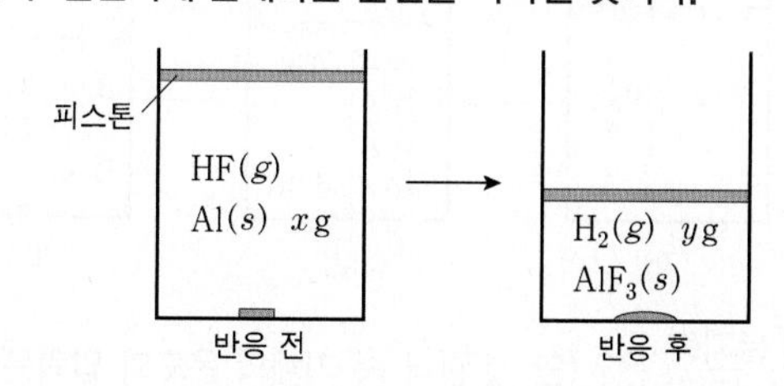

$\dfrac{x}{y}$는? (단, H와 Al의 원자량은 각각 1, 27이다.) [3점]

① $\frac{27}{2}$ ② 12 ③ $\frac{21}{2}$
④ 9 ⑤ $\frac{9}{2}$

7 ★★★ | 2025학년도 6월 평가원 20번 |

다음은 A(g)와 B(g)가 반응하여 C(g)를 생성하는 반응의 화학 반응식이다.

$$a\mathrm{A}(g)+\mathrm{B}(g) \longrightarrow 2\mathrm{C}(g) \quad (a\text{는 반응 계수})$$

표는 A(g) $5w$ g이 들어 있는 용기에 B(g)의 질량을 달리하여 넣고 반응을 완결시킨 실험 Ⅰ~Ⅲ에 대한 자료이다.

실험	넣어 준 B(g)의 질량(g)	반응 후 $\dfrac{\text{전체 기체의 양(mol)}}{\text{C}(g)\text{의 양(mol)}}$
Ⅰ	w	4
Ⅱ	$4w$	1
Ⅲ	$6w$	x

$x \times \dfrac{\text{C의 분자량}}{\text{A의 분자량}}$은? [3점]

① $\frac{7}{8}$ ② $\frac{9}{8}$ ③ $\frac{5}{4}$
④ $\frac{7}{4}$ ⑤ $\frac{9}{4}$

8 ★★★ | 2024학년도 수능 20번 |

다음은 A(g)와 B(g)가 반응하여 C(g)와 D(g)를 생성하는 반응의 화학 반응식이다.

$$2\mathrm{A}(g) + 3\mathrm{B}(g) \longrightarrow 2\mathrm{C}(g) + 2\mathrm{D}(g)$$

표는 실린더에 A(g)와 B(g)를 넣고 반응을 완결시킨 실험 Ⅰ과 Ⅱ에 대한 자료이다. Ⅰ과 Ⅱ에서 남은 반응물의 종류는 서로 다르고, Ⅱ에서 반응 후 생성된 D(g)의 질량은 $\frac{45}{8}$ g이다.

실험	반응 전		반응 후	
	A(g)의 부피(L)	B(g)의 질량(g)	A(g) 또는 B(g)의 질량(g)	$\dfrac{\text{전체 기체 양(mol)}}{\text{C}(g)\text{의 양(mol)}}$
Ⅰ	$4V$	6	$17w$	3
Ⅱ	$5V$	25	$40w$	x

$x \times \dfrac{\text{C의 분자량}}{\text{B의 분자량}}$은? (단, 실린더 속 기체의 온도와 압력은 일정하다.) [3점]

① $\frac{3}{2}$ ② 3 ③ $\frac{9}{2}$
④ 6 ⑤ 9

9 ★★★ | 2024학년도 9월 평가원 20번 |

다음은 A(g)와 B(g)가 반응하여 C(s)와 D(g)를 생성하는 반응의 화학 반응식이다.

$$A(g) + 3B(g) \longrightarrow C(s) + 3D(g)$$

표는 실린더에 A(g)와 B(g)를 넣고 반응을 완결시킨 실험 Ⅰ~Ⅲ에 대한 자료이다. Ⅰ~Ⅲ에서 A(g)는 모두 반응하였고, Ⅰ에서 반응 후 생성된 D(g)의 질량은 $27w$ g이며, $\frac{\text{A의 화학식량}}{\text{C의 화학식량}} = \frac{2}{5}$이다.

실험	반응 전		반응 후
	A(g)의 질량(g)	B(g)의 질량(g)	$\frac{\text{B}(g)\text{의 양(mol)}}{\text{D}(g)\text{의 양(mol)}}$
Ⅰ	$14w$	$96w$	
Ⅱ	$7w$	xw	2
Ⅲ	$7w$	$36w$	y

$x \times y$는? [3점]

① 42 ② 36 ③ 30 ④ 24 ⑤ 18

10 ★★☆ | 2024학년도 9월 평가원 3번 |

그림은 실린더에 $AB_3(g)$와 $C_2(g)$를 넣고 반응을 완결시켰을 때, 반응 전과 후 실린더에 존재하는 물질을 나타낸 것이다. 반응 전과 후 실린더 속 기체의 부피는 각각 V_1과 V_2이다.

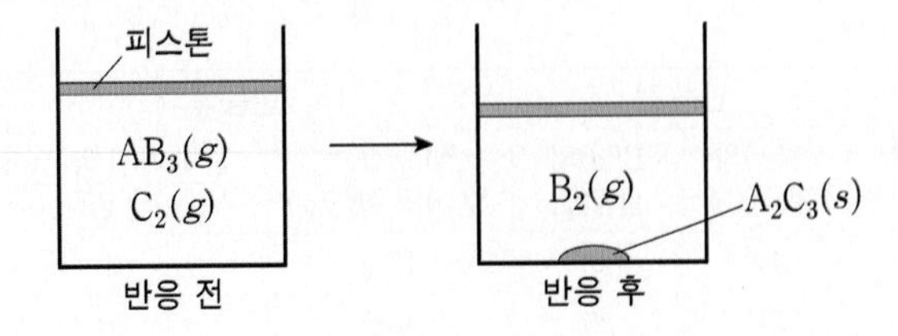

$\frac{V_2}{V_1}$는? (단, A~C는 임의의 원소 기호이고, 실린더 속 기체의 온도와 압력은 일정하다.) [3점]

① $\frac{7}{8}$ ② $\frac{6}{7}$ ③ $\frac{3}{4}$ ④ $\frac{5}{7}$ ⑤ $\frac{4}{7}$

11 ★★☆ | 2024학년도 6월 평가원 3번 |

그림은 용기에 XY와 Y_2를 넣고 반응을 완결시켰을 때, 반응 전과 후 용기에 들어 있는 분자를 모형으로 나타낸 것이다.

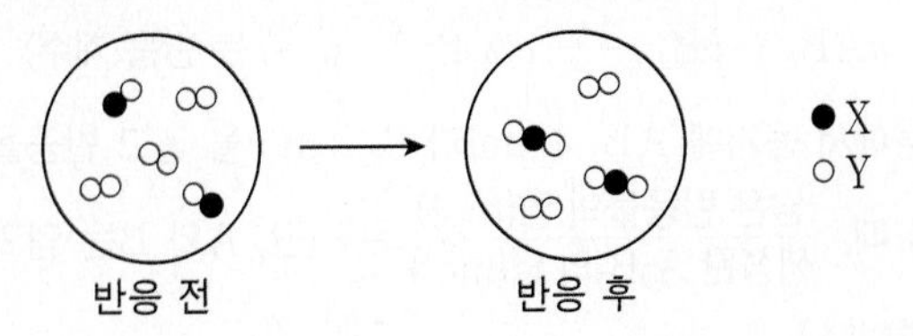

이 반응에 대한 설명으로 옳은 것만을 〈보기〉에서 있는 대로 고른 것은? (단, X와 Y는 임의의 원소 기호이다.) [3점]

보기

ㄱ. 전체 분자 수는 반응 전과 후가 같다.

ㄴ. 생성물의 종류는 1가지이다.

ㄷ. 4 mol의 XY_2가 생성되었을 때, 반응한 Y_2의 양은 2 mol이다.

① ㄱ ② ㄴ ③ ㄱ, ㄷ ④ ㄴ, ㄷ ⑤ ㄱ, ㄴ, ㄷ

12 ★★☆ | 2024학년도 6월 평가원 20번 |

다음은 A(g)와 B(g)가 반응하여 C(g)와 D(s)를 생성하는 반응의 화학 반응식이다.

$$A(g) + 2B(g) \longrightarrow 2C(g) + 3D(s)$$

그림 (가)는 실린더에 전체 기체의 질량이 w g이 되도록 A(g)와 B(g)를 넣은 것을, (나)는 (가)의 실린더에서 일부가 반응한 것을, (다)는 (나)의 실린더에서 반응을 완결시킨 것을 나타낸 것이다. 실린더 속 전체 기체의 부피비는 (나) : (다)=11 : 10이고, $\frac{\text{A의 분자량}}{\text{B의 분자량}} = \frac{32}{17}$이다.

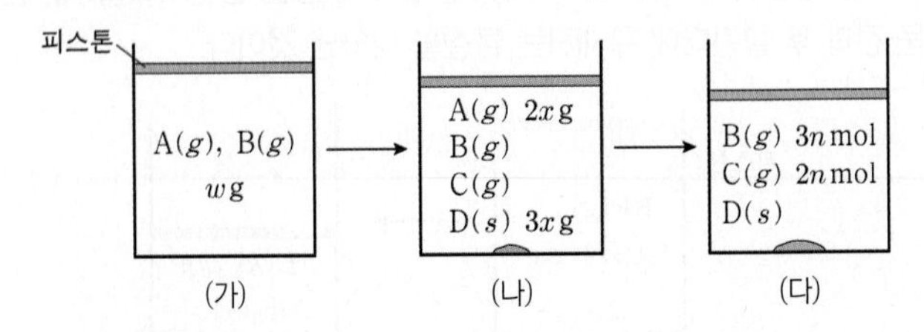

$x \times \frac{\text{C의 분자량}}{\text{A의 분자량}}$은? (단, 실린더 속 기체의 온도와 압력은 일정하다.) [3점]

① $\frac{1}{104}w$ ② $\frac{1}{64}w$ ③ $\frac{1}{52}w$ ④ $\frac{1}{13}w$ ⑤ $\frac{3}{26}w$

4 ☆☆☆

| 2024학년도 수능 19번 |

표는 같은 온도와 압력에서 실린더 (가)~(다)에 들어 있는 기체에 대한 자료이다.

실린더		(가)	(나)	(다)
기체의 질량(g)	$X_aY_b(g)$	$15w$	$22.5w$	
	$X_aY_c(g)$	$16w$	$8w$	
Y 원자 수(상댓값)		6	5	9
전체 원자 수		$10N$	$9N$	xN
기체의 부피(L)		$4V$	$4V$	$5V$

이에 대한 설명으로 옳은 것만을 〈보기〉에서 있는 대로 고른 것은? (단, X와 Y는 임의의 원소 기호이다.)

보기
ㄱ. $a=b$이다.
ㄴ. $\frac{\text{X의 원자량}}{\text{Y의 원자량}}=\frac{7}{8}$이다.
ㄷ. $x=14$이다.

① ㄱ ② ㄴ ③ ㄱ, ㄷ
④ ㄴ, ㄷ ⑤ ㄱ, ㄴ, ㄷ

5 ☆☆☆

| 2024학년도 9월 평가원 18번 |

다음은 t ℃, 1 기압에서 실린더 (가)와 (나)에 들어 있는 기체에 대한 자료이다.

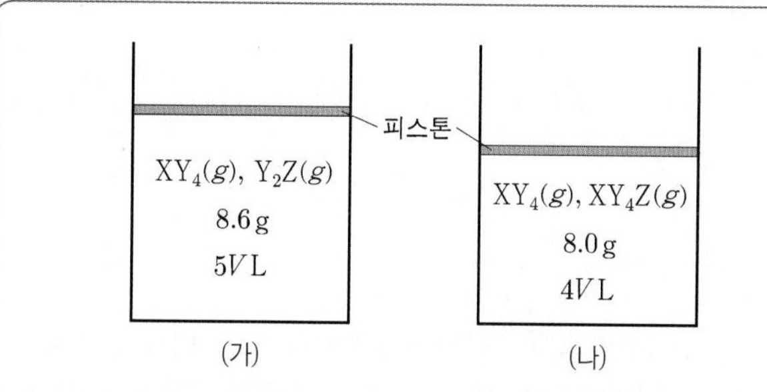

- Y 원자 수는 (가)에서가 (나)에서의 $\frac{7}{8}$배이다.
- $\frac{\text{Z 원자 수}}{\text{X 원자 수}}$는 (가)에서가 (나)에서의 6배이다.
- (가)에서 Z의 질량은 4.8 g이고, (나)에서 $XY_4(g)$의 질량은 w g이다.

$w\times\frac{\text{X의 원자량}}{\text{Z의 원자량}}$은? (단, X~Z는 임의의 원소 기호이다.) [3점]

① 1.2 ② 1.8 ③ 2.4
④ 3.0 ⑤ 3.6

6 ☆☆☆

| 2024학년도 6월 평가원 18번 |

표는 용기 (가)와 (나)에 들어 있는 화합물에 대한 자료이다.

용기		(가)	(나)
화합물의 질량(g)	X_aY_b	$38w$	$19w$
	X_aY_c	0	$23w$
원자 수 비율		$\frac{3}{5}$, $\frac{2}{5}$	$\frac{7}{11}$, $\frac{4}{11}$
$\frac{\text{Y의 전체 질량}}{\text{X의 전체 질량}}$(상댓값)		6	7
전체 원자 수		$10N$	$11N$

$\frac{c}{a}\times\frac{\text{Y의 원자량}}{\text{X의 원자량}}$은? (단, X와 Y는 임의의 원소 기호이다.)

① $\frac{4}{11}$ ② $\frac{11}{12}$ ③ $\frac{12}{11}$
④ $\frac{7}{4}$ ⑤ $\frac{16}{7}$

Part II 수능 평가원

7 ☆☆☆
| 2023학년도 수능 20번 |

표는 t ℃, 1기압에서 실린더 (가)와 (나)에 들어 있는 기체에 대한 자료이다.

실린더	기체의 질량비	전체 기체의 밀도(상댓값)	$\frac{\text{X 원자 수}}{\text{Y 원자 수}}$
(가)	$X_aY_{2b} : X_bY_c = 1 : 2$	9	$\frac{13}{24}$
(나)	$X_aY_{2b} : X_bY_c = 3 : 1$	8	$\frac{11}{28}$

$\frac{X_bY_c\text{의 분자량}}{X_aY_{2b}\text{의 분자량}} \times \frac{c}{a}$는? (단, X와 Y는 임의의 원소 기호이다.) [3점]

① $\frac{2}{3}$ ② $\frac{4}{3}$ ③ 2 ④ $\frac{8}{3}$ ⑤ $\frac{10}{3}$

8 ☆☆☆
| 2023학년도 9월 평가원 18번 |

표는 실린더 (가)와 (나)에 들어 있는 기체에 대한 자료이다. 분자당 구성 원자 수 비는 X : Y=5 : 3이다.

실린더	기체의 질량(g)		단위 부피당 전체 원자 수(상댓값)	전체 기체의 밀도(g/L)
	X(g)	Y(g)		
(가)	$3w$	0	5	d_1
(나)	w	$4w$	4	d_2

$\frac{\text{Y의 분자량}}{\text{X의 분자량}} \times \frac{d_2}{d_1}$는? (단, 실린더 속 기체의 온도와 압력은 일정하며, X(g)와 Y(g)는 반응하지 않는다.)

① $\frac{8}{5}$ ② 2 ③ $\frac{5}{2}$ ④ 5 ⑤ 10

9 ☆☆☆
| 2023학년도 6월 평가원 18번 |

표는 기체 (가)와 (나)에 대한 자료이다. (가)의 분자당 구성 원자 수는 7이다.

기체	분자식	1 g에 들어 있는 전체 원자 수(상댓값)	분자량(상댓값)	구성 원소의 질량비
(가)	X_mY_{2n}	21	4	X : Y=9 : 1
(나)	Z_nY_n	16	3	

$\frac{m}{n} \times \frac{\text{Z의 원자량}}{\text{X의 원자량}}$은? (단, X～Z는 임의의 원소 기호이다.)

① $\frac{7}{4}$ ② $\frac{7}{8}$ ③ $\frac{6}{7}$ ④ $\frac{7}{9}$ ⑤ $\frac{4}{7}$

10 ☆☆☆
| 2022학년도 수능 18번 |

표는 용기 (가)와 (나)에 들어 있는 기체에 대한 자료이다. (나)에서 $\frac{\text{X의 질량}}{\text{Y의 질량}} = \frac{15}{16}$이다.

용기	기체	기체의 질량(g)	$\frac{\text{X 원자 수}}{\text{Z 원자 수}}$	단위 질량당 Y 원자 수(상댓값)
(가)	XY_2, YZ_4	$55w$	$\frac{3}{16}$	23
(나)	XY_2, X_2Z_4	$23w$	$\frac{5}{8}$	11

이에 대한 설명으로 옳은 것만을 <보기>에서 있는 대로 고른 것은? (단, X～Z는 임의의 원소 기호이고, 모든 기체는 반응하지 않는다.)

<보기>

ㄱ. (가)에서 $\frac{\text{X의 질량}}{\text{Y의 질량}} = \frac{1}{2}$이다.

ㄴ. $\frac{\text{(나)에 들어 있는 전체 분자 수}}{\text{(가)에 들어 있는 전체 분자 수}} = \frac{3}{7}$이다.

ㄷ. $\frac{\text{X의 원자량}}{\text{Y의 원자량} + \text{Z의 원자량}} = \frac{4}{17}$이다.

① ㄱ ② ㄴ ③ ㄷ ④ ㄱ, ㄴ ⑤ ㄴ, ㄷ

13 ★★★ | 2023학년도 수능 18번 |

다음은 A(g)와 B(g)가 반응하여 C(g)와 D(g)를 생성하는 반응의 화학 반응식이다.

$$A(g) + 4B(g) \longrightarrow 3C(g) + 2D(g)$$

표는 실린더에 A(g)와 B(g)를 넣고 반응을 완결시킨 실험 Ⅰ~Ⅲ에 대한 자료이다. Ⅰ과 Ⅱ에서 B(g)는 모두 반응하였고, Ⅰ에서 반응 후 생성물의 전체 질량은 $21w$ g이다.

실험	반응 전		반응 후
	A(g)의 질량(g)	B(g)의 질량(g)	$\frac{\text{생성물의 전체 양(mol)}}{\text{남아 있는 반응물의 양(mol)}}$ (상댓값)
Ⅰ	$15w$	$16w$	3
Ⅱ	$10w$	xw	2
Ⅲ	$10w$	$48w$	y

$x+y$는? [3점]

① 11 ② 12 ③ 13
④ 14 ⑤ 15

14 ★★☆ | 2023학년도 수능 13번 |

다음은 XYZ_3의 반응을 이용하여 Y의 원자량을 구하는 실험이다.

[자료]
- 화학 반응식 : $XYZ_3(s) \longrightarrow XZ(s) + YZ_2(g)$
- 원자량의 비는 X : Z=5 : 2이다.

[실험 과정]
(가) $XYZ_3(s)$ w g을 반응 용기에 넣고 모두 반응시킨다.
(나) 생성된 $XZ(s)$의 질량과 $YZ_2(g)$의 부피를 측정한다.

[실험 결과]
- $XZ(s)$의 질량 : $0.56w$ g
- t ℃, 1기압에서 $YZ_2(g)$의 부피 : 120 mL
- Y의 원자량 : a

a는? (단, X~Z는 임의의 원소 기호이고, t ℃, 1기압에서 기체 1 mol의 부피는 24 L이다.) [3점]

① $12w$ ② $24w$ ③ $32w$
④ $40w$ ⑤ $44w$

15 ★★☆ | 2023학년도 9월 평가원 4번 |

그림은 실린더에 AB(g)와 $B_2(g)$를 넣고 반응을 완결시켰을 때, 반응 전과 후 실린더에 존재하는 물질을 나타낸 것이다. 반응 전과 후 실린더 속 전체 기체의 밀도는 각각 d_1과 d_2이다.

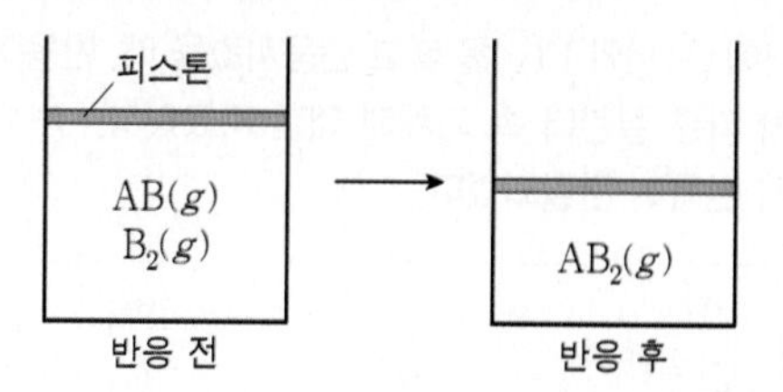

$\frac{d_2}{d_1}$는? (단, A와 B는 임의의 원소 기호이고, 실린더 속 기체의 온도와 압력은 일정하다.)

① 2 ② $\frac{3}{2}$ ③ $\frac{4}{3}$
④ 1 ⑤ $\frac{2}{3}$

16 ★★★ | 2023학년도 6월 평가원 12번 |

다음은 금속과 산의 반응에 대한 실험이다.

[화학 반응식]
- $2A(s) + 6HCl(aq) \longrightarrow 2ACl_3(aq) + 3H_2(g)$
- $B(s) + 2HCl(aq) \longrightarrow BCl_2(aq) + H_2(g)$

[실험 과정]
(가) 금속 A(s) 1 g을 충분한 양의 HCl(aq)과 반응시켜 발생한 $H_2(g)$의 부피를 측정한다.
(나) A(s) 대신 금속 B(s)를 이용하여 (가)를 반복한다.
(다) (가)와 (나)에서 측정한 $H_2(g)$의 부피를 비교한다.

이 실험으로부터 B의 원자량을 구하기 위해 반드시 이용해야 할 자료만을 <보기>에서 있는 대로 고른 것은? (단, A와 B는 임의의 원소 기호이고, 온도와 압력은 일정하다.) [3점]

보기
ㄱ. A의 원자량
ㄴ. H_2의 분자량
ㄷ. 사용한 HCl(aq)의 몰 농도(M)

① ㄱ ② ㄷ ③ ㄱ, ㄴ
④ ㄴ, ㄷ ⑤ ㄱ, ㄴ, ㄷ

17 ★★★

| 2023학년도 9월 평가원 20번 |

다음은 A(g)와 B(g)가 반응하여 C(g)를 생성하는 반응의 화학 반응식이다.

$$A(g) + 2B(g) \longrightarrow 2C(g)$$

표는 실린더에 A(g)와 B(g)를 넣고 반응시켰을 때, 반응이 진행되는 동안 시간에 따른 실린더 속 기체에 대한 자료이다. $t_1<t_2<t_3<t_4$이고, t_4에서 반응이 완결되었다.

시간	0	t_1	t_2	t_3	t_4
$\frac{\text{B}(g)\text{의 질량}}{\text{A}(g)\text{의 질량}}$	1	$\frac{7}{8}$	$\frac{7}{9}$	$\frac{1}{2}$	
전체 기체의 양(mol) (상댓값)	x	7	6.7	6.1	y

$\frac{\text{A의 분자량}}{\text{C의 분자량}} \times \frac{y}{x}$는? (단, 실린더 속 기체의 온도와 압력은 일정하다.) [3점]

① $\frac{3}{10}$ ② $\frac{2}{5}$ ③ $\frac{8}{15}$
④ $\frac{7}{12}$ ⑤ $\frac{2}{3}$

18 ★★★

| 2023학년도 6월 평가원 20번 |

다음은 A(g)와 B(g)가 반응하여 C(g)를 생성하는 반응의 화학 반응식이다.

$$a\text{A}(g) + \text{B}(g) \longrightarrow 2\text{C}(g) \quad (a\text{는 반응 계수})$$

표는 실린더에 A(g)와 B(g)를 넣고 반응을 완결시킨 실험 Ⅰ, Ⅱ에 대한 자료이다.

실험	반응 전		반응 후		
	전체 기체의 질량(g)	전체 기체의 밀도(g/L)	A의 질량 (상댓값)	전체 기체의 부피(상댓값)	전체 기체의 밀도(g/L)
Ⅰ	$3w$	$5d_1$	1	5	$7d_1$
Ⅱ	$5w$	$9d_2$	5	9	$11d_2$

$a \times \frac{\text{B의 분자량}}{\text{C의 분자량}}$은? (단, 실린더 속 기체의 온도와 압력은 일정하다.) [3점]

① $\frac{1}{4}$ ② $\frac{4}{5}$ ③ $\frac{8}{9}$
④ 1 ⑤ $\frac{10}{9}$

19 ★★★

| 2022학년도 수능 19번 |

다음은 A(g)와 B(g)가 반응하여 C(g)가 생성되는 반응의 화학 반응식이다.

$$a\text{A}(g) + \text{B}(g) \longrightarrow 2\text{C}(g) \quad (a\text{는 반응 계수})$$

표는 B(g) x g이 들어 있는 실린더에 A(g)의 질량을 달리하여 넣고 반응을 완결시킨 실험 Ⅰ~Ⅳ에 대한 자료이다. Ⅱ에서 반응 후 남은 B(g)의 질량은 Ⅲ에서 반응 후 남은 A(g)의 질량의 $\frac{1}{4}$배이다.

실험	Ⅰ	Ⅱ	Ⅲ	Ⅳ
넣어 준 A(g)의 질량(g)	w	$2w$	$3w$	$4w$
반응 후 $\frac{\text{생성물의 양(mol)}}{\text{전체 기체의 부피(L)}}$(상댓값)	$\frac{4}{7}$	$\frac{8}{9}$		$\frac{5}{8}$

$a \times x$는? (단, 실린더 속 기체의 온도와 압력은 일정하다.) [3점]

① $\frac{3}{8}w$ ② $\frac{5}{8}w$ ③ $\frac{3}{4}w$
④ $\frac{5}{4}w$ ⑤ $\frac{5}{2}w$

20 ★☆☆

| 2022학년도 수능 5번 |

다음은 2가지 반응의 화학 반응식이다.

(가) $HNO_2 + NH_3 \longrightarrow$ [㉠] $+ 2H_2O$
(나) $aN_2O + bNH_3 \longrightarrow 4$[㉠] $+ aH_2O$
(a, b는 반응 계수)

이에 대한 설명으로 옳은 것만을 〈보기〉에서 있는 대로 고른 것은? [3점]

보기

ㄱ. ㉠은 N_2이다.
ㄴ. $a+b=4$이다.
ㄷ. (가)와 (나)에서 각각 NH_3 1 g이 모두 반응했을 때 생성되는 H_2O의 질량은 (나)>(가)이다.

① ㄱ ② ㄴ ③ ㄱ, ㄷ
④ ㄴ, ㄷ ⑤ ㄱ, ㄴ, ㄷ

21 ★☆☆
| 2022학년도 9월 평가원 6번 |

다음은 아세틸렌(C_2H_2) 연소 반응의 화학 반응식이다.

$$2C_2H_2 + aO_2 \longrightarrow 4CO_2 + 2H_2O$$ (a는 반응 계수)

이 반응에서 1 mol의 C_2H_2이 반응하여 x mol의 CO_2와 1 mol의 H_2O이 생성되었을 때, $a+x$는?

① 4 ② 5 ③ 6
④ 7 ⑤ 8

22 ★☆☆
| 2022학년도 6월 평가원 2번 |

그림은 강철 용기에 에탄올(C_2H_5OH)과 산소(O_2)를 넣고 반응시켰을 때, 반응 전과 후 용기에 존재하는 물질과 양을 나타낸 것이다.

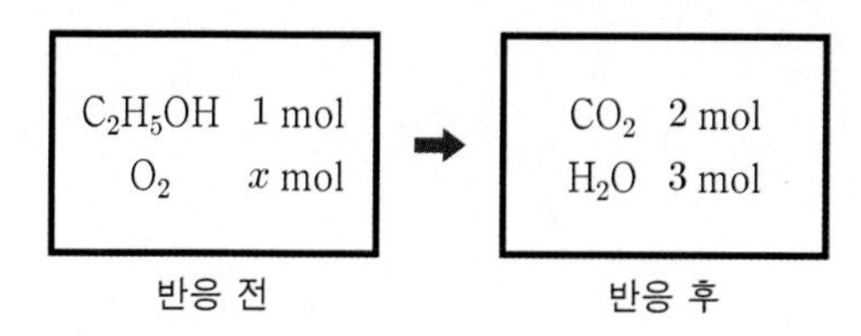

x는?

① 3 ② 4 ③ 5
④ 6 ⑤ 7

23 ★★★
| 2022학년도 9월 평가원 20번 |

다음은 A(g)와 B(g)가 반응하여 C(g)를 생성하는 반응의 화학 반응식이다.

$$aA(g) + B(g) \longrightarrow cC(g)$$ (a, c는 반응 계수)

표는 실린더에 A(g)와 B(g)의 질량을 달리하여 넣고 반응을 완결시킨 실험 Ⅰ~Ⅲ에 대한 자료이다.

실험	반응 전		반응 후		
	A의 질량(g)	B의 질량(g)	A 또는 B의 질량(g)	C의 밀도 (상댓값)	전체 기체의 부피 (상댓값)
Ⅰ	1	w	$\frac{4}{5}$	17	6
Ⅱ	3	w	1	17	12
Ⅲ	4	$w+2$		x	17

$\frac{x}{c} \times \frac{\text{C의 분자량}}{\text{B의 분자량}}$은? (단, 온도와 압력은 일정하다.) [3점]

① $\frac{21}{4}$ ② $\frac{17}{2}$ ③ $\frac{39}{4}$
④ $\frac{27}{2}$ ⑤ $\frac{39}{2}$

24 ★★★
| 2022학년도 6월 평가원 19번 |

다음은 A(g)와 B(g)가 반응하여 C(g)와 D(g)를 생성하는 반응의 화학 반응식이다.

$$2A(g) + bB(g) \longrightarrow cC(g) + 6D(g)$$ (b, c는 반응 계수)

그림 (가)는 실린더에 A(g), B(g), D(g)를 넣은 것을, (나)는 (가)의 실린더에서 반응을 완결시킨 것을 나타낸 것이다. (가)와 (나)에서 $\frac{\text{D의 양(mol)}}{\text{전체 기체의 양(mol)}}$은 각각 $\frac{2}{5}$, $\frac{3}{4}$이고, $\frac{\text{A의 분자량}}{\text{B의 분자량}}$은 $\frac{7}{4}$이다.

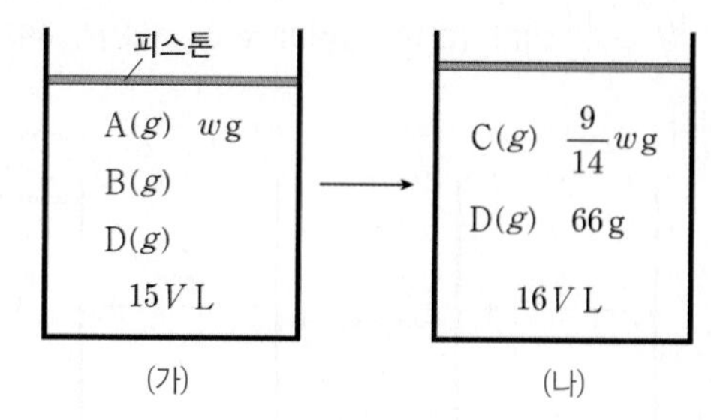

$\frac{b \times c}{w}$는? (단, 실린더 속 기체의 온도와 압력은 일정하다.) [3점]

① $\frac{3}{4}$ ② 1 ③ $\frac{7}{5}$
④ $\frac{3}{2}$ ⑤ 2

25 ★☆☆
| 2021학년도 수능 5번 |

다음은 2가지 반응의 화학 반응식이다.

- $Zn(s) + 2HCl(aq) \rightarrow$ ㉠ $(aq) + H_2(g)$
- $2Al(s) + aHCl(aq) \rightarrow 2AlCl_3(aq) + bH_2(g)$

(a, b는 반응 계수)

이에 대한 설명으로 옳은 것만을 〈보기〉에서 있는 대로 고른 것은?

〈보기〉
ㄱ. ㉠은 $ZnCl_2$이다.
ㄴ. $a+b=9$이다.
ㄷ. 같은 양(mol)의 Zn(s)과 Al(s)을 각각 충분한 양의 HCl(aq)에 넣어 반응을 완결시켰을 때 생성되는 H_2의 몰비는 1 : 2이다.

① ㄱ ② ㄷ ③ ㄱ, ㄴ
④ ㄴ, ㄷ ⑤ ㄱ, ㄴ, ㄷ

26 ★★★ | 2021학년도 수능 20번 |

다음은 $A(g)$와 $B(g)$가 반응하여 $C(g)$와 $D(g)$를 생성하는 반응의 화학 반응식이다.

$$A(g) + xB(g) \rightarrow C(g) + yD(g) \quad (x, y\text{는 반응 계수})$$

그림 (가)는 실린더에 $A(g)$와 $B(g)$가 각각 $9w$ g, w g이 들어 있는 것을, (나)는 (가)의 실린더에서 반응을 완결시킨 것을, (다)는 (나)의 실린더에 $B(g)$ $2w$ g을 추가하여 반응을 완결시킨 것을 나타낸 것이다. (가), (나), (다) 실린더 속 기체의 밀도가 각각 d_1, d_2, d_3일 때, $\frac{d_2}{d_1}=\frac{5}{7}$, $\frac{d_3}{d_2}=\frac{14}{25}$이다. (다)의 실린더 속 $C(g)$와 $D(g)$의 질량비는 4 : 5이다.

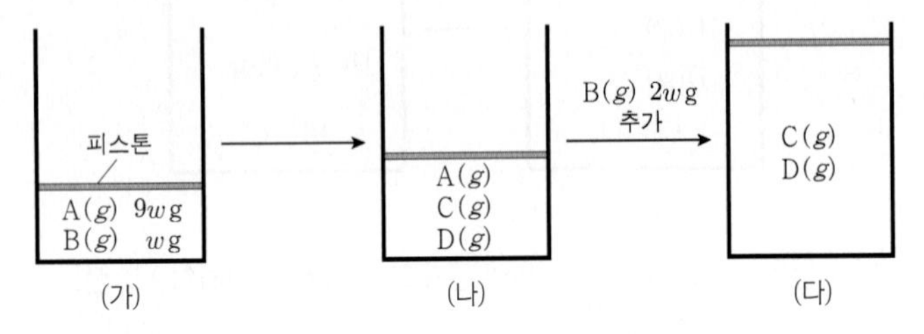

$\frac{\text{D의 분자량}}{\text{A의 분자량}} \times \frac{x}{y}$는? (단, 실린더 속 기체의 온도와 압력은 일정하다.) [3점]

① $\frac{5}{54}$ ② $\frac{4}{27}$ ③ $\frac{7}{27}$
④ $\frac{10}{27}$ ⑤ $\frac{25}{54}$

27 ★☆☆ | 2021학년도 9월 평가원 5번 |

다음은 아세트알데하이드(C_2H_4O) 연소 반응의 화학 반응식이다.

$$2C_2H_4O + xO_2 \longrightarrow 4CO_2 + 4H_2O \quad (x\text{는 반응 계수})$$

이 반응에서 1 mol의 CO_2가 생성되었을 때 반응한 O_2의 양(mol)은?

① $\frac{5}{4}$ ② 1 ③ $\frac{4}{5}$
④ $\frac{3}{4}$ ⑤ $\frac{3}{5}$

28 ★★☆ | 2021학년도 9월 평가원 18번 |

다음은 $A(g)$와 $B(g)$가 반응하여 $C(g)$를 생성하는 반응의 화학 반응식이다.

$$2A(g) + B(g) \longrightarrow cC(g) \quad (c\text{는 반응 계수})$$

표는 실린더에 $A(g)$와 $B(g)$의 질량을 달리하여 넣고 반응을 완결시킨 실험 Ⅰ, Ⅱ에 대한 자료이다. $\frac{\text{A의 분자량}}{\text{C의 분자량}}=\frac{4}{5}$이고, 실험 Ⅱ에서 B는 모두 반응하였다.

실험	반응 전		반응 후	
	A의 질량(g)	B의 질량(g)	$\frac{\text{C의 양(mol)}}{\text{전체 기체의 양(mol)}}$	전체 기체의 부피(L)
Ⅰ	$4w$	$6w$		V_1
Ⅱ	$9w$	$2w$	$\frac{8}{9}$	V_2

$c \times \frac{V_2}{V_1}$는? (단, 온도와 압력은 일정하다.)

① $\frac{8}{5}$ ② $\frac{9}{7}$ ③ $\frac{8}{9}$
④ $\frac{5}{9}$ ⑤ $\frac{3}{8}$

29 ★☆☆ | 2021학년도 6월 평가원 7번 |

다음은 과산화 수소(H_2O_2) 분해 반응의 화학 반응식이다.

$$2H_2O_2 \longrightarrow 2H_2O + \boxed{㉠}$$

이에 대한 설명으로 옳은 것만을 〈보기〉에서 있는 대로 고른 것은? (단, H와 O의 원자량은 각각 1과 16이다.) [3점]

보기
ㄱ. ㉠은 H_2이다.
ㄴ. 1 mol의 H_2O_2가 분해되면 1 mol의 H_2O이 생성된다.
ㄷ. 0.5 mol의 H_2O_2가 분해되면 전체 생성물의 질량은 34 g이다.

① ㄱ ② ㄴ ③ ㄷ
④ ㄱ, ㄴ ⑤ ㄴ, ㄷ

30 ★★☆ | 2021학년도 6월 평가원 19번 |

다음은 A(g)와 B(g)가 반응하여 C(g)를 생성하는 화학 반응식이다. 분자량은 A가 B의 2배이다.

$$a\text{A}(g) + \text{B}(g) \longrightarrow a\text{C}(g) \quad (a\text{는 반응 계수})$$

그림은 A(g) V L가 들어 있는 실린더에 B(g)를 넣어 반응을 완결시켰을 때, 넣어 준 B(g)의 질량에 따른 반응 후 전체 기체의 밀도를 나타낸 것이다. P에서 실린더의 부피는 $2.5V$ L이다.

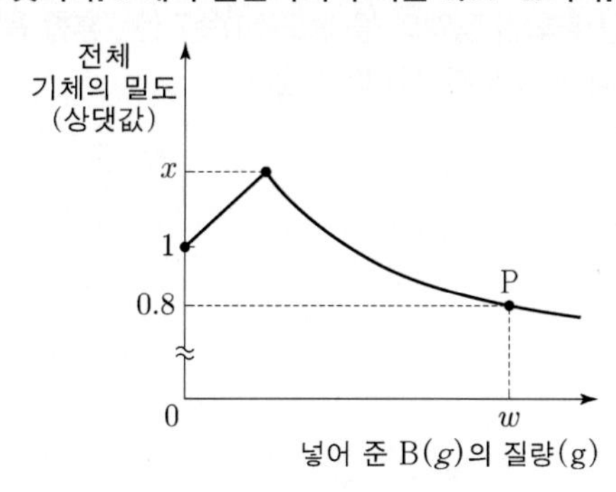

$a \times x$는? (단, 기체의 온도와 압력은 일정하다.)

① $\frac{3}{2}$　② $\frac{5}{2}$　③ $\frac{7}{2}$　④ $\frac{15}{4}$　⑤ $\frac{25}{4}$

용액의 농도

31 ★☆☆ | 2025학년도 수능 10번 |

다음은 용액의 몰 농도에 대한 학생 A와 B의 실험이다.

[학생 A의 실험 과정]
(가) a M X(aq) 100 mL에 물을 넣어 200 mL 수용액을 만든다.
(나) (가)에서 만든 수용액 200 mL와 0.2 M X(aq) 50 mL를 혼합하여 수용액 Ⅰ을 만든다.

[학생 B의 실험 과정]
(가) a M X(aq) 200 mL와 0.2 M X(aq) 50 mL를 혼합하여 수용액을 만든다.
(나) (가)에서 만든 수용액 250 mL에 물을 넣어 500 mL 수용액 Ⅱ를 만든다.

[실험 결과]
- A가 만든 Ⅰ의 몰 농도(M) : $8k$
- B가 만든 Ⅱ의 몰 농도(M) : $7k$

$\frac{k}{a}$는? (단, 온도는 일정하고, 혼합 용액의 부피는 혼합 전 각 용액의 부피의 합과 같다.) [3점]

① $\frac{1}{30}$　② $\frac{1}{15}$　③ $\frac{1}{10}$　④ $\frac{2}{15}$　⑤ $\frac{1}{3}$

Part Ⅱ 수능 평가원

32 ★★★
| 2025학년도 9월 평가원 16번 |

그림은 A(aq) (가)와 (나)의 몰 농도와 $\frac{\text{용매의 양(mol)}}{\text{용질의 양(mol)}}$을 나타낸 것이다. (가)와 (나)의 밀도는 각각 1.1 g/mL, 1.2 g/mL이다.

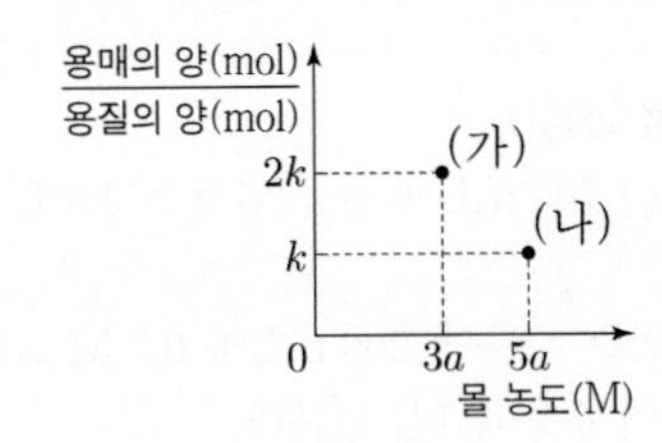

a는? (단, A의 화학식량은 40이다.) [3점]

① $\frac{5}{7}$ ② $\frac{5}{4}$ ③ $\frac{17}{8}$
④ $\frac{17}{6}$ ⑤ $\frac{19}{6}$

33 ★★☆
| 2025학년도 6월 평가원 13번 |

다음은 A(aq)을 만드는 실험이다.

[자료]
• t ℃에서 a M A(aq)의 밀도 : d g/mL

[실험 과정]
(가) t ℃에서 A(s) 10 g을 모두 물에 녹여 A(aq) 100 mL를 만든다.
(나) (가)에서 만든 A(aq) 50 mL에 물을 넣어 a M A(aq) 250 mL를 만든다.
(다) (나)에서 만든 A(aq) w g에 A(s) 18 g을 모두 녹이고 물을 넣어 $2a$ M A(aq) 500 mL를 만든다.

w는? (단, 온도는 t ℃로 일정하다.) [3점]

① $50d$ ② $75d$ ③ $100d$
④ $125d$ ⑤ $150d$

34 ★★☆
| 2024학년도 수능 11번 |

표는 t ℃에서 X(aq) (가)~(다)에 대한 자료이다.

수용액	(가)	(나)	(다)
부피(L)	V_1	V_2	V_2
몰 농도(M)	0.4	0.3	0.2
용질의 질량(g)	w	$3w$	

(가)와 (다)를 혼합한 용액의 몰 농도(M)는? (단, 혼합 용액의 부피는 혼합 전 각 용액의 부피의 합과 같다.)

① $\frac{6}{25}$ ② $\frac{4}{15}$ ③ $\frac{2}{7}$
④ $\frac{3}{10}$ ⑤ $\frac{1}{3}$

35 ★★☆
| 2024학년도 9월 평가원 13번 |

그림은 0.4 M A(aq) x mL와 0.2 M B(aq) 300 mL에 각각 물을 넣을 때, 넣어 준 물의 부피에 따른 각 용액의 몰 농도를 나타낸 것이다. A와 B의 화학식량은 각각 $3a$와 a이다.

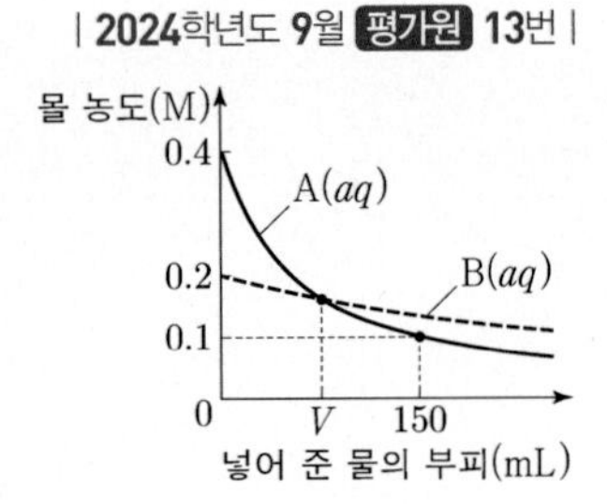

이에 대한 설명으로 옳은 것만을 〈보기〉에서 있는 대로 고른 것은? (단, 온도는 일정하고, 혼합 용액의 부피는 혼합 전 용액과 넣어 준 물의 부피의 합과 같다.)

보기
ㄱ. x=50이다.
ㄴ. V=80이다.
ㄷ. 용질의 질량은 B(aq)에서가 A(aq)에서보다 크다.

① ㄱ ② ㄷ ③ ㄱ, ㄴ
④ ㄱ, ㄷ ⑤ ㄴ, ㄷ

36 ★★☆ | 2024학년도 6월 평가원 12번 |

표는 t ℃에서 $A(aq)$과 $B(aq)$에 대한 자료이다. A와 B의 화학식량은 각각 $3a$와 a이다.

수용액	몰 농도(M)	용질의 질량(g)	용액의 질량(g)	용액의 밀도 (g/mL)
$A(aq)$	x	w_1	$2w_2$	d_A
$B(aq)$	y	$2w_1$	w_2	d_B

$\frac{x}{y}$는? [3점]

① $\frac{d_A}{12d_B}$ ② $\frac{d_A}{4d_B}$ ③ $\frac{3d_A}{4d_B}$
④ $\frac{d_B}{12d_A}$ ⑤ $\frac{4d_B}{3d_A}$

37 ★★★ | 2023학년도 수능 9번 |

다음은 $A(l)$를 이용한 실험이다.

[실험 과정]
(가) 25 ℃에서 밀도가 d_1 g/mL인 $A(l)$를 준비한다.
(나) (가)의 $A(l)$ 10 mL를 취하여 부피 플라스크에 넣고 물과 혼합하여 수용액 Ⅰ 100 mL를 만든다.
(다) (가)의 $A(l)$ 10 mL를 취하여 비커에 넣고 물과 혼합하여 수용액 Ⅱ 100 g을 만든 후 밀도를 측정한다.

[실험 결과]
• Ⅰ의 몰 농도 : x M
• Ⅱ의 밀도 및 몰 농도 : d_2 g/mL, y M

$\frac{y}{x}$는? (단, A의 분자량은 a이고, 온도는 25 ℃로 일정하다.)

① $\frac{d_1}{d_2}$ ② $\frac{d_2}{d_1}$ ③ d_2
④ $\frac{10}{d_1}$ ⑤ $\frac{10}{d_2}$

38 ★★☆ | 2023학년도 9월 평가원 12번 |

그림은 a M $X(aq)$에 ㉠~㉢을 순서대로 추가하여 수용액 (가)~(다)를 만드는 과정을 나타낸 것이다. ㉠~㉢은 각각 $H_2O(l)$, $3a$ M $X(aq)$, $5a$ M $X(aq)$ 중 하나이고, 수용액에 포함된 X의 질량비는 (나) : (다)$=2:3$이다.

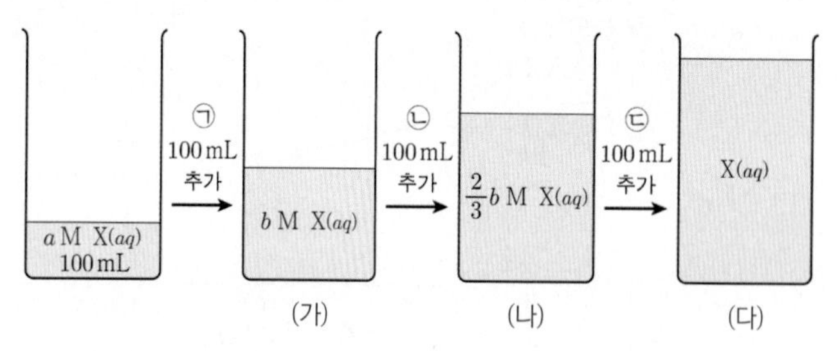

㉢과 b로 옳은 것은? (단, 온도는 일정하고, 혼합 용액의 부피는 혼합 전 각 용액의 부피의 합과 같다.)

	㉢	b		㉢	b
①	$H_2O(l)$	$2a$	②	$3a$ M $X(aq)$	$2a$
③	$3a$ M $X(aq)$	$3a$	④	$5a$ M $X(aq)$	$2a$
⑤	$5a$ M $X(aq)$	$3a$			

39 ★★☆ | 2023학년도 6월 평가원 11번 |

다음은 $A(aq)$을 만드는 실험이다.

[자료]
• t ℃에서 a M $A(aq)$의 밀도 : d g/mL

[실험 과정]
(가) $A(s)$ 1 mol이 녹아 있는 100 g의 a M $A(aq)$을 준비한다.
(나) (가)의 $A(aq)$ x mL와 물을 혼합하여 0.1 M $A(aq)$ 500 mL를 만든다.
(다) (나)에서 만든 $A(aq)$ 250 mL와 (가)의 $A(aq)$ y mL를 혼합하고 물을 넣어 0.2 M $A(aq)$ 500 mL를 만든다.

$x+y$는? (단, 용액의 온도는 t ℃로 일정하다.)

① $\frac{25}{d}$ ② $\frac{25}{2d}$ ③ $\frac{25}{3d}$
④ $\frac{25}{4d}$ ⑤ $\frac{5}{d}$

40 ★★☆

| 2022학년도 수능 15번 |

그림은 A(s) x g을 모두 물에 녹여 10 mL로 만든 0.3 M A(aq)에 a M A(aq)을 넣었을 때, 넣어 준 a M A(aq)의 부피에 따른 혼합된 A(aq)의 몰 농도(M)를 나타낸 것이다. A의 화학식량은 180이다.

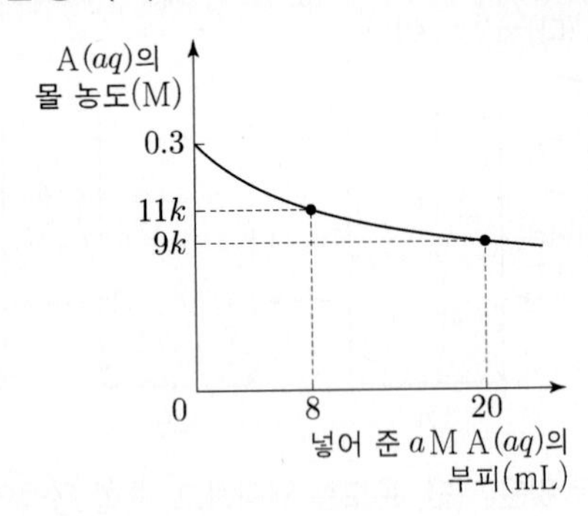

$\frac{x}{a}$는? (단, 온도는 일정하며, 혼합 용액의 부피는 혼합 전 각 용액의 부피의 합과 같다.)

① $\frac{7}{3}$ ② $\frac{7}{2}$ ③ $\frac{9}{2}$
④ $\frac{27}{4}$ ⑤ $\frac{27}{2}$

41 ★★☆

| 2022학년도 6월 평가원 12번 |

다음은 A(aq)에 관한 실험이다.

[실험 과정]
(가) 1 M A(aq)을 준비한다.
(나) (가)의 A(aq) x mL를 취하여 100 mL 부피 플라스크에 모두 넣는다.
(다) (나)의 부피 플라스크에 표시된 눈금선까지 물을 넣고 섞어 수용액 Ⅰ을 만든다.
(라) (가)의 A(aq) y mL를 취하여 250 mL 부피 플라스크에 모두 넣는다.
(마) (라)의 부피 플라스크에 표시된 눈금선까지 물을 넣고 섞어 수용액 Ⅱ를 만든다.

[실험 결과 및 자료]
- $x+y=70$이다.
- Ⅰ과 Ⅱ의 몰 농도는 모두 a M이다.

이에 대한 설명으로 옳은 것만을 <보기>에서 있는 대로 고른 것은? (단, 온도는 25 ℃로 일정하다.) [3점]

보기
ㄱ. $x=20$이다.
ㄴ. $a=0.1$이다.
ㄷ. Ⅰ과 Ⅱ를 모두 혼합한 수용액에 포함된 A의 양은 0.07 mol이다.

① ㄱ ② ㄴ ③ ㄱ, ㄷ
④ ㄴ, ㄷ ⑤ ㄱ, ㄴ, ㄷ

42 ★☆☆

| 2022학년도 9월 평가원 15번 |

다음은 $A(aq)$을 만드는 실험이다. A의 화학식량은 a이다.

(가) $A(s)$ x g을 모두 물에 녹여 $A(aq)$ 500 mL를 만든다.
(나) (가)에서 만든 $A(aq)$ 100 mL에 $A(s)$ $\frac{x}{2}$ g을 모두 녹이고 물을 넣어 $A(aq)$ 500 mL를 만든다.
(다) (가)에서 만든 $A(aq)$ 50 mL와 (나)에서 만든 $A(aq)$ 200 mL를 혼합하고 물을 넣어 0.2 M $A(aq)$ 500 mL를 만든다.

x는? (단, 온도는 일정하다.) [3점]

① $\frac{1}{19}a$　② $\frac{2}{19}a$　③ $\frac{3}{19}a$　④ $\frac{4}{19}a$　⑤ $\frac{5}{19}a$

43 ★☆☆

| 2021학년도 수능 13번 |

다음은 수산화 나트륨 수용액($NaOH(aq)$)에 관한 실험이다.

(가) 2 M $NaOH(aq)$ 300 mL에 물을 넣어 1.5 M $NaOH(aq)$ x mL를 만든다.
(나) 2 M $NaOH(aq)$ 200 mL에 $NaOH(s)$ y g과 물을 넣어 2.5 M $NaOH(aq)$ 400 mL를 만든다.
(다) (가)에서 만든 수용액과 (나)에서 만든 수용액을 모두 혼합하여 z M $NaOH(aq)$을 만든다.

$\frac{y \times z}{x}$는? (단, NaOH의 화학식량은 40이고, 온도는 일정하며, 혼합 용액의 부피는 혼합 전 각 용액의 부피의 합과 같다.) [3점]

① $\frac{12}{25}$　② $\frac{9}{25}$　③ $\frac{6}{25}$　④ $\frac{3}{25}$　⑤ $\frac{1}{25}$

Part Ⅱ 수능 평가원

44 ★☆☆ | 2021학년도 9월 평가원 12번 |

다음은 0.3 M A 수용액을 만드는 실험이다.

(가) 소량의 물에 고체 A x g을 모두 녹인다.
(나) 250 mL 부피 플라스크에 (가)의 수용액을 모두 넣고 표시된 눈금선까지 물을 넣고 섞는다.
(다) (나)의 수용액 50 mL를 취하여 500 mL 부피 플라스크에 모두 넣는다.
(라) (다)의 500 mL 부피 플라스크에 표시된 눈금선까지 물을 넣고 섞어 0.3 M A 수용액을 만든다.

x는? (단, A의 화학식량은 60이고, 온도는 25 ℃로 일정하다.) [3점]

① 9 ② 18 ③ 30
④ 45 ⑤ 60

45 ★☆☆ | 2021학년도 6월 평가원 8번 |

다음은 0.1 M 포도당($C_6H_{12}O_6$) 수용액을 만드는 실험 과정이다.

[실험 과정]
(가) 전자 저울을 이용하여 $C_6H_{12}O_6$ x g을 준비한다.
(나) 준비한 $C_6H_{12}O_6$ x g을 비커에 넣고 소량의 물을 부어 모두 녹인다.
(다) 250 mL ㉠ 에 (나)의 용액을 모두 넣는다.
(라) 물로 (나)의 비커에 묻어 있는 용액을 몇 번 씻어 (다)의 ㉠ 에 모두 넣고 섞는다.
(마) (라)의 ㉠ 에 표시된 눈금선까지 물을 넣고 섞는다.

이에 대한 설명으로 옳은 것만을 〈보기〉에서 있는 대로 고른 것은? (단, $C_6H_{12}O_6$의 분자량은 180이다.) [3점]

보기
ㄱ. '부피 플라스크'는 ㉠으로 적절하다.
ㄴ. $x=9$이다.
ㄷ. (마) 과정 후의 수용액 100 mL에 들어 있는 $C_6H_{12}O_6$의 양은 0.02 mol이다.

① ㄱ ② ㄴ ③ ㄷ
④ ㄱ, ㄴ ⑤ ㄱ, ㄷ

IV
역동적인
화학 반응

02 산 염기 중화 반응

2026학년도 수능 출제 예측

2025학년도 수능, 평가원 분석

수능과 6, 9월 평가원에서 모두 1, 2가 산 염기 혼합 용액 속 이온 수 비 또는 몰 농도 합의 비로부터 중화 반응의 양적 관계를 묻는 문제가 출제되었고, 수능과 9월 평가원에서는 식초 1 g에 들어 있는 아세트산의 질량을 알아보는 중화 적정 실험이 제시되어 아세트산의 질량 또는 양(mol) 등을 미지수를 사용한 식으로 정리하는 문제가 출제되었다.

2026학년도 수능 예측

매년 두 문제씩 출제되는 단원이다. 1, 2가 산 염기 혼합 용액 속 이온 수 비 또는 몰 농도 합의 비로부터 혼합 전 수용액의 부피와 몰 농도 등을 구하는 문제와, 중화 적정 실험 과정을 해석하여 아세트산의 질량 또는 양(mol) 등을 미지수를 사용한 식으로 정리하는 문제가 출제될 가능성이 높다.

1 ★☆☆

| 2025학년도 수능 17번 |

다음은 25 ℃에서 식초 A, B 각 1 g에 들어 있는 아세트산(CH_3COOH)의 질량을 알아보기 위한 중화 적정 실험이다.

[자료]

- CH_3COOH의 분자량은 60이다.
- 25 ℃에서 식초 A, B의 밀도(g/mL)는 각각 d_A, d_B이다.

[실험 과정]

(가) 식초 A, B를 준비한다.

(나) A 50 mL에 물을 넣어 수용액 Ⅰ 100 mL를 만든다.

(다) 10 mL의 Ⅰ에 페놀프탈레인 용액을 2~3방울 넣고 0.2 M NaOH(aq)으로 적정하였을 때, 수용액 전체가 붉게 변하는 순간까지 넣어 준 NaOH(aq)의 부피(V)를 측정한다.

(라) B 40 mL에 물을 넣어 수용액 Ⅱ 100 g을 만든다.

(마) 10 mL의 Ⅰ 대신 20 g의 Ⅱ를 이용하여 (다)를 반복한다.

[실험 결과]

- (다)에서 V : 10 mL
- (마)에서 V : 30 mL
- 식초 A, B 각 1 g에 들어 있는 CH_3COOH의 질량

식초	A	B
CH_3COOH의 질량(g)	$8w$	x

$x \times \frac{d_B}{d_A}$는? (단, 온도는 25 ℃로 일정하고, 중화 적정 과정에서 식초 A, B에 포함된 물질 중 CH_3COOH만 NaOH과 반응한다.) [3점]

① $6w$ ② $9w$ ③ $12w$
④ $15w$ ⑤ $18w$

2 ★★☆

| 2025학년도 수능 18번 |

표는 $2x$ M HA(aq), x M H_2B(aq), y M NaOH(aq)의 부피를 달리하여 혼합한 수용액 (가)~(다)에 대한 자료이다.

혼합 수용액		(가)	(나)	(다)
혼합 전 수용액의 부피(mL)	$2x$ M HA(aq)	a	0	a
	x M H_2B(aq)	b	b	c
	y M NaOH(aq)	0	c	b
혼합 수용액에 존재하는 모든 이온 수의 비율		$\frac{3}{5}$, $\frac{1}{5}$, $\frac{1}{5}$		$\frac{3}{5}$, $\frac{1}{5}$, $\frac{1}{5}$

$\frac{y}{x} \times \frac{\text{(나)에 존재하는 } Na^+\text{의 양(mol)}}{\text{(나)에 존재하는 } B^{2-}\text{의 양(mol)}}$은? (단, 수용액에서 HA는 H^+과 A^-으로, H_2B는 H^+과 B^{2-}으로 모두 이온화되고, 물의 자동 이온화는 무시한다.) [3점]

① $\frac{1}{12}$ ② $\frac{1}{9}$ ③ $\frac{1}{3}$
④ 9 ⑤ 12

3 ★★★

| 2025학년도 9월 평가원 19번 |

표는 x M H_2A(aq)과 y M NaOH(aq)의 부피를 달리하여 혼합한 용액 (가)~(다)에 대한 자료이다.

혼합 용액		(가)	(나)	(다)
혼합 전 수용액의 부피(mL)	x M H_2A(aq)	10	20	30
	y M NaOH(aq)	30	20	10
액성		염기성		산성
혼합 용액에 존재하는 $\frac{A^{2-}\text{의 양(mol)}}{\text{모든 이온의 양(mol)}}$ (상댓값)		3	a	8

$a \times \frac{y}{x}$는? (단, 수용액에서 H_2A는 H^+과 A^{2-}으로 모두 이온화되고, 물의 자동 이온화는 무시한다.) [3점]

① $\frac{1}{12}$ ② $\frac{3}{16}$ ③ 2
④ $\frac{16}{3}$ ⑤ 12

4 ★☆☆

| 2025학년도 9월 평가원 13번 |

다음은 중화 적정을 이용하여 식초 A에 들어 있는 아세트산(CH_3COOH)의 질량을 알아보기 위한 실험이다.

[자료]
- CH_3COOH의 분자량은 60이다.
- 25 ℃에서 식초 A의 밀도는 d g/mL이다.

[실험 과정]

(가) 25 ℃에서 식초 A 10 mL에 물을 넣어 수용액 100 mL를 만든다.

(나) (가)에서 만든 수용액 20 mL를 삼각 플라스크에 넣고 페놀프탈레인 용액을 2~3방울 떨어뜨린다.

(다) 그림과 같이 0.2 M KOH(aq)을 ㉠ 에 넣고 꼭지를 열어 (나)의 삼각 플라스크에 한 방울씩 떨어 뜨리면서 삼각 플라스크를 흔들어 준다.

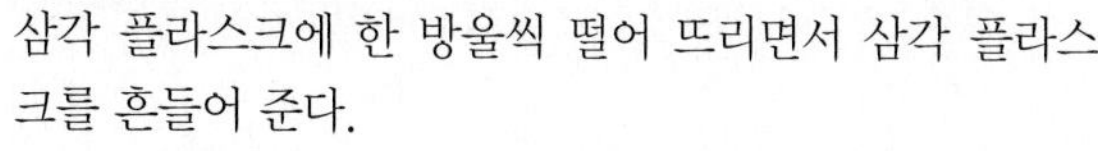

(라) (다)의 삼각 플라스크 속 수용액 전체가 붉은색으로 변하는 순간까지 넣어 준 KOH(aq)의 부피(V)를 측정한다.

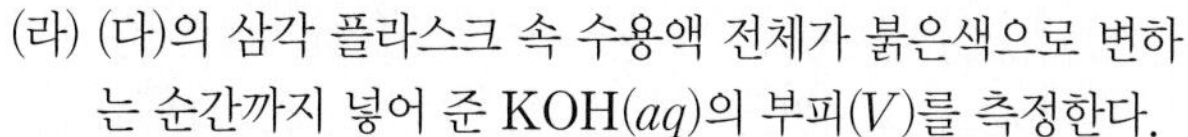

[실험 결과]
- V : 10 mL
- 식초 A 1 g에 들어 있는 CH_3COOH의 질량 : w g

이에 대한 설명으로 옳은 것만을 〈보기〉에서 있는 대로 고른 것은? (단, 온도는 25 ℃로 일정하고, 중화 적정 과정에서 식초 A에 포함된 물질 중 CH_3COOH만 KOH과 반응한다.)

보기

ㄱ. '뷰렛'은 ㉠으로 적절하다.

ㄴ. (나)의 삼각 플라스크에 들어 있는 CH_3COOH의 양은 2×10^{-3} mol이다.

ㄷ. $w=\frac{3}{50d}$이다.

① ㄱ ② ㄷ ③ ㄱ, ㄴ ④ ㄴ, ㄷ ⑤ ㄱ, ㄴ, ㄷ

5 ★★★

| 2025학년도 6월 평가원 17번 |

다음은 아세트산(CH_3COOH) 수용액 100 g에 들어 있는 용질의 질량을 알아보기 위한 중화 적정 실험이다. CH_3COOH의 분자량은 60이다.

[실험 과정]

(가) 25 ℃에서 밀도가 d g/mL인 $CH_3COOH(aq)$을 준비한다.

(나) (가)의 수용액 10 mL에 물을 넣어 50 mL 수용액을 만든다.

(다) (나)에서 만든 수용액 20 mL에 페놀프탈레인 용액을 2~3방울 넣고 0.1 M NaOH(aq)으로 적정하였을 때, 수용액 전체가 붉게 변하는 순간까지 넣어 준 NaOH(aq)의 부피(V)를 측정한다.

[실험 결과]
- V : a mL
- (다) 과정 후 혼합 용액에 존재하는 Na^+의 몰 농도 : 0.08 M
- (가)의 수용액 100 g에 들어 있는 용질의 질량 : x g

x는? (단, 온도는 25 ℃로 일정하고, 혼합 용액의 부피는 혼합 전 각 용액의 부피의 합과 같으며, 넣어 준 페놀프탈레인 용액의 부피는 무시한다.) [3점]

① $\frac{4}{d}$ ② $\frac{24d}{5}$ ③ $\frac{24}{5d}$ ④ $12d$ ⑤ $\frac{12}{d}$

6 ★★★

| 2025학년도 6월 평가원 19번 |

표는 x M NaOH(aq), 0.1 M $H_2A(aq)$, 0.1 M HB(aq)의 부피를 달리하여 혼합한 용액 (가)와 (나)에 대한 자료이다. (가)의 액성은 염기성이다.

혼합 용액		(가)	(나)
혼합 전 용액의 부피(mL)	x M NaOH(aq)	V_1	$2V_1$
	0.1 M $H_2A(aq)$	40	20
	0.1 M HB(aq)	V_2	0
모든 이온의 수		$8N$	$19N$
모든 음이온의 몰 농도(M) 합		$\frac{3}{50}$	$\frac{3}{20}$

$x\times\frac{V_2}{V_1}$는? (단, 혼합 용액의 부피는 혼합 전 각 용액의 부피의 합과 같고, 수용액에서 H_2A는 H^+과 A^{2-}으로, HB는 H^+과 B^-으로 모두 이온화되며, 물의 자동 이온화는 무시한다.)

① $\frac{1}{25}$ ② $\frac{1}{10}$ ③ $\frac{1}{5}$ ④ $\frac{1}{3}$ ⑤ $\frac{1}{2}$

Part II 수능 평가원

7 ★★★ | 2024학년도 수능 16번 |

다음은 25 ℃에서 식초에 들어 있는 아세트산(CH_3COOH)의 질량을 알아보기 위한 중화 적정 실험이다.

[자료]
- 25 ℃에서 식초 A, B의 밀도(g/mL)는 각각 d_A, d_B이다.

[실험 과정]
(가) 식초 A, B를 준비한다.
(나) A 20 mL에 물을 넣어 수용액 Ⅰ 100 mL를 만든다.
(다) 50 mL의 Ⅰ에 페놀프탈레인 용액을 2~3 방울 넣고 aM NaOH(aq)으로 적정하였을 때, 수용액 전체가 붉게 변하는 순간까지 넣어 준 NaOH(aq)의 부피(V)를 측정한다.
(라) B 20 mL에 물을 넣어 수용액 Ⅱ 100 g을 만든다.
(마) 50 mL의 Ⅰ 대신 50 g의 Ⅱ를 이용하여 (다)를 반복한다.

[실험 결과]
- (다)에서 V : 10 mL
- (마)에서 V : 25 mL
- 식초 A, B 각 1 g에 들어 있는 CH_3COOH의 질량

식초	A	B
CH_3COOH의 질량(g)	0.02	x

x는? (단, 온도는 25 ℃로 일정하고, 중화 적정 과정에서 식초 A, B에 포함된 물질 중 CH_3COOH만 NaOH과 반응한다.)

① $\frac{d_A}{20d_B}$ ② $\frac{d_A}{10d_B}$ ③ $\frac{d_B}{50d_A}$
④ $\frac{d_B}{20d_A}$ ⑤ $\frac{d_B}{10d_A}$

8 ★★★ | 2024학년도 수능 18번 |

다음은 중화 반응 실험이다.

[자료]
- 수용액에서 H_2A는 H^+과 A^{2-}으로 모두 이온화된다.

[실험 과정]
(가) xM H_2A(aq)과 yM NaOH(aq)을 준비한다.
(나) 3개의 비커에 (가)의 2가지 수용액의 부피를 달리하여 혼합한 용액 Ⅰ~Ⅲ을 만든다.

[실험 결과]
- Ⅰ~Ⅲ의 액성은 모두 다르며, 각각 산성, 중성, 염기성 중 하나이다.
- 혼합 용액 Ⅰ~Ⅲ에 대한 자료

혼합 용액	혼합 전 수용액의 부피(mL)		모든 양이온의 몰 농도(M) 합
	xM H_2A(aq)	yM NaOH(aq)	
Ⅰ	V	10	2
Ⅱ	V	20	2
Ⅲ	$3V$	40	㉠

㉠$\times\frac{x}{y}$는? (단, 혼합 용액의 부피는 혼합 전 각 용액의 부피의 합과 같고, 물의 자동 이온화는 무시한다.) [3점]

① $\frac{4}{7}$ ② $\frac{8}{7}$ ③ $\frac{12}{7}$ ④ $\frac{15}{7}$ ⑤ $\frac{18}{7}$

9 ★★☆ | 2024학년도 9월 평가원 15번 |

다음은 25 ℃에서 식초 1 g에 들어 있는 아세트산(CH_3COOH)의 질량을 알아보기 위한 중화 적정 실험이다.

[실험 과정]
(가) 식초 10 g을 준비한다.
(나) (가)의 식초에 물을 넣어 25 ℃에서 밀도가 d g/mL인 수용액 50 g을 만든다.
(다) (나)에서 만든 수용액 20 mL에 페놀프탈레인 용액을 2~3방울 넣고 x M NaOH(aq)으로 적정한다.
(라) (다)의 수용액 전체가 붉게 변하는 순간까지 넣어 준 NaOH(aq)의 부피(V)를 측정한다.

[실험 결과]
- V : 50 mL
- (가)에서 식초 1 g에 들어 있는 CH_3COOH의 질량 : a g

x는? (단, CH_3COOH의 분자량은 60이고, 온도는 25 ℃로 일정하며, 중화 적정 과정에서 식초에 포함된 물질 중 CH_3COOH만 NaOH과 반응한다.)

① $\frac{ad}{3}$ ② $\frac{2ad}{3}$ ③ ad ④ $\frac{4ad}{3}$ ⑤ $\frac{5ad}{3}$

10 ☆☆☆ | 2024학년도 6월 평가원 16번 |

다음은 25 ℃에서 식초 A, B 각 1 g에 들어 있는 아세트산(CH_3COOH)의 질량을 알아보기 위한 중화 적정 실험이다.

[자료]
- CH_3COOH의 분자량은 60이다.
- 25 ℃에서 식초 A, B의 밀도(g/mL)는 각각 d_A, d_B이다.

[실험 과정]
(가) 식초 A, B를 준비한다.
(나) (가)의 A, B 각 10 mL에 물을 넣어 각각 50 mL 수용액 Ⅰ, Ⅱ를 만든다.
(다) x mL의 Ⅰ에 페놀프탈레인 용액을 2~3방울 넣고 0.1 M $NaOH(aq)$으로 적정하였을 때, 수용액 전체가 붉게 변하는 순간까지 넣어 준 $NaOH(aq)$의 부피(V)를 측정한다.
(라) x mL의 Ⅰ 대신 y mL의 Ⅱ를 이용하여 (다)를 반복한다.

[실험 결과]
- (다)에서 V : $4a$ mL
- (라)에서 V : $5a$ mL
- (가)에서 식초 1 g에 들어 있는 CH_3COOH의 질량

식초	A	B
CH_3COOH의 질량(g)	$16w$	$15w$

$\frac{x}{y}$는? (단, 온도는 25 ℃로 일정하고, 중화 적정 과정에서 식초 A, B에 포함된 물질 중 CH_3COOH만 $NaOH$과 반응한다.)

① $\frac{4d_B}{3d_A}$ ② $\frac{6d_B}{5d_A}$ ③ $\frac{5d_B}{6d_A}$
④ $\frac{3d_B}{4d_A}$ ⑤ $\frac{d_B}{2d_A}$

11 ☆☆☆ | 2024학년도 9월 평가원 19번 |

표는 a M $HCl(aq)$, b M $NaOH(aq)$, c M $KOH(aq)$의 부피를 달리하여 혼합한 용액 (가)~(다)에 대한 자료이다. (가)의 액성은 중성이다.

혼합 용액		(가)	(나)	(다)
혼합 전 용액의 부피(mL)	$HCl(aq)$	10	x	x
	$NaOH(aq)$	10	20	
	$KOH(aq)$	10	30	y
혼합 용액에 존재하는 양이온 수의 비율		$\frac{1}{3}$, $\frac{2}{3}$	$\frac{1}{6}$, $\frac{1}{2}$, $\frac{1}{3}$	$\frac{1}{3}$, $\frac{1}{3}$, $\frac{1}{3}$

$\frac{x}{y}$는? (단, 물의 자동 이온화는 무시한다.)

① 2 ② $\frac{3}{2}$ ③ 1
④ $\frac{1}{2}$ ⑤ $\frac{1}{3}$

12 ☆☆☆ | 2024학년도 6월 평가원 19번 |

다음은 x M $NaOH(aq)$, y M $H_2A(aq)$, z M $HCl(aq)$의 부피를 달리하여 혼합한 수용액 (가)~(다)에 대한 자료이다.

- 수용액에서 H_2A는 H^+과 A^{2-}으로 모두 이온화된다.

혼합 수용액		(가)	(나)	(다)
혼합 전 수용액의 부피(mL)	x M $NaOH(aq)$	a	a	a
	y M $H_2A(aq)$	20	20	20
	z M $HCl(aq)$	0	20	40
모든 음이온의 몰 농도(M) 합			$\frac{2}{7}$	b

- (가)~(다)의 액성은 모두 다르며, 각각 산성, 중성, 염기성 중 하나이다.
- (가)에 존재하는 모든 음이온의 양은 0.02 mol이다.
- (나)에 존재하는 모든 양이온의 양은 0.03 mol이다.

$a \times b$는? (단, 혼합 수용액의 부피는 혼합 전 각 수용액의 부피의 합과 같고, 물의 자동 이온화는 무시한다.) [3점]

① 10 ② 20 ③ 30
④ 40 ⑤ 50

Part Ⅱ 수능 평가원

13 ★★★

| 2023학년도 수능 17번 |

다음은 25 ℃에서 식초 A 1 g에 들어 있는 아세트산(CH_3COOH)의 질량을 알아보기 위한 중화 적정 실험이다.

> [자료]
> - 25 ℃에서 식초 A의 밀도 : d g/mL
> - CH_3COOH의 분자량 : 60
>
> [실험 과정 및 결과]
> (가) 식초 A 10 mL에 물을 넣어 수용액 50 mL를 만들었다.
> (나) (가)의 수용액 20 mL에 페놀프탈레인 용액을 2~3방울 넣고 a M KOH(aq)으로 적정하였을 때, 수용액 전체가 붉게 변하는 순간까지 넣어 준 KOH(aq)의 부피는 30 mL이었다.
> (다) (나)의 적정 결과로부터 구한 식초 A 1 g에 들어 있는 CH_3COOH의 질량은 0.05 g이었다.

a는? (단, 온도는 25 ℃로 일정하고, 중화 적정 과정에서 식초 A에 포함된 물질 중 CH_3COOH만 KOH과 반응한다.) [3점]

① $\frac{d}{9}$ ② $\frac{d}{6}$ ③ $\frac{5d}{18}$ ④ $\frac{d}{3}$ ⑤ $\frac{5d}{9}$

14 ★★☆

| 2023학년도 6월 평가원 15번 |

다음은 CH_3COOH(aq)에 대한 실험이다.

> [실험 목적]
> ㉠ 실험으로 CH_3COOH(aq)의 몰 농도를 구한다.
>
> [실험 과정]
> (가) CH_3COOH(aq)을 준비한다.
> (나) (가)의 수용액 10 mL에 물을 넣어 100 mL 수용액을 만든다.
> (다) (나)에서 만든 수용액 20 mL를 삼각 플라스크에 넣고 페놀프탈레인 용액을 2~3방울 떨어뜨린다.
> (라) (다)의 삼각 플라스크 속 수용액 전체가 붉게 변하는 순간까지 0.2 M KOH(aq)을 넣는다.
> (마) (라)의 삼각 플라스크에 넣어 준 KOH(aq)의 부피(V)를 측정한다.
>
> [실험 결과]
> - V : x mL
> - (가)에서 CH_3COOH(aq)의 몰 농도 : a M

다음 중 ㉠과 a로 가장 적절한 것은? (단, 온도는 일정하다.)

	㉠	a
①	중화 적정	x
②	산화 환원	$\frac{x}{10}$
③	중화 적정	$\frac{x}{10}$
④	산화 환원	$\frac{x}{100}$
⑤	중화 적정	$\frac{x}{100}$

15 ★★☆ | 2023학년도 9월 평가원 17번 |

다음은 중화 적정을 이용하여 식초 1 g에 들어 있는 아세트산(CH_3COOH)의 질량을 알아보기 위한 실험이다.

[실험 과정]
(가) 25 ℃에서 밀도가 d g/mL인 식초를 준비한다.
(나) (가)의 식초 10 mL에 물을 넣어 100 mL 수용액을 만든다.
(다) (나)에서 만든 수용액 20 mL를 삼각 플라스크에 넣고 페놀프탈레인 용액을 2~3방울 떨어뜨린다.
(라) (다)의 삼각 플라스크에 0.25 M NaOH(aq)을 한 방울씩 떨어뜨리면서 삼각 플라스크를 흔들어 준다.
(마) (라)의 삼각 플라스크 속 수용액 전체가 붉은색으로 변하는 순간 적정을 멈추고 적정에 사용된 NaOH(aq)의 부피(V)를 측정한다.

[실험 결과]
- V : a mL
- (가)에서 식초 1 g에 들어 있는 CH_3COOH의 질량 : x g

x는? (단, CH_3COOH의 분자량은 60이고, 온도는 25 ℃로 일정하며, 중화 적정 과정에서 식초에 포함된 물질 중 CH_3COOH만 NaOH과 반응한다.)

① $\frac{3a}{40d}$ ② $\frac{3a}{80d}$ ③ $\frac{3a}{200d}$ ④ $\frac{3a}{400d}$ ⑤ $\frac{3a}{2000d}$

16 ★★★ | 2023학년도 수능 19번 |

다음은 a M HA(aq), b M H_2B(aq), $\frac{5}{2}a$ M NaOH(aq)의 부피를 달리하여 혼합한 수용액 (가)~(다)에 대한 자료이다.

- 수용액에서 HA는 H^+과 A^-으로, H_2B는 H^+과 B^{2-}으로 모두 이온화된다.

혼합 수용액	혼합 전 수용액의 부피(mL)			모든 양이온의 몰 농도(M) 합 (상댓값)
	HA(aq)	H_2B(aq)	NaOH(aq)	
(가)	$3V$	V	$2V$	5
(나)	V	xV	$2xV$	9
(다)	xV	xV	$3V$	y

- (가)는 중성이다.

$\frac{y}{x}$는? (단, 혼합 수용액의 부피는 혼합 전 각 수용액의 부피의 합과 같고, 물의 자동 이온화는 무시한다.)

① 1 ② 2 ③ 3 ④ 4 ⑤ 5

17 ★★★ | 2023학년도 9월 평가원 19번 |

다음은 a M HCl(aq), b M NaOH(aq), c M A(aq)의 부피를 달리하여 혼합한 용액 (가)~(다)에 대한 자료이다. A는 HBr 또는 KOH 중 하나이다.

- 수용액에서 HBr은 H^+과 Br^-으로, KOH은 K^+과 OH^-으로 모두 이온화된다.

혼합 용액	혼합 전 용액의 부피(mL)			혼합 용액에 존재하는 모든 이온의 몰 농도(M) 비
	HCl(aq)	NaOH(aq)	A(aq)	
(가)	10	10	0	1 : 1 : 2
(나)	10	5	10	1 : 1 : 4 : 4
(다)	15	10	5	1 : 1 : 1 : 3

- (가)는 산성이다.

(나) 5 mL와 (다) 5 mL를 혼합한 용액의 $\frac{H^+\text{의 몰 농도(M)}}{Na^+\text{의 몰 농도(M)}}$는? (단, 혼합 용액의 부피는 혼합 전 각 용액의 부피의 합과 같고, 물의 자동 이온화는 무시한다.) [3점]

① $\frac{1}{8}$ ② $\frac{1}{4}$ ③ $\frac{2}{7}$ ④ $\frac{1}{3}$ ⑤ $\frac{5}{8}$

18 ★★★ | 2023학년도 6월 평가원 19번 |

표는 x M H_2A(aq)과 y M NaOH(aq)의 부피를 달리하여 혼합한 용액 (가)~(라)에 대한 자료이다.

혼합 용액		(가)	(나)	(다)	(라)
혼합 전 용액의 부피(mL)	H_2A(aq)	10	10	20	$2V$
	NaOH(aq)	30	40	V	30
모든 음이온의 몰 농도(M) 합 (상댓값)		3	4	8	

(라)에 존재하는 이온 수의 비율로 가장 적절한 것은? (단, 혼합 용액의 부피는 혼합 전 각 용액의 부피의 합과 같고, H_2A는 수용액에서 H^+과 A^{2-}으로 모두 이온화되며, 물의 자동 이온화는 무시한다.) [3점]

① 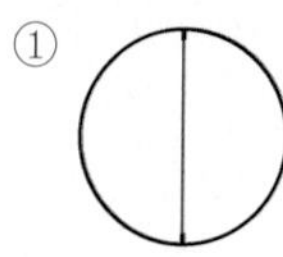
② 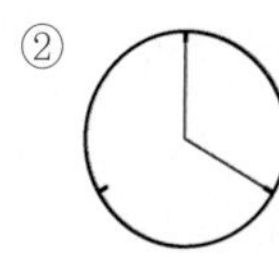
③ 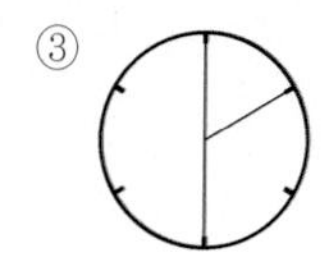
④ 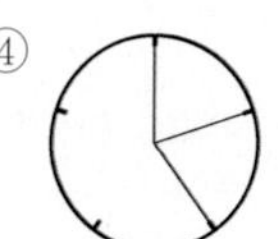
⑤ 

19 ★☆☆

| 2022학년도 수능 13번 |

다음은 중화 적정 실험이다.

[실험 과정]

(가) a M $CH_3COOH(aq)$ 10 mL와 0.5 M $CH_3COOH(aq)$ 15 mL를 혼합한 후, 물을 넣어 50 mL 수용액을 만든다.

(나) 삼각 플라스크에 (가)에서 만든 수용액 20 mL를 넣고 페놀프탈레인 용액을 2~3 방울 떨어뜨린다.

(다) 0.1 M $NaOH(aq)$을 뷰렛에 넣고 (나)의 삼각 플라스크에 한 방울씩 떨어뜨리면서 삼각 플라스크를 흔들어 준다.

(라) (다)의 삼각 플라스크 속 수용액 전체가 붉은색으로 변하는 순간 적정을 멈추고 적정에 사용된 $NaOH(aq)$의 부피를 측정한다.

[실험 결과]

- 적정에 사용된 $NaOH(aq)$의 부피 : 38 mL

a는? (단, 온도는 25 ℃로 일정하다.) [3점]

① $\frac{1}{10}$ ② $\frac{1}{5}$ ③ $\frac{3}{10}$ ④ $\frac{2}{5}$ ⑤ $\frac{1}{2}$

20 ★★☆

| 2022학년도 9월 평가원 8번 |

다음은 중화 적정 실험이다.

[실험 과정]

(가) x M $CH_3COOH(aq)$ 25 mL에 물을 넣어 100 mL 수용액을 만든다.

(나) 삼각 플라스크에 (가)에서 만든 수용액 40 mL를 넣고, 페놀프탈레인 용액을 2~3 방울 떨어뜨린다.

(다) 0.2 M $NaOH(aq)$을 뷰렛에 넣고 (나)의 삼각 플라스크에 한 방울씩 떨어뜨리면서 삼각 플라스크를 흔들어 준다.

(라) (다)의 삼각 플라스크 속 수용액 전체가 붉게 변하는 순간 적정을 멈추고, 적정에 사용된 $NaOH(aq)$의 부피(V_1)를 측정한다.

(마) 0.2 M $NaOH(aq)$ 대신 y M $NaOH(aq)$을 사용해서 과정 (나)~(라)를 반복하여 적정에 사용된 $NaOH(aq)$의 부피(V_2)를 측정한다.

[실험 결과]

- V_1 : 40 mL, V_2 : 16 mL

$x+y$는? (단, 온도는 25 ℃로 일정하다.) [3점]

① $\frac{7}{10}$ ② $\frac{9}{10}$ ③ $\frac{11}{10}$ ④ $\frac{13}{10}$ ⑤ $\frac{3}{2}$

21 ☆☆☆ | 2022학년도 수능 20번 |

다음은 x M $H_2X(aq)$, 0.2 M $YOH(aq)$, 0.3 M $Z(OH)_2(aq)$의 부피를 달리하여 혼합한 용액 Ⅰ~Ⅲ에 대한 자료이다.

- 수용액에서 H_2X는 H^+과 X^{2-}으로, YOH는 Y^+과 OH^-으로, $Z(OH)_2$는 Z^{2+}과 OH^-으로 모두 이온화된다.

혼합 용액	혼합 전 수용액의 부피(mL)			모든 음이온의 몰 농도(M) 합 (상댓값)
	x M $H_2X(aq)$	0.2 M $YOH(aq)$	0.3 M $Z(OH)_2(aq)$	
Ⅰ	V	20	0	5
Ⅱ	$2V$	$4a$	$2a$	4
Ⅲ	$2V$	a	$5a$	b

- Ⅰ은 산성이다.
- Ⅱ에서 $\frac{\text{모든 양이온의 양(mol)}}{\text{모든 음이온의 양(mol)}} = \frac{3}{2}$이다.
- Ⅱ와 Ⅲ의 부피는 각각 100 mL이다.

$x \times b$는? (단, 혼합 용액의 부피는 혼합 전 각 용액의 부피의 합과 같고, 물의 자동 이온화는 무시하며, X^{2-}, Y^+, Z^{2+}은 반응하지 않는다.) [3점]

① 1 ② 2 ③ 3
④ 4 ⑤ 5

22 ☆☆☆ | 2022학년도 9월 평가원 19번 |

다음은 중화 반응에 대한 실험이다.

[자료]
- 수용액 A와 B는 각각 0.25 M $HY(aq)$과 0.75 M $H_2Z(aq)$ 중 하나이다.
- 수용액에서 $X(OH)_2$는 X^{2+}과 OH^-으로, HY는 H^+과 Y^-으로, H_2Z는 H^+과 Z^{2-}으로 모두 이온화된다.

[실험 과정]
(가) a M $X(OH)_2(aq)$ 10 mL에 수용액 A V mL를 첨가하여 혼합 용액 Ⅰ을 만든다.
(나) Ⅰ에 수용액 B $4V$ mL를 첨가하여 혼합 용액 Ⅱ를 만든다.
(다) a M $X(OH)_2(aq)$ 10 mL에 수용액 A $4V$ mL와 수용액 B V mL를 첨가하여 혼합 용액 Ⅲ을 만든다.

[실험 결과]
- Ⅱ에 존재하는 모든 이온의 몰비는 3 : 4 : 5이다.
- $\frac{\text{Ⅰ에 존재하는 모든 양이온의 몰 농도의 합}}{\text{Ⅲ에 존재하는 모든 양이온의 몰 농도의 합}} = \frac{15}{28}$이다.

$a+V$는? (단, 혼합 용액의 부피는 혼합 전 각 용액의 부피의 합과 같고, 물의 자동 이온화는 무시하며, X^{2+}, Y^-, Z^{2-}은 반응하지 않는다.) [3점]

① $\frac{9}{2}$ ② $\frac{45}{8}$ ③ $\frac{27}{4}$
④ $\frac{63}{8}$ ⑤ 9

23 ★★★ | 2022학년도 6월 평가원 20번 |

다음은 중화 반응에 대한 실험이다.

[자료]

- 수용액 A와 B는 각각 0.4 M $YOH(aq)$과 a M $Z(OH)_2(aq)$ 중 하나이다.
- 수용액에서 H_2X는 H^+과 X^{2-}으로, YOH는 Y^+과 OH^-으로, $Z(OH)_2$는 Z^{2+}과 OH^-으로 모두 이온화된다.

[실험 과정]

(가) 0.3 M $H_2X(aq)$ V mL가 담긴 비커에 수용액 A 5 mL를 첨가하여 혼합 용액 Ⅰ을 만든다.

(나) Ⅰ에 수용액 B 15 mL를 첨가하여 혼합 용액 Ⅱ를 만든다.

(다) Ⅱ에 수용액 B x mL를 첨가하여 혼합 용액 Ⅲ을 만든다.

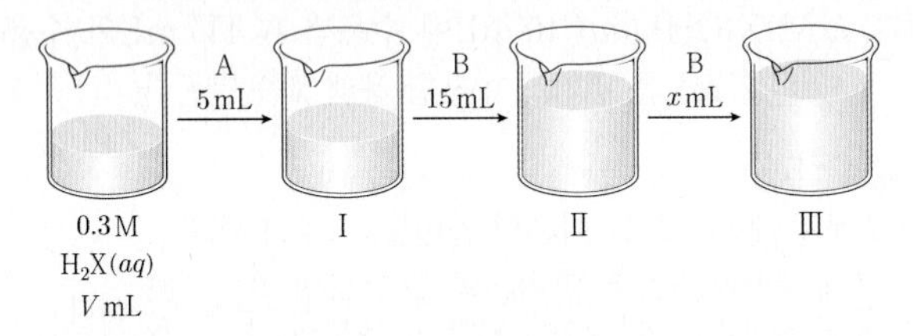

[실험 결과]

- Ⅲ은 중성이다.
- Ⅰ과 Ⅱ에 대한 자료

혼합 용액	Ⅰ	Ⅱ
혼합 용액에 존재하는 모든 이온의 몰 농도의 합(상댓값)	8	5
혼합 용액에서 $\frac{\text{음이온 수}}{\text{양이온 수}}$	$\frac{3}{5}$	$\frac{3}{5}$

$\frac{x}{V} \times a$는? (단, 혼합 용액의 부피는 혼합 전 각 용액의 부피의 합과 같고, 물의 자동 이온화는 무시하며, X^{2-}, Y^+, Z^{2+}은 반응하지 않는다.) [3점]

① $\frac{1}{4}$ ② $\frac{1}{5}$ ③ $\frac{3}{20}$ ④ $\frac{1}{10}$ ⑤ $\frac{1}{20}$

24 ★★☆ | 2021학년도 수능 11번 |

다음은 아세트산 수용액($CH_3COOH(aq)$)의 중화 적정 실험이다.

[실험 과정]

(가) $CH_3COOH(aq)$을 준비한다.

(나) (가)의 수용액 x mL에 물을 넣어 50 mL 수용액을 만든다.

(다) (나)에서 만든 수용액 30 mL를 삼각 플라스크에 넣고 페놀프탈레인 용액을 2~3방울 떨어뜨린다.

(라) (다)의 삼각 플라스크에 0.1 M $NaOH(aq)$을 한 방울씩 떨어뜨리면서 삼각 플라스크를 흔들어 준다.

(마) (라)의 삼각 플라스크 속 수용액 전체가 붉은색으로 변하는 순간 적정을 멈추고 적정에 사용된 $NaOH(aq)$의 부피(V)를 측정한다.

[실험 결과]

- V : y mL
- (가)에서 $CH_3COOH(aq)$의 몰 농도 : a M

a는? (단, 온도는 25 ℃로 일정하다.) [3점]

① $\frac{y}{8x}$ ② $\frac{y}{6x}$ ③ $\frac{2y}{3x}$ ④ $\frac{y}{x}$ ⑤ $\frac{5y}{3x}$

25 ★★☆ | 2021학년도 9월 평가원 9번 |

다음은 아세트산(CH_3COOH) 수용액의 몰 농도(M)를 알아보기 위한 중화 적정 실험이다.

[실험 과정]

(가) $CH_3COOH(aq)$을 준비한다.

(나) (가)의 수용액 10 mL에 물을 넣어 100 mL 수용액을 만든다.

(다) (나)에서 만든 수용액 ㉠ mL를 삼각 플라스크에 넣고 페놀프탈레인 용액을 몇 방울 떨어뜨린다.

(라) 그림과 같이 ㉡ 에 들어 있는 0.2 M $NaOH(aq)$을 (다)의 삼각 플라스크에 한 방울씩 떨어뜨리면서 삼각 플라스크를 흔들어준다.

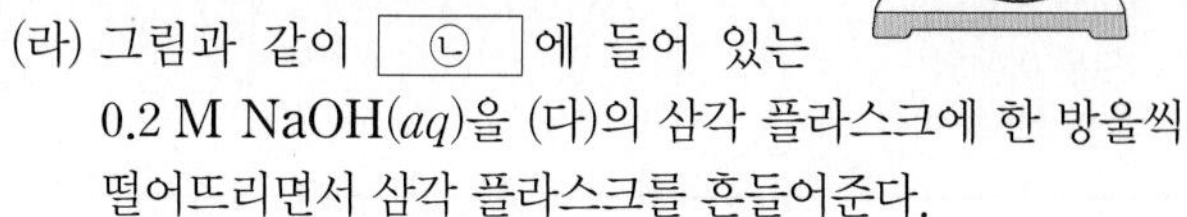

(마) (라)의 삼각 플라스크 속 수용액 전체가 붉은색으로 변하는 순간 적정을 멈추고 적정에 사용된 $NaOH(aq)$의 부피(V)를 측정한다.

[실험 결과]

- V : 10 mL
- (가)에서 $CH_3COOH(aq)$의 몰 농도 : 1.0 M

다음 중 ㉠과 ㉡으로 가장 적절한 것은? (단, 온도는 25 ℃로 일정하다.) [3점]

	㉠	㉡		㉠	㉡
①	2	뷰렛	②	2	피펫
③	20	뷰렛	④	20	피펫
⑤	40	뷰렛			

26 ★★★ | 2021학년도 수능 19번 |

다음은 중화 반응에 대한 실험이다.

[자료]

- 수용액에서 H_2A는 H^+과 A^{2-}으로, HB는 H^+과 B^-으로 모두 이온화된다.

[실험 과정]

(가) x M $NaOH(aq)$, y M $H_2A(aq)$, y M $HB(aq)$을 각각 준비한다.

(나) 3개의 비커에 각각 $NaOH(aq)$ 20 mL를 넣는다.

(다) (나)의 3개의 비커에 각각 $H_2A(aq)$ V mL, $HB(aq)$ V mL, $HB(aq)$ 30 mL를 첨가하여 혼합 용액 Ⅰ~Ⅲ을 만든다.

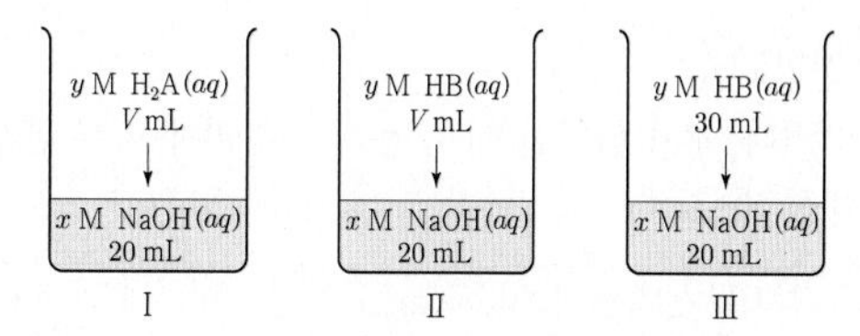

[실험 결과]

- 혼합 용액 Ⅰ~Ⅲ에 존재하는 이온의 종류와 이온의 몰 농도(M)

이온의 종류		W	X	Y	Z
이온의 몰 농도(M)	Ⅰ	$2a$	0	$2a$	$2a$
	Ⅱ	$2a$	$2a$	0	0
	Ⅲ	a	b	0	0.2

$\frac{b}{a} \times (x+y)$는? (단, 혼합 용액의 부피는 혼합 전 각 용액의 부피의 합과 같고, 물의 자동 이온화는 무시한다.) [3점]

① 2　　② 3　　③ 4　　④ 5　　⑤ 6

27 ☆☆☆

| 2021학년도 9월 평가원 20번 |

다음은 중화 반응에 대한 실험이다.

[자료]

- ㉠과 ㉡은 각각 $HA(aq)$과 $H_2B(aq)$ 중 하나이다.
- 수용액에서 HA는 H^+과 A^-으로, H_2B는 H^+과 B^{2-}으로 모두 이온화된다.

[실험 과정]

(가) $NaOH(aq)$, $HA(aq)$, $H_2B(aq)$을 각각 준비한다.

(나) $NaOH(aq)$ 10 mL에 x M ㉠을 조금씩 첨가한다.

(다) $NaOH(aq)$ 10 mL에 x M ㉡을 조금씩 첨가한다.

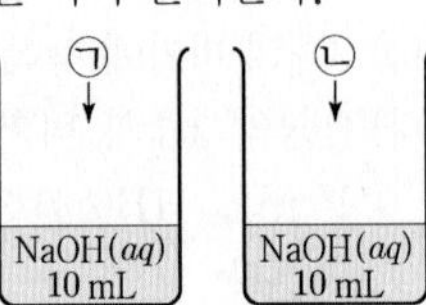

[실험 결과]

- (나)와 (다)에서 첨가한 산 수용액의 부피에 따른 혼합 용액에 대한 자료

첨가한 산 수용액의 부피(mL)		0	V	$2V$	$3V$
혼합 용액에 존재하는 모든 이온의 몰 농도(M)의 합	(나)	1	$\frac{1}{2}$		$\frac{1}{2}$
	(다)	1	$\frac{3}{5}$	a	y

- $a<\frac{3}{5}$이다.

y는? (단, 혼합 용액의 부피는 혼합 전 용액의 부피의 합과 같고, 물의 자동 이온화는 무시한다.) [3점]

① $\frac{1}{6}$　② $\frac{1}{5}$　③ $\frac{1}{4}$　④ $\frac{1}{3}$　⑤ $\frac{1}{2}$

28 ☆☆☆

| 2021학년도 6월 평가원 20번 |

표는 0.2 M $H_2A(aq)$ x mL와 y M 수산화 나트륨 수용액($NaOH(aq)$)의 부피를 달리하여 혼합한 용액 (가)~(다)에 대한 자료이다.

용액	(가)	(나)	(다)
$H_2A(aq)$의 부피(mL)	x	x	x
$NaOH(aq)$의 부피(mL)	20	30	60
pH		1	
용액에 존재하는 모든 이온의 몰 농도(M) 비			㉠

(다)에서 ㉠에 해당하는 이온의 몰 농도(M)는? (단, 혼합 용액의 부피는 혼합 전 각 용액의 부피의 합과 같고, 혼합 전과 후의 온도 변화는 없다. H_2A는 수용액에서 H^+과 A^{2-}으로 모두 이온화되고, 물의 자동 이온화는 무시한다.) [3점]

① $\frac{1}{35}$　② $\frac{1}{30}$　③ $\frac{1}{25}$　④ $\frac{1}{20}$　⑤ $\frac{1}{15}$

29 ★★★
| 2020학년도 수능 18번 |

다음은 중화 반응 실험이다.

[실험 과정]

(가) $HCl(aq)$, $NaOH(aq)$, $KOH(aq)$을 준비한다.

(나) $HCl(aq)$ 10 mL를 비커에 넣는다.

(다) (나)의 비커에 $NaOH(aq)$ 5 mL를 조금씩 넣는다.

(라) (다)의 비커에 $KOH(aq)$ 10 mL를 조금씩 넣는다.

[실험 결과]

- (다)와 (라) 과정에서 첨가한 용액의 부피에 따른 혼합 용액의 단위 부피당 전체 이온 수

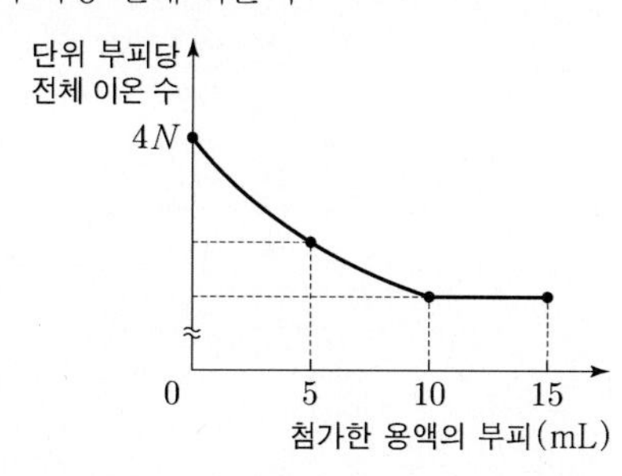

(다) 과정 후 혼합 용액의 단위 부피당 H^+ 수는? (단, 혼합 용액의 부피는 혼합 전 각 용액의 부피의 합과 같다.) [3점]

① $\frac{1}{3}N$ ② $\frac{1}{2}N$ ③ $\frac{2}{3}N$ ④ N ⑤ $\frac{4}{3}N$

30 ★★☆
| 2020학년도 9월 평가원 18번 |

다음은 중화 반응 실험이다.

[실험 과정]

(가) $HCl(aq)$, $NaOH(aq)$, $KOH(aq)$을 준비한다.

(나) $HCl(aq)$ V mL가 담긴 비커에 $NaOH(aq)$ V mL를 넣는다.

(다) (나)의 비커에 $NaOH(aq)$ V mL를 넣는다.

(라) (다)의 비커에 $KOH(aq)$ $2V$ mL를 넣는다.

[실험 결과]

- (라) 과정 후 혼합 용액에 존재하는 양이온의 종류는 2가지이다.
- (다)와 (라) 과정 후 혼합 용액에 존재하는 양이온 수 비

과정	(다)	(라)
양이온 수 비	1 : 1	1 : 2

이에 대한 설명으로 옳은 것만을 <보기>에서 있는 대로 고른 것은? (단, 혼합 용액의 부피는 혼합 전 각 용액의 부피의 합과 같다.) [3점]

보기

ㄱ. (나) 과정 후 Na^+ 수와 H^+ 수 비는 1 : 3이다.

ㄴ. (라) 과정 후 용액은 중성이다.

ㄷ. 혼합 용액의 단위 부피당 전체 이온 수 비는 (나) 과정 후와 (다) 과정 후가 3 : 2이다.

① ㄱ ② ㄴ ③ ㄱ, ㄷ ④ ㄴ, ㄷ ⑤ ㄱ, ㄴ, ㄷ

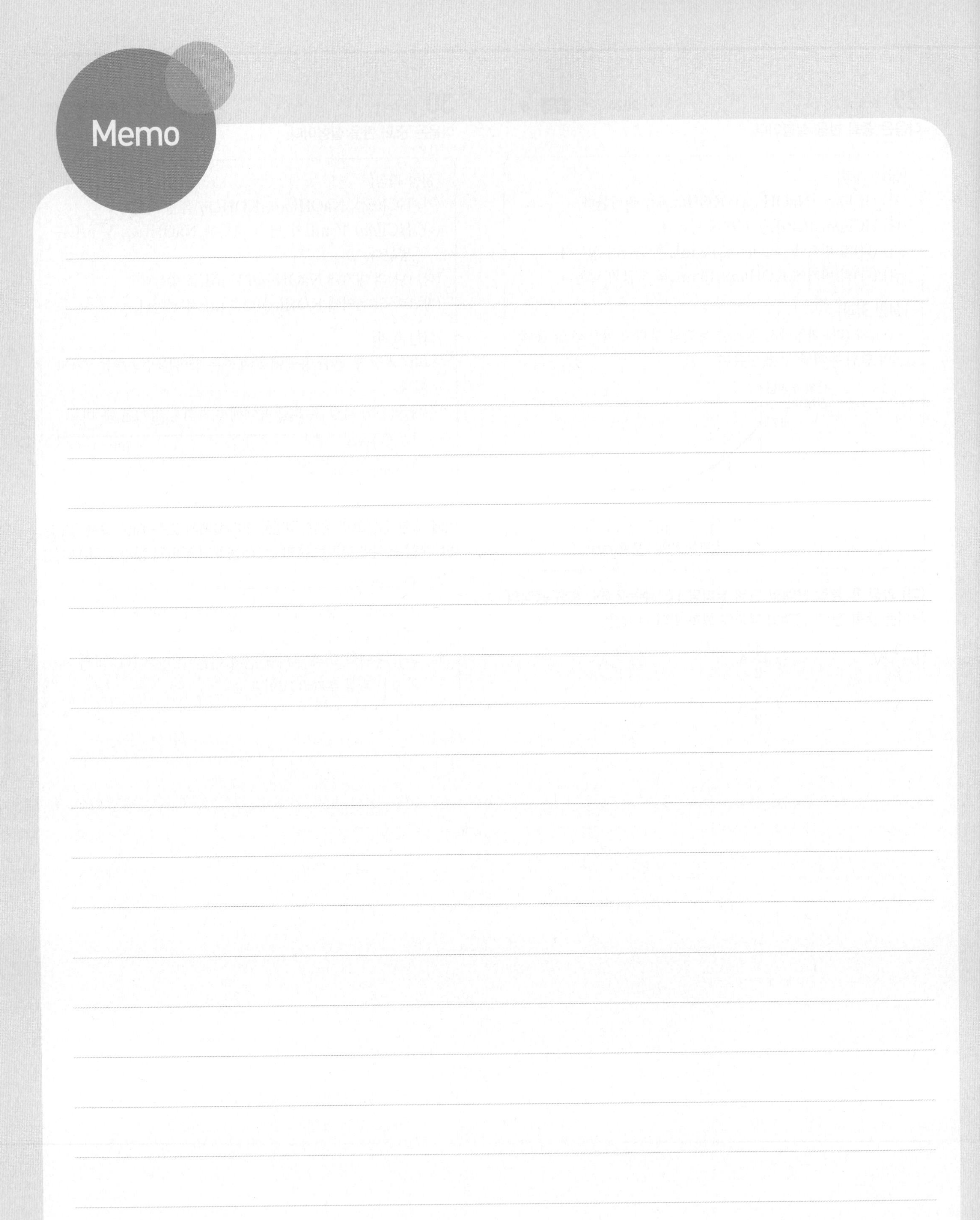
Memo

화학 I

Bible of Science

기출의 바이블

고난도편 정답 및 해설

02 화학식량과 몰

선택지 비율	❶ 70%	② 3%	③ 13%	④ 6%	⑤ 8%

1 화학식량과 몰

2024년 10월 교육청 13번 | 정답 ① | 문제편 7p

출제 의도 기체 분자의 구성 원자 수, 질량, 부피의 관계를 분석할 수 있는지 묻는 문항이다.

문제 분석

다음은 실린더 (가)와 (나)에 들어 있는 $XY_n(g)$와 $X_2Y_n(g)$의 혼합 기체에 대한 자료이다. (가)와 (나)에 들어 있는 기체의 온도와 압력은 같다.

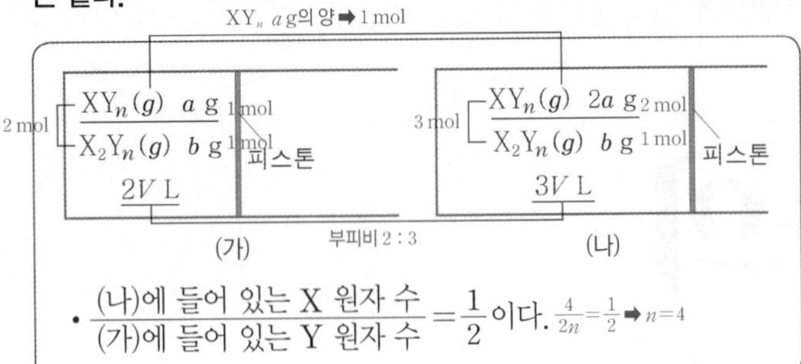

• $\dfrac{\text{(나)에 들어 있는 X 원자 수}}{\text{(가)에 들어 있는 Y 원자 수}} = \dfrac{1}{2}$이다. $\frac{4}{2n}=\frac{1}{2}$ ➡ $n=4$

이에 대한 옳은 설명만을 〈보기〉에서 있는 대로 고른 것은? (단, X와 Y는 임의의 원소 기호이다.)

〈보기〉

ㄱ. (가)에서 $XY_n(g)$와 $X_2Y_n(g)$의 양(mol)은 같다. (몰비 1 : 1)

ㄴ. $n=2$이다. (→ 4)

ㄷ. $\dfrac{X_2Y_n\ 1\,g\text{에 들어 있는 분자 수}}{XY_n\ 1\,g\text{에 들어 있는 분자 수}} = \dfrac{b}{a}$이다. (→ $\frac{a}{b}$) 분자량비 $XY_n : X_2Y_n = a : b$

① ㄱ ② ㄴ ③ ㄱ, ㄷ ④ ㄴ, ㄷ ⑤ ㄱ, ㄴ, ㄷ

✓ 자료 해석

• 온도와 압력이 일정할 때 기체의 부피와 양(mol)은 비례하므로 (가)에 들어 있는 전체 기체의 양(mol)을 2라고 하면, (나)에 들어 있는 전체 기체의 양(mol)은 3이다.

• (가) → (나)에서 증가한 기체는 XY_n a g이라고 할 수 있으므로 XY_n a g의 양은 1 mol이다.

• XY_n a g의 양은 1 mol이므로 (가)에 들어 있는 XY_n, X_2Y_n의 양(mol)은 각각 1이고, (나)에 들어 있는 XY_n, X_2Y_n의 양(mol)은 각각 2, 1이다.

• (가)에 들어 있는 Y 원자의 양(mol)은 $2n$이고, (나)에 들어 있는 X 원자의 양(mol)은 4이므로 $\dfrac{\text{(나)에 들어 있는 X 원자 수}}{\text{(가)에 들어 있는 Y 원자 수}} = \dfrac{4}{2n} = \dfrac{1}{2}$이 성립하여 $n=4$이다.

○ 보기풀이 ㄱ. (가)에 들어 있는 XY_n, X_2Y_n의 양(mol)을 각각 1이라고 할 수 있으므로 $XY_n(g)$, $X_2Y_n(g)$의 양(mol)은 같다.

× 매력적 오답 ㄴ. $n=4$이다.

ㄷ. (가)에서 XY_n a g과 X_2Y_n b g의 양(mol)이 같으므로 분자량비는 $XY_n : X_2Y_n = a : b$이다. 분자량과 분자 1 g에 들어 있는 분자 수는 반비례하므로 1 g에 들어 있는 분자 수의 비는 $XY_n : X_2Y_n = b : a$이다.

따라서 $\dfrac{X_2Y_n\ 1\,g\text{에 들어 있는 분자 수}}{XY_n\ 1\,g\text{에 들어 있는 분자 수}} = \dfrac{a}{b}$이다.

문제풀이 Tip

k, N 등의 비례 상수를 사용하여 (가)에서 XY_n, X_2Y_n의 양(mol)을 정하는 것이 옳지만, 상수를 사용하지 않고 1로 정해도 결과에는 변화가 없다. 문제에 미지수가 여러 개 있는 경우 최소한의 미지수로 문제를 푸는 것이 좋으므로 미지수로 잡아야 하는 경우와 미지수로 잡지 않고 숫자로 정해도 되는 경우를 잘 판단한다.

2 화학식량과 몰

출제 의도 기체 분자의 구성 원자 수, 질량, 부피, 원자량의 관계를 분석할 수 있는지 묻는 문항이다.

문제 분석

표는 t ℃, 1기압에서 실린더 (가)~(다)에 들어 있는 기체에 대한 자료이다. ① 부피비 (가) : (나) : (다)$=2a : 4a : \frac{5}{2}a=4 : 8 : 5$

실린더	기체의 종류 (양(mol))	$\frac{\text{Y 원자 수}}{\text{X 원자 수}}$	Y 원자 수 (상댓값)	전체 기체의 밀도 (상댓값)
(가)	X_2Y_2 $2a$	1 $\frac{4a}{4a}$	1 $4a$	13
(나)	X_2Y_2, Y_2Z (a, $3a$)	4 $\frac{8a}{2a}$	2 $8a$	10
(다)	XZ, Y_2Z ($\frac{1}{2}a$, $2a$)	8 $\frac{4a}{\frac{1}{2}a}$	1 $4a$	10

② 밀도비 13 : 10 : 10
➡ 질량비 (①×②) $(4\times13) : (8\times10) : (5\times10)=26 : 40 : 25$

이에 대한 설명으로 옳은 것만을 〈보기〉에서 있는 대로 고른 것은? (단, X~Z는 임의의 원소 기호이고, 모든 기체는 반응하지 않는다.) [3점]

보기

ㄱ. 실린더 속 기체의 부피는 (다)가 (가)보다 크다. (가) : (나) : (다)$=4 : 8 : 5$

ㄴ. (가)~(다) 중 전체 기체의 질량은 (나)가 가장 크다. (가) : (나) : (다)$=26 : 40 : 25$

ㄷ. $\frac{\text{X의 원자량}}{\text{Z의 원자량}}=\frac{3}{4}$이다. 분자량비 $X_2Y_2 : Y_2Z : XZ=\frac{26}{2a} : \frac{40-13}{3a} : \frac{25-18}{\frac{a}{2}}=13 : 9 : 14$

➡ 원자량비 $X : Y : Z=12 : 1 : 16$

① ㄱ ② ㄷ ③ ㄱ, ㄴ ④ ㄴ, ㄷ ⑤ ㄱ, ㄴ, ㄷ

✓ 자료 해석

- 전체 기체의 질량$=$전체 기체의 밀도$\times$부피
- (나)에서 X_2Y_2, Y_2Z의 분자 수를 각각 a, b라고 하면 $\frac{\text{Y 원자 수}}{\text{X 원자 수}}=\frac{2a+2b}{2a}=4$이므로 $b=3a$이다.
- (나)에서 Y 원자 수는 $2a+6a=8a$인데, Y 원자 수 비가 (가) : (나)$=1 : 2$이므로 (가)에서 Y 원자 수는 $4a$이다. 따라서 (가)에서 X_2Y_2의 분자 수는 $2a$이다.
- (다)에서 Y 원자 수가 $4a$이므로 Y_2Z의 분자 수는 $2a$이며, $\frac{\text{Y 원자 수}}{\text{X 원자 수}}=8$이므로 XZ의 분자 수는 $\frac{1}{2}a$이다. 따라서 분자 수 비는 (가) : (나) : (다)$=2a : 4a : \frac{5}{2}a=4 : 8 : 5$이다.

보기풀이 ㄱ. 일정한 온도와 압력에서 기체의 부피는 양(mol)에 비례하므로 실린더에 들어 있는 기체의 부피비는 (가) : (나) : (다)$=4 : 8 : 5$이다.

ㄴ. 전체 기체의 밀도비는 (가) : (나) : (다)$=13 : 10 : 10$이므로 전체 기체의 질량비는 (가) : (나) : (다)$=(4\times13) : (8\times10) : (5\times10)=26 : 40 : 25$이다.

ㄷ. (가)~(다)에 들어 있는 전체 기체의 질량(g)을 26, 40, 25라고 하면, X_2Y_2 $2a$개의 질량(g)이 26, Y_2Z $3a$개의 질량(g)이 $40-13=27$, XZ $\frac{1}{2}a$개의 질량(g)이 $25-18=7$이므로 분자량비는 $X_2Y_2 : Y_2Z : XZ=\frac{26}{2a} : \frac{27}{3a} : \frac{7}{\frac{1}{2}a}=13 : 9 : 14$이다. 따라서 원자량비는 $X : Y : Z=12 : 1 : 16$이고, $\frac{\text{X의 원자량}}{\text{Z의 원자량}}=\frac{12}{16}=\frac{3}{4}$이다.

문제풀이 Tip

(나)에서 $\frac{\text{Y 원자 수}}{\text{X 원자 수}}=4$이므로 기체의 몰비는 $X_2Y_2 : Y_2Z=1 : 3$이고, (다)에서 $\frac{\text{Y 원자 수}}{\text{X 원자 수}}=8$이므로 기체의 몰비는 $XZ : Y_2Z=1 : 4$이다. 그런데 Y 원자 수 비가 (가) : (나) : (다)$=1 : 2 : 1$이므로 (가)~(다)에 들어 있는 기체의 양(mol)을 각각 $2a$, $4a$, $2.5a$라고 하면, 기체의 양(mol)은 (나)에서 X_2Y_2 a, Y_2Z $3a$이고 (다)에서 XZ $0.5a$, Y_2Z $2a$이다.

선택지 비율	① 10%	❷ 59%	③ 7%	④ 18%	⑤ 6%

3 화학식량과 몰

2024년 5월 교육청 15번 | 정답 ② | 문제편 7 p

출제 의도 1 g당 전체 분자 수와 부피를 이용하여 혼합 기체의 조성을 구할 수 있는지 묻는 문항이다.

문제 분석

다음은 t ℃, 1기압에서 실린더 (가)와 (나)에 들어 있는 기체에 대한 자료이다.

실린더	기체 양(mol)	부피	1 g당 전체 분자 수
(가)	N_2O_2 1	V (1 : 2)	$3N$ ㉠ $\frac{1}{60}$
(나)	NO_2, N_2O (x, $2-x$)	$2V$	$4N$ ㉡ $\frac{2}{46x+44(2-x)}$

3 : 4 ➡ $x=1$

• ㉠과 ㉡은 서로 다르며, 각각 $3N$과 $4N$ 중 하나이다.

$\dfrac{\text{(나) 속 } N_2O(g)\text{의 질량}}{\text{(가) 속 } N_2O_2(g)\text{의 질량}}$은? (단, N, O의 원자량은 각각 14, 16이다.) [3점] (1 mol / 1 mol)

① $\frac{5}{8}$ ② $\frac{11}{15}$ ③ $\frac{11}{10}$ ④ $\frac{23}{20}$ ⑤ $\frac{6}{5}$

✓ 자료 해석

• (가)에는 N_2O_2만 들어 있고 (나)에는 NO_2와 N_2O의 혼합 기체가 들어 있는데, 3가지 기체 중 N_2O_2의 분자량이 가장 크므로 1 g당 전체 분자 수는 (가)<(나)이다. 따라서 ㉠, ㉡은 각각 $3N$, $4N$이다.

• 실린더에 들어 있는 기체의 부피비는 (가) : (나)=1 : 2이고, 일정한 온도와 압력에서 기체의 양(mol)은 부피에 비례하므로 기체의 몰비는 1 : 2이다.

• (가), (나)에 들어 있는 기체의 양(mol)을 각각 1, 2라고 하고, (나)에서 NO_2, N_2O의 양(mol)을 각각 x, $2-x$라고 하면, (가), (나)에 들어 있는 기체의 질량(g)은 각각 60, $46x+44(2-x)$이다.

○ 보기 풀이 1 g당 전체 분자 수 비는 (가) : (나)$=\frac{1}{60} : \frac{2}{46x+44(2-x)}$ $=3:4$가 성립하여 $x=1$이다. 따라서 $\dfrac{\text{(나) 속 } N_2O\text{의 질량}}{\text{(가) 속 } N_2O_2\text{의 질량}}=\frac{44}{60}=\frac{11}{15}$이다.

문제풀이 Tip

㉠, ㉡이 각각 $4N$, $3N$일 때는 (나)에 들어 있는 N_2O의 양(mol)이 음수가 되므로 적절하지 않다.

선택지 비율	① 9%	② 19%	③ 22%	④ 25%	❺ 25%

4 화학식량과 몰

2024년 3월 교육청 18번 | 정답 ⑤ | 문제편 7 p

출제 의도 기체 분자의 구성 원자 수, 질량, 부피, 원자량의 관계를 분석할 수 있는지 묻는 문항이다.

문제 분석

다음은 t ℃, 1기압에서 실린더 (가)와 (나)에 들어 있는 기체에 대한 자료이다.

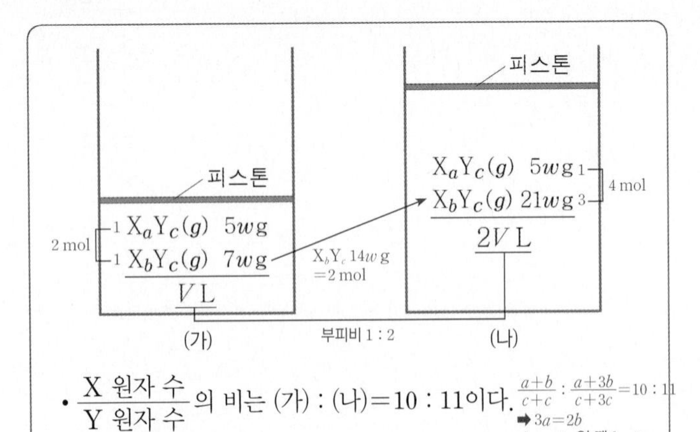

• $\dfrac{\text{X 원자 수}}{\text{Y 원자 수}}$의 비는 (가) : (나)=10 : 11이다. $\frac{a+b}{c+c} : \frac{a+3b}{c+3c}=10:11$ ➡ $3a=2b$ ➡ $a=2n$일 때 $b=3n$

• 전체 원자 수의 비는 (가) : (나)=17 : 35이다. $(2n+c+3n+c):(2n+c+9n+3c)=17:35$ ➡ $c=6n$ ➡ $a:b:c=2:3:6$

$\dfrac{a}{b}\times\dfrac{\text{X의 원자량}}{\text{Y의 원자량}}$은? (단, X와 Y는 임의의 원소 기호이다.) [3점]

① 1 ② 2 ③ 4 ④ 6 ⑤ 8

✓ 자료 해석

• 일정한 온도와 압력에서 기체의 양(mol)은 부피에 비례한다.

• 실린더에 들어 있는 전체 기체의 부피비가 (가) : (나)=1 : 2이므로 (가), (나)에 들어 있는 전체 기체의 양(mol)을 각각 2, 4라고 하면 (가) → (나)에서 증가한 X_bY_c $14w$ g의 양은 2 mol이다.

• X_bY_c $14w$ g의 양은 2 mol이므로 (가)에서 X_aY_c, X_bY_c의 양(mol)은 각각 1이며, (나)에서 X_aY_c, X_bY_c의 양(mol)은 각각 1, 3이다.

• $\dfrac{\text{X 원자 수}}{\text{Y 원자 수}}$의 비는 (가) : (나)$=\frac{a+b}{c+c} : \frac{a+3b}{c+3c}=10:11$이므로 $3a=2b$이다. a, b를 각각 $2n$, $3n$이라고 하면 전체 원자 수의 비는 (가) : (나)$=(2n+c+3n+c):(2n+c+9n+3c)=17:35$이므로 $c=6n$이다.

○ 보기 풀이 (가)에서 X_aY_c, X_bY_c의 양(mol)이 각각 1이고, 질량(g)이 각각 $5w$, $7w$이므로 X_aY_c, X_bY_c의 분자량은 각각 $5w$, $7w$이다. 이때 a~c가 각각 $2n$, $3n$, $6n$이고, $X_{2n}Y_{6n}$, $X_{3n}Y_{6n}$의 분자량이 각각 $5w$, $7w$이므로 원자량비는 X : Y=12 : 1이다. 따라서 $\frac{a}{b}\times\dfrac{\text{X의 원자량}}{\text{Y의 원자량}}=\frac{2}{3}\times\frac{12}{1}=8$이다.

문제풀이 Tip

(가)에서 X_aY_c, X_bY_c의 양(mol)을 각각 m, n이라고 하면 (나)에서 X_aY_c, X_bY_c의 양(mol)은 각각 m, $3n$이다. 실린더에 들어 있는 전체 기체의 몰비가 (가) : (나)=1 : 2이므로 $m+n : m+3n=1:2$가 성립하여 $m=n$이다. 따라서 (가)에서 X_aY_c, X_bY_c의 양(mol)은 같다.

선택지 비율	① 6%	② 10%	③ 9%	❹ 68%	⑤ 6%

5 화학식량과 몰

2023년 10월 교육청 10번 | 정답 ④ | 문제편 8p

출제 의도 물질의 질량과 부피, 양(mol), 원자량의 관계를 분석할 수 있는지 묻는 문항이다.

문제 분석

표는 t ℃, 1 atm에서 $AB(g)$와 $AB_2(g)$에 대한 자료이다. (기체의 부피∝양(mol); 전체 원자 수: 분자 수×구성 원자 수)

기체	부피(L)	전체 원자 수	질량(g)
AB	1	N	$14w$
AB_2	x $\frac{1}{2}$	$\frac{3}{4}N$	$11w$

구성 원자 수 비 2 : 3 / 전체 원자 수 4 : 3 / 질량 14 : 11 / 분자 수 비 2 : 1 ➡ 부피비

이에 대한 옳은 설명만을 〈보기〉에서 있는 대로 고른 것은? (단, A, B는 임의의 원소 기호이다.) [3점]

〈보기〉

ㄱ. $x=2$이다. ($\frac{1}{2}$; 2 : 1=1 : x)

ㄴ. 원자량은 B>A이다. (분자량비 AB : AB_2=7 : 11 ➡ 원자량비 A : B=3 : 4)

ㄷ. 1 g에 들어 있는 A 원자 수는 AB>AB_2이다. (A 원자 수 동일 ➡ 분자량에 반비례)

① ㄱ ② ㄷ ③ ㄱ, ㄴ ④ ㄴ, ㄷ ⑤ ㄱ, ㄴ, ㄷ

✔ 자료 해석

- 아보가드로 법칙 : 모든 기체는 같은 온도와 압력에서 같은 부피 속에 같은 수의 분자가 들어 있다.
- 전체 원자 수=분자 수×분자의 구성 원자 수
- AB에 들어 있는 전체 원자 수가 N이므로 AB의 분자 수는 $\frac{N}{2}$이다.
- AB_2에 들어 있는 전체 원자 수가 $\frac{3}{4}N$이므로 AB_2의 분자 수는 $\frac{N}{4}$이다.
- 분자 수 비는 AB : AB_2=2 : 1이고, 질량비는 AB : AB_2=14 : 11이므로 분자량비는 AB : $AB_2=\frac{14}{2}:\frac{11}{1}$=7 : 11이다.

○ 보기풀이 ㄴ. 분자량비는 AB : AB_2=7 : 11이므로 원자량비는 A : B=3 : 4이고, B>A이다.

ㄷ. 분자량이 AB<AB_2이므로 1 g에 들어 있는 분자 수는 AB>AB_2이다. AB, AB_2의 분자당 A 원자 수는 각각 1로 같으므로 1 g에 들어 있는 A 원자 수는 AB>AB_2이다.

× 매력적 오답 ㄱ. 분자 수 비가 AB : AB_2=2 : 1이므로 부피비는 AB : AB_2=2 : 1=1 : x이다. 따라서 $x=\frac{1}{2}$이다.

문제풀이 Tip

같은 온도와 압력에서 기체의 부피는 양(mol)에 비례하므로 기체의 부피는 분자 수에 비례한다. 전체 원자 수는 분자 수와 분자의 구성 원자 수를 곱한 것이고, 전체 원자 수 비는 AB : AB_2=4 : 3, 분자의 구성 원자 수 비는 AB : AB_2=2 : 3이므로 분자 수 비는 AB : AB_2=2 : 1이며, 이는 부피비와 같다.

선택지 비율	① 6%	② 11%	❸ 50%	④ 19%	⑤ 14%

6 화학식량과 몰

2023년 7월 교육청 18번 | 정답 ③ | 문제편 8p

(출제 의도) 분자량, 구성 원소의 질량비, 단위 질량당 전체 원자 수를 이용하여 분자식을 구할 수 있는지 묻는 문항이다.

(문제 분석)

표는 원소 X와 Y로 이루어진 기체 (가)~(다)에 대한 자료이다. (가)~(다)의 분자당 구성 원자 수는 5 이하이다.

=단위 질량당 분자 수×구성 원자 수

기체	분자량	$\frac{\text{Y의 질량}}{\text{X의 질량}}$(상댓값)	단위 질량당 전체 원자 수 (상댓값)
XY_2(가)	x 46	4	22
X_2Y(나)	44	1	23
X_2Y_3(다)	76	3	

($\frac{\text{Y 원자 수}}{\text{X 원자 수}}$비 =4:1:3)

이에 대한 설명으로 옳은 것만을 〈보기〉에서 있는 대로 고른 것은? (단, X와 Y는 임의의 원소 기호이다.) [3점]

보기

ㄱ. Y의 원자량은 16이다. X의 원자량은 14

ㄴ. (나)의 분자식은 ~~XY~~이다. X_2Y

ㄷ. $x=46$이다. (가)의 분자식은 XY_2 ➡ $14+16\times2=46$

① ㄱ ② ㄴ ③ ㄱ, ㄷ ④ ㄴ, ㄷ ⑤ ㄱ, ㄴ, ㄷ

✓ 자료 해석

• 단위 질량당 분자 수$=\frac{\text{단위 질량당 전체 원자 수}}{\text{구성 원자 수}}=\frac{1}{\text{분자량}}$

• $\frac{\text{Y의 질량}}{\text{X의 질량}}$의 비는 $\frac{\text{Y 원자 수}}{\text{X 원자 수}}$의 비에 비례하므로 $\frac{\text{Y 원자 수}}{\text{X 원자 수}}$의 비는 (가) : (나) : (다)=4 : 1 : 3이다.

• (가)~(다)의 분자당 구성 원자 수는 5 이하이고, $\frac{\text{Y 원자 수}}{\text{X 원자 수}}$의 비가 4 : 1 : 3이므로 (가)~(다)를 각각 XY_4, XY, XY_3로 가정한다. 단위 질량당 분자 수 비는 (가) : (나)$=\frac{22}{5}:\frac{23}{2}$=44 : 115이고, 이는 분자량에 반비례하므로 분자량비는 (가) : (나)=115 : 44이다. (나)와 (다)의 분자량이 각각 44, 76이므로 X, Y의 원자량은 각각 28, 16인데, (가)에 대입하면 분자량이 92가 되어 적절하지 않다. (나)를 $\frac{\text{Y 원자 수}}{\text{X 원자 수}}=1$인 X_2Y_2로 하더라도 XY와 마찬가지로 적절하지 않다.

• 그 결과 (가)~(다)는 각각 XY_2, X_2Y, X_2Y_3이다. 단위 질량당 분자 수 비는 (가) : (나)$=\frac{22}{3}:\frac{23}{3}$=22 : 23이므로 분자량비는 (가) : (나)=23 : 22이고, (나)의 분자량이 44이므로 (가)의 분자량 $x=46$이다. 따라서 X, Y의 원자량은 각각 14, 16이다.

○ 보기 풀이 ㄱ. X와 Y의 원자량은 각각 14, 16이다.

ㄷ. (가)의 분자식은 XY_2이므로 (가)의 분자량 $x=14+16\times2=46$이다.

× 매력적 오답 ㄴ. (나)의 분자식은 X_2Y이다.

문제풀이 Tip

단위 질량당 분자 수는 단위 질량당 전체 원자 수를 구성 원자 수로 나눈 값이며, 이는 분자량에 반비례한다. 또한 $\frac{\text{Y의 질량}}{\text{X의 질량}}$의 비는 $\frac{\text{Y 원자 수}}{\text{X 원자 수}}$의 비에 비례하므로 이를 이용하여 분자식을 구성할 수 있다.

선택지 비율	① 11%	❷ 41%	③ 14%	④ 28%	⑤ 7%

7 화학식량과 몰

2023년 4월 교육청 15번 | 정답 ② | 문제편 8 p

출제 의도 기체의 양(mol)과 부피, 질량의 관계를 이해하는지 묻는 문항이다.

문제 분석

그림 (가)는 실린더에 $C_aH_4(g)$, $C_4H_{10}(g)$의 혼합 기체 w g이 들어 있는 것을, (나)는 (가)의 실린더에 $C_2H_6(g)$ w g이 첨가된 것을 나타낸 것이다. 1 g당 C의 질량은 (가)에서와 (나)에서가 같다.

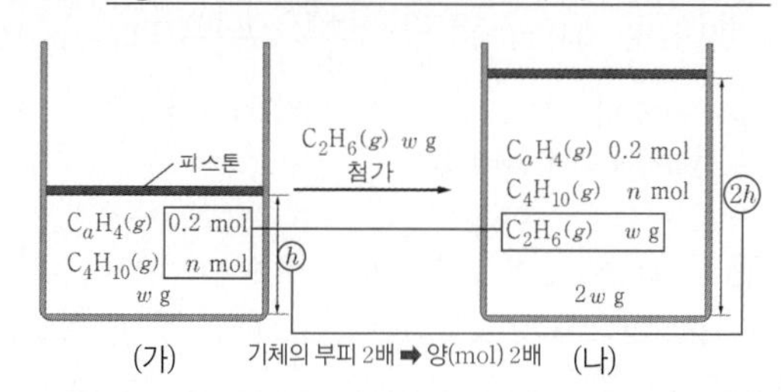

w는? (단, H, C의 원자량은 각각 1, 12이고, 실린더 속 기체의 온도와 압력은 일정하며, 모든 기체는 반응하지 않는다.) [3점] 기체의 부피 ∝ 기체의 양(mol)

① 8 ② 9 ③ 10 ④ 12 ⑤ 15

✓ 자료 해석

- 같은 온도와 압력에서 기체의 부피는 기체의 양(mol)에 비례하는데, 기체의 부피는 (나)가 (가)의 2배이므로 첨가한 C_2H_6 w g의 양은 $(0.2+n)$ mol이다.
- 첨가한 C_2H_6 w g의 양은 $(0.2+n)$ mol이고, 1 g당 C의 질량은 (가)와 (나)가 같으므로 $(0.2\times a)+(n\times 4)=(0.2+n)\times 2$가 성립한다. (가)에 들어 있는 기체의 질량과 첨가한 기체의 질량이 w g으로 같으므로 $\{0.2\times(12a+4)\}+(n\times 58)=(0.2+n)\times 30$이 성립하며, 두 식을 연립하면 $a=1$, $n=0.1$이다.

ㅇ 보기 풀이 $n=0.1$이고, C_2H_6 0.3 mol의 질량이 w g이므로 $w=30\times 0.3=9$이다.

문제풀이 Tip

기체의 부피는 (나)가 (가)의 2배이므로 전체 기체의 양(mol)은 (나)가 (가)의 2배임을 알아차릴 수 있어야 한다.

선택지 비율	① 13%	② 11%	③ 25%	❹ 41%	⑤ 10%

8 화학식량과 몰

2023년 3월 교육청 18번 | 정답 ④ | 문제편 8 p

출제 의도 기체의 양(mol)과 밀도, 분자량의 관계를 이해하는지 묻는 문항이다.

문제 분석

그림은 $X_aY_{2a}(g)$ N mol이 들어 있는 실린더에 $X_bY_{2a}(g)$를 조금씩 넣었을 때 $X_bY_{2a}(g)$의 양(mol)에 따른 혼합 기체의 밀도를 나타낸 것이다. $\dfrac{X_bY_{2a}\ 1\text{ g에 들어 있는 X 원자 수}}{X_aY_{2a}\ 1\text{ g에 들어 있는 X 원자 수}}=\dfrac{21}{22}$이다. ∝분자량

$\dfrac{\frac{b}{11}}{\frac{a}{14}}=\dfrac{21}{22}$ ➡ $3a=4b$

$\dfrac{b}{a}\times\dfrac{\text{X의 원자량}}{\text{Y의 원자량}}$은? (단, X, Y는 임의의 원소 기호이고, 두 기체는 반응하지 않으며, 실린더 속 기체의 온도와 압력은 일정하다.) [3점] 기체의 부피 ∝ 양(mol)

① $\dfrac{3}{4}$ ② 1 ③ $\dfrac{7}{6}$ ④ 9 ⑤ 16

✓ 자료 해석

- 같은 온도와 압력에서 기체의 밀도는 분자량에 비례한다.
- 같은 온도와 압력에서 기체의 부피는 기체의 양(mol)에 비례한다.
- X_aY_{2a}의 밀도를 14 g/L라고 하면 1 L의 질량은 14 g이고, X_bY_{2a}의 밀도를 d g/L라고 하면 1 L의 질량은 d g이다. X_aY_{2a} 1 L와 X_bY_{2a} 2 L를 혼합한 기체의 부피는 3 L이고, 질량이 $(14+2d)$ g이므로 혼합 기체의 밀도는 $\dfrac{14+2d}{3}$이며, 이 값이 12이므로 $d=11$이다.
- X_aY_{2a}와 X_bY_{2a}의 밀도가 각각 14, 11이므로 분자량을 각각 $14M$, $11M$이라고 하면 $\dfrac{X_bY_{2a}\ 1\text{ g에 들어 있는 X 원자 수}}{X_aY_{2a}\ 1\text{ g에 들어 있는 X 원자 수}}=\dfrac{\frac{1}{11M}\times b}{\frac{1}{14M}\times a}=\dfrac{21}{22}$에서 $3a=4b$이다.

ㅇ 보기 풀이 $3a=4b$이므로 a, b를 각각 4, 3이라고 할 때 X_aY_{2a}와 X_bY_{2a}는 각각 X_4Y_8, X_3Y_8이며, 분자량이 각각 $14M$, $11M$이므로 X의 원자량은 $3M$이고, Y의 원자량은 $\dfrac{M}{4}$이다. 따라서 $\dfrac{b}{a}\times\dfrac{\text{X의 원자량}}{\text{Y의 원자량}}=\dfrac{3}{4}\times\dfrac{3M}{\frac{M}{4}}=9$이다.

문제풀이 Tip

$X_aY_{2a}(g)$ 1 L (N mol)의 밀도를 14라고 하면, X_aY_{2a} 1 L(N mol)에 X_bY_{2a} 2 L($2N$ mol)를 혼합한 기체의 밀도는 12이다. 따라서 X_aY_{2a}와 X_bY_{2a}를 1 : 2의 몰비로 혼합한 기체의 밀도가 12이므로 X_bY_{2a}의 밀도는 11이다.

선택지 비율	① 6%	❷ 35%	③ 15%	④ 23%	⑤ 21%

9 화학식량과 몰

2022년 10월 교육청 18번 | 정답 ② | 문제편 9p

출제 의도 전체 원자 수와 분자의 양(mol), 단위 부피당 원자 수의 관계를 이해하는지 묻는 문항이다.

문제 분석 $\frac{1}{a} : \frac{n}{c} = 5 : 4$ / $\frac{\text{분자당 Y 원자 수}}{\text{분자량}}$

표는 기체 (가)~(다)에 대한 자료이다. 1 g에 들어 있는 Y 원자 수 비는 (가) : (다)=5 : 4이다.

$\frac{2}{a} : \frac{n+1}{b} : \frac{n+2}{c} = 40 : 125 : 24$

기체	(가)	(나)	(다)
분자식 (분자량)	XY (a)	ZX_n (b)	Z_2Y_n (c)
1 g에 들어 있는 전체 원자 수(상댓값)	40 $\frac{2}{a}$	125 $\frac{n+1}{b}$	24 $\frac{n+2}{c}$
질량(g)	5	8	

이에 대한 옳은 설명만을 〈보기〉에서 있는 대로 고른 것은? (단, X~Z는 임의의 원소 기호이다.) [3점]

〈보기〉

ㄱ. $n \neq 2$이다. ($n=4$)

ㄴ. 기체의 양(mol)은 (나)가 (가)의 2배이다. $\frac{5}{5} : \frac{8}{4} = 1 : 2$

ㄷ. $\frac{\text{Z의 원자량}}{\text{X의 원자량 + Y의 원자량}} = \frac{4}{5}$이다. $\frac{12}{1+19} = \frac{3}{5}$

① ㄱ ② ㄴ ③ ㄷ ④ ㄱ, ㄴ ⑤ ㄴ, ㄷ

✓ 자료 해석

- 1 g에 들어 있는 전체 원자 수는 $\frac{\text{분자당 구성 원자 수}}{\text{분자량}}$이다.
- 1 g에 들어 있는 Y 원자 수는 $\frac{\text{분자당 Y 원자 수}}{\text{분자량}}$이다.
- (가)~(다)의 분자량을 각각 a, b, c라고 하면, 1 g에 들어 있는 전체 원자 수 비는 (가) : (나) : (다)$=\frac{2}{a} : \frac{n+1}{b} : \frac{n+2}{c} = 40 : 125 : 24$이고, 1 g에 들어 있는 Y 원자 수 비는 (가) : (다)$=\frac{1}{a} : \frac{n}{c} = 5 : 4$이다. 두 식을 연립하여 풀면 $n=4$이다.

○ 보기 풀이 ㄴ. 1 g에 들어 있는 전체 원자 수 비는 (가) : (나) : (다)$=\frac{2}{a} : \frac{5}{b} : \frac{6}{c} = 40 : 125 : 24$이므로 분자량비는 $a : b : c = 5 : 4 : 25$이다. (가)와 (나)의 질량은 각각 5 g, 8 g이므로 기체의 몰비는 (가) : (나)$=\frac{5}{5} : \frac{8}{4} = 1 : 2$이다.

× 매력적 오답 ㄱ. $n=4$이다.

ㄷ. 분자량비는 (가) : (나) : (다)=5 : 4 : 25이므로 X~Z의 원자량을 각각 x~z라고 하면 $(x+y) : (4x+z) : (4y+2z) = 5 : 4 : 25$이다. 따라서 $x : y : z = 1 : 19 : 12$이므로 $\frac{\text{Z의 원자량}}{\text{X의 원자량 + Y의 원자량}} = \frac{12}{1+19} = \frac{3}{5}$이다.

문제풀이 Tip

1 g에 들어 있는 전체 원자 수는 전체 원자 수를 분자량으로 나누어 구할 수 있으므로 (가)~(다)의 분자량을 임의의 문자 a, b, c로 정하고 원자 수 비를 계산해야 한다. 또, 분자량은 분자를 구성하는 원자량의 합이므로 X~Z의 원자량을 임의의 문자 x, y, z로 정하고 분자량비에 적용한다.

선택지 비율	① 7%	② 21%	③ 19%	④ 21%	⑤ 32%

10 화학식량과 몰

2022년 7월 교육청 18번 | 정답 ⑤ | 문제편 9 p

출제 의도 전체 기체의 분자 수 비와 단위 질량당 원자 수로부터 기체의 양(mol)과 구성 원자의 원자량비를 계산할 수 있는지 묻는 문항이다.

문제 분석

표는 용기 (가)와 (나)에 들어 있는 기체에 대한 자료이다. 용기에 들어 있는 전체 기체 분자 수비는 (가) : (나)$=4:3$이다.

용기	기체	기체의 질량(g)	단위 질량당 X의 원자 수(상댓값)	용기에 들어 있는 Z의 질량(g)
(가)	3 mol 1 mol XY_2, XZ_4	$10w$ ×	9 $=90w$	$\frac{38}{15}w$
(나)	YZ_2, XZ_4 1 mol 2 mol	$9w$ ×	5 $=45w$	$\frac{19}{3}w$

X 원자 수 비$=2:1$

이에 대한 설명으로 옳은 것만을 〈보기〉에서 있는 대로 고른 것은? (단, X~Z는 임의의 원소 기호이고, 모든 기체는 반응하지 않는다.) [3점]

보기

ㄱ. XZ_4의 양(mol)은 (나)에서가 (가)에서의 2배이다. (2 mol, 1 mol)

ㄴ. $\frac{YZ_2\text{의 분자량}}{XZ_4\text{의 분자량}}=\frac{1}{2}$이다.

ㄷ. (나)에서 $\frac{\text{X의 질량(g)}}{\text{Y의 질량(g)}}=4$이다.

① ㄱ ② ㄷ ③ ㄱ, ㄴ ④ ㄴ, ㄷ ⑤ ㄱ, ㄴ, ㄷ

✓ 자료 해석

- (가)에 들어 있는 XY_2와 XZ_4의 양을 각각 a mol, b mol이라고 하고, (나)에 들어 있는 YZ_2와 XZ_4의 양을 각각 c mol, d mol이라고 하면 전체 기체 분자 수 비는 (가) : (나)$=(a+b):(c+d)=4:3$이다.
- 단위 질량당 X 원자 수 비가 (가) : (나)$=9:5$이므로 전체 질량당 X 원자 수 비는 (가) : (나)$=(9\times10w):(5\times9w)=2:1$이다.
- (가)와 (나)에서 X 원자 수는 각각 $(a+b)$ mol, d mol이므로 $(a+b):d=2:1$에서 $a+b=2d$이다. 따라서 $2d:(c+d)=4:3$이므로 $d=2c$이다.
- Z의 질량비는 (가) : (나)$=\frac{38}{15}w:\frac{19}{3}w=2:5$이므로 $4b:(2c+4d)=2:5$이다. 따라서 $b=c$이다.

○ 보기 풀이 c에 대해 정리하면 $a=3c$, $b=c$, $d=2c$이므로 $a:b:c:d=3:1:1:2$이다.

ㄱ. $b:d=1:2$이므로 XZ_4의 양(mol)은 (나)에서가 (가)에서의 2배이다.

ㄴ. X~Z의 원자량을 각각 x, y, z라고 하면 (가)에서 Z의 질량이 $\frac{38}{15}w$ g이므로 $4x+6y+\frac{38}{15}w=10w$에서 $4x+6y=\frac{112}{15}w$이다. (나)에서 Z의 질량이 $\frac{19}{3}w$ g이므로 $2x+y+\frac{19}{3}w=9w$에서 $2x+y=\frac{8}{3}w$이다. 두 식을 연립하면 $x=\frac{16}{15}w$, $y=\frac{8}{15}w$이며, (가)의 Z 질량으로부터 $4z=\frac{38}{15}w$이므로 $z=\frac{19}{30}w$이다. 따라서 $\frac{YZ_2\text{의 분자량}}{XZ_4\text{의 분자량}}=\frac{\frac{8}{15}w+2\times\frac{19}{30}w}{\frac{16}{15}w+4\times\frac{19}{30}w}=\frac{1}{2}$이다.

ㄷ. (나)에서 $\frac{\text{X의 질량(g)}}{\text{Y의 질량(g)}}=\frac{2\times\frac{16}{15}w}{\frac{8}{15}w}=4$이다.

문제풀이 Tip

X 원자 수의 비, Z의 질량이 제시되어 있으므로 각 기체의 양(mol)을 임의의 문자 a~d를 사용하여 나타낸 후 양적 관계를 계산해야 한다. 전체 기체의 질량이 제시되어 있으므로 단위 질량당 X의 원자 수와 곱해 전체 질량당 X 원자 수를 비교할 수 있다.

Part I 교육청

선택지 비율	① 11%	② 5%	❸ 57%	④ 7%	⑤ 20%

11 화학식량과 몰

2022년 4월 교육청 8번 | 정답 ③ | 문제편 9 p

(출제 의도) 질량과 원자 수, 몰의 관계를 이해하는지 묻는 문항이다.

(문제 분석)

표는 분자 (가), (나)에 대한 자료이다.

분자	(가) A_2B	(나) AB_2
구성 원소	A, B	A, B
분자당 구성 원자 수	3	3
1 g에 들어 있는 B 원자 수(상댓값)	23	44
1 g에 들어 있는 분자 수(상댓값)	23	22 ➡ 분자량비는 22 : 23

(가), (나)는 각각 AB_2, A_2B 중 하나

이에 대한 설명으로 옳은 것만을 〈보기〉에서 있는 대로 고른 것은? (단, A와 B는 임의의 원소 기호이다.) [3점]

보기
ㄱ. (가)는 A_2B이다.
ㄴ. 같은 질량에 들어 있는 분자 수는 (가) : (나)=23 : 22이다. (분자량에 반비례)
ㄷ. 원자량비는 A : B=~~8 : 7~~이다. (7 : 8)

① ㄱ ② ㄷ ③ ㄱ, ㄴ ④ ㄴ, ㄷ ⑤ ㄱ, ㄴ, ㄷ

✓ 자료 해석

- A, B의 원자량을 각각 M_A, M_B라고 하고, (가)를 AB_2, (나)를 A_2B라고 가정하면 1 g당 B 원자 수는 $\frac{2}{M_A+2M_B} : \frac{1}{2M_A+M_B}=23 : 44$가 성립해야 한다. 이때 $153M_A=-42M_B$인데, 양수여야 하므로 불가능하다. 따라서 (가)는 A_2B, (나)는 AB_2이다.
- (가), (나)의 분자량을 각각 $M_{(가)}$, $M_{(나)}$라고 할 때, 1 g당 B 원자 수는 (가) : (나)$=\frac{1}{M_{(가)}} : \frac{2}{M_{(나)}}=23 : 44$이므로 $M_{(가)} : M_{(나)}=22 : 23$이다.
- (나)의 분자식은 AB_2이고 1 g에 들어 있는 B 원자 수는 44(상댓값)이므로 1 g에 들어 있는 분자 수는 22(상댓값)이다.

O 보기 풀이 ㄱ. (가)는 A_2B, (나)는 AB_2이다.
ㄴ. 같은 질량에 들어 있는 분자 수는 분자량에 반비례하므로 (가) : (나)=23 : 22이다.

× 매력적 오답 ㄷ. 분자량비는 (가) : (나)=22 : 23이므로 $(2M_A+M_B) : (M_A+2M_B)=22 : 23$이고 $M_A : M_B=7 : 8$이다.

문제풀이 Tip
구성 원소가 A, B이고 분자당 구성 원자 수가 3인 분자에는 AB_2, A_2B가 있다.

선택지 비율	① 9%	② 11%	③ 17%	④ 16%	❺ 47%

12 화학식량과 몰

2022년 3월 교육청 17번 | 정답 ⑤ | 문제편 9 p

(출제 의도) 질량과 원자 수, 몰의 관계를 이해하는지 묻는 문항이다.

(문제 분석)

표는 용기 (가)와 (나)에 들어 있는 기체에 대한 자료이다. $\frac{\text{B의 원자량}}{\text{A의 원자량}}=\frac{8}{7}$이다.

A, B 원자 수는 AB가 1, 1, A_2B가 2, 1 ➡ AB와 A_2B의 양(mol)이 같음

용기	기체	기체의 질량(g)	$\frac{\text{B 원자 수}}{\text{A 원자 수}}$	AB의 양(mol)
(가)	AB, A_2B (분자량비 15 : 22)	$37w$ [AB $15w$, A_2B $22w$]	$\frac{2}{3}$	$5n$ A_2B $5n$
(나)	AB, CB_2 (분자량비 15 : 22)	$56w$ [AB $12w$, CB_2 $44w$]	6 $\frac{24n}{4n}$	$4n$ CB_2 $10n$

이에 대한 옳은 설명만을 〈보기〉에서 있는 대로 고른 것은? (단, A~C는 임의의 원소 기호이고, 모든 기체는 반응하지 않는다.) [3점]

보기
ㄱ. (가)에서 기체 분자 수는 AB와 A_2B가 같다. ($5n$, $5n$)
ㄴ. $\frac{\text{(가)에서 }A_2B\text{의 양(mol)}}{\text{(나)에서 }CB_2\text{의 양(mol)}}=\frac{1}{2}$이다. $\frac{5n}{10n}=\frac{1}{2}$
ㄷ. $\frac{\text{C의 원자량}}{\text{B의 원자량}}=\frac{3}{4}$이다. 분자량비 AB : CB_2=15 : 22

① ㄱ ② ㄷ ③ ㄱ, ㄴ ④ ㄴ, ㄷ ⑤ ㄱ, ㄴ, ㄷ

✓ 자료 해석

- (가)에 들어 있는 기체는 AB, A_2B이고 $\frac{\text{B 원자 수}}{\text{A 원자 수}}=\frac{2}{3}$이므로 AB와 A_2B의 양(mol)은 같고, AB의 양(mol)이 $5n$이므로 AB와 A_2B의 양(mol)은 각각 $5n$이다.
- (나)에서 CB_2의 양(mol)을 x라고 하면 $\frac{\text{B 원자 수}}{\text{A 원자 수}}=\frac{4n+2x}{4n}=6$이므로 $x=10n$이다.
- $\frac{\text{B의 원자량}}{\text{A의 원자량}}=\frac{8}{7}$이므로 분자량비는 AB : A_2B=15 : 22이고, (가)에서 AB와 A_2B의 양(mol)이 같고 기체의 질량(g)이 $37w$이므로 AB와 A_2B의 질량(g)은 각각 $15w$, $22w$이다.
- AB $5n$ mol이 $15w$ g이므로 (나)에서 AB와 CB_2의 질량(g)은 각각 $12w$, $44w(=56w-12w)$이다.

O 보기 풀이 ㄱ. (가)에서 기체 분자 수는 AB와 A_2B가 각각 $5n$ mol로 같다.
ㄴ. $\frac{\text{(가)에서 }A_2B\text{의 양(mol)}}{\text{(나)에서 }CB_2\text{의 양(mol)}}=\frac{5n}{10n}=\frac{1}{2}$이다.
ㄷ. (나)에서 분자량비는 AB : $CB_2=\frac{12w}{4n} : \frac{44w}{10n}=15 : 22$이므로 $\frac{\text{C의 원자량}}{\text{B의 원자량}}=\frac{6}{8}=\frac{3}{4}$이다.

문제풀이 Tip
분자당 A와 B의 원자 수는 AB가 각각 1, 1이고 A_2B가 각각 2, 1이므로 (가)에서 $\frac{\text{B 원자 수}}{\text{A 원자 수}}=\frac{2}{3}$라는 것은 AB와 A_2B의 양(mol)이 같다는 것을 의미한다.

13 화학식량과 몰

2021년 10월 교육청 18번 | 정답 ④ | 문제편 10p

출제 의도 $\frac{1\text{ g당 전체 원자 수}}{1\text{ g당 부피}}$ 비와 분자량비를 이용하여 (가)~(다)의 분자식 및 구성 원자의 원자량을 구할 수 있는지를 묻는 문항이다.

문제 분석

표는 t ℃, 1 atm에서 원소 X~Z로 이루어진 기체 (가)~(다)에 대한 자료이다. (가)~(다)는 각각 분자당 구성 원자 수가 3 이하이고, 원자량은 Y > Z > X이다.

— (가)와 (나)의 분자식은 각각 XY, XY_2 중 하나

분자량 : (나) > (가) ➡ (가)는 XY

기체	(가) XY	(나) XY_2	(다) YZ_2
구성 원소	X, Y	X, Y	Y, Z
1 g당 전체 원자 수	$22N$	$21N$	$21N$
1 g당 부피(상댓값) $\propto \frac{1}{\text{분자량}}$	11	7	7

➡ 분자량비 (가) : (나) : (다) = 7 : 11 : 11

이에 대한 옳은 설명만을 〈보기〉에서 있는 대로 고른 것은? (단, X~Z는 임의의 원소 기호이다.) [3점]

$\frac{1\text{ g당 전체 원자 수}}{1\text{ g당 부피}} \propto$ 분자당 구성 원자 수 ➡ (가) : (나) : (다) = 2 : 3 : 3

$= \frac{(\text{기체의 분자 수}) \times (\text{분자당 원자 수})}{\text{분자량}}$

보기

ㄱ. (가)의 분자식은 XY_2이다.

ㄴ. 원자량비는 X : Z = 6 : 7이다.

ㄷ. 1 g당 Y 원자 수는 (나)가 (다)의 2배이다.

① ㄱ ② ㄴ ③ ㄱ, ㄷ ④ ㄴ, ㄷ ⑤ ㄱ, ㄴ, ㄷ

✓ 자료 해석

- 일정한 온도와 압력에서 1 g당 부피는 기체의 분자 수에 비례하고, 분자량에 반비례한다.
- 분자당 구성 원자 수의 비는 $\frac{1\text{ g당 전체 원자 수}}{1\text{ g당 부피}}$ 비와 같으므로 (가) : (나) : (다) = $\frac{22N}{11} : \frac{21N}{7} : \frac{21N}{7}$ = 2 : 3 : 3이므로 (가)의 분자식은 XY이다.
- 분자량비는 $\frac{1}{1\text{ g당 부피}}$ 비와 같으므로 (가) : (나) : (다) = 7 : 11 : 11이다.
- 만약 (나)의 분자식이 X_2Y라면 원자량비는 X : Y = 4 : 3이므로 원자량이 Y가 X보다 크다는 조건을 만족하지 않는다. 따라서 (나)의 분자식은 XY_2이다.
- 만약 (다)의 분자식이 Y_2Z라면 원자량비는 Y : Z = 4 : 3이므로 원자량이 Z가 X보다 크다는 조건을 만족하지 않는다. 따라서 (다)의 분자식은 YZ_2이다.
- (가)~(다)의 분자식은 각각 XY, XY_2, YZ_2이고, 분자량비는 (가) : (나) : (다) = 7 : 11 : 11이므로 원자량비는 X : Y : Z = 6 : 8 : 7이다.

○ 보기풀이 ㄴ. X~Z의 원자량을 각각 x~z라고 하면 $(x+y) : (x+2y) : (y+2z) = 7 : 11 : 11$에서 $x : y : z = 6 : 8 : 7$이다. 따라서 원자량비는 X : Z = 6 : 7이다.

ㄷ. 1 g당 Y 원자 수는 $\frac{\text{분자당 Y 원자 수}}{\text{분자량}}$와 같고, 1 g당 부피는 분자량에 반비례한다. 1 g당 Y 원자 수는 분자당 Y 원자 수×1 g당 부피이므로 (나)가 7×2=14이고 (다)가 7×1=7이다. 따라서 1 g당 Y 원자 수는 (나)가 (다)의 2배이다.

× 매력적 오답 ㄱ. 같은 원소로 구성된 (가)와 (나)는 각각 분자당 구성 원자 수가 3 이하이고, 분자량은 (나)가 (가)보다 크므로 (가)는 이원자 분자, (나)는 삼원자 분자임을 알 수 있다. 따라서 (가)의 분자식은 XY이다.

문제풀이 Tip

$\frac{1\text{ g당 전체 원자 수}}{1\text{ g당 부피}}$ 비는 분자당 구성 원자 수의 비이고, 1 g당 부피는 분자량에 반비례한다는 것으로부터 (가)~(다)의 분자식을 알아낼 수 있어야 한다.

선택지 비율	❶ 34%	② 10%	③ 19%	④ 16%	⑤ 18%

14 화학식량과 몰

2021년 7월 교육청 17번 | 정답 ① | 문제편 10p

출제 의도 아보가드로 법칙을 알고 기체의 부피와 양(mol)의 관계를 이해하는지 묻는 문항이다.

문제분석

그림 (가)는 실린더에 $C_xH_6(g)$이 들어 있는 것을, (나)는 (가)의 실린더에 $C_3H_4(g)$과 $C_4H_8(g)$이 첨가된 것을 나타낸 것이다. 표는 (가)와 (나)의 실린더 속 기체에 대한 자료이다. 모든 기체들은 반응하지 않는다.

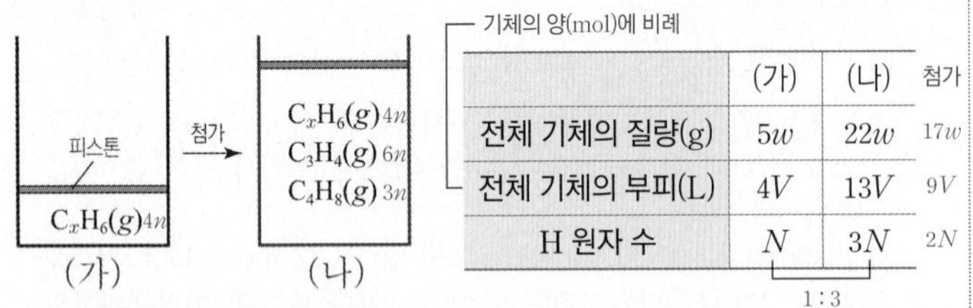

	(가)	(나)	첨가
전체 기체의 질량(g)	$5w$	$22w$	$17w$
전체 기체의 부피(L)	$4V$	$13V$	$9V$
H 원자 수	N	$3N$	$2N$

1 : 3

이에 대한 설명으로 옳은 것만을 〈보기〉에서 있는 대로 고른 것은? (단, H, C의 원자량은 각각 1, 12이고, 실린더 속 기체의 온도와 압력은 일정하다.) [3점]

기체의 양(mol)∝부피

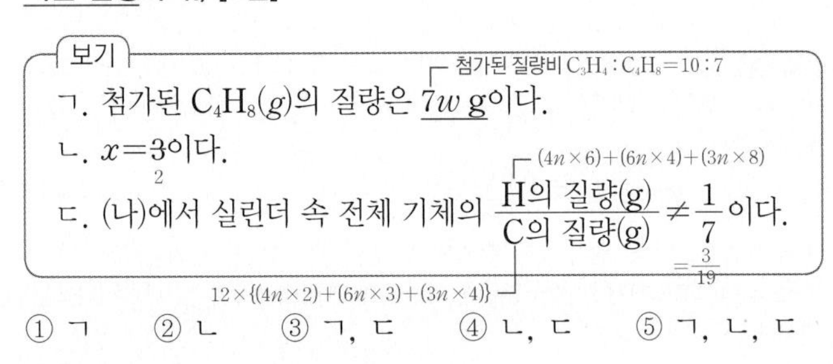

〈보기〉

ㄱ. 첨가된 $C_4H_8(g)$의 질량은 $7w$ g이다. (첨가된 질량비 $C_3H_4 : C_4H_8 = 10 : 7$)

ㄴ. $x=3$이다. (2)

ㄷ. (나)에서 실린더 속 전체 기체의 $\frac{\text{H의 질량(g)}}{\text{C의 질량(g)}} \neq \frac{1}{7}$이다. ($\frac{(4n\times6)+(6n\times4)+(3n\times8)}{12\times\{(4n\times2)+(6n\times3)+(3n\times4)\}} = \frac{3}{19}$)

① ㄱ ② ㄴ ③ ㄱ, ㄷ ④ ㄴ, ㄷ ⑤ ㄱ, ㄴ, ㄷ

✓ 자료 해석

- (가)에서 전체 기체의 부피는 $4V$ L이므로 (가)에 첨가된 C_3H_4과 C_4H_8의 부피는 $13V-4V=9V$ L이다. C_xH_6의 양을 $4n$ mol이라고 하면 첨가된 C_3H_4과 C_4H_8의 양은 $9n$ mol이다.
- 첨가된 C_3H_4의 양을 an mol이라고 하면 H 원자 수 비는 (가) : (나)$=N : 3N=(4n\times6) : \{(4n\times6)+(an\times4)+((9-a)n\times8)\}=1:3$에서 $a=6$이고, 첨가된 C_4H_8의 양은 $3n$ mol이다.
- (나)의 전체 기체의 질량이 $22w$ g이므로 첨가된 C_3H_4과 C_4H_8의 질량은 $22w-5w=17w$ g이다.

O 보기풀이 ㄱ. C_xH_6, C_3H_4, C_4H_8의 양을 각각 $4n$ mol, an mol, bn mol이라고 하면 $a+b=9$이고, H 원자 수 비는 (가) : (나)$=(4n\times6) : \{(4n\times6)+(an\times4)+(bn\times8)\}=1:3$이므로 $a=6$, $b=3$이다. 한편, 분자량은 C_3H_4이 40, C_4H_8이 56이므로 기체의 질량비는 $C_3H_4 : C_4H_8=(6n\times40):(3n\times56)=10:7$이고, 첨가된 C_3H_4과 C_4H_8의 질량은 각각 $10w$ g, $7w$ g이다.

X 매력적 오답 ㄴ. 분자량비는 $C_xH_6 : C_3H_4=\frac{5w}{4n} : \frac{10w}{6n}=3:4$인데, C_3H_4의 분자량은 40이므로 C_xH_6의 분자량은 30이다. 따라서 $x=\frac{30-6}{12}=2$이다.

ㄷ. 전체 기체에 들어 있는 각 원자의 질량은 원자량(1 mol의 질량)과 원자의 양(mol)의 곱과 같으므로 (나)에서 실린더 속 전체 기체의 $\frac{\text{H의 질량(g)}}{\text{C의 질량(g)}}=\frac{(4n\times6)+(6n\times4)+(3n\times8)}{12\times\{(4n\times2)+(6n\times3)+(3n\times4)\}}=\frac{3}{19}$이다.

문제풀이 Tip

일정한 온도와 압력에서 기체의 양(mol)은 부피에 비례한다는 것과 H 원자 수 비를 이용하여 첨가된 C_3H_4과 C_4H_8의 양(mol)을 계산하고, 분자량비를 통해 C_xH_6의 분자량을 구하여 x를 결정하면 된다.

선택지 비율	① 5%	② 6%	③ 19%	④ 11%	❺ 56%

15 화학식량과 몰

2021년 4월 교육청 10번 | 정답 ⑤ | 문제편 10p

출제 의도 전체 원자 수와 분자의 양(mol), 분자량, 단위 부피당 질량의 관계를 이해하는지 묻는 문항이다.

문제분석

아보가드로 법칙 성립 ➡ 기체의 양(mol)과 부피는 비례

표는 t ℃, 1기압에서 2가지 기체에 대한 자료이다.

비례

기체	분자식	분자량	1 g에 들어 있는 전체 원자 수	단위 부피당 질량 (상댓값)
(가)	X_mH_n (X_2H_4)	32	$\frac{3}{16}N_A$	8
(나)	$X_nY_nH_n$ ($X_4Y_4H_4$)	a 108	$\frac{1}{9}N_A$	27

32 : a = 8 : 27

이에 대한 설명으로 옳은 것만을 〈보기〉에서 있는 대로 고른 것은? (단, H의 원자량은 1이고, X, Y는 임의의 원소 기호이며 N_A는 아보가드로수이다.) [3점]

$\frac{\text{구성 원자 수}}{\text{분자량}}$에 비례

1 mol의 입자 수

〈보기〉

ㄱ. $a=108$이다. ($32 : a=8:27$)

ㄴ. $m=2$이다. ($\frac{m+n}{32}=\frac{3}{16}$, $\frac{3n}{108}=\frac{1}{9}$)

ㄷ. 원자량비는 X : Y$=7:6$이다. (원자량은 X가 14, Y가 12)

① ㄱ ② ㄷ ③ ㄱ, ㄴ ④ ㄴ, ㄷ ⑤ ㄱ, ㄴ, ㄷ

✓ 자료 해석

- 온도와 압력이 같을 때 아보가드로 법칙에 의해 분자량은 단위 부피당 질량에 비례하므로 기체의 분자량은 (가)가 32, (나)가 a이고, 단위 부피당 질량(상댓값)은 (가)가 8, (나)가 27이므로 $32 : a=8:27$에서 $a=108$이다.
- (가) 1 g에 들어 있는 전체 원자의 양은 $\frac{3}{16}$ mol이므로 $\frac{m+n}{32}=\frac{3}{16}$이다. 따라서 $m+n=6$이다.
- (나) 1 g에 들어 있는 전체 원자의 양은 $\frac{1}{9}$ mol이므로 $\frac{3n}{108}=\frac{1}{9}$이다. 따라서 $n=4$이고, $m+n=6$이므로 $m=2$이다.

O 보기풀이 ㄱ. $a=108$이다.

ㄴ. 1 g에 들어 있는 전체 원자 수는 $\frac{\text{분자당 구성 원자 수}}{\text{분자량}}$에 비례한다. 따라서 $\frac{m+n}{32}=\frac{3}{16}$이고, $\frac{3n}{108}=\frac{1}{9}$이므로 $m=2$, $n=4$이다.

ㄷ. X, Y의 원자량을 각각 x, y라고 하면 (가)에서 $2x+4=32$, (나)에서 $4x+4y+4=108$이므로 $x=14$, $y=12$이다. 따라서 원자량비는 X : Y$=7:6$이다.

문제풀이 Tip

아보가드로수를 이용하여 분자의 양(mol)을 파악할 수 있고, 아보가드로 법칙에 의해 단위 부피당 질량은 분자량에 비례한다는 것을 알아둔다.

선택지 비율	① 11%	② 4%	③ 11%	❹ 60%	⑤ 11%

16 화학식량과 몰

2021년 3월 교육청 7번 | 정답 ④ | 문제편 10p

출제 의도 아보가드로수와 몰을 이해하고 원자량, 분자량과의 관계를 알고 있는지 묻는 문항이다.

문제분석

표는 물질 X_2와 X_2Y에 대한 자료이다.

물질	X_2 (구성 원자 수 2)	X_2Y (구성 원자 수 3)
전체 원자 수	N_A (X_2 $\frac{1}{2}$ mol)	$6N_A$ (X_2Y 2 mol)
질량(g)	14 (1 mol=28 g)	88 (1 mol=44 g)

분자 수×분자당 구성 원자 수

이에 대한 옳은 설명만을 〈보기〉에서 있는 대로 고른 것은? (단, X와 Y는 임의의 원소 기호이고, N_A는 아보가드로수이다.)

보기

ㄱ. X_2의 양은 1 mol이다. ($\frac{1}{2}$)

ㄴ. X_2Y의 분자량은 44이다.

ㄷ. 원자량은 Y>X이다. 원자량은 X가 14, Y가 16

① ㄱ ② ㄴ ③ ㄱ, ㄷ ④ ㄴ, ㄷ ⑤ ㄱ, ㄴ, ㄷ

문제풀이 Tip

분자의 전체 원자 수는 분자 수에 분자당 구성 원자 수를 곱하면 된다. 분자량은 1 mol의 질량이고, 분자를 구성하는 모든 원자의 원자량의 합이다.

✔ 자료 해석

- 원자량 : 질량수가 12인 탄소(^{12}C) 원자의 원자량을 12로 정하고, 이것을 기준으로 하여 비교한 원자의 상대적인 질량
- 분자량 : 분자를 구성하는 모든 원자들의 원자량을 합한 값
- X_2는 구성 원자 수가 2, X_2Y는 구성 원자 수가 3이다.
- X_2의 전체 원자 수는 N_A이므로 1 mol이고, X_2의 양은 $\frac{1}{2}$ mol이다.
- X_2Y의 전체 원자 수는 $6N_A$이므로 6 mol이고, X_2Y의 양은 2 mol이다.
- X_2 $\frac{1}{2}$ mol의 질량이 14 g이므로 X_2 1 mol의 질량은 28 g이고 X_2의 분자량은 28이다.
- X_2Y 2 mol의 질량이 88 g이므로 X_2Y 1 mol의 질량은 44 g이고 X_2Y의 분자량은 44이다.

○ 보기풀이 ㄴ. X_2Y의 전체 원자 수는 $6N_A$이므로 전체 원자의 양은 6 mol이고 X_2Y의 양은 2 mol이다. X_2Y 2 mol의 질량이 88 g이므로 1 mol의 질량인 분자량은 44이다.

ㄷ. X_2와 X_2Y의 분자량은 각각 28, 44이므로 X의 원자량은 14이고, Y의 원자량은 44−28=16이다. 따라서 원자량은 Y>X이다.

× 매력적 오답 ㄱ. X_2의 전체 원자 수는 N_A이므로 1 mol이고, X_2의 양은 $\frac{1}{2}$ mol이다.

선택지 비율	① 6%	② 9%	③ 18%	④ 17%	❺ 47%

17 화학식량과 몰

2021년 3월 교육청 18번 | 정답 ⑤ | 문제편 11p

출제 의도 전체 원자 수와 분자의 양(mol)의 관계, 아보가드로 법칙을 이해하는지 묻는 문항이다.

문제분석

그림은 X(g)가 들어 있는 실린더에 $Y_2(g)$, $ZY_3(g)$를 차례대로 넣은 것을 나타낸 것이다. 기체들은 서로 반응하지 않으며, 실린더 속 전체 원자 수비는 (나) : (다)=3 : 7이다.

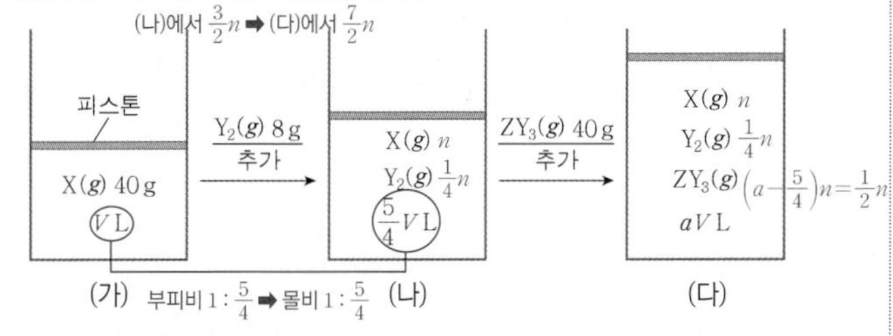

이에 대한 옳은 설명만을 〈보기〉에서 있는 대로 고른 것은? (단, X~Z는 임의의 원소 기호이며, 실린더 속 기체의 온도와 압력은 일정하다.) [3점]
기체의 양(mol)과 부피는 비례

보기

ㄱ. (다)에서 $a=\frac{7}{4}$이다. $a-\frac{5}{4}=\frac{1}{2}$

ㄴ. 원자량비는 X : Z=5 : 4이다. X : Y : Z=5 : 2 : 4

ㄷ. 1 g에 들어 있는 전체 원자 수는 Y_2가 ZY_3보다 크다. $Y_2 : ZY_3=\frac{2}{32} : \frac{4}{80}$

① ㄱ ② ㄴ ③ ㄱ, ㄷ ④ ㄴ, ㄷ ⑤ ㄱ, ㄴ, ㄷ

✔ 자료 해석

- (가)와 (나)의 부피비는 $V : \frac{5}{4}V=1 : \frac{5}{4}$이고, 아보가드로 법칙에 의해 기체의 몰비는 (가) : (나)=1 : $\frac{5}{4}$이다.
- X(g) 40 g의 양을 n mol이라고 하면 $Y_2(g)$ 8 g의 양은 $\frac{1}{4}n$ mol이고, $ZY_3(g)$ 40 g의 양은 $\left(a-\frac{5}{4}\right)n$ mol이다.
- (나)의 전체 원자 수는 $n+\left(\frac{1}{4}n\times2\right)=\frac{3}{2}n$ mol이다.
- 전체 원자 수 비는 (나) : (다)=3 : 7이므로 (다)의 전체 원자 수는 $\frac{7}{2}n$ mol 이다. $ZY_3(g)$ 40 g의 전체 원자의 양은 $\frac{7}{2}n-\frac{3}{2}n=2n$ mol이므로 $ZY_3(g)$ 40 g의 양은 $\frac{2n}{4}=\frac{1}{2}n$ mol이다.

○ 보기풀이 ㄱ. $ZY_3(g)$ 40 g의 양은 $\left(a-\frac{5}{4}\right)n$ mol이고, 이는 $\frac{1}{2}n$ mol이므로 $a-\frac{5}{4}=\frac{1}{2}$에서 $a=\frac{7}{4}$이다.

ㄴ. 분자량의 비는 X(g) : $Y_2(g)$: $ZY_3(g)$=40 : 32 : 80이므로 원자량비는 X : Y : Z=40 : 16 : 32=5 : 2 : 4이다. 따라서 원자량비는 X : Z=5 : 4이다.

ㄷ. 1 g에 들어 있는 전체 원자 수는 $\frac{\text{분자당 구성 원자 수}}{\text{분자량}}$에 비례하고, $\frac{\text{분자당 구성 원자 수}}{\text{분자량}}$는 Y_2가 $\frac{2}{32}$, ZY_3가 $\frac{4}{80}$이므로 1 g에 들어 있는 전체 원자 수는 Y_2>ZY_3이다.

문제풀이 Tip

원자량을 구하기 위해서는 분자량을 알아야 하며, 전체 원자 수가 주어지면 이를 분자 수로 바꾸어 양(mol)으로 접근한다.

Part I 교육청

선택지 비율	❶ 85%	② 1%	③ 2%	④ 8%	⑤ 1%

18 화학식량과 몰

2020년 10월 교육청 6번 | 정답 ① | 문제편 11 p

출제 의도 원자의 질량 관계를 비교할 수 있는지 묻는 문항이다.

문제 분석

그림은 원자 X~Z의 질량 관계를 나타낸 것이다.

X 원자 3개 Y 원자 1개 Y 원자 4개 Z 원자 3개

X : Y=1 : 3 Y : Z=3 : 4

원자량비 X : Y : Z=1 : 3 : 4

이에 대한 옳은 설명만을 〈보기〉에서 있는 대로 고른 것은? (단, X~Z는 임의의 원소 기호이다.)

〈보기〉

ㄱ. 원자 1개의 질량은 Y>X이다.

ㄴ. 원자 1 mol의 질량은 Z가 X의 ~~3배~~(4배)이다. 원자량비 X : Z=1 : 4

ㄷ. YZ_2에서 구성 원소의 질량비는 Y : Z=~~3 : 4~~이다. 원자량비 Y : Z=3 : 4, =3 : (4×2)=3 : 8

① ㄱ ② ㄷ ③ ㄱ, ㄴ ④ ㄱ, ㄷ ⑤ ㄴ, ㄷ

✔ **자료 해석**

• X 원자 3개의 질량과 Y 원자 1개의 질량이 같으므로 원자량비는 X : Y=1 : 3이다.

• Y 원자 4개의 질량과 Z 원자 3개의 질량이 같으므로 원자량비는 Y : Z=3 : 4이다.

• X~Z의 원자량비는 X : Y : Z=1 : 3 : 4이다.

○ 보기 풀이 ㄱ. X와 Y의 원자량비는 X : Y=1 : 3이므로 원자 1개의 질량은 Y>X이다.

× 매력적 오답 ㄴ. X와 Z의 원자량비는 X : Z=1 : 4이므로 원자 1 mol의 질량은 Z가 X의 4배이다.

ㄷ. Y와 Z의 원자량비는 Y : Z=3 : 4이므로 YZ_2에서 구성 원소의 질량비는 Y : Z=3 : 8이다.

문제풀이 Tip

원자량은 원자 1 mol의 질량이므로 원자 1 mol의 질량을 비교하기 위해서는 원자량비를 알면 된다.

선택지 비율	① 3%	② 5%	③ 5%	❹ 65%	⑤ 20%

19 물질의 양(mol)과 부피

2020년 7월 교육청 4번 | 정답 ④ | 문제편 11 p

출제 의도 물질의 양을 몰 단위로 환산하고, 이를 비교할 수 있는지 묻는 문항이다.

문제 분석

다음은 t ℃, 1 기압에서 3가지 물질 A~C에 대한 자료이다. t ℃, 1 기압에서 기체 1 몰의 부피는 25 L이다.

• A의 화학식량: 64, B의 화학식량: 18

• B(l)의 밀도: 1 g/mL

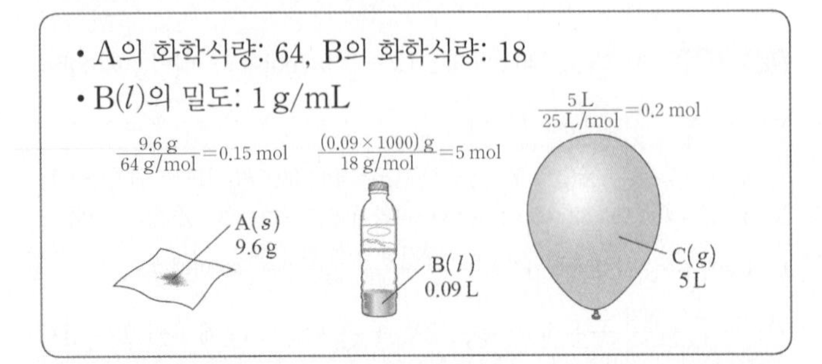

A~C의 양(몰)을 비교한 것으로 옳은 것은? (단, 풍선 내부의 압력은 1 기압이다.)

① A>B>C ② A>C>B ③ B>A>C

④ B>C>A (5>0.2>0.15) ⑤ C>A>B

✔ **자료 해석**

• 물질의 양(mol)$=\frac{\text{기체의 부피(L)}}{\text{기체 1 mol의 부피(L/mol)}}$ (t ℃, 1기압)

$=\frac{\text{질량(g)}}{\text{1 mol의 질량(g/mol)}}=\frac{\text{질량(g)}}{\text{(화학식량) g/mol}}$

• 밀도(g/mL)$=\frac{\text{질량(g)}}{\text{부피(mL)}}$

○ 보기 풀이 고체인 A의 양은 $\frac{9.6\text{ g}}{64\text{ g/mol}}$=0.15 mol, 액체인 B의 양은 $\frac{(0.09\text{ L}\times1000\text{ mL/L})\times1\text{ g/mL}}{18\text{ g/mol}}$=5 mol, 기체인 C의 양은 $\frac{5\text{ L}}{25\text{ L/mol}}$=0.2 mol이다. 따라서 A~C의 양(몰)은 B>C>A이다.

문제풀이 Tip

고체 A의 질량을 A의 화학식량으로 나누어 A(s)의 양(mol)을, 액체 B의 부피와 밀도의 곱(액체 B의 질량)을 화학식량으로 나누어 B(l)의 양(mol)을, 기체 C의 부피를 t ℃, 1기압에서 기체 1 mol의 부피로 나누어 C(g)의 양(mol)을 구할 수 있다.

03 화학 반응식과 용액의 농도

1 화학 반응의 양적 관계

선택지 비율	❶ 79%	② 6%	③ 5%	④ 7%	⑤ 3%

2024년 10월 교육청 9번 | 정답 ① | 문제편 14p

출제 의도 화학 반응식을 완성하고 화학 반응의 양적 관계를 이해하는지 묻는 문항이다.

문제 분석

표는 실린더에 $A_2(g)$와 $BC_3(g)$를 넣고 반응을 완결시켰을 때, 반응 전과 후 실린더에 들어 있는 모든 물질에 대한 자료이다. 반응물과 생성물은 모두 기체이다. $3A_2+2BC_3 \rightarrow 6AC+B_2$

	반응 전		반응 후		
물질의 양(mol)	A_2	BC_3	BC_3	AC	B_2
	n	㉠ $\frac{5}{3}n$	n	$2n$	㉡ $\frac{1}{3}n$
전체 기체의 부피(L)	V		kV		

부피비 $\left(n+\frac{5}{3}n\right):\left(n+2n+\frac{1}{3}n\right)=1:k \Rightarrow k=\frac{5}{4}$

$\frac{㉡}{㉠}\times k$는? (단, A~C는 임의의 원소 기호이고, 실린더 속 기체의 온도와 압력은 일정하다.) [3점]

① $\frac{1}{4}$ ② $\frac{2}{3}$ ③ 1 ④ $\frac{3}{2}$ ⑤ 2

✓ 자료 해석

- 일정한 온도와 압력에서 기체의 양(mol)은 부피에 비례한다.
- 반응물은 A_2, BC_3이고, 생성물은 AC, B_2이므로 화학 반응식은 다음과 같다.

$$3A_2(g)+2BC_3(g) \longrightarrow 6AC(g)+B_2(g)$$

- 반응 전 A_2의 양(mol)이 n이고, 반응 후 BC_3와 AC의 양(mol)이 각각 n, $2n$이므로 반응의 양적 관계는 다음과 같다.

	$3A_2$	+ $2BC_3$	⟶ $6AC$	+ B_2
반응 전(mol)	n	$\frac{5}{3}n$		
반응 (mol)	$-n$	$-\frac{2}{3}n$	$+2n$	$+\frac{1}{3}n$
반응 후(mol)	0	n	$2n$	$\frac{1}{3}n$

○ 보기 풀이 반응 전 BC_3의 양(mol)이 $\frac{5}{3}n$이므로 ㉠은 $\frac{5}{3}n$이고, 반응 후 B_2의 양(mol)이 $\frac{1}{3}n$이므로 ㉡은 $\frac{1}{3}n$이다. 일정한 온도와 압력에서 전체 기체의 몰비는 부피비와 같으므로 반응 전 : 반응 후$=\frac{8n}{3}:\frac{10n}{3}=4:5=1:k$가 성립하여 $k=\frac{5}{4}$이다. 따라서 $\frac{㉡}{㉠}\times k=\frac{1}{5}\times\frac{5}{4}=\frac{1}{4}$이다.

문제풀이 Tip

반응물과 생성물의 화학식을 통해 화학 반응식을 세워 반응 몰비를 구하면 ㉠과 ㉡을 구할 수 있다. k는 반응 전과 후 기체의 부피비가 몰비와 같음을 이용하여 구한다.

선택지 비율	① 7%	② 9%	③ 13%	④ 13%	❺ 58%

2 화학 반응의 양적 관계

2024년 10월 교육청 20번 | 정답 ⑤ | 문제편 14p

출제 의도 기체 반응에서 반응 계수를 구하고 질량과 양(mol)의 관계를 분석할 수 있는지 묻는 문항이다.

문제분석

다음은 A(g)와 B(g)가 반응하여 C(g)를 생성하는 반응에 대한 실험이다.

[화학 반응식]

aA(g) + B(g) ⟶ cC(g) (a, c는 반응 계수)
(a=2, c=2)

[실험 과정]

• B(g) $8w$ g이 들어 있는 실린더에 A(g)의 질량을 달리하여 넣고 반응을 완결시킨다.

[실험 결과]

• 넣어 준 A(g)의 질량에 따른 반응 후 전체 기체의 밀도

C $22w$ g($2V$ L) 생성 ➡ $c=2$

A $14w$ g($2V$ L 증가) ➡ $a=2$

넣어 준 A(g)의 질량(g)	0	$7w$	$14w$	$28w$
전체 기체의 밀도(상댓값)	8	x	11	9
전체 기체의 부피	B V	$\frac{15}{x}V$	C $2V$	$4V$

• A(g) $14w$ g을 넣었을 때 반응 후 실린더에는 생성물만 존재한다.
반응 질량비 A : B=14 : 8, 반응 부피비 A : B=2 : 1 → 분자량비 A : B=$\frac{14}{2}$: $\frac{8}{1}$=7 : 8

$x \times \frac{\text{B의 분자량}}{\text{A의 분자량}}$ 은? (단, 실린더 속 기체의 온도와 압력은 일정하다.) [3점]

① $\frac{38}{7}$ ② $\frac{40}{7}$ ③ $\frac{72}{7}$ ④ $\frac{76}{7}$ ⑤ $\frac{80}{7}$

✓ 자료 해석

• 부피=$\frac{\text{질량}}{\text{밀도}}$이므로 넣어 준 A의 질량에 따른 전체 기체의 질량과 전체 기체의 밀도를 이용하여 전체 기체의 부피(상댓값)를 구하면 다음과 같다.

넣어 준 A의 질량(g)	0	$7w$	$14w$	$28w$
전체 기체의 질량(g)	$8w$	$15w$	$22w$	$36w$
전체 기체의 밀도(상댓값)	8	x	11	9
전체 기체의 부피(상댓값)	1	$\frac{15}{x}$	2	4

• B $8w$ g의 부피(L)를 V라고 하면, A $14w$ g을 넣었을 때 A와 B가 모두 반응하여 C만 존재하므로 A $14w$ g의 부피(L)는 aV이고, B V L가 반응할 때 생성되는 C의 부피(L)는 $2V$이므로 $c=2$이다.

• 넣어 준 A의 질량이 $14w$ g에서 $28w$ g으로 증가할 때 반응 후 전체 기체의 부피(L)는 $2V$만큼 증가했는데, 이때 추가된 A $14w$ g은 반응하지 않으므로 A $14w$ g의 부피(L)가 $2V$임을 알 수 있다. 따라서 $a=2$이다.

• 그래프로 나타내면 다음과 같다.

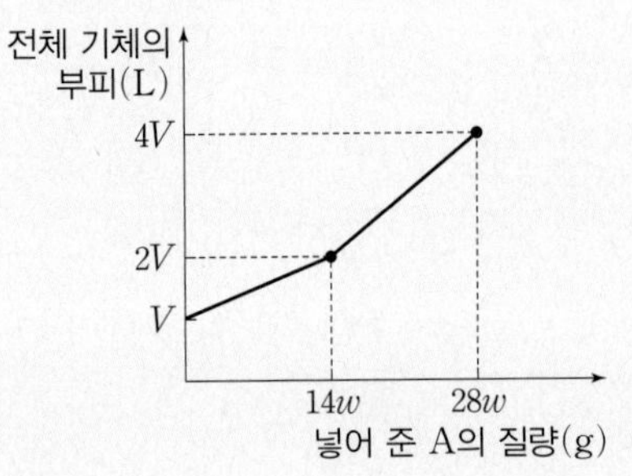

○ 보기 풀이 그래프 개형을 통해 A $7w$ g을 넣었을 때 전체 기체의 부피(L)는 $1.5V$이므로 $\frac{15}{x}=1.5$가 성립하여 $x=10$이다. A $14w$ g의 부피(L)가 $2V$이고, B $8w$ g의 부피(L)가 V이며, 기체의 부피는 양(mol)에 비례하므로 분자량비는 A : B=$\frac{14w}{2V}$: $\frac{8w}{V}$=7 : 8이다. 따라서 $x \times \frac{\text{B의 분자량}}{\text{A의 분자량}}=10 \times \frac{8}{7}=\frac{80}{7}$이다.

문제풀이 Tip

A $14w$ g을 넣었을 때 반응 후 실린더에는 생성물 C만 존재하므로 A $14w$ g과 B $8w$ g이 반응하여 C $22w$ g이 생성되는 것으로 반응 질량비를 구할 수 있다. 반응 몰비는 반응 계수비와 같으므로 분자량비는 $\frac{\text{반응 질량비}}{\text{반응 계수비}}$를 이용하여 구할 수 있다.

선택지 비율	① 22%	② 12%	❸ 41%	④ 16%	⑤ 9%

3 화학 반응식

2024년 7월 교육청 4번 | 정답 ③ | 문제편 14p

출제 의도 화학 반응식을 완성하고 기체의 부피와 양(mol)의 관계를 이해하는지 묻는 문항이다.

문제 분석

그림은 기체 XY와 Y_2가 반응한 후 실린더에 존재하는 기체를 모형으로 나타낸 것이고, 표는 반응 전과 후 실린더에 존재하는 기체에 대한 자료이다.

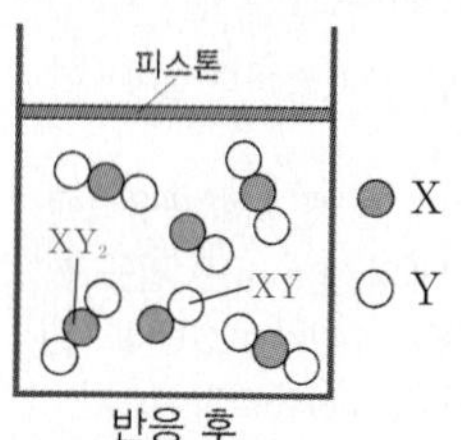

● X
○ Y

	반응 전	반응 후
기체의 종류	XY, Y_2 (6, 2)	XY 2, XY_2 4
전체 기체의 부피(L)	x 8개	$12V$ 6개

$8 : 6 = x : 12V$ ➡ $x = 16V$

이에 대한 설명으로 옳은 것만을 〈보기〉에서 있는 대로 고른 것은? (단, X와 Y는 임의의 원소 기호이며, 반응 전과 후 기체의 온도와 압력은 일정하다.)

보기

ㄱ. 생성물의 종류는 1가지이다. XY_2(XY는 남은 반응물)

ㄴ. 1 mol의 Y_2가 모두 반응했을 때 생성되는 XY_2의 양은 $\frac{1}{2}$ mol이다. 반응 몰비 $Y_2 : XY_2 = 1 : 2$

ㄷ. $x = 16V$이다. $8 : 6 = x : 12V$

① ㄱ ② ㄴ ③ ㄱ, ㄷ ④ ㄴ, ㄷ ⑤ ㄱ, ㄴ, ㄷ

✓ 자료 해석

• 화학 반응식은 다음과 같다.

$$2XY(g) + Y_2(g) \longrightarrow 2XY_2(g)$$

• 반응이 일어날 때 기체의 양적 관계는 다음과 같다.

	2XY	+	Y_2	⟶	$2XY_2$
반응 전(개)	6		2		
반응 (개)	−4		−2		+4
반응 후(개)	2		0		4

○ 보기 풀이 ㄱ. 생성물의 종류는 XY_2 1가지이다.

ㄷ. 전체 기체의 부피비는 반응 전 : 반응 후 $= 6+2 : 2+4 = x : 12V$이므로 $x = 16V$이다.

× 매력적 오답 ㄴ. 반응 몰비는 $Y_2 : XY_2 = 1 : 2$이므로 1 mol의 Y_2가 모두 반응했을 때 생성되는 XY_2의 양은 2 mol이다.

문제풀이 Tip

반응 전과 후 원자의 종류와 수는 같으므로 기체 모형의 종류와 개수를 이용하여 반응 전 분자 수를 알아내고 화학 반응식을 완성하여 반응 계수를 구한다.

선택지 비율	① 21%	❷ 29%	③ 14%	④ 29%	⑤ 7%

4 화학 반응의 양적 관계

2024년 7월 교육청 19번 | 정답 ② | 문제편 14p

출제 의도 기체 반응에서 질량과 부피, 분자량의 관계를 분석할 수 있는지 묻는 문항이다.

문제 분석

다음은 A(g)와 B(g)가 반응하여 C(g)를 생성하는 반응의 화학 반응식이다.

$$A(g) + 2B(g) \longrightarrow 2C(g)$$

분자량비 A : B=8 : 7 ➡ 1×8+2×7=2×(C의 분자량) ➡ C의 분자량=11

표는 실린더에 A(g)와 B(g)의 질량을 달리하여 넣고 반응을 완결시킨 실험 Ⅰ과 Ⅱ에 대한 자료이다.

모두 반응 ➡ $(2a+b):(3a+2b)=3:5$ ➡ $a=b$
➡ 질량비 A : B=64 : 56, 몰비 A : B=1 : 1
➡ 분자량비 A : B=8 : 7

실험	반응 전					반응 후
	양(mol)	A(g)의 질량(g)	양(mol)	B(g)의 질량(g)	질량 합	전체 기체의 밀도 (상댓값)
Ⅰ	$2a$	$64w$	$2b$	$56w$	$120w$	25
Ⅱ	$3a$	$96w$	$4b$	$112w$	$208w$	26

(① 질량 합, ② 밀도) 부피비 $\left(\frac{①}{②}\right)$ Ⅰ : Ⅱ $=\frac{120}{25}:\frac{208}{26}=3:5$

$\frac{\text{B의 분자량}+\text{C의 분자량}}{\text{A의 분자량}}$은? (단, 실린더 속 기체의 온도와 압력은 일정하다.) [3점]

① $\frac{15}{11}$ ② $\frac{9}{4}$ ③ $\frac{19}{7}$ ④ $\frac{11}{4}$ ⑤ $\frac{9}{2}$

✓ 자료 해석

- 전체 기체의 부피 $=\frac{\text{전체 기체의 질량}}{\text{전체 기체의 밀도}}$
- 전체 기체의 질량비가 실험 Ⅰ : 실험 Ⅱ=120 : 208이고, 반응 후 전체 기체의 밀도비가 실험 Ⅰ : 실험 Ⅱ=25 : 26이므로 반응 후 전체 기체의 부피비는 실험 Ⅰ : 실험 Ⅱ $=\frac{120}{25}:\frac{208}{26}=3:5$이다.
- 실험 Ⅰ에서 반응 전 A, B의 양(mol)을 각각 $2a$, $2b$라고 하면 실험 Ⅱ에서 반응 전 A, B의 양(mol)은 각각 $3a$, $4b$이다.
- 실험 Ⅰ과 실험 Ⅱ에서 모두 반응 후 B가 남는다고 할 때, 화학 반응식에서 B와 C의 계수가 같으므로 반응 후 전체 기체의 양(mol)은 반응 전 B의 양(mol)과 같다. 따라서 반응 후 전체 기체의 부피비가 실험 Ⅰ : 실험 Ⅱ $=2b:4b=1:2$가 되어야 하는데, 이는 자료(3 : 5)와 맞지 않는다.
- 실험 Ⅰ, 실험 Ⅱ 중 반응 후 A가 남는 실험이 있고, 반응 전 $\frac{\text{B의 양}}{\text{A의 양}}$은 실험 Ⅰ<실험 Ⅱ이므로 실험 Ⅰ에서 반응 후 A가 남는다. 실험 Ⅰ에서 반응의 양적 관계는 다음과 같다.

[실험 Ⅰ]	A	+	2B	⟶	2C
반응 전(mol)	$2a$		$2b$		
반응 (mol)	$-b$		$-2b$		$+2b$
반응 후(mol)	$2a-b$		0		$2b$

- 실험 Ⅱ에서 반응 후 A가 남을 때와 B가 남을 때 반응의 양적 관계는 다음과 같다.

[A가 남을 때]	A	+	2B	⟶	2C
반응 전(mol)	$3a$		$4b$		
반응 (mol)	$-2b$		$-4b$		$+4b$
반응 후(mol)	$3a-2b$		0		$4b$

[B가 남을 때]	A	+	2B	⟶	2C
반응 전(mol)	$3a$		$4b$		
반응 (mol)	$-3a$		$-6a$		$+6a$
반응 후(mol)	0		$4b-6a$		$6a$

- 반응 후 전체 기체의 부피비가 실험 Ⅰ : 실험 Ⅱ=3 : 5이므로 실험 Ⅱ에서 반응 후 A가 남을 때는 실험 Ⅰ : 실험 Ⅱ $=(2a+b):(3a+2b)=3:5$에서 $a=b$이다. 실험 Ⅱ에서 반응 후 B가 남을 때는 $(2a+b):4b=3:5$에서 $10a=7b$인데, 반응 후 B의 양이 음수가 되므로 적절하지 않다.

○ 보기 풀이 Ⅱ에서 반응 후 A가 남으므로 $a=b$이고, Ⅰ에서 반응 전 기체의 몰비가 A : B=1 : 1이며, 질량비는 A : B=64 : 56=8 : 7이므로 분자량비는 A : B=8 : 7이다. 화학 반응식은 A+2B ⟶ 2C이므로 8+2×7=2×(C의 분자량)이고, 분자량비는 A : B : C=8 : 7 : 11이다. 따라서 $\frac{\text{B의 분자량}+\text{C의 분자량}}{\text{A의 분자량}}=\frac{18}{8}=\frac{9}{4}$이다.

문제풀이 Tip

Ⅰ에서 반응 전 A, B의 양(mol)을 각각 a, b라고 하면 Ⅱ에서 반응 전 A, B의 양(mol)은 각각 $\frac{3}{2}a$, $2b$로 분수가 나오므로 Ⅰ에서 반응 전 A, B의 양(mol)을 각각 $2a$, $2b$로 하는 것이 계산하기 좋다.

선택지 비율	① 12%	② 14%	③ 13%	❹ 55%	⑤ 6%

5 화학 반응의 양적 관계

2024년 5월 교육청 8번 | 정답 ④ | 문제편 15p

출제 의도 화학 반응식을 완성하고 기체의 부피와 양(mol)의 관계를 이해하는지 묻는 문항이다.

문제 분석

다음은 $C_2H_6(g)$와 $O_2(g)$가 반응하여 $CO_2(g)$와 $H_2O(l)$이 생성되는 반응의 화학 반응식이다.

$$2C_2H_6(g) + \overset{7}{a}O_2(g) \longrightarrow \overset{4}{b}CO_2(g) + 6H_2O(l)$$

반응 계수비=반응 몰비=1 : 2

(a, b는 반응 계수)

그림은 실린더에 $C_2H_6(g)$와 $O_2(g)$를 넣고 반응을 완결시켰을 때, 반응 전과 후 실린더에 존재하는 모든 물질을 나타낸 것이다. 실린더 속 기체의 부피비는 반응 전 : 반응 후=9 : V이다.

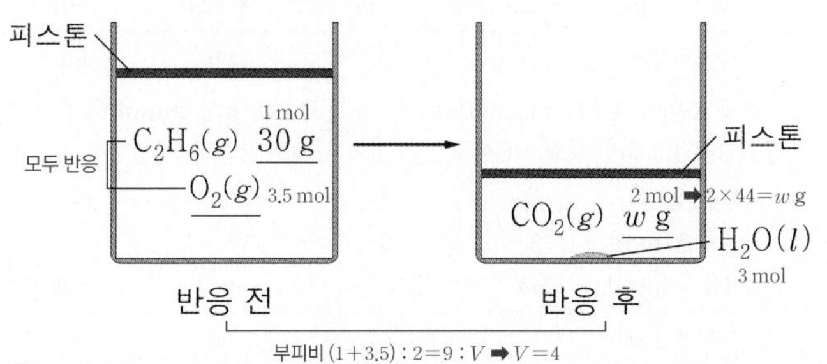

$\frac{w}{V}$는? (단, H, C, O의 원자량은 각각 1, 12, 16이고, 실린더 속 기체의 온도와 압력은 일정하다.) [3점]

① $\frac{11}{4}$ ② $\frac{11}{2}$ ③ 11 ④ 22 ⑤ 44

✓ 자료 해석

• 반응 전과 후 원자의 종류와 수가 같으므로 화학 반응식은 다음과 같다.

$$2C_2H_6(g) + 7O_2(g) \longrightarrow 4CO_2(g) + 6H_2O(l)$$

• C_2H_6 30 g의 양은 1 mol이며, 1 mol의 C_2H_6과 O_2를 반응시켰을 때 남는 반응물이 없으므로 화학 반응에서 양적 관계는 다음과 같다.

	$2C_2H_6$	+	$7O_2$	⟶	$4CO_2$	+	$6H_2O$
반응 전(mol)	1		3.5				
반응 (mol)	−1		−3.5		+2		+3
반응 후(mol)	0		0		2		3

○ 보기 풀이 반응 후 CO_2 w g의 양이 2 mol이므로 $w=2\times44=88$이다. 일정한 온도와 압력에서 기체의 부피는 양(mol)에 비례하므로 반응 전과 후 전체 기체의 부피비는 4.5 : 2=9 : V이므로 V=4이다. 따라서 $\frac{w}{V}=\frac{88}{4}=22$이다.

문제풀이 Tip

$H_2O(l)$은 액체이므로 기체의 부피비는 화학 반응식에서 $H_2O(l)$을 제외한 계수비와 같다는 것에 유의한다.

선택지 비율	① 6%	② 18%	❸ 45%	④ 25%	⑤ 6%

6 화학 반응의 양적 관계

2024년 5월 교육청 19번 | 정답 ③ | 문제편 15p

출제 의도 기체 반응에서 반응 계수를 구하고 질량과 부피, 양(mol)의 관계를 분석할 수 있는지 묻는 문항이다.

문제 분석

다음은 A(g)와 B(g)가 반응하여 C(g)와 D(g)를 생성하는 반응의 화학 반응식이다.

$$\mathrm{A}(g) + 3\mathrm{B}(g) \longrightarrow \overset{2}{x}\mathrm{C}(g) + \overset{2}{x}\mathrm{D}(g) \quad (x\text{는 반응 계수})$$

① 반응 계수비 A : B : C : D=1 : 3 : 2 : 2, ② 반응 질량비 A : B : C : D=7 : 24 : 22 : 9

표는 실린더에 A(g)와 B(g)를 넣고 반응을 완결시킨 실험 Ⅰ, Ⅱ에 대한 자료이다. Ⅰ, Ⅱ에서 반응 후 생성된 C(g)의 질량은 $22w$ g으로 서로 같다.

반응한 A, B의 질량이 같음 ➡ 생성된 D의 질량$=7w+24w-22w=9w$

실험	반응 전		반응 후
	A의 질량(g)	B의 질량(g)	$\frac{\text{남아 있는 반응물의 양(mol)}}{\text{전체 기체의 부피(L)}}$(상댓값)
Ⅰ	양(mol) 2 $14w$	양(mol) 3 $\boxed{24w}$ 모두 반응	3 $\frac{1}{1+2x}$
Ⅱ	1 $\boxed{7w}$ 모두 반응	5 $40w$	5 $\frac{2}{2+2x}$

(3 : 5 ➡ $x=2$)

$x\times\frac{\text{B의 분자량}}{\text{D의 분자량}}$은? (단, 실린더 속 기체의 온도와 압력은 일정하다.) [3점]

분자량비$\left(\frac{②}{①}\right)$ ➡ A : B : C : D$=\frac{7}{1}:\frac{24}{3}:\frac{22}{2}:\frac{9}{2}=14:16:22:9$

① $\frac{12}{11}$ ② $\frac{24}{11}$ ③ $\frac{32}{9}$ ④ $\frac{16}{3}$ ⑤ $\frac{64}{9}$

✓ 자료 해석

- 일정한 온도와 압력에서 기체의 양(mol)은 부피에 비례한다.
- 실험 Ⅰ과 실험 Ⅱ에서 반응 후 생성된 C의 질량이 같으므로 반응한 A, B의 질량도 같다.
- 실험 Ⅰ에서 A $14w$ g이 모두 반응했다면 실험 Ⅱ에서는 A $14w$ g이 반응할 수 없으므로 실험 Ⅰ에서는 B $24w$ g이 모두 반응했으며, 실험 Ⅱ에서도 B $24w$ g이 반응했으므로 A는 $7w$ g이 모두 반응했다는 것을 알 수 있다.
- 실험 Ⅰ에서 반응의 양적 관계는 다음과 같다.

[실험 Ⅰ]	A	+	3B	⟶	xC	+	xD
반응 전(g)	$14w$		$24w$				
반응 (g)	$-7w$		$-24w$		$+22w$		$+9w$
반응 후(g)	$7w$		0		$22w$		$9w$

- 반응 몰비가 A : B=1 : 3이므로 A $7w$과 B $24w$ g의 양(mol)을 각각 1, 3이라고 하면 실험 Ⅰ에서 반응의 양적 관계는 다음과 같다.

[실험 Ⅰ]	A	+	3B	⟶	xC	+	xD
반응 전(mol)	2		3				
반응 (mol)	-1		-3		$+x$		$+x$
반응 후(mol)	1		0		x		x

- 실험 Ⅱ에서 반응의 양적 관계는 다음과 같다.

[실험 Ⅱ]	A	+	3B	⟶	xC	+	xD
반응 전(mol)	1		5				
반응 (mol)	-1		-3		$+x$		$+x$
반응 후(mol)	0		2		x		x

- 반응 후 $\frac{\text{남아 있는 반응물의 양(mol)}}{\text{전체 기체의 부피(L)}}$의 비는

  실험 Ⅰ : 실험 Ⅱ$=\frac{1}{1+2x}:\frac{2}{2+2x}=3:5$이므로 $x=2$이다.

보기 풀이 반응 질량비는 B : D=24 : 9이고, 반응 몰비는 B : D=3 : 2이므로 분자량비는 B : D$=\frac{24}{3}:\frac{9}{2}=16:9$이다. 따라서 $x\times\frac{\text{B의 분자량}}{\text{D의 분자량}}=2\times\frac{16}{9}=\frac{32}{9}$이다.

문제풀이 Tip

Ⅰ에서는 B $24w$ g이 모두 반응하고, Ⅱ에서는 A $7w$ g이 모두 반응한다. 반응 전과 후 질량은 일정하고, Ⅰ과 Ⅱ에서 생성된 C의 질량은 $22w$ g이므로 생성된 D의 질량(g)은 $7w+24w-22w=9w$이다. 따라서 반응 질량비는 A : B : C : D=7 : 24 : 22 : 9이고, 분자량비는 반응 질량비를 반응 계수비로 나누어 구할 수 있다.

선택지 비율	① 18%	❷ 35%	③ 17%	④ 22%	⑤ 8%

7 화학 반응의 양적 관계

2024년 3월 교육청 20번 | 정답 ② | 문제편 15 p

출제 의도 기체 반응에서 반응 계수를 구하고 질량과 밀도, 양(mol)의 관계를 분석할 수 있는지 묻는 문항이다.

문제 분석

다음은 A(g)와 B(g)가 반응하여 C(g)를 생성하는 반응의 화학 반응식이다.

$$\overset{2}{a}\mathrm{A}(g) + \mathrm{B}(g) \longrightarrow 2\mathrm{C}(g) \quad (a\text{는 반응 계수})$$

분자량비 A : B=15 : 16 ➡ (2×15)+16=2×(C의 분자량) ➡ C의 분자량=23

표는 실린더에 A(g)와 B(g)를 넣고 반응을 완결시킨 실험 (가)와 (나)에 대한 자료이다. (나)에서 A(g)가 모두 반응하였다.

→ 반응 전 $\frac{\text{B의 질량}}{\text{A의 질량}}$은 (가)>(나) ➡ (가)에서도 A가 모두 반응

실험	반응 전 기체의 질량(g)		$\frac{\text{반응 후 전체 기체의 밀도}}{\text{반응 전 전체 기체의 밀도}}$ $\left(=\frac{\text{반응 전 부피}}{\text{반응 후 부피}}\right)$
	A(g) (부피)	B(g)	
(가)	15w (x (2V))	24w (3y (3V))	$\frac{5}{4}$ ($x+3y=5V$; 반응 전 5V, 반응 후 4V → V 감소)
(나)	30w (2x (4V)) 모두 반응	32w (4y (4V))	$\frac{4}{3}$ ($2x+4y=8V$ ➡ $x=2V, y=V$; 반응 전 8V, 반응 후 6V → 2V 감소)

반응한 A의 질량은 (나)에서가 (가)에서의 2배

$3V+\frac{2V}{a}=4V$ ➡ $a=2$

$a\times\frac{\text{C의 분자량}}{\text{B의 분자량}}$은? (단, 실린더 속 기체의 온도와 압력은 일정하다.) [3점]

반응 전 질량비 A : B=15 : 24, 반응 전 몰비 A : B=2 : 3 → 분자량비 A : B=$\frac{15}{2}$: $\frac{24}{3}$=15 : 16

① $\frac{15}{8}$ ② $\frac{23}{8}$ ③ 5 ④ $\frac{23}{4}$ ⑤ $\frac{15}{2}$

✓ 자료 해석

- 밀도=$\frac{\text{질량}}{\text{부피}}$이므로 질량이 같을 때 기체의 부피비는 밀도비에 반비례한다. 따라서 $\frac{\text{반응 후 전체 기체의 밀도}}{\text{반응 전 전체 기체의 밀도}}=\frac{\text{반응 전 전체 기체의 부피}}{\text{반응 후 전체 기체의 부피}}$이다.
- (나)에서 A가 모두 반응하였고, 반응 전 $\frac{\text{B의 질량}}{\text{A의 질량}}$은 (가)>(나)이므로 (가)에서도 A가 모두 반응했다는 것을 알 수 있다. 따라서 반응한 반응물의 양은 (나)에서가 (가)에서의 2배이고, 반응이 일어날 때 변화한 전체 기체의 부피도 (나)에서가 (가)에서의 2배이다.
- (가)에서 $\frac{\text{반응 후 전체 기체의 밀도}}{\text{반응 전 전체 기체의 밀도}}=\frac{5}{4}$이므로 $\frac{\text{반응 전 전체 기체의 부피}}{\text{반응 후 전체 기체의 부피}}=\frac{5}{4}$이다. 반응 전 전체 기체의 부피(L)를 $5V$라고 하면 반응 후 전체 기체의 부피(L)는 $4V$이며, 감소한 전체 기체의 부피(L)는 V이다.
- (나)에서 $\frac{\text{반응 후 전체 기체의 밀도}}{\text{반응 전 전체 기체의 밀도}}=\frac{4}{3}$이므로 $\frac{\text{반응 전 전체 기체의 부피}}{\text{반응 후 전체 기체의 부피}}=\frac{4}{3}=\frac{8}{6}$이고 반응이 일어날 때 감소한 전체 기체의 부피(L)는 $2V$이므로 반응 전과 후 전체 기체의 부피(L)는 각각 $8V$, $6V$이다.

보기풀이 (가)에서 반응 전 A, B의 부피를 각각 x, $3y$라고 하면 (나)에서 반응 전 A, B의 부피는 각각 $2x$, $4y$이므로 $x+3y=5V$, $2x+4y=8V$에서 x, y는 각각 $2V$, V이다. 따라서 (가)에서 반응의 양적 관계는 다음과 같다.

	aA	+	B	⟶	2C
반응 전(L)	$2V$		$3V$		
반응 (L)	$-2V$		$-\frac{2V}{a}$		$+\frac{4V}{a}$
반응 후(L)	0		$3V-\frac{2V}{a}$		$\frac{4V}{a}$

반응 후 전체 기체의 부피가 $4V$이므로 $3V+\frac{2V}{a}=4V$에서 $a=2$이다. 또한 (가)에서 반응 전 기체의 몰비가 A : B=2 : 3이고, 질량비가 A : B=15 : 24=5 : 8이므로 분자량비는 A : B=$\frac{5}{2}$: $\frac{8}{3}$=15 : 16이다. 화학 반응식이 2A + B ⟶ 2C이므로 (2×15)+16=2×(C의 분자량)이고, 분자량비는 A : B : C=15 : 16 : 23이다. 따라서 $a\times\frac{\text{C의 분자량}}{\text{B의 분자량}}=2\times\frac{23}{16}=\frac{23}{8}$이다.

문제풀이 Tip

(가), (나)에서 A가 모두 반응하므로 반응한 A의 질량은 (나)에서가 (가)에서의 2배이다. 따라서 반응이 일어날 때 감소한 전체 기체의 부피는 (나)에서가 (가)에서의 2배이다. 미지수 V를 제외하고, (가)에서 반응 전 전체 기체의 부피를 5, (나)에서 반응 전 전체 기체의 부피를 8이라고 하여 (가)에서 반응 전 A, B의 부피를 각각 2, 3으로 구해도 된다.

Part I 교육청

선택지 비율	① 8%	② 3%	③ 19%	④ 5%	⑤ 65%

8 화학 반응식

2024년 3월 교육청 6번 | 정답 ⑤ | 문제편 15p

출제 의도 화학 반응식을 완성하고 화학 반응의 양적 관계를 이해하는지 묻는 문항이다.

문제 분석

다음은 반응 (가)와 (나)의 화학 반응식이다.

반응 몰비 1 : 1

(가) $NaHCO_3 + HCl \longrightarrow NaCl +$ ㉠ H_2O $+ CO_2$

(나) $Mg(OH)_2 + aHCl \longrightarrow MgCl_2 + b$ ㉠ H_2O

(a, b는 반응 계수) (a=2, b=2)

반응 몰비 1 : 2

이에 대한 옳은 설명만을 〈보기〉에서 있는 대로 고른 것은? (단, $NaHCO_3$, $Mg(OH)_2$의 화학식량은 각각 84, 58이다.)

〈보기〉

ㄱ. ㉠은 H_2O이다.

ㄴ. $a=b$이다. $a=b=2$

ㄷ. $\frac{\text{(가)에서 HCl 1 mol과 반응하는 } NaHCO_3\text{의 질량(g)}}{\text{(나)에서 HCl 1 mol과 반응하는 } Mg(OH)_2\text{의 질량(g)}} > 2$이다. (1 mol × 84 g/mol, $\frac{1}{2}$ mol × 58 g/mol)

① ㄱ ② ㄷ ③ ㄱ, ㄴ ④ ㄴ, ㄷ ⑤ ㄱ, ㄴ, ㄷ

✓ 자료 해석

- 반응 전과 후 원자의 종류와 수는 변하지 않으므로 화학 반응식은 다음과 같다.

(가) $NaHCO_3 + HCl \longrightarrow NaCl + H_2O + CO_2$

(나) $Mg(OH)_2 + 2HCl \longrightarrow MgCl_2 + 2H_2O$

○ 보기풀이 ㄱ. (가)에서 반응 전과 후 원자의 종류와 수가 같아야 하므로 ㉠은 H_2O이다.

ㄴ. a와 b는 각각 2로 같다.

ㄷ. (가)에서 HCl 1 mol과 반응하는 $NaHCO_3$의 양은 1 mol이며, 이때의 질량은 84 g이다. (나)에서 HCl 1 mol과 반응하는 $Mg(OH)_2$의 양은 $\frac{1}{2}$ mol이며, 이때의 질량은 29 g이다. 따라서

$\frac{\text{(가)에서 HCl 1 mol과 반응하는 } NaHCO_3\text{의 질량(g)}}{\text{(나)에서 HCl 1 mol과 반응하는 } Mg(OH)_2\text{의 질량(g)}} = \frac{84}{29} > 2$이다.

문제풀이 Tip

$\frac{\text{(가)에서 HCl 1 mol과 반응하는 } NaHCO_3\text{의 양(mol)}}{\text{(나)에서 HCl 1 mol과 반응하는 } Mg(OH)_2\text{의 양(mol)}} = 2$이지만, 화학식량이 $NaHCO_3 > Mg(OH)_2$이므로 $\frac{\text{(가)에서 HCl 1 mol과 반응하는 } NaHCO_3\text{의 질량(g)}}{\text{(나)에서 HCl 1 mol과 반응하는 } Mg(OH)_2\text{의 질량(g)}} > 2$이다.

선택지 비율	① 14%	② 41%	③ 18%	④ 15%	⑤ 13%

9 화학 반응의 양적 관계

2023년 10월 교육청 20번 | 정답 ② | 문제편 16p

출제 의도 기체 반응에서 질량과 부피, 분자량의 관계를 분석할 수 있는지 묻는 문항이다.

문제 분석

다음은 $A(g)$와 $B(g)$가 반응하여 $C(g)$를 생성하는 반응의 화학 반응식이다.

$$A(g) + bB(g) \longrightarrow 2C(g) \quad (b\text{는 반응 계수})$$

(b=2) 반응 몰비 A : B : C = 1 : b : 2

그림 (가)는 실린더에 $A(g)$ $4w$ g을 넣은 것을, (나)는 (가)의 실린더에 $B(g)$ 4.8 g을 넣고 반응을 완결시킨 것을, (다)는 (나)의 실린더에 $A(g)$ w g을 넣고 반응을 완결시킨 것을 나타낸 것이다.

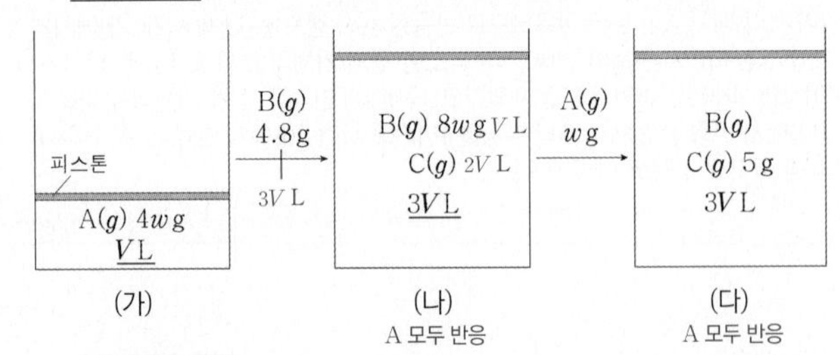

(가) (나) A 모두 반응 (다) A 모두 반응

$\frac{w}{b} \times \frac{\text{B의 분자량}}{\text{A의 분자량}}$은? (단, 실린더 속 기체의 온도와 압력은 일정하다.) [3점] (기체의 부피∝양(mol))

① $\frac{2}{15}$ ② $\frac{1}{5}$ ③ $\frac{3}{10}$ ④ $\frac{1}{2}$ ⑤ $\frac{3}{5}$

✓ 자료 해석

- (나) → (다)에서 A를 넣었을 때 A가 모두 소모되고 B가 남는데, (나)와 (다)에서 전체 기체의 부피는 같으므로 소모되는 B의 양(mol)과 생성되는 C의 양(mol)은 같다. 따라서 화학 반응식에서 B와 C의 계수가 같으므로 $b=2$이고, 화학 반응식은 $A(g) + 2B(g) \longrightarrow 2C(g)$이다.
- (가)에서 A의 부피가 V L이고, 반응 몰비는 A : C = 1 : 2이므로 A V L가 모두 반응할 때 생성되는 C의 부피는 $2V$ L이고, 반응 후인 (나)에서 전체 기체의 부피가 $3V$ L이므로 B $8w$ g의 부피는 V L이다. (나)에서 반응 전과 후 기체의 부피 관계는 다음과 같다.

	A	+	2B	⟶	2C
반응 전(L)	V		$3V$		
반응 (L)	$-V$		$-2V$		$+2V$
반응 후(L)	0		V		$2V$

- (나)에서 B $8w$ g은 반응 전 질량의 $\frac{1}{3}$ 배이므로 B 4.8 g은 $24w$ g이고 $w=0.2$이다.

○ 보기풀이 $w=0.2$이고, A $4w$ g의 부피가 V L, B 4.8 g의 부피가 $3V$ L이므로 분자량비는 A : B $= \frac{0.8}{V} : \frac{4.8}{3V} = 1 : 2$이다. 따라서 $\frac{w}{b} \times \frac{\text{B의 분자량}}{\text{A의 분자량}} = \frac{0.2}{2} \times \frac{2}{1} = \frac{1}{5}$이다.

문제풀이 Tip

(나)와 (다)에서 전체 기체의 부피가 같으므로 소모된 B의 양(mol)과 생성된 C의 양(mol)이 같다는 것을 이용하여 반응 계수비를 구할 수 있다.

선택지 비율	① 8%	② 5%	③ 61%	④ 20%	⑤ 6%

10 화학 반응식

2023년 10월 교육청 14번 | 정답 ③ | 문제편 16p

출제 의도 반응 전과 후 단위 부피당 분자 모형을 이용하여 화학 반응식을 완성할 수 있는지 묻는 문항이다.

문제 분석

그림은 실린더에 $XY(g)$와 $ZY(g)$를 넣고 반응시켜 $X_aY_b(g)$와 $Z_2(g)$를 생성할 때, 반응 전과 후 단위 부피당 분자 모형을 나타낸 것이다. 반응 전과 후 실린더 속 기체의 온도와 압력은 일정하다.

(반응물: XY, ZY / 생성물: X_aY_b)

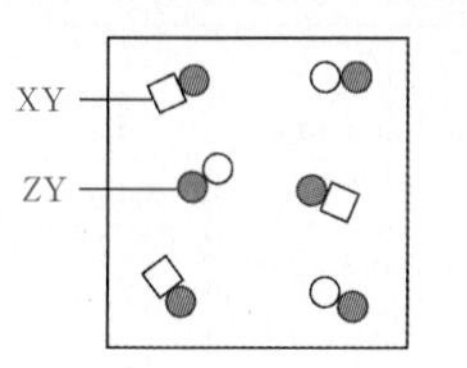

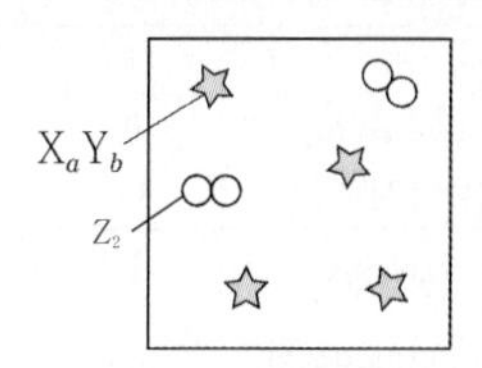

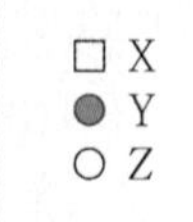

반응 전 (몰비 XY : ZY=3 : 3=1 : 1) 반응 후 (몰비 X_aY_b : Z_2=4 : 2=2 : 1)

$b-a$는? (단, X~Z는 임의의 원소 기호이다.) [3점]

① -1 ② 0 ③ 1 ④ 2 ⑤ 3

✓ 자료 해석

- 반응물과 생성물이 기체인 경우, 일정한 온도와 압력에서 반응 계수비=반응 몰비=반응 부피비가 성립한다.
- 반응물은 XY, ZY이고, 생성물은 X_aY_b, Z_2이므로 화학 반응식을 계수 없이 나타내면 $XY(g) + ZY(g) \longrightarrow X_aY_b(g) + Z_2(g)$이다.
- 반응 전 실린더에 들어 있는 XY와 ZY의 양(mol)은 같은데, 반응 후 남은 반응물은 없으므로 반응 몰비는 XY : ZY=1 : 1이고, 화학 반응식에서 반응물인 XY와 ZY의 계수는 같다.
- 반응 후 생성물의 몰비는 X_aY_b : Z_2=2 : 1이고, 반응 전과 후 Z 원자 수는 같으므로 화학 반응식은 $2XY(g) + 2ZY(g) \longrightarrow 2XY_2(g) + Z_2(g)$이다.

보기 풀이 화학 반응식은 $2XY(g) + 2ZY(g) \longrightarrow 2XY_2(g) + Z_2(g)$이므로 $a=1$, $b=2$이다. 따라서 $b-a=1$이다.

문제풀이 Tip

반응 전 기체의 몰비는 XY : ZY=1 : 1, 반응 후 기체의 몰비는 X_aY_b : Z_2=2 : 1이다. 반응 전과 후 원자의 종류와 수는 같으므로 화학 반응식은 $2XY(g) + 2ZY(g) \longrightarrow 2XY_2(g) + Z_2(g)$이다.

선택지 비율	① 8%	② 62%	③ 7%	④ 15%	⑤ 8%

11 화학 반응식

2023년 7월 교육청 13번 | 정답 ② | 문제편 16p

출제 의도 화학 반응식을 완성하고 기체의 양(mol)과 분자량비를 구할 수 있는지 묻는 문항이다.

문제 분석

다음은 $A(g)$와 $B(g)$가 반응하여 $C(g)$가 생성되는 반응의 화학 반응식이다.

$$aA(g) + B(g) \longrightarrow cC(g) \quad (a, c\text{는 반응 계수})$$

(반응 몰비 4 : 2 : 4 ➡ 2 : 1 : 2 ➡ $a=c=2$)

그림은 실린더에 $A(g)$와 $B(g)$를 넣고 반응시켰을 때, 반응 전과 후 실린더에 존재하는 물질과 양을 나타낸 것이다. 분자량은 A가 B의 2배이다.

(2×A의 분자량+B의 분자량=2×C의 분자량 ➡ 5×B의 분자량=2×C의 분자량)

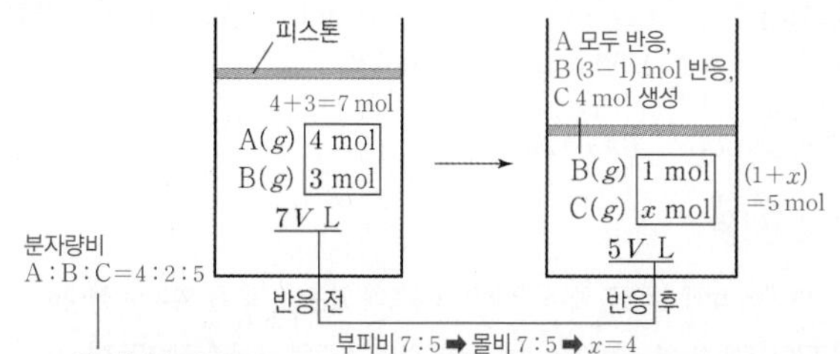

$x \times \frac{\text{C의 분자량}}{\text{A의 분자량}}$은? (단, 실린더 속 기체의 온도와 압력은 일정하다.)

(기체의 부피∝양(mol))

① 2 ② 5 ③ 7 ④ 8 ⑤ 10

✓ 자료 해석

- 화학 반응식의 계수비는 반응 몰비와 같다.
- 같은 온도와 압력에서 기체의 부피는 기체의 양(mol)에 비례한다.
- 질량 보존 법칙: 화학 반응이 일어날 때 전체 반응물의 질량과 전체 생성물의 질량은 같다.
- 반응 전 전체 기체의 양을 7 mol이라고 하면 반응 전후 전체 기체의 부피비가 7 : 5이므로 반응 후 전체 기체의 양은 5 mol이다. 따라서 $x=4$이다.
- 반응 전과 후 기체의 양적 관계는 다음과 같다.

	aA	+	B	⟶	cC
반응 전(mol)	4		3		
반응 (mol)	−4		−2		+4
반응 후(mol)	0		1		4

- 반응 몰비는 A : B : C=2 : 1 : 2이므로 $a=c=2$이다.

보기 풀이 화학 반응식은 $2A(g)+B(g) \longrightarrow 2C(g)$이고, 분자량비는 A : B=2 : 1이므로 A, B의 분자량을 각각 $2M$, M이라고 하면, 질량 보존 법칙에 의해 $2\times2M+M=2\times$(C의 분자량)이 성립한다. 따라서 C의 분자량은 $2.5M$이고, $x \times \frac{\text{C의 분자량}}{\text{A의 분자량}} = 4 \times \frac{2.5}{2} = 5$이다.

문제풀이 Tip

반응 몰비는 A : B : C=2 : 1 : 2이고 분자량은 A가 B의 2배이므로 질량 보존 법칙에 의해 반응 질량비는 A : B : C=4 : 1 : 5이다. 따라서 분자량비는 A : B : C=$\frac{4}{2}$: $\frac{1}{1}$: $\frac{5}{2}$=4 : 2 : 5이다.

선택지 비율	① 8%	② 11%	③ 17%	④ 25%	⑤ 38%

12 화학 반응의 양적 관계

2023년 7월 교육청 19번 | 정답 ⑤ | 문제편 17 p

출제 의도 화학 반응식의 계수를 구하고 질량과 밀도, 양(mol)의 관계를 분석할 수 있는지 묻는 문항이다.

문제분석

다음은 A(g)와 B(g)가 반응하여 C(g)가 생성되는 반응의 화학 반응식이다.

$$A(g) + \overset{2}{b}B(g) \longrightarrow \overset{2}{c}C(g) \quad (b,\ c\text{는 반응 계수})$$

반응 몰비 A : B : C=1 : 2 : 2

그림은 A(g) $8w$ g이 들어 있는 실린더에 B(g)를 넣어 반응을 완결시켰을 때, 넣어 준 B(g)의 질량에 따른 전체 기체의 $\frac{1}{\text{밀도}}$을 나타낸 것이다.

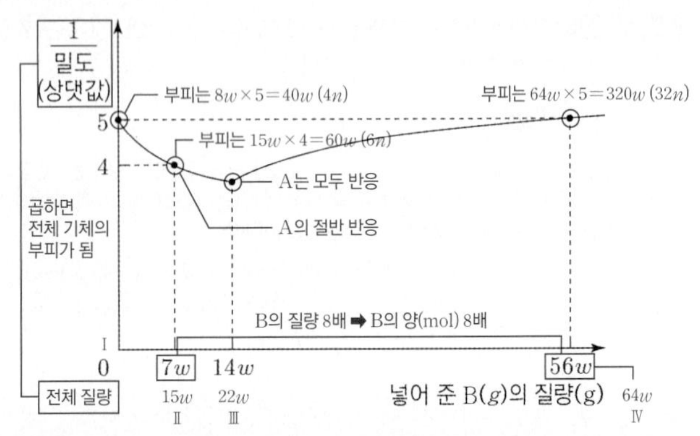

이에 대한 설명으로 옳은 것만을 〈보기〉에서 있는 대로 고른 것은? (단, 실린더 속 기체의 온도와 압력은 일정하다.) [3점]

기체의 부피∝양(mol)

〈보기〉

ㄱ. $c=2$이다.

ㄴ. $\frac{\text{A의 분자량}}{\text{B의 분자량}} = \frac{8}{7}$이다. 분자량비 A : B=$\frac{8w}{1}$: $\frac{14w}{2}$

ㄷ. A(g) $24w$ g과 B(g) $21w$ g을 완전히 반응시켰을 때, 반응 후 $\frac{\text{C의 양(mol)}}{\text{전체 기체의 양(mol)}} = \frac{2}{3}$이다. (12n, 12n; A 6n 남고 C 12n 생성; $\frac{12n}{6n+12n} = \frac{2}{3}$)

① ㄱ ② ㄴ ③ ㄱ, ㄷ ④ ㄴ, ㄷ ⑤ ㄱ, ㄴ, ㄷ

✓ 자료 해석

• 처음 실린더에 들어 있는 A의 질량이 $8w$ g이고, 부피=$\frac{\text{질량}}{\text{밀도}}$이므로 전체 기체의 질량에 $\frac{1}{\text{밀도}}$을 곱한 값이 전체 기체의 부피이다. 넣어 준 B의 질량에 따른 자료는 다음과 같다.

	I	II	III	IV
넣어 준 B의 질량(g)	0	$7w$	$14w$	$56w$
전체 기체의 질량(g)	$8w$	$15w$	$22w$	$64w$
$\frac{1}{\text{밀도}}$(상댓값)	5	4		5
전체 기체의 부피(상댓값)	$40w$	$60w$		$320w$

• 전체 기체의 부피비는 I : II : IV=4 : 6 : 32이다. I에서 실린더에 들어 있는 A의 양을 $4n$ mol이라고 하면 II와 IV에서 반응 후 전체 기체의 양은 각각 $6n$ mol, $32n$ mol이다. A가 모두 소모된 지점이 III이므로 II에서는 A의 절반이 반응했다는 것을 알 수 있다. 반응 계수비가 A : B=1 : b이므로 A $4n$ mol을 모두 소모시키기 위해 필요한 B의 양은 $4bn$ mol이고 II에서 반응 전과 후 기체의 양적 관계는 다음과 같다.

	A	+	bB	⟶	cC
반응 전(mol)	$4n$		$2bn$		
반응 (mol)	$-2n$		$-2bn$		$+2cn$
반응 후(mol)	$2n$		0		$2cn$

II에서 반응 후 전체 기체의 양(mol)은 $2n+2cn=6n$이므로 $c=2$이다. IV에서 넣어 준 B의 양(mol)은 II에서의 8배이므로 반응 전과 후 기체의 양적 관계는 다음과 같다.

	A	+	bB	⟶	2C
반응 전(mol)	$4n$		$16bn$		
반응 (mol)	$-4n$		$-4bn$		$+8n$
반응 후(mol)	0		$12bn$		$8n$

IV에서 반응 후 전체 기체의 양(mol)은 $12bn+8n=32n$이므로 $b=2$이다.

○ 보기 풀이 ㄱ. $c=2$이다.

ㄴ. $b=2$이므로 반응 몰비는 A : B=1 : 2이고, 반응 질량비는 A : B=$8w$: $14w$=4 : 7이므로 분자량비는 A : B=$\frac{4}{1}$: $\frac{7}{2}$=8 : 7이다. 따라서 $\frac{\text{A의 분자량}}{\text{B의 분자량}} = \frac{8}{7}$이다.

ㄷ. A $8w$ g이 $4n$ mol이므로 A $24w$ g은 $12n$ mol이고, B $14w$ g이 $8n$ mol이므로 B $21w$ g은 $12n$ mol이다. 따라서 A $12n$ mol과 B $12n$ mol이 반응할 때 반응 후 기체의 양은 A $6n$ mol, C $12n$ mol이므로 반응 후 $\frac{\text{C의 양(mol)}}{\text{전체 기체의 양(mol)}} = \frac{12n}{6n+12n} = \frac{2}{3}$이다.

문제풀이 Tip

$\frac{1}{\text{밀도}}$이 부피에 비례한다고 해서 그래프의 y축에 있는 $\frac{1}{\text{밀도}}$을 부피로 생각해서는 안 된다. 왜냐하면 실린더에 B를 넣어 주면서 전체 기체의 질량이 변하기 때문이다.

선택지 비율	① 3%	② 4%	③ 4%	❹ 24%	⑤ 64%

13 화학 반응식

2023년 4월 교육청 2번 | 정답 ④ | 문제편 17 p

출제 의도 화학 반응식을 완성하고 기체의 부피와 양(mol)의 관계를 이해하는지 묻는 문항이다.

문제 분석

그림은 $A_2(g)$와 $B_2(g)$가 들어 있는 실린더에서 반응을 완결시켰을 때, 반응 후 실린더 속 기체 V mL에 들어 있는 기체 분자를 모형으로 나타낸 것이다.

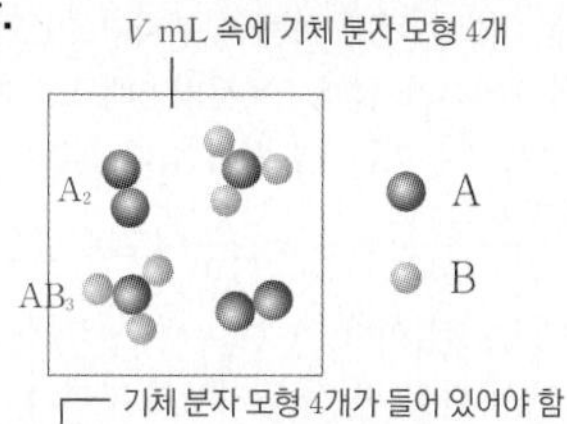

반응 전 실린더 속 기체 V mL에 들어 있는 기체 분자를 모형으로 나타낸 것으로 옳은 것은? (단, A, B는 임의의 원소 기호이고, 실린더 속 기체의 온도와 압력은 일정하다. 생성물은 기체이고, 반응 전과 후 기체는 각각 균일하게 섞여 있다.) [3점]

기체의 부피∝양(mol)

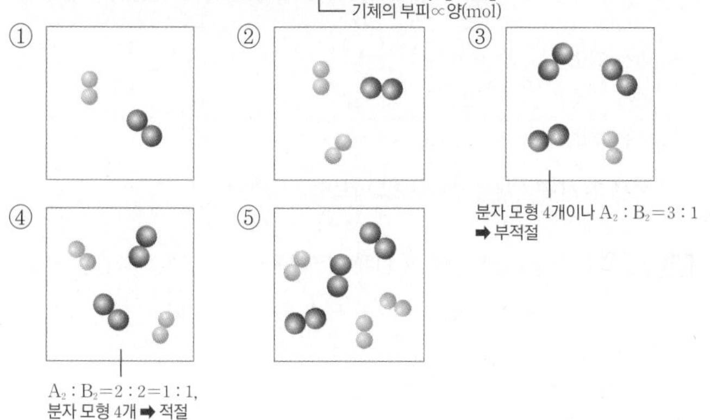

✓ 자료 해석

- 아보가드로 법칙: 모든 기체는 같은 온도와 압력에서 같은 부피 속에 같은 수의 분자가 들어 있다.
- 반응 후 실린더 속 기체 V mL에는 A_2 $2n$ mol, AB_3 $2n$ mol이 들어 있으며, 화학 반응의 양적 관계는 다음과 같다.

	A_2	+	$3B_2$	⟶	$2AB_3$
반응 전(mol)	$3n$		$3n$		
반응 (mol)	$-n$		$-3n$		$+2n$
반응 후(mol)	$2n$		0		$2n$

○ 보기 풀이 반응 전에는 A_2와 B_2가 1 : 1의 몰비로 존재하고, 온도와 압력이 같을 때 같은 부피에는 같은 수의 기체 분자가 들어 있으므로 반응 전 실린더 속 V mL에 들어 있는 기체 분자의 모형은 ④이다.

문제풀이 Tip

화학 반응에서 반응 전과 후 원자의 종류와 수는 변하지 않는다는 것을 이용하여 화학 반응식을 완성한다. 같은 온도와 압력에서 같은 부피 속에 같은 수의 기체 분자가 들어 있으므로 실린더 속 V mL에는 4개의 분자가 들어 있다는 것에 유의한다.

선택지 비율	❶ 30%	② 18%	③ 18%	④ 25%	⑤ 9%

14 화학 반응의 양적 관계

2023년 4월 교육청 19번 | 정답 ① | 문제편 18 p

출제 의도 화학 반응식을 완성하고, 화학 반응에서의 양적 관계를 해석할 수 있는지 묻는 문항이다.

문제 분석

다음은 A(g)와 B(g)가 반응하여 C(g)를 생성하는 반응의 화학 반응식이다.

$$2\text{A}(g) + \text{B}(g) \longrightarrow \overset{2}{c}\text{C}(g) \quad (c\text{는 반응 계수})$$

반응 몰비 A : B : C=2 : 1 : 2

표는 실린더에 A(g)와 B(g)를 넣고 반응을 완결시킨 실험 Ⅰ~Ⅲ에 대한 자료이다. Ⅱ에서 B(g)는 모두 반응하였다.

실험	반응 전 반응물의 질량(g)		$\dfrac{\text{반응 후 전체 기체의 부피}}{\text{반응 전 전체 기체의 부피}}$
	A	B	
Ⅰ	7	1 (모두 반응, Ⅱ가 Ⅰ의 2배로 반응)	$\dfrac{8}{9}$ (감소한 부피는 Ⅱ가 Ⅰ의 2배)
Ⅱ	7	2	$\dfrac{8}{10}=\dfrac{4}{5}$
Ⅲ	7	4	㉠ $\dfrac{8}{12}=\dfrac{2}{3}$

모두 반응

$\dfrac{\text{A의 분자량}}{\text{B의 분자량}}\times$㉠은? (단, 기체의 온도와 압력은 일정하다.) [3점]

기체의 부피∝양(mol)

① $\dfrac{7}{12}$ ② $\dfrac{2}{3}$ ③ $\dfrac{6}{7}$ ④ $\dfrac{3}{2}$ ⑤ $\dfrac{12}{7}$

✓ 자료 해석

- 같은 온도와 압력에서 기체의 부피는 기체의 양(mol)에 비례한다.
- 실험 Ⅱ에서 B가 모두 반응했으므로 실험 Ⅰ에서도 B가 모두 반응했으며, 반응한 A, B의 질량은 각각 실험 Ⅱ에서가 Ⅰ에서의 2배이다.
- 실험 Ⅰ에서 반응 전과 후 전체 기체의 부피를 각각 9 L, 8 L라고 하면 반응이 일어날 때 감소한 전체 기체의 부피가 1 L인데, 반응한 A, B의 질량이 각각 실험 Ⅱ에서가 실험 Ⅰ에서의 2배므로 Ⅱ에서 반응이 일어날 때 감소한 전체 기체의 부피는 2 L여야 한다. 실험 Ⅱ에서 $\dfrac{\text{반응 후 전체 기체의 부피}}{\text{반응 전 전체 기체의 부피}}=\dfrac{4}{5}=\dfrac{8}{10}$이므로 반응 전과 후 전체 기체의 부피는 각각 10 L, 8 L이다.
- 실험 Ⅰ과 실험 Ⅱ에서 반응 전 전체 기체의 부피가 각각 9 L, 10 L인데, 반응 전 B의 질량은 실험 Ⅱ에서가 실험 Ⅰ에서보다 1 g만큼 크므로 B 1 g의 부피를 1 L라고 할 수 있다. 따라서 A 7 g의 부피를 8 L라고 할 수 있으므로 실험 Ⅰ에서 반응 전과 후 기체의 부피를 다음과 같이 나타낼 수 있다.

	2A	+	B	⟶	cC
반응 전(L)	8		1		
반응 (L)	−2		−1		$+c$
반응 후(L)	6		0		c

반응 후 전체 기체의 부피가 8 L이므로 $c=2$이다.

○ 보기 풀이 Ⅲ에서 반응 전과 후 기체의 부피를 다음과 같이 나타낼 수 있다.

	2A	+	B	⟶	2C
반응 전(L)	8		4		
반응 (L)	−8		−4		+8
반응 후(L)	0		0		8

$\dfrac{\text{반응 후 전체 기체의 부피}}{\text{반응 전 전체 기체의 부피}}=\dfrac{8}{12}=\dfrac{2}{3}$이므로 ㉠은 $\dfrac{2}{3}$이다. A 7 g의 부피를 8 L, B 1 g의 부피를 1 L라고 했으므로 분자량비는 A : B$=\dfrac{7}{8}:\dfrac{1}{1}=7:8$이다. 따라서 $\dfrac{\text{A의 분자량}}{\text{B의 분자량}}\times$㉠$=\dfrac{7}{8}\times\dfrac{2}{3}=\dfrac{7}{12}$이다.

문제풀이 Tip

화학 반응식의 계수비=반응 몰비=기체의 반응 부피비이므로 반응 전후 전체 기체의 부피로부터 화학 반응식을 완성하고, 이를 통해 각 기체의 분자량을 구할 수 있다.

선택지 비율	① 10%	❷ 29%	③ 21%	④ 28%	⑤ 12%

15 화학 반응의 양적 관계

2023년 3월 교육청 19번 | 정답 ② | 문제편 18 p

(출제 의도) 화학 반응식을 완성하고, 화학 반응에서의 양적 관계를 해석할 수 있는지 묻는 문항이다.

(문제 분석)

다음은 기체 A와 B가 반응하여 기체 C를 생성하는 반응의 화학 반응식이다.

$$A(g) + \overset{3}{b}B(g) \longrightarrow 2C(g) \quad (b\text{는 반응 계수})$$

분자량비 A : B : C $= \frac{14}{1} : \frac{3}{b} : \frac{17}{2}$

표는 실린더에 A(g)와 B(g)를 넣고 반응을 완결시킨 실험 Ⅰ, Ⅱ에 대한 자료이다. $\frac{\text{Ⅱ에서 반응 후 전체 기체의 부피}}{\text{Ⅰ에서 반응 전 전체 기체의 부피}} = \frac{3}{11}$이다.

$\frac{1+2}{1+\frac{10b}{3}} = \frac{3}{11}$

실험	반응 전 기체의 질량(g) A(g)	반응 전 기체의 질량(g) B(g)	반응 후 남은 반응물의 질량(g)
Ⅰ	$2w$ 모두 반응	20 $(20-w)$ 반응	B w
Ⅱ	$4w$ $2w$ 반응	6 모두 반응	A $2w$

반응한 A의 질량 동일 ➡ 반응한 B의 질량 동일

$20-w=6$ ➡ $w=14$ ➡ 반응 질량비 A : B : C $= 28 : 6 : 34$

$\frac{w}{b} \times \frac{\text{B의 분자량}}{\text{A의 분자량}}$은? (단, 실린더 속 기체의 온도와 압력은 일정하다.) [3점]

기체의 부피∝양(mol)

① $\frac{1}{4}$ ② $\frac{1}{3}$ ③ $\frac{1}{2}$ ④ $\frac{2}{3}$ ⑤ $\frac{3}{4}$

✔ 자료 해석

- 실험 Ⅰ과 실험 Ⅱ에서 A가 모두 반응한다면 반응한 A의 질량은 실험 Ⅱ에서가 실험 Ⅰ에서의 2배이므로 반응한 B의 질량도 실험 Ⅱ에서가 실험 Ⅰ에서의 2배이다. 그런데 반응 전 B의 질량은 실험 Ⅰ>실험 Ⅱ이므로 실험 결과와 같이 반응 후 남은 반응물의 질량이 실험 Ⅰ<실험 Ⅱ일 수 없다.
- 실험 Ⅰ과 실험 Ⅱ에서 B가 모두 반응한다면 반응한 B의 질량은 실험 Ⅰ>실험 Ⅱ이므로 반응한 A의 질량도 실험 Ⅰ>실험 Ⅱ이다. 그런데 반응 전 A의 질량은 실험 Ⅱ에서가 실험 Ⅰ에서의 2배이므로 실험 결과와 같이 반응 후 남은 반응물의 질량이 실험 Ⅱ에서가 실험 Ⅰ에서의 2배일 수 없다.
- 그 결과 반응 후 남은 반응물은 실험 Ⅰ과 실험 Ⅱ에서 서로 다른데, 반응 전 $\frac{\text{B의 질량}}{\text{A의 질량}}$이 실험 Ⅰ>실험 Ⅱ이므로 실험 Ⅰ과 실험 Ⅱ에서 반응 후 남은 반응물은 각각 B, A이다.
- 실험 Ⅰ에서는 반응 후 B w g이 남았으므로 A $2w$ g과 B $(20-w)$ g이 반응했고, 실험 Ⅱ에서는 반응 후 A $2w$ g이 남았으므로 A $2w$ g과 B 6 g이 반응했다. 따라서 실험 Ⅰ과 실험 Ⅱ에서 반응한 A의 질량이 $2w$ g으로 같으므로 반응한 B의 질량도 같고, $20-w=6$에서 $w=14$이다.
- 반응 질량비는 A : B : C $=28 : 6 : 34 = 14 : 3 : 17$이고, 반응 몰비가 A : B : C $=1 : b : 2$이므로 분자량비는 A : B : C $= \frac{14}{1} : \frac{3}{b} : \frac{17}{2}$이다.

보기 풀이 A~C의 분자량을 각각 28, $\frac{6}{b}$, 17이라고 하면 Ⅰ에서 반응 전 A, B의 양은 각각 $\frac{28}{28}$ mol, $\frac{20}{\frac{6}{b}}$ mol이다. Ⅱ에서 A 56 g과 B 6 g이 반응할 때 반응 후 기체의 질량은 A 28 g, C 34 g이므로 반응 후 기체의 양은 A $\frac{28}{28}$ mol, C $\frac{34}{17}$ mol이다. 기체의 부피는 양(mol)에 비례하므로 $\frac{\text{Ⅱ에서 반응 후 전체 기체의 부피}}{\text{Ⅰ에서 반응 전 전체 기체의 부피}} = \frac{1+2}{1+\frac{10b}{3}} = \frac{3}{11}$이고, $b=3$이다. 따라서 $\frac{w}{b} \times \frac{\text{B의 분자량}}{\text{A의 분자량}} = \frac{14}{3} \times \frac{2}{28} = \frac{1}{3}$이다.

문제풀이 Tip

각 실험에서 한계 반응물을 찾으면 Ⅰ에서는 A(g)가, Ⅱ에서는 B(g)가 모두 반응하므로 Ⅱ에서 반응한 A(g)의 질량은 $2w$ g이다.
A(g) 28 g, B(g) 6 g, C(g) 34 g의 양을 각각 n mol, bn mol, $2n$ mol이라고 하면 $\frac{\text{Ⅱ에서 반응 후 전체 기체의 부피}}{\text{Ⅰ에서 반응 전 전체 기체의 부피}} = \frac{n+2n}{n+\frac{20}{6}bn} = \frac{3}{11}$이므로 $b=3$이다.

Part Ⅰ 교육청

선택지 비율	① 8%	② 15%	③ 13%	❹ 60%	⑤ 4%

16 화학 반응의 양적 관계

2023년 3월 교육청 5번 | 정답 ④ | 문제편 18p

출제 의도 화학 반응의 양적 관계를 이해하는지 묻는 문항이다.

문제 분석

다음은 금속 M의 원자량을 구하는 실험이다.

[자료]
- 화학 반응식 : (반응 계수비=반응 몰비=1 : 1)
  $M(s) + 2HCl(aq) \longrightarrow MCl_2(aq) + H_2(g)$
- t ℃, 1 atm에서 기체 1 mol의 부피는 24 L이다. (일정한 온도와 압력에서 기체의 부피∝양(mol))

[실험 과정]
(가) M(s) w g을 충분한 양의 HCl(aq)에 넣어 반응을 완결시킨다. (M의 양$=\frac{w}{a}$ mol)
(나) 생성된 $H_2(g)$의 부피를 측정한다.

[실험 결과]
- t ℃, 1 atm에서 $H_2(g)$의 부피 : 480 mL
- M의 원자량 : a (H_2의 양$=\frac{0.48 \text{ L}}{24 \text{ L/mol}}$)

a는? (단, M은 임의의 원소 기호이다.)

① $16w$ ② $20w$ ③ $32w$ ④ $50w$ ⑤ $100w$

✓ 자료 해석

- $M(s) + 2HCl(aq) \longrightarrow MCl_2(aq) + H_2(g)$에서 반응 몰비는 반응 계수비와 같으므로 $M(s) : H_2(g) = 1 : 1$이다.
- M의 원자량은 a이므로 M(s) w g의 양은 $\frac{w}{a}$ mol이다.
- t ℃, 1 atm에서 $H_2(g)$의 부피는 480 mL이므로 생성된 $H_2(g)$의 양은 $\frac{0.48}{24}$ mol이다.

○ 보기 풀이 화학 반응식의 계수비는 반응 몰비와 같으므로 $M(s) : H_2(g) = 1 : 1 = \frac{w}{a} : \frac{0.48}{24}$이 성립하여 $a=50w$이다.

문제풀이 Tip

실험에서 M(s)과 $H_2(g)$의 관계를 묻고 있으므로 화학 반응식에서 M(s)과 $H_2(g)$의 반응 몰비를 구하고 질량과 부피를 양(mol)으로 환산한다.

선택지 비율	① 5%	② 11%	③ 12%	❹ 62%	⑤ 10%

17 화학 반응의 양적 관계

2022년 10월 교육청 17번 | 정답 ④ | 문제편 19p

출제 의도 생성된 기체의 부피로부터 화학 반응의 양적 관계를 해석할 수 있는지 묻는 문항이다.

문제 분석

다음은 금속 A, B와 관련된 실험이다. A, B의 원자량은 각각 24, 27이고, t ℃, 1 atm에서 기체 1 mol의 부피는 25 L이다.

[화학 반응식]
- $A(s) + 2HCl(aq) \longrightarrow ACl_2(aq) + H_2(g)$ (반응 : 생성 — A a mol, H_2 a mol)
- $2B(s) + 6HCl(aq) \longrightarrow 2BCl_3(aq) + 3H_2(g)$ (B b mol, H_2 $\frac{3}{2}b$ mol)

[실험 과정 및 결과]
- t ℃, 1 atm에서 충분한 양의 HCl(aq)에 ㉠ 금속 Ⓐ와 Ⓑ의 혼합물 12.6 g을 넣어 모두 반응시켰더니 15 L의 $H_2(g)$가 발생하였다. (a mol, b mol; $24a+27b=12.6$; $=\frac{15}{25}$ mol)

㉠에 들어 있는 B의 양(mol)은? (단, A와 B는 임의의 원소 기호이고, 온도와 압력은 일정하다.) [3점]

① 0.05 ② 0.1 ③ 0.15 ④ 0.2 ⑤ 0.3

✓ 자료 해석

- 금속 A와 B의 혼합물 12.6 g(㉠)에 들어 있는 A와 B의 양을 각각 a mol, b mol이라고 하면, A와 B의 원자량이 각각 24, 27이므로 $24a+27b=12.6$ (g)이다.
- A와 $H_2(g)$의 반응 몰비는 1 : 1이고, B와 $H_2(g)$의 반응 몰비는 2 : 3이므로 ㉠과 HCl(aq)의 반응에서 생성된 $H_2(g)$의 전체 양은 $\left(a+\frac{3}{2}b\right)$ mol이다.
- t ℃, 1 atm에서 기체 1 mol의 부피는 25 L이므로 이 실험에서 생성된 $H_2(g)$ 15L의 양은 $\frac{15}{25}=\frac{3}{5}$ (mol)이다.

○ 보기 풀이 질량 관계로부터 $24a+27b=12.6$이고, 반응 몰비로부터 $a+\frac{3}{2}b=\frac{3}{5}$이므로 $a=0.3$, $b=0.2$이다. 따라서 ㉠에 들어 있는 B의 양(b)은 0.2 mol이다.

문제풀이 Tip

반응물을 구성하는 각 금속의 원자량과 반응물의 총 질량이 제시되었으므로 $\frac{\text{질량(g)}}{\text{(화학식량) g/mol}}$=양(mol)을 이용하여 각 금속의 양(mol)을 계산하고, 화학 반응의 양적 관계를 적용하면 된다.

선택지 비율	❶ 18%	② 18%	③ 17%	④ 31%	⑤ 13%

18 화학 반응의 양적 관계

2022년 10월 교육청 19번 | 정답 ① | 문제편 19 p

출제 의도 물질의 양(mol)과 질량 관계를 이용하여 반응 계수비와 분자량비를 구할 수 있는지 묻는 문항이다.

문제 분석

다음은 A와 B가 반응하여 C를 생성하는 반응 (가)와 C와 B가 반응하여 D를 생성하는 반응 (나)에 대한 실험이다. c, d는 반응 계수이다.

[화학 반응식]

(가) $A + B \longrightarrow cC$

(나) $2C + B \longrightarrow dD$

[실험 Ⅰ]

• A $8w$ g(일정량(n mol))이 들어 있는 용기 Ⅰ에 B를 조금씩 넣어가면서 반응 (가)를 완결시켰을 때, 넣어 준 B의 총 질량에 따른 $\frac{\text{C의 양(mol)}}{\text{전체 물질의 양(mol)}}$은 다음과 같았다.

넣어 준 B의 총 질량(g)	$3w$ (=$3x$ mol)	$6w$ (=$6x$ mol)	$16w$ (=$16x$ mol)
	B 모두 반응	B 모두 반응	A 모두 반응
$\frac{\text{C의 양(mol)}}{\text{전체 물질의 양(mol)}}$	$\frac{3}{8}$	$\frac{3}{4}$	$\frac{1}{2}$

[실험 Ⅱ]

• 용기 Ⅱ에 C $8w$ g($4x$ mol)과 B $3w$ g($3x$ mol)을 넣고 반응 (나)를 완결시켰을 때 $\frac{\text{D의 양(mol)}}{\text{전체 물질의 양(mol)}}=\frac{4}{5}$이었다. $=\frac{2dx}{x+2dx}$

$\frac{\text{D의 분자량}}{\text{C의 분자량}}$은? [3점]

① $\frac{5}{4}$ ② $\frac{7}{5}$ ③ $\frac{3}{2}$ ④ $\frac{11}{7}$ ⑤ $\frac{23}{14}$

✓ 자료 해석

• 일정량의 A에 B를 넣어 반응시키므로 넣어 준 B의 질량이 $3w$ g, $6w$ g일 때 B가 모두 반응한다고 가정한다. A $8w$ g의 양을 n mol, B $3w$ g의 양을 $3x$ mol이라고 하면 반응의 양적 관계는 다음과 같다.

[B $3w$ g]	A	+	B	⟶	cC
반응 전(mol)	n		$3x$		
반응 (mol)	$-3x$		$-3x$		$+3cx$
반응 후(mol)	$n-3x$		0		$3cx$

[B $6w$ g]	A	+	B	⟶	cC
반응 전(mol)	n		$6x$		
반응 (mol)	$-6x$		$-6x$		$+6cx$
반응 후(mol)	$n-6x$		0		$6cx$

○ 보기 풀이 Ⅰ에서 B의 질량이 $3w$ g, $6w$ g일 때 $\frac{\text{C의 양(mol)}}{\text{전체 물질의 양(mol)}}$으로부터 $\frac{3cx}{(n-3x)+3cx}=\frac{3}{8}$이고, $\frac{6cx}{(n-6x)+6cx}=\frac{3}{4}$이므로 $n=8x$이고, $c=1$이다. 넣어 준 B의 질량이 $16w$ g일 때 A가 모두 반응하므로 양적 관계는 다음과 같다.

[B $16w$ g]	A	+	B	⟶	C
반응 전(mol)	$8x$		$16x$		
반응 (mol)	$-8x$		$-8x$		
반응 후(mol)	0		$8x$		$8x$

$\frac{\text{C의 양(mol)}}{\text{전체 물질의 양(mol)}}=\frac{1}{2}$이 성립하므로 A $8w$ g의 양은 $8x$ mol이다. 따라서 Ⅰ에서 넣어 준 B의 질량이 $3w$ g일 때 A $3w$ g($3x$ mol)과 B $3w$ g($3x$ mol)이 반응하여 C $6w$ g($3x$ mol)이 생성된다.

Ⅱ에서는 C $8w$ g($4x$ mol)과 B $3w$ g($3x$ mol)이 반응하므로 반응의 양적 관계는 다음과 같다.

	2C	+	B	⟶	dD
반응 전(mol)	$4x$		$3x$		
반응 (mol)	$-4x$		$-2x$		$+2dx$
반응 후(mol)	0		x		$2dx$

$\frac{\text{D의 양(mol)}}{\text{전체 물질의 양(mol)}}=\frac{2dx}{x+2dx}=\frac{4}{5}$이므로 $d=2$이다. 따라서 반응 몰비는 C : D=1 : 1이고, 반응 질량비는 C : D=$8w$: $10w$=4 : 5이므로 $\frac{\text{D의 분자량}}{\text{C의 분자량}}=\frac{5}{4}$이다.

문제풀이 Tip

화학 반응에서 반응 계수비는 반응 몰비임을 이용하여 전체 물질의 양에 대한 생성물의 질량을 비교하고, 화학 반응 전후 질량이 보존됨을 이용하여 분자량 비를 계산한다.

선택지 비율	① 1%	❷ 88%	③ 8%	④ 2%	⑤ 1%

19 화학 반응식

2022년 7월 교육청 2번 | 정답 ② | 문제편 19 p

출제 의도 화학 반응식을 완성할 수 있는지 묻는 문항이다.

문제분석

다음은 질산 암모늄(NH_4NO_3) 분해 반응의 화학 반응식이다.

$$\underset{}{\overset{1}{a}}NH_4NO_3 \longrightarrow \overset{1}{a}N_2O + 2H_2O \quad (a\text{는 반응 계수})$$

이 반응에서 생성된 H_2O의 양이 1 mol일 때 반응한 NH_4NO_3의 양(mol)은? ➡ 반응 몰비=계수비

① $\frac{1}{4}$　② $\frac{1}{2}$　③ 1　④ 2　⑤ 4

✔ 자료 해석

• 화학 반응 전후 원자의 종류와 수는 일정하므로 계수를 맞추어 화학 반응식을 완성하면 다음과 같다.

$$NH_4NO_3 \longrightarrow N_2O + 2H_2O$$

ㅇ 보기 풀이 화학 반응식을 완성하면 $NH_4NO_3 \longrightarrow N_2O + 2H_2O$이므로 반응 몰비는 $NH_4NO_3 : H_2O = 1 : 2$이다. 따라서 생성된 H_2O의 양이 1 mol일 때 반응한 NH_4NO_3의 양은 $\frac{1}{2}$ mol이다.

문제풀이 Tip

화학 반응식을 완성한 후, 반응물과 생성물의 계수비가 반응 몰비와 같음을 이용하여 반응물이나 생성물의 양을 비교한다.

선택지 비율	① 8%	❷ 48%	③ 11%	④ 22%	⑤ 11%

20 화학 반응의 양적 관계

2022년 7월 교육청 19번 | 정답 ② | 문제편 20 p

출제 의도 넣어 준 반응물의 질량과 반응 후 기체의 양(mol)으로부터 화학 반응의 양적 관계를 해석할 수 있는지 묻는 문항이다.

문제분석

다음은 A(g)와 B(g)의 반응에 대한 실험이다.

[화학 반응식]

$\underset{2}{a}A(g) + \underset{3}{b}B(g) \longrightarrow 2C(g) + aD(g)$ (a, b는 반응 계수)

[실험 과정]

• A(g) x mol이 들어 있는 용기에 B(g)의 질량을 달리하여 넣고 반응을 완결시킨다.　$\frac{\frac{6}{b}y}{y+\frac{12}{b}y}=\frac{2}{5}$　$\therefore b=3$

[실험 결과]

모두 반응하는 물질:	B	B	A, B	A
실험	Ⅰ	Ⅱ	Ⅲ	Ⅳ
넣어 준 B(g)의 질량(g)	w (y mol)	$2w$	$3w$ ($3y$ mol)	$4w$
반응 후 $\frac{C(g)\text{의 양(mol)}}{\text{전체 기체의 양(mol)}}$	$\frac{1}{4}$	$\frac{2}{5}$		$\frac{2}{5}$

• 실험 Ⅲ에서 반응 후 용기에는 C(g)와 D(g)만 있다. ➡ 반응 완결점

$x : 3y = a : b$　$\therefore x=\frac{3a}{b}y$

실험 Ⅰ에서 넣어 준 B(g)의 양을 y mol이라고 했을 때, $(a+b)\times\frac{y}{x}$는? [3점]

$\frac{\frac{2}{b}y}{x+\frac{2}{b}y}=\frac{1}{4}$　$\therefore x=\frac{6}{b}y$　$a=2$

① $\frac{3}{2}$　② $\frac{5}{2}$　③ 3　④ $\frac{10}{3}$　⑤ $\frac{15}{4}$

문제풀이 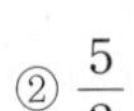

Ⅲ에서 반응 후 용기에는 C(g)와 D(g)만 있으므로 A(g)와 B(g)가 모두 반응하였음을 알 수 있다. 이로부터 Ⅰ에서는 B(g)가, Ⅳ에서는 A(g)가 모두 반응함을 알아야 한다.

✔ 자료 해석

• 실험 Ⅲ에서 반응 후 용기에는 C(g)와 D(g)만 있으므로 A(g)와 B(g)가 모두 반응하였다.

• A(g) x mol은 B(g) $3w$ g과 모두 반응하므로 실험 Ⅰ에서는 B(g)가 모두 반응하였다. 반응의 양적 관계는 다음과 같다.

	aA(g)	+	bB(g)	⟶	2C(g)	+	aD(g)
반응 전(mol)	x		y				
반응 (mol)	$-\frac{a}{b}y$		$-y$		$+\frac{2}{b}y$		$+\frac{a}{b}y$
반응 후(mol)	$x-\frac{a}{b}y$		0		$\frac{2}{b}y$		$\frac{a}{b}y$

ㅇ 보기 풀이 Ⅰ에서 반응 후 $\frac{C(g)\text{의 양(mol)}}{\text{전체 기체의 양(mol)}}=\frac{\frac{2}{b}y}{\left(x+\frac{2}{b}y\right)}=\frac{1}{4}$이므로 $x=\frac{6}{b}y$이다. 또한, Ⅲ에서 A(g) x mol과 B(g) $3w$ g(=$3y$ mol)이 모두 반응하였으므로 $x : 3y = a : b$이고, $x=\frac{3a}{b}y$이다. 두 식을 연립하면 $a=2$이다.

Ⅳ에서는 A(g)가 모두 반응하며, 반응의 양적 관계는 다음과 같다.

	2A(g)	+	bB(g)	⟶	2C(g)	+	2D(g)
반응 전(mol)	$\frac{6}{b}y$		$4y$				
반응 (mol)	$-\frac{6}{b}y$		$-3y$		$+\frac{6}{b}y$		$+\frac{6}{b}y$
반응 후(mol)	0		y		$\frac{6}{b}y$		$\frac{6}{b}y$

반응 후 $\frac{C(g)\text{의 양(mol)}}{\text{전체 기체의 양(mol)}}=\frac{\frac{6}{b}y}{\left(y+\frac{12}{b}y\right)}=\frac{2}{5}$에서 $b=3$이다. 따라서 $x=2y$이므로 $(a+b)\times\frac{y}{x}=(2+3)\times\frac{1}{2}=\frac{5}{2}$이다.

선택지 비율	❶ 87%	② 6%	③ 2%	④ 3%	⑤ 2%

21 화학 반응식

2022년 4월 교육청 3번 | 정답 ① | 문제편 20p

출제 의도 화학 반응식을 완성하고 화학 반응의 계수비를 이해하는지 묻는 문항이다

문제 분석

다음은 황세균의 광합성과 관련된 반응의 화학 반응식이다. a, b는 반응 계수이다.

$$aH_2S + 6CO_2 \longrightarrow bC_6H_{12}O_6 + 12S + 6H_2O$$

($b=1$, $a=12$, 반응 몰비 $H_2S : C_6H_{12}O_6 = 12 : 1$)

이 반응에서 12 mol의 H_2S가 모두 반응했을 때, 생성되는 $C_6H_{12}O_6$의 양(mol)은?

① 1 ② 2 ③ 4 ④ 6 ⑤ 12

✓ 자료 해석

- 반응 후 S 원자 수는 12이므로 $a=12$이고, 반응 전 C 원자 수는 6이므로 $b=1$이다.
- 제시된 화학 반응식에서 반응 계수비는 $H_2S : C_6H_{12}O_6 = a : b = 12 : 1$이므로 반응 몰비는 $H_2S : C_6H_{12}O_6 = 12 : 1$이다.

○ 보기풀이 화학 반응식에서 반응 계수비=반응 몰비이므로 12 mol의 H_2S가 모두 반응했을 때, 생성되는 $C_6H_{12}O_6$의 양(mol)은 1이다.

문제풀이 Tip

화학 반응에서 반응 전후 원자의 종류와 수가 같고, 화학 반응식에서 반응 계수비는 반응 몰비와 같다는 것을 이용한다.

Part I 교육청

선택지 비율	① 9%	② 12%	③ 22%	❹ 45%	⑤ 12%

22 화학 반응의 양적 관계

2022년 4월 교육청 20번 | 정답 ④ | 문제편 20p

출제 의도 물질의 양(mol)과 질량 관계를 이용하여 화학 반응식의 양적 관계를 해석할 수 있는지 묻는 문항이다.

문제 분석

다음은 A(g)와 B(g)가 반응하여 C(g)와 D(g)를 생성하는 반응의 화학 반응식이다.

$$4A(g) + bB(g) \longrightarrow cC(g) + 4D(g)$$ (b, c는 반응 계수)

($b=5$, $c=6$, 반응 계수비 3 : 2)

표는 실린더에 A(g)와 B(g)의 양을 달리하여 넣고 반응을 완결시킨 실험 Ⅰ, Ⅱ에 대한 자료이다. (가)는 A~D 중 하나이고, $\frac{\text{D의 분자량}}{\text{C의 분자량}} = \frac{5}{3}$이다.

반응물의 양은 Ⅱ > Ⅰ인데 Ⅰ → Ⅱ에서 (가) 감소 ➡ (가)는 반응물

실험	반응 전		반응 후		
	A의 양(mol)	B의 양(mol)	(가)의 양(mol)	기체의 질량(g)	
				C	D
Ⅰ	6	2	$11n$ ($=\frac{22}{5}$)	$9w$	$10w$ ($\frac{8}{5}$ mol)
Ⅱ	8	5	$10n$ ($=4$)		x (4 mol)

(A: $\frac{4}{3}$배, B: $\frac{5}{2}$배, (가): 감소 → (가)는 A / 반응 몰비 C : D $=\frac{9w}{3} : \frac{10w}{5} = 3 : 2$ ➡ $c=6$)

$\frac{x}{b \times n}$는? (단, 온도와 압력은 일정하며, n은 0이 아니다.) [3점] ($x=25w$, $b=5$, $n=\frac{2}{5}$)

① $2w$ ② $5w$ ③ $\frac{15}{2}w$ ④ $\frac{25}{2}w$ ⑤ $15w$

✓ 자료 해석

- 실험 Ⅰ에서 반응 후 기체의 질량비가 C : D=9 : 10이고, $\frac{\text{D의 분자량}}{\text{C의 분자량}} = \frac{5}{3}$이므로 반응 계수비는 C : D$=\frac{9}{3} : \frac{10}{5}=3 : 2$이다. 따라서 $c=6$이다.
- 실험 Ⅰ에서보다 실험 Ⅱ에서 더 많은 반응물이 반응하므로 생성물도 증가해야 하는데, 실험 Ⅰ → 실험 Ⅱ에서 (가)의 양은 감소하므로 (가)는 반응물인 A와 B 중 하나이다.
- (가)가 A일 때 실험 Ⅰ, 실험 Ⅱ에서 B는 모두 반응한다. 반응 계수비는 반응 몰비이므로 반응 몰비는 A : B$=4 : b$이고, 실험 Ⅰ에서 반응 후 A $11n$이 남으므로 $6-11n : 2=4 : b$, 실험 Ⅱ에서 반응 후 A $10n$이 남으므로 $8-10n : 5=4 : b$가 성립한다. 이를 풀면 $n=\frac{2}{5}$, $b=5$이다.
- (가)가 B일 때 $n<0$이므로 (가)는 A이다.

○ 보기풀이 x는 Ⅱ에서 반응 후 생성된 D의 질량이다. $n=\frac{2}{5}$이고 Ⅱ에서 반응한 A의 양은 $8-10n=4$ mol, 반응 몰비는 A : D$=1 : 1$이므로 생성된 D의 양은 4 mol이다. Ⅰ에서 반응한 A의 양은 $6-11n=\frac{8}{5}$ mol이고 반응한 A의 양과 생성된 C의 양이 같다. 즉, C $\frac{8}{5}$ mol의 질량이 $10w$ g이므로 $\frac{8}{5} : 10w = 4 : x$가 된다. 따라서 $x=25w$이고 $\frac{x}{b \times n}=\frac{25}{2}w$이다.

문제풀이 Tip

Ⅱ에서가 Ⅰ에서보다 A의 양(mol)은 $\frac{4}{3}$배, B의 양(mol)은 $\frac{5}{2}$배 증가하여 B의 증가폭이 더 크므로 (가)가 B라면 Ⅰ보다 Ⅱ에서 (가)의 양(mol)이 커야 한다. 따라서 (가)는 A이다.

선택지 비율	① 4%	② 12%	③ 12%	❹ 62%	⑤ 10%

23 화학 반응의 양적 관계

2022년 3월 교육청 5번 | 정답 ④ | 문제편 21 p

출제 의도 화학 반응의 양적 관계를 통하여 금속의 원자량을 구할 수 있는지 묻는 문항이다.

문제분석

다음은 금속 M의 원자량을 구하기 위한 실험이다. t ℃, 1 atm에서 기체 1 mol의 부피는 24 L이다.

• 화학 반응식

$M(s) + NaHCO_3(s) + H_2O(l)$
$\longrightarrow MCO_3(s) + Na^+(aq) + OH^-(aq) +$ ㉠ (g)

(염기성; ㉠: H_2; 반응 계수비=반응 몰비 ➡ M : H_2=1 : 1)

[실험 과정]

(가) 그림과 같이 Y자관 한쪽에 $M(s)$ w g을, 다른 한쪽에 충분한 양의 $NaHCO_3(s)$과 $H_2O(l)$을 넣는다.

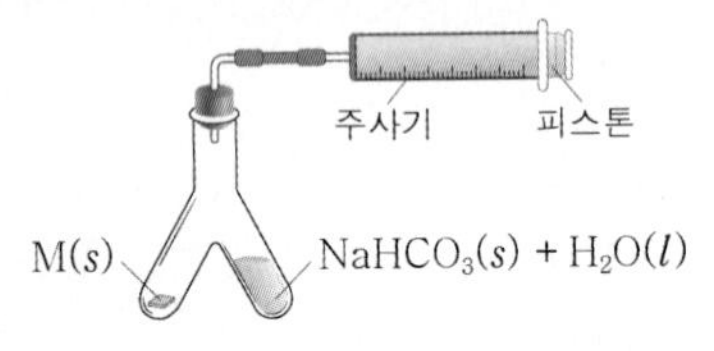

(나) Y자관을 기울여 $M(s)$을 모두 반응시킨 후, 발생한 기체 ㉠의 부피를 측정한다.

[실험 결과]

• (나)에서 발생한 기체 ㉠의 부피 : V L $\frac{V}{24}$ mol
• M의 원자량 : a $\frac{w}{a}$ mol

(반응 몰비 1 : 1)

이에 대한 옳은 설명만을 〈보기〉에서 있는 대로 고른 것은? (단, M은 임의의 원소 기호이고, 온도와 압력은 t ℃, 1 atm으로 일정하며, 피스톤의 마찰은 무시한다.) [3점]

보기

ㄱ. ㉠은 ~~CO_2~~(H_2)이다.
ㄴ. (나)에서 반응 후 용액은 염기성이다. OH^- 존재
ㄷ. $a=\frac{24w}{V}$이다.

① ㄱ ② ㄴ ③ ㄷ ④ ㄴ, ㄷ ⑤ ㄱ, ㄴ, ㄷ

✓ 자료 해석

• 화학 반응에서 반응 전과 후 질량은 보존되므로 반응물과 생성물에 있는 원자의 종류와 개수는 같다. 따라서 ㉠은 H_2이다.
• 화학 반응식의 계수비는 반응 몰비와 같으므로 반응 몰비는 M : H_2(㉠) =1 : 1이다.
• 물질의 양(mol)$=\frac{\text{질량}}{\text{화학식량}}=\frac{\text{기체의 부피}}{\text{기체 1 mol의 부피}}$이다.

○ 보기풀이 ㄴ. (나)에서 반응 후 $OH^-(aq)$이 생성되므로 용액은 염기성이다.
ㄷ. 제시된 화학 반응식에서 반응 몰비는 M : ㉠(H_2)=1 : 1이므로 $\frac{w}{a}=\frac{V}{24}$이다. 따라서 $a=\frac{24w}{V}$이다.

× 매력적 오답 ㄱ. ㉠은 H_2이다.

문제풀이 Tip

$M(s)$ w g과 발생한 기체 ㉠의 부피 V L가 제시되었으므로 M과 ㉠의 반응 몰비가 필요하다.

선택지 비율	① 10%	② 21%	③ 13%	❹ 44%	⑤ 12%

24 화학 반응의 양적 관계

2022년 3월 교육청 19번 | 정답 ④ | 문제편 21 p

출제 의도 물질의 질량과 밀도 관계를 이용하여 화학 반응식의 양적 관계를 해석할 수 있는지 묻는 문항이다.

문제 분석

다음은 $A(g)$와 $B(g)$가 반응하여 $C(g)$를 생성하는 반응의 화학 반응식이다.

$$\overset{2}{a}A(g) + B(g) \longrightarrow 2C(g) \quad (a\text{는 반응 계수})$$

표는 실린더에 $A(g)$와 $B(g)$를 질량을 달리하여 넣고 반응을 완결시킨 실험 Ⅰ과 Ⅱ에 대한 자료이다.

실험	반응 전 A의 질량(g)	반응 전 B의 질량(g)	반응 전 전체 기체의 밀도	반응 후 남은 반응물의 질량(g)	반응 후 전체 기체의 밀도	생성된 C의 질량
Ⅰ (반응 질량비 A : B : C=4 : 1 : 5)	6 ($6-2=4$ 반응)	1 모두 반응	xd	A 2	$7d$	5
Ⅱ	8 모두 반응	4 ($4-2=2$ 반응)	yd	B 2	$6d$	10

몰비$=\frac{질량}{밀도}$비를 이용하여 a를 구함

$a \times \frac{x}{y}$는? (단, 온도와 압력은 일정하다.) [3점]

① $\frac{6}{5}$ ② $\frac{11}{6}$ ③ $\frac{13}{7}$ ④ $\frac{7}{3}$ ⑤ $\frac{12}{5}$

✓ 자료 해석

- 밀도$=\frac{질량}{부피}$이고, 온도와 압력이 일정할 때 기체의 부피는 기체의 양(mol)에 비례하므로 기체의 양(mol)은 $\frac{질량}{밀도}$에 비례한다.
- 실험 Ⅰ에서 반응 전 B의 질량은 1 g이고 반응 후 남은 반응물의 질량이 2 g이므로 남은 반응물은 B가 될 수 없다. 따라서 B가 모두 반응한 것이고, 남은 반응물은 A 2 g이다.
- 실험 Ⅰ에서 반응한 질량은 A 4 g, B 1 g이고 생성된 질량은 C 5 g이다. 따라서 반응 질량비는 A : B : C=4 : 1 : 5이다.
- 실험 Ⅱ에서 A 8 g, B 2 g이 반응하여 C 10 g이 생성되므로 남은 반응물은 B 2 g이다.
- A 4 g, B 1 g, C 5 g을 각각 an mol, n mol, $2n$ mol이라고 하면, 반응 후 전체 기체의 몰비는 실험 Ⅰ : 실험 Ⅱ$=(\frac{a}{2}n+2n) : (2n+4n)=\frac{7}{7d} : \frac{12}{6d}$이므로 $a=2$이다.

O 보기 풀이 $a=2$이고 A 4 g, B 1 g, C 5 g을 각각 $2n$ mol, n mol, $2n$ mol이라고 하면, 반응 전 전체 기체의 몰비는 Ⅰ : Ⅱ$=(3n+n) : (4n+4n)=\frac{7}{xd} : \frac{12}{yd}$이므로 $\frac{x}{y}=\frac{7}{6}$이다. 따라서 $a \times \frac{x}{y}=2\times\frac{7}{6}=\frac{7}{3}$이다.

문제풀이 Tip

반응 계수비는 반응 몰비이므로 a를 구하기 위해서는 반응 몰비를 알아야 한다. 남은 반응물의 질량으로 반응 질량비를 구하고, 주어진 밀도비를 이용하여 기체의 몰비$=\frac{질량}{밀도}$비를 구한다. A, B, C의 양(mol)을 임의로 정할 때는 질량비와 계수비를 고려하는 것이 좋다.

선택지 비율	① 0%	❷ 91%	③ 0%	④ 3%	⑤ 3%

25 화학 반응식

2021년 10월 교육청 3번 | 정답 ② | 문제편 21 p

출제 의도 화학 반응식의 계수를 맞추고 생성물의 종류를 알아낼 수 있는지를 묻는 문항이다.

문제 분석

다음은 2가지 반응의 화학 반응식이다.

①→②의 순서로 문제를 풀이한다.

- $2NaHCO_3 \longrightarrow Na_2CO_3 + \boxed{㉠}(H_2O) + CO_2$ ① O 원자 수를 맞춘다. ➡ $b=2$
- $MnO_2 + \overset{4}{a}HCl \longrightarrow MnCl_2 + \overset{2}{b}\boxed{㉠}(H_2O) + Cl_2$ (a, b는 반응 계수)

② H 원자 수를 맞춘다. ➡ $a=4$

$\frac{b}{a}$는? ($=\frac{2}{4}$)

① $\frac{1}{3}$ ② $\frac{1}{2}$ ③ $\frac{2}{3}$ ④ 1 ⑤ 2

✓ 자료 해석

- 화학 반응 전후 원자의 종류와 수는 일정하므로 화학 반응식에서 반응물과 생성물에 포함된 원자의 종류와 수는 같다.

O 보기 풀이 $NaHCO_3$를 분해하면 Na_2CO_3, CO_2, H_2O이 생성되므로 ㉠은 H_2O이다. 화학 반응 전후 원자의 종류와 수는 같으므로 MnO_2와 HCl 반응의 계수를 맞추어 화학 반응식을 완성하면 다음과 같다.

$MnO_2 + 4HCl \longrightarrow MnCl_2 + 2H_2O + Cl_2$

따라서 $a=4$, $b=2$이므로 $\frac{b}{a}=\frac{1}{2}$이다.

문제풀이 Tip

두 번째 화학 반응식에서 O 원자 수를 먼저 같도록 맞추고, H 원자 수를 같도록 맞추면 반응 계수 a, b를 쉽게 구할 수 있다.

선택지 비율	① 6%	② 22%	❸ 37%	④ 16%	⑤ 15%

26 화학 반응의 양적 관계

2021년 10월 교육청 20번 | 정답 ③ | 문제편 22p

출제 의도 화학 반응의 양적 관계를 파악하여 화학 반응식의 계수와 반응 전 기체의 질량비를 구할 수 있는지를 묻는 문항이다.

문제 분석

다음은 기체 A와 B가 반응하여 기체 C가 생성되는 반응의 화학 반응식이다.

$$A(g) + bB(g) \longrightarrow 2C(g) \quad (b\text{는 반응 계수})$$

(b 위 메모: 3)

그림 (가)는 실린더에 $A(g)$ x g과 $B(g)$ y g을 넣은 것을, (나)는 (가)의 실린더에서 반응을 완결시킨 것을, (다)는 (나)의 실린더에 ㉠ 1 L를 추가하여 반응을 완결시킨 것을 나타낸 것이다. ㉠은 $A(g)$, $B(g)$ 중 하나이고, 실린더 속 기체의 밀도 비는 (나) : (다) $=1:2$이다.

(메모: x g 위 n mol, y g 위 $7n$ mol)

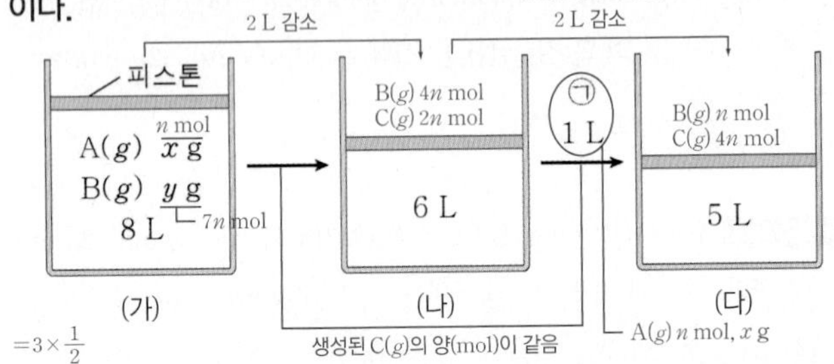

$b \times \dfrac{y}{x}$는? (단, 온도와 압력은 t℃, 1 atm으로 일정하고, 피스톤의 질량과 마찰은 무시한다.) [3점]

(메모: $=3\times\frac{1}{2}$)

① $\frac{1}{2}$ ② $\frac{5}{4}$ ③ $\frac{3}{2}$ ④ 10 ⑤ 12

	(나)	(다)
전체 기체의 질량(g)	$x+y$	$2x+y$
전체 기체의 밀도	d	$2d$

밀도 $=\dfrac{질량}{부피}$ ➡ $x=2y$

✔ 자료 해석

- (가)에서 반응이 완결되어 (나)가 되었을 때 전체 기체의 부피는 감소하므로 $b>1$이다.
- 반응 몰비는 A : C $=1:2$이고 (나)에 ㉠ 1 L를 넣었을 때 전체 기체의 부피는 2 L만큼 감소하였으므로 (나)에는 $B(g)$가 남아 있다. 따라서 (가)에서 $A(g)$는 모두 반응하였고, (나)에 추가로 넣어 준 ㉠은 $A(g)$이다.
- (나)에서 (다)로 될 때 반응한 $A(g)$ 1 L의 양을 n mol이라고 하면 생성된 $C(g)$의 양은 $2n$ mol이다.
- 전체 기체의 부피는 (가)에서 (나)로 될 때 8 L에서 6 L로 2 L만큼 감소하였고, (나)에서 (다)로 될 때 7 L에서 5 L로 2 L만큼 감소하였으므로 생성된 $C(g)$의 양(mol)은 같다.
  ➡ (나)의 실린더에 들어 있는 $B(g)$의 양은 $4n$ mol, $C(g)$의 양은 $2n$ mol이고, 반응 몰비는 A : B : C $=1:3:2$이므로 $b=3$이다.
- 화학 반응식에서 A와 C의 계수는 각각 1, 2이고, (가)에서 (나)로 될 때 전체 기체의 부피는 2 L만큼 감소하였으므로 $b=3$임을 알 수 있다.

○ 보기 풀이 반응 몰비는 A : C $=1:2$이고, (나)에 ㉠ 1 L를 넣었을 때 전체 기체의 부피는 2 L만큼 감소하였으므로 (나)에는 $B(g)$가 남아 있다. 따라서 (가)에서 $A(g)$는 모두 반응하였고, (나)에 추가로 넣어 준 ㉠은 $A(g)$이다.
전체 기체의 부피가 (가)에서 (나)로 될 때 2 L만큼 감소하였고, (나)에서 $A(g)$ 1 L를 추가로 넣고 반응을 완결시켜 (다)로 될 때 전체 기체의 부피는 7 L에서 5 L로 2 L만큼 감소하였다. 이때 (나)에 넣어 준 $A(g)$ 1 L의 양을 n mol이라고 하면 (가)에서 (나)로 될 때와 (나)에서 (다)로 될 때 생성된 $C(g)$의 양은 모두 $2n$ mol로 같다. 또한 화학 반응식에서 A와 C의 계수는 각각 1, 2이고, (가)에서 (나)로 될 때 전체 기체의 부피는 2 L만큼 감소하였으므로 $b=3$이다.
(가)~(다)에 들어 있는 기체의 양(mol)을 구하면 다음과 같다.

실린더	기체의 양(mol)		
	$A(g)$	$B(g)$	$C(g)$
(가)	n	$7n$	0
(나)	0	$4n$	$2n$
(다)	0	n	$4n$

(나)에서 넣어 준 $A(g)$ 1 L의 질량은 x g이므로 실린더 속 기체의 밀도비는 (나) : (다) $=\dfrac{x+y}{6} : \dfrac{2x+y}{5}=1:2$ 이므로 $\dfrac{y}{x}=\dfrac{1}{2}$이다. 따라서 $b\times\dfrac{y}{x}=3\times\dfrac{1}{2}=\dfrac{3}{2}$이다.

문제풀이 Tip

만약 (나)에서 $A(g)$가 남아 있다면 (나)에 ㉠ 1 L를 추가로 넣고 반응을 완결시켜 (다)가 되었을 때 전체 기체의 부피 감소량은 2 L보다 작아야 한다. 따라서 ㉠은 $A(g)$이고, (나)에서 $B(g)$가 남아 있음을 알 수 있다.

선택지 비율	① 1%	② 1%	❸ 92%	④ 1%	⑤ 3%

27 화학 반응식과 양적 관계

2021년 7월 교육청 2번 | 정답 ③ | 문제편 22 p

출제 의도 화학 반응식에서 반응 계수비가 의미하는 것을 알고 있는지 묻는 문항이다.

문제 분석

다음은 알루미늄(Al) 산화 반응의 화학 반응식이다.

$$\underline{4}Al + \underline{3}O_2 \longrightarrow \underline{2}Al_2O_3$$

반응 계수비=반응 몰비 ➡ $Al : O_2 : Al_2O_3 = 4 : 3 : 2$

이 반응에서 1 mol의 Al_2O_3이 생성되었을 때 반응한 Al의 질량(g)은? (단, Al의 원자량은 27이다.)

2 mol × 27 g/mol

① 27　② 48　③ 54　④ 81　⑤ 108

✔ 자료 해석

- 화학 반응식 : 화학식과 기호를 사용하여 화학 반응을 나타낸 식
- 화학 반응식의 의미 : 화학 반응식을 통해 반응물과 생성물의 종류를 알 수 있고, 물질의 양(mol), 분자 수, 질량, 기체의 부피 등의 양적 관계를 파악할 수 있다.
- 화학 반응식의 계수비는 반응 몰비와 같다.
- 알루미늄 산화 반응의 화학 반응식에서 반응 계수비는 $Al : O_2 : Al_2O_3 = 4 : 3 : 2$이므로 반응 몰비는 $Al : O_2 : Al_2O_3 = 4 : 3 : 2$이다.
- 물질의 질량(g)=1 mol의 질량(g/mol)×물질의 양(mol)

○ 보기 풀이 반응 몰비는 $Al : O_2 : Al_2O_3 = 4 : 3 : 2$이므로 Al_2O_3 1 mol이 생성되었을 때 반응한 Al의 양은 2 mol이다. 따라서 반응한 Al의 질량은 2×27=54 g이다.

문제풀이 Tip

화학 반응식에서 계수비는 반응 몰비와 같다는 것을 이용하여 반응한 Al의 양(mol)을 알아내고 원자량(1 mol의 질량)을 곱하여 질량을 구한다.

선택지 비율	① 9%	❷ 40%	③ 15%	④ 18%	⑤ 16%

28 화학 반응의 양적 관계

2021년 7월 교육청 19번 | 정답 ② | 문제편 22 p

출제 의도 기체의 질량과 밀도를 이용하여 화학 반응식의 양적 관계를 해석할 수 있는지 묻는 문항이다.

문제 분석

다음은 실린더에 A(g)와 B(g)의 질량을 달리하여 넣고 반응을 완결시킨 실험 Ⅰ~Ⅲ에 대한 자료이다.

- 화학 반응식　반응 전후 기체의 양(mol) 일정 ➡ $b=d=2$

$$A(g) + bB(g) \longrightarrow C(g) + dD(g) \quad (b,\ d\text{는 반응 계수})$$

실험	넣어 준 물질의 질량(g)		전체 기체의 밀도 (상댓값)	
	A(g) 양	B(g) 양	반응 전	반응 후
Ⅰ	모두 반응 $2w$ $\frac{2w}{M_A}$	$12w$ $\frac{12w}{M_B}$	$\frac{7}{2}$	$\frac{7}{2}$ 밀도 일정 ➡ 기체의 양(mol) 일정
Ⅱ	$4w$ $\frac{4w}{M_A}$	$8w$ $\frac{8w}{M_B}$ (모두 반응)	3	3
Ⅲ	$4w$ $\frac{4w}{M_A}$	$12w$ $\frac{12w}{M_B}$	x	$x=\frac{16}{5}$

- 실험 Ⅰ과 Ⅱ에서 반응 후 생성된 C(g)의 양이 같다.

Ⅰ은 A가 모두 반응, Ⅱ는 B가 모두 반응

$\frac{x}{b+d}$는? (단, 실린더 속 기체의 온도와 압력은 일정하다.) [3점]

$=\frac{\frac{16}{5}}{2+2}$

① $\frac{3}{5}$　② $\frac{4}{5}$　③ 1　④ $\frac{6}{5}$　⑤ $\frac{5}{4}$

✔ 자료 해석

- 화학 반응식의 계수비는 반응 몰비와 같다.
- 반응물과 생성물이 기체인 경우, 일정한 온도와 압력에서 화학 반응식의 계수비는 기체의 반응 부피비와 같다.
- 반응물의 질량 총합과 생성물의 질량 총합은 같다.
- 반응 전과 후 질량은 일정하고, 실험 Ⅰ에서 반응 전과 후 전체 기체의 밀도가 같으므로 반응 전과 후 기체의 양(mol)은 같다. 따라서 $b=d$이다.
- 밀도$=\frac{질량}{부피}$이고, 온도와 압력이 일정할 때 기체의 부피는 양(mol)에 비례하므로 기체의 몰비는 $\frac{질량}{밀도}$비와 같다.
- 실험 실험 Ⅰ과 실험 Ⅱ에서 생성된 C의 양이 같으므로 실험 Ⅰ에서는 A가 모두 반응하고, 실험 Ⅱ에서는 B가 모두 반응한다.

○ 보기 풀이 A와 B의 분자량을 각각 M_A, M_B라고 할 때, 넣어 준 전체 기체의 몰비는 Ⅰ : Ⅱ : Ⅲ$=\left(\frac{2w}{M_A}+\frac{12w}{M_B}\right):\left(\frac{4w}{M_A}+\frac{8w}{M_B}\right):\left(\frac{4w}{M_A}+\frac{12w}{M_B}\right)$ $=\left(14w\times\frac{2}{7}\right):\left(12w\times\frac{1}{3}\right):\left(16w\times\frac{1}{x}\right)$이다. 따라서 $M_A : M_B=1:2$이고, $x=\frac{16}{5}$이다.

Ⅰ과 Ⅱ에서 반응 후 생성된 C의 양이 같으므로 Ⅰ에서는 A $2w$ g이 모두 반응하고, Ⅱ에서는 B $8w$ g이 모두 반응한다. 반응하는 A와 B의 몰비는 $\frac{2w}{M_A}:\frac{8w}{M_B}=1:2$이므로 $b=2$이다. 따라서 $b=d=2$이고, $x=\frac{16}{5}$이므로 $\frac{x}{b+d}=\frac{\frac{16}{5}}{2+2}=\frac{4}{5}$이다.

문제풀이 Tip

반응 전과 후 질량이 보존되므로 기체의 밀도가 같으면 기체의 양(mol)은 같다. 반응 계수비는 반응 몰비와 같으므로 질량과 밀도를 이용하여 분자량비를 알아내고 계수비를 구할 수 있다.

Part Ⅰ 교육청

선택지 비율	① 13%	② 19%	③ 21%	④ 23%	⑤ 22%

29 화학 반응의 양적 관계

2021년 4월 교육청 20번 | 정답 ⑤ | 문제편 22p

출제 의도 그래프를 분석하고 물질의 양과 질량 관계를 이용하여 화학 반응의 양적 관계를 해석할 수 있는지 묻는 문항이다.

문제 분석

(㉠이 C일 때는 d가 자연수 아님)

다음은 기체 A와 B로부터 기체 C와 D가 생성되는 반응의 화학 반응식이다. b, d는 반응 계수이며, 자연수이다.

$$A(g) + \overset{2}{b}B(g) \longrightarrow C(g) + \overset{2}{d}D(g)$$

(생성물의 몰비 1 : d)

그림은 A $3w$ g(3n mol)이 들어 있는 용기에 B를 넣어 반응을 완결시켰을 때, 넣어 준 B의 질량에 따른 $\frac{㉠의\ 양(mol)}{전체\ 물질의\ 양(mol)}$을 나타낸 것이다. ㉠은 C, D 중 하나이다.

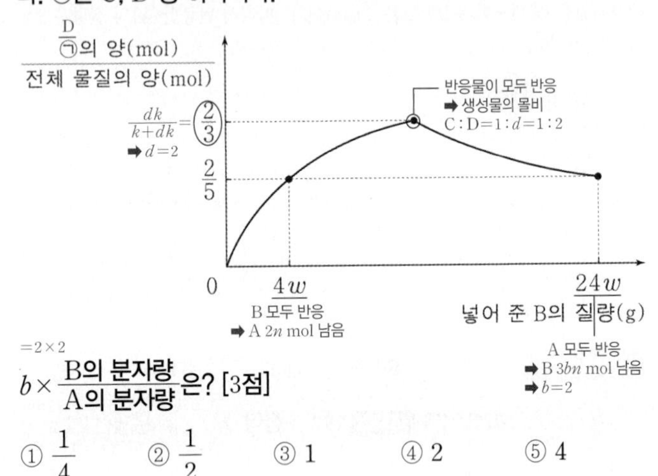

(=2×2)

$b \times \frac{B의\ 분자량}{A의\ 분자량}$은? [3점]

① $\frac{1}{4}$ ② $\frac{1}{2}$ ③ 1 ④ 2 ⑤ 4

✓ 자료 해석

- 화학 반응식의 계수비는 반응 몰비 또는 반응 분자 수 비와 같다.
- 그래프에서 꺾인 지점은 반응물이 모두 반응한 지점이다. 화학 반응식의 계수비는 반응 몰비와 같으므로 이때 생성물의 몰비는 C : D=1 : d이다.
- 만약 ㉠이 C라면 $\frac{k}{k+dk}=\frac{2}{3}$이므로 $d=\frac{1}{2}$이다. 그런데 d는 자연수이므로 ㉠은 D이고, $\frac{dk}{k+dk}=\frac{2}{3}$에서 $d=2$이다.

○ 보기 풀이 B $4w$ g을 넣었을 때 $\frac{D의\ 양(mol)}{전체\ 물질의\ 양(mol)}=\frac{2}{5}$이므로 반응 후 C의 양을 n mol이라고 하면 반응 전 A의 양은 $3n$ mol, 반응 후 A의 양은 $2n$ mol이고, 반응의 양적 관계는 다음과 같다.

	A(g)	+	bB(g)	⟶	C(g)	+	2D(g)
반응 전(mol)	$3n$ (=$3w$ g)		bn (=$4w$ g)		0		0
반응 (mol)	$-n$		$-bn$		$+n$		$+2n$
반응 후(mol)	$2n$		0		n		$2n$

즉, A와 B는 각각 n mol, bn mol(=$4w$ g)이 반응한다.

B $24w$ g(=$6bn$ mol)을 넣었을 때 A가 모두 반응하고, 반응의 양적 관계는 다음과 같다.

	A(g)	+	bB(g)	⟶	C(g)	+	2D(g)
반응 전(mol)	$3n$		$6bn$		0		0
반응 (mol)	$-3n$		$-3bn$		$+3n$		$+6n$
반응 후(mol)	0		$3bn$		$3n$		$6n$

B $24w$ g을 넣었을 때 생성된 D의 양은 $6n$ mol이고, $\frac{D의\ 양(mol)}{전체\ 물질의\ 양(mol)}=\frac{2}{5}$이므로 $3bn+3n+6n=15n$에서 $b=2$이다. A와 B n mol의 질량은 각각 w g, $2w$ g이므로 분자량비는 A : B=1 : 2이다. 따라서 $b\times\frac{B의\ 분자량}{A의\ 분자량}=2\times2=4$이다.

문제풀이 Tip

그래프의 꺾인 지점에서 반응물이 모두 반응했으므로 ㉠과 반응 계수 d를 구할 수 있다. 반응 계수 b는 B $4w$ g과 $24w$ g을 넣었을 때 각각의 $\frac{㉠의\ 양(mol)}{전체\ 물질의\ 양(mol)}$ 값을 이용하여 구한다.

선택지 비율	① 15%	② 15%	❸ 35%	④ 26%	⑤ 7%

30 화학 반응의 양적 관계

2021년 3월 교육청 20번 | 정답 ③ | 문제편 23 p

출제 의도 반응 전후 기체의 질량과 밀도를 이용하여 화학 반응의 양적 관계를 해석할 수 있는지 묻는 문항이다.

문제분석

다음은 A(g)와 B(g)가 반응하여 C(g)를 생성하는 반응의 화학 반응식이다.

$$A(g) + bB(g) \longrightarrow cC(g) \quad (b, c\text{는 반응 계수})$$

표는 실린더에 A(g)와 B(g)의 질량을 달리하여 넣고 반응을 완결시킨 실험 Ⅰ, Ⅱ에 대한 자료이다.

실험	반응 전			반응 후	
	A(g)의 질량(g)	B(g)의 질량(g)	전체 기체의 밀도	C(g)의 질량(g)	전체 기체의 밀도
Ⅰ	⑧ 모두 반응	28 14 남음	$72d$	22	xd (90)
Ⅱ	24 12 남음	y 모두 반응 (=21)	$75d$	33	$100d$

(전체 기체의 밀도: $\frac{\text{질량}}{\text{양(mol)}}$에 비례 / 72 : 75, 2 : 3, 75 : 100 / 반응 질량비 A : B : C = 8 : 14 : 22)

$\frac{x}{y}$는? (단, 실린더 속 기체의 온도와 압력은 일정하다.) [3점] ($=\frac{90}{21}$, 아보가드로 법칙 성립)

① $\frac{25}{7}$ ② 4 ③ $\frac{30}{7}$ ④ $\frac{32}{7}$ ⑤ 5

✓ 자료 해석

- 반응물의 질량 총합과 생성물의 질량 총합은 같다.
- 아보가드로 법칙에 의해 일정한 온도와 압력에서 기체의 양(mol)은 부피에 비례한다.
- 실험 Ⅰ에서 반응 전 B의 질량(28 g)이 생성된 C의 질량(22 g)보다 크므로 A가 모두 반응한다. 반응 전후 물질의 전체 질량은 일정하므로 남은 반응물은 B이고, 남은 B의 질량은 $22-8=14$ g이다.
- 실험 Ⅰ과 Ⅱ에서 생성된 C의 질량비가 실험 Ⅰ : 실험 Ⅱ$=22:33=2:3$이므로 실험 Ⅱ에서는 B가 모두 반응하고, 남은 A의 질량은 $24-12=12$ g이다. 따라서 실험 Ⅱ에서 반응 전 B의 질량이 21 g이므로 $y=21$이다.

실험	반응 전 기체의 질량(g)		반응 후 기체의 질량(g)	
	A	B	C	남은 반응물
Ⅰ	8	28	22	B 14 g
Ⅱ	24	$y=21$	33	A 12 g

○ 보기풀이 Ⅰ에서 A 8 g과 B 14 g이 반응하여 C 22 g이 생성되므로 A~C의 반응 질량비는 A : B : C$=4:7:11$이다. A 8 g, B 7 g, C 11 g의 양(mol)을 각각 p, q, r이라고 하면 Ⅰ과 Ⅱ에서 반응 전 전체 기체의 밀도비는 Ⅰ : Ⅱ $=\frac{36}{p+4q}:\frac{45}{3p+3q}=72d:75d$이므로 $p=q$이다.

Ⅱ에서 반응 전과 후 전체 기체의 밀도비는 $\frac{45}{3p+3q}:\frac{45}{\frac{12}{8}p+3r}=75d:100d=3:4$이므로 $q=r$이다. 따라서 $p=q=r$이고, Ⅰ에서 반응 전과 후 전체 기체의 밀도비는 $72d:xd=\frac{36}{p+4q}:\frac{36}{2q+2r}=4:5$이다. 따라서 $x=90$이고, $y=21$이므로 $\frac{x}{y}=\frac{90}{21}=\frac{30}{7}$이다.

문제풀이 Tip

y는 실험 Ⅰ과 Ⅱ에서 각각 남은 반응물의 종류와 질량을 통해 알아낸다. x는 질량과 양(mol)을 이용하여 밀도비로 구할 수 있다. 반응 질량비가 A : B : C$=4:7:11$이므로 A는 8 g 대신 4 g을 기준으로 양(mol)을 잡아도 된다.

Part Ⅰ 교육청

선택지 비율	① 2%	② 4%	❸ 88%	④ 4%	⑤ 2%

31 용액의 몰 농도

2024년 10월 교육청 5번 | 정답 ③ | 문제편 23 p

출제 의도 용액을 희석하거나 용질을 추가로 녹일 때 용액의 몰 농도 변화를 분석할 수 있는지 묻는 문항이다.

문제 분석

다음은 $A(aq)$을 만드는 실험이다. A의 화학식량은 180이다.

(가) 물에 $A(s)$를 녹여 a M $A(aq)$ 100 mL를 만든다.
(나) a M $A(aq)$ 20 mL에 물을 넣어 0.06 M $A(aq)$ 100 mL를 만든다. A의 양(mol)$=a$ M$\times(20\times10^{-3})$ L$=0.06$ M$\times(100\times10^{-3})$ L ➡ $a=0.3$
(다) (나)에서 만든 $A(aq)$ 50 mL에 $A(s)$ w g을② 모두 녹인 후, 물을 넣어 0.04 M $A(aq)$ 200 mL를 만든다.
③ A의 양(mol)$=0.04$ M$\times(200\times10^{-3})$ L
① A의 양(mol)$=0.06$ M$\times(50\times10^{-3})$ L

$\frac{w}{a}$는? (단, 수용액의 온도는 t ℃로 일정하다.) [3점]

① 1 ② 2 ③ 3 ④ 4 ⑤ 5

(다)에서 ①의 질량+②=③의 질량
➡ $(0.06\times50\times10^{-3}\times180)+w=(0.04\times200\times10^{-3}\times180)$
➡ $w=0.9$

✓ 자료 해석

- 용액의 희석 : 용액에 물을 가하여 희석했을 때 용액의 부피와 몰 농도는 달라지지만, 그 속에 녹아 있는 용질의 양(mol)은 변하지 않는다.
- (나)에서 a M $A(aq)$ 20 mL를 희석하여 0.06 M $A(aq)$ 100 mL를 만들었으므로 두 수용액에 들어 있는 A의 양(mol)은 같다. 따라서 $20a=0.06\times100$에서 $a=0.3$이다.
- (다)에서 0.06 M $A(aq)$ 50 mL에 $A(s)$ w g을 넣어 0.04 M $A(aq)$ 200 mL를 만들었으므로 $(0.06\times50\times10^{-3}\times180)+w=0.04\times200\times10^{-3}\times180$이 성립하여 $w=0.9$이다.

○ 보기 풀이 $\frac{w}{a}=\frac{0.9}{0.3}=3$이다.

문제풀이 Tip

용액을 물로 희석했을 때 용질의 양(mol)은 변하지 않는다. 용액을 혼합했을 때 혼합 용액에 들어 있는 용질의 양은 혼합 전 각 용액에 들어 있는 용질의 양의 합과 같다.

선택지 비율	① 9%	② 7%	③ 17%	❹ 64%	⑤ 3%

32 용액의 몰 농도

2024년 7월 교육청 6번 | 정답 ④ | 문제편 23 p

출제 의도 용액의 몰 농도와 부피를 통해 용질의 양(mol)과 질량을 비교할 수 있는지 묻는 문항이다.

문제 분석

표는 t ℃에서 $A(aq)$과 $B(aq)$에 대한 자료이다. A와 B의 화학식량은 각각 $2a$와 $3a$이다.

화학식량비 A : B=2 : 3

수용액	몰 농도(M)	부피(L)	용질의 질량(g)
$A(aq)$	0.2 ×	V (몰비 $0.2V$)	x
$B(aq)$	0.05 ×	$2V$ ($0.1V$)	$3w$

몰비 2 : 1, $(2\times2):(1\times3)=4:3$ ➡ $x=4w$

x는?

① $\frac{1}{4}w$ ② $\frac{1}{2}w$ ③ $2w$ ④ $4w$ ⑤ $8w$

✓ 자료 해석

- 몰 농도(M)$=\frac{\text{용질의 양(mol)}}{\text{용액의 부피(L)}}$
- 용질의 양(mol)$=\frac{\text{용질의 질량 (g)}}{\text{(화학식량) g/mol}}$이다.
- 용질의 몰비는 $A(aq):B(aq)=(0.2\times V):(0.05\times2V)=2:1$이다.

○ 보기 풀이 화학식량의 비가 A : B=2 : 3이므로 수용액에 들어 있는 용질의 질량비는 $A(aq):B(aq)=(2\times2):(1\times3)=4:3$이다. 따라서 $x=4w$이다.

문제풀이 Tip

용액의 몰 농도는 $A(aq)$이 $B(aq)$의 4배이고, 부피는 $A(aq)$이 $B(aq)$의 $\frac{1}{2}$배이므로 용질의 양(mol)은 $A(aq)$이 $B(aq)$의 2배이다.

선택지 비율	① 7%	② 4%	❸ 77%	④ 10%	⑤ 2%

33 용액의 몰 농도

2024년 5월 교육청 6번 | 정답 ③ | 문제편 24p

(출제 의도) 몰 농도가 서로 다른 두 용액을 혼합할 때 혼합 용액의 몰 농도를 구할 수 있는지 묻는 문항이다.

(문제 분석)

그림은 0.1 M A(aq) 100 mL에 서로 다른 부피의 a M A(aq)을 추가하여 수용액 (가)와 (나)를 만드는 과정을 나타낸 것이다.

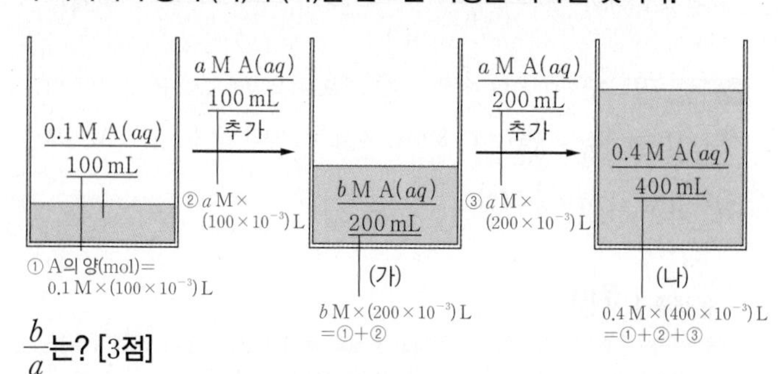

$\frac{b}{a}$는? [3점]

① $\frac{1}{3}$ ② $\frac{1}{2}$ ③ $\frac{3}{5}$ ④ $\frac{2}{3}$ ⑤ $\frac{3}{4}$

✔ 자료 해석

- 몰 농도(M)$=\frac{\text{용질의 양(mol)}}{\text{용액의 부피(L)}}$
- 혼합 용액에 녹아 있는 용질의 양(mol)은 혼합 전 각 용액에 녹아 있는 용질의 양(mol)의 합과 같다.

○ 보기풀이 0.1 M A(aq) 100 mL에 들어 있는 A의 양(mol)은 $0.1\times100\times10^{-3}$이고, a M A(aq) 100 mL에 들어 있는 A의 양(mol)은 $a\times100\times10^{-3}$이다. (가)에 들어 있는 A의 양(mol)은 $b\times200\times10^{-3}$이고, 혼합 용액에 녹아 있는 용질의 양(mol)은 혼합 전 각 용액에 녹아 있는 용질의 양(mol)의 합과 같으므로 $0.1\times100\times10^{-3}+a\times100\times10^{-3}=b\times200\times10^{-3}$(식 ①)이 성립한다.
a M A(aq) 200 mL에 들어 있는 A의 양(mol)은 $a\times200\times10^{-3}$이고, (나)에 들어 있는 A의 양(mol)은 $0.4\times400\times10^{-3}$이므로 $0.1\times100\times10^{-3}+a\times100\times10^{-3}+a\times200\times10^{-3}=0.4\times400\times10^{-3}$(식 ②)이 성립한다.
식 ①과 ②를 연립하여 풀면 $a=0.5$, $b=0.3$이다. 따라서 $\frac{b}{a}=\frac{0.3}{0.5}=\frac{3}{5}$이다.

문제풀이 Tip

0.1 M A(aq) 100 mL에 a M A(aq) 300 mL를 추가한 (나)의 몰 농도가 0.4 M이므로 $\frac{0.01+0.3a}{0.4}=0.4$에서 $a=0.5$이다. 0.1 M A(aq) 100 mL에 0.5 M A(aq) 100 mL를 추가한 (가)의 몰 농도가 b M이므로 $\frac{0.01+0.05}{0.2}=b$에서 $b=0.3$이다.

선택지 비율	① 9%	② 12%	③ 15%	④ 18%	❺ 46%

34 용액의 몰 농도

2024년 3월 교육청 12번 | 정답 ⑤ | 문제편 24p

(출제 의도) 용액의 몰 농도에서 용액의 부피와 용질의 양(mol)의 관계를 이해하는지 묻는 문항이다.

(문제 분석)

표는 t ℃에서 수용액 (가)~(다)에 대한 자료이다.

몰 농도비 (나) : (다)$=\frac{w}{0.25}:\frac{2w}{V}=a:0.1$

수용액	(가)	(나)	(다)
용질	X	Y	Y
용질의 질량(g)	$\frac{1}{3}w$	w	$2w$
부피(L)	0.25	0.25	V
몰 농도(M)	a	a	0.1

(용질 동일)
같음 ➡ 용질의 양(mol) 같음
➡ 질량비 (가) : (나)=1 : 3
➡ 분자량비 X : Y=1 : 3

$\frac{\text{Y의 분자량}}{\text{X의 분자량}}\times\frac{a}{V}$는? [3점]

① $\frac{1}{15}$ ② $\frac{2}{15}$ ③ $\frac{1}{5}$ ④ $\frac{2}{5}$ ⑤ $\frac{3}{5}$

✔ 자료 해석

- 몰 농도(M)$=\frac{\text{용질의 양(mol)}}{\text{용액의 부피(L)}}$
- 용질의 양(mol)$=\frac{\text{용질의 질량 (g)}}{\text{(화학식량) g/mol}}$이다.
- (가)와 (나)에서 용액의 부피와 몰 농도는 같으므로 용질의 양(mol)은 같다.
- (가)의 용질은 X, (나)의 용질은 Y이고 용질의 질량은 (나)에서가 (가)에서의 3배이므로 분자량은 Y가 X의 3배이다.

○ 보기풀이 (나)와 (다)에서 용질의 종류는 같으므로 몰 농도의 비는 (나) : (다)$=\frac{w}{0.25}:\frac{2w}{V}=a:0.1$이 성립하여 $\frac{a}{V}=\frac{1}{5}$이다. 따라서 $\frac{\text{Y의 분자량}}{\text{X의 분자량}}\times\frac{a}{V}=\frac{3}{1}\times\frac{1}{5}=\frac{3}{5}$이다.

문제풀이 Tip

용질 Y의 양은 (다)에서가 (나)에서의 2배이므로 $0.1\times V=2\times a\times0.25$이고, $\frac{a}{V}=\frac{1}{5}$이다.

선택지 비율	① 3%	② 5%	❸ 86%	④ 4%	⑤ 3%

35 용액의 농도

2023년 10월 교육청 7번 | 정답 ③ | 문제편 24 p

(출제 의도) 용액의 몰 농도를 구할 수 있는지 묻는 문항이다.

(문제 분석)

표는 t ℃에서 포도당 수용액 (가)와 (나)에 대한 자료이다. (포도당 수용액: 용질 동일) (몰 농도: $\frac{①}{②}$에 비례)

수용액	① 용질의 질량(g)	② 부피(mL)	몰 농도(M)
(가)	w	250	1
(나)	$3w$	500	a

(용질의 질량 1 : 3, 부피 1 : 2, 몰 농도 1 : $\frac{3}{2}$)

a는?

① $\frac{1}{3}$ ② $\frac{2}{3}$ ③ $\frac{3}{2}$ ④ 3 ⑤ 6

✓ 자료 해석

• 몰 농도(M) $=\frac{\text{용질의 양(mol)}}{\text{용액의 부피(L)}}$

• 몰 농도는 (가)가 $\frac{\frac{w}{\text{용질의 화학식량}}}{0.25}$, (나)가 $\frac{\frac{3w}{\text{용질의 화학식량}}}{0.5}$이다.

○ 보기 풀이 (가)와 (나)의 용질이 포도당으로 동일하므로 몰 농도의 비는 (가) : (나) $=\frac{w}{0.25}:\frac{3w}{0.5}=2:3$이다. 따라서 (가)의 몰 농도가 1 M이므로 (나)의 몰 농도는 $a=\frac{3}{2}$ M이다.

문제풀이 Tip

몰 농도는 용질의 양(mol)에 비례하고 용액의 부피에 반비례한다. 용질의 양은 (나)가 (가)의 3배이고, 부피는 (나)가 (가)의 2배이므로 몰 농도는 (나)가 (가)의 $\frac{3}{2}$배이다.

선택지 비율	① 6%	② 9%	③ 8%	❹ 67%	⑤ 10%

36 용액의 농도

2023년 7월 교육청 11번 | 정답 ④ | 문제편 24 p

(출제 의도) 용액의 몰 농도를 구할 수 있는지 묻는 문항이다.

(문제 분석)

다음은 2가지 농도의 A(aq)을 만드는 실험이다. A의 화학식량은 100이다.

- ①+②=③ • a M A(aq) 80 mL에 A(s) $2w$ g을 넣어 모두 녹인 후 물과 혼합하여 0.8 M A(aq) 250 mL를 만든다.
  (① A의 양(mol) $=a\times\frac{80}{1000}$, ② A의 양(mol) $=\frac{2w}{100}$, ③ A의 양(mol) $=0.8\times\frac{250}{1000}$)
- ④+⑤=⑥ • a M A(aq) 10 mL에 A(s) w g을 넣어 모두 녹인 후 물과 혼합하여 0.4 M A(aq) 100 mL를 만든다.
  (④ A의 양(mol) $=a\times\frac{10}{1000}$, ⑤ A의 양(mol) $=\frac{w}{100}$, ⑥ A의 양(mol) $=0.4\times\frac{100}{1000}$)

$\frac{w}{a}$는? (단, 온도는 일정하다.) [3점]

① $\frac{1}{5}$ ② $\frac{1}{2}$ ③ $\frac{4}{5}$ ④ 1 ⑤ $\frac{5}{2}$

✓ 자료 해석

• 용액의 몰 농도(M) $=\frac{\text{용질의 양(mol)}}{\text{용액의 부피(L)}}$

• 용질의 양(mol) $=\frac{\text{용질의 질량 (g)}}{\text{(화학식량) g/mol}}$이다.

• 첫 번째 실험에서 a M A(aq) 80 mL에 들어 있는 A의 양은 $\frac{80a}{1000}$ mol이고, A $2w$ g의 양은 $\frac{2w}{100}$ mol이다. 0.8 M A(aq) 250 mL에 들어 있는 A의 양은 $0.8\times\frac{250}{1000}$ mol이므로 $\frac{80a}{1000}+\frac{2w}{100}=0.8\times\frac{250}{1000}$이 성립한다.

• 두 번째 실험에서 a M A(aq) 10 mL에 들어 있는 A의 양은 $\frac{10a}{1000}$ mol이고, A w g의 양은 $\frac{w}{100}$ mol이다. 0.4 M A(aq) 100 mL에 들어 있는 A의 양은 $0.4\times\frac{100}{1000}$ mol이므로 $\frac{10a}{1000}+\frac{w}{100}=0.4\times\frac{100}{1000}$이 성립한다.

○ 보기 풀이 첫 번째 실험에서 $a\times0.08+\frac{2w}{100}=0.8\times0.25$가 성립하고, 두 번째 실험에서 $a\times0.01+\frac{w}{100}=0.4\times0.1$이 성립하므로 $a=2$, $w=2$이다. 따라서 $\frac{w}{a}=\frac{2}{2}=1$이다.

문제풀이 Tip

용액을 희석하더라도 용액 속에 들어 있는 용질의 양(mol)은 변하지 않는다는 것을 이용하여 w와 a를 구한다.

선택지 비율	❶ 43%	② 8%	③ 34%	④ 11%	⑤ 4%

37 용액의 농도

2023년 4월 교육청 11번 | 정답 ① | 문제편 25p

출제 의도 용액을 희석하거나 몰 농도가 서로 다른 용액을 혼합했을 때 몰 농도의 변화를 이해하는지 묻는 문항이다.

문제 분석

그림은 0.3 M $A(aq)$ V mL에 물질 (가)와 (나)를 순서대로 넣었을 때, $A(aq)$의 전체 부피에 따른 혼합된 $A(aq)$의 몰 농도(M)를 나타낸 것이다. (가)와 (나)는 $H_2O(l)$과 x M $A(aq)$을 순서 없이 나타낸 것이다.

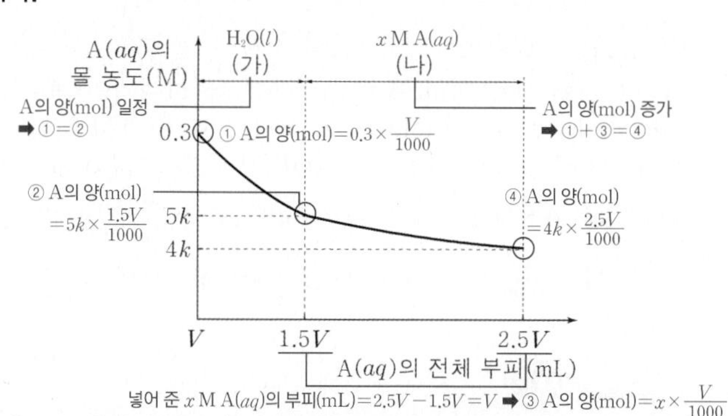

(가)와 x로 옳은 것은? (단, 온도는 일정하고, 혼합 용액의 부피는 혼합 전 물 또는 용액의 부피의 합과 같다.) [3점]

	(가)	x		(가)	x
①	$H_2O(l)$	0.1	②	x M $A(aq)$	0.1
③	$H_2O(l)$	0.2	④	x M $A(aq)$	0.2
⑤	$H_2O(l)$	0.3			

✔ 자료 해석

- 수용액에 물을 추가해도 수용액에 녹아 있는 용질의 양(mol)은 일정하다.
- 혼합 용액에 녹아 있는 용질의 양(mol)은 혼합 전 각 용액에 녹아 있는 용질의 양(mol)의 합과 같다.
- (나)가 $H_2O(l)$이라면 $A(aq)$의 부피가 $1.5V$ mL에서 $2.5V$ mL로 될 때 몰 농도가 $\frac{3}{5}$배가 되어야 하는데, 자료에서는 $\frac{4}{5}$배이므로 적절하지 않다. 따라서 (가)는 $H_2O(l)$, (나)는 x M $A(aq)$이다.

○ 보기 풀이 ① (가)는 $H_2O(l)$이므로 $0.3\,M \times V\,mL = 5k\,M \times 1.5V\,mL$가 성립하여 $k=\frac{1}{25}$이다. (나)는 x M $A(aq)$이므로 $0.3\,M \times V\,mL + x\,M \times V\,mL = 4k \times 2.5V\,mL$가 성립하여 $x=0.1$이다.

문제풀이 Tip

0.3 M $A(aq)$ V mL에 $H_2O(l)$을 넣으면 혼합 용액에 들어 있는 A의 양(mol)은 변하지 않고, x M $A(aq)$을 넣으면 (몰 농도×넣은 부피)만큼 A의 양(mol)이 증가한다.

선택지 비율	❶ 48%	② 14%	③ 16%	④ 12%	⑤ 10%

38 용액의 몰 농도

2023년 3월 교육청 10번 | 정답 ① | 문제편 25p

출제 의도 용액의 몰 농도와 부피, 용질의 화학식량으로부터 용질의 질량을 계산할 수 있는지 묻는 문항이다.

문제 분석

다음은 $A(aq)$을 만드는 실험이다. A의 화학식량은 40이다.

[실험 과정]

(가) $A(s)$ w g을 모두 물에 녹여 x M $A(aq)$ 100 mL를 만든다. (① $\frac{w}{40}$ mol, ② A의 양$=(x\times0.1)$ mol, ①=②)

(나) x M $A(aq)$ 20 mL를 100 mL 부피 플라스크에 넣고 표시된 눈금까지 물을 넣어 y M $A(aq)$을 만든다. ($(x\times0.02)$ mol, $y=\frac{x\times0.02}{0.1}$ M)

(다) y M $A(aq)$ 50 mL와 0.3 M $A(aq)$ 50 mL를 혼합하고 물을 넣어 0.1 M $A(aq)$ 200 mL를 만든다. (③ $(y\times0.05)$ mol, ④ (0.3×0.05) mol, ⑤ (0.1×0.2) mol, ③+④=⑤)

w는? (단, 온도는 일정하다.) [3점]

① 2　② 6　③ 10　④ 12　⑤ 20

✔ 자료 해석

- A의 화학식량은 40이므로 (가)에서 $A(s)$ w g의 양은 $\frac{w}{40}$ mol이고, x M $A(aq)$ 100 mL에는 $(x\times0.1)$ mol의 A가 들어 있으므로 $\frac{w}{40} = x\times0.1$이 성립하여 $w=4x$이다.
- (나)에서 x M $A(aq)$ 20 mL에는 $(x\times0.02)$ mol의 A가 들어 있으므로 $y=\frac{x\times0.02}{0.1}=0.2x$가 성립한다.
- (다)에서 y M $A(aq)$ 50 mL에는 $(y\times0.05)$ mol의 A가, 0.3 M $A(aq)$ 50 mL에는 (0.3×0.05) mol의 A가 들어 있으므로 $y\times0.05+0.3\times0.05=0.1\times0.2$가 성립하여 $y=0.1$이다.

○ 보기 풀이 $y=0.1$이고, $w=4x$, $y=0.2x$이므로 $x=0.5$, $w=2$이다.

문제풀이 Tip

용액을 희석하거나 혼합해도 혼합 전 각 수용액 속에 녹아있는 용질의 양(mol)의 합은 변하지 않는다.

선택지 비율	① 4%	② 7%	③ 10%	❹ 74%	⑤ 5%

39 용액의 농도

2022년 10월 교육청 8번 | 정답 ④ | 문제편 25 p

출제 의도 용질의 양(mol)과 용액의 몰 농도(mol/L)로부터 용액의 부피(L)를 구할 수 있는지 묻는 문항이다.

문제 분석

다음은 A(aq)을 만드는 실험이다. A의 분자량은 180이다.

> (가) A(s) 36 g을 모두 물에 녹여 a M A(aq) 200 mL를 만든다. ($\frac{36}{180}=0.2$ mol) ($\frac{0.2 \text{ mol}}{0.2 \text{ L}}=1$ M $\therefore a=1$)
> (나) (가)의 A(aq) x mL에 물을 넣어 0.2 M A(aq) 50 mL를 만든다. ($1\times\frac{y}{1000}$ mol) ($1\times x=0.2\times 50, x=10$)
> (다) (가)의 A(aq) y mL에 A(s) 18 g을 모두 녹이고 물을 넣어 a M A(aq) 200 mL를 만든다. (0.1 mol) (=1 M)
> (A 0.2 mol$=\left(1\times\frac{y}{1000}\right)+0.1, y=100$)

$\frac{y}{x}$는? (단, 온도는 일정하다.)

① 0.2 ② 0.5 ③ 2 ④ 10 ⑤ 20

✓ 자료 해석

- a M A(aq) x mL에 녹아 있는 A의 양(mol)은 0.2 M A(aq) 50 mL에 녹아 있는 A의 양(mol)과 같다.
- 혼합 용액에 녹아 있는 용질의 양(mol)은 혼합 전 각 용액에 녹아 있는 용질의 양(mol)을 합한 것과 같다.

○ 보기 풀이 (가)에서 A(s) 36 g의 양은 $\frac{36 \text{ g}}{180 \text{ g/mol}}=0.2$ mol이므로 $a=\frac{0.2 \text{ mol}}{0.2 \text{ L}}=1$(M)이다. (나)에서 1 M A($aq$) x mL에 녹아 있는 A의 양(mol)은 0.2 M A(aq) 50 mL에 녹아 있는 A의 양(mol)과 같으므로 1 M × x mL = 0.2 M × 50 mL이고, $x=10$이다. (다)에서 1 M A(aq) y mL에 A(s) 18 g을 더 녹여 1 M A(aq) 200 mL를 만들었고, 1 M A(aq) 200 mL에 녹아 있는 A의 양은 0.2 mol, A(s) 18 g의 양은 $\frac{18 \text{ g}}{180 \text{ g/mol}}=0.1$mol이므로 $\left(1 \text{ M}\times\frac{y}{1000} \text{ L}\right)+0.1=0.2$이다. 따라서 $y=100$이므로 $\frac{y}{x}=\frac{100}{10}=10$이다.

문제풀이 Tip

용질의 질량과 화학식량으로부터 용질의 양(mol)을 구할 수 있어야 하고, 용액에 물을 넣어 희석해도 용질의 양(mol)은 일정하다는 점을 알고 있어야 한다. 용질의 양과 용액의 부피를 계산할 때 단위(g과 mol, mL와 L)에 유의한다.

선택지 비율	❶ 73%	② 10%	③ 9%	④ 5%	⑤ 3%

40 용액의 농도

2022년 7월 교육청 8번 | 정답 ① | 문제편 25 p

출제 의도 특정 몰 농도의 용액을 희석하거나 몰 농도가 서로 다른 용액을 혼합하여 원하는 농도의 용액을 만들 수 있는지 묻는 문항이다.

문제 분석

다음은 a M NaOH(aq)을 만드는 2가지 방법을 나타낸 것이다. NaOH의 화학식량은 40이다.

- NaOH(s) 2 g을 소량의 물에 모두 녹인 후 500 mL 부피 플라스크에 모두 넣고 표선까지 물을 가하여 a M NaOH(aq)을 만든다.

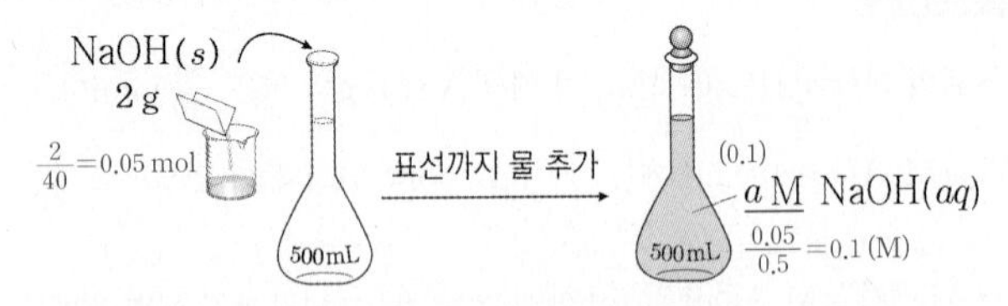

- 2 M NaOH(aq) V mL를 200 mL 부피 플라스크에 넣고 표선까지 물을 가하여 a M NaOH(aq)을 만든다. ($2\times V=0.1\times 200, V=10$)

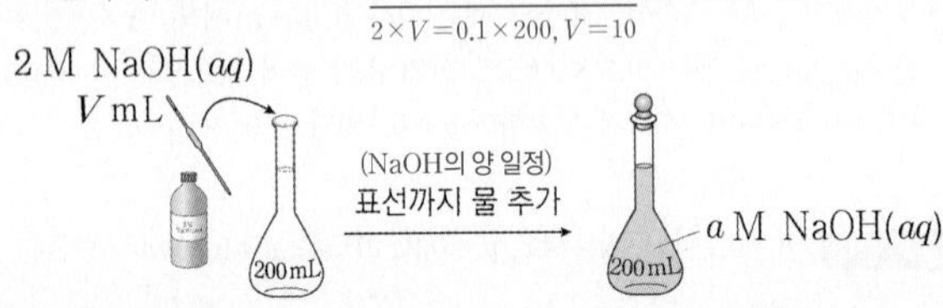

$a\times V$는? (단, 온도는 일정하다.)

① 1 (=0.1×10) ② 2 ③ 4 ④ 6 ⑤ 8

✓ 자료 해석

- 용액의 몰 농도(M)=$\frac{\text{용질의 양(mol)}}{\text{용액의 부피(L)}}$
- 용액에 녹아 있는 용질의 양(mol)=용액의 몰 농도(M)×용액의 부피(L)
- 수용액에 물을 추가해도 수용액에 녹아 있는 용질의 양(mol)은 일정하다.

○ 보기 풀이 NaOH 2 g의 양(mol)은 $\frac{2}{40}=0.05$(mol)이므로 NaOH 2 g을 물에 녹여 500 mL로 만든 용액의 몰 농도(M)는 $\frac{0.05 \text{ mol}}{0.5 \text{ L}}=0.1$(M)이다. 따라서 $a=0.1$이다. 수용액에 물을 추가하여 희석해도 수용액에 녹아 있는 용질의 양은 일정하므로 2 M NaOH(aq) V mL에 물을 가하여 a M NaOH(aq) 200 mL를 만들 때 $2\times\frac{V}{1000}=a\times\frac{200}{1000}$이다. 따라서 $V=10$(mL)이고, $a\times V=0.1\times 10=1$이다.

문제풀이 Tip

용액에 녹아 있는 용질의 양이 일정함을 이용하여 원하는 농도의 용액을 만들 수 있다. 용질의 양과 용액의 부피를 계산할 때 단위(g과 mol, mL와 L)에 유의한다.

선택지 비율	① 4%	❷ 72%	③ 10%	④ 9%	⑤ 5%

41 용액의 농도

2022년 4월 교육청 14번 | 정답 ② | 문제편 26p

출제 의도 몰 농도를 이해하고 특정한 몰 농도 수용액을 만들 수 있는지 묻는 문항이다.

문제 분석

그림은 a M NaOH(aq) 250 mL에 NaOH(s) 5 g을 넣어 녹인 후, 물을 추가하여 0.3 M NaOH(aq) 500 mL를 만드는 과정을 나타낸 것이다.

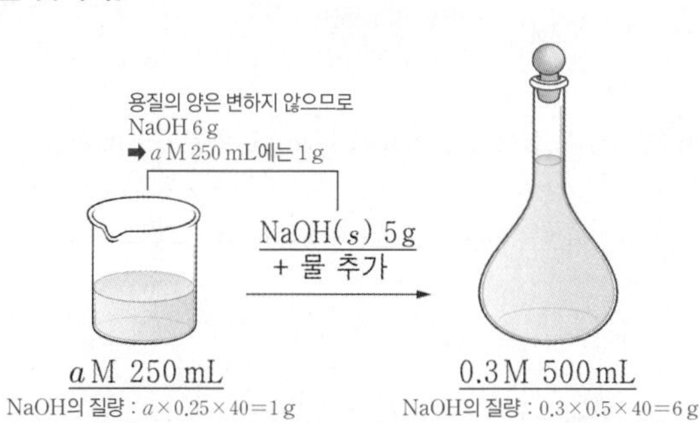

a는? (단, NaOH의 화학식량은 40이다.)

① 0.05 ② 0.1 ③ 0.15 ④ 0.4 ⑤ 0.6

✔ 자료 해석

- 용액에 증류수를 가하여 희석했을 때 용액의 부피와 몰 농도는 달라지지만, 그 속에 녹아 있는 용질의 양(mol)은 변하지 않는다.
- 0.3 M NaOH(aq) 500 mL에는 NaOH(s)이 $0.3\text{ M}\times0.5\text{ L}=0.15$ mol 녹아 있다. NaOH 0.15 mol의 질량은 $0.15\text{ mol}\times40\text{ g/mol}=6$ g이다.
- a M NaOH(aq) 250 mL에 NaOH(s) 5 g을 넣어 녹였으므로 a M NaOH(aq) 250 mL에는 NaOH(s)이 $6-5=1$ g 녹아 있다.

○ 보기 풀이 0.3 M NaOH(aq) 500 mL에는 NaOH(s) 0.15 mol(=6 g)이 녹아 있고, a M NaOH(aq) 250 mL에는 NaOH(s) 1 g(=0.025 mol)이 녹아 있으므로 $a=0.1$이다.

문제풀이 Tip

a M NaOH(aq) 250 mL와 0.3 M NaOH(aq) 500 mL에 녹아 있는 NaOH(s)의 양을 구해야 한다.

선택지 비율	❶ 54%	② 12%	③ 12%	④ 15%	⑤ 7%

42 용액의 농도

2022년 3월 교육청 13번 | 정답 ① | 문제편 26p

출제 의도 용액을 혼합할 때 용액의 몰 농도를 구할 수 있는지 묻는 문항이다.

문제 분석

다음은 A(aq)에 관한 실험이다. A의 화학식량은 40이다.

> (가) A(s) 4 g을 모두 물에 녹여 x M A(aq) 100 mL를 만든다. ($x\times0.1=\frac{4}{40}$ ➡ $x=1$)
> (나) x M A(aq) 25 mL에 물을 넣어 y M A(aq) 200 mL를 만든다. (용질 양 일정; $1\times0.025=y\times0.2$ ➡ $y=0.125$)
> (다) x M A(aq) 50 mL와 y M A(aq) V mL를 혼합하고 물을 넣어 0.3 M A(aq) 200 mL를 만든다.

$1\times0.05+0.125\times\frac{V}{1000}=0.3\times0.2$ ➡ $V=80$

$\frac{y}{x}\times V$는? (단, 온도는 일정하다.) [3점]

① 10 ② 40 ③ 50 ④ 80 ⑤ 100

✔ 자료 해석

- (가)에서 A의 화학식량은 40이므로 A(s) 4 g의 양은 $\frac{4\text{ g}}{40\text{ g/mol}}=0.1$ mol이다.
- (가)에서 A(s) 4 g을 모두 물에 녹여 x M A(aq) 100 mL를 만들었으므로 $x=\frac{0.1\text{ mol}}{0.1\text{ L}}=1$이다.
- (나)에서 x M A(aq) 25 mL에 물을 넣어 y M A(aq) 200 mL를 만들었으므로 $y=\frac{(1\times0.025)\text{ mol}}{0.2\text{ L}}=0.125$이다.

○ 보기 풀이 (가)의 A(aq)에 들어 있는 A의 양은 0.1 mol이므로 $x=1$이다. (나)에 들어 있는 A의 양은 0.025 mol이므로 $y=0.125$이다. (다)에서 $1\times0.05+0.125\times\frac{V}{1000}=0.3\times0.2$이므로, $V=80$이다. 따라서 $\frac{y}{x}\times V=\frac{0.125}{1}\times80=10$이다.

문제풀이 Tip

용액을 희석하거나 혼합해도 용액 속에 들어 있는 용질의 양(mol)은 변하지 않는다.

선택지 비율	① 19%	② 5%	③ 2%	❹ 67%	⑤ 3%

43 용액의 농도

2021년 10월 교육청 6번 | 정답 ④ | 문제편 26 p

출제 의도 용질의 양(mol)과 용액의 몰 농도로부터 용액의 부피를 구할 수 있는지를 묻는 문항이다.

문제 분석

다음은 수산화 나트륨(NaOH) 수용액을 만드는 실험이다.

[실험 과정]

(가) NaOH(s) w g을 물 100 mL에 모두 녹인다. $= \frac{w}{40}$ mol

(나) (가)의 수용액을 모두 V mL 부피 플라스크에 넣고 표시선까지 물을 넣는다. $= \frac{V}{1000}$ L

[실험 결과]

• (나)에서 만든 NaOH(aq)의 몰 농도는 a M이다. $= \frac{\frac{w}{40}}{\frac{V}{1000}}$

V는? (단, NaOH의 화학식량은 40이다.)

① $\frac{w}{40a}$ ② $\frac{w}{4a}$ ③ $\frac{10w}{a}$ ④ $\frac{25w}{a}$ ⑤ $\frac{40w}{a}$

✓ 자료 해석

• 용질의 양(mol)$=\frac{\text{용질의 질량(g)}}{\text{(화학식량) g/mol}}$

• (가)에서 물 100 mL에 녹인 NaOH(s) w g의 양은 $\frac{w}{40}$ mol이다.

• 수용액에 물을 추가해도 수용액에 녹아 있는 용질의 양(mol)은 일정하다.

• 용액의 몰 농도(M)$=\frac{\text{용질의 양(mol)}}{\text{용질의 부피(L)}}$

○ 보기 풀이 (나)에 들어 있는 NaOH(s) w g의 양은 $\frac{w}{40}$ mol이고, 용액의 부피는 $\frac{V}{1000}$ L이므로 NaOH(aq)의 몰 농도(M)는 $\frac{\frac{w}{40}}{\frac{V}{1000}}=a$이다. 따라서 $V=\frac{25w}{a}$이다.

문제풀이 Tip

용질의 질량과 화학식량으로부터 용질의 양(mol)을 구할 수 있어야 하고, 용액의 몰 농도를 구할 때 용액의 부피 단위는 L임을 알고 있어야 한다.

선택지 비율	① 3%	② 3%	③ 16%	④ 7%	❺ 69%

44 용액의 농도

2021년 7월 교육청 11번 | 정답 ⑤ | 문제편 26 p

출제 의도 몰 농도를 이해하고 특정한 몰 농도 수용액을 만드는 실험을 설계할 수 있는지 묻는 문항이다.

문제 분석

다음은 NaOH(s) 4 g을 이용하여 2가지 농도의 NaOH(aq)을 만드는 실험이다. ㉠과 ㉡은 각각 250 mL, 500 mL 중 하나이다.

(가) 소량의 물에 NaOH(s) w g을 녹인 후 ㉠ 부피 플라스크에 넣고 표시된 눈금선까지 물을 넣고 섞어 0.3 M NaOH(aq)을 만든다. ➡ $w=3$
(w g $=\frac{w}{40}$ mol, ㉠ $=$ 250 mL, $\frac{\frac{w}{40}}{0.25}=$ 0.3 M)

(나) 소량의 물에 (가)에서 사용하고 남은 NaOH(s)을 모두 녹인 후 ㉡ 부피 플라스크에 넣고 표시된 눈금선까지 물을 넣고 섞어 a M NaOH(aq)을 만든다.
($4-w=4-3=1$ g, ㉡ $=$ 500 mL, $\frac{\frac{1}{40}\text{ mol}}{0.5\text{ L}}=0.05$)

이에 대한 설명으로 옳은 것만을 〈보기〉에서 있는 대로 고른 것은? (단, NaOH의 화학식량은 40이다.) [3점]

보기

ㄱ. $w=3$이다. $\frac{\frac{w}{40}}{0.25}=0.3$

ㄴ. ㉡은 500 mL이다. ㉠은 250 mL, ㉡은 500 mL

ㄷ. $a=0.05$이다. $\frac{\frac{1}{40}}{0.5}=0.05$

① ㄱ ② ㄷ ③ ㄱ, ㄴ ④ ㄴ, ㄷ ⑤ ㄱ, ㄴ, ㄷ

✓ 자료 해석

• (가)에서 사용한 NaOH(s) w g의 양은 $\frac{w}{40}$ mol이고, (나)에서 사용한 NaOH(s)의 질량은 $(4-w)$ g이다.

• ㉠이 500 mL일 때는 $w=6$이 되어 4보다 크므로 자료에 맞지 않는다.

• ㉠이 250 mL일 때, (가)에서 만든 NaOH(aq)의 몰 농도는 0.3 M이므로 $0.3=\frac{\frac{w}{40}\text{ mol}}{0.25\text{ L}}$이고 $w=3$이다. 이때 ㉡은 500 mL이고, (나)에서 사용한 NaOH(s)의 질량은 $4-3=1$ g이다. 따라서 (나)의 NaOH(aq)의 몰 농도(M) $a=\frac{\frac{1}{40}\text{ mol}}{0.5\text{ L}}=0.05$이다. (가)와 (나)의 몰 농도가 다르므로 ㉠은 250 mL, ㉡은 500 mL이다.

○ 보기 풀이 0.3 M NaOH(aq) 250 mL를 만들 때 NaOH(s) 3 g이 필요하므로 $w=3$이다. (나)에서 NaOH(s) 1 g을 물에 녹여 NaOH(aq) 500 mL를 만들면 수용액의 몰 농도는 0.05 M이다.

ㄱ. ㉠이 250 mL일 때, (가)에서 $0.3=\frac{\frac{w}{40}}{0.25}$이므로 $w=3$이다.

ㄴ. ㉠은 250 mL, ㉡은 500 mL이다.

ㄷ. ㉡은 500 mL이므로 $a=\frac{\frac{1}{40}}{0.5}=0.05$이다.

문제풀이 Tip

NaOH(s) 4 g을 이용하여 2가지 농도의 NaOH(aq)을 만든다는 것에 유의한다. 또한 $0<w<4$이고, $a\neq0.3$이다.

선택지 비율	① 4%	② 1%	③ 8%	④ 5%	⑤ 78%

45 용액의 농도

2021년 4월 교육청 4번 | 정답 ⑤ | 문제편 27 p

출제 의도 용액의 몰 농도를 이해하고 몰 농도 용액을 만드는 방법을 알고 있는지 묻는 문항이다.

문제 분석

다음은 0.1 M ($=\frac{0.1\text{ mol}}{1\text{ L}}$) 포도당 수용액을 만드는 과정에 대한 원격 수업 장면의 일부이다.

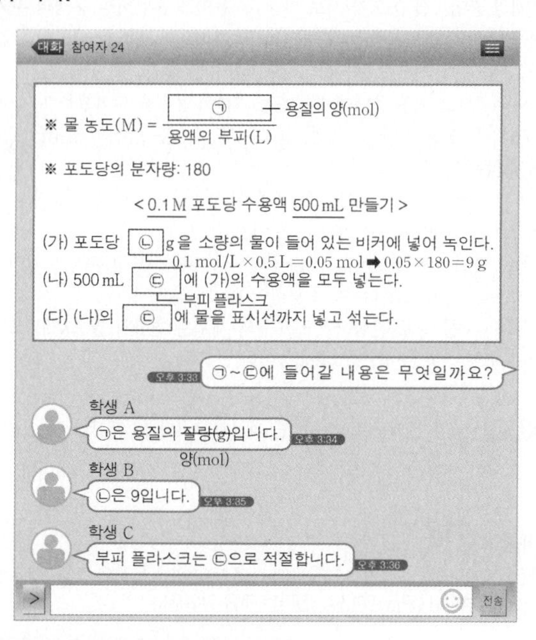

제시한 내용이 옳은 학생만을 있는 대로 고른 것은?

① A ② B ③ C ④ A, B ⑤ B, C

✔ 자료 해석

- 몰 농도 : 용액 1 L 속에 녹아 있는 용질의 양(mol)으로 나타낸 농도이며, 단위는 M 또는 mol/L를 사용한다.
- 몰 농도(M)$=\frac{\text{용질의 양(mol)}}{\text{용액의 부피(L)}}$
- 특정한 몰 농도의 용액을 만들 때 부피 플라스크, 전자저울, 비커, 씻기병 등이 필요하다.
- 부피 플라스크 : 표시선까지 용매를 채워 일정 부피의 용액을 만들 때 사용한다.
- 0.1 M 포도당 수용액 500 mL에는 포도당 0.05 mol이 녹아 있다.
- 물질의 양(mol)$=\frac{\text{질량(g)}}{\text{(화학식량) g/mol}}$이므로 포도당 0.05 mol의 질량은 $0.05\times180=9$ g이다.

○ 보기 풀이 학생 B. 0.1 M 500 mL 포도당 수용액에는 포도당 0.05 mol이 녹아 있으므로 녹아 있는 포도당의 질량은 $0.05\times180=9$ g이다. 따라서 ㉡은 9이다.

학생 C. 특정한 몰 농도의 용액을 만들 때 표시선까지 용매를 채워 일정 부피의 용액을 만드는 데 사용하는 실험 기구는 부피 플라스크이다. 따라서 부피 플라스크는 ㉢으로 적절하다.

× 매력적 오답 학생 A. 몰 농도(M)는 용액 1 L 속에 녹아 있는 용질의 양(mol)으로 나타낸 농도이다. 따라서 ㉠은 용질의 양(mol)이다.

문제풀이 Tip

몰 농도는 용액의 부피(L)에 대한 용질의 양(mol)이며, 단위에 유의한다. 또한 몰 농도 용액을 만들 때 실험 과정과 함께 사용되는 실험 기구의 이름과 용도를 알아 둔다.

선택지 비율	① 5%	② 19%	③ 20%	④ 50%	⑤ 4%

46 용액의 농도

2021년 4월 교육청 7번 | 정답 ④ | 문제편 27 p

출제 의도 퍼센트 농도와 몰 농도를 이해하고 계산할 수 있는지 묻는 문항이다.

문제 분석

표는 A 수용액 (가), (나)에 대한 자료이다. A의 화학식량은 100이고, (가)의 밀도는 d g/mL이다. (부피로 바꾸어야 몰 농도를 구할 수 있음)

수용액	물의 질량(g)	A의 질량(g)	농도(%)
(가)	60	a 20	$3b$ $\frac{a}{60+a}\times100$
(나)	200	$2a$ 40	$2b$ $\frac{2a}{200+2a}\times100$

(3 : 2)

(가)의 몰 농도(M)는? [3점] (부피의 단위는 L임에 유의)

① $\frac{1}{600}d$ ② $\frac{1}{400}d$ ③ $\frac{5}{3}d$ ④ $\frac{5}{2}d$ ⑤ $\frac{15}{2}d$

문제풀이 Tip

(가)의 몰 농도를 구하려면 용액의 부피와 용질 A의 양(mol)이 필요하다. 용액의 질량이 주어졌으므로 밀도를 이용하여 부피로 바꾸고, A의 양(mol)은 화학식량을 이용하여 구한다. 또한 몰 농도에서 필요한 부피 단위는 L이고, 주어진 밀도의 단위는 g/mL라는 것에 유의한다.

✔ 자료 해석

- 퍼센트 농도(%)$=\frac{\text{용질의 질량(g)}}{\text{용액의 질량(g)}}\times100=\frac{\text{용질의 질량(g)}}{\text{(용질+용매)의 질량(g)}}\times100$
- 몰 농도 : 용액 1 L 속에 녹아 있는 용질의 양(mol)으로 나타낸 농도이며, 단위는 M 또는 mol/L를 사용한다.
- 용질의 양(mol)$=\frac{\text{질량(g)}}{\text{(화학식량) g/mol}}$
- (가)와 (나)의 퍼센트 농도의 비는 3 : 2이므로 $\frac{a}{60+a}\times100:\frac{2a}{200+2a}\times100=3:2$에서 $a=20$이다. 따라서 (가)에서 용질 A의 양은 0.2 mol이다.
- 밀도$=\frac{\text{질량}}{\text{부피}}$이고, (가)의 질량은 $60+20=80$ g이므로 (가)의 부피는 $\frac{80}{1000d}$ L이다.

○ 보기 풀이 (가)에 녹아 있는 A의 양은 $\frac{20}{100}$ mol이고, (가)의 질량은 $60+20=80$ g이므로 부피는 $\frac{80}{1000d}$ L이다. 따라서 (가)의 몰 농도(M)$=\frac{\frac{20}{100}\text{ mol}}{\frac{80}{1000d}\text{ L}}=\frac{5}{2}d$이다.

선택지 비율	① 4%	❷ 58%	③ 12%	④ 15%	⑤ 9%

47 용액의 농도

2021년 3월 교육청 13번 | 정답 ② | 문제편 27 p

출제 의도 용액을 혼합할 때 용액의 몰 농도를 계산할 수 있는지 묻는 문항이다.

문제 분석

표는 포도당 수용액 (가)와 (나)에 대한 자료이다.

수용액	(가)	(나)
부피(mL)	20	30
1 mL로 할 때 단위 부피당 포도당 분자 모형	★ (20 mL에는 20개)	★★★★★★ (30 mL에는 180개)

(가)와 (나)를 모두 혼합하고 물을 추가하여 용액의 부피가 100 mL가 되도록 만든 수용액의 단위 부피당 포도당 분자 모형으로 옳은 것은? (단, 온도는 일정하다.) [3점]

(포도당의 개수는 변하지 않음) $\frac{20+180}{100}=2$개

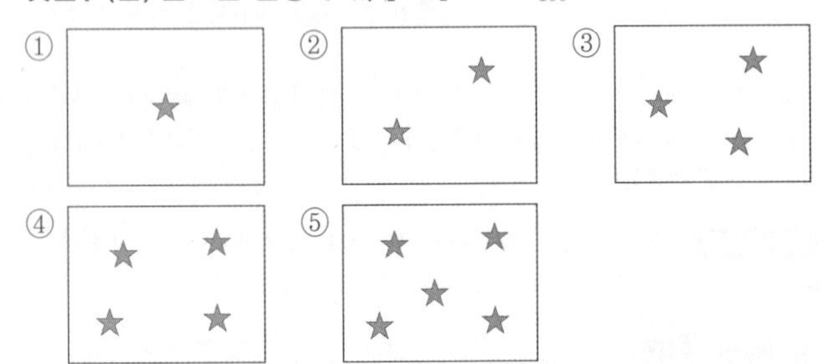

> **✓ 자료 해석**
> - 몰 농도 : 용액 1 L 속에 녹아 있는 용질의 양(mol)으로 나타낸 농도이며, 단위는 M 또는 mol/L를 사용한다.
> - 단위 부피당 포도당 분자 수는 몰 농도에 비례한다.
> - 용액의 혼합 : 몰 농도가 서로 다른 두 용액을 혼합하면 용액의 부피와 몰 농도는 달라지지만, 혼합 용액에 녹아 있는 용질의 양(mol)은 혼합 전 두 용액에 녹아 있는 용질의 양(mol)의 합과 같다.
> - 용액의 희석 : 어떤 용액에 증류수를 가하여 용액을 희석했을 때 용액의 부피와 몰 농도는 달라지지만, 그 속에 녹아 있는 용질의 양(mol)은 변하지 않는다.
> - (가)는 단위 부피를 1 mL로 할 때 단위 부피당 포도당 분자 모형이 1개이므로 (가) 20 mL에는 분자 모형이 20개 있다.
> - (나)는 단위 부피를 1 mL로 할 때 단위 부피당 포도당 분자 모형이 6개이므로 (나) 30 mL에는 분자 모형이 180개 있다.
> - (가)와 (나)를 모두 혼합하면 포도당의 개수는 변하지 않으므로 포도당 분자 모형이 총 20+180=200개이다.

○ 보기풀이 단위 부피를 1 mL로 할 때 (가)와 (나)를 혼합한 후 100 mL로 희석한 용액의 단위 부피당 분자 수는 $\frac{(1\times20)+(6\times30)}{100}=2$(개)이다.

문제풀이 Tip

용액을 혼합하거나 희석하더라도 용액 속에 녹아 있는 용질의 양(mol)은 변하지 않으며, 부피와 몰 농도만 달라진다는 것을 알아둔다.

선택지 비율	① 2%	② 4%	③ 5%	④ 6%	❺ 79%

48 용액의 농도

2020년 10월 교육청 16번 | 정답 ⑤ | 문제편 27 p

출제 의도 용액의 농도를 이해하여 용질의 양(mol)과 질량을 계산할 수 있는지 묻는 문항이다.

문제 분석

그림은 용질 A를 녹인 수용액 (가)와 (나)를 혼합한 후 물을 추가하여 수용액 (다)를 만드는 과정을 나타낸 것이다. A의 화학식량은 60이다.

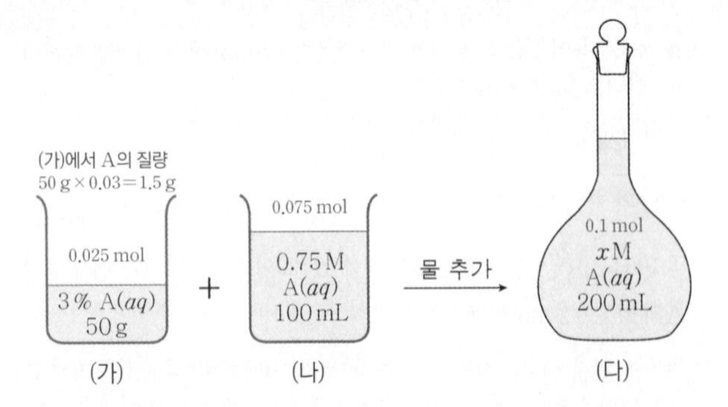

이에 대한 옳은 설명만을 〈보기〉에서 있는 대로 고른 것은? [3점]

> 보기
> ㄱ. (가)에 들어 있는 A의 양은 0.025 mol이다. ($=\frac{1.5\ g}{60\ g/mol}$)
> ㄴ. (나)에 들어 있는 A의 질량은 4.5 g이다. ($=0.075\ mol\times60\ g/mol$)
> ㄷ. $x=0.5$이다. ($\frac{0.1\ mol}{0.2\ L}=0.5\ M$)

① ㄱ ② ㄴ ③ ㄱ, ㄷ ④ ㄴ, ㄷ ⑤ ㄱ, ㄴ, ㄷ

> **✓ 자료 해석**
> - 퍼센트 농도(%)$=\frac{\text{용질의 질량(g)}}{\text{용액의 질량(g)}}\times100$이므로 용질의 질량(g)=퍼센트 농도(%)×용액의 질량(g)이다.
> - 용액의 몰 농도(M)$=\frac{\text{용질의 양(mol)}}{\text{용액의 부피(L)}}$
> - 용질의 양(mol)$=\frac{\text{용질의 질량(g)}}{\text{(화학식량) g/mol}}$
> - 혼합 용액에 녹아 있는 용질의 양(mol)은 혼합 전 각 용액에 녹아 있는 용질의 양(mol)을 합한 것과 같다.
> - 수용액에 물을 추가해도 수용액에 녹아 있는 용질의 양(mol)은 일정하다.

○ 보기풀이 ㄱ. (가)에 녹아 있는 A의 질량은 0.03×50 g=1.5 g이므로 A의 양은 $\frac{1.5\ g}{60\ g/mol}=0.025$ mol이다.

ㄴ. (나)에 녹아 있는 A의 양은 0.075 mol이므로 A의 질량은 0.075 mol×60 g/mol=4.5 g이다.

ㄷ. (다)는 (가)와 (나)의 혼합 용액이므로 녹아 있는 용질의 양(mol)은 0.025+0.075=0.1 mol이고, A(aq) 200 mL에 0.1 mol의 A가 녹아 있으므로 A(aq) 1 L에는 0.5 mol의 A가 녹아 있다. 따라서 (다)의 몰 농도는 0.5 M이다.

문제풀이 Tip

몰 농도를 구하기 위해서는 혼합 용액과 묽힌 용액에 녹아 있는 용질의 양(mol)을 가장 먼저 파악해야 한다.

02 산 염기 중화 반응

선택지 비율	❶ 78%	② 3%	③ 8%	④ 5%	⑤ 6%

1 중화 적정

2024년 10월 교육청 12번 | 정답 ① | 문제편 32 p

출제 의도 중화 적정 실험에서 실험 결과를 분석할 수 있는지 묻는 문항이다.

문제 분석

다음은 25 ℃에서 밀도가 d g/mL인 아세트산(CH_3COOH) 수용액 A에 들어 있는 용질의 질량을 구하기 위한 중화 적정 실험이다. CH_3COOH의 분자량은 60이다.

[실험 과정]

(가) 수용액 A 100 mL(수용액 질량 $100d$ g, CH_3COOH의 질량(g)$=xd$)에 물을 넣어 500 mL 수용액 B를 만든다.

(나) B 20 mL를 삼각 플라스크에 넣고 페놀프탈레인 용액을 2~3방울 떨어뜨린다. ① CH_3COOH의 양(mol)$=xd\times\frac{20}{500}\times\frac{1}{60}$

(다) (나)의 삼각 플라스크에 혼합 용액 전체가 붉은색으로 변하는 순간까지 0.1 M NaOH(aq)을 가하고, 적정에 사용된 NaOH(aq)의 부피를 측정한다.

[실험 결과]

- 적정에 사용된 NaOH(aq)의 부피 : 10 mL ② OH^-의 양(mol)$=0.1\text{ M}\times(10\times10^{-3})$ L
- A 100 g에 들어 있는 CH_3COOH의 질량 : x g

이에 대한 옳은 설명만을 〈보기〉에서 있는 대로 고른 것은? (단, 온도는 25 ℃로 일정하다.) [3점]

〈보기〉

ㄱ. (다)에서 생성된 H_2O의 양은 0.001 mol이다. (반응 몰비 $H^+ : OH^- : H_2O=1:1:1$, $0.1\times10\times10^{-3}$)

ㄴ. A의 몰 농도는 ~~0.5~~ 0.25 M이다. (A의 몰 농도(M)를 a라고 하면 $\frac{a}{5}\times20=0.1\times10$ ➡ $a=0.25$)

ㄷ. $x=\frac{3}{d}$ ($\frac{3}{2d}$)이다. (①=② ➡ $xd\times\frac{20}{500}\times\frac{1}{60}=0.1\times10\times10^{-3}$)

① ㄱ ② ㄴ ③ ㄱ, ㄷ ④ ㄴ, ㄷ ⑤ ㄱ, ㄴ, ㄷ

✓ 자료 해석

- 중화점까지 반응한 H^+의 양(mol)과 OH^-의 양(mol)은 같다.
- A의 밀도(g/mL)가 d이므로 (가)에서 A 100 mL의 질량(g)은 $100d$이다.
- 실험 결과에서 A 100 g에 들어 있는 CH_3COOH의 질량(g)은 x이므로 A 100 mL에 들어 있는 CH_3COOH의 질량(g)은 xd이다.
- (가)에서 B 500 mL에 들어 있는 CH_3COOH의 질량(g)이 xd이므로 (나)에서 B 20 mL에 들어 있는 CH_3COOH의 질량(g)은 $xd\times\frac{20}{500}$이고, CH_3COOH의 분자량이 60이므로 양(mol)은 $xd\times\frac{20}{500}\times\frac{1}{60}$이다.
- 중화 적정에 사용한 0.1 M NaOH(aq)의 부피(mL)는 10이므로 NaOH(s)의 양(mol)은 $0.1\times10\times10^{-3}$이다. (다)에서 중화 반응에 참여한 CH_3COOH의 양(mol)은 NaOH(s)의 양(mol)과 같으므로 $xd\times\frac{20}{500}\times\frac{1}{60}=0.1\times10\times10^{-3}$이 성립하여 $x=\frac{3}{2d}$이다.

○ 보기풀이 ㄱ. (다)에서 중화 반응에 참여한 NaOH과 CH_3COOH의 양(mol)이 각각 0.001이므로 이때 생성된 H_2O의 양(mol)도 0.001이다.

× 매력적 오답 ㄴ. A의 몰 농도(M)를 a라고 하면 (가)에서 A의 부피를 5배로 희석하여 B를 만들었으므로 B의 몰 농도(M)는 $\frac{a}{5}$이다. B 20 mL를 중화시키는 데 0.1 M NaOH(aq) 10 mL가 사용되었으므로 $\frac{a}{5}\times20=0.1\times10$에서 $a=0.25$이다. 따라서 A의 몰 농도(M)는 0.25이다.

ㄷ. $x=\frac{3}{2d}$이다.

문제풀이 Tip

A의 몰 농도(M)는 0.25이므로 A 100 mL에 들어 있는 CH_3COOH의 양(mol)은 $0.25\times0.1=0.025$이고, 이때 CH_3COOH의 질량(g)은 $0.025\times60=1.5$이다. A의 밀도(g/mL)가 d이므로 (가)에서 A 100 mL의 질량(g)은 $100d$이며, A 100 mL에 들어 있는 CH_3COOH의 질량(g)이 1.5이므로 A 100 g에 들어 있는 CH_3COOH의 질량(g)은 $x=\frac{1.5}{100d}\times100=\frac{3}{2d}$이다.

선택지 비율	① 8%	② 8%	❸ 62%	④ 13%	⑤ 9%

2 중화 반응의 양적 관계

2024년 10월 교육청 19번 | 정답 ③ | 문제편 32 p

출제 의도 중화 반응에서 모든 음이온의 몰 농도 합과 양적 관계를 분석할 수 있는지 묻는 문항이다.

문제 분석

표는 a M HCl(aq), b M H_2A(aq), c M KOH(aq)을 혼합한 용액 (가)~(다)에 대한 자료이다. (나)의 액성은 중성이다

6b=2c

혼합 용액 (V=1로 하면)		(가)	(나) 중성	(다) 중성
혼합 전 용액의 부피(mL)	a M HCl(aq)	V (H^+ a, Cl^- $a(=2b)$)	V ($a(=2b)$, $a(=2b)$)	$2V$ ($2a(=4b)$, $2a(=4b)$)
	b M H_2A(aq)	V (H^+ $2b$, A^{2-} b)	$2V$ ($4b$, $2b$)	V ($2b$, b)
	c M KOH(aq)	0 (K^+, OH^-)	$2V$ ($2c$, $2c$)	$2V$ ($2c$, $2c(=6b)$)
모든 음이온의 몰 농도(M) 합(상댓값)		15	8	㉠

모든 음이온 수 비 15×2 : 8×5=3 : 4 =$a+b$: $a+2b$ ➡ $a=2b$

㉠ × $\dfrac{a}{b+c}$ 는? (단, 수용액에서 H_2A는 H^+과 A^{2-}으로 모두 이온화되고, 혼합 용액의 부피는 혼합 전 각 용액의 부피의 합과 같으며, 물의 자동 이온화는 무시한다.) [3점]

① $\dfrac{5}{2}$ ② 4 ③ 5 ④ $\dfrac{20}{3}$ ⑤ 8

모든 음이온 수 비 (가) : (다)=3b : 5b=3 : 5
부피비 (가) : (다)=2 : 5
➡ 모든 음이온의 몰 농도 합의 비
(가) : (다)=$\frac{3}{2}$: $\frac{5}{5}$=15 : ㉠
➡ ㉠=10

✓ 자료 해석

- 용액의 몰 농도(M)=$\dfrac{\text{용질의 양(mol)}}{\text{용액의 부피(L)}}$이다.
- (가)~(다)에서 V를 1 L로 하면 (가)에서 음이온은 Cl^- a mol, A^{2-} b mol이고, (나)는 중성이므로 음이온은 Cl^- a mol, A^{2-} 2b mol이다.
- 이온의 몰 농도∝$\dfrac{\text{이온 수}}{\text{용액의 부피}}$이므로 이온의 몰 농도와 용액의 부피를 곱한 값을 이온 수로 하면, 모든 음이온의 몰 농도 합의 비가 (가) : (나)=15 : 8이고, 용액의 부피비가 (가) : (나)=2 : 5이므로 모든 음이온 수 비는 (가) : (나)=15×2 : 8×5=3 : 4이다. 따라서 $a+b$: $a+2b$=3 : 4가 성립하여 $a=2b$이다.
- (나)에서 중화 반응 전 HCl(aq)의 H^+의 양은 2b mol, H_2A(aq)의 H^+의 양은 4b mol이고, KOH(aq)의 OH^-의 양은 2c mol인데, (나)는 중성이므로 6b=2c에서 $c=3b$이다.
- (다)에서 중화 반응 전 HCl(aq)의 H^+의 양은 4b mol, H_2A(aq)의 H^+의 양은 2b mol이고, KOH(aq)의 OH^-의 양은 2c(=6b) mol이므로 (다)는 중성이다. 따라서 (다)에서 음이온은 Cl^- 4b mol, A^{2-} b mol이다.
- 혼합 용액 속의 모든 음이온 수 비는 (가) : (다)=3b : 5b=3 : 5이고, 부피비는 (가) : (다)=2 : 5이므로 모든 음이온의 몰 농도 합의 비는 (가) : (다)=$\dfrac{3}{2}$: $\dfrac{5}{5}$=15 : ㉠이 성립하여 ㉠=10이다.

○ 보기 풀이 ㉠×$\dfrac{a}{b+c}$=10×$\dfrac{2b}{b+3b}$=5이다.

문제풀이 Tip

(가)~(다)에서 혼합 전 용액의 부피가 모두 V로 표현되어 있으므로 V를 1 L로 하여 이온 수를 정하면 계산이 편리하다.

선택지 비율	① 24%	❷ 34%	③ 14%	④ 16%	⑤ 12%

3 중화 적정

2024년 7월 교육청 15번 | 정답 ② | 문제편 32 p

출제 의도 중화 반응의 양적 관계를 알고 중화 적정 실험 결과를 분석할 수 있는지 묻는 문항이다.

문제 분석

다음은 25 ℃에서 식초 1 g에 들어 있는 아세트산(CH_3COOH)의 질량을 알아보기 위한 중화 적정 실험이다.

[실험 과정]

(가) 식초 10 g을 준비한다. (CH_3COOH의 질량(g)$=10\times0.06$)

(나) (가)의 식초에 물을 넣어 25 ℃에서 밀도가 d g/mL인 수용액 100 g을 만든다. (수용액 부피 $\frac{100}{d}$ mL)

(다) (나)에서 만든 수용액 40 mL를 삼각 플라스크에 넣고 페놀프탈레인 용액을 2~3방울 떨어뜨린다. (① CH_3COOH의 양(mol)$=10\times0.06\times\frac{40}{\frac{100}{d}}\times\frac{1}{60}$)

(라) (다)의 삼각 플라스크에 0.2 M NaOH(aq)을 한 방울씩 떨어뜨리면서 삼각 플라스크를 흔들어 준다.

(마) (라)의 수용액 전체가 붉게 변하는 순간 적정을 멈추고 적정에 사용된 NaOH(aq)의 부피(V)를 측정한다.
(①=② ➡ $10\times0.06\times40\times\frac{d}{100}\times\frac{1}{60}=0.2\times x\times10^{-3}$)

[실험 결과]

- V : x mL (② 반응한 OH^-의 양(mol)$=0.2$ M$\times(x\times10^{-3})$ L)
- (가)에서 식초 1 g에 들어 있는 CH_3COOH의 질량 : 0.06 g

x는? (단, CH_3COOH의 분자량은 60이고, 온도는 25 ℃로 일정하며, 중화 적정 과정에서 식초에 포함된 물질 중 CH_3COOH만 NaOH과 반응한다.)

① $10d$　② $20d$　③ $30d$　④ $40d$　⑤ $50d$

✓ 자료 해석

- 산과 염기 수용액을 혼합하면 H^+과 OH^-이 1 : 1의 몰비로 반응한다.
- 중화 적정에 사용한 0.2 M NaOH(aq)의 부피가 x mL이므로 중화 적정에 참여한 OH^-의 양(mol)은 $0.2\times x\times10^{-3}$이고, 중화 반응에서 반응한 산의 H^+과 염기의 OH^-의 양(mol)은 같으므로 중화 적정에 참여한 CH_3COOH의 양(mol)도 $0.2\times x\times10^{-3}$이다.
- (가)에서 식초 1 g에 들어 있는 CH_3COOH의 질량은 0.06 g이므로 (가)의 식초 10 g에 들어 있는 CH_3COOH의 질량은 0.6 g이다.
- (나)에서 만든 수용액 100 g의 부피(mL)는 $\frac{100}{d}$이고, 이 수용액에 들어 있는 CH_3COOH의 질량은 0.6 g이므로 (나)에서 만든 수용액 40 mL에 들어 있는 CH_3COOH의 질량(g)은 $0.6\times\frac{40}{\frac{100}{d}}$이며, 양(mol)으로는 $0.6\times\frac{40}{\frac{100}{d}}\times\frac{1}{60}$이다.

○ 보기 풀이 중화 적정에 참여한 OH^-의 양(mol)이 $0.2\times x\times10^{-3}$이므로 $0.6\times\frac{40}{\frac{100}{d}}\times\frac{1}{60}=0.2\times\frac{x}{1000}$가 성립하여 $x=20d$이다.

문제풀이 Tip

(가)의 식초 10 g에 들어 있는 CH_3COOH의 질량은 0.6 g이며, 이때의 양은 $\frac{1}{100}$ mol이다. (나)에서 $d=1$로 정하면 (나)의 수용액 100 g의 부피는 100 mL이므로 (다)에서 수용액 40 mL에 들어 있는 CH_3COOH의 양(mol)은 $\frac{1}{100}\times\frac{40}{100}$이다. 중화 반응에 사용한 NaOH의 양(mol)이 $\frac{0.2x}{1000}$이므로 $\frac{1}{100}\times\frac{40}{100}=\frac{0.2x}{1000}$에서 $x=20$인데, d를 1로 정했으므로 $x=20d$이다.

Part I 교육청

선택지 비율	❶ 26%	② 12%	③ 22%	④ 31%	⑤ 9%

4 중화 반응의 양적 관계

2024년 7월 교육청 20번 | 정답 ① | 문제편 33 p

출제 의도 중화 반응에서 양이온의 몰 농도 합과 양적 관계를 분석할 수 있는지 묻는 문항이다.

문제 분석

표는 a M $HX(aq)$, 0.1 M $H_2Y(aq)$, $\frac{4}{3}a$ M $Z(OH)_2(aq)$의 부피를 달리하여 혼합한 용액 (가)~(다)에 대한 자료이다. 수용액에서 HX는 H^+과 X^-으로, H_2Y는 H^+과 Y^{2-}으로, $Z(OH)_2$는 Z^{2+}과 OH^-으로 모두 이온화된다.

혼합 용액	혼합 전 수용액의 부피(mL)			모든 양이온의 몰 농도(M) 합 (상댓값)
	a M $HX(aq)$ (H^+, X^-)	0.1 M $H_2Y(aq)$ (H^+, Y^{2-})	$\frac{4}{3}a$ M $Z(OH)_2(aq)$ (Z^{2+}, OH^-)	
염기성(가)	$20a$ 20 $20a$	2 10 1	$40a$ 30 $80a$	10
산성(나)	$20a$ 20 $20a$	6 30 3	$\frac{200}{3}a$ 50 $\frac{400}{3}a$	11
산성(다)	ab b ab	4 20 2	$\frac{80}{3}a$ 20 $\frac{160}{3}a$	19

부피비 3 : 5 ➡ 양이온 수 비 $(3\times10):(5\times11)=6:11$

$40a : 6-\frac{140a}{3}=6:11$ ➡ $a=0.05$

$a\times b$는? (단, 혼합 용액의 부피는 혼합 전 각 용액의 부피의 합과 같고, 물의 자동 이온화는 무시하며, X^-, Y^{2-}, Z^{2+}은 반응하지 않는다.) [3점]

① $\frac{1}{2}$ ② $\frac{2}{3}$ ③ 1 ④ $\frac{3}{2}$ ⑤ 2

✔ 자료 해석

• 용액의 부피비가 (가) : (나)=60 : 100=3 : 5이고, 모든 양이온의 몰 농도 합의 비가 (가) : (나)=10 : 11이므로 양이온 수 비는 (가) : (나)=$3\times10:5\times11=6:11$이다.

• (가), (나)가 모두 염기성일 때 (가)와 (나)에서 양이온은 Z^{2+}뿐이므로 양이온 수 비는 (가) : (나)=3 : 5여야 하지만, 이는 자료(6 : 11)와 맞지 않는다.

• (가), (나)가 모두 산성일 때 (가)에서 양이온은 H^+, Z^{2+}이며, 양이온의 양(mmol)은 $20a+2-80a+40a$이고, (나)에서 양이온의 양(mmol)은 $20a+6-\frac{400a}{3}+\frac{200a}{3}$이다. 양이온 수 비는 (가) : (나)=$(2-20a):\left(6-\frac{140a}{3}\right)=6:11$이므로 $a=\frac{7}{30}$인데, 이 경우 (가)에서 중화 반응 전 OH^-의 수가 H^+의 수보다 크므로 (가)가 산성이 될 수 없다. 따라서 (가)와 (나)는 서로 액성이 다르다.

• (가), (나)가 각각 염기성, 산성일 때 양이온 수 비는 (가) : (나)=$40a:6-\frac{140a}{3}=6:11$이므로 $a=0.05$이다.

• (가)~(다)에서 혼합 전 수용액 속 이온의 양(mmol)은 다음과 같다.

혼합 용액	$HX(aq)$	$H_2Y(aq)$	$Z(OH)_2(aq)$
(가)	H^+ 1, X^- 1	H^+ 2, Y^{2-} 1	Z^{2+} 2, OH^- 4
(나)	H^+ 1, X^- 1	H^+ 6, Y^{2-} 3	Z^{2+} $\frac{10}{3}$, OH^- $\frac{20}{3}$
(다)	H^+ $0.05b$, X^- $0.05b$	H^+ 4, Y^{2-} 2	Z^{2+} $\frac{4}{3}$, OH^- $\frac{8}{3}$

○ 보기 풀이 (다)는 산성이고, 양이온의 양(mmol)은 $0.05b+4-\frac{8}{3}+\frac{4}{3}$이므로 양이온 수 비는 (가) : (다)=$2:\left(0.05b+\frac{8}{3}\right)$이며, 용액의 부피비는 (가) : (다)=$60:(b+40)$이다. 따라서 모든 양이온의 몰 농도 합의 비는 (가) : (다)=$\frac{2}{60}:\frac{0.05b+\frac{8}{3}}{b+40}=10:19$이므로 $b=10$이고, $a\times b=\frac{1}{2}$이다.

문제풀이 Tip

용액에 들어 있는 양이온 수는 모든 양이온의 몰 농도 합과 용액의 부피의 곱에 비례한다. 몰 농도에서 용질의 양 단위는 mol, 용액의 부피 단위는 L인데, 부피 단위를 mL로 사용하면 용질의 양은 mmol이 된다는 것에 유의한다.

선택지 비율	① 10%	② 29%	③ 12%	❹ 39%	⑤ 10%

5 중화 반응의 양적 관계

2024년 5월 교육청 20번 | 정답 ④ | 문제편 33 p

출제 의도 중화 반응에서 혼합 용액의 액성과 이온 수 비를 이용하여 양적 관계를 분석할 수 있는지 묻는 문항이다.

문제 분석

다음은 a M $HA(aq)$과 b M $B(OH)_2(aq)$의 부피를 달리하여 혼합한 용액 (가)와 (나)에 대한 자료이다.

- 수용액에서 HA는 H^+과 A^-으로, $B(OH)_2$는 B^{2+}과 OH^-으로 모두 이온화된다.

혼합 용액		(가)	(나)
혼합 전 수용액의 부피(mL)	a M $HA(aq)$	H^+ A^- 40 $40a$ $40a$	30 $30a$ $30a$
	b M $B(OH)_2(aq)$	B^{2+} OH^- 10 $10b$ $20b$	10 $10b$ $20b$
$\frac{H^+ \text{ 또는 } OH^- \text{의 양(mol)}}{\text{가장 많이 존재하는 이온의 양(mol)}}$ (상댓값)		3 $\frac{40a-20b}{40a}$	2 $\frac{20b-30a}{30a}$
혼합 용액의 액성		산성	염기성

$5a=3b$

$40a-20b>0$ ➡ $2a>b$

$\frac{b}{a}$는? (단, 물의 자동 이온화는 무시하며, A^-과 B^{2+}은 반응하지 않는다.) [3점]

① 1 ② $\frac{3}{2}$ ③ $\frac{8}{5}$ ④ $\frac{5}{3}$ ⑤ 2

✓ 자료 해석

- $HA(aq)$에 $B(OH)_2(aq)$을 조금씩 넣어 줄 때 중화점의 2배에 해당하는 $B(OH)_2(aq)$을 넣기 전까지 혼합 용액에 가장 많이 존재하는 이온은 A^-이고, 중화점의 2배보다 많은 $B(OH)_2(aq)$을 넣은 혼합 용액에 가장 많이 존재하는 이온은 OH^-이다.
- (가), (나)에 들어 있는 이온의 양(mmol)은 다음과 같다.

혼합 용액	이온의 양(mmol)			
	H^+	A^-	B^{2+}	OH^-
(가)	$40a-20b$	$40a$	$10b$	0
(나)	0	$30a$	$10b$	$20b-30a$

○ 보기 풀이 (가)는 산성이므로 (가)에 가장 많이 존재하는 이온은 A^-이다. (나)는 염기성이므로 (나)에 가장 많이 존재하는 이온은 A^-, OH^- 중 하나이다.

(나)에 가장 많이 존재하는 이온이 OH^-일 때 $\frac{H^+ \text{ 또는 } OH^- \text{의 양}}{\text{가장 많이 존재하는 이온의 양}}$의 비는 (가) : (나)$=\frac{40a-20b}{40a}$: 1$=$3 : 2가 성립하여 $a=-b$가 되어 적절하지 않다.

(나)에 가장 많이 존재하는 이온이 A^-일 때 $\frac{H^+ \text{ 또는 } OH^- \text{의 양}}{\text{가장 많이 존재하는 이온의 양}}$의 비는 (가) : (나)$=\frac{40a-20b}{40a}$: $\frac{20b-30a}{30a}$$=$3 : 2이므로 $5a=3b$이다. 따라서 $\frac{b}{a}=\frac{5}{3}$이다.

문제풀이 Tip

$HA(aq)$과 $B(OH)_2(aq)$의 혼합 용액이 산성일 때 혼합 용액에 가장 많이 존재하는 이온은 A^-이다. 몰 농도에서 용질의 양 단위는 mol, 용액의 부피 단위는 L인데, 부피 단위를 mL로 사용하면 용질의 양은 mmol이 된다는 것에 유의한다.

Part I 교육청

선택지 비율	❶ 56%	② 3%	③ 2%	④ 20%	⑤ 19%

6 중화 적정

2024년 5월 교육청 7번 | 정답 ① | 문제편 33 p

출제 의도 중화 반응의 양적 관계를 이용하여 중화 적정 실험 결과를 분석할 수 있는지 묻는 문항이다.

문제 분석

다음은 25 ℃에서 $CH_3COOH(aq)$의 중화 적정 실험이다.

[실험 과정]

CH_3COOH의 양(mol)$=x$ M$\times(10\times10^{-3})$ L

(가) x M $CH_3COOH(aq)$ 10 mL에 물을 넣어 ㉠ 100 mL 수용액을 만든다.

① x M$\times(10\times10^{-3})\times\frac{40}{100}$

(나) (가)에서 만든 수용액 40 mL를 삼각 플라스크에 넣고, 페놀프탈레인 용액을 2~3 방울 떨어뜨린다.

(다) 그림과 같이 [㉡]에 들어 있는 0.2 M $NaOH(aq)$을 (나)의 삼각 플라스크에 한 방울씩 떨어뜨리면서 삼각 플라스크를 흔들어 준다.

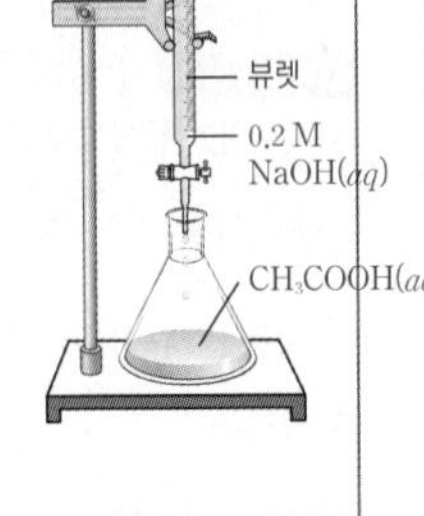

(라) (다)의 삼각 플라스크 속 수용액 전체가 붉게 변하는 순간 적정을 멈추고, 적정에 사용된 $NaOH(aq)$의 부피(V)를 측정한다.

①=②

➡ x M$\times(10\times10^{-3})$ L$\times\frac{40}{100}=0.2$ M$\times(20\times10^{-3})$ L

➡ $x=1$

[실험 결과]

• V : 20 mL ② OH^-의 양(mol)$=0.2$ M$\times(20\times10^{-3})$ L

이에 대한 설명으로 옳은 것만을 <보기>에서 있는 대로 고른 것은? (단, 온도는 25 ℃로 일정하다.)

보기

ㄱ. '뷰렛'은 ㉡으로 적절하다.

ㄴ. $x=$~~0.1~~ 1이다. $x\times10\times\frac{40}{100}=0.2\times20$

ㄷ. ㉠을 200 mL로 달리하여 과정 (가)~(라)를 반복하면, $V=$~~40~~ 10 mL이다.

CH_3COOH의 양(mol)의 $\frac{1}{2}$배

➡ 적정에 필요한 OH^-의 양(mol)도 $\frac{1}{2}$배

① ㄱ ② ㄴ ③ ㄷ ④ ㄱ, ㄴ ⑤ ㄱ, ㄷ

✓ 자료 해석

• 산과 염기 수용액을 혼합하면 H^+과 OH^-이 1 : 1의 몰비로 반응하여 물이 된다.

• (가)에서 x M $CH_3COOH(aq)$ 10 mL에 들어 있는 CH_3COOH의 양(mol)은 $x\times10\times10^{-3}$이고, 물을 넣은 100 mL 수용액에도 같은 양이 들어 있다.

• (가)에서 만든 수용액 40 mL에 들어 있는 CH_3COOH의 양(mol)은 $x\times10\times10^{-3}\times\frac{40}{100}$이다.

• 중화 적정에 사용한 0.2 M $NaOH(aq)$ 20 mL에 들어 있는 NaOH의 양(mol)은 $0.2\times20\times10^{-3}$이다.

• 중화 반응에서 반응한 산의 H^+과 염기의 OH^-의 양(mol)은 같으므로 $x\times10\times10^{-3}\times\frac{40}{100}=0.2\times20\times10^{-3}$이 성립하여 $x=1$이다.

○ 보기풀이 ㄱ. 중화 적정에서 삼각 플라스크에 들어 있는 산 수용액에 염기 수용액을 넣을 때는 부피를 정확히 측정할 수 있는 뷰렛을 사용하므로 '뷰렛'은 ㉡으로 적절하다.

× 매력적 오답 ㄴ. $x=1$이다.

ㄷ. ㉠을 200 mL로 달리하면 중화 적정에 사용한 산 수용액의 몰 농도가 $\frac{1}{2}$배가 되므로 V는 10 mL가 된다.

문제풀이 Tip

(가)에서 물을 넣어 만든 $CH_3COOH(aq)$ 100 mL의 몰 농도(M)는 $\frac{10x}{100}$이므로 $MV=M'V'$에 의해 $\frac{10x}{100}\times40=0.2\times20$이 성립하고, 이를 통해 x를 구할 수도 있다.

선택지 비율	① 9%	② 16%	③ 15%	❹ 55%	⑤ 5%

7 중화 적정

2024년 3월 교육청 11번 | 정답 ④ | 문제편 34 p

(출제 의도) 중화 반응의 양적 관계를 이해하고, 중화 적정 실험 결과를 분석할 수 있는지 묻는 문항이다.

(문제 분석)

다음은 아세트산(CH_3COOH) 수용액 A 100 g에 들어 있는 CH_3COOH의 질량을 구하기 위한 중화 적정 실험이다.

[실험 과정]

(가) 수용액 A 100 g에 물을 넣어 500 mL 수용액 B를 만든다. (CH_3COOH의 양(mol)$=200\times10^{-3}$) ($\times 50$) (① CH_3COOH의 양(mol)$=4\times10^{-3}$)

(나) 수용액 B 10 mL를 삼각 플라스크에 넣고 페놀프탈레인 용액을 2~3 방울 떨어뜨린다.

(다) (나)의 수용액에 0.2 M NaOH(aq)을 가하면서 삼각 플라스크를 잘 흔들어 주고, 혼합 용액 전체가 붉은색으로 변하는 순간까지 넣어 준 NaOH(aq)의 부피(V)를 측정한다. 반응한 H^+의 양(mol)$=$반응한 OH^-의 양(mol) ➡ ①$=$② ➡ ①$=4\times10^{-3}$

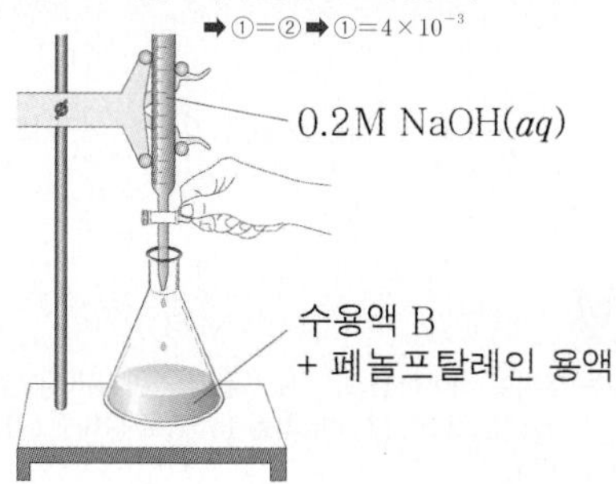

[실험 결과]

- V : 20 mL ② 반응한 OH^-의 양(mol)$=0.2\text{ M}\times(20\times10^{-3})\text{ L}=4\times10^{-3}$
- 수용액 A 100 g에 들어 있는 CH_3COOH의 질량 : x g

$200\times10^{-3}\times60$ ➡ $x=12$

x는? (단, CH_3COOH의 분자량은 60이고, 온도는 일정하다.)

① $\frac{3}{5}$ ② $\frac{6}{5}$ ③ 6 ④ 12 ⑤ 15

✔ 자료 해석

- 중화점까지 반응한 H^+의 양(mol)과 OH^-의 양(mol)은 같다.
- 중화 적정에 사용한 0.2 M NaOH(aq)의 부피가 20 mL이므로 중화 적정에 참여한 OH^-의 양(mmol)은 4이며, 중화 적정에 참여한 CH_3COOH의 양(mmol)도 4이다.
- (나)에서 B 10 mL에 들어 있는 CH_3COOH의 양(mmol)은 4이며, B 500 mL에 들어 있는 CH_3COOH의 양(mmol)은 $4\times50=200$이다.

○ 보기 풀이 A 100 g에 들어 있는 CH_3COOH의 양(mol)은 0.2인데, CH_3COOH의 분자량이 60이므로 A 100 g에 들어 있는 CH_3COOH의 질량(x)은 12이다.

문제풀이 Tip

몰 농도에서 용액의 부피 단위는 L이지만, 문제에서 용액의 부피 단위인 mL를 그대로 사용하면 용질의 양은 mmol이 된다. 이에 유의하면 편의에 따라 L로 바꾸지 않아도 된다.

Part I 교육청

선택지 비율	❶ 23%	② 21%	③ 20%	④ 26%	⑤ 10%

8 중화 반응의 양적 관계

2024년 3월 교육청 19번 | 정답 ① | 문제편 34 p

출제 의도 중화 반응에서 단위 부피당 양이온 수 모형을 이용하여 양적 관계를 분석할 수 있는지 묻는 문항이다.

문제 분석

표는 a M HCl(aq), b M NaOH(aq), c M $X(OH)_2(aq)$의 부피를 달리하여 혼합한 용액 (가)~(다)에 대한 자료이다. 수용액에서 $X(OH)_2$는 X^{2+}과 OH^-으로 모두 이온화된다.

몰 농도비 HCl : NaOH : $X(OH)_2$ $=\frac{240}{10}:\frac{120}{30}:\frac{160}{20}=6:1:2$ $=a:b:c$

혼합 용액		(가)	(나)	(다)
혼합 전 수용액의 부피(mL)	aM HCl(aq)	H^+ 240, Cl^- 240 — 10	20 (480, 480)	xV ($6xV$, $6xV$)
	bM NaOH(aq)	Na^+ 120, OH^- 120 — 30	40 (160, 160)	yV (yV, yV)
	cM $X(OH)_2(aq)$	X^{2+}, OH^- — 0	20 (160, 320)	V ($2V$, $4V$)
단위 부피당 양이온 수 모형		▲ ○ ▲ ○ ○ ▲	■ ○ ○ ■	■ ▲ ■ ○ ▲ ■

H^+ / X^{2+} / 모두 존재 ➡ Na^+

$\frac{b+c}{a}\times\frac{y}{x}$는? (단, 혼합 용액의 부피는 혼합 전 각 용액의 부피의 합과 같고, 물의 자동 이온화는 무시하며, Cl^-, Na^+, X^{2+}은 반응하지 않는다.) [3점]

① $\frac{1}{3}$ ② $\frac{3}{5}$ ③ $\frac{3}{4}$ ④ $\frac{3}{2}$ ⑤ $\frac{5}{2}$

이온 수 비 $H^+:Na^+:X^{2+}=2:1:3$
➡ $(6xV-yV-4V):yV:2V=2:1:3$
➡ $x=1$, $y=\frac{2}{3}$

✓ 자료 해석

- (가)에 존재하는 양이온 ▲과 ○은 각각 H^+, Na^+ 중 하나인데, (가)~(다)에 ○은 모두 존재하므로 ○은 Na^+이고, ▲은 H^+이며, ■은 X^{2+}이다.
- (가)에서 단위 부피당 H^+, Na^+의 수는 각각 3이며 (가)의 부피가 40 mL이므로 H^+, Na^+의 수를 각각 120이라고 할 수 있다.
- NaOH(aq)의 부피는 (나)에서가 (가)에서의 $\frac{4}{3}$배이므로 (나)에서 Na^+의 수는 160이며, (나)에서 단위 부피당 Na^+과 X^{2+}의 수가 같으므로 X^{2+}의 수는 160이다.
  따라서 몰 농도비는 HCl(aq) : NaOH(aq) : $X(OH)_2(aq)=a:b:c$ $=\frac{240}{10}:\frac{120}{30}:\frac{160}{20}=6:1:2$이다.
- 몰 농도비는 HCl(aq) : NaOH(aq) : $X(OH)_2(aq)=6:1:2$이므로 (다)에서 양이온 수 비는 $H^+:Na^+:X^{2+}=(6xV-yV-4V):yV:2V=2:1:3$이 성립하여 x, y는 각각 1, $\frac{2}{3}$이다.

○ 보기 풀이 $a:b:c=6:1:2$이고, x, y가 각각 1, $\frac{2}{3}$이므로 $\frac{b+c}{a}\times\frac{y}{x}=\frac{3}{6}\times\frac{2}{3}=\frac{1}{3}$이다.

문제풀이 Tip

단위 부피는 같은 부피를 의미하는데, (가)~(다)의 단위 부피당 양이온 수와 혼합 용액의 부피가 나와 있으므로 단위 부피를 1 mL로 정하면 (가)~(다)에서 양이온 수를 정할 수 있다.

선택지 비율	① 9%	② 11%	❸ 72%	④ 4%	⑤ 4%

9 중화 적정

2023년 10월 교육청 12번 | 정답 ③ | 문제편 34 p

(출제 의도) 중화 적정 실험을 이해하고 용액의 몰 농도를 구할 수 있는지 묻는 문항이다.

(문제 분석)

다음은 아세트산(CH_3COOH) 수용액의 농도를 알아보기 위한 중화 적정 실험이다.

> [실험 과정]
> (가) a M $CH_3COOH(aq)$ V_1 mL에 물을 넣어 100 mL 수용액을 만든다. (CH_3COOH의 양$=a\times V_1\times10^{-3}$ mol)
> (나) (가)에서 만든 수용액 20 mL를 삼각 플라스크에 넣고 페놀프탈레인 용액 2~3방울을 넣는다. (① CH_3COOH의 양$=a\times V_1\times10^{-3}\times\frac{20}{100}$ mol)
> (다) (나)의 삼각 플라스크 속 수용액 전체가 붉은색으로 변하는 순간까지 b M $NaOH(aq)$을 가하고, 적정에 사용된 $NaOH(aq)$의 부피를 구한다. (①=②) (② NaOH의 양$=b\times V_2\times10^{-3}$ mol)
> [실험 결과]
> • 적정에 사용된 $NaOH(aq)$의 부피 : V_2 mL

a는? (단, 온도는 25 ℃로 일정하다.)

① $\frac{bV_2}{5V_1}$ ② $\frac{bV_2}{V_1}$ ③ $\frac{5bV_2}{V_1}$ ④ $\frac{V_1}{bV_2}$ ⑤ $\frac{5V_1}{bV_2}$

✔ 자료 해석

- 중화 적정 실험에서 반응한 산이 내놓은 H^+의 양(mol)과 반응한 염기가 내놓은 OH^-의 양(mol)은 같다.
- (가)에서 a M $CH_3COOH(aq)$ V_1 mL에 들어 있는 CH_3COOH의 양(mol)은 $a\times\frac{V_1}{1000}$이므로 (가)에서 만든 수용액 20 mL에 들어 있는 CH_3COOH의 양(mol)은 $a\times\frac{V_1}{1000}\times\frac{20}{100}$이다.
- 중화 적정에 사용된 b M $NaOH(aq)$의 부피는 V_2 mL이므로 NaOH의 양(mol)은 $b\times\frac{V_2}{1000}$이다.

보기 풀이 중화 반응에서 반응한 산이 내놓은 H^+의 양(mol)과 반응한 염기가 내놓은 OH^-의 양(mol)은 같으므로 $a\times\frac{V_1}{1000}\times\frac{20}{100}=b\times\frac{V_2}{1000}$가 성립하여 $a=\frac{5bV_2}{V_1}$이다.

문제풀이 Tip

(가)에서 만든 $CH_3COOH(aq)$ 100 mL의 몰 농도는 $aV_1\times10^{-2}$ M이고, (가)에서 만든 수용액의 20 mL에 들어 있는 CH_3COOH의 양은 $2aV_1\times10^{-4}$ mol인 것을 이용할 수도 있다.

선택지 비율	① 8%	❷ 72%	③ 8%	④ 9%	⑤ 3%

10 중화 적정

2023년 7월 교육청 9번 | 정답 ② | 문제편 34 p

(출제 의도) 중화 적정 실험을 이해하고 용액의 몰 농도를 구할 수 있는지 묻는 문항이다.

(문제 분석)

다음은 중화 적정 실험이다.

> [실험 과정]
> (가) x M $CH_3COOH(aq)$을 준비한다. (CH_3COOH의 양(mol)$=x\times50\times10^{-3}$)
> (나) (가)의 수용액 50 mL에 물을 넣어 200 mL를 만든다. (① CH_3COOH의 양(mol)$=x\times50\times10^{-3}\times\frac{40}{200}$)
> (다) (나)에서 만든 수용액 40 mL를 삼각 플라스크에 넣고 페놀프탈레인 용액을 2~3방울 떨어뜨린다.
> (라) (다)의 삼각 플라스크에 0.1 M $NaOH(aq)$을 한 방울씩 떨어뜨리고, 용액 전체가 붉게 변하는 순간 적정을 멈춘 후 적정에 사용된 $NaOH(aq)$의 부피(V)를 측정한다. (①=②)
> [실험 결과]
> • V : 20 mL (② NaOH의 양(mol)$=0.1\times20\times10^{-3}$)

x는? (단, 온도는 일정하다.)

① 0.05 ② 0.2 ③ 0.25 ④ 0.4 ⑤ 0.8

✔ 자료 해석

- (나)에서 x M $CH_3COOH(aq)$ 50 mL에 들어 있는 CH_3COOH의 양은 $(x\times50)\times10^{-3}$ mol이다.
- (나)에서 만든 수용액 40 mL에 들어 있는 CH_3COOH의 양은 $(x\times50)\times10^{-3}\times\frac{40}{200}$ mol이다.
- (라)에서 적정에 사용된 NaOH의 양은 $(0.1\times20)\times10^{-3}$ mol이다.

보기 풀이 중화 반응 실험에서 반응한 산이 내놓은 H^+의 양(mol)과 염기가 내놓은 OH^-의 양(mol)은 같으므로 $(x\times50)\times10^{-3}\times\frac{40}{200}=(0.1\times20)\times10^{-3}$이 성립하여 $x=0.2$이다.

문제풀이 Tip

(나)에서 만든 수용액의 몰 농도는 $(x\times\frac{50}{200})$ M이므로 $x\times\frac{50}{200}\times40=0.1\times20$이 성립하고, $x=0.2$이다.

선택지 비율	① 15%	② 30%	❸ 28%	④ 16%	⑤ 10%

11 중화 반응의 양적 관계

2023년 10월 교육청 19번 | 정답 ③ | 문제편 35 p

출제 의도 중화 반응에서 양이온의 몰 농도 합을 이용하여 양적 관계를 분석할 수 있는지 묻는 문항이다.

문제 분석

표는 a M $H_2X(aq)$, b M $HCl(aq)$, $2b$ M $NaOH(aq)$의 부피를 달리하여 혼합한 수용액 (가)~(다)에 대한 자료이다. 수용액에서 H_2X는 H^+과 X^{2-}으로 모두 이온화된다.

혼합 수용액		(가) 산성	(나) 산성	(다) 염기성
혼합 전 수용액의 부피(mL)	a M $H_2X(aq)$	H^+ X^{2-} 10 ($20a$, $10a$)	20 ($40a$, $20a$)	20 ($40a$, $20a$)
	b M $HCl(aq)$	H^+ Cl^- 20 ($20b$, $20b$)	10 ($10b$, $10b$)	20 ($20b$, $20b$)
	$2b$ M $NaOH(aq)$	Na^+ OH^- 10 ($20b$, $20b$)	10 ($20b$, $20b$)	40 ($80b$, $80b$)
모든 양이온의 몰 농도(M) 합(상댓값)		3	3	㉠

혼합 수용액의 부피와 양이온의 몰 농도 합 동일 ➡ 모든 양이온의 양(mol) 동일 ➡ $20a+20b=40a+10b$

$\frac{a}{b}\times$㉠은? (단, 혼합 수용액의 부피는 혼합 전 각 수용액의 부피의 합과 같고, 물의 자동 이온화는 무시한다.) [3점]

① $\frac{4}{3}$ ② $\frac{3}{2}$ ③ 2 ④ $\frac{5}{2}$ ⑤ 4

✓ 자료 해석

- (가), (나)는 혼합 수용액의 부피가 같고 모든 양이온의 몰 농도 합이 같으므로 모든 양이온의 양(mol)이 같다.
- (가)~(다)에서 혼합 전 $H_2X(aq)$, $HCl(aq)$, $NaOH(aq)$에 들어 있는 H^+과 OH^-의 양($\times10^{-3}$ mol)은 다음과 같다.

혼합 용액	(가)	(나)	(다)
$H_2X(aq)$에 들어 있는 H^+	$20a$	$40a$	$40a$
$HCl(aq)$에 들어 있는 H^+	$20b$	$10b$	$20b$
$NaOH(aq)$에 들어 있는 OH^-	$20b$	$20b$	$80b$

- (가)에서 $HCl(aq)$에 들어 있는 H^+과 $NaOH(aq)$에 들어 있는 OH^-의 양(mol)이 같으므로 (가)는 산성이다. 따라서 (가)에서 중화 반응 후 H^+의 양($\times10^{-3}$ mol)은 $20a$, Na^+의 양($\times10^{-3}$ mol)은 $20b$이므로 모든 양이온의 양($\times10^{-3}$ mol)은 $20a+20b$이다.
- (나)가 중성이나 염기성일 때 (나)에서 모든 양이온의 양($\times10^{-3}$ mol)은 Na^+의 양($\times10^{-3}$ mol)과 같은 $20b$인데, (가)와 (나)에서 모든 양이온의 양(mol)이 같으므로 $20a+20b=20b$에서 $a=0$이고, 이는 적절하지 않으므로 (나)는 산성이다.
- (나)에서 중화 반응 후 H^+의 양($\times10^{-3}$ mol)은 $40a-10b$, Na^+의 양($\times10^{-3}$ mol)은 $20b$이므로 모든 양이온의 양($\times10^{-3}$ mol)은 $40a+10b$이다.
- (가)와 (나)에서 모든 양이온의 양(mol)은 같으므로 $20a+20b=40a+10b$가 성립하여 $b=2a$이다.
- (다)에서 혼합 전 이온의 양(mol)은 $OH^->H^+$이므로 (다)는 염기성이다.

○ 보기 풀이 (가)에서 모든 양이온의 양($\times10^{-3}$ mol)은 $60a$, (다)에서 모든 양이온의 양($\times10^{-3}$ mol)은 Na^+의 양($\times10^{-3}$ mol)과 같은 $80b(=160a)$이므로 모든 양이온의 몰 농도 합의 비는 (가) : (다)$=\frac{60a}{40}:\frac{160a}{80}=3:4$이다. 따라서 ㉠$=4$이고 $\frac{a}{b}\times$㉠$=\frac{1}{2}\times4=2$이다.

문제풀이 Tip

(가)와 (나)는 모든 양이온의 양(mol)이 같고 Na^+의 양(mol)이 같으므로 반응하고 남은 H^+의 양(mol)이 같다. 따라서 $(20a+20b)-20b=(40a+10b)-20b$가 성립하여 $b=2a$이다. 모든 양이온의 몰 농도 합은 (가)가 $\frac{10b+20b}{40}=\frac{3}{4}b$, (다)가 $\frac{80b}{80}=b$이므로 ㉠=4이다.

선택지 비율	① 13%	② 18%	③ 12%	❹ 45%	⑤ 12%

12 중화 반응의 양적 관계

2023년 7월 교육청 20번 | 정답 ④ | 문제편 35p

출제 의도 중화 반응에서 이온 수 비와 이온의 몰 농도 합을 이용하여 양적 관계를 분석할 수 있는지 묻는 문항이다.

문제 분석

표는 $NaOH(aq)$, $HA(aq)$, $H_2B(aq)$의 부피를 달리하여 혼합한 용액 (가)~(다)에 대한 자료이다. 수용액에서 HA는 H^+과 A^-으로, H_2B는 H^+과 B^{2-}으로 모두 이온화된다.

혼합 용액		(가) 염기성	(나) 산성	(다) 염기성
혼합 전 수용액의 부피(mL)	$NaOH(aq)$	30 (Na^+ 9, OH^- 9)	10 (3, 3)	20 (6, 6)
	$HA(aq)$	20 (H^+ 2, A^- 2)	x ($0.1x=2$, $0.1x=2$)	15 (1.5, 1.5)
	$H_2B(aq)$	10 (H^+ 4, B^{2-} 2)	y ($0.4y=4$, $0.2y=2$)	5 (2, 1)
음이온 수의 비		3 : 2 : 2 (OH^- : A^- : B^{2-})	1 : 1 (A^- : B^{2-})	5 : 3 : 2 (OH^- : A^- : B^{2-})
모든 양이온의 몰 농도(M) 합(상댓값)		1	1	

3가지 ➡ 염기성, 2가지 ➡ 산성 또는 중성; (가):(나) = 1 : 1

$x+y$는? (단, 혼합 용액의 부피는 혼합 전 각 용액의 부피의 합과 같고, 물의 자동 이온화는 무시한다.) [3점]

① 15 ② 20 ③ 25 ④ 30 ⑤ 35

문제풀이 Tip

음이온의 가짓수로 (가)~(다)의 액성을 먼저 결정할 수 있어야 한다.

✔ 자료 해석

- (가)와 (다)에 존재하는 음이온은 각각 3가지이므로 (가)와 (다)는 모두 염기성이고, (가)와 (다)의 혼합 용액에 존재하는 음이온은 OH^-, A^-, B^{2-}이다.
- (가)에서 A^-과 B^{2-}의 이온 수 비는 3 : 2, 2 : 3, 1 : 1(=2 : 2) 중 하나이다. 이온 수 비가 $A^- : B^{2-}=3:2$일 때 (다)에서 이온 수 비는 $A^- : B^{2-}=3\times\frac{15\,mL}{20\,mL} : 2\times\frac{5\,mL}{10\,mL}=9:4$이고, 이온 수 비가 $A^- : B^{2-}=2:3$일 때 (다)에서 이온 수 비는 $A^- : B^{2-}=2\times\frac{15\,mL}{20\,mL} : 3\times\frac{5\,mL}{10\,mL}=1:1$이며, 이온 수 비가 $A^- : B^{2-}=1:1$일 때 (다)에서 이온 수 비는 $A^- : B^{2-}=1\times\frac{15\,mL}{20\,mL} : 1\times\frac{5\,mL}{10\,mL}=3:2$이다. 그런데 (다)에서 음이온 수 비 중 3 : 2가 있으므로 (가)에서 음이온 수 비는 $OH^- : A^- : B^{2-}=3:2:2$이고, (다)에서 음이온 수 비는 $OH^- : A^- : B^{2-}=5:3:2$이다.
- (가)에서 $HA(aq)$와 $H_2B(aq)$의 부피비가 2 : 1이고, 음이온 수 비는 $A^- : B^{2-}=2:2$이므로 농도비는 $HA(aq) : H_2B(aq)=1:2$이다.
- (나)에서 음이온 수 비는 1 : 1이고, $HA(aq)$과 $H_2B(aq)$의 농도비가 1 : 2이므로 $x=2y$이다.
- (가)에서 음이온 수 비는 $OH^- : A^- : B^{2-}=3:2:2$이므로 OH^-의 양을 3, A^-의 양을 2, B^{2-}의 양을 2라고 하면, (가)~(다)에 존재하는 이온의 수는 다음과 같다.

혼합 수용액		(가)	(나)	(다)
혼합 전 이온 수	NaOH	Na^+ 9, OH^- 9	Na^+ 3, OH^- 3	Na^+ 6, OH^- 6
	HA	H^+ 2, A^- 2	H^+ $0.1x$, A^- $0.1x$	H^+ 1.5, A^- 1.5
	H_2B	H^+ 4, B^{2-} 2	H^+ $0.4y$, B^{2-} $0.2y$	H^+ 2, B^{2-} 1

○ 보기 풀이 (가)에서 모든 양이온의 몰 농도 합을 $\frac{9}{30+20+10}$라고 하면 (나)에서 모든 양이온의 몰 농도 합은 $\frac{3+0.1x+0.4y-3}{10+x+y}$이다. 모든 양이온의 몰 농도 합은 (가)와 (나)가 같으므로 $\frac{9}{60}=\frac{0.1x+0.4y}{10+x+y}$이고, $x=2y$이므로 $x=20$, $y=10$이다. 따라서 $x+y=30$이다.

선택지 비율	① 8%	② 15%	③ 14%	④ 17%	❺ 47%

13 중화 적정

2023년 4월 교육청 10번 | 정답 ⑤ | 문제편 35p

출제 의도 중화 적정의 실험 결과를 분석할 수 있는지 묻는 문항이다.

문제 분석

표는 25 ℃에서 중화 적정을 이용하여 $CH_3COOH(aq)$의 몰 농도(M)를 구하는 실험 Ⅰ, Ⅱ에 대한 자료이다. 25 ℃에서 x M $CH_3COOH(aq)$의 밀도는 d g/mL이다.

(반응한 H^+의 양(mol) = 반응한 OH^-의 양(mol))

실험	중화 적정한 x M $CH_3COOH(aq)$의 양	중화점까지 넣어 준 0.1 M $NaOH(aq)$의 부피
Ⅰ (①=②)	5 mL ① $x\times5\times10^{-3}$	10 mL ② $0.1\times10\times10^{-3}$
Ⅱ	w g 부피가 10 mL ➡ $w=10d$	20 mL $0.1\times20\times10^{-3}$

$\frac{w}{x}$는? (단, 온도는 25 ℃로 일정하다.)

① $\frac{1}{50d}$ ② $\frac{1}{20d}$ ③ $5d$ ④ $10d$ ⑤ $50d$

✔ 자료 해석

- 중화점까지 반응한 H^+의 양(mol)과 OH^-의 양(mol)은 같다.
- 실험 Ⅰ에서 $x\,M\times5\,mL=0.1\,M\times10\,mL$가 성립하므로 $x=0.2$이다.
- 실험 Ⅱ에서 반응한 $NaOH(aq)$의 양(10^{-3} mol)은 $0.1\,M\times20\,mL$이다.

○ 보기 풀이 $x=0.2$이고, Ⅱ에서 반응한 $NaOH(aq)$의 양(10^{-3} mol)은 $0.1\,M\times20\,mL$이므로 Ⅱ에서 반응한 0.2 M $CH_3COOH(aq)$의 부피는 10 mL이다. 이 질량이 w g인데 $CH_3COOH(aq)$의 밀도는 d g/mL이므로 $w=10d$이다. 따라서 $\frac{w}{x}=\frac{10d}{0.2}=50d$이다.

문제풀이 Tip

$x=0.2$이므로 실험 Ⅱ에서 $0.2\,M\times\frac{w\,g}{d\,g/mL}=0.1\,M\times20\,mL$가 성립하여 $w=10d$이다.

선택지 비율	① 9%	❷ 34%	③ 22%	④ 24%	⑤ 10%

14 중화 반응의 양적 관계

2023년 4월 교육청 20번 | 정답 ② | 문제편 35 p

출제 의도 중화 반응에서 이온 수 비와 이온의 양을 이용하여 양적 관계를 분석할 수 있는지 묻는 문항이다.

문제 분석

표는 $X(OH)_2(aq)$, $HY(aq)$, $H_2Z(aq)$의 부피를 달리하여 혼합한 용액 (가)와 (나)에 대한 자료이다.

$2a : b = N : \frac{1}{2}N$ ➡ $a = b$

이온 수 3 ➡ 중성

혼합 용액		(가)	(나) 염기성
혼합 전 수용액의 부피(mL)	a M $X(OH)_2(aq)$	V	$2V$ (1 : 2 ➡ (나)의 X^{2+} $2N$)
	$2a$ M $HY(aq)$	15	$15\times\frac{2}{3}$ ㉠
	b M $H_2Z(aq)$	15	
모든 이온 수의 비		($Z^{2-} : X^{2+} : Y^-$) 1 : 2 : 2	($OH^- : Y^- : Z^{2-} : X^{2+}$) 1 : 1 : 2 : 3
모든 양이온의 양(mol)		X^{2+} N	X^{2+} $2N$

Z^{2-} $\frac{1}{2}N$, X^{2+} N, Y^- N

$\frac{b}{a}\times$㉠은? (단, 수용액에서 $X(OH)_2$는 X^{2+}과 OH^-으로, HY는 H^+과 Y^-으로, H_2Z는 H^+과 Z^{2-}으로 모두 이온화하고, 물의 자동 이온화는 무시하며, X^{2+}, Y^-, Z^{2-}은 반응하지 않는다.) [3점]

① 5 ② 10 ③ 15 ④ 20 ⑤ 30

OH^- $\frac{2}{3}N$, Y^- $\frac{2}{3}N$, Z^{2-} $\frac{4}{3}N$, X^{2+} $2N$

✓ 자료 해석

- (가)에 들어 있는 이온이 3가지이므로 (가)는 중성이고 (가)에는 X^{2+}, Y^-, Z^{2-}이 들어 있는데, 모든 양이온의 양은 N mol이므로 X^{2+}의 양은 N mol이다.
- (가)에서 모든 이온 수의 비는 1 : 2 : 2이고 수용액 속 모든 이온의 전하량 합은 0이므로 이온 수의 비는 $X^{2+} : Y^- : Z^{2-} = 2 : 2 : 1$이다. 따라서 이온의 양은 X^{2+}이 N mol, Y^-이 N mol, Z^{2-}이 $\frac{1}{2}N$ mol이다.
- (나)에서 모든 양이온의 양은 $2N$ mol이고 a M $X(OH)_2(aq)$의 부피는 (나)가 (가)의 2배이므로 (나)에서 X^{2+}의 양은 $2N$ mol이다.
- (나)에서 양이온은 X^{2+}뿐이고, 들어 있는 이온은 X^{2+}, Y^-, Z^{2-}, OH^- 4가지이므로 (나)는 염기성이다.
- (나)에서 모든 이온 수의 비가 1 : 1 : 2 : 3이고 수용액 속 모든 이온의 전하량 합은 0이므로 이온 수의 비는 $X^{2+} : Y^- : Z^{2-} : OH^- = 3 : 1 : 2 : 1$이다. 따라서 이온의 양은 X^{2+}이 $2N$ mol, Y^-이 $\frac{2}{3}N$ mol, Z^{2-}이 $\frac{4}{3}N$ mol, OH^-이 $\frac{2}{3}N$ mol이다.

○ 보기 풀이 (가)에서 $2a$ M $HY(aq)$ 15 mL에 들어 있는 Y^-의 양은 N mol이고 b M $H_2Z(aq)$ 15 mL에 들어 있는 Z^{2-}의 양은 $\frac{1}{2}N$ mol이므로 $2a$ M $HY(aq)$과 b M $H_2Z(aq)$의 몰 농도비는 $2a : b = N : \frac{1}{2}N$이다. 따라서 $a = b$이다. $2a$ M $HY(aq)$ 15 mL에 들어 있는 Y^-의 양은 N mol이고 ㉠ mL에 들어 있는 Y^-의 양(mol)은 $\frac{2}{3}N$이므로 ㉠ $= 10$이다. 따라서 $\frac{b}{a}\times$㉠ $= 1\times10 = 10$이다.

문제풀이 Tip

(가)는 들어 있는 이온의 가짓수가 3가지이므로 중성이고, (나)는 들어 있는 이온의 가짓수가 4가지이므로 산성 또는 염기성이다. 이때 (나)는 모든 양이온의 양(mol)이 X^{2+}의 양(mol)과 같으므로 염기성임을 알 수 있다.

선택지 비율	① 10%	❷ 40%	③ 22%	④ 21%	⑤ 6%

15 중화 적정

2023년 3월 교육청 14번 | 정답 ② | 문제편 36 p

출제 의도 중화 적정 실험을 이해하고 실험 결과를 분석할 수 있는지 묻는 문항이다.

문제 분석

다음은 $CH_3COOH(aq)$에 대한 중화 적정 실험이다.

[실험 과정]

(가) 밀도가 d g/mL인 $CH_3COOH(aq)$을 준비한다. ($CH_3COOH(aq)$의 질량$=20d$ g)

(나) (가)의 $CH_3COOH(aq)$ 20 mL를 취하여 삼각 플라스크에 넣고 페놀프탈레인 용액을 2~3방울 떨어뜨린다.

(다) (나)의 삼각 플라스크 속 용액 전체가 붉은색으로 변하는 순간까지 a M NaOH(aq)을 가하고, 적정에 사용된 NaOH(aq)의 부피를 구한다.

(NaOH의 양$=a\times V\times10^{-3}$ mol$=CH_3COOH$의 양)

[실험 결과]

- 적정에 사용된 NaOH(aq)의 부피 : V mL

($20d : a\times V\times10^{-3}\times60=100 : x$)

(가)의 $CH_3COOH(aq)$ 100 g에 포함된 CH_3COOH의 질량(g)은? (단, CH_3COOH의 분자량은 60이고, 온도는 일정하다.) [3점]

① $\frac{aV}{5d}$　② $\frac{3aV}{10d}$　③ $\frac{5aV}{3d}$　④ $\frac{5d}{3aV}$　⑤ $\frac{60d}{aV}$

✔ 자료 해석

- 밀도가 d g/mL인 $CH_3COOH(aq)$ 20 mL의 질량은 $20d$ g이다.
- 적정에 사용된 a M NaOH(aq)의 부피는 V mL이므로 NaOH의 양은 $(a\times V\times10^{-3})$ mol이다.
- 중화 반응에서 산의 H^+과 염기의 OH^-은 1 : 1의 몰비로 반응하므로 (가)의 $CH_3COOH(aq)$ $20d$ g에 포함된 CH_3COOH의 질량은 $(a\times V\times10^{-3}\times60)$ g이다.

ㅇ 보기 풀이 (가)의 $CH_3COOH(aq)$ 20 mL의 질량은 $20d$ g이고, 이에 포함된 CH_3COOH의 질량은 $(a\times V\times10^{-3}\times60)$ g이다. 따라서 (가)의 $CH_3COOH(aq)$ 100 g에 포함된 CH_3COOH의 질량을 x g이라고 하면 $20d : a\times V\times10^{-3}\times60=100 : x$가 성립하여 $x=\frac{3aV}{10d}$이다.

문제풀이 Tip

(가)의 $CH_3COOH(aq)$의 몰 농도를 b M이라고 하면 $b\times20=a\times V$이고 $b=\frac{aV}{20}$이다. 따라서 (가)의 $CH_3COOH(aq)$ 1000 mL, 즉 $1000d$ g에 포함된 CH_3COOH의 질량은 $(\frac{aV}{20}\times60)$ g이고, (가)의 $CH_3COOH(aq)$ 100 g에 포함된 CH_3COOH의 질량을 x라고 하면 $1000d : \frac{aV}{20}\times60=100 : x$가 성립하여 $x=\frac{3aV}{10d}$이다.

선택지 비율	① 15%	② 16%	❸ 34%	④ 25%	⑤ 9%

16 중화 반응의 양적 관계

2023년 3월 교육청 20번 | 정답 ③ | 문제편 36 p

출제 의도 중화 반응에서 이온의 몰 농도비를 이용하여 양적 관계를 분석할 수 있는지 묻는 문항이다.

문제 분석

다음은 0.1 M HA(aq), a M XOH(aq), $3a$ M $Y(OH)_2(aq)$을 혼합한 용액 (가)와 (나)에 대한 자료이다.

- 수용액에서 HA는 H^+과 A^-으로, XOH는 X^+과 OH^-으로, $Y(OH)_2$는 Y^{2+}과 OH^-으로 모두 이온화된다.

혼합 용액		(가) 염기성	(나) 중성
혼합 전 수용액의 부피(mL)	0.1 M HA(aq)	A^- 50 0.1×50	50 0.1×50
	$3a$ M $Y(OH)_2$ ㉠	Y^{2+} 20 $60a$	V $3aV$
	a M XOH ㉡	X^+ 30 $30a$	20 $20a$
X^+의 양(mol)$+Y^{2+}$의 양(mol) ∝ $\frac{[X^+]+[Y^{2+}]}{[A^-]}$(상댓값)		18 $60a+30a$	7 $3aV+20a$

($V=5$)

- ㉠과 ㉡은 각각 a M XOH(aq), $3a$ M $Y(OH)_2(aq)$ 중 하나이다.
- (나)는 중성이다. (H^+ $0.1\times50=OH^-$ $(2\times3a\times5+20a)$ ➡ $a=0.1$)

$\frac{V}{a}$는? (단, 혼합 용액의 부피는 혼합 전 각 수용액의 부피의 합과 같고, X^+, Y^{2+}, A^-은 반응하지 않는다.) [3점]

① 30　② 40　③ 50　④ 100　⑤ 300

✔ 자료 해석

- (가)에서 X^+, Y^{2+}, A^-의 부피는 각각 100 mL로 같으므로 (가)에서 $\frac{[X^+]+[Y^{2+}]}{[A^-]}$의 비는 $\frac{X^+\text{의 양(mol)}+Y^{2+}\text{의 양(mol)}}{A^-\text{의 양(mol)}}$의 비이고 (가), (나)에서 A^-의 양(mol)이 같으므로 (X^+의 양(mol)$+Y^{2+}$의 양(mol))의 비는 (가) : (나)$=18:7$이다.
- ㉠과 ㉡이 각각 a M XOH(aq), $3a$ M $Y(OH)_2(aq)$이라면 $\frac{[X^+]+[Y^{2+}]}{[A^-]}$의 비는 (가) : (나)$=20a+90a : aV+60a=18:7$이고, $V<0$이므로 모순이다.
➡ ㉠과 ㉡은 각각 $3a$ M $Y(OH)_2(aq)$, a M XOH(aq)이다.

ㅇ 보기 풀이 $\frac{[X^+]+[Y^{2+}]}{[A^-]}$의 비는 (가) : (나)$=30a+60a : 20a+3aV=18:7$이고, $V=5$이다. (나)는 중성이므로 $0.1\times50=2\times3a\times5+a\times20$이 성립하여 $a=0.1$이다. 따라서 $\frac{V}{a}=\frac{5}{0.1}=50$이다.

문제풀이 Tip

㉠, ㉡의 몰 농도가 각각 a M, $3a$ M라면 (가)에서 X^+의 양(mol)$+Y^{2+}$의 양(mol)$=20a+90a$라고 할 때 (나)에서 X^+의 양(mol)$+Y^{2+}$의 양(mol)$=aV+60a$인데, $V=0$인 경우에도 X^+의 양(mol)$+Y^{2+}$의 양(mol)은 (나)에서가 (가)에서의 $\frac{6}{11}$배이므로 이보다 작은 $\frac{7}{18}$배는 될 수 없다. 따라서 ㉠, ㉡은 각각 $3a$ M $Y(OH)_2(aq)$, a M XOH(aq)이다.

선택지 비율	❶ 66%	② 7%	③ 13%	④ 11%	⑤ 3%

17 중화 적정 실험

2022년 10월 교육청 11번 | 정답 ① | 문제편 36 p

출제 의도 중화 적정 실험 과정을 이해하고 실험 결과를 해석할 수 있는지 묻는 문항이다.

문제 분석

다음은 중화 적정 실험이다. NaOH의 화학식량은 40이다.

[실험 과정]

(가) NaOH(s) w g을 모두 물에 녹여 NaOH(aq) 500 mL를 만든다. ($\frac{w}{40}$ mol) ($\frac{w}{20}$ M)

(나) (가)에서 만든 NaOH(aq)을 뷰렛에 넣은 다음, 꼭지를 잠시 열었다 닫고 처음 눈금을 읽는다.

(다) 삼각 플라스크에 a M CH_3COOH(aq) 20 mL를 넣고, 페놀프탈레인 용액을 2~3 방울 떨어뜨린다.

(라) 뷰렛의 꼭지를 열어 (다)의 삼각 플라스크에 NaOH(aq)을 조금씩 가하면서 삼각 플라스크를 잘 흔들어 준다.

(마) (라)의 삼각 플라스크 속 수용액 전체가 붉게 변하는 순간 뷰렛의 꼭지를 닫고 나중 눈금을 읽는다. (중화점)

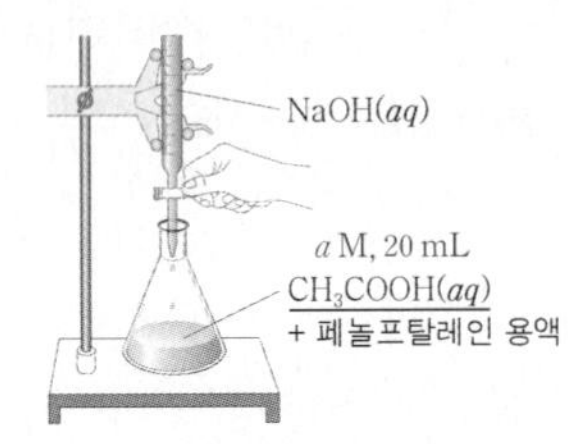

[실험 결과]

- (나)에서 뷰렛의 처음 눈금 : 2.5 mL
- (마)에서 뷰렛의 나중 눈금 : 17.5 mL

($\frac{w}{20}$ M NaOH(aq) 15 mL가 반응! ➡ $\frac{w}{20} \times 15 = a \times 20$, $a = \frac{3}{80}w$)

a는? (단, 온도는 일정하다.)

① $\frac{3}{80}w$ ② $\frac{1}{15}w$ ③ $\frac{3}{40}w$ ④ $\frac{4}{3}w$ ⑤ $6w$

✓ 자료 해석

- NaOH w g의 양은 $\frac{w}{40}$ mol이므로 (가)에서 만든 NaOH(aq)의 몰 농도는 $\frac{\frac{w}{40}\text{ mol}}{0.5\text{ L}} = \frac{w}{20}$ M이다.
- 중화 적정 실험에서 넣어 준 표준 용액(=농도를 알고 있는 용액)의 부피는 뷰렛의 (나중 눈금−처음 눈금)으로 구할 수 있다.
- (마)에서 중화점까지 넣어 준 NaOH(aq)의 부피는 $17.5-2.5=15$ (mL)이다.

보기 풀이 중화점에서 H^+의 양(mol)=OH^-의 양(mol)이고, a M CH_3COOH(aq) 20 mL가 $\frac{w}{20}$ M NaOH(aq) 15mL와 완전히 중화 반응하므로 $a\text{ M} \times 20\text{ mL} = \frac{w}{20}\text{ M} \times 15\text{ mL}$이다. 따라서 $a = \frac{3}{80}w$이다.

문제풀이 Tip

중화점에서 반응한 산의 양(mol)과 넣어 준 염기의 양(mol)이 서로 같음을 이용하여 미지의 농도를 결정할 수 있다.

선택지 비율	① 12%	② 16%	③ 20%	❹ 38%	⑤ 14%

18 중화 반응의 양적 관계

2022년 10월 교육청 20번 | 정답 ④ | 문제편 37 p

출제 의도 산 염기 혼합 용액 속 이온 수 비로부터 혼합 전 각 용액의 몰 농도를 구할 수 있는지 묻는 문항이다.

문제 분석

표는 a M $X(OH)_2(aq)$, b M $HY(aq)$, c M $H_2Z(aq)$의 부피를 달리하여 혼합한 용액 Ⅰ~Ⅲ에 대한 자료이다. ㉠, ㉡은 각각 b M $HY(aq)$, c M $H_2Z(aq)$ 중 하나이고, 수용액에서 $X(OH)_2$는 X^{2+}과 OH^-으로, HY는 H^+과 Y^-으로, H_2Z는 H^+과 Z^{2-}으로 모두 이온화된다.

혼합 용액 ($4N$ $8N$)		Ⅰ (염기성)	Ⅱ	Ⅲ (산성)
혼합 전 수용액의 부피(mL)	a M $X(OH)_2(aq)$	V	V	V
	㉠ H_2Z	10 (H^+ $6N$, Z^{2-} $3N$)	0	10
	㉡ HY	0	20 (H^+ $4N$, Y^- $4N$)	20
$\frac{\text{음이온의 양(mol)}}{\text{양이온의 양(mol)}}$		$\frac{5N}{4N}$ (OH^-, Z^{2-} ← $5N$; X^{2+} ← $4N$)		$\frac{7}{6}$ (7 → Y^-, Z^{2-}; 6 → X^{2+}, H^+)
Y^-과 Z^{2-}의 몰 농도(M)의 합(상댓값)			5	7

$5:7=\frac{4N}{V+20}:\frac{7N}{V+30}$

$V\times\frac{b+c}{a}$는? (단, 혼합 용액의 부피는 혼합 전 각 용액의 부피의 합과 같고, 물의 자동 이온화는 무시하며, X^{2+}, Y^-, Z^{2-}은 반응하지 않는다.) [3점]

① $\frac{20}{3}$ ② 10 ③ $\frac{40}{3}$ ④ 50 ⑤ 80

✓ 자료 해석

- 2가 염기 $X(OH)_2$에 1가 산 HY를 첨가할 때 혼합 용액의 $\frac{\text{음이온의 양(mol)}}{\text{양이온의 양(mol)}}$은 중화점까지 2로 일정하다가 중화점 이후 감소한다. 따라서 ㉠이 $HY(aq)$이면 Ⅰ은 산성이다.
- Ⅰ이 산성이면 Ⅲ 또한 산성이다. Ⅰ에서 양이온 수와 음이온 수를 각각 $4N$, $5N$이라고 하고, H_2Z(㉡) 20 mL에 들어 있는 Z^{2-}의 수를 x라고 하면 Ⅲ에서 $\frac{\text{음이온의 양(mol)}}{\text{양이온의 양(mol)}}=\frac{5N+x}{4N+2x}=\frac{7}{6}$이므로 $x=\frac{1}{4}N$이다. 이 경우 Y^-과 Z^{2-}의 몰 농도 합의 비가 Ⅱ : Ⅲ$=5:7=\frac{\frac{1}{4}N}{V+20}:\frac{5N+\frac{1}{4}N}{V+30}$을 계산하면 $V<0$이므로 ㉠은 $H_2Z(aq)$이다.
- 2가 염기 $X(OH)_2$에 2가 산 H_2Z를 첨가할 때 $\frac{\text{음이온의 양(mol)}}{\text{양이온의 양(mol)}}$은 2에서 점점 감소하여 중화점에서 1이 되고, 중화점 이후로도 계속 감소한다. 따라서 Ⅰ은 염기성이다.
- Ⅲ이 염기성이라면 $\frac{\text{음이온의 양(mol)}}{\text{양이온의 양(mol)}}$은 Ⅰ과 Ⅲ에서 같아야 하므로 Ⅲ은 산성이다.
- Ⅰ에 들어 있는 양이온은 X^{2+}이고, 음이온은 OH^-과 Z^{2-}이다.
- Ⅲ에 들어 있는 양이온은 X^{2+}과 H^+이고, 음이온은 Y^-과 Z^{2-}이다.

○ 보기 풀이 a M $X(OH)_2(aq)$ V mL에 들어 있는 X^{2+}과 OH^-의 수를 각각 $4N$, $8N$이라고 하면 Ⅰ에는 X^{2+}, Z^{2-}, OH^-이 들어 있고 $\frac{\text{음이온의 양(mol)}}{\text{양이온의 양(mol)}}=\frac{5}{4}$이므로 Z^{2-}의 수는 $3N$, OH^-의 수는 $2N$이다. 따라서 c M $H_2Z(aq)$ 10 mL에 들어 있는 H^+과 Z^{2-}의 수는 각각 $6N$, $3N$이다.
Ⅲ에는 X^{2+}, H^+, Y^-, Z^{2-}이 들어 있고 X^{2+}의 수는 $4N$, Z^{2-}의 수는 $3N$이며, $\frac{\text{음이온의 양(mol)}}{\text{양이온의 양(mol)}}=\frac{7}{6}$이므로 H^+의 수는 $2N$, Y^-의 수는 $4N$이다. 따라서 b M $HY(aq)$ 20 mL에 들어 있는 H^+과 Y^-의 수는 각각 $4N$이다. 한편, Y^-과 Z^{2-}의 몰 농도(M) 합의 비는 Ⅱ : Ⅲ$=\frac{4N}{V+20}:\frac{7N}{V+30}=5:7$이므로 $V=20$이다. 이로부터 몰 농도의 비는 $a:b:c=\frac{4N}{20}:\frac{4N}{20}:\frac{3N}{10}=2:2:3$이다. 따라서 $V\times\frac{b+c}{a}=20\times\frac{2+3}{2}=50$이다.

문제풀이 Tip

$\frac{\text{음이온의 양(mol)}}{\text{양이온의 양(mol)}}$으로부터 각 혼합 용액의 액성을 추론하여 첨가한 산의 종류를 결정할 수 있어야 한다. 2가 염기에 1가 산을 첨가할 때와 2가 산을 첨가할 때 $\frac{\text{음이온의 양(mol)}}{\text{양이온의 양(mol)}}$ 변화를 정리해 두자.

Part Ⅰ 교육청

선택지 비율	① 7%	② 20%	③ 9%	❹ 57%	⑤ 7%

19 중화 적정 실험

2022년 7월 교육청 14번 | 정답 ④ | 문제편 37p

(출제 의도) 중화 적정 실험 과정을 이해하고 실험 결과를 해석할 수 있는지 묻는 문항이다.

(문제 분석)

다음은 중화 적정 실험이다.

[실험 과정]

(가) a M $CH_3COOH(aq)$ 20 mL를 준비한다. (a M $CH_3COOH(aq)$ x mL)

(나) (가)의 용액 x mL를 취하여 용액 Ⅰ을 준비한다.

(다) (나)에서 사용하고 남은 (가)의 용액에 물을 넣어 b M $CH_3COOH(aq)$ 25 mL 용액 Ⅱ를 만든다. (a M $CH_3COOH(aq)$ $(20-x)$ mL)

(라) 삼각 플라스크에 용액 Ⅰ을 모두 넣고 페놀프탈레인 용액을 2~3 방울 떨어뜨린다.

(마) (라)의 용액에 0.1 M $NaOH(aq)$을 한 방울씩 떨어뜨리고, 용액 전체가 붉게 변하는 순간 적정을 멈춘 후 적정에 사용된 $NaOH(aq)$의 부피(V_1)를 측정한다. (중화점)

(바) Ⅰ 대신 Ⅱ를 사용해서 과정 (라)와 (마)를 반복하여 적정에 사용된 $NaOH(aq)$의 부피(V_2)를 측정한다.

[실험 결과]

- V_1 : 25 mL ➡ a M × x mL = 0.1 M × 25 mL
- V_2 : 75 mL ➡ b M × 25 mL = 0.1 M × 75 mL (= a M × $(20-x)$ mL)

($a=0.5$, $b=0.3$, $x=5$)

$\frac{b}{a} \times x$는? (단, 온도는 25 ℃로 일정하다.) [3점]

① $\frac{1}{5}$ ② $\frac{1}{3}$ ③ 1 ④ 3 ⑤ 5

✓ 자료 해석

- 용액 Ⅰ은 a M $CH_3COOH(aq)$ x mL이다.
- 용액 Ⅱ는 a M $CH_3COOH(aq)$ $(20-x)$ mL에 물을 넣어 b M $CH_3COOH(aq)$ 25 mL로 만든 용액이다.
- a M $CH_3COOH(aq)$ x mL(용액 Ⅰ)는 0.1 M $NaOH(aq)$ 25 mL와 모두 반응하며, b M $CH_3COOH(aq)$ 25 mL는 0.1 M $NaOH(aq)$ 75 mL와 모두 반응한다. 즉, a M $CH_3COOH(aq)$ 20 mL는 0.1 M $NaOH(aq)$ 100 mL와 완전히 중화 반응한다.
- 중화점에서 CH_3COOH의 양(mol) = $NaOH$의 양(mol)이므로 a M × 20 mL = 0.1 M × 100 mL이고, $a=0.5$이다.

○ 보기 풀이 0.5 M $CH_3COOH(aq)$ x mL(용액 Ⅰ)가 0.1 M $NaOH(aq)$ 25 mL와 완전히 중화 반응하므로 0.5 M × x mL = 0.1 × 25 mL이고, $x=5$이다. 한편, (다)는 0.5 M $CH_3COOH(aq)$ 15 mL에 물을 넣어 b M $CH_3COOH(aq)$ 25 mL를 만든 것이다. 용질의 양(mol)은 일정하므로 0.5 M × 15 mL = b M × 25 mL이고, $b=0.3$이다. 따라서 $\frac{b}{a} \times x = \frac{0.3}{0.5} \times 5 = 3$이다.

문제풀이 Tip

중화 적정 실험에서는 중화점에서 반응한 산의 양(mol)과 염기의 양(mol)이 서로 같음을 이용하여 미지 용액의 농도를 결정한다. 과정이 복잡해 보이지만 산의 전체 양과 염기의 반응으로부터 미지의 산의 농도를 구할 수 있다.

선택지 비율	❶ 10%	② 37%	③ 15%	④ 24%	⑤ 14%

20 중화 반응의 양적 관계

2022년 7월 교육청 20번 | 정답 ① | 문제편 38 p

(출제 의도) 산 염기 혼합 용액에 존재하는 양이온과 음이온의 양(mol)으로부터 혼합 용액의 액성을 판단하고 중화 반응의 양적 관계를 해석할 수 있는지 묻는 문항이다.

(문제 분석)

다음은 중화 반응에 대한 실험이다.

[자료]

- 수용액에서 AOH는 A^+과 OH^-으로, H_2B는 H^+과 B^{2-}으로, HC는 H^+과 C^-으로 모두 이온화된다.

[실험 과정]

(가) a M AOH(aq) 20 mL에 b M H_2B(aq) 5 mL를 첨가하여 혼합 용액 I을 만든다. (A^+ $20a$, OH^- $20a$ / H^+ $10b$, B^{2-} $5b$) ➡ I은 염기성

(나) I에 c M HC(aq) V mL를 첨가하여 혼합 용액 II를 만든다. (H^+ $Vc(=5b)$, C^- $Vc(=5b)$)

(다) II에 c M HC(aq) 10 mL를 첨가하여 혼합 용액 III을 만든다. (H^+ $10c(=10b)$, C^- $10c(=10b)$)

[실험 결과]

$b=c$, $V=5$

혼합 용액	II 산성	III 산성
$\dfrac{\text{음이온의 양(mol)}}{\text{양이온의 양(mol)}}$ (B^{2-}, C^- / A^+, H^+)	$\dfrac{2}{3}=\dfrac{5b+Vc}{Vc+10b}$	$\dfrac{4}{5}=\dfrac{5b+Vc+10c}{Vc+10c+10b}$

- 모든 음이온의 몰 농도(M)의 합은 I과 II가 같다.

부피는 II > I이므로 모든 음이온의 양(mol)은 II > I ∴ II는 산성

$\dfrac{c}{a+b}\times V$는? (단, 혼합 용액의 부피는 혼합 전 각 용액의 부피의 합과 같고, 물의 자동 이온화는 무시하며, A^+, B^{2-}, C^-은 반응하지 않는다.) [3점]

① 3 ② 5 ③ 6 ④ 12 ⑤ 15

✓ 자료 해석

- 모든 음이온의 몰 농도(M)의 합 $=\dfrac{\text{모든 음이온의 양(mol)}}{\text{용액의 부피(L)}}$
- I과 II에서 모든 음이온의 몰 농도의 합이 같고, 부피는 II가 I보다 크므로 음이온의 전체 양(mol)은 II가 I보다 크다. 따라서 II는 산성이다.
- II는 산성이므로 III도 산성이다. 따라서 II와 III에 존재하는 이온은 A^+, H^+, B^{2-}, C^-이다.

○ 보기풀이 a M AOH(aq) 20 mL에 들어 있는 A^+과 OH^-의 수를 각각 $20a$라고 하면, II와 III에 존재하는 이온의 수는 다음과 같다.

혼합 용액		II	III
이온 수	A^+	$20a$	$20a$
	H^+	$Vc+10b-20a$	$Vc+10c+10b-20a$
	B^{2-}	$5b$	$5b$
	C^-	Vc	$Vc+10c$

II와 III에서 $\dfrac{\text{음이온의 양(mol)}}{\text{양이온의 양(mol)}}$으로부터 $\dfrac{5b+Vc}{Vc+10b}=\dfrac{2}{3}$이고, $\dfrac{5b+Vc+10c}{Vc+10c+10b}=\dfrac{4}{5}$이다. 두 식을 연립하여 풀면 $b=c$, $V=5$이다.

모든 음이온의 몰비는 I : II$=(1\times25):(1\times30)=5:6$이다. 만약 I이 산성 또는 중성이라면 모든 음이온의 몰비는 I : II$=5b:10b=1:2$가 되어 성립하지 않는다. 따라서 I은 염기성이다. I~III에 존재하는 이온의 종류와 수를 정리하면 다음과 같다.

혼합 용액		I	II	III
액성		염기성	산성	산성
이온 수	A^+	$20a$	$20a$	$20a$
	H^+	0	$15b-20a$	$25b-20a$
	B^{2-}	$5b$	$5b$	$5b$
	C^-	0	$5b$	$15b$
	OH^-	$20a-10b$	0	0

모든 음이온의 몰비는 I : II$=5:6$이므로 $(20a-5b):10b=5:6$이고, $a=\dfrac{2}{3}b$이다. 따라서 $\dfrac{c}{a+b}\times V=\dfrac{b}{\frac{2}{3}b+b}\times5=\dfrac{3}{5}\times5=3$이다.

문제풀이 Tip

(나)와 (다)에서 계속 산을 첨가하므로 I을 염기성이라고 가정한 후 이온의 양을 비교하면 빠르게 풀 수 있다. 용액 속 이온의 양(mol)은 용액의 몰 농도(M)×용액의 부피(L)로 계산한다.

Part I 교육청

선택지 비율	① 6%	② 5%	③ 15%	❹ 72%	⑤ 2%

21 중화 적정

2022년 4월 교육청 10번 | 정답 ④ | 문제편 38 p

(출제 의도) 중화 적정 실험을 통해 용액의 몰 농도를 구하고 실험 결과에 따른 오차의 원인을 분석할 수 있는지 묻는 문항이다.

(문제 분석)

반응한 H^+의 양(mol)=반응한 OH^-의 양(mol)

다음은 중화 적정에 관한 탐구 활동지의 일부와 탐구 활동 후 선생님과 학생의 대화이다.

탐구 활동지

[탐구 주제] 중화 적정으로 $CH_3COOH(aq)$의 몰 농도(M) 구하기

[탐구 과정]

(가) 삼각 플라스크에 $CH_3COOH(aq)$ 10 mL를 넣고, 페놀프탈레인 용액 2~3방울을 떨어뜨린다. (H^+의 양=㉠×0.01) (페놀프탈레인: 염기성에서 붉은색)

(나) (가)의 삼각 플라스크에 0.5 M $NaOH(aq)$을 떨어뜨리면서 수용액 전체가 붉은색으로 변하는 순간 적정을 멈추고, 적정에 사용된 $NaOH(aq)$의 부피(V)를 측정한다. (붉은색으로 변하는 순간: 중화점)

[탐구 결과]

V = 22 mL (OH^-의 양=0.5×0.022)

선생님 : 탐구 활동으로부터 구한 $CH_3COOH(aq)$의 몰 농도를 말해 볼까요?

학　생 : [㉠] M입니다. (㉠×0.01=0.5×0.022 ➡ ㉠=1.1)

선생님 : 탐구 결과로부터 구한 값은 맞아요. 하지만 탐구 과정에서 사용한 $CH_3COOH(aq)$의 실제 몰 농도는 1 M입니다. 탐구 과정에서 한 가지만 잘못하여 오차가 발생했다고 가정할 때, 오차가 발생한 원인에는 무엇이 있을까요?

학　생 : 적정을 중화점 [㉡ 후]에 멈추어서 오차가 발생한 것 같습니다. (사용된 $NaOH(aq)$의 부피가 크게 측정)

학생의 의견이 타당할 때, ㉠과 ㉡으로 가장 적절한 것은?

	㉠	㉡		㉠	㉡
①	0.9	전	②	0.9	후
③	1.1	전	④	1.1	후
⑤	1.5	전			

✓ 자료 해석

- 반응한 산이 내놓은 H^+의 양(mol)과 반응한 염기가 내놓은 OH^-의 양(mol)은 같으므로 $nMV=n'M'V'$가 성립한다.

$nMV=n'M'V'$

n, n' : 산, 염기의 가수

M, M' : 산, 염기 수용액의 몰 농도(M)

V, V' : 산, 염기 수용액의 부피(L)

- 중화점 : 중화 적정에서 산의 H^+의 양(mol)과 염기의 OH^-의 양(mol)이 같아지는 지점이다.
- 중화점에서 CH_3COOH이 내놓은 H^+의 양(mol)과 $NaOH$이 내놓은 OH^-의 양(mol)이 같으므로 ㉠ M×0.01 L=0.5 M×0.022 L가 성립한다. 따라서 ㉠은 1.1이다.

O 보기 풀이 중화점에서 반응한 산의 H^+과 염기의 OH^-의 양(mol)은 같으므로 ㉠×0.01=0.5×0.022이고, ㉠은 1.1이다. 적정을 중화점 후(㉡)에 멈추었을 경우, 사용된 $NaOH(aq)$의 부피가 크게 측정되어 실험 과정으로부터 구한 $CH_3COOH(aq)$의 몰 농도는 실제 몰 농도보다 크게 측정된다.

문제풀이 Tip

중화 적정에서는 중화 반응의 양적 관계를 이용하여 용액의 몰 농도를 구한다는 것을 알아야 한다.

선택지 비율	① 11%	❷ 33%	③ 17%	④ 26%	⑤ 13%

22 중화 반응의 양적 관계

2022년 4월 교육청 19번 | 정답 ② | 문제편 39 p

출제 의도 중화 반응의 양적 관계를 이해하고 이온의 몰 농도를 구할 수 있는지 묻는 문항이다.

문제 분석

다음은 $H_2X(aq)$, $Y(OH)_2(aq)$, $ZOH(aq)$의 부피를 달리하여 혼합한 용액 (가), (나)에 대한 자료이다.

- 수용액에서 H_2X는 H^+과 X^{2-}으로, $Y(OH)_2$는 Y^{2+}과 OH^-으로, ZOH는 Z^+과 OH^-으로 모두 이온화된다.
  (2가 산 ➡ $2H^+ + X^{2-}$ / 2가 염기 ➡ $Y^{2+} + 2OH^-$ / 1가 염기 ➡ $Z^+ + OH^-$)

혼합 용액		(가) 염기성	(나) 염기성
혼합 전 수용액의 부피(mL)	0.5 M $H_2X(aq)$	30 (H^+ 30, X^{2-} 15)	30 (H^+ 30, X^{2-} 15)
	a M $Y(OH)_2(aq)$ (a=2)	10 (Y^{2+} $10a$(20), OH^- $20a$(40))	15 (Y^{2+} $15a$(30), OH^- $30a$(60))
	b M $ZOH(aq)$ (b=1)	0 (Z^+ 0, OH^- 0)	15 (Z^+ $15b$(15), OH^- $15b$(15))
H^+ 또는 OH^-의 몰 농도(M)		OH^- $\frac{1}{4}$	OH^- x

($\frac{20a-30}{40}$ ➡ $a=2$, $\frac{30a+15b-30}{60}$)

- (가)에서 $\frac{\text{모든 음이온의 몰 농도(M) 합}}{\text{모든 양이온의 몰 농도(M) 합}} > 1$이다.
- 모든 양이온의 양(mol)은 (가) : (나) $=4:9$이다. ((가): Y^{2+}, (나): Y^{2+}, Z^+ / $10a : 15a+15b = 4:9$ ➡ $b=1$)

x는? (단, 혼합 용액의 부피는 혼합 전 각 용액의 부피의 합과 같고, 물의 자동 이온화는 무시하며, X^{2-}, Y^{2+}, Z^+은 반응하지 않는다.) [3점]

① $\frac{1}{4}$ ② $\frac{3}{4}$ ③ $\frac{5}{6}$ ④ $\frac{7}{6}$ ⑤ $\frac{4}{3}$

✔ 자료 해석

- 혼합 전 수용액의 이온의 양(mmol)은 다음과 같다.

혼합 전 수용액	이온	이온의 양(mmol)	
		(가)	(나)
0.5 M $H_2X(aq)$	H^+	30	30
	X^{2-}	15	15
a M $Y(OH)_2(aq)$	Y^{2+}	$10a$	$15a$
	OH^-	$20a$	$30a$
b M $ZOH(aq)$	Z^+	0	$15b$
	OH^-	0	$15b$

- (가)가 산성이면 H^+의 몰 농도(M) $=\frac{30-20a}{40}=\frac{1}{4}$이므로 $a=1$이고, $\frac{\text{모든 음이온의 몰 농도(M) 합}}{\text{모든 양이온의 몰 농도(M) 합}}=\frac{15}{20}<1$이 되어 자료와 맞지 않는다. 따라서 (가)는 염기성이고, (나)는 (가)보다 염기의 양이 크므로 염기성이다.

○ 보기 풀이 혼합 후 용액 속 이온의 종류와 양(mol)은 다음과 같다.

혼합 용액	액성	부피(mL)	이온의 양(mmol)
(가)	염기성	40	OH^- : $20a-30$ X^{2-} : 15 Y^{2+} : $10a$
(나)	염기성	60	OH^- : $30a+15b-30$ X^{2-} : 15 Y^{2+} : $15a$ Z^+ : $15b$

(가)에서 $[OH^-]=\frac{1}{4}\text{ M}=\frac{(20a-30)\times10^{-3}\text{ mol}}{0.04\text{ L}}$이므로 $a=2$이다. 모든 양이온의 몰비는 (가) : (나) $=4:9=10a:15a+15b$이므로 $b=1$이다. (나)에서 $[OH^-]=x\text{ M}=\frac{(30a+15b-30)\times10^{-3}\text{ mol}}{0.06\text{ L}}$이므로 $x=\frac{3}{4}$이다.

문제풀이 Tip

2가 산과 2가 염기의 중화 반응에서 혼합 용액의 $\frac{\text{모든 음이온의 몰 농도(M) 합}}{\text{모든 양이온의 몰 농도(M) 합}}>1$이면 혼합 용액의 액성은 염기성이다.

선택지 비율	① 9%	② 7%	❸ 59%	④ 12%	⑤ 13%

23 중화 적정

2022년 3월 교육청 16번 | 정답 ③ | 문제편 39 p

(출제 의도) 중화 적정 실험을 통해 용액의 몰 농도를 구할 수 있는지 묻는 문항이다.

(문제분석)

다음은 $CH_3COOH(aq)$의 몰 농도를 구하기 위한 실험이다.

[실험 과정]

(가) 0.1 M $NaOH(aq)$을 뷰렛에 넣은 다음, 꼭지를 잠시 열었다 닫고 처음 눈금을 읽는다.

(나) 피펫을 이용해 $CH_3COOH(aq)$ 10 mL를 삼각 플라스크에 넣고 페놀프탈레인 용액을 몇 방울 떨어뜨린다.

(다) 뷰렛의 꼭지를 열어 (나)의 삼각 플라스크에 $NaOH(aq)$을 조금씩 가하면서 삼각 플라스크를 잘 흔들어 주고, 혼합 용액 전체가 붉은색으로 변하는 순간 뷰렛의 꼭지를 닫고 나중 눈금을 읽는다. (중화점)

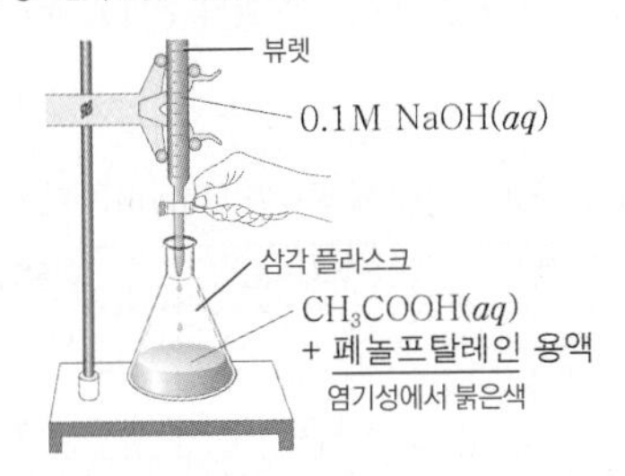

[실험 결과]

- (가)에서 뷰렛의 처음 눈금 : 8.3 mL
- (다)에서 뷰렛의 나중 눈금 : 28.3 mL

(사용한 $NaOH(aq)$의 부피=20 mL)

- $CH_3COOH(aq)$의 몰 농도 : a M ($0.1\ M \times 0.02\ L = a\ M \times 0.01\ L$: OH^-의 양(mol) = H^+의 양(mol))

이에 대한 옳은 설명만을 〈보기〉에서 있는 대로 고른 것은? (단, 온도는 25 ℃로 일정하고, 물의 자동 이온화는 무시한다.) [3점]

〈보기〉

ㄱ. (다)에서 삼각 플라스크 속 용액의 pH는 증가한다.

ㄴ. a=~~0.05~~(0.2)이다. ($a \times 0.01 = 0.1 \times 0.02$)

ㄷ. (다)에서 생성된 H_2O의 양은 0.002 mol이다. ($0.1 \times 0.02 = 0.2 \times 0.01$; 반응한 H^+의 양=반응한 OH^-의 양)

① ㄱ ② ㄴ ③ ㄱ, ㄷ ④ ㄴ, ㄷ ⑤ ㄱ, ㄴ, ㄷ

✓ 자료 해석

- 중화 적정 : 농도를 모르는 산이나 염기의 농도를 중화 반응의 양적 관계를 이용하여 알아내는 실험 방법이다.

$nMV = n'M'V'$

n, n' : 산, 염기의 가수

M, M' : 산, 염기 수용액의 몰 농도(M)

V, V' : 산, 염기 수용액의 부피(L)

- 중화 적정에 사용된 0.1 M $NaOH(aq)$의 부피는 28.3−8.3=20 mL이고, $CH_3COOH(aq)$의 부피는 10 mL이다.
- $CH_3COOH(aq)$의 몰 농도 a M는 다음 식으로 구한다.
  $0.1\ M \times 0.02\ L = a\ M \times 0.01\ L$, $a = 0.2$

O 보기풀이 ㄱ. (다)에서 산에 염기를 가하여 중화점을 거치므로 용액의 pH는 증가한다.

ㄷ. (다)에서 생성된 H_2O의 양(mol)=반응한 산이 내놓은 H^+의 양(mol)=반응한 염기가 내놓은 OH^-의 양(mol)=$0.1 \times 0.02 = 0.2 \times 0.01 = 0.002$이다.

× 매력적 오답 ㄴ. 중화점까지 가해진 0.1 M $NaOH(aq)$의 부피가 20 mL이므로 $0.1\ M \times 0.02\ L = a\ M \times 0.01\ L$이고 $a = 0.2$이다.

문제풀이 Tip

수용액의 몰 농도(M), 부피(L)의 곱은 반응한 산 또는 염기가 내놓은 H^+ 또는 OH^-의 양(mol)이고, 반응한 산이 내놓은 H^+의 양(mol)과 반응한 염기가 내놓은 OH^-의 양(mol)은 같으므로 $nMV = n'M'V'$가 성립한다.

선택지 비율	① 12%	❷ 39%	③ 12%	④ 24%	⑤ 13%

24 중화 반응의 양적 관계

2022년 3월 교육청 20번 | 정답 ② | 문제편 40 p

(출제 의도) 중화 반응의 양적 관계를 이해하고 이온의 몰 농도 합을 구할 수 있는지 묻는 문항이다.

(문제 분석)

표는 0.8 M HX(aq), 0.1 M YOH(aq), a M Z(OH)$_2$(aq)을 부피를 달리하여 혼합한 용액 Ⅰ~Ⅲ에 대한 자료이다. 수용액에서 HX는 H^+과 X^-으로(1:1), YOH는 Y^+과 OH^-으로(1:1), Z(OH)$_2$는 Z^{2+}과 OH^-으로(1:2) 모두 이온화된다.

혼합 용액		Ⅰ 산성	Ⅱ 염기성	Ⅲ 산성
혼합 전 수용액의 부피(mL)	0.8 M HX(aq)	H^+ X^- 5 (4, 4)	1 (0.8, 0.8)	4 (3.2, 3.2)
	0.1 M YOH(aq)	Y^+ OH^- 0 (0, 0)	4 (0.4, 0.4)	6 (0.6, 0.6)
	$\frac{1}{5}$ a M Z(OH)$_2$(aq)	Z^{2+} OH^- 5 ($5a$(1), $10a$(2))	5 ($5a$(1), $10a$(2))	6 ($6a$(1.2), $12a$(2.4))
모든 음이온의 몰 농도(M) 합(상댓값)	$a=\frac{1}{5}$ ←	5 ($\frac{4}{5+5}$)	3 ($\frac{0.4+10a}{1+4+5}$)	x → $\frac{5}{2}$ ($\frac{3.2}{4+6+6}$)

$a \times x$는? (단, 혼합 용액의 부피는 혼합 전 각 용액의 부피의 합과 같고, 물의 자동 이온화는 무시하며, X^-, Y^+, Z^{2+}은 반응하지 않는다.) [3점]

① $\frac{1}{3}$ ② $\frac{1}{2}$ ③ 1 ④ $\frac{3}{2}$ ⑤ $\frac{5}{2}$

✓ 자료 해석

• 혼합 전 수용액의 이온의 양(mmol)은 다음과 같다.

혼합 전 수용액	이온	이온의 양(mmol)		
		Ⅰ	Ⅱ	Ⅲ
0.8 M HX(aq)	H^+	4	0.8	3.2
	X^-	4	0.8	3.2
0.1 M YOH(aq)	Y^+	0	0.4	0.6
	OH^-	0	0.4	0.6
a M Z(OH)$_2$(aq)	Z^{2+}	$5a$	$5a$	$6a$
	OH^-	$10a$	$10a$	$12a$

• 혼합 용액 Ⅰ과 Ⅱ가 모두 산성일 때 Ⅰ과 Ⅱ에 존재하는 음이온은 X^-뿐이고, 모든 음이온의 몰 농도 합의 비는 Ⅰ : Ⅱ$=\frac{4}{10}:\frac{0.8}{10}=5:1$이므로 조건에 맞지 않는다.

• 혼합 용액 Ⅰ과 Ⅱ가 모두 염기성일 때 모든 음이온의 몰 농도 합은 Ⅰ이 $\frac{4+10a-4}{10}$, Ⅱ가 $\frac{0.8+(0.4+10a-0.8)}{10}$이므로 Ⅱ$>$Ⅰ이 되어 조건에 맞지 않는다. 따라서 Ⅰ은 산성, Ⅱ는 염기성이다.

O 보기 풀이 Ⅰ은 산성, Ⅱ는 염기성이므로 모든 음이온의 몰 농도 합의 비는 Ⅰ : Ⅱ$=\frac{4}{10}:\frac{0.4+10a}{10}=5:3$이므로 $a=\frac{1}{5}$이다. 따라서 Ⅲ은 산성이고 모든 음이온의 몰 농도 합의 비 Ⅰ : Ⅲ$=\frac{4}{10}:\frac{3.2}{16}=5:x$이므로 $x=\frac{5}{2}$이다. 따라서 $a \times x=\frac{1}{5}\times\frac{5}{2}=\frac{1}{2}$이다.

문제풀이 Tip

이온의 양(mol)은 몰 농도와 부피의 곱이므로, 이온의 몰 농도가 나오면 부피를 곱하여 이온의 양(mol)을 구하고 H^+과 OH^-의 양을 비교하면 용액의 액성을 판단할 수 있다.

선택지 비율	① 7%	❷ 47%	③ 12%	④ 19%	⑤ 14%

25 중화 반응의 양적 관계

2021년 10월 교육청 19번 | 정답 ② | 문제편 40 p

출제 의도 산 염기 혼합 용액 속 이온 수 비로부터 혼합 전 각 용액의 몰 농도를 구할 수 있는지 묻는 문항이다.

문제 분석

다음은 중화 반응 실험이다.

[자료]

• 수용액에서 $X(OH)_2$는 X^{2+}과 OH^-으로 모두 이온화된다.
➡ 양이온 수 : 음이온 수 = 1 : 2

[실험 과정]

(가) a M $X(OH)_2(aq)$ V mL와 b M $HCl(aq)$ 50 mL를 혼합하여 용액 I을 만든다. [$(V+50)$ mL]

(나) 용액 I에 c M $NaOH(aq)$ 20 mL를 혼합하여 용액 II를 만든다. [Na^+ 수 증가, X^{2+}과 Cl^- 수 일정] [$(V+70)$ mL]

[실험 결과]

• 용액 I과 II에 대한 자료

용액	I (산성)	II (염기성)
$\frac{\text{음이온의 양(mol)}}{\text{양이온의 양(mol)}}$ (중화점 이후 감소)	2> $\frac{5}{3}$	> $\frac{3}{2}$
모든 이온의 몰 농도의 합(상댓값) (=전체 이온 수÷부피)	1	1

$\frac{8N}{V+50}=\frac{10N}{V+70}$

$\frac{c}{a+b}$는? (단, X는 임의의 원소 기호이고, 혼합 용액의 부피는 혼합 전 각 용액의 부피의 합과 같으며, 물의 자동 이온화는 무시한다.) [3점]

① $\frac{3}{7}$ ② $\frac{3}{5}$ ③ $\frac{2}{3}$ ④ $\frac{5}{7}$ ⑤ $\frac{4}{5}$

✓ 자료 해석

• $X(OH)_2(aq)$에 $HCl(aq)$을 첨가할 때 혼합 용액의 $\frac{\text{음이온의 양(mol)}}{\text{양이온의 양(mol)}}$은 중화점까지 2로 일정하다가 중화점 이후 감소하므로 용액 I은 산성이다.
➡ 용액 I에 들어 있는 이온은 X^{2+}, H^+, Cl^-이다.

• 용액 I에 $NaOH(aq)$을 첨가할 때도 혼합 용액의 $\frac{\text{음이온의 양(mol)}}{\text{양이온의 양(mol)}}$은 중화점까지 $\frac{5}{3}$로 일정하다가 중화점 이후 감소하므로 용액 II는 염기성이다.
➡ 용액 II에 들어 있는 이온은 X^{2+}, Na^+, Cl^-, OH^-이다.

○ 보기 풀이 용액 I에 들어 있는 음이온은 Cl^-뿐이므로 용액 I에서 Cl^- 수를 $5N$이라고 하면 X^{2+} 수는 $2N$, H^+ 수는 N이다. 그리고 용액 II는 용액 I에 $NaOH(aq)$을 혼합한 용액이므로 X^{2+}과 Cl^-의 수는 용액 I에서와 같다. 용액 I과 II에 들어 있는 이온의 종류와 수를 정리하면 다음과 같다.

용액 I			용액 II			
X^{2+}	H^+	Cl^-	X^{2+}	Na^+	Cl^-	OH^-
$2N$	N	$5N$	$2N$	$2N$	$5N$	N

용액 I과 II에서 모든 이온의 몰 농도 합은 같으므로 $\frac{8N}{V+50}=\frac{10N}{V+70}$이고, $V=30$이다. 이로부터 $X(OH)_2(aq)$, $HCl(aq)$, $NaOH(aq)$의 몰 농도의 비는 $a:b:c=\frac{2N}{30}:\frac{5N}{50}:\frac{2N}{20}=2:3:3$이므로 $\frac{c}{a+b}=\frac{3}{2+3}=\frac{3}{5}$이다.

문제풀이 Tip

$\frac{\text{음이온의 양(mol)}}{\text{양이온의 양(mol)}}$의 변화로부터 용액 I과 II의 액성을 판단할 수 있어야 한다. 2가 염기에 1가 산을 첨가할 때는 중화점까지 $\frac{\text{음이온의 양(mol)}}{\text{양이온의 양(mol)}}$이 일정함을 기억해 두자.

선택지 비율	① 7%	② 15%	③ 25%	④ 26%	⑤ 26%

26 중화 반응의 양적 관계

2021년 7월 교육청 20번 | 정답 ④ | 문제편 40 p

출제 의도 중화 반응의 양적 관계를 이용하여 산 염기 혼합 용액에 존재하는 이온의 몰 농도, 혼합 전 산과 염기의 농도, 부피를 계산할 수 있는지 묻는 문항이다.

문제 분석

다음은 중화 반응에 대한 실험이다.

[자료]

- ㉠과 ㉡은 x M HA(aq)(산)과 y M $H_2B(aq)$(산) 중 하나이다.
- 수용액에서 HA는 H^+과 A^-으로, H_2B는 H^+과 B^{2-}으로 모두 이온화된다. (용액에 항상 존재)

[실험 과정]

(가) NaOH(aq), HA(aq)(㉠), $H_2B(aq)$(㉡)을 각각 준비한다.

(나) NaOH(aq) V mL에 ㉠ 10 mL를 조금씩 첨가한다.

(다) (나)의 혼합 용액에 ㉡ 20 mL를 조금씩 첨가한다.

염기에 산 첨가(염기성 → 중성 → 산성)

[실험 결과]

- 첨가한 용액의 부피(mL)에 따른 혼합 용액에 존재하는 모든 이온의 몰 농도(M)의 합

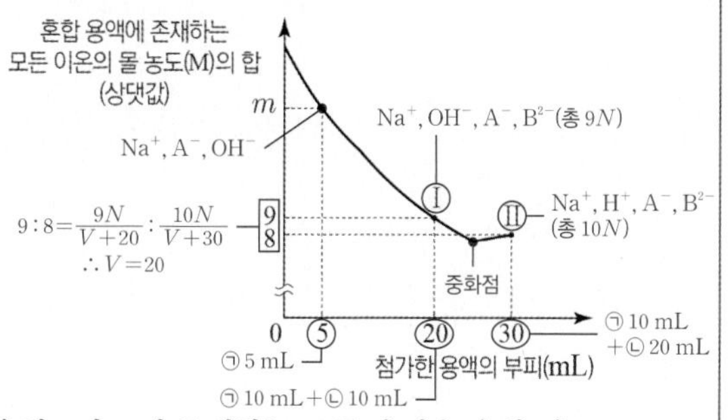

- 혼합 용액 Ⅰ과 Ⅱ에 존재하는 모든 음이온 수의 비

혼합 용액	Ⅰ	Ⅱ
음이온 수의 비	1 : 1 : 2	1 : 1
	OH^- N, B^{2-} N, A^- $2N$	A^- $2N$, B^{2-} $2N$

- $V<30$이다.

이에 대한 설명으로 옳은 것만을 〈보기〉에서 있는 대로 고른 것은? (단, 혼합 용액의 부피는 혼합 전 각 용액의 부피의 합과 같으며, 물의 자동 이온화는 무시한다.) [3점]

〈보기〉

ㄱ. ~~$V=10$이다.~~ $V=20$이다.

ㄴ. $x:y=2:1$이다.

ㄷ. $m=16$이다.

① ㄱ ② ㄴ ③ ㄱ, ㄷ ④ ㄴ, ㄷ ⑤ ㄱ, ㄴ, ㄷ

✓ 자료 해석

- 염기(NaOH(aq))에 산(HA(aq), $H_2B(aq)$)을 첨가하므로 중화점 이전의 혼합 용액에는 OH^-이, 중화점 이후의 혼합 용액에는 H^+이 존재한다.
- 혼합 용액에 존재하는 모든 이온의 몰 농도의 합은 중화점에서 가장 작다. 따라서 용액 Ⅰ은 중화점 이전이고, 용액 Ⅱ는 중화점 이후이다.

혼합 용액	혼합 전 용액의 부피(mL)			혼합 용액에 존재하는 이온의 종류
	NaOH(aq)	㉠	㉡	
Ⅰ	V	10	10	Na^+, OH^-, A^-, B^{2-}
Ⅱ	V	10	20	Na^+, H^+, A^-, B^{2-}

- ㉠이 $H_2B(aq)$이고 ㉡이 HA(aq)이면 용액 속 B^{2-} 수는 용액 Ⅰ과 Ⅱ에서 같아야 하고, A^- 수는 용액 Ⅱ에서가 Ⅰ에서의 2배여야 한다. 따라서 용액 Ⅰ에서 A^-과 B^{2-} 수를 각각 N, $2N$이라고 하면, 모든 음이온 수의 비로부터 OH^- 수는 N이므로 NaOH(aq) V mL에 들어 있는 OH^- 수(=Na^+ 수)는 $6N$이 된다. 이 경우 용액 Ⅱ에서 A^-과 B^{2-} 수는 모두 $2N$이므로 용액 Ⅱ가 중화점이 되어 모순이다.
  ➡ ㉠이 HA(aq)이고 ㉡이 $H_2B(aq)$이다.
- 용액 Ⅱ에서 A^-과 B^{2-}의 수를 각각 $2N$이라고 하면 용액 Ⅰ에서 A^- 수는 $2N$, B^{2-} 수는 N이므로 OH^- 수는 N이다. 따라서 NaOH(aq) V mL에 들어 있는 OH^- 수(=Na^+ 수)는 $5N$이므로 용액 Ⅰ과 Ⅱ에 존재하는 이온 수를 정리하면 다음과 같다.

혼합 용액	혼합 용액에 존재하는 이온의 종류와 수	전체 이온 수
Ⅰ	Na^+ $5N$, A^- $2N$, B^{2-} N, OH^- N	$9N$
Ⅱ	Na^+ $5N$, A^- $2N$, B^{2-} $2N$, H^+ N	$10N$

전체 이온 수는 용액 Ⅰ에서 $9N$, 용액 Ⅱ에서 $10N$이므로

$\frac{9N}{V+20}:\frac{10N}{V+30}=9:8$에서 $V=20$이다.

○ 보기 풀이 ㄴ. ㉠이 HA(aq)이고 ㉡이 $H_2B(aq)$이며, 용액 Ⅱ에서 음이온 수의 비는 A^- : $B^{2-}=1:1$이므로 x M×10 mL=y M×20 mL이다. 따라서 $x=2y$이고, $x:y=2:1$이다.

ㄷ. NaOH(aq) V mL에 들어 있는 Na^+ 수(=OH^- 수)는 $5N$이고, ㉠(HA(aq)) 10 mL에 들어 있는 A^- 수(=H^+ 수)는 $2N$이므로 NaOH(aq) V mL에 ㉠(HA(aq)) 5 mL를 첨가한 용액에 존재하는 이온의 종류와 수는 Na^+ $5N$, A^- N, OH^- $4N$이고, 전체 이온 수는 $10N$이다. 따라서 $\frac{10N}{V+5}:\frac{9N}{V+20}=m:9$이고, 이때 $V=20$이므로 $m=16$이다.

× 매력적 오답 ㄱ. $V=20$이다.

문제풀이 Tip

제시된 음이온 수의 비를 이용하여 혼합 용액에 존재하는 각 이온의 수를 추론하고 넣어 준 산의 종류를 결정할 수 있어야 한다. 이온 수 비가 제시된 지점에서 어느 한 이온의 수를 N 또는 $2N$으로 두고, 각 지점에서의 이온 수를 정리하여 비교하면 된다.

선택지 비율	① 7%	② 2%	❸ 78%	④ 3%	⑤ 10%

27 중화 적정 실험

2021년 4월 교육청 9번 | 정답 ③ | 문제편 41 p

출제 의도 중화 적정 실험 과정을 이해하고 실험 결과를 해석할 수 있는지 묻는 문항이다.

문제분석

다음은 3가지 실험 기구 A~C와 아세트산(CH_3COOH) 수용액의 중화 적정 실험이다. ㉠은 A~C 중 하나이다.

[실험 기구]

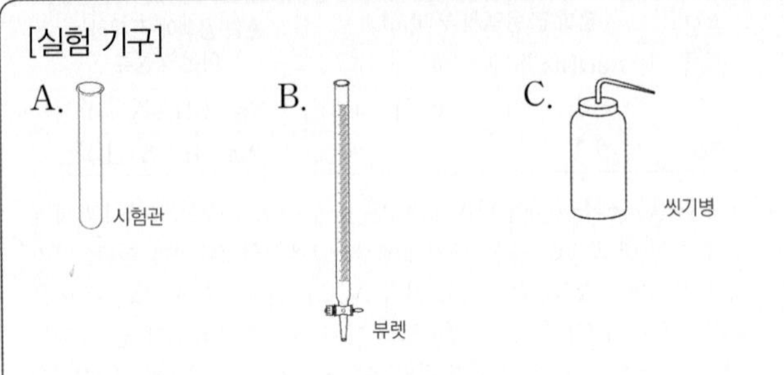

[실험 과정]

(가) 삼각 플라스크에 x M $CH_3COOH(aq)$ 20 mL를 넣고 페놀프탈레인 용액을 2~3방울 떨어뜨린다. (산)

(나) ㉠(뷰렛)에 들어 있는 0.5 M $NaOH(aq)$을 (가)의 삼각 플라스크에 한 방울씩 떨어뜨리면서 섞는다. (염기)

(다) (나)의 삼각 플라스크 속 용액 전체가 붉은색으로 변하는 순간(중화점)까지 넣어 준 $NaOH(aq)$의 부피를 측정한다.

[실험 결과]

- 중화점까지 넣어 준 $NaOH(aq)$의 부피 : 40 mL ($x \times 20 = 0.5 \times 40$ ∴ $x=1$)

이에 대한 설명으로 옳은 것만을 〈보기〉에서 있는 대로 고른 것은? (단, 온도는 일정하다.)

보기

ㄱ. ㉠은 B(뷰렛)이다.

ㄴ. 중화점까지 넣어 준 NaOH의 양은 0.02 mol(0.5 M × 0.04 L)이다.

ㄷ. ~~x=0.25~~(x=1)이다.

① ㄱ ② ㄷ ③ ㄱ, ㄴ ④ ㄴ, ㄷ ⑤ ㄱ, ㄴ, ㄷ

✓ 자료 해석

- A는 시험관, B는 뷰렛, C는 씻기병이다.
- (나) : 농도를 아는 표준 용액(0.5 M $NaOH(aq)$)을 뷰렛(㉠)에 넣고 (가)의 용액에 떨어뜨리며 적정한다.
- (다) : 중화점까지 넣어 준 0.5 M $NaOH(aq)$의 부피는 40 mL이므로 중화 반응의 양적 관계로부터 x M × 20 mL = 0.5 M × 40 mL이고, $x=1$이다.

○ 보기풀이 ㄱ. ㉠은 B(뷰렛)이다. 중화 적정 실험에서 농도를 아는 표준 용액을 뷰렛에 넣는다.

ㄴ. 중화점까지 넣어 준 NaOH의 양은 0.5 M × 0.04 L = 0.02 mol이다.

× 매력적 오답 ㄷ. 중화점에서 CH_3COOH의 양(mol) = NaOH의 양(mol)이므로 x M × 0.02 L = 0.02 mol이다. 따라서 $x=1$이다.

문제풀이 Tip

중화점에서 H^+의 양(mol) = OH^-의 양(mol)임을 기억해 두자. 용질의 양(mol)은 몰 농도(M) × 부피(L)로 계산한다.

선택지 비율	① 13%	❷ 31%	③ 25%	④ 23%	⑤ 8%

28 중화 반응의 양적 관계

2021년 4월 교육청 19번 | 정답 ② | 문제편 41 p

출제 의도 중화 반응의 양적 관계를 이용하여 혼합 전 산과 염기의 부피, 농도를 계산할 수 있는지 묻는 문항이다.

문제 분석

(2 M: B^+ $20N$, OH^- $20N$)

표는 2 M BOH(aq) 10 mL에 x M H_2A(aq)의 부피를 달리하여 혼합한 용액 (가)~(다)에 대한 자료이다.

(중화점 이후: (나), (다))

혼합 용액		(가)	(나)	(다)
혼합 전 용액의 부피 (mL)	2 M BOH(aq)	10	10	10
	x M H_2A(aq)	V	$3V$	$5V$
모든 이온의 수		$7n$	(증가 →) $9n$	(증가 →) $15n$
모든 이온의 몰 농도(M) 합			$\frac{9n}{10+3V}=\frac{9}{5}$	$\frac{15}{7}=\frac{15n}{10+5V}$

(중화점 이후 증가)

$\frac{x}{V}$는? (단, 혼합 용액의 부피는 혼합 전 각 용액의 부피의 합과 같고, 물의 자동 이온화는 무시한다. H_2A와 BOH는 수용액에서 완전히 이온화하고, A^{2-}, B^+은 반응에 참여하지 않는다.) [3점]

① $\frac{2}{15}$ ② $\frac{1}{5}$ ③ $\frac{1}{3}$ ④ $\frac{2}{3}$ ⑤ $\frac{3}{4}$

✓ 자료 해석

- (가)~(다)는 일정량의 BOH(aq)에 x M H_2A(aq)의 부피를 달리하여 혼합한 용액이다.
- 1가 염기에 2가 산을 첨가하므로 OH^- 2개가 반응하여 감소할 때 산의 음이온 1개가 증가한다. 따라서 혼합 용액의 전체 이온 수는 중화점까지 감소하다가 중화점 이후 증가하며, 중화점 이후 혼합 용액의 전체 이온 수는 첨가한 산의 부피에 비례한다.
  ➡ 전체 이온 수가 (나)>(가)이므로 (나)와 (다)는 모두 중화점 이후의 용액이고, 전체 이온 수는 첨가한 x M H_2A(aq)의 부피에 비례한다. 따라서 (다)에서 전체 이온 수는 $9n\times\frac{5}{3}=15n$이다.

○ 보기 풀이 모든 이온의 몰 농도(M) 합의 비는 (나):(다)$=\frac{9n}{10+3V}:\frac{15n}{10+5V}=\frac{9}{5}:\frac{15}{7}$이므로 $V=5$이다. 한편, 2 M BOH(aq) 10 mL에 들어 있는 B^+과 OH^-의 수를 각각 $20N$이라고 하면 x M H_2A(aq) V mL(=5 mL)에 들어 있는 H^+ 수는 $10xN$, A^{2-} 수는 $5xN$이므로 (가)에는 B^+ $20N$, OH^- $(20-10x)N$, A^{2-} $5xN$이 들어 있고, (나)에는 B^+ $20N$, A^{2-} $15xN$, H^+ $(30x-20)N$이 들어 있다. 모든 이온의 수 비로부터 $(40-5x)N:45N=7:9$이므로 $x=1$이고, $\frac{x}{V}=\frac{1}{5}$이다.

문제풀이 Tip

BOH(aq)에 H_2A(aq)을 혼합한 용액의 전체 이온 수 변화로부터 각 용액의 액성을 판단할 수 있어야 한다. 이온 수를 계산할 때 H_2A(aq)에 들어 있는 H^+의 양은 A^{2-}의 2배임에 유의하자.

Part I 교육청

선택지 비율	① 11%	❷ 40%	③ 19%	④ 21%	⑤ 9%

29 중화 반응의 양적 관계

2021년 3월 교육청 19번 | 정답 ② | 문제편 41 p

출제 의도 산 염기 혼합 용액 속 이온 수 비를 통해 혼합 전 각 용액의 몰 농도비와 부피를 계산할 수 있는지 묻는 문항이다.

문제 분석

다음은 중화 반응과 관련된 실험이다.

[실험 과정]

(가) a M HCl(aq), b M NaOH(aq), c M KOH(aq)을 준비한다.

(나) HCl(aq) 20 mL, NaOH(aq) 30 mL, KOH(aq) 10 mL를 혼합하여 용액 I을 만든다. ➡ Cl^-, Na^+, K^+, H_3O^+ 존재

(a M×20 mL, b M×30 mL, c M×10 mL)

(다) 용액 I에 KOH(aq) V mL를 첨가하여 용액 II를 만든다.

Cl^-과 Na^+ 수 일정, K^+ 수 증가($N \rightarrow 4N$) ∴ $V=30$

[실험 결과]

- 용액 I에서 H_3O^+의 몰 농도는 $\frac{1}{12}a$ M이다. ➡ H_3O^+의 양 $=\frac{1}{12}a$ M×60 mL (I은 산성)
- 용액 I과 II에 들어 있는 이온의 몰비

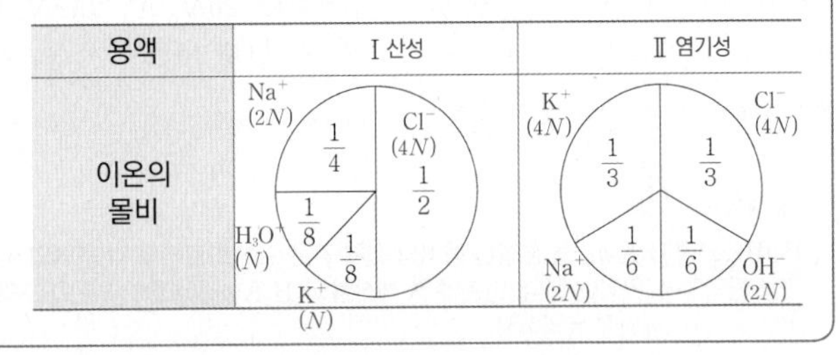

$V \times \frac{b}{c}$는? (단, 온도는 일정하고, 혼합한 용액의 부피는 혼합 전 각 용액의 부피의 합과 같으며, 물의 자동 이온화는 무시한다.) [3점]

① 10 ② 20 ③ 30 ④ 40 ⑤ 60

✓ 자료 해석

- 용액 I에는 H_3O^+이 남아 있으므로 용액 I에 들어 있는 이온의 종류는 Cl^-, Na^+, K^+, H_3O^+이다.
- 용액 I에서 H_3O^+의 몰 농도는 $\frac{1}{12}a$ M이고, Cl^-은 반응에 참여하지 않으므로 H_3O^+과 Cl^-의 몰비는 $H_3O^+ : Cl^- = \left(\frac{1}{12}a \text{ M} \times 60 \text{ mL}\right) : (a \text{ M} \times 20 \text{ mL}) = 1 : 4$이다.
- 용액 II는 용액 I에 KOH(aq)을 더 첨가한 용액이므로 Cl^-과 Na^+ 수는 용액 I에서와 같고, K^+ 수는 증가한다. 따라서 용액 II에 들어 있는 이온의 종류는 Cl^-, Na^+, K^+, OH^-이다.

○ 보기 풀이 용액에 들어 있는 이온의 몰비는

용액 I에서 $\frac{1}{2} : \frac{1}{4} : \frac{1}{8} : \frac{1}{8} = 4:2:1:1$, 용액 II에서 $\frac{1}{3} : \frac{1}{3} : \frac{1}{6} : \frac{1}{6} = 2:2:1:1 (=4:4:2:2)$이고, 용액 I과 II에서 Cl^-과 Na^+의 수는 일정하므로 용액 I에 들어 있는 Cl^- 수를 $4N$이라고 하면 용액 I과 II에 들어 있는 이온의 수는 다음과 같다.

용액	이온 수				
	H_3O^+	Cl^-	Na^+	K^+	OH^-
I	N	$4N(=20a)$	$2N(=30b)$	$N(=10c)$	0
II	0	$4N(=20a)$	$2N(=30b)$	$4N(=40c)$	$2N$

Na^+과 K^+의 몰비로부터 $30b : 10c = 2 : 1$이므로 $\frac{b}{c} = \frac{2}{3}$이고, 용액 II에서 K^+ 수가 $3N$ 증가하므로 $V=30$이다. 따라서 $V \times \frac{b}{c} = 30 \times \frac{2}{3} = 20$이다.

문제풀이 Tip

각 혼합 용액에서 이온의 양(mol)이 아닌 이온의 몰비만 제시되어 있으므로 각 이온의 몰비를 통해 용액의 액성을 파악하고, 반응에 참여하지 않는 이온 수의 변화를 통해 혼합 부피비를 계산해야 한다. 용액 I에 들어 있는 음이온이 Cl^-뿐이고, 용액은 전기적으로 중성이어야 하므로 용액 I에서 Cl^- 수가 가장 크다.

선택지 비율	❶ 94%	② 2%	③ 2%	④ 1%	⑤ 1%

30 중화 적정 실험

2020년 10월 교육청 4번 | 정답 ① | 문제편 42p

출제 의도 중화 적정 실험 방법에 대하여 이해하고 있는지 묻는 문항이다.

문제 분석

다음은 식초 속 아세트산의 함량을 구하기 위해 학생 A가 수행한 실험 과정이다.

> [실험 과정]
> (가) 표준 용액(농도를 아는 용액)으로 0.1 M NaOH(aq)을 준비한다.
> (나) 식초 w g을 완전히 중화시키는 데 필요한 NaOH(aq)의 부피를 구한다. – 중화 적정

학생 A가 사용한 실험 장치(뷰렛)로 가장 적절한 것은?

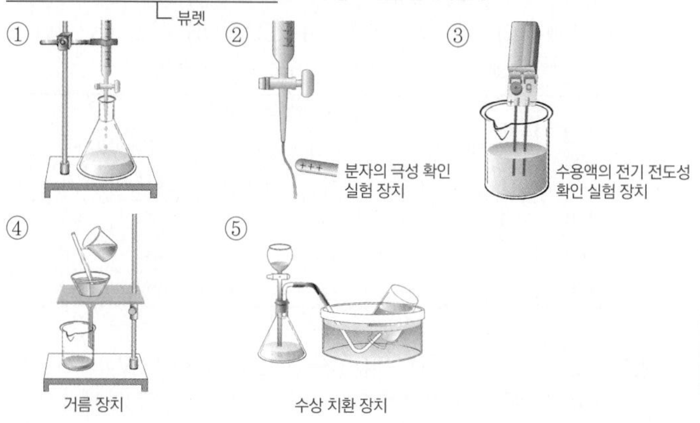

✓ 자료 해석

- 중화 적정 실험은 농도를 모르는 산 또는 염기 수용액에 농도를 알고 있는 표준 용액을 가하여 미지의 농도를 구하는 실험 방법이다. 표준 용액을 가할 때 사용하는 실험 기구는 뷰렛이다.

보기 풀이 ① 식초 속 아세트산의 함량을 구하기 위한 중화 적정 실험에서는 시료를 완전히 중화시키는 데 필요한 표준 용액의 부피를 구하기 위해 뷰렛을 사용한다.

문제풀이 Tip

중화 적정 실험은 실험 과정과 결과에 대하여 모두 물어볼 수 있으므로 실험 과정을 이해하고 실험 결과로부터 미지의 농도를 구하는 연습을 해 두자.

선택지 비율	① 8%	② 15%	③ 16%	④ 17%	❺ 44%

31 중화 반응과 이온의 몰 농도

2020년 10월 교육청 18번 | 정답 ⑤ | 문제편 42p

출제 의도 혼합 용액의 액성과 이온의 몰 농도로부터 중화 반응의 양적 관계를 해석할 수 있는지 묻는 문항이다.

문제 분석

표는 혼합 용액 (가)~(다)에 대한 자료이다.

혼합 용액		(가) 50 mL	(나) 25 mL	(다) $(20+x)$ mL
혼합 전 수용액의 부피(mL)	HCl(aq)	30 / H^+ 150N	0	10 / H^+ 50N
	HBr(aq)	0	15 / H^+ 150N	10 / H^+ 100N
	NaOH(aq)	20 / Na^+ 150N	10 / Na^+ 75N	x / Na^+ $5(x+20)N$
혼합 용액의 액성		중성	산성	염기성
$[Na^+]+[H^+]$(상댓값) ($[H^+]$: 산성일 때만 존재)		3 $=[Na^+]$	6 $=[Br^-]$	5 $=[Na^+]$

(3×50 mL$=6\times25$ mL ➡ 1 : 1)

이에 대한 옳은 설명만을 〈보기〉에서 있는 대로 고른 것은? (단, 온도는 일정하고, 혼합 용액의 부피는 혼합 전 각 용액의 부피의 합과 같으며, 물의 자동 이온화는 무시한다.) [3점]

> 보기
> ㄱ. 몰 농도 비는 HBr(aq) : NaOH(aq)=4 : 3이다.
> ㄴ. x=40이다. ➡ $150:(5x+100)=20:x$이므로 $x=40$이다.
> ㄷ. 생성된 물의 양(mol)은 (가)(150N)와 (다)(150N)에서 같다.

① ㄱ ② ㄷ ③ ㄱ, ㄴ ④ ㄴ, ㄷ ⑤ ㄱ, ㄴ, ㄷ

✓ 자료 해석

- (가) : 혼합 용액의 액성이 중성이므로 혼합 용액에 Na^+, Cl^-이 존재한다. 따라서 $[Na^+]+[H^+]=[Na^+]$이고, $[Na^+]=[Cl^-]$이다.
- (나) : 혼합 용액의 액성이 산성이므로 혼합 용액에 H^+, Na^+, Br^-이 존재한다. 따라서 $[Na^+]+[H^+]=[Br^-]$이다.
- 혼합 용액의 부피비는 (가) : (나)=2 : 1이고, 이온의 몰 농도비는 (가) : (나)=1 : 2이므로 (가)에서 Na^+의 양(mol)과 (나)에서 Br^-의 양(mol)이 같다. 그리고 (가)의 액성이 중성이므로 혼합 전 각 용액의 몰 농도비는 HCl(aq) : HBr(aq) : NaOH(aq)$=\frac{1}{30}:\frac{1}{15}:\frac{1}{20}=$ 2 : 4 : 3이다.

보기 풀이 ㄱ. 몰 농도비는 HBr(aq) : NaOH(aq)=4 : 3이다.
ㄴ. (다)의 액성이 염기성이므로 $[Na^+]+[H^+]=[Na^+]$이다. 따라서 Na^+ 수 비는 (가) : (다)$=(3\times50):\{5\times(x+20)\}=20:x$이므로 $x=40$이다.
ㄷ. (가)에서 생성된 물의 양(mol)은 HCl(aq) 30 mL에 들어 있는 H^+ 수와 같고, (다)에서 생성된 물의 양(mol)은 HCl(aq) 10 mL와 HBr(aq) 10 mL에 들어 있는 H^+ 수의 합과 같다. 몰 농도비는 HCl(aq) : HBr(aq)=1 : 2이므로 HCl(aq) 30 mL에 들어 있는 H^+ 수를 150N이라고 하면, HBr(aq) 10 mL에 들어 있는 H^+ 수는 100N이므로 (가)와 (다)에서 생성된 물의 양(mol) 비는 (가) : (다)$=150N:(50+100)N=1:1$이다.

문제풀이 Tip

(가)와 (다)에는 H^+이 존재하지 않고, (가)~(다)는 전체 양이온 수와 전체 음이온 수가 같다는 점을 이용하여 혼합 전 각 용액의 몰 농도를 계산한다.

선택지 비율	① 8%	② 21%	❸ 34%	④ 22%	⑤ 15%

32 중화 반응의 양적 관계

2020년 7월 교육청 18번 | 정답 ③ | 문제편 42 p

출제 의도 1가 산, 2가 산, 1가 염기를 혼합한 용액에 들어 있는 음이온 수의 비로부터 중화 반응의 양적 관계를 해석할 수 있는지 묻는 문항이다.

문제 분석

표는 $HCl(aq)$, $H_2SO_4(aq)$, $NaOH(aq)$의 부피를 달리하여 혼합한 용액 (가)~(다)에 존재하는 음이온 수의 비율을 이온의 종류에 관계없이 나타낸 것이다.

혼합 용액	(가) 중성	(나) 염기성	(다) 염기성
$HCl(aq)$ 부피(mL)	10 / H^+ $4N$	5 / H^+ $2N$	10 / H^+ $4N$
$H_2SO_4(aq)$ 부피(mL)	10 / H^+ $2N$	20 / H^+ $4N$	(20) y / H^+ $4N$
$NaOH(aq)$ 부피(mL)	10 / OH^- $6N$	(15) x / OH^- $9N$	20 / OH^- $12N$
음이온 수의 비율 (Cl^-, SO_4^{2-}, OH^- └ 염기성일 때만 존재)	$\frac{1}{5}$ SO_4^{2-} (N), $\frac{4}{5}$ Cl^- $(4N)$	$\frac{2}{7}$ SO_4^{2-} $(2N)$, $\frac{3}{7}$ OH^- $(3N)$, $\frac{2}{7}$ Cl^- $(2N)$	$\frac{1}{5}$ SO_4^{2-} $(2N)$, $\frac{2}{5}$ OH^- $(4N)$, $\frac{2}{5}$ Cl^- $(4N)$

이에 대한 설명으로 옳은 것만을 〈보기〉에서 있는 대로 고른 것은? (단, 온도는 일정하고, 혼합 용액의 부피는 혼합 전 각 용액의 부피의 합과 같다.) [3점]

보기

ㄱ. $x : y = 3 : 4$이다.

ㄴ. 용액의 pH는 (나)가 (다)보다 ~~크다~~. 작다.

ㄷ. (다)를 완전히 중화시키기 위해 필요한 $HCl(aq)$의 부피는 10 mL이다. └ H^+ $4N$이 필요하다.

① ㄱ ② ㄴ ③ ㄱ, ㄷ ④ ㄴ, ㄷ ⑤ ㄱ, ㄴ, ㄷ

✓ 자료 해석

• 구경꾼 음이온인 Cl^-, SO_4^{2-}은 혼합 용액에 항상 존재한다.
➡ (가)에 존재하는 음이온은 2가지(Cl^-, SO_4^{2-})이므로 (가)의 액성은 산성 또는 중성이고, (나)와 (다)에 존재하는 음이온은 3가지(Cl^-, SO_4^{2-}, OH^-)이므로 (나)와 (다)의 액성은 염기성이다.

• 음이온 수 비는 (가)에서 4 : 1, (나)에서 3 : 2 : 2이므로 이를 만족하는 이온 수는 (가)에서 Cl^- 수가 $4N$, SO_4^{2-} 수가 N일 때이다. 따라서 (나)에서 Cl^- 수는 $2N$, SO_4^{2-} 수는 $2N$, OH^- 수는 $3N$이므로 (나)에서 반응 전 $NaOH(aq)$에 들어 있는 OH^- 수는 $9N$이다.

• (다)에서 Cl^- 수는 $4N$이다. 만약 SO_4^{2-} 수가 $4N$이면 OH^- 수는 $2N$이므로 반응 전 OH^- 수는 $14N$이고, 이로부터 (가)에서 반응 전 OH^- 수는 $7N$이다. 그런데 (가)에서 반응 전 H^+ 수가 $6N$이므로 (가)의 액성이 염기성이 되어 모순이다.
➡ (다)에서 Cl^- 수는 $4N$, SO_4^{2-} 수는 $2N$, OH^- 수는 $4N$이므로 (가)~(다)에서 혼합 전 각 용액의 이온 수는 다음과 같다.

혼합 용액	혼합 전 각 용액의 이온 수					
	$HCl(aq)$		$H_2SO_4(aq)$		$NaOH(aq)$	
	H^+	Cl^-	H^+	SO_4^{2-}	Na^+	OH^-
(가)	$4N$	$4N$	$2N$	N	$6N$	$6N$
(나)	$2N$	$2N$	$4N$	$2N$	$9N$	$9N$
(다)	$4N$	$4N$	$4N$	$2N$	$12N$	$12N$

○ 보기 풀이 ㄱ. 혼합 전 OH^- 수는 (가)에서 $6N$, (나)에서 $9N$이며 (가)에서 $NaOH(aq)$의 부피가 10 mL이므로 $x=15$이다. 그리고 (나)와 (다)에서 SO_4^{2-} 수가 같으므로 혼합 전 $H_2SO_4(aq)$의 부피가 같다. 따라서 $y=20$이므로 $x : y = 3 : 4$이다.

ㄷ. (다)에 들어 있는 OH^- 수는 $4N$이므로 이를 완전히 중화시키기 위해 필요한 H^+ 수는 $4N$이다. $HCl(aq)$ 10 mL에 들어 있는 H^+ 수가 $4N$이므로 필요한 $HCl(aq)$의 부피는 10 mL이다.

× 매력적 오답 ㄴ. 혼합 용액의 부피는 (나)가 40 mL, (다)가 50 mL이고, OH^- 수는 (나)가 $3N$, (다)가 $4N$이므로 $[OH^-]$의 비는 (나) : (다) $= \frac{3N}{40\text{ mL}} : \frac{4N}{50\text{ mL}} = 15 : 16$이다. 따라서 pH는 (다) > (나)이다.

문제풀이 Tip

구경꾼 음이온은 2가지인데, (나)와 (다)에는 3가지 음이온이 존재한다. 즉, (나)와 (다)에는 OH^-이 존재하는 것이다. 이처럼 산 염기 혼합 용액에 존재하는 이온의 가짓수는 혼합 용액의 액성을 결정하는 힌트가 된다. 그리고 산 수용액의 음이온은 반응 전후 이온 수가 일정하므로 이로부터 혼합 전 각 용액의 부피를 추론할 수 있다.

선택지 비율	① 7%	② 7%	③ 14%	④ 13%	⑤ 59%

33 중화 적정 실험

2020년 3월 교육청 16번 | 정답 ⑤ | 문제편 43p

출제 의도 중화 적정 실험 결과로부터 $CH_3COOH(aq)$의 몰 농도를 구할 수 있는지 묻는 문항이다.

문제 분석

다음은 $CH_3COOH(aq)$의 몰 농도를 구하기 위한 실험이다.

[실험 과정] (x M이라고 하면, H^+의 양(mol)$=x$ M$\times$0.01 L)

(가) $CH_3COOH(aq)$ 10 mL를 삼각 플라스크에 넣고 페놀프탈레인 용액을 2~3방울 떨어뜨린다.

(나) 0.1 M $NaOH(aq)$을 ㉠(뷰렛)에 넣은 다음 꼭지를 열어 수용액을 약간 흘려보낸 후 꼭지를 닫고 눈금(mL)을 읽는다.

(다) ㉠(뷰렛)의 꼭지를 열어 (가)의 용액에 $NaOH(aq)$을 조금씩 가하다가 플라스크를 흔들어도 혼합 용액의 붉은색이 사라지지 않으면 꼭지를 닫고 눈금(mL)을 읽는다. (중화점(H^+과 OH^-이 완전히 반응))

[실험 결과] ➡ x M$\times$0.01 L$=$0.1 M$\times$0.02 L

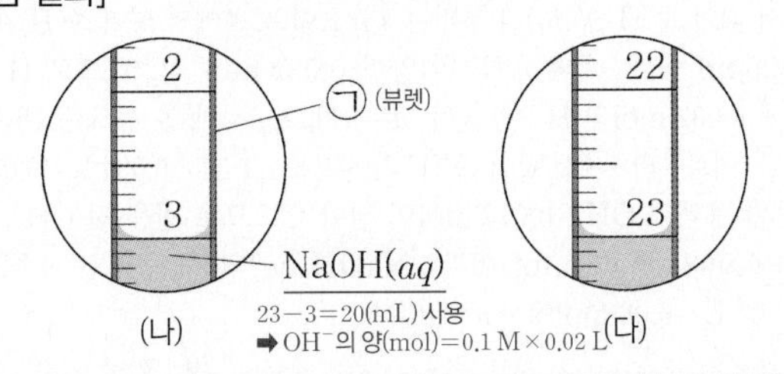

이에 대한 옳은 설명만을 〈보기〉에서 있는 대로 고른 것은? [3점]

〈보기〉

ㄱ. ㉠은 ~~피펫~~(뷰렛)이다.

ㄴ. $CH_3COOH(aq)$의 몰 농도는 0.2 M이다. ($NaOH(aq)$의 2배이다.)

ㄷ. (다)에서 생성된 물의 양(mol)은 0.002몰이다. (반응한 H^+ 또는 OH^-의 양(mol))

① ㄴ ② ㄷ ③ ㄱ, ㄴ ④ ㄱ, ㄷ ⑤ ㄴ, ㄷ

✓ 자료 해석

- $CH_3COOH(aq)$의 몰 농도를 구하는 중화 적정 실험에서 표준 용액을 넣는 실험 기구(㉠)는 뷰렛이다.
- 페놀프탈레인 지시약은 산성과 중성 수용액에서 무색을 띠고, 염기성 수용액에서 붉은색을 띠므로 혼합 용액의 붉은색이 사라지지 않을 때 중화점에 도달한다.
- (나)에서 뷰렛의 눈금이 3 mL이고, (다)에서 뷰렛의 눈금이 23 mL이므로 넣어 준 $NaOH(aq)$의 부피는 20 mL이다.

○ 보기 풀이 ㄴ. $CH_3COOH(aq)$의 몰 농도를 x M이라고 하면, x M $CH_3COOH(aq)$ 10 mL를 중화시키는 데 필요한 0.1 M $NaOH(aq)$의 부피가 20 mL이므로 $1\times x$ M$\times$10 mL$=1\times$0.1 M$\times$20 mL로부터 $x=0.2$이다.

ㄷ. (다)에서 생성된 물의 양(mol)은 반응한 OH^-의 양(mol)과 같다. 넣어 준 0.1 M $NaOH(aq)$의 부피가 20 mL이므로 0.1 M$\times$0.02 L$=$0.002 mol이다.

× 매력적 오답 ㄱ. 농도를 아는 표준 용액인 0.1 M $NaOH(aq)$을 넣는 실험 기구(㉠)는 뷰렛이다.

문제풀이 Tip

넣어 준 표준 용액의 부피는 뷰렛의 (나중 눈금−처음 눈금)으로 구한다는 점에 유의해야 한다. 중화 적정 실험의 원리와 실험 방법을 기억해 두자.

선택지 비율	① 8%	② 15%	③ 14%	④ 21%	⑤ 41%

34 중화 반응의 양적 관계

2020년 4월 교육청 20번 | 정답 ⑤ | 문제편 43 p

출제 의도 산 염기 혼합 용액의 이온 수 변화로부터 중화 반응의 양적 관계를 해석할 수 있는지 묻는 문항이다.

문제 분석

다음은 25 ℃에서 $H_nA(aq)$과 NaOH(aq)의 중화 반응 실험이다. (H_2A)

[실험 과정]

(가) 비커 Ⅰ~Ⅲ에 각각 a M NaOH(aq) 20 mL를 넣는다. ((4 M), Na^+ 수 일정)

(나) (가)의 Ⅰ~Ⅲ에 1 M $H_nA(aq)$을 각각 4 mL, y mL, 20 mL를 넣어 혼합 용액을 만든다. ((10 mL))

[실험 결과]

• 혼합 용액 속 이온 X의 몰 농도와 혼합 용액의 전체 부피 (=OH^-)

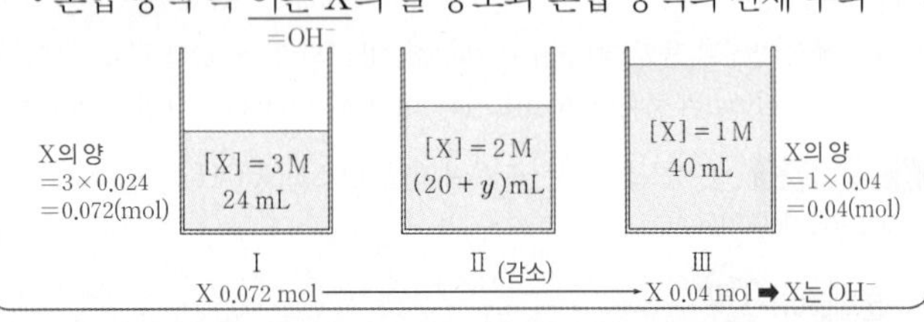

이에 대한 설명으로 옳은 것만을 〈보기〉에서 있는 대로 고른 것은? (단, H_nA는 수용액에서 완전히 이온화하고, Na^+과 A^{n-}은 반응에 참여하지 않으며 물의 자동 이온화는 무시한다.) [3점]

〈보기〉

ㄱ. X는 ~~Na^+이다~~. OH^-이다.

ㄴ. a는 4이다.

ㄷ. y는 10이다.

① ㄱ ② ㄴ ③ ㄷ ④ ㄱ, ㄴ ⑤ ㄴ, ㄷ

✓ 자료 해석

• X의 양은 Ⅰ에서 3 M×0.024 L=0.072 mol이고, Ⅲ에서 1 M×0.04 L=0.04 mol이므로 X는 $H_nA(aq)$을 가하는 과정에서 이온의 양(mol)이 감소하는 OH^-이다.

• Ⅰ과 Ⅲ을 비교하면, $H_nA(aq)$ 16 mL를 더 넣었을 때 감소한 OH^-의 양은 0.072−0.04=0.032(mol)이다. 이는 $H_nA(aq)$ 16 mL에 들어 있는 H^+의 양과 같고, $H_nA(aq)$의 몰 농도는 1 M이므로 n×1 M×0.016 L=0.032 mol에서 n=2이다.

• Ⅰ에 넣어 준 H^+의 양은 2×1 M×0.004 L=0.008 mol이므로 반응 전 OH^-의 양은 0.072+0.008=0.08(mol)이다.
➡ a M×0.02 L=0.08 mol이므로 a=4이다.

○ 보기 풀이 Ⅰ과 Ⅲ에서 X의 양을 비교하면, $H_nA(aq)$의 부피가 증가함에 따라 X의 양이 0.072 mol에서 0.04 mol로 감소한다. 따라서 X는 OH^-이고, H^+과 OH^-은 1 : 1로 반응하므로 감소한 X의 양(mol)은 넣어 준 H^+의 양(mol)과 같다.

ㄴ. Ⅰ에서 넣어 준 $H_nA(aq)$의 부피는 4 mL이고, Ⅲ에서 넣어 준 $H_nA(aq)$의 부피는 20 mL이다. 이때 OH^-의 양이 0.032 mol 감소하므로 $H_nA(aq)$ 16 mL에 0.032 mol의 H^+이 들어 있다. $H_nA(aq)$의 몰 농도는 1 M이므로 n=2이다. 이로부터 Ⅰ에서 넣어 준 H^+의 양은 2×1 M×0.004 L=0.008 mol이고, 혼합 용액에 OH^- 0.072 mol이 남아 있으므로 반응 전 OH^-의 양은 0.072+0.008=0.08(mol)이다. NaOH(aq)의 몰 농도는 a M이므로 a M×0.02 L=0.08 mol에서 a=4이다.

ㄷ. Ⅱ에서 혼합 용액에 남아 있는 OH^-의 양은 $2\text{ M}\times\frac{20+y}{1000}\text{ L}=\frac{20+y}{500}$ mol이다. 반응 전 OH^-의 양은 0.08 mol이고, $H_nA(aq)$ y mL에 들어 있는 H^+의 양은 $2\times1\text{ M}\times\frac{y}{1000}\text{ L}=\frac{y}{500}$ mol이므로 $\left(0.08-\frac{y}{500}\right)=\frac{20+y}{500}$에서 y=10이다.

× 매력적 오답 ㄱ. X는 OH^-이다.

문제풀이 Tip

중화 반응의 양적 관계 문항은 몰 농도 개념과 함께 출제되는 경우가 많으므로 몰 농도에 대한 개념을 정리해 두자. 그리고 H^+과 OH^-은 1 : 1로 반응하므로 감소한 OH^-의 양(mol)은 넣어 준 H^+의 양(mol)과 같다는 점을 기억해 두자.

선택지 비율	① 8%	❷ 64%	③ 10%	④ 10%	⑤ 8%

35 중화 반응에서의 이온 수 변화

2020년 3월 교육청 19번 | 정답 ② | 문제편 43 p

출제 의도 $HCl(aq)$과 $NaOH(aq)$의 부피를 달리하여 혼합한 용액의 액성과 전체 음이온 수로부터 중화 반응의 양적 관계를 해석할 수 있는지 묻는 문항이다.

문제 분석

표는 $HCl(aq)$과 $NaOH(aq)$을 부피를 달리하여 반응시켰을 때 혼합 용액 (가)~(다)에 대한 자료이다.

과량인 용액의 전체 음이온 수

혼합 용액	혼합 전 용액의 부피(mL)		용액의 액성	전체 음이온 수
	$HCl(aq)$	$NaOH(aq)$		
(가)	80 /H^+ $2N$	30 /OH^- $1.5N$	산성	$2N$ =Cl^- 수
(나)	30	20 /OH^- N	염기성	N =Na^+ 수
(다)	40 /H^+ N	10 /OH^- $0.5N$	㉠ (산성)	N =Cl^- 수

OH^- 존재

이에 대한 옳은 설명만을 〈보기〉에서 있는 대로 고른 것은? (단, 온도는 일정하고, 물의 자동 이온화는 무시한다.) [3점]

〈보기〉

ㄱ. ㉠은 ~~중성이다~~. 산성이다.

ㄴ. 혼합 전 용액의 몰 농도(M)는 $NaOH(aq)$이 $HCl(aq)$의 2배이다. ($\frac{2N}{20}$, $\frac{4N}{80}$)

ㄷ. 생성된 물 분자 수는 (가)가 (다)의 ~~1.5배이다~~. 3배이다. (가: $1.5N$, 다: $0.5N$)

① ㄱ ② ㄴ ③ ㄷ ④ ㄱ, ㄷ ⑤ ㄴ, ㄷ

✓ 자료 해석

- (가)의 액성이 산성이므로 $HCl(aq)$이 과량이며, 혼합 용액에 존재하는 음이온은 Cl^-뿐이다. 따라서 $HCl(aq)$ 80 mL에 들어 있는 이온 수는 H^+ $2N$, Cl^- $2N$이다.
- (나)의 액성이 염기성이므로 $NaOH(aq)$이 과량이며, 혼합 용액에 존재하는 음이온은 Cl^-과 OH^-이다.

➡ 1가 산과 1가 염기의 반응이므로 전체 양이온 수와 전체 음이온 수가 같고, (나)에 존재하는 양이온은 Na^+뿐이므로 (나)에서 Na^+ 수가 N이다. 따라서 $NaOH(aq)$ 20 mL에 들어 있는 이온 수는 Na^+ N, OH^- N이다.

○ 보기풀이 ㄴ. 같은 부피에 들어 있는 이온 수로 몰 농도를 비교할 수 있으므로 몰 농도비는 $HCl(aq):NaOH(aq)=\frac{4N}{80}:\frac{2N}{20}=1:2$이다. 따라서 혼합 전 용액의 몰 농도(M)는 $NaOH(aq)$이 $HCl(aq)$의 2배이다.

× 매력적 오답 ㄱ. (다)에서 $HCl(aq)$ 40 mL에 들어 있는 H^+ 수는 N이고, $NaOH(aq)$ 10 mL에 들어 있는 OH^- 수는 $0.5N$이므로 (다)의 액성(㉠)은 산성이다.

ㄷ. (가)에서 생성된 물 분자 수는 $NaOH(aq)$ 30 mL에 들어 있는 OH^- 수와 같으므로 $1.5N$이고, (다)에서 생성된 물 분자 수는 $NaOH(aq)$ 10 mL에 들어 있는 OH^- 수와 같으므로 $0.5N$이다. 따라서 (가)가 (다)의 3배이다.

문제풀이 Tip

1가 산과 1가 염기의 혼합 용액에서는 과량인 용액의 이온 수가 전체 이온 수와 같으며, 전체 양이온 수와 전체 음이온 수가 같다는 점을 기억해 두자.

02 화학식량과 몰

선택지 비율	① 16%	② 19%	③ 8%	④ 25%	⑤ 32%

1 화학식량과 몰

2025학년도 수능 20번 | 정답 ⑤ | 문제편 46 p

출제 의도 실린더에 들어 있는 혼합 기체의 원자 수와 분자 수의 관계를 분석할 수 있는지 묻는 문항이다.

문제 분석

다음은 t ℃, 1기압에서 실린더 (가)~(다)에 들어 있는 기체에 대한 자료이다.

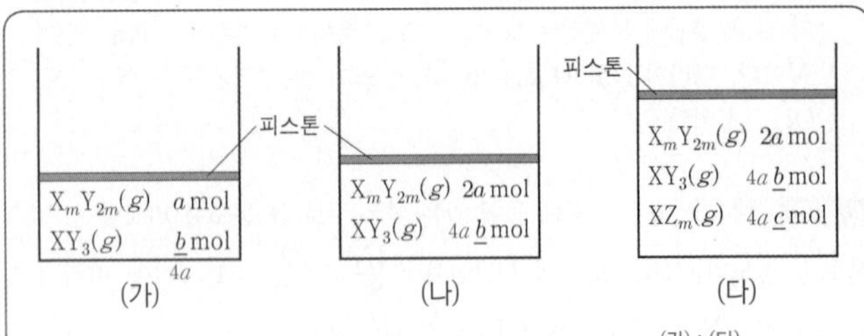

- X의 질량은 (가)에서가 (다)에서의 $\frac{1}{2}$배이다.
  (가) : (다) $= am+b : 2am+b+c = 1 : 2$ ➡ $b=c$
- 실린더 속 기체의 단위 부피당 Y 원자 수는 (나)에서가 (다)에서의 $\frac{5}{3}$배이다.
  Y 원자 수는 (나)=(다), 단위 부피당 Y 원자 수 비는 (나) : (다)$=5:3$
  ➡ 부피비는 (나) : (다)$=3:5$
  ➡ 몰비는 (나) : (다)$=2a+b : 2a+b+c=3:5$
  ➡ $b=c$이므로 $b=4a$
- 전체 원자 수는 (가)에서가 (다)에서의 $\frac{11}{20}$배이다.
  (가) : (다)$=(3am+16a) : (6am+16a+4a+4am)=11:20$ ➡ $m=2$

$\frac{b}{a \times m}$는? (단, X~Z는 임의의 원소 기호이다.) [3점]

① $\frac{1}{12}$ ② $\frac{1}{8}$ ③ 1 ④ $\frac{4}{3}$ ⑤ 2

✓ 자료 해석

- X의 질량은 (가)에서가 (다)에서의 $\frac{1}{2}$배이므로 X의 양(mol)은 (가)에서가 (다)에서의 $\frac{1}{2}$배이다.
- (가), (다)에서 X의 양(mol)은 각각 $(am+b)$, $(2am+b+c)$이므로 X의 몰비는 (가) : (다)$=(am+b) : (2am+b+c)=1:2$가 성립하여 $b=c$이다.
- (나)와 (다)에서 Y 원자 수는 같은데, 단위 부피당 Y 원자 수 비는 (나) : (다)$=5:3$이므로 전체 기체의 부피비는 (나) : (다)$=3:5$이다.
- 기체의 부피와 양(mol)은 비례하고, 전체 기체의 부피비는 (나) : (다)$=3:5$이므로 전체 기체의 몰비는 (나) : (다)$=3:5$이다.

○ 보기 풀이 (나), (다)의 전체 기체의 양(mol)은 각각 $(2a+b)$, $(2a+b+c)$이므로 $(2a+b) : (2a+b+c)=3:5$가 성립하고, $b=c$이므로 $b=4a$이다. (가), (다)에서 전체 원자의 양(mol)은 각각 $(3am+16a)$, $(6am+16a+4a+4am)$인데, 전체 원자 수 비는 (가) : (다)$=(3am+16a) : (6am+16a+4a+4am)=11:20$이 성립하여 $m=2$이다. 따라서 $\frac{b}{a \times m}=2$이다.

문제풀이 Tip

전체 기체의 몰비가 (나) : (다)$=3:5$이므로, (나), (다)에서 전체 기체의 양(mol)을 각각 3, 5라고 하면 (다)에서 XZ_m은 2 mol이고, $b=c$이므로 XY_3의 양은 2 mol이며, X_mY_{2m}의 양은 1 mol이다. 따라서 a, b, c를 각각 $\frac{1}{2}$, 2, 2라고 할 수 있으며, (가), (다)에서 전체 원자 수(mol)는 각각 $\left(\frac{3m}{2}+8\right)$, $(3m+8+2+2m)$이고, 전체 원자 수 비는 (가) : (다)$=11:20$이므로 $m=2$이다.

선택지 비율	① 11%	② 33%	③ 21%	④ 21%	⑤ 14%

7 화학식량과 몰

2023학년도 수능 20번 | 정답 ④ | 문제편 48 p

출제 의도 질량과 밀도, 분자량의 관계를 이해하는지 묻는 문항이다.

문제 분석

표는 t ℃, 1기압에서 실린더 (가)와 (나)에 들어 있는 기체에 대한 자료이다.

부피 같을 때 질량비는 (가) : (나)=9 : 8
$m+3n=2m+n \Rightarrow m=2n$

실린더	기체의 질량비 (m mol) ($3n$ mol)	전체 기체의 밀도(상댓값)	$\frac{\text{X 원자 수}}{\text{Y 원자 수}}$
(가)	$3wg + 6wg = 9wg$ $X_aY_{2b} : X_bY_c = 1 : 2$	9	$\frac{13}{24} = \frac{2a+3b}{4b+3c}$
(나)	$X_aY_{2b} : X_bY_c = 3 : 1$ $6wg + 2wg = 8wg$ ($2m$ mol) (n mol)	8	$\frac{11}{28} = \frac{4a+b}{8b+c}$

$\frac{X_bY_c\text{의 분자량}}{X_aY_{2b}\text{의 분자량}} \times \frac{c}{a}$는? (단, X와 Y는 임의의 원소 기호이다.)

$\frac{4}{3} \times 2$

[3점]

① $\frac{2}{3}$ ② $\frac{4}{3}$ ③ 2 ④ $\frac{8}{3}$ ⑤ $\frac{10}{3}$

✓ 자료 해석

- 일정한 온도와 압력에서 기체의 부피는 기체의 양(mol)에 비례한다.
- 기체의 밀도(g/L)$=\frac{\text{기체의 질량(g)}}{\text{기체의 부피(L)}}$
- 일정한 온도와 압력에서 기체의 부피가 같을 때, 기체의 밀도는 기체의 질량에 비례한다.
- (가)와 (나)의 부피가 같다고 가정하면, 전체 기체의 밀도비가 (가) : (나)=9 : 8이므로 (가)와 (나)에 들어 있는 전체 기체의 질량을 각각 $9w$ g, $8w$ g이라고 할 수 있다. 따라서 (가)와 (나)에 들어 있는 기체의 질량과 양(mol)은 다음과 같다.

실린더	기체의 질량과 양(mol)	
	X_aY_{2b}	X_bY_c
(가)	$3w$ g(m mol)	$6w$ g($3n$ mol)
(나)	$6w$ g($2m$ mol)	$2w$ g(n mol)

- (가)와 (나)에 들어 있는 전체 기체의 부피가 같으므로 $m+3n=2m+n$에서 $m=2n$이다.

○ 보기 풀이 (가)에는 X_aY_{2b} $2n$ mol과 X_bY_c $3n$ mol이 들어 있고, (나)에는 X_aY_{2b} $4n$ mol과 X_bY_c n mol이 들어 있다. 따라서 (가)에서 $\frac{\text{X 원자 수}}{\text{Y 원자 수}} = \frac{(2a+3b)n}{(4b+3c)n} = \frac{13}{24}$(식 ①)이고, (나)에서 $\frac{\text{X 원자 수}}{\text{Y 원자 수}} = \frac{(4a+b)n}{(8b+c)n} = \frac{11}{28}$(식 ②)이다. 식 ①로부터 $20b=39c-48a$이고, 식 ②로부터 $60b=112a-11c$이므로 두 식을 연립하면 $\frac{c}{a}=2$이다. 한편, (가)에서 X_aY_{2b}와 X_bY_c의 질량비는 1 : 2, 몰비는 2 : 3이므로 분자량비는 $X_aY_{2b} : X_bY_c = \frac{1}{2} : \frac{2}{3} = 3 : 4$이다. 따라서 $\frac{X_bY_c\text{의 분자량}}{X_aY_{2b}\text{의 분자량}} \times \frac{c}{a} = \frac{4}{3} \times 2 = \frac{8}{3}$이다.

문제풀이 Tip

각 실린더에서 성분 기체의 질량비가 제시되어 있으므로 (가)와 (나)의 전체 질량비를 알면 성분 기체 각각의 질량을 하나의 미지수로 표현할 수 있다. 밀도$=\frac{\text{질량}}{\text{부피}}$이므로 (가)와 (나)의 부피가 같다고 가정하면 전체 기체의 질량비와 몰비를 알 수 있다.

Part II 수능 평가원

선택지 비율	① 13%	② 21%	③ 20%	④ 21%	⑤ 25%

8 화학식량과 몰

2023학년도 9월 평가원 18번 | 정답 ⑤ | 문제편 48 p

출제 의도 질량과 밀도, 단위 부피당 원자 수, 분자당 구성 원자 수의 관계를 이해하는지 묻는 문항이다.

문제 분석

표는 실린더 (가)와 (나)에 들어 있는 기체에 대한 자료이다. 분자당 구성 원자 수 비는 X : Y=5 : 3이다.

실린더	기체의 질량(g)		단위 부피당 전체 원자 수(상댓값)	전체 기체의 밀도(g/L)
	X(g)	Y(g)		
(가)	$3w$ / $3n$ mol	0	5 / $5\times3n=15n$	d_1
(나)	w / n mol	$4w$ / xn mol (=n mol)	4 / $(5+3x)n$	d_2

(단위 부피당 전체 원자 수 = 전체 원자 수 / 기체의 부피, 양(mol))

$\frac{\text{Y의 분자량}}{\text{X의 분자량}}\times\frac{d_2}{d_1}$는? (단, 실린더 속 기체의 온도와 압력은 일정하며, X(g)와 Y(g)는 반응하지 않는다.) (부피비=몰비)

① $\frac{8}{5}$ ② 2 ③ $\frac{5}{2}$ ④ 5 ⑤ 10

✓ 자료 해석

- 일정한 온도와 압력에서 기체의 부피는 기체의 양(mol)에 비례한다.
- 기체의 밀도(g/L)$=\frac{\text{기체의 질량(g)}}{\text{기체의 부피(L)}}$
- (가)와 (나)에 들어 있는 전체 원자 수는 [기체의 부피(L)×단위 부피당 전체 원자 수]이다.
- X(g) w g의 양을 n mol, Y(g) $4w$ g의 양을 xn mol이라고 하면 (가)와 (나)에 들어 있는 전체 기체의 부피를 각각 $3V$ L, $(1+x)V$ L라고 할 수 있다. 분자당 구성 원자 수 비는 X : Y=5 : 3이므로 (가)와 (나)에 들어 있는 전체 원자 수(상댓값)는 다음과 같다.

실린더	기체의 양(mol)		부피(L)	전체 원자 수(상댓값)
	X(g)	Y(g)		
(가)	$3n$	0	$3V$	$15n$
(나)	n	xn	$(1+x)V$	$(5+3x)n$

➡ $15n : (5+3x)n=(5\times3V) : 4\times(1+x)V$이고, $x=1$이다.

보기 풀이 $x=1$이므로 X(g) w g과 Y(g) $4w$ g의 양이 n mol로 같다. 따라서 $\frac{\text{Y의 분자량}}{\text{X의 분자량}}=\frac{4w}{w}=4$이다. 그리고 (가)와 (나)에 들어 있는 기체의 부피는 각각 $3V$ L, $2V$ L이므로 $d_1=\frac{3w}{3V}$이고, $d_2=\frac{5w}{2V}$이다. 따라서 $\frac{d_2}{d_1}=\frac{5}{2}$이므로 $\frac{\text{Y의 분자량}}{\text{X의 분자량}}\times\frac{d_2}{d_1}=4\times\frac{5}{2}=10$이다.

문제풀이 Tip

(가)와 (나)에 들어 있는 전체 원자 수의 비는 기체의 양(mol)×단위 부피당 전체 원자 수의 비임을 이용하여 식을 세워야 한다.

선택지 비율	① 40%	② 20%	③ 12%	④ 20%	⑤ 8%

9 화학식량과 몰

2023학년도 6월 평가원 18번 | 정답 ① | 문제편 48 p

출제 의도 전체 원자 수, 분자당 구성 원자 수, 분자량, 질량의 관계를 이해하는지 묻는 문항이다.

문제 분석

표는 기체 (가)와 (나)에 대한 자료이다. (가)의 분자당 구성 원자 수는 7이다. ($m+2n=7$)

(①×②=1 mol에 들어 있는 전체 원자 수의 비=분자당 구성 원자 수의 비)

기체	분자식	① 1 g에 들어 있는 전체 원자 수(상댓값)	② 분자량(상댓값)	구성 원소의 질량비
(가)	X_mY_{2n} (X_3Y_4)	21	4	X : Y=9 : 1 (원자량비는 X : Y=12 : 1)
(나)	Z_nY_n (Z_2Y_2)	16	3	

$m=3, n=2$ $(21\times4) : (16\times3)=7 : 4$ ➡ (나)의 분자당 구성 원자 수 : 4

$\frac{m}{n}\times\frac{\text{Z의 원자량}}{\text{X의 원자량}}$은? (단, X~Z는 임의의 원소 기호이다.)

① $\frac{7}{4}$ ② $\frac{7}{8}$ ③ $\frac{6}{7}$ ④ $\frac{7}{9}$ ⑤ $\frac{4}{7}$

✓ 자료 해석

- 1 g에 들어 있는 전체 원자 수 비는 $\frac{\text{분자당 구성 원자 수}}{\text{분자량}}$ 비와 같다.
- 분자당 구성 원자 수 비는 (가) : (나)=(21×4) : (16×3)=7 : 4이므로 (나)의 분자당 구성 원자 수는 4이다. 따라서 $n=2$이다.
- $n=2$이고, (가)의 분자당 구성 원자 수는 7이므로 $m+2n=7$에서 $m=3$이다.

보기 풀이 (가)의 분자식은 X_3Y_4이고, 구성 원소의 질량비는 X : Y=9 : 1이므로 X와 Y의 원자량을 각각 x, y라고 하면 $3 : 4=\frac{9}{x} : \frac{1}{y}$이다. $x : y=12 : 1$이므로 $x=12k$, $y=k$라고 하면 (가)의 분자량은 $40k$이다. (나)의 분자량은 $30k$이고, (나)의 분자식은 Z_2Y_2이므로 Z의 원자량은 $14k$이다.

따라서 $\frac{m}{n}\times\frac{\text{Z의 원자량}}{\text{X의 원자량}}=\frac{3}{2}\times\frac{14k}{12k}=\frac{7}{4}$이다.

문제풀이 Tip

분자량은 분자 1 mol의 질량이므로 분자당 구성 원자 수를 분자량으로 나누어 주면 1 g당 전체 원자 수를 구할 수 있다.

선택지 비율	① 5%	② 26%	③ 10%	④ 24%	⑤ 33%

10 화학식량과 몰

2022학년도 수능 18번 | 정답 ⑤ | 문제편 48 p

출제 의도 각 기체의 분자 수, 원자 수와 구성 원자의 원자량비 관계를 이해하는지 묻는 문항이다.

문제 분석

표는 용기 (가)와 (나)에 들어 있는 기체에 대한 자료이다. (나)에서 $\frac{\text{X의 질량}}{\text{Y의 질량}}=\frac{15}{16}$이다. (구성 원자의 원자량비 X : Y : Z $=x:y:z$)

용기	기체	기체의 질량(g)	$\frac{\text{X 원자 수}}{\text{Z 원자 수}}$	단위 질량당 Y 원자 수(상댓값)
(가)	XY_2, YZ_4 ($3n$, $4n$)	$55w$ $=3nx+10ny+16nz$	$\frac{3}{16}=\frac{3n}{16n}$	$23=\frac{10n}{55w}$
(나)	XY_2, X_2Z_4 (n, $2n$)	$23w$ $=5nx+2ny+8nz$	$\frac{5}{8}=\frac{5n}{8n}$	$11=\frac{2n}{23w}$

이에 대한 설명으로 옳은 것만을 〈보기〉에서 있는 대로 고른 것은? (단, X~Z는 임의의 원소 기호이고, 모든 기체는 반응하지 않는다.)

보기

ㄱ. (가)에서 $\frac{\text{X의 질량}}{\text{Y의 질량}}\neq\frac{1}{2}$이다. $\frac{3n\times12}{(6n\times32)+(4n\times32)}=\frac{9}{80}$

ㄴ. $\frac{\text{(나)에 들어 있는 전체 분자 수}}{\text{(가)에 들어 있는 전체 분자 수}}=\frac{3}{7}$이다. $\frac{n+2n}{3n+4n}=\frac{3}{7}$

ㄷ. $\frac{\text{X의 원자량}}{\text{Y의 원자량+Z의 원자량}}=\frac{4}{17}$이다. $\frac{12}{32+19}=\frac{4}{17}$

① ㄱ ② ㄴ ③ ㄷ ④ ㄱ, ㄴ ⑤ ㄴ, ㄷ

✓ 자료 해석

- (가)에 들어 있는 XY_2와 YZ_4의 수를 각각 a, b라고 하면 $\frac{\text{X 원자 수}}{\text{Z 원자 수}}=\frac{a}{4b}=\frac{3}{16}$이므로 $a=3n$, $b=4n$이고, (나)에 들어 있는 XY_2, X_2Z_4의 수를 각각 c, d라고 하면 $\frac{\text{X 원자 수}}{\text{Z 원자 수}}=\frac{c+2d}{4d}=\frac{5}{8}$이므로 $c=m$, $d=2m$이다.
- 단위 질량당 Y 원자 수 비는 (가) : (나)$=\frac{(6n+4n)}{55w}:\frac{2m}{23w}=23:11$이므로 $n=m$이다.
- X~Z의 원자량을 각각 x, y, z라고 하면 (나)에서 $\frac{\text{X의 질량}}{\text{Y의 질량}}=\frac{5nx}{2ny}=\frac{15}{16}$이므로 $x:y=3:8$이다.
- 기체의 질량(g)은 (가)에서 $3nx+10ny+16nz=55w$이고, (나)에서 $5nx+2ny+8nz=23w$이다. 따라서 $x:y:z=12:32:19$이다.

○ 보기풀이 ㄴ. (가)에 들어 있는 XY_2, YZ_4의 분자 수는 각각 $3n$, $4n$이고, (나)에 들어 있는 XY_2, X_2Z_4의 분자 수는 각각 n, $2n$이다. 따라서 $\frac{\text{(나)에 들어 있는 전체 분자 수}}{\text{(가)에 들어 있는 전체 분자 수}}=\frac{n+2n}{3n+4n}=\frac{3}{7}$이다.

ㄷ. $\frac{\text{X의 원자량}}{\text{Y의 원자량+Z의 원자량}}=\frac{12}{32+19}=\frac{4}{17}$이다.

× 매력적 오답 ㄱ. (가)에서 $\frac{\text{X의 질량}}{\text{Y의 질량}}=\frac{3n\times12}{(6n\times32)+(4n\times32)}=\frac{9}{80}$이다.

문제풀이 Tip

(가)와 (나)에 들어 있는 기체의 분자 수를 미지수로 정하고 $\frac{\text{X 원자 수}}{\text{Z 원자 수}}$ 비와 단위 질량당 Y 원자 수(상댓값)를 이용하여 각 기체의 분자 수를 알아낸다.

선택지 비율	① 7%	② 55%	③ 10%	④ 14%	⑤ 11%

11 화학식량과 몰

2022학년도 9월 평가원 18번 | 정답 ② | 문제편 49 p

출제 의도 원자량, 분자량과 분자식의 관계를 이해하는지 묻는 문항이다.

문제 분석

표는 원소 X와 Y로 이루어진 분자 (가)~(다)에서 구성 원소의 질량비를 나타낸 것이다. (분자량에 반비례) t ℃, 1 atm에서 기체 1 g의 부피비는 (가) : (나)$=15:22$이고, (가)~(다)의 분자당 구성 원자 수는 각각 5 이하이다. 원자량은 Y가 X보다 크다. (분자량비는 22 : 15 ➡ 분자량은 (가)>(나))

분자	(가) X_2Y	(나) XY	(다) X_2Y_3
$\frac{\text{Y의 질량}}{\text{X의 질량}}$(상댓값)	1	2	3

이에 대한 설명으로 옳은 것만을 〈보기〉에서 있는 대로 고른 것은? (단, X와 Y는 임의의 원소 기호이다.)

보기

ㄱ. $\frac{\text{Y의 원자량}}{\text{X의 원자량}}\neq\frac{4}{3}$이다. 분자량비 (가) : (나)$=22:15$ ➡ 원자량비 X : Y$=7:8$

ㄴ. (나)의 분자식은 XY이다.

ㄷ. $\frac{\text{(다)의 분자량}}{\text{(가)의 분자량}}\neq\frac{38}{11}$이다. $\frac{2\times7+3\times8}{2\times7+8}=\frac{19}{11}$

① ㄱ ② ㄴ ③ ㄷ ④ ㄱ, ㄴ ⑤ ㄴ, ㄷ

✓ 자료 해석

- 같은 온도와 압력에서 1 g의 부피는 분자량에 반비례한다.
- t ℃, 1 atm에서 기체 1 g의 부피비는 (가) : (나)$=15:22$이므로 분자량비는 (가) : (나)$=22:15$이고, 분자량은 (가)>(나)이다.
- (가)~(다)의 분자당 구성 원자 수는 각각 5 이하이고, 분자량은 (가)>(나)이며, $\frac{\text{Y의 질량}}{\text{X의 질량}}$의 비는 (가) : (나) : (다)$=1:2:3$이므로 (가)~(다)의 분자식은 각각 X_2Y, XY, X_2Y_3이다.

○ 보기풀이 ㄴ. (가)~(다)의 분자식은 각각 X_2Y, XY, X_2Y_3이다.

× 매력적 오답 ㄱ. (가), (나)의 분자식은 각각 X_2Y, XY이고, 분자량비는 (가) : (나)$=22:15$이므로 X, Y의 원자량을 각각 x, y라고 하면 $2x+y:x+y=22:15$에서 $8x=7y$이므로 $\frac{\text{Y의 원자량}}{\text{X의 원자량}}=\frac{8}{7}$이다.

ㄷ. (다)의 분자식은 X_2Y_3이고, 원자량비는 X : Y$=7:8$이므로 $x=7M$, $y=8M$이라고 하면 $\frac{\text{(다)의 분자량}}{\text{(가)의 분자량}}=\frac{2\times7M+3\times8M}{2\times7M+8M}=\frac{19}{11}$이다.

문제풀이 Tip

기체 1 g의 부피비로 (가)와 (나)의 분자량비를 구하고 $\frac{\text{Y의 질량}}{\text{X의 질량}}$의 비를 이용하여 (가)~(다)의 분자식을 구하면 된다.

선택지 비율 | ① 10% | ② 10% | ❸ 37% | ④ 21% | ⑤ 20%

12 화학식량과 몰

2022학년도 6월 평가원 18번 | 정답 ③ | 문제편 49 p

출제 의도 기체의 질량과 양(mol), 분자 수, 원자 수의 관계를 이해하는지 묻는 문항이다.

문제 분석

다음은 A(g)~C(g)에 대한 자료이다.

- A(g)~C(g)의 질량은 각각 x g이다.
- B(g) 1 g에 들어 있는 X 원자 수와 C(g) 1 g에 들어 있는 Z 원자 수는 같다.

②÷①=단위 질량당 분자 수 ➡ 분자량에 반비례

기체	구성 원소	① 분자당 구성 원자 수	② 단위 질량당 전체 원자 수 (상댓값)	기체에 들어 있는 Y의 질량(g)
X_2 A(g)	X	2	11	
X_2Y B(g)	X, Y	3	12	$2y$
YZ_4 C(g)	Y, Z	5	10	y

분자 수 비 B : C=2 : 1 / 2 : 1 / B와 C의 Y 원자 수 동일

이에 대한 설명으로 옳은 것만을 〈보기〉에서 있는 대로 고른 것은? (단, X~Z는 임의의 2주기 원소 기호이다.)

〈보기〉

ㄱ. $\frac{\text{B}(g)\text{의 양(mol)}}{\text{A}(g)\text{의 양(mol)}}=\frac{8}{11}$이다. (분자 수 비에 비례 / 분자 수 비는 A : B : C=11 : 8 : 4)

ㄴ. C(g) 1 mol에 들어 있는 Y 원자의 양은 1 mol이다. (C의 분자식은 YZ_4)

ㄷ. $\frac{x}{y}\neq\frac{11}{3}$이다. ($=\frac{22}{3}$ / 분자 수 비 A : B : C=11 : 8 : 4, 원자량비 X : Y=4 : 3 ➡ $x=11n\times8M$, $y=4n\times3M(2y=8n\times3M)$)

① ㄱ ② ㄷ ③ ㄱ, ㄴ ④ ㄴ, ㄷ ⑤ ㄱ, ㄴ, ㄷ

✓ 자료 해석

- 분자 수$=\frac{\text{전체 원자 수}}{\text{분자당 구성 원자 수}}$
- 질량(g)=물질의 양(mol)×1 mol의 질량(g/mol)
- A(g), B(g), C(g)의 질량이 x g으로 같고, $\frac{\text{단위 질량당 전체 원자 수}}{\text{분자당 구성 원자 수}}$는 단위 질량당 분자 수이므로 분자 수 비는 A : B : C$=\frac{11}{2}:\frac{12}{3}:\frac{10}{5}$=11 : 8 : 4이다.
- 기체의 질량비는 A : B : C=1 : 1 : 1이고, 분자 수 비는 A : B : C=11 : 8 : 4이므로 분자량비는 A : B : C$=\frac{1}{11}:\frac{1}{8}:\frac{1}{4}$=8 : 11 : 22이다.
- A의 구성 원소는 X이고 분자당 구성 원자 수는 2이므로 A의 분자식은 X_2이다.
- B의 구성 원소는 X, Y이고 분자당 구성 원자 수는 3이므로 B의 분자식은 X_2Y 또는 XY_2이다.
- 기체의 분자 수 비는 B : C=2 : 1이고, 기체에 들어 있는 Y의 질량은 B : C=2 : 1이므로 B와 C는 분자당 Y 원자 수가 같다. C의 구성 원소는 Y, Z이고 분자당 구성 원자 수는 5이므로 B가 X_2Y일 때 C는 YZ_4이고, B가 XY_2일 때 C는 Y_2Z_3이다.
- B가 XY_2일 때, C는 Y_2Z_3이고, B(g) 1 g에 들어 있는 X 원자 수 : C(g) 1 g에 들어 있는 Z 원자 수$=\frac{1}{1}:\frac{3}{2}$=2 : 3이므로 자료에 부합하지 않는다.
- B가 X_2Y일 때, C는 YZ_4이고 분자량비는 B : C=1 : 2이므로 B(g) 1 g에 들어 있는 X 원자 수 : C(g) 1 g에 들어 있는 Z 원자 수$=\frac{2}{1}:\frac{4}{2}$=1 : 1이며, 이는 자료에 부합한다. 따라서 B는 X_2Y, C는 YZ_4이다.
- A(X_2)의 분자량을 $8M$, B(X_2Y)의 분자량을 $11M$이라고 하면 원자량비는 X : Y=4 : 3이다.

○ 보기 풀이 ㄱ. 분자 수 비는 A(g) : B(g) : C(g)$=\frac{11}{2}:\frac{12}{3}:\frac{10}{5}$=11 : 8 : 4이므로 $\frac{\text{B}(g)\text{의 양(mol)}}{\text{A}(g)\text{의 양(mol)}}=\frac{8}{11}$이다.

ㄴ. C는 YZ_4이므로 C(g) 1 mol에 들어 있는 Y 원자의 양은 1 mol이다.

× 매력적 오답 ㄷ. 분자량비는 A : B=8 : 11, 원자량비는 X : Y=4 : 3이고, 분자 수 비는 A : C=11 : 4이므로 $\frac{x}{y}=\frac{\text{A의 양(mol)}\times\text{A의 분자량}}{\text{C의 양(mol)}\times\text{Y의 원자량}}=\frac{11n\times8M}{4n\times3M}=\frac{22}{3}$이다.

문제풀이 Tip

x와 y 모두 질량에 대한 값이므로 물질의 양(mol)과 분자량 또는 원자량이 필요하다. 물질의 양(mol)은 분자 수에 비례하므로 단위 질량당 전체 원자 수를 분자당 구성 원자 수로 나누어 A~C의 분자 수 비를 구하고, 질량이 같다는 것을 이용하여 분자량비를 구한 후 원자량비를 알아낸다. $\frac{x}{y}$를 구할 때 A(x)와 B($2y$)의 관계를 이용해도 된다.

선택지 비율	① 6%	② 10%	③ 15%	④ 15%	❺ 52%

13 화학식량과 몰

2021학년도 6월 평가원 18번 | 정답 ⑤ | 문제편 49 p

출제 의도 기체 분자의 질량과 부피, 분자량과 전체 원자 수로부터 화학식량과 몰 관계를 이해하는지 묻는 문항이다.

문제 분석

표는 t ℃, 1 기압에서 기체 (가)~(다)에 대한 자료이다.

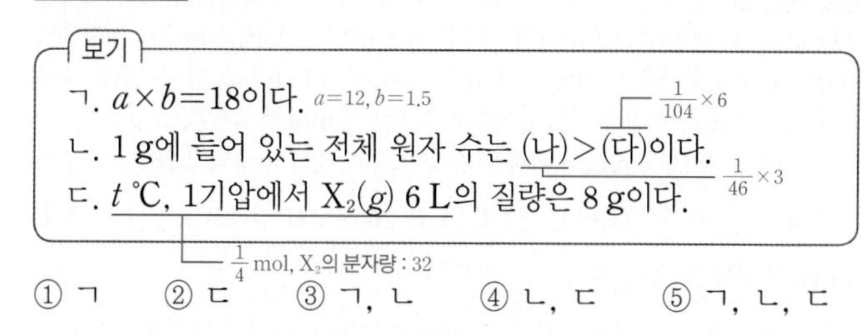

기체	분자식	질량(g)	분자량	부피(L)	전체 원자 수(상댓값)
(가)	XY_2	18	$\frac{1}{3}$	8	1
(나)	ZX_2	23	46 0.5	a=12	1.5
(다)	Z_2Y_4	26	104 0.25$\left(=\frac{26}{104}\right)$		b=1.5

(분자의 양(mol), 전체 원자의 양(mol))

이에 대한 설명으로 옳은 것만을 〈보기〉에서 있는 대로 고른 것은? (단, X~Z는 임의의 원소 기호이고, t ℃, 1기압에서 기체 1 mol의 부피는 24 L이다.)

보기

ㄱ. $a\times b$=18이다. a=12, b=1.5

ㄴ. 1 g에 들어 있는 전체 원자 수는 (나)>(다)이다. ($\frac{1}{46}\times3$, $\frac{1}{104}\times6$)

ㄷ. t ℃, 1기압에서 $X_2(g)$ 6 L의 질량은 8 g이다. ($\frac{1}{4}$ mol, X_2의 분자량 : 32)

① ㄱ ② ㄷ ③ ㄱ, ㄴ ④ ㄴ, ㄷ ⑤ ㄱ, ㄴ, ㄷ

✓ 자료 해석

- 일정한 온도와 압력에서 기체의 부피는 기체의 양(mol)에 비례한다.
- 물질의 양(mol)$=\frac{\text{질량(g)}}{\text{(분자량) g/mol}}$
- 전체 원자 수=분자 수×분자당 원자 수
- t ℃, 1기압에서 기체 1 mol의 부피는 24 L이고, (가)의 부피는 8 L이므로 (가)의 양은 $\frac{1}{3}$ mol, (가)의 전체 원자의 양은 $\frac{1}{3}\times3=1$ mol이다.
- 전체 원자 수(상댓값)에 따라 전체 원자의 양은 (나)가 1.5 mol, (다)가 1.5 mol이고, 기체의 양은 (나)가 0.5 mol, (다)가 0.25 mol이다.

보기풀이 ㄱ. (가)의 전체 원자의 양은 $\frac{1}{3}\times3=1$ mol이므로 (나)의 전체 원자의 양은 1.5 mol이다. ZX_2는 분자당 원자 수가 3이므로 (나)의 양은 $\frac{1.5}{3}$=0.5 mol이다. 따라서 (나)의 부피는 12 L이고, a=12이다. (다)의 양은 $\frac{26}{104}=\frac{1}{4}$ mol이고, Z_2Y_4는 분자당 원자 수가 6이므로 전체 원자의 양은 $\frac{3}{2}$ mol이다. 즉, (다)의 전체 원자 수(상댓값)는 1.5이다. 따라서 a=12, b=1.5이므로 $a\times b$=18이다.

ㄴ. (나) 0.5 mol의 질량이 23 g이므로 (나)의 분자량은 46이다. 1 g에 들어 있는 전체 원자 수는 (나)가 $\left(\frac{1}{46}\times3\right)$, (다)가 $\left(\frac{1}{104}\times6\right)$이므로 (나)>(다)이다.

ㄷ. (가) $\frac{1}{3}$ mol의 질량이 18 g이므로 (가)의 분자량은 54이다. X~Z의 원자량을 각각 x, y, z라고 하면 분자량은 구성 원소의 원자량의 합과 같으므로 $x+2y=54$, $2x+z=46$, $4y+2z=104$이고, $x=16$, $y=19$, $z=14$이다. t ℃, 1 기압에서 $X_2(g)$ 6 L의 양은 $\frac{1}{4}$ mol이고, X_2의 분자량은 32이므로 $X_2(g)$의 질량은 $\frac{1}{4}\times32=8$ g이다.

문제풀이 Tip

기체의 질량, 분자량과 부피로부터 각 기체 분자의 양(mol)을 구하여 비교한다. 이때 기체 분자의 양(mol)과 전체 원자의 양(mol)을 구분해야 하며, 분자당 원자 수가 6인 분자의 전체 원자의 양(mol)은 분자의 양(mol)의 6배이다.

Part Ⅱ 수능 평가원

선택지 비율	① 3%	② 12%	③ 8%	❹ 66%	⑤ 8%

14 화학식량과 몰

2021학년도 9월 평가원 17번 | 정답 ④ | 문제편 50 p

출제 의도 실린더에 서로 반응하지 않는 기체를 첨가할 때 부피 변화와 기체의 양(mol)을 계산할 수 있는지 묻는 문항이다.

문제 분석

그림 (가)는 실린더에 $A_2B_4(g)$ 23 g이 들어 있는 것을, (나)는 (가)의 실린더에 $AB(g)$ 10 g이 첨가된 것을, (다)는 (나)의 실린더에 $A_2B(g)$ w g이 첨가된 것을 나타낸 것이다. (가)~(다)에서 실린더 속 기체의 부피는 V L, $\frac{7}{3}V$ L, $\frac{13}{3}V$ L이고, 모든 기체들은 반응하지 않는다.

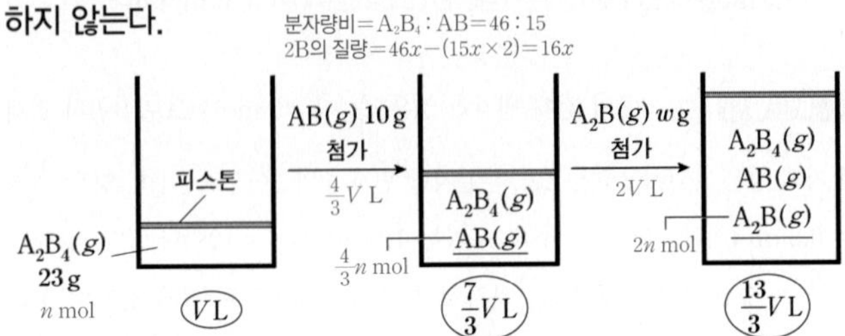

이에 대한 설명으로 옳은 것만을 〈보기〉에서 있는 대로 고른 것은? (단, A와 B는 임의의 원소 기호이며, 온도와 압력은 일정하다.) [3점]

보기

ㄱ. 원자량은 A>B이다. ($7x<8x$; AB 1 mol의 질량 $15x$, B 1 mol의 질량 $8x$)

ㄴ. $w=22$이다. (A_2B의 질량$=22x$)

ㄷ. (다)에서 실린더 속 기체의 $\frac{\text{A 원자 수}}{\text{전체 원자 수}}=\frac{1}{2}$이다. ($2n+\frac{4}{3}n+4n$ / $6n+\frac{8}{3}n+6n$)

① ㄱ ② ㄴ ③ ㄱ, ㄷ ④ ㄴ, ㄷ ⑤ ㄱ, ㄴ, ㄷ

✓ 자료 해석

- 일정한 온도와 압력에서 기체의 양(mol)은 기체의 부피에 비례한다.
- (가)에 들어 있는 A_2B_4 V L의 양을 n mol이라고 하면 (가)에 첨가한 $AB(g)$의 부피는 $\frac{4}{3}V$ L에 해당하므로 (나)에 들어 있는 AB의 양은 $\frac{4}{3}n$ mol이다. 또한 (나)에 첨가한 A_2B의 부피는 $2V$ L에 해당하므로 (다)에 들어 있는 A_2B의 양은 $2n$ mol이다.
- 1 mol의 질량(g/mol)$=\frac{\text{질량(g)}}{\text{물질의 양(mol)}}$이고, A_2B_4 n mol의 질량은 23 g, AB $\frac{4}{3}n$ mol의 질량은 10 g이므로 분자량비는 $A_2B_4:AB=46:15$이다.
- 전체 원자 수=분자 수×분자당 원자 수

○ 보기 풀이 분자량비는 $A_2B_4:AB=46:15$이므로 A_2B_4 1 mol의 질량을 $46x$ g이라고 하면 AB 1 mol의 질량은 $15x$ g이고, A_2B_4 1 mol의 질량에서 AB 2 mol의 질량을 뺀 B 원자 2 mol의 질량은 $16x$ g임을 알 수 있다. 따라서 B 원자 1 mol의 질량은 $8x$ g이므로 A 원자 1 mol의 질량은 $7x$ g이다.

ㄴ. (가)에서 A_2B_4 n mol의 질량은 23 g이고 A_2B_4 1 mol의 질량은 $46x$ g이므로 $x=\frac{1}{2n}$이다. (다)에서 첨가한 A_2B $2n$ mol의 질량은 w g이고, A_2B 1 mol의 질량은 $22x$ g이므로 $w=22$이다.

ㄷ. (다)에는 A_2B_4 n mol, AB $\frac{4}{3}n$ mol, A_2B $2n$ mol이 들어 있으므로 A 원자의 양은 $2n+\frac{4}{3}n+4n=\frac{22}{3}n$(mol)이고, B 원자의 양은 $4n+\frac{4}{3}n+2n=\frac{22}{3}n$(mol)이다. 전체 원자 수는 $6n+\frac{8}{3}n+6n=\frac{44}{3}n$이므로 $\frac{\text{A 원자 수}}{\text{전체 원자 수}}=\frac{\frac{22}{3}}{\frac{44}{3}}=\frac{1}{2}$이다.

× 매력적 오답 ㄱ. A의 원자량은 $7x$, B의 원자량은 $8x$이므로 원자량은 B>A이다.

문제풀이 Tip

A_2B_4와 AB의 양(mol)과 질량으로부터 분자량비를 계산하여 원자 1 mol의 질량비, 즉 원자량비를 구한다.

선택지 비율	① 10%	② 11%	③ 9%	❹ 65%	⑤ 5%

15 화학식량과 몰

2021학년도 수능 17번 | 정답 ④ | 문제편 50 p

(출제 의도) 기체의 질량과 분자량으로부터 화학식량과 몰 관계를 이해하는지 묻는 문항이다.

(문제 분석)

그림 (가)는 강철 용기에 메테인($CH_4(g)$) 14.4 g과 에탄올($C_2H_5OH(g)$) 23 g이 들어 있는 것을, (나)는 (가)의 용기에 메탄올($CH_3OH(g)$) x g이 첨가된 것을 나타낸 것이다. 용기 속 기체의 $\frac{\text{산소(O) 원자 수}}{\text{전체 원자 수}}$는 (나)가 (가)의 2배이다.

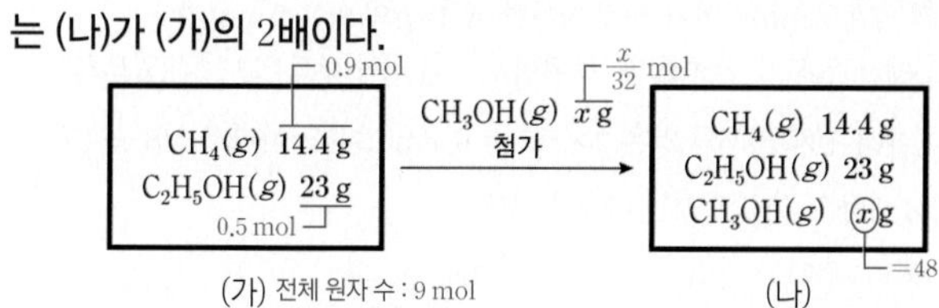

x는? (단, H, C, O의 원자량은 각각 1, 12, 16이다.) [3점]

① 16 ② 24 ③ 32 ④ 48 ⑤ 64

✓ 자료 해석

- 물질의 양(mol)$=\frac{\text{질량(g)}}{\text{1 mol의 질량(g/mol)}}$
- 전체 원자 수=분자 수×분자당 원자 수
- 산소(O) 원자 수=분자 수×분자당 산소(O) 원자 수

ㅇ 보기 풀이 CH_4 14.4 g의 양은 $\frac{14.4\text{ g}}{16\text{ g/mol}}=0.9$ mol이고, C_2H_5OH 23 g의 양은 $\frac{23\text{ g}}{46\text{ g/mol}}=0.5$ mol이므로 (가)에서 전체 원자 수는 $(0.9\times5)+(0.5\times9)=9$ mol이고, O 원자 수는 0.5 mol이다. 한편, CH_3OH x g의 양은 $\frac{x}{32}$ mol이므로 (나)에서 전체 원자 수는 $\left(9+\frac{6x}{32}\right)$ mol이고, O 원자 수는 $\left(0.5+\frac{x}{32}\right)$ mol이다. $\frac{\text{O 원자 수}}{\text{전체 원자 수}}$는 (나)가 (가)의 2배이므로 $\frac{0.5}{9}:\frac{\left(0.5+\frac{x}{32}\right)}{\left(9+\frac{6x}{32}\right)}=1:2$에서 $x=48$이다.

문제풀이 Tip

CH_4, C_2H_5OH, CH_3OH의 분자 수를 먼저 구하고, 분자 수와 분자당 원자 수의 곱으로부터 전체 원자 수 및 산소(O) 원자 수를 구한다.

Part II 수능 평가원

03 화학 반응식과 용액의 농도

선택지 비율	① 13%	② 50%	③ 7%	④ 24%	⑤ 6%

1 화학 반응의 양적 관계

2025학년도 수능 19번 | 정답 ② | 문제편 52 p

출제 의도 화학 반응의 양적 관계를 이해하는지 묻는 문항이다.

문제 분석

다음은 A(g)로부터 B(g)와 C(g)가 생성되는 반응의 화학 반응식이다.

반응 계수비=반응 몰비 ➡ A : B : C=2 : 2 : 1

$$2A(g) \longrightarrow 2B(g) + C(g)$$

그림 (가)는 실린더에 B(g)를 넣은 것을, (나)는 (가)의 실린더에 A(g) $10w$ g을 첨가하여 일부가 반응한 것을, (다)는 (나)의 실린더에서 반응을 완결시킨 것을 나타낸 것이다. 실린더 속 전체 기체의 부피비는 (가) : (나)=5 : 11이고, (가)와 (다)에서 실린더 속 전체 기체의 밀도(g/L)는 각각 d와 xd이며, $\frac{\text{C의 분자량}}{\text{A의 분자량}}=\frac{2}{5}$이다.

밀도비 1 : x

반응 몰비는 A : B : C=2 : 2 : 1 ➡ 2×5 =2×(B의 분자량)+2 ➡ B의 분자량=4

$x\times\frac{\text{(다)의 실린더 속 B}(g)\text{의 질량(g)}}{\text{(나)의 실린더 속 C}(g)\text{의 질량(g)}}$은? (단, 실린더 속 기체의 온도와 압력은 일정하다.)

부피비 2 : 5, 질량비 8 : 18 ➡ 밀도비 $\frac{8}{2}:\frac{18}{5}=1:\frac{9}{10}$

① 9 ② 18 ③ 21 ④ 24 ⑤ 27

✓ 자료 해석

- $\frac{\text{C의 분자량}}{\text{A의 분자량}}=\frac{2}{5}$이고, 화학 반응식이 2A ⟶ 2B+C이므로 2×5=2×(B의 분자량)+2가 성립하여 B의 분자량은 4이다.
- w=1이라고 하면, 반응 전 B의 질량은 8 g이고 B의 분자량이 4이므로 B의 양은 2 mol이며, (가)에 첨가한 A 10 g의 양은 2 mol이다.
- (나)에서 일부가 반응한 후 부피비가 (가) : (나)=5 : 11이 되었으므로 (나)에서 전체 기체의 양은 $2\times\frac{11}{5}$=4.4 mol이다. 따라서 (가) → (나)에서 반응의 양적 관계는 다음과 같다.

(가) → (나)	2A	⟶	2B	+	C
반응 전(mol)	2		2		
반응 (mol)	−0.8		+0.8		+0.4
반응 후(mol)	1.2		2.8		0.4

- 반응이 완결되었을 때 반응의 양적 관계는 다음과 같다.

(가) → (다)	2A	⟶	2B	+	C
반응 전(mol)	2		2		
반응 (mol)	−2		+2		+1
반응 후(mol)	0		4		1

○ 보기 풀이 (나)에서 C의 양은 0.4 mol인데 분자량이 2이므로 질량은 0.8 g이다. (다)에서 B의 양은 4 mol인데 분자량이 4이므로 질량은 16 g이다. (가)에서 B의 질량은 8 g이고, 부피를 $2V$라고 하면 밀도는 $\frac{8}{2V}$이다. (나)에서 전체 기체의 질량이 18 g이므로 (다)에서 전체 기체의 질량은 18 g이고, 부피는 $5V$이므로 전체 기체의 밀도는 $\frac{18}{5V}$이다. 따라서 전체 기체의 밀도비는 (가) : (다)$=\frac{8}{2V}:\frac{18}{5V}=1:\frac{9}{10}=1:x$가 성립하여 $x=\frac{9}{10}$이므로

$x\times\frac{\text{(다)의 실린더 속 B}(g)\text{의 질량(g)}}{\text{(나)의 실린더 속 C}(g)\text{의 질량(g)}}=\frac{9}{10}\times\frac{16}{0.8}=18$이다.

문제풀이 Tip

문제에서 주어진 질량이 모두 w로 표현되어 있으므로 w를 1로 정하고 문제를 풀이하는 것이 좋다. 또한 화학 반응식 2A ⟶ 2B+C에서 (2×A의 분자량)=(2×B의 분자량)+(C의 분자량)이 성립하므로 A~C 중 2가지 분자의 분자량을 알면 나머지 분자의 분자량을 알 수 있다.

선택지 비율	① 2%	❷ 87%	③ 4%	④ 5%	⑤ 2%

2 화학 반응의 양적 관계

2025학년도 수능 4번 | 정답 ② | 문제편 52p

출제 의도 화학 반응식을 완성하고 화학 반응의 양적 관계를 이해하는지 묻는 문항이다.

문제 분석

그림은 강철 용기에 $A_2(g)$와 $B(s)$를 넣고 반응을 완결시켰을 때, 반응 전과 후 용기에 존재하는 물질을 나타낸 것이다.

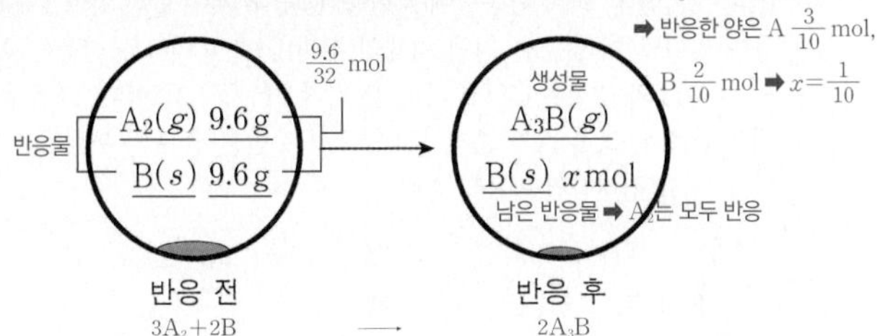

x는? (단, A와 B는 임의의 원소 기호이고, A와 B의 원자량은 각각 16, 32이다.)

① $\frac{1}{12}$ ② $\frac{1}{10}$ ③ $\frac{1}{8}$ ④ $\frac{1}{6}$ ⑤ $\frac{1}{4}$

✓ 자료 해석

• 반응물은 $A_2(g)$, $B(s)$이고, 생성물은 $A_3B(g)$이다. 반응 전과 후 원자의 종류와 수는 변하지 않으므로 화학 반응식은 다음과 같다.

$$3A_2(g)+2B(s) \longrightarrow 2A_3B(g)$$

○ 보기 풀이 A와 B의 원자량이 각각 16, 32이므로 반응 전 A_2의 양(mol)은 $\frac{9.6}{32}=\frac{3}{10}$이고, B의 양(mol)은 $\frac{9.6}{32}=\frac{3}{10}$이다. 따라서 화학 반응의 양적 관계는 다음과 같다.

	$3A_2$	+	$2B$	$\longrightarrow$	$2A_3B$
반응 전(mol)	$\frac{3}{10}$		$\frac{3}{10}$		
반응 (mol)	$-\frac{3}{10}$		$-\frac{2}{10}$		$+\frac{2}{10}$
반응 후(mol)	0		$\frac{1}{10}$		$\frac{2}{10}$

따라서 반응 후 B의 양(mol)은 $x=\frac{1}{10}$이다.

문제풀이 Tip

화학 반응식을 완성하지 않고도 풀이가 가능하다. 반응 전 A_2의 양은 0.3 mol이므로 A의 양은 0.6 mol이다. 따라서 반응 후 A_3B의 양은 0.2 mol이므로 A_3B에 포함된 B의 양은 0.2 mol이다. 그런데 반응 전 B의 양은 0.3 mol이므로 반응 후 남은 B의 양은 0.1 mol이다.

선택지 비율	① 5%	❷ 87%	③ 3%	④ 2%	⑤ 3%

3 화학 반응의 양적 관계

2025학년도 9월 평가원 3번 | 정답 ② | 문제편 52p

출제 의도 화학 반응식을 구성하고 화학 반응의 양적 관계를 이해하는지 묻는 문항이다.

문제 분석

그림은 용기에 $SiH_4(g)$와 $HBr(g)$를 넣고 반응을 완결시켰을 때, 반응 전과 후 용기에 존재하는 물질을 나타낸 것이다.

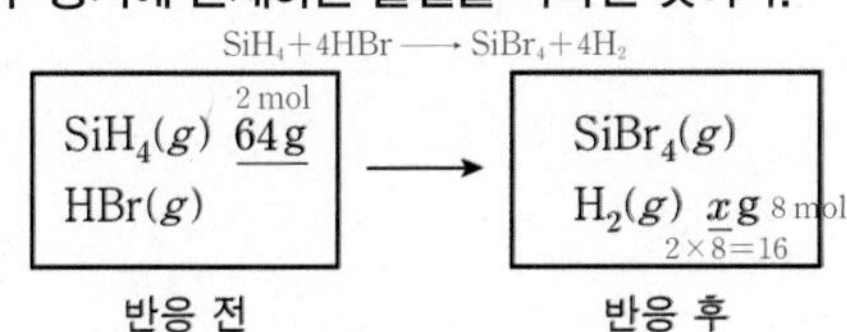

x는? (단, H, Si의 원자량은 각각 1, 28이다.)

① 12 ② 16 ③ 24 ④ 28 ⑤ 32

✓ 자료 해석

• 반응물은 SiH_4, HBr이고, 생성물은 $SiBr_4$, H_2이므로 이 반응의 화학 반응식은 $SiH_4+4HBr \longrightarrow SiBr_4+4H_2$이다.

○ 보기 풀이 SiH_4의 분자량이 32이므로 SiH_4 64 g의 양은 2 mol이다. 반응 계수비=반응 몰비이고, 반응 몰비가 $SiH_4 : H_2=1:4$이므로 SiH_4 2 mol이 반응할 때 생성된 H_2는 8 mol이다. H_2의 분자량이 2이므로 H_2 8 mol의 질량은 16 g이다. 따라서 $x=16$이다.

문제풀이 Tip

화학 반응식을 쓰지 않고 그림에서 바로 화학 반응식의 계수를 구할 수 있다. 반응 전후 Si의 수가 1이라면 반응 후 Br의 수가 4이므로 반응 전 HBr의 수는 4이고, 반응 전 H의 수는 8이므로 반응 후 H_2의 수는 4이다. 따라서 반응 몰비는 $SiH_4 : H_2=1:4$이다.

Part II 수능 평가원

선택지 비율	❶ 26%	② 27%	③ 18%	④ 23%	⑤ 6%

4 화학 반응의 양적 관계

2025학년도 9월 평가원 20번 | 정답 ① | 문제편 52 p

출제 의도 기체 반응에서 질량과 부피, 분자량의 관계를 분석할 수 있는지 묻는 문항이다.

문제 분석

다음은 A(g)와 B(g)가 반응하여 C(g)를 생성하는 반응의 화학 반응식이다.

2 × A의 분자량 + B의 분자량 = 2 × C의 분자량

➡ C의 분자량 = A의 분자량 + $\frac{1}{2}$ × B의 분자량 = $\frac{3w}{2V}+\frac{1}{2}\times\frac{1.5w}{2V}=\frac{7.5w}{4V}$

$$2A(g)+B(g) \longrightarrow 2C(g)$$

그림 (가)는 t ℃, 1기압에서 실린더에 A(g)와 B(g)를 넣은 것을, (나)는 (가)의 실린더에서 반응을 완결시킨 것을, (다)는 (나)의 실린더에 A(g)를 추가하여 반응을 완결시킨 것을 나타낸 것이다. (가)와 (나)에서 실린더 속 전체 기체의 밀도(g/L)는 각각 $\frac{3w}{4}$, w이다.

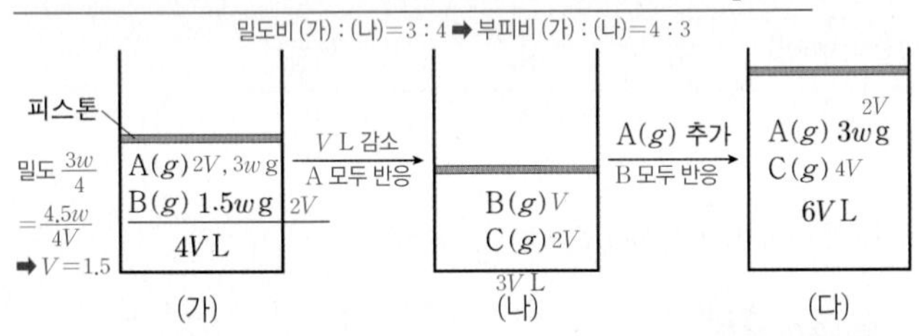

$V\times\frac{\text{A의 분자량}}{\text{C의 분자량}}$은? (단, 실린더 속 기체의 온도와 압력은 일정하다.) [3점]

① $\frac{6}{5}$ ② $\frac{8}{5}$ ③ 2 ④ $\frac{12}{5}$ ⑤ 4

✔ 자료 해석

• (가)와 (나)에서 전체 기체의 질량은 같고 실린더 속 전체 기체의 밀도비는 3 : 4이므로 전체 기체의 부피비는 4 : 3이다.

• (가)에서 전체 기체의 부피(L)가 4V이므로 (나)에서 전체 기체의 부피(L)는 3V인데, 화학 반응식에서 반응 전과 후 계수 합의 차가 1이고 반응이 일어날 때 감소한 전체 기체의 부피(L)가 V이므로 반응한 A, B의 부피(L)와 생성된 C의 부피(L)는 각각 2V, V, 2V이다. 그런데 (가)에서 반응 완결 후 A가 존재하지 않으므로 반응 전 A의 부피(L)는 2V이다. 이를 정리하면 다음과 같다.

(가) → (나)	2A	+	B	⟶	2C
반응 전(L)	2V		2V		
반응 (L)	−2V		−V		+2V
반응 후(L)	0		V		2V

• (다)에서는 B가 모두 반응하고 A가 남아 있는데, 화학 반응식에서 A와 C의 계수가 같으므로 B가 모두 반응하는 경우에는 반응 후 전체 기체의 부피는 반응 전 A의 부피와 같다. 따라서 (가)에 들어 있는 A와 (나) → (다)에서 추가한 A의 부피(L)의 합이 6V이므로 (나) → (다)에서 추가한 A의 부피(L)는 4V이며, (다)에서 반응 전과 후 기체의 부피는 다음과 같다.

(나) → (다)	2A	+	B	⟶	2C
반응 전(L)	4V		V		2V
반응 (L)	−2V		−V		+2V
반응 후(L)	2V		0		4V

보기풀이 (다)에서 A 2V L의 질량(g)이 3w이므로 (가)에서 반응 전 A의 질량(g)은 3w이다. 따라서 (가)에서 반응 전 전체 기체의 질량(g)은 4.5w인데, 전체 기체의 밀도(g/L)가 $\frac{3w}{4}$이므로 전체 기체의 부피(L)는 4V=6이며, V=1.5이다. (가)에서 반응 전 A, B의 부피가 같고 질량비는 A : B=2 : 1이므로 분자량비는 A : B=2 : 1인데, 화학 반응식이 2A+B ⟶ 2C이므로 2×2+1=2×(C의 분자량)이 성립하여 분자량비는 A : B : C=2 : 1 : $\frac{5}{2}$이다. 따라서 $V\times\frac{\text{A의 분자량}}{\text{C의 분자량}}=1.5\times\frac{4}{5}=\frac{6}{5}$이다.

문제풀이 Tip

2A+B ⟶ 2C와 같이 A와 C의 계수가 같은 화학 반응에서 A와 B를 혼합해서 반응을 완결시킬 때 A가 남는다면 반응 후 전체 기체의 양(mol)은 반응 전 A의 양(mol)과 같다. 이는 반응이 진행될 때 B는 모두 소모되고, 소모되는 A의 양만큼 C가 생성되기 때문이다. 반응 전 A의 양(mol)을 x, B의 양(mol)을 y라고 하면 반응 후 A의 양(mol)은 $x-2y$, 생성된 C의 양(mol)은 $2y$이고, 반응 후 전체 기체의 양(mol)은 $x-2y+2y$이다. 이는 반응 전 A의 양(mol)인 x와 같다.

선택지 비율	① 3%	② 2%	③ 3%	❹ 88%	⑤ 4%

5 화학 반응식

2025학년도 6월 평가원 3번 | 정답 ④ | 문제편 53p

출제 의도 화학 반응식을 완성하고 화학 반응의 양적 관계를 이해하는지 묻는 문항이다.

문제 분석

다음은 AB_2와 B_2가 반응하여 A_2B_5를 생성하는 반응의 화학 반응식이다.

$$aAB_2 + bB_2 \longrightarrow cA_2B_5 \quad (a\sim c\text{는 반응 계수})$$

(a=4, b=1, c=2 / 반응 몰비 $AB_2 : B_2 : A_2B_5 = 4:1:2$)

이 반응에서 용기에 AB_2 4 mol과 B_2 2 mol을 넣고 반응을 완결시켰을 때, $\frac{\text{남은 반응물의 양(mol)}}{\text{생성된 } A_2B_5\text{의 양(mol)}}$은? (단, A와 B는 임의의 원소 기호이다.)

(1 mol 반응, 1 mol 남음 ➡ A_2B_5 2 mol 생성)

① $\frac{1}{6}$ ② $\frac{1}{4}$ ③ $\frac{1}{3}$ ④ $\frac{1}{2}$ ⑤ 1

✓ 자료 해석

• 주어진 화학 반응식의 계수를 맞추어 완성하면 다음과 같다.

$$4AB_2 + B_2 \longrightarrow 2A_2B_5$$

• 화학 반응의 양적 관계는 다음과 같다.

	$4AB_2$	+ B_2	$\longrightarrow 2A_2B_5$
반응 전(mol)	4	2	
반응 (mol)	−4	−1	+2
반응 후(mol)	0	1	2

○ 보기 풀이 남은 반응물의 양(mol)은 1이고, 생성된 A_2B_5의 양(mol)은 2이므로 $\frac{\text{남은 반응물의 양(mol)}}{\text{생성된 } A_2B_5\text{의 양(mol)}} = \frac{1}{2}$이다.

문제풀이 Tip

반응 전과 후 각 원자의 종류와 수가 같아야 한다는 것을 이용해 화학 반응식을 완성한다.

선택지 비율	① 9%	② 3%	③ 4%	❹ 79%	⑤ 6%

6 화학 반응의 양적 관계

2024학년도 수능 3번 | 정답 ④ | 문제편 53p

출제 의도 화학 반응식을 완성하고 물질의 질량비를 구할 수 있는지 묻는 문항이다.

문제 분석

그림은 실린더에 $Al(s)$과 $HF(g)$를 넣고 반응을 완결시켰을 때, 반응 전과 후 실린더에 존재하는 물질을 나타낸 것이다.

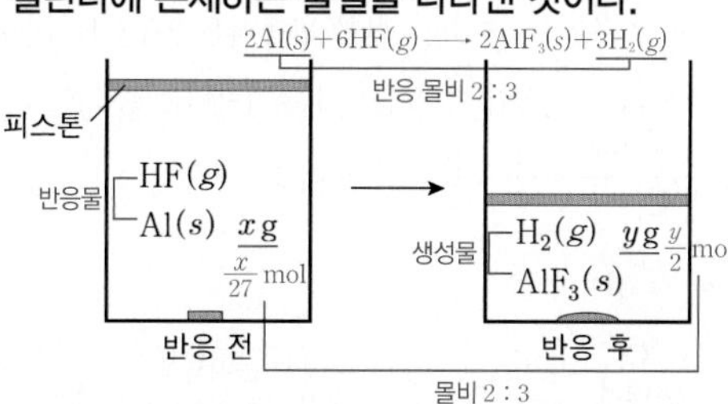

$\frac{x}{y}$는? (단, H와 Al의 원자량은 각각 1, 27이다.) [3점]

① $\frac{27}{2}$ ② 12 ③ $\frac{21}{2}$ ④ 9 ⑤ $\frac{9}{2}$

✓ 자료 해석

• 물질의 양(mol)$=\frac{\text{질량(g)}}{\text{화학식량(g/mol)}}$이다.

• 반응물은 $Al(s)$과 $HF(g)$이고, 생성물은 $H_2(g)$와 $AlF_3(s)$이다. 반응 전과 후 원자의 종류와 수는 변하지 않으므로 화학 반응식을 완성하면 다음과 같다.

$$2Al(s)+6HF(g) \longrightarrow 2AlF_3(s)+3H_2(g)$$

• 반응 계수비는 $Al(s) : H_2(g) = 2 : 3$이므로 반응 몰비는 $Al(s) : H_2(g) = 2 : 3$이다.

○ 보기 풀이 반응한 Al의 질량은 x g인데, Al의 원자량이 27이므로 반응한 Al의 양은 $\frac{x}{27}$ mol이다. 생성된 H_2의 질량은 y g인데, H_2의 분자량은 2이므로 생성된 H_2의 양은 $\frac{y}{2}$ mol이다. 화학 반응식에서 반응 몰비는 반응 계수비와 같으므로 $Al : H_2 = 2 : 3$이고, $\frac{x}{27} : \frac{y}{2} = 2 : 3$이 성립하여 $\frac{x}{y} = 9$이다.

문제풀이 Tip

반응물과 생성물이 화학식 또는 모형으로 주어지면 반응 전과 후 원자의 종류와 수가 같다는 것을 이용하여 화학 반응식을 완성한다. 제시된 조건은 $Al(s)$과 $H_2(g)$의 질량이므로 $Al(s)$과 $H_2(g)$의 반응 계수비를 이용하여 반응 몰비를 구할 수 있다.

Part II 수능 평가원

선택지 비율	① 18%	② 16%	③ 16%	④ 23%	⑤ 28%

7 화학 반응의 양적 관계

2025학년도 6월 평가원 20번 | 정답 ⑤ | 문제편 53 p

출제 의도 기체 반응에서 반응 계수를 구하고 질량과 양(mol)의 관계를 분석할 수 있는지 묻는 문항이다.

문제 분석

다음은 A(g)와 B(g)가 반응하여 C(g)를 생성하는 반응의 화학 반응식이다.

$$\overset{2}{a}A(g)+B(g) \longrightarrow 2C(g) \quad (a\text{는 반응 계수})$$

반응 몰비 2 : 1 : 2

분자량비 A : B : C $=\frac{5w}{2}:\frac{4w}{1}:\frac{9w}{2}=5:8:9$

표는 A(g) $5w$ g이 들어 있는 용기에 B(g)의 질량을 달리하여 넣고 반응을 완결시킨 실험 Ⅰ~Ⅲ에 대한 자료이다.

실험	넣어 준 B(g)의 질량(g)	반응 후 $\frac{\text{전체 기체의 양(mol)}}{\text{C}(g)\text{의 양(mol)}}$
Ⅰ	w 모두 반응	A가 남음 $4=\frac{3a+2}{2}$ ➡ $a=2$
Ⅱ	$4w$ 모두 반응	C만 존재 1
Ⅲ	$6w$ $2w$ 남음	B가 남음 $x=\frac{\frac{5}{2}}{2}=\frac{5}{4}$

$x\times\frac{\text{C의 분자량}}{\text{A의 분자량}}$은? [3점]

① $\frac{7}{8}$　② $\frac{9}{8}$　③ $\frac{5}{4}$　④ $\frac{7}{4}$　⑤ $\frac{9}{4}$

✓ 자료 해석

• 실험 Ⅱ에서 반응 후 $\frac{\text{전체 기체의 양(mol)}}{\text{C의 양(mol)}}=1$이므로 반응 후 C만 존재한다. 따라서 실험 Ⅰ에서는 반응 후 A가, 실험 Ⅲ에서는 반응 후 B가 남는다.

• 실험 Ⅱ에서 반응한 A~C의 양(mol)을 각각 a, 1, 2라고 했을 때 반응의 양적 관계는 다음과 같다.

[실험 Ⅱ]	aA	+	B	⟶	2C
반응 전(mol)	a		1		
반응 (mol)	$-a$		-1		$+2$
반응 후(mol)	0		0		2

• 실험 Ⅰ과 실험 Ⅱ에서 반응 전 A의 양은 같고, B의 양은 실험 Ⅰ에서가 실험 Ⅱ에서의 $\frac{1}{4}$배이므로 실험 Ⅰ에서 반응의 양적 관계는 다음과 같다.

[실험 Ⅰ]	aA	+	B	⟶	2C
반응 전(mol)	a		$\frac{1}{4}$		
반응 (mol)	$-\frac{a}{4}$		$-\frac{1}{4}$		$+\frac{2}{4}$
반응 후(mol)	$\frac{3a}{4}$		0		$\frac{2}{4}$

• 실험 Ⅰ에서 반응 후 $\frac{\text{전체 기체의 양(mol)}}{\text{C의 양(mol)}}=\frac{\frac{3a+2}{4}}{\frac{2}{4}}=4$이므로 $a=2$이다.

○ 보기 풀이 Ⅲ에서 반응의 양적 관계는 다음과 같다.

[실험 Ⅲ]	2A	+	B	⟶	2C
반응 전(mol)	2		$\frac{3}{2}$		
반응 (mol)	-2		-1		$+2$
반응 후(mol)	0		$\frac{1}{2}$		2

Ⅲ에서 반응 후 $\frac{\text{전체 기체의 양(mol)}}{\text{C의 양(mol)}}=\frac{\frac{5}{2}}{2}$이므로 $x=\frac{5}{4}$이다. Ⅲ에서 반응 전 기체의 몰비는 A : B=4 : 3이고, 질량비는 A : B=5 : 6이므로 분자량비는 A : B$=\frac{5}{4}:\frac{6}{3}=5:8$이다. 화학 반응식은 2A+B ⟶ 2C이므로 $2\times5+8=2\times$(C의 분자량)이 성립하여 분자량비는 A : B : C=5 : 8 : 9이고, $x\times\frac{\text{C의 분자량}}{\text{A의 분자량}}=\frac{5}{4}\times\frac{9}{5}=\frac{9}{4}$이다.

문제풀이 Tip

분자량$=\frac{\text{질량}}{\text{양(mol)}}$이므로 화학 반응식에서 분자량비$=\frac{\text{질량비}}{\text{몰비}}$이다. A($g$) $5w$ g을 a mol, B(g) $4w$ g을 1 mol이라고 하면, Ⅱ에서 생성된 C(g)의 양은 2 mol이고 C(g) 2 mol의 질량은 $9w$ g이다.

선택지 비율	① 20%	② 21%	③ 13%	④ 31%	⑤ 15%

8 화학 반응의 양적 관계

2024학년도 수능 20번 | 정답 ④ | 문제편 53 p

출제 의도 기체 반응에서 질량과 양(mol)을 이용하여 화학식량을 구할 수 있는지 묻는 문항이다.

문제 분석

다음은 A(g)와 B(g)가 반응하여 C(g)와 D(g)를 생성하는 반응의 화학 반응식이다.

$$2A(g) + 3B(g) \longrightarrow 2C(g) + 2D(g)$$

반응 몰비 A : C : D=1 : 1 : 1

표는 실린더에 A(g)와 B(g)를 넣고 반응을 완결시킨 실험 Ⅰ과 Ⅱ에 대한 자료이다. Ⅰ과 Ⅱ에서 남은 반응물의 종류는 서로 다르고, Ⅱ에서 반응 후 생성된 D(g)의 질량은 $\frac{45}{8}$ g이다.

실험	반응 전		반응 후	
	A(g)의 부피(L)	B(g)의 질량(g)	A(g) 또는 B(g)의 질량(g)	$\frac{\text{전체 기체 양(mol)}}{\text{C}(g)\text{의 양(mol)}}$
Ⅰ	$4V$	6 1.5 mol	A $17w$ 1 mol	3 $\frac{1+1+1}{1}$
Ⅱ	$5V$	25 $\frac{25}{4}$ mol	B $40w$ 2.5 mol	x

➡ 반응한 A의 양 1 mol
B, C, D 2.5 mol로 동일
➡ $x=3$

$x \times \frac{\text{C의 분자량}}{\text{B의 분자량}}$은? (단, 실린더 속 기체의 온도와 압력은 일정하다.) [3점]

기체의 부피∝양(mol)

① $\frac{3}{2}$ ② 3 ③ $\frac{9}{2}$ ④ 6 ⑤ 9

✓ 자료 해석

• 반응 전 $\frac{\text{B의 질량}}{\text{A의 부피}}$은 실험 Ⅰ< 실험 Ⅱ인데, 실험 Ⅰ과 실험 Ⅱ에서 반응 후 남은 반응물의 종류가 다르므로 실험 Ⅰ과 실험 Ⅱ에서 반응 후 남은 반응물은 각각 A, B이다.

• 실험 Ⅰ에서 반응 후 C의 양(mol)을 n이라고 하면 D의 양(mol)도 n인데, 반응 후 $\frac{\text{전체 기체의 양(mol)}}{\text{C}(g)\text{의 양(mol)}}=3$이므로 A의 양(mol)도 n이다.

실험 Ⅰ에서 반응 전과 후 기체의 양적 관계는 다음과 같다.

	2A	+	3B	⟶	2C	+	2D
반응 전(mol)	$2n(=4V\text{L})$		$1.5n(=6\text{ g})$				
반응 (mol)	$-n$		$-1.5n$		$+n$		$+n$
반응 후(mol)	$n(=17w\text{ g})$		0		n		n

반응 전 A의 양(mol)은 $2n$이고, 부피는 $4V$ L이다.

• 실험 Ⅱ에서 반응 전과 후 기체의 양적 관계는 다음과 같다.

	2A	+	3B	⟶	2C	+	2D
반응 전(mol)	$\frac{5}{2}n(=5V\text{L})$		$\frac{25}{4}n(=25\text{ g})$				
반응 (mol)	$-\frac{5}{2}n$		$-\frac{3}{2}\times\frac{5}{2}n$		$+\frac{5}{2}n$		$+\frac{5}{2}n$
반응 후(mol)	0		$\frac{5}{2}n(=40w\text{ g})$		$\frac{5}{2}n$		$\frac{5}{2}n$

따라서 $x=\frac{\text{전체 기체의 양(mol)}}{\text{C}(g)\text{의 양(mol)}}=\frac{\frac{5}{2}n\times3}{\frac{5}{2}n}=3$이다.

보기 풀이 A n mol의 질량은 $17w$ g, B $1.5n$ mol의 질량은 6 g, D $\frac{5}{2}n$ mol의 질량은 $\frac{45}{8}$ g이다. 또한 B $\frac{5}{2}n$ mol의 질량은 $40w$ g이므로 $w=\frac{1}{4}$이다. 반응 전과 후 전체 물질의 질량은 같으므로 Ⅱ에서 $\frac{5}{2}\times17w+25=40w+$C의 질량$+\frac{45}{8}$, C의 질량은 20 g이다. 즉, C $2.5n$ mol의 질량이 20 g이므로 $x\times\frac{\text{C의 분자량}}{\text{B의 분자량}}=3\times\frac{\frac{20}{2.5n}}{\frac{6}{1.5n}}=6$이다.

문제풀이 Tip

1 mol의 질량은 분자량과 같다. 화학 반응식이 2A+3B ⟶ 2C+2D이므로 A, B, D의 분자량을 화학 반응식에 대입하면 2×A의 분자량+3×B의 분자량=2×C의 분자량+2×D의 분자량이 성립하여 C의 분자량을 구할 수 있다.

Part Ⅱ 수능 평가원

선택지 비율	① 7%	❷ 41%	③ 19%	④ 20%	⑤ 13%

9 화학 반응의 양적 관계

2024학년도 9월 평가원 20번 | 정답 ② | 문제편 54 p

출제 의도 기체 반응에서 질량과 양(mol), 화학식량을 이용하여 양적 관계를 분석할 수 있는지 묻는 문항이다.

문제 분석

다음은 $A(g)$와 $B(g)$가 반응하여 $C(s)$와 $D(g)$를 생성하는 반응의 화학 반응식이다.

$$A(g) + 3B(g) \longrightarrow C(s) + 3D(g)$$

표는 실린더에 $A(g)$와 $B(g)$를 넣고 반응을 완결시킨 실험 Ⅰ~Ⅲ에 대한 자료이다. Ⅰ~Ⅲ에서 $A(g)$는 모두 반응하였고, Ⅰ에서 반응 후 생성된 $D(g)$의 질량은 $27w$ g이며, $\frac{\text{A의 화학식량}}{\text{C의 화학식량}} = \frac{2}{5}$이다.

실험	반응 전		반응 후
	$A(g)$의 질량(g)	$B(g)$의 질량(g)	$\frac{B(g)\text{의 양(mol)}}{D(g)\text{의 양(mol)}}$
Ⅰ	$14w$ (14w 반응)	$96w$ (48w 반응)	C 35w, D 27w ➡ 남은 B 48w
Ⅱ	$7w$	xw (72w, 24w 반응)	2
Ⅲ	$7w$	$36w$ (24w 반응)	y ($\frac{\frac{12w}{16}}{\frac{13.5w}{9}} = \frac{1}{2}$)

모두 반응

$\frac{\frac{(x-24)w}{16}}{\frac{13.5w}{9}} = 2$ ➡ $x=72$

$x \times y$는? [3점]

① 42 ② 36 ③ 30 ④ 24 ⑤ 18

✓ 자료 해석

- 질량비를 화학식량비로 나누면 몰비를 구할 수 있고, 몰비와 화학식량비를 곱하면 질량비를 구할 수 있다. 반응 몰비는 A : C=1 : 1, 화학식량비는 A : C=2 : 5이므로 반응 질량비는 A : C=2 : 5이다.
- 실험 Ⅰ에서 반응한 A의 질량(g)이 $14w$이므로 생성된 C의 질량(g)은 $35w$이며, 함께 생성된 D의 질량(g)은 $27w$이고, 반응 전과 후 전체 질량은 같으므로 반응 후 B의 질량(g)은 $48w$이다.

	A	+	3B	⟶	C	+	3D
반응 전(g)	$14w$		$96w$				
반응 (g)	$-14w$		$-48w$		$+35w$		$+27w$
반응 후(g)	0		$48w$		$35w$		$27w$

따라서 반응 질량비는 A : B : C : D=14 : 48 : 35 : 27이고, 반응 몰비는 A : B : C : D=1 : 3 : 1 : 3이므로 화학식량비는 A : B : C : D$=\frac{14}{1} : \frac{48}{3} : \frac{35}{1} : \frac{27}{3}$=14 : 16 : 35 : 9이다.

○ 보기 풀이 반응 질량비는 A : B=7 : 24이므로 Ⅱ에서 반응 전과 후 기체의 질량은 다음과 같다.

	A	+	3B	⟶	C	+	3D
반응 전(g)	$7w$		xw				
반응 (g)	$-7w$		$-24w$		$+17.5w$		$+13.5w$
반응 후(g)	0		$(x-24)w$		$17.5w$		$13.5w$

화학식량비는 B : D=16 : 9이고, 반응 후 $\frac{\text{B의 양(mol)}}{\text{D의 양(mol)}} = \frac{\frac{(x-24)w}{16}}{\frac{13.5w}{9}} = 2$이므로 $x=72$이다.

Ⅲ에서 반응 전과 후 기체의 질량은 다음과 같다.

	A	+	3B	⟶	C	+	3D
반응 전(g)	$7w$		$36w$				
반응 (g)	$-7w$		$-24w$		$+17.5w$		$+13.5w$
반응 후(g)	0		$12w$		$17.5w$		$13.5w$

반응 후 $y = \frac{\text{B의 양(mol)}}{\text{D의 양(mol)}} = \frac{\frac{12w}{16}}{\frac{13.5w}{9}} = \frac{1}{2}$이다. 따라서 $x \times y = 72 \times \frac{1}{2} = 36$이다.

문제풀이 Tip

Ⅰ에서 반응한 A의 양(mol)을 2라고 하면, Ⅱ와 Ⅲ에서 반응한 A의 양(mol)은 각각 1이다. Ⅱ에서 반응 후 $\frac{\text{B의 양(mol)}}{\text{D의 양(mol)}}$=2이므로 반응 후 B의 양(mol)은 6, 반응 전 B의 양(mol)은 9이다. 반응 질량비는 A : C=2 : 5이므로, Ⅰ에서 A $14w$ g이 반응하여 생성된 C의 질량은 $35w$ g이고, 생성된 D의 질량은 $27w$ g이므로 질량 보존 법칙에 따라 반응한 B의 질량은 $48w$ g이다. Ⅰ에서 반응한 B의 양이 6 mol인데 질량은 $48w$ g이므로 Ⅱ에서 반응 전 B의 양이 9 mol일 때의 질량은 $72w$ g이다. 따라서 x=72이다. Ⅲ에서 반응 전 B의 질량이 $36w$ g이고 이는 4.5 mol에 해당하므로 반응 후 B의 양은 1.5 mol이다. 따라서 $y=\frac{1.5}{3}=\frac{1}{2}$이다.

선택지 비율	① 10%	❷ 77%	③ 7%	④ 3%	⑤ 3%

10 화학 반응식

2024학년도 9월 평가원 3번 | 정답 ② | 문제편 54 p

출제 의도 화학 반응식을 구성하고 양적 관계를 이해하는지 묻는 문항이다.

문제 분석

그림은 실린더에 $AB_3(g)$와 $C_2(g)$를 넣고 반응을 완결시켰을 때, 반응 전과 후 실린더에 존재하는 물질을 나타낸 것이다. 반응 전과 후 실린더 속 기체의 부피는 각각 V_1과 V_2이다.

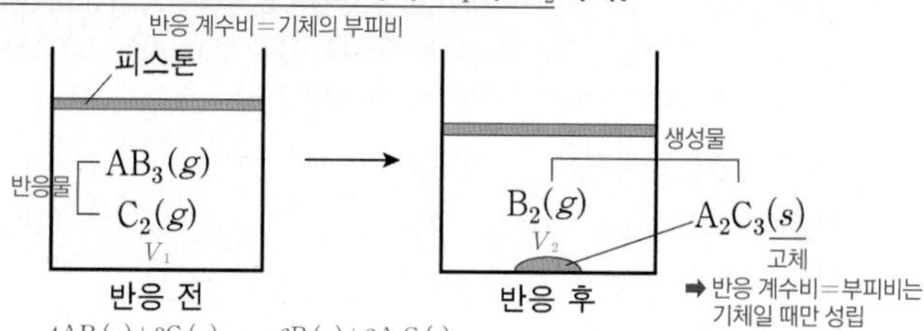

$\frac{V_2}{V_1}$는? (단, A~C는 임의의 원소 기호이고, 실린더 속 기체의 온도와 압력은 일정하다.) [3점]

기체의 부피∝양(mol)

① $\frac{7}{8}$ ② $\frac{6}{7}$ ③ $\frac{3}{4}$ ④ $\frac{5}{7}$ ⑤ $\frac{4}{7}$

✔ 자료 해석

- 화학 반응식의 계수비는 반응 몰비와 같으며, 반응 몰비를 이용하여 반응물과 생성물의 질량이나 부피 등의 양적 관계를 알 수 있다.
- 일정한 온도와 압력에서 기체의 양(mol)은 부피에 비례한다.
- 화학 반응 전과 후 원자의 종류와 수는 변하지 않으므로 화학 반응식은 다음과 같다.

$$4AB_3(g) + 3C_2(g) \longrightarrow 6B_2(g) + 2A_2C_3(s)$$

○ 보기 풀이 일정한 온도와 압력에서 기체의 부피는 기체의 양(mol)에 비례하고, 기체의 부피비는 화학 반응식에서 $A_2C_3(s)$를 제외한 계수비와 같다. 따라서 $\frac{V_2}{V_1}=\frac{6}{4+3}=\frac{6}{7}$이다.

문제풀이 Tip

$A_2C_3(s)$는 고체이므로 기체의 부피비는 화학 반응식에서 $A_2C_3(s)$를 제외한 계수비와 같다는 것에 유의한다. 실린더 속 기체의 온도와 압력은 일정하고, 실린더 속 기체의 부피비는 실린더 속 기체의 몰비와 같다.

선택지 비율	① 3%	② 17%	③ 4%	❹ 69%	⑤ 7%

11 화학 반응식

2024학년도 6월 평가원 3번 | 정답 ④ | 문제편 54 p

출제 의도 화학 반응식을 완성하고 화학 반응의 양적 관계를 이해하는지 묻는 문항이다.

문제 분석

그림은 용기에 XY와 Y_2를 넣고 반응을 완결시켰을 때, 반응 전과 후 용기에 들어 있는 분자를 모형으로 나타낸 것이다.

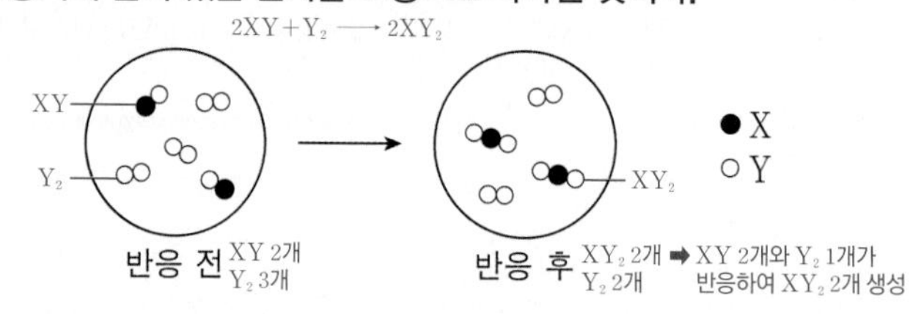

이 반응에 대한 설명으로 옳은 것만을 〈보기〉에서 있는 대로 고른 것은? (단, X와 Y는 임의의 원소 기호이다.) [3점]

보기

ㄱ. 전체 분자 수는 반응 전과 후가 같다. (반응 전이 큼) 반응 전(5)>반응 후(4)

ㄴ. 생성물의 종류는 1가지이다. 생성물은 XY_2, 남은 반응물은 Y_2

ㄷ. 4 mol의 XY_2가 생성되었을 때, 반응한 Y_2의 양은 2 mol이다. 반응 몰비는 XY_2 : Y_2=2 : 1

① ㄱ ② ㄴ ③ ㄱ, ㄷ ④ ㄴ, ㄷ ⑤ ㄱ, ㄴ, ㄷ

✔ 자료 해석

- 화학 반응식의 계수비는 반응 몰비와 같으며, 반응 몰비를 이용하여 반응물과 생성물의 질량이나 부피 등의 양적 관계를 알 수 있다.
- 반응 전에는 XY 2분자, Y_2 3분자가 존재하고, 반응 후에는 XY_2 2분자, Y_2 2분자가 존재하므로 반응한 분자는 XY 2분자, Y_2 1분자이고, 생성된 분자는 XY_2 2분자이다. 따라서 화학 반응식은 $2XY+Y_2 \longrightarrow 2XY_2$이다.

○ 보기 풀이 ㄴ. 생성물은 XY_2 1가지이다.

ㄷ. 반응 계수비가 Y_2 : XY_2=1 : 2이므로 4 mol의 XY_2가 생성되었을 때 반응한 Y_2의 양은 2 mol이다.

✕ 매력적 오답 ㄱ. 전체 분자 수는 반응 전(5)>반응 후(4)이다.

문제풀이 Tip

반응 전과 후 모형의 종류와 수를 이용하여 화학 반응식을 완성한다. 반응 계수비=반응 몰비이다.

12 화학 반응의 양적 관계

출제 의도 기체 반응에서 질량과 부피, 분자량의 관계를 분석할 수 있는지 묻는 문항이다.

문제 분석

다음은 A(g)와 B(g)가 반응하여 C(g)와 D(s)를 생성하는 반응의 화학 반응식이다.

고체는 부피비에서 제외

$$A(g) + 2B(g) \longrightarrow 2C(g) + 3D(s)$$

반응 몰비 A : B : C=1 : 2 : 2

그림 (가)는 실린더에 전체 기체의 질량이 w g이 되도록 A(g)와 B(g)를 넣은 것을, (나)는 (가)의 실린더에서 일부가 반응한 것을, (다)는 (나)의 실린더에서 반응을 완결시킨 것을 나타낸 것이다. 실린더 속 전체 기체의 부피비는 (나) : (다)=11 : 10이고, $\frac{\text{A의 분자량}}{\text{B의 분자량}}=\frac{32}{17}$이다.

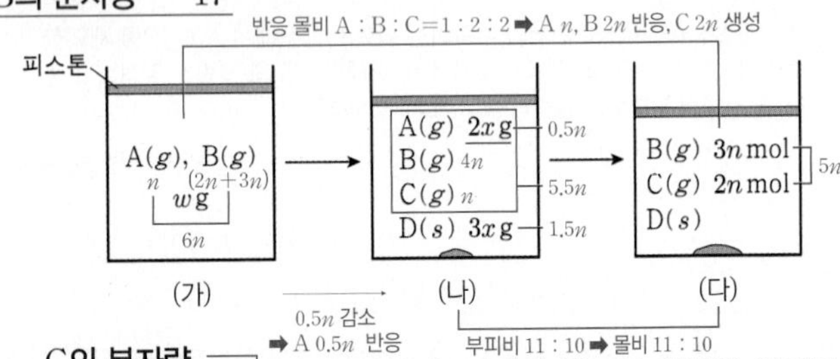

$x\times\frac{\text{C의 분자량}}{\text{A의 분자량}}$은? (단, 실린더 속 기체의 온도와 압력은 일정하다.) [3점] 반응 계수와 분자량 이용 ➡ C의 분자량$=\frac{\text{A의 분자량}+2\times\text{B의 분자량}-3\times\text{D의 분자량}}{2}$

① $\frac{1}{104}w$ ② $\frac{1}{64}w$ ③ $\frac{1}{52}w$ ④ $\frac{1}{13}w$ ⑤ $\frac{3}{26}w$

✓ 자료 해석

- (다)에서 전체 기체의 양(mol)이 $5n$인데, 전체 기체의 부피비가 (나) : (다)=11 : 10이므로 (나)에서 전체 기체의 양(mol)은 $5.5n$이다.
- D(s)는 부피에 영향을 미치지 않으므로 전체 기체의 부피 자료를 활용할 때 D는 무시하고 화학 반응식을 A(g)+2B(g) ⟶ 2C(g)로 생각하면, (가) → (다)에서 C $2n$ mol이 생성되었으므로 A n mol과 B $2n$ mol이 반응했고, (다)에서 반응 후 남은 B의 양(mol)이 $3n$이므로 (가)에서 A, B의 양(mol)은 각각 n, $5n$이다.

(가) → (다)	A(g)	+ 2B(g)	⟶ 2C(g)
반응 전(mol)	n	$5n$	
반응 (mol)	$-n$	$-2n$	$+2n$
반응 후(mol)	0	$3n$	$2n$

- (나)에서 전체 기체의 양(mol)은 $5.5n$으로 (가)에서보다 $0.5n$만큼 작으므로 (가) → (나)에서 A의 양(mol)의 $\frac{1}{2}$배가 반응했다. 따라서 (나)에서 A~C의 양(mol)은 각각 $0.5n$, $4n$, n이다.

(가) → (나)	A(g)	+ 2B(g)	⟶ 2C(g)
반응 전(mol)	n	$5n$	
반응 (mol)	$-0.5n$	$-n$	$+n$
반응 후(mol)	$0.5n$	$4n$	n

○ 보기풀이 화학 반응식에서 계수비는 C : D=2 : 3이므로 (나)에서 D의 양(mol)은 C의 $\frac{3}{2}$배인 $\frac{3n}{2}$이며, 질량(g)은 $3x$이다. 따라서 분자량비는 A : D=$\frac{2x}{0.5n}$: $\frac{3x}{1.5n}$=2 : 1이고, $\frac{\text{A의 분자량}}{\text{B의 분자량}}=\frac{32}{17}$이므로 A, B, D의 분자량을 각각 32, 17, 16이라고 하면 반응 전과 후 질량은 일정하므로 $32+2\times17=2\times$C의 분자량$+3\times16$이 성립하여 C의 분자량은 9이다.
(가)에서 기체의 몰비는 A : B=1 : 5, 분자량비는 A : B=32 : 17이므로 질량비는 A : B=1×32 : 5×17=32 : 85이다. (가)에서 A의 질량(g)은 $\frac{32}{117}w$이고, (나)에서 A의 질량(g)은 (가)에서의 절반인 $\frac{16}{117}w$인데, 이 값이 $2x$이므로 $x=\frac{8}{117}w$이다. 따라서 $x\times\frac{\text{C의 분자량}}{\text{A의 분자량}}=\frac{8}{117}w\times\frac{9}{32}=\frac{1}{52}w$이다.

문제풀이 Tip

A(g)+2B(g) ⟶ 2C(g)에서 계수 합이 3 → 2로 1만큼 감소한다는 것은 A 1 mol이 반응할 때마다 전체 기체의 양은 1 mol만큼 감소한다는 의미이다. (가) → (나)에서 전체 기체의 양(mol)이 $6n$에서 $5.5n$으로 $0.5n$만큼 감소하므로 A $0.5n$ mol이 반응한 것이다.

선택지 비율	❶ 21%	② 31%	③ 22%	④ 15%	⑤ 11%

13 화학 반응의 양적 관계

2023학년도 수능 18번 | 정답 ① | 문제편 55 p

출제 의도 기체의 몰비와 질량비로부터 화학 반응의 양적 관계를 해석할 수 있는지 묻는 문항이다.

문제 분석

다음은 A(g)와 B(g)가 반응하여 C(g)와 D(g)를 생성하는 반응의 화학 반응식이다.

반응 몰비 1 : 4 : 5

$$A(g) + 4B(g) \longrightarrow 3C(g) + 2D(g)$$

표는 실린더에 A(g)와 B(g)를 넣고 반응을 완결시킨 실험 Ⅰ~Ⅲ에 대한 자료이다. Ⅰ과 Ⅱ에서 B(g)는 모두 반응하였고, Ⅰ에서 반응 후 생성물의 전체 질량은 $21w$ g이다.

Ⅰ에서 반응한 A의 질량$=5w$ g

실험	반응 전		반응 후
	A(g)의 질량(g)	B(g)의 질량(g)	$\frac{\text{생성물의 전체 양(mol)}}{\text{남아 있는 반응물의 양(mol)}}$ (상댓값)
Ⅰ	$15w$ /$3a$ mol	$16w$ /$4a$ mol	3 $\left(=\frac{5a\text{ mol}}{2a\text{ mol}}\right)$
Ⅱ	$10w$ /$2a$ mol	xw /$2a$ mol ➡ $x=8$	2 $\left(=\frac{2.5a\text{ mol}}{1.5a\text{ mol}}\right)$
Ⅲ	$10w$ /$2a$ mol	$48w$ /$12a$ mol	y $\left(=\frac{10a\text{ mol}}{4a\text{ mol}}\right)$

$x+y$는? [3점] (8, 3)

① 11 ② 12 ③ 13 ④ 14 ⑤ 15

✔ 자료 해석

- 화학 반응식의 계수비는 반응 몰비와 같다.
- 화학 반응 전후 물질의 전체 질량은 일정하므로 반응물의 질량 총합과 생성물의 질량 총합은 같다.
- 실험 Ⅰ에서 B(g) $16w$ g이 모두 반응하며, 생성물의 전체 질량이 $21w$ g이므로 반응한 A(g)의 질량은 $21w\text{ g}-16w\text{ g}=5w$ g이다.
- 반응 질량비는 A(g) : B(g) : 생성물$=5:16:21$이고, 반응 몰비는 A(g) : B(g) : 생성물$=1:4:5$이다.

○ 보기 풀이 Ⅰ에서 A(g) $5w$ g과 B(g) $16w$ g이 반응하므로 A(g) $5w$ g의 양을 a mol이라고 하면 반응의 양적 관계는 다음과 같다.

[실험 Ⅰ]	A(g)	+	4B(g)	⟶	3C(g)	+	2D(g)
반응 전	$15w$ g ($3a$ mol)		$16w$ g ($4a$ mol)				
반응	$-5w$ g ($-a$ mol)		$-16w$ g ($-4a$ mol)		$+21w$ g ($+5a$ mol)		
반응 후	$10w$ g ($2a$ mol)		0		$21w$ g ($5a$ mol)		

반응 후 $\frac{\text{생성물의 전체 양(mol)}}{\text{남아 있는 반응물의 양(mol)}}=\frac{5a}{2a}=\frac{5}{2}$이다.

Ⅱ에서 A(g) $10w$ g의 양은 $2a$ mol이고, B(g)가 모두 반응하므로 B(g) xw g의 양을 b mol이라고 하면 Ⅱ에서 반응 후 남아 있는 A(g)의 양은 $\left(2a-\frac{b}{4}\right)$mol, 생성물의 전체 양은 $\frac{5}{4}b$ mol이다. $\frac{\text{생성물의 전체 양(mol)}}{\text{남아 있는 반응물의 양(mol)}}$의 비가 Ⅰ : Ⅱ$=3:2$이므로 Ⅱ에서 $\frac{\text{생성물의 전체 양(mol)}}{\text{남아 있는 반응물의 양(mol)}}=\frac{\frac{5}{4}b}{2a-\frac{b}{4}}=\frac{5}{3}$이고, $b=2a$이다. B(g) $16w$ g의 양이 $4a$ mol이므로 B(g) $2a$ mol의 질량은 $8w$ g이고, $x=8$이다.

Ⅲ에서 A(g) $10w$ g의 양은 $2a$ mol, B(g) $48w$ g의 양은 $12a$ mol이므로 반응의 양적 관계는 다음과 같다.

[실험 Ⅲ]	A(g)	+	4B(g)	⟶	3C(g)	+	2D(g)
반응 전(mol)	$2a$		$12a$				
반응 (mol)	$-2a$		$-8a$		$+10a$		
반응 후(mol)	0		$4a$		$10a$		

반응 후 $\frac{\text{생성물의 전체 양(mol)}}{\text{남아 있는 반응물의 양(mol)}}=\frac{10a}{4a}=\frac{5}{2}$이므로 Ⅰ에서와 같다. 따라서 $y=3$이고, $x+y=8+3=11$이다.

문제풀이 Tip

반응 몰비가 제시되어 있고, 각 실험에서 $\frac{\text{생성물의 전체 양(mol)}}{\text{남아 있는 반응물의 양(mol)}}$이 제시되어 있으므로 반응물의 질량을 양(mol)으로 바꾸어 양적 관계를 해석해야 한다.

선택지 비율	① 11%	❷ 55%	③ 18%	④ 8%	⑤ 8%

14 화학 반응의 양적 관계

2023학년도 수능 13번 | 정답 ② | 문제편 55 p

출제 의도 생성된 기체의 부피와 질량으로부터 화학 반응의 양적 관계를 해석하고 반응물과 생성물의 분자량을 구할 수 있는지 묻는 문항이다.

문제 분석

다음은 XYZ_3의 반응을 이용하여 Y의 원자량을 구하는 실험이다.

> [자료]
> - 화학 반응식 : $XYZ_3(s) \longrightarrow XZ(s) + YZ_2(g)$ (−w g, −0.005 mol) (+0.56w g, +0.005 mol) (+0.44w g, +0.005 mol)
> - 원자량의 비는 X : Z=5 : 2이다. (80w, 32w)
>
> [실험 과정]
> (가) $XYZ_3(s)$ w g을 반응 용기에 넣고 모두 반응시킨다.
> (나) 생성된 $XZ(s)$의 질량과 $YZ_2(g)$의 부피를 측정한다. ($w-0.56w=0.44w$(g))
>
> [실험 결과]
> - $XZ(s)$의 질량 : 0.56w g ➡ XZ의 화학식량$=\frac{0.56w}{0.005}=112w$
> - t ℃, 1기압에서 $YZ_2(g)$의 부피 : 120 mL ➡ 0.005 mol
> - Y의 원자량 : a ➡ $a+(32w\times2)=\frac{0.44w}{0.005}$ ∴ $a=24w$

a는? (단, X～Z는 임의의 원소 기호이고, t ℃, 1기압에서 기체 1 mol의 부피는 24 L이다.) [3점]

① $12w$ ② $24w$ ③ $32w$ ④ $40w$ ⑤ $44w$

✓ 자료 해석

- 화학 반응식의 계수비는 반응 몰비와 같다.
- 화학 반응 전후 물질의 전체 질량은 일정하므로 반응물의 질량 총합과 생성물의 질량 총합은 같다.
- 기체의 양(mol)$=\frac{\text{기체의 부피(L)}}{\text{기체 1 mol의 부피(L/mol)}}$ (t ℃, 1기압)
- 화학식량$=\frac{\text{질량(g)}}{\text{물질의 양(mol)}}$
- 생성된 $YZ_2(g)$의 양은 $\frac{0.12\text{ L}}{24\text{ L/mol}}=0.005$ mol이고, 질량은 w g−0.56w g=0.44w g이다.

○ 보기 풀이 생성된 YZ_2 0.44w g의 양이 0.005 mol이므로 YZ_2의 화학식량은 $\frac{0.44w}{0.005}=88w$이다. 그리고 반응 몰비는 XZ : YZ_2=1 : 1이므로 생성된 XZ의 양도 0.005 mol이다. 생성된 XZ의 질량은 0.56w g이므로 XZ의 화학식량은 $\frac{0.56w}{0.005}=112w$이다. 이때 원자량비가 X : Z=5 : 2이므로 X의 원자량은 $112w\times\frac{5}{7}=80w$이고, Z의 원자량은 32$w$이다. YZ_2의 화학식량이 88w이고, Y와 Z의 원자량이 각각 a, 32w이므로 $a+64w=88w$이고, $a=24w$이다.

문제풀이 Tip

반응하거나 생성된 물질의 질량이 제시되어 있고, 생성된 YZ_2의 부피로부터 양(mol)을 구할 수 있으므로 반응 몰비를 이용하여 반응물과 생성물의 화학식량을 각각 구한다.

선택지 비율	① 3%	❷ 67%	③ 7%	④ 6%	⑤ 17%

15 화학 반응식과 양적 관계

2023학년도 9월 평가원 4번 | 정답 ② | 문제편 55 p

출제 의도 반응 전후 전체 기체의 부피 변화로부터 화학 반응식을 완성하고 반응 전후 밀도비를 계산할 수 있는지 묻는 문항이다.

문제 분석

$2AB(g) + B_2(g) \longrightarrow 2AB_2(g)$ ((2V) (V) (2V))

그림은 실린더에 $AB(g)$와 $B_2(g)$를 넣고 반응을 완결시켰을 때, 반응 전과 후 실린더에 존재하는 물질을 나타낸 것이다. 반응 전과 후 실린더 속 전체 기체의 밀도는 각각 d_1과 d_2이다.

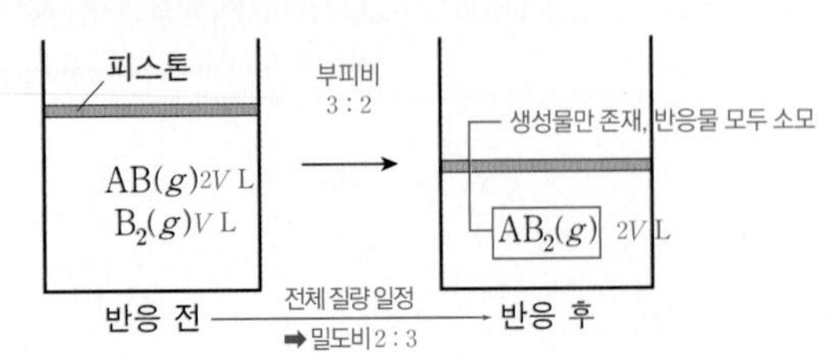

$\frac{d_2}{d_1}$는? (단, A와 B는 임의의 원소 기호이고, 실린더 속 기체의 온도와 압력은 일정하다.) (계수비=반응 부피비)

① 2 ② $\frac{3}{2}$ ③ $\frac{4}{3}$ ④ 1 ⑤ $\frac{2}{3}$

✓ 자료 해석

- $AB(g)$와 $B_2(g)$가 반응하여 $AB_2(g)$를 생성하는 반응의 화학 반응식은 다음과 같다.

$$2AB(g) + B_2(g) \longrightarrow 2AB_2(g)$$

- 일정한 온도와 압력에서 화학 반응식의 계수비=반응 몰비=기체의 반응 부피비이다.
- 화학 반응 전후 물질의 전체 질량은 일정하므로 반응 전후 전체 기체의 밀도비는 부피비에 반비례한다.

○ 보기 풀이 반응 후 실린더에는 생성물만 들어 있으므로 생성된 $AB_2(g)$의 부피를 2V L라고 하면, 반응한 $AB(g)$와 $B_2(g)$의 부피는 각각 2V L, V L이다. 이로부터 전체 기체의 부피비는 반응 전 : 반응 후=3 : 2이고, 화학 반응 전후 물질의 전체 질량은 일정하므로 밀도비는 반응 전 : 반응 후=d_1 : d_2=2 : 3이다. 따라서 $\frac{d_2}{d_1}=\frac{3}{2}$이다.

문제풀이 Tip

반응물과 생성물의 화학식으로부터 화학 반응식을 먼저 완성해야 한다. 반응물이 모두 반응하였으므로 반응 계수비로부터 부피비를 쉽게 계산할 수 있다.

선택지 비율	❶ 43%	② 6%	③ 25%	④ 13%	⑤ 13%

16 화학 반응의 양적 관계

2023학년도 6월 평가원 12번 | 정답 ① | 문제편 55 p

출제 의도 화학 반응의 양적 관계를 이용하여 금속의 원자량을 구하는 데 필요한 조건을 찾을 수 있는지 묻는 문항이다.

문제 분석

다음은 금속과 산의 반응에 대한 실험이다.

[화학 반응식]

- $2A(s) + 6HCl(aq) \longrightarrow 2ACl_3(aq) + 3H_2(g)$ 반응 몰비 $A : H_2 = 2 : 3$
- $B(s) + 2HCl(aq) \longrightarrow BCl_2(aq) + H_2(g)$ $B : H_2 = 1 : 1$

[실험 과정] A의 질량

(가) 금속 A(s) 1 g을 충분한 양의 HCl(aq)과 반응시켜 발생한 $H_2(g)$의 부피를 측정한다. H_2의 양(mol)

(나) A(s) 대신 금속 B(s)를 이용하여 (가)를 반복한다. B의 질량 H_2의 양(mol)

(다) (가)와 (나)에서 측정한 $H_2(g)$의 부피를 비교한다. └ 반응한 A와 B의 양(mol) 비교

이 실험으로부터 B의 원자량을 구하기 위해 반드시 이용해야 할 자료만을 〈보기〉에서 있는 대로 고른 것은? (단, A와 B는 임의의 원소 기호이고, 온도와 압력은 일정하다.) [3점]

기체의 부피비=기체의 몰비

〈보기〉

ㄱ. A의 원자량 반응한 A의 양(mol)을 구하기 위해 필요

ㄴ. ~~H_2의 분자량~~ H_2의 질량이 아닌 부피를 측정

ㄷ. ~~사용한 HCl(aq)의 몰 농도(M)~~ 충분한 양을 사용

① ㄱ ② ㄷ ③ ㄱ, ㄴ ④ ㄴ, ㄷ ⑤ ㄱ, ㄴ, ㄷ

✓ 자료 해석

- 일정한 온도와 압력에서 기체의 부피는 기체의 양(mol)에 비례한다.
- 화학 반응식의 계수비는 반응 몰비와 같다.
- 같은 양(mol)의 A(s)와 B(s)가 반응했을 때 생성된 $H_2(g)$의 몰비는 A(s) : B(s)=3 : 2이다.
- 생성된 $H_2(g)$의 부피비를 이용하여 반응한 A와 B의 몰비를 구할 수 있다.
- 물질의 양(mol)$=\dfrac{\text{질량(g)}}{\text{(화학식량) g/mol}}$이다.

○ 보기풀이 ㄱ. 실험에 사용한 A(s)와 B(s)의 질량은 1 g으로 같고, (가)와 (나)에서 측정한 $H_2(g)$의 부피를 비교하면 반응한 A와 B의 몰비를 알 수 있으므로 A와 B의 원자량비를 구할 수 있다. 따라서 B의 원자량을 구하기 위해서는 A의 원자량을 반드시 이용해야 한다.

× 매력적 오답 ㄴ, ㄷ. A(s), B(s)의 질량과 $H_2(g)$의 부피를 측정하여 반응 몰비를 이용하므로 H_2의 분자량과 사용한 HCl(aq)의 몰 농도는 반드시 이용해야 할 자료가 아니다.

문제풀이 Tip

A의 원자량을 이용하여 (가)에서 반응한 A(s) 1 g의 양(mol)을 알 수 있고, 반응 몰비가 A(s) : $H_2(g)$=2 : 3이므로 생성된 $H_2(g)$의 양(mol)에 해당하는 $H_2(g)$의 부피를 알 수 있다. B(s) 1 g이 반응하여 생성된 $H_2(g)$의 부피를 통해 반응한 B(s)의 양(mol)을 알 수 있어 B의 원자량을 구할 수 있다.

17 화학 반응의 양적 관계

(출제 의도) 반응 시간에 따른 전체 기체의 양(mol) 변화로부터 화학 반응에서의 양적 관계를 해석하여 기체의 분자량비를 계산할 수 있는지 묻는 문항이다.

(문제 분석)

다음은 A(g)와 B(g)가 반응하여 C(g)를 생성하는 반응의 화학 반응식이다.

반응 질량비 4 : 7 : 11
반응 몰비 1 : 2 : 2 ➡ 분자량비 $\frac{4}{1}:\frac{7}{2}:\frac{11}{2}=8:7:11$

$$A(g) + 2B(g) \longrightarrow 2C(g)$$

표는 실린더에 A(g)와 B(g)를 넣고 반응시켰을 때, 반응이 진행되는 동안 시간에 따른 실린더 속 기체에 대한 자료이다. $t_1<t_2<t_3<t_4$이고, t_4에서 반응이 완결되었다.

시간	0	t_1	t_2	t_3	t_4 (완결)
$\frac{B(g)의 질량}{A(g)의 질량}$	1	$\frac{7w}{8w}=\frac{7}{8}$	$\frac{7}{9}$ $\left(=\frac{7w-n}{8w-m}\right)$	$\frac{1}{2}=\frac{7w-3n}{8w-3m}$	
전체 기체의 양(mol) (상댓값)	x	7	6.7	6.1	y

($t_1 \to t_2$: -0.3, $t_2 \to t_3$: -0.6; 2배 ➡ 반응한 물질의 양 2배; $m:n=4:7$)

$\frac{A의 분자량}{C의 분자량}\times\frac{y}{x}$는? (단, 실린더 속 기체의 온도와 압력은 일정하다.) [3점]

① $\frac{3}{10}$　② $\frac{2}{5}$　③ $\frac{8}{15}$　④ $\frac{7}{12}$　⑤ $\frac{2}{3}$

✓ 자료 해석

- 반응 전 실린더에 들어 있는 A(g)와 B(g)의 질량은 같다.
- 전체 기체의 양(mol)(상댓값)은 t_1~t_2 동안 0.3만큼 감소하고, t_2~t_3 동안 0.6만큼 감소하므로 반응한 A(g)와 B(g)의 양(mol) 및 생성된 C(g)의 양(mol)은 t_2~t_3에서가 t_1~t_2에서의 2배이다.

○ 보기 풀이 t_1에서 A(g)와 B(g)의 질량을 각각 $8w$ g, $7w$ g이라고 하고, t_2까지 반응한 A(g)와 B(g)의 질량을 각각 m g, n g이라고 하면 반응한 기체의 양은 t_2~t_3에서가 t_1~t_2에서의 2배이므로 t_1~t_3에서 A(g)와 B(g)의 질량 변화는 다음과 같다.

시간	기체의 질량(g)		$\frac{B(g)의 질량}{A(g)의 질량}$
	A(g)	B(g)	
t_1	$8w$	$7w$	$\frac{7}{8}$
t_2	$8w-m$	$7w-n$	$\frac{7w-n}{8w-m}=\frac{7}{9}$(식 ①)
t_3	$8w-3m$	$7w-3n$	$\frac{7w-3n}{8w-3m}=\frac{1}{2}$(식 ②)

식 ①과 ②를 연립하면 $m=\frac{4}{5}w$, $n=\frac{7}{5}w$이므로 반응 질량비는 A : B : C= 4 : 7 : 11이다. 따라서 분자량비는 A : B : C$=\frac{4}{1}:\frac{7}{2}:\frac{11}{2}=8:7:11$이므로 $\frac{A의 분자량}{C의 분자량}=\frac{8}{11}$이다. 반응 전 A($g$)와 B($g$)의 질량은 같고, 분자량비는 A : B=8 : 7이므로 몰비는 A(g) : B(g)=7 : 8이다. 따라서 반응 전 A(g)와 B(g)의 양을 각각 $7a$ mol, $8a$ mol이라고 하면 반응이 완결되었을 때 양적 관계는 다음과 같다.

	A(g)	+	2B(g)	⟶	2C(g)
반응 전(mol)	$7a$		$8a$		0
반응 (mol)	$-4a$		$-8a$		$+8a$
반응 후(mol)	$3a$		0		$8a$

전체 기체의 양(mol) 비는 반응 전 : 반응 후=15 : 11이므로 $\frac{y}{x}=\frac{11}{15}$이다.

따라서 $\frac{A의 분자량}{C의 분자량}\times\frac{y}{x}=\frac{8}{11}\times\frac{11}{15}=\frac{8}{15}$이다.

문제풀이 Tip

시간에 따른 반응물의 질량 변화가 제시되어 있으므로 반응 질량비를 가장 먼저 알아내야 한다. 이때 t_2~t_3 동안 반응한 기체의 양(mol)이 t_1~t_2 동안 반응한 기체의 양(mol)의 2배인 것을 이용해야 한다.

선택지 비율	① 14%	❷ 37%	③ 15%	④ 22%	⑤ 12%

18 화학 반응의 양적 관계

2023학년도 6월 평가원 20번 | 정답 ② | 문제편 56 p

(출제 의도) 기체의 질량과 밀도, 부피 관계로부터 화학 반응에서의 양적 관계를 해석하여 반응 계수와 분자량비를 구할 수 있는지 묻는 문항이다.

(문제 분석)

다음은 A(g)와 B(g)가 반응하여 C(g)를 생성하는 반응의 화학 반응식이다.

$a:1=4:2$

$$\underset{2}{a}\text{A}(g)+\text{B}(g)\longrightarrow 2\text{C}(g)\ \ (a\text{는 반응 계수})$$

표는 실린더에 A(g)와 B(g)를 넣고 반응을 완결시킨 실험 Ⅰ, Ⅱ에 대한 자료이다.

A $2.5w$ g+B $0.5w$ g

질량 일정 ➡ 부피비는 밀도비에 반비례

실험	반응 전		반응 후 (B 모두 반응)		
	전체 기체의 질량(g)	전체 기체의 밀도(g/L)	A의 질량(상댓값)	전체 기체의 부피(상댓값)	전체 기체의 밀도(g/L)
Ⅰ	$3w$	$5d_1$ ➡ $7V$ L	1 $0.5w$ g	5	$7d_1$ ➡ $5V$ L
Ⅱ	$5w$	$9d_2$ ➡ $11V$ L	5 $2.5w$ g	9	$11d_2$ ➡ $9V$ L

(질량: A $2w$ g 증가, 부피: A $4V$ L 증가)

A $4.5w$ g+B $0.5w$ g

Ⅰ, Ⅱ에서 부피가 $2V$ L씩 감소 ➡ Ⅰ, Ⅱ에서 반응한 B의 양이 같음

$a\times\dfrac{\text{B의 분자량}}{\text{C의 분자량}}$은? (단, 실린더 속 기체의 온도와 압력은 일정하다.) [3점]

(반응 부피비=반응 계수비)

① $\dfrac{1}{4}$ ② $\dfrac{4}{5}$ ③ $\dfrac{8}{9}$ ④ 1 ⑤ $\dfrac{10}{9}$

✓ 자료 해석

- 일정한 온도와 압력에서 화학 반응식의 계수비=기체의 반응 부피비이다.
- 밀도$=\dfrac{\text{질량}}{\text{부피}}$이므로 질량이 같을 때 기체의 부피비는 밀도비에 반비례한다.
- 반응 전과 후 전체 기체의 질량은 일정하므로 반응 전과 후 전체 기체의 부피비는 실험 Ⅰ에서 7 : 5이고, 실험 Ⅱ에서 11 : 9이다.
- 반응 후 전체 기체의 부피비가 실험 Ⅰ : 실험 Ⅱ=5 : 9이므로 실험 Ⅰ에서 반응 후 전체 기체의 부피를 $5V$ L라고 하면, 실험 Ⅰ과 실험 Ⅱ에서 전체 기체의 부피는 다음과 같다.

실험	전체 기체의 부피(L)	
	반응 전	반응 후
Ⅰ	$7V$	$5V$
Ⅱ	$11V$	$9V$

- 실험 Ⅰ과 실험 Ⅱ에서 반응 후 A가 남았으므로 B는 모두 반응하며, 전체 기체의 부피가 각각 $2V$ L씩 감소하므로 실험 Ⅰ과 실험 Ⅱ에서 반응한 B의 양(mol)이 서로 같다. 즉, 반응 전 B의 양(mol)은 실험 Ⅰ과 실험 Ⅱ에서 같다.
- 실험 Ⅱ는 실험 Ⅰ보다 전체 기체의 질량이 $2w$ g 크고, 전체 기체의 부피가 $4V$ L 크므로 A $2w$ g의 부피가 $4V$ L라는 것을 알 수 있다.
- 반응 후 A의 질량비가 실험 Ⅰ : 실험 Ⅱ=1 : 5이므로 반응 후 A의 부피는 실험 Ⅰ에서 V L, 실험 Ⅱ에서 $5V$ L이다. 따라서 실험 Ⅰ과 실험 Ⅱ에서 생성된 C의 부피는 각각 $4V$ L이다.

○ 보기풀이 Ⅰ, Ⅱ에서 생성된 C의 부피는 각각 $4V$ L이므로 반응한 B의 부피는 $2V$ L이다. Ⅰ에서 반응 전 A의 부피는 $7V-2V=5V$(L), 반응 후 A의 부피는 V L이므로 반응한 A의 부피는 $4V$ L가 되어 A와 B의 반응 몰비는 $a:1=4V$ L : $2V$ L이고, $a=2$이다.

A $2w$ g의 부피가 $4V$ L이므로 Ⅰ에서 반응 전 A $5V$ L의 질량은 $2.5w$ g, B의 질량은 $3w-2.5w=0.5w$(g)이고, 반응 후 A V L($0.5w$ g)가 남아 있으므로 반응 질량비는 A : B : C$=2w:0.5w:2.5w=4:1:5$이다. 따라서 분자량비는 A : B : C$=\dfrac{4}{2}:\dfrac{1}{1}:\dfrac{5}{2}=4:2:5$이므로 $a\times\dfrac{\text{B의 분자량}}{\text{C의 분자량}}=2\times\dfrac{2}{5}=\dfrac{4}{5}$이다.

문제풀이 Tip

Ⅰ과 Ⅱ에서 반응 후 A가 남았으므로 B는 모두 반응하고, 전체 기체의 부피가 동일하게 감소하였으므로 Ⅰ과 Ⅱ에서 반응한 B의 양(mol) 및 생성된 C의 양(mol)은 서로 같다는 점을 파악할 수 있어야 한다.

Part Ⅱ 수능 평가원

선택지 비율	① 13%	② 13%	③ 10%	❹ 48%	⑤ 13%

19 화학 반응의 양적 관계

2022학년도 수능 19번 | 정답 ④ | 문제편 56 p

출제 의도 화학 반응의 양적 관계를 해석하여 화학 반응식의 계수와 반응 전 기체의 질량비를 구할 수 있는지 묻는 문항이다.

문제 분석

다음은 A(g)와 B(g)가 반응하여 C(g)가 생성되는 반응의 화학 반응식이다.

$$\overset{2}{a}\mathrm{A}(g) + \mathrm{B}(g) \longrightarrow 2\mathrm{C}(g) \quad (a\text{는 반응 계수})$$

($\frac{5}{8}w$ g)

표는 B(g) x g이 들어 있는 실린더에 A(g)의 질량을 달리하여 넣고 반응을 완결시킨 실험 Ⅰ~Ⅳ에 대한 자료이다. Ⅱ에서 반응 후 남은 B(g)의 질량은 Ⅲ에서 반응 후 남은 A(g)의 질량의 $\frac{1}{4}$배이다.

(Ⅰ에서 반응 후 B가 남음)
(Ⅳ에서 반응 후 A가 남음)

실험	Ⅰ	Ⅱ	Ⅲ	Ⅳ
넣어 준 A(g)의 질량(g)	w	$2w$	$3w$	$4w$
반응 후 $\frac{\text{생성물의 양(mol)}}{\text{전체 기체의 부피(L)}}$(상댓값)	$\frac{4}{7}$ ($\frac{4n}{7n}$)	$\frac{8}{9}$ ($\frac{8n}{9n}$)	($\frac{10n}{12n}$)	$\frac{5}{8}$ ($\frac{10n}{16n}$)

(생성된 C의 양(mol)은 반응한 A의 양(mol)에 비례)

$a \times x$는? (단, 실린더 속 기체의 온도와 압력은 일정하다.) [3점]

(전체 기체의 부피∝전체 기체의 양(mol))

① $\frac{3}{8}w$ ② $\frac{5}{8}w$ ③ $\frac{3}{4}w$ ④ $\frac{5}{4}w$ ⑤ $\frac{5}{2}w$

(B가 모두 반응했으므로 생성된 C의 양(mol)은 같음)

문제풀이 Tip

실험 Ⅲ에서 반응 후 남은 A의 질량은 $\frac{1}{2}w$ g이다. Ⅱ에서 반응 후 남은 B의 질량은 Ⅲ에서 반응 후 남은 A의 질량의 $\frac{1}{4}$배라는 조건으로부터 실험 Ⅰ~Ⅳ에서 반응 후 남은 반응물의 종류를 파악할 수 있어야 한다.

✓ 자료 해석

- 실험 Ⅱ에서 반응 후 B가 남았고, 실험 Ⅲ에서 반응 후 A가 남았으므로 반응 후 실험 Ⅰ에서는 B가, 실험 Ⅳ에서는 A가 남게 된다.
- 넣어 준 A(g)의 질량은 실험 Ⅱ에서가 Ⅰ에서의 2배이므로 생성된 C의 양(mol)은 실험 Ⅱ에서가 Ⅰ에서의 2배이다.
- 넣어 준 B(g)의 양은 같으므로 생성된 C의 양(mol)은 실험 Ⅲ과 Ⅳ에서 같다.
- 실험 Ⅰ에서 반응 후 $\frac{\text{생성물의 양(mol)}}{\text{전체 기체의 부피(L)}} = \frac{4}{7}$이므로 생성된 C의 양을 $4n$ mol이라고 하면 반응한 B의 양은 $2n$ mol이고, 실험 Ⅱ에서 생성된 C의 양을 $8n$ mol이라고 하면 반응한 B의 양은 $4n$ mol이다. B(g) x g의 양을 m mol이라고 하면 반응 후 전체 기체의 부피비는 실험 Ⅰ : 실험 Ⅱ $=(m-2n+4n):(m-4n+8n)=7:9$에서 $m=5n$이다. 따라서 반응 전 B(g) x g의 양은 $5n$ mol이다.
- 실험 Ⅰ에서 넣어 준 A(g) w g의 양을 $2an$ mol이라고 하면 실험 Ⅱ~Ⅳ에서 넣어 준 A(g)의 양은 각각 $4an$ mol, $6an$ mol, $8an$ mol이다.

○ 보기 풀이 생성된 C의 양(mol)은 실험 Ⅱ에서가 Ⅰ에서의 2배이므로 실험 Ⅰ과 Ⅱ에서 반응의 양적 관계는 각각 다음과 같다.

[실험 Ⅰ]	aA(g)	+	B(g)	⟶	2C(g)
반응 전(mol)	$2an$		$5n$		
반응 (mol)	$-2an$		$-2n$		$+4n$
반응 후(mol)	0		$3n$		$4n$

[실험 Ⅱ]	aA(g)	+	B(g)	⟶	2C(g)
반응 전(mol)	$4an$		$5n$		0
반응 (mol)	$-4an$		$-4n$		$+8n$
반응 후(mol)	0		n		$8n$

B $5n$ mol의 질량이 x g이므로 실험 Ⅱ에서 반응 후 남은 B의 질량은 $\frac{x}{5}$ g이다.

실험 Ⅲ과 Ⅳ에서 생성된 C의 양(mol)은 같으므로 반응한 A의 양(mol)도 같으며, 반응한 A의 양을 $5an$ mol이라고 하면 실험 Ⅲ과 Ⅳ에서 반응의 양적 관계는 각각 다음과 같다.

[실험 Ⅲ]	aA(g)	+	B(g)	⟶	2C(g)
반응 전(mol)	$6an$		$5n$		0
반응 (mol)	$-5an$		$-5n$		$+10n$
반응 후(mol)	an		0		$10n$

[실험 Ⅳ]	aA(g)	+	B(g)	⟶	2C(g)
반응 전(mol)	$8an$		$5n$		0
반응 (mol)	$-5an$		$-5n$		$+10n$
반응 후(mol)	$3an$		0		$10n$

생성된 C의 질량은 실험 Ⅲ에서가 실험 Ⅱ에서의 $\frac{5}{4}$배이므로 반응한 A의 양(mol)은 Ⅲ에서가 Ⅱ에서의 $\frac{5}{4}$배이다. 실험 Ⅲ에서 반응 후 남은 A의 질량은 $\frac{1}{2}w$ g이고, Ⅱ에서 반응 후 남은 B의 질량은 실험 Ⅲ에서 반응 후 남은 A의 질량의 $\frac{1}{4}$배이므로 $\frac{1}{5}x=\frac{1}{2}w\times\frac{1}{4}$에서 $x=\frac{5}{8}w$이다. 또한 실험 Ⅳ에서 반응 후 남은 A의 양(mol)은 $3an=6n$이므로 $a=2$이다. 따라서 $a\times x=2\times\frac{5}{8}w=\frac{5}{4}w$이다.

선택지 비율	❶ 81%	② 0%	③ 15%	④ 0%	⑤ 2%

20 화학 반응식과 양적 관계

2022학년도 수능 5번 | 정답 ① | 문제편 56 p

출제 의도 생성물의 종류를 알아내고, 계수를 맞추어 화학 반응식을 완성할 수 있는지 묻는 문항이다.

문제 분석

다음은 2가지 반응의 화학 반응식이다.

(가) $HNO_2 + NH_3 \longrightarrow$ ㉠ N_2 $+ 2H_2O$ 반응 몰비 $NH_3 : H_2O = 1 : 2$

(나) $aN_2O + bNH_3 \longrightarrow 4$ ㉠ N_2 $+ aH_2O$ 반응 몰비 $NH_3 : H_2O = 2 : 3$

N 원자 수 : $2a+b=8$ H 원자 수 : $2a=3b$ ➡ $a=3, b=2$

(a, b는 반응 계수)

이에 대한 설명으로 옳은 것만을 〈보기〉에서 있는 대로 고른 것은? [3점]

〈보기〉

ㄱ. ㉠은 N_2이다.

ㄴ. $a+b=4$이다. (5) $a=3, b=2$

ㄷ. (가)와 (나)에서 각각 NH_3 1 g이 모두 반응했을 때 생성되는 H_2O의 질량은 (나)>(가)이다. └ 생성되는 H_2O의 양(mol)의 비 ➡ (가) : (나)=4 : 3

① ㄱ ② ㄴ ③ ㄱ, ㄷ ④ ㄴ, ㄷ ⑤ ㄱ, ㄴ, ㄷ

✓ 자료 해석

• 화학 반응식에서 반응물과 생성물에 포함된 원자의 종류와 개수는 같다.

• (가)와 (나)의 화학 반응식을 완성하면 다음과 같다.

(가) $HNO_2 + NH_3 \longrightarrow N_2 + 2H_2O$

(나) $3N_2O + 2NH_3 \longrightarrow 4N_2 + 3H_2O$

• 반응하거나 생성되는 물질의 반응 몰비는 화학 반응식의 계수비와 같으므로 NH_3와 H_2O의 반응 몰비는 (가)에서 1 : 2이고, (나)에서 2 : 3이다.

○ 보기풀이 ㄱ. ㉠은 N_2이다.

× 매력적 오답 ㄴ. $a=3$, $b=2$이므로 $a+b=5$이다.

ㄷ. (가)와 (나)에서 같은 양(mol)의 NH_3가 모두 반응할 때 생성되는 H_2O의 양(mol)의 비는 (가) : (나)=4 : 3이다. 따라서 (가)와 (나)에서 각각 NH_3 1 g이 모두 반응할 때 생성되는 H_2O의 질량은 (가)>(나)이다.

문제풀이 Tip

(가)에서 ㉠을 먼저 알아내고, (나)에서 화학 반응식의 반응 계수를 맞추어야 한다. 또한 같은 질량의 NH_3가 모두 반응했을 때 생성되는 H_2O의 질량은 반응 계수비를 이용하여 비교하면 된다.

선택지 비율	① 1%	② 2%	③ 3%	❹ 92%	⑤ 0%

21 화학 반응식과 양적 관계

2022학년도 9월 평가원 6번 | 정답 ④ | 문제편 57 p

출제 의도 화학 반응식에서 반응 계수비가 의미하는 것을 알고 있는지 묻는 문항이다.

문제 분석

다음은 아세틸렌(C_2H_2) 연소 반응의 화학 반응식이다.

$$2C_2H_2 + aO_2 \longrightarrow 4CO_2 + 2H_2O \quad (a\text{는 반응 계수})$$

(5) $2a=8+2$ ➡ $a=5$

이 반응에서 1 mol의 C_2H_2이 반응하여 x mol의 CO_2와 1 mol의 H_2O이 생성되었을 때, $a+x$는?

└ 반응 계수비=반응 몰비 ➡ $C_2H_2 : CO_2 : H_2O=1 : 2 : 1$ ➡ $x=2$

① 4 ② 5 ③ 6 ④ 7 ⑤ 8

문제풀이 Tip

화학 반응 전과 후 원자의 종류와 수는 변하지 않는다는 것을 이용하여 a를 구하고, 반응 계수비=반응 몰비를 이용하여 x를 구한다.

✓ 자료 해석

• 화학 반응식의 의미 : 화학 반응식을 통해 반응물과 생성물의 종류를 알 수 있고, 물질의 양(mol), 분자 수, 질량, 기체의 부피 등의 양적 관계를 파악할 수 있다.

• 화학 반응식의 계수비는 반응 몰비와 같다.

• $2C_2H_2 + 5O_2 \longrightarrow 4CO_2 + 2H_2O$에서 반응 몰비는 $C_2H_2 : O_2 : CO_2 : H_2O=2 : 5 : 4 : 2$이다.

○ 보기풀이 반응 전후 O 원자의 수는 같으므로 $2a=(4\times2)+2$이고 $a=5$이다. 반응 몰비는 $C_2H_2 : CO_2 : H_2O=1 : 2 : 1$이고, C_2H_2 1 mol이 반응하여 H_2O 1 mol이 생성되었으므로 CO_2 2 mol이 생성되었다. 따라서 $x=2$이고, $a+x=5+2=7$이다.

선택지 비율	❶ 87%	② 7%	③ 1%	④ 2%	⑤ 0%

22 화학 반응식과 양적 관계

2022학년도 6월 평가원 2번 | 정답 ① | 문제편 57 p

출제 의도 화학 반응에서 반응 전과 후 질량이 보존된다는 것을 이해하는지 묻는 문항이다.

문제 분석

그림은 강철 용기에 에탄올(C_2H_5OH)과 산소(O_2)를 넣고 반응시켰을 때, 반응 전과 후 용기에 존재하는 물질과 양을 나타낸 것이다.

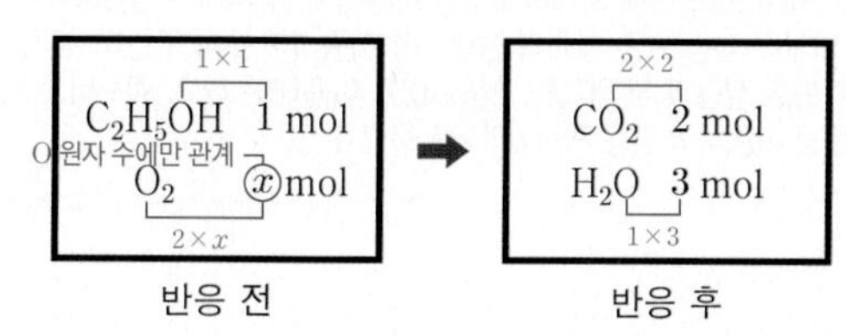

x는?

① 3 ② 4 ③ 5 ④ 6 ⑤ 7

✓ 자료 해석

• 화학 반응 전후 원자의 종류와 수는 일정하므로 화학 반응식에서 반응물과 생성물에 포함된 원자의 종류와 개수는 같다.

• 에탄올(C_2H_5OH)과 산소(O_2)가 반응하여 이산화 탄소(CO_2)와 물(H_2O)이 생성되는 반응의 화학 반응식은 다음과 같다.

$C_2H_5OH + 3O_2 \longrightarrow 2CO_2 + 3H_2O$

○ 보기풀이 질량 보존 법칙에 의해 반응물과 생성물의 원자의 종류와 수는 같다. 따라서 산소(O) 원자 수는 반응 전과 후가 같으므로 $1+2x=4+3$이고 $x=3$이다.

문제풀이 Tip

x는 산소(O) 원자 수와 관련이 있으므로 화학 반응식을 세울 필요없이 반응 전과 후의 산소(O) 원자 수가 같다는 것을 이용할 수 있다.

선택지 비율	① 19%	② 26%	③ 10%	④ 33%	⑤ 8%

23 화학 반응의 양적 관계

2022학년도 9월 평가원 20번 | 정답 ④ | 문제편 57 p

출제 의도 질량, 분자량, 양(mol), 밀도의 관계를 이해하고 화학 반응의 양적 관계를 해석할 수 있는지 묻는 문항이다.

문제 분석

다음은 A(g)와 B(g)가 반응하여 C(g)를 생성하는 반응의 화학 반응식이다.

$$\overset{2}{a}\text{A}(g) + \text{B}(g) \longrightarrow \overset{2}{c}\text{C}(g) \quad (a,\ c\text{는 반응 계수})$$

표는 실린더에 A(g)와 B(g)의 질량을 달리하여 넣고 반응을 완결시킨 실험 Ⅰ~Ⅲ에 대한 자료이다.

실험	반응 전		반응 후		
	A의 질량(g)	B의 질량(g)	A 또는 B의 질량(g)	C의 밀도(상댓값)	전체 기체의 부피(상댓값)
Ⅰ	모두 반응 ①	w 1.6	B $\frac{4}{5}$	17	6
Ⅱ	3	모두 반응 w 1.6	A 1	17	12
Ⅲ	모두 반응 ④	$w+2$ 3.6	B 0.4	x 24	17

(C의 밀도 Ⅰ : Ⅱ = 1 : 1, 전체 기체의 부피 Ⅰ : Ⅱ = 1 : 2 ➡ 생성된 C의 몰비 1 : 2)

$\frac{x}{c} \times \frac{\text{C의 분자량}}{\text{B의 분자량}}$ $\left(= \frac{24}{2} \times \frac{9}{8}\right)$은? (단, 온도와 압력은 일정하다.) [3점] (기체의 부피는 양(mol)에 비례)

① $\frac{21}{4}$ ② $\frac{17}{2}$ ③ $\frac{39}{4}$ ④ $\frac{27}{2}$ ⑤ $\frac{39}{2}$

✓ 자료 해석

- 화학 반응식의 계수비는 반응 몰비와 같다.
- 반응물의 질량 총합과 생성물의 질량 총합은 같다.
- 반응 후 전체 기체의 부피비는 실험 Ⅰ : 실험 Ⅱ=6 : 12=1 : 2이고, C의 밀도는 같으므로 생성된 C의 몰비는 실험 Ⅰ : 실험 Ⅱ=1 : 2이다.
- B의 질량은 같고 A의 질량은 실험 Ⅱ가 실험 Ⅰ의 3배인데, 생성된 C의 몰비는 실험 Ⅰ : 실험 Ⅱ=1 : 2이므로 실험 Ⅰ에서는 A가 모두 반응하고, 실험 Ⅱ에서는 B가 모두 반응한다.
- 반응 후 남은 반응물의 질량은 실험 Ⅰ에서 B 0.8 g이고, 실험 Ⅱ에서 A 1 g이다. 실험 Ⅰ, 실험 Ⅱ에서 반응 질량비는 같으므로 반응의 양적 관계는 다음과 같다.

[실험 Ⅰ]	aA(g) +	B(g)	⟶ cC(g)
반응 전(g)	1	w	
반응 (g)	-1	$-(w-0.8)$	$+(1+w-0.8)$
반응 후(g)	0	0.8	$1+w-0.8$

[실험 Ⅱ]	aA(g) +	B(g)	⟶ cC(g)
반응 전(g)	3	w	
반응 (g)	-2	$-w$	$+(2+w)$
반응 후(g)	1	0	$2+w$

실험 Ⅰ과 실험 Ⅱ에서 반응 질량비가 같다는 것을 이용하면 $2\times(w-0.8)=w$에서 $w=1.6$이다. 따라서 반응 질량비는 A : B : C $=1 : 0.8 : 1.8=5 : 4 : 9$이다. 또한 생성된 C의 몰비가 실험 Ⅰ : 실험 Ⅱ=1 : 2인 것을 이용하여 w를 구해도 되는데, 이때 $2\times(1+w-0.8)=2+w$에서 $w=1.6$이다.

○ 보기 풀이 반응 질량비는 A : B : C$=1 : 0.8 : 1.8=5 : 4 : 9$이므로 실험 Ⅲ에서 반응의 양적 관계는 다음과 같다.

[실험 Ⅲ]	aA(g) +	B(g)	⟶ cC(g)
반응 전(g)	4	3.6 $(=1.6+2)$	
반응 (g)	-4	-3.2	$+7.2$
반응 후(g)	0	0.4	7.2

온도와 압력이 일정할 때 기체의 부피는 양(mol)에 비례하므로 반응 후 전체 기체의 양(mol)을 실험 Ⅰ에서 $6n$, Ⅱ에서 $12n$, Ⅲ에서 $17n$, B 0.8 g의 양(mol)을 pn, C 1.8 g의 양(mol)을 qn이라고 하면 Ⅰ에서 $pn+qn=6n$, Ⅲ에서 $0.5pn+4qn=17n$이 성립하여 $p=2$, $q=4$이다. 이때 실험 Ⅱ에서 A 1 g의 양(mol)은 $12n-8n=4n$이다. 따라서 반응 몰비는 A : B : C$=4n : 2n : 4n=2 : 1 : 2$이므로 반응 계수 $a=2$, $c=2$이다. 반응 질량비는 A : B : C$=1 : 0.8 : 1.8=5 : 4 : 9$이고, 반응 몰비는 A : B : C$=2 : 1 : 2$이므로 분자량비는 A : B : C$=5 : 8 : 9$이다. 한편, 반응 후 C의 밀도 비는 Ⅰ : Ⅲ$=\frac{1.8}{6} : \frac{7.2}{17}=17 : x$이므로 $x=24$이다. 따라서 $\frac{x}{c} \times \frac{\text{C의 분자량}}{\text{B의 분자량}}=\frac{24}{2}\times\frac{9}{8}=\frac{27}{2}$이다.

문제풀이 Tip

반응 후 C의 밀도와 전체 기체의 부피비로부터 반응 후 남은 물질이 무엇인지 먼저 알아내고, 질량 보존 법칙과 질량비를 이용하여 w를 구한다. 분자량비를 알아야 하므로 질량과 부피(또는 양(mol))를 이용해야 하고, 계수비는 반응 몰비와 같음을 이용하여 반응 계수 a와 c를 구할 수 있다.

선택지 비율	① 10%	② 14%	③ 16%	④ 28%	⑤ 30%

24 화학 반응의 양적 관계

2022학년도 6월 평가원 19번 | 정답 ⑤ | 문제편 57p

(출제 의도) 기체의 몰비와 분자량비를 이용하여 화학 반응의 양적 관계를 해석할 수 있는지 묻는 문항이다.

(문제 분석)

다음은 A(g)와 B(g)가 반응하여 C(g)와 D(g)를 생성하는 반응의 화학 반응식이다.

$$2A(g) + bB(g) \longrightarrow cC(g) + 6D(g)$$ (b, c는 반응 계수) (b=7, c=4)

그림 (가)는 실린더에 A(g), B(g), D(g)를 넣은 것을, (나)는 (가)의 실린더에서 반응을 완결시킨 것을 나타낸 것이다. (가)와 (나)에서 $\frac{\text{D의 양(mol)}}{\text{전체 기체의 양(mol)}}$은 각각 $\frac{2}{5}$, $\frac{3}{4}$이고, $\frac{\text{A의 분자량}}{\text{B의 분자량}}$은 $\frac{7}{4}$이다.

$\frac{6}{15}$, $\frac{12}{16}$ └ 반응 계수비 A : B = 2 : 7이므로 반응 질량비 A : B = 1 : 2

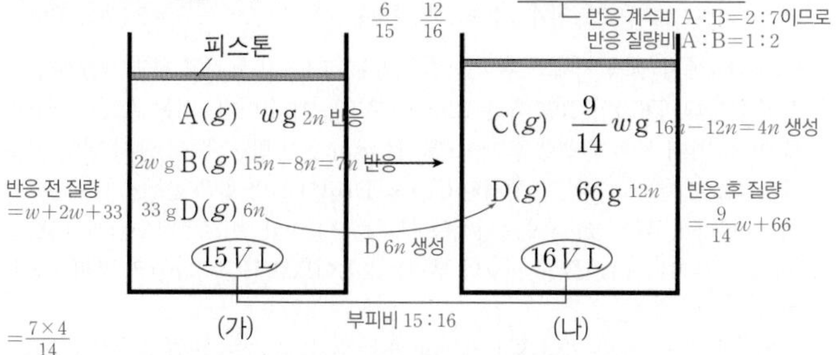

$= \frac{7\times4}{14}$

$\frac{b\times c}{w}$는? (단, 실린더 속 기체의 온도와 압력은 일정하다.) [3점]

① $\frac{3}{4}$ ② 1 ③ $\frac{7}{5}$ ④ $\frac{3}{2}$ ⑤ 2

✓ 자료 해석

- 일정한 온도와 압력에서 기체의 양(mol)은 기체의 부피에 비례한다.
- 분자의 양(mol) $= \frac{\text{질량(g)}}{\text{(분자량) g/mol}}$
- 반응물의 질량 총합과 생성물의 질량 총합은 같다.
- 화학 반응식의 계수비는 반응 몰비와 같다.
- 반응물과 생성물이 기체인 경우, 일정한 온도와 압력에서 화학 반응식의 계수비는 기체의 반응 부피비와 같다.
- (가)와 (나)에서 $\frac{\text{D의 양(mol)}}{\text{전체 기체의 양(mol)}}$이 각각 $\frac{2}{5}\left(=\frac{6}{15}\right)$, $\frac{3}{4}\left(=\frac{12}{16}\right)$이고, 기체의 부피비는 (가) : (나) = 15 : 16이므로 D의 몰비는 (가) : (나) = 6 : 12 = 1 : 2이다.

○ 보기 풀이 (가)에서 D의 양을 $6n$ mol, (나)에서 D의 양을 $12n$ mol이라고 하면 생성된 D의 양은 $6n$ mol이고 화학 반응식의 계수비에 따라 반응한 A의 양은 $2n$ mol이므로 (가)에서 A의 양은 $2n$ mol, B의 양(mol)은 $15n-(2n+6n)=7n$이다. 또한 (나)에서 C의 양(mol)은 $16n-12n=4n$이다. 따라서 반응 계수 $b=7$, $c=4$이다.

한편, D의 몰비는 (가) : (나) = 1 : 2이고, (나)에서 D의 질량이 66 g이므로 (가)에서 D의 질량은 33 g이다. 또한 $b=7$이므로 (가)에서 A와 B의 반응 몰비는 2 : 7이고, 분자량비는 7 : 4이므로 A와 B의 반응 질량비는 $(2\times7):(7\times4)=1:2$이다. 따라서 (가)에서 B의 질량은 $2w$ g이고, 반응 전후 물질의 전체 질량은 일정하므로 $3w+33=\frac{9}{14}w+66$에서 $w=14$이다. 따라서 $\frac{b\times c}{w}=\frac{7\times4}{14}=2$이다.

문제풀이 Tip

우선 $\frac{\text{D의 양(mol)}}{\text{전체 기체의 양(mol)}}$ 비를 이용하여 (가)와 (나)에서 D의 몰비를 알아내고, 반응 계수 b, c를 구한다. $\frac{\text{A의 분자량}}{\text{B의 분자량}}$과 질량 보존 법칙을 이용하여 반응한 A와 B의 질량비를 구하면 w를 계산할 수 있다.

선택지 비율	① 1%	② 1%	③ 95%	④ 1%	⑤ 2%

25 화학 반응식과 양적 관계

2021학년도 수능 5번 | 정답 ③ | 문제편 57p

(출제 의도) 화학 반응식을 완성하고, 화학 반응에서의 양적 관계를 해석할 수 있는지 묻는 문항이다.

(문제 분석)

다음은 2가지 반응의 화학 반응식이다.

- $Zn(s) + 2HCl(aq) \rightarrow$ ㉠ $(aq) + H_2(g)$ (㉠: $ZnCl_2$)
- $2Al(s) + aHCl(aq) \rightarrow 2AlCl_3(aq) + bH_2(g)$ (a=6, b=3)

(a, b는 반응 계수)

이에 대한 설명으로 옳은 것만을 〈보기〉에서 있는 대로 고른 것은?

보기

ㄱ. ㉠은 $ZnCl_2$이다.

ㄴ. $a+b=9$이다. $a=6, b=3$

ㄷ. 같은 양(mol)의 Zn(s)과 Al(s)을 각각 충분한 양의 HCl(aq)에 넣어 반응을 완결시켰을 때 생성되는 H_2의 몰비는 ~~1 : 2~~이다. 2 : 3

① ㄱ ② ㄷ ③ ㄱ, ㄴ ④ ㄴ, ㄷ ⑤ ㄱ, ㄴ, ㄷ

✓ 자료 해석

- 화학 반응식의 계수비는 반응 몰비와 같다.
- 화학 반응 전후 원자의 종류와 수가 일정하므로 계수를 맞추어 화학 반응식을 완성하면 각각 다음과 같다.

$Zn(s) + 2HCl(aq) \longrightarrow ZnCl_2(aq) + H_2(g)$

$2Al(s) + 6HCl(aq) \longrightarrow 2AlCl_3(aq) + 3H_2(g)$

○ 보기 풀이 ㄱ. 화학 반응에서 반응 전후 원자의 종류와 수는 일정해야 하므로 ㉠은 $ZnCl_2$이다.

ㄴ. 반응 후 Cl 원자 수는 6이므로 $a=6$이고, 이로부터 반응 전 H 원자 수도 6이다. 따라서 $b=3$이고, $a+b=6+3=9$이다.

× 매력적 오답 ㄷ. 반응 몰비는 반응 계수비와 같다. 반응 계수비는 Zn : H_2 = 1 : 1이고, Al : H_2 = 2 : 3이므로 같은 양(mol)의 Zn(s)과 Al(s)을 각각 충분한 양의 HCl(aq)에 넣어 반응시켰을 때 생성되는 H_2의 몰비는 2 : 3이다.

문제풀이 Tip

화학 반응식을 완성하고, 계수비는 반응 몰비와 같음을 이용하여 같은 양(mol)의 Zn(s)과 Al(s)을 각각 HCl(aq)에 넣어 반응시켰을 때 생성되는 H_2의 양(mol)을 파악한다.

선택지 비율	❶ 24%	② 25%	③ 16%	④ 23%	⑤ 12%

26 화학 반응의 양적 관계

2021학년도 수능 20번 | 정답 ① | 문제편 58 p

출제 의도 실린더에 들어 있는 기체의 반응을 완결시켰을 때 화학 반응에서의 양적 관계를 해석할 수 있는지 묻는 문항이다.

문제 분석

다음은 A(g)와 B(g)가 반응하여 C(g)와 D(g)를 생성하는 반응의 화학 반응식이다.

$$A(g) + \overset{2}{x}B(g) \rightarrow C(g) + \overset{4}{y}D(g) \quad (x, y\text{는 반응 계수})$$

그림 (가)는 실린더에 A(g)와 B(g)가 각각 $9w$ g, w g이 들어 있는 것을, (나)는 (가)의 실린더에서 반응을 완결시킨 것을, (다)는 (나)의 실린더에 B(g) $2w$ g을 추가하여 반응을 완결시킨 것을 나타낸 것이다. (가), (나), (다) 실린더 속 기체의 밀도가 각각 d_1, d_2, d_3일 때, $\frac{d_2}{d_1}=\frac{5}{7}$, $\frac{d_3}{d_2}=\frac{14}{25}$이다. (다)의 실린더 속 C($g$)와 D($g$)의 질량비는 4 : 5이다.

└ 밀도비 ➡ $d_1 : d_2 : d_3 = 35 : 25 : 24$

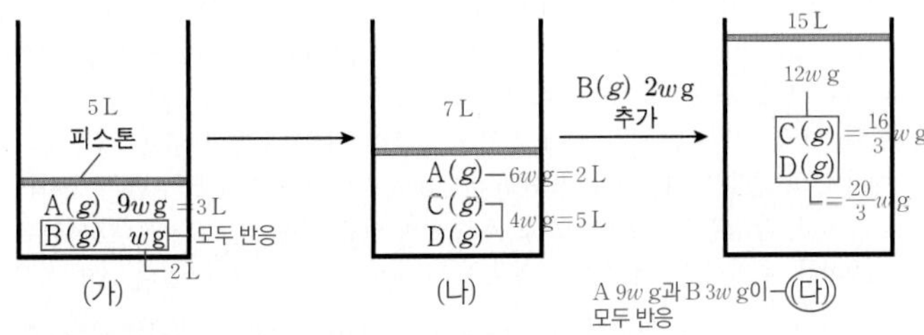

$\frac{\text{D의 분자량}}{\text{A의 분자량}} \times \frac{x}{y}$는? (단, 실린더 속 기체의 온도와 압력은 일정하다.) [3점] $=\frac{5}{27}\times\frac{2}{4}$

① $\frac{5}{54}$ ② $\frac{4}{27}$ ③ $\frac{7}{27}$ ④ $\frac{10}{27}$ ⑤ $\frac{25}{54}$

✔ 자료 해석

- 일정한 온도와 압력에서 화학 반응식의 계수비=반응 몰비=기체의 부피비이다.
- 일정한 온도와 압력에서 기체의 부피는 기체의 양(mol)에 비례한다.
- 밀도$=\frac{\text{질량}}{\text{부피}}$이므로 밀도는 부피에 반비례하고, 기체의 양(mol)에 반비례한다.

ㅇ 보기 풀이 (다)에서 실린더에 C(g)와 D(g)만 존재하므로 A(g) $9w$ g과 B(g) $3w$ g이 모두 반응한다. 한편, 질량 보존 법칙에 의해 전체 기체의 질량비는 (가) : (나) : (다)=10 : 10 : 12=5 : 5 : 6이다. 밀도비는 (가) : (나) : (다)$=d_1 : d_2 : d_3=35 : 25 : 14$이므로 전체 기체의 부피비는 $\frac{5}{35} : \frac{5}{25} : \frac{6}{14}=5 : 7 : 15$이다. (가)~(다)에서 전체 기체의 부피를 각각 5 L, 7 L, 15 L라고 하면 (다)에서 생성된 C(g)와 D(g)의 질량 합은 $12w$ g, 부피는 15 L이다. 이는 A(g) $9w$ g과 B(g) $3w$ g이 모두 반응했을 때이므로 B(g) w g이 반응한 (나)에서 남아 있는 A(g)의 질량은 $6w$ g이고, 생성된 C(g)와 D(g)의 질량 합은 $4w$ g, 부피는 5 L이다. 따라서 A(g) $6w$ g에 해당하는 부피는 2 L이다. 이로부터 (가)에서 A(g) $9w$ g의 부피는 3 L, B(g) w g의 부피는 2 L이므로 B(g) $3w$ g의 부피는 6 L이다.

한편, 일정한 온도와 압력에서 기체의 반응 부피비는 계수비와 같으므로 $x=2$이다. 또한 A(g) 3 L와 B(g) 6 L가 모두 반응했을 때 생성된 C(g)와 D(g)의 부피 합이 15 L이므로 $(1+2) : (1+y)=9 : 15$에서 $y=4$이다. A~D의 계수비(반응 몰비)는 A : B : C : D=1 : 2 : 1 : 4이고, 반응 질량비는 A : B : C : D=27 : 9 : 16 : 20이므로 A와 D의 분자량비는 27 : 5이다. 따라서 $\frac{\text{D의 분자량}}{\text{A의 분자량}}\times\frac{x}{y}=\frac{5}{27}\times\frac{2}{4}=\frac{5}{54}$이다.

문제풀이 Tip

일정한 온도와 압력에서 기체의 밀도는 기체의 양(mol), 즉 기체의 부피에 반비례한다는 것을 이용하여 전체 기체의 밀도비를 전체 기체의 부피비로 나타낼 수 있어야 한다.

선택지 비율	❶ 89%	② 1%	③ 3%	④ 3%	⑤ 1%

27 화학 반응식과 양적 관계

2021학년도 9월 평가원 5번 | 정답 ① | 문제편 58 p

출제 의도 화학 반응식의 계수비를 이용하여 반응한 물질의 양(mol)을 계산할 수 있는지 묻는 문항이다.

문제 분석

다음은 아세트알데하이드(C_2H_4O) 연소 반응의 화학 반응식이다.

$$2C_2H_4O + \overset{5}{x}O_2 \longrightarrow 4CO_2 + 4H_2O \quad (x\text{는 반응 계수})$$

이 반응에서 1 mol의 CO_2가 생성되었을 때 반응한 O_2의 양(mol)은?

└ 생성된 CO_2의 양(mol)의 $\frac{5}{4}$배

① $\frac{5}{4}$ ② 1 ③ $\frac{4}{5}$ ④ $\frac{3}{4}$ ⑤ $\frac{3}{5}$

✔ 자료 해석

- 화학 반응식의 계수비는 반응 몰비와 같다.
- 화학 반응 전후 원자의 종류와 수는 일정하다.
- 반응 전후 산소 원자의 양(mol)은 $(2+2x)=(4\times2)+(4\times1)=12$이므로 $x=5$이다.

ㅇ 보기 풀이 아세트알데하이드의 연소 반응식을 완성하면 다음과 같다.

$2C_2H_4O + 5O_2 \longrightarrow 4CO_2 + 4H_2O$

이 반응에서 1 mol의 CO_2가 생성되었을 때 반응한 O_2의 양(mol)은 생성된 CO_2의 양(mol)의 $\frac{5}{4}$배이므로 $\frac{5}{4}$mol이다.

문제풀이 Tip

아세트알데하이드의 연소 반응에서 반응한 O_2와 생성된 CO_2의 반응 몰비는 화학 반응식의 계수비와 같으므로 $O_2 : CO_2=5 : 4$임을 알 수 있다.

선택지 비율	① 4%	② 52%	③ 13%	④ 19%	⑤ 10%

28 화학 반응의 양적 관계

2021학년도 9월 평가원 18번 | 정답 ② | 문제편 58p

출제 의도 반응 전후 기체의 질량과 양(mol)으로부터 화학 반응에서의 양적 관계를 해석하여 화학 반응식의 계수와 반응 후 전체 기체의 부피비를 계산할 수 있는지 묻는 문항이다.

문제 분석

다음은 A(g)와 B(g)가 반응하여 C(g)를 생성하는 반응의 화학 반응식이다.

$$2A(g) + B(g) \longrightarrow \overset{2}{c}C(g) \quad (c\text{는 반응 계수})$$

표는 실린더에 A(g)와 B(g)의 질량을 달리하여 넣고 반응을 완결시킨 실험 Ⅰ, Ⅱ에 대한 자료이다. $\frac{\text{A의 분자량}}{\text{C의 분자량}} = \frac{4}{5}$이고, 실험 Ⅱ에서 B는 모두 반응하였다.

└ 분자량비 A : B : C $= 4 : y : 5$

실험	반응 전 A의 질량(g)	반응 전 B의 질량(g) (C의 질량)	반응 후 $\frac{\text{C의 양(mol)}}{\text{전체 기체의 양(mol)}}$	반응 후 전체 기체의 부피(L)
Ⅰ	$4w$ (모두 반응)	$6w$ ($5w$)		$\left(\frac{5w}{2M}+\frac{5w}{5M}\right)=V_1$
Ⅱ	$9w$	$2w$ (모두 반응) ($10w$)	$\frac{8}{9}$	$\left(\frac{w}{4M}+\frac{10w}{5M}\right)=V_2$

V_1, V_2 $\propto$ 양(mol)

$c \times \frac{V_2}{V_1}$는? (단, 온도와 압력은 일정하다.) $=2\times\frac{9}{14}$

① $\frac{8}{5}$ ② $\frac{9}{7}$ ③ $\frac{8}{9}$ ④ $\frac{5}{9}$ ⑤ $\frac{3}{8}$

문제풀이 Tip

실험 Ⅱ에서 B가 모두 반응했으므로 반응한 A의 질량을 x g이라고 가정하고, 계수비를 통해 반응 전후 기체의 질량을 계산한다.

✓ 자료 해석

- 화학 반응식의 계수비는 반응 몰비와 같다.
- 일정한 온도와 압력에서 기체의 부피는 기체의 양(mol)에 비례한다.
- 화학 반응 전후 물질의 전체 질량은 일정하다.

○ 보기풀이 Ⅱ에서 반응한 A의 질량을 x g이라고 하면 반응의 양적 관계는 다음과 같다.

	$2A(g)$	$+$	$B(g)$	$\longrightarrow$	$cC(g)$
반응 전(g)	$9w$		$2w$		
반응 (g)	$-x$		$-2w$		$+(x+2w)$
반응 후(g)	$(9w-x)$		0		$(x+2w)$

한편, $\frac{\text{A의 분자량}}{\text{C의 분자량}}=\frac{4}{5}$이므로 A의 분자량을 $4M$이라고 하면 C의 분자량은 $5M$이고, Ⅱ에서 $\frac{\text{C의 양(mol)}}{\text{전체 기체의 양(mol)}}=\frac{8}{9}$이므로 $\dfrac{\frac{x+2w}{5M}}{\left(\frac{9w-x}{4M}\right)+\left(\frac{x+2w}{5M}\right)}=\frac{8}{9}$에서 $x=8w$이다. 이때 B의 분자량을 yM이라고 하면 반응 질량비는 A : B : C$=8:2:10$이고, 분자량비는 A : B : C$=4:y:5$이므로 반응 몰비는 A : B : C$=\frac{8}{4}:\frac{2}{y}:\frac{10}{5}=2:1:c$에서 $y=2$, $c=2$이다. 한편, Ⅰ에서 반응의 양적 관계는 다음과 같다.

	$2A(g)$	$+$	$B(g)$	$\longrightarrow$	$2C(g)$
반응 전(g)	$4w$		$6w$		
반응 (g)	$-4w$		$-w$		$+5w$
반응 후(g)	0		$5w$		$5w$

일정한 온도와 압력에서 기체의 부피는 기체의 양(mol)에 비례하므로

$$\frac{V_2}{V_1}=\dfrac{\frac{w}{4M}+\frac{10w}{5M}}{\frac{5w}{2M}+\frac{5w}{5M}}=\frac{9}{14}\text{이고, } c\times\frac{V_2}{V_1}=2\times\frac{9}{14}=\frac{9}{7}\text{이다.}$$

선택지 비율	① 1%	② 85%	③ 2%	④ 3%	⑤ 8%

29 화학 반응의 양적 관계

2021학년도 6월 평가원 7번 | 정답 ② | 문제편 58p

출제 의도 화학 반응식을 완성하여 생성물의 종류 및 양적 관계를 파악할 수 있는지 묻는 문항이다.

문제 분석

다음은 과산화 수소(H_2O_2) 분해 반응의 화학 반응식이다.

$$2H_2O_2 \longrightarrow 2H_2O + \boxed{㉠}$$ (O_2)

이에 대한 설명으로 옳은 것만을 〈보기〉에서 있는 대로 고른 것은? (단, H와 O의 원자량은 각각 1과 16이다.) [3점]

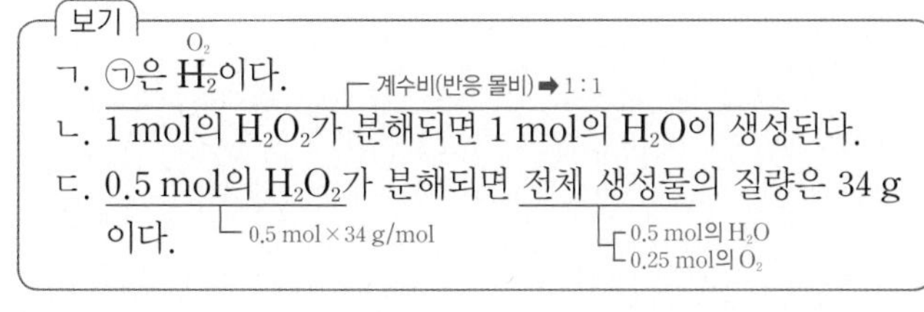

〈보기〉

ㄱ. ㉠은 H_2이다. (O_2)

ㄴ. 1 mol의 H_2O_2가 분해되면 1 mol의 H_2O이 생성된다. (계수비(반응 몰비) ➡ 1 : 1)

ㄷ. 0.5 mol의 H_2O_2가 분해되면 전체 생성물의 질량은 34 g이다. (0.5 mol × 34 g/mol) (0.5 mol의 H_2O, 0.25 mol의 O_2)

① ㄱ ② ㄴ ③ ㄷ ④ ㄱ, ㄴ ⑤ ㄴ, ㄷ

✓ 자료 해석

- 화학 반응식의 계수비는 반응 몰비와 같다.
- 화학 반응 전후 원자의 종류와 수가 같도록 계수를 맞추어 과산화 수소(H_2O_2) 분해 반응의 화학 반응식을 완성하면 다음과 같다.
  $2H_2O_2 \longrightarrow 2H_2O + O_2$
- 화학 반응 전후 물질의 전체 질량은 일정하다.

○ 보기풀이 ㄴ. H_2O_2와 H_2O의 계수비(반응 몰비)는 1 : 1이므로 H_2O_2 1 mol이 분해되면 H_2O 1 mol이 생성된다.

✕ 매력적 오답 ㄱ. ㉠은 O_2이다.

ㄷ. 화학 반응 전후 물질의 전체 질량은 일정하므로 H_2O_2 0.5 mol의 질량은 0.5 mol × 34 g/mol = 17 g이고, H_2O_2 0.5 mol이 분해될 때 전체 생성물의 질량도 17 g이다.

문제풀이 Tip

화학 반응식의 계수비(반응 몰비)로부터 생성물의 질량을 계산할 수도 있다. 반응 후 H_2O 0.5 mol, O_2 0.25 mol이 생성되므로 전체 생성물의 질량은 (0.5 mol × 18 g/mol) + (0.25 mol × 32 g/mol) = 9 + 8 = 17 g이다.

선택지 비율	① 7%	❷ 59%	③ 11%	④ 17%	⑤ 4%

30 화학 반응의 양적 관계

2021학년도 6월 평가원 19번 | 정답 ② | 문제편 59 p

출제 의도 화학 반응에서의 양적 관계를 해석하여 화학 반응식의 계수와 전체 기체의 밀도를 계산할 수 있는지 묻는 문항이다.

문제 분석

다음은 $A(g)$와 $B(g)$가 반응하여 $C(g)$를 생성하는 화학 반응식이다. 분자량은 A가 B의 2배이다.

$$aA(g) + B(g) \longrightarrow aC(g) \quad (a\text{는 반응 계수})$$

그림은 $A(g)$ V L가 들어 있는 실린더에 $B(g)$를 넣어 반응을 완결시켰을 때, 넣어 준 $B(g)$의 질량에 따른 반응 후 전체 기체의 밀도를 나타낸 것이다. P에서 실린더의 부피는 $2.5V$ L이다.

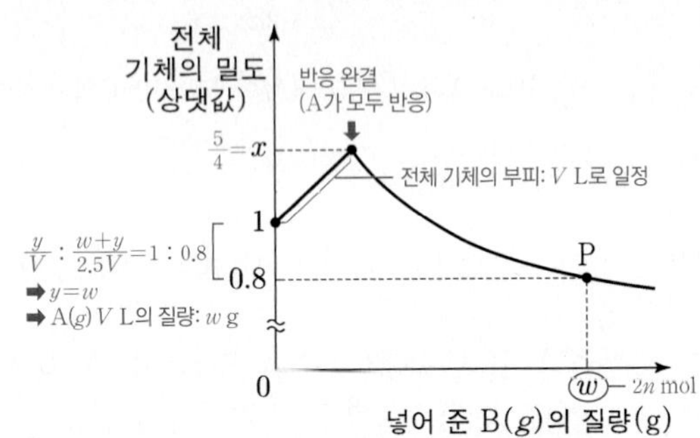

$a \times x$는? (단, 기체의 온도와 압력은 일정하다.)

① $\frac{3}{2}$ ② $\frac{5}{2}$ ③ $\frac{7}{2}$ ④ $\frac{15}{4}$ ⑤ $\frac{25}{4}$

✓ 자료 해석

- 화학 반응식에서 A와 C의 반응 계수가 a로 같으므로 반응한 A의 양(mol)만큼 C가 생성된다. 따라서 $A(g)$ V L가 들어 있는 실린더에 $B(g)$를 넣어 반응시킬 때 반응이 완결되는 지점까지 전체 기체의 부피는 V L로 일정하다.
- A가 모두 반응할 때까지 전체 기체의 부피는 일정하지만 전체 기체의 질량은 증가하므로 전체 기체의 밀도는 증가한다.
- A가 모두 반응한 후 전체 기체의 밀도는 감소하므로 전체 기체의 밀도(상댓값)가 x일 때 A는 모두 반응하였다.

○ 보기 풀이 반응 초기 $A(g)$ V L의 질량을 y g이라고 하면 반응 전후 전체 기체의 밀도비는 $\frac{y}{V} : \frac{w+y}{2.5V} = 1 : 0.8$이므로 $y=w$이다. 분자량은 A가 B의 2배이므로 A의 분자량을 $2M$, B의 분자량을 M이라고 하면 $A(g)$ w g과 $B(g)$ w g의 양은 각각 $\frac{w}{2M}$ mol, $\frac{w}{M}$ mol이다. $A(g)$ $\frac{w}{2M}$ mol을 n mol이라고 하면 $B(g)$ $\frac{w}{M}$ mol은 $2n$ mol이므로 $B(g)$ w g을 넣었을 때 P에서 반응의 양적 관계는 다음과 같다.

	$aA(g)$ +	$B(g)$ ⟶	$aC(g)$
반응 전(mol)	n	$2n$	0
반응 (mol)	$-n$	$-\frac{n}{a}$	$+n$
반응 후(mol)	0	$\left(2n-\frac{n}{a}\right)$	n

B의 질량이 0 g일 때와 w g일 때(반응 전후)의 몰비는 부피비와 같으므로 $n : \left(2n-\frac{n}{a}+n\right) = V : 2.5V$에서 $a=2$이다. 전체 기체의 밀도(상댓값)가 x일 때(그림에서 반응이 완결된 지점) 반응한 $B(g)$의 양은 $\frac{n}{2}$ mol이므로 반응한 A와 B의 질량은 각각 w g, $\frac{w}{4}$ g이고, 생성된 C의 질량은 $\frac{5w}{4}$ g이다. 반응이 완결될 때까지 기체의 부피는 일정하므로 밀도비는 전체 기체의 질량비와 같고 $w : \frac{5w}{4} = 1 : x$이므로 $x=\frac{5}{4}$이다. 따라서 $a=2$, $x=\frac{5}{4}$이므로 $a \times x = \frac{5}{2}$이다.

문제풀이 Tip

밀도(g/L)$=\frac{\text{질량(g)}}{\text{부피(L)}}$을 이용하여 반응이 완결될 때까지 전체 기체의 부피가 일정하므로 전체 기체의 밀도 비는 전체 기체의 질량비와 같다는 것을 파악하는 것이 중요하다.

선택지 비율	① 4%	❷ 76%	③ 6%	④ 11%	⑤ 3%

31 용액의 몰 농도

2025학년도 수능 10번 | 정답 ② | 문제편 59 p

출제 의도 용액을 혼합하는 과정에서 용액의 몰 농도 변화를 파악할 수 있는지 묻는 문항이다.

문제 분석

다음은 용액의 몰 농도에 대한 학생 A와 B의 실험이다.

[학생 A의 실험 과정]

(가) a M X(aq) 100 mL에 물을 넣어 200 mL 수용액을 만든다. (① X의 양(mol)$=a\times100\times10^{-3}$) (X의 양 동일)

(나) (가)에서 만든 수용액 200 mL와 0.2 M X(aq) 50 mL를 혼합하여 수용액 Ⅰ을 만든다. (② X의 양(mol)$=0.2\times50\times10^{-3}$) (X의 양(mol)=①+②)

[학생 B의 실험 과정]

(가) a M X(aq) 200 mL와 0.2 M X(aq) 50 mL를 혼합하여 수용액을 만든다. (③ X의 양(mol)$=a\times200\times10^{-3}$) (④ X의 양(mol)$=0.2\times50\times10^{-3}$)

(나) (가)에서 만든 수용액 250 mL에 물을 넣어 500 mL 수용액 Ⅱ를 만든다. (X의 양(mol)=③+④)

[실험 결과]

- A가 만든 Ⅰ의 몰 농도(M) : $8k$ $=\frac{(a\times100+0.2\times50)\times10^{-3}}{250\times10^{-3}}$
- B가 만든 Ⅱ의 몰 농도(M) : $7k$ $=\frac{(a\times200+0.2\times50)\times10^{-3}}{500\times10^{-3}}$

($a=\frac{3}{10}$, $k=\frac{1}{50}$)

$\frac{k}{a}$는? (단, 온도는 일정하고, 혼합 용액의 부피는 혼합 전 각 용액의 부피의 합과 같다.) [3점]

① $\frac{1}{30}$ ② $\frac{1}{15}$ ③ $\frac{1}{10}$ ④ $\frac{2}{15}$ ⑤ $\frac{1}{3}$

✓ 자료 해석

- 용액을 희석해도 용액 속 용질의 양(mol)은 변하지 않는다. 용액을 혼합하면 혼합 용액 속 용질의 양(mol)은 혼합 전 각 용액에 녹아 있는 용질의 양(mol)의 합과 같다.
- 학생 A의 실험 과정 (가)에서 a M X(aq) 100 mL에 녹아 있는 X의 양(mmol)은 $100a$이고, (나)에서 0.2 M X(aq) 50 mL에 녹아 있는 X의 양(mmol)이 10이므로 Ⅰ에 녹아 있는 X의 양(mmol)은 $(100a+10)$이다.
- 학생 B의 실험 과정 (가)에서 a M X(aq) 200 mL에 녹아 있는 X의 양(mmol)은 $200a$이고, 0.2 M X(aq) 50 mL에 녹아 있는 X의 양(mmol)이 10이므로 Ⅱ에 녹아 있는 X의 양(mmol)은 $(200a+10)$이다.
- Ⅰ과 Ⅱ의 부피(mL)는 각각 250, 500이다.

보기 풀이 몰 농도비는 Ⅰ : Ⅱ$=\frac{100a+10}{250}:\frac{200a+10}{500}=8:7$이 성립하여 $a=\frac{3}{10}$이다. Ⅰ의 몰 농도(M)는 $\frac{100a+10}{250}=8k$이고, $a=\frac{3}{10}$이므로 $k=\frac{1}{50}$이다. 따라서 $\frac{k}{a}=\frac{\frac{1}{50}}{\frac{3}{10}}=\frac{1}{15}$이다.

문제풀이 Tip

a와 k를 따로 구하지 않고, $\frac{k}{a}$를 바로 구할 수도 있다. Ⅰ의 몰 농도(M)와 부피(mL)는 각각 $8k$, 250이므로 Ⅰ에 녹아 있는 X의 양(mmol)은 $8k\times250$이며, 이 값은 a M X(aq) 100 mL에 녹아 있는 X의 양(mmol)인 $100a$와 0.2 M X(aq) 50 mL에 녹아 있는 X의 양(mmol)인 10의 합과 같으므로 $8k\times250=100a+10$(식 ①)이다. Ⅱ의 몰 농도(M)와 부피(mL)는 각각 $7k$, 500이므로 Ⅱ에 녹아 있는 X의 양(mmol)은 $7k\times500$이며, 이 값은 a M X(aq) 200 mL에 녹아 있는 X의 양(mmol)인 $200a$와 0.2 M X(aq) 50 mL에 녹아 있는 X의 양(mmol)인 10의 합과 같으므로 $7k\times500=200a+10$(식 ②)이다. 식 ②−식 ①에서 $\frac{k}{a}=\frac{1}{15}$이다.

선택지 비율	① 5%	② 32%	③ 20%	❹ 38%	⑤ 5%

32 용액의 몰 농도

2025학년도 9월 평가원 16번 | 정답 ④ | 문제편 60 p

출제 의도 몰 농도와 $\frac{\text{용매의 양(mol)}}{\text{용질의 양(mol)}}$의 관계를 이해하는지 묻는 문항이다.

문제 분석

그림은 $A(aq)$ (가)와 (나)의 몰 농도와 $\frac{\text{용매의 양(mol)}}{\text{용질의 양(mol)}}$을 나타낸 것이다. (가)와 (나)의 밀도는 각각 1.1 g/mL, 1.2 g/mL이다.

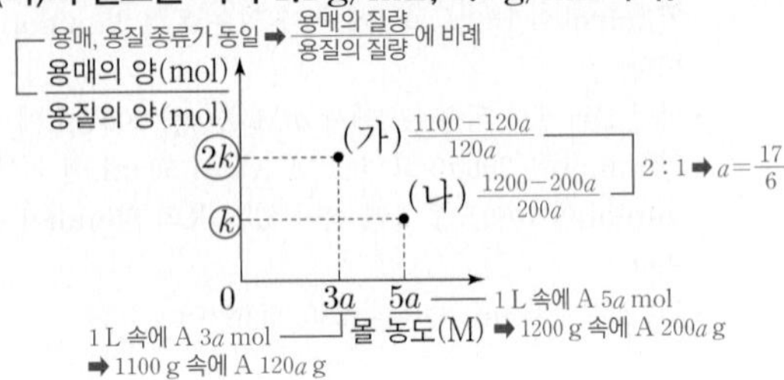

a는? (단, A의 화학식량은 40이다.) [3점]

① $\frac{5}{7}$ ② $\frac{5}{4}$ ③ $\frac{17}{8}$ ④ $\frac{17}{6}$ ⑤ $\frac{19}{6}$

✓ 자료 해석

- (가)의 몰 농도(M)가 $3a$이므로 용액 1 L에 들어 있는 용질의 양(mol)은 $3a$이고 질량(g)은 $120a$이다. (가)의 밀도(g/mL)는 1.1이므로 (가) 1 L의 질량(g)은 1100인데, 용질의 질량(g)이 $120a$이므로 용매의 질량(g)은 $(1100-120a)$이다.
- (나)의 몰 농도(M)가 $5a$이므로 용액 1 L에 들어 있는 용질의 양(mol)은 $5a$이고 질량(g)은 $200a$이다. (나)의 밀도(g/mL)는 1.2이므로 (나) 1 L의 질량(g)은 1200인데, 용질의 질량(g)이 $200a$이므로 용매의 질량(g)은 $(1200-200a)$이다.

○ 보기 풀이 $A(aq)$에서 $\frac{\text{용매의 양(mol)}}{\text{용질의 양(mol)}}$은 $\frac{\text{용매의 질량(g)}}{\text{용질의 질량(g)}}$에 비례하므로 (가)와 (나)에서 $\frac{\text{용매의 양(mol)}}{\text{용질의 양(mol)}}$의 비와 $\frac{\text{용매의 질량(g)}}{\text{용질의 질량(g)}}$의 비는 같다. $\frac{\text{용매의 질량(g)}}{\text{용질의 질량(g)}}$의 비는 (가) : (나)$=\frac{1100-120a}{120a} : \frac{1200-200a}{200a}=2:1$이 성립하여 $a=\frac{17}{6}$이다.

문제풀이 Tip

$\frac{\text{용매의 질량(g)}}{\text{용질의 질량(g)}}$을 구한 후 이를 $\frac{\text{용매의 양(mol)}}{\text{용질의 양(mol)}}$으로 바꾸기 위해서는 용매와 용질의 분자량이 필요하다. 용질의 분자량이 40이고, 용매의 분자량은 나와 있지 않은 상태에서 용매와 용질의 분자량을 이용하면 식이 더 복잡해진다. (가)와 (나)에서 용질은 모두 A, 용매는 모두 물로 동일하므로 용질의 양(mol)과 용매의 양(mol)은 각각 용질의 질량과 용매의 질량에 비례한다. 따라서 (가)와 (나)에서 $\frac{\text{용매의 양(mol)}}{\text{용질의 양(mol)}}$의 비는 $\frac{\text{용매의 질량(g)}}{\text{용질의 질량(g)}}$의 비와 같다.

선택지 비율	① 13%	② 12%	❸ 55%	④ 13%	⑤ 7%

33 용액의 몰 농도

2025학년도 6월 평가원 13번 | 정답 ③ | 문제편 60 p

출제 의도 용액의 밀도를 이용해 용액의 몰 농도 변화를 분석할 수 있는지 묻는 문항이다.

문제 분석

다음은 $A(aq)$을 만드는 실험이다.

[자료]
- t ℃에서 a M $A(aq)$의 밀도 : d g/mL

[실험 과정]
(가) t ℃에서 $A(s)$ 10 g을 모두 물에 녹여 $A(aq)$ 100 mL를 만든다. (A 10 g $\times \frac{50}{100}=5$ g)
(나) (가)에서 만든 $A(aq)$ 50 mL에 물을 넣어 a M $A(aq)$ 250 mL를 만든다. ($5=a\times0.25\times x$ ➡ $ax=20$; A의 양(mol)$=a\times0.25$, A의 화학식량$=x$ ➡ A의 질량(g)$=a\times0.25\times x$)
(다) (나)에서 만든 $A(aq)$ w g에 $A(s)$ 18 g을 모두 녹이고 물을 넣어 $2a$ M $A(aq)$ 500 mL를 만든다. ($\frac{w}{250d}\times5+18=a\times x=20$ ➡ $w=100d$; A의 양(mol)$=2a\times0.5=a$; A의 질량(g)$=\frac{w}{250d}\times5$)

w는? (단, 온도는 t ℃로 일정하다.) [3점]

① $50d$ ② $75d$ ③ $100d$ ④ $125d$ ⑤ $150d$

✓ 자료 해석

- (가)에서 A 10 g을 물에 녹여 $A(aq)$ 100 mL를 만들었으므로 (가)에서 만든 $A(aq)$ 50 mL에 들어 있는 A의 질량은 5 g이다.
- (나)에서 만든 $A(aq)$에 들어 있는 A의 양(mol)은 $0.25a$이다.
- A의 화학식량을 x라고 하면 (나)에서 만든 $A(aq)$에 들어 있는 A의 질량(g)은 $0.25ax$이고, 이 값이 5이므로 $0.25ax=5$가 성립하여 $ax=20$이다.

○ 보기 풀이 (나)에서 만든 $A(aq)$의 밀도(g/mL)는 d이므로 수용액 250 mL의 질량(g)은 $250d$이고, (나)에서 만든 $A(aq)$ w g에 들어 있는 A의 질량(g)은 $\frac{w}{250d}\times5$이다. 이 수용액에 $A(s)$ 18 g을 녹였으므로 (다)에서 만든 수용액에 들어 있는 A의 질량(g)은 $\frac{w}{250d}\times5+18$인데, 이 수용액에 들어 있는 A의 양(mol)은 $2a\times0.5=a$이고, A의 화학식량은 x이므로 질량(g)은 ax이다. 따라서 $\frac{w}{250d}\times5+18=ax$가 성립하고, $ax=20$이므로 $\frac{w}{50d}=2$에서 $w=100d$이다.

문제풀이 Tip

몰 농도가 서로 다른 두 용액을 혼합하면 용액의 부피와 몰 농도는 달라지지만, 혼합 용액에 녹아 있는 용질의 양(mol)은 혼합 전 각 용액에 녹아 있는 용질의 양(mol)의 합과 같다.

선택지 비율	❶ 66%	② 8%	③ 6%	④ 14%	⑤ 6%

34 용액의 농도

2024학년도 수능 11번 | 정답 ① | 문제편 60 p

출제 의도 용액의 몰 농도를 구할 수 있는지 묻는 문항이다.

문제분석

용질이 X로 동일

표는 t ℃에서 X(aq) (가)~(다)에 대한 자료이다. $\frac{w}{V_1} : \frac{3w}{V_2} = 4 : 3 \Rightarrow V_2 = 4V_1$

수용액	(가)	(나)	(다)
부피(L)	V_1	V_2	V_2
몰 농도(M)	0.4	0.3	0.2
용질의 질량(g)	w	$3w$	

(부피: 동일 ➡ 용질의 질량에 비례; 몰 농도 = $\frac{\text{용질의 양}}{\text{용액의 부피}}$; 3 : 2)

(가)와 (다)를 혼합한 용액의 몰 농도(M)는? (단, 혼합 용액의 부피는 혼합 전 각 용액의 부피의 합과 같다.) — $\frac{0.4 \times V_1 + 0.2 + V_2}{V_1 + V_2}$

① $\frac{6}{25}$ ② $\frac{4}{15}$ ③ $\frac{2}{7}$ ④ $\frac{3}{10}$ ⑤ $\frac{1}{3}$

✓ 자료 해석

- X(aq)의 몰 농도비는 (가) : (나) $= \frac{w}{V_1} : \frac{3w}{V_2} = 0.4 : 0.3 = 4 : 3$이므로 $V_1 : V_2 = 1 : 4$이다.
- 혼합 용액에 녹아 있는 용질의 양(mol)은 혼합 전 각 용액에 녹아 있는 용질의 양(mol)의 합과 같으므로 (가)와 (다)를 혼합한 용액의 몰 농도(M)는 $\frac{0.4 \times V_1 + 0.2 \times 4V_1}{V_1 + 4V_1} = \frac{6}{25}$이다.

○ 보기 풀이 (나)와 (다)의 부피는 같은데, 몰 농도비가 (나) : (다)=3 : 2이므로 (다)에서 용질의 질량은 $2w$ g이다. $V_1 : V_2 = 1 : 4$이므로 (가)에서 V_1 L에 w g의 용질이 녹아 있을 때 몰 농도가 0.4 M인데, (가)와 (다)를 혼합했을 때 용액의 부피는 $5V_1$ L로 5배가 되고 용질의 질량은 $3w$ g으로 3배가 되므로 혼합 용액의 몰 농도는 (가)의 몰 농도인 0.4 M의 $\frac{3}{5}$배인 $\frac{6}{25}$ M이다.

문제풀이 Tip

용질의 종류가 같을 때 용액의 몰 농도는 용질의 질량에 비례하고 용액의 부피에 반비례한다.

선택지 비율	❶ 49%	② 7%	③ 14%	④ 24%	⑤ 6%

35 용액의 몰 농도

2024학년도 9월 평가원 13번 | 정답 ① | 문제편 60 p

출제 의도 용액을 희석할 때 용액의 몰 농도 변화를 분석할 수 있는지 묻는 문항이다.

문제 분석

그림은 0.4 M A(aq) x mL와 0.2 M B(aq) 300 mL에 각각 물을 넣을 때, 넣어 준 물의 부피에 따른 각 용액의 몰 농도를 나타낸 것이다. A와 B의 화학식량은 각각 $3a$와 a이다.

(A의 양 $0.4\times x\times10^{-3}$ mol, B의 양 $0.2\times300\times10^{-3}$ mol, 용질의 양(mol)은 변하지 않음)

이에 대한 설명으로 옳은 것만을 <보기>에서 있는 대로 고른 것은? (단, 온도는 일정하고, 혼합 용액의 부피는 혼합 전 용액과 넣어 준 물의 부피의 합과 같다.)

보기

ㄱ. $x=50$이다.

ㄴ. $V=80$이다. (75) $\frac{20}{50+V}=\frac{60}{300+V}$

ㄷ. 용질의 질량은 B(aq)에서가 A(aq)에서보다 크다. (같다) $0.2\times0.3\times a=0.4\times0.05\times3a$

① ㄱ ② ㄷ ③ ㄱ, ㄴ ④ ㄱ, ㄷ ⑤ ㄴ, ㄷ

✓ 자료 해석

- 0.4 M A(aq) x mL에 물 150 mL를 넣었을 때 용질의 양(mol)은 변하지 않고 몰 농도가 0.1 M로 처음의 $\frac{1}{4}$배가 되었으므로 부피가 4배가 되었다는 것을 알 수 있다. 따라서 $x=50$이다.
- $x=50$이므로 0.4 M A(aq) 50 mL에 들어 있는 A의 양(mol)은 20×10^{-3}이고, 이 수용액에 물 V mL를 첨가했을 때 용액의 몰 농도(M)는 $\frac{20}{50+V}$이다.
- 0.2 M B(aq) 300 mL에 들어 있는 B의 양(mol)은 $0.2\times300\times10^{-3}=60\times10^{-3}$이고, 이 수용액에 물 V mL를 첨가했을 때 용액의 몰 농도(M)는 $\frac{60}{300+V}$이다.
- 물 V mL를 첨가한 두 수용액의 몰 농도가 같으므로 $\frac{20}{50+V}=\frac{60}{300+V}$이 성립하여 $V=75$이다.

○ 보기 풀이 ㄱ. A(aq)에 물을 넣기 전과 물 150 mL를 넣었을 때의 농도비는 4 : 1인데, 용질의 양(mol)이 변하지 않았으므로 부피비는 1 : 4이다. 따라서 $x : x+150=1 : 4$, $x=50$이다.

× 매력적 오답 ㄴ. 0.4 M A(aq) 50 mL와 0.2 M B(aq) 300 mL에 들어 있는 용질의 양(mol)은 각각 0.02, 0.06이다. 넣어 준 물의 부피가 V mL일 때 A(aq)과 B(aq)의 몰 농도가 같으므로 $\frac{0.02}{(50+V)\times10^{-3}}=\frac{0.06}{(300+V)\times10^{-3}}$이고, $V=75$이다.

ㄷ. 용질의 양(mol)은 B(aq)에서가 A(aq)에서의 3배이고, 용질의 화학식량은 A가 B의 3배이므로 용질의 질량은 A(aq)에서와 B(aq)에서가 같다.

문제풀이 Tip

용액을 물로 희석하였을 때 용질의 양(mol)은 변하지 않는다. A(aq)과 B(aq)의 용질의 몰비는 1 : 3이고, A와 B의 화학식량비는 3 : 1이므로, 용질의 질량비는 A(aq) : B(aq)$=1\times3 : 3\times1=1 : 1$이다.

선택지 비율	❶ 59%	② 11%	③ 10%	④ 15%	⑤ 5%

36 용액의 몰 농도

2024학년도 6월 평가원 12번 | 정답 ① | 문제편 61 p

출제 의도 몰 농도와 용액의 밀도 관계를 이해하는지 묻는 문항이다.

문제 분석

표는 t ℃에서 A(aq)과 B(aq)에 대한 자료이다. A와 B의 화학식량은 각각 $3a$와 a이다.

수용액	몰 농도(M)	용질의 질량(g)	용액의 질량(g)	용액의 밀도 (g/mL)
A(aq)	x	w_1	$2w_2$	d_A
B(aq)	y	$2w_1$	w_2	d_B

(용질의 몰비 $\frac{w_1}{3a}:\frac{2w_1}{a}$, $\frac{질량}{밀도}$비=부피비, 용액의 부피비 $\frac{2w_2}{d_A}:\frac{w_2}{d_B}$)

$\frac{x}{y}$는? [3점] ($x:y=\frac{1}{2d_B}:\frac{6}{d_A}$)

① $\frac{d_A}{12d_B}$ ② $\frac{d_A}{4d_B}$ ③ $\frac{3d_A}{4d_B}$ ④ $\frac{d_B}{12d_A}$ ⑤ $\frac{4d_B}{3d_A}$

✓ 자료 해석

- 용질의 양(mol)$=\frac{용질의 질량}{용질의 화학식량}$이고, 용액의 부피$=\frac{용액의 질량}{용액의 밀도}$이므로 용질의 몰비는 A : B$=\frac{w_1}{3a}:\frac{2w_1}{a}=1:6$이고, 용액의 부피비는 A($aq$) : B($aq$)$=\frac{2w_2}{d_A}:\frac{w_2}{d_B}=2d_B:d_A$이다.

○ 보기 풀이 수용액의 몰 농도비는 $x:y=\frac{1}{2d_B}:\frac{6}{d_A}=d_A:12d_B$이므로 $\frac{x}{y}=\frac{d_A}{12d_B}$이다.

문제풀이 Tip

$x=\dfrac{\frac{w_1}{3a}}{\frac{2w_2}{1000d_A}}$, $y=\dfrac{\frac{2w_1}{a}}{\frac{w_2}{1000d_B}}$이므로 $\frac{x}{y}=\frac{d_A}{12d_B}$이다.

선택지 비율	① 5%	② 22%	❸ 46%	④ 11%	⑤ 16%

37 용액의 농도

2023학년도 수능 9번 | 정답 ③ | 문제편 61 p

출제 의도 용액을 희석할 때 용액의 몰 농도를 구할 수 있는지 묻는 문항이다.

문제 분석

다음은 A(l)를 이용한 실험이다.

[실험 과정]

(가) 25 ℃에서 밀도가 d_1 g/mL인 A(l)를 준비한다. (d_1 g/mL × 10 mL = $10d_1$ g의 A ➡ $\frac{10d_1}{a}$ mol)

(나) (가)의 A(l) 10 mL를 취하여 부피 플라스크에 넣고 물과 혼합하여 수용액 Ⅰ 100 mL를 만든다. (0.1 L) (동일)

(다) (가)의 A(l) 10 mL를 취하여 비커에 넣고 물과 혼합하여 수용액 Ⅱ 100 g을 만든 후 밀도를 측정한다. ($\frac{100}{d_2}$ mL$\left(=\frac{1}{10d_2}\text{ L}\right)$)

[실험 결과]

- Ⅰ의 몰 농도 : x M
- Ⅱ의 밀도 및 몰 농도 : d_2 g/mL, y M

($x\text{ M}\times0.1\text{ L}=y\text{ M}\times\frac{1}{10d_2}\text{ L}=\frac{10d_1}{a}$ mol)

$\frac{y}{x}$는? (단, A의 분자량은 a이고, 온도는 25 ℃로 일정하다.)

① $\frac{d_1}{d_2}$ ② $\frac{d_2}{d_1}$ ③ d_2 ④ $\frac{10}{d_1}$ ⑤ $\frac{10}{d_2}$

✔ 자료 해석

- 용질의 양(mol) = 용액의 몰 농도(M) × 용액의 부피(L)
- 용액에 물을 추가하여 희석했을 때 녹아 있는 용질의 양(mol)은 일정하므로 수용액 Ⅰ 100 mL와 수용액 Ⅱ 100 g에 각각 포함된 A(l)의 양은 같다.
- A(l) 10 mL의 질량은 d_1 g/mL × 10 mL = $10d_1$ g이고, A(l) $10d_1$ g의 양은 $\frac{10d_1\text{ g}}{a\text{ g/mol}}=\frac{10d_1}{a}$ mol이다.
- 수용액 Ⅱ 100 g의 부피는 $\frac{100\text{ g}}{d_2\text{ g/mL}}=\frac{100}{d_2}\text{ mL}=\frac{1}{10d_2}$ L이다.

○ 보기 풀이 $x=\dfrac{\frac{10d_1}{a}\text{ mol}}{0.1\text{ L}}=\frac{100d_1}{a}$(M)이고,

$y=\dfrac{\frac{10d_1}{a}\text{ mol}}{\frac{1}{10d_2}\text{ L}}=\frac{100d_1d_2}{a}$(M)이므로 $\frac{y}{x}=d_2$이다.

문제풀이 Tip

수용액 Ⅰ과 Ⅱ에 포함된 A(l)의 양(mol)은 같으므로 $x\text{ M}\times0.1\text{ L}=y\text{ M}\times\frac{1}{10d_2}$ L에서 $\frac{y}{x}=d_2$임을 구해도 된다.

선택지 비율	① 3%	② 19%	❸ 54%	④ 16%	⑤ 8%

38 용액의 농도

2023학년도 9월 평가원 12번 | 정답 ③ | 문제편 61 p

출제 의도 용액을 희석하거나 혼합할 때 용액의 몰 농도를 구할 수 있는지 묻는 문항이다.

문제 분석

그림은 a M X(aq)에 ㉠~㉢을 순서대로 추가하여 수용액 (가)~(다)를 만드는 과정을 나타낸 것이다. ㉠~㉢은 각각 $H_2O(l)$, $3a$ M X(aq), $5a$ M X(aq) 중 하나이고, 수용액에 포함된 X의 질량비는 (나) : (다) = 2 : 3이다. (=몰비)

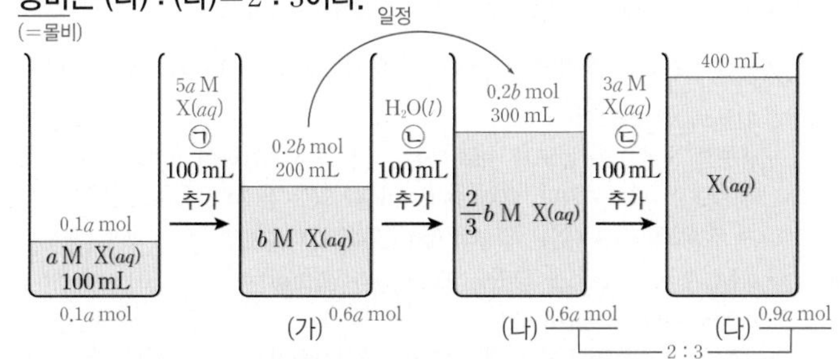

㉢과 b로 옳은 것은? (단, 온도는 일정하고, 혼합 용액의 부피는 혼합 전 각 용액의 부피의 합과 같다.)

	㉢	b		㉢	b
①	$H_2O(l)$	$2a$	②	$3a$ M X(aq)	$2a$
③	$3a$ M X(aq)	$3a$	④	$5a$ M X(aq)	$2a$
⑤	$5a$ M X(aq)	$3a$			

✔ 자료 해석

- 용질의 양(mol) = 용액의 몰 농도(M) × 용액의 부피(L)
- 용액에 $H_2O(l)$을 추가하여 희석했을 때 녹아 있는 X의 양(mol)은 일정하다. 용액에 녹아 있는 X의 양(mol) 비는 (가) : (나) = (b × 200) : $\left(\frac{2}{3}b\times300\right)$ = 1 : 1이므로 ㉡은 $H_2O(l)$이다.
- 몰 농도가 서로 다른 두 용액을 혼합했을 때 혼합 용액에 녹아 있는 용질의 양(mol)은 혼합 전 두 용액에 녹아 있는 용질의 양(mol)의 합과 같다.
- a M X(aq) 100 mL에 녹아 있는 X의 양은 $0.1a$ mol이고, $3a$ M X(aq) 100 mL에 녹아 있는 X의 양은 $0.3a$ mol이며, $5a$ M X(aq) 100 mL에 녹아 있는 X의 양은 $0.5a$ mol이다. ㉠이 $3a$ M X(aq)이면 수용액에 포함된 X의 몰비(=질량비)는 (나) : (다) = ($0.1a+0.3a$) : ($0.1a+0.3a+0.5a$) = 4 : 9가 되므로 ㉠은 $5a$ M X(aq), ㉢은 $3a$ M X(aq)이다.

○ 보기 풀이 처음 수용액에 녹아 있는 X의 양은 $0.1a$ mol이므로 ㉠이 $5a$ M X(aq), ㉢이 $3a$ M X(aq)이면 수용액에 포함된 X의 양은 (나)에서 $0.6a$ mol, (다)에서 $0.9a$ mol이 된다. 수용액에 포함된 X의 질량비는 (나) : (다) = 2 : 3이 성립하므로 ㉢은 $3a$ M X(aq)이다.

(나)에 녹아 있는 X의 양은 $0.6a$ mol이고, (나)의 부피는 300 mL이므로 몰 농도(M)는 $\frac{0.6a\text{ mol}}{0.3\text{ L}}=2a$(M)이다. 따라서 $\frac{2}{3}b=2a$이므로 $b=3a$이다.

문제풀이 Tip

용액에 물을 넣어 희석했을 때 용액에 녹아 있는 용질의 양은 일정하다는 점을 이용하여 ㉡이 $H_2O(l)$임을 알아낼 수 있어야 하고, 혼합 용액에 녹아 있는 용질의 양은 혼합 전 각 용액에 녹아 있는 용질의 양의 합과 같음을 이용하여 ㉠, ㉢의 종류를 결정할 수 있어야 한다.

선택지 비율	① 11%	❷ 58%	③ 9%	④ 17%	⑤ 5%

39 용액의 농도

2023학년도 6월 평가원 11번 | 정답 ② | 문제편 61 p

출제 의도 용액을 희석하거나 혼합할 때 용액의 몰 농도를 구할 수 있는지 묻는 문항이다.

문제 분석

다음은 $A(aq)$을 만드는 실험이다.

> [자료]
> • t ℃에서 a M $A(aq)$의 밀도 : d g/mL (부피(mL)$=\frac{질량(g)}{밀도(g/mL)}$)
>
> [실험 과정]
> (가) $A(s)$ 1 mol이 녹아 있는 100 g의 a M $A(aq)$을 준비한다. ($\frac{100}{d}$ mL, $x=\frac{100}{d}\times0.05$)
> (나) (가)의 $A(aq)$ x mL와 물을 혼합하여 0.1 M $A(aq)$ 500 mL를 만든다. (A의 양 일정, 0.1 M×0.5 L=0.05 mol)
> (다) (나)에서 만든 $A(aq)$ 250 mL와 (가)의 $A(aq)$ y mL를 혼합하고 물을 넣어 0.2 M $A(aq)$ 500 mL를 만든다. (0.2 M×0.5 L=0.1 mol)

(0.1 M×0.25 L=0.025 mol, 녹아 있는 A의 양 =0.1−0.025 =0.075(mol))

$x+y$는? (단, 용액의 온도는 t ℃로 일정하다.) ($y=\frac{100}{d}\times0.075$)

① $\frac{25}{d}$ ② $\frac{25}{2d}$ ③ $\frac{25}{3d}$ ④ $\frac{25}{4d}$ ⑤ $\frac{5}{d}$

✓ 자료 해석

- 용액의 몰 농도(M)$=\frac{용질의 양(mol)}{용액의 부피(L)}$
- 용액에 물을 추가하여 희석했을 때 녹아 있는 용질의 양(mol)은 일정하며, 몰 농도가 서로 다른 두 용액을 혼합했을 때 혼합 용액에 녹아 있는 용질의 양(mol)은 혼합 전 두 용액에 녹아 있는 용질의 양(mol)의 합과 같다.
- a M $A(aq)$ 100 g의 부피는 $\frac{100\ g}{d\ g/mL}=\frac{100}{d}$ mL이고, 이 용액에 A 1 mol이 녹아 있다.

○ 보기 풀이 (나)에서 만든 0.1 M $A(aq)$ 500 mL에 녹아 있는 A의 양은 0.1 M×0.5 L=0.05 mol이므로 a M $A(aq)$ x mL에 녹아 있는 A의 양은 0.05 mol이다. 따라서 $\frac{100}{d}$: 1$=x$: 0.05이고, $x=\frac{5}{d}$이다. 또한, (나)에서 만든 0.1 M $A(aq)$ 250 mL에 녹아 있는 A의 양은 0.1 M×0.25 L=0.025 mol이고, (다)에서 만든 0.2 M $A(aq)$ 500 mL에 녹아 있는 A의 양은 0.2 M×0.5 L=0.1 mol이므로 a M $A(aq)$ y mL에 녹아 있는 A의 양은 0.1−0.025=0.075(mol)이다. 따라서 $\frac{100}{d}$: 1$=y$: 0.075에서 $y=\frac{15}{2d}$이므로 $x+y=\frac{5}{d}+\frac{15}{2d}=\frac{25}{2d}$이다.

문제풀이 Tip

용액을 희석하거나 혼합할 때 용액에 녹아 있는 용질의 양(mol)은 보존된다. (가)에서 용액의 질량이 주어졌으므로 밀도를 이용하여 부피로 환산한다.

선택지 비율	① 5%	② 6%	❸ 53%	④ 22%	⑤ 12%

40 용액의 농도

2022학년도 수능 15번 | 정답 ③ | 문제편 62 p

출제 의도 용액의 몰 농도와 용액의 부피로부터 용질의 양(mol)을 구할 수 있는지 묻는 문항이다.

문제 분석

($\frac{x}{180}=0.003 \Rightarrow x=0.54$)

그림은 $A(s)$ x g을 모두 물에 녹여 10 mL로 만든 0.3 M $A(aq)$에 a M $A(aq)$을 넣었을 때, 넣어 준 a M $A(aq)$의 부피에 따른 혼합된 $A(aq)$의 몰 농도(M)를 나타낸 것이다. A의 화학식량은 180이다.

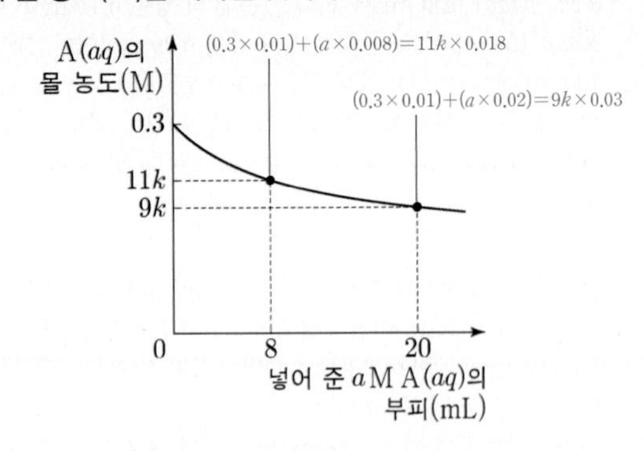

($=\frac{0.54}{0.12}$)

$\frac{x}{a}$는? (단, 온도는 일정하며, 혼합 용액의 부피는 혼합 전 각 용액의 부피의 합과 같다.)

① $\frac{7}{3}$ ② $\frac{7}{2}$ ③ $\frac{9}{2}$ ④ $\frac{27}{4}$ ⑤ $\frac{27}{2}$

✓ 자료 해석

- 용액의 몰 농도(M)$=\frac{용질의 양(mol)}{용액의 부피(L)}$
- 용질의 질량(g)=용질의 양(mol)×화학식량(g/mol)
- 혼합 전 $A(s)$ x g의 양은 $\frac{x}{180}$ mol이고, 이는 0.3 M×0.01 L=0.003 mol이므로 x=0.54이다.
- 용액의 혼합 : 몰 농도가 서로 다른 두 용액을 혼합하면 용액의 부피와 몰 농도는 달라지지만, 혼합 용액에 녹아 있는 용질의 양(mol)은 혼합 전 두 용액에 녹아 있는 용질의 양(mol)의 합과 같다.
- a M $A(aq)$ 8 mL를 넣었을 때 $A(s)$의 양(mol)$=(0.3\times0.01)+(a\times0.008)=11k\times0.018$이다.
- a M $A(aq)$ 20 mL를 넣었을 때 $A(s)$의 양(mol)$=(0.3\times0.01)+(a\times0.02)=9k\times0.03$이다.

○ 보기 풀이 $A(s)$ x g을 녹여 0.3 M $A(aq)$ 10 mL를 만들었으므로 $\frac{x}{180}=0.3\times0.01$에서 x=0.54이다. 여기에 a M $A(aq)$ 8 mL, 20 mL를 넣었을 때 혼합 용액의 몰 농도는 각각 $11k$ M, $9k$ M이므로 각 용액에 들어 있는 $A(s)$의 양(mol)은 각각 $(0.3\times0.01)+(a\times0.008)=11k\times0.018$, $(0.3\times0.01)+(a\times0.02)=9k\times0.03$이다. 따라서 a=0.12이고, x=0.54이므로 $\frac{x}{a}=\frac{0.54}{0.12}=\frac{9}{2}$이다.

문제풀이 Tip

혼합 전 각 용액에 들어 있는 용질의 양(mol)의 합은 혼합 용액에 들어 있는 용질의 양(mol)과 같음을 이해하고 있어야 한다.

선택지 비율	① 9%	② 5%	❸ 67%	④ 9%	⑤ 7%

41 용액의 농도

2022학년도 6월 평가원 12번 | 정답 ③ | 문제편 62 p

출제 의도 용액을 희석하고 혼합할 때 몰 농도를 구할 수 있는지 묻는 문항이다.

문제 분석

다음은 A(aq)에 관한 실험이다.

[실험 과정]

(가) 1 M A(aq)을 준비한다. 1000 mL에 A가 1 mol 녹아 있음

(나) (가)의 A(aq) x mL를 취하여 100 mL 부피 플라스크에 모두 넣는다. A $\frac{x}{1000}$ mol / 0.1 L

(다) (나)의 부피 플라스크에 표시된 눈금선까지 물을 넣고 섞어 수용액 Ⅰ을 만든다. Ⅰ의 몰 농도$=\frac{0.001\times x}{0.1}=a$

(라) (가)의 A(aq) y mL를 취하여 250 mL 부피 플라스크에 모두 넣는다. y: $70-x$ / 0.25 L

(마) (라)의 부피 플라스크에 표시된 눈금선까지 물을 넣고 섞어 수용액 Ⅱ를 만든다. Ⅱ의 몰 농도$=\frac{0.001\times(70-x)}{0.25}=a$

[실험 결과 및 자료]

- $x+y=70$이다.
- Ⅰ과 Ⅱ의 몰 농도는 모두 a M이다.

이에 대한 설명으로 옳은 것만을 〈보기〉에서 있는 대로 고른 것은? (단, 온도는 25 ℃로 일정하다.) [3점]

보기

ㄱ. $x=20$이다. $\frac{0.001\times x}{0.1}=\frac{0.001\times(70-x)}{0.25}$

ㄴ. $a=$~~0.1~~이다. $\frac{0.001\times 20}{0.1}=0.2$

ㄷ. Ⅰ과 Ⅱ를 모두 혼합한 수용액에 포함된 A의 양은 0.07 mol이다. $=0.001\times 70$

① ㄱ ② ㄴ ③ ㄱ, ㄷ ④ ㄴ, ㄷ ⑤ ㄱ, ㄴ, ㄷ

✓ 자료 해석

- 용액의 몰 농도(M)$=\frac{\text{용질의 양(mol)}}{\text{용액의 부피(L)}}$
- 부피 플라스크 : 표시선까지 용매를 채워 일정 부피의 용액을 만들 때 사용한다.
- 용액의 희석 : 어떤 용액에 증류수를 가하여 용액을 희석했을 때 용액의 부피와 몰 농도는 달라지지만, 그 속에 녹아 있는 용질의 양(mol)은 변하지 않는다.
- Ⅰ은 1 M A(aq)에서 x mL를 취하여 100 mL 부피 플라스크에 넣고 물을 추가하여 100 mL로 만든 것이므로 용질 A의 양(mol)은 $0.001x$이고, 용액의 부피는 0.1 L이다.
- Ⅱ는 1 M A(aq)에서 $(70-x)$ mL를 취하여 250 mL 부피 플라스크에 넣고 물을 추가하여 250 mL로 만든 것이므로 용질 A의 양(mol)은 $0.001\times(70-x)$이고, 용액의 부피는 0.25 L이다.
- Ⅰ과 Ⅱ의 몰 농도는 모두 a M로 같으므로 $\frac{0.001x}{0.1}=\frac{0.001\times(70-x)}{0.25}=a$가 성립하여 $x=20$이고, $a=0.2$이다.

○ 보기풀이 ㄱ. 수용액 Ⅰ의 몰 농도는 $\frac{0.001x}{0.1}$ M이고, 수용액 Ⅱ의 몰 농도는 $\frac{0.001\times(70-x)}{0.25}$ M이다. 수용액 Ⅰ과 Ⅱ의 농도가 같으므로 $\frac{0.001x}{0.1}=\frac{0.001\times(70-x)}{0.25}$이고 $x=20$이다.

ㄷ. Ⅰ에 들어 있는 A의 양(mol)은 $0.001x=0.001\times 20=0.02$이고, Ⅱ에 들어 있는 A의 양(mol)은 $0.001\times(70-x)=0.05$이므로 Ⅰ과 Ⅱ를 모두 혼합한 수용액에 포함된 A의 양은 0.07 mol이다.

× 매력적 오답 ㄴ. $\frac{0.001x}{0.1}=\frac{0.001\times(70-x)}{0.25}=a$이고, $x=20$이므로 $a=0.2$이다.

문제풀이 Tip

용액을 희석할 때 용질의 양(mol)은 변하지 않고 $x+y=70$이므로 용질의 양(mol)은 0.07로 계산해도 된다.

Part Ⅱ 수능 평가원

선택지 비율	① 5%	② 10%	③ 6%	④ 7%	⑤ 70%

42 용액의 농도

2022학년도 9월 평가원 15번 | 정답 ⑤ | 문제편 63p

출제 의도 용액을 혼합할 때 용액의 몰 농도를 구할 수 있는지 묻는 문항이다.

문제 분석

다음은 A(aq)을 만드는 실험이다. A의 화학식량은 a이다.

> (가) A(s) x g을 모두 물에 녹여 A(aq) 500 mL를 만든다.
> (나) (가)에서 만든 A(aq) 100 mL에 A(s) $\frac{x}{2}$ g을 모두 녹이고 물을 넣어 A(aq) 500 mL를 만든다. (A $\frac{x}{5}$ g) (A $\frac{x}{5}+\frac{x}{2}=\frac{7x}{10}$ g)
> (다) (가)에서 만든 A(aq) 50 mL와 (나)에서 만든 A(aq) 200 mL를 혼합하고 물을 넣어 0.2 M A(aq) 500 mL를 만든다. (A $\frac{x}{10}$ g) (A $\frac{7x}{10}\times\frac{2}{5}=\frac{7x}{25}$ g) (A $\frac{x}{10}+\frac{7x}{25}=\frac{19x}{50}$ g)

x는? (단, 온도는 일정하다.) [3점]

① $\frac{1}{19}a$ ② $\frac{2}{19}a$ ③ $\frac{3}{19}a$ ④ $\frac{4}{19}a$ ⑤ $\frac{5}{19}a$

✓ 자료 해석

- 용액의 몰 농도(M)$=\frac{\text{용질의 양(mol)}}{\text{용액의 부피(L)}}$
- 수용액에 물을 추가해도 수용액에 들어 있는 용질의 양은 일정하고, 혼합 용액에 들어 있는 용질의 양은 혼합 전 각 용액에 들어 있는 용질의 양을 합한 것과 같다.
- (가)에서 만든 A(aq) 100 mL에 녹아 있는 A의 질량은 $\frac{x}{5}$ g이고, 여기에 A(s) $\frac{x}{2}$ g을 녹였으므로 A의 전체 질량은 $\frac{x}{5}+\frac{x}{2}=\frac{7x}{10}$(g)이다.
- (가)에서 만든 A(aq) 50 mL에 녹아 있는 A의 질량은 $\frac{x}{10}$ g, (나)에서 만든 A(aq) 200 mL에 녹아 있는 A의 질량은 $\frac{7x}{10}\times\frac{2}{5}=\frac{7x}{25}$(g)이므로 (다)에서 만든 A($aq$)에 녹아 있는 A의 질량은 $\frac{x}{10}+\frac{7x}{25}=\frac{19x}{50}$(g)이다.

○ 보기 풀이 (다)에서 0.2 M A(aq) 500 mL에 녹아 있는 A의 양은 0.2 M×0.5 L=0.1 mol이다. (다)에서 만든 A(aq)에 녹아 있는 A의 질량은 $\frac{19x}{50}$ g이고 A의 화학식량이 a이므로 $0.1\times a=\frac{19x}{50}$에서 $x=\frac{5}{19}a$이다.

문제풀이 Tip

용액을 혼합할 때 용질의 양(mol)은 변하지 않는다. 각 과정마다 녹아 있는 A의 질량을 구하고, A의 화학식량을 알고 있으므로 A의 양(mol)을 계산할 수 있다.

선택지 비율	① 7%	② 7%	③ 8%	④ 74%	⑤ 3%

43 용액의 농도

2021학년도 수능 13번 | 정답 ④ | 문제편 63p

출제 의도 용액을 희석하거나 혼합할 때 용액에 들어 있는 용질의 양(mol)으로부터 용액의 몰 농도를 계산할 수 있는지 묻는 문항이다.

문제 분석

다음은 수산화 나트륨 수용액(NaOH(aq))에 관한 실험이다.

> (가) 2 M NaOH(aq) 300 mL에 물을 넣어 1.5 M NaOH(aq) x mL를 만든다. (400=) ($\Rightarrow 2\times300=1.5\times x$)
> (나) 2 M NaOH(aq) 200 mL에 NaOH(s) y g과 물을 넣어 2.5 M NaOH(aq) 400 mL를 만든다. (=24) ($\Rightarrow 2.5\times0.4=(2\times0.2)+\frac{y}{40}$)
> (다) (가)에서 만든 수용액과 (나)에서 만든 수용액을 모두 혼합하여 z M NaOH(aq)을 만든다. (=2) ($\Rightarrow \frac{1.6\text{ mol}}{0.8\text{ L}}=2$ M)

$\frac{y\times z}{x}$는? (단, NaOH의 화학식량은 40이고, 온도는 일정하며, 혼합 용액의 부피는 혼합 전 각 용액의 부피의 합과 같다.) [3점] ($=\frac{24\times2}{400}$)

① $\frac{12}{25}$ ② $\frac{9}{25}$ ③ $\frac{6}{25}$ ④ $\frac{3}{25}$ ⑤ $\frac{1}{25}$

문제풀이 Tip

(가)에서 1.5 M NaOH(aq) x mL에는 NaOH 0.6 mol(24 g), (나)에서 2.5 M NaOH(aq) 400 mL에는 NaOH 1 mol, (다)에서 z M NaOH(aq)에는 1.6 mol이 들어 있다.

✓ 자료 해석

- 용액의 몰 농도(M)$=\frac{\text{용질의 양(mol)}}{\text{용액의 부피(L)}}$
- 수용액에 물을 추가해도 수용액에 들어 있는 용질의 양은 일정하고, 혼합 용액에 들어 있는 용질의 양은 혼합 전 각 용액에 들어 있는 용질의 양을 합한 것과 같다.
- (가)에서 2 M NaOH(aq) 300 mL에 들어 있는 NaOH의 양(mol)과 1.5 M NaOH(aq) x mL에 들어 있는 NaOH의 양(mol)은 같다.
- (나)에서 2.5 M NaOH(aq) 400 mL에 들어 있는 NaOH의 양(mol)은 2 M NaOH(aq) 200 mL에 들어 있는 NaOH의 양(mol)과 NaOH(s) y g에 해당하는 양(mol)의 합과 같다.
- (다)에서 z M NaOH(aq)에 들어 있는 NaOH의 양(mol)은 1.5 M NaOH(aq) x mL에 들어 있는 NaOH의 양(mol)과 2.5 M NaOH(aq) 400 mL에 들어 있는 NaOH의 양(mol)의 합과 같다.

○ 보기 풀이 (가) : 물을 넣어도 NaOH(aq)에 들어 있는 NaOH의 양(mol)은 같으므로 $2\times300=1.5\times x$에서 $x=400$이다.

(나) : 2.5 M NaOH(aq) 400 mL에 들어 있는 NaOH의 양(mol)은 2 M NaOH(aq) 200 mL에 들어 있는 NaOH의 양(mol)과 NaOH(s) y g에 해당하는 양(mol)의 합과 같다. 따라서 $2.5\times0.4=(2\times0.2)+\frac{y}{40}$이므로 $y=24$이다.

(다) : (가)에서 만든 수용액에 들어 있는 NaOH의 양은 0.6 mol이고, (나)에서 만든 수용액에 들어 있는 NaOH의 양은 1 mol이다. 혼합 용액의 전체 부피는 800 mL(=0.8 L)이므로 (다)의 몰 농도(z)$=\frac{1.6\text{ mol}}{0.8\text{ L}}=2$ M이다. 따라서 $\frac{y\times z}{x}=\frac{24\times2}{400}=\frac{3}{25}$이다.

선택지 비율	① 13%	② 6%	③ 4%	❹ 73%	⑤ 2%

44 몰 농도

2021학년도 9월 평가원 12번 | 정답 ④ | 문제편 64p

(출제 의도) 원하는 몰 농도의 용액을 만들기 위해 필요한 용질의 질량을 계산할 수 있는지 묻는 문항이다.

(문제 분석)

다음은 0.3 M A 수용액을 만드는 실험이다.

(가) 소량의 물에 고체 A x g을 모두 녹인다.
(나) 250 mL 부피 플라스크에 (가)의 수용액을 모두 넣고 표시된 눈금선까지 물을 넣고 섞는다. ➡ A x g이 녹아 있는 250 mL A(aq)
(다) (나)의 수용액 50 mL를 취하여 500 mL 부피 플라스크에 모두 넣는다. └ 녹아 있는 A의 질량 $=\frac{x}{5}$ g
(라) (다)의 500 mL 부피 플라스크에 표시된 눈금선까지 물을 넣고 섞어 0.3 M A 수용액을 만든다.

x는? (단, A의 화학식량은 60이고, 온도는 25 ℃로 일정하다.) [3점]
60 g/mol

① 9 ② 18 ③ 30 ④ 45 ⑤ 60

A $\frac{x}{5}$ g이 녹아 있는 500 mL A(aq)=0.3 M A(aq)

A의 양(mol)=0.3 mol/L×0.5 L=$\dfrac{\frac{x}{5}\text{ g}}{60\text{ g/mol}}$

✔ 자료 해석

- 용액의 몰 농도(M)$=\dfrac{\text{용질의 양(mol)}}{\text{용액의 부피(L)}}$
- 용질의 양(mol)=용액의 몰 농도(M)×용액의 부피(L)
- 용질의 질량(g)=용질의 양(mol)×화학식량(g/mol)
- 수용액에 녹아 있는 용질의 양은 수용액의 부피에 비례한다.

○ 보기풀이 (나)에서 만든 A(aq) 250 mL에는 A x g이 녹아 있고, (다)에서 (나)의 수용액 50 mL를 취하였으므로 이 용액에 녹아 있는 A의 질량은 $\frac{x}{5}$ g이다. (라)에서 만든 A 수용액의 몰 농도와 부피는 0.3 M, 500 mL이므로 이 용액에 녹아 있는 A의 양은 0.3 mol/L×0.5 L=0.15 mol이다. 따라서 (라)에서 만든 A(aq)에 녹아 있는 A의 질량은 0.15 mol×60 g/mol$=\frac{x}{5}$ g이므로 x=45이다.

문제풀이 Tip

(나)의 A(aq)의 $\frac{1}{5}$만큼의 A(aq)을 취했으므로 취한 A(aq)에 녹아 있는 A의 양은 (나)의 A(aq)의 $\frac{1}{5}$이고, 물을 추가해도 녹아 있는 용질의 양은 일정하므로 (라)에서 만든 0.3 M A(aq) 500 mL에는 $\frac{x}{5}$ g의 A가 녹아 있다.

선택지 비율	❶ 86%	② 1%	③ 1%	④ 4%	⑤ 5%

45 몰 농도

2021학년도 6월 평가원 8번 | 정답 ① | 문제편 64p

(출제 의도) 원하는 몰 농도의 용액을 만드는 방법을 이해하는지 묻는 문항이다.

(문제 분석)

다음은 0.1 M 포도당($C_6H_{12}O_6$) 수용액을 만드는 실험 과정이다.

[실험 과정]
(가) 전자 저울을 이용하여 $C_6H_{12}O_6$ x g을 준비한다. ($\frac{x}{180}$ mol — 같음)
(나) 준비한 $C_6H_{12}O_6$ x g을 비커에 넣고 소량의 물을 부어 모두 녹인다.
(다) 250 mL [㉠]에 (나)의 용액을 모두 넣는다. (0.1 mol/L×0.25 L=0.025 mol)
(라) 물로 (나)의 비커에 묻어 있는 용액을 몇 번 씻어 (다)의 [㉠]에 모두 넣고 섞는다. ㉠ : 부피 플라스크
(마) (라)의 [㉠]에 표시된 눈금선까지 물을 넣고 섞는다.

이에 대한 설명으로 옳은 것만을 <보기>에서 있는 대로 고른 것은? (단, $C_6H_{12}O_6$의 분자량은 180이다.) [3점]
180 g/mol

<보기>
ㄱ. '부피 플라스크'는 ㉠으로 적절하다.
ㄴ. x=~~9~~ 4.5이다. 0.025 mol×180 g/mol=4.5 g
ㄷ. (마) 과정 후의 수용액 100 mL에 들어 있는 $C_6H_{12}O_6$의 양은 ~~0.02~~ 0.01 mol이다. 250 mL 속 포도당의 양 : 0.025 mol ➡ 100 mL 속 포도당의 양 : 0.01 mol

① ㄱ ② ㄴ ③ ㄷ ④ ㄱ, ㄴ ⑤ ㄱ, ㄷ

✔ 자료 해석

- 용액의 몰 농도(M)$=\dfrac{\text{용질의 양(mol)}}{\text{용액의 부피(L)}}$
- 용질의 양(mol)=용액의 몰 농도(M)×용액의 부피(L)
- 용질의 질량(g)=용질의 양(mol)×화학식량(g/mol)
- 수용액에 녹아 있는 용질의 양은 수용액의 부피에 비례한다.

○ 보기풀이 ㄱ. 표시선까지 용매를 채워 일정한 부피의 원하는 몰 농도의 용액을 만드는 데 사용하는 실험 기구는 부피 플라스크이다. 따라서 '부피 플라스크'는 ㉠으로 적절하다.

× 매력적 오답 ㄴ. 0.1 M 포도당 수용액 250 mL에 녹아 있는 포도당의 양은 0.1 M×0.25 L=0.025 mol이므로 포도당의 질량은 0.025 mol×180 g/mol=4.5 g이다. 따라서 x=4.5이다.
ㄷ. (마)에서 만든 0.1 M 포도당 수용액 250 mL에 녹아 있는 포도당의 양은 0.025 mol이므로 포도당 수용액 100 mL에 녹아 있는 포도당의 양은 0.01 mol이다.

문제풀이 Tip

0.1 M 포도당 수용액이 1 L일 때 수용액에 녹아 있는 포도당의 양이 0.1 mol이므로 0.1 M 포도당 수용액이 250 mL일 때 수용액에 녹아 있는 포도당의 양은 0.1 mol의 $\frac{1}{4}$인 0.025 mol이라고 해석할 수도 있다.

02 산 염기 중화 반응

선택지 비율	① 5%	② 8%	③ 7%	❹ 76%	⑤ 4%

1 중화 적정

2025학년도 수능 17번 | 정답 ④ | 문제편 66 p

출제 의도 중화 적정 실험의 실험 결과를 분석할 수 있는지 묻는 문항이다.

문제 분석

다음은 25 ℃에서 식초 A, B 각 1 g에 들어 있는 아세트산(CH_3COOH)의 질량을 알아보기 위한 중화 적정 실험이다.

[자료]

- CH_3COOH의 분자량은 60이다.
- 25 ℃에서 식초 A, B의 밀도(g/mL)는 각각 d_A, d_B이다.

[실험 과정]

(가) 식초 A, B를 준비한다.

(나) A 50 mL에 물을 넣어 수용액 Ⅰ 100 mL를 만든다.

(다) 10 mL의 Ⅰ에 페놀프탈레인 용액을 2~3방울 넣고 0.2 M NaOH(*aq*)으로 적정하였을 때, 수용액 전체가 붉게 변하는 순간까지 넣어 준 NaOH(*aq*)의 부피(V)를 측정한다.

(라) B 40 mL에 물을 넣어 수용액 Ⅱ 100 g을 만든다.

(마) 10 mL의 Ⅰ 대신 20 g의 Ⅱ를 이용하여 (다)를 반복한다.

[실험 결과]

- (다)에서 V : 10 mL
- (마)에서 V : 30 mL
- 식초 A, B 각 1 g에 들어 있는 CH_3COOH의 질량

식초	A	B
CH_3COOH의 질량(g)	$8w$	x

(풀이 메모)
- A $50d_A$ g ➡ CH_3COOH의 질량(g)$=50d_A\times 8w$ ➡ ① CH_3COOH의 양(mol)$=50d_A\times 8w\times\frac{1}{60}$
- CH_3COOH의 양(mol)$=①\times\frac{10}{100}$
- B $40d_B$ g
- CH_3COOH의 양(mol)$=②\times\frac{20}{100}$
- ➡ ② CH_3COOH의 양(mol)$=40d_B\times x\times\frac{1}{60}$
- 부피비 1 : 3 ➡ CH_3COOH의 몰비 1 : 3 ➡ $①\times\frac{10}{100} : ②\times\frac{20}{100}=1:3$

$x\times\frac{d_B}{d_A}$는? (단, 온도는 25 ℃로 일정하고, 중화 적정 과정에서 식초 A, B에 포함된 물질 중 CH_3COOH만 NaOH과 반응한다.) [3점]

① $6w$ ② $9w$ ③ $12w$ ④ $15w$ ⑤ $18w$

✓ 자료 해석

- 중화 적정 : 농도를 모르는 산이나 염기의 농도를 중화 반응의 양적 관계를 이용하여 알아내는 실험 방법이다.
- 중화점까지 반응한 H^+의 양(mol)과 OH^-의 양(mol)은 같다.
- (다)에서 중화 적정에 참여한 NaOH(*aq*)의 몰 농도(M)와 부피(mL)가 각각 0.2, 10이므로 반응한 NaOH의 양(mmol)은 2이고, Ⅰ 10 mL에 들어 있는 CH_3COOH의 양(mmol)도 2이므로 A 50 mL에 들어 있는 CH_3COOH의 양(mmol)은 20이다.
- A 50 mL의 질량(g)은 $50d_A$이고, A 1 g에 들어 있는 CH_3COOH의 질량(g)은 $8w$이므로 $1:8w=50d_A:20\times10^{-3}\times60$(식 ①)이 성립한다.
- (마)에서 중화 적정에 참여한 NaOH(*aq*)의 몰 농도(M)와 부피(mL)가 각각 0.2, 30이므로 반응한 NaOH의 양(mmol)은 6이고, Ⅱ 20 g에 들어 있는 CH_3COOH의 양(mmol)도 6이므로 B 40 mL에 들어 있는 CH_3COOH의 양(mmol)은 30이다.
- B 40 mL의 질량(g)은 $40d_B$이고, B 1 g에 들어 있는 CH_3COOH의 질량(g)은 x이므로 $1:x=40d_B:30\times10^{-3}\times60$(식 ②)이 성립한다.

○ 보기 풀이 $1:8w=50d_A:20\times10^{-3}\times60$(식 ①)에서 $8w\times50d_A=20\times10^{-3}\times60$이고, $1:x=40d_B:30\times10^{-3}\times60$(식 ②)에서 $x\times40d_B=30\times10^{-3}\times60$이므로 $x\times\frac{d_B}{d_A}=15w$이다.

문제풀이 Tip

두 중화 적정 실험에서 사용한 NaOH(*aq*)의 몰 농도는 같은데, NaOH(*aq*)의 부피비는 (다) : (마)=1 : 3이므로 중화 적정에 참여한 CH_3COOH의 질량비도 (다) : (마)=1 : 3이다. 따라서 $\left(50\times d_A\times 8w\times\frac{1}{10}\right):\left(40\times d_B\times x\times\frac{2}{10}\right)=1:3$이 성립하여 $x\times\frac{d_B}{d_A}=15w$이다.

선택지 비율	① 8%	② 15%	③ 7%	❹ 65%	⑤ 5%

2 중화 반응의 양적 관계

2025학년도 수능 18번 | 정답 ④ | 문제편 66 p

출제 의도 중화 반응에서 혼합 용액의 이온 수 비를 이용하여 양적 관계를 분석할 수 있는지 묻는 문항이다.

문제 분석

표는 $2x$ M HA(aq), x M H_2B(aq), y M NaOH(aq)의 부피를 달리하여 혼합한 수용액 (가)~(다)에 대한 자료이다.

2x M HA(aq) a mL에 들어 있는 H^+ 수를 1이라고 할 때

혼합 수용액		(가)	(나)	(다)
혼합 전 수용액의 부피(mL)	$2x$ M HA(aq)	a (H^+ 1, A^- 1)	0	a (H^+ 1, A^- 1)
	x M H_2B(aq)	b (H^+ 2, B^{2-} 1)	b (H^+ 2, B^{2-} 1)	c (H^+ 2, B^{2-} 1)
	y M NaOH(aq)	0	c	b (Na^+ 3, OH^- 3)
혼합 수용액에 존재하는 모든 이온 수의 비율		H^+ $\frac{3}{5}$, A^- $\frac{1}{5}$, B^{2-} $\frac{1}{5}$		Na^+ $\frac{3}{5}$, A^- $\frac{1}{5}$, B^{2-} $\frac{1}{5}$

(가): A^- 1, B^{2-} 1 → 1 : 1 ➡ $2a=b$
(나), (다): B^{2-} 수가 같음 ➡ $b=c$
(다): B^{2-} 1, Na^+ 3 → 1 : 3 ➡ $y=3x$

$\frac{y}{x} \times \frac{\text{(나)에 존재하는 } Na^+\text{의 양(mol)}}{\text{(나)에 존재하는 } B^{2-}\text{의 양(mol)}}$**은? (단, 수용액에서 HA는 H^+과 A^-으로, H_2B는 H^+과 B^{2-}으로 모두 이온화되고, 물의 자동 이온화는 무시한다.)** [3점]

① $\frac{1}{12}$ ② $\frac{1}{9}$ ③ $\frac{1}{3}$ ④ 9 ⑤ 12

✓ 자료 해석

- (가)에 존재하는 이온은 H^+, A^-, B^{2-}인데, 이온 수 비가 1 : 1 : 3이고 모든 양이온의 전하량과 모든 음이온의 전하량 합이 0이므로 이온 수 비는 $H^+ : A^- : B^{2-}=3 : 1 : 1$이다.
- (다)에 존재하는 이온은 A^-, B^{2-}, Na^+인데, 이온 수 비가 1 : 1 : 3이고 모든 양이온의 전하량과 모든 음이온의 전하량 합이 0이므로 이온 수 비는 $A^- : B^{2-} : Na^+=1 : 1 : 3$이다.

○ 보기풀이 (가)에서 2x M HA(aq) a mL에 들어 있는 H^+, A^-의 수를 각각 1이라고 하면 (가)에서 A^-과 B^{2-}의 수가 같으므로 $b=2a$가 성립하고, (나)와 (다)에서 B^{2-}의 수가 같으므로 $b=c$가 성립한다. 따라서 (다)에서 Na^+의 수는 3이므로 (나)에서 NaOH(aq)에 들어 있는 Na^+의 수도 3이다. (다)에서 $b=c$인데, 이온 수 비는 $B^{2-} : Na^+=1 : 3$이므로 $y=3x$이다. 따라서 $\frac{y}{x} \times \frac{\text{(나)에 존재하는 } Na^+\text{의 양(mol)}}{\text{(나)에 존재하는 } B^{2-}\text{의 양(mol)}} = \frac{3x}{x} \times \frac{3}{1} = 9$이다.

문제풀이 Tip

몰 농도(M)$=\frac{\text{용질의 양(mol)}}{\text{용액의 부피(L)}}$이므로 (가)에서 HA의 양(mol)은 $\frac{2x \times a}{1000}$이고, H_2B의 양(mol)은 $\frac{x \times b}{1000}$이다. 이때 (가)에서 HA의 수를 1, H_2B의 수를 1과 같이 간단하게 정하면, 풀이 과정이 덜 복잡해질 수 있다.

선택지 비율	① 5%	② 20%	③ 17%	④ 19%	❺ 39%

3 중화 반응의 양적 관계

2025학년도 9월 평가원 19번 | 정답 ⑤ | 문제편 66 p

출제 의도 2가 산과 1가 염기의 중화 반응에서 액성에 따른 전체 이온 수를 분석할 수 있는지 묻는 문항이다.

문제 분석

표는 x M H_2A(aq)과 y M NaOH(aq)의 부피를 달리하여 혼합한 용액 (가)~(다)에 대한 자료이다.

혼합 용액		(가)	(나)	(다)
모든 이온 수		$60y-10x$	$60x$	$90x$
혼합 전 수용액의 부피(mL)	x M H_2A(aq) (H^+, A^{2-})	10 ($20x$, $10x$)	20 ($40x$, $20x$)	30 ($60x$, $30x$)
	y M NaOH(aq) (Na^+, OH^-)	30 ($30y$, $30y$)	20 ($20y$, $20y$)	10 ($10y$, $10y$)
액성		염기성	산성	산성
혼합 용액에 존재하는 $\frac{A^{2-}\text{의 양(mol)}}{\text{모든 이온의 양(mol)}}$(상댓값)		3 ($\frac{10x}{60y-10x}$)	a 8 ($\frac{1}{3}$)	8 ($\frac{30x}{90x}=\frac{1}{3}$)

$\frac{10x}{60y-10x} : \frac{1}{3}=3 : 8$ ➡ $3x=2y$

$a \times \frac{y}{x}$**는? (단, 수용액에서 H_2A는 H^+과 A^{2-}으로 모두 이온화되고, 물의 자동 이온화는 무시한다.)** [3점]

① $\frac{1}{12}$ ② $\frac{3}{16}$ ③ 2 ④ $\frac{16}{3}$ ⑤ 12

✓ 자료 해석

- 2가 산과 1가 염기의 혼합 용액에 들어 있는 이온 수는 혼합 용액이 산성일 때는 중화 반응 전 2가 산에 들어 있는 이온 수와 같고, 염기성일 때는 중화 반응 전 1가 염기에 들어 있는 이온 수에서 2가 산의 수를 뺀 값과 같다.
- (가)는 염기성이므로 (가)에 들어 있는 모든 이온의 양($\times 10^{-3}$ mol)은 중화 반응 전 1가 염기에 들어 있는 이온의 양($\times 10^{-3}$ mol)인 $60y$에서 2가 산의 양($\times 10^{-3}$ mol)인 $10x$를 뺀 값이므로 $60y-10x$이다. 따라서 (가)에서 $\frac{A^{2-}\text{의 양(mol)}}{\text{모든 이온의 양(mol)}}=\frac{10x}{60y-10x}$이다.
- (다)는 산성으로 모든 이온의 양($\times 10^{-3}$ mol)은 중화 반응 전 H_2A(aq)에 들어 있는 이온의 양($\times 10^{-3}$ mol)과 같으므로 $\frac{A^{2-}\text{의 양(mol)}}{\text{모든 이온의 양(mol)}}=\frac{1}{3}$이다.

○ 보기풀이 $\frac{A^{2-}\text{의 양(mol)}}{\text{모든 이온의 양(mol)}}$의 비가 (가) : (다)=3 : 8이므로 $\frac{10x}{60y-10x} : \frac{1}{3}=3 : 8$이 성립하여 $3x=2y$이다. 따라서 (나)에서 중화 반응 전 이온의 양은 $H^+>OH^-$이므로 (나)는 산성이고, $\frac{A^{2-}\text{의 양(mol)}}{\text{모든 이온의 양(mol)}}=\frac{1}{3}$이다. $a=8$이므로 $a \times \frac{y}{x}=8 \times \frac{3}{2}=12$이다.

문제풀이 Tip

2가 산과 1가 염기의 혼합 용액이 산성일 때 전체 이온 수는 중화 반응 전 2가 산에 들어 있는 이온 수와 같고, 염기성일 때 전체 이온 수는 중화 반응 전 1가 염기에 들어 있는 이온 수에서 2가 산의 수를 뺀 값과 같다.

선택지 비율	① 4%	② 2%	③ 15%	④ 4%	❺ 75%

4 중화 적정

2025학년도 9월 평가원 13번 | 정답 ⑤ | 문제편 67 p

출제 의도 중화 적정 실험 결과를 분석할 수 있는지 묻는 문항이다.

문제 분석

다음은 중화 적정을 이용하여 식초 A에 들어 있는 아세트산(CH_3COOH)의 질량을 알아보기 위한 실험이다.

[자료]

- CH_3COOH의 분자량은 60이다.
- 25 ℃에서 식초 A의 밀도는 d g/mL이다.

[실험 과정]

(가) 25 ℃에서 식초 A 10 mL에 물을 넣어 수용액 100 mL를 만든다. (10d g ➡ CH_3COOH의 질량 10dw g)

(나) (가)에서 만든 수용액 20 mL를 삼각 플라스크에 넣고 페놀프탈레인 용액을 2~3방울 떨어뜨린다. (CH_3COOH의 질량(g) $=10dw\times\frac{20}{100}$)

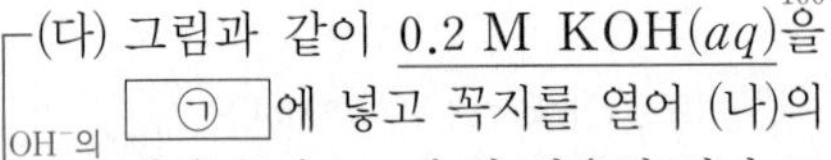

(다) 그림과 같이 0.2 M KOH(aq)을 [㉠]에 넣고 꼭지를 열어 (나)의 삼각 플라스크에 한 방울씩 떨어 뜨리면서 삼각 플라스크를 흔들어 준다. (OH^-의 양(mol) $=0.2\times10\times10^{-3}$)

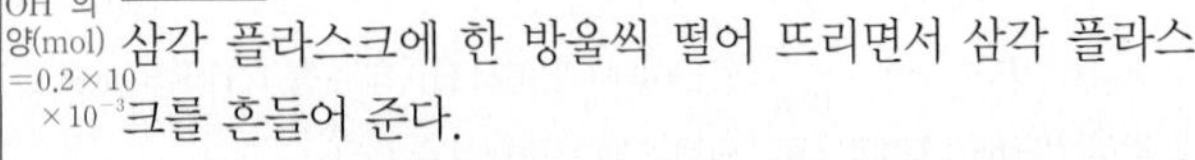

(라) (다)의 삼각 플라스크 속 수용액 전체가 붉은색으로 변하는 순간까지 넣어 준 KOH(aq)의 부피(V)를 측정한다.

[실험 결과]

(반응한 H^+의 양=OH^-의 양 ➡ $10dw\times\frac{20}{100}\times\frac{1}{60}=0.2\times10\times10^{-3}$ ➡ $w=\frac{3}{50d}$)

- V : 10 mL
- 식초 A 1 g에 들어 있는 CH_3COOH의 질량 : w g

이에 대한 설명으로 옳은 것만을 〈보기〉에서 있는 대로 고른 것은? (단, 온도는 25 ℃로 일정하고, 중화 적정 과정에서 식초 A에 포함된 물질 중 CH_3COOH만 KOH과 반응한다.)

〈보기〉

ㄱ. '뷰렛'은 ㉠으로 적절하다.

ㄴ. (나)의 삼각 플라스크에 들어 있는 CH_3COOH의 양은 2×10^{-3} mol이다. (반응한 OH^-의 양(mol)과 동일 ➡ $0.2\times10\times10^{-3}$)

ㄷ. $w=\frac{3}{50d}$이다.

① ㄱ ② ㄷ ③ ㄱ, ㄴ ④ ㄴ, ㄷ ⑤ ㄱ, ㄴ, ㄷ

✓ 자료 해석

- 반응한 산이 내놓는 H^+의 양(mol)과 반응한 염기가 내놓는 OH^-의 양(mol)은 같으므로 반응 몰비는 $H^+ : OH^- = 1 : 1$이다.
- 식초 A의 밀도가 d g/mL이므로 (가)에서 A 10 mL의 질량은 10d g이다.
- A 1 g에 들어 있는 CH_3COOH의 질량(g)은 w이므로 (가)의 A에 들어 있는 CH_3COOH의 질량(g)은 10dw이다.
- (가)에서 만든 수용액 20 mL에 들어 있는 CH_3COOH의 질량(g)은 $10dw\times\frac{20}{100}$이고, 이때의 양(mol)은 $10dw\times\frac{20}{100}\times\frac{1}{60}$이다.
- 중화 반응에 참여한 KOH의 양(mol)은 0.2×0.01이며, CH_3COOH과 KOH은 1 : 1의 몰비로 반응하므로 $10dw\times\frac{20}{100}\times\frac{1}{60}=0.2\times0.01$이 성립한다.

O 보기 풀이 ㄱ. 중화 적정 실험 과정에서 식초를 삼각 플라스크에 넣었으므로 이를 적정할 KOH(aq)은 뷰렛에 넣어야 한다. 따라서 '뷰렛'은 ㉠으로 적절하다.

ㄴ. 중화 반응에 참여한 KOH의 양(mol)이 0.2×0.01이므로 중화 반응에 참여한 CH_3COOH의 양(mol)도 이와 같은 0.2×0.01이다. 따라서 (나)의 삼각 플라스크에 들어 있는 CH_3COOH의 양(mol)은 2×10^{-3}이다.

ㄷ. $10dw\times\frac{20}{100}\times\frac{1}{60}=0.2\times0.01$이므로 $w=\frac{3}{50d}$이다.

문제풀이 Tip

중화 반응에 참여한 KOH의 양(mol)은 0.2×0.01이므로 (나)의 수용액에 들어 있는 CH_3COOH의 양(mol)은 2×10^{-3}이다. 따라서 (가)의 수용액에 들어 있는 CH_3COOH의 양(mol)은 $5\times2\times10^{-3}$이며, 이때의 질량(g)은 $5\times2\times10^{-3}\times60=0.6$이다. 그런데 식초 A 10 mL의 질량(g)이 10d이므로 식초 A 1 g에 들어 있는 CH_3COOH의 질량(g)은 $w=\frac{0.6}{10d}=\frac{3}{50d}$이다.

선택지 비율	① 10%	② 14%	③ 22%	④ 15%	⑤ 39%

5 중화 적정

2025학년도 6월 평가원 17번 | 정답 ⑤ | 문제편 67 p

출제 의도 중화 반응의 양적 관계를 이용하여 중화 적정 실험 결과를 분석할 수 있는지 묻는 문항이다.

문제 분석

다음은 아세트산(CH_3COOH) 수용액 100 g에 들어 있는 용질의 질량을 알아보기 위한 중화 적정 실험이다. CH_3COOH의 분자량은 60이다.

[실험 과정]

(가) 25 ℃에서 밀도가 d g/mL인 $CH_3COOH(aq)$을 준비한다.

(나) (가)의 수용액 10 mL에 물을 넣어 50 mL 수용액을 만든다.
(10d g) (CH_3COOH의 질량(g) $=0.1\times80\times10^{-3}\times\frac{50}{20}\times60$)

(다) (나)에서 만든 수용액 20 mL에 페놀프탈레인 용액을 2~3방울 넣고 0.1 M $NaOH(aq)$으로 적정하였을 때, 수용액 전체가 붉게 변하는 순간까지 넣어 준 $NaOH(aq)$의 부피(V)를 측정한다.
(CH_3COOH의 양(mol)$=0.1\times80\times10^{-3}$) (반응한 OH^-의 양(mol)$=0.1\times a\times10^{-3}$ ➡ 혼합 용액 속 Na^+의 양)

[실험 결과]

- V : a mL (80)
- (다) 과정 후 혼합 용액에 존재하는 Na^+의 몰 농도 : 0.08 M ($\frac{0.1\times a}{20+a}=0.08$ ➡ $a=80$)
- (가)의 수용액 100 g에 들어 있는 용질의 질량 : x g

($10d:1.2=100:x$ ➡ $x=\frac{12}{d}$)

x는? (단, 온도는 25 ℃로 일정하고, 혼합 용액의 부피는 혼합 전 각 용액의 부피의 합과 같으며, 넣어 준 페놀프탈레인 용액의 부피는 무시한다.) [3점]

① $\frac{4}{d}$ ② $\frac{24d}{5}$ ③ $\frac{24}{5d}$ ④ $12d$ ⑤ $\frac{12}{d}$

✓ 자료 해석

- 중화점까지 반응한 H^+의 양(mol)과 OH^-의 양(mol)은 같다.
- (다)에서 만든 혼합 용액의 부피(mL)는 $20+a$이며, 이 수용액에 들어 있는 Na^+의 양($\times10^{-3}$ mol)은 $0.1a$이므로 Na^+의 몰 농도(M)는 $\frac{0.1a}{20+a}=0.08$이 성립하여 $a=80$이다.

○ 보기 풀이 중화 적정에 사용한 0.1 M $NaOH(aq)$의 부피가 80 mL이므로 중화 적정에 참여한 OH^-의 양($\times10^{-3}$ mol)은 8이고, 중화 적정에 참여한 CH_3COOH의 양($\times10^{-3}$ mol)도 8이다. 따라서 (나)에서 만든 50 mL 수용액에 들어 있는 CH_3COOH의 양($\times10^{-3}$ mol)은 $8\times\frac{50}{20}=20$이며, 이때의 질량(g)은 $20\times10^{-3}\times60=1.2$이다.
(가)에서 사용한 $CH_3COOH(aq)$의 밀도(g/mL)가 d이므로 이 수용액 10 mL의 질량(g)은 $10d$이다. (가)의 수용액 $10d$ g에 들어 있는 용질의 질량이 1.2 g이고 (가)의 수용액 100 g에 들어 있는 용질의 질량(g)은 x이므로 $10d:1.2=100:x$가 성립하여 $x=\frac{12}{d}$이다.

문제풀이 Tip

몰 농도에서 용질의 양의 단위는 mol, 용액의 부피 단위는 L인데, 부피 단위를 mL로 사용하면 용질의 양의 단위는 mmol($\times10^{-3}$ mol)이 된다는 것에 유의한다.

Part II 수능 평가원

선택지 비율	❶ 34%	② 18%	③ 17%	④ 20%	⑤ 12%

6 중화 반응의 양적 관계

2025학년도 6월 평가원 19번 | 정답 ① | 문제편 67 p

(출제 의도) 중화 반응에서 이온 수와 음이온의 몰 농도를 이용하여 양적 관계를 분석할 수 있는지 묻는 문항이다.

(문제 분석)

표는 x M NaOH(aq), 0.1 M H_2A(aq), 0.1 M HB(aq)의 부피를 달리하여 혼합한 용액 (가)와 (나)에 대한 자료이다. (가)의 액성은 염기성이다.

혼합 용액		(가) 염기성	(나) 염기성
혼합 전 용액의 부피(mL)	x M NaOH(aq)	Na^+ OH^- V_1 $xV_1(=a)$ $xV_1(=a)$	$2V_1$ $2xV_1(2a)$ $2xV_1(2a)$
	0.1 M H_2A(aq)	H^+ A^{2-} 40 8 4	20 4 2
	0.1 M HB(aq)	H^+ B^- V_2 $0.1V_2(=b)$ $0.1V_2(=b)$	0
모든 이온의 수		$8N$ $2a-4$	$19N$ $4a-2$
모든 음이온의 몰 농도(M) 합		$\frac{3}{50}$	$\frac{3}{20}$

$2a-4 : 4a-2 = 8 : 19$ ➡ $a=10$

$V_2=10$ $\left[\frac{4+a-8}{V_1+40+V_2}\right]$ $\left[\frac{2a-2}{2V_1+20}\right]$ $V_1=50$

$x \times \frac{V_2}{V_1}$는? (단, 혼합 용액의 부피는 혼합 전 각 용액의 부피의 합과 같고, 수용액에서 H_2A는 H^+과 A^{2-}으로, HB는 H^+과 B^-으로 모두 이온화되며, 물의 자동 이온화는 무시한다.)

① $\frac{1}{25}$ ② $\frac{1}{10}$ ③ $\frac{1}{5}$ ④ $\frac{1}{3}$ ⑤ $\frac{1}{2}$

✓ 자료 해석

- 2가 산과 1가 염기의 혼합 용액이 염기성일 때 혼합 용액에 들어 있는 이온 수는 혼합 전 1가 염기에 들어 있는 이온 수에서 2가 산의 수를 뺀 값과 같다.
- (가)는 염기성인데, (나)는 (가)보다 NaOH(aq)의 부피가 크고 H_2A(aq)의 부피는 작으므로 (나)도 염기성이다.
- H_2A(aq)의 몰 농도가 0.1 M이므로 (가)에서 H_2A(aq) 40 mL에 들어 있는 H^+, A^{2-}의 양($\times 10^{-3}$ mol)은 각각 8, 4이며, (나)에서 H_2A(aq) 20 mL에 들어 있는 H^+, A^{2-}의 양($\times 10^{-3}$ mol)은 각각 4, 2이다.
- (가)에서 NaOH(aq) V_1 mL에 들어 있는 Na^+, OH^-의 양($\times 10^{-3}$ mol)을 각각 $a(=xV_1)$라고 하면, (가)에 들어 있는 이온의 양($\times 10^{-3}$ mol)은 $2a-4$이고, (나)에 들어 있는 이온의 양($\times 10^{-3}$ mol)은 $4a-2$이다. 모든 이온 수 비는 (가) : (나)=8 : 19이므로 $2a-4 : 4a-2 = 8 : 19$에서 $a=xV_1=10$이다.

○ 보기 풀이 (나)에서 음이온의 양($\times 10^{-3}$ mol)은 A^{2-}이 2, OH^-이 16으로 총 18인데, 부피(mL)가 $2V_1+20$이므로 모든 음이온의 몰 농도(M) 합은 $\frac{18}{2V_1+20}=\frac{3}{20}$이 성립하여 $V_1=50$이다.

(가)에서 HB(aq)에 들어 있는 B^-의 양($\times 10^{-3}$ mol)을 $b(=0.1V_2)$라고 하면 음이온의 양($\times 10^{-3}$ mol)은 A^{2-}이 4, B^-이 b, OH^-이 $2-b$로 총 6인데, 부피(mL)가 $50+40+V_2$이므로 모든 음이온의 몰 농도(M) 합은 $\frac{6}{90+V_2}=\frac{3}{50}$이 성립하여 $V_2=10$이다. x M NaOH(aq) 50 mL(V_1)에 들어 있는 Na^+의 양($\times 10^{-3}$ mol)이 10이므로 $x=\frac{1}{5}$이다. 따라서 $x \times \frac{V_2}{V_1}=\frac{1}{5}\times\frac{10}{50}=\frac{1}{25}$이다.

문제풀이 Tip

2가 산과 1가 염기를 혼합시켰을 때 혼합 용액에 들어 있는 이온 수는 혼합 용액이 산성일 때 혼합 전 2가 산에 들어 있는 이온 수와 같고, 염기성일 때 혼합 전 1가 염기에 들어 있는 이온 수에서 2가 산의 수를 빼준 값과 같다.

2가 산, 1가 염기, 1가 산을 혼합시켰을 때 혼합 용액에 들어 있는 이온 수는 혼합 용액이 산성일 때 2가 산과 1가 산에 들어 있는 이온 수의 합과 같지만, 염기성일 때 1가 산에 들어 있는 이온 수는 고려하지 않아도 되고, 1가 염기에 들어 있는 이온 수에서 2가 산의 수를 빼준 값과 같다.

선택지 비율	❶ 48%	② 15%	③ 9%	④ 19%	⑤ 9%

7 중화 적정

2024학년도 수능 16번 | 정답 ① | 문제편 68 p

출제 의도 중화 적정 실험에서 식초에 들어 있는 아세트산의 질량을 구할 수 있는지 묻는 문항이다.

문제 분석

다음은 25 ℃에서 식초에 들어 있는 아세트산(CH_3COOH)의 질량을 알아보기 위한 중화 적정 실험이다.

반응한 H^+나 OH^-의 양이 같음

[자료]

- 25 ℃에서 식초 A, B의 밀도(g/mL)는 각각 d_A, d_B이다.

[실험 과정]

(가) 식초 A, B를 준비한다. ($20d_A$ g)

(나) A 20 mL에 물을 넣어 수용액 Ⅰ 100 mL를 만든다.

(다) 50 mL의 Ⅰ에 페놀프탈레인 용액을 2~3 방울 넣고 aM NaOH(aq)으로 적정하였을 때, 수용액 전체가 붉게 변하는 순간까지 넣어 준 NaOH(aq)의 부피(V)를 측정한다.

① CH_3COOH의 질량 $= 20d_A \times 0.02 \times \frac{1}{2}$

(라) B 20 mL에 물을 넣어 수용액 Ⅱ 100 g을 만든다.

(마) 50 mL의 Ⅰ 대신 50 g의 Ⅱ를 이용하여 (다)를 반복한다. ($20d_B$ g)

② CH_3COOH의 질량 $= 20d_B \times x \times \frac{1}{2}$

[실험 결과]

- (다)에서 V : 10 mL
- (마)에서 V : 25 mL

CH_3COOH의 질량비는 ① : ② = 2 : 5

- 식초 A, B 각 1 g에 들어 있는 CH_3COOH의 질량

식초	A	B
CH_3COOH의 질량(g)	0.02	x

x는? (단, 온도는 25 ℃로 일정하고, 중화 적정 과정에서 식초 A, B에 포함된 물질 중 CH_3COOH만 NaOH과 반응한다.)

① $\frac{d_A}{20d_B}$ ② $\frac{d_A}{10d_B}$ ③ $\frac{d_B}{50d_A}$ ④ $\frac{d_B}{20d_A}$ ⑤ $\frac{d_B}{10d_A}$

✓ 자료 해석

- A의 밀도(g/mL)는 d_A이므로 (나)에서 A 20 mL의 질량(g)은 $20d_A$이다. A 1 g에 들어 있는 CH_3COOH의 질량(g)은 0.02이므로 (나)에서 A 20 mL에 들어 있는 CH_3COOH의 질량(g)은 $20d_A \times 0.02$이고, 이를 100 mL로 만든 후 50 mL를 취했으므로 (다)에서 50 mL의 Ⅰ에 들어 있는 CH_3COOH의 질량(g)은 $20d_A \times 0.02 \times \frac{50}{100}$이다.
- B의 밀도(g/mL)는 d_B이므로 (라)에서 B 20 mL의 질량(g)은 $20d_B$이다. B 1 g에 들어 있는 CH_3COOH의 질량(g)은 x이므로 (라)에서 B 20mL에 들어 있는 CH_3COOH의 질량(g)은 $20d_B \times x$이고, 이를 100 g으로 만든 후 50 g을 취했으므로 (마)에서 50 g의 Ⅱ에 들어 있는 CH_3COOH의 질량(g)은 $20d_B \times x \times \frac{50}{100}$이다.

○ 보기 풀이 Ⅰ과 Ⅱ를 적정하는 데 사용한 aM NaOH(aq)의 부피는 각각 10 mL, 25 mL이므로 Ⅰ과 Ⅱ에 들어 있는 CH_3COOH의 질량비는 2 : 5이다. 따라서 $20d_A \times 0.02 \times \frac{50}{100} : 20d_B \times x \times \frac{50}{100} = 2 : 5$이므로 $x = \frac{d_A}{20d_B}$이다.

문제풀이 Tip

(나) → (다)에서 Ⅰ의 100 mL 중 50 mL를 취했으므로 수용액에 들어 있는 CH_3COOH의 질량도 절반이 된다. (라) → (마)에서 Ⅱ의 100 g 중 50 g을 취했으므로 수용액에 들어 있는 CH_3COOH의 질량도 절반이 된다. 수용액의 부피 대신 질량이 주어지더라도 전체 양 중 절반을 취한 것이므로 CH_3COOH의 양도 절반이 된다는 점에 유의한다.

선택지 비율	① 18%	❷ 34%	③ 14%	④ 19%	⑤ 15%

8 중화 반응의 양적 관계

2024학년도 수능 18번 | 정답 ② | 문제편 68 p

(출제 의도) 중화 반응에서 양이온의 몰 농도 합을 이용하여 수용액의 몰 농도를 구할 수 있는지 묻는 문항이다.

(문제 분석)

다음은 중화 반응 실험이다.

[자료]
- 수용액에서 H_2A는 H^+과 A^{2-}으로 모두 이온화된다.

[실험 과정]
(가) xM $H_2A(aq)$과 yM $NaOH(aq)$을 준비한다.
(나) 3개의 비커에 (가)의 2가지 수용액의 부피를 달리하여 혼합한 용액 Ⅰ~Ⅲ을 만든다.

[실험 결과]
- Ⅰ~Ⅲ의 액성은 모두 다르며, 각각 산성, 중성, 염기성 중 하나이다.
- 혼합 용액 Ⅰ~Ⅲ에 대한 자료

혼합 용액	혼합 전 수용액의 부피(mL)		모든 양이온의 몰 농도(M) 합
	xM $H_2A(aq)$	yM $NaOH(aq)$	
산성 Ⅰ	H^+ V $2xV$	Na^+ 10 $10y$	2 $\frac{2xV}{V+10}$
염기성 Ⅱ	H^+ V $2xV$	Na^+ 20 $20y$	2 $\frac{20y}{V+20}$
중성 Ⅲ	H^+ $3V$ $6xV$	Na^+ 40 $40y$	㉠ $\frac{40y}{3V+40}$

(Ⅰ, Ⅱ: ① 1 : 1)
② $6xV=40y$ ➡ ①과 ② 연립 ➡ $V=10$

㉠$\times\frac{x}{y}$는? (단, 혼합 용액의 부피는 혼합 전 각 용액의 부피의 합과 같고, 물의 자동 이온화는 무시한다.) [3점]

① $\frac{4}{7}$　② $\frac{8}{7}$　③ $\frac{12}{7}$　④ $\frac{15}{7}$　⑤ $\frac{18}{7}$

✓ 자료 해석

- Ⅰ~Ⅲ은 각각 V mL, V mL, $3V$ mL의 $H_2A(aq)$에 $NaOH(aq)$을 각각 10 mL, 20 mL, $\frac{40}{3}$ mL 넣은 용액이라고 할 수 있다. 따라서 Ⅰ~Ⅲ의 액성은 각각 산성, 염기성, 중성이다.
- Ⅰ에서 xM $H_2A(aq)$에 들어 있는 H^+의 양(10^{-3} mol)은 $2xV$, yM $NaOH(aq)$에 들어 있는 OH^-의 양(10^{-3} mol)은 $10y$이며, Ⅰ과 Ⅱ에서 모든 양이온의 몰 농도 합은 같으므로 $\frac{2xV}{V+10}=\frac{20y}{V+20}=2$(①)가 성립한다.
- Ⅲ은 중성이므로 $6xV=40y$(②)가 성립하고, ①과 ②를 연립하면 $V=10$이고, $x=2$, $y=3$이다.

○ 보기 풀이 $V=10$이고, Ⅲ은 중성이므로 존재하는 양이온은 Na^+이며 모든 양이온의 몰 농도 합 ㉠$=\frac{40y}{3V+40}=\frac{40y}{70}$이다. $x=2$, $y=3$이므로 ㉠$\times\frac{x}{y}=\frac{4y}{7}\times\frac{x}{y}=\frac{8}{7}$이다.

문제풀이 Tip

$H_2A(aq)$과 $NaOH(aq)$의 혼합 용액이 산성 또는 중성일 때 혼합 용액에 들어 있는 양이온 수는 혼합 전 $H_2A(aq)$에 들어 있는 H^+의 수와 같고, 혼합 용액이 염기성일 때 혼합 용액에 들어 있는 양이온 수는 혼합 전 $NaOH(aq)$에 들어 있는 Na^+의 수와 같다.

선택지 비율	① 5%	② 12%	③ 6%	❹ 67%	⑤ 10%

9 중화 적정

2024학년도 9월 평가원 15번 | 정답 ④ | 문제편 68p

출제 의도 중화 적정 실험 결과를 분석할 수 있는지 묻는 문항이다.

문제분석

다음은 25 ℃에서 식초 1 g에 들어 있는 아세트산(CH_3COOH)의 질량을 알아보기 위한 중화 적정 실험이다.

[실험 과정]
(가) 식초 10 g을 준비한다. (CH_3COOH의 질량$=10a$ g)
(나) (가)의 식초에 물을 넣어 25 ℃에서 밀도가 d g/mL인 수용액 50 g을 만든다. (부피 $\frac{50}{d}$ mL)
(다) (나)에서 만든 수용액 20 mL에 페놀프탈레인 용액을 2~3방울 넣고 x M NaOH(aq)으로 적정한다. (① CH_3COOH의 양$=10a\times\frac{20}{\frac{50}{d}}\times\frac{1}{60}$ mol)
(라) (다)의 수용액 전체가 붉게 변하는 순간까지 넣어 준 NaOH(aq)의 부피(V)를 측정한다. (①=②)

[실험 결과] (② NaOH의 양$=x\times50\times10^{-3}$ mol)
- V : 50 mL
- (가)에서 식초 1 g에 들어 있는 CH_3COOH의 질량 : a g

x는? (단, CH_3COOH의 분자량은 60이고, 온도는 25 ℃로 일정하며, 중화 적정 과정에서 식초에 포함된 물질 중 CH_3COOH만 NaOH과 반응한다.)

① $\frac{ad}{3}$ ② $\frac{2ad}{3}$ ③ ad ④ $\frac{4ad}{3}$ ⑤ $\frac{5ad}{3}$

✓ 자료 해석

- 중화 적정 : 농도를 모르는 산이나 염기의 농도를 중화 반응의 양적 관계를 이용하여 알아내는 실험 방법이다.
- 중화 반응의 양적 관계 : 반응한 산이 내놓는 H^+의 양(mol)과 반응한 염기가 내놓는 OH^-의 양(mol)은 같으므로 반응 몰비는 $H^+ : OH^- = 1 : 1$이다.
- (가)에서 식초 1 g에 들어 있는 CH_3COOH의 질량(g)이 a이므로 (가)에서 식초 10 g에 들어 있는 CH_3COOH의 질량(g)은 $10a$이다.
- (나)에서 만든 수용액의 밀도(g/mL)와 질량(g)이 각각 d, 50이므로 부피(mL)는 $\frac{50}{d}$이고, 이 중 20 mL를 취했으므로 20 mL의 수용액에 들어 있는 CH_3COOH의 질량(g)은 $10a\times\frac{20}{\frac{50}{d}}=4ad$이고, 그 양(mol)은 $\frac{4ad}{60}=\frac{ad}{15}$이다.
- 적정에 사용한 NaOH의 양(mol)은 $x\times50\times10^{-3}$이다.

○ 보기풀이 중화 반응한 CH_3COOH과 NaOH의 양(mol)은 같으므로 $\frac{ad}{15}=\frac{50x}{1000}$가 성립하여 $x=\frac{4ad}{3}$이다.

문제풀이 Tip

(나)의 수용액에 들어 있는 CH_3COOH의 질량은 $10a$ g이므로 CH_3COOH의 양(mol)은 $\frac{a}{6}$이고, (나)의 수용액의 질량은 50 g이고 밀도가 d g/mL이므로 부피는 $\frac{50}{d}$ mL이다. (다)의 수용액에 들어 있는 CH_3COOH의 양(mol)을 n이라고 하면, $\frac{50}{d} : \frac{a}{6}=20 : n$, $n=\frac{ad}{15}$이다.

선택지 비율	① 12%	② 13%	③ 13%	❹ 56%	⑤ 6%

10 중화 적정

2024학년도 6월 평가원 16번 | 정답 ④ | 문제편 69 p

출제 의도 중화 적정 실험 결과를 분석할 수 있는지 묻는 문항이다.

문제 분석

다음은 25 ℃에서 식초 A, B 각 1 g에 들어 있는 아세트산(CH_3COOH)의 질량을 알아보기 위한 중화 적정 실험이다.

[자료]

- CH_3COOH의 분자량은 60이다.
- 25 ℃에서 식초 A, B의 밀도(g/mL)는 각각 d_A, d_B이다.

[실험 과정]

(가) 식초 A, B를 준비한다. (A의 질량$=10d_A$ g, B의 질량$=10d_B$ g)

(나) (가)의 A, B 각 10 mL에 물을 넣어 각각 50 mL 수용액 Ⅰ, Ⅱ를 만든다. (CH_3COOH의 질량$=10d_A\times16w\times\frac{x}{50}$ g ➡ ① $10d_A\times16w\times\frac{x}{50}\times\frac{1}{60}$ mol)

(다) x mL의 Ⅰ에 페놀프탈레인 용액을 2~3방울 넣고 0.1 M $NaOH(aq)$으로 적정하였을 때, 수용액 전체가 붉게 변하는 순간까지 넣어 준 $NaOH(aq)$의 부피(V)를 측정한다.

(라) x mL의 Ⅰ 대신 y mL의 Ⅱ를 이용하여 (다)를 반복한다. (①=③, ②=④) (CH_3COOH의 질량$=10d_B\times15w\times\frac{y}{50}$ g ➡ ② $10d_B\times15w\times\frac{y}{50}\times\frac{1}{60}$ mol)

[실험 결과]

- (다)에서 V : $4a$ mL ③ NaOH의 양$=0.1\times4a\times10^{-3}$ mol
- (라)에서 V : $5a$ mL ④ NaOH의 양$=0.1\times5a\times10^{-3}$ mol
- (가)에서 식초 1 g에 들어 있는 CH_3COOH의 질량

식초	A	B
CH_3COOH의 질량(g)	$16w$	$15w$

(16 : 15)

$\frac{x}{y}$는? (단, 온도는 25 ℃로 일정하고, 중화 적정 과정에서 식초 A, B에 포함된 물질 중 CH_3COOH만 NaOH과 반응한다.)

① $\frac{4d_B}{3d_A}$ ② $\frac{6d_B}{5d_A}$ ③ $\frac{5d_B}{6d_A}$ ④ $\frac{3d_B}{4d_A}$ ⑤ $\frac{d_B}{2d_A}$

✓ 자료 해석

- A의 밀도(g/mL)가 d_A이므로 A 10 mL의 질량(g)은 $10d_A$이고, A 1 g에 들어 있는 CH_3COOH의 질량(g)은 $16w$이므로 A $10d_A$ g에 들어 있는 CH_3COOH의 질량(g)은 $10d_A\times16w$이다. (다)에서 수용액 x mL에 들어 있는 CH_3COOH의 질량(g)은 $10d_A\times16w\times\frac{x}{50}$이며, CH_3COOH의 분자량이 60이므로 그 양(mol)은 $10d_A\times16w\times\frac{x}{50}\times\frac{1}{60}$이다.
- 0.1 M $NaOH(aq)$ $4a$ mL에 들어 있는 NaOH의 양(mol)은 $\frac{0.1\times4a}{1000}$이고, 중화 반응에서 반응한 산과 염기의 양(mol)은 같으므로 $10d_A\times16w\times\frac{x}{50}\times\frac{1}{60}=\frac{0.1\times4a}{1000}$이다.
- B의 밀도(g/mL)가 d_B이므로 B 10 mL의 질량(g)은 $10d_B$이고, B 1 g에 들어 있는 CH_3COOH의 질량(g)은 $15w$이므로 B $10d_B$ g에 들어 있는 CH_3COOH의 질량(g)은 $10d_B\times15w$이다. (다)에서 수용액 y mL에 들어 있는 CH_3COOH의 질량(g)은 $10d_B\times15w\times\frac{y}{50}$이고 그 양(mol)은 $10d_B\times15w\times\frac{y}{50}\times\frac{1}{60}$이다.
- 0.1M $NaOH(aq)$ $5a$ mL에 들어 있는 NaOH의 양(mol)은 $\frac{0.1\times5a}{1000}$이므로 $10d_B\times15w\times\frac{y}{50}\times\frac{1}{60}=\frac{0.1\times5a}{1000}$이다.

보기풀이 $10d_A\times16w\times\frac{x}{50}\times\frac{1}{60}=\frac{0.1\times4a}{1000}$, $10d_B\times15w\times\frac{y}{50}\times\frac{1}{60}=\frac{0.1\times5a}{1000}$가 성립하므로 $\frac{x}{y}=\frac{3d_B}{4d_A}$이다.

문제풀이 Tip

사용한 0.1 M $NaOH(aq)$의 부피(mL)가 각각 $4a$, $5a$이므로, 두 수용액에 포함된 CH_3COOH의 양(mol)의 비는 x mL의 Ⅰ : y mL의 Ⅱ$=4:5$이고, 식초 1 g에 들어 있는 CH_3COOH의 양(mol)의 비는 $\frac{4}{10d_A\times\frac{x}{50}}:\frac{5}{10d_B\times\frac{y}{50}}=16:15$이다.

선택지 비율	❶ 30%	② 25%	③ 18%	④ 17%	⑤ 10%

11 중화 반응의 양적 관계

2024학년도 9월 평가원 19번 | 정답 ① | 문제편 69 p

출제 의도 중화 반응에서 혼합 용액의 액성과 양이온 수비를 이용하여 양적 관계를 분석할 수 있는지 묻는 문항이다.

문제 분석

표는 a M HCl(aq), b M NaOH(aq), c M KOH(aq)의 부피를 달리하여 혼합한 용액 (가)~(다)에 대한 자료이다. <u>(가)의 액성은 중성이다.</u>

혼합 용액		(가) 중성	(나) 산성	(다) 산성
혼합 전 용액의 부피 (mL)	HCl(aq)	H^+ 10 $3n$	40= x $8n+4n=12n$	x $12n$
	NaOH(aq)	Na^+ 10 n	20 $2n$	40 $4n$
	KOH(aq)	K^+ 10 $2n$	30 $6n$	20= y $4n$
혼합 용액에 존재하는 양이온 수의 비율		K^+ $\frac{2}{3}$ $2n$, Na^+ $\frac{1}{3}$ n	K^+ $\frac{1}{2}$ $6n$, Na^+ $\frac{1}{6}$ $2n$, H^+ $\frac{1}{3}$ $4n$	K^+ $\frac{1}{3}$ $4n$, Na^+ $\frac{1}{3}$ $4n$, H^+ $\frac{1}{3}$ $4n$

$\frac{x}{y}$는? (단, 물의 자동 이온화는 무시한다.)

① 2 ② $\frac{3}{2}$ ③ 1 ④ $\frac{1}{2}$ ⑤ $\frac{1}{3}$

✓ 자료 해석

- (가)는 중성이므로 Na^+과 K^+의 이온 수 비는 1 : 2와 2 : 1 중 하나이다.
- (가)에서 양이온 수 비가 $Na^+ : K^+ = 1 : 2$일 때 (나)에서 양이온 수 비는 $Na^+ : K^+ = 1\times2 : 2\times3 = 1 : 3$이고, 양이온 수 비가 $Na^+ : K^+ = 2 : 1$일 때 (나)에서 양이온 수 비는 $Na^+ : K^+ = 2\times2 : 1\times3 = 4 : 3$이다.
- (나)에서 양이온 수 비는 1 : 2 : 3이므로 (가)에서 양이온 수 비는 $Na^+ : K^+ = 1 : 2$이다. 따라서 (나)에서 양이온 수 비는 $Na^+ : K^+ : H^+ = 1 : 3 : 2$이다.

○ 보기 풀이 (가)에서 Na^+, K^+의 수를 각각 n, $2n$이라고 하면 (가)는 중성이므로 HCl의 수는 $3n$이고, (나)에서 Na^+, K^+의 수는 각각 $2n$, $6n$이며 양이온 수 비는 $Na^+ : K^+ : H^+ = 1 : 3 : 2$이므로 H^+의 수는 $4n$이다. 따라서 HCl(aq) x mL에 들어 있는 H^+의 수가 $12n$이므로 $x=40$이다. $x=40$이므로 (다)에서 중화 반응 전 H^+의 수는 $12n$인데, 중화 반응 후 Na^+, K^+, H^+의 수가 모두 같으므로 Na^+, K^+의 수는 각각 $4n$이다. 따라서 $y=20$이고, $\frac{x}{y} = \frac{40}{20} = 2$이다.

문제풀이 Tip

(가)는 중성이므로 반응한 H^+과 OH^-의 양(mol)은 같다. (가)에서 혼합 용액에 존재하는 양이온은 Na^+, K^+이고, 양이온 수 비가 1 : 2인데 염기 수용액의 부피가 같으므로 염기 수용액의 몰 농도 비도 1 : 2이다. 몰 농도비가 NaOH(aq) : KOH(aq) = 2 : 1일 때, (나)에서 양이온 수 비는 $Na^+ : K^+ = 4 : 3$인데 자료에서 양이온 수 비는 1 : 2 : 3이므로 몰 농도비는 NaOH(aq) : KOH(aq) = 1 : 2이다. $b : c = 1 : 2$이고 $a = b + c$이므로 $a : b : c = 3 : 1 : 2$이다.

선택지 비율	❶ 20%	② 25%	③ 15%	④ 30%	⑤ 10%

12 중화 반응의 양적 관계

2024학년도 6월 평가원 19번 | 정답 ① | 문제편 69 p

출제 의도 중화 반응에서 이온의 몰 농도 합과 양의 관계를 분석할 수 있는지 묻는 문항이다.

문제분석

다음은 x M NaOH(aq), y M H_2A(aq), z M HCl(aq)의 부피를 달리하여 혼합한 수용액 (가)~(다)에 대한 자료이다.

- 수용액에서 H_2A는 H^+과 A^{2-}으로 모두 이온화된다.

혼합 수용액		(가) 염기성	(나) 중성	(다) 산성
혼합 전 수용액의 부피(mL)	x M NaOH(aq) (Na^+ 0.03, OH^- 0.03)	a	a	a
	y M H_2A(aq) (H^+ 0.02, A^{2-} 0.01)	20	20	20
	z M HCl(aq)	0	20 (H^+ 0.01, Cl^- 0.01)	40 (H^+ 0.02, Cl^- 0.02)
모든 음이온의 몰 농도(M) 합			$\frac{2}{7}$ ← $\frac{0.02}{(a+40)\times10^{-3}}$	b ← $\frac{0.03}{(a+20+40)\times10^{-3}}$

(가) → (나) → (다)로 갈수록 부피 증가

- (가)~(다)의 액성은 모두 다르며, 각각 산성, 중성, 염기성 중 하나이다.
- (가)에 존재하는 모든 음이온의 양은 0.02 mol이다. (OH^- 0.01, A^{2-} 0.01)
- (나)(중성)에 존재하는 모든 양이온의 양은 0.03 mol이다. (Na^+ 0.03)

$a\times b$는? (단, 혼합 수용액의 부피는 혼합 전 각 수용액의 부피의 합과 같고, 물의 자동 이온화는 무시한다.) [3점]

① 10 ② 20 ③ 30 ④ 40 ⑤ 50

✓ 자료 해석

- (가)~(다)의 액성은 모두 다르고, (가)에서 (나), (다)로 갈수록 첨가되는 z M HCl(aq)의 부피가 증가하므로 (가)는 염기성, (나)는 중성, (다)는 산성이다.
- (나)가 중성이므로 (나)에 존재하는 양이온은 Na^+으로 그 양(mol)은 0.03이며, (가)에 들어 있는 양이온의 양(mol)은 0.03인데, 음이온의 양(mol)이 0.02이므로 A^{2-}의 양(mol)은 0.01이다.
- (나)에서 중화 반응 전 OH^-의 양(mol)은 0.03이고, H_2A(aq)에 의해 생성된 H^+의 양(mol)은 0.02인데, (나)가 중성이므로 HCl(aq)에 의해 생성된 H^+의 양(mol)은 0.01이다.

○ 보기 풀이 (나)에서 음이온의 양(mol)은 A^{2-} 0.01, Cl^- 0.01이므로 모든 음이온의 몰 농도(M) 합은 $\frac{0.02}{(a+40)\times10^{-3}}=\frac{2}{7}$이고, $a=30$이다. (다)에서 음이온의 양(mol)은 A^{2-} 0.01, Cl^- 0.02이므로 모든 음이온의 몰 농도(M) 합 $b=\frac{0.03}{(30+20+40)\times10^{-3}}=\frac{1}{3}$이다. 따라서 $a\times b=30\times\frac{1}{3}=10$이다.

문제풀이 Tip

1가 염기(NaOH)와 2가 산(H_2A)의 혼합 용액이 염기성일 때 혼합 용액에 들어 있는 양이온의 양과 음이온의 양의 차는 H_2A에 들어 있는 A^{2-}의 양과 같다. 예를 들어 NaOH의 양(mol)이 0.03, H_2A의 양(mol)이 x일 때, 혼합 용액이 염기성이면 혼합 용액에 들어 있는 이온의 양(mol)은 Na^+ 0.03, A^{2-} x, OH^- $0.03-2x$이며, 음이온의 양(mol)의 합은 $0.03-x$이다. 양이온의 양(mol)은 0.03이고, 음이온의 양(mol)은 $0.03-x$로 그 차는 x이다.

선택지 비율	❶ 37%	② 18%	③ 19%	④ 13%	⑤ 13%

13 중화 적정 실험

2023학년도 수능 17번 | 정답 ① | 문제편 70 p

출제 의도 중화 적정 실험으로 구한 식초 A 속 아세트산의 질량으로부터 넣어 준 염기의 몰 농도를 계산할 수 있는지 묻는 문항이다.

문제분석

다음은 25 ℃에서 식초 A 1 g에 들어 있는 아세트산(CH_3COOH)의 질량을 알아보기 위한 중화 적정 실험이다.

[자료]
- 25 ℃에서 식초 A의 밀도 : d g/mL
- CH_3COOH의 분자량 : 60

[실험 과정 및 결과]
(가) 식초 A 10 mL에 물을 넣어 수용액 50 mL를 만들었다. (10 mL × d g/mL = 10d g ➡ 이 중 CH_3COOH의 양 = n mol)
(나) (가)의 수용액 20 mL에 페놀프탈레인 용액을 2~3방울 넣고 a M KOH(aq)으로 적정하였을 때, 수용액 전체가 붉게 변하는 순간까지 넣어 준 KOH(aq)의 부피는 30 mL이었다. (CH_3COOH의 양 $=\frac{2n}{5}$ mol, 중화점, $a\text{ M}\times0.03\text{ L}=\frac{2n}{5}$ mol $\therefore n=\frac{3a}{40}$)
(다) (나)의 적정 결과로부터 구한 식초 A 1 g에 들어 있는 CH_3COOH의 질량은 0.05 g이었다. (1 g : 0.05 g = 10d g : $\left(\frac{3a}{40}\times60\right)$ g)

a는? (단, 온도는 25 ℃로 일정하고, 중화 적정 과정에서 식초 A에 포함된 물질 중 CH_3COOH만 KOH과 반응한다.) [3점]

① $\frac{d}{9}$ ② $\frac{d}{6}$ ③ $\frac{5d}{18}$ ④ $\frac{d}{3}$ ⑤ $\frac{5d}{9}$

✓ 자료 해석

- (가)에서 용액 속 용질의 양(mol)은 일정하므로 (가)에서 만든 수용액 50 mL에 들어 있는 CH_3COOH의 양(mol)은 식초 A 10 mL에 들어 있는 CH_3COOH의 양(mol)과 같다.
- (나)에서 혼합 용액 전체가 붉게 변하는 순간이 중화점이므로 중화점까지 넣어 준 a M KOH(aq)의 부피는 30 mL이다.
- (가)에서 만든 수용액 20 mL에 들어 있는 CH_3COOH의 양(mol)은 a M KOH(aq) 30 mL에 들어 있는 NaOH의 양(mol)과 같다.

○ 보기 풀이 식초 A 10 mL에 들어 있는 CH_3COOH의 양을 n mol이라고 하면, (나)에서는 (가)에서 만든 식초 수용액 50 mL 중 20 mL를 취하므로 삼각 플라스크 속 수용액에 들어 있는 CH_3COOH의 양은 $\frac{2n}{5}$ mol이다. 중화점에서 H^+의 양(mol)$=OH^-$의 양(mol)이므로 a M KOH(aq) 30 mL에 들어 있는 KOH의 양이 $\frac{2n}{5}$ mol이고, $a\text{ M}\times0.03\text{ L}=\frac{2n}{5}$ mol에서 $n=\frac{3a}{40}$이다. CH_3COOH $\frac{3a}{40}$ mol의 질량은 $\frac{3a}{40}\text{ mol}\times60\text{ g/mol}=\frac{9a}{2}$ g이고, 식초 A 10 mL의 질량은 10 mL × d g/mL = 10d g이므로 10d g : $\frac{9a}{2}$ g = 1 g : 0.05 g에서 $a=\frac{d}{9}$이다.

문제풀이 Tip

(가)의 수용액 20 mL에 포함된 식초 A의 부피는 $\frac{2}{5}\times10$ mL = 4 mL이다. 식초 A 4 mL의 질량은 4d g이고, 여기에 포함된 CH_3COOH의 질량이 $a\text{ M}\times0.03\text{ L}\times60\text{ g/mol}=1.8a$ g이므로 4d g : 1.8a g = 1 g : 0.05 g에서 $a=\frac{d}{9}$임을 구해도 된다.

선택지 비율	① 6%	② 3%	❸ 67%	④ 3%	⑤ 21%

14 중화 적정 실험

2023학년도 6월 평가원 15번 | 정답 ③ | 문제편 70 p

출제 의도 중화 적정 실험 과정에 대하여 이해하고 실험 결과를 해석할 수 있는지 묻는 문항이다.

문제 분석

다음은 $CH_3COOH(aq)$에 대한 실험이다.

[실험 목적] ┌ 중화 적정
ㄱ 실험으로 $CH_3COOH(aq)$의 몰 농도를 구한다.

[실험 과정]
(가) $CH_3COOH(aq)$을 준비한다. (→ a M)
(나) (가)의 수용액 10 mL에 물을 넣어 100 mL 수용액을 만든다. (→ 부피 10배 ➡ 몰 농도 $\frac{1}{10}$배)
(다) (나)에서 만든 수용액 20 mL를 삼각 플라스크에 넣고 페놀프탈레인 용액을 2~3방울 떨어뜨린다. (→ $\frac{a}{10}$ M)
(라) (다)의 삼각 플라스크 속 수용액 전체가 붉게 변하는 순간까지 0.2 M $KOH(aq)$을 넣는다. (→ 중화점)
(마) (라)의 삼각 플라스크에 넣어 준 $KOH(aq)$의 부피(V)를 측정한다.

[실험 결과]
- V : x mL ➡ $\frac{a}{10}$ M × 20 mL = 0.2 M × x mL ∴ $a = \frac{x}{10}$
- (가)에서 $CH_3COOH(aq)$의 몰 농도 : a M

다음 중 ㉠과 a로 가장 적절한 것은? (단, 온도는 일정하다.)

	㉠	a		㉠	a
①	중화 적정	x	②	산화 환원	$\frac{x}{10}$
③	중화 적정	$\frac{x}{10}$	④	산화 환원	$\frac{x}{100}$
⑤	중화 적정	$\frac{x}{100}$			

✓ 자료 해석

- 중화 적정 : 중화 반응의 양적 관계를 이용하여 농도를 모르는 산 또는 염기의 농도를 알아내는 실험
- (라)에서 혼합 용액 전체가 붉게 변하는 순간이 중화점이므로 중화점까지 넣어 준 0.2 M $KOH(aq)$의 부피는 x mL이다.
- (나)에서 용액 속 용질의 양은 일정하므로 (나)에서 만든 $CH_3COOH(aq)$의 몰 농도는 $\frac{a\text{ M} \times 10\text{ mL}}{100\text{ mL}} = \frac{a}{10}$ M이다.

○ 보기풀이 농도를 아는 표준 용액으로 농도를 모르는 산 또는 염기의 몰 농도를 알아내는 실험은 중화 적정이다. 따라서 ㉠은 중화 적정이다.

(나)에서 만든 $CH_3COOH(aq)$의 몰 농도는 $\frac{a}{10}$ M이고, 중화점에서 H^+의 양(mol)=OH^-의 양(mol)이므로 $\frac{a}{10}$ M $CH_3COOH(aq)$ 20 mL에 들어 있는 H^+의 양(mol)=0.2 M $KOH(aq)$ x mL에 들어 있는 OH^-의 양(mol)이다. 따라서 $\frac{a}{10}$ M × 20 mL = 0.2 M × x mL이고, $a = \frac{x}{10}$이다.

문제풀이 Tip

중화 적정은 중화점에서 반응한 산이 내놓은 H^+의 양(mol)과 반응한 염기가 내놓은 OH^-의 양(mol)이 같다는 것을 이용하여 미지의 산 또는 염기의 몰 농도를 알아내는 실험이다.

선택지 비율	① 12%	② 16%	③ 15%	❹ 51%	⑤ 6%

15 중화 적정 실험

2023학년도 9월 평가원 17번 | 정답 ④ | 문제편 71 p

출제 의도 중화 적정 실험 결과를 해석하여 농도를 모르는 식초에 들어 있는 아세트산의 질량을 계산할 수 있는지 묻는 문항이다.

문제 분석

다음은 중화 적정을 이용하여 식초 1 g에 들어 있는 아세트산 (CH_3COOH)의 질량을 알아보기 위한 실험이다.

[실험 과정]

(가) 25 ℃에서 밀도가 d g/mL인 식초를 준비한다. (10 mL × d g/mL = $10d$ g ➡ 이 중 CH_3COOH의 양 = n mol)

(나) (가)의 식초 10 mL에 물을 넣어 100 mL 수용액을 만든다.

(다) (나)에서 만든 수용액 20 mL를 삼각 플라스크에 넣고 페놀프탈레인 용액을 2~3방울 떨어뜨린다. (CH_3COOH의 양 $=\frac{n}{5}$ mol)

(라) (다)의 삼각 플라스크에 0.25 M NaOH(aq)을 한 방울씩 떨어뜨리면서 삼각 플라스크를 흔들어 준다.

(마) (라)의 삼각 플라스크 속 수용액 전체가 붉은색으로 변하는 순간 적정을 멈추고 적정에 사용된 NaOH(aq)의 부피(V)를 측정한다. (중화점)

[실험 결과]

- V : a mL ➡ 0.25 M NaOH(aq) a mL에 들어 있는 NaOH의 양 $=\frac{n}{5}$ mol $\therefore n=\frac{a}{800}$
- (가)에서 식초 1 g에 들어 있는 CH_3COOH의 질량 : x g

x는? (단, CH_3COOH의 분자량은 60이고, 온도는 25 ℃로 일정하며, 중화 적정 과정에서 식초에 포함된 물질 중 CH_3COOH만 NaOH과 반응한다.)

(CH_3COOH $\frac{a}{800}$ mol의 질량 $=\frac{a}{800}$ mol × 60 g/mol $=\frac{3a}{40}$ g)

($10d$ g : $\frac{3a}{40}$ g = 1 g : x g)

① $\frac{3a}{40d}$ ② $\frac{3a}{80d}$ ③ $\frac{3a}{200d}$ ④ $\frac{3a}{400d}$ ⑤ $\frac{3a}{2000d}$

✓ 자료 해석

- (나)에서 용액 속 용질의 양(mol)은 일정하므로 (나)에서 만든 100 mL 수용액에 들어 있는 CH_3COOH의 양(mol)은 (가)의 식초 10 mL에 들어 있는 CH_3COOH의 양(mol)과 같다.
- (마)에서 혼합 용액 전체가 붉게 변하는 순간이 중화점이므로 중화점까지 넣어 준 0.25 M NaOH(aq)의 부피는 a mL이다.
- (나)에서 만든 수용액 20 mL에 들어 있는 CH_3COOH의 양(mol)은 0.25 M NaOH(aq) a mL에 들어 있는 NaOH의 양(mol)과 같다.

ㅇ 보기풀이 (가)의 식초 10 mL에 들어 있는 CH_3COOH의 양을 n mol이라고 하면, (다)에서는 (나)에서 만든 식초 수용액 100 mL 중 20 mL를 취하므로 (다)의 삼각 플라스크 속 수용액에 들어 있는 CH_3COOH의 양은 $\frac{n}{5}$ mol이다. 중화점에서 H^+의 양(mol) = OH^-의 양(mol)이므로 0.25 M NaOH(aq) a mL에 들어 있는 OH^-의 양이 $\frac{n}{5}$ mol이고, 0.25 M × $\frac{a}{1000}$ L $=\frac{n}{5}$ mol에서 $n=\frac{a}{800}$이다.

CH_3COOH $\frac{a}{800}$ mol의 질량은 $\frac{a}{800}$ mol × 60 g/mol $=\frac{3a}{40}$ g이고, (가)의 식초, 즉 25 ℃에서 밀도가 d g/mL인 식초 10 mL의 질량은 10 mL × d g/mL $=10d$ g이므로 $10d$ g : $\frac{3a}{40}$ g = 1 g : x g에서 $x=\frac{3a}{400d}$이다.

문제풀이 Tip

용액에 물을 넣어 희석해도 용질의 양은 일정하다는 점을 이용하여 실험 결과를 해석해야 하며, 용액의 밀도(g/mL)와 부피(mL)가 주어졌으므로 용액의 밀도(g/mL) $=\frac{\text{용액의 질량(g)}}{\text{용액의 부피(mL)}}$을 이용하여 적정에 사용된 식초 수용액의 질량을 구할 수 있어야 한다.

선택지 비율	① 9%	❷ 42%	③ 23%	④ 15%	⑤ 11%

16 중화 반응의 양적 관계

2023학년도 수능 19번 | 정답 ② | 문제편 71 p

출제 의도 중화 반응의 양적 관계를 이용하여 혼합 전 수용액의 부피와 몰 농도의 비를 계산할 수 있는지 묻는 문항이다.

문제 분석

몰 농도 비 2 : 5

다음은 a M HA(aq), b M H_2B(aq), $\frac{5}{2}a$ M NaOH(aq)의 부피를 달리하여 혼합한 수용액 (가)~(다)에 대한 자료이다.

- 수용액에서 HA는 H^+과 A^-으로, H_2B는 H^+과 B^{2-}으로 모두 이온화된다.

혼합 수용액	혼합 전 수용액의 부피(mL)			모든 양이온의 몰 농도(M) 합 (상댓값)
	HA(aq)	H_2B(aq)	NaOH(aq)	
중성 (가)	$3V$/18N	V/12N	$2V$/30N	$5\left(\frac{30N}{6V}\right)$
염기성 (나)	V/6N	xV/36N	$2xV$/90N	9
산성 (다)	3 xV/18N	xV/36N	$3V$ /45N	$y\left(\frac{54N}{9V}\right)$

- (가)는 중성이다. ➡ 양이온은 Na^+만 존재

$\frac{y}{x}$(6/3)는? (단, 혼합 수용액의 부피는 혼합 전 각 수용액의 부피의 합과 같고, 물의 자동 이온화는 무시한다.)

① 1 ② 2 ③ 3 ④ 4 ⑤ 5

✓ 자료 해석

- (가)는 중성이므로 (가)에 존재하는 양이온은 Na^+뿐이다.
- (가)에서 혼합 전 H^+의 수는 OH^-의 수와 같다.
- 이온의 몰 농도(M)$=\frac{\text{이온의 양(mol)}}{\text{용액의 부피(L)}}$이다.
- (가)에 존재하는 Na^+의 수, 즉 $\frac{5}{2}a$ M NaOH(aq) $2V$ mL에 존재하는 Na^+의 수를 $30N$이라고 하면 a M HA(aq) $3V$ mL에 존재하는 H^+의 수는 $18N$이다. 따라서 (가)에서 혼합 전 H_2B(aq) V mL에 존재하는 H^+의 수는 $30N-18N=12N$이다.
- (가)와 (나)에서 혼합 전 수용액의 부피와 이온 수

혼합 수용액	혼합 전 수용액의 부피와 이온 수		
	HA(aq)	H_2B(aq)	NaOH(aq)
(가)	$3V$ mL (H^+ $18N$, A^- $18N$)	V mL (H^+ $12N$, B^{2-} $6N$)	$2V$ mL (Na^+ $30N$, OH^- $30N$)
(나)	V mL (H^+ $6N$, A^- $6N$)	xV mL (H^+ $12xN$, B^{2-} $6xN$)	$2xV$ mL (Na^+ $30xN$, OH^- $30xN$)

- (나)가 산성이라면 (나)에서 모든 양이온의 수는 $(6+12x)N$이므로 $\frac{30N}{6V}:\frac{(6+12x)N}{(1+3x)V}=5:9$를 만족하는 $x<0$이다. 따라서 (나)는 중성 또는 염기성이며, (나)에 존재하는 양이온은 Na^+뿐이다.
- 모든 양이온의 몰 농도 합의 비는 (가) : (나)$=\frac{30N}{6V}:\frac{30xN}{(1+3x)V}=5:9$이고, $x=3$이다.

○ 보기풀이 (다)에서 혼합 전 각 수용액의 부피와 이온 수는 다음과 같다.

혼합 수용액	혼합 전 수용액의 부피와 이온 수		
	HA(aq)	H_2B(aq)	NaOH(aq)
(다)	$3V$ mL (H^+ $18N$, A^- $18N$)	$3V$ mL (H^+ $36N$, B^{2-} $18N$)	$3V$ mL (Na^+ $45N$, OH^- $45N$)

(다)에 존재하는 양이온의 종류와 수는 H^+ $9N$, Na^+ $45N$이므로 모든 양이온의 몰 농도 합의 비는 (가) : (다)$=\frac{30N}{6V}:\frac{54N}{9V}=5:y$이다. 따라서 $y=6$이므로 $\frac{y}{x}=\frac{6}{3}=2$이다.

문제풀이 Tip

(가)가 중성인 것으로부터 $\frac{5}{2}a$ M NaOH(aq) $2V$ mL에 들어 있는 Na^+의 수를 알 수 있고, HA(aq)과 NaOH(aq)의 몰 농도 비가 2 : 5이므로 HA(aq) $3V$ mL에 들어 있는 H^+ 수 또한 알 수 있다.

Part II 수능 평가원

선택지 비율	① 11%	❷ 38%	③ 14%	④ 27%	⑤ 10%

17 중화 반응의 양적 관계

2023학년도 9월 평가원 19번 | 정답 ② | 문제편 71 p

출제 의도 중화 반응의 양적 관계를 이용하여 산 염기 혼합 용액에 존재하는 이온 수를 계산할 수 있는지 묻는 문항이다.

문제 분석

다음은 a M HCl(aq)(1가 산), b M NaOH(aq)(1가 염기), c M A(aq)의 부피를 달리하여 혼합한 용액 (가)~(다)에 대한 자료이다. A는 HBr(1가 산) 또는 KOH(1가 염기) 중 하나이다.

(1가 산과 1가 염기의 혼합 용액 ➡ 전체 양이온의 양(mol)=전체 음이온의 양(mol))

- 수용액에서 HBr은 H^+과 Br^-으로, KOH은 K^+과 OH^-으로 모두 이온화된다.

혼합 용액	혼합 전 용액의 부피(mL)			혼합 용액에 존재하는 모든 이온의 몰 농도(M) 비
	HCl(aq)	NaOH(aq)	A(aq) (KOH)	
산성 (가)	20N/10	10N/10	0	1 : 1 : 2 (=H^+ : Na^+ : Cl^- 20N)
염기성 (나)	20N/10	5N/5	20N/10	1 : 1 : 4 : 4 (=Na^+ : OH^- : K^+ : Cl^-)
산성 (다)	30N/15	10N/10	10N/5	1 : 1 : 1 : 3 (=H^+ : Na^+ : K^+ : Cl^- 30N ⬇ 10N)

- (가)는 산성이다. ➡ H^+, Na^+, Cl^-이 존재

(나) 5 mL(OH^- N, Na^+ N)와 (다) 5 mL(H^+ $\frac{5}{3}N$, Na^+ $\frac{5}{3}N$)를 혼합한 용액의 $\frac{H^+의\ 몰\ 농도(M)}{Na^+의\ 몰\ 농도(M)}$는? (단, 혼합 용액의 부피는 혼합 전 각 용액의 부피의 합과 같고, 물의 자동 이온화는 무시한다.) [3점]

① $\frac{1}{8}$ ② $\frac{1}{4}$ ③ $\frac{2}{7}$ ④ $\frac{1}{3}$ ⑤ $\frac{5}{8}$

✔ 자료 해석

- (가)는 산성이므로 (가)에는 H^+, Na^+, Cl^-이 존재한다.
- 이온의 몰 농도(M)$=\frac{이온의\ 양(mol)}{용액의\ 부피(L)}$이므로 혼합 용액에서 이온의 몰 농도 비는 이온 수 비와 같다.
- 용액은 전기적으로 중성이며, (가)에 존재하는 모든 이온의 몰 농도 비가 1 : 1 : 2이므로 (가)에서 Cl^-의 수를 20N이라고 하면 H^+과 Na^+의 수는 각각 10N이다.
- (가)가 산성이므로 (다)에서 A(aq)을 혼합하기 전 HCl(aq)과 NaOH(aq)을 혼합한 용액도 산성이다. 이 용액에 존재하는 이온의 종류와 수는 H^+ 20N, Na^+ 10N, Cl^- 30N이므로 모든 이온의 몰 농도 비는 H^+ : Na^+ : Cl^-=2 : 1 : 3인데, 여기에 A(aq)을 혼합했을 때 이온의 몰 농도 비가 1 : 1 : 1 : 3이 되므로 A는 염기인 KOH이다.

○ 보기 풀이 (가)에서 Cl^-의 수는 20N, Na^+의 수는 10N이므로 a M HCl(aq) 10 mL에 들어 있는 H^+과 Cl^-의 수는 각각 20N이고, b M NaOH(aq) 10 mL에 들어 있는 Na^+과 OH^-의 수는 각각 10N이다. 따라서 (다)에서 A(aq)을 혼합하기 전 a M HCl(aq) 15 mL와 b M NaOH(aq) 10 mL를 먼저 혼합했을 때 혼합 용액에 존재하는 이온의 종류와 수는 H^+ 20N, Na^+ 10N, Cl^- 30N이다.

만약 A가 HBr이라면 (다)에는 H^+, Na^+, Cl^-, Br^-이 존재하게 되는데, 이 경우 이온의 몰 농도 비가 1 : 1 : 1 : 3이면서 용액이 전기적으로 중성일 수 없다. 따라서 A는 KOH이고, (다)에서 Cl^-의 수가 30N이므로 K^+의 수는 10N이다. 즉, KOH(aq) 5 mL에 존재하는 K^+과 OH^-의 수는 각각 10N이다. (나)와 (다)에 존재하는 이온의 수는 다음과 같다.

혼합 용액	혼합 전 용액의 부피와 이온 수			혼합 용액 속 이온 수
	a M HCl(aq)	b M NaOH(aq)	c M KOH(aq)	
(나)	10 mL (H^+ 20N, Cl^- 20N)	5 mL (Na^+ 5N, OH^- 5N)	10 mL (K^+ 20N, OH^- 20N)	Na^+ 5N K^+ 20N Cl^- 20N OH^- 5N
(다)	15 mL (H^+ 30N, Cl^- 30N)	10 mL (Na^+ 10N, OH^- 10N)	5 mL (K^+ 10N, OH^- 10N)	H^+ 10N Na^+ 10N K^+ 10N Cl^- 30N

(나)는 염기성이고, (다)는 산성이므로 두 용액을 혼합하면 H^+과 OH^-의 중화 반응이 일어난다. (나) 5 mL에는 OH^- N, Na^+ N이 존재하고, (다) 5 mL에는 H^+ $\frac{5}{3}N$, Na^+ $\frac{5}{3}N$이 존재하므로 (나) 5 mL와 (다) 5 mL를 혼합한 용액에는 H^+ $\frac{2}{3}N$, Na^+ $\frac{8}{3}N$이 존재한다. 따라서 $\frac{H^+의\ 몰\ 농도(M)}{Na^+의\ 몰\ 농도(M)}=\frac{\frac{2}{3}N}{\frac{8}{3}N}=\frac{1}{4}$이다.

문제풀이 Tip

(가)에서 a M HCl(aq)과 b M NaOH(aq)에 들어 있는 이온 수를 알아낼 수 있으므로 이를 이용하여 A를 결정한다. (다)에서 A(aq)을 혼합하기 전 이온의 몰 농도 비가 H^+ : Na^+ : Cl^-=2 : 1 : 3인 상태에서 모든 이온의 몰 농도 비가 1 : 1 : 1 : 3이 되려면, H^+ 수가 감소하고 그만큼 다른 양이온의 수가 증가해야 한다. 따라서 A는 염기인 KOH이다.

선택지 비율	① 9%	② 24%	③ 22%	④ 27%	❺ 18%

18 중화 반응의 양적 관계

2023학년도 6월 평가원 19번 | 정답 ⑤ | 문제편 71 p

출제 의도 중화 반응의 양적 관계를 이용하여 혼합 전 각 용액 속 이온 수의 비를 구할 수 있는지 묻는 문항이다.

문제분석

표는 x M $H_2A(aq)$과 y M $NaOH(aq)$의 부피를 달리하여 혼합한 용액 (가)~(라)에 대한 자료이다.

혼합 용액		(가) 중성	(나) 염기성	(다) 산성	(라) 산성
혼합 전 용액의 부피(mL)	$H_2A(aq)$	10	10	20	$2V$ 20
	$NaOH(aq)$	30	40	V 10	30
모든 음이온의 몰 농도(M) 합 (상댓값)		3	4	8	
		A^{2-}	A^{2-}, OH^-	A^{2-}	A^{2-}

(메모: A^{2-}의 양 동일 / ①×②는 모든 음이온의 수에 비례 / 부피비는 4 : 3 ➡ $V=10$)

(라)에 존재하는 이온 수의 비율로 가장 적절한 것은? (단, 혼합 용액의 부피는 혼합 전 각 용액의 부피의 합과 같고, H_2A는 수용액에서 H^+과 A^{2-}으로 모두 이온화되며, 물의 자동 이온화는 무시한다.) [3점]

① 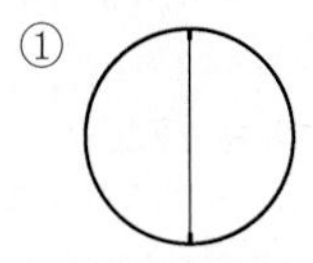
② 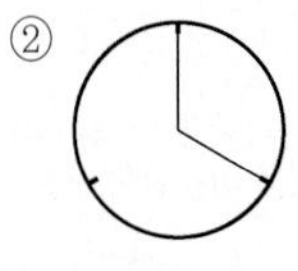
③ 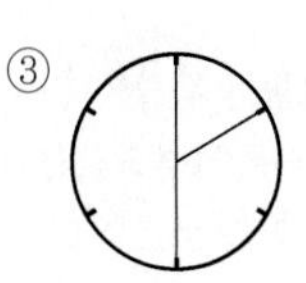
④ 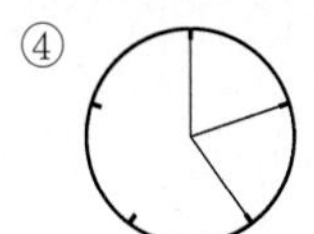
⑤ 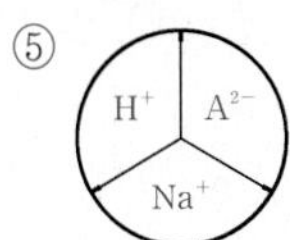

✓ 자료 해석

- 용액에 존재하는 모든 음이온의 수는 [모든 음이온의 몰 농도 합 × 혼합 용액의 부피]에 비례한다.
- (가)에 존재하는 모든 음이온의 수를 $120N$이라고 하면, (나)에 존재하는 모든 음이온의 수는 $200N$이다.
- 혼합 용액에 존재하는 음이온은 산성과 중성일 때 A^{2-}, 염기성일 때 OH^-과 A^{2-}이다.
- (가)가 산성 또는 중성이면 (가)에 존재하는 음이온은 A^{2-}뿐이므로 x M $H_2A(aq)$ 10 mL에 존재하는 A^{2-}의 수는 $120N$이다. 따라서 (나)는 염기성이고, (나)에 존재하는 A^{2-}과 OH^-의 수는 각각 $120N$, $80N$이다. x M $H_2A(aq)$ 10 mL에 존재하는 H^+ 수가 $240N$이므로 y M $NaOH(aq)$ 40 mL에 존재하는 OH^-의 수는 $320N$이다. 따라서 (가)는 중성이다.
- (다)가 염기성이라면, (다)에서 A^{2-} 수는 $240N$이고 OH^- 수는 $8NV-480N$이므로 모든 음이온의 몰 농도(M) 합의 비로부터 $240N+8NV-480N=8N\times(20+V)$이다. 이 식은 성립하지 않으므로 (다)에 존재하는 음이온은 A^{2-} $240N$이고, $240N=8N\times(20+V)$에서 $V=10$이다.

보기풀이 (가)~(라)에서 혼합 전후 이온 수를 정리하면 다음과 같다.

혼합 용액		(가)	(나)	(다)	(라)
혼합 전 이온 수	H^+	$240N$	$240N$	$480N$	$480N$
	A^{2-}	$120N$	$120N$	$240N$	$240N$
	Na^+	$240N$	$320N$	$80N$	$240N$
	OH^-	$240N$	$320N$	$80N$	$240N$
혼합 후 이온 수		A^{2-} $120N$ Na^+ $240N$	A^{2-} $120N$ Na^+ $320N$ OH^- $80N$	H^+ $400N$ A^{2-} $240N$ Na^+ $80N$	H^+ $240N$ A^{2-} $240N$ Na^+ $240N$
액성		중성	염기성	산성	산성

(라)에는 H^+, A^{2-}, Na^+이 1 : 1 : 1의 개수비로 존재한다.

문제풀이 Tip

(가)가 염기성이면 (나)도 염기성인데, 모든 음이온의 몰 농도 합의 비가 (가) : (나)=3 : 4이려면 (가)가 중성이 되어 모순이다. 따라서 (가)는 산성 또는 중성이고, 모든 음이온 수의 비가 (가) : (나)=3 : 5이므로 (나)는 염기성이다.

Part II 수능 평가원

선택지 비율	① 5%	❷ 74%	③ 7%	④ 10%	⑤ 4%

19 중화 적정 실험

2022학년도 수능 13번 | 정답 ② | 문제편 72 p

(출제 의도) 중화 적정 실험 과정에 대하여 이해하고 실험 결과를 해석할 수 있는지 묻는 문항이다.

(문제분석)

다음은 중화 적정 실험이다.

[실험 과정]

(가) a M $CH_3COOH(aq)$ 10 mL와 0.5 M $CH_3COOH(aq)$ 15 mL를 혼합한 후, 물을 넣어 50 mL 수용액을 만든다. (a M × 10 mL) (0.5 M × 15 mL) (x M × 50 mL)

(나) 삼각 플라스크에 (가)에서 만든 수용액 20 mL를 넣고 페놀프탈레인 용액을 2~3 방울 떨어뜨린다. (x M)

(다) 0.1 M $NaOH(aq)$을 뷰렛에 넣고 (나)의 삼각 플라스크에 한 방울씩 떨어뜨리면서 삼각 플라스크를 흔들어 준다.

(라) (다)의 삼각 플라스크 속 수용액 전체가 붉은색으로 변하는 순간 적정을 멈추고 적정에 사용된 $NaOH(aq)$의 부피를 측정한다. (중화점)

[실험 결과] (0.1 M × 38 mL = x M × 20 mL ∴ x = 0.19)

- 적정에 사용된 $NaOH(aq)$의 부피 : 38 mL

a는? (단, 온도는 25 ℃로 일정하다.) [3점]

① $\frac{1}{10}$ ② $\frac{1}{5}$ ③ $\frac{3}{10}$ ④ $\frac{2}{5}$ ⑤ $\frac{1}{2}$

✔ 자료 해석

- (라)에서 혼합 용액 전체가 붉게 변하는 순간이 중화점이므로 중화점까지 넣어 준 0.1 M $NaOH(aq)$의 부피는 38 mL이다.
  ➡ (가)에서 만든 $CH_3COOH(aq)$의 몰 농도를 x M라고 하면, x M × 20 mL = 0.1 M × 38 mL에서 x = 0.19이다.
- 혼합 전후 용액 속 CH_3COOH의 양(mol)은 일정하므로 0.19 M $CH_3COOH(aq)$ 50 mL에 들어 있는 CH_3COOH의 양(mol)은 a M $CH_3COOH(aq)$ 10 mL에 들어 있는 CH_3COOH의 양(mol)과 0.5 M $CH_3COOH(aq)$ 15 mL에 들어 있는 CH_3COOH의 양(mol)의 합과 같다.

○ 보기풀이 (가)에서 만든 $CH_3COOH(aq)$ 50 mL의 몰 농도는 0.19 M이므로 여기에 들어 있는 CH_3COOH의 양(mol)은 a M $CH_3COOH(aq)$ 10 mL에 들어 있는 CH_3COOH의 양(mol)과 0.5 M $CH_3COOH(aq)$ 15 mL에 들어 있는 CH_3COOH의 양(mol)의 합과 같다. 따라서 (a M × 10 mL) + (0.5 M × 15 mL) = 0.19 M × 50 mL에서 $a=\frac{1}{5}$이다.

문제풀이 Tip

서로 다른 몰 농도의 용액을 혼합하거나 물을 넣어 희석한 용액의 몰 농도는 용액에 녹아 있는 용질의 양이 일정함을 이용하여 구할 수 있다.

선택지 비율	① 9%	② 12%	③ 6%	❹ 70%	⑤ 3%

20 중화 적정 실험

2022학년도 9월 평가원 8번 | 정답 ④ | 문제편 72 p

(출제 의도) 중화 적정 실험 과정에 대하여 이해하고 실험 결과를 해석할 수 있는지 묻는 문항이다.

(문제분석)

다음은 중화 적정 실험이다.

[실험 과정]

(가) x M $CH_3COOH(aq)$ 25 mL에 물을 넣어 100 mL 수용액을 만든다. (4배 희석 ➡ 몰 농도 $\frac{1}{4}$배)

(나) 삼각 플라스크에 (가)에서 만든 수용액 40 mL를 넣고, 페놀프탈레인 용액을 2~3 방울 떨어뜨린다. ($\frac{1}{4}x$ M)

(다) 0.2 M $NaOH(aq)$을 뷰렛에 넣고 (나)의 삼각 플라스크에 한 방울씩 떨어뜨리면서 삼각 플라스크를 흔들어 준다.

(라) (다)의 삼각 플라스크 속 수용액 전체가 붉게 변하는 순간 적정을 멈추고, 적정에 사용된 $NaOH(aq)$의 부피(V_1)를 측정한다. (중화점)

(마) 0.2 M $NaOH(aq)$ 대신 y M $NaOH(aq)$을 사용해서 과정 (나)~(라)를 반복하여 적정에 사용된 $NaOH(aq)$의 부피(V_2)를 측정한다.

[실험 결과] ($\frac{1}{4}x$ M × 40 mL = 0.2 M × 40 mL, $x=\frac{4}{5}$)

- V_1 : 40 mL, V_2 : 16 mL ($\frac{1}{4}x$ M × 40 mL = y M × 16 mL, $y=\frac{1}{2}$)

$x+y$는? (단, 온도는 25 ℃로 일정하다.) [3점]

① $\frac{7}{10}$ ② $\frac{9}{10}$ ③ $\frac{11}{10}$ ④ $\frac{13}{10}$ ⑤ $\frac{3}{2}$

✔ 자료 해석

- (가)에서 x M $CH_3COOH(aq)$을 4배 희석하였으므로 실험에 사용한 $CH_3COOH(aq)$의 몰 농도는 $\frac{1}{4}x$ M이다.
- (라)와 (마)에서 혼합 용액 전체가 붉게 변하는 순간이 중화점이므로 (라)에서 중화점까지 넣어 준 0.2 M $NaOH(aq)$의 부피는 40 mL이고, (마)에서 중화점까지 넣어 준 y M $NaOH(aq)$의 부피는 16 mL이다.

○ 보기풀이 (가)에서 용액 속 CH_3COOH의 양(mol)은 일정하므로 (가)에서 만든 $CH_3COOH(aq)$의 몰 농도를 z M라고 하면 x M × 25 mL = z M × 100 mL에서 $z=\frac{1}{4}x$이다. (라)와 (마)에서 혼합 용액 전체가 붉게 변하는 순간이 중화점이고, 중화점에서 H^+의 양(mol) = OH^-의 양(mol)이므로 $\frac{1}{4}x$ M $CH_3COOH(aq)$ 40 mL에 들어 있는 H^+의 양(mol) = 0.2 M $NaOH(aq)$ 40 mL에 들어 있는 OH^-의 양(mol) = y M $NaOH(aq)$ 16 mL에 들어 있는 OH^-의 양(mol)이다. 따라서 $\frac{1}{4}x$ M × 40 mL = 0.2 M × 40 mL = y M × 16 mL이므로 $x=\frac{4}{5}$, $y=\frac{1}{2}$이고, $x+y=\frac{4}{5}+\frac{1}{2}=\frac{13}{10}$이다.

문제풀이 Tip

중화 적정 실험에서는 중화점에서 반응한 산의 양(mol)과 염기의 양(mol)이 서로 같음을 이용하여 미지의 농도를 결정한다. 실험에 사용한 $CH_3COOH(aq)$의 양은 일정하므로 0.2 M $NaOH(aq)$ 40 mL와 y M $NaOH(aq)$ 16 mL에 들어 있는 OH^-의 양(mol)이 서로 같음을 이용하여 y값을 구해도 된다.

선택지 비율	① 12%	❷ 19%	③ 13%	④ 40%	⑤ 15%

21 중화 반응의 양적 관계

2022학년도 수능 20번 | 정답 ② | 문제편 73 p

출제 의도 중화 반응의 양적 관계를 이용하여 산 염기 혼합 용액에 존재하는 이온 수와 혼합 전 용액의 몰 농도를 계산할 수 있는지 묻는 문항이다.

문제 분석

다음은 x M $H_2X(aq)$, 0.2 M $YOH(aq)$, 0.3 M $Z(OH)_2(aq)$의 부피를 달리하여 혼합한 용액 Ⅰ~Ⅲ에 대한 자료이다.

- 수용액에서 H_2X는 H^+과 X^{2-}으로, YOH는 Y^+과 OH^-으로, $Z(OH)_2$는 Z^{2+}과 OH^-으로 모두 이온화된다.

(X^{2-} 수$=5\times(V+20)N$)

혼합 용액	혼합 전 수용액의 부피(mL)			모든 음이온의 몰 농도(M) 합 (상댓값)
	x M $H_2X(aq)$	0.2 M $YOH(aq)$	0.3 M $Z(OH)_2(aq)$	
산성 Ⅰ	V	20	0	5 (X^{2-})
산성 Ⅱ	$2V$	$4a$	$2a$	4 (X^{2-})
염기성 Ⅲ	$2V$	a	$5a$	b ($X^{2-}+OH^-$)

(Ⅱ와 Ⅲ: 부피 동일)

- Ⅰ은 산성이다. ➡ 음이온은 X^{2-}만 존재
- Ⅱ에서 $\dfrac{\text{모든 양이온의 양(mol)}}{\text{모든 음이온의 양(mol)}}=\dfrac{3}{2}$이다. (양이온: Y^+, Z^{2+}, 음이온: X^{2-})
- Ⅱ와 Ⅲ의 부피는 각각 100 mL이다.

$x\times b$는? (단, 혼합 용액의 부피는 혼합 전 각 용액의 부피의 합과 같고, 물의 자동 이온화는 무시하며, X^{2-}, Y^+, Z^{2+}은 반응하지 않는다.) [3점] (용액에 항상 존재)

① 1 ② 2 ③ 3 ④ 4 ⑤ 5

✓ 자료 해석

- $H_2X(aq)$에 $YOH(aq)$과 $Z(OH)_2(aq)$을 혼합한 용액이 산성이면 혼합 용액에 존재하는 음이온은 X^{2-}뿐이다.
  ➡ Ⅰ은 산성이므로 Ⅰ에서 X^{2-} 수는 $5\times(V+20)N$이다.
- Ⅱ가 염기성인 경우, Ⅱ에 존재하는 양이온과 음이온의 종류와 수는 다음과 같다.

양이온		음이온	
Y^+	Z^{2+}	X^{2-}	OH^-
$0.8aN$	$0.6aN$	$10(V+20)N$ $(=2xVN)$	$(0.8a+1.2a-4xV)N$ $=(2a-4xV)N$

Ⅱ에서 $\dfrac{\text{모든 양이온의 양(mol)}}{\text{모든 음이온의 양(mol)}}=\dfrac{1.4a}{2a-2xV}=\dfrac{3}{2}$이므로 $6xV=3.2a$이다. 그런데 OH^-의 수로부터 $2a-4xV>0$, 즉 $a>2xV$이므로 $6xV=3.2a$가 성립할 수 없다. 따라서 Ⅱ는 산성이다.
➡ X^{2-} 수는 Ⅱ가 Ⅰ의 2배이고, Ⅱ의 부피는 100 mL이므로 $2\times5\times(V+20)=4\times100$에서 $V=20$이다.

○ 보기 풀이 $V=20$이고, Ⅱ의 부피로부터 $2V+4a+2a=100$이므로 $a=10$이다. 따라서 Ⅰ~Ⅲ에서 혼합 전 수용액의 부피는 다음과 같다.

혼합 용액	혼합 전 수용액의 부피(mL)			모든 음이온의 몰 농도(M) 합 (상댓값)
	x M $H_2X(aq)$	0.2 M $YOH(aq)$	0.3 M $Z(OH)_2(aq)$	
Ⅰ	20	20	0	5
Ⅱ	40	40	20	4
Ⅲ	40	10	50	b

Ⅱ에서 혼합 전 H^+ 수는 $80xN$, X^{2-} 수는 $40xN$, Y^+ 수는 $8N$, Z^{2+} 수는 $6N$, OH^- 수는 $20N$이므로
$\dfrac{\text{모든 양이온의 양(mol)}}{\text{모든 음이온의 양(mol)}}=\dfrac{(80x-20)N+8N+6N}{40xN}=\dfrac{3}{2}$이고, $x=0.3$이다. 따라서 모든 음이온의 수, 즉 X^{2-} 수는 $12N$이다.
Ⅲ에서 혼합 전 H^+ 수는 $24N$, X^{2-} 수는 $12N$, Y^+ 수는 $2N$, Z^{2+} 수는 $15N$, OH^- 수는 $32N$이므로 Ⅲ에는 OH^- $8N(=32N-24N)$이 존재한다. 따라서 모든 음이온의 수는 $12N+8N=20N$이다.
Ⅱ와 Ⅲ의 부피는 100 mL로 같으므로 모든 음이온의 몰 농도(M) 합의 비는 모든 음이온 수의 비와 같다. 따라서 $12:20=4:b$에서 $b=\dfrac{20}{3}$이므로 $x\times b=0.3\times\dfrac{20}{3}=2$이다.

문제풀이 Tip

Ⅰ이 산성이므로 Ⅰ에는 X^{2-}만 존재한다는 점을 파악하여 x M $H_2X(aq)$ V mL에 들어 있는 X^{2-} 수를 정할 수 있어야 하고, Ⅱ에 들어 있는 양이온과 음이온의 양(mol)으로부터 Ⅱ가 산성임을 파악하여 혼합 전 각 용액의 부피를 구할 수 있어야 한다.

선택지 비율	❶ 35%	② 27%	③ 14%	④ 17%	⑤ 7%

22 중화 반응의 양적 관계

2022학년도 9월 평가원 19번 | 정답 ① | 문제편 73 p

출제 의도 중화 반응의 양적 관계를 이용하여 첨가한 산의 종류를 결정하고, 산 염기 혼합 용액에 존재하는 이온 수를 계산할 수 있는지 묻는 문항이다.

문제 분석

다음은 중화 반응에 대한 실험이다.

[자료]

- 수용액 A와 B는 각각 0.25 M HY(aq)(B)과 0.75 M $H_2Z(aq)$(A) 중 하나이다. (농도 비 1 : 3)
- 수용액에서 $X(OH)_2$는 X^{2+}과 OH^-으로, HY는 H^+과 Y^-으로, H_2Z는 H^+과 Z^{2-}으로 모두 이온화된다.

[실험 과정]

(가) a M $X(OH)_2(aq)$ 10 mL에 수용액 A V mL를 첨가하여 혼합 용액 Ⅰ을 만든다. ➡ 염기성

(나) Ⅰ에 수용액 B $4V$ mL를 첨가하여 혼합 용액 Ⅱ를 만든다. (부피 비 A : B=1 : 4)

(다) a M $X(OH)_2(aq)$ 10 mL에 수용액 A $4V$ mL와 수용액 B V mL를 첨가하여 혼합 용액 Ⅲ을 만든다.

(부피 비 $\frac{4}{1}:\frac{3}{3}=4:1$ (B)(A))

[실험 결과]

(3가지 이온 존재 ➡ 중화점(X^{2+} $5N$, Y^- $4N$, Z^{2-} $3N$))

- Ⅱ에 존재하는 모든 이온의 몰비는 3 : 4 : 5이다. (X^{2+})
- $\dfrac{\text{Ⅰ에 존재하는 모든 양이온의 몰 농도의 합}}{\text{Ⅲ에 존재하는 모든 양이온의 몰 농도의 합}}=\dfrac{15}{28}$이다. ($X^{2+}$과 H^+)

$a+V$는? (단, 혼합 용액의 부피는 혼합 전 각 용액의 부피의 합과 같고, 물의 자동 이온화는 무시하며, X^{2+}, Y^-, Z^{2-}은 반응하지 않는다.) [3점] (용액에 항상 존재)

① $\frac{9}{2}$ ② $\frac{45}{8}$ ③ $\frac{27}{4}$ ④ $\frac{63}{8}$ ⑤ 9

✓ 자료 해석

- $X(OH)_2(aq)$에 $HY(aq)$과 $H_2Z(aq)$을 첨가하므로 세 가지 용액을 모두 혼합했을 때 혼합 용액에는 중화 반응에 참여하지 않는 X^{2+}, Y^-, Z^{2-}이 반드시 존재한다.
- Ⅱ에 존재하는 모든 이온의 몰비가 3 : 4 : 5이므로 Ⅱ에는 X^{2+}, Y^-, Z^{2-}만 존재하고, 중화점에 해당한다. 용액은 전기적으로 중성이어야 하므로 이를 만족하는 이온의 몰비는 $X^{2+}:Y^-:Z^{2-}=5:4:3$이다.
- $HY(aq)$과 $H_2Z(aq)$의 몰 농도비는 $HY(aq):H_2Z(aq)=1:3$이므로 Ⅱ에서 혼합 전 용액의 부피비는 $HY(aq):H_2Z(aq)=\frac{4}{1}:\frac{3}{3}=4:1$이다. 따라서 수용액 A는 $H_2Z(aq)$이고, 수용액 B는 $HY(aq)$이다.

○ 보기 풀이 Ⅱ에서 이온의 몰비는 $X^{2+}:Y^-:Z^{2-}=5:4:3$이므로 a M $X(OH)_2(aq)$ 10 mL에 들어 있는 X^{2+} 수를 $5N$이라고 하면, 0.75 M $H_2Z(aq)$ V mL에 들어 있는 Z^{2-} 수는 $3N$이고, 0.25 M $HY(aq)$ $4V$ mL에 들어 있는 Y^- 수는 $4N$이다. 따라서 Ⅰ~Ⅲ에서 혼합 전 용액의 부피와 이온 수는 다음과 같다.

혼합 용액	혼합 전 용액의 부피와 이온 수		
	a M $X(OH)_2(aq)$	0.75 M $H_2Z(aq)$ (수용액 A)	0.25 M $HY(aq)$ (수용액 B)
Ⅰ	10 mL (X^{2+} $5N$, OH^- $10N$)	V mL (H^+ $6N$, Z^{2-} $3N$)	-
Ⅱ	10 mL (X^{2+} $5N$, OH^- $10N$)	V mL (H^+ $6N$, Z^{2-} $3N$)	$4V$ mL (H^+ $4N$, Y^- $4N$)
Ⅲ	10 mL (X^{2+} $5N$, OH^- $10N$)	$4V$ mL (H^+ $24N$, Z^{2-} $12N$)	V mL (H^+ N, Y^- N)

Ⅰ에 존재하는 양이온의 종류와 수는 X^{2+} $5N$이고, Ⅲ에는 H^+ $15N(=25N-10N)$이 남아 있으므로 Ⅲ에 존재하는 양이온의 종류와 수는 X^{2+} $5N$과 H^+ $15N$이다. Ⅰ과 Ⅲ의 부피는 각각 $(10+V)$ mL, $(10+5V)$ mL이므로 모든 양이온의 몰 농도 합의 비는 Ⅰ : Ⅲ$=\frac{5N}{10+V}:\frac{20N}{10+5V}=15:28$이고, $V=4$이다. 이로부터 Ⅰ에서 a M $X(OH)_2(aq)$과 0.75 M $H_2Z(aq)$의 몰 농도 비는 $\frac{5}{10}:\frac{3}{4}=a:0.75$이므로 $a=\frac{1}{2}$이고, $a+V=\frac{9}{2}$이다.

문제풀이 Tip

Ⅱ에 존재하는 모든 이온의 몰비가 3 : 4 : 5인 것으로부터 Ⅱ의 액성은 중성임을 파악할 수 있어야 하고, 용액에서 양이온의 총(+)전하량과 음이온의 총(−)전하량이 같아야 함을 이용하여 Ⅱ에 들어 있는 각 이온의 수를 결정할 수 있어야 한다. 이온의 몰비와 혼합 전 각 용액의 몰 농도 비를 이용하면 혼합 부피 비를 알 수 있다.

선택지 비율	① 12%	② 20%	③ 20%	④ 35%	⑤ 13%

23 중화 반응의 양적 관계

2022학년도 6월 평가원 20번 | 정답 ④ | 문제편 74p

출제 의도 중화 반응의 양적 관계를 이용하여 첨가한 염기의 종류를 결정하고 산 염기 혼합 용액에 존재하는 이온 수를 계산할 수 있는지 묻는 문항이다.

문제 분석

다음은 중화 반응에 대한 실험이다.

[자료]

- 수용액 A와 B는 각각 0.4 M $YOH(aq)$(B)과 a M $Z(OH)_2(aq)$(A) 중 하나이다.
- 수용액에서 H_2X는 H^+과 X^{2-}으로, YOH는 Y^+과 OH^-으로, $Z(OH)_2$는 Z^{2+}과 OH^-으로 모두 이온화된다. (양이온 수 : 음이온 수=2 : 1)

[실험 과정]

(가) 0.3 M $H_2X(aq)$ V mL가 담긴 비커에 수용액 A 5 mL를 첨가하여 혼합 용액 Ⅰ을 만든다. (X^{2-} 수 일정)

(나) Ⅰ에 수용액 B 15 mL를 첨가하여 혼합 용액 Ⅱ를 만든다.

(다) Ⅱ에 수용액 B x mL를 첨가하여 혼합 용액 Ⅲ을 만든다.

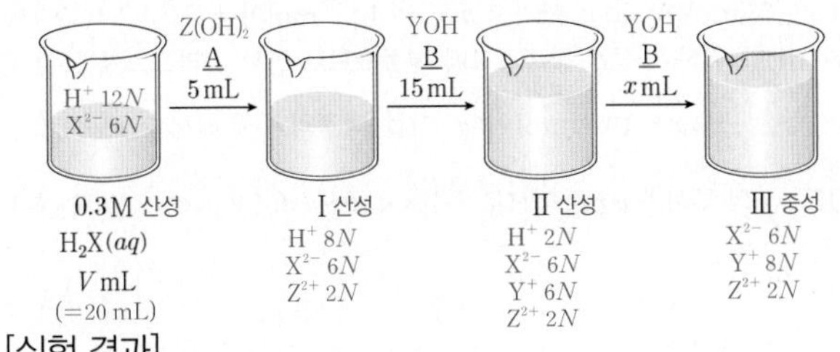

[실험 결과]

- Ⅲ은 중성이다. ➡ Ⅰ, Ⅱ는 산성
- Ⅰ과 Ⅱ에 대한 자료 (전체 이온 수 일정 $8(V+5)=5(V+20)$, $V=20$)

혼합 용액	Ⅰ	Ⅱ
혼합 용액에 존재하는 모든 이온의 몰 농도의 합(상댓값)	8	5
혼합 용액에서 $\frac{\text{음이온 수}}{\text{양이온 수}}$ (=X^{2-} 수)	$\frac{3}{5}$	$\frac{3}{5}$

(일정 → B : 1가 염기(YOH))

$\frac{x}{V}\times a$는? (단, 혼합 용액의 부피는 혼합 전 각 용액의 부피의 합과 같고, 물의 자동 이온화는 무시하며, X^{2-}, Y^+, Z^{2+}은 반응하지 않는다.) [3점] (용액에 항상 존재)

① $\frac{1}{4}$ ② $\frac{1}{5}$ ③ $\frac{3}{20}$ ④ $\frac{1}{10}$ ⑤ $\frac{1}{20}$

✔ 자료 해석

- Ⅲ이 중성(중화점)이므로 Ⅰ과 Ⅱ는 모두 산성이다.
- $H_2X(aq)$에 1가 염기인 $YOH(aq)$을 첨가할 때는 중화점까지 혼합 용액의 양이온 수와 음이온 수가 일정하지만, 2가 염기인 $Z(OH)_2(aq)$을 첨가할 때는 중화점까지 혼합 용액의 양이온 수가 감소하고, 음이온 수는 일정하다.
  ➡ Ⅰ과 Ⅱ에서 $\frac{\text{음이온 수}}{\text{양이온 수}}$가 일정하므로 수용액 A는 $Z(OH)_2(aq)$이고, 수용액 B는 $YOH(aq)$이다.
- 혼합 용액의 전체 이온 수는 (모든 이온의 몰 농도의 합)×(혼합 용액의 부피)로 구할 수 있다.
  ➡ 전체 이온 수는 Ⅰ에서 $8\times(V+5)$, Ⅱ에서 $5\times(V+20)$이고, Ⅰ과 Ⅱ에서 양이온 수와 음이온 수가 각각 일정하므로 전체 이온 수 또한 일정하다. 따라서 $8\times(V+5)=5\times(V+20)$에서 $V=20$이다.

○ 보기 풀이 0.3 M $H_2X(aq)$ V mL(=20 mL)에 들어 있는 H^+ 수를 $12N$, X^{2-} 수를 $6N$이라고 하면, 중화점(Ⅲ)에 도달할 때까지 혼합 용액에 존재하는 음이온은 X^{2-}뿐이므로 Ⅰ과 Ⅱ에서 음이온 수는 $6N$이고, 양이온 수는 $10N$이다. a M $Z(OH)_2(aq)$ 5 mL에 들어 있는 Z^{2+} 수를 $5aN$, OH^- 수를 $10aN$이라고 하면, Ⅰ에는 H^+ $(12-10a)N$과 Z^{2+} $5aN$이 들어 있으므로 $12-5a=10$에서 $a=0.4$이다. Ⅰ에는 H^+ $8N$, X^{2-} $6N$, Z^{2+} $2N$이 들어 있고, 0.4 M $YOH(aq)$ 15 mL에는 Y^+ $6N$과 OH^- $6N$이 들어 있으므로 Ⅱ에는 H^+ $2N$이 남아 있다. 따라서 Ⅲ이 중성이 되기 위해서는 OH^- $2N$을 첨가해야 하므로 필요한 0.4 M $YOH(aq)$의 부피(x)는 $\frac{1}{3}\times15=5$(mL)이고, $\frac{x}{V}\times a=\frac{5}{20}\times0.4=\frac{1}{10}$이다.

문제풀이 Tip

2가 산에 1가 염기와 2가 염기를 첨가할 때 이온 수 변화의 차이에 대하여 알고, 이를 이용하여 수용액 A와 B의 종류를 결정할 수 있어야 한다. $H_2X(aq)$에 $YOH(aq)$을 첨가할 때는 반응하여 감소한 H^+ 수만큼 Y^+ 수가 증가하므로 양이온 수와 음이온 수가 일정하지만, $Z(OH)_2(aq)$을 첨가할 때는 H^+ 2개가 감소할 때 Z^{2+} 1개가 증가하므로 양이온 수가 감소한다.

선택지 비율	① 5%	❷ 67%	③ 8%	④ 3%	⑤ 15%

24 중화 적정 실험

2021학년도 수능 11번 | 정답 ② | 문제편 74p

(출제 의도) $CH_3COOH(aq)$의 중화 적정 실험 결과를 해석하여 $CH_3COOH(aq)$의 몰 농도를 구할 수 있는지 묻는 문항이다.

(문제 분석)

다음은 아세트산 수용액($CH_3COOH(aq)$)의 중화 적정 실험이다.

[실험 과정]

(가) $CH_3COOH(aq)$을 준비한다.

(나) (가)의 수용액 x mL에 물을 넣어 50 mL 수용액을 만든다. (용질의 양(mol) 일정)

(다) (나)에서 만든 수용액 30 mL를 삼각 플라스크에 넣고 페놀프탈레인 용액을 2~3방울 떨어뜨린다. (용질의 양(mol) $\frac{3}{5}$배)

(라) (다)의 삼각 플라스크에 0.1 M $NaOH(aq)$을 한 방울씩 떨어뜨리면서 삼각 플라스크를 흔들어 준다.

(마) (라)의 삼각 플라스크 속 수용액 전체가 붉은색으로 변하는 순간 적정을 멈추고 적정에 사용된 $NaOH(aq)$의 부피(V)를 측정한다. (중화점)

[실험 결과]

- V : y mL ➡ $a \text{ M} \times (x \times 10^{-3}) \text{ L} \times \frac{3}{5} = 0.1 \text{ M} \times (y \times 10^{-3}) \text{ L}$
- (가)에서 $CH_3COOH(aq)$의 몰 농도 : a M

a는? (단, 온도는 25 ℃로 일정하다.) [3점]

① $\frac{y}{8x}$ ② $\frac{y}{6x}$ ③ $\frac{2y}{3x}$ ④ $\frac{y}{x}$ ⑤ $\frac{5y}{3x}$

✓ 자료 해석

- 중화점까지 넣어 준 OH^-의 양은 $0.1 \text{ M} \times (y \times 10^{-3}) \text{ L} = 0.1y \times 10^{-3}$ mol이다.
  ➡ (다)의 $CH_3COOH(aq)$ 30 mL에 들어 있는 H^+의 양은 $0.1y \times 10^{-3}$ mol이다.
- (나)에서는 a M $CH_3COOH(aq)$ x mL에 물을 넣어 희석하므로 용질의 양(mol)이 일정하고, (다)에서는 (나)에서 만든 $CH_3COOH(aq)$ 50 mL 중 30 mL를 취하므로 (다)에서 용질의 양(mol)은 (나)에서의 $\frac{3}{5}$배이다.
  ➡ (다)의 $CH_3COOH(aq)$ 30 mL에 들어 있는 H^+의 양은 $\frac{3}{5} \times a \text{ M} \times (x \times 10^{-3}) \text{ L} = \frac{3}{5}ax \times 10^{-3}$ mol이다.

○ 보기 풀이 (가)에서 $CH_3COOH(aq)$의 몰 농도가 a M이고, 이 중 x mL를 취한 후 물을 넣어 부피를 50 mL로 만들었으므로 (나)에서 $CH_3COOH(aq)$ 50 mL에 들어 있는 H^+의 양(mol)은 a M $CH_3COOH(aq)$ x mL에 들어 있는 H^+의 양(mol)과 같다. 따라서 $a \times x \times 10^{-3}$ mol이다. 그리고 (다)에서 이 중 30 mL를 취하여 삼각 플라스크에 넣었으므로 삼각 플라스크에 들어 있는 H^+의 양은 $\frac{3}{5}ax \times 10^{-3}$ mol이다. 이를 적정하기 위해서 가해 준 0.1 M $NaOH(aq)$의 부피가 y mL이므로 $\frac{3}{5}ax \times 10^{-3} = 0.1 \times y \times 10^{-3}$이다. 따라서 $a = \frac{y}{6x}$이다.

문제풀이 Tip

용액의 일부를 취하거나 용액의 일부를 취한 후 물을 넣어 묽혔을 때 용질의 양(mol)을 계산할 수 있어야 하며, 중화 반응의 양적 관계를 이용하여 중화 적정 실험 결과를 해석할 수 있어야 한다. 실험 과정을 잘 읽으면서 중화 적정의 양적 관계를 구해보는 연습을 해 두자.

선택지 비율	① 24%	② 4%	❸ 65%	④ 5%	⑤ 2%

25 중화 적정 실험

2021학년도 9월 평가원 9번 | 정답 ③ | 문제편 75 p

출제 의도 중화 적정 실험 과정에 대하여 이해하고 실험 결과를 해석할 수 있는지 묻는 문항이다.

문제 분석

다음은 아세트산(CH_3COOH) 수용액의 몰 농도(M)를 알아보기 위한 중화 적정 실험이다.

[실험 과정]

(가) $CH_3COOH(aq)$을 준비한다. (1.0 M)

(나) (가)의 수용액 10 mL에 물을 넣어 100 mL 수용액을 만든다. ➡ 10배 희석

(다) (나)에서 만든 수용액 ㉠ mL를 삼각 플라스크에 넣고 페놀프탈레인 용액을 몇 방울 떨어뜨린다. 염기성에서 붉은색을 띠는 지시약

(라) 그림과 같이 ㉡ 에 들어 있는

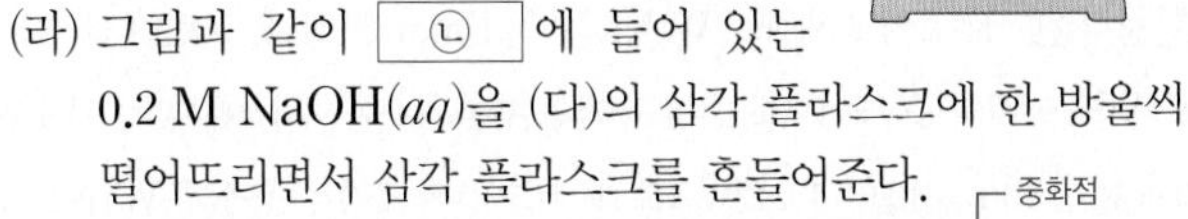

0.2 M NaOH(aq)을 (다)의 삼각 플라스크에 한 방울씩 떨어뜨리면서 삼각 플라스크를 흔들어준다. ┌ 중화점

(마) (라)의 삼각 플라스크 속 수용액 전체가 붉은색으로 변하는 순간 적정을 멈추고 적정에 사용된 NaOH(aq)의 부피(V)를 측정한다.

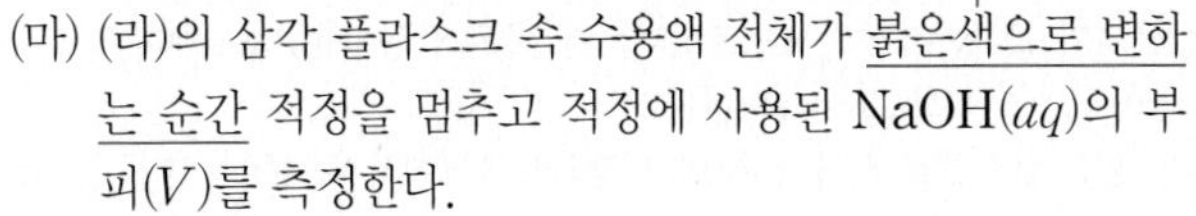

[실험 결과]

- V : 10 mL ➡ 0.2 M×10 mL=0.1 M×㉠ mL, ㉠=20(mL)
- (가)에서 $CH_3COOH(aq)$의 몰 농도 : 1.0 M

다음 중 ㉠과 ㉡으로 가장 적절한 것은? (단, 온도는 25 ℃로 일정하다.) [3점]

	㉠	㉡		㉠	㉡
①	2	뷰렛	②	2	피펫
③	20	뷰렛	④	20	피펫
⑤	40	뷰렛			

정확한 부피의 용액을 취하여 옮길 때 사용

✔ 자료 해석

- (가)에서 $CH_3COOH(aq)$의 몰 농도가 1.0 M이고, (나)에서 1.0 M $CH_3COOH(aq)$을 10배 희석하였으므로 실험에 사용한 $CH_3COOH(aq)$의 몰 농도는 0.1 M이다.
- ㉠은 0.2 M NaOH(aq) 10 mL와 반응한 0.1 M $CH_3COOH(aq)$의 부피이다. 0.2 M NaOH(aq) 10 mL에 들어 있는 OH^-의 양은 0.2 M ×0.01 L=0.002 mol이므로 0.1 M $CH_3COOH(aq)$ ㉠ mL 속 H^+의 양이 0.002 mol이다. 따라서 ㉠은 $\frac{0.002\ mol}{0.1\ mol/L}=0.02\ L=20\ mL$이다.
- 중화 적정 실험에서 농도를 아는 표준 용액(0.2 M NaOH(aq))을 넣는 실험 기구(㉡)는 뷰렛이다.

○ 보기풀이 실험 결과로부터 중화점까지 가해 준 0.2 M NaOH(aq)의 부피는 10 mL이므로 $CH_3COOH(aq)$에 들어 있는 H^+의 양은 0.2 M× 0.01 L=0.002 mol이다. 따라서 (나)에서 만든 $CH_3COOH(aq)$ ㉠ mL에 0.002 mol의 H^+이 들어 있으므로 ㉠은 $\frac{0.002\ mol}{0.1\ mol/L}=20\ mL$이다. 그리고 중화 적정 실험에서 농도를 아는 표준 용액을 넣는 실험 기구(㉡)는 뷰렛이다.

문제풀이 Tip

중화 적정 실험에서는 중화점까지 가해 준 표준 용액의 부피를 이용하여 미지의 용액의 농도를 결정한다. 이때 농도를 아는 표준 용액을 미지의 용액에 한 방울씩 떨어뜨리기 위해 사용하는 실험 기구의 명칭(뷰렛)을 묻는 문항이 자주 출제되므로 실험 결과를 해석하는 연습뿐만 아니라 실험 기구의 이름과 실험 과정도 함께 알아두어야 한다.

선택지 비율	① 13%	❷ 38%	③ 16%	④ 16%	⑤ 15%

26 중화 반응과 이온의 몰 농도

2021학년도 수능 19번 | 정답 ② | 문제편 75 p

출제 의도 산 염기 혼합 용액에 존재하는 이온의 농도로부터 이온의 종류를 결정하고 혼합 전 각 용액의 농도를 구할 수 있는지 묻는 문항이다.

문제 분석

다음은 중화 반응에 대한 실험이다.

[자료]

- 수용액에서 H_2A는 H^+과 A^{2-}으로, HB는 H^+과 B^-으로 모두 이온화된다. (2가 산 / 1가 산)

[실험 과정]

(가) x M NaOH(aq), y M H_2A(aq), y M HB(aq)을 각각 준비한다.

(나) 3개의 비커에 각각 NaOH(aq) 20 mL를 넣는다.

(다) (나)의 3개의 비커에 각각 H_2A(aq) V mL, HB(aq) V mL, HB(aq) 30 mL를 첨가하여 혼합 용액 Ⅰ~Ⅲ을 만든다.

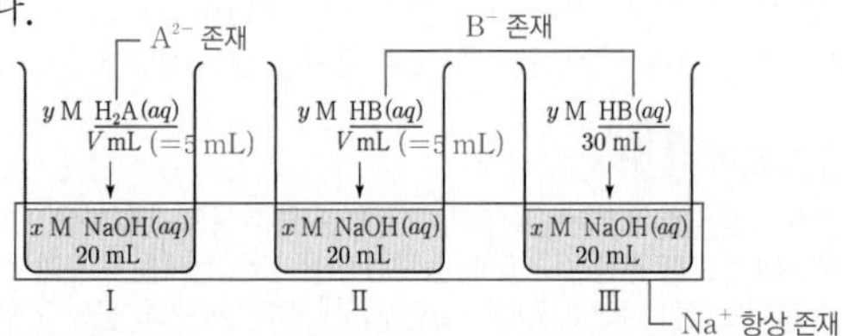

[실험 결과]

- 혼합 용액 Ⅰ~Ⅲ에 존재하는 이온의 종류와 이온의 몰 농도(M)

이온의 종류		W (Na^+)	X (B^-)	Y (A^{2-})	Z (H^+)
이온의 몰 농도(M)	Ⅰ	$2a$	0	$2a$	$2a$
	Ⅱ	$2a$	$2a$	0	0
	Ⅲ	a	b	0	0.2

부피 2배, 이온 수 6배 ➡ $b=6a$

0.2 M × 0.05 L = 0.01 mol

이온의 몰 농도 = $\frac{이온의 양(mol)}{용액의 부피(L)}$

몰 농도 $\frac{1}{2}$배 ➡ 부피 2배

$\frac{b}{a}\times(x+y)$는? (단, 혼합 용액의 부피는 혼합 전 각 용액의 부피의 합과 같고, 물의 자동 이온화는 무시한다.) [3점]

① 2 ② 3 ③ 4 ④ 5 ⑤ 6

✔ 자료 해석

- 산 염기 혼합 용액에 구경꾼 이온은 반드시 존재한다. 따라서 NaOH(aq)에 H_2A(aq) 또는 HB(aq)을 혼합한 용액에는 Na^+, A^{2-}, B^-이 반드시 존재한다.
- NaOH(aq)은 3개의 비커에 모두 들어 있으므로 Ⅰ~Ⅲ에 모두 존재하는 W는 구경꾼 이온인 Na^+이다.
- Y는 Ⅰ에만 존재하므로 A^{2-}이다. 따라서 Ⅰ에서 A^{2-}의 몰 농도는 $2a$ M이다. 이때 Na^+의 몰 농도도 $2a$ M인데, 혼합 용액은 항상 전기적으로 중성이어야 하므로 Ⅰ에 H^+이 존재한다. 따라서 Z는 H^+이다.
- X는 B^- 또는 OH^-인데 X는 Ⅱ와 Ⅲ에 반드시 존재해야 하므로 B^-이다.

이온	W	X	Y	Z
이온의 종류	Na^+	B^-	A^{2-}	H^+

○ 보기 풀이 Ⅰ~Ⅲ에 존재하는 W(Na^+)의 양(mol)은 같다. 그런데 몰 농도는 Ⅲ에서가 Ⅰ에서의 $\frac{1}{2}$배이므로 혼합 용액의 부피는 Ⅲ이 Ⅰ의 2배이다. 이로부터 $(20+V):(20+30)=1:2$이므로 $V=5$이다. 또한, Ⅰ에서 W(Na^+)와 Y(A^{2-})의 몰 농도가 같으므로 혼합 전 이온의 양(mol)도 같다. 이로부터 $x\times20=y\times5$이므로 $y=4x$이다.

한편, 혼합 전후 Na^+의 양(mol)은 일정하므로 Ⅱ에서 W(Na^+)의 몰 농도로부터 $x\times20=2a\times25$이다. 따라서 $a=\frac{2}{5}x$이다. 또한, 혼합 전 HB(aq)의 부피는 Ⅲ에서가 Ⅱ에서의 6배이므로 혼합 용액 속 X(B^-)의 양(mol)도 Ⅲ에서가 Ⅱ에서의 6배이다. 이로부터 $b\times50=6\times2a\times25$이므로 $b=6a$이다.

Ⅲ에서 혼합 전 OH^-의 양은 x M × 0.02 L = $0.02x$ mol이고, H^+의 양은 y M × 0.03 L = $0.03y$ mol이다. 따라서 Ⅲ에 남아 있는 H^+의 양은 $(0.03y-0.02x)$ mol인데, H^+의 몰 농도가 0.2 M이므로 0.2 M × 0.05 L = $(0.03y-0.02x)$ mol이 성립한다. $y=4x$이므로 두 식을 연립하면 $x=0.1$이고, $y=0.4$이다. 따라서 $\frac{b}{a}\times(x+y)=6\times(0.1+0.4)=3$이다.

문제풀이 Tip

각 혼합 용액에 들어 있는 이온의 몰 농도(M) 비는 이온의 양(mol) 비와 같음을 알고 이온의 양(mol)으로 바꾸어 생각할 수 있어야 한다. 또한, 혼합 전 산과 염기의 종류와 양으로부터 용액에 존재할 수 있는 이온의 종류와 이온 수 비 관계를 알아낼 수 있어야 한다.

선택지 비율	① 5%	② 21%	③ 13%	❹ 41%	⑤ 20%

27 중화 반응과 이온의 몰 농도

2021학년도 9월 평가원 20번 | 정답 ④ | 문제편 76 p

출제 의도 산 염기 혼합 용액에 존재하는 모든 이온의 몰 농도 합으로부터 첨가한 산 수용액의 종류를 판단하고 중화 반응의 양적 관계를 해석할 수 있는지 묻는 문항이다.

문제 분석

다음은 중화 반응에 대한 실험이다.

[자료]

- ㉠과 ㉡은 각각 $HA(aq)$과 $H_2B(aq)$ 중 하나이다.
- 수용액에서 HA는 H^+과 A^-으로, H_2B는 H^+과 B^{2-}으로 모두 이온화된다.

[실험 과정]

(가) $NaOH(aq)$, $HA(aq)$, $H_2B(aq)$을 각각 준비한다.

(나) $NaOH(aq)$ 10 mL에 x M ㉠을 조금씩 첨가한다. ($H_2B(aq)$)

(다) $NaOH(aq)$ 10 mL에 x M ㉡을 조금씩 첨가한다. ($\frac{1}{4}$) ($HA(aq)$)

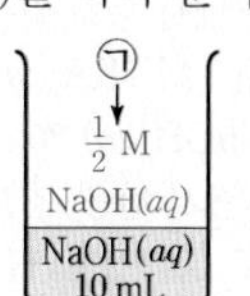

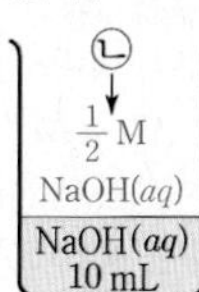

[실험 결과]

- (나)와 (다)에서 첨가한 산 수용액의 부피에 따른 혼합 용액에 대한 자료

중화점 이전(염기성) / 중화점 이후(산성)

첨가한 산 수용액의 부피(mL)		0	V	$2V$	$3V$
혼합 용액에 존재하는 모든 이온의 몰 농도(M)의 합	(나)	1	$\frac{1}{2}$		$\frac{1}{2}$
	(다)	1	$\frac{3}{5}$	a	y

중화점까지 점점 감소 / 감소 → 중화점(최소)

- $a<\frac{3}{5}$이다. ➡ 중화점 이전

y는? (단, 혼합 용액의 부피는 혼합 전 용액의 부피의 합과 같고, 물의 자동 이온화는 무시한다.) [3점]

① $\frac{1}{6}$ ② $\frac{1}{5}$ ③ $\frac{1}{4}$ ④ $\frac{1}{3}$ ⑤ $\frac{1}{2}$

✓ 자료 해석

- $NaOH(aq)$ 10 mL에서 모든 이온의 몰 농도(M) 합이 1이므로 $[Na^+]=[OH^-]=\frac{1}{2}$ M이다. 따라서 $NaOH(aq)$의 몰 농도는 $\frac{1}{2}$ M이다.
- 혼합 용액 속 전체 이온의 양(mol)=(모든 이온의 몰 농도(M) 합)×(혼합 용액의 부피)이고, 1가 산 염기 혼합 용액 속 전체 이온의 양(mol)은 산과 염기 중 과량인 용액의 전체 이온의 양(mol)과 같다.
- ㉠이 $HA(aq)$인 경우 : 1가 산과 1가 염기의 반응이며, 중화점 이전이므로 (나)에서 $HA(aq)$ V mL를 넣기 전과 후 전체 이온의 양(mol)은 같다. 따라서 $1\times10=\frac{1}{2}\times(10+V)$에서 $V=10$이다. $HA(aq)$ $3V$ mL(=30 mL)를 첨가했을 때 혼합 용액의 액성은 산성이므로 전체 이온의 양(mol)으로부터 $\frac{1}{2}\times(10+3V)=2\times x\times3V$이고, $x=\frac{1}{3}$이다. 한편, ㉡은 $\frac{1}{3}$ M $H_2B(aq)$이므로 H^+의 몰 농도는 $\frac{2}{3}$ M, B^{2-}의 몰 농도는 $\frac{1}{3}$ M이다. (다)에서 $\frac{1}{2}$ M $NaOH(aq)$ 10 mL에 $\frac{1}{3}$ M $H_2B(aq)$ V mL(=10 mL)를 첨가했을 때 혼합 용액에 존재하는 이온은 Na^+ $\left(\frac{1}{2}\times0.01\right)$ mol, H^+ $\left(\frac{1}{6}\times0.01\right)$ mol, B^{2-} $\left(\frac{1}{3}\times0.01\right)$ mol이므로 모든 이온의 몰 농도(M) 합은 $\dfrac{\left(\frac{1}{2}\times0.01\right)+\left(\frac{1}{6}\times0.01\right)+\left(\frac{1}{3}\times0.01\right)\text{ mol}}{0.02\text{ L}}=\frac{1}{2}$이 되어 모순이다.

  ➡ ㉠은 $H_2B(aq)$, ㉡은 $HA(aq)$이다.
- (다)에서 $a<\frac{3}{5}$이므로 $HA(aq)$ V mL를 첨가했을 때는 중화점 이전이다. 따라서 전체 이온의 양(mol)은 일정하므로 $1\times10=\frac{3}{5}\times(10+V)$에서 $V=\frac{20}{3}$이다. (나)에서 $H_2B(aq)$ $3V$ mL(=20 mL)를 첨가했을 때는 혼합 용액의 액성이 산성이므로 $H_2B(aq)$이 과량이다. 1가 염기에 2가 산을 첨가할 때 중화점 이후의 용액에서 전체 이온의 양(mol)은 산 수용액의 전체 이온의 양(mol)과 같으므로 $\frac{1}{2}\times(10+3V)=3\times x\times3V$이고, $x=\frac{1}{4}$이다.

○ 보기풀이 $\frac{1}{2}$ M $NaOH(aq)$ 10 mL와 $\frac{1}{4}$ M $HA(aq)$ $3V$ mL(=20 mL)를 혼합하면 완전히 중화되므로 혼합 용액 속 전체 이온의 양(mol)은 $\frac{1}{2}\text{ M}\times0.01\text{ L}\times2=0.01$ mol이고, 혼합 용액의 부피는 30 mL이므로 혼합 용액에 존재하는 모든 이온의 몰 농도(M) 합은 $\frac{0.01\text{ mol}}{0.03\text{ L}}=\frac{1}{3}$ M이다. 따라서 $y=\frac{1}{3}$이다.

문제풀이 Tip

혼합 용액에 존재하는 모든 이온의 몰 농도(M) 합×혼합 용액의 부피(L)=혼합 용액에 존재하는 모든 이온의 양(mol)임을 이용하여 해결하는 문항이다. 1가 염기에 2가 산을 첨가할 때 중화점 이후의 용액에서는 과량인 산 용액의 전체 이온의 양(mol)이 혼합 용액의 전체 이온의 양(mol)과 같다는 점을 알고 있어야 한다.

28 중화 반응의 양적 관계

2021학년도 6월 평가원 20번 | 정답 ④ | 문제편 76 p

출제 의도 산 염기 혼합 용액의 pH로부터 혼합 용액의 액성을 파악하여 용액 속 이온 수 비와 혼합 전 각 용액의 이온 수를 구할 수 있는지 묻는 문항이다.

문제 분석

표는 0.2 M $H_2A(aq)$ x mL와 y M 수산화 나트륨 수용액($NaOH(aq)$)의 부피를 달리하여 혼합한 용액 (가)~(다)에 대한 자료이다.

용액	(가)	(나)	(다)
$H_2A(aq)$의 부피(mL)	x	x	x
$NaOH(aq)$의 부피(mL)	20	30	60
pH		1	
용액에 존재하는 모든 이온의 몰 농도(M) 비	A^{2-}, H^+, Na^+	H^+, A^{2-}, Na^+ 존재	㉠, Na^+, H^+

(다)에서 ㉠에 해당하는 이온의 몰 농도(M)는? (단, 혼합 용액의 부피는 혼합 전 각 용액의 부피의 합과 같고, 혼합 전과 후의 온도 변화는 없다. H_2A는 수용액에서 H^+과 A^{2-}으로 모두 이온화되고, 물의 자동 이온화는 무시한다.) [3점]

① $\frac{1}{35}$ ② $\frac{1}{30}$ ③ $\frac{1}{25}$ ④ $\frac{1}{20}$ ⑤ $\frac{1}{15}$

✓ 자료 해석

- (나)가 pH=1인 산성 용액이므로 (가) 또한 산성 용액이다. 따라서 (가)에서 이온 수가 가장 큰 것은 A^{2-} 또는 H^+이다. (가)에서 A^{2-} 수를 $3N$이라고 하면 반응 전 H^+ 수는 $6N$이므로 반응 후 Na^+ 수에 따른 전체 이온 수는 다음과 같다.

구분	반응 후 전체 이온 수
반응 후 Na^+ 수가 N인 경우	A^{2-} $3N$, H^+ $5N$, Na^+ N
반응 후 Na^+ 수가 $2N$인 경우	A^{2-} $3N$, H^+ $4N$, Na^+ $2N$

➡ 2가지 경우 모두 이온 수 비 1 : 2 : 3을 만족하지 못하므로 (가)에서 H^+ 수가 $3N$이고, A^{2-} 수는 $2N$, Na^+ 수는 N이다.

○ 보기 풀이 (가)에서 용액에 존재하는 이온 수는 H^+ $3N$, A^{2-} $2N$, Na^+ N이다. 따라서 0.2 M $H_2A(aq)$ x mL에 들어 있는 H^+ 수는 $4N$, A^{2-} 수는 $2N$이며, y M $NaOH(aq)$ 20 mL에 들어 있는 Na^+과 OH^- 수는 각각 N이다. 이로부터 (다)에서 반응 전 Na^+과 OH^- 수는 각각 $3N$이므로 반응 후 이온 수는 Na^+ $3N$, A^{2-} $2N$, H^+ N이고, ㉠에 해당하는 이온은 A^{2-}이다.

한편, (나)에서 $[H^+]=0.1$ M이므로 H^+의 양은 $0.1\times(x+30)\times10^{-3}$ mol이다. 반응 전 H^+의 양은 $2\times0.2\times x\times10^{-3}$ mol이고, OH^-의 양은 $1\times y\times30\times10^{-3}$ mol이므로 다음 식이 성립한다.

$(2\times0.2\times x)-(1\times y\times30)=0.1\times(x+30)$ … ①

그리고 (가)에서 A^{2-} 수와 Na^+ 수의 비가 2 : 1이므로 다음 식이 성립한다.

$(0.2\times x):(y\times20)=2:1$ … ②

①로부터 $0.3x=30y+3$이고 ②로부터 $40y=0.2x$이므로 두 식을 연립하면 $x=20$, $y=0.1$이다.

따라서 (다)의 부피는 80 mL이므로 (다)에서 A^{2-}의 몰 농도는 $0.2\text{ M}\times\frac{20}{80}=\frac{1}{20}$ M이다.

문제풀이 Tip

혼합 용액의 pH로부터 용액의 액성과 용액 속 H^+의 양(mol)을 파악하고, 구경꾼 이온 수를 이용하여 각 용액 속 이온 수 비를 구해야 한다. 용액에 존재하는 모든 이온의 몰 농도 비는 이온 수 비와 같음을 이용하여 해결할 수 있는데, 혼합 용액에 존재하는 이온 수 비를 해석할 때는 반응에 참여하지 않는 구경꾼 이온 수를 활용하여 접근하도록 한다.

선택지 비율	❶ 29%	② 13%	③ 26%	④ 22%	⑤ 8%

29 중화 반응의 양적 관계

2020학년도 수능 18번 | 정답 ① | 문제편 77 p

출제 의도 산 염기 혼합 용액의 단위 부피당 전체 이온 수 변화로부터 중화 반응의 양적 관계를 해석할 수 있는지 묻는 문항이다.

문제 분석

다음은 중화 반응 실험이다.

[실험 과정]

(가) HCl(aq), NaOH(aq), KOH(aq)을 준비한다.

(나) HCl(aq) 10 mL를 비커에 넣는다.

(다) (나)의 비커에 NaOH(aq) 5 mL를 조금씩 넣는다. (Na^+ 15N, OH^- 15N)

(라) (다)의 비커에 KOH(aq) 10 mL를 조금씩 넣는다. (K^+ 10N, OH^- 10N)

[실험 결과]

- (다)와 (라) 과정에서 첨가한 용액의 부피에 따른 혼합 용액의 단위 부피당 전체 이온 수

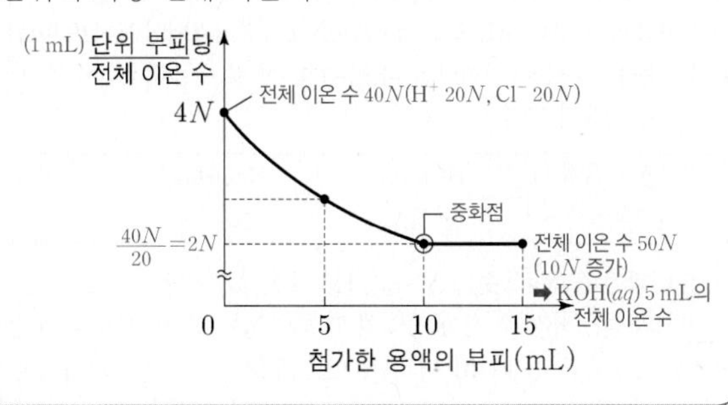

(다) 과정 후 혼합 용액의 단위 부피당 H^+ 수는? (단, 혼합 용액의 부피는 혼합 전 각 용액의 부피의 합과 같다.) [3점] (15 mL, $20N-15N=5N$)

① $\frac{1}{3}N$ ② $\frac{1}{2}N$ ③ $\frac{2}{3}N$ ④ N ⑤ $\frac{4}{3}N$

✓ 자료 해석

- HCl(aq) 10 mL의 전체 이온 수는 40N이다.
- 1가 산과 1가 염기의 반응이므로 중화점까지 혼합 용액의 전체 이온 수가 일정하다. 따라서 중화점까지는 첨가한 용액의 부피가 증가함에 따라 단위 부피당 전체 이온 수가 감소하므로 첨가한 용액의 부피가 10 mL일 때가 중화점이며, 이때 혼합 용액의 단위 부피당 전체 이온 수는 $\frac{40N}{20}=2N$이다.
- 중화점에서 KOH(aq) 5 mL를 더 첨가했을 때 단위 부피당 전체 이온 수가 2N으로 일정하므로 KOH(aq) 5 mL의 단위 부피당 이온 수도 2N이다.

○ 보기풀이 첨가한 용액의 부피가 0일 때, 즉 HCl(aq) 10 mL의 단위 부피당 전체 이온 수가 4N이므로 HCl(aq) 10 mL에 들어 있는 전체 이온 수는 40N(H^+ 20N, Cl^- 20N)이다. 그리고 1가 산과 1가 염기의 반응이므로 반응한 H^+ 수만큼 Na^+ 또는 K^+ 수가 증가하여 중화점에 도달할 때까지 혼합 용액의 전체 이온 수는 40N으로 일정하다. 따라서 혼합 용액의 단위 부피당 이온 수는 중화점에서 최솟값을 갖는다. 이로부터 NaOH(aq) 5 mL와 KOH(aq) 5 mL를 첨가했을 때 완전히 중화됨을 알 수 있고, 중화점에서 단위 부피당 전체 이온 수는 $\frac{40N}{20}=2N$이다. 한편, (라)에서 KOH(aq) 5 mL를 더 첨가했을 때 단위 부피당 전체 이온 수가 2N으로 일정하므로 KOH(aq) 5 mL의 단위 부피당 이온 수도 2N이다. 따라서 KOH(aq) 5 mL의 전체 이온 수는 10N(K^+ 5N, OH^- 5N)이다. (다)의 비커에 KOH(aq) 5 mL를 첨가했을 때 중화점에 도달하므로 (다) 과정 후 혼합 용액에는 H^+ 5N이 남아 있음을 알 수 있다. (다) 과정 후 혼합 용액의 부피는 15 mL이므로 단위 부피당 H^+ 수는 $\frac{5N}{15}=\frac{1}{3}N$이다.

문제풀이 Tip

중화 반응에서 혼합 용액의 단위 부피당 이온 수가 자료로 제시되는 경우, 중화점을 찾은 후 이로부터 혼합 전 각 용액에 들어 있는 이온 수를 결정해야 한다. 1가 산과 1가 염기의 반응에서는 중화점에 도달할 때까지 혼합 용액의 전체 이온 수가 일정하므로 단위 부피당 전체 이온 수는 점점 감소하여 중화점에서 최솟값을 갖는다는 점을 기억해 두자.

선택지 비율	① 12%	② 9%	❸ 50%	④ 17%	⑤ 10%

30 중화 반응의 양적 관계

2020학년도 9월 평가원 18번 | 정답 ③ | 문제편 77 p

출제 의도 중화 반응에서 반응 후 혼합 용액 속 양이온 수 비로부터 중화 반응의 양적 관계를 해석할 수 있는지 묻는 문항이다.

문제 분석

다음은 중화 반응 실험이다.

[실험 과정]

(가) HCl(*aq*), NaOH(*aq*), KOH(*aq*)을 준비한다.

(나) HCl(*aq*) V mL가 담긴 비커에 NaOH(*aq*) V mL를 넣는다.
└ H^+ $4N$, Cl^- $4N$ / Na^+ N, OH^- N

(다) (나)의 비커에 NaOH(*aq*) V mL를 넣는다.

(라) (다)의 비커에 KOH(*aq*) $2V$ mL를 넣는다.
HCl(*aq*) V mL+NaOH(*aq*) $2V$ mL / └ K^+ $4N$, OH^- $4N$

[실험 결과]

- (라) 과정 후 혼합 용액에 존재하는 양이온의 종류는 2가지이다. (H^+이 존재하지 않는다.)
- (다)와 (라) 과정 후 혼합 용액에 존재하는 양이온 수 비

과정	(다) 산성	(라) 염기성
양이온 수 비	1 : 1	1 : 2
	(H^+ : Na^+ = $2N$: $2N$)	(Na^+ : K^+ = $2N$: $4N$)

이에 대한 설명으로 옳은 것만을 〈보기〉에서 있는 대로 고른 것은? (단, 혼합 용액의 부피는 혼합 전 각 용액의 부피의 합과 같다.) [3점]

보기

ㄱ. (나) 과정 후 Na^+ 수와 H^+ 수 비는 1 : 3이다. (N) ($3N$)

ㄴ. (라) 과정 후 용액은 ~~중성이다~~. 염기성이다. (OH^- $2N$ 존재)

ㄷ. 혼합 용액의 단위 부피당 전체 이온 수 비는 (나) 과정 후와 (다) 과정 후가 3 : 2이다. ($\frac{8N}{2V}$, $\frac{8N}{3V}$)

① ㄱ ② ㄴ ③ ㄱ, ㄷ ④ ㄴ, ㄷ ⑤ ㄱ, ㄴ, ㄷ

✓ 자료 해석

- 구경꾼 이온인 Na^+은 혼합 용액에 항상 존재한다. 따라서 (다) 과정 후 혼합 용액에 H^+이 남아 있고, 이온 수 비는 $H^+ : Na^+ = 1 : 1$이다.
- NaOH(*aq*) $2V$ mL에 들어 있는 Na^+ 수를 $2N$이라고 하면 혼합 전 HCl(*aq*) V mL에 들어 있는 H^+ 수는 $4N$이다.
- (라) 과정 후 혼합 용액에 들어 있는 양이온은 Na^+과 K^+이며, 이온 수 비는 $Na^+ : K^+ = 1 : 2$이다.

○ 보기풀이 (다) 과정 후 혼합 용액에 존재하는 양이온 수 비가 $H^+ : Na^+ = 1 : 1$이므로 HCl(*aq*) V mL에 들어 있는 H^+ 수는 NaOH(*aq*) $2V$ mL에 들어 있는 Na^+ 수의 2배이다. 그리고 (라) 과정 후의 혼합 용액은 HCl(*aq*) V mL에 NaOH(*aq*) $2V$ mL와 KOH(*aq*) $2V$ mL를 혼합한 용액이므로 Na^+과 K^+이 반드시 존재한다. 이때 이온 수 비가 $Na^+ : K^+ = 2 : 1$이면 넣어 준 OH^- 수는 $3N$이므로 혼합 용액에 H^+이 남아 있어야 한다. 따라서 이온 수 비는 $Na^+ : K^+ = 1 : 2$이므로 KOH(*aq*) $2V$ mL에 들어 있는 K^+ 수는 NaOH(*aq*) $2V$ mL에 들어 있는 Na^+ 수의 2배이다. HCl(*aq*) V mL에 들어 있는 H^+ 수를 $4N$이라고 하면, 혼합 전 각 수용액 V mL에 들어 있는 양이온 수는 다음과 같다.

혼합 전 수용액	HCl(*aq*)	NaOH(*aq*)	KOH(*aq*)
양이온 수	H^+ $4N$	Na^+ N	K^+ $2N$

ㄱ. (나) 과정 후 Na^+ 수는 N이고, H^+ 수는 $3N$이다.

ㄷ. (나)와 (다) 과정 후 혼합 용액의 액성은 모두 산성이므로 혼합 용액의 전체 이온 수는 HCl(*aq*) V mL의 전체 이온 수($8N$)와 같다. 따라서 혼합 용액의 단위 부피당 전체 이온 수 비는 (나) : (다) $= \frac{8N}{2V} : \frac{8N}{3V} = 3 : 2$이다.

✕ 매력적 오답 ㄴ. (라) 과정 후 혼합 용액에 OH^- $2N$이 존재하므로 액성은 염기성이다.

문제풀이 Tip

산 염기 혼합 용액에 존재할 수 있는 양이온은 염기 수용액의 양이온과 H^+이므로 혼합 용액에 존재하는 양이온 수 비로부터 혼합 용액의 액성과 혼합 전 각 용액의 이온 수를 결정할 수 있다. HCl(*aq*)과 NaOH(*aq*)을 혼합한 용액에 2가지 양이온이 존재한다면 혼합 용액에 H^+이 남아 있는 것이다.